E-Book inside.

Mit folgendem persönlichen Code erhalten Sie die E-Book-Ausgabe dieses Buches zum kostenlosen Download.

1018R-65P6W-2I500-H9HBH

Registrieren Sie sich unter
www.hanser-fachbuch.de/ebookinside
und nutzen Sie das E-Book auf Ihrem Rechner*, Tablet-PC und E-Book-Reader.

* Systemvoraussetzungen:
Internet-Verbindung und Adobe® Reader®

Hoffmann, Neugebauer, Spur
Handbuch Umformen

Edition | Handbuch der Fertigungstechnik

Herausgegeben
von Prof. Dr. h. c. mult. Dr.-Ing. E. h. Dr.-Ing. Günter Spur

Handbuch Urformen

Handbuch Umformen

Handbuch Spanen und Abtragen

Handbuch Wärmebehandeln und Beschichten

Handbuch Fügen, Handhaben und Montieren

Hartmut Hoffmann
Reimund Neugebauer
Günter Spur

Handbuch Umformen

Edition | Handbuch der Fertigungstechnik

HANSER

Die Herausgeber:

Prof. Dr.-Ing. Hartmut Hoffmann
Prof. Dr.-Ing. habil. Prof. E. h. Dr.-Ing. E. h. Dr. h. c. Reimund Neugebauer
Prof. Dr. h. c. mult. Dr.-Ing. E. h. Dr.-Ing. Günter Spur

Bibliografische Information Der Deutschen Bibliothek:
Die Deutsche Bibliothek verzeichnet diese Publikation in der Deutschen Nationalbibliografie; detaillierte bibliografische Daten sind im Internet über <http://dnb.d-nb.de> abrufbar.

ISBN: 978-3-446-42778-5
E-Book-ISBN: 978-3-446-43004-4

Die Wiedergabe von Gebrauchsnamen, Handelsnamen, Warenbezeichnungen usw. in diesem Werk berechtigt auch ohne besondere Kennzeichnung nicht zu der Annahme, dass solche Namen im Sinne der Warenzeichen- und Markenschutzgesetzgebung als frei zu betrachten wären und daher von jedermann benutzt werden dürften.

Alle in diesem Buch enthaltenen Verfahren bzw. Daten wurden nach bestem Wissen erstellt und mit Sorgfalt getestet. Dennoch sind Fehler nicht ganz auszuschließen. Aus diesem Grund sind die in diesem Buch enthaltenen Verfahren und Daten mit keiner Verpflichtung oder Garantie irgendeiner Art verbunden. Autor und Verlag übernehmen infolgedessen keine Verantwortung und werden keine daraus folgende oder sonstige Haftung übernehmen, die auf irgendeine Art aus der Benutzung dieser Verfahren oder Daten oder Teilen davon entsteht.

Dieses Werk ist urheberrechtlich geschützt. Alle Rechte, auch die der Übersetzung, des Nachdruckes und der Vervielfältigung des Buches oder Teilen daraus, vorbehalten. Kein Teil des Werkes darf ohne schriftliche Einwilligung des Verlages in irgendeiner Form (Fotokopie, Mikrofilm oder einem anderen Verfahren), auch nicht für Zwecke der Unterrichtsgestaltung – mit Ausnahme der in den §§ 53, 54 URG genannten Sonderfälle – reproduziert oder unter Verwendung elektronischer Systeme verarbeitet, vervielfältigt oder verbreitet werden.

© Carl Hanser Verlag, München 2012
www.hanser-fachbuch.de
Lektorat: Dipl.-Ing. Volker Herzberg
Herstellung: Steffen Jörg
Satz: Christopher Hayes und Yetvart Ficiciyan, Berlin
Covercopncept: Marc Müller-Bremer, www.rebranding.de, München
Titelillustration: Atelier Frank Wohlgemuth, Bremen
Coverrealisierung: Stephan Rönigk
Druck und Bindung: FIRMENGRUPPE APPL, aprinta druck GmbH, Wemding
Printed in Germany

Vorwort des Herausgebers

Die industrielle Produktionstechnik unterliegt einem ständigen Wandel, der insbesondere durch das Spannungsfeld eines zunehmenden Wettbewerbs im Markt gekennzeichnet ist. Die Geschwindigkeit des technologischen Fortschritts und die Vielzahl von produktionstechnischen Innovationen äußern sich auch in einer großen Zahl von Fachveröffentlichungen. Mit der Herausgabe einer zweiten Auflage des Handbuchs der Fertigungstechnik wird angestrebt, das vor etwa 30 Jahren geschaffene Werk umfassend zu aktualisieren. Es soll die gesamte Fertigungstechnik übersichtlich durchdringen und den erarbeiteten Stoff durch eine ausgewogene Kombination von Grundlagenwissen und praxisorientierten Fachbeiträgen für den Gebrauch in Lehre und Praxis zusammenhängend anbieten.

Mit dem vorliegenden Band Umformen will die zweite, vollständig neu bearbeitete Auflage des Handbuchs der Fertigungstechnik über Stand und Entwicklung der in der Umformtechnik angewendeten technologischen Produktionsprozesse sowie Zerteilverfahren informieren. In diesem Band soll die metallbearbeitende Fertigungstechnik systematisch und umfassend dargestellt werden. Ein besonderes Anliegen war es, sowohl die Verfahren der Erstbearbeitung zu sogenannten Halbzeugen als auch die der Weiterbearbeitung zu Fertigteilen umfassend darzustellen. Ebenso wie bei der ersten Auflage wurde an dem gewählten und bewährten Konzept festgehalten, wonach sich die Gliederung des Stoffes weitgehend an DIN 8580 orientiert. Es konnten wiederum berufene Fachleute aus Wissenschaft und Industrie als Autoren zur Mitarbeit gewonnen werden, sodass eine unmittelbare Beziehung zwischen Theorie und Praxis gewährleistet ist.

Durch differenzierte Beschreibungen und spezielle Darstellungen der Werkzeuge, Maschinen und Einrichtungen werden die vielfältigen Anwendungsmöglichkeiten aufgezeigt. Zahlreiche Bilder, Tabellen und Literaturhinweise sollen die sorgfältig und systematisch aufbereiteten Texte sinnvoll ergänzen und so zur Veranschaulichung und Detailinformation beitragen. Dem Leser steht somit ein reichhaltiges, methodisch zusammengestelltes Stoffangebot zur Verfügung.

Den Autoren, die nicht zuletzt durch ihr persönliches Engagement zur Entstehung dieses Bandes entscheidend beigetragen haben, gilt mein besonderer Dank. Herrn Professor Dr.-Ing. Reimund Neugebauer, geschäftsführender Direktor des Instituts für Werkzeugmaschinen und Produktionsprozesse (IWP) an der TU Chemnitz und Leiter des Fraunhofer-Instituts für Werkzeugmaschinen und Umformtechnik in Chemnitz, sowie Herrn Professor Dr.-Ing. Hartmut Hoffmann, bis 2011 Ordinarius des Lehrstuhls für Umformtechnik und Gießereiwesen (utg) und Leiter des Instituts für Werkstoffe und Verarbeitung der Technischen Universität München, danke ich für ihre fachliche und koordinierende Mitwirkung bei der Gestaltung des vorliegenden Werkes als Bandherausgeber. Meinen Mitarbeitern Yetvart Ficiciyan und Christopher Hayes danke ich für die redaktionelle Bearbeitung. Schließlich gilt mein Dank dem Carl Hanser Verlag für die vertrauensvolle Zusammenarbeit und sorgfältige Verarbeitung des Manuskripts.

Berlin, im August 2012

Günter Spur

Vorwort der Bandherausgeber

1983 erschien die erste Auflage von Band 2 Umformen und Zerteilen des Handbuchs der Fertigungstechnik. In drei Unterbänden wurde der Leser über Stand und Entwicklung von Verfahren und Prozessen der Umformtechnik informiert. Nicht nur aufgrund der voranschreitenden Globalisierung und dem damit verbundenen zunehmenden Wettbewerb im Markt, befindet sich die industrielle Produktionstechnik damals wie heute im ständigen Wandel. Nach nahezu 30 Jahren hielten wir es für angemessen, eine Aktualisierung des vorhandenen, stetig gewachsenen Wissens an den Leser weiterzugeben.

Mit dem vorliegenden Buch erscheint nunmehr die zweite, vollständig neu bearbeitete Auflage des Bandes Umformen als ein kompaktes Handbuch. Es ordnet sich neben den auch komplett überarbeiteten Teilbänden Urformen, Spanende Fertigung, Fügen, Handhaben und Montieren sowie Wärmebehandlung und Oberflächentechnik in das fünfbändige Nachschlagewerk zur Fertigungstechnik ein. Herr Prof. Dr.-Ing. Dr. h. c. mult. Dr.-Ing. E. h. mult. Günter Spur übernahm erneut die Rolle des Gesamtherausgebers.

Mit zahlreichen durchgängig farbigen Illustrationen beschreibt dieser Band detailliert die umformenden und zerteilenden Fertigungsverfahren sowie deren Werkzeuge und Maschinen. Er dient sowohl zur Einarbeitung in das Themengebiet der Umformtechnik als auch als Nachschlagewerk für Ingenieure in der Industrie sowie für Studierende. Zudem soll es eine nützliche Hilfe bei der Lösungsfindung fertigungstechnischer Herausforderungen sein, aber auch Impulse für die Neu- und Weiterentwicklung der Verfahrenswelt geben.

Gegliedert ist das Buch in insgesamt elf Kapitel. Nach einer Einführung in die geschichtliche Entwicklung und Bedeutung der Umformtechnik werden die Einteilung und Benennung der Verfahren anhand von DIN 8580 beschrieben, an die sich metallkundliche und plastomechanische Grundlagen anschließen. Im Hauptteil werden die wichtigsten umformtechnischen und zerteilenden Fertigungstechniken erklärt, ergänzt durch Kapitel über das Mikroumformen, ausgewählte Sonderverfahren und Umformwerkzeuge. Ausführliche Literaturangaben ermöglichen dem Leser die Vertiefung der jeweiligen Fachgebiete.

Das Gelingen dieses Handbuches der Umformtechnik wäre ohne die engagierte Mitarbeit der Mitglieder der Arbeitsgemeinschaft Umformtechnik (AGU) sowie renommierter Fachleute aus Wissenschaft und Industrie nicht möglich gewesen. Wir danken den Autoren der einzelnen Beiträge für ihren großen Einsatz und die vertrauensvolle und kooperative Zusammenarbeit. Herrn Prof. Dr.-Ing. habil. Wolfgang Voelkner, Herrn Dr.-Ing. Eberhard Kunke, Frau Dipl.-Ing. Katrin Nothhaft und Herrn Dipl.-Ing. (FH) Peter Demmel gilt darüber hinaus unser ganz besonderer Dank für ihr ausdauerndes und gewissenhaftes Mitwirken bei der Koordination der Autoren und das Redigieren des gesamten Fachbuches. Des Weiteren danken wir Herrn Prof. Dr.-Ing. Walter Panknin sehr herzlich für seine intensive fachliche Unterstützung. Abschließend bedanken wir uns bei allen für den Carl Hanser Verlag tätigen Fachleuten für die gute Zusammenarbeit.

Chemnitz, Dresden und München, im August 2012

Reimund Neugebauer   Hartmut Hoffmann

Inhaltsverzeichnis

Vorwort des Gesamtherausgebers V

Vorwort der Bandherausgeber VII

Die Herausgeber XXV

Autorenverzeichnis XXVII

1 Einführung in die Umformtechnik 1
1.1 Geschichtliche Bedeutung 3
1.2 Einteilung und Benennungen 11

2 Grundlagen der Umformtechnik 27
2.1 Metallkundliche Grundlagen 29
    2.1.1 Aufbau der Metalle 29
    2.1.2 Formänderungsverhalten von Einkristallen 31
    2.1.2.1 Mechanismus der Formänderung am Idealkristall 32
    2.1.2.2 Theoretische und tatsächliche kritische Schubspannung 34
    2.1.2.3 Gitterfehler 34
    2.1.3 Formänderungs- und Festigkeitsverhalten von Vielkristallen 36
2.2 Plastomechanische Grundlagen 39
    2.2.1 Geometrische und kinematische Größen 39
    2.2.1.1 Formänderungen 39
    2.2.1.2 Volumenkonstanz 41
    2.2.1.3 Formänderungsgeschwindigkeit 42
    2.2.2 Mechanische Größen 43
    2.2.2.1 Spannungen 43
    2.2.2.2 Ideelle Umformkraft, Umformarbeit, Umformleistung 44
    2.2.2.3 Gleichgewichtsbedingung 44
    2.2.2.4 Fließbedingung 45
    2.2.2.5 Fließgesetz (Fließregel) 47
    2.2.2.6 Vergleichsformänderung und -geschwindigkeit 47
    2.2.3 Ermittlung umformspezifischer Prozessgrößen 48
    2.2.3.1 Einleitung 48
    2.2.3.2 Theoretische Methoden 49
    2.2.3.2.1 Methode der Umformarbeit 49
    2.2.3.2.2 Elementare Theorie (Streifenmethode) 50
    2.2.3.2.3 Gleitlinienmethode 52
    2.2.3.2.4 Schrankenmethode 53
    2.2.3.2.5 Finite Elemente Methode 54
    2.2.3.2.5.1 Besonderheiten bei der Abbildung umformtechnischer Prozesse 54

	2.2.3.2.5.2	Vorgehensweise	55
	2.2.3.2.5.2	Kalibrierung	59
	2.2.3.2.5.3	FE-Simulation von Massivumformprozessen	60
	2.2.3.3	Experimentelle Methoden	60
	2.2.3.3.1	Spannungsmessstift	61
	2.2.3.3.2	Profilblechmethode	61
	2.2.3.3.3	Druckmessfolie	62
	2.2.3.3.4	Methode der Visioplastizität	62
2.3	Fließkurven		66
	2.3.1	Definition der Fließkurve	66
	2.3.2	Einflussgrößen auf die Fließkurve	67
	2.3.2.1	Einfluss des Werkstoffs	67
	2.3.2.2	Einfluss der Umformgeschwindigkeit	68
	2.3.2.3	Einfluss der Temperatur	69
	2.3.3	Fließkurvenermittlung	69
	2.3.3.1	Zugversuch	70
	2.3.3.1.1	Zugversuch an Rundproben	70
	2.3.3.1.2	Zugversuch an Flachproben	71
	2.3.3.2	Stauchversuch	72
	2.3.3.2.1	Zylinderstauchversuch	72
	2.3.3.2.2	Schichtstauchversuch	73
	2.3.3.3	Hydraulischer Tiefungsversuch	74
	2.3.3.4	Torsionsversuch	75
	2.3.4	Vergleichende Bewertung der Verfahren zur Aufnahme von Fließkurven	75
2.4	Tribologie		77
	2.4.1	Grundlagen	77
	2.4.1.1	Tribologischer Kontakt	77
	2.4.1.2	Reibung	78
	2.4.1.2.1	Mathematische Beschreibung der Reibung	78
	2.4.1.2.2	Makroskopische und mikroskopische Reibmechanismen	79
	2.4.1.3	Verschleiß	80
	2.4.1.4	Schmierung	81
	2.4.1.4.1	Schmiermechanismen	81
	2.4.1.4.2	Schmierstoffeinteilung	81
	2.4.1.4.3	Schmierstoffträgerschichten	83
	2.4.1.5	Verschleißmindernde Hartstoffschichten	83
	2.4.2	Etablierte tribologische Systeme	84
	2.4.2.1	Tief- und Streckziehen	84
	2.4.2.2	Presshärten	85
	2.4.2.3	Kaltmassivumformung	86
	2.4.2.4	Halbwarm- und Warmmassivumformung	87
	2.4.3	Tribologische Prüfverfahren	87
	2.4.3.1	Prüfverfahren für die Blechumformung	88
	2.4.3.2	Prüfverfahren für die Massivumformung	89

2.5	Numerische Simulation in der Blechumformung	92
	2.5.1 Simulation und Kompensation der Rückfederung	94
	2.5.2 Simulation der Bauteileigenschaften nach dem Umformen	95

2.6 Systematischer Planungsprozess
zur anforderungsgerechten Auswahl des Fertigungsverfahrens 98

3 Druckumformen 107

3.1	Walzen	109
	3.1.1 Übersicht über die Walzverfahren	109
	3.1.2 Längswalzen von Flachprodukten	111
	3.1.2.1 Grundlagen und Berechnungsverfahren	111
	3.1.2.1.1 Geometrie des Walzspalts	111
	3.1.2.1.2 Kinematik im Walzspalt	112
	3.1.2.1.3 Spannungsverteilung im Walzspalt	113
	3.1.2.1.4 Walzkraft	114
	3.1.2.1.5 Drehmoment	115
	3.1.2.1.6 Breitung	116
	3.1.2.1.7 Greif- und Durchziehbedingung	117
	3.1.2.2 Wechselwirkung zwischen Maschine und Walzgut	118
	3.1.2.2.1 Walzenabplattung und Walzendurchbiegung	118
	3.1.2.2.2 Profil und Planheit	119
	3.1.2.2.3 Walzkraft/Banddicken-Schaubild	121
	3.1.2.3 Grundtypen der Walzgerüste	123
	3.1.2.3.1 Gerüstbauarten	124
	3.1.2.3.2 Gerüstaufbau	124
	3.1.2.3.3 Realisieren von Walzkraft und Abnahme	124
	3.1.2.3.4 Generieren von Walzmomenten und -geschwindigkeiten	125
	3.1.2.3.5 Energiebilanz und Tribologie des Walzspaltes	126
	3.1.2.3.6 Technologiepakete	126
	3.1.2.3.6.1 Technologiepakete zur Banddickenregelung	127
	3.1.2.3.6.2 Technologiepaket zur Profil- und Planheitsregelung	127
	3.1.2.4 Herstellung von Grobblech	129
	3.1.2.4.1 Allgemeines und Produkte	129
	3.1.2.4.2 Herstellung des Vormaterials	130
	3.1.2.4.3 Auslegung von Grobblechwalzwerken	131
	3.1.2.4.4 Grobblechwalzgerüste	131
	3.1.2.4.5 Prozessauslegung	132
	3.1.2.4.6 Adjustage und Qualitätskontrolle	134
	3.1.2.5 Herstellung von Warmband	135
	3.1.2.5.1 Allgemeines und Produkte	135
	3.1.2.5.1.1 Warmband (Warmbreitband)	135
	3.1.2.5.1.2 Warmbänder aus NE-Metallen	135
	3.1.2.5.3 Aufbau von Warmbandstraßen	136
	3.1.2.5.3.1 Ofenanlage und Vorstraße	136

3.1.2.5.3.2	Fertigstraße	138
3.1.2.5.2.3	Auslaufrollgang und Haspelanlage	139
3.1.2.5.2.4	Automation und Messsysteme	140
3.1.2.5.3	Anlagenkonzepte	142
3.1.2.5.4	Konventionelle Warmbandstraßen	142
3.1.2.5.5	Dünnbrammen-Gießwalzanlagen (CSP-Anlagen)	146
3.1.2.5.5.1	Aufbau und Funktion	146
3.1.2.5.5.2	Grundlegende Merkmale	147
3.1.2.5.5.3	Erzeugen dünner Warmbänder und Semi-Endloswalzen	148
3.1.2.5.5.4	Ausführungsformen von Dünnbrammen-Gießwalzanlagen	149
3.1.2.5.6	Steckelwalzwerke	149
3.1.2.5.6.1	Anlagentechnik	149
3.1.2.5.6.2	Technologische Hintergründe	150
3.1.2.5.6.3	Ausführungsformen von Steckelwalzwerken	150
3.1.2.5.7	Warmbandstraßen für Aluminiumwerkstoffe	150
3.1.2.5.8	Weiterverarbeitung von Warmband	152
3.1.2.6	Herstellung von Kaltband	153
3.1.2.6.1	Allgemeines und Produkte	153
3.1.2.6.2	Herstellung des Vormaterials	153
3.1.2.6.3	Kaltwalzen	154
3.1.2.6.4	Dressieren/Nachwalzen	155
3.1.2.6.5	Profil und Planheit	156
3.1.2.6.5.1	Allgemeines	156
3.1.2.6.5.2	Planheitsstellglieder	156
3.1.2.6.6	Weitere Zielgrößen	158
3.1.2.6.6.1	Qualitätsmerkmale und wesentliche Prozessparameter	158
3.1.2.6.6.2	Bandbreite	158
3.1.2.6.6.3	Enddicke	159
3.1.2.6.6.4	Oberflächenbeschaffenheit	159
3.1.2.6.6.5	Mechanische Eigenschaften	159
3.1.2.6.6.6	Auswahl des geeigneten Arbeitswalzendurchmessers/Gerüsttyps für die Kaltbandherstellung	159
3.1.2.6.7	Adjustage und Weiterverarbeitung	161
3.1.2.6.7.1	Glühen	161
3.1.2.6.7.2	Veredeln	161
3.1.2.6.7.3	Konfektionieren	162
3.1.2.7	Walzen von Blechen und Profilen mit belastungsangepasster Dickenverteilung	163
3.1.2.7.1	Motivation und Einordnung	163
3.1.2.7.2	Flexibles Walzen von Blechen mit in Längsrichtung variierender Blechdicke	163
3.1.2.7.2.1	Einführung	163
3.1.2.7.2.2	Technologische Aspekte des Flexiblen Walzens	163
3.1.2.7.2.3	Prozesskette und Anwendungen	164
3.1.2.7.3	Walzen von Bändern mit Dickenverteilung in Breitenrichtung	164
3.1.2.7.3.1	Einführung	164
3.1.2.7.3.2	Technologische Aspekte des Bandprofilwalzens	164
3.1.2.7.3.3	Prozessketten und Anwendungen	165

3.1.3	Längswalzen von Vollprofilen	166
3.1.3.1	Grundlagen und Berechnungsverfahren	166
3.1.3.1.1	Grundlegendes zum Profilwalzen	166
3.1.3.1.2	Klassifizierung und Beispiele für Kaliberarten	167
3.1.3.1.2.1	Neutrale Linie und arbeitender Walzendurchmesser	168
3.1.3.1.2.2	Äquivalenter Flachstich	170
3.1.3.1.2.2	Stofffluss	171
3.1.3.1.2.3	Berechnung des Kraft- und Arbeitsbedarfs	173
3.1.3.2	Herstellung von großen Profilen	176
3.1.3.2.1	Allgemeines und Produkte	176
3.1.3.2.2	Herstellung des Vormaterials	176
3.1.3.2.3	Walzen von großen Profilen	176
3.1.3.2.4	Adjustage und Weiterverarbeitung	179
3.1.3.3	Herstellung von Stäben und Drähten	179
3.1.3.3.1	Allgemeines und Produkte	179
3.1.3.3.2	Herstellung des Vormaterials	179
3.1.3.3.3	Walzen von Stäben und Drähten	180
3.1.3.3.4	Adjustage und Weiterverarbeitung	181
3.1.4	Schräg- und Längswalzen von Rohren	182
3.1.4.1	Allgemeines / Nahtlose Rohre	182
3.1.4.2	Herstellung des Vormaterials	182
3.1.4.3	Lochen durch Schrägwalzen	183
3.1.4.4	Walzverfahren und Fertigungslininen	184
3.1.4.4.1	Pilgerstraße	184
3.1.4.4.2	Stopfenstraße	185
3.1.4.4.3	Rohrkontistraße	185
3.1.4.4.4	Stoßbankverfahren (CPE, TPE)	186
3.1.4.4.5	Asseln	186
3.1.4.4.6	Schmieden	186
3.1.5	Ringwalzen	187
3.1.5.1	Berechnungen und Grundlagen	187
3.1.5.1.1	Mittlere radiale und axiale Auslaufgeschwindigkeit	187
3.1.5.1.2	Kontinuitätsbedingung	188
3.1.5.1.3	Symmetriebedingung	188
3.1.5.1.4	Kopplung der Kinematik und Formänderung im Radial- und Axialwalzspalt	188
3.1.5.1.5	Umformzonengeometrie	188
3.1.5.1.6	Radialwalzspalt	188
3.1.5.1.7	Axialwalzspalt	189
3.1.5.2	Herstellung von gewalzten Ringen	189
3.1.5.2.1	Herstellung des Vormaterials	189
3.1.5.2.2	Verfahrensprinzipien	190
3.1.5.2.3	Walzstrategien und Prozessführung	190
3.1.5.2.4	Radial-Axial-Ringwalzmaschine	192
3.1.5.2.5	Radial-Ringwalzmaschinen (RICA)	193
3.1.5.2.6	Mehrdorn-Ringwalzmaschine (MERW)	194
3.1.5.2.7	Adjustage und Weiterverarbeitung	194
3.1.6	Einstellung der Gefügeeigenschaften beim Warm- und Kaltwalzen	196
3.1.6.1	Werkstofftechnische Zielstellung der Umformung	196

	3.1.6.2	Gefügeausbildung bei der Umformung	196
	3.1.6.2.1	Umformbedingte Struktur- und Gefügeänderungen	197
	3.1.6.2.2	Thermisch aktivierte Gefügebildungsvorgänge	198
	3.1.6.3	Gefüge- und Eigenschaftsbeeinflussung beim Umformen	199
	3.1.6.3.1	Warmwalzen gegossener Vormaterialien	199
	3.1.6.3.2	Thermomechanische Behandlung zur kontrollierten Gefügeentwicklung	200
	3.1.6.3.3	Eigenschaftsänderung durch Kaltumformen	205
3.2	Freiformschmieden		208
	3.2.1	Einführung	208
	3.2.2	Stauchen	210
	3.2.2.1	Verfahrensprinzip	210
	3.2.2.2	Theoretische Grundlagen	211
	3.2.2.2.1	Globale Formänderungen	211
	3.2.2.2.2	Lokale Formänderungen	212
	3.2.2.2.3	Umformkraft und Umformarbeit	212
	3.2.3	Recken	215
	3.2.3.1	Verfahrensprinzip	215
	3.2.3.2	Theoretische Grundlagen	217
	3.2.3.2.1	Globale Formänderungen	217
	3.2.3.2.2	Lokale Formänderungen	218
	3.2.3.2.3	Stofffluss	218
	3.2.3.2.4	Umformkraft und Umformarbeit	219
	3.2.3.2.5	Schmiedestrategien	221
	3.2.4	Weitere Prozessschritte	223
	3.2.4.1	Verschieben	224
	3.2.4.2	Verdrehen	225
	3.2.4.3	Trennen	226
	3.2.4.3.1	Abtrennen	226
	3.2.4.3.2	Lochen	228
	3.2.5	Prozessketten	229
	3.2.5.1	Allgemeines	229
	3.2.5.2	Fertigung von Hohlzylindern, Ringen und Scheiben	230
	3.2.5.3	Fertigung von Kurbelwellen und abgesetzten Wellen	233
	3.2.5.3.1	Fertigung von Kurbelwellen	233
	3.2.5.3.2	Fertigung von abgesetzten Wellen	236
	3.2.6	Maschinen und Anlagen	238
	3.2.6.1	Übersicht	238
	3.2.6.2	Hämmer	238
	3.2.6.3	Hydraulische Pressen	239
	3.2.6.4	Mechanische Pressen	242
3.3	Gesenkschmieden		244
	3.3.1	Geschichtliche Entwicklung	244
	3.3.2	Bedeutung des Gesenkschmiedens	244
	3.3.3	Übersicht der Verfahren	245
	3.3.3.1	Allgemeines	245
	3.3.3.2	Gesenkformen mit teilweise umschlossenem Werkstück	245
	3.3.3.3	Gesenkformen mit ganz umschlossenem Werkstück	245

3.3.4	Berechnungsverfahren	246
3.3.4.1	Allgemeines	246
3.3.4.2	Formänderungszustand	247
3.3.4.3	Spannungszustand	247
3.3.4.4	Umformkraft	249
3.3.4.5	Umformarbeit	251
3.3.4.6	Werkstücktemperatur	252
3.3.5	Werkstoffe für das Gesenkschmieden	253
3.3.5.1	Werkstoffarten	253
3.3.5.2	Umformverhalten	253
3.3.6	Gesenkschmieden mit Grat	255
3.3.6.1	Trennen	255
3.3.6.1.1	Scheren	256
3.3.6.1.2	Sägen	256
3.3.6.2	Wärmen	257
3.3.6.2.1	Öfen	257
3.3.6.2.2	Erwärmungsanlagen	257
3.3.6.2.3	Verzunderung	258
3.3.6.2.4	Randentkohlung	259
3.3.6.3	Entzundern	260
3.3.6.4	Umformen	261
3.3.6.4.1	Massenverteilung	261
3.3.6.4.2	Biegen	263
3.3.6.4.3	Querschnittsvorbildung und Endformung	264
3.3.6.5	Abgraten und Lochen	265
3.3.6.6	Nachformen	267
3.3.6.7	Wärmebehandeln	268
3.3.6.8	Oberflächennachbehandeln	269
3.3.6.8.1	Strahlen	269
3.3.6.8.2	Rollen	271
3.3.7	Sonstige Verfahren	271
3.3.7.1	Gesenkschmieden ohne Grat	271
3.3.7.2	Genau- und Präzisionsschmieden	272
3.3.7.3	Halbwarmschmieden	273
3.3.7.4	Pulverschmieden	274
3.3.7.5	Thixoschmieden	276
3.3.8	Werkzeuge zum Gesenkformen	277
3.3.8.1	Werkzeugarten	277
3.3.8.2	Gestaltung der Werkzeuge	278
3.3.8.3	Werkzeugwerkstoffe	281
3.3.8.4	Fertigung der Werkzeuge	282
3.3.8.5	Beanspruchungen der Werkzeuge	283
3.3.8.6	Werkzeugschäden	284
3.3.8.7	Maßnahmen zur Verminderung von Werkzeugschäden	285
3.3.8.7.1	Allgemeines	285
3.3.8.7.2	Werkzeugtemperaturen	287
3.3.8.7.3	Kühlung und Schmierung der Werkzeuge	288
3.3.8.7.4	Kühlmittel	289

	3.3.8.7.5	Schmierstoffe	290
	3.3.8.7.6	Treibmittel	292
	3.3.8.8	Standmengen der Werkzeuge	292
	3.3.9	Maschinen zum Gesenkschmieden	295
	3.3.9.1	Weggebundene Maschinen	295
	3.3.9.1.1	Exzenter- und Kurbelpressen	295
	3.3.9.1.2	Waagerecht-Schmiedemaschinen	296
	3.3.9.1.3	Walzmaschinen	296
	3.3.9.2	Kraftgebundene Maschinen	298
	3.3.9.3	Energiegebundene Maschinen	298
	3.3.9.3.1	Hämmer	299
	3.3.9.3.2	Spindelpressen	300
	3.3.9.4	Kenngrößen von Gesenkschmiedemaschinen	301
3.4	Eindrücken		310
	3.4.1	Eindrücken mit geradliniger Bewegung	310
	3.4.1.1	Eindrücken mit geradliniger Bewegung ohne Gleiten	310
	3.4.1.2	Eindrücken mit geradliniger Bewegung mit Gleiten	312
	3.4.2	Eindrücken mit umlaufender Bewegung	313
	3.4.2.1	Eindrücken mit umlaufender Bewegung ohne Gleiten	313
	3.4.2.2.	Eindrücken mit umlaufender Bewegung mit Gleiten	313
	3.4.3	Beispiele	314
	3.4.3.1	Münzherstellung	314
	3.4.3.2	Kalteinsenken	315
3.5	Durchdrücken		318
	3.5.1	Fließpressen	318
	3.5.1.1	Geschichtliche Entwicklung und Übersicht	318
	3.5.1.2	Fließpressen mit quasistationärem Werkstofffluss	320
	3.5.1.2.1	Werkstofffluss	320
	3.5.1.2.2	Formänderungen	321
	3.5.1.2.3	Spannungen	321
	3.5.1.2.4	Kräfte	322
	3.5.1.2.5	Optimaler Matrizenöffnungswinkel	325
	3.5.1.3	Fließpressen mit instationärem Werkstofffluss	325
	3.5.1.3.1	Werkstofffluss	326
	3.5.1.3.2	Formänderungen	327
	3.5.1.3.3	Spannungen	328
	3.5.1.3.4	Kräfte	328
	3.5.1.3.5	Querfließpressen	330
	3.5.1.4	Sonderverfahren	332
	3.5.1.4.1	Halbwarmfließpressen	332
	3.5.1.4.2	Kaltgesenkschmieden	334
	3.5.1.4.3	Fließpressen mit Wirkmedien, hydrostatisches Fließpressen	334
	3.5.1.4.4	Inkrementelle Verfahren	335
	3.5.1.5	Verfahrensfolgen und Verfahrenskombinationen	335
	3.5.1.6	Präzisionsfließpressen (Near Net Shape und Net Shape Forging)	337
	3.5.1.7	Werkstoffe	339

3.5.1.7.1	Stahlwerkstoffe	339
3.5.1.7.2	Nichteisenmetalle	341
3.5.1.8	Werkstückformen	341
3.5.1.8.1	Allgemeine Gestaltungsmerkmale	341
3.5.1.8.2	Verfahrensbedingte Gestaltungsmerkmale	343
3.5.1.9	Rohteilfertigung	344
3.5.1.9.1	Halbzeug	344
3.5.1.9.2	Herstellung von Zuschnitten	344
3.5.1.10	Glühen	346
3.5.1.10.1	Glühen von Stahlwerkstoffen	346
3.5.1.10.2	Glühen von Nichteisenmetallen	347
3.5.1.11	Oberflächenbehandlung und Schmierung	347
3.5.1.11.1	Oberflächenbehandlung von Rohteilen aus Stahlwerkstoffen	347
3.5.1.11.2	Oberflächenbehandlung von Rohteilen aus Nichteisenmetallen	350
3.5.1.11.3	Oberflächenrauheit und Werkzeugverschleiß	350
3.5.1.12	Arbeitsgenauigkeit und Qualitätssicherung	350
3.5.1.12.1	Arbeitsgenauigkeit	350
3.5.1.12.2	Qualitätssicherung	352
3.5.1.13	Festlegen der Fertigungsfolge	353
3.5.1.14	Werkzeuge	355
3.5.1.14.1	Werkzeuggestaltung	357
3.5.1.14.2	Auslegung von Fließpresswerkzeugen	364
3.5.1.14.3	Werkzeugwerkstoffe	368
3.5.1.14.4	Schließvorrichtungen	371
3.5.1.15	Maschinen zum Fließpressen	372
3.5.1.15.1	Hydraulische Pressen	373
3.5.1.15.2	Mechanische Pressen	374
3.5.1.15.3	Ein- und Mehrstufenpressen	376
3.5.1.16	Wirtschaftlichkeit	379
3.5.2	Verjüngen	388
3.5.2.1	Allgemeines	388
3.5.2.2	Verfahren des Verjüngens	388
3.5.2.3	Grundlagen des Verjüngens	389
3.5.2.4	Werkzeuge und Maschinen zum Verjüngen	391
3.5.3	Strangpressen	393
3.5.3.1	Einleitung	393
3.5.3.2	Strangpressverfahren	394
3.5.3.2.1	Allgemeines	394
3.5.3.2.2	Direktes Strangpressen	395
3.5.3.2.3	Indirektes Strangpressen	396
3.5.3.2.4	Hydrostatisches Strangpressen	397
3.5.3.3	Kraftverlauf und Leistungsbilanz	398
3.5.3.4	Werkstofffluss beim Strangpressen	402
3.5.3.4.1	Fließtypen beim Strangpressen	402
3.5.3.4.2	Analyse des Werkstoffflusses beim Strangpressen	403
3.5.3.5	Werkstoffe	405
3.5.3.5.1	Aluminium	405

	3.5.3.5.2	Magnesium	415
	3.5.3.5.3	Kupfer	416
	3.5.3.5.4	Stahl	417
	3.5.3.6	Werkzeuge und Anlagen	419

4 Zugdruckumformen 433

4.1 Durchziehen
- 4.1.1 Gleitziehen 435
- 4.1.1.1 Verfahrensvarianten 435
- 4.1.1.2 Berechnungsgrundlagen 436
- 4.1.1.3 Anwendungsaspekte 438
- 4.1.2 Walzziehen 442
- 4.1.3 Werkzeugloses Ziehen 442

4.2 Tiefziehen 444
- 4.2.1 Verfahrensübersicht 444
- 4.2.2 Tiefziehen im Erstzug 445
- 4.2.2.1 Verfahrensbeschreibung 445
- 4.2.2.2 Spannungen 445
- 4.2.2.3 Ziehverhältnis, Grenzziehverhältnis 446
- 4.2.2.4 Ziehspalt, Bauteilwanddicke 448
- 4.2.2.5 Kräfte, Arbeitsbedarf für das Tiefziehen 448
- 4.2.2.6 Anisotropiekennwerte von Blechwerkstoffen 451
- 4.2.2.7 Versagensarten, Versagensgrenzen 453
- 4.2.2.8 Tiefziehen ohne Blechhalter 456
- 4.2.2.9 Grenzformänderungsdiagramm 456
- 4.2.3 Tiefziehen im Weiterzug 459
- 4.2.3.1 Verfahrensbeschreibung Weiterzug 459
- 4.2.3.2 Auslegung, Stadienpläne für mehrstufige Tiefziehprozesse 460
- 4.2.3.3 Zuschnittsermittlung/ Form und Größe der Platine 462
- 4.2.4 Stülpziehen 463
- 4.2.5 Das Tiefziehen von nicht-rotationssymmetrischen Werkstücken 464
- 4.2.5.1 Spannungsverhältnisse im Werkstück 464
- 4.2.5.2 Platinenform 465
- 4.2.5.3 Reibung zwischen Platine und Ziehrahmen 466
- 4.2.5.4 Schmierstoffe für das Tiefziehen 466
- 4.2.5.5 Ziehsicken und Ziehwulste 468
- 4.2.5.6 Tuschieren 470
- 4.2.5.7 Konstruktive Gestaltung der Blechhalter 472
- 4.2.5.8 Qualität von Blechformteilen 474
- 4.2.6 Hydroumformung 479
- 4.2.6.1 Verfahrensübersicht 479
- 4.2.6.2 Hydraulisches Tiefen 480
- 4.2.6.3 Hydromechanisches Tiefziehen 482
- 4.2.6.4 Hochdruckblechumformung (HBU) 486
- 4.2.6.5 Umformen mit Membran 488
- 4.2.6.6 Doppelblechumformung 489

	4.2.6.7	Pressen für die Hydroumformung	492
	4.2.7	Warmumformung borlegierter Blechwerkstoffe (Presshärten)	496
	4.2.7.1	Einsatzgebiete	496
	4.2.7.2	Verfahrensbeschreibung	496
	4.2.7.3	Blechwerkstoffe für das Presshärten	498
	4.2.7.4	Temperaturführung	499
	4.2.7.5	Die konstruktive Gestaltung von Umformwerkzeugen für das Presshärten	500
	4.2.7.6	Vor- und Nachteile der Warmumformung	501
	4.2.8	Werkzeuge für die Blechumformung	501
	4.2.8.1	Werkzeugarten	501
	4.2.8.2	Entwicklung und Konstruktion von Folgeverbundwerkzeugen	504
	4.2.8.3	Entwicklung und Konstruktion von Einzelwerkzeugen für den Karosseriebau	504
	4.2.8.4	Rückfederung	510
	4.2.8.5	Prototypwerkzeuge	512
	4.2.8.6	Werkzeugwerkstoffe für Serienwerkzeuge	513
	4.2.8.7	Oberflächenbehandlung	516
	4.2.8.8	Beschichtung von Werkzeugen bzw. Einsätzen	516
	4.2.9	Werkzeugmaschinen zum Tiefziehen	518
4.3	Kragenziehen		528
	4.3.1	Einführung	528
	4.3.2	Verfahrensprinzip	529
	4.3.3	Theoretische Grundlagen	530
	4.3.4	Verfahrensprinzip des Kragenziehens bei Rohren	534
4.4	Drücken		536
	4.4.1	Einführung	536
	4.4.2	Verfahrensprinzip	536
	4.4.3	Anwendungsbeispiele	538
4.5	Knickbauchen		540
	4.5.1	Einführung	540
	4.5.2	Verfahrensprinzip	540
	4.5.3	Anwendungsbeispiele	541
4.6	Innenhochdruck – Umformen (IHU)		541
	4.6.1	Innenhochdruck-Verfahren	541
	4.6.2	Innenhochdruck-Umformen	542
	4.6.2.1	Verfahrensablauf beim Innenhochdruck-Umformen	542
	4.6.2.2	Phasen beim Innenhochdruck-Umformprozess	543
	4.6.2.3	Arbeitsdiagramm	543
	4.6.2.4	Versagen durch Bersten	544
	4.6.2.5	Auslegung von IHU-Prozessen	545
	4.6.2.6	IHU-Werkzeuge	548
	4.6.2.7	IHU-Anlagen	548
	4.6.2.8	Bauteile	549
	4.6.3	Innenhochdruck-Trennen	550
	4.6.4	Innenhochdruck-Fügen	550
	4.6.5	Verfahrenserweiterungen	551

5 Zugumformen 553

5.1 Längen 555
- 5.1.1 Strecken 555
- 5.1.2 Streckrichten 555

5.2 Weiten 557
- 5.2.1 Weiten mit Werkzeugen 557
- 5.2.2 Weiten mit Wirkmedien 559
- 5.2.2.1 Weiten bei kraftgebundener Wirkung 559
- 5.2.2.2 Weiten bei energiegebundener Wirkung 560
- 5.2.3 Weiten mit Wirkenergie 561

5.3 Tiefen 562
- 5.3.1 Streckziehen 562
- 5.3.2 Hohlprägen mit starren Werkzeugen 566
- 5.3.3 Hohlprägen mit nachgiebigen Werkzeugen 566
- 5.3.4 Tiefen mit Wirkmedien 568
- 5.3.4.1 Tiefen bei kraftgebundener Wirkung 568
- 5.3.4.2 Tiefen mittels Wirkmedien bei energiegebundener Wirkung 568
- 5.3.5 Tiefen mit Wirkenergie 569

6 Biegeumformen 571

6.1 Einleitung 573

6.2 Grundlagen des Biegens anhand der elementaren Biegetheorie 576
- 6.2.1 Annahmen der elementaren Biegetheorie 576
- 6.2.2 Berechnung der Dehnungen, Spannungen und Biegemomente 578
- 6.2.3 Berechnung der Rückfederung 579
- 6.2.4 Einfluss- und Störgrößen 582

6.3 Blechbiegen 583
- 6.3.1 Frei- und Gesenkbiegen 584
- 6.3.2 Schwenkbiegen 589
- 6.3.3 Walzrunden 591
- 6.3.4 Walzprofilieren 594

6.4 Rohr- und Profilbiegen 595
- 6.4.1 Anwendungsgebiete von gebogenen Profilen 595
- 6.4.2 Einflussparameter beim Rohr- und Profilbiegen 595
- 6.4.3 Fertigungsfehler und Versagensfälle beim Profilbiegen 597
- 6.4.4 Klassifizierung der Rohr- und Profilbiegeverfahren 598
- 6.4.5 Formgebundene Profilbiegeverfahren 600
- 6.4.6 Profilbiegeverfahren mit kinematischer Definition der Biegekontur 602

7 Schubumformen 607

7.1 Einleitung 609

7.2 Verschieben 609

7.3	Verdrehen	612

8 Mikroumformen 615

8.1	Einordung und Grundlagen	617
	8.1.1 Definitionen und Abgrenzung	617
	8.1.2 Kategorien von Größeneffekten	619
	8.1.3 Größeneffekte bei der Festigkeit	622
	8.1.4 Größeneffekt bei der Tribologie	624
	8.1.5 Größeneffekt beim Formänderungsverhalten	626
8.2	Mikro-Massivumformung	628
	8.2.1 Stoffanhäufen	628
	8.2.2 Fließpressen	629
	8.2.3 Stoffverdrängen	630
8.3	Mikro-Blechumformung	631
	8.3.1 Biegen	631
	8.3.2 Streckziehen	632
	8.3.3 Tiefziehen	632

9 Sonderverfahren 637

Überblick zu Kapitel 9		639
9.1	Umformen mit speziellen physikalischen Effekten	639
	9.1.1 Hochgeschwindigkeitsumformung	639
	9.1.1.1 Verfahrensbeschreibung	639
	9.1.1.2 Vor- und Nachteile	640
	9.1.1.3 Anwendungsbeispiele	641
	9.1.1.4 Anlagentechnik	643
	9.1.2 Umformung mit lokalem Wärmeeintrag	646
	9.1.2.1 Wärmeeintrag mit Laser	646
	9.1.2.2 Wärmeeintrag durch Reibung (Reib-Drücken)	648
	9.1.3 Umformen mit Schwingungsüberlagerung	649
9.2	Hochflexible Umformverfahren	652
	9.2.1 Grundlagen	652
	9.2.2 Blechumformung	653
	9.2.2.1 Inkrementelle Blechumformung	654
	9.2.2.2 Flexibles Biegen	656
	9.2.2.2.1 Verfahrensübersicht	656
	9.2.2.2.2 Verfahrensbeschreibung	656
	9.2.2.2.3 Anlagentechnik	656
	9.2.3 Massivumformung	658
	9.2.3.1 Taumelpressen, Axialgesenkwalzen	658
	9.2.3.2 Rundkneten	662
	9.2.3.3 Bohrungsdrücken	665
	9.2.3.4 Profilwalzen	670
	9.2.3.4.1 Verfahrensübersicht	670

	9.2.3.4.2	Verfahrensbeschreibung ... 671
	9.2.3.4.3	Theoretische Grundlagen ... 673
	9.2.3.4.4	Anwendung ... 675
	9.2.3.4.5	Anlagentechnik ... 675

10 Zerteilen ... 677

10.1 Allgemeines und Verfahrensübersicht ... 679

10.2 Normalschneiden (Einfaches Scherschneiden) ... 681
    10.2.1 Verfahrensablauf ... 681
    10.2.2 Schnittflächenkenngrößen ... 683
    10.2.3 Schneidkraft und Schneidarbeit ... 685
    10.2.3.1 Schneidkraftberechnung ... 685
    10.2.3.2 Einflussgrößen auf die Schneidkraft ... 686
    10.2.3.3 Schneidkraft-Weg-Verlauf ... 687
    10.2.4 Verschleiß ... 689
    10.2.5 Werkzeuge zum Normalschneiden ... 692
    10.2.6 Sonderverfahren ... 695
    10.2.6.1 Knabberschneiden (Nibbeln) ... 695
    10.2.6.2 Rotationsschneiden ... 695
    10.2.7.3 Mechanisches Hochgeschwindigkeitsscherschneiden (HGSS) ... 697
    10.2.6.4 Impulsmagnetschneiden ... 697

10.3 Präzisionsschneidverfahren ... 699
    10.3.1 Feinschneiden ... 699
    10.3.1.1 Grundlagen des Feinschneidens ... 700
    10.3.1.2 Verfahrensablauf ... 700
    10.3.1.3 Schnittflächenqualitäten ... 701
    10.3.1.4 Verfahrensmerkmale ... 702
    10.3.1.5 Berechnung der Kräfte ... 704
    10.3.1.6 Schnittteilgestaltung und Bauteilwerkstoffe ... 705
    10.3.1.7 Werkzeuge zum Feinschneiden ... 707
    10.3.1.8 Angepasste/Adaptierte Verfahren ... 710
    10.3.2. Nachschneiden ... 712
    10.3.2.1 Verfahrensablauf ... 713
    10.3.2.2 Verfahrensmerkmale und Schnittflächenqualitäten ... 714
    10.3.2.3 Bauteilwerkstoffe ... 717
    10.3.2.4 Berechnung der Kräfte und Pressentechnik ... 717
    10.3.3 Fließlochen/Fließausschneiden ... 718
    10.3.3.1 Verfahrensablauf und -merkmale ... 718
    10.3.3.2 Pressentechnik ... 720
    10.3.4 Konterschneiden ... 720
    10.3.4.1 Verfahrensablauf und -merkmale ... 720
    10.3.4.2 Schnittflächenqualität ... 722
    10.3.5 Stauchschneiden ... 723

	10.3.5.1	Verfahrensablauf	723
	10.3.5.2	Werkstoffe und Schnittflächenqualität	724
	10.3.6	Schneiden mit negativem Schneidspalt	725
10.4	Maschinen zum Zerteilen		726

11 Werkzeuge der Umformtechnik 731

11.1	Die Branche Werkzeugbau		733
11.2	Werkzeugarten		733
	11.2.1	Einteilung nach Verfahren	734
	11.2.1.1	Ziehen	734
	11.2.1.2	Beschneiden	734
	11.2.1.3	Nachformen/Weiterformen	735
	11.2.2	Einteilung nach Einsatzart	736
	11.2.2.1	Prototypenwerkzeuge	736
	11.2.2.2	Versuchswerkzeuge	737
	11.2.2.3	Großserienwerkzeuge	737
	11.2.2.4	Kleinserienwerkzeuge	738
11.3	Werkzeuganfertigung		738
	11.3.1	Designanalyse	738
	11.3.2	Machbarkeit	739
	11.3.3	Methodenplanung	740
	11.3.3.1	Fertigungsfolgen	740
	11.3.3.2	Umformsimulation	741
	11.3.3.3	Fräsfertige 3D-Methode und Wirkflächenerstellung	742
	11.3.4	Konstruktion	743
	11.3.4.1	Konstruktionsphasen	743
	11.3.4.2	Standards	744
	11.3.4.3	Arbeitsvorbereitung	745
	11.3.5	Gießmodell/Guss	745
	11.3.6	Mechanische Bearbeitung	746
	11.3.6.1	Programmerstellung	747
	11.3.6.2	Grundbearbeitung	747
	11.3.6.3	Formbearbeitung	747
	11.3.6.4	Bearbeitungsstrategien	748
	11.3.7	Werkzeugaufbau/-montage	749
	11.3.7.1	Inbetriebnahme, Einarbeitsprozess	749
	11.3.7.2	Qualitätsprozess	750
	11.3.8	Serienbetrieb	752
11.4	Spezialwerkzeuge		752
	11.4.1	Werkzeuge zum Umformen von Aluminium	752
	11.4.2	Werkzeuge zum Presshärten	753

Die Herausgeber

Gesamtherausgeber

Prof. Dr. h. c. mult. Dr.-Ing. E. h. Dr.-Ing. Günter Spur

Professor Günter Spur, geboren am 28. Oktober 1928 in Braunschweig, ist emeritierter Professor der Technischen Universität Berlin. Nach seinem Studium an der Technischen Hochschule Braunschweig und mehrjähriger Tätigkeit als Assistent und Oberingenieur am Institut für Werkzeugmaschinen und Fertigungstechnik wirkte er mehrere Jahre in leitender Funktion bei der Gildemeister AG, Bielefeld. Ab 1965 leitete Professor Spur über Jahrzehnte das Institut für Werkzeugmaschinen und Fabrikbetrieb der TU Berlin sowie das Fraunhofer-Institut für Produktionsanlagen und Konstruktionstechnik. In der Zeit von 1991 bis 1996 war er Gründungsrektor der Brandenburgischen Technischen Universität Cottbus. Professor Spur hat bedeutende Beiträge zur Produktionswissenschaft geleistet – vor allem auf den Gebieten der Werkzeugmaschinen und der Fertigungstechnik, des Fabrikbetriebes sowie der rechner-integrierten Produktion und Automatisierung. Über 1.000 Zeitschriften- und Buchveröffentlichungen sowie zahlreiche Vorträge im In- und Ausland sind Bestandteil seiner Forschungsarbeiten. Günter Spur ist Mitglied in zahlreichen wissenschaftlichen Institutionen und Akademien. Seine Verdienste als Wissenschaftler und Hochschullehrer wurden auch international durch hohe Auszeichnungen und Ehrungen gewürdigt.

Bandherausgeber

Prof. Dr.-Ing. Hartmut Hoffmann

Professor Hartmut Hoffmann, 1942 in Berlin geboren, studierte Maschinenbau an der Technischen Universität Berlin, wo er 1973 promovierte. Von 1968 bis 1978 war er in leitender Tätigkeit bei der L. Schuler GmbH, Göppingen. Ab 1977 übernahm er die Professur für Umformtechnik, spanlose Werkzeugmaschinen und Werkzeuge an der Fachhochschule Heilbronn. Weiterhin war er, verantwortlich für Bereiche der Forschung und Entwicklung, bei der L. Schuler GmbH tätig. 1994 erhielt er den Ruf als Ordinarius des Lehrstuhls für Umformtechnik und Gießereiwesen (utg) an die Technische Universität München, den er bis 2011 leitete. Er ist seit 2012 Geschäftsführer der Entwicklungsgesellschaft für Umformtechnik und Gießereiwesen mbH, die von ihm 1998 gegründet wurde. Prof. Hoffmann ist Mitglied der Arbeitsgemeinschaft Umformtechnik (AGU), der Wissenschaftlichen Gesellschaft für Produktionstechnik e.V. (WGP), der Internationalen Akademie für Produktionstechnik (CIRP) und der Deutschen Akademie der Technikwissenschaften (acatech). Ferner ist er als Vorstand, Aufsichtsrat und Beirat für Verbände und Unternehmen tätig.

Prof. Dr.-Ing. habil. Prof. E. h. Dr.-Ing. E. h. Dr. h. c. Reimund Neugebauer

Professor Reimund Neugebauer wurde am 27. Juni 1953 in Thüringen geboren. Er studierte Maschinenbau an der Technischen Universität Dresden, wo er 1984 promovierte und 1989 habilitierte. Nach leitender Tätigkeit in der Industrie wurde er 1989 als Hochschullehrer an die TU Dresden berufen. Seit 1992 ist er Institutsleiter des Fraunhofer-Institutes für Werkzeugmaschinen und Umformtechnik IWU mit Standorten in Chemnitz und Dresden. 1993 erhielt er einen Ruf als Ordinarius für Werkzeugmaschinenkonstruktion und Umformtechnik an die TU Chemnitz und seit 2000 ist er geschäftsführender Direktor des Universitätsinstitutes für Werkzeugmaschinen und Produktionsprozesse. Prof. Neugebauer ist Mitglied der Arbeitsgemeinschaft Umformtechnik (AGU), Aktives Mitglied (Fellow) der Internationalen Akademie für Produktionstechnik (CIRP) und Mitglied der Deutschen Akademie der Technikwissenschaften (acatech). Von 2010 bis 2011 war er Präsident der Wissenschaftlichen Gesellschaft für Produktionstechnik e.V. (WGP) und hat seit dem 1. Januar 2012 das Amt des Vizepräsidenten inne.

Autorenverzeichnis

Dr.-Ing. Egon Ambaum, Schmiedetechnik Plettenberg.

Prof. Dr.-Ing. habil. Dipl.-Math. Birgit Awiszus, Inhaberin der Professur Virtuelle Fertigungstechnik, Technische Universität Chemnitz.

Dr.-Ing. Dirk Becker, Wissenschaftlicher Mitarbeiter am Institut für Umformtechnik und Leichtbau, Technische Universität Dortmund.

Prof. Dr.-Ing. Bernd-Arno Behrens, Leiter des Instituts für Umformtechnik und Umformmaschinen, Leibniz Universität Hannover.

Dipl.-Ing. Christian Bolay, Wissenschaftlicher Mitarbeiter am Institut für Umformtechnik, Universität Stuttgart.

Dipl.-Ing. Michael Büsch, SMS Meer GmbH.

Dr.-Ing. habil. Sami Chatti, Oberingenieur Lehre am Institut für Umformtechnik und Leichtbau, Technische Universität Dortmund.

Dipl.-Ing. (FH) Peter Demmel, Wissenschaftlicher Mitarbeiter am Lehrstuhl für Umformtechnik und Gießereiwesen, Technische Universität München.

Prof. Dr.-Ing. E. Doege †, ehemals Leiter des Instituts für Umformtechnik und Umformmaschinen, Leibniz Universität Hannover.

Prof. Dr.-Ing. Bernd Engel, Inhaber des Lehrstuhls für Umformtechnik, Universität Siegen.

Dr.-Ing. Heinz Feldmann †, ehemals SMS Schloemann-Siemag, Düsseldorf.

Dr.-Ing. Jan Filzek, Geschäftsführer FILZEK TRIBOtech, Mühltal, Deutschland.

Dipl.-Ing. Annika Foydl, Wissenschaftliche Mitarbeiterin am Institut für Umformtechnik und Leichtbau, Technische Universität Dortmund.

Prof. Dr.-Ing. Dr.-Ing. E.h. Rolf Geiger, Geschäftsführer i.R. ThyssenKrupp Presta AG, Eschen Fürstentum Liechtenstein,, Honorarprofessor am Karlsruher Institut für Technologie (ehemals Universität Karlsruhe TH), Lehrgebiet Umformtechnik (1977-2010).

Dr.-Ing. Roland Glaß, Wissenschaftlicher Mitarbeiter am Fraunhofer-Institut für Werkzeugmaschinen und Umformtechnik, IWU Chemnitz/Dresden.

Dr.-Ing. Gert Goldhahn, Wissenschaftlicher Mitarbeiter im Institut für Metallformung, TU Bergakademie Freiberg.

Dr.-Ing. Roland Golle, Oberingenieur am Lehrstuhl für Umformtechnik und Gießereiwesen, Technische Universität München.

Prof. Dr.-Ing. Dipl.-Wirtsch.-Ing. Peter Groche, Leiter des Instituts für Produktionstechnik und Umformmaschinen, Technische Universität Darmstadt.

Dipl.-Wirt.-Ing. M. Haase, Wissenschaftlicher Mitarbeiter am Institut für Umformtechnik und Leichtbau, Technische Universität Dortmund.

Dipl.-Ing. Sebastian Härtel, Professur Virtuelle Fertigungstechnik, wissenschaftlicher Mitarbeiter, Technische Universität Chemnitz.

Dr.-Ing. Hans Peter Heil, ehemals Hauptbetriebsleiter, Schmiedebetriebe und Zentralvergüterei, Thyssen Henrichshütte AG, Hattingen.

Dr.-Ing. Udo Hellfritzsch, Leiter der Abteilung Kaltmassiv-/Präzisionsumformung,, Fraunhofer Institut für Werkzeugmaschinen und Umformtechnik IWU Chemnitz/Dresden.

Prof. Dr.-Ing. habil. Arno Hensel, Institut für Metallformung, TU Bergakademie Freiberg.

Dr.-Ing. Thomas Bernhard Herlan, Geschäftsführender Gesellschafter HERLANCO GmbH international metalworking network, Karlsruhe; Lehrbeauftragter am Karlsruher Institut für Technologie KIT, Lehrgebiet Umformtechnik.

Dipl.-Ing. Matthias Hermes, Leiter der Abteilung Biegeumformung des Instituts für Umformtechnik und Leichtbau, Technische Universität Dortmund.

Autorenverzeichnis

Dipl.-Ing. Kai Hilgenberg, Wissenschaftlicher Mitarbeiter am Lehrstuhl für Umformtechnik, Universität Kassel.

Prof. Dr.-Ing. Gerhard Hirt, Leiter des Instituts für Bildsame Formgebung, RWTH Aachen.

Prof. Dr.-Ing. Hartmut Hoffmann, Lehrstuhl für Umformtechnik und Gießereiwesen, Technische Universität München; Geschäftsführer der Entwicklungsgesellschaft für Umformtechnik und Gießereiwesen mbH.

Prof. Dr.-Ing. Werner Homberg, Lehrstuhl für Umformende und Spanende Fertigungstechnik (LUF), Universität Paderborn.

Dipl.-Wirt.-Ing. Daniel Hornjak, Lehrstuhl für Umformende und Spanende Fertigungstechnik (LUF), Universität Paderborn.

Dipl.-Ing. Andreas Jäger, Leiter der Abteilung Massivumformung des Instituts für Umformtechnik und Leichtbau, Technische Universität Dortmund.

Prof. Dr.-Ing. Prof. E.h. mult. Rudolf Kawalla, Leiter des Instituts für Metallformung, TU Bergakademie Freiberg.

Dr.-Ing. Matthias Kerschner, Koordination Werkzeugbauten Volkswagen AG.

Dipl.-Ing. Ben Khalifa, Oberingenieur Forschung am Institut für Umformtechnik und Leichtbau, Technische Universität Dortmund.

Prof. Dr.-Ing. Matthias Kleiner, Leiter des Instituts für Umformtechnik und Leichtbau, Technische Universität Dortmund.

Dipl.-Ing. Thomas Kloppenborg, Wissenschaftlicher Mitarbeiter am Institut für Umformtechnik und Leichtbau, Technische Universität Dortmund.

Dr.-Ing. Günter Kneppe, Leiter Berufsbildung/Impulse ABB, SMS Siemag AG.

Prof. Dr.-Ing. Matthias Kolbe, Professur für Umform- und Zerteiltechnik, Hochgeschwindigkeitsumformung, Westsächsische Hochschule Zwickau.

Prof. em. Dr.-Ing. Dr. h.c. Dr.-Ing. E.h. Rainer Kopp, Institut für bildsame Formgebung, RWTH Aachen.

Dr.-Ing. Ulrich Koppers, Leiter Technologie, SMS Meer GmbH.

Dr.-Ing. Verena Kräusel, Leiterin der Abteilung Blechbearbeitung, Fraunhofer Institut für Werkzeugmaschinen und Umformtechnik IWU Chemnitz/Dresden.

Dipl.-Ing. Uwe Kreth, Abteilungsleiter Projektierung, Schuler Pressen GmbH, Göppingen.

Dr.-Ing. Rolf Kümmerling, Director Rolling Technology, VALLOUREC & MANNESMANN TUBES.

Dr.-Ing. Eberhard Kunke, Geschäftsführender Oberingenieur Außenstelle Dresden, Fraunhofer Institut für Werkzeugmaschinen und Umformtechnik IWU Chemnitz/Dresden.

Dipl.-Ing. Mike Lahl, Wissenschaftlicher Mitarbeiter am Fraunhofer Institut für Werkzeugmaschinen und Umformtechnik IWU Chemnitz/Dresden.

Prof. em. Dr.-Ing. h.c. Kurt Lange †, ehemals Leiter des Institutes für Umformtechnik und Umformmaschinen, Universität Stuttgart.

Prof. i.R. Dr.-Ing. Wolfgang Lehnert, Institut für Metallformung, TU Bergakademie Freiberg.

Prof. Dr.-Ing Mathias Liewald, Leiter des Instituts für Umformtechnik, Universität Stuttgart.

Dr.-Ing. habil. Bernd Lorenz, Leiter der Abteilung Warmmassivumformung, Fraunhofer Institut für Werkzeugmaschinen und Umformtechnik IWU Chemnitz/Dresden.

Dipl.-Ing. Benjamin Lossen, Lehrstuhl für Umformende und Spanende Fertigungstechnik (LUF), Universität Paderborn.

Dr.-Ing. Frauke Maevus, Wissenschaftliche Mitarbeiterin am Institut für Umformtechnik und Leichtbau, Technische Universität Dortmund.

Dr.-Ing. B. Marquardt †, ehemals Oberingenieur am Institut für Umformtechnik und Umformmaschinen, Universität Hannover.

Dietrich Mathweis, Leiter Arbeitsgebiet Prozesstechnologie, Zentralbereich Entwicklung, SMS Siemag AG.

Prof. Dr.-Ing. Paul Josef Mauk, Leiter des Instituts für Metallurgie und Umformtechnik, Universität Duisburg Essen.

Prof. Dr.-Ing. habil. Marion Merklein, Inhaberin des Lehrstuhls für Fertigungstechnologie, Universität Erlangen.

Dr.-Ing. Dennis Michl, Abteilung Technologie, SMS Meer GmbH.

Dipl.-Ing. Matthias Milbrandt, Wissenschaftlicher Mitarbeiter am Fraunhofer Institut für Werkzeugmaschinen und Umformtechnik, IWU Chemnitz/Dresden.

Dipl.-Ing. Peter Müller, Wissenschaftlicher Mitarbeiter am Fraunhofer Institut für Werkzeugmaschinen und Umformtechnik, IWU Chemnitz/Dresden.

Dr.-Ing. Roland Müller, Wissenschaftlicher Mitarbeiter am Fraunhofer Institut für Werkzeugmaschinen und Umformtechnik, IWU Chemnitz/Dresden.

Dipl.-Ing. Hans-Jürgen Nerenberg, Produktionsleitung Walzwerke, AG der Dillinger Hüttenwerke.

Dr.-Ing. Thomas Nerzak, Abteilungsleiter Technologie, Profilwalzwerke, SMS Meer GmbH.

Prof. Dr.-Ing. habil. Prof. E.h. Dr.-Ing. E.h. Dr. h.c. Reimund Neugebauer, Institutsleiter, Fraunhofer-Institut für Werkzeugmaschinen und Umformtechnik IWU, Chemnitz/Dresden, Geschäftsführender Direktor des Instituts für Werkzeugmaschinen und Produktionsprozesse IWP, Technische Universität Chemnitz.

Dipl.-Ing. G. Nienke †, ehemals Betriebschef der Freiformschmieden, Wärmebehandlungsanlagen und Produktionsplanung, Krupp Stahl AG, Bochum.

Dipl.-Ing. Katrin Nothhaft, Wissenschaftliche Mitarbeiterin am Lehrstuhl für Umformtechnik und Gießereiwesen, Technische Universität München.

Dipl.-Ing. Marius Oligschläger, Wissenschaftlicher Mitarbeiter am Institut für Bildsame Formgebung, RWTH Aachen.

Prof. Dr.-Ing. Palkowski, Leiter des Instituts für Metallurgie, Technische Universität Clausthal.

Dr.-Ing. habil. Dipl.-Phys. Hartmut Pawelski, Referent Umform- und Oberflächentechnik, Zentralbereich Entwicklung, SMS Siemag AG.

Dr.-Ing. Raphael Petry, MAN Truck & Bus AG, Controlling Products, Plants & Business Structures, Business Structure & Cooperations (CPB), Joint Venture MFTPL.

Dipl.-Ing. R. Pick, SMS Meer GmbH.

Dipl.-Ing. Reiner Pross, Maschinenfabrik ALFING Kessler GmbH, Leitung Large Schmiede.

Dipl.-Ing. Ralf Rech, Buderus Edelstahl GmbH, Spartenleiter Technik, Schmiedeerzeugnisse.

Dipl.-Ing. Dominik Recker, Wissenschaftlicher Mitarbeiter am Institut für Bildsame Formgebung, RWTH Aachen.

Prof. Dr.-Ing. Karl Roll, Leiter Umformtechnik/-simulation, Daimler AG Sindelfingen.

Dipl.-Ing. Sven Schiller, Wissenschaftlicher Mitarbeiter am Fraunhofer Institut für Werkzeugmaschinen und Umformtechnik, IWU Chemnitz/Dresden.

Prof. em. Dr.-Ing. Dieter Schmöckel, Technische Universität Darmstadt.

Dipl.-Ing. Simon Seuren, Wissenschaftlicher Mitarbeiter am Institut für Bildsame Formgebung, RWTH Aachen.

Autorenverzeichnis

Prof. em. Dr. h. c. mult. Dr.-Ing. E. h. Dr.-Ing. Günter Spur, Institut für Werkzeugmaschinen und Fabrikbetrieb, Technische Universität Berlin.

Prof. Dr.-Ing. Kurt Steinhoff, Leiter des Lehrstuhls für Umformtechnik, Universität Kassel.

Dr.-Ing. Rainer Steinheimer, Wissenschaftlicher Mitarbeiter am Lehrstuhl für Umformtechnik, Universität Siegen.

Dr.-Ing. Frank Stenzhorn, Grundfos Management A/S.

Dipl.-Ing. Ulrich Svejkovsky, Produktbereichsleiter Profilwalzwerke, SMS Meer GmbH.

Prof. Dr.-Ing. A. Erman Tekkaya, Leiter des Instituts für Umformtechnik und Leichtbau, Technische Universität Dortmund.

Prof. i.R. Dr.-Ing. habil. Wolfgang Voelkner, Fraunhofer Institut für Werkzeugmaschinen und Umformtechnik IWU, Chemnitz/Dresden, ehemals Inhaber der Professur für Urform- und Umformtechnik der Technischen Universität Dresden.

Prof. Dr.-Ing. Frank Vollertsen, Leiter des Bremer Instituts für angewandte Strahltechnik GmbH (BIAS).

Prof. Dr.-Ing. Wolfram Volk, Leiter des Lehrstuhls für Umformtechnik und Gießereiwesen, Technische Universität München.

Dr.-Ing. Stefan Wagner, Abteilungsleiter Blechumformung, Institut für, Umformtechnik, Universität Stuttgart.

Dipl-Ing. Hubert Waltl, Vorstand für Produktion und Logistik der Marke Volkswagen PKW.

Dipl.-Ing. Dieter Weise, Wissenschaftlicher Mitarbeiter am Fraunhofer Institut für Werkzeugmaschinen und Umformtechnik, IWU Chemnitz/Dresden.

Dipl.-Ing. G. Wellnitz, ehemals Oberingenieur und Hauptabteilungsleiter, Produktbereich Schienenverkehr, Klöckner-Werke AG, Osnabrück.

Dipl.-Ing. Markus Werner, Leiter der Abteilung Grundlagen/Sonderverfahren, Fraunhofer Institut für Werkzeugmaschinen und Umformtechnik, IWU Chemnitz/Dresden.

Einführung in die Umformtechnik

1.1 Geschichtliche Bedeutung 3

1.2 Einteilung und Benennungen
der umformenden Fertigungsverfahren 11

1.1 Geschichtliche Bedeutung

Günter Spur

Die Anfänge der umformenden Fertigungsverfahren sind mit der Erkenntnis verbunden, dass sich bestimmte Werkstoffe unter der Einwirkung gezielter äußerer Kräfte in gewünschter Weise umformen lassen. Aus den Erfahrungen im Umgang mit Werkstoffen unterschiedlichen Umformverhaltens entwickelte der Mensch in der Metallzeit erste Stufen einer umformenden Metallbearbeitung (Spur 1979).

Frühe Funde von Gegenständen aus gehämmertem Kupfer stammen aus dem 7. und 6. Jahrhundert v. Chr. Zunächst diente noch der stiellose Hammer aus Stein als Schlagwerkzeug zur umformenden Bearbeitung. Der wirkungsvollere Stielhammer aus Metall wird im 9. Jahrhundert v. Chr. erstmals nachweisbar (Lange 1965). Die wohl älteste Darstellung einer umformenden Bearbeitung findet sich in der Grabkammer des Rechmirê aus der Zeit um 1450 v. Chr. (Abb. 1.1).

In der jüngeren Eisenzeit erhielt die Schmiedetechnik eine steigende Bedeutung. Die in Schmelzgruben erschmolzenen Eisenklumpen wurden zu Werkzeugen, Waffen und Gebrauchsgegenständen ausgeschmiedet.

Durch die Phönizier kam das Eisen über Troja auch in den griechischen und römischen Kulturraum (Nedoluha 1961). Es wurde vom Schmied unter Verwendung von Hammer, Zange und Amboss verarbeitet. Abbildung 1.2 zeigt eine griechische Schmiede, dargestellt auf einer attischen Vase aus der Zeit um 500 v. Chr. In seinem umfangreichen Werk Naturalis historia beschreibt der römische Historiker und Schriftsteller Gaius Plinius Secundus um das Jahr 77 n. Chr. zahlreiche Fertigungsverfahren, darunter auch das Metallschlagen, das Schmieden und das Treiben von Eisenblech (Diete 1853). Die Römer besaßen bereits in größerem Umfang geschmiedete Waffen, Werkzeuge und Geräte aus Eisen. Die zahlreichen Funde lassen auf einen beachtlichen Entwicklungsstand der Umformtechnik schließen. Sie wurde zunächst handwerklich, dann aber auch mit gerätetechnischer Unterstützung ausgeführt.

Die Werkzeuge und Geräte der mittelalterlichen Handwerker unterschieden sich prinzipiell kaum von denen, die bereits bei den Römern im Gebrauch waren. Im Zuge der Völkerwanderung hatten sich die handwerklichen Künste in einem Erfahrungsaustausch über ganz Europa verbreitet.

Die Anfänge des mittelalterlichen Handwerks sind in der zusätzlichen Betätigung der Bauern als Zimmermann, Gießer oder Schmied zu sehen. Zuerst hatte sich das Schmiedehandwerk von der landwirtschaftlichen Berufstätigkeit abgesondert und selbständig entwickelt. Aus dem Grobschmied entstanden im Zuge einer durch die Zünfte begünstigten Arbeitsteilung etwa im 13. Jahrhundert viele spezialisierte Schmiedeberufe wie der Huf-, Nagel-, Pfannen-, Kannen-, Flaschen-, Hauben-, Pflug-, Sensen-, Zangen-, Kupfer- und Zeugschmied. In weiterer Folge entwickelte sich der Zirkelschmied zum Feinmechaniker und der Windenmacher zum Maschinenschlosser. Das Schmiedehandwerk brachte aber auch die Panzerhemdmacher und die Harnischmacher hervor. Aus dem Handbuch der Mendelschen Zwölfbrüderstiftung zeigt Abbildung 1.3 Darstellungen verschiedener Schmiedehandwerker (Treue 1965).

Hammer und Amboss bilden die Grundlage für das Freiformschmieden. Der Vielseitigkeit der Aufgaben entsprechend entstanden im Laufe der Jahrhunderte zahlreiche Sonderausführungen von Hämmern und Ambossen einschließlich ihrer Aufsatzstücke. Dennoch konnte auf Dauer der Handhammer den Anforderungen nicht mehr genügen. Mit Hilfe der Wasserkraft wurde es möglich,

Abb. 1.1: *Stielloser Hammer aus Stein als Schlagwerkzeug. Grabkammer des Rechmirê, Ägypten um 1450 v. Chr.*

Abb. 1.2: *Griechische Schmiede auf einer attischen Vase um 500 v. Chr.*

1.1 Geschichtliche Bedeutung

Abb. 1.3: *Verschiedene Schmiedehandwerker aus dem Hausbuch der Mendelschen Zwölfbrüderstiftung (Treue 1965)*
A) Hufschmied um 1425, B) Klingenschmied um 1500, C) Nagelschmied um 1525, D) Pfannenschmied um 1544

den mechanischen Hammer einzuführen. Die ersten Anwendungen erfolgten als sogenannte Zain-, Reck- oder Raffinierhämmer (Abb. 1.4), um Grobeisen zu feineren Eisensorten zu verarbeiten (Haßler 1954; Haller 1971).

Zu den sehr früh entwickelten Verfahren des Massivumformens gehört auch das Münzprägen (Tab. 1.1). Anfänglich war es durch freies Führen des Prägestempels, seit etwa 200 n. Chr. durch Zwangsführen mit dem Übergang zum geschlossenen Gesenk gekennzeichnet. Im 16. Jahrhundert wurden die Rohlinge nicht mehr gehämmert, sondern mit Wirkwerkzeugen aus dem gewalzten Band geschnitten und zum Prägen Spindelpressen bzw. Fallhämmer benutzt (Lange 1965). Abbildung 1.5 zeigt das Münzprägen mit einer Spindelpresse nach einem Kupferstich von 1771. Aus der Weinkelterei bekannt, wurden Spindelpressen bereits zur Zeit der Erfindung des Buchdrucks angewandt (Spur 1979). Den Entwicklungsstand von Spindelpressen am Ende des 18. Jahrhunderts zeigt Abbildung 1.6.

Eine andere Art der mechanischen Hämmer sind die Fallhämmer. Der von Hand gehobene, in Schienen geführte Bär war wegen der Handbetätigung zunächst hinsichtlich Bärgewicht und Schlagzahl beschränkt. Mit dem Übergang zum mechanischen Antrieb erlangten die Fallhämmer größere Bedeutung. Es kann zwischen dem Stangenreibhammer und dem Riemenreibhammer unterschieden werden (Abb. 1.7).

Abb. 1.5: *Münzprägen mit einer Spindelpresse*

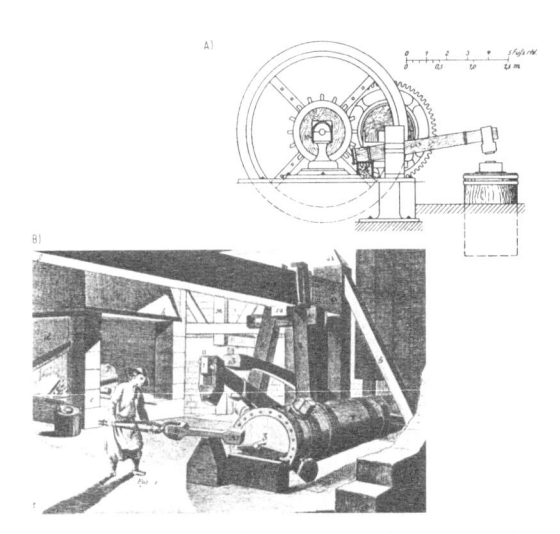

Abb. 1.4: *Mit Wasserkraft angetriebener Stielhammer A) Schwanzhammer (Spur 1979), B) Stirnhammer (Lange 1965)*

Abb. 1.6: *Reibspindelpresse zur Blechbearbeitung Ende des 11. Jahrhunderts (Haßler 1954)*

Tab. 1.1: *Entwicklung des Münzprägens nach v. Wedel (Wedel 1960)*

	Kennzeichen	Erste nachweisliche Anwendung
	Untergesenk für einseitiges Bild. Gegenseite zeigt quadratum incusum, d.h. Abdruck einer Punze mit Stirnprofilierung für Formschluß, die an verschiedenen Stellen eingeschlagen wurde	7. Jh. v. Chr., Lydien und Aegina
	Unter- und Obergesenk mit Bild. Bildflächen noch wesentlich kleiner als die Münzoberfläche	Griechenland, seit dem 6. Jh. v. Chr.
	Prägegesenke mit Körperspitze zum leichten Wiederausrichten. (Nur Drehbewegung erforderlich.)	Seit 300 v. Chr., frühptolomäisch
	Stempelführung durch zylindrischen Ansatz und zylindrische Bohrung	2. bis 3. Jh. n. Chr., galloromisch (Serignan-Vaucluse)
	Zangenführung	4. Jh. n. Chr., galloromisch, Zeit Kaiser Konstantin I.
	Vierkantführung Führungsbund fest an einem Gesenkteil oder lose als drittes Teil	Wahrscheinlich 2. Jh. n. Chr., galloromisch, spätestens 875 n. Chr. angelsächsisch

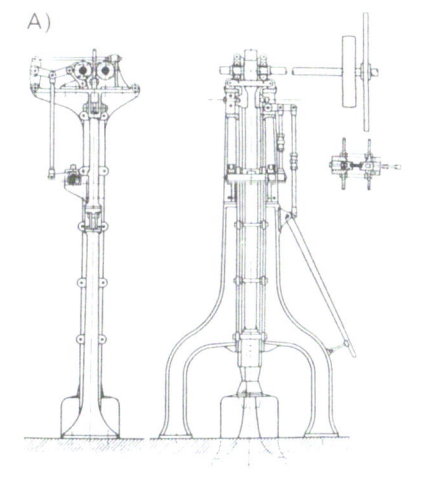

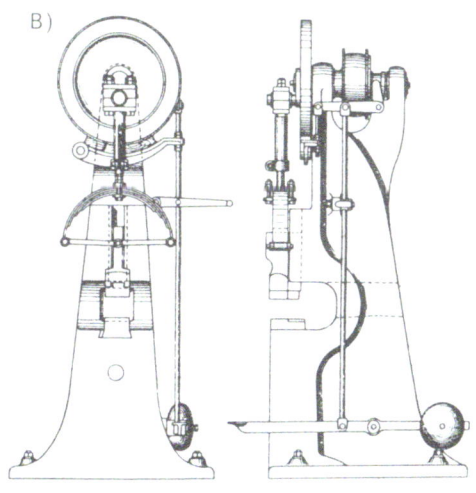

Abb. 1.7: *Bauweisen von Fallhämmern (Spur 1979), A) Stangenfallhammer, B) Federhammer*

1.1 Geschichtliche Bedeutung

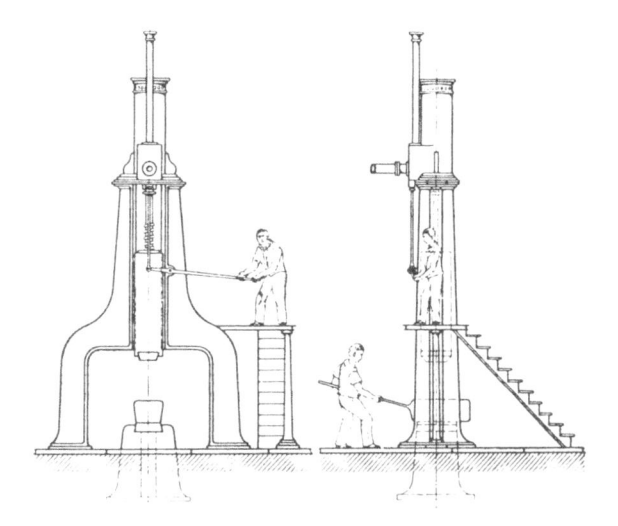

Abb. 1.8: *Dampfhammer von Nasmyth, 1842*

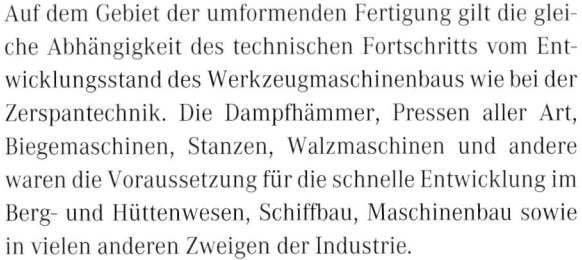

Abb. 1.9: *Walzmaschine um 1615 (Lange 1965)*

Auf dem Gebiet der umformenden Fertigung gilt die gleiche Abhängigkeit des technischen Fortschritts vom Entwicklungsstand des Werkzeugmaschinenbaus wie bei der Zerspantechnik. Die Dampfhämmer, Pressen aller Art, Biegemaschinen, Stanzen, Walzmaschinen und andere waren die Voraussetzung für die schnelle Entwicklung im Berg- und Hüttenwesen, Schiffbau, Maschinenbau sowie in vielen anderen Zweigen der Industrie.

James Watt meldete bereits im Jahre 1784 ein Patent für die Benutzung der Dampfkraft zur Hebung eines Hammerbären an, doch der Bedarf für so mächtige Schläge war damals noch nicht vorhanden. Der alte Wasserhammer genügte einstweilen. Im Jahre 1842 wurde der erste Dampfhammer nach dem System von James Nasmyth gebaut (Abb. 1.8). Dieser stellte einen Dampfzylinder auf ein starkes Gestell, ließ die Kolbenstange nach unten austreten und befestigte an ihrem Ende den schweren Hammerbär. Der Dampf hob den schweren Hammer, der von oben auf das Schmiedestück herunterfiel (Spur 1979; Haller 1971).

Erwähnung verdient ferner Alfred Krupp, der einen Dampfhammer von 50 t Fallgewicht baute, um damit auch größere Gußstahlblöcke bis zu 25 t zu bearbeiten (Lange 1965; Haller 1971). Später baute Nasmyth den Hammer doppeltwirkend und vergrößerte dadurch die Schlagkraft. Der Dampfhammer erweiterte den Umfang der Schmiedestücke in der Schwerindustrie erheblich und ermöglichte die Bearbeitung von Stahlplatten und Stahlträgern von vorher nicht gekannten Größen.

Neben dem Freiform- und dem Gelenkschmieden ist das Walzen als wichtigstes Fertigungsverfahren zu nennen. Von Leonardo da Vinci ist eine Skizze zu einem Walzwerk für Bleibleche um 1445 überliefert, ferner gab es bereits 1552 ein Walzwerk der Pariser Münze. Abbildung 1.9 zeigt ein Walzwerk des Salomon de Caus aus dem Jahr 1615 (Caus 1615). Früh erwähnt werden die sogenannten Schneidwerke, auf denen geschmiedete Flachstäbe mit Schneidesalzen in Stäbe geschnitten wurden. Flachwalzen zum Strecken der vorgeschmiedeten Brammen wurden den Schneidwerken schon früh vorgeschaltet. Der Schritt zum Walzen von Eisen-Feinblechen war damit nicht mehr weit. 1728 wurde das erste Blechwalzwerk von Hanbury in England errichtet, das erste deutsche entstand 1773 auf dem Rasselstein bei Neuwied (Lange 1965).

Die Weiterverarbeitung gewalzter Bleche zu Hohlkörpern gleicher Wanddicke wurde schon im Mittelalter von den sogenannten Fingerhütern und Schellenmachern betrieben. 1848 wandte Palmer ein Patent von Cook an, bei dem kurze Blechrohre durch Pressen kreisrunder Platinen durch immer engere Stahlringe hergestellt wurden. Bekannt ist seit dem Jahr 1870 die Herstellung von Patronenhülsen aus Kupfer und Messing durch Tiefziehen (Spur 1979; Lange 1965).

Die Erfindung der Dampfmaschine ermöglichte die Einführung der Walztechnik für Knüppel, Stäbe und Bleche. Hierdurch ging die Bedeutung der Wasserhämmer zurück (Hojas 1976). Ab 1830 begannen die Hammerbleche gänzlich zu verschwinden. Besonderen Aufschwung nahm das Walzen durch die Entwicklung von Walzwerksanlagen für Eisenbahnschienen.

Hohlteile wurden zunächst von Hand getrieben (Tab. 1.2). Im 18. Jahrhundert wurden sie durch Ziehen unter Verwendung von Vorrichtungen erzeugt, aus denen sich in der ersten Hälfte des 19. Jahrhunderts Ziehpressen entwickelten.

Bei den ersten Maschinen waren noch keine verstellbaren Blechhaltertische und Ziehstößel angebracht, obwohl Maschinen dieser Art bereits seit 1860 liefen. Wahrschein-

Tab. 1.2: *Entwicklung der Blechverformung nach v. Wedel (Wedel 1960)*

Bezeichnung		Erste nachweisliche Anwendung
Handtreiben (Treibarbeit, Repousseé)	Treibkitt oder Amboss	Ende des 4. Jh. v. Chr. für kupferne und goldene Gefäße in Ägypten und Mesopotamien
Stempeltechnik (Stempeln)	Meißel od. Körnerpunze / Kreisaugenpunze / Formstempel — Treibkitt	Um 1450 v. Chr. Darstellungen vom Grabe des Rechmiré und Urnenfelderzeit um 1200 v. Chr. Formstempel: 1. Hälfte des 1. Jahrtausends v. Chr. Hallstatt-Zeit
Preßblechtechnik (pressen oder formtreiben)	Treibkitt, Modell, Gesenk	Um 1400 v. Chr. Formsteine von Mykene und Knossos
Napfziehen	Ziehstempel, Ziehring	Um 1500 n. Chr. Funde aus dem Alvastra-Kloster, Schweden Fingerhüter nach Jost Amman (1568)
Gesenkziehen oder Formziehen	Doppelgesenk	Erste Anwendung „Incusenprägung" von Metaport 6. Jh. n. Chr. Häufiger seit etwa 1500 n. Chr. Schellenmacher nach Amman

lich bestanden diese aus Gestellen, bei denen das Blech mit dem Ziehring an den Blechhalter angeschraubt und der Ziehstößel über eine Spindel nach unten getrieben wurde. Diese Presse entwickelte sich aus der Spindelpresse. Kurbel- und Exzenterpressen zur Übertragung nur geringer Kräfte hat es schon frühzeitig gegeben, jedoch ist der Zeitpunkt ihrer ersten Anwendung anstelle des Spindelpressenantriebs umstritten. Schwere Kurbel- und Exzenterpressen wurden erst Mitte der 70er Jahre im 19. Jahrhundert bekannt (Spur 1979).

Die blechverarbeitende Industrie zeigte bereits 1880 einen beachtlichen Entwicklungsstand. Kombinierte Rund-, Wulst-, Falz- und Umschlagmaschinen dieser Zeit haben einen ähnlichen Aufbau wie neuzeitliche Maschinen (Spur 1979).

In diese Zeit fällt auch die Ausbildung von Dualscheren und von Druckbänken mit Dualwerk. Offensichtlich haben die Drücker früher mit sehr einfachen Werkzeugen Erstaunliches geleistet, wobei allerdings der dafür anfallende Zeitaufwand erheblich gewesen sein muss. Das Drücken von Hand geschah auf schnelllaufenden Drehbänken. Erst in der zweiten Hälfte des 19. Jahrhunderts wurden Planierbänke und automatische Druckkörper-Vorrichtungen zur Erhöhung der Wirtschaftlichkeit geschaffen. Ziemlich veraltet erscheint die auch in jenen Jahren bekanntgewordene Konstruktion von Schneidautomaten. Es handelt sich dabei um eine sogenannte Siebschneidemaschine für die Lampenfabriken, die zum Durchbrechen der Siebe, Galerien und Kugelräder von Lampenbrennern diente. Es sind dies die ersten Schnitt- und Stanzautomaten in der Blechbearbeitung, die etwa um 1925 bekannt wurden (Spur 1979). Die weitere Entwicklung in der Blechbearbeitung wird an einem Beispiel aus der Automobilindustrie in Abbildung 1.10 deutlich.

Abb. 1.10: *Blechumformung in der Automobilindustrie* links: Entwicklung bis 1939 (Lange 1965), oben: zwei vollautomatisierte und synchronisierte Preßlinien 1981

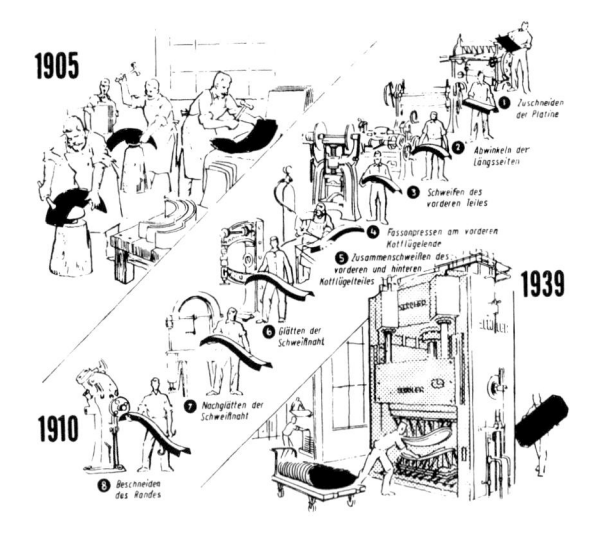

Als Antrieb für Arbeitsmaschinen kam im 19. Jahrhundert mehr und mehr die Dampfkraft zur Anwendung, und so war es verständlich, auch den Dampfhammer zum Freiformschmieden zu verwenden. In der Folgezeit wurde der Entwicklung von Hammersteuerungen, die eine möglichst gute Ausnutzung der Dampfenergie ergaben, größte Beachtung geschenkt. Trotz der hierbei erreichten Verbesserung ist der Wirkungsgrad des Dampfhammers schlecht geblieben. Zum Ende des 19. Jahrhunderts entstand der Universalhammer, ein Einständerhammer mit fester Schabotte, robuster Führung und einer Steuerung, die für die Zwecke des Freiformschmiedens und des Gesenkschmiedens gleich gut geeignet war. Um diese Zeit wurde auch schon empfohlen, Pressluft für den Antrieb der Schmiedehämmer zu verwenden, um den schlechten Wirkungsgrad des Dampfhammers zu verbessern und die sonstigen Nachteile der Dampferzeugung für diesen Zweck zu vermeiden (Spur 1979).

Diese Entwicklung, insbesondere das Gesenkschmieden, gab den umformenden Bearbeitungsverfahren im 19. Jahrhundert neue Impulse. Im Laufe der Jahre wuchsen die Stückzahlen für bestimmte Verbraucher, sodass eine genaue Formgebung des Werkstücks durch das Gesenkschmieden infolge der hierbei erzielten Ersparnis an Werkstoff und Bearbeitung sowie an Fertigungszeit immer wirtschaftlicher wurde (Eumuco 1959).

Eine vergleichende Betrachtung der Entwicklungsstufen industrieller Fertigungsverfahren zeigt, dass die Bedeutung der spanenden Verfahren mehr bei der Fertigbearbeitung, die der umformenden dagegen zunächst mehr bei der Vorbearbeitung lag. Mit Steigerung der Mengenleistung und Verbesserung der Produktqualität wurden die Anforderungen an die Fertigungstechnik weiter erhöht. Zur Steigerung der Gesamtproduktivität sind technologische Alternativen oft der wirkungsvollste Weg. Die technologische Weiterentwicklung der Umformtechnik zur Substitution und Ergänzung anderer Fertigungsverfahren, insbesondere der Zerspantechnik, erhielt ihre besondere wirtschaftliche Bedeutung zunächst in der Großserienfertigung. Die Anwendungsmöglichkeiten umformender Verfahren nahmen in dem Maße zu, wie ihre Genauigkeitserwartungen gesteigert werden konnten. Wesentliche Voraussetzung für diese Entwicklung war die qualitative Verbesserung der Werkstoffe und Werkzeuge sowie die Bereitstellung statisch und dynamisch angepasster Werkzeugmaschinen.

Die wissenschaftliche Forschung setzte in der Umformtechnik verhältnismäßig spät ein. Kurrein veröffentlichte 1914 ein zusammenfassendes Werk über Werkzeuge und Arbeitsverfahren der Pressen (Kurrein 1914). Unter Anleitung von Schlesinger wurden erste Dissertationen über Drucklufthämmer und Blechbearbeitung an der TH Berlin erarbeitet. Sein Schüler Otto Kienzle gründete 1954 den ersten Lehrstuhl für Werkzeugmaschinen und Umformtechnik an der TH Hannover. Allerdings war vorher schon im Bereich der Hüttenkunde die Halbzeugfertigung durch Walzen und Ziehen Gegenstand wissenschaftlicher Forschung in einschlägigen Instituten für Verformungskunde.

Der Bedarf an umformenden Werkzeugmaschinen nahm in den letzten Jahrzehnten stetig zu. Abbildung 1.11 zeigt den Produktionswert der umformenden Werkzeugmaschinen in Deutschland in den Jahren 2004 bis 2011.

Die Steigerung der Fertigungsgenauigkeit in der Umformtechnik, insbesondere in der Massivumformung, hat zur Veränderung des Anteils spanender Verfahren, aber auch zur Entwicklung optimaler Kombinationen geführt. Abbildung 1.12 zeigt die Wechselwirkungen zwischen umformenden und spanenden Fertigungsverfahren. Andererseits ist nicht zu übersehen, dass durch Weiterentwicklung der Gußverfahren und Pulvermetallurgie weitere zur Umformtechnik konkurrierende Verfahren an Bedeutung gewonnen haben.

1.1 Geschichtliche Bedeutung

Produktionswert in Millionen Euro

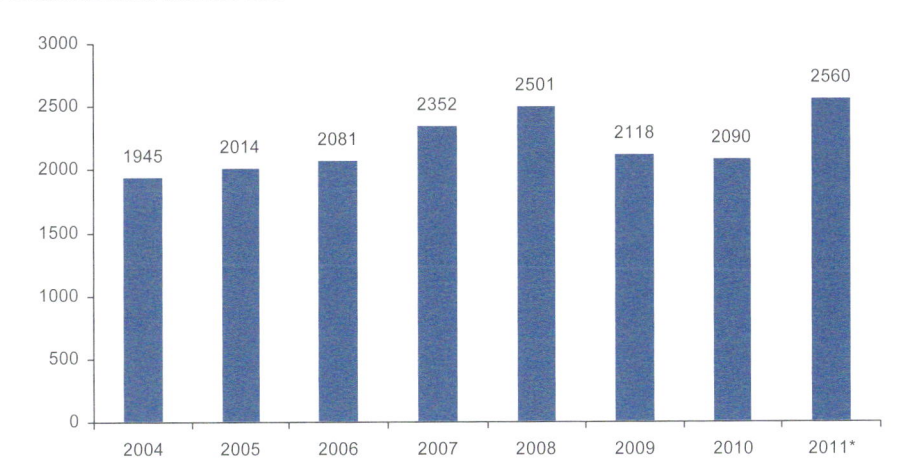

Jahr	Wert
2004	1945
2005	2014
2006	2081
2007	2352
2008	2501
2009	2118
2010	2090
2011*	2560

Abb. 1.11: *Produktionswert der umformenden Werkzeugmaschinen in Deutschland (Quelle: Statistisches Bundesamt 2011)*

Untersuchungen über die Energiebilanz bei spanender und umformender Fertigung zeigten, dass sich die Steigerungen der Energiekosten in einer starken Zunahme der Materialkosten, aber vergleichsweise geringen Zunahme der Maschinenstundenkosten auswirken. Abbildung 1.13 zeigt beispielhaft, wie sich bei gleicher Steigerung der Energiekosten die Herstellkosten bei spanender und umformender Fertigung verändern (Lange et al.1979).

Abbildung 1.14 zeigt die Umsatzentwicklung der Schmiedeindustrie in Deutschland in Mrd. € insgesamt und nach Absatzmarkt von 2005 bis 2009. Der Entwicklungsverlauf ergibt in den letzten Jahren eine degressive Tendenz, die vermutlich durch marktwirtschaftliche Sättigung wesentlich verursacht wurde.

Die volkswirtschaftliche Bedeutung der Blechumformung kann an der Produktion von Feinblechen abgeschätzt werden. Abbildung 1.15 zeigt die Anzahl der Beschäftigten in der Feinblechindustrie in Deutschland von 1999 bis 2009. Die Fortschritte der Blechverarbeitung sind wesentlich auf die Verbesserung der Blechqualität zurückzuführen. Dickwandige Blechteile verdrängen zunehmend Guß- und Schmiedeteile. Eine große technologische

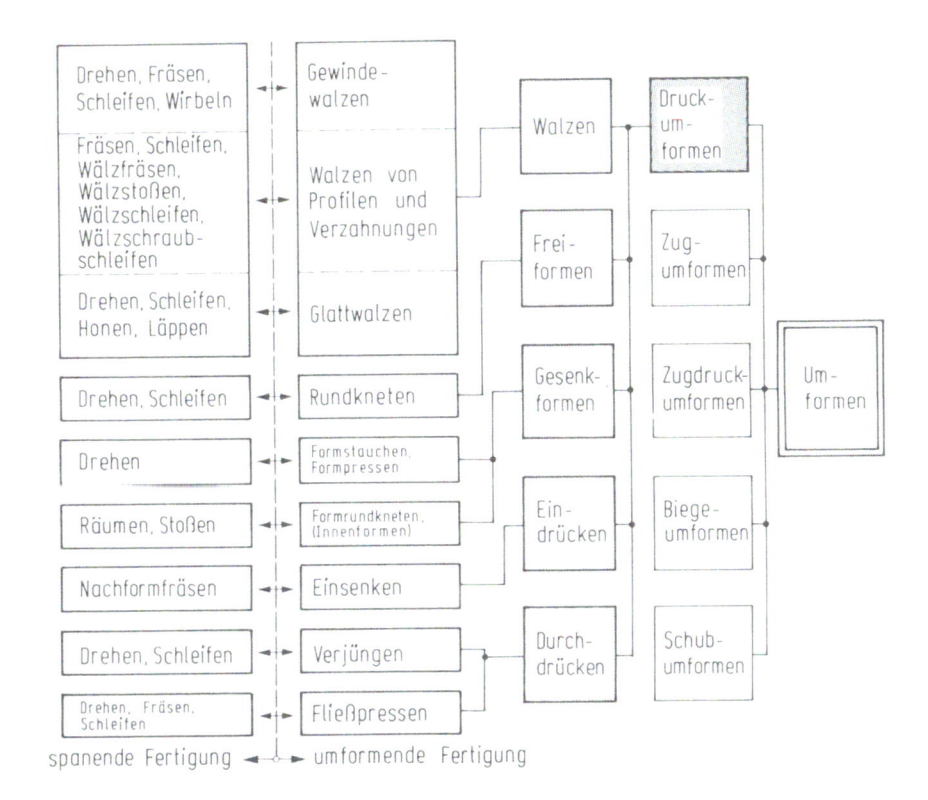

Abb. 1.12: *Wechselwirkungen zwischen spanenden und umformenden Fertigungsverfahren*

1.1 Geschichtliche Bedeutung

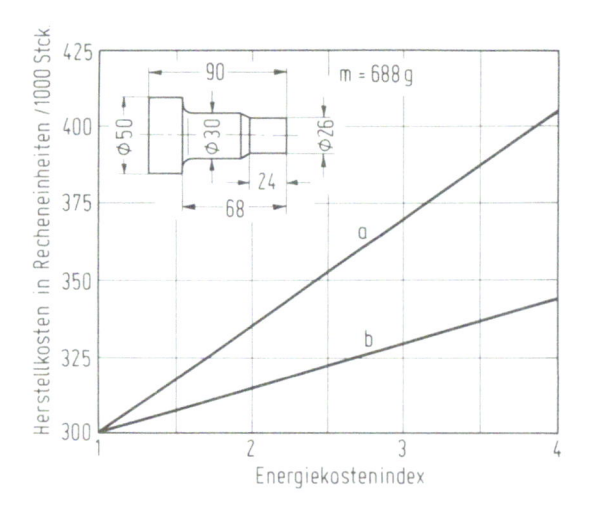

Bedeutung erhalten die automatisierten Stufenpressen (Schmoeckel 1980).

Die angepasste Entwicklung der Umformtechnik eröffnet Möglichkeiten der Kombination mit pulvermetallurgischen Verfahren, der kombinierten Weiterentwicklung des Kaltumformens und der Ausdehnung auf kleine und mittlere Stückzahlen. Verbesserte Werkzeugwechselsysteme helfen die Rüstzeiten gering zu halten. Eine wesentliche Voraussetzung für die weitere Qualitätssteigerung liegt in der Werkstofftechnik begründet.

Abb. 1.13: *Kostenvergleich spanender und umformender Fertigung (Lange et al. 1979)*
a spanende Bearbeitung, Werkstoff Ck 35,
b umformende Bearbeitung, Werkstoff QSt 32-3 (Ma 8)

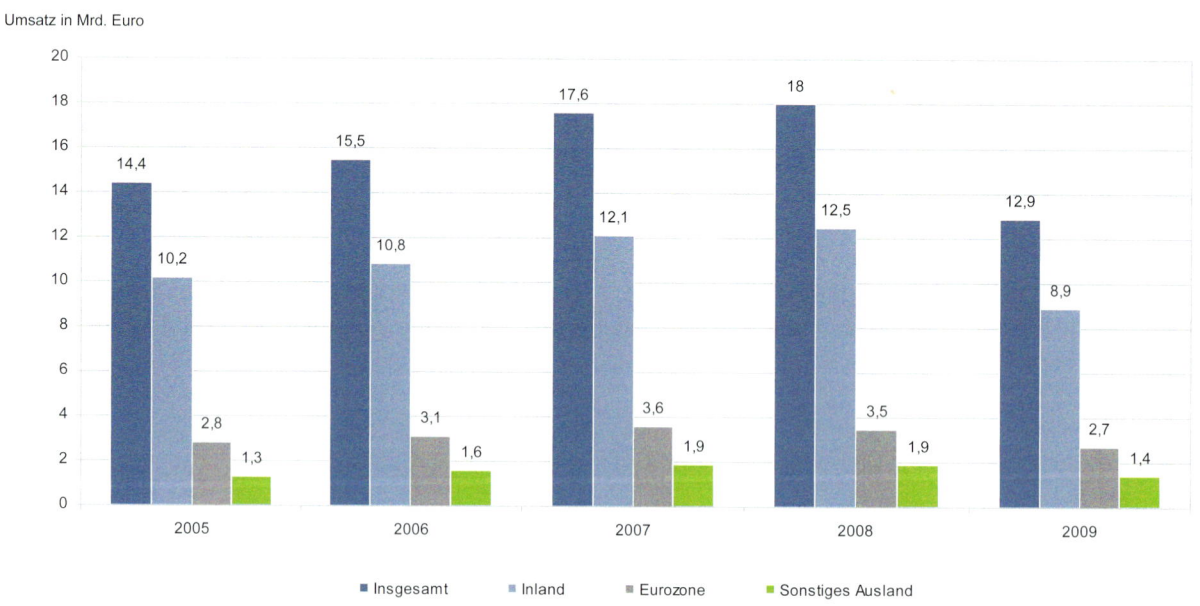

Abb. 1.14: *Umsatz der Schmiedeindustrie seit 2005 (Quelle: Statistisches Bundesamt 2011)*

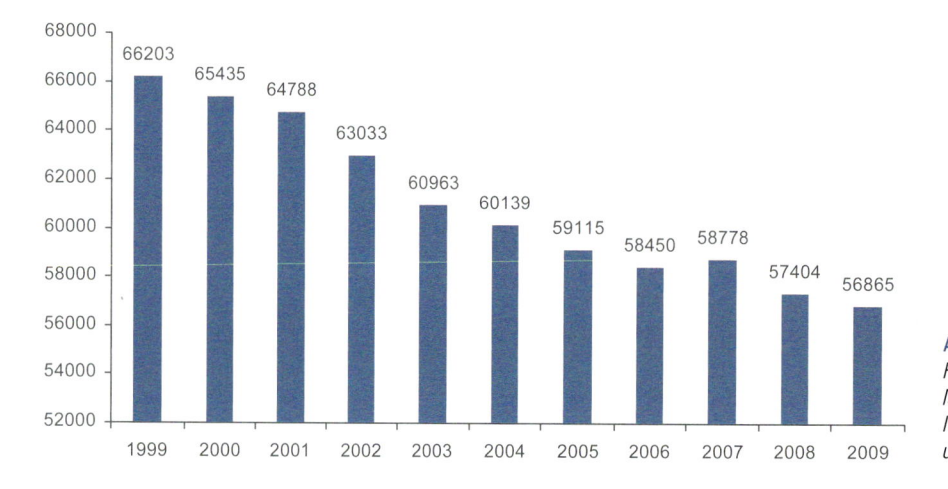

Abb. 1.15: *Beschäftigte Feinblechner in Deutschland seit 1999 (Quelle: Institut für Arbeitsmarkt- und Berufsforschung)*

1.2 Einteilung und Benennungen

Kurt Lange

Nach DIN 8580 ist Umformen Fertigen durch bildsames (plastisches) Ändern der Form eines festen Körpers unter Beibehaltung sowohl der Masse als auch des Stoffzusammenhangs. Damit gehören die Umformverfahren zu den spanlosen Fertigungsverfahren. Diese umfassen nach Abbildung 1.16 alle Verfahren des Urformens und Umformens sowie vom Trennen die Gruppe Zerteilen, wobei auch die Gruppen Zerlegen, Reinigen, Evakuieren streng genommen hinzuzurechnen wären, und außerdem die Fügeverfahren. Oft wird jedoch nur an die Umformverfahren und die spanenden Trennverfahren gedacht. Auch dann ist eine saubere Trennung in spanlose und spanende Verfahren möglich; diese ergibt sich allein schon aus den Definitionen zu den Verfahrens-Hauptgruppen und -Gruppen nach DIN 8580. Danach wäre es mit Bezug auf Abbildung 1.16 zum Beispiel zulässig, für *Umformen* als synonymen Begriff *spanloses Formändern zu* verwenden.

Der Begriff spanloses Formgeben wäre dagegen nicht mehr eindeutig synonym, da er auch das Formschaffen und damit die Urformverfahren einschließt. Da aber Umformen per Definition spanlos ist, ist spanlos umformen oder spanlose Umformtechnik ein zu vermeidender Pleonasmus. Die in DIN 8582 bis 8587 aufgeführten über 200 nach wesentlichen Merkmalen zu unterscheidenden Verfahren der Umformtechnik – ohne die nur schwer abzuschätzende Anzahl möglicher Verfahrenskombinationen – werden zunächst nach den wesentlichen Unterschieden in den wirksamen Spannungen bzw. Beanspruchungen in fünf Gruppen unterteilt:

- Druckumformen (DIN 8583) ist Umformen eines festen Körpers, wobei der plastische Zustand im Wesentlichen durch eine ein- oder mehrachsige Druckbeanspruchung herbeigeführt wird.
- Zugdruckumformen (DIN 8584) ist Umformen eines festen Körpers, wobei der plastische Zustand im Wesentlichen durch eine zusammengesetzte Zug- und Druckbeanspruchung herbeigeführt wird.
- Zugumformen (DIN 8585) ist Umformen eines festen Körpers, wobei der plastische Zustand im Wesentlichen durch ein- oder mehrachsige Zugbeanspruchung herbeigeführt wird.
- Biegeumformen (DIN 8586) ist Umformen eines festen Körpers, wobei der plastische Zustand im Wesentlichen durch eine Biegebeanspruchung herbeigeführt wird.
- Schubumformen (DIN 8587) ist Umformen eines festen Körpers, wobei der plastische Zustand im Wesentlichen durch eine Schubbeanspruchung herbeigeführt wird.

Im älteren Schrifttum findet sich der Bezug auf die umformspezifischen Normen DIN 8582 bis 8587 aus den Jahren 1969 bis 1974. Inzwischen gibt es dazu eine überarbeitete Fassung aus dem Jahre 2003 (vgl. Literaturverzeichnis). In wesentlichen Punkten, wie z.B. der Einteilung der Umformverfahren, stimmen beide Fassungen überein. Das Zugdruckumformen wurde um das „Innenhochdruck-Weitstauchen" (Abb. 1.17) erweitert und eine Reihe bildlicher Darstellungen wurde redaktionell überarbeitet. Außerdem wurden die Verfahrensgruppen und Verfahren nummeriert und durch eine dazugehörige alphabetische Übersicht leichter zugänglich gemacht.

In den Gruppen erfolgt die weitere Einteilung der Verfahren nach den Gesichtspunkten Kinematik (Relativbewegung zwischen Werkzeug und Werkstück), Werkzeug-

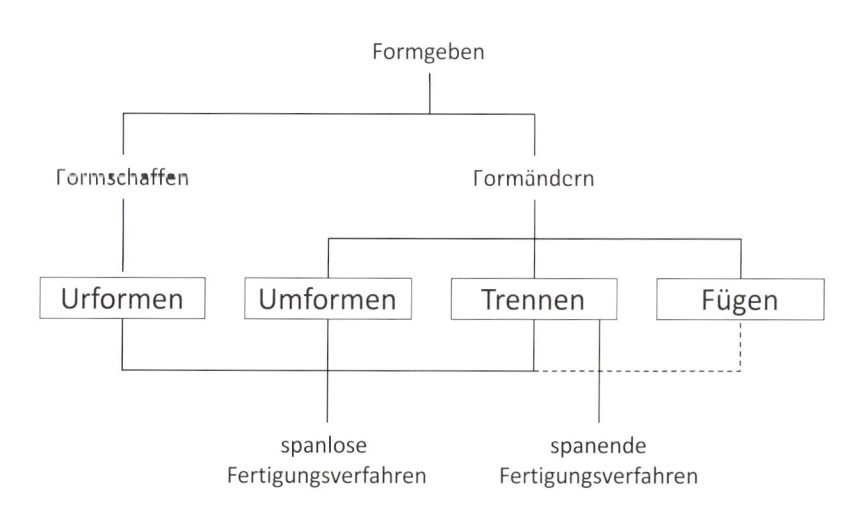

Abb. 1.16: *Spanlose und spanende Fertigungsverfahren*

1.2 Einteilung und Benennungen

```
                                    Umformen
        ┌──────────────┬──────────────┬──────────────┬──────────────┐
  Druckumformen   Zugdruckumformen  Zugumformen  Biegeumformen  Schubumformen
    DIN 8583        DIN 8584         DIN 8585      DIN 8586       DIN 8587
```

- Druckumformen DIN 8583: Walzen, Freiformen, Gesenkformen, Eindrücken, Durchdrücken
- Zugdruckumformen DIN 8584: Durchziehen, Tiefziehen, Drücken, Kragenziehen, Knickbauchen, Innenhochdruck-Weitstauchen
- Zugumformen DIN 8585: Längen, Weiten, Tiefen
- Biegeumformen DIN 8586: Biegen mit geradliniger Werkzeugbewegung, Biegen mit drehender Werkzeugbewegung
- Schubumformen DIN 8587: Verschieben, Verdrehen

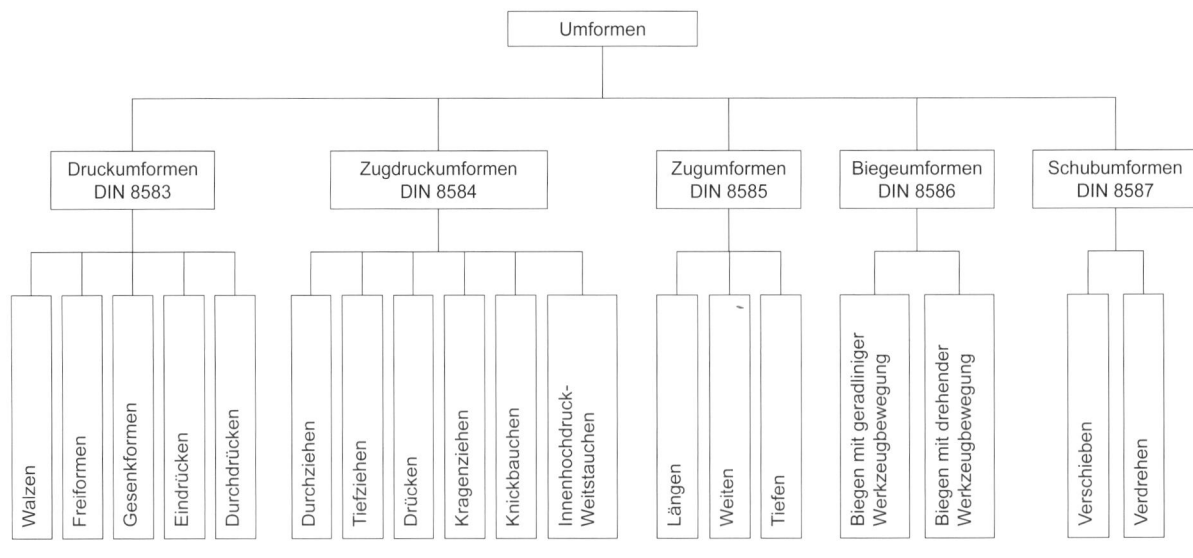

Abb. 1.17: *Einteilung der Fertigungsverfahren der Umformtechnik in Gruppen und Untergruppen nach DIN 8583- 8587*

geometrie, Werkstückgeometrie und den Zusammenhängen zwischen beiden. In den verschiedenen Gruppen treten dabei diese Gesichtspunkte nicht immer in der gleichen Reihenfolge auf. Danach ergeben sich die in Abbildung 1.17 aufgeführten insgesamt 18 Untergruppen.

Zumindest in den ersten drei der fünf Gruppen erlaubt die Einteilung nach der Beanspruchungsart Rückschlüsse auf die erreichbaren Formänderungen, da das Formänderungsvermögen abnimmt, wenn der Spannungszustand sich von mehrachsigem Druck über zusammengesetzte Zug-Druck-Spannungen zu zwei- und einachsigem Zug und Schub verschiebt (Lange 1984).

Die gewählte Einteilung der einzelnen Verfahren ist völlig frei von jeder Bezugnahme auf die Anwendung der Fertigungsverfahren, zum Beispiel in bestimmten Industriezweigen. Für bestimmte Anwendungsgebiete lassen sich jedoch auf diese zugeschnittene Verfahrenszusammenstellungen aus den einzelnen Gruppen sowie auch aus anderen Hauptgruppen nach DIN 8580 bilden, zum Beispiel nach Abbildung 1.18 für das Schmieden (Lange 1979). Das gewählte Gliederungssystem stellt insgesamt sicher, dass jedes Verfahren nur einmal aufgeführt wird und dass neue Verfahren gemäß den Ordnungsgesichtspunkten jederzeit eingeordnet werden können.

In der industriellen Produktion hat sich, soweit die Umformverfahren betroffen sind, die Unterteilung in die beiden Gruppen *Massivumformung* und *Blechumformung* unabhängig von der vorher beschriebenen Systematik eingeführt. Diese Begriffe sagen nichts anderes aus, als dass einmal entsprechend Abbildung 1.19 bei den Verfahren der Massivumformung von Stäben, Gussstücken, d. h. räumlich zu beschreibenden Rohteilen, der Stoff bei teils sehr großer Querschnitts- und damit auch Wanddickenänderung dreidimensional verteilt wird, andererseits dadurch, dass aus als flächenhaft zu beschreibenden Rohteilen Hohlteile mit annähernd konstanter Wanddicke, die der Blechdicke entspricht, erzeugt werden. Bei den Verfahren der Massivumformung, die überwiegend durch mehrachsige Druckspannungszustände gekennzeichnet sind, sind die bezogenen Kräfte im Allgemeinen wesentlich größer als bei denen der Blechumformung. Die Maschinen für die Massivumformung sind infolgedessen steifer und im Allgemeinen gedrungener ausgeführt als die für Blechumformung. Ähnliche Gesichtspunkte gelten für die Konstruktion der Werkzeuge und die Auswahl der Werkzeugbaustoffe.

Die Verfahren mit den Merkmalen des Massivumformens finden sich überwiegend in den Untergruppen Walzen, Freiformen, Gesenkformen, Eindrücken, Durchdrücken, Durchziehen, die Verfahren mit den Merkmalen des Blechumformens in den Untergruppen Tiefziehen, Kragenziehen, Drücken, Knickbauchen, Weiten und Tiefen. In der Gruppe Längen sowie bei den Verfahren der Gruppen Biegeumformen und Schubumformen lässt sich eine Unterscheidung nach dem Merkmal der Beanspruchung nicht vornehmen, da die Querschnittsflächen dabei nicht nennenswert verändert werden. Hier kann es sich beim gleichen Verfahren je nach der Querschnittsform der Rohteile einmal um Massivumformen, einmal um Blechumformen handeln, z. B. beim Streckrichten von Stäben oder Blechen, Durchsetzen von Freiformschmiedestücken oder Pressen von Schweißbuckeln in Blechwerkstücken. Dagegen lassen sich an Werkstücken aus Blech in einzelnen Fällen Massivumformverfahren aus den oben genannten

1.2 Einteilung und Benennungen

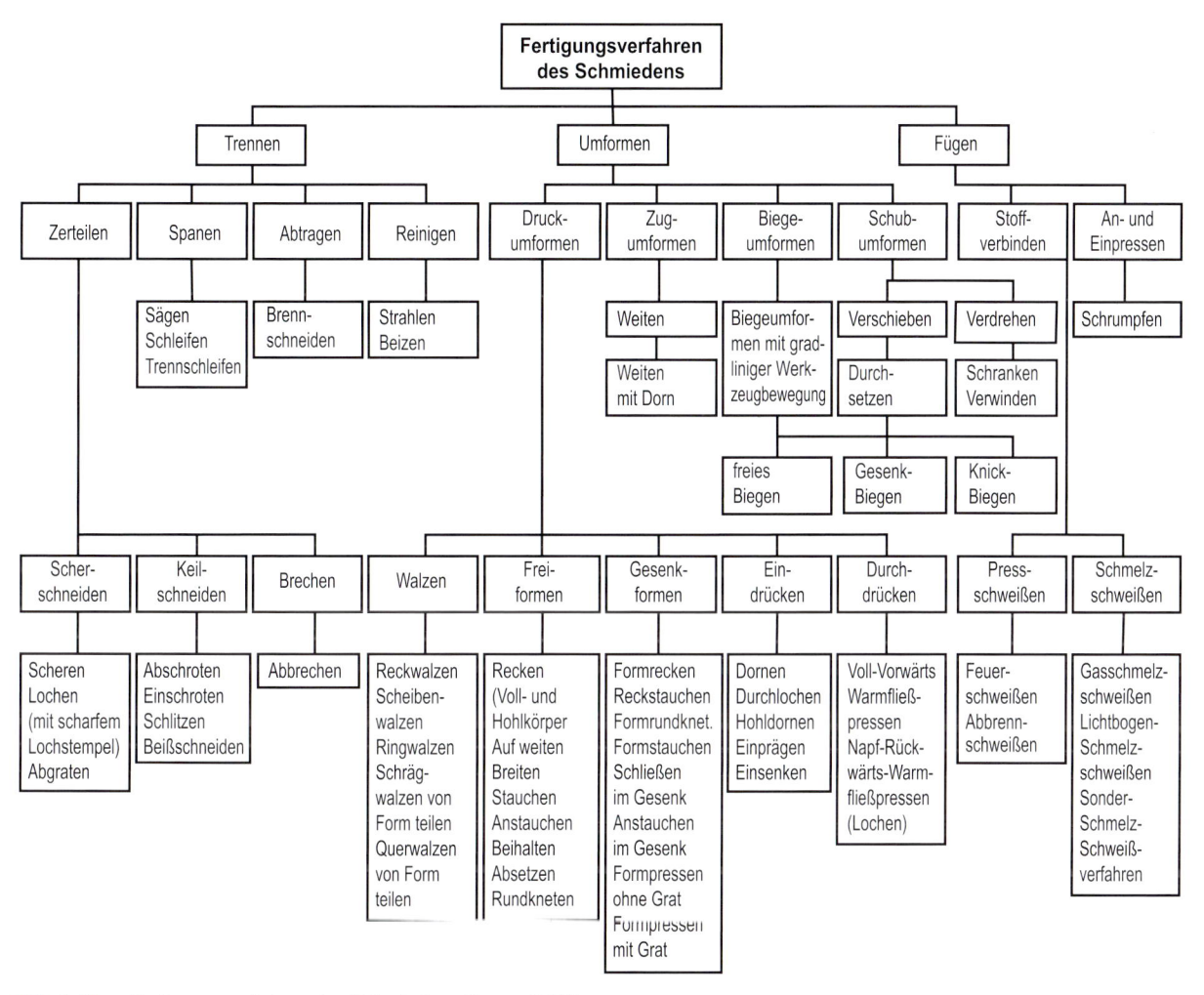

Abb. 1.18: *Fertigungsverfahren des Schmiedens (Lange 1979)*

Untergruppen anwenden, zum Beispiel Einprägen, Prägerichten, Abstreckgleitziehen, Anstauchen. Im Einzelfall, besonders bei Kombinationen von Verfahren, sind die Grenzen oft fließend. Damit soll zu diesem Punkt gezeigt werden, dass auch andere Gliederungssysteme sinnvoll mit DIN 8583 bis 8587 abgestimmt werden können.

Die Einteilung der umformenden Fertigungsverfahren nach DIN 8583 lässt auch offen, ob ein Verfahren im Einzelfall mit oder ohne vorheriges Anwärmen auf eine Temperatur oberhalb der Raumtemperatur durchgeführt wird. Hierzu wird in DIN 8583 unterschieden:

- Umformen nach Anwärmen (Warmumformen) und
- Umformen ohne Anwärmen (Kaltumformen).

Ob sich während des Vorgangs eine Festigkeitsänderung ergibt, hängt vom Werkstoff, von der Temperatur und anderen Vorgangsparametern wie der Umformgeschwindigkeit ab. Danach lassen sich unterscheiden:

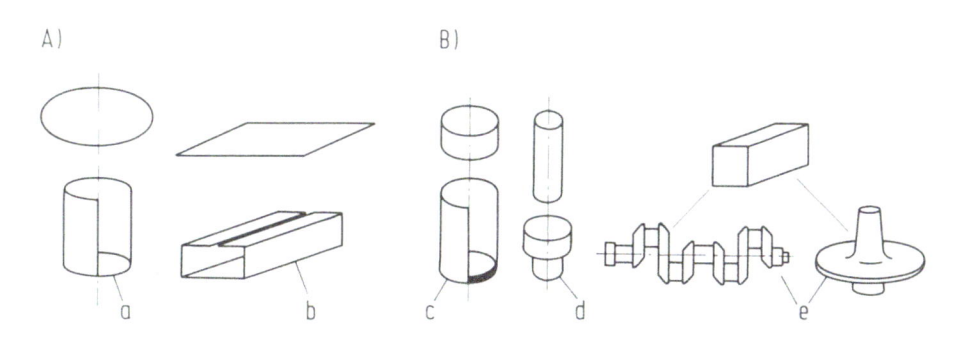

Abb. 1.19: *Beispiele der Massivumformung und Blechumformung (Lange 1979, 1984) A) Blechumformung, B) Massivumformung a Tiefziehen, b Biegen, c Fließpressen, d Stauchen, e Schmieden*

1.2 Einteilung und Benennungen

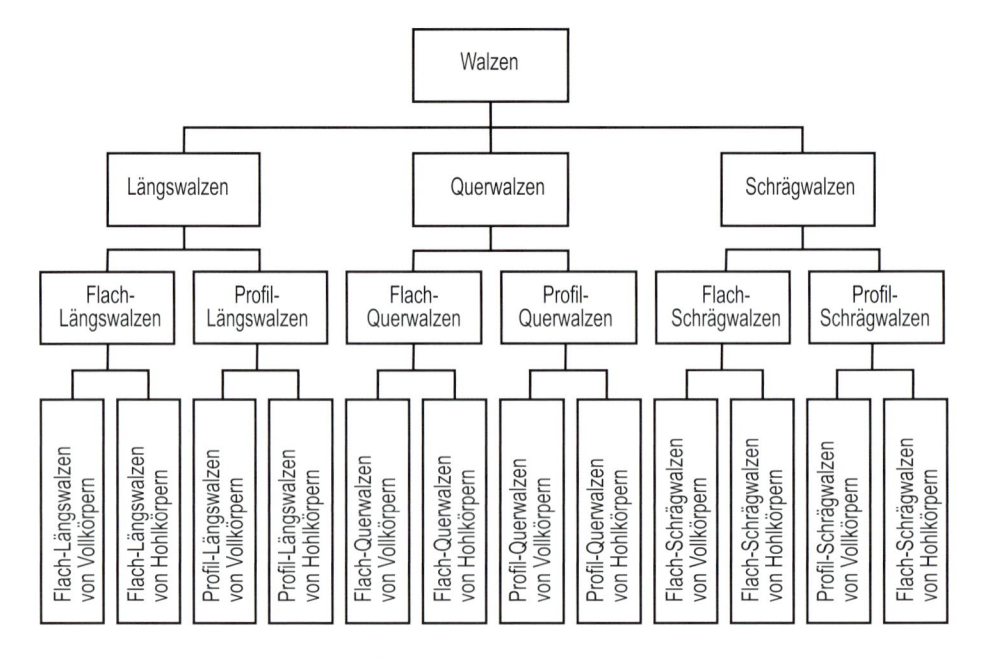

Abb. 1.20: *Einteilung der Walzverfahren nach DIN 8583*

Struktur:
- Walzen
  - Längswalzen
    - Flach-Längswalzen
      - Flach-Längswalzen von Vollkörpern
      - Flach-Längswalzen von Hohlkörpern
    - Profil-Längswalzen
      - Profil-Längswalzen von Vollkörpern
      - Profil-Längswalzen von Hohlkörpern
  - Querwalzen
    - Flach-Querwalzen
      - Flach-Querwalzen von Vollkörpern
      - Flach-Querwalzen von Hohlkörpern
    - Profil-Querwalzen
      - Profil-Querwalzen von Vollkörpern
      - Profil-Querwalzen von Hohlkörpern
  - Schrägwalzen
    - Flach-Schrägwalzen
      - Flach-Schrägwalzen von Vollkörpern
      - Flach-Schrägwalzen von Hohlkörpern
    - Profil-Schrägwalzen
      - Profil-Schrägwalzen von Vollkörpern
      - Flach-Schrägwalzen von Hohlkörpern

- Umformen ohne Festigkeitsänderung (theoretisch),
- Umformen mit vorübergehender Festigkeitsänderung,
- Umformen mit bleibender Festigkeitsänderung.

Diese Unterteilung ist eindeutiger und genauer als die in der Metallkunde übliche Unterscheidung zwischen Warm- und Kaltumformen nach der Rekristallisationstemperatur. Obwohl die Rekristallisation zweifellos einen Einfluss auf das Werkstoffverhalten während eines Umformvorgangs hat, spielt nach neueren Erkenntnissen die Kristallerholung bei kurzzeitigen Vorgängen eine größere Rolle. Außerdem führt der in der Metallkunde übliche Sprachgebrauch bei der Vielzahl der heute umgeformten Werkstoffe zu einer für die Fertigung, die entweder eine Wärmeeinrichtung bereitstellen muss oder darauf verzichten kann, verwirrenden Regelung: Umformen von Blei bei Raumtemperatur wäre z. B. Warmumformen, Umformen von Kohlenstoffstahl bei 450 °C Kaltumformen.

Im Folgenden werden die wichtigsten Verfahren der Umformtechnik vorgestellt und die zugehörigen Verfahrensbegriffe erläutert.

Zum *Druckumformen* nach DIN 8583 zählen das Walzen, Freiformen, Gesenkformen, Eindrücken und Durchdrücken.

Walzen ist stetiges oder schrittweises Druckumformen mit einem oder mehreren sich drehenden Werkzeugen (Walzen) ohne oder mit Gegenwerkzeugen (Stopfen, Stangen, Dorne). Die Walzen können entweder angetrieben oder durch das Walzgut *geschleppt* werden. In Sonderfällen werden an Stelle einer oder mehrerer Walzen andersgeformte oder andersbewegte Werkzeuge (z. B. Flachbacken bei Gewindewalzen) verwendet.

Die Walzverfahren sind nach den Ordnungsgesichtspunkten Kinematik in Längs-, Quer- und Schrägwalzen, Walzengeometrie in Flach- und Profilwalzen und Werkstückgeometrie in Voll- und Hohlprofilwalzen unterteilt (Abb. 1.20 und 1.21). Sie beinhalten neben den Verfahren der Halbzeug- und Walzwerkfertigerzeugnisse (Abb. 1.22) auch die Walzverfahren, die sich in der heutigen Fertigungstechnik in den verschiedensten Bereichen finden, z. B. Gewindewalzen (Querprofilwalzen im Einstechver-

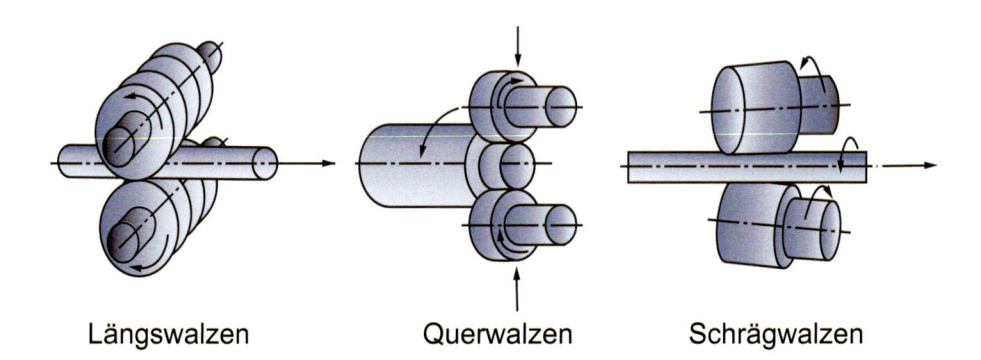

Abb. 1.21: *Unterscheidung der Walzverfahren anhand der Stellung der Walzenachse zur Walzgutachse (Lange 1988)*

Längswalzen   Querwalzen   Schrägwalzen

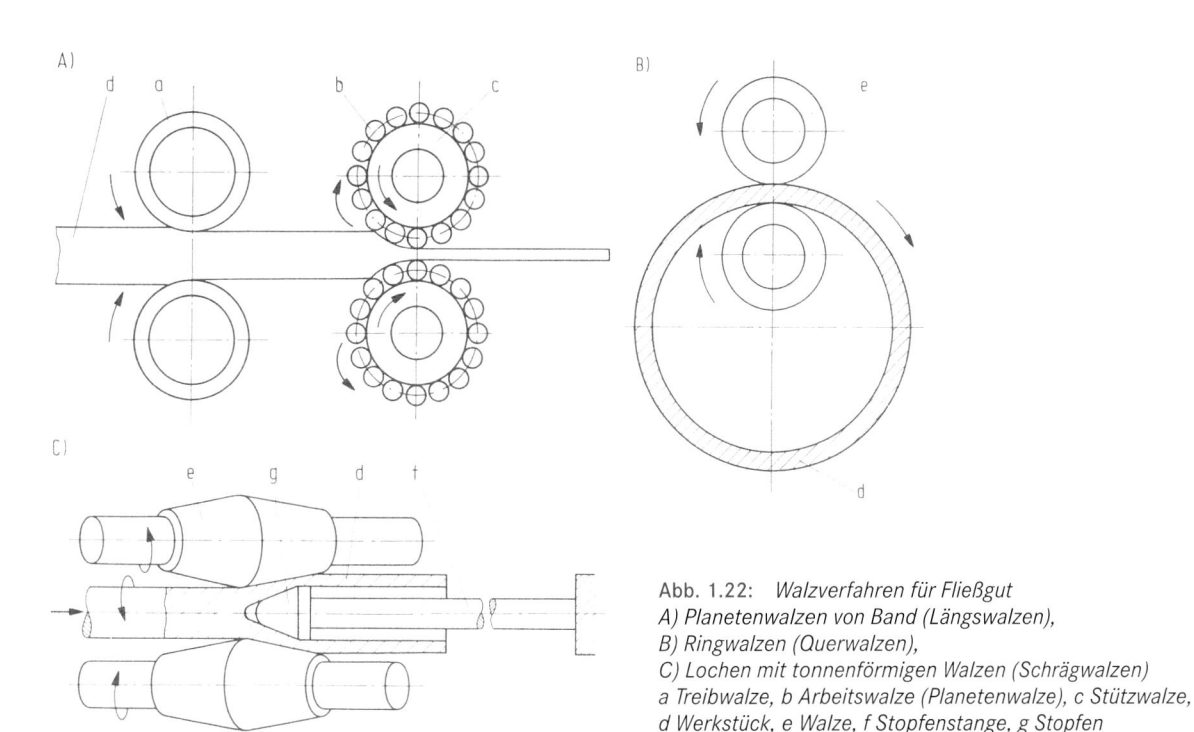

Abb. 1.22: Walzverfahren für Fließgut
A) Planetenwalzen von Band (Längswalzen),
B) Ringwalzen (Querwalzen),
C) Lochen mit tonnenförmigen Walzen (Schrägwalzen)
a Treibwalze, b Arbeitswalze (Planetenwalze), c Stützwalze,
d Werkstück, e Walze, f Stopfenstange, g Stopfen

fahren) oder Schrägprofilwalzen (Durchlaufverfahren), Keilwellenprofilwalzen, Glattwalzen u.a.m. Auch die bisher als Abstreckdrücken und Projizierabstreckdrücken bekannten Druckverfahren mit Wanddickenänderung finden sich in dieser Untergruppe unter Schrägflachwalzen bzw. Schrägprofilwalzen mit der Benennung Druckwalzen (Abb. 1.23).

Der Verfahrensbegriff *Walzen* bzw. der Werkzeugbegriff *Walze* wurde in DIN 8583, Teil 2, durchgehend auch für die früher und bedauerlicherweise teils noch heute benutzten Begriffe *Rollen* und *Rolle*, die teilweise aus ungenauer Übersetzung des englischen Wortes *roll* (Walze) herrühren, bei einzelnen Stückgutwalzverfahren verwendet. Danach sind Walzen Werkzeuge, die an einem Werkstück oder Halbzeug plastische Formänderungen hervorrufen und die Walzverfahren solche Verfahren, die Walzen nach dieser Definition verwenden. Das gilt auch für die Biegeverfahren mit drehender Werkzeugbewegung (siehe Biegeumformen). Unter Rollen werden in Abgrenzung dazu Maschinenelemente oder Teile davon verstanden, die sich auf einem Gegenkörper ohne plastische Verformung abwälzen (z.B. in einem Rollenlager) oder auf einer Achse oder Welle drehen (z.B. Seilrolle).

Die *Freiform-* und *Gesenkformverfahren* umfassen die Druckumformverfahren mit gegeneinander bewegten Werkzeugen, die entweder die Form des Werkstücks nicht oder nur teilweise (Freiformen) bzw. ganz oder zu einem wesentlichen Teil (Gesenkformen) enthalten

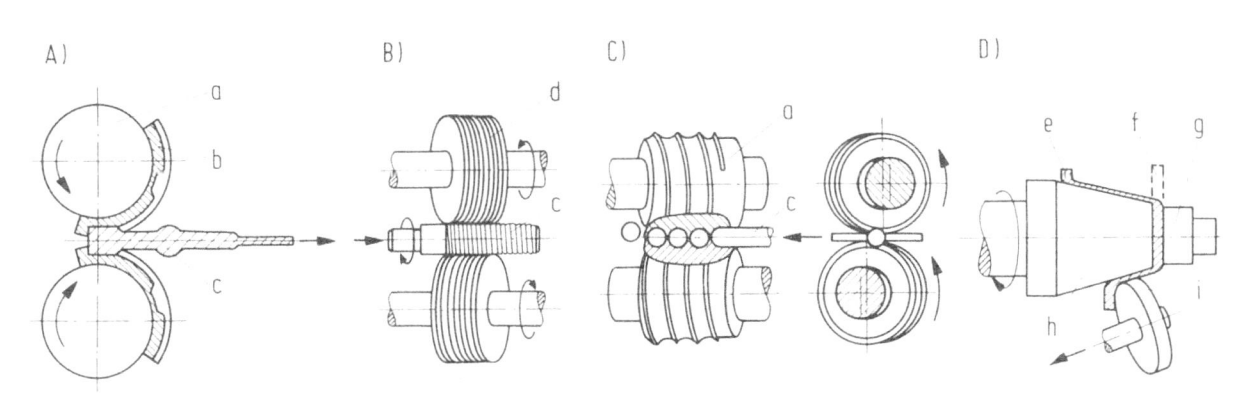

Abb. 1.23: Walzverfahren für Stückgut
A) Reckwalzen (Längswalzen), B) Gewindewalzen (Schrägwalzen), C) Formteil-Schrägwalzen, D) Drückwalzen
a Walze, b Walzsegment, c Werkstück, d Gewindewalze, e Endform, f Ausgangsform, g Gegenhalter, h Druckfutter, i Druckwalze

1.2 Einteilung und Benennungen

Abb. 1.24: Freiformen (A) und Gesenkformen (B)

Abb. 1.25: Beispiele für Freiformverfahren
A) Recken von Vollkörpern
B) Stauchen
C) Anstauchen
D) Rundkneten im Vorschubverfahren
a Sattel, b Werkstück, c Stempel, d Stauchbahn, e Stauchplatte, f Lochplatte, g Klemmgesenk, h Knetbacke

(Abb. 1.24). Zum Freiformen zählen wichtige Verfahren des Freiformschmiedens wie Recken, Breiten, Stauchen, Anstauchen, Rundkneten u.a.m., wodurch nochmals unterstrichen wird, dass es sich dabei um einen Sammelbegriff handelt (Abb. 1.25). Ähnlich verhält es sich mit dem Gesenkschmieden, dessen wichtigste Verfahren das Formpressen mit und ohne Grat und das Anstauchen im Gesenk sind.

Zum Gesenkformen rechnen gemäß der oben gegebenen Definition noch einige andere Verfahren der Massiv- und Blechumformung (Abb. 1.26).

Zum *Eindrücken* gehören solche Verfahren, bei denen ein Werkzeug in ein Werkstück eindringt, wobei auch eine Relativbewegung zwischen Werkzeug und Werkstück entlang der Oberfläche auftreten kann. Beispiele sind Körnen, Einsenken, Dornen (Hohldornen), Richtprägen von Blechen mit gerasterten Werkzeugen (ohne Relativbewegung) und Gewindefurchen mit Relativbewegung (Abb. 1.27).

Zu den Verfahren des *Durchdrückens* – durch eine formgebende Werkzeugöffnung hindurch – gehören neben dem Verjüngen (Reduzieren bzw. Erzeugen kleinerer Querschnittsänderungen an Voll- und Hohlkörpern) als wichtigste Verfahrensgruppe das Strangpressen und Fließpressen (Abb. 1.28).

Beide sind sich im Umformmechanismus sehr ähnlich, unterscheiden sich jedoch sowohl in bezug auf Werkzeuge und Maschinen als auch in bezug auf das Erzeugnis. Während das Strangpressen vornehmlich bei der Herstellung von Voll- oder Hohlsträngen (Stäbe, Rohre,

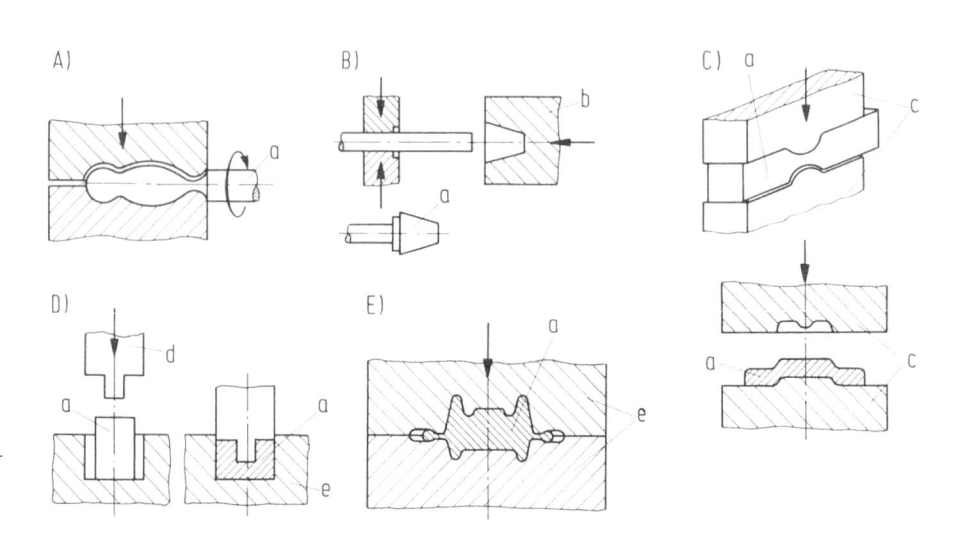

Abb. 1.26: Beispiele für Gesenkformverfahren
A) Reckstauchen
B) Anstauchen im Gesenk
C) Formstauchen
D) Formpressen ohne Grat
E) Formpressen mit Grat
a Werkstück, b Anstauchgesenk, c Formsattel, d Formstempel, e Gesenk

1.2 Einteilung und Benennungen

Abb. 1.27: *Beispiele für Eindrückverfahren*

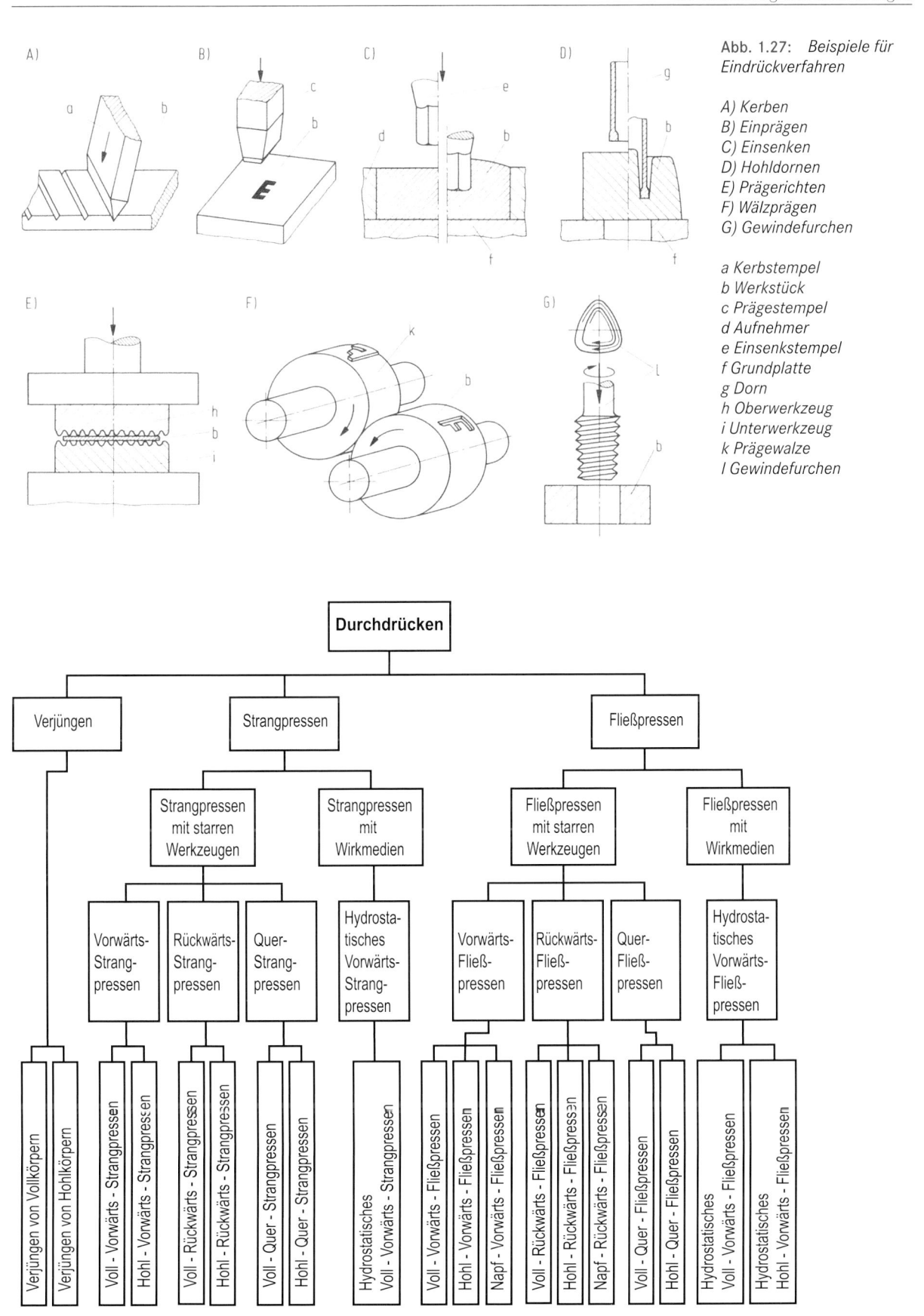

A) Kerben
B) Einprägen
C) Einsenken
D) Hohldornen
E) Prägerichten
F) Wälzprägen
G) Gewindefurchen

a Kerbstempel
b Werkstück
c Prägestempel
d Aufnehmer
e Einsenkstempel
f Grundplatte
g Dorn
h Oberwerkzeug
i Unterwerkzeug
k Prägewalze
l Gewindefurchen

Abb. 1.28: *Einteilung der Durchdrückverfahren nach DIN 8583*

1.2 Einteilung und Benennungen

Abb. 1.29: Grundverfahren des Fließpressens
A) Voll-Vorwärtsfließpressen
B) Napf-Vorwärtsfließpressen
C) Hohl-Vorwärtsfließpressen
D) Napf-Rückwärtsfließpressen

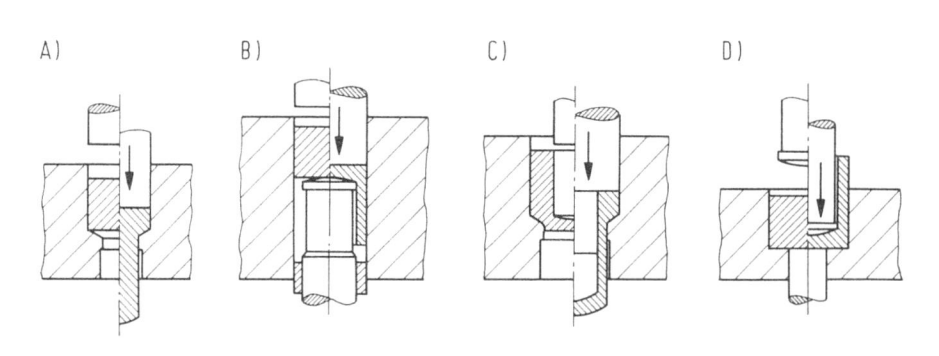

Profile), also bei der Fertigung von Halbzeugen angewandt wird, hat das Fließpressen die Herstellung einzelner Werkstücke zum Ziel. Verbreitet ist heute das Kaltfließpressen von Stahl ebenso wie die Kombination mit anderen Verfahren zum Kaltschmieden z.B das Kaltgesenkschmieden, sowie das Kaltfließpressen von Hülsen, Bechern, Tuben aus Aluminium, Zink usw. Die Grundverfahren werden nach den Gesichtspunkten Kinematik und Werkstückendform in Voll-Vorwärts- bzw. Rückwärts-, Hohl- und Napffließpressen aufgeteilt (Abb. 1.29). Die industriell wichtigsten Strangpressverfahren sind in Abbildung 1.30 zusammengestellt. Auch neue Verfahren mit Hochdruck-Flüssigkeiten (Wirkmedien) sind als hydrostatisches Strangpressen bzw. Fließpressen in DIN 8583 enthalten.

Zur Gruppe des *Zugdruck-Umformens* zählen zahlreiche Verfahren mit großen Unterschieden im Zusammenwirken der den plastischen Zustand hervorrufenden Zug- und Druckspannungen. Das Zugdruckumformen teilt sich nach DIN 8584 in die fünf Untergruppen Durchziehen, Tiefziehen, Drücken, Kragenziehen und Knickbauchen auf.

Das *Durchziehen* umfasst die bekannten Verfahren des Stab-, Draht-, Rohr- und Profilziehens, wobei die formgebende Werkzeugöffnung durch eine starre Ziehmatrize oder durch Walzen gebildet werden kann. Im Einzelfall sind dabei gewisse Übergänge zu Walzverfahren für die Halbzeugherstellung festzustellen, wie überhaupt die Anzahl der möglichen Kombinationen von den durch die Begriffsnormung erfassten reinen Verfahren mit anderen nahezu unbegrenzt ist. Auch das Abstreckgleitziehen (Vermindern der Wanddicke eines Hohlkörpers mit Boden) gehört zu den Durchziehverfahren (Abb. 1.31).

Die für die Praxis der Blechumformung sehr wichtige Untergruppe *Tiefziehen* ist so definiert, dass Tiefziehen Zugdruckumformen eines Blechs (auch Folie oder Platte, Tafel, Ausschnitt, Abschnitt) in einen Hohlkörper

Abb. 1.30: Strangpressen mit starren Werkzeugen
A) Voll-Vorwärtsstrangpressen,
B) Hohl-Vorwärtsstrangpressen mit Dorn (Rohrpressen)
C) Voll-Rückwärtsstrangpressen (indirektes Strangpressen)
D) Hohl-Querstrangpressen für Kabelummanteln

a Stempel, b Pressscheibe,
c Block (Werkstück),
d Blockaufnehmer,
e Matrizenhalter, f Matrize,
g Strang (Werkstück),
h Dorn, i Verschlussplatte,
k Matrize und Pressscheibe,
l Werkzeugaufnehmer

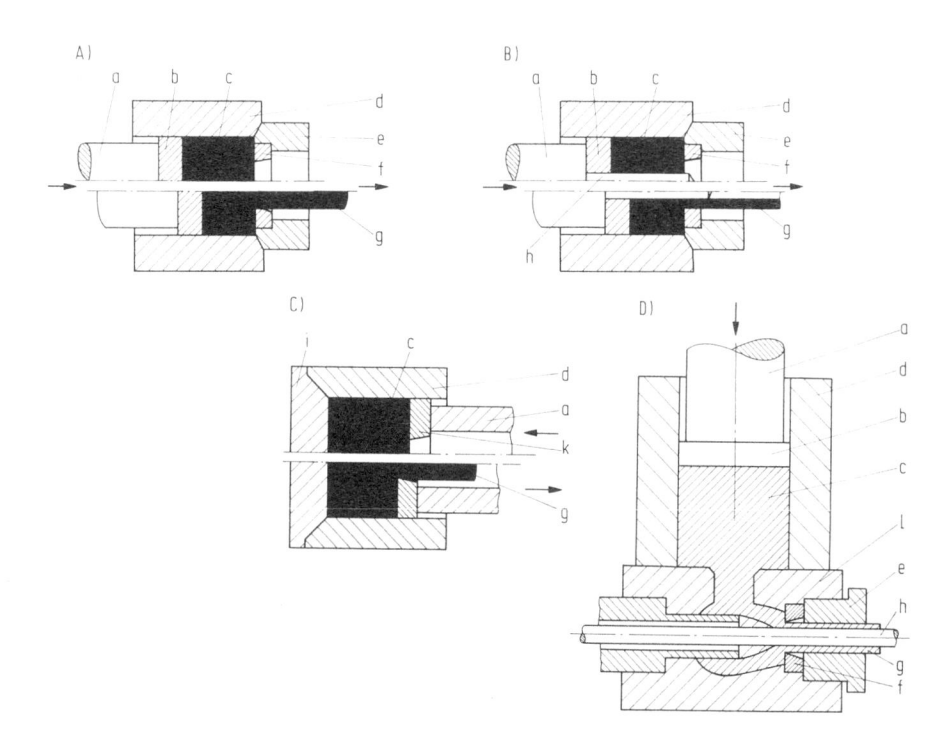

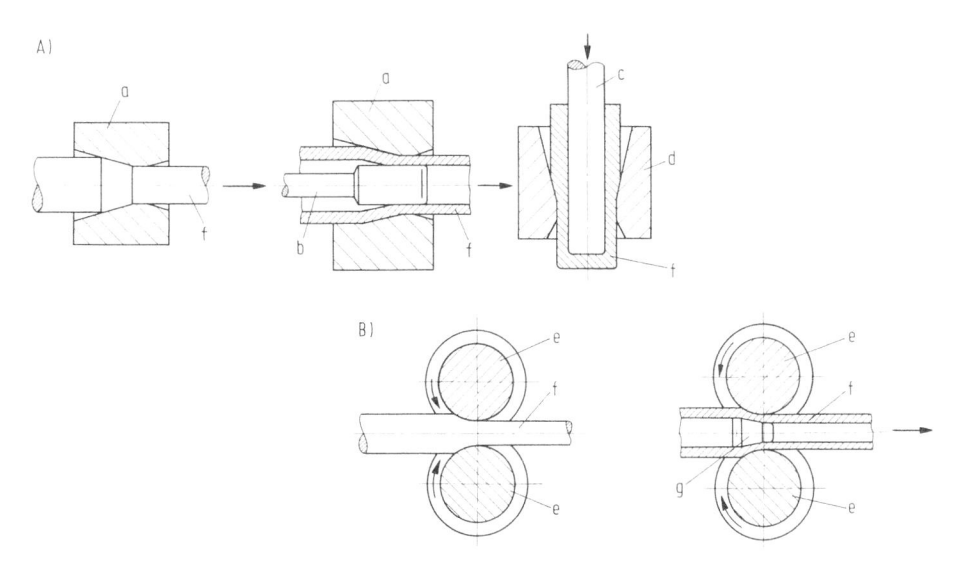

Abb. 1.31: *Grundverfahren des Durchziehens*
A) Gleitziehen (Stabziehen, Ziehen über festen Stopfen, Abstreckziehen),
B) Walzziehen (Drahtziehen, Ziehen über fliegenden Stopfen)

a Ziehring, b Stopfen (Dorn), c Stempel, d Abstreckring, e Walze, f Werkstück, g fliegender (schwimmender) Stopfen

oder eines Hohlkörpers in einen Hohlkörper mit kleinerem Umfang ohne gewollte Veränderung der Blechdicke ist. Die Erfassung aller Tiefziehverfahren – auch solcher, die mit Druckflüssigkeiten, Schockwellen, Magnetfeldern usw. arbeiten – erfordert unter Rückgriff auf DIN 8580, wonach Veränderungen der Geometrie eines Werkstücks durch Werkzeuge, Wirkmedien oder Wirkenergien erfolgen können, die Unterteilung in die drei Bereiche:

- Tiefziehen mit Werkzeugen,
- Tiefziehen mit Wirkmedien,
- Tiefziehen mit Wirkenergien.

Werkzeuge können starr oder nachgiebig (unter Verwendung elastischer Kissen oder Stempel) ausgeführt sein, wobei die ersteren in der Praxis überwiegen. Das Umformen einer Platine in einen Napf oder Becher ist Tiefziehen im Erstzug, das weitere Umformen in Hohlkörper kleineren Durchmessers Tiefziehen im Weiterzug. Randfälle sind das Randhochstellen und Kümpeln beim Tiefziehen im Erstzug, ein wichtiger Anwendungsfall beim Weiterziehen das Stülpziehen (Abb. 1.32).

Bei den Verfahren mit nachgiebigen Werkzeugen wird unterschieden zwischen Tiefziehen mit elastischem Stempel und Tiefziehen mit elastischem Kissen (Abb. 1.33). Das Tiefziehen mit Wirkmedien verwendet formlos feste

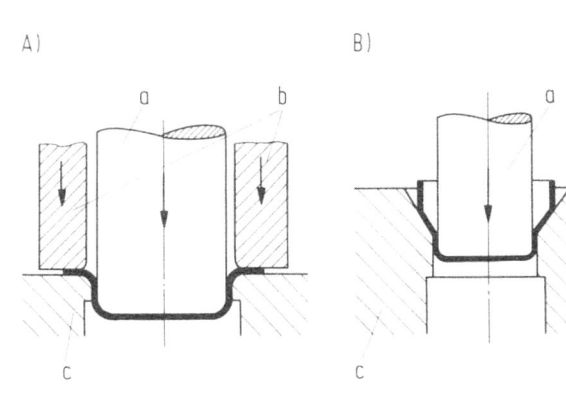

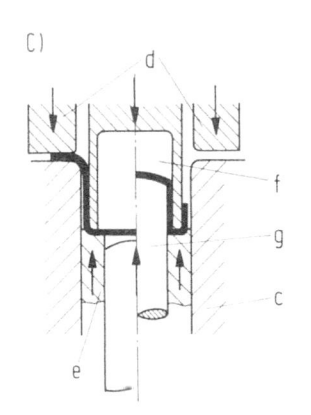

Abb. 1.32: *Grundverfahren des Tiefziehens mit starren Werkzeugen*
A) Tiefziehen im Erstzug mit Niederhalter
B) Tiefziehen im Weiterzug ohne Niederhalter
C) Stülpziehen

a Stempel, b Niederhalter, c Ziehring (Ziehmatrize), d erster Niederhalter, e zweiter Niederhalter, f Hohlstempel, g Stülpstempel

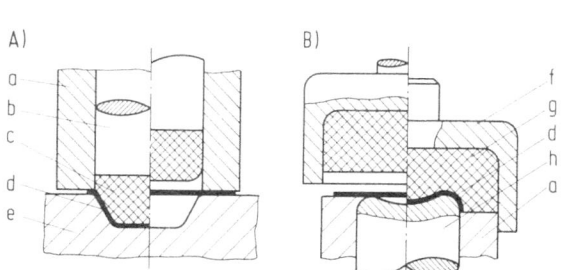

Abb. 1.33: *Grundverfahren des Tiefziehens mit elastischen Werkzeugen:*
A) Tiefziehen mit Gummistempel
B) Tiefziehen mit Gummikissen
a Niederhalter, b Stempel, c Stempelkopf (Gummi), d Werkstück, e Ziehmatrize, f Koffer, g Gummikissen, h Ziehstempel

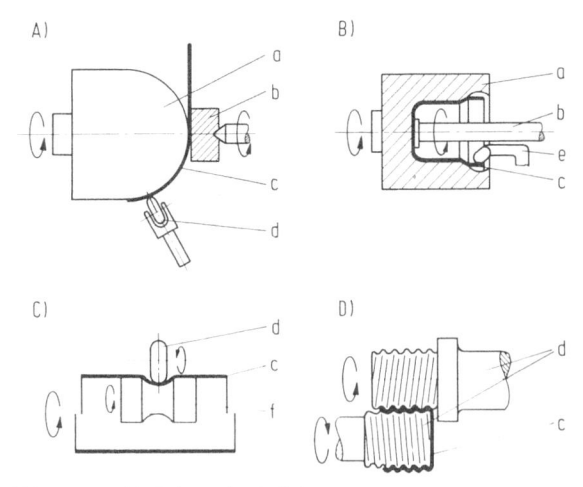

Abb. 1.34: *Verfahren des Drückens*
A) Drücken von Hohlkörpern, ausgehend vom Zuschnitt,
B) Aufweiten durch Drücken,
C) Engen durch Drücken,
D) Gewindedrücken;
a Druckform (Druckfutter), b Gegenhalter,
c Werkstück, d Druckwalze,
e Druckstab, f Gegenwerkzeug

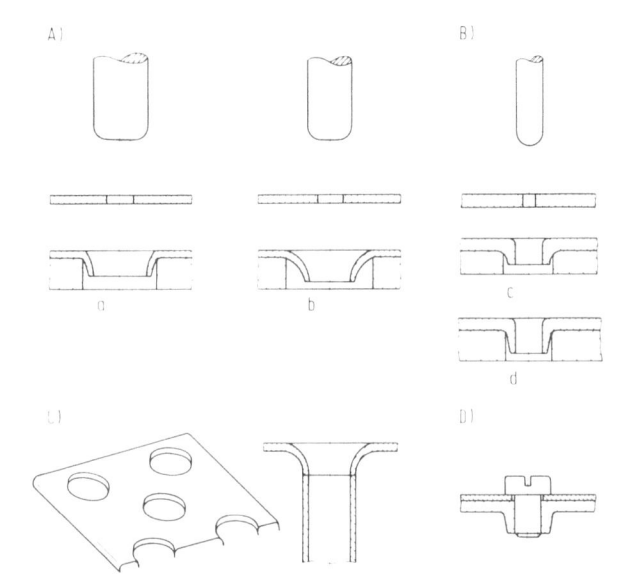

Abb. 1.35: *Verfahren des Kragenziehens und Anwendungsbeispiele gezogener Kragen*
A) Weiter Kragen, B) Enger Kragen, C) Weite Innenborde als Versteifungs- und Fügeelemente, D) Durchgezogener abgestreckter Kragen mit Gewinde
a enger Spalt, b weiter Spalt, c nicht abgestreckt, d abgestreckt

Stoffe, Flüssigkeiten oder Gase, wobei Flüssigkeiten die größte Bedeutung für die Praxis haben. Sie können entweder Träger statischer Kraftwirkungen wie beim Tiefziehen mit Wasserbeutel, Tiefziehen mit Membran usw. oder Träger dynamischer Kraftwirkungen sein. Der bei der Freisetzung der Energie hervorgerufene Druckstoß kann durch Detonation eines Sprengstoffs, Explosion eines Gasgemisches, Funkenentladung oder durch kurzzeitige Entspannung hochgespannter Gase entstehen.

In der praktischen Anwendung überwiegen auch hier Flüssigkeiten als Wirkmedien, zum Beispiel bei der Explosionsumformung größerer Werkstücke im Wassertank oder der elektrohydraulischen Umformung in geschlossenen Werkzeugen. Tiefziehen mit Wirkenergie schließlich ist durch Einwirken eines sich kurzzeitig aufbauenden Magnetfeldes möglich.

Die Verfahrensuntergruppe *Drücken* gliedert sich in Drücken von Hohlkörpern (Umformen einer ebenen Scheibe in einen Hohlkörper), Weiten durch Drücken und Engen durch Drücken (Abb. 1.34). Auch hierbei sind Änderungen der Ausgangsblechdicke nicht beabsichtigt. Bei diesen Verfahren zeigen sich teils fließende Übergänge von Zugdruck- nach Zug- oder Druckbeanspruchung. Da jedoch im Wesentlichen zu irgendeinem Zeitpunkt des Vorgangs auch bei den Verfahren des Weitens und Engens durch Drücken ein zusammengesetzter Zugdruck-Beanspruchungszustand auftreten kann, wurden die Drückverfahren in einer Untergruppe zusammengefasst. Dass die Drückverfahren mit gewollter Wanddickenänderung dagegen zu den Walzverfahren gehören, wurde schon erwähnt.

Die Untergruppen *Kragenziehen* (Abb. 1.35) und *Knickbauchen* (Abb. 1.36) berücksichtigen das ganz andere Zusammenwirken von Zug- und Druckbeanspruchung im Vergleich zum Durchziehen und Tiefziehen. Das für die Praxis bedeutsam gewordene Kragenziehen kann an ebenen oder gewölbten Blechen (Rohren), teils auch kombiniert mit Lochen und Abstreckgleitziehen, vorgenommen werden.

Neu aufgenommen in DIN 8584 wurde das Innenhochdruck-Weitstauchen im geschlossenen bzw. offenen Gesenk, das in jüngerer Zeit in die industrielle Fertigung unter dem Gesichtspunkt Präzisionsleichtbau Eingang

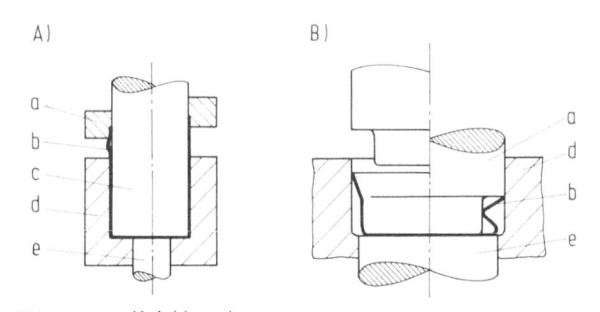

Abb. 1.36: *Knickbauchen*
A) Knickbauchen nach außen, B) Knickbauchen nach innen
a Stempel, b Werkstück, c Innenstempel, d Aufnehmer, e Ausstoßer

1.2 Einteilung und Benennungen

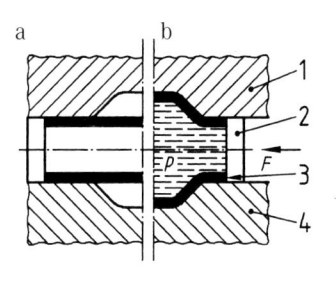

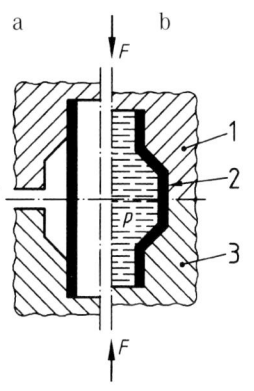

Abb. 1.37: Innenhochdruck-Weitstauchen im geschlossenen Gesenk
a Ausgangsform des Werkstücks,
b Endform des Werkstücks,
p Innenhochdruck,
F Richtung der Kraft;
1 Obergesenk,
2 Stempel,
3 Werkstück,
4 Untergesenk

Abb. 1.38: Innenhochdruck-Weitstauchen im offenen Gesenk
a Ausgangsform des Werkstücks, b Endform des Werkstücks,
p Innenhochdruck,
F Richtung der Kraft;
1 Obergesenk,
2 Werkstück,
3 Untergesenk

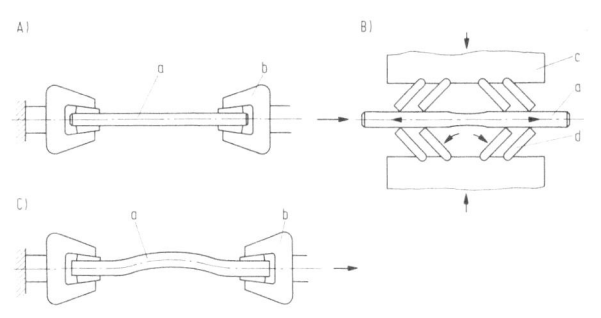

Abb. 1.39: Verfahren des Längens
A) Dehnen (Wirkrichtung der Zugkraft in Wirkrichtung der Umformmaschine), B) Strecken (Wirkrichtung der Zugkraft senkrecht zur Wirkrichtung der Umformmaschine), C) Streckrichten;
a Werkstück, b Spannzange, c Lamellenträger, d Lamelle

gefunden hat (Abb. 1.37 und 1.38). Beide Anwendungen zeigen die sinnvolle gleichzeitige Nutzung einer Zug- und einer Druckbeanspruchung sehr anschaulich.

Die Verfahrensgruppe Zugumformen umfasst nach DIN 8585 die drei Untergruppen Längen, Weiten und Tiefen.

Das *Längen*, gekennzeichnet durch eine in der Werkstücklängsachse wirkende Zugkraft, wird zum ein- bzw. zweiachsigen Strecken (mit Sonderwerkzeugen), im Wesentlichen jedoch zum Streckrichten zwecks Beseitigung von Verbiegungen und Verwindungen an Stäben, Rohren, Profilen sowie von Beulen an Blechen eingesetzt. Ein extremer Anwendungsfall ist der Zugversuch (Abb. 1.39).

Das *Weiten* dient der Vergrößerung des Umfangs eines Hohlkörpers. Die dazu gehörenden Verfahren lassen sich mit starren oder nachgiebigen Werkzeugen, Wirkmedien oder Wirkenergie ausführen, so dass sich eine eng an das Tiefziehen angelehnte weitere Aufgliederung ergibt (Abb. 1.40). Das gleiche bezüglich der Unterteilung gilt auch für die Verfahren des *Tiefens* zum Anbringen von Vertiefungen an ebenen oder gewölbten Werkstücken aus Blech durch Zugbeanspruchung, wobei die Oberflächenvergrößerung durch Vermindern der Wanddicke erreicht wird (Abb. 1.41). Zum Tiefen mit starrem Werkzeug gehören die beiden wichtigen Verfahren Streckziehen – wobei ein starrer Stempel in das am Rand fest eingespannte Blech eindringt (Grenzfall: Erichsen-Tiefungsversuch) – und Hohlprägen (Tiefen) mit starrem oder

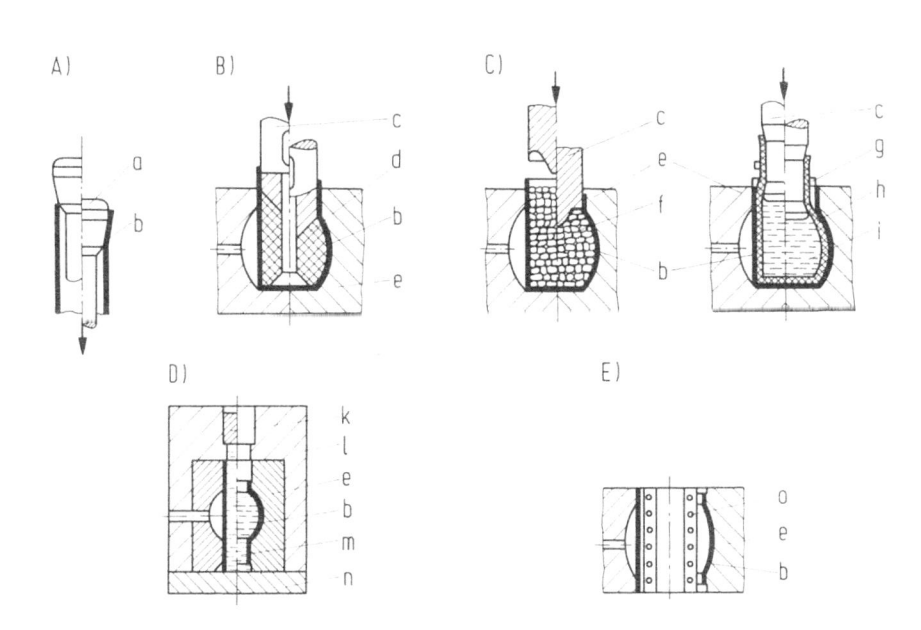

Abb. 1.40: Verfahren des Weitens
A) Weiten mit starrem Werkzeug (Dorn),
B) Weiten mit elastischem Werkzeug (Gummistempel),
C) Weiten mit Wirkmedien mit kraftgebundener Wirkung (Stahlkugeln, Wasserbeutel),
D) Weiten mit Wirkmedien mit energiegebundener Wirkung (Sprengstoffdetonation),
E) Weiten mit Wirkenergien (Magnetfeld)
a Dorn, b Werkstück, c Stempel, d Stempelkopf (Gummi), e Matrize, f Stahlkugeln, g Klemmring, h Gummibeutel, i Wasser, k Sprengstoff, l Aufnehmer, m Medium, n Grundplatte, o Spule

1.2 Einteilung und Benennungen

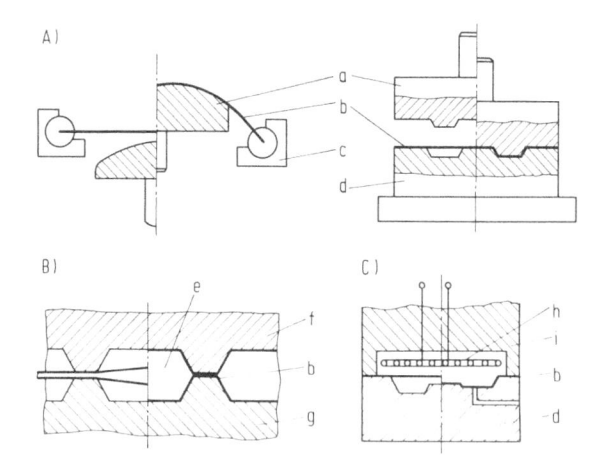

Abb. 1.41: *Verfahren des Tiefens*
A) Tiefen mit starren Werkzeugen (Streckziehen, Hohlprägen),
B) Tiefen mit Wirkmedien mit kraftgebundener Wirkung,
C) Tiefen mit Wirkenergie (Magnetfeld)
a Stempel, b Werkstück, c Spannzange, d Matrize, e Druckluft,
f Obergesenk, g Untergesenk, h Spule, i Spulenträger

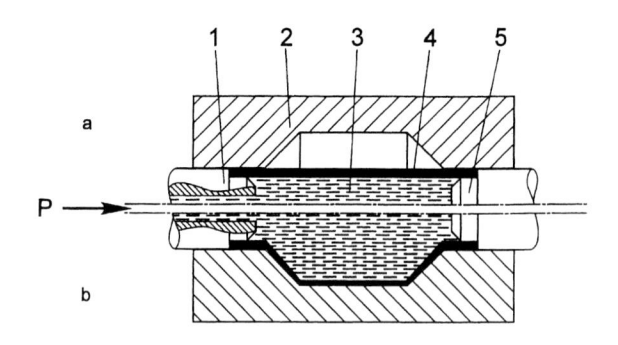

Abb. 1.42: *Innenhochdruck-Weiten*
a Ausgangsform des Werkstücks
b Endform des Werkstücks
1 Andockstempel, 2 Matrize (zweiteilig), 3 Druckmedium,
4 Werkstück, 5 Dichtstempel

nachgiebigem beweglichem Stempel in ein Gegenwerkzeug hinein, wobei die Vertiefung klein gegenüber der Werkstückabmessung sein soll.

DIN 8585 von 9/2003 führt neu das Weiten mit Flüssigkeiten mit kraftgebundener Wirkung (Abb. 1.42) ein, das sich in jüngerer Zeit für Sonderanwendungen in die Industrie eingeführt hat.

Je nach Gestalt des Werkstücks kann ein bestimmtes Verfahren unter Umständen sowohl dem Zugdruckumformen als auch dem Zugumformen zugeordnet werden: Bei unregelmäßig geformten Blechteilen werden verschiedene Werkstückabschnitte oft ganz unterschiedlich beansprucht, z. B. auf Zug, Zugdruck, Biegung und Druck. Es finden sich entsprechende Elemente des Tiefziehens, Tiefens, Biegens, Hohl- und Vollprägens usw. in einer Kombination vereinigt, der die Werkzeuggestaltung Rechnung zu tragen hat. Beispiele hierfür sind das Ziehen von Karosserieteilen oder allgemein die Herstellung von großen unregelmäßigen Ziehteilen aus dünnen Blechen. Da hierbei überwiegend Gesenke als Werkzeuge verwendet werden, wird die beschriebene Kombination verschiedener Verfahren Formziehen im Gesenk oder Gesenkziehen genannt.

Das *Biegeumformen* (DIN 8586) umfasst die beiden Untergruppen Biegeumformen mit geradliniger Werkzeugbewegung und Biegeumformen mit drehender Werkzeugbewegung (Abb. 1.43).

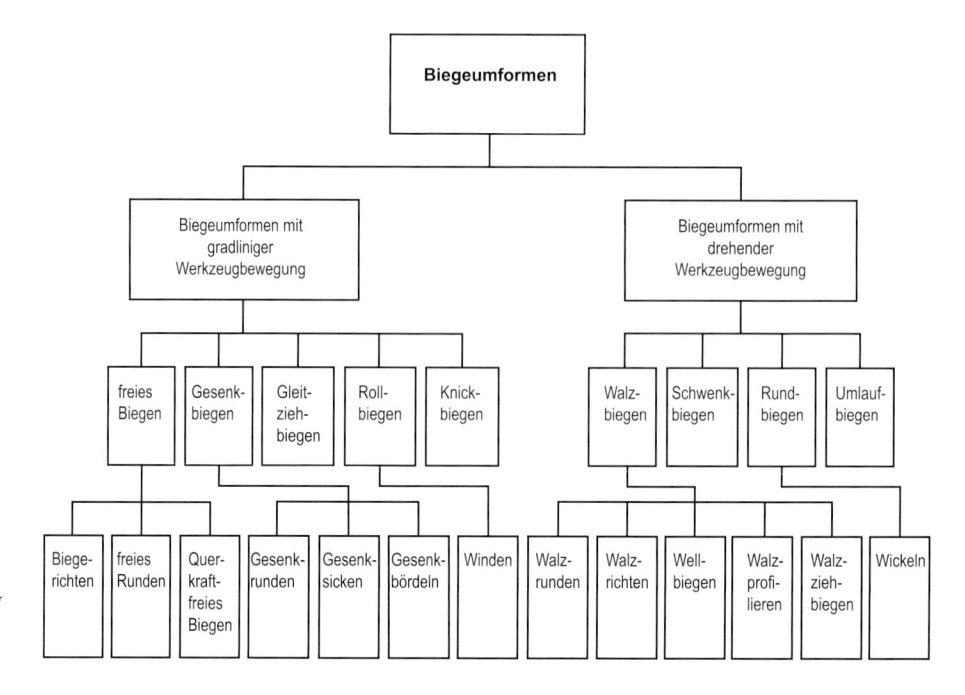

Abb. 1.43: *Aufgliederung der Biegeverfahren nach DIN 8586*

1.2 Einteilung und Benennungen

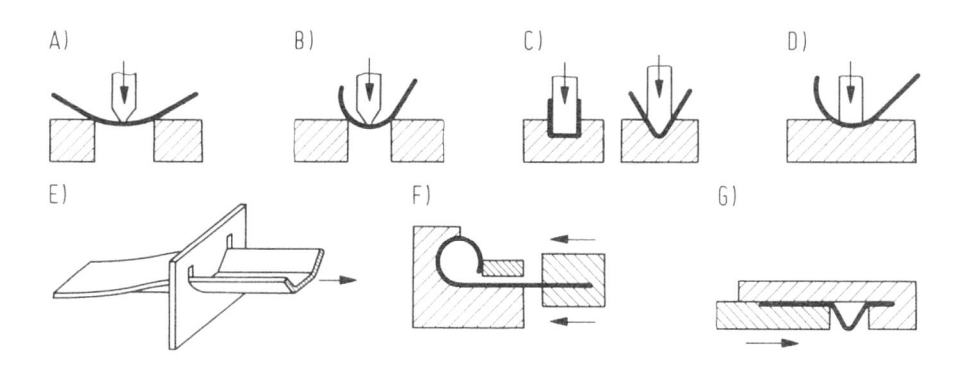

Abb. 1.44: *Beispiele für Biegeumformen mit geradliniger Werkzeugbewegung*
A) *Freies Biegen,*
B) *Freies Runden,*
C) *Gesenkbiegen,*
D) *Gesenkrunden,*
E) *Gleitziehbiegen,*
F) *Rollbiegen,*
G) *Knickbiegen*

Zu der ersten Untergruppe zählen das freie Biegen, Gesenkbiegen, Gleitziehbiegen, Rollbiegen und Knickbiegen (Abb. 1.44). Freies Biegen, Gesenkbiegen und Rollbiegen gliedern sich weiter entsprechend der Abbildungen 1.45 und 1.46 auf; dabei ist z.B. Gelenkrunden in Schenkelrichtung fortschreitendes Gesenkbiegen und Winden Rollbiegen um mehr als 360° (z.B. Federwinden). Gesenksicken und Gesenkbördeln sind Sonderfälle des Gesenkbiegens nach der Werkstückgeometrie. Auch bei den Biegeverfahren mit drehender Werkzeugbewegung gibt es gemäß Abbildung 1.45 eine Zwischenstufe mit den Verfahren Walzbiegen, Schwenkbiegen, Rundbiegen und Umlaufbiegen. Von diesen teilt sich das Walzbiegen weiter auf in Walzrunden, Walzrichten, Wellbiegen, Walzprofilieren und Walzziehbiegen, während Rundbiegen um mehr als 360° Wickeln heißt. Beim Rundbiegen könnte noch unterschieden werden zwischen Rundbiegen von Vollkörpern (Stäbe, Profile) und Rundbiegen von Hohlkörpern (Rohre, Hohlprofile); dieser Ordnungsgesichtspunkt tritt jedoch auch bei anderen Verfahren, z.B. Win-

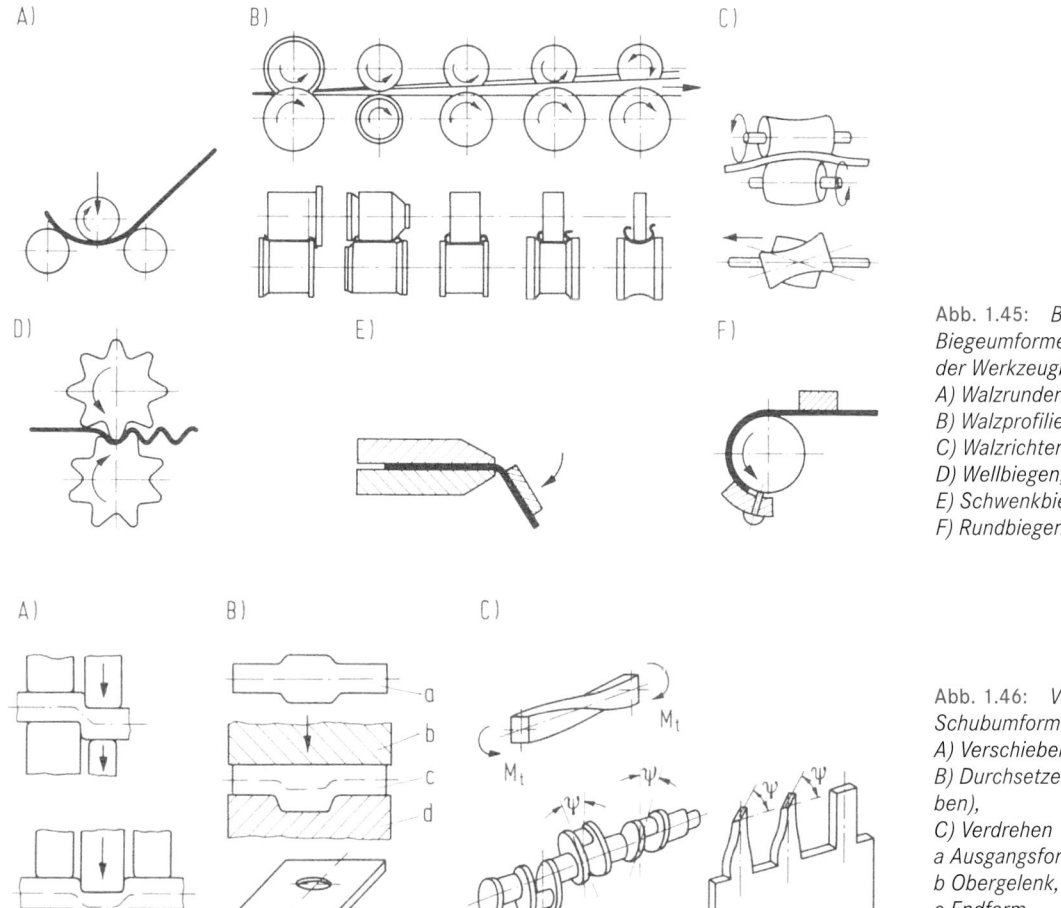

Abb. 1.45: *Beispiele für Biegeumformen mit drehender Werkzeugbewegung*
A) *Walzrunden,*
B) *Walzprofilieren,*
C) *Walzrichten,*
D) *Wellbiegen,*
E) *Schwenkbiegen,*
F) *Rundbiegen*

Abb. 1.46: *Verfahren des Schubumformens*
A) *Verschieben,*
B) *Durchsetzen (Abschieben),*
C) *Verdrehen*
a Ausgangsform,
b Obergelenk,
c Endform,
d Untergelenk,
e Schweißbuckel

den, Walzrichten, ebenfalls auf, so dass in DIN 8586 mit Rücksicht auf die große Zahl spezieller Biegeverfahren auf eine weitere Unterscheidung nach der Werkstückgeometrie verzichtet wird.

Das *Schubumformen* (DIN 8587) umfasst nur wenige Verfahren und teilt sich in Verschieben und Verdrehen auf. Während beim *Verschieben* (Abschieben, Durchsetzen) benachbarte Querschnittsflächen des Werkstücks in Kraftwirkrichtung zueinander verlagert werden, werden sie beim *Verdrehen* (Verwinden, Schränken) durch eine Drehbewegung gegeneinander verlagert. Das Durchsetzen entlang einer in sich geschlossenen Werkzeugkante dient z.B. der Herstellung von Schweißbuckeln, Zentrieransätzen in Blechteilen usw. (Abb. 1.46).

Verdrehen eines Werkstücks im Ganzen ist Verwinden, örtliches Verdrehen eines Werkstücks Schränken.

Literatur zu Kapitel 1

Caus, S. de: Les raisons des forces mouvantes. Band 3. Frankfurt 1615.

Diete, M. E. (Hrsg.): Plinius Secundus, Gaius: Naturgeschichte. Uebers. u. mit erläuternden Registern versehen von Chr. Fed. Leb. Strack. Bremen 1853-55.

EUMUCO: 90 Jahre EUMUCO, Hammer- und Schmiedetechnik in alter Zeit. Eumuco, Firmenschrift 1959.

Haller, H. W.: Handbuch des Schmiedens. Carl Hanser Verlag, München 1971.

Haßler, F.: Meilensteine des Fortschritts in der Eisen- und Metallbearbeitung. Ind. Anz. 76 (1954) 16 u. 17, S. 227-242.

Hojas, H.: Die Entwicklung der Schmiedetechnik bis zu den Schmiedemaschinen. Berg- und Hüttenmännische Monatshefte 121 (1976) 9, S. 358-366.

Kurrein, M.: Werkzeuge und Arbeitsverfahren der Pressen. Springer-Verlag, Berlin 1914.

Lange, K.: Begriffe und Benennungen in der Umformtechnik. Draht 30 (1979) 10, S. 612-614, Draht 30 (1979) 11, S. 664-668, Draht 30 (1979) 12, S. 763-766.

Lange, K.: Entwicklungsstufen der Umformtechnik. Ind. Anz. 87 (1965) 49, S. 967-970, u. 57, S. 1327-1332.

Lange, K.: Lehrbuch der Umformtechnik. Bd. 1, Springer-Verlag, Berlin, Heidelberg, New York 1984.

Lange, K.; Glöckl, H.; Rebholz, M.: Veränderung der Herstellkosten spanend und umformend gefertigter gleicher Werkstücke bei Erhöhung der Energiekosten. wt-Z. f. ind. Fert. 69 (1979) 9, S. 521-525.

Nedoluha, A.: Geschichte der Werkzeuge und Werkzeugmaschinen. Springer-Verlag, Wien 1961.

Schmoeckel, D.: Entwicklungen bei Fertigungsverfahren der Umformtechnik. Draht 31 (1980) 12, S. 881-887.

Spur, G.: Produktionstechnik im Wandel. Carl Hanser Verlag, München, Wien 1979.

Treue, W. et al. (Hrsg.): Das Hausbuch der Mendelschen Zwölfbrüderstiftung zu Nürnberg. F. Bruckmann Verlag, München 1965.

Wedel, E. v.: Die geschichtliche Entwicklung des Umformens in Gesenken. VDI-Verlag, Düsseldorf 1960.

DIN-Normen (alt)

DIN 8580 (6.74)	Fertigungsverfahren. Einteilung.
DIN 8582 (4.71)	Fertigungsverfahren Umformen. Einordnung, Unterteilung, alphabetische Übersicht.
DIN 8583 T1 (8.69)	Fertigungsverfahren Druckumformen. Einordnung, Unterteilung, Begriffe.
DIN 8583 T2 (5.70)	Fertigungsverfahren Druckumformen. Walzen. Unterteilung, Begriffe.
DIN 8583 T3 (5.70)	Fertigungsverfahren Druckumformen. Freiformen. Unterteilung, Begriffe.
DIN 8583 T4 (5.70)	Fertigungsverfahren Druckumformen. Gesenkformen. Unterteilung, Begriffe.
DIN 8583 T5 (5.70)	Fertigungsverfahren Druckumformen. Eindrücken. Unterteilung, Begriffe.
DIN 8583 T6 (8.69)	Fertigungsverfahren Druckumformen. Durchdrücken. Unterteilung, Begriffe.
DIN 8584 T1 (4.71)	Fertigungsverfahren Zugdruckumformen. Einordnung, Unterteilung, Begriffe.
DIN 8584 T2 (4.71)	Fertigungsverfahren Zugdruckumformen. Durchziehen. Unterteilung, Begriffe.
DIN 8584 T3 (4.71)	Fertigungsverfahren Zugdruckumformen. Tiefziehen. Unterteilung, Begriffe.
DIN 8584 T4 (4.71)	Fertigungsverfahren Zugdruckumformen. Drücken. Unterteilung, Begriffe.
DIN 8584 T5 (4.71)	Fertigungsverfahren Zugdruckumformen. Kragenziehen. Begriff.
DIN 8584 T6 (4.71)	Fertigungsverfahren Zugdruckumformen. Knickbauchen. Begriff.
DIN 8585 T1 (10.70)	Fertigungsverfahren Zugumformen. Einordnung, Unterteilung, Begriff.

DIN 8585 T2 (6.70)	Fertigungsverfahren Zugumformen. Längen. Unterteilung, Begriffe.	DIN 8584 (9.03)	Fertigungsverfahren Zugdruckumformen. Teil1: Allgemeines. Einordnung, Unterteilung, Begriff.
DIN 8585 T3 (4.71)	Fertigungsverfahren Zugumformen. Weiten. Unterteilung, Begriffe.	DIN 8584 (9.03)	Fertigungsverfahren Zugdruckumformen. Teil 2: Durchziehen. Einordnung, Unterteilung, Begriffe.
DIN 8585 T4 (4.71)	Fertigungsverfahren Zugumformen. Tiefen. Unterteilung, Begriffe.	DIN 8584 (9.03)	Fertigungsverfahren Zugdruckumformen. Teil 3: Tiefziehen. Einordnung, Unterteilung, Begriffe.
DIN 8586 (4.71)	Fertigungsverfahren Biegeumformen. Einordnung, Unterteilung, Begriffe.	DIN 8584 (9.03)	Fertigungsverfahren Zugdruckumformen. Teil 4: Drücken. Einordnung, Unterteilung, Begriffe.
DIN 8587 (7.69)	Fertigungsverfahren Schubumformen. Einordnung, Unterteilung, Begriffe.	DIN 8584 (9.03)	Fertigungsverfahren Zugdruckumformen. Teil 5: Kragenziehen. Einordnung, Unterteilung, Begriffe.
		DIN 8584 (9.03)	Fertigungsverfahren Zugdruckumformen. Teil 6: Knickbauchen. Einordnung, Unterteilung, Begriffe.

DIN-Normen (neu)

DIN 8580 (9.03)	Fertigungsverfahren. Begriffe, Einteilung.	DIN 8585 (9.03)	Fertigungsverfahren Zugumformen. Teil 1: Allgemeines. Einordnung, Unterteilung, Begriffe.
DIN 8582 (9.03)	Fertigungsverfahren Umformen. Einordnung, Unterteilung, Begriffe, Alphabetische Übersicht.	DIN 8585 (9.03)	Fertigungsverfahren Zugumformen. Teil 2: Längen. Einordnung, Unterteilung, Begriffe.
DIN 8583 (9.03)	Fertigungsverfahren Druckumformen. Teil 1: Allgemeines. Einordnung, Unterteilung, Begriffe.	DIN 8585 (9.03)	Fertigungsverfahren Zugumformen. Teil 3: Weiten. Einordnung, Unterteilung, Begriffe.
DIN 8583 (9.03)	Fertigungsverfahren Druckumformen. Teil 2: Walzen. Einleitung, Unterteilung, Begriffe.	DIN 8585 (9.03)	Fertigungsverfahren Zugumformen. Teil 4: Tiefen. Einordnung, Unterteilung, Begriffe.
DIN 8583 (9.03)	Fertigungsverfahren Druckumformen. Teil 3: Freiformen. Einleitung, Unterteilung, Begriffe.	DIN 8586 (9.03)	Fertigungsverfahren Biegeumformen. Einordnung, Unterteilung, Begriffe.
DIN 8583 (9.03)	Fertigungsverfahren Druckumformen. Teil 4: Gesenkformen. Einordnung, Unterteilung, Begriffe.	DIN 8587 (9.03)	Fertigungsverfahren Schubumformen. Einordnung, Unterteilung, Begriffe.
DIN 8583 (9.03)	Fertigungsverfahren Druckumformen. Teil 5: Eindrücken. Einordnung, Unterteilung, Begriffe.		
DIN 8583 (9.03)	Fertigungsverfahren Druckumformen. Teil 6: Durchdrücken. Einordnung, Unterteilung, Begriffe.		

Grundlagen der Umformtechnik

2.1 Metallkundliche Grundlagen 29
    2.1.1 Aufbau der Metalle 29
    2.1.2 Formänderungsverhalten von Einkristallen 31
    2.1.3 Formänderungs- und Festigkeitsverhalten
          von Vielkristallen 36

2.2 Plastomechanische Grundlagen 39
    2.2.1 Geometrische und kinematische Größen 39
    2.2.2 Mechanische Größen 43
    2.2.3 Ermittlung umformspezifischer Prozessgrößen 48

2.3 Fließkurven 66
    2.3.1 Definition der Fließkurve 66
    2.3.2 Einflussgrößen auf die Fließkurve 67
    2.3.3 Fließkurvenermittlung 69
    2.3.4 Vergleichende Bewertung der Verfahren
          zur Aufnahme von Fließkurven 75

2.4 Tribologie 77
    2.4.1 Grundlagen 77
    2.4.2 Etablierte tribologische Systeme 84
    2.4.3 Tribologische Prüfverfahren 87

2.5 Numerische Simulation in der Blechumformung 92
    2.5.1 Simulation und Kompensation der Rückfederung 94
    2.5.2 Simulation der Bauteileigenschaften
          nach dem Umformen 95

2.6 Systematischer Planungsprozess zur anforderungs-
    gerechten Auswahl des Fertigungsverfahrens 98

2.1 Metallkundliche Grundlagen

Wolfgang Voelkner

2.1.1 Aufbau der Metalle

Kennzeichnendes Merkmal der Metalle ist ihre hohe elektrische Leitfähigkeit und ihr hohes bleibendes Formänderungsvermögen. Die Ursachen hierfür liegen in ihrem atomaren Verhalten. Zwischen den Atomen von Festkörpern existieren unterschiedliche Bindungsarten wie z. B. die Ionenbindung, die Atombindung und die Metallbindung. Den positiven Ladungen des Atomkerns stehen die negativen Ladungen der Elektronen, die in Schalen um den Atomkern angeordnet sind, gegenüber. Typisch für Metalle ist, dass ihre Atome relativ leicht Elektronen abgeben, die nicht an ein spezielles Atom gebunden sind. Diese ungebundenen negativ geladenen Valenzelektronen bilden eine Art Elektronengas, das eine ungerichtete Bindung mit den verbliebenen positiven Atomrümpfen eingeht (Abb. 2.1).

Metallische Werkstoffe sind kristallin aufgebaut, d. h. in jedem Kristall sind die Atome geometrisch bestimmten räumlichen Gittern zugeordnet. Damit unterscheiden sie sich von anderen Stoffen, wie z. B. von Flüssigkeiten oder einem Teil der Kunststoffe, in denen die Atome oder Moleküle regellos verteilt sind. Man bezeichnet diese Stoffe als amorph.

Die Kristalle entstehen durch Aneinanderreihen von sich wiederholenden Volumenelementen in den drei Raumrichtungen. Ein Volumenelement, das die volle Symmetrie des Gitters aufweist, wird als Elementarzelle bezeichnet. Ihr Aufbau bestimmt entscheidend die Eigenschaften des Metalls. Dabei sind die Atome auf den sogenannten Gittergeraden, und in bestimmten Ebenen, den Gitterebenen, geordnet. Man unterscheidet nach der Anordnung der Atome in der Elementarzelle zahlreiche Kristallklassen, von denen für die Metalle die kubische und die hexagonale von besonderer Bedeutung sind, wobei die Atomabstände der meisten Metalle sich zwischen 2.5 bis $4.0 \cdot 10^{-10}$ m, das sind 0.2 bis 0.4 nm, bewegen (Schatt 2007) (Abb. 2.2).

Befinden sich bei der kubischen Elementarzelle außer den Atomen an den Eckpunkten noch solche in den Schnittpunkten der Flächendiagonalen, handelt es sich um ein sogenanntes kubisch-flächenzentriertes Gitter (Abb. 2.2a). Beim Vorliegen eines Atoms im Schnittpunkt der Raumdiagonalen spricht man vom kubisch-raumzentrierten Gitter (Abb. 2.2b).

Da die Anziehungskräfte innerhalb eines Metallatomverbundes richtungsunabhängig sind, können sich Atomanordnungen einstellen, die eine dichteste Kugelpackung gewährleisten. Diese sind zum Beispiel das kubisch-flächenzentrierte Gitter und das hexagonale Gitter. Die

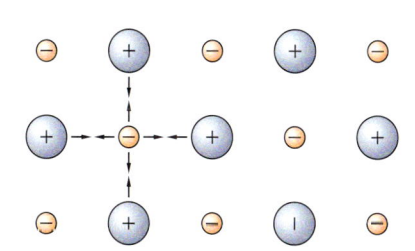

Abb. 2.1: *Schema der metallischen Bindung (Schatt 2007)*

Tab. 2.1: *Wichtige Kristallstrukturen von Metallen*

Kristallstruktur	Metalle	
	temperaturunabhängig	temperaturabhängig
Kubisch-flächenzentriert (kfz)	Silber (Ag), Aluminium (Al), Gold (Au), Kupfer (Cu), Nickel (Ni), Blei (Pb), Platin (Pt)	β-Kobalt (Co) 420 bis 1492 °C γ-Eisen (Fe) 910 bis 1390 °C
Kubisch-raumzentriert (krz)	Chrom (Cr) Molybdän (Mo) Wolfram (W) Vanadium (V) Tantal (Ta)	α-Eisen (Fe) bis 910 °C δ-Eisen (Fe) 1390 bis 1536 °C β-Titan 880 bis 1820 °C
Hexagonal-dichteste Kugelpackung (hdP)	Beryllium (Be) Cadmium (Cd) Magnesium (Mg) Zink (Zn)	α-Kobalt (Co) bis 420 °C α-Titan bis 880 °C

2.1 Metallkundliche Grundlagen

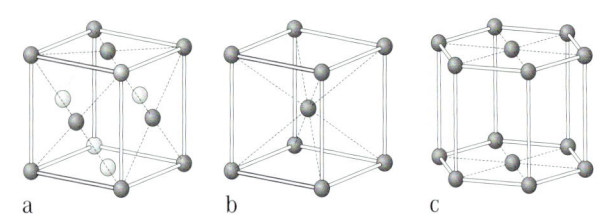

Abb. 2.2: *Wichtige Kristallstrukturen metallischer Bindungen*
a) kubisch-flächenzentriertes Gitter
b) kubisch-raumzentriertes Gitter
c) hexagonales Gitter

Abb. 2.3: *Dichteste gepackte Kristallebenen*
a) kubisch-flächenzentriert, b) hexagonal

am dichtesten gepackten Ebenen sind im kubisch-flächenzentrierten Gitter die Oktaederebene und im hexagonalen Gitter die Grundebene (Abb. 2.3).

In Tabelle 2.1 sind die Kristallstrukturen einer Reihe von Metallen aufgeführt, wobei zu einem Metall in Abhängigkeit von der Temperatur auch durchaus unterschiedliche Gittertypen gehören können.

Die Bindung von Atomen kann durch Wechselwirkungsenergien bzw. -kräfte veranschaulicht werden. Dabei muss in einer Bindung zwischen anziehenden und abstoßenden Wirkungen unterschieden werden, die vom Abstand r der beiden Atome abhängen. Die für den Zusammenhalt eines Kristalls zuständigen Kräfte und Energien bestehen aus der Anziehung zwischen den positiv geladenen Atomkernen und den negativ geladenen Elektronen. Diesen Anziehungskräften und -energien stehen abstoßende Kräfte gegenüber, die auf den jeweils gleichnamigen Atomkernen und Elektronen beruhen.

In Abbildung 2.4a ist der Verlauf der anziehenden U_{an} und abstoßenden Energien U_{ab} in Abhängigkeit von dem Abstand zweier Atome dargestellt, in Abbildung 2.4b der Verlauf der Bindungskräfte. Das gesamte Bindungspotenzial $U_{(r)}$ ergibt sich als Summe beider Energieanteile zu

$$U_{(r)} = U_{an} + U_{ab} = -\frac{A}{r^n} + \frac{B}{r^m} \qquad (2.1)$$

mit A und B als Konstanten und $m > n$.

Das Minimum der Bindungsenergie $U_{min} = U_{B0}$ liegt an der Stelle $r = r_0$, der dem Gleichgewichtszustand und für das jeweilige Metall dem Atomabstand als einer spezifischen Größe entspricht. Die Umgebung dieser Stelle nennt man den Potenzialtopf. Bei Annäherung der Atome unterhalb r_0, d.h. mit abnehmendem Atomabstand nehmen die abstoßenden Energien sehr viel stärker zu als die anziehenden. Daraus resultiert, dass der Körper seiner Verdichtung einen großen Widerstand entgegensetzt. Ein Aufheben der Verbindung erfordert das Aufbringen von Energie. So werden durch Zufuhr von thermischer Energie die Atome in Schwingungen versetzt, wodurch z.B. am Schmelzpunkt der atomare Zusammenhang verloren

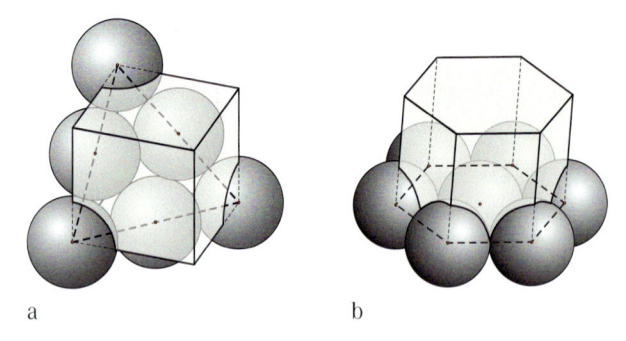

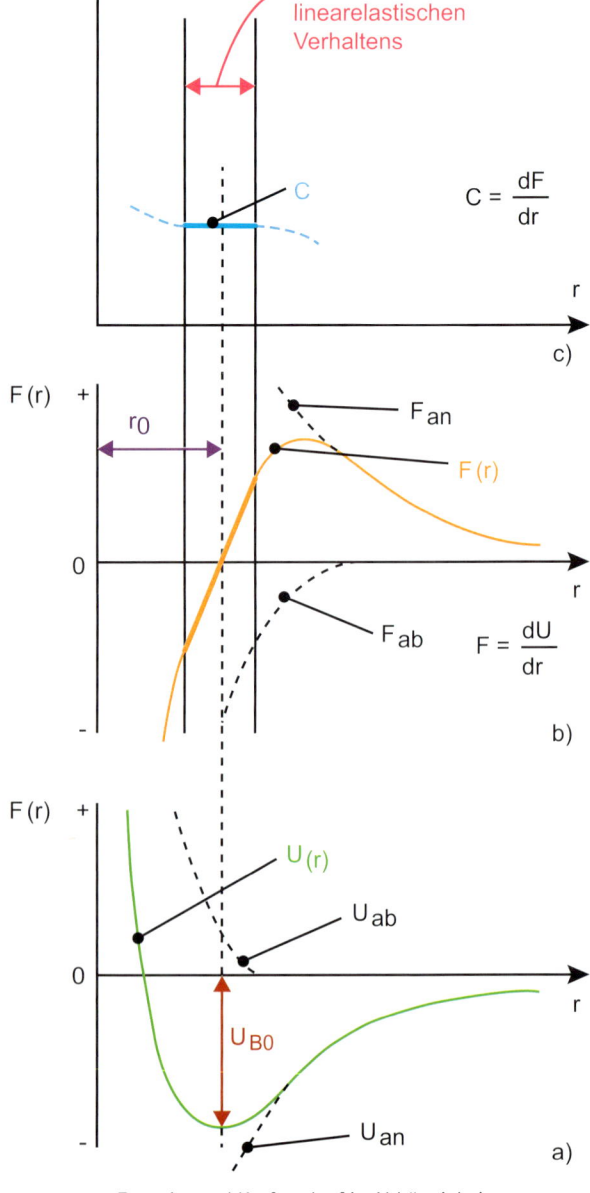

Abb. 2.4: *Energie- und Kraftverlauf in Abhängigkeit vom Atomabstand r (Reissner 2010)*

Elementarzelle   Korn oder Kristallit   Vielkristall

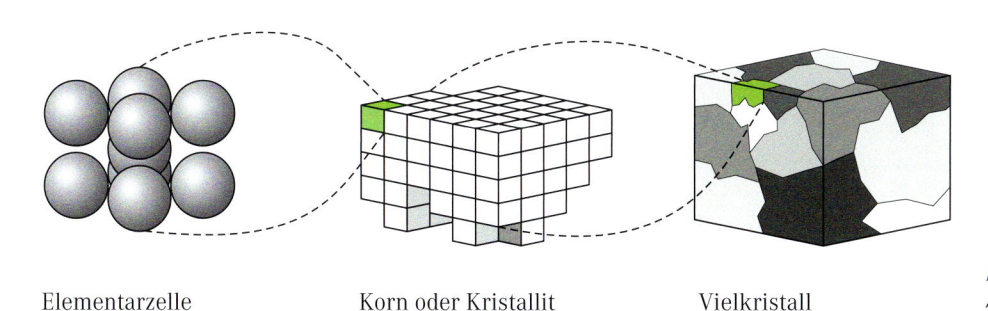

Abb. 2.5:
Aufbau eines Vielkristalls

geht oder durch das Aufbringen mechanischer Energie eine Lageveränderung der Atome ggf. bis zum Bruch herbeigeführt wird. Die Kräfte haben den in Abbildung 2.4b gezeigten Verlauf, wobei sich der Gesamtkraftverlauf $F_{(r)}$ aus der Ableitung der Potenzialkurve ergibt mit

$$F_{(r)} = \frac{dU}{dr} \qquad (2.2).$$

Diese Kurve hat erwartungsgemäß an der Stelle $r = r_0$ einen Nulldurchgang, an dem sich die anziehenden und die abstoßenden Kräfte aufheben. Dabei wirken die anziehenden Kräfte zwischen den freien Elektronen des Elektronengases und den Atomrümpfen, während die abstoßenden Kräfte aus den jeweils benachbarten Atomkernen und ihren gebundenen Elektronen resultieren (Hornbogen 1996). An der Stelle des Wendepunkts der Energiekurve ergibt sich die maximale Kraft F_{max}, die erforderlich ist, um das Atom zu lösen und in eine neue Gleichgewichtslage zu versetzen.

Das Kraft-Weg-Verhalten zwischen den in Abbildung 2.4b und 2.4c dargestellten Grenzen beschreibt das linearelastische Verhalten zwischen den Atomen mit der elastischen Konstanten:

$$C = \frac{dF}{dr} \quad .$$

2.1.2 Formänderungsverhalten von Einkristallen

Zur Erklärung des Formänderungsverhaltens von Metallen empfiehlt es sich, zwischen einem Einkristall und dem Vielkristall zu unterscheiden. In Abbildung 2.5 ist der vielkristalline Aufbau der Metalle schematisch dargestellt.

Dabei bezeichnet man das Gemenge der Körner oder Kristallite sowie möglicherweise auftretende intermetallische Phasen und Defekte, wie z. B. Poren, sowie ihre Anordnung zueinander als Gefüge. Das Volumen dieser Kristallite kann wiederum in zahlreiche Subkörner unterteilt sein.

Während innerhalb der Subkörner eine einheitliche Orientierung der Elementarzellen vorliegt, weisen die Subkörner an ihren Grenzen eine geringe Neigung bis zu etwa 15° auf (Abb. 2.6).

Diese Subkorngrenzen nennt man auch Kleinwinkelkorngrenzen. Ein einzelnes Korn hat die Eigenschaften eines Einkristalls, die bei Metallen im Allgemeinen in der Natur nicht vorkommen. Man kann sie aber unter bestimmten Bedingungen herstellen in Abmessungen, die mechanische Untersuchungen gestatten und damit zur Interpretation des plastischen Werkstoffverhaltens wesentlich beitragen.

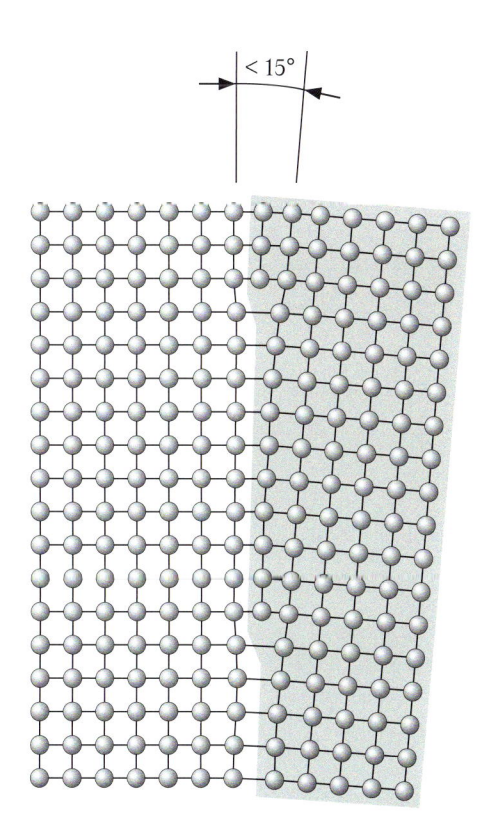

Abb. 2.6: *Kleinwinkelkorngrenzen*

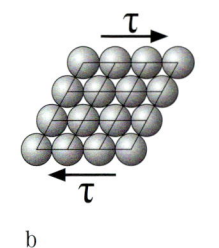

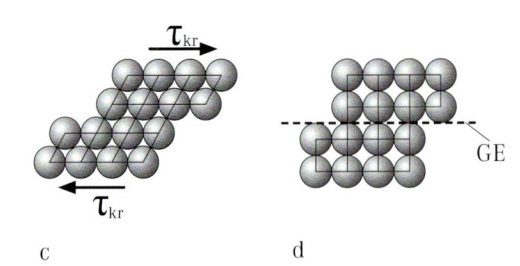

2.1 Metallkundliche Grundlagen

Abb. 2.7: Gleitvorgang im idealen Gitter (Schatt 2007)

a b c d

2.1.2.1 Mechanismus der Formänderung am Idealkristall

Bleibende oder plastische Formänderungen eines Kristalls sind das Ergebnis des Gleitens von atomaren Schichten unter der Einwirkung von Schubspannungen bestimmter Größe, der sogenannten kritischen Schubspannung τ_{kr}. In Abbildung 2.7 sind unterschiedliche Zustände eines idealen Gitters dargestellt. Abbildung 2.7 a zeigt den unverformten Ausgangszustand, Abbildung 2.7 b die Änderung der Gleichgewichtslage der Atomschicht im elastischen Bereich, innerhalb dessen die Gitteratome nach Entlastung ihre ursprüngliche Lage wieder einnehmen könnten. Erhöht man dagegen die Schubspannungen bis zu ihrem kritischen Wert, dann wird den Atomen eine Energie zugeführt, womit sie den statisch labilen Zustand des Potenzialtopfes erreichen und in den Anziehungsbereich des benachbarten Atoms geraten. Dabei wird die überschüssige Energie als Wärme an das Gitter abgegeben. Dann nehmen die Atome einen neuen Gitterplatz ein, ohne nach Entlastung in ihre alte Gleichgewichtslage zurückzukehren (Abb. 2.7 c). Eine Rückstellung der Atomschicht erfolgt nur um den elastischen Anteil (Abb. 2.7 d). Dabei gibt es innerhalb eines Kristalls bevorzugte Ebenen und Richtungen, in denen diese Gleitbewegung stattfindet, die sogenannten Gleitebenen und Gleitrichtungen, die jeweils ein Gleitsystem bilden. In Abbildung 2.8 sind die Gleitsysteme ausgewählter Metalle angedeutet, die sich aus der Multiplikation der Gleitebenen mit den Gleitrichtungen ergeben. Meist handelt es sich um die am dichtesten mit Atomen besetzten Ebenen, in denen zugleich die Richtungen enthalten sind.

Ein anschauliches Beispiel für die bleibende Formänderung macht das sogenannte Wurstscheibenmodell (Vollertsen 1989) deutlich, wobei der Gleitvorgang mit einer aufgeschnittenen Salami verglichen wird (Abb. 2.9 links). Durch das Abgleiten der Scheiben wird die Wurst länger, ohne dass sich die Gestalt der Scheiben verändert hat. Vergleicht man dieses Modell mit dem kristallinen Gleitvorgang, ergibt sich, dass dieser paketweise in sogenannten Gleitbändern erfolgt, die sich aus Gleitstufen mit einer Dicke von etwa 20 nm (ca. 50 Atomlagen) zusammensetzen (Abb. 2.9 rechts).

kubisch - flächenzentriert

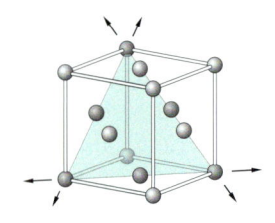

Gleitsysteme = Gleitebenen x Gleitrichtungen
12 = 4 x 3

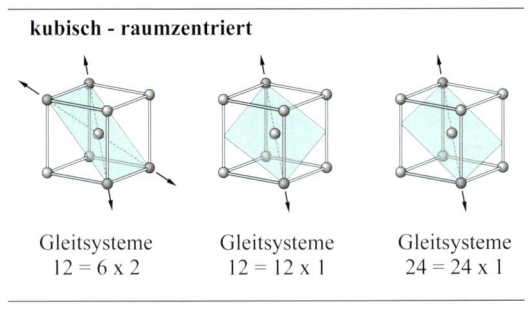

kubisch - raumzentriert

Gleitsysteme 12 = 6 x 2
Gleitsysteme 12 = 12 x 1
Gleitsysteme 24 = 24 x 1

hexagonal - dichtgepackt

Gleitsysteme 3 = 1 x 3
Gleitsysteme 3 = 3 x 1
Gleitsysteme 6 = 6 x 1

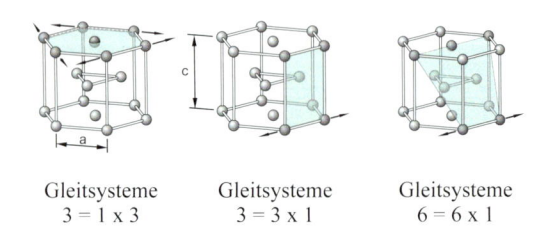

Abb. 2.8: Gleitsysteme kubischer und hexagonaler Metalle

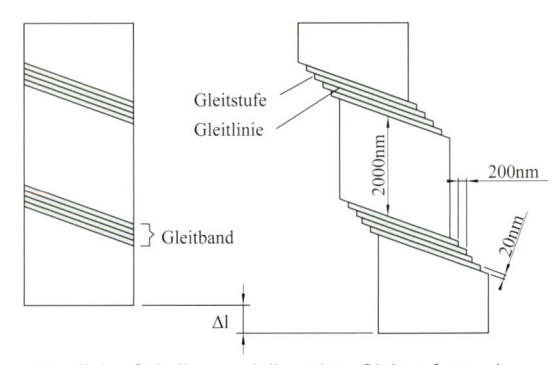

Abb. 2.9: links: Scheibenmodell, rechts: Gleitstufen und -bänder am Einkristall (Vollertsen 2007)

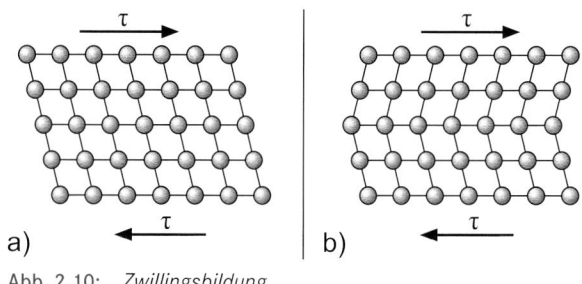

2.1.2 Formänderungsverhalten von Einkristallen

Abb. 2.10: *Zwillingsbildung*

Neben der bleibenden Lageänderung der Atome durch Gleiten gibt es auch die weniger häufig auftretende Zwillingsbildung (Abb. 2.10). Hierbei handelt es sich um einen parallel zur Zwillingsebene liegenden spiegelbildlichen Gleitvorgang. Die durch Zwillingsbildung sich ergebenden Formänderungen sind erheblich geringer als die durch Gleiten und treten wesentlich seltener auf. Begünstigt wird sie durch hohe Formänderungsgeschwindigkeiten und niedrige Temperaturen (Schatt 2007).

Wie bereits erwähnt, setzt das Gleiten erst dann ein, wenn die Schubspannung einen bestimmten Wert angenommen hat. Dabei werden die Schubspannungen im Allgemeinen nicht direkt eingeleitet, sondern entstehen im Körperinneren durch äußere Beanspruchungen. So wird der in Abbildung 2.11 dargestellte, aus einem Einkristall bestehende, Probestab durch eine Zugkraft F belastet.

Der Zusammenhang zwischen der äußeren Normalspannung σ_0 und der auf der Gleitebene in Gleitrichtung wirkenden Schubspannung τ kann wie folgt ermittelt werden:

$$F = \sigma_0 \cdot A_0 = \sigma_1 \cdot A_1 \tag{2.3},$$

$$\sigma_1 = \sigma_0 \cdot \frac{A_0}{A_1} = \sigma_0 \cdot \cos \varphi \tag{2.4},$$

$$\tau_{kr} = \sigma_1 \cdot \cos \lambda = \sigma_0 \cdot \cos \varphi \cdot \cos \lambda \tag{2.5}.$$

Der Beziehung (2.5), dem sogenannten Schmid'schen Schubspannungsgesetz, ist zu entnehmen, dass es zwei Grenzfälle gibt, in denen kein Gleitvorgang möglich ist. Das ist der Fall, wenn die Gleitebene senkrecht zur äußeren Beanspruchung ($\varphi = 90°$) bzw. parallel dazu ($\varphi = 0°$) liegt. Außerdem ist erkennbar, dass das Erreichen der kritischen Schubspannung stark von der Lage der Gleitebene und der Gleitrichtung abhängt. Dieser Zusammenhang ist Abbildung 2.12 zu entnehmen, in dem die zum Gleiten erforderliche Normalspannung σ_0 in Abhängigkeit von den Winkeln λ und φ dargestellt ist. Diese Richtungsabhängigkeit nennt man anisotrop. Die niedrigste Normalspannung tritt bei $\varphi = \lambda = 45°$ auf.

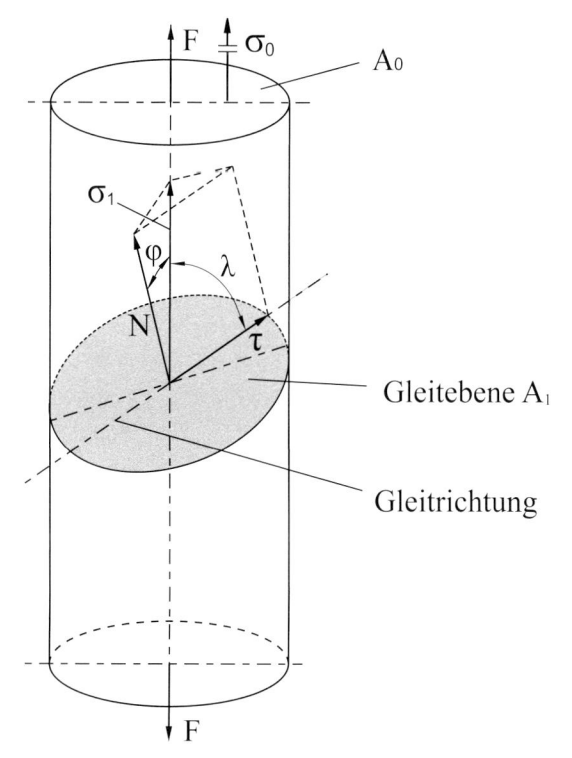

Abb. 2.11: *Zusammenhang zwischen Normal- und Schubbeanspruchung*

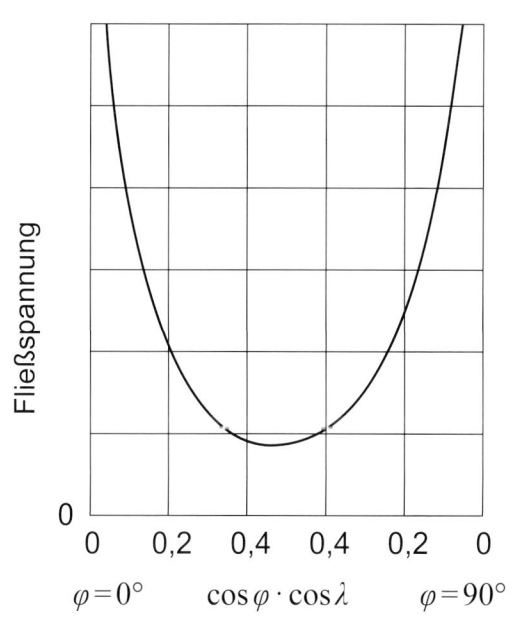

Abb. 2.12: *Fließspannung in Abhängigkeit von der Lage der Gleitsysteme (nach Schmid 1935)*

2.1.2.2 Theoretische und tatsächliche kritische Schubspannung

Die theoretische Analyse des Gleitvorganges bei der bleibenden Formänderung führte zu der Feststellung, dass die aus der Bindungsenergie errechnete Schubspannung zur Einleitung der Gleitung erheblich größer ist als die experimentell ermittelte.

In Abbildung 2.13 ist ein ideales, aus zwei Atomschichten bestehendes, Gitter dargestellt, dessen Schichten gegeneinander gleiten sollen.

Vereinfacht darf man annehmen, dass die zum Gleiten der oberen Atomschicht in x-Richtung erforderliche theoretische Schubspannung τ_{th} etwa einer Sinusfunktion mit $\sin \alpha \approx \alpha$ entspricht:

$$\tau(x) = \tau_{th} \sin\left(\frac{2\pi x}{b}\right) \approx \tau_{th}\left(\frac{2\pi x}{b}\right) \quad (2.6).$$

Entsprechend dem Hooke'schen Gesetz gilt weiter

$$\tau = \gamma \cdot G = \frac{x}{a} \cdot G \quad (2.7).$$

$$\tau_{th} \cdot \frac{2\pi x}{b} = \frac{x}{a} \cdot G \quad (2.8)$$

und mit $b = a$

$$\tau_{th} = \frac{b}{a} \cdot \frac{G}{2\pi} \approx \frac{G}{6} \quad (2.8a).$$

Nimmt man einen mittleren Gleitmodul G eines Eiseneinkristalls von $G = 80$ GPa an, so erhält man für die theoretische Schubspannung einen Wert von 1300 MPa gegenüber einer experimentell ermittelten kritischen Schubspannung von $\tau_{kr} = 20$ MPa. Zahlreiche Versuche haben ergeben, dass die tatsächlichen Schubspannungen um den Faktor 100 bis 1000 kleiner sind als die theoretischen.

Für diese große Diskrepanz sind Gitterfehler des Realkristalls verantwortlich im Unterschied zu einem fehlerfrei angenommenen Idealkristall. Diese Gitterfehler führen dazu, dass gegenüber der Annahme, die Gitterschichten würden gleichzeitig über die „Potenzialschwelle" gehoben und eine neue Gleichgewichtslage einnehmen, das Gleiten auf Grund von Gitterfehlern hintereinander von Atom zu Atom abläuft. Damit muss nur die Gitterenergie schrittweise und nacheinander gegenüber einem benachbarten Atom überwunden werden, wozu ein weit geringerer Kraftaufwand erforderlich ist.

Bildlich wird dieser Vorgang auch mit der Bewegung einer Raupe oder dem Wandern einer Teppichfalte verglichen. Dabei gibt es zahlreiche unterschiedliche Gitterfehler, die oft nebeneinander auftreten. Sie stellen zwar Fehlordnungen gegenüber dem Idealkristall dar, verleihen dem metallischen Werkstoff aber erst die gewünschten Eigenschaften. Man unterscheidet zwischen strukturellen Fehlordnungen, die in geometrischen Unregelmäßigkeiten des Gittersystems liegen, und chemischen Fehlordnungen, die durch Verunreinigungen oder bewusstes Zulegieren anderer Elemente entstanden sind.

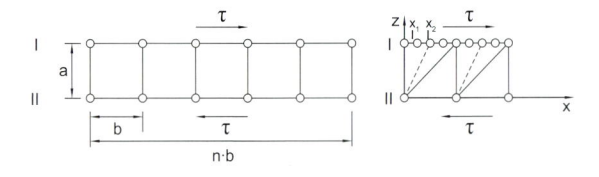

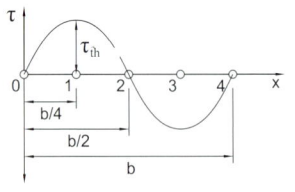

Abb. 2.13: *Theoretische maximale Schubspannung (nach Thomsen)*

2.1.2.3 Gitterfehler

Man unterscheidet die Gitterfehler nach ihrer räumlichen Ausdehnung in

- punktuelle (nulldimensionale) Defekte (z. B. Leerstellen, Zwischengitteratome),
- lineare (eindimensionale) Defekte (Versetzungen),
- flächenförmige (zweidimensionale) Defekte (z. B. Poren, Oberflächenkorngrenzen, Stapelfehler) und
- räumliche (dreidimensionale) Defekte (z. B. Fremdphasen im Kristallinneren).

Einige ausgewählte Gitterfehler werden in Folgendem vorgestellt.

Punktförmige Gitterstörungen sind solche, die die Ausdehnung eines einzelnen Atoms haben. Es werden vier Fälle unterschieden:

- Leerstellen, das sind Gitterplätze, die im regulären Gitter unbesetzt sind (Abb. 2.14a),
- Zwischengitteratome bilden Einlagerungs-Mischkristalle, indem sie im Gitter Plätze zwischen den regulären Plätzen der Atome einnehmen. Sie sind kleiner als die Wirtsatome, aber genügend groß, um an benachbarten Atomen anzubinden. An diesen Stellen befinden sich z. B. die Kohlenstoffatome im Stahl (Abb. 2.14b) sowie
- Substitutionsatome sind Fremdatome, die Austausch-Mischkristalle bilden, indem sie Atomplätze des

2.1.2 Formänderungsverhalten von Einkristallen

a) b) c) d)

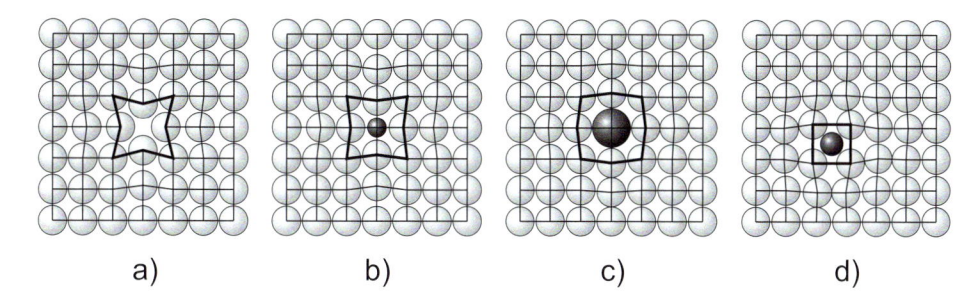

Abb. 2.14: *Punktförmige Gitterfehler (Schatt 2007)*

regulären Gittersystems (Wirtsgitter, Matrix) besetzen. Sie weichen im Atomradius nur geringfügig von den Wirtsatomen ab und sind vom gleichen Gittertyp. Sie können sowohl etwas größer als auch etwas kleiner als die Wirtsatome sein (Abb. 2.14c und d).

Unter linienförmigen Gitterfehlern werden ausschließlich Versetzungen verstanden, die z. B. beim Abkühlen aus der Schmelze oder unter der Wirkung von Schubspannungen entstehen. Ohne sie wäre keine bleibende Formänderung der Metalle möglich. Bleibende Formänderungen sind das Ergebnis der Bewegung und Erzeugung von Versetzungen. Sie treten sehr variantenreich auf, wobei man zwei Grenzfälle von Versetzungen, die Stufen- und die Schraubenversetzung, unterscheidet. Eine Versetzung ist durch zwei Parameter gekennzeichnet, den Burgersvektor b und die Versetzungslinie ⊥-⊥, deren vereinfachte Darstellung Abbildung 2.15 und 2.16 zu entnehmen ist.

Eine Stufenversetzung (Abb. 2.15) ist dadurch gekennzeichnet, dass in einer Gitterebene ein Zwischengitteratom existiert oder eine Gitterebene eine Leerstelle enthält. Die Richtung des Burgersvektors entspricht dem Gleitsystem des Kristalls, der Betrag stimmt mit dem Abstand zweier Atome in Bewegungsrichtung überein. Bei einer Stufenversetzung liegt der Vektor v senkrecht zur Versetzungslinie. Bei einer Schraubenversetzung liegt der Vektor b parallel zur Versetzungslinie (Abb. 2.16), wobei das Gitter wendelförmig verzerrt ist (Schmidt, Boas 1935).

Neben dem Wandern vorhandener Versetzungen entstehen auch ständig neue Versetzungen. Eine derartige Quelle für Versetzungsmultiplikationen ist der sogenannte Frank-Read-Mechanismus (Abb. 2.17).

Das Modell geht davon aus, dass in einem Gleitsystem eine Versetzungslinie AB existiert, die sich nur zwischen den Punkten A und B bewegen kann. Unter der Einwirkung einer Schubspannung dehnt sich die Versetzungslinie immer weiter aus, bis sich durch die Bewegung benachbarter Versetzungslinien ein Versetzungsring bildet und die Punkte A und B in ihre ursprüngliche Lage zurückkehren.

v,b ⊥ L-L

Versetzungslinie L

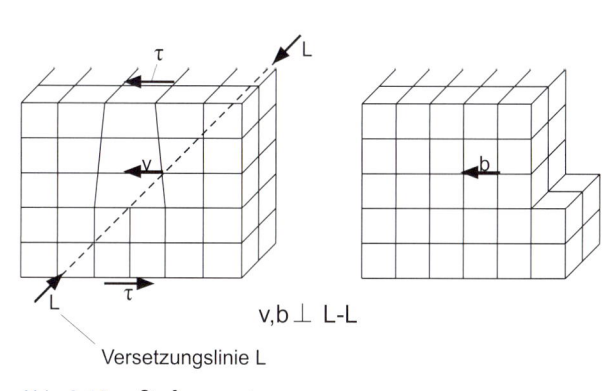

Abb. 2.15: *Stufenversetzung*

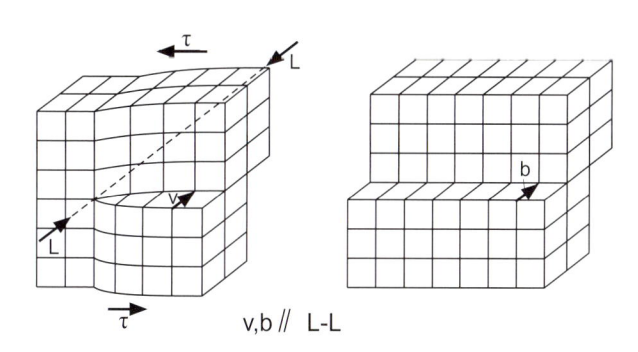

v,b ∥ L-L

Abb. 2.16: *Schraubenversetzung*

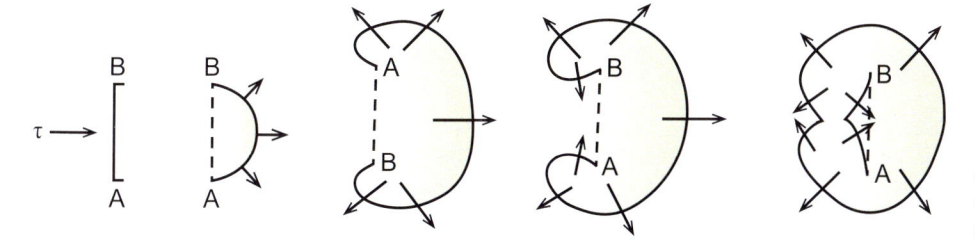

Abb. 2.17: *Frank-Read-Quelle (Schatt 2007)*

Dieser Vorgang wiederholt sich zeitlich sowie an mehreren Stellen im Kristall, sodass die Versetzungsdichte in Größenordnungen zunimmt. Liegt die Versetzungsdichte eines technischen Metalls im weich geglühten Zustand bei 10^6 bis 10^8 cm^{-2}, ergaben Messungen nach der Kaltumformung Versetzungsdichten von 10^{12} cm^{-2} (Schmidt, Boas 1935). Damit nimmt die zum Auslösen von Gleitvorgängen notwendige kritische Schubspannung sowie die dazugehörige Fließspannung zu, das heißt der Werkstoff verfestigt sich.

Eine schematische Darstellung der Schubspannungs abgleitungskurve für metallische Einkristalle ist in Abbildung 2.18 dargestellt.

Dabei kann man drei charakteristische Bereiche unterscheiden. Im Bereich I ist zunächst nach Erreichen der kritischen Schubspannung τ_{kr} nur ein geringer Anstieg bis zu der Schubspannung τ_{II} mit zunehmender Gleitung feststellbar. In diesem Bereich bewegen sich die Versetzungen nur in einem Gleitsystem ohne nennenswerte Wechselwirkung mit benachbarten Systemen. Man spricht von homogener oder Einfachgleitung. Im Bereich II bis zum Erreichen der Schubspannung τ_{III} gibt es einen steilen, nahezu linearen Anstieg durch die gleichzeitige Betätigung mehrerer Gleitsysteme, dem Mehrfachgleiten. Dabei bilden sich neben der Auflösung ursprünglicher Versetzungen zugleich zahlreiche neue, die sich zu Vernetzungsbündeln oder Zellwänden vereinigen und andere Versetzungen in der Wanderung behindern, sodass zur Aufrechterhaltung der bleibenden Formänderungen zunehmend höhere Schubspannungen erforderlich sind. Im Bereich III verläuft die Schubspannung degressiv, infolge einer sogenannten dynamischen Erholung, da sich Versetzungen auflösen, in dem sie die Gleitebenen verlassen oder Hindernisse durch Quergleiten umgehen.

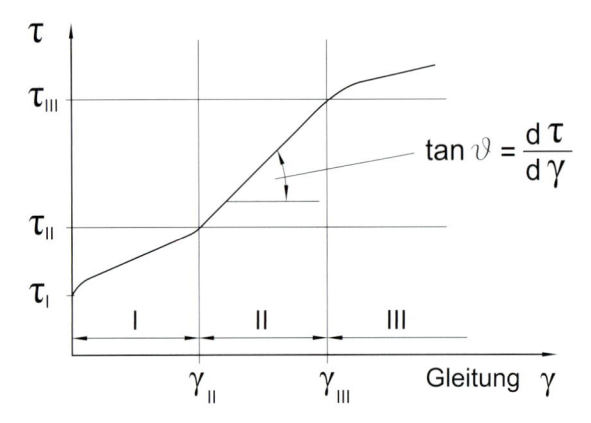

Abb. 2.18: *Verfestigungskurve eines Metall-Einkristalls*

2.1.3 Formänderungs- und Festigkeitsverhalten von Vielkristallen

Die bisherigen Betrachtungen beschränkten sich auf Einkristalle. Ein Teil ihrer Eigenschaften wie z. B. der die Bindungskräfte bestimmende Typ des Kristallgitters liegen auch dem Vielkristall zugrunde. Zu den im Einkristall auftretenden Gitterfehlern kommen aber bei dem Festigkeitsverhalten von Vielkristallen drei wesentliche Tatbestände dazu:

- die unterschiedliche Orientierung der Körner,
- der Einfluss der Korngrenzen und
- die unterschiedlichen Eigenschaften mehrphasiger Legierungen.

Die Körner entstehen bei der Erstarrung des Metalls aus der Schmelze, da der Kristallisationsvorgang von zahlreichen Keimen ausgeht. Von diesen Kristallisationszentren erfolgt das Wachsen der Kristallite oder Körner, bis sie auf einen benachbarten Wachstumskern stoßen und mit ihm eine Grenze bilden, die sogenannte Korngrenze. Form, Abmessungen und Orientierung dieser Körner hängen sowohl von dem Erstarrungsvorgang als auch von einer nachfolgenden Weiterverarbeitung ab. Dabei findet man in jedem Korn die Atomanordnung des jeweiligen Metalls, deren Orientierung zueinander jedoch sehr unterschiedlich ist.

Da in einem Vielkristall jedes Korn eine andere Orientierung zur Beanspruchungsrichtung besitzt, gibt es im Allgemeinen immer Körner, die die günstigste Orientierung von $\lambda = \varphi = 45°$ zur Richtung der Normalbeanspruchung aufweisen (Abb. 2.12). Von ihnen geht ein Mehrfachgleiten aus, das zu einer zunehmenden Fließspannung führt, die ihrerseits in der Lage ist, anders orientierte Gleitsysteme zu betätigen. Dabei wird unter Fließspannung eine Normalspannung verstanden, die bei einachsiger Beanspruchung die bleibende Formänderung einleitet und aufrechterhält. Damit setzt beim Vielkristall die bleibende Formänderung unabhängig von der Orientierung zwischen Normal- und Schubbeanspruchung ein.

Ein Vielkristall verhält sich daher nicht mehr anisotrop wie ein Einkristall, sondern quasiisotrop (Abb. 2.19). Beschränkt sich der Umformvorgang auf sehr kleine Bereiche – wie z. B. bei der Mikroumformung –, von denen nur wenige Körner erfasst werden, sind allerdings die anisotropen Eigenschaften des Einzelkornes auch im Vielkristall von größerem Einfluss.

Unabhängig davon gibt es ein auf unterschiedliche Ursachen zurückgehendes anisotropes Verhalten von Werkstoffen, das als Textur bezeichnet wird. Von besonderer Bedeutung in diesem Zusammenhang ist die Verfor-

2.1.3 Formänderungs- und Festigkeitsverhalten von Vielkristallen

A) Anisotropie B) Quasiisotropie C) Textur

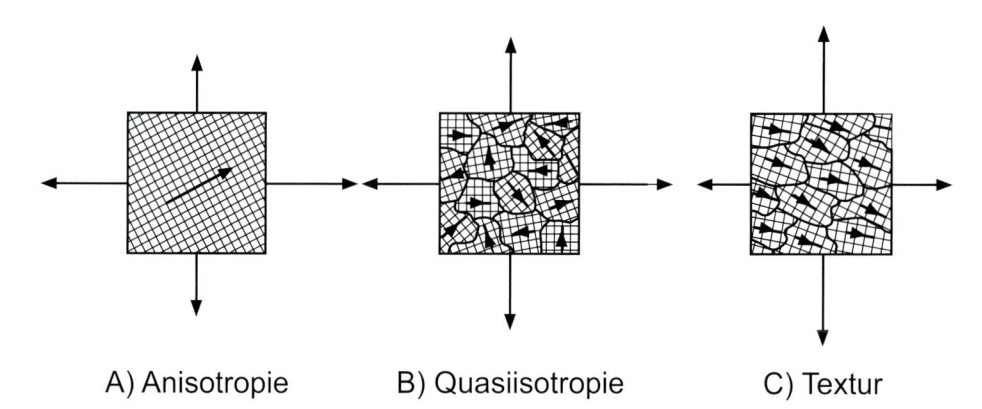

Abb. 2.19: *Anisotropes und quasiisotropes Verhalten*

mungstextur, die entsteht, wenn nach Umformvorgängen (z. B. Walzen, Strangziehen) die Körner eine bestimmte Vorzugsorientierung erfahren (Abb. 2.20b). Allerdings können auch andere Gefügebestandteile, z. B. nichtmetallische Einschlüsse, durch diese Umformung eine zeilenförmige Orientierung (Faserstruktur) erhalten, die zu anisotropen Eigenschaften führt. Man spricht dann im ersten Fall von Kristallanisotropie und im zweiten Fall von Gefügeanisotropie.

Abbildung 2.21 zeigt den qualitativen Einfluss sowohl im Einkristall vorhandener als auch im vielkristallinen Gefüge hinzukommender festigkeitssteigender Eigenschaften. Dazu wird die Erhöhung der Dehngrenze R_p als Maß für die Steigerung der Festigkeit zugrunde gelegt.

Der Anfangszustand wird durch die beiden Grenzwerte R_{max} und R_{min} beschrieben. Dabei bildet R_{max} die theoretische Festigkeit ab, die in einem versetzungsfreien Idealkristall auftritt und die das Vielfache der realen Festigkeit ausmacht, was den logarithmischen Maßstab von R_p

erklärt. Umfangreiche Gitterstörungen sind zwar einerseits für die Verminderung der theoretischen Festigkeit verantwortlich, aber andererseits auch für die Zunahme der minimalen Grundfestigkeit R_{min} zuständig. Die in der Formänderung im Vielkristall wirksamen festigkeitssteigernden Möglichkeiten lassen sich im Wesentlichen auf folgende Einflussgrößen zurückführen (Bergmann 1989):

$$R_p = R_{min} + \Delta R_V + \Delta R_{KG} + \Delta R_{MK} + \Delta R_T \quad (2.9).$$

ΔR_V erklärt sich bereits aus der im Einkristall (Abb. 2.18) vorliegenden Zunahme der Versetzungen mit der bleibenden Formänderung, wodurch es zu der bereits erwähnten Bewegungsbehinderung und -blockierung durch mehrfaches Gleiten kommt. Diese Art der Verfestigung wächst proportional der Versetzungsdichte ρ etwa nach

$$\Delta R_V \sim c_1 \sqrt{\rho} \quad (2.10)$$

mit c_1 = Konstante.

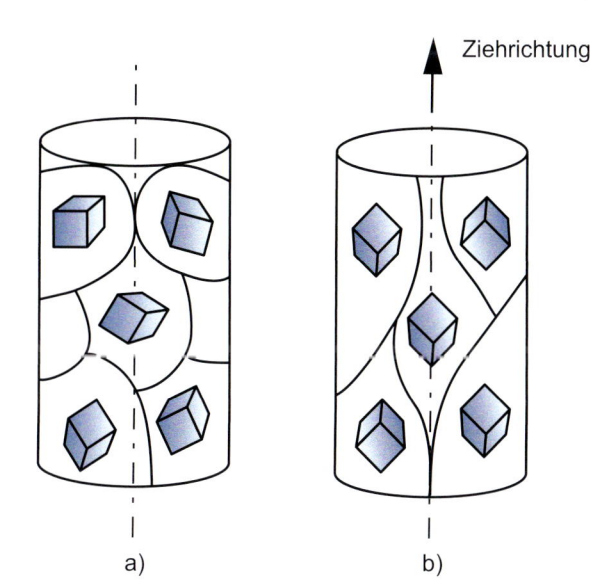

Abb. 2.20: *Verformungsanisotropie beim Drahtziehen (Schatt 2007)*

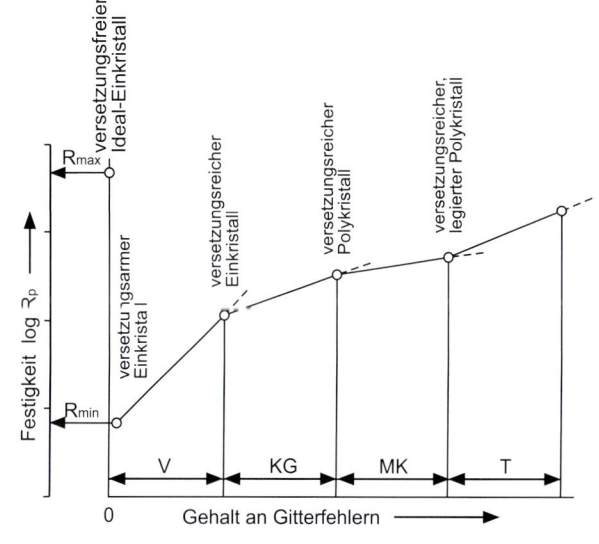

Abb. 2.21: *Festigkeitssteigerung in Abhängigkeit von den Gitterfehlern (Bergmann 1989)*

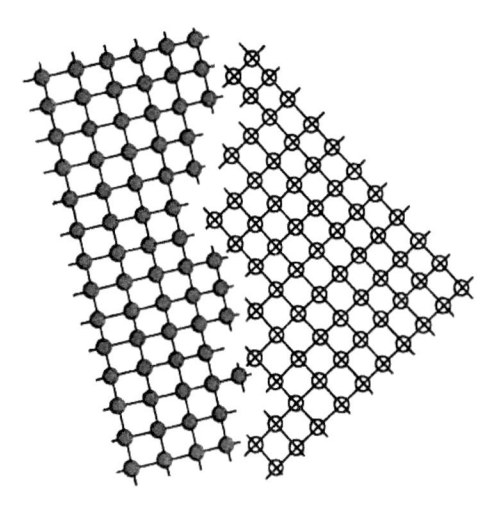

Abb. 2.22: *Großwinkelkorngrenzen*

ΔR_{KG} erfasst den Korngrenzen- und Korngrößeneinfluss. Die im Allgemeinen unregelmäßigen Korngrößen sind bekanntlich das Ergebnis des aus der Schmelze hervorgegangenen Erstarrungsprozesses. Damit entstehen neben den innerhalb eines Kornes ohnehin gebildeten Subkörnern mit den Kleinwinkelkorngrenzen sogenannte Großwinkelkorngrenzen (Abb. 2.22).

Diese Korngrenzen behindern die Wanderung von Versetzungen durch eine andere Orientierung des Nachbarkornes, wodurch der Laufweg der Abgleitung nicht fortgesetzt werden kann. Je mehr Körner existieren, d. h. je feinkörniger ein Werkstoff ist, desto stärker ist die Behinderung und die notwendige Zunahme der kritischen Schubspannung bzw. der äußeren Normalbeanspruchung in Form der Fließgrenze oder Fließspannung. Das Verfestigungsverhalten in Abhängigkeit von der Korngröße d lässt sich qualitativ wie folgt beschreiben:

$$\Delta R_{KG} \sim c_2 \frac{1}{\sqrt{d}} \qquad (2.11)$$

mit c_2 = Konstante.

Dabei tragen die Faktoren c_1 und c_2 dem speziellen Werkstoff, der Temperatur, der Art der Deformation sowie der Formänderungsgeschwindigkeit Rechnung. Die beschriebene Verfestigung durch die Verformung sowie durch die Korngrenzen und -größen tritt auch bei reinen Metallen auf.

ΔR_{MK} erhält festigkeitssteigernde Anteile durch Zulegieren fremder Bestandteile durch Entstehen einer Mischkristallbindung. Dabei besetzen atomar gelöste Fremdatome Zwischengitterplätze (Einlagerungsmischkristall) oder ersetzen ein Atom des anderen Elements (Substitutionsmischkristall). Dabei spielen sowohl die Größenunterschiede zwischen Fremd- und Wirtsatomen eine Rolle als auch die Zahl der gelösten Fremdatome, die zu einer Versetzungsblockierung beitragen. Die Festigkeitserhöhung ist proportional der Wurzel der Menge a gelöster Atome, d. h.

$$\Delta R_{MK} \sim \sqrt{a} \qquad (2.12).$$

ΔR_T ist die Zunahme der Festigkeit über die Bewegungsbehinderung der Versetzungen durch Ausscheiden harter Teilchen als dem am meisten genutzten Mechanismus zur Festigkeitserhöhung (Bergmann 1989). Derartige Ausscheidungen entstehen z. B. beim Erstarren, wenn die Löslichkeit einer Phase überschritten wird und sich eine zweite Phase bildet. Dabei begünstigt ein hoher Anteil an Teilchen den Effekt insbesondere, wenn Teilchendurchmesser und Teilchenabstand gering sind.

Für das Umformen sollte ein idealer Werkstoff über eine hohe Festigkeit bei gleichzeitig hohem Formänderungsvermögen, z. B. der Bruchdehnung, verfügen. Eine derartige Entwicklung stellen für Stahlbleche die sogenannten Dualphasen-Stähle dar, die im Wesentlichen aus einer weichen Ferritphase bestehen, die der Träger großer bleibender Formänderungen ist, und eingelagerten harten Bestandteilen aus Martensit, die kaum oder gar nicht an der Umformung teilnehmen, aber dafür entscheidend zur Erhöhung der Festigkeit beitragen (Jähniche 1984).

Literatur zu Kapitel 2.1

Bargel, H.-J.; Schulze, G.: Werkstoffkunde. VDI-Verlag, Düsseldorf 2004.

Bergmann, W.: Werkstofftechnik, Teil 1. Carl Hanser Verlag, München 1989.

Dahl, W.; Kopp, R.; Pawelski, O. (Hrsg.): Umformtechnik Plastomechanik und Werkstoffkunde. Verlag Stahleisen, Düsseldorf, Springer-Verlag, Berlin 1993.

Hornbogen, E.; Warlimont, H.: Metallkunde. 3. Auflage, Springer-Verlag, Berlin 1996.

Jähniche, W. et al.: Werkstoffkunde Stahl, Band 1; Grundlagen. Springer-Verlag, Berlin und Verlag Stahleisen, Düsseldorf 1984.

Reissner, J.: Werkstoffkunde für Bachelors. Carl Hanser Verlag, München, Wien 2010.

Riehle, M.; Simmchen, E.: Grundlagen der Werkstofftechnik. 2. Auflage, Deutscher Verlag für Grundstoffindustrie, Stuttgart 2000.

Schatt, W.; Worch, H.: Werkstoffwissenschaft. Wiley-VCH, Weinheim 2007.

Schmid, E.; Boas, W.: Kristallplastizität. Springer-Verlag, Berlin 1935.

Vollertsen, F.; Vogler, S.: Werkstoffeigenschaften und Mikrostruktur. Carl Hanser Verlag, München 1989.

2.2 Plastomechanische Grundlagen

Wolfgang Voelkner

Während die Elastizitätstheorie vornehmlich den Gültigkeitsbereich des Hooke'schen Gesetzes erfasst, das einen linearen Zusammenhang zwischen Spannungen und elastischen Formänderungen voraussetzt, die nach Entlastung zurückgehen, widmet sich die Plastomechanik bleibenden Formänderungen. Damit dient sie auch der Beschreibung umformtechnischer Vorgänge, d. h. großer bleibender Formänderungen, die nur von geringen elastischen Anteilen begleitet sind.

Beide Theorien sind Bestandteile der Kontinuumsmechanik, das heißt, die kristallinen metallischen Festkörper werden als Ganzes aufgefasst, was nicht ausschließt, den Körper zu diskretisieren und mit unterschiedlichen örtlichen und zeitlichen Eigenschaften zu versehen.

Ziel in der Umformtechnik ist, das mechanische und kinematische Verhalten des Werkstückes im Zusammenhang mit dem Umformvorgang abhängig von seinen stofflichen Eigenschaften zu beschreiben. Dazu gehören z. B. lokale und integrale Spannungen und Formänderungen sowie Kräfte und Arbeiten. Um diese berechnen zu können, sind einige Grundlagen erforderlich.

2.2.1 Geometrische und kinematische Größen

2.2.1.1 Formänderungen

Wenn ein Körper deformiert wird, verändert sich der Abstand unmittelbar benachbarter Teile gegenüber der Anfangslage. Denkt man sich ein rechtwinkliges Parallelepiped aus dem Körper herausgeschnitten, so ändert es im Allgemeinen bei seiner Deformation nicht nur die Lage, sondern auch seine Form. Es treten zwei Arten der Änderung auf. Längenänderungen, die sich in der Änderung der Kantenabmessungen äußern, und Winkeländerungen, die in der Änderung der ursprünglich rechten Winkel bestehen. Die auf die Anfangsabmessungen bezogenen Längenänderungen bezeichnet man als Dehnungen ε oder Stauchungen, die Winkeländerungen als Schiebungen γ oder Gleitungen g.

Abbildung 2.23 zeigt die Projektion des Parallelepipeds auf die x, y-Ebene vor der Deformation mit den Eckpunkten A, B, C, D und nach der Deformation mit den veränderten Punktlagen A', B', C' und D'. Unter der Voraussetzung, dass nur sehr kleine Längenänderungen auftreten, unterscheiden sich die Strecken $\overline{A'B'}$ und $\overline{AB}$ nur unwesentlich (Abb. 2.23).

Die Dehnung ε ist definiert als Längenänderung bezogen auf die Anfangslänge:

$$\varepsilon_x = \frac{\overline{A'B'} - \overline{AB}}{\overline{AB}} = \frac{\Delta x + \Delta u_x - \Delta x}{\Delta x} = \frac{\Delta u_x}{\Delta x} \quad (2.13).$$

Für infinitesimale Abmessungen gilt dann:

$$\varepsilon_x = \lim_{\Delta x \to 0} \frac{\Delta u_x}{\Delta x} = \frac{\partial u_x}{\partial x} \quad (2.14).$$

Die partielle Schreibweise ist notwendig, da $u_x = f(x, y, z)$. In ähnlicher Weise gelten für die anderen Körperachsen:

$$\varepsilon_y = \lim_{\Delta y \to 0} \frac{\Delta u_y}{\Delta y} = \frac{\partial u_y}{\partial y} \quad \text{und} \quad \varepsilon_z = \lim_{\Delta z \to 0} \frac{\Delta u_z}{\Delta z} = \frac{\partial u_z}{\partial z} \quad (2.15).$$

Für die Schiebungen γ (auch g) gilt mit $\overline{A'B'} \approx \overline{AB}$ (Abb. 2.23) $\Delta'u_x \approx \Delta u_x$, $\Delta'u_y \approx \Delta u_y$, sowie $\gamma \approx \tan\gamma$ auf Grund der kleinen Winkeländerungen:

$$\gamma_x = \lim_{\Delta x \to 0} \frac{\Delta u_y}{\Delta x} = \frac{\partial u_y}{\partial x} \; ; \; \gamma_y = \lim_{\Delta y \to 0} \frac{\Delta u_x}{\Delta y} = \frac{\partial u_x}{\partial y} \quad (2.16),$$

$$\gamma_x + \gamma_y = \gamma_{xy} = \frac{\partial u_y}{\partial x} + \frac{\partial u_x}{\partial y} \quad (2.17).$$

Die Schiebungen in den anderen Ebenen sind entsprechend:

$$\gamma_y + \gamma_z = \gamma_{yz} = \frac{\partial u_y}{\partial z} + \frac{\partial u_z}{\partial y} \quad (2.18),$$

$$\gamma_x + \gamma_z = \gamma_{xz} = \frac{\partial u_z}{\partial x} + \frac{\partial u_x}{\partial z} \quad (2.19).$$

Die o. a. Zusammenhänge gelten streng genommen nur für das linear-elastische Verhalten, wie z. B. nach dem

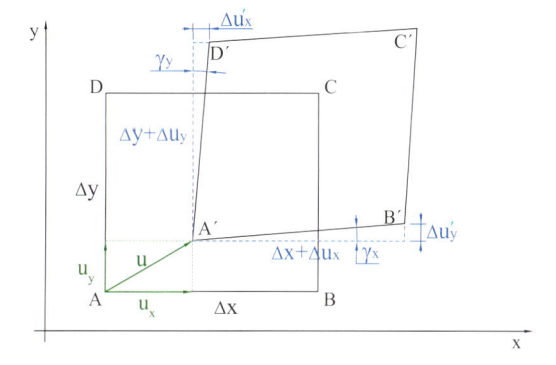

Abb. 2.23: *Darstellung der Dehnungen und Schiebungen*

2.2 Plastomechanische Grundlagen

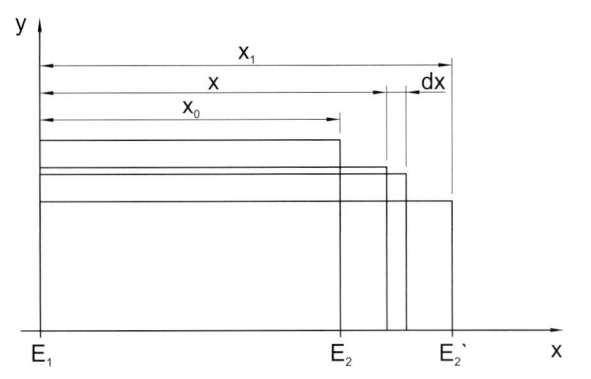

Abb. 2.24: Zur Erläuterung von technischer und logarithmischer Dehnung

Hooke'schen Gesetz, werden aber auch für kleine bleibende Formänderungen ($\varepsilon \leq 5\,\%$) herangezogen.

Die Beschreibung des Verhaltens großer bleibender Formänderungen, wie es beim Umformen der Fall ist, unterscheidet sich erheblich von der kleiner elastischer.

Während elastische Formänderungen reversibel sind, d.h. nach Entlastung der Anfangszustand wieder hergestellt wird, verlaufen die bleibenden Formänderungen unumkehrbar, d.h. es kann zu ihrer Beschreibung nicht mehr auf den Anfangszustand zurück gegriffen werden. Dann können nur zwei hinreichend kleine, zeitlich benachbarte Formänderungszustände zueinander in Beziehung gesetzt werden. Das führt zu differenziellen Formänderungszuwächsen, die auf die augenblickliche Abmessungsänderung bezogen werden. Eine ausführliche Darstellung dieses Verhaltens ist aber zum Verständnis der folgenden umformtechnischen Anwendungsfälle keine notwendige Voraussetzung, sodass die Beschreibung auf den speziellen Fall der Dehnung beschränkt wird.

In einem Hauptachsensystem, in dem keine Schiebungen auftreten, werden bei großen Formänderungen zwei Arten von Dehnung unterschieden (Abb. 2.24).

Während die Ebene E_1 ortsfest ist, bewegt sich die Ebene E_2 mit dem Abstand x_0 von der Ebene E_1 in die Lage E'_2 mit dem Abstand x_1. Es entsteht eine Verschiebung in x-Richtung:

$$u_x = x_1 - x_0 .$$

Zerlegt man die Längenänderung u_x in differenziell kleine Abschnitte dx und bezieht letztere auf die Anfangslänge x_0 erhält man nach Integration die sogenannte technische Dehnung ε_x:

$$d\varepsilon_x = \frac{dx}{x_0} \quad \rightarrow \quad \varepsilon_x = \int d\varepsilon_x = \int_{x_0}^{x_1} \frac{dx}{x_0} = \frac{x_1 - x_0}{x_0} \quad (2.20).$$

Sie wird mit $x_1 > x_0$ als positive Dehnung und mit $x_1 < x_0$ als negative Dehnung oder Stauchung benannt. Bezieht man die elementare Längenänderung dx dagegen auf die augenblickliche bzw. jeweilige Länge x, so erhält man nach Integration die logarithmische Dehnung ε_x:

$$d\varepsilon_x = \frac{dx}{x} \quad \rightarrow \quad \varepsilon_x = \int d\varepsilon_x = \int_{x_0}^{x_1} \frac{dx}{x} = \ln \frac{x_1}{x_0} \quad (2.21).$$

Diese Formänderungsgröße wird logarithmische Dehnung genannt mit den in den anderen Körperachsenrichtungen auftretenden Größen:

$$\varepsilon_y = \ln \frac{y_1}{y_0} \quad \text{und} \quad \varepsilon_z = \ln \frac{z_1}{z_0} \quad (2.22).$$

Bei kleinen Abmessungsänderungen weichen beide Kenngrößen nur geringfügig voneinander ab. Zwischen ihnen besteht dann der Zusammenhang:

$$\varepsilon_x = \frac{x_1 - x_0}{x_0} \quad \rightarrow \quad \frac{x_1}{x_0} = 1 + \varepsilon_x \quad \rightarrow \quad \ln \frac{x_1}{x_0} = \ln(1 + \varepsilon_x) \quad (2.23).$$

Da beide Kenngrößen mit der gleichen Bezeichnung ε ausgewiesen werden, geht die jeweilige Bedeutung oft nur aus dem Kontext hervor.

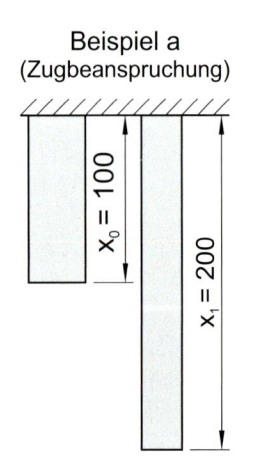

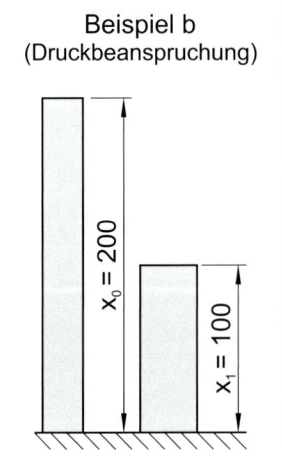

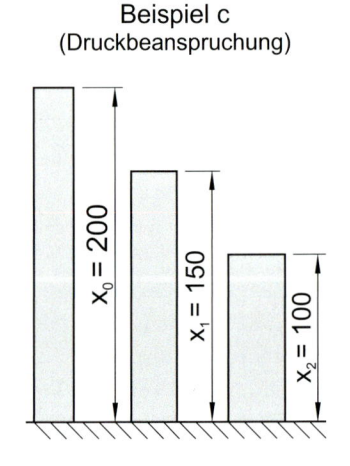

Abb. 2.25: Ideelle Beispiele der Abmessungsänderungen

Beispiel a (Zugbeanspruchung): $x_0 = 100$, $x_1 = 200$

Beispiel b (Druckbeanspruchung): $x_0 = 200$, $x_1 = 100$

Beispiel c (Druckbeanspruchung): $x_0 = 200$, $x_1 = 150$, $x_2 = 100$

Bei den in der Umformtechnik üblichen großen Formänderungen erweist sich die logarithmische Dehnung als geeigneter, da von den folgenden Anforderungen nur die ersten beiden von der technischen Dehnung erfüllt werden:

- Darstellung als bezogene Größe,
- Richtung der Umformung ist am Vorzeichen erkennbar, Vergrößerung der Abmessung positiv, Verkleinerung negativ,
- Umkehr des Vorgangs ergibt den gleichen Absolutwert, da die Abmessungsänderung proportional der Arbeit ist, und
- bei stufenweiser Umformung entspricht die Gesamtumformung der Summe der Einzelumformungen.

Die erste Forderung „Darstellung als bezogene Größe" erfüllen beide Formänderungskenngrößen für Längenänderungen.
Die Erfüllung der anderen Forderungen wird anhand der Beispiele in Abbildung 2.25 im Zusammenhang mit den Zahlenwerten in Tabelle 2.2 deutlich.
Die dargestellten Körper bestehen aus dem gleichen Werkstoff und besitzen gleiche Volumina. Im Beispiel a) wird der Körper in einer Stufe durch eine Zugbeanspruchung von $x_0 = 100$ auf $x_1 = 200$ gedehnt. Im Beispiel b) ist die Umkehrung dargestellt, in dem ein Körper durch eine Druckbeanspruchung von $x_0 = 200$ auf $x_1 = 100$ gestaucht wird. Im Beispiel c) wird der Körper in zwei Stufen von $x_0 = 200$ über $x_1 = 150$ auf $x_2 = 100$ gestaucht. In der nachfolgenden Tabelle 2.2 sind für drei Formänderungskenngrößen die berechneten Zahlenwerte der drei Beispiele dargestellt.
Weiterhin ist zu unterscheiden zwischen lokalen bzw. örtlichen und globalen Formänderungen. In umgeformten Werkstücken ist nur in seltenen Fällen die Formänderung innerhalb des umgeformten Volumens homogen. Während die örtlichen auf die jeweilige Länge bezogenen Form-

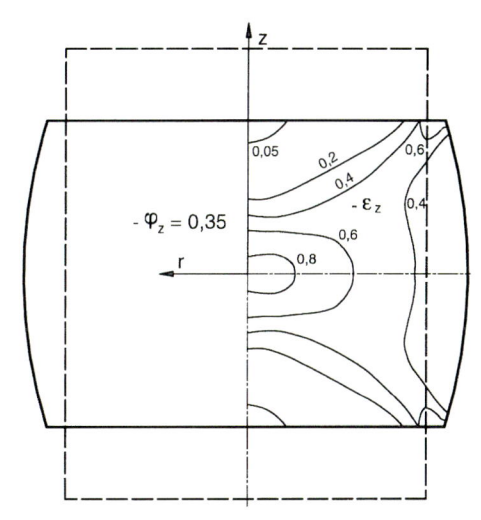

Abb. 2.26: Lokale und globale Formänderungen beim reibungsbehafteten Stauchen eines Kreiszylinders (Kopp, Wiegels 1998)

änderungszuwächse mit $d\varepsilon$ und ihre Integration mit ε bezeichnet werden, wird für die globale, d.h. das gesamte Umformvolumen einschließende, Beschreibung der Formänderungen das Zeichen φ verwendet, d.h.

$$\varphi_x = \ln \frac{x_1}{x_0} \qquad (2.24).$$

In Abbildung 2.26 ist der aus den äußeren Abmessungen h_1 und h_0 hervorgehende globale Umformgrad

$$-\varphi_z = \ln \frac{h_1}{h_0} = 0{,}35 \;.$$

angegeben, während die Isolinien den jeweiligen örtlichen Formänderungen $-\varepsilon_z$ entsprechen.
Größere Schiebungen werden bei Umformvorgängen z. B. durch Reibung oder durch die Werkzeuggeometrie bzw. durch die Kombination von beiden verursacht.
Die beim freien Stauchen auftretende Ausbauchung des Stauchkörpers mit seinen gekrümmten Rasterlinien ist das Ergebnis der durch Kontaktreibung zwischen Werkzeug und Werkstück ausgelösten Schiebungen (Abb. 2.27).
Im Falle des Strangziehens sind Schiebungen durch die Umlenkung des Werkstoffflusses an den geneigten Werkzeugkonturen und durch die Kontaktreibung zwischen Werkstück und Werkzeug entstanden.

2.2.1.2 Volumenkonstanz

Die bleibende Formänderung metallischer Werkstoffe erfolgt durch Gleitvorgänge der Gitter bzw. durch das Umklappen einzelner Gitterbereiche in eine spiegelbildliche

Tab. 2.2: *Vergleich der technischen und der logarithmischen Dehnung*

Beispiel	Abmessung			$\dfrac{x_1 - x_0}{x_0}$	$\ln \dfrac{x_1}{x_0}$
	x_0	x_1	x_2		
a	100	200	-	1	0,693
b	200	100	-	-0,5	-0,693
c_1	200	150	-	-0,25	-0,288
c_2	-	150	100	-0,33	-0,405
$c_1 + c_2$	200	150	100	-0,58	-0,693

2.2 Plastomechanische Grundlagen

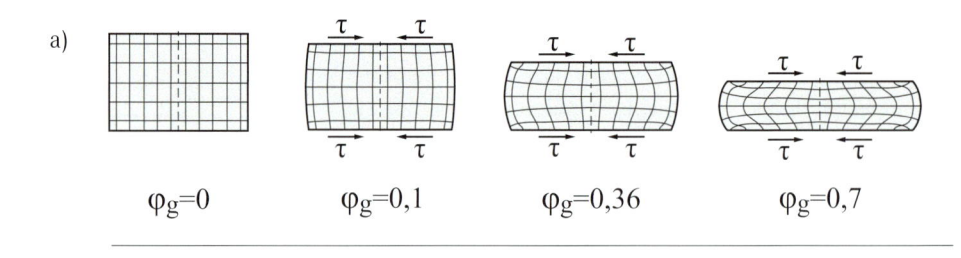

Abb. 2.27:
Rasterverzerrungen beim
a) reibungsbehafteten Stauchen und
b) Strangziehen

Anordnung (Zwillingsbildung), sodass sich die Dichte des Werkstoffes beim Umformen nicht ändert.

Das bedeutet, dass bei konstanter Masse das Volumen des Werkstücks während der Umformung konstant bleibt. (Abbildung 2.28)

$$V_0 = V = V_1 = const \qquad (2.25).$$

Aus dem inkompressiblem Verhalten folgt für einen prismatischen Körper der Breite b, der Höhe h und der Länge l, dass

$$\ln \frac{b_1}{b_0} + \ln \frac{h_1}{h_0} + \ln \frac{l_1}{l_0} = \varphi_b + \varphi_h + \varphi_l = 0 \qquad (2.26),$$

d.h. die Summe der drei Umformgrade muss stets den Wert Null annehmen. Das gilt auch für die lokalen, logarithmischen Formänderungen, sodass

$$\varepsilon_x + \varepsilon_y + \varepsilon_z = 0 \qquad (2.27).$$

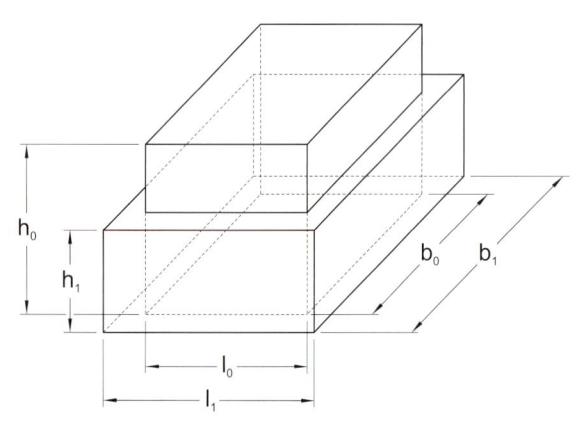

Abb. 2.28: *Volumenkonstanz*

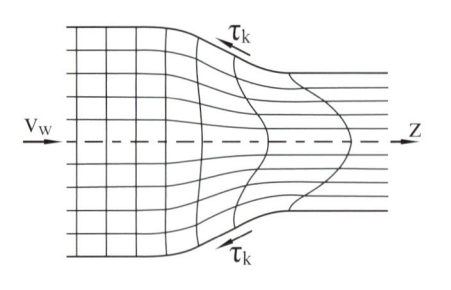

Bei dreidimensionaler Umformung unterscheidet sich ein Umformgrad stets von den beiden anderen im Vorzeichen. Dieser entspricht der Summe der beiden anderen und stellt damit den absolut größten Wert φ_g dar:

$$\varphi_g = |\varphi|_{max} \qquad (2.28).$$

Aus dem o.a. geht hervor, dass ein einachsiger Formänderungszustand nicht möglich ist, d.h. es existieren nur

- zweiachsige bzw. ebene oder
- dreiachsige bzw. räumliche Formänderungszustände.

2.2.1.3 Formänderungsgeschwindigkeit

Auf Grund der Volumenkonstanz gilt auch für den auf die Zeit bezogenen Umformgrad

$$\dot{\varphi}_x + \dot{\varphi}_y + \dot{\varphi}_z = 0 \qquad (2.29)$$

und für die lokale Formänderungsgeschwindigkeit

$$\dot{\varepsilon}_x + \dot{\varepsilon}_y + \dot{\varepsilon}_z = 0 \qquad (2.30).$$

Analog der Unterscheidung in lokale und globale bleibende Formänderungen wird diese auch bei den Geschwindigkeiten vorgenommen. Damit bezieht sich $\dot{\varepsilon}$ auf ein Werkstoffelement, während die Umformgeschwindigkeit $\dot{\varphi}$ die integrale Formänderungsgeschwindigkeit beschreibt. Bei homogener, d.h. schiebungsfreier, Formänderung sind $\varepsilon = \varphi$ und $\dot{\varepsilon} = \dot{\varphi}$.

Unter Bezug auf das reibungsfreie Stauchen eines Zylinders zwischen planparallelen Flächen (Abb. 2.31 a) ist die

2.2.2 Mechanische Größen

Stauchvorgang

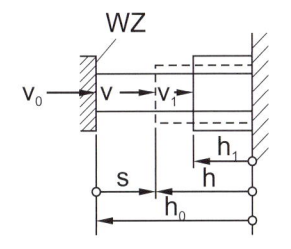

WZ: Werkzeug
v: augenblickliche WZ-Geschwindigkeit
h: augenblickliche Werkstückhöhe
s: augenblicklicher WZ-Weg

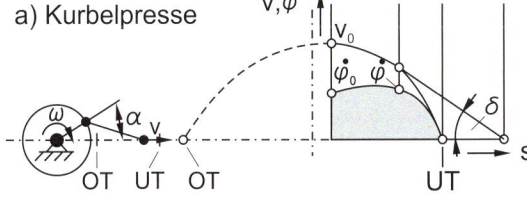

a) Kurbelpresse

$v \approx C_1 \cdot \sin\alpha$
OT: $\alpha = 0° \rightarrow v = 0$
UT: $\alpha = 180° \rightarrow v = 0$
$\tan\delta = \dot{\varphi} = v/h$

b) Hydraulische Presse

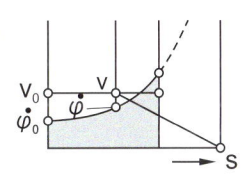

v = const.
$\dot{\varphi} = C_2 / h$

c) Plastometer
Umformmaschine mit Kurvensteuerung für $v = C_3 \cdot h$

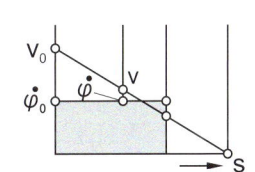

$v = C_3 \cdot h$
$\dot{\varphi} = C_3$ = const.

Abb. 2.29:
Verlauf der Werkzeuggeschwindigkeit v und der Umformgeschwindigkeit $\dot{\varphi}$ über dem Werkzeugweg (Neugebauer 2005)

Umformgeschwindigkeit $\dot{\varphi}$ die erste Ableitung des Umformgrades φ nach der Zeit:

$$\dot{\varphi} = \frac{d\varphi}{dt} \text{ in } s^{-1} \qquad (2.31).$$

Die Umformgeschwindigkeit $\dot{\varphi}$ steht mit der Werkzeuggeschwindigkeit v in unmittelbarer Beziehung. Zum Zeitpunkt t hat das Werkstück die Augenblickshöhe h und das Werkzeug die Geschwindigkeit

$$v = \frac{ds}{dt} \qquad (2.32).$$

Mit $ds = -dh$ ergibt sich zwischen Umformgeschwindigkeit $\dot{\varphi}$ und der Werkzeuggeschwindigkeit v die Beziehung

$$\dot{\varphi} = \frac{d\varphi}{dt} = -\frac{dh}{h} \cdot \frac{1}{dt} = \frac{1}{h} \cdot \frac{ds}{dt} = \frac{v}{h} \qquad (2.33).$$

Mit Bezug auf den Stauchkörper ergeben sich in Abhängigkeit vom Geschwindigkeitsverhalten der Umformmaschinen unterschiedliche $\dot{\varphi}$-Verläufe (Abb. 2.29).

2.2.2 Mechanische Größen

2.2.2.1 Spannungen

Durch die in Folge eines Umformvorgangs wirkenden Kräfte und Momente werden an den Kontaktflächen und im Inneren eines Werkstückes Spannungen wirksam. Normalspannungen verstehen sich als eine auf eine Teilfläche ΔA_z senkrecht wirkende Teilkraft ΔF_z (Abb. 2.30a),

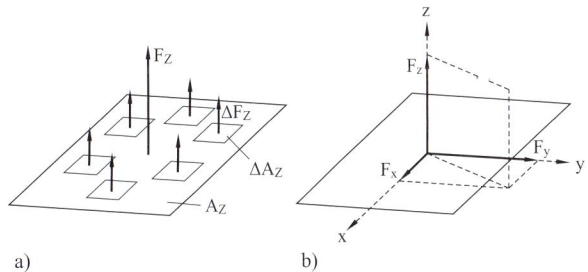

Abb. 2.30: a) Normalkraft F_z und Übergang zur Normalspannung σ_z, b) Normalkraft F_z und Schubkräfte F_x, F_y

wobei im Grenzfall $\Delta A_z \to 0$ geht, sodass die Spannung σ_z sich definiert als

$$\sigma_z = \lim_{\Delta A_z \to 0} \frac{\Delta F_z}{\Delta A_z} \qquad (2.34).$$

Im allgemeinen Fall wirkt die Kraft F schräg auf die Fläche (Abb. 2.30b), wobei unterschieden wird zwischen der Normalkraft F_z, die senkrecht auf die Fläche wirkt, und den Schubkräften F_x und F_y, die in der Fläche wirken. Daraus ergeben sich neben der oben angeführten Normalspannung σ_z die Schubspannungen

$$\tau_{zx} = \lim_{\Delta A_z \to 0} \frac{\Delta F_x}{\Delta A_z} \quad \text{und} \quad \tau_{zy} = \lim_{\Delta A_z \to 0} \frac{\Delta F_y}{\Delta A_z} \qquad (2.35).$$

2.2.2.2 Ideelle Umformkraft, Umformarbeit, Umformleistung

Für den Fall der homogenen Formänderung lassen sich für das reibungsfreie Stauchen eines Kreiszylinders zwischen planparallelen Werkzeugflächen Umformkraft und Umformarbeit folgendermaßen berechnen.

Mit Bezug auf Abbildung 2.31 kann für die Umformkraft in einem Augenblickszustand die Werkstückhöhe h und die beaufschlagte Fläche A angesetzt werden, wobei die Fließspannung k_f die tatsächlich auftretende Normalspannung beim einachsigen Spannungszustand ist, die das Fließen des Werkstoffes bewirkt (vgl. Kap. 2.3). Das Volumen des Stauchkörpers entspricht zugleich dem Umformvolumen:

$$F_{id} = k_f \cdot A = k_f \cdot \frac{V}{h} \qquad (2.36).$$

Die ideelle Umformarbeit W_{id} ist die während des Umformwegs s von der ideellen Umformkraft F_{id} verrichtete Arbeit. Mit Bezug auf Abbildung 2.31b beträgt W_{id}:

$$W_{id} = \int dW_{id} = \int_{s_0}^{s_1} k_f \cdot \frac{V}{h} \cdot ds = -V \int_{h_0}^{h_1} k_f \cdot \frac{dh}{h} = V \cdot k_f \ln \frac{h_0}{h_1} \qquad (2.37).$$

Da dieser Zusammenhang erstmalig 1874 von Fink vorgestellt wurde, nennt man die Gleichung auch „Fink'sche Arbeitsgleichung".

Bei der Kaltumformung erhöht sich die Fließspannung k_f in Abhängigkeit vom Umformgrad φ (Abb. 2.32b).

Die infolge der Kaltverfestigung verrichtete Arbeit entspricht der Fläche unter der Fließkurve, die vereinfacht durch die mittlere Fließspannung k_{fm} beschrieben werden kann:

$$W_{id} = V \cdot k_{fm} \cdot \ln \frac{h_0}{h} \qquad (2.38).$$

Für allgemeine mehrachsige Beanspruchungen sind in Abhängigkeit von der verwendeten Fließbedingung unterschiedliche Vergleichsformänderungen bzw. Vergleichsformänderungsgeschwindigkeiten zugrunde zu legen.

Die Umformarbeit wird bis auf einen geringen latenten Anteil, der im Werkstück erhalten bleibt und sich z.B. in der Verfestigung ausdrückt, in Wärme umgesetzt. Die Wärmeenergie W_E setzt sich vereinfacht zusammen aus

$$W_E = m \cdot c \cdot \Delta\vartheta = V \cdot k_{fm} \cdot \varphi_g \qquad (2.39),$$

mit m: Masse, ρ: Dichte, c: spezifische Wärme und $\Delta\vartheta$: Temperaturerhöhung

$$\Delta\vartheta = \frac{V}{m} \cdot \frac{k_{fm} \cdot \varphi_g}{c} = \frac{k_{fm} \cdot \varphi_g}{\rho \cdot c} \qquad (2.40),$$

da $m = \rho \cdot V$.

Dabei ist die tatsächliche Umformarbeit durch zusätzlich aufzubringende Arbeitsanteile in Folge Reibung und Schiebung um Einiges größer als die ideelle Umformarbeit.

2.2.2.3 Gleichgewichtsbedingung

Die Gleichgewichtsbedingungen sind materialunabhängig und haben sowohl im elastischen als auch im plastischen Zustand gleichermaßen Gültigkeit. Massen- bzw. Trägheitskräfte werden im Allgemeinen bei konventionellen umformspezifischen Verfahren vernachlässigt, da die auftretenden Massen und/oder Geschwindigkeiten keinen nennenswerten Beitrag liefern.

Auf Grund des Momentengleichgewichts der an einem Volumenelement wirkenden Schubkräfte sind in den zu-

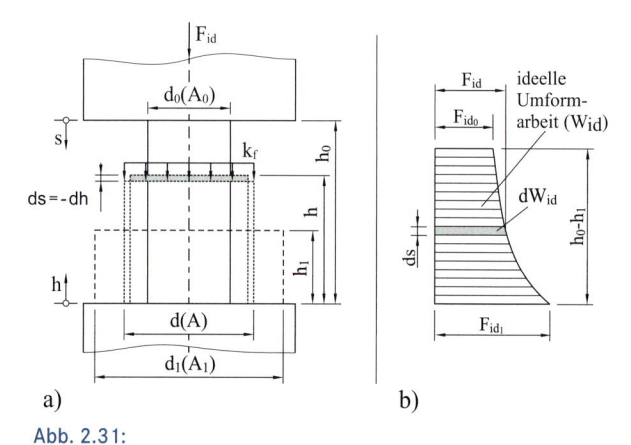

Abb. 2.31:
a) Reibungsfreies Stauchen eines prismatischen Körpers,
b) Ideelle Umformkraft in Abhängigkeit vom Umformweg

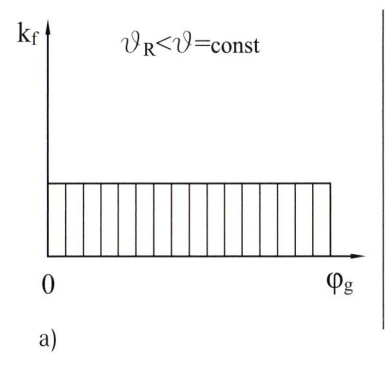

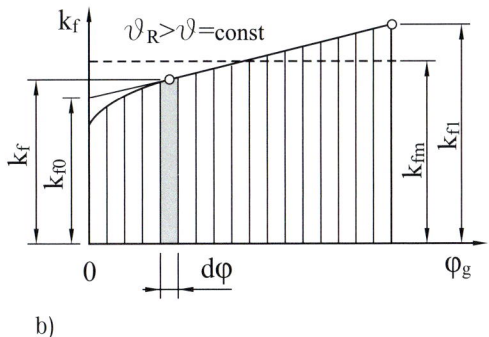

Abb. 2.32: Abhängigkeit der Fließspannung k_f vom Umformgrad φ bei
a) Warmumformung (vereinfacht) und
b) Kaltumformung

einander senkrechten Schnittebenen die Schubspannungen betragsmäßig gleich und entweder aufeinander zu oder entgegen gerichtet, sodass man erhält:

$$\frac{\partial \sigma_x}{\partial x} + \frac{\partial \tau_{yx}}{\partial y} + \frac{\partial \tau_{zx}}{\partial z} = 0 \quad \text{in x-Richtung,}$$

$$\frac{\partial \sigma_y}{\partial y} + \frac{\partial \tau_{xy}}{\partial x} + \frac{\partial \tau_{zy}}{\partial z} = 0 \quad \text{in y-Richtung,}$$

$$\frac{\partial \sigma_z}{\partial z} + \frac{\partial \tau_{yz}}{\partial y} + \frac{\partial \tau_{xz}}{\partial x} = 0 \quad \text{in z-Richtung} \quad (2.41).$$

2.2.2.4 Fließbedingung

Die Fließbedingung beschreibt diejenigen mehrachsigen Spannungszustände in einem Kontinuum, bei denen der Werkstoff zu fließen beginnt, d.h. bleibende Formänderungen eintreten.

Dabei gilt für den mehrachsigen Spannungszustand, dass das Vorhandensein von Spannungen allein nicht ausreicht, um bleibende Formänderungen einzuleiten und aufrecht zu erhalten. Steht ein Körper unter allseitig gleichem Druck, dem sogenannten hydrostatischen oder isostatischen Spannungszustand, dann tritt kein Fließen ein. Es müssen Spannungsunterschiede vorhanden sein, damit die für bleibende Formänderungen notwendigen Fließschubspannungen im Körperinneren auf den Gleitebenen wirksam werden können.

Für den einachsigen Spannungszustand ist die Fließbedingung erfüllt, wenn die wahre Spannung σ_1, d.h. die auf den jeweiligen Querschnitt bezogene Kraft, die Größe der Fließspannung k_f erreicht.

Die Fließbedingung stellt nun den Zusammenhang zwischen dieser z.B. experimentell einachsig ermittelten Fließspannung k_f und einem mehrachsigen Spannungszustand her.

Zwei dieser Fließbedingungen haben sich in der Praxis durchgesetzt:

- die Fließbedingung nach Tresca (1864), auch Schubspannungshypothese genannt und
- die Fließbedingung nach v. Mises (1913), auch Gestaltänderungsenergiehypothese genannt.

In beiden Fällen ist das Erreichen einer bestimmten Schubspannung τ im Körperinneren, der sogenannten Fließschubspannung τ_f, für das Eintreten bleibender Formänderungen verantwortlich.

Der Zusammenhang zwischen äußerer Normalspannung und der im Inneren in einer bestimmten Ebene (z.B. einer im Einkristall vorliegenden gedachten Gleitebene und Gleitrichtung) geht aus Abbildung 2.33 hervor. Der Körper mit dem Querschnitt A_1 wird einer Normalspannung σ_1 unterworfen, d.h. es wirkt eine Zugkraft

$$F = \sigma_1 \cdot A_1 \quad (2.42).$$

Die gleiche Zugkraft wirkt auf der schrägen Fläche A, führt aber zu einer senkrecht auf die Fläche wirkenden Normalkraft F_N und auf eine, in der Fläche liegenden, Schubkraft F_T, wobei

$$F_T = F \cdot \sin\alpha = \sigma_1 \cdot A_1 \cdot \sin\alpha = \tau \cdot A \quad (2.43).$$

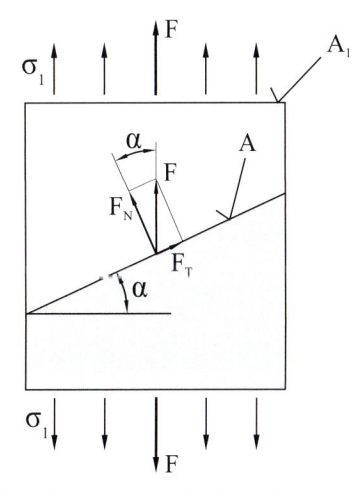

Abb. 2.33: Normalkraft und Tangentialkraft im Körperinneren bei einachsiger Beanspruchung

Daraus ergibt sich die Schubspannung

$$\tau = \sigma_1 \cdot \frac{A_1}{A} \cdot \sin\alpha$$

und mit $\cos\alpha = \frac{A_1}{A}$

$$\tau = \sigma_1 \cdot \cos\alpha \cdot \sin\alpha = \frac{\sigma_1}{2}\sin 2\alpha \qquad (2.44).$$

Da bei einem Vielkristall sich unter den zahlreichen Körnern im Allgemeinen immer Gleitsysteme befinden, die unter $\alpha = 45°$ liegen, gilt

$$\tau = \frac{\sigma_1}{2} \qquad (2.45)$$

bzw. bei Einsetzen bleibender Formänderungen

$$\tau_f = \frac{k_f}{2} \qquad (2.46).$$

Fließbedingung nach Tresca

Bei einem dreiachsigen Hauptspannungszustand mit $\sigma_1 > \sigma_2 > \sigma_3$ (algebraisch geordnet), geht diese Fließbedingung davon aus, dass die mittlere Spannung σ_2 keinen Einfluss auf das Fließen hat und dieses einsetzt, wenn

$$\sigma_{max} - \sigma_{min} = k_f \qquad (2.47),$$

d. h. die Differenz zwischen der algebraisch größten und der algebraisch kleinsten Hauptnormalspannung die Größe der Fließspannung k_f erreicht.

Eine anschauliche Deutung liefert Abbildung 2.34. Das Schnittmodell zeigt einen Körper unter einem räumlichen Spannungszustand mit $\sigma_1 > \sigma_2 > \sigma_3$, wobei σ_1 die algebraisch größte und σ_3 die algebraisch kleinste Spannung darstellen. Senkrecht dazu wirkt die in ihrem Wert zwischen σ_1 und σ_3 liegende Spannung σ_2. In der Schnittebene unter $\alpha = 45°$ tritt die maximale Schubspannung als Differenz der Teilschubspannungen τ_1 und τ_3 auf. Damit werden

$$\tau_1 = \frac{\sigma_1}{2} \quad \text{und} \quad \tau_3 = \frac{\sigma_3}{2} \qquad (2.48),$$

die einander entgegengerichtet sind. Erst die Differenz

$$\tau_f = \tau_1 - \tau_3 = \frac{1}{2}(\sigma_1 - \sigma_3) \qquad (2.49)$$

wird als Schubspannung wirksam und muss die Größe der Fließschubspannung

$$\tau_f = \frac{k_f}{2}$$

erreichen.

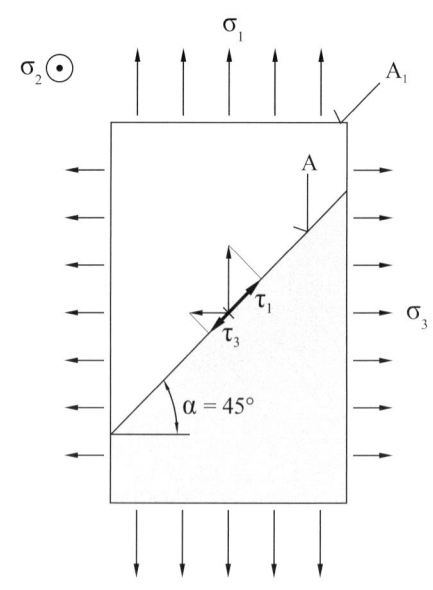

Abb. 2.34:
Spannungen am ebenen Schnittmodell unter $\alpha = 45°$

Damit wird

$$\frac{k_f}{2} = \frac{1}{2}(\sigma_1 - \sigma_3) \quad \text{bzw.} \qquad (2.50a)$$

$$k_f = \sigma_1 - \sigma_3 \quad \text{oder} \qquad (2.50b)$$

$$k_f = \sigma_{max} - \sigma_{min} \qquad (2.50c).$$

Fließbedingung nach v. Mises (Huber, Hencky)

Die Fließbedingung nach v. Mises lautet im Hauptspannungssystem

$$\sigma_V = k_f = \sqrt{\frac{1}{2}\left[(\sigma_1 - \sigma_2)^2 + (\sigma_2 - \sigma_3)^2 + (\sigma_3 - \sigma_1)^2\right]} \qquad (2.51)$$

und in einem allgemeinen kartesischen Koordinatensystem

$$\sigma_V = k_f = \sqrt{\frac{1}{2}\left[(\sigma_x - \sigma_y)^2 + (\sigma_y - \sigma_z)^2 + (\sigma_z - \sigma_x)^2\right] + 3(\tau_{xy}^2 + \tau_{yz}^2 + \tau_{zx}^2)} \qquad (2.52).$$

Sie wurde durch v. Mises zunächst aus rein mathematischen Gründen formuliert. Physikalische Interpretationen ergaben, dass dieser Ausdruck ein Maß für die Oktaederschubspannung darstellt, aber auch die Gestaltänderungsenergie ausdrückt. Zugleich enthält sie einen Einfluss der zwischen der größten und kleinsten Hauptnormalspannung liegenden mittleren Spannung σ_2, der maximal 15 Prozent betragen kann und nachträglich experimentell bestätigt wurde (Lode 1926).

2.2.2 Mechanische Größen

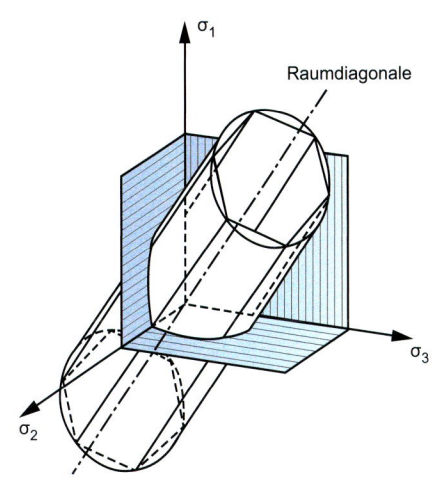

Abb. 2.35: *Fließzylinder nach Tresca und von Mises im Hauptspannungssystem (Kopp, Wiegels 1998)*

Oft wird der einfacheren Fließbedingung nach Tresca der Vorrang gegeben und bei Fällen, in denen die mittlere Normalspannung $\sigma_2 \approx \sigma_m$ beträgt, die Vergleichsspannung nach Tresca mit dem Faktor 1.15 korrigiert.

Einen anschaulichen Vergleich der beiden Fließbedingungen gestatten die Fließkörper im dreidimensionalen Hauptspannungssystem (Abb. 2.35).

Die Fließbedingung nach Tresca liefert einen Sechskantzylinder, die nach von Mises dagegen einen Kreiszylinder. Das Erreichen des plastischen Zustandes ist durch die jeweilige Zylinderfläche gekennzeichnet. Innerhalb der Zylinder befinden sich die Körper im elastischen Zustand, außerhalb der Zylinderräume sind keine Spannungen möglich.

2.2.2.5 Fließgesetz (Fließregel)

Wird im plastischen Bereich einem Grundzustand bleibender Formänderung ein weiterer Spannungszustand mit bleibenden Formänderungen überlagert, so bildet sich der überlagerte Zusatzzustand aus als wäre der Grundzustand überhaupt nicht vorhanden, d.h. der Werkstoff erinnert sich nicht seiner Herkunft. Daher ist es nicht möglich, einen Zusammenhang zwischen Formänderung und Spannung ähnlich dem Hooke'schen Gesetz herzustellen. An diese Stelle tritt z. B. der Zusammenhang zwischen den um den hydrostatischen Spannungsanteil reduzierten sogenannten Spannungsdeviator $\sigma_x - \sigma_m$ und einem infinitesimalen Formänderungszuwaches $d\varepsilon_x$. Ausgehend von Überlegungen Lévys (1870) formulierte v. Mises (1913) für ein nicht verfestigendes, d.h. starr-idealplastisches Werkstoffverhalten, in einem Hauptspannungssystem:

$$d\varepsilon_1 : d\varepsilon_2 : d\varepsilon_3 = (\sigma_1 - \sigma_m):(\sigma_2 - \sigma_m):(\sigma_3 - \sigma_m) \quad (2.53).$$

In der Regel werden die infinitesimalen Formänderungsgrößen $d\varepsilon$ auf ein Zeitelement dt bezogen, sodass allgemein gilt:

$$\dot{\varepsilon}_1 : \dot{\varepsilon}_2 : \dot{\varepsilon}_3 = (\sigma_1 - \sigma_m):(\sigma_2 - \sigma_m):(\sigma_3 - \sigma_m) \quad (2.54).$$

Der Zusammenhang zwischen den Gliedern dieser Gleichungen lässt sich über einen Proportionalitätsfaktor λ herstellen.

$$\lambda = \frac{\dot{\varepsilon}_1}{\sigma_1 - \sigma_m} = \frac{\dot{\varepsilon}_2}{\sigma_2 - \sigma_m} = \frac{\dot{\varepsilon}_3}{\sigma_3 - \sigma_m} \quad (2.55).$$

Der Proportionalitätsfaktor λ lässt sich bestimmen, wenn der allgemeine Fall auf den einachsigen Spannungszustand reduziert wird, dann erhält man:

$$\lambda = \frac{\dot{\varepsilon}_v}{\sigma_1 - \sigma_m} = \frac{3\dot{\varepsilon}_v}{2k_f} \quad (2.56).$$

$\dot{\varepsilon}_v$ ist dabei die Vergleichsformänderungsgeschwindigkeit (vgl. Abschnitt 2.2.2.6).

Für ein kartesisches Koordinatensystem gilt z. B. für einen Hauptspannungszustand:

$$\dot{\varepsilon}_1 = \lambda(\sigma_1 - \sigma_m) \quad ,$$

$$\dot{\varepsilon}_2 = \lambda(\sigma_2 - \sigma_m) \quad ,$$

$$\dot{\varepsilon}_3 = \lambda(\sigma_3 - \sigma_m) \quad (2.57).$$

2.2.2.6 Vergleichsformänderung und -geschwindigkeit

Unter der Wirkung äußerer Belastungen ändert ein Körper seine Geometrie und seine stofflichen Eigenschaften. Da die Körper sehr unterschiedliche Formen und Abmessungen aufweisen, ist es notwendig, Kenngrößen zu definieren, die die Art und das Ausmaß der Formänderungen unabhängig von den absoluten Abmessungen beschreiben. Das erlaubt den Vergleich unterschiedlicher Geometrien, z. B. im Zusammenhang mit den dadurch verursachten Veränderungen der stofflichen Eigenschaften des Körpers.

Ein für metallische Werkstoffe typisches Verhalten ist die Zunahme der Fließspannung bei Raumtemperatur mit der Formänderung, die sogenannte Kaltverfestigung. Dieses Verhalten spiegelt die Kaltfließkurve wider (Kap. 2.3). Während die Vergleichbarkeit eines mehrachsigen Spannungszustandes mit dem einachsigen Zustand über die Fließbedingung hergestellt wird, gilt es, eine vergleichbare Größe für einen beliebigen mehrachsigen Formänderungszustand zu finden.

Unter Verwendung der Fließbedingung nach v. Mises und des Fließgesetzes (Doege, Behrens 2006; Lange 1972) erhält man für die Vergleichsformänderungsgeschwindigkeit im Hauptachsensystem:

$$\dot{\varepsilon}_V = \sqrt{\frac{2}{3}\left(\dot{\varepsilon}_1^{\,2} + \dot{\varepsilon}_2^{\,2} + \dot{\varepsilon}_3^{\,2}\right)} \qquad (2.58).$$

Für den Sonderfall, dass sich die Formänderungen in den unterschiedlichen Koordinatenrichtungen proportional ändern und es sich darüber hinaus um eine homogene Formänderung des gesamten Umformvolumens handelt, gilt:

$$\dot{\varphi}_V = \sqrt{\frac{2}{3}\left(\dot{\varphi}_1^{\,2} + \dot{\varphi}_2^{\,2} + \dot{\varphi}_3^{\,2}\right)} \qquad (2.59).$$

Die vorgestellten Beziehungen ergeben sich unter Zugrundelegung der Fließbedingung nach v. Mises. Unter Verwendung der Fließbedingung nach Tresca erhält man für das Volumenelement

$$\dot{\varepsilon}_V = |\dot{\varepsilon}|_{max} \quad \text{bzw.} \quad \dot{\varphi} = |\dot{\varphi}|_{max} \qquad (2.60)$$

für das gesamte Umformvolumen bei homogener Formänderung.

Die Vergleichsformänderung bzw. der Vergleichsumformgrad ergeben sich durch Integration über der Zeit in einem sich nicht drehenden Hauptachsensystem:

nach v. Mises $\quad \varepsilon_V = \sqrt{\frac{2}{3}\left(\varepsilon_1^{\,2} + \varepsilon_2^{\,2} + \varepsilon_3^{\,2}\right)} \quad$ und $\qquad (2.61)$

nach Tresca $\quad \varepsilon_V = |\varepsilon|_{max} \qquad (2.62).$

Bei Vorliegen homogener und proportionaler Formänderungen in den Hauptachsen gilt

nach v. Mises $\quad \varphi_V = \sqrt{\frac{2}{3}\left(\varphi_1^{\,2} + \varphi_2^{\,2} + \varphi_3^{\,2}\right)} \qquad (2.63)$

und nach Tresca $\quad \varphi_V = |\varphi|_{max} \qquad (2.64)$

2.2.3 Ermittlung umformspezifischer Prozessgrößen

Wolfgang Voelkner, Reimund Neugebauer

2.2.3.1 Einleitung

Die Ermittlung von Spannungen, Formänderungen, Kräften und Arbeiten ist zur optimalen Verfahrens- und Prozessgestaltung von Umformvorgängen ein wesentlicher Problemkreis. Während die Verfahren der Blechumformung oft durch werkstückseitige Beanspruchungen wie Zugspannungen (Rissbildung) und Instabilitäten (Faltenbildung, Beulung) begrenzt werden, sind die Verfahrensgrenzen der Massivumformung auch werkzeugseitig zu suchen. Werkstück und Werkzeug müssen daher so dimensioniert werden, dass das Werkzeug unter Beachtung unterschiedlicher zeitlicher und örtlicher Beanspruchungen z. B.

- nicht zu Bruch geht,
- an keiner Stelle bleibende Deformationen auftreten und
- der Verschleiß möglichst der geforderten Lebensdauer angepasst ist.

Bei der Herstellung sehr genauer Werkstücke sind darüber hinaus die am Werkstück und Werkzeug verursachten elastischen Formänderungen von Interesse, die mit ihrer Kenntnis eine Korrektur der Werkzeuge möglich machen.

Es bietet sich eine Reihe von Methoden zur Vorausberechnung der Prozessgrößen an. Eine Auswahl angewandter Methoden ist in Tabelle 2.3 dargestellt. Sie sind nach der zunehmenden Anzahl klein angenommener Abmessungen dx geordnet, die den Schnittmodellen zugrunde liegen, wodurch sich auch Aufwand und Genauigkeit der Ergebnisse unterscheiden.

Man kann davon ausgehen, dass die Methode der Finiten Elemente auf Grund ihrer zahlreichen Möglichkeiten in der Lage ist, Feldprobleme mit hoher Genauigkeit zu lösen. So können auch bei komplizierten Geometrien, Randbedingungen, Stoffmodelle und Stoffbewegungen sowie Spannungs-, Formänderungs- und Temperaturverteilungen berechnet werden. Das gilt insbesondere auch für die Ermittlung des Werkstoffflusses oder für die Rückfederung bei der Blechumformung, insbesondere bei komplexen Bauteilen. Dagegen haben die „konservativen" Methoden den Vorzug größerer Anschaulichkeit bezüglich Vorgehensweise und Interpretation physikalischer Einflussgrößen. Einige davon werden im Folgenden beschrieben, wobei sie im Allgemeinen an eine Reihe von vereinfachenden Voraussetzungen gebunden sind, wie z. B.:

- Die elastischen Formänderungen sind gegenüber den plastischen vernachlässigbar klein.
- Schwer- und Trägheitskräfte werden vernachlässigt.
- Der Werkstoff verhält sich homogen und isotrop, d. h. örtlich unterschiedliche Werkstoffeigenschaften werden im Allgemeinen nicht berücksichtigt.
- Die Fließspannung k_f ist als Funktion von Werkstoff, Umformgrad φ, Umformgeschwindigkeit $\dot{\varphi}$ und Umformtemperatur ϑ_u gegeben.

Tab. 2.3: *Methoden zur Ermittlung umformspezifischer Prozessgrößen*
dx_i infinitesimal klein angenommene Abmessung; V_u Umformvolumen; μ Reibwert; η_u Umformwirkungsgrad; W Umformarbeit; F_m zeitlicher Mittelwert der Kraft; τ_k Kontaktschubspannung; $\bar{\sigma}$ zeit- und örtlicher Mittelwert der Normalspannung

		Methode	Anzahl dx_i	Eingabegröße	Ausgabegröße
Zunahme der vereinfachenden Annahmen ↑	Zunahme von Aufwand und Genauigkeit ↓	Methode der Umformarbeit	0	$k_f, V_u,$	$\bar{\sigma}, F_m, W$
		Streifenmethode	1	k_f, V_u, τ_k oder μ	σ, F, W
		Gleitlinienmethode	2	k_f, τ_k	σ
		Schrankenmethode	3	k_f, τ_k oder μ	F, W
		Finite-Elemente-Methode	3	k_f, τ_k oder μ	σ, F, W

- Die Kontaktschubspannung τ_k wird über einen Reibungsansatz im Allgemeinen als örtlich und zeitlich konstant vorgegeben, z. B. mit dem Reibfaktor m oder dem Reibwert μ (Kap. 2.4). Danach gilt entweder

$$\tau_k = m \cdot \tau_f \qquad (2.65)$$

oder

$$\tau_k = \mu \cdot \sigma \qquad (2.66).$$

Neben den analytischen und numerischen Lösungsverfahren gibt es auch experimentelle Möglichkeiten der Ermittlung von Kraft und Arbeit sowie von Spannungen und Formänderungen.

Insbesondere bezüglich des Werkstoffflusses werden größere Vereinfachungen vorgenommen. Erst durch die Finite Elemente Methode (FEM) ist eine realitätsnahe Beschreibung der örtlichen Formänderungen möglich geworden.

2.2.3.2 Theoretische Methoden

2.2.3.2.1 Methode der Umformarbeit

Dieser Methode liegt die sogenannte Fink'sche Arbeitsgleichung zugrunde. Die durch Reibung, Schiebung und ggf. Biegung erforderlichen Arbeitsanteile werden durch den Umformwirkungsgrad η_u berücksichtigt. Damit ergeben sich nur zeitliche und örtliche Mittelwerte, während z. B. für die Maschinenauslegung die maximale Umformkraft und für die Werkzeugauslegung die örtlichen Spannungen wichtig sind. Für jeden Anwendungsfall ist die Kenntnis des meist empirisch gewonnenen Umformwirkungsgrades η_u erforderlich, dessen Übertragbarkeit auf andere als die untersuchten Vorgänge nur unter Vorbehalt möglich ist. Trotzdem handelt es sich um eine praktikable Methode zur überschlägigen Einschätzung von Kraft und Arbeit insbesondere bei stationären und quasistationären Vorgängen wie z. B. Strangpressen, Drahtziehen, Walzen, Fließpressen und teilweise das Tiefziehen. Dabei versteht man unter stationär einen Umformvorgang, bei dem Spannungs- und Geschwindigkeitszustand in der Umformzone von der Zeit unabhängig sind, wobei sie im Allgemeinen örtlich verschieden sind, während instationäre Umformvorgänge solche sind, bei denen Spannungs- und Geschwindigkeitszustand zeitabhängig verlaufen (z. B. Stauchen, Gesenkschmieden).

Die Methode der Umformarbeit basiert auf dem Gesetz der Erhaltung der Energie, wodurch die aufgewendete äußere Arbeit W_a gleich der inneren Arbeit W_i sein muss, d. h.

$$W_a = F(s) \cdot s_u = W_i = \frac{1}{\eta_u} \cdot k_{fm} \cdot V \cdot \varphi_g \qquad (2.67),$$

F = Umformkraft, s_u = Umformweg.

Die tatsächliche Umformarbeit setzt sich aus folgenden Anteilen zusammen:

$$W_{tats} = W_{id} + W_S + W_R + W_B \qquad (2.68),$$

mit
W_{id} ideelle Umformarbeit,
W_S Schiebungsarbeit,
W_R Reibarbeit,
W_B Biegungsarbeit,
W_{tats} tatsächliche Umformarbeit.

Das Verhältnis der ideellen Umformarbeit zur tatsächlichen bildet den Umformwirkungsgrad η_u

$$\eta_u = \frac{W_{id}}{W_{tats}} \qquad (2.69).$$

Damit genügen als Eingangsgrößen die Kenntnis des Umformvolumens, die Fließspannung als Funktion des absolut größten Umformgrades, der aus der Änderung der äußeren Abmessungen gewonnen wird, und die Annahme eines geeigneten Wirkungsgrades.

Tabelle 2.4 gibt Richtwerte für die Größe des Umformwirkungsgrads an. Dieser ist umso mehr von eins verschieden, je größer die Anteile an Reibung, Schiebung und Biegung sind.

2.2 Plastomechanische Grundlagen

Tab. 2.4: Richtwerte für den Umformwirkungsgrad η_u

Umformverfahren		η_u
Stauchen	$h:d \geq 1$	0,8 … 0,95
Stauchen	$h:d = 0,5$	0,5 … 0,6
Walzen	kalt	0,4 … 0,6
Walzen	warm	0,3 … 0,6
Strangziehen		0,4 … 0,6
Tiefziehen		0,55 … 0,65

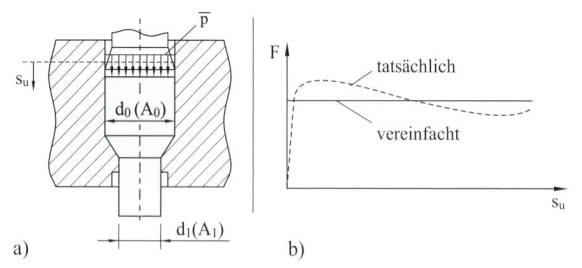

Abb. 2.36: a) Umformvorgang des Voll-Vorwärtsfließpressens, b) Kraftverlauf

Anwendungsbeispiele

Voll-Vorwärtsfließpressen

Bei dem in Abbildung 2.36a dargestellten Verfahrensprinzip des Vorwärtsvollfließpressens wird z.B. an einem Stangenabschnitt größeren Durchmessers ein Zapfen angepresst, in dem Werkstoff durch eine sich verengende Matrize gedrückt wird. Es handelt sich um einen quasistationären Kraftverlauf (Abb. 2.36b).
Der leichte Abfall der tatsächlichen Kraft ist die Folge der abnehmenden Wandreibung mit Zunahme des Umformwegs s_u. Er wird hier vernachlässigt.
Berechnung der Fließpresskraft F mit $W_a = W_i$ führt über

$$F \cdot s_u = \frac{1}{\eta_u} \cdot A_0 \cdot s_u \cdot k_{fm} \cdot \ln \frac{A_0}{A_1} \quad (2.70)$$

auf $F = \frac{1}{\eta_u} \cdot A_0 \cdot k_{fm} \cdot \ln \frac{A_0}{A_1}$ (2.71)

und die mittlere Fließpressspannung

$$\overline{p} = \frac{1}{\eta_u} \cdot k_{fm} \cdot \ln \frac{A_0}{A_1} \quad (2.72).$$

Tiefziehen

Bei dem in Abbildung 2.37a dargestellten Verfahrensprinzip des Tiefziehens im sogenannten Anschlagzug oder Erstzug wird z.B. aus einer ebenen Ronde ein Napf hergestellt. Dabei verändert sich die Kraft über dem Stem-

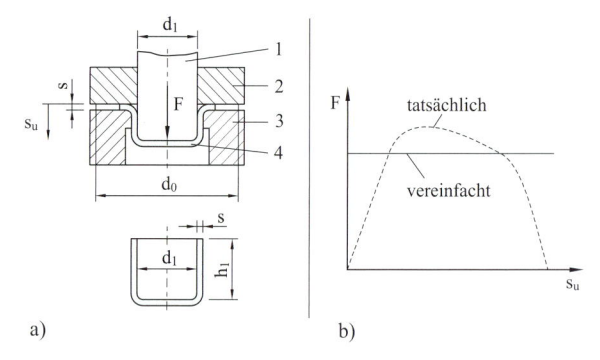

Abb. 2.37: a) Tiefziehvorgang; b) Kraftverlauf

pelweg s_u (Abb. 2.37b), sodass mit Hilfe des Wirkungsgrades nur ein Mittelwert der Kraft ermittelt wird.
Berechnung der Tiefziehkraft F im Erstzug: s = Blechdicke und d_1 = Napfdurchmesser

$$F \cdot s_u = \frac{1}{\eta_u} \cdot \pi \cdot d_1 \cdot s \cdot s_u \cdot k_{fm} \cdot \ln \frac{d_1}{d_0} \quad (2.73),$$

$$F = \frac{1}{\eta_u} \cdot \pi \cdot d_1 \cdot s \cdot k_{fm} \cdot \ln \frac{d_1}{d_0} \quad (2.74)$$

womit die Tiefziehspannung in der Napfwand beträgt:

$$\sigma = \frac{1}{\eta_u} \cdot k_{fm} \cdot \ln \frac{d_1}{d_0} \quad (2.75).$$

2.2.3.2.2 Elementare Theorie (Streifenmethode)

Um die zahlreichen ebenen und rotationssymmetrischen Umformvorgänge einer näherungsweisen Lösung zuzuführen, legt man der Rechnung ein Volumenelement zugrunde, das nur in einer Körperrichtung eine infinitesimal kleine Ausdehnung besitzt und das in seiner Gestalt geometrisch ähnlich erhalten bleibt und keine Verwöl-

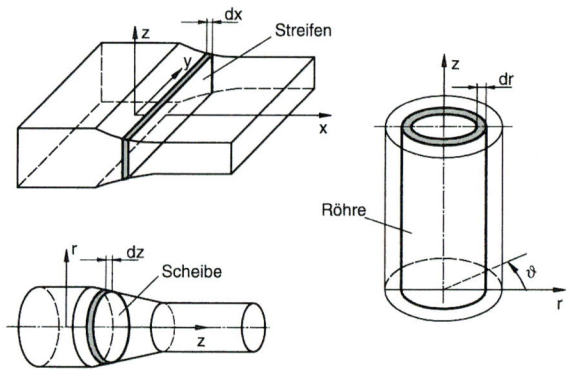

Abb. 2.38: Grundmodelle der elementaren Theorie Streifen-, Röhren-, Scheibenmodell (Kopp, Wiegels 1998)

bungen erfährt (Doege, Behrens 2006; Dahl et al. 1993; Kopp, Wiegels 1998; Lange 1972).
Dabei unterscheidet man die drei Grundmodelle (Abb. 2.38):

- Streifenmodell,
- Scheibenmodell und
- Röhrenmodell.

Anwendungsbeispiel

Reibungsbehaftetes Stauchen

Beim Stauchen zwischen planparallelen – das Werkstück überdeckenden – Werkzeugflächen wird durch die Stauchbewegung die Höhe h des Werkstücks vom Anfangswert h_0 über Zwischenwerte von h auf h_1 vermindert. Damit ergibt sich der Umformgrad in Höhenrichtung zu

$$\varphi_h = \ln \frac{h_1}{h_0} < 0 \quad .$$

Wegen Volumenkonstanz des Werkstücks muss diese „Stauchung" zur Vergrößerung der Werkstückabmessungen in den beiden Querrichtungen und damit zu einer Gleitbewegung längs der Stauchflächen führen. Auf Grund der Reibung an den Kontaktflächen entsteht an den Stirnseiten des Werkstücks eine Fließbehinderung, die zu einer Tonnenform (Ausbauchung) im Längsschnitt führt. Es gilt der Grundsatz, dass jedes Stoffteilchen versucht, auf kürzestem Wege in Richtung zur freien Werkstückoberfläche zu fließen.

Umformspannungen

Beim reibungsfreien Stauchvorgang liegt nur eine über dem Querschnitt gleich bleibende Druckspannung in Größe der Fließspannung k_f vor. Beim realen Stauchvorgang komplizieren sich die Verhältnisse durch die reibungsbedingt auftretenden Kontaktschubspannungen τ_k an den Wirkflächen. Ihre Berücksichtigung bei der Spannungsermittlung kann mit Hilfe des Kräftegleichgewichts am Streifenelement erfolgen. Dazu wird ein Vorgang nach Abbildung 2.39 betrachtet, bei dem $l \gg b$ ist, sodass senkrecht zur Zeichenebene die Spannungen unveränderlich sind (ebene Formänderung). Zur Vereinfachung wird $p = -\sigma$ geschrieben.

Die Symmetrieachse in Abbildung 2.39a stellt zugleich die Fließscheide dar. Abstandsgleiche Stoffteilchen erfahren die gleiche Beanspruchung und führen gleiche Fließbewegungen aus. Die im Streifenelement der Breite dx mit dem Abstand x von der freien Oberfläche befindlichen Teilchen sind einer Längsdruckspannung p_1 und einer Querdruckspannung p_3 bzw. $p_3 + dp_3$ ausgesetzt.

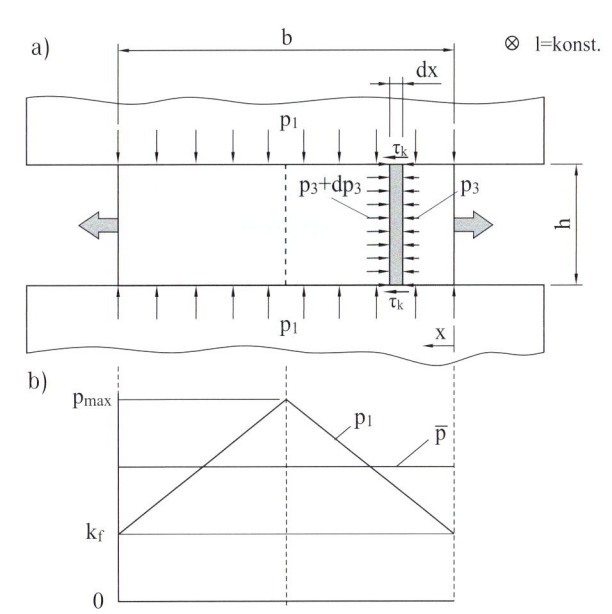

Abb. 2.39: Stauchen zwischen planparallelen Werkzeugflächen (ebene Deformation)
a) Spannungen am Streifenelement
b) Normalspannungsverteilung

Für das Kräftegleichgewicht in waagerechter Richtung ergibt sich (Abb. 2.39):

$$(p_3 + dp_3) \cdot h \cdot l = p_3 \cdot h \cdot l + 2\tau_k \cdot dx \cdot l$$

$$\text{mit} \quad dp_3 = \tau_k \cdot \frac{2dx}{h} \tag{2.76}.$$

Die Integration dieser Gleichung erfordert eine Annahme für τ_k. Dazu existieren verschiedene Ansätze, wobei nach Siebel

$$\tau_k = \mu \cdot k_f = const$$

angenommen wird.
Dieser Ansatz gilt streng genommen nur für $x = 0$, denn nur an dieser Stelle entspricht der Reibwert

$$\mu = \frac{\tau_k}{\sigma} = \frac{\tau_k}{k_f}$$

der Definition. Da die Normalspannung p_1 zur Mitte hin zunimmt (Abb. 2.39b), wird der Reibwert kleiner.
Mit dem Ansatz von Siebel ergibt sich:

$$p_3 = \int_0^x dp_3 = 2\mu \cdot k_f \cdot \frac{x}{h} \tag{2.77}.$$

Auf Grund der Fließbedingung nach Tresca gilt

$$k_f = p_1 - p_3 \quad \text{und} \quad p_1 = p_3 + k_f \quad , \text{woraus} \tag{2.78}$$

$$p_1 = k_f \left(1 + \frac{2\mu \cdot x}{h}\right) \text{ und an der Stelle } x = \frac{b}{2}$$

$$p_{1_{max}} = k_f(1 + \mu \frac{b}{h}) \quad (2.79).$$

Dieser Verlauf von p_1 ist in Abbildung 2.39 dargestellt. Danach steigt p_1 vom Rand zur Mitte linear an.

Umformkraft

Die Umformkraft ergibt sich durch Integration der Druckspannung p_1 über die Querschnittsfläche A des Stauchkörpers

$$F = \int_0^A p_1 \cdot dA \quad (2.80).$$

Für Stauchkörper mit rechteckigem Querschnitt folgt:

$$F = A \cdot k_f \cdot \left(1 + \frac{\mu \cdot b}{2h}\right) \quad (2.81).$$

Damit ist die mittlere Stauchspannung

$$\bar{p} = \frac{F}{A} = k_f \cdot \left(1 + \frac{\mu \cdot b}{2h}\right) \quad (2.82).$$

Für kreiszylindrische Stauchkörper mit dem Radius r folgt für ein Ringelement der Breite dx mit dem Abstand x von der freien Randfläche, dass für die Umformkraft F gilt:

$$F = \int_0^r p_1 \cdot 2\pi \cdot (r-x) \cdot dx = A \cdot k_f \cdot \left(1 + \frac{\mu \cdot d}{3h}\right) \quad (2.83)$$

und für die mittlere Stauchspannung $\bar{p}$, oft auch als Umformwiderstand k_w bezeichnet,

$$\bar{p} = k_f \cdot \left(1 + \frac{\mu \cdot d}{3h}\right) \quad (2.84).$$

Eine anschauliche Interpretation ergibt sich aus Abbildung 2.40.
Die mittlere Stauchspannung $\bar{p}$ entspricht dem zylindrischen Spannungsanteil von k_f plus der Höhe eines dem Kegel volumengleichen Zylinders.

Umformarbeit

Die Stauchkraft F wirkt längs des Wegs s_u und verrichtet dabei für kreiszylindrische Stauchkörper die Arbeit

$$\begin{aligned} W &= \int_{h_0}^{h_1} A \cdot k_f \cdot \left(1 + \frac{\mu \cdot d}{3h}\right) dh \\ &= V \cdot k_{fm} \cdot \varphi_g \left[1 + \frac{2\mu}{9\varphi_g} \cdot \left(\frac{d_1}{h_1} - \frac{d_0}{h_0}\right)\right] \end{aligned} \quad (2.85).$$

Der Vergleich mit der Beziehung für die ideelle Umformarbeit (Gl. 2.37) zeigt, dass sich die tatsächliche Staucharbeit von der ideellen Arbeit erheblich unterscheidet

2.2.3.2.3 Gleitlinienmethode

Die Gleitlinienmethode ist ein Verfahren zur Ermittlung örtlicher Spannungen und Formänderungen in der Umformzone (Dahl et al. 1993; Hill 1956; Hosford, Cadell 2007; Kreißig 1992; Prager, Hodge 1954; Thomsen et al. 1965). Die folgenden Ausführungen beschränken sich auf die Spannungsermittlung. Der Begriff Gleitlinien tritt in verschiedenen Zusammenhängen auf.

- In der Metallphysik und Werkstoffkunde kennzeichnet er Linien, die meist durch eine geeignete Ätzung sichtbar gemacht an Oberflächen plastisch deformierter Körper als Spuren betätigter Gleitsysteme auftreten.
- In der Kontinuumsmechanik existiert der Begriff der Schubspannungstrajektorien; das ist ein Netz zweier orthogonaler Kurvenscharen, die den theoretischen Verlauf der maximalen Schubspannungen im Körper auf Grund einer äußeren Belastung beschreiben.

Erreichen die maximalen Schubspannungen die Größe der Fließschubspannung τ_f, so werden sie Gleitlinien genannt. Daher sind Gleitlinien zwei Kurvenscharen, deren Richtung in jedem Punkt der der Fließschubspannung entspricht.

Die Gültigkeit der Gleitlinienmethode ist auf den ebenen Deformationszustand beschränkt, wodurch die Anzahl der Spannungs- und Formänderungsgrößen in den Gleichgewichtsbedingungen und der Fließbedingung re-

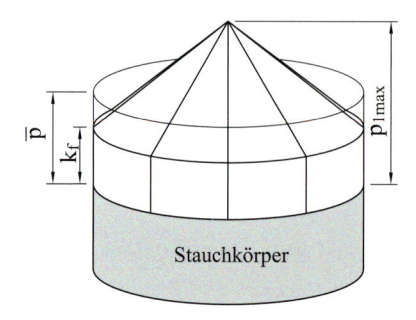

Abb. 2.40: *Normalspannungsverteilung am Kreiszylinder*

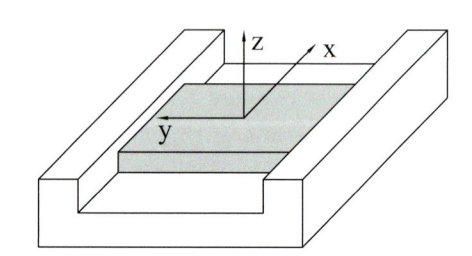

Abb. 2.41: *Schlitzgesenk (ebene Deformation)*

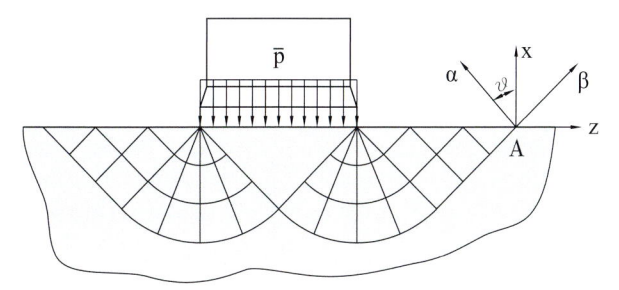

Abb. 2.42 *Gleitlinienfeld beim reibungsfreien Einsenken im Anfangszustand*

duziert wird und damit die Anzahl der für eine Lösung notwendigen Gleichungen.
In Abbildung 2.41 ist ein derartiger Deformationszustand in Gestalt eines Schlitzgesenkes veranschaulicht, wobei vorausgesetzt wird, dass der Körper durch einen in dem Schlitz geführten Stempel gestaucht wird und der Werkstoff entlang der senkrechten Wände reibungsfrei gleitet. Für geometrisch einfache Fälle gibt es geschlossene Lösungen wie z. B. für das reibungsbehaftete Stauchen einer unendlichen Halbebene. Für kompliziertere Geometrien wurden unter Berücksichtigung der Reibung aufwändige graphische bzw. numerische Methoden entwickelt. Die Verfestigung bleibt dabei unberücksichtigt. Ein einfaches Beispiel ist das ebene reibungsfreie Einsenken eines Stempels.
In Abbildung 2.42 ist die Ausbildung der Umformzone erkennbar, die sich aus einer von Punkt A ausgehenden Geradenschar und einer dazu senkrechten Radienschar zusammensetzt. Die rechnerische Lösung führt zu einer Stempelspannung von $\bar{p} = 2.97 k_\mathrm{f}$. Die Gleitlinien liefern ein anschauliches Bild der Umformzone und der Verläufe der Fließschubspannungen. Dazu lassen sich korrespondierende Geschwindigkeitsfehler entwickeln, die Auskunft über den Werkstofffluss geben. Durch die Beschränkung der Gültigkeit auf den ebenen Deformationszustand, wurde diese Methode – von Einzelfällen abgesehen – durch die Finite Element Methode (FEM) abgelöst. In einer Reihe von Fällen kann man feststellen, dass die Ergebnisse der elementaren Theorie mit denen der Gleitlinientheorie eine gute Übereinstimmung aufweisen (Voelkner 1977).

2.2.3.2.4 Schrankenmethode

Die Methode der oberen und unteren Schranke geht auf die Anwendung der Extremalprinzipe der von Mises'schen Plastizitätstheorie für einen starr plastischen Werkstoff zurück. Damit steht eine Methode zur Verfügung, die näherungsweise gestattet, die möglichen Umformkräfte und Arbeiten zwischen einer oberen und einer unteren Grenze einzuschränken (Dahl et al. 1993; Doege, Behrens 2006; Hosford, Cadell 2007; Johnson, Kudo 1962; Kreißig 1992; Lippmann 1981).
Unter der Voraussetzung, dass den Berechnungen für die innere Leistung P_i und die äußere Leistung P_a das richtige Geschwindigkeits- bzw. Spannungsfeld zugrunde liegt, müssen beide Leistungen der wirklichen Leistung P_w gleich sein, d. h.

$$P_\mathrm{i} = P_\mathrm{w} = P_\mathrm{a} \qquad (2.86).$$

Weichen das Geschwindigkeitsfeld bzw. das Spannungsfeld von den jeweilig wirklichen ab, dann wird die berechnete innere Leistung P'_i größer und die berechnete äußere Leistung P'_a kleiner als die Realität ausfallen.
Daraus ergibt sich, dass auf der Basis des Geschwindigkeitsfeldes eine innere Leistung P'_i berechnet wird, die eine obere Schranke darstellt. Jedes angenommene kinematisch zulässige, d. h. das „Gesetz" der Volumenkonstanz und wenigstens an der Wirkfuge das Geschwindigkeitsverhalten in Kraftrichtung wiedergebende Geschwindigkeitsfeld, liefert mindestens gleichgroße, im allgemeinen größere Leistungen als tatsächlich vorhanden. ($P'_\mathrm{i} \geq P_\mathrm{w}$)
Ebenso ergibt sich auf der Grundlage des Spannungsfeldes eine äußere Leistung P'_a, die eine untere Schranke bildet. Jedes angenommene statisch zulässige, d. h. die Gleichgewichtsbedingungen und die Fließbedingung erfüllende, Spannungsfeld ergibt höchstens gleichgroße, im Allgemeinem aber kleinere Leistungen als wirklich vorhanden. ($P'_\mathrm{a} \leq P'_\mathrm{w}$)
Die obere Schranke wird gegenüber der unteren vorzugsweise verwendet, da die Lösung einerseits auf der sicheren Seite liegt und andererseits zulässige Geschwindigkeitsfelder relativ leicht erkennbar sind.
In zahlreichen Fällen setzt sich die aufzubringende Leistung P aus mehreren Anteilen zusammen:

$$P = P_\mathrm{id} + P_\mathrm{R} + P_\mathrm{S} + P_\mathrm{B} \qquad (2.87).$$

Dabei ist P_id der zur verlustfreien Umformung erforderliche Leistungsanteil, P_R der zur Überwindung der Kontaktreibung zwischen Werkstück und Werkzeug notwendige Leistungsanteil, P_S der für Schiebungen innerhalb des Umformvolumens benötigte Leistungsanteil z. B. gegenüber Werkstoffzonen, die nicht mehr am Werkstofffluss beteiligt sind, und P_B der bei zusätzlicher Biegung erforderliche Anteil. Ein einfaches Beispiel ist der in Anlehnung an die Gleitlinienlösung reibungsfreie Einsenkvorgang (Abb. 2.43).
Die Umformzone (Abb. 2.43a) wird durch die Dreiecke beschrieben. Das unmittelbar unter der Stempelfläche befindliche Volumen im Dreieck 1 wird nach unten ge-

2.2 Plastomechanische Grundlagen

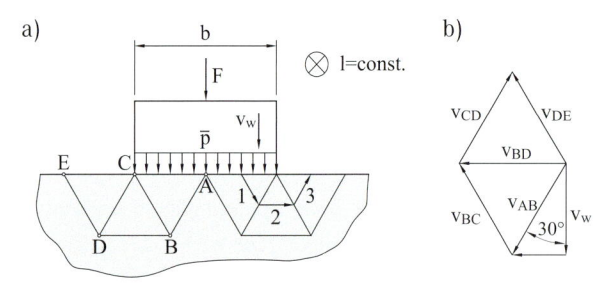

Abb. 2.43: *Geschwindigkeitsfeld beim reibungsfreien Einsenken a) Umformzonen; b) Hodograph*

drückt und seitlich in das Dreieck 2 gedrängt, das seinerseits über Dreieck 3 an die freien Oberflächen nach oben ausweicht. Die durch die Einheitsbewegung des Stempels von $v_w = 1$ ausgelösten Schergeschwindigkeiten sind im sogenannten Hodographen (Abb. 2.43b) dargestellt.

Äußere Leistung: $P_a = F \cdot v_w = \bar{p} \cdot b \cdot l \cdot v_w$ \hfill (2.88).

Innere Leistung:

$$P_i = 2\tau_f (AB \cdot v_{AB} + BD \cdot v_{BD} + BC \cdot v_{BC} + CD \cdot v_{CD} + DE \cdot v_{DE})$$ \hfill (2.89),

mit $AB = BD = BC = CD = DE = \dfrac{b}{2} \cdot l$ und

$$v_{AB} = v_{BD} = v_{BC} = v_{CD} = v_{DE} = \dfrac{v_w}{\cos 30°} = 1.15 v_w$$

erhält man für $P_a = P_i$

$$\bar{p} \cdot b \cdot l \cdot v_w = 10 \tau_f \cdot \dfrac{b}{2} \cdot l \cdot 1.15 v_w \quad , \text{womit}$$ \hfill (2.90)

$\bar{p} = 5.75 \tau_f = 3.3 k_f$.

Das mehr der unteren Schranke entsprechende Spannungsfeld aus den Gleitlinien führt nur auf $\bar{p} = 2.97\ k_f$. Auch für die Schrankenmethode gilt, dass sie weitgehend durch die Finite Elemente Methode abgelöst wurde.

2.2.3.2.5 Finite Elemente Methode

Birgit Awiszus, Sebastian Härtel

Die Finite Elemente Methode (FEM) ist ein numerisches Berechnungsverfahren, das innerhalb der Ingenieurwissenschaften für vielfältige Berechnungsaufgaben, bspw. elastisch-plastisches Deformationsverhalten, zum Einsatz kommt.

Auf dem Gebiet der Umformtechnik wird die FEM zur Verfahrensentwicklung und -optimierung sowie zur Bauteilauslegung eingesetzt. Dabei dient die Methode im Wesentlichen dazu, dass skalare und vektorielle Größen wie Spannungen, Formänderungen, Temperaturen u.a. erfasst werden, die in der Realität nicht oder nur sehr schwierig gemessen werden können. Auf Basis des dadurch erlangten tieferen Prozessverständnisses lassen sich folglich Verbesserungen im Prozess oder am Produkt vornehmen.

Der methodische Ansatz besteht darin, dass ein geometrisch komplexer Körper, der gesamtheitlich nicht oder nur schwierig mathematisch-physikalisch beschreibbar ist, in eine Anzahl endlicher, geometrisch relativ einfacher und somit abbildbarer Elemente – finiter Elemente – diskretisiert wird. Diese Elemente sind mit Knoten untereinander verbunden, an denen eine Ansatzfunktion definiert wird, die dann auch den Verlauf einer Größe zwischen den Knoten vorgibt. Für jedes dieser Elemente ist eine Lösung einfacher als für den gesamten Körper und lässt sich mittels mathematischer Methoden zu einer Gesamtlösung zusammensetzen.

Im folgenden Abschnitt werden die prinzipielle Vorgehensweise einer FEM-Simulation sowie einige wichtige und zu berücksichtigende Besonderheiten bei der Anwendung im Bereich der Umformtechnik dargelegt.

2.2.3.2.5.1 Besonderheiten bei der Abbildung umformtechnischer Prozesse

Während das lineare Verhalten durch die Proportionalität zwischen Eingangs- und Ausgangsgröße gekennzeichnet ist, treten bei der numerischen Abbildung umformtechnischer Prozesse häufig nichtlineare Effekte auf, die in der FEM-Simulation beachtet werden müssen. Im Wesentlichen handelt es sich dabei um Nichtlinearitäten bezüglich Material, Geometrie, Kontakt sowie nichtlineare Randbedingungen.

Plastizität ist durch nichtlineares Materialverhalten gekennzeichnet. Im Gegensatz zu Festigkeitsbetrachtungen mittels der FEM kommt es bei der numerischen Abbildung von umformtechnischen Prozessen zu gewollten plastischen Formänderungen. Diese müssen über geeignete Materialgesetze abgebildet werden. Ein einfaches linear-elastisches Materialgesetz wie das Hooke'sche Gesetz ist dafür unzureichend. Stattdessen wird das Materialverhalten über ein elastisch-(visko)plastisches Deformationsgesetz beschrieben. Eine wichtige Größe dabei ist die Fließspannung, die im Wesentlichen umformgrad-, umformgeschwindigkeits- und temperaturabhängig ist. Kenntnisse über diese Prozessgrößen sind a priori notwendig, um den Gültigkeitsbereich der Fließkurve abzusichern. In den meisten kommerziellen FE-Systemen sind Materialdatenbanken für gebräuchliche Materialien hinterlegt, die das Materialverhalten während der Umformung für definierte

Umformgrad-, Umformgeschwindigkeits- und Temperaturbereiche beschreiben. Sind keine Materialkennwerte im Programm hinterlegt, müssen diese experimentell bestimmt werden. Geometrisch nichtlineares Verhalten ist durch eine hohe plastische Formänderung des diskretisierten Lösungsgebiets (in der Regel des Werkstücks) während des Prozesses gekennzeichnet. Vor allem in der Massivumformung treten große plastische Deformationen auf, die zu einer unzulässigen Netzverzerrung führen können. Mit geeigneten Neuvernetzungsstrategien kann man diesem Effekt entgegenwirken. Nichtlinearitäten durch Kontakt treten auf, wenn das zu berechnende System abhängig von der Belastungsrichtung oder -höhe ist. Da sich während des Umformprozesses die Kontaktnormalspannungen sowie die lokalen Kontaktsituationen ändern, müssen diese Kontaktnichtlinearitäten im FE-System berücksichtigt werden. Durch eine Beachtung der Realkinematik der eingesetzten Umformmaschine können bei der numerischen Abbildung von Umformprozessen nichtlineare Randbedingungen, wie zeitabhängige Kräfte und Verschiebungen, auftreten. Auch diese müssen bei der Modellbildung berücksichtigt werden, da eine Vernachlässigung sich negativ auf die Ergebnisgüte der Simulation auswirkt (Wriggers 2001).

Eine weitere Besonderheit ist die Art der Werkzeugimplementierung in die FE-Simulation. Hierfür existieren prinzipiell zwei Möglichkeiten. Zum einem können die Werkzeuge durch starre Wirkflächenmodelle idealisiert angenommen und zum anderen als elastisch deformierbare Kontaktkörper definiert werden. Durch die Vereinfachung, die Werkzeuge als starre Körper anzunehmen, können sich Ungenauigkeiten bei der Berechnung der Reibungszustände und der numerischen Kontaktbedingungen zwischen Werkstück und Werkzeug ergeben.

Werden die Werkzeuge als elastische Kontaktkörper angenommen, steigt die Rechendauer der numerischen Simulation, da die kompletten Werkzeuge mit Kontinuumselementen diskretisiert werden müssen. Vor allem im Bereich der Massivumformung, z. B. beim Kaltfließpressen, ist die Verwendung von elastischen Werkzeugen zur Steigerung der Simulationsgenauigkeit notwendig. Die verfahrensbedingt hohen lokalen Kontaktnormalspannungen führen bei elastischen Werkzeugen zu örtlich elastischen Deformationen, welche auch im Realprozess auftreten.

Darüber hinaus muss in der Halbwarm- und Warmumformung bzw. bei Prozessen, die mit einer starken Bauteilerwärmung verbunden sind, das sich einstellende Temperaturfeld mit betrachtet werden. Diese Simulationen werden als thermisch-mechanisch gekoppelte Simulationen bezeichnet. Zur exakten Berechnung des sich ausbildenden Temperaturfeldes müssen Wärmeübergangskoeffizienten zwischen Werkstück/Werkzeug und Werkstück/Umgebung als Randbedingungen im FE-System definiert werden. Zusätzlich bietet eine Anzahl der Systeme die Berechnung der Wärmestrahlung mit an. Hierfür müssen sogenannte Emissionskoeffizienten hinterlegt werden.

2.2.3.2.5.2 Vorgehensweise

Die Vorgehensweise bei der FE-Simulation lässt sich prinzipiell in drei Phasen unterteilen, die von FEM-Systemen mit entsprechenden Programmmodulen unterstützt werden (Abb. 2.44):

- die *Modellbildung* mit Hilfe eines Preprozessors,
- die *Berechnung* mittels eines Solvers und
- die *Ergebnisdarstellung und -auswertung* mit einem Postprozessor.

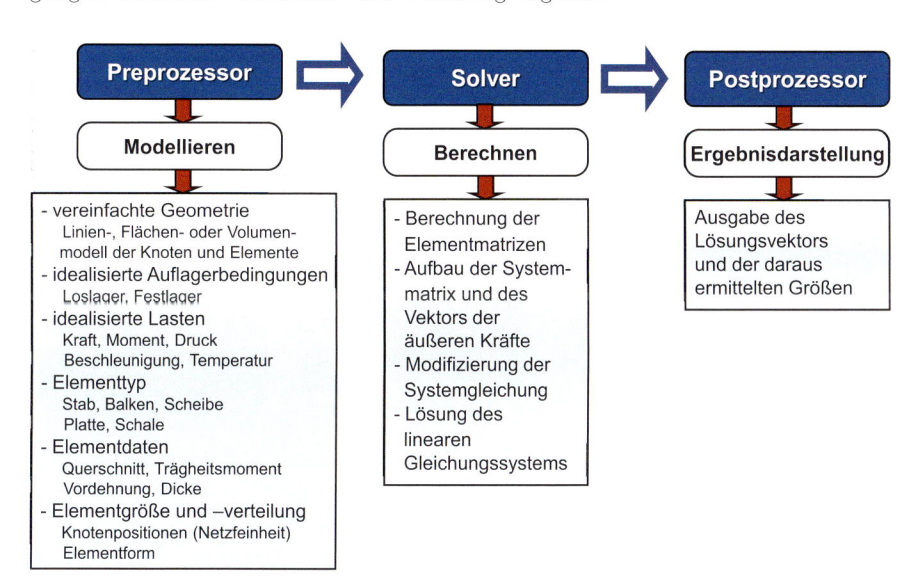

Abb. 2.44:
Aufbau eines FEM-Systems

2.2 Plastomechanische Grundlagen

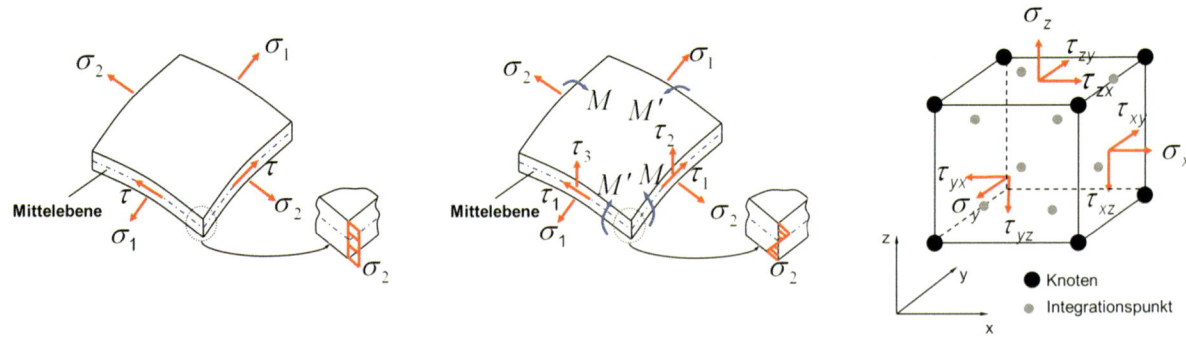

Abb. 2.45: *Spannungszustand des Membran-, Schalen- (nach Lange 1993) und Volumenelementes (nach Röcker 2008)*

Modellbildung (Preprocessing)

Im Preprozessor wird der numerisch abzubildende Prozess hinsichtlich Geometrie, Materialeigenschaften und Kinematik modellhaft erfasst, um daraus ein berechenbares Modell zu generieren. Dazu ist es notwendig, das Lösungsgebiet zu diskretisieren, die Elementdaten und Materialkennwerte zuzuweisen, die Prozesskinematik zu beschreiben sowie die wirkenden Kräfte, Rand- und Anfangsbedingungen zu definieren (Klein 2007).

Für die Diskretisierung stehen in den meisten Programmen verschiedene Elementtypen unterschiedlicher Geometrie zur Auswahl. Grundsätzlich ist eine Untergliederung in zweidimensionale (Schale, Membran und Scheibe) und dreidimensionale Elementtypen (Volumenelemente) möglich. Die zweidimensionalen Elemente können dabei die geometrische Form eines Dreiecks oder Vierecks annehmen, während die dreidimensionalen Volumenelemente vorzugsweise geometrisch als Tetraeder oder Hexaeder gestaltet sind. In der Blechumformsimulation hat sich die Verwendung von Schalenelementen durchgesetzt, da diese gegenüber den Membranelementen den Biegeanteil mit berücksichtigen und damit die Ergebnisgenauigkeit erhöht wird (Abb. 2.45). Obwohl Volumenelemente die auftretenden Spannungszustände vollständig abbilden können, sind diese für die Simulation von Blechumformprozessen nur bedingt geeignet, da ihre Anwendung bei der Berechnung großflächiger dünner Strukturen mit einem sehr großen Rechenaufwand verbunden ist. Für die Simulation von Massivumformprozessen ist eine Diskretisierung durch Volumenelemente allerdings unumgänglich, da hier der komplette dreidimensionale Spannungszustand berücksichtigt werden muss.

Neben der Elementauswahl muss im Preprozessor auch die Netzfeinheit und ein eventuelles Neuvernetzen (Remeshing) festgelegt werden. Die Netzfeinheit nimmt direkten Einfluss auf die Genauigkeit der Simulationsergebnisse. Je feiner das FE-Netz ist, desto genauer können die Ergebnisgrößen berechnet werden. Der Einfluss der Diskretisierungsfeinheit ist in Abbildung 2.46 exemplarisch am Beispiel eines Zylinderstauchversuches dargestellt. Jedoch führt eine feinere Vernetzung zwangläufig zu einer erhöhten Rechendauer, da die Elementanzahl steigt. Somit muss ein Optimum zwischen Netzfeinheit und Rechenzeit für den zu simulierenden Prozess gefunden werden. Eine Neuvernetzung ist dann erforderlich, wenn während des Umformprozesses lokal große Netzverzerrungen auftreten. Allerdings ist das Remeshing auch mit Problemen verbunden. Zum einen ergeben sich Berechungsungenauigkeiten, da die Ergebnisgrößen von den stark verzerrten Elementen auf die entzerrten (rezonten) Elemente übertragen werden müssen. Zum anderen nimmt die Rechenstabilität, insbesondere bei dreidimensionalen Prozessen mit Remeshing, ab. Aus diesen Gründen ist es für bestimmte Prozesse empfehlenswert, das Ausgangsnetz so zu gestalten, dass keine Neuvernetzung während des Prozesses notwendig ist.

Soll neben der Umformung des Bauteils auch die Berechnung der elastischen Verformung der Werkzeuge erfolgen, werden die Werkzeuge bereits im Preprozessor als elastisch deformierbar definiert, indem diese ebenfalls mit Volumenelementen vernetzt werden. Gleiches gilt für Prozesse, bei denen die thermische Belastung der Werkzeuge simuliert werden soll.

Weiterhin muss im Preprozessor das Werkstoffverhalten definiert werden. Werkstoffe können sich während des Umformprozesses elastisch, elasto-plastisch, ideal-

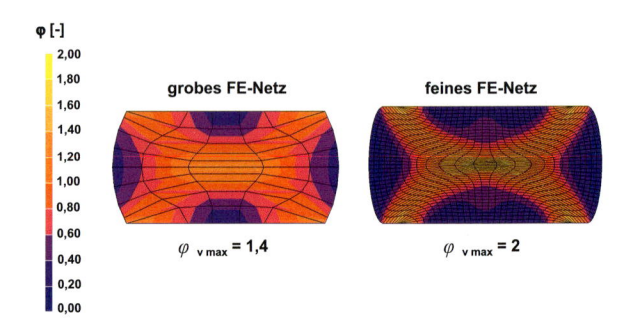

Abb. 2.46: *Unterschiedliche Ergebnisgenauigkeit bei grober und feiner Vernetzung*

plastisch oder viskoplastisch verhalten. Das Materialverhalten wird sowohl von den Werkstoffeigenschaften als auch von den Prozessbedingungen beeinflusst und muss im Preprocessing für den jeweils verwendeten Werkstoff und die konkreten Prozessbedingungen beschrieben sein. Die Werkstoffdatenbanken der meisten Simulationsprogramme enthalten bereits eine Auswahl von Materialmodellen gebräuchlicher Werkstoffe. Herkömmliche Systeme gestatten es außerdem, eigene Werkstoffmodelle zusätzlich zu den vorhandenen Modellen zu implementieren bzw. vorhandene Modelle zu modifizieren. In den Modellen sind alle für die Simulationsrechnung relevanten Werkstoffkennwerte wie E-Modul, Poisson-Zahl, Dichte, Fließkurven, Fließortkurven und Schädigungsgrenzwerte hinterlegt. Da das Fließ- und Verfestigungsverhalten der Werkstoffe stark von den auftretenden Formänderungen (Umformgrad), der Umformgeschwindigkeit und der Temperatur beeinflusst werden, muss bei der Materialdefinition darauf geachtet werden, dass der Gültigkeitsbereich des verwendeten Materialmodells dem abzubildenden Prozess entspricht. Materialmodelle, die unter stark vom Prozess abweichenden Bedingungen generiert wurden, sind oftmals nicht geeignet, um das tatsächliche Werkstoffverhalten zu beschreiben. So sollten beispielsweise Fließkurven, die im Zugversuch erstellt wurden, möglichst nicht für die Simulation von Schmiedeprozessen benutzt werden, da bei diesen Prozessen die Druckspannungen und nicht die Zugspannungen dominant sind. Hierfür sind durch Stauchversuche gewonnene Fließkurven geeigneter.

Neben der geometrischen Modellierung und Materialdefinition ist im Preprocessing auch die Kinematik der Werkzeuge, die in der Regel von der verwendeten Umformmaschine abhängt, zu beschreiben. Die Programme stellen dazu Hilfsmittel in Form von Templates für bestimmte Pressenkinematiken, die ggf. an eigene Maschinen angepasst werden können, zur Verfügung. Die Bewegungsrichtungen sowie die Art der Bewegungen (translatorisch, rotatorisch) sind maschinenspezifisch (weg-, kraft-, und arbeitsgebundene Pressen) im Programm hinterlegt.

Berechnung (Solver)

Die Aufgabe des Solvers ist es, das berechenbare Gesamtgleichungssystem aufzustellen und dieses hinsichtlich der für die Umformtechnik relevanten Ergebnisgrößen zu lösen. Das Aufstellen des Gesamtgleichungssystems erfolgt unter der Beachtung aller existierenden Material-, Anfangs-, Randbedingungen sowie Kinematiken und Geometrien, die im Preprozessor definiert wurden.

Das Berechnungsproblem stellt sich als Lösung einer Gesamtbewegungsgleichung mit Trägheit M, Dämpfung D und Steifigkeit K dar, wobei die Verschiebung mit x, die Geschwindigkeit mit $\dot{x}$ und die Beschleunigung mit $\ddot{x}$ definiert sind.

$$M \cdot \ddot{x}(t) + D \cdot \dot{x}(t) + K \cdot x(t) = F(t) \qquad (2.91).$$

Auf Grund der auftretenden Nichtlinearitäten bei der numerischen Abbildung von Umformprozessen, kann der Umformvorgang nicht innerhalb eines Zeitschrittes berechnet werden. Somit ist neben der lokalen Diskretisierung des Lösungsgebiets auch eine zeitliche Diskretisierung des Prozesses notwendig. Hierbei wird zwischen der *expliziten* und der *impliziten* Zeitintegrationsmethode unterschieden. Der wesentliche Unterschied ist, dass bei der expliziten Methode die Bewegungsgleichung zum aktuell bekannten Zeitpunkt t_n aufgestellt und gelöst wird. Bei der impliziten Methode wird die Bewegungsgleichung unter der Voraussetzung des Kräftegleichgewichtes zu einem neuen Zeitpunkt t_{n+1} aufgestellt und berechnet. Für die Zeitintegration werden beispielsweise die zentrale Differenzenmethode (explizit), die Newmark-Methode (implizit) oder das Runge-Kutta-Verfahren (explizit, implizit) eingesetzt. Beide Methoden, implizit und explizit, haben sich aus unterschiedlichen Anwendungsfeldern heraus entwickelt. Implizite Verfahren wurden maßgeblich im Bauingenieurwesen für statische Probleme angewendet. Explizite Verfahren hingegen wurden für hochdynamische Berechnungen mit extrem kurzen Zeiträumen, bspw. Crashsimulationen, eingesetzt. Im Bereich der Umformtechnik werden beide Zeitintegrationsmethoden angewendet. Deutlich unterscheiden sich beide Methoden in der Anzahl zu berechnender Zeitschritte und des verwendeten Speicherumfangs.

Bei dem expliziten Verfahren erfolgt die Berechnung der Zielgrößen am Ende eines Zeitschrittes durch die sogenannte zentrale Differenzenmethode, welche die Verschiebungen ausgehend von den vorangegangenen Werten, also explizit, ermittelt. Nachteilig bei diesem Verfahren ist die Größe der Zeitschrittweite, die von der kleinsten Elementkantenlänge und der Schallgeschwindigkeit im diskretisierten Medium abhängig ist. Das heißt, der Zeitschritt muss kleiner gewählt werden als die Zeit, die eine Schallwelle benötigt, um das kleinste Element zu durchqueren. Dies kann bei einer feinen Diskretisierung zu sehr hohen Rechenzeiten führen (Bathe 2002).

Bei der impliziten Zeitintegration ist die Begrenzung der Zeitschrittweite nur an die Konvergenz gebunden. Das heißt, dass der Zeitschritt beliebig groß gewählt werden darf, solange das Gleichgewicht innerhalb des Inkrementes berechnet werden kann. Jedoch erfolgt das Lösen des Gesamtgleichungssystems iterativ. Auf Grund der genannten Vor- und Nachteile eignet sich das explizite Ver-

2.2 Plastomechanische Grundlagen

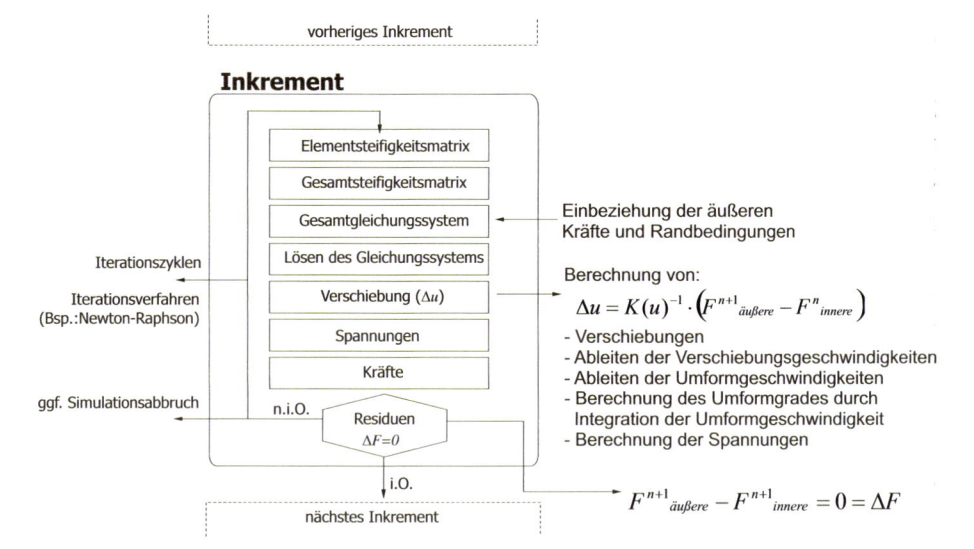

Abb. 2.47: Vorgehensweise des Solvers bei impliziter Zeitintegrationsmethode

fahren eher zur Berechnung von Blechumformprozessen, wobei die implizite Zeitintegrationsmethodik vermehrt für die numerische Abbildung von Massivumformprozessen eingesetzt wird.

Exemplarisch wird folgend auf die Berechnungsabfolge für eine (quasi)statisch-implizite Formulierung eingegangen. Bei dieser werden die Geschwindigkeits- und Beschleunigungseffekte nicht mit berücksichtigt, sodass nur der Term mit der Steifigkeit K, den Verschiebungen u und den äußeren Kräften F übrig bleibt. Allgemein bezeichnet man diesen Term als Grundgleichung der FEM.

$$K(F,u) \cdot u = F \quad (2.92).$$

Ausgehend von der Grundgleichung wird ein Gleichgewicht zwischen den inneren und äußeren Kräften berechnet. Für lineare Systeme, wie in der Elastizitätsrechnung, gibt es eine eindeutige Lösung. Für nichtlineare Systeme, wie es bei Problemstellungen in der Umformtechnik üblich ist, wird mittels mathematischer Verfahren eine Näherungslösung berechnet, die nur iterativ gefunden werden kann. Verwendete Iterationsverfahren sind u. a. Newton-Raphson-Verfahren bzw. Galerkin-Verfahren.

Abbildung 2.47 verdeutlicht die Berechnungsabfolge im Solver innerhalb eines Inkrementes für eine quasistatisch-implizite Modellformulierung. Aus der Lösung können dann die zur Analyse genutzten Ergebnisse wie Formänderungen und Spannungen abgeleitet und im Postprozessor visualisiert werden.

Ergebnisdarstellung und -auswertung (Postprocessing)

Der Postprozessor dient zur Visualisierung und zur Auswertung der im Solver berechneten Simulationsergebnisse. Damit kann neben der Auswertung wichtiger Ergebnisgrößen die geometrische Änderung des Bauteils (Umformung) über den gesamten Prozessverlauf graphisch dargestellt werden. Die zur Beurteilung von Umformprozessen wichtigen Ergebnisgrößen können als Isolinienplot oder Farbfüllbilder mit einer entsprechenden Werteskala ausgegeben werden (Abb. 2.48). Wichtige skalare Ergebnisgrößen sind unter anderem der Umformgrad, die Umformgeschwindigkeit, Temperaturen, auftretende Spannungen, Geschwindigkeiten und Verschiebungen in den einzelnen Raumrichtungen, der Kontakt sowie festgelegte Benutzervariablen (z. B. Haftfestigkeiten). Des Wei-

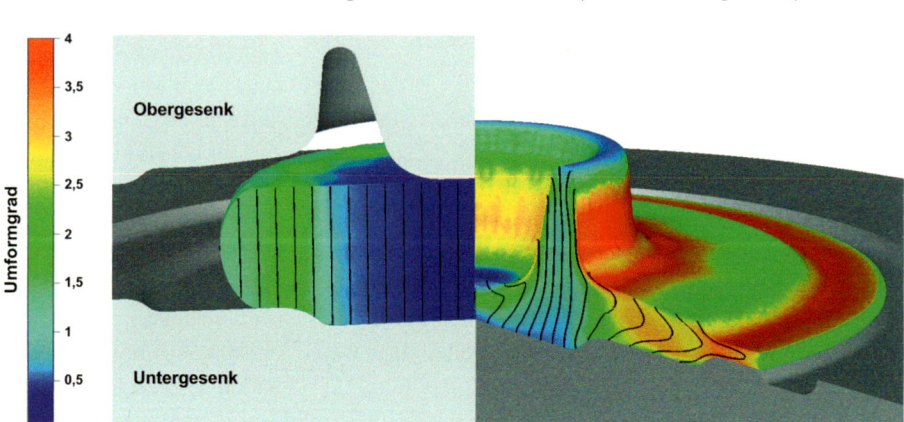

Abb. 2.48:
links: Vorform nach der ersten Umformstufe mit Umformgradverlauf
rechts: finales Schmiedeteil mit Fließlinien

teren können Größe und Richtung von Geschwindigkeits- und Verschiebungsvektoren dargestellt und auftretende Kräfte in Diagrammform ausgegeben werden. Zusätzlich bieten die meisten kommerziellen FE-Programme, die zur Abbildung umformtechnischer Prozesse geeignet sind, die Möglichkeit, prozessbedingte Veränderungen in der Gefügestruktur der Werkstoffe zu analysieren. So können beispielsweise bei der Simulation thermomechanisch gekoppelter Umformprozesse die Anteile der Transformationsphasen, wie z. B. beim Schmieden von Stählen Ferrit-, Perlit-, Bainit- oder Martensitanteile, die Korngrößen des Mikrogefüges sowie dessen Härte ausgegeben werden. Voraussetzung dafür ist, dass entsprechende Gefüge- und Korngrößenberechnungsmodelle sowie die dafür notwendigen Materialdaten (z.B. ZTU-Schaubilder) im Preprozessor vorhanden bzw. aktiviert sind.

Die Auswertung im Postprozessor kann zu jedem Zeitpunkt des Umformprozesses erfolgen. Auch während der Solver den Prozess berechnet, können die Zwischenergebnisse analysiert werden, um evtl. Fehler oder Berechnungsprobleme frühzeitig zu erkennen.

Wesentlich zur Beurteilung der Simulationsgüte ist die fachgemäße Interpretation der Ergebnisse. Liegen die Werte (Temperaturen, Spannungen, etc.) in realistischen Größenordnungen und stimmen die geometrischen Abmessungen annähernd mit dem Realprozess überein, kann die sogenannte Kalibrierung des Modells erfolgen.

Zur detaillierten Analyse des Umformprozesses haben die gebräuchlichen Postprozessoren, neben den Auswertemöglichkeiten der skalaren Kenngrößen, zusätzliche Möglichkeiten wie z. B. Sensoren. Ein wesentlicher Vorteil der virtuellen Abbildung von Umformprozessen besteht darin, dass messtechnisch schwierig ermittelbare Ergebnisgrößen, beispielsweise im Inneren des Bauteils, erfasst und bewertet werden können. Durch Schnittdarstellungen ist es gegenüber dem Realprozess möglich, die ablaufenden Vorgänge in der Umformzone direkt zu betrachten. Mittels verschiedener Messfunktionen kann das virtuelle Bauteil beliebig vermessen werden. Die Verwendung der oben genannten Sensoren und Fließlinien (Markinggrids) sind weitere wichtige Hilfsmittel für die Untersuchungen zum Umformverhalten des Werkstoffes und zur genauen Analyse des Materialflusses. Diese können a priori (vor der Berechnung im Preprozessor) oder a posteriori an frei wählbaren Positionen im Werkstück platziert werden. Neben der visuellen Darstellung haben die Sensoren den Vorteil, dass alle skalaren Größen zu jedem Inkrement gespeichert werden können und anschließend dem Benutzer in einer ASCII-Datei für weitere Auswertungen zur Verfügung stehen. Die Anwendung dieser Tools trägt vor allem bei komplexen Prozessen zu einem tieferen Verständnis der Vorgänge in der Umformzone bei. Basierend auf den numerischen Analysen der umformtechnischen Zusammenhänge können daraus Strategien zur Optimierung des Prozesses abgeleitet werden.

2.2.3.2.5.2 Kalibrierung

Die Simulation ist nach VDI-Richtlinie 3633 als die Nachbildung eines realen Systems definiert, deren Ergebnisse auf die Realität übertragbar sind. Jedoch wird das Simulationsergebnis von einer Vielzahl von Parametern beeinflusst, die sich nach Cho (Cho 1987) in die vier Kategorien physikalisch (Materialkenndaten), numerisch (Elementformulierung), rechnerabhängig (Rundungsfehler) und sonstige (Prozessmodellierung) unterteilen lassen. Es ist notwendig die Vielzahl der Simulationsparameter auf den spezifischen Umformprozess so anzupassen, dass möglichst realitätsgetreue Ergebnisse in der Simulation erzielt werden. Das Anpassen dieser Parameter wird als *Kalibrierung* der Simulation bezeichnet. Die prinzipielle Vorgehensweise verdeutlicht Abbildung 2.49.

Zur Kalibrierung ist es in einem ersten Schritt notwendig einen Praxisversuch des Umformprozesses als Referenzprozess durchzuführen, bei dem sogenannte Kalibriermerkmale messtechnisch erfasst werden. Als Kalibriergrößen können beispielsweise die wirkenden Werkzeug- bzw. Maschinenkräfte, Umformgrade, geometrische Bauteilabmessungen oder Auslaufgeschwindigkeiten dienen. Es ist im Vorfeld sicherzustellen, dass die Kalibriergrößen messtechnisch möglichst exakt durch geeignete Messmittel und -methoden bestimmt werden können. Anschließend wird die Simulation des Referenzversuches mit Standardeinstellungen durchgeführt. Ein Vergleich der experimentell ermittelten Werte mit den numerisch berechneten Größen gibt Aufschluss über die Qualität der Simulation. Liegt die erreichte Abweichung innerhalb einer vorher definierten Grenze, gilt die Simulation als kalibriert. Andernfalls ist ein Anpassen der

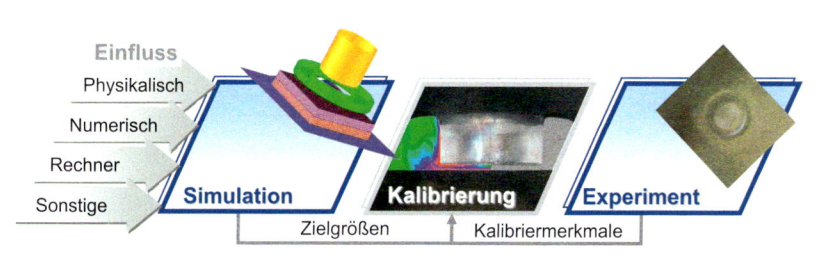

Abb. 2.49:
Vorgehensweise bei der Modellkalibrierung

Simulationsparameter notwendig. Häufig sind bei den numerischen Einflussgrößen die räumliche und zeitliche Diskretisierung sowie die entsprechenden Reibwerte und Wärmeübergangskoeffizienten anzugleichen. Ferner ist es hilfreich, die notwendigen Materialdaten (Fließkurve, Fließortkurve, etc.) experimentell zu bestimmen. Das kalibrierte Simulationsmodell kann weiterführend zur Verfahrensoptimierung genutzt werden. Ebenso ist es möglich Prozesse, die ähnlich dem Referenzversuch sind, vorab in der Produktenstehungsphase numerisch abzubilden. Dank der computerbasierten Modellbildung und Simulation können erste Herstellungsprognosen vor der Produktion von Prototypen durchgeführt werden. Dieser frühzeitige Kenntnisgewinn führt zu einem wertvollen Zeitvorteil, zu einer Reduzierung der Anzahl von notwendigen Prototypen und damit zu erheblichen Kosteneinsparungen.

2.2.3.2.5.3 FE-Simulation von Massivumformprozessen

Wie im Abschnitt Modellbildung (Preprocessing) beschrieben wurde, kommen in der Massivumformsimulation ausschließlich Volumenelemente zum Einsatz. Ursache dafür ist der in der Umformzone vorherrschende dreidimensionale Spannungszustand. Um den räumlichen Spannungszustand und die Feldgrößen entsprechend darzustellen, werden Tetraeder- oder Hexaederelemente verwendet (Abb. 2.50). Tetraederelemente beschreiben komplexe Geometrie exakter, wobei Hexaederelemente auf Grund weiterer Integrationspunkte einen genaueren Ergebnisverlauf gewährleisten können. Durch die Verwendung von Volumenelementen und den oftmals großen Bauteilabmessungen in der Massivumformung steigt die Knoten- und Elementanzahl signifikant an, was sich in einer hohen Berechnungszeit widerspiegelt. Durch die Ausnutzung von Symmetrieeffekten lassen sich die Berechnungszeiten für Massivumformsimulationen adäquat reduzieren.

Zusätzlich zum dreidimensionalen Spannungszustand in der Umformzone sind Prozesse der Massivumformung durch hohe Kontaktnormalspannungen gekennzeichnet, die auf Grund des hydrostatischen Spannungsanteils ein Mehrfaches der Fließspannung betragen können. Deswegen kommen in der Massivumformung hauptsächlich Reibmodelle zum Einsatz, die diese hohen Kontaktnormalspannungen berücksichtigen. Das Standardreibmodell ist das Reibfaktormodell, was für eine Vielzahl von Massivumformprozessen gute Ergebnisse liefert. Neuere Reibmodelle berücksichtigen zusätzlich zur Kontaktnormalspannung die Kontaktfläche (Neumaier 2003), das geschwindigkeitsabhängige Materialverhalten (viskoplastisches Reibmodell) sowie die Relativgeschwindigkeiten der Reibpartner (IFUM-Reibmodell vgl. Behrens 2010).

Ein weiteres charakteristisches Merkmal von Massivumformprozessen sind die hohen Umformgrade. Durch die großen Verformungen werden die Volumenelemente entsprechend stark verzerrt. Dies hat zur Folge, dass eine Neuvernetzung zwingend notwendig wird. Daher verfügen die in der Massivumformung gängigen Simulationssysteme über robuste und stabile Algorithmen zur Neuvernetzung (Remeshing).

Neben der Unterteilung nach der Halbzeugart lassen sich Massivumformverfahren auch in Kalt- und Warmumformung unterteilen. Durch die unterschiedlichen Temperaturbereiche werden hohe Anforderungen an das entsprechende Materialmodell gestellt. Daher muss bei der Simulation von Massivumformprozessen darauf geachtet werden, das jeweils gültige Materialmodell einzusetzen und die Wärmeübergangsbedingungen möglichst genau abzuschätzen um die Umformprozesse realitätsnah abzubilden.

Die im Bereich der Massivumformung meistverbreiteten Simulationssysteme sind:

- DEFORM™ (SFTC),
- FORGE™ (Transvalor S.A.),
- QFORM™ (QuantorForm LTD),
- Simufact.forming™ (Simufact).

Alle Systeme zeichnen sich durch eine relativ leichte Bedienbarkeit sowie Stabilität aus und verfügen über einen ähnlichen Funktionsumfang.

2.2.3.3 Experimentelle Methoden

Wolfgang Voelkner

Das Experiment nimmt auch in der Umformtechnik einen festen Platz ein. Es dient der Gewinnung von Aussagen in Fällen, in denen die Theorie versagt, aber dient ebenso

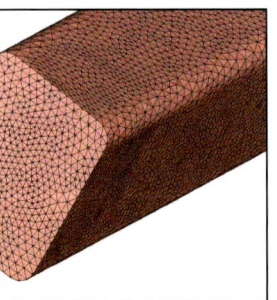

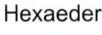

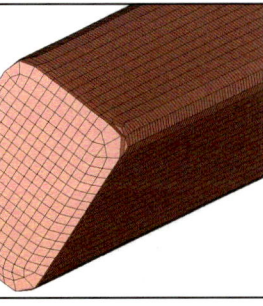

Abb. 2.50: Vergleich Tetraeder- und Hexaedervernetzung (Quelle: simufact engineering GmbH)

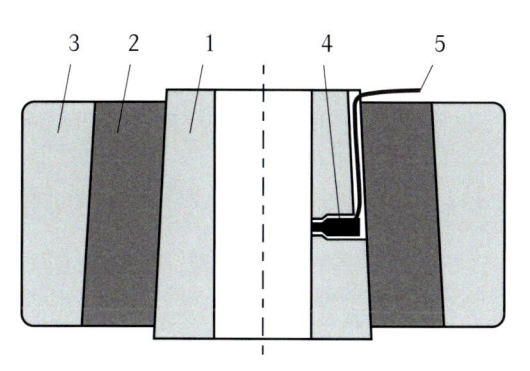

2.2.3 Ermittlung umformspezifischer Prozessgrößen

Abb. 2.51: *Armierte Matrize für das Fließpressen mit Spannungsmessstift: 1 Matrize, 2 Zwischenring, 3 Außenring, 4 Spannungsstift mit DMS und 5 Zuleitung (Neugebauer 2005)*

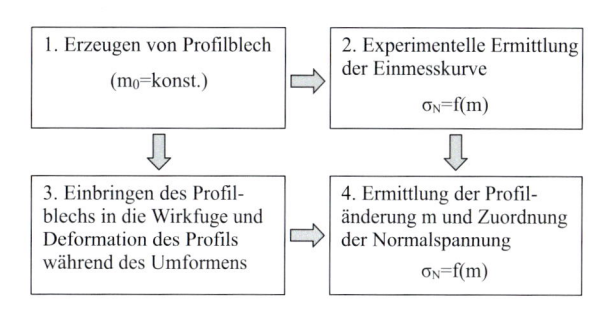

Abb. 2.53: *Ablauf der Profilblechmethode (nach Nowak 1985)*

der Verifizierung von Berechnungen. Damit dient das Experiment dem Schaffen von Daten zur Dimensionierung von Werkzeug und Maschine, zur optimalen Gestaltung von Anfangs-, Zwischen- und Endstufen sowie zur vergleichenden Bewertung theoretisch begründeter Ermittlungen. Dabei handelt es sich vornehmlich um die Messung von Kräften bzw. Teilkräften oder Formänderungen. Von Kräften ausgelöste Wirkungen sind im Allgemeinen Längenänderungen, die durch Dehnmessstreifen, aber auch z. B. induktive, kapazitive oder piezo-elektrische Messgeber erfasst werden. Unter den zahlreichen Verfahren sollen die Anwendung des Spannungsmessstiftes, des Profilblechs und der Druckmessfolie zur Ermittlung lokaler Kräfte (Spannungen) sowie der Visioplastizität zur Ermittlung von Formänderungen und Spannungen kurz vorgestellt werden.

2.2.3.3.1 Spannungsmessstift

Der in das Werkzeug eingesetzte Stift (Abb. 2.51) erfasst über aufgebrachte Dehnmessstreifen die auf die Stiftkontaktfläche wirkende Teilkraft.
Je kleiner der Stiftdurchmesser an der Kontaktfläche, desto genauer wird die lokale Normalspannung erfasst. Dabei haben das Steifigkeitsverhalten von Stift und Werkzeugumgebung erheblichen Einfluss auf die Genauigkeit der Messergebnisse (Walther 1976).
Auf diese Weise lassen sich auch Schubspannungen z. B. unter Verwendung eines weiteren Stiftes schräg zur Kontaktfläche ermitteln. Diese Art der Messung ist allerdings mit einem erheblichen apparativen Aufwand verbunden.

2.2.3.3.2 Profilblechmethode

Mit Hilfe der Profilblechmethode (Mordassow et al. 1981; Nowak 1985) (Abb. 2.52) kann man mit geringerer Genauigkeit, aber auch geringere technischen Aufwand und in kürzerer Zeit, ebenfalls die Kontaktnormalspannungen näherungsweise ermitteln.
Die Profilblechmethode bedient sich eines definiert profilierten Bleches, das sich unter Einwirkung der Prozesskraft deformiert. Die Vorgehensweise lässt sich mit nachfolgenden Arbeitsschritten beschreiben (Abb. 2.53).
Als wichtige Profilgrößen werden dabei entsprechende Abmessungsverhältnisse festgelegt (Abb. 2.54).
Für den Anfangszustand wird z. B. das Verhältnis

$$m_0 = \frac{t + a_0}{3t - a_0} \qquad (2.93)$$

gewählt und für den umgeformten Zwischen- oder Endzustand

$$m = \frac{t + a}{3t - a_0} \qquad (2.94).$$

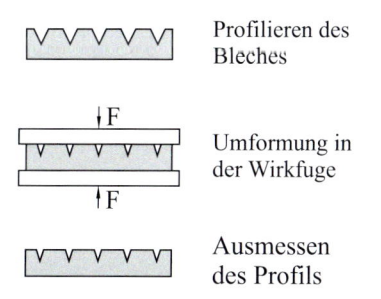

Abb. 2.52: *Prinzip der Profilblechmethode (Mordassow et al. 1981)*

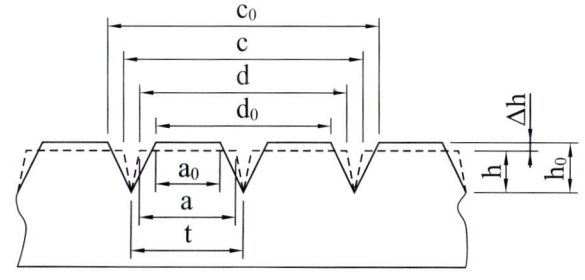

- Profilieren des Bleches
- Umformung in der Wirkfuge
- Ausmessen des Profils

Abb. 2.54: *Anfangs- und Zwischenzustand des Profils (Nowak 1985)*
——— Anfangszustand, Profil unverformt
------- Zwischenzustand, Profil verformt

2.2 Plastomechanische Grundlagen

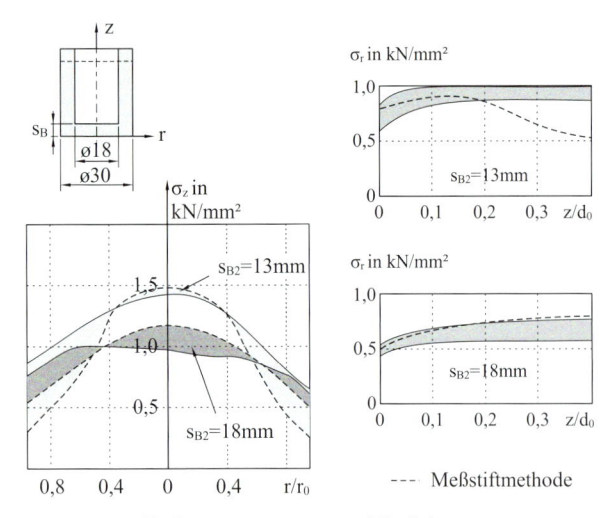

Abb. 2.55: *Bodenspannungen σ_z und Radialspannungen σ_r beim Rückwärtsnapffließpressen (Mordassow et al. 1981)*

Mit Hilfe dieser Methode gewonnene Spannungen in axialer und radialer Richtung beim Rückwärtsfließpressen im Vergleich mit Ergebnissen der Spannungsmessstiftmethode zeigt Abbildung 2.55.

Während mit dem Spannungsmessstift der örtliche Spannungszustand zu jedem Zeitpunkt gemessen werden kann, wird das Profilblech von den maximalen Spannungen, die im Verlauf des Umformvorganges unterschiedlich verteilt sein können, deformiert. Damit ist es nur möglich, den Verlauf der maximalen örtlichen Spannungen von Beginn bis zum Ende des Vorganges zu bestimmen. Mit Hilfe dieser Methode kann eine im Prozess kleiner werdende Spannung kaum festgestellt werden. Der Verlauf der größten Spannungen wird quasi „eingefroren".

2.2.3.3.3 Druckmessfolie

Bei diesem Verfahren werden Folien eingesetzt, in denen sich farbgefüllte Mikrokapseln befinden, die unter einer definierten Druckbelastung platzen und mit einer Farbentwicklungsschicht reagieren, die zu einer druckabhängigen Rotfärbung führen (Abb. 2.56).

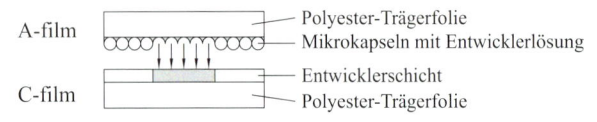

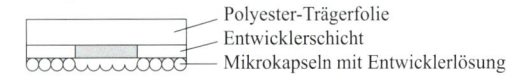

Abb. 2.56: *Spannungsmessfolie (prescale)*

Dabei gibt es zwei Typen von Messfolien, den Zwei-Folien-Typ für niedrige bis mittlere Drücke (0,2 bis 50 MPa) und den Ein-Folien-Typ für mittlere bis höhere Drücke (50 bis 300 MPa). Die Folie steht für die genannten Messbereiche mit einer Genauigkeit von ca. ± 10 Prozent zur Verfügung.

Die Auswertung erfolgt mittels einer vorgegebenen Farbskala und entsprechenden Auswerteprogrammen, die den jeweiligen klimatischen Verhältnissen, Umgebungstemperaturen und der relativen Luftfeuchtigkeit Rechnung tragen.

2.2.3.3.4 Methode der Visioplastizität

Mit den aufgezeigten experimentellen Methoden wird die Ermittlung auftretender Spannungen an der Wirkfuge mit unterschiedlichem technischem Aufwand ermöglicht. Ein experimentell-theoretisches Feldmessverfahren zur Ermittlung von örtlichen Formänderungen und Spannungen stellt die Methode der Visioplastizität dar. Die Vorgehensweise beruht auf der Auswertung sich mit der Umformung verzerrender Markierungen, die vorher flächig auf die zu untersuchenden Bereiche aufgebracht werden. Die Bestimmung der Spannungen erfolgt anhand der gemessenen Verzerrungen der Oberfläche unter Anwendung theoretischer Methoden. Erste Arbeiten dieser Art finden sich bereits 1937 (Unckel 1937) und 1954 (Thomsen 1954).

Bei realen Vorgängen der Massiv- und Blechumformung werden mit dem Aufbringen ortsfester Markierungen auf freie Oberflächen oder auf Ebenen geteilter massiver Werkstücke die Werkstoffverschiebungen sichtbar und damit messbar gemacht. In den Teilungsebenen dürfen weder Zugspannungen noch Schiebungen senkrecht zur Auswertefläche auftreten. Oft werden Quadratraster z. B. durch Ätzen, Siebdruck, Lasern oder Ritzen aufgebracht, deren Verzerrungen gegenüber früherer ausschließlich manueller Messung durch die Bildverarbeitung mittels mehrerer CCD-Kameras aufgenommen werden.

Die durchzuführenden Arbeitsschritte sind:

- Sichtbarmachen der Werkstoffverschiebungen,
- Messen der Werkstoffverschiebungen,
- Ermitteln der Kenngrößen des Formänderungszustandes (Formänderungsgeschwindigkeiten, Formänderungen),
- Ermitteln der Spannungsdeviatoren und der Schubspannungen sowie
- Berechnen der mittleren Normalspannung und der örtlichen Spannungen.

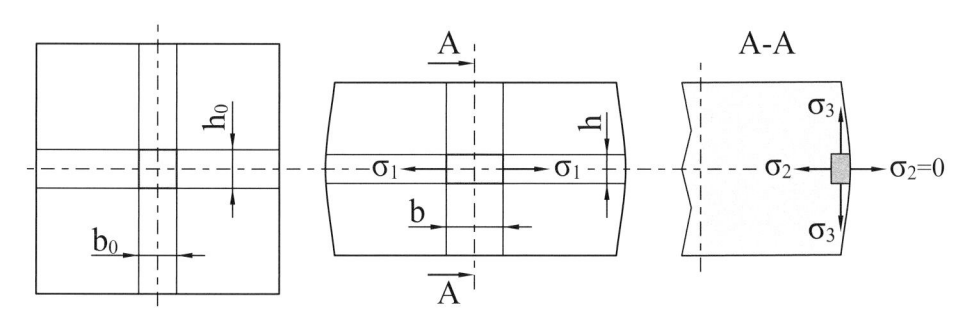

2.2.3 Ermittlung umformspezifischer Prozessgrößen

Abb. 2.57: *Markierung und Spannungen an der Oberfläche eines gestauchten Kreiszylinders (Voelkner, Feldmann 1994)*

Bredendick (Bredendick 1969) zeigt, dass bei der Berechnung der Formänderungen aus den Rasterverzerrungen ohne Berücksichtigung der Überlagerung von Längen- und Winkeländerungen sowie von Starrkörperrotationen Fehler auftreten können. Speziell für die Auswertung inhomogener, instationärer Deformationszustände hat er die sogenannte Tangentenmethode entwickelt (Bredendick 1969). Sie beruht auf der Winkelmessung von Tangenten in einem Rasterkreuzungspunkt entlang der Gitterlinie. Die Berechnung der Spannungsdeviatoren, Normal- und Schubspannungen erfolgt mit Hilfe der plastomechanischen Grundgleichungen.

Anhand eines anschaulichen Beispiels (Voelkner, Feldmann 1994) zur Ermittlung der Spannungen an der tonnenförmigen Ausbauchung eines reibungsbehaftet gestauchten Kreiszylinders soll das Prinzip der Visioplastizität vorgestellt werden (Abb. 2.57).

Das Werkstück wurde am Mantel mit einem Linienraster versehen und stufenweise gestaucht. Aus der Messung der Rasterverzerrungen können die tangentialen Dehnungen ε_1 und die axialen Stauchungen ε_3 in den einzelnen Stufen ermittelt und in einem Diagramm dargestellt werden (Abb. 2.58).

Der stetige Verlauf der stufenweise gewonnenen Formänderungszuwächse kann durch eine Ausgleichskurve beschrieben werden. Diese manuelle Vorgehensweise erübrigt sich, wenn die Rasterverzerrungen durch eine laufende Bildverarbeitung aufgenommen werden können. Ein an der freien Oberfläche liegendes Volumenelement unterliegt den Hauptnormalspannungen σ_1 und σ_3, während die Spannung σ_2 senkrecht zur freien Oberfläche Null ist.

Damit wird

$$\sigma_m = (\sigma_1 + \sigma_3)/3 \qquad (2.95)$$

und unter Hinzuziehung des Fließgesetzes

$$\dot{\varepsilon}_1 = \frac{3}{2}\frac{\dot{\varepsilon}_V}{k_f}\cdot(\sigma_1 - \sigma_m) \quad \text{und} \quad \dot{\varepsilon}_3 = \frac{3}{2}\frac{\dot{\varepsilon}_V}{k_f}\cdot(\sigma_3 - \sigma_m) \qquad (2.96)$$

erhält man für

$$\sigma_1 = \frac{3}{2}\frac{k_f}{\dot{\varepsilon}_V}(2\dot{\varepsilon}_1 + \dot{\varepsilon}_3) \quad \text{und} \quad \sigma_3 = \frac{3}{2}\frac{k_f}{\dot{\varepsilon}_V}(\dot{\varepsilon}_1 + 2\dot{\varepsilon}_3) \qquad (2.97).$$

Mit $\dot{\varepsilon}_V = \sqrt{\frac{2}{3}(\dot{\varepsilon}_1^{\,2} + \dot{\varepsilon}_2^{\,2} + \dot{\varepsilon}_3^{\,2})}$ und $\varepsilon_2 = (-\varepsilon_1 - \varepsilon_3)^2$ (2.98)

wird

$$\dot{\varepsilon}_V = \sqrt{\frac{2}{3}(\dot{\varepsilon}_1^{\,2} + \dot{\varepsilon}_2^{\,2} + \dot{\varepsilon}_3^{\,2})} \qquad (2.99).$$

Durch Einsetzen der Beziehung für die Vergleichsformänderungsgeschwindigkeit in die Gleichungen erhält man Beziehungen für die Normalspannungen σ_1 und σ_3, die neben k_f nur das Verhältnis $\dot{\varepsilon}_3/\dot{\varepsilon}_1$ als Variable enthalten:

$$\sigma_1 = \frac{2 + \dot{\varepsilon}_3/\dot{\varepsilon}_1}{\sqrt{3\left(1 + \frac{\dot{\varepsilon}_3}{\dot{\varepsilon}_1} + \left(\frac{\dot{\varepsilon}_3}{\dot{\varepsilon}_1}\right)^2\right)}} k_f$$

und (2.100)

$$\sigma_3 = \frac{1 + 2\dot{\varepsilon}_3/\dot{\varepsilon}_1}{\sqrt{3\left(1 + \frac{\dot{\varepsilon}_3}{\dot{\varepsilon}_1} + \left(\frac{\dot{\varepsilon}_3}{\dot{\varepsilon}_1}\right)^2\right)}} k_f$$

a) $\frac{\dot{\varepsilon}_3}{\dot{\varepsilon}_1} = \frac{d\varepsilon_3/dt}{d\varepsilon_1/dt} = \frac{d\varepsilon_3}{d\varepsilon_1} = \tan\alpha$

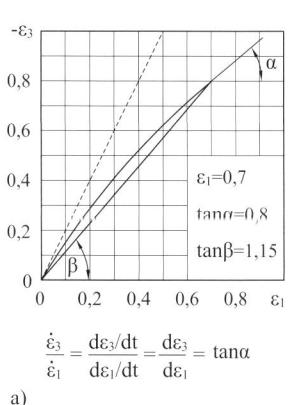

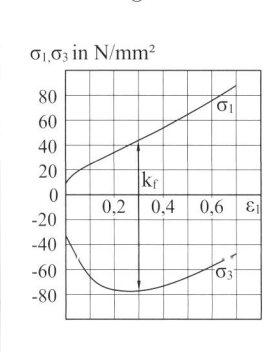

b) σ_1: Tangentialspannung
σ_3: Axialspannung

Abb. 2.58: *Verlauf der Formänderungen und Spannungen in einem äquatorialen Oberflächenelement (Voelkner, Feldmann 1994)*

2.2 Plastomechanische Grundlagen

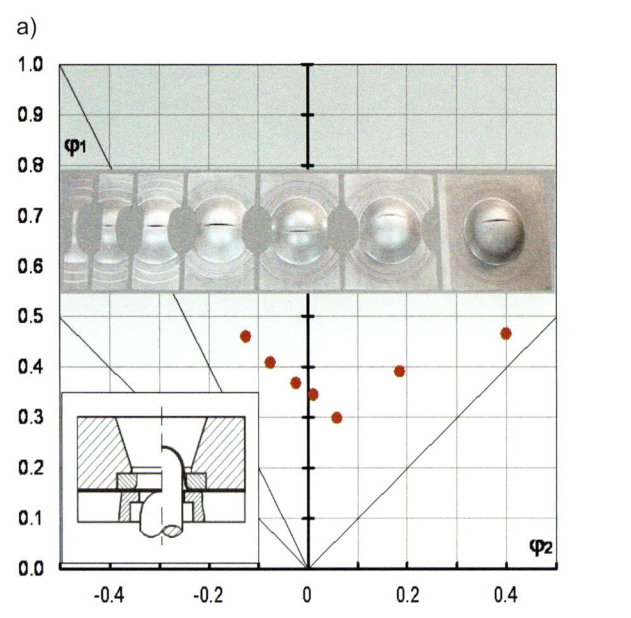

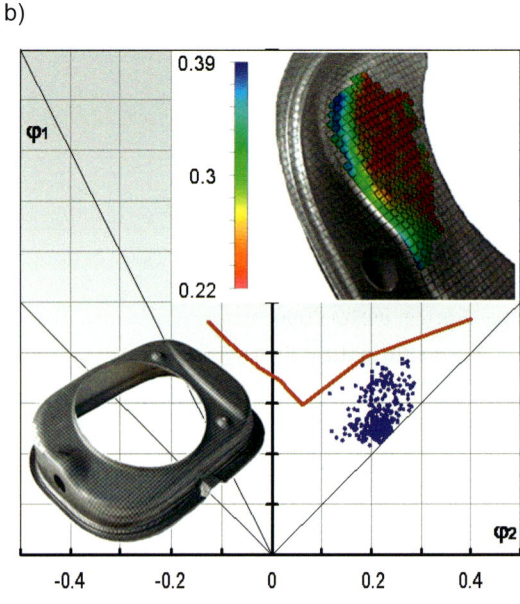

Abb. 2.59: Anwendungsgebiete der Visioplastizität in der Blechumformung (Schatz 2010)
a) Ermittlung von Werkstoffkennwerten, b) Formänderungsanalyse an einem Ziehteil

mit $\dfrac{\dot{\varepsilon}_3}{\dot{\varepsilon}_1} = \dfrac{d\varepsilon_3/dt}{d\varepsilon_1/dt} = \dfrac{d\varepsilon_3}{d\varepsilon_1} = \tan\alpha$ (2.101).

Das Verhältnis $\dot{\varepsilon}_3/\dot{\varepsilon}_1$

entspricht dem Tangentenwinkel an die Ausgleichskurve. Die Versuche wurden mit einem Stauchzylinder aus AL 99,5 und einem Anfangsabmessungsverhältnis

$h_0/d_0 = 1$

unter Verwendung der Fließkurve für den Werkstoff Al 99,5 durchgeführt. Das Endergebnis ist in Abbildung 2.58b dargestellt.

Während die vorangegangenen Betrachtungen dem Verständnis der Methode der Visioplastizität dienen sollen, vollzieht sich der praktische Einsatz in der Massiv- und Blechumformung unterschiedlich und in der Regel auf der Grundlage kommerzieller Programme. Bei der Massivumformung handelt es sich meist um das Sichtbarmachen der Werkstoffbewegungen im Inneren eines Werkstücks, sodass das Werkstück geteilt und auf die Trennebene Markierungen aufgebracht werden. Damit der Umformvorgang nicht anders verläuft als bei einem ungeteilten Werkstück, dürfen senkrecht zur Trennebene nur Druckspannungen auftreten. Bei stationären Vorgängen (z. B. Strangpressen) genügt *ein* verzerrtes Feld, bei instationären Vorgängen (z. B. Formpressen) müssen die Verzerrungen durch Unterbrechen des Umformvorganges und wiederholtes Ausmessen verfolgt werden. Unter Einbeziehung von Randbedingungen lassen sich unter Zuhilfenahme der Plastizitätstheorie auch die Spannungen ermitteln.

Bei der Blechumformung ist der Aufwand geringer, da die Markierungen auf der Blechoberfläche angebracht werden.

In Abbildung 2.59 sind zwei Anwendungsfälle der Visioplastizität bei der Blechumformung dargestellt. Aus Abbildung 2.59a geht die Ermittlung der Grenzformänderungskurve anhand des Bulgetests mittels unterschiedlicher Blechzuschnitte hervor, in Abbildung 2.59b sind die Ergebnisse einer Formänderungsanalyse und ihre Lage zur Grenzformänderungskurve dargestellt.

Das Ziel dabei ist meist das Verfolgen der Abmessungsänderungen am Blech (z. B. Blechdicke) und das Erkennen von Versagensfällen (z. B. örtliche Einschnürungen).

Literatur zu Kapitel 2.2

Bathe, K.-J.: Finite-Element-Methoden. 2. vollständig neu bearbeitete und erweiterte Auflage, Springer-Verlag, Berlin 2002.

Behrens, B.-A.; Bouguecha, A.; Mielke, J.; Hirt, G.; Bambach, M.; Al Baouni, M.; Demant, A.: Verbesserte numerische Prozesssimulation mittels eines innovativen Reibgesetzes für die Warmmassivumformung. Schmiede-Journal, März 2010, S. 20–24.

Bredendick, F.: Methoden der Deformationsermittlung an verzerrten Gittern. Wissenschaftliche Zeitschrift der

Technischen Universität Dresden, 18 (1969) 2, S. 531–538.

Cho, M.-L.: Bewertung der Anwendbarkeit der Finiten-Elemente-Methode (FEM) für die Umformtechnik, Verlag Stahleisen GmbH, Düsseldorf 1987.

Dahl, W.; Kopp, R.; Pawelski, O.: Umformtechnik Plastomechanik und Werkstoffkunde. Verlag Stahleisen, Düsseldorf und Springer Verlag, Berlin 1993.

Doege, E.; Behrens, B.A.: Handbuch Umformtechnik. Springer-Verlag, Berlin 2006.

Hill, R.: The mathematical theory of plasticity. Oxford University Press, London 1956.

Hosford, W.F.; Cadell, R.M.: Metal Forming: Mechanics and Metallurgy. Cambridge University Press, Cambridge 2007.

Johnson, W.; Kudo, H.: The mechanics of metal extrusion. Manchester University Press, Mancester 1962.

Johnson, W.; Mellor, P.B.: Plasticity for Mechanical Engineers. Van Nostrand, London et al. 1962.

Klein, B.: Grundlagen und Anwendungen der Finite-Element-Methode im Maschinen- und Fahrzeugbau. GWV Fachverlage GmbH, Wiesbaden 2007.

Kopp, R.; Wiegels, H.: Einführung in die Umformtechnik. Verlag der Augustinus Buchhandlung, Aachen 1998.

Kreißig, R.: Einführung in die Plastizitätstheorie. Fachbuchverlag, Köln 1992.

Lange, K. (Hrsg.): Lehrbuch der Umformtechnik, Band 1: Grundlagen. Springer-Verlag, Berlin 1972.

Lange, K.: Umformtechnik. Handbuch für Industrie und Wissenschaft. Band 4: Sonderverfahren, Prozeßsimulation, Werkzeugtechnik, Produktion. Springer-Verlag Berlin 1993.

Lippmann, H.: Mechanik des plastischen Fließens. Springer Verlag, Berlin 1981.

Lippmann, H.; Mahrenholtz, O.: Plastomechanik der Umformung metallischer Werkstoffe. Springer Verlag, Berlin 1967.

Lode, W.: Versuche über den Einfluß der mittleren Hauptspannung auf das Fließen der Metalle Eisen, Kupfer und Nickel. Z. f. Physik 36 (1926), S. 931 – 939.

Mordassow, W.J.; Voelkner, W.; Walther, H.: Methode zur Ermittlung von Kontaktnormalspannungen. In: Umformtechnik 15 (1981) 3, S. 19–24.

Neugebauer, R. (Hrsg.): Umform- und Zerteiltechnik. Berichte aus dem Fraunhofer Institut für Werkzeugmaschinen und Umformtechnik Band 31. Verlag Wissenschaftliche Scripten, Chemnitz 2005.

Neumaier, T.: Zur Optimierung der Verfahrensauswahl von Kalt-, Halbwarm- und Warmmassivumformverfahren, Fortschritt-Berichte VDI: Reihe 2, Fertigungstechnik, Bd. 637. VDI-Verlag, Düsseldorf 2003.

Nowak, A.: Ein Beitrag zur Herstellung komplizierter Teile unter Nutzung des Kaltfließpressens – Ermittlung von Kontaktnormalspannungen beim Rückwärtsfließpressen nichtrotationssymmetrischer Teile mittels profilierten Blechen. Technische Universität Dresden, Dissertation, 1985.

Pawelski, H.; Pawelski, O.: Technische Plastomechanik. Verlag Stahleisen, Düsseldorf 2000.

Prager, W.: Probleme der Plastizitätstheorie. Birkhäuser Verlag, Basel, Stuttgart 1959.

Prager, W.; Hodge, P. G.: Theorie ideal plastischer Körper. Springer Verlag, Wien 1954.

prescale@fujifilm.de.

Reissner, J.: Umformtechnik multimedial. Werkstoffverhalten, Werkstückversagen, Werkzeuge, Maschinen. Carl Hanser Verlag, München 2009.

Richter, U.; Voelkner, W.: Rechnerunterstütztes Simulieren von Tiefziehoperationen. In: Bänder, Bleche, Rohre, 32 (1991) 7, S. 26–31.

Röcker, O.: Untersuchungen zur Anwendung hoch- und höchstfester Stähle für walzprofilierte Fahrzeugstrukturkomponenten. Dissertation; TU Berlin, 2008.

Schatz, M.: Erweiterte Anwendungsmöglichkeiten der Visioplastizität in der Blechumformung. Dissertation, Technische Universität Dresden, 2010.

Thomsen, E.G.; Yang, C.T.; Kobayashi, S.: Mechanics of Plastic Deformation. MacMillan, New York 1965.

Tschätsch, H.; Dietrich, I.: Praxis der Umformtechnik. Vieweg und Teubner, Wiesbaden 2008.

Unckel, M.: Der Fließvorgang beim Kaltziehen von profilierten Stangen aus verschiedenen Werkstoffen. Z. f. Metallkunde 29 (1937) 3, S. 95 – 101.

Voelkner, W.: Experimentelle Methoden der örtlichen Normal- und Schubspannungsermittlung beim Umformen. In: Fertigungstechnik und Betrieb. 26 (1976) 2, S. 92–96.

Voelkner, W.: Elementare oder höhere Plastizitätstheorie. In: Umformtechnik 11 (1977) 2, S. 1– 9.

Voelkner, W.; Feldmann, P.: Anwendung der Visioplastizität in der Umformtechnik. Tagungsband, 1. Sächsische Fachtagung Umformtechnik, Chemnitz 1994, S. 9.1 bis 9.12.

Walther, H.: Kontaktnormalspannungsmessung beim Umformen mit Hilfe eines Meßstiftes. Fertigungstechnik und Betrieb 24 (1974) 11, S. 656 – 660.

Wriggers, P.: Nichtlineare Finite-Element-Methoden. Springer-Verlag, Berlin 2001.

Norm

VDI 3137: Begriffe, Benennungen, Kenngrößen des Umformens. Beuth Verlag, Berlin 1976.

2.3 Fließkurven

Marion Merklein

Das Verformungsverhalten metallischer Werkstoffe infolge einer äußeren Krafteinwirkung ist im Allgemeinen durch die elastische und plastische Formänderung sowie durch den Verlust des Stoffzusammenhalts bei Überschreiten der Formgebungsgrenzen gekennzeichnet. Dieses grundsätzliche Verhalten metallischer Werkstoffe lässt sich sehr gut am Formänderungsverhalten einer im Zugversuch unter einer Axialkraft F verformten Probe verfolgen und anhand eines technischen Spannungs-Dehnungs-Diagramms veranschaulichen (Abb. 2.60).

Unter der Einwirkung der aufgebrachten Zugkraft verformt sich die Zugprobe zunächst rein elastisch reversibel, was bedeutet, dass die gelängte Probe nach Entlastung auf ihre ursprüngliche Ausgangslänge l_0 zurückfedert und keine bleibende Formänderung zu verzeichnen ist. Dieses Verhalten ist durch einen linearen Anstieg in der Spannungs-Dehnungs-Kurve gekennzeichnet, wobei die auftretenden Dehnungen ε_0 und die wirkende Spannung σ_0 im elastischen Bereich durch das Hooke'sche Gesetz miteinander verknüpft sind. Mit zunehmender Belastung des Zugstabs setzt nach dem Überschreiten einer werkstoffspezifischen Grenzspannung eine plastische, irreversible Verformung ein. Dies äußert sich in einer ersten Abweichung der Spannungs-Dehnungs-Kurve vom linearen Verlauf sowie in einer nach der Entlastung bleibenden Verlängerung, die einer plastischen Dehnung ε_{pl} des Probekörpers entspricht. Im Zuge der Kennwertermittlung und Werkstoffcharakterisierung ist die Elastizitätsgrenze in der Regel über die sogenannte Streck- bzw. Fließgrenze $R_{p0,2}$ definiert. Nach Überschreiten der maximal vom Werkstoff ertragbaren äußeren Beanspruchung, gekennzeichnet durch die Zugfestigkeit R_m und die Gleichmaßdehnung A_g, beginnt die Zugprobe einzuschnüren, was in einem lokalen Verjüngen des Querschnitts resultiert. Wird der Prüfkörper weiter verformt, kommt es in Abhängigkeit der duktilen Eigenschaften des Werkstoffs unmittelbar oder erst nach einer ausgeprägten Einschnürung der Zugprobe zum Versagen durch Bruch. Anhand der hierbei verbleibenden irreversiblen Restdehnung ε_{pl} und dem Ausmaß der Brucheinschnürung können die mechanischen Eigenschaften eines Werkstoffs hinsichtlich des eher spröden oder duktilen Verformungsverhaltens bewertet werden. Während es bei spröden Werkstoffen direkt nach dem Überschreiten der Elastizitätsgrenze zum Versagen durch Bruch kommt, ist ein duktiles Formänderungsverhalten im Zugversuch durch eine ausgeprägte plastische Verformung und merkliche Verjüngung des Ausgangsquerschnitts A_0 des Probekörpers über mehrere Prozent plastischer Dehnung hinweg gekennzeichnet. Bei technischen Metallen können hierbei Querschnittsminderungen von bis zu 80 Prozent auftreten.

2.3.1 Definition der Fließkurve

Während das technische Spannungs-Dehnungs-Diagramm im Bereich der Werkstoffprüfung und der Kennwertermittlung im Fokus des Interesses steht, kommt in der Fertigungstechnik speziell für die Auslegung von

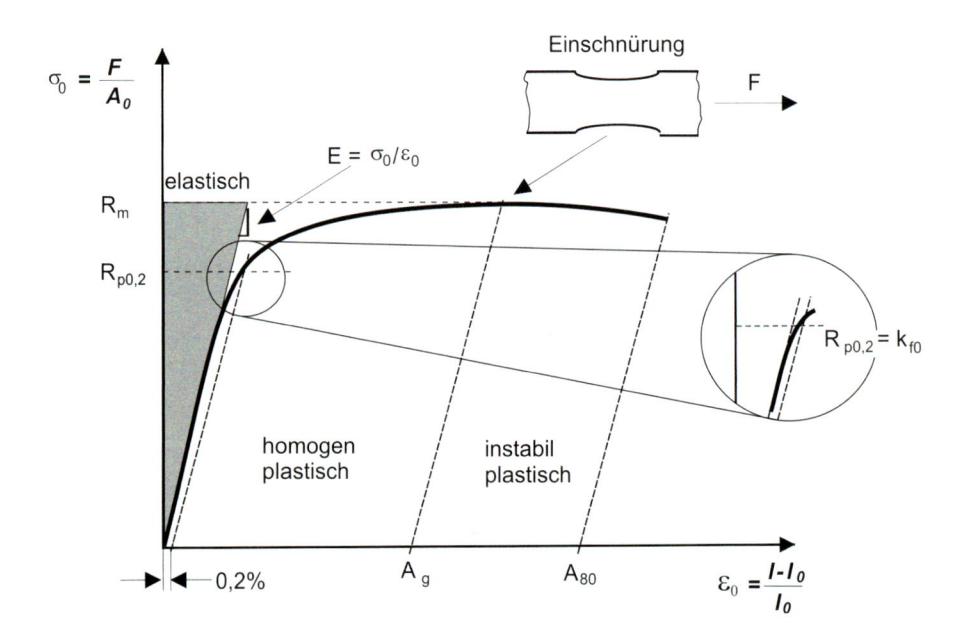

Abb. 2.60: *Spannungs-Dehnungs-Diagramm eines duktilen metallischen Werkstoffes*

Umformvorgängen der sogenannten Fließspannung, also der Spannung, die im einachsigen Spannungszustand zum plastischen Fließen eines Werkstoffes führt bzw. dieses aufrecht erhält, eine besondere Bedeutung zu. Im Unterschied zum technischen Spannungs-Dehnungs-Diagramm werden hierbei alle Größen auf die aktuelle Fläche A und die aktuelle Länge l und nicht auf die entsprechende Ausgangsfläche A_0 bzw. -länge l_0 bezogen (vgl. Kap. 2.2.1.1). (Dieter, Bacon 1988; Gottstein 1998; Mughrabi et al. 2004)

Es gilt:

$$k_f = \frac{F}{A} \tag{2.102}$$

und

$$\varphi = \int_{l_0}^{l_1} \frac{dl}{l} = \ln(\frac{l_1}{l_0}) \tag{2.103}$$

bzw.

$$\varphi = \int_{h_0}^{h_1} \frac{dh}{h} = \ln(\frac{h_1}{h_0}) \tag{2.104}.$$

Der Zusammenhang zwischen der Fließspannung k_f und dem Umformgrad φ wird durch die Fließkurve hergestellt, die in der Umformtechnik eine der wichtigsten Kenngrößen zur Beschreibung des plastischen Werkstoffverhaltens darstellt und in den vergangenen Jahren vor allem für die FE-Analyse von Umformprozessen eine immer größere Bedeutung bekommen hat (Jäckel, Hensel 1990). Die Fließspannung ist eine werkstoffspezifische Größe, die vom Werkstoff, dem Umformgrad φ, der Umformgeschwindigkeit und der Umformtemperatur T beeinflusst wird:

$$k_f = f(\text{Werkstoff}, \varphi, \dot{\varphi}, T) \tag{2.105}.$$

Der Funktionsvariablen Werkstoff werden die Gitterstruktur des Werkstoffes, die Legierungszusammensetzung, die Korngröße dK, die Versetzungsdichte ρ und deren Struktur, die Existenz von Ausscheidungen u.ä. zugerechnet. Für umformtechnische Aufgabenstellungen kommen in der Regel metallische Werkstoffe mit einer kfz-, krz- oder hdp-Gitterstruktur zum Einsatz, da nur diese über eine ausreichende Anzahl an Gleitsystemen verfügen, um eine plastische Umformung zu ermöglichen. Die durch den Herstellungsprozess bedingte Vorverformung wird durch den diese Verformung beschreibenden Umformgrad φ berücksichtigt.

Der Verlauf der Fließkurve, beginnend bei der Anfangsfließspannung k_{f0}, ist charakteristisch für einen spezifischen Werkstoff und abhängig von Ver- und Entfestigungsvorgängen, die in einem Werkstoff ablaufen. Das Auftreten dieser Ver- und Entfestigungsvorgänge, die auf Verformungsverfestigung in Form einer kontinuierlichen Zunahme der Versetzungsdichte bzw. auf Erholungs- und Rekristallisationseffekte zurückzuführen sind, wird wiederum durch die Gitterstruktur des Werkstoffs maßgeblich beeinflusst. Vereinfacht gilt, dass bei metallischen Werkstoffen die Fließspannung auf Grund von Verfestigungseffekten infolge der Erhöhung der Versetzungsdichte mit zunehmender Formänderung durch einen streng monotonen Kurvenverlauf gekennzeichnet ist. (Mughrabi et al. 2004; Jäckel, Hensel 1990; Doege et al. 1996) Durch eine Temperaturerhöhung können thermische Effekte überlagert werden, die die Form und den Verlauf der Fließkurve beeinflussen.

Die im einachsigen Spannungszustand ermittelte Fließspannung kann mit Hilfe der Fließbedingungen nach *Tresca* und *von Mises* auf alle beliebigen mehrachsigen Spannungszustände übertragen werden. Dabei wird aus den in einem Umformvorgang herrschenden Spannungen eine Vergleichsspannung σ_V berechnet, die für einen definierten Vergleichsumformgrad φ_V mit der im Zugversuch ermittelten Fließspannung k_f verglichen wird. Die Fließkurven verschiedener technischer und technologisch interessanter Werkstoffe sind in der VDI-Richtlinie 3200 sowie im Fließkurven-Atlas (Doege et al. 1996) zusammengestellt.

2.3.2 Einflussgrößen auf die Fließkurve

2.3.2.1 Einfluss des Werkstoffs

Der Werkstoff an für sich, der durch die Legierungszusammensetzung, den Herstellprozess, die Wärmebehandlung, die resultierende Korngröße sowie die Mikrostruktur beschrieben wird, stellt eine der Haupteinflussgrößen auf das Fließverhalten metallischer Werkstoffe dar. Für jeden Anwendungsfall muss experimentell bestimmt werden, welche Auswirkungen Chargenschwankungen und Umformhistorie des zu verarbeitenden Halbzeugs auf das Fließverhalten, sowohl den Fließbeginn als auch das Verfestigungsverhalten, haben.

In Abhängigkeit der betrachteten Werkstoffklasse, Eisenmetalle oder Nichteisenmetalle, sind unterschiedliche Aspekte rund um die Einflussgröße Werkstoff von einer mehr oder minder starken Bedeutung. Für Eisenbasismetalle, deren wichtigste Vertreter Stahlwerkstoffe sind, spielt die Zusammensetzung des Werkstoffs eine bedeutende Rolle, da durch die Legierungselemente, wie zum Beispiel Cr, Ni, Mo, V, Mn u. a. die Gitterstruktur entscheidend beeinflusst wird. Neben diesen Legierungselementen ist das Niveau der Fließkurve direkt vom Kohlenstoffgehalt abhängig und nimmt für unlegierte Stähle bis zu einem Kohlenstoffgehalt von 0,6 Prozent C stetig zu.

Bei Nichteisenmetallen, und hier vor allem den Aluminiumlegierungen, kommt ebenfalls der Legierungszusammensetzung eine entscheidende Bedeutung zu, jedoch muss bei diesen Werkstoffen anhand der Legierungselemente unterschieden werden, ob eine Aluminiumlegierung naturhart ist, d. h. eine Verfestigung in Folge der Mischkristallhärtung erfährt, oder ob eine ausscheidungshärtbare Legierung vorliegt, deren Festigkeit neben der Mischkristallhärtung auch durch Ausscheidungshärtung gesteigert werden kann. Wenn letzteres der Fall ist, muss neben der Legierungszusammensetzung stets der Wärmebehandlungszustand beachtet werden.

In Abbildung 2.61 sind Fließkurven von Stahlwerkstoffen unterschiedlicher Festigkeit sowie die einer technischen Aluminiumlegierung und des weichen Reinaluminiums Al99.5 dargestellt, was die Auswirkungen der Legierungszusammensetzung auf das Fließverhalten verdeutlicht.

2.3.2.2 Einfluss der Umformgeschwindigkeit

Der Einfluss der Umformgeschwindigkeit ist über zeit- und temperaturabhängige Erholungs- und Rekristallisationsvorgänge verbunden mit der Versetzungsbewegung und der während der Umformung stattfindenden Veränderung der Versetzungsdichte. Während im Bereich der Kaltumformung der Einfluss der Umformgeschwindigkeit auf das Fließverhalten eher gering ist, kommt dieser Einflussgröße mit steigender Temperatur eine immer größere Bedeutung zu. Grundsätzlich gilt dabei, dass mit größer werdender Umformgeschwindigkeit das Fließspannungsniveau ansteigt, da Entfestigungsvorgänge nicht oder nur mit Einschränkungen ablaufen können.

Die Beeinflussung der Fließspannung durch die Umformgeschwindigkeit kann durch den sogenannten Geschwindigkeitsexponenten m, auch Dehnratensensitivität genannt, beschrieben werden:

$$k_\mathrm{f} = k_\mathrm{f1} \left(\frac{\dot{\varphi}}{\dot{\varphi}_1} \right)^m \qquad (2.106).$$

In einer doppellogarithmischen Darstellung nehmen Fließkurven, die in Abhängigkeit der Umformgeschwindigkeit aufgetragen werden, eine Geradenform ein. Der Geschwindigkeitsexponent m, der als

$$m = \frac{d \log k_\mathrm{f}}{d \log \dot{\varphi}} \qquad (2.107)$$

definiert ist, nimmt im Allgemeinen mit steigender Temperatur größere Werte an, wobei die Werte in der Regel zwischen $0{,}05 < m < 0{,}2$ betragen.

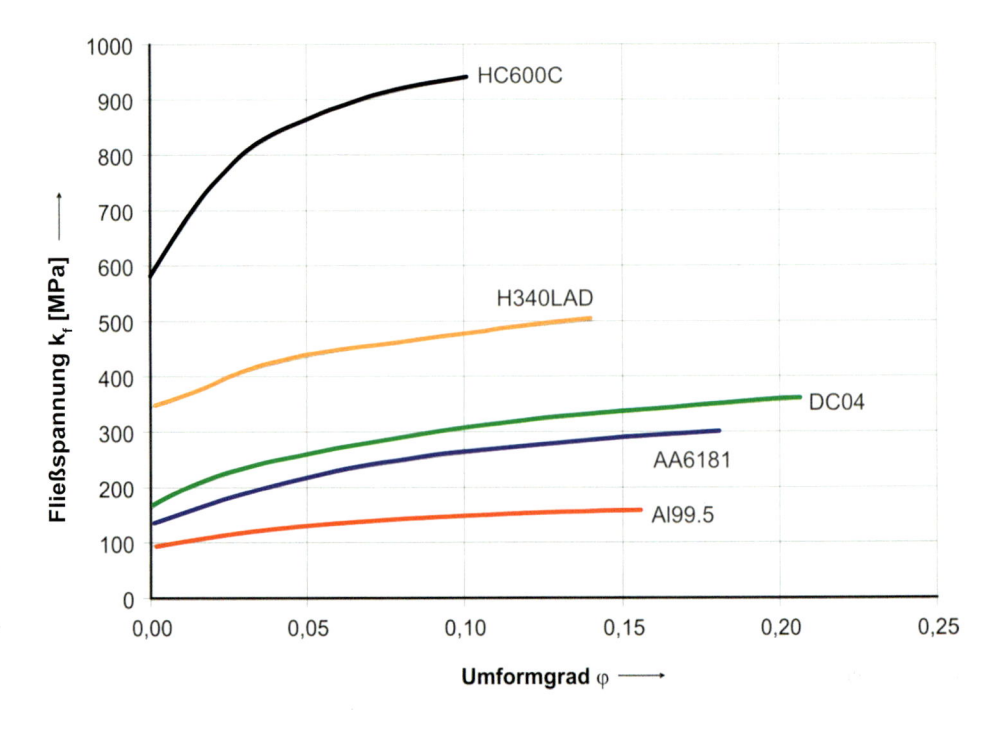

Abb. 2.61: *Fließkurven von Stahlwerkstoffen unterschiedlicher Festigkeit (DC04, H340LAD und HC600C) und verschiedener Aluminiumwerkstoffe (AA6181 T4 und Al99.5)*

2.3.2.3 Einfluss der Temperatur

Wie einleitend erwähnt, kommt den Versetzungen als Trägern der plastischen Verformung die zentrale Rolle zu, wenn es um die Beschreibung des Verformungsverhaltens von Realkristallen geht. Die meisten metallischen Werkstoffe haben eine kfz- oder krz-Gitterstruktur und verfügen somit bereits bei Raumtemperatur über eine ausreichende Anzahl an Gleitsystemen, die für die Versetzungsbewegung unter Einwirken einer äußeren Last genutzt werden können. Im Fall der hexagonalen Metalle mit einer hdp-Gitterstruktur liegen bei Raumtemperatur nur drei aktive Gleitsysteme vor, sodass ein hinreichend gutes Formgebungsvermögen erst bei erhöhten Temperaturen gegeben ist, da durch die thermische Aktivierung zusätzliche pyramidale Gleitsysteme aktiviert werden. Auf Grund dieser Möglichkeit einer thermischen Aktivierung der Versetzungsbewegung sowie weiterer das Fließverhalten beeinflussende Vorgänge, die bei erhöhten Temperaturen ablaufen können, wie zum Beispiel dynamische Erholung und Rekristallisation, muss der Einfluss der Temperatur auf die Fließkurve und deren Verlauf berücksichtigt werden. In Anlehnung an DIN 8582 können somit Fließkurven anhand der Einflussgröße Temperatur in drei Gruppen eingeteilt werden:

- Kaltfließkurven,
- Halbwarmfließkurven und
- Warmfließkurven.

Grundsätzlich bringt eine Temperierung des Halbzeugs aus Sicht der Umformtechnik Vorteile mit sich, da durch die thermische Aktivierung nicht nur die Versetzungsbewegung erleichtert, sondern auch die für die Verformung des metallischen Körpers aufzubringende Kraft reduziert wird. Die im Gefüge ablaufenden Effekte haben dabei auch eine Auswirkung auf das Erscheinungsbild der Fließkurven, wie aus Abbildung 2.63 ersichtlich wird. Während eine bei Raumtemperatur aufgenommene Fließkurve einen streng monoton ansteigenden Verlauf besitzt, treten im Gegensatz hierzu bei erhöhten Temperaturen neben Verfestigungsvorgängen auch Entfestigungsvorgänge in Form von dynamischer Erholung oder dynamischer Rekristallisation auf, sodass Warmfließkurven meist nicht durch einen streng monoton ansteigenden Verlauf charakterisiert sind. Solange die Verfestigung überwiegt, ist die Warmfließkurve ebenso wie die Fließkurve bei Raumtemperatur durch einen monoton steigenden Verlauf gekennzeichnet, sobald sich jedoch Ver- und Entfestigungsvorgänge im Gleichgewicht befinden bzw. Entfestigungsvorgänge überwiegen, strebt die Warmfließkurve ab einer bestimmten Formänderung einem Grenzwert entgegen und ist folglich durch einen Abfall der Fließspannungswerte für große Formänderungen charakterisiert.

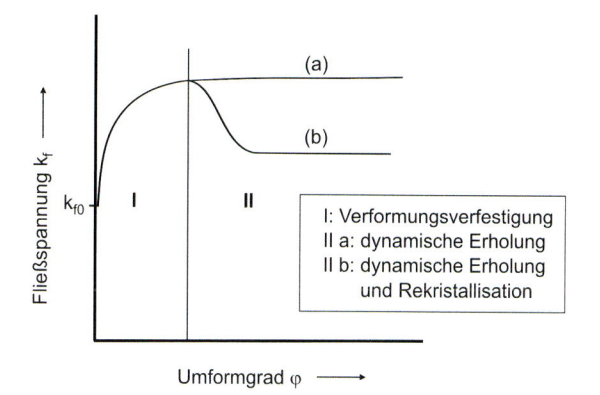

Abb. 2.63: Thermische Beeinflussung der Fließkurve

I: Verformungsverfestigung
II a: dynamische Erholung
II b: dynamische Erholung und Rekristallisation

2.3.3 Fließkurvenermittlung

Die Ermittlung von Fließkurven kann mit Hilfe unterschiedlicher Prüfverfahren vorgenommen werden, wobei anhand verschiedener Kriterien (Wiegels, Herbertz 1981), wie zum Beispiel der Relevanz des Prüfverfahrens für den zu untersuchenden Umformvorgang und damit die Übertragbarkeit auf den zu untersuchenden Prozess, der Reproduzierbarkeit und Genauigkeit der Versuchsdurchführung und deren Ergebnisse, einer existierenden Normung der Versuchsdurchführung und der Probengeometrie und des Erreichens möglichst großer Umformgrade, die Aussagefähigkeit und Anwendbarkeit der Fließkurve bewertet werden kann. Da allen Kriterien von keinem Prüfverfahren vollständig Genüge getan werden kann, wurde eine Vielzahl an Prüfmethoden entwickelt, um je nach Anwendungsfall möglichst viele der genannten Kriterien zu erfüllen. Eine Übersicht der für unterschiedliche Verfahren der Blech- und Massivumformung in Frage kommenden Prüfverfahren (Doege et al. 1996) ist in Abbildung 2.64 dargestellt. Hierbei wird anhand des während des Umformvorgangs wirkenden Spannungszustandes Zug, Zug-Druck, Biegung oder Torsion ein Prüfverfahren für die Aufnahme der Fließkurve empfohlen, das den das Umformverfahren charakterisierenden Spannungszustand bestmöglich nachgebildet.

Die am häufigsten genutzten Verfahren zur Fließkurvenermittlung sind in der Blechumformung im Allgemeinen der Zugversuch und der hydraulische Tiefungsversuch, in der Massivumformung der Zugversuch, der Druckversuch und der Torsionsversuch (Kopp, Wiegels 1998). Zur Charakterisierung von Blechwerkstoffen bis hin zu

2.3 Fließkurven

hohen Umformgraden gewinnt der Schichtstauchversuch, der eine an die spezifischen Anforderungen von Blechwerkstoffen angepasste Modifikation des klassischen Druckversuchs darstellt, zunehmend an Bedeutung. Die genannten Versuche unterscheiden sich hinsichtlich des herrschenden Spannungszustands erheblich voneinander: Während der Zugversuch bis zum Erreichen der Gleichmaßdehnung durch einen einachsigen Zugspannungszustand charakterisiert ist, liegt im hydraulischen Tiefungsversuch ein biaxialer Zugspannungszustand vor, im Schichtstauchversuch und im Torsionsversuch ein dreiachsiger Spannungszustand. Der Formänderungszustand ist bei allen drei Versuchen dreiachsig.

2.3.3.1 Zugversuch

Der Zugversuch stellt auf Grund des einfachen Versuchsaufbaus und der vergleichsweise einfachen Durchführbarkeit die am weitesten verbreitete und am häufigsten eingesetzte Prüfmethode zur Charakterisierung von Halbzeugen dar. Die Vorgaben und Möglichkeiten zur Versuchsführung differieren geringfügig in Abhängigkeit des zu untersuchenden Halbzeuges, Vollproben im Bereich der Massivumformung oder Flachproben für die Blechumformung, sowie der Temperatur, bei der die Versuche durchgeführt werden sollen.

2.3.3.1.1 Zugversuch an Rundproben

Der einachsige Zugversuch ist in DIN EN 10002 genormt, die nicht nur Hinweise zur Versuchsdurchführung, sondern auch der Ausführung der Versuchsproben beinhaltet. Der einachsige Spannungszustand ist jedoch nur bis zum Erreichen der Gleichmaßdehnung gewährleistet, mit beginnender Dehnungslokalisierung geht die Einachsigkeit verloren und es liegt ein dreiachsiger Spannungszustand vor. Bei der Versuchsdurchführung ist besonders die Einhaltung einer konstanten Dehnrate zu beachten.

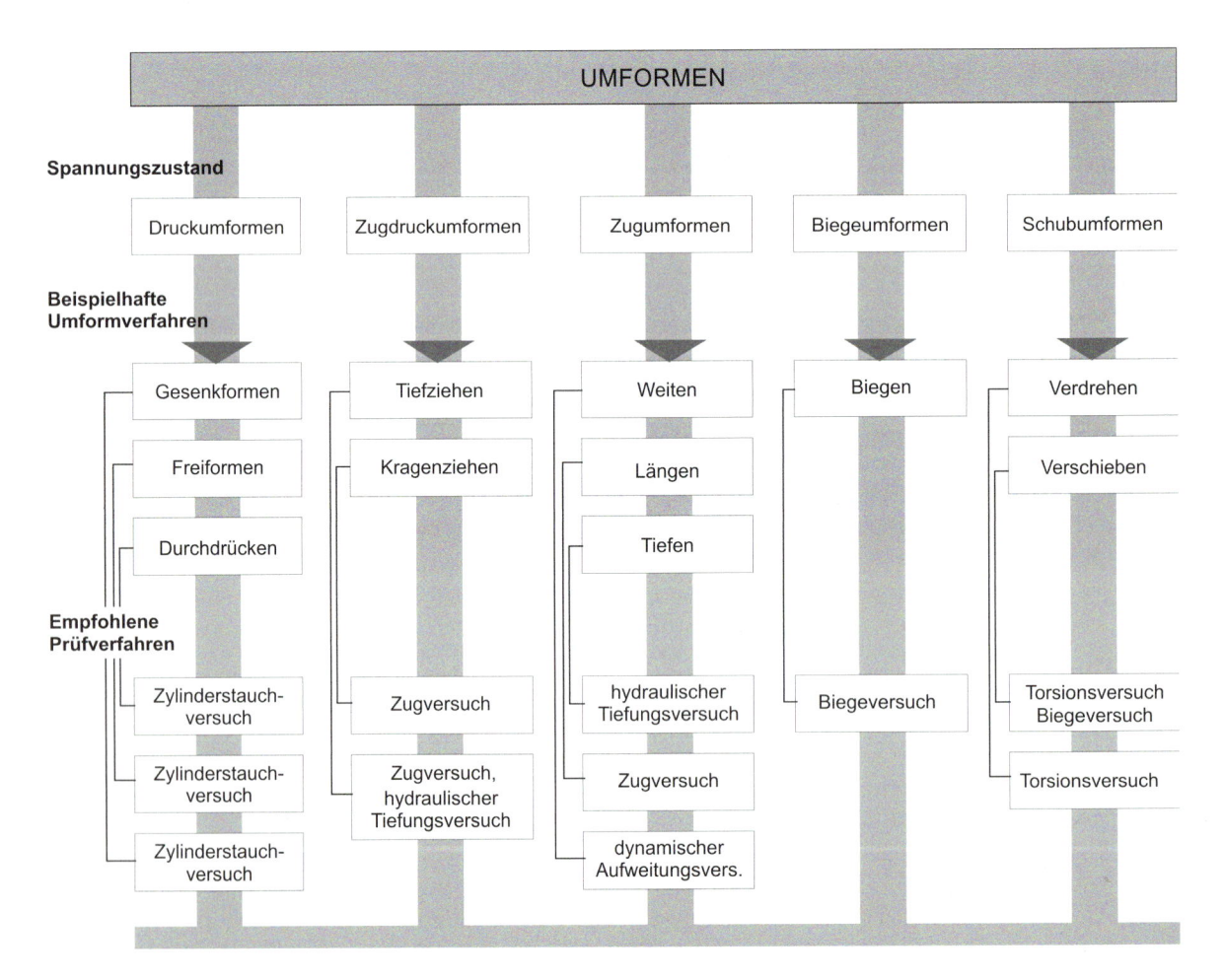

	UMFORMEN				
Spannungszustand	Druckumformen	Zugdruckumformen	Zugumformen	Biegeumformen	Schubumformen
Beispielhafte Umformverfahren	Gesenkformen	Tiefziehen	Weiten	Biegen	Verdrehen
	Freiformen	Kragenziehen	Längen		Verschieben
	Durchdrücken		Tiefen		
Empfohlene Prüfverfahren	Zylinderstauchversuch	Zugversuch	hydraulischer Tiefungsversuch	Biegeversuch	Torsionsversuch Biegeversuch
	Zylinderstauchversuch	Zugversuch, hydraulischer Tiefungsversuch	Zugversuch		Torsionsversuch
	Zylinderstauchversuch		dynamischer Aufweitungsvers.		

Abb. 2.64: *Empfohlene Prüfverfahren zur Ermittlung von Fließkurven für unterschiedliche Umformverfahren der Blechumformung (Doege et al. 1996)*

Die aus umformtechnischer Sicht relevanten Zielgrößen Fließspannung k_f und Umformgrad φ können, sofern der aktuelle Probenquerschnitt A bekannt ist, aus den primären Messgrößen Kraft F und Traversenweg s berechnet werden, wobei eine eindeutige Zuordnung des Traversenwegs s zur Probenverlängerung Δl sichergestellt sein muss. Die Fließspannung wird dabei gemäß

$$k_f = \frac{F}{A} \qquad (2.108)$$

berechnet, während die Berechnung der Zielgröße Umformgrad φ mit Hilfe des folgenden Zusammenhangs

$$\varphi = \ln\frac{A}{A_0} = \ln\left(1 + \frac{\Delta l}{l_0}\right) = \ln(1+\varepsilon_0) \qquad (2.109)$$

erfolgt.

Als Nachteil des Zugversuchs ist anzuführen, dass Fließkurven nur bis zum Erreichen der Gleichmaßdehnung aufgenommen werden können, wodurch die maximalen Umformgrade auf Werte von circa $\varphi \approx 0{,}2$ beschränkt sind. Aus Sicht der Umformtechnik werden jedoch Fließkurven bis hin zu Umformgraden $\varphi \approx 1$ benötigt, weshalb analytische Ansätze zur Korrektur der im eingeschnürten Zustand existierenden Kerbwirkung erarbeitet wurden. Mit Hilfe der Näherungsformeln zur Berechnung der Fließspannung nach Siebel und Schwaigerer (Siebel, Schwaigerer 1948)

$$k_f = \frac{F}{A \cdot \left(1 + \dfrac{d}{8\rho}\right)} \qquad (2.110)$$

oder Bridgeman (Bridgeman 1944)

$$k_f = \frac{F}{A \cdot \left(1 + \dfrac{4\rho}{d}\right)\ln\left(1 + \dfrac{d}{4\rho}\right)} \qquad (2.111)$$

kann unter der Voraussetzung, dass ein kreisförmiger Querschnitt der Probe d im eingeschnürten Bereich erhalten bleibt, die Fließspannung relativ genau berechnet und die durch die Kerbwirkung bedingte Spannungsüberhöhung rechnerisch korrigiert werden. Neben der Messunsicherheit bei der Bestimmung des Radius der Einschnürung ρ ist die kontinuierliche Steigerung der Dehnrate als problematisch zu erachten, weshalb für dehnratensensitive Werkstoffe, wie zum Beispiel weiche Stahlgüten, von der Anwendung dieser Methode abzuraten ist.

2.3.3.1.2 Zugversuch an Flachproben

Ebenso wie Zugversuche an Rundproben sind in der DIN EN 10002 Zugversuche unter Verwendung von Flachzugproben vereinheitlicht. Die Probenherstellung sollte nicht durch thermische Trennverfahren, sondern vielmehr durch den Einsatz von spanabhebenden Verfahren wie zum Beispiel Fräsen oder Scherschneiden erfolgen. Die Zielgrößen Fließspannung k_f und Umformgrad φ werden adäquat der Auswertung des Zugversuchs an Rundproben auf Basis der charakteristischen Messgrößen Kraft F und Weg s bestimmt:

$$k_f = \frac{F}{A} = \frac{Fl}{A_0 l_0} = \frac{F}{b_0 s_0}\frac{l_0+\Delta l}{l_0} = \frac{F}{b_0 s_0}\left(1+\frac{\Delta l}{l_0}\right) \qquad (2.112).$$

Für die Berechnung des Umformgrads φ gilt analog der vorherigen Darstellung:

$$\varphi = \ln\frac{l}{l_0} = \ln\frac{A}{A_0} = \ln\left(1+\frac{\Delta l}{l_0}\right) = \ln(1+\varepsilon_0) \qquad (2.113).$$

Die Genauigkeit der Fließkurvenbestimmung kann durch den Einsatz eines Längen- und Breitenänderungssensors gesteigert werden, da derartige mechanische Messsysteme sowohl eine feinere Auflösung und damit höhere Genauigkeit der Wegmessung im Vergleich zum Verfahrweg der Traverse der Prüfmaschine gewährleisten, als auch die Erfassung der Längen- und Breitenänderung in einem Versuch ermöglichen, wodurch neben den konventionellen Werkstoffkenngrößen Streckgrenze $R_{p0,2}$, Zugfestigkeit R_m, Gleichmaßdehnung A_g und Bruchdehnung A auch die Anisotropiekenngrößen r_0, r_{45} und r_{90} ermittelt werden können.

Bedingt durch die stetig fortschreitende technische Entwicklung ist seit einigen Jahren eine kontinuierliche Zunahme der Verbreitung von optischen Dehnungsmesssystemen zu verzeichnen, mit deren Hilfe nicht nur ortsaufgelöst, sondern auch über die Zeit hinweg die Entwicklung der Dehnungsverteilung beobachtet werden kann. Erste Arbeiten hierzu wurden von Vogl und Hoffmann (Vogl 2003; Hoffmann, Vogl 2003) sowie Novotny (Novotny et al. 2000) veröffentlicht, die beide unter Verwendung eines optischen Dehnungsmesssystems Fließkurven an Blechwerkstoffen aufgenommen haben. Während Vogl und Hoffmann die Vorteile derartiger Systeme für die Charakterisierung des Fließverhaltens bei Raumtemperatur aufzeigten, nutzte Novotny das System zur Analyse des Fließverhaltens metallischer Werkstoffe bei erhöhten Temperaturen.

Abhängig vom Anbieter des optischen Dehnungsmesssystems muss auf die zu untersuchende Probe entweder ein Linienmuster aufgeätzt oder ein stochastisches Sprühmuster aufgebracht werden, dessen Veränderung, d. h. Längung und Schiebung, während des Zugversuchs von einer CCD-Kamera mit definierter Frequenz erfasst wird. Während das ätztechnisch aufgebrachte Muster dauerhaft mit der Probe verbunden ist, muss bei einem sprühtechnisch applizierten Muster auf eine gute Haftung zwischen Beschichtung und Grundwerkstoff geachtet werden. Eine oberflächennahe Schädigung des zu prüfenden Werkstoffs und eine daraus resultierende Kerbwirkung können durch ein stochastisches Muster, das aufgesprüht wird, im Gegensatz zur Ätztechnik ausgeschlossen werden.

Die optische Dehnungsmessung bietet dabei eine Vielzahl an Vorteilen: Im Gegensatz zur taktilen Dehnungsmessung stehen neben integralen auch lokale Informationen über das Verformungsverhalten zur Verfügung. Des Weiteren entfällt die Notwendigkeit, ein taktiles Messsystem an die Gegebenheiten der zu prüfenden Probe anzupassen, z.B. an eine DIN-Zugprobe mit Ausgangsmesslänge 50 mm bzw. 80 mm. Hierdurch eröffnen sich neue Möglichkeiten für die Werkstoffprüfung. In Untersuchungen von Tolazzi und Merklein (Tolazzi, Merklein 2005) sowie Lamprecht, Geiger und Merklein (Lamprecht, Geiger 2005; Lamprecht, Merklein 2005) wurde gezeigt, dass nicht nur das Fließverhalten von homogenen, metallischen Werkstoffen im Grundzustand, sondern auch das Fließverhalten von Schweißnähten untersucht werden kann (Abb. 2.65). Die Einsatzmöglichkeit eines optischen Dehnungsmesssystems bei unterschiedlichen Temperaturen stellt einen weiteren entscheidenden Vorteil dieser modernen Messtechnik im Vergleich zu konventionellen taktilen Systemen dar.

Neben der Ermittlung von Fließkurven aus den Messgrößen Kraft F und Weg s besteht des Weiteren die Möglichkeit, unter Verwendung von ebenfalls im Zugversuch ermittelbaren Werkstoffkenngrößen, der Zugfestigkeit R_m und der Gleichmaßdehnung A_g, die Fließkurve zu berechnen. Dies ist unter der Voraussetzung möglich, dass das Werkstoffverhalten des betroffenen Werkstoffs gemäß der Fließkurvenbeschreibung nach Ludwik (Ludwik 1909) approximiert werden kann. Die Berechnung erfolgt mit Hilfe des Ansatzes von Nadai und Reihle (Nadai, Wahl 1931; Reihle 1961; DIN 50106):

$$k_f = C \cdot \varphi^n \qquad (2.114).$$

Der Verfestigungsexponent n wird gleich dem bei Erreichen der Einschnürung herrschenden Umformgrad φ_g gesetzt, die Konstante C hingegen aus der Zugfestigkeit und dem Verfestigungsexponenten n gemäß

$$C = R_m \cdot \left(\frac{e}{n}\right)^n \qquad (2.115).$$

berechnet. Entscheidend für die Genauigkeit dieses Ansatzes ist die Frage, wie exakt die Gleichmaßdehnung A_g bestimmt werden kann, die sowohl in die Bestimmung des Verfestigungsexponenten als auch die Berechnung der Konstanten C eingeht. Je ausgeprägter die technische Spannungs-Dehnungskurve im Bereich des Kurvenmaximums ist, das die Zugfestigkeit und damit auch die Gleichmaßdehnung widerspiegelt, umso hochwertigere Ergebnisse sind bei der Berechnung der Fließkurve mit Hilfe dieser Näherungsmethode zu erwarten.

2.3.3.2 Stauchversuch

Der Stauchversuch stellt neben dem Zugversuch den wohl gängigsten Versuch zur Aufnahme von Fließkurven metallischer Werkstoffe dar. Ebenso wie beim Zugversuch können sowohl Rundproben aus Stangenmaterial als auch aus Blechhalbzeugen herauspräparierte Versuchskörper geprüft werden. Sofern Rundproben zum Einsatz kommen, spricht man allgemein von dem sogenannten Zylinderstauchversuch, werden hingegen Blechwerkstoffe der Prüfung unterzogen von dem sogenannten Schichtstauchversuch.

2.3.3.2.1 Zylinderstauchversuch

Der Zylinderstauchversuch ist der am weitesten verbreitete Versuch zur Aufnahme von Fließkurven in der Massivumformung. Ebenso wie der Zugversuch ist auch der Zylinderstauchversuch genormt. Versuchsaufbau, Probenform, Versuchsdurchführung und -auswertung sind in DIN 50106 (Pawelski 1967) definiert. Beim Zylinderstauchversuch wird eine zylindrische Probe zwischen zwei ebenen Platten, den sogenannten Stauchbahnen,

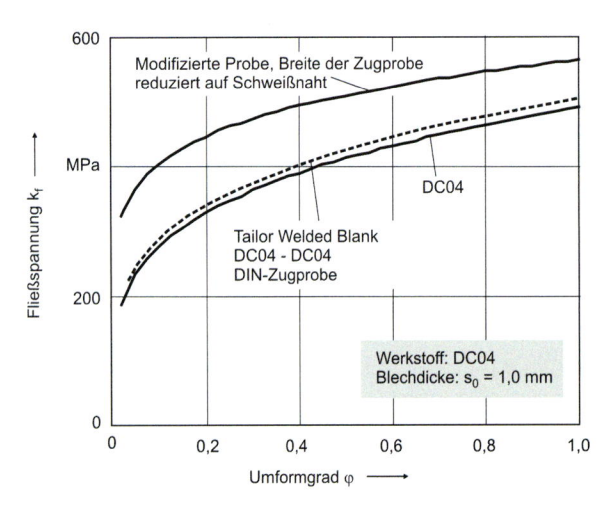

Abb. 2.65: *Analyse des Fließverhaltens eines geschweißten Tailor Welded Blank aus DC04: Vergleich der Untersuchungsergebnisse einer DIN-Zugprobe und einer mit auf die Schweißnahtbreite angepassten Zugprobe*

gestaucht. Sofern der Versuch reibungsfrei durchgeführt wird, wofür eine ausreichende Schmierung zwischen der Probenoberfläche und der Stauchbahn gewährleistet sein muss, bleibt die zylindrische Form der Probe auch nach dem Stauchvorgang erhalten. Sofern keine Dehnungsbehinderung in der Kontaktzone zwischen Probe und Stauchbahn vorliegt, herrscht während der Prüfung ein einachsiger Spannungszustand. Der Formänderungszustand ist aber, ebenso wie im Zugversuch, dreiachsig.

Im Stauchversuch werden höhere Umformgrade erreicht, als dies im Zugversuch möglich ist, da ein Werkstoff unter Druckbelastung nicht einschnüren und folglich ein auf einer Dehnungslokalisierung basierendes verfrühtes Versagen des Werkstoffs nicht auftreten kann. Üblicherweise wird im Stauchversuch eine Höhenreduktion von 50 Prozent angestrebt, sodass Fließkurven bis zu Umformgraden von $\varphi_V \approx 0{,}8$ aufgenommen werden können. Die Fließspannung kann bei Kenntnis der Kraft F, der Ausgangsfläche A_0 und der Ausgangshöhe h_0 sowie aktuellen Probenhöhe h nach Gleichung

$$k_f = \frac{F \cdot h}{A_0 \cdot h_0} = \frac{F \cdot \left(1 - \frac{\Delta h}{h_0}\right)}{A_0} \qquad (2.116)$$

berechnet werden, wohingegen sich der Umformgrad, auch Stauchgrad genannt, entsprechend der Gleichung

$$\varphi = \ln\left(\frac{h}{h_0}\right) \qquad (2.117)$$

bestimmen lässt. Die während des Stauchens auftretende Höhenreduktion kann entweder anhand der Maschinendaten berechnet oder durch den Einsatz eines taktilen oder optischen Längen- und Breitenmesssystems während des Versuchs gemessen werden. Werden die Maschinendaten zur Berechnung der Fließkurve herangezogen, müssen die elastische Verformung der Maschine und die der Stauchbahnen und deren Anbindung an die Maschine bei der Berechnung berücksichtigt werden, um eine Verfälschung der Fließspannungswerte zu vermeiden.

2.3.3.2.2 Schichtstauchversuch

Der Schichtstauchversuch, auch Stapelstauchversuch genannt, entspricht hinsichtlich des Aufbaus und der Durchführung in den entscheidenden Punkten dem Zylinderstauchversuch. Der wesentliche Unterschied liegt im Aufbau der Probe. Während beim Zylinderstauchversuch eine Vollprobe geprüft wird, die aus einem Versuchsmaterial, z. B. einer Stange, einem Stab oder einer Platte, durch Drehen herauspräpariert wurde, setzt sich die Stauchprobe beim Schichtstauchversuch aus einer Vielzahl kreisrunder Plättchen zusammen, die durch Scherschneiden, Erodieren oder Laserstrahlschneiden aus einem Blech herauspräpariert werden. Bei der Präparation der Proben ist darauf zu achten, dass keine thermische oder mechanische Beeinflussung des Werkstoffs im Bereich der Schneidkante auftritt. Vergleichbar dem Zylinderstauchversuch herrscht auch beim Schichtstauchversuch ein einachsiger Spannungszustand vor, sofern die zylindrische Schichtstauchprobe reibungsfrei zwischen zwei ebenen, planparallelen Werkzeugflächen gestaucht wird. Als besonders problematisch ist der Reibungseinfluss an den Stirnflächen zu sehen, der nicht nur zum Verlust des einachsigen Spannungszustands führt, wodurch sich die Probe tonnenförmig ausformt, sondern der Schichtaufbau im Ganzen gefährdet ist und ein Abgleiten der Schichten untereinander begünstigt wird. Um die Reibung zu minimieren, hat sich der Einsatz von Festschmierstoffen, meist Teflonfolie, bewährt. Wichtig beim Einsatz eines solchen Festschmierstoffs ist, zu berücksichtigen, dass mit fortschreitender Stauchung der Probendurchmesser auf Grund der Höhenreduktion zunimmt und dass somit die Schmierwirkung in der Kontaktzone zwischen Probe und Stauchbahn auch gegen Ende des Versuchs erhalten bleiben muss. Einen zentralen Aspekt stellt neben der Gewährleistung der Reibungsfreiheit die Ausrichtung der Plättchen in der Probe dar, die alle bezüglich der Walzrichtung gleich orientiert sein müssen. Bei Einhaltung dieser Vorgabe können die Auswirkungen der Anisotropie erfasst werden.

Erstmalig erwähnte Pawelski im Jahr 1967 den Schichtstauchversuch, wobei die Probe aus gelochten Scheiben aufgebaut ist (Pawelski 1967). Durch den Einsatz gelochter Scheiben konnte die Gefahr des Abgleitens der Scheiben eliminiert werden, jedoch ruft die Führung der Probe durch einen Stift eine zusätzliche Reibkraft im Inneren der Probe hervor, die auf Grund der zusätzlich hervorgerufenen Fließbehinderung vermieden werden sollte. Neuere Arbeiten (Gese et al. 2003) verzichten daher auf eine innenliegende Führungseinheit.

Der Schichtstauchversuch erlebt seit einigen Jahren eine Renaissance, wofür ursächlich die Entwicklung neuer, hochfester Leichtbauwerkstoffe angeführt werden kann. Die Charakterisierung des Fließverhaltens hoch- und höchstfester Werkstoffe erfordert den Einsatz alternativer Prüfmethoden, da im Zugversuch lediglich Gleichmaßdehnungen von bis zu maximal 10 Prozent erreicht werden können, was eine Approximation und Extrapolation der Fließkurve erschwert. Durch die im Schichtstauchversuch erreichbaren höheren Dehnungswerte wird die Approximation erleichtert.

2.3 Fließkurven

Die Berechnung der Fließspannung und des Umformgrades erfolgt entsprechend den für den Zylinderstauchversuch bereits angegebenen Formeln. Für die Erfassung der im Versuch auftretenden Dehnungen empfiehlt sich die Verwendung eines optischen Dehnungsmesssystems, da hierdurch nicht nur eine integrale Höhenreduktion neben der Zunahme des Probendurchmessers an einer Stelle erfasst wird, sondern vielmehr auch für jede Schicht zeitabhängige Informationen zum Formänderungsverhalten gewonnen werden können. Im Gegensatz zum Zugversuch ist jedoch der Einsatz mindestens eines 3D-Systems erforderlich, da sich die Probe unter Druckbelastung in radialer Richtung weitet. Soll zudem das richtungsabhängige Fließverhalten gewalzter Blechhalbzeuge, d.h. deren Anisotropie, berücksichtigt werden, müssen zwei 3D-Systeme eingesetzt werden, wobei die CCD-Kameras des ersten Systems die Formänderungen der Probe in Walzrichtung erfassen, die des zweiten Systems die Formänderungen quer hierzu (Merklein, Kuppert 2009). Diese Vorgehensweise ist bei stark anisotropen Werkstoffen zu empfehlen.

In Abbildung 2.66 ist der Vergleich von im Zug- und Schichtstauchversuch ermittelten Fließkurven für den hochfesten Stahlwerkstoff DP800 in der Blechdicke s_0 = 1,0 mm dargestellt. Dieses Beispiel arbeitet den Vorteil des Schichtstauchversuchs klar heraus, die im Schichtstauchversuch aufgenommene Fließkurve erreicht Umformgrade, die mindestens um den Faktor zwei über denen aus dem Zugversuch liegen, was die Aussagekraft der Fließkurve erheblich verbessert und eine Approximation derselben zur mathematischen Beschreibung des Fließverhaltens deutlich erleichtert.

2.3.3.3 Hydraulischer Tiefungsversuch

Neben dem Zugversuch und dem Stauchversuch stellt der hydraulische Tiefungsversuch (HTV) eine weitere Möglichkeit zur Aufnahme von Fließkurven an Blechwerkstoffen dar. Im Gegensatz zu den beiden zuerst genannten Versuchen ist der hydraulische Tiefungsversuch ausschließlich auf den Einsatz zur Charakterisierung des Fließverhaltens von Blechwerkstoffen beschränkt. Eine kreisrunde, in eine Tiefungsvorrichtung fest eingespannte Probe wird mit hydraulischem Druck beaufschlagt und durch reines Streckziehen und somit einen biaxialen Spannungszustand ausgebeult und nachfolgend umgeformt. Als Wirkmedien zur Druckbeaufschlagung kommen sowohl Emulsionen als auch Öle oder Luft zum Einsatz.

Während für den hydraulischen Spannungszustand eine zweiachsige, gleichmäßige Zugbeanspruchung charakteristisch ist, so ist der Formänderungszustand aber dreiachsig. Die in radialer und tangentialer Richtung auftretenden Formänderungen φ_r und φ_t sind positiv, die in Blechdickenrichtung auftretende Formänderung φ_s negativ, das Blech wird ausgedünnt. Um Biegeeffekte vernachlässigen zu können, muss das Verhältnis aus Blechdicke s_0 zu Ziehringdurchmesser d_{ZR} mindestens 1:100 betragen. Die Berechnung der Fließspannung erfolgt gemäß den Ansätzen von Mellor (Mellor 1956) und Gologranc (Gologranc 1975) unter den Annahmen, dass die Blechprobe als eine biegeschlaffe Membran beschrieben werden kann und ein isotropes Werkstoffverhalten vorliegt:

$$k_f = p\left(\frac{r}{2s} + \frac{1}{2}\right) \tag{2.118}.$$

Dabei spiegelt p den für den Versuch notwendigen Druck, r den Krümmungsradius der Probe und s die aktuelle Blechdicke wieder. Der Vorteil des hydraulischen Tiefungsversuchs ist wie auch der des Schichtstauchversuchs in zwei Punkten zu sehen: einerseits ist es möglich, hohe Umformgrade bis $\varphi \approx 0{,}7$ zu erreichen, was im Vergleich zum einachsigen Zugversuch eine Steigerung des Umformgrades um den Faktor zwei bis drei darstellt. Vorteilhaft ist zudem, dass auch anhand der Ergebnisse aus dem hydraulischen Tiefungsversuch der sogenannte Biaxpunkt, der zur Beschreibung des Fließbeginns im ersten Quadranten der Fließortkurve notwendig ist, bestimmt werden kann.

Die Erfassung der Probenhöhe im Versuch kann entweder taktil durch eine Messuhr oder durch den Einsatz eines optischen Messsystems erfolgen. Während optische Messsysteme die Probenhöhe und die Probengeometrie zugleich erfassen, ist für den Fall des Einsatzes einer

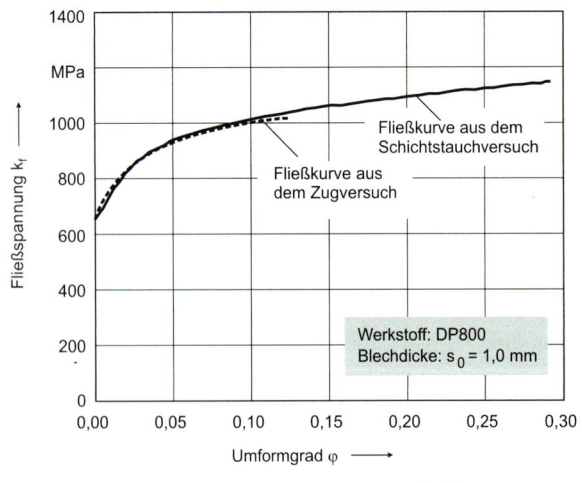

Abb. 2.66: *Vergleichende Betrachtung von Fließkurven aus dem Zug- und dem Druckversuch am Beispiel des hochfesten Stahlwerkstoffes DP800*

Messuhr eine nachträgliche Vermessung der Probengeometrie zur Bestimmung des Krümmungsradius erforderlich.

2.3.3.4 Torsionsversuch

Der Torsionsversuch, auch Verdrehversuch genannt, stellt eine weitere Möglichkeit zur Ermittlung von Fließkurven dar, wobei dieser ausschließlich für die Prüfung von Proben, die aus Stangenabschnitten, Stäben oder Platten gefertigt werden, einsetzbar ist. Dabei wird ein zylindrischer Vollkörper durch ein um die Längsachse wirkendes Drehmoment belastet und umgeformt. In Abhängigkeit des Verdrehwinkels α wird das Drehmoment M_t gemessen und als Funktion der Schiebung γ berechnet. Die Fließspannung k_f und die Schiebung γ werden aus den Messergebnissen des aufgebrachten Drehmoments und des Verdrehwinkels berechnet (Dieterle, Schröder 1972). Gründe für den Einsatz des Torsionsversuchs sind dessen Reibungsfreiheit und das Erreichen sehr hoher Umformgrade, teilweise sind Werte bis zu $\varphi = 7$ erzielbar. Der Versuch ist grundsätzlich sowohl für die Aufnahme von Fließspannungen bei Raumtemperatur als auch bei erhöhten Temperaturen geeignet. Während die Einhaltung einer konstanten Umformgeschwindigkeit durch eine konstante Drehzahl leicht realisiert werden kann, muss bei der Versuchsauswertung berücksichtigt werden, dass die Spannungen und Formänderungen nicht homogen über den Querschnitt verteilt sind. Somit ist lediglich für isotrope Werkstoffe gemäß den Überlegungen von Fields und Backofen (Fields, Backofen 1957) unter Einbezug der Gestaltänderungsenergiehypothese nach von Mises die Berechnung von Fließspannung und Schiebung möglich. Dabei gilt

$$k_f = \frac{\sqrt{3}}{2\pi r^3}\left(3M_t + \gamma_R \frac{dM_t}{d\gamma_R} + \dot{\gamma}_R \frac{dM_t}{d\dot{\gamma}_R}\right) \quad (2.119)$$

und

$$\varphi_R = \frac{r}{l}\alpha \quad (2.120),$$

r stellt den Probenradius und l die Probenlänge dar.

2.3.4 Vergleichende Bewertung der Verfahren zur Aufnahme von Fließkurven

Die wichtigsten und geläufigsten Verfahren zur Aufnahme von Fließkurven sind in den vorangegangenen Abschnitten vorgestellt und diskutiert. Dabei wurden die Vor- und Nachteile der jeweiligen Verfahren sowie der Anwendungsmöglichkeiten und -grenzen dargestellt.

Trotz existierender Normen, wie z. B. der DIN EN 10002 für den Zugversuch und der DIN 50106 für den Stauchversuch, differieren experimentell aufgenommene Fließkurven teilweise erheblich, was auf unterschiedliche Ursachen zurückgeführt werden kann:

- Messungenauigkeit bei der Versuchsdurchführung,
- unterschiedliche Parameterwahl im Rahmen der in den Normen vorgegebenen Grenzen,
- Chargenschwankungen des zu prüfenden Halbzeugs,
- Anisotropie der untersuchten Halbzeuge und
- Temperatur- und Reibungseinflüsse.

Vergleicht man Fließkurven, die mit Hilfe unterschiedlicher Prüfverfahren generiert wurden, können weitere Fehlerquellen, wie z. B. unterschiedliche Prüfgeschwindigkeiten, die Vergleichbarkeit der Ergebnisse mitunter erschweren. Streuungen der Fließspannung und des Umformgrades um Werte im Bereich zwischen 2 und 5 Prozent sind als üblich zu erachten, erste Untersuchungen hierzu stammen von Frobin (Frobin 1965) und Krause (Krause 1962). Größere Abweichungen müssen hinterfragt werden.

Während im Zugversuch ausschließlich durch die Variation der in der DIN EN 10002 zulässigen Grenzwerte für die Belastungsgeschwindigkeit im elastischen Bereich sowie die Prüfgeschwindigkeit im plastischen Bereich eine Beeinflussung der Werkstoffkenngrößen und damit auch der Fließkurve nachgewiesen werden kann, kommen beim Stauchversuch Probleme mit der zwischen der Probe und der Stauchbahn bzw. der zwischen den einzelnen Schichten im Schichtstauchversuch auftretenden Reibung ergänzend hinzu. Bedingt durch eine ausgeprägte Anisotropie können sowohl die aus dem Stauchversuch als auch aus dem hydraulischen Tiefungsversuch stammenden Ergebnisse deutlich voneinander und von denen des Zugversuchs abweichen, gleiches gilt auch für den Torsionsversuch.

Welcher Versuch und welche Prüfmethode somit zur Aufnahme von Fließkurven empfohlen werden sollen, kann nicht eindeutig festgelegt werden. Eine Empfehlung ist in Abbildung 2.64 gegeben. Entsprechend der vorhandenen Ausstattung zur Prüfung und Herstellung der Proben muss unter Berücksichtigung der umformtechnischen Anwendung ein Verfahren ausgewählt werden, das dann mit bestmöglicher Präzision durchzuführen ist. Eine eingehende Betrachtung der Fehlereinflussgrößen und deren Auswirkungen auf das Ergebnis sind stets zu empfehlen.

Literatur zu Kapitel 2.3

Bridgeman, P. W.: The stress distribution at the neck of a tension specimen. Transactions of the American Society for Metals 32 (1944), S. 553–574.

Dieter, G.; Bacon, D.: Mechanical Metallurgy. McGraw-Hill BooK Company, London 1988.

Dieterle, K.; Schröder, G: Fließkurven. In: Lange, K. (Hrsg.): Lehrbuch Umformtechnik – Band 1. Springer, Berlin 1972.

Doege, E.; Meyer-Nolkemper, H.; Saeed, I.: Fließkurvenatlas metallischer Werkstoffe. Hanser-Verlag, München 1996.

Fields, D. S.; Backofen, W. A.: Determination of strain-hardening characteristics by torsion testing. Proc. Amer. Soc Test. Mat 57 (1957), S. 1259–1272.

Frobin, R.: Vergleich verschiedener Verfahren zur Aufnahme von Fließkurven. Fertig.-Techn. U. Betr. 15 (1965) 9, S. 550–554.

Gese, H.; Dell, H.; Keller, S.; Yeliseyev, V.: Ermittlung von Fließwiderstandskurven bei großen Formänderungen für die Blechumformsimulation. In: Frenz, H.; Wehrstadt, A. (Hrsg.): Kennwertermittlung für die Praxis. Wiley-VCH, Weinheim 2003, S. 242-249.

Gologranc, F.: Beitrag zur Ermittlung von Fließkurven im kontinuierlichen hydraulischen Tiefungsversuch. Berichte aus dem Institut für Umformtechnik der Universität Stuttgart, Giradet, Essen 1975.

Gottstein, G.: Physikalische Grundlagen der Materialkunde. Springer Verlag, Berlin 1998.

Hoffmann, H.; Vogl, C.: Determination of True Stress-Strain-Curves and Normal Anisotropy in Tensile Test with Optical Deformation Measurement. Annals of the CIRP 52 (2003) 1, S. 217–220.

Jäckel, I.; Hensel, A.: Weiterentwickeltes Fließkurvenmodell. Neue Hütte, 4 (1990), S. 121–129.

Kopp, R.; Wiegels, H.: Einführung in die Umformtechnik. Verlag der Augustinusbuchhandlung, Aachen 1998

Krause, K.: Vergleich verschiedener Verfahren zur Bestimmung der Formänderungsfestigkeit bei der Kaltumformung. Dissertation, TH Hannover, 1962.

Lamprecht, K.; Geiger, M.: Characterisation of the Forming Behaviour of Patchwork Blanks. Steel Research International, 76 (2005) 12, S. 910–915.

Lamprecht, K.; Merklein, M.: Characterisation of mechanical properties of laser welded tailored and patchwork blanks. In: Geiger, M.; Otto, A. (Hrsg.): Proceedings of the 4th International Conference on Laser Assisted Net Shape Engineering (LANE 2004), Erlangen, S. 349–358.

Ludwik, P.: Elemente der Technologischen Mechanik. Springer Verlag, Berlin 1909.

Mellor, P. B.: Stretch-forming under fluid pressure. Journal of the Mechanics and Physics of Solids, 5 (1956), S. 41–56.

Merklein, M.; Kuppert, A.: A Method for the Layer Compression Test Considering the Anisotropic Material Behavior. In: Boogard, Akkerman (Hrsg.): Proc. of Esaform 2009 (April 2009), Nr. 12, Springer, im Druck.

Mughrabi, H.; Höppel, H.W.; Kautz, M.: Fatigue and microstructure of ultrafine-grained metals produced by serve plastic deformation. Scripta Materialia 51 (2004), S. 807–812.

Nadai, A.; Wahl, M.: Plasticity. McGraw Hill, New York 1931.

Novotny, S.; Celeghini, M.; Geiger, M.: Measurement of material properties of aluminium sheet alloys at elevated temperatures. In: Shirvani, B.; Geiger, M.; Kals, H. J. J.; Singh, U. P. (Hrsg.): Proceedings of the 8th International Conference on Sheet Metal (SheMet 2000), 17.-19.04.00, Birmingham, United Kingdom, 2000, S. 363–370.

Pawelski, O.: Über das Stauchen von Hohlzylindern und seine Eignung zur Bestimmung der Formänderungsfestigkeit dünner Bleche. Archiv für Eisenhüttenwesen, 38 (1967), S. 437–442.

Reihle, M.: Ein einfaches Verfahren zur Aufnahme der Fließkurven von Stahl bei Raumtemperatur. Archiv für Eisenhüttenwesen, 32 (1961), S. 331–336.

Reihle, M.: Verfahren zur Ermittlung der Fließkurve von Stahl aus der Gleichmaßdehnung und der Zugfestigkeit. Blech (1961), S. 828–833.

Siebel. E.; Schwaigerer, S.: Zur Mechanik des Zugversuchs. Archiv für Eisenhüttenwesen, 10 (1948), S. 145–152.

Tolazzi, M.; Merklein, M.: Determination of the tensile properties for the weld line of tailored welded blanks. In: Banabic, D. (Hrsg.): Proceedings of the 8th Esaform conference on material forming. Bukarest: The Romanian Academy Publishing House, Rumänien, 2005, S. 281–284.

Vogl, C.: Erweiterte Beschreibung des Umformverhaltens von Blechwerkstoffen. Dissertation, TU München, 2003.

Wiegels, H.; Herbertz, R.: Der Zylinderstauchversuch – ein geeignetes Verfahren zur Fließkurvenermittlung? Stahl und Eisen, 101 (1981), S. 1487–1492.

Normen

DIN 50106:   Prüfung metallischer Werkstoffe: Druckversuch. Beuth-Verlag, Berlin 1978.

DIN 8580:   Fertigungsverfahren: Begriffe, Einteilung. Beuth-Verlag, Berlin 1985.

2.4 Tribologie

Peter Groche, Jan Filzek

2.4.1 Grundlagen

Tribologie ist die Wissenschaft von aufeinander einwirkenden Oberflächen in Relativbewegung. Sie umfasst die Teilgebiete Reibung, Verschleiß und Schmierung. Reibung entsteht, wenn zwei Körper unter Einwirkung von Belastungen direkt oder über ein Zwischenmedium miteinander in Kontakt treten. Durch die Kombination von Normal- und Scherbelastung sowie entstehenden thermischen Lasten kann die Reibbeanspruchung zu Verschleiß an den Körpern im Kontakt führen. Um Reibung und Verschleiß günstig zu beeinflussen, werden Schmierstoffe eingesetzt.

In der Umformtechnik kommt es in der Wirkfuge zwischen Werkzeug und Werkstück oder mehreren Werkstücken zum tribologischen Kontakt. Da in der Umformtechnik mit einem Werkzeug viele Bauteile gefertigt werden, liegt ein offenes System vor. Hierbei erfolgt der tribologische Kontakt zwischen Werkzeugen und laufend erneuerten Werkstücken. Dabei ablaufende maßgebliche chemische und physikalische Vorgänge werden in nachfolgenden Abschnitten beschrieben.

Die während eines tribologischen Kontakts wirkenden lokalen Beanspruchungen werden oft durch die Parameter Reibkraft, Oberflächenvergrößerung, Temperatur, Kontaktnormalspannung, Beanspruchungsdauer und -häufigkeit sowie Gleitweg bzw. -geschwindigkeit beschrieben. Sie können in verschiedenen Umformprozessen sehr unterschiedlich ausgeprägt sein. Abbildung 2.67 gibt einen Überblick der typischen Wertebereiche von Kontaktnormalspannung, Oberflächenvergrößerung und Gleitgeschwindigkeit bei wichtigen Umformverfahren. Bezüglich der Ursachen und Gestaltungsmöglichkeiten der Beanspruchungen wird auf die jeweiligen Kapitel zu den Verfahren verwiesen.

2.4.1.1 Tribologischer Kontakt

Für Reib- und Verschleißvorgänge von wesentlicher Bedeutung sind die Oberflächeneigenschaften von Werkzeug und Halbzeug. Hierzu gehören sowohl die physikalischen und chemischen Eigenschaften der oberflächennahen Zonen als auch die Oberflächenfeingestalten beider Kontaktkörper. Die Oberflächen metallischer Kontaktpartner sind nur in wenigen Ausnahmen metallisch rein sondern werden stattdessen mit Grenzschichten bedeckt. Die Zusammensetzung der äußeren Grenzschicht ergibt sich durch chemische Reaktion der inneren Grenzschicht mit der Atmosphäre und dem Zwischenstoff. Sie besteht aus einer Oxidschicht und durch Chemisorption bzw. physikalische Adsorption angelagerte Oberflächenschichten. Für den Ablauf der Reib- und Verschleißvorgänge sind die Eigenschaften der äußeren Grenzschicht und deren Verbindung mit der inneren Grenzschicht maßgebend. Diese unterscheiden sich zum Teil deutlich von den Eigenschaften des Grundwerkstoffes.

Die Oberflächenfeingestalten von Werkstücken und Werkzeugen sind bedeutend, weil sie die mikroskopischen Verhältnisse maßgeblich bestimmen. Abbildung 2.68 veranschaulicht die Mikrogeometrie des tribologischen Kontakts.

Die Oberflächenfeingestalten setzen sich aus Rauheitshügeln und -tälern zusammen. Deren Größen sind im Vergleich zu den Atom- und Molekülgrößen der Kontaktpartner groß. Die Mikrogeometrien zu Beginn eines Umformprozesses sind durch die Verfahren der vorangegangenen

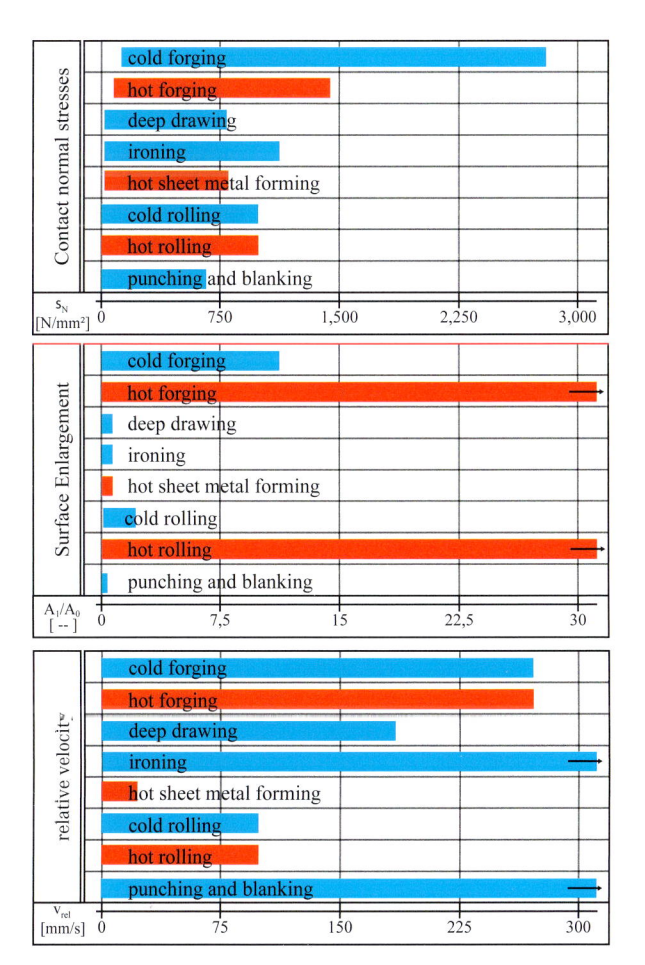

Abb. 2.67: *Tribologische Beanspruchungen (Bay et al. 2010)*

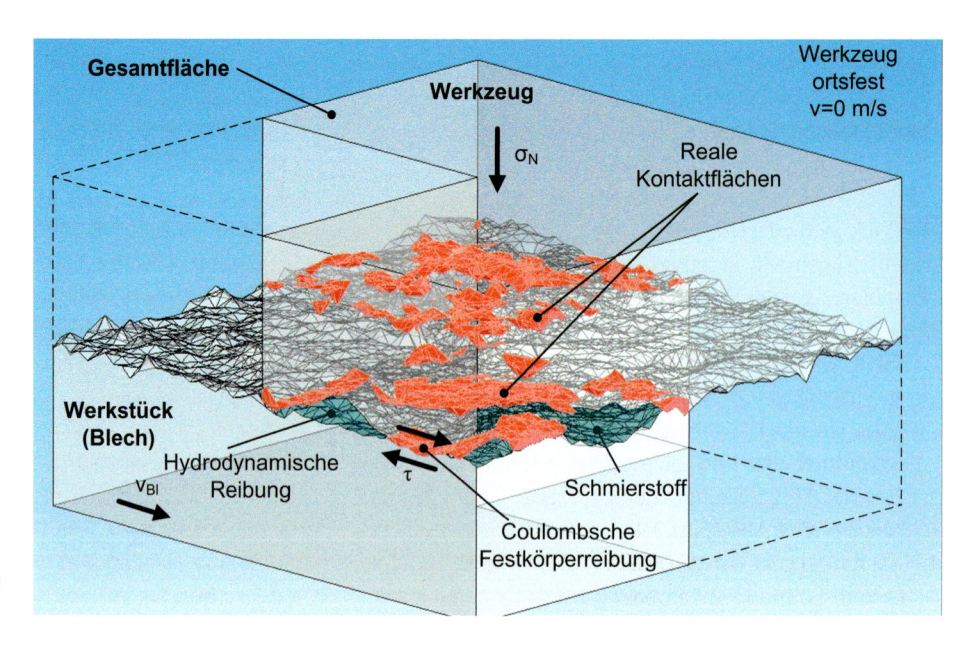

Abb. 2.68: Nominelle und reale Kontaktfläche des Mikrokontaktes einer realen Blechtopografie

Werkzeug- und Halbzeugerzeugungen und Verschleißvorgänge bestimmt. In Kontakt getretene Werkstücke und Werkzeuge berühren sich nur in einem Teil der nominellen Kontaktfläche. Die Fläche der Mikrokontakte, die sogenannte reale Kontaktfläche, kann deutlich kleiner sein als die nominelle Kontaktfläche. Größe und chemische Zusammensetzung der realen Kontaktfläche sind von zentraler Bedeutung für die Übertragung der Normal- und Schubkräfte. Die Größe der realen Kontaktfläche ändert sich durch die Einwirkung lokaler Druck- und Schubspannungen. In Umformprozessen kommt es oft zu einer Einebnung der Werkstückoberflächen durch plastische Deformation der oberflächennahen Mikrostruktur.

Der Oberflächenfeingestalt kommt in der Umformtechnik auch durch das Zusammenspiel mit den Schmierstoffen eine große Bedeutung zu. In abgeschlossenen Rauheitstälern eingelagerter flüssiger Schmierstoff gerät durch Oberflächeneinebnung unter hydrostatischen Druck. Fließt unter Relativbewegung Schmierstoff aus Schmierstofftaschen durch einen Spalt ab, kann es darüber hinaus zu einer Stützwirkung zwischen Werkzeug und Halbzeug durch hydrodynamische Effekte kommen. Durch hydrostatische und hydrodynamische Effekte können Teile der Belastungen vom Schmierstoff übertragen werden und so die Belastungen an den realen Kontaktflächen reduzieren.

2.4.1.2 Reibung

Reibung tritt in der Umformtechnik als Widerstand gegen Relativbewegungen von Werkstück und Werkzeug auf. Die dabei entstehenden Schubspannungen τ_R erhöhen den Kraft- und Arbeitsbedarf für einen Umformprozess. Dadurch können Formgebungsgrenzen sowie Stoffflüsse verändert und infolgedessen mechanische und geometrische Eigenschaften von Bauteilen sowie Oberflächenqualitäten beeinflusst werden. In einigen Prozessen, beispielsweise beim Walzen oder Ziehen mit fliegendem Dorn, werden Reibkräfte zur Übertragung der Kräfte von den Werkzeugen in die Umformzone benötigt. Für die Stabilität einer Serienfertigung ist eine geringe Streuung der Reibverhältnisse wichtig, weil andernfalls die Prozessergebnisse mit der Zeit schwanken würden. Die für einen Reibvorgang erforderliche Energie wird nahezu vollständig in Wärme umgesetzt.

2.4.1.2.1 Mathematische Beschreibung der Reibung

Zur mathematischen Modellierung von Umformprozessen werden Beträge und Richtungen der Reibkräfte benötigt. Coulomb postulierte eine Proportionalität der Beträge von Reibkraft F_R und Normalkraft F_N. Die Proportionalitätskonstante wird als Reibkoeffizient μ bezeichnet:

$$|F_R| = \mu \cdot |F_N| \qquad (2.121).$$

Hinsichtlich der Richtung nimmt man gemeinhin an, dass Reibkräfte F_R und Richtung der Relativbewegung entgegengesetzt orientiert sind (Czichos, Habig 1992). Da Reibkraft und Normalkraft auf die nominelle Kontaktfläche bezogen werden, gilt das Coulomb'sche Gesetz mit der Kontaktnormalspannung σ_N auch in der Form

$$\tau_R = \mu \cdot \sigma_N \qquad (2.122).$$

Das Coulomb'sche Reibgesetz kommt bei Auslegungen und Simulationen von Umformprozessen oft zum Einsatz. Häufig werden konstante Werte für den Koeffizienten gewählt. Dadurch lässt sich allerdings die Realität nur unzureichend beschreiben. Zahlreiche Arbeiten belegen, dass der Reibkoeffizient in Umformprozessen von verschiedenen Größen wie Relativgeschwindigkeit, Oberflächenvergrößerung oder Temperatur abhängt (Netsch 1995; Staeves 1998; Kappes 2005). In neueren mathematischen Modellen wird daher eine Abhängigkeit des Reibkoeffizienten von diesen Größen berücksichtigt. Voraussetzung für eine realitätsnahe Beschreibung des Reibverhaltens ist allerdings die Verfügbarkeit entsprechender Reibkennwerte. Möglichkeiten der experimentellen Bestimmung behandelt Abschnitt 2.4.3.

Als nachteilig am Coulomb'schen Reibgesetz gilt, dass die Reibschubspannung unbegrenzt steigen kann, obwohl die größtmögliche Reibschubspannung der Schubfließgrenze des weicheren Reibpartners entspricht. Aus diesem Grund ist die Gesetzmäßigkeit nur bei Kontaktnormalspannungen gültig, bei denen $\sigma_N < k_f$ gilt.

In der Massivumformung sind jedoch auf Grund von hydrostatischen Druckspannungszuständen Kontaktnormalspannungen möglich, die ein Vielfaches der Fließspannung betragen. Dann ist das Reibfaktormodell

$$\tau = m \cdot k \qquad (2.123)$$

vorteilhafter. Hierbei ist die Reibschubspannung proportional zur Schubfließgrenze k, der Proportionalitätsfaktor wird Reibfaktor m genannt. Dieser Reibfaktor liegt zwischen 0 (reibungsfrei) und 1 (Haftzustand). Dadurch kann das Reibverhalten im Bereich der Festkörperreibung und des Haftens unabhängig von der Kontaktnormalspannung besser beschrieben werden.

In Abbildung 2.69 ist der Zusammenhang zwischen der Normalspannung und der Reibschubspannung grafisch dargestellt und in drei Bereiche unterteilt. Der erste Bereich zeigt die Gültigkeit des Coulomb'schen Reibgesetzes. Die wahre Kontaktfläche steigt linear mit der Kontaktnormalspannung an. Dadurch nimmt die Fläche der Mikrokontakte zwischen den beiden Kontaktkörpern linear mit der Normalkraft zu. Geht man davon aus, dass jeder Mikrokontakt einen elementaren Bewegungswiderstand darstellt, so ist die Reibungskraft proportional zu der Anzahl der Mikrokontakte und damit zur Normalkraft. Sobald es zu einer degressiven Zunahme der realen Kontaktfläche kommt, steigt die Reibung langsamer an, der Kurvenverlauf wird zunehmend degressiv (Schafstall 1999). Die Kurve läuft dann gegen einen asymptotischen Grenzwert im dritten Bereich, der den Zustand der voll-

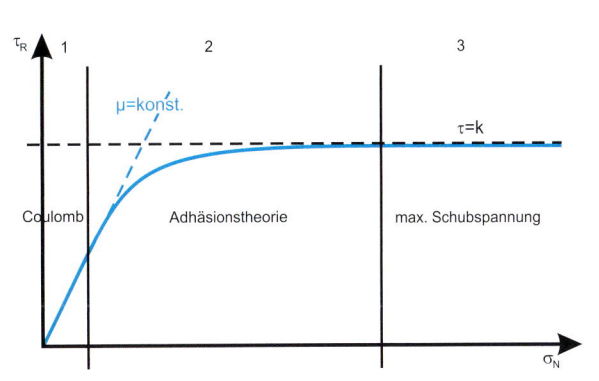

Abb. 2.69: *Kombination von Coulomb'schem Reibgesetz und Reibfaktormodell (Kappes 2005)*

ständigen Haftung darstellt. Es wirkt nur noch die maximale Schubfließspannung des weicheren Reibpartners.

2.4.1.2.2 Makroskopische und mikroskopische Reibmechanismen

In Abhängigkeit von den eingebrachten Schmierstoffen unterscheidet man Reibzustände in Festkörper- und Grenzreibung, Mischreibung und hydrodynamische Reibung. Bei der Festkörper- bzw. Grenzreibung befindet sich kein oder nur wenig Schmierstoff zwischen den Festkörperoberflächen. Reibung entsteht durch die Bildung und Trennung adhäsiver Haftverbindungen, elastische und plastische Verformungen, Mikrofurchung sowie Rissbildung und Mikrobruch. Mit den Reibvorgängen einhergehen können verschiedene werkstoffspezifische Prozesse, wie Phasenumwandlungen, Aufschmelzen in Mikrobereichen, elastische Hysterese, Oberflächenoxidation und Elektronen- oder Photonenemission. Bei hydrodynamischer Reibung oder auch Flüssigkeitsreibung werden die Oberflächenrauheiten des Grund- und Gegenkörpers vollständig voneinander getrennt, sodass kein Festkörperkontakt mehr existiert. Der Zwischenstoff haftet an der Werkstoffoberfläche und die Reibungskraft wird durch den Scherwiderstand des Schmierstoffs bestimmt. Von Mischreibung spricht man, wenn lokal unterschiedlich sowohl ein direkter Kontakt zwischen den Oberflächenrauheiten als auch eine Trennung durch den Flüssigkeitsfilm auftritt. Entsprechend dem Anteil an Festkörper- und Flüssigkeitskontakt setzt sich die Reibungskraft anteilmäßig aus Flüssigkeitsreibung und Festkörperreibung zusammen. In Umformprozessen liegen meist Grenz- oder Mischreibungszustände vor.

Die Höhe der beobachtbaren Reibung hängt auch von den wirkenden Drücken, den Relativgeschwindigkeiten und der Viskosität des Schmierstoffs ab. Die von Stribeck zusammengefassten Einflüsse sind in Abb. 2.70 dargestellt:

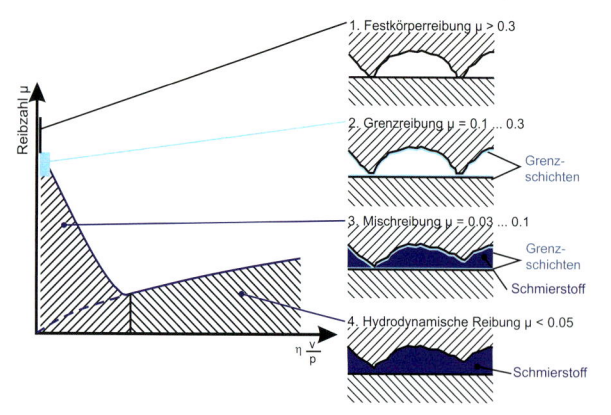

Abb. 2.70: *Stribeck-Diagramm und Reibzustände (Netsch 1995)*

2.4.1.3 Verschleiß

Verschleiß ist definiert als fortschreitender Materialverlust aus der Oberfläche eines festen Körpers und äußert sich im Auftreten von losgelösten kleinen Teilchen (Verschleißpartikeln) sowie in Stoff- und Formänderungen der tribologisch beanspruchten Oberflächenschicht. Die Ursache für den Ausfall von Werkzeugen in der Umformtechnik kann daher neben Gewalt- oder Ermüdungsbrüchen auch Verschleiß in Form von unzulässigen Formänderungen der Oberfläche sowie Maßänderungen sein (Hettig, Nehl 1993).

Die beim Verschleiß ablaufenden physikalischen und chemischen Prozesse beruhen auf den vier Verschleißmechanismen Abrasion, Adhäsion, tribochemische Reaktion und Oberflächenzerrüttung (Abb. 2.71) (Czichos, Habig 1992). Diese Grundvorgänge können sich gegenseitig beeinflussen und zu einer Vielzahl an Wechselwirkungen zwischen den tribologischen Systemelementen führen.

Beim Abrasionsverschleiß dringen Rauheitsspitzen eines Reibpartners in die Oberfläche des anderen Partners ein und führen zu einer Oberflächenveränderung durch Relativbewegung. Diese reicht von einer rein plastischen Verformung (Mikropflügen) bis zu einem Materialabtrag (Mikrospanen und Mikrobrechen) (Zum Ghar 1983). Besonders abrasionsverstärkend wirkt das plastische Einlagern von Abrasionspartikeln in die Werkstückoberfläche und das Mitgleiten unter Normalbelastung. Als wesentliche Kriterien für Abrasionsverschleiß gelten die Oberflächenhärte des Werkzeugs und die Kontaktnormalspannung (Hortig 2001). Zusätzlich beeinflusst das Werkstück das Verschleißverhalten des Werkzeugs auf Grund seiner Festigkeit bzw. Oberflächenhärte, da die Härte des Gegenkörpers die abrasive Verschleißrate bestimmt.

Adhäsionsverschleiß beruht auf der Bildung von chemischen Bindungen an einzelnen Berührungspunkten zwischen metallischen Körpern durch freie Kohäsionskräfte, auch „Kaltverschweißen" genannt, die bei Relativbewegung in der Ebene minimaler Scherfestigkeit wieder aufbrechen. Bei hohen Haftkräften verlagert sich die Scherebene in den weicheren Reibpartner, wodurch es zum Materialübertrag auf den härteren Reibkörper kommt. Die Stärke der Adhäsion hängt von der Anzahl der sich bildenden Mikrokontakte, der Größe der zwischen den Partnern wirkenden Bindungskräfte und der Elektronenkonfiguration der beteiligten metallischen Körper ab.

Tribochemische Reaktionen entstehen zwischen Grund- und Gegenkörper sowie dem Zwischenstoff unter Einwirkung mechanischer Beanspruchung. Diese Reaktionen bewirken Veränderungen der Grenzschichten der Reibkörper oder des Schmierstoffs. Bei metallischen Reibpartnern entstehen durch Oxidation in der Regel spröde Korrosionsschichten, aus denen Partikel leicht herausgetrennt werden. Bei der Oberflächenzerrüttung tritt in den Oberflächenbereichen eines Reibpartners Rissbildung auf. Ursache hierfür ist eine Wechselbeanspruchung, die sich durch ändernde Druck- und Schubspannungen auszeichnet.

In der Umformpraxis treten im Wesentlichen die beiden Formen Adhäsion und Abrasion auf (Woska 1982). Abrasiver Verschleiß hat meist eine unvermeidbare Langzeitwirkung, indem ein Abtrag submikroskopischer oder mikroskopischer Werkzeugteilchen infolge Mikrofurchung entsteht. In mathematischen Modellen des Verschleißes nutzt man häufig die Gleichung nach Archard (Archard 1953), die das verschlissene Materialvolumen einer Oberfläche V_V proportional zu der Normalkraft F_N und dem Gleitweg x und umgekehrt proportional zur Härte der Oberfläche σ_H ausdrückt. Der Faktor k wird als adhäsiver Verschleißkoeffizient bezeichnet:

$$V_V = \frac{k}{3} \cdot \frac{F_N}{\sigma_H} \cdot x \qquad (2.124).$$

Abb. 2.71: *Verschleißmechanismen*

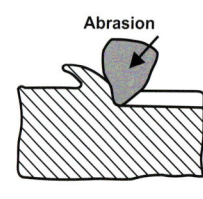

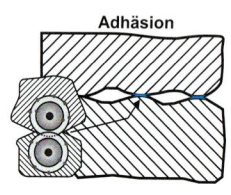

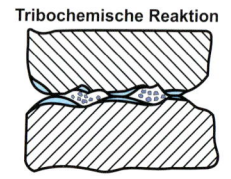

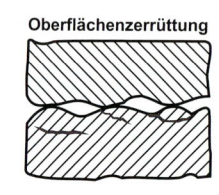

Adhäsionsverschleiß hat nach einer Initialschädigung eine sofortige Auswirkung auf den Umformprozess in Form einer Schädigung der Werkstückoberfläche, da der Materialübertrag durch das Werkstück pflügt. Dabei kommt es im Allgemeinen zu einem schnellen Anwachsen der Adhäsion, da an diesen Stellen lokal überhöhte Flächenpressungen entstehen und chemisch gleiche Reibpartner mit hoher Adhäsionsneigung aufeinander wirken. Während die Abrasion in ihrer Ursache weitgehend verstanden ist, ist die Funktionsweise der Adhäsion noch nicht ausreichend geklärt (Kappes 2005). Für die Entstehung hoher Adhäsionskräfte sind unter anderem die mikrogeometrische Anpassung der gepaarten Oberflächen sowie makro- und mikrogeometrische Oberflächenvergrößerungen der Reibpartner notwendig, wie sie beim Umformen durch Fließvorgänge an Mikrokontaktstellen der Rauheiten auftreten. Als wesentlichste Einflussgröße wird jedoch die Adhäsionsneigung des Grundwerkstoffs eingestuft, die insbesondere bei der Umformung von Edelstahl oder Aluminium ausgeprägt beobachtet wird. Hierbei wurde auch der Einfluss der in der Umformzone herrschenden Temperatur nachgewiesen (Nitzsche 2007).

2.4.1.4 Schmierung

In der Umformtechnik kommen in der Regel Schmierstoffe zum Einsatz, um Verschleiß zu minimieren, definierte Reibzustände einzustellen und unerwünschte chemische Reaktionen zu vermeiden. Der Schmierstoff erfüllt unterschiedliche grundlegende Funktionen. Hauptsächlich hat er eine schmierende Funktion, indem durch die geringere Scherfestigkeit der Schmierstoffschicht die Reibschubspannungen reduziert werden. Außerdem dient er einer besseren Ableitung der aus dem Umformvorgang resultierenden Wärme und hat somit eine kühlende Funktion. Ebenso kann der Schmierstoff auch zum Abtransport von Verunreinigungen und Verschleißpartikeln dienen.

Bei der Auswahl eines Schmiersystems kommt es zum einen auf die Beanspruchungsbedingungen, die erwarteten Verschleißmechanismen und die erforderliche Kühlwirkung an. Zum anderen sind auch die betrieblichen Abläufe wie Entfettung, Lagerzeiten der Werkstücke oder eine Oberflächenbehandlung zu berücksichtigen.

2.4.1.4.1 Schmiermechanismen

Die Schmierfunktion beruht auf der Bildung von Reaktionsschichten, die eine Trennung der Reibpartner erreicht. Hierbei werden wiederum die Mechanismen Adhäsion, physikalische Adsorption und Chemisorption unterschieden. Bei Adhäsion lagern sich Schmierstoffmoleküle ohne polare oder chemisch reaktionsfähige Atomgruppen (z. B. Mineralöl) durch reine Adhäsionswirkung an den Oberflächen an. Die Trennwirkung solcher adhäsiven Verbindungen ist klein, dafür erzeugen sie gute Gleiteigenschaften. Die physikalische Adsorption beruht darauf, dass polar wirkende Schmierstoffkomponenten (ungleiche Ladungsverteilung im Molekül, z. B. bei Fettsäure) bei der Umformung auftretende freie Valenzen (erhöhte freie Oberflächenenergie) absättigen und so die Reaktionsbereitschaft (Adhäsion) der umgeformten Oberfläche zum Werkzeug reduzieren. Bei der Chemisorption dagegen schaffen Schmierstoffkomponenten (z. B. Schwefelverbindungen wie MoS_2) eine chemische Bindung mit der metallischen Oberfläche, wodurch sich Schichten mit guter Trennwirkung ergeben.

2.4.1.4.2 Schmierstoffeinteilung

Auf Grund des weitreichenden Anwendungsfelds von Schmierstoffen für die unterschiedlichsten Umformverfahren ist auch die Vielfalt der eingesetzten Schmierstoffe entsprechend hoch. Bei Umformschmierstoffen hat sich die Einteilung nach dem Aggregatzustand gemäß der Abbildung 2.72 etabliert. Dabei können verschiedene Hauptgruppen unterschieden werden (Mang 1983):

- Öle: Fettöl, Mineralöl oder Syntheseöl,
- Dispersionen: wässrige Emulsionen und Suspensionen,
- Lösungen: Salze und Seifen,
- pastöse Schmierstoffe und
- Festschmierstoffe.

Fettöle sind aus pflanzlichen oder tierischen Rohstoffen hergestellt. Sie zeichnen sich durch eine ausgezeichnete Haftung auf metallischen Oberflächen aus. Durch den Gehalt an freien Fettsäuren greifen Fettöle Metalle chemisch an und können somit reibarme Metallseifen bilden. Mineralöle entstehen durch Destillation aus Rohöl oder entsprechenden synthetischen Produkten. Angewendet werden sie meist als Fraktion von destilliertem Rohöl, also als Gemisch unterschiedlicher Kohlenwasserstoffe. Die tribologischen Eigenschaften von Mineralölen werden in erster Linie von der Länge der linear angeordneten Kohlenwasserstoffketten sowie deren Verzweigungsgrad bestimmt. Synthetische Öle werden mittels Synthese aus kleineren Molekülen hergestellt. Hauptanwendungen sind Polyolefine (durch Polymerisation) oder verschiedene Ester (durch Kondensationsreaktion einer Sauerstoffsäure mit einem Alkohol). Bislang werden Syntheseöle nur in niedriger Konzentration einer Schmierstoffformulierung beigesetzt (z. B. Ester in Schneidölen) und haben dann eher die Funktion von Schmierstoffadditiven.

2.4 Tribologie

```
                Flüssigschmierstoffe              Pastöse Schmierstoffe         Festschmierstoffe
                ↙        ↘                              ↓                              ↓
              Öle       Mischungen                   – Fette                    – Lamellare
               ↓         ↙    ↘                      – Kreide                     Festschmierstoffe
           – nativ    fest    flüssig               – Talk                        (MoS₂, Grafit, WS₂)
             (tierisch, in flüssig  in flüssig      – Glimmer                  – Metallseifen
              pflanzlich) dispergiert               – Gelierte                 – Salze und Gläser
           – mineralisch   ↓         ↓                bzw. hich-   anorganisch – Weichmetalle
             (meist Vielstoffgemische                 viskose Öle                (z.B. Pb, Au)
              aus Kohlenwasserstoffen, z.B.:                                   – Oxide u. Fluoride
              Paraffinkohlenwasserstoffe,                                        (z.B. PbO, MoO₃, CaF₂)
              Naphtene, Aromaten)
           – synthetisch  Suspension  Emulsion     Lösung                        Polymere
             (z.B. Polyolefine, Alkyl-  (z.B. Fest- (eine Phase                   (z.B. PTFE, Polyamid)
              benzole, Silikone, Fluorkohlen-  schmierstoff- dispergiert)        organisch
              wasserstoffe, Chlorparaffine,  pigmentiertes Öl)
              Polyolester)
                            – wassermischbar   – Wasser in Öl   salzhaltige oder
                            – nicht wassermischbar – Öl-in-Wasser Seifen-Schmierstoffe
                                      ⏟
                                  Dispersionen
```

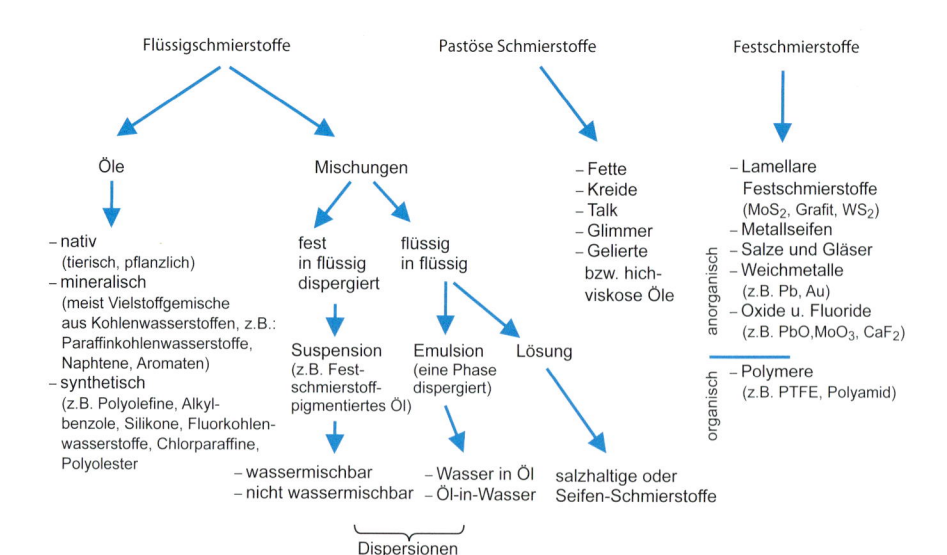

Abb. 2.72: Einteilung von Umformschmierstoffen (Kappes 2005)

Da Mineralöle nur eine begrenzte Trennwirkung besitzen, werden den Schmierstoffen besonders reaktionsfreudige und oberflächenaktive Additive (EP-Additive) zugegeben. Häufigste Vertreter sind organische Verbindungen von Chlor, Phosphor und Schwefel, wobei die entstehenden Reaktionsschichten selbst als Festschmierstoffe wirken. So bilden derartige Chlor- oder Schwefelparaffine oberhalb von ca. 200 °C unter Ionen-Abspaltung einen druckbeständigen Metallchlorid- bzw. Metallsulfidfilm. Bezüglich der Möglichkeiten der Additivierung wird auf spezielle Fachliteratur verwiesen (Mang 1983).

Zweite Hauptgruppe der Flüssigschmierstoffe sind Dispersionen, heterogene Gemische aus mindestens zwei Stoffen, die sich nicht oder kaum ineinander lösen lassen. Dabei wird ein Stoff als disperse oder innere Phase möglichst fein in einem anderen Stoff (Dispersionsmittel oder äußere Phase) verteilt. Bekannteste Vertreter in der Metallbearbeitung sind Emulsionen (flüssig in flüssig dispergiert), die in Form von Öl-in-Wasser-Emulsion als Kühlschmierstoffe die mengenmäßig wichtigste Anwendung in der Umformtechnik darstellen. Hierbei entspricht die äußere Phase Wasser und die innere Phase des Emulgatorsystems ist Öl. Die Umkehr der Phasenstruktur hingegen ist als Wasser-in-Öl-Emulsion definiert. Diese Art der Emulsion findet man in Ziehfetten und -pasten mit niedrigem Wassergehalt. Um eine dauerhafte Stabilität der Emulsion zu erreichen, werden Emulgatoren eingesetzt, die als grenzflächenaktive Substanzen oder Tenside bekannt sind. Eine weitere Anwendung der Dispersion sind Suspensionen, bei denen ein fester Stoff in einer flüssigen äußeren Phase dispergiert, wie z. B. mit Festschmierstoffen pigmentierte Öle. Oft werden derartige Suspensionen nicht den Flüssigschmierstoffen, sondern der Gruppe der Festschmierstoffe zugeordnet, da die flüssige Phase nur der besseren Applikationsfähigkeit des eigentlichen Festschmierstoffs dient. Neben den notwendigen Dispersionsmitteln enthalten Suspensionen meist organische Bindemittel, die die Haftung und die Teilchenorientierung bei der Applikation erhöhen.

Pastöse Schmierstoffe umfassen ein weites Feld von höchstviskosen Ölen bis hin zu fast festen Substanzen. Am bekanntesten sind die Ziehfette, aber Kreide, Talk oder Glimmer fallen auch unter diese Bezeichnung. Zum einen werden die besonderen rheologischen und polaren Eigenschaften fester Fettungsmittel zum Schmieren genutzt. Zum anderen können in der pastösen Grundkonsistenz feste Anteile (Festschmierstoffe, Pigmente) stabil eingebracht werden, ohne aufzuschwimmen oder sich abzusetzen. Pastöse Schmierstoffe haben eine gute Substrathaftung und beginnen unter Krafteinwirkung zu fließen. Auch hier wird grundsätzlich zwischen wassermischbar und nicht-wassermischbar unterschieden. Die Additivierung geschieht wie bei den Flüssigschmierstoffen.

Zu den Festschmierstoffen sind neben den in Pulverform vorliegenden, natürlichen Mineralstoffen, wie z. B. Graphit oder Molybdändisulfid (MoS_2), auch Substanzen zu zählen, die als feste Stoffe die Trennung von Grund- und Gegenkörper gewährleisten. Fette und Pasten werden pulver- oder granulatförmig auf die Reibpartner aufgebracht. Die Schmierfilmbildung basiert auf dem durch Reibwärme hervorgerufenen Schmelzvorgang des Schmierstoffs sowie auf dem durch viskose Abscherprozesse herrührenden Druckaufbau innerhalb der Schmelze. Die Schmierwirksamkeit von Graphit und Molybdändisulfid liegt in der ausgeprägten Schichtgitterstruktur begründet. Der Kristallaufbau gewährleistet eine der Relativbewegung zwischen den Reibpartnern entsprechende Parallelverschiebung der mit sehr geringer Scherviskosität ausgestatteten Schmierstoffschicht.

2.4.1.4.3 Schmierstoffträgerschichten

Bei hohen Flächenpressungen und Oberflächenvergrößerungen reichen Druckfestigkeit und Haftung von Flüssigschmierstoffen nicht aus, um den metallischen Kontakt zwischen Werkstück und Werkzeug zu verhindern. Daher werden Schmierstoffträgerschichten, auch Konversionsschichten genannt, eingesetzt, die für eine Trennung zwischen Werkstück und Werkzeug sorgen (Kleinle 2009). Gleichzeitig wirken sie als Haftgrund und Reaktionspartner für den darüber applizierten Schmierstoff (Nittel 2009). Bei den Trägerschichten handelt es sich um chemisch mit dem Grundwerkstoff verwachsene Salzschichten, da beim Applizieren eine Lösung in das Metall eindringt und die als Reaktionsprodukte entstehenden Kristalle sich im Metall verankern. Den weitaus häufigsten Anwendungsfall stellen die Zinkphosphatierungen dar. Für Einzelheiten zu Schmierstoffträgerschichten wird auf weitere Literatur verwiesen (Mang 1983).

2.4.1.5 Verschleißmindernde Hartstoffschichten

Umformwerkzeuge unterliegen im Betrieb hohen Verschleißbeanspruchungen, was einen erheblichen Einfluss auf die Oberflächengüte der erzeugten Werkstücke und die lokalen tribologischen Eigenschaften hat. Daher werden die Werkzeuge häufig einer Verschleißschutzbehandlung unterzogen, um den abrasiven Verschleißwiderstand zu erhöhen (Hortig 2001) oder auch adhäsiven Verschleiß zu minimieren (Nitzsche 2007; Weber 2009).

Man unterscheidet zwischen Wärmebehandlungen zur Ausbildung eines harten Randschichtgefüges und Beschichtungen, bei denen zusätzliches Material auf die Werkzeugoberfläche aufgebracht (Auflageschichten) bzw. in die Randschicht eingebracht (Reaktionsschichten) wird.

Hauptanwendung der Reaktionsschichten stellt das Nitrieren dar, das bei einer Temperatur von ca. 500 °C und Behandlungszeiten von bis zu mehreren Stunden durchgeführt wird. An der Werkstückoberfläche bildet sich durch Eindiffusion von Stickstoff in das Werkstück eine sehr harte oberfläche Verbindungsschicht (ε- und γ'-Eisennitride), die je nach Behandlungszeit 10 bis 30 μm dick werden kann (Liedtke 2005). Weitere Arten von Reaktionsschichten sind das Borieren und das Einsatzhärten, die bei höheren Temperaturen um die 900 °C angewendet werden.

Bei den Auflageschichten wird zwischen der galvanischen Hartverchromung sowie den CVD- und PVD-Beschichtungsverfahren unterschieden (Bach 2004). Beim CVD-Verfahren (Chemical Vapour Deposition) werden Feststoffe aus der Gasphase auf der Werkstückoberfläche abgeschieden. Ausgangsstoffe sind Metallchloride (TiCl$_4$), Wasserstoff (H$_2$) und ein stickstoff-, kohlenstoff- oder sauerstoffhaltiges Gas. Bei Temperaturen zwischen 800 °C und 1050 °C wird das zu beschichtende Werkstück von zwei oder mehreren gasförmigen Komponenten umströmt. Die Komponenten werden zur Reaktion gebracht und bilden auf dem Werkstück festhaftende Schichten. Anschließend wird das Werkstück im Vakuum gehärtet und angelassen. Für die Umformtechnik haben sich Mehrlagenschichten wie TiC - TiN bewährt (Bach 2004).

Beim PVD-Verfahren (Physical Vapour Deposition) wird das Beschichtungsmaterial aus einer Schmelze oder einem Feststoff atomar in die Gasphase überführt. In technischen Prozessen wird nur die Metallkomponente der Hartstoffverbindung (z.B. Ti, Al, Cr) verdampft oder zerstäubt und die Nichtmetallkomponente (N, C, O) als Gas zugeführt. Die Temperaturbelastung des Werk-

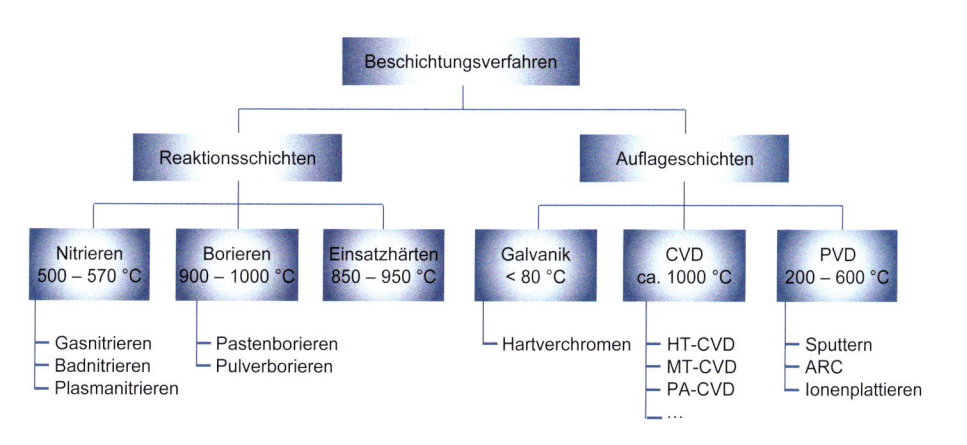

Abb. 2.73: Einteilung der Beschichtungsverfahren

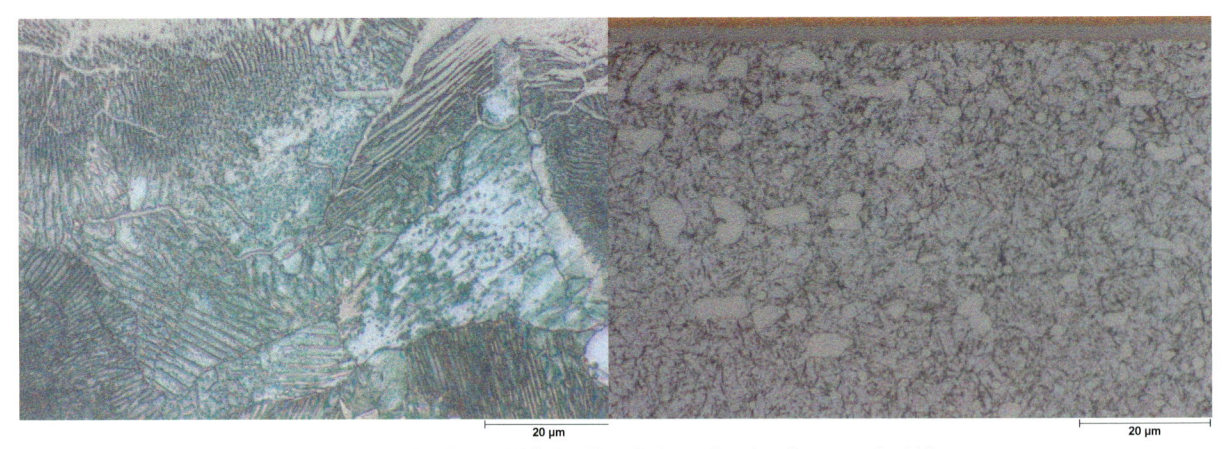

Abb. 2.74: Reaktions- und Auflageschicht im Querschliff (Oerlikon Balzers Coating Germany GmbH)
links: Reaktionsschicht (Nitrierung), rechts: Auflageschicht, CVD-Mehrlagenschicht TiC/TiN

stücks liegt zwischen 200 °C und 600 °C, womit die PVD-Beschichtung ohne Verzugsgefahr und Härteverlust erfolgt (Friedrich 1998).

In Abbildung 2.74 sind beispielhafte Querschliffe gegenübergestellt. Das linke Bild zeigt das grobkörnige Gefüge einer Verbindungsschicht (Nitrierung) auf Perlit (GGG70), das rechte Bild eine CVD-Mehrlagenschicht mit einer zuerst aufgebrachten TiC-Schicht (silberfarben) und anschließender TiN-Decklage (goldfarben). Bei dem Beispiel der Nitrierung kann die Grundhärte des Graugusses von 300 HV in der oberflächennahen Randschicht auf bis zu 1.000 HV erhöht werden. Die Auflageschichten dagegen weisen eine deutlich höhere Härte auf. Während das gehärtete Substrat eine Härte von ca. 730 HV aufweist, erreichen die Auflageschichten Werte von ungefähr 4.000 HV (TiC) bzw. 2.500 HV (TiN).

Auflageschichten (CVD und PVD) werden an Werkzeugen der Blechumformung (Hortig 2001) und der Kaltmassivumformung eingesetzt. Bei der Blechumformung erfolgt die Anwendung an hochbeanspruchten Werkzeugstellen. Hierzu werden die Werkzeuge segmentiert. In der Kaltmassivumformung werden Auflageschichten insbesondere beim Kaltfließpressen (Stempel und Matrize) verwendet (Lange 2008). Reaktionsschichten werden an Werkzeugen der Warmmassivumformung (insbesondere durch Nitrieren) und der Kaltmassivumformung (insbesondere durch Borieren und Vanadieren) eingesetzt.

Neuere Entwicklungen nutzen das Potenzial von Kohlenstoffschichten (DLC-Schichten (DLC Diamond Like Carbon)), die sich durch geringe Adhäsionsneigung und niedrige Reibwerte auszeichnen (Weber 2009).

2.4.2 Etablierte tribologische Systeme

Wie im vorigen Kapitel erläutert, unterscheiden sich die tribologischen Lastkollektive der einzelnen Umformsparten erheblich voneinander. Eine weitere kritische Einflussgröße stellt die Umformtemperatur dar, da das tribologische System insbesondere in der Warmumformung darauf ausgelegt werden muss. Daher werden die unterschiedlichen tribologischen Anwendungen exemplarisch an vier verschiedenen Hauptgruppen erläutert.

2.4.2.1 Tief- und Streckziehen

In der konventionellen Blechumformung, wie z.B. dem Tief- und Streckziehen, wirkt auf Grund der großen Kontaktflächen im Allgemeinen eine vergleichsweise moderate tribologische Belastung. Die örtliche Kontaktnormalspannung hängt von der Werkzeug- bzw. Werkstückgeometrie und dem verwendeten Blechmaterial ab. Unter dem Niederhalter von Ziehwerkzeugen wirken unter normalen Bedingungen Flächenpressungen von einigen N/mm². Orte der Faltenbildung oder Blechbiegung wie Ziehkantenrundungen und Ziehleistenbereiche sind wesentlich höheren örtlichen Beanspruchungen bis hin zur Fließgrenze mit einer stark inhomogenen Verteilung ausgesetzt (Filzek 2004; Groche et al. 2004). Durch den zunehmenden Einsatz von höherfesten Blechen und dem damit höheren Kraftaufwand liegen die wirkenden Kontaktnormalspannungen teilweise deutlich höher.

Während bei Bauteilen mit hohem Streckziehanteil der Reibweg deutlich unter 100 mm liegt, kann er bei hohem Tiefziehanteil bis zu 250 mm erreichen. Die Gleitgeschwindigkeit entspricht bei Vernachlässigung der

Streckziehanteile der Stempelgeschwindigkeit. In der Fachliteratur werden Gleitgeschwindigkeiten zwischen 20 und 300 mm/s angegeben. Mit dem zunehmenden Einsatz höherfester Bleche und der damit verbundenen hohen Umformenergie gewinnt auch die Umformtemperatur in der Blechumformung zunehmend an Bedeutung. Es stellen sich mittlere Werkzeugtemperaturen in einer Größenordnung von ca. 30 bis 80 °C ein. Von Thamm (Thamm 1998) wurden während der Umformung Temperaturerhöhungen von bis zu 60 °C gemessen.

Die moderate tribologische Belastung erfordert den Einsatz von meist flüssigen Schmierstoffen. Dann liegt Mischreibung vor. Auf Grund des hydrodynamischen Anteils haben die Kontaktnormalspannung, die Gleitgeschwindigkeit sowie Schmierstoffviskosität und -menge einen großen Einfluss auf die Reibverhältnisse (Netsch 1995). Auch der Blechtopografie und der Oberflächenwandlung inklusive Schmierstoffverdrängung kommt eine besondere Bedeutung zu. Aus diesem Grund werden Bleche mit speziell dressierten Oberflächentexturen verwendet, die auf diese Bedingungen ausgelegt sind (Staeves 1998; Staeves et al. 1998a).

Insgesamt können die Reibungsverhältnisse gezielt beeinflusst werden, indem der lokale Schmierungszustand anhand der Schmierstoffmenge oder durch das Aufbringen von Zusatzschmierstoff verändert wird (Staeves et al. 1998b). Auf Grund der moderaten tribologischen Belastung werden in der Blechumformung flüssige Schmierstoffe und Emulsionen auf Mineralölbasis mit entsprechenden EP-Zusätzen eingesetzt. Seit vielen Jahren schon nimmt der Trend zu, das Blech mit einer bereits im Walzwerk applizierten Beölung umzuformen. Hierbei handelt es sich um sogenannte Prelube-Öle mit einer Viskosität bei 40 °C von etwa 60 cSt, die bei gutem Korrosionsschutz bereits bessere Zieheigenschaften als konventionelle Korrosionsschutzöle besitzen. Bei komplexeren Bauteilen mit höherer Beanspruchung werden Ziehöle mit höherer Viskosität von 120 bis 600 cSt und damit deutlich besserer Ziehleistung eingesetzt. Eine weitere Entwicklung der letzten Jahre umfasst den Einsatz von Trockenschmierstoffen (dry film lubricants). Während diese auf Aluminiumblech schon lange existieren und etabliert sind, finden sie bei den Stahlblechen als sogenannte Hot-Melt-Schmierstoffe Anwendung (Meiler 2005). Dabei handelt es sich um Schmierstoffe, die bis ca. 40 °C im fes-ten Aggregatszustand vorliegen, aber im Walzwerk bei einer höheren Temperatur von 60 °C flüssig aufgetragen werden können. Somit kann das Blech mit einem gleichmäßig verteilten Trockenschmierfilm ohne größere Umverteilung zum Verarbeiter transportiert und dort direkt ohne Zusatzbeölung umgeformt werden.

Die Schmierstoffauswahl ist in der Blechumformung jedoch stark geprägt durch die komplexen Folgeprozesse, indem der Schmierstoff zusätzlichen Anforderungen wie Klebbarkeit oder Lackierbarkeit genügen muss. Hierzu sei auf die VDA-Prüfrichtlinie von Schmierstoffen für das Karosserieteilziehen verwiesen (VDA 2008).

Auf Grund der großen Bauteilausdehnungen bei gleichzeitig moderater Belastung werden aus Kostengründen meist Gusswerkzeuge eingesetzt, die optional noch wärmebehandelt sind. Im Bereich der Aluminiumblechumformung werden Ziehwerkzeuge auch flächig verchromt, um die Adhäsionsgefahr zu reduzieren. Der Verschleißschutz muss lediglich in den Bereichen wie Ziehkanten oder Ziehsicken beachtet werden. Ist hier die Belastung zu hoch, werden neben den möglichen Wärmebehandlungen auch lokale Zieheinsätze mit höherem Verschleißwiderstand verwendet. Dann kommen gehärtete Werkzeugstähle zum Einsatz, die optional auch noch hartstoffbeschichtet sind.

2.4.2.2 Presshärten

Das relativ neue Umformverfahren des Presshärtens verbindet das Tief- und Streckziehen mit einer gleichzeitigen Wärmebehandlung des Bauteils in einem Prozess, um neben einer reduzierten Rückfederung hohe Bauteilfestigkeiten von $R_m > 1500$ MPa zu erzielen. Die Bleche werden dabei auf bis zu T = 980 °C erwärmt und anschließend in einem Umformwerkzeug mit gekühltem Stempel tiefgezogen. Die Abkühlung beim Umformen beinhaltet gleichzeitig den Härtevorgang. Im Vergleich zum Tiefziehen bei Raumtemperatur verringert die hohe Blechtemperatur die auftretenden Umformkräfte und damit auch die lokal wirkenden Kontaktnormalspannungen. Oberflächenvergrößerung und Gleitgeschwindigkeit entsprechen jedoch weitgehend den Werten des Tiefziehens ohne Erwärmung. Auf Grund der hohen Temperaturen kommt dem tribologischen System eine essenzielle Bedeutung zu. Herkömmliche Schmiermittel der Blechumformung sind im Temperaturbereich des Presshärtens nicht resistent und werden deswegen in der Serienfertigung nicht eingesetzt. Wenn überhaupt, werden zur Zeit flüssige Schmierstoffe auf der Basis von Bornitridemulsionen verwendet (Behrens et al. 2010). Ihr Einsatz ist jedoch mit hohen Kosten und erheblichen Umweltbelastungen verbunden.

Somit herrscht beim Presshärten vorwiegend Festkörperreibung, was auf Grund des fehlenden Schmiermittels mit einem deutlich höheren Reibwiderstand als bei der herkömmlichen Kaltumformung von Blechen verbunden ist. Die Reibung kann dann als Prozess periodischer Entstehung und Zerstörung von mikroverschweißten Kontakten an den tatsächlichen Kontaktstellen betrachtet werden, sodass der Adhäsionsneigung zwischen Blech und Werkzeug die entscheidende Bedeutung zukommt (Burkhardt 2008). Die hohe Temperatur beeinflusst sowohl die reale Kontaktfläche als auch die Scherfestigkeit der Grenzschicht. Durch den sinkenden Fließwiderstand können bei der Plastifizierung die Einglättungsvorgänge der Rauigkeitsspitzen unterstützt werden, wodurch sich die reale Kontaktfläche vergrößert. Andererseits führt die Reduktion des Fließwiderstandes auch zu einer Erniedrigung der Scherfestigkeit in der Grenzschicht.

Da die tribologische Belastung kaum über die Schmierung beherrscht werden kann, kommen Alternativen in Form von Zusatzbeschichtungen sowohl auf dem Werkzeug als auch auf dem Blech in Frage. Die aus der Kaltumformung bekannten Werkzeugbeschichtungen wie TiN, TiCN oder CrN sind für Anwendungen bei den hohen Temperaturen des Presshärtens bisher jedoch nicht geeignet. Begründet ist dies in der unzureichenden thermischen Stabilität bzw. den ungünstigen Reibeigenschaften der Schichten bei höheren Temperaturen (Behrens et al. 2010). Bessere Alternativen stellen laut (Demir, Weber 2010) die Alternativen CRVn oder TiAlN dar, Blechanhaftungen können aber auch diese Beschichtungen nicht vermeiden.

Einen weitaus größeren Einfluss auf das Verschleißverhalten weisen die Blechbeschichtungen auf. Auf der Blechseite wird beim direkten Formhärten häufig eine Feueraluminierung (AlSi) oder eine sogenannte x-tec-Beschichtung als Schutzschicht zur Vermeidung von Zunder eingesetzt. Die Wahl der Blechbeschichtung hat einen signifikanten Einfluss auf die Wärmeübertragung und damit auch auf die Reibeigenschaften (Merklein 2008). Während der abrasive Verschleiß verbessert wird, kann die Schichtanhaftung am Werkzeug jedoch zunehmen (Demir, Weber 2010).

2.4.2.3 Kaltmassivumformung

Die Beanspruchungsbedingungen in der Kaltmassivumformung unterscheiden sich erheblich von denen der Blechumformung. Die tribologischen Verhältnisse sind gekennzeichnet durch hohe Flächenpressungen von bis zu 3.000 N/mm², große Oberflächenvergrößerungen von teilweise über 10 und hohe Relativgeschwindigkeiten zwischen Werkzeug und Werkstück von bis zu 10 m/s (Köhler 2009). Auf Grund der großen Umformung ist auch das entstehende Temperaturniveau von Werkstück und Werkzeug von größerer Bedeutung, da die Temperaturen lokal und kurzzeitig bis zu 400 °C erreichen können. Die außerordentlich hohen tribologischen Beanspruchungen können erhebliche Produktionsschwierigkeiten bereiten (Raedt 2002), da ein Versagen des Schmierfilms schnell zu Adhäsionsverschleiß und deutlich erhöhten Reibkräften führt (Lange 2008). Dies hat unmittelbar das Versagen des Umformprozesses zur Folge.

Bei den hohen Belastungen in der Kaltmassivumformung liegen meist Misch- und Grenzreibungszustände vor (Groche et al. 2009). Werkzeugseitig werden auf Grund der hohen Drücke oft hochwertige Schnellarbeitsstähle oder Hartmetalle eingesetzt. Auch der Einsatz von Hartstoffschichten zählt zum Stand der Technik (Nittel 2008). Am Werkstück wird die Oberfläche in vielen Fällen gezielt aufgeraut, um den Schmierstoff durch Schmierreservoirs besser in der Wirkfuge zu halten (Köhler 2007).

Eine herausragende Bedeutung besitzt das eingesetzte Schmiersystem, da die Kombination aus hohen Kontaktnormalspannungen und Dehnungen an der Werkstückoberfläche eine strikte Kontaktvermeidung zwischen Werkzeug und Werkstück bei gleichzeitig niedriger Reibbeanspruchung erfordert (Kleinle 2009). Bei vergleichsweise geringen Umformbelastungen können zwar Flüssigschmierstoffe, sogenannte „Kaltfließpressöle", als alleinige Schmierstoffe eingesetzt werden. Da die Druckbeständigkeit derartiger Öle bei höherer Belastung jedoch nicht ausreicht, werden nach wie vor in der Mehrzahl der Kaltmassivumformungen Schmierstoffträgerschichten gemäß Kapitel 2.4.1.4 eingesetzt (Nittel et al. 2010). Im Bereich der Kaltmassivumformung haben sich bei niedriglegierten Stählen Zink-Phosphatschichten bewährt. Ein weiterer Vorteil der Phosphatschichten liegt in ihrem guten Korrosionsschutz. Bei hochlegierten Stählen werden als Schmierstoffträgerschichten Oxalatschichten aufgebracht. Prinzipiell werden mit steigendem Umformgrad auch höhere Schichtgewichte gewählt. Bei über der Hälfte der Teile müssen die Schmierstoffträgerschichten nach der Umformung mit Hilfe von alkalischen Reinigern oder Beizen entfernt werden, um sie anschließend lackieren oder wärmebehandeln zu können.

Zink-Phosphatierungen werden gerne in Verbindung mit stearatbasierten Seifen eingesetzt, die eine chemische Reaktion eingehen. Dabei wird Natriumstearat in Zinkstearat (Zinkseife) umgewandelt, das über eine feste Verankerung in der Oberflächenstruktur und gute Gleiteigenschaften verfügt (Schmoeckel 1998).

Bei sehr extremen Belastungen und hohen Umformgraden werden zusätzlich Beschichtungen auf MoS_2- oder Polymerbasis eingesetzt (Bächler 2008). Seit einigen Jahren werden viele Anstrengungen unternommen, neue Polymerschmierstoffe oder Kombinationen neuer mit herkömmlichen Schmierstoffen am Markt zu etablieren (Groche et al. 2001), um auf eine Zinkphosphatierung zu verzichten. Diese Schmierstoffe zeigen ihre oft sehr gute

Leistungsfähigkeit allerdings in einem sehr kleinen Prozessfenster, das nur schwer abschätzbar ist.

2.4.2.4 Halbwarm- und Warmmassivumformung

Die Warmumformung findet oberhalb der Rekristallisationstemperatur des umzuformenden Werkstoffs statt. In diesem Bereich ist die Temperatur eine der wichtigsten Einflussgrößen für den entstehenden Reibungszustand (Löwen 1971), wobei das Temperaturverhalten des eingesetzten Schmierstoffs entscheidend ist. Bei Stahlwerkstoffen liegt die Ausgangstemperatur üblicherweise bei ca. 1.200 °C. Die in der Kaltumformung eingesetzten Schmiermittel können auf Grund mangelnder Temperaturbeständigkeit in der Warmumformung nicht verwendet werden. Ebenso sind die Beanspruchungen und Anforderungen unterschiedlich. Beispielsweise ist eine Verwendung der Warmumformschmiermittel im Bereich der Halbwarmumformung nur eingeschränkt möglich, da das Belastungskollektiv bei der Halbwarmumformung geändert ist. Es herrschen erhöhte Temperaturen und gleichzeitig hohe Kontaktnormalspannungen vor. Aus diesen Gründen verlangen die verschiedenen Temperaturbereiche nach unterschiedlichen Schmierstoffsystemen oder Schmiermitteln.

Wegen der beschriebenen Beanspruchungsbedingungen kommen häufig grafithaltige Schmiermittel in Form von Grafitdispersionen zum Einsatz. Mit ihnen gelingt auch eine Kühlung der Werkzeuge. Die grafithaltigen Schmierstoffe haben jedoch eine erhebliche Verschmutzung des Umfelds und damit schlechte Arbeitsbedingungen zur Folge. Moderne wasserbasierte, weiße Schmierstoffe (auf Basis von Bornitridemulsionen) kommen bei geringen Anforderungen, d.h. kleinen Umformgraden und Gleitwegen immer mehr zum Einsatz. Zum Teil werden zusätzlich zu den Schmierstoffen Rohteilbeschichtungen eingesetzt. Diese können entweder grafit- oder salzbasiert sein. Sie verhindern weitgehend ein Verzundern des Teils, sichern auch bei Mangelschmierung Notlaufeigenschaften und zeigen bei niedrigen Gleitgeschwindigkeiten und hohen Drücken gute Schmiereigenschaften.

2.4.3 Tribologische Prüfverfahren

Die Erfassung und Beschreibung der tribologischen Verhältnisse ist auf Grund der vielfältigen Phänomene während eines tribologischen Vorgangs bis heute theoretisch nur sehr eingeschränkt möglich. Daher spielen experimentelle Untersuchungen eine große Rolle. Reale Produktionsprozesse eignen sich schlecht für das Erkennen und Quantifizieren tribologischer Größen, da die Einflussgrößen auf Grund der in Raum und Zeit schwankenden Verteilungen kaum trennbar sind. Allenfalls können für einen Prozess spezifische Bewertungskriterien wie Werkzeugstandzeit, Bauteilgeometrie, Kraftbedarf oder dominierender Verschleißmechanismus herangezogen werden. Eine direkte Messung der Reibkräfte ist in der Regel nicht möglich. In industriellen Produktionsversuchen stellen die Einhaltung reproduzierbarer Material- und Anlageneigenschaften zusätzlich besondere Herausforderungen dar.

In vielen Fällen ist die Abbildung und Analyse der tribologischen Verhältnisse eines Umformprozesses in einem abstrahierten Modellversuch aufschlussreicher. Dabei muss im Zuge der Abstraktion des Realprozesses auf gute messtechnische Zugänglichkeit sowie auf verfahrenstypische Beanspruchungen und realitätsnahe Werkzeug- und Werkstückzustände wertgelegt werden.

Vergleichsweise geringe Abstraktion ist notwendig, wenn man vereinfachte Modellbauteile unter praxisnahen Laborbedingungen untersucht. Bekanntes Beispiel hierfür ist der Napfziehversuch für das Tiefziehen. Als Beurteilungskriterium des tribologischen Verhaltens dient häufig die erreichbare Formänderung (Grenzziehverhältnis). Im Unterschied zu Presswerkversuchen ist auch die Erstellung eines Arbeitsdiagramms möglich. So ist eine Beurteilung des Reibungseinflusses im gesamten Prozessfenster möglich (Blaich 1990).

Weite Verbreitung haben in der Umformtechnik Prüfmethoden gefunden, die Bereiche eines Prozesses unter möglichst homogenen Bedingungen abbilden. Reib- und Verschleißkennzahlen für definierte Werkstück- und Werkzeugeigenschaften sowie lokale Beanspruchungen können aus den Versuchsergebnissen abgelesen werden. Auf derartige Modellversuche für die Blechumformung wird in Abschnitt 2.4.3.1, für die Massivumformung in Abschnitt 2.4.3.2 eingegangen.

Noch weiter abstrahierende Prüfprinzipien wie Stift-Scheibe, Kugel-Platte oder Vier-Kugel-Apparat sind aus der Werkstoffprüfung bekannt. Diese Versuchsprinzipien arbeiten generell mit einem geschlossenen tribologischen System, d.h. der Kontakt findet wiederholt an denselben Kontaktkörpern statt. Die Versuche können die Verhältnisse in der Wirkfuge dadurch nicht realitätsnah abbilden, da der Spannungszustand im Bauteil, die Oberflächenwandlung und die Oberflächenvergrößerung nicht darstellbar sind. Eine Übertragbarkeit der Ergebnisse auf reale Umformprozesse ist somit nicht zuverlässig gegeben.

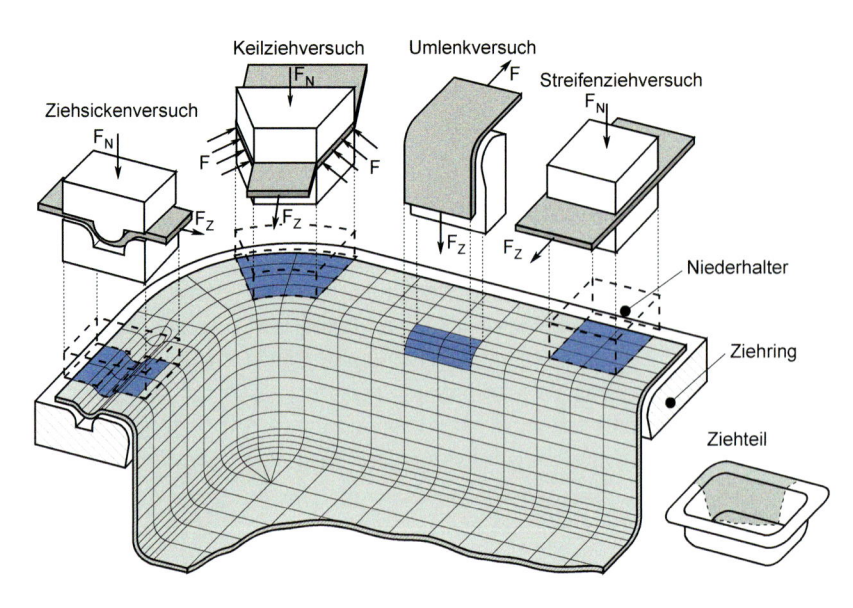

Abb. 2.75: Varianten des Streifenziehversuches (Netsch 1995)

2.4.3.1 Prüfverfahren für die Blechumformung

Größte Verbreitung als tribologischer Modellversuch für die Blechumformung hat der Streifenziehversuch. Er beruht auf dem Prinzip, dass ein Blechstreifen durch ein ruhendes Werkzeug hindurchgezogen wird. Damit kann ein beidseitiger Gleitkontakt mit einem Zugspannungszustand nachgebildet werden. Der Versuch erlaubt eine gute Reproduzierbarkeit und eine realistische Abbildung der tribologischen Verhältnisse in Presswerken. Gleichzeitig besteht die Möglichkeit, einzelne Einflussparameter gezielt zu variieren und resultierende Reibkräfte direkt zu messen. Je nach abzubildendem Bereich eines realen Ziehwerkzeugs werden unterschiedliche Varianten der Werkzeuggeometrie eingesetzt (Netsch 1995; Filzek 2004). Beispiele von Werkzeuggeometrien sind in Abbildung 2.75 gezeigt.

Für die Untersuchung des Reibverhaltens hat sich der Streifenziehversuch mit flachen Werkzeugen etabliert. Er bildet die Verhältnisse im ebenen Niederhalterbereich ab.

Die Übertragbarkeit der Reibkennzahlen und -phänomene aus Flachbahnversuchen auf reale Umformversuche ist in zahlreichen Untersuchungen dokumentiert (Staeves 1998; Meier et al. 1988). Der Flachbahnversuch ist als tribologischer Versuch der Umformtechnik in einer Richtlinie definiert (VDA 2008). Der dabei zugrunde liegende Versuchsaufbau wird nachfolgend anhand Abbildung 2.76 beschrieben.

In der Versuchsanordnung sind die ebenen Werkzeuge beweglich gegen Kraftmessdosen gelagert. Sie ermöglichen die direkte Erfassung der auftretenden Reibkräfte. Auf Grund des flächigen Kontakts bilden sich besonders homogene Beanspruchungsverhältnisse aus. Schmierstoffe können hinsichtlich ihres Reibungseinflusses bei unterschiedlichen Versuchsbedingungen analysiert werden (Staeves et al. 1998b). Beispielsweise kann der Einfluss technologischer Größen wie Flächenpressung, Gleitgeschwindigkeit oder Werkzeugtemperatur durch einfache Variation ermittelt werden. In vielen Untersuchungen wird mit dieser Versuchsanordnung auch der Einfluss der Blech- und Werkzeugeigenschaften auf das

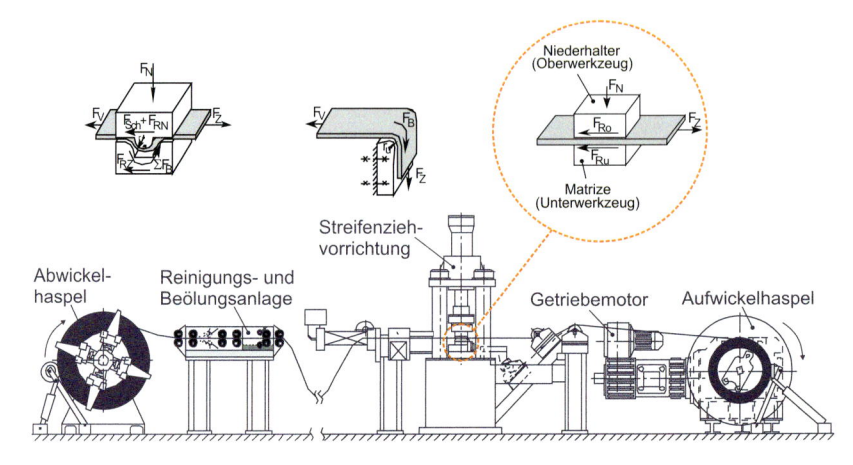

Abb. 2.76: Versuchsprinzip und Aufbau einer Streifenziehanlage (Netsch 1995)

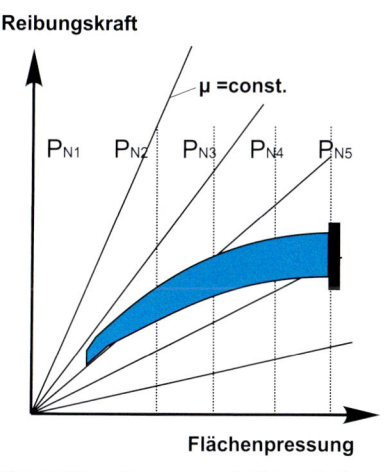

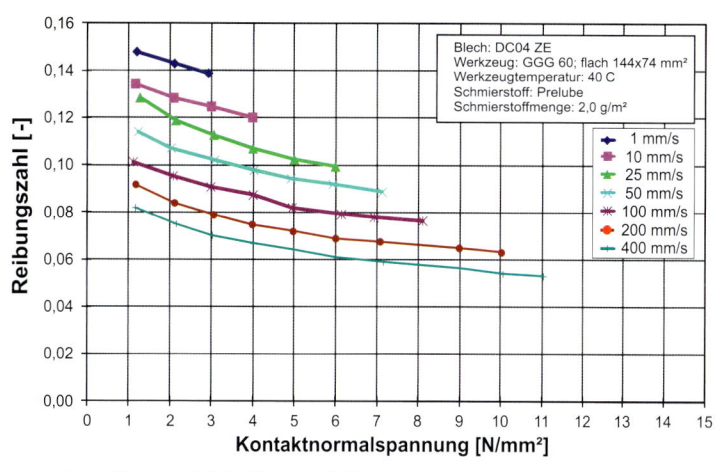

Abb. 2.77: Formen von Reibkennfeldern aus Reibversuchen (Wagner 1996; Filzek 2006)

Reibverhalten durch einfachen Austausch bestimmt. Als Versuchsergebnisse lassen sich Reibkennfelder wie in Abbildung 2.77 gezeigt erstellen.

Wahlweise können entweder die direkt gemessene Reibkraft (vgl. Abb. 2.77 links) oder der daraus errechnete Reibkoeffizient μ (vgl. Abb. 2.77 rechts) als Funktion der nominellen Flächenpressung dargestellt werden. In dem gezeigten Beispiel nimmt der Reibkoeffizient für niedrige Kontaktnormalspannungen die höchsten Werte an und fällt mit zunehmender Normalspannung ab. Verantwortlich für den Abfall des Reibkoeffizienten mit der Geschwindigkeit sind hydrodynamische Effekte.

Für Verschleißuntersuchungen sind hoch belastete Werkzeugbereiche von besonderem Interesse. Dazu kommen in Dauerversuchen die anderen Werkzeuggeometrien aus Abbildung 2.78 bevorzugt zum Einsatz. Insbesondere Umlenk- und Ziehsickenversuche gestatten die Erzeugung hoher lokaler Beanspruchungen und einen daraus resultierenden Verschleißvorgang an Blechen und Werkzeugen. Einige Prüfanlagen sind zu diesem Zweck entstanden (Filzek 2004). Mit diesen sind beispielsweise Untersuchungen zur Standzeit von Werkzeugen aus unterschiedlichen Werkstoffen oder dem Verhalten von Zinkschichten auf Blechen während Blechumformprozessen durchgeführt worden.

2.4.3.2 Prüfverfahren für die Massivumformung

In der Massivumformung gibt es bislang noch keinen standardisierten Reibversuch. Dennoch existieren Versuchsprinzipien, die ebenfalls auf eine realitätsnahe Beanspruchung und eine direkte Bestimmung der Reibkennzahlen zielen. Hemyari (Hemyari 1999) entwickelte für diesen Zweck eine zweifach wirkende Prüfanlage auf der Basis eines Stauchvorganges mit anschließend stattfindendem Gleitversuch. Das Versuchsprinzip ist in Abbildung 2.78 veranschaulicht. Ein Stauchvorgang

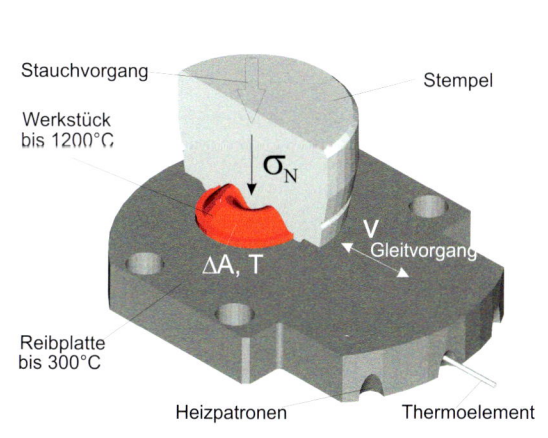

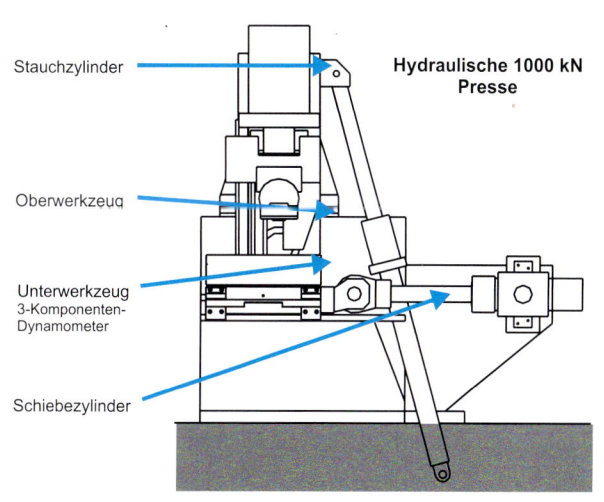

Abb. 2.78: Prinzip und Versuchseinrichtung des Gleitstauchversuchs der TU Darmstadt (Rupp 1997; Hemyari 1999)

erzeugt im ersten Schritt die gewünschte Oberflächenvergrößerung und Kontaktnormalspannung. Während des anschließenden Gleitens in Richtung senkrecht zur Stauchbewegung können die Reibkräfte unter konstant eingestellter Kontaktnormalkraft über Kraftmessdosen direkt gemessen werden. Sowohl Proben als auch Werkzeuge lassen sich temperieren und gestatten somit die Abbildung von Verhältnissen der Kalt-, Halbwarm- und Warmmassivumformung. Verschleißuntersuchungen können durch Langzeitversuche erfolgen. Für die Beurteilung der auftretenden Verschleißphänomene bieten sich Oberflächenanalysen an. Um möglichst homogene Beanspruchungen in der Kontaktzone zwischen Werkzeug und Probe während des Stauchens zu erzeugen, muss die Gravur des Stempels entsprechend ausgelegt sein.

Als Ergebnisse können mit Hilfe des Gleistauchversuchs Reibkennzahlen in Abhängigkeit von Kontaktnormalspannungen, Gleitgeschwindigkeiten und Temperatur für die untersuchten Schmierstoffe, Werkzeugwerkstoffe und -behandlungen sowie Werkstoffeigenschaften der Probe gewonnen werden. Untersuchungen zielen in der Kaltmassivumformung beispielsweise auf die möglichen Einsatzbereiche von Schmierstoffsystemen ohne Konversionsschicht (Köhler 2009; Raedt 2002), auf die Beständigkeit von Werkzeugbeschichtungen (Kappes 2005) sowie auf den Einfluss von Strukturierungen der Werkstückoberflächen (Groche et al. 2009). In der Warmmassivumformung ist die Beständigkeit der Werkzeuge unter der kombinierten thermischen und mechanischen Belastung von hohem Interesse (Behrens, Schäfer 2008).

Literatur zu Kapitel 2.4

Archard, J. F.: Contact and Rubbing of Flat Surfaces. Journal of Appl. Physics 24 (1953) 8, S. 981– 988.

Bach, F.-W.: Moderne Beschichtungsverfahren. Wiley-VCH Verlag, 2004.

Bay, N. et al.: Environmentally benign tribo-systems for metal forming. In: CIRP Annals - Manufacturing Technology, 59 (2010) 2, S. 760 - 780.

Behrens, B.-A.; Schäfer, F.: Vorhersage des Werkzeugversagens durch Materialermüdung in der Warmmassivumformung - Lebensdauerberechnung unter Berücksichtigung prozessspezifischer Werkstoffkennwerte. wt Werkstattstechnik online, Heft 10, Springer-VDI-Verlag, Düsseldorf 2008.

Behrens, B.-A.; Hübner, S.; Demir, M.: Optimale Prozessschmierung sichert Qualität der Wärmeumformung. MaschinenMarkt 4 (2010), S. 30 - 31.

Blaich, M.; Dannemann, E.; Mössle, E.: Tribologie der Blechumformung. In: Lange, K. (Hrsg.): Umformtechnik, Band 3: Blechbearbeitung. Springer-Verlag, Berlin 1990.

Burkhardt, L.: Eine Methodik zur virtuellen Beherrschung thermo-mechanischer Produktionsprozesse bei der Karosserieherstellung. Dissertation, ETH Zürich, Nr. 17545, 2008.

Bächler, W.: Polymer-Schmierstoffe in der Kaltmassivumformung. VDI Wissensforum: 23. Jahrestreffen der Kaltmassivumformer, Düsseldorf 2008.

Czichos, H.; Habig, K-H.: Tribologie-Handbuch. Reibung und Verschleiß: Systemanalyse, Prüftechnik, Werkstoffe und Konstruktionselemente. Vieweg, Braunschweig, Wiesbaden 1992.

Demir, M.; Weber, M.: Praxistaugliche Prozessschmierung für das Presshärten. 7. Forum Tribologische Entwicklungen in der Blechumformung, Darmstadt 2010.

Filzek, J.: Kombinierte Prüfmethode für das Reib-, Verschleiß- und Abriebverhalten. Dissertation, TU Darmstadt, Berichte aus Produktion und Umformtechnik, Band 62, Shaker-Verlag, Aachen 2004.

Filzek, J.: Tribologische Prozessoptimierung als externe Dienstleistung. 9. Umformtechnisches Kolloquium Darmstadt, Verlag Meisenbach, Bamberg 2006.

Friedrich, Ch.: Tribologische Problemlösungen mit PVD-Hartstoffschichten zum Verschleißschutz, Shaker Verlag, Aachen 1998.

Groche, P. et al.: Reduzierung der Umweltbelastung in der Kaltmassivumformung von Stahl durch Vermeidung von Phosphatierungen bei minimiertem Schmierstoffeinsatz. Abschlussbericht des DBU-Projektes AZ 12125, 2001.

Groche, P.; Filzek, J.; Nitzsche, G.: Local Contact Conditions in Sheet Metal Forming and their Simulation in Laboratory Test Methods. In: Production Engineering, WGP Annals, 11 (2004) 1, S. 55 - 60.

Groche, P.; Stahlmann, J.; Hartel, J.; Köhler, M.: Hydrodynamic effects of macroscopic deterministic surface structures in cold forging processes. In: Tribology International 42 (2009) 8, S. 1173 - 1179.

Hemyari, D.: Methode zur Ermittlung von Konstitutivmodellen für Reibvorgänge in der Massivumformung bei erhöhten Temperaturen. Dissertation TU Darmstadt, Berichte aus Produktion und Umformtechnik, Band 43, Shaker-Verlag, Aachen 1999.

Hettig, A.; Nehl, E.: Einsatz von Umformwerkzeugen in der Produktion. In: Lange, K. (Hrsg.): Umformtechnik. Band 4: Sonderverfahren, Prozesssimulation, Werkzeugtechnik. Springer-Verlag, Berlin 1993.

Hortig, D.: Werkzeugbeschichtungen mit Trockenschmierstoffeigenschaften für das Tiefziehen. Dissertation, TU Darmstadt, Berichte aus Produktion und Umformtechnik, Band 47, Shaker-Verlag, Aachen 2001.

Kappes, B.: Über den Nachweis tribologischer Effekte mit Hilfe von Modellversuchen im Bereich der umweltfreundlichen Kaltmassivumformung. Dissertation TU Darmstadt, Berichte aus Produktion und Umformtechnik, Band 63, Shaker-Verlag, Aachen 2005.

Kleinle, M.: Etablierte Schmierstoffsysteme in der Kaltmassivumformung. VDI Wissensforum: 24. Jahrestreffen der Kaltmassivumformer, Düsseldorf 2009.

Köhler, M.: Beitrag zur zinkphosphatschichtfreien Kaltmassivumformung durch tribologisch vorteilhafte Halbzeugoberflächen. Dissertation, TU Darmstadt, Berichte aus Produktion und Umformtechnik, Band 79, Shaker-Verlag, Aachen 2009.

Köhler, M.; Stahlmann, J.; Groche, P.: Effect of structured workpiece surfaces on friction in bulk metal forming. Proceedings of the 3rd International Conference on Tribology in Manufacturing Processes, ICTMP, Yokohama 2007.

Lange, K.: Fließpressen – Wirtschaftliche Fertigung metallischer Präzisionswerkstücke. Springer-Verlag, Berlin 2008.

Liedtke, D.: Wärmebehandlung von Eisenwerkstoffen II. Expert-Verlag, 2005.

Löwen, J.: Ein Beitrag zur Bestimmung des Reibungszustandes beim Gesenkschmieden. Dissertation, Technische Hochschule Hannover, 1971.

Mang, T.: Die Schmierung in der Metallbearbeitung. Vogel-Verlag, 1983.

Meier, B. T.; Reissner, J.; Kopietz, J.; Wollrab, P.-M.: Die Übertragbarkeit von Streifenreibzahlen auf reale Ziehteile. In: Tribologie und Schmierungstechnik 6 (1988), S. 300–303.

Meiler, M.: Großserientauglichkeit trockenschmierstoffbeschichteter Aluminiumbleche im Presswerk. Dissertation, Universität Erlangen, Fertigungstechnik-Erlangen, Band 157, Meisenbach Verlag, Bamberg 2005.

Merklein, M., Lechler, J., Stoehr, T.: Characterization of tribological and thermal properties of metallic coatings for hot stamping boron-manganese steels. Proceedings of the 7th International Conference "THE" Coatings in Manufacturing Engineering, Chalkidiki, Greece 2008.

Netsch, Th.: Methode zur Ermittlung von Reibmodellen für die Blechumformung. Dissertation, TU Darmstadt, Berichte aus Produktion und Umformtechnik, Band 27, Shaker-Verlag, Aachen 1995.

Nittel, K. D.: Neue Beschichtungen und Trends beim Kaltfließpressen und Kaltstauchen. VDI Wissensforum: 23. Jahrestreffen der Kaltmassivumformer, Düsseldorf 2008.

Nittel, K. D.: Chemische Beschichtungssysteme als Schmierstoffträger für die Kaltumformung. In: Tribologie und Schmierungstechnik, 4 (2009), S. 42 – 49.

Nittel, K. D. et al.: Surface Treatment – Facts, Trends and Outlook for the Cold Forging Industry. 43rd ICFG Plenary Meeting, Darmstadt 2010.

Nitzsche, G.: Reduzierung des Adhäsionsverschleißes beim Umformen von Aluminiumblechen. Dissertation, TU Darmstadt, Berichte aus Produktion und Umformtechnik, Band 72, Shaker-Verlag, Aachen 2007.

Raedt, J. W.: Grundlagen für das schmiermittelreduzierte Tribosystem bei der Kaltumformung des Einsatzstahles 16MnCr5. Dissertation, Aachen, Eigenverlag, 2002.

Rupp, M.: Möglichkeiten und Grenzen der Kaltmassivumformung zinkphosphatschichtfreier Stähle. Dissertation, TU Darmstadt, Berichte aus Produktion und Umformtechnik, Band 38, Shaker-Verlag, Aachen 1997.

Schafstall, H.: Verbesserung der Simulationsgenauigkeit ausgewählter Massivumformverfahren durch eine adaptive Reibwertvorgabe. Dissertation, Universität der Bundeswehr Hamburg, Shaker-Verlag, Aachen 1999.

Schmoeckel, D., Gärtner, R., Rupp, M.: Trends in der Tribologie – Entwicklungen für eine saubere Kaltmassivumformung. In: Umformtechnik, 4 (1998), S. 42 - 46.

Staeves, J.: Beurteilung der Topografie von Blechen im Hinblick auf die Reibung bei der Umformung. Dissertation, TU Darmstadt, Berichte aus Produktion und Umformtechnik, Band 41, Shaker-Verlag, Aachen 1998.

Staeves, J.; Filzek, J.; Schmoeckel, D.: Surface qualification in the sheet metal domain. Proceedings of the 6th International Conference on Sheet Metal, University of Twente, The Netherlands 1998a.

Staeves, J.; Filzek, J.; Schmoeckel, D.: Minimierung der Schmierstoffmenge bei der Umformung von Tiefziehblechen unterschiedlicher Oberflächenfeingestalt. Abschlußbericht zum Forschungsvorhaben EFB/AIF 10451 N, 1998b.

Thamm, U.: Bewertung von Tiefziehprozessen durch Infrarot-Thermografie. Dissertation, TU Chemnitz, Berichte aus dem IWU, Band 5, 1998.

VDA (Hrsg.): Laborprüfung von Prelubes. Richtlinie VDA 230/213, Verband der deutschen Automobilindustrie, Dokumentation Kraftfahrtwesen e.V. (DKF), Bietigheim-Bissingen 2008.

Wagner, S.: 3D-Beschreibung der Oberflächenstrukturen von Feinblechen. Dissertation, Universität Stuttgart, Beiträge zur Umformtechnik, Band 11, DGM-Verlag, 1996.

Weber, M.: Werkzeugbeschichtungen für Kalt- und Warmumformung von Aluminium- und Magnesiumlegierungen. 10. Umformtechnisches Kolloquium Darmstadt, Verlag Meisenbach, Bamberg 2009.

Woska, R.: Einfluss ausgewählter Oberflächenschichten auf das Reib- und Verschleißverhalten beim Tiefziehen. Dissertation, TU Darmstadt, 1982.

Zum Gahr, K. H.: Reibung und Verschleiß. Mechanismen – Prüftechnik – Werkstoffeigenschaften. Deutsche Gesellschaft für Metallkunde e. V., Oberursel 1983.

2.5 Numerische Simulation in der Blechumformung

Karl Roll

Die numerische Simulation von Fertigungsabläufen und Einzelprozessen gewinnt immer mehr an Bedeutung. Die unter den Begriffen „Virtual Manufacturing" oder „Digitale Fabrik" verstandene Simulationstechnik bietet die Voraussetzung, in einer sehr frühen Phase der Produktentwicklung die Auswirkungen z. B. des Materialkonzeptes und die damit verbundene Fertigungstechnik auf die einzelnen Produktionsabläufe zu simulieren und in 3D-Form zu visualisieren. Dadurch können bereits im Anfangsstadium der Produktentwicklung Schwachstellen in der Produktion aufgedeckt und beeinflusst werden.

Die Umformtechnik ist ein Fertigungsverfahren, bei dem die Herstellung eines umgeformten Werkstückes bis vor einigen Jahren in der Regel erst nach Vorversuchen und/oder durch Nutzen von Expertenwissen möglich war. Der Grund für die Notwendigkeit von Vorversuchen liegt in der Tatsache begründet, dass die umformtechnischen Verfahren nicht mit geschlossenen analytischen Beziehungen beschrieben werden können. In den vergangenen 30 Jahren wurden deshalb Verfahren entwickelt, die eine realitätstreue „Vorfertigung" des Werkstückes auf dem Rechner erlauben und somit kostenintensive Versuche einsparen bzw. drastisch reduzieren. Diese Vorgehensweise, bei der die Verfahrensentwicklung mit Hilfe einer Prozesssimulation durchgeführt wird, wird auch als *virtuelle Umformtechnik* bzw. *digitale Fertigung* bezeichnet. Die virtuelle Umformtechnik wird einen hohen Stellenwert in der Informations- und Wissensgesellschaft erhalten und zunehmend wichtiger werden. Die Entwicklung von neuen Umformverfahren oder die Anwendung bekannter Verfahren auf neue Werkstoffe wird ohne die Anwendung der virtuellen Umformtechnik in Zukunft nicht mehr stattfinden.

Die geschichtliche Entwicklung der Methoden und Verfahren der Simulation umformtechnischer Vorgänge kann in zwei zeitliche Abschnitte eingeteilt werden: Im Abschnitt vor der wirtschaftlichen Ausnutzung des Computers (etwa vor 1960) sind überwiegend empirische Simulationsverfahren angewandt worden. Durch systematische experimentelle Parameteruntersuchungen (zum Teil unter Einbeziehung der Ähnlichkeitsmechanik) sind Grundlagen für die Ermittlung von Umformkräften, Werkstofffluss sowie Versagenserscheinungen geschaffen worden. Die theoretischen Simulationsmethoden basierten hauptsächlich auf der elementaren Plastizitätstheorie (obwohl die Grundlagen der höheren Plastizitätstheorie seit etwa 1930 verfügbar waren) mit dem Ziel der Vorberechnung von Umformkräften sowie der groben Abschätzung von Spannungen. In geringerem Umfang wurden auch die Verfahren der Gleitlinientheorie sowie der oberen Schranke angewandt.

Mit der Verfügbarkeit des Computers begann eine regelrechte Revolution im Bereich der theoretischen Prozesssimulation umformtechnischer Vorgänge. Nun konnten die bereits vorliegenden Ansätze der höheren Plastizitätstheorie angewandt werden. Diese Ansätze wurden umformuliert, sodass die daraus abgeleiteten numerischen Methoden einfach vom Computer abzuarbeiten waren. Die Entwicklung startete mit den Finiten-Differenzen-Methoden, ging weiter mit den Fehlerabgleichverfahren und endete schließlich ab etwa 1970 mit der Anwendung der Finiten Elemente Methode (FEM) als heute üblichem numerischem Standardverfahren. Es soll jedoch hervorgehoben werden, dass die zuletzt erwähnten Verfahren nur „numerische Werkzeuge" sind, um die plastizitätstheoretischen Ansätze anzuwenden.

Die Anwendung der Finiten Elemente Verfahren für die Prozesssimulation in der Umformtechnik begann vor etwa 30 Jahren. Seit dieser Zeit findet eine stürmische Entwicklung statt, die sogar heute noch nahezu im gleichen Tempo weitergeht. Dabei waren zu Beginn die Entwicklungsgeschwindigkeiten der Prozesssimulation bei der Massiv- und Blechumformung sehr unterschiedlich (Tekkaya 1993).

In den vergangenen 15 Jahren wurde eine Vielzahl von Untersuchungen zur Simulation von Umformvorgängen, aufbauend auf den verschiedensten Ansätzen, durchgeführt. Heute ist die Entwicklung auf dem Gebiet der Umformsimulation soweit fortgeschritten, dass es eine Anzahl von kommerziellen Programmen gibt, mit denen eine FE-Simulation umformtechnischer Vorgänge möglich ist. Der Fortschritt bei der Entwicklung der Simulationsverfahren in der Blechumformung lässt sich gut in den Tagungsbänden der alle drei Jahre stattfindenden NumiSheet- Konferenzen verfolgen (Hora 2008).

Die heutige Anwendung der Simulation von Blechformprozessen lässt sich am Beispiel einer virtuellen Blechteileherstellung zeigen (Abb. 2.79).

Am Anfang der Simulation steht die Aufbereitung der aus der Teilekonstruktion vorliegenden CAD-Daten. Danach folgen die Schritte „Methodenplan/Ankonstruktion", „Umformsimulation" und „Simulation von Folgeprozessen" wie z. B. Beschnittoperationen. Gerade bei den Beschnittoperationen werden neben den Daten aus der Umformsimulation unter Berücksichtigung der werkstoff- und designabhängigen Rückfederung weitere wichtige

2.5 Numerische Simulation in der Blechumformung

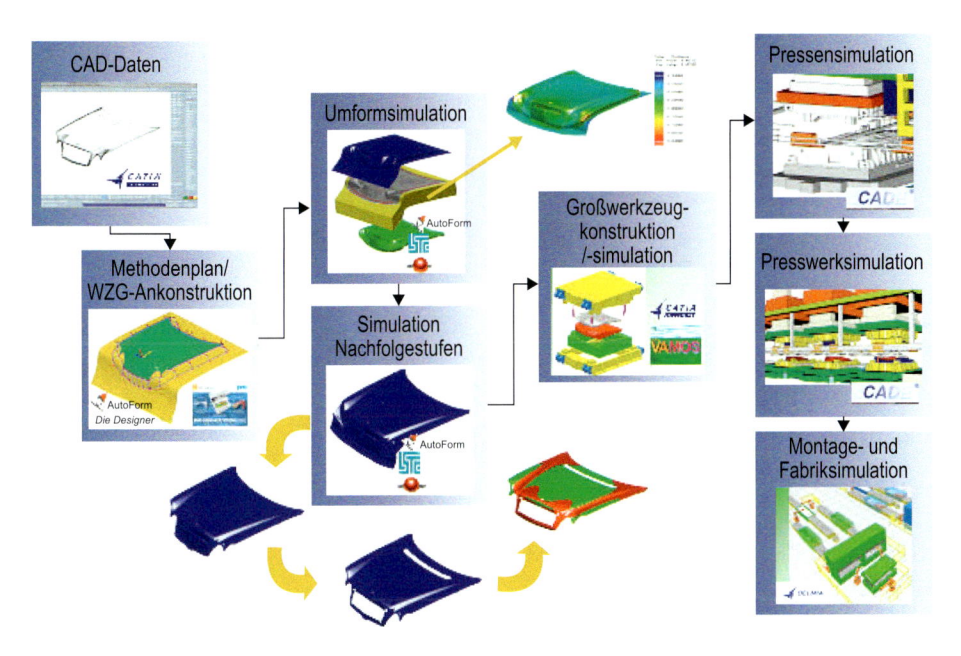

Abb. 2.79: *Prozesskette „Virtuelle Blechherstellung"*

Daten für die nachfolgende Großwerkzeugkonstruktion bzw. -simulation sowie für die Presswerksimulation gewonnen.

Die gegenwärtig verfügbaren Tools für die Umformsimulation sind in der Lage, Phänomene wie die Riss- oder Faltenbildung sowie die Rückfederung mit ausreichender Genauigkeit vorauszuberechnen. Dadurch wird es möglich, frühzeitig über die Simulation die notwendigen Tiefziehstufen mit den entsprechenden Detailkonstruktionen für die Einzelwerkzeuge festzulegen. Kosten- und zeitaufwendige Werkzeugänderungen werden dadurch eingespart. So werden heute in der Regel keine Umformwerkzeuge mehr konstruiert und gebaut, bevor nicht die Basisdaten aus der Umformsimulation vorliegen.

Bereits in frühen Designphasen werden heute Simulationen des Umformprozesses mit Hilfe der Finiten-Element-Methode (FEM) durchgeführt. Die wichtigsten Ziele sind dabei die Überprüfung der Herstellbarkeit der Blechformteile und die Gewinnung wichtiger Hinweise bezüglich der optimalen Werkzeuggestaltung. Zur Erreichung dieser Ziele wird dabei die Simulation folgendermaßen eingesetzt (Roll 2002, Roll 2008):

- Zur schnellen Übersicht und einer ersten Abschätzung der Herstellbarkeit und zur Voroptimierung werden inverse Programme eingesetzt.
- Zur Optimierung des Werkzeugs und des Prozesses kommen je nach Blechformteil implizite Finite Elemente Programme mit Membran- bzw. Schalenelementen und explizite Programme mit Schalenelementen zum Einsatz.
- Zur Berechnung von Spannungsverteilungen und rückfederungsbedingten Formänderungen werden explizite und implizite oder Kombinationen von expliziten und impliziten Programmen mit Schalenelementen verwendet.

Die Vorhersage- und Einsatzmöglichkeiten der Blechumformsimulation veranschaulicht Abbildung 2.80. Versagenserscheinungen wie Reißer und Faltenbildung werden sehr gut vorausbestimmt. Dies gilt ebenfalls für den Werkstofffluss, die Blechdicken- und Dehnungsverteilung sowie die Niederhalterpressung. Durch den Einsatz der Prozesssimulation kann der Aufwand für die Ein- und Überarbeitung der Werkzeuge der ersten Umformstufe enorm reduziert werden.

Abbildung 2.81 verdeutlicht die mittlerweile verwirklichten Möglichkeiten der Simulation von Blechumformprozessen. Der Einsatz der Blechumformsimulation be-

Vorhersagemöglichkeiten bei der Simulation von Blechumformprozessen		
Gut	**Durchschnittlich**	**Schlecht**
▶ Stofffluss ▶ Versagen durch Reißer ▶ Faltenbildung im freien Umformbereich ▶ Blechdicken- und Umformgradverteilung	▶ Blecheinzug ▶ Ausgangskontur der Platine ▶ Spannungsverteilung ▶ Rückfederung Kompensation	▶ Oberflächenfehler ▶ Faltenbildung unter Kontaktbedingungen ▶ Umformkräfte
■ Durchführung einer Simulation der ersten Umformstufe des kompletten Herstellungsprozesses eines Karosserieteils für jedes Blechformteil ■ Berechnungen nachfolgender Umformstufen sind noch nicht Stand der Technik		

Abb. 2.80: *Stand der Vorhersagemöglichkeiten bei der Blechumformsimulation*

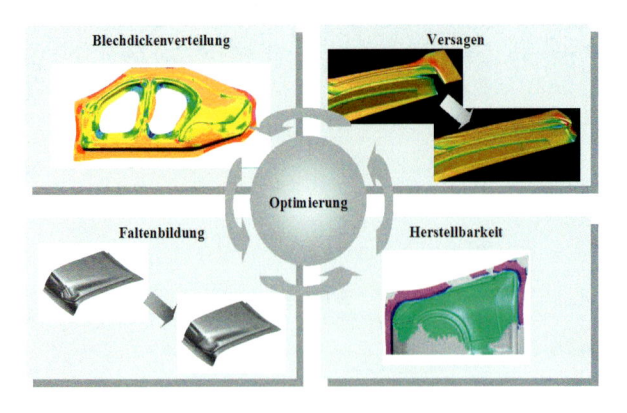

Abb. 2.81: *Einsatz der Blechumformsimulation in der Automobilindustrie*

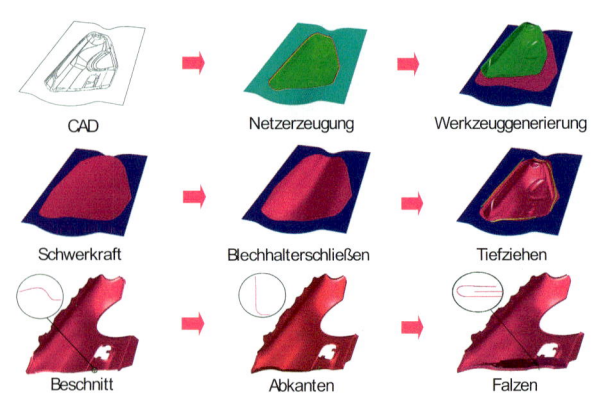

Abb. 2.82: *Simulation der kompletten umformtechnischen Prozesskette eines komplexen Karosserieblechformteils*

schränkt sich nicht mehr auf die Überprüfung der Herstellbarkeit, obwohl dies weiterhin das wichtigste Ergebnis ist, vielmehr wird die Simulation inzwischen zur Optimierung der ersten Umformstufe eingesetzt. Bei komplexen Karosserieteilen werden bis zu 30 Berechnungsläufe durchgeführt, wobei die Optimierung der Blechformteile hauptsächlich in Bezug auf die beiden Versagenserscheinungen Reißer und Faltenbildung erfolgt (Roll 2002). In Ausnahmefällen wird die Blechdickenverteilung verbessert.

Zusammenfassend ist festzuhalten, dass mit der Einführung der Prozesssimulation in den Produktentstehungsprozess von Blechformteilen bereits große Einsparungen erzielt wurden. Diese ergeben sich im Wesentlichen durch eine schnellere Entwicklung der Werkzeuge sowie eine starke Verringerung des *Trial and Error*-Prozesses bei der Fertigung des Serienwerkzeugs. Der gesamte Arbeitsaufwand zur Auslegung der Umformmethode und Konstruktion sowie Fertigung der Blechumformwerkzeuge konnte bei einer gleichzeitigen Verkürzung der Entwicklungszeiten um ca. 40 Prozent reduziert werden. In den vergangenen Jahren wurden die Entwicklungs- und Fertigungszeiten bei der Werkzeugerstellung um ca. 50 Prozent verkürzt, eine weitere Reduzierung um 30 Prozent in den nächsten Jahren erscheint realistisch (Roll 2002).

2.5.1 Simulation und Kompensation der Rückfederung

Wie bereits ausgeführt, ist die Simulation der ersten Umformstufe, also des Ziehprozesses, heute Stand der Technik und wird bei der Werkzeugentwicklung und -optimierung in der täglichen Arbeit eingesetzt. Das Ziel ist aber, den kompletten Herstellungsprozess inklusive aller Nachfolgeprozesse zu simulieren und somit Aussagen über möglichst alle Fehler und Probleme der kompletten Herstellungskette zu erhalten. Der grundsätzliche Ablauf der Simulation eines kompletten Herstellungsprozesses für ein Karosseriebauteil ist in Abbildung 2.82 dargestellt. Bei der Simulation der gesamten Prozesskette in der Blechteilefertigung ist die exakte Simulation der Rückfederung ein zentrales Problem, da die Rückfederung nach dem letzten Fertigungsschritt ganz entscheidenden Einfluss auf die Genauigkeit des Bauteils hat. Unter Rückfederung wird die Formabweichung eines umgeformten Blechbauteils von der Sollgeometrie verstanden, welche sich nach dem Entfernen der äußeren Lasten einstellt. Wenn es nach der Entfernung der äußeren Lasten, das heißt der Werkzeuge, zu keinen Formabweichungen kommt, kann ein Eingriff in den im Werkstück vorherrschenden Eigenspannungszustand z. B. durch einen Beschnitt des Teiles dennoch zu erheblichen Rückfederungen führen. Untersuchungen, die in (Rohleder 2001, Wagoner 1996, Chu 2002) durchgeführt wurden, zeigen, dass es heute möglich ist, die Rückfederung mit akzeptabler Genauigkeit zu berechnen. Die Untersuchungen haben gezeigt, dass die Richtung der Rückfederung heute in der Regel richtig vorausgesagt werden kann, die gerechnete Rückfederung liegt dabei in den meisten Fällen unter den gemessenen Werten, die maximale Abweichung beträgt heute etwa 15 Prozent.

Ziel der Rückfederungssimulation ist letztendlich die Kompensation der Formabweichung, sei es durch Veränderungen in der Werkzeuggeometrie oder durch Veränderungen im Fertigungsprozess. Aufbauend auf den bisherigen Ergebnissen ist es nun möglich, Strategien für eine Kompensation der Rückfederung zu entwickeln. Zurzeit gibt es erste Ansätze (Roll 2005), aber noch keine allgemeingültigen Strategien zur Kompensation der Rückfederung.

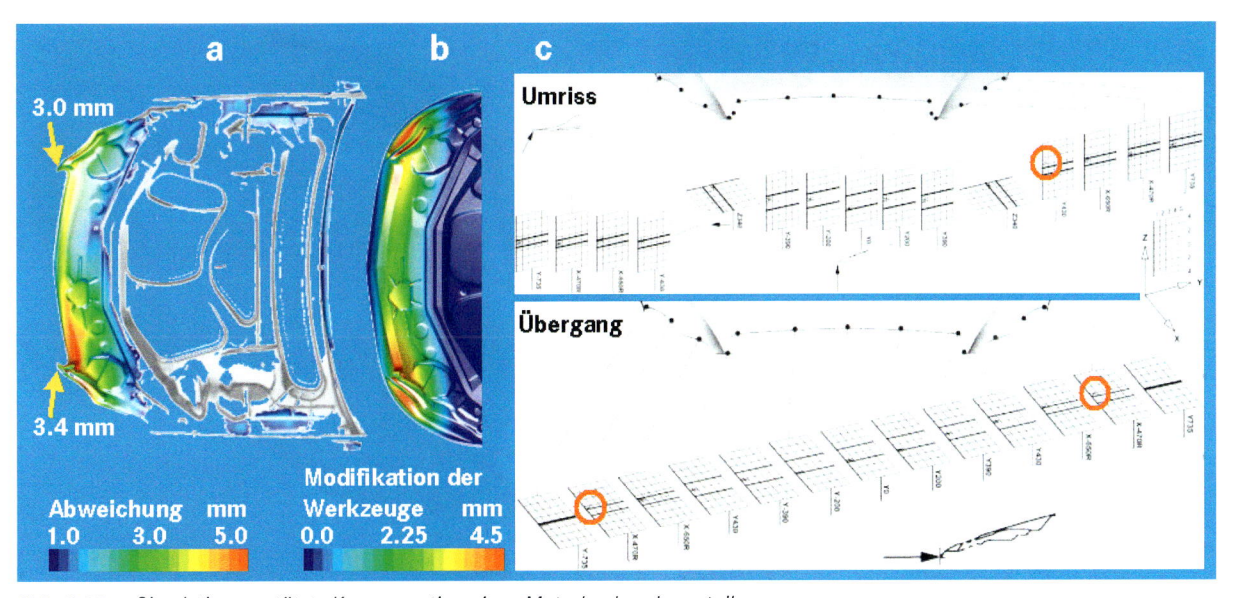

Abb. 2.83: Simulationsgestützte Kompensation eines Motorhauben-Innenteils
a) Berechnete Formabweichung ohne Kompensation
b) Modifikation der Werkzeuge
c) Messbericht des realen Zusammenbaus für Umriss und Übergang

Ein Beispiel für eine gelungene Kompensation zeigt Abbildung 2.83 (Roll 2005). Die Simulation des Herstellungsprozesses mit Beschnitt und Rückfederung dieses Bauteils ergab, dass der gesamte vordere Bereich ab einer quer verlaufenden Verprägung nach oben auffedert, siehe Abbildung 2.83a. Die Werkzeuggeometrie wurde entsprechend überbogen, die Rückfederung wurde mit der neuen Werkzeuggeometrie überprüft und anschließend das Werkzeug mit der korrigierten Geometrie hergestellt (Abbildung 2.83b). Nach dem Abpressen des Motorhauben-Innenteils und der Beplankung wurden diese gefügt. Eine Vermessung dieses Zusammenbaus bezüglich des Umrisses und des Überganges ergab, dass die Formabweichungen im vorderen Bereich nur noch an drei Messpunkten geringfügig außerhalb der Toleranz liegen (Abb. 2.83c).

2.5.2 Simulation der Bauteileigenschaften nach dem Umformen

In der Produktionsplanung Pressteilefertigung werden heute sämtliche Prozesse zur Blechteileherstellung vor der eigentlichen Realbauteilfertigung mittels leistungsfä-

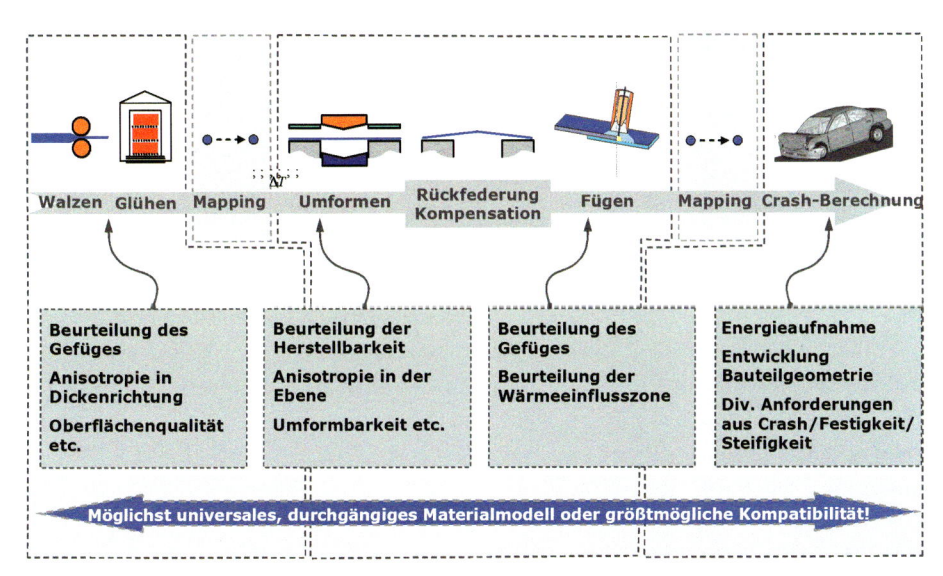

Abb. 2.84: Skizze der digitalen Prozesskette Blechteileherstellung (Neukamm 2008)

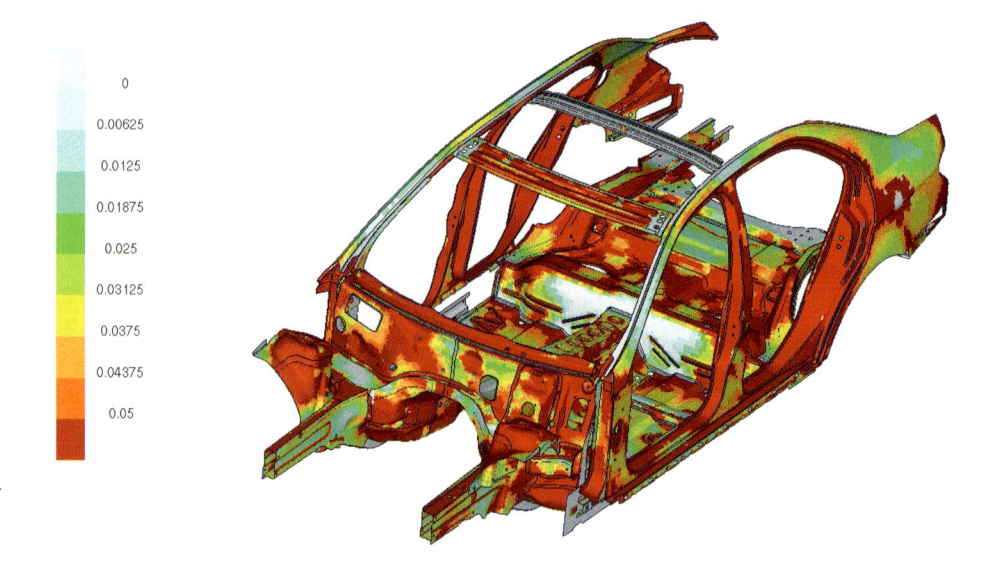

Abb. 2.85: *Plastische Dehnungen nach dem Umformen am Beispiel einer Rohbau-Struktur*

higer Simulations-Software virtuell auf Rechnern abgebildet. Auf diese Weise lassen sich bereits im frühen Entwicklungsstadium zukünftiger Produkte Aussagen zur Herstellbarkeit bestimmter Bauteile unter Verwendung bestimmter Materialen treffen, sowie Werkzeuggeometrien frühzeitig optimieren.

Interessant für die Blechteilefertigung sind, neben der Machbarkeitsanalyse, grundsätzlich diejenigen Prozesse, die zu Veränderungen in der Materialstruktur und damit zu Veränderungen der Bauteileigenschaften führen. Bislang erfolgten die Simulationsrechnungen der einzelnen Prozesse meist autark. Ein möglicher Einfluss eines in der Prozesskette vorangestellten Schrittes bleibt bei dieser Vorgehensweise unberücksichtigt. Je nach untersuchtem Material ist die Historie der Verformung jedoch von entscheidender Bedeutung für die Realitätsnähe der Simulationsergebnisse. Aus diesem Grund werden zurzeit große Anstrengungen unternommen, die digitale Prozesskette der Blechteilefertigung ganzheitlich zu schließen.

Die digitale Prozesskette zur Blechteilefertigung gliedert sich grob in die Simulations-Pakete Gießen, Walzen, Glühen, Umformen, Fügen, Lebensdaueranalyse bzw. Crash. Zurzeit wird intensiv an den einzelnen Bausteinen mit dem Ziel gearbeitet, die Prozesskette für die Berechnung der Bauteileigenschaften zu schließen. Abbildung 2.84 zeigt das Konzept der geplanten digitalen Prozesskette (Roll 2007, Roll 2009).

FE-Simulationen, die z.B. das Crashverhalten von Bauteilen nachbilden, werden heutzutage hauptsächlich aufgebaut aus CAD-Datensätzen, die einzig und alleine die geometrischen Informationen der jeweiligen Bauteilgruppe bzw. des jeweiligen Bauteils beinhalten, nicht jedoch die Umformhistorie. In den vergangenen Jahren wurden sogenannte Mapping-Algorithmen entwickelt, die es ermöglichen, bestimmte Parameter (Elementdicke, Dehnung) aus den Ergebnissen einer Umformsimulation auf das Ausgangsnetz der Crashsimulation zu übertragen. Die Herausforderung hierbei besteht darin, dass FE-Netze zur Umformsimulation, die pro Bauteil gerechnet werden, viel feiner gegliedert sind als FE-Netze zur Crashsimulation, die pro Fahrzeug gerechnet werden. Ein sinnvoller Mapping-Algorithmus muss also in der Lage sein, Ergebnisparameter vieler feiner Umformelemente auf ein gröberes Element des Crashnetzes zusammenfassend zu übertragen. Dieses Verfahren kommt heute bei bestimmten Crashberechnungen bereits zum Einsatz, entspricht jedoch noch nicht der üblichen Vorgehensweise. Abbildung 2.85 zeigt die auf eine Rohbau-Struktur gemappten plastischen Dehnungen nach der Umformsimulation.

Neben den bereits realitätsnahen Modellen für die Umformsimulation existieren auch erste Modellansätze für die verschiedenen Fügeverfahren, sodass auch für die Auslegung von Fügezellen kurzfristig Simulationsergebnisse vorliegen werden, die zu einer Verkürzung der Entwicklungszeiten, einer Reduzierung der Versuchsaufwendungen und zu einer insgesamt gesteigerten Prozesssicherheit führen werden.

Literatur zu Kapitel 2.5

Chu, E.; Zhang, L.; Wang, S.; Zhu, X.; Maker, B.: Validation of Springback Predictability with Experimental Measurements and Die Compensation for Automotive Panels. Proceedings of the Numisheet 2002, Korea, S. 313-318.

Hora, P. (Hrsg.): Proceedings of the 7th International Conference NUMISHEET, 2008.

Neukamm, F.; Feucht, M.; Haufe, A.; Roll, K.: A Generalized Incremental Stress State Dependent Damage Model for Forming and Crashworthiness Simulations. Proceedings of the 7th International Conference on Numerical Simulation of 3D Sheet Metal Forming Processes, 2008, S. 805 – 810.

Rohleder, M: Simulation rückfederungsbedingter Formabweichungen im Produktentstehungsprozess von Blechformteilen; Dr.-Ing. Dissertation, Universität Dortmund, 2001.

Roll, K.: Simulation of Sheet Metal Forming – Necessary Developments in the Future. Proceedings of the 7th International Conference on Numerical Simulation of 3-D Sheet Metal Forming Processes, 2008, S. 3 -11.

Roll, K.: Advanced Simulation Techniques-Exceeding Reality? Proceedings Materials & Technology Conference, 16.- 20. September 2007, Detroit.

Roll, K.; Lemke, T.; Wiegand, K.: Possibilities and Strategies for Simulations and Compensation for Springback. Proceedings of the 6th International Conference on Numerical Simulation of 3-D Sheet Metal Forming Processes, 2005, S. 295 -303.

Roll, K.; Rohleder, M.: Einsatz und Potenzial der Blechumformsimulation im Entwicklungsprozess von Karosserieblechformteilen. 17. Umformtechnisches Kolloquium Hannover, 27.2.-28. 2. 2002.

Roll, K.; Wiegand, K.: Tendencies and New Requirements in the Simulation of Sheet Metal Forming Processes. Proceedings KOMPLASTECH'2009, 16th Conference Computer Methods in Materials Technology, Krynica-Zdrój, January 11–14, 2009.

Tekkaya, A., E.; Roll, K.: Numerische Prozesssimulation in der Umformtechnik. In: Lange, K. (Hrsg): Umformtechnik, Band 4, Kap 13.2, Springer-Verlag, Berlin, 1993.

Wagoner, R. H.; He, N: Springback Simulation in Sheet Metal Forming; Proceedings of the 3rd International Conference on Numerical Simulation of 3-D Sheet Metal Forming Processes – Verification of Simulations with Experiments, S. 308–315, 1996.

2.6 Systematischer Planungsprozess zur anforderungsgerechten Auswahl des Fertigungsverfahrens

Wolfram Volk

In diesem Kapitel werden die Grundzüge für eine systematische Vorgehensweise zur Auswahl und Optimierung des geeigneten Fertigungsverfahrens für Bauteile bzw. Baugruppen erläutert. Beispielhaft soll dies an einem imaginären Automobil erklärt werden. In einem ersten Schritt erfolgt die Initialphase eines Projektes. Dies ist ein sehr komplexer Prozess, denn ausgehend von der aktuellen Marktsituation, dem bestehenden Produktportfolio der eigenen Firma und durchaus volatilen Prognosen für zukünftige Entwicklungen werden Untersuchungsaufträge bzw. Ideenskizzen erstellt. Typischerweise unterscheidet man zwischen Nachfolgemodellen bestehender Fahrzeugprojekte (evolutionärer Ansatz) oder strategischen Neuprojekten ohne direkten Vorgänger (revolutionärer Ansatz). Wichtige Abschätzungen sind neben der Beurteilung der Märkte und Absatzziele auch Prognosen über die Aktivitäten der Mitbewerber und die Risikoabschätzungen mit Bezug auf Ressourcen, volkswirtschaftliche Entwicklungen, politische und gesellschaftliche Trends und viele weitere Faktoren. Dieser Prozess reicht zeitlich bis zu zehn Jahren und mehr in die Zukunft. Sinnvollerweise wird der Initialprozess nicht separat für ein Fahrzeugmodell, sondern für ganze Fahrzeugfamilien inklusive der zugehörigen Derivate (Limousine, Coupé, Kombi, Cabriolet, Roadster, Geländefahrzeug u. a.) durchgeführt. Der Grund hierfür ist offensichtlich: Je früher im Entwicklungsprozess die Derivate festgelegt werden, desto einfacher ist es, im Entwicklungsprozess möglichst viele Gleichteile zwischen den Derivaten zu entwickeln und dadurch die notwendigen Investitionen für produktspezifische Werkzeuge zu reduzieren. Dies ist eine zentrale Aufgabe des Planungs- und Entwicklungsprozesses für die im Folgenden einige hilfreiche Hinweise zur erfolgreichen Durchführung gegeben werden. Beispielhaft nehmen wir an, dass die imaginäre Firma Deutsche Automobilwerke den Auftrag für ein zweisitziges Elektrofahrzeug (Abb. 2.86) für den Stadtverkehr gegeben hat. Abbildung 2.86 ist zur Illustration der Studie Mute der TU München entnommen, ohne einen genauen Bezug zur Bauweise und Entwicklung des Fahrzeugs zu haben.

Mit dem Auftrag wird typischerweise ein Projektleiter mit ersten Funktionsvorgaben für das Fahrzeug beauftragt.

Abb. 2.86: *Elektrofahrzeugkonzept Mute der TU München*

Dies sind z. B. dimensionale Größen für Höhe, Breite, Länge, Radstand, Package oder auch generelle Vorgaben für Gesamtgewicht, Achslastverteilung, Schwerpunkt, Leistungsbereich, Antriebskonzept u. v. m. Mit Einordnung in einen bestehenden Terminmasterplan sind die grundlegenden Meilensteine und ein voraussichtlicher Produktionsstart (SOP = start of production) festgelegt. Es hat sich in der industriellen Praxis bewährt, im Terminmasterplan für alle verschiedenen Prozessketten (z. B. Karosserie, Antriebsstrang, Elektrik und Elektronik, Interieur) wichtige Synchronisationspunkte festzulegen, zu denen alle Prozessketten definierte Daten- und Informationsstände zu liefern haben. Der Vorteil hiervon ist, dass zu diesen Datenständen dann eine Aussage zur Qualität, Reife sowie zur Erreichung der technischen und betriebswirtschaftlichen Ziele gegeben werden kann. Weiterhin sind diese synchronisierten Meilensteine auch die Basis für den Bau von Prototypen zur Absicherung der technischen Funktionsfähigkeit. Auf Grund der hohen Kosten für Prototypen wird immer mehr versucht, die technische Absicherung rein virtuell durchzuführen. Am Beispiel der Prozesskette Karosserie sollen wichtige Zusammenhänge und Begrifflichkeiten erklärt werden. Die Prozesskette Karosserie besteht vereinfacht aus der Fahrzeugentwicklung, dem Design, den Fertigungstechnologien Umformen, Zusammenbau und Lackieren. In Abbildung 2.87 sind exemplarisch einige Meilensteine und zugehörige Entwicklungsbegriffe angegeben.

Der Vorteil dieser Darstellung ist die Möglichkeit zur Identifizierung des sogenannten „kritischen Pfads". Darunter versteht man die Markierung des Prozesses bzw. Arbeitsschrittes, der für einen definierten Zeitraum innerhalb aller parallel laufenden Prozesse die minimale Entwicklungszeit bestimmt. Dies können z. B. die Anfertigung der Umformwerkzeuge, der Aufbau von Prototypen, Gesamtfahrzeugprüfstände oder auch die Auswahl des finalen Designstandes sein. Weiterentwicklungsprojekte zur Verkürzung der Entwicklungszeit von Prozessen, die

2.6 Systematischer Planungsprozess

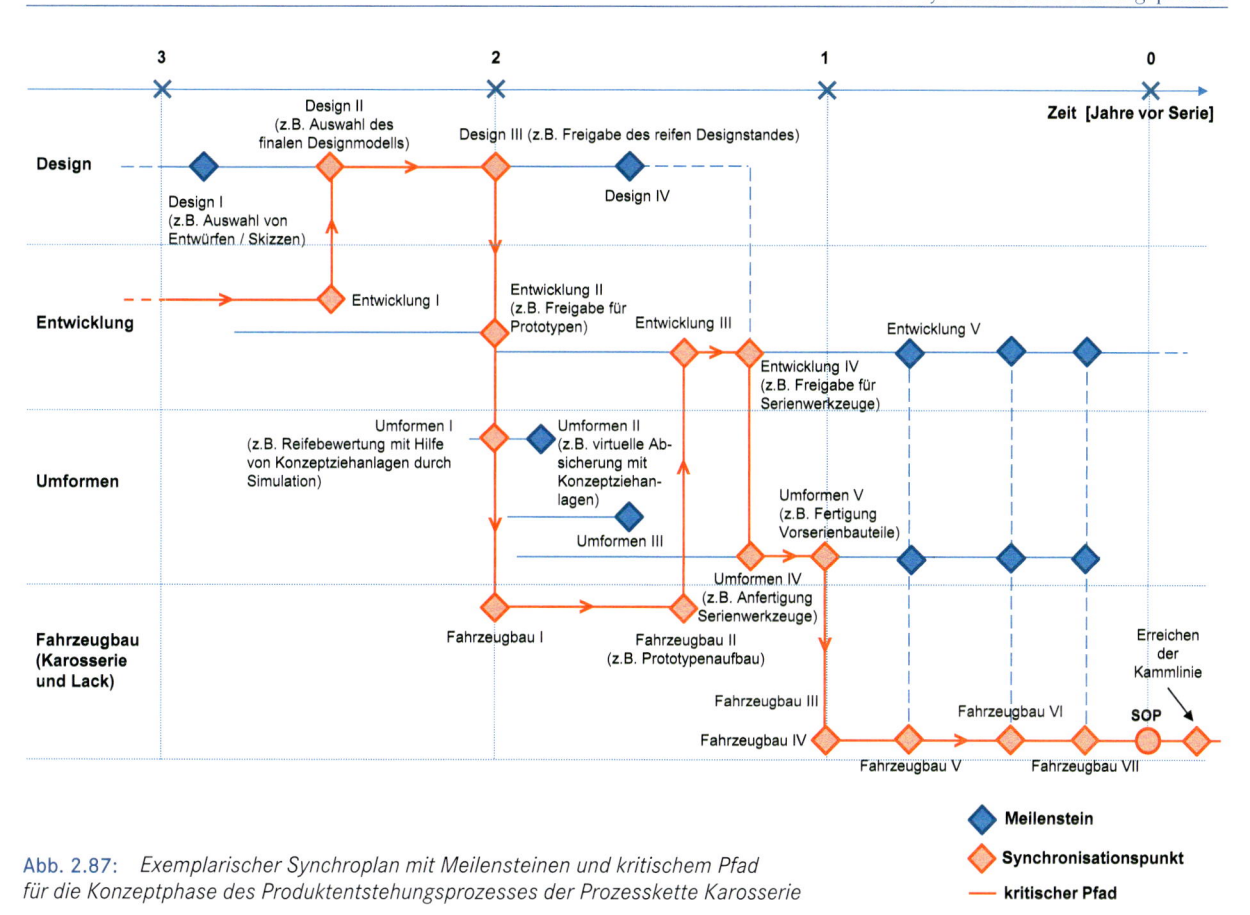

Abb. 2.87: Exemplarischer Synchroplan mit Meilensteinen und kritischem Pfad für die Konzeptphase des Produktentstehungsprozesses der Prozesskette Karosserie

auf dem „kritischen Pfad" liegen, führen damit zur Verkürzung der Gesamtentwicklungszeit des Projekts.

Der Haupteinfluss für den wirtschaftlichen und technischen Erfolg des Fahrzeugprojekts liegt in der erfolgreichen Konzeption der ersten Entwicklungsmeilensteine. In dieser Phase können noch verschiedene Bauweisen in Konkurrenz zueinander betrachtet werden. Im heutigen Automobilbau sind dies vorrangig Gussteile (Druck- oder Kokillenguss), Strangpress- oder Rollprofile, gebogene oder geformte Hohlprofile und größtenteils Blechschalenbauteile. Als Materialien sind weiche Tiefziehstähle, höher- und höchstfeste Stähle, verschiedene Aluminiumlegierungen und neuerdings auch Verbund- und Composite-Werkstoffe (z.B. CFK) im Einsatz. In Abbildung 2.88 sind einige Beispiele für Karosseriekonzepte dargestellt. Die funktionsgerechte Auswahl des Werkstoffs und des zugehörigen Fertigungsverfahrens ist eine sehr komplexe Aufgabe, die eine sehr gute Kenntnis von Funktions-

Hohe Stückzahlen
Blechschalenbauweise aus unterschiedlichen Stahlgüten beim VW Jetta

Mittlere Stückzahlen
Mischbauweise beim Audi TT:
16% Aluminiumprofile (blaue Bauteile)
22% Aluminiumguss (rote Bauteile),
31% Aluminiumblech (grüne Bauteile)
31% Stahlblech (graue Bauteile)

Geringe Stückzahlen
Einsatz geschlossener (Aluminium-) Profile beim BMW Z8:
68% Aluminiumstrangpressprofile
31,2% Aluminiumblech

Abb. 2.88: Beispiele für verschiedene Fertigungsverfahren und Materialien (VW AG, Wolfsburg, Deutschland; Wanke 2010; Dietrich 2000)

anforderung, Fertigungstechnik, Werkstoffkunde und Betriebswirtschaft erfordert. In der Regel ist das notwendige Expertenwissen auf mehrere Personen verteilt, sodass der Projektleiter ein Konzeptteam zusammen stellt. Eine wichtige Fragestellung im Konzeptteam ist, wie verschiedene Bauweisen und Konzepte objektiv miteinander verglichen werden können. Hierfür ist es notwendig, geeignete technische Bewertungsgrößen zu definieren und ein daraus abgeleitetes Funktional zur Optimierung der häufig gegenläufigen Bewertungsgrößen festzulegen. Die Funktionsanforderungen an die Karosserie sind sehr unterschiedlich. Wichtige Anforderungen, die mit technischen Bewertungsgrößen hinterlegt werden können, sind

- dynamische und statische Steifigkeit,
- Festigkeit,
- Eigenschwingungsverhalten,
- Crash-Verhalten,
- Insassen-Ergonomie und Package sowie
- Gewicht.

Auf der Fertigungsseite muss neben der Funktionserfüllung auch die Sicherstellung der prozesssicheren, wirtschaftlichen Produktion gewährleistet sein. Zuerst gilt es, die prinzipielle Machbarkeit eines Karosseriekonzepts zu erreichen. Ein wichtiger Erfolgsfaktor ist die frühe Berücksichtigung von fertigungstechnischen Anforderungen in der Konzeptentwicklung. Sehr häufig wird in der industriellen Praxis der Fehler gemacht, in sequentieller Folge Funktionserfüllung und fertigungstechnische Machbarkeit zu bearbeiten. Dies hat unnötige Schleifen und lange Entwicklungszeiten zur Folge. Die parallele Entwicklung von Funktion und Machbarkeit beinhaltet aber auch großes Konfliktpotenzial im Konzeptteam. Die Funktionserfüllung insbesondere für Crash- und Festigkeitsauslegung legt den Einsatz von höchstfesten Materialien im Zusammenspiel mit komplexer Geometrie nahe. Dies ist aber häufig mit etablierten Fertigungsverfahren nicht umsetzbar. Daher ist es bereits bei den ersten Entwicklungsmeilensteinen wichtig, zwischen hinreichenden und notwendigen Anforderungen für Funktion und Herstellbarkeit zu unterscheiden. Ein hilfreiches methodisches Werkzeug ist ein sogenannter „Lessons Learned"-Prozess. Fehler und erfolgreiche Lösungsansätze aus anderen Projekten sollten hinreichend bekannt und genutzt werden. Es sei empfohlen, die Verantwortung für diesen Prozess dem Projektleiter zu übertragen. Weiterhin ist es erfolgversprechend Konzept- und Fertigungsstandards zu vereinbaren. Der Vorteil ist ein bereits deutlich reiferes Erstkonzept allerdings mit der Gefahr, dass große Veränderungen teilweise im Vorfeld bereits ausgeschlossen werden, obwohl hohes Verbesserungspotenzial vorhanden sein kann. Gute Erfolge wurden in der industriellen Praxis erzielt, wenn für viele Bereiche Standards vereinbart sind, aber es die Möglichkeit für sogenannte Durchbruchsziele gibt, die bewusst von bekannten und bestehenden Lösungen abweichen und Raum für Innovationen geben.

Für die Umformtechnik ist es in der Konzeptarbeit notwendig, die Herstellbarkeit eines Geometrievorschlags möglichst mit geringem Aufwand in ausreichender Genauigkeit zu bewerten. Zu diesem Zweck sind einige kommerzielle Lösungen entwickelt worden (z. B. Banabic 2010 oder Volk & Charvet 2009) mit denen sehr schnell sogenannte Konzeptziehanlagen erstellt werden können, um für die Blechumformung mit Simulationsunterstützung die Machbarkeit zu bewerten (vgl. Kap. 2.5). Mit diesen Untersuchungen können Lösungsvorschläge im Konzeptteam diskutiert werden. Zu jedem Datenstand eines synchronisierten Meilensteins hat es sich bewährt, die Funktions- und Fertigungsreife mit Hilfe einer einfachen Ampelschaltung für jedes Bauteil zu bewerten. Darin bedeutet rot: Reife nicht gegeben, derzeit auch keine Maßnahmen im Konzeptteam vereinbart, die die Herstellbarkeit bzw. Funktionserfüllung gewährleisten könnte. Der Status gelb bedeutet, dass die Reife nicht gegeben ist, aber bereits Maßnahmen im Konzeptteam vereinbart sind, die die Problemstellungen lösen können und Status grün bedeutet, dass Herstellbarkeit bzw. Funktionserfüllung mit dem aktuellen Datenstand erreicht werden kann. Wichtig für die Arbeit mit dieser Art der Reifemessung ist die Nachhaltigkeit durch den Projektleiter und möglichst eine Zielvereinbarung mit den Mitgliedern des Konzeptteams. Die summierte Darstellung der Ampelbewertungen ist eine weit verbreitete technische Bewertungsgröße, die auch leicht mit Zielvorgaben zu den definierten synchronisierten Meilensteinen verglichen werden kann. Weiterhin ist es notwendig, die betriebswirtschaftlichen Aspekte bereits in der Konzeptphase zu bewerten. Die wichtigsten Kenngrößen sind hierbei die Abschreibung bzw. Investitionskosten der Produktionsanlagen und der produktspezifischen Fertigungsmittel bzw. Werkzeuge, die proportionalen und gemeinen Fertigungskosten mit Berücksichtigung von Auslastung, Produktivität, Ausschuss und Qualität sowie die Materialkosten und der Materialausnutzungsgrad. Die genaue Definition und Ermittlung von Maschinenstundensätzen und damit der reinen Fertigungskosten kann der einschlägigen Literatur (z. B. Westkämper 2006) entnommen werden. Generell können die entstehenden Aufwände in Proportional- und Einmalaufwände unterschieden werden. Idealisiert skalieren die Proportionalaufwände linear mit der produzierten Stückzahl, während die Einmalaufwände keine Stückzahlabhängigkeit haben, sondern das Produktionswerk in die Lage versetzen, die Produkte herzustellen. Um die beiden unterschiedlichen Aufwandstypen sinnvoll miteinander vergleichen zu können, ist eine dynamische Wirtschaftlichkeitsrechnung mit Berücksichtigung des vom Unternehmen geforderten Zinssatzes notwendig. Das Ergebnis sind die sogenannten Vollkosten (*VK*):

VK= VK (Invest, Proportionalkosten, Laufzeit, Stückzahl, Zinssatz) (2.125).

Für eine genaue Vollkostenberechnung muss die zeitliche Veränderung der Stückzahlen sowie das zeitliche Anfallen des Einmalaufwands vor Serienproduktion mit betrachtet werden. Für die effektive Arbeit im Konzeptteam ist es hilfreich, eine durchschnittliche Stückzahl pro Tag über die Laufzeit anzunehmen. Dann kann durch implizite Differentiation die Abhängigkeit von Einmalaufwand pro Proportionalkosten für die Vollkosten ermittelt werden. Die Auswertung der beiden Ableitungen ergeben eine lineare Abhängigkeit von der Stückzahl pro Tag und einer Konstanten *k*, in Abhängigkeit von Laufzeit, Zinssatz und Arbeitstage pro Jahr:

$$\frac{dI}{dHK} = \frac{dVK}{dHK} \cdot \left(\frac{dVK}{dI}\right)^{-1} \rightarrow dI = k \cdot \frac{Stückzahl}{d} \cdot dHK\,[€] \quad (2.126),$$

mit
VK Vollkosten,
HK Herstellkosten,
I Invest,
d Tag,
k k (Laufzeit, Zinssatz, Arbeitstage pro Jahr).

Mit Gleichung 2.126 kann im Rahmen der Konzeptarbeit einfach abgeschätzt werden, wie viel Einmalaufwand ausgegeben werden darf, um bei Vollkostenneutralität eine Währungseinheit für die Proportionalkosten einzusparen. Für die Blechumformung sind bei den Proportionalkosten die Aufwände für das Material dominierend. Für Stahlbleche betragen typischerweise die Materialkosten 70 bis 80 Prozent und für Aluminiumbleche 80 bis 90 Prozent. Aus diesem Grund ist es empfehlenswert, die Menge und Art des Materials in technische Bewertungsgrößen zu hinterlegen. Die Menge des verwendeten Materials kann durch den Materialnutzgrad (MNG) zusammengefasst werden. Bei der Definition wird in theoretischen und tatsächlichen Materialnutzungsgrad unterschieden:

$$MNG_{theo} = \frac{\sum CAD - Gewichte}{\sum Platinen\ in\ Nennblechdicke} \quad (2.127),$$

mit
CAD-Gewichte aus den Konstruktionsdaten entnommene Gewichtsdaten mit Nominalblechdicke ohne Ausdünnung
Platinen in Nennblechdicke Blechdicke aus den Konstruktionsdaten

$$MNG_{tat} = \frac{\sum Gew.\ Bauteile}{\sum eingesetzte\ Platinen} \quad (2.128),$$

mit
Gew. Bauteile tatsächliches Gewicht der fertig hergestellten Bauteile
eingesetzte Platinen tatsächliches Platinengewicht

Der tatsächliche Materialnutzungsgrad liegt für typische Automobilkarosserien um ca. drei Prozentpunkte niedriger als der theoretische MNG_{theo}, da hier die Ausdünnung beim Umformen mitberücksichtigt wird. Allerdings erfordert der tatsächliche MNG_{theo} meist eine flächendeckende Simulationsabsicherung im Voraus, die in der Konzeptarbeit normalerweise für alle Bauteile noch nicht vorhanden ist. Aus diesem Grund bietet sich eine Arbeit mit dem theoretischen MNG_{theo} an, da die Aussagekraft bei vergleichenden Untersuchungen vollkommen ausreicht. Moderne Karosserien weisen für die Blechteile einen theoretischen MNG_{theo} von 55 bis 65 Prozent auf.

Neben der Menge des verwendeten Materials ist auch die Art und Güte eine wichtige technische Bewertungsgröße für die Blechumformung. Hiermit können nicht nur die unterschiedlichen Grundpreise der Karosseriewerkstoffe (Stahl, Aluminium, CFK) berücksichtigt werden, sondern auch innerhalb einer Werkstoffklasse verschiedene Legierungskonzepte miteinander betriebswirtschaftlich bewertet werden.

Schließlich müssen noch die Fertigungskosten als eigenständige technische Bewertungsgröße definiert werden. Vereinfachend können für die Konzeptarbeit mit dieser Bewertungsgröße nur die zusätzlichen Kosten eines Sonderverfahrens im Vergleich zur konventionellen Blechumformung erfasst werden. Dies sind z. B. die Mehraufwände für ein Bauteil im Innenhochdruckverfahren oder für die Warmumformung.

Zusammenfassend können für die technischen und betriebswirtschaftlichen Bewertungsgrößen folgende Aussagen getroffen werden:

- repräsentativ bezüglich der wichtigsten Haupteinflussgrößen (Fertigung und Funktion),
- eindeutig im Sinne einer Metrik zum Vergleich von Konzepten sowie
- einfach und nachvollziehbar in der Ermittlung.

Spätestens zum zweiten oder dritten Entwicklungsmeilenstein ist es notwendig, einen Konzeptplanstand mit gegebenenfalls wenigen Alternativen zu vereinbaren. Im Planstand soll sinnvollerweise das Material (Güte und Dicke), die Bauteiltrennungen und ein erster Ansatz für das Fertigungskonzept hinterlegt sein. Dies ist notwendig, um einen ersten Abgleich mit der strategischen Werkbelegung und Eigenleistung vorzunehmen. Häufig gibt es Kombinationen aus einem Eigenleistungsanteil und einem Zulieferanteil, der dann über die Einkaufsabteilungen am Markt beschafft werden muss. Im Rahmen der Globalisierung ist es empfehlenswert, sich bereits in der Konzeptphase zwischen den technischen Fachstellen und dem Einkauf bezüglich Umfang und möglichen weltweiten Lieferanten für Bauteile und Fertigungsmittel abzustimmen.

Am Beispiel der Blechumformung sind typischerweise im Fertigungskonzept bereits die wesentlichen Inhalte und Merkmale hinterlegt, die einen großen Einfluss auf die Fertigungsanlage haben. Dies sind u.a. die Anzahl und Hauptinhalte der Umformoperationen, die benötigte Umformkraft oder die ungefähre Platinengröße. Mit diesen Angaben kann durch relativ einfache Bewertungsprogramme und Expertenwissen bereits eine ziemlich genaue Abschätzung der benötigten Investitionen erstellt werden, die für die Wirtschaftlichkeitsbetrachtung von großer Wichtigkeit ist. Dies ist dann die Basis für den Anfrageprozess beim Einkauf von Bauteilen und Fertigungsmittel. Für eine detaillierte Beschreibung des Werkzeugherstellprozesses von Blechteilen siehe Kapitel 10 Werkzeuge der Umformtechnik.

Im Folgenden sind die wichtigsten Arbeitsschritte, Aufgaben und methodischen Ansätze für die Umformtechnik zusammengefasst, die die anwendungsgerechte Auswahl und Optimierung des Fertigungsverfahrens unterstützen.

1. Festlegung bzw. Bestätigung des Masterterminplans mit allen relevanten Meilensteinen für die Umformtechnik und Einbindung in den Gesamtterminplan.
2. Festlegung und Konkretisierung von objektiven technischen und betriebswirtschaftlichen Bewertungsgrößen für die Umformtechnik und alle anderen Technologien der Prozesskette.
3. Konsequenter „Lessons Learned" Prozess durch Analyse der Ausschusszahlen und Qualitätsprobleme des Vorgängermodells (sofern existent) und Vereinbarung von fertigungstechnischen Zielen zwischen Planungsabteilung für das neue Modell und der Produktion.
4. Benchmark-Analyse der wichtigsten (internationalen) Wettbewerber und Bewertung der Konzepte mit den eigenen technischen und betriebswirtschaftlichen Bewertungsgrößen.
5. Vereinbarung von Zielen für die technischen Bewertungsgrößen und Festlegung von konzeptionellen Durchbruchszielen mit Bezug auf Funktion und Fertigung.
6. Erstellung eines fertigungstechnischen Planstandes und möglichen alternativen Fertigungsverfahren.
7. Fertigungstechnische Mitgestaltung des Entwicklungsprozesses und Bewertung von Datenständen zu synchronisierten Meilensteinen des Gesamtentwicklungsplans gemäß umformspezifischer Ampelbewertung.
8. Abstimmung mit Einkaufsabteilung über Eigenfertigungstiefe, Marktsituation, notwendiger Kerneigenleistung bezüglich Bauteile und Fertigungsmittel für Planstand und möglicher Hauptalternativen.
9. Definitive Festlegung und Bestätigung des Planstandes für die fertigungstechnische Umsetzung, bei hinreichender Reife des Entwicklungsplanstandes und gesamthafter Optimierung über die Prozesskette.

Die wesentlichen Arbeitsschritte sollen anhand eines einfachen Beispiels für das zweisitzige Elektrofahrzeug verdeutlicht werden. Für die A-Säule wird exemplarisch angenommen, dass die beiden alternativen Herstellungskonzepte mittels konventioneller Schalenbauweise oder als durchgehendes Hohlprofil im Innenhochdruckverfahren im Rahmen von Benchmark-Analysen als mögliche Fertigungsverfahren konkurrieren (vgl. Abb. 2.89). Vereinfachend wird angenommen, dass beide Konzepte die Funktionsanforderungen bezüglich Steifigkeit, Festigkeit und Crash-Verhalten gleichermaßen erfüllen und die Punkte 1 bis 5 der strukturierten Vorgehensweise abgearbeitet sind.

Eine zentrale Bedeutung nimmt die Ausarbeitung des Fertigungskonzeptes auf Basis der vereinbarten Bauteiltrennungen für Planstand und Alternativen ein. In Abbildung 2.89 ist eine prinzipielle Bauteiltrennung für die konventionelle Schalenbauweise dargestellt. Die konventionelle Schalenbauweise besteht hier aus vier Bauteilen: A-Säule innen, A-Säule außen sowie Dachrahmen innen und Dachrahmen außen. Diese Teile werden für die linke und rechte Fahrzeugseite benötigt. Die technischen Bewertungsgrößen sind Einmalaufwand für die Fertigungsmittel, Materialnutzungsgrad, Fertigungskosten und Materialkosten.

In Tabelle 2.5 ist die Ermittlung der Kennwerte exemplarisch für die insgesamt acht Schalenbauteile wiedergegeben. Die daraus resultierenden Bewertungsgrößen werden in Abbildung 2.90 anschaulich dargestellt. Ver-

2.6 Systematischer Planungsprozess

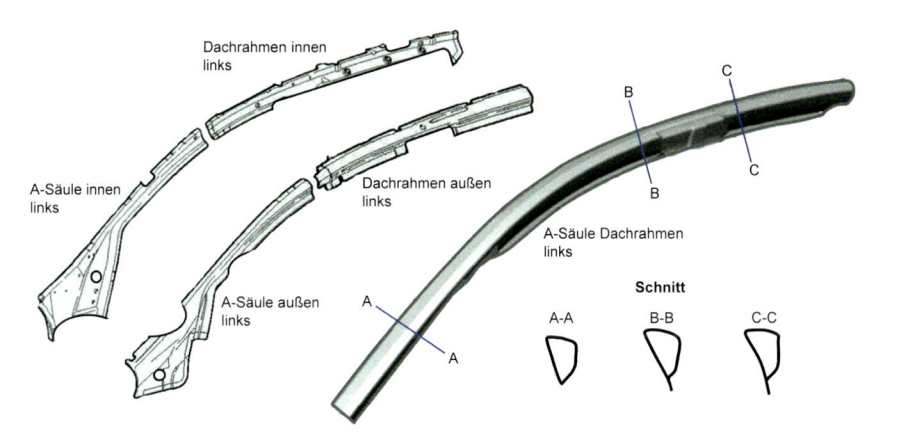

Abb. 2.89: *A-Säule, links: konventionelle Schalenbauweise rechts: Hohlprofil*

einfachend wird der Schrotterlös des Abfalls beim Umformprozess vernachlässigt.
Für eine sinnvolle Konzeptbewertung müssen neben den Kosten der umgeformten Bauteile und der zugehörigen Fertigungsmittel auch die Aufwände für Zusammenbau und Abdichtung ermittelt werden.

In Abbildung 2.89 rechts ist eine alternative einteilige Bauweise im Innenhochdruckumformverfahren (vgl. Kap. 4.6) abgebildet.
Nun wird zur Konzeptbewertung die gleiche Systematik wie für die Schalenbauweise herangezogen (vgl. Tab. 2.5 und Abb. 2.91). Die höheren Fertigungskosten für die bei-

Tab. 2.5: *Berechnungsansätze für das Schalen- (oben) und Hohlprofil-Konzept (unten)*

Schalen-konzept	Gewicht [kg]	Dicke [mm]	Güte	Preis pro Tonne [Euro]	MNG	Arbeits-folgen	Invest [Euro]	Fertigungskosten [Euro]	Materialkosten [Euro]	Herstellkosten [Euro]
A-Säule innen links	1,6	1,4	HX420LA	760	50%	5	450.000	0,80	2,43	3,23
A-Säule außen links	1,4	1,2	HXT780X	850	55%	5	400.000	0,80	2,16	2,96
DR innen links	1,1	1	HX420LA	760	65%	4	250.000	0,35	1,29	1,64
DR außen links	0,9	0,8	HX340LA	730	60%	4	250.000	0,35	1,10	1,45
A-Säule innen rechts	1,6	1,4	HX420LA	760	50%	5	450.000	0,80	2,43	3,23
A-Säule außen rechts	1,4	1,2	HXT780X	850	55%	5	400.000	0,80	2,16	2,96
DR innen rechts	1,1	1	HX420LA	760	65%	4	250.000	0,35	1,29	1,64
DR außen rechts	0,9	0,8	HX340LA	730	60%	4	250.000	0,35	1,10	1,45
Karosseriebau							300.000	3,50		3,50
gesamt	10						3.000.000	8,10	13,95	22,05
Hohlprofil-konzept	**Gewicht [kg]**	**Dicke [mm]**	**Güte**	**Preis pro Tonne [Euro]**	**MNG**	**Arbeits-folgen**	**Invest [Euro]**	**Fertigungskosten [Euro]**	**Materialkosten [Euro]**	**Herstellkosten [Euro]**
A-Säule - Dachrahmen links	5	1,2	HXT780X	1.700	95%	1	700.000	4,25	8,75	13,00
A-Säule - Dachrahmen rechts	5	1,2	HXT780X	1.700	95%	1	700.000	4,25	8,75	13,00
Karosseriebau							100.000	1,20		1,20
gesamt	10						1.500.000	9,70	17,50	27,20

2.6 Systematischer Planungsprozess

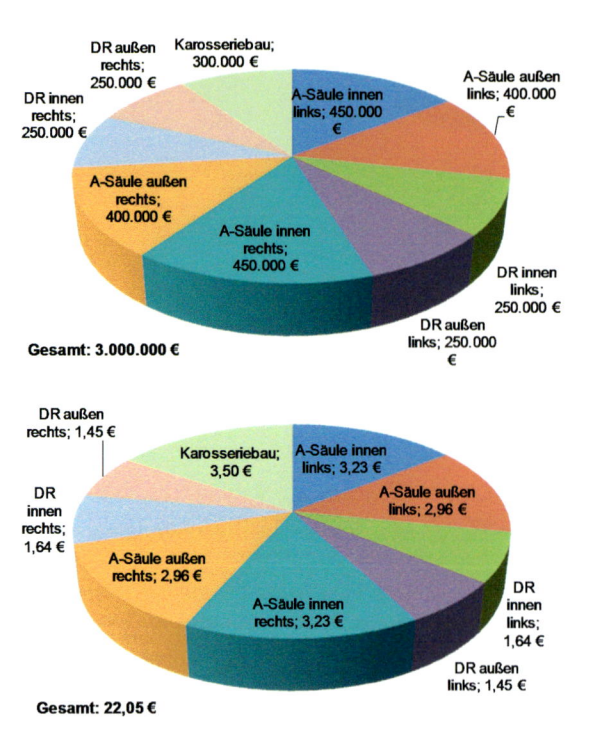

Abb. 2.90: Einmalaufwand (oben) und Herstellkosten (unten) für das Konzept in Schalenbauweise

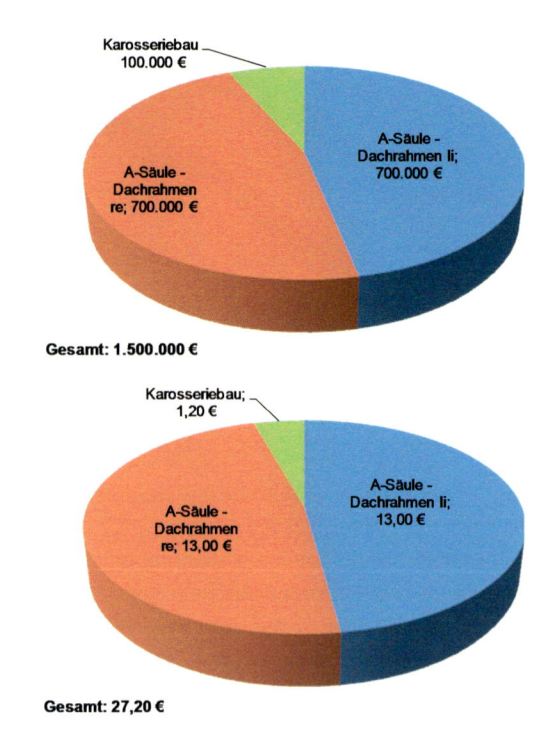

Abb. 2.91: Einmalaufwand (oben) und Herstellkosten (unten) für das Hohlprofil-Konzept

den IHU-Bauteile ergeben sich aus den deutlich längeren Zykluszeiten und den in der Regel notwendigen Laserkosten für das Ausschneiden der Löcher und Ausklinkungen, während dies in der konventionellen Schalenbauweise mit Beschneide- und Lochwerkzeugen realisiert wird. Durch die deutlich geringere Teileanzahl reduzieren sich jedoch die Kosten für den Zusammenbau erheblich.

In diesem Beispiel für die A-Säulen-Konzepte erkennt man einen deutlichen Unterschied in den Einmalaufwänden und den Herstellkosten. Nun wird angenommen, dass das Fahrzeug eine Laufzeit von sechs Jahren haben soll und die im Vorfeld eingeführten Deutschen Automobilwerke eine interne Verzinsung von 13 Prozent pro Jahr fordern sowie die notwendigen Investitionen zur Hälfte ein Jahr vor Serienanlauf und die andere Hälfte zum Serienstart anfällt. Der Faktor k aus Gleichung 2.126 ergibt sich mit diesen Annahmen zu ca. 1000 [Tag/Stückzahl]. Durch Auswerten der Einmal- und Fertigungsaufwände kann die Grenzstückzahl von ca. 290 Fahrzeugen pro Tag ermittelt werden, bei denen beide Konzepte eine Gleichheit in den Vollkosten hätten. Dies bedeutet, dass für eine angenommene Tagesstückzahl kleiner des Grenzwertes die IHU-Lösung und bei einer größeren Tagesstückzahl die Schalenlösung die wirtschaftlich bessere Lösung wäre. In Abbildung 2.92 ist die Differenz aus den Vollkosten der Schalenlösung und des IHU-Konzeptes graphisch dargestellt.

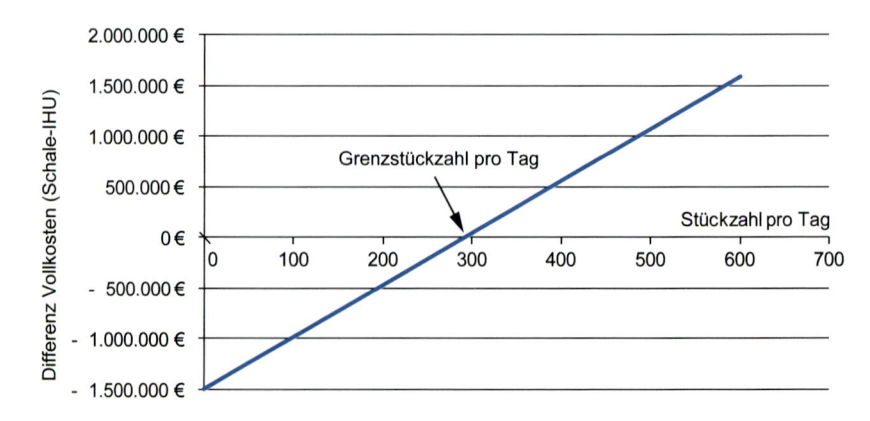

Abb. 2.92: Differenz der Vollkosten für das Schalen- und das Hohlprofil-Konzept

In diesem Fall haben beide Konzepte vereinfachend das gleiche Gesamtgewicht. Häufig ergeben sich aber im Rahmen der Konzeptbewertung auch unterschiedliche Gesamtgewichte der Alternativlösungen. In diesem Fall empfiehlt es sich einen Leichtbaubonus einzuführen mit der Größe [€/kg]. Dies muss dann auf die Differenz der Fertigungskosten angerechnet werden. Allerdings gilt es zu beachten, dass aus Gründen der Achslastverteilung und des resultierenden Schwerpunktes der Leichtbaubonus durchaus unterschiedliche Werte für verschiedene Baugruppen haben kann. Durch die gestiegenen ökologischen Anforderungen und der damit verbundenen Forderung nach Leichtbaulösungen ist es gerechtfertigt, für den beschriebenen Bonus im Automobilbau einen Verrechnungswert von 3 bis zu 10 € pro eingespartem Kilogramm Bauteilgewicht zu vereinbaren. Insbesondere bei elektrisch angetriebenen Fahrzeugen ist ein höherer Wert anzusetzen, da hier der Einfluss des Fahrzeuggewichts auf die Reichweite und die notwendige Speichertechnologie von besonderer Bedeutung ist.

Literatur zu Kapitel 2.6

Banabic, D.: Sheet Metal Forming Processes Constitutive Modelling and Numerical Simulation, Springer-Verlag, Berlin, Heidelberg 2010.

Dietrich, Ch.: Der BMW Z8, ATZ Automobiltechnische Zeitschrift 102 (2000) 7/8.

Eckl, M.: Optimierung des Materialkostenmanagements im Presswerksbereich durch Mehrfachplatinenfertigung, utg – Forschungsberichte, Band 20, Hieronymus Verlag, 2002.

Kalpakjian, S.; Schmid, S.: Manufacturing Engineering and Technology. 6th Aufl., Pearson, 2010.

Volk, W.; Charvet, P.: Virtual planning and engineering process, Proceedings of the 7th European LS-Dyna Conference, Salzburg 2009.

Wanke, P.: Leichtbaupotentiale im Automobilbau durch Gießtechnik, Vortrag Symposium Leichtbau in Guss, Landshut 2010.

Westkämper, E.: Einführung in die Organisation der Produktion, Springer-Verlag, Berlin 2006.

Druckumformen

- 3.1 Walzen 109
  - 3.1.1 Übersicht über die Walzverfahren 109
  - 3.1.2 Längswalzen von Flachprodukten 111
  - 3.1.3 Längswalzen von Vollprofilen 166
  - 3.1.4 Schräg- und Längswalzen von Rohren 182
  - 3.1.5 Ringwalzen 187
  - 3.1.6 Einstellung der Gefügeeigenschaften beim Warm- und Kaltwalzen 196
- 3.2 Freiformschmieden 208
  - 3.2.1 Einführung 208
  - 3.2.2 Stauchen 210
  - 3.2.3 Recken 215
  - 3.2.4 Weitere Prozessschritte 223
  - 3.2.5 Prozessketten 229
  - 3.2.6 Maschinen und Anlagen 238
- 3.3 Gesenkschmieden 244
  - 3.3.1 Geschichtliche Entwicklung 244
  - 3.3.2 Bedeutung des Gesenkschmiedens 244
  - 3.3.3 Übersicht der Verfahren 245
  - 3.3.4 Berechnungsverfahren 246
  - 3.3.5 Werkstoffe für das Gesenkschmieden 253
  - 3.3.6 Gesenkschmieden mit Grat 255
  - 3.3.7 Sonstige Verfahren 271

	3.3.8	Werkzeuge zum Gesenkformen	277
	3.3.9	Maschinen zum Gesenkschmieden	295
3.4	Eindrücken		310
	3.4.1	Eindrücken mit geradliniger Bewegung	310
	3.4.2	Eindrücken mit umlaufender Bewegung	313
	3.4.3	Beispiele	314
3.5	Durchdrücken		318
	3.5.1	Fließpressen	318
	3.5.2	Verjüngen	388
	3.5.3	Strangpressen	393

3.1 Walzen

3.1.1 Übersicht über die Walzverfahren

Gerhard Hirt, Marius Oligschläger

Das Walzen gehört nach (DIN 8583-1) zu den Druckumformverfahren, ebenso wie Freiformen, Gesenkformen, Eindrücken und Durchdrücken. Nach (DIN 8583-2) ist es zudem folgendermaßen definiert: „Stetiges oder schrittweises Druckumformen mit einem oder mehreren sich drehenden Werkzeugen (Walzen), ohne oder mit Zusatzwerkzeugen, z. B. Stopfen oder Dorne, Stangen, Führungswerkzeuge."

Bei den meisten Walzverfahren werden gegenüberliegende Walzen dafür genutzt, Druckspannungen in den Werkstoff einzubringen, um auf diese Weise ein plastisches Fließen desselben zu erreichen. In Ausnahmefällen werden auch andere Werkzeuge als Walzen eingesetzt, z. B. beim Gewindewalzen. Dort macht man sich bewegte Backen zu Nutze (Fritz 2006).

Der große Vorteil der Walzverfahren ist die inkrementelle Umformung des Werkstücks. Da zu jedem Zeitpunkt nur ein Teil des Walzgutes umgeformt wird, werden die Kontaktfläche und somit die nötigen Umformkräfte gering gehalten. Die abrollende Bewegung der Walzen führt dennoch dazu, dass das Werkstück in den Walzspalt hineingezogen und komplett umgeformt wird.

Ein wichtiges Unterscheidungsmerkmal ist die Stellung von Walzen und Walzgut zueinander. Entsprechend wird nach (DIN 8583-2) zwischen Längs-, Quer- und Schrägwalzen (Abb. 3.1) unterschieden.

Des Weiteren unterscheidet man je nach Werkzeuggeometrie zwischen Flach- und Profilwalzen (Abb. 3.2) sowie je nach Werkstückgeometrie zwischen Walzen von Voll- und Hohlkörpern. Abbildung 3.3 zeigt zusammengefasst die bereits vorgestellten Differenzierungen der Walzverfahren.

Auch anhand der Einsatztemperatur des Walzgutes findet eine wichtige Unterscheidung statt. Entsprechend

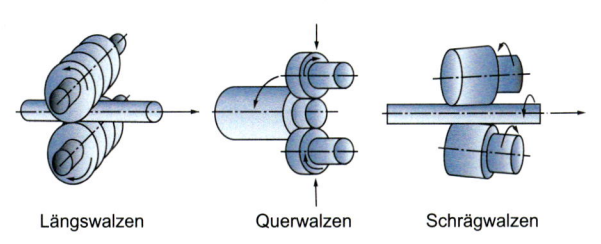

Abb. 3.1: *Unterscheidung der Walzverfahren anhand der Stellung der Walzenachse zur Walzgutachse (Lange 1988)*

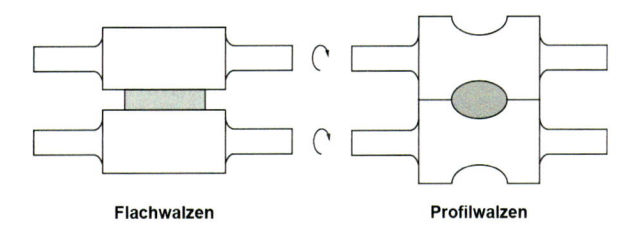

Abb. 3.2: *Unterscheidung der Walzverfahren nach Werkzeuggeometrie*

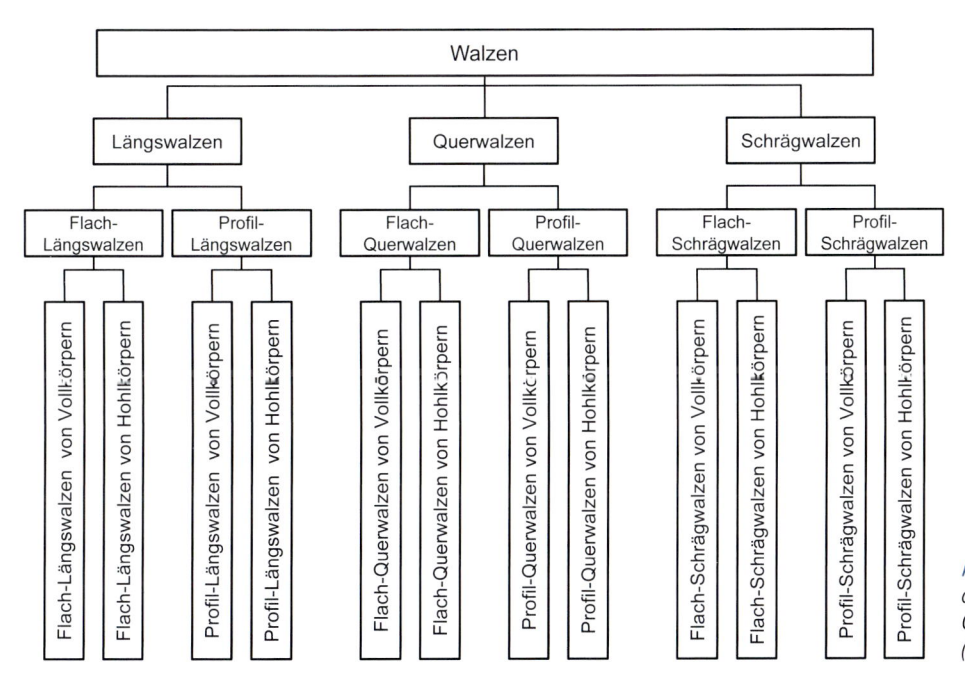

Abb. 3.3: *Einteilung der Walzverfahren mit Ordnungsnummern nach (DIN 8583-2)*

3.1 Walzen

differenziert man zwischen Kalt- und Warmwalzen. Das Warmwalzen wird oberhalb der Rekristallisationstemperatur des Werkstoffs durchgeführt. Das Kaltwalzen findet in der Regel bei Raumtemperatur statt. Die Walzguttemperatur kann dabei allerdings während der Umformung auf Grund der Dissipation zunehmen. Beim Flach-Längswalzen von Halbzeugen wird der Werkstoff in den ersten Walzschritten warmgewalzt. Dabei macht man sich die verringerten Walzkräfte und das erhöhte Umformvermögen des Werkstoffs bei hohen Temperaturen zu Nutze. Als Nachteile des Warmwalzens sind insbesondere der hohe Energieverbrauch und die Verzunderung des Walzgutes zu nennen. Bei dünneren Banddicken ist das Warmwalzen auf Grund der schnellen Wärmeabgabe nicht mehr praktikabel. Das stattdessen angewandte Kaltwalzen führt zudem zu besseren Oberflächeneigenschaften und wird zur Einstellung von bestimmten Materialeigenschaften benötigt.

Im Folgenden soll am Beispiel der Stahlherstellung die Einordnung des Walzens in die Verfahrenskette erläutert werden. Abbildung 3.4 zeigt den typischen Materialfluss im integrierten Hüttenwerk. Zur Stahlherstellung wird das Eisenerz reduziert und durch die Verbrennung des Kohlenstoffs in Rohstahl überführt. Alternativ wird auch durch das Einschmelzen von Stahlschrott im Elektrolichtbogenofen die Stahlschmelze hergestellt. Nach der Behandlung in der Sekundärmetallurgie wird der Stahl in der Regel durch den Strangguss in Halbzeuge vergossen. Typische Produkte dieses Verfahrens sind Brammen, Dünnbrammen, Vorblöcke, Knüppel und Vorprofile. Um diese Gussprodukte weiter zu verarbeiten, kommen z. B. das Strangpressen oder das Schmieden in Frage. Zum größten Teil werden die Halbzeuge aber durch das Walzen in die gewünschte Form gebracht.

In der Praxis unterscheidet man zwischen Flach- und Langprodukten. Flachprodukte sind z. B. Bänder und Bleche. Sie werden über das Flach-Längswalzen aus Brammen hergestellt. Drähte, Rohre und Träger werden hingegen zu den Langprodukten gezählt. Sie werden in erster Linie in Draht- und Profilwalzwerken aus Blöcken, Knüppeln und Vorprofilen erzeugt.

Ein Teil der Kaltbandproduktion wird nach dem Walzen in Bandanlagen zusätzlich behandelt. Zu diesen Behandlungsschritten zählen Beizen, Feuerverzinken, Beschichten und Wärmebehandlung des Bandes.

Die im letzten Absatz behandelten Walzprozesse für Halbzeuge sind für gewöhnlich den integrierten Hüttenwerken zugeordnet. Die weiterführenden Walzbearbeitungsschritte für Fertigerzeugnisse, wie z. B. das Gewinde- und Oberflächenwalzen, werden hingegen meistens von der weiterverarbeitenden Industrie vorgenommen.

Im weiteren Verlauf dieses Kapitels wird die walztechnische Herstellung von Halbzeugen intensiv behandelt. Einen Überblick über die meisten der entsprechenden

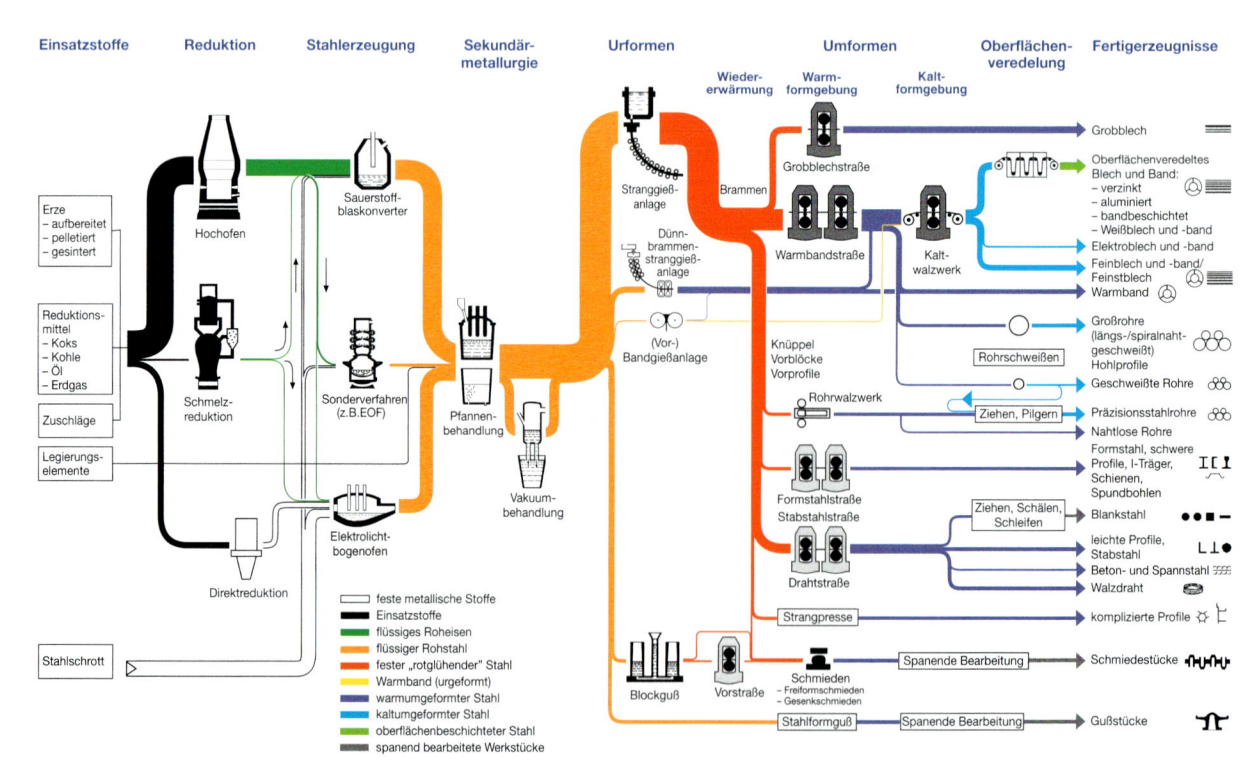

Abb. 3.4: *Prozessroute Stahlherstellung (VDEh 2007)*

3.1.2 Längswalzen von Flachprodukten

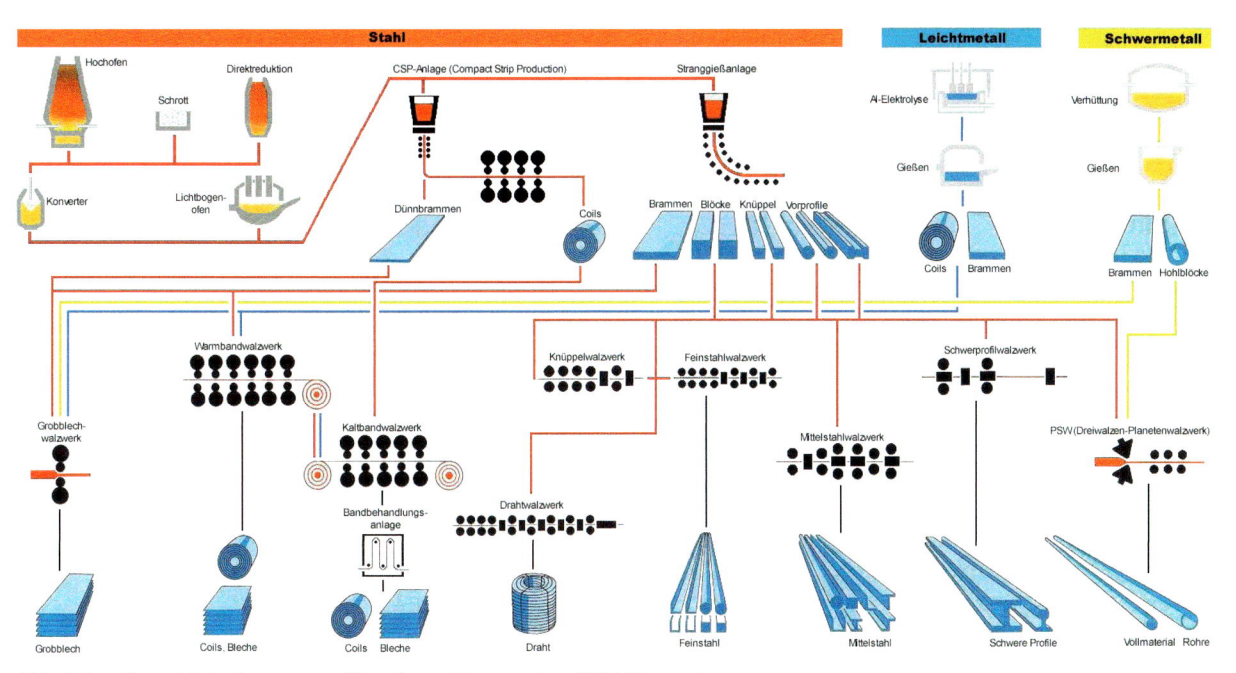

Abb. 3.5: Gewalzte Halbzeuge und ihre Herstellungsrouten (SMS Siemag)

Halbzeuge und Verfahren bietet Abbildung 3.5. In Kapitel 3.1.2 wird, nach einigen einleitenden Informationen, die Herstellung der Flachprodukte Grobblech, Warmband und Kaltband erläutert. Die Produktion von Profilen, Stäben und Drähten ist hingegen in Kapitel 3.1.3 thematisiert. Dabei werden sowohl Grundlagen als auch die Prozessrouten beschrieben. Anschließend wird das Walzen von nahtlosen Rohren und massiven Ringen abgedeckt. Im letzen Kapitel wird abschließend der werkstofftechnischen Betrachtung der einzelnen Umformprozesse Rechnung getragen.

3.1.2 Längswalzen von Flachprodukten

3.1.2.1 Grundlagen und Berechnungsverfahren

Gerhard Hirt, Marius Oligschläger, Simon Seuren

3.1.2.1.1 Geometrie des Walzspalts

Die Umformzone beim Walzen wird als Walzspalt bezeichnet. Dieser befindet sich zwischen den Kontaktflächen von Walzen und Walzgut (vgl. Abb. 3.6). Die Ebene EE wird Eintrittsebene und die Ebene AA Austrittsebene genannt. Zwischen den Radiusvektoren zur Ein- und Auslaufebene spannt sich der Walzwinkel α_0. Allgemein ist zu beachten, dass der Index 0 für Einlaufgrößen und der Index 1 für Auslaufgrößen steht. Entsprechend läuft das Walzgut mit der Dicke h_0 und der Breite b_0 in den Walzspalt ein. Nach dem Walzen verlässt es denselben mit den Abmessungen h_1 und b_1. Die Höhenabnahme entspricht der Differenz der Dicken $\Delta h = h_0 - h_1$. Eine weitere wichtige geometrische Größe ist die gedrückte Länge l_d. Diese entspricht der Abmessung des Walzspalts in Walzrichtung. Die Größen d bzw. r beschreiben

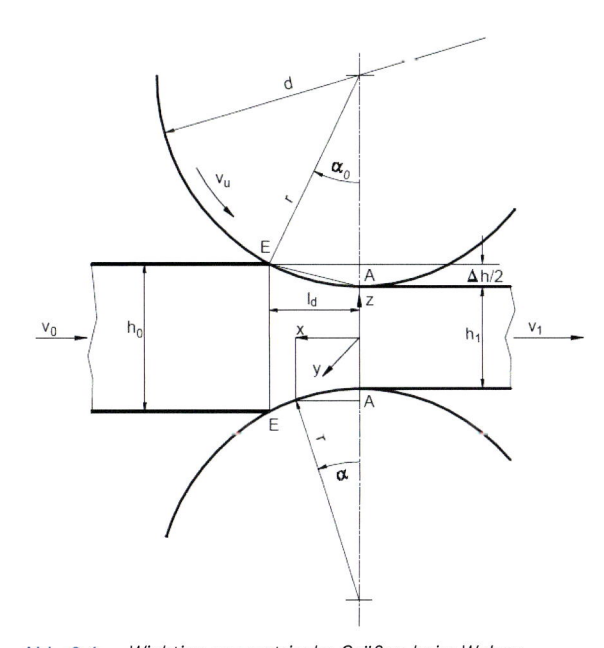

Abb. 3.6: Wichtige geometrische Größen beim Walzen (Kopp, Wiegels 1999)

den Durchmesser und Radius der Walzen. Bezüglich der Geschwindigkeiten gibt es drei wichtige Größen: die Umfangsgeschwindigkeit der Walzen v_u, die Einlaufgeschwindigkeit des Walzgutes v_0 und die Auslaufgeschwindigkeit v_1. Die nachfolgend angegebenen geometrischen Zusammenhänge werden z.B. in (Kopp, Wiegels 1999) und (Lange 1988) ausführlich hergeleitet.

Innerhalb des Walzspalts wird das Walzgut in Dickenrichtung gestaucht. Der kontinuierliche Einzug wird dabei durch die rotierende Bewegung der Walzen erreicht. Der Walzwinkel lässt sich, entsprechend der geometrischen Bedingungen, aus der folgenden Gleichung errechnen:

$$\cos\alpha_0 = \frac{r - 0{,}5 \cdot \Delta h}{r} = 1 - \frac{\Delta h}{2 \cdot r} \quad (3.1).$$

Beim Durchlaufen des Walzspalts nimmt die Dicke des Walzgutes ab. Der Verlauf der Walzgutdicke lässt sich entweder als Funktion der Winkelkoordinate (vgl. Gleichung 3.2) oder der horizontalen Koordinate x (Gl. 3.3) beschreiben:

$$h(\alpha) = h_1 + 2 \cdot r \cdot (1 - \cos\alpha) \approx h_1 + r \cdot \alpha^2 \quad (3.2),$$

$$h(x) \approx h_1 + \frac{x^2}{r} \quad (3.3).$$

Die Höhenabnahme lässt sich über die folgende Gleichung berechnen:

$$\Delta h = 2 \cdot r \cdot (1 - \cos\alpha_0) \quad (3.4).$$

Gleichung 3.5 liefert den Wert für die gedrückte Länge:

$$l_d = \sqrt{r \cdot \Delta h - \frac{(\Delta h)^2}{4}} \quad (3.5).$$

Für Greifwinkel $\alpha_0 < 20°$ beträgt der Fehler $\leq +1{,}5$ Prozent, wenn man die folgende Vereinfachung trifft (Kopp, Wiegels 1999):

$$l_d = \sqrt{r \cdot \Delta h} \quad (3.6).$$

Die Kontaktfläche A_d des Walzgutes mit den Walzen, auch gedrückte Fläche genannt, wird aus dem Produkt von gedrückter Länge mit der mittleren Walzgutbreite bestimmt:

$$A_d = l_d \cdot b_m = \sqrt{r \cdot \Delta h} \cdot b_m \quad (3.7).$$

Dabei gilt näherungsweise für die mittlere Walzgutbreite:

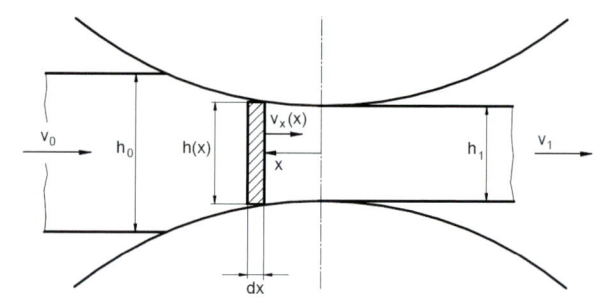

$$b_m = \frac{b_0 + b_1}{2} \quad (3.8).$$

Abb. 3.7: Geschwindigkeiten in Walzspalt (Kopp, Wiegels 1999)

3.1.2.1.2 Kinematik im Walzspalt

Für das Walzen lässt sich, über die folgende Herleitung, die Geschwindigkeit als Funktion der Koordinate x ausdrücken. Unter der Annahme, dass ein in Abbildung 3.7 dargestelltes Volumenelement (Streifen) beim Durchgang durch den Walzspalt eben bleibt, folgt die lokale Geschwindigkeit $v_x(x)$ aus der Kontinuitätsbedingung unter Annahme der Volumenkonstanz:

$$\dot{V}(x) = v_0 \cdot A_0 = v_1 \cdot A_1 = v_x(x) \cdot A(x) = konst. \quad (3.9).$$

Die Fläche an der Stelle x ergibt sich für rechteckige Querschnitte aus dem Produkt der entsprechenden Höhe und Breite:

$$A(x) = b(x) \cdot h(x) \quad (3.10).$$

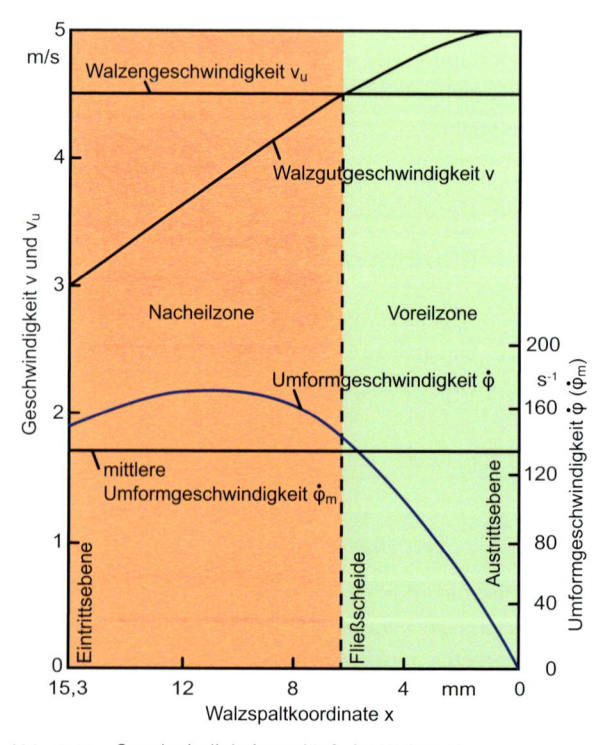

Abb. 3.8: Geschwindigkeitsverläufe im Walzspalt (Pawelski 1970)

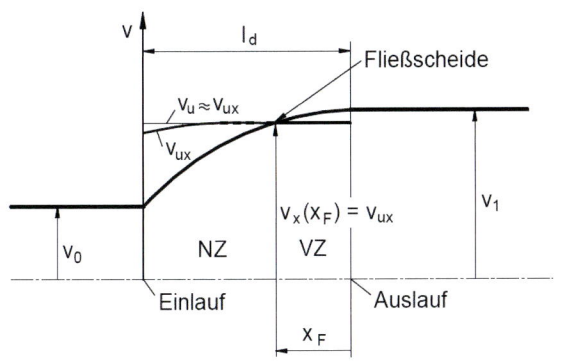

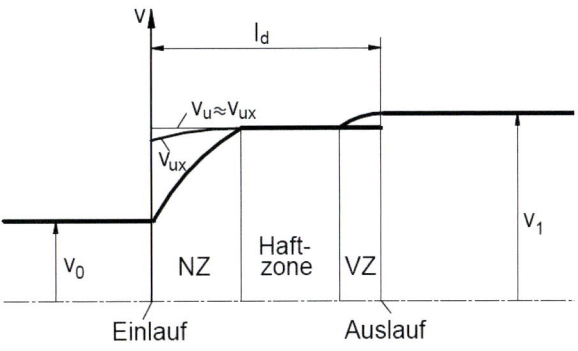

Abb. 3.9: *Ausbildung von Fließscheide oder Haftzone beim Walzen (Kopp, Wiegels 1999)*

Geht man von ebener Formänderung aus, bleibt die Breite während des Walzens konstant ($b(x) = b_0 = b_1$). Damit vereinfacht sich die Gleichung zu

$$v_x(x) \cdot h(x) = v_0 \cdot h_0 = v_1 \cdot h_1 \quad (3.11).$$

Über das Umstellen der oben dargestellten Gleichung erhält man somit die lokale Geschwindigkeit an der Stelle x:

$$v_x(x) = v_0 \cdot \frac{h_0}{h(x)} \quad (3.12).$$

Durch Einsetzen von Gleichung 3.3 lässt sich folgende Abhängigkeit der Geschwindigkeit von der Koordinate x formulieren:

$$v_x(x) = \frac{v_0}{\frac{h_1}{h_0} + \frac{x^2}{r \cdot h_0}} = \frac{v_1}{1 + \frac{x^2}{r \cdot h_1}} \quad (3.13).$$

Falls keine Kräfte außerhalb des Walzspaltes am Walzgut angreifen, liegt die Umfangsgeschwindigkeit der Walzen v_u zwischen Eintritts- und Austrittsgeschwindigkeit des Walzgutes (vgl. Abb. 3.8)

$$v_0 > v_u > v_1 \quad .$$

Dementsprechend muss es innerhalb des Walzspalts eine Position x geben, an der die Walzenumfangs- und Walzgutgeschwindigkeit gleich sind ($v(x) = v_u$). Diese Stelle wird als Fließscheide bezeichnet. Den Bereich, in dem die Walzgutgeschwindigkeit höher ist als die Walzenumfangsgeschwindigkeit, nennt man Voreilzone. Ist die Walzgutgeschwindigkeit hingegen geringer, wird der entsprechende Bereich als Nacheilzone bezeichnet. Falls die Reibung besonders groß ist, weitet sich die Fließscheide zu einer Haftzone (vgl. Abb. 3.9) aus. Dies tritt insbesondere beim Warmwalzen auf (Kopp, Wiegels 1999).

3.1.2.1.3 Spannungsverteilung im Walzspalt

Die theoretische Bestimmung der Spannungen im Walzspalt sowie die Berechnung der Walzkraft und des Drehmoments gehen auf Überlegungen von Karman (Karman 1925) und Siebel (Siebel 1925, 1932) zurück. Diese Ansätze sind heute unter dem Begriff Streifenmodell der Elementaren Theorie bekannt. Die Modellvorstellung beruht auf der Annahme, dass der Walzvorgang durch eine Abfolge von Stauchvorgängen an inkrementellen Streifen im Walzspalt beschrieben werden kann. Eine grundlegende Vereinfachung dabei ist die Annahme: „Ebene Querschnitte bleiben eben". Die Betrachtung des Kräftegleichgewichts in horizontaler Richtung am inkrementellen Streifenelement im Walzspalt (Abb. 3.10) führt auf die Differentialgleichung erster Ordnung (Gl. 3.14), die aus heutiger Sicht die Grundlage für die analytischen Betrachtungen der Spannungsverteilung im Walzspalt darstellt:

$$\frac{d(\sigma_x h)}{dx} = 2\sigma_N (\tan\alpha \pm \mu) \quad (3.14).$$

Auf Basis der Betrachtungen nach (Siebel 1925) ergibt sich der Verlauf der Längsspannungen im Walzspalt für die Nacheilzone (NE) zu:

$$\sigma_{x,\text{NE}}(x) = \frac{-2 \cdot k_{\text{fm}}}{h(x)} \cdot \left(\frac{x^2}{2 \cdot r} - \mu \cdot x - \left(\frac{l_d^2}{2 \cdot r} - l_d \right) \right) \quad (3.15)$$

mit:

$$h(x) = h_1 \cdot \frac{x^2}{r} \quad (3.16).$$

Und für die Voreilzone (VE) zu:

$$\sigma_{x,\text{VE}}(x) = \frac{-2 \cdot k_{\text{fm}}}{h(x)} \cdot \left(\frac{x^2}{2 \cdot r} + \mu \cdot x \right) \quad (3.17).$$

3.1 Walzen

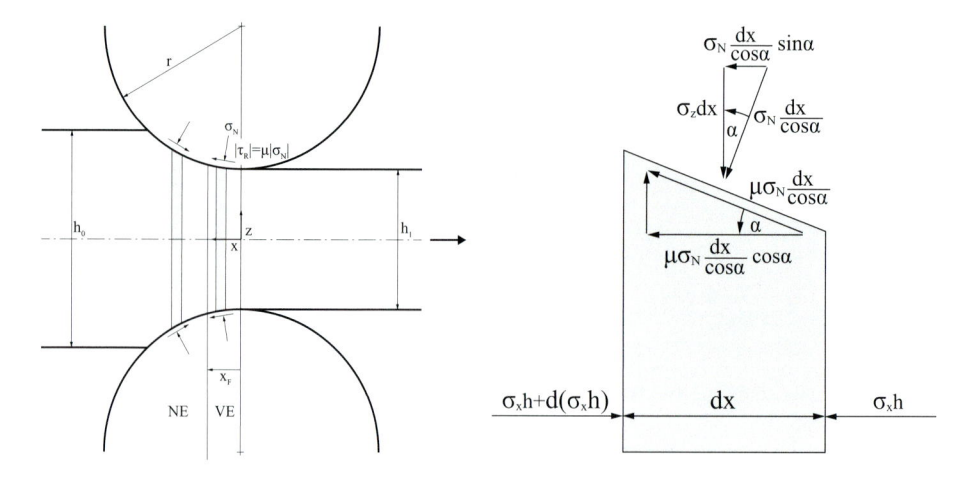

Abb. 3.10: Spannungen am Streifenelement im Walzspalt nach (Siebel 1932)

Aus der Lösung von Gleichung 3.15 und 3.17 sowie aus der Gleichgewichtsbedingung an der Fließscheide ergibt sich somit wieder die Lage der Fließscheide zu:

$$x_F = \frac{1}{2} \cdot l_d \cdot \left(1 - \frac{l_d}{2 \cdot \mu \cdot r}\right) \quad (3.18).$$

Für den Verlauf der Druckverteilung im Walzspalt in der Nacheilzone gilt:

$$\sigma_{z,NE}(x) = -k_{fm} \cdot \left[1 + \frac{2}{h(x)} \cdot \left(\frac{x^2}{2 \cdot r} - \mu \cdot x - \left(\frac{l_d^2}{2 \cdot r} - l_d\right)\right)\right] \quad (3.19).$$

Für die Voreilzone gilt:

$$\sigma_{z,VE}(x) = -k_{fm} \cdot \left[1 + \frac{2}{h(x)} \cdot \left(\frac{x^2}{2 \cdot r} + \mu \cdot x\right)\right] \quad (3.20).$$

Aus diesen Betrachtungen ergibt sich der in Abbildung 3.11 dargestellte Spannungsverlauf. Bei Betrachtung der Komponenten Längsspannung σ_x und Vertikalspannung σ_z ergibt sich laut Fließbedingung nach Tresca für das Walzen mit Breitung der folgende Zusammenhang:

$$k_f = \sigma_z - \sigma_x \quad (3.21).$$

Für die Betrachtung breitungsfreier Walzvorgänge gilt die Fließbedingung nach von Mises ($\varphi_y = 0$):

$$\frac{2}{\sqrt{3}} \cdot k_f = \sigma_z - \sigma_x \quad (3.22).$$

3.1.2.1.4 Walzkraft

Die Bestimmung der Spannungs- und Formänderungszustände im Walzspalt ist von großer Bedeutung, nicht zuletzt weil so eine genaue Voraussage von Walzkraft und Drehmoment getroffen werden soll. Daher existiert eine Vielzahl von unterschiedlichen Modellen zur Berechnung von Walzkraft und Drehmoment in Warm- und Kaltwalzprozessen. Sie unterscheiden sich in ihren grundlegenden Modellvorstellungen sowie in ihren Anwendungsbereichen. Eine umfassende Zusammenstellung der geläufigen Modelle und ihrer Varianten findet sich bei (Hinkfoth 1985). Besonders hervorzuheben sind die Modelle nach: (Orowan 1943; Bland, Ford 1948; Sims 1954).

Aufbauend auf den Betrachtungen zur Spannungsverteilung im Walzspalt kann die Walzkraft durch Integration der vertikalen Komponenten aller im Walzspalt wirkenden Kräfte bestimmt werden:

$$F = \int_0^{l_d} b \cdot \sigma_z(x) dx \quad (3.23).$$

Für die Anwendung in der industriellen Praxis wird der Druckverlauf häufig durch den mittleren Umformwiderstand beschrieben:

$$F = b \cdot l_d \cdot k_{wm} \quad (3.24).$$

Der mittlere Umformwiderstand k_{wm} vereint somit die wesentlichen Einflüsse der Materialfestigkeit sowie der zusätzlich benötigten Kräfte zur Überwindung des Reibwiderstands durch äußere Reibung (Walzgut zu Walze) und

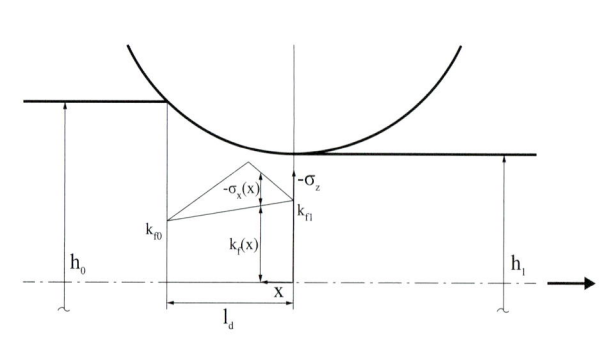

Abb. 3.11: Spannungsverteilung im Walzspalt

3.1.2 Längswalzen von Flachprodukten

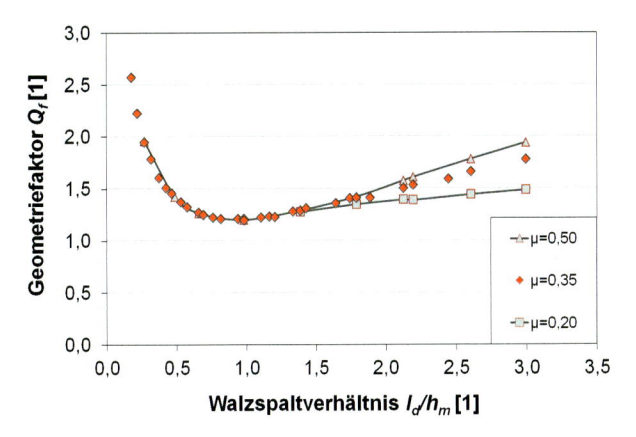

Abb. 3.12: *Geometriefaktor Q_f in Abhängigkeit vom Walzspaltverhältnis l_d/h_m aus einer FE-Parameterstudie (Seuren 2010)*

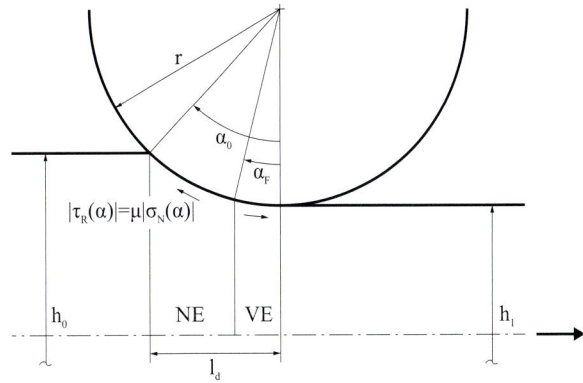

Abb. 3.13: *Berechnung des Drehmoments beim Warmwalzen durch Integration der Reibkräfte*

durch innere Reibung (Scherverformungen). Diese beiden Einflüsse werden durch die mittlere Fließspannung k_{fm} und den Geometriefaktor Q_f beschrieben:

$$k_{wm} = k_{fm} \cdot Q_f \qquad (3.25).$$

Die Fließspannung k_{fm} wird häufig durch Stauchversuche im Labor experimentell ermittelt und durch Regressionsformeln wie etwa nach (Hensel & Spittel 1978) mathematisch beschrieben. Bei mehrstufigen Warmumformprozessen spielen hierbei allerdings auch die dynamischen und statischen Entfestigungsvorgänge zwischen den Walzstichen eine bedeutende Rolle.

Der Geometriefaktor Q_f zeigt eine klare Relation zur Walzspaltgeometrie und kann in guter Näherung als Funktion des Walzspaltverhältnisses beschrieben werden. Eine Zusammenstellung der zahlreichen Ansätze wird bei (Sandmark 1972) vorgestellt.

Die Bestimmung des Geometriefaktors Q_f erfolgt in der industriellen Praxis häufig durch empirische Ansätze bzw. inverse Bestimmung aus gemessenen Walzkräften. Unterstützt wird dieses Vorgehen in der Regel durch den Einsatz von FE-Simulationen (Abb. 3.12).

3.1.2.1.5 Drehmoment

Das Drehmoment ergibt sich aus der Summe der Einzelmomente der an der Walze wirkenden Kräfte. Im Folgenden werden drei grundsätzliche Herangehensweisen unterschieden.

Das Drehmoment wird durch Integration der Reibkräfte in der Vor- und Nacheilzone mit dem Walzenradius als Hebelarm bestimmt:

$$M_d = 2 \cdot b \cdot r^2 \cdot \left[\int_{\alpha_F}^{\alpha_0} \left| \mu \cdot \sigma_{N,NE}(\alpha) \right| d\alpha - \int_0^{\alpha_F} \left| \mu \cdot \sigma_{N,VE}(\alpha) \right| d\alpha \right] \qquad (3.26).$$

Diese Methode hat den Nachteil, dass die Differenz der beiden Integrale eine relativ kleine Größe ist. Bei (Kopp, Wiegels 1999) heißt es: „Schon kleine Fehler infolge vereinfachender Annahmen bei der Berechnung von σ_x und σ_z oder beim Abschätzen der Reibungszahl μ können das Ergebnis erheblich verfälschen."

Mit größerer Genauigkeit lässt sich das Drehmoment durch die Integration der Normalkräfte über die Walzspaltlänge bestimmen.

$$M_d = 2 \cdot b \cdot \left[\int_{x_F}^{l_d} \left| \sigma_{z,NE}(x) \right| x \cdot dx + \int_0^{x_F} \left| \sigma_{z,VE}(x) \right| x \cdot dx \right] \qquad (3.27).$$

In der industriellen Praxis wird die Summe der Normalkräfte zu einer resultierenden Walzkraft F zusammengefasst, die mit einem Hebelarm a auf den Walzendrehpunkt wirkt. Diese Methode ist als Hebelarmmethode bekannt. Dabei wird das Verhältnis a zu l_d als Hebelarmbeiwert oder Hebelarmverhältnis m bezeichnet. Die Schwierigkeit der Hebelarmmethode besteht darin, diesen Hebelarmbeiwert m zuverlässig abzuschätzen.

$$M_d = 2 \cdot F \cdot a = 2 \cdot F \cdot m \cdot l_d \qquad (3.28).$$

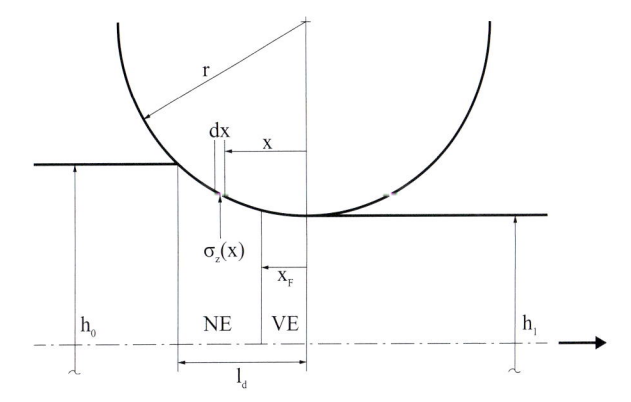

Abb. 3.14: *Berechnung des Drehmoments beim Warmwalzen durch Integration der Normalkräfte*

3.1 Walzen

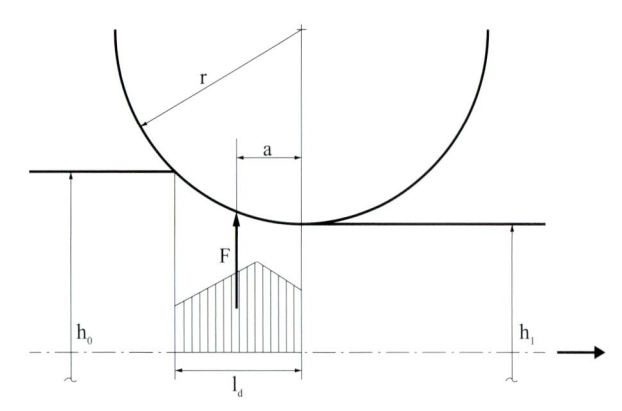

Abb. 3.15: Berechnung des Drehmoments beim Warmwalzen durch die Hebelarmmethode

Auf Basis von Gleichung 3.28 wurden von (Sims 1962) und (Weber 1973) experimentell ermittelte Daten für den Hebelarmbeiwert zusammengetragen und in Abhängigkeit der Walzspaltgeometrie und des Walzwerktyps dargestellt (Abb. 3.16).

3.1.2.1.6 Breitung

Die beim Walzen auftretende Breitung wird maßgeblich durch die Geometrie des Walzspalts bestimmt. Diese lässt sich insbesondere durch folgende Verhältnisse charakterisieren:

$$\frac{b_m}{l_d} \quad , \quad \frac{b_m}{h_m} \quad .$$

Das Verhältnis b_m/l_d repräsentiert die Geometrie der Kontaktflächen zwischen Walzgut und Walzen. Diese sind für die Breitung entscheidend, da die an ihnen auftretende Reibung den Stofffluss des Walzgutes maßgeblich beeinflusst. Beim Flach-Längswalzen sind die Kontaktlängen in Breitenrichtung sehr viel größer als in Walzrichtung. Daraus folgt, dass der mittlere Fließwiderstand σ_f in Breitenrichtung ebenfalls größer ist als der in Längsrichtung.

Entsprechend der Untersuchungen von Siebel findet der Stofffluss primär in Richtung des geringsten Fließwiderstands statt (Siebel 1925, 1932 und 1937). Je höher das b_m/l_d Verhältnis ist, desto geringer ist daher die Breitung:

$$\frac{\sigma_{f,Breite}}{\sigma_{f,Länge}} \sim \frac{b_m}{l_d} \quad ,$$

$$\frac{b_m}{l_d} \gg 1 \quad .$$

Das Verhältnis b_m/h_m hingegen repräsentiert das Verhältnis von Kontaktfläche zur Walzguthöhe. Eine große Kontaktfläche im Vergleich zur Bauteilhöhe führt zu einer Dominanz der durch Reibung hervorgerufenen Fließwiderstände. Das Material ist selbst in der Mitte vergleichsweise nah an der Kontaktfläche und wird somit effektiv zurück gehalten. Bei höheren Walzgutdicken hingegen sind die Reibungseinflüsse der Oberfläche in der Mitte des Walzgutes nicht dominant und das Material kann vergleichsweise ungehindert zur Seite ausweichen. Somit führt ein höheres b_m/h_m-Verhältnis zu einer geringeren Breitung.

Gerade das Verhältnis von Walzgutbreite zu -höhe wird oftmals verwendet, um die zu erwartende Breitung abschätzen zu können. Ist das Verhältnis b/h größer als 10 kann man i.d.R. vom breitungsfreien Walzen und somit von ebener Formänderung ausgehen (Kopp, Wiegels 1999). Der Einfluss des Werkstoffs selbst auf die Reibung, und somit auf die Breitung, ist auf Grund der vielzähligen Einflüsse nicht theoretisch abschätzbar (Grosse, Gottwald 1959).

Die meisten weiteren Einflussgrößen auf die Breitung lassen sich auf die beiden oben vorgestellten Verhältnisse zurückführen. So führt z.B. eine Verringerung der Dickenabnahme Δh oder des Walzenradius r zu einer Abnahme der gedrückten Länge l_d. Dies wiederum führt zu einer Erhöhung des Verhältnisses b_m/l_d und der Werkstofffluss in Breitenrichtung wird reduziert.

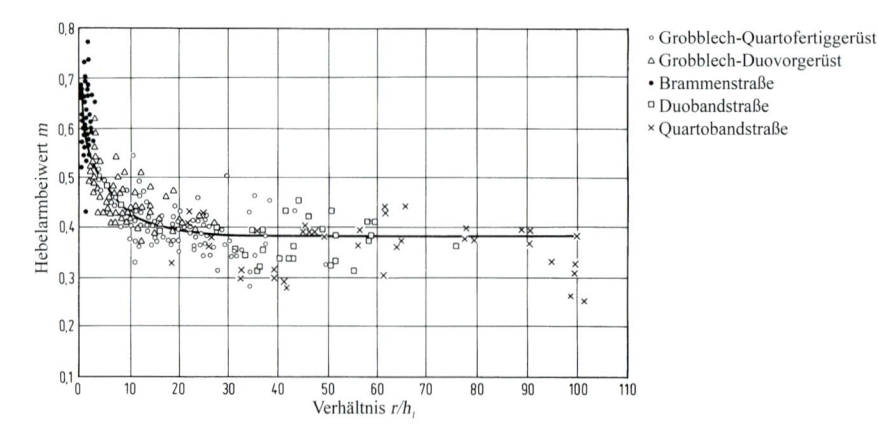

Abb. 3.16: Hebelarmbeiwert m beim Walzen nach (Weber 1973)

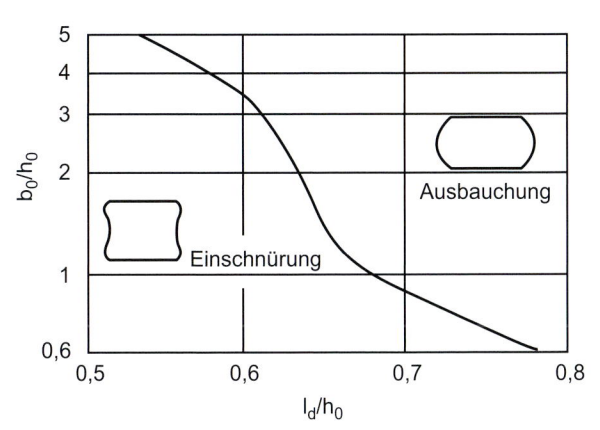

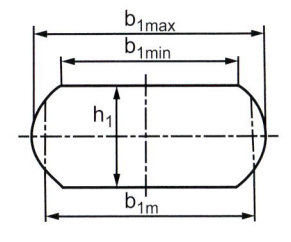

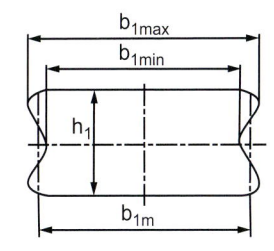

Abb. 3.17: *Ermittlung der mittleren Dicke b_{1m} (links) und Ausbildung der Seiten beim warmen Flachwalzen in Abhängigkeit der Walzspaltgeometrie (Dahl et al. 1968 und 1968b)*

Falls die Breitung für den betrachteten Walzprozess nicht vernachlässigbar gering ausfällt, ist die Breitungsberechnung für die Stichplanerstellung sowie zur Berechnung von Kraft- und Arbeitsbedarf von entscheidender Bedeutung. In der Realität ist allerdings nicht davon auszugehen, dass die Breitung homogen über die Höhe des Walzgutes erfolgt. So kann es durchaus auch zu Ausbauchungen oder Einschnürungen an den Seiten des Walzgutes kommen. In diesem Fall wird eine mittlere Endbreite b_{1m} verwendet (Abb. 3.17), die sich näherungsweise wie folgt errechnen lässt (Kopp, Wiegels 1999):

$$b_{1m} \approx \frac{2 \cdot b_{1max} + b_{1min}}{3} \quad (3.29).$$

Abbildung 3.17 zeigt ebenfalls, dass das Verhältnis Kontaktfläche zu Höhe entscheidend dafür ist, auf welcher Höhe des Walzgutes die Breitung auftritt. Liegt eine große Kontaktfläche ($A_d = l_d \cdot b_m$) bei geringer Höhe (rechts oben im Diagramm) vor, wird die plastische Verformung bis in den Kern getragen. Da zudem die kontaktflächennahen Bereiche durch die Reibung stärker zurückgehalten werden als die Mitte des Walzgutes, kommt es eher in der Mitte zum Stofffluss. Das Walzgut baucht entsprechend seitlich aus. Bei geringer Kontaktfläche und hoher Walzguthöhe reicht die geringe Reibung an den Kontaktflächen nicht aus, um die Verformung bis in die Mitte des Walzgutes zu tragen. Stattdessen verformt sich die Ober- und Unterfläche des Walzgutes plastisch. Die Folge ist eine seitliche Einschnürung.

Zur Errechnung der Breitung gibt es eine Vielzahl von Ansätzen. In Tabelle 3.1 sind exemplarisch mehrere Gleichungen zur Berechnung der Endbreite aufgeführt.

3.1.2.1.7 Greif- und Durchziehbedingung

Eine wesentliche Voraussetzung für das Walzen ist, dass das Walzgut in den Walzspalt gezogen wird. Die rotierende Bewegung der Walzen und die Reibung zwischen Walzen und Walzgut führen zu dem gewünschten Vorschub. Allerdings ist darauf zu achten, dass die eingestellte Höhenabnahme Δh bzw. der eingestellte Walzwinkel α_0 nicht zu groß werden. Andernfalls reicht die auftretende Reibungskraft im Vergleich zur rückstoßenden Normalkraft nicht mehr aus, um das Walzgut in den Walzspalt einzuziehen. Eine quantitative Beschreibung dieses Zusammenhangs bieten die Greif- und Durchziehbedingungen, die im Folgenden beschrieben werden. Abbildung 3.18 zeigt die Randbedingungen beim Greifen des Walzgutes. Entscheidend für das Greifen ist, dass die durch die Reibung verursachte einziehende Kraft größer ist, als die zurückstoßende Kraft:

$$F_{Einzug} \geq F_{Rück} \quad .$$

Tab. 3.1: *Verschiedene Formeln zur Berechnung der resultierenden Breite beim Flach-Längswalzen (Lueg 1949; Mauk 1982; Kopp 1999)*

Breitungsgleichung nach		
Geuze	$b_1 = b_0 + C \cdot \Delta h$	$C = 0{,}35$ für Stahl
Tafel und Sedlaczek	$b_1 = b_0 + 0{,}17 \cdot \Delta h \sqrt{r/h_0}$	
Wusatowski	$b_1 = b_0 \cdot (h_0/h_1)^W$ mit $W = 10^{-1{,}27(b_0/h_0)(h_0/2r)^{0{,}56}}$	
Sander	$b_1 = b_0 \cdot (h_0/h_1)^W$ mit $W = 10^{-0{,}76(b_0/h_0)^{0{,}39}(b_0/l_d)^{0{,}12}(b_0/r)^{0{,}59}}$	

Reibungskraft und Normalkraft sind über den Reibungskoeffizienten miteinander verknüpft:

$$F_{Reib} = \mu \cdot F_N \quad (3.30).$$

Die einziehende Kraft F_{Einzug} ist der horizontale Anteil der Reibungskraft zwischen Walze und Walzgut. Entsprechend errechnet dieser sich aus

$$F_{Einzug} = F_{Reib} \cdot \cos\alpha_0 = \mu \cdot F_N \cos\alpha_0 \quad (3.31).$$

Die rückstoßende Kraft hingegen ist der horizontale Anteil der Normalkraft. Dieser lässt sich wie folgt errechnen:

$$F_{Rück} = F_N \cdot \sin\alpha_0 \quad (3.32).$$

Durch Einsetzen und Umstellen ergibt sich:

$$\mu \geq \tan\alpha_0 \quad (3.33).$$

Unter der Annahme, dass

$$\tan\alpha_0 \approx \frac{l_d}{r} \quad (3.34)$$

ergibt sich letztendlich, unter Einbeziehung von Gleichung 3.6 für die maximal mögliche Dickenabnahme Δh_{max}:

$$\Delta h_{max} = \mu^2 \cdot r \quad (3.35).$$

Diese max. Dickenabnahme sollte man bei der Einstellung des Walzspalts beachten. Theoretisch sollte jede diesen Grenzwert überschreitende Dickenabnahme dazu führen, dass das Walzgut nicht mehr eingezogen werden kann. Durch das Aufbringen von äußeren Kräften oder das Anspitzen des Walzgutes kann diese Grenze allerdings umgangen werden.

Als zweite Voraussetzung für den Walzgutvorschub ist die Durchziehbedingung zu nennen. Ist sie nicht erfüllt, wird das Walzgut nicht durch den Walzspalt gezogen. Bei der Durchziehbedingung trifft man die Vereinfachung, dass die Kräfte unter dem Winkel $\alpha_0/2$ wirken. Entsprechend ergibt sich (Kopp, Wiegels 1999)

$$\mu \geq \tan\frac{\alpha_0}{2} \quad (3.36).$$

Und somit analog zur Greifbedingung:

$$\Delta h_{max} = 4 \cdot \mu^2 \cdot r \quad (3.37).$$

Trotz dieser Zusammenhänge kann man nicht davon ausgehen, dass die Durchziehbedingung zwangsläufig eingehalten wird, wenn die Greifbedingung erfüllt ist. Dies liegt darin begründet, dass die Reibungskoeffizienten beim Greifen und Durchziehen nicht zwangsläufig gleich sind (Kopp, Wiegels 1999). Allgemein betrachtet sind beide Bedingungen eher beim Warmwalzen von Interesse, da in diesem Prozess die höheren Dickenabnahmen realisiert werden.

Um das zulässige Δh errechnen zu können, benötigt man eine Möglichkeit, den korrespondierenden Reibungskoeffizienten zu ermitteln. Die Literatur bietet diesbezüglich eine Reihe von Methoden (Hoff, Dahl 1955; Weber 1973; Hensel, Spittel 1978; Autorenkollektiv 1980; Pawelski 1968), auf welche in diesem Zusammenhang verwiesen wird.

3.1.2.2 Wechselwirkung zwischen Maschine und Walzgut

Gerhard Hirt, Marius Oligschläger

3.1.2.2.1 Walzenabplattung und Walzendurchbiegung

Die Druckverteilung zwischen Walzgut und Walze führt zu elastischen Deformationen der Walze. Dabei wird zwischen Walzenabplattung und Walzendurchbiegung unterschieden.

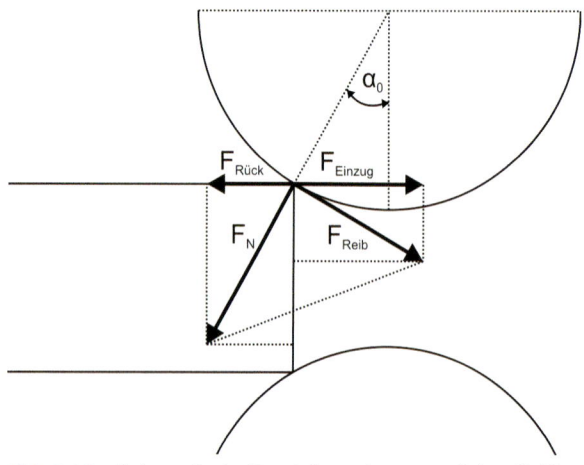

Abb. 3.18: *Schematische Darstellung der wesentlichen Kräfte und Kraftkomponenten beim Einziehen von Walzgut in den Walzspalt*

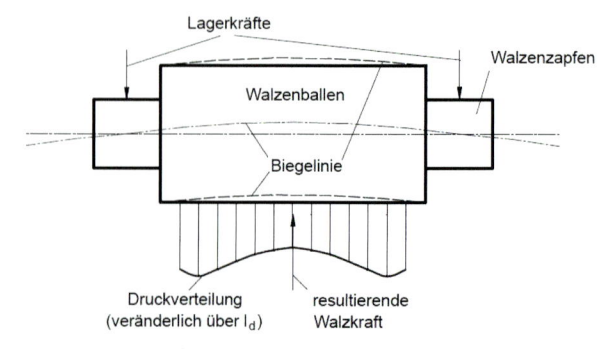

Abb. 3.19: *Druckverteilung und angreifende Kräfte an der Walze (Kopp, Wiegels 1999)*

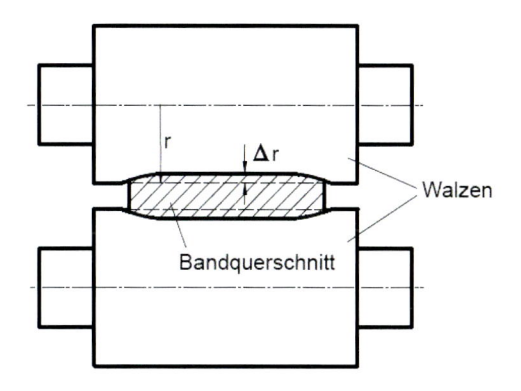

Abb. 3.20: Abplattung der Walzen beim Flach-Längswalzen
links: Schematische Darstellung der Änderung wesentlicher Prozessgrößen (Kopp, Wiegels 1999);
oben: Einbettung des Walzgutes auf Grund der Walzenabplattung (Kopp, Wiegels 1999)

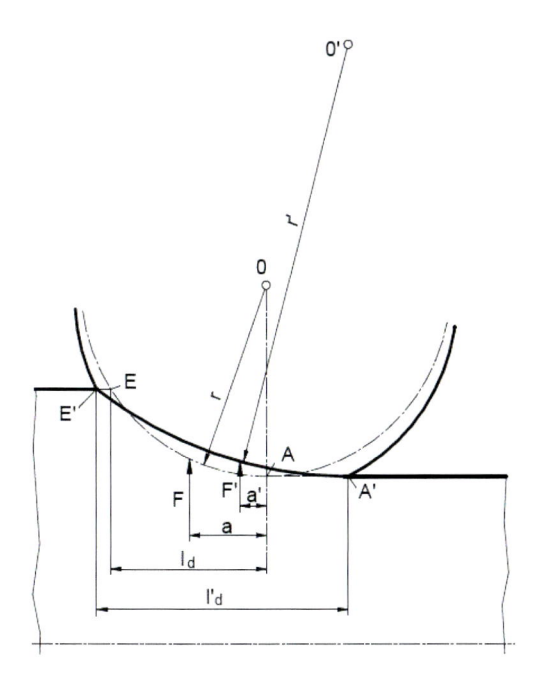

Unter Walzendurchbiegung (Abb. 3.19) versteht man eine Krümmung der Mittellinie der Walze. Demgegenüber handelt es sich bei der Walzenabplattung (Abb. 3.20) um eine elastische Abweichung von der ursprünglichen zylindrischen Querschnittsform. Am Rand des Bandes kann die sich hieraus ergebende Einbettung (Abb. 3.20) zu einer Anschärfung der Kanten führen.

Da alle elastischen Deformationen der Walzen die Geometrie des Walzspalts beeinflussen, können sie Ursachen von Planheitsfehlern (vgl. Kap. 3.1.2.2.2) des Bandes sein. Daher gibt es eine Vielzahl von Ansätzen zur Berechnung der Durchbiegung und der Abplattung. So führt die Abplattung nach Hitchcock (Hitchcock 1935) in der Kontaktfläche zu einer Veränderung des Radius:

$$r' = r\left(1 + C \cdot \frac{F}{b \cdot |\Delta h|}\right) \quad (3.38)$$

Der von der Walzenabplattung veränderte Walzenradius r' kann in Gleichungen zur Errechnung der Walzkraft eingesetzt werden. Allerdings ist eine Verwendung von r' zur Neuberechnung des Walzenmomentes nicht zulässig (Kopp, Wiegels 1999). Die neu errechnete Walzkraft kann hingegen erneut in Gleichung 3.38 eingesetzt werden. Entsprechend werden iterativ der resultierende Radius und die Walzkraft ermittelt. Die dabei verwendete Konstante C ist eine Funktion des Werkstoffs der verwendeten Walzen. Des Weiteren ist v die Querkontraktionszahl und E der Elastizitätsmodul der Walze. In Tabelle 3.2 sind mehrere Beispielwerte für C gegeben.

$$C = \frac{16}{\pi} \cdot \frac{1-v^2}{E} \quad (3.39)$$

Tab. 3.2: Beispiele für die Konstante C zur Errechnung der Walzenabplattung (Spur 1983)

Werkstoff	C [mm² / MN]
Stahl	22,54
Hartgußwalzen	29,68
Grauguß walzen	45,01
Hartmetall	8,94

3.1.2.2.2 Profil und Planheit

Profil- und Planheitsfehler in Blechen und Bändern können beim Walzen auf Grund einer Vielzahl von Gründen auftreten. Exemplarisch sind zu nennen:

- Walzenschliff und -verschleiß,
- Thermische Bombierung sowie
- Elastische Verformungen der Walzen (vgl. Kap. 3.1.2.2.1).

Planheitsfehler lassen sich in zwei verschiedene Gruppen (Ottersbach 1987) unterteilen:

- Abwickelbare Planheitsfehler (z. B. Längsbögen, Querbögen, gradlinig begrenzte Welligkeit), diese Art der Planheitsfehler werden durch inhomogene Längs- und Quereigenspannungen über die Banddicke hervorgerufen. Diese können bei einer inhomogenen Plastifizierung über die Banddicke entstehen (z. B. beim Haspeln eines Coils).
- Nicht abwickelbare Planheitsfehler (z. B. Randwellen, Mittenwellen), diese Planheitsfehler werden durch inhomogene Längs- und Quereigenspannungen über

3.1 Walzen

Abb. 3.21: *Einteilung von Formabweichungen nach (Mücke 2002)*

die Bandbreite hervorgerufen. Diese können bei einer inhomogenen Plastifizierung über die Bandbreite entstehen (z. B. aufgrund von elastischer Walzendurchbiegung).

Eine andere Art der Einteilung wurde von (Mücke 2002) vorgestellt (vgl. Abb. 3.21). Diese charakterisiert Formabweichungen primär nach ihrem geometrischen Erscheinungsbild.

Einer der häufigsten Planheitsfehler beim Walzen ist die krummlinig begrenzte Welligkeit (vgl. Abb. 3.22). Diese entsteht, wenn beim Walzen über die Bandbreite unterschiedliche Höhenabnahmen erreicht werden. Da beim Walzen der Querfluss behindert ist (vgl. Kap. 3.1.2.1.6), fließt der Großteil des Materials in die Länge. Dies führt dann zu Längendifferenzen über die Breite. Da der Materialzusammenhalt weiterhin gegeben ist, kann sich das Material aber nicht frei in Längsrichtung ausbreiten und es entstehen Eigenspannungsdifferenzen in Längs- und Querrichtung. Falls diese Differenzen eine kritische Beulspannung überschreiten, führt dies zu der angesprochenen Wellenbildung (Mücke 2002). Da diese kritische Beulspannung eine Funktion der Banddicke ist, neigen dünne Bänder eher zur Ausbildung von Wellen als dicke Bänder oder Bleche.

Bei den höheren Dicken wird im Allgemeinen das Profil des Walzgutes vorrangig beeinflusst. So wird beim Warmwalzen oftmals gezielt ein zigarrenförmiges Profil (vgl. Abb. 3.23) eingestellt. Auf diese Weise erhält man Bänder deren Querschnitte an die beim Kaltwalzen entstehende Walzspaltform angepasst sind.

Abb. 3.22: *Darstellung verschiedener Welligkeiten mit korrespondierender Längenverteilung ΔL / L (Neuschütz 1987; Loges 2009)*

1 Lange Mitte
2 Mittenwellen
3 Lange Bandkante
4 Randwellen
5 Örtliche Wellenbahnen
6 Seitenwellen
7 Heringsmuster
b Bandbreite
ΔL/L Längenverteilung

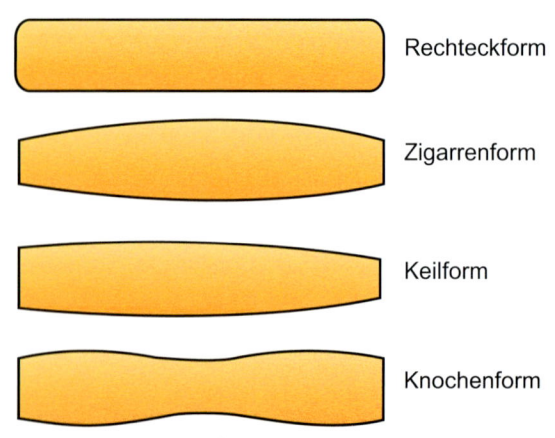

Abb. 3.23: *Beispiele für gängige Profile (Mücke 2002)*

Rechteckform
Zigarrenform
Keilform
Knochenform

Arbeitswalzenbiegung   CVC-System   Sechswalzensystem

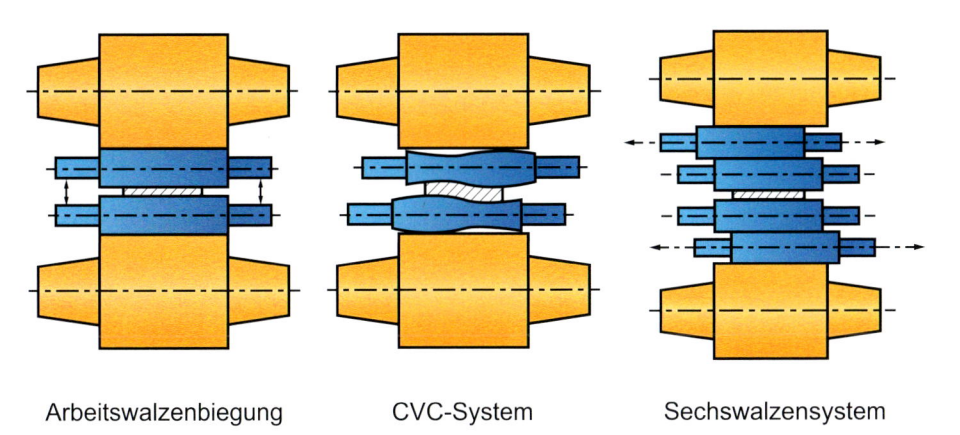

Abb. 3.24: Methoden zur Vermeidung von Planheitsfehlern beim Flach-Längswalzen (Lange 1988)

Beim Kaltwalzen ist die Höhe des Walzgutes so gering, dass normalerweise Profiländerungen nicht mehr ohne erhebliche Bildung von Planheitsfehlern möglich sind. Die Kontaktfläche zwischen Walze und Walzgut ist im Vergleich zur Walzguthöhe groß. Entsprechend den in Kapitel 3.1.2.6 erläuterten Zusammenhängen ist der laterale Stofffluss gering. Des Weiteren führt eine Abnahme der bereits geringen Banddicke zu deutlichen Änderungen in der Länge des Walzgutes. Zudem ist, wie oben erläutert, die kritische Beulspannung bei geringen Banddicken niedriger. Entsprechend wird beim Kaltwalzen nach Möglichkeit das bereits vorliegende Profil des Walzgutes im Walzspalt abgebildet. Auf diese Weise wird eine gleichmäßige Höhenänderung über die Breite erreicht.

Um Planheitsfehler zu vermeiden, gibt es eine Vielzahl verschiedener Ansätze (vgl. Kap. 3.2.6.5). Drei besonders häufig verwendete Methoden sind in Abbildung 3.24 dargestellt. Zum einen werden Arbeitswalzen gezielt vorgebogen, um die erwähnte Walzendurchbiegung wieder auszugleichen. Ein anderer Ansatz ist das CVC-System. Dabei werden flaschenförmige Walzen eingesetzt, deren axiale Verschiebung eine gezielte Steuerung der Dickenabnahme über die Breite zulässt. Das Sechswalzensystem bietet über axial verschiebbare Zwischenwalzen einen zusätzlichen Schutz vor Walzendurchbiegung.

3.1.2.2.3 Walzkraft / Banddicken-Schaubild

Die Walzkraft, welche das Walzgerüst auf das Walzgut ausübt, führt zu einer elastischen Auffederung des Gerüstes. Dies resultiert in einer Zunahme der Walzspalthöhe und entsprechend der Walzgutenddicke. Damit das Walzgut dennoch die gewünschte Solldicke erreichen kann, muss diese elastische Auffederung des Gerüstes berücksichtigt werden. Dies kann im sogenannten Walzkraft/Banddicken-Schaubild (Weber 1973; Pawelski 1970) verdeutlicht werden.

Die Ordinate dieser Schaubilder stellt die Walzkraft F und die Abszisse sowohl die Walzspalthöhe als auch die Walzgutdicke dar (Abb. 3.25). In den Schaubildern werden zwei verschiedene Kennlinien eingetragen: eine Gerüstkennlinie, welche die elastische Auffederung des Gerüstes repräsentiert und eine plastische Kennlinie des Walzgutes, die das Werkstoffverhalten darstellt. Die Gerüstkennlinie ist näherungsweise eine Gerade und ihre Steigung kann daher mit der folgenden Gleichung beschrieben werden (Kopp, Wiegels 1999):

$$c = \frac{\Delta F}{\Delta s} \qquad (3.40).$$

Dabei ist F die Kraft und s die Walzspalthöhe. Die Konstante c ist der Gerüstmodul des betrachteten Walzgerüs-

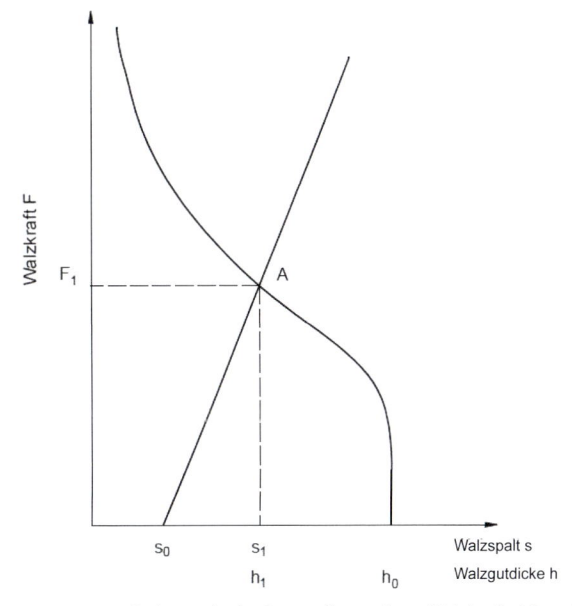

Abb. 3.25: Schematische Darstellung eines Walzkraft / Banddicken-Schaubildes (Kopp, Wiegels 1999)
F_1: Walzkraft, A: Arbeitspunkt

3.1 Walzen

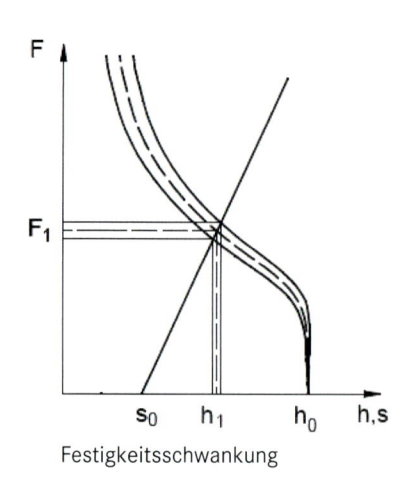

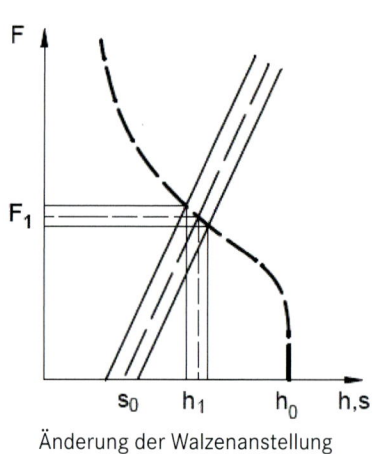

| Einlaufdickenschwankung | Festigkeitsschwankung | Änderung der Walzenanstellung |

Abb. 3.26: *Exemplarische Darstellung der Einflüsse verschiedener Prozessparameter auf den Walzprozess (Kopp, Wiegels 1999)*

tes und entspricht der Steigung der Gerüstkennlinie. Der Gerüstmodul ist ein Maß für die Steifigkeit des Gerüstes. Je höher c, desto steifer ist das Gerüst und desto weniger federt es unter Last auf. Die plastische Kennlinie des Walzgutes ist eine zusammengefasste Beschreibung vieler Einflussfaktoren des Walzens, wie z.B. der Fließspannung des Werkstoffs und der Reibung im Walzspalt.

Beide Kennlinien schneiden sich im sogenannten Arbeitspunkt A. An diesem Punkt kann man die Walzkraft F_W und die resultierende Walzgutdicke h_1 ablesen. Letzteres setzt die Annahme voraus, dass die elastische Rückfederung des Walzgutes vernachlässigbar klein ist. Der Schnittpunkt der Gerüstkennline mit der Abszisse entspricht der Höhe des Ausgangswalzspalts s_0 und der von der plastischen Walzgutkennlinie der Ausgangswalzgutdicke h_0. Entsprechend lässt sich die Walzgutenddicke h_1, unter der Annahme $h_1 = s_1$, auch über die sogenannte Gagemeter-Gleichung errechnen:

$$h_1 = s_0 + \frac{F_1}{c} \qquad (3.41)$$

Die Ausgangs- und Enddicke des Walzgutes sind im Prozess vorgegeben und können nicht angepasst werden. Dagegen kann der Leerlaufwalzspalt s_0 derartig verändert werden, dass der Schnittpunkt der Kennlinien bei der gewünschten Walzgutenddicke liegt.

Auch die Auswirkungen von Veränderungen in den Randbedingungen, wie z.B. Dickenschwankungen, können über die Schaubilder abgeschätzt werden. Abbildung 3.26 zeigt qualitativ Einflüsse von verschiedenen Parametern.

Literatur zu den Kapiteln 3.1.1 und 3.1.2.1f

Autorenkollektiv: Walzwerke – Maschinen und Anlagen. VEB Deutscher Verlag für Grundstoffindustrie, Leipzig 1980.

Bland, D. R.; Ford, H.: The Calculation of Roll Force and Torque in Cold Strip Rolling with Tensions, Proc. I. Mech. E., 139, (1948), S. 144 – 160.

Dahl, W.; Wildschütz, E.; Schiffgen, W.: Der Werkstofffluss beim Warmwalzen mit freier Breitung. Arch. Eisenhüttenwesen 39 (1968b) 8, S. 577 – 586.

Dahl, W.; Wildschütz, E.; Schiffgen, W.: Die Ausbildung der Seitenflächen beim Warmwalzen mit freier Breitung. Arch. Eisenhüttenwesen 39 (1968) 7, S. 501 – 509.

Fritz, A. H.; Schulze, G.: Fertigungstechnik. Springer-Verlag, Berlin 2006.

Grosse, W.; Gottwald, H.: Der Einfluss von Kohlenstoff, Mangan, Chrom, Nickel und Molybdän auf das freie Breiten von Stählen. Stahl u. Eisen 79 (1959) 12, S. 855 – 866.

Hensel, H., Spittel, Th.: Kraft- und Arbeitsbedarf bildsamer Formgebungsverfahren. VEB Deutscher Verlag für Grundstoffindustrie, Leipzig 1978.

Hinkfoth, R.: Die Anwendung der elementaren Plastizitätstheorie in der Umformtechnik, speziell beim Warm- und Kaltwalzen, Freiberger Forschungsheft B 242, VEB Deutscher Verlag für Grundstoffindustrie, Leipzig 1985.

Hitchcock, J.H.: Roll neck bearings, ASME Res. Pub., American Society of Mechanical Engineers, 1935, S. 33 – 41.

Hoff, H.; Dahl, Th.: Grundlagen des Walzverfahrens. Verlag Stahleisen, Düsseldorf 1955.

Karman, Th.v.: Beitrag zur Theorie des Walzvorganges. Zeitschrift f. angew. Mathematik und Mechanik 5 (1925) 2, S.139 – 141.

Kopp, R.; Wiegels H.: Einführung in die Umformtechnik. Verlag Mainz, Aachen 1999

Lange, K.: Umformtechnik – Handbuch für Industrie und Wissenschaft – Bd. 2: Massivumformung. Springer-Verlag, Berlin 1988.

Loges, F.: Entwicklung neuer Strategien zur Messung und Regelung der Bandplanheit beim Flachwalzen. Dissertation, Universität Kassel, 2009.

Lueg, W.: Die Ermittlung der Breitenzunahme beim Walzen auf glatter Walzbahn. Arch. Eisenhüttenwesen 20 (1949) 1, S. 56 – 68.

Mauk, P.J.: Breitung beim Warmwalzen auf der Flachbahn. Kontaktstudium 96/81 des Vereins Deutscher Eisenhüttenleute (VDEh), Bad Neuenahr 1981 u. Der Kalibreur (1982) 37, S. 3 – 54.

Mücke, G.; Karhausen K. F.; Pütz, P. D.: Formabweichungen in Bändern: Einteilung, Entstehung, Messung und Beseitigung sowie quantitative Bewertungsmethoden; Stahl und Eisen 122 (2002) Nr. 2; S. 33 – 39.

Neuschütz, E.: Planheitsmessung und -regelung beim Warm- und Kaltwalzen von Bändern: Grundlagen. In: Galla, H. (Hrsg.); Jung, H.: Walzen von Flachprodukten. Oberursel: DGM Informationsgesellschaft Verlag, 1987, S. 7 – 26.

Orowan, E.: The calculation of roll pressure in hot and cold flat rolling. Proc. Inst. Mech. Eng. 150 (1943), S.140 – 167 u. 152 (1945), S.314 – 324.

Ottersbach, W.: Beseitigen von Planheitsfehlern bei kaltgewalzten Bändern, Bänder Bleche Rohre, 28 (1987) Nr. 10, 194 – 197.

Pawelski, O.: Grundlagen des Kaltwalzens von Band. In: Herstellung von kaltgewalztem Band. Verlag Stahleisen, Düsseldorf 1970.

Pawelski, O.: Untersuchungen über die Reibung bei der bildsamen Formgebung. Forschungsberichte des Landes Nordrhein-Westfalen, Nr.1978, Westdeutscher Verlag, Köln 1968.

Sandmark, P. A.: Comparison of Different Formulae for the Calculation of Force in Hot-Rolling Mills, Scand. Journal of Metallurgy 1 (1972), S. 313 – 318.

Seuren, S.; Bambach, M.; Hirt, G.; Philipp, M.: Geometriefaktoren für die schnelle Berechnung von Walzkräften, Tagungsband 25. Aachener Stahl Kolloquium, Aachen 2010, S. 71   80.

Siebel, E.: Die Formgebung im bildsamen Zustande. Verlag Stahleisen, Düsseldorf 1932.

Siebel, E.: Kräfte und Materialfluss bei der bildsamen Formgebung. Stahl u. Eisen, 45 (1925) 37, S. 1563 – 1566.

Siebel, E.: Über das Breiten beim Walzen. Stahl U. Eisen 57 (1937) 16, S. 413 – 419.

Sims, R. B.: The calculation of roll force and torque in hot rolling mills. Proc. Inst. Mech. Eng. 168 (1954), S. 191 – 200 u. S. 209 – 214.

Sims, R. B.; Wright, H.: Roll force and torque in hot rolling mills – a comparison between measurement and calculation. Iron and Steel (1962) Dez. S.627 – 631; Neue Hütte 9 (1964) 11, S. 694 – 698.

Spur, G., Stöferle, T.: Handbuch der Fertigungstechnik, Band 2/1 Umformen, Carl Hanser Verlag, München 1983.

Stahlinstitut VDEh (Hrsg.): Stahlfibel, Verlag Stahleisen GmbH.

Weber, K.: Grundlagen des Bandwalzens, VEB Deutscher Verlag f. Grundstoffindustrie, Leibzig 1973.

Normen

DIN 8583-1:   Fertigungsverfahren Druckumformen - Teil 1: Allgemeines – Einordnung, Unterteilung, Begriffe.

DIN 8583-2:   Fertigungsverfahren Druckumformen - Teil 2: Walzen – Einordnung, Unterteilung, Begriffe.

3.1.2.3 Grundtypen der Walzgerüste

Günter Kneppe

Im Rahmen aller Funktionen, die für das Walzen von Flachprodukten realisiert werden müssen, kommt der Banddickenreduzierung die zentrale Bedeutung zu. Die hierfür erforderlichen Umformmaschinen müssten vollständig Horizontalwalzgerüste heißen. In der Praxis hat sich jedoch die Bezeichnung Walzgerüst oder auch kurz Gerüst durchgesetzt.

Walzgerüste bilden die maßgebenden Eckpunkte für die anlagentechnische Auslegung. Sie sind entlang der gesamten Prozessstufen vom Warmwalzen der Brammen zu Warmbändern bis hin zum Kaltwalzen von Kaltbändern im Einsatz. Dabei unterscheiden sich die verschiedenen Walzgerüste bezüglich ihres maschinentechnischen Grundkonzeptes kaum. Walzkräfte und -momente werden durchgängig nach demselben Konstruktionsprinzip realisiert.

Die verschiedenen Bauarten differieren jedoch stark in den an sie gestellten Anforderungen. Grobblechgerüste, Warmwalzgerüste und Kaltwalzgerüste zeigen daher deutliche Unterschiede hinsichtlich Dimensionierung, Walzenanzahl und -anordnung, Ausrüstung mit technologischen Stellsystemen sowie Walzenkühlung und Schmierung. Bezüglich des Betriebs und der Organisation

3.1 Walzen

von Walzwerken sei zudem auf die folgende Literatur verwiesen (Autorenkollektiv 1980; Verlag Stahleisen 1972; Lorenz 1981; Weber 1973; Wilms 1985; Kneppe 1993; Werme 1997; Autorengemeinschaft 1981).

3.1.2.3.1 Gerüstbauarten

Gerüstbauarten werden nach Anzahl und Anordnung der Walzen unterschieden (Abb. 3.27).

In der Praxis werden Vierwalzengerüste (Quartos) mit zwei Arbeitswalzen und zwei Stützwalzen eindeutig am häufigsten eingesetzt. Sie finden sich in allen Prozessstufen wieder und werden in einer Vielzahl von Literaturquellen behandelt (Verlag Stahleisen 1972 und Weber 1973; Lorenz 1981; Göbel 1972; Illert 1978; Neuhaus 1981; Klamma 1984; Rohde 1985; Kneppe 1993). Maschinentechnisch weniger aufwendig sind Zweiwalzengerüste (Duos), die lediglich über zwei Arbeitswalzen verfügen. Ihr Einsatz beschränkt sich heute jedoch auf wenige Gebiete, wie die ersten Stiche beim Warmwalzen von Stahl, das Warmwalzen von weichen NE-Metallen sowie das Dressieren von Warm- und Kaltband. Weitere Anwendungsgebiete für Duos scheitern an den relativ großen Durchbiegungen der Arbeitswalzen.

Sechswalzengerüste (Sextos) werden zunehmend für das Kaltwalzen von hochfesten Stählen mit besonders hohen Qualitätsanforderungen gewählt. Die zusätzlichen Zwischenwalzen mit ihren zugehörigen Stelleinrichtungen schaffen die hierfür notwendigen Regeleingriffe.

Kennzeichnend für 18-Rollengerüste und besonders für 20-Rollengerüste sind ihre extrem kleinen Arbeitswalzendurchmesser, die zusätzlicher Stützeinrichtungen bedürfen. Sie kommen für das Kaltwalzen von höchstfesten und insbesondere Edelstählen zum Einsatz.

3.1.2.3.2 Gerüstaufbau

Die wesentlichen Elemente eines Walzgerüstes sind:

- Arbeitswalzenpaar mit zugehörigen Arbeitswalzeneinbaustücken,
- Blöcke zum Führen der Arbeitswalzeneinbaustücke mit Arbeitswalzenbiegung und -verschiebung (Mae-West-Blöcke),
- Stützwalzenpaar mit zugehörigen Stützwalzeneinbaustücken,
- Anstellsysteme zum Einstellen des Walzspaltes, d. h. des Spaltes zwischen oberer und unterer Arbeitswalze,
- Kraftmesseinrichtungen zur Walzkraftmessung,
- Walzenständer,
- Antriebssysteme,
- Arbeitswalzenkühlung und -schmierung sowie
- Einrichtungen zum Führen des Walzgutes.

3.1.2.3.3 Realisieren von Walzkraft und Abnahme

Jedes Walzgerüst besitzt zwei Walzenständer, einen auf der Bedienseite und einen auf der Antriebsseite. Abbildung 3.28 zeigt die Anordnungen der Einrichtungen mit Blick auf das Ständerfenster der Bedienseite. Die Walzenständer sind als geschlossene Rahmen ausgeführt, in denen alle Walzkräfte über innere Kräfte im Gleichgewicht gehalten werden. Somit werden die Fundamente nur mit Eigengewichts- und Beschleunigungskräften belastet.

Die Arbeitswalzen werden mit Doppelkegelrollenlagern in den Arbeitswalzeneinbaustücken gelagert. Diese Einbaustücke sind in den Mae-West-Blöcken geführt und lassen nur Bewegungen in vertikaler Richtung zu. Hydraulikzylinder in den Mae-West-Blöcken üben in vertikaler Richtung Kräfte auf die Arbeitswalzeneinbaustücke aus. Mit diesen Kräften werden die Biegelinien beider Arbeitswalzen aktiv beeinflusst (Arbeitswalzenbiegesystem) sowie das Eigengewicht der oberen Arbeitswalze einschließlich Einbaustücken kompensiert (Arbeitswalzenbalancierung). In modernen Walzgerüsten kommen mehr und mehr Arbeitswalzenverschiebesysteme zum Einsatz, welche die Arbeitswalzen in Achsrichtung verschieben. In der Regel werden Ober- und Unterwalze gegensinnig verschoben. In die Mae-West-Blöcke sind hierzu hydraulische Verschiebezylinder integriert.

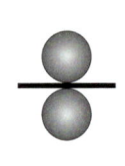

Abb. 3.27: Gerüstbauarten

a Zweiwalzengerüst (Duo, 2-high-mill)
b Vierwalzengerüst (Quarto, 4-high-mill)
c Sechswalzengerüst (Sexto, 6-high-mill)
c Mehrwalzengerüst (MKW-Gerüst, 18-high-mill)
d Sendzimir-Gerüst (20-Rollengerüst, cluster mill)

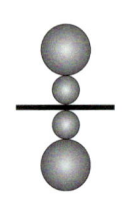

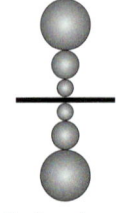

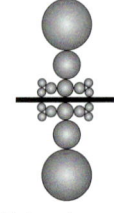

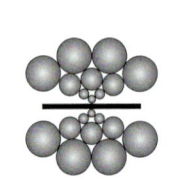

3.1.2 Längswalzen von Flachprodukten

Elektromechanische Anstellung

Hydraulische Anstellung

Obere Stützwalze und -einbaustücke

Mae-West-Blöcke mit Arbeitswalzenbiegung und -verschiebung

Arbeitswalzen und Arbeitswalzeneinbaustücke

Untere Stützwalze und -einbaustücke

Kraftmesseinrichtung und Beilagen

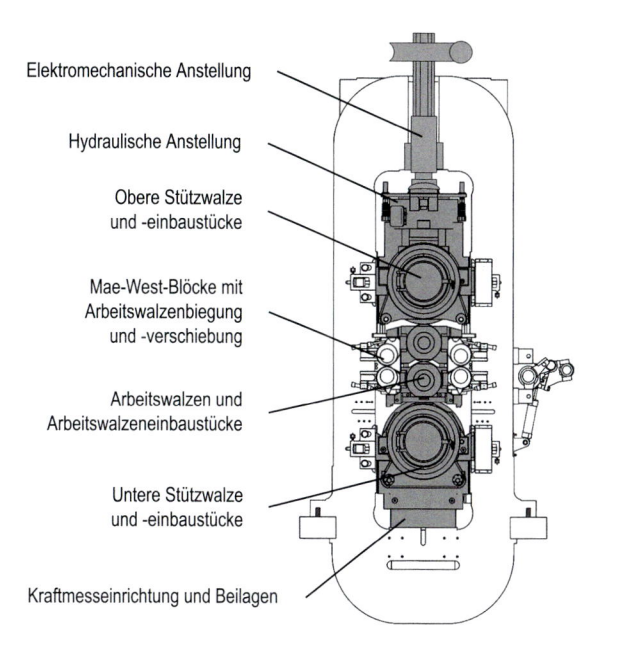

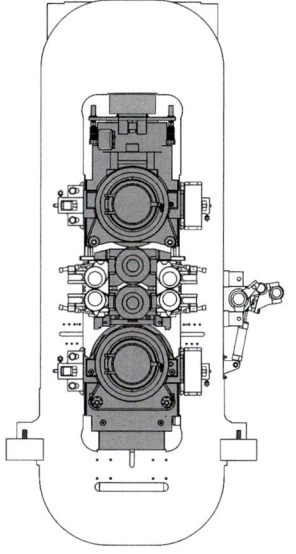

Abb. 3.28: *Gerüstaufbau für Quartogerüst*
links: Ständerfenster mit hydraulischer und mechanischer Anstellung
rechts: Ständerfenster nur mit hydraulischer Anstellung

Die eigentlichen Walzkräfte werden von den Arbeitswalzen unmittelbar auf die Stützwalzen übertragen und von diesen über Ölfilmlager (Morgoil®-Lager) oder Kegelrollenlager auf die Stützwalzeneinbaustücke weitergeleitet. Mit den großen Durchmessern der Stützwalzen werden die ausreichend kleinen Durchbiegungen erreicht, die für das Walzen von Flachprodukten zwingend erforderlich sind. Das Eigengewicht der oberen Stützwalze einschließlich Einbaustücken wird über Hydraulikzylinder kompensiert (Stützwalzenbalancierung).

Das klassische Konstruktionsprinzip beinhaltet elektromechanische und hydraulische Anstellsysteme sowohl auf der Bedien- als auch auf der Antriebsseite. Mit ihnen werden zum einen die Walzkräfte von den oberen Stützwalzeneinbaustücken auf die Walzenständer übertragen. Zum anderen dienen sie zum Einstellen („Anstellen") des Walzspaltes, indem sie die oberen Stützwalzeneinbaustücke vertikal verschieben. Elektromechanische Anstellungen bestehen aus Anstellspindeln und -muttern mit Trapezgewinden, die über Schneckengetriebe und Elektromotoren angetrieben werden. Hydraulische Anstellungen arbeiten mit großen Hydraulikzylindern (Anstellzylinder), die über Servoventile angesteuert werden und mit Drücken von 270 bis 290 bar arbeiten.

Die Anregelzeiten von elektromechanischen Anstellungen (100 bis 150 ms) bleiben deutlich hinter denen von hydraulischen (30 bis 50 ms) zurück. Darüber hinaus erreichen hydraulische Anstellungen höhere Positioniergenauigkeiten in der Größenordnung von 1 μm. Vor diesem Hintergrund haben sich Walzgerüste ausschließlich mit hydraulischen (ohne elektromechanische) Anstellungen in vielen Einsatzgebieten durchgesetzt (Abb. 3.28, rechts). Nur bei sehr großen Anstellbewegungen über 150 mm, wo die Ölsäulen in den Anstellzylindern unzulässig groß sind, kommen noch elektromechanische Anstellungen in Kombination mit hydraulischen zum Einsatz (Abb. 3.28, links).

Kraftmesseinrichtungen unterhalb der unteren Stützwalzeneinbaustücke liefern hochdynamische Signale für die Walzkraft. Sie arbeiten entweder nach dem Pressduktorprinzip (elektromagnetisch) oder dem Dehnungs-Messstreifen-Prinzip (elektrischer Widerstand).

3.1.2.3.4 Generieren von Walzmomenten und -geschwindigkeiten

Walzgerüste sind in der Regel mit Arbeitswalzenantrieben ausgerüstet (Abb. 3.29). Als Hauptantriebsmotoren haben sich Drehstrommotoren etabliert. Bei der Ausführung als Kammwalzantrieb wird das Drehmoment zunächst über das Stirnradgetriebe übersetzt und dann vom Kammwalzgetriebe auf die zwei Gelenkspindeln aufgeteilt, die mit den Arbeitswalzenzapfen verbunden sind. Bei Kammwalzantrieben wird für Ober- und Unterwalze die identische Drehzahl erzwungen, wobei die Walzmomente durch Unsymmetrien im Walzspalt deutlich voneinander abweichen können.

Die Ausführung als Einzelantrieb, oder kurz Twin-Drive, besteht aus zwei gegensinnig drehenden Hauptantriebsmotoren, die ihr Drehmoment direkt auf die Gelenkspindeln übertragen. Beim Twin-Drive arbeiten zwei unabhängige Drehzahlregelungen, die über eine Lastausgleichsregelung gekoppelt sind. Unsymmetrien im Walzspalt können zu Skibildungen des Walzgutes führen, die über

3.1 Walzen

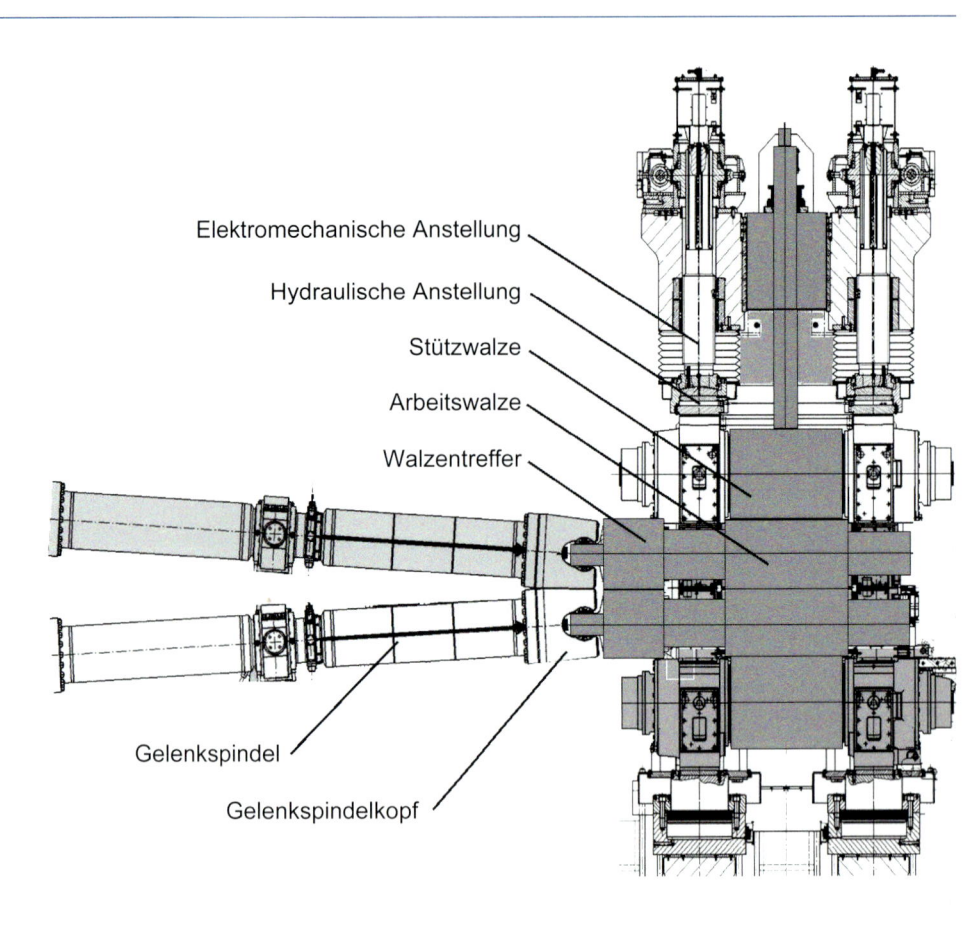

Abb. 3.29:
*Seitenansicht Walzgerüst
(Rohde 1981)*

Bildbeschriftungen: Elektromechanische Anstellung, Hydraulische Anstellung, Stützwalze, Arbeitswalze, Walzentreffer, Gelenkspindel, Gelenkspindelkopf

geeignete Drehzahlvertrimmungen reduziert werden.
Dort, wo aus technologischen Gründen sehr kleine Arbeitswalzendurchmesser benötigt werden, stoßen Arbeitswalzenantriebe an ihre Grenzen. Die dünnen Walzenzapfen würden unter der Belastung durch die Walzenmomente versagen. Beispielhaft sei auf das Kaltwalzen von hochfesten Stählen oder von kleinen Banddicken verwiesen. In solchen Anwendungsbereichen werden Stützwalzenantriebe, oder bei Sechswalzengerüsten alternativ Zwischenwalzenantriebe, installiert. Hierbei werden die Drehmomente durch Reibschluss von den Stützwalzen auf die Arbeitswalzen übertragen

3.1.2.3.5 Energiebilanz und Tribologie des Walzspaltes

Energiebilanz und Tribologie des Walzspaltes erfordern sowohl maschinentechnische Ausrüstungen am Walzgerüst als auch angepasste Medienversorgungen im Umfeld der Walzanlage. Dazu gehört zum einen die Funktion Kühlen, um die beträchtlichen Umformenergien schnell abzuführen und die Temperaturen der Walzenoberflächen in zulässigen Toleranzen zu halten. Zum anderen ist die Funktion Schmieren notwendig, um die unter extrem hohem Druck stattfindenden Relativbewegungen zwischen Walzgut und Walzenoberfläche gezielt zu beeinflussen und damit die gewünschten Oberflächenqualitäten einzustellen.

Anlagentechnisch sind diese Funktionen in ein Gesamtsystem der Walzenkühlung, Walzgutkühlung und Walzspaltschmierung integriert (Abb. 3.30). Je nach Prozessstufe und zu walzendem Werkstoff kommen unterschiedliche Medien mit angepassten Viskositäten und spezifischen Additiven zum Einsatz. Typisch für das Warmwalzen von Stahl ist der Einsatz von Wasser zur Kühlung und einer Wasser-Öl-Dispersion zum Schmieren. Im Gegensatz dazu werden beim Warmwalzen von Aluminium und generell beim Kaltwalzen die Funktionen Kühlen und Schmieren immer nur mit einer Flüssigkeit abgedeckt, wie einer Wasser-Öl-Emulsion, Walzöl oder Kerosin.

3.1.2.3.6 Technologiepakete

Moderne Walzgerüste für Flachprodukte sind gekennzeichnet durch die integrierte Anwendung von Stellmechanismen und Regelsystemen. Die Integration von Mechanik, Prozesstechnologie und Prozessautomatisierung zu Technologiepaketen ist unverzichtbare Voraussetzung, um die vom Markt geforderten Qualitätseigenschaften und Produktivitäten zu bedienen.

3.1.2 Längswalzen von Flachprodukten

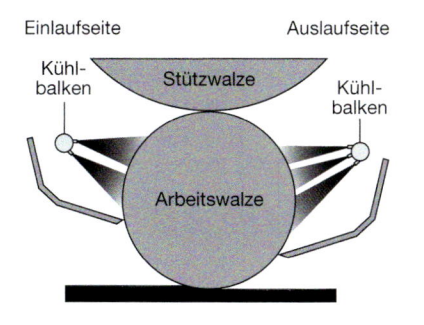

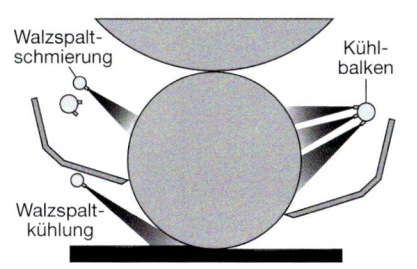

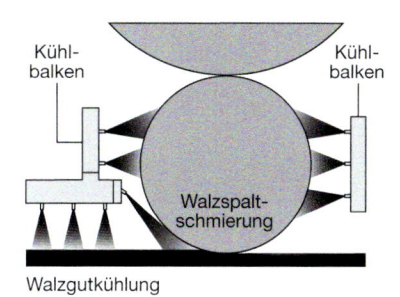

a) konventionelle Arbeitswalzenkühlung, Warmwalzgerüst

b) Walzenkühlung, Walzspaltkühlung und -schmierung, Warmwalzgerüst

c) Walzenkühlung, Walzspaltschmierung und Walzgutkühlung, Kaltwalzgerüst

Abb. 3.30: *Einrichtungen zum Kühlen und Schmieren*

3.1.2.3.6.1 Technologiepakete zur Banddickenregelung

Für Flachprodukte wird die Banddicke als die Dicke in der Bandmitte definiert und über die Bandlänge erfasst. Die zugehörigen Messgeräte messen online während des Walzprozesses die aktuellen Banddicken entweder nach einem Isotopenstrahlen- oder Röntgenstrahlen-Prinzip. Das entscheidende Stellsystem ist die hydraulische Anstellung (vgl. Abb. 3.31), die nur bei großen Verstellwegen durch eine mechanische Anstellung unterstützt wird. Das vorherrschende Regelprinzip beim Warmwalzen ist die Regelung auf konstanten Walzspalt (vgl. Kap. 3.2.3.2), auch als Gaugemeterregelung bezeichnet (Panunzi 1981; Rohde 1981 und 1985). Gemessene Walzkraftänderungen werden hierbei in Banddickenabweichungen umgerechnet und ausgeregelt. Beim Kaltwalzen hingegen stellt die Regelung auf konstanten Massenfluss das grundlegende Konzept zur Banddickenregelung dar. Mit Hilfe von Bandzugmessungen kann dabei der Massenfluss vergleichsweise einfach messtechnisch erfasst werden. Höhere Regelgenauigkeiten liefern jedoch Bandgeschwindigkeitsmessungen auf Basis moderner Lasertechnologie.

3.1.2.3.6.2 Technologiepaket zur Profil- und Planheitsregelung

Durch die beim Walzen hervorgerufenen mechanischen, thermischen und tribologischen Beanspruchungen verändert sich die Walzspaltgeometrie über der Ballenlänge, also das Walzspaltprofil, kontinuierlich während des Walzprozesses (Abb. 3.32):

- elastische Biegelinien der Walzen,
- elastische Abplattungen zwischen Walzgut und Arbeitswalzen sowie zwischen den Walzen,
- Kontur der thermischen Ausdehnung der Walzen und
- Verschleißkontur der Walzen.

Um die Bandprofile, definiert als Maß für die Dickenverteilung über der Bandbreite, sowie die Bandplanheiten, definiert als Maß für die Ebenheit, in den geforderten

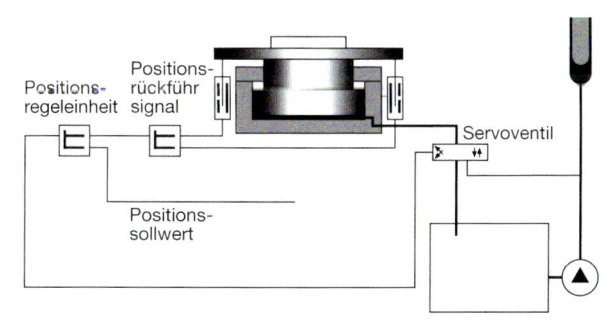

Abb. 3.31: *Prinzip der hydraulische Anstellung*

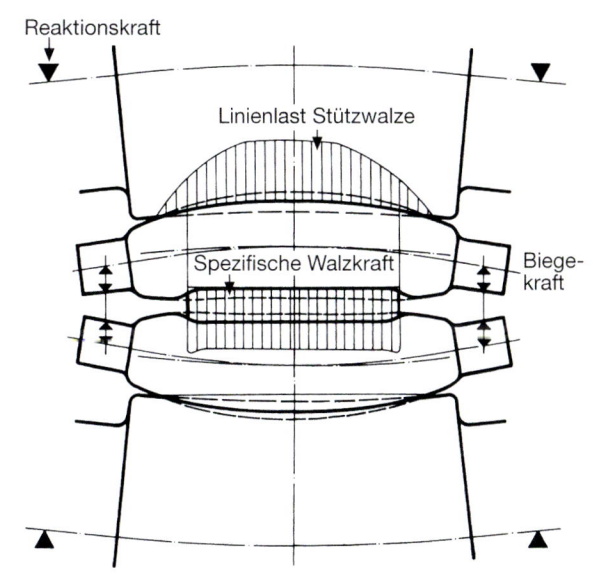

Abb. 3.32: *Verformungen des Walzensatzes*

3.1 Walzen

Abb. 3.33: Konventionelle Walzenschliffe (Walzenbombierungen) (Wilms et al. 1985)

a zylindrisch b konvex (ballig) c konkav (hohl)

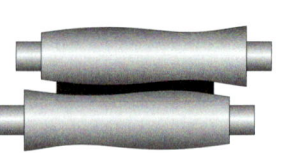

Abb. 3.34: Prinzip des CVC-Systems (Continuously Variable Crown) (Bolte 1986; Beisemann 1987; Hormes, Kneppe 1995)

a neutrale Bombierung b positive Bombierung c negative Bombierung

Toleranzen zu erzeugen, müssen die genannten Störeinflüsse kompensiert werden. Das klassische Vorgehen besteht in der Verwendung angepasster Walzenschliffe, sogenannter Walzenbombierungen, die beispielsweise abhängig von Walzkraftniveau und Bandbreite eingesetzt werden (Abb. 3.33). Nachteil ist, dass die einmal eingebauten Walzenbombierungen nur im Mittel passen, da die Walzkräfte und Bandbreiten während der Walzenreise von einem Walzenwechsel zum nächsten beträchtlich variieren.

Um auch während der Walzenreise von Band zu Band, von Stich zu Stich und auch während des Stiches das Walzspaltprofil gezielt zu kontrollieren, werden heute Arbeitswalzenbiege- und Schiebesysteme in Walzgerüste eingebaut. Ein weitverbreitetes Verfahren ist in diesem Zusammenhang die CVC®-Technologie (Continuously Variable Crown) (Abb. 3.34). Ein Hauptmerkmal sind die S-förmig geschliffenen Arbeitswalzen. Durch gegensinniges Verschieben der Arbeitswalzen ergibt sich der Effekt einer kontinuierlich veränderlichen Bombierung. In Kombination mit der Arbeitswalzenbiegung werden so die gewalzten Bandprofile und -planheiten deutlich verbessert. Walzgerüste für das Warmwalzen von Aluminium und generell für das Kaltwalzen verfügen zusätzlich über einstellbare Walzenkühlungen. Diese Vielzonenkühlungen arbeiten mit individuell ansteuerbaren Düsen. Hiermit wird die thermische Durchmesserveränderung der Arbeitswalzen über der Ballenlänge aktiv beeinflusst, um auch Fehler höherer Ordnung im Walzspaltprofil zu kompensieren.

Literatur zu Kapitel 3.1.2.3

Autorengemeinschaft: Warmwalzen auf flacher Bahn. VDEh-Kontaktstudium, Bad Neuenahr 1981.

Autorenkollektiv: Walzwerke - Maschinen und Anlagen. VEB Deutscher Verlag für Grundstoffindustrie, Leipzig 1980.

Beiseman, G.: Theoretische Untersuchung der mechanisch einstellbaren Bereiche für die Walzspaltform an unterschiedlichen Walzwerksbauarten. Stahl und Eisen (1987) 7.

Bolte, W.: CVC-Technologie. Ein neues Kaltwalzverfahren zur Erzeugung planer Stahlbänder. Stahl und Eisen 106 (1986) 9, S. 59 – 64.

Göbel, K.-H.: Neuere Entwicklungen für Grob- und Mittelblech. Beitrag in Herstellung von Halbzeug und warmgewalzten Flacherzeugnissen. Verlag Stahleisen, Düsseldorf 1972.

Herstellung von Halbzeug und warmgewalzten Flachprodukten. Verlag Stahleisen, Düsseldorf 1972.

Hormes, P.; Kneppe, G.: Operation of CVC rolls in hot and cold strip mills. 37th Mechanical Working and Steel Processing Conference. Iron and Steel Society, Hamilton, Canada, 1995.

Illert, K.; Lackinger, V.: Moderne Grobblechwalzwerke. Bleche, Rohre, Profile 25 (1978) 10, S. 467 – 476.

Klamma, K.: CVC-Technologie im Kaltwalzwerk. Stahl ud Eisen 104 (1984) 24, S. 65 – 68.

Kneppe, G.; Rohde, W.: Wirtschaftliche Produktion von nichtrostenden Stahlbändern in Steckelwalzwerken. Stahl und Eisen 113 (1993) 7, S. 71 – 79.

Lackinger, V.; Vogtmann, L.: Neuzeitliche Warmbreitbandwalzwerke. Bänder, Bleche, Rohre 19 (1978) 11, S. 456 – 463.

Lorenz, K.; Hof, W.; Hulka, K.; Kaup, K.; Litzke, H.; Schrape, U.: Thermomechanisches und temperaturgeregeltes Walzen von Grobblech und Warmband. Stahl u. Eisen 101 (1981) 9, S. 64.

Neuhaus, W.: Grobblech - gestern, heute, morgen. Vortrag auf dem VDEh-Kontaktstudium Warmwalzen auf flacher Bahn, Bad Neuenahr 1981.

Panunzi, C.: Einbau einer hydraulischen Anstellung mit Dickenregelung in eine Mittelbandstraße. Stahl u. Eisen 101 (1981) 2, S. 23 – 28.

Rohde, W.: Hydraulische Anstellungen in Warmband- und Grobblechwalzwerken. Metallurgical Plant and Technology MPT (1985) 1, S. 54 – 65.

Rohde, W.; Braun, M.: Walzanlagen für Warmbreitband. Vortrag auf dem VDEh-Kontaktstudium Warmwalzen auf flacher Bahn, Bad Neuenahr 1981.

Rohde, W.; Stelbrink, J.: Auslegung und konstruktive Gestaltung von Antriebssystemem schwerer Walzwerke. Vortrag auf dem VDEh-Kontaktstudium Warmwalzen auf flacher Bahn, Bad Neuenahr 1981.

Weber, K.: Grundlagen des Bandwalzens. VEB Deutscher Verlag für Grundstoffindustrie, Leipzig 1973.

Werme, A.; Eckelsbach, K.; Kneppe, G.: The new SSAB Oxelosund heacy plate mill. Metallurgical Plant and Technology MPT 20 (1997) 4, S. 134 – 145.

Wilms, W.; Voglmann, L.; Klöckner, J.; Beisemann, G.; Rohde, W.: Steuerung von Profil und Planheit in Warmbreitbandstraßen. Stahl und Eisen 1005 (1985) 22, S. 71 – 80.

Wladika, H.: Entwicklungstendenzen beim Bau von Warmbreitbandstraßen und ihre Auswirkung auf den Umbau eines Breitbandwalzwerkes. Stahl u. Eisen 81 (1961) 24, S. 1598 – 1609.

3.1.2.4 Herstellung von Grobblech

Simon Seuren, Hans-Jürgen Nehrenberg

3.1.2.4.1 Allgemeines und Produkte

Grobblech (ehemals Quartoblech) ist laut Norm (DIN EN 10029) ein Flachfertigerzeugnis mit einem rechteckigen Querschnitt, dessen Breite und Länge wesentlich größer sind als seine Dicke. Die Auslieferung erfolgt in der Regel als besäumtes Fertigblech gemäß Kundenbestellung.

Die Blechdicken reichen von 3 mm bis etwa 400 mm (16"). Der erforderliche Mindestverformungsgrad in Dickenrichtung beträgt 1:3 bezogen auf das gegossene Vormaterial. Abweichungen sind in den entsprechenden Gütenormen spezifiziert. Die Blechbreiten liegen zwischen 1.000 mm und 5.200 mm, wobei nur ein geringer Anteil der Gesamtmenge die Breite von 4.500 mm überschreitet. Schmalere Bleche werden je nach möglicher Erzeugungsbreite doppelt breit gewalzt und durch Längsteilen auf die Bestellabmessung geschnitten. Die Blechlängen betragen etwa 2.000 bis 30.000 mm. Dabei überwiegen die Längen ≤ 15.000 mm. Ein besonderer Schwerpunkt liegt bei der Rohrfertigung mit Längen von 12.000 mm bis 18.000 mm. Die Bleche werden in kombinierten Längen erzeugt und durch Querteilen auf die gewünschte Länge geschnitten. In Abhängigkeit von der jeweiligen Erzeugungslänge können Bleche bis zu einem Stückgewicht von etwa 40 t hergestellt werden.

Grobblech ist ein Produkt von erheblicher weltwirtschaftlicher Bedeutung. Die wichtigsten Anwendungsgebiete für Grobblech sind (vgl. Abb. 3.35):

- Großrohrfertigung,
- Schiffsbau,
- Fahrzeug- und Maschinenbau,
- Stahlhochbau, Brückenbau,
- Kraftwerke,
- Windenergie,
- Kessel- und Chemieanlagenbau sowie
- Offshore-Anwendungen.

Der Trend in der Blechverarbeitung geht zu hochwertigen Stählen, d.h. solchen mit hoher Streckgrenze, guter Schweißeignung und gleichzeitig hohem Umformvermögen. Erreicht werden diese Eigenschaften im Wesentlichen durch:

- metallurgische Maßnahmen (z. B. niedrige C-Gehalte, Mikrolegierung von Ti, Nb, V) und
- walztechnische Maßnahmen (z. B. thermomechanisches Walzen), (Lorenz 1981; Lederer 1982).

Abb. 3.35: *Einsatzgebiete für Grobbleche: Viadukt von Millau, Offshore-Windpark „Horns Rev" (Fotos: Dillinger Hüttenwerke), Passagierschiff „Queen Mary 2" (Foto: Cunard Line 2008)*

Tab. 3.3: *Auszug aus dem Lieferprogramm für Grobblech eines renommierten Grobblecherzeugers (DH 2010)*

Werkstoffe	Anwendungsgebiete
Baustähle nach EN 10025-2,-3,-4,-5 S235J0, S355J2+N, S355N / NL, S460N / NL S355M / ML, S420M / ML, S460M / ML, S235J2W, S355J2W	Stahlhochbau, Kranbau, Maschinenbau, Fahrzeugbau, Brückenbau
Höherfeste Baustähle nach EN 10025-6 S500Q / QL / QL1, S690 …, S890 …, S960 …, S1100QL	Mobilkranbau, Druckrohrleitungen für Wasser-Kraftwerke
Offshorestähle nach EN 10225 S355G8+N, S420G1+M, S460G2+Q	Offshore-Plattformen, Offshore-Windanlagen, Riser-pipes
Schiffbaustähle nach Klassifikationsgesellschaft A-E, A32-F32, A36-F36, A40-F40	Tankschiffe, Frachter, Containerschiffe, Passagierschiffe, Fähren
Druckbehälterstähle nach EN 10028-2,-3 P265GH, P355GH 16Mo3, 15NiCuMoNb5-6-4, 20MnMoNi4-5 13CrMo4-5, 10CrMo9-10, 13CrMoV9-10 P275NH / NL1 / NL2, P355NL2, P460NL1 A302 …, A387 …, A533 …, A542 … nach ASTM	Dampfkesselbau, Druckbehälterbau, Kraftwerksbau, Chemieanlagenbau, Rohrleitungsbau
Kaltzähe Stähle nach EN 10028-4 12Ni14, X8Ni9	Kaltlagertank, Rohrleitungen, Tankschiffe, Apparatebau, Chemieanlagenbau
Vergütungsstähle nach EN 10083-2,-3 C45, C60, 42CrMo4, 51CrV4	Maschinenbau, Baumaschinen
Einsatzstähle nach EN 10084 16MnCr5, 20MnCr5	Kranbau, Maschinenbau
Stähle für den Formenbau 1.2311, 1.2312, 1.2738, P20	Kunststoffformenbau, Maschinenbau
Verschleißfeste Stähle 400HB, 450HB, 500HB, 600HB	Erdbewegungsmaschinen (Bagger, Raupen, …), Brecher, Mühlen
Großrohrstähle nach API 5L / ISO 3183 X52PSL1 / PSL2, X60 …, X70 …, X80 …, X100 …	Pipelinebau, Großrohrbau

Für Sonderzwecke werden wasservergütete Stähle mit Streckgrenzen bis zu 1300 MPa hergestellt. In Tabelle 3.3 ist ein Auszug aus dem Lieferprogramm eines renommierten Grobblecherzeugers mit den gängigen Stahlsorten und ihren jeweiligen Anwendungsgebieten dargestellt.

3.1.2.4.2 Herstellung des Vormaterials

Brammenerzeugung

Das am meisten verbreitete Verfahren zur Brammenerzeugung ist der kontinuierliche Stranggus. Mit diesem Verfahren können verschiedenste Stahlsorten sowie Nichteisen-Metalle kontinuierlich vergossen werden. Dabei sind Dicken von 200 mm bis 450 mm und Breiten von 1500 mm bis 2600 mm möglich. Es sind jedoch nicht alle Stahlsorten in allen Dicken und Breiten vergießbar. Um die Wirtschaftlichkeit der Anlage zu erhöhen, ist man bestrebt, nach Möglichkeit in immer gleichen Standardabmessungen zu gießen. Die gewünschte Walztafelbreite wird dann durch Breitungsstiche (Querauswalzen der Bramme) eingestellt.

Rohblockerzeugung

Rohblöcke werden in normalkonischen oder umgekehrt konischen Kokillen aus Hämatit oder Stahlroheisen gegossen. Sie werden immer dann eingesetzt, wenn der geforderte Dickenverformungsgrad, das Stückgewicht oder die Vergießbarkeit der Stahlsorte den Einsatz einer Stranggussbramme verhindern. Rohblöcke werden in der Regel direkt auf das Bestellmaß ausgewalzt. Die Dicken betragen 80 bis 400 mm und die Breiten bis zu 5000 mm. In den Fällen, wo die Stahlsorte es aus metallurgischen Gesichtspunkten erfordert, werden die Blöcke zunächst vorgeblockt und zu einem späteren Zeitpunkt ausgewalzt.

3.1.2 Längswalzen von Flachprodukten

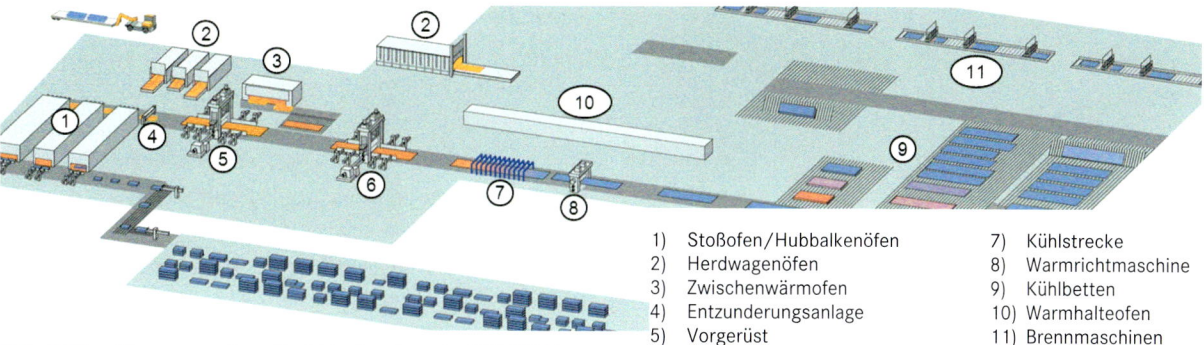

Abb. 3.36: Warmzone eines Grobblechwalzwerks (DH 2010)

1) Stoßofen/Hubbalkenöfen
2) Herdwagenöfen
3) Zwischenwärmofen
4) Entzunderungsanlage
5) Vorgerüst
6) Fertiggerüst
7) Kühlstrecke
8) Warmrichtmaschine
9) Kühlbetten
10) Warmhalteofen
11) Brennmaschinen

Erwärmung

Die Erwärmung der Brammen in Grobblechwalzwerken erfolgt vorwiegend in Stoß- oder Hubbalkenöfen. Herdwagenöfen bilden die Ausnahme und werden vermehrt zum Anwärmen von Sonderprodukten und schweren Rohblöcken eingesetzt. Sie ermöglichen langsame Aufheizgeschwindigkeiten mit entsprechend langen Verweilzeiten des Einsatzmaterials im Ofen. Generell liegen die Ziehtemperaturen für das Walzgut im Bereich von 1.050 bis 1.250 °C.

Stoßöfen für Eisen- und Nichteisenwerkstoffe sind dadurch charakterisiert, dass die Brammen, auf gekühlten Gleitschienen ruhend, mittels mechanisch oder hydraulisch angetriebener Stoßvorrichtung durch den Ofen gedrückt werden. Hubbalkenöfen zeichnen sich dagegen durch den schrittweisen Transport der Brammen mit wechselnden Auflagebereichen aus. Durch die wechselnden Auflagebereiche realisiert der Hubbalkenofen eine deutlich homogenere Brammenerwärmung. So können die Temperaturgradienten an den Auflagestellen („Schienenstellen") minimiert werden. Auch lässt der Hubbalkenofen das Realisieren von Lücken im Ofen zu und kann problemlos leergefahren werden. Die aufwändige Mechanik und die damit verbundene Anfälligkeit bzw. der höhere Instandhaltungsaufwand sind klare Nachteile des Hubbalkenofens. Der Stoßofen weist zudem geringere Investitionskosten und einen geringeren Verbrauch von Brennstoff und Kühlwasser auf. Die überwiegende Mehrzahl der im Einsatz befindlichen Erwärmungsöfen ist als Stoßofen ausgeführt.

Entzunderung

Für die Entfernung des Ofenzunders stehen Entzunderungsanlagen zur Verfügung, die mit Wasserdrücken von 180 bis 400 bar arbeiten. Die Düsen stehen in einem Winkel von ca. 15° gegen die Durchlaufrichtung auf der Ober- und Unterseite der Bramme. Sie sind verstellbar angeordnet, um bei unterschiedlichen Brammendicken den jeweils günstigsten Düsenabstand einstellen zu können.

3.1.2.4.3 Auslegung von Grobblechwalzwerken

Grobblechwalzwerke (Abb. 3.36) gehören zu den größten und leistungsstärksten Walzanlagen überhaupt. Das Anlagenlayout (Hallengröße, Walzgerüste, Erwärmungs- und Wärmebehandlungsöfen, Abkühl-, Schneid- und Adjustageanlagen) wird auf das Sortiment und die benötigten Leistungen abgestimmt.

Maßgebend für die Auslegung des gesamten Walzwerkes sind das Gewicht der eingesetzten Brammen und Rohblöcke sowie die größte Walztafelbreite und -länge. Besonders die maximale Walztafelbreite sowie die angestrebte Walzstrategie bestimmen die Baudaten der Walzgerüste. (Lederer 1973)

Grobblech wird überwiegend auf ein-, bzw. zweigerüstigen Grobblechstraßen gewalzt. Die Walzgerüste sind heute in der Regel als Quarto-Reversiergerüste ausgeführt.

Neben den eingerüstigen Grobblechwalzwerken mit einer Jahreserzeugung von 0,3 bis 1,0 Mio. t/a werden heute in der Regel Walzwerke mit zwei Gerüsten mit einer Jahreserzeugung von 1,2 bis 2 Mio. t/a versandfertiger Bleche betrieben.

Zweigerüstige Straßen bestehen je aus einem Vor- und einem Fertiggerüst, die in Tandemanordnung oder auch einzeln produzieren können. In ihrem grundsätzlichen Aufbau unterscheiden sie sich nicht von den eingerüstigen Walzstraßen.

3.1.2.4.4 Grobblechwalzgerüste

Das Walzen von Grobblech kann grundsätzlich auf Duo-, Trio- oder Quartogerüsten erfolgen. Die dominierende und walztechnisch günstigste Bauform ist eindeutig das Quarto-Reversiergerüst. In den Industrienationen kommen heutzutage kaum noch andere Walzgerüste für Grobblech zum Einsatz. Diese modernen Grobblechquartogerüste gehören zu den größten und schwersten Anlagen des Walzwerkbaus. Die Walzenständer können

3.1 Walzen

Abb. 3.37: *Fertiggerüst der AG der Dillinger Hüttenwerke (DH 2010)*

- Art des Antriebs   Twin-drive
- Max. Walzkraft   100 – 120 MN
- Max. Ständergewicht   400 – 560 t

Im Allgemeinen wird im Walzprozess auf eine konstante Solldicke der auslaufenden Walztafel geregelt. Dies erfordert einen präzisen Walzenschliff, eine schnelle Anstellung unter Last sowie eine akkurate Dickenregelung (AGC). Das Dickenprofil über die Walztafelbreite wird durch den Stütz- und Arbeitswalzenschliff, das Einhalten eines vorgegebenen Walzkraftverlaufes sowie den Einsatz der Arbeitswalzenbiegung erzeugt. Bei geringeren Walztafeldicken finden auch profil-beeinflussende Systeme wie CVC bzw. Smart-Crown Anwendung (SMS 2010).

ein- oder mehrteilig sein, wobei die gießtechnische Grenze heute bei etwa 440 t liegt (SMS 2010). Größere Walzenständer müssen aus mehreren Einheiten zusammengesetzt werden. Die Stützwalzen haben Walzendurchmesser von bis zu 2400 mm und Massen von bis zu 270 t. Wesentliche Kennwerte von Grobblechwalzgerüsten (SMS 2010) sind (Tab. 3.4):

- Maulweite, Aufgang: 500 – 600 mm (Fertiggerüst)
                             1.200 mm (Vorgerüst)
- Max. Ballenlänge   5.500 mm
- Durchmesser der
  Arbeitswalzen   950 – 1.240 mm
- Durchmesser der
  Stützwalzen   2.000 – 2.400 mm
- Antriebsleistung
  (Nennleistung)   15.000 – 24.000 kW
- Max. Walzmoment   2 x 4.000 kNm

3.1.2.4.5 Prozessauslegung

Moderne Grobbleche müssen einem breiten Spektrum an Produktanforderungen genügen. Neben den mechanischen Eigenschaften, wie Festigkeit und Zähigkeit, sind die Oberflächenqualität, die Verarbeitungseigenschaften und nicht zuletzt die Wirtschaftlichkeit des Prozesses von entscheidender Bedeutung. Der Aufbau des Grobblechwalzwerks ermöglicht eine flexible Prozessführung. Je nach Bedarfsfall steht nun eine Reihe von maßgeschneiderten Prozessvarianten zur Verfügung, bei der die Wärmebehandlung eine entscheidende Rolle spielt. Im Folgenden werden die geläufigen Prozessvarianten für Stahl vorgestellt (VDEh 2001).

Konventionelles Walzen (U)

Beim konventionellen Walzen (auch „Normalwalzen") wird während des Walzens keine gezielte Temperatur-

Tab. 3.4: *Auflistung der Deutschen Grobblechstandorte mit den wichtigsten Kennwerten (VDEh 2008)*

Unternehmen	Standort	Inbetriebnahme	Gerüste	Bauart	Ballenlänge	Dicke		Länge	Breite	nom. Kapazität
						min.	max.	max.	max.	
					[mm]	[mm]	[mm]	[mm]	[mm]	1000 t / a
THYSSENKRUPP STEEL AG	Hüttenheim, Duisburg	1978	1	4-HI	3.900	4	150	24.000	3.600	660
AG der DILLINGER HÜTTENWERKE	Dillingen / Saar	1971 / 1985	2	4-HI	4.800 / 5.500	5	410	36.000	5.200	1.500
SALZGITTER MANNESMANN	Mülheim / Ruhr	1969	1	4-HI	5.100	7	150	30.000	4.950	900
THYSSENKRUPP VDM	Siegen-Geiswied	1977	1	4-HI	2.700	2	100	9.000	2.500	30
HAYES LEMMERZ WERKE	Königswinter	1956	1	4-HI	1.200	6	100	12.000	850	60
ILSENBURGER GROBBLECH	Ilsenburg	1981	1	4-HI	3.700	5	200	24.000	3.500	700

führung zur Einstellung eines definierten Gefügezustands vorgenommen. Die Endumformtemperatur liegt bei relativ hohen Temperaturen im Austenitgebiet, um bei geringem Kraftaufwand die notwendige Dickenabnahme zu erreichen. Der Nachteil besteht darin, dass zunächst ein verhältnismäßig grobes Austenitkorn entsteht (Bleck 2004). Der Lieferzustand wird mit „U" (ungeglüht, as rolled) bezeichnet. Die Wärmebehandlung erfolgt ggf. nachgeschaltet (Abb. 3.38).

Wärmebehandlung Normalisieren (N)

Als Normalisieren (auch Normalglühen) wird das Austenitisieren bei Temperaturen oberhalb von Ac_3 (ca. 900 °C) mit anschließender Kühlung an Luft bezeichnet. Das Normalisieren wird in Gleichschritt- oder Einlegeöfen durchgeführt. Das Ergebnis ist ein Gefüge aus überwiegend polygonalem Ferrit und Perlit. Der Lieferzustand wird mit „N" bezeichnet (VDEh 2001).

Wärmebehandlung Quenchen (Q)

Als Quenchen (auch „Quetten" oder „Härten") wird das Austenitisieren mit anschließender Wasserabschreckung bezeichnet. Dieser Prozess erfolgt in einer Kombination von Rollenherdofen und Durchlaufquette oder stationär in einem Quett-Becken. Durch das Abschrecken entsteht das hochfeste Gefüge aus Martensit und Bainit-Zwischenstufen. Der Lieferzustand wird mit „Q" bezeichnet.

Wärmebehandlung Quenchen und Anlassen (Q+A)

Durch eine anschließende Anlassglühung kann die Zähigkeit des Gefüges erhöht werden. Es entsteht ein Vergütungsgefüge mit relativ hoher Festigkeit und gezielt eingestellter Zähigkeit. Der Lieferzustand wird mit „Q+A" bezeichnet. Grobbleche im Lieferzustand „Q+A" finden vor allem bei besonders hohen Belastungs- und Verschleißanforderungen ihren Einsatz; als Beispiel seien Teleskopkranausleger bzw. Baggerschaufeln genannt (VDEh 2001, Lorenz 1981).

Normalisierendes Walzen (N)

Beim normalisierenden Walzen liegt die Walzendtemperatur knapp oberhalb der Rekristallisationsstoptemperatur (TNR) des Austenits. Es entsteht eine fein polygonale Austenitstruktur. Diese führt nach Durchlaufen der Phasenumwandlung zu einem Ferritgefüge, das einem normalgeglühten Gefüge gleichwertig ist. Der Lieferzustand wird mit „N" bezeichnet. Grobbleche im Lieferzustand „N" werden vornehmlich für den Kessel- und Druckbehälterbau eingesetzt.

Thermomechanisches Walzen (M)

Die Forderung nach hohen Festigkeitswerten bei Großrohren kombiniert mit hohen Zähigkeiten bei tiefen Temperaturen und guter Schweißeignung haben zur Entwicklung des „Thermomechanischen Walzens" geführt. Die verschiedenen Formen werden unter dem Oberbegriff TM-Walzung bzw. TMCP (Thermo-Mechanical Controled Process) zusammengefasst. Der Lieferzustand wird normgerecht mit „M" bezeichnet (VDEh 2001). Der wesentliche Unterschied zu den bisher vorgestellten klassischen Verfahren besteht darin, dass das TM-Walzen nicht nur als Formgebungsverfahren eingesetzt wird. Vielmehr ist das TM-Walzen definiert als ein Prozess, der auf ein Gefüge mit feiner effektiver Korngröße zielt und günsti-

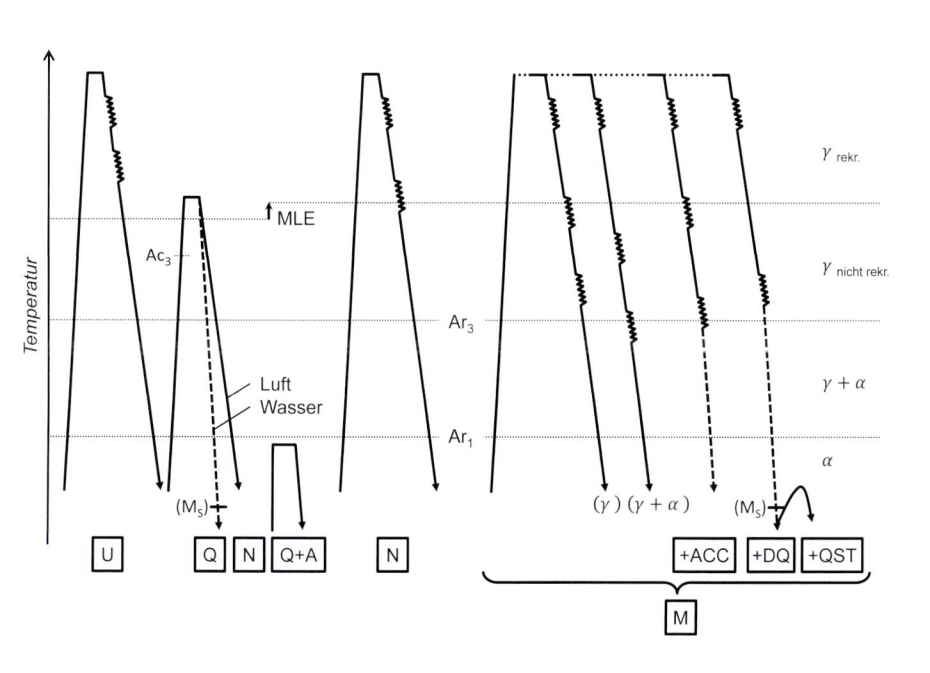

Abb. 3.38: Temperatur-Zeit-Schema der angewandten Walz-, Kühl- und Wärmebehandlungsvarianten

ge Kombination der Gebrauchseigenschaften ermöglicht. Das TM-Walzen führt zu einem Werkstoffzustand, der durch Wärmebehandlung alleine nicht erreichbar oder reproduzierbar ist (Stahl-Eisen-Werkstoffblatt 082).

Die große Anzahl der thermomechanischen Walzverfahren kann prinzipiell nach der Walzendtemperatur in zwei Gruppen eingeteilt werden. Das Fertigwalzen erfolgt im nichtrekristallisierenden Austenit oder im ($\alpha+\gamma$)-Zweiphasengebiet (vgl. Abb. 3.38). Anschließend kommen unterschiedliche Varianten der Kühlung zur Anwendung:

- Luftabkühlung,
- Accelerated Cooling (ACC),
- Quenching (NQ/DQ) und
- Quenching and Self Tempering (QST).

Die wesentlichen Effekte des TM-Walzens basieren auf der Wirkung der Mikrolegierungselemente (u. a. Nb, Ti, V). Sie verzögern bzw. unterdrücken die Rekristallisation des Austenits. Dadurch kann die Verformungswirkung vieler Walzstiche akkumuliert werden. Dies ermöglicht die Bildung feinster Körner im Austenit und führt letztendlich zu einem feinen Umwandlungsgefüge.

Ferner bilden die Mikrolegierungselemente im Prozessablauf Karbonitridausscheidungen, die die Versetzungen im Atomgitter blockieren und somit zur Festigkeitssteigerung beitragen. Die Wirkmechanismen der Mikrolegierungselemente werden durch die Prozessgestaltung entsprechend dosiert.

Dies ermöglicht es letztendlich die Legierungselemente und den C-Gehalt so stark abzusenken, dass hohe Zähigkeitswerte und gute Schweißeignung bei gleichzeitig hohen Festigkeitswerten eingestellt werden können.

3.1.2.4.6 Adjustage und Qualitätskontrolle

Kühlen/Richten/Schneiden

Das Warmrichten der Walztafeln erfolgt vorwiegend auf Rollenrichtmaschinen oder Richtpressen. Streckbänke kommen nur selten zum Einsatz. Die klassische Warmrollenrichtmaschine befindet sich hinter den Kühlanlagen. Die Richttemperaturen liegen zwischen 500 und 1000 °C in Abhängigkeit der Walz- und Kühlverfahren. Bleche mit hohen Blechdicken von 50 bis 300 mm werden in der Regel auf Richtpressen gerichtet.

Das weitere Kühlen des Walzgutes erfolgt auf dem Kühlbett an ruhender Luft oder während des Warmabstapelns. Je nach Dicke und Wasserstoffgehalt werden Bleche zur Wasserstoffeffusion warm abgestapelt. Die Einstapeltemperaturen richten sich nach dem Wasserstoffgehalt des Stahls und sollten thermischen Verzug nicht zulassen.

Die Ausstapeltemperaturen betragen $\gg$ 100 °C für gute Ebenheit auf dem Kühlbett. Der Wasserstoffgehalt nach dem Warmabstapeln sollte < 2 ppm betragen.

Die Weiterverarbeitung der Walztafel zum Fertigblech erfolgt durch Teilen der Walztafel in Quer- und/oder Längsrichtung. Dies geschieht an den Scherenlinien oder bei hohen Blechdicken und hochlegierten Stählen durch autogenes Brennschneiden. In Einzelfällen kommen auch Plasmaschneiden, Laserschneiden oder Wasserstrahlschneiden zum Einsatz. Die Auslieferung erfolgt in der Regel als allseits besäumtes Fertigblech. Rohe Walzkanten sind die Ausnahme.

Bleche mit besonders hohen Ebenheitsanforderungen werden abschließend auf Kaltrichtmaschinen gerichtet. Kaltrichtmaschinen sind in der Regel mit Einrichtungen zur manuellen/maschinellen Ebenheitsprüfungen ausgestattet, um den Richterfolg messen und dokumentieren zu können.

Qualitätskontrolle

Die Qualitätskontrolle erstreckt sich auf die Brammengüte, die Einhaltung der Prozessparameter im Walzwerk und die Erzeugnisendkontrolle. Sie findet nicht erst am Endprodukt statt, sondern wird produktionsbegleitend gemäß ISO 9000 durchgeführt. Sämtliche Fertigungs- und Prüfschritte sind hierbei in einem Prüffolgeplan hinterlegt und werden mit Hilfe eines Teilfreigabesystems überwacht.

Die Prüfverfahren lassen sich dabei in zerstörende und zerstörungsfreie Verfahren unterteilen. Zerstörungsfreie Prüfverfahren lassen sich gut in den Produktionsablauf integrieren. Hier kommen vornehmlich die folgenden Prüfverfahren zur Anwendung:

- Ultraschallprüfung,
- geometrische Vermessung,
- Ebenheitsmessung,
- Prüfung der Oberflächenqualität,
- Härtemessung,
- Farbeindringprüfung und
- Magnetpulverprüfung.

Die zerstörenden Verfahren werden im Prüflabor durchgeführt und dienen hauptsächlich der Ermittlung der mechanisch-technologischen Eigenschaften. Diese Prüfung erfolgt gemäß den jeweiligen Liefervorschriften losweise oder je Walztafel. Dabei kommen u. a. die folgenden Prüfverfahren zum Einsatz:

- Zugversuch,
- Kerbschlagversuch,
- Biegeversuch,
- Batelle Drop Weight Tear Test (BDWTT),

- Crack Tip Opening Displacement (CTOD),
- Pellini Drop Weight Test,
- Hydrogen Induced Cracking (HIC) und
- Härtemessung.

Literatur zu Kapitel 3.1.2.4

Bleck, W.: Werkstoffkunde Stahl, Verlag Mainz, Aachen 2004.

DH 2010, AG der Dillinger Hüttenwerke, Dillingen/Saar 2010.

Lorenz, K.; Hof, W.; Hulka, K.; Kaup, K.; Litzke, H.; Schrape, U.: Thermomechanisches und temperaturgeregeltes Walzen von Grobblech und Warmband. Stahl u. Eisen 101 (1981) 9, S. 64.

Lederer, A.: Herstellen von Grobblechen aus hochfesten Stählen, Metallurgische Aspekte des thermomechanischen Walzens. Bänder, Bleche, Rohre 23 (1982) 5, S. 117 – 120.

Lederer, A.: Zum Entwicklungsstand der Grobblechwalzwerke. Bänder, Bleche, Rohre 14 (1973) 11, S. 470 – 480.

SMS Siemag AG, Düsseldorf 2010.

VDEh Database PLANTFACTS (2008).

VDEh Dokumentation 570: Grobblech – Herstellung und Anwendung, Stahl-Informationszentrum, Düsseldorf 2001.

Stahl-Eisen-Werkstoffblatt 082.

Norm

DIN EN 10029

3.1.2.5 Herstellung von Warmband

Günter Kneppe

Warmgewalzte Flacherzeugnisse sind durch einen in etwa rechteckigen Querschnitt charakterisiert, dessen Breite deutlich größer als seine Dicke ist, vergleiche beispielsweise die Euronormen 10048, 10051, 10111, 10025, 10208, 10083, 1084, 10088.

3.1.2.5.1 Allgemeines und Produkte

Das warmgewalzte Band wird nach Breitenbereichen unterschieden, wobei die Grenzen in der Praxis fließend sind:

- Warmbreitband   > 600 mm bis 2.200 mm,
- Mittelband   > 100 mm bis 600 mm sowie
- Schmalband   < 100 mm.

Die Bedeutung von Schmal- und Mittelbandstraßen ist stark zurückgegangen. Schmal- und Mittelband werden heute zum überwiegenden Teil über Spaltanlagen aus Warmbreitband hergestellt, dem sogenannten Spaltband. Daher werden im Folgenden hauptsächlich die Maschinen und Anlagen zur Herstellung von Warmbreitband behandelt.

3.1.2.5.1.1 Warmband (Warmbreitband)

Warmbreitband wird in der Praxis sehr häufig auch als Warmband bezeichnet. Auf Warmbreitbandstraßen, auch kurz Warmbandstraßen, werden Brammen mit Dicken bis zu 250 mm zu Warmbändern mit Dicken von 1,25 mm bis 25 mm ausgewalzt und zu Coils (Bunden) gewickelt (Wladika 1981; Lackinger 1978; Luketic 1978; Rohde 1981 I und II; Jordan 1981; Metall Bull 1981). Mit besonderen Dünnbandtechnologien sind heute auch Banddicken bis 0,8 mm erreichbar.

Das Coilgewicht (eigentlich Coilmasse) wird entweder als absoluter Wert in Tonnen angegeben (bis maximal 45 t) oder als spezifisches Ringgewicht, definiert als Masse pro Millimeter Bandbreite in kg/mm. Ringgewichte schwanken zwischen 6 und 25 kg/mm, wobei der Bereich von 18 bis 21 kg/mm in der Praxis sehr häufig vertreten ist. Die Innendurchmesser von Coils sind mit 762 mm standardisiert und die Außendurchmesser reichen bis 2.200 mm.

Die wichtigsten Qualitätsmerkmale von Warmband sind:

- Bandbreite,
- Banddicke,
- Bandprofil (Bandkontur),
- Bandplanheit,
- Bandoberflächenqualität,
- Wickelqualität der Coils,
- Werkstoffqualität, Legierungszusammensetzung,
- mechanische Eigenschaften,
- Gefügeeigenschaften,
- Schweißbarkeit,
- Rost- und Säurebeständigkeit sowie
- elektrische und elektromagnetische Eigenschaften.

3.1.2.5.1.2 Warmbänder aus NE-Metallen

Bezogen auf das Warmwalzen und gemessen an den weltweiten Produktionsmengen führt Aluminium die Gruppe der NE-Metalle eindeutig an. Die Maschinen und Anlagen der Warmbandstraßen für Aluminium unterscheiden sich in weiten Bereichen nicht prinzipiell von Anlagen für Stahl. Die Bandbreiten reichen bis 3.000 mm und die Banddicken liegen in Bereichen von 2 bis 9 mm. Das fertig gewalzte Warmband wird unmittelbar nach dem letzten Walzstich an den Bandkanten besäumt und zu Coils aufgewickelt. In der nächsten Prozessstufe werden diese Warmbänder zu Dicken von 0,02 bis 0,35 mm kaltgewalzt. Wichtige Anwendungen liegen in der Luft- und Raumfahrt, dem Transport- und Verkehrswesen insbesondere Automobilbau, der Bauindustrie, dem Maschinenbau, der Elektrotechnik, der Medizintechnik, der Verpackungs- und der Lebensmittelindustrie.

Kupfer und Titan sind weitere Vertreter von NE-Metallen, deren Primärumformung mittels Warmbandstraßen erfolgt und die zu Warmbändern gewalzt werden.

3.1.2.5.3 Aufbau von Warmbandstraßen

Nicht nur wegen Größe und Komplexität, sondern insbesondere wegen der unterschiedlichen technologischen Ausprägungen ist es sinnvoll, Warmbandstraßen in einzelne Bereiche mit fest definierten Bezeichnungen zu unterteilen (Abb. 3.39).

In der Ofenanlage werden Brammen mit Ausgangsdicken von 200 bis 250 mm auf Temperaturen um die 1.250 °C erhitzt. In der Vorstraße werden sie mithilfe von Vorgerüsten zu Vorbändern mit Vorbanddicken von 25 bis 45 mm und Vorbandtemperaturen im Bereich von 950 bis 1.050 °C ausgewalzt. Die Fertigstraße mit ihren hintereinander angeordneten Fertiggerüsten walzt die Vorbänder zu Fertigbändern mit Enddicken von 1,25 bis 25 mm und Endwalztemperaturen von 850 bis 950 °C je nach Stahlgüte. Zum Auslaufrollgang zählt auch die Kühlstrecke, in der die Fertigbänder mittels laminarer Wasserbeaufschlagung von unten und oben auf vorgegebene Haspeltemperaturen im Bereich von 300 bis 700 °C abgekühlt werden. Die Haspelanlage mit bis zu drei Universalhaspeln wickelt die Fertigbänder zu Coils. Den Abschluss bildet der Bundtransport, wo die Coils gebunden, gewogen, markiert und inspiziert werden.

3.1.2.5.3.1 Ofenanlage und Vorstraße

Als Eingangsmaterial werden die stranggegossenen Brammen im Brammenlager nach festen Regeln, häufig mit Unterstützung eines Prozessrechners, eingestapelt. Entsprechend dem vorgegebenen Walzprogramm, das Breiten-, Dicken- und Qualitätsübergänge beinhaltet, werden die Brammen über Portalkräne, Rollgänge und Quertransporteinrichtungen transportiert, mit Messeinrichtungen geometrisch vermessen, gewogen und schließlich den Wärmeöfen zugeführt. Bei besonderen Oberflächenanforderungen in Verbindung mit ganz bestimmten Stahlsorten werden ausgewählte Brammen geflämmt oder geschliffen (Fritz 1976).

Als Wärmeöfen wurden früher eher Stoßöfen verwendet. Heute haben sich Hubbalkenöfen mehr und mehr durchgesetzt. Als Brennstoffe werden beispielsweise Koksofengas, Erdgas oder Öl verwendet. Die Nennleistungen liegen bei 300 bis 400 t/h. Bei Stoßöfen ruhen die Brammen auf Gleitschienen, bei Hubbalkenöfen auf einem Tragesystem, das wasser- oder wasserdampfgekühlt wird. Mit Temperaturen von etwa 1.250 °C werden die Brammen mit Austragevorrichtungen dem Ofen entnommen.

Die Brammen müssen nach dem Erwärmen vom Ofenzunder befreit werden. Dazu dienen Zunderwäscher, die mit hohem Druck die Ober- und Unterseite der Brammen mit Presswasser beaufschlagen. Der Temperaturschock und die kinetische Energie der Wasserstrahlen lösen den Zunder und entfernen ihn mit der Wasserströmung. Der Wasserdruck beträgt 150 bis 200 bar.

Brammenstauchpressen wurden in den 1980er Jahren in Warmbandstraßen eingeführt. Sie haben weltweit bereits eine beträchtliche Verbreitung gefunden. Sie erlauben große Breitenreduzierungen der Brammen von bis zu 350 mm in einem Durchlauf mit guten Toleranzen über der gesamten Brammenlänge. Mit dieser beträchtlichen Stauchkapazität lässt sich die Anzahl der Formate in den vorgeschalteten Stranggießanlagen auf wenige Standardbreiten verringern. Gleichzeitig wird die Produktionskapazität durch Gießen größerer Breiten um bis zu 20 Prozent erhöht. Typische Anlagendaten sind Stauchkräfte von 22.000 kN, Antriebsleistungen von 4.400 kW und Vorschubgeschwindigkeiten von 300 mm/s.

Die Horizontal-Walzstiche zur Dickenreduzierung werden in modernen Vorstraßen in der Regel mit nur einem einzigen schweren Reversiervorgerüst realisiert. Sie werden als Quartogerüste mit Einzelantrieben (Twin-drive) ausgeführt (Abb. 3.40). Typisch sind fünf oder sieben Walzstiche im Reversierbetrieb. Bei besonders harten und breiten Vorbändern werden bis zu neun Stiche gewalzt. Referenzdaten sind Arbeitswalzendurchmesser von 900 bis 1.250 mm, Stützwalzendurchmesser von 1.350 bis 1.650 mm, Walzkräfte von 55.000 kN, Antriebs-

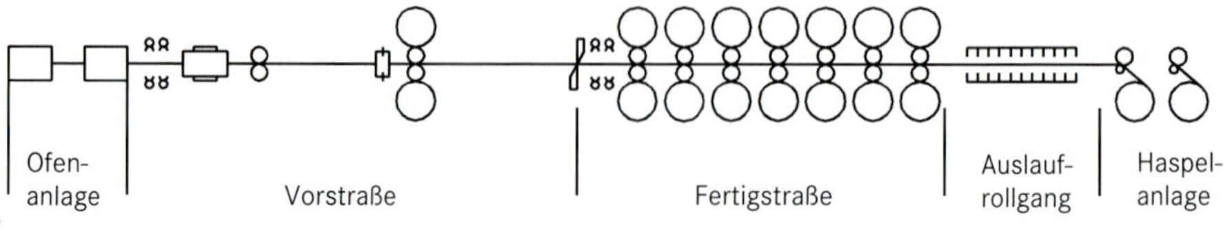

Abb. 3.39: *Bereiche von Warmbandstraßen* — Ofenanlage | Vorstraße | Fertigstraße | Auslaufrollgang | Haspelanlage

3.1.2 Längswalzen von Flachprodukten

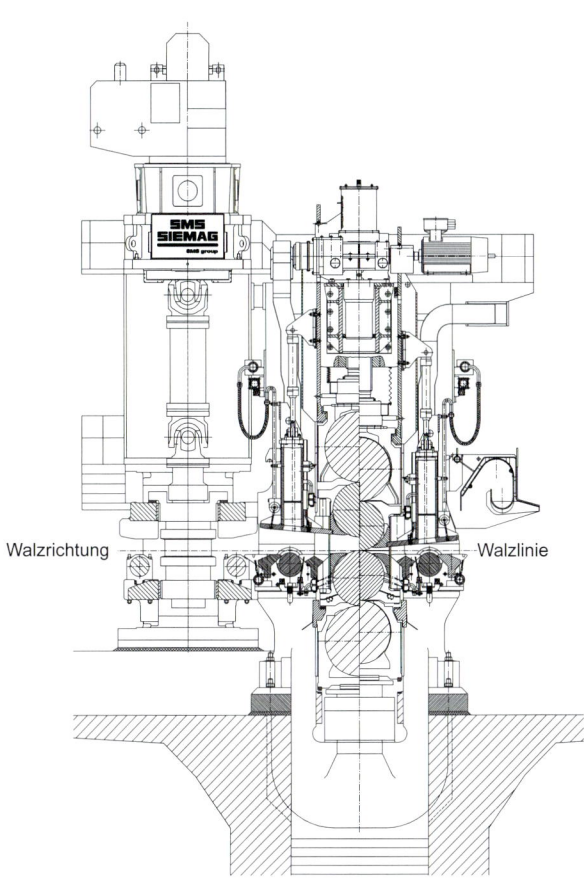

Abb. 3.40: *Reversiervorgerüst*

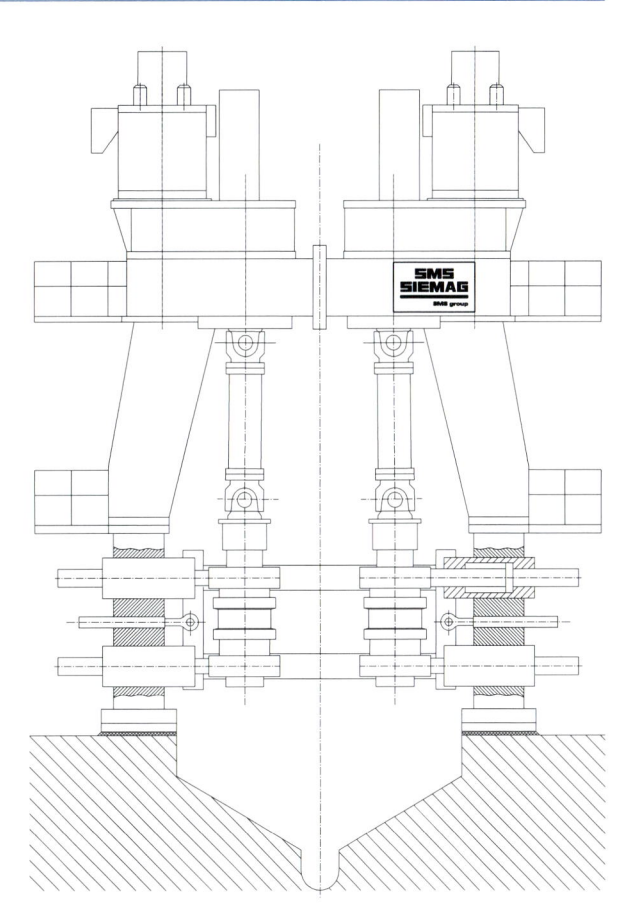

Abb. 3.41: *Vertikalstauchgerüst*

leistungen von 2 x 10.000 kW und Walzgeschwindigkeiten von 6,5 m/s.

Den Reversiervorgerüsten werden einlaufseitig Vertikal-Stauchgerüste vorgeschaltet, die mit dem Ständer des Horizontalgerüstes verbunden sind, wie aus Abbildung 3.40 hervorgeht. Das Prinzipbild eines Stauchgerüstes zeigt Abbildung 3.41. In der betrieblichen Praxis wird nur während der Vorwärts-Walzstiche gestaucht, wobei dann Vertikal- und Horizontalgerüst gleichzeitig im Eingriff sind. Bei Vorstraßen ohne Brammenstauchpresse übernehmen die Stauchgerüste darüber hinaus die Aufgabe, die Brammenbreite auf die geforderte Vorbandbreite zu reduzieren. Die Stauchkapazität beträgt hierbei maximal 100 mm pro Stich. In jedem Fall, ob mit oder ohne Stauchpresse, kompensieren die Stauchgerüste die natürliche Breitung, d.h. die Breitenzunahme während der Horizontalstiche. Typisch sind Walzendurchmesser bis 1.100 mm, Walzkräfte bis 12.000 kN, Antriebsleistungen von 2 x 1.500 kW und Walzgeschwindigkeiten bis zu 6,5 m/s. Das Foto eines Reversiervorgerüstes mit angeflanschtem Stauchgerüst zeigt Abbildung 3.42.

Ein zweites Horizontal-Vorgerüst wird dann erforderlich, wenn für eine breite Warmbandstraße (Bandbreiten um 2 m) sehr hohe Produktionsleistungen von deutlich über vier Mio. t pro Jahr gefordert werden. Aus wirtschaftlichen Gründen sinnvoll und aus technologischer Sicht ausreichend wird dieses oft als Duo-Gerüst ausgeführt, das entweder als Durchlauf- oder als Reversierge-

Abb. 3.42: *Reversiervorgerüst mit angeflanschtem Stauchgerüst*

rüst ausgelegt ist. Die Arbeitswalzendurchmesser reichen bis 1.250 mm, die Walzkräfte bis 30.000 kN, die Motorleistungen bis 6.000 kW und die Walzgeschwindigkeiten bis 6 m/s. Duogerüste werden mit ausreichendem Abstand vor dem schweren Quarto-Reversiervorgerüst platziert.

Einzelne Warmbandstraßen sind mit einer sogenannten Coilbox ausgerüstet. Die zwischen Reversiervorgerüst und Fertigstraße angeordnete Coilbox wickelt die Vorbänder zu Coils, die dann als Material- und Wärmespeicher dienen. Während des Abwickelns läuft das ehemalige Vorbandende als Bandanfang in die Fertigstraße ein. Gründe für den Einsatz einer Coilbox können sein:

- Aufheben von Abstandsrestriktionen zwischen Vor- und Fertigstraße,
- Verringern von Temperaturverlusten und Temperaturausgleich über die Vorbandlänge sowie
- Reduzieren von Walzkräften in der Fertigstraße, insbesondere bei hochfesten Stahlgüten.

Um Temperaturverluste zu verringern und damit Walzkräfte zu reduzieren, werden alternativ zur Coilbox auch Rollgangsabdeckungen vor der Fertigstraße installiert. Mit ihnen werden die Verluste infolge von Wärmestrahlung deutlich gesenkt.

3.1.2.5.3.2 Fertigstraße

Der Bereich der Fertigstraße beginnt mit der Schopfschere, die entweder als Kurbel- oder Trommelschere ausgeführt ist. Vor dem Einlauf des Vorbandes in die Fertiggerüste werden Bandanfang und -ende geschopft, um das sichere Ein- und Ausfädeln in der Fertigstraße zu gewährleisten.

Vor dem Einlauf in das erste Fertiggerüst werden die Vorbänder in einem Hochdruck-Zunderwäscher entzundert. Das Grundprinzip ist dasselbe wie beim Zunderwäscher der Vorstraße. Darüber hinaus sorgen hier höhenverstellbare obere Spritzbalken für die Anpassung an die aktuelle Vorbanddicke. Die verwendeten Wasserdrücke reichen je nach Anforderung von 200 bis 400 bar.

Beim Walzen der Vorbänder kühlt die Bandkante stärker ab als die Bandmitte. Temperaturunterschiede von bis zu 100 °C sind die Folge. Für viele Anwendungen können diese Unterschiede toleriert werden. Wenn jedoch für besondere Stahlgüten solche Einflüsse auf das Gefüge vermieden werden sollen, wird eine induktive Bandkantenerwärmung eingesetzt. Diese Bandkantenerwärmung kommt auch beim Walzen von austenitischen Edelstählen zum Einsatz, um zu hohen Kantenverschleiß an den Arbeitswalzen der Fertiggerüste zu verhindern. Die installierten Leistungen liegen bei 5.000 kW und darüber.

Abb. 3.43: *Fertiggerüste*

Die wesentlichen Elemente der Fertigstraße sind die Fertiggerüste, die im Abstand von 5,5 m unmittelbar hintereinander angeordnet sind (Abb. 3.43). Da alle Gerüste gleichzeitig im Eingriff sind, liegt die sogenannte Tandemanordnung vor. Für Bandbreiten bis 1.600 mm oder für weiche bis hochfeste Stahlgüten werden häufig sechs Fertiggerüste gewählt. Bei größeren Bandbreiten bis 2.200 mm oder höchstfesten Güten kommen eher sieben Fertiggerüste zum Einsatz. Bei Neuanlagen kann auch mit fünf Fertiggerüsten begonnen werden, die dann nachträglich aufgestockt werden.

Fertiggerüste (abgekürzt: F1, F2 bis F6, F7) werden als Quartogerüste ausgeführt, deren Arbeitswalzen über Kammwalzgetriebe angetrieben werden. Merkmale moderner Fertiggerüste sind:

- hydraulische Anstellungen (Abb. 3.44),
- Arbeitswalzenbiege- und -schiebesysteme (Abb. 3.45),
- Walzenkühlung, Walzspaltschmierung, Walzgutkühlung,
- Arbeitswalzen- und Stützwalzenausbalancierung,
- Ein- und Auslaufführung,
- Zwischengerüstkühlung und -entzunderung,
- Arbeitswalzen-Schnellwechselvorrichtung,
- Arbeitswalzendurchmesser 750 bis 950 mm in F1 bis F3 (F4), 500 bis 750 mm in F3 (F4) bis F 6 (F7),
- Stützwalzendurchmesser von 1.350 bis 1.650 mm und
- Walzkräfte bis 45.000 kN und Antriebsleistungen bis 10.000 kW.

Zwischen den Fertiggerüsten sind Schlingenheber (Looper) angeordnet (Abb. 3.46). Sie sorgen zum einen für die Bandzugregelung, indem die Schlingenheber-Rolle das Band zwischen den Gerüsten leicht anhebt und mit vorgegebener Kraft beaufschlagt. Zum anderen kompensieren Schlingenheber mit der sogenannten Schlingenregelung Massenflussunterschiede zwischen den Fertigge-

3.1.2 Längswalzen von Flachprodukten

Abb. 3.44: *Hydraulische Anstellung*

Abb. 3.45: *Arbeitswalzenbiege- und -schiebesystem*

Abb. 3.46: *Standardschlingenheber*

Abb. 3.47: *Tensiometer-Looper*

rüsten. Für das Warmwalzen von extrem dünnen Bändern sind Tensiometer-Looper entwickelt worden, mit denen die Bandzugverteilung über der Bandbreite gemessen wird (Abb. 3.47).

3.1.2.5.2.3 Auslaufrollgang und Haspelanlage

Der in einer Warmbandstraße zwischen der Fertigstraße und der Haspel angeordnete Auslaufbereich ist für den Transport und das gezielte Abkühlen der Warmbänder erforderlich. Auf dem Auslaufrollgang ist die Transportgeschwindigkeit für dünne Bänder begrenzt, da die Bandspitze aufgrund aerodynamischer Effekte bei zu hohen Geschwindigkeiten nicht sicher geführt werden kann. Auf modernen Auslaufrollgängen mit enger Rollenteilung beträgt diese kritische Geschwindigkeit für Banddicken kleiner als 2 mm etwa 12,5 m/s. Nach dem Einlaufen der Bandspitze in die Haspel kann die Geschwindigkeit unter Beachtung metallurgisch erforderlicher Endwalztemperaturen gesteigert werden (Temperatur-Speedup).

Die Laminarkühlung im Bereich des Auslaufrollgangs gewährleistet das Einstellen der mechanischen Eigenschaften, indem die Warmbänder nach vorgegebenen Kühlstrategien abgekühlt und auf gewünschte Haspeltemperaturen (Wickeltemperaturen) geregelt werden (Abb. 3.48). Dazu werden die Bandober- und -unterseite möglichst gleichmäßig mit Wasser beaufschlagt. Aufgrund der vielen verschiedenen Stahlgüten, der unterschiedlichen Banddicken und -breiten sowie der veränderlichen Bandgeschwindigkeiten sind hier Kühlmodelle und fein einstellbare Wasserbeaufschlagungen unverzichtbar (Henrich 1995). Die Längen von Laminarkühlungen reichen von 40 m bis über 100 m. Die Wassermengen liegen etwa bei 4.000 bis 14.000 m^3/h, die Drücke bei 0,7 bar und die spezifischen Beaufschlagungen im Bereich von 35 $m^3/h/m^2$ pro Bandseite.

Durch die Erweiterung der Laminarkühlung um eine Abdeckung der Bandkanten (Edge Masking System) wird die Bandkantentemperatur gezielt angehoben. Insbesondere für dünne Warmbänder unter 2 mm wird damit die Randwelligkeit des Walzgutes deutlich vermindert.

3.1 Walzen

Abb. 3.48: *Laminarkühlung*

Im Zuge der Entwicklung neuer Stahlgüten haben sich die Anforderungen an die Kühleinrichtungen massiv verändert. Die Option einer zusätzlichen Kompaktkühlung erweitert die möglichen Kühlstrategien beispielsweise für Dual- bzw. Multiphasenstähle deutlich. Im Vergleich zu den klassischen Laminarkühlungen lassen sich deutlich höhere Abkühlraten erzielen. Damit können beispielsweise Stahleigenschaften erzeugt werden, ohne dass hierzu vermehrt Legierungselemente eingesetzt werden müssen. Je nach Anforderung kann die Kompaktkühlung vor oder hinter der Laminarkühlung angeordnet sein. Sie zeichnet sich durch kurze Baulängen (etwa 10 m) sowie im Vergleich zur Laminarkühlung durch deutlich höhere Wasserbeaufschlagungen und Drücke aus.

Dem Auslaufbereich schließt sich die Haspelanlage an. Ein wesentliches Merkmal einer Warmbandhaspel ist die Anzahl der Andrückrollen, mit denen die ersten Windungen gewickelt werden. Hier haben sich 3-Rollen-Haspeln als Universalhaspeln für Dickenbereiche bis 25 mm durchgesetzt. 4-Rollen-Haspeln werden nur eingesetzt, wenn ein hoher Anteil an Dickband vorliegt.

Am Ende des Auslaufrollgangs zentriert eine hydraulisch anstellbare Einlaufführung das Band vor dem Eintritt in die Haspelanlage. Das Band wird vom Treiber gefasst und auf den Haspeldorn geleitet. Der Treiber erzeugt den Bandzug, der zum straffen Wickeln von kantengeraden Coils erforderlich ist. Eine Niederhalterolle im Einlauf des Treibers verhindert, dass sich insbesondere dickes Band vor dem Treiber wölbt. Während des Wickelns der ersten Windungen wird der Haspeldorn hydraulisch gespreizt, um das Fassen des Bandanfangs bei gleichzeitig schnellem Zugaufbau zu unterstützen.

Nach Ablauf des Wickelvorgangs wird der Dorn wieder entspreizt, um das Coil austragen zu können. Im Zuge des Bundtransports werden die fertigen Coils gebunden, gewogen, markiert und inspiziert. Über lange Kettentransporte und Krane werden die Coils im Coillager zwischengelagert.

3.1.2.5.2.4 Automation und Messsysteme

In modernen Warmbandstraßen sind Technologie, Anlagentechnik, Messtechnik und Automation in hohem Maße integriert. Nur durch diese enge und interdisziplinäre Verzahnung können die Marktanforderungen hinsichtlich Produktqualität und Produktivität erfüllt werden.

Die Automationsebene Level 0 enthält die elementaren Funktionen für Antriebsregelungen und Sensorik. Dazu gehören auch die Messwerterfassung und -sicherung. Die Funktionen der Automationsebene Level 1 lassen sich in zwei große Gruppen gliedern. Die erste enthält logistische Funktionen wie die Materialverfolgung und Abfolgesteuerung. Zur zweiten Gruppe gehören die aktiven Funktionen, die als Steuerungen oder Regelungen direkt in die technologischen Prozesse eingreifen. Typische Vertreter dieser technologischen Regelungen sind:

- Dickenregler (Banddicke),
- Breitenregler (Bandbreite) (Wladika 1980),
- Temperaturregler (z. B. Haspeltemperatur),
- Bandzugregler,
- Schlingenregler in der Fertigstraße und
- Planheitsregler (Bandplanheit).

In der Automationsebene Level 2 finden sich die technologischen Prozessmodelle. Hier simulieren komplexe Softwaremodelle in Echtzeit die Vorgänge des realen Walzprozesses. So werden von Stich zu Stich und von Band zu Band die Sollwert-Vorgaben für die technologischen

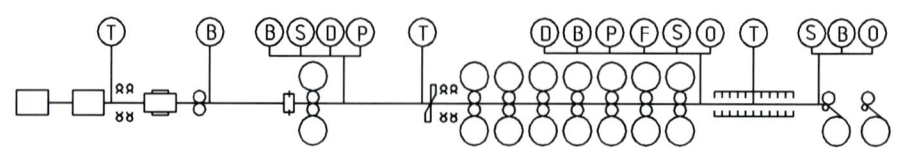

Abb. 3.49: *Messsysteme für Qualitätsmerkmale von Warmbändern*

T Temperaturmessung Bandmitte
S Temperatur-Scanner über Bandbreite
B Bandbreitenmessung
D Banddickenmessung
P Bandprofilmessung (Bandkontur)
F Bandplanheitsmessung
O Oberflächeninspektion

Regelungen (Level 1) berechnet. Im Einzelnen sind das: Ofenmodell, Stichplanmodell für Vor- und Fertigstraße (Setup-Modelle), Profil-, Kontur- und Planheitsmodell sowie Kühlstreckenmodell.

Messeinrichtungen finden sich in allen Bereichen von Warmbandstraßen. Mit ihnen werden online die Qualitätsmerkmale schon zwischen den Walzstichen und insbesondere für das fertige Warmband erfasst (Abb. 3.49).

Die Messsignale sind die Basis für vielfältige Qualitätssicherungsprozesse:

- Istwerterfassung für geschlossene Regelkreise,
- Adaptionsalgorithmen für Prozessmodelle,
- Prozessüberwachung,
- Prozessdokumentation,
- Qualitätsprotokolle für Kunden,
- Anlagenüberwachung und
- Störungsanalyse.

Tab. 3.5: *Zusammenfassung Einrichtungen*

Bereich	Einrichtung	Bemerkung, Funktion	Ausstattung
Ofenanlage	Brammenlager	Versorgung mit Brammen	immer
	Wärmeöfen	Erwärmen Brammen auf bis zu 1250 °C	immer
Vorstraße	Zunderwäscher	Zunderentfernung mit 150 bis 200 bar	immer
	Brammenstauchpresse	Breitenreduzierung bis zu 350 mm	optional
	Duo-Vorgerüst	1 oder 3 (5) Horizontalstiche	optional
	Quarto-Reversiervorgerüst	5 bis 7 (9) Horizontalstiche	immer
	Stauchgerüst	Breitenreduzierung und Breitenregelung	immer
	Coilbox	Material- und Wärmespeicher	optional
	Rollgangsabdeckung	Wärmespeicher	optional
Fertigstraße	Schopfschere	Vorbandanfang und -ende schopfen	immer
	Bandkantenerwärmung	Bandkanten um ca. 100 °C aufheizen	optional
	Zunderwäscher	Zunderentfernung mit 200 bis 400 bar	immer
	Fertiggerüste	Horizontalstiche, 5 bis 7 Durchlaufgerüste	immer
	Schlingenheber	Zugregelung und Schlingenregelung	immer
	Tensiometer-Looper	Bandzugmessung über Bandbreite	optional
Auslaufbereich	Auslaufrollgang	Transport des Bandes zu den Haspeln	immer
	Laminarkühlung	Einstellen mechanischer Eigenschaften	immer
	Edge Masking	Verminderung der Randwelligkeit	optional
	Kompaktkühlung	Erweiterte Kühlstrategien	optional
Haspelanlage	Universalhaspel	3-Rollen-Haspel, Anzahl Haspel 1 bis 3	immer
	4-Rollen-Haspel	hoher Anteil Dickband	optional
	Bundtransport	Transp., Inspektion, Waage, Markieren	immer
Automation	Level 0	Antriebsregelung, Sensorik	immer
	Level 1	Technologische Regelungen	immer
	Level 2	Technologische Prozessmodelle	immer
Messsysteme	Geometrie	Breite, Dicke, Profil (Kontur), Planheit	immer
	Temperatur	Bandmitte	immer
		Scan über Breite	optional
	Oberfläche	Oberseite hinter Fertigstraße	optional
		Unterseite vor Haspelanlage	optional

3.1 Walzen

3.1.2.5.3 Anlagenkonzepte

Für die industrielle Erzeugung von Warmband sind in Abbildung 3.50 die wichtigsten Anlagenkonzepte zusammengefasst. Konventionelle Warmbandstraßen mit Dickbrammen als Eingangsmaterial werden weltweit für Produktionskapazitäten bis 5 Mio. t pro Jahr errichtet.

Beginnend mit der Inbetriebnahme der ersten Dünnbrammengießanlage bei NUCOR Crawfordsville, USA, im Jahr 1989 hat diese Technologie einen festen Platz in der weltweiten Warmbandproduktion erobert (Rohde 1991; Flemming 1993). In diesem Zusammenhang sind drei wichtige Entwicklungen zu nennen: die Compact Strip Production (CSP), die Inline Strip Producion (ISP) und das Casting Pressing Rolling (CPR). Im Folgenden soll exemplarisch die CSP-Technologie näher erläutert werden.

Beim CSP-Verfahren werden die Prozessstufen Stranggießen und Warmwalzen in eine Produktionslinie integriert. In solchen Gießwalzanlagen werden Dünnbrammen mit 50 bis 90 mm Dicke erzeugt und mit der Gießhitze direkt anschließend zu Warmbändern ausgewalzt. Die meisten Gießwalzanlagen sind mit zwei Dünnbrammen-Gießmaschinen, zwei Rollenherdöfen und einem Walzwerk ausgerüstet für Produktionsmengen von 2 bis 3 Mio. t pro Jahr.

Steckelwalzwerke haben sich vor allem für die Erzeugung von rostfreien Qualitäten mit Produktionsmengen von 0,5 bis 1,5 Mio. t pro Jahr etabliert.

3.1.2.5.4 Konventionelle Warmbandstraßen

Stranggegossene Dickbrammen sind das Eingangsmaterial für konventionelle Warmbandstraßen. Den Brammen möglichst viel Wärmeenergie aus dem Gießprozess mitzugeben, ist die Herausforderung bei der Anbindung von Warmbandstraßen an Stranggießanlagen. Je nach Stahlgüte, Losgröße und logistischen Funktionen ergeben sich unterschiedliche Strategien:

- Kalteinsatz, auf Raumtemperatur abgekühlte Brammen in die Wärmeöfen einsetzen,
- Warmeinsatz, Brammen abgekühlt unter AC3, jedoch noch mit relevanter Restwärme vom Gießen in die Wärmeöfen einsetzen (ca. 300 bis 750 °C),
- Heißeinsatz, Brammen oberhalb von AC3 in die Wärmeöfen einsetzen (ca. 750 bis 950 °C),
- Direkteinsatz, Brammen ohne Ofeneinsatz direkt in Vorstraße einsetzen (ca. 950 bis 1.100 °C).

Auslegung einer konventionellen Warmbandstraße

Eine konventionelle Warmbandstraße, deren Produktion die gesamte Stahlsortenpalette abdecken soll, lässt sich exemplarisch am Anlagenlayout nach Abbildung 3.51 darstellen (Rohde 1991):

- Hubbalkenöfen,
- Vorstraße mit Zunderwäscher, Brammenstauchpresse, Duo-Durchlaufgerüst, Quarto-Reversiervorgerüst mit

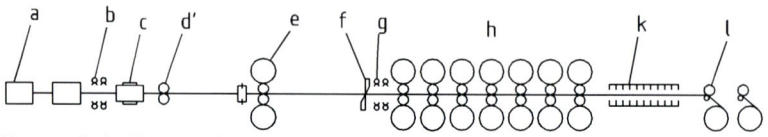

Konzept A: Konventionelle Warmbandstraße

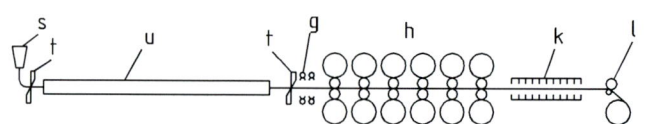

Konzept B: Gießwalzanlage (CSP Anlage)

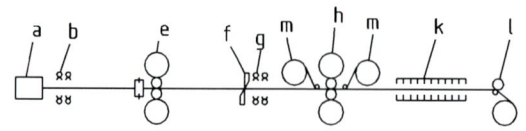

Konzept C: Steckelwalzwerk

a Wärmeofen	h Fertiggerüste
b Hochdruck-Zunderwäscher	k Laminarkühlung
c Brammenstauchpresse	l Universalhaspel
d' Duo-Durchlaufgerüst	m Wickelofen
e Quarto-Reversiervorgerüst mit Staucher	s CSP Gießmaschine
f Schopfschere	t Pendelschere
g Hochdruck-Zunderwäscher	u Rollenherdofen

Abb. 3.50:
Anlagekonzepte von Warmbandproduktionsanlagen

3.1.2 Längswalzen von Flachprodukten

Abb. 3.51: Anlagenlayout einer konventionellen Hochleistungs-Warmbandstraße

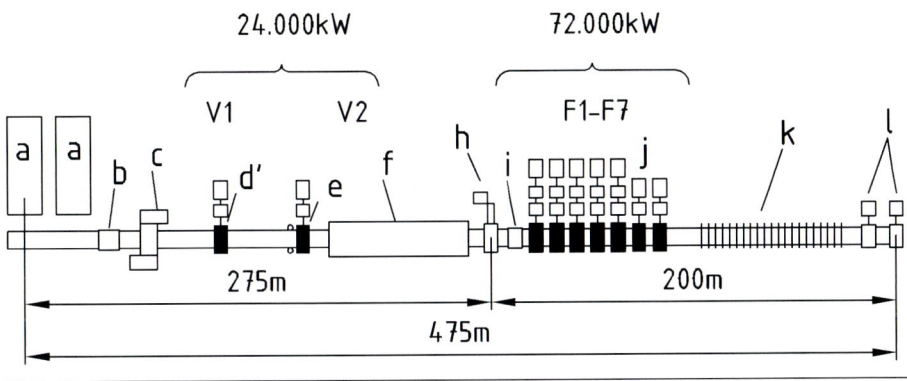

a Hubbalkenöfen
b Hochdruck-Zunderwäscher
c Brammenstauchpresse
d' Duo-Durchlaufgerüst (V1)
e Quarto-Reversiervorgerüst mit Staucher (V2)
f Rollgangsabdeckung
h Schopfschere
i Hochdruck-Zunderwäscher
j Fertiggerüste (F1 – F7)
k Laminarkühlung
l Universalhaspel

Staucher und Zwischenrollgang mit Rollgangsabdeckung,
- Fertigstraße mit Kurbelschere, Zunderwäscher und sieben Fertiggerüsten mit CVC-Systemen,
- Auslaufrollgang mit Laminarkühlung sowie zwei Universalhaspeln,
- Technologische Regelungen und Prozessmodelle für Bandbreite, Banddicke sowie Kontur, Profil und Planheit

Im Hinblick auf die breite Stahlsortenpalette sowie die sehr anspruchsvollen Vorgaben an eine maximale Bandbreite von 2.030 mm und Enddicken von 1,25 bis 25 mm wird in diesem Beispiel eine Auslegung mit bewusst hoch dimensionierten Kapazitäten gewählt (Tab. 3.6). Hervorzuheben ist die Antriebsleistung des Quarto-Reversiergerüstes von 18.000 kW. Diese Leistung sichert auch bei Walzgeschwindigkeiten bis zu 3,14 m/s und bei Nennbe-

Tab. 3.6: Technische Daten einer konventionellen Warmbandstraße

	Gerüsttyp	Walzendurchmesser		Nennleistung	Motordrehzahl	Walzgeschwindigkeit	Getriebeübersetzung	Nennmomente	
		AW mm	STW mm	kW	U/min	m/s		Motor kNm	Walzen kNm
V1	Duo-Durchlauf	1.350	–	6.000	375	1,47	18,00	153	2752
V2	Quarto-Reversier	1.200	1.600	2 x 9.000	50 / 100	3,14 / 6,28	–	3.440 / 1.720	3.440 / 1.720
F1	Quarto-Durchlauf	900	1.600	11.000	165 / 300	1,41 / 2,57	5,50	637 / 350	3.503 / 1.927
F2	Quarto-Durchlauf	900	1.600	11.000	165 / 400	1,73 / 4,19	4,50	637 / 263	2.866 / 1.182
F3	Quarto-Durchlauf	900	1.600	11.000	165 / 400	2,59 / 6,28	3,00	637 / 263	1.911 / 788
F4	Quarto-Durchlauf	750	1.600	11.000	165 / 400	4,05 / 9,82	1,60	637 / 263	1.019 / 420
F5	Quarto-Durchlauf	750	1.600	11.000	165 / 400	6,48 / 15,71	1,00	637 / 263	637 / 263
F6	Quarto-Durchlauf	750	1.600	8.500	165 / 400	7,62 / 18,46	0,85	492 / 203	418 / 173
F7	Quarto-Durchlauf	750	1.600	8.500	165 / 400	9,26 / 22,44	0,70	492 / 203	345 / 142

Tab. 3.7: *Stichpläne Vor- und Fertigstraße für schwer umformbare Werkstoffe*

Stahlsorte	Vorstraße									Bandtemperatur (Kopf) in °C	
	Ziehtemperatur °C	Bramendicke mm	Dickenverteilung mm							nach dem letzten Stich	vor der Schere
ST 37	1250	250	220	166	115	84	60	45		1119	1084
X5Cr-Ni1810	1250	250	220	167	121	85	58	40		1149	1105
X70	1250	250	230	195	162	131	104	81	63	50	1061	950
	Fertigstraße										
	Temperatur vor der Schere °C	Vorbanddicke mm	Dickenverteilung mm							Geschwindigkeit letzter Stich (Kopf) m/s	Temperatur F7 (Pyr.) °C
			F1	F2	F3	F4	F5	F6	F7		
St 37	1084	45	25,20	12,45	7,03	4,61	3,42	2,84	2,50	8,43	880
X5Cr-Ni1810	1105	40	26,78	16,77	11,33	8,13	6,27	5,23	4,50	6,86	1000
X70	950	50	37,90	29,16	22,66	18,57	16,00			1,41	800

lastung ein Summenantriebsmoment von 3.440 kNm. Mit der zulässigen Überlastbarkeit von 2,0 im Reversierbetrieb steht somit ein zulässiges Antriebsmoment von nahezu 7.000 kNm zur Verfügung. Mit dem Walzendurchmesser 1.200 mm wird sichergestellt, dass dieses Drehmoment auf die Arbeitswalzen übertragen werden kann.

Auch in der Fertigstraße sind die Antriebsleistungen mit in Summe 72.000 kW sehr hoch. Die ersten 5 Gerüste erhalten aus Gleichheitsgründen einheitlich 11.000 kW bei gleicher Grunddrehzahl. Für die letzen beiden Gerüste werden mit 8.500 kW kleinere Leistungen gewählt. Die ersten drei Fertiggerüste erfordern zur Übertragung der Drehmomente einen Walzendurchmesser von 900 mm.

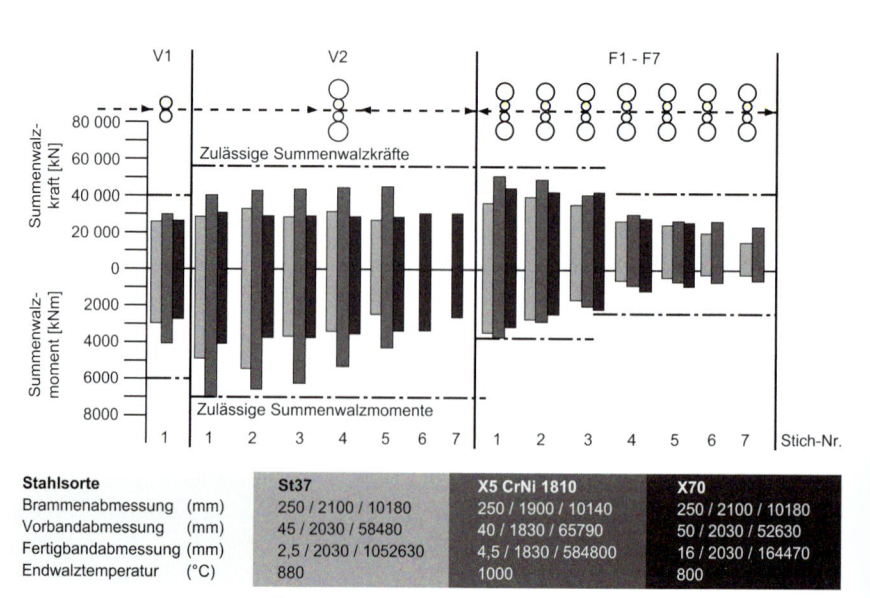

Abb. 3.52: *Walzkräfte und -momente für schwer umformbare Werkstoffe*

Bei F4 bis F7 kann der Walzendurchmesser auf 750 mm abgesenkt werden.

Um die Kapazität der vorliegenden Hochleistungs-Warmbandstraße zu belegen, dienen die Stichpläne der folgenden schwer umformbaren Werkstoffe:

- Allgemeiner Baustahl St 37, 25 mm x 2030 mm,
- Austenitischer Stahl X 5 CrNi 18 10, 4,5 mm x 1830 mm sowie
- Mikrolegierter Röhrenstahl X 70, 16 mm x 2030 mm.

Einzelheiten der zugehörigen Stichpläne sind in Tabelle 3.7 zusammengefasst. Hinzuweisen ist auf die unterschiedlichen Endwalztemperaturen hinter Gerüst F7 der Fertigstraße.

Die schwer umformbaren Werkstoffe führen zu hohen Belastungen in der Warmbandstraße. Die Drehmoment- und Walzkraftbelastungen erreichen beispielsweise beim Walzen des X 5 CrNi 18 10 mit der Bandbreite von 1.830 mm und der Enddicke von 4,5 mm die maximal zulässigen Werte in den einzelnen Gerüsten (Abb. 3.52). Dargestellt sind zum Vergleich auch die auftretenden Drehmomente und Walzkräfte der Stahlsorten St 37 und X 70.

Die eingezeichneten Belastungsgrenzen kennzeichnen die zulässigen Werte der mechanischen Ausrüstung. Scheinbare Reserven, insbesondere in der Drehmomentenbelastung der Fertigstraße, resultieren aus der Baugleichheit der Gerüste. Insgesamt wird die Auslegung der Anlage bestätigt. Keine Anlagenkomponente wird unzulässig hoch belastet.

Ausführungsformen von Warmbandstraßen

Die exemplarisch in Abbildung 3.53 zusammengestellten Referenzen ausgeführter Warmbandstraßen unterscheiden sich insbesondere bezüglich ihrer Produktionskapa-

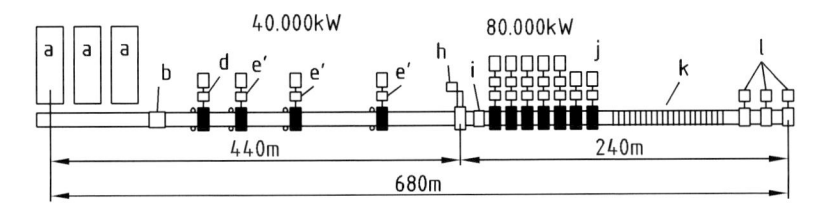

Referenz A: 5,5 Mio. t/Jahr, Brammen(230–250mm)x(800–2130mm)x(4.800–12.000mm)
Fertigband(1,2–25mm)x(800–2130m)

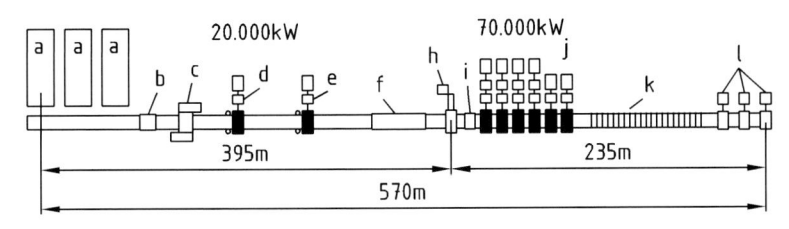

Referenz B: 5,5 Mio. t/Jahr, Brammen(230–250mm)x(800–2130mm)x(4.800–12.000mm)
Fertigband(1,2–25mm)x(800–2130m)

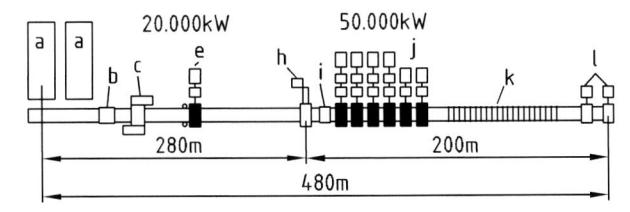

Referenz C: 3,0 Mio. t/Jahr, Brammen(230–250mm)x(800–2100mm)x(4.800–12.000mm)
Fertigband(1,2–25mm)x(800–1800m)

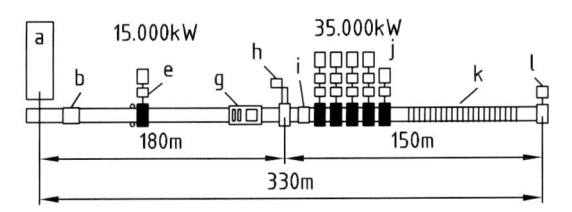

Referenz D: 2,0 Mio. t/Jahr, Brammen(230–250mm)x(600–1650mm)x(4.800–12.000mm)

a Wärmeofen
b Hochdruck-Zunderwäscher
c Brammenstauchpresse
d Duo-Reversiergerüst mit Staucher
e Quarto-Reversiervorgerüst mit Staucher
e' Quarto-Durchlaufgerüst mit Staucher
f Rollgangsabdeckung
g Coilbox
h Schopfschere
i Hochdruck-Zunderwäscher
j Fertiggerüste
k Laminarkühlung
l Universalhaspel

Abb. 3.53: *Ausführungsformen von konventionellen Warmbandstraßen*

zitäten (in Mio. t pro Jahr) sowie maximaler Fertigbandbreite und -dicke. Höhere Produktionskapazitäten machen sich im Wesentlichen an der Anzahl der Wärmeöfen, der Fertiggerüste und der Universalhaspel und damit auch an der Gesamtlänge fest.

Deutliche Unterschiede in den Referenzen A bis D liegen in der Ausbildung der Vorstraße. Referenzanlage A lehnt sich an in der Vergangenheit häufiger gebaute vollkontinuierliche Vorstraßenkonzepte an. So sind die drei Quartogerüste reine Durchlaufgerüste, die nur in Richtung des Materialflusses ohne Richtungsumkehr walzen. Allerdings ist das erste Duo als Reversiergerüst ausgeführt, um auf drei Reversierstiche plus drei Durchlaufstiche – also insgesamt auf sechs Vorstraßenstiche – zu kommen. Nachteilig wirken sich hier die Investitions- und Betriebskosten für die vielen Vorgerüste, der größere Platzbedarf und die Leerlaufzeiten der Durchlaufgerüste aus. In den letzten Jahren gebaute Warmbandstraßen tendieren daher je nach Anforderung eher zu den Referenzen B, C und D.

Bei Kompakt-Warmbandstraßen (Referenz D) werden durch die kompakte Anordnung einer Coilbox – in geringem Abstand hinter dem Vorgerüst – und durch Beschränkung auf nur fünf Fertiggerüste die Investitionskosten niedrig gehalten. Mögliche Ausbaustufen mit zusätzlichen Wärmeöfen, Fertiggerüsten und Universalhaspeln eröffnen höhere Produktionskapazitäten und breitere Fertigproduktpaletten in der Zukunft.

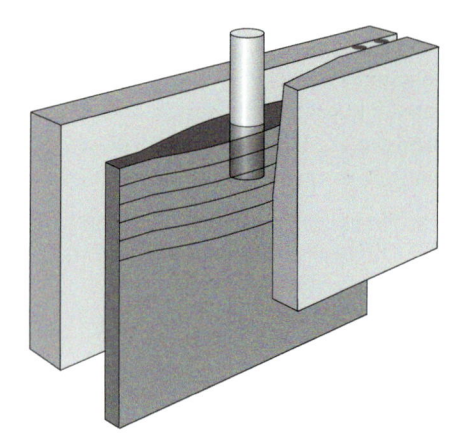

Abb. 3.54: *Prinzip der CSP-Trichterkokille*

3.1.2.5.5 Dünnbrammen-Gießwalzanlagen (CSP-Anlagen)

Mit der Dünnbrammentechnologie werden die ursprünglich getrennten Prozessstufen – Gießen und Walzen – zu einem integrierten Prozess verbunden. Wie bereits oben erläutert, gibt es verschiedene Gießwalzverfahren (z. B. CSP, ISP und CPR). Allerdings ist CSP das am Häufigsten eingesetzte Verfahren für Dünnbrammen-Gießwalzanlagen (Rohde 1991; Flemming 1993).

3.1.2.5.5.1 Aufbau und Funktion

Herzstück jeder CSP-Dünnbrammengießmaschine ist die patentierte Trichterkokille (Abb. 3.54). Mit ihr werden

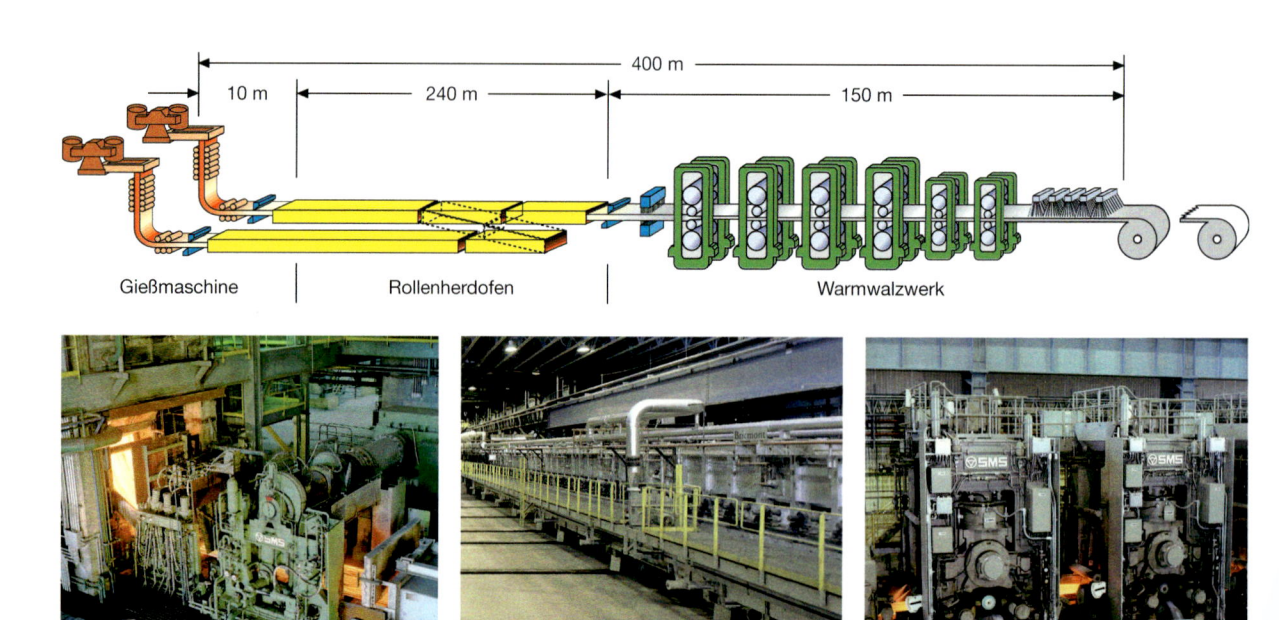

Abb. 3.55: *Aufbau einer Dünnbrammen-Gießwalzanlage*

Dünnbrammen mit Dicken von 50 bis 90 mm erzeugt. Die Gießgeschwindigkeiten liegen in der Größenordnung von 5 bis 7 m/min. Sobald der senkrecht geführte Gießstrang durcherstarrt ist, wird er in einem Bogen in die Horizontale geführt und mit einer Pendelschere in einzelne Brammen mit Längen von 30 bis 60 m unterteilt.

Die Gießwalzanlagen bestehen aus den drei Anlagenbereichen Gießmaschine, Rollenherdofen und Warmwalzwerk (Abb. 3.55). Die Gießmaschine arbeitet im Sequenzbetrieb mit vorgewählten Gießgeschwindigkeiten, unbeeinflusst von den nachfolgenden Einrichtungen.

Direkt aus der Gießhitze werden die Dünnbrammen dem Rollenherdofen zugeführt, der neben dem Transport zwei weitere zentrale Funktionen sicherstellt. Zum einen sorgt eine ausreichend lang dimensionierte Verweildauer für eine Vergleichmäßigung der Brammentemperatur über Länge, Breite und Dicke mit einer bemerkenswerten Toleranz von 10 °C. Zum anderen puffert der Rollenherdofen prozessbedingte Unterschiede in den Massenflüssen von Gießmaschine und Walzwerk. Mit 1.100 bis 1.150 °C werden die Dünnbrammen in Richtung Walzwerk ausgetragen.

Auf Grund der konstanten Dünnbrammentemperaturen arbeitet die Fertigstraße des Warmwalzwerkes mit konstanter Walzgeschwindigkeit. Das ausgewalzte Warmband gelangt über die Laminarkühlstrecke zur Haspelanlage.

In weniger als 20 Minuten wird so der flüssige Stahl zu fertigen Warmband-Coils verarbeitet.

Ausbaustufen mit zweiter Gießmaschine und Rollenherdofen sowie zusätzlichen Fertiggerüsten und Universalhaspeln gestatten Produktionskapazitäten von zwei bis drei Mio. t pro Jahr. Da der zweite Strang keine direkte Verbindung zum Walzwerk hat, werden die Dünnbrammen mit Schwenkfähren vom zweiten in den ersten Strang transportiert(Abb. 3.55).

3.1.2.5.5.2 Grundlegende Merkmale

Erstes Merkmal ist die deutlich reduzierte Anlagentechnik. Die Vorstraße entfällt vollständig. Zudem werden die Prozessstufen Gießen und Walzen in einer Halle räumlich zusammengeführt. Entsprechend niedrig sind die Investitions- und Betriebskosten.

Das zweite Merkmal besteht in dem Einsparen von Energie, da die Dünnbrammen mit Gießhitze in den Rollenherdofen eingefahren werden. Im stationären Betrieb müssen nur ca. 20 °C vom Ofeneinlauf bis -auslauf zugeführt werden (Abb. 3.56).

Drittes Merkmal sind die stationären Bedingungen im Warmwalzwerk. Die absolut gleichförmige Temperaturverteilung der Dünnbrammen sorgt für konstante Prozessbedingungen beim Walzen und Kühlen. Als unmittelbare Folge zeigen die Warmbänder außerordentlich homogene

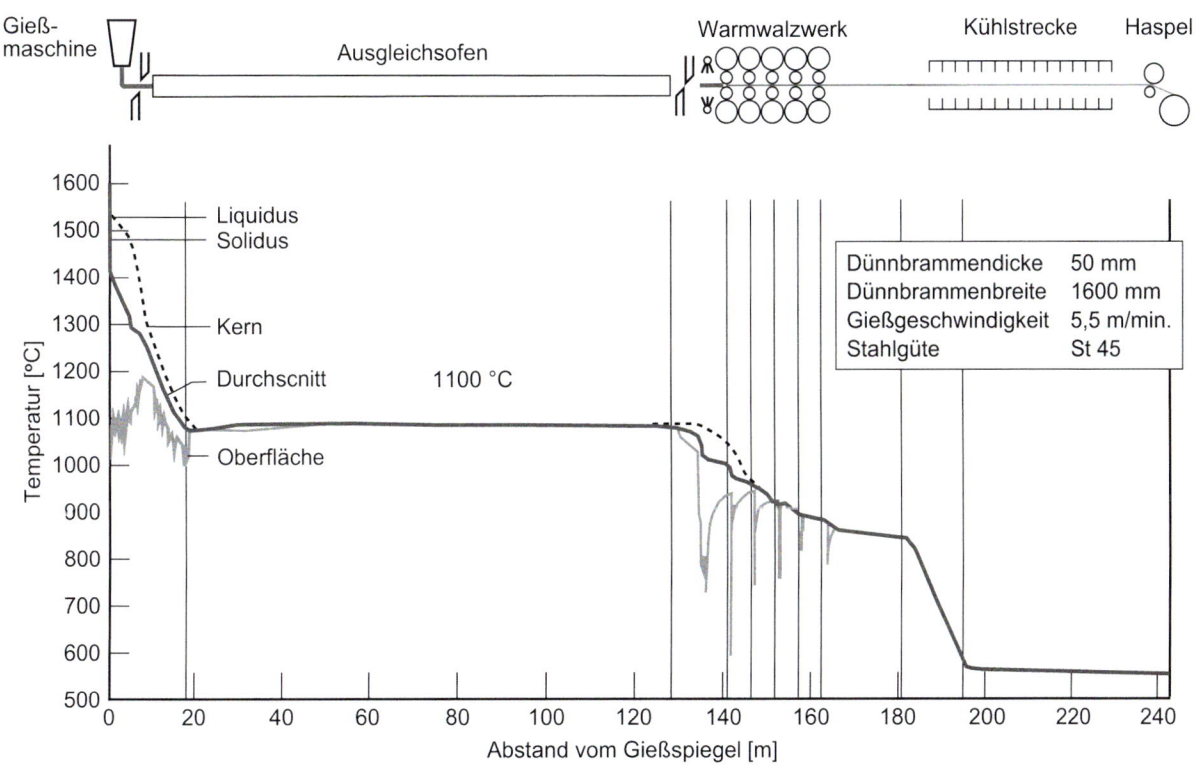

Abb. 3.56: *Temperaturverteilung in einer Gießwalzanlage*

3.1 Walzen

Eigenschaften über Länge und Breite, wie beispielsweise Gefügeausbildungen und geometrische Genauigkeiten.

3.1.2.5.5.3 Erzeugen dünner Warmbänder und Semi-Endloswalzen

Konventionelle Warmbandstraßen stoßen bei minimalen Enddicken von 1,2 bis 1,5 mm an prozessbedingte Grenzen. Im Vergleich dazu besitzen Gießwalzanlagen größere Betriebsfenster, da

- die Dünnbrammentemperaturen um 50 bis 100 °C wärmer in die Fertigstraße einlaufen und
- die Dünnbrammentemperaturen konstant über Länge und Breite sind.

Vor diesem Hintergrund wurden Dünnbandtechnologien entwickelt, mit denen auf Gießwalzanlagen Warmbänder bis zu minimal 1,0 mm Enddicken betriebssicher erzeugt werden (Bald 1999). Den Weg dazu haben Weiterentwicklungen der technologischen Prozessmodelle und Regelungen bereitet, insbesondere für Straßensetzung, Banddicke, -profil und -planheit sowie Bandzug und Massenfluss.

Eine neue Verfahrenstechnologie bei Gießwalzanlagen ist das sogenannte Semi-Endloswalzen, mit der ultradünnes Warmband bis zu 0,8 mm erzeugt werden kann (Kneppe 1998). Hierbei werden die Dünnbrammen nicht wie sonst üblich in einzelne Vorbandlängen unterteilt. Stattdessen werden mehrfache Brammenlängen an einem Stück in den Ofen gefahren. Erst wenn die vollständige Ofenlänge gefüllt ist, erfolgt der Schnitt durch die Pendelschere. Die so erzeugte „überlange" Bramme wird dann in einem Stück, also semi-endlos, in der Fertigstraße gewalzt. Das Unterteilen in einzelne Coillängen erfolgt erst vor der Haspelanlage mittels einer fliegenden Schere.

Am Anfang und am Ende der langen Dünnbrammen werden die Fertigbanddicken so gewählt, dass ein sicheres Ein- und Ausfädeln in der Fertigstraße sowie für den Bandkopf auf der Kühlstrecke gewährleistet ist. Für den Teil zwischen Bandanfang und -ende werden Banddicken

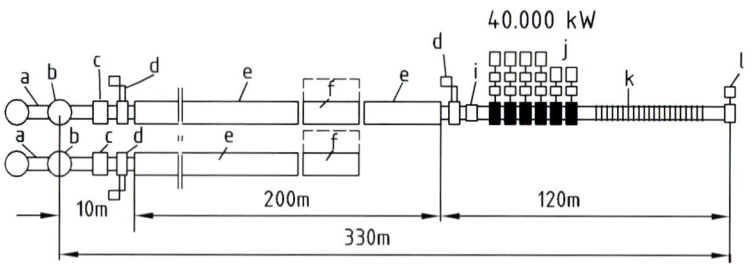

a Pfannendrehturm
b Dünnbrammengießmaschine
c Richttreiber
d Pendelschere
e Rollenherdofen
f Parallelfähre
g Schwenkfähre
i Hochdruck-Zunderwäscher
j Fertiggerüste
k Laminarkühlung
l Universalhaspel
l' Fliegende Universalhaspel
m Fliegende Schere

Abb. 3.57: Ausführungsformen von Dünnbrammen-Gießwalzanlagen

Referenz A: 1.5 Mio.t/Jahr, Dünnbramme 50mm
Fertigband (1,0-13mm)x(800-1350mm)

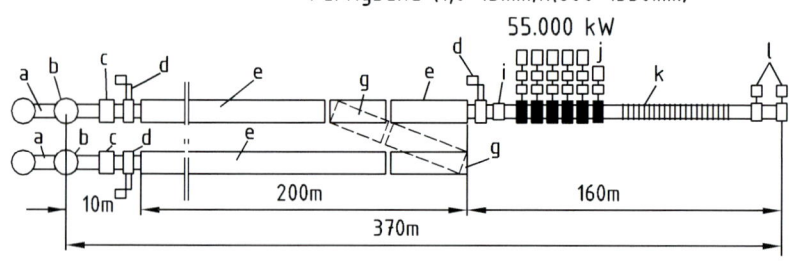

Referenz B: 2.0 Mio.t/Jahr, Dünnbramme 50-70mm
Fertigband (1,0-13mm)x(900-1600mm)

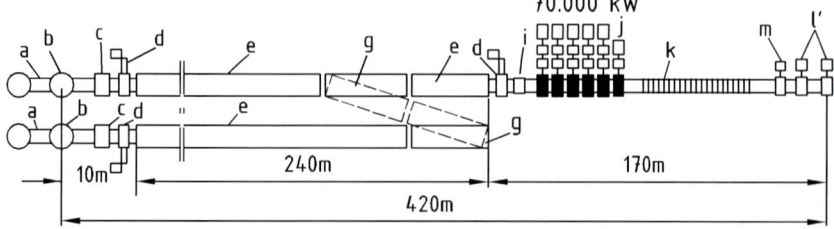

Referenz C: 2.5 Mio.t/Jahr, Dünnbramme 50-70mm
Fertigband (0,8mm-13mm)x(900-1600mm)
0,8mm mit Semi-Endloswalzen

unter 1,0 mm bis zu 0,8 mm eingestellt. Die Ausbringungsverluste sind bezogen auf die Gesamtausbringung gering.

Bei einer Dünnbrammenlänge von 240 m und einer -dicke von 70 mm lässt sich im Semi-Endlosbetrieb beispielsweise eine Folge von 1 x Coil mit 1,0 mm, 4 x Coil mit 0,8 mm und 1 x Coil mit 1,0 mm erzeugen.

3.1.2.5.5.4 Ausführungsformen von Dünnbrammen-Gießwalzanlagen

Die Referenzen in Abbildung 3.57 stellen typische Vertreter von Gießwalzanlagen dar. Die Referenz A arbeitet mit einem fest vorgegebenen Gießformat für Brammendicken von 50 mm. Die zwei Rollenherdöfen werden über ein Parallel-Fährensystem verbunden. Weiter verbreitet sind heute Gießmaschinen mit variabler Brammendicke zwischen 50 und 70 mm, siehe Referenzen B und C. Mit der LCR-Technologie (Liquid Core Reduction) werden die Brammendicken während des Gießens so verändert, dass sie bestmöglich für das zu walzende Fertigprodukt passen. Übergangsstücke mit nicht konstanter Dicke werden durch die Dickenregelungen in der Fertigstraße kompensiert. Referenz C ist mit längeren Rollenherdöfen sowie mit fliegender Schere und fliegenden Universalhaspeln für das Semi-Endloswalzen ausgestattet.

3.1.2.5.6 Steckelwalzwerke

Grundidee der Steckelwalzwerke, auch als Steckelstraßen bezeichnet, ist das Fertigwalzen im Reversierbetrieb (Kap. 3.1.2.2.5.3). Sie wurden ursprünglich für Kohlenstoffstähle entwickelt, sind hierfür jedoch von konventionellen Warmbandstraßen nahezu vollständig verdrängt worden. Für nichtrostende Stähle, die in geringeren Mengen vom Markt gefordert werden, haben sich Steckelwalzwerke hingegen weltweit etabliert (Kneppe 1993).

3.1.2.5.6.1 Anlagentechnik

Zunächst sind Ofenanlage und Vorstraße nahezu identisch mit konventionellen Warmbandstraßen. Brammen mit Dicken um 200 mm werden mit 1.250 °C ausgetragen und auf einem Quarto-Reversiervorgerüst in 5 oder 7 Stichen auf Vorbanddicken von 20 bis 35 mm ausgewalzt. Die Fertigstraße besteht aus einem einzigen Quarto-Reversiergerüst, dem sogenannten Steckelgerüst (Abb. 3.58 und 3.59). Auf Einlauf- und Auslaufseite ist je ein gasbeheizter Wickelofen angeordnet. Jeweils zwischen Wickelofen und Walzspalt befindet sich ein Treiber für den Bandtransport.

Das Fertigwalzen auf die gewünschten Enddicken erfolgt in 5, 7 oder 9 Reversierstichen. Dabei wird das Band in

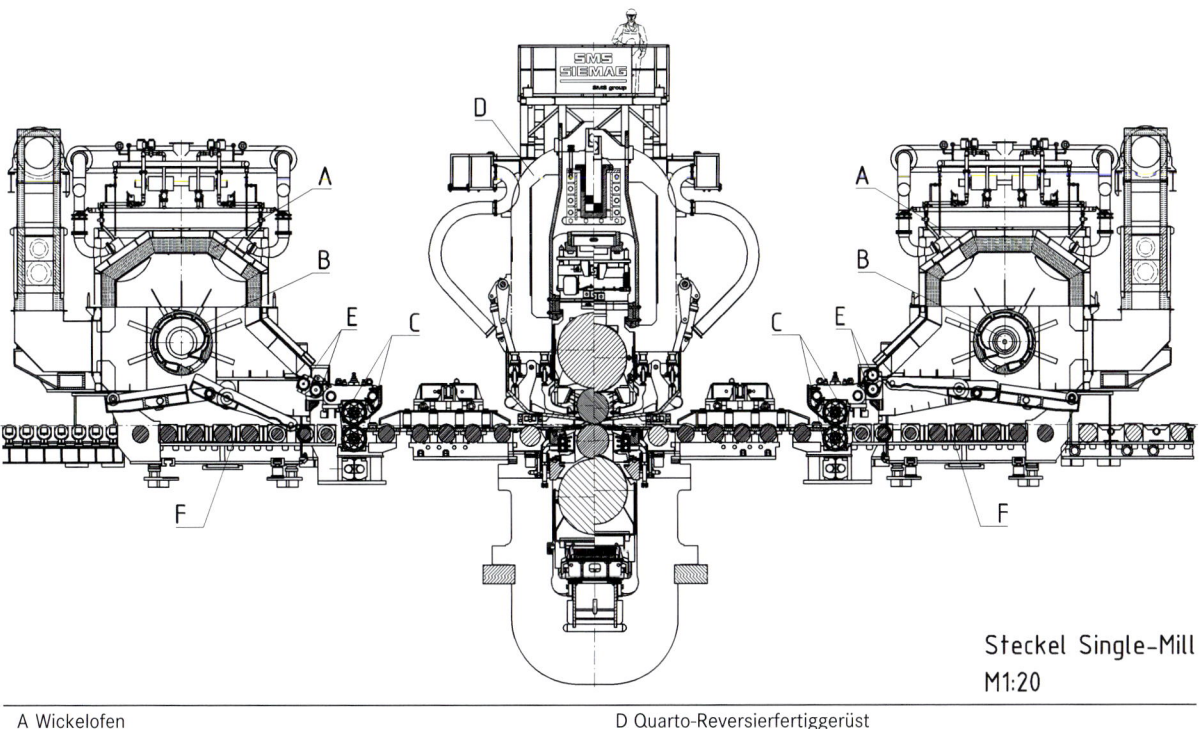

A Wickelofen	D Quarto-Reversierfertiggerüst
B Wickeldorn	E Looper
C Treiber	F Rollgang

Abb. 3.58: *Grundprinzip Steckelgerüst*

3.1 Walzen

Abb. 3.59: *Steckelgerüst mit Wickelöfen*

den ein- und auslaufseitigen Wickelöfen gespeichert und auf Walztemperatur gehalten. Nach Erreichen der Fertigbanddicke wird das Band über den Auslaufrollgang mit Laminarkühlung zur Haspelanlage transportiert und zu Coils gewickelt. Je nach Fertigbandbreite erreichen Steckelwalzwerke Produktionskapazitäten von 0,5 bis 1,5 Mio. t pro Jahr.

3.1.2.5.6.2 Technologische Hintergründe

Da nichtrostende Stähle unterhalb einer Temperatur von 1.100 °C nur in sehr geringem Umfang verzundern, können die Reversierstiche trotz der langen Verweilzeiten in den Wickelöfen ohne jegliche Hochdruckentzunderung gefahren werden. Entzundert wird zum letzten Mal nach dem Vorwalzen. Damit kann das für das Warmwalzen erforderliche hohe Temperaturniveau im Bereich von 900 °C gehalten werden.

Allerdings kommt es verfahrensbedingt am Bandkopf und -ende zu größeren Temperaturverlusten. Beim Reversieren werden wechselseitig Kopf und Ende nicht bis in den Wickelofen hineingefahren, sondern nur bis kurz vor den Treiberspalt. Die Bandenden kühlen daher mehr ab als der Rest des Bandes, was zu Temperaturabfällen von bis zu 200 °C führt.

In der Folge zeigen die Walzkraftverläufe über der Bandlänge die für Steckelgerüste typischen steilen Kraftanstiege am Stichanfang und -ende (Abb. 3.60). Daher stellen Steckelgerüste hohe Anforderungen an die Dynamik der Regelsysteme für hydraulische Anstellungen und Arbeitswalzenbiegesysteme.

3.1.2.5.6.3 Ausführungsformen von Steckelwalzwerken

Die Referenzanlagen A und B in Abbildung 3.61 spannen den Bogen von einem schmalen Steckelwalzwerk mit maximaler Bandbreite von 1.275 mm bis hin zu einem sehr breiten mit 2.100 mm.

3.1.2.5.7 Warmbandstraßen für Aluminiumwerkstoffe

Für Hochleistungsanlagen zum Walzen von Aluminiumwerkstoffen werden Anlagenkonzepte zugrunde gelegt, die in weiten Teilen mit den konventionellen Warmbandstraßen für Stahl vergleichbar sind (Malinowski 1969; Willeke 1970; Wagner 1972). In Abbildung 3.62 ist eine typische Referenzanlage dargestellt. Ausgangsprodukte

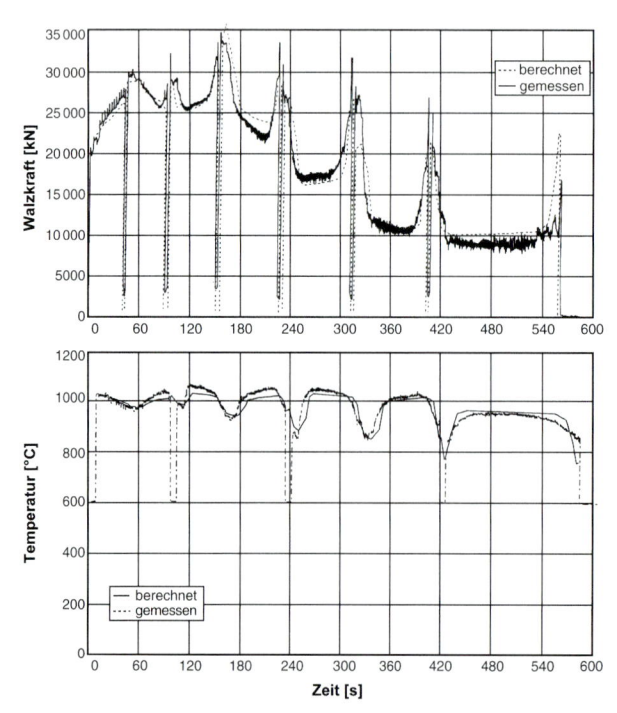

Abb. 3.60: *Typischer Walzkraft- und Temperaturverlauf für Steckelgerüst*

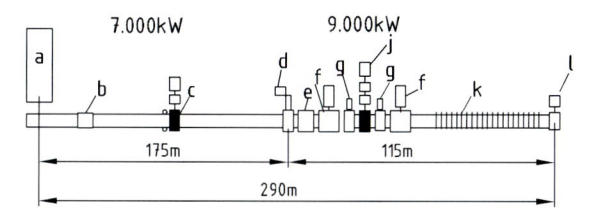

3.1.2 Längswalzen von Flachprodukten

Referenz A: 0.5 Mio.t/Jahr, Brammen (140–190mm)×(600–1275mm)×(5.000–10.000mm)
Fertigband (2.0–13mm)×(600–1275mm)

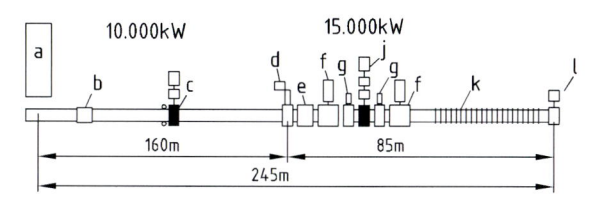

Referenz B: 1.5 Mio.t/Jahr, Brammen (80–200mm)×(1000–2100mm)×(3.500–11.000mm)
Fertigband (2.0–13mm)×(1.000–2.100mm)

a Hubbalkenöfen
b Hochdruck-Zunderwäscher
c Quarto-Reversiergerüst mit Staucher
d Schopfschere
e Hochdruck-Zunderwäscher
f Gasbeheizter Wickelofen mit Wickeldorn
g Treiber
j Fertiggerüst (Steckelgerüst)
k Laminarkühlung
l Universalhaspel

Abb. 3.61: *Ausführungsformen von Steckelwalzwerken*

sind sogenannte Aluminium-Barren mit Dicken bis zu 600 mm, Längen bis zu 9 m und Einzelgewichten bis zu 30 t. Um Verunreinigungen aus dem Gießprozess zu beseitigen und bessere Walzergebnisse zu erzielen, werden die Barren an den Enden gesägt und an den Seiten gefräst. Eingesetzt in den Wärmeofen werden sie auf Walztemperaturen von 400 °C bis 600 °C erwärmt und homogenisiert. Im Reversiervorgerüst mit angeflanschtem Staucher werden die Barren zu Platinen mit Dicken bis zu 40 mm ausgewalzt. Eine Schere zum Zwischenschopfen von Platinen bis 100 mm Dicke ist dem Reversiervorgerüst nachgeschaltet. Vor der Fertigstraße befindet sich eine zweite Schopfschere für fertige Platinen bis 40 mm. In der Fertigstraße werden die Platinen zu Fertigbändern mit Enddicken zwischen 2 und 9 mm gewalzt. Die fertigen Warmbänder werden unmittelbar hinter dem letzten Fertiggerüst besäumt und auf einem Haspel mit Riemenwickler zu Coils gewickelt. Mit Auslaufgeschwindigkeiten von 6 bis 8 m/s liegt eine typische Jahresproduktion zwischen 0,5 bis 1,0 Mio. t pro Jahr.

Für kleinere Produktionsmengen werden Anlagenkonzepte mit nur einem Reversierfertiggerüst eingesetzt. Analog zu Steckelwalzwerken wird das Band auf ein- und auslaufseitigen Wickeldornen gespeichert. Im Gegensatz zum Stahl wird bei Aluminium auf beheizte Wickelöfen verzichtet. In Fällen, in denen vorwiegend weiche Aluminiumlegierungen gewalzt werden, sind häufig Duo-Reversiervorgerüste und in Einzelfällen auch Duo-Reversierfertiggerüste ausreichend.

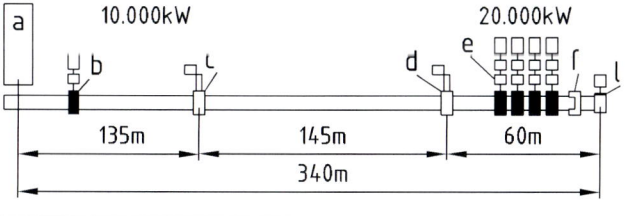

Barren: (600mm) × (900–2.200mm) × (3,5–9mm)
Fertigband: (2–9mm) × (750–2.150mm)

a Wärmeofen
b Quarto-Reversiergerüst mit Staucher
c Schopfschere 100 mm
d Schopfschere 40 mm
e Fertiggerüste
f Besäumschere
g Haspel mit Riemenwickler

Abb. 3.62: *Referenz Aluminium-Warmbandstraße*

3.1.2.5.8 Weiterverarbeitung von Warmband

Die fertig gewalzten Coils werden mittels Bundtransport ins Coil-Lager transportiert, dort abgekühlt und zwischengelagert. Die Warmbänder aus Stahl weisen prozessbedingt eine dünne Zunderschicht auf, die im nächsten Prozessschritt, dem Beizen, in Salz- oder Schwefelsäurebecken entfernt wird. Je nach Verwendungszweck ist eine Nachbehandlung wie Dressieren, Besäumen der Bandkanten, Spalten, Reinigen oder Einölen möglich.

Die Weiterverarbeitung von Warmband teilt sich mit dem Kaltwalzen und dem Direktverarbeiten in zwei Hauptzweige auf, die folgenden Anwendungsbereichen dienen: Warmband zum Kaltwalzen für die Verwendung als

- klassisches Kaltband (wie z. B. für kaltumgeformte Teile und Stanzteile),
- kaltgewalztes und oberflächenveredeltes Warmband (z. B. Automobilindustrie),
- kaltgewalztes und organisch beschichtetes Warmband (z. B. lackiert für Bauindustrie),
- Kaltband für Haushaltsgeräte (weiße Ware oder andere Gehäuse),
- kaltgewalztes und verzinntes Warmband (z. B. Weißblech für die Lebensmittelindustrie) und
- Elektroblech für elektrische Anlagen (z. B. Generatoren, Transformatoren oder Motoren).

Warmband zum Direktverarbeiten für die Verwendung als

- längs- oder spiralnahtgeschweißte Rohre (von Präzisionsrohren bis hin zu Pipelines),
- Bleche aus Warmband für Maschinen-, Schiffs-, Waggon-, Brücken- und Containerbau,
- Stanz- und Pressteile für die Automobilindustrie,
- Rahmenkonstruktionen für LKW und sonstige Nutzfahrzeuge,
- landwirtschaftliche Geräte und
- Tiefziehteile (z. B. Gasflaschen, Kompressorengehäuse, Hydrospeicher).

Literatur zu Kapitel 3.1.2.5

Bald, W.; Kneppe, G.; Rosenthal, D.; Sudau, P.: Innovative Technologien zur Banderzeugung. Stahl u. Eisen 119 (1999) 9.

Die Coilbox-Entwicklung der Steel Co. of Canada für Warmwalzwerke. Metal Bull. Monthly Nr. 123 (1981), S. 52 – 53.

Flemming, G.; Hofmann, F.; Rohde, W.; Rosenthal, D.: Die CSP-Anlagentechnik und ihre Anpassung an erweiterte Produktionsprogramme. Stahl u. Eisen 113 (1993) 2, S. 37 – 46.

Fritz, H.; Gattinger, H.; Peters, K.; Sack, E., Winterkamp, H.: Herstellung von Grobblech, Warmbreitband und Feinblech. Verlag Stahleisen, Düsseldorf 1976.

Henrich, L.; Holz, R.; Kneppe, G.: Physically based cooling line model to meet growing demands in temperature and flexibility. Institute of Materials, London (UK), Symposium 7 (1995).

Jordan, J.A.; Dejnecki, J.M.: Rechnergesteuertes Warmbandwalzwerk bei der Carlam S.A., Belgien. Iron and Steel Engineer 58 (1981) 4, S. 33 – 40.

Kneppe, G.; Rosenthal, D.: Warmbandproduktion – Herausforderungen für das neue Jahrhundert. Stahl u. Eisen 118 (1998) 7, S. 61 – 68.

Lackinger, V.; Vogtmann, L.: Neuzeitliche Warmbreitbandwalzwerke. Bänder, Bleche, Rohre 19 (1978) 11, S. 456 – 463.

Luketic, Z. et al.: Neues Warmbreitband-Walzwerk im Hüttenkombinat. Celik 14 (1978) 73, S. 9 – 16.

Malinowski, H.: Planung und Konstruktion von Aluminium-Warmwalzwerken für Bleche und Bänder, Blech 16 (1969) 2, S. 75 – 80 u. S. 129 – 134.

Rohde, W.; Braun, M.: Walzanlagen für Warmbreitband. Vortrag auf dem VDEh-Kontaktstudium Warmwalzen auf flacher Bahn, Bad Neuenahr 1981.

Rohde, W.; Stelbrink, J.: Auslegung und konstruktive Gestaltung von Antriebssystemen schwerer Walzwerke. Vortrag auf dem VDEh-Kontaktstudium Warmwalzen auf flacher Bahn. Bad Neuenahr 1981.

Rohde, W.; Wladika, H.: Entwicklung der Anlagentechnik für die Warmbanderzeugung der Zukunft. Stahl u. Eisen 111 (1991) 1, S. 47 – 61.

Wagner, R.: Walzmaschinen-Warmwalzwerke. Vortrag auf dem Symposium Walzen. Deutsche Gesellschaft für Metallkunde, Frankfurt 1972.

Willeke, H.; Hilbert, H. G. : Das neue Aluminiumwalzwerk der Taiwan Aluminium Corporation. Aluminium 46 (1970) 3, S. 246 – 250.

Kneppe, G.; Rohde, W.: Wirtschaftliche Produktion von nichtrostenden Stahlbändern in Steckel-Walzwerken. Metallurgical Plant and Technology 16 (1993) 2, S. 58 – 72.

Wladika, H.; Hüsken, H.G.: Entwicklungen der Warmbreitbandherstellung unter besonderer Berücksichtigung der Verbraucheranforderungen. Stahl u. Eisen 101 (1981) 13/14, S. 115 – 122.

Wladika, H.; Neuschütz, E.; Thies, H.: Untersuchungen zur Verringerung von Breitenschwankungen bei der Herstellung von Warmbreitband. Stahl u. Eisen 100 (1980) 12, S. 631 – 640.

3.1.2.6 Herstellung von Kaltband

Dietrich Mathweis, Hartmut Pawelski

3.1.2.6.1 Allgemeines und Produkte

Nach DIN EN 10079 (Begriffsbestimmungen für Stahlerzeugnisse) handelt es sich bei Kaltband um ein kaltgewalztes Flacherzeugnis (also ein Flachprodukt, das bei seiner Fertigstellung mindestens 25 Prozent Querschnittsabnahme durch Kaltwalzen erfahren hat), das unmittelbar nach Durchlaufen der Fertigwalzung oder nach dem Beizen oder kontinuierlichen Glühen zu einer Rolle aufgewickelt wird. Im Folgenden wird die gebräuchliche Prozesskette zur Herstellung von Kaltband aus warmgewalzten Stählen niedriger bis mittlerer Festigkeit beschrieben. Gebräuchlich ist in diesem Zusammenhang auch noch der Begriff Feinblechherstellung, wobei mit Feinblech im engeren Sinne Tafeln mit Dicke kleiner 3 mm (warm- oder kaltgewalzt) gemeint sind. Moderne Kaltwalzwerke verarbeiten fast ausschließlich Warmbänder mit Breiten größer 600 mm, dann spricht man von Kaltbreitbandherstellung.

Abbildung 3.63 zeigt die Gesamtansicht eines typischen Kaltwalzkomplexes. Die einzelnen Herstellungsbereiche der Produktionskette sind dabei gemäß dem Materialfluss angeordnet. Bestimmte Anlagenteile werden zu gekoppelten Produktionseinheiten zusammengefasst. Der zentrale Prozess der Kaltbandherstellung ist das Kaltwalzen. Die Prozesskette insgesamt besteht im Wesentlichen aus den Komponenten:

- Beizen,
- Kaltwalzen,
- Glühen,
- Dressieren (Nachwalzen),
- Veredeln sowie
- Konfektionieren (Adjustage).

Die Produktpalette des dargestellten Werks umfasst niedrig und hoch legierte Kohlenstoffstähle in sogenannter schwarzer, nicht veredelter Ausführung sowie in verzinkter Ausführung. Typische Anwendungsbereiche für diese Produkte sind der Automobilbau oder die Herstellung von Haushaltswaren.

3.1.2.6.2 Herstellung des Vormaterials

In einer Beizlinie werden die warm gewalzten Bänder für den Kaltwalzprozess vorbereitet (Plümer 1970). Durch das Beizen selbst wird die während und nach dem Warmwalzen entstandene Zunderschicht entfernt. Beizanlagen können einzeln stehend, gekoppelt mit einer Walzanlage oder in Linie mit einer Walzanlage und einem Glühofen (Edelstahlherstellung) ausgeführt sein. Die überwiegende Zahl der Beizlinien ist für den kontinuierlichen Betrieb ausgerüstet (Continuous Pickling Line, also abgekürzt: CPL). Im Einlauf der Linie werden die Bänder aneinander geschweißt und, gepuffert durch einen Speicher, dem Beizprozess mit konstanter Geschwindigkeit kontinuierlich zugeführt. Eine geringere Anzahl von Anlagen, heutzutage eher unüblich, sind als sogenannte Schubbeize ausgeführt, das bedeutet, die Bänder werden Bund für Bund durch die Anlage geführt.

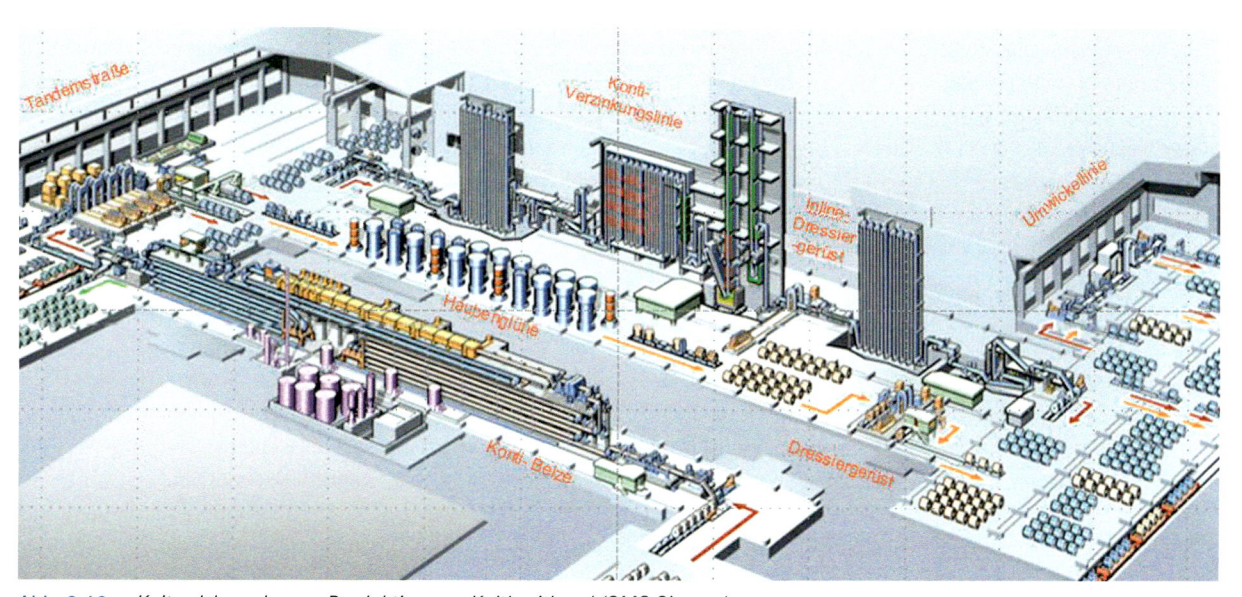

Abb. 3.63: *Kaltwalzkomplex zur Produktion von Kaltbreitband (SMS Siemag)*

Bei der in der Abbildung dargestellten Beizlinie handelt es sich um eine kontinuierlich betriebene und mit einer Kaltwalztandemstraße gekoppelte Anlage (Pickling Line-Tandem Coldrolling Mill, PL-TCM). In Richtung des Materialflusses durchlaufen die Bänder die folgenden Produktionsschritte:

Per Kran werden die gewickelten Warmbänder vom Warmbundlager in den Einlaufbereich der Beizlinie gebracht und auf Bundsätteln abgelegt. In diesem Bereich erfolgen die Bindebandentfernung und die abwickelgerechte Positionierung der Bunde. Anschließend werden die präparierten Bunde per Hubbalken und Bundtransportwagen auf einem der beiden Haspeldorne positioniert und abgelegt. Von den beiden Abwickelhaspeln befinden sich immer je einer im Abwickelmodus und der jeweils andere im Vorbereitungsmodus. Im Anschluss an beide Haspeln ist jeweils ein Richtaggregat angeordnet. Hier werden erste, für den Prozess hinderliche, Form- und Planheitsfehler korrigiert. Beide Abwickelstränge verfügen über eine Schopfschere mit Schrotttransport zur Vorbereitung von Bandanfang und -ende. Entsprechend vorbereitet werden die Bänder in der Schweißanlage verbunden. Die Schweißnaht wird glattgehobelt und an den Bandkanten ausgestanzt, um Kerbspannungen unter Zug zu minimieren. Während der Einlaufbereich der Beizlinie zum Schweißen der Bänder angehalten wird, läuft der Beizprozess weiter. Dies wird ermöglicht durch den Einlaufspeicher. Dieser wird entleert, während die Einlaufgeschwindigkeit unter der Geschwindigkeit des Beizprozesses liegt (beim Schweißen), und mit Überholgeschwindigkeit wieder gefüllt, sobald der Abwickelprozess gestartet wird. Der Speicher ist als Horizontalspeicher ausgeführt. Die einzelnen Bandschlingen sind hier zwischen den variabel verfahrbaren Abständen der Umlenkrollen durch separat einschwenkbare Führungsrollen unterstützt. Hinter dem Einlaufspeicher befindet sich der sogenannte Prozessteil. Zunächst wird hier das Bandmaterial in einem Streck-Biegeaggregat (Zunderbrecher) (Weber 1976) unter hohem Zug einer Biegewechselumformung durch Umlenkrollen mit kleinem Durchmesser unterzogen. Dadurch entstehen Risse in der Zunderschicht, die die anschließende Abätzung der verzunderten Oberfläche durch Säure verstärken. Des Weiteren verbessert sich durch den Randfaserdehnungseffekt die Planheit der Bänder. Nach Rücktransformation auf ein geringeres Zugniveau laufen die Bänder durch die Beizbecken. Die hier dargestellte Ausführung ist eine sogenannte Flachbett-Turbulenzbeize, betrieben mit Salzsäure. Die Salzsäure wird in einem angeschlossenen Prozess regeneriert und mit einem geringen Frischsäureanteil dem Prozess mit einer regelbaren Temperatur zugeführt. Die Beizintensität wird materialabhängig über die Parameter Säurekonzentration, Geschwindigkeit und Badtemperatur eingestellt. Nach dem Beizen werden die Bänder durch ein Spülbecken geführt und anschließend in einem dampfbetriebenen Trockner von restlichem Spülwasser befreit. Die fertig gebeizten Bänder werden in einem weiteren Prozessteil mittels einer Schere mit rotierenden Schneiden an den Bandkanten besäumt. Im Bereich der Schweißnaht wird je nach Produktwechsel angehalten und ein Formstück zum Einfahren der Besäummesser ausgestanzt. Hinter der Besäumschere befindet sich eine Inspektionsstation zur Kontrolle der Bandqualität.

In der gezeigten Ausführung der Linie puffert ein Zwischenspeicher das Anhalten an der Besäumschere und in der Inspektionsstation, während der Beizprozess kontinuierlich weiter läuft. Vom Auslaufspeicher wird das Band über Spannrollensätze auf hohes Zugniveau gebracht und entsprechend der jeweiligen Prozessgeschwindigkeit der angekoppelten Kaltwalzstraße zentriert dieser zugeführt. Eine Produktion von gebeiztem Warmband wird durch eine Aufwickelhaspel im Auslauf der Beizlinie optional ermöglicht.

3.1.2.6.3 Kaltwalzen

Die gebeizten, besäumten und gerichteten Bänder werden im hier gezeigten Beispiel über eine Bandwenderolle zum Spannrollensatz transportiert. Hier wird das für den angeschlossenen Kaltwalzprozess notwendige hohe Zugniveau eingestellt, die Bänder mit typischer Breite von 900 bis 1900 mm werden zentriert und laufen in die Tandemkaltwalzstraße (Tandem Coldrolling Mill, TCM) ein. Hier wird das Material mit einer typischen Einlaufdicke von zwei bis fünf mm in vier Gerüsten auf die gewünschte Enddicke von 0,25 bis 1,5 mm heruntergewalzt. Gebräuchlich sind auch fünf oder für die Weißblechherstellung sechs Gerüste. Dabei wird das Material, je nach metallurgischer Beschaffenheit, mehr oder weniger kaltverfestigt. Die Kaltverfestigung limitiert die mögliche Dickenreduktion im Kaltwalzprozess. Die Kaltwalzgerüste, in diesem Fall in Quartobauweise, sind mit hydraulischen Anstellzylindern (früher Spindelanstellungen) ausgerüstet. Durch diese wird die erforderliche Walzkraft auf die Lagerungen von Stützwalzen mit großem Durchmesser aufgebracht. Diese übertragen an den Walzenballen die Anstellkraft auf die Arbeitswalzen (im 6-Walzengerüst oder Vielrollengerüst zunächst auf kleinere Zwischenwalzen). Die Arbeitswalzen, hier mittels Kammwalzenantrieb synchron angetrieben, übertragen Anstellkraft und Drehmoment auf das Walzgut. Die eingeleitete Antriebsenergie wird über die Materialumformung und Walzspaltreibung zu wesentlichen Teilen in Wärme umgewandelt. Diese Wärme wird bestmöglich vom Kühlschmiermittel abgeführt, verbleibt jedoch teilweise im Material. Von Gerüst zu Gerüst nehmen bei der Kaltwalztandemstraße die Festigkeit, die Walzgeschwindigkeit und tendenziell die Temperatur zu. Entsprechend verringert sich die mögliche Stichabnahme gerüstweise. Das prozessentscheidende Kühlschmiermittel Emulsion, Dispersion oder Walzöl wird mittels Spritzbalken auf Band und Walzen aufgebracht. Entsprechend der vorherrschenden Festigkeit wird ein vergleichsweise hohes Zugniveau zwischen den Gerüsten eingestellt. Die erforderliche Walzkraft wird damit verringert und ein zentrischer Bandlauf ermöglicht. Je nach Ausführung sind Kaltwalzgerüste mit einer Dicken- und teils auch Geschwindigkeitsmessung ausgerüstet. Im Auslauf der Tandemstraße befindet sich neben einem Dickenmessgerät eine Planheitsmessrolle zur Prozessüberwachung. Beim Durchlauf einer Schweißnaht wird das Endlosband aus der Beizlinie wieder in Einzelbänder getrennt. Dies geschieht mittels einer Trommelschere und zwei Aufwickelhaspeln im laufenden Betrieb.

Im Allgemeinen erfolgt die Auswahl der für die Kaltumformung eingesetzten Gerüsttypen unter technologischen und wirtschaftlichen Erwägungen in Abhängigkeit von den jeweiligen Walzaufgaben und den zu ihrer Erfüllung am besten geeigneten Arbeitswalzendurchmesserbereichen.

3.1.2.6.4 Dressieren / Nachwalzen

Die in der Haube geglühten Stahlbänder werden in der Regel anschließend dressiert (Roberts 1978; Troost 1976). Dies geschieht auf einem einzeln stehenden Dressiergerüst (Offline Temper Mill oder Skin Pass Mill, SPM). Demgegenüber gibt es auch Dressiergerüste, die innerhalb kontinuierlicher Glüh- oder Veredelungslinien angeordnet sind (Inline Skin Pass Mill, ISPM). Beim Dressieren oder Nachwalzen handelt es sich um einen Kaltwalzvorgang mit Verlängerungen oder Dressiergraden zwischen etwa 0,4 und 2,5 Prozent. Man spricht hier nicht von Reduktion, da beim Nachwalzen nicht die Veränderung der Banddicke zur Regelung herangezogen wird, sondern die relative Vergrößerung der Bandgeschwindigkeit durch die Verlängerung des Bandes. Mit dem Nachwalzen werden die folgenden Aufgaben verbunden:

- Eliminierung der ausgeprägten Streckgrenze (Lüderszone), falls vorhanden, um ein gleichmäßiges plastisches Fließen bei Folgeprozessen zu ermöglichen (vgl. Abb. 3.64).
- Einstellung einer definierten Oberflächenrauheit (Steinhoff 1994; Pawelski 2004; Häfele 1997), siehe Beispiel (Abb. 3.61). Damit wird das gewünschte optische Erscheinungsbild erzielt, teilweise werden aber auch die tribologischen Eigenschaften für Folgeprozesse positiv beeinflusst, etwa durch Bildung geschlossener Schmiertaschen (Espenhahn 1975).
- In eingeschränktem Umfang Verbesserung der Bandplanheit sowie Reduktion von Quer-/Längsbogen.
- In Sonderfällen gezielte Veränderung der mechanischen Eigenschaften (Erhöhung der Streckgrenze) durch höhere Nachwalzgrade (3 bis 10 Prozent), bei höheren Reduktionen (10 bis 40 Prozent) spricht man von DCR-Walzen (Double Cold Reduction, also ein zweites Kaltwalzen).

Die geglühten Bunde werden über Kippstühle, Hubbalken und Bundtransportwagen dem Abwickelhaspel zugeführt. Die relativ geringen Wickelzüge von haubengeglühten Bunden werden in den meisten Ausführungen mittels Spannrollensatz im Einlauf des Dressiergerüsts auf das dem Prozess angepasste Niveau transformiert. Die beste Oberflächenabprägung wird beim Nachwalzen

Spannung im Zugversuch (Ziehkraft, bezogen auf Ausgangsquerschnitt) in MPa

Verlängerung im Zugversuch in %

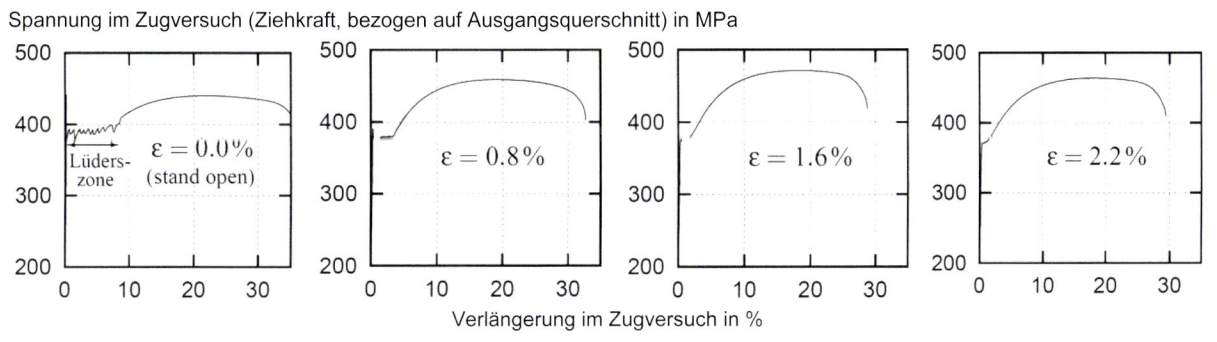

Abb. 3.64: Spannungs-Dehnungskurve für Zugversuch an Stahlbändern ZStE340 nach dem Nachwalzen für verschiedene Dressiergrade ε. Hier werden ca. 1,6 Prozent Dressiergrad benötigt, um die ausgeprägte Streckgrenze (Lüderszone) zu unterdrücken.

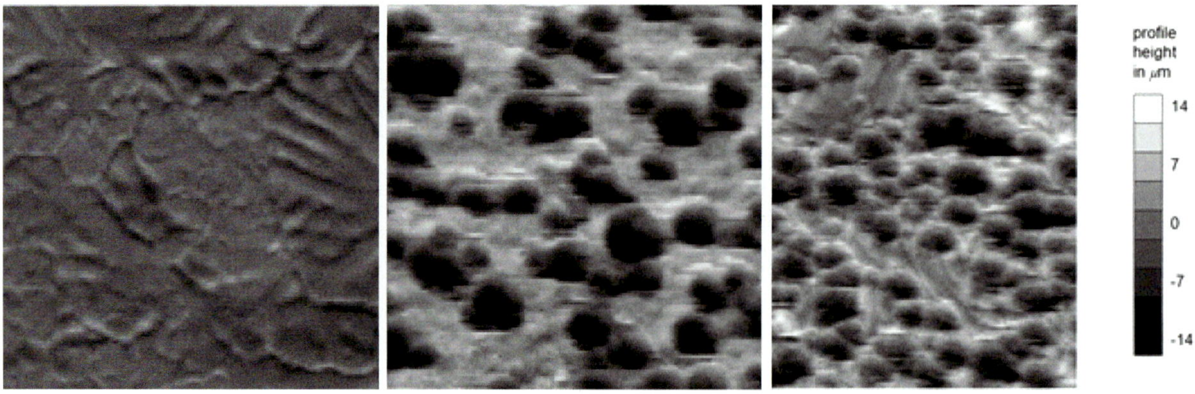

3.1 Walzen

Abb. 3.65: *Übertragung der Rauheit der Arbeitswalze auf verzinktes Stahlband. Links: 3D-Oberflächenprofilmessung des einlaufenden Bandes (Ra ≈ 1,2 µm), Mitte: Oberfläche der mit Topocrom- / Pretexverfahren texturierten Arbeitswalze (Replica, Ra ≈ 5,1 µm), rechts: Oberfläche des nachgewalzten Bandes (Ra ≈ 4,7 µm).*

ohne trennendes Schmiermittel erzielt. Geringere Walzkräfte durch Herabsetzung der Walzspaltreibung und eine reinigende Wirkung werden hingegen durch Nassdressiermittel (vollentsalztes Wasser mit Zusätzen von Tensiden und ggf. schmierenden Substanzen) erzielt, allerdings verschlechtert sich die Qualität der Oberflächenabprägung. Beim Nachwalzen von verzinkten Bändern ist Nassdressieren obligatorisch, um die Akkumulation von Zinkabrieb auf der Arbeitswalze zu minimieren. Eine Reduzierung der Walzkraft ohne Beeinträchtigung der Oberflächenqualität durch gefüllte Schmiertaschen erlaubt hingegen die sog. Minimalmengenschmierung, da hier nur Filmdicken weit unterhalb der Walzen- und Bandrauheit aufgebracht werden. Im Auslauf der Anlage werden die Bunde in der Regel durch elektrostatische Ölauftragung gegen Korrosion geschützt, gewickelt und anschließend dem Versand oder der weiteren Konfektionierung zugeführt.

3.1.2.6.5 Profil und Planheit

3.1.2.6.5.1 Allgemeines

Als Ergebnis aller Richt-, Streckbiege-, und Umlenkverformungen in der Beizlinie ergibt sich die in das Kaltwalzwerk einlaufende Bandform und -planheit. Im Kaltwalzprozess erfolgt die Materialumformung nahezu ausschließlich in Dicken- und Längsrichtung. Daraus ergibt sich die Anforderung an den Prozess, ein qualitativ dem einlaufenden Warmbandquerschnitt entsprechendes Walzspaltprofil einzustellen. Das Profil selbst wird während des Kaltwalzvorgangs qualitativ fast unverändert beibehalten. Die prozentuale Dickenreduktion über der Bandbreite muss also konstant sein, um eine über der Breite konstante Bandverlängerung zu erhalten. Diese Gleichmäßigkeit der Bandverlängerung wird als Bandplanheit bezeichnet. Eine unterschiedliche Bandverlängerung über der Breite erzeugt im zuglosen Zustand des Bandes eine lokale Welligkeit. Ein typisches Warmbandprofil hat eine Bandmittenüberhöhung von ca. 2 Prozent (Hauptprofilanteile 2ter und 4ter Ordnung) und einen Profilabfall direkt an der Bandkante (Profilanteil höherer, bspw. 8ter und 16ter, Ordnung).

Auf Grund der Krafteinleitung in einem Kaltwalzgerüst ergibt sich eine Durchbiegung des Walzensatzes. Um ein gegebenes Bandprofil im Walzspalt qualitativ nachzubilden, muss diese Durchbiegung größtenteils kompensiert werden. Dies wird mit den Planheitsstellgliedern (Abb. 3.66a und 3.66b) (Mücke 2009), die je nach Gerüstausführung einzeln oder in Kombination eingebaut sein können, realisiert.

Die Messung der Bandplanheit (Nilsson 1979) erfolgt meist durch sogenannte Planheitsmessrollen. Diese sind mit zonenweise über der Bandbreite angeordneten Kraftsensoren ausgerüstet, welche den lokalen Bandzug detektieren. Die Auswertung der Zugspannungsverteilung über der Bandbreite wird zur Berechnung der erforderlichen Stellgliedaktivität in einem geschlossenen Regelkreis herangezogen.

3.1.2.6.5.2 Planheitsstellglieder

Walzenballigkeit

Durch Schleifen eines balligen Walzenprofils kann eine zu erwartende Durchbiegung des Walzensatzes vorab kompensiert werden. Streng genommen kann so nur genau ein Arbeitspunkt des Gerüsts eingestellt werden. Das bedeutet praktisch für Zug belastete Bänder von durchschnittlichem konstantem Profil gegebener Bandbreite kann nur in einem sehr kleinen Lastbereich planes Band,

3.1.2 Längswalzen von Flachprodukten

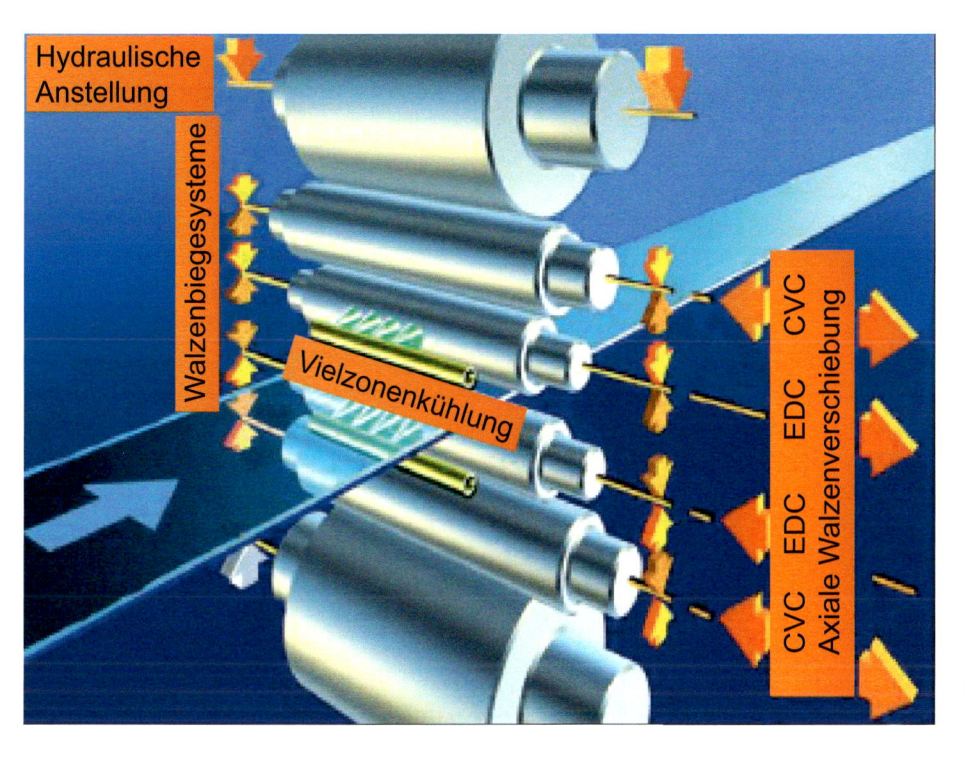

Abb. 3.66a: Stellglieder eines Sechswalzengerüsts

also eine über der Breite konstante Reduktion, erzeugt werden. Die Stützwalzen in Vielrollenkaltwalzgerüsten werden mit auf einer Achse angeordneten Exzenterstützsegmenten ausgeführt. Durch die Einzeljustierung der Stützsegmente kann die ballige Form einer herkömmlichen Stützwalze nachgebildet werden. Der Effekt bezüglich der Profileinstellung ist entsprechend.

Walzen(gegen)biegung

Mit einer hydraulischen Walzengegenbiegung kann, je nach Biegekraft, ein positives oder negatives Biegemoment in die Arbeits- oder Zwischenwalzen eines Gerüsts eingeleitet werden. Unter Einstellung einer an der Kontaktfläche Arbeitswalzen/Stützwalzen über der Kontaktbreite der Ballen unterschiedlichen Ballenabplattung

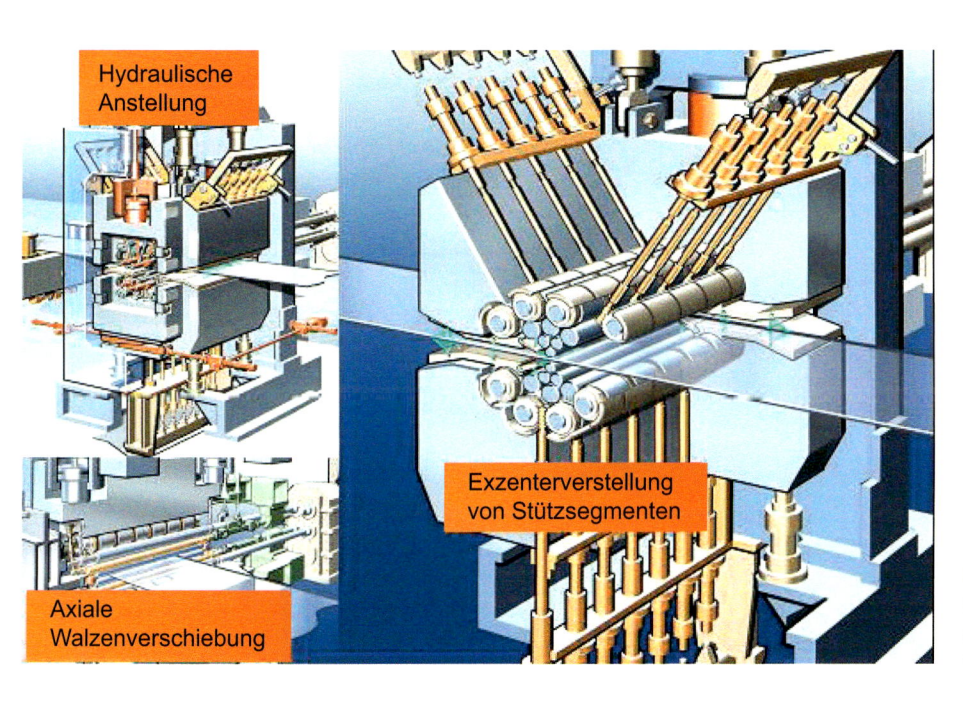

Abb. 3.66b: Stellglieder eines 20-Rollen-Kaltwalzgerüsts zur Edelstahlproduktion.

kann so im Walzspalt ein variables Profil eingestellt werden. Es ergibt sich ein Arbeitsbereich. Wird die Balligkeit mit der Biegung kombiniert, so können durch geeignete Wahl der Balligkeit die Arbeitsbereiche des Gerüsts, also die realisierbaren Walzkräfte bei gegebenem Profil und gegebener Bandbreite pro Walzensatz unterschiedlich eingestellt werden.

Walzenverschiebung

Um den Arbeitsbereich eines Gerüsts mit nur einem Walzenschliff für ein großes Breiten- und Lastspektrum einer Anlage zu realisieren, wird die überwiegende Anzahl von Walzgerüsten mit einer Axialverschiebung der Arbeits- und/oder Zwischenwalzen ausgerüstet.

Bei der sogenannten bandkantenorientierten Verschiebung wird ein speziell geschliffener Ballenbereich einer Arbeits- oder Zwischenwalze im Bereich der jeweils in der Anlage befindlichen Bandkante justiert. Dadurch kann im Falle der Arbeitswalze das Profil direkt oder im Fall einer Zwischenwalze indirekt durch Beeinflussung der Stützwirkung eingestellt werden.

Ein spezieller S-förmiger Schliff, bezüglich Ober- und Unterwalze punktsymmetrisch auf die Ballen aufgebracht, ermöglicht durch Axialverschiebung von Arbeits- oder Zwischenwalzen eine sehr große Variabilität einstellbarer Arbeitsbereiche eines Gerüsts. Die Bezeichnung CVC (Continuously Variable Crown) dokumentiert das Funktionsprinzip. Mit einem einzigen Walzensatz kann so eine Vielzahl konventionell ballig geschliffener Walzensätze ersetzt werden. Auch während des Walzprozesses können die Walzen mit vorgegebener Geschwindigkeit verschoben und damit die effektive Balligkeit der Walzen verändert werden.

Eine spezielle Form bandkantenorientierter Walzenverschiebung ist unter der Bezeichnung Edge Drop Control bekannt. Hier werden Arbeitswalzen an der Ballenkante mit einer Hinterdrehung zur Erzeugung einer verstärkten elastischen Abplattung in diesem Bereich versehen. Damit kann der relativ zur Bandbreite sehr schmale Bereich des Bandkantenprofilabfalls exakt eingestellt werden. Ein übermäßiger Bandkantenabfall, entstehend durch starke Abplattung einer Arbeitswalze im Übergangsbereich von belastetem zu unbelastetem Ballenbereich, kann so verringert werden.

Vielzonenkühlung

Mit einer Vielzonenkühlung (Multi Zone Cooling) lässt sich der lokale Arbeitswalzendurchmesser durch Einzelansteuerung von Spritzdüsen der Arbeitswalzenkühlung zonenweise regeln. So können auch Profilanteile, die nicht der Biegecharakteristik des Walzensatzes oder der Stellcharakteristik der eingebauten Planheitsstellglieder entsprechen, beeinflusst werden. Bei der Vielzonenkühlung handelt es sich um ein Stellglied der thermischen Planheitsregelung.

Hot Edge Spray

Ein weiteres Stellglied der thermischen Planheitsregelung mit der Bezeichnung Hot Edge Spray kommt beim Aluminiumwalzen zum Einsatz. Es funktioniert ebenfalls nach dem Prinzip der temperaturabhängigen Längenausdehnung der Walzenballen. Im Gegensatz zum Stahlwalzen bewirkt ein verstärkter Temperaturabfall im Ballenbereich der Bandkante eine unerwünschte Durchmesserreduktion des Arbeitswalzenballens. Durch lokal begrenztes Aufspritzen von Schmiermittel mit Temperaturen oberhalb der Gleichgewichtstemperatur kann dieser Effekt ausgeglichen werden, übermäßige Bandkantenspannungen beim Walzen können so vermieden werden.

3.1.2.6.6 Weitere Zielgrößen

3.1.2.6.6.1 Qualitätsmerkmale und wesentliche Prozessparameter

Bei der Feinblechherstellung werden höchste Anforderungen an Maßhaltigkeit, Materialhomogenität und Oberflächenbeschaffenheit gestellt. Entsprechend der hinteren Position des Prozessbereichs innerhalb der Gesamtherstellungskette ist die erreichbare Endqualität wesentlich von der Beschaffenheit und Güte der zu verarbeitenden Warmbänder abhängig. So lässt sich nach dem Warmwalzen das relative Bandprofil nahezu nicht mehr qualitativ verändern.

3.1.2.6.6.2 Bandbreite

Die endgültige Bandbreite vor dem Konfektionieren wird durch die Besäumschere in der Beizlinie eingestellt. Bei der Bandbreite handelt es sich um ein Rohmaß eines Halbzeuges. Die Anforderung an die Breitentoleranz im geringen einstelligen Prozentbereich ist mit heutiger Technik problemlos zu realisieren. Eine hohe Bedeutung kommt hier der Bandkantenbeschaffenheit zu. Eine saubere glatte Schnittkante minimiert die unter hohem Zug beim Kaltwalzen auftretenden Kerbspannungen an der Bandkante. Je nach Zugniveau beim Kaltwalzen kommt es zum Einschnüren der Bänder, d. h. die Bandbreite kann sich um wenige Millimeter verringern.

3.1.2.6.6.3 Enddicke

Die Regelung der gewünschten jeweiligen Auslaufdicke eines Kaltwalzstichs wird heute fast ausnahmslos mittels der beschriebenen hydraulischen Anstellung vorgenommen. Durch eine trotz der hohen Gewichtskräfte sehr hohe Systemdynamik, materialabhängig adaptive Reglerkonfigurationen und Vorsteuermodule können Dickentoleranzen von bis zu unter einem Prozent erreicht werden.

3.1.2.6.6.4 Oberflächenbeschaffenheit

Die Oberflächenbeschaffenheit wird im Wesentlichen beim Kaltwalzen und Dressieren der Bänder eingestellt. Die Beeinflussung des Ergebnisses innerhalb der Feinblechherstellung beginnt bereits in der Beizlinie. Neben der Abätzung der Zunderschicht wird hier die für einen stabilen Kaltwalzprozess erforderliche Bandrauheit eingestellt. Es ist erforderlich, die Mindestrauheit in einen Bereich einzustellen, der die Übertragung des Drehmomentes von den Arbeitswalzen auf das Band ohne Durchrutschen, das bedeutet mit einer stabilen Fließscheidenlage, ermöglicht. Des Weiteren soll die durch hohe Rauheitswerte hervorgerufene Reibung gering gehalten werden, um die Reibarbeit, die Prozesstemperatur und die erforderliche Walzkraft zu minimieren. Entscheidend beim Kaltwalzen ist eine in der Beizlinie über der Bandbreite konstant erzeugte Oberflächenbeschaffenheit. Nur so lässt sich ein über der Breite gleichmäßiger Umformgrad und damit die gewünschte Bandplanheit erreichen. Grundsätzlich können alle Rollenkontakte und Oberflächenberührungen sowie die jeweiligen Wickelvorgänge während der Produktion durch Abdrücke und Relativbewegungen zwischen den Oberflächen zu einer negativen Beeinflussung der Oberflächenbeschaffenheit beitragen. Beim Dressieren werden meist durch Sandstrahlen oder Funkenerodieren (Electro Discharge Texturing) speziell präparierte Walzenoberflächen eingesetzt. Das Aufbringen der endgültigen Rauheit erfordert höchste Sorgfalt und stellt hohe Anforderungen an die Sauberkeit und gleichmäßige Beschaffenheit der verwendeten Arbeitswalzen auch während zunehmenden Verschleißes.

3.1.2.6.6.5 Mechanische Eigenschaften

Die mechanischen Eigenschaften des Kaltbandes werden im Kaltwalzwerk durch den Gesamtkaltwalzgrad (spezielle Notwendigkeiten einer bestimmten thermomechanischen Prozessführung gibt es nur in Sonderfällen, wie bei kornorientierten Elektrobändern), den Glühprozess und den Dressiergrad im Dressiergerüst und ggf. Streckgrad im Streckbiegerichtaggregat bestimmt. Auf den Einfluss des Dressiergrades wurde bereits im Kapitel zum Dressiergerüst eingegangen (Abb. 3.63).

3.1.2.6.6.6 Auswahl des geeigneten Arbeitswalzendurchmessers / Gerüsttyps für die Kaltbandherstellung

Bei der Auswahl des geeigneten Gerüsttyps ist die Erfüllung der Walzaufgabe maßgeblich. Wesentliche Parameter sind dabei der Arbeitswalzendurchmesser (Hensel 1978; Weber 1973) und die Reibung im Walzspalt. Auf den Einfluss des Arbeitswalzendurchmessers wird im Folgenden näher eingegangen. Als Kühlschmierstoffe werden in der Regel Emulsionen oder Walzöle verwendet. Sie dienen zur Reduktion der Reibung im Walzspalt (typische Reibungszahlen liegen zwischen 0,03 und 0,1) und zur Abfuhr der Umform- und Reibungswärme sowie zur Abfuhr von Abrieb und sonstigen Verschmutzungen.

Die zulässige Linienlast (Walzkraft pro Bandbreite), die ein Walzgerüst maximal aufbringen kann, ist neben technisch anpassbaren Randbedingungen, wie sie durch Auslegung von Anstellzylinder und Ständerverformung gegeben sind, prinzipiell limitiert durch die maximal zulässige Hertz'sche Pressung zwischen den Walzen und die Instabilität der Walzen gegenüber horizontalem Ausknicken (Abb. 3.67). Da die Arbeitswalzen fast immer den kleinsten Durchmesser haben, tritt die maximale Pressung zwischen ihnen und den mit ihnen im Kontakt befindlichen Walzen auf (Zwischenwalzen oder Stützwalzen). Die Grenze, oberhalb derer die Gefahr von Walzenschäden stark zunimmt, ist in der Abbildung durch eine grüne Linie gekennzeichnet. Das gegenläufige horizontale Ausweichen der Arbeitswalzen ist der elastische Verformungszustand des Walzensatzes, der mit der geringsten Instabilitätslast verbunden ist. Die mit einem gewissen Sicherheitsabstand davon entfernte zulässige Last ist neben dem Arbeitswalzendurchmesser stark von der Bandbreite und dem Lagermittenabstand abhängig. In der Abbildung sind in rot typische Grenzfälle eingezeichnet, wobei im Einzelfall eine genauere Betrachtung von Zapfen- und Lagergeometrie erforderlich ist. Im in der Abbildung 3.67 orange hinterlegten Bereich kommen Gerüsttypen zum Einsatz, die die Instabilität durch seitliche Stützung der Arbeitswalzen überwinden.

Der typische Banddickenbereich beim Kaltreduktionswalzen erstreckt sich von ca. 20 mm beim Kaltwalzen von Kupfer bis hinunter zu ca. 6 µm beim Folienwalzen von Aluminium. In Abbildung 3.67 sind die für bestimmte exemplarische Walzaufgaben erforderlichen Linienlasten als Funktion des Arbeitswalzendurchmessers dargestellt. Es handelt sich dabei um eine Abschätzung, die genauen Werte variieren auf Grund unterschiedlicher Bandzüge und Walzspaltreibung. In Kombination mit den zulässigen Linienlasten für Gerüste mit und ohne seitliche Abstützung der Arbeitswalze (Abb. 3.68), lassen sich die

3.1 Walzen

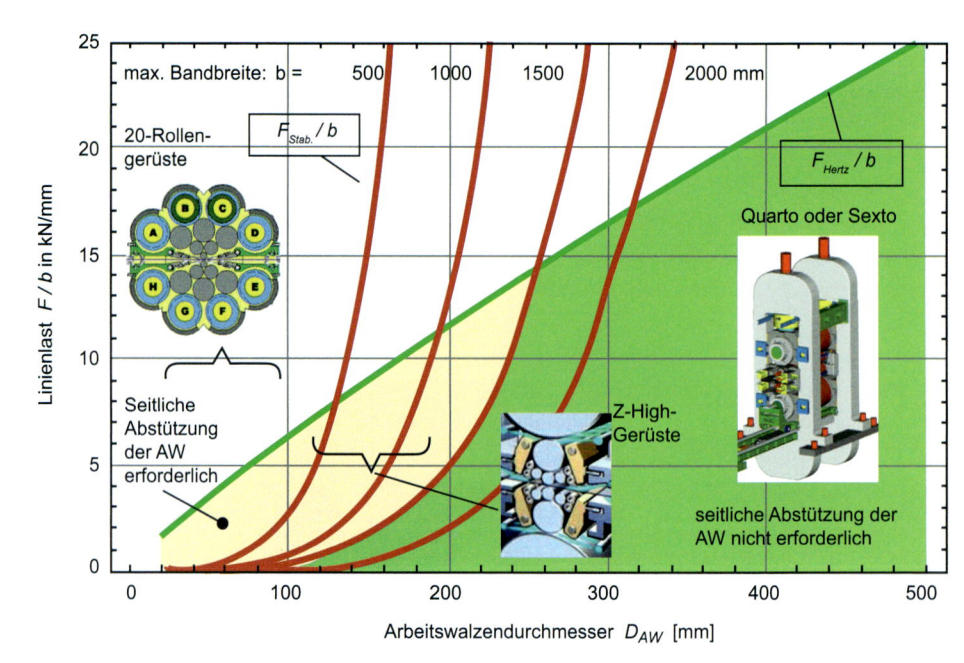

Abb. 3.67: Einschränkung der Linienlast F/b (F: Walzkraft, b: Bandbreite) auf Grund der zulässigen Hertz'schen Pressung zwischen Arbeits- und Zwischenwalze (oder Stützwalze) sowie der Stabilität der Arbeitswalze gegen seitliches Ausbiegen

Beispiel (nur für Schulungszwecke): $D_{ZW} = D_{AW} + 200$ mm, $E = 206000$ N/mm², $\nu = 0,3$ $p_{Hertz} = 2500$ N/mm²

wichtigsten für die Kaltbandproduktion typischen Anlagenkonfigurationen ablesen. Walzfall A: Für das Vorwalzen von vergleichsweise dicken Buntmetallbändern werden Quarto- oder Sextogerüste mit Arbeitswalzendurchmessern zwischen etwa 400 und 500 mm und teilweise in Abhängigkeit von der Legierung sehr hohen Linienlasten (ca. 20 kN/mm) eingesetzt. Diese Gerüste erreichen je nach Festigkeit der Legierung Enddicken zwischen 0,2 und 1 mm. Darunter sind Gerüste mit kleineren Arbeitswalzendurchmessern erforderlich. Fälle B und D: Bei der Kaltbandproduktion von Kohlenstoffstählen (Warmbanddicken ca. 5 bis 1,5 mm, Fertigdicken ca. 2,5 bis 0,15 mm) findet man ebenfalls Quarto- oder Sextogerüste (AW-Durchmesser ca. 300 bis 600 mm), wobei zur Produktivitätserhöhung häufig die Gerüste in Reihe angeordnet werden (Tandemstraße). Fall C: Materialien hoher Fließspannung (größer etwa 1.000 MPa, wie bspw. bei austenitischen Edelstählen) erfordern bereits bei mittleren Banddicken kleinere bis mittlere Arbeitswalzendurchmesser, hier kommen neben 20-Rollengerüsten die sogenannte Z-High-Gerüste zur Anwendung. Fall E: Ein Sonderfall bei der Kaltbandherstellung ist die Produktion von Elektrobändern für elektromagnetische Anwendungen wie beispielsweise Elektromotore und Transformatoren.

Abb. 3.68: Für bestimmte Walzaufgaben (A–G) benötigte Linienlasten und zulässige Linienlasten gemäß Abb. 3.67. In der Legende links sind Ein- und Auslaufdicke sowie die mittlere Fließspannung des Walzgutes angegeben. Die Grenzlinie (rot) zwischen Gerüsten mit und ohne seitlich gestützten Arbeitswalzen gilt für max. Bandbreite 1.500 mm.

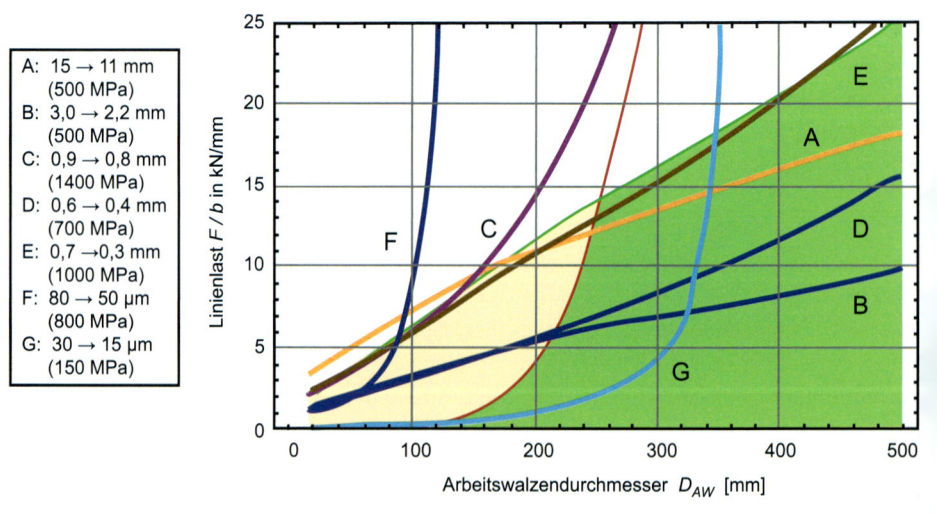

A: 15 → 11 mm (500 MPa)
B: 3,0 → 2,2 mm (500 MPa)
C: 0,9 → 0,8 mm (1400 MPa)
D: 0,6 → 0,4 mm (700 MPa)
E: 0,7 → 0,3 mm (1000 MPa)
F: 80 → 50 µm (800 MPa)
G: 30 → 15 µm (150 MPa)

Beispiel (nur für Schulungszwecke): $D_{ZW} = D_{AW} + 200$ mm, $E = 206000$ N/mm², $\nu = 0,3$ $p_{Hertz} = 2500$ N/mm²
Reibungszahl im Walzspalt µ = 0,08, außer bei Fall E, dort µ = 0,05

Besonders hohe Anforderungen an den Kaltwalzprozess hinsichtlich Reduktion, Festigkeit und Temperatur haben die sog. kornorientierten Stähle mit ca. 3 bis 3,5 Prozent Si, wie am Beispiel E für einen typischen Fertigstich ersichtlich wird. Hier findet man Quartogerüste mit ca. 200 bis 300 mm Arbeitswalzendurchmesser. 20-Rollengerüste sind hier im Nachteil, haben aber wiederum bei kleineren Banddicken Vorteile. Fall F: Beim Kaltwalzen von Stahlfolie sind Arbeitswalzendurchmesser unter etwa 30 mm zwingend, hier gibt es zu 20-Rollengerüsten außer bei Schmalband kaum eine Alternative. Anders ist die Situation bei Aluminiumfolie, Fall G: Auf Grund der geringen Kaltverfestigung von Reinaluminium und der hohen Anforderungen an Planheit bei gleichzeitig sehr hohen Walzgeschwindigkeiten (2000 m/min und mehr) nutzt man hier ausschließlich Quartogerüste mit ca. 250 bis 300 mm Arbeitswalzendurchmesser.

Beim Nachwalzen wählt man den Arbeitswalzendurchmesser möglichst so groß, dass auf Grund des Anstiegs des Walzdruckgebirges eine gute Übertragung der Arbeitswalzenrauheit auf das Band gewährleistet ist, aber trotzdem noch der zur Unterdrückung der ausgeprägten Streckgrenze erforderliche Dressiergrad erreicht wird. Bei konventionellen Kohlenstoffstählen findet man daher Quartogerüste (selten Sextogerüste) mit 500 bis 600 mm Arbeitswalzendurchmesser. Bei höherfesten Stählen wird zur Vermeidung zu hoher Walzkräfte ein kleinerer Durchmesser (um 400 mm) erforderlich. Durch die hohe elastische Walzenabplattung wird dabei trotz des kleineren Durchmessers eine genügende Abprägung erreicht. Daher gibt es Nachwalzgerüste, die wahlweise einen Einbau von kleinen und großen Arbeitswalzen erlauben. Bei Edelstählen mit sehr hohen Oberflächenanforderungen sind hingegen Duogerüste mit um 860 mm Arbeitswalzendurchmesser verbreitet, da man auf den Kontakt mit weiteren Walzen verzichten will. Während bei austenitischen Edelstählen keine ausgeprägte Streckgrenze eliminiert werden muss, und so die Notwendigkeit eines Mindestdressiergrades entfällt, werden die Duos bei ferritischen Edelstählen mehrfach durchlaufen bis der erforderliche Gesamtdressiergrad erreicht ist. Bei Buntmetallen findet man die Nachwalzgerüste in Quartobauart oft im Anschluss an die Glühlinie.

3.1.2.6.7 Adjustage und Weiterverarbeitung

3.1.2.6.7.1 Glühen

Nach dem Kaltwalzen werden die meisten Materialien durch Rekristallisationsglühen wieder auf ein niedriges bzw. ursprüngliches Festigkeitsniveau gebracht. Damit wird das erforderliche Umformvermögen, beispielsweise zum Tiefziehen, wieder hergestellt. Gleichzeitig wird das auf dem Band befindliche Restöl vom Kaltwalzprozess abgedampft und damit die Oberfläche gereinigt. Die sogenannten Glühkurven beschreiben den erforderlichen Zusammenhang von Glühtemperatur über Aufheiz-, Glüh- und Abkühldauer. Die Zyklen werden materialabhängig eingestellt. Der unter Schutzatmosphäre stattfindende Glühprozess kann im gewickelten Zustand in Glühhauben (Batch Annealing Furnace, BAF (Pfender 1976; Köhler 1979)) oder in Linie in einem Durchlaufofen (Continuous Annealing Line, CAL) durchgeführt werden.

3.1.2.6.7.2 Veredeln

Zu den Veredelungsprozessen gehören neben Anlagen zur elektrolytischen Verzinkung oder zur Pulverbeschichtung die in der Abbildung 3.63 gezeigte Feuerverzinkungslinie CGL (Continuously Galvanizing Line). In dieser Linie erfolgt in einem Durchlauf das Rekristallisationsglühen, Feuerverzinken und Dressieren von Stahlbändern.

Die kaltgewalzten, kaltverfestigten Bänder werden, wie in der Beizlinie, über zwei Abwickelstränge durch Aneinanderschweißen der Linie als Endlosband zugeführt. Im Anschluss an beide Haspeln ist jeweils ein Richtaggregat angeordnet. Auch hier wird die Geschwindigkeit im Einlaufbereich durch einen (in diesem Falle) Vertikalspeicher von der Geschwindigkeit im Prozessteil entkoppelt. Im Anschluss an den Einlaufspeicher ist eine elektrolytische Reinigung angeordnet. Diese ist dem Durchlaufglühofen vorgeschaltet. Die unter Schutzatmosphäre geglühten Bänder werden, ebenfalls unter Schutzatmosphäre, dem Verzinkungsbad zugeführt. Anschließend erfolgt durch Abblasen des überschüssigen Zinks mittels des sogenannten „Air Knifes" eine gleichmäßige Einstellung der Beschichtungsdicke (Nikoleizig 1978). Von hieraus werden die Bänder vertikal in den Kühlturm transportiert. Am oberen Umlenkpunkt im Kühlturm ist die Zinkschicht soweit erstarrt, dass dieser erste Rollenkontakt nach dem Zinkbad die Beschichtung nicht mehr beeinträchtigt. An das Verzinken schließt sich das Dressieren an. Je nach Ausführung ermöglicht ein Zwischenspeicher die Pufferung des kontinuierlichen Bandtransports während des Walzenwechsels im Dressiergerüst. In Abbildung 3.63 ist ein Dressiergerüst mit separat angetriebenen Stützwalzen dargestellt, der Walzenwechsel erfolgt hier während laufendem Band bei geöffnetem Gerüst. Das in Linie angeordnete Dressiergerüst (Inline Skin Pass Mill) ist ein- und auslaufseitig mit Spannrollensätzen zur Zugtransformation ausgerüstet. Im hier gezeigten Falle des

Nassdressierens wird das Band hinter dem Gerüst durch einen Bandtrockner geführt, durch Öl- oder Chromatbeschichtung korrosionsgeschützt, inspiziert und im Auslaufbereich aufgewickelt. Der Auslauf ist durch den Auslaufspeicher von der Prozessgeschwindigkeit entkoppelt. Bei der elektrolytischen Verzinkung oder Verzinnung (Weißblech) (Kuntze 1970) wird das bereits dressierte Band beschichtet. Die Bänder durchlaufen ein Bad, in dem zwischen eingetauchten Elektroden aus Zink oder Zinn und den Bandführungsrollen eine Spannung angelegt wird. Auf Grund der nahezu konstanten Anlagerungsrate des Beschichtungsmaterials bleibt die beim Dressieren eingestellte Bandrauheit weitgehend erhalten.

3.1.2.6.7.3 Konfektionieren

In der von Abbildung 3.63 gezeigten Umwickellinie (Re-Coiling and Inspection Line) können die fertigen Bänder quer geteilt oder durch Schweißen aneinandergefügt und so auf die gewünschte Wickellänge gebracht werden. Des Weiteren besteht die Möglichkeit, die Bänder einer genauen Oberflächeninspektion zu unterziehen. Fehlerhafte Bandbereiche können herausgetrennt und anderweitiger Verwendung zugeführt werden. Vor dem Aufwickeln erfolgt mittels einer elektrostatischen Einölanlage die Korrosionsschutzauftragung. Je nach Produktangebot werden in entsprechenden Linien Bänder längs geteilt oder zu Platten und Blechtafeln konfektioniert und versandfertig präpariert.

Literatur zu Kapitel 3.1.2.6

Espenhahn, M.; Hünting, A.: Probleme der Übertragung der Walzenrauheit auf kaltgewalztes Feinblech. Stahl u. Eisen 95 (1975) 24, S.1166 - 1172.

Hensel, A.; Spittel, T.: Kraft und Arbeitsbedarf bildsamer Formgebungsverfahren, Deutscher Verlag der Grundstoffindustrie, Leipzig, 1978.

Häfele, P.: Tribologie beim Kaltwalzen dünner Bänder und Folien, Umformtechnische Schriften 72, Shaker, Aachen, 1997.

Kuntze, H.: Verzinnen von kaltgewalztem Band. Herstellung von kaltgewalztem Band, Bd. 2, Verlag Stahleisen, Düsseldorf 1970.

Köhler, G.; Raeth, H.: Bau einer Haubenofengruppe für Kaltband nach neuen Erkenntnissen. Stahl u. Eisen 99 (1979) 21, S.1159-1163.

Mücke, G.; Pütz, D.; Gorgels, F.: Methods of Describing, Assessing, and Influencing Shape Deviations in Strips; in Flat-Rolled Steel Processes, CRC Press 2009, S. 287-298.

Nikoleizig, A.; Kootz, Th.; Weber, F.; Espenhahn, M.: Gesetzmäßigkeiten des Düsenabstreifverfahrens beim Feuerverzinken. Stahl u. Eisen 98 (1978) 7, S. 336-342.

Nilsson, A.: Automatic flatness control systems for cold rolling mills. Iron and Steel Eng. 56 (1979) 6, S. 55-60.

Pawelski, H.: Interaction between mechanics and tribology for cold rolling of strip with special emphasis on surface evolution, Freiberger Forschungshefte, B 326, Verlag der Technischen Universität Bergakademie Freiberg, 2004.

Pfender, K.: Wärmebehandlung von kaltgewalztem Stahlband in Haubenöfen mit festem Sockel. Rev. Metallurg. 73 (1976) 10, S. 703-710.

Plümer, L.: Grundlage des Beizens. Herstellung von kaltgewalztem Band, Verlag Stahleisen, Düsseldorf 1970.

Roberts, W. L.: Cold rolling of steel. Marcel Dekker Inc., New York 1978.

Steinhoff, K.: Untersuchung des Nachwalzens von metallisch beschichtetem Feinblech, Umformtechnische Schriften 47, Verlag Stahleisen, Düsseldorf, 1994.

Troost, A.; El-Schennawi, A.; Hollmann, F. W.: Berechnung des Kraftbedarfs beim Nachwalzen in geschlossener Lösung I, II. Bänder, Bleche, Rohre 17 (1976) 2, S.58-60 u. 4, S.141-143.

Weber, F.; Schmitz, H.; Espenhahn, M.: Kapazitätssteigerung einer Schwefelsäurebeize für Warmbreitband. Stahl u. Eisen 96 (1976) 12, S. 577-582.

Weber, K.-H.: Grundlagen des Bandwalzens, VEB Deutscher Verlag der Grundstoffindustrie, Leipzig, 1973.

3.1.2.7 Walzen von Blechen und Profilen mit belastungsangepasster Dickenverteilung

Gerhard Hirt

3.1.2.7.1 Motivation und Einordnung

Übliche industrielle und zuvor beschriebene Walzverfahren zielen auf möglichst konstante Dicke und Querschnitte der Bleche. Bei typischen Leichtbauanwendungen wie beispielsweise dem Karosseriebau erfahren Bauteile über ihre Länge jedoch im Allgemeinen eine nicht konstante Belastung. Beim Einsatz von Blechbauteilen mit konstanter Wandstärke muss diese auf die höchste Belastung im Bauteil ausgelegt werden. Dies führt zu einer lokalen Überdimensionierung der Bauteile und somit zu einem höheren Gewicht, als es die Belastung des Bauteils erfordert. Durch den Einsatz von Bauteilen mit belastungsangepassten Wandstärken können daher signifikante Gewichtseinsparungen erzielt werden.

Neben dem bereits seit längerem industriell angewendeten Fügen von Platinen und Bändern aus unterschiedlichen Dicken und Werkstoffen, wie in Abbildung 3.69 links dargestellt, wurden in den letzten Jahren Walzverfahren entwickelt, die eine gezielte Einstellung einer örtlichen Dickenverteilung ermöglichen. Man unterscheidet zwischen dem flexiblen Walzen zur Herstellung von Blechen mit in Längsrichtung variierender Dicke und dem sogenannten Bandprofilwalzen zur Erzeugung von Bändern mit in Breitenrichtung variierender Dicke.

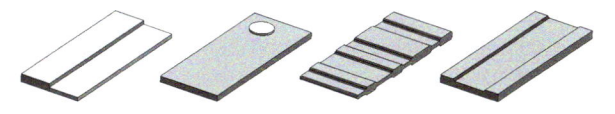

Abb. 3.69: *Prinzipdarstellung von Platinen mit diskontinuierlichen Dickenverläufen, durch unterschiedliche Verfahren hergestellt, von links nach rechts: Fügen, Aufschweißen, flexibles Walzen und Bandprofilwalzen*

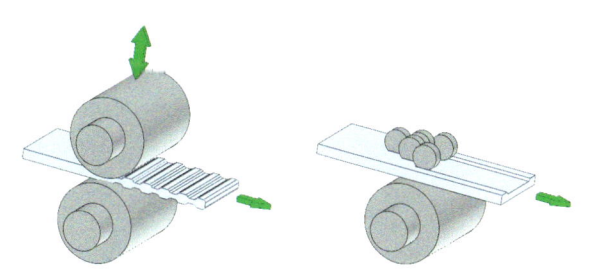

Abbildung 3.70: *Prinzipdarstellung des flexiblen Walzens (links) und des Bandprofilwalzens (rechts)*

Das in Abbildung 3.70 (links) dargestellte flexible Walzen ist ein Kaltwalzprozess, bei dem im Coil-zu-Coil-Verfahren durch die gezielte Veränderung des Walzspaltes die Banddicken des Coils an die Belastung im späteren Bauteil angepasst werden. Seit der Markteinführung flexibel gewalzter Bleche im Jahre 2001 werden in Großserie unterschiedlichste Produkte für alle wichtigen Automobilhersteller gefertigt.

Das sich 2010 noch im Entwicklungsstadium befindliche Bandprofilwalzen wird in Abbildung 3.70 (rechts) gezeigt. Es kann beispielsweise auf Rollprofilieranlagen mit modifizierter Werkzeugtechnik erfolgen. Mit diesem Verfahren wird seit 2010 als Serienprodukt eine Montageschiene aus dem Bereich des Bauwesens produziert.

3.1.2.7.2 Flexibles Walzen von Blechen mit in Längsrichtung variierender Blechdicke.

3.1.2.7.2.1 Einführung

Das Walzen mit veränderlichem Walzspalt wird bereits seit langem für ausgewählte Spezialprodukte genutzt, bei denen die Funktion von der Dickenverteilung maßgeblich bestimmt wird. Als Beispiel wären Blattfedern zu nennen (Roloff 2005).

Demgegenüber wurden in der Massenfertigung für den Leichtbau mit Blechen bis etwa 1985 ausschließlich konventionell gewalzte Bleche mit konstanter Blechdicke verwendet. Dies nutzt bei örtlich unterschiedlicher Belastung die vom Werkstoff bestimmten Leichtbaupotentiale nicht aus. Daher begann die Entwicklung der Tailor Welded Blanks, bei der maßgeschneiderte Platinen durch Schweißen erzeugt werden (Vollrath 1998) und zu belastungsoptimierten Bauteilen umgeformt werden (Mertens 2003). Alternativ sind seit 2001 sogenannte Tailor Rolled Blanks am Markt erhältlich, deren Dickenverteilung in Längsrichtung bereits beim Walzen gezielt eingestellt wird. (Kopp 1995; Hanger 1996)

3.1.2.7.2.2 Technologische Aspekte des Flexiblen Walzens

Ziel des flexiblen Walzprozesses ist die Herstellung des Blechdickenverlaufs innerhalb der geforderten Toleranzen. Hierzu muss der Walzspalt während des Walzens in geeigneter Weise vergrößert bzw. verringert werden. Diese Aufgabe wird dadurch erschwert, dass sich mit dem Öffnen und Schließen des Walzspaltes wesentliche Prozessgrößen ändern. Zu nennen sind beispielsweise:

- die beim Durchgang durch den Walzspalt auftretende Streckung,

- das Verhältnis der Geschwindigkeiten am Eintritt und am Austritt,
- die Walzkräfte und Walzmomente sowie
- die elastische Auffederung des Walzgerüstes.

Nach (Hauger 2000) können unter angemessener Berücksichtigung dieser Zusammenhänge Steuerdaten für die Walzspaltanstellung und den Walzenantrieb vorab berechnet werden, mit denen das Profil in guter Näherung erzeugt werden kann. Allerdings werden auf diesem Weg die geforderten Toleranzen unter den Bedingungen einer Großserienproduktion noch nicht sicher erreicht. Daher erfolgt in der betrieblichen Praxis eine hochgenaue Online-Vermessung des auslaufenden Profils. Die so gewonnenen Daten dienen einerseits zur Qualitätsdokumentation und andererseits dazu, den Steuerdatensatz zu optimieren.

Nach diesem Prinzip werden heute industriell Bänder mit Dickenübergängen unterschiedlichster Steigungen bei Walzgeschwindigkeiten bis zu 100 m/min mit Toleranzen von ± 50 µm reproduzierbar gewalzt.

3.1.2.7.2.3 Prozesskette und Anwendungen

Die industrielle Einführung des flexiblen Walzens macht auch im weiteren Verlauf der Prozesskette Anpassungen erforderlich:

- Da die Wärmebehandlung in Durchlauföfen die unterschiedlichen Banddicken und Verfestigungszustände nach dem flexiblen Kaltwalzen nur schlecht berücksichtigen kann, erfolgt die Wärmebehandlung in Haubenglühöfen.
- Beim Schneiden der Platinen vom Coil vor der Weiterverarbeitung muss die Schneidposition präzise zum Profil passend eingestellt werden.
- Bei der Prozessplanung und Werkzeugkonstruktion für die Blechumformung muss die Auswirkung der Dickenverteilung auf den Stofffluss berücksichtig werden.

Das auf diesem Weg realisierbare Leichtbaupotential hat zwischenzeitlich zu einer großen Zahl von Serienanwendungen im Fahrzeugbau geführt (Hauger 2007). In der Regel handelt es sich hierbei um Bauteile mit ausgeprägter Längsrichtung, bei denen die Dickenverteilung mit drei bis fünf Dickenübergängen an die zu erwartende Belastung angepasst wird.

3.1.2.7.3 Walzen von Bändern mit Dickenverteilung in Breitenrichtung

3.1.2.7.3.1 Einführung

Neben Blechbauteilen werden für den Leichtbau verbreitet dünnwandige Profile eingesetzt. Diese können aus Leichtmetallen sehr effizient und mit komplexer Geometrie durch Strangpressen hergestellt werden. Dünnwandige Profile aus Stahl werden demgegenüber meistens durch Walzprofilieren auf vielgerüstigen Anlagen aus Bandmaterial vom Coil erzeugt. Dabei ist die Banddicke in Längsrichtung und Querrichtung konstant. Um auch bei diesem Anwendungsfall die Leichtbaupotentiale eines Werkstoffes möglichst vollständig zu nutzen, wurde mit dem sogenannten Bandprofilwalzen ein Walzverfahren entwickelt, das es grundsätzlich erlaubt, dünne Bänder mit Dickenverteilung in Breitenrichtung zu erzeugen (Böhlke 2005).

3.1.2.7.3.2 Technologische Aspekte des Bandprofilwalzens

Das Erzeugen dünner Bänder mit in Breitenrichtung variabler Dicke ist ausgehend von dünnem Band mit konstanter Dicke unter Nutzung konventioneller Walzverfahren nicht möglich. Ursache ist, dass in den dünneren Bereichen eine wesentlich erhöhte Streckung auftritt, sodass entweder extreme Wellen oder Risse zu erwarten wären. Daher wird zur Einstellung der gewünschten Dickenverteilung ein Walzverfahren benötigt, bei dem nach Möglichkeit nur Breitung und (fast) keine Streckung auftreten. Dies ist nach der elementaren Walztheorie insbesondere dann zu erwarten, wenn der Fließwiderstand in Längsrichtung groß und in Breitenrichtung gering ist.

Diese Überlegung hat an verschiedenen Stellen weltweit zu Verfahrensideen geführt, bei denen eine Folge schmaler Rollen genutzt wird, um rillenförmige Vertiefungen zu erzeugen. Saito et al. zeigten beispielsweise bereits 1992 die Idee zu einem Verfahren, bei dem satellitenförmig um eine zentrale Walze angeordnete schmale Walzscheiben ein Profilierung des Bandes durch die schrittweise Erweiterung einer mit der ersten Walzescheibe erzeugten Rille ermöglichen (Saito 1992). Ohba et al. patentierten 1997 ein Verfahren zur schrittweisen Erzeugung von Bändern mit variierender Blechdicke quer zur Walzrichtung. Mittels profilierter Walzen, die eine einseitige Fase aufweisen, wird schrittweise Material quer zur Walzrichtung verdrängt (Ohba 1997). Bereits 1985 wurde ein Verfahren zur Herstellung von Kupferbändern mit variierendem Querschnitt geschützt bei dem mittels eines keilförmigen Hammers inkrementeller seitlicher Werkstofffluss er-

3.1.2 Längswalzen von Flachprodukten

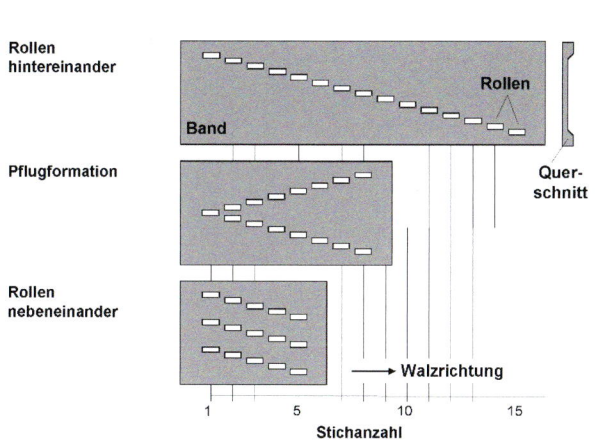

Abb. 3.71: Möglichkeiten der Rollenanordnung (Jackel 2010).

möglicht wird und so ein profiliertes Band umformtechnisch erzeugt werden kann (Griset 1985).

Bei allen genannten Verfahren werden die Fließwiderstände einerseits durch das Verhältnis von gedrückter Länge zu Breite bestimmt, sowie durch das die Umformzone umgebende Material beeinflusst, das sich je nach Position der Rille sowohl der Streckung als auch der Breitung widersetzt. Hierzu wurden von Jackel Modellvorstellungen hergeleitet, die die unterschiedlichen Einflussgrößen zumindest qualitativ, zum Teil aber auch quantitativ in guter Näherung wiedergeben (Jackel 2010; vgl. Abb. 3.71).

Rein qualitativ gelten unter anderem folgende Zusammenhänge:

- Je näher die Rille am Rand des Bandes positioniert wird, umso leichter lässt sich das Material zu diesem Rand hin verdrängen.
- Je schmaler die einzelne Rolle ist, umso leichter fällt die Breitung.
- Je tiefer die in einem Walzstich zu realisierende Höhenabnahme ist, umso ausgeprägter ist der links und rechts der Rille auftretende Wulst.

Darüber hinaus wird der Werkstofffluss unter anderem von der Rollengeometrie und vom Werkstoff (E-Modul, Streckgrenze) beeinflusst (Kopp 2004). Die bisherigen Untersuchen zeigen, dass bei typischen Abmessungen des Bandes, das heißt bei Dicken von 1 bis 2 mm und Breiten von 100 bis 200 mm je Walzstich etwa 1 mm^2 Querschnittfläche seitlich verdrängt werden kann. Hieraus folgt sofort, dass insbesondere breite oder tiefe Rillen eine sehr große Anzahl von Walzstichen erfordern werden.

3.1.2.7.3.3 Prozessketten und Anwendungen

Die erforderliche große Anzahl von Walzstichen und die Weiterverarbeitung der Bänder zu Profilen durch Walzprofilieren legen nahe, für beide Prozessstufen denselben Maschinentyp, d. h. vielgerüstige Walzprofilieranlagen, zu nutzen. Dabei sind grundsätzlich gekoppelte oder entkoppelte Anordnungen denkbar.

Als beispielhaftes Ergebnis dieses Vorgehens zeigt Abbildung 3.72 (links) einen Profilquerschnitt, der in 25 Stichen im Labor durch Bandprofilwalzen in mehreren Durchgängen auf einer zwölfgerüstigen Anlage erzeugt wurde (Davalos 2009). In Abbildung 3.72 (Mitte) ist der Querschnitt des aus diesem Band durch Walzprofilieren hergestellten Rohres zu sehen. Die nach dem Wissen der Autoren erste industrielle Serienanwendung ist das in Abbildung 3.72 (rechts) gezeigte Montageprofil, das im Stegbereich beidseitig ausgedünnt ist.

Literatur zu Kapitel 3.1.2.7

Böhlke, P.: Entwicklung eines Walzprozesses zur Erzeugung von Bändern mit definiertem Querschnittsprofil, Shaker Verlag, Aachen, Umformtechnische Schriften Band: 119, 2005.

Dávalos Julca, D. h.; Hirt, G.; Mirtsch, M.; Groche, P.: Strip profile rolling: a method to produce tailored trips for lightweight profiles, Senafor 2009 - XII national

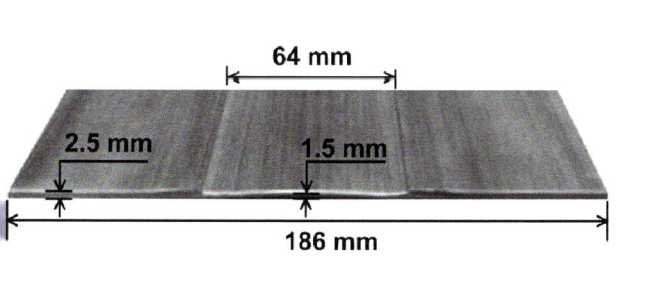

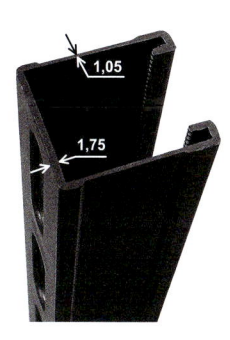

Abbildung 3.72: Bandprofilgewalztes Blech (links) und aus diesem Blech hergestelltes Rohr (Mitte) mit entlang des Umfangs variierendem Querschnitt (Davalos 2009) sowie industriell hergestelltes Montageprofil (Quelle: IBF, Aachen, Produkt der Fa. Hilti)

conference on metal forming, Innovative use of materials Porto Alegre, Brazil, October 14th-16th, 2009.

Griset: Patent DE 32 40 155 C2, „Verfahren und Vorrichtung zur Querschnittsveränderung eines Bandes, insbesondere aus Kupfer", Etablissements Griset, Aubervilliers, Frankreich, 15.05.1985.

Hauger, A; Kopp, R.: Stress-oriented generation of sheet-thickness profiles by means of flexible rolling. Proceedings of the 5th International Conference on the Technology of Plasticity (ICTP), 7.-10. Oktober 1996, Columbus, Ohio, USA.

Hauger, A.; Pohl, S.: Tailor Rolled Products, Herstellung von Belastungsoptimierten Bauteilen, Tagungsband 22. Aachener Stahlkolloquium, Verlagsgruppe Mainz, 2007, S. 223.

Hauger, A: Flexibles Walzen als kontinuierlicher Fertigungsprozess für Tailor Rolled Blanks, Shaker Verlag, Aachen, Umformtechnische Schriften Band 91, 2000.

Jackel, F. M.: Die kontinuierliche Herstellung von Tailor Rolled Strips durch Bandprofilwalzen, Shaker Verlag, Aachen, Umformtechnische Schriften Band: 153, 2010.

Kopp, R.; Böhlke, F.; Jackel, F. M.: Entwicklung eines Walzverfahrens für Bänder mit definiertem Querschnittsprofil, 19. Aachener Stahlkolloquium 2004, S.263-275.

Kopp, R.; Hanger, A.: Durch Walzen belastungsgerecht erzeugte Blechdickenprofile. Fertigung 10 (1995), S. 40 – 42.

Mertens, A.: Tailored Blanks. Stahlprodukte für den Fahrzeug-Leichtbau, Verl. Moderne Industrie, München 2003.

Ohba et al.: Patent DE 197 48 321 C2, Verfahren zur Herstellung von Material mit modifiziertem Querschnitt, Hitachi Cable Ltd., Tokyo, Japan, Anmeldetag 31.10.1997.

Roloff; Matek: Maschinenelemente, S. 283.

Saito, Y.; Watanabe, T.; Utsunomiya, H.: Development of Satellite Mill and Trial Rolling of Profiled Metal Strip, ASM International 1992 Volume 1 (6), 789-796.

Vollrath, K.: Thyssen Krupp Stahl setzt auf Tailored Blanks. Blech Rohre Profile 45 (1998), S. 24–25.

3.1.3 Längswalzen von Vollprofilen

3.1.3.1 Grundlagen und Berechnungsverfahren

Rudolf Kawalla, Reiner Kopp,
Paul Josef Mauk, Gert Goldhahn, Arno Hensel

3.1.3.1.1 Grundlegendes zum Profilwalzen

In den vorangegangenen Kapiteln zum Thema Walzen wurde das Walzen von Flachmaterial behandelt. Die entsprechenden Produkte zeichnen sich durch rechteckige Querschnitte, große Breiten und vergleichsweise geringe Höhen aus. Im folgenden Kapitel soll nun die Herstellung von Vollprofilen behandelt werden. Als Beispiele für solche Produkte sind verschiedene Profile (Abb. 3.73), Drähte und Stäbe zu nennen. Diese werden durch das sogenannte Kaliberwalzen hergestellt. Im Gegensatz zum Flach-Längswalzen verwendet man dort Walzen, die eine vom Kreiszylinder- oder Kegelmantel abweichende Form haben (Abb. 3.74) (DIN 8583-2). Diese Form bleibt aber im Allgemeinen in Umfangsrichtung gleich.

Vor dem eigentlichen Kaliberwalzen wird die Kalibrierung durchgeführt. Dabei handelt es sich um die Festlegung der Umformstufen, um vom Anstichquerschnitt über Zwischenquerschnitte zum Endprodukt mit den gewünschten Eigenschaften zu gelangen (Abb. 3.77). Es ist das Ziel des Profilwalzprozesses, ein maßgenaues Walzprodukt ohne innere und äußere Fehler mit möglichst wenigen Walzstichen bei geringstem Walzenverschleiß zu erzeugen, wobei die Fertigung so kostengünstig wie möglich sein muss.

Zudem ist es von Interesse, die gewünschten Eigenschaften des Halbzeugs oder Fertigprodukts durch Einstellung einer Mindestformänderung im Querschnitt einzustellen. Das Kaliber stellt dabei als Zwischenraum zwischen den beiden profilierten Walzen eine theoretische Größe dar. Beim Walzvorgang füllt das Walzgut dieses Kaliber je

Abb. 3.73: *Typische Profilformen von Langerzeugnissen (von links: H-Profile, U-Profile, Winkel, Schienen, Grubenausbauprofile, Spundwände (Spundbohlen), Wulstflach (SMS Meer GmbH)*

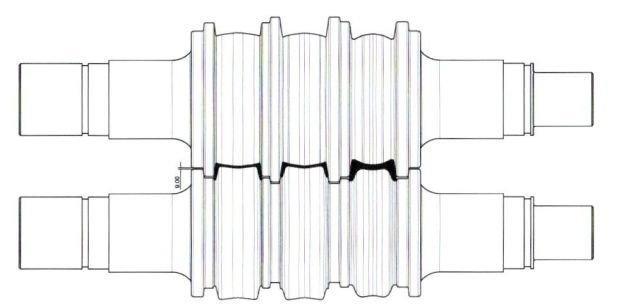

Abb. 3.74: *Duowalzensatz für ein U-Profil*

nach den Walzbedingungen mehr oder weniger aus. Dabei bildet sich der Profilquerschnitt, der in weiten Teilen mit der Form des Kalibers übereinstimmt.

$w_s = 1 - \frac{A_w}{A_v}$

$A_w = 0$ keine Breitung $w_s = 1$ (100%)

$A_w = A_v$ keine Streckung $w_s = 0$ (0%)

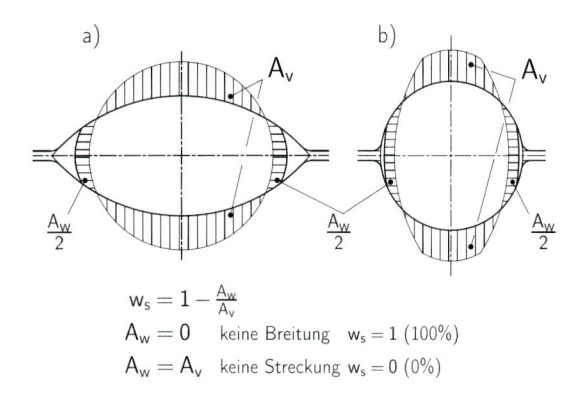

Abb. 3.75: *Berechnung der Streckungswirksamkeit beim Profilwalzen am Beispiel der Stichfolge Rund-Oval-Rund*

3.1.3.1.2 Klassifizierung und Beispiele für Kaliberarten

Beim Kaliberwalzen unterscheidet man zwischen den folgenden drei grundlegenden Kalibrierungen (Neumann 1975):

Reguläre Kalibrierungen zeichnen sich durch eine gleichmäßige Höhenänderung Δh über die Breite des Profils aus.
Einfach irreguläre Kalibrierungen sind durch eine ungleichmäßige Höhenänderung Δh gekennzeichnet.
Kompliziert irreguläre Kalibrierungen weisen eine extrem ungleichförmige Höhenänderung Δh über die Breite des Profils auf. Dabei weist das Walzgut keine oder nur eine Symmetrieebene auf.

Eine wichtige Größe zur Beurteilung von Kalibrierungen ist die Ermittlung der Streckungswirksamkeit beim Walzprozess (Abb 3.75).

Derartige Kaliberreihen sind als eine Folge von Hauptkalibern (Quadrat- oder Rundkaliber) mit einem Zwischenkaliber (Raute- oder Ovalkaliber) aufgebaut (Abb. 3.76 und 3.77).

Im Rahmen der Kalibrierungsberechnung wird das jeweilige Zwischenkaliber in einer iterativen Berechnung be-

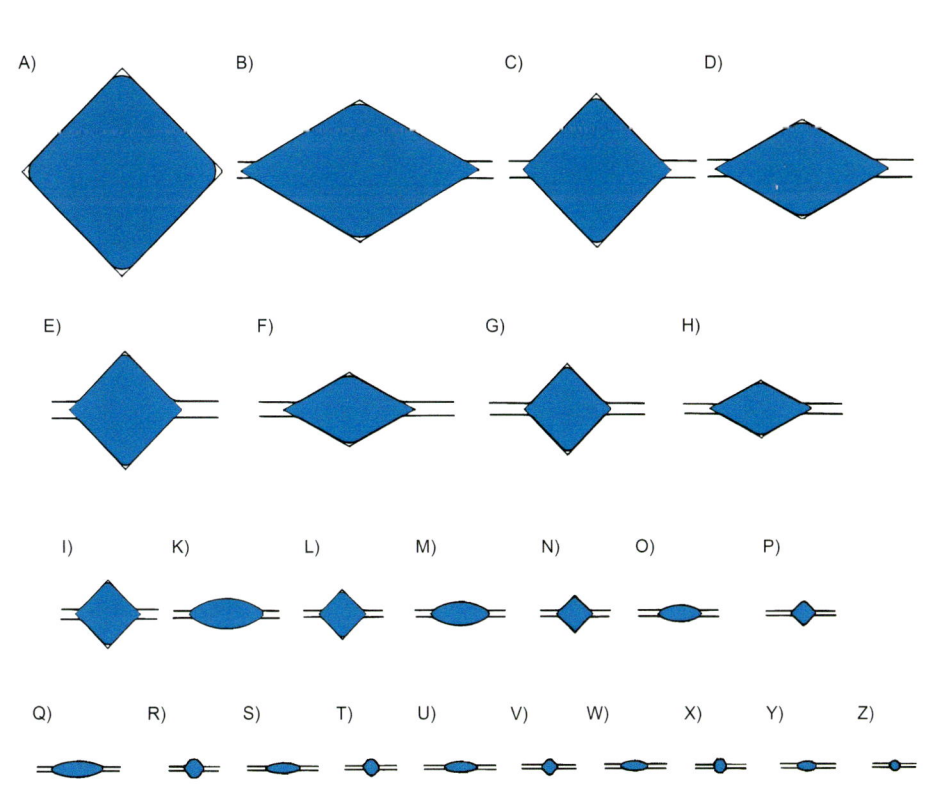

Abb. 3.76: *Beispiel für eine Streckkaliberreihe zum Walzen von Draht: A) Anstichquerschnitt, B,D,F,H) Rautenkaliber, C,E,G,I,L,N) Quadratkaliber, K,M,O) Ovalkaliber, P,R,T,V) Falschrundkaliber, Z) Fertig-Rundkaliber*

3.1 Walzen

Abb. 3.77:
Bestimmung des Zwischenkalibers einer Hauptkaliberstufe

stimmt, wobei sich Kaliber- und Profilgeometrien aus der Berechnung ergeben.
Abbildung 3.78 zeigt ein Beispiel für eine kompliziert irreguläre Kalibrierung.
Eine neuzeitliche Technologie zur Erzeugung von schweren Profilen geht heute von stranggegossenen Vorprofilen (Beam Blanks) aus. Dabei ist das Ziel, mit möglichst wenigen Beam-Blanks eine Vielzahl verschiedener Trägerprofile zu erzeugen.
Ein Beispiel für eine moderne Trägerprofilwalzung nach dem CBP-Verfahren zeigt Abbildung 3.79. Eine neuzeitliche CBP-Anlage (Compact-Beam-Production) besteht aus einem Vertikal (V)-Vorgerüst in dem, sofern erforderlich, die Höhe der Beam-Blanks und die Flanschbreiten auf die Abmessungen gestaucht werden, die für die Walzung in der Universal-Tandem-Reversiergruppe nötig sind.

3.1.3.1.2.1 Neutrale Linie und arbeitender Walzendurchmesser

Unter der neutralen Linie eines Kalibers versteht man eine gedachte waagerechte Gerade im Kaliber, die durch den Schwerpunkt des Kalibers geht. Als Walzlinie wird die ideelle Berührungslinie der beiden Walzen bezeichnet. Die Kaliber müssen so auf dem Walzballen angeordnet sein, dass sich neutrale Linie und Walzlinie decken. Bei einfach irregulären Kalibrierungen kann dies mit Hilfe eines graphischen Verfahrens nach Lennox durchgeführt werden (vgl. Abb. 3.80) (Hoff 1954; Orr 1960; Schneider 1966). Dabei wird das Profil mit der Fläche A_1 in der vorgesehen Lage zur Walzenachse aufgezeichnet. Eine Fläche A_o wird dann so festgelegt, dass ihre Grenzlinie I-II parallel zur Walzenachse verläuft und ungefähr die gleiche Fläche wie A_1 besitzt. Die Breite der Fläche A_1 entspricht der maximalen Breite des Kalibers. Eine Fläche A_u wird dann durch III-IV mit gleicher Breite so bestimmt, dass A_o und A_u identisch sind. Die Mittellinie zwischen AA und BB stellt dann die gesuchte neutrale Linie dar.

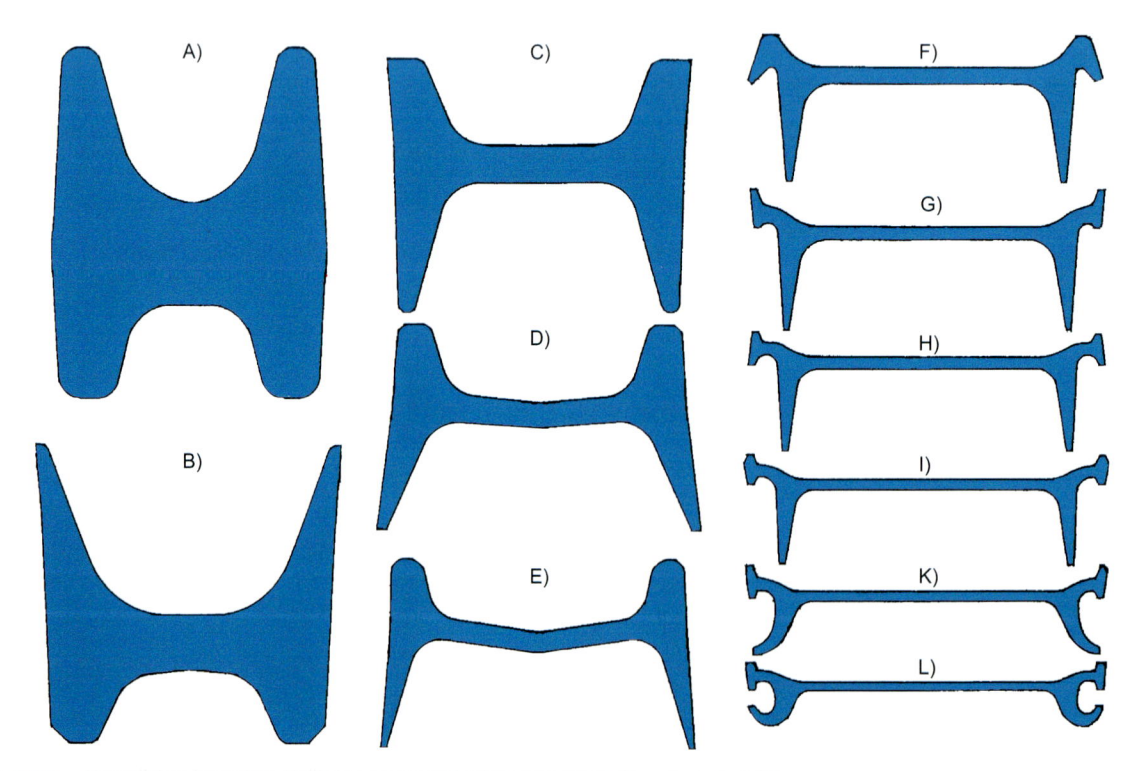

Abb. 3.78: *Kompliziert irreguläre Kalibrierung am Beispiel eines Flach-Spundwandprofils*

3.1.3 Längswalzen von Vollprofilen

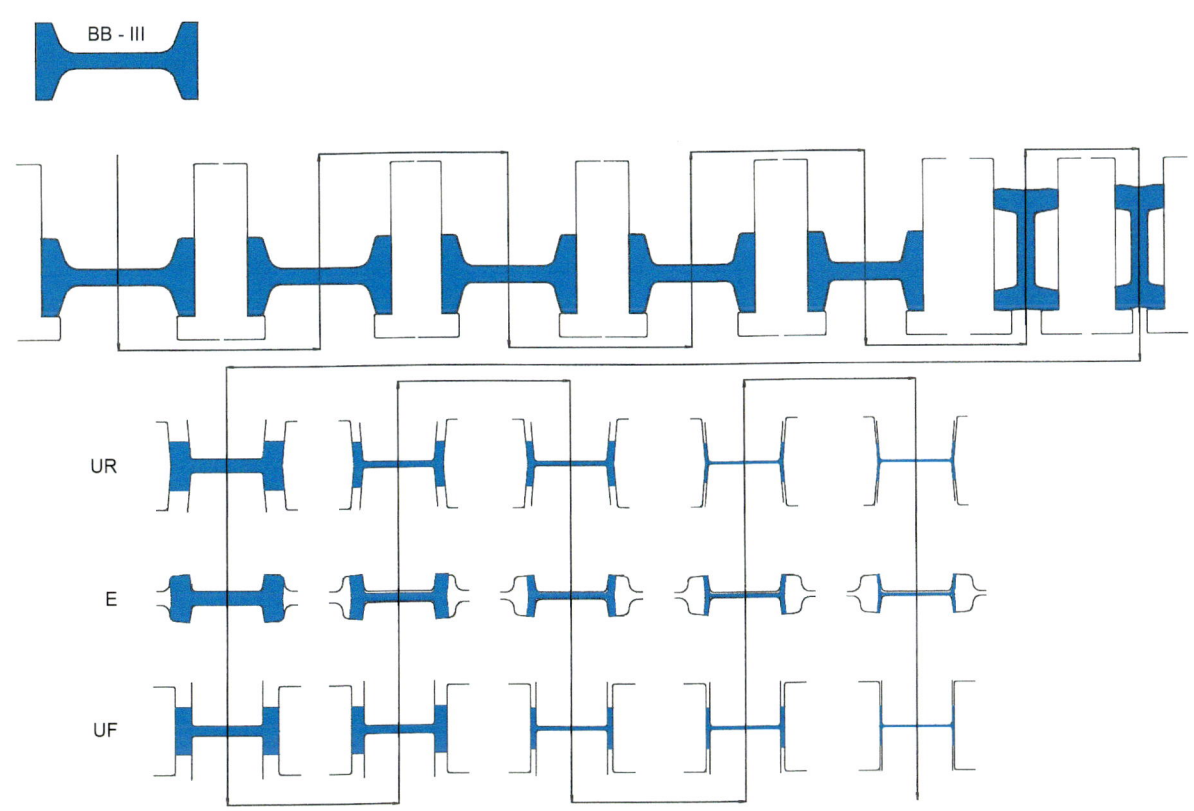

Abb. 3.79: Walzung eines Leichtbau-Trägerprofils I-350x175 mm aus einem Beam-Blank 750 x 350 mm nach dem CBP-Verfahren, UR: Universal-Vorgerüst, E: Flanschen-Stauchgerüst, UF: Universal-Fertiggerüst

Damit ergeben sich zwei Rechtecke mit den Höhen h_o und h_u sowie der maximalen Breite b des Kalibers:

$$h_o = \frac{A_o}{b} \quad (3.42),$$

$$h_u = \frac{A_u}{b} \quad (3.43).$$

Anhand des Durchmessers beider Walzen in der Walzlinie können dann die arbeitenden Walzendurchmesser der Ober- und Unterwalze bestimmt werden. Ein Beispiel zeigt Abbildung 3.81. Die Umfangsgeschwindigkeiten am arbeitenden Walzendurchmesser entsprechen dem Mittelwert aller Umfangsgeschwindigkeiten am Kaliberumfang. Das Kaliber ist richtig in der Walze angeordnet, wenn die Walzgeschwindigkeit des Walzgutes in der Aus-

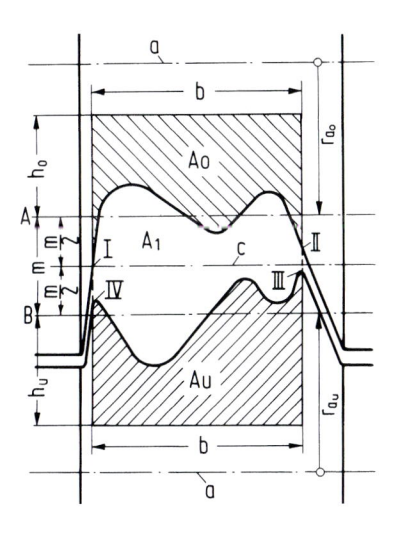

Abb. 3.80: Bestimmung der neutralen Linie eines Kalibers (Verfahren nach Lennox) (Schneider 1966)

a:	Walzenachse	m:	mittlere Höhe des äquiv. Flachstichs
b:	Breite des Kalibers	r_{ao}:	oberer arbeitender Walzenradius
c:	neutrale Linie	r_{au}:	unterer arbeitender Walzenradius
h_o:	obere Höhe	A_o:	obere Fläche
h_u:	untere Höhe	A_u:	untere Fläche
A_1:	Profilfläche		

3.1 Walzen

Abb. 3.81: Bestimmung der arbeitenden Walzendurchmesser (Hensel 1978)

trittsebene gleich der Umfangsgeschwindigkeit am arbeitenden Walzendurchmesser ist.

3.1.3.1.2.2 Äquivalenter Flachstich

Bei einfachen irregulären Kalibrierungen wird der vorliegende Kaliberquerschnitt zur Vereinfachung der Berechnung in einen flächengleichen Rechteckquerschnitt umgerechnet. Ein bewährtes Verfahren ist die Methode nach Lendl (Abb. 3.82).

Bei der Anwendung dieser Methode wird der einlaufende Profilquerschnitt in Stichlage sowie das Kaliber mit Hilfe der genannten Methoden umgerechnet. Abbildung 3.82 zeigt schematisch die Anwendung des Lendl'schen Verfahrens. Aus den Überdeckungen von einlaufendem Profil und Kaliber werden die Daten des äquivalenten Flachstichs bestimmt.

Für die mittlere Höhenänderung Δh_m zweier Querschnitte A_0 und A_1 ergibt sich

$$\Delta h_m = h_{0m} - h_{1m} \quad (3.44),$$

$$r_a = d_a / 2 \quad (3.45).$$

Darin bedeuten

h_{0m} mittlere Höhe der Fläche A_0
h_{1m} mittlere Höhe der Fläche A_1

Für den arbeitenden Walzendurchmesser d_a gilt:

$$d_a = d_t - h_m \quad (3.45a).$$

Wobei d_t der Teilkreisdurchmesser der Walzen ist.

Aus den Gleichungen 3.44 und 3.45 errechnet sich die mittlere gedrückte Länge l_{dm} zu

$$l_{dm} = \sqrt{r_a \cdot \Delta h_m} \quad (3.46).$$

$$h_{0m} = \frac{A_{0L}}{b_L}$$

$$h_{1m} = \frac{A_{1L}}{b_L}$$

$$d_a = d_N + s - h_{1m}$$

Abb. 3.82: Berechnung des äquivalenten Flachstiches nach Lendl (n. Orr 1960)

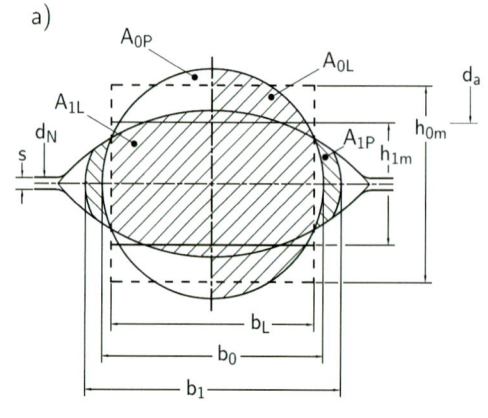

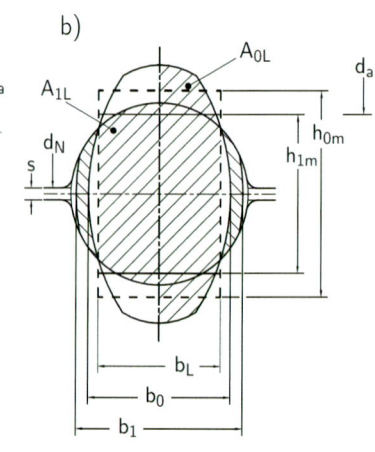

Tab. 3.8: Kennwerte für Streckkaliber Quadrat-Oval

Kaliber	Radius	Höhenänderung	Ausgangshöhe	Endhöhe	Endbreite	gedrückte Länge	Faktor	Faktor	gedrückte Fläche			
	r	$h_0 - h_1$	h_0 Ausgangsbreite b_0	h_1	b_1	l_g	A	B	A_d	K	x	y
	[mm]	[mm]	[mm]	[mm]	[mm]	[mm]	[mm²]	[mm²]	[mm²]	[mm]	–	–
1	211,5	24,4	50,0	25,6	59,1	71,9	854	3160	4185	1,05	1,0	0,2
3	216,0	14,8	32,3	17,4	45,0	56,5	513	1758	2276	1,03	0,93	0,2
5	219,0	10,0	22,4	12,4	36,3	46,8	341	1110	1392	1,02	0,82	0,2
7	175,7	7,0	17,0	10,0	22,6	35,0	158	550	743	1,05	0,98	0,2
9	136,5	5,1	12,7	7,6	19,9	26,4	105	386	516	1,05	0,98	0,2
11	137,5	2,9	9,7	6,8	14,1	20,0	57	189	258	1,05	0,98	0,2

$A_d = [\underbrace{b_1 \cdot y \cdot l_d}_{A} + \underbrace{1/2 \cdot (r \cdot b_0 + b_1) \cdot l_d \cdot (1-y)}_{B}] \cdot K$ und $l_d = \sqrt{r \cdot (h_0 - h_1)}$; y und K aus Versuch.

Für die mittlere Breite b_m im Walzspalt gilt dann

$$b_m = \frac{b_{0max} + b_{1max}}{2} \quad (3.47).$$

Darin bedeuten b_{0max} maximale Breite der Fläche A_0, b_{1max} maximale Breite der Fläche A_1. Somit ergibt sich die mittlere gedrückte Fläche A_{dm} zu

$$A_{dm} = l_{dm} \cdot b_m \quad (3.48).$$

Dieses Verfahren zur Bestimmung der mittleren gedrückten Fläche ist bei Streckkalibern ausreichend genau. Von Zouhar stammt eine Methode zur Bestimmung der gedrückten Fläche bei Streckkaliberreihen (Zouhar 1960). Abbildung 3.83 zeigt exemplarisch das Verfahren für das Streckkaliber Quadrat-Oval, Tabelle 3.8 enthält Kennwerte zur Ermittlung der gedrückten Flächen. Wenn bei Formstahlkalibrierungen genauere Ergebnisse ermittelt werden sollen, muss dies zeichnerisch mit Hilfe der darstellenden Geometrie oder mittels eines Rechnerprogramms durchgeführt werden.

Die Methode der maximalen Breite wird oftmals dazu genutzt den Umformgrad φ und die Umformgeschwindigkeit $\dot{\varphi}$ beim Kaliberwalzen zu ermitteln. Diese Werte können anschließend für eine näherungsweise Berechnungen der Walzkraft und des Walzmoments eingesetzt werden (vgl. Kap. 3.1.3.1.2.4).

3.1.3.1.2.2 Stofffluss

Insbesondere für Streckkaliberreihen sind zwei Größen von Interesse, die das Maß der Streckung quantifizieren. Diese sind der Streckgrad λ und die bezogene Querschnittsänderung ε_A:

$$\lambda = \frac{A_0}{A_1} \quad (3.49),$$

$$\varepsilon_A = \frac{A_0 - A_1}{A_0} \quad (3.50).$$

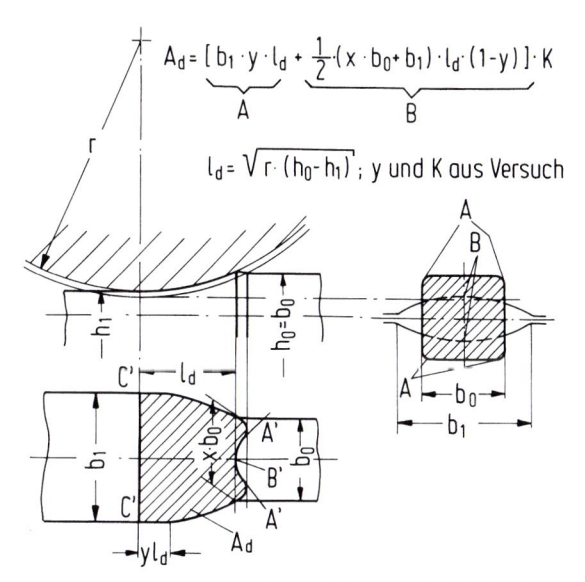

Abb. 3.83: Bestimmung der gedrückten Fläche beim Streckkaliber Quadrat-Oval (Zouhar 1960)

Die Berechnung der Kaliberfüllung bei Streckkaliberreihen kann mit Hilfe des äquivalenten Flachstichs durchgeführt werden. Dabei wird ein iteratives Verfahren angewendet:

Das Rautenkaliber wird z. B. nach der Methode der maximalen Breite in ein flächengleiches Rechteck verwandelt. Ebenso wird der Anstichquerschnitt in ein flächengleiches Rechteck umgerechnet. Mit den Daten der äquivalenten Rechtecke wird dann anhand einer Breitungsgleichung die Breite eines Rechtecks bestimmt. Ist diese Breite größer als die Kaliberbreite, wird das Kaliber überfüllt und muss breiter ausgelegt werden. Ist die Breite kleiner als die Kaliberbreite, war die erste Höhe des äquivalenten Flachstichs zu klein und somit die Höhenänderung zu groß bestimmt.

In einer nun einsetzenden Iteration wird die erste errechnete Breite zur Bestimmung eines äquivalenten Rechtkants verwendet, der eine größere mittlere Höhe besitzt. Hieraus folgt wiederum die Breitungsberechnung. Dieses Verfahren wird solange wiederholt, bis die Änderungen in den berechneten Profilbreiten eine vorgegebene Grenze unterschreiten. Die Iteration konvergiert i. A. nach wenigen Iterationsschritten.

Bei komplizierten irregulären Kalibrierungen ist die Berechnung des Stoffflusses schwierig. Die stark unterschiedliche Höhenänderung der einzelnen Profilteile führt zu einer gegenseitigen Beeinflussung der Profilteile. Dies soll am Beispiel eines Walzstichs verdeutlicht werden (Abb. 3.84). Diese Betrachtungen werden auch als Querflussuntersuchung bezeichnet und gehen auf Überlegungen von Neumann (Neumann 1962, 1963, 1970) und Wusatowski (Wusatowski 1963) zurück. Der Profilquerschnitt wird dazu in einzelne Teilflächen zerlegt, die isoliert betrachtet werden. Bei isoliert angenommener Umformung der Profilteile A und B ergeben sich die Teilstreckgrade

$$\lambda_A = \frac{A_{A0}}{A_{A1}} \quad (3.51)$$

und

$$\lambda_B = \frac{A_{B0}}{A_{B1}} \quad (3.52).$$

Dabei erfährt der Profilteil B eine größere Streckung als der Profilteil A. Bei der tatsächlich stattfindenden Umformung erfährt das Profil eine Streckung λ_m

$$\lambda_m = \frac{A_{A0} + A_{B0}}{A_{A1} + A_{B1}} = \frac{A_0}{A_1} \quad (3.53).$$

Es gilt somit die Streckgradrelation

$$\lambda_B > \lambda_m > \lambda_A \quad (3.54).$$

Aus diesen Betrachtungen ergibt sich, dass aus dem Profilteil B Material in den Profilteil A quergeflossen sein muss. Diese Querfluss-Fläche lässt sich nach Neumann mit der Beziehung

$$A_{xi} = A_i \cdot \left(\frac{\lambda_i}{\lambda_m} - 1 \right) \quad (3.55)$$

berechnen (Neumann 1963). Dabei ist A_{xi} die Querflussfläche eines Profilteils i, die zum Ausgleich mit den anderen Profilteilen ausgetauscht werden muss. Wenn $\lambda_i > \lambda_m$ gilt, fließt das Material aus dem betrachteten Profilteil heraus. Für den Fall $\lambda_i < \lambda_m$ fließt das Material in den betrachteten Profilteil hinein. Die Summe aller Querflussflächen in einem Profil ist aus Volumenkonstanzgründen gleich Null. Mit Hilfe der Querflussbetrachtungen kann bei komplizierten irregulären Kalibrierungen eine Beurteilung der erstellten Kalibrierung durchgeführt werden. Aus den Erfahrungen der Praxis ist von Neumann eine Reihe von Regeln zur Wahl der Einzelstreckgrade bei komplizierten irregulären Kalibrierungen aufgestellt worden, mit der eine Beurteilung von Kalibrierungen möglich wird (Neumann 1963). Die Ergebnisse hängen jedoch von der Wahl der Profileinteilung ab. Zur Einteilung von komplizierten irregulären Kalibrierungen gibt es eine Reihe von Untersuchungen (Suppo 1975; Neumann 1962; Ludyga 1966, 1968).

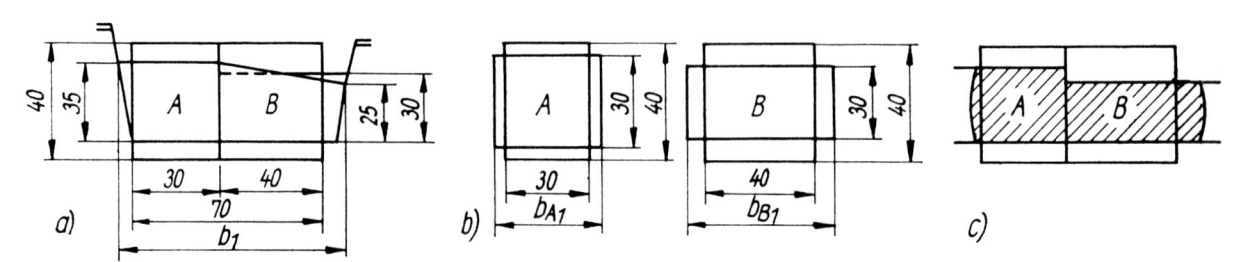

Abb. 3.84: *Gegenseitige Beeinflussung ungleich umgeformter Querschnittsteile (Querfluss) (Neumann 1963)*
a) Walzstich mit ungleicher Höhenänderung,
b) Isoliert angenommene Umformung,
c) zusammenhängende Umformung
A, B Profilteile, A_{A0} Ausgangsfläche Teil A, A_{A1} Endfläche Teil A, A_{B0} Ausgangsfläche Teil B, A_{B1} Endfläche Teil B

Alternativ zu dem oben dargestellten Verfahren des äquivalenten Flachstichs, kann man sich auch des in den Arbeiten durch Hensel (Hensel 1990) vorgestellten Verfahrens bedienen. Die beschriebenen Modellansätze können zur Berechnung von Breitung und Streckung in Streckkalibern verwendet werden.

3.1.3.1.2.3 Berechnung des Kraft- und Arbeitsbedarfs

Für die Auslegung von Kaliberwalzwerken und Stichplänen ist die Berechnung von Walzkräften, -momenten und Arbeitsbedarf eine essentielle Voraussetzung (Hensel 1990; Kawalla 2002, 2005; Överstam 2008). Untersuchungen über den Kraft- und Arbeitsbedarf finden sich u.a. in den Arbeiten von Siebel (Siebel o.J.), Schlegel (Schlegel 1976), Pawelski und Neuschütz (Pawelski 1967), Zouhar (Zouhar 1960), sowie bei Hensel und Spittel (Hensel 1978). Bei allen diesen Autoren wird aus Vereinfachungsgründen das Kaliber in ein flächengleiches Rechteck umgerechnet.

Nachfolgend werden entsprechende Gleichungen zur Verfügung gestellt, um die integralen Zielgrößen zu berechnen. Es sei darauf hingewiesen, dass sämtliche Formeln nur für Näherungsrechnungen geeignet sind. Normalerweise werden in der neueren Zeit FEM-Simulationen genutzt, um die Kaliber passend auszulegen. Falls die benötigte Zeit für solche Simulationen allerdings fehlt, bieten die nachfolgenden Gleichungen einen alternativen Berechnungsweg. Die im weiteren Kapitel verwendeten Variablen sind wie folgt definiert:

F_w	Walzkraft	r	Walzenradius
M_w	Walzmoment	h_0	Ausgangshöhe
k_{wm}	Mittlerer Umformwiderstand	h_1	Endhöhe
k_{fo}	Umformfestigkeit	b_0	Ausgangsbreite
k_ϑ	Faktor für den Temperatureinfluss	b_1	Endbreite
k_φ	Faktor für den Umformgrad	m	Hebelarmbeiwert
k	Faktor für die Umformgeschw.	a	Hebelarm
A_d	gedrückte Fläche	v_w	Walzgeschwindigkeit
l_d	gedrückte Länge	P	Walzleistung

Analog zum Flach-Längswalzen (vgl. Kap. 3.1.2.1) kann die Kraft beim Kaliberwalzen über folgende Formel beschrieben werden:

$$F_w = k_{wm} \cdot A_d \qquad (3.56).$$

Diese Gleichung lässt sich folgendermaßen umstellen. Dabei ist das Verhältnis (k_{wm} / k_{fm}) eine Funktion des Flächenverhältnisses (A_d / A_m). Eine entsprechende experimentelle Ermittlung ist exemplarisch in Abbildung 3.85 dargestellt.

$$F_w = k_{fm} \cdot (k_{wm} / k_{fm}) \cdot A_d \qquad (3.57).$$

Eine Beschreibung der mittleren Fließspannung ist anhand von Fließkurven möglich. Diese kann anhand von Faktoren ausgedrückt werden.

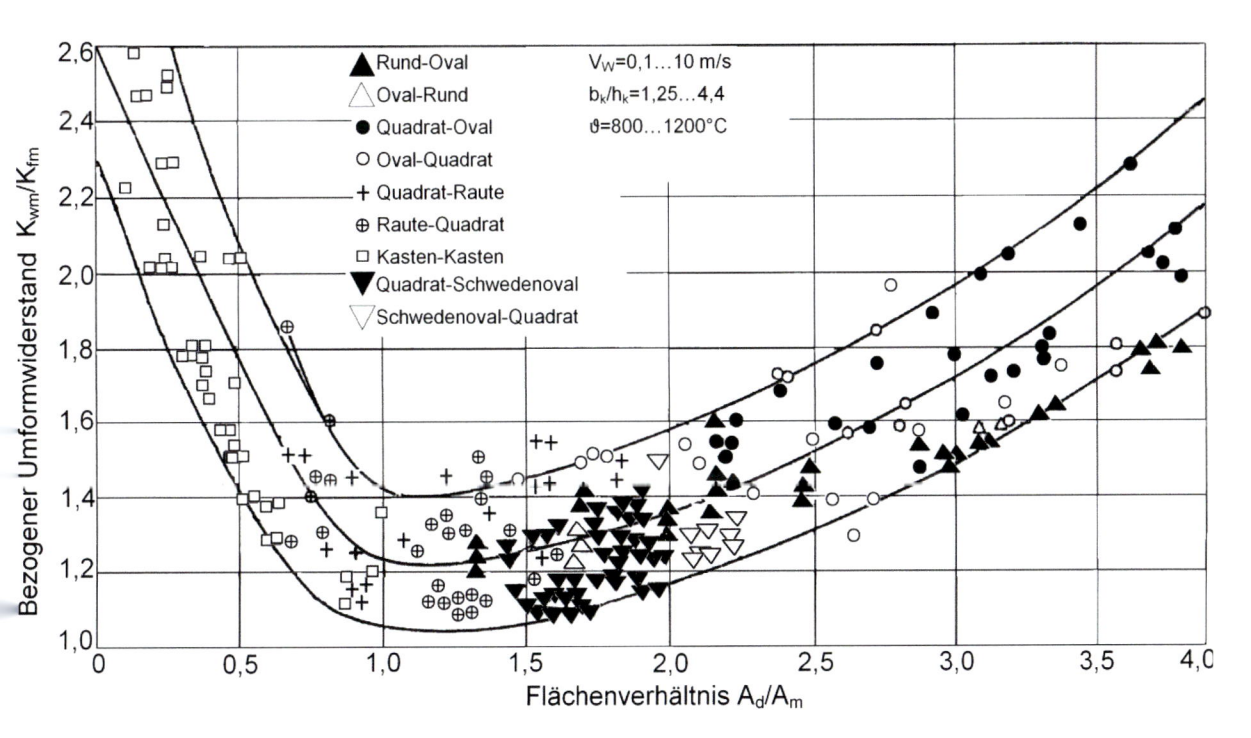

Abb. 3.85: *Bezogener mittlerer Umformwiderstand k_{wm} / k_{fm} in Abhängigkeit vom Flächenverhältnis A_d / A_m (Hensel 1990)*

3.1 Walzen

Tab. 3.9: Gleichungen zur Berechnung der gedrückten Flächen A_d in Streckkalibern (Zouhar 1960)

Anstichlage	Gedrückte Fläche	Gedrückte Länge
Rund-Oval (Falschrund)	$A_d = b_1 \cdot y \cdot l_d + \frac{1}{2}(b_1 + x \cdot d_0) l_d (1-y)$ $x \approx 0{,}45; y \approx 0{,}18 \ldots 0{,}25$	$l_d = \sqrt{r_{min}(d_0 - h_1)}$ $d_{0m} = \frac{h_0 + b_0}{2}$
Oval-Rund (Falschrund)	$A_d = \frac{1}{2} l_d (b_0' + b_1)$ b_0' Walzspalt s des Ovalkalibers $b_0' = 0{,}3\, xb_0$	$l_d = \sqrt{r_{min}(h_0 - d_1)}$ $d_{0m} = \frac{b_1 + h_1}{2}$
Quadrat-Oval	$A_d = \left[b_1 \cdot y \cdot l_d + \frac{1}{2}(xb_0 + b_1)(1-y) l_d \right] K$ $x = 0{,}82 \ldots 1{,}0; y \approx 0{,}2; K = 1{,}02 \ldots 1{,}05$	$l_d = \sqrt{r_{min}(h_0 - h_1)}$
Oval-Quadrat	$A_d = b_1 \cdot y \cdot l_d + \frac{1}{2}(b_0' + b_1) l_d (1-y)$ $y \approx 0{,}1$	$l_d = \sqrt{r_{min}(h_0 - d_1)}$
Raute-Quadrat, Quadrat-Raute, Raute-Raute	$A_d = \frac{1}{2}(b_0' + b_1) l_d (1-y) + b_1 \cdot y \cdot l_d$ $y \approx 0{,}28$ Quadrat-Raute, Raute-Quadrat	$l_d = \sqrt{r_{min}(h_0 - d_1)}$ $y = 0{,}43 - 0{,}10 \cdot a_{Ksp}$ Quadrat-Raute

$$k_{fm} = k_{fo} \cdot k_\vartheta \cdot k_\varphi \cdot k_{\dot\varphi} \quad (3.58).$$

Nach der Umwandlung in einen äquivalenten Flachstich nach der Methode der maximalen Breite kann zudem folgende Gleichung für die Berechnung des Umformgrades verwendet werden:

$$\varphi = \ln(h_0 / h_1) \quad (3.59).$$

Und die Umformgeschwindigkeit ergibt sich zu

$$\dot\varphi = (v_w \cdot \varphi) / l_d \quad (3.60).$$

Aufgrund der Form des Kalibers gestaltet sich die Ermittlung der gedrückten Fläche und Länge komplizierter als beim Flach-Längswalzen. In Tabelle 3.9 sind exemplarisch für verschiedene Anstichlagen die Berechnung der entsprechenden gedrückten Flächen und Längen aufgeführt. Zur vereinfachten Ermittlung der Größen bieten sich zudem folgende Gleichungen an:

$$l_d = \sqrt{r \cdot \Delta h} \quad (3.61),$$

$$A_d = l_d \cdot b_m \quad (3.62).$$

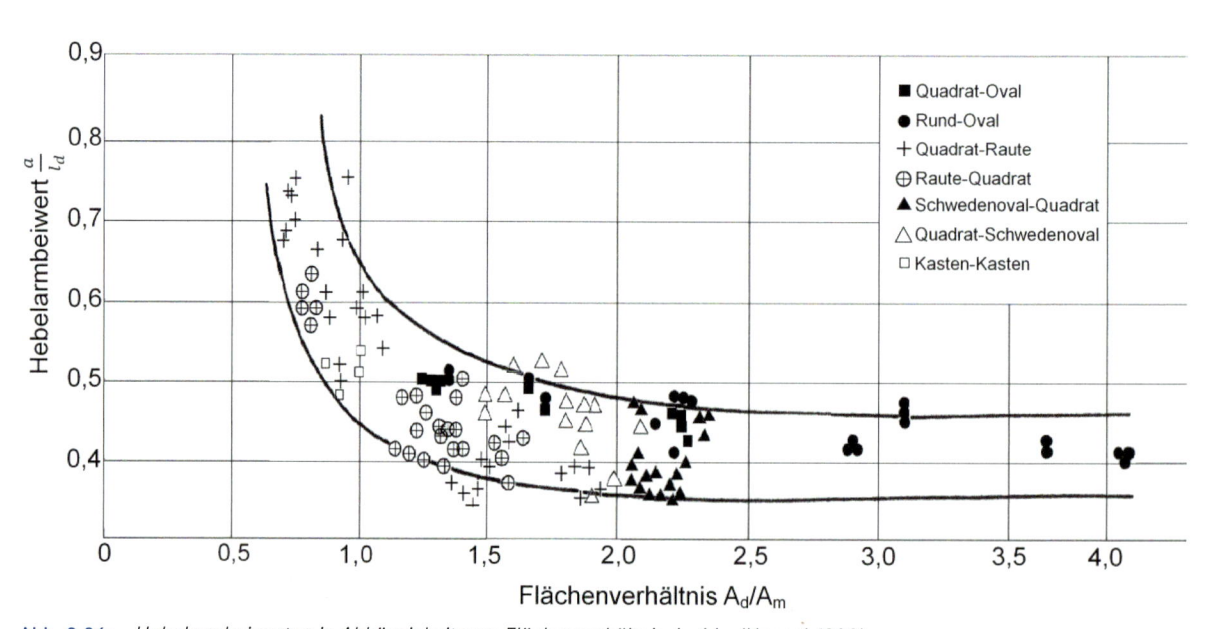

Abb. 3.86: Hebelarmbeiwert m in Abhängigkeit vom Flächenverhältnis A_d / A_m (Hensel 1990)

Die mittlere Breite ergibt sich aus:

$$b_m = (b_0 + 2b_1) / 3 \quad (3.63).$$

Oder auch als vereinfachte Gleichung zu:

$$b_m = 0{,}5\,(b_0 + b_1) \quad (3.64).$$

Die Höhenabnahme errechnet sich aus der Differenz von Anfangs- zu Endhöhe

$$h = h_0 - h_1 \quad (3.65).$$

Wenn die Walzkraft ermittelt wurde, läßt sich das Walzmoment analog zum Flach-Längswalzen über die folgende Gleichung berechnen:

$$M_w = 2\,F_w \cdot a \quad (3.66).$$

Der verwendete Hebelarm ist dabei, wie beim Flach-Längswalzen, das Produkt aus Hebelarmbeiwert und der gedrückten Länge:

$$a = m \cdot l_d \quad (3.67).$$

Auch beim Kaliberwalzen ist der Hebelarmbeiwert m vom Flächenverhältnis A_d / A_m abhängig. Abbildung 3.86 illustriert diese Beziehung für verschiedene Kaliber.

Anhand des Moments lässt sich abschließend auch die resultierende Walzleistung errechnen:

$$P = M_w \cdot \omega \quad (3.68).$$

Literatur zu Kapitel 3.1.3.1

Arch. Eisenhüttenwesen 46 (1975) 7, S. 435 – 440.

Hensel, A.; Poluchin, P. I.; Poluchin, W. P.: Technologie der Metallformung, Eisen und NE-Metalle. Verlag für Grundstoffindustrie, Leipzig 1990.

Hensel, A.; Spittel, Th.: Kraft- und Arbeitsbedarf bildsamer Formgebungsverfahren. VEB Deutscher Verlag für Grundstoffindustrie, Leipzig 1978.

Hoff, H.; Dahl, Th.: Walzen und Kalibrieren. Verlag Stahleisen, Düsseldorf 1954.

Kawalla, R.; Lehmann, G.: „Neue Halbzeuge für Umformkomponenten", Tagungsband „Rohstoffe der Zukunft, neue Basiswerkstoffe und Technologien", Franke & Timme GmbH, Verlag für wissenschaftliche Literatur, Berlin 2005, S. 53 - 68 .

Kawalla, R.; Lehnert, W.: „Walzen von Stabstahl und Draht zu Beginn des 21. Jahrhunderts", „MEFORM 2002, TU Bergakademie Freiberg, Tagungsband S. 1 - 26.

Kunzmann, E.; Müller, O.: Methode zur Berechnung der Streckkaliberreihe. Stauchoval-Streckoval-Stauchoval. Neue Hütte 17 (1972) 3, S. 168-173.

Ludyga, J.: Die Bedeutung des mittleren Streckgrades bei der Verformung in irregulären Kalibern. Der Kalibreur (1966) 5, S. 29-48.

Ludyga, J.: Metallfluß in irregulären Kalibern. Der Kalibreur (1968) 8, S. 53-76.

Neumann, H.: Das Breitungsverhalten beim Kalibrieren von Winkelprofilen als Grundlage technischer Verfahrenskonzeptionen. Der Kalibreur (1970) 12, S. 19-48.

Neumann, H.: Kalibrieren von Walzen. VEB Deutscher Verlag f. Grundstoffindustrie, Leipzig 1963.

Neumann, H.: Zerlegung der Profile in Teile beim Kalibrieren von I-Stahl. Neue Hütte 7 (1962) 8, S. 480-486.

Orr, J. B.: Rolls pass design. United Steel Comp., Sheffield 1960.

Pawelski, O.; Neuschütz, E.: Beitrag zu den Grundlagen des Walzens in Streckkalibern. Forschungsberichte des Landes Nordrhein-Westfalen, Nr. 1775,1967.

Schlegel, C.: Werkstofffluß und Kontaktspannungen beim Walzen auf der Flachbahn und in ausgewählten Streckkalibern. Freiberger Forschungshefte, Bd. 190, VEB Deutscher Verlag.

Schneider, E.: Grundlagen des Walzens mit Kalibern. In: Grundlagen der bildsamen Formgebung, Verein Deutscher Eisenhüttenleute, Verlag Stahleisen, Düsseldorf 1966.

Siebel, E.: Berechnung der Walzkraft und des Leistungsbedarfs beim Walzen. FAG Wälzlager in Walzgerüsten. FAG Kugelfischer Georg Schäfer & Co., Publ. Nr. 17100, Schweinfurt.

Suppo, U.; Izzo, A.; Diana, P.: Anwendung eines elektronischen Rechners für Rundstahlkalibrierungen.

Wusatowski, Z.: Grundlagen des Walzens. VEB Deutscher Verlag für Grundstoffindustrie, Leipzig 1963.

Överstam, H.; Lundberg, S. E.: „Ein neuer Ansatz zu einem Modell zur Berechnung von Walzkraft und Walzmoment in Draht- und Stabstahlstraßen", Der Kalibreur (2008), H. 69, S. 65–74.

Zouhar, G.: Umformungskräfte beim Walzen in Streckkaliberreihen. Freiberger Forschungshefte, Bd. 52, Akademie-Verlag, Berlin 1960.

Norm

DIN 8583-2: Fertigungsverfahren Druckumformen - Teil 2: Walzen; Einordnung, Unterteilung, Begriffe für Grundstoffindustrie, Leipzig 1976.

3.1.3.2 Herstellung von großen Profilen

Thomas Nerzak, Ulrich Svejkovsky

3.1.3.2.1 Allgemeines und Produkte

Als große (schwere) Profile werden I-, H- oder U-Profile mit einer Höhe über 80 mm definiert. Diese Profile bestehen aus einer Stegfläche, die durch Radienübergänge mit zwei Flanschflächen verbunden ist. Die Flansche sind üblicherweise symmetrisch angeordnet und gleich breit. Die Außenflächen der Flansche sind parallel ausgebildet, während die Flanschinnenflächen sowohl parallel wie auch geneigt sein können.

Der Schwerpunkt der Produktion großer Profile liegt in einem Abmessungsbereich zwischen I80 und HE1000 (EN 10024, EN 10034) sowie U80 und U400 (EN 10279) bzw. vergleichbaren Profilen außereuropäischer Normen. Die längenspezifischen Gewichte der vorgenannten Produkte decken einen Bereich zwischen ca. 6 bis 350 kg/m ab. Die Fertigprodukte werden in verschiedenen Materialqualitäten angeboten, die sich durch ihre mechanischen und metallurgischen Eigenschaften unterscheiden. Diese Eigenschaften können durch die Zusammensetzung der Stahllegierung und die Temperaturführung während des Walzprozesses gezielt beeinflusst werden.

Walzstraßen für schwere Profile werden üblicherweise für eine Jahreskapazität von 400.000 bis 1.200.000 t Fertigprodukte ausgelegt, abhängig von der Fertig-Produktpalette und dem geplanten Nutzungsgrad der Anlage. Die erzielten Stundenleistungen variieren je nach Profiltyp und Anlagenauslegung zwischen ca. 60 bis 240 t/h. Die optimale Abstimmung und Automatisierung der einzelnen Produktionsschritte sowie die anforderungsgerechte Auslegung der Einzelmaschinen vom Nachwärmofen bis zur Bindeanlage und zum Versand gewährleistet die höchste Effizienz der Gesamtanlage.

3.1.3.2.2 Herstellung des Vormaterials

Als Ausgangsmaterial für den Walzprozess werden in modernen Anlagen ausschließlich stranggegossene Vorprofile eingesetzt, die entweder rechteckige (Blöcke) oder endabmessungsnahe Querschnittsformen (Beam Blanks, Abb. 3.87) aufweisen.

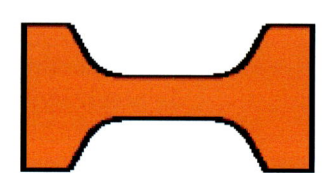

Abb. 3.87:
Beam Blank Vorprofil

Üblicherweise werden die Vorprofile im Hubbalken-Nachwärmofen durch den Einsatz von Gasbrennern entweder direkt aus der Stranggussanlage kommend (Warmeinsatz) oder nach Entnahme aus dem Blocklager (Kalteinsatz) auf eine Temperatur von üblicherweise 1250 °C aufgeheizt. Eine gleichmäßige Durchwärmung des Ausgangsmaterials garantiert dabei die gleichmäßige Qualität des Fertigproduktes. Nach der Entnahme aus dem Ofen werden die Stäbe mit einer Einsatzlänge von ungefähr 3 bis 15 m (Einsatzgewichte 1 bis 17 t) in der Hochdruck-Entzunderungsanlage mit einem Wasserdruck von über 200 bar vom Ofenzunder befreit, um das Einwalzen des Zunders zu verhindern.

3.1.3.2.3 Walzen von großen Profilen

Große Profile werden heute vorwiegend im Universal-Walzverfahren (Abb. 3.88) erzeugt. Abhängig von der Variation der Metergewichte des zu erzeugenden Produktprogramms kommen die folgenden Walzstraßenkonfigurationen zur Anwendung:

- Reversier-Konzept (mittelschwere bis schwere Profile, Abb. 3.82),
- Halb-Konti-Konzept (leichte bis mittelschwere Profile),
- Voll-Konti-Konzept (leichte Profile).

Die Flexibilität moderner Walzstraßen erlaubt mit leichten Modifikationen auch die Produktion von Schienen-, Spundwand- und Sonderprofilen in Profilstraßen (Svejkovsky 2007). Das Universalwalzverfahren hat sich auf Grund vielfältiger Vorteile, wie z. B. geringere Walzspaltreibung, reduzierter Walzenverschleiß, geringere Walzkräfte und bessere Oberflächenqualität auch für die Produktion von Schienenprofilen durchgesetzt (Abb. 3.89). Auch Winkel-, Spundwand- und Flachwulstprofile können z. B. durch den Umbau von Universal- in Duo-Gerüste mit der gleichen Gerüstanordnung gewalzt werden.

Durch die weitgehende Automatisierung von Walzen- (Gerüst-) und Richtrollenwechseln kann eine Walzstraße

Abb. 3.88: *Universal-(XH®-)Walzverfahren*

3.1.3 Längswalzen von Vollprofilen

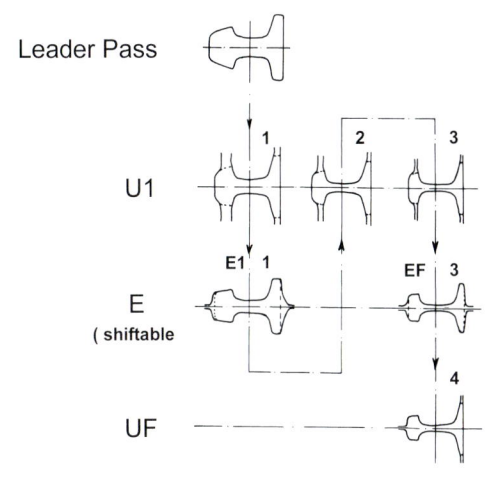

Leader Pass

U1

E (shiftable)

UF

Abb. 3.89: *Universal-Schienenwalzung in einer Kompakt-Walzgruppe, (Svejkovsky 2007)*

heute innerhalb von 20 Minuten auf ein neues Produkt umgerüstet werden. Durch die schnelle Wechselzeit können auch immer kleinere Losgrößen effektiv produziert werden, wodurch eine schnelle Reaktion auf Marktanforderungen gewährleistet ist. Diese Entwicklungen haben zu einer starken Ausweitung des Produktprogramms der Walzstraßen geführt.

Eine Reversier-Walzstraße besteht in der Regel aus einem schweren Duo-Vorgerüst (Breakdown (BD) Mill) mit zwei Horizontalwalzen (Abb. 3.90), in Verbindung mit einer Kantvorrichtung und einer nachfolgenden Kompakt-Walzgruppe (Abb. 3.90), die aus zwei Universal-Walzgerüsten (Universal Stands) und einem dazwischen angeordneten (Flanschen-)Stauchgerüst (Edger/Edging Stand) aufgebaut ist. Die drei Gerüste der Kompakt-Walzgruppe sind in der Regel gleichzeitig für einen Stab im Eingriff, während der Prozess zwischen dem Duo-Vorgerüst und der Kompakt-Walzgruppe durch einen freien Auslauf entkoppelt ist, sodass in beiden Teilen der Walzstraße parallel gewalzt werden kann.

Die Universal-Walzgerüste bearbeiten in einem Umformschritt gleichzeitig die Stegflächen durch den Einsatz der Horizontalwalzen und die Flanschflächen durch das Zusammenwirken der Vertikalwalzen mit den Seitenflächen der Horizontalwalzen (Abb. 3.90). Das Stauchgerüst dient dagegen ausschließlich der Kontrolle der Flanschbreite sowie der gezielten Bearbeitung der Flanschspitzen, die im Universal-Walzgerüst ansonsten unbearbeitet bleiben und einer freien Breitung ausgesetzt sind. Unter Verzicht auf ein gewisses Maß an Flexibilität kann das Stauchgerüst auch einen Teil der Stegabnahme übernehmen.

Varianten der beschriebenen Gerüstanordnung können durch die zusätzliche Einplanung eines zweiten Vorgerüstes oder zusätzlicher Fertiggerüste (Stauchgerüst und Universal-Gerüst oder einzelnes Universal-Gerüst) gebildet werden, um beispielsweise die Produktionskapazität zu erhöhen oder für bestimmte Produkte die erzielbaren geometrischen Toleranzen zu verbessern. Mit Ausnahme der gegebenenfalls eingesetzten zusätzlichen Fertiggerüste werden bei diesem Konzept alle Gerüste bzw. Gerüstgruppen als Reversiergerüste betrieben, d. h. die nachfolgenden Umformstufen werden durch Hin- und Herfahren des Stabes unter Verwendung nebeneinander liegender Kaliber auf den Walzen oder durch Zustellung der Walzen realisiert.

Für das Halb-Konti-Konzept wird die Kompakt-Walzgruppe des Reversier-Konzepts durch eine Anzahl von kontinuierlich, d. h. nicht-reversierend, arbeitenden Gerüsten ersetzt. Dem reversierend arbeitenden Duo-Vorgerüst folgen dann üblicherweise acht bis zehn Konti-Gerüste. Die Konti-Gerüste sind an die Aufgabenstellung angepasst als Universal-/Horizontal-, Vertikal- oder Wechsel-Gerüst (Einsatz als Horizontal- oder Vertikal-Gerüst möglich) auszuführen und geeignet in der Walzlinie hintereinander anzuordnen.

Beim Voll-Konti-Konzept wird darüber hinaus auch das reversierende Vorgerüst in gleicher Art und Weise durch

Abb. 3.90: *Duo-Vorgerüst und Kompakt-Walzgruppe einer Reversierstraße*

3.1 Walzen

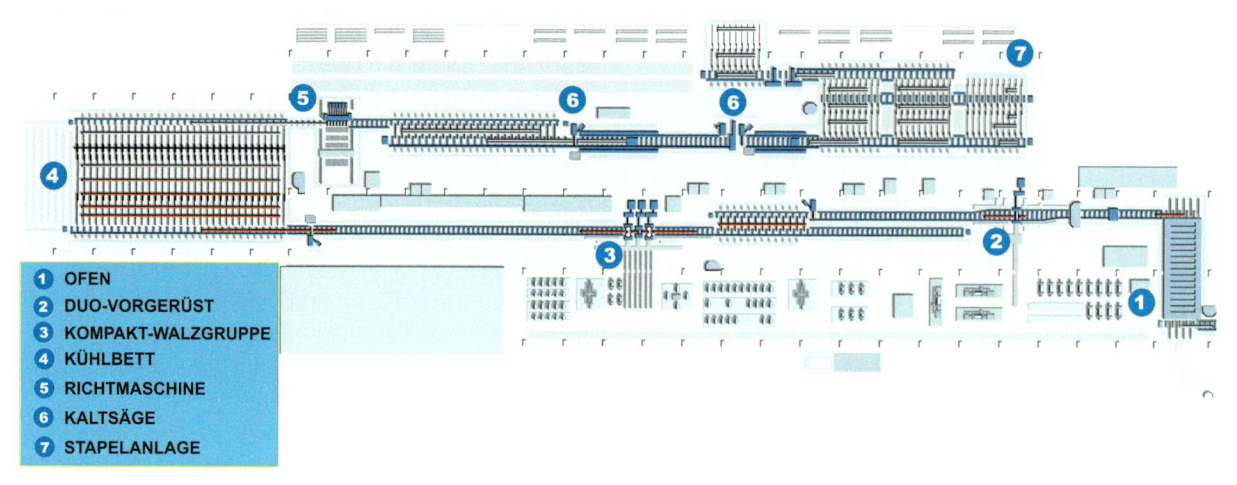

Abb. 3.91: *Reversier-Walzstraße für schwere Profile und Schienen (Svejkovsky 2007)*

1. OFEN
2. DUO-VORGERÜST
3. KOMPAKT-WALZGRUPPE
4. KÜHLBETT
5. RICHTMASCHINE
6. KALTSÄGE
7. STAPELANLAGE

zusätzliche Konti-Gerüste ersetzt. Eine voll kontinuierlich arbeitende Walzstraße für große Profile besteht je nach Aufgabenstellung aus 15 bis 18 Konti-Gerüsten (Abb. 3.92).

Die Grenzen zwischen den genannten Konzepten sind hierbei nicht scharf zu ziehen und die Auswahl des jeweils optimalen Konzepts hängt neben der Fertigproduktpalette von weiteren Randbedingungen wie den zur Verfügung stehenden Vorprofilen, Losgrößen, den räumlichen Verhältnissen, der angestrebten Jahresproduktion und den gewünschten Auswalzlängen ab.

Die Planung der Umformschritte und die Verteilung der Gesamtumformung auf die einzelnen Walzgerüste und damit die Festlegung der optimalen Anlagenkonfiguration werden als Kalibrierung bezeichnet. Das Ziel der Kalibrierung ist es, ein maßhaltiges, fehlerfreies Produkt mit optimiertem Aufwand an Energie und Material zu erzeugen. Der Kalibreur legt dabei auch die Aufteilung des Umformgrades auf die einzelnen Abschnitte des Profilquerschnitts fest, um das Auslaufverhalten des Stabes aus dem Gerüst zu kontrollieren und einen sicheren Einlauf in das nachfolgende Gerüst bzw. den Weitertransport sicherzustellen.

Der Transport der Stäbe erfolgt automatisiert über Fördereinrichtungen wie Rollgänge und Querschlepper. Nach der Entzunderung wird das Vorprofil dem Umformprozess zugeführt. Mit einer Anzahl von ca. 14 bis 23 Umformschritten wird das Fertigprofil aus dem Vormaterial gewalzt. Die eingesetzten Stäbe erfahren hierbei üblicherweise Verlängerungen um den Faktor 8 bis 20, in Extremfällen zwischen 4 (schwere Profile) bis 55 (leichte Profile), entsprechend den Flächenverhältnissen der Querschnitte des Vorprofils und des Fertigprodukts. Die Gerüste übertragen während des Walzprozesses Kräfte

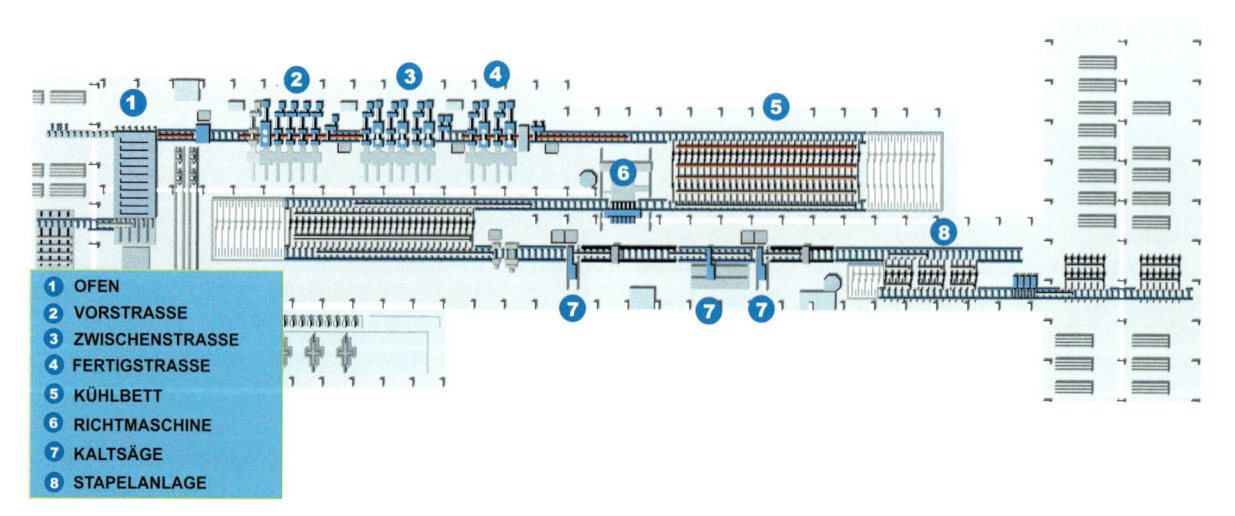

1. OFEN
2. VORSTRASSE
3. ZWISCHENSTRASSE
4. FERTIGSTRASSE
5. KÜHLBETT
6. RICHTMASCHINE
7. KALTSÄGE
8. STAPELANLAGE

Abb. 3.92: *Voll-Konti-Walzstraße für mittelschwere und leichte Profile*

bis zu 4.000 kN (Konti-Gerüste), 10.000 kN (Universal-Gerüst) bzw. 12.000 kN (Duo-Vorgerüst) und Momente von 100 kNm (Kontigerüst) bis 1.600 kNm (Duo-Vorgerüst und Universal-Gerüst) auf das Walzgut. Die erforderlichen Antriebsleistungen liegen im Bereich zwischen 800 kW (Konti-Gerüst) und 6.000 kW (Duo-Vorgerüst und Universal-Gerüst) bei Walzgeschwindigkeiten von 1 bis 10 m/s.

Durch den Einsatz einer automatischen Walzspaltregelung (AGC – Automatic Gauge Control) für die Gerüste können Schwankungen des einlaufenden Produkts durch gezielte Veränderung der Walzspalte ausgeregelt und so eine gleichbleibende Querschnittsgeometrie über die Stablänge garantiert werden. Zusätzlich ist hierfür erforderlich, die Geschwindigkeiten gleichzeitig im Eingriff befindlicher Gerüste durch eine Zugregelung zu kontrollieren.

3.1.3.2.4 Adjustage und Weiterverarbeitung

Nach dem Auslaufen aus dem letzten Walzgerüst werden die Walzstäbe mit einer Temperatur von ca. 750 bis 1.000 °C zum Kühlbett transportiert. Vor dem Eintrag in das Kühlbett werden die Profile mit Hilfe von Lasermesssystemen auf Toleranzhaltigkeit geprüft und anschließend durch den Einsatz von Heißsägen oder Scheren auf Kühlbettlänge geschnitten und/oder geschopft, um nicht vollständig ausgebildete Querschnitte (Walz-Zungen) am Anfang und Ende des Stabes zu entfernen. Weiterhin können Proben zur Überprüfung weiterer Qualitätsanforderungen geschnitten werden.

Auf dem Kühlbett erfolgt die Abkühlung des Walzgutes auf eine für den anschließenden Richtprozess erforderliche Temperatur von unter 80 °C. Die Abkühlung erfolgt durch den Strahlungsaustausch der Profile mit der Umgebung, durch natürliche Konvektion sowie gegebenenfalls mit Hilfe von Lüftern oder Wasserdüsen durch forcierte Abkühlung. Die Wärmeenergie wird durch Zu- und Abluftöffnungen in der Kühlbetthallenkonstruktion abgeführt.

Eine Richttemperatur von unter 80 °C garantiert eine ausreichend homogene Temperaturverteilung im Profilquerschnitt, um nach dem erfolgten Richtprozess eine erneute Verkrümmung der Profile zu verhindern. Der Richtprozess erfolgt durch gezielte plastische Biegedeformationen des Stabes in Rollenrichtmaschinen. Für besonders schwere Profile oder zwecks Behandlung ungerichteter Enden werden teilweise auch Richtpressen eingesetzt. Nach dem Richten werden die Profile in Lagen nebeneinander liegender Stäbe gesammelt und durch Kaltsägen bzw. Trennschleifmaschinen auf Auftrags-Fertiglängen (6 bis 24 m) aufgeteilt. Anschließend werden die Lagen teilweise wieder separiert und zu Paketlagen zusammengefasst, um sie schließlich in Pakete von 3 bis 10 t zu stapeln, zu binden und dem Versand per LKW oder Bahn zuzuführen.

3.1.3.3 Herstellung von Stäben und Drähten

3.1.3.3.1 Allgemeines und Produkte

Warmgewalzte Draht- und Stabstahlprodukte werden in verschiedenen Querschnittsformen, häufig als Rund-, Vierkant-, Flach- oder Sechskantstahl hergestellt. Die Normen EN 10017, EN 10108 (Walzdraht), EN 10060 (Rundstäbe), EN 10059, EN 10061 (Vierkant-, Sechskant-, Achtkantstäbe) sowie EN 10058, EN 10092-1, EN 10092-2 (Flachstäbe) definieren die Eigenschaften der genannten Produkte.

Drahterzeugnisse werden üblicherweise in einem Abmessungsbereich von Ø 5 bis 25 mm in Bunden mit regellos angeordneten Ringen geliefert. Typische Bundgewichte variieren von zwei bis drei Tonnen. Die in geraden Stäben mit Fertiglängen von sechs bis 24 m produzierten Stabstahlerzeugnisse haben im Regelfall Querschnittsabmessungen im Bereich von acht bis 150 mm Durchmesser. Die Bandbreite der Materialqualitäten reicht von niedrig gekohlten Güten bis zu Edelstahlqualitäten. Der überwiegende Anteil der Draht- und Stabstahlerzeugnisse wird mit runden Querschnittsformen produziert. Aus diesem Grunde beschränkt sich die nachfolgende Beschreibung auf diese Form.

Mit Knüppelfolgezeiten von 5 s werden Jahreskapazitäten zwischen 300.000 bis 700.000 t erzielt. Durch den Einsatz von Knüppelschweißmaschinen können Endloskonzepte realisiert werden, die die Effektivität der Anlagenausnutzung weiter erhöhen und die Belastung der Ausrüstungen durch die Reduzierung von Anstichstößen verringern. Mehradrige Walzstraßen erzielen Produktionen von über 1.000.000 t/a.

3.1.3.3.2 Herstellung des Vormaterials

Als Einsatzmaterial für die Walzung von Draht und Stabstahl werden stranggegossene quadratische Knüppelquerschnitte von 100 bis 180 mm Seitenlänge eingesetzt. Die Knüppel werden abhängig von der Materialqualität im Nachwärmofen auf Temperaturen zwischen 900 bis 1.100 °C aufgeheizt. Nach der Austragung aus dem Ofen werden die Stäbe mit Hochdruckwasser ent-

3.1 Walzen

zundert um Einwalzungen des Zundermaterials zu verhindern.

3.1.3.3.3 Walzen von Stäben und Drähten

In einer Abfolge von bis zu 30 Umformschritten werden die Knüppel nach der Erwärmung auf Walztemperatur zunächst in rechteckigen Kalibern, nachfolgend in Oval-Rund-Kalibern umgeformt. Zwischen den Walzgerüstgruppen werden Scheren eingesetzt, um Anfang und Ende des Stabes schopfen zu können und damit aufgerissene Teilstücke entfernen zu können, um einen stabilen Durchlauf durch die nachfolgenden Umformschritte zu gewährleisten oder im Störungsfall den Stab zu zerteilen. Schlingentische in horizontaler oder vertikaler Anordnung gewährleisten eine Zugentkopplung zwischen den Walzgerüstgruppen und gewährleisten so die Maßhaltigkeit des Produkts über die gesamte Auswalzlänge sowie eine Reduzierung des Kaliberverschleißes.

Die überwiegende Anzahl der Walzgerüste wird als 2-Walzen-Gerüst mit horizontaler, vertikaler oder geneigter Anordnung eingesetzt. Die gebräuchlichste Gerüstanordnung ist die HV-Anordnung (Abb. 3.94) bei der im Wechsel zwischen horizontaler und vertikaler Walzenanordnung eine gleichmäßig gute Durchformung des Walzgutes erreicht wird, ohne den Stab zwischen den Gerüsten zu drallen.

Für größere Stabstahlabmessungen können Anlagenkonzepte in Halb-Konti-Anordnung eingesetzt werden. Für den überwiegenden Teil der Draht- und Stabstahlwalzwerke bietet allerdings die kontinuierliche Anordnung

Abb. 3.94: HV-Anordnung von Walzgerüsten in einer Drahtstraße (SMS Meer GmbH)

der Gerüste die höchste Effizienz (Abb. 3.93). Als Fertigwalzgerüste für Stabstahlerzeugnisse mit hohen Toleranzanforderungen kommen auch 3-Walzen-Anordnungen zum Einsatz (Abb. 3.95).

Einzelne Gerüste werden in Draht- und Stabstahlstraßen zu Gruppen zusammengefasst, um eine Entkopplung des Walzprozesses zu erreichen oder zwischen den Umformschritten durch gezielte Kühlung des Walzstabes metallurgische Eigenschaften einzustellen. Die letzten Umformungen werden für Drahterzeugnisse häufig in Walzblöcken vorgenommen. Diese Walzblöcke bestehen aus einer Anzahl von eng hintereinander angeordneten Einzelgerüsten (z. B. ein 8- oder 10-gerüstiger Block oder zwei Blöcke in 6+4-Anordnung mit zwischengeschalteter Kühlung) und garantieren die Einhaltung enger geometrischer Toleranzen des Fertigprodukts bis 0,1 mm.

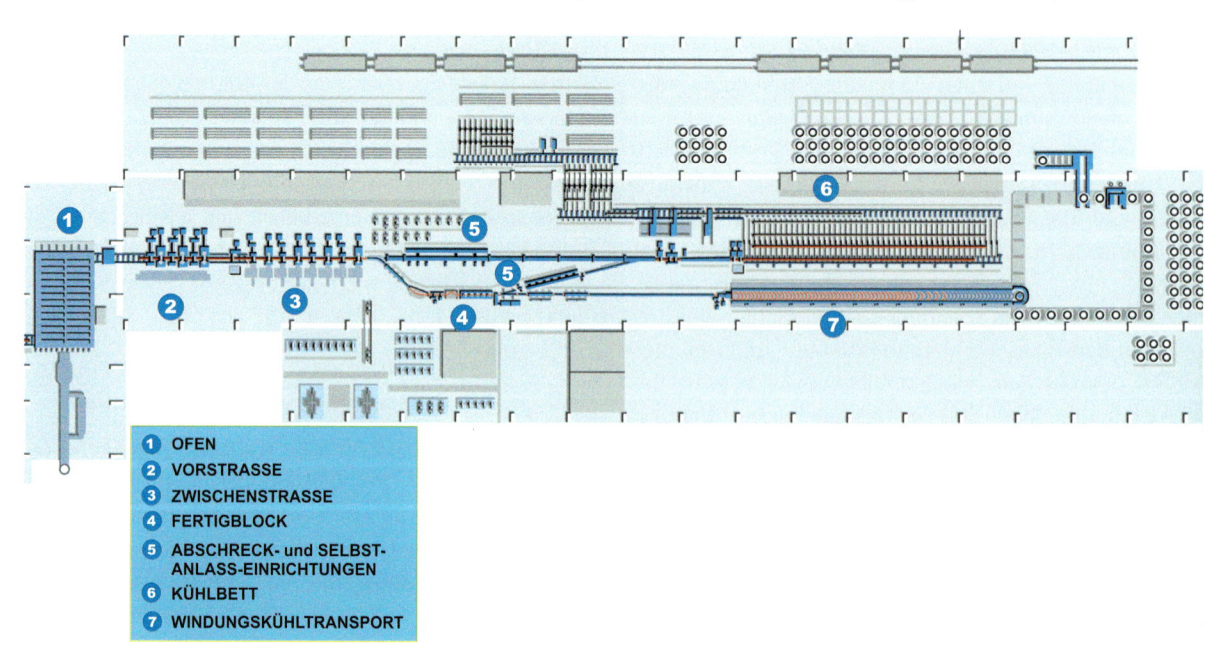

1. OFEN
2. VORSTRASSE
3. ZWISCHENSTRASSE
4. FERTIGBLOCK
5. ABSCHRECK- und SELBST-ANLASS-EINRICHTUNGEN
6. KÜHLBETT
7. WINDUNGSKÜHLTRANSPORT

Abb. 3.93: Typische Konfiguration einer kombinierten Draht- und Stabstahlstraße (SMS Meer GmbH)

3.1.3 Längswalzen von Vollprofilen

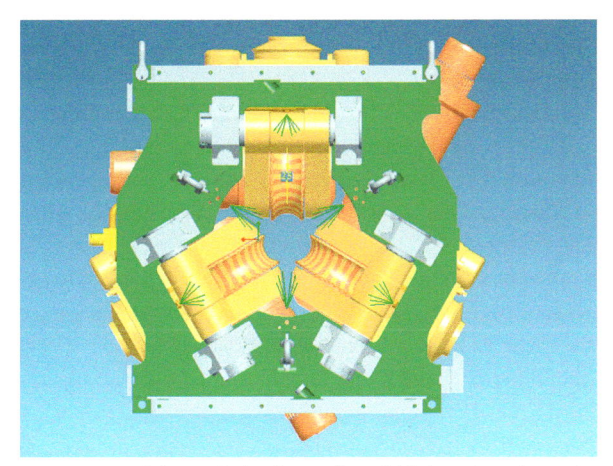

Abb. 3.95: Schematische Darstellung 3-Walzen-Anordnung in einem Präzisions-Maßwalzwerk (PSM) für Stabstahl (SMS Meer GmbH)

Für die Umsetzung thermomechanischer Walzkonzepte werden zusätzlich sogenannte „Loops" (Schleifen in der Straßenanordnung) eingefügt, um nach erfolgter Kühlung eine ausreichende Zeit für den Temperaturausgleich des Querschnitts zur Verfügung stellen zu können.

Auslaufgeschwindigkeiten aus dem letzten Walzgerüst erreichen Werte von bis zu 120 m/s für kleine Abmessungen bis ca. Ø 6,5 mm. Ein Knüppel mit einem Einsatzgewicht von 2 t ist dann z. B. für eine Fertigabmessung von Ø 5,5 mm auf eine Länge von annähernd 11 km ausgewalzt.

3.1.3.3.4 Adjustage und Weiterverarbeitung

Nach der letzten Umformung werden Drahterzeugnisse durch einen Windungsleger in Ringen von ca. 1.000 bis 1.100 mm Durchmesser auf einem Transportband abgelegt (Abb. 3.96). Auf diesem Transportband erfolgt je nach Materialgüte und gewünschter Eigenschaft eine weitere thermische Behandlung durch forcierte (Einsatz von Lüftern) oder verzögerte (Abdeckung des Transportbandes) Abkühlung des Walzgutes. Wie für den gesamten Prozess ist auch hier die Gleichmäßigkeit der Behandlung von entscheidender Bedeutung für die homogene Qualität des Walzproduktes. Beim Einsatz von Lüftern für die forcierte Abkühlung wird der Luftstrom deshalb durch Klappen-, Düsen- und Regelsysteme so über die Breite des Transportbandes verteilt, dass das Walzgut gleichmäßig abkühlt. Anschließend fallen die Ringe in eine unterhalb des Transportbandes angeordnete zylinderförmige Kammer, in der sie durch automatisierte Führungen zu einem möglichst gleichmäßigen Bund geformt werden. Der Abtransport der Bunde erfolgt üblicherweise über Hakenbahnen oder Palettentransporte, auf denen die Bunde weiter abkühlen und anschließend gepresst und gebunden werden. Stabstahlprodukte werden in Form gerader Stäbe ähnlich den großen Profilen auf ein Kühlbett transportiert. Zuvor unterteilt eine Schere größere Auswalzlängen. Nach der Abkühlung werden die Stäbe in Lagen auf Fertiglängen geschnitten und zu Bunden zusammengefasst. Für Auslaufgeschwindigkeiten bis zu 40 m/s werden auch Haspeleinrichtungen eingesetzt, die den Stab auf Spulen aufwickeln.

Literatur zu Kapiteln 3.1.3.2 und 3.1.3.3

Svejkovsky, U.; Nerzak, Th.: Modern Rail Production Using CCS and RailCool Technology. In: Stahl und Eisen 127 (2007), S. 55 – 60.

Abb. 3.96: Windungsleger und Ring-Transportband (SMS Meer GmbH)

3.1.4 Schräg- und Längswalzen von Rohren

Rolf Kümmerling

3.1.4.1 Allgemeines / Nahtlose Rohre

Nahtlose Rohre gliedern sich zum einen nach ihren Abmessungen, zum anderen nach ihren Verwendungszwecken. Anwendungsfelder sind: Ölfeld- und Leitungsrohre, Rohre für die Energiewirtschaft, Rohre für den Stahlbau und für mechanische Verwendungszwecke wie z. B. Zylinder, sowie Vorrohre für die Weiterverarbeitung. Mengenmäßig die größte Bedeutung haben Rohre aus Stahl. Im Jahr 2005 wurden in der BRD 3,65 Mio. t/a Stahlrohre erzeugt (vgl. Tab. 3.10). Das entspricht 8 Prozent der gesamten deutschen Rohstahlerzeugung von 44,5 Mio. t/a.

Tab. 3.10: *Übersicht der Erzeugung von Rohren aus Stahl für das Jahr 2005 in der BRD (VDEh 2009)*

	Erzeugung in Mio. t/a
Rohstahl	44,5
Rohre aus Stahl	3,65
Geschweißte Rohre	2,05
Nahtlose Rohre	1,61

Ein Anteil von 1,61 Mio. t/a wurde dabei als nahtloses Rohr ausgeführt.

Das Warmwalzen nahtloser Stahlrohre kann grundsätzlich in drei Verfahrensschritte gegliedert werden: Lochen zum Hohlblock, Strecken zum Mutterrohr, Fertigwalzen auf Rohrdurchmesser. Idealerweise wird hierbei jeder Schritt durch ein Aggregat abgedeckt. Verfahrensbedingt ist dies nicht immer möglich, sodass zusätzliche Hilfsaggregate zum Einsatz kommen, z. B. zum Vorstrecken oder auch zum Glätten der Innenoberfläche.

Abbildung 3.97 zeigt eine Übersicht über die wichtigsten Verfahren. Der Name der Walzstraße leitet sich hierbei immer aus dem Namen des Hauptstreckaggregats ab, z. B. „Stopfenstraße", wenn als Streckaggregat ein Stopfenwalzwerk verwendet wird.

3.1.4.2 Herstellung des Vormaterials

Als Vormaterial für nahtlose Rohre aus Stahl kommt hauptsächlich Rundstrangguss zum Einsatz. In der Regel handelt es sich um Blöcke von bis zu 5 m Länge. Vormaterial mit Abmessungen von über 400 mm Durchmesser wird meist als Gussblock (Ingot) eingesetzt. Höher legierte Werkstoffe werden je nach Umformvermögen und Gießverhalten aus größeren Abmessungen geschmiedet oder gewalzt.

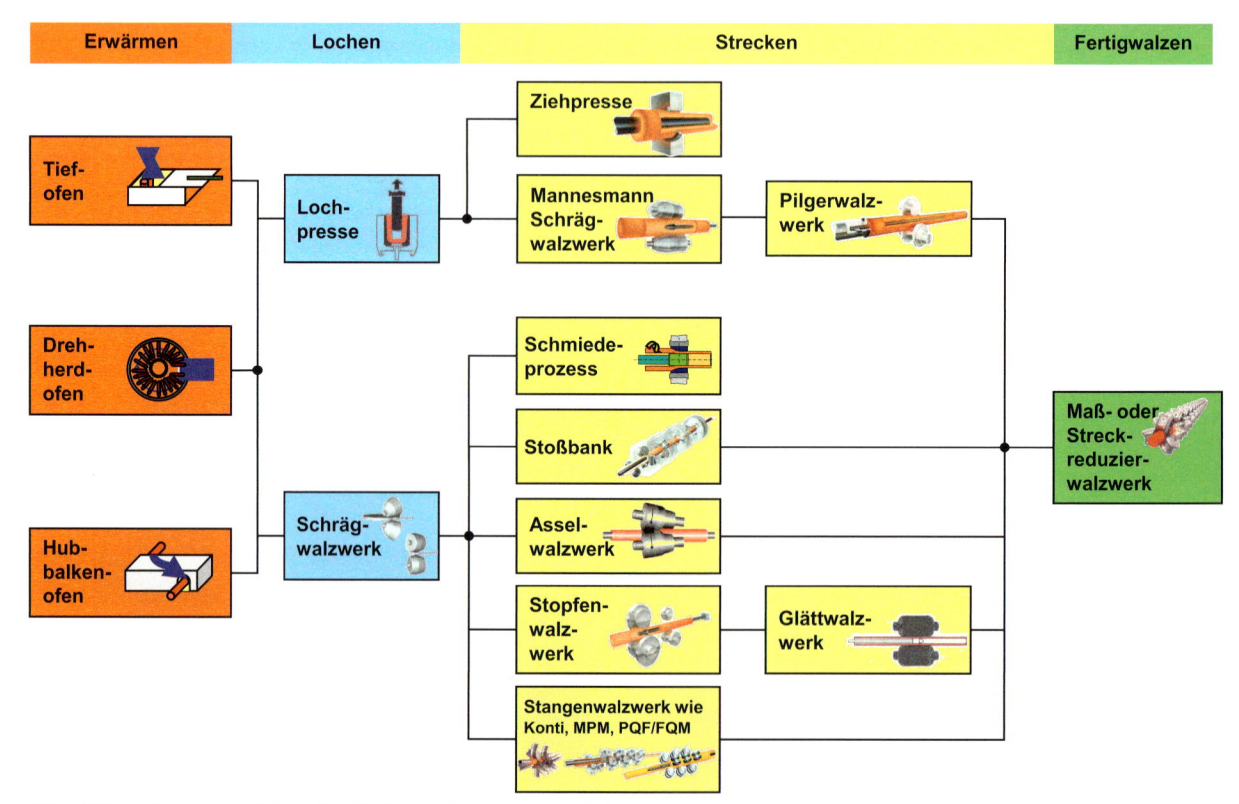

Abb. 3.97: *Gängige Verfahren für die Herstellung nahtloser Rohre*

Die Blockerwärmung erfolgt üblicherweise in Drehherdöfen, gelegentlich auch in Hubbalkenöfen. Bei Blöcken mit besonders großem Durchmesser und kurzer Länge können auch Tieföfen zum Einsatz kommen. Die Erwärmungstemperaturen für das Vormaterial liegen in der Regel zwischen 1.250 und 1.300 °C.

3.1.4.3 Lochen durch Schrägwalzen

Auf nahezu allen Fertigungsstraßen für nahtlose Rohre kommen heute Schrägwalzwerke zum Einsatz. Die Entwicklung dieses Verfahrens geht auf die Gebrüder Mannesmann zurück (1885). Der Prozess beruht auf folgendem Grundprinzip: Zwei gleichsinnig rotierende Walzen zwingen dem dazwischen liegenden Block eine schraubenlinienförmige Bewegung auf, sodass dieser über einen in der Walzlinie befindlichen Lochdorn zum Hohlblock gelocht wird. Dabei ist der Kern des zu lochenden Blockes in der sogenannten Friemelzone vor der Lochdornspitze durch die Drehung wechselweise Zug- und Druckspannungen ausgesetzt (Abb. 3.98). Es gilt diese so zu begrenzen, dass ein Aufreißen des Kernes möglichst vermieden wird.

Der natürliche Werkstofffluss beim Schrägwalzen ist in Umfangsrichtung des Walzgutes gerichtet. Eine Wanddickenabnahme führt somit zu einer Umfangsvergrößerung. Dieses Phänomen erlaubt es nicht, allein durch lochendes Schrägwalzen die gewünschten Wanddicken herzustellen. Ein Schrägwalzwerk in der ursprünglichen Bauart mit zwei horizontal angeordneten Walzen und einer oberhalb angeordneten Führungswalze wird auch Mannesmann-Schrägwalzwerk genannt.

Ralph Carl Stiefel gelang es, durch den Einbau mechanischer, feststehender Ober- und Unterführungen den Umfangsfluss des Walzgutes zu begrenzen und somit den realisierbaren Streckgrad im Schrägwalzprozess entscheidend zu verbessern. Ein solches Walzwerk mit horizontalen Tonnenwalzen und feststehenden Führungen wird heute noch als Stiefelschrägwalzwerk bezeichnet (Abb. 3.99).

Die Führungen sind hoher mechanischer wie auch thermischer Belastung ausgesetzt. Samuel E. Diescher ersetzte deshalb die feststehenden Führungen durch umlaufende große Scheiben, auch Diescherscheiben genannt (Abb. 3.99).

Eine weitere Entwicklung von Stiefel betrifft die Bauform, weg von tonnen- hin zu kegelförmigen Walzen.

Heutige Lochschrägwalzwerke haben nahezu immer eine vertikale Walzenanordnung, einen Kegelwinkel von 15° sowie umlaufende Diescherscheiben zur Walzgutführung (Grüner 1959; Brensing 1965; Bellmann 1993; Bellmann 1993/2).

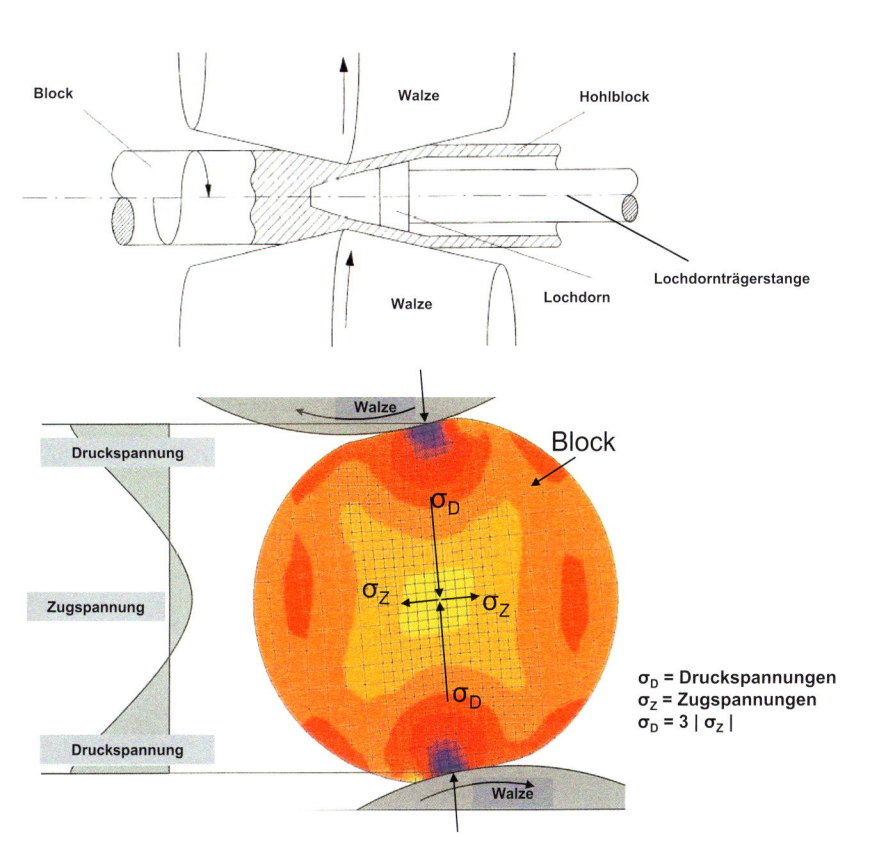

σ_D = Druckspannungen
σ_Z = Zugspannungen
$\sigma_D = 3 \mid \sigma_Z \mid$

Abb. 3.98: *Prinzip des Rohrwalzens (oben); Spannungszustand in der Friemelzone (unten)*

3.1 Walzen

Abb. 3.99: *links: Führungsschuhe nach Stiefel; rechts: Seitenführung mit Diescherscheiben (VFUP Riesa)*

3.1.4.4 Walzverfahren und Fertigungslininen

3.1.4.4.1 Pilgerstraße

Das Pilgern (Mannesmann 1890/91) ist ein automatisiertes Schmieden, wobei sich die beiden Pilgerwalzen entgegen der Walzrichtung drehen. Die Wanddickenabnahme erfolgt im Arbeitsteil der Walzen mit einem zylindrischen Pilgerdorn, der durch einen Manipulator, den „Vorholer", je nach Stellung der Pilgerwalzen vor- oder zurückgeholt und gedreht wird. Abbildung 3.100 zeigt schematisch den Pilgerprozess.

Das Pilgerverfahren ist das erste und damit klassische Verfahren zur Massenherstellung nahtloser Rohre. Heute ist es meist auf die Erzeugung von Rohren mit großen Außendurchmessern > 300 mm und mittleren bis dicken Wänden beschränkt. Durch den schmiedeähnlichen Prozess weist es Vorteile bei der Verarbeitung von Werkstoffen mit geringem Formänderungsvermögen auf.

Auf einer Pilgerstraße werden als Vormaterial meist Gussblöcke mit einem Kantenmaß bis 750 mm eingesetzt. Sie werden in einem Drehherdofen erwärmt und anschließend mit einer Lochpresse gelocht. Häufig folgt noch ein Walzen in einem Mannesmann-Schrägwalzwerk. Dies verringert die Anzahl der erforderlichen Vormaterialdurchmesser und dient gleichzeitig zum Durchlochen des Pressbodens (vgl. auch Abb. 3.97).

Nach dem Strecken im Pilgergerüst werden das nicht ausgewalzte Blockende (Pilgerkopf) und das vordere Ende ab-

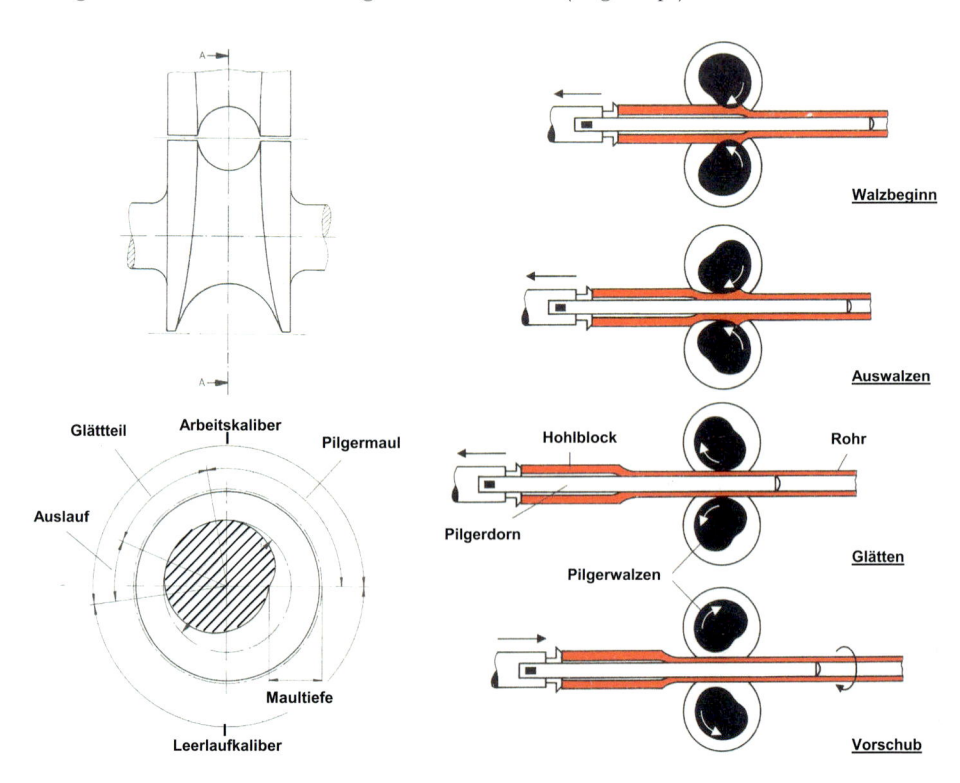

Abb. 3.100: *Ansicht einer Pilgerwalze mit Schnitt durch die Walze (links), schematische Darstellung des Pilgerwalzverfahrens (rechts)*

gesägt. Zum Fertigwalzen auf den geforderten Durchmesser kommen Zwei- oder Dreiwalzen-Maßwalzwerke meist mit drei Gerüsten zum Einsatz.

Pro Pilgergerüst können nur etwa 10 Rohre/Laufstunde gepilgert werden, was zu einer Jahrestonnage von etwa 150.000 t führt.

3.1.4.4.2 Stopfenstraße

Stiefel ersetzte in den dreißiger Jahren des 20. Jahrhunderts das Pilgern durch den Stopfenwalzprozess. Voraussetzung war hierfür, dass das Lochen über ein Stiefelschrägwalzwerk erfolgte und der Hohlblock in einem vom Aufbau gleichartigen, weiteren Schrägwalzwerk, dem Elongator, weiter vorgestreckt werden konnte.

Die Stopfenstraße war bis in die siebziger Jahre des letzten Jahrhunderts das meistgenutzte Verfahren zur Herstellung nahtloser Stahlrohre. Der Abmessungsbereich reichte von etwa 38 mm (1½") bis 406 mm (16"). Üblich waren Mutterrohrlängen von bis zu 14 m, selten bis 18 m. Heute liegt der häufigste Einsatzbereich zwischen 177,8 mm (7") und 406 mm (16").

Der Stopfenwalzprozess selbst ist in Abbildung 3.101 dargestellt. Dabei wird der Hohlblock in einem Duowalzwerk über einen Stopfen ausgewalzt. Wegen der im Flankenbereich verminderten Formänderung erfolgt die Wanddickenabnahme in zwei Stichen, wobei das Walzgut nach dem ersten Stich 90 Grad um seine Längsachse gedreht wird. Über angestellte Rückholwalzen kommt das Walzgut nach jedem Stich auf die Auslaufseite zurück. Die Wanddickenabnahmen betragen in Summe ungefähr 5 bis 7 mm (Lange 1988).

Das stehende Innenwerkzeug und die über den Umfang ungleichmäßige Formänderung bedingen vor dem Maßwalzen ein Glätten der Innenoberfläche, verbunden mit einer Vergleichmäßigung der Wanddicke. Dies erfolgt über Glättwalzwerke, auch „Reeler" genannt. Glättwalzwerke sind Tonnenschrägwalzwerke mit horizontaler Walzenanordnung und feststehenden Führungen. Wegen der geringen Austrittsgeschwindigkeit arbeiten meist zwei Reeler parallel.

Nach dem Reelen erfolgt ein Nachwärmen auf 950 bis 1000 °C um die Luppe anschließend in einem Dreiwalzen-Reduzierwalzwerk mit 6 bis 12 Gerüsten auf den gewünschten Enddurchmesser zu walzen (Spur 1983).

3.1.4.4.3 Rohrkontistraße

Rohrkontistraßen sind Hochleistungsstraßen, die zum Strecken mehrere unmittelbar hintereinander stehende Gerüste verwenden. Als Innenwerkzeug dienen zylindrische Walzstangen, weswegen auch der Name Stangenwalzwerk üblich ist.

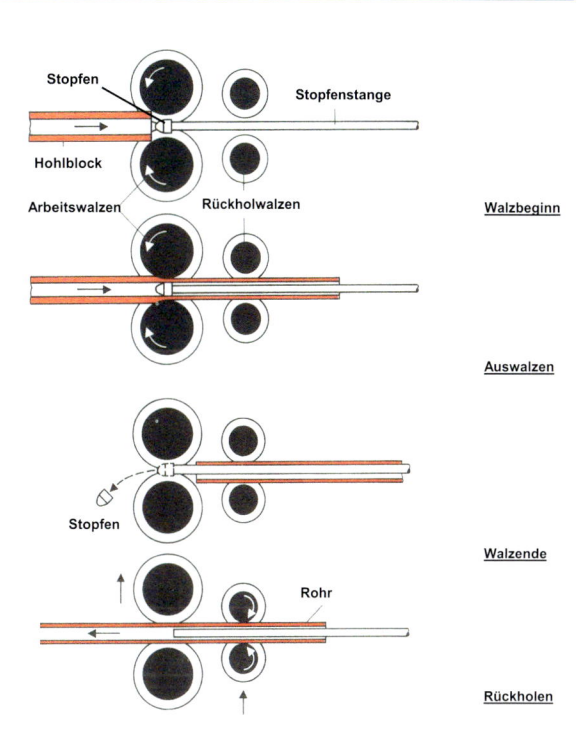

Abb. 3.101: Ablauf des Stopfenwalzens in vier Schritten

Bis 2004 waren die Gerüste mit je zwei Walzen bestückt und um 90 Grad zueinander versetzt angeordnet. Danach haben sich drei Walzen pro Gerüst durchgesetzt. Die Umformung (Abb. 3.102) ist homogener, und der mit dem gleichen Stangendurchmesser walzbare Wanddickenbereich bei einer Drei-Walzen-Anordnung ist etwa doppelt so groß im Vergleich zur Zwei-Walzen-Anordnung.

Neben der Anzahl Walzen je Gerüst unterscheiden sich die Rohrkontistraßen auch in der Art, wie die Walzstangen im Walzprozess zum Einsatz kommen: Frei mitlaufend (free floating), kontrolliert zurückgehalten (retained), zurückgehalten und zurückgezogen (retained and retracted).

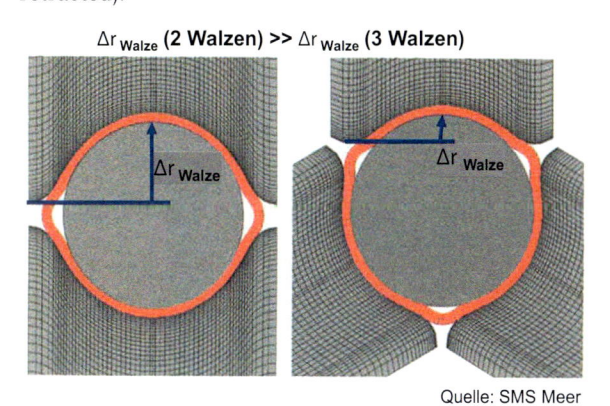

Δr_{Walze} (2 Walzen) $\gg$ Δr_{Walze} (3 Walzen)

Quelle: SMS Meer

Abb. 3.102: Gegenüberstellung der Verformung im Zwei- und Dreiwalzengerüst (SMS Meer GmbH)

Die ersten Rohrkontistraßen arbeiteten mit frei mitlaufenden Stangen im Abmessungsbereich von 1" bis etwa 5½" und einer Mutterrohrlänge von 24 m, später bis 7" und Mutterrohrlängen von 30 m. Mit den Drei-Walzen Gerüsten können mittlerweile Durchmesser bis 508 mm gewalzt werden.

Eine heutige Walzstraße besteht aus Drehherdofen, modernem 15°-Kegellocher, fünf bis sechs Drei-Walzengerüsten, drei Drei-Walzengerüsten zum Abziehen des Mutterrohres von der kontrolliert geführt und nach dem Abziehen auf die Einlaufseite zurückgezogenen Walzstange, optional aus einem Nachwärmofen und je nach Abmessungsbereich aus einem 24 bis 30 gerüstigen Streckreduzier- oder einem 10 bis 12 gerüstigen Maßwalzwerk. Hinzu kommen der Walzstangenumlauf mit kontrollierter Kühlung und Schmierung, Kühlbett und Rohrteilanlagen. Über ⅔ der nahtlosen Rohrtonnage wird mit Rohrkontistraßen hergestellt. Die Jahreskapazität reicht hierbei je nach Abmessung und Öffnungszeit von 300.000 bis 900.000 t.

3.1.4.4.4 Stoßbankverfahren (CPE, TPE)

In der älteren Variante besteht eine Stoßbankanlage aus den Aggregaten Drehherdofen, Lochpresse, Drei-Walzen-Schrägwalzelongator, Stoßbank, Stangenumlauf, Lösewalzwerk, Nachwärmofen, Streckreduzierwalzwerk, Kühlbett und Teilanlage. Beim CPE-Verfahren werden die Lochpresse und der folgende Elongator durch ein Zwei-Walzen-Schrägwalzwerk ersetzt. Damit die Stange den Hohlblock durch die Gerüste stoßen kann, drückt eine Kümpelpresse den Hohlblock auf die kopfseitig abgesetzte Stange. Die Gerüste sind mit drei nicht angetriebenen Walzen bestückt. Das Einstellen der Wanddicke erfolgt über ein Anstellen der Walzen in den letzten Gerüsten und über Gerüstwechsel.

Verfahrensbedingt wird das Walzgut spielfrei auf die Stange gewalzt. Um die Stange strippen zu können, läuft diese mit dem aufgewalzten Mutterrohr durch ein Lösewalzwerk, sodass die Stange dann über Ausziehwalzen aus dem Mutterrohr gezogen werden kann. Das Mutterrohr wird wieder erwärmt und dann auf die Fertigrohrabmessung streckreduziert. Die Stange läuft um und wird hierbei gezielt gekühlt und geschmiert.

Eine neuere Variante, das TPE-Verfahren, setzt an Stelle des Zwei-Walzen-Schrägwalzwerkes ein Drei-Walzen-Schrägwalzwerk ein.

Stoßbankanlagen sind besonders für das Walzen von dünn- bis mittelwandigen Rohren und Durchmessern von 1" bis 5½" geeignet. Die Jahrestonnage beträgt etwa 150.000 t.

3.1.4.4.5 Asseln

Das Streckaggregat bei Asselwalzwerken (Kümmerling 1989 und 1992) ist ein Drei-Walzen-Schrägwalzwerk mit einer Schulterkalibrierung. Als Innenwerkzeug dient eine geschmierte Walzstange.

Das gesamte Walzwerk besteht neben den Öfen aus Lochschrägwalzwerk, Asselwalzwerk, Stangenumlauf und Maßwalzen oder Streckreduzieren (bei neueren Anlagen). Altanlagen besitzen nach dem Maßwalzen noch einen Rotary Sizer, ein Schrägwalzwerk, welches das Rohr rundet, um eine spätere mechanische Bearbeitung zu begrenzen. Das ideale Einsatzgebiet sind mittel- und dickwandige Rohre mit einem Durchmesser-Wanddicken-Verhältnis kleiner 20, vornehmlich für die Kugellagerindustrie. Die maximalen Durchmesser liegen meist zwischen 200 und 300 mm, Jahreskapazität bei etwa 100.000 t.

3.1.4.4.6 Schmieden

Das Schmieden als Prozess zum Elongieren stellt eine weitere neue Entwicklung für die Herstellung mittel- und dickwandiger Rohre dar. Geschmiedet wird mit vier Hämmern gleichzeitig. Das Innenwerkzeug ist ein zylindrischer Dorn. Ein Maßwalzen ist nicht notwendig. Der Einsatzbereich beginnt bei etwa 180 mm Außendurchmesser. Von Vorteil sind die geringe Materialbeanspruchung und die Möglichkeit, Außenkonturen zu schmieden.

Literatur zu Kapitel 3.1.4

Bellmann, M.; Kümmerling, R.: Kriterien für die umformtechnische Bewertung von Lochschrägwalzwerken für die Herstellung nahtloser Rohre, Stahl und Eisen 113 (1993), Nr. 8, S. 47 – 53.

Bellmann, M.; Kümmerling, R.: Optimierung des Spreizwinkels von Lochschrägwalzwerken für die Herstellung nahtloser Rohre, Stahl und Eisen 113 (1993), Nr. 9, S. 111 – 117.

Brensing, K.-H.: Wahl der Umformbedingungen und Gestaltung der Werkzeuge beim Schrägwalzen, Bänder Bleche Rohre 6 (1965) Nr. 4, S. 184 – 189.

Grüner, P.: Das Walzen von Hohlkörpern und das Kalibrieren von Werkzeugen zur Herstellung nahtloser Rohre, Springer, Berlin, 1959, S. 218 – 226.

Kümmerling, R.: Comparison of various cross-rolling processes for elongation stages in the production of seamless tubes, Metallurgical Plant and Technology International 1/1992, S. 48 – 57.

Kümmerling, R.: Das Schrägwalzen von Rohren, Stahl und Eisen 109 (1989) Heft 9, 10/89, S. 503 – 511.

Lange, K.: Umformtechnik – Handbuch für Industrie und Wissenschaft – Massivumformung; 2, Berlin, Springer, 1988.

Spur, G. (Hrsg.): Handbuch der Fertigungstechnik; Band 2/1 Umformen, Hanser, München 1989.

VDEh (Hrsg.): Statistisches Jahrbuch der Stahlindustrie 2009/2010.

3.1.5 Ringwalzen

Ulrich Koppers, Dennis Michl

Unter Ringwalzen wird das Umformverfahren zur Herstellung von nahtlosen Ringen aus Stahl und NE-Metallen verstanden. Unterschieden werden können die Warmumformung und die Kaltumformung, wobei der Warmumformung die größere Bedeutung zuzuordnen ist, da das Kaltumformen auf geringe Durchmesserzunahme beschränkt ist.

Das Einsatzgebiet von ringgewalzten Produkten ist vielfältig. So findet man ringgewalzte Produkte u. a. im Großgetriebebau, im Behälterbau, als Strukturringe in der Luft- und Raumfahrt, im Energiesektor als Turbinenkomponenten bis zu Komponenten für Windkraftanlagen, im Offshore-Bereich, im Sondermaschinenbau, in der Verkehrstechnik als Radreifen für Schienenfahrzeuge bis zu Schiebemuffen und Kegelrädern für PKW-Getriebe.

Unterscheiden lassen sich die unprofilierten, die radial und die axial profilierten Ringe (Abb. 3.103), die – entsprechend der Verfahrensvariante – in einem bzw. zwei Walzspalten gewalzt werden können.

Das geometrische Spektrum von Ringen, die heutzutage auf Radial- bzw. Radial-Axial-Ringwalzmaschinen hergestellt werden können, reicht von wenigen 100 mm bis zu 9.500 mm im Außendurchmesser und Ringhöhen bis zu 4.000 mm. Stückgewichte solcher extrem dimensionierter Ringe können bis zu 150 Tonnen betragen. Ringwalzmaschinen, auf denen solche extremen Ringdimensionen gefertigt werden können, verfügen über radiale Walzkräfte von bis zu 25.000 kN und eine axiale Walzkraft von bis zu 10.000 kN.

3.1.5.1 Berechnungen und Grundlagen

Die Ringwachsgeschwindigkeit wird aus der Verknüpfung der Walzgeschwindigkeit und den beiden bezogenen Formänderungen im Radial- und Axialwalzspalt beschrieben:

$$\dot{d}_m = \frac{v_{1r}}{\pi} \cdot \varepsilon_{Qr} + \frac{v_{1a}}{\pi} \cdot \varepsilon_{Qa} \tag{3.69}$$

Alle Größen sind zeitabhängig.

3.1.5.1.1 Mittlere radiale und axiale Auslaufgeschwindigkeit

Die Umfangsgeschwindigkeit der Hauptwalze v_H ist während des Walzablaufes konstant (Abb. 3.104), wogegen die Umfangsgeschwindigkeit v_K der Axialwalzen in Abhängigkeit des Ringdurchmessers und der geforderten Ringlage zur Maschinenachse kontinuierlich geregelt wird (Koppers 1991).

Die Umfangsgeschwindigkeit des Ringes an der äußeren Faser am Radialwalzspaltaustritt entspricht der Hauptwalzengeschwindigkeit v_H. Da der Ring um die Achse rotiert, liegt auslaufseitig in radialer Richtung ein lineares Geschwindigkeitsprofil vor. Die mittlere Auslaufgeschwindigkeit im Radialwalzspalt v_{1r} ergibt sich aus der Walzgeschwindigkeit v_H, der Wanddicke s_{1r} und dem mittleren Durchmesser d_m des Ringes. Es gilt nach Abbildung 3.104:

$$v_{1r} = v_H \cdot \frac{d_m}{[d_m + s_{1r}]} \tag{3.70}$$

Während der Walzung nimmt die mittlere Auslaufgeschwindigkeit v_{1r} zu und läuft mit wachsendem mittlerem Ringdurchmesser d_m und kleiner werdender Wanddicke s_{1r} asymptotisch gegen die Walzgeschwindigkeit v_H.

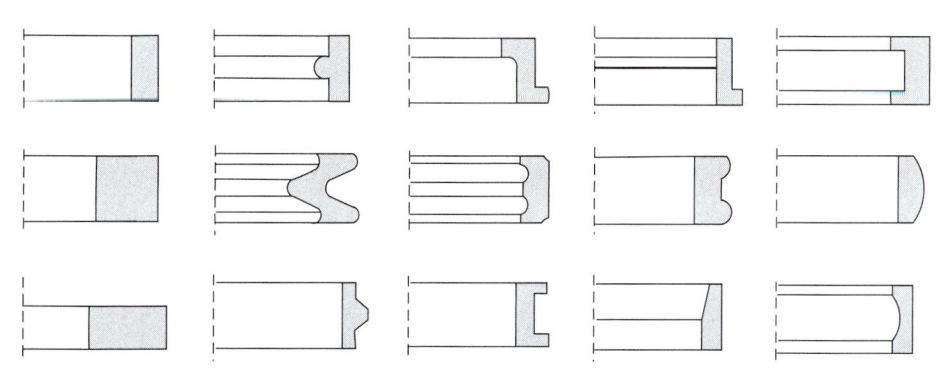

Abb. 3.103: *Profiltypen beim Ringwalzen*

3.1 Walzen

Radialwalzspalt (schematisch)

Einlaufseite — Auslaufseite

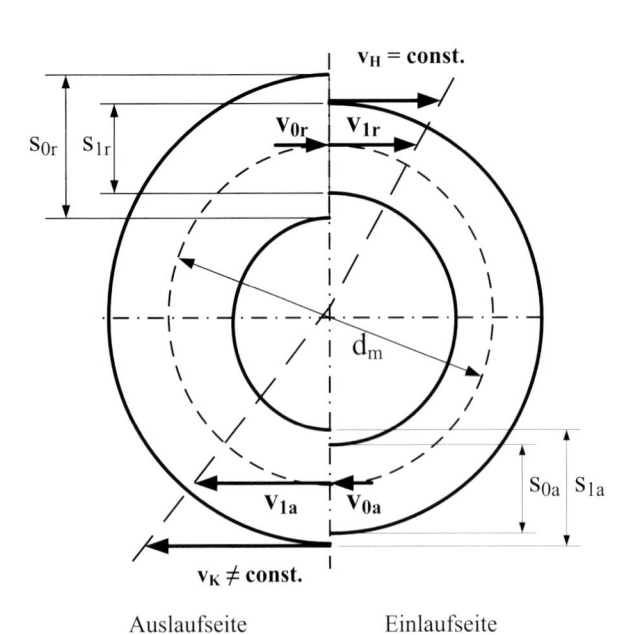

Auslaufseite — Einlaufseite

$v_K \neq \text{const.}$

Axialwalzspalt (schematisch)

Abb. 3.104: Geometrische und kinematische Verhältnisse

3.1.5.1.2 Kontinuitätsbedingung

Aus der Volumenkonstanz im Walzspalt folgt, dass der Volumenstrom (Kontinuitätsbedingung) zwischen Ein- und Auslaufseite gleich groß ist. Mit dieser Kontinuitätsbedingung sind deshalb die Ein- und Auslaufgeschwindigkeiten eines Walzspaltes miteinander verknüpft.

Die Streckung des gesamten Ringumfangs pro Zeiteinheit wird durch die Differenzen der Ein- und Auslaufgeschwindigkeiten ausgedrückt durch:

$$\pi \cdot \dot{d}_m = v_{1r} - v_{0r} + v_{1a} - v_{0a} \qquad (3.71).$$

Hierbei gilt für die Geschwindigkeiten im Radial- und Axialwalzspalt:

$$v_{0r} = v_{1r} \cdot \frac{A_{1r}}{A_{0r}} \qquad \text{radial, (3.72) und}$$

$$v_{0a} = v_{1a} \cdot \frac{A_{1a}}{A_{0a}} \qquad \text{axial, (3.73)}.$$

3.1.5.1.3 Symmetriebedingung

Mit der Bedingung, dass der Ring symmetrisch zur Maschinenachse wächst, sind die Geschwindigkeiten des radialen und axialen Walzspaltes miteinander gekoppelt, d.h. Umfangszunahme der rechten Ringhälfte ist gleich Umfangszunahme der linken Ringhälfte:

$$\pi \cdot \dot{d}_m(t)_{rechts} = \pi \cdot \dot{d}_m(t)_{links} \quad \text{bzw.} \quad v_{1r} - v_{0a} = v_{1a} - v_{0r} \quad (3.74).$$

Durch Einsetzen von Gleichung 3.74 in die Kontinuitätsbedingung ergibt sich die Auslaufgeschwindigkeit im Axialwalzspalt v_{1a} als Funktion der radialen Einlaufgeschwindigkeit v_{1r}:

$$v_{1a} = v_{1r} \cdot \frac{[2 - \varepsilon_{Ar}]}{[2 - \varepsilon_{Aa}]} = v_{1r} \cdot Symfak \quad \text{mit}$$

$$Symfak = \frac{[2 - \varepsilon_{Ar}]}{[2 - \varepsilon_{Aa}]} \qquad (3.75).$$

ε_{Ar} und ε_{Aa} beschreiben die bezogenen Querschnittsabnahmen im entsprechenden Walzspalt.

3.1.5.1.4 Kopplung der Kinematik und Formänderung im Radial- und Axialwalzspalt

Das Verknüpfen der Kontinuitätsbedingung mit der Symmetriebedingung führt zu der nichtlinearen Differentialgleichung zur Beschreibung des Radial-Axial-Ringwalzprozesses:

$$\dot{d}_m = \frac{v_{1r}}{\pi} \cdot [\varepsilon_{Ar} + \varepsilon_{Aa} \cdot Symfak] \qquad (3.76).$$

Beeinflusst wird das Ringwachstum also von der radialen Auslaufgeschwindigkeit und den Querschnittsabnahmen in den Walzspalten.

3.1.5.1.5 Umformzonengeometrie

Die Umformzonen (Abb. 3.105) beim Ringwalzen unterscheiden sich von den Umformzonen beim symmetrischen Längswalzen (Koppers 1992). So werden im Radialwalzspalt für Haupt- und Dornwalze unterschiedlichen Werkzeugdurchmesser eingesetzt. Im Axialwalzspalt nehmen – durch die zwei kegelförmigen Walzen – die arbeitenden Werkzeugradien vom Innendurchmesser zum Außendurchmesser des Ringes hin zu.

3.1.5.1.6 Radialwalzspalt

Als gedrückte Länge werden analog zum symmetrischen Flachwalzen die Projektionen der Kantenlängen zwischen Walzen und Walzgut bezeichnet. Real ergeben sich die unterschiedlichen gedrückten Längen an Hauptwalze l_H und Dornwalze l_D.

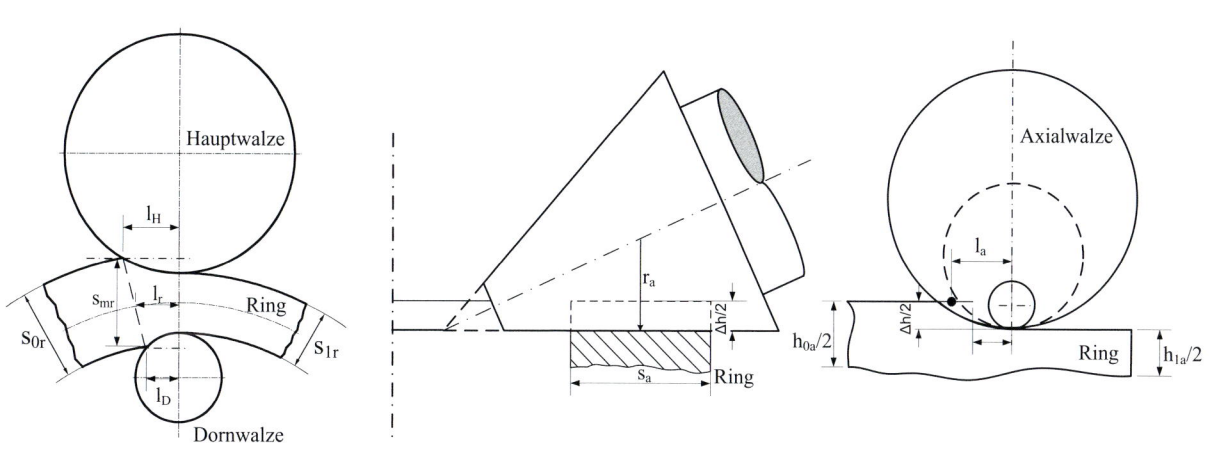

Radialwalzspalt (Draufsicht) **Axialwalzspalt (Seitenansicht)** **Axialwalzspalt (Frontansicht)**

Abb. 3.105:   Umformzonengeometrie des Radial- und Axialwalzspaltes

Für die gedrückten Längen l_H und l_D an Haupt- und Dornwalze gilt:

$$l_H = \sqrt{\Delta s_H \cdot d'_H} \quad (3.77) \text{ und}$$

$$l_D = \sqrt{\Delta s_D \cdot d'_D} \quad (3.78),$$

d'_H und d'_D werden hierbei als ‚fiktive' Walzendurchmesser bezeichnet, die vorliegen müssten, wenn sich an einem nicht gekrümmten Walzgut bei den Einzelabnahmen Δs_H und Δs_D die gedrückten Längen ergeben würden. Es gilt:

$$d'_H = \frac{D \cdot d_H}{D + d_H} \quad \text{und} \quad d'_D = \frac{d \cdot d_D}{d - d_D} \quad \text{für} \quad d \geq 1.5 \cdot d_D \ .$$

Zur Definition von walzspaltkennzeichnenden Größen, wie das radiale Walzspaltverhältnis oder eine mittlere gedrückte Fläche im Radialwalzspalt, kann die mittlere gedrückte Länge l_r wie folgt formuliert werden:

$$l_r = \frac{1}{2}(l_H + l_D) = \sqrt{\Delta s \cdot r_r} \quad (3.79),$$

wobei r_r als „fiktiver" mittlerer Walzendurchmesser im Radialwalzspalt bezeichnet wird. Mit der Näherung $l_H = l_D = l_r$ ergibt sich der mittlere radiale Radius zu:

$$r_r = \frac{d'_H \cdot d'_D}{d'_H + d'_D} \quad (3.80).$$

Mit Kenntnis der mittleren gedrückten Länge kann die gedrückte Fläche im Radialwalzspalt definiert werden zu:

$$A_r = l_r \cdot h_{mr} \quad (3.81)$$

mit h_{mr} als mittlere Ringhöhe im Radialwalzspalt. Mit Kenntnis der gedrückten Fläche in Verbindung mit einem Umformwiderstand kann die radiale Walzkraft F_r bestimmt werden.

3.1.5.1.7 Axialwalzspalt

Für die gedrückte Länge im Axialwalzspalt gilt:

$$l_a = \sqrt{\Delta h \cdot r_a} \quad (3.82).$$

Der Radius r_a entspricht hierbei dem sogenannten Wirkradius der Axialwalze, der senkrecht auf der Ringstirnseite steht (vgl. Abb. 3.105). Für die axial gedrückte Fläche zwischen Axialwalzen und Ringstirnfläche ergibt sich

$$A_a = l_a \cdot s_{ma} \quad (3.83)$$

mit s_{ma} als mittlere gedrückte Ringwanddicke. Mit Kenntnis der gedrückten Fläche in Verbindung mit einem Umformwiderstand kann die axiale Walzkraft F_a bestimmt werden.

3.1.5.2 Herstellung von gewalzten Ringen

3.1.5.2.1   Herstellung des Vormaterials

Das Ausgangsprodukt des Ringwalzprozesses ist ein nahtloser, konzentrisch gelochter Vorring. Zur Herstellung des Vorringes wird vom stangenförmigen Vor- bzw. Rohmaterial ein Blockabschnitt abgetrennt, der über die geeigneten Blockabmessungen (Höhe zu Durchmesser) und das benötigte Einsatzgewicht verfügt (Abb. 3.106). Anschließend wird der Blockabschnitt auf Schmiedetemperatur erwärmt und in einer Rohlingpresse umgeformt und gelocht.

Vorringe für Ringe mit unprofiliertem Querschnitt, werden üblicherweise frei gestaucht und anschließend in einer zweiten Pressenoperation gelocht. Werden die Vorringe für radial profilierte Ringe eingesetzt, muss eine Volumenverteilung am Vorring in der Presse eingestellt werden, die der Volumenverteilung des Fertigringes na-

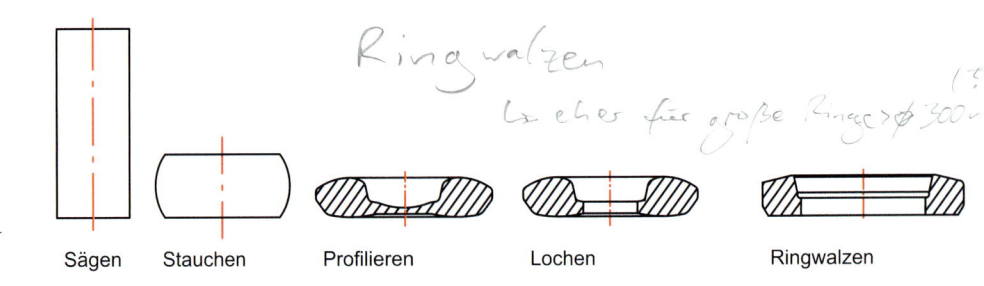

Abb. 3.106: *Darstellung der Prozesskette* — Sägen, Stauchen, Profilieren, Lochen, Ringwalzen

hezu gleicht. Dazu werden die Blockabschnitte in einem bzw. mehreren Prozessschritten im Gesenk bzw. in einem sogenannten „Topf" geschmiedet, um die geforderte Vorringgeometrie zu erzeugen. Abschließend folgt das Auslochen des Butzens.

Nach einer eventuell anschließenden Wiedererwärmung des hergestellten Vorringes erfolgt der Walzprozess, bei dem der Vorring zu einem Fertigring aufgewalzt wird.

3.1.5.2.2 Verfahrensprinzipien

Beim Radial-Axial-Ringwalzen (Abb. 3.107) erfolgt die Umformung eines Ringes in zwei Walzspalten. Der Radialwalzspalt wird gebildet von einer angetriebenen Hauptwalze und einer nicht angetriebenen Dornwalze. Durch den hydraulischen Vorschub der Dornwalze in Richtung der ortsfesten Hauptwalze wird die Wanddicke des Ringes reduziert. Der um 180° gegenüber dem Radialwalzspalt versetzte Axialwalzspalt besteht aus den beiden konischen Axialwalzen. Diese sind zumeist beide angetrieben. Durch den ebenfalls hydraulischen Vorschub der oberen Axialwalze in Richtung der unteren Axialwalze wird die Ringhöhe reduziert. Seitlich am Ring befinden sich die sogenannten Zentrierrollen, die unter anderem zur Führung und Stabilisierung des Walzprozesses dienen.

Der aktuell vorliegende Ringdurchmesser während des Walzprozesses wird mit Hilfe eines Messsystems erfasst, mit dem die Ringposition im Axialwalzspalt gemessen werden kann. Mit dem Abstand der Axialwalzen zur Hauptwalze ergibt sich letztendlich der Ringdurchmesser. Während Ringwalzmaschinen älterer Bauart überwiegend mit einer Tastrolle ausgestattet sind, werden heutzutage anstelle der Tastrolle Lasermesssysteme eingesetzt.

3.1.5.2.3 Walzstrategien und Prozessführung

Die hohe Flexibilität von Radial-Axial-Ringwalzmaschinen erlaubt es, eine Vielzahl von Ringprodukten auf diesen Walzmaschinen herzustellen (Michl 2006; Allwood 2005), indem spezielle Walzstrategien (Abb. 3.108) zum Einsatz kommen. Neben dem Walzen von Ringen mit unprofilierten und radial profilierten Ringquerschnitten, existieren Walzstrategien für das Walzen von Flanschen, Vollscheiben und von axial profilierten Ringquerschnitten. Durch den Einsatz einer speziellen Walzstrategie wurde ebenfalls das Walzen von Ringen aus hochfesten Titan- und Nickelbasislegierungen ermöglicht. (Kopp 1995).

Die Prozessführung erfolgt auf Grundlage umformtechnologischer Kriterien, die auf physikalischen Gesetzmäßigkeiten basieren. Die installierte Maschinenleistung wird optimal ausgenutzt, indem der Prozess immer an einer der Leistungsgrenzen geführt wird. Bei diesen Leistungsgrenzen handelt es sich um die maximale radiale oder axiale Walzkraft, das maximale radiale oder axiale

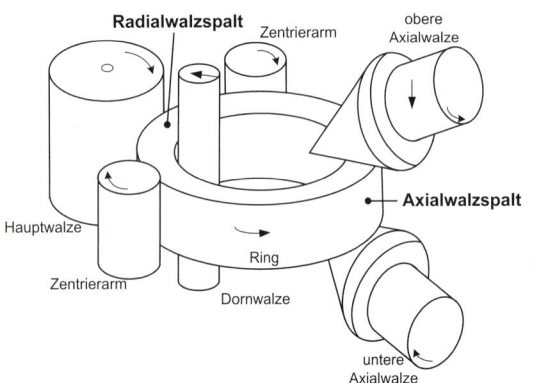

Abb. 3.107: *Prinzip des Radial-Axial-Ringwalzprozesses*

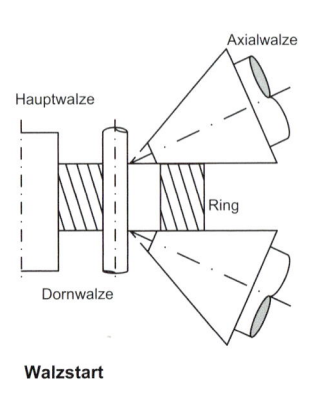

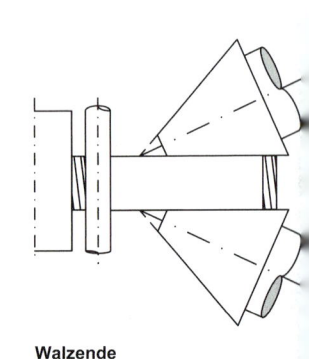

3.1.5 Ringwalzen

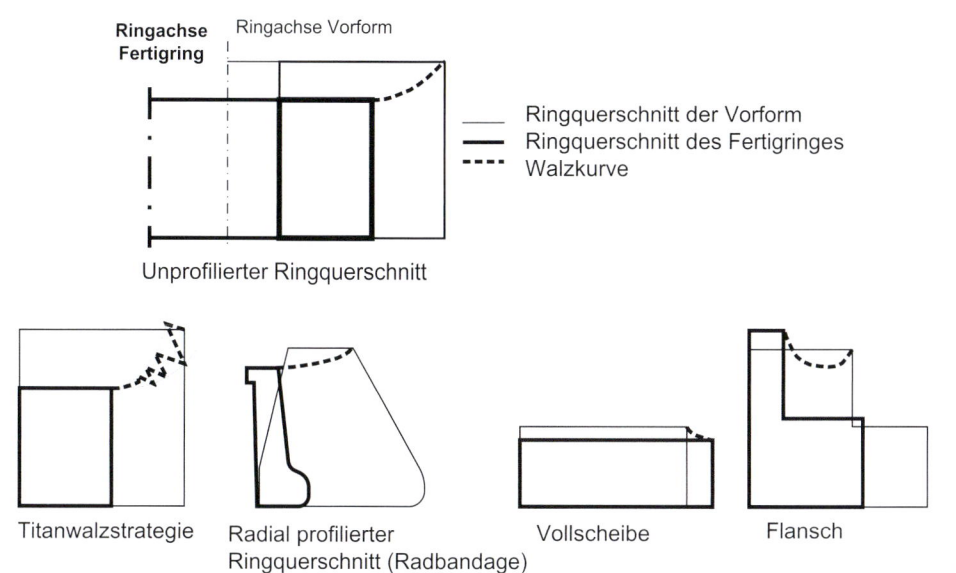

Abb. 3.108: Walzkurven für unterschiedliche Walzstrategien

(Unprofilierter Ringquerschnitt – Ringachse Fertigring / Ringachse Vorform; Ringquerschnitt der Vorform, Ringquerschnitt des Fertigringes, Walzkurve)

Titanwalzstrategie – Radial profilierter Ringquerschnitt (Radbandage) – Vollscheibe – Flansch

Motormoment bzw. um die maximale Ringwachsgeschwindigkeit. Während früher die Qualität der Produkte – z. B. bezogen auf Formfehler – überwiegend von den Erfahrungen des Bedienpersonals abhängig war, können heute gleichbleibende Qualitätsmerkmale, die durch den Walzprozess beeinflusst werden, durch den automatisierten Prozessablauf gewährleistet werden. (Koppers 2007; Allwood 2005 II). So kann heute die Walzkurve, die die technologische Kopplung der beiden Walzspalte beschreibt, automatisch berechnet werden und muss nicht mehr manuell vorgegeben werden. Der Vorteil hierbei ist, dass das optimale Verhältnis von Wanddicke zur Ringhöhe für den gesamten Walzverlauf berücksichtigt wird.

Während bei den Walzkurven für unprofilierte und radial profilierte Ringquerschnitte eine kontinuierliche Zustellung der beiden Walzspalte erfolgt, werden bei der sogenannten „Titanwalzstrategie", die Walzspalte im Wechsel geöffnet und geschlossen. Während des Walzens treten im Walzspalt an den Kanten der freien Ringflächen Breitungswülste auf. Durch das Verwalzen und die Neubildung der Wülste in den nachfolgenden Walzspalt ergeben sich hohe lokale Formänderungen und eine Konzentration der Umformenergie im Kantenbereich, die zur Kantenerwärmung führt. Speziell bei Ringen aus Material mit geringer Wärmeleitfähigkeit wird diese Erwärmung schlecht in den Restquerschnitt abgeleitet und es kommt zur Kantenüberhitzung mit einer entsprechenden Gefügeschädigung.

Beim Flanschwalzen (Abb. 3.109) wird versucht, zunächst das radiale Hauptwalzenkaliber zu füllen, indem der radiale und axiale Walzspalt zugestellt wird. Anschließend wird der axiale Walzspalt geöffnet, während der radiale Walzspalt weiter zugestellt wird. Hierdurch kann das Material gezielt axial steigen, wodurch die Höhe des fertig gewalzten Flansches die Höhe des eingesetzten Vorringes übersteigt. Das Walzen von Blindflanschen bzw. Vollscheiben erfolgt dagegen nur im Axialwalzspalt, mit dem Ziel, die Vorform im Durchmesser aufzuweiten und eine gleichmäßig ausgebildete Mantelfläche zu erzeugen.

Abb. 3.109: Flanschwalzen (links) und Vollscheibenwalzen auf einer Radial-Axial-Ringwalzmaschine (SMS Meer GmbH)

— Ringquerschnitt der Vorform
— Ringquerschnitt des Fertigringes
--- Walzkurve

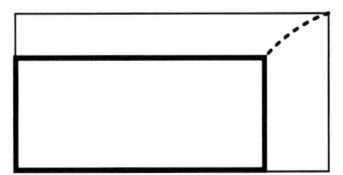

1. Stufe: Aufwalzen der Vorform

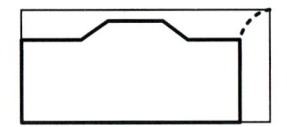

2. Stufe: Axiales Profilieren

Abb. 3.110: *Axiales Profilieren auf Radial-Axial-Ringwalzmaschinen, Walzstrategie (links), Prozess (rechts) (SMS Meer GmbH)*

Ein weiteres Verfahren ist das axiale Profilieren von nahtlosen Ringen (Abb. 3.110) auf Radial-Axial-Ringwalzmaschinen. Dort wird eine kalibrierte Axialwalze verwendet, bei der das Kaliber in dem hinteren Walzenbereich eingebracht ist. Hierdurch ist es möglich, innerhalb einer Walzhitze zunächst eine nicht profilierte Zwischenform aufzuwalzen, aus der nach Umsetzen der Axialwalze der axial profilierte Ring gewalzt wird.

3.1.5.2.4 Radial-Axial-Ringwalzmaschine

Die Funktionsweise einer Radial-Axial-Ringwalzmaschine (Abb. 3.111) wurde bereits unter Kapitel 3.1.5.2.2 erörtert. Die Maschinen setzen sich aus einem Radialteil und einem Axialteil zusammen. Beide Maschinenteile werden durch die Rahmenseitenteile, die sich im Hallenfundament befinden, miteinander verbunden. Im Ra-

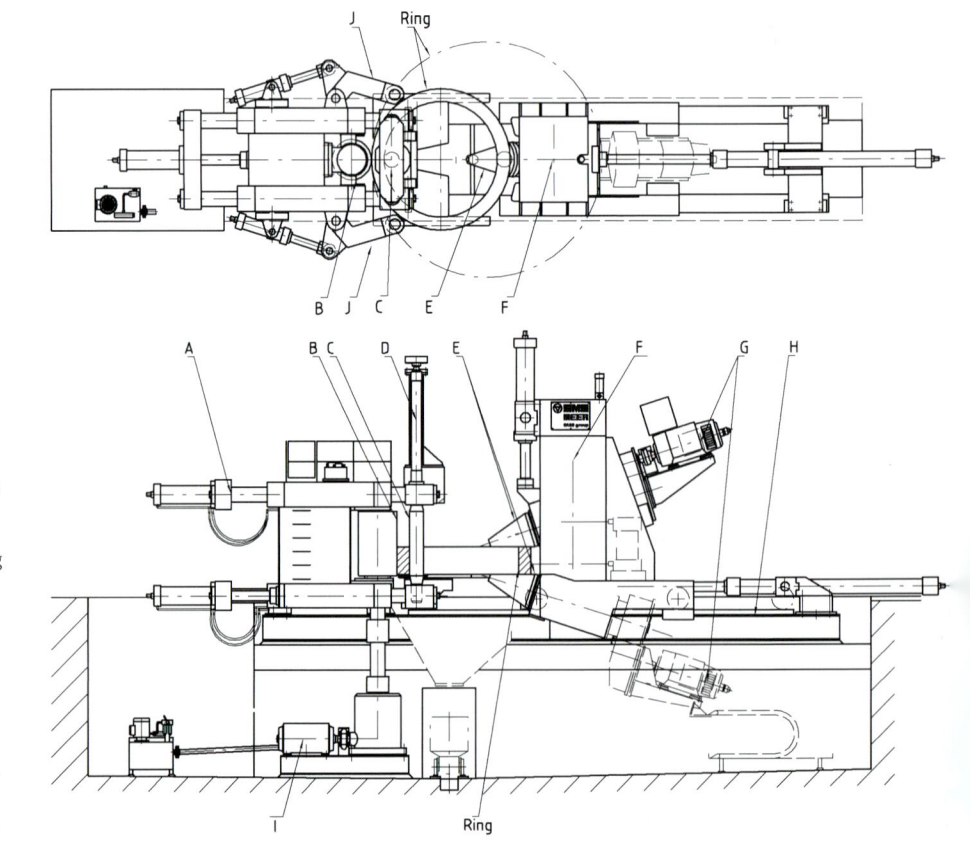

A Oberer Dornwalzenschlitten
B Hauptwalze
C Dornwalze
D Dornwalzenhebevorrichtung
E Axialwalzen
F Axialgerüst
G Axialwalzenantrieb
H Maschinenrahmen
I Hauptwalzenantrieb
J Zentrierarm

Abb. 3.111: *Aufbau einer Radial-Axial-Ringwalzmaschine (SMS Meer GmbH)*

dialteil ist die Hauptwalze an ihrem oberen und unteren Ende beidseitig gelagert. Die Dornwalze ist ebenfalls an ihrem oberen und unteren Ende gelagert. Bei Maschinen neuerer Bauart werden die Dornwalzenlagerungen in Dornwalzenschlitten angeordnet, die hydraulisch in horizontaler Richtung verfahrbar sind und durch Rundführungen im Radialteil geführt werden. Mittels einer Dornwalzenhebevorrichtung am oberen Dornwalzenlager wird die Dornwalze gehoben bzw. gesenkt. Der Antrieb der Hauptwalze (Radialgetriebe und Motor) befindet sich im Fundamentkeller unterhalb des Radialteils, bei kleineren Maschinenbaugrößen ist der Antrieb direkt an dem Maschinenrahmen montiert. Seitlich an dem Radialteil sind die beiden Zentrierarme angebracht, mit denen die Ringlage stabilisiert wird.

Das Axialteil besteht aus dem Axialgerüst, das horizontal auf dem Rahmenseitenteil verfahrbar ist. Im Axialgerüst befindet sich der obere Axialschlitten, der die obere Axialwalze und den dazugehörigen Antrieb aufnimmt. Die untere Axialwalze mit dem zugehörigen Antriebsstrang ist in dem Axialgerüst untergebracht.

3.1.5.2.5 Radial-Ringwalzmaschinen (RICA)

Unter RICA (Ringmill California) wird eine Radialwalzmaschine (Abb. 3.112 und 3.113) verstanden, bei der der Ring während der Umformung vertikal im Maschinenraum gehalten wird. Diese Maschinen werden überwiegend als kostengünstige Alternative zu Radial-Axial-Ringwalzmaschinen eingesetzt, mit denen hauptsächlich einfache Ringgeometrien erzeugt werden können, bzw. um Ringe vorzuprofilieren, die anschließend auf einer Radial-Axial-Walzmaschine fertig gewalzt werden und deren Leistungskapazität ohne diese Vorwalzung überschritten würde (Koppers 1990). Heutzutage werden diese Maschinentypen auch zum Walzen hochfester Werkstoffe eingesetzt (Lieb 2004), da durch den Maschinenaufbau kleine Dornwalzendurchmesser verwendet werden können und der Materialverlust beim Lochen der Vorringe entsprechend reduziert werden kann.

Der radiale Walzspalt wird durch eine angetriebene Hauptwalze und eine nicht angetriebene Dornwalze gebildet. Bei älteren Baureihen wird die Dornwalze hydraulisch gegen die ortsfeste Hauptwalze zugestellt, während bei den neuen Baureihen, die sich konstruktionstechnisch an einer 4-Säulenpresse orientieren, die Hauptwalze gegen die Dornwalze zugestellt wird. Die Dornwalze selber liegt auf Stützrollen des Dornwalzenschlittens auf, deren Abstand zueinander flexibel eingestellt werden kann. Die hierdurch positive Beeinflussung der Auflagerreaktion ermöglicht den Einsatz kleiner Dornwalzendurchmesser. Zusätzlich lässt die Schlittenkonstruktion

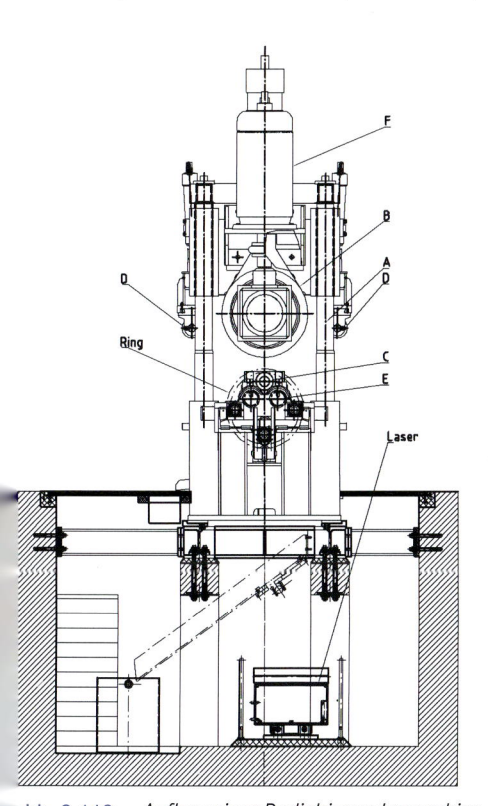

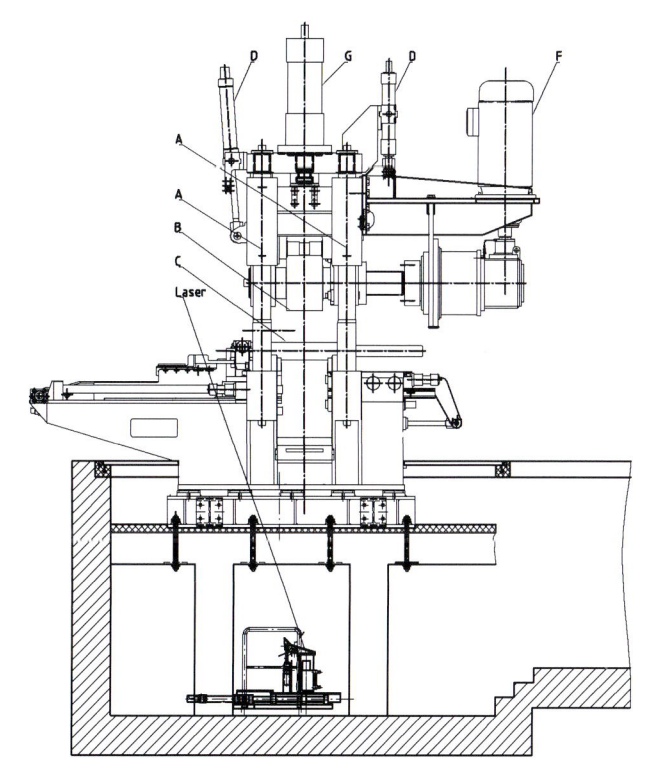

Abb. 3.112: Aufbau einer Radialringwalzmaschine
A Säule, B Hauptwalze, C Dornwalze, D Zentrierarm, E Stützrollen, F Hauptwalzenmotor (SMS Meer GmbH)

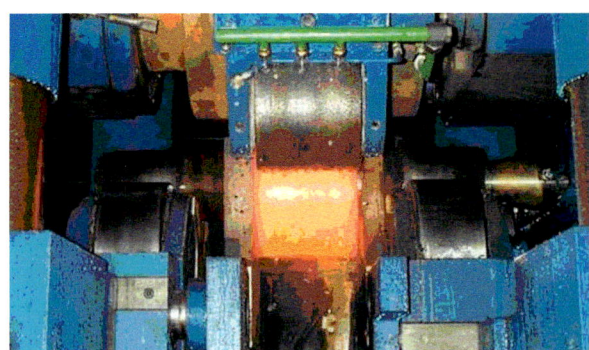

3.1 Walzen

Abb. 3.113: *Radial-Ringwalzmaschine (links), Arbeitsraum (rechts oben) und Dornwalze (rechts unten) (SMS Meer GmbH)*

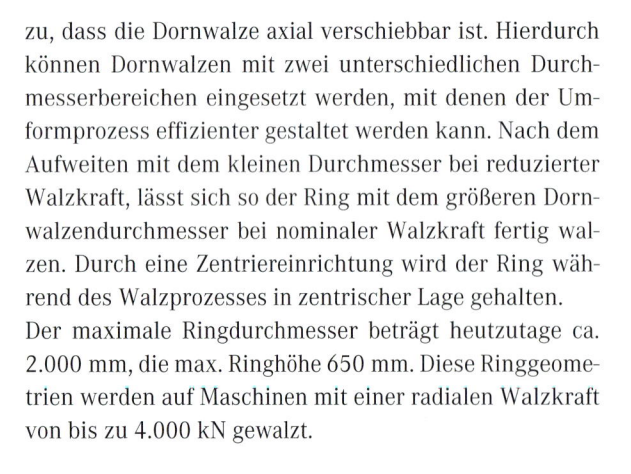

zu, dass die Dornwalze axial verschiebbar ist. Hierdurch können Dornwalzen mit zwei unterschiedlichen Durchmesserbereichen eingesetzt werden, mit denen der Umformprozess effizienter gestaltet werden kann. Nach dem Aufweiten mit dem kleinen Durchmesser bei reduzierter Walzkraft, lässt sich so der Ring mit dem größeren Dornwalzendurchmesser bei nominaler Walzkraft fertig walzen. Durch eine Zentriereinrichtung wird der Ring während des Walzprozesses in zentrischer Lage gehalten.

Der maximale Ringdurchmesser beträgt heutzutage ca. 2.000 mm, die max. Ringhöhe 650 mm. Diese Ringgeometrien werden auf Maschinen mit einer radialen Walzkraft von bis zu 4.000 kN gewalzt.

3.1.5.2.6 Mehrdorn-Ringwalzmaschine (MERW)

Bei den Mehrdorn-Ringwalzmaschinen (MERW) handelt es sich um rein mechanische Maschinen (Abb. 3.114 und 3.115), die für die Fertigung von radial profilierten Ringprodukten in Großserie konzeptioniert wurden. Der Ringdurchmesserbereich liegt – abhängig von der Maschinenbaugröße – zwischen 140 mm und 500 mm. Es können Ringhöhen bis 200 mm gewalzt werden.

Bei der MERW wird die angetriebene Hauptwalze gegen die ortsfeste – nicht angetriebene – Dornwalze zugestellt. Die Zustellbewegung der Hauptwalze erfolgt mit Hilfe eines Kurbeltriebs. Die drei Dornwalzen sind an einem gemeinsamen Revolverkopf angebracht, wobei die um 120° zueinander versetzten Dornwalzen jeweils an einer von drei Positionen: der Beladeposition, der Walzposition oder der Entladeposition, stehen. Ein Rohling, der sich an der Beladeposition befindet wird durch die Drehung des Revolverkopfes in die Walzposition eingezogen. Bevor der Ring fertig gewalzt wird, liegt ein neuer Rohling in der Beladeposition. Mit der nächsten Revolverkopfdrehung wird somit der fertig gewalzte Ring in die Entladeposition gezogen, gleichzeitig der neue Rohling in die Walzposition eingezogen und der nächste Walzzyklus eingeleitet.

3.1.5.2.7 Adjustage und Weiterverarbeitung

In Abhängigkeit von der geforderten Geometrietoleranz oder geforderten Materialeigenschaft können die Ringe nach dem Walzprozess auf einer Gesenkschmiede kalibriert werden (üblicherweise bei Ringprodukten für die Automobilindustrie bis zu 500 mm Ringdurchmesser) oder mit Hilfe eines Ringexpanders expandiert werden. Zu unterscheiden ist das Expandieren im warmen Zustand, bei dem der Fokus auf die geometrischen Eigenschaften gelegt wird, von dem Expandieren im kalten Zustand, bei dem insbesondere durch Kaltverfestigung die

3.1.5 Ringwalzen

Beladeposition A B C A D E F

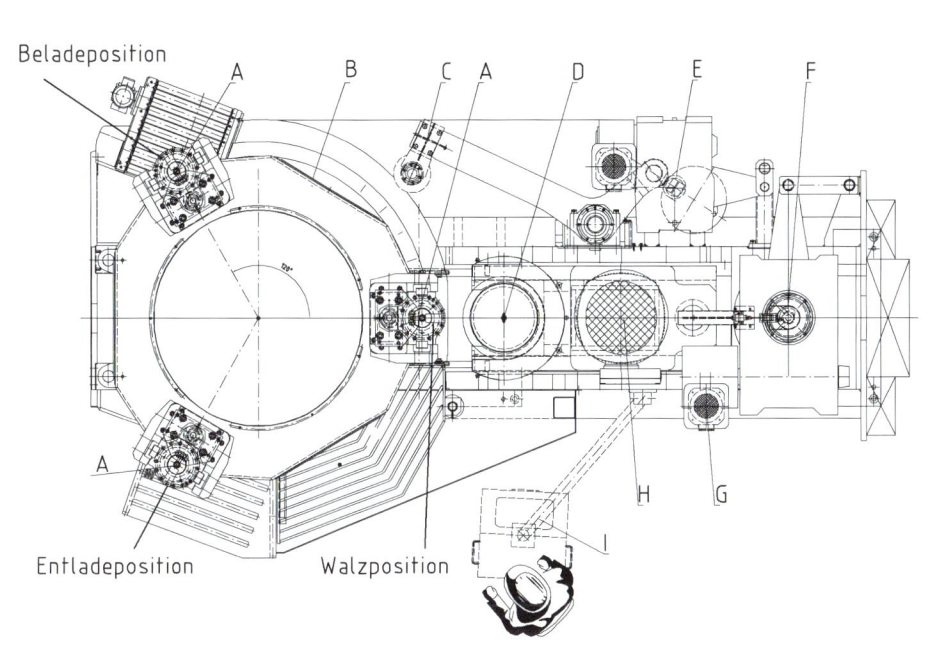

A Dornwalze(n)
B Revolverkopf
C Zentrierarm
D Hauptwalze
E Excenter-Zentrierung
F Kurbeltrieb-Walzschlitten
G Motor- Walzschlitten
H Hauptwalzenmotor
I Servicepult

Entladeposition   Walzposition   H   G   I

Abb. 3.114: *Aufbau der Mehrdornringwalzmaschine (SMS Meer GmbH)*

Abb. 3.115: *Fertigungslinie MERW32 (vorne) und Rohlingspresse (hinten), (SMS Meer GmbH)*

Materialeigenschaften positiv beeinflusst werden sollen. Abschließend erfolgt die Wärmebehandlung und spanende Endbearbeitung, um die geforderte Endgeometrie des Ringprodukts zu erhalten.

Literatur zu Kapitel 3.1.5

Allwood, J. M., Tekkaya, A. E., Stanistreet, T. F.: The Development of Ring Rolling Technology – Part 2: Investigation of Process Behaviour and Production Equipment; steel research int. 76 (2005) No 2/3; S. 111 – 120.

Kopp, R.; Kluge, A.; Wiegels, H.: Ring Rolling of Titanium Alloys; Production Engineering Vol. II/2 (1995), S. 71 – 74.

Koppers, U., Kopp, R.: Geometrie der Umformzone beim Ringwalzen; Sonderdruck steel research Nr. 2/92, S. 74 – 77.

Koppers, U., Kopp, R.: Geometrische und kinematische Grundlagen beim Ringwalzen; Sonderdruck steel research Nr. 6/91, S. 240 – 247.

Koppers, U., Lieb A.: Neue Entwicklung beim Walzen axial profilierter Ringe aus Stahl und NE-Metallen; 22. Aachener Stahlkolloquium 2007; RWTH-Aachen.

Koppers, U.: Neue Entwicklung beim Ringwalzen. Stahl und Eisen 110(5); 1990; S. 121 – 125.

Lieb, A.: Vertical and horizontal, hot and cold. Latest equipment developments; SMS Eumuco Technical Information 09; 2004.

Michl, D.; Koppers, U., Hirt, G; Tiedemann, I.: New Potential in the field of Ring Rolling Research. Proceedings of the 16th International Forgemaster Meeting. 15. bis 19. Oktober 2006, Sheffield, S. 353 – 361.

3.1.6 Einstellung der Gefügeeigenschaften beim Warm- und Kaltwalzen

Wolfgang Lehnert, Rudolf Kawalla

3.1.6.1 Werkstofftechnische Zielstellung der Umformung

Die Anforderungen an die Qualität umgeformter Produkte, die sich aus dem Einsatzgebiet und Verwendungszweck ableiten, beziehen sich generell auf deren Gestalt (Profilform, Abmessung, Maßhaltigkeit), Oberflächenbeschaffenheit (Topographie, Rauheit, Grad der Riss- und Narbenbehaftung) und vor allem auf eine bestimmte Kombination von mechanischen, technologischen als auch physikalischen sowie chemischen Eigenschaftswerten. Letztere sind zwar durch die chemische Zusammensetzung der Werkstoffe und die schmelz- und gießtechnische Herstellungsart vorgeprägt, werden aber entscheidend durch den Gefügeaufbau der Fertigprodukte bestimmt. Bei jeder Umformung finden nachhaltige Veränderungen in der Gefügemorphologie statt. Grundsätzlich sind Art, Kinetik und Ausmaß der bei der Umformung ausgelösten realen Struktur- und Gefügeänderungen außer von werkstoffbedingten Faktoren in hohem Maße von den technologischen Bedingungen abhängig. Beim Walzen sind vor allem der Umformgrad φ, die Umformgeschwindigkeit $\dot{\varphi}$, die Umformtemperatur ϑ, der Spannungszustand σ_m, die Umformzeit t_u sowie die Pausenzeit zwischen den einzelnen Umformschritten t_p ausschlaggebende verfahrenstechnische Parameter. Sie sind immer auf das Engste mit den im Werkstoff ablaufenden Gefügeevolutionen verknüpft, sodass im Umformprozess der Gefügeaufbau und die Werkstoffeigenschaften sowohl werkstoffgerecht als auch produktspezifisch beeinflussbar werden. Das Prinzip, die Umformung nicht als reine Gestaltänderung zu praktizieren, sondern zur zweckentsprechenden Modifizierung der Struktur und der Gefügemerkmale zu nutzen, hat der modernen Werkstofftechnologie wesentliche Impulse verliehen. Speziell bei Warmumformungen nach der Art einer Thermomechanischen Behandlung (TMB) wurden bemerkenswerte Verfahrensrationalisierungen und Gütesteigerungen erzielt. Es gelang, das werkstoffeigene Eigenschaftspotenzial noch stärker zur Geltung zu bringen und genauer auf den späteren Verwendungszweck abzustimmen. Das gilt für die Herstellung von Blechen und Bändern ebenso wie für das Walzen von Langprodukten und hat für alle anderen Umformverfahren Gültigkeit. Werkstoffwissenschaftliche Forschungen verdeutlichen, dass das Innovationspotenzial der TMB nach wie vor vielseitig ist und besonders durch Nutzung moderner Methoden der mathematischen Simulation, der Prozesssteuerung und Prozesskontrolle erschlossen werden kann. Im Bereich der Kaltumformung liegt der Schwerpunkt auf der kontrollierten Beeinflussung der Eigenschaften, die wiederum abhängig vom Gefügeaufbau sind.

3.1.6.2 Gefügeausbildung bei der Umformung

Werkstoffseitig ist das Mikro- und Makrogefüge durch die Kristallstruktur, die Stapelfehlerenergie, die Zahl und Dichte nulldimensionaler Gitterfehler und Versetzungen, die Korngröße, die Kornorientierung sowie die Art, Menge, Größe, Anordnung und Verteilung von Gefügephasen, Ausscheidungen und Einschlüssen gekennzeichnet. Durch die Umformung erfahren die Komponenten teilweise gravierende Veränderungen. Abbildung 3.116 gibt einen Überblick über die Gefügeentwicklung im Fall des Warmwalzens. Umformbedingte Änderungen in der Gefügemorphologie werden durch thermische Vorgänge überlagert.

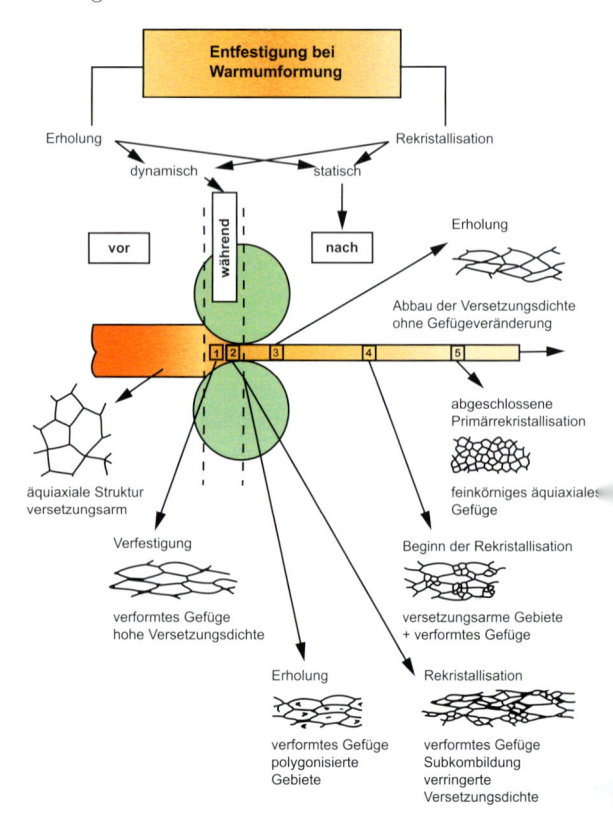

Abb. 3.116: *Gefügebildung beim Walzen bei höheren Temperaturen (Quelle: in Anlehnung an Hensel / Lehnert 1973)*

3.1.6.2.1 Umformbedingte Struktur- und Gefügeänderungen

Bildung von Leerstellen und Versetzungen

Elementarvorgang jedweder plastischen Formänderung, wie auch immer sie kristallografisch vonstatten geht, ist die Bildung und Wanderung von Versetzungen. Deren Bewegungsrichtung ist, je nachdem ob sie vom Typ der Stufen- oder Schraubenversetzungen sind, unterschiedlich eingeschränkt. Erstere sind in ihrer Bewegung an die Gleitebene gebunden und können nur in eine andere Ebene durch Diffusion von Leerstellen klettern, wodurch Versetzungssprünge entstehen. Schraubenversetzungen hingegen können quergleiten. Allerdings ist deren Quergleitfähigkeit umso stärker erschwert, je weiter die Versetzungen aufgespalten sind und je geringer die Stapelfehlerenergie des Werkstoffes ist. Gleichzeitig mit dem Anstieg der Versetzungsdichte werden neue Leerstellen gebildet und interstitiell gelöste Atome von ihren Verankerungen gerissen. Die eingebrachten Gitterstörungen bewirken eine Erhöhung der inneren Energie, den Aufbau von Spannungsfeldern und eine Änderung der mechanischen und physikalischen Eigenschaften des Werkstoffes, namentlich die Verfestigung.

Verfestigung

Ursächlich wird die Verfestigung bewirkt durch:

- die ansteigende Zahl der Versetzungen,
- die Verringerung der Versetzungslaufwege,
- die gegenseitigen Bewegungsbehinderung,
- das Durchkreuzen mit anderen Versetzungen, durch deren Aufstauung an den Korngrenzen,
- die Blockierung durch Ausscheidungen und Einschlüsse, durch das Versiegen der Versetzungsquellen, sowie
- die Wechselwirkung mit interstitiell gelösten Atomen.

Mit steigendem Umformgrad werden alle Festigkeitskennwerte signifikant erhöht, Zähigkeit und die plastischen Eigenschaften sowie die elektrische Leitfähigkeit zunehmend verringert. Bevorzugtes quantitatives Maß der Verfestigung ist der Anstieg der Fließkurve $k_f = f(\varphi)$ (Abb. 3.117).

Der $dk_f/d\varphi$-Verlauf, die Fließkurven selbst und erst recht der n-Wert gemäß des Fließkurvengesetzes von Ludwik-Nadai $k_f = k_{f1} \cdot \varphi^n$ (gültig für $\varphi > 0{,}03$) charakterisieren die Verfestigungsneigung der Werkstoffe nicht nur treffend, sondern spiegeln die stattfindenden Struktur- und Gefügeänderungen direkt wider. Die Einflüsse des Legierungsgehaltes, der Ausscheidungen und der Korngröße markieren sich besonders im ersten Bereich der Fließkurve. Während bei sehr geringen Umformgra-

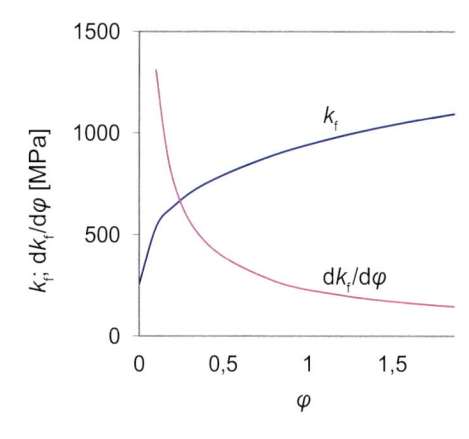

Abb. 3.117: *Fließkurve des Stahles C15 bei Raumtemperatur*

den die Versetzungsverteilung noch relativ homogen bleibt und die Verfestigung hoch ist, bildet sich im weiteren Umformverlauf in Abhängigkeit vom Werkstoff und der Umformtemperatur zunehmend eine dreidimensionale Zell- oder Substruktur heraus. Die Verfestigung wird mit steigendem Umformgrad geringer. Zugesetzte Legierungselemente fördern, sofern ihr Atomradius größer als der des Basismetalls ist, nicht nur die Mischkristallhärtung, sondern auch die Umformverfestigung. Der Verfestigungseffekt ist bei Einlagerungsmischkristallen höher als bei Substitutionsmischkristallen. Interstitiell gelöste Atome reichern sich energetisch bedingt vorzugsweise in Form von Cotrell-Wolken an den Versetzungen an, sodass deren Gleitfähigkeit eingeschränkt wird. Das Auftreten einer ausgeprägten Streckgrenze, die Fließfigurenbildung durch die Lüdersdehnung einerseits und durch aperiodische Unstetigkeiten im Verfestigungsgeschehen (Portevin-Le Chatelier-Effekt) andererseits sind ebenso wie die Alterung und Bildung von Rollknicken beim Walzen auf die Wechselwirkung zwischen gelösten Fremdatomen und den Versetzungen zurückzuführen. Dressieren, Streckrichten, Reckalterung, Bake-Hardening-Behandlung sind technische Verfahren, die diese Erscheinung unterdrücken bzw. nutzen. Die Verfestigung durch Ausscheidungen hängt von deren Art und Größe ab. Kleinere Teilchen können geschnitten, größere müssen umgangen werden. Wegen der unterschiedlichen Mechanismen steigt die zusätzlich erforderliche Scherspannung zunächst mit der Teilchengröße an, um dann wieder abzusinken. Die kritische Teilchengröße liegt im Bereich von etwa 1 nm. Der Einfluss der Korngröße besteht, da durch sie die Versetzungswege und die Spannungsüberhöhung vorgegeben sind. Kleinere Körner bedingen eine stärkere Verfestigung und eine höhere Umformfestigkeit, wie dies die Hall-Petch-Beziehung $k_f \sim d^{-\frac{1}{2}}$ zum Ausdruck bringt.

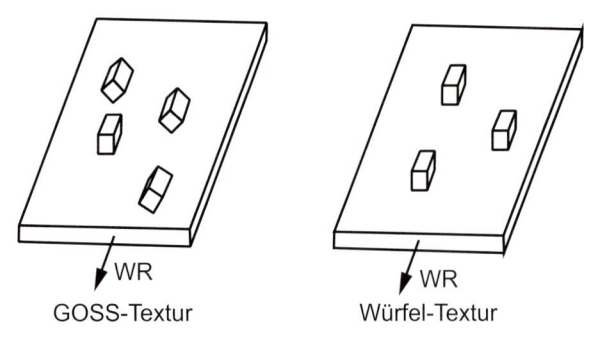

Abb. 3.118: Texturen in Blechen und Bändern

Kornstreckung

Bei der Umformung bleibt die Größe der einzelnen Körner unverändert. Ursprünglich äquiaxiale Körner werden gestaucht und gestreckt. Der Streckgrad entspricht der äußeren Formänderung. Während des Walzens erhält das Gefüge eine insgesamt linien- und flächenhafte Ausrichtung, wobei sich die Position der einzelnen Kristallite auf Grund der Stoffflussverhältnisse teilweise verschiebt. Zwangsläufig erhöht sich die spezifische Korngrenzenfläche S_V. Bestehende Netzwerke von Primärausscheidungen werden aufgerissen, Segregationen gedünnt, Anreicherungen von Begleit- und Spurenelementen anders verteilt. Durch die Aufstauung der Versetzungen an den Korngrenzen steigt die Zahl potenzieller Keimstellen für die Gefügeneubildung durch Rekristallisation, für Phasenumwandlungen und Ausscheidungen.

Texturierung

Mit zunehmendem Umformgrad drehen sich die Kristallite mit ihren Gleitebenen in Richtung der wirkenden Spannungen und somit des Stoffflusses ein. Jeder Kristallit ändert seine Orientierung. Die Gesamtheit der Kristallite erfährt eine Ausrichtung in eine bevorzugte meist stabile Lage, eine Textur. Beim Walzen von Flachmaterialien bildet sich eine Textur erhöhter Symmetrie heraus. Typische Walztexturen sind die Cu-Lage {211}<111>; Ms-Lage {011}<112>; GOSS-Lage {011}<100> und die Würfellage {001}<100> (Abb. 3.118).

In dem Maße, wie die Textur schärfer wird, werden die Werkstoffeigenschaften anisotrop. Das betrifft die mechanischen Eigenschaften, besonders den E-Modul, die Magnetisierbarkeit und auch das Umformverhalten. Die plastische Anisotropie äußert sich in unterschiedlichen Fließspannungen in den Hauptspannungsachsen, in ungleichen Formänderungen beim Strecken und in der Zipfelbildung beim Tiefziehen. Quantitativ kann die Anisotropie einerseits durch die Fließortkurve, andererseits durch die r-Werte und deren Verteilung belegt werden.

3.1.6.2.2 Thermisch aktivierte Gefügebildungsvorgänge

Durch die an den Versetzungen, Korn- und Phasengrenzen gespeicherte Energie befindet sich der umgeformte Werkstoff im thermodynamischen Ungleichgewicht. Die erhöhte gespeicherte Energie ist Triebkraft für den Abbau der Verfestigung und die allmähliche Rückbildung des Mikro- und Makrogefüges bei entsprechender thermischer Aktivierung. Erholung, Rekristallisation und Kornwachstum sind Stadien dieses Prozesses, die signifikant temperatur- und zeitabhängig sind und von denen die beiden zuerst genannten sowohl dynamisch als auch statisch, d.h. während bzw. nach der Umformung, ablaufen können (Abb. 3.116). Sie führen zur Entfestigung und erhöhen die Umformbarkeit. Kennzeichnende Merkmale sind:

Erholung

Ausheilung punktförmiger Gitterfehler, gegenseitige Auslöschen, Umordnung und Polygonisation der Versetzungen durch Quergleiten und Klettern zu energetisch günstigeren Anordnungen unter Herausbildung einer relativ stabilen Substruktur. Das Makrogefüge bleibt unverändert. Die Eigenschaftsänderung ist in ihrem Ausmaß vom Umformgrad, der Umformgeschwindigkeit und der Temperatur abhängig. Im Temperaturbereich der Kaltumformung ist die Erholung die einzige Entfestigungsart in und zwischen den Umformstufen. Bei der Warmumformung ist die dynamische Erholung speziell bei Werkstoff

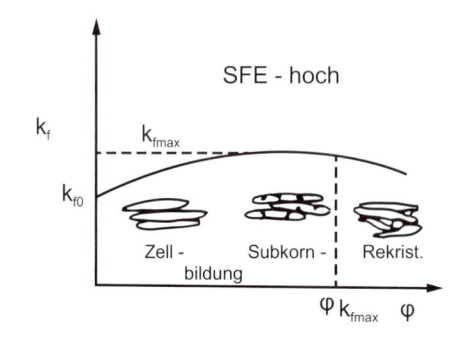

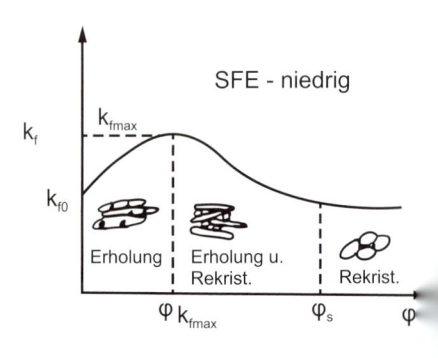

Abb. 3.119: Fließkurven von Metallen mit unterschiedlicher Stapelfehlerenergie (SFE)

fen mit hoher Stapelfehlerenergie dominant. Das drückt sich im Fließkurvenverlauf aus (Abb. 3.119).

Rekristallisation

Gefügeneubildung durch Wanderung von Großwinkelkorngrenzen, die über die Stadien Keimbildung und Keimwachstum vonstatten geht und wodurch versetzungsarme, völlig entfestigte Kristallite mit meist kleinerer Größe entstehen. Voraussetzung für die Auslösung der Rekristallisation ist, dass ein Mindestumformgrad aufgebracht wurde und die Temperatur über der für jeden Werkstoff spezifischen geringsten Rekristallisationstemperatur liegt. Verfahrenstechnische (φ, $\dot{\varphi}$, ϑ, σ_m) als auch werkstoffbezogene Faktoren (Art, Legierungsgehalt, Korngröße, Ausscheidungszustand, Reinheit) bestimmen maßgebend das dynamische und statische Rekristallisationsgeschehen und den erreichbaren Effekt der Kornfeinung. Außerdem wechselt die Walztextur in eine Rekristallisationstextur. Zeichen der dynamischen Rekristallisation ist, dass bei Werkstoffen mit niedriger Stapelfehlerenergie die Fließspannung ab einem bestimmten Wert abfällt.

Kornwachstum

Kontinuierliche Kornvergrößerung im direkten Anschluss an die Rekristallisation unter der Triebkraft der Verminderung der Korngrenzenenergie. Sofern die Korngrenzen in ihrer Bewegung nicht durch ausgeschiedene feine und stabile Teilchen, z.B. bei Stählen von Karbiden, Karbonitriden oder Nitriden, gehemmt werden, ändert sich die Häufigkeitsverteilung der Korngrößen nicht.

3.1.6.3 Gefüge- und Eigenschaftsbeeinflussung beim Umformen

3.1.6.3.1 Warmwalzen gegossener Vormaterialien

Gussgefüge sind auf Grund der Erstarrungsbedingungen durch eine feinglobulare Randzone, eine transkristalline Stengelkornzone und eine grobglobulare Kernzone gekennzeichnet. Die unterschiedlichen Abkühlungsgeschwindigkeiten in den Querschnittsbereichen führen zur Bildung von Seigerungen, Ausscheidungen und Gasporen, Ungänzen und Mikrolunkern. Zunehmende Erstarrungsgeschwindigkeiten bedingen zwar einen ungenügenden Konzentrationsausgleich beim Kristallwachstum, aber eine nicht unerhebliche Gefügefeinung, die sich besonders in der Größe des sekundären Dendritenarmabstandes ausdrückt. Während sich bei Stranggussbrammen aus Stahl mit < 220 mm Dicke der Dendritenarmabstand je nach Abstand von der Oberfläche zwischen 100 bis 300 µm einpegelt, beträgt er bei 45 bis 70 mm dicken Dünnbrammen 50 bis 120 µm. Er kann bei gegossenen ca. 10 mm dicken Dünnbändern unter 8 µm gesenkt werden. Zur Überführung des Gussgefüges in ein völlig globulitisches, gleichmäßiges und wesentlich feineres Gefüge muss bei der Umformung in allen Querschnittsbereichen Rekristallisation ausgelöst werden. Ein weiteres Kriterium für den Mindestumformgrad ergibt sich aus der Notwendigkeit, dass zur Erzielung günstiger Eigenschaftswerte besonders bezüglich der Zähigkeit alle Mikroporen und Mikrolunker geschlossen werden müssen. In Abbildung 3.120 sind die Veränderung der Dichte und

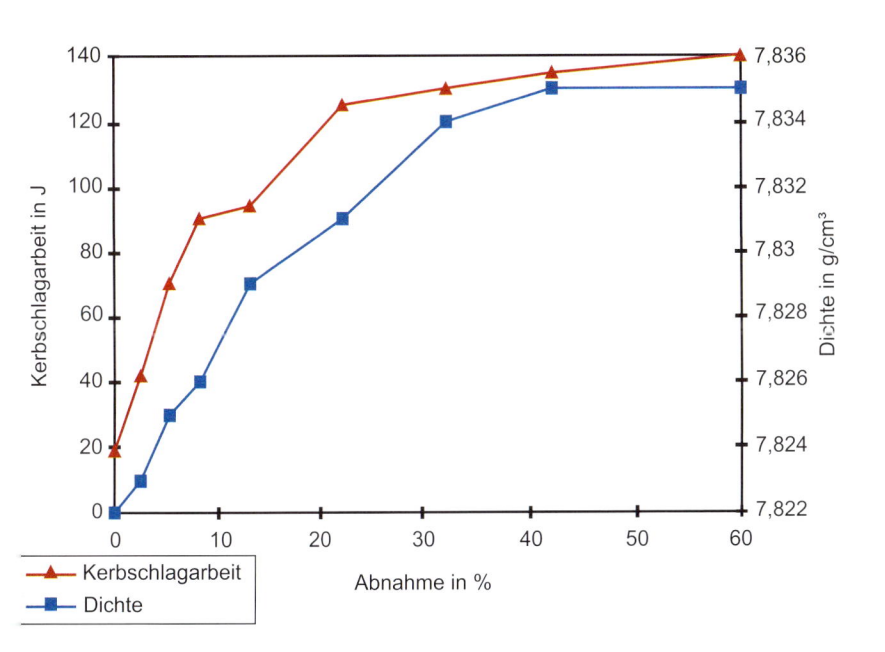

Abb. 3.120: *Dichte und Kerbschlagarbeit in Abhängigkeit der Gesamtabnahme beim Walzen gegossener Blöcke*

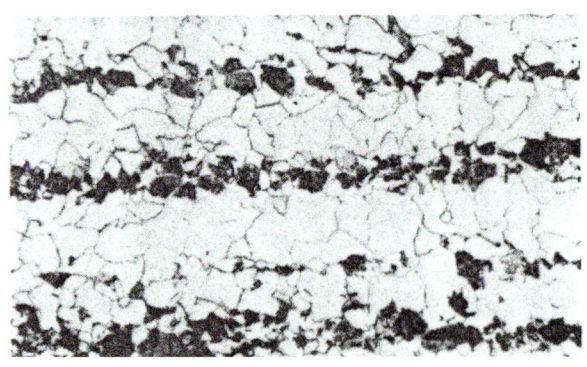

Abb. 3.121: *Sekundärzeiligkeit des Stahles S235*

der Kerbschlagzähigkeit in Abhängigkeit von der Querschnittsabnahme für den Kern eines gegossenen Vormaterials aus Stahl S 235 dargestellt.

Je nachdem, ob das Fertigprodukt vorwiegend statisch oder dynamisch beansprucht werden wird, leitet sich die Forderung nach einer mindestens zwei- bis fünffachen Umformung (A_0/A_1) ab. Diese Bedingung grenzt u. a. den Dickenbereich von Grobblechen ein. Mit zunehmender Streckung prägt sich eine Primärzeiligkeit aus. Nichtmetallische Einschlüsse, Verunreinigungen, Ausscheidungen und Mikroseigerungen ordnen sich in Längszeilen an, wodurch eine markante Faserung entsteht und die Eigenschaften richtungsabhängig werden. Bei Blattfedern und anderen dynamisch beanspruchten Walzerzeugnissen ist dies günstig, weil Anrisse umgelenkt werden. Jedoch wird, besonders wenn die Teilchen wie zum Beispiel MnS-Einschlüsse im Stahl gestreckt werden und nicht rekristallisieren, die Zähigkeit in Quer- und vor allem in Dickenrichtung stark herabgesetzt. Die Primärzeiligkeit kann lediglich schmelzmetallurgisch, z. B. durch Absenkung oder Abbindung des S-Gehalts vermieden, aber sonst in keiner Weise behoben werden. Umformtechnisch lässt sich der Effekt lediglich durch Optimierung der Umformung in Längs- und Querrichtung minimieren.

Bei ferritisch-perlitischen und bei übereutekoidischen Stählen kommt es darüber hinaus häufig zur Ausbildung einer Sekundärzeiligkeit. Diese ist eine anisotrope Gefügeheterogenität, die sich durch zeilenförmige Anordnung der Gefügephasen auszeichnet (Mikroseigerungen) (Abb. 3.121). Sie hat ihre Ursachen in der Kristallseigerung bei der Erstarrung bzw. in der Umformung im Zweiphasen Gebiet ($\gamma - \alpha$) bzw. ($Fe_3C - \gamma$). Zur Vermeidung müssen Umformtemperatur, Austenitkorngröße und Abkühlungsgeschwindigkeit aufeinander abgestimmt werden.

3.1.6.3.2 Thermomechanische Behandlung zur kontrollierten Gefügeentwicklung

Der Begriff „Thermomechanische Behandlung" (TMB) wurde Anfang der fünfziger Jahre des vorigen Jahrhunderts von Kurmanov (1965) und Bernstein (Astavjeva 1961) geprägt, die damit ihre Versuche zur Erhöhung der Festigkeitseigenschaften von Stählen durch eine Umformung im metastabilen Austenitgebiet unterhalb der Rekristallisationstemperatur vor der Abschreckung in das Martensitgebiet kennzeichneten. Etwa zeitgleich und unabhängig davon haben Harvey (1951) und Lips (1954) ähnliche Untersuchungen durchgeführt, die sie als „ausforming" bezeichneten. Insgesamt erwies sich damals die Umformung im metastabilen Austenitgebiet bei Temperaturen ober- und/oder unterhalb der Rekristallisationstemperatur für das Walzen wegen der extrem kurzen Zeiten als wenig praktikabel. In der Folgezeit ist die TMB zu einer gesteuerten Umformung von Stahlwerkstoffen in den verschiedenen Existenzbereichen der Gefügephasen bzw. während deren Bildung ausgebaut worden. Wesen und Ziel der TMB wurden schwerpunktmäßig darauf aus-

Tab. 3.11: *TMB-Arten für das Grobblech-, Band-, Draht- u. Feinstahlwalzen von Stählen*

Bezeichnung	Temperaturgebiet	Umformgrad	Abkühlgeschwindigkeit	Mikrostrukturentwicklung
Temp.-kontrolliertes (normalisierendes) Walzen	$\vartheta_{Rek} < \vartheta_{Ar3} < \vartheta_{End}$ $\vartheta_{End} \sim \vartheta_{Ar3} + 30\ldots 50$	$\varphi > 0{,}35$	$\dot{\vartheta}_{500}^{800} \leq \dot{\vartheta}_M$	MH; KF; AH
Thermomechanisches Walzen	$\vartheta_{Ar3} < \vartheta_{End} < \vartheta_{Rek}$	$\varphi > 0{,}35$	$\dot{\vartheta}_{500}^{800} \leq \dot{\vartheta}_M$ $\dot{\vartheta}_{500}^{800} > \dot{\vartheta}_M$	MH; KF; UV; AH; Textur
Walzen im Zweiphasengebiet	$\vartheta_{Ar1} < \vartheta_{End} < \vartheta_{Ar3}$	$\varphi > 0{,}4$	$\dot{\vartheta}_{500}^{800} \leq \dot{\vartheta}_{FP}$	MH; KF; UV
Ferritisches Walzen	$\vartheta_{End} < \vartheta_{Ar1}$	$\varphi > 0{,}5$	$\dot{\vartheta}_{500}^{800} \leq \dot{\vartheta}_M$	KF; UV; Textur

AH – Ausscheidungshärtung; KF – Kornfeinung; MH – Mischkristallhärtung;
UV – Umformverfestigung,
$\dot{\vartheta}_M$ – obere kritische Abkühlungsgeschwindigkeit.

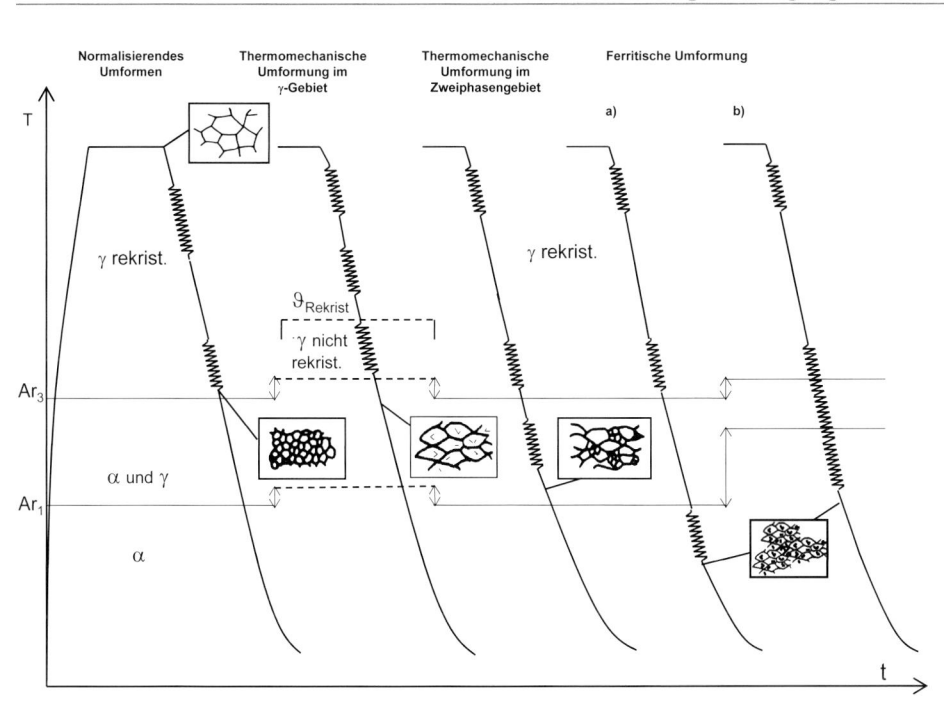

3.1.6 Einstellung der Gefügeeigenschaften beim Warm- und Kaltwalzen

Abb. 3.122: *Thermomechanische Behandlungsarten, dargestellt in einem fiktiven ZTU - Diagramm*

gerichtet (Bernstein 1976; Hensger 1976; Lehnert 1968; Lehnert 1983), durch entsprechende Wahl der Umformparameter einerseits die Entstehung eines feinkörnigen, möglichst gleichmäßigen und homogenen Gefüges zu fördern und andererseits die Effekte der Umformverfestigung in sinnvoller Art zur Eigenschaftsverbesserung zu nutzen. Abbildung 3.122 veranschaulicht die Grundarten der TMB, die für das Walzen von Stahlwerkstoffen besondere Relevanz erlangt haben (Hensel 1973; Lehnert 1994 und 1996). In Tabelle 3.11 sind die Eckwerte für den Temperaturbereich, den Umformgrad und die mittlere Abkühlungsgeschwindigkeit zwischen 800 und 500 °C ($\dot{\vartheta}_{500}^{800}$) aufgeführt, die zur Erzielung nachhaltiger TMB-Effekte und Makrogefüge eingehalten werden müssen. Die in Tabelle 3.11 zuerst genannten beiden Technologiekonzepte, die TMB mit normalisierender bzw. temperaturkontrollierter Umformung und die TMB mit thermomechanischer Umformung sind von besonderer Bedeutung. Sie sind auf die Umformung im γ-Mischkristallgebiet orientiert. Durch eine werkstoffangepasste Abkühlung im Temperaturbereich zwischen 800 und 500 °C gemäß der Bedingung $\dot{\vartheta}_{500}^{800} \leq \dot{\vartheta}_M$ wird die Umwandlung des Austenits zu einem feinen Sekundärgefüge bewirkt. Je nach Abkühlungsgeschwindigkeit kann dies Gefüge mit nur einer Grobphase (Ferrit, Perlit, Bainit) oder ferritisch-perlitisches, ferritisch-bainitisches bzw. ferritisch-martensitisches Gefüge sein (Abb. 3.123).

Die Abkühlung in die Martensitstufe ($\dot{\vartheta}_{500}^{800} \geq \dot{\vartheta}_M$) schließt sich in der Praxis aus anlagen- und verfahrenstechnischen Gründen wegen der erforderlich hohen Abkühlungsgeschwindigkeit aus und kann nur auf Spezialwalzwerken realisiert werden. Dennoch ist das Spektrum der Temperaturführung, das technisch-technologisch während der Abkühlung beherrscht werden muss, beachtlich groß. In nicht wenigen Fällen muss in bestimmten Temperaturbereichen eine Abkühlung mit abgestufter Geschwindigkeit realisiert werden. Sie ermöglicht die unmittelbare Einstellung eines mehrphasigen Gefüges bestehend aus Ferrit und Martensit bzw. Ferrit, Bainit und Restaustenit, wie es bei Bändern C-armer Stähle in DP- (Dualphasen-) bzw. TRIP-Stahlgüte praktiziert wird.

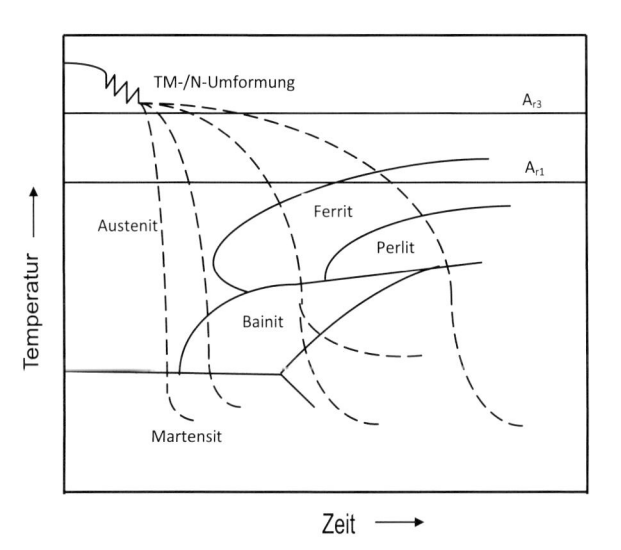

Abb. 3.123: *Abkühlung von Stahl nach thermomechanischer bzw. temperaturkontrollierter (normalisierender) Umformung*

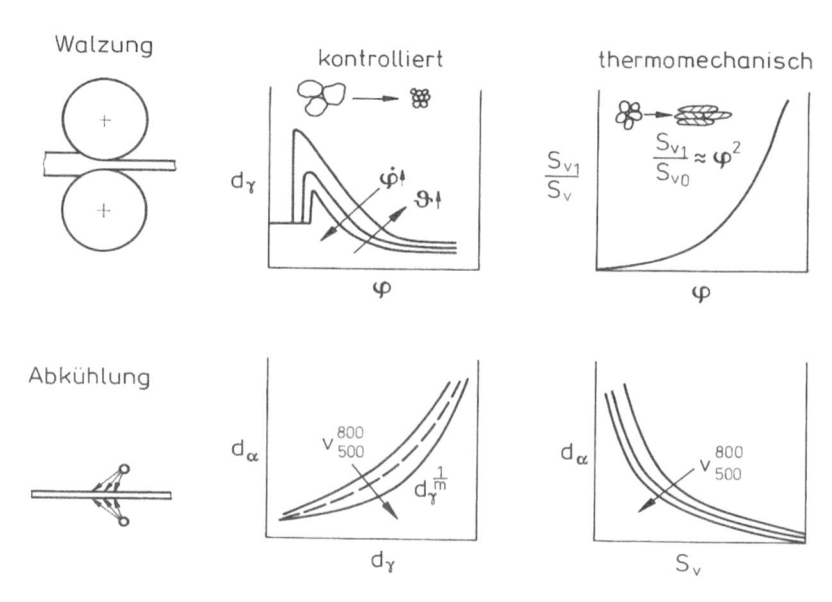

Abb. 3.124: *Kornfeinung durch thermomechanische Behandlung*

Ursächliche Voraussetzung jedweder TMB ist, dass bereits bei der Erwärmung die Eigentümlichkeiten der Stähle eine angemessene Berücksichtigung finden. Als Kriterium für die Erwärmung im Rahmen der TMB ist nicht der Aspekt maximaler Umformbarkeit zugrunde zu legen. Stattdessen ist immer darauf zu orientieren, vorhandene Ausscheidungen in Lösung zu bringen und eine übermäßige Gefügevergröberung durch Kornwachstum zu vermeiden. In der Regel ist eine gegenüber der konventionellen Walzweise um 100 bis 130 K niedrigere Erwärmungstemperatur völlig ausreichend. Das hat zugleich wirtschaftliche und wegen des geringeren CO_2-Ausstoßes ökologische Vorteile.

Die TMB mit temperaturkontrollierter/normalisierender Umformung und Abkühlung ist für eine große Bandbreite verschiedener Stähle geeignet. Sie bietet sich z.B. sowohl für schweißbare höherfeste Baustähle, Tiefzieh-, Kaltstauch- und Vergütungsstähle als auch für die Gruppe der unlegierten Kohlenstoffstähle mit 0,40 bis 0,85 % C sowie für eine ganze Reihe von Edelstählen an. Durch auf dem Legierungstyp abgestimmte Walz- und Abkühlungsstrategien kann das austenitische Gefüge mit Sicherheit bis auf eine mittlere Korngröße von 8 bis 25 μm (≡ KG 8...11) verfeinert werden, das Garant für ein feines und gleichmäßiges Umwandlungsgefüge – z.B. mit einer Ferritkorngröße < 3 μm – mit entsprechend günstigen mechanischen Eigenschaften ist.

Demgegenüber ist die thermomechanische Walzung speziell für mikrolegierte Bau-, Vergütungs- und Federstähle prädestiniert. Schon Zusätze kleinster Mengen an V, Nb und Ti Elementen schränken die Rekristallisationsneigung der Stähle im gelösten und ausgeschiedenen Zustand (besonders bei Teilchengrößen < 10 nm) ein, sodass die Rekristallisationstemperatur über die A_{r3}-Temperatur zu liegen kommt. Die Umformverfestigung induziert und beschleunigt die Ausscheidung von Karbiden, Karbonitriden bzw. Nitriden. Die Anlagerung der Teilchen findet dann nicht nur an den Korngrenzen, sondern bevorzugt kohärent, zumindest aber teilkohärent auf den Gleitebenen und Subkorngrenzen statt. Es stellt sich qualitativ und quantitativ ein völlig anderer Ausscheidungszustand ein. Dieser ist immer dann ausschlaggebend, wenn zusätzlich zur Kornfeinung der Effekt einer Ausscheidungshärtung deutlich zur Geltung gebracht werden soll. Außerdem wird durch die Umformung unterhalb der Rekristallisationstemperatur der Beginn der diffusionsgesteuerten Phasenumwandlung des Austenits zu Ferrit, Perlit und Zwischenstufe zu kürzeren Zeiten und höheren Temperaturen verschoben. Das setzt für die Einstellung von Sekundärgefügen unterschiedlicher Morphologie (Abb. 3.123) eine exakte Steuerung der Abkühlungsgeschwindigkeit voraus. Die Bestimmung der tatsächlichen Abkühlparameter kann nur auf der Grundlage von UZTU-Schaubildern bzw. mathematischen Modellen der Phasenumwandlung erfolgen. Da die Umwandlung des umgeformten, nichtrekristallisierten Austenit infolge der höheren Keimdichtezahl an mehreren Stellen einsetzt und kinetisch beschleunigt abläuft, entsteht bei $\dot{\vartheta}_{500}^{800} \leq \dot{\vartheta}_M$ ein sehr feinkristallines Sekundärgefüge. Die Feinheit der Umwandlungsgefüge ist beim TM-Walzen stärker ausgeprägt als beim temperaturkontrollierten Walzen (Abb. 3.124). Bei ferritisch-perlitischen oder ferritisch-martensitischen Stählen wird ein Gefüge mit einem höheren Ferritanteil, einer Ferritkorngröße unter 1 μm und infolgedessen mit verbessertem Kaltumformvermögen erhalten. Zweckdienlich bei dieser TMB-Art ist immer, eine

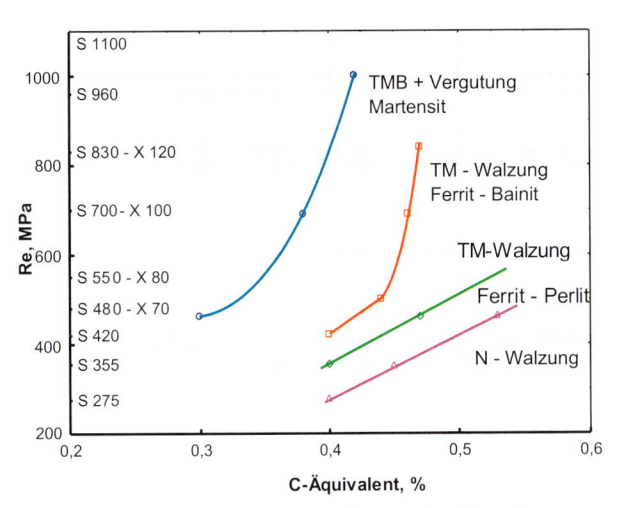

3.1.6 Einstellung der Gefügeeigenschaften beim Warm- und Kaltwalzen

Abb. 3.125: *Grobbleche aus hochfesten schweißgeeigneten Baustählen*

temperaturkontrollierte Umformung kurz oberhalb der Rekristallisationstemperatur vorauszuschalten.

Die Abkühlung des thermomechanisch umgeformten Austenits in die Martensitstufe hat zur Folge, dass dessen ausgeprägte Substruktur in den Martensit vererbt wird. Die entstehende Martensitqualität ist gekennzeichnet durch einen höheren Anteil an Lattenmartensit, eine relativ feine und homogene Ausbildung mit kleineren Martensitpaketen. Die vererbten Subkorngrenzen sind semipermeable Hindernisse wandernder Versetzungen. Sie lokalisieren dadurch die Versetzungsbewegung in kleinere Volumina. Die spezielle Martensitstruktur führt zur nicht unwesentlichen Erhöhung der Festigkeit, Verbesserung des Formänderungsvermögens, Verringerung der Sprödbruchneigung, Reduzierung lokaler Eigenspannungen zweiter und dritter Art, Verminderung der Rissbildungsneigung und somit auch zu einer höheren Belastbarkeit bei dynamischer Beanspruchung.

Im Prinzip gelten die Grundsätze der temperaturkontrollierten TMB auch für die TMB „Walzen im Zweiphasengebiet" (Chabbi 2001). Auch in diesem Fall ist es sinnvoll, beide TMB-Arten zu kombinieren und den Prozess zweistufig vorzunehmen. Das technologische Temperatur-Zeit-Fenster für die Umformung im Zweiphasengebiet ist sehr schmal, weil die Umformung noch vor der vollständigen Umwandlung des Austenits zum Abschluss gebracht werden muss. Auf Grund des unterschiedlichen Umform- und Entfestigungsverhaltens der beiden Gefügephasen verfestigt sich eine Phase stärker als die andere. Je nach Umformgrad liegen mehr oder weniger weiche, teilverfestigte und harte Gefügebestandteile nebeneinander vor, die sich sowohl bei der Abkühlung an Luft als auch bei beschleunigten Abkühlungen auf das Endgefüge übertragen. Diese Art der TMB konnte mit Erfolg bei mittel legierten Cr-Mn-Stählen mit 0,2 bis 0,4 Prozent C zur Anwendung gebracht werden. Sie ersetzt eine interkritische Glühung der Stähle vollkommen. Außerordentlich vorteilhaft erweist sich diese spezielle Gefügemorphologie, wenn diese Stähle zur Gewährleistung einer ausreichenden Kaltumform-, Kaltscher-, Zerspan- bzw. Härtbarkeit sphäroidisierend geglüht werden müssen. Die Koagulation des feinstreifigen Perlits zu Ferrit und kugeligem Zementit entsprechend Perlit + $Fe_3C \rightarrow \alpha\text{-}Fe + (Fe_3C)_{kug}$ wird stark aktiviert. Das trifft auch auf die Gruppe der übereutektoiden Stähle, besonders auf den Wälzlagerstahl 100Cr6 zu. Die Glühzeit kann bei diesem Gefügezustand meist auf weniger als 20 Prozent der sonst üblichen Zeit verringert, die Bruchzähigkeit auf 67 bis 72 Prozent gesteigert werden.

Die Umformung im oberen Ferritgebiet zeichnet sich dadurch aus, dass dynamische und statische Rekristallisationen weitgehend unterbleiben. Es entsteht eine mehr oder weniger deutliche Substruktur. Die durch die Formänderung bewirkte Verfestigung, Kornstreckung und Texturausprägung werden bestimmend für die Eigenschaften. Es kommt diese TMB-Variante speziell bei der Herstellung von dünnen Warmbändern im Dickenbereich < 1,2 mm mit analogem Eigenschaftsprofil wie kalt gewalzte Bleche in Betracht.

Bei der Realisierung der TMB-Verfahren ist zu beachten, dass die Freiheitsgrade in der Wahl der Umformbedingungen bei den einzelnen Walzverfahren sehr unterschiedlich sind. Während beim Grobblechwalzen auf Reversierwalzwerken die Prozessregelbarkeit vergleichsweise hoch ist, besteht beim Drahtwalzen auf Kontiwalzwerken eine Gefügebeeinflussung hingegen lediglich über die Temperatur, und dies nur bedingt. Die Umformgrade liegen durch die Kalibrierung und auch die Umformgeschwindigkeiten fest. Zwar herrscht in den ersten Stichen nur eine Umformgeschwindigkeit von unter 1 s^{-1}, wohingegen die Umformung in den Endstufen bei $\dot\varphi$ von etwa 4.000 s^{-1} in weniger als 1 µs erfolgt.

In modernen Grobblechwalzwerken wird fast das gesamte Sortiment an Blechen, das Bau-, legierte Einsatz- und Vergütungsstähle, Kesselstähle, kaltzähe, verschleißfeste, rost-, säure-, hitze- und zunderbeständige Stähle umfasst, nach den TMB-Konzepten normalisierendes und thermomechanisches Walzen (Abb. 3.125) hergestellt. Mehrheitlich werden nach diesen Strategien besonders höherfeste schweißgeeignete Baustähle (HSB) produziert (Kirsch 1999; Streißelberger 1998; Heller 2002; Keller 2002; Tacke 2005). Marktführer bieten normalisierend gewalzte Grobbleche in den Festigkeitsklassen bis S460, TM-gewalzte mit ferritisch-perlitischem Gefüge bis

3.1 Walzen

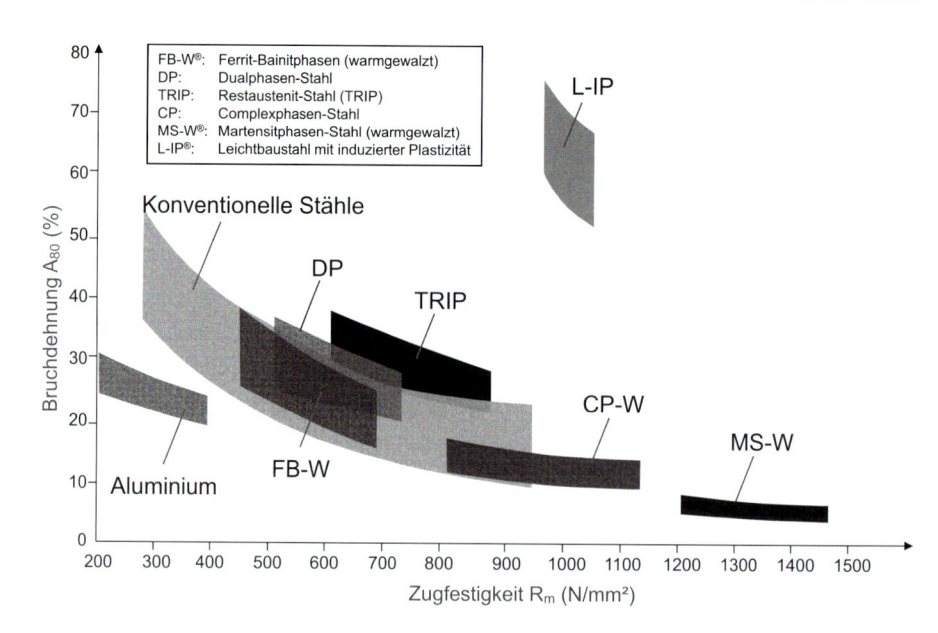

Abb. 3.126: Tiefziehstähle für den Karosseriebau (ThyssenKrupp AG)

Legende:
- FB-W®: Ferrit-Bainitphasen (warmgewalzt)
- DP: Dualphasen-Stahl
- TRIP: Restaustenit-Stahl (TRIP)
- CP: Complexphasen-Stahl
- MS-W®: Martensitphasen-Stahl (warmgewalzt)
- L-IP®: Leichtbaustahl mit induzierter Plastizität

Achsen: Bruchdehnung A_{80} (%) über Zugfestigkeit R_m (N/mm²)

S500 (X70) und solche mit ferritisch-bainitischem Gefüge bis X100 an, die in unterschiedlicher Art legiert und mit Ti, Nb, V und evtl. B mikrolegiert sind.

Auf Grund des Beitrags der Kornfeinung an der Festigkeitserhöhung und der zusätzlichen Ausnutzung der Ausscheidungshärtung konnten der C-Gehalt und das für das Schweißverhalten aussagekräftigere Kohlenstoffäquivalent merkbar abgesenkt werden. Gleichzeitig wurde die Kerbschlagzähigkeit bei –30 °C auf CVN ≥ 270 J und die Übergangstemperatur auf unter –80 °C abgesenkt. Eine Wasservergütung der HSB bleibt meist nur noch den Festigkeitsklassen über S690 vorbehalten.

Der Entwicklungsschwerpunkt im Bereich der Warmbanderzeugung kann beispielsweise anhand der Festigkeitssteigerung in der Herstellung hochfester Tiefziehstähle für die Automobilindustrie dargestellt werden. Durch gezielte TMB-Walzung konnte das Stahlsortiment um die Dualphasen- (DP); TRIP-Mehrphasen- und martensitischen Stähle wesentlich erweitert werden (Abb. 3.126). Anlagentechnisch wurden die Voraussetzungen geschaffen, die Endwalztemperatur und vor allem die Abkühlungsgeschwindigkeit im Temperaturbereich zwischen 800 und 350 bis 400 °C temperaturabhängig zu steuern (Wegmann 2002; Degner 2002). Bandwalzwerke der neuesten Generation verfügen über Kühlstrecken, die Abkühlungsgeschwindigkeiten bis 500 K/s ermöglichen. Sowohl für den Fahrzeugleichtbau als auch für die Erhöhung der Fahrzeugsicherheit sind hochfeste und höchstfeste Tiefziehstähle wegen ihres besseren Crashverhaltens unentbehrlich geworden.

Die Umformung im Ferritgebiet eignet sich in der Hauptsache nur für Stähle mit niedrigem C-Gehalt, speziell den ELC-, LC- und IF-Stählen (Degner 2000). Verfahrenstechnisch besteht die Notwendigkeit und damit die Schwierigkeit, die Walzguttemperatur vor den letzten beiden Stichen absenken zu müssen, damit die Rekristallisation unterdrückt und nur eine Teilentfestigung durch Erholung stattfindet.

Markante Beispiele der Werkstoffentwicklung auf dem Drahtsektor, die ebenso in Zusammenhang mit der TMB gebracht werden können, sind

- um über 90 Prozent kaltstauchfähige mikrolegierte ferritisch-perlitische bzw. ferritisch-martensitische Stahldrähte mit Festigkeiten über 650 N/mm²;
- supercleane Ventilfeder- und Wälzlagerstahldrähte mit einer Dauerwechselfestigkeit von > 850 N/mm² und hohem Verschleißwiderstand;
- Federstahldrähte mit ~2 mm Ø in der Festigkeitsstufe > 2000 N/mm² im vergüteten bzw. mit > 2300 N/mm² im kaltgezogenen Zustand.

In breitem Umfang ist die TMB besonders bei Kaltstauchstählen zur Anwendung gebracht worden (Ball et al. 1997; Lehnert et al. 1998; Lehnert 1995; Harste et al. 2004; Kienreich et al. 2003). Für diese sind außer den mechanisch-technologischen Eigenschaften (Festigkeit $R_m > 550$ N/mm², Brucheinschnürung Z > 55 %, Kaltumformbarkeit $\varphi_{Br} \geq 1{,}3$ bis 3,0, Zerspanbarkeit, Vergütbarkeit, Kerbschlagzähigkeit, Dauerwechselfestigkeit) die Aufwendungen bei der Weiterverarbeitung Kriterien, die die Güte bestimmen. Als vorteilhaft haben sich im Wesentlichen fünf Stahllegierungskonzepte herauskristallisiert, bei denen durch TMB eine Weiterverarbeitung ohne Weichglühung erfolgen kann (Tab. 3.12). Die TMB-Strategien für die beiden in Tabelle 3.12 zuletzt angeführten Stahlgruppen sind zur Herstellung von Formteilen mit einer Festigkeit

Tab. 3.12: Höherfeste Kaltstauchstähle

Legierungstyp	TMB-Art	Gefüge	Eigenschaft R_m [N/mm²] Z [%]	Geeig. Verarbeitung
B-; MnB > 0,18 C	temp.-k.	Ferrit + Perlit	500…650 >60	Kaltumform. + Vergütung
MnCr, < 0,18 C	temp.-k.	Ferrit + Perlit	550…650 >55	Kaltumform. + Vergütung
MnV, 0,17…0,25 C < 0 2 V	TM-gewalzt	Ferrit + Perlit	540…750 >55	Kaltumform. / Kaltumform. + Vergütung
MnSi, < 0,1 C > 1,6 Mn	temp.-k.	Ferrit + Mart.	560…700 >65	Kaltumformung

von 800 bis 1200 N/mm² ohne jede Wärmebehandlung geeignet. Sie sind Beleg, dass durch TMB die gesamte Prozesskette der Herstellung metallurgischer Erzeugnisse weniger energie-, arbeits-, materialintensiv und vor allem auch logistisch einfacher gestaltet werden kann.

Dies gilt auch für die Teileherstellung durch TM-Walzung mit Abkühlung in die Martensitstufe und anschließendem Anlassen. Bei Fahrzeugblattfedern aus mikrolegiertem Stahl 50CrV4 mit 1.750 N/mm² Zugfestigkeit konnte die Dauerfestigkeit gegenüber konventioneller Herstellungsweise um 40 Prozent angehoben werden, weil sowohl das Rissinitiierungsverhalten als auch die Bruchflächenmorphologie des Werkstoffes grundlegend verändert wurden.

3.1.6.3.3 Eigenschaftsänderung durch Kaltumformen

Bei der Kaltumformung werden die umformbedingten Gefüge- und Strukturänderungen in der Hauptsache nur durch statische Erholungsvorgänge überlagert. Lediglich bei Umformungen im oberen Temperaturgebiet kann zusätzlich eine dynamische Erholung wirksam werden.

Markant für die Eigenschaftsänderung durch die Kaltverfestigung sind einerseits die stärkere Erhöhung der Streckgrenze $R_{p0,2}$ (Fließspannung k_f) gegenüber der Zugfestigkeit R_m und andererseits der starke Abfall der Bruchdehnung A_{10} schon bei geringer Umformung (Abb. 3.127). Die Brucheinschnürung Z bei einachsiger Zugbeanspruchung, Duktilität und auch Zähigkeit des Werkstoffes werden ebenfalls verringert. Sie ändern sich aber bei weitem nicht so stark wie die Dehnung. Die Auswirkungen der Verfestigung auf das Umformvermögen φ_{bruch} sind verfahrensabhängig, da dem Spannungszustand bei der Umformung eine sehr große Bedeutung zukommt.

Die Werkstoffart und die Konstitution des Gefüges vor der Umformung, der Umformgrad sowie die Umformtemperatur sind maßgebende Faktoren der Verfestigung. Unstetigkeiten im Verfestigungsverlauf sind im Wechselspiel der Versetzungen mit interstitiell gelösten Atomen begründet (vgl. Kap. 3.1.6.2.1). Bei einer Umkehr der Umformrichtung, wie etwa beim reversierenden Kaltwalzen, tritt zudem eine werkstoffabhängige athermische Entfestigung ein (Bauschingereffekt), die im weiteren Prozess ausgeglichen wird. Mit mathematischen Simulationsmodellen

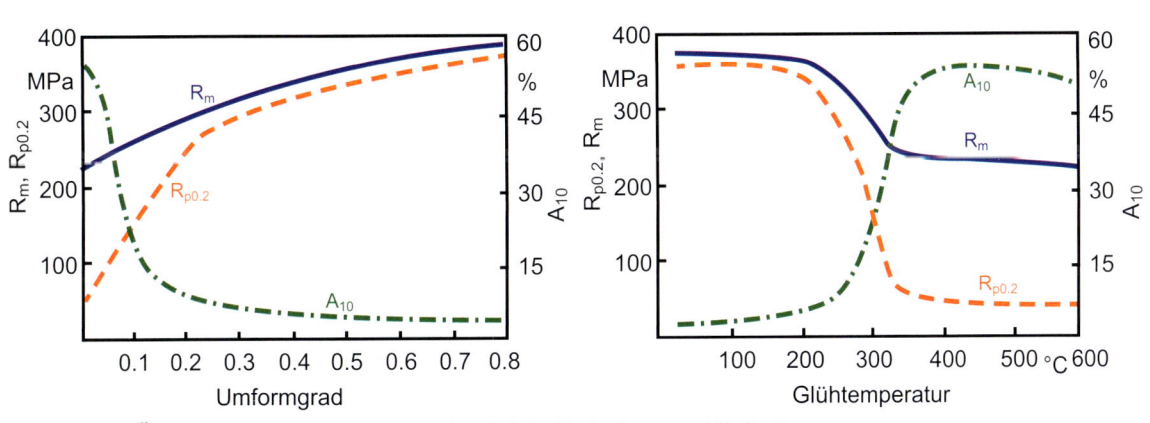

Abb. 3.127: Änderung der Werkstoffeigenschaften bei der Verfestigung und Entfestigung

können die Werkstoffeigenschaften in den verschiedenen Verfestigungsstufen mit hoher Genauigkeit und treffsicher vorbestimmt werden. Zudem ist es beim Kaltwalzen ferromagnetischer Stähle möglich, Streckgrenze und Zugfestigkeit mittels magnetinduktiver Gerätesysteme und spezieller Auswertungsverfahren online zu messen und so den Verlauf der Verfestigung zu überwachen bzw. zu kontrollieren. Das Streckgrenzenverhältnis ($R_{p0,2}/R_m$) erhöht sich durch die Kaltumformung bis zum Wert 1 im voll verfestigten Zustand, wodurch die technische Beanspruchbarkeit der Werkstoffe ansteigt. Allerdings erhöht sich in gleicher Weise die Neigung der Werkstoffe zur zeitabhängigen Entfestigung im ersten Erholungsstadium. Kriechen und Relaxation bei langzeitiger quasistatischer Beanspruchung sind Erscheinungsformen dieser mikroplastischen Vorgänge.

Eine Glühung bei leicht erhöhten Temperaturen stabilisiert den Werkstoffzustand, in dem die Umordnung der Versetzungen kontrolliert zum Ablauf gebracht wird. Die Entfestigungscharakteristiken (Abb. 3.127 rechts) verdeutlichen, dass eine Teilentfestigung immer zu günstigerem Verhältnis von Dehnung zu Festigkeit (A_{10}/R_m) führt als eine Teilverfestigung. Glühtemperatur und -zeit müssen, um ein bestimmtes Eigenschaftsspektrum erreichen und gewährleisten zu können, mit umso höherer Genauigkeit eingehalten werden, je stärker der Werkstoff umgeformt wurde. Infolge der bei der Kaltumformung eingebrachten Energie und der erhöhten Versetzungsdichte wird mit steigendem Umformgrad der Beginn aller thermisch aktivierten Entfestigungen zu niedrigeren Temperaturen verschoben und deren Kinetik beschleunigt.

Eine Besonderheit im Umformverhalten und in der Veränderung der Eigenschaften ist bei der Kaltumformung rostfreier Stähle mit mehr als 12 Prozent Cr und hochmanganhaltiger (> 5 % Mn) Stähle, deren Gefüge aus metastabilem Austenit besteht, sowie auch von mehrphasigen CMnSiAl-Stählen mit einer ferritisch-bainitisch-martensitischen-(rest-)austenitischen Mikrostruktur zu verzeichnen (Weiß 2005; Frommeyer 2002). Durch die bei der Umformung aufgebrachte Spannung und eingetragene Energie wird die Umwandlung des Austenits zu Martensit initiiert (TRIP-Effekt) bzw. eine Zwillingsbildung (TWIP-Effekt) ausgelöst, die die Gleitfähigkeit des Werkstoffes wieder verbessert. Nicht selten überlagern sich diese Effekte. Für ihre Einleitung ist eine temperatur- und konzentrationsabhängige Auslösespannung (σ_A) erforderlich, die von der wirkenden chemischen Triebkraft für die Martensitbildung bzw. im Falle der Zwillingsbildung von der Stapelfehlerenergie des Austenits abhängt. Bei Spannungen unterhalb der Fließgrenze (σ_f) führt die Martensitbildung zu zusätzlichen elastischen Deformationen in Beanspruchungsrichtung. Hingegen sind die verformungsinduzierten TRIP- und TWIP-Vorgänge von plastischen Formänderungen begleitet, wobei die gebildeten Strukturfehler Hindernisse der weiteren Versetzungsbewegung darstellen und der Stahl gleichzeitig verfestigt wird (Abb. 3.128). Alle plastischen Eigenschaftswerte werden signifikant angehoben, die Zugfestigkeit in Beanspruchungsrichtung erhöht, das Kaltumformvermögen verbessert und das Energieabsorptionsvermögen bei Crashbeanspruchungen gesteigert. Wegen der Überlagerung unterschiedlicher Deformationsmechanismen existiert ein Temperaturbereich, in dem sich der maximale verformungsinduzierte Martensitanteil bzw. die größtmögliche Anzahl von Zwillingen bilden kann und die Eigenschaftsverbesserungen ihren Höchstwert erreichen. Durch Abstimmung der chemischen Zusammensetzung des Stahles auf die Umformbedingungen gelingt es, die Art des sich bildenden Martensits zu beeinflussen und das Eigenschaftspotenzial der Stähle auf den Anwendungszweck zu modifizieren. Bei den vollaustenitischen Cr- bzw. Mn-Stählen wurden durch den TWIP/TRIP-Effekt die Festigkeit bis auf über 1.700 MPa und die Brucheinschnürung bis auf 80 Prozent gesteigert. Auch Stahlguss aus diesen Stählen kann auf diese Weise in einen kaltumformbaren Zustand überführt werden.

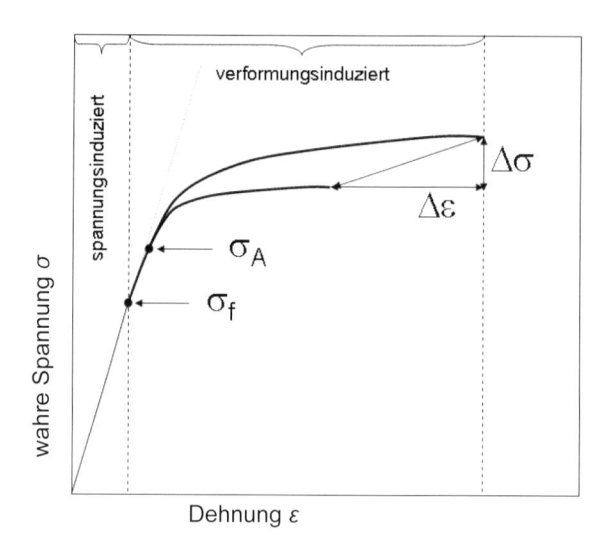

Abb. 3.128: *Auswirkung des TRIP- / TWIP-Effektes auf die Festigkeit und Dehnung*

Art und Ausmaß der Texturbildung sind bei der Kaltumformung besonders vom Umformgrad sowie den Umformbedingungen abhängig. Bereits vorhandene Warmwalztexturen werden teilweise vererbt. Auf Grund der Reibung an den Werkzeugen und der meist kurzen Umformzone ist der Stofffluss nicht gleichmäßig. Je nach Lage der Werkstoffteilchen im Material erfahren diese unterschiedlich starke Längungen und Scherungen. Die Formänderung ist mehr oder weniger inhomogen. Besonders starke Scherungen erfahren die oberflächennahen Bereiche bei hohen Einzelumformungen, bei zu kurzer bzw. zu langer Umformzone und bei starker Fließbehinderung an den Kontaktflächen infolge ungünstiger Reibungsverhältnisse. Die Effekte verstärken sich, wenn die mehrstufige Umformung einsinnig erfolgt. Dementsprechend inhomogen ist die Texturausprägung (Lehnert 2005; Keuerleber 2001). Die Angabe einer globalen Textur genügt für differenzierte Betrachtungen und Qualitätseinstufungen nicht.

In kaltgewalzten Blechen spiegelt sich die Textur vor allem in der Zipfelbildung beim Tiefziehen und Abstrecken von Blechronden wider. Die ungleiche Streckung führt zu lokal begrenzten Wanddickenschwächungen und gegebenenfalls zur Faltenbildung. Kennzeichnend für die Kaltwalztextur ist eine starke Zipfeligkeit 45° zur Walzrichtung, während die Rekristallisationstextur durch eine 0°/90°-Zipfeligkeit markant ist. Durch Steuerung der Warmwalz-, Kaltwalz- und Glühtechnologie kann eine gemischte Textur erzeugt werden, die eine zipfelarme Verarbeitung der Bleche gewährleistet.

Für die Charakterisierung der Walztexturen ferritischer Tiefziehstähle durch Angabe der Orientierungsverteilungsfunktion (OVF) eignen sich insbesondere die α-, die γ- und die ζ-Faser. Die γ-Faser enthält alle Kristallorientierungen {111}<uvw>. Sind die Kristalle mit einer <110> Richtung in Richtung der Blechebenennormale orientiert, resultiert daraus ein maximaler r-Wert. Eine homogene Belegung dieser Faser bewirkt einen minimalen Δr-Wert und damit optimale Tiefzieheigenschaften. Dagegen sollte die α-Faser, bei der die <110> Richtung parallel zur Walzrichtung liegt, bis auf die Stelle Φ =55° an der sich die α-und die γ-Faser schneiden, relativ schwach belegt sein, um günstige Tiefzieheigenschaften zu erreichen. Die Belegungsdichte auf der ζ-Faser lässt Rückschlüsse auf die Scheranteile bei der Umformung zu. Die {110} Ebenen sind wichtige Gleitebenen in krz-Strukturen, sodass ihre Ausrichtung in die Normalenrichtung kennzeichnend ist für auftretende Scherungen.

Siliziumlegierte Transformatorenbleche sollten aus Gründen der Magnetisierbarkeit eine Würfel- oder zumindest eine GOSS-Textur aufweisen. Deren Einstellung ist jedoch mit einer kontrollierten Sekundärrekristallisation verbunden.

Literatur zu Kapitel 3.1.6

Astavjeva. W.; Bernstein, M. L.: Metallovedenie i termiceskaja obrabotka metallov (1961) 8, S. 54/56.

Ball, J. et al.: Stahl und Eisen 117 (1997) 4, S. 59/67.

Bernstein, M. L.; Hensger, K. E.: Thermomechanische Behandlung und Festigkeit von Stahl, VEB Deutscher Verlag f. Grundstoffindustrie Leipzig 1976.

Chabbi, L.: Freiberger Forschungsheft B 315, TU Bergakademie Freiberg 2001.

Degner, M. et al.: Stahl und Eisen 122 (2002) 4, S. 59/62.

Frommeyer, G. et al.: Stahl und Eisen 122 (2002) 4, S. 65/69.

Harste, K. et al.: Stahl und Eisen 124 (2004) 1, S. 43/48.

Harvey, R. F.: Iron Age 27 (1951) 12, S. 70.

Heller, Th. et al.: Stahl und Eisen 122 (2002) 5, S. 33/46.

Hensel, A. et al.: Neue Hütte 18 (1973) 11, S. 654/662.

Hensger, K. E.; Bernstein, M. L.: thermomechanische Veredelung von Stahl, VEB Deutscher Verlag f. Grundstoffindustrie Leipzig 1976.

Keller, M. et al.: Stahl und Eisen 122 (2002) 5, S. 49/56.

Keuerleber, J.: Globale und lokale Texturentwicklung beim Ziehen von Kupfer- und Messingdrähten, Freiberger Forschungshefte B354 (2001).

Kienreich, R. et al.: Steel research 74(2003) 5, S. 304/309

Kirsch, H.-J.: Stahl und Eisen 119 (1999) 3, S. 57/65.

Kohlmann, R. et al.: Stahl und Eisen 120 (2000) 3, S. 95/101 bzw. Metallurgical Plant and Technology 23 (2000) 2, S. 56/58.

Kurmanov, M. J. et al.: Metallovedenie i termiceskaja obrabotka metallov (1965) 2, S.38/41.

Lehnert, W.: 3. Sächsische Fachtagung Umformtechnik 1996, TU Dresden S. 229/251.

Lehnert, W.: Draht 46(1995) 7/8, S. 374/379.

Lehnert, W.: Meform 1994 „Umformverhalten metallischer Werkstoffe" S. 4.1/4.25.

Lehnert, W.: Neue Hütte 13(1968), S. 716/722.

Lehnert, W. et al.: Freiberger Forschungsheft B 240 (1983).

Lehnert, W. et al.: Stahl u. Eisen 118 (1998) 3, S. 53/60.

Lehnert, W. et al.: steel research int. 76 (2005) 2/3, S. 142/ 148.

Lips. E. M. H. et al.: Metall Progress 66 (1954) S. 103/104.

Streißelberger, A. et al.: Steel research 69 (1998) 4/5, S. 136/142.

Tacke, K.-H. et al.: Stahl und Eisen 125(2005) 10, S. 55/60.

Wegmann, H. et al.: Stahl und Eisen 122 (2002) 5, S. 57/64.

Weiß, A. et al.: ATZ 107 (2005) 1, S. 68/72.

3.2 Freiformschmieden

3.2.1 Einführung

Hans-Peter Heil, Reiner Kopp,
Dominik Recker, Gerhard Hirt

Das Schmieden als ältestes Verfahren zur Formgebung von Metallen lässt sich bis in die früheste Vorzeit zurückverfolgen (Wedel 1960; Asbrand 1981). Dabei ist der Werkstoff so umzuformen, dass er der gewünschten Fertigform entspricht oder möglichst nahe kommt. Besonders bei Verwendung von gegossenem Vormaterial sollen durch Umformen der Gussstruktur sowie durch Schließen und Verschweißen von Hohlräumen die Voraussetzungen zum Erzielen der geforderten Stoffeigenschaften geschaffen werden.

Nach DIN 8582 und 8583 gehört das Schmieden als Freiformen und Gesenkformen neben dem Walzen, Eindrücken und Durchdrücken zu den Druckumformverfahren. Ergänzende Fertigungsverfahren für Freiformschmiedestücke sind das Verschieben und Verdrehen, die nach DIN 8587 Schubumformverfahren sind, sowie das Trennen durch Zerteilen (DIN 8588), Spanen (DIN 8589), Abtragen (DIN 8590) und Reinigen.

Während die Formgebung beim Walzen mit drehenden Werkzeugen (den Walzen) durchgeführt wird, erfolgt das Schmieden definitionsgemäß mit gegeneinander bewegten Werkzeugen. Das Freiformen – in der Praxis häufig Freiformschmieden genannt – erfolgt in Abgrenzung zum Gesenkschmieden mit nicht oder nur teilweise die Form des Werkstückes enthaltenden Werkzeugen.

Die Bandbreite der durch Freiformen umgeformten Werkstoffe reicht von unlegiertem Kohlenstoffstahl über leicht-, mittel- und hochlegierte Stahlqualitäten wie Edelstähle, über Nickelbasis-Legierungen, bis zu Nichteisenmetallen wie Titan, Aluminium, Kupfer und deren Legierungen (Potthast, Frank 1997).

In DIN 8583, T3, sind die einzelnen Verfahren des Freiformschmiedens beschrieben (Abb. 3.129). Alle Fertigungsverfahren des Freiformens sowie das Verschieben und Verdrehen werden überwiegend nach einem Erwärmen oberhalb der Rekristallisationstemperatur durchgeführt. Dies ist sowohl zur Verminderung des zur Umformung notwendigen Kraft- und Arbeitsbedarfs als auch zur Verbesserung des Umformvermögens erforderlich. Werkstoffe mit niedrigem Umformvermögen besonders im Gusszustand können wegen des günstigen Spannungszustands häufig nur durch Schmiedeverfahren umgeformt werden.

Die Herstellung von Freiformschmiedestücken erfolgt in mehreren Fertigungsstufen. Diese umfassen die Herstellung des Ausgangswerkstoffs, die eigentliche Umformung, die Warmablage und Wärmebehandlung sowie die spanende Bearbeitung. Im Folgenden werden diese Stufen kurz erklärt.

Die Herstellung des Stahles erfolgt in Elektroöfen. Bei sehr hohen Anforderungen hinsichtlich Reinheitsgrad und mechanischer Eigenschaften wird der Stahl in Elektro-Schlacke-Umschmelzanlagen und Vakuum-Lichtbogenöfen umgeschmolzen. Verschiedene Stahlnachbehandlungsverfahren wie Pfannenentgasung, Gießstrahlentgasung (Potthast, Frank 1997), Vakuum-Kohlenstoff-Desoxidation (VCD), und andere Behandlungsverfahren sind Voraussetzung für eine hohe Schmiedestückqualität auch bei schwersten Schmiedestücken (Hochstein 1975).

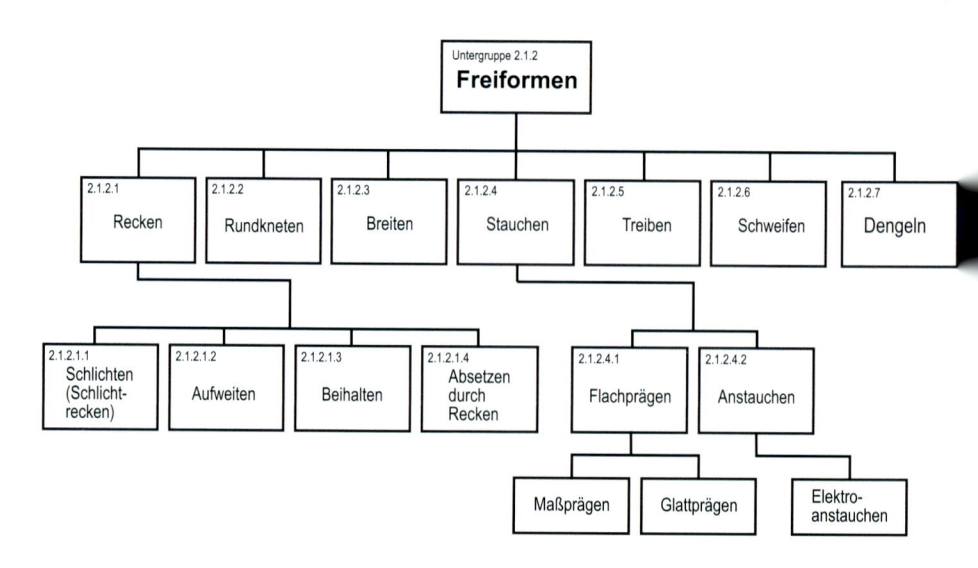

Abb. 3.129: Fertigungsverfahren des Freiformschmiedens nach DIN 8583, T3

Für die Herstellung qualitativ hochwertiger Schmiedestücke ist die Kenntnis über Erstarrung und Seigerungen der unterschiedlich ausgebildeten Rohblöcke von großer Bedeutung (Hochstein 1975; Sänger 1980; Berns 1980). Als nicht verwendbarer Rücklaufschrott wird beim Einsatz von Rohblöcken für die Schmiedestückfertigung in allen Fällen der Haubenanteil abgetrennt. Dieser beträgt rund 10 Prozent bei Blöcken bis zu ca. 10 t Gesamtgewicht und bis zu etwa 25 Prozent bei bis zu 650 t schweren Blöcken. Der vom unteren Blockteil, dem Blockfuß, nicht verwendbare Anteil beträgt je nach Blockgröße und den Anforderungen an das Schmiedestück in der Regel zwischen 0 und 10 Prozent.

Außer im Unter- oder Oberguss einzeln oder im Gespann abgegossenen Rohblöcken mit Rund-, Vier-, Acht- oder Vielkantquerschnitt werden vor allem für die Fertigung kleinerer Abmessungen auch vorgewalztes und teilweise stranggegossenes Vormaterial eingesetzt. Die Konizität, also der Unterschied zwischen dem oberen und unteren Teil des Rohblocks, kann – bezogen auf seine Länge - bis zu sieben Prozent betragen (Sänger 1980). Die Rohblöcke mit Gewichten von unter 1 t bis über 350 t werden besonders bei hohen Gewichten im Warmeinsatz auf Herdwagenöfen auf Schmiedetemperatur erwärmt. Die Aufheizgeschwindigkeit ist von der Einlegetemperatur, vom Werkstoff und den Abmessungen des Vormaterials abhängig.

Die Querschnittsabmessungen und die Legierungen bestimmen die Haltezeit zum Temperaturausgleich zwischen Rand und Kern bei Schmiedetemperaturen für Stähle von 1.100 bis 1.300 °C. Ein zu schnelles Aufheizen sowie zu geringe Haltezeiten können zu innen und außen liegenden Rissen führen.

Für die Umformung (Abb. 3.130) durch Freiformen sind hauptsächlich öl- bzw. wasserhydraulische Pressen und Schmiedemaschinen im Einsatz. Im Jahre 2008 wurden weltweit 27 Pressen mit einer Kraft größer 100 MN bestellt und teilweise in Betrieb genommen. Die aktuellen Schmiedepressen übertragen sogar Presskräfte größer 150 MN (Sheikhi et al. 2010).

Nach der Umformung erkaltet das Schmiedestück je nach Stahlqualität und Abmessungen an der Luft, oder wird unter Hauben oder in Öfen kontrolliert wärmebehandelt. Die Warmablage (Vorwärmebehandlung), die bei großen Stückabmessungen je nach Werkstoffzusammensetzung und Wasserstoffgehalt mehrere Wochen dauern kann, muss so erfolgen, dass innere und äußere Risse vermieden werden. Außerdem wird durch eine entsprechende Temperaturführung eine Kornverfeinerung erreicht und damit häufig erst die geforderte Ultraschallprüfbarkeit und die Einstellung der gewünschten mechanischen Eigenschaften bei der späteren Vergütung ermöglicht.

Abb. 3.130: *Rohblock beim Reckschmieden mit Manipulator (Saarschmiede 2010)*

Die kalten, rohen Schmiedestücke werden in der Adjustage einer Maß- und Oberflächenkontrolle unterzogen. Die Bearbeitungszugaben und zulässigen Toleranzen für unbearbeitete Schmiedestücke und Stäbe aus Stahl, die häufig in rohem Zustand an den Kunden geliefert werden, sind in DIN 7527, T1 bis 6, festgelegt.

Für Schmiedestücke mit komplizierter Form, deren Bearbeitungszugaben und zulässigen Abweichungen nicht in den Normen festgelegt sind, müssen zwischen Kunden und Schmiedebetrieb entsprechende Vereinbarungen getroffen werden.

Bei der Wärmebehandlung wird ein Schmiedestück im festen Zustand Temperaturänderungen unterworfen (DIN 17014, T1), um bestimmte Werkstoffeigenschaften zu erreichen (Schneider-Milo 1980).

Durch das Vergüten, das sich aus dem Härten und Anlassen zusammensetzt, werden die geforderten Zähigkeits-

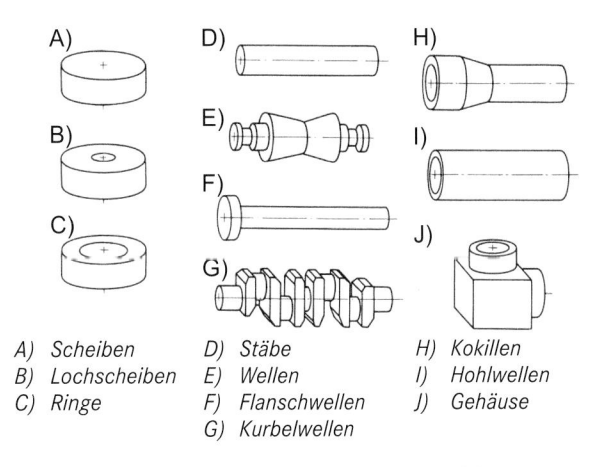

A) Scheiben
B) Lochscheiben
C) Ringe
D) Stäbe
E) Wellen
F) Flanschwellen
G) Kurbelwellen
H) Kokillen
I) Hohlwellen
J) Gehäuse

Abb. 3.131: *Beispiele für Freiformschmiedeprodukte*

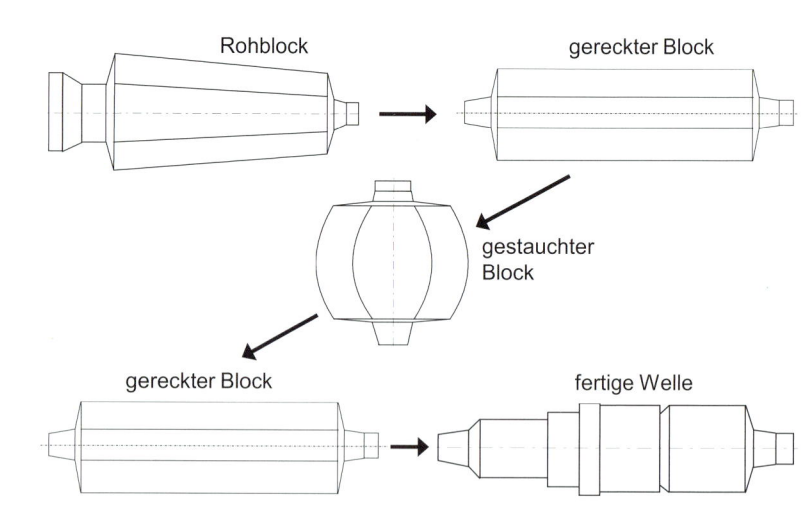

Abb. 3.132: *Beispielhafte Darstellung der Herstellungsstufen einer schweren Welle.*

eigenschaften bei bestimmter Zugfestigkeit eingestellt. Dabei werden die Schmiedestücke im rohen oder vorbearbeiteten Zustand senkrecht oder waagerecht erwärmt und anschließend an Luft, in Öl, Wasser, Polymer oder durch Sprühen mit Wasser gezielt abgekühlt und anschließend angelassen.

Neben den Einrichtungen für die Warmformgebung (Abb. 3.130) und die Wärmebehandlung haben die Hersteller von Freiformschmiedestücken im Allgemeinen auch die erforderlichen Maschinen für die mechanische Vor- und Fertigbearbeitung. Da im Wesentlichen nur Einzelstücke oder geringe Stückzahlen zu bearbeiten sind, werden meist universell verwendbare Bearbeitungsmaschinen eingesetzt. Die Schmiedebetriebe arbeiten häufig in direktem Verbund mit stahlerzeugenden Betrieben. Es gibt jedoch auch Betriebe, denen Rohblöcke oder Halbzeug zugeliefert werden.

Die Bedeutung des Produktionszweiges zeigt sich besonders bei der Betrachtung des Anwendungsbereichs (Schmollgruber 1974). In Abbildung 3.131 sind einige wichtige durch Schmieden herstellbare Produktgruppen dargestellt. Außer dem Maschinenbau sind heutzutage vor allem die Energietechnik (Franzke, et al. 2008) sowie die Elektrotechnik, der Schiffbau, Fahrzeugbau, Bergbau, Stahlbau und die chemische Industrie zu nennen. Nahezu in allen Industriezweigen werden Freiformstücke – häufig in zeichnungsgebundener Einzelfertigung – mit höchsten Qualitätsanforderungen benötigt. Dabei betrug die Menge der allein in Deutschland hergestellten Freiformschmiedestücke im Jahr 2006 ca. 450.000 t, entsprechend einem Umsatz von ca. 1,3 Mrd. € (Sheikhi 2009).

Die durch Freiformen herstellbaren Werkstückabmessungen reichen von wenigen Zentimetern bis zu mehreren Metern. Ermöglicht wird die Vielseitigkeit des Freiformens durch den Einsatz relativ einfacher Werkzeuge unterschiedlicher Form und Größe. Bei richtiger Wahl des Umformgrades, der Umformgeschwindigkeit, der Schmiedetemperatur sowie eines optimalen Faserverlaufs lassen sich damit deutliche Verbesserungen der nach dem Gießen des Vormaterials vorliegenden Werkstoffeigenschaften erzielen.

Um die unterschiedlichen Geometrien zu erlangen, wird in der Regel eine Kombination der in Abbildung 3.129 dargestellten Verfahren durchgeführt. Die wichtigsten Verfahren sind dabei das Stauchen und Recken des Werkstückes. Abbildung 3.132 zeigt den prinzipiellen Verlauf eines Freiformschmiedeprozesses, bestehend aus der Operationen Stauchen und Recken. Die Grundlagen und die Unterschiede dieser beiden Verfahren werden in den folgenden Teilkapiteln erläutert. Weitere zusätzliche Verfahren werden im Anschluss beschrieben.

3.2.2 Stauchen

Egon Ambaum, Frank Stenzhorn, Dominik Recker, Gerhard Hirt

3.2.2.1 Verfahrensprinzip

Im Rahmen der Druckumformverfahren gehört das Stauchen nach DIN 8583 zur Untergruppe Freiformen. Abweichend vom Recken, bei dem das Werkstück jeweils nur partiell umgeformt wird, wird beim Stauchen überwiegend das gesamte Werkstück umgeformt. Die Werkstücklängsachse liegt beim Stauchen in Richtung der Umformkraft (Abb. 3.133).

Zur Herstellung von Freiformschmiedeprodukten ist das Stauchen häufig nur ein Teilschritt im Rahmen einer gesamten Fertigungsabfolge (vgl. auch Kapitel 3.2.5).

Gestaucht werden alle im Zusammenhang mit dem Recken angesprochenen Querschnittsformen (Rund, Vier-

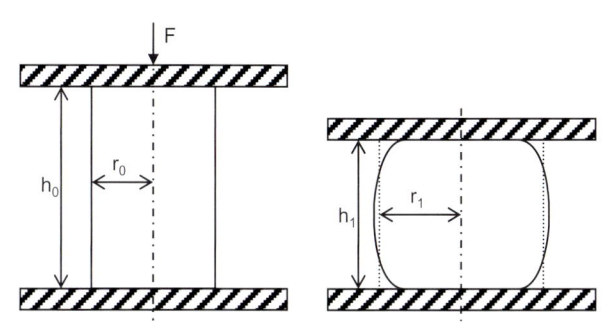

Abb. 3.133: Prinzip des Stauchens: Das gesamte Bauteil wird entlang seiner Längsachse umgeformt.

$$\varphi_h = \ln \frac{h_1}{h_0} \quad, \quad \varphi_r = \ln \frac{r_1}{r_0} \quad, \quad \varphi_t = \ln \frac{2 \cdot \pi \cdot r_1}{2 \cdot \pi \cdot r_0} \quad (3.85).$$

Die Volumenkonstanz kann mit Hilfe der Umformgrade gemäß Gleichung 3.86 formuliert werden:

$$\varphi_h + \varphi_r + \varphi_t = 0 \quad (3.86).$$

Bei axialsymmetrischer Umformung gilt $\varphi_r = \varphi_t$, wodurch sich Gleichung 3.86 vereinfacht zu

$$\varphi_h + 2 \cdot \varphi_r = 0 \quad (3.87).$$

Zur Kennzeichnung der Höhenreduktion ist die Angabe der bezogenen Höhenänderung ε_h gebräuchlich:

$$\varepsilon_h = \frac{h_1 - h_0}{h_1} \cdot 100\% \quad (3.88).$$

Bezogene Abmessungsänderungen in Radial- und Umfangsrichtung können definitionsgemäß formuliert werden. Sie sind jedoch zur Beschreibung des Stauchprozesses nicht erforderlich. Zur Beschreibung des Stauchvorgangs wird neben der Angabe der bezogenen Höhenänderung ε_h ein *Stauchgrad* λ_s definiert. Dieser Stauchgrad wird in der Praxis auch *Verschmiedungsgrad* genannt, wenn nur gestaucht wird. Er lässt sich entsprechend der Volumenkonstanz entweder über die Werkstückhöhen oder die Querschnittsflächen vor bzw. nach der Umformung berechnen. Zur Berechnung der Querschnittsfläche gilt

$$\lambda_s = \frac{A_1}{A_0} \quad (3.89).$$

Für die Werkstückhöhe

$$\lambda_s = \frac{h_0}{h_1} \quad (3.90).$$

Der über die Höhen berechnete Stauchgrad λ_s stimmt nur dann mit dem über die Querschnittsflächen berechneten überein, wenn der Stauchprozess homogen erfolgt und der Querschnitt über der Blockhöhe konstant bleibt (Abb. 3.134).

kant, Achtkant, Vielkant). Aufgrund der geometrischen Forderungen des gestauchten Werkstückes werden beim Stauchen gegenüber dem Recken sehr viel größere bezogene Höhenänderungen realisiert. Das aus der Höhe verdrängte Volumen führt zu einer Vergrößerung der Werkstückabmessung senkrecht zur Umformkraft. Infolge der zwischen Werkstück und Werkzeug auftretenden Reibung baucht das Werkstück in Abhängigkeit des Höhen-/Durchmesserverhältnisses h_0/d_0 mehr oder weniger stark aus. Während sich bei gedrungenen Ausgangskörpern ($h_0/d_0 \leq 1$) eine einfache Tonnenform ausbildet, ist bei schlanken Körpern zunächst eine Doppeltonnenform festzustellen, die erst bei höheren Reduktionen in die einfache Tonnenform übergeht. Zur Beeinflussung des Ausbauchungsverhaltens, beschrieben durch das Verhältnis von Stirn- zu Bauchdurchmesser d_{min}/d_{max}, können profilierte Stauchplatten verwendet werden.

Bei zu schlanken Ausgangsgeometrien besteht die Gefahr des Ausknickens, sodass als Verfahrensgrenze der Schlankheitsgrad $h_0/d_0 \leq 2$ bis 2,5 nicht überschritten werden sollte.

3.2.2.2 Theoretische Grundlagen

3.2.2.2.1 Globale Formänderungen

Für axialsymmetrische Blöcke mit runden Querschnitten werden aus der Volumenkonstanzbedingung

$$h_0 \cdot \frac{\pi}{4} \cdot d_0^2 = h_1 \cdot \frac{\pi}{4} \cdot d_1^2 = V = const \quad (3.84)$$

die Umformgrade in den drei Achsenrichtungen abgeleitet bzw. definiert:

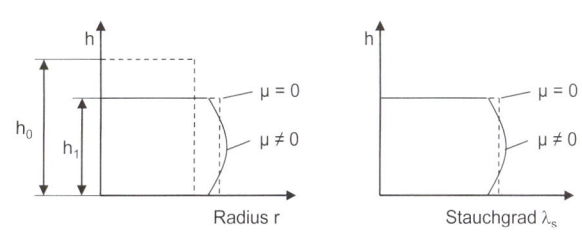

Abb. 3.134: Ausbauchverhalten bei reibungsfreiem bzw. reibungsbehaftetem Stauchen und Stauchgrad λ_s entlang der Werkstücklängsachse

3.2 Freiformschmieden

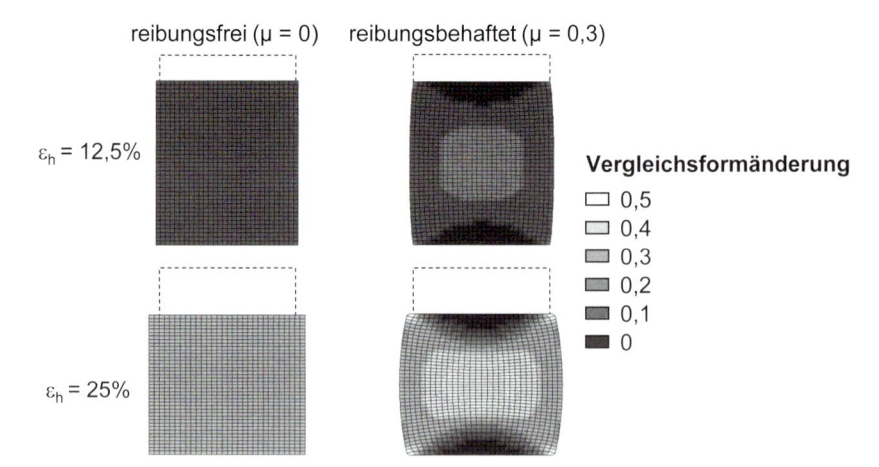

Abb. 3.135: Verteilung der lokalen Formänderung im Bauteil bei verschiedenen bezogenen Höhenabnahmen ε_h für den reibungsfreien und den reibungsbehafteten Stauchvorgang.

3.2.2.2.2 Lokale Formänderungen

Infolge der auftretenden Reibung zwischen Werkzeug und Werkstück während des Stauchprozesses bildet sich im gestauchten Werkstück eine inhomogene Formänderungsverteilung aus. Für eine Berechnung ist es wichtig zu wissen, dass die aus der äußeren Geometrie abgeleiteten Umformgrade die örtlichen Formänderungen nicht beschreiben können.

Abbildung 3.135 zeigt für zwei unterschiedliche Stauchprozesse die auftretenden lokalen Formänderungen im Querschnitt des Werkstückes zu verschiedenen bezogenen Höhenabnahmen. Dabei handelt es sich um einen reibungsfreien Stauchprozess und um einen reibungsbehafteten. Es ist deutlich zu erkennen, dass die Formänderung bei dem reibungsfreien Stauchprozess homogen im Werkstück verteilt ist. Bei dem reibungsbehafteten Stauchprozess bildet sich im Kontaktbereich zu den Stauchplatten eine Zone mit geringer Formänderung und eine auch als „Schmiedekreuz" bezeichnete Zone hoher Formänderung im Kern und entlang der Diagonalen aus.

3.2.2.2.3 Umformkraft und Umformarbeit

Die Durchführbarkeit eines geplanten Stauchprozesses ist neben geometrischen Gesichtspunkten (z. B. lichter Säulenabstand, maximaler Abstand von Ober- und Untersattel) eine Frage des Kraft- und Arbeitsbedarfs. Dieser wird für einen reibungsbehafteten Stauchprozess unter Vernachlässigung der Ausbauchung aus der Elementaren Theorie mit Hilfe des *Röhrenmodells* hergeleitet (Lippmann 1981). Abbildung 3.136 zeigt das Röhrenmodell mit den Spannungsrandbedingungen.

d_0: Ausgangsdurchmesser
h_0: Ausgangshöhe
h: gestauchte Höhe
r: Radius
v_w, v_z: Werkzeuggeschwindigkeit
σ_r: Radialspannung
σ_t: Tangentialspannung
σ_z: Spannung in z-Richtung
τ_{rz}: Schubspannung
μ: Reibungszahl
φ: Winkel

Abb. 3.136: Prinzip des Röhrenmodells beim Stauchen (links) und Kräfte an einem Volumenelement bei axialsymmetrischer Umformung (rechts), (Pohl 1974)

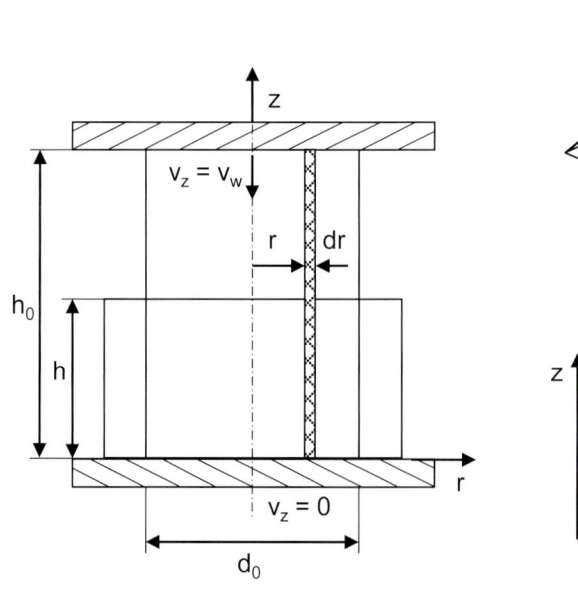

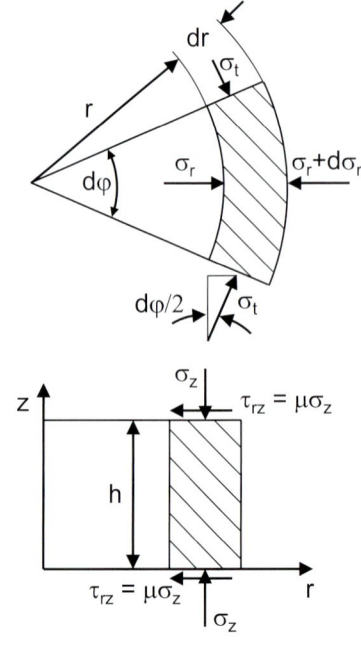

3.2.2 Stauchen

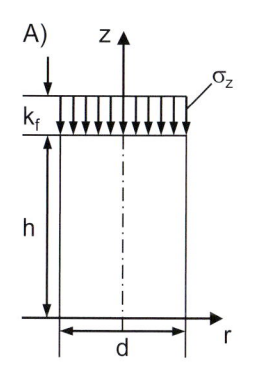

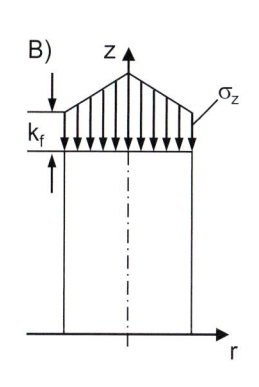

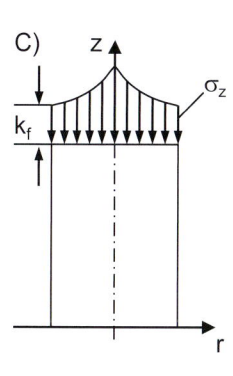

A) reibungsfreies Stauchen $\sigma_z = -k_f$

B) Stauchen mit Reibung, Reihenentwicklung $\sigma_z = -k_f \left[1 + 2\dfrac{\mu}{h}\left(\dfrac{d}{2} - r\right) \right]$

C) Stauchen mit Reibung, Exponentialfunktion $\sigma_z = -k_f \exp\left[1 + 2\dfrac{\mu}{h}\left(\dfrac{d}{2} - r\right) \right]$

Abb. 3.137: Normalspannungsverläufe σ_z an den Stirnflächen axialsymmetrischer Stauchkörper; Elementare Plastizitätstheorie (Pohl 1974)
r Radius
d Durchmesser
h Höhe
k_f Fließspannung

Das Kräftegleichgewicht in radialer Richtung lautet

$$\sigma_r \cdot r \cdot d\varphi \cdot h - (\sigma_r + d\sigma_r)\cdot(r+dr)\cdot h \cdot d\varphi$$
$$+ 2\sigma_t \cdot \sin\left(\frac{d\varphi}{2}\right)\cdot h \cdot dr - 2\mu \cdot \sigma_z \cdot r \cdot d\varphi \cdot dr = 0 \quad (3.91)$$

Mit den Randbedingungen $\sin\alpha \approx \alpha$, $\sigma_r = \sigma_t$ (wegen der Axialsymmetrie) und, weil Produkte von Differenzialen gleich Null sind, vereinfacht sich Gleichung 3.91 zu

$$\frac{d\sigma_r}{dr} + \frac{2\mu}{h}\cdot \sigma_z = 0 \quad (3.92).$$

In dieser Gleichung sind noch die Spannungen σ_r und σ_z enthalten, wobei eine der beiden Spannungen unter Berücksichtigung des Fließkriteriums nach *Tresca*

$$\sigma_r - \sigma_z = k_f \quad (3.93)$$

substituiert werden kann und damit nur die unbekannte Spannung σ_r gemäß Gleichung 3.94 verbleibt:

$$\frac{d\sigma_r}{dr} + \frac{2\mu}{h}\cdot \sigma_r - \frac{2\mu}{h}\cdot k_f = 0 \quad (3.94).$$

Die Fließspannung k_f ist dabei von der Temperatur ϑ dem Umformgrad φ und der Umformgeschwindigkeit $\dot\varphi$ abhängig.
Auf der Basis eines tatsächlich vorliegenden Temperatur- und damit Fließspannungsfeldes muss die in den Gleichungen verwendete Fließspannung als Mittelwert k_{fm} verstanden werden, um den Voraussetzungen des Röhrenmodells gerecht zu werden.
Die Gleichung 3.94 stellt eine Differenzialgleichung dar, deren Lösung unter Berücksichtigung der Spannungsfreiheit an der radialen Werkstückoberfläche ($r = d/2$) und der *Tresca'schen* Fließbedingung den Verlauf der Spannung in Kraftrichtung (z-Richtung) beschreibt:

$$\sigma_z = -k_f \cdot \exp\left[\frac{2\mu}{h}\cdot\left(\frac{d}{2} - r\right) \right] \quad (3.95).$$

Abbildung 3.137 zeigt den durch diese Gleichung formulierten Spannungsverlauf in der Wirkfuge (Pohl 1974) Bereits aus Gleichung 3.95 kann beim reibungsfreien Fall abgelesen werden, dass die Axialspannung

$$\sigma_z = -k_f \quad (3.96)$$

beträgt und keine Ortsabhängigkeit zeigt (Abb. 3.137 A). Bei Berücksichtigung der Reibung und je nach mathematischer Formulierung der Gleichung 3.95 (z.B. Reihenentwicklung nach Abbildung 3.137 B) setzt sich die Axialspannung σ_z aus einem konstanten Grundwert k_f und einer ortsabhängigen Erhöhung der Axialspannung durch Reibung zusammen. Häufig wird mit der Reihenentwicklung nach Abbildung 3.137 B gerechnet, wobei sich der Betrag der Stauchkraft aus der Integration der Spannungsverteilung über der Werkstückfläche ergibt:

$$F = \int_{A_d} k_f \cdot \left[1 + \frac{2\mu}{h}\cdot\left(\frac{d}{2} - r\right) \right]\cdot dA_d \quad (3.97).$$

Unter Berücksichtigung von

$$dA_d = 2\pi \cdot r \cdot dr \quad (3.98)$$

und den Integrationsgrenzen $0 \le r \le d/2$ ergibt sich für die Stauchkraft

$$F = A_d \cdot k_f \cdot \left[1 + \frac{1}{3}\mu\cdot\frac{d}{h} \right] \quad (3.99).$$

In Übereinstimmung mit der allgemeingültigen Formulierung zur Bestimmung von Umformkräften, die sich aus dem Produkt von Umformwiderstand k_w und gedrückter Fläche A_d ergeben, kann aus Gleichung 3.99 für den Umformwiderstand beim Stauchen die folgende Beziehung aufgestellt werden:

$$k_w = k_f \cdot \left[1 + \frac{1}{3}\mu \cdot \frac{d}{h}\right] \qquad (3.100).$$

Danach ist der Umformwiderstand k_w nur eine Augenblicksgröße, die sich aus dem aktuellen Geometrieverhältnis d/h ergibt. Daher kann mit Gleichung 3.99 auch die Stauchkraft nur für einen definierten Augenblickszustand bestimmt werden. Für die praktische Anwendung wird unter der Bezeichnung Stauchkraft in der Regel die auftretende Maximalkraft verstanden; diese wird am Ende der Umformung wegen des hierbei auftretenden maximalen Geometrieverhältnisses d_1/h_1 erreicht.

Die Umformarbeit berechnet sich zu:

$$W = \int_{h_0}^{h_1} F \cdot dh \qquad (3.101).$$

Die Umformkraft ist wie zuvor beschrieben über den Stauchprozess nicht konstant, sie zeigt vielmehr die in Gleichung 3.101 formulierte Abhängigkeit von der aktuellen Werkstückhöhe h. Die vollständige Integration der Gleichung 3.101 führt auf die Gleichung 3.102 zur Berechnung der Umformarbeit W:

$$W = k_f \cdot V \cdot \left[\ln\frac{h_0}{h_1} + \frac{4}{9}\sqrt{\frac{V}{\pi}} \cdot \mu \cdot \left(\frac{1}{h_1 \cdot \sqrt{h_1}} - \frac{1}{h_0 \cdot \sqrt{h_0}}\right)\right] \qquad (3.102).$$

Dieser Gleichung liegt die *Siebel'sche* Stauchkraftgleichung 3.99 zugrunde.

Häufig ist es für praktische Fälle ausreichend, die Umformarbeit durch eine Näherungsgleichung zu bestimmen:

$$W = V \cdot k_{wm} \cdot \varphi_h \qquad (3.103).$$

Der mittlere Umformwiderstand k_{wm} ist ein über den Prozess gemittelter Umformwiderstand, wobei sich dieser nach Gleichung 3.100 mit dem aus Anfangs- und Endzustand arithmetisch gemittelten Durchmesser d_m und der Höhe h_m näherungsweise ergibt:

$$k_{wm} = k_f \left(1 + \frac{1}{3} \cdot \mu \cdot \frac{d_m}{h_m}\right) \qquad (3.104).$$

Die am Werkstück geleistete Umformarbeit wird größtenteils in Wärme umgewandelt und führt damit zu einer Temperaturerhöhung im Werkstück. Im Gegensatz zum Recken muss beim Stauchen bestimmter Qualitäten aufgrund der sehr viel höheren bezogenen Höhenänderung in einem Umformschritt die entstehende Umformwärme berücksichtigt werden, um den Einfluss der Temperatur auf die Fließspannung k_f, das Umformvermögen φ_{vBr} sowie auf werkstoffkundliche Einflüsse geeignet berücksichtigen zu können. Die adiabatische Temperaturerhöhung ergibt sich aus der Umformarbeit und den physikalischen Stoffwerten zu

$$\Delta T_m = \frac{W}{\rho \cdot c \cdot V} = \frac{k_{wm} \cdot \varphi_h}{\rho \cdot c} \qquad (3.105).$$

Darin bedeuten
ΔT_m mittlere Temperaturerhöhung,
W Umformarbeit,
ρ Dichte,
c spezifische Wärmekapazität,
V Volumen,
k_{wm} mittlerer Umformwiderstand,
φ Umformgrad.

Der Temperaturerhöhung durch die Umformwärme ist eine Abkühlung durch Strahlung, Konvektion bzw. Wärmeleitung bei der Werkzeug- und Werkstückberührung überlagert. Abbildung 3.138 zeigt an einem konkreten Beispiel das durch eine FEM-Simulation berechnete Temperaturfeld im Querschnitt eines gestauchten Werkstückes.

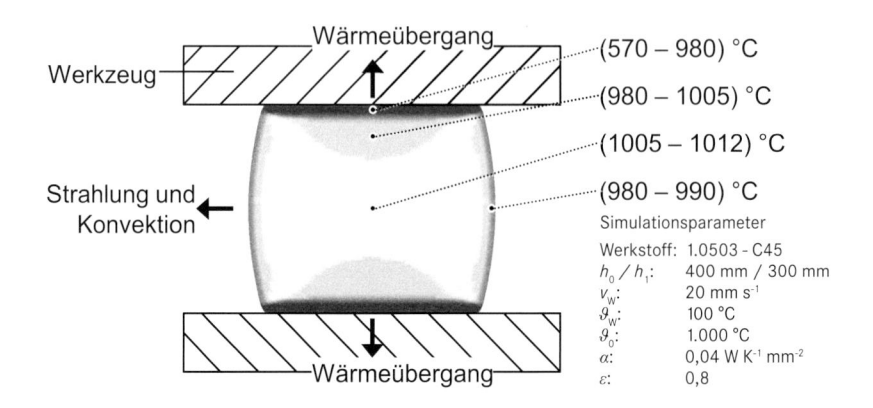

Abb. 3.138: *Mit FEM berechnete Temperaturverteilung im Querschnitt eines gestauchten Blocks*

Simulationsparameter
Werkstoff: 1.0503 - C45
h_0 / h_1: 400 mm / 300 mm
v_W: 20 mm s^{-1}
ϑ_W: 100 °C
ϑ_0: 1.000 °C
α: 0,04 W K^{-1} mm^{-2}
ε: 0,8

(570 – 980) °C
(980 – 1005) °C
(1005 – 1012) °C
(980 – 990) °C

3.2.3 Recken

*Egon Ambaum, Frank Stenzhorn,
Dominik Recker, Gerhard Hirt*

3.2.3.1 Verfahrensprinzip

Analog zum Stauchen gehört auch das Recken zur Untergruppe Freiformen. Hierbei wird durch das Reckschmieden die geforderte Werkstückform aus einer massiven Ausgangsform (Rohblock, Halbzeug) mit relativ einfachen Werkzeugen hergestellt. Dadurch ergibt sich die große Flexibilität des Freiformschmiedens, da Produkte großer Formenvielfalt und unterschiedlichster Größenordnung recht genau hergestellt werden können (Stenzhorn 1982). Beim Recken wird das Werkstück während des Umformprozesses durch den Manipulator gehalten, welcher es zwischen den Werkzeugen der Presse positioniert (Abb. 3.139; vgl. auch Abb. 3.130). Die angestrebte Querschnittsverminderung wird durch gezielte Kombination von Manipulatorvorschub und Pressenquerhauptbewegung erzielt, wobei die herzustellende Form nicht oder nur teilweise als Negativform in den Werkzeugen enthalten ist (Abb. 3.140).

Kennzeichnend für das Recken ist die Werkstücklage hinsichtlich der Wirkung der Umformkraft. In der Regel liegt die Werkstücklängsachse senkrecht zur Umformkraft. Das Recken kann daher vereinfachend als die Aneinanderreihung einzelner partieller Stauchvorgänge gesehen werden, da immer nur ein begrenzter Werkstückbereich umgeformt wird.

Laut DIN 8583 werden dem Begriff Recken auch Sonderverfahren wie Aufweiten, Beihalten und Absetzen zugeordnet. Gemeinsam ist diesen Sonderverfahren mit dem klassischen Recken, dass die Umformung des Werkstückes nur partiell erfolgt. Ziel des Reckens ist es, den Werkstoff aus dem Querschnitt möglichst in Werkstücklängsrichtung zu verdrängen. Dabei sollen das Gussgefüge zerstört, metallurgisch bedingte Hohlstellen im Kern des Werkstückes geschlossen und durch eine entsprechende Wärmebehandlung nach dem Schmieden die geforderten mechanischen Eigenschaften erreicht werden.

Als Endquerschnittsformen treten am häufigsten Rund-, Quadrat- oder Flachquerschnitte auf. Es handelt sich bei den Werkstücken mit diesen Querschnittsformen um Stab- oder um Halbzeugerzeugnisse, die in nachgeschalteten Arbeitsgängen ihre endgültige Form erhalten. Hierfür seien beispielhaft die mechanische Bearbeitung, das Walzen, das Gesenkschmieden, die weitere Umformung unter Schmiedeaggregaten sowie die Verfahren des Freiformschmiedens für die Kurbelwellen-, Ring-, Büchsen- und Scheibenherstellung aus Halbzeugprodukten genannt.

Die geometrischen Verhältnisse beim Reckschmieden sind in Abbildung 3.141 für einen einzelnen Umformhub am Beispiel eines rechteckigen Querschnitts dargestellt. Die Ausgangshöhe bzw. Ausgangsbreite wird durch h_0 und b_0 beschrieben, die Abmessungen nach erfolgter Umformung durch h_1 und b_1. Die Schmiedewerkzeuge werden durch die Sattelbreite B und die Sattellänge L gekennzeichnet. Aus dem Manipulatorvorschub ergibt sich die Bissbreite (gedrückte Länge) s_B. Das ist derjenige Teil der Sattelbreite B, der die Umformung bewirkt. Die gedrückte Breite ist identisch mit der jeweiligen Werkstückbreite. Dies folgt aus der Tatsache, dass die Sattellänge L in der Regel größer als die Werkstückbreite ist. Durch die Querhauptbewegung mit der Werkzeuggeschwindigkeit v_W wird die Höhe des Werkstückes partiell von h_0 auf h_1 reduziert, wobei der Absolutwert der Höhenänderung durch die Gesamteindringtiefe Δh gekennzeichnet wird.

Durch Aneinanderreihung der einzelnen partiell wirksamen Umformhübe wird das Werkstück in seiner gesamten Länge eine Querschnittsreduktion von $h_0 \cdot b_0$ nach $h_1 \cdot b_1$ erfahren, wobei die Werkstücklänge von l_0 auf l_1 zunimmt. Die Gesamtabfolge gleicher Umformhübe wird als sogenannte Überschmiedung oder Stich bezeichnet. Wird die Wirkrichtung der Umformkraft bezüglich der Werk-

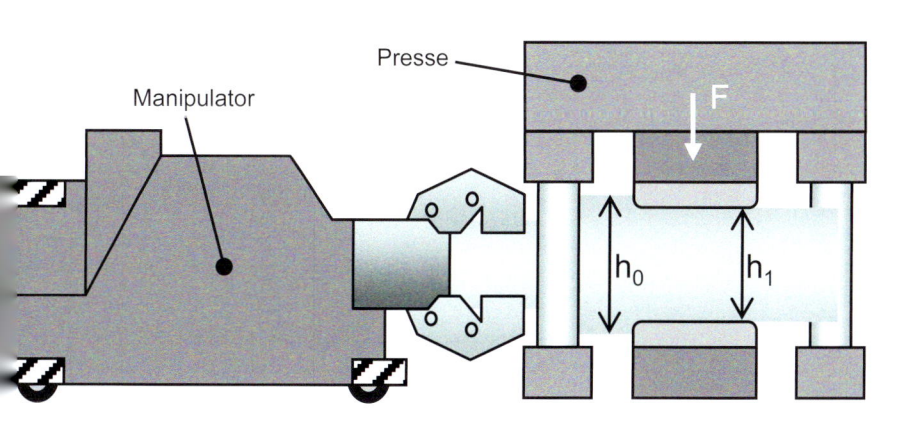

Abb. 3.139: *Prinzip des Reckens: Das Bauteil wird in der Regel senkrecht zu seiner Längsachse umgeformt und während der Umformung durch den Manipulator gehalten.*

3.2 Freiformschmieden

Werkzeugkombination	Prinzipdarstellung	Anwendungsbeispiele
Flachsattel – Flachsattel	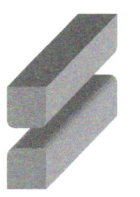	universell anwendbar, vorzugsweise Recken (Umschmieden von Rund- in Quadrat- und Rechteckquerschnitte, von Quadrat- in Rechteck- und kleinere Quadratquerschnitte)
Spitzsattel – Flachsattel	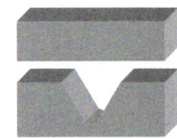	Recken (Umschmieden von Rundquerschnitten in kleinere Rundquerschnitte) Axiales Strecken von Hohlkörpern
Spitzsattel – Spitzsattel		Recken von Rohblöcken Axiales Strecken großer Hohlkörper
Rundsattel – Rundsattel		Überschmieden von Rohblöcken (Recken); Recken von hochlegierten Stählen Schlichten von Teilen mit Rundquerschnitten
Ballsattel – Ballsattel		Recken von Quadrat und Rechteckquerschnitten, wenn ein intensiver Werkstofffluss in Breiten- oder Längsrichtung erreicht werden soll (anschließend ist ein Schlichten erforderlich)
Bocksattel und Schmiededorn – Flachsattel		Schmieden von Ringen

Abb. 3.140: Werkzeugkombinationen zum Recken und ihr Anwendungsbereich

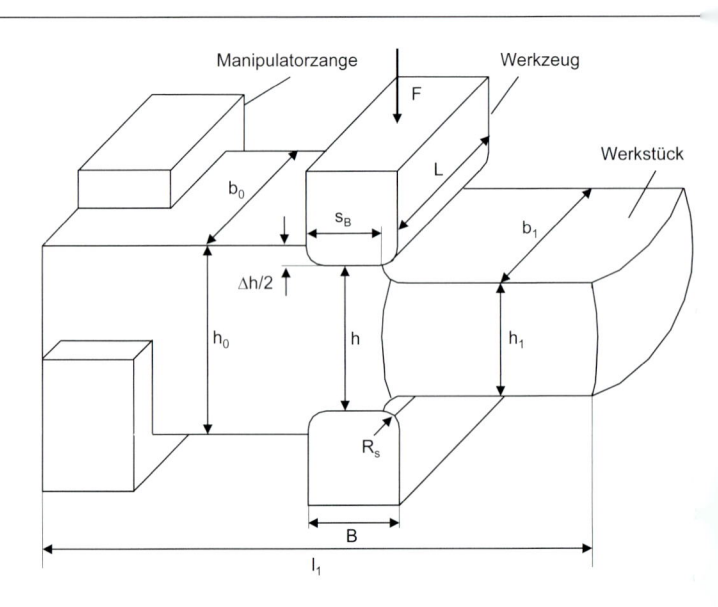

Abb. 3.141: Geometrische Verhältnisse beim Reckschmieden

stückachse in aufeinanderfolgenden Überschmiedungen beibehalten, so spricht man von der Flachschmiedemethode. Im Gegensatz dazu wird beim Drehschmieden das Werkstück um seine Längsachse um einen bestimmten Drehwinkel (häufig 45° bzw. 90°) gedreht. In Verbindung mit speziellen Sattelkombinationen (V-Flachsättel oder Rund-Rund-Sättel, Abbildung 3.140) wird das Werkstück zum Schmieden runder Querschnitte nach jedem Eindringvorgang um einen definierten Drehwinkel gekantet. Es wird ein Drehwinkel angestrebt, der eine übergreifende Bearbeitung über den Umfang gewährleisten soll.

Wie oben beschrieben, wird das Werkstück zwischen jedem Hub eines Stiches durch den Manipulator um die Bissbreite s_{B0} unter dem Werkzeug verschoben. Aufgrund der Streckung des Bauteiles ändert sich die Bissbreite während des Hubes. Die technologisch wichtige und einstellbare Größe ist daher s_{B0} bzw. das Ausgangsbissverhältnis s_{B0}/h_0. Sie beeinflusst viele technische Zielgrößen (Spannungszustand, Kerndurchschmiedung, Breitung, etc.) innerhalb des geschmiedeten Werkstückes (Kopp, Wiegels 1998).

3.2.3.2 Theoretische Grundlagen

3.2.3.2.1 Globale Formänderungen

Die Grundlage für die nachfolgend aufgeführten Berechnungsverfahren bilden geometrische Prozessgrößen einerseits und die elementare Theorie andererseits. Die heutigen Berechnungsverfahren sollen, gerade im Hinblick auf die sichere Vorausplanung des Schmiedeprozesses, helfen einen geeigneten Schmiedeplan zu erstellen. Allerdings kann es durch nicht vorhersehbare Abweichungen zwischen Schmiedeplan und Realität zu einer Aneinanderreihung von Fehlern kommen, sodass eine berechnete Geometrie nicht immer mit der Realität übereinstimmen muss. Gegenwärtige Forschungen versuchen, sich mit diesem Problem auseinanderzusetzen, um ein modellunterstütztes Schmieden zu ermöglichen (Franzke et al. 2008).

Um die geometrischen Verhältnisse unabhängig von absoluten Abmessungen beschreiben zu können, werden in der Umformtechnik allgemein bezogene Kenngrößen zur Beurteilung herangezogen. Aus Gründen der Volumenkonstanz bei plastischer Formänderung gilt

$$l_0 \cdot b_0 \cdot h_0 = l_1 \cdot b_1 \cdot h_1 = V = const \tag{3.106}$$

Hieraus werden die Umformgrade in den drei Achsenrichtungen abgeleitet:

$$\varphi_h = \ln\frac{h_1}{h_0}, \quad \varphi_b = \ln\frac{b_1}{b_0}, \quad \varphi_l = \ln\frac{l_1}{l_0} \tag{3.107}$$

Aus den genannten Gleichungen lässt sich die Volumenkonstanzbedingung formulieren:

$$\varphi_h + \varphi_b + \varphi_l = 0 \tag{3.108}$$

Neben den Umformgraden sind in der Schmiedepraxis die bezogenen Abmessungsänderungen gebräuchlich. Diese ergeben sich aus den Absolutwerten der Anfangs- bzw. Endabmessung eines Umformschrittes:

$$\varepsilon_h = \frac{h_1 - h_0}{h_0} \cdot 100\% \tag{3.109a}$$

$$\varepsilon_b = \frac{b_1 - b_0}{b_0} \cdot 100\% \tag{3.109b}$$

$$\varepsilon_l = \frac{l_1 - l_0}{l_0} \cdot 100\% \tag{3.109c}$$

Die angeführten Gleichungen beschreiben die Formänderungsverhältnisse streng genommen nur für den Idealfall der homogenen Umformung, d.h. Umformung ohne innere Schiebungen. Aufgrund der real in der Wirkfuge zwischen Werkzeug und Werkstück auftretenden Reibung wird die Umformung inhomogen, sodass sowohl in Breitenrichtung als auch in Längsrichtung eine Verwölbung des Werkstückes auftritt. Daher stellt sich in der Realität im Werkstück eine inhomogene Verteilung der Formänderung ein. Während für eine genauere Beschreibung der inhomogenen Umformung heutzutage hauptsächlich die Finite-Elemente-Methode (FEM) angewendet wird, sind für praktische Anwendungsfälle zur Beschreibung der äußeren Geometrie die Gleichungen 3.107 und 3.109 hinreichend genau.

Während sich die vorangegangenen Überlegungen auf die Verhältnisse eines Eindringvorgangs beziehen, wird zur Beschreibung eines Gesamtreckprozesses der Reckgrad

$$\lambda_R = \frac{A_0}{A_1} \tag{3.110}$$

angegeben, der sich aus dem Verhältnis der Querschnittsflächen vor bzw. nach dem Recken ergibt. Zur Ermittlung des örtlichen Reckgrades entlang der Werkstücklängsachse müssen die unterschiedlichen Ausgangs- bzw. Endquerschnitte infolge Blockkonizität, Ausbauchung nach vorgeschaltetem Stauchprozess oder bei einer abgesetzten Endform, wie z. B. Walzen mit Walzenzapfen, berücksichtigt werden. Die Angabe des Reck-(Verschmiedungs-)grades wird heute immer noch als ein kennzeichnendes Maß für die Umformung und die Güte eines Schmiedeerzeugnisses angesehen. Er dient als Verständigungsmittel zwischen Kunde und Hersteller, wenn geforderte mechanische Eigenschaften garantiert werden sollen. Eine zen-

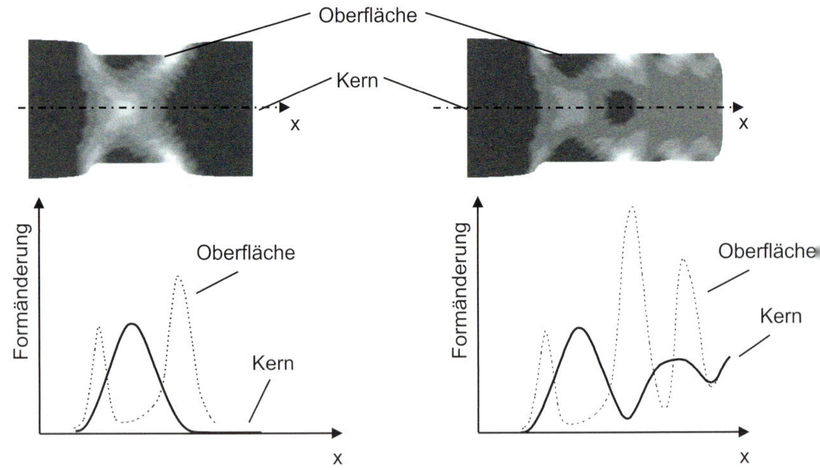

Abb. 3.142: oben: FEM Berechnung der Formänderungsverteilung im Längsschnitt nach einem Hub (links) und nach drei Hüben (rechts). unten: Darstellung der Ergebnisse für die Kernfaser und Oberfläche des Werkstücks

trale Größe zur Beschreibung des Reckprozesses stellt der Reckgrad allein nicht dar, da die Endquerschnittsform auf vielfältige Weise erreicht werden kann.

Der Gesamtreckgrad λ_R setzt sich aus den in n einzelnen Überschmiedungen realisierten Einzelreckgraden λ_{Ri} wie folgt zusammen:

$$\lambda_R = \prod_{i=1}^{n} \lambda_{Ri} = \frac{A_0}{A_1} \cdot \frac{A_1}{A_2} \cdots \frac{A_{n-1}}{A_n} \quad (3.111).$$

Der Reckgrad ist eine globale Größe. Ähnlich wie der Umformgrad liefert der Reckgrad nur eine Aussage darüber, wie die globalen Bauteilabmessungen während des Prozesses geändert wurden. Jedoch liefert der Reckgrad keinerlei Aussagen über bspw. die (inhomogene) Formänderung im Bauteil. Die Angabe eines Reckgrades kann daher nicht immer eine ausreichende Umformung garantieren.

3.2.3.2.2 Lokale Formänderungen

Mit den bisher beschriebenen Formeln und Größen lässt sich, ausgehend von der Geometrie des Bauteils, eine Bewertung der globalen Formänderung des Bauteils durchführen. Jedoch bildet sich aufgrund des inkrementellen Umformens und in Folge von Reibung zwischen Werkzeug und Werkstück, eine inhomogene Verteilung der Formänderung innerhalb des Bauteils aus. Die lokale Formänderung kann als Maß für die lokale „Durchschmiedung" des Bauteils angesehen werden. Jedoch ist sie während des Prozesses nicht messbar. Heutzutage ist es aber möglich, durch gezielte FEM-Simulationen die Verteilung der lokalen Formänderung im Bauteilquerschnitt zu berechnen und darzustellen. Abbildung 3.142 zeigt die Ergebnisse einer 2D-FEM-Simulation für einen einzelnen Schmiedehub und eine Schmiedung bestehend aus drei Hüben. Die Darstellung der Verteilung der Formänderung in der Kernfaser zeigt ihren inhomogenen Charakter.

3.2.3.2.3 Stofffluss

Durch das Bissverhältnis s_{B0}/h_0 wird das Breitungs-Streckungsverhalten entscheidend beeinflusst. Hierfür liefert die Elementare Plastizitätstheorie den Zusammenhang durch die auftretenden Fließwiderstände. Die Fließwiderstände in Längs- und Breitenrichtung ergeben sich aus der geometrischen Form der gedrückten Fläche als Mittelwert für einen Eindringvorgang:

$$\sigma_{fl_{l_m}} = -\frac{1}{2} \cdot \mu \cdot k_f \cdot \frac{s_B}{h_m} \qquad h_m = \frac{1}{2}(h_0 + h_1) \quad (3.112)$$

$$\sigma_{fl_{b_m}} = -\frac{1}{2} \cdot \mu \cdot k_f \cdot \frac{b_m}{h_m} \qquad b_m = \frac{1}{2}(b_0 + b_1) \quad (3.113)$$

Darin bedeuten

$\sigma_{fl,lm}$ mittlerer Fließwiderstand in Längsrichtung,
$\sigma_{fl,bm}$ mittlerer Fließwiderstand in Breitenrichtung,
k_f Fließspannung,
μ Reibungszahl,
s_B Bissbreite,
h_m mittlere Höhe,
h_0 Ausgangshöhe,
h_1 Endhöhe,
b_m mittlere Breite,
b_0 Ausgangsbreite,
b_1 Endbreite.

Unter der Annahme gleicher Reibbedingungen in Längs- und Breitenrichtung sowie eines starr idealplastischen Materials im Werkstück lässt sich an der Beziehung

$$\frac{\sigma_{fl_{l_m}}}{\sigma_{fl_{b_m}}} = \frac{s_B}{b_m} \quad (3.114)$$

der beim Recken auftretende Stofffluss qualitativ abschätzen.

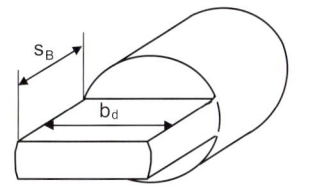

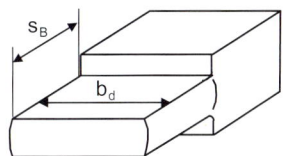

Abb. 3.143: *Änderung der Geometrie beim Flachschmieden von Rund- und Vierkantgeometrien*

Unter der Bedingung, dass für den Vergleich eines Rund- und Quadratquerschnittes die Bissbreite konstant gehalten werden soll, lässt sich nachstehende Überlegung anstellen. Beim Aufsetzen des Flachsattels auf den Rundquerschnitt liegt in Längsrichtung eine Linienberührung, senkrecht dazu eine Punktberührung vor (Abb. 3.143). Der Fließwiderstand in Längsrichtung wird beim Eindringen des Sattels nahezu konstant bleiben, während er in Breitenrichtung in Abhängigkeit der Eindringtiefe und der damit verbundenen Zunahme der gedrückten Breite b_d anwächst. Für das Stoffflussverhalten resultiert hieraus zu Beginn eine Breitung, die solange stoffflussbestimmend bleibt, wie die Bisslänge s_B größer als die gedrückte Breite ist. Beim Quadratquerschnitt liegt zu Beginn des Reckens eine gedrückte Fläche vor, die sich aus der Bissbreite s_B und der gedrückten Breite b_d ergibt. Konstante Werkstückabmessungen bei Variationen des Bissverhältnisses (Biss) führen nach Gleichung 3.100 zu unterschiedlichen Verhältnissen der axialen Fließwiderstände. Bei großen Bissbreiten wird das Material bevorzugt in die Breitenrichtung ausweichen, während kleine Bissverhältnisse, d.h. kleine Bisse, zu einer besseren Streckung des Werkstückes führen. Das zuvor diskutierte Breitungsverhalten wurde von Tomlinson und Stringer (Tomlinson, Stringer 1959) auf der Basis experimenteller Untersuchungen mathematisch erfasst:

$$\frac{b_1}{b_0} = \left(\frac{h_0}{h_1}\right)^{\left[0{,}14 + 0{,}36 \cdot \left(\frac{s_B}{h_0}\right) - 0{,}054 \left(\frac{s_B}{h_0}\right)^2\right]} \tag{3.115}$$

Die Gleichung 3.115 wurde anhand von Experimenten mit ausgewählten Werkstoffen empirisch ermittelt. Dies hat zur Folge, dass Gleichung 3.115 für unterschiedliche Werkstoffe keine exakte Lösung für das Breitungsverhalten liefern kann. Dennoch wird die Gleichung 3.115 heutzutage zur groben Abschätzung der Breitung benutzt. Für das Recken, bei dem vornehmlich eine Streckung des Werkstückes angestrebt wird, wäre aus Gleichung 3.115 die Forderung nach kleinen Bissverhältnissen abzuleiten. Demgegenüber besteht jedoch die Forderung einer ausreichenden Durchschmiedung bei gleichzeitiger Beseitigung von Hohlstellen (vgl. Kapitel 3.2.3.2.5), weshalb im Hinblick auf diese Aspekte ein Kompromiss gefunden werden muss.

3.2.3.2.4 Umformkraft und Umformarbeit

Allgemein lässt sich die Umformkraft nach der Gleichung

$$F = k_w \cdot A_d \tag{3.116}$$

mit $\quad A_d = s_B \cdot b_d \tag{3.117}$

für die Fläche von Rechteckquerschnitten ($b_d \approx b_0$) und

$$A_d = s_B \cdot 2 \cdot \Delta h \cdot \sqrt{\frac{4 \cdot r_0 - \Delta h}{4 \cdot \Delta h}} \tag{3.118}$$

für die Fläche von Rundquerschnitten berechnen. Die zur Berechnung der Reckkraft rechteckiger Querschnitte gebräuchlichste Gleichung setzt sich aus einem ideellen Anteil sowie einem Reibungs- (vgl. auch Kapitel 3.2.2.2.3) und Schiebungsanteil (Abb. 3.144) zusammen (Vater, Anke 1974):

$$F = k_f \cdot A_d \cdot \left(1 + \frac{1}{2} \cdot \mu \cdot \frac{s_B}{h} + \frac{1}{4} \cdot \frac{h}{s_B}\right) \tag{3.119}.$$

Zur Beurteilung der Durchführbarkeit des Reckprozesses ist oftmals nicht allein die Reckkraft entscheidend, sondern auch die erforderliche Umformarbeit W. So ist z.B. beim Schmieden unter dem Schmiedehammer das Arbeitsvermögen des Aggregats eine wesentliche Kenngröße. Allgemein berechnet sich die Umformarbeit zu

$$W = \int_{h_0}^{h_1} F \cdot dh \tag{3.120}.$$

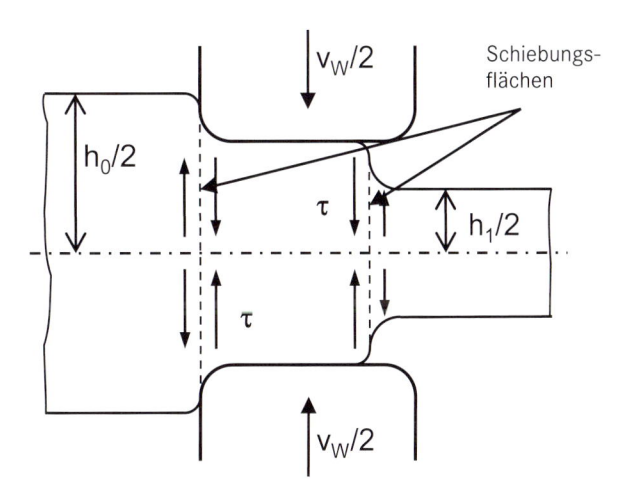

Abb. 3.144: *Schematische Darstellung des Schiebungsanteils der Umformkraft beim Reckschmieden: Umgeformtes Material wird gegen nicht umgeformtes Material „verschoben".*

3.2 Freiformschmieden

Tab. 3.13: *Faktoren zur Berechnung der Fließspannung bei Warmumformung (Hensel, Spittel 1978)*

Werkstoffgruppe	Werkstoff	k_{f0} in Nmm^{-1}	Thermodynamische Faktoren					
			$K_\vartheta = C_1 e^{-m_1 \vartheta}$		$K_\varphi = C_2 \varphi^{m_2}$		$K_{\dot\varphi} = C_3 \dot\varphi^{m_3}$	
			C_1	m_1	C_2	m_2	C_3	m_3
Unlegierte Stähle mit C < 0,5 %	C 10	98,2	12,231	0,00250	1,494	0,174	0,726	0,139
	C 15	98,0						
	Ck 15	78,2						
	C 22 Q	114,0						
	C 35	143,0						
	C 45	109,0						
	Ck 45	115,7						
	M 7	82,4						
	Mu 13	86,1						
	Mb 13	86,4						
	M 20	103,1						
	M 26	111,9						
	M 40	114,8						
	M 46	104,8						
	StZu	115,6						
	St 34	78,4						
	St 38u-2	102,7						
	St 38b-2	101,9						
	St 50	94,9						
	St 60	111,2						
Austenitische Cr-Ni-, Cr-Ni-Ti- und Cr-Ni-Mo-Ti-Stähle mit 0,08 bis 0,12 % C	X8CrNi 18.8	176,1	17,107	0,00284	1,647	0,217	0,789	0,104
	X8CrNiTi 18.9	163,6						
	X8CrNiTi 8.10	138,0						
	X8CrNiMoTi 18.11	152,0						
	X8CrNiMn 20.16.6	239,0						
	X8CrNiSi 9.19.2	128,8						
	X10CrNi 18.8	166,2						
	X10CrNiW 14.14	263,0						
	X10CrNiWSi 14.14	303,1						
	X10CrNiTi 18.9	162,8						
	X10CrNi 23.18	194,2						
	X12CrNiS 18.8	168,2						
	X12CrNi 22.12	153,0						
Ferritisch austenitische Cr-Ni-Ti-Stähle mit 0,05 bis 0,10 % C	X5CrNiTi 21.5	316,0	38,953	0,00366	1,346	0,129	0,719	0,143
	X5CrNiTi 26.6	149,5						
	X8CrNiMoTi 21.6.2	113,6						

Nach Gleichung 3.119 ist die Umformkraft F von der aktuellen Werkstückgeometrie abhängig. Aus der Kombination von Gleichung 3.120 mit Gleichung 3.119 ergibt sich die Umformarbeit nach Integration zu

$$W = k_f \cdot V \left[\ln \frac{h_0}{h_1} + \frac{\mu \cdot V}{4 \cdot b_d} \cdot \left(\frac{1}{h_1^2} - \frac{1}{h_0^2} \right) + \frac{b_d}{8 \cdot V} \cdot \left(h_0^2 - h_1^2 \right) \right] \quad (3.121)$$

worin V das umzuformende Volumen bedeutet. Die Gleichung 3.121 ist jedoch für die praktische Anwendung unhandlich, sodass mit Hilfe der Gleichung 3.122 eine Näherungsberechnung durchgeführt wird:

$$W = V \cdot \varphi_h \cdot k_{wm} \quad (3.122)$$

mit
$$k_{wm} = k_f \left(1 + \frac{1}{2} \cdot \mu \cdot \frac{s_B}{h_m} + \frac{1}{4} \cdot \frac{h_m}{s_B} \right) \quad (3.123)$$

wobei k_{wm} der mittlere Umformwiderstand ist. Sowohl in der Berechnungsgleichung für die Umformkraft als auch in der Beziehung für die Umformarbeit ist die Fließspannung k_f nicht konstant. Die Fließspannung k_f ist vielmehr eine Funktion der Temperatur, des Umformgrades, der Umformgeschwindigkeit und vor allem des Werkstoffes. In (Hensel, Spittel 1978) wurden die einzelnen Einflussparameter auf k_f nach folgender Gleichung zusammengefasst:

$$k_f = k_{f0} \cdot C_1 \cdot e^{-m_1 \cdot \vartheta} \cdot C_2 \cdot \varphi^{m_2} \cdot C_3 \cdot \dot{\varphi}^{m_3} \quad (3.124).$$

Hierin bedeutet k_{f0} den sogenannten Grundwert der Fließspannung; k_{f0} sowie die Konstanten C_1, C_2, C_3, m_1, m_2, m_3 sind für eine Vielzahl von Werkstoffen in (Hensel, Spittel 1978) tabelliert, wovon ein Auszug in Tabelle 3.13 wiedergegeben ist.

Für die Berechnung der zu erwartenden Umformkraft bzw. Umformarbeit müssen also zusätzlich zu den zuvor genannten Konstanten die Werkstücktemperatur, die Umformgeschwindigkeit und die Reibungszahl μ bekannt sein. Letztere wird für Warmformverfahren nach (Pawelski 1970) im Bereich μ = 0,25 bis 0,5 in Abhängigkeit des Oberflächenzustands (Zunder, Temperatur) angegeben. Die Umformgeschwindigkeit als die zeitliche Änderung der Formänderung ergibt sich zu

$$\dot{\varphi}_h = \frac{d\varphi_h}{dt} = \frac{1}{h} \cdot \frac{dh}{dt} = -\frac{v_w}{h} \quad (3.125).$$

Bei gleichbleibender Werkzeuggeschwindigkeit v_w nimmt infolge der abnehmenden Höhe die Umformgeschwindigkeit zu. In praktischen Fällen wird daher mit einer mittleren Umformgeschwindigkeit $\dot{\varphi}_m$ gerechnet:

$$\dot{\varphi}_m = \frac{\Delta\varphi}{\Delta t} \quad (3.126).$$

Die Genauigkeit der vorherbestimmten Umformkraft bzw. Umformarbeit zur Durchführung eines Reckprozesses wird nicht zuletzt von der richtigen Abschätzung der Umformtemperatur ϑ bestimmt. In der Praxis sind nur die Ofentemperatur und die Oberflächentemperatur erfassbar. Tatsächlich unterliegt das Werkstück während des gesamten Fertigungsprozesses einschließlich aller Haupt-

und Nebenzeiten einer ständigen Abkühlung durch Strahlung und Konvektion sowie der Wärmeleitung infolge der Werkzeug-Werkstückberührung und einer (geringen) Erwärmung durch die geleistete Umformarbeit (Dissipation). Hierdurch bilden sich im Werkstück Temperaturfelder aus, die, wie die Verteilung der Formänderung, inhomogen sind. Dabei treten in der Regel die niedrigsten Temperaturen an der Werkstückoberfläche (Strahlung und Wärmeleitung ins Werkzeug) und die höchsten Temperaturen im Werkstückkern auf. Abbildung 3.145 veranschaulicht die FEM-Berechnung des Temperaturfeldes für einen Reckschmiedeprozess bestehend aus vier Stichen. Für den quadratischen Ausgangsblock werden die Temperaturfelder innerhalb des Blockquerschnittes am Ende eines Stiches dargestellt. Der Block wird dabei nach jeder Überschmiedung um 90° gedreht.

Abbildung 3.145 macht deutlich, dass weder die Ofentemperatur noch die gemessene Oberflächentemperatur für eine hinreichend genaue Fließspannungsermittlung geeignet ist. Für die Bestimmung der mittleren Fließspannung k_{fm} als wesentliche Voraussetzung für die Kraft- und Arbeitsbedarfsberechnung muss das tatsächliche Temperaturfeld berücksichtigt werden.

3.2.3.2.5 Schmiedestrategien

Wie in Kapitel 3.2.3.2.2 bereits erläutert, bildet sich die lokale Formänderung im Werkstück während der Schmiedung inhomogen aus. Dabei hat das Ausgangsbissverhältnis s_{B0}/h_0 einen entscheidenden Einfluss auf den Maximalbetrag und die Verteilung der Formänderung im Bauteil. In der Regel tritt die maximale lokale Formänderung der Kernfaser in der Bissmitte des momentanen Hubes auf (vgl. Abbildung 3.142). Für die Bereiche nahe der Blockoberfläche tritt die maximale lokale Formänderung an den Sattelkanten auf. Wie sich die Wahl des Bissverhältnisses auf die Verteilung der Formänderung in der Kernfaser des Schmiedeblockes auswirkt, stellt Abbildung 3.146 prinzipiell dar. Generell kann davon ausgegangen werden, dass bei großen Bissverhältnissen die maximale lokale Formänderung im Kern größer ist als bei kleinen. Jedoch ist der Unterschied zwischen maximaler

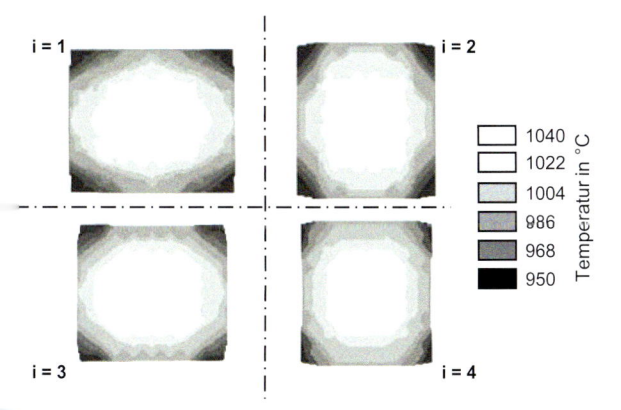

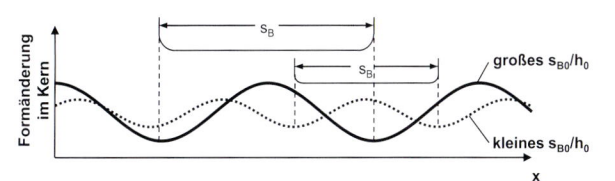

Abb. 3.145: *Temperaturverteilung im Querschnitt eines Vierkantblockes zur Überschmiedung i. Der Block wird nach jeder Überschmiedung um 90° gedreht.*

Abb. 3.146: *Einfluss des Ausgangsbissverhältnisses s_{B0}/h_0 auf die Verteilung der Formänderung im Kern des Schmiedestückes*

3.2 Freiformschmieden

Tab. 3.14: Vergleich der Auswirkungen verschiedener Bissverhältnisse

s_{B0}/h_0	Vorteile	Nachteile
klein	– homogene Verteilung der lokalen Formänderung im Kern – mehr Streckung des Bauteils, als bei großem Bissverhältnis – weniger Kraftbedarf, als bei großem Bissverhältnis	– geringe lokale Formänderung (Durchschmiedung) im Kern – mehr Hübe notwendig, als bei großem Bissverhältnis -> höhere Beanspruchung der Oberfläche durch den Sattelradius -> Gefahr von Rissen an der Oberfläche – Gefahr von Überlappungen – Gefahr von Zugspannungen im Kern
groß	– große lokale Formänderung (Durchschmiedung) im Kern – weniger Hübe, als bei kleinem Bissverhältnis	– inhomogene Verteilung der lokalen Formänderung im Kern – größerer Kraftbedarf, als bei kleinem Bissverhältnis – höhere Breitung des Bauteils

und minimaler lokaler Formänderung bei dem größeren Bissverhältnis größer, sodass sich eine inhomogenere Gesamtverteilung der lokalen Formänderung im Kern ergibt.

Trotz der guten Streckwirkung und der geringeren Kraft (vgl. Kap. 3.2.3.2.3 und 3.2.3.2.4) steht dem kleinen Bissverhältnis der Nachteil einer, unter Umständen, nicht ausreichenden Durchschmiedung des Kernbereichs gegenüber. Einige Vor- und Nachteile eines großen bzw. kleinen Bissverhältnisses sind in Tabelle 3.14 gegenübergestellt.

Abbildung 3.147 zeigt beispielhaft die Abhängigkeit der maximalen lokalen Formänderung in der Kernfaser vom Bissverhältnis, sowie von der bezogenen Höhenabnahme. Dabei handelt es sich um Ergebnisse von FEM Simulationen, die jeweils für das angegebene Bissverhältnis für einen Hub eines Reckschmiedeprozesses durchgeführt worden sind. Bei dem untersuchten Werkstoff handelt es sich um C45 Stahl, welcher bei einer Anfangstemperatur von 1.200 °C geschmiedet wurde.

Um eine homogene und dennoch ausreichende Durchschmiedung des Kernbereichs des Bauteils erreichen

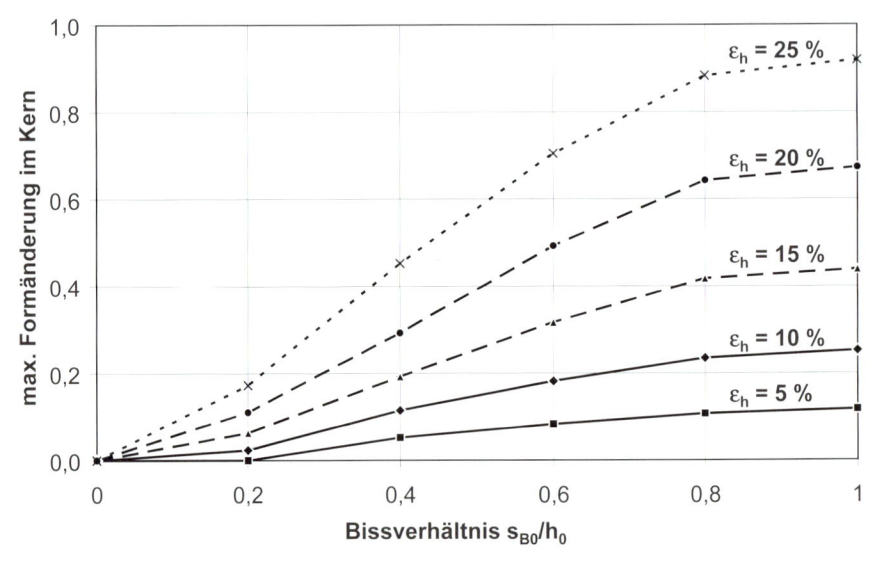

Abb. 3.147: Einfluss des Bissverhältnisses und der bezogenen Höhenabnahme auf die maximale Formänderung im Kern des Werkstücks. Simulationen sind beispielhaft für den Werkstoff C45 und eine Starttemperatur von 1200 °C durchgeführt worden.

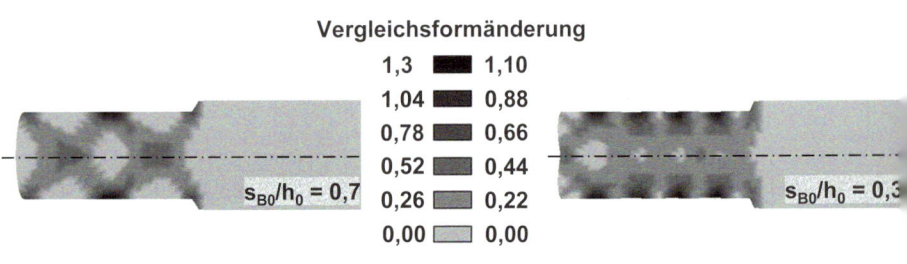

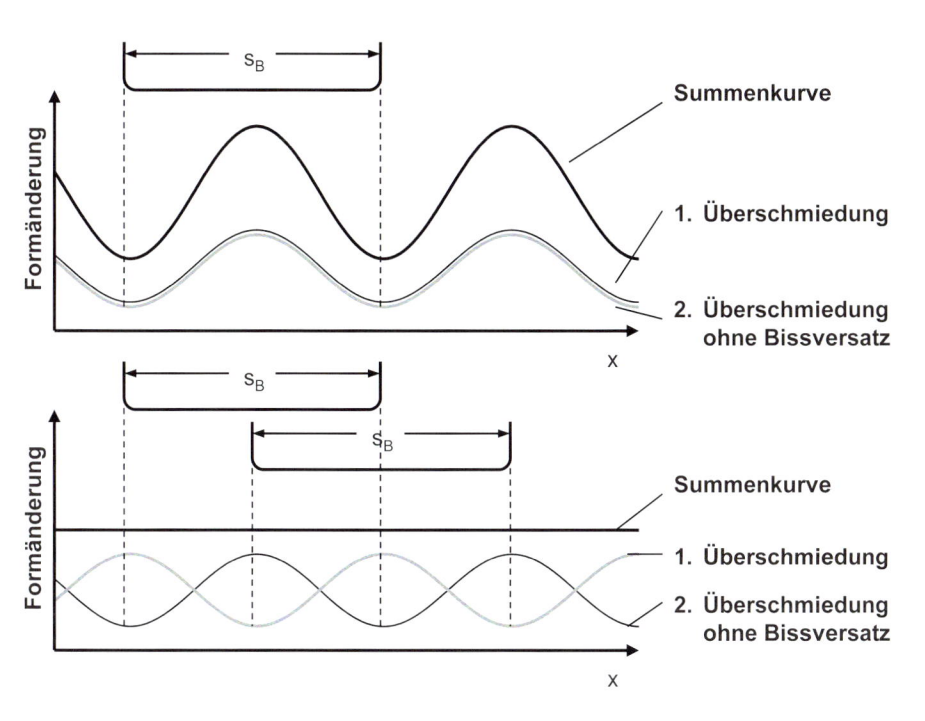

Abb. 3.148: Prinzipielle Darstellung des Schmiedens mit Bissversatz

zu können, muss ein Kompromiss bei der Wahl des zu verwendenden Bissverhältnisses gefunden werden. Weiterhin hat sich in der Industrie bereits seit Langem das Schmieden mit dem sogenannten „Bissversatz" bewährt (Siemer 1987).

Das Prinzip des Bissversatzes wird in Abbildung 3.148 schematisch dargestellt. Um der inhomogenen Verteilung der lokalen Formänderung im Kern nach einem Stich entgegenzuwirken, wird der Sattel im darauffolgenden Stich um einen Bruchteil der ursprünglichen Bissbreite s_{B0} (idealerweise um 0,5 s_{B0}) verschoben. So sollen die Bereiche der maximalen lokalen Formänderung dieses Stiches auf die Bereiche minimaler lokaler Formänderung des vorhergehenden Stiches treffen und die Gesamtformänderung im Kern des Bauteils „homogenisiert" werden.

Neben der Wahl des Bissverhältnisses hat auch die Wahl des passenden Sattelkantenradius einen entscheidenden Einfluss auf die Qualität des Werkstücks. Während das Bissverhältnis hauptsächlich die Qualität im Innern des Werkstückes beeinflusst, bestimmt der Sattelkantenradius zu einem gewissen Teil die Qualität an der Blockoberfläche. Abbildung 3.149 zeigt den Einfluss des Sattelkantenradius anhand von FEM-Ergebnissen für zwei verschiedene Sattelkantenradien.

Bei, im Verhältnis zur Sattelbreite, kleinen Sattelkantenradien treten an den Sattelkanten vergleichsweise höhere Zugbeanspruchungen des Materials als bei großen Sattelkantenradien auf. Bei mehreren Überschmiedungen kann dies dazu führen, dass die Beanspruchung so groß wird, dass das Material an den Sattelkanten reißt. Mit einem größeren Sattelkantenradius nimmt die Zugbeanspruchung des Materials an der Oberfläche ab. Der Extremfall ist der sogenannte Ballsattel (vgl. Abbildung 3.140). Bei diesem Sattel sind die Sattelkantenradien so groß, dass der komplette Sattel rund ist, und ein halbkreisförmiges Profil besitzt. Allerdings wird durch die Verwendung großer Sattelkantenradien die Werkstückoberfläche immer unebener, sodass zusätzliche Prozessschritte (bspw. Schlichten) notwendig werden.

3.2.4 Weitere Prozessschritte

Bei der Fertigung von Großbauteilen sind, neben dem Stauchen und dem Recken, in der Regel immer noch weitere Verfahren notwendig, um die für die Weiterverarbeitung geforderte Geometrie einstellen zu können. Diese sollen an dieser Stelle kurz erläutert werden.

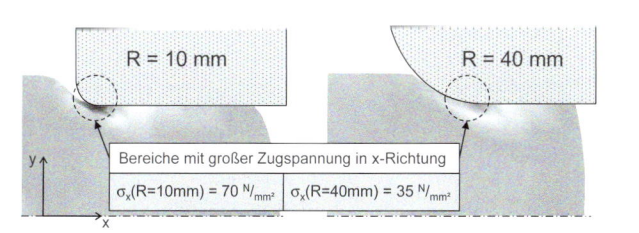

Abb. 3.149: Einfluss des Sattelkantenradius auf die Zugspannung in Längsrichtung des Bauteils

$\sigma_x(R=10mm) = 70\ N/mm^2$ $\sigma_x(R=40mm) = 35\ N/mm^2$

3.2 Freiformschmieden

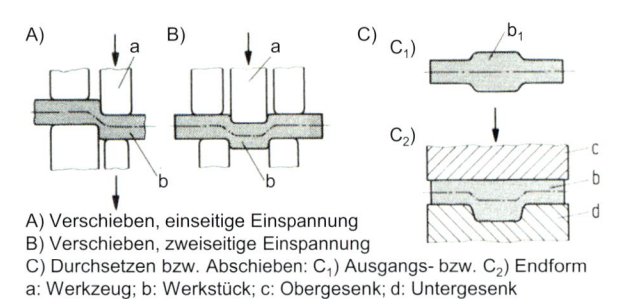

Abb. 3.150: Verfahrensprinzip Verschieben und Durchsetzen bzw. Abschieben

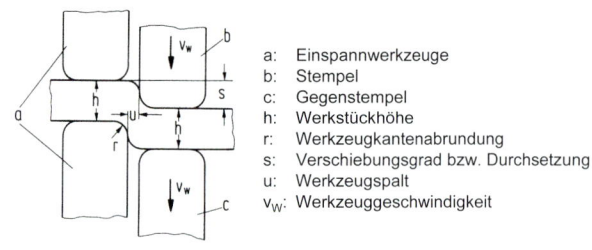

A) Verschieben, einseitige Einspannung
B) Verschieben, zweiseitige Einspannung
C) Durchsetzen bzw. Abschieben: C_1) Ausgangs- bzw. C_2) Endform
a: Werkzeug; b: Werkstück; c: Obergesenk; d: Untergesenk

Abb. 3.151: Werkzeuge, Geometrie und Kenngrößen beim Verschieben

a: Einspannwerkzeuge
b: Stempel
c: Gegenstempel
h: Werkstückhöhe
r: Werkzeugkantenabrundung
s: Verschiebungsgrad bzw. Durchsetzung
u: Werkzeugspalt
v_W: Werkzeuggeschwindigkeit

3.2.4.1 Verschieben

Reiner Kopp

In Abbildung 3.150 ist das Verfahrensprinzip Verschieben mit dem abgeleiteten Verfahren Durchsetzen bzw. Abschieben dargestellt. Nach DIN 8587 werden beim Verschieben in der Umformzone benachbarte Schnittflächen (oder Querschnittsflächen) des Werkstückes in Kraftrichtung durch geradlinige Bewegung parallel zueinander verlagert (Abb. 3.150A). Durchsetzen bzw. Abschieben ist Verschieben eines Werkstückteiles gegenüber angrenzenden Werkstückteilen. Diese Grundverfahren werden in der Praxis hauptsächlich bei der Kurbelwellenfertigung angewandt, die in Kapitel 3.2.5 beschrieben wird. Der Vorteil dieser Umformverfahren besteht u.a. darin, dass der Faserverlauf im Werkstück weitgehend erhalten bleibt, was die mechanischen Eigenschaften der Erzeugnisse günstig beeinflussen kann.

In Abbildung 3.151 sind die wichtigsten Prozessparameter wie Werkzeugspalt u, Werkstückhöhe h, Verschiebungsgrad bzw. Durchsetzung s und Werkzeugkantenabrundung r dargestellt. Mit zunehmendem Werkzeugspalt u vergrößert sich die plastische Zone. Diese kann sich je nach Werkstoffeigenschaften und Prozessparameter bis weit unter die Werkzeugwirkflächen erstrecken (El-Wakil 1977).

Eine genaue mathematische Beschreibung des Stoffflusses ist sehr aufwendig. Zur näherungsweisen Berechnung integraler Größen wie mittlere Formänderung, Kraft- und Arbeitsbedarf genügt oft schon ein einfaches Stoffflussmodell, etwa in der Form wie in Abbildung 3.152 (links und rechts) dargestellt.

In Abbildung 3.152 (unten) ist ein Gleitlinienfeld für den Verschiebeprozess abgebildet (Jimma 1963). Mit Hilfe derartiger Methoden lassen sich Aussagen über die örtlichen Formänderungen und Spannungen ableiten, wobei ebener Formänderungszustand und starr-idealplas-

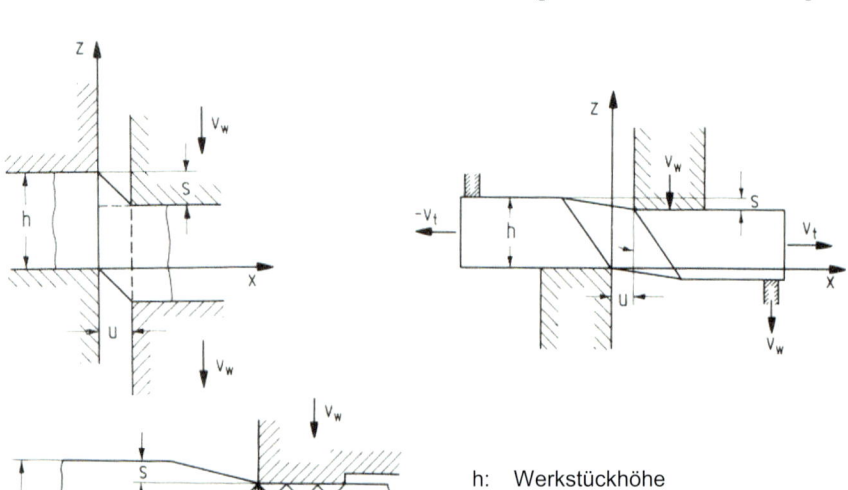

Abb. 3.152: Oben links: Geometrie- und Bewegungsverhältnisse beim Modell der einfachen Schiebung
Oben rechts: Geometrie- und Bewegungsverhältnisse beim Modell nach (Rick 1972)
Unten: Gleitlinienfeld nach (Kopp 1983)

h: Werkstückhöhe
s: Verschiebungsgrad, Durchsetzung
u: Werkzeugspalt
v_W: Werkzeuggeschwindigkeit
v_t: Tangentialgeschwindigkeit

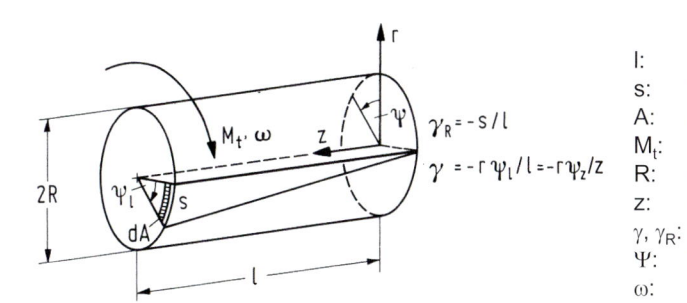

3.2.4 Weitere Prozessschritte

Abb. 3.153: *Verdrehen eines Rundstabs*

l: Länge
s: Weg
A: Fläche
M_t: Torsionsmoment
R: Radius
z: Koordinate
γ, γ_R: Formänderung
Ψ: Verdrehwinkel
ω: Winkelgeschwindigkeit

tisches Werkstoffverhalten vorausgesetzt wird. Auch Kräfte können auf diese Weise berechnet werden, wie Jimma (Jimma 1963) zeigt. Ein einfacherer Weg zur näherungsweisen Berechnung von Kräften ergibt sich mit Hilfe der Abschätzung

$$F = k \cdot b \cdot (h-s) \tag{3.127}$$

mit $k = k(\varphi_v)$ als Schubfließgrenze und b als Werkstückbreite.

Nach dem einfachen Modell in Abbildung 3.152 (links) ergeben sich für das Geschwindigkeitsfeld mit v, als Werkzeuggeschwindigkeit (Kopp 1983)

$$v_z = -\frac{x}{u} \cdot |v_w| \tag{3.128},$$

$$v_x = 0 \tag{3.129}.$$

Damit errechnet sich die Vergleichsumformgeschwindigkeit für den ganzen plastischen Bereich nach v. Mises zu

$$\dot{\varphi}_v = \frac{|v_w|}{\sqrt{3} \cdot u} \tag{3.130}$$

und der Vergleichsumformgrad zu

$$\varphi_v = \int \dot{\varphi}_v dt = \frac{s}{\sqrt{3} \cdot u} \tag{3.131}$$

für $u > 0$ (Sauer 1980).

Die entsprechenden Gleichungen für das Modell in Abbildung 3.152 (rechts) beschreibt Sauer (Sauer 1980). Die größten Formänderungen treten in der Nähe der Werkzeugkanten auf, wo in der Regel bei Erschöpfen des Umformvermögens Werkstoffrisse entstehen. Angaben über maximale Verschiebungsgrade für verschiedene Werkstoffe sind bei Rick aufgeführt (Rick 1972).

3.2.4.2 Verdrehen

Nach DIN 8587 werden beim Verdrehen in der Umformzone benachbarte Querschnittsflächen des Werkstückes durch eine Drehbewegung gegeneinander verlagert. Beispiele für Verdrehprozesse sind das Verwinden oder Schränken von Stäben oder Formteilen, wie z.B. Kurbelwellen (vgl. Kap. 3.2.5). Maßgebend für die Ausbildung der Werkstoffbewegung ist die Querschnittsgestalt des Werkstückes.

Wegen der relativ unkomplizierten mathematischen Behandlung von Kreisquerschnitten wird die Torsion von Rundstäben und Rohrproben herangezogen. Zusätzlich werden einige Hinweise für die Behandlung des Verdrehens bei beliebigen Querschnitten gegeben. In Abbildung 3.153 sind die wichtigsten geometrischen Größen zur Beschreibung der Bewegungsverhältnisse beim Verdrehen dargestellt. Das Werkstück ist an einem Ende fest eingespannt und wird mit konstanter Drehwinkelgeschwindigkeit ω um seine Längsachse z tordiert. Der Verdrehwinkel verläuft linear über der Länge l des Stabes. Bei Annahme ebener Querschnitte und keiner Längenänderung der Probe während der Umformung (eine Längenänderung der Probe kann durch Werkstoffanisotropie hervorgerufen werden (Lippmann 1981)) wird die Werkstoffbewegung durch die Geschwindigkeitskomponenten

$$v_z = v_r = 0 \tag{3.132}$$ und

$$v_\psi = -\frac{r \cdot \omega \cdot z}{l} \tag{3.133}$$

beschrieben. Ein allgemeiner Ansatz zur Bestimmung des Geschwindigkeitsfeldes bei beliebigen Vollquerschnitten befindet sich z.B. in (Lippmann 1981). Aus den Gleichungen 3.133 und 3.134 lassen sich für das Verdrehen eines Rundstabes die Formänderungsgeschwindigkeiten

$$\dot{\varepsilon}_z = \dot{\varepsilon}_r = \dot{\varepsilon}_\psi = 0 \tag{3.134},$$

$$\dot{\gamma}_{zr} = \dot{\gamma}_{r\psi} = 0 \tag{3.135},$$

$$\dot{\gamma}_{\psi z} = \dot{\gamma} = -\frac{r\omega}{l} \tag{3.136}$$

berechnen und nach v. Mises die Vergleichsformänderungsgeschwindigkeit aus den Gleichungen 3.135 bis 3.137 ermitteln:

$$\dot{\varepsilon}_v = \frac{r \cdot |\omega|}{\sqrt{3} \cdot l} \tag{3.137}.$$

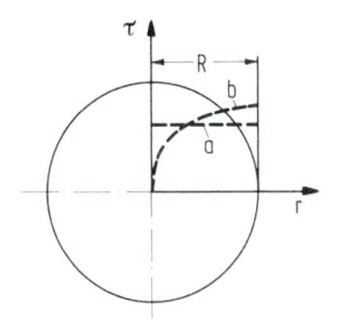

3.2 Freiformschmieden

Abb. 3.154: *Schubspannungsverteilung im Stabquerschnitt bei verschiedenen Materialien*

a: idealplastisch
b: verfestigend
R: Radius

Nach Integration über die Zeit ergibt sich die Vergleichsformänderung

$$\varepsilon_v = \frac{r \cdot |\psi_l|}{\sqrt{3} \cdot l} \tag{3.138}$$

und mit dem Ansatz

$$\varphi_v = \frac{1}{V} \cdot \int_V \varepsilon_v dV \tag{3.139}$$

der Vergleichsumformgrad

$$\varphi_v = \frac{2 \cdot R \cdot |\psi_l|}{3 \cdot \sqrt{3} \cdot l} \tag{3.140},$$

wobei R der Werkstückradius ist. Bei dem einfachen linearen Torsionsmodell ist der Spannungszustand durch die einzig nicht verschwindende Spannungskomponente $\tau_{z\psi}$ festgelegt. Diese Spannung ist gleich der Schubfließspannung k und ist bei idealplastischem Material konstant über r. Bei sich verfestigendem Material und bei Geschwindigkeitsabhängigkeit der Fließspannung wächst $\tau_{z\psi}$ zum Stabrand hin an (Abb. 3.154) (Funke, Preiser 1973). Das Torsionsmoment M_t in Abhängigkeit von der Formänderung und der Formänderungsgeschwindigkeit ergibt sich nach der Beziehung

$$M_t = 2 \cdot \pi \cdot \int_0^R r^2 \cdot k(\gamma, \dot{\gamma}) \cdot dr \tag{3.141},$$

wobei die Schubfließspannung k eine Funktion von r ist. Mit

$$r = \frac{R}{\gamma_R} \cdot \gamma \tag{3.142}$$

und

$$dr = \frac{R}{\gamma_R} \cdot d\gamma \tag{3.143}$$

lässt sich Gleichung 3.142 auch in der Form

$$M_t = \frac{2 \cdot \pi \cdot R^3}{\gamma_R^3} \cdot \int_0^{\gamma_R} k \cdot \gamma^2 \cdot d\gamma \tag{3.144}$$

schreiben. Für idealplastisches Material wird

$$M_t = \frac{2}{3} \cdot \pi \cdot R^3 \cdot k \tag{3.145}.$$

Eine Ableitung für das Torsionsmoment beim Verdrehen von Stäben mit nichtkreisförmigem Querschnitt findet sich in der Literatur (Lippmann 1981, Szabo 1977). Bezüglich weiterführender Behandlung des Torsionsproblems, z.B. für verfestigendes Material, wird auf weitere Literatur verwiesen (Hill 1956).

3.2.4.3 Trennen

Beim Freiformen werden Trennvorgänge meistens im warmen Zustand ausgeführt. Es werden entweder überschüssige bzw. schrottwertige Werkstoffzonen oder mehrere Schmiedestücke voneinander getrennt.

3.2.4.3.1 Abtrennen

G. Wellnitz, Ralf Rech

Das Abtrennen von Schmiedematerial erfolgt in der Regel als Keilschneiden mit Hilfe von speziellen Werkzeugen während oder nach dem Schmieden. Hierbei werden die Schmiedewärme des Stückes und die Presskräfte der Schmiedeaggregate, z.B. der Pressen oder Hämmer, ausgenutzt.
Alternativ hierzu kann ein Trennen von geschmiedetem Material auch mit Brennschneidmaschinen vorgenommen werden. Mit Brennmaschinen können Durchmesser bis etwa 3000 mm warm getrennt werden.
Für die Gewichtsbestimmung eines Schmiedestückes ist es notwendig, Bearbeitungszugaben festzulegen. Werden mehrere Schmiedestücke aus einem Vorstück bzw. Gussblock geformt, so muss ebenfalls ein entsprechender Materialzuschlag für den Trennvorgang berücksichtigt werden.

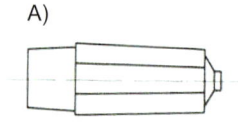

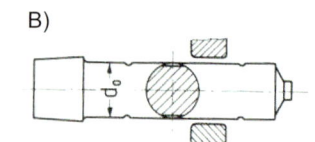

Abb. 3.155: *Einteilen und Anzeichnen eines Schmiedestücks*

A) Schmiedeblock
B) Vorschmiedemaß
d_0 Durchmesser

3.2.4 Weitere Prozessschritte

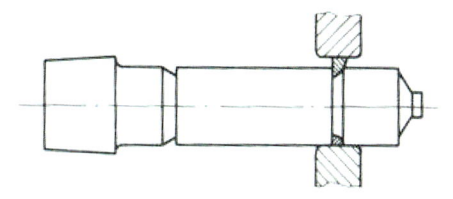

Abb. 3.156: *Einrollen mit Dreikantwerkzeug*

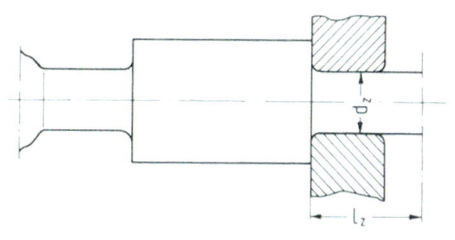

Abb. 3.157: *Absetzen der Walzenzapfen d_z Zapfendurchmesser, l_z Zapfenlänge*

In Abbildung 3.155 ist das Einteilen und Anzeichnen am Beispiel einer geschmiedeten Welle dargestellt. Der Schmiedeblock wird zunächst auf ein Vorschmiedemaß d_v geschmiedet. Nach den Vorgaben des Schmiedeplanes liegen die Volumen und somit die Gewichte der Wellen fest. Die Umrechnung der Einzelvolumen des Ballens und der beiden Zapfen auf den größeren Durchmesser des Vorschmiedemaßes erlauben ein genaues Einteilen und Anzeichnen des Vorstückes. Das Gesamtvolumen der Welle wird nun in der Weise in die vorgeschmiedete Blocklänge gelegt, dass genügend Blockabfall an der Kopf- und Fußseite übrig bleibt.

Das Anzeichnen oder Einschroten der eingeteilten Volumen erfolgt an den Einschrotstellen mit einem Rundeisen oder Dreikanteisen, das auf den vorgeschmiedeten Block quer zur Schmiedeachse gelegt und mit Hilfe der Presse eingedrückt wird. Der Block wird dabei langsam um seine Längsachse gedreht, sodass eine umlaufende Nut entsteht (Abb. 3.156).

In Abbildung 3.157 ist dargestellt, wie die beiden Wellenzapfen vom Ballen abgesetzt werden. Dieser Arbeitsschritt erfolgt mit eingebauten Schmiedesätteln. Wenn der Zapfendurchmesser d_z und die Zapfenlänge l_z erreicht sind, kann das Abfallmaterial der Blocküberlänge, das sind die Reste des Blockkopfes und Blockfußes, abgetrennt werden. Für diesen Trennvorgang, der auch als Hauen, Abschroten oder Keilschneiden bezeichnet wird, werden Messer eingesetzt.

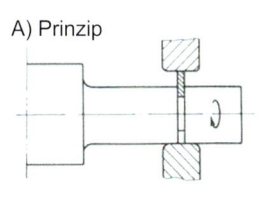

A) Prinzip

B) Einsatz eines Messers zum Trennen im Prozess

C) Abschroten

d_z: Zapfendurchmesser
l_z: Zapfenlänge

Abb. 3.158: *Eindrücken des Messers in den Werkstoff (A und B) und Abschroten des Materials (C)*

A)

B)

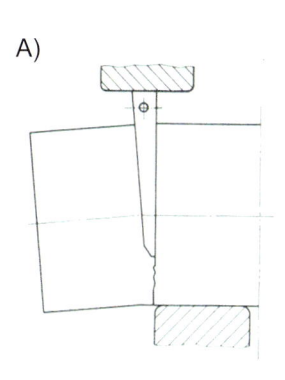

Abb. 3.159: *Keilschneiden bei großen Schmiedestückdurchmessern; A) Prinzip und B) Beispiel*

3.2 Freiformschmieden

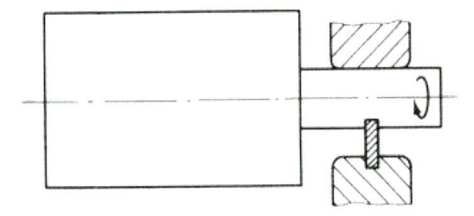

Abb. 3.160: *Trennen mit Hilfe eines unteren Messersattels und durch das Rotieren des Bauteils*

Abbildung 3.158 (A und B) zeigt, wie das Messer nach dem Auflegen auf die markierten Stellen mit Hilfe der Presskraft oder der Schlagkraft eines Hammers scharfkantig in das abzutrennende Material gedrückt bzw. geschlagen wird. Zusätzlich zeigt Abbildung 3.158 (C), wie das überschüssige Material schließlich abgeschrotet wird. Dazu werden die beiden Schmiedesättel zueinander versetzt angeordnet, sodass eine saubere und scharfkantige Trennfläche entstehen kann.

In Abbildung 3.159 ist der typische Trennvorgang des Keilschneidens dargestellt. Diese Methode wird insbesondere bei sehr großen Schmiedestückdurchmessern angewandt. Der danach folgende Keilschneidvorgang gleicht im Prinzip dem Abschroten mit dem Messer.

Abbildung 3.160 zeigt das Beispiel eines unteren Trenn- oder Messersattels. Diese Werkzeuge können bei kleineren Schmiedestückdurchmessern verwendet werden. Die Voraussetzung für ihren Einsatz ist oft das Vorhandensein eines Sattelmagazins oder die Ausstattung des Schmiedeaggregats mit einer entsprechenden Werkzeugschnellwechselvorrichtung.

Eine weitere Möglichkeit, Schmiedematerial abzutrennen, ist durch den Einsatz von Brennschneidmaschinen gegeben. Mit Hilfe von Gas-/Sauerstoffgemischen und/oder Laserstrahlen können sehr saubere Brennschnitte ausgeführt werden. Der Einsatz von Brennschneidmaschinen wird bevorzugt, wenn besondere geometrische Ausführungsformen an Schmiedestücken verlangt werden. Dazu zählen z. B. das Umfangsbrennen an geschmiedeten Scheiben, das Ausbrennen von Kurbelwellenhüben oder komplizierte Formschnitte an Bauteilen für die Kraftwerkindustrie bzw. für den allgemeinen Maschinenbau.

Für die beschriebenen Trennvorgänge gelten im Prinzip die Berechnungsverfahren der Kapitel 3.2.4.1 und 3.2.4.2. Bei der Kraftübertragung während des Trennens, z. B. beim Abschroten, wird immer nur ein Teil der Presskraft (max. 50 %) benötigt, da infolge der relativ kleinen Kraftübertragungsflächen der Hilfswerkzeuge (z. B. der Dreikante, Messer) hohe bezogene Drücke erreicht werden. Aufgrund dieser Tatsache sind besondere Berechnungsverfahren für das Trennen für die tägliche Praxis nicht relevant.

3.2.4.3.2 Lochen

G. Wellnitz, Ralf Rech, Dominik Recker

Bei der Herstellung von geschmiedeten Ringen, Hohlzylindern und anderen Hohlkörperformen wird das zu entfernende Schmiedematerial zentrisch, seltener exzentrisch aus dem gestauchten Vorstück ausgelocht. Bei Sonderformen wird gelegentlich die Technologie des Anlochens angewandt. Es wird zwischen dem freien Lochen und dem steigenden Lochen unterschieden.

Die zuerst genannte Technologie unterscheidet sich vom steigenden Lochen dadurch, dass der Materialfluss in radialer und in axialer Richtung nicht durch Werkzeugbegrenzungen behindert wird. Das steigende Lochen ist ein Rückwärtsfließvorgang in einem Rezipienten, dessen Durchmesser kaum größer ist als der eingesetzte und zu lochende Schmiedeblock. Beim Lochen mit dem Dorn steigt dann der verdrängte Werkstoff zwischen der Wand des Gesenks und dem Dorn nach oben (Abb. 3.161, oben). Abbildung 3.161 (links) zeigt eine Lochscheibe, einen Massivlochdorn und einen Hohllochdorn (Schneidring),

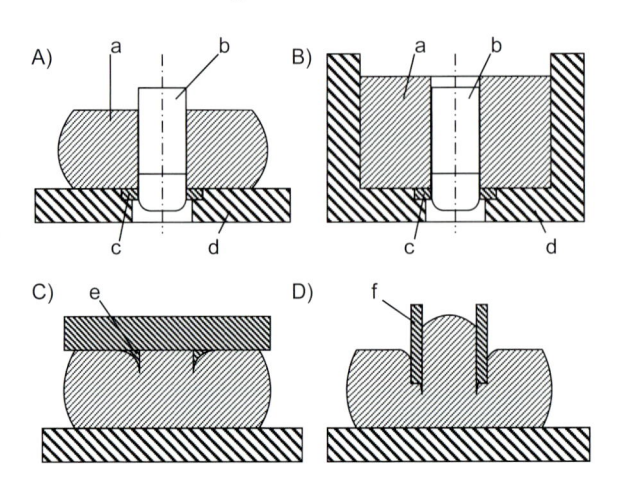

A)	Freies Lochen
B)	Steigendes Lochen
C)	Anlochen
D)	Freies Lochen mit Hohllochdorn
a:	Werkstück
b:	Massivlochdorn
c:	Lochscheibe
d:	Matrize
e:	Anlochwerkzeug
f:	Hohllochdorn

Abb. 3.161: *Verschiedene Verfahren des Lochens*

welche typische Lochwerkzeuge darstellen. Zum steigenden Lochen werden hauptsächlich Massivlochdorne verwendet.

Eine Sonderform des freien partiellen Anlochens, z.B. der äußeren Materialzone einer Scheibe, ist in Abbildung 3.161 (unten) dargestellt. Hierbei wird ein ringförmiges Werkzeug in den Werkstoff eingedrückt und die so abgesetzte Zone weitergeformt, sodass eine Scheibe mit Nabe entsteht. Abbildung 3.161 (oben) zeigt das freie Lochen mit dem Massivlochdorn bzw. mit der Lochscheibe. Bei diesem Verfahren wird beim Eindrücken und Durchdrücken des Dornes der überwiegende Teil des Kernzonenmaterials verdrängt. Nur ein geringer Werkstoffanteil wird ausgelocht.

Das Lochen mit dem Schneidring bzw. dem Hohllochdorn ist in Abbildung 3.161 (unten) dargestellt. Diese Methode wird vorwiegend bei größeren Schmiedestücken angewandt. Das Kernzonenmaterial wird vom Schneidring des Lochwerkzeugs zu etwa 50 Prozent des Lochvolumens ausgelocht und zu etwa 50 Prozent in die Wand des Schmiedestückes verdrängt.

Für das Lochen und insbesondere für das freie Lochen (Abb. 3.162) gilt eine Ableitung, die sich aus der Elementaren Theorie ergibt (Storoschew, Popow 1968). Danach lässt sich der zum Lochen erforderliche Druck p errechnen:

$$p = k_f \cdot \left(1 + 1{,}1 \cdot \ln \frac{D}{d_{St}} + \frac{1}{6} \cdot \frac{d_{St}}{h}\right) \quad \frac{D}{h} > 6 \quad (3.146),$$

$$p = k_f \cdot \left(2{,}0 + 1{,}1 \cdot \ln \frac{D}{d_{St}}\right) \quad \frac{D}{h} \leq 6 \quad (3.147).$$

Darin bedeuten:

d_{St} Stempeldurchmesser, k_f Fließspannung, h Werkstückhöhe, p Stempeldruck, D Werkstückdurchmesser.

Um den maximalen Stempeldruck nach Gleichung 3.147 zu berechnen, muss die Höhe h bekannt sein, bei der dieses Maximum auftritt. Durch Multiplikation mit der Stempelfläche ergibt sich dann die Lochkraft. Für die beim Lochen im Rezipienten, dem steigenden Lochen, wirksamen Kräfte wird in der Literatur eine Berechnungsmethode angegeben (Geleji 1955).

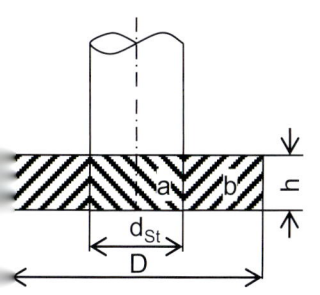

Abb. 3.162: *Näherungsweise Bestimmung der spezifischen Umformkraft beim freien Lochen*

3.2.5 Prozessketten

Hans-Peter Heil, G. Nienke, Rainer Pross, Ralf Rech, Dominik Recker, G. Wellnitz

3.2.5.1 Allgemeines

Ausgehend von der Form und den Abmessungen des vom Kunden gewünschten fertigen Schmiedestückes muss der Schmiedebetrieb zunächst eine Schmiedestückform festlegen, die das Freiformen durch ein einzelnes Verfahren oder durch eine Kombination verschiedener Verfahren ermöglicht. Dabei sind die qualitativen Anforderungen, z.B. hinsichtlich eines zweckmäßigen Faserverlaufs, ebenso zu berücksichtigen wie die fertigungstechnischen Möglichkeiten des Betriebs. Wegen des hohen Aufwands für die Erwärmung und die eigentliche Umformung ist anzustreben, die Formgebung in möglichst wenig Hitzen und kürzest möglicher Schmiedezeit bei möglichst hohem Ausbringen (Gewichtsverhältnis von eingesetztem Material zu schmiederohem Stück) durchzuführen.

Entsprechende Schnittzugaben, deren Höhe von der Form und der Größe des Schmiedestückes abhängig sind, haben die Aufgabe, vom Ausgangsmaterial oder bei der Formgebung verursachte Oberflächenfehler sowie beim Schmieden oder bei der Warmablage auftretende Form- oder Lageabweichungen aufzunehmen.

Außerdem müssen gegebenenfalls Zugaben für das Trennen bzw. für die Probenahme vorgesehen werden. Ausgehend von den so ermittelten Abmessungen des schmiederohen Werkstückes wird der Schmiedeplan festgelegt. Dieser enthält die erforderlichen Abmessungen und das Gewicht des Ausgangsmaterials unter Berücksichtigung der aus Qualitätsgründen erforderlichen Umformung und der beim Einsatz von Rohblöcken notwendigen Kopf- und Fußschrottanteile.

Bei der Kombination von verschiedenen Fertigungsverfahren des Freiformens kommt der Berechnung und Kennzeichnung der durchgeführten Formänderungen besondere Bedeutung zu. Aus der Angabe der Formänderung sollte wegen der unterschiedlichen Auswirkung der verschiedenen Umformverfahren auf die Qualität des Schmiedestücks neben der Größe auch die Art des Schmiedeverfahrens - besonders Recken und Stauchen – ersichtlich sein (Heil, Nebe 1967). Wenig sinnvoll sind Überlegungen, bei der Kombination von verschiedenen

3.2 Freiformschmieden

Abb. 3.163: Vorstücke und Fertigformen von geschmiedeten Hohlzylindern

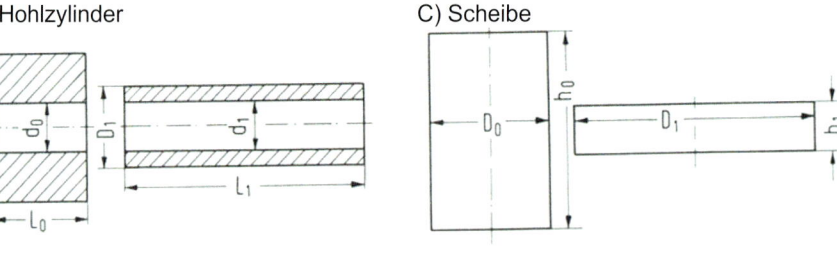

A) Hohlzylinder
B) Ring
C) Scheibe

d_0: Rohteil-Innendurchmesser
d_1: Fertigteil-Innendurchmesser
h_0: Rohteilhöhe
h_1: Fertigteilhöhe
l_0: Rohteillänge
l_1: Fertigteillänge
D_0: Rohteil-Außendurchmesser
D_1: Fertigteil-Außendurchmesser

Schmiedeverfahren nur eine Maßzahl für die durchgeführte Umformung anzugeben. So wird in der Praxis häufig der Reckgrad (Kap. 3.2.3.2.1) oder Stauchgrad (Kap. 3.2.2.2.1) verwendet, um eine ausreichende Kerndurchschmiedung zu gewährleisten. Wie in den jeweiligen Kapiteln beschrieben, handelt es sich bei diesen Operationen um äußerst inhomogene Umformprozesse. Ein Vergleich der End- mit der Anfangskontur kann daher nicht ausreichend sein, denn ein Reck- bzw. Stauchgrad gibt nicht an, auf welche Weise die Endgeometrie eingestellt wurde. Gleiches gilt für die Umformgrade der jeweiligen Dimensionen. Sinnvoll ist es, die einzelnen Kenngrößen für das jeweilige Verfahren getrennt anzugeben. Zum Beispiel wurde beim Stauchen von zylindrischen Blöcken mit Fadenlunker gezeigt, dass der Fadenlunker sich während des Stauchvorgangs zunächst öffnet und erst bei größeren bezogenen Höhenabnahmen geschlossen werden kann (Dahl 1993). Eine Kombination des zugehörigen Stauchgrades mit dem Reckgrad einer sich anschließenden Reckoperation würde diese Tatsache nicht erfassen. Eine Multiplikation des Stauchgrades mit dem Reckgrad ist daher nicht sinnvoll.

3.2.5.2 Fertigung von Hohlzylindern, Ringen und Scheiben

Hohlzylindrische, ringförmige und scheibenförmige Teile werden in Industrie und Wirtschaft in fast allen Abmessungen und Gewichtsbereichen und aus den verschiedensten Werkstoffen benötigt. Für ihre Fertigung wurden viele unterschiedliche Herstellungsverfahren entwickelt. Nachfolgend sollen ausschließlich die Verfahren des Freiformschmiedens beschrieben werden.

Zur Herstellung von hohlzylindrischen, ringförmigen und scheibenförmigen Schmiedestücken werden im Prinzip die bereits beschriebenen oder vergleichbare Freiformtechnologien angewandt (Wellnitz 1972 und 1980). Für das Fertigformen kann es verschiedene Verfahrensvarianten geben, die den geometrischen Stückabmessungen und den materialspezifischen Anforderungen Rechnung tragen. Es handelt sich dabei besonders um die speziellen Techniken bei der Scheibenschmiedung. Die in diesem Abschnitt beschriebenen Produkte sind überwiegend rotationssymmetrische Teile. Da die Hohlzylinder und die geschmiedeten Ringe zu der gleichen Produktgruppe der hohlgefertigten Teile gehören, muss bezüglich ihrer Unterscheidung und in Abhängigkeit ihrer geometrischer Formen und Abmessungen eine Abgrenzung definiert werden.

Gemäß Abbildung 3.163 werden als Hohlzylinder alle hohlgefertigten Teile bezeichnet, deren Innendurchmesser $d_0 = d_1$ während aller Formgebungsschritte nahezu konstant geblieben sind. Die anderen Stückabmessungen d. h. die Länge l_0 und der Außendurchmesser D_0, haben sich dagegen verändert.

Als Ringe werden alle hohlgefertigten Teile definiert, deren Höhen $h_0 = h_1$ während der Umformung nahezu konstant geblieben sind, während sich Innendurchmesser d und Außendurchmesser D_0 ständig vergrößert haben. Es gelten somit folgende Beziehungen zur Unterscheidung:

Hohlzylinder: $d_0 \approx d_1, L_0 < L_1, D_0 > D_1$
Ringe: $h_0 \approx h_1, d_0 < d_1, D_0 < D_1$

Da die Scheiben nur annähernd nach der gleichen Technologie geformt werden – es zählen eigentlich nur die gelochten Scheiben zur beschriebenen Produktgruppe – soll zur weiteren Abgrenzung für die ungelochten wie gelochten Scheiben definiert werden:

Scheiben: $h_0 > h_1, D_0 < D_1$

3.2.5 Prozessketten

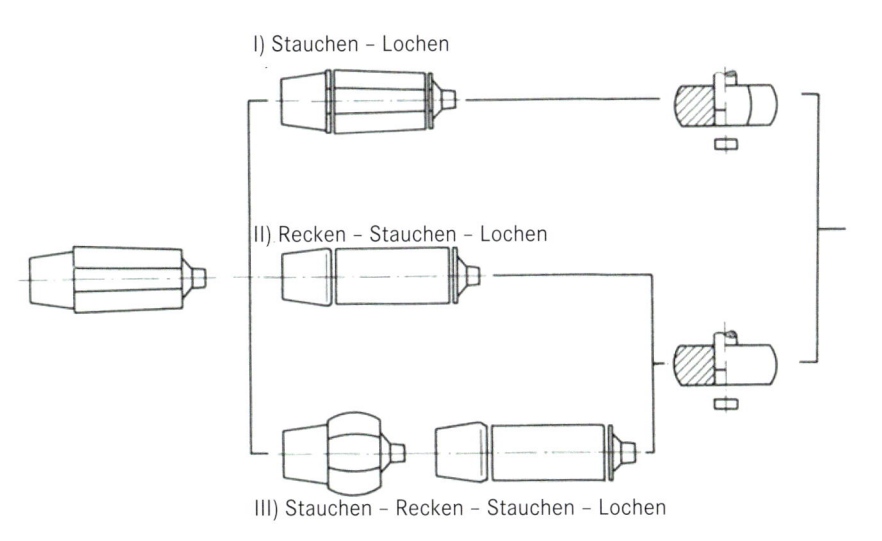

Abb. 3.164: Verfahrensalternativen für die Herstellung der Vorstücke von Hohlzylindern und Ringen (Nienke 1972)

I) Stauchen – Lochen
II) Recken – Stauchen – Lochen
III) Stauchen – Recken – Stauchen – Lochen

Für das Schmieden von Hohlzylindern und Ringen sind in Abbildung 3.164 die zur Herstellung der Vorstücke durch Stauchen und Lochen am häufigsten angewandten Verfahrensalternativen dargestellt.

Danach wird nach Verfahren I der Rohblock zunächst kopf- und fußseitig geschopft. Dieser Vorgang erfolgt unmittelbar nach der Übergabe des warmen Schmiedeblockes vom Stahlwerk an die Schmiede unter einer Brennmaschine. Das Mittelstück des Blockes wird anschließend in einem Schmiedeofen auf Umformtemperatur erhitzt und in einer Hitze unter der Schmiedepresse gestaucht und gelocht.

Verfahren II zeigt, dass der auf Schmiedetemperatur erhitzte Rohblock zunächst einmal zylindrisch überschmiedet wird, bevor an Blockkopf und -fuß das schrottwertige Material abgeschrotet wird. Nach diesem Trennvorgang muss der vorgeschmiedete Mittelteil des Blockes im Ofen nachgewärmt werden, bevor er gestaucht und gelocht wird.

Das Verfahren III stellt die aufwendigste Schmiedetechnologie dar, bei der der erhitzte Schmiederohblock zuerst massiv gestaucht, dann in derselben Hitze zylindrisch zurückgeschmiedet, auf Länge kopf- und fußseitig geschrotet und zum Nachwärmen wieder auf den Ofen gelegt wird. In der zweiten Hitze kann dann der bereits unter I und II erwähnte Stauch- und Lochvorgang durchgeführt werden. Die dargestellten Vorschmiedealternativen sind von I nach III zunehmend kostenintensiver. Welches dieser drei Verfahren anzuwenden ist, muss in Abhängigkeit vom Werkstoff, den Materialanforderungen, den Dimen-

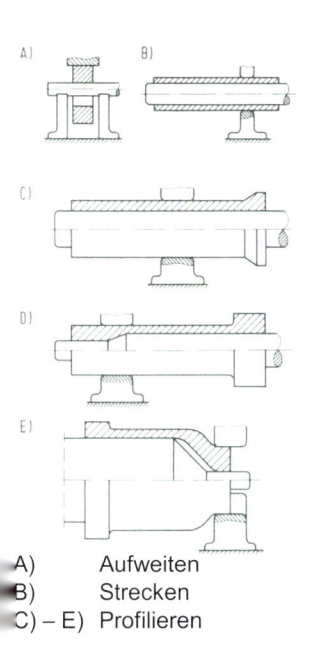

A) Aufweiten
B) Strecken
C) – E) Profilieren

Abb. 3.165: Schmieden von Hohlzylindern: schematisch (links) (Dahl 1993) und Anwendungsbeispiel (rechts)

sionen und der schmiedetechnischen Durchführbarkeit im Einzelnen entschieden werden.

Der nach Verfahren I, II oder III gelochte Rohling wird bei der Herstellung von Hohlzylindern gemäß Abbildung 3.165A nach einem erneuten Erhitzen über einem zylindrischen Schmiededorn unter ständigem Drehen zunächst radial aufgeweitet bis der geforderte Innendurchmesser erreicht ist. In der dann folgenden Hitze wird das aufgeweitete Vorstück über einem konischen und wassergekühlten Reckdorn in Längsrichtung gestreckt (Abb. 3.165B). Bei sehr langen Hohlkörpern muss eventuell mehrmals nachgewärmt werden. Bei Hohlzylindern mit sehr großen Innendurchmessern wird das so erhaltene Vorstück gemäß Abbildung 3.165A mit möglichst großen Bissen in weiteren Schmiedehitzen aufgeweitet.

Unter Einsatz von besonderen Formsätteln und profilierten Dornen können in begrenztem Umfang auch innen und außen abgestufte Hohlschmiedestücke geformt werden (Abb. 3.165C bis E). Alternativ werden anstelle der beschriebenen Technologie auch gegossene Hohlblöcke bzw. hohlgebohrte Blöcke verwendet. Diese Variante wird gelegentlich bei Werkstoffen mit geringem Umformvermögen genutzt.

Bei der Fertigung von geschmiedeten Ringen wird der nach Abbildung 3.155 hergestellte Rohling über einem zylindrischen Schmiededorn aufgeweitet (Abb. 3.166A, B). Als Werkzeuge werden ein Bocksattel, auf dem der Dorn mit dem Ring drehbar aufliegt, und ein Flachsattel benötigt. Der Aufweitevorgang erfolgt dadurch, dass der Ring nach jedem Pressenhub ein Stück weitergedreht wird, sodass eine gleichmäßige Vergrößerung der Durchmesser gewährleistet ist. Nach einem Nachwärmen wird die Ringhöhe zwischen zwei Flachwerkzeugen beigehalten, dann erfolgt das Fertigweiten auf die Endabmessungen.

Der entscheidende Unterschied zur Hohlkörpertechnologie besteht bei der Ringherstellung darin, dass der Materialfluss bei gleichzeitiger Verringerung der Wanddicke des Ringes fast ausschließlich in Umfangsrichtung verläuft. Die Ringhöhe bleibt also nahezu konstant, während die Durchmesser größer werden. Bei den Hohlzylindern dagegen fließt der Werkstoff ausschließlich in Längsrichtung des Werkstückes. Dabei wird die Wandstärke vermindert, und der Innendurchmesser bleibt konstant.

Bei der Herstellung von Scheiben wird in den ersten Formgebungsschritten die Technologie entsprechend Abbildung 3.164 angewandt. Bei den massiven, d.h. ungelochten Scheiben, fehlt der Lochvorgang. Eine völlig andere Alternative ist in Abbildung 3.167 wiedergegeben. Es ist zu beachten, dass hier bei der dargestellten Verfahrensvariante die Schmiedefaser in Richtung der ursprünglichen Blockachse und quer zur Scheibenhöhe verläuft. Bei diesem Verfahren wird der auf Schmiedetemperatur erhitzte Rohblock gebreitet und als Flachstab gereckt. Die Scheiben werden anschließend unter einer Brennschneidmaschine auf Umfangskontur herausgebrannt. In diesem Fall liegen, aufgrund des Faserverlaufs

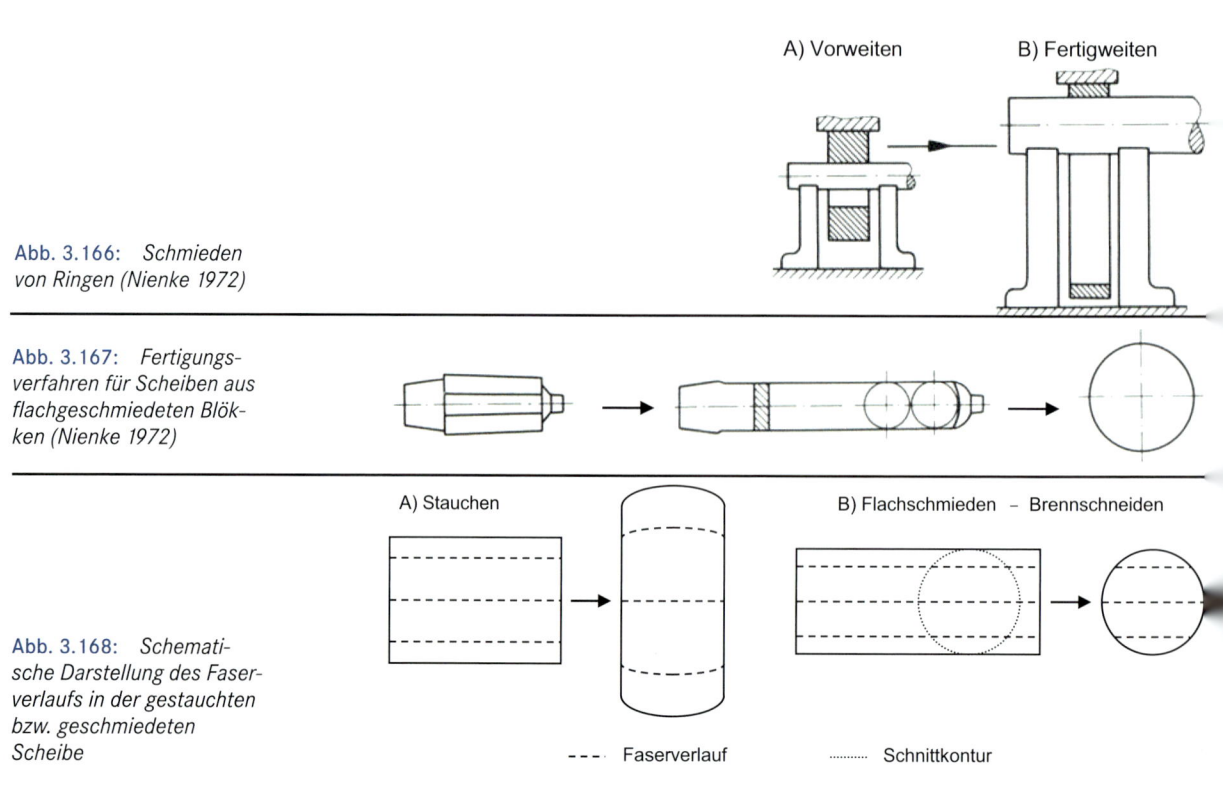

Abb. 3.166: Schmieden von Ringen (Nienke 1972)

Abb. 3.167: Fertigungsverfahren für Scheiben aus flachgeschmiedeten Blöcken (Nienke 1972)

Abb. 3.168: Schematische Darstellung des Faserverlaufs in der gestauchten bzw. geschmiedeten Scheibe

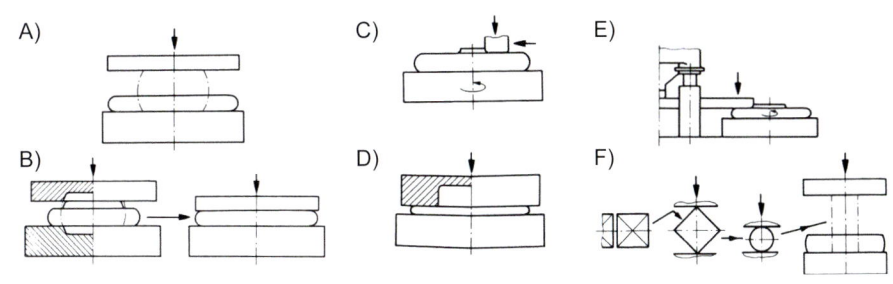

A) Stauchen mit ebenen Werkzeugen
B) Vorstauchen mit profilierten Werkzeugen
C) partielles Stauchen
D) Stauchen einer Scheibe mit Nabe
E) Schmieden einer Scheibe außerhalb der Presse
F) Würfelschmiedung

Abb. 3.169: *Verschiedene Verfahren zur Schmiedung von Scheiben*

quer zur Scheibenhöhe, keine isotropen Materialeigenschaften am Umfang der Scheibe vor. Daher kann dieses Verfahren nicht für Bauteile verwendet werden, welche für den Einsatz bei zyklischen Belastungen gefertigt werden (Abb. 3.168).

In Abbildung 3.169 sind weitere Fertigungsmethoden für die Scheibenschmiedung dargestellt. Abbildung 3.169A zeigt dabei das einfache Stauchen. Der vorgestauchte Block wird über die gesamte Stirnfläche in einem Arbeitsgang zur Scheibe umgeformt. Für dieses Verfahren sind je nach Scheibenvolumen große Presskräfte erforderlich. Meistens werden nur kleine Scheiben nach dieser Methode hergestellt. Zu berücksichtigen sind bei diesem Verfahren außerdem die vom Mittelpunkt der Scheibe radial verlaufenden Zugspannungen, die bei empfindlichen Werkstoffen oft zu Kernzerreißungen führen können. Abbildung 3.169B zeigt eine Variante von Abbildung 3.169A mit mittig profilierten Ober- und Unterwerkzeugen. Dadurch erfolgt das Fertigstauchen zur Scheibe in zwei Schritten. Die kritische mittlere Zone wird im zweiten Schritt verdichtet. Die optimale Schmiedeweise einer Scheibe ergibt sich aus der Verfahrenskombination nach Abbildung 3.169A und C. Danach wird das Vorstück zunächst angestaucht (Abb. 3.169A) und anschließend partiell vom Rand zur Mitte umgeformt (Abb. 3.169C), wobei die Scheibe bei jedem Pressenhub in Umfangsrichtung gedreht wird. Der mittlere Bereich im Scheibenzentrum wird zum Schluss beigedrückt. Bei diesem Verfahren, das bei mittleren und großen Scheibendurchmessern bis zu etwa 4 m Außendurchmesser und etwa 1 m Höhe angewandt wird, ist das Risiko für Kernaufreißungen gering. Weitere Varianten sind das Stauchschmieden einer Scheibe mit Zapfen (Abb. 3.169D), das Fertigschmieden einer Scheibe außerhalb der Schmiedepresse (Abb. 3.169E) und das Würfelschmieden, das aus Gründen der Handhabung jedoch nur bei kleinen und mittleren Gewichten angewandt werden kann (Abb. 3.169F).

3.2.5.3 Fertigung von Kurbelwellen und abgesetzten Wellen

3.2.5.3.1 Fertigung von Kurbelwellen

Kleine Kurbelwellen werden im Normalfall durch Gesenkschmieden hergestellt, große aus geschmiedeten oder gegossenen Einzelteilen zusammengebaut. Bei den mittleren einteilig geschmiedeten Kurbelwellen sind verschiedene Verfahren bekannt, die nachfolgend im Einzelnen beschrieben werden (Nienke 1972)

Ausgangsmaterial für die Herstellung dieser Kurbelwellen sind Rohblöcke oder Halbzeug. Das Einsatzmaterial wird in Schmiedeöfen auf 1000 bis 1300 °C erwärmt und unter Schmiedepressen und -hämmern auf die für die nachfolgende mechanische Bearbeitung notwendige Form gebracht.

Das älteste Verfahren zeichnet sich dadurch aus, dass ein Schmiedestück in der Form eines Stabes mit angeschmie-

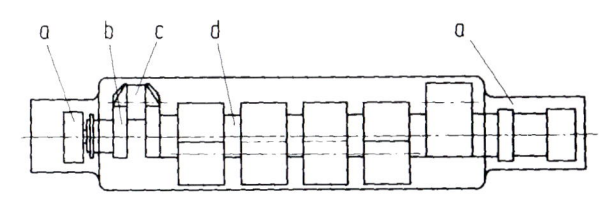

a: Zapfen, b: Wange, c: Hublager, d: Mittellager/Grundlager

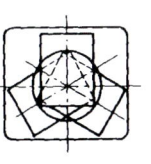

Abb. 3.170: *Lage einer Kurbelwelle in einem Vierkantstab mit angeschmiedeten Zapfen*

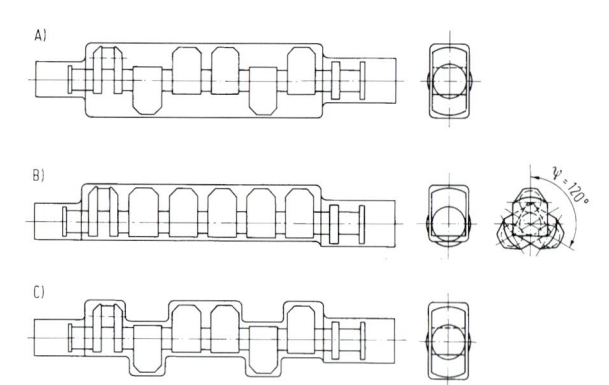

3.2 Freiformschmieden

A) doppelseitig geschmiedet, B) einseitig geschmiedet
C) einseitig durchgesetzt und geschmiedet

Abb. 3.171: *Kurbelwellenbrammen mit angeschmiedeten Zapfen*

deten Zapfen durch Recken hergestellt wird (Abb. 3.170). Die Abmessungen des Schmiedestückes sind so groß, dass alle Kröpfungen und Lager durch spanabhebende Bearbeitung voll herausgearbeitet werden können. Obwohl das Verfahren sehr materialaufwendig ist, wird es bei den hohen Zerspanungsleistungen der heutigen mechanischen Bearbeitungsmaschinen in vielen Fällen für die Herstellung von Kurbelwellen, die im Abmessungsbereich zwischen den gesenkgeschmiedeten und den mittleren Kurbelwellen liegen, noch angewendet, insbesondere wenn nur kleine Stückzahlen benötigt werden.

Ein ähnliches Verfahren ist dadurch gekennzeichnet, dass die Kurbelhübe im Vorstück in einer Ebene liegen. Dabei wird zunächst eine Bramme mit angeschmiedeten Rundzapfen hergestellt (Abb. 3.171). In mechanischen Bearbeitungswerkstätten werden die Mittellager spanend vorgearbeitet, anschließend in der Schmiede nacheinander einzeln erwärmt und auf einer besonderen Einrichtung (Twister) verdreht, bis die Kurbelhübe in der gewünschten Stellung stehen. Der Verdrehwinkel bei der Herstellung von Kurbelwellen aus der doppelseitig geschmiedeten Bramme ist bei richtiger Anwendung des Verfahrens kleiner oder höchstens 90° (Abb. 3.171A).

Dieses sehr materialaufwendige Verfahren wird dann angewandt, wenn das zu verdrehende Mittellager einen relativ großen Durchmesser und eine kleine Lagerlänge hat (Verhältnis Lagerdurchmesser zu Lagerlänge > 3,5:1). Der notwendige Verdrehwinkel hat bei Anwendung richtiger Verwindetemperaturen und anschließender Wärmebehandlung keinen qualitativen Einfluss auf die Belastbarkeit der Kurbelwelle.

Das Verfahren der Kurbelwellenherstellung aus einer doppelseitig geschmiedeten Bramme mit anschließendem Ausbrennen des überflüssigen Materials war bis in die sechziger Jahre des vergangenen Jahrhunderts sehr gebräuchlich und trotz des hohen Materialaufwands wirtschaftlich vertretbar. Die Einführung der Ultraschallprüfung im Rohzustand ließ bei der Feststellung von Ultraschallanzeigen in der Bramme die Möglichkeit offen, Gebiete mit Ultraschallanzeigen in den Abfall zu legen. Mit der Feststellung von Fehlern setzte naturgemäß ein verstärktes Bemühen zur Verbesserung der Stahlwerksmetallurgie und Schmiedetechnik ein. Dies führte dazu, dass anstelle der doppelseitigen Bramme überwiegend eine einseitig geschmiedete Bramme als Vorstück eingesetzt wurde (Abb. 3.171B). Dabei lagen die Kurbelhübe zunächst alle in einer Ebene. Bei den aus diesen Vorstücken herstellbaren Kurbelwellen mit Lagerdurchmesser- zu Lagerlängenverhältnissen < 3,5:1 konnten die Kurbelhübe um bis zu 180° verdreht werden.

Der Schmiedevorgang der einseitigen Bramme ließ sich dadurch verändern, dass man an vorherberechneten Punkten das Material einkerbte (einwinkelte) und den dazwischenliegenden Bereich anschließend verschob (durchgesetzte Kurbelwellenbramme, Abbildung 3.171C). Sollte das Verdrehen der Kurbelhübe vermieden werden, konnte man die Kurbelwelle, wie Abbildung 3.172 zeigt, schmieden, indem die Hübe mit Hilfe von Teilgesenken bereits in Stellung geschmiedet wurden. Entsprechend der Lage der Kurbelhübe wurde mit Hilfe eines Schmiedewerkzeugs das Vorstück eingekerbt, durchgesetzt und formgeschmiedet. Wenn man diese Vorgänge mehrfach

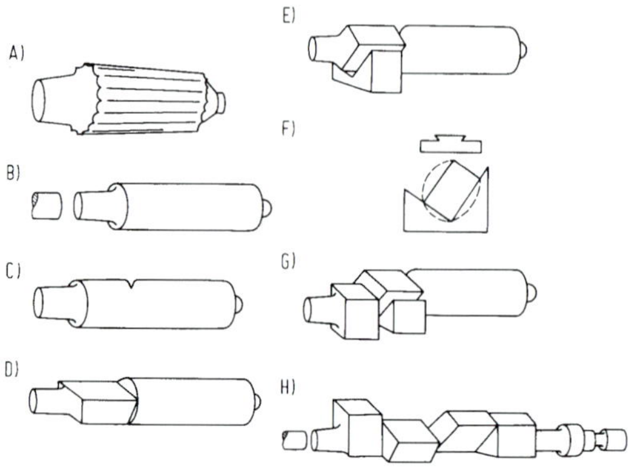

A) Gussblock
B) Recken und Abtrennen des Kopfschrottes
C) Einschroten (Einkerben)
D) Recken und Formschneiden
E) Formschmieden des ersten Hubs
F) Obersattel und v-förmiger Untersatte mit verschiedenen Winkeln
G) Formschmieden des zweiten Hubs
H) Fertigschmieden

Abb. 3.172: *Schematischer Schmiedeablauf einer in Hubstellung geschmiedeten Kurbelwelle (Nishihara, Takeuchi 1966)*

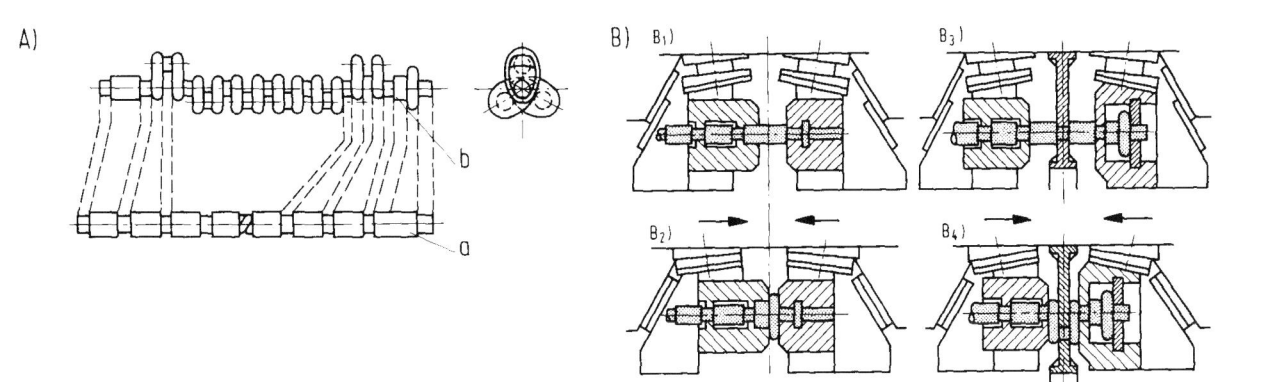

Abb. 3.173: *Herstellung einer Kurbelwelle nach dem RR-Verfahren (Rut 1969)*
A) *Vorstück und faserflussgeschmiedete Kurbelwellea: Vorstück, b: Kurbelwelle*
B) *Darstellung des Verfahrensablaufs*
$B_{1,2}$*) Schmieden von Zapfen*
$B_{3,4}$*) Schmieden von zwei Wangen und Hublager*

durchgeführt hatte, musste beiderseits ein Zapfen angeschmiedet werden. Das Verfahren konnte dadurch abgeändert werden, dass man vor allem zum Durchsetzen und Instellungschmieden der Hübe Untersättel mit verschiedenen Formen und Öffnungswinkeln verwendete. Ein Verwinden war theoretisch nicht notwendig, praktisch jedoch aufgrund einer schwierigen Maßkontrolle während der verschiedenen Durchsetzvorgänge oft nicht zu umgehen. Die Schmiedevorgänge waren zum Teil sehr zeitaufwendig und werden daher heute nur noch vereinzelt angewandt.

Aufgrund chemischer und physikalischer Gesetze entstehen bei der Erstarrung des flüssigen Rohstahls Konzentrationsunterschiede *(Seigerungen)*, die sich bei der Formgebung je nach Größe der örtlichen Formänderungen dem Materialfluss anpassen. Dabei entsteht in Richtung der größten Hauptformänderung eine *Faserstruktur*. Bei allen vorbeschriebenen Kurbelwellenherstellungsverfahren wird diese Faserstruktur während irgendeines Bearbeitungsvorgangs angeschnitten und tritt an bestimmten Stellen an die Oberfläche der fertigbearbeiteten Kurbelwelle. Seigerungen ab einer bestimmten Größenordnung, besonders nahe der Oberfläche, können das Gebrauchsverhalten von Kurbelwellen beeinträchtigen.

Obwohl es in den letzten Jahren gelungen ist, die Seigerungen und damit die Ausbildung der Faserstruktur wesentlich zu verringern, wurden Verfahren zur Herstellung von Kurbelwellen entwickelt, bei denen die verbleibende Faserstruktur bei der Formgebung weitgehend erhalten bleibt und eine weitgehende Annäherung an die fertige Form erreicht wird.

In Frankreich ist das nach *Röderer* benannte *RR-Verfahren* (vgl. Abb. 3.173) entwickelt worden, bei dem

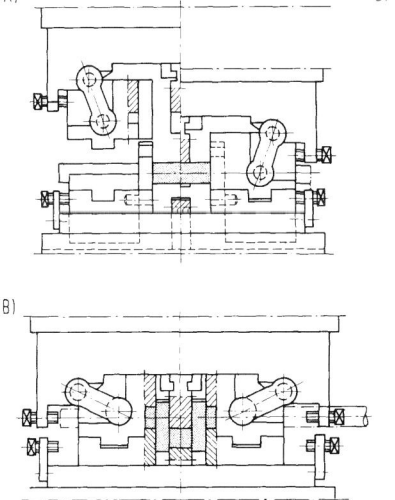

A) Vorrichtung teilweise geöffnet
B) Vorrichtung geschlossen
C) Anwendungsbeispiel

Abb. 3.174: *Herstellung von Kurbelwellen nach dem TR-Verfahren (Spencer 1961)*

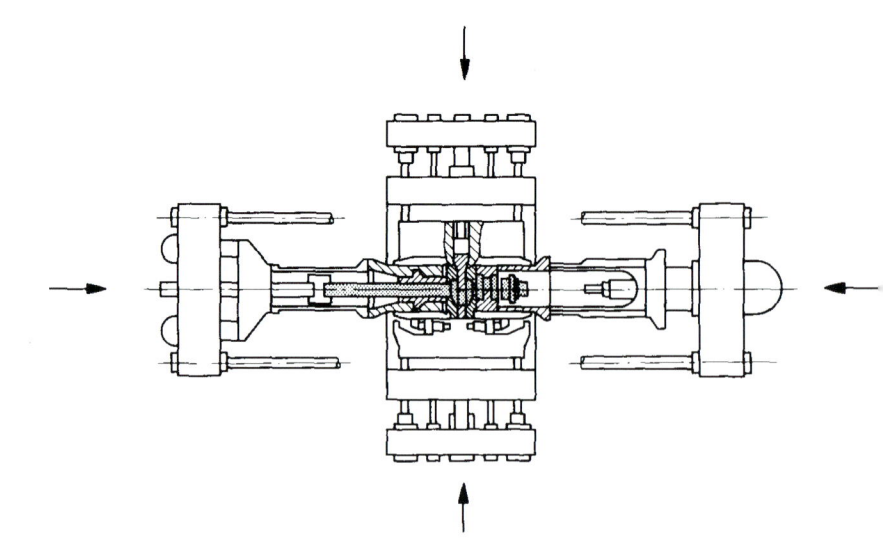

Abb. 3.175: *Kurbelwellenschmiedevorrichtung für das National-Forge-Verfahren (Spencer 1962)*

die Kurbelwelle, ausgehend von einem gewalzten oder geschmiedeten Rundstab, durch Stauchen der Kurbelwangen unter gleichzeitigem Durchsetzen des Kurbelzapfens hergestellt wird (Verot o.J.). Bei der erforderlichen Schmiedehilfseinrichtung wird ein gewisser Anteil des Pressdruckes über schräge Gleitflächen in eine horizontale Kraftkomponente umgewandelt, die die Kurbelwangen anstaucht, während der Hub gleichzeitig durchgesetzt wird. Bei diesem Verfahren werden vergleichsweise hohe Umformkräfte benötigt.

Das polnische nach *T. Rut* benannte *TR-Verfahren* ähnelt dem *RR-Verfahren*, wobei jedoch die schrägen Gleitflächen durch Gelenkhebelarme bzw. Kniehebel ersetzt worden sind (Abb. 3.174) (Rut 1969)

In Amerika ist bei der *National Forge Company* eine Vorrichtung zum Schmieden von Kurbelwellen entwickelt worden, die den zuletzt dargestellten Schmiedeablauf grundsätzlich nicht ändert, diesen jedoch mit Hilfe von zwei ineinander gebauten Pressen durchführt, die horizontal und rechtwinklig zueinander angeordnet sin (Abb. 3.175) (Spencer 1961 und 1962).

3.2.5.3.2 Fertigung von abgesetzten Wellen

Bei der Formgebung wellenförmiger Schmiedestücke is die Schmiedestrategie in erster Linie durch die Masse de Schmiederohlings und den größten Rohlingsquerschni bestimmt. Über die erforderliche Masse wird der passend Rohblock festgelegt. Der Rohblockdurchmesser und de größte Rohlingsquerschnitt entscheiden darüber, ob ei reines Recken ausreichend ist. Wird der werkstoff- un bauteilspezifische Mindestumformungsgrad durch reine Recken nicht erreicht, sind Stauchprozesse erforderlich Beim Stauchen ist auf die Knickbedingungen zu achter Das Verhältnis Länge zu Durchmesser bei Stauchbegin sollte höchstens 2,5 (blockabhängig) sein, um Stauchfa ten oder ein Abknicken während des Stauchprozesses z vermeiden.

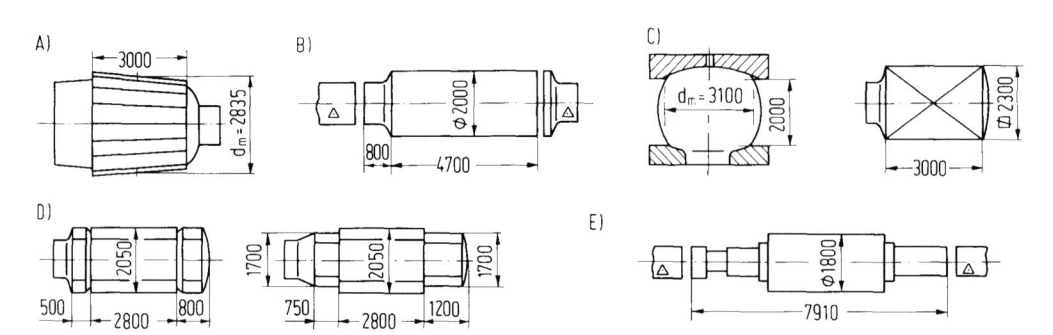

Abb. 3.176: *Beispiel zum Schmieden einer Turbinenwelle (Rohgewicht 103t) durch Recken und Stauchen.*
A) *Rohblock 190t*
B) *1. Hitze: Recken auf Vierkant, Anschwänzen zum Stauchen, Kopf- und Fußschrott teilweise Abschroten*
C) *2. Hitze: Stauchen und Recken auf Vierkant*
D) *3. Hitze: Recken auf 8-Kant, Einschroten, Recken von Kopf und Fußzapfen*
E) *4. Hitze: Recken auf Rohmaße, restlichen Kopf- und Fußschrott abschroten*

Abb. 3.177: *Anwendungsbeispiele: Stauchen (links) und Recken (rechts) einer Generatorwelle.*

Bei der Kombination von Recken und Stauchen sind prinzipiell zwei grundsätzliche Fertigungsvarianten möglich (Abb. 3.176 und 3.177):

A) Recken – Stauchen – Recken
B) Rohblockstauchen – Recken

In besonderen Fällen können auch Kombinationen mit mehreren Stauchoperationen erforderlich sein. Bei beiden Verfahren ist darauf zu achten, dass während des Stauchvorgangs bedingt durch Zugspannungen Fehlstellen insbesondere im Kernbereich aufgerissen werden können. Es empfiehlt sich daher, entweder vor dem Stauchen so stark umzuformen, dass eine ausreichende Durchschmiedung des Materials erzielt wird, oder nach dem Stauchen mit ausreichend hoher Höhenabnahme zu schmieden, sodass gegebenenfalls vorhandene Aufreißungen wieder geschlossen werden (Dahl 1993). Die dazu erforderlichen Stauchgrade hängen wesentlich von der Rohblockqualität ab, sodass keine generellen Vorgaben zu machen sind.
Die höchsten Anforderungen an den Schmiedeprozess stellen Generator- und Turbinenwellen für den Energiemaschinenbau. Diese Bauteile stellen aufgrund der hohen dynamischen Belastung im Betrieb höchste Ansprüche an die Homogenität und innere Beschaffenheit des Schmiedestückes. Neben dem reinen Verdichtungsvorgang steht dabei vor allem die Güte der Gefügestruktur unmittelbar nach dem Schmieden im Vordergrund.

Ohne ein feines Schmiedekorn ist speziell bei großen Durchmessern im Energiemaschinenbau bei der später folgenden Ultraschallprüfung (Abb. 3.178) trotz umfangreicher Vorwärmebehandlung keine ausreichend hohe Auflösung zu erzielen, um die maximalen zulässigen Fehlergrößen erkennen zu können. Die Einstellung eines ausreichend feinen Schmiedekorns ist nur durch eine auf die jeweilige Schmiedepresse ausgerichtete Schmiedestrategie möglich. Für jede einzelne Schmiedehitze ist eine genaue Planung des Umformprozesses erforderlich, welche die in den vorausgegangenen Kapiteln dargelegten physikalischen Rahmenbedingungen im Detail berücksichtigt. Dies gilt insbesondere für die Parameter Sattelgeometrie, Bissverhältnis, Bissversatz und die daraus resultierende lokale Formänderung in Abhängigkeit von der zur Verfügung stehenden Presskraft.

Für die Schmiedung selbst sind Messmittel erforderlich, die eine ausreichende Dokumentation und Reproduzierbarkeit der einzelnen Prozessstufen gewährleisten. Dem gegenwärtigen Stand der Technik entsprechen hierbei lasergestützte optische Messverfahren, die die einzel-

Abb. 3.178: *Recken (links) und Ultraschallprüfung (rechts) einer abgesetzten Generatorwelle.*

nen Verformungsschritte online exakt erfassen und EDV gestützte Pressensteuerungen, die ein programmiertes und damit reproduzierbares Schmieden nach festen Stichplänen ermöglichen (FERROTRON-Technologies-GmbH 2008; Jaeger et al. 2009; Rech et al. 2007).

Der Zwang Kosten zu sparen führt dazu, dass auch Bauteile für den allgemeinen Maschinenbau, wie z. B. Walzen oder Schiffswellen immer höheren Ansprüchen genügen müssen. Die Anforderungen an den Schmiedeprozess bei der Fertigung von Bauteilen für den allgemeinen Maschinenbau nähern sich denen des Energiemaschinenbaus daher immer weiter an. Somit ist auch bei diesen Bauteilen die bloße Einhaltung eines Mindestumformungsgrades alleine nicht mehr ausreichend. Ebenso wie bei den Energiemaschinenteilen müssen auch hier vor der Fertigung den Aggregaten angepasste Schmiedestrategien entwickelt werden. Sowohl im Energiemaschinebau als auch im allgemeinen Maschinenbau ist es daher sinnvoll, vor der Schmiedung rechnergestützte Simulationsverfahren anzuwenden, um entsprechende Schmiedestrategien entwickeln zu können.

3.2.6 Maschinen und Anlagen

H. Feldmann, R. Pick, Michael Büsch, Dominik Recker

3.2.6.1 Übersicht

Die verschiedenen Pressen zum Schmieden können nach ihren Wirkprinzipien unterteilt werden. Dabei wird zwischen kraft-, arbeits- und weggebundenen Pressen unterschieden (Abb. 3.179). Für das Freiformschmieden kommen in der Regel kraftgebundene (hydraulische) Pressen zum Einsatz. Vereinzelt werden auch noch arbeitsgebundene Pressen (hauptsächlich Hämmer) zum Freiformschmieden verwendet. Da bei großen Schmiedestücken die Wirkung der Kräfte in den Werkstoff hinein gering ist, werden Hämmer vorwiegend für relativ kleine Schmiedestücke (bis etwa 2000 kg Masse) verwendet. Weggebundene Pressen werden hauptsächlich zum Gesenkschmieden eingesetzt.

3.2.6.2 Hämmer

Im Hammer wird mit jedem Schlag die kinetische Energie des Bären und der mit dem Bären verbundenen Teile zum Schmieden genutzt. Durch Steuerung der Geschwin-

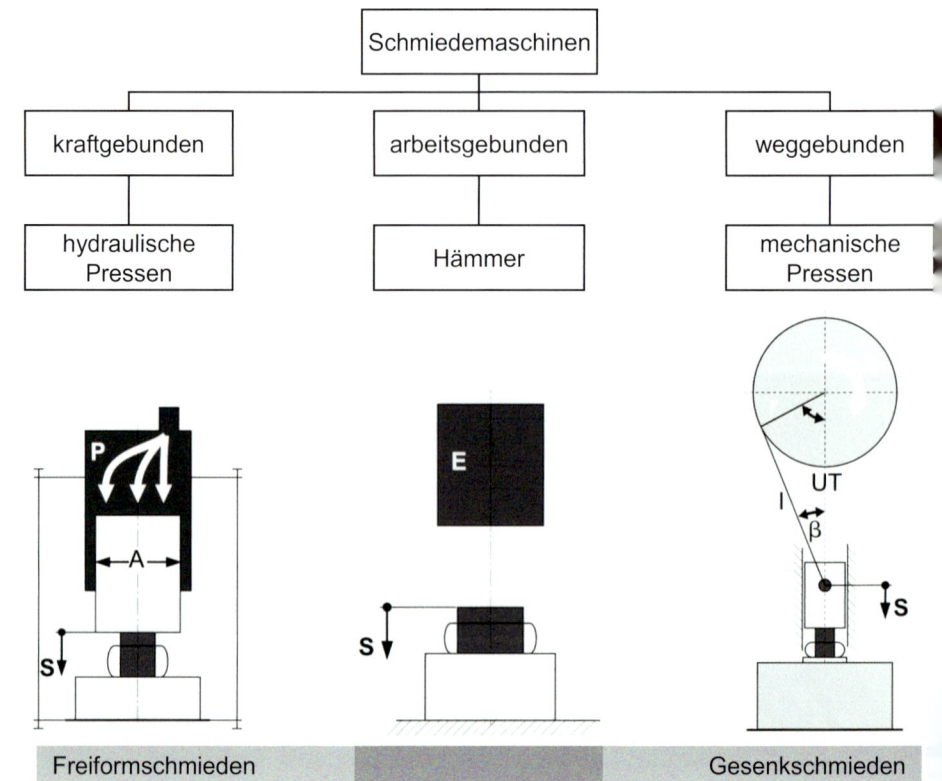

Abb. 3.179: *Unterteilung der unterschiedlichen Schmiedemaschinen und Darstellung des grundlegenden Wirkprinzips basierend auf (Infostelle Industrieverband Massivumformung e. V. 2008)*

3.2.6 Maschinen und Anlagen

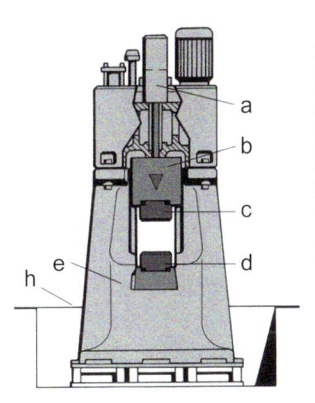

a: Antrieb
b: (Ober-)Bär
c: Obergesenk
d: Untergesenk
e: Schabotte/Gestell
f: Unterbär
g: hydraul. Bärkupplung
h: Hüttenflur

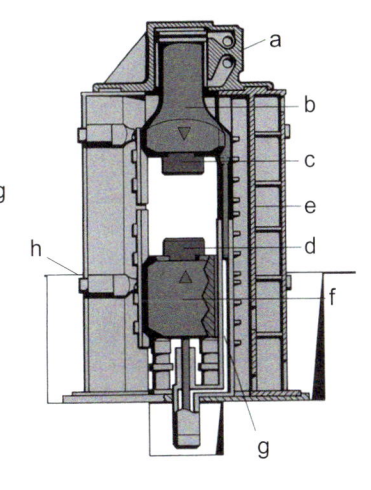

Abb. 3.180: *System eines Schmiedehammers (links: Oberdruckhammer; rechts: Gegenschlaghammer) (Infostelle Industrieverband Massivumformung e. V. 2008; Haller 1971)*

digkeit, mit welcher der im Bär befestigte Obersattel das Schmiedestück trifft, kann die verfügbare Schlagenergie in weiten Grenzen verändert und den Erfordernissen des Schmiedens angepasst werden. Kenngrößen eines Hammers sind die Schlagzahl, der größte Bärhub, die lichte Schmiedehöhe sowie die Abmessung der Sättel. Die maximale Kraft des Hammers hängt von der Auslenkung und der Eindringtiefe des Sattels ab. Alle dynamischen Kräfte werden auf das Bauteil und somit in das Fundament übertragen, so dass die Umgebung des Schmiedehammers großen Erschütterungen ausgesetzt wird. Als Alternative zum konventionellen Schmiedehammer existiert daher der sogenannte Gegenschlaghammer. Bei dieser Bauweise ist das untere Gesenk bzw. der Unterbär durch eine (in der Regel) hydraulische Kupplung an den Oberbären gekoppelt. Dadurch bewegen sich Ober- und Untergesenk während eines Hubs aufeinander zu. Dies ermöglicht eine direkte Abfederung des Oberbären, sodass gleichzeitig die Fundamentbelastung reduziert wird. Unabhängig davon werden Hämmer in der Freiformschmiedeindustrie immer mehr durch hydraulische Pressen verdrängt. Hämmer werden heutzutage hauptsächlich im Gesenkschmiedebetrieb eingesetzt.

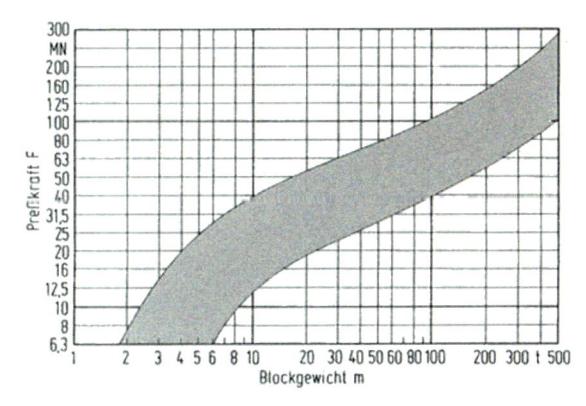

3.2.6.3 Hydraulische Pressen

Hydraulische Freiformschmiedepressen werden in verschiedenen Bauformen hergestellt. Allen Bauarten gemeinsam ist die kennzeichnende Arbeitsweise, die auf der statischen Pressenkraft beruht, die innerhalb des geschlossenen Pressenrahmens wirkt. Lediglich die Gewichtskräfte der Anlage und die aus dem Betrieb resultierenden dynamischen Kräfte werden an das Fundament weitergeleitet. Die hydraulische Presse ist in der Lage, an jedem Punkt des Arbeitshubes jede beliebige Kraft bis zur vollen Presskraft zu entwickeln. Die Schmiedegeschwindigkeit ist in weiten Grenzen leicht steuerbar, sodass das Umformvermögen des Schmiedestückes voll ausgenutzt werden kann. Die erforderliche Presskraft kann überschlägig in Abhängigkeit vom maximal zu verschmiedenden Blockgewicht festgelegt werden (Abb. 3.181).

Moderne Antriebe von hydraulischen Freiform-Schmiedepressen ermöglichen eine sehr schnelle, feinfühlige und exakte Bewegung bzw. Positionierung des Oberwerkzeugs, sodass dem Umformverhalten verschiedenster Materialien mit z. T. sehr unterschiedlichen Kennwerten Rechnung getragen werden kann.

Neue Anlagen werden in der Regel mit einem ölhydraulischen Direktantrieb ausgeführt, Hochdruck-Wasserspeicherantriebe kommen aufgrund der sehr hohen Anschaffungskosten und anderer betriebsbedingter Nachteile nur noch sehr selten zum Einsatz.

Abb. 3.181: *Grobe Orientierungswerte der Presskraft in Abhängigkeit vom Blockgewicht*

3.2 Freiformschmieden

Tab. 3.15: *Typische Hauptabmessungen hydraulischer Freiformschmiedepressen*

Presskraft in MN	10	12,5	16	20	25	31,5	36	40	45
Stauchkraft in MN	12,5	15	20	25	31	39	45	50	56
Pressenhub in mm	1.000	1.200	1.400	1.550	1.700	1.800	1.900	2.000	2.150
Max. Exzentrizität in mm	100	125	150	175	200	250	275	300	300
Lichte Höhe in mm	2.200	2.500	2.900	3.300	3.500	3.750	4.000	4.250	4.500
Lichte Weite in mm (in Schmiederichtung)	1.450	1.600	1.800	2.000	2.250	2.500	2.750	3.000	3.250
Lichte Weite in mm (in Richtung Sattelverschiebung)	750	900	1.050	1.200	1.350	1.500	1.650	1.800	2.000
Hub Tischverschiebung in mm	2.500	2.750	3.000	3.400	3.750	4.000	4.250	4.500	4.750
Hub Sattelverschiebung in mm	2.500	2.750	3.000	3.400	3.750	4.000	4.250	4.500	4.750
Hub Sattelmagazin in mm	2.600	2.800	3.200	3.400	4.200	4.600	4.800	5.000	5.400
Klemmkraft Sattelspannvorr. in kN	80	100	150	200	300	400	435	500	600

Tab. 3.15: *Typische Hauptabmessungen hydraulischer Freiformschmiedepressen (Fortsetzung)*

Presskraft in MN	50	56	63	71	80	90	100	120
Stauchkraft in MN	62,5	70	79	89	100	112,5	125	150
Pressenhub in mm	2.300	2.450	2.600	2.750	3.000	3.250	3.500	4.000
Max. Exzentrizität in mm	325	325	350	375	400	450	500	550
Lichte Höhe in mm	4.750	5.000	5.500	6.000	6.500	7.000	7.500	8.000
Lichte Weite in mm (in Schmiederichtung)	3.500	3.750	4.000	4.350	4.750	5.250	6.000	7.000
Lichte Weite in mm (in Richtung Sattelverschiebung)	2.100	2.225	2.350	2.500	2.650	2.800	3.000	3.250
Hub Tischverschiebung in mm	5.000	5.400	5.800	6.200	6.600	7.000	7.500	8.000
Hub Sattelverschiebung in mm	5.000	5.400	5.750	6.100	6.500	7.000	7.500	8.000
Hub Sattelmagazin in mm	5.600	6.000	6.200	6.500	6.800	7.200	7.600	8.000
Klemmkraft Sattelspannvorr. in kN	700	800	900	1.000	1.200	1.500	1.800	2.000

Um die Produktivität der Anlage so weit wie möglich zu steigern, können durch verschiedene Hilfseinrichtungen die Nebenzeiten verringert und die Handhabung an der Presse vereinfacht werden. Diese Hilfseinrichtungen sind z. B.:

- Tischverschiebung; für das Verschieben von Werkzeugen und Schmiedestücken in Schmiederichtung,
- Sattelverschiebung; für das Verschieben der Untersättel bzw. kompletter Sattelpaare,
- Sattelmagazin; zum schnellen Wechsel von Ober- und Untersattel – ausgeführt als Längs- und Drehmagazin,
- Obersattelklemm- und Drehvorrichtung, zum automatischen Klemmen und Drehen der Oberwerkzeuge sowie
- Messvorrichtungen zum Messen von Schmiedestückgeometrie und Prozessdaten.

A) Unterflurpresse
- Oberes Querhaupt
- Fundamentholm
- Unteres Querhaupt

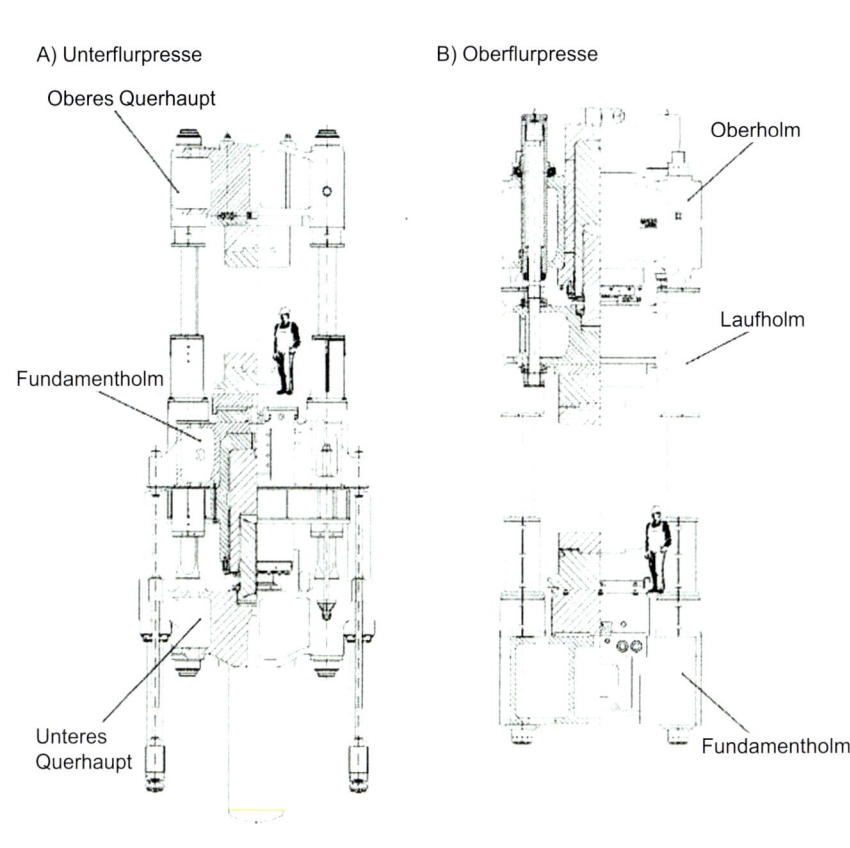

B) Oberflurpresse
- Oberholm
- Laufholm
- Fundamentholm

Abb. 3.182:
Schematische Darstellung einer Ober- und einer Unterflurpresse

In Tabelle 3.15 sind typische Hauptabmessungen hydraulischer Freiformschmiedepressen in Abhängigkeit von der Presskraft dargestellt.

Neben der maximalen Presskraft und dem maximalen Pressenhub ist die maximal zulässige Exzentrizität, mit der geschmiedet werden darf, eine wichtige Größe für die Dimensionierung einer Freiformschmiedepresse (Tab. 3.15).

Hydraulische Freiformschmiedepressen können als Ober- flur- oder Unterflurpresse gebaut werden. Dabei hat die jeweilige Bauform entscheidende Einflüsse auf die gesamte Schmiedeanlage, inklusive Antrieb, Steuerung und Peripherie, einschließlich Gestaltung der Schmiedehalle samt Schmiedekränen. Die beiden unterschiedlichen Bauformen sind in Abbildung 3.182 schematisch dargestellt. Bei der Oberflurpresse wird der Laufholm zwischen dem auf dem Fundament befestigten Fundamentholm und den Säulen des oberen Querholmes geführt. Dadurch werden bei dieser Bauweise im Vergleich zur Unterflurpresse nur geringe Massen bewegt. Das bedeutet, dass für die Bewegung eine geringere Leistung erforderlich ist und nur kleine dynamische Fundamentlasten auftreten. Zusätzlich benötigt diese Art der Presse im Vergleich zur Unterflurpresse geringe Fundamenttiefen, sodass beim Pressenbau geringere Kosten für das Fundament anfallen. Dadurch, dass der Großteil der Presse oberhalb des Hallenflures gebaut ist, ermöglicht diese Bauweise den direkten Zugang zu den Hauptkomponenten, sodass eine einfache Wartung ermöglicht wird. Bei der Unterflurpresse sind die Hauptkomponenten unterhalb des Hallenflures. Dadurch hat diese Bauweise in der Regel eine geringere Höhe als die Oberflurpresse. Dies bedeutet gleichzeitig, dass der Schwerpunkt der Presse weitaus geringer als der der Oberflurpresse ist. Durch die Anordnung aller hydraulischen Komponenten unterhalb des Hallenflures ist ebenfalls die Brandgefahr wesentlich geringer. Bei der Unterflurpresse wird das gesamte obere Querhaupt mit dem Obersattel bewegt und geführt. Damit weist diese Bauweise auch bei großen exzentrischen Lasten ein sehr gutes Führungsverhalten auf.

Beide Bauformen können jeweils als Zwei-Säulen- oder als Vier-Säulen-Presse umgesetzt werden. Dabei herrschen bei der Zwei-Säulen-Bauweise bessere Sichtverhältnisse und ein größeres Durchgangsmaß, was vorteilhaft beim Schmieden von Ringen mit sehr großem Durchmesser sein kann. Die Vier-Säulen-Bauweise weist eine größere Steifigkeit als die Zwei-Säulen-Bauweise auf, so dass hier ein besseres Führungsverhalten und eine geringere Durchbiegung gegeben ist.

A) Querschnitt B) Längsschnitt

Abb. 3.183: *Schmiedekasten einer Langschmiedemaschine*
a: Schmiedewerkzeug
b: Pleuel
c: Führung
d: Exzenterwelle
e: Verstellgehäuse
f: Gewindespindel
g: Schneckentrieb
h: Skala
i: Nocken
k: Schmiedekasten

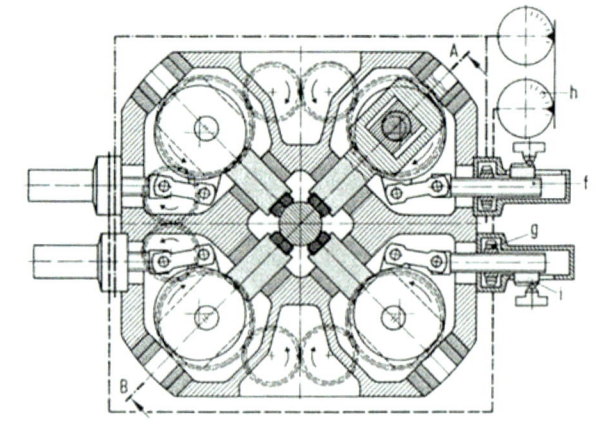

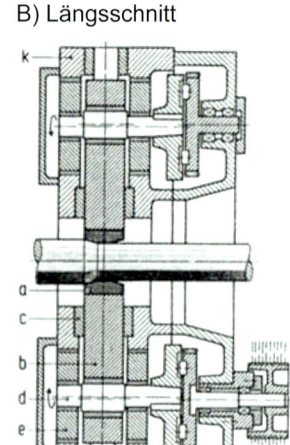

3.2.6.4 Mechanische Pressen

Als weggebundene mechanische Presse wird in der Freiformschmiede vorwiegend die Langschmiedemaschine verwendet. Diese Schmiedemaschine ist eine mechanisch angetriebene Kurzhubpresse. Sie wird für das Recken von Stabstahl sowie von stangen- und stabförmigen Produkten mit regelmäßigen, aber auch abgesetzten Querschnitten bevorzugt. In diesem Bereich ist die mechanische Schmiedemaschine dem Hammer und der hydraulischen Presse im Durchsatz überlegen.

Die bei Hammer und hydraulischer Presse zwischen den beiden Werkzeugen auftretende freie Breitung des Schmiedestückes wird bei der mechanischen Schmiedemaschine unterbunden (Verein Deutscher Eisenhüttenleute 1980; Hojas 1976; Kopp, Tuke 1979). Durch den Einsatz von meist vier Hämmern, die das Werkstück in einer Ebene gleichzeitig umformen, wird der Werkstoff gezwungen, nur in Längsrichtung zu fließen.

Abbildung 3.183 zeigt den Schmiedekasten einer Langschmiedemaschine. Die mit den Schmiedepleueln verbundenen Werkzeuge führen eine senkrecht zur Werkstückachse verlaufende Hubbewegung aus. Diese wird über Exzenterwellen eingeleitet, die zur Veränderung der Hublage in Verstellgehäusen gelagert sind. Für Rechteckquerschnitte kann die Hublage der Werkzeuge paarweise verstellt werden.

In der Langschmiedemaschine wird das Werkstück von Spannköpfen gehalten, die zum Transport des Werkstückes durch den Schmiedekasten hydraulisch verfahren werden. Rotationssymmetrische Schmiedestücke drehen sich beim Durchlauf durch den Schmiedekasten. Die Spannköpfe werden hierbei im Takt der Schmiedewerkzeuge über einen Schneckenbetrieb gedreht, der beim Schmieden nicht rotationssymmetrischer Stücke festgesetzt wird.

Literatur zu Kapitel 3.2

Asbrand, H.: Entwicklung der Schmiedetechnik. Stahl und Eisen 101 (1981) 13, S. 136 – 141.

Berns, H.: Metallurgisch bedingter Größeneinfluß in Stählen. Industrieanzeiger 102 (1980) 93, S. 28 – 31.

Dahl, W.: Umformtechnik, Plastomechanik und Werkstoffkunde. Stahleisen, Düsseldorf 1993.

FERROTRON-Technologies-GmbH: Lacam FORGE, Measuring System. Company Flyer, 2008.

Franzke, M., et al.: The Open Die Forging Industry associated with the German Steel Institute VDEh/Germany. In: International Forgemasters Meeting. 2008: Santander, S. 1 – 6.

Franzke, M.; *Recker*, D.; *Hirt*, G.: Development of a Process Model for Online-Optimization of Open Die Forging of Large Workpieces. steel research 79 (2008) 10, S. 753 – 757.

Funke, P.; *Preiser*, H.: Aufnahme von Fließkurven im Warmdrehversuch. Arch. Eisenhüttenwesen 44 (1973) 5, S. 363 – 368.

Geleji, A.: Berechnung der Kräfte und des Arbeitsbedarfes bei der Formgebung im bildsamen Zustand der Metalle. 2. Auflage, Akademiai Kiado, Budapest 1955.

Haller, H. W.: Handbuch des Schmiedens. Carl Hanser Verlag, München 1971.

Heil, H.-P.; *Nebe*, G.: Zur Kennzeichnung der Formänderungen bei Freiformen. Stahl u. Eisen 87 (1967) 22, S. 1380 – 1383.

Hensel, H.; *Spittel*, Th.: Kraft- und Arbeitsbedarf bildsamer Formgebungsverfahren. VEB Deutscher Verlag für Grundstoffindustrie, Leipzig 1978.

Hill, R.: The mathematieal theory of plasticity. Clarendon Press, Oxford 1956.

Hochstein, F.: Beitrag zur Herstellung schwerer Schmiedestücke aus Stahl, metallurgisch bedingte Eigenschaften und innere Prüfkriterien. Stahl und Eisen 95 (1975) 17, S. 777 – 784.

Hojas, H.: Die Entwicklung der Schmiedetechnik bis zu den Schmiedemaschinen. Berg- und Hüttenmännische Monatshefte 121 (1976) 9, S. 358 – 366.

Infostelle Industrieverband Massivumformung e. V. (Hrsg.)*:* Massivumformteile – Bedeutung, Gestaltung, Herstellung, Anwendung. Verlag Infostelle Industrieverband Massivumformung e. V., Hagen 2008.

Jaeger, H.-P.; Wahlers, F.-J.; Dettmer, C.: The new open-die forge shop of ThyssenKrupp VDM. Stahl und Eisen 129 (2009) 4, S. 47 – 60.

Jimma, T.: The Theoretical Research on the Blankin of a Sheet Material Bull. JSME 23 (1963) 6, S. 568 – 576.

Kopp, R.; Pehle, H.J.: Schubumformen. In*:* Umformhütte, Hrsg. O. Pawelski, Springer-Verlag, Berlin, Heidelberg, New York 1983.

Kopp, R.; Tuke, K. H.: Ermittlung der Leistungsgrenzen einer Hochformanlage (Schmiedewalzanlage GFM) zur Herstellung von Stabmaterial, Forschungsbericht Nr. 2859 des Landes Nordrhein-Westfalen, Westdeutscher Verlag, Opladen 1979.

Kopp, R.; Wiegels, H.: Einführung in die Umformtechnik. Verlag der Augustinusbuchhandlung, Aachen 1998.

Lippmann, H.: Mechanik des plastischen Fließens. Springer-Verlag, Berlin 1981.

Nienke, G.: Weniger Ausgangsgewicht beim Umformen. MM-Industriejournal 78 (1972) 29, S. 594 – 598.

Nishihara, M.; Takeuchi, T.: Forging of large crankshafts in Japan. Verlag Stahleisen, Düsseldorf 1966

Pawelski, O.; Graue, G.; Löhr, D.: Reibungsbeiwert und Temperaturverteilung beim Warmumformen von Stahl mit verschiedenen Schmiermitteln. Schmiertechnik u. Tribologie (1970) 17, S. 120 – 125.

Pohl, W.: Stauchen. In*:* Lange, K. (Hrsg.)*:* Lehrbuch der Umformtechnik. Bd. 2, Springer-Verlag, Berlin, Heidelberg, New York 1974.

Potthast, E.; Frank, A.: Die Freiformschmieden in Deutschland. Stahl und Eisen, 117 (1997) 11, S. 119 – 124.

Rech, R. et al.: Einsatz von Lasermesstechnik (LaCam Forge) an Freiformschmiedepressen. In Hirt, G. (Hrsg.)*:* 22. Aachener Stahlkolloquium, Aachen 2007, S. 53 – 60.

Rick, M.: Kalt-Massivumformen von Grobblechteilen. Dissertation, TH Hannover, 1972.

Rut, T.: Verfahren zum Schmieden von Kurbelwellen, Industrieanzeiger 91 (1969) 34, S. 788 – 790.

Saarschmiede GmbH Freiformschmiede, Internetpräsenz, Mai 2010, www.saarschmiede.de.

Sänger, F.: Werkstoffe für das Freiformschmieden. Freiformschmieden, Verlag Stahleisen, Düsseldorf 1980.

Sauer, R.: Untersuchungen zur Mechanik des Kaltscherens. Dissertation, TH Aachen, 1980.

Schmollgruber, F.: Verfahrenswege zur Herstellung großer Schmiedestücke und deren qualitative und wirtschaftliche Auswirkungen. Dissertation, TH Aachen, 1974.

Schneider-Milo, W.: Wärmebehandlung von Schmiedestücken. Freiformschmieden, Verlag Stahleisen, Düsseldorf 1980.

Sheikhi, S. et al.: Fortschritte beim Freiformschmieden in den letzten 25 Jahren. Stahl und Eisen 130 (2010) 1, S. 22 – 38.

Sheikhi, S.: Latest developments in the field of open-die forging in Germany. Stahl und Eisen 129 (2009) 4, S. 33 – 45.

Sherif D. El-Wakil: Deformation in Bar Cropping Investigated by Visioplasticity. Journal Mech. Work. Technology 1 (1977). 1, S. 85 – 98.

Siemer, E.: Qualitätsoptimierende Prozeßsteuerung des Reckschmiedens. Dissertation, TH Aachen 1987, Verlag Stahleisen, Düsseldorf 1987.

Spencer, R.M.: Forging heavy crankshafts. Iron Age 188 (1961) 19, S. 109 – 112.

Spencer, R. M.: Forging heavy crankshafts. Mechanical Engineering 84 (1962) 6, S. 52-55.

Stenzhorn, F.: Beitrag zur empirisch-theoretischen Vorausplanung des Freiformschmiedens großer Blöcke mit Hohlräumen. Dissertation, TH Aachen, 1982.

Storoschew, M. W.; Popow, E. A.: Grundlagen der Umformtechnik. VEB Verlag Technik, Berlin 1968.

Szabo, I.: Höhere Technische Mechanik. Springer-Verlag, Berlin, Heidelberg, New York 1977.

Tomlinson, A.; Stringer, J. D.: Spread and elongation in flat tool forging. Journal of the Iron and Steel Institute, 193 (1959), S. 157 – 162.

Vater, M.; Anke, E.: Einführung in die technische Verformungskunde. Verlag Stahleisen, Düsseldorf 1974.

Verein Deutscher Eisenhüttenleute (Hrsg.)*:* Freiformschmieden, Grundlagen und betriebliche Verfahren. Verlag Stahleisen, Düsseldorf 1980.

Verot: Le Fibrage intégral et ses nouvelles Applications. Sonderdruck con Chambre Syndicale de la Grosse Forge Française, Étude 2, S. 1 – 24.

Wedel, E. von: Die geschichtliche Entwicklung des Umformens in Gesenken. VDI-Verlag, Düsseldorf 1960.

Wellnitz, G.: Herstellung von Hohlkörpern, Ringen und Scheiben. Technische Mitteilungen 65 (1972), S. 391 – 393.

Wellnitz, G.: Herstellung von Hohlkörpern, Ringen und Scheiben. Freiformschmieden. Verlag Stahleisen, Düsseldorf 1980.

3.3 Gesenkschmieden

Bernd-Arno Behrens

3.3.1 Geschichtliche Entwicklung

Das Gesenkschmieden lässt sich historisch bis in die Jahre um 2500 v. Chr. zurückverfolgen (Doege 2007). In Ägypten und Mesopotamien wurden zu jener Zeit Bronze und Kupfer geschmiedet. Um 1500 v. Chr. dienten einseitig hohle Formsteine als Werkzeuge zum Treiben von Edelmetallen. Mit zweiteiligen Bronzewerkzeugen wurden um 600 v. Chr. Münzen geschlagen.

Rollgesenke zum Fertigen von Perldraht sind aus dem Mittelalter um 1000 n. Chr. überliefert. Im 13. Jahrhundert wurden Ornamente aus Eisen in einseitigen Gesenken gefertigt, die zu Beschlägen geschweißt wurden. Gesenkschmiedewerkzeuge, wie sie heute bekannt sind, wurden erstmals gegen Ende des 18. Jahrhunderts verwendet. In England wurden zwei Gesenkhälften zur Herstellung von Gitterspitzen und Schlüsselrohlingen eingesetzt. Im Jahre 1848 wurden in Solingen erste Tischmesser im Gesenk geschmiedet. Mit Beginn der Industrialisierung wandelte sich auch das Gesenkschmieden vom handwerklichen Betrieb zum industriellen Fertigungsverfahren (Wedel 1958).

Gegen Ende des 19. Jahrhunderts begünstigte die Weiterentwicklung der Umformmaschinen, z.B. vom wasserkraftgetriebenen Hammer zu dampf- und druckluftbetriebenen Maschinen, den Aufschwung der Gesenkformtechnik. Der Beginn des Kraftfahrzeug- und Flugzeugbaus beeinflusste die Gesenkschmiedetechnik entscheidend. Die gefertigten Gesenkformteile wurden nicht nur größer und schwerer, sondern in der Gestalt auch komplizierter und feingliedriger.

Das Aufstellen von Lieferbedingungen und Toleranznormen hatte zur Folge, dass die Genauigkeit der Schmiedeteile beträchtlich zunahm. Die Entwicklung moderner Schmiedemaschinen spielte dabei eine entscheidende Rolle.

Die Weiterentwicklung des Gesenkschmiedens in heutiger Zeit zielt auf steigende Automatisierung und vermehrte Kostenreduzierung des Fertigungsablaufs. Der Einsatz von frei programmierbaren Handhabungsgeräten in der Schmiedeproduktion ist nur ein Beispiel dafür.

Bezüglich des Schmiedeteils geht die Entwicklung in Richtung Genau- bzw. Präzisionsschmieden endkonturnaher und nahezu einbaufertiger Schmiedebauteile. Auch der Leichtbau spielt für die Gesenkschmiedeteile eine immer größere Rolle.

3.3.2 Bedeutung des Gesenkschmiedens

Unter dem Begriff Gesenkschmieden werden die Arbeitsgänge zur Herstellung eines Gesenkschmiedestücks zusammengefasst. Das Schmieden im engeren Sinn, also das Umformen in Formwerkzeugen, wird als Gesenkformen bezeichnet.

Die Gesenkschmiedeindustrie ist ein wichtiger Zweig der metallverarbeitenden Industrie. Gesenkschmiedeteile werden in vielen Bereichen der Technik verwendet und reichen von einfachen Befestigungsmitteln, wie z.B. Schrauben, Muttern, Bolzen, bis hin zu komplexen Hochleistungsbauteilen aus der Fahrzeug- und Flugzeugindustrie. Die hergestellten Mengen beginnen bei geringen Stückzahlen und erreichen Millionenserien. Gesenkschmiedeteile werden in Stückgewichten von einigen Gramm bis weit über eine Tonne hergestellt. Das Teilespektrum umfasst sowohl einfache Werkstücke mit spanender Nachbearbeitung als auch präzisionsgeschmiedete Teile, wie z.B. Turbinenschaufeln, die nur noch am Schaufelfuß bearbeitet werden müssen.

Mit einer Jahresproduktion von 1,4 Mio. Tonnen entfallen ca. 2/3 der deutschen Schmiedeproduktion auf den Bereich Gesenkschmieden. Mehr als ein Drittel aller massiv umgeformten Bauteile werden exportiert. Der Fahrzeugbau nimmt zusammen mit den Systemherstellern über 80 Prozent der gesamten Produktion ein (Abb. 3.184) (N.N. 2008).

Gerade im Fahrzeugbau, in welchem Forderungen nach hoher Festigkeit und Sicherheit für dynamisch beanspruchte Bauteile gestellt werden, erfüllt das Gesenkschmiedeteil seine Funktion in hervorragender Weise. So erträgt geschmiedeter Stahl dank innerer Fehlerfreiheit - keine Hohlräume, dichtes, homogenes Gefüge - hohe statische und dynamische Beanspruchungen und ist höchst belastbar (Knolle 1978). Wegen der großen Werkstoffauswahl bei Stählen und Nichteisenmetallen in Verbindung mit verschiedenen Nachbehandlungsverfahren lässt sich das Schmiedeteil dem jeweiligen Verwendungszweck gut anpassen.

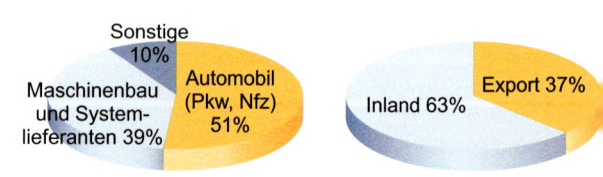

Abb. 3.184: *Prozentanteile der Liefermengen von Gesenkschmiedeteilen aus Stahl im Jahr 2007 bezogen auf Massenanteile (Infostelle Industrieverband Massivumformung, 2008).*

3.3.3 Übersicht der Verfahren

3.3.3.1 Allgemeines

In DIN 8583 wird das Gesenkformen bzw. das Gesenkschmieden als Druckumformen mit gegeneinander bewegten Formwerkzeugen – den Gesenken – definiert. Die Werkzeuge umschließen das Werkstück ganz oder zu einem wesentlichen Teil und bilden dessen Form ab. Üblicherweise erfolgt das Gesenkformen in Temperaturbereichen oberhalb der Rekristallisationstemperatur. Diese hohen Prozesstemperaturen dienen zur Steigerung des Formänderungsvermögens des umzuformenden Werkstoffs und zur Absenkung der aufzubringenden Fließspannungen und Umformkräfte. Gesenkformvorgänge, die bei Raumtemperatur erfolgen, werden als Kaltgesenkschmieden bezeichnet. Zum Kaltumformen eigenen sich neben verschiedenen Nichteisenmetallen vornehmlich unlegierte und niedrig legierte Stähle, wobei der Kohlenstoffgehalt unter 0,5 Prozent und der Gehalt weiterer Legierungsbestandteile unter 5 Prozent liegen sollten. Weitere Begleitelemente wie Schwefel oder Phosphor sollten nur in geringen Mengen im Werkstoff enthalten sein (max. 0,035 %) (N.N. 2001).

Das Gesenkformen tritt in der Praxis zusammen mit anderen Fertigungsverfahren auf. Neben dem Trennen und Fügen wird das Gesenkformen auch mit anderen Umformverfahren kombiniert, z. B. mit dem Walzen und dem Freiformen. Die Gliederung des Gesenkformens erfolgt in DIN 8583 unter dem Gesichtspunkt der Umschließung des Werkstücks vom Formwerkzeug (Abb. 3.185).

3.3.3.2 Gesenkformen mit teilweise umschlossenem Werkstück

Beim Gesenkformen mit teilweise umschlossenem Werkstück umschließt das abbildende Formwerkzeug das Werkstück nur zu einem Teil. Zu dieser Gruppe zählen nach Abbildung 3.185 folgende Verfahren:

- *Formrecken:* Das Werkstück wird zwischen Formsätteln, deren Wirkflächen in einer Richtung gekrümmt sind, unter ständigem Drehen um die Werkstücklängsachse gereckt.
- *Rollen:* Im Rollgesenk, dessen Wirkflächen in zwei Richtungen gekrümmt sind, wird das Werkstück unter ständigem Drehen um seine Längsachse geformt, der Werkstückquerschnitt wird teils vermindert, teils vergrößert.
- *Formrundkneten:* Das Werkstück wird durch Formwerkzeuge bestimmter Form rund geknetet.
- *Schließen im Gesenk:* Die Enden hohler Werkstücke werden im Werkzeug geengt.
- *Formstauchen:* das Werkstück wird zwischen Werkzeugen gestaucht, wobei sich die Werkzeugform auf das Werkstück überträgt.

3.3.3.3 Gesenkformen mit ganz umschlossenem Werkstück

Das Werkstück wird beim Gesenkformen mit ganz umschlossenem Werkstück von den Formwerkzeugen vollständig abgebildet. Zu dieser Gruppe zählen nach Abbildung 3.185 folgende Verfahren:

- *Anstauchen im Gesenk:* Am Werkstück kommt es zu örtlichen Stoffanhäufungen ohne Gratbildung.
- *Formpressen mit Grat:* Das Werkstück wird in Werkzeugen formgepresst, wobei überschüssiger Werkstoff durch den Gratspalt nach außen verdrängt wird.
- *Formpressen ohne Grat:* Der Werkstoff kann bei diesem Verfahren nicht nach außen entweichen.
- *Prägen im Gesenk:* Das Werkstück erfährt zwischen den Formwerkzeugen nur kleine Höhen- bzw. Dickenabnahmen.

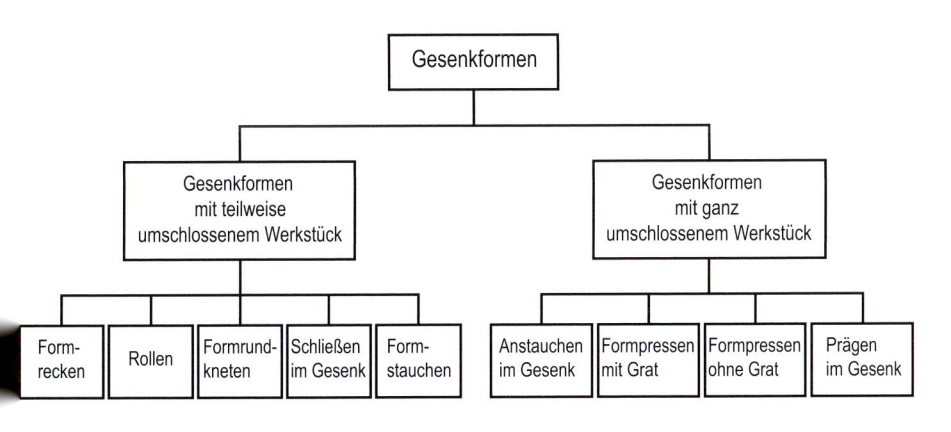

Abb. 3.185: Fertigungsverfahren des Gesenkformens (DIN 8583)

3.3.4 Berechnungsverfahren

3.3.4.1 Allgemeines

Als Rechenverfahren zur Ermittlung des Materialflusses, der Kontaktspannungen, der Umformkraft und -arbeit werden folgende Methoden verwendet (Doege 2007):

- *Empirische Ansätze:* Diese sind formelmäßige Zusammenhänge, die auf Grund von Erfahrungen und Messungen gewonnen wurden. Überschlägig berechnet werden mit diesen Verfahren die maximale Umformkraft und die Umformarbeit (Neuberger 1962; Mäkelt 1958).
- *Experimentell-theoretische Ansätze:* Diese umfassen Ansatz das Verfahren der Visioplastizität. Diese Methode eignet sich zur Ermittlung von Formänderungen und Spannungen (Thomsen 1963/64, Bredendick 1967).
- *Verfahren der Elementaren Plastizitätstheorie:* Diese liefern Aussagen über Spannungen und Kräfte beim Gesenkformen. Im Allgemeinen wird die Rechnung für einen Zeitpunkt gegen Ende des Umformvorgangs durchgeführt. Hinsichtlich der Kinematik der Umformung müssen stark idealisierende Annahmen getroffen werden (Thomsen 1965; Lippmann 1967; Altan 1969).
- *Verfahren der Allgemeinen Plastizitätstheorie:* Hierzu gehören das Gleitlinienverfahren, das Fehlerabgleichverfahren und die Finite-Element-Methode (FEM). Sie eignen sich für die Ermittlung von Formänderungen und Formänderungsgeschwindigkeiten sowie Kontaktspannungen, Umformkräften und Umformarbeiten. Der Rechenaufwand ist zum Teil erheblich (Voelkner 1968; Steck 1969; Lung 1971; Roll 1979).

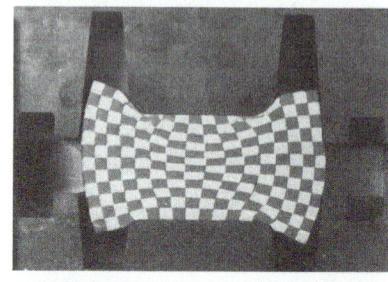

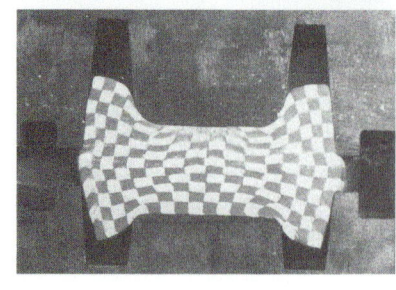

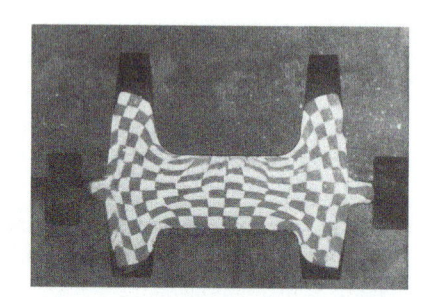

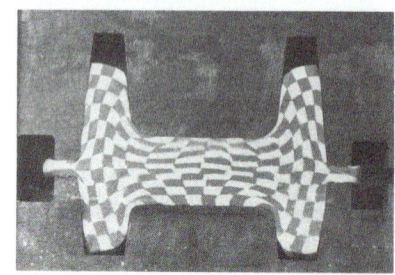

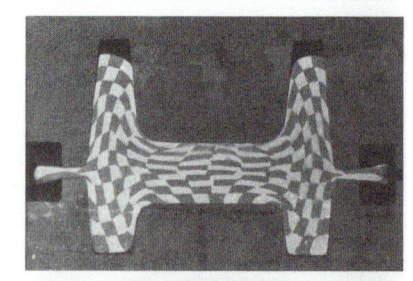

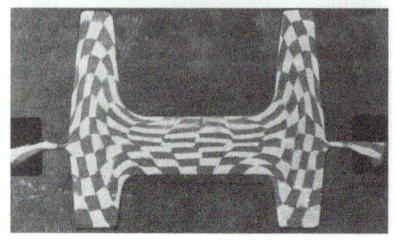

Abb. 3.186: Modellversuch mittels einer Plastilin-Probe zur Visualisierung des Werkstoffflusses

3.3.4.2 Formänderungszustand

Da beim Gesenkformen inhomogene Formänderungen auftreten, ist die Erfassung der Formänderungsgrößen sehr kompliziert. In der Elementaren Plastizitätstheorie wird von einer homogenen Umformung und einer vorgegebenen Kinematik ausgegangen. Eine genaue Berechnung von Formänderungen und Formänderungsgeschwindigkeiten ist deshalb nicht möglich.

Bei der Visioplastizitäts-Methode werden die Werkstoffbewegungen im Versuch sichtbar gemacht und ausgemessen. Anschließend werden daraus die Formänderungen und Spannungen berechnet. Der Werkstofffluss kann z. B. durch Aufbringen eines Rasters auf eine geteilte Probe oder mit Hilfe von Modellwerkstoffen sichtbar gemacht werden. In Abbildung 3.186 auf der vorhergehenden Seite ist die Werkstoffbewegung einer Plastilin-Probe beim Füllen einer Gravur dargestellt.

Die mechanischen Eigenschaften des Modellwerkstoffs sind denen von Stahl bei Schmiedetemperatur ähnlich (Ahlers-Hestermann 1973). Anhand solcher Modellversuche wird das Fließen des Werkstoffs in der Gravur anschaulich dargestellt und die Werkstoffbahnen und Formänderungsverteilung lassen sich gut ermitteln (Abb. 3.187).

Durch die kontinuumsmechanische Beschreibung des Problems können die Verfahren der Allgemeinen Plastizitätstheorie Einblick in den inneren Formänderungszustand des Werkstücks geben. Im Gegensatz zur Elementaren Plastizitätstheorie, in welcher die Bereiche größter Formänderungen angenommen werden, liefern die Verfahren der Allgemeinen Plastizitätstheorie diese Gebiete als Rechenergebnis (Ismar 1979).

Beim Gleitlinienverfahren wird das zugrunde liegende partielle Differentialgleichungssystem längs der sogenannten Charakteristiken entkoppelt. Diese Charakteristiken sind Linien gleicher Schubspannung und bilden zwei Scharen zueinander orthogonaler Kurven. Längs dieser Kurven werden die Gleitgeschwindigkeiten maximal und die Dehnungsgeschwindigkeiten verschwinden. In Abbildung 3.188 ist das Gleitliniennetz eines Gesenkformvorgangs dargestellt. Deutlich ist die Zone größerer plastischer Formänderungen zu erkennen. Ätztechnisch sind Gleitlinien bei der Kaltumformung nachweisbar.

Bei der FEM wird das Werkstück in ein Netz endlicher geometrischer Elemente aufgeteilt, die in den Knotenpunkten miteinander verbunden sind. Mit Hilfe von bereichsweise definierten Geschwindigkeitsansätzen wird die gesamte Kinetik des Gesenkformvorgangs approximiert. Als Lösung ergeben sich das Geschwindigkeitsfeld der Umformung (Abb. 3.189 A) sowie die hydrostatischen Spannungen, die gleich der mittleren Spannung sind.

Aus dem Geschwindigkeitsfeld lassen sich das verformte Netz und die Formänderungsgeschwindigkeiten ermitteln, wodurch sich gleichzeitig die Zone plastischer Formänderungen ergibt (Abb. 3.189 B und C).

3.3.4.3 Spannungszustand

Für die Berechnung der Normalspannungen zum Ende des Gesenkformvorgangs (in diesem Stadium sind die auftretenden Spannungen und Kräfte am größten) nach der Elementaren Plastizitätstheorie werden, je nach Werkstückform, das Streifen-, Scheiben- oder das Röhrenmodell angewendet (Doege 2007; Lippmann 1967). Das Streifenmodell gilt für ebene Gesenkformvorgänge (z. B. das Flach-Längswalzen von Blech, das Schmieden einer Turbinenschaufel), das Scheibenmodell für axialsymmetrische Umformvorgänge (z. B. das Drahtziehen), das

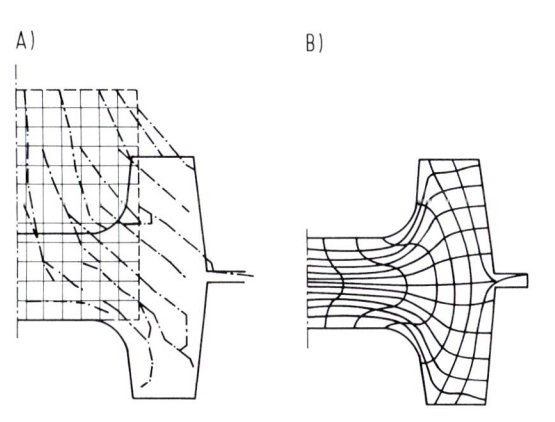

Abb. 3.187: Bahnkurven (A) und Formänderungsverteilung (B), ermittelt aus Modellversuchen (Ahlers-Hestermann 1973)

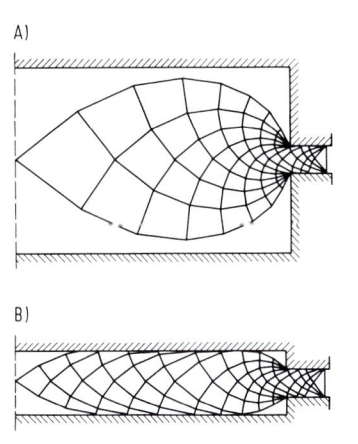

Abb. 3.188: Gleitliniennetze beim Gesenkformen in einer tiefen (A) und einer flachen (B) Gravur (Voelkner 1968)

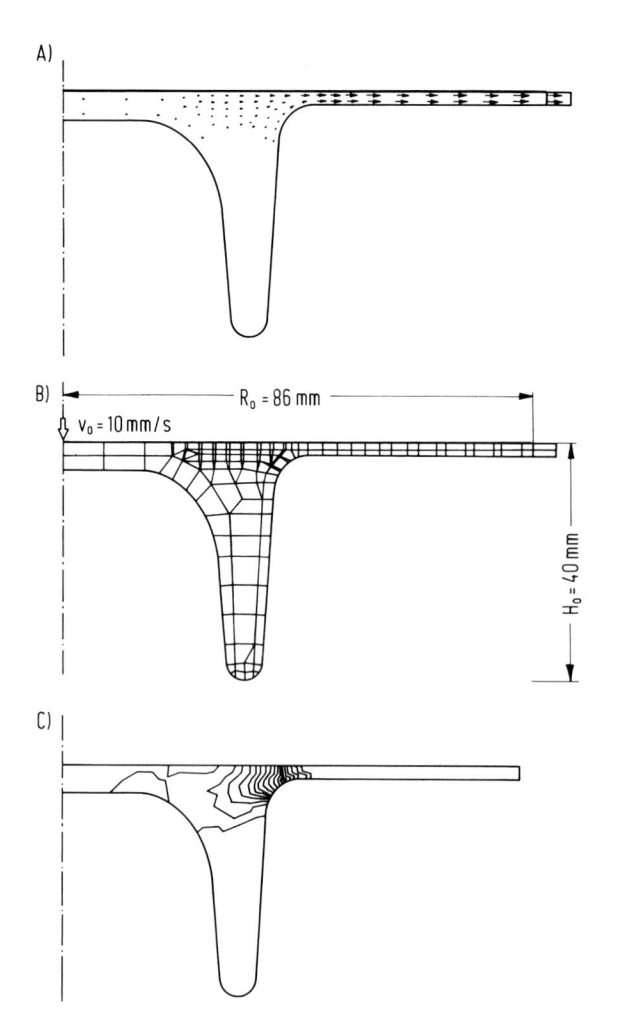

Abb. 3.189: *Geschwindigkeitsfeld A), verformtes Netz B) und Niveaulinien der Vergleichsformänderungsgeschwindigkeit C) beim Gesenkschmieden eines axialsymmetrischen Werkstücks (Erlmann 1980a)*

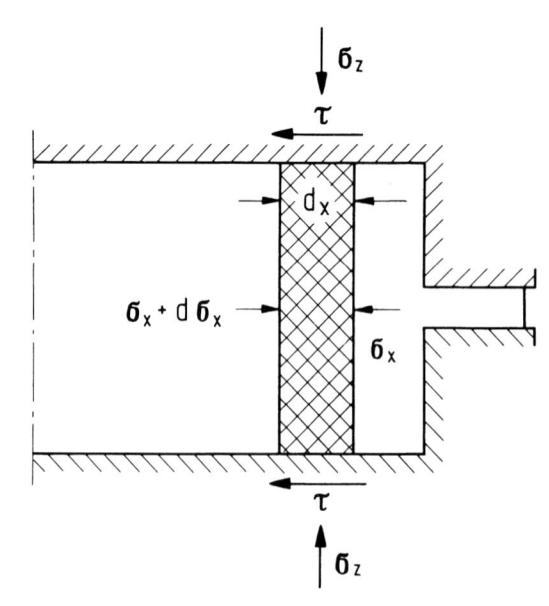

Abb. 3.190: *Elementare Plastizitätstheorie: Spannungen am Streifenelement*

Röhrenmodell für rotationssymmetrische Werkstücke (z.B. den Stauchvorgang kreiszylindrischer Vollproben zwischen ebenen Stauchbahnen). Das Werkstück wird dabei in Streifen, Scheiben bzw. Röhren unterteilt. Die Spannungsrechnung erfolgt dann über Gleichgewichtsbetrachtungen an den einzelnen Streifen-, Scheiben- bzw. Röhrenelementen (Abb. 3.190).

Unterschieden werden muss bei der Berechnung zwischen der Gleitreibung und der Haftreibung. Bei Gleitreibung erfolgt eine Relativbewegung zwischen Werkstoff und Werkzeug, und es kann ein Reibgesetz, z.B. nach Amontons-Coulomb, zugrunde gelegt werden, d.h. die Reibspannung τ in der Gleitfuge wird mit dem Reibungswert μ auf die Normalspannung σ_n bezogen:

$$\tau = \mu \cdot \sigma_n \tag{3.148}$$

Gleichung 3.148 gilt jedoch nur solange, bis die Reibspannung einen kritischen Wert erreicht: die Schubfließgrenze. Nach dem Fließkriterium von Tresca entspricht die maximale Schubspannung τ_{max} der halben Fließspannung k_f:

$$\tau_{max} = \frac{k_f}{2} \tag{3.149}$$

Beim Erreichen dieses Wertes wird Haftreibung angenommen, wobei man sich idealisiert vorstellt, dass das Werkstückmaterial in einer Schicht unterhalb der Oberfläche abschert. Es kann vorkommen, dass sich diese Diskontinuitätsfläche in das Werkstück fortsetzt, sodass nur noch in einem bestimmten Bereich plastische Verformungen stattfinden, in der sogenannten Umformzone. Außerhalb dieser Zone größter Formänderungen wird das Material als starr betrachtet (starre oder tote Zone), d.h. es wird angenommen, dass es sich nicht mehr plastisch verformt (Abb. 3.191). Die Form und Größe der Umformzone ist anzunehmen, wobei verschiedene Formen im Schrifttum Verwendung finden (Zünkler 1965; Storozev 1959; Erlmann 1980a). Ein nach der Elementaren Plastizitätstheorie berechneter Spannungsverlauf über den Querschnitt einer Turbinenschaufel ist in Abbildung 3.192 dargestellt. Beim Gleitlinienverfahren lässt sich das Spannungsfeld aus der Fließbedingung, den Gleichgewichtsbedingungen und den Spannungsrandbedingungen ermitteln. Eine Überprüfung der kinematischen Verträglichkeit des Verschiebungsfeldes ergibt, ob die Lösung zulässig ist (Ismar 1979).

A)

B)

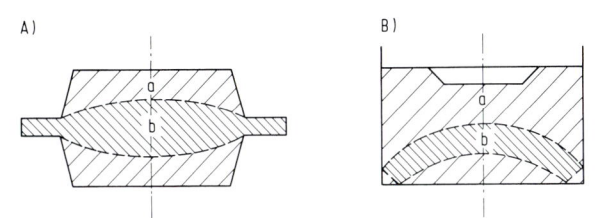

Abb. 3.191: *Umformzone und starre Zone am Ende des Umformvorgangs beim Gesenkschmieden mit Grat (A) und ohne Grat (B); a starre Zone, b Umformzone*

Die FEM liefert die Spannungen aus dem berechneten Geschwindigkeitsfeld mit Hilfe der Fließregel. Interessant für die Werkzeugauslegung sind die Spannungen an der Kontaktfläche Werkstück/Werkzeug, hierzu sind in Abbildung 3.192 die Spannungen in y-Richtung für das Ober- und Untergesenk beim Schmieden einer Turbinenschaufel aufgetragen.

3.3.4.4 Umformkraft

Die Berechnung der Umformkraft beim Gesenkformen zielt meistens auf die Ermittlung der Maximalkraft F_{max}, da diese z. B. bestimmend ist für die Wahl der Umformmaschine.

Die Umformkraft hat beim Gesenkschmieden einen typischen überproportional ansteigenden Verlauf über dem Umformweg. In Abbildung 3.193 ist ein schematischer Kraft-Weg-Verlauf beim Gesenkformen mit Grat dargestellt. Erst gegen Ende der Umformung steigt die Kraft steil an. Dies ist vor allem auf den Widerstand bei der Kantenfüllung der Gravur und auf die Fließbehinderung durch den sich verengenden Gratspalt zurückzuführen. Eine einfache, empirische und in der Praxis häufig angewandte Beziehung zur Berechnung der maximalen Umformkraft F_{max} ist:

$$F_{max} = A_p \cdot k_w \qquad (3.150).$$

A_p ist darin die Projektionsfläche des Schmiedeteils mit der Gratbahn auf die Schließebene; k_w ist als Umformwiderstand definiert. Der Umformwiderstand wird aus dem Quotienten von Fließspannung k_f und Umformwirkungsgrad η_F gebildet:

$$k_w = \frac{k_f}{\eta_F} \qquad (3.151).$$

Der Umformwirkungsgrad η_F wird entweder auf Grund von Erfahrungen oder experimentellen Ergebnissen abgeschätzt. Broder hat aus gemessenen Ergebnissen Umformwirkungsgrade für unterschiedlich kompliziert geformte Schmiedestücke in einem Diagramm zusammengefasst (Abb. 3.194) (Broder 1980). Dargestellt sind die Bereiche der Größe des Umformungswirkungsgrades für das freie Stauchen und Vorformen sowie für das Gesenkformen mit Grat. Je komplexer die Geometrie des Werkstücks ist, desto kleiner ist der Umformwirkungsgrad.

Ein Verfahren, den Wirkungsgrad in Abhängigkeit von den Abmessungen des Schmiedeteils und der Art der Umformung zu ermitteln, ist in Abbildung 3.195 gezeigt. Hierbei steht d_1 für den Durchmesser, h_m für die mittlere Werkstückhöhe, s für die Gratspaltdicke und b Gratspaltbreite. Zuerst wird ein Streckenverhältnis Z berechnet, das beim Stauchen, Vorformen und Gesenkformen ohne Grat von der Werkstückbreite bzw. vom Werkstückdurch-

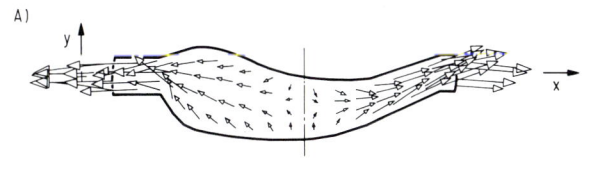

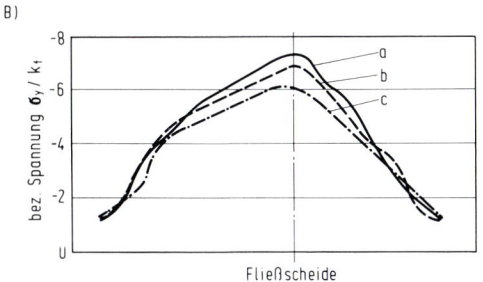

Abb. 3.192: *Schmieden einer Turbinenschaufel (Erlmann 1980b)*
A) Materialfluss, gekennzeichnet durch das Geschwindigkeitsfeld, berechnet mit der FEM
B) Spannungen in Richtung der y-Achse, berechnet mit Hilfe der elementaren Plastizitätstheorie und der FEM
a Obergesenk (FEM), b Untergesenk (FEM),
c Elementare Theorie

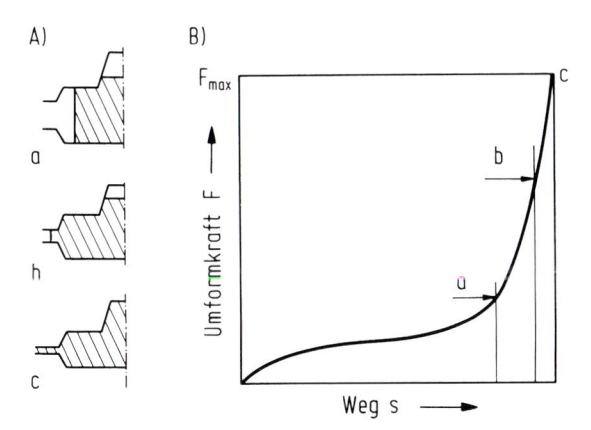

Abb. 3.193: *Schematischer Kraft-Weg-Verlauf beim Gesenkformen mit Grat (Altan 1971)*
A) Prinzip, B) Diagramm
a Stauchen, b Steigen und Gratbildung, c Formfüllung

3.3 Gesenkschmieden

Abb. 3.194: Umformwirkungsgrad η_F für unterschiedlich kompliziert geformte Werkstücke (Broder 1980), gültig für den Werkstückwerkstoff C45, eine Schmiedetemperatur von 1.100 °C und eine Werkzeuggeschwindigkeit von 1 m/s
a Bereich für das Gesenkformen mit Grat,
b Bereich für freies Stauchen und Verformen

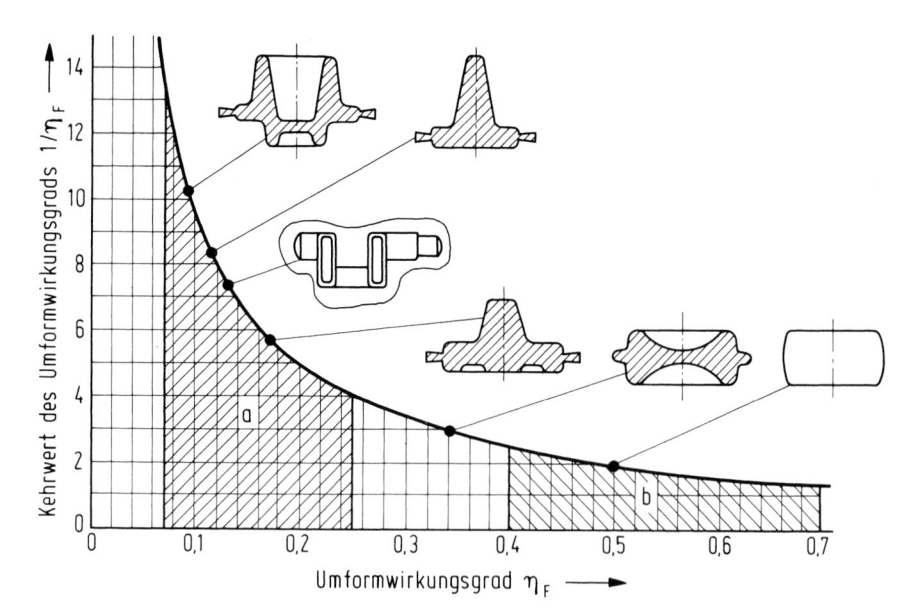

messer bei runden Teilen und der Höhe gebildet wird. Beim Gesenkformen mit Grat entspricht Z dem Gratbahnverhältnis b/s.

Die für die Ermittlung des Umformwiderstands notwendige Fließspannung k_f kann aus Fließkurven abgelesen werden (Abb. 3.196). Ein Katalog von Fließkurven metallischer Werkstoffe wurde von Doege et al. in (Doege 1986) zusammengestellt. Berücksichtigt werden muss die Abhängigkeit der Fließspannung vom Umformgrad, der Formänderungsgeschwindigkeit und der Temperatur.

Der Umformgrad φ für die Höhe h mit der Ausgangshöhe h_0 kann überschlägig wie folgt berechnet wer

$$\varphi_h = \ln \frac{h}{h_0} \tag{3.152}.$$

Die Formänderungsgeschwindigkeit $\dot{\varphi}$ ist die zeitliche Ableitung des Umformgrades φ und somit definiert als:

$$\dot{\varphi} = \frac{d\varphi}{dt} \tag{3.153}.$$

Sie ist bei der Aufnahme von Fließkurven konstant zu halten.

Formelmäßige Zusammenhänge für die Umformkraftermittlung wurden auch mit Hilfe der Elementaren Plastizitätstheorie entwickelt (Storozev 1959; Unksov 1961). Sie beruhen auf sehr vereinfachenden Annahmen; so wird z. B. an der Gratbahn Haftreibung angenommen und die Anwendung der Formel auf tiefe Gravuren beschränkt (Storozev 1959):

$$F_{max} = k_f \cdot \left[\left(1,5 + \frac{b}{2s}\right) \cdot A_p + \left(1,5 + \frac{b}{s} + 0,08 \frac{d_1}{s}\right) \cdot A_G \right] \tag{3.154}.$$

Darin bedeuten:
s Gratspaltdicke,
F_{max} Umformkraft,
A_p Projektionsfläche Werkstück,
k_f Fließspannung,
d_1 Werkstückdurchmesser,
b Gratbahnbreite und
A_G Projektionsfläche Grat.

Der Kraftanteil des Grats wird in Gleichung 3.154 über die Projektionsgratfläche A_G berücksichtigt. Der Anteil

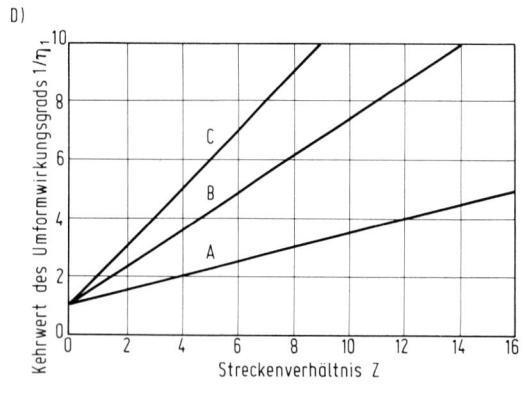

Abb. 3.195: Umformwirkungsgrad η_F für Stauchen und Vorformen (A), Gesenkformen mit Grat (B) und Gesenkformen ohne Grat (C) (Becker 1979)

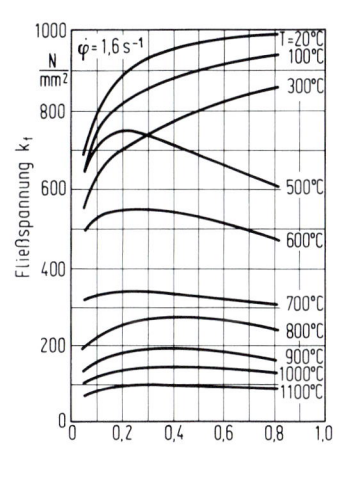

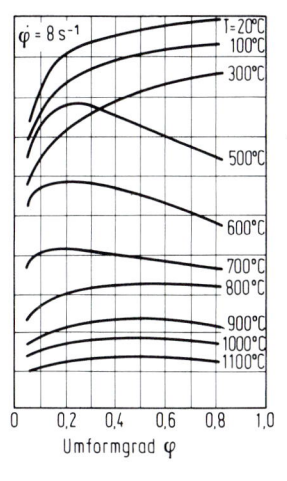

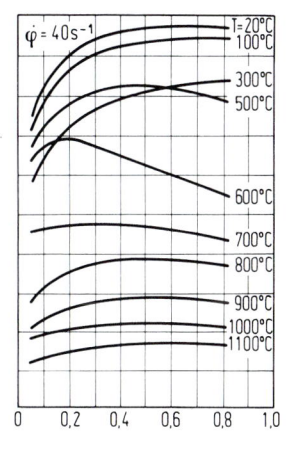

Abb. 3.196: Fließkurven des Werkstoffs C45 (Doege 1986) T Umformtemperatur, $\dot{\varphi}$ Formänderungsgeschwindigkeit

des Schmiedestücks an der Umformkraft wird über die Projektionsfläche des Werkstücks A_p ohne Grat erfasst.

Ein weiterer Weg, die Umformkraft mit Hilfe der Elementaren Theorie zu berechnen, ist die Integration der numerisch gewonnenen Spannungsverteilung (Lippmann 1967). Da bei der Ermittlung der Spannungsverteilung die unterschiedlichen Einflussgrößen auf den Umformvorgang, wie z.B. Gravurgeometrie und Reibungsverhältnisse, besser berücksichtigt werden können als in einer einzigen Kraftgleichung, liefert die Integrationsmethode die genaueren Werte für die Umformkräfte.

Bei der FEM zur Berechnung der Umformung ergeben sich die Formänderungsgeschwindigkeiten durch Ableitung des Geschwindigkeitsfeldes der Lösung. Aus den Formänderungsgeschwindigkeiten lassen sich mit Hilfe der Fließregel die Spannungen berechnen. Zur Ermittlung der Umformkraft ist es nun nicht notwendig, die Spannungen längs der Berandung zu integrieren, sondern es werden die qualitativ besseren Knotenkräfte verwendet, die sich direkt aus den zugrunde liegenden Gleichungssystemen bestimmen lassen. Aus der Summe der Knotenkräfte in Richtung der Werkzeugbewegung ergibt sich die Umformkraft.

3.3.4.5 Umformarbeit

Die Umformarbeit W ergibt sich aus der Integration des Kraft-Weg-Verlaufs (Abb. 3.188):

$$W = \int F \cdot dh \qquad (3.155).$$

Ein häufig verwendeter empirischer Ansatz zur Bestimmung der Umformarbeit W lautet (Broder 1980):

$$W = F_m \cdot h_1 \qquad (3.156)$$

mit h_1 als Umformweg (gerechnet vom Aufsetzen des Oberwerkzeugs auf das Werkstück bis zum unteren Umkehrpunkt).

F_m ist die mittlere Kraft, für sie gilt:

$$F_m = \frac{1}{h_1} \int_0^{h_1} F \cdot dh \qquad (3.157).$$

Ist die Maximalkraft F_{max} bekannt, kann die mittlere Kraft nach den in Abbildung 3.197 dargestellten Richtwerten abgeschätzt werden.

Eine Möglichkeit zur Berechnung der Umformarbeit mit Hilfe der FEM ergibt sich aus der Herleitung dieses Verfahrens auf der Grundlage von Leistungsformulierungen. Zur gesamten Umformarbeit W kommt man durch Integrieren und Summieren der in jedem Zeitschritt der Umformung erbrachten Umformleistung P:

$$W = \int P \cdot dt = \sum_{i=1}^{n} P_i \cdot \Delta t \qquad (3.158).$$

Gleichung 3.158 zeigt die Arbeitsermittlung als Summenbildung aus den Leistungsanteilen P_i der jeweiligen Zeitschritte Δt, in die der Umformvorgang unterteilt wird.

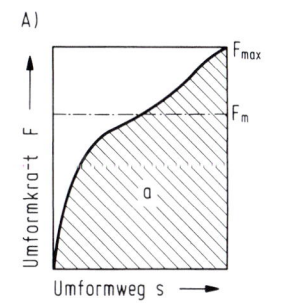

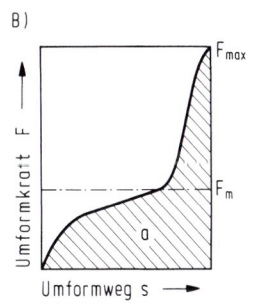

Abb. 3.197: Umformarbeit W und mittlere Umformkraft F_m beim Stauchen und Vorformen
A) mit $0{,}12 \leq F_m \leq 0{,}71$ (je nach Umformgrad) und beim Endformen
B) mit $0{,}11 \leq F_m \leq 0{,}36$ (je nach Umformgrad)

3.3.4.6 Werkstücktemperatur

Die Kenntnis der Werkstücktemperatur ist wichtig für die Ermittlung des Fließspannungswertes, der das Werkstoffverhalten im plastischen Bereich beschreibt und neben der Temperatur vom Umformgrad und von der Formänderungsgeschwindigkeit abhängig ist.

Für eine überschlägige Temperaturberechnung kann man sich die Werkstücktemperatur T_w in der durch den Wärmeübergang an das Werkzeug beeinflussten Zone aus zwei Anteilen zusammengesetzt vorstellen: Die Temperatur T_A stellt sich infolge der Abkühlung des Werkstücks bei Kontakt mit dem Werkzeug ein; die Temperaturerhöhung ΔT_E berücksichtigt den Anteil der in Wärme umgesetzten Umformenergie (Altan 1969):

$$T_w = T_A + \Delta T_E \qquad (3.159)$$

mit

$$T_A = T_G + (T_0 - T_G) \cdot exp\frac{\alpha \cdot t_b}{c \cdot \rho \cdot h} \qquad (3.160)$$

und

$$\Delta T_B = \frac{k_{fm} \cdot \varphi}{c \cdot \rho} \qquad (3.161).$$

Darin bedeuten:
- α Wärmeübergangszahl zwischen Werkstück und Werkzeug,
- c mittlere spezifische Wärmekapazität,
- ρ Dichte,
- k_{fm} mittlere Fließspannung,
- φ Umformgrad,
- t_b Druckberührzeit,
- T_G Gravurtemperatur,
- T_0 Schmiedeanfangstemperatur des Rohteils und
- h Werkstückhöhe.

Bei einer genaueren Temperaturrechnung ist zu beachten, dass in einem Schmiedeteil ein instationäres Temperaturfeld vorliegt, d. h. die Temperatur des Werkstücks ist vor dem Schmieden, während der Umformung und nach dem Umformvorgang weder zeitlich noch örtlich konstant. Als Gründe dafür kommen neben den oben genannten Abkühlungs- und Aufheizeffekten noch die ungleichmäßige Erwärmung des Rohteils im Ofen, die Wärmeverluste durch Strahlung sowie die Aufheizung durch Umwandlung der Reibarbeit in Wärme in Betracht.

Die für die Werkstoffflussberechnung und Spannungsermittlung notwendige Temperaturverteilung im Werkstück (und auch im Werkzeug) lässt sich ebenfalls mit der FEM berechnen (Abb. 3.198). Bekannt sein müssen dabei die temperaturabhängigen Stoffwerte (Wärmeleitfähigkeit, Wärmekapazität), die Umgebungstemperaturen, die Wärmeübergangszahlen und die Dichte.

Eine vollständige numerische Berechnung des Temperaturfeldes sollte die im vorhergehenden Abschnitt genannten Vorgänge berücksichtigen. Zerlegt man die kontinuierlich und gleichzeitig ablaufenden Vorgänge der Wärmeleitung und Wärmeentwicklung gedanklich in diskrete Zeitabschnitte, so lässt sich für jeden dieser Zeitabschnitte die Temperatur berechnen (Altan 1967). In Abbildung 3.199 ist beispielhaft die Temperaturverteilung im Werkstück vor und nach der Umformung dargestellt, dazu im Vergleich der im Modellversuch ermittelte Werkstofffluss.

Abb. 3.198: *Temperaturverteilung im Werkstück und Werkzeug, berechnet mit Hilfe der FEM*

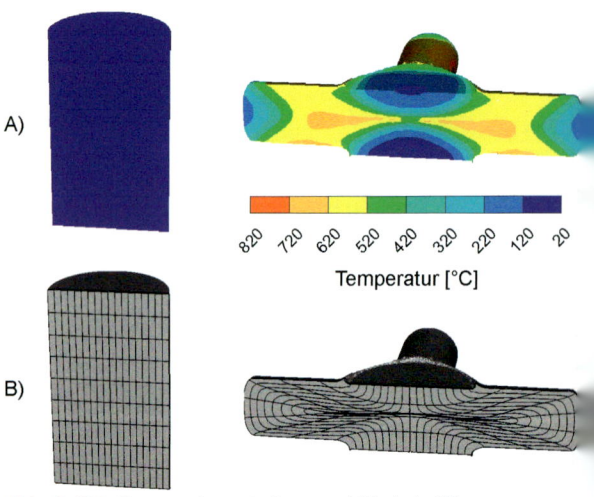

Abb. 3.199: *Temperaturverteilung und Werkstofffluss, berechnet mit Hilfe der FEM*
A) Temperaturverteilung, B) Werkstofffluss

3.3.5 Werkstoffe für das Gesenkschmieden

3.3.5.1 Werkstoffarten

Für Gesenkschmiedestücke kommen unlegierte, niedriglegierte und hochlegierte Stähle, Aluminium, Magnesium, Kupfer, Nickel, Titan bzw. deren Legierungen sowie in Sonderfällen Molybdän, Wolfram, Niob, Tantal und ihre Legierungen als Einsatzwerkstoffe zur Anwendung.

Der wichtigste Werkstoff für Gesenkschmiedestücke ist Stahl. Hier ist eine Vielfalt von genormten Stahlsorten mit unterschiedlichen Eigenschaften verfügbar. Diese Eigenschaften lassen sich gezielt durch Umformung, Wärmebehandlung und Oberflächennachbehandlung (z. B. Rollen, Strahlen) beeinflussen und den unterschiedlichsten Anforderungen anpassen.

Nach dem jeweiligen Verwendungszweck werden folgende Stähle verarbeitet:

- unlegierte Baustähle nach DIN EN 100222-1 und DIN EN 10250-1/-2,
- Vergütungsstähle nach DIN EN 10083-1/-2/-3,
- Einsatzstähle nach DIN EN 10084,
- Nitrierstähle nach DIN EN 10085,
- Stähle für Flamm- und Induktionshärten DIN EN 10083-1/-2/-3,
- Wälzlagerstähle nach DIN EN ISO 683-17,
- warmfeste Stähle nach DIN EN 269 und DIN 10222-1/-2,
- kaltzähe Stähle nach DIN EN 10269 und DIN EN 10222-1/-2/-3,
- nichtrostende Stähle nach DIN EN 10222-5 und DIN EN 10250-1/-4 sowie
- AFP-Stähle nach DIN EN 10267.

Eine Auswahl von Stahlwerkstoffen für Gesenkformteile sowie einige Anwendungsbeispiele sind in Tabelle 3.16 zusammengestellt (N.N. 1965).

Die Verwendung von Nichteisenmetallen hat gemessen an der von Stahl einen wesentlich geringeren Umfang. Die Bedingungen, unter denen die Umformung der Nichteisenmetalle erfolgt, unterscheiden sich von denen bei der Umformung von Stahl u. a. durch die Größe der Umformwiderstände und die Höhe der Umformtemperaturen.

Rein-Aluminium wird bei solchen Gesenkschmiedestücken eingesetzt, bei denen eine hohe Korrosionsbeständigkeit gefordert ist. Aushärtbare Aluminium-Knetlegierungen werden vorwiegend dort verwendet, wo ein niedriges Bauteilgewicht bei hoher Dauerbeanspruchung erwünscht ist, so z. B. im Flug- und Fahrzeugbau sowie bei dynamisch hoch beanspruchten Maschinenbauteilen. Magnesium wird nicht in reiner Form sondern als Legierung meist in Verbindung mit Aluminium und Zink eingesetzt. Magnesiumlegierungen besitzen eine geringere Korrosionsbeständigkeit als Aluminiumlegierungen. Verwendet werden Magnesiumlegierungen im Flug- und Fahrzeugbau.

Gesenkformteile aus Kupfer und Messing werden vorwiegend im Armaturenbau, in der Elektrotechnik, im Fahrzeugbau und in der Feinmechanik verwendet. Sie sind korrosionsbeständig und besitzen gute elektrische Eigenschaften (Bovet 1970).

Sonderlegierungen auf der Basis von Nickel und Kobalt zeichnen sich durch sehr hohe Warmfestigkeiten aus. Eingesetzt werden diese Legierungen bei der Fertigung von Turbinenschaufeln und -scheiben.

Titan und Titanlegierungen weisen das günstigste Verhältnis von Festigkeit zu Dichte aller Konstruktionswerkstoffe und eine hohe Korrosionsbeständigkeit auf (Zwicker 1974). Wegen des hohen Preises ist die Verwendung weitgehend auf die Luft- und Raumfahrt sowie auf einige Fälle im Fahrzeugbau und in der chemischen Industrie beschränkt.

3.3.5.2 Umformverhalten

Das Umformverhalten metallischer Werkstoffe ist abhängig von der Temperatur, dem Umformgrad, der Umformgeschwindigkeit, die die Fließspannung beeinflussen, und dem Umformvermögen. Ein Vergleich der grundsätzlichen Schmiedbarkeit verschiedener Werkstoffgruppen hinsichtlich Umformvermögen und Kraftbedarf ist in Abbildung 3.200 dargestellt. Einfach umzuformen sind Baustähle, problematisch dagegen sind Nickel- und Kobaltlegierungen (Sabroff 1968).

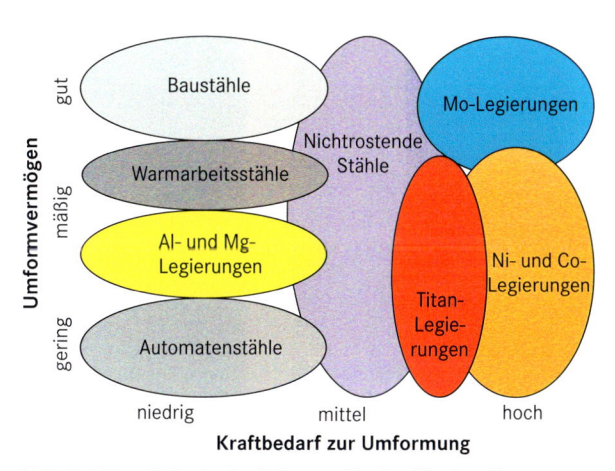

Abb. 3.200: *Schmiedbarkeit metallischer Werkstoffe (nach Voigtländer 1976)*

3.3 Gesenkschmieden

Tab. 3.16: *Auswahl einiger Stahl-Werkstoffe für Gesenkschmiedestücke*

	Stahlsorte		Zugfestigkeit	Streck-grenze	Bruch-dehnung ($L_0=5d_0$)	Anwendungsbeispiele
	Kurzname	Werkstoff-nummer	[N/mm²]	[N/mm²]	%	
allg. Baustahl nach DIN EN 10222-1	P195TR2	1.0108	330 bis 410[1]	205[2]	28[3]	Bolzen, Ringe, Flansche
	S235J0	1.0114	360 bis 440[1]	235[2]	25[3]	Hebel, Flansche, Naben
	M340-50E	1.0841	510 bis 610[1]	355[2]	22[3]	Kolben, Ankersteg, Auslegerkopf
Vergütungsstahl nach DIN EN 10083-1/-2/-3	C35	1.0501	620 bis 770[2]	420[2]	17[2]	Lagerdeckel, Radnaben, Schaltgabel
	C45	1.0503	700 bis 850[2]	480[2]	14[2]	Nockenwelle, Kurbelwellen
	C60	1.0601	830 bis 980[2]	570[2]	11[2]	Achsen, Kupplungsräder
	C35E	1.1181	620 bis 770[2]	420[2]	17[2]	Verwendung wie bei C35
	41Cr4	1.7035	980 bis 1.180[2]	785[2]	11[2]	Antriebswellen, Spurhebel, Achsschenkel
	25CrMo4	1.7218	880 bis 1.080[2]	685[2]	12[2]	Ausgleichsgehäuse, Achsschenkel
	42CrMo4	1.7227	1.080 bis 1.280[2]	885[2]	10[2]	Naben, Keilwellen, Lenkhebel
	34CrNiMo6	1.6582	1.180 bis 1.380[2]	980[2]	9[2]	Kurbelwellen
	51CrV4	1.8159	1.080 bis 1.280[2]	885[2]	9[2]	Laufräder, Lenkhebel, Achsschenkel
Einsatzstahl nach DIN EN 10084	C15	1.0401	590 bis 790[4]	355[4]	14[4]	Zapfen, Hebel, Laufrollen
	Ck15	1.1141	590 bis 790[4]	355[4]	14[4]	Verwendung bei C15
	16MnCr5	1.7131	780 bis 1.080[4]	590[4]	10[4]	Zahnräder, Kettenfuß, Lenkwellen
	20MnCr5	1.7147	980 bis 1.080[4]	685[4]	8[4]	Getriebeteile, Wellen
	20MoCr4	1.7321	780 bis 1.080[4]	590[4]	10[4]	Getriebeteile
	15CrNi6	1.5919	880 bis 1.180[4]	635[4]	9[4]	Kettenräder, Zahnräder
	18CrNiMo7-6	1.6587	1.080 bis 1.330[4]	785[4]	8[4]	Hochbelastete Getriebeteile

[1] Die Werte gelten für Erzeugnisse bis 100 mm Durchmesser
[2] Die Werte gelten für Proben bis 16 mm Durchmesser
[3] Die Werte gelten für Längsproben an Erzeugnissen bis 100 mm Durchmesser
[4] Die Werte gelten für Proben von 30 mm Durchmesser, blindgehärtet

Eine wesentliche Einflussgröße auf das Umformverhalten metallischer Werkstoffe ist die Temperatur. Mit steigender Umformtemperatur wird das Umformverhalten günstiger. Die obere Grenze wird dabei durch die Solidustemperatur (Temperatur, bei der der Werkstoff zu schmelzen beginnt), durch Phasenumwandlungen oder chemische Reaktionen (z. B. Entkohlungsvorgänge oder Korngrenzenoxidationen) sowie Grobkornbildung bestimmt (Lang 1977). Die untere Temperaturgrenze für das Schmieden ergibt sich durch die Rekristallisationstemperatur ode

3.3.5 Werkstoffe für das Gesenkschmieden

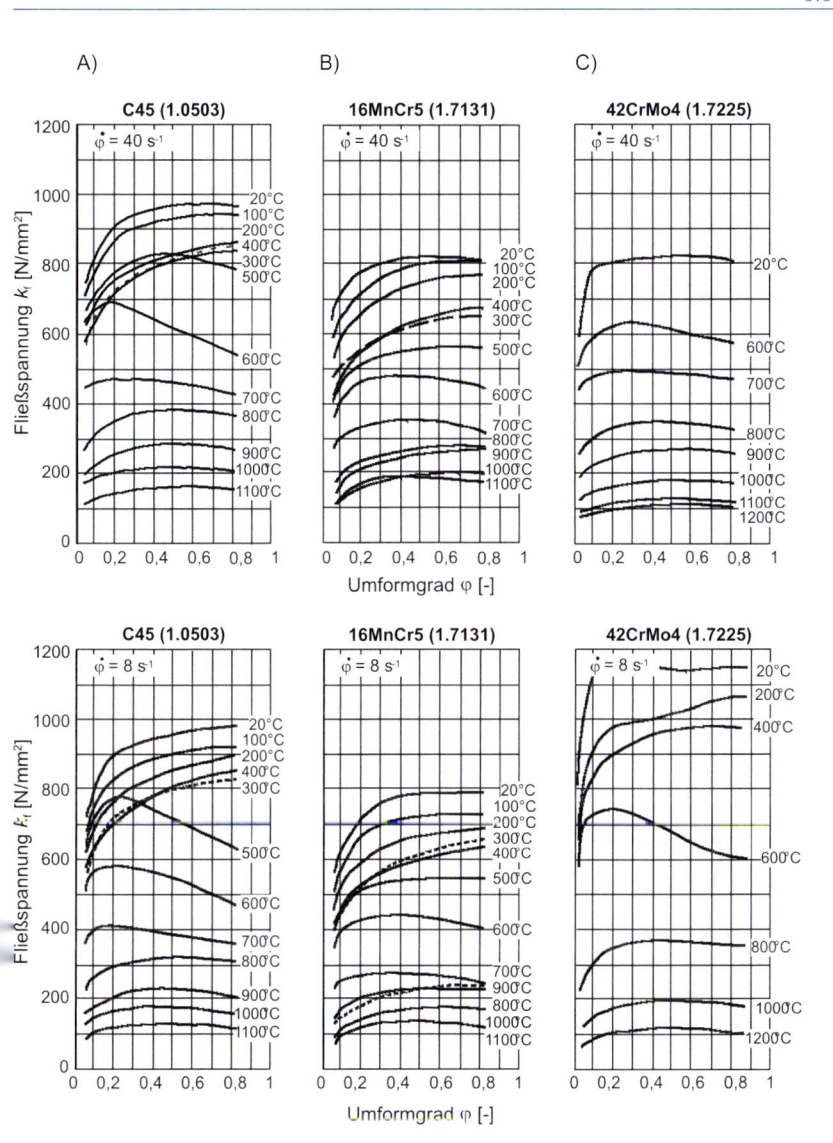

Abb. 3.201: Fließkurven von drei typischen Schmiedestählen für übliche Umformgeschwindigkeiten (Doege 1986)
A) C45 (Werkstoff-Nr. 1.0503),
B) 16MnCr5 (Werkstoff-Nr. 1.7131),
C) 42CrMo4 (Werkstoff-Nr. 1.7225)

durch die mit abnehmender Temperatur stark ansteigende Fließspannung sowie durch Phasenumwandlungen (z. B. α-γ-Umwandlung bei Stahl für eine Wärmebehandlung aus der Schmiedewärme). In Abbildung 3.201 sind die Fließkurven von drei Schmiedestählen für typische Umformgeschwindigkeiten und unterschiedliche Umformtemperaturen zusammengefasst dargestellt. Deutlich wird jeweils der starke Abfall der Fließspannungswerte bei Zunahme der Umformtemperaturen, was auf eine leichtere Umformbarkeit des Werkstoffs schließen lässt.

3.3.6 Gesenkschmieden mit Grat

Das Gesenkschmieden mit Grat bezeichnet das Umformen eines Rohteils in Werkzeugen, deren eingearbeitete Gravur die gewünschte Form des Werkstücks abbildet, wobei überschüssiges Material aus der Gravur in den Gratspalt abfließt. Am Beispiel des Gesenkschmiedens mit Grat sollen Art und Ablauf der verschiedenen Arbeitsgänge beim Gesenkschmieden deutlich gemacht werden. Neben dem Umformen werden in den Arbeitsablauf noch verschiedene andere Fertigungsverfahren mit einbezogen. Der gesamte Fertigungsablauf lässt sich einteilen in Trennen, Wärmen, Umformen, Wärmebehandeln und Oberflächennachbehandeln.

3.3.6.1 Trennen

Als Halbzeug für das Gesenkschmieden werden Knüppel, Stangen, Brammen und Bänder verwendet. Die Rohteilherstellung erfolgt zumeist durch Abtrennen vom Halbzeug (eine Ausnahme bildet z. B. das Schmieden von der Stange). Die gebräuchlichsten Trennverfahren von Halbzeug sind Scheren und Sägen (Haas 1964).

3.3.6.1.1 Scheren

Beim Scheren bewegen sich zwei Messer aneinander vorbei und trennen dadurch den Werkstoff (Abb. 3.202). Vorteile des Scherens sind hohe Mengenleistungen pro Zeiteinheit sowie das Trennen ohne Werkstoffverlust (üblich sind Stückzahlen n = 60 min⁻¹). Nachteilig bei diesem Verfahren ist, dass die Scherflächen uneben sind und dass zusätzlich Oberflächenfehler in der Scherfläche auftreten können.

Die Scherwerkzeuge lassen sich grundsätzlich in zwei Typen einteilen: geschlossene und offene Messer (Abb. 3.203). Beim geschlossenen Messer ist die Querschnittsform des Stabes in das Messer eingearbeitet und der Querschnitt wird beim Scheren voll umschlossen, wodurch eine stützende Wirkung auf die Mantelflächen des Stabes und des Abschnitts ausgeübt wird. Für geschlossene Messer sind konstante Querschnittsabmessungen erforderlich. Da Knüppelmaterial nicht genormt ist und deshalb mit großen Querschnittstoleranzen hergestellt wird, werden hier in der Praxis vorwiegend offene Messer eingesetzt.

Um Scherverformungen möglichst gering zu halten, wird die Messerform dem Querschnitt des Halbzeugs angepasst (Abb. 3.204). Rundquerschnitte werden mit Rundkantenmessern, Vierkantquerschnitte mit Spitz- oder Flachkantmessern getrennt.

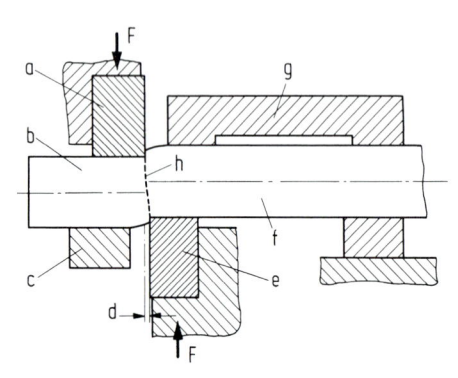

Abb. 3.202: *Scheren von Stangen und Knüppeln (Scheuermann 1974)*
a Abschnittmesser, b Abschnitt, c Abschnittshalter, d Schneidspalt, e Stangenmesser, f Stangenrest, g Stangenhalter, h Rissverlauf

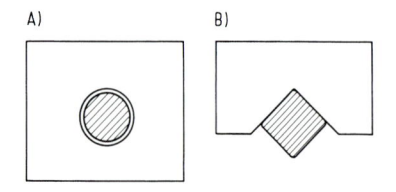

Abb. 3.203: *Schematische Darstellung der Messertypen*
A) geschlossenes Messer, B) offenes Messer

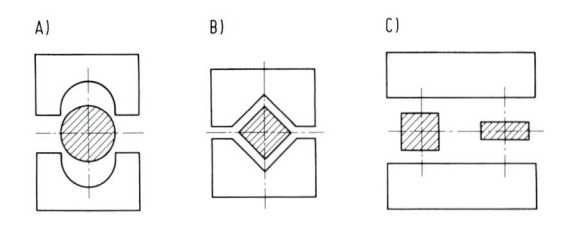

Abb. 3.204: *Formen von offenen Messern*
A) Rundkantmesser, B) Spitzkantmesser, C) Flachkantmesser

Für einen einwandfreien Schervorgang ist die Wahl des Schneidspalts von großer Bedeutung. Bei kleinen Schneidspalten bilden sich Werkstoffzungen oder Querbruchflächen. Zu große Schneidspalte haben rauhe Oberflächen, Ausbrüche oder Bartbildungen zur Folge (Zabel 1964).

Durch Scheren lassen sich Rohteile von Stählen mittleren Kohlenstoffgehalts mit Längen/Durchmesser-Verhältnissen $l/d > 0,6$ bis $0,7$ bei Flachkantenmessern und $l/d > 0,3$ bis $0,4$ bei Spitzkantenmessern herstellen (die maximale Kantenlänge bzw. der größte Durchmesser liegt bei etwa 150 mm (N.N. 2008)). Der zu trennende Werkstoff darf keine zu großen Zähigkeiten besitzen, damit zu hohe Verformungen des Abschnitts vermieden werden. Er darf aber auch nicht zu spröde sein, um Rissbildungen in der Scherfläche zu vermeiden.

Für die Auslegung einer Knüppelschere lässt sich die notwendige Scherkraft F_s näherungsweise in Abhängigkeit der Querschnittsfläche A und der Scherfestigkeit τ_s bestimmen:

$$F_s = A \cdot \tau_s \tag{3.162}$$

Die Scherfestigkeit τ_s lässt sich näherungsweise über die Zugfestigkeit R_m des zu scherenden Werkstoffs ermitteln:

$$\tau_s = 0,7 \ldots 0,8 \cdot R_m \tag{3.163}$$

Zur Reduzierung der Scherkräfte kann das Scheren der Abschnitte auch vom bereits erwärmten Halbzeug erfolgen. Das sogenannte Warmscheren ist unabhängig von der Werkstoffhärte und eignet sich auf Grund des vereinfachten Halbzeughandlings insbesondere für die Integration in schnelllaufende automatisierte Schmiedeprozesse (N.N. 2008).

3.3.6.1.2 Sägen

Für das Sägen werden Kreissägemaschinen und schnelllaufende Bügelsägen verwendet. Kreissägen arbeiten je nach Sägeblattdurchmesser mit Schnittbreiten von 6 bis 10 mm. Die Schnittverluste bei Bügelsägen sind wegen der geringeren Sägeblattdicken geringer.

Vorteile des Sägens sind die Herstellung von maßhalti

gen Abschnitten mit ebenen und rissfreien Trennflächen. Als Nachteile sind der Werkstoffverlust durch den Sägeschnitt, die verhältnismäßig geringe Schnittleistung und hohe Werkzeugkosten zu nennen.

Durch Sägen müssen z. B. Rohteile aus spröden und aus sehr weichen Werkstoffen getrennt werden, ebenso Teile mit großen Querschnitten sowie kleinen Längen/Durchmesser-Verhältnissen.

3.3.6.2 Wärmen

Mit der Erwärmung der Rohteile auf hohe Temperaturen werden eine Verringerung der Fließspannung und eine Verbesserung der Umformbarkeit bzw. des Formänderungsvermögens erreicht. Die Qualität und Wirtschaftlichkeit des Gesenkschmiedeverfahrens hängt auch vom Wärmvorgang ab (Stepanek 1973).

Anforderungen an ein wirtschaftliches Wärmverfahren sind:

- eine gleichbleibende Temperatur von Teil zu Teil und gleichmäßige Temperaturverteilung im Rohteil,
- eine geringe Zunderbildung und Entkohlung des Rohteils,
- geringe Umweltbelastungen durch Wärme oder Lärm sowie
- niedrige Wärmkosten.

Als Energieträger für Wärmeinrichtungen werden Gas, Öl und Strom verwendet. Die für das Gesenkschmieden gebräuchlichsten Wärmeinrichtungen lassen sich wie folgt klassifizieren:

- Öfen
  - Standöfen: Einkammeröfen, Zweikammeröfen
  - Durchlauföfen: Stoßöfen, Drehherdöfen
- Erwärmungsanlagen
  - Induktive Wärmanlagen
  - Konduktive Wärmanlagen

3.3.6.2.1 Öfen

Der Einkammerofen gehört zu den einfachsten Ofenbauarten. Die Rohteile werden hier durch die gleiche Öffnung hineingegeben und entnommen. Einkammeröfen werden vorwiegend für das partielle Erwärmen von Stäben (Schmieden von der Stange) eingesetzt.

Um Warmpausen zu vermeiden, also um eine bessere Auslastung der Umformmaschinen zu erreichen, werden Doppelkammeröfen eingesetzt. Jede der beiden Kammern kann getrennt beschickt und beheizt werden (Brunklaus 1962). Sie sind so ausgelegt, dass das Erwärmen des Inhalts der einen Kammer genauso lange dauert wie das Leerziehen der anderen. Ein Nachteil dieser Ofenbauart besteht darin, dass das Warmgut zum Teil über die notwendige Zeit hinaus im Ofenraum liegt, sodass sich der Abbrand erhöht (Lange 1977).

Ein taktmäßiger Ablauf und relativ gleichmäßige Endtemperaturen sind mit Durchlauföfen zu erreichen. In Stoßöfen werden die Rohteile, zumeist Knüppelabschnitte, durchgestoßen und durch eine Ausfallöffnung über ein Transportband automatisch zur Weiterverarbeitung befördert. Für den taktmäßigen Durchstoß werden mechanische, pneumatische oder hydraulische Stoßeinrichtungen eingesetzt.

Bei Drehherdöfen bewegt sich das Gut auf einem ring- oder scheibenförmigen Herd liegend um eine vertikale Achse. Hieraus ergeben sich folgende Vorteile gegenüber einem Stoßofen.

- Teilehandling: Eingabe- und Entnahmeort können an eine Stelle gelegt werden.
- Roh- bzw. Bauteilgeometrie: Es gibt nahezu keine Einschränkungen bezüglich der transportierbaren Roh- bzw. Bauteilgeometrien.
- Rüstzeiten und Schichtwechsel: Der Ofen ist zum Rüsten oder bei Schichtschluss leicht zu entleeren.

3.3.6.2.2 Erwärmungsanlagen

Bei den Erwärmungsanlagen entsteht die Wärme im Werkstück selbst. Sie sind nur für elektrisch leitende Stoffe anwendbar. Induktive Wärmanlagen erzeugen die Wärme infolge magnetischer Induktionen durch Wirbelstrombildung im Körper (Abb. 3.205). Das Werkstück kann als kurzgeschlossene Sekundärwicklung eines Transformators angesehen werden; die Primärseite ist die Induktionsspule bzw. der Induktor. Durch den Induktor fließt ein Wechselstrom, der über das sich auf- und abbauende magnetische Feld im Werkstück eine Wechselspannung erzeugt. Da die Sekundärseite praktisch kurzgeschlossen ist, entstehen hier Wirbelströme, die bei ausreichender Stärke das Werkstück in kurzer Zeit erwärmen. Bedingt durch den Skin-Effekt ist die Eindringtiefe δ des induzier-

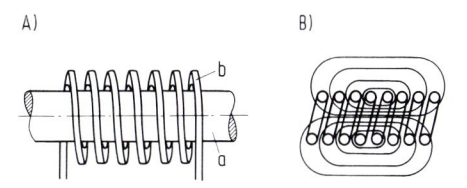

Abb. 3.205: *Erwärmung durch Induktion*
A) Schema, B) Magnetfeld in einer Induktionsspule
a Werkstück, b Induktionsspule

ten Stroms begrenzt und kann nach folgender Formel berechnet werden:

$$\delta = \sqrt{\frac{\rho}{\pi \cdot f \cdot \mu}} \quad (3.164).$$

Darin bedeuten
- ρ Dichte,
- π Kreiszahl,
- f Frequenz und
- μ Permeabilität.

Da beim induktiven Heizen die Wärme bedingt durch den Skin-Effekt in der Oberflächenschicht des Werkstücks entsteht, wird der Kern hauptsächlich durch Wärmeleitung erwärmt und ist deshalb etwas kälter als die Randzone. Induktionsanlagen arbeiten mit Netzfrequenzen von 50 Hz, mit Mittelfrequenzen von 500 bis 10.000 Hz oder mit Hochfrequenzen von 450 kHz bis 1 MHz. Hierbei gilt je größer der Rohteilquerschnitt, umso niedriger die Frequenz.

Bei der konduktiven Erwärmung (elektrische Widerstandserwärmung) wird das Rohteil direkt als Widerstand in den Sekundärstromkreis eines feinstufig regelbaren Transformators geschaltet (Abb. 3.206). Im Sekundärstromkreis fließt dabei ein Strom von etwa 10.000 A bei Spannungen von 2 bis 6 V. Auf Grund der Wärmeverluste durch Strahlung und Konvektion bei hohen Temperaturen ist die Oberfläche des Werkstücks kälter als der Kern. Die Wärmzeit ist bei entsprechender Energiezuführung sehr kurz. Konduktive Anlagen sind auf das Wärmen von Stäben mit gleichbleibenden Querschnitten und Längen/Durchmesser-Verhältnissen $l/b > 2,5$ beschränkt. Zu kurze Teile erreichen wegen der Wärmeabgabe an den kalten Elektroden keine gleichmäßigen Temperaturen.

3.3.6.2.3 Verzunderung

Wird Stahl unter normalen Bedingungen (in einer oxidierenden Atmosphäre) erwärmt, bildet sich auf der Oberfläche eine Oxidschicht, sogenannter Zunder (Abb. 3.207). Die Zunderbildung ist meist unerwünscht, da sie die folgenden Nachteile aufweist.

- Die Entfernung des Zunders verursacht zusätzliche Kosten.
- Die Zunderbildung bedingt Stoffverluste.
- Das Eindrücken des Zunders kann beim Gesenkformen zu Oberflächenmarkierungen auf dem Werkstück führen.
- Zunder verstärkt wegen seiner großen Härte den Verschleiß der Umformwerkzeuge.

Der Zunder kann aus mehreren Schichten bestehen. So bildet beispielsweise Eisen bei Temperaturen über 570 °C an Luft drei Oxidschichten von innen nach außen:

- FeO - Eisenoxidul (Wüstit),
- Fe_3O_4 (Magnetit) und
- Fe_2O_3 - Eisenoxid (Hämatit).

Durch Zulegieren geeigneter Legierungselemete kann die Zunderbildung eines Stahls beeinflusst werden. Bildet z. B. ein Legierungselement mit geringer Diffusionsfähigkeit in der FeO-Schicht eine Mischkristallhülle, die das Diffundieren der Eisenionen verhindert, wird die Zunderneigung des Stahls verringert (z. B. X10CrAl24).

Der Zunder, der beim Wärmen eines Werkstücks entsteht, wird als Primärzunder bezeichnet; er wird vor dem Umformen entfernt. Während des Gesenkformens und beim Abkühlen bildet sich in geringerem Maße eine neue Oxidschicht, der dünne, festhaftende Sekundärzunder. Das Ausmaß der Zunderbildung hängt von der Wärmzeit der das Wärmgut umgebenden Atmosphäre, der Temperatur sowie dem Werkstückwerkstoff ab. Als Maßnahmen zur Reduzierung bzw. Vermeidung der Zunderbildung bieten sich folgende Möglichkeiten an.

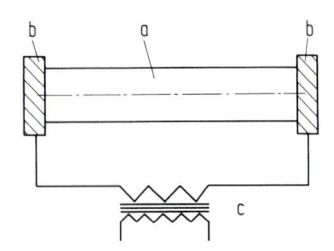

Abb. 3.206: *Prinzip der konduktiven Erwärmung*
a Werkstück, b Elektrode, c Transformator

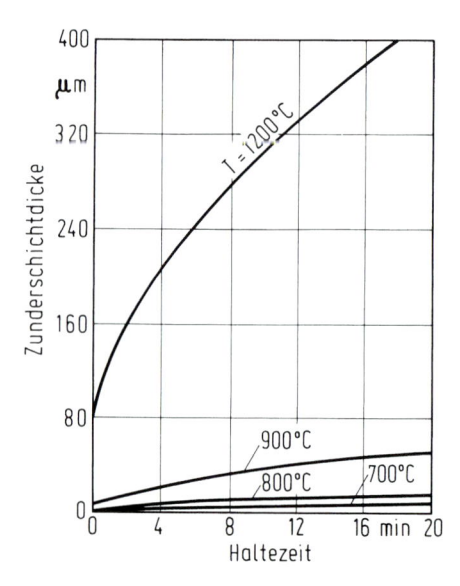

Abb. 3.207: *Zunderbildung bei Ck15 in Abhängigkeit von der Haltezeit und der Temperatur (Hirschvogel 1977)*

- Verkürzung der Wärmzeit: Durch Einsatz induktiver oder konduktiver Erwärmungsanlagen lässt sich die Zunderbildung deutlich reduzieren.
- Wärmen in schützender Atmosphäre: Durch Verwendung von Schutz- oder Inertgasen lässt sich die Zunderbildung fast vollständig verhindern.
- Niedrige Umformtemperaturen: Abbildung 3.207 zeigt, dass beim Werkstoff Ck15 unterhalb von 800 °C kaum Verzunderung auftritt. Die Zunderschichtdicken verhalten sich bei 700, 900 und 1200 °C – gleiche Erwärmungsart vorausgesetzt – wie etwa 1:5:50 (Lindner 1966).
- Aufbringen von Schutzüberzügen: Durch Schutzüberzüge auf dem Wärmgut wird eine Oxidation des Werkstücks während des Wärmens und der Umformung verhindert. Als Schutzüberzüge können z. B. Stoffe auf Siliziumbasis eingesetzt werden (Meyer 1971).

3.3.6.2.4 Randentkohlung

Neben der Verzunderung tritt beim Wärmen von Rohteilen aus Stahl eine Randentkohlung auf, die den Kohlenstoffgehalt und damit die Festigkeit der Randschicht verringert. Dem Festigkeitsabfall kann bei üblichen Entkohlungstiefen durch eine Verfestigung der Randschicht mittels (Reinigungs-)Strahlen (vgl. Kap. 3.3.6.8.1) begegnet werden.

Zusätzlich wird durch die Entkohlung die Härtbarkeit der Randzone beeinflusst. Jedoch ist dies nur in Sonderfällen von Bedeutung, da Schmiedebauteil vor dem Oberflächenhärten meistens mechanisch nachbearbeitet werden. Eine Entkohlung findet statt, wenn bei hinreichend hoher Temperatur der in der Randschicht befindliche Kohlenstoff mit den Bestandteilen der umgebenden Atmosphäre reagiert. Die wichtigsten Reaktionen sind in Abbildung 3.208 dargestellt.

Eine Reaktion des Luftsauerstoffs mit dem Kohlenstoff ist von geringer Bedeutung, da meist infolge des Überangebots an Eisen eine Bindung zu Eisenoxiden (Zunder) erfolgt. Ein weiterer Entkohlungsvorgang ist die Methanreaktion, bei der der Kohlenstoff mit Wasserstoff reagiert, auch sie ist von geringerer Bedeutung.

Die Abhängigkeit der Entkohlungsgeschwindigkeit vom Wasserdampfanteil zeigt die Bedeutung der dritten Reaktion. Auch bei inerten Gasen führt das Vorhandensein von Wasserdampf zu einer Entkohlung.

Die Reaktion von CO_2 mit C zu CO ist besonders dann von Bedeutung, wenn in brennstoffbeheizten Öfen erwärmt wird.

Die Entkohlungsreaktion kann in die Teilschritte Diffusion des Kohlenstoffs zur Oberfläche, Reaktion mit den Bestandteilen der Atmosphäre und Abtransport durch die Oxidschicht unterteilt werden.

Abb. 3.209: Zusammenhang zwischen der Erwärmungsart und -zeit und der Entkohlungstiefe (Bender 1980)
a brennstoffbeheizter Ofen, b induktive Erwärmung

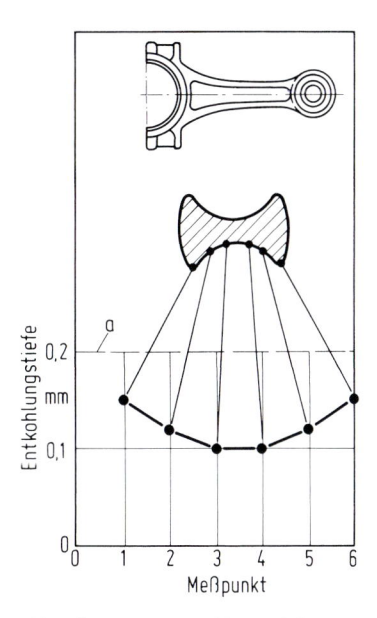

Abb. 3.210: Verteilung der Entkohlungstiefe (90 % Entkohlung) nach dem Gesenkschmieden einer Pkw-Pleuelstange aus C35 (Bender 1980)
a Entkohlung am erwärmten Block

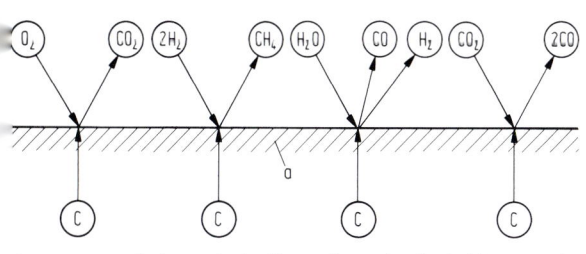

Abb. 3.208: Schematische Darstellung der Entkohlungsreaktionen, a Randschicht

3.3 Gesenkschmieden

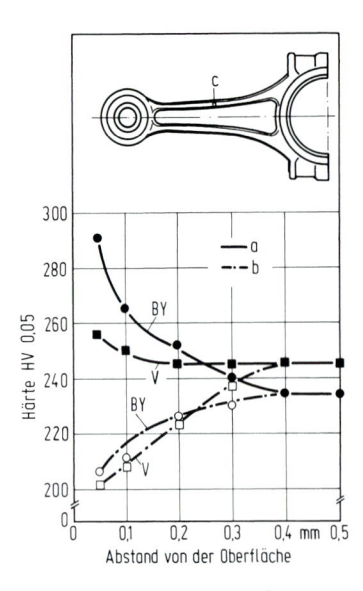

Abb. 3.211: *Einfluss der Vergütung und Strahlbehandlung auf den Randhärteverlauf einer Pkw-Pleuelstange aus C35 (Bender 1980)*
a gestrahlt, b ungestrahlt, c Messpunkt
V vergütet, BY aus der Schmiedewärme gesteuert abgekühlt (P-Behandlung)

Den wichtigsten Einfluss auf die Werkstückentkohlung stellt die Wärmezeit dar. Daneben spielt auch die Temperatur eine große Rolle, da sie die Diffusionsgeschwindigkeit des Kohlenstoffs beeinflusst. Werden Stahlteile in brennstoffbeheizten Öfen erwärmt, so kann man auf Grund der dargestellten Reaktionen eine Abhängigkeit der Entkohlung von der Atmosphärenzusammensetzung erwarten; dies ist jedoch bei üblichen Umformtemperaturen nicht der Fall (Meyer 1964).

Eine Verringerung bzw. Vermeidung der Randentkohlung ist mit den gleichen Maßnahmen zu erreichen, die eine Reduzierung der Zunderbildung zur Folge haben.

Die Abhängigkeit der Entkohlung von der Wärmezeit lässt sich jedoch nicht von einer Erwärmungsart auf eine andere übertragen. Wie aus Abbildung 3.209 deutlich wird, liegen die Entkohlungstiefen bei induktiver Erwärmung in einem ähnlichen Bereich wie bei Erwärmung in brennstoffbeheizten Öfen. Dies ist auf das stärkere Abzundern der entkohlten Schicht in brennstoffbeheizten Öfen zurückzuführen.

Die während der Erwärmung entstandene entkohlte Randzone erfährt durch die Umformung eine Umverteilung. Durch unterschiedliche Umformgrade kann es teilweise zu einer Verringerung (Oberflächenvergrößerung) der Entkohlungstiefe kommen. In Abbildung 3.210 ist eine Verringerung der Entkohlungstiefe infolge der Umformung über der Bauteilgeometrie dargestellt.

Werden Schmiedestücke abschließend vergütet, so tritt eine zusätzliche Entkohlung auf. Die Randhärte des vergüteten Werkstücks kann dadurch unter der des nur abgelegten Teils liegen. Auch dieser Effekt kann durch die Strahlbehandlung kompensiert werden (Abb. 3.211).

3.3.6.3 Entzundern

Der auf der Oberfläche des erwärmten Ausgangsteils haftende Zunder wird vor dem Gesenkformen entfernt, damit er nicht in die Werkstückoberfläche eingedrückt wird (es entstehen sonst sogenannte Zunderlöcher). Das Entzundern kann durch spezielle Verfahren oder durch einen Umformvorgang erfolgen.

Spezielle Methoden der Entzunderung beim Schmieden von der Stange sind das Abbürsten, das Schlagen mit Ketten sowie bei großen Rohteilen das Absprühen mit Druckwasser von etwa 100 bar.

Beim Entzundern durch Umformen besteht das Problem darin, den Zunder von der gesamten Rohteiloberfläche in möglichst wenigen Operationen zu entfernen (Golf 1972). Beim Tonnen- und Flachstauchen wird das Rohteil zwischen zwei ebenen Stauchbahnen in Richtung der Längsachse gestaucht (Abb. 3.212 A und B). Der Zunder platzt dabei von den Seitenflächen ab, die Stirnflächen werden unter Umständen nicht vollständig vom Zunder befreit. Durch zweimaliges Stauchen über Eck wird eine gute Entzunderung auch der Stirnflächen bei Knüppeln erreicht (Abb. 3.212 C). Günstiger ist ein Stauchen in Prismen, da nur eine Umformung notwendig ist (Abb. 3.212 D).

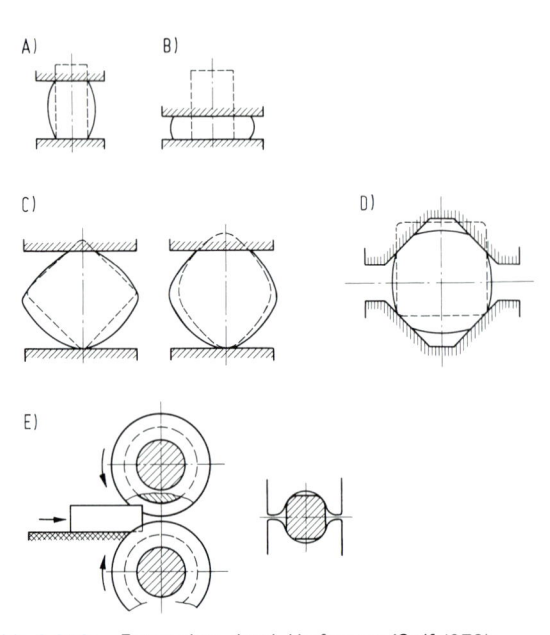

Abb. 3.212: *Entzundern durch Umformen (Golf 1972)*
A) Tonnenstauchen, B) Flachstauchen und Stauchen senkrecht zur Längsachse zwischen ebenen Bahnen, C) Stauchen senkrecht zur Längsachse in diagonaler Richtung, D) Stauchen in Prismen, E) Walzen

Beim Entzundern durch Walzen wird das Rohteil durch ein umlaufendes Walzenpaar geschoben (Abb. 3.212E). Durch entsprechende Walzspalteinstellung baucht der Abschnitt an den Stirnflächen aus, sodass auch dort die Zunderschicht abplatzt.

3.3.6.4 Umformen

Gesenkschmiedestücke werden nur bei sehr einfach gestalteten Werkstücken durch einen einzigen Umformvorgang vom Rohteil zur Endform gewandelt. Je mehr Werkstoff verlagert werden muss, umso schwieriger ist es, die Umformung in einem Arbeitsgang und in einem einzigen Werkzeug durchzuführen. Deshalb werden Gesenkschmiedeteile im Allgemeinen durch eine mehrstufige Umformung in verschiedenen Gravuren gefertigt. Die Endform – also das fertig geschmiedete Werkstück – wird je nach Schwierigkeitsgrad über eine oder mehrere Zwischenformen aus der Ausgangsform hergestellt (Abb. 3.213). Das Rohteil stellt die Ausgangsform dar, die nach jeder Umformung – außer der letzten – erreichte Umformstufe wird als Zwischenform bezeichnet.

Durch eine gute Zwischenformung lässt sich Werkstoff, der sonst zum Erreichen der erhöhten Fließwege in den Grat abfließen würde, einsparen und die Werkzeugbelastungen und der resultierende Verschleiß der Fertigform vermindern. Außerdem soll das Zwischenformen bei bestimmten Bauteilgeometrien eine ausreichende Formfüllung der Gravur gewährleisten, die sonst nicht oder nur mit extremem Kraftaufwand zu erreichen ist. Auch der Faserverlauf im Werkstück kann durch das Zwischenformen günstig beeinflusst werden.

Die Anzahl und Gestalt der Zwischenformen richtet sich nach der Komplexität der Endform. Unter dem Begriff Zwischenformen werden nach Abbildung 3.213 verschiedene Fertigungsschritte verstanden. Die Massenverteilung hat die Aufgabe, die Querschnittsflächen denen der Endform anzupassen. Durch Biegen wird die Längsachse der Zwischenform an die der Fertigform angeglichen. Bei der Querschnittsvorbildung entspricht die Zwischenform im Allgemeinen weitestgehend der Endform.

3.3.6.4.1 Massenverteilung

Durch die Massenverteilung soll der Werkstoff der Ausgangsform so entlang der Hauptachse der Endform verteilt werden, dass die Größe der Zwischenformquerschnitte den Endformquerschnitten einschließlich des erforderlichen Gratquerschnitts entsprechen. Die Form der Querschnittsflächen dieser Zwischenform braucht nicht der der Endquerschnitte zu gleichen. Häufig genügt eine symmetrische Verteilung der Masse um die Längsachse in runder, viereckiger oder rechteckiger Form, wobei sich kein Grat bilden darf (Spies 1957).

Die Massenverteilungs-Zwischenform soll nicht nur verhindern, dass an irgendeiner Stelle der Endform ein unnötig breiter Grat entsteht, sondern es soll auch bei länglichen Teilen ein Werkstofffließen in Richtung der Werkstücklängsachse in den nachfolgenden Umformstufen weitestgehend vermieden werden.

Werkstücke, die keine ausgesprochene Längsachse quer zur Werkzeugbewegung besitzen, lassen sich in vielen Fällen ohne Massenvorverteilung schmieden. Der Werkstoff fließt z. B. bei rotationssymmetrischen Werkstücken und üblichen Ausgangsformen nach allen Seiten und füllt die Gravur gleichmäßig aus. Bei Teilen mit hohen Zapfen oder Rippen lässt sich eine Massenverteilung häufig nicht umgehen.

Für den Entwurf der Massenverteilungs-Zwischenform ist es nützlich, sich einen Überblick über die Werkstoff-

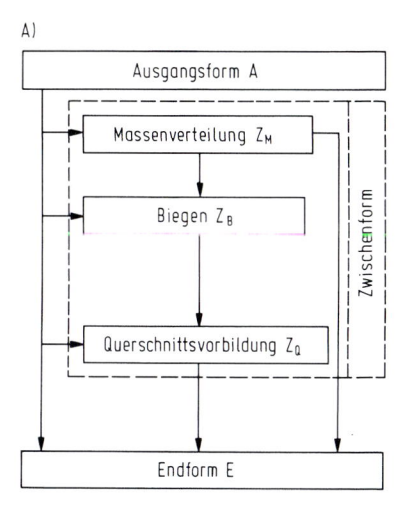

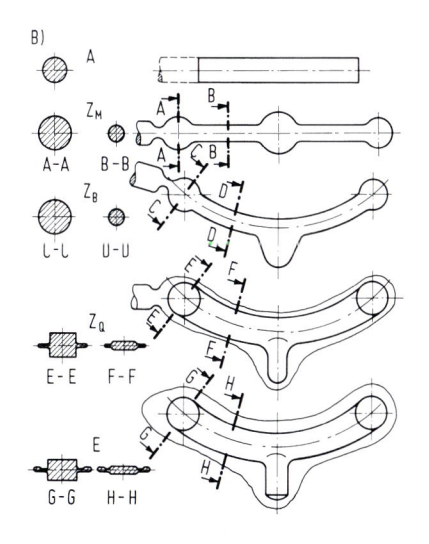

Abb. 3.213: *Arbeitsablauf beim Gesenkschmieden mit Zwischenformung A) Schema, B) Beispiel*

3.3 Gesenkschmieden

Abb. 3.214: *Massenverteilungsschaubild für eine offene Pleuelstange mit verbesserter Zwischenform (Spies 1957)*
A) *Massenverteilungsschaubild*
V_E *Volumen der Endform*
V_G *Volumen des Grats*
B_1) *Zwischenform*
B_2) *verbesserte Zwischenform*
C) *Endform*

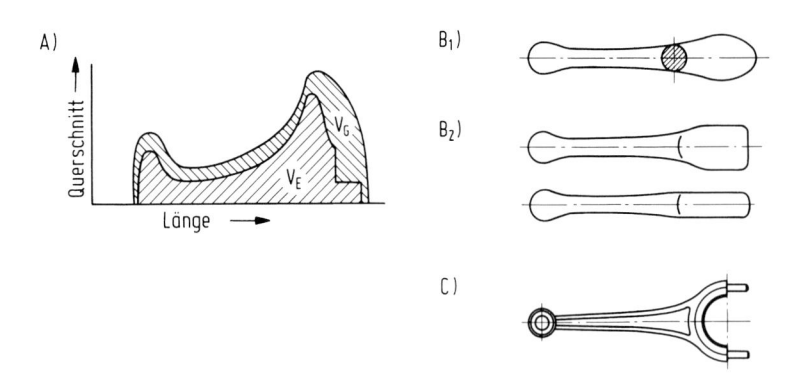

verteilung der Endform zu verschaffen. Diesem Zweck dient das Massenverteilungsschaubild (Abb. 3.214). Anhand der Schmiedestückzeichnung oder eines Musterstücks wird in passenden Abständen die Größe der senkrecht zur Längsachse der Endform liegenden Querschnitte ermittelt und über der Werkstücklänge aufgetragen. Anschließend werden die ermittelten Punkte durch einen Kurvenzug miteinander verbunden. Die Fläche unter der Kurve stellt das Volumen der Endform dar. Zu den Werkstückquerschnitten werden noch die erforderlichen Gratquerschnitte entlang der Längsachse addiert und ins Schaubild eingetragen. Der Querschnitt der Massenverteilungsform ergibt sich dann aus dem betreffenden Querschnitt der Endform und dem dazugehörigen Gratanteil.

In Abbildung 3.214 ist das Massenverteilungsschaubild für eine offene Pleuelstange entworfen worden. Bei Werkstücken mit Gabelungen müssen die Gabelschenkelquerschnitte zusammengefasst werden. Hierbei muss ebenso der breite Gratspiegel zwischen der Gabelung berücksichtigt werden. Während die Massenverteilungs-Zwischenform für Werkstücke mit geschlossenen Gabelungen (z. B. Pleuel mit angeschmiedetem Lagerdeckel) unmittelbar nach dem Massenverteilungsschaubild konstruiert werden kann, muss dieses bei Teilen mit offener Gabelung oft noch der Endform besser angenähert werden. Die Zwischenform wird deshalb am Kopf verkürzt und verbreitert. Ein Fließen des Werkstoffs in Werkstücklängsrichtung wird dabei in Kauf genommen. Ohne eine Korrektur der Zwischenform würde der Werkstoff am Ende der Gabeln zu stark in den Grat fließen und die Gravur nicht mehr ausfüllen.

Der Vorgang der Massenverteilung besteht aus dem Anhäufen und Verdrängen von Werkstoff in bestimmten Bereichen des Werkstücks. Das Anhäufen kann durch Stauchen erfolgen, das Verdrängen hauptsächlich durch Recken, Fließpressen und Walzen.

Beim Stauchen wird das Werkstück zwischen meist ebenen, parallelen Stauchbahnen umgeformt. Durch Anstauchen wird Werkstoff örtlich angehäuft (Abb. 3.215). Für diesen Umformvorgang werden häufig Waagerecht Stauchmaschinen verwendet.

Mit Hilfe von Elektro-Stauchmaschinen lassen sich ebenfalls Massenverteilungsformen durch Anstauchen herstellen, so z. B. für Tellerventile und Hinterachswellen.

Das Recken und Breiten auf ebenen Recksätteln im Hammer zum Massenverteilen wird vor allem bei großen Gesenkschmiedeteilen angewendet und erfordert große Geschicklichkeit des Bedienpersonals. Die Herstellung einer Massenverteilungsform durch Formrecken ist erheblich einfacher, da die Werkstückform durch das Werkzeug vorgegeben ist (Abb. 3.216).

Das Rollen (Reckstauchen) zur Erzeugung von Zwischenformen wird meist mit schnell schlagenden Luftgesenkhämmern durchgeführt. Es dient zur Werkstoffverdrängung und einer gleichzeitigen geringfügigen Stoffanhäufung an benachbarten Stellen eines Werkstück (Abb. 3.217).

Beim Rundkneten werden Stäbe mit Hilfe von zwei oder mehreren gleichzeitig radial wirkenden Werkzeugen gereckt. Weisen die Werkzeuge dabei eine bestimmte Form auf, so spricht man von Formrundkneten (3.218). Im Gegensatz zum Recken findet hier keine Breitung statt und die Genauigkeit des Werkstücks ist wesentlich höher. Durch Rundkneten gefertigte Zwischenformen werden z. B. für das Schmieden von Turbinenschaufeln eingesetzt.

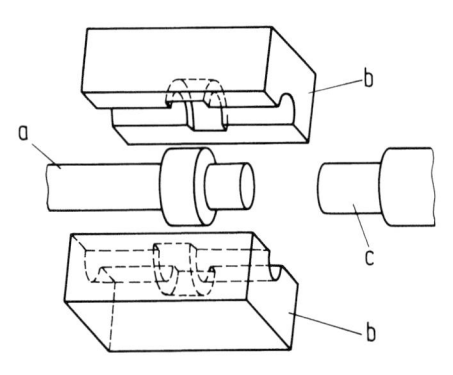

Abb. 3.215: *Anstauchen einer bestimmten Werkstückstelle (Haller 1971)*
a Schmiedestück, b geteiltes Formgesenk, c Stauchstempel

3.3.6 Gesenkschmieden mit Grat

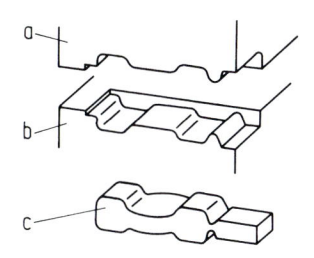

Abb. 3.216: Formsattel an der Seite eines Gesenkschmiedewerkzeuges (Haller 1971)
a Gesenkoberteil, b Gesenkunterteil, c Werkstück

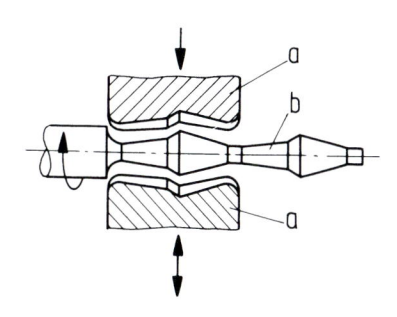

Abb. 3.218: Prinzip des Formrundknetens
a Knetbacke, b Werkstück

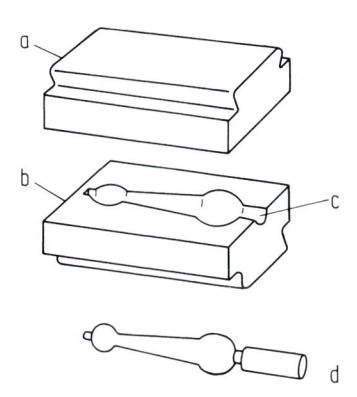

Abb. 3.217: Rollgesenk für das Massenverteilen (Haller 1971)
a Rollsatteloberteil, b Rollsattelunterteil, c Rollgravur, d Werkstück

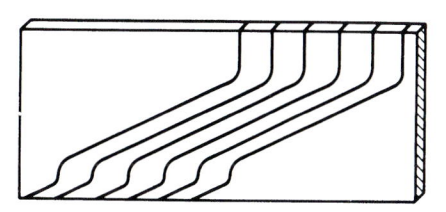

Abb. 3.219: Massenverteilen durch Formscheren (Spalten) von gewalztem Flachstahl

Das Warmfließpressen hat sich vor allem dort als wirtschaftliches Verfahren zum Zwischenformen erwiesen, wo rotations- oder axialsymmetrische Formen hergestellt werden sollen. Das Fließpressen wird als Voll-Vorwärts-, Hohl-Vorwärts-, Napf-Rückwärts- und Querfließpressen ausgeführt.

Das Reckwalzen dient dem Strecken von Ausgangsformen mit ausgeprägter Längsachse. Vorteile des Reckwalzens sind hohe Mengenleistungen und eine Werkstoffersparnis durch gleichmäßigere Werkstückabmessungen als beim Recken von Hand. Der geringe Zeitbedarf des Walzvorgangs ergibt als zusätzlichen Vorteil eine geringe Werkstückabkühlung. Eine Werkstoffersparnis wird beim Reckwalzen dadurch erzielt, dass der erforderliche Gratzuschlag verkleinert werden kann, weil sich die Zwischenform genau und gleichmäßig herstellen lässt.

Um den Vorteil der großen Mengenleistung trotz hoher Walzwerkzeugkosten nutzen zu können, ist für das Reckwalzen eine relativ hohe Mindeststückzahl erforderlich (vgl. Kap. 3.1).

Eine besondere Art der Massenverteilung ist das Formscheren oder Spalten (Abb. 3.219). Die Zwischenform wird hier unmittelbar aus dem gewalzten Band mit Hilfe eines Formschnitts verlustlos herausgeschnitten. Dieses Verfahren dient vor allem zur Herstellung flacher Massenteile, wie z.B. Messer, Scheren, Zangen oder Schraubenschlüssel.

Nach dem Massenverteilungsschaubild wird für das Spalten die Zwischenform so konstruiert, dass sich die Werkstückkanten ohne Verlust aneinander anschließen; eine solche Anordnung wird als Flächenschluss bezeichnet.

3.3.6.4.2 Biegen

Unter Biegen versteht man das Anpassen einer geraden Längsachse an die gekrümmte oder gebogene Achse der Endform. Wenn kein zwingender Grund vorliegt, erfolgt das Biegen nach dem Massenverteilen (Abb. 3.220 bis 3.222). Dadurch hat die Längsachse des Werkstücks bei der Querschnittsvorbildung bzw. bei der Endformung bereits die richtige Krümmung und die Querschnitte können sich durch das Biegen nicht mehr verändern. In einigen Fällen kann es günstiger sein, gleichzeitig mit dem Massenverteilen oder dem Querschnittsvorbilden zu biegen; ebenso kann ein Biegen beim oder nach dem Endformen vorgenommen werden.

Wird während der Endformgebung gebogen, so ist die finale Schmiedestufe mit gekrümmten Trennflächen auszuführen. Die Werkzeugkosten für Gesenk- und Abgratwerkzeuge werden dadurch erheblich erhöht. Soweit es möglich ist, erfolgt die Biegeoperation daher vor oder nach der Endformung und dem Entgraten.

Beim Biegen vermindern sich die Querschnitte an den Biegezonen, an diesen Stellen müssen deshalb die Werkstückquerschnitte vergrößert werden. Sind die Abstände

3.3 Gesenkschmieden

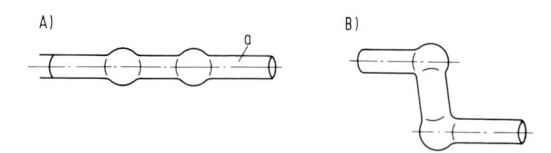

Abb. 3.220: Einfach gekröpfte Biege-Zwischenform
A) Massenverteilung an der Ausgangsform, a Rollen, B) Biegen der Zwischenform

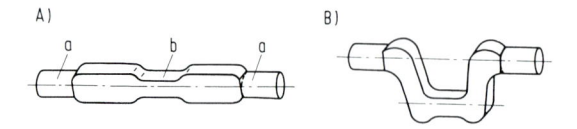

Abb. 3.221: Doppelt gekröpfte Biege-Zwischenform
A) Massenverteilung an der Ausgangsform, a Rollen, b Recken, B) Biegen der Zwischenform

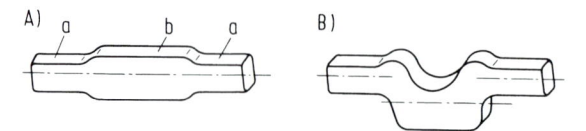

Abb. 3.222: Durchgesetzte Biege-Zwischenform
A) Massenverteilung an der Ausgangsform, a Recken, b Breiten, B) Durchsetzen der Zwischenform

zwischen zwei Biegeradien klein, so wird der Abschnitt zwischen den Radien gestreckt, deshalb muss auch dieser Bereich stärker ausgebildete Querschnitte besitzen als die übrigen Werkstückpartien.

3.3.6.4.3 Querschnittsvorbildung und Endformung

Durch die Querschnittsvorbildung werden die Querschnitte des Werkstücks denen der Endform soweit angenähert, dass in der Endgravur die endgültigen Abmessungen erreicht werden können. Kleine Formänderungen und damit geringer Werkstofffluss wirken sich positiv auf das Verschleißverhalten der Endgravur aus.

Besondere Bedeutung hat die Querschnittsvorbildungs-Zwischenform für Werkstücke mit hohen Rippen, Ansätzen, Zapfen usw., die einen lokal erhöhten Werkstofffluss zur Folge haben.

Bei Werkstücken mit besonders großem Werkstoffüberschuss wird die Querschnittsvorbildungs-Zwischenform vor dem Endformen entgratet. In solchen Fällen muss das Volumen der Zwischenform so groß sein, dass sich beim Endformen noch ein genügend breiter Grat bilden kann.

Für die Gestaltung der Querschnittsvorbildungs-Zwischenform sollten folgende Regeln beachtet werden (Spies 1957).

- Die Querschnitte der Zwischenform sollen ebenso groß wie die der Endform sein. Dies bedeutet Volumengleichheit von Zwischenform und Endform mit Berücksichtigung des Grates beider Formen. Diese Regelung gilt nur für eine vollständige Querschnittsvorbildung. Bei entgrateten Zwischenformen ist sie nicht anzuwenden.
- Die Querschnitte der Zwischenform und ihres Grates sollen parallel zur Werkzeugbewegung höher und quer dazu schmaler als die der Endform sein. Diese Regel entstand aus der Feststellung, dass die Endgravur am wenigsten auf Verschleiß beansprucht wird, wenn sich der Werkstoff beim Stauchen mit geringer gleitender Reibung an die Gravurwand anlegt (Abb. 3.223).
- Die Radien aller konkaven Rundungen der Zwischenform sollen größer als die der Endform sein. Durch diesen Grundsatz soll ein möglichst ungehemmter Werkstofffluss in alle Bereiche der Zwischenformgravur erreicht werden. Auch der Übergangsradius zum Grat muss größer als der der Endform sein, um Faltenbildung an der Querschnittsvorbildungs- bzw. Endform zu vermeiden.
- Die Größe der Radien lässt sich nicht allgemeingültig festlegen. Sie hängen von der innerhalb der weiteren Formgebung zu verlagernden Werkstoffmenge ab. Im Allgemeinen genügen Radien, die 1,26 bis 1,6-fach größer sind als die der Endform. Nur bei sehr scharfen Querschnittsübergängen quer zur Werkzeugbewegung müssen unter Umständen Radien mit der 1,5 bis 4-fachen Größe der vorgegebenen Radien der Endform vorgesehen werden.
- Die Seitenschrägen der Zwischenform sollen grundsätzlich denen der Endform entsprechen. Nur bei besonders hohen Zapfen und Rippen, wo der Werkstoff besonders stark steigen muss, ist es mitunter zweckmäßig, die Schrägen der Zwischenform zu vergrößern, um ein Lösen und Ausheben des Werkstücks aus der Gravur zu erleichtern.

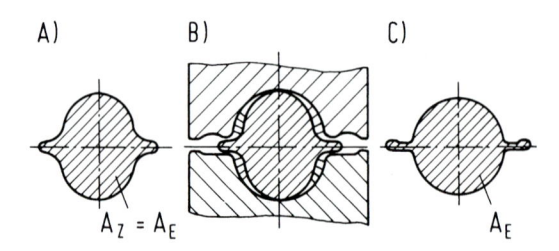

Abb. 3.223: Gestaltung einer Querschnittsvorbildungs-Zwischenform bei geringer gleitender Reibung des Werkstoffs an der Gravurwand beim Schmieden der Endform (Spies 1957)
A) Zwischenform, A_Z Fläche der Zwischenform, A_E Fläche der Endform
B) Endwerkzeug, C) Endform

Die Gestaltung von Zwischenformen für Werkstücke mit H-förmigen Querschnitten erfordert besondere Sorgfalt, da Gestaltungsfehler Risse und Falten in der Endform verursachen können. In Tabelle 3.17 sind drei verschiedene Herstellverfahren für H-Profile exemplarisch gegenübergestellt. Grundsätzlich ist von einer Zwischenform mit rechteckigem Querschnitt auszugehen, die etwas schmaler als die Endform ist. Bei niedrigen H-Querschnitten kann auf eine Querschnittsvorbildung verzichtet werden. Bei hohen und schmalen Rippen sind dagegen zwei Querschnittsvorbildungs-Zwischenformen von Vorteil (Kaessberger 1950).

Die beschriebenen Zwischenformen für H-Profile lassen sich sinngemäß für Scheiben mit Rand und für Ringe anwenden.

Der gesamte Fertigungsablauf vom Massenverteilen über das Biegen und Querschnittsvorbilden bis zum Endformen sollte nach Möglichkeit in einer Wärme erfolgen, um eine ausreichende Oberflächengüte des Werkstücks zu erreichen und um die Fertigung wirtschaftlich zu gestalten.

Den durch eine Zwischenformung erzielten Vorteilen steht u.a. ein erhöhter Aufwand an Werkzeugen gegenüber. Der Vorteil einer verbesserten Gesenk-Standmenge kann durch erhöhte Personal-, Maschinen- und Werkzeugkosten aufgehoben werden. Eine verbesserte Qualität und Genauigkeit des Schmiedestücks setzt jedoch häufig eine Zwischenformung voraus.

3.3.6.5 Abgraten und Lochen

Abgraten und Lochen sind Verfahrensschritte, die dem Gesenkschmieden mit Gratspalt nachgeschaltet werden. Das Entfernen des Außengrates wird als Abgraten, das des Innengrates (Spiegel) als Lochen bezeichnet (Abb. 3.224). Über die ursprüngliche Zielsetzung des Gratabtrennens hinausgehend können bei kleineren Werkstücken durch den Abgratvorgang auch Werkstückschrägen beseitigt werden. Weiterhin lassen sich bei entsprechenden Anforderungen an das Schnittwerkzeug und an die Abgratpresse enge Maßtoleranzen in der Gratebene einhalten, wodurch verfahrensbedingte Schmiedemaßschwankungen, z.B. durch das Wachsen der Gravur infolge von Gesenkverschleiß, in der Gratebene kompensiert werden können. Werden gleichzeitig Maßnahmen im Hinblick auf die Ebenheit, Oberflächenqualität und Größe der Scherflächen ergriffen, lässt sich die Gratnaht als spann- oder einbaufertige Funktionsfläche einsetzen (Schmidek 1980).

In der Praxis wird entsprechend der gewählten Werkstücktemperatur zwischen Warm- und Kaltabgraten unterschieden, wobei das Kaltabgraten nach Abkühlung des Schmiedeteils bei Raumtemperatur und das Warmabgraten meistens unter Nutzung der Schmiedewärme bei erhöhten Temperaturen bis zu ungefähr 1150 °C erfolgen.

Der Vorteil des Kaltabgratens liegt in der Entkoppelung vom Takt der Schmiedemaschine und der dadurch bedingten höheren Mengenleistung, der des Warmabgratens in geringeren Schnittkräften, Werkzeugkosten und oft besseren Schnittflächen. Die Art des eingesetzten Verfahrens wird jedoch häufig durch die Geometrie des Teils und die Festigkeit des Werkstoffs bestimmt.

Die kalt erzeugte Gratnahtoberfläche ist in der Regel gekennzeichnet durch eine glatte Scher- und eine rauhe Bruchzone, die in ungünstigen Fällen über den ursprünglichen Gratbereich hinausragen kann (Abb. 3.225). Die warm entgratete Naht besteht größtenteils aus einer Scherzone, der allerdings, sofern keine Maßnahmen dagegen ergriffen werden, Abgratriefen überlagert sein

Zustand	Gesenkformen ohne Querschnittsvorbildung	Gesenkformen mit einmaliger Querschnittsvorbildung	Gesenkformen mit zweimaliger Querschnittsvorbildung
Zwischenform zur Massenverteilung (evtl. Ausgangsform)	⬭	⬭	⬭
Zwischenform zur Querschnitts- vorbildung		⟨⟩	1: ⟨⟩ 2: ⟨⟩ entgratet
Endform	⊥⊤⊥ h = b	⊥⊤⊥ h = 2b	⊥⊤⊥ h = 3b

Tab. 3.17: Beispiele für Zwischenformen beim Schmieden von H-Profilen (Spies 1957)

können, und einer geringen Restbruchfläche. Zusätzlich wird die Struktur der Gratnahtoberfläche durch das zum Zwecke des Entzunderns bei Schmiedeteilen übliche Reinigungsstrahlen beeinflusst. Für die Gratnaht anzustreben sind:

- geringe Bruchzonen,
- keine Abgratnasen,
- riefenfreie, ebene Oberflächen sowie
- Parallelität und Winkligkeit zu den Bezugsflächen.

Nach DIN EN 10243-1 wird entsprechend der Lage der Gratnaht am Schmiedestück zwischen Gratansatz und Anschnitttiefe unterschieden (Abb. 3.226).

Am eigentlichen Schneidvorgang ist der Stempel nur in Ausnahmefällen beteiligt (Abb. 3.224). Er übernimmt in der Regel vielmehr die Funktion eines Druckstößels. In diesen Fällen wird nicht mehr der Begriff Schneidspalt sondern die Bezeichnung Stempelluft gewählt. Sie hat im Allgemeinen keinen Einfluss auf das Scherergebnis.

Häufig wird der Stempel der Querschnittsform des Werkstücks angepasst, wodurch eine bessere Werkstückführung gewährleistet ist. Ein direkter Einfluss auf den Trennvorgang ist jedoch nicht vorhanden. Beim Warmabgraten lässt sich durch einen angepassten Stempel und der so verbesserten Stützwirkung die Deformation gratnaher Bereiche vermeiden.

Die Oberflächengüte der Gratnaht wird beim Kaltabgraten vom Zustand der Schneidkante und von der Abgratgeschwindigkeit beeinflusst. Besonders beim Abgraten mit Anschnitt sind hohe Abgratgeschwindigkeiten anzustreben (Schmidek 1980).

Die Oberflächengüte der warmentgrateten Naht wird vorrangig vom Zustand der Schneidkante bestimmt. Diese bildet sich beim Durchdrücken des Werkstücks durch die Matrize in der Scherzone der Gratnaht ab. Hauptursachen für Riefen sind Risse in der Schneidkante und Aufschweißungen durch Materialauftrag vom Schmiedestück. Im Hinblick auf ein gutes Abgratergebnis kommt der Werkzeugfertigung und -instandhaltung eine besondere Bedeutung zu.

Die Höhe des Bruchflächenanteils nimmt mit steigender Abgrattemperatur ab. Das häufig übliche Verschleifen der Gratnaht kann bei ausreichender Oberflächengüte eingespart werden.

Im einfachsten Fall besteht das Abgratwerkzeug aus einer Schnittplatte und einem Stempel. Die Schnittplatte kann aus einem Stück oder aus den einzelnen Elementen Schneidplatte und Matrize bestehen. Besonders beim Warmabgraten setzt sich das Aufpanzern der Schneidkanten immer stärker durch. Hierbei wird eine hochbelastbare Schicht durch Auftragsschweißen auf einer preisgünstigen Grundwerkstoff aufgetragen (Abb. 3.227). Als Grundwerkstoff dient bei höherer Belastung Warmarbeitsstahl, sonst Bau- oder Vergütungsstahl. Für die Deckschicht kommen je nach Beanspruchung martensitische Elektroden oder – ist höherer Verschleißwiderstand gefordert – Kobaltbasislegierungen zum Einsatz. Ob eine Zwischenlage notwendig ist, hängt von der gewählten

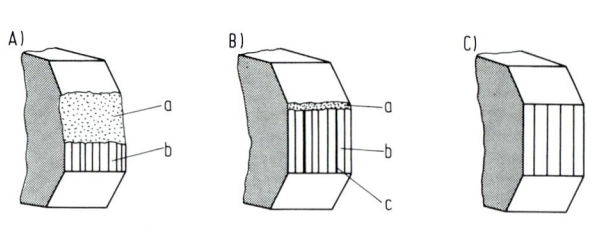

Abb. 3.225: *Schnittflächen beim Abgraten*
A) Kaltabgraten (übliche Gratnaht), B) Warmabgraten (übliche Gratnaht), a Bruchzone (rauh, zerklüftet), b Scherzone (glatt), c Riefen
C) anzustrebende Gratnaht

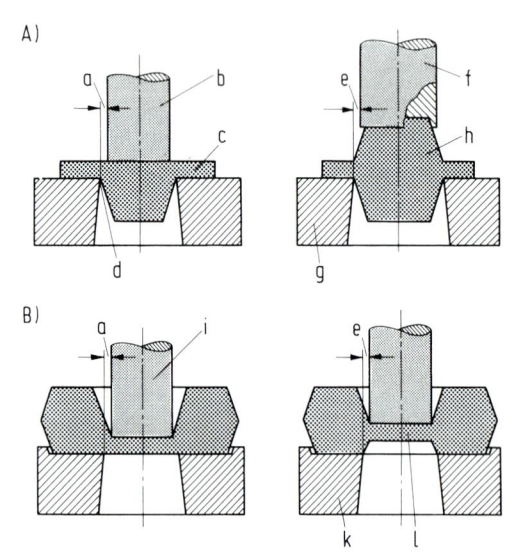

Abb. 3.224: *Abgraten und Lochen von Gesenkschmiedestücken*
A) Abgraten (Schnittplatte schneidet), B) Lochen (Stempel schneidet)
a Schneidspalt, b Stempel, c (Außen-)Grat, d Schneidkante, e Stempelluft, f umschließender Stempel, g Schnittplatte (Matrize), h Werkstück, i Lochstempel (Lochdorn), k Lochplatte, l Innengrat (Spiegel)

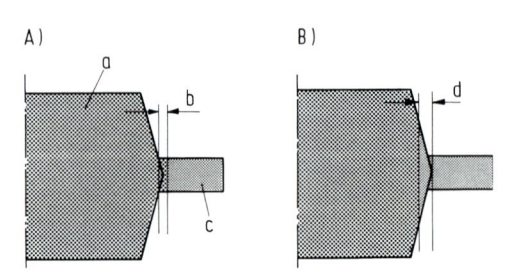

Abb. 3.226: *Gratansatz (A) und Anschnitttiefe (B)*
a Werkstück, b Gratansatz, c Grat, d Anschnitttiefe

3.3.6 Gesenkschmieden mit Grat

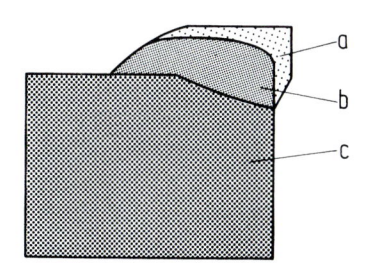

Abb. 3.227: Aufbau einer gepanzerten Schneidkante (Schmidek 1980)
a Deckschicht, b Zwischenlage c Grundwerkstoff

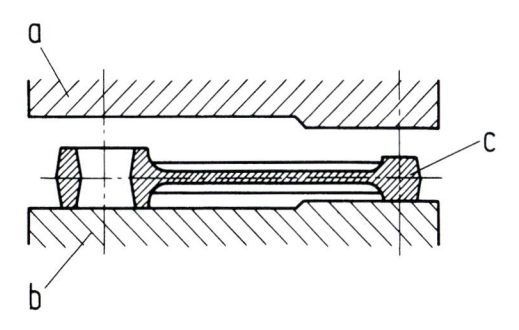

Abb. 3.228: Prägen der Seitenflächen am Lager- und Kolbenbolzenauge einer Pleuelstange (Lange 1977)
a oberes Prägewerkzeug, b unteres Prägewerkzeug, c gesenkgeformte Pleuelstange

Werkstoffkombination ab. Durch erneutes Auftragsschweißen können verschlissene Werkzeuge einfach erneuert bzw. repariert werden.

Moderne Abgratwerkzeuge werden zu Werkzeugsätzen zusammengestellt, die vormontiert nur noch unter der Abgratpresse befestigt werden müssen. Diese Werkzeuge werden zum Teil als Verbundwerkzeuge ausgelegt, bei denen Abgraten, Lochen, Richten oder andere Verfahrensschritte in einem Pressenhub erfolgen. Hierbei können temperatur- und positionierbedingte Genauigkeitsschwankungen in engen Grenzen gehalten werden.

3.3.6.6 Nachformen

Durch einen Nachformvorgang soll die Maßgenauigkeit der Gesenkschmiedeteile verbessert werden. Als Nachformverfahren werden das Maßprägen, das Kalibrieren und das Richten angewendet.

Das Maßprägen wird i. A. nach dem letzten Wärmen durchgeführt, um die erzielbare Genauigkeit nicht durch Zunderbildung und Verzug zu beeinträchtigen. Bei diesem Verfahren sind Maßtoleranzen bis IT 7 erreichbar. Die Werkzeuge für das Maßprägen sind offen, somit kann der in der Höhe verdrängte Werkstoff seitlich ausweichen (Abb. 3.228).

Die erreichbare Genauigkeit beim Prägen hängt von den Maßschwankungen der Gesenkformteile und der elastischen Verformung der Presse und der Werkzeuge ab. Infolge der ungleichmäßigen Spannungsverteilung beim Prägen zwischen ebenen, parallelen Stauchbahnen (die Druckspannungen sind in der Mitte höher als am Rand) und den daraus resultierenden elastischen Verformungen der Stauchplatten werden die geprägten Flächen am Schmiedeteil nicht vollkommen eben. Werkstücke mit ringförmigen Flächen lassen sich somit leichter prägen als Vollkörper.

Kalibriert werden Gesenkschmiedestücke, die in ihren gesamten Abmessungen eine hohe Maßgenauigkeit erfordern. Das Kalibrieren erfolgt entweder aus der Schmiedewärme oder nach erneutem Wärmen auf Temperaturen von 700 bis 800 °C. Die Werkstücke werden zumeist nach dem Warmabgraten in ganz umschließenden genau gearbeiteten Werkzeugen warmgeprägt. Es kann sich dabei am Schmiedeteil ein dünner Grat bilden, der kalt abgegratet wird. Werkstücke, die kalibriert werden, sollten etwas schmaler und höher in der Schmiedegravur gefertigt werden. Bei Werkstücken, deren Querschnitte breiter sind als die des Kalibriergesenks, wird seitlich Werkstoff abgeschert.

Ein Richtvorgang ist erforderlich, wenn Gesenkschmiedestücke beim Abgraten, beim Lochen oder durch Wärmeverzug nachträglich ihre Form ändern. Das Richten kann je nach Werkstoff und Zustand warm oder kalt erfolgen.

Die Querschnitte der Gravuren von Richtwerkzeugen sollten breiter als das Werkstück ausgelegt sein und große Radien zu den Teilungsebenen aufweisen (Abb. 3.229). Das Formteil wird vom Werkzeug völlig umschlossen. Der Werkstoff kann jedoch nicht seitlich abgeschert werden und es entsteht kein Grat.

Lange Schmiedestücke mit stark wechselnden Querschnitten kühlen nach dem Ablegen ungleichmäßig ab und verziehen sich. Dieser Wärmeverzug kann bei niedrig legierten Stählen durch Richten bei Raumtemperatur beseitigt werden. Ist eine Wärmebehandlung für diese Teile vorgesehen, sollte die Richtoperation erst im Anschluss daran erfolgen.

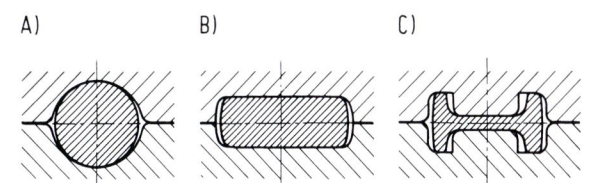

Abb. 3.229: Querschnitte von Gravuren für Richtgesenke (Haller 1971)
A) für Werkstücke mit kreisrundem Querschnitt,
B) für Werkstücke mit rechteckigem Querschnitt,
C) für Werkstücke mit H-Profil

Werkstücke aus Vergütungsstählen sollten, falls erforderlich, erst nach der Wärmebehandlung gerichtet werden. Hohe Streckgrenzen des Werkstückwerkstoffs erschweren den Richtvorgang, Vergütungsstähle richtet man deshalb unter Umständen nicht bei Raumtemperatur.

3.3.6.7 Wärmebehandeln

Schmiedestücke aus Stahl erhalten ihre endgültigen Eigenschaften oft erst durch eine abschließende Wärmebehandlung.

Das klassische Wärmebehandeln von Gesenkschmiedestücken aus Stahl, das auf das Erzielen optimaler Werkstück- bzw. Werkstoffeigenschaften gerichtet ist, besteht aus Normalisieren, Härten und Anlassen (Abb. 3.230).

Das Normalisieren führt während des Erwärmens und des Abkühlens zu einem zweimaligen Durchlaufen der α-γ-Umwandlung und damit zu einer Verfeinerung und Homogenisierung des Gefüges. Die Abkühlung erfolgt zumeist an ruhender Luft.

Ist der Zweck des Normalisierens ein gleichmäßig feinkörniges Gefüge, so verursachen beim Härten – bestehend aus dem Austenitisieren und dem Abschrecken – Gitterverzerrungen einen beachtlichen Anstieg der Festigkeit. Die hohe Festigkeit im Werkstück ist mit einem Abfall der Duktilität verbunden. Aus diesem Grund folgt nach dem Härten üblicherweise ein Anlassen, welches wiederum eine Verringerung der Gitterverzerrungen und somit einen Rückgewinn der Duktilität zur Folge hat. Durch die geeignete Wahl der Anlasstemperatur ist eine gute Kombination von Festigkeit und Duktilität erreichbar. Näheres über die verschiedenen Wärmebehandlungsverfahren sind dem Schrifttum zu entnehmen (N.N. 1954/56/58, N.N. 1977).

Um Kosten einzusparen wird versucht, die Wärmebehandlung von Schmiedeteilen zu vereinfachen, z.B. durch das Vergüten aus der Schmiedewärme oder durch das gesteuerte Abkühlen. Durch Übergang vom konventionellen Vergüten auf das Vergüten aus der Schmiedewärme werden Wärm- und Energiekosten sowie Transport- und Zwischenlagerkosten gesenkt. Beim gesteuerten Abkühlen aus der Schmiedewärme sind darüber hinaus weitere Einsparungen möglich.

Die Prozessbedingungen während des Umformens (z.B. Umformtemperatur, Umformgrad) wirken sich direkt auf das Ergebnis der beiden genannten Wärmebehandlungsmöglichkeiten aus. Beim Vergüten aus der Schmiedewärme erfolgt das Abschrecken im Anschluss an den Schmiedevorgang. Der Fortfall des Abkühlens und des erneuten Anwärmens hat neben den erwähnten Kostenersparnissen auch einen geringeren Verzug des Werkstücks und eine verminderte Verzunderung und Randentkohlung zur Folge. Da beim Vergüten aus der Schmiedewärme der Schmiedevorgang mit der Wärmebehandlung kombiniert ist, müssen an die Gleichmäßigkeit von Prozesstemperatur und -ablauf sowie an die zeitliche Verkettung der Abschreck- und Anlassbehandlung gewisse Mindestanforderungen gestellt werden (Bobbert 1968). Beim gesteuerten Abkühlen aus der Schmiedewärme (P-Behandlung, frühere Bezeichnung BY) wird ganz auf das Härten und Anlassen verzichtet. Über einen geeigneten Temperatur-Zeit-Verlauf, bei dem die Werkstücke nach dem Schmiedevorgang entweder durch freie Konvektion oder beschleunigt an strömender Luft (Anblasen) abkühlen, werden die

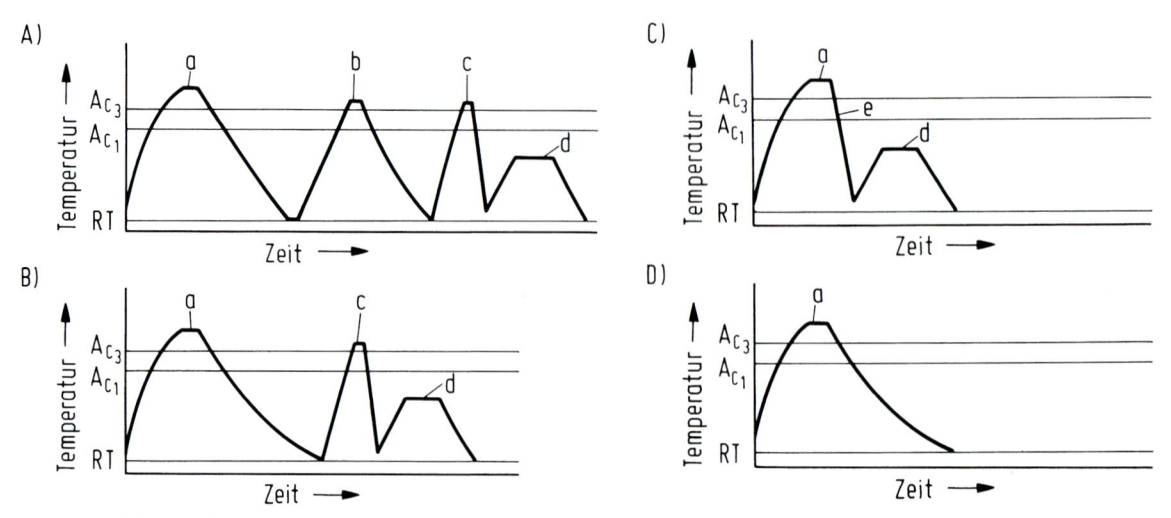

Abb. 3.230: Wärmebehandlungsverfahren von Gesenkschmiedeteilen (Tacke 1974): A) Normalisieren und Vergüten, B) Vergüten (Härten und Anlassen), C) Vergüten aus der Schmiedewärme, D) gesteuertes Abkühlen aus der Schmiedewärme; a Schmieden, b Normalisieren, c Härten, d Anlassen, e Abschrecken, RT Raumtemperatur, Ac_1 Beginn der Austenitumwandlung, Ac_3 Ende der Austenitumwandlung

gewünschten Werkstückeigenschaften direkt angestrebt. Zu diesem Zweck müssen die Schmiedestücke in jedem Fall vereinzelt werden. Das gesteuerte Abkühlen wird mit verschiedenen Zielsetzungen angewendet.

- Ersatz des Normalglühens (N): Einstellen eines gleichmäßigen und feinkörnigen Gefüge aus Ferrit bzw. Perlit. Dadurch wird eine gute Zerspanungseigenschaft erreicht.
- Ersatz des BG-Glühens (BG steht für „Behandlung auf Gefüge"): Erzeugen eines Ferrit-Perlit-Gefüges durch Isothermglühen. Neben der Verbesserung der Zerspanbarkeit wird eine Verminderung des Verzugverhaltens bei anschließendem Einsatzhärten erzielt.
- Ersatz des Vergütens (V): Erzeugen eines ferritisch-perlitischen Grundgefüges. Auf Grund gleichzeitig stattfindender Ausscheidungsvorgänge erfolgt eine Dispersionshärtung im Ferrit, die für höhere Festigkeiten verantwortlich ist. Hierdurch wird eine gute Zerspanbarkeit bei definierter Festigkeit erreicht (N.N. 2001).

Als Ersatz für das Vergüten wurden für ein gesteuertes Abkühlen aus der Schmiedewärme mikrolegierte ausscheidungshärtende ferritisch-perlitische Stähle, sogenannte AFP-Stähle, entwickelt. Die Steigerung der Festigkeit beruht hierbei nicht ausschließlich auf einer diffusionslosen Gitterumklappung infolge der Abschreckbehandlung (Martensitbildung), sondern wird durch eine diffusionsbestimmte Ausscheidungshärtung während der Abkühlung hervorgerufen. Durch die Zugabe geeigneter Legierungselemente (z.B. Niob, Vanadium) werden solche Ausscheidungsvorgänge gezielt gefördert.

Für viele Werkstücke ist es nicht erforderlich, über den vollen Querschnitt zu härten. Es reicht vielmehr aus, nur die Härte der Oberflächenschicht zu erhöhen. Durch eine Oberflächenhärtung wird eine günstige Kombination einer verschleißfesten Randschicht mit einem duktilen Kern erreicht (günstig für die Biegewechselfestigkeit eines Bauteils). Als Oberflächenhärtungsverfahren bieten sich das thermische und das chemisch-thermische Härten an.

Zum thermischen Oberflächenhärten zählen das Induktion- und das Flammhärten. Hier wird entweder durch ein hochfrequentes elektrisches Wechselfeld oder mit einem Gasbrenner die Randschicht des Werkstücks kurzzeitig auf Austenitisierungstemperatur erwärmt und anschließend abgeschreckt.

Das chemisch-thermische Oberflächenhärten erfolgt durch ein Eindiffundieren von Fremdatomen. Die bekanntesten Verfahren sind hier das Einsatzhärten und das Nitrieren. Beim Einsatzhärten wird die Oberfläche von Stählen mit weniger als 0,2 Prozent C in einem Kohlenstoff abgebenden Medium aufgekohlt und anschließend gehärtet. Im Verlauf des Nitriervorgangs wird die Randschicht eines Werkstücks mit Stickstoff angereichert. Es bilden sich Nitride, d. h. Verbindungen von Stickstoff mit Eisen bzw. mit Legierungselementen wie Chrom und Vanadin, die der Oberfläche des Stahls die gewünschte Härte verleihen.

3.3.6.8 Oberflächennachbehandeln

Neben der Reinigung der Oberflächen von Gesenkschmiedeteilen durch Beizen oder Strahlen wird durch nachgeschaltete Oberflächennachbehandlungsverfahren das Ziel verfolgt, die mechanischen Bauteileigenschaften durch Aufbau von Druckeigenspannungen und Verfestigungen zu verbessern. Vor allem die dynamische Belastbarkeit eines Bauteils kann bedeutend gesteigert werden. Die wichtigsten Verfahrensarten sind hierfür das Strahlen und das Rollen bzw. Festwalzen.

3.3.6.8.1 Strahlen

Beim Strahlen wird die kinetische Energie des Strahlmittels neben der Beseitigung von Zunderschichten für eine gezielte plastische Deformation der beaufschlagten Oberfläche zur Oberflächenverdichtung bzw. -verfestigung eingesetzt. Dies erfordert eine ausreichend hohe Geschwindigkeit der eingesetzten Strahlmittelkörner.

Zur Aufbringung des Strahlmittels stehen der Schmiedeindustrie verschiedene Anlagenformen zur Verfügung. Neben sogenannten Schleuderradanlagen, in welchen das Strahlmittel mit einem Schaufelrad oder Förderband gefördert, beschleunigt und auf das zu behandelnde Strahlgut geschleudert wird, werden vermehrt druckluftbetriebene Strahlkabinen zur Förderung und Aufbringung des Strahlmittels eingesetzt. Als Strahlmittel finden je nach Funktion und Zweck der Oberflächennachbehandlung Stahlgussstrahlmittel und Stahldrahtkorn aber auch Glas- und Keramikperlen oder Nussschalen Verwendung. Wesentliche Kriterien bei der Auswahl eines Strahlmittels sind die Kornform (kugelig, kantig oder zylindrisch), -größe und -härte. Die Kornform sollte kugelig sein, um eine Erzeugung scharfer Kerben in der Werkstückoberfläche zu vermeiden. Entscheidend für die Auswahl der Korngröße sind das Bauteil, die Strahlanlage und die gewünschte Strahlintensität (Abb. 3.231). Bei der Wahl der Korngröße und -härte spielen die Strahlzeit und der Strahlmittelverbrauch eine Rolle. Der Einfluss der Kornhärte auf die erreichbaren Strahlintensitäten ist in Abbildung 3.232 dargestellt.

3.3 Gesenkschmieden

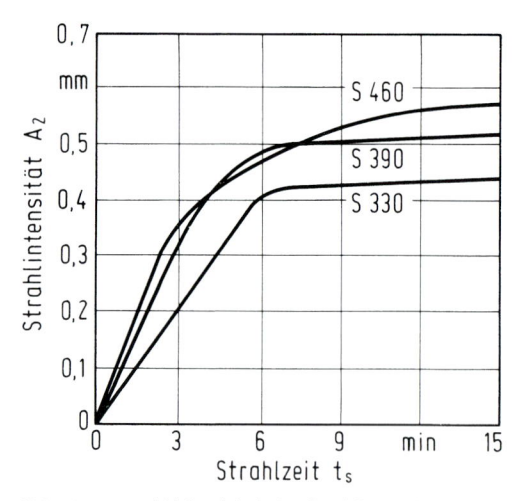

Abb. 3.231: Abhängigkeit der Strahlintensität A_z von der Korngröße nach (Matherauch 1980)
Betriebsgemische S 330 (Korngröße 0,8 mm), S 390 (1,0 mm), S 460 (1,2 mm), S Siebnummer

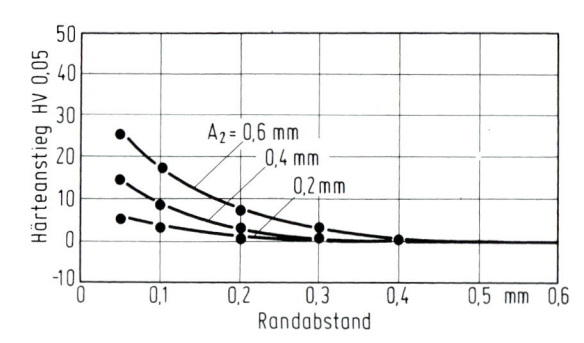

Abb. 3.233: Härteverläufe geschliffener Probestäbe aus C45V bei verschiedenen Strahlintensitäten A_z (Bender 1980)

Mit steigender Strahlintensität nimmt die Verfestigungswirkung zu, wie die Härteverläufe der Randzone von geschliffenen Probestäben bei verschiedenen Strahlintensitäten in Abbildung 3.233 zeigen.

Für dynamisch beanspruchte Bauteile ist nicht in erster Linie die Härte, sondern die erzeugten Eigenspannungen von Bedeutung. In Abbildung 3.234 ist der Eigenspannungsverlauf in Abhängigkeit vom Überdeckungsgrad dargestellt. Bereits bei 1-facher Überdeckung treten relativ hohe Druckeigenspannungen auf. Bei 6-facher Überdeckung wird das Eigenspannungsmaximum sowohl erhöht als auch zu größeren Oberflächenabständen verschoben. Zum Vergleich ist die Eigenspannungsverteilung im ungestrahlten Zustand dargestellt.

Zur Beurteilung der Strahlbehandlung werden die Strahlintensität (abhängig von der Korngröße, -form, -härte und Abwurfgeschwindigkeit) und der Überdeckungsgrad (abhängig von der Strahlzeit) als Kriterien herangezogen (Almen 1943). Ein entscheidendes Kriterium bei der Auswahl dieser Parameter ist die Auswirkung der Strahlbehandlung auf das Dauerschwingverhalten. In Abbildung 3.235 ist die Steigerung sowohl der Dauerschwingfestigkeit als auch der Zeitfestigkeit nach unterschiedlichen Strahlbehandlungen gegenüber dem ungestrahlten Zustand deutlich zu erkennen.

Dass die Steigerung des Überdeckungsgrads aber nicht zwangsläufig zu einer stetigen Steigerung der Schwingfestigkeit führt, wird aus Abbildung 3.236 deutlich. Nach Überschreiten eines Maximums fällt die Biegewechselfestigkeit wieder ab. Dies ist auf eine Zerrüttung der Oberfläche zurückzuführen, wobei Mikrorisse auftreten, die als Anrisse wirken.

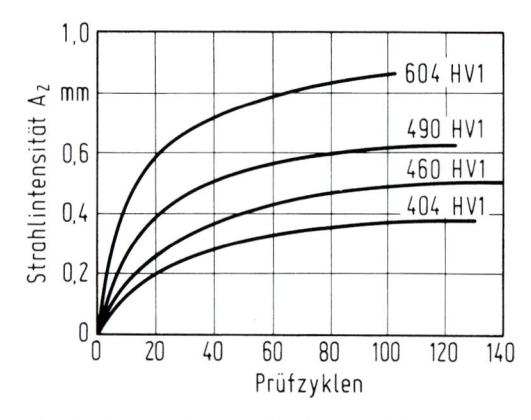

Abb. 3.232: Einfluss der Kornhärte auf die Strahlintensität A_z (Matherauch 1980) HV1 Vickershärte

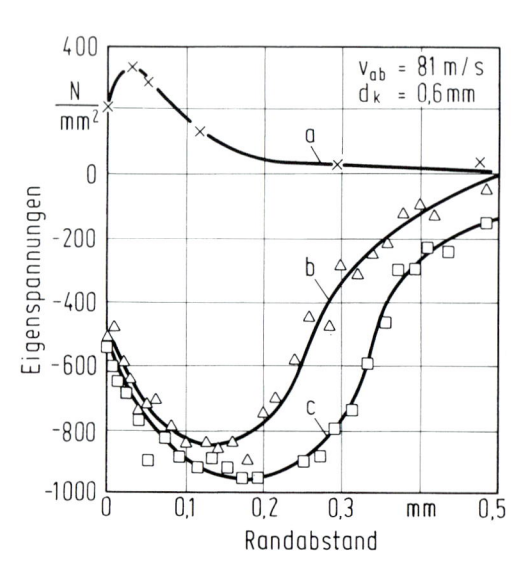

Abb. 3.234: Gemessene Eigenspannungen von gestrahlten und ungestrahlten Proben aus dem Werkstoff 16MnCr5 (Schreiber 1977)
a ungestrahlt, b gestrahlte Proben mit 1-facher Überdeckung, c gestrahlte Proben mit 6-facher Überdeckung
v_{ab} Abwurfgeschwindigkeit, d_k Strahlkorndurchmesser

3.3.6 Gesenkschmieden mit Grat

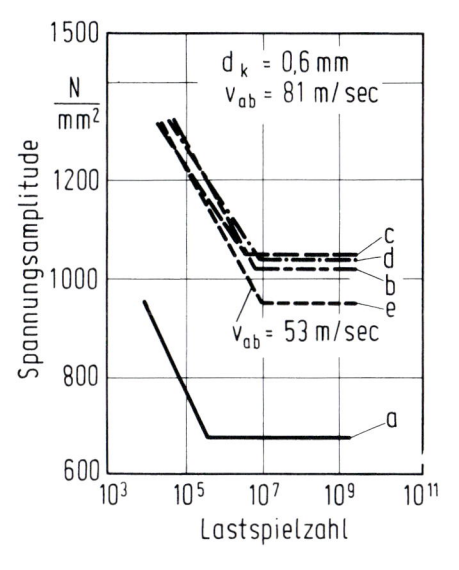

Abb. 3.235: Wöhlerlinien von gehärteten Flachproben aus Ck45 im ungestrahlten Zustand und nach verschiedenartigem Strahlen (N.N. 1977)
a ungestrahlt, b gestrahlte Probe mit 1-facher Überdeckung, c gestrahlte Probe mit 6-facher Überdeckung, d gestrahlte Probe mit 3-facher Überdeckung, e gestrahlte Probe mit 1-facher Überdeckung
v_{ab} Abwurfgeschwindigkeit, d_k Strahlkorndurchmesser

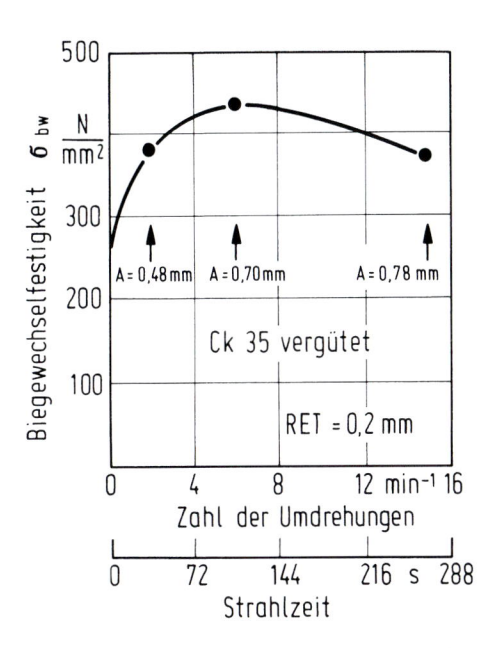

Abb. 3.236: Biegewechselfestigkeit von Proben aus C35V in Abhängigkeit von der Strahlzeit (Knolle 1978)
RET Randentkohlungstiefe

3.3.6.8.2 Rollen

Das Rollen bzw. Festwalzen lässt sich allgemein nur an zylindrischen Bauteilen durchführen. So werden z. B. an nahezu allen Kurbelwellen die Hohlkehlen im Übergang von Zapfen zur Wange rolliert bzw. gewalzt. In Abbildung 3.237 ist dieser Vorgang schematisch dargestellt.
Das Werkstück wird hierbei so eingespannt, dass die zu bearbeitende Fläche sich zentrisch dreht. Durch eine frei umlaufende Walze, die unter einem bestimmten Winkel in die Hohlkehle gepresst wird, werden hohe Flächenpressungen und eine Umformung im Bereich der Hohlkehle erreicht. Die Folge sind Druckeigenspannungen und Verfestigungen, die diesem kritischen Bereich eine höhere Dauerfestigkeit verleihen.

3.3.7 Sonstige Verfahren

3.3.7.1 Gesenkschmieden ohne Grat

Beim Gesenkschmieden ohne Grat wird in geschlossenen Werkzeugen umgeformt (Abb. 3.238). Durch das gratlose Gesenkschmieden können wesentliche Vorteile erzielt werden:

- Werkstoffeinsparung: Je nach Größe, Gestalt und Zwischenformung lassen sich 10 bis 40 Prozent oder mehr der Einsatzmasse einsparen (Haller 1975).
- Wegfall der Abgratoperation: Ein Abgraten der geschmiedeten Bauteile ist nicht mehr erforderlich. Die Nacharbeit beschränkt sich auf eventuelle Lochoperationen und die Entfernung des Stirngrats.
- Verminderung der spanenden Nacharbeit: Durch geringere Bearbeitungszugaben und auf Grund einer genauen Massendosierung kann der Materialabtrag innerhalb der spanenden Fertigbearbeitung reduziert werden.
- Geringere Umformkräfte: Ein Verdrängen von überschüssigem Material in die Gratbahn entfällt. Bei sorgfältiger Massendosierung sind die Umformkräfte zum Teil erheblich kleiner als beim Gesenkformen mit Grat.

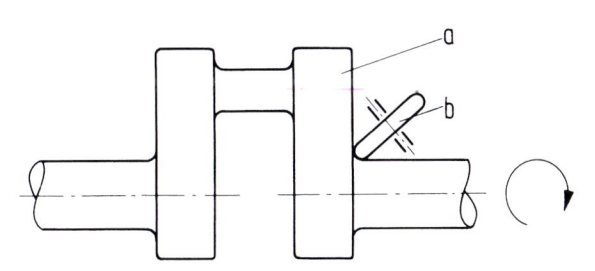

Abb. 3.237: Schematische Darstellung des Walzvorgangs an einer Kurbelwelle
a Werkstück, b Andruckwalze

3.3 Gesenkschmieden

Demgegenüber stehen folgende Nachteile:

- Volumenkonstanz der Rohteile ist erforderlich: Das Volumen der auf Schmiedetemperatur erwärmten Rohteile oder Zwischenformen muss dem Volumen des Gravurhohlraums sehr genau entsprechen. Volumenschwankungen dürfen +0,5 Prozent nicht überschreiten. Größere Rohteil- oder Zwischenformvolumina können, sofern keine Ausgleichsräume zur Aufnahme des Volumenüberschusses vorgesehen sind, einen unerwünschten Stirngrat sowie eine Überlastung von Gesenk und Umformmaschine zur Folge haben. Beim Unterschreiten des Volumens wird die Gravur nicht vollständig gefüllt (Johne 1969).
- Genaues Positionieren der Rohteile bzw. Zwischenformen: Zentrierfehler beim Einlegen des Umformgutes können zu Formfehlern am Werkstück und zur Überlastung des Werkzeugs führen.
- Sorgfältige Massenverteilung: Insbesondere bei langgestreckten Werkstücken muss eine Massenverteilungsform verwendet werden, deren Querschnitte in allen Schnittebenen senkrecht zur Hauptachse denen der Endformflächen gleich sind.

Ein Beispiel für das Gratlosschmieden eines Gesenkflansches ist in Abbildung 3.240 dargestellt. Das Gesenkformen ohne Grat wird auch in Kombination mit dem

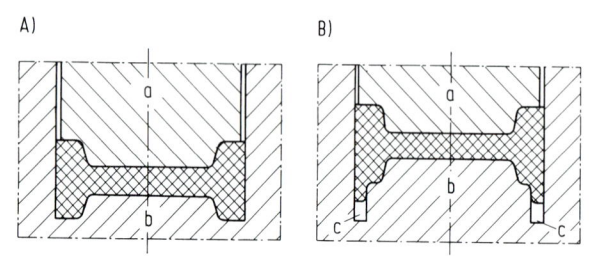

Abb. 3.238: Schematische Darstellung des Schmiedens im geschlossenen Gesenk ohne (A) und mit (B) Ausgleichsraum (Johne 1969)
a Stempel, b Gravureinsatz, c Ausgleichsraum

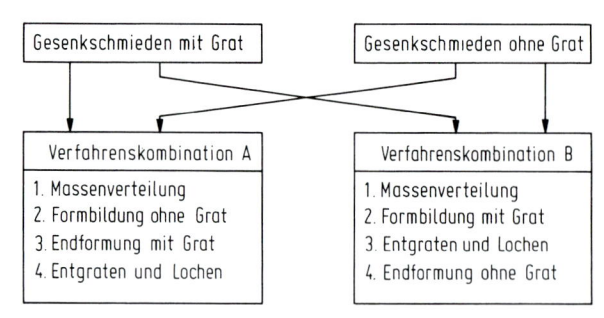

Abb. 3.239: Kombinationen des Gesenkformens mit und ohne Grat (Buttstädt 1975)

Schmieden mit Grat angewendet (Abb. 3.239). Die Verfahrenskombinationen haben den Vorteil, dass die Einsatzmassen der Rohteile größere Toleranzen aufweisen können. Der Volumenüberschuss wird bei der Variante A beim Endformen mit Grat in den Grat verdrängt, im zweiten Fall lassen sich durch den zweiten Arbeitsgang nahezu volumenkonstante Zwischenformen herstellen.

3.3.7.2 Genau- und Präzisionsschmieden

Unter dem Begriff Genauschmieden wird die Herstellung von Teilen verstanden, die eine höhere Genauigkeit besitzen als sie die Schmiedegüte E nach DIN EN 10243 vorschreibt (Tab. 3.18).

Das Ziel des Genauschmiedens ist die Fertigung von Werkstücken, bei denen mindestens eine mechanische Bearbeitungsstufe eingespart werden kann. Die höhere Genauigkeit gilt nur für spezielle Funktionsflächen eines Teils, untergeordnete Flächen mit einer funktionell nicht erforderlichen engen Toleranz zu versehen wäre unwirtschaftlich (N.N. 1976).

Der Verfahrensablauf beim Genauschmieden unterscheidet sich im Wesentlichen nicht von dem des üblichen Gesenk- bzw. Gratlosschmiedens. Es ist jedoch eine höhere Sorgfalt auf allen Stufen des Fertigungsganges erforderlich.

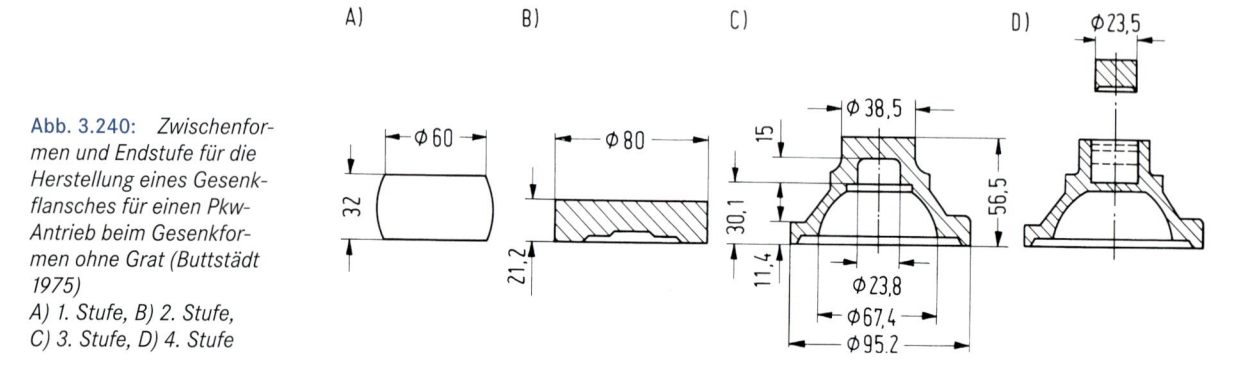

Abb. 3.240: Zwischenformen und Endstufe für die Herstellung eines Gesenkflansches für einen Pkw-Antrieb beim Gesenkformen ohne Grat (Buttstädt 1975)
A) 1. Stufe, B) 2. Stufe, C) 3. Stufe, D) 4. Stufe

Das Präzisionsschmieden ist ein Sonderfall des Genauschmiedens, bei dem die erreichbare Genauigkeit noch um weitere IT-Qualitäten gesteigert werden kann. Präzisionsgeschmiedete Teile sind nahezu einbaufertig. Lediglich die Funktionsflächen bedürfen je nach ihrem späteren Verwendungszweck noch einer abschließenden Hartfeinbearbeitung. Die erhöhten Ansprüche an Maß-, Form- und Lagegenauigkeit beim Präzisionsschmieden stellen erhöhte Anforderung an die Gestaltung und Führung des Umformprozesses. Zur Steigerung des Formänderungsvermögens erfolgt die Umformung bei Prozesstemperaturen von bis zu 1250 °C. Bereits während der Umformung ist eine prozess- und geometriebedingt inhomogene Auskühlung des Schmiedebauteils festzustellen. Dies beeinflusst das nachträgliche Schrumpfungsverhalten der Schmiedeteile in hohem Maße und muss bei der Prozess- und Werkzeugauslegung berücksichtigt und kompensiert werden (Behrens 2009). Beim Präzisionsschmieden müssen die Maß- und Formabweichungen des Gesenkschmiedens auf ein Minimum reduziert werden. Sie werden beeinflusst durch:

- die Gesenkschrägen, die für die Herausnahme des Werkstücks aus dem Werkzeug erforderlich sind,
- die Fertigungstoleranzen, die sich aus den Gesenkherstelltoleranzen ergeben,
- den Werkzeugverschleiß,
- die elastischen Verformungen von Gesenk und Umformmaschine,
- die Verzunderung und Entkohlung des Werkstücks sowie
- die Wärmeschwankungen und die dadurch entstehenden Schrumpfungs- und Verzugsunterschiede.

Die Gesenkschrägen werden beim Präzisionsschmieden durch den Einsatz von Auswerfern auf 0 bis 1° herabgesetzt. Die Fertigungstoleranzen der Werkzeuge werden verringert, indem die Gesenke durch Funkenerosion mit genauen Elektroden oder mit speziellen Nachbehandlungen hergestellt werden. Die Herabsetzung des Werkzeugverschleißes erfolgt durch den Einsatz geeigneter Gesenkwerkstoffe, durch gleichmäßige Schmierung und genaue Temperaturführung der Gesenke während der Fertigung. Verzunderungen und Entkohlungen werden durch Erwärmung unter Schutzgas oder durch das Aufbringen von Schutzschichten vor dem Wärmen verhindert. Zur Vermeidung von Wärmeschwankungen ist auf eine genaue Temperaturführung innerhalb der Erwärmungseinrichtung und des Schmiedeprozesses zu achten. Verzugsschwankungen können durch Kalibriervorgänge korrigiert bzw. verringert werden.

Die genannten Maßnahmen führen zu einem größeren Fertigungsaufwand und damit zu höheren Kosten gegenüber dem konventionellen Schmieden. Wenn jedoch aufwendige spanende Nachbearbeitungsverfahren eingespart werden können, ist das Präzisionsschmieden wirtschaftlich (N.N. 1976). In Abbildung 3.241 ist ein präzisionsgeschmiedetes Kegelrad für ein Landmaschinengetriebe mit einbaufertig geschmiedeter Verzahnung dargestellt. Durch die Anpassung des Faserverlaufs an die Zahnform wird mit der geschmiedeten Variante eine um 15 bis 20 Prozent höhere Belastbarkeit der Zähne erreicht. Der Kostenvergleich für dieses Beispiel ergibt einen Vorteil zugunsten der präzisionsgeschmiedeten Ausführung mit einbaufertiger Verzahnung.

3.3.7.3 Halbwarmschmieden

Halbwarmschmieden von Stahl ist Umformen bei Temperaturen oberhalb der Raum- und unterhalb der üblichen Schmiedetemperatur von 1000 bis 1200 °C. Nicht- und

Tab. 3.18: *Erreichbare Genauigkeiten bei verschiedenen umformenden und spanenden Fertigungsverfahren (N. N. 2008, Voigtländer 1976)*

	w	5	6	7	8	9	10	11	12	13	14	
Umformen	Gesenkschmieden										x	x
	Genauschmieden						o	x	x	x		
	Präzisionsschmieden				o	x	x					
	Warmfließpressen								o	o	x	x
	Halbwarmfließpressen						o	x	x			
	Kaltfließpressen				o	x	x	x				
Spanen	Drehen			o	x	x	x	x				
	Fräsen			o	x	x	x	x	x			
	Rundschleifen		x	x	x	x	x					

x: mit herkömmlichen Fertigungseinrichtungen erreichbar; o: mit Sondermaßnahmen und in Ausnahmefällen erreichbar niedriglegierte Stähle werden üblicherweise im Temperaturbereich von 600 bis 800 °C halbwarm umgeformt, nicht rostende Stähle auch bei niedrigeren Temperaturen (Kowallick 1979; Meier 1978).

Zielrichtung des Halbwarmschmiedens ist die Kombination der Vorteile von Kalt- und Warmumformung. Die bessere Oberflächengüte und höhere Genauigkeit des Kaltpressens wird mit den geringeren Umformkräften und dem größeren Umformvermögen der Warmformgebung vereint. Das Verfahren des Halbwarmschmiedens bietet sich an:

- zur Formgebung von Werkstoffen, die kalt kein ausreichendes Formänderungsvermögen besitzen oder extrem hohe Werkzeugbelastungen hervorrufen würden,
- zur Formgebung von kaltumformbaren Werkstoffen mit dem Ziel, die Anzahl der Umformstufen zu verringern oder
- zur Formgebung von sonst warmgeschmiedeten Werkstücken zur Verbesserung ihrer Maßgenauigkeit und Oberflächengüte.

Die Wahl der Umformtemperatur beim Halbwarmschmieden stellt immer einen Kompromiss dar. Nach unten wird die Temperatur durch die Größe der Umformkraft und Werkzeugbelastung sowie durch das Formänderungsvermögen des Werkstoffs begrenzt. In Abbildung 3.242 sind die Fließspannung und das Formänderungsvermögen des Werkstoffs Ck15 in Abhängigkeit von der Temperatur aufgetragen. Die Bereiche der Blaubruch- bzw. der Rotbruchzone (bei Temperaturen zwischen 250 und 500 °C und bei 800 °C) weisen vergleichsweise hohe Fließspannungswerte und ein geringes Formänderungsvermögen auf und sind daher für eine Umformung ungünstig. Ähnliche Verhältnisse herrschen bei niedriglegierten Baustählen. Bei nichtrostenden Stählen tritt die Blaubruchzone nicht auf. Eine obere Grenze für die Halbwarmumformung stellt der auftretende Zunder dar (vgl. Kap. 3.3.6.2.3).

3.3.7.4 Pulverschmieden

Zur Pulvermetallurgie (vgl. auch Handbuch der Fertigungstechnik, Urformen, Kap. 3) zählen neben der konventionellen Sintertechnik hauptsächlich das Heißpressen, das Pulverschmieden, das Heiß-Isostatische-Pressen (HIP) und das Flüssigphasen-Sintern (Kiefer 1976; Huppmann 1979). Es sind bisher vor allem Verfahren der konventionellen Sintertechnik bekannt geworden, zu denen die Herstellung von Filtern, porösen Lagerschalen oder von Formteilen aus hochschmelzenden Metallen zählt.

In zunehmendem Maße dringt die Pulvermetallurgie unter anderem durch das Pulver- oder Sinterschmieden in Bereiche vor, die vorher entweder der Zerspantechnik, der Gießtechnik oder der Massivumformung vorbehalten waren. Beim Pulverschmieden handelt es sich um ein Verfahren, bei dem eine aus Metallpulver gepresste Vorform bei Schmiedetemperatur in geschlossenen Werkzeugen

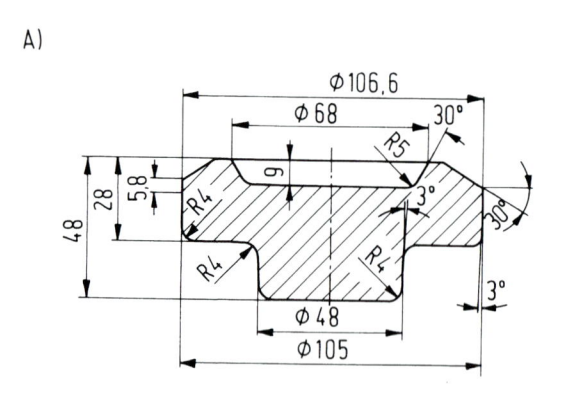

Abb. 3.241: Kostenvergleich eines herkömmlich gefertigten Kegelrads für ein Landmaschinengetriebe mit einer präzisionsgeschmiedeten Variante (N.N. 1976)
A) Skizze des normalen Schmiederohlings (Masse: 1,89 kg),
B) präzisionsgeschmiedetes Kegelrad mit einbaufertiger Verzahnung aus Cf53 (Masse: 1,42 kg),
C) Kostenvergleich

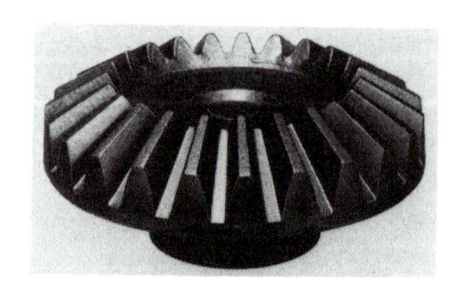

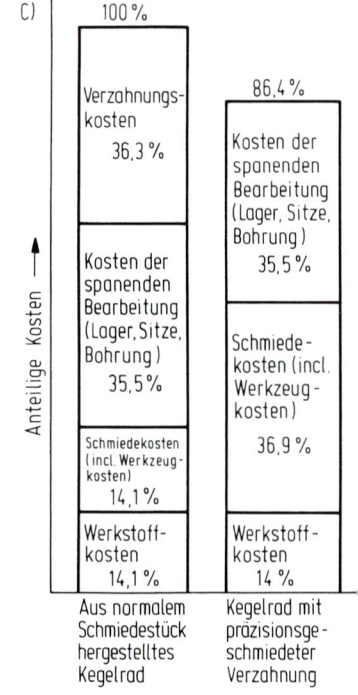

3.3.7 Sonstige Verfahren

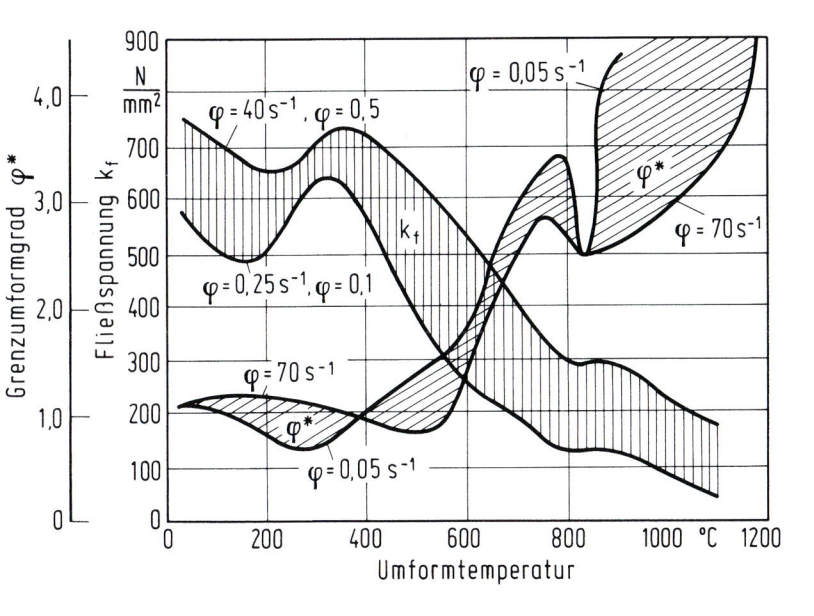

Abb. 3.242: Einfluss der Umformtemperatur auf die Umformeigenschaften des Werkstoffs Ck15 (Lindner 1966)

umgeformt wird. In der Regel wird die Vorform gesintert. Beim Sintern werden die Vorformen auf Temperaturen von 500 bis 650 °C für Leichtmetalle, 1100 bis 1300 °C für Eisenlegierungen und Hartmetalle mit Haltezeiten von bis zu 0,5 h erwärmt, wobei die Werte je nach verwendetem Sinterverfahren und gewünschten Eigenschaften variieren können.

Wegen der höheren Pulverpreise sind für eine wirtschaftliche Fertigung Einsparungen in anderen Bereichen der Fertigung notwendig. Möglichkeiten dazu sind durch eine hohe Materialausnutzung und durch Energie- und Werkzeugeinsparungen, kürzere Produktionszeiten und starke Reduzierung der mechanischen Nachbearbeitung gegeben.

Die Bauteileigenschaften von Pulverschmiedestücken bezüglich des Festigkeits- und Dehnungsverhaltens sind von der Restporosität abhängig (Abb. 3.243). Allein durch Sintern kann eine Dichte von etwa 90 Prozent erreicht werden.

Ungesinterte Vorformen neigen infolge geringer Duktilität bei hohen Umformgraden zu Rissbildungen (Buttstädt 1975). Ein Fortfall des Sintervorgangs bedingt somit niedrige Umformgrade. Dies erfordert eine weitestgehende Anpassung der Vorformen an das Fertigteil. Neben Stahl werden auch Werkstücke aus hochfesten Werkstoffen, wie z. B. Titan und seine Legierungen, durch Pulverschmieden hergestellt (Zwicker 1974). Die hohe Reaktivität von Titan mit Sauerstoff, Wasserstoff, Stickstoff und Kohlenstoff macht eine gießtechnische Verarbeitung aufwendig und teuer. Eine spanende Werkstückbearbeitung ist unwirtschaftlich.

Die geometrische Genauigkeit der durch Pulverschmieden gefertigten Werkstücke ist mit der erzielbaren Genauigkeit beim Präzisionsschmieden vergleichbar. So

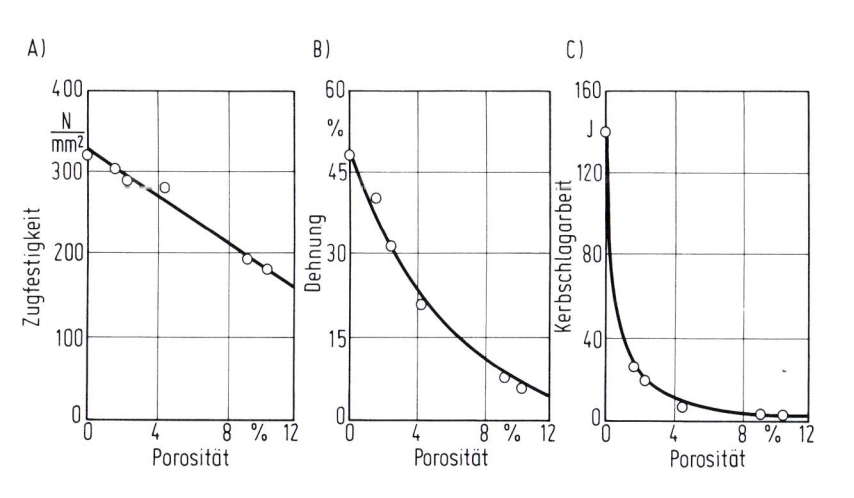

Abb. 3.243: Werkstoffkennwerte von Pulverschmiedeteilen in Abhängigkeit von der Restporosität (Huppmann 1978)
A) Zugfestigkeit,
B) Dehnung,
C) Kerbschlagarbeit

werden z. B. Kupplungsteile, Kegel- und Tellerräder, Flansche sowie Pkw-Pleuelstangen nahezu einbaufertig über Pulverpressen und Sintern hergestellt. Nachteile des Pulverschmiedens sind, neben den hohen Pulverpreisen, die zum Teil nicht ganz befriedigende Oberflächengüte der Werkstücke und die Restporosität in den Randzonen (vor allem beim Titan-Pulverschmieden im kalten Gesenk).

3.3.7.5 Thixoschmieden

Thixoforming ist das Umformen von Werkstoffen im teilflüssigen (semi-solid) Werkstoffzustand und ist zwischen den Ur- und Umformverfahren anzusiedeln. Dieses Verfahren ermöglicht die Herstellung von geometrisch komplexen Bauteilen in einer Umformstufe und kombiniert die Vorteile der Fertigungsverfahren Gießen und Gesenkschmieden. Infolge des thixotropen Verhaltens des Werkstoffs erfordert das Thixoforming geringere Umformkräfte im Vergleich zu konventionellen Gesenkschmiedeverfahren. Die erzielten mechanischen Bauteileigenschaften sind mit denen geschmiedeter Bauteile vergleichbar.

Thixotropie ist ein zeitabhängiges Fließverhalten, das metallische Werkstoffe im teilflüssigen Zustand aufweisen. Infolge einer andauernden konstanten Scherbeanspruchung τ über der Zeit nimmt die Festigkeit und damit die Viskosität η ab. Die Thixotropie ist ein reversibler Vorgang. Bei Wiedereintritt des Ruhezustands ($\tau = 0$) nimmt die Viskosität bis zur Anfangsviskosität η_0 wieder zu (Abb. 3.245).

Zur Umformung eines metallischen Werkstoffes im thixotropen Zustand muss das Vormaterial bestimmte Gefügeeigenschaften, wie eine geringe Korngröße und eine möglichst globulitische Kornform, aufweisen. Eine dendritische Mikrostruktur verhindert das Thixoforming des Werkstoffs im teilflüssigen Bereich (Abb. 3.244). Zum Einstellen thixoforminggeeigneter Gefüge werden besondere verfahrentechnische Routen angewendet. Hier sind unter anderen das magnetohydrodynamisches Rühren (MHD), das Sprühkompaktieren (Sprayforming/OSPREY) sowie das „Strain Induced Melt Activated" (SIMA) und „Recristallization and Partial Melting" (RAP) zu erwähnen (Fischer 2008).

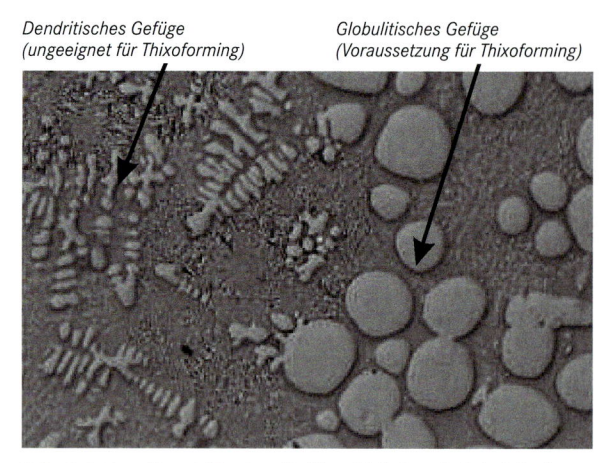

Abb. 3.244: Dendritisches Gefüge (links) und globulitisches Gefüge (rechts)

Der Umformvorgang im thixotropen Zustand kann direkt nach der Vormaterialherstellung und Abkühlen in den teilflüssigen Bereich erfolgen. In diesem Fall wird der Formgebungsprozess als Rheo- bzw. Thixogießen bezeichnet. Formgebungsprozesse, die von einer Wiedererwärmung eines erstarrten Rohteils in den teilflüssigen Zustand ausgehen, werden unter dem Begriff Thixoforming zusammengefasst (Haller 2006). Das Thixoforming wird je nach Umformprozess in Thixoschmieden, Thixoquerfließpressen, Thixostrangpressen sowie Thixomolding® (Sonderverfahren für Magnesiumlegierungen) unterteilt. In Abbildung 3.246 sind die verschiedenen Verfahrensrouten von Vormaterialherstellung, über Werkstoffvorbereitung bis zur Formgebung im thixotropen Materialzustand zusammengefasst dargestellt.

Thixoschmieden ist das Thixoforming im geschlossenen Gesenk und wird auf hydraulischen oder mechanischen Schmiedepressen durchgeführt. Der Flüssiganteil bei diesem Verfahren beträgt $f_L = 10 - 40\%$ (Haller 2006). Auf Grund der extremen thermischen Belastung werden

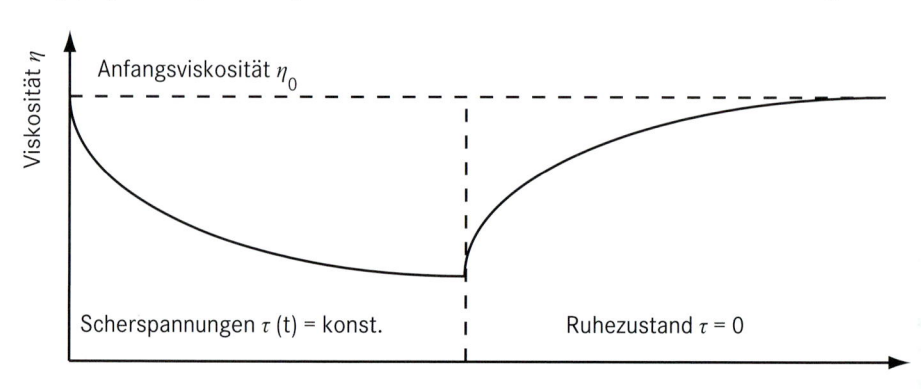

Abb. 3.245: Änderung der Viskosität eines metallischen Körpers im thixotropen Zustand unter der Einwirkung von Scherspannungen τ (Haller 2006).

3.3.7 Sonstige Verfahren

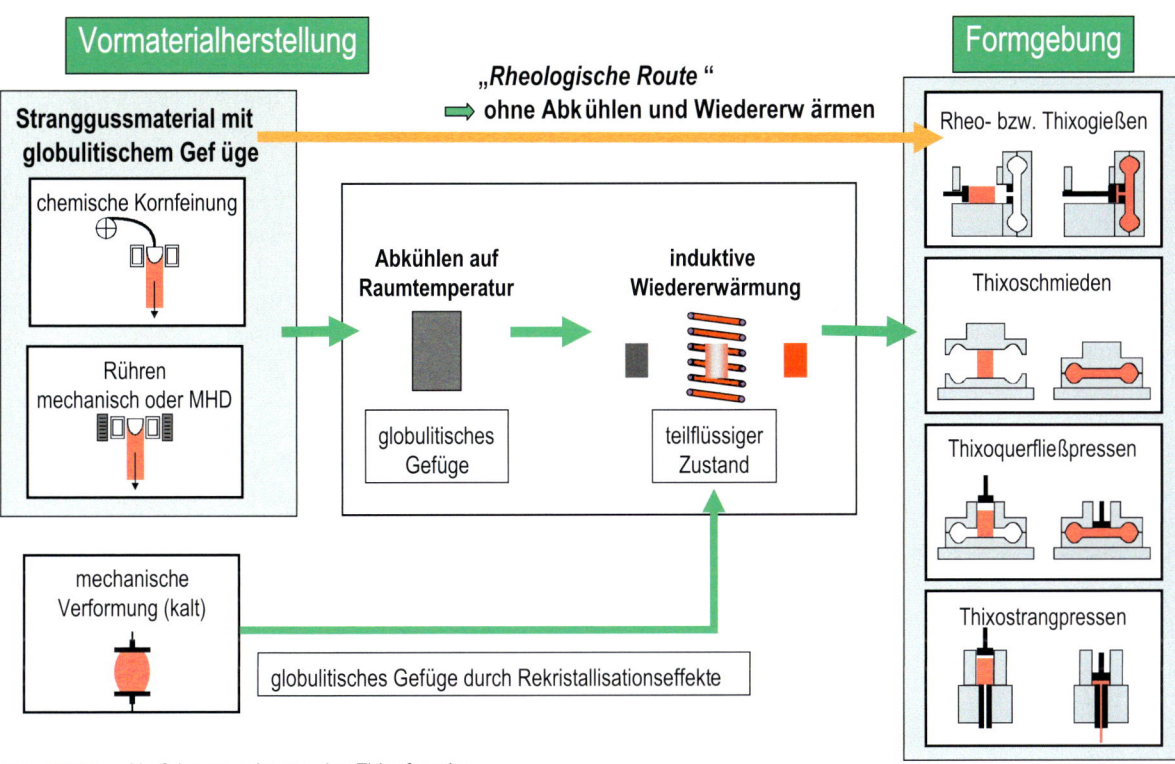

Abb. 3.246: *Verfahrensvarianten des Thixoforming*

hohe Anforderungen an das Werkzeugsystem gestellt. Da die verwendeten Werkzeuge keine Ausgleichsräume, Gratbahnen oder Steiger aufweisen, ergibt sich eine gute Materialausnutzung (Fischer 2008). Es werden sowohl Halbzeuge als auch bereits fertige Bauteile mittels dieser Technik hergestellt. Im Gegensatz zum Thixoforming von Leichtmetallen ist dieses Fertigungsverfahren für Stahl auf Grund der hohen Prozesstemperaturen noch nicht industriell etabliert.

3.3.8 Werkzeuge zum Gesenkformen

3.3.8.1 Werkzeugarten

Die Werkzeuge für das Gesenkformen können nach mehreren Gesichtspunkten gegliedert werden. Grundlegend wird zwischen Gesenken mit und ohne Gratspalt unterschieden (Abb. 3.247). Gesenkformwerkzeuge mit Gratspalt sind offene Gesenke; bei ihnen wird überschüssiger Werkstoff beim Schmieden in den Gratbereich nach außen verdrängt. Bei geschlossenen Gesenken ist dies nicht möglich; die Volumengenauigkeit der eingesetzten Schmiederohteile beeinflusst direkt das Formfüllungsverhalten und die auftretenden Gesenkbelastungen.

Ein anderes Unterscheidungsmerkmal ist die Anzahl der Werkzeugteilungen. Es gibt die üblichen Gesenke mit einer Teilung und Werkzeuge mit mehreren Teilfugen, die es ermöglichen, Schmiedestücke mit Hinterschneidungen zu fertigen (Abb. 3.248).

Die Anzahl der in einem Gesenkblock bzw. Halter vorhandenen gleichen Gravuren führt zur Gliederung nach Einfach- und Mehrfachgesenken (Abb. 3.249). Mehrfachgesenke werden zur Erhöhung der Mengenleistung eingesetzt.

Eine weitere Gliederungsmöglichkeit ergibt sich bei Voll- und Einsatzgesenken (Abb. 3.250). Bei Vollgesenken wird die Gravur in den Gesenkblock eingearbeitet. Einsatzgesenke besitzen Gesenkhalter, in die die Gesenkeinsätze mit der eingearbeiteten Gravur befestigt werden. Der Vorteil hierbei ist die sparsame Verwendung von teuren Werkzeugwerkstoffen. Der Gesenkeinsatz besteht aus hochwertigem Werkstoff, der Halter wird aus geringerwertigem Material gefertigt.

Die in einem Gesenkblock vorhandenen unterschiedlichen Gravuren ergeben eine Einteilung nach Ein- und Mehrstufengesenken (Abb. 3.251). Im Mehrstufenwerkzeug wird das Schmiedestück in verschiedenen Arbeitsgängen über Zwischenformen gefertigt.

In Abbildung 3.252 sind die Bezeichnungen der wichtigsten Merkmale an einem Schmiedewerkzeug angegeben.

3.3 Gesenkschmieden

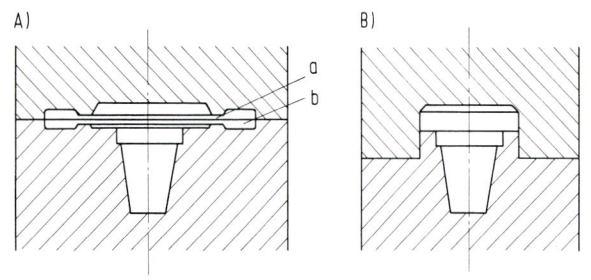

Abb. 3.247: Prinzipieller Unterschied zwischen einem Gesenk mit Gratspalt (offenes Gesenk, A) und einem Gesenk ohne Gratspalt (geschlossenes Gesenk, B) (Altan 1967)
a Gratspalt, b Gratrille

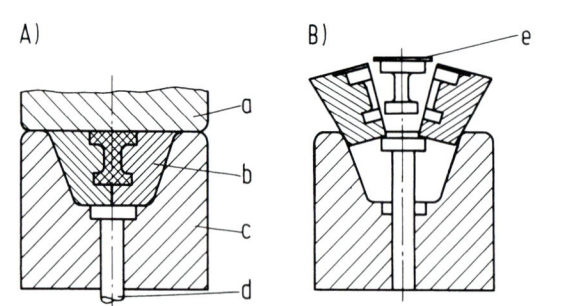

Abb. 3.248: Schmiedewerkzeuge mit mehreren Teilfugen (Haller 1971)
A) Gesenk geschlossen, B) Gesenk geöffnet
a Obergesenk, b Gesenkschalen, c Halter, d Auswerfer, e Schmiedestück

3.3.8.2 Gestaltung der Werkzeuge

Die Gesenkblockabmessungen bestimmen sich aus der einzuarbeitenden Gravur und den benötigten Aufschlagflächen, die verhindern sollen, dass es beim Aufeinanderschlagen der Gesenkhälften zu bleibenden Verformungen der Werkzeuge kommt. Richtwerte für einzuhaltende Mindestwanddicken und Blockhöhen bei gegebenen Gravurtiefen sind in Tabelle 3.19 eingetragen. Zum Nachsetzen bzw. Überarbeiten verschlissener Gesenkblöcke sind für jedes Nachsetzen 10 bis 25 mm auf die Mindestblockhöhe aufzuschlagen.

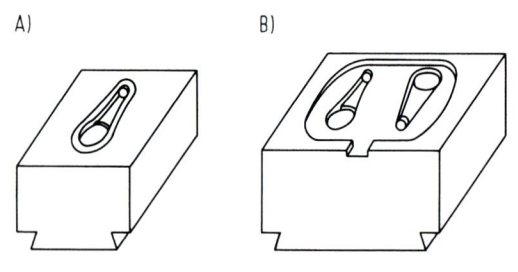

Abb. 3.249: Schmiedewerkzeuge mit unterschiedlicher Anzahl von gleichen Gravuren
A) Einfachgesenk, B) Mehrfachgesenk

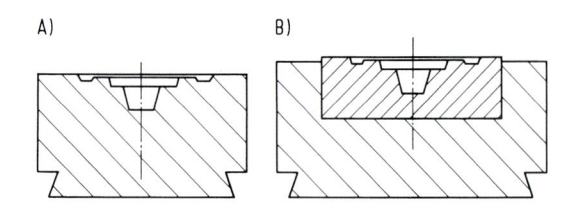

Abb. 3.250: Werkzeuge mit und ohne Einsatz
A) Vollgesenk, B) Einsatzgesenk

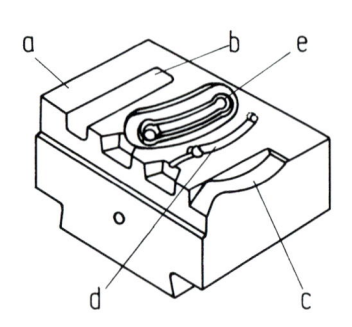

Abb. 3.251: Mehrstufenwerkzeug für das Schmieden mit Zwischenformen (Bruchanow 1955)
a Aufschlagfläche, b Rollgravur, c Biegegravur, d Vorschmiedegravur, e Endgravur

Bei der Bemessung der Breite und Länge von Gesenkblöcken müssen die benötigten Aufschlagflächen berücksichtigt werden. In Abbildung 3.253 sind Anhaltswerte für Gesenkblockbreiten und -längen bei unterschiedlichen Gravurformen angegeben.

Eine Möglichkeit zur Verstärkung von Schmiedewerkzeugen stellt das Vorspannen durch Armieren der Gesenkeinsätze dar. Hierbei kann sich je nach ermittelter Beanspruchung und zulässiger Deformation eine Verringerung der Wanddicke des Werkzeugeinsatzes im Hinblick auf die Beanspruchungen als vorteilhaft erweisen (Stute-Schlamme 1981).

Neben der Maschinen- bzw. Stößelführung können zusätzlich Werkzeugführungen zur Verminderung des ho-

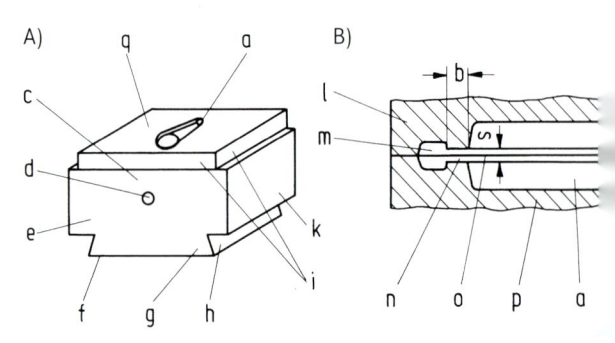

Abb. 3.252: Merkmale eines Gesenkformwerkzeugs
A) Gesenk, B) Schnitt durch das Gesenk
a Gravur, b Gratbahnbreite, c Gesenkkörper, d Loch für Haltedorn, e Stirnfläche, f Auflagefläche, g Gesenkfuß, h Spannfläche, i Bezugsfläche, k Seitenfläche, l Obergesenk, m Gratrille, n Gratbahn, o Gratspalt, p Untergesenk, q Aufschlagfläche, s Gratspaltdicke

3.3.8 Werkzeuge zum Gesenkformen

Gravurtiefe h_G [mm]	Mindestwanddicke a zwischen Gravur und Außenkante [mm]	Mindeststegbreite a_s zwischen Gravur und Gravur [mm]	Mindest-Gesenkblockhöhe [mm]
6	12	10	100
10	20	16	100
25	40	32	160
40	56	40	200
100	110	80	315
160	160	110	400

Tab. 3.19: Richtwerte für Mindestwanddicken, -stegbreiten und -blockhöhen von Gesenkformwerkzeugen für Hämmer nach (Kaessberger 1950)

rizontalen Versatzes zwischen Ober- und Unterwerkzeug eingesetzt werden (Zünkler 1968). Hierbei wird im Wesentlichen zwischen Flach-, Bolzen- und Rundführungen unterschieden (Abb. 3.254). Je nach Gesenkgröße und Anforderungen an die Genauigkeit werden Flach- und Rundführungen mit 0,25 bis 1 mm Spiel und Bolzenführungen mit 0,2 bis 0,5 mm Spiel ausgeführt. Auf Grund des erhöhten Fertigungs- und Werkstoffaufwands sind Gesenkführungen nur für Schmiedeprozesse mit hohen geforderten Fertigungsgenauigkeiten (z.B. Genau- oder Präzisionsschmieden) anzuwenden.

Wichtig bei der Gestaltung der Gravur und des Schmiedeteils sind Lage und Verlauf der Gesenkteilung. Eine Teilfuge in halber Höhe des Gesenkformteils ist im Allgemeinen vorteilhaft, besonders dann, wenn Ober- und Untergesenk symmetrisch zueinander gestaltet sind (Abb. 3.255). Die für die Aushebeschrägen benötigte Werkstoffmenge ist so am geringsten und der Aufwand der spanenden Nachbearbeitung kann auf einen Minimum reduziert werden. Wenn hohe, enge Gravurräume ausgefüllt werden müssen, wie z.B. bei napf- oder ringförmigen Gesenkschmiedestücken mit größeren Höhen oder bei u-förmigen Querschnitten, kann eine andere Lage der Gesenkteilung sinnvoll erscheinen (Abb. 3.256).

Zu vermeiden sind Gesenkteilungen unmittelbar an einer Stirnfläche, da dann das Erkennen von Werkzeugversatz und das Abgraten erschwert wird (Abb. 3.257).

Gesenkteilungen können in drei Grundformen auftreten (Abb. 3.258): eben, symmetrisch gekröpft und unsymmetrisch gekröpft.

Den geringsten Fertigungsaufwand ergibt die ebene Gesenkteilung. Symmetrisch gekröpfte Gesenke erfordern vergleichsweise größere Gesenkblockabmessungen und zusätzlichen Zerspanungsaufwand bei der Gesenkbearbeitung. Noch erheblich ungünstiger für die Herstellung sind unsymmetrisch gekröpfte Gesenke. Um unzulässig hohen Versatz zu vermeiden, müssen diese Werkzeuge ein Widerlager erhalten, das die auftretenden Schubkräfte aufnimmt.

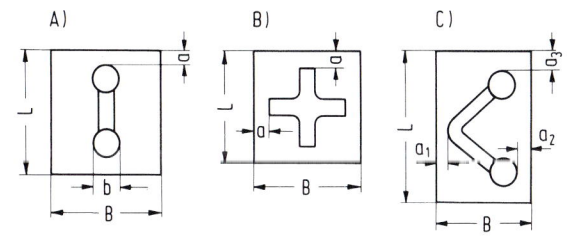

Abb. 3.253: Breite B und Länge L von Gesenkblöcken bei unterschiedlichen Gravurformen (Lange 1977); Mindestwanddicken a nach Tabelle 3.19
A) Gravur mit ausgeprägter Längsachse: Maß a bestimmend für $L/B \approx 2,5$ bis $3,5 \cdot b$
B) kreuzförmige Gravur: Maß a bestimmend für $L = B$
C) gebogene Gravurform: Maße a_1, a_2, a_3 bestimmend für B und L
a, a_1, a_2, a_3 Mindestwanddicken

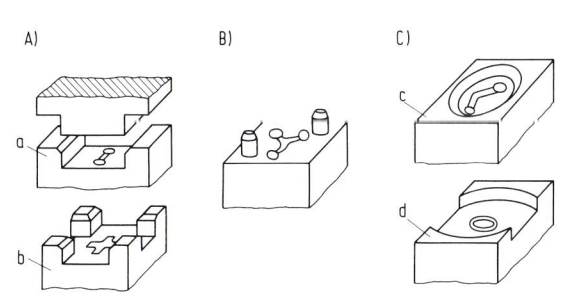

Abb. 3.254: Führungen für Schmiedewerkzeuge (Lange 1977)
A) Flachführung, B) Bolzenführung, C) Rundführung
a Leistenführung, b Eckenführung, c geschlossene Form, d offene Form

3.3 Gesenkschmieden

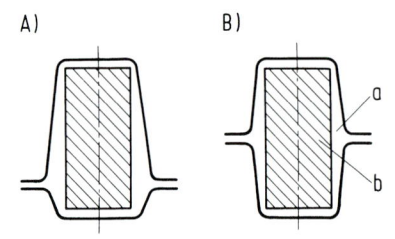

Abb. 3.255: *Lage der Gesenkteilung und ihr Einfluss auf die Werkstoffzugabe*
A) ungünstig, B) günstig; a Werkstoffverlust, b Fertigform

Die Gestaltung von Gratbahn und Gratrille richtet sich nach der Gravur und deren Formschwierigkeit. Gestaltungsbeispiele von Gratbahn und Gratrille sind in Abbildung 3.259 dargestellt. Die Gratrille muss den überschüssigen Werkstoff, der aus dem Gratspalt verdrängt wird, aufnehmen können. Die Abmessungen von Gratspaltdikke s und Gratbahnbreite b beeinflussen die Steighöhe h_s des Werkstoffs in der Gravur (Abb. 3.260), den für das Ausfüllen der Gravur notwendigen Werkstoffüberschuss ΔV sowie die auftretenden Druckspannungen, Umformkräfte und -arbeiten (Abb. 3.261).

Für eine überschlägige Auslegung der Gratspaltabmessungen gibt es eine Anzahl von Richtwerten, die zumeist empirisch gewonnen wurden.

Nach (Voigtländer 1959) ergeben sich auf Grund von Betriebsbefragungen folgende Gleichungen für die Auslegung der Gratspaltdicke s und der Gratbahnbreite b für rotationssymmetrische Schmiedestücke mit dem Durchmesser d_s:

$$s = 0{,}016\, d_s \quad \text{und} \tag{3.165}$$

$$\frac{b}{s} = \frac{63}{\sqrt{d_s}} \tag{3.166}$$

Nach (Vieregge 1969) ergeben sich folgende Gleichungen:

$$s = 0{,}017 d_s + \frac{1}{\sqrt{d_s + 5}} \quad \text{und} \tag{3.167}$$

$$\frac{b}{s} = \frac{30}{\sqrt[3]{d_s \cdot \left[1 + \dfrac{2 \cdot d_s^2}{h_R \cdot (2 r_h + d_s)}\right]}} \tag{3.168}$$

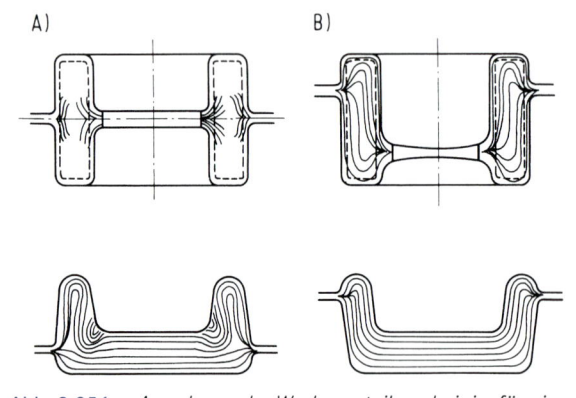

Abb. 3.256: *Anordnung der Werkzeugteilung bei ringförmigen Schmiedestücken und u-förmigen Querschnitten*
A) ungünstig, B) günstig

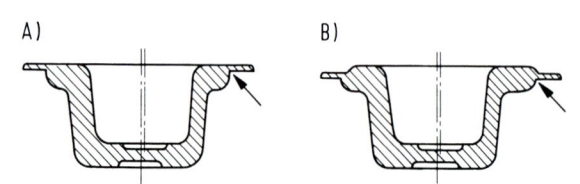

Abb. 3.257: *Werkzeugteilung an Kanten von Gesenkformteilen; A) ungünstig, B) günstig*

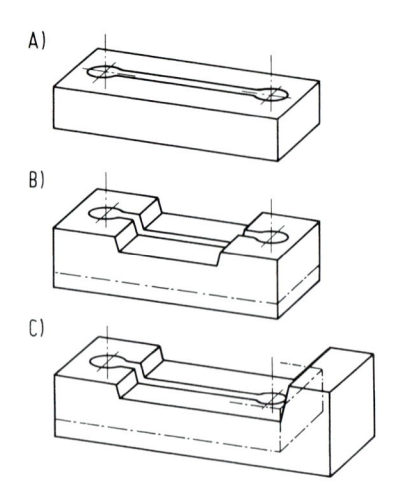

Abb. 3.258: *Verlauf der Werkzeugteilung*
A) ebene Teilung, B) symmetrisch gekröpftes Gesenk, C) unsymmetrisch gekröpftes Gesenk

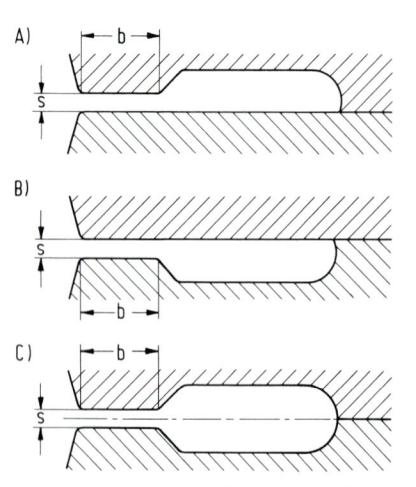

Abb. 3.259: *Formen von Gratbahn und Gratrille*
A) Gratrille im Obergesenk
B) Gratrille im Untergesenk
C) Gratrille im Ober- und Untergesenk
b Gratbahnbreite, s Gratspaltdicke

3.3.8 Werkzeuge zum Gesenkformen

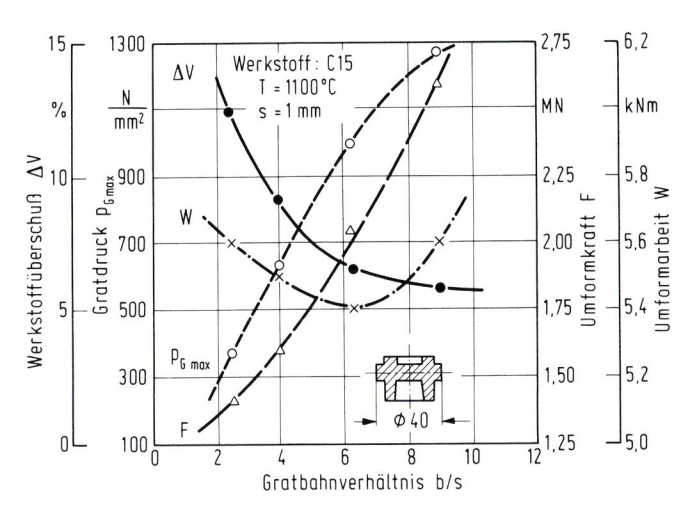

Abb. 3.260: Einfluss der Gratspaltabmessungen auf die Steighöhe in der Gravur und auf den Gratdruck (Umformung in mechanischer Presse) (Vieregge 1969)

Darin bedeuten:
- b Gratbahnbreite in mm,
- s Gratspaltdicke in mm,
- d_s Durchmesser des Schmiedestücks in mm,
- h_R größte Höhe der Rippen und Zapfen in mm und
- r_h waagerechter Abstand des Mittelpunkts von Rippen und Zapfen von der Querschnittsmitte in mm.

Seitenschrägen an Gesenkschmiedestücken werden vorgesehen, um das Werkstück aus der Gravur lösen und heben zu können. Die Größe dieser sogenannten Aushebeschrägen an Innen- und Außenflächen richtet sich nach dem eingesetzten Umformverfahren und der Werkstückform.

Die Rundungen der Gravurhohlkehlen dürfen nicht zu klein gewählt werden. Bei zu gering ausgeführten Radien steigen die Spannungen an diesen Stellen erheblich an und es können Spannungsrisse im Werkzeug entstehen. Ein erhöhter Gravurverschleiß und Verformung sind die Folge.

Rippen und Wände von Gesenkschmiedestücken sind umso günstiger gestaltet, je größer die Hohlkehlen am Fuß und die Kantenrundungen am Kopf gewählt werden. Hohe schlanke Rippen sind für den Werkstofffluss ungünstig, da der Umformwiderstand mit enger werdender Gravur zunimmt.

Die Wahl der Dicke von Schmiedestückböden und deren Gestaltung sind mit den umgebenden Rippen und Wänden sowie deren Radien und Schrägen abzustimmen. Das Formen dünner Böden erfordert mit zunehmendem Verhältnis von Bodenbreite zu Bodendicke größere Druckspannungen.

3.3.8.3 Werkzeugwerkstoffe

Bei der Wahl eines geeigneten Werkstoffs für ein Schmiedegesenk müssen verschiedene Faktoren berücksichtigt werden. Die Größe und Gestalt der Gravur, die Schmiedetemperatur, die Werkstoffkosten und die Bearbeitungsmöglichkeiten müssen in die Überlegungen mit eingehen. Sehr wichtig ist die Werkstoffauswahl hinsichtlich der Belastung des Werkzeugs, wie z. B. Stoßbelastungen etwa beim Einsatz im Hammer oder hohe thermische Belastungen beim Schmieden in einer Presse.

Die Gesenkstähle lassen sich nach der Beanspruchung des Werkzeugs in drei Gruppen einteilen:

- Stähle für hauptsächlich mechanische Beanspruchungen,
- Stähle für überwiegend thermische Beanspruchungen und
- Stähle für Verschleißbeanspruchungen.

Beispielsweise unterliegen Hammergesenke Stoßbeanspruchungen, wobei elastische Wellen die mechanische Belastung zusätzlich erhöhen. Bei tiefen Gravuren wird die mechanische Beanspruchung im Vordergrund stehen,

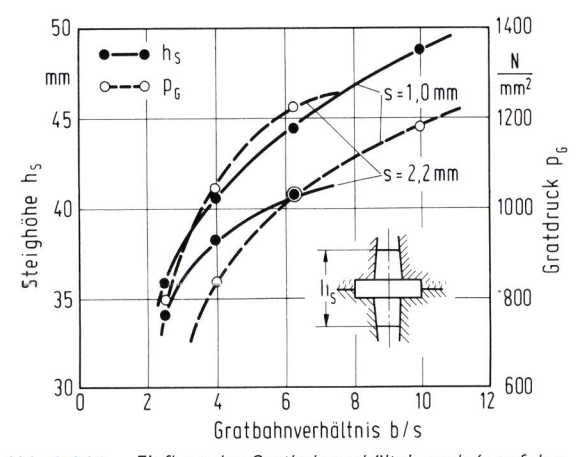

Abb. 3.261: Einfluss des Gratbahnverhältnisses b/s auf den notwendigen Werkstoffüberschuss ΔV, den Gratdruck p_G, die Umformkraft F und die Umformarbeit W (Umformung in mechanischer Presse) (Vieregge 1969)

bei flachen Gravuren die thermische Beanspruchung und der Verschleiß. Eine Auswahl gebräuchlicher Warmarbeitsstähle, die als Gesenkwerkstoffe eingesetzt werden, ist in Tabelle 3.20 aufgeführt.

3.3.8.4 Fertigung der Werkzeuge

Die Fertigung des Gesenkblocks erfolgt direkt durch Gießen oder durch Walzen bzw. Schmieden eines gegossenen Blocks. Durch Drehen, Hobeln oder Fräsen wird die äußere Form erzeugt. Die Gravurherstellung erfolgt durch Drehen, Fräsen, Erodieren, Warm- oder Kalteinsenken sowie durch chemisches Abtragen.

Gegossene Gesenke gibt es mit einbaufertiger Gravur sowie mit vorgegossener Gravur, die eine abschließende Nacharbeit erfordert (Peddinghaus 1967; Verderber 1973). Diese Werkzeugherstellungsart ist vorteilhaft bei gekröpften Gesenken (kein oder kaum Werkstoffverlust, geringe bzw. keine mechanische Bearbeitung), nachteilig sind die relativ hohen Kosten für die geforderten Fertigungsgenauigkeiten.

Durch Drehen werden rotationssymmetrische Gravuren, durch Fräsen nichtrotationssymmetrische Formen bearbeitet. Hierfür eignen sich im Allgemeinen Gesenkblöcke mit Festigkeiten von $R_m < 1400$ N/mm² (Hegewald 1969; Kienzle 1956). Durch den Einsatz der modernen HSC-Technologie lassen sich hohe Zerspanleistungen und Oberflächengüten erzielen (Degner 2002).

Beim Erodieren wird durch Überschlag elektrischer Funken in einem Dielektrikum zwischen einer Profilelektrode und dem Gesenkblock Material abgetragen und so die Gravur erzeugt. Die Elektrode besteht entweder aus Kupfer oder aus Graphit. Durch funkenerosives Abtragen lassen sich vergütete und hochfeste Gesenkwerkstoffe verzugsfrei und mit hoher Maßgenauigkeit bearbeiten (Hegewald 1969; Kienzle 1956). Bei großer Entladeenergie entstehen Mikrorisse in der Oberfläche, die durch Schleifen oder Feinschlichten beseitigt werden sollten (König 1979; Schumacher 1971; Ullmann 1977).

Das Warmeinsenken wird für die Herstellung kleiner Gravuren, bevorzugt von Gesenkeinsätzen, angewendet. Bei diesem Verfahren wird ein Einsenkstempel, der die Gegenform der zu fertigenden Gravur trägt, in den auf Temperatur gebrachten Block gepresst. Die Abmessungen des Meisterstempels müssen um das Schwindmaß des Blocks und um das des Schmiedestücks vergrößert werden. Die Gesenkeinsätze bedürfen anschließend nur noch einer äußeren Bearbeitung. Für das Warmeinsenken ist keine spezielle Maschine erforderlich (Lippmann 1963).

Das Kalteinsenken erfolgt im Allgemeinen auf besonderen hydraulischen Kalteinsenkpressen mit sehr niedrigen Einsenkgeschwindigkeiten. Dieses Verfahren liefert eine höhere Genauigkeit der Gravur als das Warmeinsenken. Es werden wegen der auftretenden Verfestigung und den damit verbundenen hohen Druckspannungen und Presskräften nur flache Gravuren mit relativ kleinen

Tab. 3.20: *Chemische Zusammensetzung und Anwendungsgebiete einiger Gesenkstähle (n. Stahl-Eisen-Werkstoffblatt 250-70)*

Stahlsorte		chemische Zusammensetzung in %					Anwendungsgebiete
Kurzname	Werkstoff-Nr.	C	Cr	Mo	Ni	V	W	
55NiCrMoV6	1.2713	0,55	0,7	0,3	1,7	0,1	–	Hammergesenke für mittlere und kleinere Abmessungen
56NiCrMoV7	1.2714	0,56	1,0	0,5	1,7	0,1	–	Hammergesenke bis zu größten Abmessungen, besonders auch bei schwierigen Gravuren
57NiCrMoV77	1.2744	0,57	1,1	0,8	2,0	0,1	–	Hammergesenke
X38CrMoV51	1.2343	0,38	5,3	1,1	–	0,4	–	Gesenke und Gesenkeinsätze, Werkzeuge für Schmiedemaschinen
X40CrMoV51	1.2344	0,4	3,0	2,8	–	0,5	–	wie 1.2343, jedoch mit erhöhtem Warmverschleißwiderstand
X32CrMoV33	1.2365	0,32	3,0	2,8	–	0,5	–	Gesenkeinsätze, Werkzeuge für Schmiedemaschinen, gut Zähigkeit bei nicht zu großen Querschnitten, sehr guter Warmverschleißwiderstand
X40CrMoV53	1.2367	0,4	5,0	3,0	–	1,0	–	wie 1.2365
X30WCrV53	1.2567	0,3	2,4	–	–	0,6	4,3	wie 1.2365, jedoch geringere Zähigkeit

Grundrissflächen gefertigt. Nach dem Einsenken wird die Stirn- bzw. Aufschlagfläche noch spanend bearbeitet, da sie sich durch Wulstbilden oder Einziehen verformt und anschließend eben gearbeitet werden muss.

Beim elektrochemischen Senken hat die Festigkeit des Gesenkwerkstoffs wie beim Erodieren keinen Einfluss auf die Abtragsleistung. Das Prinzip dieses Verfahrens beruht auf der anodischen Auflösung eines metallischen Werkstoffs in einer Elektrolytlösung. Wie beim Funkenerodieren wird die Werkzeugelektrode als Gegenprofil der herzustellenden Gravur ausgebildet. Der Vorteil beim elektrochemischen Abtragen liegt im fehlenden Verschleiß der Elektrode und der hohen erreichbaren Oberflächengüte der Gravur. Problematisch ist die Herstellung der Werkzeugelektrode, die wegen der Strömungsverhältnisse gegenüber der herzustellenden Gravur ein abweichendes Profil aufweisen muss (Spizig 1963; Kleiner 1963).

Bei der Nachbehandlung der Gravur soll durch Läppen, Schleifen oder Schmirgeln die Rauhtiefe auf Werte von $R_t < 10$ μm verringert werden. Das Strahlläppen – lose Schleifkörner in einer Flüssigkeit werden auf die Gravuroberfläche geschleudert – eignet sich besonders für Nachbearbeitungsverfahren nach der Wärmebehandlung, da der auftretende Zunder auch in Hohlkehlen leicht entfernt wird.

Durch eine Wärmebehandlung soll ein Gesenk die notwendigen Festigkeits- und Zähigkeitseigenschaften erhalten. Das Wärmebehandeln erfolgt entweder vor der Gravurherstellung, wie z. B. beim Erodieren und elektrochemischen Abtragen, oder danach.

Die Wärmebehandlung eines Gesenks besteht meist aus dem Austenitisieren, dem Härten und dem Anlassen (N.N. 1954/56/58). Werden Gesenke im vergüteten Zustand bearbeitet, ist ein anschließendes Entspannen anzuraten.

Eine Oberflächenbehandlung von Gesenken wird vorgenommen, um eine höhere Verschleißbeständigkeit der Gravur im Betrieb zu erreichen. Durch eine angepasste Veränderung der Stoffeigenschaften in der Oberflächenschicht oder durch Beschichten der Oberfläche lässt sich die Werkzeuglebensdauer positiv beeinflussen. Folgende Oberflächenbehandlungsverfahren lassen sich für Umformwerkzeuge anwenden (Joost 1980; Ibinger 1980; Huskic 2005; Behrens 2008; Barnert 2005; Bach 2007):

- Oberflächenveränderung durch Einlagern von Stoffteilchen (z. B. Badnitrieren, Ionitrieren, Borieren),
- Auftragsschweißen (z. B. Metalllichtbogenschweißen),
- Galvanisieren (z. B. Hartverchromen),
- Aufbringen von keramischen Mono- oder Mehrlagenbeschichtungen (z. B. PVD-, CVD-, PACVD-Verfahren),
- Lokales Einbringen keramischer Einsätze (z. B. Aktivlöten).

3.3.8.5 Beanspruchungen der Werkzeuge

Die Beanspruchungen, denen ein Gesenk ausgesetzt ist, resultieren aus den mechanischen und thermischen Belastungen im Schmiedeprozess. Die mechanische Gesenkbelastung ergibt sich hauptsächlich durch den auf die Gravurwand wirkenden Normaldruck, der mechanisch bedingte Spannungen hervorruft. Die thermische Gesenkbelastung ist auf ein instationäres Temperaturfeld im Werkzeug zurückzuführen durch den hohen Wärmeübergang vom 1250 °C warmen Werkstück.

Beim Gesenkschmieden überlagern sich im oberflächennahen Bereich der Gravur die durch den Kontaktdruck zwischen Werkstück und Werkzeug induzierten Zugspannungen mit den durch die thermische Belastung entstehenden Druckspannungen. Die mechanische Belastung des Gesenks ist vor allem abhängig von der Gravurgeometrie, den Gratspaltabmessungen, der Werkzeuggeschwindigkeit und der Werkstücktemperatur. Die thermische Gesenkbelastung ist im Wesentlichen abhängig von der Wärmeausdehnung, den thermischen Materialkennwerten (Wärmeleitfähigkeit, spez. Wärmekapazität) und der Temperaturdifferenz zwischen Werkstück und Werkzeug.

Temperaturspannungen entstehen, wenn Bereiche unterschiedlicher Temperatur ein Volumen entsprechend ihrer Wärmeausdehnung einzunehmen versuchen, aber durch Gebiete mit anderer Temperatur in ihrem Dehnungsverhalten behindert werden. Beim Gesenkschmieden führt die Temperaturerhöhung in den oberen Bereichen der Werkzeugrandschicht durch die Behinderung der Volumendehnung im Werkstoffverbund zu Druckspannungen in der Gravuroberfläche, die teilweise Größenordnungen bis zur Fließspannung des verwendeten Werkzeugwerkstoffs erreichen und somit eine plastische Deformation einleiten können.

Die Vergleichsspannungen, die sich bei mechanischer und thermischer Belastung ergeben, sind in Abbildung 3.262 einander gegenübergestellt. Außerdem ist die Vergleichsspannung, die sich aus der Überlagerung der beiden Belastungsarten einstellt, aufgetragen. Die durch mechanische Belastung erzeugten Zugspannungen stehen den durch die Temperaturerhöhung der Gravuroberfläche und der damit verbundenen Volumenzunahme induzierten Druckspannungen entgegen. Durch die Überlagerung der Spannungsbeträge in ihren Komponenten ergibt sich wegen ihrer entgegen gesetzten Wirkrichtung eine insgesamt niedrigere Vergleichsspannung als

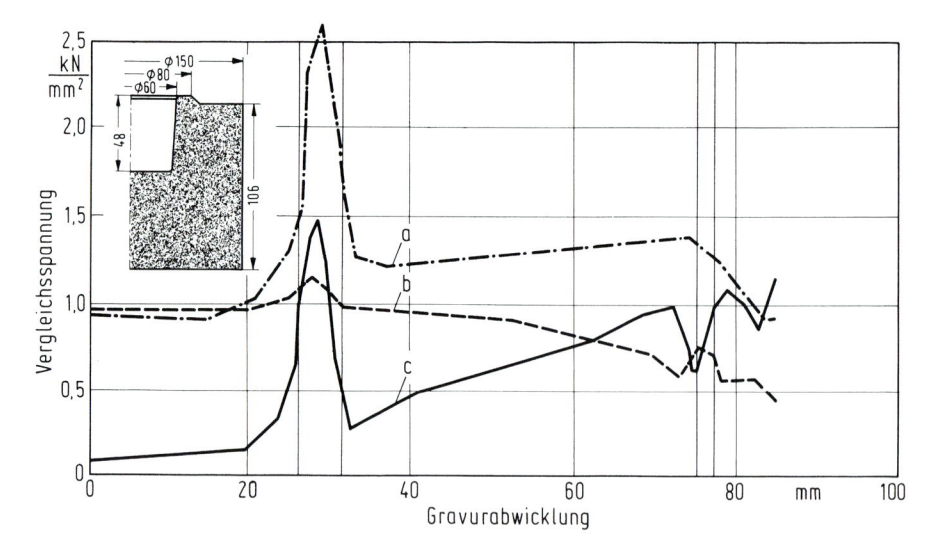

Abb. 3.262: Vergleichsspannungen in einer Gravur beim Gesenkschmieden (Erlmann 1980b)
a mechanische Belastung,
b mechanische und thermische Belastung,
c thermische Belastung

durch eine rein mechanische Belastung. Für die kombinierte mechanische und thermische Belastung ist daher eine geringere Oberflächenbeanspruchung festzustellen (Erlmann 1980b).

3.3.8.6 Werkzeugschäden

Die Beanspruchungen können nach Abbildung 3.263 zu verschiedenartigen Schäden am Werkzeug führen: Verschleiß, mechanische Rissbildung, plastische Verformungen, thermisch bedingte Rissbildung (Wärmewechselrisse) und Gesenkbrüche.

Verschleiß ist die unerwünschte Veränderung der Oberfläche durch Lostrennen kleiner Teilchen infolge mechanischer Ursachen. Gesenkverschleiß tritt hauptsächlich in Bereichen großer Relativbewegungen und hoher Kontaktdrücke zwischen Werkstück und Werkzeug auf, z. B. an Gravurkanten und anderen Übergängen.

Mechanische Rissbildung entsteht an Stellen hoher Spannungskonzentration infolge von Kerbwirkungen, vor allem bei Biegewechselbeanspruchungen. Eine ungünstige Form der Gravur, besonders im Bereich von Rippen und Stegen, kann zu mechanischer Überlastung beim Umformen führen.

Erhöhte Kontaktspannungen infolge niedrigerer Werkstücktemperaturen können ebenfalls zu mechanischer Überbeanspruchung – sogar zu Gesenkbrüchen – führen. Meist werden Gesenkbrüche jedoch durch unzulängliche Konstruktion, falsche Werkstoffauswahl, mangelhafte Wärmebehandlung oder durch Hohlauflage des Werkzeugs auf seiner Unterlage hervorgerufen.

Thermische Rissbildung tritt infolge hoher Temperaturwechsel im Gesenk auf. Ein großes Temperaturgefälle von der Gravuroberfläche ins Werkzeuginnere verursacht in oberflächennahen Schichten hohe örtliche Druckspannungen, wobei die Fließgrenze der Werkzeugwerkstoffe überschritten werden kann. Bei nachfolgender Abkühlung werden Spannungen hervorgerufen, die die kritische Zugspannung überschreiten können und somit zu Rissen führen. Sind die Temperaturunterschiede sehr groß, z. B. bei einmaliger Überhitzung durch Haften des Werkstücks im Werkzeug (Kleber), kann diese Beanspruchung bereits ein Reißen der Werkzeugoberfläche zur Folge haben. Im Allgemeinen tritt die thermische Rissbildung jedoch infolge von Ermüdungserscheinungen durch ständige Temperaturwechsel auf.

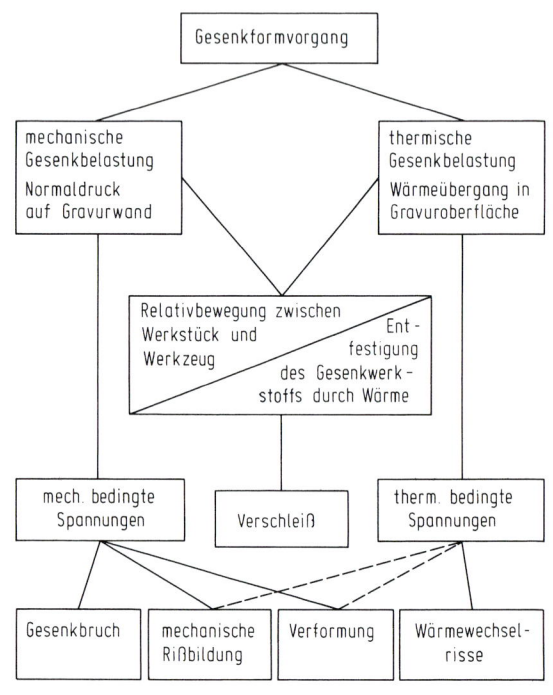

Abb. 3.263: Zusammenhang zwischen den Gesenkbelastungen und den Gesenkschäden (Doege 1976)

Die mechanischen und thermischen Rissbildungen treten im realen Gesenkschmiedevorgang stets kombiniert auf. Plastische Verformungen werden durch zu hohe Belastungen im Verhältnis zur Warmfließgrenze der Werkzeugwerkstoffe hervorgerufen. Solche Verformungen treten z. B. an der Gratbahn oder durch Stauchen von Dornen auf.

Statistische Untersuchungen über Art und Häufigkeit von Gesenkschäden haben ergeben, dass der Anteil vom Verschleiß als Grund für einen Werkzeugwechsel etwa 70 Prozent beträgt. Mechanische Rissbildung ist in 25 Prozent, plastische Verformungen und thermische Rissbildung zusammen in 5 Prozent der Fälle die Ursache eines Werkzeugwechsels (Abb. 3.264) (Heinemeyer 1976).

Mit der Aufgliederung der Schadensarten nach Abbildung 3.265 – hier sind Verschleiß und Rissbildung näher klassifiziert worden – liefert Abbildung 3.266 eine feinere Unterteilung für den Zusammenhang der Schadenshäufigkeit und der Schadensart. Die häufigsten Gründe des Werkzeugwechsels sind Verschleiß an Kantenrundungen und Schrägen sowie Rissbildung in Gravurhohlkehlen.

Eine Aufstellung nach Art der Schäden und nach dem Ort des Auftretens ist in Abbildung 3.267 gezeigt. Aus dieser Darstellung können häufige Art-/Ort-Kombinationen der Schäden abgelesen werden.

Abb. 3.265: Gliederung der Schadensarten (Heinemeyer 1976)
a mechanische Rissbildung (a_1 Eckenriss, a_2 Ausbruch, a_3 Eckenriss, a_4 Längsriss, a_5 Querriss, a_6 Abbrechen)
b thermische Rissbildung,
c Verschleiß (c_1 Kantenverschleiß, c_2 Aufweitung, c_3 Auswaschung, c_4 Riefen, d plastische Verformung)

3.3.8.7 Maßnahmen zur Verminderung von Werkzeugschäden

3.3.8.7.1 Allgemeines

Grundsätzlich wird in der Praxis der Verschleiß als normale Schadensursache beim Erliegen eines Gesenks angesehen. Andere Schäden gelten als Sonderfälle, die durch geeignete Maßnahmen verhindert werden können

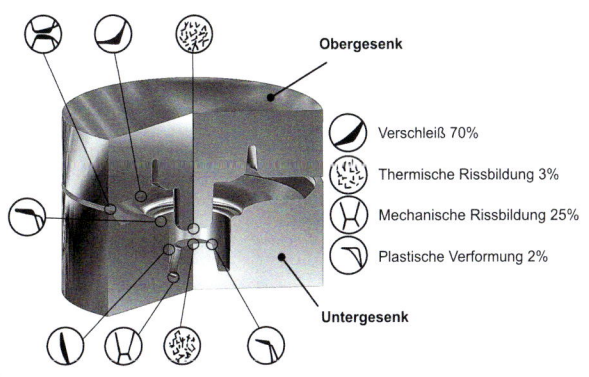

Abb. 3.264: Häufigkeit der auftretenden Gesenkschäden (Heinemeyer 1976)

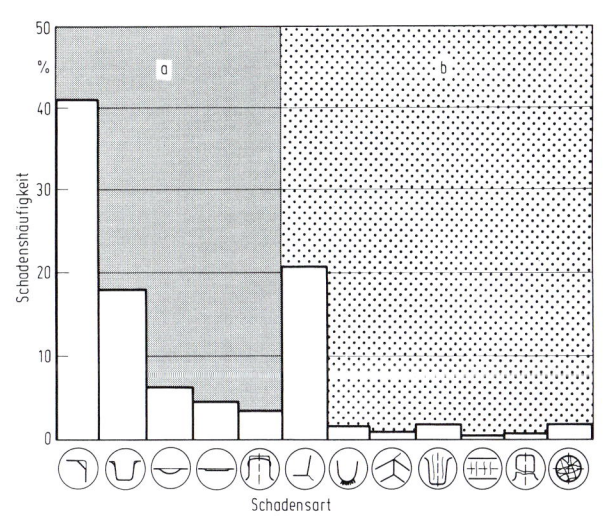

Abb. 3.266: Häufigkeit der Schäden an Gesenkschmiedewerkzeugen (Heinemeyer 1976)
a Verschleiß, Verformung,
b Rissbildung

3.3 Gesenkschmieden

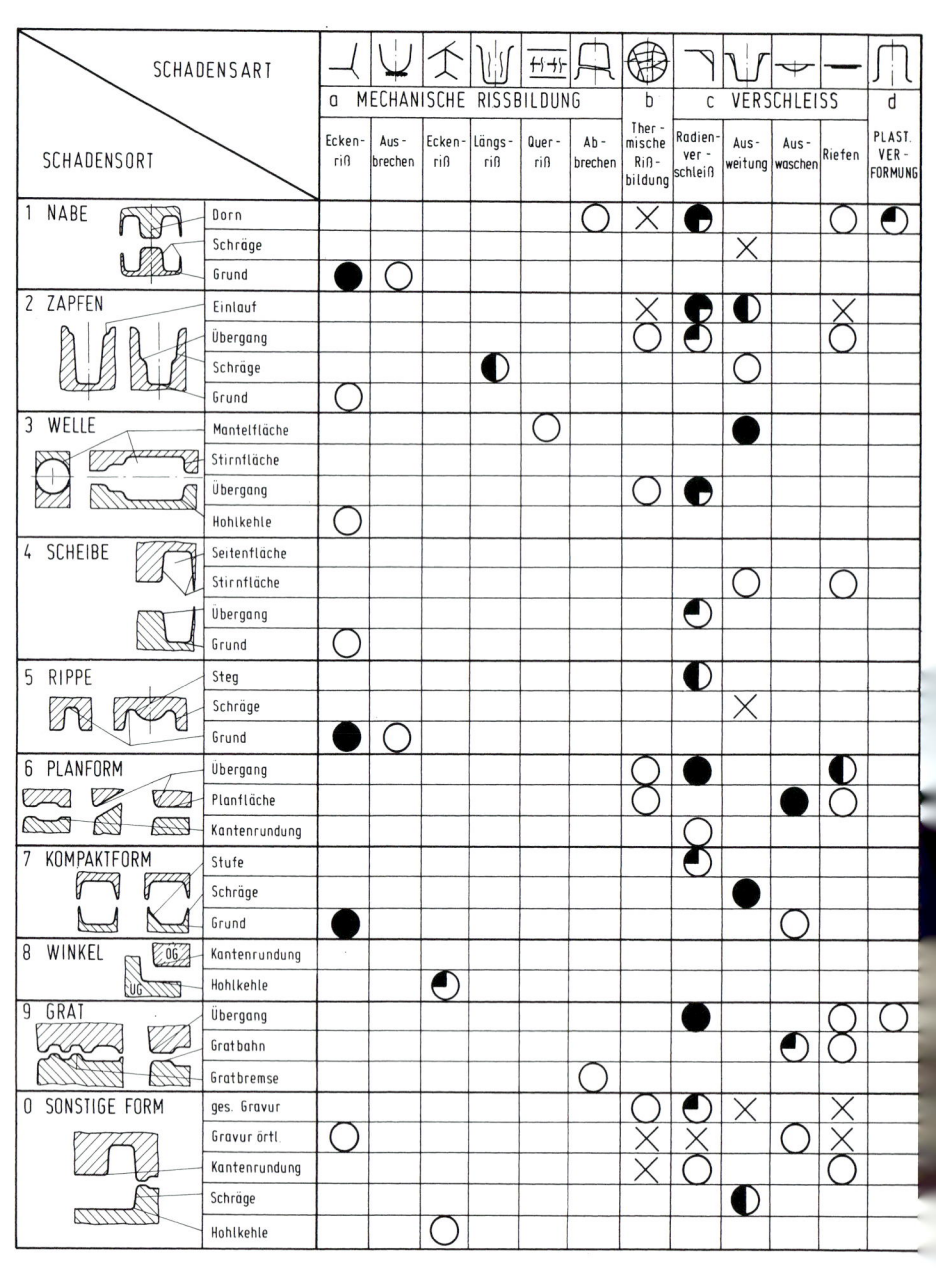

Abb. 3.267: Zuordnung von Art, Ort und Häufigkeit der Gesenkschäden (Heinemeyer 1976)

Häufigkeit der Ausbaugründe: ○ <1, ◔ >1...2, ◑ >2...3, ◕ >3...5, ● >5%
✕ sonstige Schäden

(z.B. Verminderung der mechanischen Belastung durch Prägepolieren, Festigkeitsstrahlen oder Verstemmen).

Die mechanischen Eigenschaften des Werkzeugwerkstoffs wirken sich entscheidend auf die Gesenkschäden aus. Die Forderungen nach großen Festigkeiten und hohen Zähigkeiten lassen sich jedoch nicht gleichzeitig verwirklichen. Hinsichtlich der Schadensursachen sind die Forderungen nach der Größe der Kennwerte des Werkzeugwerkstoffs teilweise entgegengerichtet. Durch die mechanische Beanspruchung werden an die Kennwerte andere Anforderungen gestellt als bei thermischer Belastung.

Bei der Werkzeuggestaltung sollte beachtet werden, dass geringe Gravurtiefen und große Gravurradien sich günstig auf die Gesenkbeanspruchung auswirken. Durch die Gratspaltabmessungen wird die Höhe der Gesenkbelastung beeinflusst.

Eine Oberflächenbehandlung wirkt sich ebenfalls verschleißmindernd aus. Aus der Art der jeweiligen Behandlung (z.B. Nitrieren, Auftragsschweißen, Festigkeitsstrahlen oder Prägepolieren) ergibt sich eine Schadensminderung z.B. für Verschleiß (durch Nitrieren) oder mechanische Beanspruchung (Festigkeitsstrahlen).

Die wichtigsten verfahrensbezogenen Einflussgrößen auf die Werkzeugschäden sind die Werkzeugtemperatur, die Kühlung und Schmierung des Werkzeugs, die Umformtemperatur und der Zunder auf dem Werkstück. Auf diese Größen hat der Fertigungsingenieur einen entscheidenden Einfluss, sie sollen daher in den folgenden Abschnitten näher betrachtet werden.

3.3.8.7.2 Werkzeugtemperaturen

Im Werkzeug entsteht – ähnlich wie im Werkstück – beim Gesenkschmieden ein örtlich und zeitlich veränderliches Temperaturfeld. Die Temperaturverteilung ist nach Abbildung 3.268 abhängig von der Geometrie und Anfangstemperaturverteilung, den Temperaturen des Schmiedeteils und des Außenraums, den Wärmeübergangszahlen, der Wärmeleitfähigkeit, der Dichte und der spezifischen Wärmekapazität.

Die physikalischen Eigenschaften des verwendeten Werkzeugwerkstoffs sind temperaturabhängige Größen. In Abbildung 3.269 sind die Zugfestigkeit, die Kerbschlagarbeit und das E-Modul sowie der Wärmeausdehnungskoeffizient, die Wärmeleitfähigkeit und die spezifische Wärmekapazität des Gesenkwerkstoffs X32CrMoV33 (Werkstoff-Nr. 1.2365) in Abhängigkeit von der Temperatur aufgeführt. Das Verformungs-, Riss- und Verschleißverhalten der Gravur wird somit von der Temperatur beeinflusst. Temperaturwechsel und damit Spannungswechsel können zu einer Ermüdung des Werkstoffs und damit zu von der Oberfläche ausgehenden Rissen führen (Klafs 1969).

Im stationären Betrieb erreichen die Gesenke Grundtemperaturen von 100 bis 400 °C. In der Druckberührphase steigt die Temperatur an der Gravuroberfläche steil an (Abb. 3.270). Überschreiten die Spitzentemperaturen die Anlasstemperatur des Gesenks, werden die Festigkeitseigenschaften des Werkzeugwerkstoffs beeinträchtigt, sofern eine bestimmte Wirkdauer überschritten wird. Bei überwiegender Verschleißbeanspruchung der Werkzeuge sollte im Allgemeinen die Werkzeuggrundtemperatur möglichst niedrig liegen, dies gilt ebenso im Hinblick auf thermische Druckvorspannungen in der Gravuroberfläche. In Bezug auf die Zähigkeit und Wärmewechselrisse kann jedoch eine erhöhte Werkzeuggrundtemperatur notwendig sein.

Vor dem Einbau in die Umformmaschine wird das Gesenk deshalb in vielen Fällen – z.B. in Vorwärmöfen – aufgeheizt. Vor Produktionsbeginn und in Betriebspausen sollte das eingebaute Werkzeug auf dieser Temperatur gehalten werden. Die derzeit gebräuchlichste Methode der Erwärmung des Gesenks im eingebauten Zustand ist die Heizung mit gasbeheizten Ringbrennern. Seltener werden Heizmanschetten verwendet, die um das zu beheizende Werkzeug gelegt werden.

Eine weitere Möglichkeit der Gesenkwärmung besteht durch den Einsatz von Heizwiderständen im Werkzeug. Bei dieser Methode kann durch eine günstige Anordnung der Heizstäbe im Gesenk, verbunden mit einer Temperaturregelung, eine gleichmäßige Temperaturverteilung im Werkzeug erreicht werden. Günstig ist eine von der Gravuroberfläche ausgehende Erwärmung. Eine Temperaturverteilung, bei der die Gravuroberflächentemperatur höher liegt als die Werkzeuggrundtemperatur, erzeugt günstige Druckeigenspannungen in der Gravuroberfläche (Stute-Schlamme 1981). Bei einer Werkzeugwärmung durch Einlegen eines warmen Teils in die Gravur ist zu beachten, dass die Anlasstemperatur des Werkzeugs nicht überschritten wird.

Um konstante Werkzeugtemperaturen zu erzielen, können integrierte Heizsysteme angewendet werden. Bisher ist diese Art der Werkzeugtemperatursteuerung nur in geringem Umfang anzutreffen und beschränkt sich auf größere Werkzeuge (Kleiner 1980). Eine Temperatursteuerung kann im Hinblick auf die Werkstückgenauigkeit von Vorteil sein.

Die Wärmedehnung verursacht Änderungen in den Abmessungen der Gravur. Schwanken die Werkzeugtemperaturen, wirkt sich dies auch auf die Maßgenauigkeit geschmiedeter Bauteile aus, d.h. die Durchmesser und Dickenmaße der Werkstücke ändern sich mit der Gesenk-

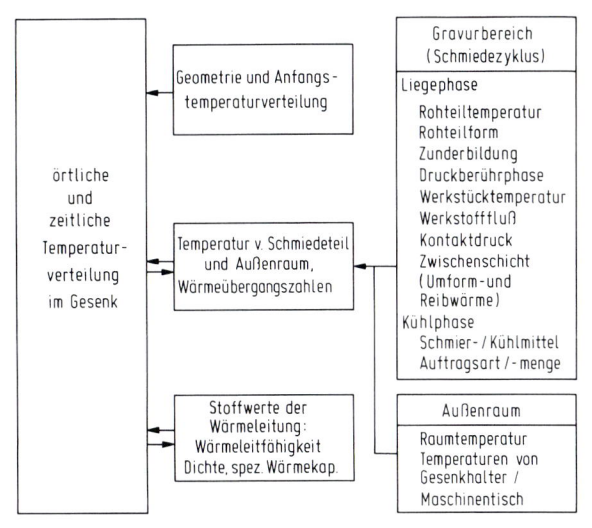

Abb. 3.268: *Einflussgrößen der örtlich und zeitlich veränderlichen Temperaturverteilung im Werkzeug beim Gesenkformen (Mareczek 1977)*

3.3 Gesenkschmieden

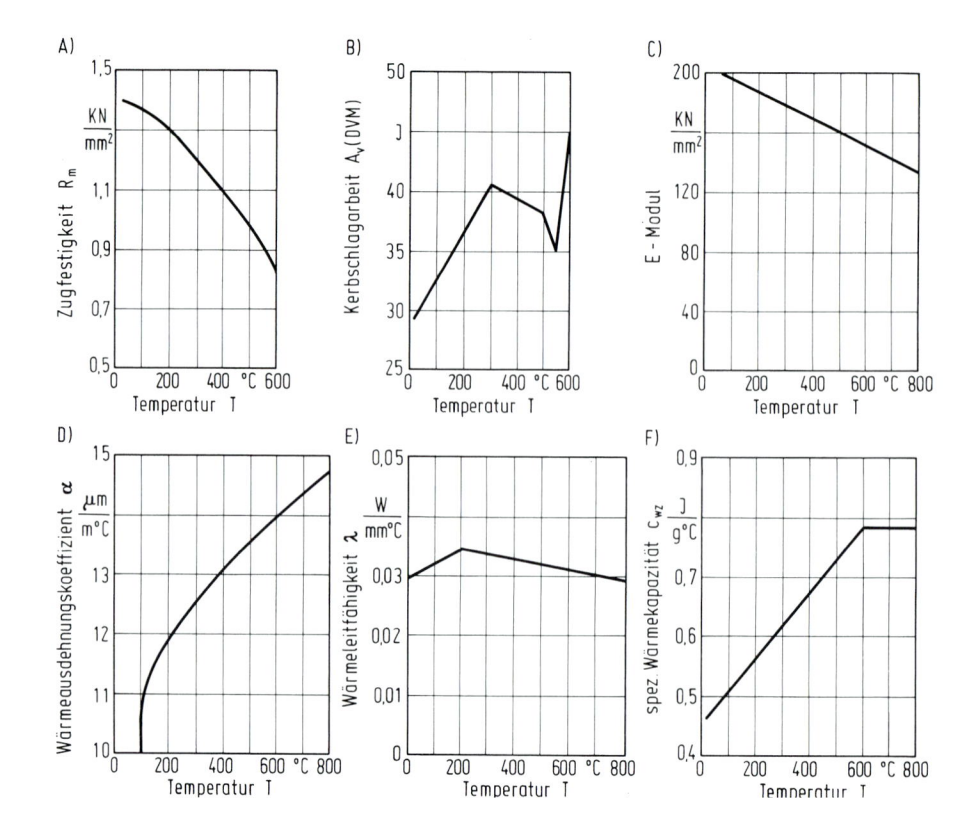

Abb. 3.269: Kenndaten für den Warmarbeitsstahl X32CrMoV33 (Werkstoff-Nr. 1.2365) in Abhängigkeit von der Temperatur (Kleiner 1980)
A) Zugfestigkeit,
B) Kerbschlagarbeit,
C) E-Modul,
D) Wärmeausdehnung,
E) Wärmeleitfähigkeit,
F) spezifische Wärmekapazität

temperatur (Abb. 3.271). Nimmt die Werkzeugtemperatur zu, so weitet sich das Werkzeug und damit auch die Gravur durch Wärmedehnung auf. Da der E-Modul mit steigender Temperatur abfällt (Abb. 3.269), steigt die durch die mechanische Belastung des Werkzeugs während der Umformung bedingte elastische Verformung der Gravur mit der Temperatur an (Abb. 3.272). Die Gesenkhöhe ändert sich ebenfalls mit der Temperatur, womit die Schließlage des Werkzeugs bei weggebundenen Umformmaschinen beeinflusst wird. Eine Veränderung der Schließlage bewirkt eine Änderung der mechanischen Belastung des Werkzeugs und der Dickenmaße des Werkstücks (König 1979).

3.3.8.7.3 Kühlung und Schmierung der Werkzeuge

Zur Standmengenerhöhung von Schmiedegesenken und der Gewährleistung eines ungestörten Fertigungsablaufs werden Kühl- und Schmierstoffe verwendet. Kühlmittel dienen der Wärmeabfuhr aus den Gesenken, Schmierstoffe trennen das Bauteil vom Schmiedegesenk und bil-

Abb. 3.270: Temperaturverlauf im Gesenk (Mareczek 1977, Kleiner 1980)
A) berechnete Gesenktemperaturen im Gravurbereich über einen Schmiedezyklus, Anfangstemperatur der Gravur: 200 °C, Anfangstemperatur des Arbeitsraums: 100 °C, Einlegetemperatur des Werkstücks: 1.100 °C.
B) Gemessener Temperaturverlauf im Gesenk während der Heiz- und Betriebsphasen.

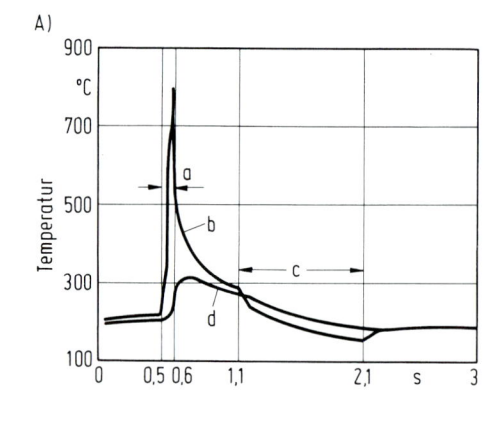

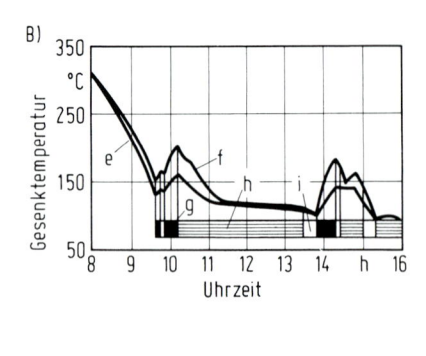

a Druckberührphase, b Oberfläche, c Kühlphase, d Temperaturverlauf 2 mm unter der Oberfläche
e Rand, f Kern, g Aufheizen mit Ringbrenner, h Schmieden, i Pause

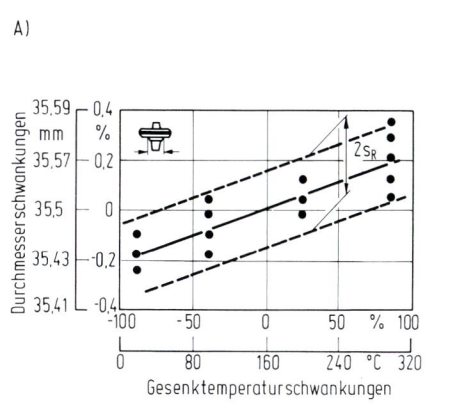

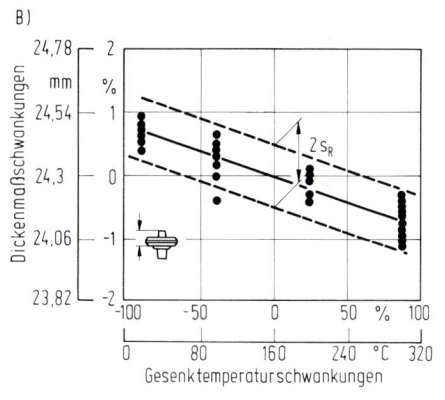

Abb. 3.271: Maßschwankungen von Gesenkschmiedestücken in Abhängigkeit von den Schwankungen der Gesenktemperatur (König 1979)
A) Durchmesserschwankungen,
B) Dickenmaßschwankungen
S_R Reststandardabweichung

3.3.8.7.4 Kühlmittel

den eine Schmierschicht zwischen Werkstück und Werkzeug. Um das Herauslösen der Schmiedestücke aus der Gravur zu gewährleisten, werden Treibmittel verwendet. Die in der Praxis verwendeten Schmierstoffe übernehmen oft die Aufgabe des Kühlens, Schmierens und des Treibmittels. So übernimmt der Trägerstoff des Schmierstoffs (überwiegend eingesetzt: Wasser) die Aufgabe des Kühlmittels, während Additive (z. B. Polyäthylenglykole) eine Treibwirkung erzeugen (Doege 2007).

Neben ihren spezifischen Aufgaben müssen Schmierstoffe zusätzliche Anforderungen erfüllen. Sie sollen:

- sprühbar sein, um das automatisierbare Aufbringen zu ermöglichen,
- auf Werkzeug sowie Werkstück nicht korrodierend wirken,
- keine oder lediglich leicht entfernbare Rückstände hinterlassen und
- umweltfreundlich sein.

Die vom Rohteil auf das Schmiedegesenk übertragene Temperatur hat einen großen Einfluss auf die maximalen Verformungen der Gesenkgravur (Abb. 3.272) und auf die Standmenge der Werkzeuge. Deshalb werden Kühlmittel bei hoher Temperaturbelastung des Gesenks eingesetzt. Verwendung hierfür finden grundsätzlich Luft, Luft-Wasser-Gemische, Wasser und Wasser mit Netzmitteln (z. B. Seifen). Ein Netzmittel ist notwendig, um überhaupt eine Benetzung zu erzielen, wenn die Temperatur des Werkzeugs so hoch liegt, dass beim Aufsprühen des Wassers eine Dampfhaut entsteht, der sogenannte Leidenfrost-Effekt. Dieser kann durch eine größere Auftreffgeschwindigkeit des Sprühstrahls unterdrückt werden (Lange 1977).

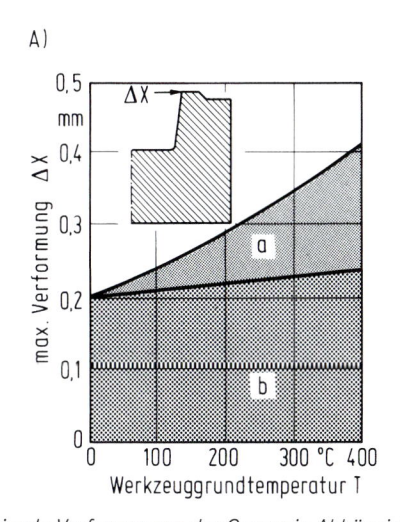

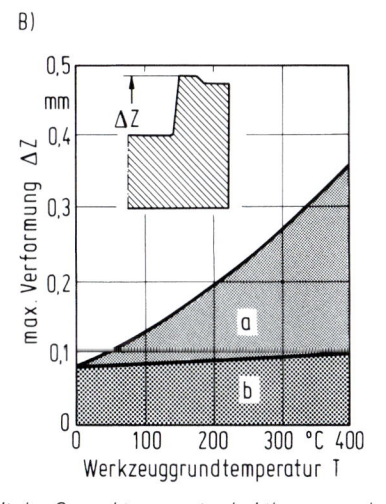

Abb. 3.272: Maximale Verformungen der Gravur in Abhängigkeit der Gesenktemperatur bei thermomechanischer Belastung (Stute-Schlamme 1981)
Kontaktdruck p_N = 800 N/mm², Werkstücktemperatur T = 1200 °C, Druckberührzeit t_b = 100 ms,
Wärmeübergangszahl α = 0,0232 W/mm²sK)
A) Verformung in X-Richtung, B) Verformung in Z-Richtung; a thermischer Anteil, b elastischer Anteil

Die Kühlwirkung ist von mehreren Einflussgrößen abhängig. Hierzu gehören:

- die Art des Kühlmittels,
- der Sprühvorgang (Menge, Sprühdauer, -zeitpunkt, -druck, -winkel) sowie
- das Werkzeug (Werkstoff, Kontur, Oberflächentemperatur und -beschaffenheit).

3.3.8.7.5 Schmierstoffe

Gesenkschmierstoffe haben die Aufgabe:

- eine Trennschicht zu bilden, die den metallischen Kontakt zwischen Werkzeug und Werkstück verhindert,
- durch Herabsetzung der Reibung die Gravurfüllung zu begünstigen,
- während des Umformens den Wärmeübergang auf das Werkzeug zu verringern (Wärmedämmung) und
- die Funktion von Kühlmittel und Treibmittel zu übernehmen.

Schmierstoffe bestehen in der Regel aus einem Feststoffanteil, einem Schmierstoffträger und Additiven. Der Feststoffanteil kann nach Art, Teilchengröße und Konzentration sehr verschieden sein. Meistens wird Graphit verwendet, daneben auch Molybdändisulfid, Alkaliphosphate, Gläser und Wasserglas plus Graphit. Als Schmierstoffträger dienen Wasser, Öle und Fette (letztere sind jedoch erheblich umweltbelastend). Additive haben verschiedene Aufgaben zu erfüllen, z. B. die Gewährleistung einer guten Benetzbarkeit der Gesenkoberfläche.

In der Praxis haben sich in erster Linie Graphit-Wasser-Dispersionen bewährt, die sich durch Sprühen auf das Gesenk auftragen lassen. Jedoch ist das Aufbringen von mehr oder weniger viskosen Stoffen von Hand noch weit verbreitet, obwohl dieses Verfahren gegenüber dem Sprühen erhebliche Nachteile aufweist, wie die Belastung des Bedienungspersonals und der ungleichmäßigen Ausbildung der Schmierschicht.

Die Wirkung der Schmierung ist abhängig von der Dicke und Gleichmäßigkeit der Schmierschicht, die vor allem von der Sprühdauer, dem Auftreffwinkel des Sprühstrahls, der Gesenktemperatur, der Schmierstoffart und der Konzentration des Schmierstoffs im Trägerstoff beeinflusst wird. Der Werkzeugwerkstoff hat ebenfalls einen Einfluss auf die Schmierwirkung (Abb. 3.273).

Die Schmierschicht wird nach der Schmierstoffmenge und der Gleichmäßigkeit beurteilt, da deutlich geworden ist, dass ungleichmäßige Schmierschichten unter Umständen ungünstiger sind als eine fehlende Schmierung. Die Wirksamkeit der Schmierstoffe während des Umformens wird hauptsächlich von den Temperaturverhältnissen, vom vorhandenen Kontaktdruck, von der Druckberührzeit und vom Umformgrad beeinflusst (Abb. 3.274). Die Wirkung von Schmierstoffen lässt sich mittels Prüfverfahren ermitteln (Doege 1977a). Ein Vergleich von vier Schmierstoffen nach Tabelle 3.21 hinsichtlich ihrer

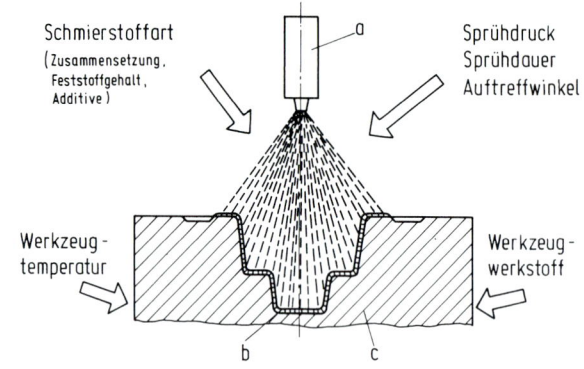

Abb. 3.273: Einflussgrößen auf die Schmierschichtbildung (Melching 1980)
a Sprühkopf, b Schmierschicht, c Werkzeug

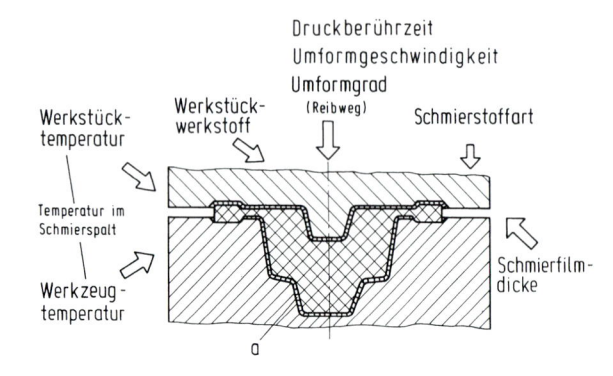

Abb. 3.274: Einflussgrößen auf die Schmierwirkung während der Umformung; a Schmierschicht

Tab. 3.21: Zusammensetzung einiger untersuchter Schmierstoffe

Schmierstoff	Grundzusammensetzung	Feststoffgehalt (%)	durchschnittliche Teilchengröße (µm)
A	Graphit	40	1 bis 10
B	Graphit	18	max. 1
C	Graphit + Emulgierwachs	10	1 bis 10
D	Graphit + Fettöle	10	1 bis 8

3.3.8 Werkzeuge zum Gesenkformen

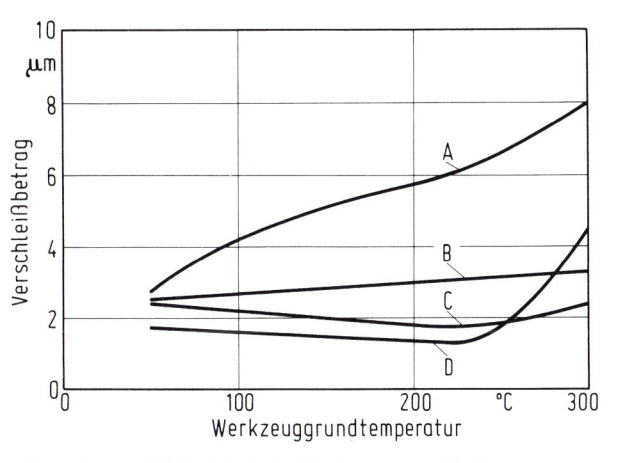

Abb. 3.275: Abhängigkeit des Werkzeugverschleißes von der Werkzeugtemperatur bei unterschiedlichen Schmierstoffen (Doege 1978)
(Werkzeugwerkstoff: X32CrMoV33 (Werkstoff-Nr. 1.2365), Schmierstoffe nach Tab. 3.21)

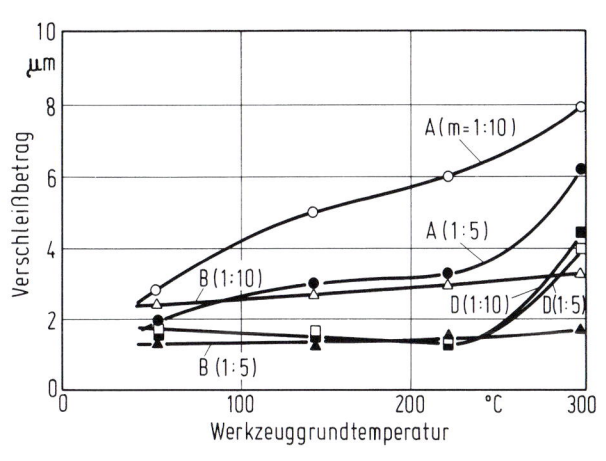

Abb. 3.277: Zusammenhang zwischen dem Mischungsverhältnis (Konzentration) eines Schmierstoffes und dem Verschleißbetrag bei unterschiedlichen Werkzeugtemperaturen (Melching 1980)
(Werkzeugwerkstoff: X32CrMoV33 (Werkstoff-Nr. 1.2365), Schmierstoffe nach Tab. 3.21)

verschleißmindernden Wirkung in Abhängigkeit der Werkzeugtemperatur ist in Abbildung 3.275 dargestellt. Die Benetzwirkung, die Dicke und Gleichmäßigkeit der Schmierschicht eines Schmierstoffs nehmen mit steigender Temperatur ab.

Der entscheidende Einfluss auf die Wirkungsweise eines Schmierstoffs geht bei gegebener Zusammensetzung von der Schmierschichtdicke aus. Dies wird auch durch den Einfluss der Sprühdauer (Abb. 3.276) und den des Mischungsverhältnisses (Abb. 3.277) auf den Verschleißbetrag bestätigt.

Die verschleißmindernde Wirkung eines Schmierstoffs ist ebenfalls vom verwendeten Werkzeugwerkstoff abhängig (Abb. 3.278).

In Abbildung 3.279 auf der folgenden Seite ist der Einfluss der Werkzeugtemperatur auf die Reibungszahl dargestellt. Bei Temperaturen unter 100 °C verdampft das als Trägerstoff verwendete Wasser nicht sofort, sodass sich kein einwandfreier Feststoffschmierfilm bildet. Deshalb liegt bei diesen Temperaturen die Reibungszahl in einigen Fällen höher als im Temperaturbereich zwischen 140 und 220 °C. Der Anstieg der Reibungszahlen bei hohen Temperaturen deutet darauf hin, dass hier die Benetzungsfähigkeit der Schmierstoffe nicht mehr ausreicht. Die Schmierstoffe haften nicht mehr in dem Maße auf der

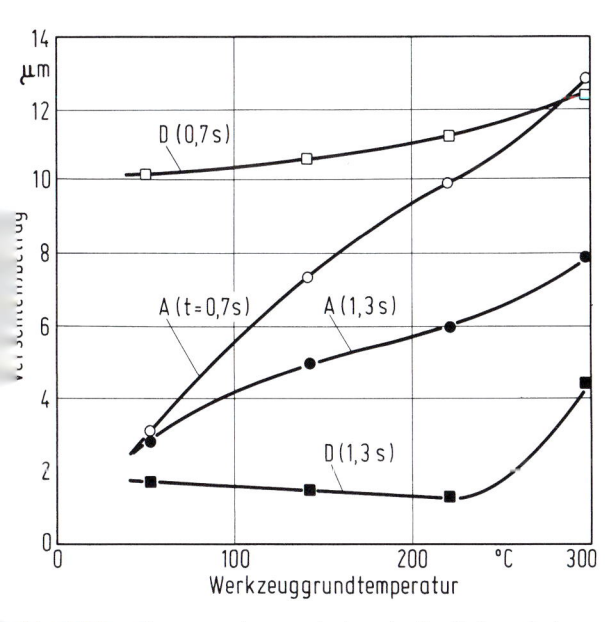

Abb. 3.276: Zusammenhang zwischen der Sprühdauer beim Aufbringen eines Schmierstoffes und dem Verschleißbetrag bei unterschiedlichen Werkzeugtemperaturen (Melching 1980)
(Werkzeugwerkstoff: X32CrMoV33 (Werkstoff-Nr. 1.2365), Schmierstoffe nach Tab. 3.21)

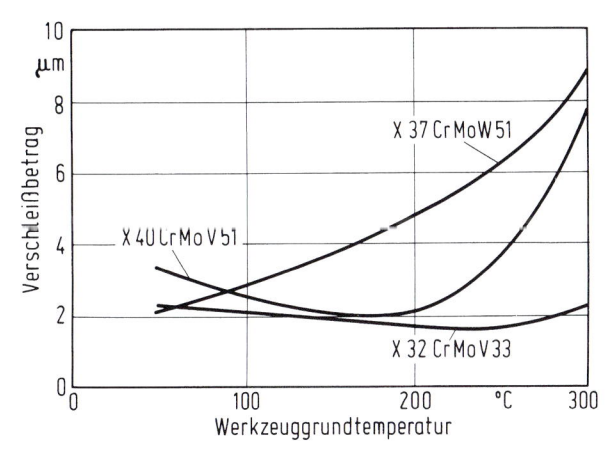

Abb. 3.278: Verschleißverhalten von Warmarbeitsstählen (Doege 1978), (Schmierstoff C nach Tab. 3.21)

3.3 Gesenkschmieden

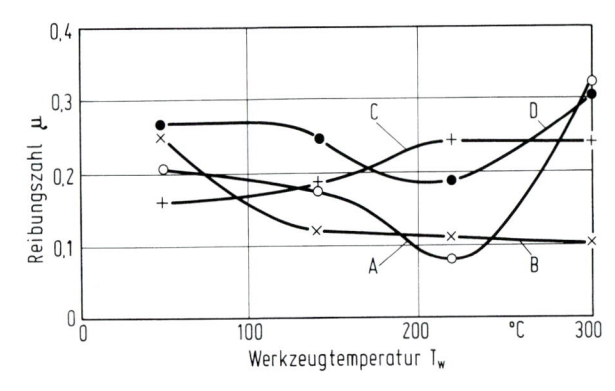

Abb. 3.279: Abhängigkeit der Reibungszahl von der Werkzeugtemperatur (Melching 1980)
(Werkzeugwerkstoff: X32CrMoV33 (Werkstoff-Nr. 1.2365), Schmierstoffe nach Tab. 3.21)

heißen Gesenkoberfläche, um eine ausreichende dicke Trennschicht zu erzeugen. Ein Vergleich mit den Abbildungen 3.276 bis 3.279 zeigt, dass aus den Reibungszahlen nicht unbedingt auf die Höhe des Verschleißbetrags geschlossen werden kann.

Die Kühlwirkung von Graphit-Wasser-Dispersionen unterscheidet sich bis zu Gesenktemperaturen von 300 °C nicht von der Kühlwirkung reinen Wassers. Bei Temperaturen über 300 °C liegt die Kühlwirkung dieser Schmierstoffe geringfügig niedriger.

Eine wärmedämmende Wirkung ist bei Graphit-Wasser-Dispersionen, die sich nur in Schichtdicken von 1 bis 15 μm auftragen lassen, nicht zu beobachten (Doege 1978).

3.3.8.7.6 Treibmittel

Eine Treibwirkung wird durch gasbildende Substanzen erzeugt, die während des Umformvorgangs verbrennen und am Ende einen Gasdruck in der Gravur erzeugen (z. B. Sägemehl). Die Treibwirkung von Schmierstoffen ist zum Teil sehr unterschiedlich (Abb. 3.280). Hohe Treibdrücke sind hier auf ölhaltige Bestandteile zurückzuführen. Die Treibwirkung von Schmierstoffen lässt sich durch Beigabe entsprechender Zusätze steigern. Zum Teil verringert sich die Gleichmäßigkeit der Schmierschicht jedoch, sodass eine höhere Adhäsionsneigung und verstärkter Verschleiß auftritt.

3.3.8.8 Standmengen der Werkzeuge

Infolge der Beanspruchungen und der daraus resultierenden Werkzeugschäden ist die Zahl der in einer Gravur herstellbaren Schmiedestücke begrenzt. Überschreiten die Veränderungen der Gravur festgesetzte Grenzen (die Toleranzen des Schmiedestücks werden nicht mehr eingehalten, oder ein einwandfreier Fertigungsablauf ist nicht mehr möglich), wird das Werkzeug unbrauchbar. Die Gravur muss ausgebessert oder, wenn dies nicht mehr möglich ist, ersetzt werden. Die auftretenden Schäden begrenzen also die Standmenge der Gravur.

Unter dem Begriff Standmenge einer Gravur versteht man die Zahl von Schmiedestücken, die bis zum Zeitpunkt des Unbrauchbarwerdens einer Gravur darin geschmiedet werden können. Das Kriterium für das Erreichen der Standmenge ist die Entscheidung, dass die Gravur durch Ausbesserungen nicht mehr instandgesetzt werden kann. Die wesentlichen Einflussgrößen auf die Gravurstandmenge lassen sich den folgenden Bereichen zuordnen:

- Werkstück: Masse, Form und Werkstoff,
- Werkzeug: Werkstoff, Einbauhärte, Oberflächenbeschaffenheit, Temperatur und Gratspaltabmessungen,
- Umformmaschine: Pressenkinematik und Druckberührzeit sowie
- Fertigungsverfahren: Fertigungsregelmäßigkeit, Schmiedetemperatur, Zwischenformung sowie Kühlung und Schmierung der Gesenke.

Zu den werkstückbezogenen Einflussgrößen auf die Standmenge sind die Werkstückmasse, -form und der -werkstoff zu zählen. Der Einfluss der Einsatzmasse ist

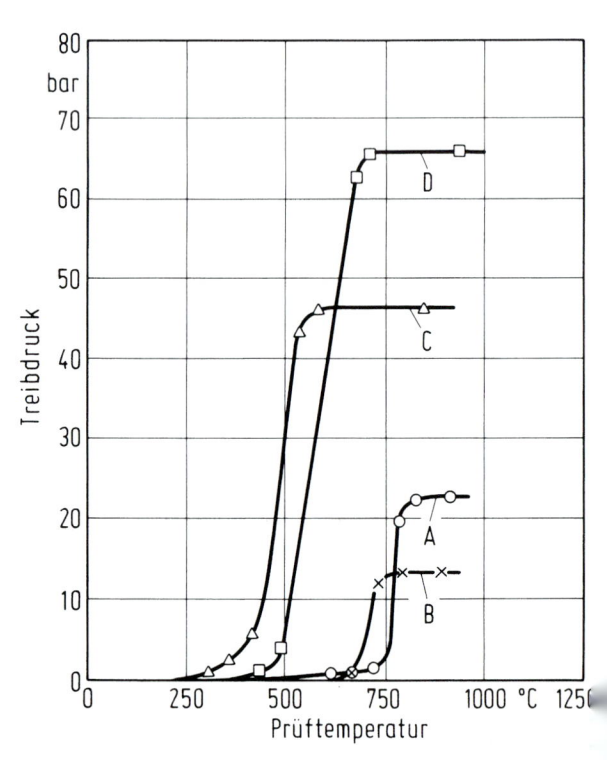

Abb. 3.280: Treibwirkung von Gesenkschmierstoffen nach Tab. 3.21 bei unterschiedlichen Temperaturen (Melching 1980)

n Abbildung 3.281 dargestellt. Mit Zunahme der Einsatzmassen sinkt die Standmenge (bei Hammerfertigung mehr als bei Pressenfertigung). Ursache hierfür ist die mit zunehmender Werkstückmasse steigende Druckberührzeit, die die Wärmebelastung des Werkzeugs erhöht. Hohe Oberflächentemperaturen setzen die Festigkeit der Gravuroberfläche herab, dies führt zu einem höheren Verschleiß der Gravur. Bei Pressen ändert sich die Druckberührzeit nur unwesentlich mit steigender Maschinengröße. Mit steigenden Einsatzmassen werden im Hammer mehr Schläge auf das Werkstück ausgeführt, wodurch es zu höheren Druckberührzeiten kommt.

Die Form des Schmiedestückes beeinflusst die Gesenkschäden und die Werkzeugstandmenge wegen ihrer direkten Auswirkung auf die Werkzeugbelastung. Zwischen der Gravurtiefe und der Standmenge besteht bei Hammerfertigung ein deutlicher Zusammenhang (Abb. 3.282).

Die Abnahme der Standmenge mit zunehmender Gravurtiefe lässt sich teilweise dadurch erklären, dass mit größeren Gravurtiefen die Spannungen im Gravurgrundradius zunehmen und dass bei tiefen Gravuren die Wahrscheinlichkeit von Klebern steigt. D. h. es kann durch die damit verbundene lange Berührzeit von Werkstück und Werkzeug und somit durch die erhöhte Wärmebelastung eine vorzeitige Entfestigung der Gravuroberfläche stattfinden. Bei Pressen ist kein Einfluss der Gravurtiefe auf die Standmenge nachzuweisen, dies ist auf das Vorhandensein von Auswerfern zurückzuführen. Der Werkstückwerkstoff beeinflusst die Standmenge hauptsächlich über die Fließ-

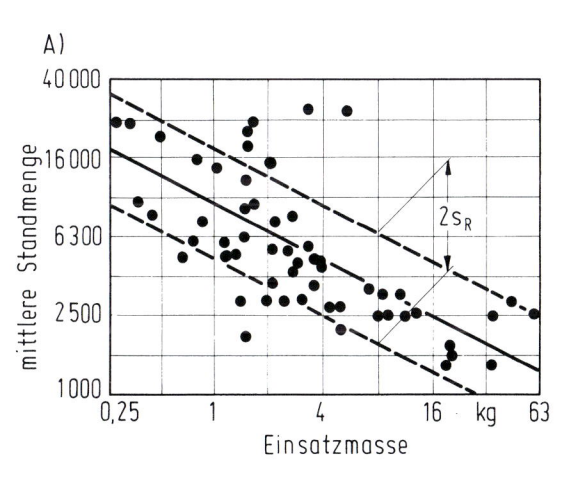

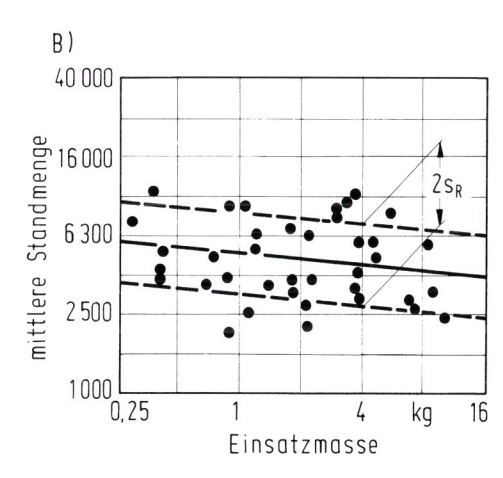

Abb. 3.281: Einfluss der Einsatzmasse auf die Standmenge, (Heinemeyer 1976)
A) Hammerfertigung, B) Pressenfertigung, S_R Reststandardabweichung

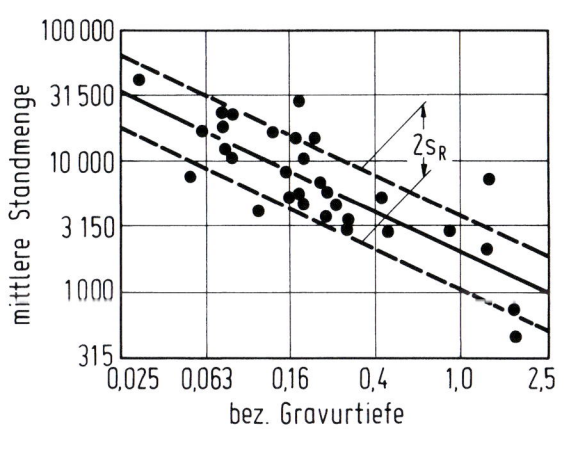

Abb. 3.282: Zusammenhang zwischen der Gravurtiefe und der Standmenge bei Hammergesenken (Heinemeyer 1976), Schmiedestückmasse: 0,63 bis 4,0 g, bezogene Gravurtiefe: $H/(L \cdot B)^{-2}$, H größte Gravurtiefe, L größte Gravurlänge, B größte Gravurbreite), S_R Reststandardabweichung

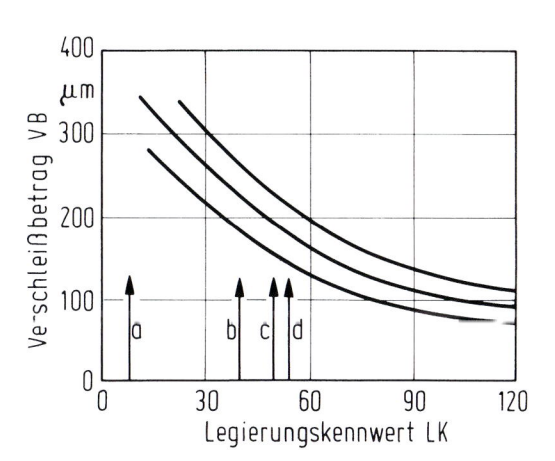

Abb. 3.283: Abhängigkeit des Verschleißbetrags vom Legierungskennwert $LK = 2[\%Cr] + 5[\%W] + 10[\%Mo] + 40[\%V]$ (Voss 1967)
a Werkstoff-Nr. 1.2713, b Werkstoff-Nr. 1.2606,
c Werkstoff-Nr. 1.2567, d Werkstoff-Nr. 1.2365

3.3 Gesenkschmieden

spannung, die für die Größe der Kontaktspannungen eine entscheidende Rolle spielt.

Unter werkzeugbezogenen Einflussgrößen versteht man den Werkzeugwerkstoff, die Einbauhärte des Gesenks, die Oberflächenbeschaffenheit der Gravur und die Werkzeugtemperatur. Der Einfluss des Gesenkwerkstoffs auf die Standmenge, soweit diese ausschließlich vom Verschleiß bestimmt wird, kann durch einen Legierungskennwert angegeben werden (Abb. 3.283) (Voss 1967). Die Härte des Werkstoffs ist angenähert konstant. Die größere Verschleißbeständigkeit höherlegierter Werkzeugstähle beruht auf dem Vorhandensein von Karbiden (Voss 1967).

Die Abhängigkeit der Standmenge von der Einbauhärte der Gravur kann durch eine Kurve mit einem Maximum beschrieben werden (Abb. 3.284). Mit zunehmender Härte steigt die Verschleißbeständigkeit der Gravur. Zu große Gravurhärten erhöhen jedoch die Gefahr der Rissbildung. Die optimale Härte richtet sich nach der Gravurform und der daraus resultierenden Beanspruchungsart: Je mehr eine Gravur zu Rissbildungen neigt, umso geringer sollte die Härte sein.

Eine Oberflächenbehandlung, z.B. Nitrieren, kann die Verschleißbeständigkeit der Gravur verbessern. Dieses Verfahren wird heute in größerem Umfang angewandt.

Eine Erwärmung der Werkzeuge vor Schmiedebeginn soll garantieren, dass die Gesenke von Anfang an ihre größte Belastbarkeit aufweisen. Hammergesenke erfordern höhere Zähigkeiten als Pressengesenke mit vergleichbarer Härte (Lange 1977). Da eine zeitlich konstante Gesenktemperatur wichtig ist, sollten Werkzeuge auch während der Betriebspausen warmgehalten werden.

Die Gratspaltabmessungen beeinflussen die auftretenden Druckspannungen und somit die Gravurbelastung und die Standmenge (vgl. Kap. 3.3.8.2).

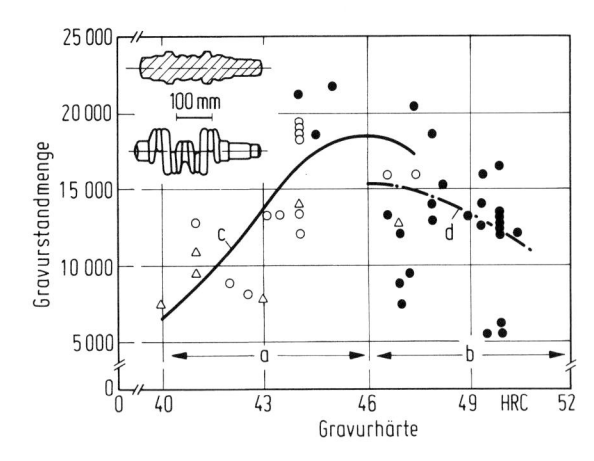

Abb. 3.284: *Einfluss der Gravurhärte auf die Standmenge beim Schmieden von Kurbelwellen in Pressen (Heinemeyer 1976)*
a Verschleiß, b Rissbildung, c Betrieb A, d Betrieb B
○ Werkstoff-Nr. 1.2367, △ sonstige Werkstoffe

Die maßgebliche maschinenbezogene Einflussgröße auf die Standmenge ist die Druckberührzeit, die sich direkt auf die Gesenktemperatur auswirkt. Sie kann auch die Wirkung anderer Einflussgrößen erklären, wie z.B. die der Einsatzmasse. Die Abhängigkeit der Gravurstandmenge von der Druckberührzeit bei Hammer- und Pressenfertigung ist in Abbildung 3.285 gegenübergestellt. Ein Vergleich der Standmengen unterschiedlicher Maschinentypen ist allerdings problematisch, da wegen der unterschiedlichen Beanspruchungen meist verschiedenartige Werkzeugwerkstoffe verwendet werden. Allgemein lässt sich jedoch feststellen, dass bei Pressenfertigung der Einfluss der Druckberührzeit weniger deutlich ist als beim Einsatz von Hämmern.

Unter verfahrensbezogenen Einflussgrößen sind die Fertigungsunregelmäßigkeiten, die Schmiedetemperaturen

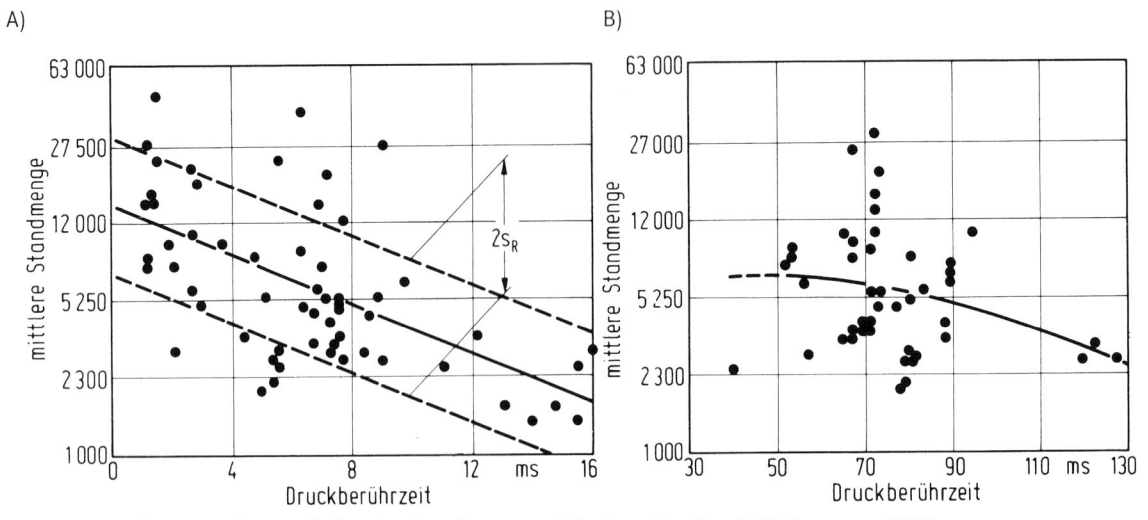

Abb. 3.285: *Zusammenhang zwischen der Standmenge und der Druckberührzeit (Heinemeyer 1976)*
A) Hammerfertigung, B) Pressenfertigung, S_R Reststandardabweichung

die Zwischenformung sowie die Kühlung und Schmierung der Gesenke zu verstehen. So hat z.B. die Anzahl der Fertigungsunterbrechungen im Allgemeinen einen nachteiligen Einfluss auf die Standmenge. Beachtet werden muss jedoch, dass die Arbeitsgeschwindigkeit nicht so groß werden darf, dass durch kurze Stückfolgezeiten die Gesenke unzulässig hoch erwärmt werden, gegebenenfalls ist eine Kühlung der Werkzeuge erforderlich (z.B. mit Wasser).

Eine gleichmäßige Erwärmung der Werkstücke auf Schmiedetemperatur verbessert die Gesenkstandmenge. Mit abnehmender Schmiedetemperatur steigt die mechanische Belastung des Werkzeugs, sodass es zu plastischen Verformungen und Rissbildungen kommen kann. Die Erwärmungsart und -dauer beeinflusst den Gravurverschleiß durch unterschiedlich starke Zunderbildung. Eine gute Entzunderung der Werkstücke vor dem Gesenkformen verringert daher den Gravurverschleiß (vgl. Kap. 3.3.6.3).

Die Gravurstandmenge lässt sich auch durch eine gute Zwischenformung des Werkstücks beeinflussen. Da die Formänderungen und damit die Relativbewegungen zwischen Werkstück und Werkzeug bei Vorhandensein einer Zwischenformung kleiner werden, wird der Verschleiß vor allem in der Fertiggravur verringert.

3.3.9 Maschinen zum Gesenkschmieden

Die Maschinen zum Gesenkschmieden lassen sich entsprechend ihrer spezifischen Kenngröße nach (Kienzle 1965) und (Lange 1974) in weg-, kraft- und arbeit- bzw. energiegebundene Umformmaschinen einteilen (Abb. 3.286). Diese Einteilung besagt, dass entweder der Stößelhub, die Presskraft oder die Energieabgabe für einen bestimmten Umformvorgang festgelegt sind. Die jeweils anderen Kenngrößen stellen sich dabei infolge verfahrens- oder konstruktivbedingter Gegebenheiten ein oder sind in Grenzen einstellbar. Hauptkenngrößen dieser Maschinen sind:

- Nennkraft,
- Arbeitsvermögen,
- Hubzahl,
- geometrische Abmessungen sowie
- Genauigkeitskenngrößen im unbelasteten und belasteten Zustand.

3.3.9.1 Weggebundene Maschinen

3.3.9.1.1 Exzenter- und Kurbelpressen

Gemeinsames Kennzeichen der weggebundenen Pressen sind der durch die Kinematik des Kurbeltriebs festgelegte Weg und die von der jeweiligen Stößelstellung abhängige Maximalkraft. Je nach Pressenart erreicht die Stößelkraft bei einem bestimmten Winkel den Nennkraftwert. Bei Gesenkschmiede-Exzenterpressen und Keilpressen liegt der Winkel üblicherweise bei 10° vor dem unteren Umkehrpunkt.

Mit der Forderung nach höherer Arbeitsgenauigkeit in vertikaler und horizontaler Richtung haben als Maschinen mit senkrechter Wirkbewegung die Exzenter- und (Kurbel-)Keilpressen große Bedeutung erlangt (Abb. 3.287). Sie sind mit besonders breiter und kurzer Druck- oder Doppeldruckstange ausgeführt (Abb. 3.288).

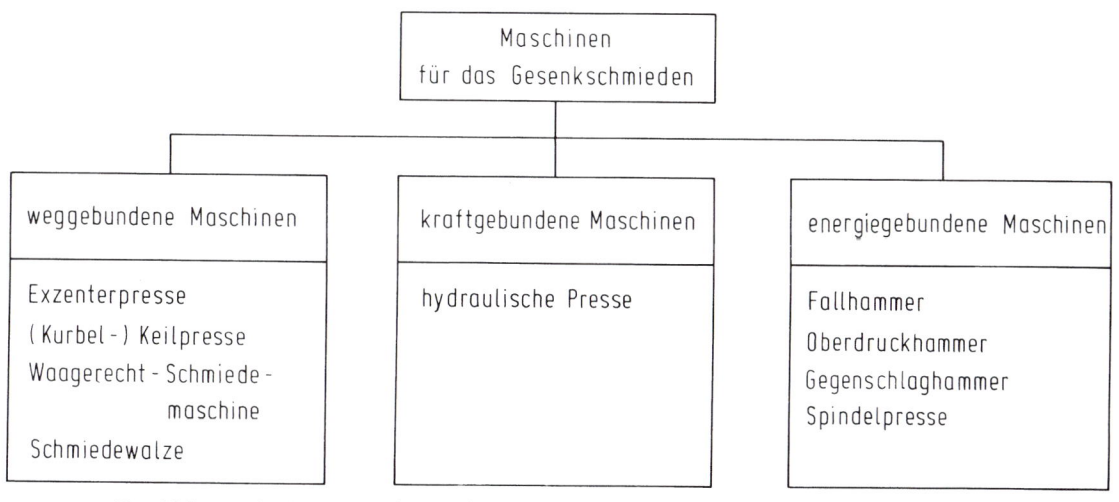

Abb. 3.286: *Klassifizierung der Maschinen für das Gesenkschmieden (Lange 1974)*

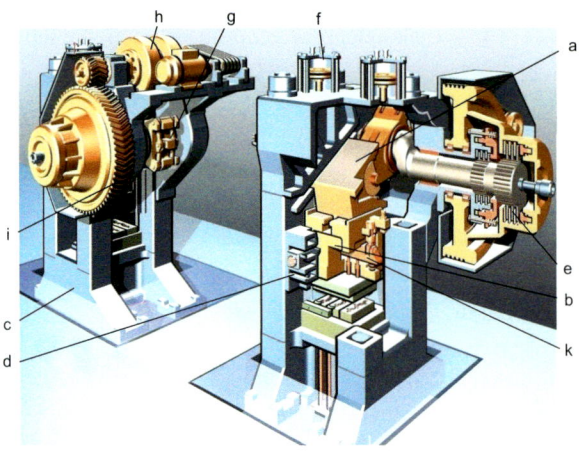

3.3 Gesenkschmieden

Abb. 3.287: Keilpresse
a Keil, b Stößel, c Ständer, d Stößelführung, e Kupplungs-/Bremssystem, f Gewichtsausgleich, g Stößelverstellung, h Vorgelege, i Pfeilverzahnung, k oberer Ausstoßer

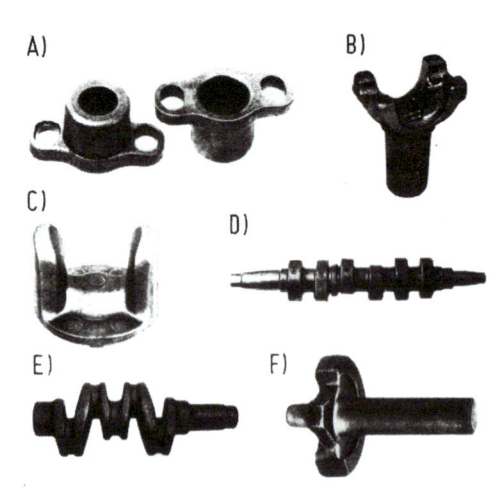

Abb. 3.289: Fertigungsbeispiele für das Gesenkschmieden in Exzenterpressen
A) Flansch, B) Mitnehmer, C) Gelenkgabel, D) Nockenwelle, E) Kurbelwelle, F) Welle

Im Vergleich zu anderen weggebundenen Maschinen (z. B. im Bereich der Blechbearbeitung) ist die Stößelgeschwindigkeit von Gesenkschmiedemaschinen relativ hoch. Dies führt zu vergleichsweise kurzen Druckberührzeiten. Ein anderes Merkmal ist die relativ große außermittige Belastbarkeit dieser Maschinen mit Einpunktantrieb. Die entsprechenden Tischbelastungs-Schaubilder können messtechnisch ermittelt werden (Lange 1974; Hanisch 1978; Bockel 1980). Beispiele für die Fertigungsmöglichkeiten mit Schmiede-Exzenterpressen sind in Abbildung 3.289 dargestellt.

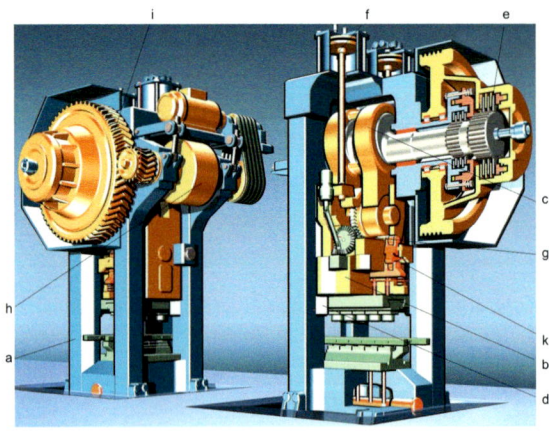

Abb. 3.288: Exzenterpresse mit Doppeldruckstange
a Ständer, b Stößel, c Druckstange, d Stößelführung, e Kupplungs-/Bremssystem, f Gewichtsausgleich, g Stößelverstellung, h Vorgelege, i Pfeilverzahnung, k oberer und unterer Auswerfer

3.3.9.1.2 Waagerecht-Schmiedemaschinen

Bei Waagerecht-Schmiedemaschinen wird unterschieden zwischen Maschinen mit Zangenklemmung (Abb. 3.290) und denen mit Klemmschlitten (Abb. 3.291 A). Stauchmaschinen mit Zangenklemmung bestehen aus dem eigentlichen Maschinenbett und dem über ein kinematisches System mit Zugstangen betätigten Klemmzangenbügel.
Bei der Bauart mit vertikal oder horizontal beweglichen Klemmschlitten handelt es sich im Gegensatz dazu um einen einteiligen Ständer. Ausgehend von dem Kurbelantrieb wird die Klemm- und Stauchbewegung von einem kinematischen System abgeleitet, dessen Schema in Abbildung 3.291 B dargestellt ist.
Waagerecht-Schmiedemaschinen, deren Klemmkraft um den Faktor 1,3 bis 1,5 höher ist als die Stauchkraft, eignen sich auch für das Schmieden von Werkstücken mit Hinterschneidungen, die üblicherweise in drei bis fünf Arbeitsstufen nahezu gratlos hergestellt werden können (Abb. 3.292). Die Zugänglichkeit der Maschinen von drei Seiten sowie die waagerechte Klemmbackenteilung bieten günstige Voraussetzungen für den automatisierten Betrieb beim Schmieden von Stangenmaterial.

3.3.9.1.3 Walzmaschinen

Zu der dritten Gruppe der weggebundenen Maschinen gehören die mit umlaufender Wirkbewegung arbeitenden Reckwalzen (Abb. 3.293). Sie kommen im Allgemeinen bei relativ großen Losgrößen zum Einsatz.
Das Reckwalzen erfolgt entweder im Rück- oder in Durchlaufverfahren. Beim Rücklaufverfahren wird das Werkstück gegen einen Anschlag geschoben und von der

3.3.9 Maschinen zum Gesenkschmieden

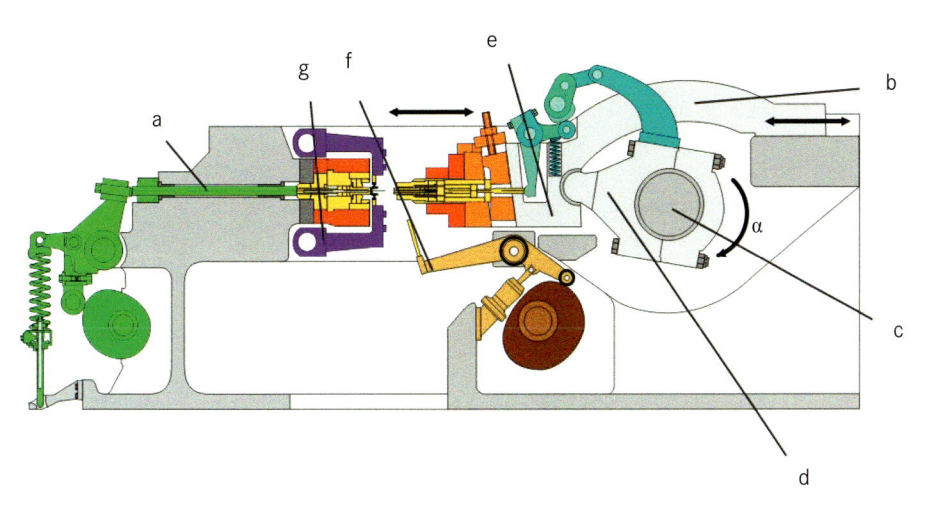

Abb. 3.290: Waagerecht-Schmiedemaschine mit Zangenklemmung
a Auswerfer, b Pressschlitten, c Kurbelwelle, d Pleuel, e Stößel, f Sprüheinrichtung, g Zangenkasten
(Quelle: Fa. Hatebur Umformmaschinen AG, Reinach)

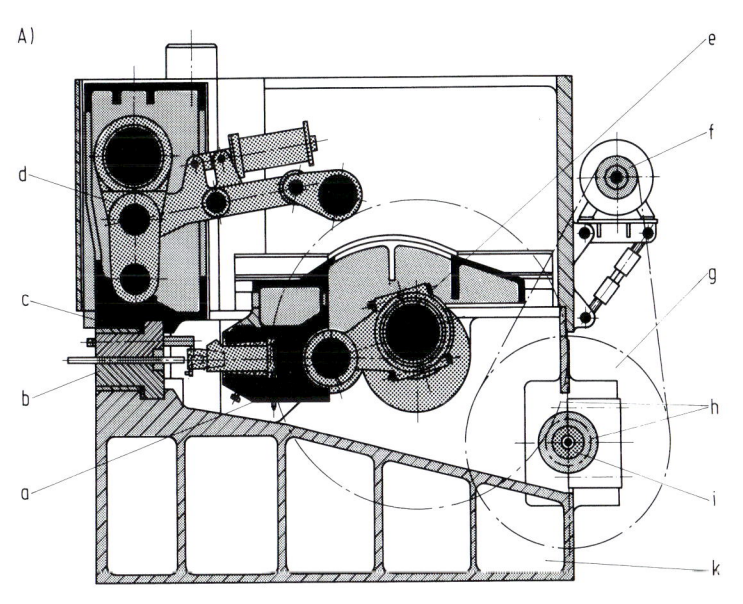

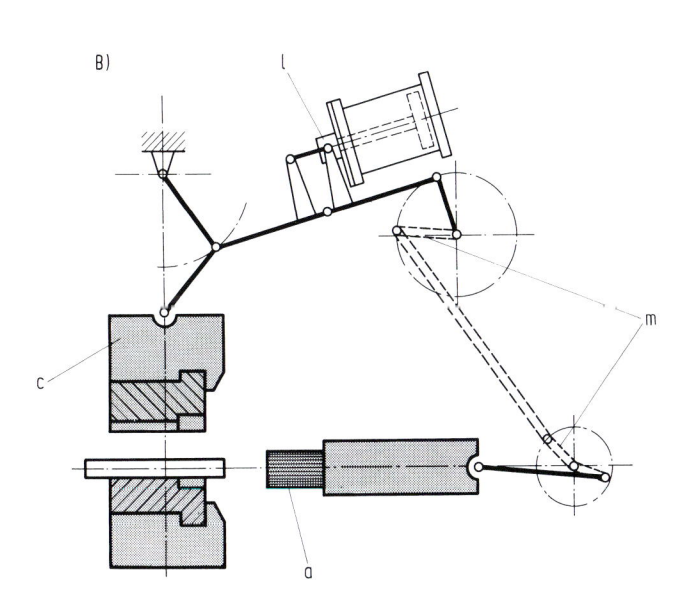

Abb. 3.291: Waagerecht-Schmiedemaschine mit vertikalem Klemmschlitten
A Schnitt durch die Schmiedemaschine,
B) Kinematiksystem einer Waagerecht-Schmiedemaschine
a Stauchschlitten,
b Werkzeug,
c Klemmschlitten,
d Hebelsystem für Klemmschlittenbetätigung
e Kurbelwelle,
f Motor,
g Schwungrad,
h Stirnradgetriebe,
i Vorgelegewelle,
k Maschinenständer
l Überlastsicherung,
m Kurbeltrieb

3.3 Gesenkschmieden

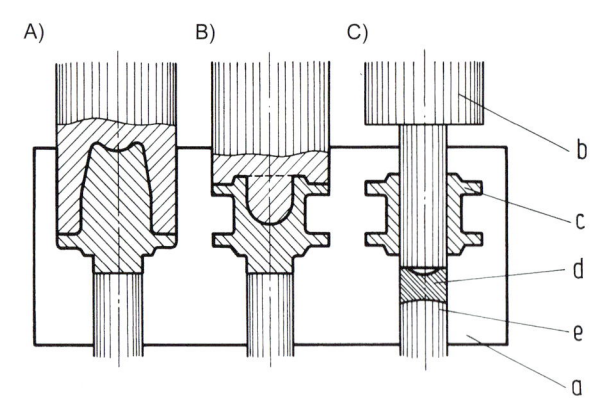

Abb. 3.292: Herstellung eines Werkstücks auf einer Waagerecht-Schmiedemaschine
A) bis C) Arbeitsstufen
a Arbeitsraum, b Werkzeug, c Werkstück, d Werkstoffrest, e Gegenstempel

Walzsegmenten zur Bedienungsseite zurückgefördert, wobei es gleichzeitig umgeformt wird. Das Durchlaufverfahren hat den Vorteil, dass auf ein Zangenende am Werkstück verzichtet werden kann (Abb. 3.294).
Da sich die gewünschte Werkstückform nur selten mit einem Walzsegment herstellen lässt, ist im Allgemeinen eine Folge mehrerer Segmente mit verschiedenen Querschnitten erforderlich, die so aufeinander abgestimmt sein müssen, dass in jedem Walzdurchgang eine möglichst große Querschnittsveränderung stattfindet. In Abbildung 3.295 sind durch Reckwalzen herstellbare Werkstückformen zusammengestellt.

3.3.9.2 Kraftgebundene Maschinen

Bei kraftgebundenen Schmiedemaschinen (hydraulischen Pressen) steht die Nennkraft bei jeder Stößelstellung zur Verfügung, außerdem kann die Geschwindigkeit in konstruktionsbedingten Grenzen verändert werden.
Entsprechend ihrem Antrieb lassen sich hydraulische Pressen einteilen in Maschinen mit unmittelbarem Pumpenantrieb und solche mit Speicherantrieb. Während der direkte Antrieb (mit Hochdruck-Axialkolbenpumpen) Pressgeschwindigkeiten bis 80 mm/s erlaubt, werden mit einem Speicherantrieb Geschwindigkeiten bis 250 mm/s bei Umsteuer- und Druckentlastungszeiten von etwa 0,4 erreicht. Hydraulische Schmiedepressen, zu denen auch die hydraulische Keilpresse gehört, werden wegen der relativ langen Druckberührzeit vornehmlich zum Schmieden großer Leichtmetallteile, ferner zum Warmfließpressen und Zwischenformen relativ großer Teile verwendet.

3.3.9.3 Energiegebundene Maschinen

Der von energiegebundenen Umformmaschinen zur Verfügung gestellte Betrag an Arbeitsvermögen wird bei jedem Arbeitsspiel vollständig umgesetzt. Ist der Arbeitsbedarf für einen Umformvorgang größer als das von der Maschine zur Verfügung gestellte Arbeitsvermögen, sind weitere Arbeitsspiele möglich.
Wichtigste Kenngröße der zu dieser Gruppe gehörenden Hämmer und Spindelpressen ist das Nennarbeitsvermögen. Bei Spindelpressen kommt noch die Prellschlagkraft hinzu, die vereinbarungsgemäß das Zweifache der Nennkraft beträgt. Die Nennkraft ist dabei eine fiktive Größe, die sich wie folgt errechnet:

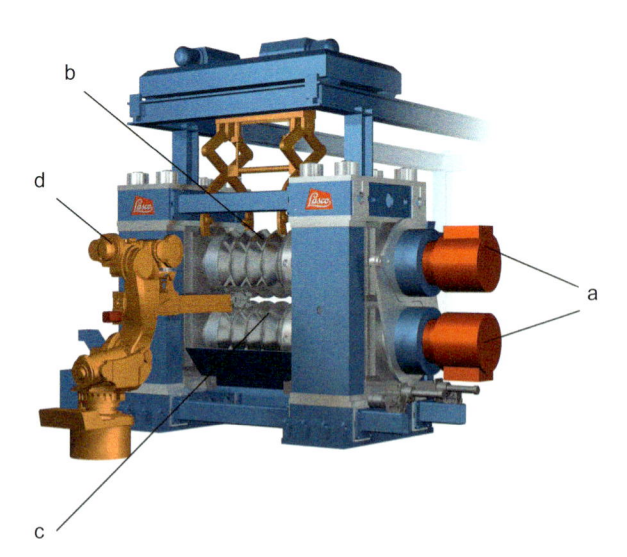

Abb. 3.293: Reckwalzmaschine
a Torquemotoren, b obere Walzachse, c untere Walzachse, d Zuführroboter;
(Quelle: Fa. LASCO Umformtechnik GmbH, Coburg)

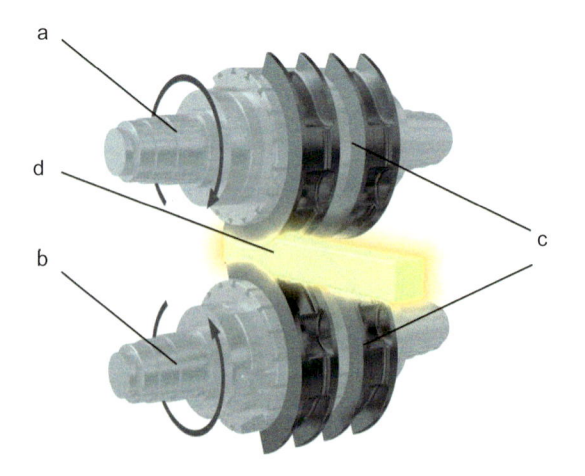

Abb. 3.294: Schematische Darstellung des Reckwalzens
a Oberwalze, b Unterwalze, c Walzensegmente, d Werkstück
(Quelle: Fa. LASCO Umformtechnik GmbH, Coburg)

Abb. 3.295: Durch Walzen herstellbare Zwischenformen (Spies 1957)

$$F_N = \frac{d_{sp}^2}{10} \quad [kN] \tag{3.169}.$$

Darin bedeuten:
F_N Nennkraft in kN,
d_{sp} Spindeldurchmesser in mm.

Zu den Bauarten mit senkrechter Wirkbewegung zählen die Schabotte- (Freifall- und Oberdruckhämmer) und Gegenschlaghämmer sowie die Spindelpressen mit Reibscheibenantrieb und elektrischem oder hydraulischem Direktantrieb.

3.3.9.3.1 Hämmer

Freifallhämmer mit unterschiedlichen Huborganen, wie Riemen und pneumatisch oder hydraulisch gehobener Kolbenstange, zeichnen sich durch eine einfache Bauweise aus. Die Schlagenergie kann durch Veränderung der Fallhöhe einfach dosiert werden.
Bei Oberdruckhämmern steht zusätzlich zur bärmassenabhängigen Fallenergie die Druckenergie im Zylinder als Antriebsenergie zur Verfügung (Abb. 3.296).
Durch ein unterschiedliches Einströmvolumen des Druckmediums (Druckluft, Hydrauliköl), das mit Zeitschaltventilen gesteuert wird, lässt sich die Schlagenergie (bis zu 250 kJ) stufenlos von Schlag zu Schlag steuern.
Die wesentlich höheren Geschwindigkeiten der Bäre gegenüber denen der Freifallhämmer wirken sich günstig auf die Druckberührzeiten aus, was bei flachen Werkstücken von Bedeutung ist. In Abbildung 3.297 sind einige Fertigungsbeispiele für das Schmieden im Hammer dargestellt.

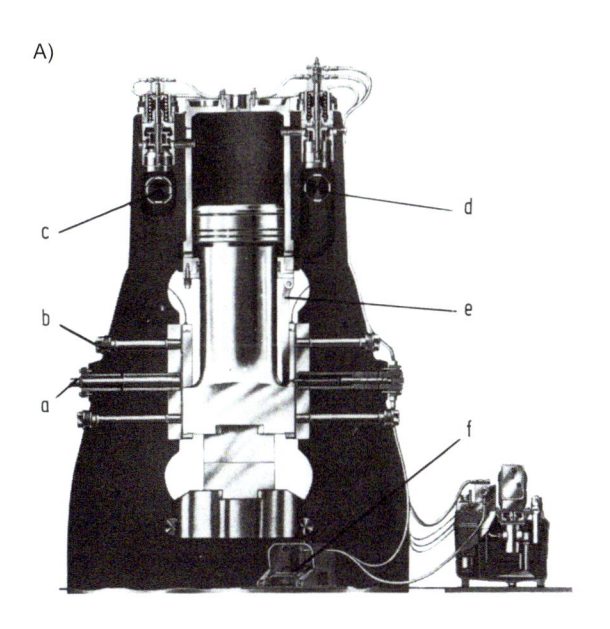

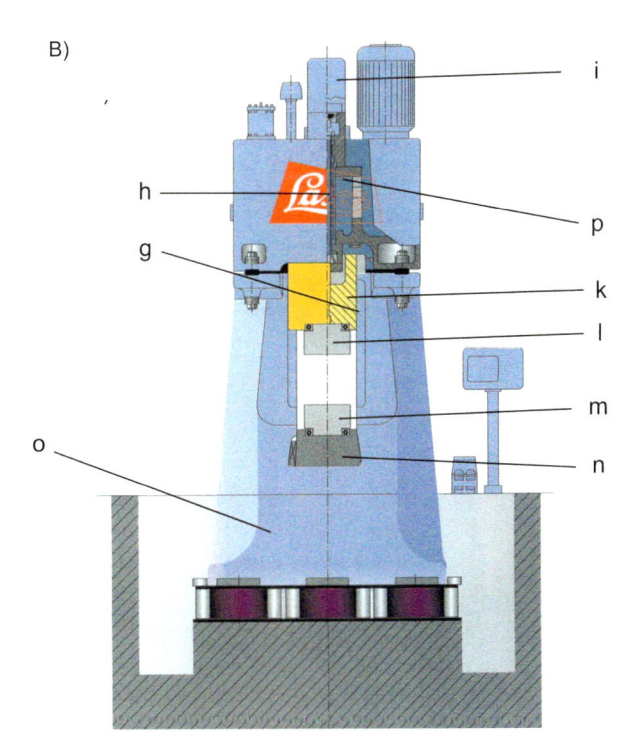

Abb. 3.296: Bauarten von Oberdruckhämmern
A) Pneumatischer Oberdruckhammer, B) Hydraulischer Oberdruckhammer
a Bärsicherung, b Befestigungsschraubenführungen, c Auslassventil, d Einlassventil, e Steuerschwert für Einlassventil, f Fußsteuerung, g Führung, h Kolbenstange, i ölhydraulischer Antrieb, k Bär, l Obergesenk, m Untergesenk, n Ambosseinsatz, o U-Gestell, p Hydraulikzylinder;
(Quelle: Fa. LASCO Umformtechnik GmbH, Coburg)

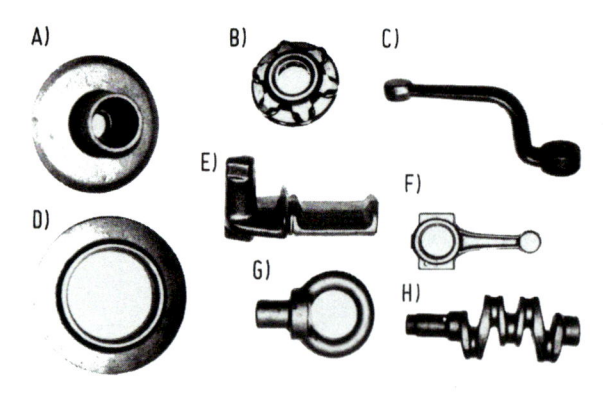

Abb. 3.297: *Fertigungsbeispiele für das Schmieden im Hammer*
A) Flansch, B) Kettenrad, C) Hebel, D) Ring,
E) Anschluss-Stück, F) Pleuel, G) Ringschraube, H) Kurbelwelle

Gegenschlaghämmer (Abb. 3.298) mit mechanischer, pneumatischer oder hydraulischer Bärkopplung werden vornehmlich für Schlagenergien von 63 bis 1.250 kJ gebaut. Auf Grund des Gegenschlagprinzips werden nur geringe Erschütterungen über das Fundament in das Erdreich eingeleitet. Deshalb eignet sich dieses Prinzip insbesondere für große Schlagenergien. Die seitlichen Ausweichbewegungen von Ober- und Unterbär können sich ungünstig addieren, was sich nachteilig auf die horizontale Teilegenauigkeit auswirken kann.

3.3.9.3.2 Spindelpressen

Spindelpressen lassen sich entsprechend ihrer Bauart einteilen in Pressen mit vertikal beweglicher und vertikal ortsfester Spindel.

Zu den Bauarten mit vertikal beweglicher Spindel zählen die Reibscheibenantriebe (Abb. 3.300 A auf der folgenden Seite). Spindelpressen mit Prellschlagkräften von mehr als 31.500 kN als Reibspindelpressen zu bauen, erweist sich wegen der Energieübertragung über die Schwungradbandage als problematisch. Geeigneter für diese Baugröße ist der ölhydraulische Ritzel-Schwungradantrieb (Abb. 3.300 B), bei dem das Schwungrad mit seiner Schrägverzahnung während des Pressenhubs an den Antriebsritzeln, die durch einen Hydraulikmotor angetrieben werden, entlanggleitet.

Spindelpressen mit elektrischem Direktantrieb (ortsfeste Spindel) werden über einen Reversiermotor angetrieben, wobei das Schwungrad als Rotor ausgeführt und der Stator am Querhaupt befestigt ist (Abb. 3.299). Oberhalb einer Nennkraft von 44.000 kN werden auch bei Spindelpressen mit ortsfester Spindel Hydraulikmotoren als Antrieb eingesetzt.

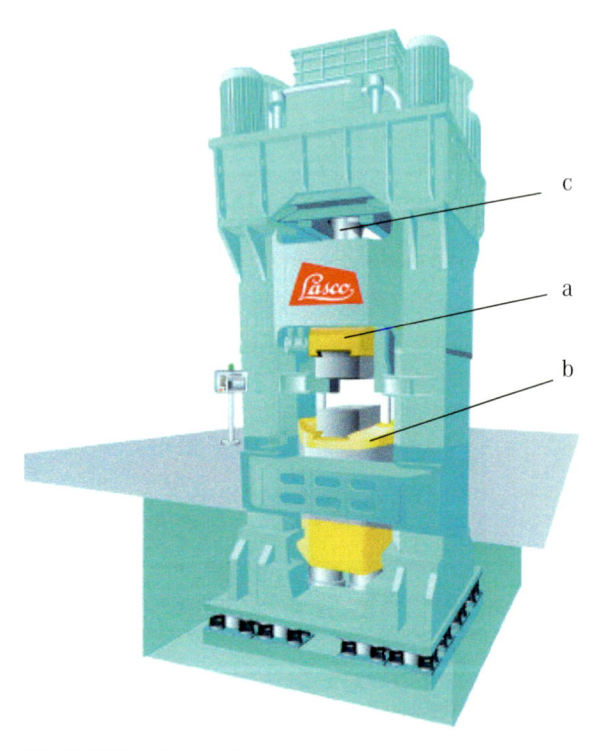

Abb. 3.298: *Gegenschlaghammer*
a Oberbär, b Unterbär, c Kolbenstange
Quelle: Fa. LASCO Umformtechnik GmbH, Coburg

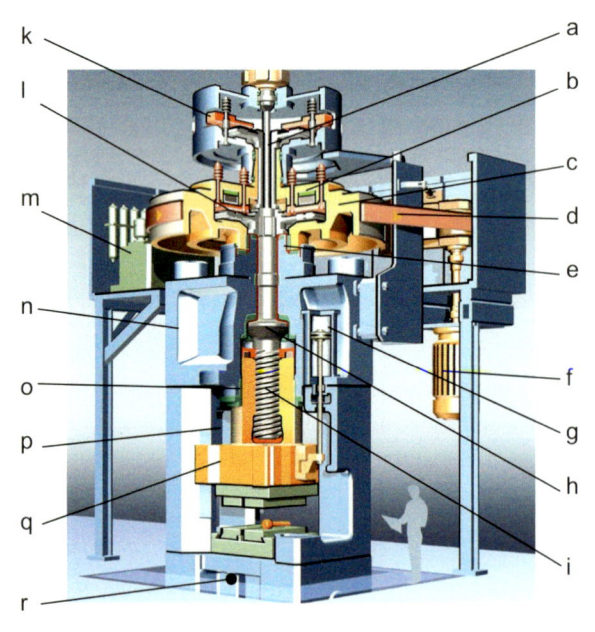

Abb. 3.299: *Spindelpressen mit vertikal ortsfester Spindel und direktem elektrischen Antrieb*
a Stößelrückzug, b hydraulischer Ringkolben, c Schwungrad, d Antriebsriemen, e hydrostatische Lagerung des Schwungrades, f Antriebsmotor, g Gewichtsausgleich, h Flanschlager der Spindel, i Spindel mit Sägezahngewinde, k Bremse, l Kupplungsscheibe, m Hydraulikaggregat, n Ständer, o Rundführung, p Kastenführung, q Stößel, r Ausstoßer
Quelle: Fa. SMS-Meer GmbH, Mönchengladbach

3.3.9 Maschinen zum Gesenkschmieden

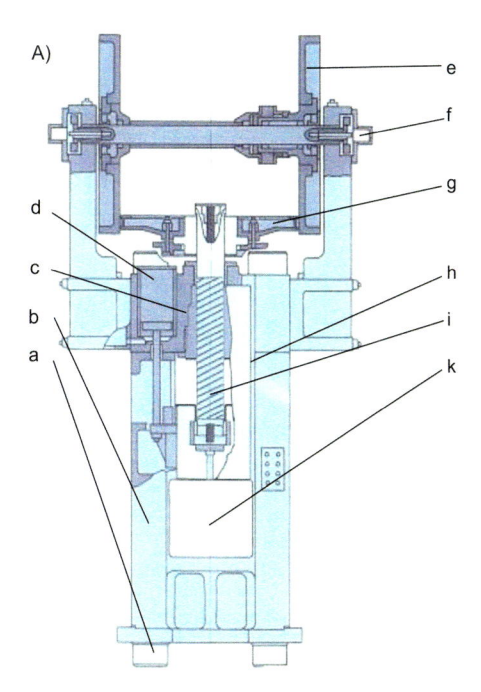

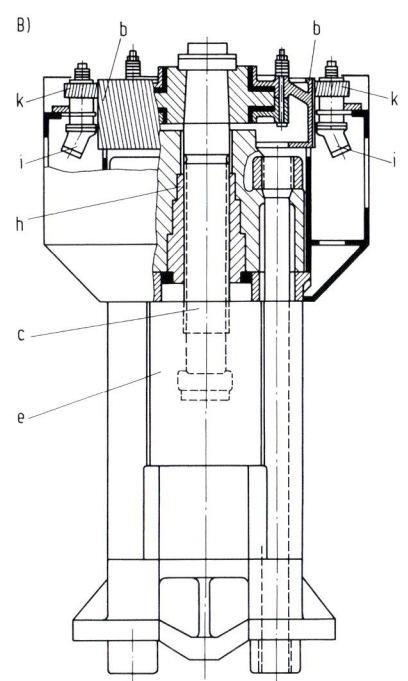

Abb. 3.300: Bauarten von Spindelpressen mit vertikal beweglicher Spindel
A) Spindelpresse mit Reibscheibenantrieb
a Zuganker, b Ständer, c Spindelmutter, d Stößelgewichtsausgleich, e Treibscheibe, f Druckluftsteuerzylinder, g Schwungrad mit integrierter Sicherheitskupplung, h Stößelführung, i Spindel, k Stößel
B) Spindelpresse mit hydraulischem Antrieb
a Stößel, b Schwungrad, c Spindel, d Spindelmutter, e hydraulischer Motor, f Motorenritzel
Quelle: Fa. SMS-Meer GmbH, Mönchengladbach

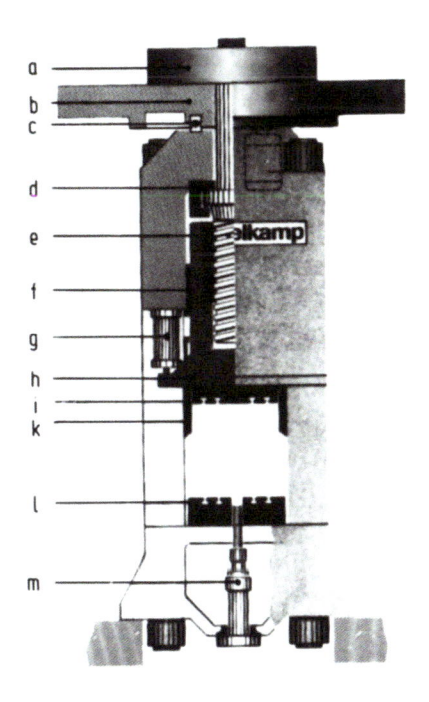

Abb. 3.301: Umformpresse
a Kupplung, b Schwungrad, c Schwungradlagerung, d Drucklager, e Schraubgetriebe, f obere Stößelführung, g Rückzugszylinder, h Stößel, i Stößelschonplatte, k untere Stößelführung, l Tischschonplatte, m Ausstoßer

Die in Abbildung 3.301 gezeigte Umformpresse kann als Sonderbauart einer energiegebundenen Maschine angesehen werden, bei der nur ein Teil der im Schwungrad gespeicherten Energie umgesetzt wird. Das vom Schwungrad aufgebrachte Drehmoment wird über eine Kupplung, die bis kurz vor dem unteren Umkehrpunkt im Einsatz bleibt, auf die ortsfeste Spindel übertragen. Der Stößel wird über hydraulische oder pneumatische Zylinder in seine Ausgangslage zurückbewegt.

Spindelpressen mit einer Nennkraft bis zu 125.000 kN eignen sich speziell zum Schmieden flacher Werkstücke. Dabei wird angestrebt, in der Fertiggravur mit einem Schlag auszukommen.

3.3.9.4 Kenngrößen von Gesenkschmiedemaschinen

Für die Auswahl von Schmiedemaschinen sind technologische (Kraft-, Energie-, Zeit- und Genauigkeitskenngrößen) und wirtschaftliche Kenngrößen maßgebend (Tab. 3.22 und 3.23).

Beim Umformen mit weg-, kraft- und energiegebundenen Gesenkschmiedemaschinen sind die Kraft- und Energiekenngrößen für die Auswahl von Maschinen für einen

301

3.3 Gesenkschmieden

Tab. 3.22: Technologische Kenngrößen für Gesenkschmiedemaschinen

	Kenngröße	Einheit	Maschinenart Exzenterpresse	Hydraulische Presse	Hammer	Spindelpresse
Kraft- und Energiekenngrößen	Nennkraft F_N	kN	3.150 bis 140.000	6.300 bis 750.000	–	1.600 bis 3.150 (Reib.-Antr.) 31.500 bis 125.000 (hydr. Antr.) 4 000 bis 125000 (elektr. Direktantr.)
	Maximalkraft F_{max}	kN	$\approx 1{,}2\, F_N$	$= F_N$	abhängig von der Umformarbeit	2.500 bis 50.000 (Reib.-Antr.) 50.000 bis 200.000 (hydr. Antr.) 6.300 bis 200.000 (elektr. Direktantr.)
	Arbeitsvermögen W	kJ	20 bis 3.500[1]	–	10 bis 250 (Oberdruck-H.) 63 bis 1.250 (Gegenschlag-H.)	6 bis 540 (Reib.-Antr.) 800 bis 6.300 (hydr. Antr.) 20 bis 3.000 (elektr. Direktantr.)
	Maschinenvergleich ähnlicher Umformvorgänge	kN kJ	$F_{NExz} \approx 0{,}3$ bis $0{,}5\, A_H$ $\approx 1{,}3\, F_{NSp}$	–	$A_H \approx 2$ bis $3\, F_{NExz}$ ≈ 3 bis $4\, F_{NSp}$	$F_{NSp} \approx 0{,}25$ bis $0{,}3\, A_H$ $\approx 0{,}8\, F_{NExz}$
Zeitkenngrößen	max. Hubzahl n_H, Reihenschlagzahl s	min^{-1} min^{-1}	$n_H = 30$ bis 150	$n_H \leq 30$	s = 60 bis 140	s = 6 bis 75
	Auftreffgeschwindigkeit v_0	m/s	0,7[2]	$\leq 0{,}25$	5 bis 6	0,5 bis 0,9
	Umformgeschwindigkeit $\dot{\varphi}$ [3]	s^{-1}	7 bis 35	≤ 8	50 bis 300	5 bis 45
	Druckberührzeit t_b	ms	60 bis 100	> 500	3 bis 10	30 bis 120
	Summe der Liege- und Druckberührzeiten t_B	s	≈ 7[4]	≈ 8[5]	≈ 8[6]	≈ 7

1) Bei 15% Drehzahlabfall
2) 20 mm vor u. U.
3) h_0 = 100 und 20 mm
4) Mit Auswerfer geringer
5) Bei 2 Hüben
6) Beim Schmieden von der Stange wesentlich geringer
Beim Schmieden im Gegenschlaghammer größer

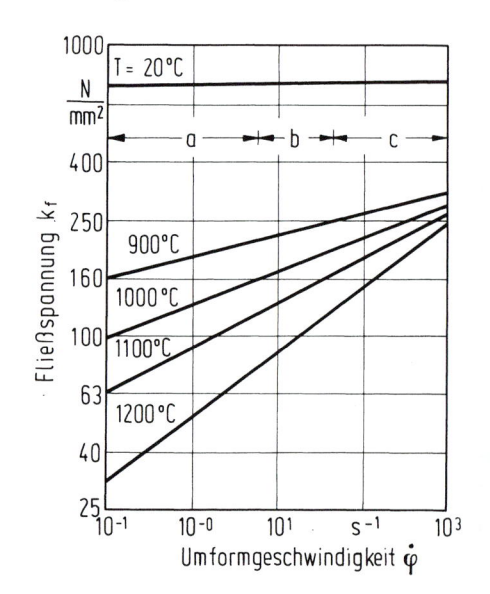

Abb. 3.302: Fließspannung des Werkstoffs C35 in Abhängigkeit von der Umformgeschwindigkeit und der Temperatur (Doege 1977b)
a Hydraulikpresse, b Exzenter- und Spindelpresse, c Hammer
T Umformtemperatur

3.3.9 Maschinen zum Gesenkschmieden

Tab. 3.23: Wichtige Einflussfaktoren der Wirtschaftlichkeit von Gesenkschmiedemaschinen

Einflussgröße	Maschinenart			
	Exzenterpresse	Hydraulische Presse	Hammer	Spindelpresse
Antriebsleistung P in kW	15 bis 630	200 bis 2.200	20 bis 260 (Oberdruck-H.)[1] 90 bis 1.500 (Gegenschlag-H.)[1]	12 bis 230 (Reib.-Antr.) 350 bis 1.550 (hydr. Antr.) 22 bis 1.000 (elektr. Direktantr.)
Energieverbrauch	gering	hoch	gering bis mittel	gering (für Reibscheiben- u. hydraulischen Antrieb) hoch (für elektr. Direktantr.)
Verhältnis von Umformleistung zur Antriebsleistung P_u / P	groß	groß (mit Speicher) klein (Direktantr.)	groß	groß (für Reibscheiben- u. hydraulischen Antrieb) mittel (für elektr. Direktantr.)
Investitionskosten der Maschinen im Verhältnis zum Hammer [2])	≈ 3,5: 1[3] ≈ 4: 1[4]	≈ 2,5: 1	1	≈ 2: 1[3] ≈ 3: 1[4]
Aufwand für Gründung	mittel	gering	groß (Oberdruck-H.) mittel (Gegenschlag-H.)	mittel
Automatisierungsmöglichkeit	sehr gut	mittel	begrenzt	mittel
Rüstzeiten	mittel [5]	kurz bis mittel	kurz	kurz bis mittel
Höheneinstellung der Werkzeugschließanlage	elektromotorische Hubanlagenverstellung	einstellbare Anschläge	Aufschlagflächen der Gesenke	Aufschlagflächen der Gesenke
Lärmerzeugung	gering	gering bis mittel	groß	mittel

[1]) Bei Reihenschlagzahlen von 55 bis 25 min^{-1}
[2]) Für vergleichbare Umformvorgänge ohne Fundamentkosten)
[3]) Für Maschinen mit kleinen Nennkräften
[4]) Für Maschinen mit großen Nennkräften
[5]) Mit Schnellwechselsystem, sehr kurze Rüstzeiten

bestimmten Umformvorgang von großer Bedeutung. Sie geben Auskunft darüber, welches Werkstück auf welcher Maschine gefertigt werden sollte. Eine Auflistung mit Definition dieser Kenngrößen liegt für Exzenter- und Kurbelpressen, hydraulische Pressen, Waagerecht-Stauchmaschinen, Spindelpressen und Gesenkschmiedehämmer vor. Tabelle 3.22 gibt Bereiche für wichtige technologische Kenngrößen an.

Zeitkenngrößen (Tab. 3.22) sind maßgebliche Kriterien für eine hohe Ausbringung und Werkzeugstandmenge. Hierbei kann aber ein bestimmter Grenzwert nicht überschritten werden, da sich zwar mit hoher Umformgeschwindigkeit die Druckberührzeit und damit die thermische Beanspruchung der Gesenke reduziert, die mechanische Beanspruchung aber infolge erhöhter Fließspannung (Abb. 3.302) und Schlagwirkung zunimmt.

Als wichtigste Genauigkeitskenngrößen der unbelasteten Maschine sind die Ebenheit und Planparallelität der Werkzeugaufspannflächen sowie die Rechtwinkligkeit der Stößelbewegung zur Tischfläche zu nennen.

Als ausschlaggebend für das Genauigkeitsverhalten unter Last erweisen sich die vertikale und horizontale Verlagerung sowie die Kippung des Stößels gegenüber dem Tisch bei exzentrischer Belastung (Abb. 3.303 A). Voraussetzung für die Ermittlung des Genauigkeitsverhaltens unter Last ist eine rückwirkungsfreie Krafteinleitung (Abb. 3.303 B). Ergebnisse entsprechender Untersuchungen sind in Abbildung 3.304 zusammengefasst.

Die hohe Steifigkeit hydraulischer Pressen in vertikaler Richtung ist dabei auf das bei den Messungen nicht berücksichtigte Verhalten des Antriebs (Kompression des Öls, Dehnung der Ölführungselemente) zurückzuführen.

3.3 Gesenkschmieden

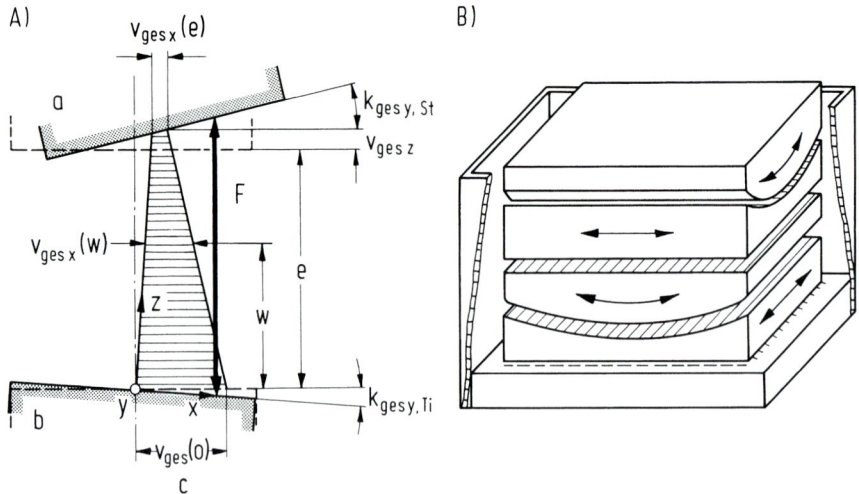

Abb. 3.303: Verlagerungen und Kippungen bei außermittiger Belastung (A) sowie rückwirkungsfreie Krafteinleitung (Kardanische Kalotte, B) (Doege 1980)
a Stößel, b Tisch, c Bedienungsseite, $v_{ges\,x}$ (e) horizontale Verlagerung in der Stößelebene, $v_{ges\,x}$ (w) horizontale Verlagerung in der Werkzeugschließebene, $v_{ges\,x}$ (o) horizontale Verlagerung in der Tischebene, e Abstand zwischen Stößel und Tisch im unbelasteten Zustand, $v_{ges\,z}$ vertikale Verlagerung des Stößels gegenüber dem Tisch, $k_{ges\,ySt}$ Kippung des Stößels, $k_{ges\,yTi}$ Kippung des Tisches, w Lage der Werkzeugschließebene

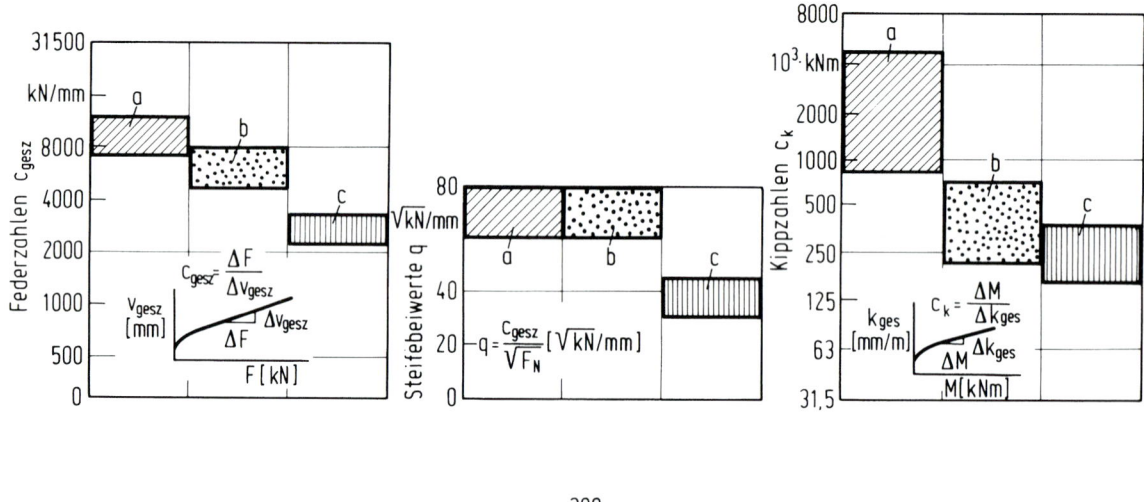

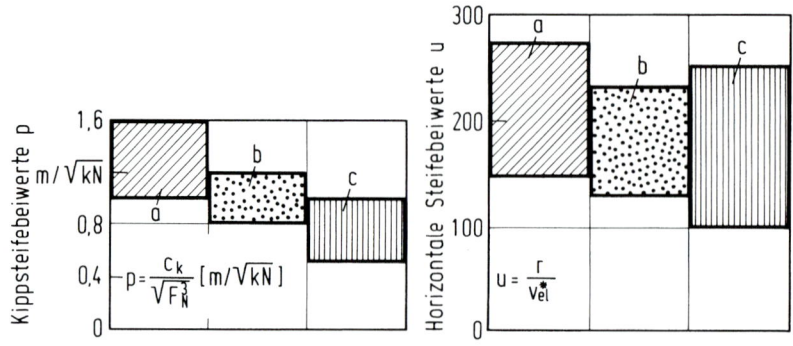

Abb. 3.304: Steifigkeitskennwerte verschiedener Maschinentypen (Doege 1980)
a Schmiede-Exzenterpressen, b hydraulische Pressen, c Spindelpressen, k_{ges} Kippung von Tisch und Stößel, r Außermittigkeit des Kraftangriffpunkts, v^*_{el} elastische horizontale Verlagerung, $v_{ges\,z}$ vertikale Verlagerung des Stößels gegenüber dem Tisch, F Kraft, F_N Nennkraft, M Moment

In horizontaler Richtung verhalten sich die Schmiedeexzenterpressen am günstigsten (gekennzeichnet durch die Steifigkeitskennwerte p und u). Die Ergebnisse beruhen auf Reihenuntersuchungen von etwa 20 Maschinen pro Pressenart.

Ebenso wie die technologischen dienen auch die wirtschaftlichen Kenngrößen zur Zuordnung von Werkstück und Maschine. Einflussfaktoren der Wirtschaftlichkeit sind in Tabelle 3.23 aufgeführt.

Bei der auch im Schmiedebereich immer häufiger anzutreffenden Kleinserienfertigung sind des Weiteren eine hohe Flexibilität entsprechender Automatisierungseinrichtungen und kurze Werkzeugwechselzeiten wünschenswert. Für den Werkzeugwechsel ist dabei entscheidend, einen reibungslosen Ablauf ohne aufwendige Probeschmiedungen zu realisieren. Mittels Steuerungseinrichtungen zur stufenlosen Vorwahl der Schlagenergie bei energiegebundenen Maschinen oder motorischen Hublagenverstelleinrichtungen bei weggebundenen Maschinen lässt sich die mit dem Werkzeugwechsel verbundene Anlaufphase zeitlich reduzieren.

Gesichtspunkte der Humanisierung des Arbeitsplatzes müssen mit in die Wirtschaftlichkeitsbetrachtungen eingehen. Die körperlich oft schwere Arbeit sowie eine hohe Lärmbelästigung erfordern längere Erholzeiten und führen zu erhöhten Lohnkosten.

Insbesondere bei Schabottehämmern dominieren die Lastgeräusche, wobei Dauerschallpegel von mehr als 110 dB(A) und Maximalwerte von über 125 dB(A) in Ohrnähe gemessen worden sind (Humbert 1979; Koch 1972). Diese Werte werden bei Gegenschlaghämmern teilweise noch überschritten, da infolge der höheren Absolutgeschwindigkeiten die zeitliche Änderung der Kraft noch größer ist. Um Hämmer auch in Zukunft wirtschaftlich einsetzen zu können, eignen sich unter Umständen Teilkapselungen, die Schallpegelreduzierungen von mehr als 10 dB(A) ermöglichen, wodurch aber die Zugänglichkeit erschwert wird.

Literatur zu Kapitel 3.3

Ahlers-Hestermann, G.: Formänderungen und Fließvorgänge beim Formpressen mit Grat. Dissertation, TU Hannover 1973.

Almen J. O.: Improving Fatigue Strength of Engine Parts. Iron Age (1943) June, S. 49 – 65.

Altan, T.; Kobayashi, S.: Numerische Verfahren zum Berechnen von Temperaturfeldern in kinematisch stationären Umformvorgängen. Ind. Anz. 89 (1967) 99, S. 2223 – 2227.

Altan, T.: A Study of Mechanics of Closed-Die Forging. Battelle Memorial Institute, Report AD685866, Columbus/Ohio 1969.

Altan, T.: Computer Simulation to Predict Load, Stress and Metal Flow in a Axisymmetric Closed-Die Forging. In: Metal Forming. Plenum Press, New York, London 1971.

Bach, Fr.-W.; Möhwald, K.; Deißer, T. A.; Behrens, B.-A.; Bistron, M.; Kamp, M.: Keramik-Metall-Verbundwerkzeuge für die Metallbearbeitung. Tagungsband zur 8. Internationalen Konferenz Hart- und Hochtemperaturlöten und Diffusionsschweißen – Löt2007, DVS-Berichte 243 (2007), S. 52 – 58.

Barnert, L.: Verschleißminderung bei Werkzeugen der Warmmassivumformung durch Verwendung von keramischen Gesenkeinsätzen. Dissertation, Leibniz Universität Hannover, zugl. in: Schriftenreihe Berichte aus dem IFUM, Garbsen 2005.

Becker, R.: Optimale Maschinenbelegung bei der Warmumformung. Ind.-Anz. 101 (1979) 41, S. 28 – 30.

Behrens, B.-A.; Bach, F.-W.; Bräuer, G.; Möhwald, K.; Deißer, T. A.; Paschke, H.; Weber, M.; Bistron, M.: Steigerung des Verschleißwiderstandes von Schmiedewerkzeugen – Verschleißreduzierung an Präzisionsschmiedegesenken durch borhaltige PACVD-Beschichtungen. wt Werkstattstechnik online 98 (2008) 10, S. 805 – 812.

Behrens, B.-A.; Odening, D.: Process and Tool Design for Precision Forging of Geared Components. The 12th International ESAFORM Conference on Material Forming, University of Twente, The Netherlands, April 27 – 29, 2009.

Bender, W.: Untersuchungen über die Entkohlungstiefe an Gesenkschmiedestücken. AIF-Forschungsvorhaben Nr. 3573, Forschungsstelle Gesenkschmieden, Hannover 1980.

Bobbert, D.: Untersuchungen über das Vergüten aus der Schmiedewärme. Dissertation, TU Hannover 1968.

Bockel, G.: Statische und dynamische Untersuchungen von Huffederung, Kippung und Versatz an Spindelpressen. Dissertation, Universität Hannover 1980.

Bovet, H.: Kupferlegierungen zum Gesenkpressen. Pro-Metal (1970) 125, S. 20 – 24.

Bredendick, F.: Zur Ermittlung von Deformationen an verzerrten Gittern. Wiss. Zeitung TU Dresden 16 (1967) 5, S. 1473 – 1485.

Broder, G.: Empirische Bestimmung von Umformkraft und Arbeitsbedarf beim Gesenkschmieden von Stahl. Werkst. u. Betr. 111 (1980) 10, S. 665 – 666.

Bruchanow, A. N.; Rebelski, A. W.: Gesenkschmieden und Warmpressen. VEB Verlag Technik, Berlin 1955.

Brunklaus, J. H.: Industrieofenbau. Vulkan-Verlag, Essen 1962.

Buttstädt, K. H.; Theimert, P. H.: Schmieden im geschlossenen Gesenk – Geheimwissenschaft oder alter Hut? Werkst. u. Betr. 108 (1975) 10, S. 649 – 657.

Degner, W.; Lutz, H.; Smejkal, E.: Spanende Formung, Carl Hanser Verlag, München 2002.

Doege, E.; Rittmeier, F.; Mareczek, G.: Verfahren zum Ermitteln der rechnerischen Beanspruchung von Gesenken. Ind.-Anz. 98 (1976) 7, S. 117 – 120.

Doege, E.; Melching, R.: Schmierung und Verschleiß von Werkzeugen. Ind.-Anz. 99 (1977) 33, S. 603 – 606.

Doege, E.: Maschinen für die Warmumformung und Blechumformung. HFF-Bericht Nr. 1, Hannoversches Forschungsinstitut f. Fertigungsfragen e.V., Hannover 1977, S. 155 – 167.

Doege, E.; Melching, R.; Kowallick, G.: Investigations into the Behaviour of Lubricants and the Wear Resistance of Die Materials in Hot and Warm Forging. J. Mech. Work. Technol. 2 (1978), S. 129-143.

Doege, E. et al.: Einfluß der Umformmaschine auf die Werkstückgenauigkeit. HFF-Bericht Nr. 6, Hannoversches Forschungsinstitut f. Fertigungsfragen e.V., Hannover 1980.

Doege, E.; Meyer-Nolkemper, H.; Saeed, I.: Fließkurven-Atlas metallischer Werkstoffe. Carl Hanser Verlag, München, Wien, 1986.

Doege, E.; Behrens, B.-A.: Handbuch Umformtechnik – Grundlagen, Technologien, Maschinen. Springer-Verlag, Berlin, Heidelberg, 2007.

Erlmann, K.; Dung, N. L.: Berechnung der Metallumformung mit der Finite-Elemente-Methode. Forsch. Ing.-Wes. 46 (1980a) 3, S. 69 – 104.

Erlmann, K. et al.: Beanspruchung und Gestaltung von Gesenken. HFF-Bericht Nr. 6, Hannoversches Forschungsinstitut für Fertigungsfragen e.V., Hannover 1980b.

Fasther, P.: Untersuchung über das gesteuerte Abkühlen aus der Schmiedewärme an unlegierten Kohlenstoffstählen. Dissertation, Universität Hannover 1980.

Fischer, D.: Entwicklung eines vollautomatisierten Produktionsprozesses für die Herstellung von Stahlbauteilen durch Thixoschmieden, Dissertation, Leibniz Universität Hannover, 2008.

Gessinger, G. H.: Isothermes Umformen – ein kostengünstiges Präzisionsschmiedeverfahren. Ind.-Anz. 100 (1978) 73, S. 64 – 66.

Golf, K. H.: Entzundern und Vorformen. Ind.-Anz. 94 (1972) 46, S. 1068 – 1071.

Guidelines for Warm Working of Steels. ICFG Data Sheets 8/75. Met. an Metal Forming 42 (1975) 11, S. 366 – 367.

Haas, F.: Fertigungsverfahren zum Herstellen von Ausgangsteilen für das Massivumformen. Ind.-Anz. 86 (1964) 84, S. 1727 – 1732.

Haller, H. W.: Handbuch des Schmiedens, Carl Hanser Verlag, München 1971.

Haller, H. W.: Schmiedestücke mit optimalen Formen und Oberflächen. Werkst. u. Betr. 108 (1975) 10, S. 659 – 665.

Haller, B.: „Einfluss der Prozessparameter beim Thixoschmieden des Stahls C60", Dissertation, Leibniz Universität Hannover, 2006

Hanisch, M.: Das Verhalten mechanischer Kaltfließpressen in geschlossener Bauart bei mittiger und außermittiger Belastung. Dissertation, TU Hannover 1978.

Hegewald, H.; Thurm, M.: Anwendung des Nachformfräsens für die Herstellung von Gesenkinnenformen für Schmiedestücke. Fert. Techn. u. Betr. 19 (1969) 6, S. 360-362.

Heinemeyer, D.: Untersuchungen zur Frage der Haltbarkeit von Schmiedegesenken. Dissertation, TU Hannover 1976.

Hirschvogel, M.: Halbwarmumformung. HFF-Bericht Nr.1, Hannoversches Forschungsinstitut für Fertigungsfragen e.V., Hannover 1977, S. 43 – 51.

Humbert, G.: Möglichkeiten der Lärmminderung von Schabottenhämmern und ihrer Grenzen hinsichtlich der Auswirkung auf den Schmiedevorgang. Dissertation, Universität Hannover 1979.

Huppmann, W. J.; Hirschvogel, M.: Powder Forging. Int. Metals Reviews (1978) 5, S. 209-239.

Huppmann, W. J.: The Elementary Mechanism of Liquid Phase Sintering. Zeitschrift für Metallkunde 70 (1979) 11, S. 707 – 713 u. 12, S. 792 – 797.

Huskic, A.: Verschleißreduzierung an Schmiedegesenken durch Mehrlagenbeschichtung und keramische Einsätze. Dissertation, in: Schriftenreihe Berichte aus dem IFUM, Garbsen: PZH Produktionstechn. Zentrum, 2005.

Ibinger, K.; Spalke, H.: Oberflächenbehandlung von Umformwerkzeugen. Werkst. u. Betr. 113 (1980) 5, S. 335 – 337.

Ismar, H.; Mahrenholtz, O.: Technische Plastomechanik. Vieweg Verlag, Braunschweig, Wiesbaden 1979.

Isothermal Forging Scores New Advances. Prec. Metal 32 (1974) 4, S. 57.

Johne, P.: Formpressen ohne Grat in Gesenken ohne Ausgleichsräume. Diss. TU Hannover 1969.

Joost, H. G.: Untersuchung über die Anwendbarkeit von beschichteten und oberflächenbehandelten Gesenkschmiedewerkzeugen. Dissertation, Universität Hannover 1980.

Kaessberger, H.: Gesenkschmieden von Stahl. Werkstattbuch 31, 3. Aufl., Springer-Verlag, Berlin, Göttingen, Heidelberg 1950.

Kiefer, R.: Verdichtungsverfahren in der Pulvermetallurgie. Metall 30 (1976) 5, S. 407 – 415.

Kienzle, O.: Die wirtschaftliche Herstellung von Schmiedegesenken. Ind.-Anz. 78 (1956) 73, S. 1102 – 1106.

Kienzle, O.: Kenngrößen für Werkzeugmaschinen zum Gesenkschmieden. Werkstatttechnik 55 (1965) 10, S. 509 – 514.

Klafs, U.: Ein Beitrag zur Bestimmung der Temperaturverteilung in Werkzeug und Werkstück beim Warmumformen. Dissertation, TU Hannover 1969.

Kleiner, W. B.: Which Cutting Fluid for ECM. Metalworking Production 107 (1963) 19, S. 61 – 64.

Kleiner, F. J. u. a.: Temperaturführung von Schmiedegesenken. HFF-Bericht Nr. 6, Hannoversches Forschungsinstitut f. Fertigungsfragen e.V., Hannover 1980.

Knolle, B.: Untersuchung über die Schwingfestigkeit von Schmiedeteilen aus unlegierten Vergütungsstählen und ihre Beeinflussung durch kostenreduzierende Maßnahmen. Dissertation, TU Hannover 1978.

Koch, H. W.; Oetkers, H. O.: Vergleichende Untersuchungen an Schmiedehämmern und -pressen hinsichtlich ihrer Geräusche und Erschütterungen. Ind.-Anz. 94 (1972) 65, S. 1603 – 1606.

König, J.: Untersuchungen zur Verbesserung der Maßgenauigkeit beim Gesenkschmieden. Dissertation, Universität Hannover 1979.

König, W.: Fertigungsverfahren. Bd. 3, VDI-Verlag, Düsseldorf 1979.

Kowallick, G.: Formpressen von Stahl im Bereich mittlerer Umformtemperaturen – „Halbwarmschmieden". Diss. Uni Hannover 1979.

Lange, H.; Roll, K.: Neuere Entwicklungen der Werkzeugmaschinen und der Technologie des Gesenkschmiedens. Ind.-Anz. 96 (1974) 70, S. 1621 – 1628.

Lange, K.; Meyer-Nolkemper, H.: Gesenkschmieden. Springer-Verlag, Berlin, Heidelberg, New York 1977.

Lindner, H.: Massivumformen von Stahl zwischen 600 und 900 °C – „Halbwarmschmieden". Forsch.-Ber. VDI-Z. Reihe 2, Nr. 7, Düsseldorf 1966.

Lippmann, R.; Lehmann, W.: Warmeinsenken von Schmiedegesenken. Fert. Techn. u. Betr. 13 (1963) 1, S. 28 – 31.

Lippmann, H.; Mahrenholtz, O.: Plastomechanik der Umformung metallischer Werkstoffe. Springer-Verlag, Berlin, Heidelberg, New York 1967.

Lung, M.: Ein Verfahren zur Berechnung des Geschwindigkeits- und Spannungsfeldes bei stationären starrplastischen Formänderungen mit finiten Elementen. Dissertation, TU Hannover 1971.

Mages, W. J.: Präzisionsschmieden. wt – Z. ind. Fertig. 69 (1979) 9, S. 541 – 548.

Mäkelt, H.: Ermittlung des Kraft- und Arbeitsbedarfs für das Stauchen und Gesenkschmieden. Werkst. u. Betr. 91 (1958) 6, S. 337 – 341.

Mareczek, G.; Heinemeyer, D.; Erlmann, K.: Thermische Beanspruchung von Schmiedegesenken. HFF-Bericht Nr.1, Hannoversches Forschungsinstitut f. Fertigungsfragen e.V., Hannover 1977, S. 73 – 80.

Matherauch, E. et al.: Verbesserung der Bauteileigenschaften durch Strahlen. HFF-Bericht Nr. 6, Hannoversches Forschungsinstitut f. Fertigungsfragen e.V., Hannover 1980.

Meier, R.: Gesenkschmieden mit erhöhter Maßgenauigkeit: Genauschmieden – Präzisionsschmieden. VDI-Z. 120 (1978) 20, S. 911 – 915.

Melching, R.: Verschleiß, Reibung und Schmierung beim Gesenkschmieden. Diss. Univ. Hannover 1980.

Meyer, R.; Schmidt, Th.: Über die Verzunderung und Entkohlung von Stahl in Ofenatmosphären bei Luftzahlen von 0,45 bis 1,10 im Temperaturbereich von 950 bis 1250°C. Gaswärme 13 (1964) 10, S. 387 – 396.

Meyer, H.: Die Wirkung zunderhemmender Stoffe beim Wärmen von Stahl in gasbeheizten Schmiedeöfen. Diss. TU Hannover 1971.

N.N.: Atlas zur Wärmebehandlung der Stähle. Bd. 1 bis 3, Verlag Stahleisen, Düsseldorf 1954/56/58.

N.N.: Werkstoffhandbuch Stahl und Eisen. 4.Aufl., Verlag Stahleisen, Düsseldorf 1965.

N.N.: Schmiedestücke: Gestaltung, Anwendung, Beispiele. Informationsstelle Schmiedestück-Verwendung, Hagen 1976.

N.N.: Technologie der Wärmebehandlung von Stahl. Hrsg. H. J. Eckstein, VEB Deutscher Verlag für Grundstoffindustrie, Leipzig 1977.

N.N.: Massivumformtechniken für die Fahrzeugindustrie: Verfahren, Werkstoffe und Entwicklung, Hirschvogel, Verlag Moderne Industrie, Landsberg/Lech 2001.

N.N.: Branchenpräsentation der Massivumformung, Infostelle Industrieverband Massivumformung, 2008.

Neuberger, F.; Pannasch, S.: Ermittlung von Umformkraft und -arbeit beim Gesenkschmieden mit Kurbelpressen. Fert. Techn. u. Betr. 12 (1962) 11, S. 775 - 779.

Peddinghaus, G.: Anwendung gegossener Gesenke in der Gesenkschmiede. Ind. Anz. 89 (1967) 47, S. 989.

Roll, K.: Comparison of Different Numerical Methode for the Calculation of Metal Forming Processes. Ann. CIRP 28 (1979) 1, S. 141-145.

Sabroff, A. N.; Boulger, F. W.; Hemming, H. J.: Forging Materials and Practices. Reinhold Book Corp. New York, Amsterdam 1968.

Schatt, W.: Pulvermetallurgische Fertigungsverfahren für die Herstellung von Maschinenbauteilen. Fert. Techn. u. Betr. 29 (1979) 8, S. 487.

Scheuermann, H.: Untersuchung des Eigenspannungszustandes gescherter Abschnitte von Stahlknüppeln. Dissertation, TU Hannover 1974.

Schmidek, B. et al.: Abgraten von Schmiedeteilen: Verfahren, Schnittflächengüte und mechanische Eigenschaften der Gratnaht. Techn. Rundschau, Bern (1980) 33, S. 21 - 22 u. 35, S.19 - 20.

Schreiber, R.; Wohlfahrt, H.; Matherauch, E.: Der Einfluß des Kugelstrahlens auf das Biegewechselverhalten von blindgehärtetem 16MnCr5. Arch. Eisenhüttenwes. 48 (1977) 12, S. 653 - 657.

Schreiner, H.: Pulvermetallurgie elektrischer Kontakte. Bd. 20, Springer-Verlag, Berlin, Göttingen, Heidelberg 1964.

Schulze Horn, H.: Untersuchung über die Struktur, die Bildung und die Haftfestigkeit von under bei Temperaturen bis 1200°C und Erwärmung in verschiedenen Verbrennungsatmosphären. Dissertation, TH Hannover 1967.

Schumacher, B.: Die Arbeitsgestaltung beim funkenerosiven Bearbeiten von Schmiedegravuren. Ind.-Anz. 93 (1971) 101, S. 2595 - 2599.

Sokolov, N. L.; Smurov, A. M.: Der Fertigungsablauf beim Warmfließpressen stahlförmiger Werkstücke. Kuzn.-stamp. proizvod. 7 (1965) 1, S. 1 - 5.

Spies, K.: Die Zwischenform beim Gesenkschmieden und ihre Herstellung durch Formwalzen. Dissertation, TH Hannover 1957.

Spizig, J. S.: Das Elysiersenken, ein elektrochemisches Abtragverfahren. Werkstattstechnik 53 (1963) 11, S. 570-575.

Steck, E.: Ein Verfahren zur näherungsweisen Berechnung des Spannungs- und Verformungszustandes bei Umformvorgängen. Ann. CIRP 17 (1969), S.251 - 258.

Stepanek, J.: Industrieöfen und Erwärmungsanlagen in der Gesenkschmiede. Techn. Mitteilungen 66 (1973) 8, S. 387-391.

Storozev, M. V.; Semenov, E. I.; Kirsanova, S. B.: Defining the Center of Deformation and Determining in Pressworking. Russ. Eng. 39 (1959) 4, S. 49 - 54.

Stute-Schlamme, W.: Konstruktion und thermomechanisches Verhalten rotationssymmetrischer Schmiedegesenke. Dissertation, Universität Hannover 1981.

Tacke, G.: Neuere Entwicklung bei Walz- und Schmiedeerzeugnissen aus Einsatz- und Vergütungsstählen für den Kraftfahrzeugbau. Stahl u. Eisen 94 (1974) 17, S. 792 - 804.

Thomsen, E. G.: Visioplasticity, Ann. CIRP 12 (1963/64) 3, S. 127 - 133.

Thomsen, E. G.; Yang, C. T.; Kobayashi, S.: Mechanics of Plastic Deformation in Metal Processing. Macmillan Co., New York 1965.

Ullmann, W.: Funkenerosive Gesenkbearbeitung mit systemintegrierten Graphitelektroden. Ind.-Anz. 99 (1977) 70, S. 1349 - 1352.

Unksov, E. P.: An Engineering Theory of Plasticity. Butterworth, London 1961.

Verderber, W.; Payr, H.: Gegossene Schmiedewerkzeuge. Ind. Anz. 95 (1973) 47, S. 1011 - 1014.

Vieregge, K.: Ein Beitrag zur Gestaltung des Gratspaltes beim Gesenkschmieden. Dissertation, TU Hannover 1969.

Voelkner, W.: Zur theoretischen Spannungsermittlung beim Formpressen mit Grat. Wiss. Zeitschrift TU Dresden 17 (1968) 5, S. 1273 - 1281.

Voigtländer, O.: Zuschrift zu H. J. Stöter. Werkstattstechnik 49 (1959) 12, S. 775 - 776.

Voigtländer, O.: Entwicklungstendenzen der Gesenkschmiedetechnik. Ind.-Anz. 98 (1976) 42, S. 731 - 734.

Voss, H.; Wetter, E.; Nettelhöfel, F.: Verschleißverhalten von vergütbaren Gesenkstählen. Arch. Eisenhüttenwes. 38 (1967) 5, S. 379 - 386.

Wedel, E. v.: Geschichtliche Entwicklung des Umformens in Gesenken. Dissertation, TH Hannover 1958.

Zabel, H.: Die Trennflächen von abgescherten Stangenabschnitten. Werkstattstechnik 54 (1964) 10, S.530 - 538.

Zicke, G.: Ein Beitrag zur Frage der Temperaturverteilung in Gesenkschmiedestücken. Diss. TU Hannover 1973.

Zünkler, B.: Ermittlung der beim Gesenkschmieden stabförmiger Teile auftretenden Spannungen und Kräfte. Ind.-Anz. 87 (1965) 31, S. 569 - 576.

Zünkler, B.: Führungen an Schmiedegesenken. Masch.-Mkt. 74 (1968) 101, S. 1924 - 1928.

Zwicker, K.: Titan und Titanlegierungen. Springer-Verlag, Berlin, Heidelberg, New York 1974.

Normen

DIN ISO 286-1	ISO-System für Grenzmaße und Passungen - Grundlagen für Toleranzen, Abmaße und Passungen
DIN EN 586-1	Aluminium und Aluminiumlegierungen - Schmiedestücke - Technische Lieferbedingungen
DIN EN 586-2	Aluminium und Aluminiumlegierungen - Schmiedestücke - Mechanische Eigenschaften und zusätzliche Eigenschaftsanforderungen
DIN EN 586-3	Aluminium und Aluminiumlegierungen - Schmiedestücke - Grenzabmaße und Formtoleranzen
DIN EN ISO 683-17	Für eine Wärmebehandlung bestimmte Stähle, legierte Stähle und Automatenstähle - Wälzlagerstähle
DIN 1729-1	Magnesiumlegierungen; Knetlegierungen
DIN 8583-1	Fertigungsverfahren Druckumformen - Allgemeines; Einordnung, Unterteilung, Begriffe
DIN 8583-2	Fertigungsverfahren Druckumformen - Walzen; Einordnung, Unterteilung, Begriffe
DIN 8583-3	Fertigungsverfahren Druckumformen - Freiformen; Einordnung, Unterteilung, Begriffe
DIN 8583-4	Fertigungsverfahren Druckumformen - Gesenkformen; Einordnung, Unterteilung, Begriffe
DIN 8583-5	Fertigungsverfahren Druckumformen - Eindrücken; Einordnung, Unterteilung, Begriffe
DIN 8583-6	Fertigungsverfahren Druckumformen - Durchdrücken; Einordnung, Unterteilung, Begriffe
DIN EN 10083-1	Vergütungsstähle - Allgemeine technische Lieferbedingungen
DIN EN 10083-2	Vergütungsstähle - Technische Lieferbedingungen für unlegierte Stähle
DIN EN 10083-3	Vergütungsstähle - Technische Lieferbedingungen für legierte Stähle
DIN EN 10084	Einsatzstähle - Technische Lieferbedingungen
DIN EN 10085	Nitrierstähle - Technische Lieferbedingungen
DIN EN 10222-1	Schmiedestücke aus Stahl für Druckbehälter - Allgemeine Anforderungen an Freiformschmiedestücke
DIN EN 10222-2	Schmiedestücke aus Stahl für Druckbehälter - Ferritische und martensitische Stähle mit festgelegten Eigenschaften bei erhöhten Temperaturen
DIN EN 10222-3	Schmiedestücke aus Stahl für Druckbehälter - Nickelstähle mit festgelegten Eigenschaften bei tiefen Temperaturen
DIN EN 10222-4	Schmiedestücke aus Stahl für Druckbehälter - Schweißgeeignete Feinkornbaustähle mit hoher Dehngrenze
DIN EN 10222-5	Schmiedestücke aus Stahl für Druckbehälter - Martensitische, austenitische und austenitisch-ferritische nichtrostende Stähle
DIN EN 10243-1	Gesenkschmiedeteile aus Stahl - Maßtoleranzen - Warm hergestellt in Hämmern und Senkrecht-Pressen
DIN EN 10243-2	Gesenkschmiedeteile aus Stahl - Maßtoleranzen - Warm hergestellt in Waagerecht-Stauchmaschinen
DIN EN 10250-1	Freiformschmiedestücke aus Stahl für allgemeine Verwendung - Allgemeine Anforderungen
DIN EN 10250-2	Freiformschmiedestücke aus Stahl für allgemeine Verwendung - Unlegierte Qualitäts- und Edelstähle
DIN EN 10250-3	Freiformschmiedestücke aus Stahl für allgemeine Verwendung - Legierte Edelstähle
DIN EN 10250-4	Freiformschmiedestücke aus Stahl für allgemeine Verwendung - Nichtrostende Stähle
DIN EN 10267	Von Warmformgebungstemperatur ausscheidungshärtende ferritisch-perlitische Stähle
DIN EN 10269	Stähle und Nickellegierungen für Befestigungselemente für den Einsatz bei erhöhten und/oder tiefen Temperaturen

3.4 Eindrücken

Raphael Petry

Die Verfahren des Eindrückens sind Druckumformverfahren nach DIN 8582. In DIN 8583-5 wird das Eindrücken definiert als Druckumformung mit einem Werkzeug, das örtlich in ein Werkstück eindringt.

Da die Formgebung der Werkstücke entweder durch Abbildung eines geometriegebundenen Werkzeugs oder durch Abgleiten des Werkzeugs auf dem Werkstück erfolgt, werden die Eindrückverfahren nach der Art der Relativbewegung zwischen Werkstück und Werkzeug geordnet. Neben der Unterscheidung zwischen geradliniger und umlaufender Bewegung wird auch zwischen Bewegungen mit und ohne Gleiten unterschieden. In Tabelle 3.24 auf der folgenden Seite ist die Ordnung der Eindrückverfahren nach DIN 8583-5 dargestellt.

Die große Verschiedenartigkeit der Eindrückverfahren, die Bandbreite der zu bearbeitenden Werkstoffe, die verschiedenen Automatisierungsgrade und die unterschiedlichen Kontaktbedingungen zwischen Werkstück und Werkzeug stellen sehr unterschiedliche Anforderungen an die Prozessauslegung sowie an die einzusetzenden Werkzeuge und Anlagen.

3.4.1 Eindrücken mit geradliniger Bewegung

Beim Eindrücken mit geradliniger Bewegung wird ein geradlinig bewegtes, senkrecht oder nahezu senkrecht zur Oberfläche des Werkstücks gerichtetes Werkzeug in das Werkstück eingedrückt. Üblicherweise ist das Werkstück fixiert, während sich das Werkzeug bewegt, in besonderen Fällen kann es jedoch auch umgekehrt sein.

3.4.1.1 Eindrücken mit geradliniger Bewegung ohne Gleiten

Beim Eindrücken mit geradliniger Bewegung ohne Gleiten wird ein geradlinig bewegtes formgebendes Werkzeug senkrecht oder nahezu senkrecht zur Oberfläche des Werkstücks in das Werkstück eingedrückt. Hierbei kommt es zu einer direkten Abformung: Die Geometrie des Werkzeuges wird als Negativ auf dem Werkstück abgebildet.

Körnen

Körnen ist das Eindrücken eines spitzen Werkzeugs (Körner) in die Werkstückoberfläche. Die dabei entstehende Körnung, eine kleine kraterförmige Vertiefung, dient dabei meist als Markierung für das Aufsetzen und Zentrieren eines Bohrers. Das Körnen findet vorwiegend Anwendung in der handwerklichen Fertigung. Gelegentlich wird es auch zur CNC-gesteuerten Beschriftung oder Markierung von Werkstücken eingesetzt (Nadelmarkierung). Ein Körner wird üblicherweise gegenüber einer Vielzahl von Werkstoffen unterschiedlicher Härte eingesetzt. Dabei darf er sich weder verformen noch beim Einschlagen in das Werkstück zersplittern. Daher muss der Werkzeugwerkstoff über hohe Festigkeit bei gleichzeitig guter Zähigkeit verfügen. Er wird zumeist aus vergütetem Kaltarbeitsstahl mit gehärteter Spitze hergestellt.

Kerben

Kerben ist das Eindrücken eines keilförmigen Werkzeugs (Kerbstempel) in die Werkstückoberfläche. Anwendung findet das Kerben beispielsweise bei der Herstellung von Feilen (Feilenhauen). Die Anforderungen an Werkzeuge zum Kerben sind mit denen an das Körnen vergleichbar, auch wenn die Flächenbelastung beim Kerben auf Grund der größeren Kontaktfläche kleiner ist.

Einprägen

Einprägen ist das Eindrücken eines geometrieabbildenden Werkzeugs (Prägestempel) in die Werkstückoberfläche. Die zu erzeugenden Oberflächenvertiefungen sind relativ flach, die plastische Umformung bleibt weitgehend auf die oberflächennahen Regionen des Werkstücks begrenzt. Typische Beispiele für das Einprägen sind die Beschriftung von Werkstücken mittels Schlagstempeln und das Münzprägen, bei dem der Rohling gleichzeitig auf zwei Seiten umgeformt wird. Eine relativ neue Entwicklung stellt das Sprengprägen dar. Hierdurch lassen sich nahezu beliebig strukturierte Materialien nahezu beliebiger Festigkeit in Metalloberflächen abformen. Die Vorlage wird auf die Werkstückoberfläche gelegt und durch hohen Impuls eines Explosivstoffes übertragen. Auf diese Weise lassen sich selbst kleinste Strukturen (< 0,001 mm), z.B. mit holographischem Effekt, in metallische Oberflächen einprägen. Durch Übertragung solcher Prägestrukturen auf Werkzeuge (z.B. Prägestempel oder -walzen) lassen sich diese auch zur Abformung auf weiteren Werkstücken nutzen.

Einsenken

Einsenken ist das Eindrücken eines geometrieabbildenden Formwerkzeugs in ein Werkstück. Das Einsenken dient der Erzeugung relativ tiefer Innenformen mit guter Form- und Maßgenauigkeit. Anwendung findet das

3.4.1 Eindrücken mit geradliniger Bewegung

Tab. 3.24: *Eindrückverfahren nach DIN 8583-5*

	ohne Gleiten		mit Gleiten
Eindrücken mit geradliniger Bewegung	Körnen	Kerben	Furchen
	Einprägen	Einsenken	Glattdrücken mit geradliniger Bewegung
	Dornen	Durchlochen	
	Hohldornen	Prägerichten	
Eindrücken mit umlaufender Bewegung	Wälzprägen	Rändeln	Gewindefurchen
	Kordeln		Glattdrücken mit umlaufender Bewegung

311

3.4 Eindrücken

Verfahren z. B. bei der Herstellung von Spritzguss- und Prägewerkzeugen, Druckgussformen für Nichteisenmetalle oder Schmiedegesenken. Es wird jedoch zunehmend durch das CNC-Fräsen und Erodieren verdrängt. Das Einsenken kann mit eingespanntem Werkstück (z. B. in einem Haltering) oder als freies Einsenken durchgeführt werden. Die Verwendung einer Einspannung erzeugt einen entgegen der Stempelbewegung verlaufenden Werkstofffluss während der Umformung, erfordert eine höhere Umformkraft und ermöglicht auf Grund des günstigeren Spannungszustands eine bessere Genauigkeit der eingesenkten Innenform. Beim freien Einsenken baucht die Außenform des Werkstücks aus, daher wird es eher zur Erzeugung flacher Gravuren mit einem kleinen Verhältnis von Stempelquerschnitt zu Werkstückquerschnitt, d. h. mit großer Wandstärke des Werkstücks, eingesetzt. Das Einsenken hat vorwiegend als Kaltumformverfahren (unterhalb der Rekristallisationstemperatur des Werkstückwerkstoffs) Bedeutung. Zur Reduzierung der Umformkraft und um möglichst nacharbeitsfreie Werkstücke herzustellen, müssen die Werkzeuge eine sehr hohe Oberflächengüte aufweisen. Die polierten Einsenkstempel werden gegebenenfalls zur Verbesserung des Gleitverhaltens zusätzlich verkupfert. Phosphatschichten werden als Träger für Schmierstoffe eingesetzt. Der Werkzeugwerkstoff ist auf das Anwendungsgebiet (Werkstückwerkstoff, Temperatur des Einsenkvorganges, Stückzahl etc.) abzustimmen.

Dornen

Dornen ist das Eindrücken eines abgerundeten Werkzeugs (Dorn) in ein Werkstück. Es wird zur Erzeugung von Hohlräumen angewandt, z. B. zum freien Napfen oder als ersten Schritt zum Durchlochen. Beim freien Napfen kommt es zum Ausbauchen und besonders bei großen Querschnittsverhältnissen zwischen Dorn und Werkstück zu einer Reduzierung der Werkstückhöhe. Die Ausbauchung des Werkstücks steigt mit der Eindorntiefe. Diese Ausbauchung kann bei der Herstellung von Kegelrädern zur Erzeugung von Zwischenformen genutzt werden.

Durchlochen

Durchlochen ist das Erzeugen eines Loches in einem Werkstück durch zweiseitiges Dornen. Dazu wird der Dorn zunächst von einer Seite bis etwa zur halben Werkstückhöhe eingetrieben, danach wird das Werkstück gewendet und von der anderen Seite gedornt. Das Loch kann hierdurch sehr abfallarm hergestellt werden. Das Durchlochen wird in der Freiformschmiedetechnik als trennendes Verfahren i. d. R. warm (oberhalb der Rekristallisationstemperatur des Werkstückwerkstoffs) angewandt. Die erzeugten, häufig ringförmigen Werkstücke dienen beispielsweise als Rohteile für das Ringwalzen. Im Falle kalten Dornens werden die Werkzeuge aus vergüteten Kaltarbeitsstählen gefertigt. Wird das Dornen warm durchgeführt, so kommen Werkzeuge aus legierten, vergüteten Warmarbeitsstählen zum Einsatz. Neben einer guten Verschleißbeständigkeit weisen diese auch eine hohe Warmfestigkeit auf.

Hohldornen

Hohldornen ist das Eindrücken eines abgerundeten, hohlen Stempels (Dorn) in ein Werkstück, wobei ein Teil des Werkstoffes in den Hohlstempel verdrängt wird. Ziel ist die Erzeugung eines durchgehenden Loches. Das Hohldornen wird besonders bei im Vergleich zur Querschnittsfläche hohen Werkstücken angewandt und erzielt eine bessere zylindrische Lochform als das Durchlochen. In der Schmiedetechnik findet das Hohldornen zur Herstellung von druckbelasteten fluidtechnischen Armaturen gelegentlich Anwendung. An Werkzeuge für das Hohldornen werden die gleichen Ansprüche gestellt wie an Werkzeuge zum Dornen.

Prägerichten

Prägerichten ist das Eindrücken von rasterförmig angeordneten Erhöhungen auf der Wirkseite eines Werkzeugs in die Oberfläche dünner Werkstücke (z. B. Blechplatinen). Ziel ist das Richten, d. h. die Erzeugung ebener Werkstücke, die sich z. B. durch vorhergehende Fertigungsschritte verzogen haben. Durch das eingeprägte Rastermuster können zusätzlich Spannungen abgebaut werden. Gegenüber dem Walzrichten spielt das Prägerichten eine untergeordnete Rolle, beide Verfahren werden gelegentlich miteinander kombiniert.

3.4.1.2 Eindrücken mit geradliniger Bewegung mit Gleiten

Beim Eindrücken mit geradliniger Bewegung mit Gleiten wird ein geradlinig bewegtes Werkzeug in das Werkstück eingedrückt, wobei das Werkzeug relativ zum Werkstück gleitet. Im Gegensatz zu den Verfahren ohne Gleiten erfolgt eine kinematische Formerzeugung, d. h. die erzeugte Formänderung entspricht nicht der Geometrie des Werkzeuges, sondern ergibt sich erst aus der Relativbewegung zwischen Werkzeug und Werkstück. Die resultierenden Formänderungen sind üblicherweise sehr gering.

Furchen

Furchen ist das Eindrücken eines spitzen oder keilförmigen Werkzeugs in ein Werkstück unter Bewegung entlang der Werkstückoberfläche. Anwendung findet das Furchen beim Anreißen, d. h. beim Markieren von Maßen oder Hilfslinien auf einem Werkstück, aber auch zur maschinengestützen Beschriftung oder Kennzeichnung von Werkstücken (Ritzmarkierung). Wie beim Körnen liegt auch beim Furchen der Schwerpunkt in der handwerklichen Fertigung. Werkzeuge zum Anreißen (Reißnadeln) müssen auf Grund des Gleitens sehr verschleißbeständig sein. Daher werden sie aus gehärtetem Kaltarbeitsstahl, aus Hartmetall oder sogar aus Diamant hergestellt. Oft sind die Spitzen austauschbar. Das Anreißen mit Reißnadeln aus Messing, die durch Abrieb Linien auf der Werkstückoberfläche hinterlassen, ohne in die Werkstückoberfläche einzudringen, zählt nicht zum Eindrücken.

Glattdrücken

Glattdrücken mit geradliniger Bewegung mit Gleiten ist das Eindrücken eines abgerundeten, i.d.R. polierten Werkzeugs in ein Werkstück unter geradliniger Bewegung entlang der Werkstückoberfläche. Beim Glattdrücken wird der Werkstoff des Werkstücks lediglich in seinen obersten Schichten zum Fließen gebracht. Ziele können sein die Verbesserung der Oberflächengüte des Werkstücks durch Vermindern der Rauheit (ähnlich dem Glattwalzen) oder die Erhöhung der Dauer- und Verschleißfestigkeit durch Verfestigen der Oberfläche und Einbringen von Druckeigenspannungen in die Oberfläche (ähnlich dem Festwalzen oder Verfestigungsstrahlen).

3.4.2 Eindrücken mit umlaufender Bewegung

Beim Eindrücken mit umlaufender Bewegung wird ein relativ zur Werkstückoberfläche umlaufendes Werkzeug in das Werkstück eingedrückt. „Umlaufend" bedeutet, dass Werkzeug und/oder Werkstück bei der Fertigung um eine eigene Achse rotieren.

3.4.2.1 Eindrücken mit umlaufender Bewegung ohne Gleiten

Beim Eindrücken mit umlaufender Bewegung ohne Gleiten wälzt sich das Werkzeug relativ zum Werkstück ab, während es in das Werkzeug eindrückt. Hierbei kommt es wie bei der geradlinigen Bewegung ohne Gleiten zu einer direkten Abformung: Die Geometrie des Werkzeuges wird als Negativ auf dem Werkstück abgebildet.

Wälzprägen

Wälzprägen ist das Eindrücken eines mit Gravuren oder Zeichen versehenen Werkzeugs (Prägewalze) in die Oberfläche des Werkstücks durch Abwälzen. Das Wälzprägen wird zum Kennzeichnen von Werkstücken sowie für die Veredelung, Strukturierung und Texturierung der Oberflächen von Werkstücken (z. B. zur Herstellung von Schmiertaschen als Schmierstoffreservoir) eingesetzt und findet auch beim Randprägen von Münzplatinen Anwendung.

Rändeln

Rändeln ist das Eindrücken eines sich auf der Oberfläche des Werkstücks abwälzenden, mit Rändel versehenen Werkzeugs (Rändelrad) in die Oberfläche des Werkstücks.

Kordeln

Kordeln ist das Eindrücken eines sich auf der Oberfläche des Werkstücks abwälzenden, mit Kordel (Links-Rechtsrändel, Kreuzrändel) versehenen Werkzeugs (Kordelrad) in die Oberfläche des Werkstücks. Durch Rändel- und Kordeldrücken werden Muster in Handgriffe an Werkzeugen, Schrauben, Radmuttern u. ä. eingeprägt. Hierdurch verbessert sich die Handhabung, da die Oberflächen griffiger als glatte Flächen sind. Ein weiteres Anwendungsgebiet ist das Erzeugen kraftschlüssiger Welle-Nabe-Verbindungen. Rändeln und Kordeln wird häufig auf Drehmaschinen und Drehautomaten vorgenommen. Da die Werkzeuge beim Rändeln und Kordeln häufig relativ tief in das Werkstück eingedrückt werden, ist die Werkzeugbelastung auch bei der Bearbeitung eher weicher Werkstoffe (z. B. Messing) sehr hoch. Um eine lange Standzeit zu gewährleisten, werden die Werkzeuge meist aus Schnellarbeitsstählen oder pulvermetallurgisch erzeugten Kaltarbeitsstählen hergestellt und vergütet. Eine Beschichtung mit einem keramischen Hartstoff kann die Einsatzdauer des Werkzeugs weiter verlängern.

3.4.2.2. Eindrücken mit umlaufender Bewegung mit Gleiten

Beim Eindrücken mit umlaufender Bewegung mit Gleiten wird ein Werkzeug in das Werkstück eingedrückt, wobei mindestens einer der beteiligten Partner (Werkzeug und -stück) umläuft und das Werkzeug relativ zum Werkstück gleitet. Wie auch beim Eindrücken mit geradliniger Bewegung mit Gleiten erfolgt im Gegensatz zu den Verfahren ohne Gleiten eine kinematische Formerzeugung, bei der die erzeugte Formänderung nicht der Geometrie des Werkzeuges entspricht, sondern sich erst aus

3.4 Eindrücken

der Relativbewegung zwischen Werkzeug und Werkstück ergibt.

Gewindefurchen

Gewindefurchen ist das Eindrücken eines Gewindes in ein Werkstück mit einem Werkzeug mit schraubenförmiger Wirkfläche (Gewindeformer). Durch Gewindefurchen (auch: Gewindedrücken) werden Innengewinde hergestellt. Im Unterschied zum Gewindeschneiden wird der Faserverlauf in den Gewindespitzen nicht unterbrochen, außerdem tritt Kaltverfestigung in der Umformzone auf, wodurch eine höhere Festigkeit der tragenden Gewindeflanken erzielbar ist. Der Bohrlochdurchmesser ist größer zu wählen als beim Schneiden des gleichen Gewindemaßes. Sehr wichtig ist eine gute Schmierung, da schon bei geringer Reibung das zum Gewindefurchen erforderliche Antriebsdrehmoment zwei- bis dreimal so groß ist wie beim Gewindeschneiden. Werkzeuge zum Gewindefurchen werden generell stärker belastet als vergleichbare Gewindeschneidwerkzeuge. Daher müssen die Anforderungen an Gewindefurcher bezüglich Verschleißbeständigkeit mindestens denen von Gewindeschneidern entsprechen. Meist werden Gewindefurcher aus hochwertigen, häufig pulvermetallisch erzeugten Schnellarbeitsstählen hergestellt, vergütet und mit einer keramischen Hartstoffschicht versehen, um eine lange Standzeit zu gewährleisten. Selten kommen auch Werkzeuge aus Vollhartmetall zum Einsatz.

Glattdrücken

Glattdrücken mit umlaufender Bewegung mit Gleiten ist das Eindrücken eines abgerundeten, i. d. R. polierten Werkzeugs in ein zumeist rotationssymmetrisches Werkstück, wobei das Werkzeug relativ zum Werkstück umläuft. Wie beim Glattdrücken mit geradliniger Bewegung mit Gleiten wird das Verfahren zum Vermindern der Rauheit und der Erhöhung der Festigkeit des Werkstücks eingesetzt.

3.4.3 Beispiele

3.4.3.1 Münzherstellung

Aus der jahrhundertelang handwerklich durchgeführten Herstellung von Münzen hat sich eine Massenfertigung entwickelt (Abb. 3.305). In der Antike und im Mittelalter wurden zunächst Schrötlinge (Münzrohlinge) erschmolzen oder aus gehämmerten Blechen ausgeschnitten und anschließend häufig warm zwischen Unterstempel und

Abb. 3.305: Geprägte Münzen

Festhaltemeißel geprägt. Neue Verfahren und Maschinen, z. B. Spindelpressen oder Walzenprägewerke konnten die Produktivität der Münzstätten stark erhöhen, bis mit der Industrialisierung und damit motorgetriebenen Pressen ein Großteil der Handarbeit bei der Münzherstellung entfiel. Der Einsatz von Maschinen und die Reduzierung der Einprägetiefe hat das Prägen erwärmter Ronden komplett verdrängt.

Die moderne Münzfertigung besteht aus einer hoch wirtschaftlichen Prozesskette zum Ausschneiden von Ronden aus Blechen, zum Formen der Münzränder und schließlich zum Prägen der Münzen und zum Verpacken. Alle Fertigungsschritte werden dabei automatisch überwacht.

Rondenfertigung

Auf schnelllaufenden Pressen mit hoher Presskraft werden aus sehr breiten, teilweise mehrschichtigen Bändern unterschiedlichster Festigkeiten (z. B. Stahl, Messing, Kupfernickel) die Münzrohlinge (Ronden) ausgeschnitten. Da die sehr hohen Anforderungen an eine gleichmäßige Blechdicke für Münzen im Bandmaterial nicht immer gewährleistet ist, sind Fertigungsanlagen mit einer Banddickenüberprüfung ausgestattet, die ausschließt, dass fehlerhaftes Material verarbeitet wird. Meist werden die Münzronden für die folgenden Bearbeitungsschritte weichgeglüht.

Randbearbeitung

Die Randbearbeitung der ausgeschnittenen Ronden ist ein wichtiger Schritt zur Vorbereitung der Prägung. Zu Zeiten des Handprägens stellte die Randgestaltung eine Methode dar, die Entfernung des wertvollen Münzmaterials vom Münzrand zu verhindern; auch heute noch ist ein Aspekt aufwändiger Randbearbeitung die Sicherheit gegen Fälschung.

3.4.3 Beispiele

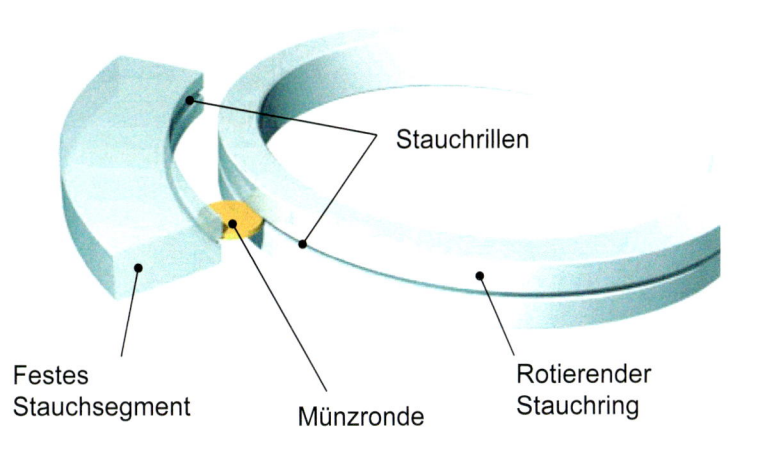

Abb. 3.306: *Prinzip der Randbearbeitung von Münzen (Quelle: Schuler AG)*

Festes Stauchsegment — Münzronde — Rotierender Stauchring — Stauchrillen

Die einfachste Randbearbeitung ist das Randstauchen. Dabei wird die Ronde zwischen einem feststehenden Stauchsegment und einem rotierenden Ring abgerollt (Abb. 3.306). Hierbei werden die Randflächen der Ronde, an denen durch den Schneidvorgang Riefen oder Grate entstehen können, geglättet. Gleichzeitig wird der Rohling in Durchmesser und Dicke kalibriert. Da der hierdurch entstehende Randwulst nicht erst durch den Prägevorgang (ähnlich dem Rückwärtsfließpressen) erzeugt werden muss, verringert sich die notwendige Prägekraft, die zu geringerem Verschleiß führt und somit die Standzeit der Werkzeuge erhöht. Das Randstauchen kann mit einer Randprägung kombiniert werden. Die zu prägenden Elemente (z. B. Rändelmuster, Buchstaben, Symbole) sind in diesem Falle in das Stauchsegment eingearbeitet und werden in den Rand eingedrückt (Eindrücken mit umlaufender Bewegung ohne Gleiten).

Prägen

Die Münzbilder der Vorder- (Avers) und Rückseite (Revers) werden meist zunächst als vergrößerte Gipsvorlagen modelliert. Bei der direkten Stempelherstellung wird dieses Modell entweder mit einer Reduziermaschine verkleinert in den Prägestempel eingraviert oder mit einem Laserscanner aufgenommen, skaliert und in ein CNC-Fräsprogramm umgesetzt. Die Prägestempel werden nach der spanenden Bearbeitung nachbearbeitet, z. B. durch manuelles Polieren, Sandstrahlen, Wärmebehandlung und Hartstoffbeschichtung. Häufiger wird die indirekte Stempelherstellung angewandt. Hierbei dient das inverse Gipsmodell als Vorlage für einen Einsenkstempel, der wie oben beschrieben hergestellt wird. Der Einsenkstempel wird als Masterwerkzeug zur Fertigung der Prägestempel durch Einsenken verwendet.

Die Münzen selbst werden in Prägeanlagen mit hoher Hubzahl vertikal oder horizontal hergestellt. Meist kommen heute mechanische Pressen mit Gelenkantrieb mit Massenausgleich, vereinzelt auch noch mit Kniehebelantrieb zum Einsatz. Beiden Varianten gemeinsam ist ein geringer Hub, über den hohe Kräfte aufgebracht werden können. Die Prägung kann bei Bimetallmünzen auch mit dem Fügen von Zentrum und Ring kombiniert werden. Medaillen, an die höhere Oberflächenansprüche als an Münzen gestellt werden, werden im Mehrfachschlag geprägt.

3.4.3.2 Kalteinsenken

Das Kalteinsenken wird wirtschaftlich zur Herstellung von Pressformen und Pressstempeln eingesetzt. Häufig dient das Einsenken zur Erzeugung von mehreren gleichen Werkzeugen, z. B. für die Herstellung von

- Spritzguss- und Blaswerkzeugen in der Kunststoffverarbeitung,
- Stempeln für das Prägen von Münzen oder Kreuzschlitzen in Schrauben (Abb. 3.307),

Abb. 3.307: *Münzstempel (Quelle: Fa. Sack & Kiesselbach, Düsseldorf)*

3.4 Eindrücken

Abb. 3.308: *Tablettenstempelwerkzeuge-eingesenkt (Quelle: Fa. Sack & Kiesselbach, Düsseldorf)*

- Druckgusswerkzeugen für Zink, Messing und Leichtmetalle,
- Pressstempeln in der Tabletten- oder Bonbonproduktion (Abb. 3.308).

Einsenkwerkstoffe

a) Werkzeugwerkstoffe

Werkzeuge zum Kalteinsenken müssen hoch druckbelastbar sein. Daher werden nur durchhärtende Kaltarbeits- oder Schnellarbeitsstähle eingesetzt. Zur Minimierung der Reibung werden die Werkzeuge an den Kontaktflächen poliert, gelegentlich verkupfert und während der Umformung mit Molybdändisulfid geschmiert.

b) Werkstückwerkstoffe

Abhängig vom Einsatzbereich des durch Kalteinsenken herzustellenden Werkzeugs werden unterschiedliche Anforderungen an die zu bearbeitenden Werkstoffe gestellt. Für Formen zum Zinkdruckguss, zum Spritzgießen oder zum Formen von Artikeln der pharmazeutischen oder Lebensmittelindustrie kommen unlegierte oder niedriglegierte Einsatzstähle zum Einsatz. Für Werkzeuge zum Prägen metallischer Werkstoffe oder zum Formen korrodierender Medien verden Kaltarbeitsstähle verwendet. Zur Herstellung von Druckgusswerkzeugen für höherschmelzende Werkstoffe, von Schmiedegesenke und für

Abb. 3.309: *Moderne Einsenkpresse Modell - EP1250-50 (Quelle: Fa. Sack & Kiesselbach, Düsseldorf)*

besonders hoch belastete Geometrien werden Warmarbeitsstähle eingesetzt. Schnellarbeitsstähle werden z.B. für Werkzeuge zum Glasformen oder für Kopfstempel für Kreuzschlitzschrauben angewandt.

Die fertig gesenkten Werkstücke werden üblicherweise spannungsarm geglüht, um die ungleichmäßig eingebrachten Eigenspannungen abzubauen. Um die beim Glühen auftretenden geringfügigen Geometrieänderungen zu beseitigen, kann das Werkstück kalibriert oder spanend bearbeitet werden. Abschließend werden die Werkstücke vergütet.

Einsenkvorrichtungen

Das Kalteinsenken wird gewöhnlich mit Einspannung des Werkstücks durchgeführt. Dazu wird es zur Umformung in eine aus zwei konzentrischen Ringen, die mit Presspassung miteinander verbunden sind, bestehende Armierung platziert. Diese Halterung nimmt die Radialkräfte auf und verhindert ein Ausbauchen und Einreißen des Werkstücks. Die Vorspannung des inneren durch den äußeren Ring wirkt den Zugspannungen, die das Werkstück auf die Armierung ausübt, entgegen. Der äußere Ring sollte mindestens den zweieinhalbfachen Durchmesser des Werkstücks haben. Der innere Ring wird mit einer Kegelbohrung versehen (ca. 1° bis 3°), damit das eingesenkte Werkstück besser ausgepresst werden kann. Beide Ringe bestehen aus vergüteten Werkzeugstählen.

Um den notwendigen Kraftbedarf des Einsenkvorganges zu reduzieren, ist es zweckmäßig, den Werkstückrohling an den Seiten (Mantelfläche) und am Boden mit Aussparungen zu versehen oder die Auflagefläche mit einer Bohrung zu versehen. Diese Fließerleichterungen vergrößern das Einsenkvermögen und reduzieren die erforderlichen Kräfte. Es besteht jedoch die Gefahr, dass die Abbildungsgenauigkeit dadurch vermindert wird.

Maschinen

Das Kalteinsenken wird auf hydraulischen Spezialpressen durchgeführt (Abb. 3.309). Auf Grund der verfahrensbedingt hohen Kräfte werden diese in besonders starrer Bauweise mit hoher Steifigkeit als Unterkolbenpressen ausgeführt. Um den unterschiedlichen Umformeigenschaften der einzusenkenden Werkstoffe gerecht zu werden, ist die Pressgeschwindigkeit stufenlos verstellbar. Das Einsenken erfolgt meist sehr langsam (0,003 mm/s bis 0,2 mm/s). Moderne Maschinen verfügen über eine elektronische Kraft- und Wegaufnahme. Da die durch Kalteinsenken herzustellenden Werkstücke üblicherweise nur in relativ geringer Stückzahl gefertigt werden, werden auch heute noch bevorzugt Maschinen mit manueller Beschickung eingesetzt.

Literatur zu Kapitel 3.4

Cronjäger, L.: Einsenken unter Ultraschalleinwirkung. Dissertation, TH Hannover, 1961.

Helferich, G.; Keicher, T.: Einprägsam. Sprengprägen zur schnellen Erzeugung von Werkzeug-Oberflächenstrukturen, Metalloberfläche 55 (2001) 7, S. 40 – 41.

Hoischen, J.: Belastbarkeit und Abformgenauigkeit der Stempel beim Kalteinsenken, Forschungsberichte des Landes Nordrhein-Westfalen, Nr. 1625, 1965.

Holsten, S.: FEM-unterstützte Parameterstudie des Innengewinde-Fertigungsverfahrens Gewindefurchen. Dissertation, Universität Kassel, 2005.

Höbemägi, A.; Lerner, P.: Einsenken genauer Gravuren zur Herstellung von Gesenken und Presswerkzeugen, Verlag Technik, Berlin 1990.

Meding, H.: Die Herstellung von Münzen - Von der Handarbeit im Mittelalter zu den modernen Fertigungsverfahren, Gesellschaft für Internationale Geldgeschichte, Frankfurt/Main 2006.

Voelkner, W.; Süße, D.: Erhöhung der Prozess- und Qualitätssicherheit beim Prägen dicker Bleche, Europäische Forschungsgesellschaft für Blechverarbeitung e.V., Hannover, Forschungsbericht 83 (1996).

Normen

DIN 8583-5: 2003-09: Fertigungsverfahren Druckumformen - Teil 5: Eindrücken.

VDI-Richtlinie 3170: Kalteinsenken von Werkzeugen, 1961 (zurückgezogen).

3.5 Durchdrücken

3.5.1 Fließpressen

Rolf Geiger, Thomas Bernhard Herlan

3.5.1.1 Geschichtliche Entwicklung und Übersicht

Die Fließpressverfahren sind Fertigungsverfahren des Massivumformens. Fließpressen ist *Durchdrücken* eines zwischen Werkzeugteilen aufgenommenen Rohteils, z. B. eines Stab- oder Drahtabschnitts oder eines Blechausschnitts, zum Erzeugen einzelner Formteile. Es ist damit ein Verfahren der *Stückgutfertigung*. Nach DIN 8582 und DIN 8583, T6 gehören die Fließpressverfahren zur Untergruppe Durchdrücken in der Gruppe Druckumformen.

Das Fließpressen ist noch eine verhältnismäßig junge Technologie. Die Anfänge reichen in die Mitte des 19. Jahrhunderts zurück mit der Fertigung von Tuben aus Blei und Zinn. Bis zu Beginn der 1930er Jahre konnten nur Nichteisen-Metalle fließgepresst werden. 1934 wurde in Nürnberg das Verfahren des Zinkphosphatierens (DRP 673405 (1934) F.P. Singer) entwickelt. Damit wurde auch das Kaltfließpressen von Stahl möglich. Bis Mitte der 1940er Jahre ist das Kaltfließpressen von Stahl ausschließlich zur Fertigung von Munitionskomponenten angewendet worden.

Abb. 3.307: Prinzipdarstellungen der Verfahren des Fließpressens (nach DIN 8583, T 6)

A) Voll-Vorwärtsfließpressen
B) Hohl-Vorwärtsfließpressen
C) Napf-Vorwärtsfließpressen
D) Voll-Rückwärtsfließpressen
E) Hohl-Rückwärtsfließpressen
F) Napf-Rückwärtsfließpressen
G) Voll-Querfließpressen
H) Hohl-Querfließpressen
I) Napf-Querfließpressen

a Stempel, b Pressbüchse, c Werkstück, d Aufnehmer, e Auswerfer, f Gegenstempel, g Matrize, h Dorn

I Ausgangsform des Rohteils
II Endform des Werkstücks

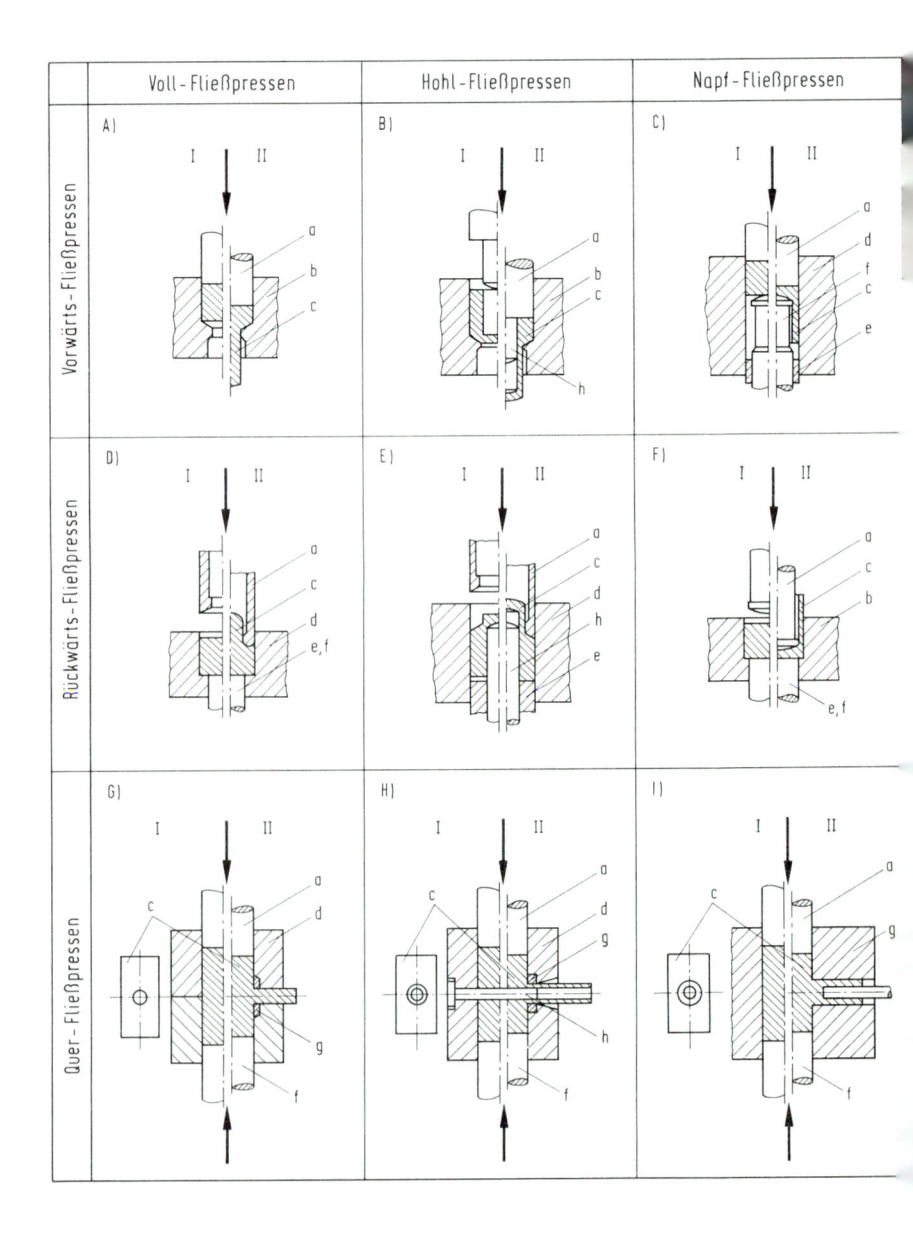

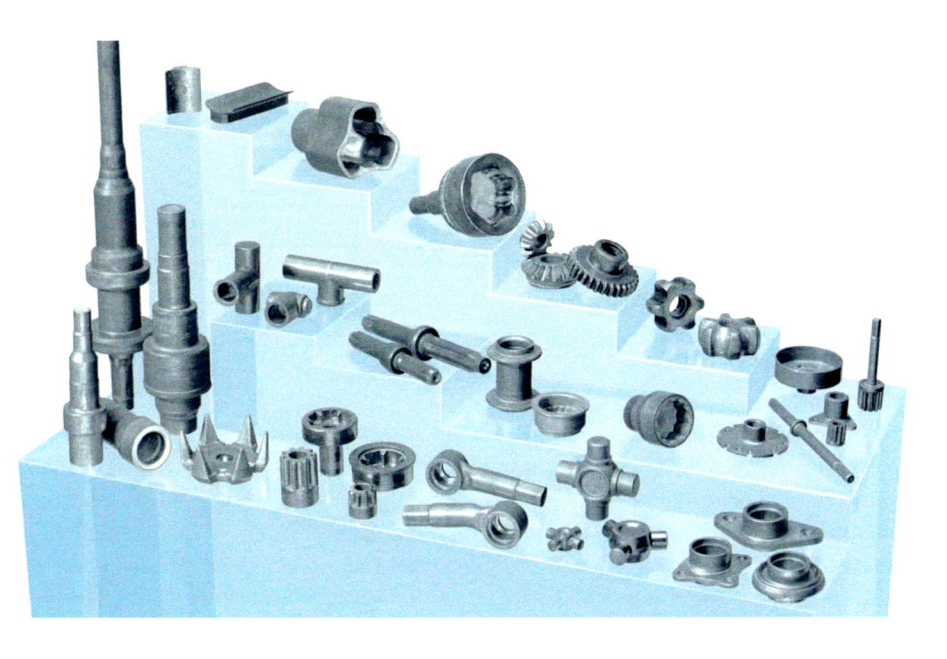

Abb. 3.308:
Kaltfließpressteile
(Quelle: Schuler)

Erst ab 1945 gelangte das Kaltfließpressen von Stahl zur zivilen Anwendung. Treiber war die beginnende Massenfertigung in der Automobilindustrie, die das Verfahren zur Kostenreduzierung bei der Fertigung der verschiedenartigsten Bauteile einsetzte. Ab ungefähr 1950 wurden mit der Weiterentwicklung der Umformmaschinen und der Handhabungstechnik mehrstufige Umformungen eingeführt. Präzisionsfließpressen (vgl. Kap. 3.5.1.6) und Mikroumformung (Geiger, M. 2000, 2002; Meßner 1998; Tiesler 2002; Egerer 2005) erschließen ab 1985 weitere Anwendungen.

Die Verfahren des Fließpressens werden nach der Richtung des Werkstoffflusses bezogen auf die Werkzeughauptbewegung (Wirkrichtung der Maschine) in Vorwärts-, Rückwärts- und Querfließpressen sowie nach der Geometrie der Pressteile in Voll-, Hohl- und Napffließpressen unterteilt (vgl. a. Geiger, R. 1988).

Die Krafteinleitung erfolgt meist über einen starren *Stempel*, in Sonderfällen über *Wirkmedien* (Wasser, Öl). Die Prinzipdarstellungen für die Fließpressvorgänge mit starren Werkzeugen sind in Abbildung 3.307 auf der vorhergehenden Seite gezeigt.

Das Fließpressen kann sowohl bei Raumtemperatur als *Kaltfließpressen* als auch nach vorherigem Anwärmen des Rohteils auf eine werkstoff- und verfahrensspezifische Arbeitstemperatur (*Halbwarm-, Warmfließpressen*) durchgeführt werden. Von besonderer technischer und wirtschaftlicher Bedeutung sind das Kalt- und das Halbwarmfließpressen. Das Warmfließpressen wird im Kapitel Schmieden behandelt (vgl. Kap. 3.2)

Das Kaltfließpressen von metallischen Werkstoffen (Stahl und Nichteisen-Metalle) wird in Verbindung mit anderen Verfahren der Kaltmassivumformung wie Stauchen, Anstauchen, Vollprägen, Formpressen mit Grat, Abstreckgleitziehen zur Fertigung von Formteilen von wenigen Gramm bis etwa 50 kg Masse eingesetzt. Die große Menge der Fließpressteile liegt heute im Bereich bis ungefähr 3 kg Masse. Auf einen Mittelklasse-PKW entfallen gegenwärtig etwa 35 kg Kaltfließpressteile, die im Wesentlichen in Getriebe, Antriebsstrang und Lenkung eingesetzt werden. Hinzu kommen Schrauben und andere Befestigungsmittel mit weiteren ca. 20 kg (Geiger, R. 1992).

Die Produktion von Kaltfließpressteilen hat in den letzten Jahrzehnten weltweit stark zugenommen. 2008 wurden ca. 1,25 Mio. t Kaltfließpressteile hergestellt, davon etwa 25 Prozent in Deutschland (Euroforge). Wichtigster Abnehmer ist weiterhin die Automobilindustrie. Es folgen die Wehrtechnik mit Munitionsteilen, Konstruktionsteile für den allgemeinen Maschinenbau sowie die Elektroindustrie. Zunehmend ist das Fließpressen auch zur Herstellung mittlerer bis kleiner Stückzahlen interessant geworden. Abbildung 3.308 zeigt eine Auswahl heutiger Fließpressteile.

Die besonderen Vorteile des Kaltfließpressens wie optimale Werkstoffausnutzung und damit geringe Materialkosten, hohe Mengenleistung, geringe Stückkosten, hohe in der Massenfertigung reproduzierbare Maßgenauigkeit und Oberflächengüte der Werkstücke, Festigkeitssteigerung durch Kaltverfestigung und beanspruchungsgerechter Faserverlauf sind günstige Voraussetzungen für weiteres Wachstum. Dabei wird sich der Anwendungsbereich des Kaltfließpressens vor allem durch Substitution weiter ausdehnen (Lange 1981, 1990). Steigende Lohnkosten, kontinuierlich wachsende Energiekosten, steigende

3.5 Durchdrücken

Abb. 3.309: Energiebedarf verschiedener Fertigungsverfahren unter Berücksichtigung der Werkstoffausnutzung (Lange 1978), (Energiebedarf für 1 kg Fertigteil einschließlich Aufwand für die Stahlherstellung und Energieinhalt des Abfalls)

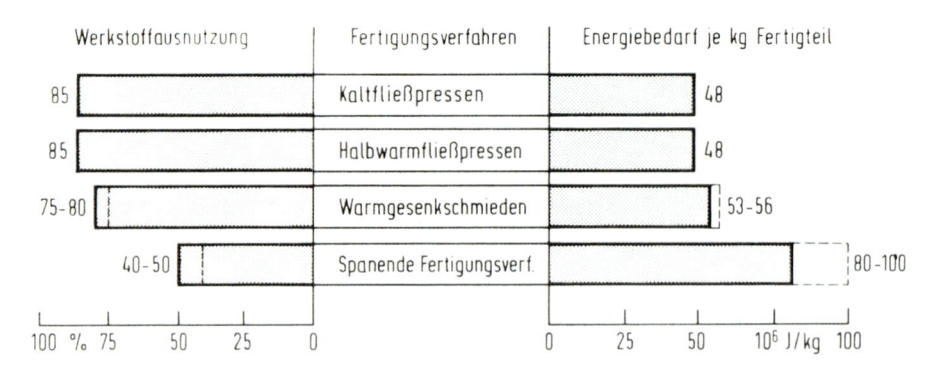

Werkstoffausnutzung (%)	Fertigungsverfahren	Energiebedarf je kg Fertigteil (10^6 J/kg)
85	Kaltfließpressen	48
85	Halbwarmfließpressen	48
75–80	Warmgesenkschmieden	53–56
40–50	Spanende Fertigungsverf.	80–100

Werkstoffkosten sowie die zunehmende Verknappung an Rohstoffen und Energie fordern einen sparsamen Umgang mit den verfügbaren Ressourcen und lassen damit die werkstoff- und energiesparenden Umformverfahren des Kaltmassivumformens weiter an Bedeutung gewinnen. Abbildung 3.309 zeigt eine Gegenüberstellung des Energieverbrauchs beim Kaltfließpressen und einigen konkurrierenden Fertigungsverfahren (Herlan 1988-2).

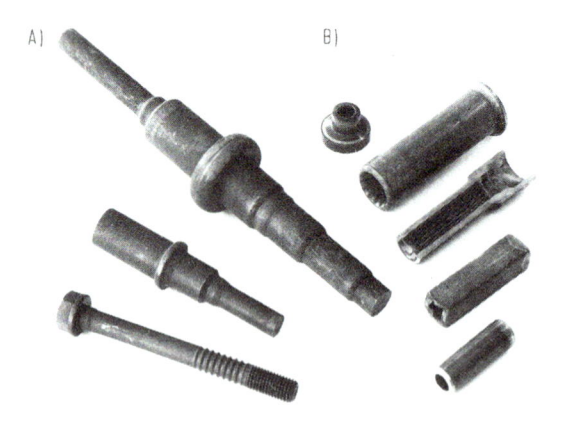

Abb. 3.310: Typische Voll- und Hohlfließpressteile (B) (Quelle: ThyssenKrupp Presta)

3.5.1.2 Fließpressen mit quasistationärem Werkstofffluss

Zu diesen Verfahren gehören die Grundverfahren *Voll-* und *Hohl-Vorwärts-* sowie *Rückwärtsfließpressen* und das mit dem Vollfließpressen verwandte *Verjüngen* (vgl. Kap. 3.5.2). Sie werden heute zur Großserienfertigung vieler symmetrischer und unsymmetrischer, runder und unrunder Formteile (Abb. 3.310) eingesetzt. Weit überwiegend wird das Vorwärtsfließpressen verwendet.

3.5.1.2.1 Werkstofffluss

Abbildung 3.311 zeigt die für den *Werkstofffluss* bei einem Voll-Vorwärtsfließpressvorgang charakteristischen Vorgänge. Der Umformvorgang beginnt instationär, bis die Düse mit Werkstoff gefüllt ist. Die Volumenelemente werden zunächst axial gestaucht und radial gedehnt, und die Rohteilstirnfläche legt sich an die Fließpressschulter an. Mit fortschreitender Stirnflächenwölbung werden die Elemente nach außen verdrängt (vgl. Abb. 3.311B). In diesem Bereich tritt die Kraftspitze auf (vgl. Abb. 3.311A). Der anschließende stationäre Bereich ist durch eine gleich-

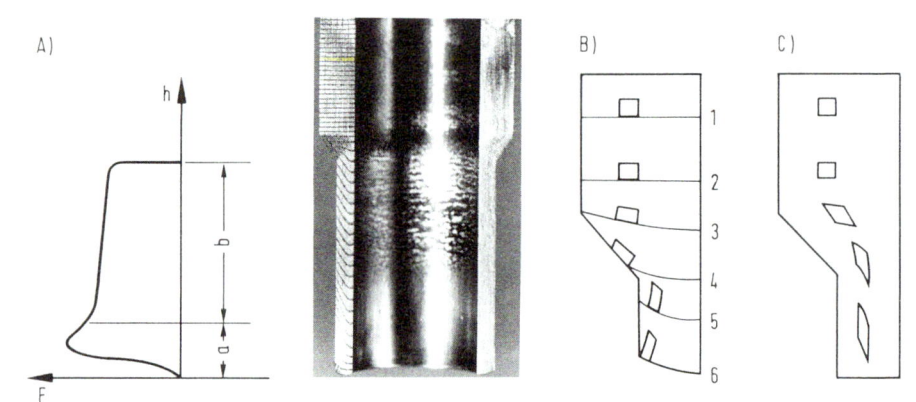

Abb. 3.311: Verformung eines Werkstückelements beim Hohl-Vorwärtsfließpressen (Schmoeckel 1966)
A) Instationärer und stationärer Bereich, Kraft-Weg-Verlauf und Werkstofffluss,
B) Verformung eines Elements im instationären Bereich,
C) Verformung eines Elements im stationären Bereich
a instationär, b stationär, h Umformweg, F Kraft; 1 bis 6 betrachtete Werkstückquerschnitte

3.5.1 Fließpressen

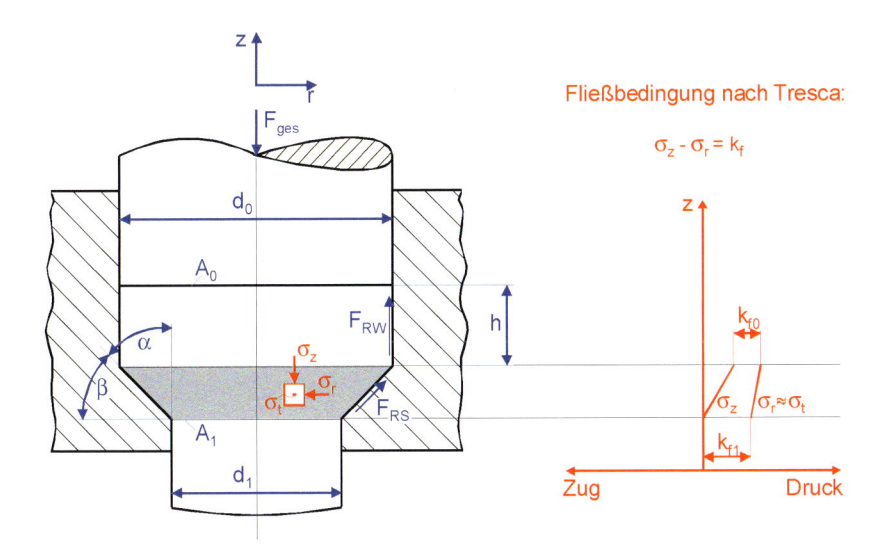

Abb. 3.312: Spannungen und Kräfte beim Voll-Vorwärtsfließpressen
d_0 Durchmesser des Rohteils, d_1 Durchmesser des Werkstückschafts, k_{f0}, k_{f1} Fließspannungen, l Resthöhe des Rohteils, A_0, A_1 Werkstückquerschnitte, F_{ges} Umformkraft, F_{RS} Reibkraft an der Fließpressschulter, F_{RW} Reibkraft an der Pressbüchsenwand, σ_r Radialspannung, σ_t Tangentialspannung, σ_z Axialspannung, α halber Matrizenöffnungswinkel

mäßige Umformung aller Volumenelemente gekennzeichnet (Abb. 3.311C). Die Presskraft bleibt hier nahezu konstant (Abb. 3.311A), und auch alle anderen Vorgangskenngrößen, wie z.B. die örtlichen Geschwindigkeiten, Formänderungen und Temperaturen, sind konstant.

3.5.1.2.2 Formänderungen

Zur Beschreibung der Formänderung wird der *Umformgrad*

$$\varphi = \ln \frac{A_0}{A_1} \qquad (3.170)$$

verwendet. Daneben ist vor allem in der Praxis die relative Querschnittsänderung

$$\varepsilon_A = \frac{A_0 - A_1}{A_0} \qquad (3.171)$$

gebräuchlich (vgl. a. Kap. 2.2.1.1). Der Umformgrad φ ist zu bevorzugen. Es bedeuten:

A_0 Ausgangsquerschnitt des Rohteils,
A_1 Endquerschnitt des Pressteils.

3.5.1.2.3 Spannungen

Die Umformkraft wird beim *Vorwärtsfließpressen* über den Stempel eingeleitet und erzeugt in der Umformzone des Pressteils einen dreiachsigen Druckspannungszustand. Bei axialsymmetrischen Vorgängen handelt es sich dabei um die drei Spannungen Axialspannung σ_z, Radialspannung σ_r und Tangentialspannung σ_t.

Unter Verwendung der *Elementaren Plastizitätstheorie* lässt sich der Zusammenhang zwischen den Spannungen σ_z, σ_r und σ_t qualitativ ermitteln. Als Umformzone wird der durch die Querschnitte 0 und 1 begrenzte konische Werkstoffbereich (gerasterter Bereich in Abbildung 3.312 und 3.313 auf der folgenden Seite) angesetzt, und es wird angenommen, dass die Achsrichtung die Richtung der größten Hauptformänderung ist.

Die Axialspannung σ_z hat ihren Größtwert beim Querschnitt 0 und sinkt gegen den Düsenaustritt beim Querschnitt 1 auf $\sigma_z = 0$ (vgl. Abb. 3.312 und 3.313).

Für den Zusammenhang zwischen σ_r und σ_z gilt nach dem *Fließkriterium von Tresca*

$$\sigma_z - \sigma_r = k_f \qquad (3.172).$$

Bei einem Vollkörper sind nach der Elementaren Theorie die Formänderungen in radialer und tangentialer Richtung gleich groß. Damit sind auch die Spannungen σ_r und σ_t gleich groß (Abb. 3.312).

Beim *Hohl-Vorwärtsfließpressen* dickwandiger Hohlkörper kann man in guter Näherung die Formänderungen in radialer und tangentialer Richtung und damit auch die Spannungen σ_r und σ_t als gleich groß annehmen. Bei dünnwandigen Teilen sind dagegen die tangentialen Formänderungen gegenüber den radialen klein, und die Tangentialspannung σ_t ist kleiner als die Radialspannung σ_r (Abb. 3.313). Die Spannungen in Abbildungen 3.312 und 3.313 sind für einen verfestigenden Werkstoff dargestellt.

Mit der *Elementaren Plastizitätstheorie* lassen sich näherungsweise mittlere Spannungen bestimmen, wie sie für eine Berechnung von Umformkräften und -arbeiten für praktische Belange genügen. Sie erlauben keine Aussage über die Größe örtlich wirkender Spannungen. Derartige Aussagen ermöglichen die Berechnungsverfahren der *Höheren Plastizitätstheorie*, wie beispielsweise die *Finite-Elemente-Methode (FEM)*. Diese Verfahren erfor-

3.5 Durchdrücken

Abb. 3.313: Spannungen und Kräfte beim Hohl-Vorwärtsfließpressen
d_2 Dorndurchmesser,
l_d Reiblänge für Dornreibung F_{RD1},
l_r Reiblänge für Dornreibung F_{RD2},
F_{RD1} Dornreibung innerhalb des plastischen Bereichs,
F_{RD2} Dornreibung nach Austritt aus der Düse
(weitere Bezeichnungen wie in Abbildung 3.312)

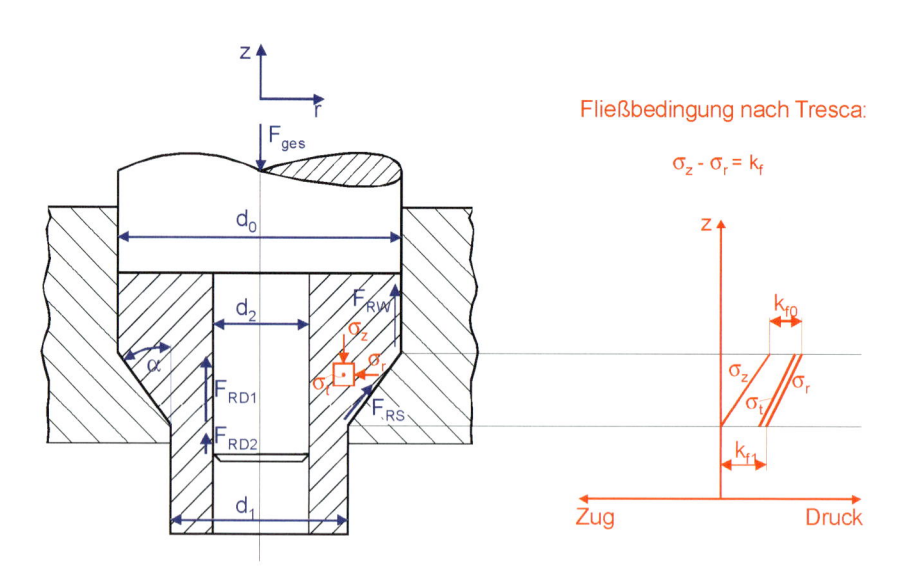

dern jedoch einen erheblich höheren Rechenaufwand. Die FEM-Berechnungen sind heute die Grundlage der numerischen Simulation von Fließpressvorgängen, mit der Spannungen, Dehnungen und Kräfte auch für sehr komplexe Umformvorgänge in guter Näherung berechnet werden können (Roll 1982; Krämer, G. 1993; Winter 2001).

wesentlichen Kenngrößen des Vorgangs (Umformgrad φ) und des Werkstoffs (Fließspannung k_f oder Rohteilhärte H) über Korrekturbeiwerte ab. Diese Verfahren sind vor allem zur schnellen Abschätzung des Kraftbedarfs in der Praxis geeignet.

3.5.1.2.4 Kräfte

Kraft-Weg-Verlauf

Abbildung 3.314 zeigt qualitativ den *Kraft-Weg-Verlauf* für einen quasistationären Voll-Vorwärtsfließpressvorgang. Zu Beginn des Vorgangs steigt die Stempelkraft rasch an. Sie erreicht ihren Größtwert F_{max} in Punkt 2, fällt dann bis zum Ende des instationären Bereichs bei Punkt 3 steil ab, um im anschließenden stationären Bereich nur noch wenig, etwa linear, mit der immer kleiner werdenden Wandreibung in der Pressbüchse bis zur Endkraft F_e in Punkt 4 abzunehmen.

Die Kraftspitze F_{max} an Stelle 2 ist umso stärker ausgebildet, je kleiner der *Matrizenöffnungswinkel* 2α ist und je niedriger die Anfangsfließspannung des Werkstückwerkstoffs und je größer der Umformgrad sind.

Ermittlung der Umformkraft

Die Größtkraft F_{max} kann mit verschiedenen Methoden berechnet oder abgeschätzt werden. Für eine näherungsweise Berechnung verwendet man *analytisch-induktive Verfahren*, die auf den Gesetzmäßigkeiten der elementaren Plastizitätstheorie beruhen, und *empirisch-deduktive Methoden*, die aus dem Wunsch der Praxis nach einfachen Berechnungsverfahren entwickelt worden sind. Sie bilden den Zusammenhang zwischen Messwerten für Kräfte und

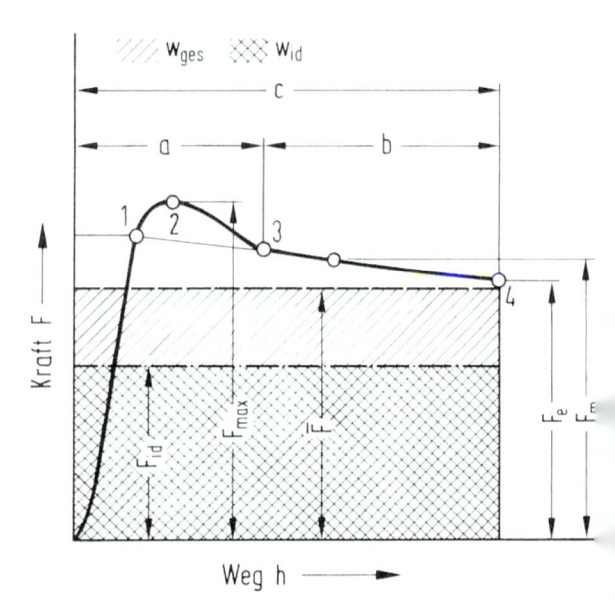

Abb. 3.314: Kraft-Weg-Verlauf für das Fließpressen mit quasi stationärem Werkstofffluss und Rechengrößen für Kräfte $\bar{F}$ mittlere Kraft (Rechengröße nach Gleichung 3.181), F_e Endkraft, F_{id} ideelle Umformkraft, F_m mittlere Umformkraft, F_{max} größte Umformkraft, W_{ges} gesamte Umformarbeit, W_{id} ideelle Umformarbeit

Tab. 3.25: *Reibungszahlen beim Kaltfließpressen*

Verfahren	Voll-Vorwärtsfließpressen	Hohl-Vorwärtsfließpressen	Napf-Rückwärtsfließpressen
Reibungszahl μ	0,04 bis 0,08	0,1 bis 0,125	μ_1 = 0,03 bis 0,06 μ_2 = 0,5 (nach Tresca)

a) Berechnung der Umformkraft mit Hilfe der Elementaren Plastizitätstheorie nach Siebel

Die Kräfte für den quasistationären Teil des Fließpressvorgangs lassen sich aus der Summe der Anteile aus verlustfreier idealer Umformkraft F_{id}, der Verluste durch Reibung an der Fließpressschulter F_{RS} und in der Pressbüchse F_{RW} und den Schiebungsverlusten F_{Sch} berechnen:

$$F_{ges} = F_{id} + F_{RS} + F_{RW} + F_{Sch} \quad (3.173).$$

a1) Umformkraft beim Vollfließpressen

Nach dieser Vorgehensweise von *Siebel* erhält man für die Gesamtkraft F_{ges} beim *Voll-Vorwärtsfließpressen* die Beziehung

$$F_{ges} = A_0 \cdot k_{fm} \cdot \varphi_{max} \cdot \left(1 + \frac{2 \cdot \mu}{\sin 2\alpha} + \frac{2}{3} \cdot \frac{\hat{\alpha}}{\varphi_{max}}\right)$$
$$+ \pi \cdot d_0 \cdot \mu \cdot k_{f0} \cdot l \quad (3.174).$$

Hier bedeuten

$$k_{fm} = \frac{1}{2} \cdot (k_{f0} + k_{f1}) \quad (3.175)$$

den *arithmetischen Mittelwert* der Fließspannungen vor (k_{f0}) und nach dem Umformen (k_{f1}), α den halben Matrizenöffnungswinkel, μ die Reibungszahl, A_0 den Rohteilquerschnitt, d_0 den Rohteildurchmesser, l die Rohteillänge. Die detaillierte Ableitung kann in (Geiger, R. 1988) nachgelesen werden.

Einflussgrößen auf die Kraft F_{ges} sind damit die Werkstückabmessungen, die Formänderung (Umformgrad φ), die Werkzeuggeometrie (Matrizenöffnungswinkel 2α) und die Reibung (Reibungszahl μ).

Die errechnete Gesamtkraft F_{ges} entspricht ungefähr der Kraft an der Stelle 1 des Kraft-Weg-Verlaufs in Abbildung 3.314, wenn für $l = l_0$ eingesetzt wird. Für die Reibungszahl μ wird dabei gewöhnlich ein Wert von 0,04 bis 0,08 verwendet (Tab. 3.25). F_{ges} erreicht damit nicht den Wert der Größtkraft F_{max} in Punkt 2, sondern weicht je nach Ausprägung der Kraftspitze z. T. erheblich davon ab. Beim *Voll-Rückwärtsfließpressen* entfällt der Anteil der Reibungsverluste in der Pressbüchse F_{RW}. Die Presskraft kann damit aus Gleichung 3.174 berechnet werden, indem $l = 0$ eingesetzt wird.

a2) Umformkraft beim Hohlfließpressen

Gegenüber dem *Vollfließpressen* ändern sich beim *Hohlfließpressen* die Reibungs- und Schiebungsverhältnisse. Am Dorn tritt zusätzliche Reibung auf, die man üblicherweise in die beiden Anteile F_{RD1} und F_{RD2} (Abb. 3.313) unterteilt. Die Schiebung beschränkt sich auf zwei schmale Werkstoffstreifen im Düsenein- und -auslauf. In der praktischen Anwendung unterscheidet man beim Hohlfließpressen zwischen Werkzeugen mit *mitbewegtem* und *mitlaufendem Dorn*.

Für das *Hohl-Vorwärtsfließpressen mit mitbewegtem Dorn* erhält man nach der Betrachtungsweise von *Siebel* eine Gesamtkraft

$$F_{ges} = F_{id} + F_{RW} + F_{RS} + F_{RD1} + F_{RD2} + F_{Sch} \quad (3.176)$$

bzw.

$$F_{ges} = A_0 \cdot k_{fm} \cdot \varphi_{max} \cdot \left(1 + \frac{2 \cdot \mu}{\sin 2\alpha} + \frac{A_1}{A_0} \cdot \frac{\mu_D}{\tan \alpha} + \frac{1}{2} \cdot \frac{\hat{\alpha}}{\varphi_{max}}\right)$$
$$+ \pi \cdot d_0 \cdot \mu \cdot k_{f0} \cdot l + \pi \cdot d_2 \cdot \mu_D \cdot \sigma_r \cdot l_r \quad (3.177).$$

Beim *Hohl-Vorwärtsfließpressen mit mitlaufendem Dorn* tritt keine Reibung am Dorn auf. Damit erhält man für die Kraft

$$F_{ges} = A_0 \cdot k_{fm} \cdot \varphi_{max} \cdot \left(1 + \frac{2 \cdot \mu}{\sin 2\alpha} + \frac{1}{2} \cdot \frac{\hat{\alpha}}{\varphi_{max}}\right)$$
$$+ \pi \cdot d_0 \cdot \mu \cdot k_{f0} \cdot l \quad (3.178).$$

Hierin bedeuten A_0 Ausgangsquerschnitt des Rohteils, A_1 Endquerschnitt des Werkstücks am Austritt aus der Umformzone, μ_D Reibungszahl für die Reibung am Dorn (gewöhnlich ist $\mu_D = \mu$), d_2 Dorndurchmesser, l_r Reiblänge für Dornreibung F_{RD2}, σ_r bezogene Normalspannung am Dorn. Der Ausdruck $\mu_D \cdot \sigma_r$ stellt die Reibschubspannung am Dorn dar. Sie nimmt für weiche Stähle Werte zwischen 10 und 12 N/mm² an (Schmoeckel 1966).

Beim *Hohl-Rückwärtsfließpressen* ist gegenüber dem *Vorwärtsfließpressen* die Wandreibung in der Pressbüchse vernachlässigbar. Die Kräfte erhält man damit aus den Gleichungen 3.177 und 3.178, wenn die Wandreibung $F_{RW} = 0$ bzw. wenn $l = 0$ und $l_r = 0$ eingesetzt werden.

Auch beim Hohlfließpressen entspricht die berechnete Kraft F_{ges} ungefähr der Kraft in Punkt 1 des Kraft-Weg-

3.5 Durchdrücken

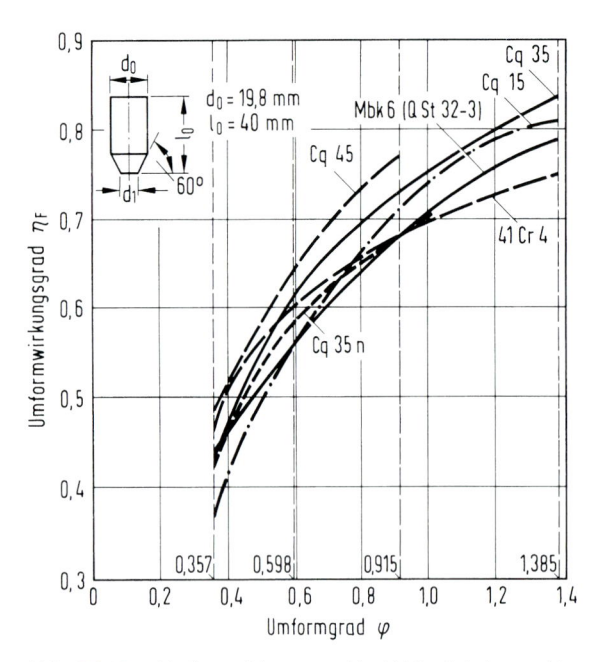

Abb. 3.315: Umformwirkungsgrad in Abhängigkeit vom Umformgrad für das Voll-Vorwärtsfließpressen (Kast 1965). d_0 Rohteildurchmesser, d_1 Enddurchmesser, l_0 Rohteillänge. Werkstoffe weichgeglüht, außer Cq35n normalgeglüht

Schaubilds (vgl. Abb. 3.314). Für die Reibungszahl μ wird ein Wert von 0,1 bis 0,125 empfohlen (Tab. 3.25).

b) Berechnung der größten Umformkraft mit Hilfe des Umformwirkungsgrads η_F und des Kraft-Korrekturbeiwertes m

Der *Umformwirkungsgrad* η_F ist als das Verhältnis der theoretisch erforderlichen ideellen Umformarbeit W_{id} zur tatsächlich benötigten effektiven Umformarbeit W_{eff} definiert:

$$\eta_F = \frac{W_{id}}{W_{eff}} \quad (3.179).$$

Die Größe des Umformwirkungsgrads η_F hängt vom Umformvorgang, Umformgrad, Umformweg und von der Reibung zwischen Werkstück und Werkzeug ab. Für das Voll- und Hohlfließpressen nimmt η_F Werte zwischen 0,4 und 0,8 an (Dannenmann 1968, 1969; Kast 1965). Hervorzuheben ist dabei der starke Einfluss des Umformgrads; η_F nimmt mit steigendem Umformgrad zu (Abb. 3.315). Der Matrizenöffnungswinkel 2α wirkt sich dagegen nicht auf die Größe von η_F aus (Dannenmann 1968, 1969; Kast 1965).

Die erforderliche effektive Umformkraft F_{eff} kann sinngemäß nach der Beziehung

$$F_{eff} = \frac{F_{id}}{\eta_F} \quad (3.180)$$

berechnet werden. Die Kraft F_{eff} ist die Umformkraft eines dem tatsächlichen Vorgang hinsichtlich Arbeitsbedarf und Umformkraft gleichwertigen stationären Umformvorgangs. Sie ist damit einer mittleren Kraft gleichzusetzen nach der Beziehung

$$\bar{F} = \frac{W_{eff}}{h} \quad (3.181)$$

mit dem Umformweg h. Damit folgt

$$\bar{F} = \frac{W_{eff}}{\eta_F \cdot h} = \frac{F_{id}}{\eta_F} \quad (3.182)$$

Die Kraft $\bar{F}$ ist eine Rechengröße; $\bar{F}$ ist immer kleiner, wenn auch meist nur wenig, als die mittlere Umformkraft F_m, und sie ist gewöhnlich auch kleiner als die Kraft F am Ende der Umformung (vgl. Abb. 3.314). $\bar{F}$ liefert damit allein noch keine Aussage über die tatsächlich benötigten Kräfte. Die vor allem interessierende Größtkraft F_{max} lässt sich jedoch aus $\bar{F}$ mit Hilfe des von (Mäkelt 1961) eingeführten *Kraft-Korrekturbeiwerts m* abschätzen:

$$F_{max} = \frac{\bar{F}}{m} = \frac{F_{id}}{\eta_F \cdot m} \quad (3.183)$$

Bei der zu erwartenden Ungenauigkeit der Berechnung ist es durchaus vertretbar, F_{max} vereinfacht auch nach folgender Beziehung abzuschätzen:

$$F_{max} = \frac{F_{ges}}{m} \quad (3.184)$$

Angaben über die Größe von m sind in der Literatur zu finden (Mäkelt 1961; Dannenmann 1968, 1969; Kast 1965; Schmoeckel 1966; Geiger, R. 1988). Für das Voll-Vorwärtsfließpressen nimmt m Werte von 0,75 bis 0,90 (Kast 1965; Dannenmann 1969), für das Hohl-Vorwärtsfließpressen von 0,75 bis 1,0 (Schmoeckel 1966) an.

c) Berechnung der größten Umformkraft mit analytischen Gleichungen

Für die Verfahren mit quasistationärem Werkstofffluss hat (Pugh 1965) in Auswertung einer internationalen Vergleichsuntersuchung eine solche analytische Gleichung aufgestellt. Die maximale Umformkraft F_{max} erhält man zu

$$F_{max} = a \cdot H^m \left(\ln \frac{A_0}{A_1} \right)^n \cdot A_0 \quad (3.185)$$

Hierin bedeuten H die Ausgangshärte des Umformwerkstoffs (HV, HB), A_0 Anfangsquerschnitt, A_1 Endquerschnitt. Die Konstanten a, m und n nehmen für Stahl die Werte nach Tabelle 3.26 an. Sie gelten, sofern folgende Grenzen eingehalten werden: Rohteilhärte HB = 80 bis 240, Quer-

Verfahren	Konstanten		
	a	m	n
Voll-Vorwärtsfließpressen	47,00	0,75	0,80
Hohl-Vorwärtsfließpressen	64,80	0,64	0,77
Napf-Rückwärtsfließpressen	17,66	0,91	0,73

Tab. 3.26: Konstanten zu Gleichung 3.185 (gültig für Stahl)

schnittsverhältnis A_0/A_1 = 1,1 bis 6,5, Durchmesser des Rohteils d_0 = 10 bis 75 mm bei einem Verhältnis l_0/d_0 = 1, Matrizenöffnungswinkel 2α = 60° bis 180°, Rohteil phosphatiert, Schmierstoff Zinkseife. Die nach dieser Beziehung errechneten Kraftwerte F_{max} sind etwa ± 10 Prozent ungenau.

Gleichung 3.185 ist für verschiedene Stahlwerkstoffe in Form eines Nomogramms aufbereitet worden, das eine einfache und schnelle Kraftermittlung auf Basis einer Härtemessung ermöglicht (ICFG Data Sheet 1/70 und 3/74).

d) Berechnung der Umformkraft mit Hilfe der Modellgesetze

In Kapitel 3.5.1.3.4 wird die Anwendung der Ähnlichkeitsbetrachtungen auf das Napffließpressen behandelt. Es ist anzunehmen, auch wenn der Nachweis aussteht, dass diese Gesetzmäßigkeiten auch auf die quasistationären Fließpressverfahren sinngemäß angewendet werden können.

3.5.1.2.5 Optimaler Matrizenöffnungswinkel

Die beim Voll- und Hohlfließpressen benötigten Umformkräfte sind von der Größe des Matrizenöffnungswinkels 2α abhängig. Mathematische Betrachtungen in Übereinstimmung mit experimentellen Untersuchungen zeigen (Schmoeckel 1966), dass es für die quasistationären Fließpressverfahren eine Größe des Winkels 2α gibt, für die die Umformkraft ein Minimum erreicht. Dieser Winkel wird als *optimaler Matrizenöffnungswinkel* $2\alpha_{opt}$ bezeichnet. Für das Voll-Vorwärtsfließpressen berechnet sich dieser Winkel nach der Elementaren Plastizitätstheorie nach der Beziehung

$$\cos 2\alpha_{opt} = -3\mu \cdot \varphi_{max} + \sqrt{9 \cdot \mu^2 \cdot \varphi_{max}^2 + 1} \qquad (3.186).$$

Der optimale Öffnungswinkel ist damit vom Umformgrad φ (Abb. 3.316) und von den durch die Reibungszahl μ gekennzeichneten Reibungsverhältnissen abhängig, nicht dagegen vom Werkstückwerkstoff (Schmoeckel 1966).

Je nach Verfahren und Umformgrad liegt der optimale Matrizenöffnungswinkel $2\alpha_{opt}$ zwischen 20° und 70°. Er ist beim Vollfließpressen kleiner als beim Hohlfließpressen und nimmt mit dem Umformgrad zu.

Der optimale Matrizenöffnungswinkel nach Gleichung 3.186 ist erheblich kleiner als heute in der Praxis für Fließpresswerkzeuge ausgeführt wird, wo Winkel 2α von 90° bis 150° üblich sind. Mit diesen Winkeln erreicht man in der industriellen Praxis größere *Werkzeugstandmengen*.

Beim *hydrostatischen Fließpressen* (vgl. Kap. 3.5.1.3.4) werden dagegen solche kleinen Matrizenöffnungswinkel verwendet, nachdem hier andere, besonders günstige Schmierungsbedingungen vorliegen (Geiger, R. 1993-1).

3.5.1.3 Fließpressen mit instationärem Werkstofffluss

Zu diesen Verfahren gehören die Grundverfahren Napf-Rückwärts- und Napf-Vorwärtsfließpressen, das Massivlochen sowie das Querfließpressen. Sie unterscheiden sich von den in Kapitel 3.5.1.2 behandelten Fließpressverfahren durch den über den gesamten Vorgang hinweg instationären Stofffluss.

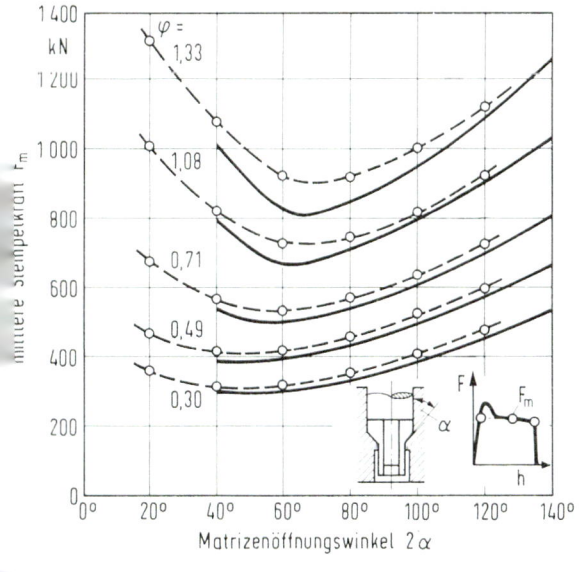

Abb. 3.316: Mittlere Stempelkraft für das Hohl-Vorwärtsfließpressen in Abhängigkeit vom Matrizenöffnungswinkel und vom Umformgrad (Schmoeckel 1966). Werkstoff Ck 15, Schmierstoff MoS$_2$-Pulver
—— gemessen, - - - - berechnet mit Schrankenverfahren

3.5 Durchdrücken

Das Napf-Rückwärtsfließpressen ist von besonderer Bedeutung. Es ist das heute industriell am häufigsten angewendete Fließpressverfahren überhaupt. Durch Napffließpressen lassen sich dünn- und dickwandige napfförmige Formteile aus Stahl- und Nichteisen-Werkstoffen herstellen. Außen- und Innenformen der Näpfe sind meist kreisförmig. Der Anteil der nicht rotationssymmetrischen Formen nimmt jedoch ständig zu (Abb. 3.317).

3.5.1.3.1 Werkstofffluss

Das Napf-Rückwärtsfließpressen (Abb. 3.318) beginnt mit dem Aufsetzen des Stempels auf das Rohteil. Mit dem Eindringen des Stempels wird der Werkstoff durch den formgebenden Ringspalt zwischen Pressbüchse und Stempel verdrängt. Er fließt entgegen der Bewegungsrichtung des Stempels. Die Umformung findet nur in dem Werkstoffbereich unterhalb des Stempels und der Düse statt. Unter dem Stempel bildet sich ein kalottenförmiger plastischer Bereich. Die Ausdehnung der Umformzone

Abb. 3.317: Typische Napffließpressteile

wird vor allem von den geometrischen Bedingungen des Napffließpressvorgangs wie relative Querschnittsänderung ε_A (Abb. 3.319) und Napfbodendicke bestimmt. Der Einfluss des Werkstückwerkstoffs ist vernachlässigbar (Schmitt 1969; Geiger, R. 1976-1).

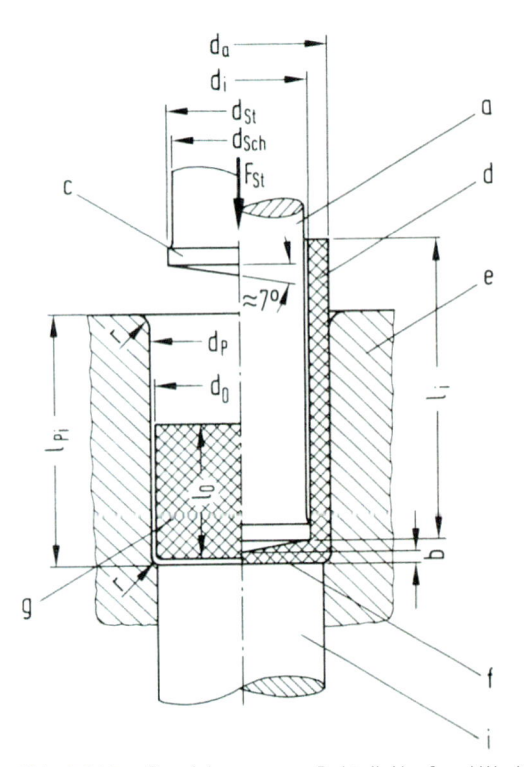

Abb. 3.318: Bezeichnungen an Rohteil, Napf und Werkzeug beim Napf-Rückwärtsfließpressen
a Stempel, b Bodendicke, c Fließbund, d Napf, d_0 Rohteildurchmesser, d_a Napf-Außendurchmesser, d_i Napf-Innendurchmesser, d_{Sch} Durchmesser des Stempelschafts ($d_{Sch} \approx d_{St}$ −0,2mm), d_{St} Stempeldurchmesser am Fließbund, e Pressbüchse, f Napfboden, g Rohteil, i Auswerfer (Ausstoßer, Gegenstempel), l_0 Rohteillänge, l_i Napftiefe, l_{pi} Höhe der Pressbüchse, F_{St} Stempelkraft

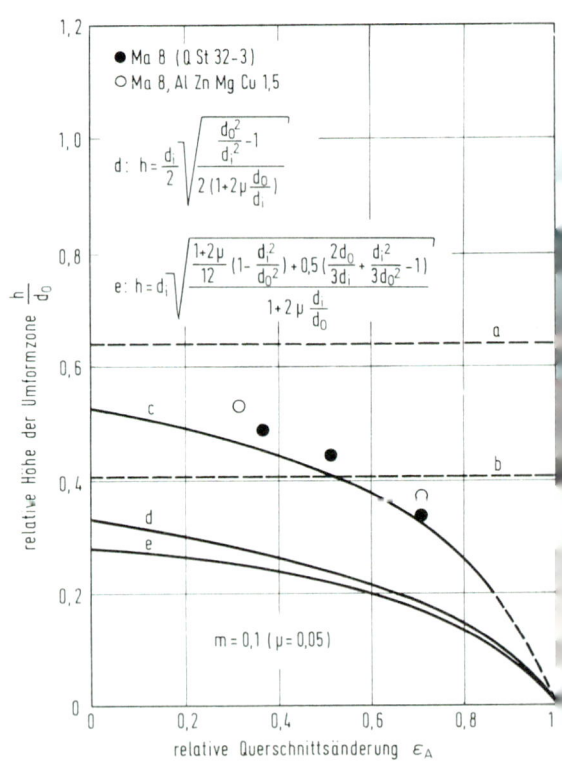

Abb. 3.319: Höhe der Umformzone beim Napf-Rückwärtsfließpressen in Abhängigkeit von der relativen Querschnittsänderung (Schmoeckel 1966)
d_0 Napf-Außendurchmesser, h Höhe der Umformzone, m Reibungsfaktor, µ Reibungszahl
Grenzkurven nach: a Schmitz, b Grotz, c R.Geiger, d Martiros-jan, e Tarnovskij;
Messwerte nach: ● Geiger, R.; ○ Kast

3.5.1.3.2 Formänderungen

Die Angabe eines für den Vorgang kennzeichnenden Umformgrads bereitet beim Napffließpressen erhebliche Schwierigkeiten. Der inhomogene Formänderungszustand kann nur angenähert durch den *Umformgrad* φ (Gl. 3.170) beschrieben werden. Nach Berechnungen und Vergleichen von (Schmitt 1969) wird der mittlere Umformgrad φ_m am besten durch die auf der *Modellvorstellung des doppelten Stauchvorgangs* (Abb. 3.321) beruhende Beziehung (Dipper 1949)

$$\varphi_m = \frac{\varphi_1 \cdot V_1 + \varphi_2 \cdot V_2}{V_1 + V_2} \quad (3.187)$$

angenähert. Hierin sind V_1 und V_2 die Teilvolumina in den beiden Stauchzonen. Aus der Volumenkonstanz folgt, wenn bei Vorgangsbeginn die Bodendicke $b = l_0$ ist,

$$\varphi_m = \varphi_1 \cdot \frac{d_i^2}{d_0^2} + \varphi_2 \cdot \frac{d_0^2 - d_i^2}{d_0^2} \quad (3.188).$$

Für die Hauptformänderungen in den beiden Zonen gilt

$$\varphi_1 = \ln \frac{l_0}{b} \quad (3.189a)$$

und

$$\varphi_2 = \varphi_1 \cdot \left(1 + \frac{d_i}{8s}\right) \quad (3.189b).$$

Darin bedeuten l_0 Rohteilhöhe, b Bodendicke und s Wanddicke des Napfes.

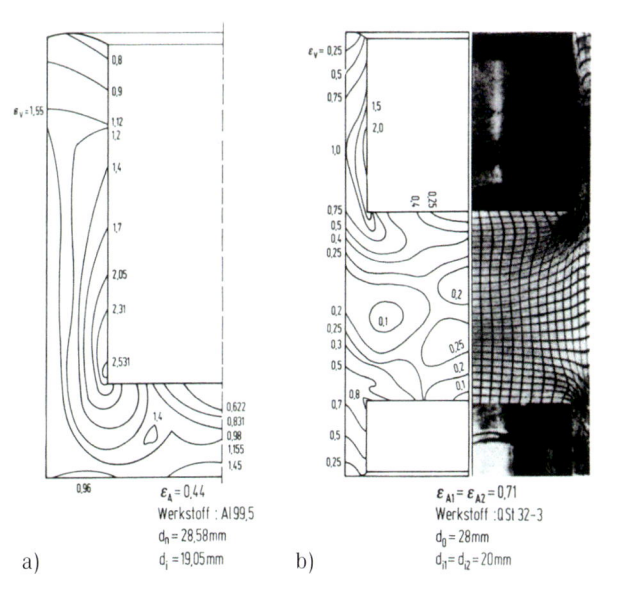

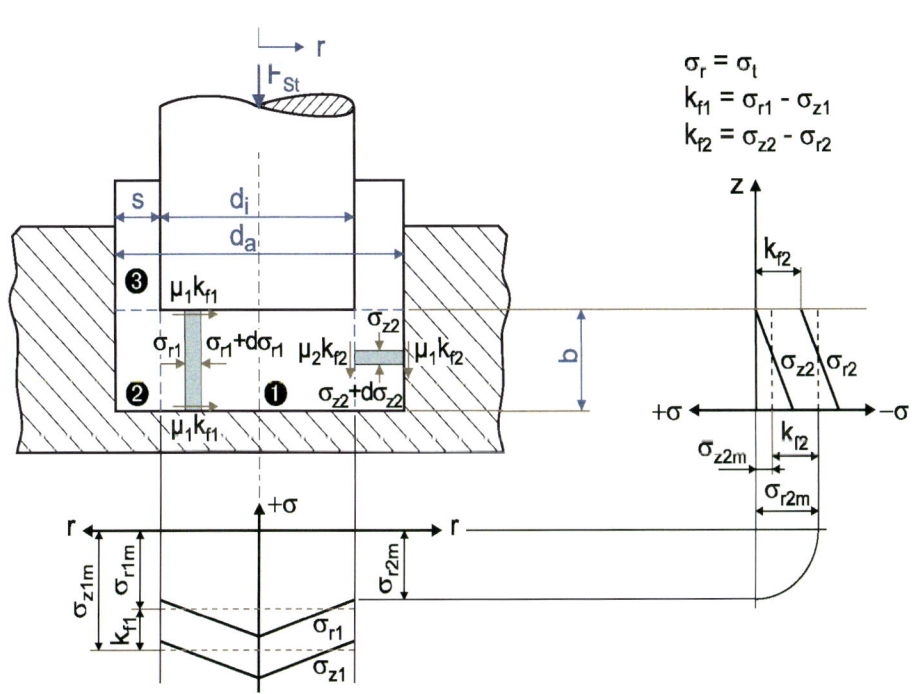

Abb. 3.320: Örtliche Verteilung der Vergleichsformänderung:
a) beim Napf-Rückwärtsfließpressen,
b) beim kombinierten Napf-Vorwärts-Napf-Rückwärtsfließpressen, ermittelt mit visioplastischen Untersuchungen
(Geiger, R. 1976-1)

Wie Abbildung 3.320 am Beispiel von zwei durch einfaches Napf-Rückwärts- bzw. durch kombiniertes Napf-Rückwärts- und Napf-Vorwärtsfließpressen hergestellten Näpfen zeigt, treten die größten Formänderungen immer an der Napfinnenseite auf. Dort werden teils Oberflächenvergrößerungen bis zum 30fachen der Anfangsoberfläche beobachtet (Geiger, R. 1976-1).

Abb. 3.321: Spannungen beim Napf-Rückwärtsfließpressen nach der Modellvorstellung vom doppelten Stauchvorgang (Dipper 1949)
b Bodendicke,
d_i Napfinnendurchmesser,
k_{f1} Fließspannung (Zone 1),
k_{f2} Fließspannung (Zone 2),
μ mittlere Reibungszahl für die Reibung in Zone 2
($\mu = 1/2\,(\mu_1 + \mu_2)$),
μ_1 Reibungszahl für die Reibung an der Pressbüchse,
$\mu_2 = 0{,}5$ Reibungszahl in der Unstetigkeitsfläche zwischen Zone 1 und 2.

3.5 Durchdrücken

Auf Grund der Schwierigkeiten mit der Angabe eines Umformgrads wird in der Praxis häufig die relative Querschnittsänderung ε_A verwendet.

3.5.1.3.3 Spannungen

Wie bei allen Durchdrückverfahren liegt auch beim Napffließpressen ein dreiachsiger Druckspannungszustand vor.

In der Elementaren Plastizitätstheorie wird das Napffließpressen nach der Modellvorstellung von (Dipper 1949) als *doppelter Stauchvorgang* betrachtet. Das Werkstück wird zunächst axial zwischen Stempel und Gegenstempel/Ausstoßer (Zone 1) und danach radial in dem Bereich zwischen Zone 1 und der Wand der Pressbüchse (Zone 2) gestaucht (Abb. 3.321). Zwischen Zone 1 und 2 schert der Werkstoff. Der in den Ringspalt zwischen Stempel und Pressbüchse verdrängte Werkstoff (Zone 3) wird als starr angesehen. Dieser Ansatz ist für dünnwandige Näpfe mit $\varepsilon_A > 0{,}5$ zulässig.

Die beiden Stauchvorgänge werden, wie in der Elementaren Plastizitätstheorie üblich, als homogene Umformvorgänge behandelt. Die Hauptachsen des Formänderungszustandes sind der r- und der z-Achse parallel. In den beiden Werkstoffbereichen treten keine Schubspannungen auf. Damit kommt es auch zu keiner Verwölbung der Querschnitte, und die Spannungen σ_z in Zone 1 bzw. σ_r in Zone 2 bleiben über die Höhe des jeweiligen Querschnitts gleich. An den Grenzflächen wird *Coulomb'sche Reibung* angenommen.

Die ausführliche Ableitung der Spannungsbeziehungen ist in (Geiger, R. 1988) wiedergegeben. Danach ergibt sich für die axiale Stempeldruckbeanspruchung

$$\sigma_{z1m} = \sigma_{r1m} - k_{f1}$$
$$= -k_{f1}\left(1 + \frac{1}{3} \cdot \mu_1 \cdot \frac{d_i}{b}\right) - k_{f2} \cdot \left(1 + \mu \cdot \frac{b}{s}\right) = \bar{p}_{St} \quad (3.190)$$

Nach Angaben von (Schmitt 1969) kann für das Napf-Rückwärtsfließpressen von Stahl bei Formänderungen von $0{,}4 \leq \varepsilon_A \leq 0{,}6$ eine mittlere Reibungszahl $\mu_1 \approx 0{,}04$ eingesetzt werden (vgl. Tab. 3.25). Da der Werkstoff in der Unstetigkeitsfläche zwischen Zone 1 und 2 schert, gilt hier nach *Tresca* $\mu_2 = 0{,}5$.

Die Werte k_{f1} und k_{f2} werden für die zugehörigen Umformgrade φ_1 in Zone 1 (Gl. 3.189a) und φ_2 in Zone 2 (Gl. 3.189b) aus der Fließkurve des Pressteilwerkstoffs entnommen. Das Verhältnis der Größtwerte von radialer und axialer Normalspannung nimmt linear mit der relativen Querschnittsänderung ε_A zu, hängt aber nicht vom Werkstoff und den Rohteilabmessungen ab.

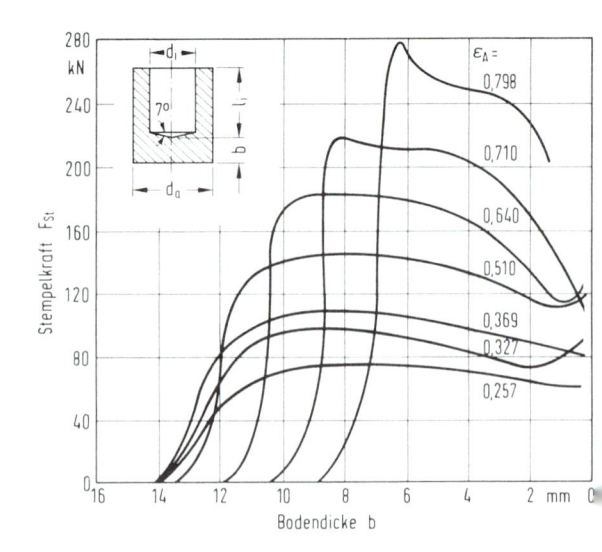

Abb. 3.322: *Gemessene Kraft-Weg-Verläufe beim Napf-Rückwärtsfließpressen mit unterschiedlichen relativen Querschnittsänderungen ε_A (Kast 1967); d_0 Rohteildurchmesser, d_a Außendurchmesser, d_i Innendurchmesser, l_i Napftiefe. Werkstoff: QSt 32-3. d_0 = 14 mm, l_i/d_i = 2,0 (bei b = 3mm)*

3.5.1.3.4 Kräfte

Kraft-Weg-Verlauf

In Abbildung 3.322 sind einige für das Napffließpressen charakteristische Kraft-Weg-Verläufe dargestellt. Der instationäre Charakter des Umformvorgangs zeigt sich besonders bei großem ε_A. Die Stempelkraft F_{St} steigt rasch bis zu einem Größtwert an, der in dem Moment erreicht ist, wenn der Stempel in das Rohteil eindringt, und fällt dann langsam auf den Endwert ab. Bei großem ε_A ist der Abfall steiler. Hier stellt sich auch häufig zu Beginn des Vorgangs eine ausgeprägte Kraftspitze ein, die durch den Übergang von Haft- zu Gleitreibung erklärt wird.

Der vereinzelt bei sehr kleinen Restbodendicken b zu beobachtende erneute Anstieg der Presskraft wird hauptsächlich auf den rasch zunehmenden axialen Stauchkraftanteil zurückgeführt. Bei gleichzeitig großen Napftiefen, wie sie besonders bei großem l_0/d_0 vorkommen, wird der Kraftanstieg zusätzlich durch die Reibung der Napfwand in der Pressbüchse (Zone 3) bestimmt.

Der Größtwert F_{Stmax} ist abhängig vom Werkstoff (k_f), von der relativen Querschnittsänderung ε_A sowie den Rohteilabmessungen d_0 und l_0/d_0 (Abb. 3.323 auf der folgenden Seite).

Gegenüber dem *Napf-Rückwärtsfließpressen* sind beim *Napf-Vorwärtsfließpressen* wegen der größeren Reibung in der Pressbüchse höhere Kräfte erforderlich. Die zum Ausstoßen des Werkstücks aus dem Werkzeug benötigten *Ausstoßkräfte* sind eine Folge von Reibung in der

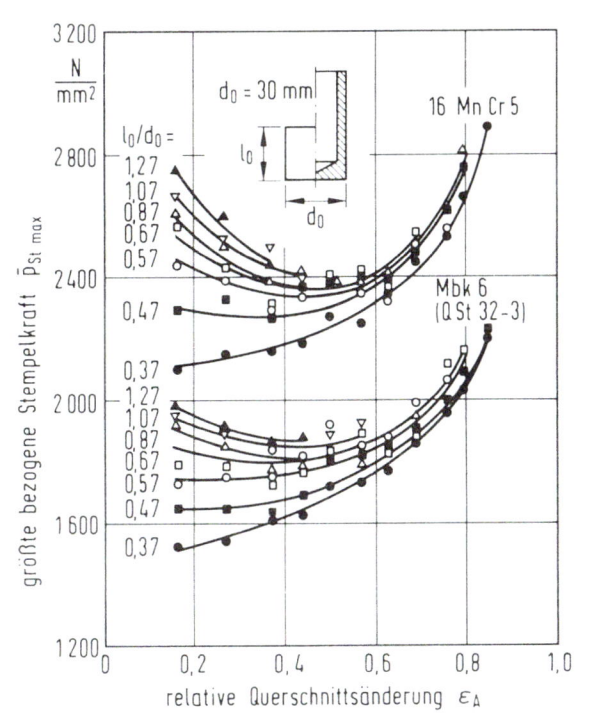

Abb. 3.323: Abhängigkeit der größten bezogenen Stempelkraft p_{Stmax} von der relativen Querschnittsänderung ε_A, vom Werkstoff und vom Verhältnis l_0/d_0; d_0 Rohteildurchmesser, l_0 Rohteillänge (Schmitt 1969).

Pressbüchse. Sie machen gewöhnlich 5 bis 10 Prozent der Größtkraft F_{Stmax} aus, können aber in Ausnahmefällen (kleines ε_A, großes b, großer Wert l_0/d_0) bis zu 25 Prozent von F_{Stmax} erreichen (Geiger, R. 1976-1).

Ermittlung der Umformkraft

Nachfolgend werden einige Möglichkeiten zur Vorausbestimmung der Kräfte vorgestellt.

a) Berechnung der Umformkraft mit Hilfe der Elementaren Plastizitätstheorie nach Dipper

Mit der aus der *Modellvorstellung des doppelten Stauchvorgangs* nach (Dipper 1949) abgeleiteten Gleichung 3.191 zur Berechnung der mittleren axialen Stempelbelastung berechnet sich die Umformkraft zu

$$F_{ges} = A_{St} \cdot |\bar{p}_{St}| \qquad (3.191)$$
$$= \frac{\pi}{4} \cdot d_i^2 \cdot \left[k_{f1} \cdot \left(1 + \frac{1}{3} \cdot \mu_1 \cdot \frac{d_i}{b}\right) + k_{f2} \cdot \left(1 + \mu \cdot \frac{b}{s}\right) \right]$$

mit A_{St} als Stempelfläche und $\bar{p}_{St}$ als mittlere bezogene Stempelkraft. Mit Gleichung 3.191 lässt sich die erforderliche Umformkraft für jeden Zeitpunkt des Umformvorgangs und damit auch näherungsweis der Kraft-Weg-Verlauf berechnen. Sie gilt jedoch nur für dünnwandige Näpfe ($\varepsilon_A \geq 0{,}5$). Ferner sollte die Bodendicke b so klein sein, dass das gesamte Werkstoffvolumen unter dem Stempel an der Umformung teilnimmt.

b) Berechnung der Umformkraft mit Hilfe des Umformwirkungsgrads η_F

Nachdem der Kraft-Weg-Verlauf meistens als trapezförmig angesehen werden kann, wird nach Gleichung 3.181 eine Kraft berechnet, die näherungsweise der Größtkraft des Umformvorgangs entspricht. Zuverlässige Angaben über die Größe von η_F liegen allerdings nicht vor.

Für praktische Berechnungen empfiehlt sich hier das in VDI 3138, Bl. 2, vorgeschlagene Nomogramm, das auf der Auswertung von Kraft-Messwerten beruht und η_F implizit in werkstoffabhängigen $p_{St} = f(\varepsilon_A)$-Kurven berücksichtigt.

c) Berechnung der größten Umformkraft mit analytischen Gleichungen

Für die von (Pugh 1965) vorgeschlagene analytische Gleichung 3.186 (vgl. Kap. 3.5.1.2.4) nehmen die Konstanten a, m und n für das Napffließpressen von Stahlwerkstoffen die in Tabelle 3.26 genannten Werte an. Sie gelten innerhalb folgender Grenzen: Rohteilhärte HB = 97 bis 193, Querschnittsverhältnis A_0/A_1 = 1,2 bis 6,5, Rohteildurchmesser d_0 = 10 bis 75 mm bei einem Längen/Durchmesser-Verhältnis l_0/d_0 = 0,5 bis 1,3, Rohteile phosphatiert, Schmierstoff Zinkstearat. Die mit dieser Beziehung ermittelten Kraftwerte F_{max} weichen von den tatsächlichen Presskräften etwa ± 10 Prozent ab.

Gleichung 3.186 ist auch für das Napf-Rückwärtsfließpressen in Form eines Nomogramms aufbereitet worden. Es ermöglicht eine praxisnahe schnelle Vorausbestimmung der Presskraft auf Basis einer Härtemessung am Rohteil (ICFG Data Sheet 2/70).

d) Berechnung der Umformkraft mit Hilfe der Modellgesetze

Die aus der Modelltechnik bekannten Ähnlichkeitsgesetze können auf das Napffließpressen angewendet werden (Kast 1969; Geiger, R 1976-1). Damit lässt sich die für einen Napffließpressvorgang benötigte Stempelkraft aus bekannten Kraftmesswerten aus einer Modellmessung berechnen. Für den allgemeinsten Fall unterschiedlicher Werkstoffe und unterschiedlicher Abmessungen der Pressteile in Modell- und Hauptausführung gilt für die zu erwartende größte Stempelkraft

$$F_{St\,max} = m \cdot \bar{F}_{St\,max} \cdot \frac{k_{fm}}{\bar{k}_{fm}} \cdot \frac{1}{\lambda^2} \qquad (3.192).$$

Hierin bedeuten $F_{St\,max}$ größte Stempelkraft bei der Hauptausführung, $\bar{F}_{St\,max}$ größte Stempelkraft am Modell, m Kor-

3.5 Durchdrücken

Abb. 3.324: Korrekturbeiwert m für die Berechnung der größten Stempelkraft $F_{St\,max}$ mit Modellmessungen (Kast 1969)
A) berechnet für AlZnMgCu 1,5 aus Messwerten für Al99,5,
B) berechnet für Ck 15 aus Messwerten für QSt 32-3,
C) berechnet für QSt 32-3 aus Messwerten für Al99,5,
D) berechnet für Ck 15 aus Messwerten für Al99,5
Modellabmessung $\bar{d}_0 = 20$ mm

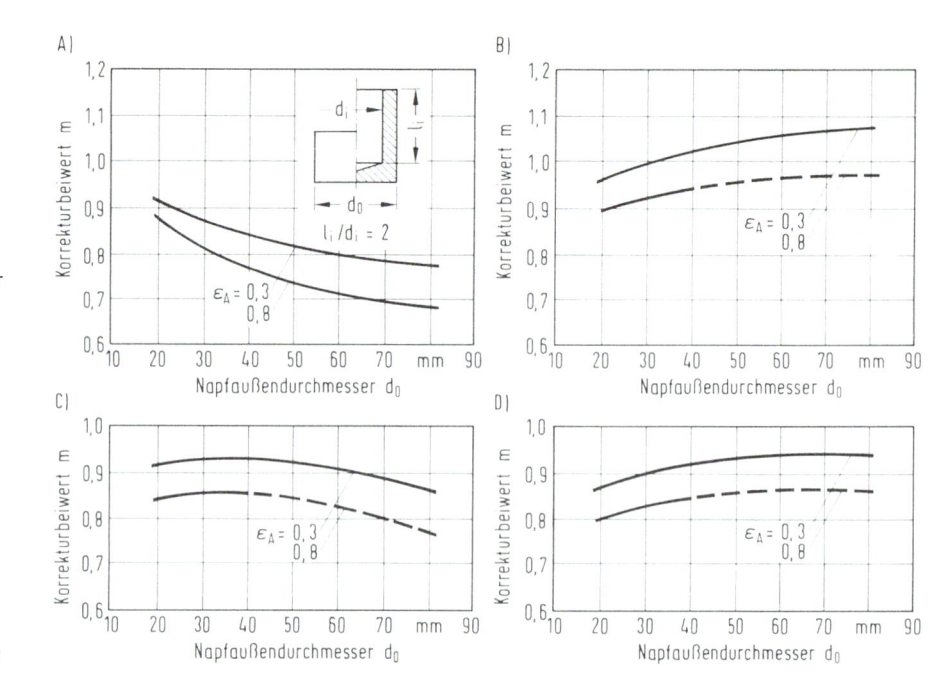

rekturbeiwert, k_{fm} mittlere Fließspannung des Werkstoffs der Hauptausführung, $\bar{k}_{fm}$ mittlere Fließspannung des Modellwerkstoffs, $\lambda = d_0/\bar{d}_0$ Längenmaßstab zwischen Modell ($\bar{d}_0$) und Hauptausführung (d_0).

Der Korrekturbeiwert m berücksichtigt das unterschiedliche Verfestigungsverhalten der Werkstoffe; m kann für vier Stoffpaarungen aus Abbildung 3.324 entnommen werden. Für unterschiedliche Werte ε_A kann linear interpoliert werden. Für gleichen Werkstoff oder gleiche Werkstoffgruppe ist $m = 1$.

Für den Fall gleichen Werkstoffs reduziert sich Gleichung 3.192 zu

$$F_{St\,max} = \bar{F}_{St\,max} \cdot \frac{1}{\lambda^2} \qquad (3.193).$$

Wie von (Kast 1969) nachgewiesen wurde, ist die Übertragung von Kräften aus einer Modellmessung auf die Hauptausführung für eine praktische Anwendung hinreichend genau.

3.5.1.3.5 Querfließpressen

Durch *Querfließpressen* (Abb. 3.308 G, H, I) lassen sich Werkstücke mit Flanschen und/oder Bunden und mit seitlichen Formelementen herstellen. Diese Nebenformelemente können volle oder hohle, kreiszylindrische oder auch nicht kreiszylinderische Formen aufweisen (Abb. 3.325 A) (Geiger, R. 1983, 1985, 1986, 1987-1 und 2, 1988; Materniak 1979; Ovčinnikov 1981; Schätzle 1986; Keppler-Ott 2002; Lange 2008). Typische Querfließpressteile, wie sie heute in großen Stückzahlen hergestellt werden, sind Zapfenkreuze für Kardangelenke und Tripoden und Trispher sowie Kugelnaben für homokinetische Antriebsgelenke (Abb. 3.325 B). Da mit geschlossenen Werkzeugen gearbeitet wird, können auch Hinterschneidungen gepresst werden, wie das Beispiel der Trispher zeigt (Abb. 3.326).

Je nach Art der seitlichen Formelemente wird eine vertikale oder eine horizontale Werkzeugteilung verwendet, um die Pressteile aus dem Werkzeug wieder entnehmen zu können (Abb. 3.327). Zusätzlich braucht es eine mit der Stößelbewegung gekoppelte Werkzeugschließbewegung. Die horizontale Teilung bietet hier den Vorteil, dass die erforderliche hohe Schließkraft einfacher über die Presse mit der Stößelbewegung aufgebracht werden kann. Vertikale Teilung ist notwendig, wenn das Pressteil zwei oder mehrere seitliche Formelemente in unterschiedlichen Ebenen aufweist.

Zum Querfließpressen können einfach und mehrfach wirkende mechanische oder hydraulische Pressen eingesetzt werden. Bei einfach wirkenden Maschinen muss die Schließbewegung des Werkzeugs und ggfs. auch die Bewegung des Gegenstempels in das Werkzeug gelegt werden. Hier werden beispielsweise hydraulische *Schließvorrichtungen* verwendet (vgl. Kap. 3.5.1.14.4).

Bei weichen duktilen Werkstoffen wie Reinaluminium oder unlegierten Stählen lassen sich durch Querfließpressen sehr große Formänderungen erreichen ($\varphi > 1,5$) (Materniak 1979; Geiger, R. 1983; Felde 2007).

3.5.1 Fließpressen

	Nebenformelemente in einer Ebene			Nebenformelemente nicht in einer Ebene
	voll	hohl	profiliert	
Bund / Flansch		—		
seitliche Nebenformelemente – gedrungene Form				
seitliche Nebenformelemente – Langform				

Abb. 3.325 A: Durch Querfließpressen herstellbare Werkstücke Formenordnung (Geiger, R. 1983),

Abb. 3.325 B: Durch Querfließpressen herstellbare Werkstücke Fertigungsbeispiele (Quelle: ThyssenKrupp Presta)

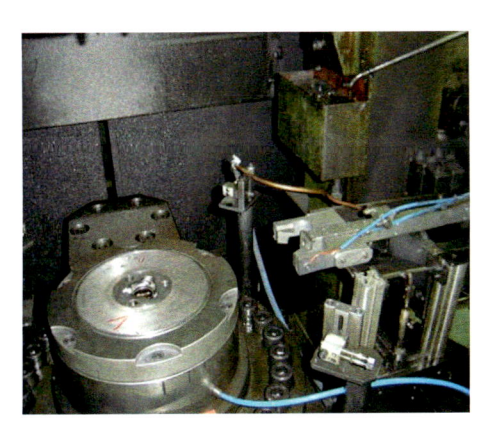

Abb. 3.326: Querfließpressen einer Trispher im geschlossenen Werkzeug, links: Werkzeug rechts: Werkstück (Quelle: ThyssenKrupp Presta)

3.5 Durchdrücken

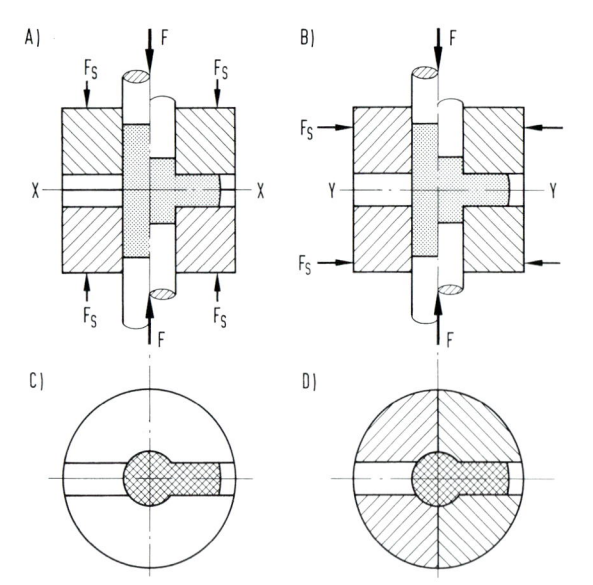

Abb. 3.327: Horizontale und vertikale Teilung eines Querfließpresswerkzeugs (Geiger, R. 1983)
A) horizontale Teilung, B) vertikale Teilung,
C) Schnitt X-X, D) Schnitt Y-Y. F Presskraft, F_s Schließkraft

Die Belastbarkeit einer Querfließpressmatrize ist wegen der seitlichen Bohrungen geringer als z.B. die einer Voll-Vorwärtsfließpressmatrize. Die maximal zulässige Radialspannung beträgt nur etwa 1300 N/mm² gegenüber 2.000 bis 2.500 N/mm² bei einer Matrize ohne Seitenbohrung (Lange 1981; Materniak 1979).

Über eine grundlegende Untersuchung des Querfließpressens von zylindrischen Vollkörpern mit Flansch oder Bund berichtet (Schätzle 1986).

Wesentliche Entwicklungen der Querfließpresstechnik sind zwischen 1975 und 2000 in Deutschland, Liechtenstein und Japan erfolgt (Geiger, R. 1983, 1985; Hänsel 1995; Lange 2008). Das Querfließpressen wird heute kalt, halbwarm und warm zur Fertigung vieler komplizierter Formteile in großen Stückzahlen weltweit eingesetzt. Eine ausgezeichnete Übersicht gibt (Lange 2008).

3.5.1.4 Sonderverfahren

Diese Verfahren ergänzen die konventionelle Fließpresstechnik und erweitern das Spektrum herstellbarer Werkstückformen und bearbeitbarer Werkstoffe.

3.5.1.4.1 Halbwarmfließpressen

Das *Halbwarmfließpressen* hat sich in den 1980er- und 1990er-Jahren zu einer der industriell wichtigsten Ergänzungen der Fließpresstechnologie speziell für Anwendungen in der Automobilindustrie entwickelt. Zwischen etwa 10 bis 15 Prozent (in Deutschland) und bis zu 30 Prozent (in Japan) aller Fließpressteile werden heute mit diesen Verfahren hergestellt.

Die Fließspannung der Stähle und damit die mechanische Werkzeugbeanspruchung nimmt mit steigender Temperatur ab, wobei gleichzeitig das Formänderungsvermögen zunimmt (Abb. 3.328). Nicht kalt fließpressbare Stähle lassen sich so bei erhöhten Temperaturen umformen. In der Regel wurden derartige Werkstoffe durch Warmumformen bei Temperaturen zwischen 1050 und 1300 °C

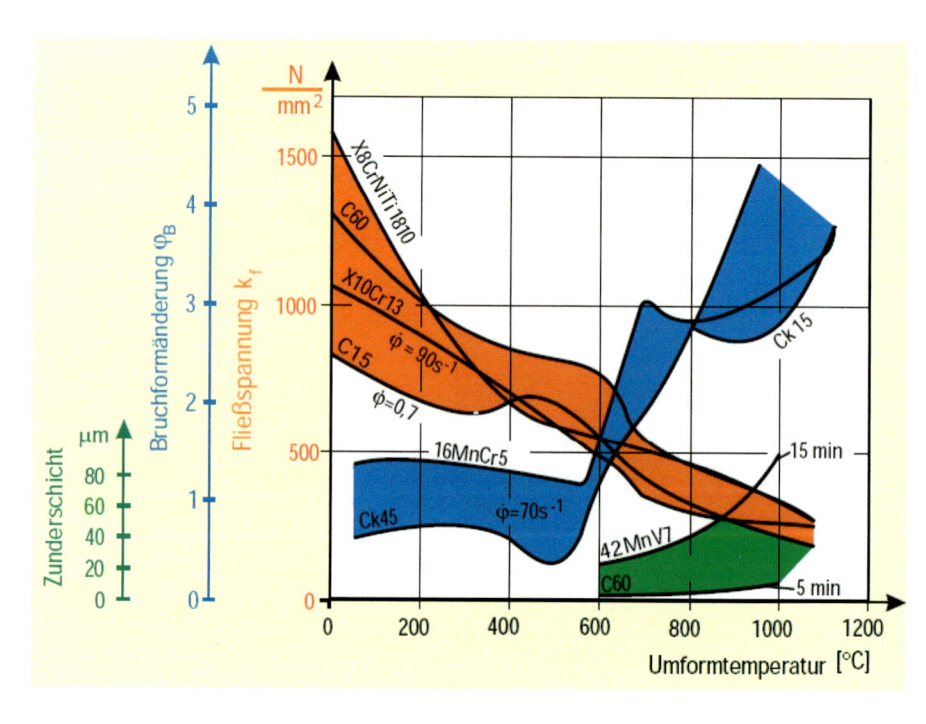

Abb. 3.328: Einfluss der Umformtemperatur auf Fließspannung, Bruchformänderung und Zunderbildung beim Halbwarmfließpressen

Abb. 3.329: Typische Stadienfolge für die Halbwarm-umformung mit abschließendem Kaltkalibrieren (rechts unten) (Quelle: Schuler)

durch Gesenkschmieden oder Warmfließpressen verarbeitet. Diese Verfahren weisen jedoch gegenüber dem Kaltfließpressen den Nachteil auf, dass Werkstückgenauigkeit und Oberflächengüte auf Grund von Verzunderung, Schrumpfung und Verzug erheblich schlechter sind und Kosten für die Erwärmung und für die Warmbehandlung entstehen.

Beim Halbwarmumformen verfolgt man deshalb das Ziel, den Temperaturbereich zwischen Raum- und Schmiedetemperatur für das Umformen nicht kalt fließpressbarer Stähle zu nutzen und so die Vorteile des Warmumformens (geringere Kräfte, größeres Formänderungsvermögen) mit jenen des Kaltumformens (höhere Genauigkeit und bessere Oberflächenbeschaffenheit) zu verbinden (Geiger, R. 1976-2; Hirschvogel 1979; Diether 1980; Jonck 1983; Schmoeckel 1994). Das Verfahren kann sehr wirtschaftlich eingesetzt werden, wenn man die großen Formänderungen durch Mehrstufenumformung halbwarm erzeugt und die endkonturnahe Geometrie wichtiger Funktionsflächen des Bauteils anschließend durch Kaltkalibrieren fertigstellt. Abbildung 3.329 zeigt hierzu die Stadienfolge zur Herstellung einer Gelenktulpe mittels Halbwarmumformung auf einer 12,5 MN-Mehrstufenpresse.

Auch in der Verfahrensfolge von Halbwarm- und Kaltumformung liegen interessante Möglichkeiten (Geiger, R. 1976-2; Maier 1982; Körner 1992).

Maßgebliche Verfahrensgröße beim Halbwarmfließpressen wie bei jeder Warmumformung ist die Temperatur. Über den Einfluss der Temperatur auf die Fließspannung k_f liegen Angaben für die wichtigsten infrage kommenden Werkstoffe vor (Diether 1980; Schmoeckel 1994). Im Unterschied zum Kaltumformen ist jedoch der Einfluss der Formänderungsgeschwindigkeit zu beachten. Er äußert sich meist darin, dass mit steigender Formänderungsgeschwindigkeit zum einen die Fließspannung zunimmt, zum anderen bei alterungsempfindlichen Baustählen die *Blausprödigkeit* zu höheren Temperaturen hin verschoben wird. Neben dem Umformverhalten werden auch die Gebrauchseigenschaften des umgeformten Werkstücks von der Temperatur beeinflusst (Diether 1980). Die Wahl der Rohteiltemperatur stellt deshalb immer einen Kompromiss dar.

Bei unlegierten und legierten Baustählen wird ein Temperaturbereich zwischen 500 und 750 °C empfohlen. Zu achten ist hier auf die Phänomene der *Blausprödigkeit* zwischen 200 und 550 °C und der *Rotsprödigkeit* oberhalb von etwa 800 °C (Abb. 3.328). Es gilt ferner zu beachten, dass durch die Umformung nicht so viel Wärme in das Werkstück eingebracht wird, dass dadurch der Bereich der Rotsprödigkeit erreicht wird. Bei legierten Stählen und austenitischen nichtrostenden Stählen, die keine Blausprödigkeit zeigen und zum Teil schon nach geringer Erwärmung eine beträchtliche Abnahme der Fließspannung aufweisen, werden niedrigere Rohteiltemperaturen verwendet. Für Nichteisenmetalle hat die Halbwarmumformung keine Bedeutung erlangt.

Anstatt kalt umzuformen wird verschiedentlich zur besseren Füllung von komplexen Werkzeugkonturen auch mit Temperaturen im Bereich von 250 bis 350 °C gearbeitet. Dieser Bereich wird auch als *Lauwarmumformung* bezeichnet (Liewald 2010).

Für das Halbwarmfließpressen sind Schmierstoffe mit niedriger Reibungszahl, guter Haftung und ausreichender Temperaturbeständigkeit notwendig. Besonders geeignet sind Schmierstoffe auf Basis von kolloidalem Graphit (Geiger, R. 1976-2). Im Gegensatz zum Kaltfließpressen von Stahl ist eine Phosphatierung der Rohteile

3.5 Durchdrücken

nicht erforderlich. Die Schmierstoffe werden entweder durch Tauchen der Rohteile oder durch Besprühen oder Überfluten der Werkzeuge aufgebracht, z.T. findet man auch beide Vorgehensweisen gleichzeitig. Die Rohteile sollten schnell erwärmt werden, um ein Verzundern bzw. ein Oxidieren des Schmierstoffs zu verhindern. Induktives Wärmen ist deshalb vorzuziehen, bevorzugt unter Schutzgasatmosphäre.

Der Werkzeugaufbau ist grundsätzlich dem der Kaltfließpresswerkzeuge ähnlich. Als Stempel- und Matrizenwerkstoff werden Schnellarbeitsstähle insbesondere mit Co-Zusätzen empfohlen. Für die Armierungsringe eignen sich Warmarbeitsstähle. Die Werkzeuge sollten auf eine Betriebstemperatur zwischen 150 bis 200 °C vorgewärmt werden. Teilweise ist zusätzliche Kühlung der Werkzeuge erforderlich. Die Werkzeugstandmengen sind in der Regel geringer als beim Kaltfließpressens.

Die Angaben in Kapitel 3.5.1.2.4 und 3.5.1.3.4 zur Bestimmung der Presskräfte können auch auf das Halbwarmfließpressen angewendet werden, wenn in die entsprechenden Beziehungen die für die jeweilige Rohteiltemperatur zutreffende Fließspannung eingesetzt wird. Für die Ermittlung des Kraftbedarfs stehen zusätzlich Nomogramme zur Verfügung (Diether 1980).

Die Gebrauchseigenschaften halbwarm fließgepresster Werkstücke sind abhängig vom Umformgrad, von der Temperatur, der Umformgeschwindigkeit und von der Abkühlung nach dem Umformen. Die Auswirkungen der Verfestigung werden mit steigender Rohteiltemperatur immer geringer. Hohe Kerbschlagzähigkeit, Bruchdehnung und Brucheinschnürung des Werkstücks erreicht man bei Stählen mit Rohteiltemperaturen zwischen 700 und 750 °C. Zum Erzielen hoher Zugfestigkeitswerte sind Temperaturen zwischen 500 und 600 °C erforderlich. Unter bestimmten Voraussetzungen kann beim Halbwarmfließpressen auf ein Vergüten der Bauteile nach dem Fließpressen verzichtet werden (Diether 1980).

Die erzielbare Maß- und Formgenauigkeit und Oberflächengüte ist nur unwesentlich schlechter als beim Kaltfließpressen (Diether 1980; Geiger, R. 1976-2).

3.5.1.4.2 Kaltgesenkschmieden

Kaltgesenkschmieden ist Formpressen mit Grat bei Raumtemperatur, d.h. ohne Anwärmen des Rohteils vor dem Umformen. Es ist für kleine, genaue Formteile mit Flanschen oder Bunden eine fertigungstechnische Alternative zum Warmgesenkschmieden (Abb. 3.330).

Wesentliche Vorteile gegenüber dem Warmumformen sind, dass die Kaltverfestigung genutzt werden kann, keine Verzunderung auftritt und die erreichbare Maß- (IT8

Abb. 3.330: *Durch Kaltgesenkschmieden hergestellte Kleinkurbelwelle (Quelle: ThyssenKrupp Presta)*

bis IT12) und Formgenauigkeit sowie die Oberflächengüte keine oder nur eine geringe Fertigbearbeitung der Pressteile notwendig machen.

Dem steht als größte Schwierigkeit die hohe mechanische Beanspruchung der Werkzeuge gegenüber, die mit 1600 bis 2000 N/mm² etwa doppelt so hoch ist wie beim Warmschmieden (Lange 1981; Hoang-Vu 1982). Dafür tritt keine thermische Beanspruchung auf. Der Gefahr des Kaltverschweißens begegnet man durch Phosphatieren der Rohteile.

Auf Grund des anderen Werkstoffverhaltens (Kaltverfestigung) und günstigerer Schmierungsbedingungen gelten beim Kaltgesenkschmieden andere Gesetzmäßigkeiten für die Bemessung des Gratspalts als beim Warmgesenkschmieden. Versuche haben gezeigt, dass das optimale Gratbahnverhältnis gegenüber dem Warmgesenkschmieden nur etwa halb so groß ist (Hoang-Vu 1982). Wie beim Warmschmieden kommen der Massenverteilung und Zwischenformung erhebliche Bedeutung zu.

3.5.1.4.3 Fließpressen mit Wirkmedien, hydrostatisches Fließpressen

Der grundlegende Unterschied zwischen *hydrostatischem* und *konventionellem Fließpressen* besteht darin, dass die Presskraft über ein hochgespanntes Druckmedium anstelle über einen starren Stempel übertragen wird (Abb. 3.331 auf der folgenden Seite). Die erforderlichen hydraulischen Drücke sind vergleichbar mit der Belastung der starren Stempel, liegen also je nach Umformung zwischen 15.000 und 30.000 bar.

Eine Weiterentwicklung stellt das *hydrostatische Dickfilm-Fließpressen* oder *Hydrafilm-Verfahren* oder auch *Thick-Film-Verfahren* dar. Es verbindet die wesentlichen Vorteile des hydrostatischen Fließpressens mit der vergleichsweise einfachen Handhabung des Fließpressens mit starrem

3.5.1 Fließpressen

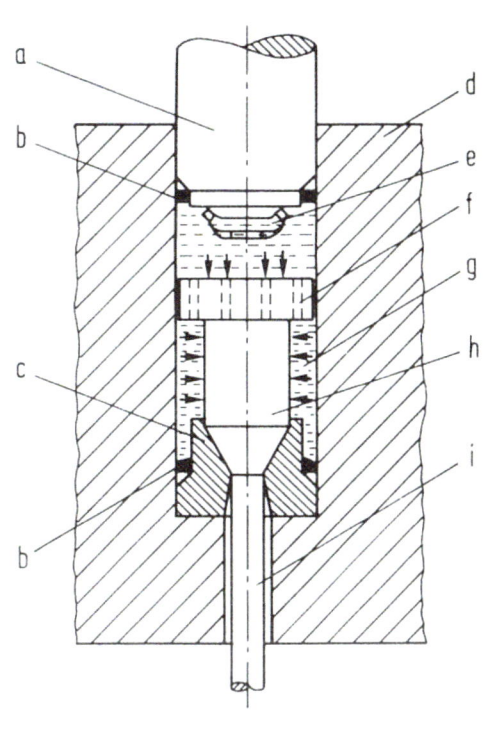

Abb. 3.331: Werkzeugeinrichtung zum hydrostatischen Voll-Vorwärtsfließpressen
a Stempel, b Dichtung, c Matrize, d Druckkammer, e Druckmesser, f Führungsring, g Druckmedium, h Werkstück, i gepresster Schaft

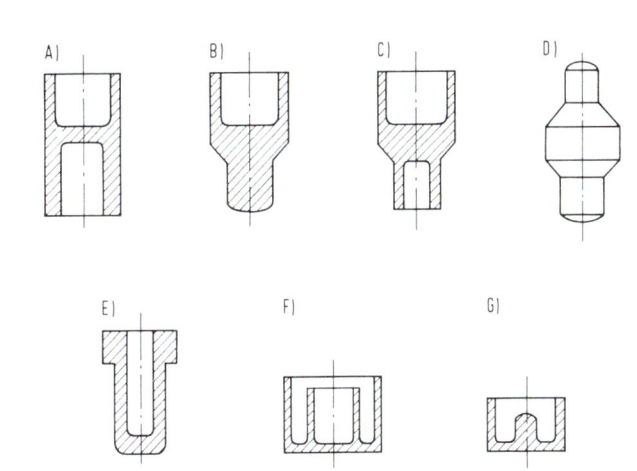

Abb. 3.332: Verfahrenskombinationen beim Fließpressen
A) Napf-Vorwärts-/Napf-Rückwärtsfließpressen, B) Voll-Vorwärts-/Napf-Rückwärtsfließpressen, C) Hohl-Vorwärts-/Napf-Rückwärtsfließpressen, D) Voll-Vorwärts-/Voll-Rückwärtsfließpressen, E) Napf-Rückwärtsfließpressen/ Flanschanstauchen, F) Napf-Rückwärts-/Napf-Rückwärtsfließpressen, G) Napf-Rückwärts-/Voll-Rückwärtsfließpressen

Werkzeug. Zur Durchführung dieses Verfahrens wird die Trennfuge zwischen Pressbüchse und Stempel mit Hilfe eines auf dem Stempel befestigten Dichtringes abgedichtet. Der mit Schmierstoff ausgefüllte Spalt zwischen Rohteil und Pressbüchsenwand beträgt meistens nicht mehr als 0,25 mm. Als Schmierstoff kommen druckfeste, hochviskose wachsartige oder paraffinartige Stoffe, Fette oder Flüssigkeiten in Frage. Umfangreiches Schrifttum zum hydrostatischen Fließpressen ist in (Geiger, R. 1993-1) angeführt und ausgewertet worden.

Alle diese Verfahren sind auf Sonderanwendungen beschränkt, wo schwierige Geometrien und schwer umformbare Werkstoffe andere Umformverfahren ausschließen.

3.5.1.4.4 Inkrementelle Verfahren

Diese Verfahren arbeiten nicht mit einer eigentlichen Düse, sondern mit einer kinematischen Formgebung. Die Umformung findet nicht gleichzeitig am ganzen Werkstück statt, sondern nur inkrementell in einer sehr eng begrenzten Umformzone, die sich durch das Werkstück bewegt. Damit wiederholen sich ähnliche Umformschritte während des Prozesses. Die Verfahren ergänzen die konventionellen Kaltmassivumformverfahren und bieten ein hohes Flexibilisierungspotenzial. Sie sind damit besonders für kleine bis mittlere Serien interessant (Groche 2005).

Zu diesen Verfahren gehören z.B. das *Taumelpressen*, das Bohrungsdrücken (Glass 2007; Neugebauer 2010) oder das Rundkneten. Sie werden ausführlicher in Kapitel 9.2.3 beschrieben.

3.5.1.5 Verfahrensfolgen und Verfahrenskombinationen

Ein kompliziertes Formteil lässt sich gewöhnlich nicht in einer einzigen Werkzeugstufe herstellen. Es braucht eine Folge oder Kombination verschiedener Fertigungsprozesse.

Unter einer *Verfahrensfolge* versteht man die zeitliche Aufeinanderfolge der zur Herstellung einer bestimmten Werkstückform notwendigen Arbeitsgänge. Neben Umformvorgängen können auch Glüh- und Oberflächenbehandlungen, spanende Bearbeitungen, Fügevorgänge u.a. vorkommen. Eine Verfahrensfolge ist somit ein mehrstufiger Vorgang. Die einzelne Stufe kann dabei auch als Verfahrenskombination ausgelegt sein.

Eine *Verfahrenskombination* ist die einstufige Durchführung von zwei oder mehreren Teilvorgängen in einem Werkzeug und bei einem Pressenhub. Dabei kommen sowohl Kombinationen der Grundvorgänge des Fließpressens untereinander als auch von Fließpressverfahren mit anderen Massivumformvorgängen wie Stauchen, Prägen, Verjüngen, Abstreckgleitziehen vor (Abb. 3.332).

3.5 Durchdrücken

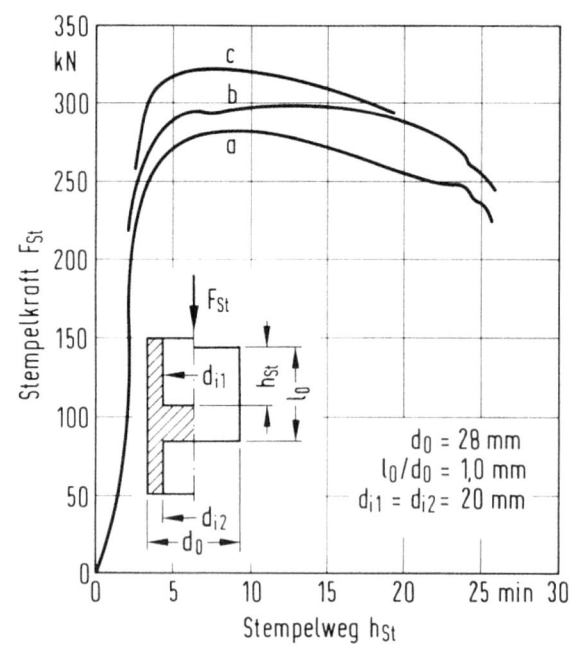

Abb. 3.333: *Kraft-Weg-Verlauf beim Napffließpressen (Geiger, R. 1976-1)*
a kombiniertes Napffließpressen, b Napf-Rückwärtsfließpressen, c Napf-Vorwärtsfließpressen, d_0 Rohteildurchmesser, d_{i1}, d_{i2} Napfinnendurchmesser, l_0 Rohteillänge.
Werkstoff AlZnMgCu 1,5; Schmierung Zinkphosphat mit Bonderlube 234

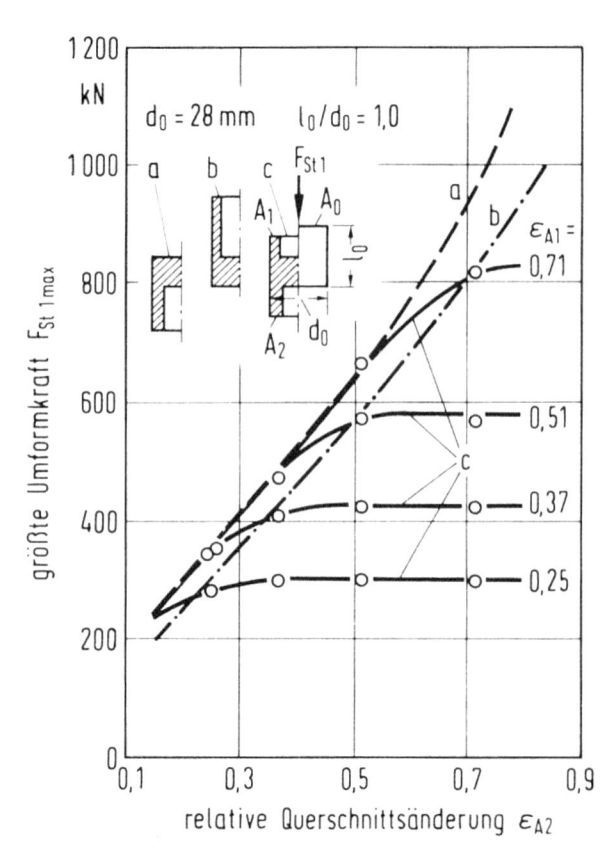

Abb. 3.334: *Größte Umformkraft beim kombinierten Napffließpressen in Abhängigkeit von der relativen Querschnittsänderung der beiden Teilnäpfe (Geiger, R. 1976-1)*
a Napf-Vorwärtsfließpressen, b Napf-Rückwärtsfließpressen, c kombiniertes Napffließpressen, d_0 Rohteildurchmesser, l_0 Rohteillänge, A_0 Rohteilquerschnitt, A_1, A_2 Napfquerschnitt
Werkstoff QSt 32-3;
Schmierung Zinkphosphat und Bonderlube 234

Gewöhnlich laufen die Teilvorgänge einer Verfahrenskombination zumindest teilweise miteinander ab. Der Werkstoff fließt dabei gleichzeitig durch mehrere Düsenöffnungen. Die Problematik der *Verfahrenskombinationen mit ungesteuertem Werkstofffluss* liegt in der Unsicherheit bei der Vorausbestimmung der Ausflusslängen und des Kraftbedarfs. Aus diesem Grund werden Verfahrenskombinationen heute noch überwiegend empirisch erprobt und abgestimmt.

Der Werkstoff wird bei einem kombinierten Umformvorgang nur dann gleichzeitig in mehrere Richtungen fließen, wenn dem Stofffluss hier die geringsten Widerstände entgegenstehen (*Prinzip des kleinsten Zwanges*). Verfahrenskombinationen sind folglich *selbstregelnde Vorgänge*, die sich so einstellen, dass zu jedem Zeitpunkt ein *Minimum an Umformleistung* benötigt wird. Damit wirken sich alle Parameter, die den Energiebedarf eines der Teilvorgänge beeinflussen, z.B. die Formänderung, die Reibung und die Werkzeuggestaltung, auf die Werkstoffverteilung bei einem kombinierten Umformvorgang aus.

Diese *Extremalaussage* wurde von (Geiger, R. 1976-1) zur rechnerischen Ermittlung der Ausflusslängen beim kombinierten Napf-Vorwärts- und Napf-Rückwärtsfließpressen angewendet.

Kraftmessungen bestätigen, dass der kombinierte Umformvorgang immer eine geringere Presskraft benötigt als die Einzelvorgänge, aus denen er sich zusammensetzt (Geiger, R. 1976-1, 1978). Abbildung 3.333 zeigt das am Beispiel der Kraft-Weg-Verläufe für einen kombinierten Napf-Vorwärts- und Napf-Rückwärtsfließpressvorgang und die zugehörigen Napf-Vorwärts- bzw. Napf-Rückwärtsfließpressvorgänge. Haben beide Teilnäpfe unterschiedliche relative Querschnittsänderungen ε_A, ergibt sich die Presskraft für das kombinierte Napffließpressen nach dem geringeren Kraftbedarf des Teilvorgangs mit dem kleineren Napfinnendurchmesser. Dieser Vorgang dominiert in der Kombination. Seine Presskraft ist deshalb eine *obere Schranke* für die Umformkraft des kombinierten Vorgangs (Abb. 3.334).

Die hier am Beispiel des kombinierten Napffließpressens aufgezeigte Gesetzmäßigkeit für die Presskraft gilt grundsätzlich für jeden kombinierten Umformvorgang. Sie lässt sich bei vielen Umformvorgängen – z.B. beim Napffließ-

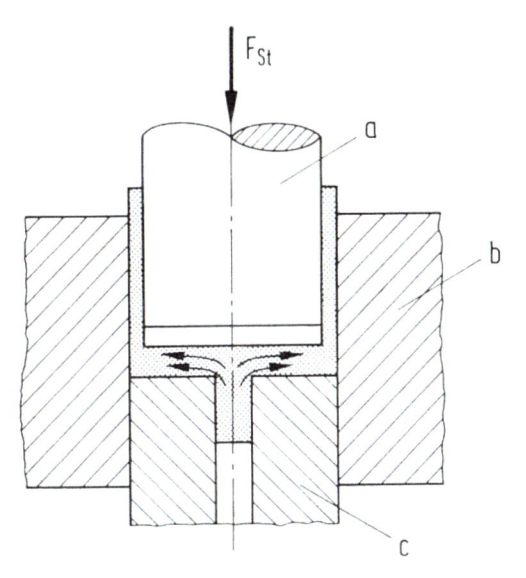

Abb. 3.335: Napf-Rückwärtsfließpressen mit Entlastungsbohrung
a Stempel,
b Pressbüchse,
c Gegenstempel mit Entlastungsbohrung,
F_{St} Stempelkraft

Abb. 3.336: Tulpen für Gleichlaufgelenke mit teilweise fertig gepressten Kugelbahnen (Quelle: Schuler)

pressen – nutzen, um schwierige Umformungen zu erleichtern. Näpfe mit großer Querschnittsänderung und dünnem Boden lassen sich so mit geringerer Stempelkraft pressen, wenn ein kleiner Zapfen simultan vorwärts oder rückwärts mit angepresst wird. In der Praxis der Kaltumformung wird von diesem *Prinzip der Entlastungsbohrung* (Abb. 3.335) Gebrauch gemacht.

3.5.1.6 Präzisionsfließpressen (Near Net Shape und Net Shape Forging)

Das Fließpressen hat sich wegen seiner Kostenersparnis gegenüber den Bearbeitungsvorgängen des Zerspanens industriell in großem Stil durchgesetzt, besonders für die Fertigung großer Stückzahlen. Häufig kann eine Integration von zusätzlichen Bauteilfunktionen in ein Fließpressteil erfolgen, wodurch auch eine Reduktion des Bauteilgewichts erreicht wird.

Seit den 1980er Jahren werden auch *Bauteile mit einbaufertigen Funktionsflächen* umformend durch Fließpressen hergestellt. Funktionsflächen, die spanend nur sehr aufwändig hergestellt werden könnten wie Kugellaufbahnen und Verzahnungen, sind hier besonders interessant. Der Wegfall der aufwändigen spanenden Bearbeitung in Verbindung mit kurzen Stückzeiten und maximaler Werkstoffausnutzung führt zu deutlichen Kostenvorteilen gegenüber der alternativen spanenden Fertigung dieser Bauteile. Das *Querfließpressen* (vgl. Kap. 3.5.1.3.5) bietet dazu interessante Möglichkeiten besonders zur Herstellung komplexer Bauteile für Kardan- und homokinetische Gelenke (vgl. Abb. 3.325 B). Durch kombiniertes Hohl-Vorwärtsfließpressen und Querfließpressen lassen sich auch gabelförmige Werkstücke herstellen.

Sind die Funktionsflächen einbaufertig gepresst, spricht man von *Net Shape Forging*. In vielen Fällen sind nur die Funktionsflächen einbaufertig gepresst, andere spanend einfach bearbeitbare Elemente werden weiter spanend fertig bearbeitet. Beispiele sind hier Kugelnaben und Tulpen für homokinetische Antriebsgelenke, bei denen die Kugelbahnen einbaufertig gepresst sind (vgl. Abb. 3.336). Die Qualitäten reichen von IT 7 bis IT 9, mit besonderem Aufwand auch bis IT 6.

In Einzelfällen lassen sich aber auch Formteile ohne jegliche spanende Nacharbeit herstellen. Die in Abbildung 3.337 gezeigten Gelenkgabeln, Kardankreuze und Wellen werden werkzeugfallend zu kompletten Lenkwellen montiert.

Net Shape-Teile können auch mittels Verfahrensfolgen von Fließpressverfahren hergestellt werden, z.B. durch verschiedene Kaltfließpressverfahren oder in der Kombination mit dem Warm- oder Halbwarmfließpressen. Hier werden durch das Kaltfließpressen als letzte Umformung die Funktionsflächen einbaufertig kalibriert. So werden heute Differenzial-Kegelräder in großer Stückzahl gefertigt. Die Verzahnung ist endkonturnah warm gepresst und wird anschließend kalt kalibriert (Körner 1992). Die Kegelradverzahnung kann aber auch durch Net Shape-Kaltfließpressen einbaufertig gepresst werden (Geiger, R. 1988-2). Durch den beanspruchungsgerechten Faserverlauf und die damit hohe Zahnfußfestigkeit können fließ-

3.5 Durchdrücken

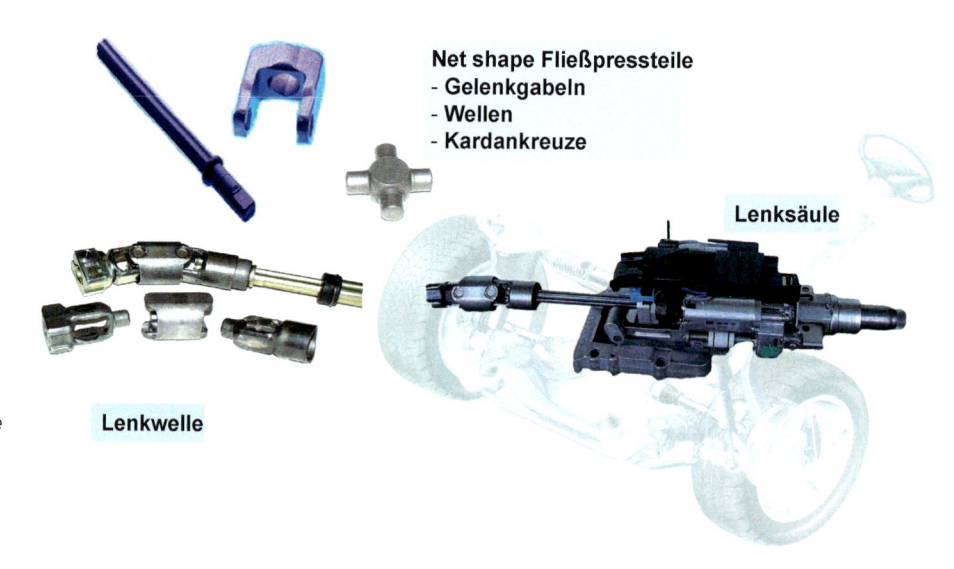

Abb. 3.337: Lenkungsteile durch Präzisionsfließpressen hergestellt
(Quelle: ThyssenKrupp Presta)

gepresste Verzahnungen 20 bis 25 Prozent höhere Momente übertragen im Vergleich zu spanend hergestellten. Damit liegt hier auch ein Potenzial zum Leichtbau.

Ist noch eine – möglichst einfache – spanende Nacharbeit der Funktionsflächen nötig, redet man *von endkonturnahem Fließpressen* bzw. *Near Net Shape Forging*. Hierzu gehören Verzahnungen (Hofmann 2009). Durch Fließpressen hergestellte Verzahnungen beschränken sich nicht nur auf Innen- und Außenverzahnungen an Voll- oder Hohlkörpern, auf Verzahnungen von Wellen und auf Mitnehmerverzahnungen. Auch gerad- oder schrägverzahnte Zahnräder werden heute in Einzelfällen fließgepresst. Die Anwendungen sind im Wesentlichen auf den Automobilsektor konzentriert. Arbeiten in Japan (Ito 2007; Kondo 2007) und Europa (Keppler-Ott 2002; Lange 2008; Dietrich 2010) waren für die Entwicklung des Verzahnungspressens wichtig.

Fließgepresste Verzahnungen werden im Automobil in Starterkränzen, in allen Arten von Schalt- und in Automatikgetrieben, in Zahnstangen-Lenkungen und im Antriebsstrang (Differenzial, Ausgleichsgetriebe) verwendet (Abb. 3.338). Hier werden in der Großserienfertigung heute Qualitätsklassen von IT 8 bis 12 erreicht, was für den Einsatz der Teile ausreicht (Ito 2007). Für PKW-Getriebe werden Laufverzahnungen der Klassen bis IT6 verlangt. Das ist heute net shape nur in Sonderfällen (z. B. durch Axialumformen) möglich. Die Werkzeuge müssen etwa zwei Genauigkeitsklassen genauer sein als am Pressteil verlangt. Ferner muss verhindert werden, dass die Verzahnungsqualität beim Ausstoßen des Pressteils aus der Matrize nachträglich verschlechtert wird (Keppler-Ott 2002). Zum anderen verlieren die Verzahnungen bei der anschließenden Wärmebehandlung etwa eine IT-Klasse an Genauigkeit. Unter diesen Randbedingungen

- umformend können Geometrien erzeugt werden, die durch Zerspanung nicht herstellbar sind
- hervorragende Wiederholgenauigkeit
- höhere mechanische Dauerfestigkeit

Abb. 3.338: Net Shape-Getriebeteile, hergestellt durch Präzisionsumformen
(Quelle: ThyssenKrupp Presta, Sona BLW Präzisionsschmiede)

ist hier eine wirtschaftliche Massenfertigung allein durch Umformen noch nicht möglich. Eine Übersicht über den Stand des Verzahnungsfließpressens gibt (Lange 2008).

3.5.1.7 Werkstoffe

Von Werkstoffen für das Kaltfließpressen wird eine gute Kaltumformbarkeit, d. h. niedrige Fließspannung, geringe Verfestigung und hohes Formänderungsvermögen, verlangt. Dieser Forderung entsprechen am besten die reinen Metalle. Legierungen weisen zwar höhere Festigkeiten auf, aber auch eine schlechtere Kaltumformbarkeit. Durch eine geeignete Gefügeausbildung lässt sich die Umformbarkeit verbessern. Praktisch verlangt das meistens ein Glühen der Rohteile.

3.5.1.7.1 Stahlwerkstoffe

Die Einsatzmöglichkeiten der *Stähle* werden durch die Belastbarkeit der Fließpresswerkzeuge eingeschränkt. Einen Überblick über die wichtigsten heute beim Kaltfließpressen eingesetzten Stahlwerkstoffe gibt Tabelle 3.27.

Die Kaltumformbarkeit von Stahlwerkstoffen hängt besonders von der *Zusammensetzung* und von der *Gefügeausbildung* ab. Steigender Gehalt an Legierungselementen erhöht die Fließspannung und verringert das Formänderungsvermögen. Für das Kaltfließpressen werden deshalb Stähle mit C < 0,5 %, Mn < 2 %, Cr < 2 % (abgesehen von den nichtrostenden Stählen) und Si < 0,45 % empfohlen. Der Anteil der Stahlbegleiter P und S, die zu einer Versprödung des Werkstoffs und zu Kernseigerungen führen, sollte möglichst eine obere Grenze von 0,035 Prozent nicht überschreiten. Der N-Gehalt wird wegen der Alterungsempfindlichkeit auf 0,01 Prozent begrenzt.

Die Forderung nach guter Kaltumformarkeit erfüllen am besten weiche *unlegierte Stähle*, wie z. B. die Güten QSt 32-3 und QSt 34-3 (DIN 1654 T1). Sie sind meistens Al-beruhigt, und der Si-Gehalt ist mit max. 0,10 Prozent zur Vermeidung der *Blausprödigkeit* begrenzt. Durch die Kaltverfestigung in Verbindung mit einer geeigneten Fertigungsfolge lassen sich mit diesen Stählen dennoch Festigkeiten erreichen, die beispielsweise denen von Ck45 nach einem Vergüten gleichwertig sind. Beispiele sind die in Abbildung 3.337 gezeigten Gelenkgabeln.

Neben den unlegierten Stählen werden heute in großem Umfang *Einsatzstähle* nach DIN 1654 bzw. DIN 17 210 und *Vergütungsstähle* nach DIN 1654 bzw. DIN 17 200 bis etwa zu einem C-Gehalt von 0,5 Prozent verarbeitet.

Sie kommen in Betracht, wenn höhere Ansprüche an die mechanischen Eigenschaften der Bauteile gestellt werden und der Effekt der Kaltverfestigung nicht mehr ausreicht. Vereinzelt werden auch *mikrolegierte Stähle* mit herabgesetztem Si-Gehalt (Si < 0,05 %) eingesetzt.

Die Eigenschaft von Bor, die Härtbarkeit von Stählen zu verbessern, hat zur Entwicklung von borlegierten Stählen geführt. Dabei genügen zur Steigerung der Härtbarkeit bereits sehr geringe Mengen von Bor (0,0005 bis 0,005 Prozent) (Gimm 1982). Der für das Kaltfließpressen wichtigste Vorteil dieser Stähle liegt darin, dass anstelle höherfester Stähle solche mit geringerem C-Gehalt und damit niedrigerer Fließspannung verwendet und bei kleineren Presskräften verarbeitet werden können.

Vorvergütete Stähle (z. B. 34Cr4, 34CrMo4) werden hauptsächlich zur Fertigung von Schrauben und Formteilen auf Mehrstufenpressen verwendet, um eine nachfolgende thermische Behandlung einzusparen. Vergütet auf Festigkeiten bis zu 1.000 N/mm^2 lassen sie immer noch eingeschränkt Umformungen zu.

Für *korrosionsbeständige* Kaltfließpressteile sind die *nichtrostenden austenitischen Stähle* von besonderer Bedeutung. Sie verfestigen sehr stark bei sonst gutem Formänderungsvermögen und erfordern deshalb häufiges Zwischenglühen. Ferner sind besondere Maßnahmen zur Oberflächenbehandlung der Rohteile für das Umformen notwendig (*Oxalieren*, vgl. Kap. 3.5.1.11.1). Während der Umformung kann je nach Legierung und örtlichem Umformgrad *Umformmartensit* entstehen, der ein Ansteigen der Kräfte verursacht und die Korrosionsbeständigkeit der Fließpressteile herabsetzt. Durch Vorwärmen auf etwa 350 °C und Verwenden von Stählen mit stabilem, austenitischem Gefüge kann die Bildung von Umformmartensit vermieden werden.

Kaltfließpressteile werden häufig durch eine spanende Bearbeitung weiter und fertig bearbeitet. Hier ist eine gute Zerspanbarkeit der Fließpressteile wichtig. Die Zerspanbarkeit von Stählen kann u. a. durch Zulegieren von Elementen, die die Versprödung des Stahls fördern, verbessert werden. Das klassische Legierungselement ist hier der Schwefel. In Automatenstählen wird bis etwa 0,3 Prozent Schwefel zulegiert, um die für die Zerspanung erwünschte Bildung kurzer Scherspäne zu erreichen. Solche Stähle sind auf Grund ihres spröden Verhaltens aber nur beschränkt fließpressbar. Für einfache Fließpressteile, die nachträglich noch umfangreich spanend bearbeitet werden, können die Automatenstähle 7S10, 10S10, 10S20 verwendet werden.

3.5 Durchdrücken

Tab. 3.27: *Kaltfließpress-Stähle und Hinweise für ihre Anwendung*

Kaltfließpressteile ohne besondere Festigkeits- oder Korrosionseigenschaften und ohne nachfolgende zusätzliche Wärmebehandlung:	Kaltfließpressteile mit erhöhter Festigkeit mit/ohne nachfolgende zusätzliche Wärmebehandlung:	Kaltfließpressteile, die einsatzgehärtet werden:
UQSt 36-2 QSt 32-3 bis QSt 38-3	Cq 15, Cq 22, Cq 35, Cq 45	Ck 10, Cq 15, 15 Cr 3, 16 MnCr 5, 20 MnCr 5, 20 MoCr 4
Zu bevorzugen sind vor allem die unlegierten Stähle mit niedrigem C-Gehalt, z. B. UQSt 36-2 unberuhigt, QSt 32-3 bis QSt 38-3 besonders beruhigt; in Sonderfällen mit C-Gehalten < 0,05 %. Wenn Kaltfließpressteile einfacherer Formen einer erheblichen oder schwierigen spanenden Nachbearbeitung bedürfen (z. B. Innengewindeschneiden), sollten Stähle mit erhöhtem S-Gehalt, z. B. 10 S 20, gewählt werden, die aber ein geringeres Formänderungsvermögen als die anderen aufgeführten Stähle haben.	Für höhere Festigkeiten der Kaltfließpressteile sind zu bevorzugen unlegierte beruhigte C-Stähle, z. B. Cq 15, Cq 22, Cq 35, Cq 45; die Ausgangs-Zugfestigkeit R_m wird i. A. durch die Kaltverfestigung erheblich erhöht, z. B. um etwa 50 Prozent für alle Teilquerschnitte mit Umformgraden $\varphi > 0{,}7$. Die Bruchdehnung A_5 vermindert sich etwa auf die Hälfte ihres Ursprungswerts. Die Streckgrenze $R_{p0,2}$ ist in den umgeformten Querschnitten nur geringfügig niedriger als die Zugfestigkeit R_m.	Für Werkstücke mit erhöhten Anforderungen an Oberflächenhärte bei zähem Kern und hoher Beanspruchbarkeit der einsatzgehärteten Schicht (erhöhte Verschleißfestigkeit oder Dauerfestigkeit) sind niedrig gekohlte Einsatzstähle, z. B. Ck 10, Cq 15, meist aber die legierten Einsatzstähle, z. B. 15 Cr 3, 16 MnCr 5, als Stähle für „Direkthärtung" z. B. 20 MnCr 5 und 20 MoCr 4 zu wählen. Bei letzteren sind mit steigenden C- und Legierungsgehalten steigende Kernfestigkeiten bei entsprechender Einsatzhärtung zu erreichen.

Tab. 3.27: *Kaltfließpress-Stähle und Hinweise für ihre Anwendung (Fortsetzung)*

Kaltfließpressteile, die vergütet werden:	Kaltfließpressteile, die partiell gehärtet werden:	Kaltfließpressteile, die erhöhten Anforderungen an die Korrosionsbeständigkeit genügen müssen:
Cq 35, Cq 45, 34 Cr 4, 37 Cr 4, 41 Cr 4, 42 CrMo 4, 25 CrMo 4	Cq 45, 41 Cr 4, 42 CrMo 4	X 10 Cr 13, X 8 Cr 17, X 5 CrNi 18 9, X 22 CrNi 17
Geeignet sind unlegierte C-Stähle, z. B. Cq 35, Cq 45, vorzugsweise dann, wenn keine zu hohen Festigkeitsanforderungen gestellt werden ($R_m < 1000$ N/mm²) und/oder kleine Werkstückdurchmesser vorliegen (< 20 mm). Bei erhöhten Festigkeitsanforderungen und Kerndurchvergütung sind die legierten Vergütungsstähle zu wählen, z. B. 34 Cr 4, 37 Cr 4, 41 Cr 4, 42 CrMo 4 und 25 CrMo 4; die Durchvergütung und die erreichbare Festigkeit steigen in der Reihenfolge der angegebenen Stähle.	Sind Werkstücke nicht in ihrem ganzen Volumen, sondern nur in Teilquerschnitten (meist induktiv) zu härten, sind unlegierter Stahl, z. B. Cq 45, aber auch die legierten Stähle, z. B. 41 Cr 4, 42 CrMo 4, geeignet; aber auch Einsatzstähle können für partielles Härten angewendet werden.	Werkstücke mit eingeschränkter Korrosionsbeständigkeit werden beispielsweise aus den ferritischen Chromstählen X 10 Cr 13, X 8 Cr 17, kaltfließgepreßt; bei erhöhten Anforderungen an die Korrosionsbeständigkeit werden die austenitischen Chrom-Nickel-Stähle, z. B. X 5 CrNi 18 9, bzw. die Chrom-Nickel-Molybdänstähle bevorzugt. Härtbare Chromstähle, z. B. X 22 CrNi 17, sind sowohl korrosionsbeständig als auch verschleißfest.

3.5.1.7.2 Nichteisenmetalle

Nichteisenmetalle eignen sich besonders gut für das Kaltumformen. Viele der in den Tabellen 3.28 und 3.29 aufgeführten Werkstoffe zeichnen sich daneben auch durch gute Zerspanbarkeit im umgeformten Zustand aus. Die am häufigsten beim Kaltfließpressen eingesetzten Nichteisenmetalle sind Al und Cu sowie deren Legierungen. Pb, Zn und Sn spielen nur eine untergeordnete Rolle. Vereinzelt wird auch über das Fließpressen von Ni, Ti, Zr, Mg und anderen Metallen berichtet (Feldmann 1975; Felde 2007).

Aluminiumwerkstoffe

Die Aluminiumwerkstoffe werden vor allem dort eingesetzt, wo es auf ein geringes Bauteilgewicht ankommt, wie z.B. in der Verpackungs- (Tuben, Becher, Aerosoldosen) und der Elektroindustrie (Kondensatorbecher). Der Trend zur Gewichtseinsparung hat auch in der Automobilindustrie den Einsatz von Bauteilen aus höherfesten Al-Werkstoffen gefördert (Hilleke 2010).

Aluminium wird rein oder als Legierung mit Mn, Mg, Si, Cu und Zn gewöhnlich im Zustand weich fließgepresst. Bei den Al-Legierungen nehmen mit den Legierungsbestandteilen die Umformkräfte zu, die erreichbaren Formänderungen ab.

In Tabelle 3.28 sind die für das Kaltfließpressen üblichen Aluminium-Werkstoffe zusammengestellt. Reinst- und Reinaluminium haben ein sehr hohes Formänderungsvermögen. Daher werden sie z.B. zum Tubenfließpressen eingesetzt. Die notwendige Festigkeit kann bei nicht aushärtbaren Al-Legierungen durch eine Kaltverfestigung oder durch Legierungsverfestigung, bei warm oder kalt aushärtenden Legierungen durch das Aushärten erzielt werden.

Kupferwerkstoffe

Technisch reines Kupfer ist wegen seiner niedrigen Fließspannung, der geringen Verfestigung und dem hohen Formänderungsvermögen sehr gut kalt fließpressbar. Für Anwendungen in der Elektroindustrie sind die Güten E-Cu 57 und S E-Cu wichtig. Von den Cu-Legierungen sind die Messinge von besonderer Wichtigkeit. Hier eignen sich die Cu-Zn-Legierungen mit einem Cu-Gehalt größer 63 Prozent besonders gut für das Kaltumformen (α-Messing). Die Umformbarkeit nimmt mit steigendem Cu-Gehalt (und abnehmendem Zn-Gehalt) zu. Höhere Zn-Anteile als 36 Prozent (ß-Messing) führen zu einer Versprödung des Werkstoffs. Damit sind diese Legierungen für das Kaltumformen nicht geeignet; sie werden gewöhnlich warm gepresst. In Tabelle 3.29 sind die für das Kaltumformen bevorzugt zu verwendenden Cu-Werkstoffe genannt.

3.5.1.8 Werkstückformen

Neben der zweckmäßigen Werkstoffwahl ist eine optimale fließpressgerechte Gestaltung der Pressteile für die Wirtschaftlichkeit des Fließpressens entscheidend. Deshalb empfiehlt sich bei der Entwicklung von Fließpressteilen eine enge Zusammenarbeit zwischen Konstruktion und Fertigung, wobei auch ein Werkstofffachmann hinzugezogen werden sollte.

Die besonderen Gestaltungsmerkmale von Kaltfließpressteilen lassen sich in *allgemeine* und *verfahrensbedingte Merkmale* unterscheiden (Burgdorf 1973; Geiger, R. 1988).

3.5.1.8.1 Allgemeine Gestaltungsmerkmale

Fließpressteile sind häufig *rotationssymmetrisch* oder *achsensymmetrisch* (Sechskant u.a.). *Unsymmetrische Formen* sind herstellbar, erfordern aber z.T. einen größeren Aufwand zur Beherrschung des Stoffflusses (durch Massenverteilung) und führen zu hoher und ungleichmäßiger Werkzeugbelastung. Der Entwicklungs- und Werkzeugaufwand für derartige Teile ist deshalb in der Regel um ein Mehrfaches höher als für symmetrische Werkstücke. Werkstücke mit *Hinterschneidungen* sind durch Kaltfließpressen mit geteilten Werkzeugen herstellbar. Starke Werkstoffanhäufungen, insbesondere unsymmetrische, sind zu vermeiden. Schroffe Querschnittsunterschiede führen leicht zu Stoffflussfehlern. Wenn notwendig, sind die Übergänge sorgfältig auszurunden.

Scharfe Kanten verursachen Spannungskonzentrationen im Werkzeug und damit hohe Werkzeugbeanspruchungen. Hinzu kommt, dass scharfkantige Werkzeugkonturen starkem Verschleiß unterliegen. Die Werkzeugstandmenge ist unbefriedigend. Werkzeugübergänge sollten deshalb mit Radien von 1 bis 3 mm versehen werden. Scharfe Kanten behindern auch den Werkstofffluss. Sie sind möglichst zu vermeiden. Schroffe Übergänge, scharfe Kanten und Ecken sind allenfalls durch nachträgliches Kalibrieren mittels Prägen zu erzeugen.

Rohteile für das Kaltfließpressen werden normalerweise mit Masseschwankungen zwischen 1 und 5 Prozent hergestellt. Wegen dieser Masseschwankungen muss am Pressteil ein *Werkstoffüberlauf* vorgesehen werden, der den überschüssigen Werkstoff aufnehmen kann (Abb. 3.339). Die Lage des Überlaufs am Pressteil kann über die Fertigungsfolge beeinflusst werden. Man legt ihn möglichst an solche Stellen, wo er die Funktion des Teils

3.5 Durchdrücken

Tab. 3.28: Für das Kaltfließpressen geeignete Aluminium-Werkstoffe

Werkstoffart	Kurzzeichen	Werkstoff-Nr.	Kennwerte Zugfestigkeit R_m [N/mm²]	0,2%-Dehngrenze $R_{p0,2}$ [N/mm²]	min. Bruchdehnung A_5 [%]	Härte HB [N/mm²]	Bemerkungen
Reinst-Al u. Rein-Al	Al 99,98 R w[1]	3.0385.10	40	–	33	≈ 150	Umformkräfte steigen mit abnehmendem Reinheitsgrad
	Al 99,9 w[1]	3.0305.10	40	–	33	≈ 150	
	Al 99,8 w	3.0285.10	60	≤ 50	38	≈ 180	
	Al 99,7 w	3.0275.10	60	≤ 50	38	≈ 180	
	Al 99,5 w	3.0255.10	70	≤ 60	35	≈ 200	
Nicht aushärtb. Al-Leg.	AlMn w	3.0515.10	100	40	24	≈ 250	Umformkräfte steigen mit zunehmendem Mg-Gehalt
	AlMg 1 w	3.3315.10	100	40	24	≈ 300	
	AlMg 2 w	3.3325.10	150	70	19	≈ 400	
	AlMg 3 w[2]	3.3535.10	180	80	17	≈ 450	
Aushärtbare Aluminium-Legierungen	AlMgSi 0,5 w	3.3206.10	≤ 135	–	18	≈ 250	
	AlMgSi 1 w	3.2315.10	≤ 150	–	18	≈ 350	
	AlMgSi 1[3]	3.2315	200	70	23	≈ 500	
	AlMgSi 1 F 21	3.2315.51	210 bis 280	110	16	≈ 650	kaltausgehärtet
	AlMgSiPb w	3.0615.10	150	–	16	≈ 350	
	AlMgSiPb F 20	3.0615.51	200	100	8	≈ 600	kaltausgehärtet
	AlCuMg 1 w	3.1325.10	220	–	14	–	
	AlCuMg 1[3]	3.1325	320	130	23	≈ 750	
	AlZnMg 1 w	3.4335.10	≤ 220	–	15	≈ 450	
	AlZnMg 1 F 32	3.4335.51	320	220	12	≈ 700	kaltausgehärtet
	AlZnMgCu 0,5 w	3.4345.10	≤ 280	150	10	≈ 600	
	AlZnMgCu 1,5 w[2]	3.4365.10	280	150	10	≈ 600	

[1]) Al 99,98 R, Al 99,9 und die „Glänzlegierungen" auf der Basis Al 99,98 R und Al 99,9 sind chemisch oder elektro-chemisch glänzbar (Schutzschicht anschließend erforderlich).
[2]) In Sonderfällen (erhöhte Kosten, niedrige Umformbarkeit).
[3]) Unmittelbar nach dem Lösungsglühen und Abschrecken.

Tab. 3.29: Für das Kaltfließpressen geeignete Kupfer-Werkstoffe

Kurzzeichen	bisher	Werkstoff-Nr.	min. Zugfestigkeit R_m (min) [N/mm²]	min. 0,2%-Dehngrenze $R_{p0,2}$ (min) [N/mm²]	min. Bruchdehnung A_5 [%]	Härte HB [N/mm²]
E-Cu 57	(E-Cu)	2.0060.20	200 bis 250	< 120	38 bis 45	450 bis 700
SE-Cu		2.0070.20				
CuAg 0,1 P		2.1191.25	250 bis 300	>200	17 bis 20	710 bis 900
CuCr F 38	(3 bis 100 dick)	2.1291.60			12	1250
CuCr F 37		2.1291.53	370	320	10	1150
CuCr F 45	(0,3 bis 10 dick)	2.1291.73	450	400	10	1450
CuNi 1,5 Si	(3 bis 10 dick)	2.0853.60	450	300	15	1400
CuNi 2 Si	(3 bis 10 dick)	2.0855.60	500	350	14	1600
CuZn 5 F 22	(Ms 95)	2.0220.10	220 bis 270	≤ 130	40	600
CuZn 10 F 24	(Ms 90)	2.0230.10	240 bis 300	≤ 140	42	600
CuZn 15 F 26	(Ms 85)	2.0240.10	260 bis 320	≤ 140	44	650
CuZn 28 F 28	(Ms 72)	2.0261.10	280 bis 360	≤ 160	50	700
CuZn 30 F 28	(Ms 70)	2.0265.10	280 bis 360	≤ 160	50	700
CuZn 37 F 30	(Ms 63)	2.0321.10	300 bis 380	≤ 200	50	700
CuZn 38 Pb 1 F 35	(Ms 60 Pb)	2.0370.10	≥ 350	≤ 240	43	800

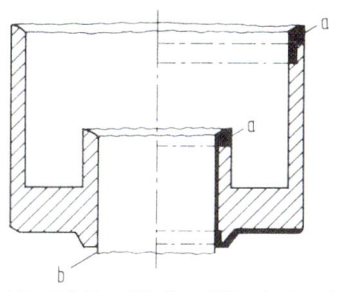

Abb. 3.339: Werkstoffüberlauf und Pressgrat an einem fließgepressten Napf. a Überlauf, b Pressgrat

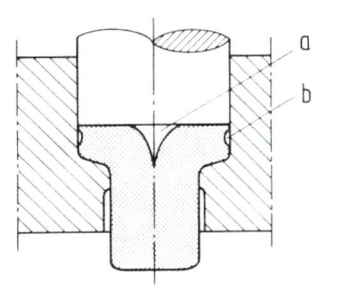

Abb. 3.340: Trichterbildung und Einschnürung beim Vollfließpressen. a Trichter, b Einschnürung

nicht behindert oder wo ohnehin eine spanende Bearbeitung des Pressteils vorgesehen ist.

Fließpresswerkzeuge sind oft mehrfach geteilt. Damit gibt es Fugen. Diese Fugen können sich auf Grund der hohen Belastungen beim Pressen öffnen, wodurch Werkstoff eindringen kann und ein Pressgrat entsteht (vgl. Abb. 3.339). Bei der Gestaltung der Werkstücke und der Werkzeuge ist deshalb darauf zu achten, dass der Grat an Stellen entsteht, wo er nicht stört oder zumindest leicht entfernt werden kann.

Die Verwendung von zwei- oder mehrteiligen Werkzeugen kann auch zu *Lagefehlern* von Werkstückachsen zueinander führen. Bei Näpfen ergibt sich somit ein *Rundlauffehler* (*Mittenversatz*) zwischen Innen- und Außenflächen, bei wellenförmigen Teilen ein solcher Fehler zwischen Querschnitten, die in unterschiedlichen Werkzeughälften gepresst werden.

3.5.1.8.2 Verfahrensbedingte Gestaltungsmerkmale

Beim Vollfließpressen (vgl. Abb. 3.312) ist die Pressbüchse und hier besonders der Bereich der Fließpressschulter hohen Beanspruchungen ausgesetzt. Im Vergleich dazu hat der Stempel geringere, aber immer noch erhebliche Druckbelastungen zu ertragen. Es wird empfohlen, dass beim Fließpressen von Stahl der Durchmesser des gepressten Zapfens nicht kleiner sein soll als die Hälfte des Rohteildurchmessers. Das entspricht einer relativen Querschnittsänderung $\varepsilon_A = 0{,}75$. Für weichere Werkstoffe sind größere Querschnittsänderungen zulässig. Für Al 99,5 gilt z. B. als Grenzwert $\varepsilon_A = 0{,}98$.

Für Stahlwerkstoffe gilt als Grenzwert für das Verhältnis Rohteillänge zu Rohteildurchmesser $l_0/d_0 = 5$ bis 10; der kleinere Wert gilt für große Querschnittsänderungen und schwer umformbare Werkstoffe.

Eine andere Grenze ist dadurch gegeben, dass bei zu geringer Resthöhe des Rohteils eine *Trichterbildung* auftritt, weil nicht mehr genug Werkstoff für den nachfließenden Zapfen vorhanden ist (Abb. 3.340). Als Regel gilt hier, dass die Resthöhe nicht kleiner sein soll als die Hälfte des Schaftdurchmessers.

Auch beim Hohlfließpressen (vgl. Abb. 3.313) sind Pressbüchse und Stempel hohen Belastungen ausgesetzt. Die Beanspruchung nimmt mit steigender relativer Querschnittsänderung zu. Für die Verarbeitung von Stahl gilt als Grenzwert $\varepsilon_A = 0{,}60$ bis 0,75, wobei die kleineren Werte für schwer umformbare Werkstoffe gelten. Bei weichen Werkstoffen lassen sich entsprechend größere Querschnittsänderungen erreichen.

Die zulässige Werkzeugbelastung begrenzt auch hier die größtmögliche Rohteillänge, die eingesetzt werden darf. Beim Umformen von Stahl sollte das Verhältnis von Länge zu Wanddicke des Rohteils l_0/s_0 den Wert 10 bis 15 nicht überschreiten. Der kleine Wert gilt wieder für große Querschnittsänderungen und schwer umformbare Werkstoffe.

Die höchsten Werkzeugbeanspruchungen treten beim Napffließpressen (vgl. Abb. 3.318) auf. Die Längsdruckspannungen des Stempels können Werte von 2500 N/mm² erreichen. Hinzu kommen Biege- und Knickspannungen, die sich überlagern. Es sind deshalb möglichst kurze Stempel zu verwenden. Für die Werkstückgestaltung bedeutet dies, dass die Napftiefe l_i im Verhältnis zum Napfinnendurchmesser d_i begrenzt ist. Unter dem Gesichtspunkt einer wirtschaftlichen Fertigung liegt der Grenzwert l_1/d_1 für Stahl bei etwa 2,5; bei Al-Werkstoffen sind größere Werte zulässig.

Die Stempelbelastung p_{Stmax} beim Napffließpressen ist abhängig von der relativen Querschnittsänderung ε_A (vgl. Abb. 3.323). Sie erreicht ein Minimum bei etwa $\varepsilon_A = 0{,}5$ und steigt mit größer wie mit kleiner werdendem ε_A an. Das gilt besonders für Werte $l_0/d_0 > 0{,}6$. Für Stahlwerkstoffe ergibt sich daraus als Grenzformänderung $\varepsilon_{Amax} = 0{,}6$ bis 0,75 und $\varepsilon_{Amin} = 0{,}35$ bis 0,15, wobei die ersten Werte jeweils für die schwerer, die zweiten für die leichter bearbeitbaren Stähle gelten. Für weichere Werkstoffe mit entsprechend geringeren Werkzeugbelas-

3.5 Durchdrücken

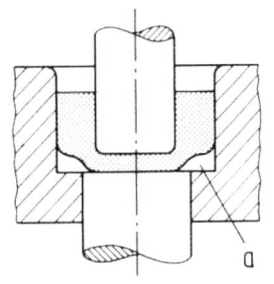

Abb. 3.341: *Abheben der Bodenkante beim Napffließpressen.*
a Abheben der Kante

tungen erhält man andere Grenzwerte. So gilt für Al 99,5 ε_{Amax} = 0,98 und ε_{Amin} = 0,1. Die kleinsten durch Napffließpressen erreichbaren Wanddicken betragen deshalb bei Stahl etwa 1 mm, bei Reinaluminium ungefähr 0,1 mm. Die kleinstmögliche Bodendicke ist beim Napffließpressen begrenzt. Als Regel gilt, dass die Bodendicke nicht kleiner sein soll als die Wanddicke. Ist sie kleiner, kommt es zu einem *Abheben der Bodenkante* (Abb. 3.341).

3.5.1.9 Rohteilfertigung

Ein Rohteil ist nach DIN 8580 das Werkstück in seinem Ausgangszustand. Zur Herstellung von Rohteilen für das Kaltfließpressen gibt es verschiedene Möglichkeiten. Sie müssen bei der Festlegung der Fertigungsfolge eines Fließpressteils im Hinblick auf die geforderten Eigenschaften des Rohteils und des Pressteils, die Auswirkungen auf den Fließpressvorgang und die Wirtschaftlichkeit der Fließpressfertigung beachtet werden.

Zur Rohteilherstellung gehören die Auswahl des Halbzeugs, die Herstellung von einzelnen Zuschnitten sowie unter Umständen eine Wärme- und eine Oberflächenbehandlung (Herlan 1988-1).

3.5.1.9.1 Halbzeug

Als Halbzeug für die Herstellung von Rohteilen für das Kaltfließpressen werden gewöhnlich Draht- oder Stabmaterial, daneben aber auch Rohre und Bleche verwendet. Walzstahl (Draht oder Stab) ist bei Stahlwerkstoffen das billigste Halbzeug; es wird gewöhnlich für Pressteile mit geringen Anforderungen an Genauigkeit und Oberflächengüte eingesetzt. Gezogene Drähte und Stäbe sind erforderlich, wenn hohe Anforderungen an die Oberflächengüte des Werkstücks gestellt und volumengenaue Rohteile benötigt werden. Sind Randentkohlung und Oberflächenfehler an den Fließpressteilen nicht zulässig, muss geschältes, in Sonderfällen auch geschliffenes Halbzeug eingesetzt werden. Zur Herstellung napf- und hülsenförmiger Fließpressteile werden neben Stab- oder Drahtabschnitten auch Ausschnitte aus Blechen eingesetzt. Außer Wirtschaftlichkeitsüberlegungen können hierfür auch technische Gesichtspunkte (z. B. Genauigkeit) entscheidend sein. Rohrabschnitte werden für rohrförmige und flache ringförmige Pressteile verwendet, wenn dadurch geringere Kosten entstehen. Nichteisen-Metalle werden in stranggepreßtem oder gezogenem Zustand oder in Form von Blechen verarbeitet. Der große Werkstoffverlust beim Ausschneiden von Platinen aus Blech fällt bei diesen Werkstoffen wegen des hohen Schrotterlöses weniger ins Gewicht als bei Stahlwerkstoffen.

3.5.1.9.2 Herstellung von Zuschnitten

Die für die industrielle Massenfertigung von Fließpressteilen wichtigsten Trenn- und Zerteilverfahren sind das Abscheren, Sägen und Ausschneiden. Gesinterte Rohteile kommen in Sonderfällen zum Einsatz. Neben den Kosten, der Genauigkeit des Zuschnitts sowie Art und Werkstoff des Halbzeugs bestimmen ganz entscheidend Abmessungen und Form des Rohteils die Wahl der Rohteilfertigung.

Abscheren

Durch Abscheren (ICFG Doc. No. 3/82) werden Abschnitte von Stäben und Drähten nahezu abfallfrei abgelängt. Stoffverlust entsteht lediglich an den Enden des Halbzeugs. Bei den Scherverfahren führt das bewegliche Schermesser eine geradlinige, meist senkrecht zur Stabachse verlaufende Bewegung aus. Eine je nach Schneidspalt bis etwa 10° von der Senkrechten abweichende Bewegungsrichtung der Schermesser wird verwendet, wenn an die Winkligkeit der Rohteilstirnflächen besondere Anforderungen gestellt werden. Als Werkzeuge werden *offene Schermesser* und *geschlossene Scherbüchsen* verwendet (Abb. 3.342).

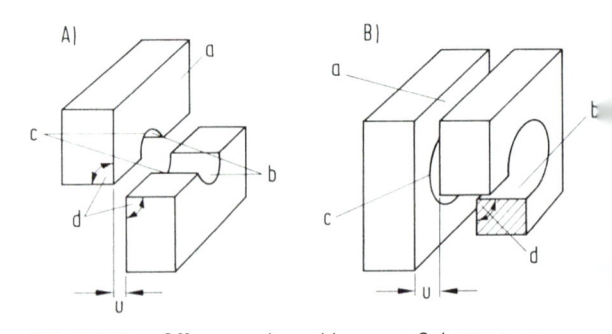

Abb. 3.342: *Offenes und geschlossenes Schermesser (ICFG Doc. No. 3/82);*
A) offenes Messer, B) geschlossene Scherbüchse.
a Freifläche, b Druckfläche, c Schneide, d Keilwinkel, u Schneidspalt

3.5.1 Fließpressen

Tab. 3.30: *Richtwerte für den Schneidspalt beim Abscheren (Herlan 1988-1)*

Werkstoff	Schneidspalt in % der Werkstoffdicke
weiche Stähle	5 bis 10
zähharte Stähle	3 bis 5
spröde Stähle	1 bis 3

Beim Schervorgang dringt das Schermesser in den Werkstoff ein und verformt ihn dabei im Abschnittsbereich so lange plastisch, bis das Formänderungsvermögen des Werkstoffs erschöpft ist, Schubrisse entstehen und der Restquerschnitt bricht. Die Abschnittsflächen gescherter Teile weisen folglich nebeneinander eine meist glatte Verformungszone und eine raue Bruchfläche auf. Sie sind nicht eben und nicht planparallel und häufig auch nicht rechtwinklig zur Stabachse. Wegen der Verformung ist der Werkstoff in der Scherfläche verfestigt.

Kurze Rohteile lassen sich schlechter spannen. Das begrenzt die Anwendung des einfachen Abscherens bei weichen Stahlwerkstoffen auf Rohteile mit einem Verhältnis von Länge zu Durchmesser > 0,5. Die Güte der Scherfläche wird weitgehend von der Größe des Schneidspalts beeinflusst. Der optimale Schneidspalt hängt vom zu verarbeitenden Werkstoff, der Art der Abstützung von Stab und Abschnitt im Werkzeug, dem Scherverfahren und der Gestaltung der Messer ab. Als Richtwert für Stähle können die Angaben nach Tabelle 3.30 gelten.

Die Masse- oder Volumengenauigkeit gescherter Fließpressrohteile hängt weitgehend von den Durchmessertoleranzen des eingesetzten Halbzeugs und weniger von den erreichbaren Längentoleranzen ab (Leykamm 1980). Die Masseschwankungen erreichen ungefähr 3 bis 5 Prozent bei gewalztem und bis zu 1,5 Prozent bei geschältem oder gezogenem Halbzeug. Mit besonderem Aufwand lässt sich auf entsprechend eingerichteten Rohteilscheren die Rohteilmasse < 1 Prozent genau einhalten.

Das Abscheren kann auf Rohteilscheren, auf mit Scherwerkzeugen ausgerüsteten Universalmaschinen (meist Kurbel- oder Exzenterpressen) oder in der ersten Werkzeugstufe einer vom Drahtbund arbeitenden Mehrstufenpresse vollautomatisch durchgeführt werden und zeichnet sich durch eine hohe Mengenleistung aus.

Die für das Abscheren benötigte Kraft kann nach der Beziehung

$$F_S = A_S \cdot k_S \qquad (3.194)$$

ermittelt werden. Darin bedeuten F_S Scherkraft, A_S abzuscherende Querschnittsfläche, k_S Scherwiderstand. Richtwerte für den Scherwiderstand gibt Tabelle 3.31. Ferner gilt näherungsweise der Zusammenhang $k_S \approx 0,7$ bis $0,8 \cdot R_m$ (ICFG Doc. No. 3/82).

Sägen

Bei kleinen Losgrößen, hochfesten Werkstoffen oder Durchmessern > 60 mm wird Sägen verwendet. Auch flache scheibenförmige Rohteile, die nicht durch Abscheren und einmaliges Stauchen erzeugt werden können ($l_0/d_0 < 0,3$), werden in der Regel gesägt. Eingesetzt werden Kreissägen mit HSS- oder Hartmetall-Sägeblättern oder Bandsägen mit Bündelschnitt. Bei Bandsägen werden häufig die Enden des Stabpaketes verschweißt, um „endlos" sägen zu können.

Vorteile des Sägens sind, dass keine Deformationen und damit auch keine Gefügeänderungen an den Schnittflächen auftreten. Allerdings beträgt der Werkstoffverlust durch Verschnitt zwischen 3 und 7 Prozent. Gesägte Rohteile für die Präzisionsumformung müssen durch Strahlen, Gleitschleifen oder Trommeln entgratet werden. Bei höchsten Anforderungen bezüglich Oberflächengüte und Freiheit von Oberflächenfehlern (z. B. Überlappungen) werden die Rohteilplanflächen anschließend noch geschliffen. Im Vergleich zum Abscheren sind der Stoffverlust (durch Verschnitt) und die wesentlich geringere

Tab. 3.31: *Scherwiderstand k_s für einige Werkstoffe in geglühtem Zustand (Herlan 1988-1)*

Werkstoff	Scherwiderstand k_s [N/mm²]	Werkstoff	Scherwiderstand k_s [N/mm²]
Stahl mit			
0,1 % C	260	Messing	250
0,2 % C	320	Kupfer	200
0,3 % C	360	Aluminium	220
0,4 % C	450	AlCuMg	220
0,6 % C	560	Zink	120
0,8 % C	720	Blei	20 bis 30
Nichtrostender Stahl	520	Zinn	30 bis 40

Mengenleistung des Sägens, aber auch die geringeren Maschinenkosten und die höhere Flexibilität zu beachten.

Ausschneiden

Durch Ausschneiden aus Blechen hergestellte Platinen oder Ronden werden auch als Rohteile für das Fließpressen verwendet. Beispiele hierzu sind Nadellagerbüchsen oder hülsenförmige Werkstücke, die aus der Platine durch unter Umständen mehrfaches Tiefziehen, Abstreckgleitziehen und Prägen gefertigt werden. Die Einsatzmöglichkeit solcher Rohteile ist jedoch begrenzt. Grundsätzlich sind sie nur für napf- oder hülsenförmige Teile oder flache Prägeteile geeignet. Bei Aluminiumwerkstoffen, die wesentlich größere Querschnittsänderungen in einer Umformstufe zulassen, werden aus Blech ausgeschnittene Rohteile in großem Umfang zur Herstellung von Tuben, Dosen und anderen Verpackungsmitteln eingesetzt. Die Verwendung von Platinen bietet gegenüber der Fertigung von Draht- oder Stababschnitten den Vorteil eines wesentlich geringeren Mittenversatzes bei Hohlkörpern. Dagegen ist wegen der relativ großen Blechdickentoleranzen mit größeren Schwankungen der Rohteilmasse zu rechnen, die sich in größerem Werkstoffüberlauf und Werkstoffverlust äußert, der zu dem Werkstoffabfall beim Ausschneiden hinzukommt.

3.5.1.10 Glühen

Mit Glühen des Halbzeugs, der Rohteile und der Zwischenstadien lassen sich die mechanischen Eigenschaften des Pressteilwerkstoffs innerhalb gewisser Grenzen verändern und dadurch günstige Ausgangsbedingungen für die Umformung, für eine nachfolgende Bearbeitung oder den Einsatz des Bauteils schaffen. Bei austenitischen Stählen handelt es sich bei der Wärmebehandlung um ein Abschrecken. Für die Nachbehandlung der Pressteile kommen dagegen alle für den jeweiligen Werkstückwerkstoff möglichen Wärmebehandlungen in Frage. Diese Verfahren werden hier nicht näher behandelt. Wegen der z. T. erheblichen Kosten sind Wärmebehandlungen auf das unbedingt Notwendige zu beschränken (Pöhland 1988).

Durch Glühen vor dem Umformen oder zwischen Umformvorgängen lässt sich ein für das nachfolgende Umformen günstiges Werkstoffgefüge erzeugen, die Festigkeit (Fließspannung, Härte) des Werkstücks durch Abbau der Verfestigung bis auf den Wert der Ausgangsfestigkeit vermindern, das Formänderungsvermögen (Bruchformänderung) erhöhen, ein Abbau an Eigenspannungen erzielen. Ob geglüht werden muss, hängt vom Werkstoff, dem Werkstoffzustand, der vorangegangenen Umformung, der nachfolgenden Umformung und den Anforderungen an das Fertigteil ab. Viele Unternehmen glühen die gescherten Rohteilabschnitte vor der ersten Umformung, um gleiche Bedingungen und damit eine verbesserte Prozessstabilität zu gewährleisten.

3.5.1.10.1 Glühen von Stahlwerkstoffen

Für das Kaltfließpressen von Stahl wird üblicherweise ein Ausgangsgefüge *Ferrit* und *Perlit* (Zementit kugelig eingeformt) angestrebt, wie es durch *Glühen auf kugeligen Zementit* (*GKZ-Glühen*) erreicht wird (Abb. 3.343). Dieser Zustand ist durch niedrige Fließspannung und hohes Formänderungsvermögen gekennzeichnet. Der Zementit kann dabei entweder im ursprünglichen Perlitkorn eingeformt oder kugelig und gleichmäßig im Gefüge verteilt vorliegen. Für die Fließspannung ist diese Unterscheidung unbedeutend, das Formänderungsvermögen ist jedoch bei gleichmäßig verteiltem Zementit größer. Wenn auf besonders hohes Formänderungsvermögen geachtet werden muss, sollte vor dem GKZ-Glühen ein Ausgangsgefüge Martensit oder Zwischenstufengefüge vorliegen (Jonck 1974).

Weichglühen (vgl. Abb. 3.343) wird angewendet, wenn vorrangig die Fließspannung abgebaut werden soll und nicht auch auf größeres Formänderungsvermögen geachtet werden muss. Vom GKZ-Glühen unterscheidet sich das Weichglühen hauptsächlich durch die kürzere Glühdauer. Weichglühen ist besonders als Zwischenglühen geeignet, wenn Halbzeug oder Rohteile bereits GKZ-geglüht waren. Durch zwei- oder mehrmaliges Weichglühen wird auch eine Einformung des Zementits erreicht.

Gelegentlich genügt als Zwischenglühen ein *Rekristallisations-* oder ein *Erholungsglühen* (vgl. Abb. 3.343). Nach Umformungen mit kleinen Formänderungen sollte ein Rekristallisieren möglichst vermieden werden, da sonst in Bereichen mit kritischer Formänderung, wie z. B. in den Scherflächen gescherter Rohteile, Grobkorn entstehen kann.

Normalglühen (vgl. Abb. 3.343) führt bei Stählen zu einer *Phasenumwandlung* mit zweimaligem Umkristallisieren Ferrit + Perlit → Austenit → Ferrit + Perlit (α-Fe → γ-Fe → α-Fe), wodurch ein gleichmäßiges und feinkörniges feinlamellares perlitisches Gefüge erzielt wird, das sich im Bedarfsfall schnell wieder auf körnigen Zementit glühen lässt. Normalglühen wird angewendet, wenn kein grobkörniges Gefüge entstehen oder Grobkorn beseitigt werden soll bzw. ein zerspanungsgünstiges Gefüge erwünscht ist.

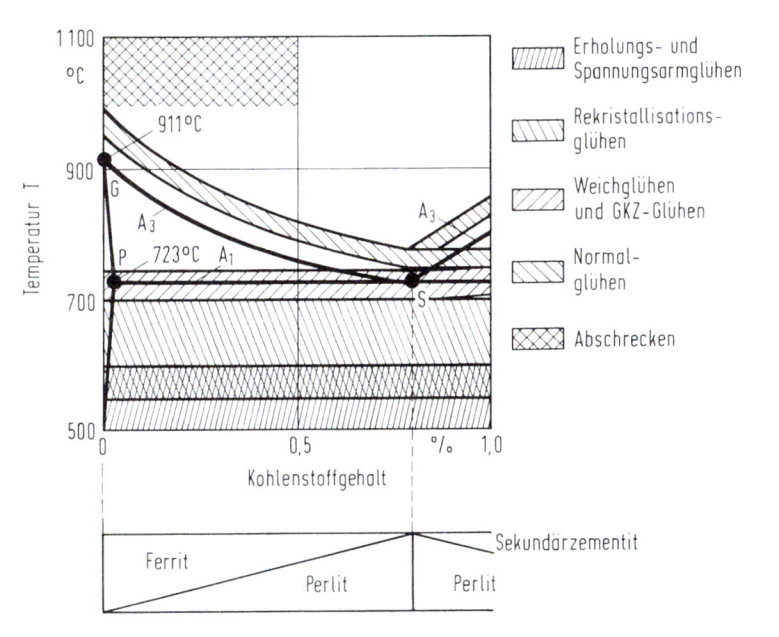

Abb. 3.343: *Glühen von Stahlwerkstoffen*

3.5.1.10.2 Glühen von Nichteisenmetallen

Aluminium und Aluminiumlegierungen werden meistens im weichgeglühten Zustand verarbeitet. Die für das Weichglühen empfohlenen Temperaturen liegen zwischen 290 und 450 °C bei Haltezeiten von 0,5 bis 1 Stunde. Für Fließpressteile, die kalt oder warm ausgelagert werden müssen, wird z. T. auch nach dem Lösungsglühen und Abschrecken fließgepresst (Hankele 1978).

Für das Weichglühen von *Kupfer und Kupferlegierungen* wird der Temperaturbereich von 450 bis 700 °C als günstig betrachtet. Bei warm aushärtbaren Kupferlegierungen kann das Weichglühen mit dem Lösungsglühen und Abschrecken verbunden werden. Zur Verhinderung von Spannungsrisskorrosion sind Fließpressteile aus Messingen mit höheren Zinkgehalten (CuZn30 und CuZn37) bei einer Temperatur zwischen 200 und 300 °C zu entspannen.

Für Blei, Zink und Zinn sowie deren Legierungen ist eine Wärmebehandlung für das Kaltfließpressen nicht erforderlich.

3.5.1.11 Oberflächenbehandlung und Schmierung

Die Oberflächenbehandlung ist mitentscheidend, bei Stahlwerkstoffen sogar entscheidend für den Erfolg und vor allem die Wirtschaftlichkeit des Kaltfließpressens. Sie umfasst neben der Schmierung alle Arbeitsgänge, die den Oberflächenzustand eines Werkstücks beeinflussen und abtragende Wirkung haben wie Reinigen, Entfetten, Spülen, mechanisches und chemisches Entzundern (Strahlen, Beizen). Sie ist im Allgemeinen eine Vorbehandlung und schafft die Voraussetzungen für das Auftragen von Schmierstoffschichten. Industriell werden diese Arbeitsgänge nacheinander in vollautomatischen Durchlaufanlagen durchgeführt, was auch eine höhere Prozessstabilität im Vergleich zu handgeführten Anlagen bringt (Pöhland 1988).

Wichtigste Aufgabe der Schmierung ist es, Werkstück- und Werkzeugoberfläche voneinander zu trennen und damit sowohl den Verschleiß der Werkzeuge zu verringern als auch eine gleichbleibende Qualität der Pressteile und eine ungestörte Fertigung sicherzustellen. Ferner sollen durch Schmierung die Reibungsverluste vermindert werden. Die Auswahl einer Schmierung kann zusätzlich von weiteren Kriterien abhängen wie Kopplung von Schmier- und Kühlwirkung, Einfluss auf den Werkstofffluss beim Umformen, Einfluss auf die Oberflächengüte des Pressteils, Schwierigkeit der Umformung, Aufbring- und Entfernbarkeit des Schmierstoffs, Korrosionsschutzwirkung, Verträglichkeit mit nachfolgenden Bearbeitungsvorgängen und die Wirtschaftlichkeit.

3.5.1.11.1 Oberflächenbehandlung von Rohteilen aus Stahlwerkstoffen

Die Vielfalt der Umformvorgänge und die unterschiedlichen Anforderungen an die Schmierung (Tab. 3.32) führen dazu, dass für das Kaltumformen von Stahl ein Schmierstoff oder eine Oberflächenbehandlung allein nicht genügen. Kann beispielsweise bei einfachen Stauchvorgängen

3.5 Durchdrücken

noch völlig auf eine Schmierung verzichtet werden, reicht bei den Fließpressverfahren wegen der hohen Drücke und Oberflächenvergrößerung die Druckbeständigkeit üblicher Schmierstoffe allein nicht aus, um Werkzeug und Werkstück zuverlässig voneinander zu trennen und Kaltverschweißungen zu vermeiden. Hier werden heute üblicherweise anorganische oder metallische Überzüge verwendet, die eine druckbeständige Trenn- und Schmierstoffträgerschicht darstellen (Tab. 3.33). Von überragender Bedeutung sind hier die Konversionsschichten.

Konversionsschichten

Konversionsschichten sind kristalline, chemisch mit dem Grundwerkstoff verbundene Salzschichten, insbe-

Tab. 3.32: *Umformbedingungen und Anforderungen an die Schmierung bei der Kaltmassivumformung*

Verfahren	Umformbedingungen[1]			Anforderungen an die Schmierung
	Flächenpressung $\bar{p}_{max} / k_{f0}$	Relativgeschwindigkeit v_R / v_W	Oberflächenvergrößerung A_1 / A_0	
Stauchen	5,9	2,4	4,5	druckfest
Abstreckgleitziehen	2,1	2,3	2,2	Mehrfachzüge: sehr gute Trennfähigkeit und Haftung
Verjüngen	1,9	1,5	1,5	keine besonderen Anforderungen, geringe Reibungszahl
Voll-Fließpressen	6,4	5,7	4	hoch druckfest, gute Haftung und Trennfähigkeit
Hohl-Fließpressen	5,5	5	4	
Napf-Fließpressen	9	6,3	11	höchste Druckfestigkeit, Haftung und Trennfähigkeit

[1] Mittelwerte
$\bar{p}_{max}$ größte bezogene Stempelkraft, k_{f0} Anfangswert der Fließspannung, v_R Werkstoffgeschwindigkeit in der Wirkfuge, v_W Werkzeuggeschwindigkeit
A_0 Oberfläche vor dem Umformen, A_1 Oberfläche nach dem Umformen

Tab. 3.33: *Empfohlene Schmierung für die Kaltmassivumformung von Stahl und NE-Metallen*

Umformbedingungen		Schmierung für Werkstoff			
		Stahl	nichtrostender Stahl	Aluminium Al-Legierungen	Kupfer Cu-Legierungen
Stauchen	leicht	keine	keine	keine	keine
		Mi + EP	Mi + EP	Fette, Öle	
			Mi + Chlorparaffin		
	schwer	Ph + Seife	Ox + Seife	Lanolin	Lanolin, Seife
		Ph + MoS$_2$			
Abstreckgleitziehen Verjüngen	leicht	Ph + Mi + EP	Mi + Chlorparaffin	Lanolin, Seife	Lanolin
	schwer	Ph + Seife	Ox + Seife	Ph + Seife	
Fließpressen	leicht	Ph + Mi + EP	Mi + Chlorparaffin	Seife	
		Polymer	Cu + Mi		
	schwer	Ph + Seife	Ox + Seife	Ph + Seife	Seife
		Ph + MoS$_2$	(MoS$_2$)-Gleitlack		Fette, Öle + Graphit
		(MoS$_2$)-Gleitlack	Cu + Mi		
		Ph + Seife + MoS$_2$			

Mi Mineralöl, EP Extreme Pressure Additive, Ph Phosphatschicht, Ox Oxalatschicht, Cu Verkupferung

sondere von Metallphosphaten oder Metalloxalaten. Sie sichern eine bessere Verankerung der Schmierstoffe auf der Werkstückoberfläche durch Adhäsion und chemische Bindung.

Bei *unlegierten* und *niedriglegierten Stählen* werden als Konversionsschicht gewöhnlich anorganische *Phosphatschichten* verwendet, meist Zinkphosphat, in Sonderfällen auch Manganphosphat. Die optimale Schichtdicke beträgt bei Zinkphosphat 5 bis 20 µm. Sie hängt weitgehend von dem Oxidationsmittel des Phosphatiersystems (Nitrat, Nitrit, Chlorat), der Badführung und eventuellen Zusätzen zum Phosphatierbad (z.B. zur Schichtverfeinerung) ab. Beim Umformen von Draht auf Mehrstufenpressen und beim Abstreckgleitziehen sind feinkristalline Phosphatschichten mit einer Dicke von 5 bis 10 µm erwünscht, wie sie aus chlorat- und nitrit-beschleunigten Bädern erzeugt werden. Für schwierige Umformungen, ausgehend vom allseitig behandelten Draht- oder Stababschnitt, sind dagegen grobkristalline Phosphatschichten mit 15 bis 20 µm Dicke unbedingt erforderlich, für die meistens nitrat-beschleunigte Bäder verwendet werden (Geiger, R. 1982; Herlan 2008; Schulz 2009; Nittel 2010). Für hoch mit Chrom und/oder Nickel legierte Edelstähle, die von den Phosphatierbädern nicht mehr ausreichend angegriffen werden, sind Oxalatüberzüge als Konversionsschicht notwendig. Sie erreichen eine Dicke von 5 bis 8 µm.

Schmierstoffe

Im Zusammenwirken mit Schmierstoffen tritt die Zinkphosphatschicht je nach Schmierstoff als Reaktionspartner in einer chemischen oder physikalischen Reaktion auf. Zu den chemisch mit der Phosphatschicht reagierenden Schmierstoffen gehören die reaktiven Seifen. Öle und Festschmierstoffe lagern sich dagegen über physikalische Bindungen auf der Phosphatschicht an.

Reaktive *Seifenschmierstoffe* sind polar wirkende wässrige Emulsionen von Alkaliseifen. Die wichtigste derartige Seife ist das Natriumstearat. Bei der Behandlung von Zinkphosphatschichten mit diesem Schmierstoff findet eine chemische Umsetzung des Zinkphosphats mit den Fettsäuren statt, wobei sich fest mit der Phosphatschicht verbundene wasserunlösliche Zinkseifen (Zinkstearat) bilden, die als Schmierstoff wirken. Die chemische Bindung an die Konversionsschicht ergibt die gute Haftung. Zusätzlich wird auf der Reaktionsschicht nicht umgesetzte Alkaliseife adsorptiv angelagert (Abb. 3.344). Der Seifenverbundschmierstoff hat eine sehr geringe Scherfestigkeit. Daraus folgen die in der Praxis beobachteten geringen Reibungszahlen und Reibungskräfte. Der Schmierstoff ist auch für größere Umformungen geeignet.

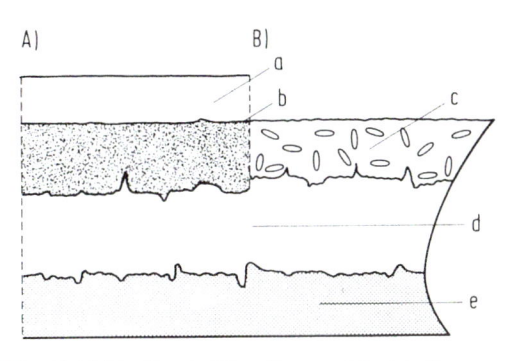

Abb. 3.344: *Schichtaufbau bei Beseifung und Feststoffschmierung*
A) Seifenverbundschmierung, B) Feststoffschmierung
a Alkaliseife, b Zinkseife, c Festschmierstoff,
d Zinkphosphatschicht, e Werkstückwerkstoff

Die Temperaturbeständigkeit bis etwa 270 °C reicht für die Kaltumformung aus. Die Kosten der Beseifung sind im Vergleich mit anderen Schmierstoffen gering. Die Entwicklungen gehen in Richtung reaktiver Seifen, die hohe Umformgrade erzielen lassen, teilweise auch in Richtung sogenannter schwarzer Seifen mit einem MoS_2-Anteil. Wegen der Umweltbelastung der Phosphatierbäder und aus Kostengründen wird an phosphatschichtfreien Schmierstoffsystemen gearbeitet. *Polymerbeschichtungen* werden heute bereits eingesetzt. Rohteile oder ganze Drahtbunde werden hier durch Reinigungsstrahlen entfettet und anschließend in ein Polymerbad getaucht. Die Polymerbeschichtung ist für mittlere Umformungen geeignet und bis 400 °C beständig (Massmann 2007, Bächler 2008).

Im Unterschied zu dem chemischen Verbund zwischen Seife und Phosphatschicht werden *Mineralöle* und *Festschmierstoffe* in den Oberflächenrauheiten und Poren der Phosphatschicht adsorbiert (vgl. Abb. 3.344). Die Verankerung ist damit weniger intensiv als bei der Seifenschmierung.

Von den *Ölschmierstoffen* sind die *Mineralölkohlenwasserstoffe* am wichtigsten. Sie werden besonders beim Umformen von Draht auf Mehrstufenpressen eingesetzt. Beim Abscheren der Rohteile von dem phosphatierten und gekälkten oder beseiften Draht entsteht an der Stirnseite der Rohteile eine blanke Oberfläche, die für die nachfolgende Umformung geschmiert werden muss. Das geschieht mit Mineralöl. Zum Erreichen befriedigender Werkzeugstandmengen ist dabei eine hohe Ölqualität unbedingt erforderlich. Sie wird durch Zulegieren von reaktionsfreudigen Additiven (chlor-, schwefel- oder phosphorhaltige Hochdruckzusätze als polar wirkende Additive, sogenannte *EP-Zusätze*) erzielt. Der Ersatz chlorhaltiger Additive ist wegen der hohen Entsorgungskosten und der sich ändernden gesetzlichen Rahmenbedingungen seit langem ein Ziel der Entwicklung. Eine vollständige Ablösung ist noch nicht in Sicht (Hörner 2007). Das Auftragen des Öls erfolgt durch Überfluten oder Aufsprühen. Von den *Festschmierstoffen* sind für das Kaltumformen von Stahl vor allem MoS_2 und *Graphit* von Bedeutung. Die sehr gute Verankerung der Phosphatschicht zusammen mit der guten Gleitwirkung dieser Schmierstoffe auf Grund ihrer Schichtgitterstruktur erlaubt beim Kaltumformen extreme Belastungen und Oberflächenvergrößerungen, ohne dass der Schmierstoff versagt. Diese Schmierstoffe werden deshalb vorwiegend dort eingesetzt, wo eine Seifenschmierung nicht mehr genügt. Sie werden auch dann verwendet, wenn scharfkantige Konturen eines Pressteils hergestellt werden sollen und damit auf möglichst geringe Werkzeugverschmutzung geachtet werden muss. Üblich sind hier dünne Phosphatschichten zusammen mit dünnen MoS_2-Beschichtungen. Festschmierstoffe können in Pulverform durch Trommeln oder in wässrigen Suspensionen durch Tauchen aufgebracht werden.

3.5.1.11.2 Oberflächenbehandlung von Rohteilen aus Nichteisenmetallen

Beim Kaltumformen von Nichteisenmetallen sind die Anforderungen an die Schmierung weitaus geringer. Meist ist keine Schmierstoffträgerschicht notwendig wie bei Aluminium, Kupfer und deren meisten Legierungen. Teilweise kommt man auch ohne einen Schmierstoff aus, wie bei Blei und Zinn. Beim Kaltfließpressen von Kupfer und Kupferlegierungen werden vorwiegend *Fette, Öle* und *Graphit* als Schmierstoff verwendet. Für die Umformung von Aluminium und seinen Legierungen ist bei geringen Umformgraden *Lanolin* geeignet, für größere Umformungen ist *Zinkstearat* gebräuchlich. Bei großen Formänderungen und hochfesten Aluminiumlegierungen sind auch Trägerschichten aus Zinkphosphat oder Kalziumaluminat üblich.

3.5.1.11.3 Oberflächenrauheit und Werkzeugverschleiß

Raue Werkzeugoberflächen sind grundsätzlich zu vermeiden, da Rauheitsspitzen der harten Werkzeugoberfläche, die den Schmierstoff durchdringen, zu metallischem Kontakt und damit zu Kaltverschweißen führen. Eine raue Werkstückoberfläche ist dagegen in vielen Fällen vorteilhaft. Sie begünstigt die Ausbildung und Haftung der Konversionsschicht und der Schmierstoffschicht. Für schwierige Umformungen wird deshalb häufig ein Aufrauen der Rohteiloberfläche, z. B. durch Strahlen vor der Oberflächenbehandlung, vorgenommen.

Eine niedrige Reibungszahl muss nicht unbedingt mit einer geringen Verschleißrate korrelieren. Auch bei gleichen Reibungszahlen verschiedener Schmierstoffe zeigen sich oft erhebliche Unterschiede im Werkzeugverschleiß. Günstiges Reibungs- und Verschleißverhalten weisen die Seifenverbundschmierstoffe, Graphit und MoS_2 auf. MoS_2 bietet Notlaufeigenschaften.

3.5.1.12 Arbeitsgenauigkeit und Qualitätssicherung

Ein Fertigungsprozess ist immer *Störgrößen* ausgesetzt, die zu Prozessschwankungen führen. Dabei wird zwischen systematischen und zufälligen Ursachen unterschieden. (Lange 1988; Geiger, R. 1993-2). Sie äußern sich am Pressteil durch geometrische Oberflächen- und Stoffeigenschaftsfehler.

3.5.1.12.1 Arbeitsgenauigkeit

Die Größe der Abweichungen vom theoretischen Sollzustand, die *Arbeitsgenauigkeit*, ist ein kennzeichnendes Merkmal für ein Fertigungsverfahren (Abb. 3.345).
Die wichtigsten Fehlerarten bei Fließpressteilen sind die geometrischen Fehler und die Oberflächenfehler. Die geometrischen Fehler lassen sich in Maß-, Lage- und Formfehler unterteilen.

- Maßfehler sind Abweichungen vom Sollmaß an definierter Stelle.
- Lagefehler sind Abweichungen der Werkstückachsen von ihren Solllagen, z. B. Achsversatz (Mittigkeitsfehler) und Schiefwinkligkeit.
- Formfehler sind Abweichungen von der makrogeometrischen Sollgestalt, z. B. Zylindrizitätsfehler, Unrundheit und Durchbiegungen.

Bei den Oberflächenfehlern sind besonders Risse und Riefen zu beachten. Geometrische und Oberflächenfehler sind der häufigste Anlaß für Beanstandungen an Fließpressteilen (Leykamm 1980).
Geometrische Fehler sind darauf zurückzuführen, dass bei einer Serienfertigung eine absolute Gleichmäßigkeit im Verfahrensablauf nicht möglich ist. Schwankungen in den Rohteileigenschaften, z. B. bedingt durch Werkstoffunterschiede (Unterschiede in Analyse, Gefüge, Festigkeit), Abmessungs-, Volumen- und Formschwankungen, Ungleichmäßigkeiten in der Wärme- und Oberflächenbehandlung und daneben das Umformverfahren, die Herstellgenauigkeit der Werkzeuge sowie das Federungsverhalten und der Zustand von Werkzeug (Verschleiß) und Umformmaschine wirken sich unmittelbar oder mittelbar

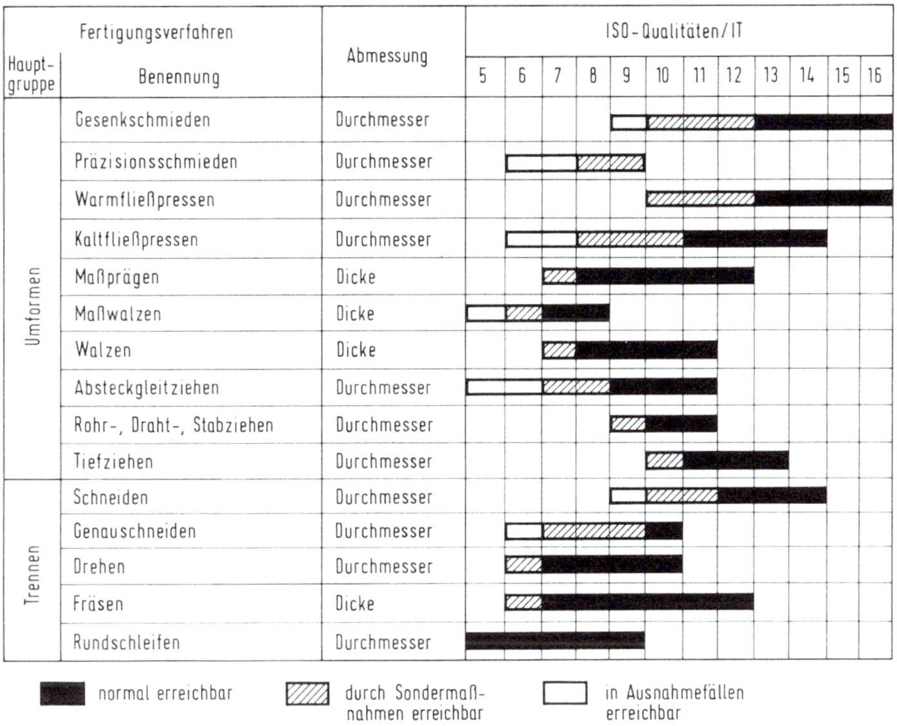

3.5.1 Fließpressen

Hauptgruppe	Fertigungsverfahren Benennung	Abmessung	ISO-Qualitäten/IT
Umformen	Gesenkschmieden	Durchmesser	9–16
Umformen	Präzisionsschmieden	Durchmesser	6–10
Umformen	Warmfließpressen	Durchmesser	10–16
Umformen	Kaltfließpressen	Durchmesser	8–13
Umformen	Maßprägen	Dicke	7–11
Umformen	Maßwalzen	Dicke	5–10
Umformen	Walzen	Dicke	8–12
Umformen	Absteckgleitziehen	Durchmesser	5–11
Umformen	Rohr-, Draht-, Stabziehen	Durchmesser	9–13
Umformen	Tiefziehen	Durchmesser	9–13
Trennen	Schneiden	Durchmesser	8–12
Trennen	Genauschneiden	Durchmesser	6–11
Trennen	Drehen	Durchmesser	7–12
Trennen	Fräsen	Dicke	7–12
Trennen	Rundschleifen	Durchmesser	5–9

■ normal erreichbar   ▨ durch Sondermaßnahmen erreichbar   □ in Ausnahmefällen erreichbar

Abb. 3.345: Arbeitsgenauigkeit verschiedener Fertigungsverfahren

auf die Arbeitsgenauigkeit aus. Ein Teil dieser Faktoren wird zudem vom Maschinenbediener beeinflusst (Leykamm 1980; Lange 1984; Schmidt 1982). Durch den gezielten Einsatz von FEM-Simulation lässt sich die Genauigkeit der Pressteile steigern (Winter 2010).
Frei fließende Längen (*Werkstoffüberlauf*) hängen vor allem von den Schwankungen der Rohteilmasse ab. Die Masseschwankungen können zwischen 0,5 und mehr als 5 Prozent betragen. Frei fließende Längen können damit unter Umständen um einige mm variieren.
Maschinengebundene Maße wie Boden- und Flanschdicken werden hauptsächlich durch Presskraftschwankungen bestimmt, die eine Folge von Fließspannungsunterschieden sind. Reibungsunterschiede sind demgegenüber meist zu vernachlässigen. Die Maßschwankungen maschinengebundener Maße sind unabhängig vom Nennmaß und werden auch nicht durch Volumenschwankungen berührt. Bei den Maßen sind in der Serienfertigung Toleranzen von 0,2 bis 0,8 mm einzuhalten. Voraussetzungen für geringe Dickenfehler sind sorgfältige Glüh- und Oberflächenbehandlungen der Rohteile und Zwischenformen sowie geringe elastische Federungen von Werkzeug und Maschine. Mit einer hydraulischen Presse, die gegen feste, steife Hubanschläge arbeitet, lässt sich eine höhere Dickengenauigkeit erreichen als mit mechanischen Pressen (Pobcza 1967). Geringere Abweichungen als 0,2 mm sind durch nachträgliches *Kalibrieren*, z.B. durch *Maßprägen*, zu erreichen.

Die Ungenauigkeit *werkzeuggebundener* Innen- und Außenabmessungen von Pressteilen hängt von der Herstellgenauigkeit der formgebenden Werkzeugelemente, den Werkzeugfederungsschwankungen in radialer Richtung und zu einem erheblichen Teil von den sich beim Umformen einstellenden Werkstücktemperaturen, deren Schwankungen und den daraus sich ergebenden Maßänderungen ab. Daraus folgt, dass zur Herstellung von Fließpressteilen mit möglichst genauen Innen- und Außenabmessungen Verfahren mit konstanter Druckraumhöhe wie Absteckgleitziehen oder Verjüngen besonders geeignet sind und durch Vorwärmen oder Kühlen der Werkzeuge auf gleichbleibende Temperaturen geachtet werden muss. Auf diese Weise lässt sich z.B. die Innenform von Hohlzylindern mit einer Genauigkeit bis zu ISO-Qualität IT7 herstellen, wie sie als Funktionsfläche von Hydraulikzylindern ohne Nachbearbeitung genügt. Innenmaße sind genauer herstellbar als Außenmaße. Die mit normalem Aufwand in der Serienfertigung von Fließpressteilen einzuhaltenden Maßgenauigkeiten liegen für Innendurchmesser bei IT8 bis IT11, für Außendurchmesser bei IT9 bis IT12. Sie sind damit durchaus vergleichbar mit den Genauigkeiten beim Drehen und Fräsen (Abb. 3.345).
Der wichtigste Lagefehler an Kaltfließpressteilen ist der *Achsversatz*, wie er durch die Verwendung zweiteiliger Werkzeuge entsteht. Der *Mittenfehler* napfförmiger Werkstücke ist dabei eindeutig vom Umformgrad abhängig. Der Fehler wird mit grösser werdendem Umformgrad

kleiner. Der Mittenversatz eines fließgepressten Napfes kann durch nachfolgendes Abstreckgleitziehen in vielen Fällen verringert werden.

Voraussetzungen für eine geringe Mittenabweichung sind Rohteile mit planparallelen und senkrecht zur Rohteilachse liegenden Stirnflächen, geringes Einführspiel des Rohteils in der Pressbüchse, genauer Werkzeugeinbau, einwandfreie Stempel- und Stößelführung. Unter Umständen sind besondere Werkzeugauslegungen notwendig, um hohe Mittenanforderungen einhalten zu können.

Die im Verlaufe des Umformvorgangs schwankende radiale Werkzeugfederung, z. B. hervorgerufen durch Kraftänderungen oder durch abnehmende Druckraumhöhe, ist eine wichtige Einflussgröße auf den *Zylindrizitätsfehler*. Zusätzlich können Werkstückrückfederungen nach dem Ausstoßen des Pressteils hinzukommen (Leykamm 1980).

Bei der Herstellung langer Teile ist die *Durchbiegung* der Teile zu beachten, wie sie auf Grund von Ungleichmäßigkeiten im Werkzeug oder in den Reibungsbedingungen auftreten können. Durchbiegungen kleiner 0,2 mm lassen sich bei langen Schäften nur erreichen, wenn Werkzeug und Arbeitsfolge daraufhin abgestimmt werden (Schmidt 1982).

Grundsätzlich muss darauf hingewiesen werden, dass immer nur einzelne Maße eines Pressteils mit höherer Genauigkeit hergestellt werden können. Der Fertigungsaufwand steigt dabei mit der geforderten Genauigkeit progressiv an. Es ist hier vieles technisch möglich, aber bei weitem nicht alles wirtschaftlich sinnvoll.

Bei jedem Umformvorgang ist die Veränderung der äußeren Form eines Werkstücks auch gleichzeitig mit einer Veränderung der Oberflächen verbunden. Diese Veränderung ist abhängig von der Art der Umformung (frei oder gebunden), der Größe der Formänderung und der Flächenpressungen, der Ausgangsrauheit des Rohteils und der Oberflächengüte des Werkzeugs.

Kaltfließpressteile weisen meist eine sehr gute Oberflächenbeschaffenheit mit geringer Rauheit auf. Die *Rauheit* ist umso geringer, je größer die vorausgegangene Umformung ist. Im Unterschied zu spanend erzeugten Oberflächen zeigen umgeformte Oberflächen jedoch keine gleichmäßige Oberflächengüte. Die Rauheitsschwankungen sind eine Folge der örtlich unterschiedlichen Umformbedingungen (Schmierung, Formänderung, Oberflächenvergrößerung, Flächenpressung).

Es sind deshalb Streubereiche für die Rauheitswerte zu beachten. Die gemittelte Rautiefe R_z nimmt auf fließgepressten Oberflächen je nach Umformung Werte zwischen 6 und 80 µm an; die Rautiefenwerte sind in Pressrichtung gemessen geringer als quer zur Pressrichtung.

In Sonderfällen lässt sich die Innenoberfläche von Hohlkörpern (für Hydraulikzylinder, Stoßdämpferrohre) mit einer Oberflächengüte $R_z < 3$ µm herstellen, wozu auch die Oberflächenbehandlung (Phosphatieren, Schmierung) besonders abgestimmt werden muss. Die Oberflächengüte wird bei Kaltfließpressteilen gewöhnlich auf der Restschmierstoffschicht (*Ziehspiegel*) gemessen. Nach Ablösen der Phosphatschicht nimmt die Rautiefe um etwa 20 bis 30 Prozent zu.

3.5.1.12.2 Qualitätssicherung

Qualität muss produziert werden. Das verlangt qualitätsfähige, beherrschte Fertigungsprozesse und -anlagen. Idealerweise werden die systematischen *Störgrößen* rechtzeitig vor Anlauf einer Fertigung erkannt und eliminiert. Dazu werden moderne Methoden der *präventiven Qualitätssicherung* wie die *Fehler-Möglichkeits- und -Einfluss-Analyse (FMEA), Quality Function Deployment (QFD)* u. a. Methoden verwendet. Zufallsbedingte stochastische Störgrößen lassen sich nicht vollständig vermeiden. Die betroffenen Merkmale der Pressteile können aber durch den *Einsatz statistischer Prozessüberwachung und -regelung* (SPC) innerhalb enger *Eingriffs-* und *Warngrenzen* gehalten werden. Dazu werden in regelmäßigen Abständen off-line *Stichproben* der Pressteile vermessen und statistisch ausgewertet und damit eine Wahrscheinlichkeitsaussage über die Genauigkeit der Gesamtmenge gemacht. Bei Abweichungen muss in den Prozess regelnd eingegriffen werden (Geiger, R. 1989, 1993-2).

Beim Fließpressen werden formgebende Werkzeuge verwendet. Hier beschränkt sich die Regelung auf den Austausch der formgebenden Werkzeuge beim Erreichen von toleranzbezogenen Eingriffsgrenzen. Das gilt z. B. für Durchmesser von Pressteilen, die mit zunehmendem Verschleiß der entsprechenden düsenförmigen Werkzeuge grösser werden (Abb. 3.346).

Null Fehler und damit 100-Prozent fehlerfreie Pressteile lassen sich nur mit einer 100-Prozent-Prüfung aller Pressteile auf das entsprechende kritische Merkmal sicherstellen. Die Prüfung muss automatisiert im Sinne einer Gut-Schlecht-Prüfung erfolgen, wie beispielsweise bei einer automatisierten Rissprüfung. Manuelle oder visuelle Prüfungen sind immer mit einem Schlupf verbunden. Bei *variablen (messbaren) Merkmalen* kann mit einer 100-Prozent-Prüfung im Unterschied zur statistischen Prozessregelung die volle Toleranz des Merkmals genutzt werden. Bei *attributiven Merkmalen*, z. B. frei von Rissen, ist nur eine zählende Prüfung möglich, die lediglich eine Klassierung der Produkte auf Grund der Ausprägung des

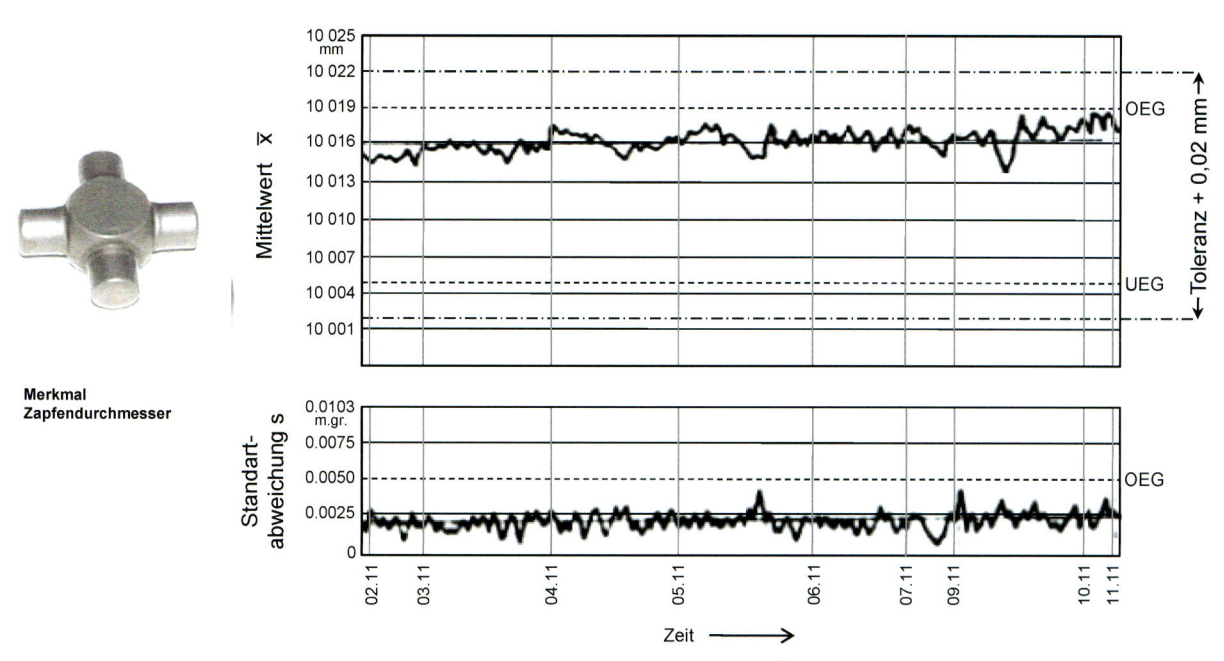

Abb. 3.346: *Einbaufertig fließgepresstes Kardankreuz. Links: Pressteil; rechts $\bar{x}$,s-Überwachungskarte für das Merkmal Zapfendurchmesser. $\bar{x}$ Mittelwert, s Standardabweichung, T_o obere, T_u untere Toleranzgrenze, OEG obere, UEG untere Eingriffsgrenze (Geiger, R. 1993-2)*

binären Qualitätsmerkmals in die beiden Klasen „gut" und „schlecht" zulässt (Geiger, R. 1993-2).

Bei der *Online-Prozessregelung* werden *Störgrößen* eines Fertigungsprozesses unmittelbar überwacht und wenn erforderlich, sofort Maßnahmen zur Beeinflussung des Prozesses eingeleitet. Das wird heute beispielsweise bei Stabstahl-Scheranlagen eingesetzt. Hier werden die Durchmesserschwankungen des Stabmaterials vor dem Scheren erfasst und die Abschnittslänge entsprechend nachgeregelt. Dabei reicht eine Messung und Regelung für den ganzen Stab aus, nachdem die Durchmesserschwankungen innerhalb eines Stabes vernachlässigbar klein sind. Mit dieser Online-Regelung erreicht man eine Volumengenauigkeit der Stababschnitte bis etwa 0,5 Prozent, wie sie für die Präzisionsumformung in geschlossenen Werkzeugen notwendig und ausreichend ist. Fließpressvorgänge bieten hingegen wegen des Mangels an entsprechenden Messgrößen kaum Möglichkeiten für den Einsatz einer Online-Regelung.

Mit einer O*nline-Prozessüberwachung* können charakteristische Prozessgrößen beim Fließpressen verfolgt und daraus kritische Prozessänderungen oder Fehler erkannt werden. Am häufigsten sind *Presskraftüberwachungseinrichtungen*. Anspruchsvollere Geräte sind dabei in der Lage, neben dem Absolutwert der Presskraft auch deren zeitlichen Verlauf zu erfassen und auszuwerten. In der Regel sind diese Einrichtungen aber nur geeignet, größere Defekte wie beispielsweise große Werkzeugausbrüche sicher zu erkennen, die deutliche Signaländerungen hervorrufen. Auch wenn der Bruch selbst damit nicht verhindert werden kann, lassen sich doch weitere Folgeschäden an Werkzeug und Presse vermeiden und die Stillstandszeit der Maschine reduzieren (Kopka 1995; Terzyk 1996, 2010; Faulhaber 2007).

3.5.1.13 Festlegen der Fertigungsfolge

Das Festlegen der *Fertigungsfolge* ist die zentrale Aufgabe für Konstruktion und Fertigungsplanung. In den meisten Fällen sind mehrere Umformvorgänge mit vor- und/oder zwischengeschalteten Glüh- und/oder Oberflächenbehandlungen erforderlich, um ein Pressteil mit den geforderten Form-, Maß- und Stoffeigenschaften herstellen zu können. Im Fertigungsplan sind alle Bearbeitungsstufen festgelegt, die vom Ausgangsteil zum fertigen Bauteil führen. Bei der Folge der Umformstufen spricht man vom *Stadienplan*.

Bei der manuellen Erstellung eines Stadienplans geht man von der Fertigteilzeichnung aus und entwickelt daraus eine Pressteilzeichnung, in die die Maße mit ihren Toleranzen, die Übergänge mit den Schrägen und Radien, der Überlauf und der zulässige Mittenversatz eingetragen werden. Hier spielt die Erfahrung des Konstrukteurs eine wichtige Rolle.

Auch bei der rechnerunterstützten Auslegung geht man vom Fertigteil aus und entwickelt rückwärts die erforder-

3.5 Durchdrücken

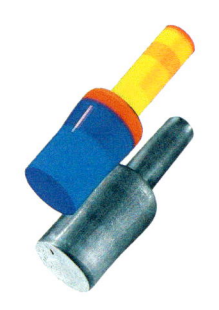

Abb. 3.347: Stadienplanauslegung für ein Fließpressteil mit Hilfe der FE-Simulation (Quelle: SIMUFACT)

lichen Fertigungsstufen bis hin zum geeigneten Rohteil. Man kann allerdings mit den heutigen Simulationstechniken einen vorliegenden Stadienplan auch vorwärts vom Rohteil zum Fertigteil hin nachprüfen (Abb. 3.347). Folgende Kriterien sind bei einer Auslegung eines Stadienplans immer zu berücksichtigen.

- Grenzformänderung des jeweiligen Umformverfahrens, gegeben durch
  - die Belastbarkeit der Werkzeuge. Dies trifft für die meisten Fließpressverfahren zu. Die VDI-Richtlinie 3138, Bl.1 enthält Angaben über Grenzformänderungen der verschiedenen Fließpressverfahren in Abhängigkeit von der Festigkeit der Werkstückwerkstoffe. Sie gelten für wirtschaftliche Werkzeugstandmengen unter der Annahme richtiger Auslegung der Werkzeuge.
  - das Umformvermögen des Werkstückwerkstoffs. Dieser Fall ist nur beim Fließpressen spröder Werkstoffe zu beachten.
- Begrenzte Möglichkeiten der einzelnen Umformverfahren zur
  - Formänderung (Werkstofffluss). Nur die wenigsten Pressteilformen können in einem Arbeitsgang mit einem Grundverfahren des Fließpressens hergestellt werden. Meistens sind unter Beachtung des verfahrensspezifischen Werkstoffflusses mehrere Umformstufen erforderlich.
  - Stoffeigenschaftsänderung. Werden an das Pressteil zusätzliche Forderungen z.B. bezüglich der Festigkeit gestellt, so kann das dazu führen, dass der Stadienplan daraufhin gezielt gestaltet werden muss. Nach dem letzten Glühen müssen die Formänderungen an jeder Stelle des Pressteils so groß sein, dass die geforderten Festigkeiten erreicht werden.
- Begrenzte Möglichkeiten der einzelnen Umformverfahren zur Beherrschung der Form- und Stoffeigenschaftsänderung.
- Pressteile mit sehr engen Form- und Maßtoleranzen erfordern deshalb häufig eine auf diese Toleranzen besonders abgestimmte Bearbeitungsfolge mit z.T. zusätzlichen Umformstufen, wie z.B. einer Kalibrierung. Das gilt beispielsweise für Präzisions-Kaltfließpressteile wie Verzahnungen, die warm gepresst und durch Kaltkalibrieren fertiggeformt werden.
- Ungünstiger Werkstofffluss
  Ungünstige Bedingungen für den Werkstofffluss können zu Stoffflussfehlern am Pressteil führen (Falten, Stiche). Diese Fehler lassen sich durch vorherige numerische Simulation fast gänzlich verhindern. Fehler dieser Art werden vermieden durch Ändern des Werkstoffflusses und der Arbeitsfolge. Zu solchen Fehlern gehören auch die bei ungünstigen Randbedingungen beim Vollfließpressen manchmal zu beobachtenden Zentralbrüche (Chevron-Risse).

Abbildung 3.348 zeigt als Beispiel den Fertigungsplan für das Kaltfließpressen einer Sechskanthohlwelle für eine Pkw-Kardanantriebswelle (Schmoeckel 1973). Das Bauteil muss ein Drehmoment von 1400 bis 1700 Nm übertragen, weshalb eine Festigkeit von mindestens 650 N/mm² verlangt ist. Da das Teil nicht vergütet werden soll, muss diese Festigkeit durch eine geeignete Abstufung beim Umformen über die Kaltverfestigung erbracht werden. Bei der vorgestellten Arbeitsfolge wird nach dem Lochen das letzte Zwischenglühen vorgenommen. Der Werkstoff kann sich damit in den letzten drei Umformstufen noch in allen Werkstückquerschnitten auf die vorgeschriebene Mindestfestigkeit verfestigen. Ein Werkstoffüberlauf ist an beiden Enden des Pressteils vorgesehen

Viele der im Zusammenhang mit der Abstufung einer Stadienfolge notwendigen Abklärungen und Berechnungen lassen sich heute rechnerunterstützt bearbeiten. *Rechnerunterstütztes Konstruieren (CAD)* ist Stand der Technik. FE-Simulation wird weithin eingesetzt. Varianten können am Bildschirm simuliert und bearbeitet werden (Noack 1979; Rebholz 1981; 1983, Krämer, G. 1993 Wohlmuth 2005; Schafstall 2007). Fehler am Pressteil und mögliche Probleme bei der Verfahrensdurchführung können rechtzeitig erkannt und vermieden werden (Arentoft 1997; Tekkaya 2005; Makas 1999). Rechneran

3.5.1 Fließpressen

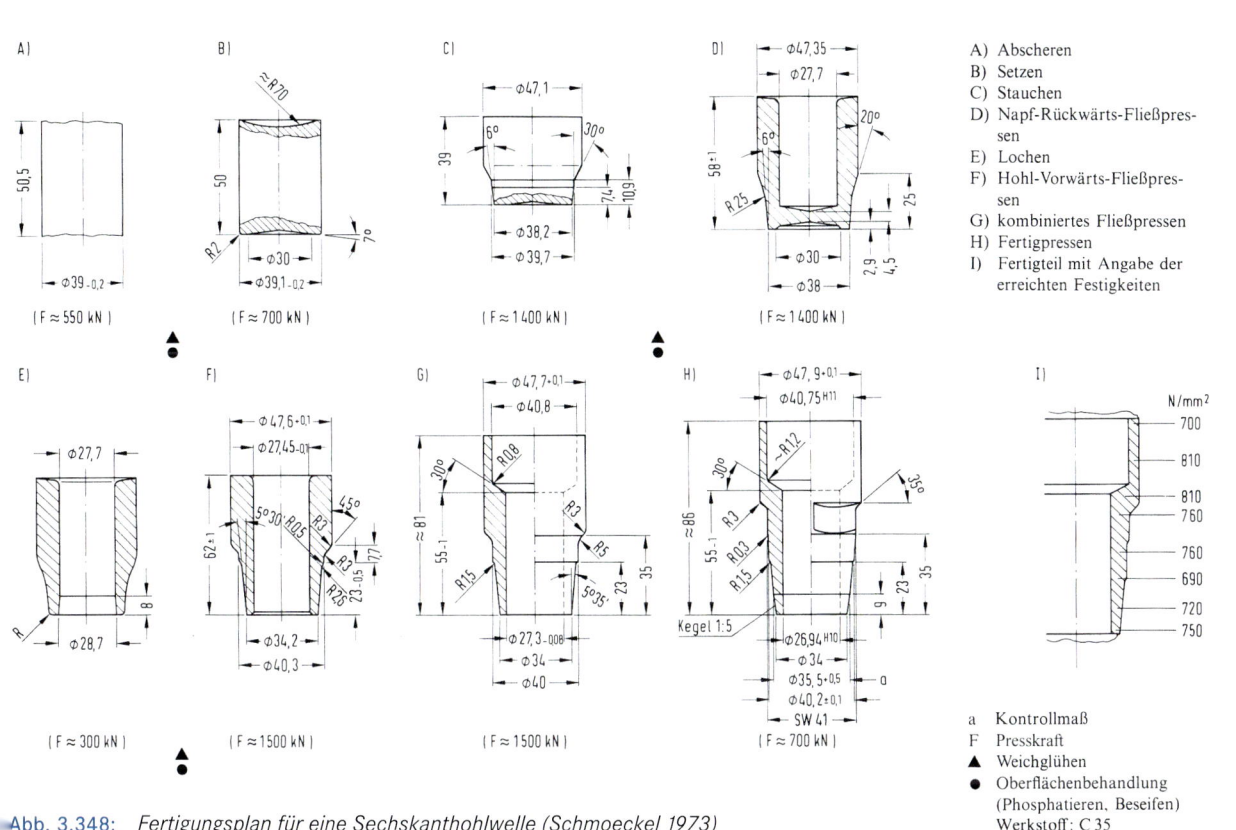

A) Abscheren
B) Setzen
C) Stauchen
D) Napf-Rückwärts-Fließpressen
E) Lochen
F) Hohl-Vorwärts-Fließpressen
G) kombiniertes Fließpressen
H) Fertigpressen
I) Fertigteil mit Angabe der erreichten Festigkeiten

a Kontrollmaß
F Presskraft
▲ Weichglühen
● Oberflächenbehandlung (Phosphatieren, Beseifen)
Werkstoff: C 35

Abb. 3.348: *Fertigungsplan für eine Sechskanthohlwelle (Schmoeckel 1973)*

wendungen erfolgen im Bereich der Angebotsbearbeitung bis hin zu interaktiven ERP-Programmsystemen, die einen geschlossenen Informationsfluss von der Pressteilzeichnung bis zur Fertigung der herzustellenden Werkstücke und deren Werkzeuge ermöglichen.

3.5.1.14 Werkzeuge

Durch das Festlegen des Stadienplans sind auch die formgebenden Arbeitsflächen der Werkzeugaktivteile bestimmt. Aufgabe der Werkzeugkonstruktion ist es, die einzelnen Presswerkzeuge so auszulegen, dass sie eine hohe *Standmenge* erreichen und möglichst wirtschaftlich hergestellt werden können. Detaillierte Angaben zur Werkzeugfertigung sind in dem ICFG Doc. No. 6/82 und in (Lange 1993) enthalten. Bei der Konstruktion von Fließpresswerkzeugen handelt es sich weitgehend um eine Varianten- und Anpassungskonstruktion. Sie beschränkt sich gewöhnlich auf die Auslegung der Aktivelemente wie Pressbüchse (Matrize), Stempel, Dorne und Auswerfer für die besondere Fertigungsaufgabe. Die Werkzeuge sind damit für eine rechnerunterstützte Konstruktion sehr gut geeignet (Steuss 1982; Körner 1993). Die Belastbarkeit der Fließpresswerkzeuge ist normalerweise das Versagenskriterium beim Kaltfließpressen. Die richtige konstruktive Gestaltung und festigkeitsmäßige Auslegung

der Werkzeuge, die Wahl der geeigneten Werkzeugstoffe (Berger 2010) und Verschleißschutzbehandlungen sowie eine optimale Werkzeugherstellung sind damit eine wesentliche Voraussetzung für das Erreichen befriedigender Werkzeugstandmengen. Sie haben einen entscheidenden Einfluss auf einen störungsfreien Ablauf und die Wirtschaftlichkeit einer Fließpressfertigung.

Die FE-Simulation eröffnet heute die Möglichkeit, die Standmenge der Umformwerkzeuge computerunterstützt zu verbessern, indem die in den kritischen hochbeanspruchten Werkzeugbereichen auftretenden Spannungen und Dehnungen berechnet und der Einfluss wesentlicher Konstruktionsparameter wie der Werkzeugwerkstoff, die Vorspannung, die Abmessungen und Steifigkeit des Systems Presse-Werkzeug bestimmt und optimiert werden können (Geiger, M. 2005; Völkl 2004, 2009; Herrmann 2007).

Für die Herstellkosten eines Pressteils sind die laufenden *Werkzeugverbrauchkosten* in vielen Fällen entscheidend. Sie betragen durchschnittlich 5 bis 10 Prozent der Gesamtkosten, können aber bei schwierigen Formteilen und/oder höherfesten Werkstückstoffen auch erheblich höher sein (Geiger, R. 1979). Die erreichbaren Werkzeugstandmengen (Abb. 3.349) werden durch Verschleiß der formgebenden Werkzeuge, Überlastungs- und Ermüdungsbruch begrenzt. Werkzeuge zum Kaltmassivumfor-

3.5 Durchdrücken

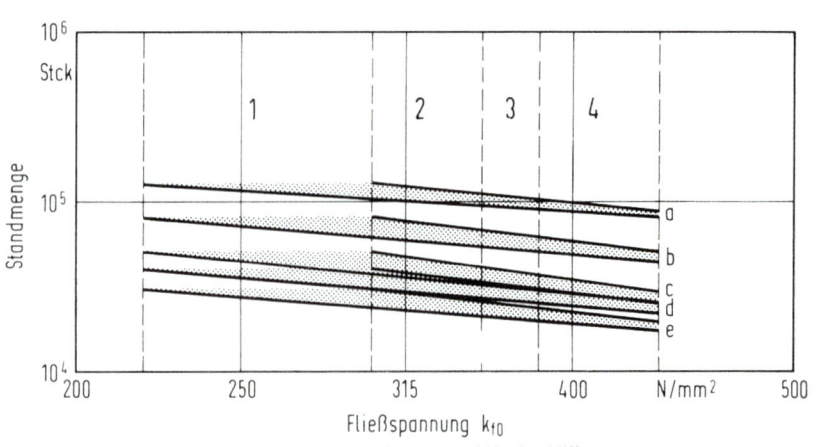

Abb. 3.349: *Standmengen von Matrizen, Press- und Scherbüchsen für Fertigungsverfahren des Kaltmassivumformens (Noack 1979)*

a   Stauchen ($\varphi \leq 0{,}6$), Setzen
b   Voll- und Hohl-Fließpressen ($\varphi > 0{,}6$),
    Napf-Fließpressen ($p_{St} \leq 1500$ N/mm²),
    Verjüngen, Abstreck-Gleitziehen, Stauchen ($\varphi > 0{,}6$)
c   Voll- und Hohl-Fließpressen ($\varphi > 0{,}6$),
    Napf-Fließpressen ($p_{St} > 1500$ N/mm²)
d   Lochen zwischen zwei Nachschliffen
e   Abscheren zwischen zwei Nachschliffen
k_{f0} Anfangswert der Fließspannung
1 bis 4 Werkstoffgruppen
Werkstoffgruppe 1: QSt 32-2 bis QSt 38-3, C 10 bis Cq 15
Werkstoffgruppe 2: Cq 22 bis Cq 35, 15 Cr 3, 16 MnCr 5
Werkstoffgruppe 3: Cq 45, 20 MnCr 5, 34 Cr 4, 37 Cr 4
Werkstoffgruppe 4: 41 Cr 4, 20 CrMo 5 bis 34 CrMo 4

men stellen höchste Anforderungen an Festigkeit (Dauerfestigkeit) und Verschleißbeständigkeit. Widerstandsfähigkeit gegen Verschleiß ist vom Werkzeugwerkstoff und seiner Oberflächenhärte, der Rauheit der Werkzeugoberflächen und von der Art der Beanspruchung abhängig.

Werkzeugbeschichtungen

Zur Erhöhung des Verschleißwiderstands werden Oberflächenbeschichtungen eingesetzt. Klassische Beschichtungsarten, als Reaktionsschichten, sind das Nitrieren und das Borieren. Häufiger werden Auflageschichten angewendet. Dazu gehören das Hartverchromen, Aufschweißen und das Aufbringen von Hartstoffschichten (Weist 1986; Schulz 1988; Keller 1989; Bobzin 2004). Die Hartstoffschichten lassen sich nach chemischen (*CVD-Chemical Vapour Deposition*) oder physikalischen Verfahren (*PVD-Physical Vapour Deposition*) aufbringen, wobei die PVD-Verfahren wegen der mit max. 550 °C wesentlich niedrigeren Reaktionstemperaturen den Vorteil bieten, dass ein Nachhärten der Werkzeuge nicht notwendig ist. Mit diesen Schichten sind Standmengenerhöhungen um den Faktor 10 und mehr erzielt worden (Lange 1982, Garside 1986, Geiger, R. 1991). Neben Monolagenbeschichtungen auf Basis TiN oder TiC sind für hoch beanspruchte Werkzeugteile heute auch Mehrlagenhartstoffschichten wie TiN-TiCN-TiC im Einsatz. Bei der Abscheidung von Mehrlagenschichten ergibt sich eine Vielzahl an Möglichkeiten des Schichtaufbaus (Behrens 2007). Eine zusätzliche Strukturierung von Hartstoff beschichteten Werkzeugen oder lokale Optimierung der Werkzeugoberfläche kann zu einer Standmengenerhöhung beitragen (Popp 2006; Wagner 2008).

Neuere Verfahren nutzen Reaktionsschichten, wobei durch Diffusion Legierungselemente in den Grundwerkstoff eingebracht werden. Es erfolgt keinerlei Maßänderung der Werkzeugkomponenten. Das *Ionen-Implantations-Verfahren* gehört zu diesen Verfahren.

Werkzeugstandmenge

Fließpresswerkzeuge fallen häufig durch Bruch aus, wobei hauptsächlich Ermüdungsbrüche auftreten (Geiger, R. 1979). Überlastungsbruch lässt sich durch konstruktive Maßnahmen vermeiden. In der Regel erreichen Fließpresswerkzeuge Standmengen von 10^3 bis 10^5 (10^6 Teilen. Sie brechen damit im Bereich der Zeitfestigkeit (*low cycle fatigue*) und nicht im Dauerfestigkeitsbereich (*high cycle fatigue*) der *Wöhlerkurve*. Bruchmechanische Untersuchungen können zur Entwicklung besserer Werkzeugwerkstoffe, bruchmechanische Betrachtungen zur optimalen Auswahl eines Werkzeugwerkstoffs und zur Standmengenabschätzung beitragen. Wesentliche Forschungsarbeiten zur systematischen deterministisch probabilistischen Analyse und Simulation der Beanspruchung und Beanspruchbarkeit von Fließpresswerkzeugen gehen in diese Richtung (Reiss 1987; Wissmeier 1989, Geiger, M. 1990; Hettig 1990; Engel 1996; Knoerr 1996; Hinsel 2000; Falk 2000; Meidert 2006). Dennoch lassen sich die zu erwartenden Standmengen immer noch nicht genau genug vorhersagen. Dazu ist auch die Frage der Kennwerte der Werkzeugwerkstoffe nicht befriedigend beantwortet. Charakteristisch für Fließpresswerkzeuge sind die großen *Streuungen* in den Standmengen. Einflussgrößen sind Umformverfahren, Umformgrad und Werkstückwerkstoff und Armierung (Geiger, R. 1991

3.5.1 Fließpressen

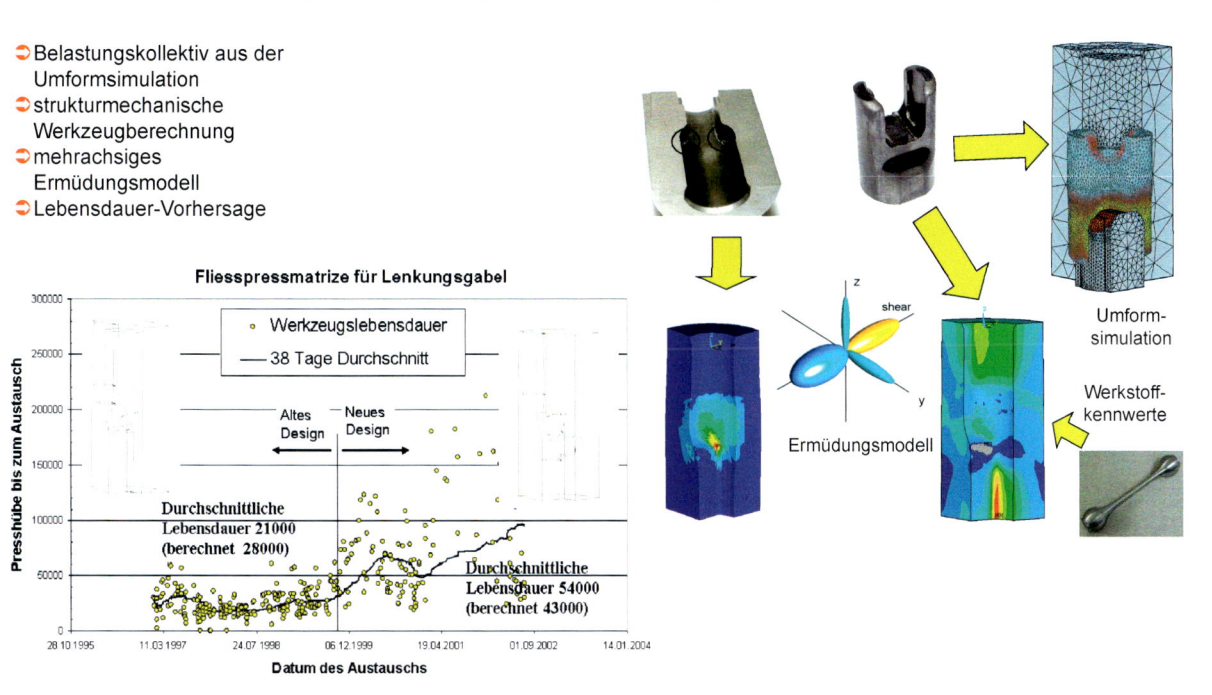

- Belastungskollektiv aus der Umformsimulation
- strukturmechanische Werkzeugberechnung
- mehrachsiges Ermüdungsmodell
- Lebensdauer-Vorhersage

Abb. 3.350: Deduktive Lebensdauervorhersage mittels FEM (Quelle: Meidert, ThyssenKrupp Presta)

Putz 2006). An der Entwicklung geeigneter FE-Analyse-Werkzeuge zur rechnerischen Vorhersage des Werkzeugversagens wird weiter intensiv gearbeitet (Abb. 3.350) (Engel 1996; Geiger, M. 2005; Meidert 2006).

Die zentrale Bedeutung der *Werkzeugkosten* macht es notwendig, den laufenden Werkzeugverbrauch einer Fertigung systematisch zu erfassen und auszuwerten. In modernen Betrieben werden heute alle aktiven Werkzeugelemente mit Barcodes versehen, um über ein geeignetes ERP-System zeitnah eine auftragsbezogene Werkzeugverfolgung, eine optimierte Lagerwirtschaft und eine effektive Kostenzuordnung zu ermöglichen (Geiger, R. 1979).

3.5.1.14.1 Werkzeuggestaltung

Aufbau der Werkzeuge

Die im industriellen Einsatz verwendeten Werkzeugsysteme bestehen weitgehend aus betriebsintern normierten *Grundwerkzeugen* und aus *Wechselteilen*, die von der jeweiligen Fertigungsaufgabe abhängen. Wechselteile sind die formgebenden Werkzeugelemente Stempel, Pressbüchse und Gegenstempel. Sie sollen leicht und schnell austauchbar sein.

Der grundsätzliche Werkzeugaufbau ist bei den verschiedenen Fließpressverfahren ähnlich (Abb. 3.351 und 3.352)

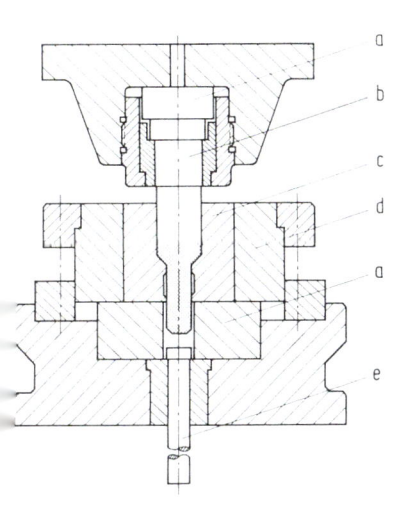

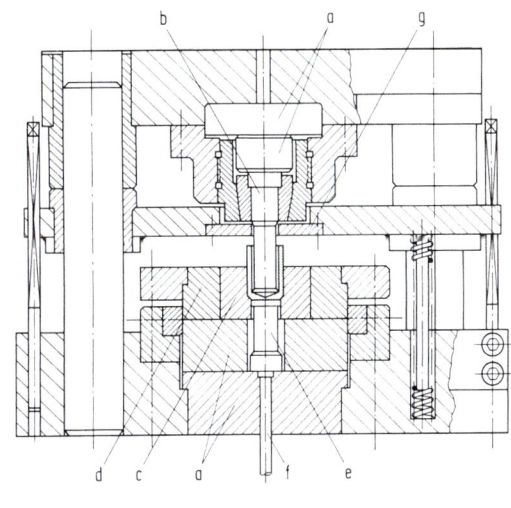

Abb. 3.351 (links):
Werkzeug für das Voll-Vorwärtsfließpressen
a Druckplatte,
b Stempel,
c Pressbüchse,
d Armierungsring,
e Auswerfer

Abb. 3.352 (rechts):
Werkzeug für das Napf-Rückwärtsfließpressen
a Druckplatte,
b Stempel,
c Pressbüchse,
d Armierungsring,
e Gegenstempel,
f Auswerfer,
g Abstreiferplatte

3.5 Durchdrücken

A)

Bauteil	Werkzeug-werkstoff	Stand-menge
a1	F [1]	350 000
b1	M 2	150 000
c1	E [1]	500 000
b2	M 2	150 000
a2	M 2	250 000
a3	F [1]	500 000
c2	M 2	250 000
a4	M 2	250 000
a5	F [1]	500 000
b3	M 2	150 000
c3	M 2	300 000
a6	E [1]	1 000 000
a7	E [1]	1 000 000
b4	T 42	150 000
c4	6 F 2	>1 000 000

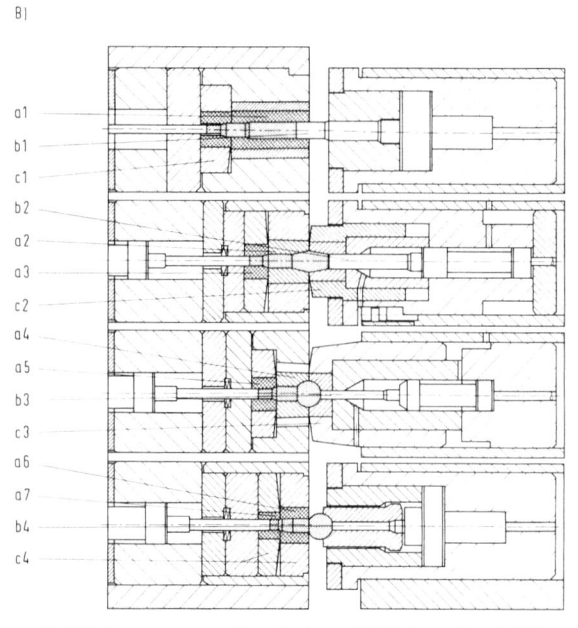

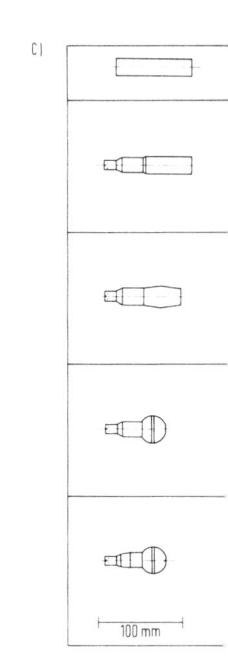

Abb. 3.353: Mehrstufenwerkzeug für das Kaltfließpressen von Kugelbolzen (ICFG Doc. No. 4/82)
A) Werkzeugwerkstoff und Standmenge, B) Mehrstufenwerkzeug, C) Stadienfolge
a Pressbüchse, b Stempel, c Armierungsring. Werkstück-Werkstoff-Nr. 1.7035, [1] ICFG Hartmetall-Qualität (vgl. Tab. 3.39)

Säulenführungsgestelle wie in Abbildung 3.352 sind eine zweckmäßige Hilfe für das Einrichten; für die Aufnahme von Seitenkräften beim Pressen sind sie nicht geeignet.

Automatische *Zu- und Abführeinrichtungen* für die Roh- und Pressteile müssen bei der Werkzeugkonzeption beachtet werden, damit ein betriebssicheres Einlegen des Rohteils in das Werkzeug und Abführen von Werkstück und Abfall aus dem Werkzeug, bei Mehrstufenwerkzeugen (Abb. 3.353) zusätzlich ein störungsfreier Transport der einzelnen Pressstufen gewährleistet ist. Besonders für die Fertigung kleiner Losgrößen ist wichtig, dass die Werkzeugsysteme so ausgelegt werden, dass ein einfacher und schneller Werkzeugwechsel möglich ist. Das verlangt auch entsprechende Spannsysteme.

Gestaltung der Stempel

Der Stempel ist das Werkzeugteil, welches beim Napffließpressen die Innenfläche des Werkstücks formt und beim Voll- und Hohlfließpressen das Werkstück durch die formgebende Düse drückt.

Fließpressstempel sollen so kurz wie möglich sein, um die Biegebeanspruchung zu verringern und damit vorzeitigen Dauerbruch zu vermeiden. Beim Napffließpressen ist zur Verminderung der Biegung auf eine genaue Führung des Stempels besonders zu achten. Große und schroffe Querschnittsübergänge führen zu Spannungskonzentrationen und sind häufig die Ursache eines vorzeitigen Ausfalls. Übergänge sollen deshalb mit großen Radien riefenfrei gerundet werden.

Abbildung 3.354 zeigt übliche Stempelausführungen. Stempel für das Voll- und Hohlfließpressen sind hohen Druckschwellbelastungen ausgesetzt. Die Verschleißbeanspruchung ist demgegenüber gering. Stempel für das Hohl-Vorwärtsfließpressen haben einen Dorn, der in die Bohrung der Vorform eintaucht und die Innenfläche des Pressteils formt. Man unterscheidet *Stempel mit mitbewegtem Dorn* (vgl. Abb. 3.354 B und C) und *Stempel mit mitlaufendem Dorn* (vgl. Abb. 3.354 D). Ist der Dorn beweglich eingesetzt, kann er sich mit der Reibung zwischen

Abb. 3.354: Stempel zum Fließpressen
A) Stempel zum Voll-Vorwärtsfließpressen,
B) Stempel zum Hohl-Vorwärtsfließpressen mit abgesetztem Dorn,
C) Stempel zum Hohl-Vorwärtsfließpressen mit eingesetztem, festem Dorn,
D) Stempel zum Hohl-Vorwärtsfließpressen mit mitlaufendem Dorn,
E) Stempel zum Napf-Rückwärtsfließpressen
a Schaft, b Kopf, c Dorn, d Fließbund

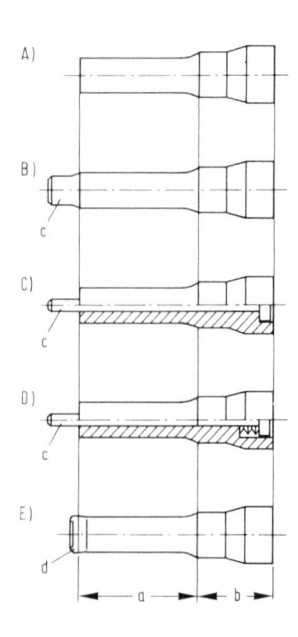

Abb. 3.355: Gestaltung von Stempeln für das Hohl-Vorwärtsfließpressen
(ICFG Doc. No. 6/82)
A) Stempel mit abgesetztem Dorn
B) Stempel mit eingesetztem Dorn
(Bezeichnungen und Maßangaben vgl. Tabelle 3.34)

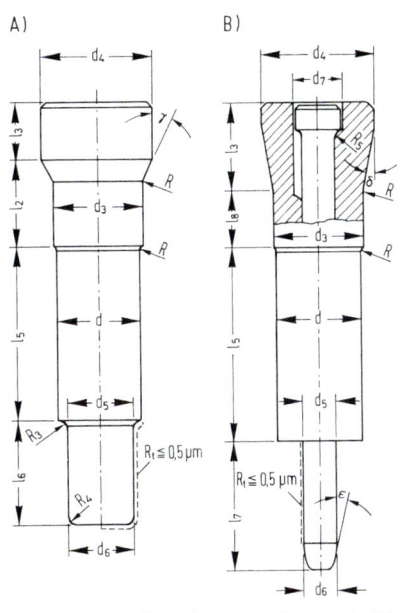

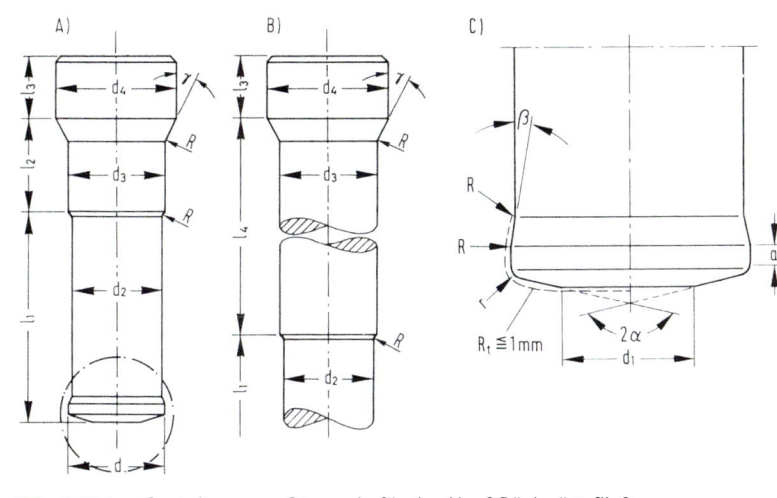

Abb. 3.356: Gestaltung von Stempeln für das Napf-Rückwärtsfließpressen
(ICFG Doc. No. 6/82)
A) kurze Ausführung, B) lange Ausführung, C) Fließbund
(Bezeichnungen und Maßangaben vgl. Tabelle 3.34)

Tab. 3.34: Maßangaben zur Empfehlung für die Ausführung von Fließpressstempeln nach Abb. 3.355 und 3.356

d	je nach Durchmesser des Fertigteils bzw. der Preßbüchsenbohrung	R	riefenfrei gerundet
$d_1 =$	$d - [2R_1 + (0{,}2 \text{ bis } 0{,}3)d]$	$R_1 =$	$(0{,}05 \text{ bis } 0{,}1)\,d$
$d_2 =$	$d - (0{,}1 \text{ bis } 0{,}2 \text{ mm})$	$R_2 \approx$	$0{,}3\,(d_4 - d_3)$
$d_3 =$	$(1 \text{ bis } 1{,}3)d$	$R_3 =$	$0{,}5\,(d - d_5)$
$d_4 =$	$(1{,}3 \text{ bis } 1{,}5)d$	R_4	je nach Fertigteilmaß
d_5	je nach Durchmesser des Fertigteils	$R_5 \approx$	$0{,}3\,(d_7 - d_5)$
d_6	je nach Durchmesser des Fertigteils	Planlaufabweichung $< 0{,}005$ mm	
$d_7 \approx$	$1{,}3 d_5$		
$=$	$(0{,}3 \text{ bis } 0{,}7)d$	$2\alpha =$	$170° \text{ bis } 160°$
		$\beta =$	$4° \text{ bis } 5°$
$l_1 \leq$	$2{,}5\,d$	$\gamma =$	$15° \text{ bis } 30°$
$l_2 \approx$	d_3	$\delta =$	$5° \text{ bis } 15°$
$l_3 \geq$	$0{,}5\,d_4$	ε	$5° \text{ bis } 10°$
l_4	je nach Bauart der Abstreiferhülse	Rundlaufabweichung für $d, d_1, d_2, d_3, d_5, d_6$: $< 0{,}01$ mm	
$l_5 \leq$	$6\,d$ (je nach Eindringtiefe)	$a =$	$(0{,}3 \text{ bis } 0{,}7)\,\sqrt{d}$
$l_6 \leq$	$1{,}5\,d_5$	$r =$	$(0{,}05 \text{ bis } 0{,}1)\,d$
$l_7 \leq$	$8\,d_5$		
$l_8 \approx$	$0{,}5\,d_3$		
$l_9 =$	$(0{,}7 \text{ bis } 1)\,d_7$		

Dorn und Werkstück in Fließrichtung bewegen. Damit lassen sich unzulässig hohe Zugspannungen, wie sie bei festen Dornen kleinen Durchmessers ($d < 10$ bis 12 mm) auftreten und zum Abreißen des Dorns führen können, vermeiden. In der Praxis haben sich Stempel nach Abbildung 3.355 und Tabelle 3.34 bewährt.

Stempel zum Napffließpressen sind hohen zyklischen Druckspannungen, Biegebelastungen und starkem Verschleiß ausgesetzt. Zusätzlich kommt es beim Abstreifen des Pressteils zu einer Zugbeanspruchung. Stempelformen, wie sie in Abbildung 3.356 dargestellt sind, haben sich als gut geeignet erwiesen. Die kurze Bauart ohne Abstreiferhülse (vgl. Abb. 3.356 A) ist vorzusehen, wenn

3.5 Durchdrücken

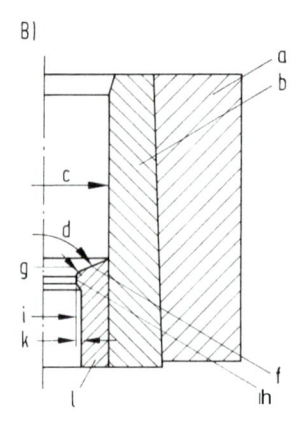

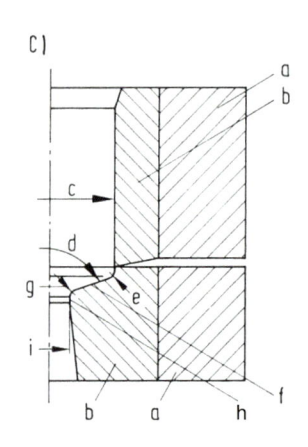

Abb. 3.357: Gestaltung von Pressbüchsen für das Voll- und Hohl-Vorwärtsfließpressen
A) ungeteilt, B) quergeteilt, C) längsgeteilt
a Schrumpfring, Armierungsring, b Pressbüchse (Matrize), c Innendurchmesser der Pressbüchse, d Matrizenöffnungswinkel 2α,
e Schultereintrittsradius, f Schulter, g Schulteraustrittsradius, h Fließbund, i Austrittsdurchmesser, k Freischliff, l Matrizeneinsatz

Abstreifen nicht nötig oder eine Abstreiferbrücke vorhanden ist. Die lange Bauart (vgl. Abb. 3.356 B) muss gewählt werden, wenn eine vom Auswerfer der Maschine betätigte Abstreiferhülse erforderlich ist. Das ist vor allem auf Mehrstufenpressen der Fall. Die Länge l_1 hängt von der gewünschten Napftiefe ab, sollte aber beim Fließpressen von Stahl nicht größer als etwa $l_1 = 3d$ sein. Bei Reinaluminium sind Werte bis 10d, bei Aluminiumlegierungen je nach Festigkeit bis etwa 6d zulässig. Darüber hinaus wird die Gefahr des Knickens und Biegens zu groß, was zur Exzentrizität der Napfbohrung führen kann und die Bruchgefahr erhöht.

Gestaltung der Pressbüchsen

Als Pressbüchse (Matrize) wird das Teil des Werkzeugs bezeichnet, welches das Rohteil aufnimmt und die äußere Gestalt des Pressteils formt. Gestaltung und Auslegung einer Pressbüchse sind von der Form des Werkstücks und den beim Umformen wirkenden Beanspruchungen abhängig.

Für das Voll- und Hohlfließpressen werden Pressbüchsen in *ungeteilter, längs- oder quergeteilter Ausführung* eingesetzt (Abb. 3.357). Ungeteilte Büchsen (vgl. Abb. 3.357 A) sind bei nicht zu hoher Presskraft üblich, das heißt bei den heute gebräuchlichen Kaltfließpressstählen bis zu Umformgraden $\varphi_{max} \approx 1{,}0$. Besonderes Augenmerk ist bei diesen Pressbüchsen auf die Gestaltung des Schulterein- und -auslaufs zu legen. FEM-Berechnungen haben gezeigt, dass an den Übergangsstellen der Fließpressschulter ausgeprägte Spannungsspitzen auftreten (Geiger, M. 1978; Krämer 1979). Dabei sind die Tangential- und die Axialspannung von besonderer Bedeutung, da sie am Schultereinlauf extreme Zugspannungen darstellen und anschließend sprunghaft in Druckspannungen wechseln (Abb. 3.358). Der Größtwert dieser Spannungsspitzen steigt mit kleiner werdendem Schultereintrittsradius und zunehmendem Matrizenöffnungswinkel. Diese Spannungskonzentration zusammen mit dem raschen Wechsel der Axialspannung am Schultereinlauf sind die Ursachen für die bei größeren Umformgraden oft an Pressbüchsen zu beobachtenden Ermüdungsquerrisse. Man begegnet ihnen durch Teilen der Büchsen und *axiales Vorspannen* (Geiger, R. 1988).

Bei *Längsteilung* (vgl. Abb. 3.357 B) wird der Matrizeneinsatz mit einem Durchmesserübermaß von 2 bis 4‰ eingepresst. *Querteilung* (vgl. Abb. 3.357 C) ist möglichst nahe am Schultereinlauf vorzunehmen. Diese Ausführung verlangt eine geeignete Ausbildung der Werkzeugaufnahme, um Ober- und Unterteil der Pressbüchse mit möglichst hohem Druck axial gegeneinander vorspannen zu können.

Für das Napffließpressen werden vor allem *einteilige* und *zweiteilige quergeteilte Matrizen* (Abb. 3.359) verwendet. Einteilige Matrizen werden angewendet, wenn der Übergang vom Napfboden in die Napfwand möglichst scharfkantig ausgeführt werden muss. Beim Napffließpressen von Aluminiumtuben sind einteilige Matrizen ohne Ausstoßer üblich. Quergeteilte Pressbüchsen werden besonders bei hohen Presskräften, bei Büchsen mit Hartmetalleinsätzen zum Vermeiden von Querrissen und/oder bei großen Übergangsradien zwischen Boden und Wand des Pressteils verwendet. Bei Querteilung ist ein axiales Vorspannen empfehlenswert, um zu verhindern, dass sich die Querfuge unter den beim Umformen wirkenden axialen Drücken öffnen und Werkstückwerkstoff in die Fuge eindringen kann (Abb. 3.360).

Bei zylindrischen Pressbüchsen wirkt sich auch die Kontur der formgebenden Werkzeugöffnung auf die Belast

3.5.1 Fließpressen

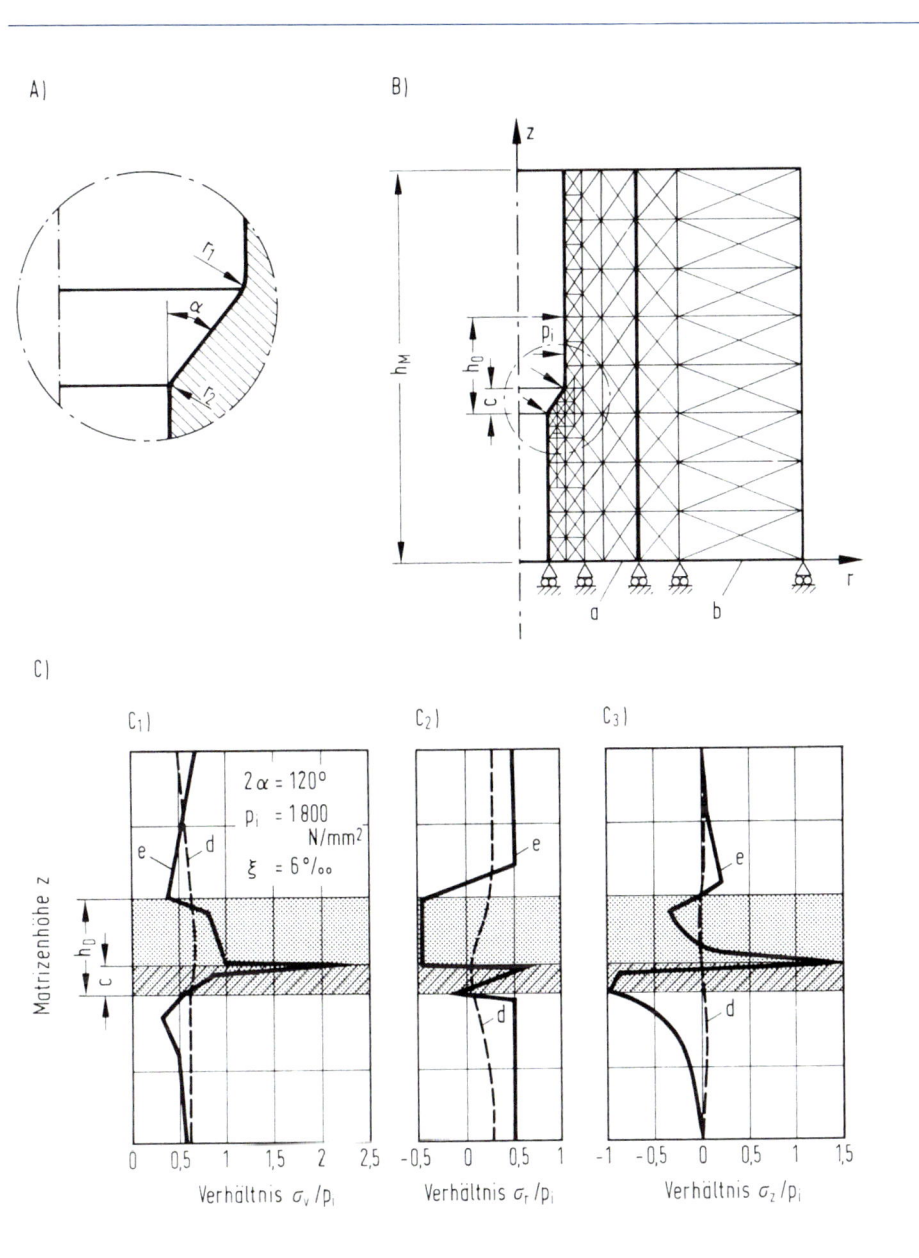

Abb. 3.358: FEM-Berechnung einer einfach armierten Fließpressmatrize zum Vorwärtsfließpressen (Geiger, M. 1978)

A) untersuchte Einflussgrößen (2α, r_1, r_2)
B) Rechenmodell
C) berechnete Spannungsverläufe entlang der Innenkontur und der Fuge
C_1) Vergleichsspannung σ_v
C_2) Radialspannung σ_r
C_3) Axialspannung σ_z
a Innenring
b Außenring
c Schulterbereich
d Spannungen am Innenrand des Außenrings (Fuge)
e Spannungen am Innenrand des Innenrings
h_D Druckraumhöhe
h_M Matrizenhöhe
p_i Innendruck
r_1 Schultereinlaufradius
r_2 Schulterauslaufradius
r, z Koordinatenrichtungen
2α Matrizenöffnungswinkel

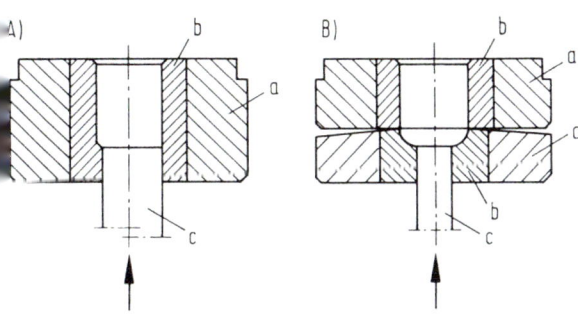

In C₁: $2\alpha = 120°$, $p_i = 1800$ N/mm², $\xi = 6\,°/\!_{oo}$

Abb. 3.359: Gestaltung von Pressbüchsen für das Napf-Rückwärtsfließpressen
A) ungeteilt, B) quergeteilt;
a Armierungsring, b Pressbüchse (Matrize), c Auswerfer

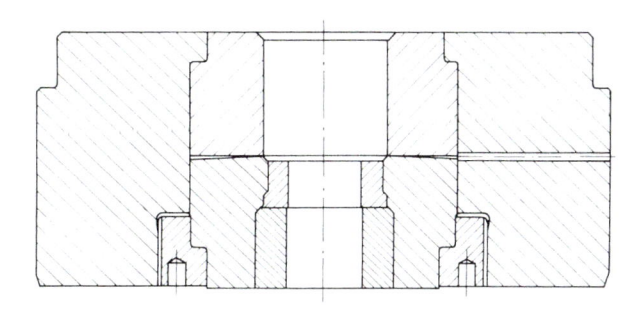

Abb. 3.360: Radial und axial vorgespannte, längs- und quergeteilte Matrize

3.5 Durchdrücken

Abb. 3.361: Einfluss der Geometrie der formgebenden Werkzeugöffnung auf die Belastbarkeit der Matrize. Innenkontur erodiert; Oberflächenfehler bis 0,03 mm tief (Geiger, M. 1978)

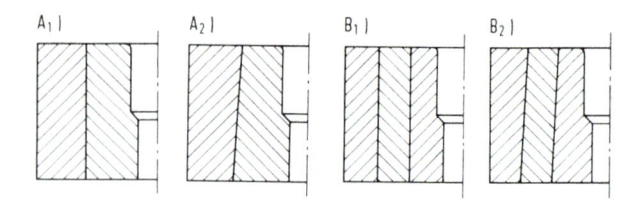

Abb. 3.362: Ausführungsvarianten für Pressverbände
A) einfache Armierung, A_1) zylindrische Fuge, A_2) kegelige Fuge
B) doppelte Armierung, B_1) zylindrische Fuge, B_2) kegelige Fuge

barkeit der Matrize aus. Wie Abbildung 3.361 zeigt, ist die maximale Belastbarkeit einer Matrize bei viereckigem Durchbruch wesentlich geringer als bei einer kreisrunden Kontur gleichen Querschnitts. Ursache sind die an den Ecken ausgelösten Spannungskonzentrationen. Die Spannungsspitze wird mit abnehmendem Eckenradius größer, die Belastbarkeit der Büchse infolgedessen geringer (Geiger, M. 1978). Zur Vermeidung von Ermüdungslängsrissen an den hochbelasteten Ecken, aber auch wegen einer besseren Bearbeitbarkeit werden solche Matrizen häufig in den Ecken längsgeteilt. Die Pressbüchse besteht dann aus einzelnen Segmenten, die über die Armierungsbüchse zusammengehalten werden.

Gestaltung der Pressverbände

Die übliche Art des radialen Vorspannens von Pressbüchsen ist das Aufziehen von *Armierungsringen* (Abb. 3.362). In der Regel handelt es sich hier um einen Ring oder um zwei, im Höchstfall um drei Armierungsringe. Die Zahl der Ringe richtet sich nach der Größe des Innendrucks in der Matrize, den verwendeten Werkzeugwerkstoffen sowie dem für den Werkzeugverband verfügbaren Einbauraum (Tab. 3.35).

Vielfach werden zusätzliche Zwischenbüchsen verwendet, die ohne Vorspannung beispielsweise auf längsgeteilte aus einzelnen Segmenten bestehende Pressbüchsen aufgezogen und mit diesen zusammen in den Armierungsverband eingepresst werden. Für Matrizen mit kegeliger Innenform mit großen Querschnittsunterschieden werden in Längsrichtung geschlitzte Zwischenbüchsen empfohlen, mit denen die Vorspannung gezielt auf den höchstbeanspruchten Teil der Pressbüchse konzentriert werden kann.

Die Fügeteile eines Armierungsverbandes werden normalerweise so ausgelegt, dass sie rein elastisch beansprucht sind. Die relativen *Haftmaße* $\zeta = z/d_F$ betragen üblicherweise weniger als 6‰. Hier bedeuten z Aufmaß, d_F Fugendurchmesser. Überelastisch ausgelegte Armierungen werden nur in Ausnahmefällen (z.B. bei Hartmetallwerkzeugen) eingesetzt, wenn die Fließpresswerkzeuge höchste Innendrücke aufnehmen müssen. Sie erfordern beim Fügen, bei der anschließenden Fertigbearbeitung, dem Transport und beim Pressen besondere Sicherungsmaßnahmen gegen ein explosionsartiges Bersten (Neitzert 1982).

Abbildung 3.362 zeigt verschiedene Ausführungsformen von Armierungsverbänden. Man unterscheidet zwischen Armierung mit *zylindrischen* oder *kegeligen Fugen*. Die zylindrische Fuge hat den Vorteil, dass die Armierungsringe billiger hergestellt werden können. Nachteilig ist die erhöhte Neigung zu Riefenbildung beim Austauschen der Pressbüchse. Bei kegeligen Fugen ist darauf zu achten, dass die Pressbüchse weder durch die Umformkräfte noch durch die Ausstoßkräfte aus dem Verband herausgeschoben werden kann. Mit abnehmender Höhe der Pressbüchse müssen deshalb größere Neigungswinkel gewählt werden. In Tabelle 3.36 sind in der Praxis bewährte Winkel angegeben.

Tab. 3.35: Richtwerte für die Beanspruchbarkeit und Auslegung von Armierungsringen und Pressverbänden (VDI-Richtlinie 3176)

Innendruck p_i [N/mm²]	Anzahl Armierungsringe	Durchmesserverhältnis d_a/d_i	Näherungsgleichung für Fugendurchmesser d_F [mm]
bis 1000	0	4 bis 5	—
1000 bis 1600	1	4 bis 6	$d_1 \approx 0{,}9 \cdot \sqrt{d_a \cdot d_i}$
1600 bis 2000	2	4 bis 6	$d_i : d_1 : d_2 : d_a \approx$ (1,6 bis 1,8) : (2,5 bis 3,2) : (4 bis 6)

d_i Innendurchmesser der Matrix, d_1, d_2 Fugendurchmesser, d_a Außendurchmesser der Armierung

3.5.1 Fließpressen

Verhältnis h/d_1	Neigungswinkel α [Grad]	Kegel
≥ 0,8	0,5 bis 1	1 : 100 bis 1 : 50
0,5 bis 0,8	2 bis 3	1 : 30 bis 1: 20
< 0,5	5	1 : 10

h Pressbüchsenhöhe, d_1 Pressbüchsenaußendurchmesser

Tab. 3.36: *Empfohlene Neigungswinkel für kegelige Trennfugen (VDI-Richtlinie 3176)*

Das Fügen von Pressverbänden mit mehreren Armierungsringen erfolgt grundsätzlich von außen nach innen. Bei umgekehrtem Vorgehen kann der zuletzt aufzubringende Ring überelastisch gedehnt werden oder sogar reißen. Für das Fügen werden drei Vorgehensweisen angewendet:

- Fügen durch Erwärmen ist bei zylindrischen Fügeflächen erforderlich. Das Fügen erfolgt durch Wärmen des Außenringes auf eine Temperatur, die eine zum Einführen des Innenteils ausreichende Wärmedehnung hervorruft, und nachfolgendes Schrumpfen durch Abkühlung (Schrumpfverband). Die Fügetemperatur darf aber nicht die Anlasstemperatur des Werkzeugstahls übersteigen. Das Fügeverfahren ist damit nur auf relative Haftmaße $\zeta < 4\,‰$ anwendbar.
- Fügen durch Einpressen bei Raumtemperatur verlangt das Vorliegen kegeliger Trennfugen. Die mechanische Bearbeitung der Fügeteile ist aufwendiger, dafür tritt kein Wärmeverzug auf.
- Fügen durch Erwärmen und Einpressen wird dann angewendet, wenn sehr hohe Vorspannungen aufgebracht werden müssen und damit große Haftmaße vorliegen.

Größere radiale Vorspannungen als sie durch Armieren mit Ringen erzielt werden können, lassen sich bei Einsatz von *Bandarmierungen (Strecon)* aufbringen (Groenbaek 1985, 2000, 2002; Hinsel 2003). Dabei wird ein gehärtetes Stahlband unter hoher Zugspannung auf einen hoch gehärteten Zwischenring gewickelt. Jede Bandschicht kommt einem sehr dünnen Armierungsring gleich (Abb. 3.363). In diesen Verband wird dann die Pressbüchse oder Matrize eingepresst. Bandgewickelte Werkzeuge können für Innendrücke bis ungefähr 3.500 N/mm² ausgelegt werden. Bei gleichen Abmessungen ertragen sie bis zu 40 Prozent höhere Innendrücke als konventionell vorgespannte Fließpresswerkzeuge. Bei gleichem zulässigem Innendruck sind die Außenabmessungen kleiner als bei den konventionellen Armierungen. Durch die Verwendung einer Armierung mit Hartmetallwickelkern *(Strecon E+)* kann die Steifigkeit der Armierung erhöht werden, da Hartmetall einen wesentlich höheren E-Modul als Stahl aufweist. Das führt zu kleineren Dehnungsamplituden im kritischen Werkzeugbereich, womit der Werkzeugermüdung entgegengewirkt werden kann (Völkl 2004).

Häufig werden mit Bandarmierungen erheblich höhere Standmengen der Matrizen erreicht, und auch die Streuung der Standmengen wurde dadurch in einzelnen Fällen schon deutlich reduziert (Geiger, R. 1991). Wegen des harten Wickelkerns können die Armierungen nahezu unbeschränkt ein- und ausgepresst werden, was gerade für Kleinserienfertigung ein entscheidender Kostenvorteil ist.

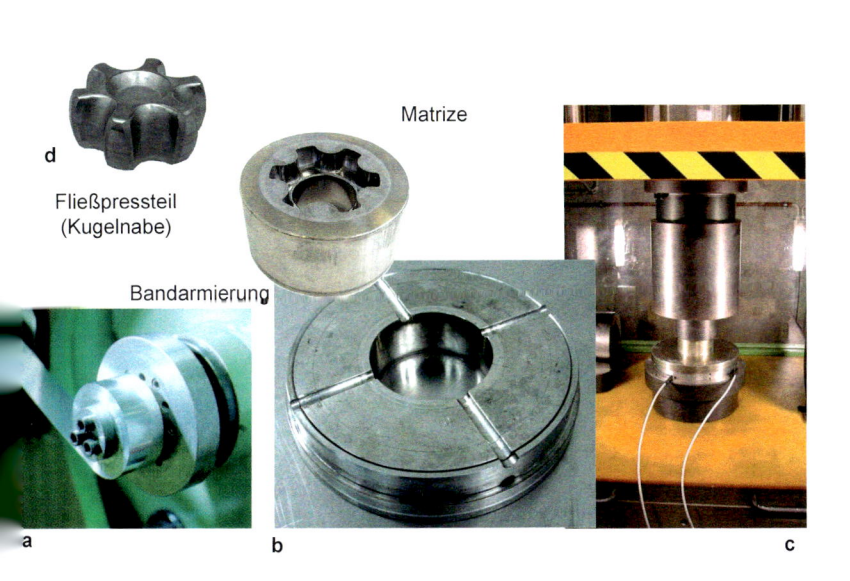

Abb. 3.363:
Bandarmierung.
a Wickelvorgang (Strecon),
b Bandarmierung und Matrize,
c Einpressen der Matrize in die Bandarmierung,
d Fließpressteil (Kugelnabe)
(Quelle: ThyssenKrupp Presta)

3.5 Durchdrücken

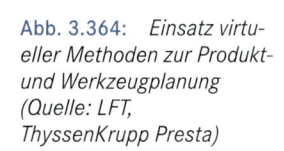

Abb. 3.364: Einsatz virtueller Methoden zur Produkt- und Werkzeugplanung (Quelle: LFT, ThyssenKrupp Presta)

- FE-Stofffluss-Simulation
- Berechnung von Werkzeugbelastung und elastischer Deformation
- gezielte Werkzeugkorrektur

3.5.1.14.2 Auslegung von Fließpresswerkzeugen

Eine beanspruchungsgerechte Auslegung der Fließpresswerkzeuge setzt voraus, dass man die Belastungen der Werkzeugteile kennt, daraus deren Beanspruchung berechnen kann und schließlich weiß, welche zulässigen Werkzeugstoffkennwerte zum Vergleich herangezogen werden können.

Diese Aufgabe kann man mit den Möglichkeiten der Elementaren Plastizitätstheorie nur angenähert behandeln.

Mit der Finite Elemente Methode (FEM) stehen aber heute Berechnungsverfahren zur Verfügung, die eine sehr genaue Berechnung der auftretenden Beanspruchungen, eine optimale Gestaltung des Umformvorgangs und der Auslegung der Fließpresswerkzeuge und der Werkzeugvorspannung ermöglichen (Kudo 1970; Geiger, M. 1978; Lange 1979-1 und -2; Neubert 1979; Geiger, R. 1991; Völkl 2004).

Abbildung 3.364 zeigt beispielhaft die Optimierung der laufenden Fertigung einer Kugelnabe mittels der FE-Analyse. An Stellen höchster Zugspannungen versagen derartige Matrizen häufig durch Risse. Als Ergebnis der FE-Analyse wurden die Rohteilgeometrie und die örtlichen Radien so verändert, dass die Rissanfälligkeit der Matrize erheblich reduziert und eine deutliche Standmengenverbesserung erzielt wird.

Unbefriedigend sind weiterhin die Kenntnisse über die Kennwerte der verfügbaren Werkzeugwerkstoffe, besonders für den harten Zustand (Krämer, W. 1970; Eberlein 1978-1 und 1978-2; Knoerr 1996; Blum 1980; De Monte 2009; Meidert 2006). Fließpresswerkzeuge sind hoher zeitlich wechselnden Beanspruchungen ausgesetzt, werden also dynamisch beansprucht. Um das Verhalten der Werkzeugwerkstoffe unter diesen Bedingungen beschreiben zu können, müssten *dynamische Festigkeitswerte* für die Berechnung verwendet werden. Hier liegen jedoch weiterhin kaum Daten vor. Aber auch *statische Festigkeitswerte* sind nur beschränkt verfügbar. Fließpresswerkzeuge werden deshalb gegenwärtig weitgehend mit Hilfe abgeschätzter statischer Kennwerte nachgerechnet.

Abb. 3.365: Werkzeugbelastungen beim Napf-Rückwärtsfließpressen
d Stempeldurchmesser, p_i Innendruck, p_B bezogene Bodenkraft, p_{st} bezogene Stempelkraft, F_{st} Stempelkraft

Beanspruchung von Fließpresswerkzeugen

Die *bezogene Stempelkraft* als die über den Stempelquerschnitt wirkende mittlere Druckspannung ergibt sich aus der Stempelkraft F_{St} zu

$$p_{St} = \frac{F_{St}}{A_{St}} = \sigma_{zd} \qquad (3.195),$$

wobei F_{St} für die verschiedenen Fließpressverfahren nach den in Kapitel 3.5.1.2.4 und 3.5.1.3.4 angegebenen Möglichkeiten bestimmt werden kann. Der Gegenstempel beim Napffließpressen wird bei Vernachlässigung der Wandreibung mit der bezogenen Kraft (Abb. 3.365) belastet:

$$p_B = \frac{F_{St}}{A_0} = \varepsilon_A \cdot p_{St} \qquad (3.196).$$

Für die Auslegung von Pressbüchse und Armierung ist die Kenntnis des Innendrucks erforderlich. Nach Untersuchungen von *Schmitt* kann beim *Napffließpressen* der auf die Wand der Pressbüchse wirkende mittlere Druck in guter Näherung mit

$$p_i = p_{St} \cdot \varepsilon_A \qquad (3.197)$$

angesetzt werden, sofern $\varepsilon_A > 0{,}45$ ist (Schmitt 1969). Er ist damit gleich der bezogenen Kraft p_B, mit der der Gegenstempel (Auswerfer) belastet wird. Für das *Voll- und Hohlfließpressen* ist p_i aus der Gleichung

$$p_i = \frac{F_{St}}{A_{St}} - k_{f0} \qquad (3.198)$$

zu errechnen. k_{f0} ist der Anfangswert der Fließspannung.

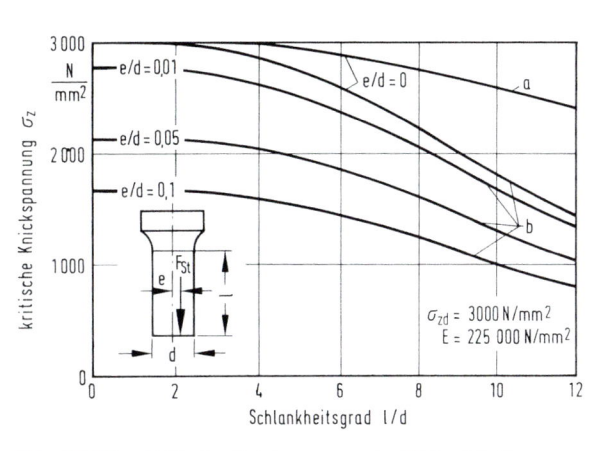

Abb. 3.367: *Kritische Knickspannung in Abhängigkeit vom Schlankheitsgrad eines Stempels für Stempel aus Schnellarbeitsstahl (ICFG Doc. No. 5/82)*
a Voll-Vorwärtsfließpressen, b Napf-Rückwärtsfließpressen, d Stempeldurchmesser, e Exzentrizität des Kraftangriffs, l Stempellänge, E Elastizitätsmodul, σ_{zd} mittlere Druckspannung (Gl. 3.180)

Rechnerische Auslegung

Für die überschlägige Nachrechnung von Werkzeugen geht man häufig vereinfachend davon aus, dass statische Belastung und gleichmäßige Druckverteilung über die Wirkfläche des Stempels bzw. die Innenfläche der Pressbüchse vorliegt sowie keine Eigenspannungen vor dem Fügen vorhanden sind.

Berechnung von Stempeln

Die axiale Stempeldruckbeanspruchung kann mit Gleichung 3.195 bestimmt werden. Außermittige Kraftwirkung (Abb. 3.366) führt zu zusätzlichen Biegespannungen, die sich dem axialen Druck zu einer Gesamtbelastung

$$\sigma_{zges} = p_{St} \cdot \left(1 + 8 \cdot \frac{e}{d}\right) \qquad (3.199)$$

überlagern. Bei Stempeln mit Querschnittsunterschieden können zusätzlich Kerbspannungen hinzukommen.
Für e kann als Richtwert beim *Napf-Rückwärtsfließpressen* 0,01 bis 0,02, beim *Voll-Vorwärtsfließpressen* 0,02 bis 0,07 eingesetzt werden (Erben 1976). *Außermittige Kraftwirkung* erhöht auch die Gefahr des Ausknickens des Stempels (Abb. 3.367).

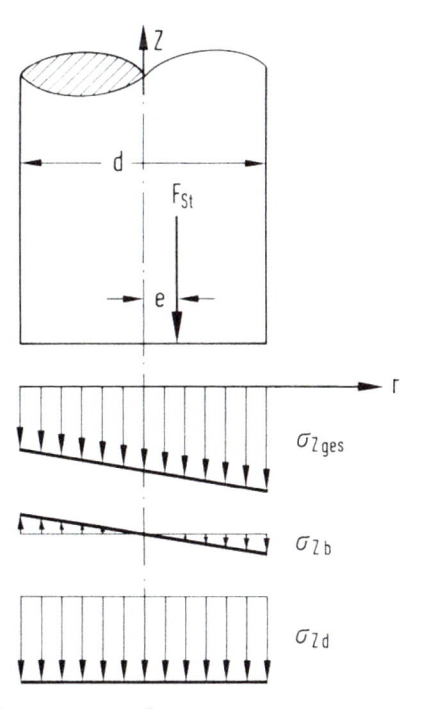

Abb. 3.366: *Überlagerte Druck- und Biegebeanspruchung eines Stempels (ICFG Doc. No. 5/82)*
d Stempeldurchmesser, e Exzentrizität des Kraftangriffs, F_{St} Stempelkraft, σ_{zb} Biegespannung, σ_{zd} mittlere Druckspannung nach Gleichung 3.180, σ_{zges} gesamte Spannung (Gl. 3.184)

3.5 Durchdrücken

Abb. 3.368: Theoretische Spannungsverteilung in einem a dickwandigen Hohlzylinder unter Innendruck, gültig für D/d = 4, b zweiteiligen, c dreiteiligen Pressverband ohne und mit überlagertem Innendruck (ICFG Doc. No. 5/82)

d Innendurchmesser der Pressbüchse
p_i Innendruck
D Außendurchmesser des Pressverbandes
σ_r Radialspannung
σ_t Tangentialspannung
$\sigma_v = \sigma_t - \sigma_r$ Vergleichsspannung

theoretische Spannungsverteilung
— mit Innendruck
— ohne Innendruck

Die nach Gleichung 3.195 berechnete Stempeldruckbeanspruchung wird normalerweise mit der statischen Festigkeit für den gehärteten Zustand des ausgewählten Stempelwerkstoffs verglichen. Für Werkzeugstähle ist hierzu entsprechend der Beziehung

$$\sigma_{zges} < R_{p0,2} \qquad (3.200)$$

die Druckfließgrenze $R_{p0,2}$ als Festigkeitswert einzusetzen. Bei Hartmetall ist der entsprechende Kennwert die 0,2%-Stauchgrenze. Die zulässige Stempeldruckbelastung beträgt je nach Werkstoff bis zu 3.000 N/mm². Für eine genauere Auslegung im Zeitfestigkeitsbereich von 10^3 bis etwa 10^6 Lastspielen muss die Stempelbeanspruchung mit der Druckschwellfestigkeit des Werkzeugwerkstoffs verglichen werden. Der flache Verlauf der Wöhlerlinie im Druckschwellgebiet bestätigt die praktische Erfahrung, dass häufig schon geringe Lastminderungen zu erheblichen Werkzeugstandmengenerhöhungen führen können.

Tab. 3.37: Erhöhung des zulässigen Innendrucks von Pressbüchsen durch Verwendung von Armierungsringen (VDI-Richtlinie 3176)

Kenngröße	Pressbüchse ohne Armierung	einfacher Armierungsverband	doppelter Armierungsverband
$Q_{ges} = d_i / d_a$	0,2	0,2	0,2
$Q_1 = d_i / d_1$	0,2	0,44	0,56
$Q_2 = d_1 / d_2$	–	0,45	0,58
$Q_3 = d_2 / d_a$	–	–	0,61
$\sigma_{v1\,zul}$ [N/mm²]	1500	1500	1500
$\sigma_{v2\,zul}$ [N/mm²]	–	1400	1400
$\sigma_{v3\,zul}$ [N/mm²]	–	–	1300
$p_{i\,zul}$ [N/mm²]	720	1390	2010

$\sigma_{v1\,zul}$ zulässige Vergleichsspannung am Innenrand des Innenrings 1
$\sigma_{v2\,zul}$ zulässige Vergleichsspannung am Innenrand des Zwischenrings 2
$\sigma_{v3\,zul}$ zulässige Vergleichsspannung am Innenrand des Außenrings 3

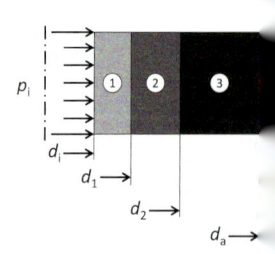

Berechnung von Pressverbänden

Pressbüchsen von Fließpresswerkzeugen sind Innendrücken bis zu 2.000 N/mm² (20.000 bar) ausgesetzt, die zu hohen tangentialen und radialen Spannungen in der Büchse führen. Die höchste Beanspruchung ergibt sich an der Innenkontur der Pressbüchse. Die Vergleichsspannung σ_v nimmt hier bei einer nicht armierten Büchse ungefähr den doppelten Wert des Innendrucks p_i an (Abb. 3.368a), weshalb der Innendruck den halben Wert der 0,2%-Streckgrenze $R_{p0,2}$ des Büchsenwerkstoffs nicht überschreiten darf, um plastisches Verformen zu vermeiden.

Höhere Innendrücke erfordern ein einfaches oder mehrfaches *Armieren* der Pressbüchse. Die durch das Armieren aufgebrachten Vorspannungen wirken den durch die Innendruckbelastung erzeugten Betriebsspannungen entgegen und führen besonders zu einem Abbau der gefährlichen tangentialen Zugspannung an der Innenkontur. Abbildungen 3.368b und 3.368c zeigen qualitativ die in den einzelnen Ringen eines einfach und eines doppelt armierten Pressverbandes wirkenden Spannungen ohne und mit überlagertem Betriebsinnendruck. Der Abbau der tangentialen Zugspannung ist deutlich zu erkennen. Durch richtiges Armieren lassen sich Überlastungslängsrisse von Pressbüchsen zuverlässig vermeiden. Tabelle 3.37 zeigt, wie bei gewählten Innen- und Außenabmessungen einer Pressbüchse bzw. eines Pressverbandes und bei gegebenen Werkstoffkennwerten ($R_{p0,2}$) der für die Pressbüchse und für die einzelnen Armierungsringe gewählten Werkstoffe der zulässige maximale Innendruck p_{izul} durch Aufziehen von einem Ring oder von zwei Armierungsringen erhöht werden kann.

Da *Hartmetalle* zugspannungsempfindlich sind, müssen Hartmetallbüchsen unbedingt radial vorgespannt werden. Über die Größe der Vorspannung ist sicherzustellen, dass bei Betriebslast an der Innenkontur keine tangentialen Zugspannungen auftreten. Hartmetall-Werkzeuge werden deshalb häufig mit *relativen Haftmaß*en $\zeta > 10‰$ bis 20‰ überelastisch armiert. Das gleiche gilt auch für längsgeteilte, aus einzelnen Segmenten bestehende Matrizen, um ein Öffnen der Fugen unter Innendruck zu vermeiden.

Die zur Berechnung radial vorgespannter Pressbüchsen vorwiegend verwendeten analytischen Näherungsverfahren stützen sich auf den *Lamé* Gleichungen ab. Die einzelnen Ringe des Pressverbandes werden dabei als dickwandige Hohlzylinder unendlicher Länge betrachtet, die über ihre ganze Länge unter der Wirkung eines hydrostatischen Außen- und/oder Innendrucks stehen. Ferner werden ebener Spannungszustand mit den Körperachsen als Hauptachsen und linear-elastisches Werkstoffverhalten angenommen. Die in Abbildung 3.368 dargestellten Spannungsverteilungen basieren auf diesen vereinfachenden Annahmen. Die Berechnungsverfahren nach Friedewald (Friedewald 1959) und Adler und Walter (Adler 1967; Lange 1979-1) folgen dieser Vorgehensweise. Für eine detaillierte Behandlung wird auf die erwähnten Arbeiten verwiesen.

Für die praktische Auslegung von Pressverbänden kann man auf Nomogramme wie in ICFG Doc. Nr. 5/82 oder in (Krämer, G. 1979; Lange 1979-2; Neitzert 1982) oder auf die aus den FEM-Parameteranalysen entwickelten Rechnerprogramme (Krämer, G. 1979; Lange 1979-2) zurückgreifen. Sie ermöglichen, vorliegende einfach oder doppelt armierte Verbände auf ihre Beanspruchung und maximale Belastbarkeit nachzurechnen. Die Auslegung geschieht dabei nach den Kriterien

- alle Fügeteile des Verbands sind maximal bis zu ihrer jeweiligen 0,2%-Dehngrenze belastet oder
- an der Innenwand der Pressbüchse treten keine tangentialen Zugspannungen auf.

Die zur Bemessung von einfach armierten zylindrischen Fließpressmatrizen vorliegenden Nomogramme erlauben in zwei Schritten die Ermittlung des zulässigen Innendrucks und der erforderlichen Werkstoffgüte des Armierungsringes. Beide Ringe erreichen dabei im Betriebszustand gerade noch nicht ihre Streckgrenze (Geiger, M. 1978).

Im Unterschied zu der idealisierten Betrachtungsweise sind Fließpressmatrizen von endlicher Länge. Sie haben häufig eine abgesetzte Werkzeugöffnung und einen begrenzten Druckraum, über den meist kein gleichmäßiger hydrostatischer Innendruck herrscht. Zur Lösung solcher komplexen Aufgabenstellungen bieten sich diskrete Näherungsverfahren an.

Leistungsfähigstes Verfahren für das Nachrechnen eines solchen Pressverbandes ist die FEM-Methode (Geiger, M. 1978). Unterlagen zur Auslegung von Fließpressmatrizen mit teilplastischem Armierungsring sind in (Neitzert 1982) auf der Grundlage einer elastisch-plastischen FEM-Parameterstudie erstellt worden. Für Einzelheiten der Berechnung wird auf die hier erwähnten Arbeiten (Geiger, M. 1978; Krämer, G. 1979; Neitzert 1982) sowie auf das ICFG Doc. No. 5/82 verwiesen.

Für das *axiale* Vorspannen quergeteilter Matrizen sind zuverlässige, empirisch nachgeprüfte Berechnungsmöglichkeiten nicht bekannt. Als Richtwert wird für solche Verbände in der Querfuge eine zulässige Flächenpressung von 700 bis 1.000 N/mm² angenommen.

3.5.1.14.3 Werkzeugwerkstoffe

Die Beanspruchung der Aktivelemente von Kaltfließpresswerkzeugen ist sehr unterschiedlich und komplex. Stempel sind hohen Druck- und Biegebeanspruchungen und bei Relativbewegung zwischen Werkstück und Werkzeug auch hohen Reibschubspannungen ausgesetzt. An der Pressbüchse, die fast immer vorgespannt ist, wirken hauptsächlich Druck-, selten Biege- und fast nie tangentiale Zugspannungen, aber immer hohe Reibschubspannungen. Damit werden von den Werkzeugwerkstoffen *Festigkeit, Härte, Zähigkeit* und *Verschleißbeständigkeit*, bei höheren Betriebstemperaturen auch *Anlassbeständigkeit* gefordert. Statische und dynamische Lastzustände sind zu unterscheiden. Die Belastung der Werkzeuge ist häufig nahe der Versagensgrenze des Werkzeugwerkstoffs. Es ist offensichtlich, dass nicht alle genannten Anforderungen von einem einzigen Werkzeugwerkstoff (Berger 2010) optimal erfüllt werden können. Die Auswahl eines Werkstoffs stellt deshalb immer einen Kompromiss dar, der die wesentlichsten Anforderungen einer besonderen Fertigungsaufgabe möglichst gut abdecken muss. Deshalb können nur eine gründliche Beanspruchungsanalyse und die möglichst gute Kenntnis der erreichbaren Eigenschaften eines Werkzeugwerkstoffs zu einer optimalen Werkstoffauswahl und damit hohen Werkzeugstandmengen führen.

Einige der wichtigsten Kriterien für die Werkstoffauswahl sind Art und Höhe der Werkzeugbeanspruchung, Aufbau und Geometrie des Werkzeugs, Fertigungsstückzahl und Werkstücktoleranzen, Zähigkeit und Ermüdungsverhalten, Verschleißbeständigkeit, Druck- und Zugbelastbarkeit, Anlassbeständigkeit und Bearbeitbarkeit sowie Kosten des Werkzeugwerkstoffs.

Für Kaltfließpresswerkzeuge kommen vorwiegend *Werkzeugstähle* zum Einsatz. Für die Verwendung von Stählen sprechen die geringeren Stoff- und Verarbeitungskosten, die höhere Zähigkeit und Zugfestigkeit. *Hartmetalle* werden dann vorteilhaft eingesetzt, wenn hoher Verschleißwiderstand verlangt ist, wie z. B. bei Werkzeugen für große Serien oder eng tolerierte Werkstücke.

Zur beanspruchungsgerechten Auslegung der Werkzeuge benötigt man Kennwerte zu Festigkeit, Härte, Zähigkeit und Verschleiß. Auf die besondere Problematik der zyklischen Beanspruchung wurde bereits hingewiesen. Die statische Druckfestigkeit eines Werkzeugwerkstoffs lässt sich durch die Druckfestigkeit und die 0,2 %-Stauchgrenze $R_{p0,2}$ beschreiben. Für $R_{p0,2}$ lassen sich für die verschiedenen Werkstoffe folgende Richtwerte angeben:

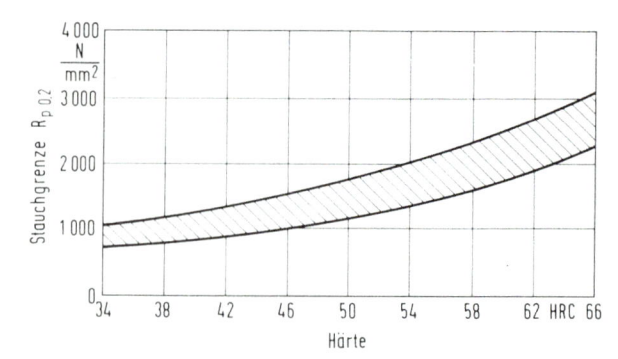

Abb. 3.369: *0,2 %-Stauchgrenze von Werkzeugstählen in Abhängigkeit von der Härte (ICFG Doc. No. 4/82)*

- Kaltarbeitsstähle   1.900 bis 3.200 N/mm²,
- Schnellarbeitsstähle
  - schmelzmetallurgisch
    erzeugt   2.700 bis 3.800 N/mm²,
  - pulvermetallurgisch
    erzeugt   3.300 bis 4.200 N/mm²,
- Hartmetalle   3.300 bis 5.300 N/mm².

Schnellarbeitsstähle bieten eine gute Kombination von Verschleißbeständigkeit und Zähigkeit. Sie haben sich deshalb für Kaltumformwerkzeuge durchgesetzt. Verglichen mit Hartmetallen ist der Verschleißwiderstand zwar geringer, die Zähigkeit jedoch bedeutend höher, und die Bearbeitbarkeit bei der Werkzeugfertigung ist wesentlich einfacher und billiger. Gegenüber den *ledeburitischen 12 %-Chromstählen* liegt die Verschleißfestigkeit höher, die Zähigkeit ist etwa vergleichbar. Die *pulvermetallurgisch hergestellten Schnellarbeitsstähle* weisen eine sehr gleichmäßige Karbidverteilung auf und sind völlig seigerungsfrei. Daraus folgt neben einer hohen Druckbelastbarkeit gleichzeitig ein besseres Zähigkeitsverhalten. Im Unterschied zu den *schmelzmetallurgisch* erzeugten Güten bleiben das Mikro- und das Makrogefüge auch bei großen Querschnitten gleich.

Bei allen Werkzeugstählen ist für das Erreichen der gewünschten Stoffeigenschaften unbedingt auf eine sorgfältige Wärmebehandlung zu achten (Gustafsson 1980). Mit der Wahl der Wärmebehandlungsparameter werden Festigkeit und Zähigkeit in hohem Maße beeinflusst. Die 0,2 %-Stauchgrenze erhöht sich mit zunehmender Härte (Abb. 3.369), die Zähigkeit sinkt dagegen ab. Nicht unwesentlich ist dabei, wie die erforderliche Härte erreicht wird.

Für thermisch hoch beanspruchte Werkzeuge, wie sie beim Halbwarm- oder für das Warmfließpressen eingesetzt werden, ist die Warmhärte von besonderer Be-

Tab. 3.38: *Empfohlene Werkzeugstähle für Kaltumformwerkzeuge nach ICFG Doc. No. 4/82*

Verfahren	Werkzeugteil	Werkstoff-Nr.	Verfahren	Werkzeugteil	Werkstoff-Nr.
1. Voll-Vorwärts-Fließpressen	Stempel	1.2767 1.2379 1.2080 1.3343* 1.3344* 1.3207*	3. Napf-Rückwärts-Fließpressen	Pressbüchse, Matritzeneinsatz	1.2510 1.2542 1.2767 1.2080 1.2344 1.3343* 1.3344*
	Pressbüchse	1.2510 1.2767 1.2718 1.2379 1.2080 1.3343* 1.3344*		Gegenstempel, Auswerfer	1.2510 1.2379 1.2080 1.2344 1.3343* 1.3344*
	Matritzeneinsatz	1.2379 1.2080 1.3343* 1.3344*	4. Verjüngen	Stempel	1.2510 1.2767 1.2718 1.3343* 1.3344*
	einteilige Pressbüchse	1.2542 1.2767 1.2718 1.2379 1.2317 1.2344 1.3343* 1.3344*		Matritze	1.2767 1.2379 1.3343* 1.3344*
2. Hohl-Vorwärts-Fließpressen	Stempel	1.2767 1.2379 1.2080 1.3343* 1.3344*	5. Abstreck-Gleitziehen	Stempel	1.2833 1.2080 1.3343* 1.3344*
	Pressbüchse	1.2542 1.2718 1.2379 1.3343* 1.3344*		Matritze	1.2833 1.2080 1.3344*
	Matritzeneinsatz	1.2542 1.3343* 1.3344*	6. Stauchen	Stauchbahn, -stempel	1.2767 1.2379 1.3343* 1.3344*
	einteilige Pressbüchse	1.2767 1.2718 1.2379 1.2713 1.3343* 1.3344*	7. Anstauchen	Stempel	1.1545 1.2767 1.2718 1.2379 1.3343* 1.3344*
	Dorn	1.2767 1.2344 1.3343* 1.3344* 1.3207*		Aufnehmer, Pressbüchse	1.2767 1.2080 1.3343* 1.3344*
3. Napf-Rückwärts-Fließpressen	Stempel	1.2363 1.2080 1.2344 1.3343* 1.3344* 1.3207*	8. Setzen	Stempel, Gegenstempel	1.2767 1.2379 1.3343* 1.3202* 1.3344*
				Pressbüchse, Aufnehmer	1.2542 1.2080 1.3343* 1.3344*
			9. alle Verfahren	Armierungsring	1.2713 1.2344 1.2709

* Diese Schnellarbeitsstähle können schmelz- oder pulvermetallurgisch erzeugt werden.

3.5 Durchdrücken

Tab. 3.39: *Empfohlene Hartmetallsorten für Werkzeuge zum Kaltmassivumformen (ICFG Doc. No.4/82)*

Werkzeug	\multicolumn{18}{c}{Hartmetallsorte Zusammensetzung in Gew.%}
	A			B			C			D			E			F		
	Co	TaC+NbC	TiC	Co	TaC+NbC	TiC	Co	TaC+NbC	TiC	Co	TaC+NbC	TiC	Co	TaC+NbC	TiC	Co	TaC+NbC	TiC
	5–7	0–2,5	1	8–10	0–2,5	1	11–13	0–2,5	1	14–17	0–2,5	1	18–22	0–2,5	1	23–30	0–2,5	1
Fließpreßstempel				X			X			X								
Stauchstempel							X			X			X			X		
Matrizen, Matrizeneinsatz										X			X			X		
Matrizen zum Verjüngen							X			X			X			X		
Abstreckmatrize	X			X			X			X								
Abstreckstempel	X			X			X											

deutung. Sie ermöglicht Rückschlüsse auf das Festigkeits- und das Verschleißverhalten. *Niedriglegierte Kaltarbeitsstähle* schneiden hier naturgemäß schlecht ab. Die *12%-Chromstähle* sind etwas anlassbeständiger und warmfester. *Warmarbeitsstähle* und *Schnellarbeitsstähle* haben hohe Anlassbeständigkeit (> 520 °C). Die Warmhärte ist bei den Schnellstählen höher auf Grund der höheren Härte bei Raumtemperatur. Bei beiden Stahlsorten tritt oberhalb etwa 600 °C ein Steilabfall in der Härte auf. Bei Hartmetallen nimmt die Warmhärte zwar auch mit steigender Temperatur ab, es tritt jedoch kein Steilabfall auf.

Härtbare Hartstofflegierungen, z.B. *Ferrotitanit*, zeichnen sich gegenüber den Stählen durch höhere Härte und Verschleißbeständigkeit aus. Die Zähigkeit ist geringer. Zu beachten ist die Zugspannungsempfindlichkeit. Härtbare Hartstoffe werden nur in geringem Umfang beim Fließpressen eingesetzt, gewöhnlich bei mittelgroßen Fertigungsstückzahlen, wenn Hartmetalle noch nicht wirtschaftlich sind.

Tabelle 3.38 gibt Empfehlungen für die Verwendung von Werkzeugstählen unter besonderer Berücksichtigung der Bedingungen eines Umformverfahrens und der Beanspruchung der Werkzeugelemente. Von den *niedriglegierten Kaltarbeitsstählen* wird vor allem der Schalenhärter W2 (Werkstoff-Nr. 1.2833) für Auswerfer und gering belastete, aber Verschleiß ausgesetzte Werkzeuge wie Abstreckwerkzeuge eingesetzt. *Mittellegierte ölhärtende Stähle*, vor allem 6F7 (1.2767), werden wegen ihrer hohen Zähigkeit häufig für Pressbüchsen und Schrumpfringe verwendet. Für Armierungen hat sich auch der *Warmarbeitsstahl* H13 (1.2344) hervorragend bewährt. Als Stempelwerkstoff werden vorwiegend die *ledeburitischen 12%-Chromstähle* wie D2 (1.2379) mit einer Härte von 60 bis 62 HRC sowie die *Schnellarbeitsstähle* M2 (1.3343), Härte 62 bis 64 HRC, und M3/2 (1.3344), Härte 63 bis 65 HRC, verwendet. Bei großen Querschnitten und hohen Belastungen sind besonders die *pulvermetallurgisch erzeugten Schnellstähle* zu empfehlen.

Für Pressbüchsen sind vor allem die Sorten D2 (1.2379) mit einer Einbauhärte von 60 bis 62 HRC und M2 (1.3343) mit einer Härte von 60 bis 64 HRC üblich. Die *martensitaushärtbaren* Stähle, z.B. Werkstoff-Nr. 1.2709, haben sich auf Grund ihrer guten Zähigkeit für Schrumpfringe, Zwischenringe u.a. bewährt. Hier wird häufig auch der Werkstoff H13 (1.2344) eingesetzt.

Die beim Massivumformen verwendeten Hartmetallsorten bestehen meist aus Wolframkarbid (WC) mit Kobalt (Co) als metallischem Binder. Das Mischungsverhältnis bestimmt weitgehend die Eigenschaften des Hartmetalls. In der *International Cold Forging Group (ICFG)* wurde im Rahmen einer internationalen Gemeinschaftsarbeit der Versuch unternommen, die Vielfalt der heute erhältlichen Güten firmenneutral in sechs Sorten A, B bis F in einem Datenblatt zusammenzustellen, ihre Analysenwerte und ihre mechanischen und physikalischen Eigenschaften festzulegen (ICFG Doc. No. 4/82). Der Co-Gehalt liegt zwischen 6 und 30 Prozent. Für die Auswahl der für einen besonderen Anwendungsfall am besten geeigneten Sorte ist zu beachten, dass mit steigendem WC-Anteil Härte, Druckfestigkeit und Verschleißbeständigkeit zunehmen und sich die Verschweißneigung verringert. Andererseits werden Zähigkeit, Kerbzähigkeit, Biege- und Knickfestigkeit mit steigendem Co-Gehalt größer. Eine Abhängig-

3.5.1 Fließpressen

keit der Eigenschaften von der Korngröße ist vorhanden. Feinkörnige Legierungen sind auf Grund ihrer schlechten Zähigkeit für Kaltfließpresswerkzeuge nicht geeignet (Blum 1980).

In Tabelle 3.39 sind Empfehlungen für eine Verwendung der verschiedenen Hartmetallsorten für Kaltformwerkzeuge angegeben. Für Fließpressstempel werden vorwiegend die Sorten C und D, z. B. GT20, GT30 und BT40, eingesetzt. Die Sorten A und B, z. B. GT5 und GT15, finden als Stempelwerkstoff bei Vorliegen hoher Druck- und Verschleißbeanspruchung Verwendung. Diese bindemetallärmeren Hartmetallsorten können durch eine *HIP-Behandlung* (*Hot Isostatic Pressing*) in der Zähigkeit deutlich verbessert werden.

Für Pressbüchsen und Matrizen werden hauptsächlich die zähen Hartmetallsorten mit einem Co-Anteil von 15 bis 30 Prozent verwendet, z. B. BT 40 und BT 45. Da bei Abstreckwerkzeugen die Beanspruchungen geringer sind, können die Hartmetallsorten hier vorrangig unter dem Gesichtspunkt der Verschleißbeständigkeit ausgewählt werden. Üblich sind deshalb hier die Sorten A bis C, z. B. GT 15. Bei hochbeanspruchten Werkzeugen empfiehlt es sich, bei der Wahl des Hartmetalls die Hinweise des Hartmetall-Herstellers zu berücksichtigen.

3.5.1.14.4 Schließvorrichtungen

Mit der Entwicklung und Einführung des Querfließpressens wurden Schließvorrichtungen erforderlich, mit denen geteilte Matrizen bereits im Niedergang der Presse voreilend geschlossen werden können. Die Umformung erfolgt dann anschließend in dem geschlossenen Werkzeug. Das erfordert hohe Schließkräfte, um ein Öffnen der Werkzeughälften bei den hohen Innendrücken sicher zu verhindern. Die Schließkraft sollte zum Erzielen optimaler Matrizenstandmengen etwa das 0,8 bis 1,0-fache der Stempelbelastung betragen. Damit können Formteile, wie z. B. Kugelnaben, Kegelräder, Spurstangenköpfe und Gelenkgabeln, gratfrei gepresst werden. Die Schließkraft wird üblicherweise mit dem Niedergang des Pressenstößels über Federsysteme wie hydraulische Federkissen, Tellerfederpakete oder Elastomerfedern aufgebracht. Vereinzelt sind auch mechanische Verriegelungen bekannt. In (Lange 2008) werden die verschiedenen Systeme ausführlich beschrieben. Die hydraulischen Schließvorrichtungen werden in der industriellen Praxis vorwiegend verwendet. Je nach Anforderung durch das Pressteil baut man sie im Unter- oder im Oberwerkzeug oder sogar in beiden Werkzeugen ein. In einem mehrstufigen Werkzeugsatz können sie auch gleichzeitig in mehreren Stufen aktiviert werden. Typische Anwendung ist die Fließpressfertigung von Spurstangenköpfen (Lange 2008; Schuler 1996).

Geiger hat bei seiner Untersuchung des kombinierten Napffließpressens eine *schwimmende Matrize* verwendet, um gleiche Reibungsverhältnisse bei den beiden Teilvorgängen Napf-Rückwärts- und Napf-Vorwärtsfließpressen zu erreichen (Geiger, R. 1976-1). Dieses Prinzip wurde später auf das Querfließpressen von Teilen wie Kardankreuze und Tripoden übertragen, um auch dort ein gleichmäßiges Auspressen der Zapfen zu ermöglichen.

Derartige Schließvorrichtungen ermöglichen damit einerseits das *Präzisionsfließpressen im geschlossenen Werkzeug*. Andererseits kann aber auch durch den gezielten Einsatz schwimmender Matrizen eine bewusste Steuerung des Werkstoffflusses beim Umformen erreicht werden. Diese zusätzliche Funktion lässt sich mit relativ geringem zusätzlichem Aufwand in eine Schließvorrichtung integrieren, nachdem eine Werkzeugschließbewegung schon vorhanden ist.

Abbildung 3.370 zeigt den grundsätzlichen Aufbau einer *hydraulischen Schließvorrichtung* mit integriertem Werkzeug für das Querfließpressen, bei dem die schwimmende Matrizenanordnung über ein hydraulisches Federkissen dargestellt wird. Solche Werkzeugsysteme werden heute für die Serienfertigung von Querfließpressteilen wie Kardankreuzen auf stehenden mechanischen Pressen eingesetzt. Von der Kinematik her sind Kurbelpressen von

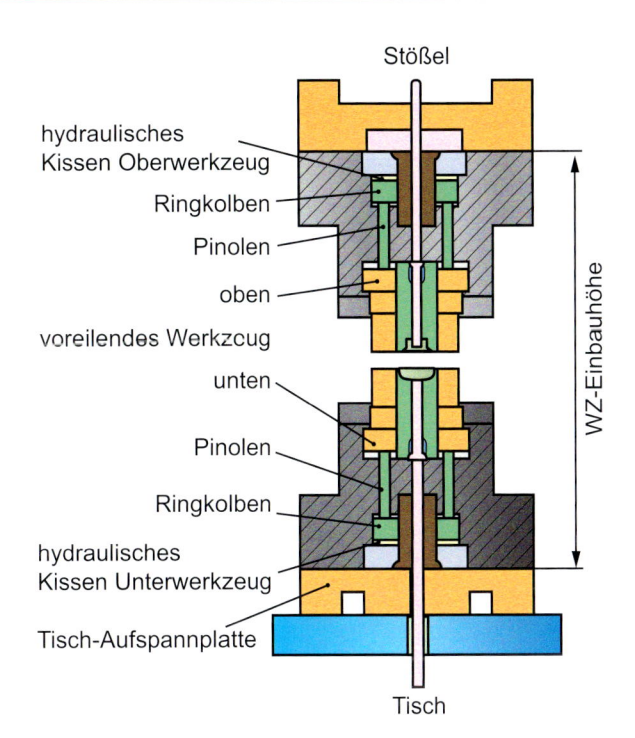

Abb. 3.370: *Fließpresswerkzeug mit hydraulischer Schließvorrichtung (Schuler 1996)*

3.5 Durchdrücken

Tab. 3.40: Kraft-, Zeit- und geometrische Kennwerte von Kurbel-, Exzenter-, Kniehebel-, Gelenk- und hydraulischen Pressen

Benennung		Kurbel- und Exzenterpressen	Kniehebelpressen, Gelenkpressen	Hydraulische Pressen
Nennkraft F_N in kN		1000 bis 16000	1000 bis 16000	1000 bis 25000
Dauerhubzahl n_D in min^{-1}		10 bis 100	20 bis 200	5 bis 60
Stößelrückzugskraft F_R in kN		$(0{,}1$ bis $0{,}15) F_N$	$(0{,}05$ bis $0{,}2) F_N$	$(0{,}1$ bis $0{,}15) F_N$
Tisch	Auswerferkraft F_A in kN	$(0{,}05$ bis $0{,}15) F_N$	$(0{,}05$ bis $0{,}2) F_N$	$(0{,}05$ bis $0{,}15) F_N$
	Auswerferweg h_A in mm	$(0{,}25$ bis $0{,}5) H_{max}$	$(0{,}1$ bis $0{,}5) H_{max}$	$(0{,}25$ bis $0{,}5) H_{max}$
Stößel	Auswerferkraft F_A in kN	$(0{,}02$ bis $0{,}1) F_N$	$(0{,}01$ bis $0{,}05) F_N$	$(0{,}01$ bis $0{,}05) F_N$
	Auswerferweg h_A in mm	$(0{,}1$ bis $0{,}3) H_{max}$	$(0{,}05$ bis $0{,}2) H_{max}$	$(0{,}1$ bis $0{,}3) H_{max}$

H_{max} größter Hub

Vorteil, nachdem der längere Hub u. U. für die Schließbewegung genutzt werden kann. Daneben sind einzelne Anwendungen auf liegenden vom Draht arbeitenden Pressen mit Hubzahlen bis zu 100 Hüben pro Minute bekannt.

3.5.1.15 Maschinen zum Fließpressen

Für das Kaltmassivumformen werden mechanisch oder hydraulisch angetriebene Pressmaschinen in stehender und liegender Bauart eingesetzt. Neben Einstufenpressen werden Mehrstufenpressen verwendet, und nach der Betriebsart unterscheidet man bei den Maschinen zwischen Fließpressen von vereinzelten Rohteilen und solchen ausgehend vom Draht (bis etwa 50 mm Drahtdurchmesser). Die Grundlagen der Umformmaschinen werden ausführlich in (Feldmann 1959; Dannenmann 1984) behandelt. Von Seiten der Fließpressverfahren werden an die Pressmaschinen folgende Anforderungen gestellt (Tab. 3.40):

- Hohe Presskräfte verbunden mit einem annähernd trapezförmigen Kraft-Weg-Verlauf verlangen, dass die maximale Presskraft bereits zu Beginn des Umformvorgangs zur Verfügung steht. Neben hohen Nennkräften ist damit auch ein großes Nennarbeitsvermögen notwendig.
- Beim Kaltfließpressen sind vielfach hohe Kräfte zum Ausstoßen des Fertigteils aus dem Werkzeug erforderlich. Die Pressmaschinen sollen deshalb so ausgelegt werden, dass 5 bis 10 Prozent, in besonderen Anwendungsfällen bis 20 Prozent der Nennkraft, als Ausstoßkraft verfügbar sind.
- Zum Erzielen ausreichender Werkzeugstandmengen und zur Senkung des Lärmpegels sollte die Stößelauftreffgeschwindigkeit möglichst klein sein. Übliche Werte für die Auftreffgeschwindigkeit v_A sind
  $v_A > 0{,}4$ m/s bei Kurbel- und Exzenterpressen,
  $v_A < 0{,}4$ m/s bei Kniehebelpressen,
  $v_A < 0{,}1$ m/s bei hydraulischen Pressen.
- Die Arbeitsgeschwindigkeit sollte über den Vorgang hinweg annähernd gleich bleiben, um dem Werkstoff Zeit zum Fließen zu geben.
- Hohe Genauigkeitsanforderungen an die Kaltfließpressteile ziehen zwangsläufig entsprechende Forderungen für die Werkzeugmaschine nach sich. Geradlinige Stößelbewegung und genaue Lageführung des Stößels gegenüber dem Tisch, hohe vertikale und bei außermittiger Belastung auch hohe Kippsteifigkeit der Maschine sind für die Arbeitsgenauigkeit von großer Bedeutung (Hanisch 1978; Doege 1978; Dannenmann 1984; Geiger, R. 1988).
- Bei mittiger Belastung ist die Abstandsänderung zwischen Tisch- und Stößelfläche zu beachten. Sie setzt sich aus den Anfangsspielen im Antriebssystem, der Federung aller im Kraftfluss befindlichen Maschinenteile sowie der Durchbiegung von Tisch- und Stößelfläche zusammen. Die Federzahl c_{ges} in Stößelbewegungsrichtung kennzeichnet die vertikale Steifigkeit der Presse. Üblich sind Federzahlen $c_{ges} > 1.000$ kN/mm. Für die Arbeitsgenauigkeit beim Fließpressen ist allerdings die Gesamtsteifigkeit des Systems Werkzeug-Umformmaschine maßgebend. Sie ist immer kleiner als die Einzelsteifigkeiten. Die Systemsteifigkeit wird vor allem von der Werkzeugsteifigkeit bestimmt. Maßnahmen zur Erhöhung der Steifigkeit sind deshalb zuerst am Werkzeug, in zweiter Linie an der Maschine anzusetzen.

3.5.1 Fließpressen

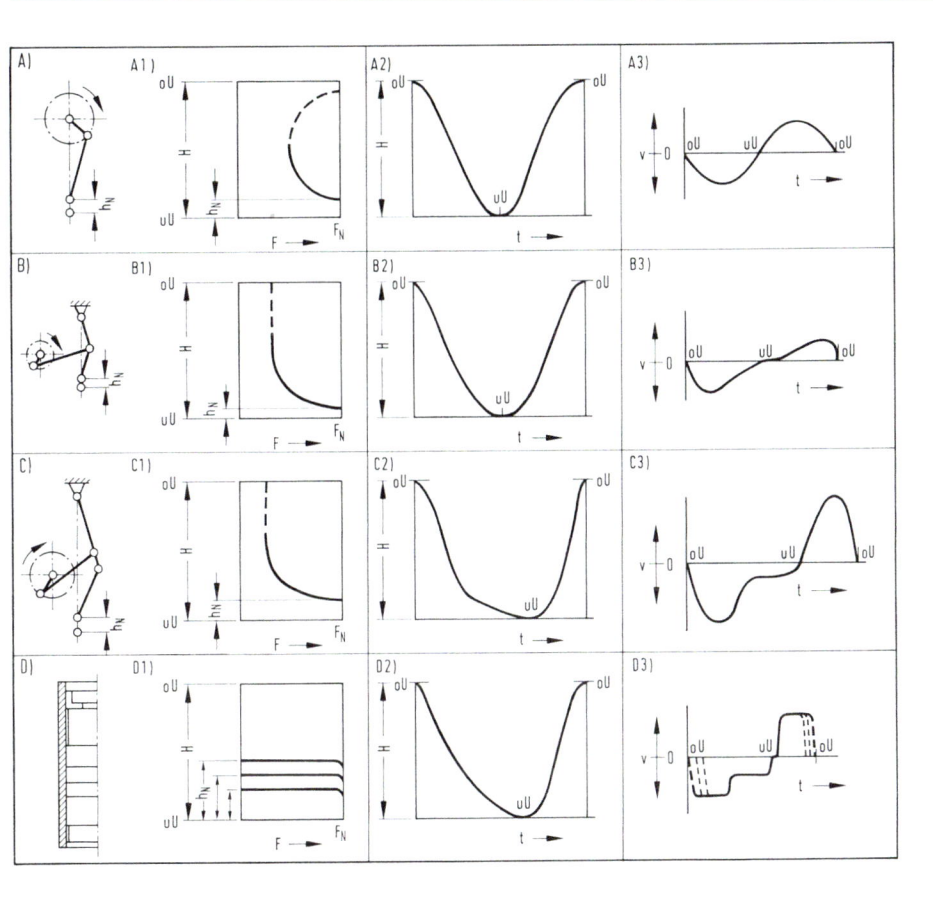

Abb. 3.371: Kennlinien verschiedener Pressen zum Kaltfließpressen
A) Kurbel- und Exzenterpressen,
B) Kniehebelpressen,
C) Gelenkpressen,
D) hydraulische Pressen,

A1) bis D1) Kraft-Weg-Kennlinie,
A2 bis D2) Weg-Zeit-Kennlinie,
A3) bis D3) Geschwindigkeit-Zeit-Kennlinie

h_N Nennkraftweg in mm,
oU oberer Umkehrpunkt,
uU unterer Umkehrpunkt,
t Zeit in s,
v Geschwindigkeit in mm/s,
F Kraft in kN,
F_N Nennkraft in kN,
H Hub in mm

- Außermittige Belastung, wie sie bei Mehrstufenpressen nicht vermeidbar ist, führt zusätzlich zu einer Kippung und zu einer seitlichen Verlagerung des Stößels gegenüber dem Tisch. Mehrstufenpressen werden gewöhnlich so ausgelegt, dass 1/4 der Nennkraft bei außermittigem Kraftangriff von 1/4 der Tischbreite oder -tiefe zulässig ist. Die Kippzahl c_k beschreibt als Kenngröße die Steifigkeit bei außermittiger Belastung.

Diese Genauigkeitsforderungen lassen sich nur einhalten, wenn sie bereits bei der Konstruktion der Presse berücksichtigt werden. Die Anwendung von FEM-Methoden zur beanspruchungs- und verformungsgerechten Auslegung von Maschinen zum Kaltfließpressen ist heute Stand der Technik (Engel 2008; Brecher 2008).

3.5.1.15.1 Hydraulische Pressen

Abbildung 3.371 zeigt die Kraft-, Weg- und Geschwindigkeitskennlinien der für das Kaltfließpressen eingesetzten Pressmaschinen. Den Anforderungen der Fließpressvorgänge bezüglich des Kraft-Weg-Verlaufs werden kraftgebundene hydraulische Pressen vom Antrieb her am besten gerecht. Ferner lassen sich bei ihnen Hübe und Geschwindigkeiten weitgehend dem Umformvorgang anpassen.

Hydraulische Kaltfließpressen werden meist mit *direktem Pumpenantrieb* (Abb. 3.372) und damit mit hoher Anschlussleistung, vereinzelt aber auch mit *Speicherbetrieb* ausgerüstet. Sie sind im Gegensatz zu den mechanischen Pressen nicht überlastbar. Die elastische Verformung der üblicherweise verwendeten Hubbegrenzung (Festanschlag) hat nur einen geringen, die Gestellauffederung keinen Einfluss auf die Werkstückgenauigkeit (Pobcza 1967). Eine zentrische Zylinderanordnung gewährleistet eine hohe Stößelführungsgenauigkeit und wirkt sich vorteilhaft auf die Werkstückgenauigkeit und die Werkzeugstandmenge aus.

Aus wirtschaftlichen Gründen werden hydraulische Pressen vor allem für die Herstellung von langen schaft- oder hülsenförmigen Werkstücken eingesetzt. Abbildung 3.373 zeigt als Beispiel eine hydraulische Presse für das Abstrecken von Hohlkörpern. Bei der nach dem *Kellver*-Verfahren arbeitenden Maschine fällt im Hin- und Rückhub des Stößels je ein Fertigteil an. Bei hohen Presskräften (oberhalb etwa 15 MN) sind die Hubzahlen hydraulischer Maschinen mit denen mechanischer Pressen vergleichbar. In diesem Presskraftbereich werden

Abb. 3.372: Hydraulische 10 MN-Presse KFP 1000-2 mit direktem Pumpenantrieb (Quelle: Lasco)

Abb. 3.373: Liegende hydraulische 1,6 MN-Zieh- und Abstreckpresse MHS 160/160 (Quelle: Schuler-SMG)

deshalb fast ausschließlich hydraulische Maschinen eingesetzt.

Mehrfachwirkende hydraulische Pressen, bei denen die einzelnen Stößel unabhängig voneinander weg-, zeit- und kraftabhängig gesteuert werden, bieten neue Möglichkeiten für das Net Shape-Fließpressen beispielsweise von Verzahnungen (Kondo 2007). Sie können künftig an Bedeutung gewinnen.

3.5.1.15.2 Mechanische Pressen

Auf Grund der höheren Mengenleistungen im Bereich von Presskräften kleiner 20 MN weist die Mehrzahl aller für das Kaltfließpressen verwendeten Werkzeugmaschinen einen mechanischen weggebundenen Antrieb auf. Im Einsatz sind vor allem *Kurbel-* und *Exzenterpressen, Kniehebel-* und *Gelenkpressen.*

Kurbel- und Exzenterpressen werden gewöhnlich so ausgelegt, dass die Nennkraft bereits ab einer Kurbelstellung von etwa 45° vor u. U. und damit auch ein hohes Nennarbeitsvermögen zur Verfügung steht. Diese Pressen sind vorteilhaft, wenn große Umformwege und hohe Umformarbeiten benötigt werden, wie beispielsweise bei Einsatz von Werkzeugen mit hydraulischen *Schließvorrichtungen* (vgl. Kapitel 3.5.1.14.4). Wegen der kurzen *Druckberühr-*

zeiten werden für die Halbwarm- und Warmumformung fast ausschließlich Kurbel- und Exzenterpressen verwendet. Beim Kaltumformen sind höhere Stößelauftreffgeschwindigkeiten eher nachteilig. Kurbel- und Exzenterpressen sind heute beim Kalt- und Halbwarmfließpressen bis etwa 25 MN Presskraft im Einsatz.

Kniehebelpressen werden mit unterschiedlichen Gelenksystemen angeboten. Maschinen mit konventionellem Kniehebel weisen nur einen Nennkraftweg zwischen 3 und 15 mm bei einem Stößelhub zwischen 50 und 400 mm auf. Sie sind damit vor allem für Vorgänge mit kleinem Arbeitshub, geringem Arbeitsbedarf, aber großer Presskraft geeignet, wie beispielsweise für das *Prägen*. Die Auftreffgeschwindigkeiten sind gering. Wegen des Stößelweg-Zeit-Verlaufs ist der für das Auswerfen der Pressteile und für einen automatischen Werkstücktransport verfügbare Kurbelwinkelbereich kleiner als bei Kurbel- und Exzenterpressen. Konventionelle Kniehebelpressen werden mit Ober- und Unterantrieb mit Nennkräften bis etwa 10 MN gebaut.

Liegende Kniehebelpressen (Abb. 3.374) werden auch für das Tubenfließpressen von dünnwandigen Formteilen aus Aluminium und anderen Nichteisen-Werkstoffen (Tuben, Dosen, Kondensatorbecher) meist in Verbindung mit Folgemaschinen zum Beschneiden, Sicken, Gewindedrücken, Lackieren u.a. bei hohen Mengenleistungen und hohen Stückzahlen eingesetzt.

Der Nachteil des geringen Nutzhubes konventioneller Kniehebelpressen lässt sich durch Kniehebelsondergetriebe (Abb. 3.375) vermeiden, bei denen durch zusätzliche Gelenke im Antriebssystem, wie z. B. in Abbildung 3.375 rechts dargestellt, das Weg-Zeit-Diagramm so verändert wird, dass verglichen mit konventionellen Kniehebelpressen gleicher Größe etwa der dreifache Nennkraftweg und ein entsprechend größeres Arbeitsvermögen bei gleichzeitig für das Fließpressen günstigem

3.5.1 Fließpressen

Abb. 3.374:
Liegende 8,5 MN-Kniehebelpresse CP 85
(links oben)
zur Herstellung von Aluminiumteilen (links unten),
Arbeitsraum mit gepressten Aluminiumbecher
(oben)
(Quelle: MALL & HERLAN)

annähernd konstantem Geschwindigkeitsverlauf genutzt werden kann. Diese Maschinen werden für Presskräfte zwischen 2,5 und 25 MN in stehender und liegender Bauart ausgeführt und sind für Fließpressvorgänge mit größerem Arbeitshub sehr gut geeignet. Abbildung 3.375 (links) zeigt eine solche Gelenkpresse mit 6,3 MN Nennkraft, ausgerüstet für vollautomatischen Betrieb als Mehrstufenpresse mit Schrägförderer und Greiferzangen-Werkstücktransport quer durch die Maschine.

Seit Ende der 1990er Jahre werden zunehmend *Servoantriebe* bei mechanischen Pressen eingeführt. Die Servoantriebstechnik wird auch für das Fließpressen eingeführt. Servopressen bestehen aus einem oder mehreren Servomotoren mit Leistungselektronik und einem deutlich reduzierten Getriebe. Durch die Servoantriebstechnik können die Bewegungsabläufe für Stößel und Auswerfer frei programmiert auf die Bedürfnisse des Umformvorgangs abgestimmt und damit die Vorteile hy-

375

3.5 Durchdrücken

Abb. 3.375: links: 8,5 MN-Kniehebelpresse KBA 850-4-400 mit modifiziertem Kniehebel, rechts: Gelenksystem (Quelle: Schuler)

draulischer Pressen für mechanische Pressen erschlossen werden: Geschwindigkeiten, Kräfte und Haltezeiten sind auf den jeweiligen Umformvorgang abstimmbar (Groche 2005; Roske 2007; Osakada 2011). Die angepasste Kinematik erlaubt auch, Nebenfunktionen in den Umformvorgang zu integrieren (Roske 2011). Ebenso können bei mehrstufiiger Fertigung die numerischen Teile-Transfereinheiten besser auf den Umformvorgang angestimmt werden. Für die Kaltmassivumformung bedeutet das höhere Flexibilität für unterschiedliche Umformungen bei kürzeren Taktzeiten und damit höherer Ausbringleistung und für die Halbwarmumformung bessere Kühl- und Sprühzeiten. Der Einsatz der Servotechnik wird die Werkzeugauslegung erheblich verändern (Groche 2005; Gräbener 2010).

Mechanische Pressen sind überlastbar und werden deshalb häufig mit einer Überlastsicherung ausgerüstet.

3.5.1.15.3 Ein- und Mehrstufenpressen

Kaltmassivumformvorgänge auf Einstufenpressen sind durch eine hohe mittige Belastung der Presse gekennzeichnet. Besonders wichtig ist deshalb die vertikale Steifigkeit der Maschine.

Mehrstufenpressen werden in stehender Bauart mit mechanischem und hydraulischem Antrieb gebaut. Liegende Mehrstufenpressen werden nur als mechanische Pressen gebaut. Kennzeichnendes Merkmal aller Mehrstufenpressen ist ein integrierter und störungsfrei arbeitender Werkstücktransport und eine aufeinander abgestimmte Werkzeugfolge. Dazu werden elektronische Überwachungssysteme für die Greiferzangen, die Positionierung der Zangen und die Beladung der Umformstationen eingesetzt.

Der Werkstücktransport erfolgt üblicherweise durch *Greiferzangeneinheiten*, die z.T. mit Wendezangen ausgestattet sind. Gesteuerte Zangen werden durch einen Öffnungs- und/oder Schließmechanismus (meist Nocken oder Kurven) zur Übernahme oder Freigabe des Pressteils geöffnet und/oder geschlossen. Universaltransportsysteme sind so gestaltet, dass jede einzelne Zange für sich einstellbar ist. Damit ist eine optimale Anpassungsmöglichkeit geboten. Die Werkstücktransportsysteme wurden früher bei mechanischen Pressen ausschließlich über die Kurbel- oder Exzenterwelle angetrieben. Bei hydraulischen Maschinen war ein Eigenantrieb notwendig, der mit der Stößelbewegung synchronisiert werden musste. Freiprogrammierbare *NC-Achsen* ermöglichen heute eine hohe Anpassungsfähigkeit des Zangentransports für ein schnelles Umrüsten. Durch den Einsatz elektrisch angetriebener Transfersysteme mit frei programmierbaren NC-Achsen ist die wirtschaftliche Fertigung kleiner Losgrößen möglich geworden. Sie werden heute auch auf mechanischen Pressen eingesetzt. Abbildung 3.376 zeigt eine Werkstücktransporteinheit einer Mehrstufenpresse mit gesteuerten Zangen. Der Quertransport von Stufe zu Stufe sowie das Öffnen und Schließen der Zangen werden über numerische Achsen gesteuert. Die Greifer können außerhalb der Presse auf die Stadien und auf Werkzeugmitte eingestellt werden.

Neben den bekannten Zufuhr- und Transportsystemen werden vereinzelt auch *Industrieroboter* als flexibles,

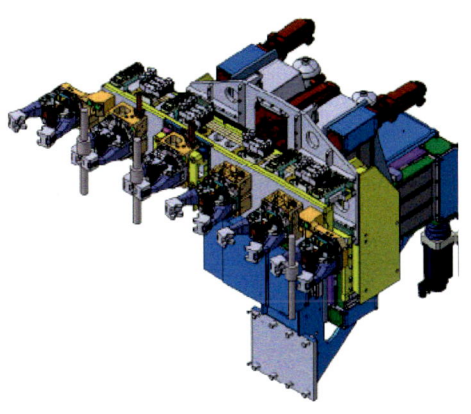

Abb. 3.376: NC-Transfereinheit (links) für eine stehende 5-Stufen-Presse (rechts) (Quelle: Schuler)

programmierbares Automationssystem eingesetzt. Dabei gibt es verschiedene Lösungsansätze.

Der Werkstücktransport durch die Maschine kann auf Mehrstufenpressen, die vom *behandelten Rohteil* arbeiten, quer durch die Maschine, z. B. von links nach rechts (Abb. 3.376), oder auch von vorn nach hinten erfolgen. Die Transportrichtung ist bei der Steifigkeitsauslegung zu beachten. Bei mechanischen Pressen sollte die Krafteinleitung in den Stößel zur Vermeidung von Kippen und Verschiebelagefehlern über zwei Pleuel (2-Punkt-Presse) und bei Tischbreiten über 1500 mm über vier Pleuel (4-Punkt-Antrieb) vorgenommen werden. Bei hydraulischen Maschinen sind entsprechend mehrere Zylinder üblich. Bei hydraulischen Pressen können zusätzliche Funktionen in oder außerhalb des Arbeitsraumes gelegt werden.

Die vom *Draht arbeitenden Mehrstufenpressen* werden mit einer Scherstufe und 4 bis 7 Umformstufen ausgerüstet. Diese Maschinen werden nahezu ausschließlich als liegende Pressen gebaut, wobei die Werkzeuge sowohl horizontal nebeneinander (Abb. 3.377) als auch vertikal übereinander (Abb. 3.378) angeordnet sein können. Sie werden bis zu Presskräften von etwa 25 MN gebaut. Die Mengenleistung liegt je nach Größe der Maschine zwischen 20 und 200 Stück/min.

Eine weitere Gruppe von Mehrstufenpressen stellt die für die Herstellung von Schraubenbolzen verwendete *Doppeldruckpresse* (Zweistufenpresse) bzw. die daraus hervorgegangene Dreifachdruck-Zweimatrizen-Presse dar, die mit einer Scherstufe, zwei Matrizen und drei Stempeln arbeitet und auf der Stauch-, Fließpress-, Verjüng- und Abgratvorgänge in unterschiedlicher Folge vorgenommen werden können.

Viele dieser Mehrstufenpressen ermöglichen auch die Zuführung vereinzelter Rohteile. In der Regel werden die Rohteile über die Scherstufe zugeführt. Zum Teil können auch Stadien einer beliebigen Bearbeitungsstufe entnommen und zwischengeglüht und/oder behandelt der nächsten Stufe wieder zugeführt werden.

Abb. 3.377:
Liegende 5-Stufenpresse COLDMATIC AKP 4-5 mit horizontaler Werkzeuganordnung
(Quelle: Hatebur)

3.5 Durchdrücken

Abb. 3.378: Liegende 5-Stufenpresse FORMMASTER FMS 850-5 mit vertikaler Werkzeuganordnung (Quelle: Schuler)

Die Entwicklung geht bei den Maschinen einerseits zu leistungsfähigeren Universalmaschinen möglichst mit Servoantrieb, besonders auch mit Blick auf eine höhere Flexibilität, andererseits zur Spezialmaschine für hohe Mengenleistung, häufig als Fertigungssystem zusammen mit einem Werkzeug- sowie einem Werkstückzuführ- und -transportsystem. Eine höhere Flexibilität ist besonders unter dem zunehmenden Zwang zur Fertigung kleiner Losgrößen dringend erforderlich. Sie verlangt eine angepasste Automatisierung des Werkzeugwechsels und der Werkzeughandhabung. Hierzu gehören einfache Werkzeughandhabungsgeräte und teilautomatisierte Werkzeug-Wechseleinrichtungen bis hin zu den vollautomatisierten frei programmierbaren Umrüstsystemen.

Abbildung 3.379 zeigt, wie besonders kleine Losgrößen mit Hilfe eines automatischen Umrüstsystems wirtschaftlich auf Mehrstufenpressen gefertigt werden können.

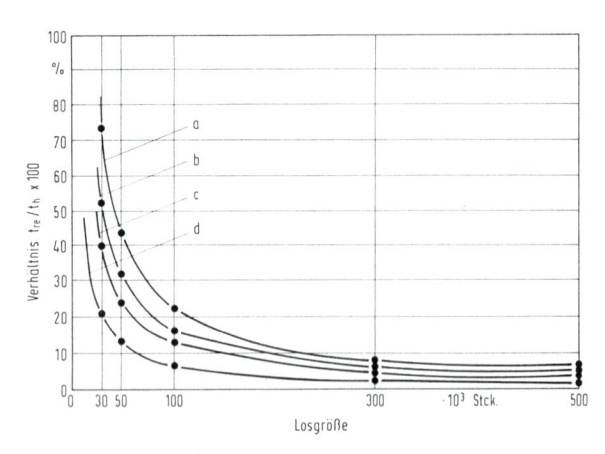

Abb. 3.379: Anteil der Einrichtzeit an der Hauptzeit in Abhängigkeit von der Losgröße (Faulhaber 1982)
a manuell, b halbautomatisch, c halbautomatisch mit Manipulator, d vollautomatisch, t_h Hauptzeit, t_{re} Einrichtzeit

Eine selbsttätige *Prozessüberwachung* und *-steuerung* (Faulhaber 2007; Oppel 2007) ermöglicht durch Erfassen und Auswerten entsprechender Signale aus dem Maschinen-ablauf und dem Umformvorgang (meist Kraftmessungen) sowie von Messwerten am Pressteil eine Überwachung der Maschine, des Verfahrens (Werkzeugzustand, -bruch) und der Qualität der Pressteile. Die Sensoren für Kraftmessungen werden vorwiegend in Druckstücke hinter Stempeln und Matrizen, in Verstellkeile, Anschläge oder Auswerfer eingebaut. Im Zusammenwirken mit einer automatischen Werkzeugwechseleinrichtung ergibt sich ein Maschinensystem, dass sich im Störungsfall selbst überprüft, die erforderlichen Werkzeuge wechselt oder sich abstellt.

Elektronische Überwachungssysteme mit Laser- oder Scanner Technologie werden heute bei einstufiger- oder mehrstufiger Fertigung zur Lage- und Positionsüberwachung eingesetzt. Damit werden Doppelbelegungen oder falsch positionierte Werkstücke rechtzeitig erkannt.

Prozessüberwachung führt zu höherer Produktivität infolge Steigerung der Maschinenlaufzeiten durch Einbeziehen der Pausen und der bedienungsarmen dritten Schicht, aber auch zu flexibleren Maschinensystemen. Wichtigster Aspekt neben der Verbesserung der Wirtschaftlichkeit ist die zeitnahe Qualitätskontrolle. Die Presskräfte der einzelnen Umformstufen werden gemessen und gespeichert. Daraus werden Trends ermittelt, die die Maschine beim Ansteigen der Presskraft möglichst vor dem Versagen einzelner Werkzeugkomponenten stillsetzt. Eine Fertigung mit defekten Werkzeugelementen ist bei Einsatz moderner Überwachungstechniken nicht mehr möglich.

3.5.1.16 Wirtschaftlichkeit

Die Fließpressverfahren stehen immer im Wettbewerb mit anderen Fertigungsverfahren. Welches Herstellverfahren letztlich zur Anwendung kommt, hängt entscheidend von den *Herstellkosten* ab. Dabei dürfen jedoch nicht nur die entsprechenden Kosten der alternativen Fertigungsverfahren isoliert, sondern müssen auch die Kosten für die Vor- und Nachbearbeitungen und damit die gesamten Gestehungskosten des einbaufertigen Bauteils verglichen werden (Theimert 1978). Gerade beim Kaltfließpressen können im Vermeiden von Nachbearbeitung wesentliche Kostenvorteile liegen, sodass auch ein teureres Kaltfließpressteil am Ende noch die billigere Fertigungslösung darstellt. Ein Beispiel hierfür sind Kardankreuze für Lenkungsgelenke (vgl. Abb. 3.345), bei denen das Pressteil zwar teurer ist als das entsprechende Schmiedestück. Das Fertigteil kommt jedoch erheblich billiger, weil die Pressteile allein durch Umformen und Wärmebehandlung einbaufertig hergestellt werden können und damit das beim geschmiedeten Kreuz notwendige Überdrehen und Schleifen der Zapfen entfallen (Geiger, R. 1993).

Erfahrungsgemäß kann man die Kosten beim Fließpressen in 40 Prozent *Materialkosten*, 40 Prozent *Fertigungskosten* und 20 Prozent *Gemeinkosten* aufteilen. Auf Grund des geringen Werkstoffverlustes sind die Stoffkosten meist niedriger als bei den alternativen Fertigungsverfahren. Hierin liegt einer der entscheidenden Kostenvorteile des Kaltfließpressens. Die Art der Rohteilfertigung sowie die weitgehend von Art und Güte des Halbzeugs abhängenden Rohteilmasseschwankungen sind zu beachten. Die Werkstoffausnutzung von gewöhnlich 85 bis 95 Prozent gegenüber 40 bis 50 Prozent beim Spanen wird bei weiterer Verknappung und Verteuerung von Werkstoff und Energie zunehmend an Bedeutung gewinnen. Damit wird das Kaltfließpressen besonders bei großen, schweren Fließpressteilen auch für kleinere Auftragsmengen interessant (Lange 1983). Bei kleinen Teilen fällt die Stoffeinsparung weniger ins Gewicht, in der Kostenrechnung überwiegen die hohen Werkzeugverbrauchskosten. Damit muss angestrebt werden, derartige Teile auf Mehrstufenpressen in einem Durchgang einbaufertig herzustellen.

Stoffkosten lassen sich auch durch eine gezielte Nutzung der Kaltverfestigung einsparen, wenn bei gleicher Endfestigkeit des Werkstücks ein billigerer Werkstoff eingesetzt werden kann.

Die Einsparung von spanender Bearbeitung gegenüber einer rein spanenden Fertigung oder dem Nachbearbeiten von Gesenkschmiedestücken ist häufig beachtlich. Der Kostenvorteil ist besonders groß, wenn teure Zerspanung von komplizierten Funktionsflächen durch Fließpressen ersetzt werden kann, wie beispielsweise beim net shape Präzisionsfließpressen der Verzahnung von Kegelrädern. Erhebliche Kosten- und Zeitvorteile, häufig verbunden mit größerer Funktionssicherheit, sind möglich, wenn aus mehreren Komponenten montierte Fügeteile durch ein einziges Fließpressteil ersetzt werden können.

Die Fertigungskosten beim Fließpressen stehen unter dem Einfluss einer Vielzahl von Parametern. Sie hängen hauptsächlich von den Werkzeugkosten, der Maschine, der Art der Maschinenbedienung sowie von der Auftrags- bzw. der Losgröße ab. Diese Größen sind bereits bei der Fertigungsplanung zu berücksichtigen, damit die wirtschaftlichste Prozessfolge bestimmt werden kann. Es sollte dabei versucht werden, sowohl optimale Bedingungen für die Kaltmassivumformung einerseits als auch für die spanende Nachbearbeitung andererseits zu erreichen. Nicht immer ist dabei das am weitesten fertiggepresste Teil die wirtschaftlichste Lösung.

Ein optimaler *Fertigungsplan* ist die Grundlage für eine wirtschaftliche Fertigung. Im Fertigungsplan (vgl. Kapitel 3.5.1.13) wirkt sich das Know-how eines Herstellers sowie seine verfügbaren Maschinen und Einrichtungen entscheidend aus. Bei den Werkzeugkosten sind vor allem die laufenden werkstückspezifischen Verbrauchskosten für die Herstellkosten des Pressteils zu beachten. Sie werden weitgehend von den Standmengen dieser Werkzeuge bestimmt. Da sie im Voraus häufig nur angenähert abschätzbar sind, bilden sie einen Unsicherheitsfaktor in der Kostenrechnung. Die Auswirkungen von Schwankungen der Werkzeugverbrauchskosten auf die Fertigungskosten zeigt Abbildung 3.380 (Noack 1979). Bei der Fertigung kleiner Losgrößen oder Auftragsmengen ist besonderes Augenmerk darauf zu legen, dass weitgehend normierte und damit mehrfach verwendbare Werkzeugelemente eingesetzt werden und somit die fixen Werkzeugkosten begrenzt werden können. Hier sind auch Bandarmierungen nützlich, die ein vielfaches Aus- und Einpressen von Matrizen ermöglichen.

Große Stückzahlen sind vor allem auf vollautomatisierten *Mehrstufenpressen*, wenn möglich mit *Mehrmaschinenbedienung*, wirtschaftlich zu fertigen. Kleine Stückzahlen sollten dagegen auf *Einstufenpressen* je nach Stückzahl manuell oder automatisiert gefertigt werden.

Ist eine spanende Fertigbearbeitung des Pressteils erforderlich, so verschiebt sich der Schnittpunkt der beiden Kostenkurven für die Gesamtkosten bei Zerspanung aus dem Vollen bzw. für das Fließpressen mit nachfolgender spanender Fertigbearbeitung grundsätzlich zu höheren Stückzahlen hin (Abb. 3.381). Bei großen Fließpressteilen wird die Fertigung durch Kaltmassivumformen schon bei

3.5 Durchdrücken

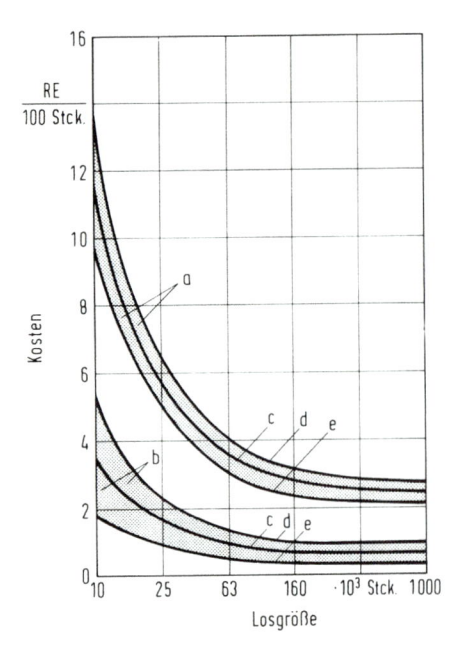

Abb. 3.380: *Auswirkung von Schwankungen der Kosten formgebender Werkzeuge auf die Fertigungskosten beim Napf-Rückwärtsfließpressen. Werkstoff QSt 34-3 (Noack 1979) a Fertigkosten, b Stempel- und Matrizenkosten, c 100 % der berechneten Stempel- und Matrizenkosten angesetzt, d 150 % der berechneten Stempel-und Matrizenkosten angesetzt, e 50 % der berechneten Stempel- und Matrizenkosten angesetzt*

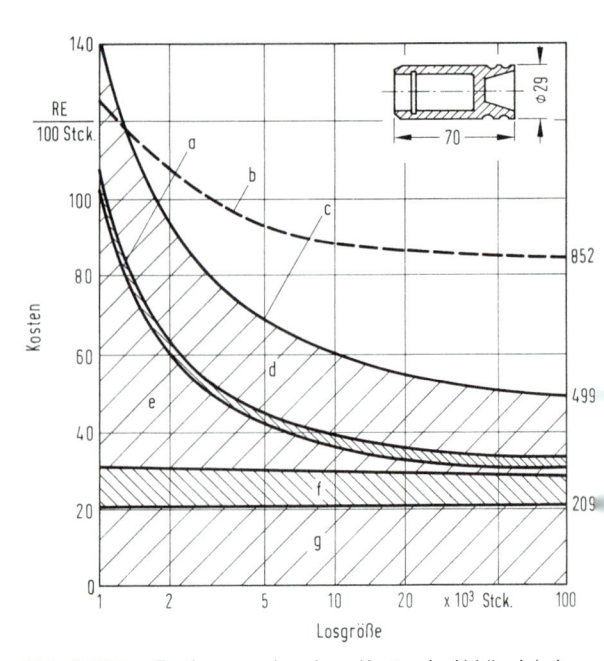

Abb. 3.381: *Fertigungsgebundene Kosten in Abhängigkeit von der Losgröße (VDI) a Amortisation, b Gesamtkosten bei Zerspanung aus dem Vollen, c Gesamtkosten Fließpressen und spanende Nachbearbeitung, d Gesamtkosten der spanenden Nachbearbeitung, e Werkzeugkosten der Pressfertigung, f Lohnkosten der Pressfertigung, g Werkstoffkosten, h Werkzeugkosten für das Zerspanen aus dem Vollen, i Lohnkosten. RE Rechnungseinheit*

relativ kleinen Stückzahlen wirtschaftlich wegen der erheblichen Einsparung an Stoffkosten.

Der sehr hohe Aufwand an Werkzeugen, Maschinen und Einrichtungen, die hohen Entwicklungskosten sowie die heute in der Regel noch langen Rüstzeiten erfordern *Mindeststückzahlen* für eine wirtschaftliche Fertigung durch Fließpressen. Diese hängen weitgehend vom jeweiligen Einzelfall ab und liegen gewöhnlich zwischen 5000 Stück/Los bei großen Teilen und 100.000 Stück/Los bei kleinen Pressteilen. Die Angabe allgemein gültiger Daten ist auf Grund der vielfältigen und vernetzten Einflussgrößen nicht möglich. Die erforderlichen Mindeststückzahlen werden sich für eine wirtschaftliche Fertigung durch das Senken der Entwicklungskosten, besonders durch den Einsatz der numerischen Simulation, sowie der Werkzeugkosten (CAD, CAM) und der Rüstzeiten (Werkzeugwechselsysteme) in Zukunft deutlich verringern. Mit einer verketteten FEM-CAM-CAQ- Entwicklung lassen sich auch deutlich kürzere Entwicklungszeiten (*time-to-market*) erreichen.

Literatur zu Kapitel 3.5.1

Adler, G.; Walter, K.: Berechnung von einfachen und mehrfachen Presspassungen. Ind.-Anz. 89 (1967) 39, S. 805 – 809 u. 47, S. 967 – 971.

Arentoft, M.: Prevention of defects in forging by numerical and physical simulation. Dissertation, Technical University of Denmark, 1997.

Bächler, W.: Polymer-Schmierstoffe in der Kaltmassivumformung. 23. Jahrestagung Kaltmassivumformung, VDI, Düsseldorf 2008.

Behrens, B.-A.; Bistron, M.; Schäfer, F.: Optimierung der Prozesskette beim Präzisionsschmieden von Zahnrädern durch Verschleißreduzierung. In: Liewald, M. (Hrsg.): Neuere Entwicklungen in der Massivumformung. MAT INFO Werkstoff-Informationsgesellschaft, Frankfurt 2007, S. 185 – 204.

Berger, C.; Scheerer, H.; Ellermeier, J.: Modern materials for forming and cutting tools – overview. Mat.-wiss. u. Werkstofftech. 41 (2010) 1, S. 5 – 17.

Blum, J.: Hartmetalle für den Einsatz in Werkzeugen der Kaltumformung. Draht 31 (1980) 1, S. 8 – 12.

Bobzin, K.; Lugscheider, E.; Pinero, C.: New PVD-coating concepts for highly stressed tools for environmentally compatible manufacturing processes. Mat.-wiss. u. Werkstofftech. 35 (2004) 10/11, S. 851 – 857.

Brecher, C.; Schapp, L.; Tannert, M.: Simulation-aided optimization of multi-stage dies – Coupled simulation of forging processes with non-linear-elastic machine models. In: Denkena, B. (Hrsg.): Proc. 1st Int. Conf. on Process Machine Interactions (PMI), Hannover 2008, S. 167 – 174.

Burgdorf, M.: Fließpressgerechte Gestaltung von Werkstücken. wt-Z. ind. Fertig. 63 (1973) 7, S. 387 – 392.

Dannenmann, E.; Huber, J.: Ermittlung der Umformarbeit und Umformkraft mit Hilfe des Umformwirkungsgrades beim Voll-Vorwärtsfließpressen. Ind.-Anz. 90 (1968) 82, S. 1834 – 1837.

Dannenmann, E.; Huber, J.: Die Größe des Umformwirkungsgrades und der Kraftverlauf-Korrekturbeiwert beim Voll-Vorwärts-Fließpressen von Stahl Ck15. Ind.-Anz. 91 (1969) 51, S. 1093 – 1095 u. 57, S. 1404 – 1410.

Dannenmann, E.; Lange, K.: Grundlagen der Werkzeugmaschinen zum Umformen. In: Lange, K. (Hrsg.): Umformtechnik. Handbuch für Industrie und Wissenschaft, Bd. 1., Springer, Berlin 1984.

De Monte, M.: Hartmetall in der Kaltmassivumformung In: Liewald, M. (Hrsg.): Neuere Entwicklungen in der Massivumformung. MAT INFO Werkstoff-Informationsgesellschaft, Frankfurt 2009, S. 197 – 208.

Diether, U.: Fließpressen von Stahl im Temperaturbereich 773K (500 °C) bis 1073K (800 °C). Berichte des Inst. f. Umformtechnik, Univ. Stuttgart, Nr. 54. Springer, Berlin 1980.

Dietrich, A.; Haberer, Ch.: Fertigung von Planetenzahnrädern mittels Kaltmassivumformung. 25. Jahrestreffen der Kaltmassivumformer. VDI, Düsseldorf 2010.

Dipper, M.: Das Fließpressen von Hülsen in Rechnung und Versuch. Dissertation, TH Stuttgart, 1949.

Doege, E.: Einfluss der Umformmaschine auf die Werkstückgenauigkeit. In: VDI-Ber. 326 „Umformmaschinen für die Kaltmassivumformung". VDI, Düsseldorf 1978.

Eberlein, L.; Erben, K.; Goldhan, K.-D.; Voelkner, W.: Statische Kennwerte für Werkzeugstoffe der Kaltmassivumformung. Umformtechnik 12 (1978) 3, S. 20 – 26.

Eberlein, L.; Erben, K.; Goldhan, K.-D.; Voelkner, W.: Dynamische Kennwerte für Werkzeugstoffe der Kaltmassivumformung. Umformtechnik 12 (1978) 4, S. 4 – 9.

Egerer, E.: Massivumformen metallischer Kleinstteile bei erhöhter Prozesstemperatur. Fertigungstechnik – Erlangen, Nr. 153. Meisenbach, Bamberg 2005.

Engel, U.: Beanspruchung und Beanspruchbarkeit von Werkzeugen der Massivumformung. Habil.-Schrift. Meisenbach, Bamberg 1996.

Engel, U.; Geiger, M.; Kroiss, T.; Völkl, R.: Process-machine interactions in cold forging – calculation of press / tooling stiffness and its integration into FE process simulation. In: Yang, D.Y. (Hrsg.): Proc. of the 9th Int. Conf. on the Technology of Plasticity (ICTP), Gyeongju, Korea, 2008, S. 1735 – 1740.

Erben, K.; Goldhan, K.-D.: Ein Beitrag zu Festigkeitsproblemen an Stempeln aus gehärteten Arbeitsstählen für die Kaltmassivumformung. Dissertation, TU Dresden 1976.

Falk, B.: Simulationsbasierte Lebensdauervorhersage für Werkzeuge der Kaltmassivumformung. Fertigungstechnik – Erlangen, Bd. 100, Meisenbach, Bamberg 2000.

Faulhaber, J.: Einsatz moderner Kaltfließpressen für die wirtschaftliche Formteilfertigung. In: VDI-Ber. 445, VDI, Düsseldorf 1982.

Faulhaber, J.; Kopka, T.: Programmwahlschalter verbessert Überwachungsqualität. Umformtechnik (2007) 2, S. 22 – 25.

Felde, A.; Liewald, M.; Rudolf, S.: Querfließpressen der Magnesiumlegierung AZ31. In: Liewald, M. (Hrsg.): Neuere Entwicklungen in der Massivumformung. MAT INFO Werkstoff-Informationsgesellschaft, Frankfurt 2007, S. 343 – 356.

Feldmann, H.-D.: Fließpressen von Leichtmetallen. TZ für prakt. Metallbearb. 69 (1975) 10, S. 320 – 324.

Friedewald, H.-J.: Presspassungen für Schnitt- und Umformwerkzeuge. VDI Forschungsheft 472, VDI, Düsseldorf 1959.

Garside, B. L.: Improvements in Tool and Product Performance through PVD Titanium Nitride Process. Industrial Heating (1986), S. 18 – 20.

Geiger, M., Lange, K.: Neue Möglichkeiten zur Auslegung vorgespannter Fließpressmatrizen. Draht 29 (1978) 8, S. 442 – 447.

Geiger, M.: Grundlagen des Durchziehens und Durchdrückens. In: Lange, K. (Hrsg.): Umformtechnik, Handbuch für Industrie und Wissenschaft. Bd. 2, Springer, Berlin 1988.

Geiger, M.; Hänsel, M.: FE-Simulation des Werkzeugversagens von Fließpressmatrizen. In: VDI-Ber. 810, VDI, Düsseldorf 1990, S. 349 – 376.

Geiger, M.; Kleiner, M.; Eckstein, R.; Tiesler, N.; Engel, U.: Microforming. Annals of the CIRP 49 (2000) 2, S. 473 – 488.

Geiger, M.; Engel, U.: Microforming – a challenge to the plasticity research community. Journ. of the JSTP 43 (2002) 494, S. 5 – 6.

Geiger, M.; Engel, U.; Völkl, R.: FE-Analysis based prediction of tool life in cold forging with the consideration of stochastical process characteristics. Production Eng. XII (2005) 1, S. 111 – 114.

Geiger, R.: Der Stofffluss beim kombinierten Napffließpressen. Ber. Inst. f. Umformtechnik, Nr. 3, Univ. Stuttgart, Girardet, Essen 1976.

Geiger, R.; Dannenmann, E.; Stefanakis, J.: Untersuchungen zum Halbwarmfließpressen von Stahl. Ber. Inst. f. Umformtechnik, Nr. 41, Univ. Stuttgart, Girardet, Essen 1976.

Geiger, R.: Kombinationen von Fließpressverfahren. Blech, Rohre, Profile 25 (1978) 4, S. 178 – 183 und Wire 28 (1979) 4, S. 156 – 162.

Geiger, R.: System zum Erfassen und Senken des Werkzeugverbrauchs beim Kaltmassivumformen. wt-Z. ind. Fertig. 69 (1979) 12, S. 763 – 769.

Geiger, R.: Oberflächenbehandlung für das Kaltmassivumformen von Stahl. Draht 33 (1982) 10, S. 627 – 629 u. 11, S. 674 – 677 und Wire 33 (1983) 1, S. 11 – 13 u. 3, S. 75 – 78.

Geiger R.; Schätzle, W.: Grundlagen und Anwendung des Querfließpressens. In: Ber. Inst. f. Umformtechnik, Nr. 75, Univ. Stuttgart, Springer, Berlin 1983.

Geiger, R.: Präzisionsumformen durch Querfließpressen. Draht 36 (1985) 10, S. 471 – 475.

Geiger, R.: Bedeutung moderner Präzisionsumformtechnik für die Kaltmassivumformung von Stahl. Draht 38 (1987) 11, S. 864 – 869 und Wire 37 (1987) 5, S. 427 – 433.

Geiger, R.: State of the art and development trends in cold forging technology. In: Lange, K. (Hrsg.): Advanced Technology of Plasticity. Bd. 1, Springer, Berlin 1987.

Geiger, R.; Lange, K.; Osen, W.: Fließpressen. In: Lange, K. (Hrsg.): Umformtechnik, Handbuch für Industrie und Wissenschaft. Bd. 2, Springer, Berlin 1988.

Geiger, R.; Perlhefter, N.: Erfahrungen mit der Anwendung der statistischen Prozessregelung (SPC) bei der Fertigung von Fließpressteilen. Draht 40 (1989) 34, S. 4 – 27 und 3, S. 206 – 208 sowie Wire 39 (1989) 1, S. 48 – 52 und 2, S. 137 – 139.

Geiger, R.; Hänsel, M.: Entwicklungen bei Werkzeugen für das Fließpressen. Draht 42 (1991), S. 719 – 725.

Geiger, R.: Anwendung des Fließpressens in der Automobilindustrie in Europa und Japan – ein Vergleich. Umformtechnik 26 (1992) 6, S. 397 – 401 und Wire 42 (1992) 5, S. 466 – 470.

Geiger, R.: Umformen bei bewusst geändertem Spannungszustand. In: Lange, K. (Hrsg.): Umformtechnik, Handbuch für Industrie und Wissenschaft. Bd. 4, Springer, Berlin 1993.

Geiger, R.: Dynamische Qualitätssicherung in der Umformtechnik. In: Lange, K. (Hrsg.): Umformtechnik, Handbuch für Industrie und Wissenschaft. Bd. 4, Springer, Berlin 1993.

Gimm, W.; Mukhoty, A.; Roempler, D.: Einfluss verschiedener Schmelzvarianten auf die mechanischen Eigenschaften von Einsatzstählen. ZwF 77 (1982) 4, S. 194 – 199.

Glass, R.; Popp, M.: Inkrementelles Hohlformen von hohlen Bauteilen des Antriebsstrangs. 22. Jahrestreffen der Kaltmassivumformer. VDI, Düsseldorf 2007.

Gräbener, T.; Groche, P.; Kraft, M.: Recent developments in servopress technology and their applications in cold forgingg process. Proc. 43rd ICFG Plenary Meeting. Darmstadt, 12. – 15. Sept. 2010, S. 80 – 89.

Groche, P.; Fritsche, D.: Inkrementelle Massivumformung. wt Werkstattstechnik online 95 (2005) 10, S. 798 – 802.

Groche, P.; Schultheiss, V.; Schneider, R.: New production perspectives through direct drive systems. Prod. Enging. 12 (2005), S. 97 – 100.

Groenbaek, J.: Application of stripwound tools to large reduction cold forging processes. In: Proc. 7th Int. Cold Forging Congress, University of Birmingham, 1985, S. 136 – 143.

Groenbaek, J.; Birker, T.; Pedersen, T.: Optimierung der Lebensdauer von Kaltumformwerkzeugen durch Minimierung von mikroplastischen Phänomenen mittels hochsteifer Bandarmierungen. 15. Jahrestreffen der Kaltmassivumformer, VDI, Düsseldorf 2000.

Groenbaek, J.; Hinsel, C.: Advanced material and prestress design of cold forging dies. In: Proc. 7th ICTP Conference, Yokohama, 27. Okt. – 1. Nov. 2002.

Grupp, Ph.: Technologievorsprung durch Umformen. VDI, Düsseldorf 2007.

Gustafsson, J.: ASP-Stähle für Kaltarbeits- und Stanzwerkzeuge. Draht 31 (1980) 2, S. 84 – 89.

Haensel, M.: Beitrag zur Simulation der Oberflächenermüdung von Umformwerkzeugen. Fertigungstechnik - Erlangen, Nr. 8, Hanser, München 1993.

Hanisch, M.: Das Verhalten mechanischer Kaltfließpressen in geschlossener Bauart bei mittiger und außermittiger Belastung. Dissertation, TU Hannover, 1978.

Hankele, K.: Die Eigenschaften einer AlZnMgCu-Legierung nach ausgewählten Kombinationen von Wärmebehandlung und Kaltumformung. Ber. Inst. f. Umformtechnik, Nr. 46, Univ. Stuttgart, Girardet, Essen 1978.

Herlan, Th.: Rohteilherstellung. In: Lange, K. (Hrsg.): Umformtechnik, Handbuch für Industrie und Wissenschaft. Bd. 2, Springer, Berlin 1988.

Herlan, Th.: Energieeinsatz bei der Massivumformung. wt-Z ind. Fertig. 78 (1988), S. 149 – 153.

Herlan, Th.: Energie- und Umweltaspekte bei der Oberflächenbehandlung in der Kaltmassivumformung. 23. Jahrestagung der Kaltmassivumformer, VDI, Düsseldorf 2008.

Herrmann, M.; Fiderer, M.; Walters, J.; Bandar, A.: Simulation der Werkzeugbelastung und Gefügeentwicklung beim Umformen. In: Liewald, M. (Hrsg.): Neuere Entwicklungen in der Massivumformung. MAT INFO Werkstoff-Informationsgesellschaft, Frankfurt 2007, S. 225 – 240.

Hettig, A.: Einflussgrößen auf den Werkzeugbruch beim Voll-Vorwärts-Fließpressen. Ber. Inst. f. Umformtechnik. Nr. 106, Univ. Stuttgart, Springer, Berlin 1990.

Hilleke, St.; Baumgart, P.: Neueste Versuchsergebnisse an höchstfesten Aluminiumlegierungen und anschließenden Hartbeschichtungen. 25. Jahrestreffen der Kaltmassivumformer, VDI, Düsseldorf 2010.

Hinsel, Ch.: Ermüdungsbruchversagen hartstoffbeschichteter Werkzeugstähle der Kaltmassivumformung. Fertigungstechnik - Erlangen, Bd. 102, Meisenbach, Bamberg 2000.

Hinsel, Ch.; Maegaard, V.: Werkzeugsysteme für die kontrollierte Net-Shape-Umformung. 18. Jahrestreffen der Kaltmassivumformer, VDI, Düsseldorf 2003.

Hirschvogel, M.: Sonderverfahren der Kaltmassivumformung. VDI-Nachrichten 33 (1979) 40, S. 34 – 35.

Hoang-Vu, K.: Möglichkeiten und Grenzen des Kaltgesenkschmiedens als eine fertigungstechnische Alternative für kleine, genaue Formteile. Ber. Inst. f. Umformtechnik, Nr. 65, Univ. Stuttgart, Springer, Berlin 1982.

Hörner, D.; Schulz, J.: Optimierung der Prozessketten aus der Sicht eines Schmierstoffherstellers. In: Liewald, M. (Hrsg.): Neuere Entwicklungen in der Massivumformung. MAT INFO Werkstoff-Informationsgesellschaft, Frankfurt 2007, S. 121 – 156.

Hofmann, T.; Raedt, H.-W.: Net shape splines and near net shape gears by forging. In: Proc. 5th JSTP International Seminar on Precision Forging, Kyoto, Japan, 16. - 19. März 2009, S. 87 – 92.

Ito, K.; Hida, F.; Kondo, K.: Automobil Komponenten durch Net Shape Umformung. In: Liewald, K (Hrsg.): Neuere Entwicklungen in der Massivumformung. MAT INFO Werkstoff- Informationsgesellschaft, Frankfurt. 2007, S. 175 – 184.

Jonck, R.: Glühen auf beste Umformbarkeit bei der Kaltformgebung. ZwF 69 (1974) 11, S. 525 – 532.

Jonck, R.: Vorgänge im Gefüge beim Halbwarmumformen von Stahl. ZwF 78 (1983) 5, S. 248 – 256.

Kast, D.: Untersuchungen über den Kraft- und Arbeitsbedarf sowie den Umformwirkungsgrad beim Vorwärts-Vollfließpressen von Stahl. Ber. Inst. f. Umformtechnik, Nr. 3, TH Stuttgart, Girardet, Essen 1965.

Kast, D., Schuster, M.: Untersuchungen beim Rückwärts-Napffließpressen. Ind.-Anz. 89 (1967) 21, S. 411 – 414.

Kast, D.: Modellgesetzmäßigkeiten beim Rückwärts-Fließpressen geometrisch ähnlicher Näpfe. Ber. Inst. f. Umformtechnik, Nr. 13, Univ. Stuttgart, Girardet, Essen 1969.

Keller, K.; Koch, F.: CVD-Beschichtung von Fließpresswerkzeugen. VDI-Zeitung 131 (1989) 10, S. 42 – 50.

Keppler-Ott, Th.: Optimierung des Querfließpressens schrägverzahnter Stirnräder. Beiträge zur Umformtechnik IfU Stuttgart, Nr. 29, DGM Informationsgesellschaft, Oberursel 2002.

Knoerr, M.: Auslegung von Massivumformwerkzeugen gegen Versagen durch Ermüdung. Ber. Inst. f. Umformtechnik, Nr. 124, Univ. Stuttgart, Springer, Berlin 1996.

Kondo, K.: Net shape Umformung von Automobilteilen mit geteiltem Werkstoffffluss. In: Liewald, M. (Hrsg.): Neuere Entwicklungen in der Massivumformung. MAT INFO Werkstoff-Informationsgesellschaft, Frankfurt 2007, S. 109 – 120.

Körner, R.; Knödler, R.: Möglichkeiten des Halbwarmfließpressens in Kombination mit dem Kaltfließpressen. Umformtechnik 26 (1992) 6, S. 403 – 408.

Kopka, T.; Schwer, A.; Spira, W.: Prozessüberwachung mit Ultraschall. Umformtechnik 29 (1995) 4, S. 233 – 236.

Krämer, G.: Beitrag zur beanspruchungsgerechten Auslegung von rotationssymmetrischen Fließpressmatrizen. Ber. Inst. f. Umformtechnik, Nr. 49, Univ. Stuttgart, Girardet, Essen 1979.

Krämer, G.; Geiger, M.; Kolléra, H.: Rechnerunterstützte Konstruktion von Umformwerkzeugen. In: Lange, K. (Hrsg.): Umformtechnik, Handbuch für Industrie und Wissenschaft, Bd. 4, Springer, Berlin 1993.

Krämer, W.; Ranger, U.: Ermittlung von Festigkeitswerten gehärteter Werkzeugstähle. Ind.-Anz. 92 (1970) 38, S. 839 – 844.

Kudo, H.; Matsubara, Sh.: Analyse der Spannungen in zylindrischen Werkzeugen endlicher Länge, die einer inneren Druckspannung ausgesetzt sind. Ind.-Anz. 92 (1970) 30, S. 631 – 634

Lange, K.; Geiger, M.; Rebholz, M.: Analytische Berechnung von Schrumpfverbindungen unter radialem Innendruck. CAD-Berichte, Kernforschungszentrum Karlsruhe, KfK CAD 98, Karlsruhe 1979.

Lange, K.; Geiger, M.; Krämer, G.: FEM-Berechnung von Schrumpfverbindungen unter radialem Innendruck. CAD-Berichte, Kernforschungszentrum Karlsruhe, KfK-CAD 113, Karlsruhe 1979.

Lange, K.; Kling, E.: Stand der Entwicklung der Kaltmassivumformung. Draht 32 (1981) 1, S. 25 – 30 u. 2, S. 76 – 79.

Lange, K.; Neitzert, Th.; Westheide, H.: Möglichkeiten moderner Umformtechnik. In: Tagungsband Fertigungstechnisches Kolloquium, Stuttgart 1982.

Lange, K.; Westheide, H.: Fertigung kleiner Losgrößen durch Kaltmassivumformen. In: Tagungsband Seminar „Neuere Entwicklungen in der Massivumformung", Stuttgart 1983.

Lange, K.: Arbeitsgenauigkeit. In: Lange, K. (Hrsg.): Umformtechnik, Handbuch für Industrie und Wissenschaft, Bd. 1, Springer, Berlin 1984.

Lange, K.: Fließpressen – Eine zunehmend leistungsfähige Fertigungstechnologie. Draht 41 (1990), S. 317 – 320.

Lange, K.; Kammerer, M.; Pöhlandt, K.; Schöck, J.: Fließpressen. Wirtschaftliche Fertigung metallischer Präzisionswerkstücke. Springer, Berlin 2008.

Leykamm, H.: Beitrag zur Arbeitsgenauigkeit des Kaltmassivumformens. Ber. Inst. f. Umformtechnik, Nr. 57, Univ. Stuttgart, Springer, Berlin 1980.

Liewald, M.; Mletzko, Ch.; Schieman, Th.: Lauwarmumformung von Stahl. Schmiede-Journal (2010) 9, S. 32 – 35.

Mäkelt,H.: Die mechanischen Pressen. Hanser, München 1961.

Makas, T.; Tekkaya, A. E.; Kanca, B.: Solving technological problems in cold forging by numerical simulation. In: Proc. 32nd Plenary Meeting of the Intern. Cold Forging Group ICFG, Ljubljana, Slovenia, 12. – 15. September 1999.

Massmann, T; Schulz, J.: Ergebnisse zum zinkphosphatfreien Kaltfließpressen. 22. Jahrestagung Kaltmassivumformung, VDI, Düsseldorf 2007.

Materniak, J.: Kaltquerfließpressen. Draht 30 (1979) 1, S. 2 – 5.

Maier, W.: Kaltfließpressen von warm gepressten Rohteilen. wt-Z. ind. Fertig. 72 (1982) 1, S. 1 – 4.

Meidert, M.: Beitrag zur deterministischen Lebensdauerabschätzung von Werkzeugen der Kaltmassivumformung. Fertigungstechnik – Erlangen, Nr. 172, Meisenbach, Bamberg 2006.

Meßner, A.: Kaltmassivumformung metallischer Kleinstteile – Werkstoffverhalten, Wirkflächenreibung, Prozessauslegung. Fertigungstechnik – Erlangen, Nr 75, Meisenbach, Bamberg 1998.

Neitzert, Th.: Auslegung von rotationssymmetrischen Fließpresswerkzeugen im Bereich elastisch-plastischen Werkstoffverhaltens. Ber. Inst. f. Umformtechnik, Nr. 62, Univ. Stuttgart, Springer, Berlin 1982.

Neubert, B.; Voelkner, W.: Ermittlung der Werkzeugbeanspruchungen beim Fließpressen. Fertigungstechn. u. Betr. 29 (1979) 11, S. 681 – 685.

Neugebauer, R.; Sterzing, A.; Hellfritzsch, U.; Glass, R.; Lahl, M.: Prozessinovationen zur Steigerung der Energie- und Ressourceneffizienz in der Kaltmassivumformung. 25. Jahrestreffen der Kaltmassivumformer, VDI, Düsseldorf 2010.

Nittel, K. D.; Bucci, E.; Hellwig, R.; Schoppe, J.; Ostrowski, J.; Zwez, P.; Zwez, R.; Stahlmann, J.; Groche, P.: Surface treatment – facts, trends and outlook for the cold forging industry. In: Proc. 43rd ICFG Plenary Meeting, 13./14. Sept. 2010, Darmstadt, S. 142 – 148.

Noack, P.: Rechnerunterstützte Arbeitsplanerstellung und Kostenberechnung beim Kaltmassivumformen von Stahl. Ber. Inst. f. Umformtechnik, Nr. 48, Univ. Stuttgart, Girardet, Essen 1979.

Oppel, F.; Terzyk, T.: Qualitätssicherung und Produktivitätssteigerung. 22. Jahrestreffen der Kaltmassivumformer, VDI, Düsseldorf 2007.

Osakada, K.; Mori, K.; Altan, T.; Groche, P.: Mechanical Servo Press Technology for Metal Forming. CIRP Annals - Manufacturing Technology 60 (2011) 2.

Ovčinnikov, A. G.; Drel, O. F.; Poljakov, T S.: Fließpressen von Werkstücken mit Flanschen und seitlichen Formelementen. Umformtechnik 15 (1981) 3, S. 36 – 44. Übersetzung aus Kuzn.-stamp. Proizvodstvo Moskva 21 (1979) 4, S. 10 – 13.

Pobcza, A.: Auffederung und Werkstückgenauigkeit beim Fließpressen. Werkstattstechnik 57 (1967) 8, S. 371 – 374.

Pöhland, K.: Wärme- und Oberflächenbehandlung. In: Lange, K. (Hrsg.): Umformtechnik, Handbuch für Industrie und Wissenschaft, Bd. 2, Springer, Berlin 1988.

Popp, U.: Grundlegende Untersuchungen zum Laserstrukturieren von Kaltmassivumformwerkzeugen. Fertigungstechnik – Erlangen, Nr. 177, Meisenbach, Bamberg 2006.

Pugh, H. Ll. D.: Recent developments in cold forming. Bulleid Memorial Lectures 1965. Bd. IIIA, University of Nottingham, Nottingham 1965.

Putz, A.: Grundlegende Untersuchungen zur Erfassung der realen Vorspannung von armierten Kaltfließpresswerkzeugen mittels Ultraschall. Fertigungstechnik - Erlangen, Nr 170, Meisenbach, Bamberg 2006.

Rebholz, M.: Interaktives Programmsystem zur Erstellung von Fertigungsunterlagen für die Kaltmassivumformung. Ber. Inst. f. Umformtechnik, Nr. 60, Univ. Stuttgart, Springer, Berlin 1981.

Rebholz, M.: Erstellen von Fertigungsunterlagen für die Massivumformung auf Kleinrechnern. Draht 34 (1983) 4 S. 162 – 164.

Reiss, W.: Untersuchungen des Werkzeugbruches beim Voll-Vorwärts-Fließpressen. Ber. Inst. f. Umformtechnik, Nr. 94, Univ. Stuttgart, Springer, Berlin 1987.

Roll, K.: Einsatz numerischer Näherungsverfahren bei der Berechnung von Verfahren der Kaltmassivumformung. Ber. Inst. f. Umformtechnik, Nr. 66, Univ. Stuttgart, Springer, Berlin 1982.

Roske, J.: Servoantriebstechnik in Anwendungen der Massivumformung. In: Liewald, M. (Hrsg.): Neuere Entwicklungen in der Massivumformung. MAT INFO Werkstoff-Informationsgesellschaft, Frankfurt 2011, S. 111 – 120.

Roske, J.; Peper, H.: Vorteile von Anlagen mit Servo-Antriebstechnik bei der Optimierung von Umformprozessen. In: Liewald, M. (Hrsg.): Neuere Entwicklungen in der Massivumformung. MAT INFO Werkstoff-Informationsgesellschaft, Frankfurt 2007, S. 61 – 70.

Schätzle, W.: Querfließpressen von Flanschen und Bunden an zylindrischen Vollkörpern. Ber. Inst. F. Umformtechnik, Nr. 88, Univ. Stuttgart, Springer, Berlin 1986.

Schafstall, H.; Wohlmuth, M.: Simufact – ein modernes Simulationskonzept als Antwort für morgen. In: Liewald, K. (Hrsg.): Neuere Entwicklungen in der Massivumformung. MAT INFO Werkstoff-Informationsgesellschaft, Frankfurt 2007, S. 205 – 223.

Schmidt, H.: Möglichkeiten zur Sicherung enger Maßtoleranzen an kaltumgeformten Teilen. wt-Z. ind. Fertig. 72 (1982) 2, S. 61 – 64.

Schmitt, G.: Untersuchungen über das Rückwärts-Napffließpressen von Stahl bei Raumtemperatur. Ber. Inst. f. Umformtechnik, Nr. 7, TH Stuttgart, Girardet, Essen 1969.

Schmitt, G.: Berechnung der Werkzeugbeanspruchung beim Kaltfließpressen von Näpfen. Ind.-Anz. 92 (1970) 20, S. 438 – 439.

Schmoeckel, D.: Untersuchungen über die Werkzeuggestaltung beim Vorwärts-Hohlfließpressen von Stahl und Nichteisenmetallen. Ber. Inst. f. Umformtechnik, Nr. 4, TH Stuttgart, Girardet, Essen 1966.

Schmoeckel, D.: Entwicklung eines Fließpressteils zur Serienreife. Ind.-Anz. 95 (1973) 63, S. 1469 – 1472.

Schmoeckel, D.: Betrachtungen zur Wirtschaftlichkeit des Kaltfließpressens. Draht 27 (1976) 2, S. 37 – 45.

Schmoeckel, D.; Sheljaskow, Sh.; Busse, D.: Entwicklungsstand der Halbwarmumformung und der Logistik der Massivumformung in Japan. Studie im Auftrag des VDW, 1994.

Schuler-Autorenkollektiv: Handbuch der Umformtechnik. Fa. SCHULER AG., Springer 1996.

Schulz, H.; Bergmann, E.: Beschichtung von Hartmetallwerkzeugen mit PVD-Verfahren. Z-wt und Automatisierung 83 (1988) 7, S. 630 – 633.

Schulz, J.; Howeger, J.: Wechselwirkungen von Additiven mit Metalloberflächen. Expert, Renningen 2009.

Steuß, D.: Rechnerunterstützte Konstruktion von Umformwerkzeugen und die Fertigungsplanung von Werkzeugelementen. Ber. Inst. f. Umformtechnik, Nr. 64, Univ. Stuttgart, Springer, Berlin 1982.

Tekkaya, A. E.: A guide for validation of FE-simulations in bulk metal forming. The Arabian Journal for Science and Engineering 30 (2005), S. 113 – 136.

Terzyk, T.; Oppel, F.; Brankamp, K.: Force and acoustic monitoring in cold forming. Wire Industry, 63 (1996) 752, S. 622 – 623.

Terzyk, T.; Oppel, F.: Künstliche Intelligenz als Werkzeug zur Kostenreduzierung. 25. Jahrestagung der Kaltmassivumformer, VDI, Düsseldorf 2010.

Theimert, P.-H.: Kaltfließpressen - Vergleich mit anderen Fertigungsverfahren. Werkst. u. Betr. 111 (1978) 5, S. 289 – 296.

Tiesler, N.: Grundlegende Untersuchungen zum Fließpressen metallischer Kleinstteile. Fertigungstechnik - Erlangen, Nr. 120, Meisenbach, Bamberg 2002.

Völkl, R.: Simulationsbasierte Werkzeugoptimierung für die Kaltmassivumformung. Schmiede-Journal (2009), S. 30 – 33.

Völkl, R.; Schafstall, H.: FEM-gestützte Beanspruchungsanalyse – Erhöhung der Lebensdauer von Kaltmassivumformwerkzeugen. Umformtechnik (2004) 1, S. 58 – 60.

Völkl, R.: Stochastische Simulation zur Werkzeuglebensdaueroptimierung und Präzisionsfertigung. Fertigungstechnik - Erlangen, Nr. 191, Meisenbach, Bamberg 2008.

Wagner, K.; Völkl, R.; Engel, U.: Tool life enhancement in cold forging by locally optimized surfaces. Journ. Mater. Proc. Technology 201 (2008) 1, S. 2 – 8.

Weist, Chr.; Weistheide, H.: Applications of chemical and physical methods for the reduction of tool wear in bulk metal forming processes. Annals of the CIRP 35 (1986) 1, S. 199 – 214.

Winter, M.; Schafstall, H.: Nutzen der Simulation zur Erfüllung von Qualitätsmerkmalen bei Umformteilen. 16. Jahrestagung der Kaltmassivumformer, VDI, Düsseldorf 2001.

Wissmeier, H.-J.: Beitrag zur Beurteilung des Bruchverhaltens von Hartmetall-Fließ-Pressmatrizen. Fertigungstechnik - Erlangen, Nr 8, Hanser, München 1989.

Yuasa, K.: Determining the deformation pressure in warm forging. Metallurgia and Metal Forming 41 (1974) 6, S. 164 – 171.

Wohlmuth, M.: Qualitätssicherung durch Versagensvorhersage in der Kaltmassivumformung. 20. Jahrestagung der Kaltmassivumformer, VDI, Düsseldorf 2005.

3.5 Durchdrücken

DIN-Normen

DIN 177	(06.05) Stahldraht, kaltgezogen; Maße, zulässige Abweichungen, Gewichte.
DIN 668	(10.99) Blanker Rundstahl; Maße, zulässige Abweichungen nach ISA Toleranzfeld h11, Gewichte.
DIN 671	(03.06) Blanker Rundstahl; Maße, zulässige Abweichungen nach ISA Toleranzfeld h9, Gewichte.
DIN 1013 T1	(12.07) Stabstahl; warmgewalzter Rundstahl für allgemeine Verwendung, Maße, zulässige Maß- und Formabweichungen.
DIN 1654 T1	(10.82) Kaltstauch- und Kaltfließpressstähle; Technische Lieferbedingungen, Allgemeines.
DIN 1654 T2	(10.82) Kaltstauch- und Kaltfließpressstähle; Technische Lieferbedingungen für nicht für eine Wärmebehandlung bestimmte beruhigte unlegierte Stähle.
DIN 1654 T3	(10.82) Kaltstauch- und Kaltfließpressstähle; Technische Lieferbedingungen für Einsatzstähle.
DIN 1654 T4	(10.82) Kaltstauch- und Kaltfließpressstähle; Technische Lieferbedingungen für Vergütungsstähle.
DIN 1654 T5	(10.82) Kaltstauch- und Kaltfließpressstähle; Technische Lieferbedingungen für nichtrostende Stähle.
DIN 1707	(06/10) Weichlote. Zusammensetzung, Verwendung, Technische Lieferbedingungen.
DIN 1786	(03.97) Installationsrohre aus Kupfer, nahtlos gezogen.
DIN 2448	(07.09) Nahtlose Stahlrohre. Maße, längenbezogene Massen.
DIN 8580	(09.03) Begriffe der Fertigungsverfahren; Einteilung.
DIN 8582	(09.03) Fertigungsverfahren Umformen; Einordnung, Unterteilung, Alphabetische Übersicht.
DIN 8583 T1	(09.03) Fertigungsverfahren Druckumformen; Einordnung, Unterteilung, Begriffe.
DIN 8583 T2	(09.03) Fertigungsverfahren Druck-umformen; Walzen, Unterteilung, Begriffe.
DIN 8583 T3	(09.03) Fertigungsverfahren Druckumformen; Freiformen; Unterteilung, Begriffe.
DIN 8583 T4	(09.03) Fertigungsverfahren Druck-umformen; Gesenkformen; Unterteilung, Begriffe.
DIN 8583 T5	(09.03) Fertigungsverfahren Druckumformen; Eindrücken; Unterteilung, Begriffe.
DIN 8583 T6	(09.03) Fertigungsverfahren Druckumformen; Durchdrücken; Unterteilung, Begriffe.
DIN 8584 T1	(09.03) Fertigungsverfahren Zugdruckumformen; Einordnung, Unterteilung, Begriff.
DIN 8584 T2	(09.03) Fertigungsverfahren Zugdruckumformen; Durchziehen; Unterteilung, Begriffe.
DIN 8588	(09.03) Fertigungsverfahren Zerteilen; Einordnung, Unterteilung, Begriffe.
DIN 17014 T1	(05.76) Wärmebehandlung von Eisenwerkstoffen; Fachbegriffe und -ausdrücke.
DIN 17111	(05.07) Kohlenstoffarme legierte Stähle für Schrauben, Muttern und Niete; Technische Lieferbedingungen.
DIN 50049	(11.98) Bescheinigungen über Werkstoffprüfungen

VDI-Richtlinien

VDI 3137	(03.98) Begriffe, Benennungen, Kenngrößen des Umformens.
VDI 3138 Bl. 1	(03.98) Kaltfließpressen von Stählen und NE-Metallen. Grundlagen.
VDI 3138 Bl. 2	(08.99) Kaltfließpressen von Stählen und NE-Metallen. Anwendung.
VDI 3145 Bl. 2	(06.85 Pressen für das Kaltmassivumformen. Stufenpressen.
VDI 3160 Bl. 1	(04.77) Oberflächenbehandeln beim Kaltumformen. Reinigen, Entzundern, Entrosten.
VDI 3160 Bl. 2	(04.77) Oberflächenbehandeln beim Kaltumformen. Trenn- und Trägerschichten.
VDI 3160 Bl. 3	(04.77) Oberflächenbehandeln beim Kaltumformen. Schmierstoffe.
VDI 3166 Bl. 1	(09.03) Halbwarmfließpressen von Stahl, Grundlagen. (ICFG Data Sheet 8/75).
VDI 3186 Bl. 1	(04.97) Werkzeuge für das Kaltfließpressen von Stahl. Aufbau, Werkstoffe. (ICFG Data Sheet 4/70).

VDI 3186 Bl. 2 (04.97) Werkzeuge für das Kaltfließ-pressen von Stahl. Gestaltung, Herstellung, Instandhaltung von Stempeln und Dornen. (ICFG Data Sheet 5/70).

VDI 3187 (07.86) Scherschneiden von Stäben, Schneidfehler. (ICFG Data Sheet 5/71):

VDI 3824-1: Qualitätssicherung bei der PVD und CVD Hartstoffbeschichtung. 2002

ICFG-Richtlinien (ICFG International Cold Forging Group), Meisenbach Verlag, Bamberg.

DS 1/70 Calculation of pressures for cold forward extrusion steel rods.
DS 2/70 Calculations of pressures for cold extrusion of steel cans.
DS 3/74 Calculations of pressures for cold extrusion of steel tubes. (withdrawn)
DS 4/70 General aspects of tool design and tool materials for cold forging of steel.
DS 5/71 Puncher and mandrels for cold extrusion of steel.
DS 6/72 Dies (die assemblies) for cold extrusion of steel.
DS 7/72 Bar cropping billet defects. (VDI 3187).
DS 8/75 Guide lines for the warm working of steels. (withdrawn)
DS 9/82 Determination of pressures and loads for warm extrusion of steels.

CFG Documents (ICFG International Cold Forging Group), Meisenbach Verlag, Bamberg.

DOC 1/77 Production of steel parts by cold forging.
DOC 2/80 Production of steel parts by warm working. (withdrawn)
DOC 3/82 Cropping of steel bar – Its mechanism and practice.
DOC 4/82 General aspects of tool design and tool materials for cold and warm forging.
DOC 5/82 Calculation methods for cold forging tools.
DOC 6/82 General recommendations for design, manufacture and operational aspects of cold extrusion tools for steel components.
DOC 7/88 Small quantity production in cold forging
DOC 8/91 Lubrication aspects in cold forging of carbon steels and low alloy steels.
DOC 9/92 Coating of tools for bulk metal forming by PVD and CVD Methods
DOC10/95 Lubrication aspects in cold forging of aluminum and aluminum alloys.
DOC11/01 Steels for cold forging. Their behavior and selection
DOC12/01 Warm forging of steels.
DOC13/02 Cold forging of aluminum
DOC14/02 Tool life and tool quality in cold forging. Part 1
DOC15/02 Process simulation
DOC16/04 Tool life and tool quality in cold forging. Part 2
DOC17/06 Tool life and tool quality in cold forging. Applications of PM steel and tungsten carbide for cold forging tools a comparison between Europe and Japan. Part 3
DOC18/09 Objectives history published documents 1967-1992
DOC19/10 Preparation and assessment of FE-simulation of cold forging operations. Collection of case studies.
DOC20/10 Memorial tributes to Kurt Lange
DOC21/11 Speedup benchmark for rotary swaging simulations.

3.5.2 Verjüngen

Matthias Haase, Sami Chatti, Nooman Ben Khalifa, A. Erman Tekkaya

3.5.2.1 Allgemeines

Das Verjüngen wird den Verfahren des Durchdrückens zugeordnet (DIN 8583). Es dient vorwiegend der Herstellung von Stückgütern in Form von Voll- oder Hohlkörpern, wie beispielsweise Getriebewellen oder Radbefestigungsschrauben (Fritz 2008).

3.5.2.2 Verfahren des Verjüngens

Es wird zwischen den Verfahren des Verjüngens von Vollkörpern und des Verjüngens von Hohlkörpern unterschieden (DIN 8583, T6). Beiden Verfahren ist gemein, dass die Werkstücke vor der formgebenden Werkzeugöffnung (Matrize) in der Regel nicht gestützt oder in einem Aufnehmer geführt werden. Daher sind im Vergleich zu anderen Durchdrückverfahren nur kleine Umformgrade erreichbar, um Fehler wie Knicken, Aufstauchen, Falten- oder Beulenbildung zu vermeiden. Des Weiteren ist die freie Weglänge vor der Matrize auf Grund der Versagensarten der Beulenbildung und des Knickens begrenzt. Durch die fehlende Abstützung kann das Verfahren jedoch direkt mit vorgelagerten Umformprozessen kombiniert werden. (Lange 1988; Lange 2007)

Beim Verjüngen von Vollkörpern wird der Querschnitt eines Vollkörpers durch eine formgebende Matrize verkleinert (Abb. 3.382 A).

Im Einlauf vor der Matrize entsteht eine Aufwulstung, welche sich bei großen Winkeln und hohen Umformgraden zu einer Werkstoffansammlung ausbilden und das Durchdrücken durch die Matrize verhindern kann (Abb. 3.382 B). Die Länge des umgeformten Werkstücks nach dem Austreten aus der Matrize ist Schwankungen unterworfen. Diese werden unter anderem durch Volumenschwankungen des Rohteils, Durchmesserschwankungen im verjüngten Schaft sowie Kopfhöhenschwankungen infolge von Maschinen- und Werkzeugdeformation hervorgerufen. Die erreichbaren Durchmessergenauigkeiten liegen bei diesem Verfahren zwischen IT8 und IT9. Für das Verjüngen eignen sich alle für die Kaltmassivumformung einsetzbaren Werkstoffe. Mögliche Versagensfälle durch ein zu geringes Umformvermögen des Werkstoffs sind unter anderem Aufstauchen, Knicken, Rissbildung in Längsrichtung vom verjüngten Ende sowie Spaltrissbildung. Durch das Einstellen geeigneter Gefüge- und Festigkeitszustände sind diese Fehler vermeidbar. Bei Stahl eignet sich ein Gefüge mit kugelförmigem Zementit, bei anderen Werkstoffen ein weichgeglühter Zustand. (Reichelmann 1976)

Beim Verjüngen von Hohlkörpern wird der Durchmesser des Hohlkörpers an einem Ende verringert. Es wird zwischen den Verfahren mit bzw. ohne Abstützung des Innendurchmessers unterschieden (Abb. 3.383).

Beim Verjüngen von Hohlkörpern ohne Innenabstützung bilden sich die Radien am Werkstück am Einlauf und Auslauf der Matrize frei aus (Abb. 3.383 A). Die Wanddicke des umgeformten Hohlkörpers ist hierbei abhängig von der Durchmesserabnahme, dem Matrizenöffnungswinkel, den Schmierverhältnissen sowie dem Verhältnis der Rohteildurchmessers zur Rohteilwanddicke. Daher ist eine in engen Grenzen konstante Einstellung des Innen-

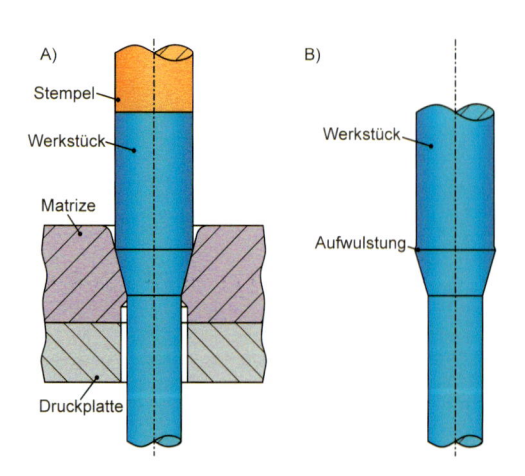

Abb. 3.382: *Verjüngen von Vollkörpern A) Prinzipdarstellung B) Ausbildung des Werkstücks*

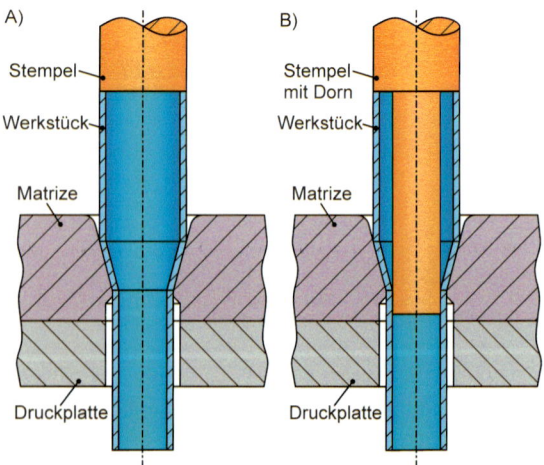

Abb. 3.383: *Verjüngen von Hohlkörpern A) Prinzipdarstellung ohne Abstützung des Innendurchmessers B) Prinzipdarstellung mit Abstützung des Innendurchmessers mittels Dorn*

3.5.2 Verjüngen

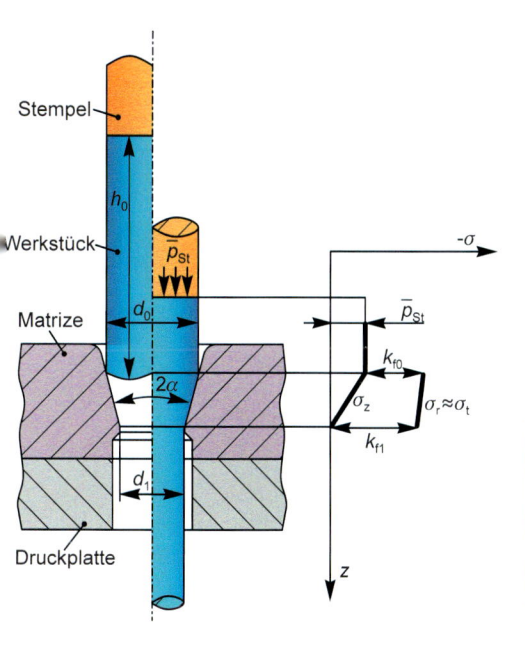

Legende (Abb. 3.384):

- d_0 Rohteildurchmesser
- d_1 Fertigteildurchmesser
- h_0 Rohteilhöhe
- 2α Matrizenöffnungswinkel
- $\bar{p}_{St}$ Mittlerer Stempeldruck
- $-\sigma$ Druckspannung
- σ_r Radialspannung
- σ_t Tangentialspannung
- k_{f0} Anfangsfließspannung
- k_{f1} Fließspannung vor Materialaustritt

$\bar{p}_{St} = \sigma_z < k_{f0}$

In der Umformzone gilt:
$k_{f0} = \sigma_{max} - \sigma_{min}$
(Fließbedingung nach Tresca)
$\sigma_{max} = \sigma_z$ und $\sigma_{min} = \sigma_r$
$\Rightarrow k_{f0} = \sigma_z - \sigma_r$

Abb. 3.384: Spannungszustand beim Verjüngen von Vollkörpern

---

durchmessers sowie der Wanddicke des umgeformten Bauteils nur bedingt möglich. Bei diesem Verfahren kann, wie beim Verjüngen von Vollkörpern, eine Werkstoffansammlung vor der Matrize infolge zu großer Winkel und Umformgrade mit den entsprechenden Auswirkungen auftreten. Beim Verjüngen von Hohlkörpern mit Abstützung des Innendurchmessers durch einen Dorn wird lediglich der Außendurchmesser verringert (Abb. 3.383 B). (Lange 2007; Ebertshäuser 1980; Cruden 1972)

3.5.2.3 Grundlagen des Verjüngens

Die Berechnung des Kraftbedarfs für das Verjüngen dient der Auslegung von Maschinen und Werkzeugen sowie der Vermeidung von Versagensfällen wie Ausbauchen oder Knicken. Für das Verjüngen von Vollkörpern setzt sich der Kraftbedarf aus den Anteilen der ideellen Umformung, der Reibung sowie der Umlenkung des Werkstoffflusses durch die Matrize zusammen. Die Einflussgrößen sind hierbei die Fließspannung des Werkstoffs, die Rohteilabmessung, der Umformgrad, der Matrizenöffnungswinkel sowie die Reibzahl (Abb. 3.384).

Am Matrizenaustritt tritt keine Spannung in Längsrichtung des Werkstücks auf, da der Werkstoff ungehindert fließen kann. Die radialen und tangentialen Spannungen sind nach der Elementaren Plastizitätstheorie annähernd gleich. Auf Grund von Materialverfestigungen sind diese jedoch während der Umformung durch die Matrize nicht konstant.

Mit Hilfe der Elementaren Plastizitätstheorie ist der mittlere Stempeldruck für das Verjüngen von Vollkörpern nach folgender Gleichung zu berechnen:

$$\bar{p}_{st} = k_{fm}\left[\varphi_{max}\left(1+\frac{2\mu}{\sin 2\alpha}\right)+\frac{2}{3}\hat{\alpha}\right] \quad (3.201)$$

mit:

- $\bar{p}_{st}$ mittlerer Stempeldruck in N/mm²,
- k_{fm} mittlere Fließspannung in N/mm²,
- φ_{max} maximaler Umformgrad,
- μ Reibzahl und
- $2\hat{\alpha}$ Matrizenöffnungswinkel (im Bogenmaß).

Für die mittlere Fließspannung kann folgende Gleichung verwendet werden:

$$k_{fm} = k_f\left(\frac{\varphi}{2}\right) \quad (3.202).$$

Die Umformkraft ergibt sich über den mittleren Stempeldruck $\bar{p}_{st}$ sowie die Querschnittsfläche des nicht umgeformten Vollkörpers A_0:

$$F = A_0 \cdot \bar{p}_{st} = A_0 \cdot k_{fm}\left[\varphi_{max}\left(1+\frac{2\mu}{\sin 2\alpha}\right)+\frac{2}{3}\alpha\right] \quad (3.203).$$

Um ein Aufstauchen des Werkstoffs vor der Matrize zu vermeiden, muss folgende Voraussetzung erfüllt sein:

$$\bar{p}_{st} < k_{f0} \quad (3.204).$$

Der Grenzumformgrad ergibt sich zu:

$$\varphi_{max,voll} = \frac{k_{f0}/k_{fm}-2\alpha/3}{1+2\mu/\sin 2\alpha} \quad (3.205).$$

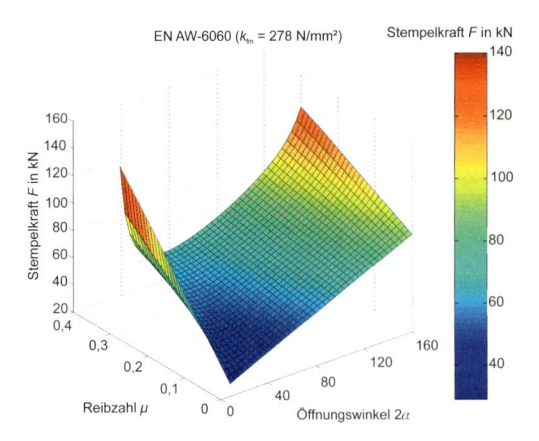

3.5 Durchdrücken

Abb. 3.385: *Stempelkraft in Abhängigkeit von Reibzahl und Öffnungswinkel*

Der erreichbare Umformgrad hängt vom Verhältnis der Anfangsfließspannung zur mittleren Fließspannung ab. Da weichgeglühte Werkstoffe eine starke Anfangsverfestigung aufweisen, sind beim Verjüngen geringere Umformgrade erreichbar als mit vorverfestigten Werkstoffen. Der erreichbare Umformgrad ist zusätzlich von der Reibzahl sowie dem Matrizenöffnungswinkel abhängig. Der optimale Öffnungswinkel führt bei gegebenem Reibzustand zu einer minimalen Umformkraft. Dies ist exemplarisch für die Aluminiumlegierung EN AW-6060 dargestellt (Abb. 3.385). Hierbei ist die Ausgangshöhe des Werkstücks 12 mm, der Anfangsdurchmesser 18 mm und der Enddurchmesser 15 mm.

Zur Vermeidung elastischen oder plastischen Ausknickens, insbesondere bei langen und dünnen Werkstücken, muss die bezogene Stempelbelastung kleiner sein als die Knickspannung des Werkstücks. Bei zentrischer Krafteinleitung kann die Berechnung für elastisches Knicken nach dem *Euler*-Knickfall III und für plastisches Knicken nach *Tetmajer* herangezogen werden. Bei außermittiger Krafteinleitung kann der zulässige Schlankheitsgrad für elastisches Knicken folgendermaßen berechnet werden (Binder 1980):

$$\lambda_{krit} = 2\sqrt{\frac{E}{\bar{p}_{st}}} \cdot \arccos \frac{e/k}{k_{f0}/\bar{p}_{st} - 1} \quad (3.206)$$

mit:

E Elastizitätsmodul in N/mm²,
$\bar{p}_{st}$ mittlerer Stempeldruck in N/mm²,
e Exzentrizität in mm,
k Kernbreite in mm und
k_{f0} Anfangsfließspannung in N/mm².

Hierbei kann der Wert für die Außermittigkeit e/k mit 0,1 abgeschätzt werden.

Beim Verjüngen von Hohlkörpern ohne Innenabstützung setzt sich der Kraftbedarf aus den Anteilen der ideellen Umformkraft, der Reibung sowie der Biegung am Ein- und Auslauf der Matrize zusammen (Abb. 3.386).

Mit Hilfe der Elementaren Plastizitätstheorie ist die Umformkraft für das Verjüngen von Hohlkörpern nach folgender Gleichung zu berechnen, wenn das Werkstück nicht an den Radien der Matrize anliegt:

$$F = A_0 \cdot k_{fm} \cdot \varphi_{max} \cdot e^{\mu\alpha} \left[1 + \frac{2\mu}{\sin 2\alpha} + \frac{k_{fB0}}{k_{fm}} \right.$$
$$\left. \cdot \frac{s_0}{2\left(\rho_1 + \frac{s_0}{2}\right) \cdot \varphi_{max}} + \frac{k_{fB1}}{k_{fm}} \cdot \frac{s_1}{2\left(\rho_2 + \frac{s_1}{2}\right) \cdot \varphi_{max}} \right]$$

(3.207)

mit

k_{fm} mittlere Fließspannung in N/mm²,
$\rho_{1,2}$ Biegeradien am Ein- und Auslauf,
φ_{max} maximaler Umformgrad,
$s_{0,1}$ Roh-, Fertigteilwanddicke,
μ Reibzahl,
$k_{fB0,B1}$ Fließspannung an den Biegestellen,
α Matrizenöffnungswinkel und
A_0 Rohteilfläche.

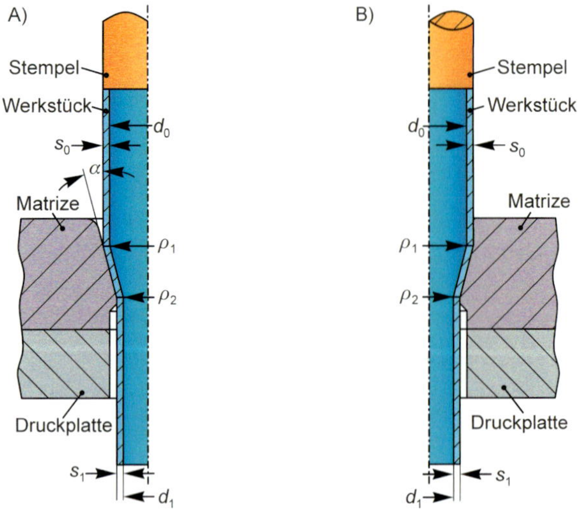

d_0 Rohteildurchmesser
d_1 Fertigteildurchmesser
s_0 Rohteilwanddicke
s_1 Fertigteilwanddicke
2α Matrizenöffnungswinkel
ρ_1 Werkstückradius am Matrizeneinlauf
ρ_2 Werkstückradius am Matrizenauslauf

Abb. 3.386: *Bezeichnungen beim Verjüngen von Hohlkörpern*
A) Werkstück liegt an den Radien nicht an
B) Werkstück liegt an den Radien voll an

Liegt das Werkstück an den Radien der Matrize an, so ist für die Berechnung $k_{fB0} = k_{f0}$ und $k_{fB1} = k_{f1}$ zu setzen.
Für φ_{max} kann unabhängig von einer Wanddickenänderung folgende Bedingung gesetzt werden:

$$\varphi_{max} = \ln \frac{d_0}{d_1} \quad (3.208),$$

wobei d_0 der Rohteildurchmesser und d_1 der Durchmesser des verjüngten Fertigteils ist. Die Wanddicke nach der Umformung stellt sich in Abhängigkeit von der Durchmesseränderung, dem Schmierzustand, dem Matrizenöffnungswinkel 2α sowie dem Verhältnis von Durchmesser zu Wanddicke d_0/s_0 ein. Bei dünnwandigen Hohlkörpern mit $d_0/s_0 \geq 10$ ist die Wanddickenzunahme vernachlässigbar (Ebertshäuser 1980). Daher kann die Wanddicke nach der Umformung über die Volumenkonstanz nach folgender Gleichung berechnet werden:

$$\frac{s_1}{s_0} \approx \frac{d_0}{d_1} \quad (3.209).$$

Bei dickwandigen Hohlkörpern mit $d_0/s_0 < 10$ ist die Wanddickenzunahme stärker ausgeprägt, je dünnwandiger der Hohlkörper und je größer der Matrizenöffnungswinkel ist (Cruden 1972).

Sind die Werkzeugradien kleiner als die sich am Werkstück einstellenden Radien, stellen sich die Biegeradien ρ_1 und ρ_2 frei ein (Ebertshäuser 1980). Ist dies der Fall, tritt keine Reibung am Ein- und Auslauf der Matrize auf und es entfällt der Term $e^{\mu\alpha}$ in der Formel für die Berechnung der Umformkraft für das Verjüngen von Hohlkörpern.

Beim Verjüngen von Hohlkörpern mit Abstützung des Innendurchmessers tritt anstelle des Kraftanteils der Biegung der Kraftanteil der Schiebung am Ein- und Auslauf der Matrize. Zusätzlich ist die Reibung zwischen Werkstück und Dorn zu berücksichtigen. Mit Hilfe der Elementaren Plastizitätstheorie ist die Umformkraft für das Verjüngen von Hohlkörpern mit Abstützung des Innendurchmessers nach folgender Gleichung zu berechnen:

$$F = A_0 \cdot k_{fm} \cdot \varphi_{max} \cdot \left[1 + \frac{2\mu}{\sin 2\alpha} + \frac{\mu}{\tan \alpha} + \frac{1}{4} \cdot \frac{k_{f0} + k_{f1}}{k_{fm} \cdot \varphi_{max}} \cdot \hat{\alpha} \right]$$

$$(3.210).$$

Wie beim Verjüngen von Vollkörpern besteht auch hier die Gefahr des Aufstauchens oder Knickens. Zur Vermeidung von Aufstauchvorgängen muss folgende Gleichung erfüllt sein:

$$\bar{\sigma}_{st} = \frac{F}{A_0} < k_{f0} \quad (3.211).$$

Die Grenzumformgrade für das Verjüngen von Hohlkörpern ergeben sich entsprechend der Berechnung des Grenzumformgrades für Vollkörper. (Ebertshäuser 1980; Cruden 1972; Binder 1979; Binder 1980)

3.5.2.4 Werkzeuge und Maschinen zum Verjüngen

Die einzelnen Werkzeugteile sind beim Verjüngen von Vollkörpern keinen hohen Belastungen ausgesetzt. Daher können für Pressstempel, Druckplatten, Armierungsringe sowie Auswerfer niedriglegierte Stähle eingesetzt werden. Die Matrize wird ebenso gering belastet. Auf Grund der Verschleißbelastung sollte sie jedoch aus verschleißbeständigen Werkstoffen wie 12-prozentigen Chromstählen oder Hartmetallen hergestellt werden. Wird das Verjüngen mit einem anderen Verfahren kombiniert, so müssen die Werkzeugwerkstoffe entsprechend den auftretenden Belastungen angepasst werden. Hierfür eignen sich beispielsweise höherlegierte Werkstoffe, wie sie bei Fließpresswerkzeugen eingesetzt werden (Abb. 3.387).

Beim Verjüngen von Hohlkörpern ist die Matrize, im Gegensatz zu den Werkzeugen für das Verjüngen von Vollkörpern, auf Grund der geringeren Radialkräfte nicht armiert. Ist jedoch das Verhältnis von Rohteildurchmesser zu Rohteilwanddicke $d_0/s_0 < 30$, muss gegebenenfalls armiert werden. Eine Armierung ist stets notwendig, wenn eine Abstützung des Innendurchmessers durch einen Dorn erfolgt.

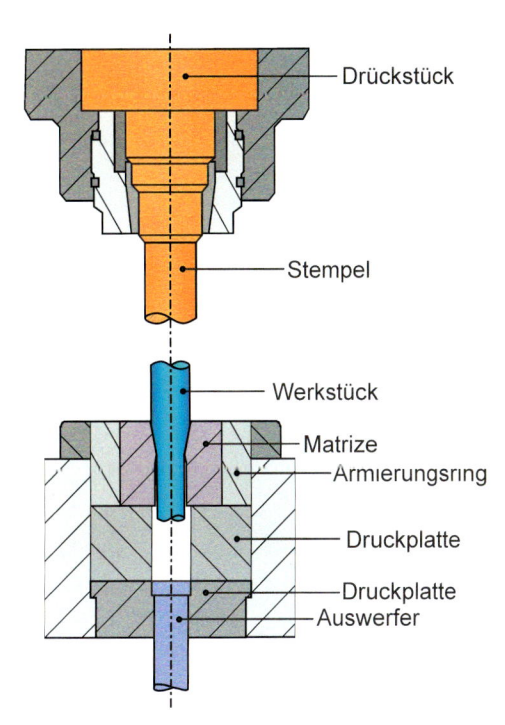

Abb. 3.387: *Werkzeug zum Verjüngen von Vollkörpern*

Der Aufbau von Mehrstufenwerkzeugen entspricht prinzipiell dem Aufbau der bisher dargestellten Werkzeuge. Zum Verjüngen werden hydraulische und mechanische weggebundene Pressen wie Exzenter-, Kurbel- und Kniehebelpressen eingesetzt. Auswahl und Auslegung der Maschinen erfolgen entsprechend den Anforderungen an Nennkraft, Arbeitshub und Gesamthub. Da beim Verjüngen im Vergleich zum Fließpressen geringere Kräfte auftreten, können die Maschinen kleiner ausgeführt werden. (Lange 1988; Ebertshäuser 1980; Cruden 1972)

Literatur zu Kapitel 3.5.2

Binder, H.: Kraftbedarf und Verfahrensgrenzen beim Verjüngen von Vollkörpern. Draht 30 (1979) 12, S. 746 – 750.

Binder, H.: Untersuchung über das Verjüngen von zylindrischen Vollkörpern. Berichte aus dem Institut für Umformtechnik. Universität Stuttgart, Nr.58, Springer Verlag, Berlin, Heidelberg, New York 1980.

Cruden, A. K.; Thomsen, H. F.: The end closure of backward extruded cans. National Engineering Laboratory Report, Nr. 511, East Kilbride 1972.

Ebertshäuser, H.: Untersuchungen über das Einziehen (Verjüngen) von Hohlkörpern. Teil I, II und III. Blech, Rohre, Profile 27 (1980) 1. S. 6 – 12, 2. S. 80 – 93, 3. S. 161 – 166.

Fritz, H. F.; Schulze, G.: Fertigungstechnik. Springer-Verlag, Berlin, Heidelberg, New York 2008.

Lange, K. (Hrsg.): Umformtechnik. Handbuch für Industrie und Wissenschaft. Band 2: Massivumformung. Springer-Verlag, Berlin, Heidelberg, New York 1988.

Lange, K.; Kammerer, M.; Pöhlandt, K.; Schöck, J.: Fließpressen. Springer-Verlag, Berlin, Heidelberg, New York 2007.

Reichelmann, E.: Probleme und Lösungen beim Umformen von Getriebe- und Hinterachsgetriebewellen aus Zahnradvergütungs- und Einsatzstählen. VDI-Berichte Nr. 266, VDI-Verlag, Düsseldorf 1976, S. 85 – 88.

Norm

DIN 8583 T6: Fertigungsverfahren Druckumformen; Durchdrücken; Unterteilung; Begriffe.

3.5.3 Strangpressen

Dirk Becker, Thomas Kloppenborg, Andreas Jäger, Noomane Ben Khalifa, Annika Foydl, A. Erman Tekkaya, Matthias Kleiner

3.5.3.1 Einleitung

Unter den industriellen Verfahren, mit denen Aluminiumblöcke zu äußerst komplexen Querschnitten umgeformt werden können, besitzt das Strangpressen keine Konkurrenz und hat sich als ein wesentlicher Industrieprozess etabliert. Das Strangpressen ist ein Umformprozess, in dem ein Metallblock durch eine Werkzeugöffnung, welche kleinere Abmessungen hat als der Ausgangsblock, gedrückt wird. Dabei entsteht aus dem kompakten Ausgangsblock ein langes Halbzeug mit konstanter, aber durchaus komplexer Querschnittsgeometrie. Üblicherweise wird der Prozess als Warmumformprozess ausgeführt, um eine geeignete Fließspannung für den Werkstoff zu erhalten, damit ein größeres Formänderungsvermögen zur Verfügung steht. In dem modernen Prozess werden gegossene Blöcke in zylindrischer Form in einen Blockaufnehmer geladen und mit Hilfe eines hydraulisch angetriebenen Stempels durch das Presswerkzeug gedrückt. Durch die hohen Druckspannungen wird das Gussgefüge des Ausgangsblocks ideal aufgebrochen, ohne eine Rissbildung im Blockwerkstoff zu verursachen.

Die Geschichte des Strangpressens geht bis in das 18. Jahrhundert zurück, in dem Joseph Bramah die erste Bleirohrstrangpresse entwickelte, welche mit geschmolzenem Bleiwerkstoff bestückt wurde. Die folgenden Konstruktionen von Burr, Shrewsbury, Shaw, Hamon, Haines und Weems zeigten kontinuierliche Verbesserungen der Technik, sowohl für das direkte als auch für das indirekte Strangpressen (Sheppard 1999; Bauser 2001a). Alexander Dick definierte 1894 mit seiner hydraulischen Presse mit horizontaler Anordnung die Grundlagen für die heute eingesetzte Verfahrenstechnik (Pearson 1944, Abb. 3.388).

Die Anwendung der mit dem Strangpressen hergestellten Halbzeuge ist sehr vielfältig, da sich das Werkstoffspektrum von sehr duktilen Werkstoffen wie Zinn über Aluminium bis hin zu Stahl und Titan sehr breit gefächert darstellt. Die Zinnprodukte finden sich vorwiegend als Stangenmaterial in der Elektrotechnik in Form von Loten oder Anoden wieder (Sauer 2001a). Stranggepresste Aluminium-Profile sind im allgemeinen Maschinenbau aber auch im Fahrzeugbau, dem Bauwesen und der Luftfahrt zu finden. Dabei werden die Profile zum Teil als Designelemente verwendet, aber auch gefügt als Tragwerkstruktur in den unterschiedlichsten Verkehrs- und Transportmitteln (Abb. 3.389). Beispielhaft können hier die Space-Frames der Personenkraftwagen angeführt werden. Aber auch im Schienenverkehr werden die Strukturen der Triebwagen, wie die des ICE 3, oder die Waggons aus Aluminiumprofilen aufgebaut. Demgegenüber zählt der Sanitärbereich mit den Wasserleitungen zu den Branchen, in denen die stranggepressten Kupferrohre zur Anwendung kommen. Insbesondere in der Luft- und Raumfahrt ist der Einsatz von Titan auf Grund der hohen thermomechanischen Belastbarkeit des Werkstoffs üblich. Um komplexe Querschnitte für Bauteile aus dem Turbinen- oder Fahrwerksbereich herzustellen, wird das Strangpressen verwendet.

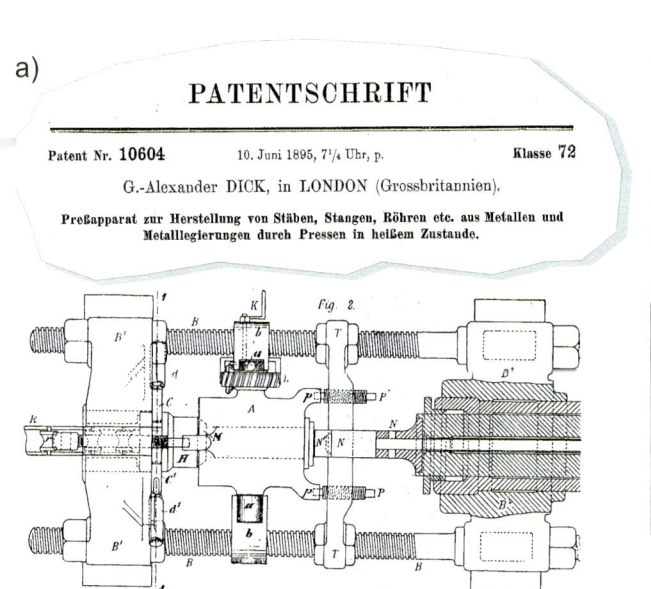

Abb. 3.388: *a) Patentauszug (Dick 1895); b) Hydraulische Strangpresse aus dem Jahr 1895 (Bauser 2001a)*

3.5 Durchdrücken

Abb. 3.389: Anwendung von Strangpressprofilen (Aluminium, Stahl, Kupfer)

Ähnliches gilt für Bauteile aus Stahlwerkstoffen, die wie jene aus Titanwerkstoffen schwer zu pressen sind, jedoch mit anderen Umformverfahren nicht oder nicht wirtschaftlich herstellbar sind (Sauer 2001a).

Das Kapitel Strangpressen gibt im Folgenden zunächst einen Überblick zu den wichtigsten Verfahrensarten. Des Weiteren werden die Berechnungsgrundlagen, der Werkstofffluss, die einsetzbaren Werkstoffe und die Maschinen- und Anlagentechnik vorgestellt. Dabei beziehen sich die Darstellungen in erster Linie auf das Strangpressen von Aluminiumlegierungen, welche bezüglich des Anwendungsbereichs das breiteste Spektrum aufzeigen.

3.5.3.2 Strangpressverfahren

3.5.3.2.1 Allgemeines

Strangpressen ist nach DIN 8583-T6 Durchdrücken eines von einem Aufnehmer umschlossenen Blocks vornehmlich zum Erzeugen von Strängen (Stäben) mit vollem oder hohlem Querschnitt. Allen Strangpressverfahren gemeinsam ist der hohe hydrostatische Druckspannungszustand. Dieser Zustand – oder die Überlagerung eines solchen zu einem bestehenden beliebigen Spannungszustand – erhöht das plastische Formänderungsvermögen von Werkstoffen. Der Umformgrad φ_{max} beim Strangpressen lässt sich vereinfacht durch das Verhältnis von Rezipienten- A_0 und Strangquerschnittsfläche A_1 bestimmen:

$$\varphi_{max} = \ln \frac{A_0}{A_1} \tag{3.212}$$

Die beim Strangpressen üblicherweise erzielbaren Umformgrade liegen mit φ_{max} = 7 bereits beachtlich hoch und können beim hydrostatischen Strangpressen bis auf Werte von φ_{max} = 9 gesteigert werden. Mit allen Verfahren können Halbzeuge in Form von Voll- und Hohlquerschnitten gefertigt werden. Der Presswerkstoff und die Presswerkzeuge haben im Allgemeinen unmittelbaren Kontakt zueinander, lediglich beim Strangpressen mit Wirkmedien stellenweise auch mittelbaren. Daher lässt sich das Zusammenwirken als tribologisches System auffassen.

Die eigentliche Umformung vom vorgewärmten Pressblock zum Pressstrang geschieht in einer trichterförmi-

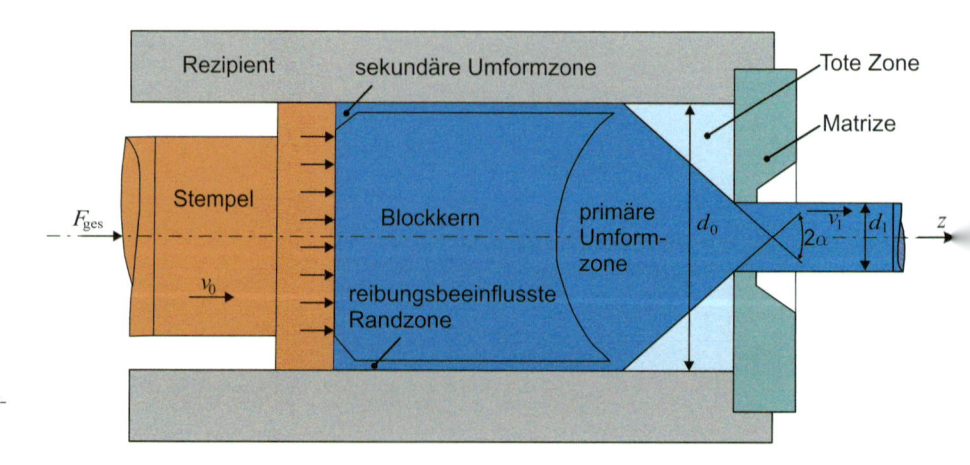

Abb. 3.390: Schematische Darstellung des direkten Strangpressens

gen Umformzone (primäre Umformzone) vor der Matrize. Der Einlaufwinkel wird mit 2α bezeichnet, bei Flachmatrizen kann $2\alpha = 90°$ vereinfachend angenommen werden (Abb. 3.390). Die Höhe der Umformzone ist verfahrens- und werkstoffabhängig. In dem Ringraum, der aus der Mantelfläche der Umformzone, der Rezipienteninnenwand und der Matrizenstirnfläche gebildet wird, entsteht eine tote Zone. Mit nur einer Ausnahme – nämlich beim Block-auf-Block-Pressen – muss ein Pressrest verbleiben, dessen Dicke gleich der Höhe der Umformzone bzw. der toten Zone ist. Die in der Umformzone vorliegenden Temperaturen sind in der Regel höher als die Rekristallisationstemperatur des betreffenden Presswerkstoffs.

3.5.3.2.2 Direktes Strangpressen

Das direkte Strangpressen bezeichnet den Strangpressprozess, bei dem die Werkstoffflussrichtung und die Wirkrichtung der Maschine gleichgerichtet sind. Weitere typische Kennzeichen sind, dass das formgebende Werkzeug während des Umformvorgangs festliegt und keine Relativgeschwindigkeit zwischen Matrize und Rezipient besteht. Direktes Strangpressen ist das am häufigsten angewendete Verfahren zur Massenherstellung von Halbzeug und für fast alle Presswerkstoffe geeignet. Die unmittelbar am Umformvorgang beteiligten Maschinenkomponenten sind die Matrize mit dem formgebenden Durchbruch für die Werkstückaußenkontur und ggf. ein fester oder mitlaufender Dorn für die Werkstoffinnenkontur. Mittelbar am Umformvorgang beteiligt sind die Stützwerkzeuge, der Werkzeughalter, der Blockaufnehmer oder Rezipient, die lose oder feste Pressscheibe und der Pressstempel (Abb. 3.391).

Beim direkten Strangpressen wird ein auf Umformtemperatur vorgewärmter Block mit Hilfe eines Blockladers seitlich in die Maschine zugeführt (Abb. 3.392 a). Der überwiegend hydraulisch angetriebene Pressstempel, der vom Presswerkstoff durch die feste oder lose Pressscheibe getrennt ist, drückt den Presswerkstoff bis vor die Matrize und staucht diesen bis zur maximalen Presskraft auf Rezipientendurchmesser auf (Abb. 3.392 b). Anschließend beginnt der eigentliche Pressvorgang, bei dem der Werkstoff durch die formgebende Matrize zum gewünschten Profil gepresst wird (Abb. 3.392 c). Dabei wird der Pressblock im Allgemeinen nicht vollständig ausgepresst, sondern es bleibt ein Pressrest zurück, der nach Ablauf des Pressvorgangs vom Pressstrang – bei loser Pressscheibe zusammen mit dieser – abgeschert wird (Abb. 3.392 d).

Durch die ortsgebundene Position der Matrize zum Rezipienten tritt während des Umformvorganges eine Relativbewegung zwischen dem Pressblock und der Rezipienteninnenwand auf, die Reibungskräfte und damit Reibungswärme verursacht. Beim Strangpressen von Hohlquerschnitten über feststehendem Dorn entsteht zusätzlich noch Reibung zwischen Presswerkstoff und Dorn. Zum einen beeinflussen diese Reibungskräfte die zur Durchführung der Umformung notwendige Gesamtpresskraft und belasten damit den Antrieb der Strangpresse, zum anderen steigert die entstandene Reibungswärme die Temperatur des Presswerkstoffs. Da sich eine derartige Temperaturzunahme negativ, z.B. durch entstehende Heißrisse, auf den Pressvorgang und die Werkstoffqualität des Pressstrangs auswirken kann, muss in vielen Fällen die entstehende Reibungswärme durch Verringerung der Pressgeschwindigkeit in Grenzen gehalten wer-

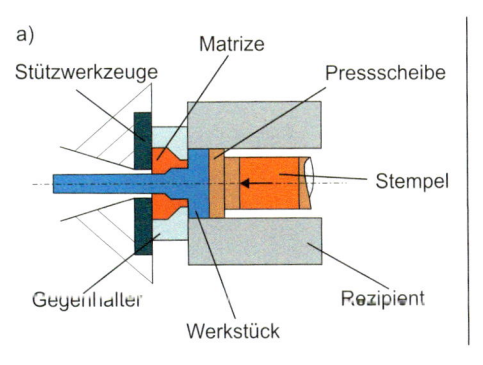

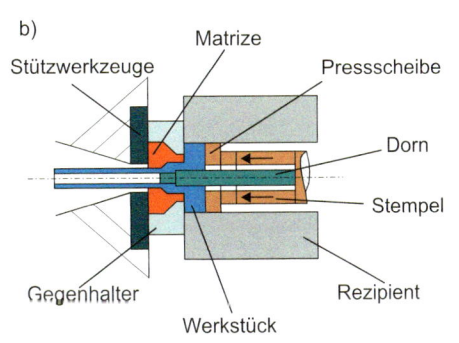

Abb. 3.391: Schematische Darstellung der Maschinenkomponenten beim Strangpressen;
a) Direktes Strangpressen;
b) Direktes Strangpressen mit feststehendem Dorn

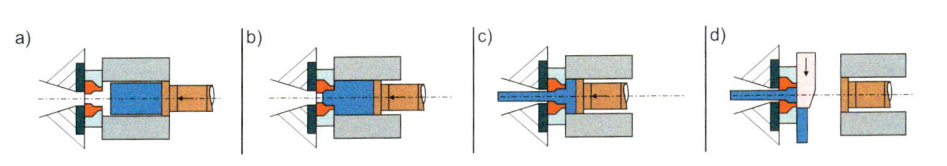

Abb. 3.392: Schematische Darstellung des Verfahrensablaufs beim direkten Strangpressen mit fester Pressscheibe;
a) Block laden; b) Block anstauchen; c) Strangpressen; d) Pressrest abscheren

den. Zur Verringerung der Reibung ist es möglich, den Block geschmiert in den Aufnehmer einzusetzen. Durch den sich ausbildenden Schmierfilm wird die Reibung zwischen Block und Rezipient gemindert. Damit dieser Schmierfilm das Umformgut bis zum Austritt aus der Matrize umgibt, werden in der Regel beim Strangpressen mit Schmiermitteln konische Matrizen eingesetzt.

Bei einer weiteren Variation des direkten Strangpressens wird eine Pressscheibe verwendet, die einen erkennbar kleineren Durchmesser hat als der Rezipient. Durch den entstehenden Spalt zwischen dem Rezipienten und der Pressscheibe geht die äußerste Schale des Blockes nicht in das Umformgut und somit in das Pressprodukt ein, lediglich das Blockinnere wird zum Strang verpresst. Wesentlicher Vorteil bei diesem Verfahren ist, dass man sichergehen kann, dass verunreinigte oder oxidierte Blockaußenzonen nicht in das Pressprodukt einfließen. Nachteil ist das zusätzliche Räumen der Schale aus dem Rezipienten nach jedem Pressvorgang. Um auch beim Pressen ohne Schale zu gewährleisten, dass die Randzonen nicht in das Pressprodukt einfließen, wird die Presslänge entsprechend so angepasst, dass die Randzonen im Pressrest verbleiben.

3.5.3.2.3 Indirektes Strangpressen

Indirektes Strangpressen kennzeichnet der hohl ausgeführte Pressstempel, auf dessen Kopf das formgebende Werkzeug (die Pressmatrize) befestigt wird. Während des Umformvorgangs verändert der Pressstempel seine Lage nicht und der Pressstrang wird durch den hohlen Stempel abgeführt (Abb. 3.393 a). Dieses Verfahren wird ebenfalls werkstoffabhängig ohne oder mit Schale durchgeführt, im ersten Fall mit und ohne Schmierung. Eine Pressscheibe im eigentlichen Sinne gibt es hier nicht. Vielmehr erfüllt die Pressmatrize auch die Aufgabe der Pressscheibe. Die Entfernung des Pressrestes und ggf. der Schale wird sinngemäß abgewandelt wie beim direkten Strangpressen durchgeführt. Neben Voll- können auch Hohlquerschnitte durch einen mitlaufenden Dorn erzeugt werden (Abb. 3.393 b).

Der Rezipient und das Verschlussstück werden zusammen mit dem Pressblock hydraulisch gegen die auf dem Pressstempel befestigte ortsgebundene Matrize gedrückt. Daher findet keine Relativbewegung zwischen Pressblock und Rezipient statt. Somit entsteht an dieser Stelle auch keine Reibungswärme und die Pressblocktemperaturen während des Umformprozesses bleibt gleichmäßiger. Infolgedessen ist die Werkstoffqualität des Pressstrangs, besonders über seine Länge, wesentlich homogener. Darüber hinaus können mit diesem Umformverfahren schwer pressbare Werkstoffe überhaupt erst und dazu wesentlich schneller gepresst werden, was die Produktivität einer solchen Presse erheblich verbessert.

Der Verfahrensablauf ähnelt dem des direkten Strangpressens. Es wird ebenfalls ein auf Umformtemperatur vorgewärmter Block mit Hilfe eines Blockladers seitlich der Maschine zugeführt (Abb. 3.394 a). Der überwiegend hydraulisch angetriebene Rezipient und das Verschlussstück werden gemeinsam in Richtung der Matrize verfahren (Abb. 3.394 b). Nach dem Aufstauchen des Blocks beginnt der eigentliche Pressvorgang, bei dem der Strang aus dem hohlen Pressstempel abgeführt wird (Abb. 3.394 c). Auch bei diesem Verfahren wird der Pressrest nach dem Vorgang abgeschert (Abb. 3.394 d).

Abb. 3.393: *Schematische Darstellung der Maschinenkomponenten beim Strangpressen; a) Indirektes Strangpressen; b) Indirektes Strangpressen mit mitlaufendem Dorn*

Abb. 3.394: *Schematische Darstellung des Verfahrensablaufs beim indirekten Strangpressen mit fester Pressscheibe; a) Block laden; b) Block anstauchen; c) Strangpressen; d) Pressrest abscheren*

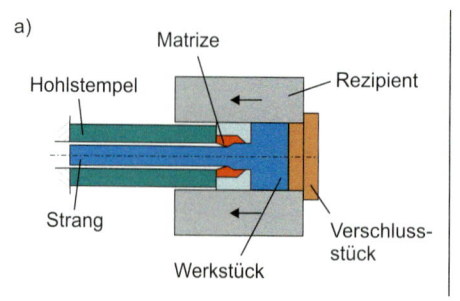

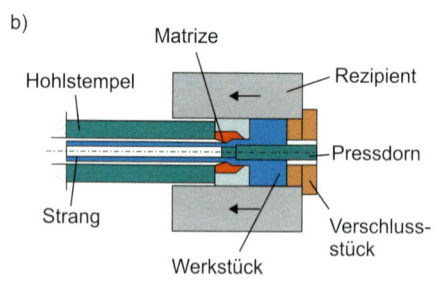

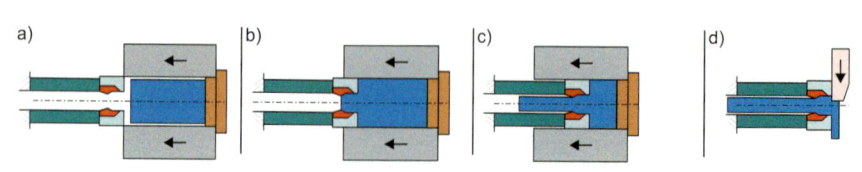

3.5.3.2.4 Hydrostatisches Strangpressen

Beim Strangpressen mit Wirkmedien wird der Block durch die Einwirkung eines Wirkmediums durch die Matrize gedrückt. Bei diesem Verfahren hat man während des Umformvorgangs im Idealfall – abgesehen von der relativ geringen Flüssigkeitsreibung – einen reinen Druckspannungszustand. Die Pressblockmantelfläche und hintere Pressblockstirnfläche werden vollständig vom Wirkmedium, z. B. einer Druckflüssigkeit, umgeben. Es tritt also nur Reibung zwischen Werkstoff und Matrize auf. Durch geeignete Wahl des Matrizeneinlaufwinkels lässt sich im formgebenden Durchbruch eine hydrodynamische Schmierung erreichen. Daher lassen sich mit diesem Verfahren nicht nur relativ spröde Werkstoffe umformen, sondern bei duktilen Werkstoffen extrem hohe Umformgrade bis etwa φ_{max} = 9 erzielen. Zur Vermeidung von Presswerkzeug-Überbelastungen soll der Druck des Wirkmediums 20 kbar möglichst nicht überschreiten. Die prinzipielle Wirkungsweise des hydrostatischen Strangpressens mit und ohne Dorn zeigt Abbildung 3.395.

Eine schematische Erläuterung des Verfahrensablaufs des hydrostatischen Strangpressens ist in Abbildung 3.396 dargestellt. Der Block kann prinzipiell zwischen Stempel und Rezipient oder zwischen Matrize und Rezipient eingeführt werden (Abb. 3.396 a). Nach dem Zuführen des Blocks wird das Wirkmedium in den Rezipienteninnenraum eingebracht (Abb. 3.396 b). Dies geschieht häufig über eine Zentralbohrung im Stempel. Die Standzeiten der Dichtungen zwischen Matrize und Rezipient als auch die Dichtung zwischen Stempel und Rezipient sind sehr gering (Siegert 2001). Durch den Stempel wird dann der Druck im Wirkmedium erzeugt, der die Umformung des Werkstoffs bewirkt (Abb. 3.396 c). Nach dem Ende des Pressvorgangs wird das Wirkmedium abgepumpt, sodass der Strang abgeschert werden kann (Abb. 3.396 d).

Abhängig von den vorgestellten Verfahren ergeben sich unterschiedliche Presskraftverläufe. In Abbildung 3.397 sind zum Vergleich die Kraftverläufe für das direkte Strangpressen ungeschmiert und geschmiert (optimale Schmierung) sowie für das indirekte Strangpressen und das hydrostatische Strangpressen gegenübergestellt. Beim hydrostatischen Strangpressen und beim indirekten Strangpressen entfällt die Reibung zwischen Presswerkstoff und Rezipient. Deshalb können mit diesem Verfahren bei gleicher Strangpresskraft höherfeste Werkstoffe umgeformt werden.

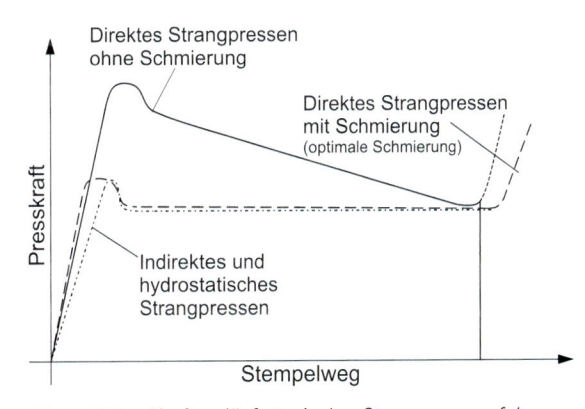

Abb. 3.397: Kraftverläufe typischer Strangpressverfahren (qualitativ)

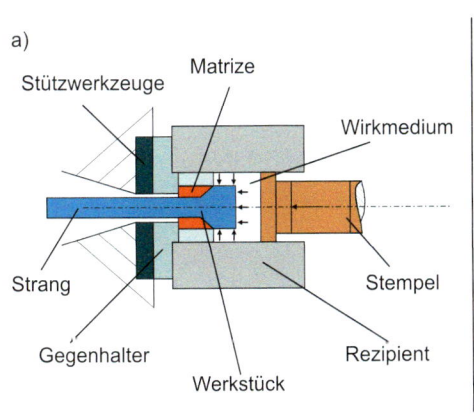

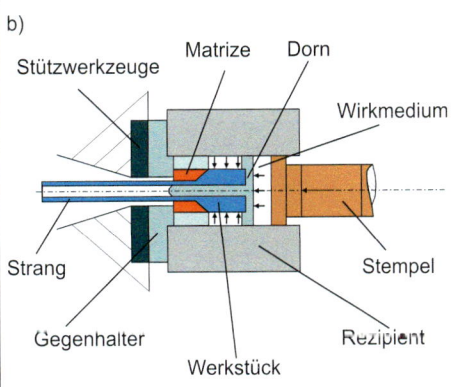

Abb. 3.395: Schematische Darstellung der Maschinenkomponenten beim Strangpressen; a) Hydrostatisches Strangpressen; b) Hydrostatisches Strangpressen mit Dorn

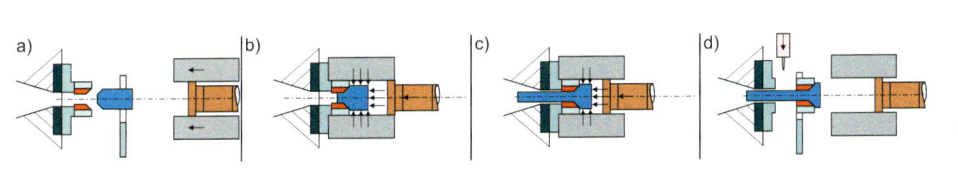

Abb. 3.396: Schematische Darstellung des Verfahrensablaufs beim hydrostatischen Strangpressen; a) Block laden; b) Medium zuführen; c) Strangpressen; d) Pressrest abscheren

3.5 Durchdrücken

3.5.3.3 Kraftverlauf und Leistungsbilanz

Für den allgemeinen Fall des direkten Strangpressens ergibt sich der in Abbildung 3.398 gezeigte Kraftverlauf. Zu Beginn des Umformvorgangs wird der Pressblock – dessen Außendurchmesser vor dem Pressen immer kleiner als der Rezipientendurchmesser ist – gestaucht, bis er mit seiner Mantelfläche vollständig an der Innenwand des Rezipienten anliegt (Arbeitsanteil W_{Stauch}). Um das Fließen des Presswerkstoffs einzuleiten, müssen zunächst die Reibung zwischen Pressblock und Rezipient sowie innere Gleitwiderstände überwunden werden. Dadurch tritt das Presskraftmaximum auf (Arbeitsanteil $W_{Ü}$). Anschließend fließt der Werkstoff und die Umformung ist quasistationär. Die ideelle Umformarbeit (W_{id}), sowie die Arbeiten zur Überwindung der inneren Gleitwiderstände ($W_{ReibU} + W_{SchiebU}$) bleiben konstant, sodass auch der benötigte Kraftanteil konstant ist. Dieser Kraft überlagert ist diejenige zur Überwindung der Reibung zwischen Presswerkstoff und Rezipient, die mit abnehmender Länge des Pressblocks und damit mit seiner Mantelfläche ebenfalls kontinuierlich abnimmt (Arbeitsanteil W_{ReibR}).

Schließlich steigt gegen Ende der Pressung die Presskraft wieder steil an, wenn Pressstempel und Pressscheibe die primäre Umformzone erreichen und diese auszupressen beginnen. Hierbei ist der Presswerkstoff in der toten Zone (vgl. 3.5.3.2.1) gezwungen, radial zur Pressenachse hin zu fließen, wobei hohe Fließwiderstände zu überwinden sind.

Im Folgenden wird die maximale Presskraft für das direkte Strangpressen ohne Schale und ohne Schmierung für eine Rundstange mit Hilfe der Bilanz der mechanischen Leistung hergeleitet. Für die Umformung sind die Arbeitsanteile W_{ReibR}, W_{id}, W_{ReibU} und $W_{SchiebU}$ wesentlich, sodass die kleineren Beträge W_{Stauch} und $W_{Ü}$ vernachlässigt werden können. Aus dieser Überlegung ergibt sich für die Leistungsbilanz:

$$F_{ges} \cdot v_0 = L_{id} + L_{SchiebU} + L_{ReibR} + L_{ReibU} \qquad (3.213),$$

wobei F_{ges} als einzige äußere Kraft angenommen wird.

Ableitung der ideellen Umformleistung L_{id}

Zur Ableitung der ideellen Umformleistung L_{id} wird ein scheibenförmiges Volumenelement mit dem Querschnitt

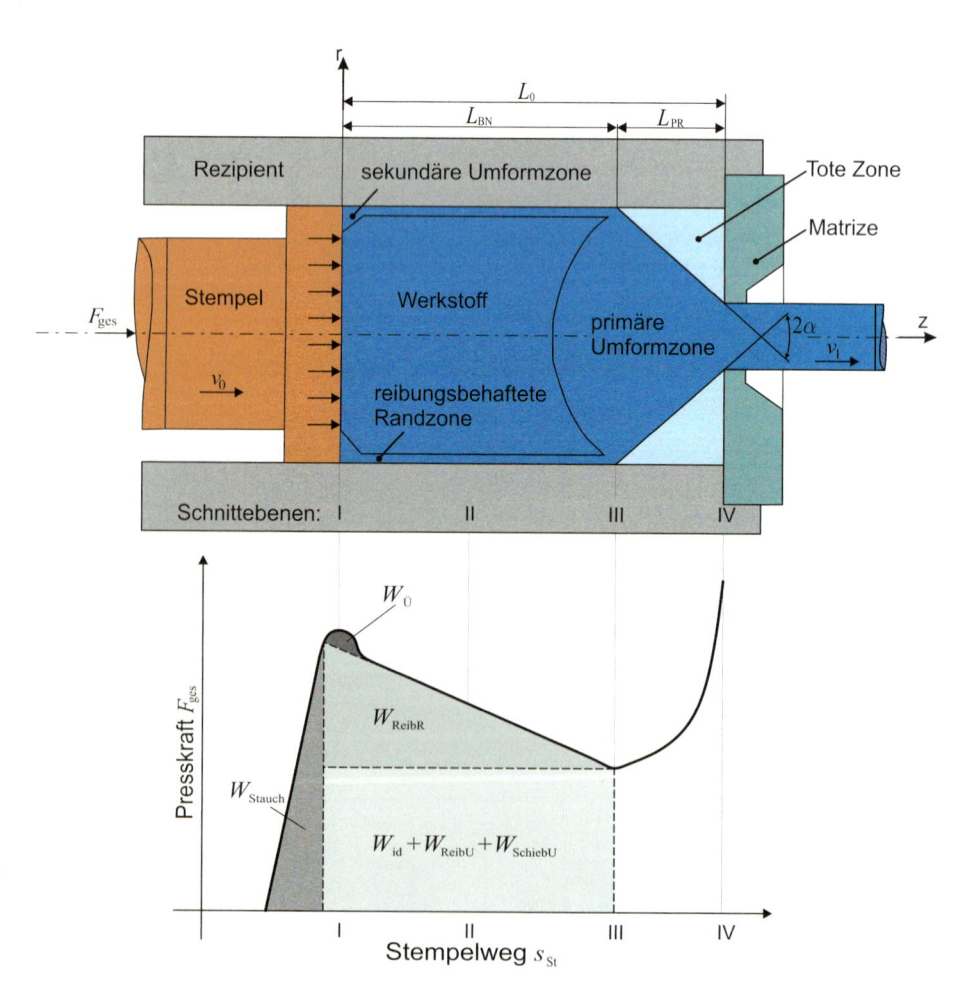

Abb. 3.398: Darstellung der Umformzonen beim direkten ungeschmierten Strangpressen ohne Schale einer Rundstange sowie Kraftverlauf und Arbeitsbeträge (qualitativ)

$A(z)$ und der Geschwindigkeit $v(z)$ von Ebene III zur Ebene IV bewegt (Abb. 3.399). Hierbei wird angenommen, dass die Formänderungsgeschwindigkeit in jedem infinitesimalen Bereich homogen und die Geschwindigkeiten, die zu den Elementarkörperflächen normal stehen, konstant sind. Außerdem wird davon ausgegangen, dass auch die Hauptspannungsrichtungen normal auf den Elementarkörperflächen stehen. Es wird eine Geschwindigkeitsverteilung

$$v = v_r e_r + v_z e_z \tag{3.214}$$

in Zylinderkoordinaten angenommen. Bei der Bewegung des Volumenelements gilt die Kontinuitätsgleichung

$$v_z(z) = \frac{v_0 \cdot A_0}{A(z)} \tag{3.215}.$$

Für die lokale Volumenerhaltung ist

$$\text{div } v = \frac{\partial v_r}{\partial r} + \frac{v_r}{r} + \frac{\partial v_z}{\partial z} = 0 \Rightarrow \frac{1}{r}\frac{\partial}{\partial r}(r \cdot v_r) = -\frac{\partial v_z}{\partial z} \tag{3.216},$$

sodass die Radialgeschwindigkeit in Abhängigkeit vom Radius r und der Position z zu

$$v_r(r,z) = -\frac{r}{2}\frac{\partial v_z}{\partial z} \tag{3.217}$$

berechnet werden kann. Außerdem ergibt sich durch die Ableitung von Gleichung (3.215):

$$\frac{\partial v_z(z)}{\partial z} = -\frac{v_0 \cdot A_0}{A^2(z)}\frac{dA(z)}{dz} \tag{3.218}.$$

Das negative Vorzeichen lässt sich hierbei durch die Flächenabnahme der Querschnittfläche in Richtung z veranschaulichen. Das angenommene Geschwindigkeitsfeld enthält keine Scherdeformationen, deshalb wird folgender Spannungszustand angenommen:

$$S = \begin{pmatrix} \sigma_r & 0 & 0 \\ 0 & \sigma_\varphi & 0 \\ 0 & 0 & \sigma_z \end{pmatrix} \tag{3.219}.$$

Unter Annahme, dass die Radialspannungen den Umfangsspannungen entsprechen, ergibt sich der Spannungszustand zu:

$$\sigma_\varphi \equiv \sigma_r \Rightarrow S = \begin{pmatrix} \sigma_r & 0 & 0 \\ 0 & \sigma_r & 0 \\ 0 & 0 & \sigma_z \end{pmatrix} \tag{3.220}.$$

Mit dem gegebenen Spannungszustand berechnet sich die Spannungsleistung pro Volumen aus dem Skalarprodukt zu

$$\ell_i = S \cdot D = \begin{pmatrix} \sigma_r & 0 & 0 \\ 0 & \sigma_r & 0 \\ 0 & 0 & \sigma_z \end{pmatrix} \cdot \begin{pmatrix} \frac{\partial v_r}{\partial r} & 0 & 0 \\ 0 & \frac{v_r}{r} & 0 \\ 0 & 0 & \frac{\partial v_z}{\partial z} \end{pmatrix}$$

$$= \left\{ \sigma_r \left(\frac{\partial v_r}{\partial r} + \frac{v_r}{r} \right) + \sigma_z \frac{\partial v_z}{\partial z} \right\} \tag{3.221}.$$

Mit Gleichung (3.216) kann die Leistung pro Volumeneinheit zu

$$\ell_i = (\sigma_z - \sigma_r)\frac{\partial v_z}{\partial z} \tag{3.222}$$

vereinfacht werden. Durch Einsetzen von Gleichung (3.218) ergibt sich

$$\ell_i = -(\sigma_z - \sigma_r)\frac{v_0 \cdot A_0}{A^2(z)}\frac{dA(z)}{dz} \tag{3.223}.$$

Durch den Sonderfall des Strangpressens runder Blöcke sind die Fließhypothesen nach Tresca und v. Mises gleichwertig zu benutzen. Während im Allgemeinen für die Schubspannungshypothese nach Tresca

$$k_{f,0} = \sigma_1 - \sigma_3 = 2 \cdot \tau_{max} \tag{3.224}$$

und für die Gestaltungsänderungshypothese nach v. Mises

$$k_{f,0} = \sqrt{\frac{1}{2}\left[(\sigma_1 - \sigma_2)^2 + (\sigma_2 - \sigma_3)^2 + (\sigma_3 - \sigma_1)^2\right]} \tag{3.225}$$

gilt,

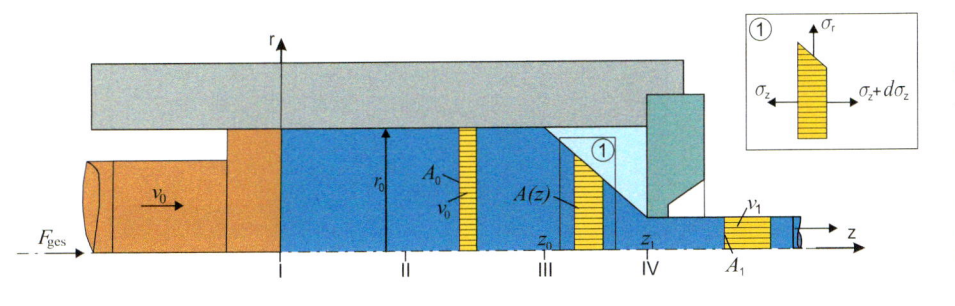

Abb. 3.399: Darstellung zur Ableitung der ideellen Umformleistung in der Umformzone beim direkten Strangpressen von runden Vollsträngen mit Hilfe der Bilanz der mechanischen Leistung

3.5 Durchdrücken

vereinfacht sich für den hier vorliegenden rotationssymmetrischen Sonderfall

$$\sigma_1 = \sigma_2 \tag{3.226}$$

die letztgenannte Hypothese ebenfalls zu

$$k_{f,0} = \sigma_1 - \sigma_3 \tag{3.227}.$$

Da beim Strangpressen nur Druckspannungen auftreten, lässt sich mit der Kenntnis, dass

$$|\sigma_3| = |\sigma_z| \tag{3.228}$$

wesentlich größer ist als

$$|\sigma_1| = |\sigma_r| = |\sigma_t| \tag{3.229}$$

auch schreiben:

$$k_{f,0} = |\sigma_3| - |\sigma_1| = |\sigma_z| - |\sigma_r| \tag{3.230}.$$

Die Spannungsleistung pro Volumen ist dadurch

$$\ell_i = -k_{f,0} \frac{v_0 \cdot A_0}{A^2(z)} \frac{dA(z)}{dz} \tag{3.231}.$$

Durch Multiplikation mit dem Volumenelement $dV = A(z)\,dz$ folgt

$$\ell_i dV = -k_{f,0} \cdot v_0 \cdot A_0 \frac{dA(z)}{A(z)} \tag{3.232}$$

und durch Integration über die Umformzone ergibt sich

$$\int \ell_i dV = -k_{f,0} \cdot v_0 \cdot A_0 \int_{z_0}^{z_1} \frac{dA}{A} = k_{f,0} \cdot v_0 \cdot A_0 \cdot \ln \frac{A_0}{A_1} \tag{3.233}.$$

Damit berechnet sich die ideelle Umformleistung zu

$$L_{id} = k_{f,0} \cdot A_0 \cdot \ln \frac{A_0}{A_1} \cdot v_0 \tag{3.234}.$$

Durch Einsetzen von Gleichung (3.212) vereinfacht sich die ideelle Umformleistung zu

$$L_{id} = k_f \cdot A_0 \cdot \varphi_{max} \cdot v_0 \tag{3.235}.$$

Es bedeuten

L_{id} ideelle Umformleistung,
ℓ_i Spannungsleistung pro Volumen,
r Radius des betrachteten Volumenelements,
v Geschwindigkeit des betrachteten Volumenelements,
V Volumen des betrachteten Volumenelements,
σ_r Radialspannung,
σ_t Tangentialspannung,
σ_z Axialspannung,
$k_{f,0}$ Fließspannung,
A Querschnittsfläche des betrachteten Volumenelements.

Ableitung des Anteils L_{ReibR}

Ein scheibenförmiges Volumenelement mit dem Umfang $U_0 = 2\pi \cdot r_0$ bewegt sich mit der Geschwindigkeit v_0 von der Ebene I zur Ebene III (Abb. 3.400). Auf Grund der Reibung zwischen Rezipienteninnenwand und Werkstoff wird dabei die Reibleistung L_{ReibR} verrichtet.

$$dL_{ReibR} = 2\pi \cdot r_0 \cdot dz \cdot \mu \cdot \sigma_r \cdot v_0 \tag{3.236}$$

Mit der Annahme, dass $\sigma_r \approx k_{f,0}$ und $A_0 = \pi \cdot r_0^2$ ist, ergibt sich durch Integration über die Pressblocknutzlänge L_{BN} die Reibleistung am Rezipienten

$$L_{ReibR} = A_0 \cdot \mu \cdot k_{f,0} \cdot \frac{2 \cdot L_{BN}}{r_0} \cdot v_0 \tag{3.237}.$$

Es bedeuten

L_{ReibR} Reibleistung Rezipient,
r_0 Radius des Rezipienten,
U_0 Umfang des Rezipienten,
L_0 Länge des gestauchten Pressblocks,
L_{PR} Pressrestlänge,
L_{BN} Pressblocknutzlänge,
μ Reibkoeffizient zwischen Rezipient und Pressblock.

Ableitung des Anteils L_{ReibU}

Im Folgenden wird der Leistungsanteil innerhalb der Scherzone (entlang der toten Zone) in der Matrize abgeleitet. Die Reibung an den Führungsflächen wird dabei vernachlässigt. Ein scheibenförmiges Volumenelement mit der Dicke dz wird von der Ebene III zur Ebene IV verschoben (Abb. 3.401).

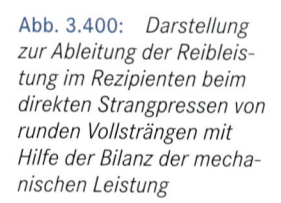

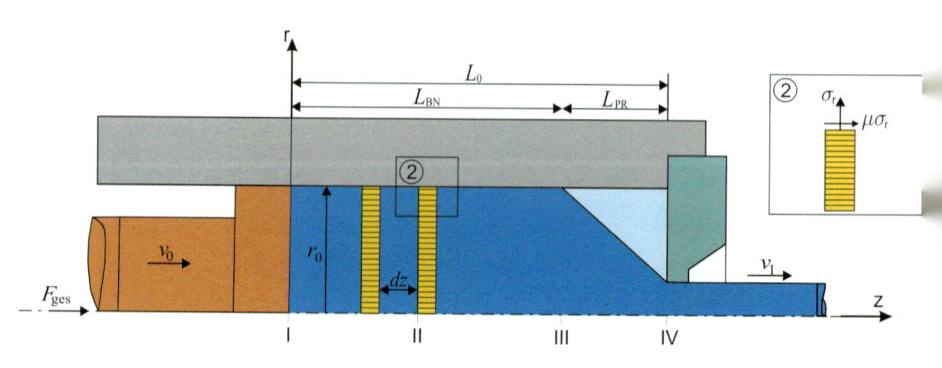

Abb. 3.400: Darstellung zur Ableitung der Reibleistung im Rezipienten beim direkten Strangpressen von runden Vollsträngen mit Hilfe der Bilanz der mechanischen Leistung

3.5.3 Strangpressen

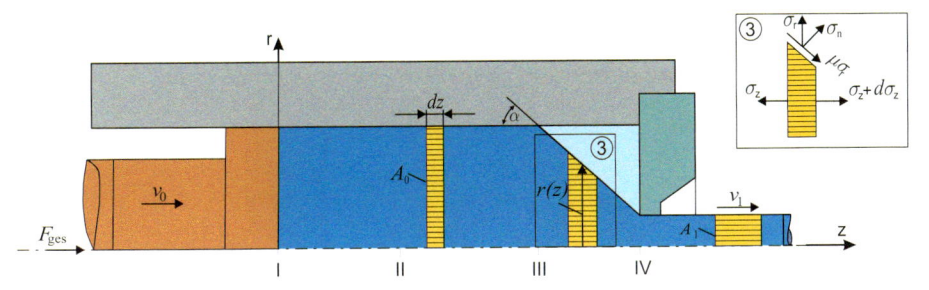

Abb. 3.401: Darstellung zur Ableitung der Reibleistung entlang der toten Zone beim direkten Strangpressen von runden Vollsträngen mit Hilfe der Bilanz der mechanischen Leistung

An diesem Volumenelement tritt dabei Reibung entlang der toten Zone an der Fläche dA_M auf, die ausreichend genau mit

$$dA_M = \frac{2\pi \cdot r(z) \cdot dz}{\cos \alpha} \quad (3.238)$$

angegeben werden kann. Die benötigte Leistung entlang der Scherzone für das Volumenelement ist

$$dL_{ReibU} = dA_M \cdot \tau_f \cdot \frac{v_z}{\cos \alpha} \quad (3.239).$$

Die Querschnittsfläche $A(z) = \pi\, r^2(z)$ des betrachteten Volumenelements kann abgeleitet werden zu

$$A'(z) = 2\pi \cdot r(z) \cdot r'(z) = -2\pi \cdot r(z) \cdot \tan \alpha \quad (3.240),$$

woraus

$$2\pi \cdot r(z) = -\frac{A'(z)}{\tan \alpha} \quad (3.241)$$

folgt. Das Einsetzen von Gleichung (3.241) in Gleichung (3.238) ergibt für die Fläche

$$dA_M = -\frac{A'(z)}{\tan \alpha} \cdot \frac{dz}{\cos \alpha} = -\frac{A'(z)}{\sin \alpha} dz \quad (3.242).$$

Weiterhin ergibt sich mit der Schubfließgrenze nach Tresca $\tau_f = \frac{1}{2} k_{f,0}$ (Gl. 3.224)

und mit $v_z(z) = \frac{v_0 \cdot A_0}{A(z)}$ (Gl. 3.215) das Differential der Reibleistung entlang der toten Zone zu

$$dL_{ReibU} = -\frac{A'(z)}{2 \cdot \sin \alpha \cdot \cos \alpha} \cdot k_{f,0} \cdot v_z\, dz$$

$$= -\frac{A'(z)}{\sin 2\alpha} \cdot k_{f,0} \cdot \frac{v_0 \cdot A_0}{A(z)} dz \quad (3.243).$$

Aus diesem Ausdruck ergibt sich durch Integration und Einsetzen von Gleichung (3.212)

$$L_{ReibU} = -\frac{v_0 \cdot A_0}{\sin 2\alpha} \cdot k_{f,0} \int_{z_0}^{z_1} \frac{A'(z)}{A(z)} dz$$

$$= \frac{A_0}{\sin 2\alpha} \cdot k_{f,0} \cdot \varphi_{max} \cdot v_0 \quad (3.244)$$

Es bedeuten

L_{ReibU} Reibleistung entlang der toten Zone und
α halber Matrizenöffnungswinkel.

Ableitung des Anteils $L_{SchiebU}$

Das Geschwindigkeitsfeld der ideellen Umformleistung L_{id} enthält keine Scherdeformationen. Um diese zu berücksichtigen, werden bei den Ebenen III und IV die Materialfasern des Presswerkstoffs sprunghaft um den Winkel γ umgelenkt (Abb. 3.402). Für die Umlenkung des Werkstoffs wird die im Folgenden hergeleitete Schiebungsleistung $L_{SchiebU}$ benötigt. Die mittleren Materialfasern sind von diesen Schiebungen nicht betroffen.

Während eines infinitesimalen Zeitintervalls dt passiert ein ringförmiges Volumenelement $dV = 2\pi \cdot r_\gamma \cdot dr_\gamma \cdot v_0 \cdot dt$ mit dem Abstand r_γ von der Mittelachse die Ebene III und erfährt eine Scherung um den Winkel γ. Diese Scherung wird in der Ebene IV wieder rückgängig gemacht, wobei $0 \leq \gamma \leq \alpha$ gilt. Dabei wird insgesamt das Differential der Arbeit

$$dW_{SchiebU} = 2 \cdot \tau \cdot \tan \gamma \cdot dV$$
$$= 2 \cdot \tau \cdot \tan \gamma \cdot (2 \cdot \pi \cdot r_\gamma \cdot dr_\gamma \cdot v_0) \cdot dt \quad (3.245)$$

verrichtet. Dem entspricht die differentielle Leistung

$$dL_{SchiebU} = \frac{dW_{SchiebU}}{dt} = 2 \cdot \tau \cdot \tan \gamma \cdot (2 \cdot \pi \cdot r_\gamma \cdot dr_\gamma \cdot v_0) \quad (3.246).$$

Mit $\tau_f = \frac{1}{2} k_{f,0}$ und $\tan \gamma(r) = \frac{r_\gamma}{L_S}$ folgt

$$dL_{SchiebU} = k_{f,0} \cdot \frac{r_\gamma}{L_S} \cdot (2\pi \cdot r_\gamma\, dr_\gamma \cdot v_0)$$

$$= 2\pi \cdot \frac{k_{f,0}}{L_S} \cdot v_0 \cdot r_\gamma^2\, dr_\gamma \quad (3.247).$$

Durch Integration über die Kreisringquerschnittsfläche ergibt sich

$$L_{SchiebU} = 2\pi \cdot \frac{k_{f,0}}{L_S} \cdot v_0 \cdot \int_0^{r_0} r_\gamma^2 \cdot dr_\gamma = \frac{2}{3} \pi \cdot \frac{k_{f,0}}{L_S} \cdot r_0^3 \cdot v_0 \quad (3.248).$$

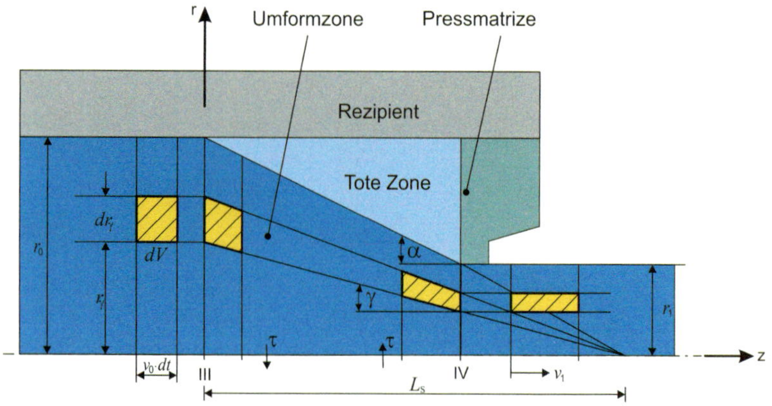

3.5 Durchdrücken

Abb. 3.402: Darstellung zur Ableitung des Schiebungsanteils beim direkten Strangpressen von runden Vollsträngen mit Hilfe der Bilanz der mechanischen Leistung

Durch Einsetzen von $\pi r_0^2 = A_0$ und $\dfrac{r_0}{L_S} = \tan\alpha$ resultiert die Schiebungsleistung

$$L_{\text{SchiebU}} = \frac{2}{3} A_0 \cdot k_{\text{f},0} \cdot \tan\alpha \cdot v_0 \qquad (3.249).$$

Es bedeuten
L_{SchiebU} Schiebungsleistung,
γ Schiebungswinkel,
r Abstand des Elements von der Pressenmittelachse.

Gesamtleistung und Gesamtkraft

Die Gleichung für die Gesamtleistung zum direkten Strangpressen einer Rundstange lautet somit

$$\begin{aligned}
F_{\text{ges}} \cdot v_0 &= L_{\text{id}} + L_{\text{SchiebU}} + L_{\text{ReibR}} + L_{\text{ReibU}} \\
&= k_{\text{f},0} \cdot A_0 \cdot \varphi_{\max} \cdot v_0 + \frac{2}{3} A_0 \cdot k_{\text{f},0} \tan\alpha \cdot v_0 + \\
&\quad + A_0 \cdot \mu \cdot k_{\text{f},0} \frac{2 L_{\text{BN}}}{r_0} \cdot v_0 + \frac{A_0}{\sin 2\alpha} k_{\text{f}} \cdot \varphi_{\max} \cdot v_0
\end{aligned} \qquad (3.250).$$

Durch Umformung kann die Strangpressgesamtkraft für das direkte Strangpressen einer Rundstange zu

$$\begin{aligned}
F_{\text{ges}} &= k_{\text{f},0} \cdot A_0 \cdot \varphi_{\max} + \frac{2}{3} A_0 \cdot k_{\text{f},0} \cdot \tan\alpha \\
&\quad + A_0 \cdot \mu \cdot k_{\text{f},0} \cdot \frac{2 L_{\text{BN}}}{r_0} + \frac{A_0}{\sin 2\alpha} \cdot k_{\text{f},0} \cdot \varphi_{\max} \\
&= A_0 \cdot k_{\text{f},0} \cdot \varphi_{\max} \left\{ 1 + \frac{2\tan\alpha}{3\varphi_{\max}} + \mu \cdot \frac{2 L_{\text{BN}}}{r_0 \cdot \varphi_{\max}} + \frac{1}{\sin 2\alpha} \right\}
\end{aligned} \qquad (3.251)$$

bestimmt werden.

3.5.3.4 Werkstofffluss beim Strangpressen

Wie im vorherigen Kapitel beschrieben, gibt es bei den unterschiedlichen Verfahrensvarianten direktes und indirektes Strangpressen deutliche Unterschiede im Kraftverlauf (Abb. 3.397). Hierbei spielt die Reibung zwischen Rezipient und Block eine sehr große Rolle. Anhand der Werkstoffflussuntersuchungen können die herrschenden Reibbedingungen analysiert werden. Im Folgenden werden die gängigen Fließtypen beim direkten und indirekten Strangpressen gegenübergestellt. Anschließend wird die Methode der visioplastischen Untersuchungen sowie die Ermittlung der vorherrschenden tribologischen Bedingungen erläutert.

3.5.3.4.1 Fließtypen beim Strangpressen

Der Werkstoff im Rezipienten und im Presswerkzeug hängt von der Verfahrensvariante und von der verwendeten Schmierung ab. Abbildung 3.403 zeigt die charakteristischen Typen des Fließens beim Strangpressen. Die in der Literatur am häufigsten genutzte Klassifizierung des Werkstoffflusses beim Strangpressen stammt von Dürrschnabel (Dürrschnabel 1968). Hierbei ist zwischen vier Fließtypen zu unterscheiden: S, A, B und C. Im Bereich Aluminium-Strangpressen konnte mit Hilfe der visioplastischen Untersuchungen von Valberg eine weitere Unterteilung der Fließtypen beobachtet werden (Fließtyp A1 und B1) (Valberg 2009; Ben Khalifa 2012).

Fließtyp S

Hier wird angenommen, dass keine Reibung zwischen Blockwerkstoff und Rezipient vorherrscht. Das kann entweder beim direkten Strangpressen mit Schmiermittel, wie z. B. Glas, oder beim hydrostatischen Strangpressen entstehen. Dabei entsteht ein homogenes Werkstoffgefüge. Dieser Fließtyp ist für die Praxis nicht relevant.

Fließtyp A

Bei diesem Fließtyp liegt eine geringe Reibung im Rezipienten vor, die über einen gut geschmierten Block einge-

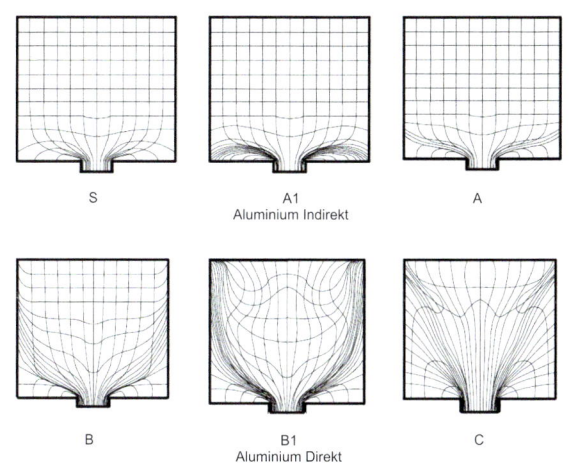

Abb. 3.403: *Fließtypen beim Strangpressen (Valberg 2009; Ben Khalifa 2012)*

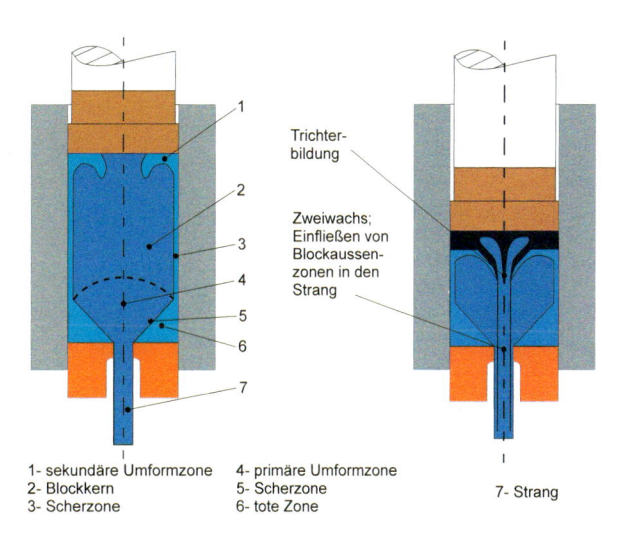

Abb. 3.404: *Umformzonen beim Strangpressen und Entstehung von Zweiwachs (Siegert 2001)*

1- sekundäre Umformzone
2- Blockkern
3- Scherzone
4- primäre Umformzone
5- Scherzone
6- tote Zone
7- Strang

stellt wird. Die Verformung des Liniengitters im Block erfolgt sehr gleichmäßig, bis kurz vor dem Matrizeneinlauf. Hier zeigt sich die Ausbildung einer flächenmäßig kleinen „toten Zone" mit angrenzender schmaler Scherzone, die das Einfließen des Werkstoffs von der Blockoberfläche in den Strang ermöglicht.

Fließtyp B

Dieser Fließtyp entsteht durch die höhere Wandreibung im Rezipienten und an der Matrizenstirnfläche beim direkten Strangpressen, wodurch der Werkstoff in der äußeren Schicht des Blocks gegenüber dem Blockinnern gehemmt wird. Dadurch ist eine stärker ausgeprägte tote Zone vorzufinden, welche ein inhomogenes Werkstoffgefüge im Strang hervorruft.

Fließtyp C

Dieser Zustand liegt bei inhomogenem Werkstoff und auch inhomogener Temperaturverteilung im Block (außen kalt – innen heiß) vor. Hier stellt sich eine im Vergleich zum Typ B stärkere Hemmung des Werkstoffflusses im Blockäußeren dar. Dies resultiert aus der höheren Fließspannung auf Grund der niedrigeren Temperatur. Ein solcher Gradient tritt leicht auf, wenn die Blockeinsatztemperatur deutlich höher ist als die Rezipiententemperatur (Siegert 2001).

Beim direkten oder indirekten Strangpressen von Aluminium und Aluminium-Legierungen ohne Schmiermittel entstehen die Fließtypen A1 und B1, die sich von den oben dargestellten Fließtypen leicht unterscheiden (Valberg 2009, Ben Khalifa 2012). Beim Fließtyp B1, der eine längere Scherzone aufweist (vgl. B1 und B), herrscht eine Haftreibung zwischen dem Block und dem Container. Auf Grund dieser Haftreibung bleibt eine Al-Schicht (Außenhaut und die darunter liegende Schicht) an der Container-

wand kleben. Der Werkstoff fließt aus der Mitte wesentlich schneller. Dabei entsteht mit fortschreitendem Prozess eine sekundäre Umformzone vor der Pressscheibe. Aus dieser sekundären Umformzone fließt der zurückgehaltene Werkstoff aus den Randzonen, die verunreinigt und oxidiert sind, in die Strangmitte. Dieser Effekt wird als Zweiwachs bezeichnet (Abb. 3.404) und führt zwangsläufig zu Produktfehlern, wenn der Pressrest zu klein dimensioniert wird. Aus diesem Grund ist eine hinreichende Dimensionierung des Pressrestes erforderlich, um diesen Fehler zu vermeiden (Siegert 2001).

3.5.3.4.2 Analyse des Werkstoffflusses beim Strangpressen

Zur Untersuchung der Abbildung des Werkstoffflusses wird ein Vergleich der Simulation mit den Ergebnissen der visioplastischen Untersuchungen durchgeführt. Dazu werden die berechneten Verzerrungen der Fließlinien den Werkstoffflussbildern gegenübergestellt. Die Fließlinien ergeben sich aus einem ursprünglich kartesischen Raster, dessen Knotenpunkte analog dem Werkstofffluss im Strangpressprozess mit bewegt werden. Auf diese Weise ist eine Visualisierung der Umformung des Pressblocks möglich. Zur Visualisierung des Werkstoffflusses beim Strangpressen werden die Pressblöcke mit der Indikatormethode präpariert. Dazu werden, aufbauend auf der in (Valberg 1992) vorgestellten Methode, radial durch den Pressblock in der Symmetrieebene Bohrungen eingebracht, durch die Stifte eingelassen werden. Für die verwendeten Werkstoffe sollte eine hinreichende mechanische und thermische Ähnlichkeit vorhanden sein, sodass keine Beeinflussung des Stoffflusses zu erwarten ist. Die

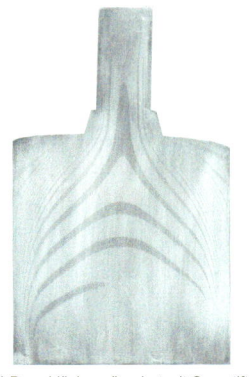

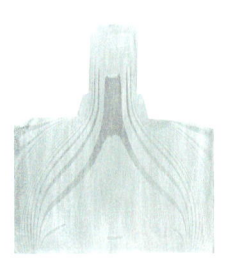

3.5 Durchdrücken

a) Pressblöcke präpariert mit Querstiften

b) Pressblöcke präpariert mit Quer- und Längststiften

Abb. 3.405: *Visioplastische Untersuchungen beim direkten Strangpressen; a)(Schikorra 2006); b) (Valberg 2009)*

Stifte können in den Pressblock vertikal oder horizontal zur Pressrichtung angebracht werden. Eine Kombination beider Anordnungen ist auch möglich (Abb. 3.405).
Eine Gegenüberstellung der berechneten Fließlinien mit den deformierten Rastern der visioplastischen Experimente zeigt Abbildung 3.406. Die Untersuchungen werden wiederum für unterschiedliche Reibkoeffizienten und Reibmodelle durchgeführt, um den Einfluss der Reibung zu quantifizieren.

Die Gegenüberstellung der Fließlinien zeigt deutlich, welchen Einfluss der Reibkoeffizient auf den Werkstofffluss beim Strangpressen hat. Für den Fall einer Vernachlässigung der Reibung bzw. bei Verwendung eines Reibkoeffizienten von Null findet ein konstantes Stauchen des Pressblocks statt und die Deformation der Fließlinien ist lediglich auf den Bereich nahe der Matrizenöffnung beschränkt. Vergleicht man die per Simulation und Experiment ermittelten Fließlinienfiguren, findet man die größte Übereinstimmung für die Fälle Coulomb-Reibung $\mu = 0,1$ sowie für das Tresca-Reibmodell m = 0,95. Dabei muss bei der Übereinstimmung zwischen der Abbildung der Fließlinien an der Rezipientenwand und der Abbildung im Pressblockinneren unterschieden werden. Die fast parallel zur Rezipientenwand verlaufenden Fließlinien der visioplastischen Untersuchungen finden sich ebenfalls in den Simulationen unter Verwendung höherer Reibkoeffizienten, wie Coulomb-Reibung $\mu = 0,1$ wieder. Die Übereinstimmung deutet auf eine Verbindung des Pressblocks zur Matrizenwand hin, die vergleichbar mit einem Aufschweißen des Pressblocks an die Rezipientenwand ist und deren Festigkeit über die Schubfließgrenze des Aluminiums hinausgehen kann. Um die richtigen Reibwerte für die FEM-Simulation ermitteln zu können, sollten die Fließlinien für jedes FE-Programm ermittelt werden, da die FE-Programme in der Regel unterschiedliche Reibmodelle beinhalten (Donati 2010).

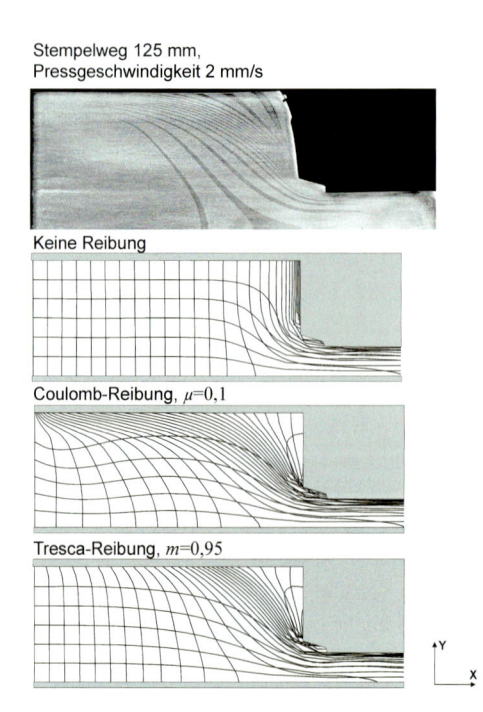

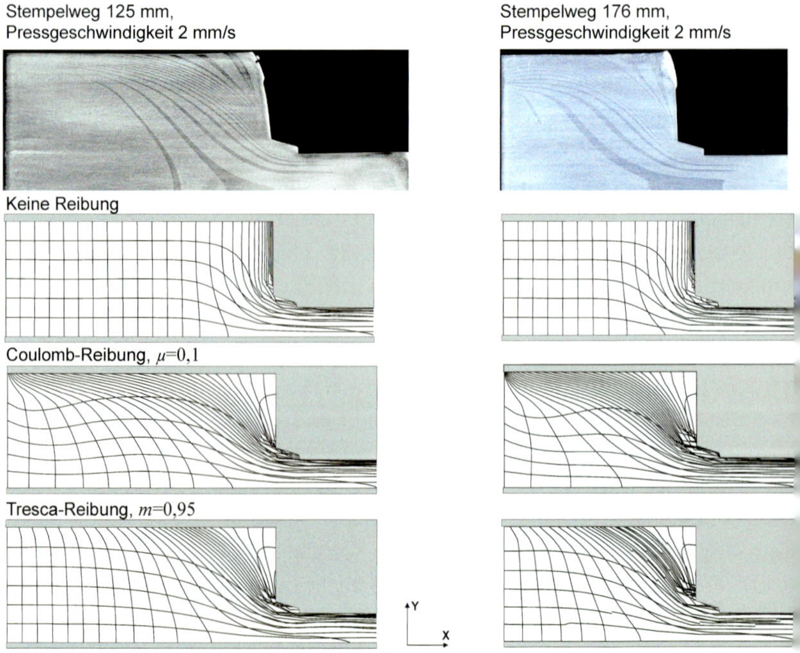

Abb. 3.406: *Deformationen der Fließlinien der numerischen und physikalischen Experimente (Schikorra 2006)*

3.5.3.5 Werkstoffe

3.5.3.5.1 Aluminium

Aluminiumlegierungen werden in Knet- und Gusslegierungen unterschieden. Bei Knetlegierungen steht die plastische Verformbarkeit, bei Gusslegierungen das Formfüllungsvermögen und die Vergießbarkeit im Vordergrund. Auf Grund der unterschiedlichen Anforderungen wurden zahlreiche Legierungen mit unterschiedlichsten Eigenschaften entwickelt. Eine weitere Unterteilung kann in die zwei Hauptgruppen von nicht aushärtbaren und aushärtbaren Aluminiumlegierungen erfolgen (Kammer 2002).

Wie bei allen Gebrauchsmetallen lässt sich die Festigkeit von Aluminium durch Verformungsverfestigung, Legierungsverfestigung oder Dispersionsverfestigung steigern. Die Legierungsverfestigung unterteilt sich in die Verfestigung durch Mischkristallbildung für nicht aushärtbare Aluminiumlegierungen und die Verfestigung durch Ausscheidung von zuvor gelösten Legierungsbestandteilen für aushärtbare Aluminiumlegierungen (Altenpohl 1994). Aluminiumknetlegierungen werden nach DIN EN 573 in einem System von acht Reihen genormt. Einen Überblick gibt Tabelle 3.41.

Aushärtbare Aluminiumlegierungen

Aluminiumknetlegierungen und deren Erzeugnisse sind in einem umfangreichen Normenwerk erfasst. Nachfolgend werden die technisch bedeutendsten Legierungsbereiche aushärtbarer Aluminiumlegierungen aufgezeigt.
AlCuMg- und AlCuSiMn-Knetlegierungen (2xxx-Reihe)
Aluminium-Kupfer-Knetlegierungen enthalten etwa 3,5 Prozent bis 5,5 Prozent Kupfer als das maßgeblich für die Aushärtbarkeit verantwortliche Element, und daneben weitere Zusätze von Mg, Si, Mn und Fe (Kammer 2002). Je nach Zusammensetzung ist Kalt- oder Warmauslagern möglich. Magnesium begünstigt durch Leerstellenbildung die Diffusion von Kupferatomen bei Raumtemperatur und ermöglicht somit die Aushärtung durch Kaltauslagerung (Altenpohl 1994). Legierungen dieses Systems zeichnen sich durch hohe Festigkeitswerte von bis zu 450 N/mm² und eine hohe Bruchdehnung von bis zu 13 Prozent aus. Die 0,2 Prozent-Dehngrenze liegt bei rund 290 N/mm² (Weißbach 2004, Bargel 2000).

AlMgSi-Knetlegierungen (6xxx-Reihe)

Aluminium-Magnesium-Silizium-Legierungen sind die am häufigsten verwendeten aushärtbaren Aluminiumknetlegierungen. Der Aushärtungseffekt beruht auf der Ausscheidung der Mg$_2$Si-Phase. Bei technisch interessanten Legierungen liegt der Zusammensetzungsbereich bei Anteilen von 0,30 Prozent bis 1,5 Prozent Mg und 0,20 Prozent bis 1,6 Prozent Si neben 0 Prozent bis 1 Prozent Mn und 0 Prozent bis 0,35 Prozent Cr (Abb. 3.407). Daraus ergeben sich Anteile der Mg2Si-Phase zwischen 0,40 Prozent bis 1,6 Prozent mit daneben, je nach Überschuss, variierenden Anteilen an freiem Si oder Mg (Kammer 2002). Die Warmaushärtung erfolgt bei Temperaturen zwischen 140 bis 160 °C (Altenpohl 1994). Legierungen dieses Systems erreichen mittlere Festigkeiten von bis zu 320 N/mm². Die 0,2 Prozent-Dehngrenze liegt im warm ausgehärteten Zustand bei 240 N/mm². Sie zeichnet sich durch gute Korrosionsbeständigkeit und Verarbeitbarkeit bei mäßiger Schweißeignung aus (Bargel 2000).

AlZnMg- und AlZnMgCu-Knetlegierungen (7xxx-Reihe)

Legierungen dieser Reihe sind hochfeste Aluminiumwerkstoffe mit Anteilen von etwa 4,5 Prozent Zink und 1,3 Prozent Magnesium, die eine gute Verarbeitbarkeit bei gleichzeitig akzeptabler Korrosionsbeständigkeit bieten

Tab. 3.41: *Bezeichnung von Aluminium und Aluminiumlegierungen (Kammer 2002)*

Reihe	Legierungstyp
1xxx	Rein- und Reinstaluminium
2xxx	Al + Cu (Mg, Pb, Bi)
3xxx	Al + Mn (Mg)
4xxx	Al + Si
5xxx	Al + Mg (Mn)
6xxx	Al + Mg + Si
7xxx	Al + Zn + (Mg) + (Cu)
8xxx	Al + Elemente, die in den anderen Gruppen nicht erfasst sind

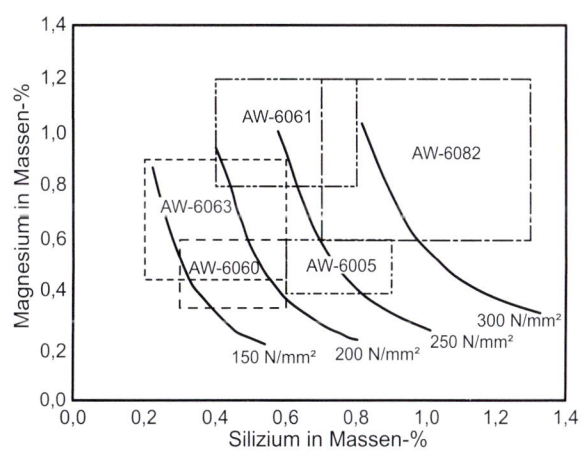

Abb. 3.407: *Legierungzusammensetzung der 6xxx-Gruppe (Hatch 1993)*

(Altenpohl 1994). Mit Festigkeiten von bis zu 570 N/mm² erreichen sie die höchsten Festigkeiten unter den Aluminiumlegierungen. Die Aushärtung erfolgt über das Ausscheiden der MgZn$_2$-Phase. Durch Auslagern bei Raumtemperatur können mittlere bis hohe Festigkeiten erzielt werden. Die maximalen Festigkeitswerte werden nur durch Warmauslagerung im Temperaturbereich zwischen 120 bis 170 °C erzielt (Altenpohl 1994).

Gefügeentwicklung

Die Eigenschaften moderner Aluminium-Profilbauteile werden immer stärker durch zunehmende Anforderungen in Bezug auf eine Reduktion des Gewichtes, eine Erhöhung oder Anpassung der mechanischen Festigkeit und beste Oberflächenqualität bestimmt. Da jedoch parallel dazu die Prozessplanungszeit ab- und der Kostendruck zunimmt, wird eine umfassendere Kenntnis der sich einstellenden Bauteileigenschaften in Abhängigkeit von den Prozessbedingungen und der Werkzeuggeometrie bereits in einem frühen Planungsstadium immer wichtiger, um kostenintensive Trial-and-Error-Schleifen in Fertigungsplanung und Werkzeugkonstruktion zu vermeiden (Schikorra 2008).

Unter diesen Rahmenbedingungen gewinnt, neben der Beherrschung der mechanischen Eigenschaften, die der mikrostrukturellen Eigenschaften zunehmend an Bedeutung. Durch die definierte Einstellung der Mikrostruktur lassen sich optimierte Festigkeitsverteilungen im Werkstück einstellen, Fehler, wie ungleichmäßige Ausscheidungsverteilung in Aluminiumbauteilen, vermeiden oder Beeinträchtigungen des Oberflächenfinishs, z. B. durch sichtbares Grobkorn auf der Profilaußenhaut, verhindern. Im Bereich des Strangpressens von aushärtbaren Aluminiumlegierungen gilt dies in Bezug auf eine optimale Einstellung der Verteilung der Korngrößen sowie die Ausscheidungen im Profil. Diese werden sowohl von der Umformhistorie von Umformgrad, -geschwindigkeit und -temperatur im Pressprozess bestimmt und zusätzlich durch eine häufig nachfolgende Wärmebehandlung beeinflusst. Auf Grund des komplexen Zusammenhangs der Prozessgrößen zur Mikrostruktur ist eine direkte Vorhersage optimaler Prozessbedingungen in der Regel nicht oder nur mit umfassendem Erfahrungswissen möglich.

Die Legierung, die Wärmebehandlung des Gussbarrens, das Werkzeug, die Pressparameter und die Wärmebehandlung des Profils nach dem Pressen bestimmen das Gefüge und die mechanischen Eigenschaften des Produktes. Da der Werkstoff während der gesamten Prozesskette Wärmebehandlungen erfährt, die die Produkteigenschaften maßgeblich beeinflussen, müssen diese sorgfältig aufeinander abgestimmt werden (Schikorra 2008). Auf Grund des günstigen Verhältnisses zwischen der Verarbeitbarkeit im lösungsgeglühten Zustand und der Festigkeit nach der Wärmebehandlung wird die Mehrzahl der Konstruktionsprofile überwiegend aus aushärtbaren Legierungen hergestellt. Hierzu zählen insbesondere die Legierungen der AlMgSi-Gruppe (EN AW-6xxx). Die Gefügeentwicklung beim Strangpressen soll daher nachfolgend beispielhaft anhand aushärtbarer Legierungen vom Typ Al-Mg-Si, entlang der Prozesskette, vom Pressblock bis zum wärmebehandelten Endprodukt, beschrieben werden.

Guss – Pressblock

Ausgangspunkt ist der Pressblock, der im Stranggussverfahren hergestellt wird. Das sich einstellende Gussgefüge wird im Wesentlichen durch die zur Herstellung des Blockes verwendete Gießtechnik beeinflusst. Bei dem semikontinuierlichen Direct-Chill-Casting Gießverfahren (vertikales Stranggießen), als das gebräuchlichste Verfahren zur Pressblockherstellung (Jarrett 2000), erstarrt das Gefüge durch indirekte Kühlung über die Laufflächen eines Kokillengießrings vom Rand her (Abb. 3.408). Dabei wird die sich primär ausbildende Randschale zum Teil wieder durch die Restschmelze aufgeschmolzen. Es kommt zu Randseigerungen durch Konzentration von Legierungsbestandteilen, die in Verbindung mit dem erneut erschmolzenen und erstarrten Gefüge die Struktur der Blockoberfläche prägen. Entsprechend der Erstarrungsgeschwindigkeit wird der Boden hydraulisch nach unten verfahren und der erstarrte Block kontinuierlich aus der Kokille herausgezogen. Nach Austritt des Gussstranges aus der Kokille erstarrt dieser vollständig durch Direktkühlung mittels Wasserkühlung über die Blockoberfläche (Schneider 2001a). Es bildet sich ein Gusskorn- und Zellgefüge mit eutektischer Gussphase auf den Korn- und

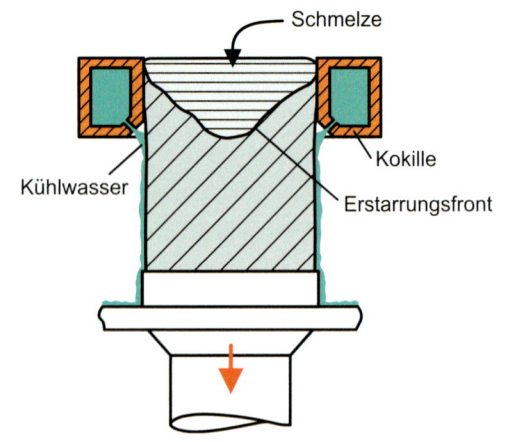

Abb. 3.408: *Stangguss zur Blockherstellung (nach Schneider 2001b)*

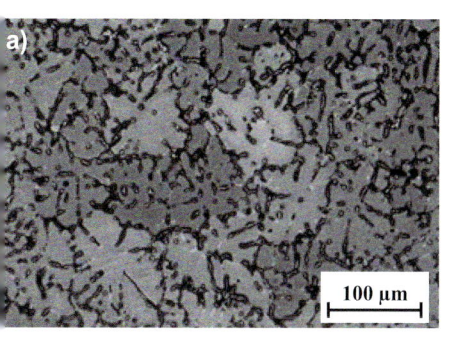

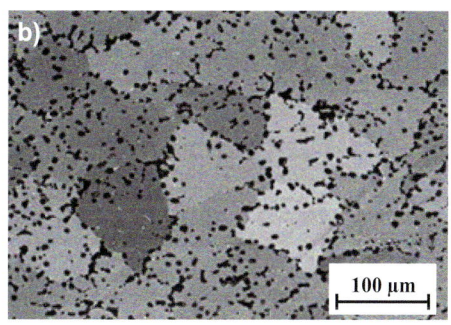

Abb. 3.409: *Gussgefüge einer AlMgSi-Legierung (AA 6069); a) vor und b) nach der Homogenisierung (Cai 2007)*

ellgrenzen aus. Parameter wie die Gießgeschwindigkeit, ie Gießtemperatur, die Höhe der wirksamen Kokillenvand, der Metallstand in der Kokille, die Art der Metallufführung und die Gussstrangdirektkühlung bestimmen ie Ausbildung des Blockgefüges. Auftretende Fehler önnen Warm- und Kaltrisse sein (Schneider 2001b).

ie Mehrzahl der verwendeten Knetlegierungen weist ine zellulare bis dendritische Erstarrungsform auf, bei er die Korn-/Zellgröße vom Blockrand bis hin zum Kern unimmt. Auf den Korngrenzen kommt es zu Kornseigeungen und zur Bildung von eutektischen Phasen. Eine us umform- und legierungstechnischen Gesichtspunken gewünschte gleichmäßige Verteilung der Legierungslemente kann durch eine geeignete Wärmebehandlung, as Homogenisieren, erzielt werden (Abb. 3.409) (Schneier 2001b).

urch Hochglühen des Pressblocks auf Temperaturen wischen 450 und 600 °C ist der Abbau von Kornseigerunen, Übersättigungen und eutektischen Phasen möglich. ie Dauer des Homogenisierens richtet sich dabei nach er durch die Größe des Zellgefüges bestimmten Diffusinswege. Die Abkühlgeschwindigkeit des Pressblockes on der Homogenisierungstemperatur auf Raumtemperaur bestimmt die Ausscheidungsform der Mg_2Si-Phase. Ist ie Geschwindigkeit langsam, können sich grobe Mg_2Si-hasen auf den Korngrenzen ausscheiden, die während es Aufheizens auf Presstemperatur nicht wieder vollständig gelöst werden. Diese führen zu einer Verschlechrung der Profiloberfläche. Bei hohen Abkühlgeschwinigkeiten bilden sich wenige feine Ausscheidungen. Es erbleiben hohe Anteile an gelöstem Mg und Si, die durch ischkristallbildung den Blockwerkstoff verfestigen und omit die Pressbarkeit verschlechtern. Bei geeigneter Parameterwahl können Art und Verteilung der Mg_2Si-Phase o eingestellt werden, dass diese bei gleichzeitig gutem mformverhalten wieder vollständig in Lösung übergeen. Dies wird durch rasche Abkühlung auf 400 °C und nschließende langsame Kühlung bis auf Raumtemperaur erzielt, wobei sich der Gehalt an gelösten Legierungsestandteilen weiter verringert.

Zum Verpressen werden die Blöcke in externen Öfen vorgewärmt (vgl. Kapitel 3.5.3.6.). Die Vorwärmtemperaturen sind legierungsabhängig. Die Literaturwerte liegen z. B. bei der Legierung EN AW-6060 zwischen 450 bis 500 °C, für EN AW-6082 zwischen 500 bis 540 °C (Schneider 2001b).

Strangpressen

Durch das Strangpressen wird das Gussgefüge des eingesetzten Blocks im Zusammenspiel aus plastischer Verformung, Erholung und Rekristallisation eingeformt, homogenisiert und in ein feineres, texturiertes Gefüge überführt. Die Kenntnis des Zusammenhangs zwischen den Prozessparametern und der Korngrößenverteilung, der Textur und der Phasenverteilung erlaubt die gezielte Einstellung der Festigkeit und des Umformvermögens des Strangpressprodukts (Reetz 2006).

Auf Grund des erhöhten Temperaturniveaus treten neben der, wie bei der Kaltumformung zu beobachtenden Verfestigung und Streckung der Kristallite, Entfestigunsprozesse auf, die durch gleichzeitig ablaufende, thermisch bedingte Diffusionsvorgänge verursacht werden. Diese Vorgänge sind die dynamische Erholung und Rekristallisation. In welchem Umfang diese ablaufen, wird durch umformtechnologische Parameter wie Temperatur und Umformgeschwindigkeit und werkstofftechnische Kenngrößen bestimmt. Durch die Umformung wird das meist globulare Gusskorn in Verformungsrichtung gestreckt. Hierdurch entsteht beim Strangpressen ein langgestrecktes Korn (Fasergefüge) (Ostermann 2007).

Abbildung Abb. 3.410 zeigt den Gefügeschliff der Mikrostruktur im Längsschnitt durch den Pressrest eines skalierten Strangpressenaufbaus. Es ist ein deutlicher Zusammenhang zwischen der Korngröße und -form und der Lage der Körner im Werkstofffluss zu beobachten. Anhand des Ätzbildes lassen sich vier unterschiedliche Verformungszonen ausmachen. Die eingezeichneten Linien dienen als Anhaltspunkt zur Abgrenzung dieser verschiedenen Zonen.

3.5 Durchdrücken

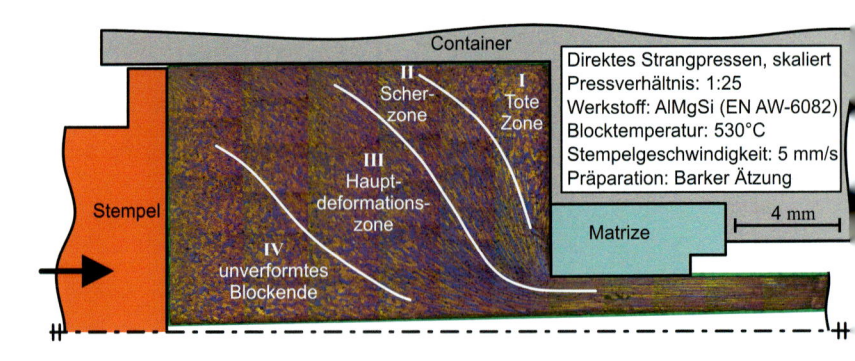

Abb. 3.410: Mikroätzung eines Pressrestes, nach (Güzel 2012)

Direktes Strangpressen, skaliert
Pressverhältnis: 1:25
Werkstoff: AlMgSi (EN AW-6082)
Blocktemperatur: 530°C
Stempelgeschwindigkeit: 5 mm/s
Präparation: Barker Ätzung

Zonen: I Tote Zone, II Scherzone, III Hauptdeformationszone, IV unverformtes Blockende

In Zone I, der toten Zone, findet quasi kein Werkstofffluss statt. Der Werkstoff ist zwar hohem hydrostatischen Druck und hohen Temperaturen ausgesetzt, Dehnung und Dehnrate sind hingegen gering. Das Gefüge entspricht dem Ausgangsgefüge. Ohne Verformung treten, bedingt durch den homogenisierten Wärmebehandlungszustand des Pressblockes, weder Erholung noch Rekristallisation und damit auch kein Kornwachstum auf.

Die tote Zone wird durch Zone II, die scherintensive Deformationszone, begrenzt. Als Übergangszone zwischen Bereichen stark begrenzten Werkstoffflusses hin zum Hauptmaterialfluss in Werkzeugrichtung erfährt der Werkstoff eine hohe Scherdeformation. Die Körner sind gestreckt und tangential zum Werkstofffluss orientiert, der in Pressrichtung trichterförmig in die Matrize zusammenläuft. Das Aluminium fließt in die oberflächennahen Bereiche des sich ausbildenden Profilstrangs. Hierbei wird das Gefüge zusätzlich stark gedehnt und deformiert.

Der Werkstoff der Hauptdeformationszone (Zone III) fließt geradewegs in die Matrizenöffnung. Es treten gegenüber Zone II geringere Umlenkungen des Werkstoffflusses bzw. niedrigere Deformationen des Gefüges auf. Es wirken hohe Temperaturen, ein hoher hydrostatischer Druck und mit sinkendem Abstand zur Werkzeugöffnung zunehmende Dehnung und Dehnungsgeschwindigkeit.

Abbildung Abb. 3.411 stellt schematisch eine Zusammenfassung der Gefügeentwicklung beim Strangpressen von Aluminiumlegierungen dar. Auf Grund der hohen Stapelfehlerenergie, die das Aufspalten von Versetzungen behindert, finden während der Warmumformung des Aluminiumwerkstoffes überwiegend Erholungs- gegenüber Rekristallisationsvorgängen, im (klassischen) Sinne von Keimbildung und Kornwachstum, statt. Der zu verarbeitende Pressblock ist in der Regel gegossen und homogenisiert und weist eine globulare Gefügestruktur auf (Abb. 3.411 a). Mit Beginn des Verformungsprozesses, also mit Einfließen des Blockwerkstoffs in die Matrize werden die Körner entsprechend den wirkenden Spannungen und den resultierenden Dehnungen gestreckt (Abb. 3.411 b). Mit zunehmender Dehnung entwickelt sich eine fasrige, bandartige Kornstruktur (Abb. 3.411 c).

Dynamische Erholung und dynamische Rekristallisation

Die plastische Verformung in den einzelnen Körnern beruht im Wesentlichen auf dem Mechanismus des Gleitens von Versetzungen. Begünstigt durch das erhöhte Temperaturniveau und damit einer erhöhten Diffusionsgeschwindigkeit können sich Versetzungen mit entgegengesetztem Vorzeichen vereinigen und damit auslöschen (Ausheilung). Der Großteil der Versetzungen bleibt jedoch erhalten. Durch thermisch aktivierte Umverteilung der Versetzungen bildet sich eine Substruktur von Versetzungswänden mit dazwischen liegenden unverzerrten Gitterbereichen (Polygonisation) aus.

Der Mechanismus, bestehend aus Ausheilen und Bildung von Versetzungswänden, wird in der Literatur auch al

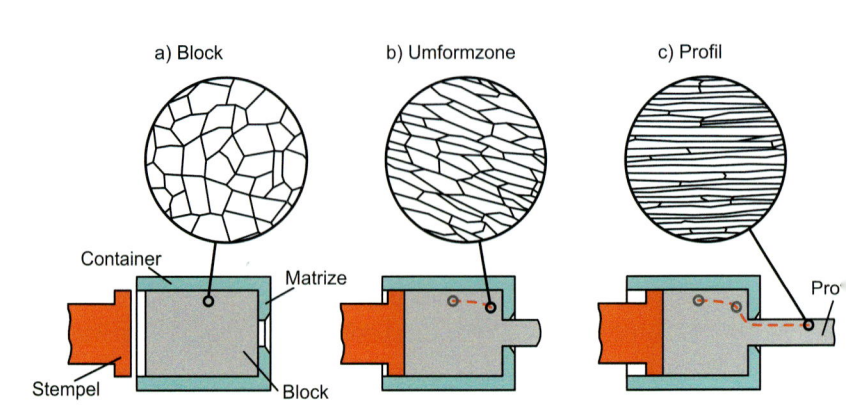

Abb. 3.411: Gefügeentwicklung beim Strangpressen, schematisch

a) Block b) Umformzone c) Profil

3.5.3 Strangpressen

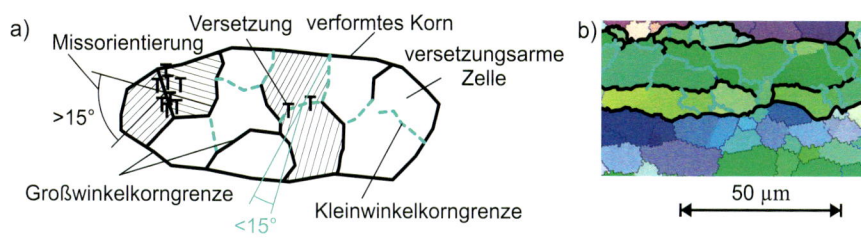

Abb. 3.412: „Continuous Dynamic Recrystallization" in Metallen mit einer hohen Stapelfehlerenergie; a) schematisch; b) (EBSD)-Gefügeaufnahme, EN AW-6082 nach dem Strangpressen, Vergleichsumformgrad ~3 (EBSD-Aufnahme LWK Paderborn)

„continuous dynamic recrystallization" (CDRX, kontinuierliche dynamische Rekristallisation) beschrieben (Gourdet 2003). Durch Akkumulation der Versetzungen in den sich innerhalb der verformten Körner ausbildenden Versetzungswänden erhöht sich die Missorientierung der angrenzenden Gitterstruktur. Durch die Umformung generierte Versetzungen akkumulieren zunehmend in Versetzungswänden, womit eine Zunahme der Missorientierung zwischen den angrenzenden unverspannten Gitterbereichen verbunden ist. Die Versetzungswände bilden Kleinwinkelkorngrenzen innerhalb der verformten Körner des Ausgangsgefüges aus, die sich mit zunehmendem Missorientierungswinkel zu Großwinkelkorngrenzen entwickeln (Abb. 3.412).

Neben der Akkumulation von Versetzungen und der Bildung von Zellen ist auch ein auf die Entwicklung der geometrischen Verhältnisse zurückzuführender Mechanismus der Gefügeneubildung zu beobachten. Durch die Umformung wird das Gussgefüge des Pressblockes in Verformungsrichtung gestreckt. Durch das Strangpressen entsteht ein langgestrecktes Korn (Fasergefüge). Mit zunehmender Verformung erhöht sich die Missorientierung zwischen benachbarten Zellen. Die Körner werden dünner und bilden, vorgegeben durch die Subkornstruktur, eine facettierte Kornoberfläche aus (Humphreys 2004). Erreicht der (minimale) Korndurchmesser die Größenordnung der Substruktur, tritt die Großwinkelkorngrenze lokal in Kontakt. Das Korngefüge schnürt sich an den Kontaktpunkten der Korngrenzen ab (Abb. 3.413) (Kassner 1993).

Eine Möglichkeit zur Messung und Visualisierung der zuvor beschriebenen Erholungs- bzw. Rekristallisationsvorgänge bietet die Electron-Back-Scatter-Diffraction-Methode (EBSD), die die Bestimmung von Kristallstruktur und -orientierung elektrisch leitfähiger Materialien anhand von Beugungsbildern („Kikuchi-Maps") im Rasterelektronenmikroskop ermöglicht. Abbildung 3.414 stellt die Mikrostrukturentwicklung beim Strangpressen entlang einer Bahnlinie, visualisiert durch die EBSD-Bilder, dar. Gleiche Kornorientierungen werden hierbei durch gleiche Farben repräsentiert. Beginnend vom grobkörnigen (hier ca. 70 µm), globularen und stochastisch orientierten Gussgefüge (0), bildet sich mit zunehmendem Einlauf in die Umformzone (1, 2) eine dem Werkstofffluss folgende, bandartige Struktur aus. Mit weiterer Zunahme des Umformgrades und Einlauf in die Matrize bildet sich eine sehr feine, in Profilrichtung orientierte Gefügestruktur aus. Die sich einstellende Korngröße beträgt etwa 10 µm im Durchmesser.

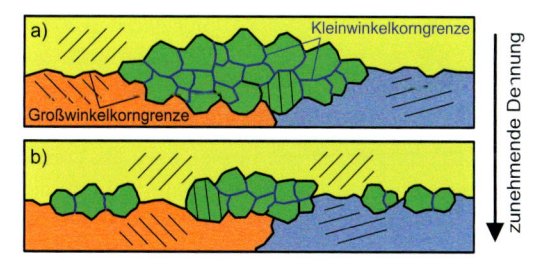

Abb. 3.413: Geometrische dynamische Rekristallisation, schematisch

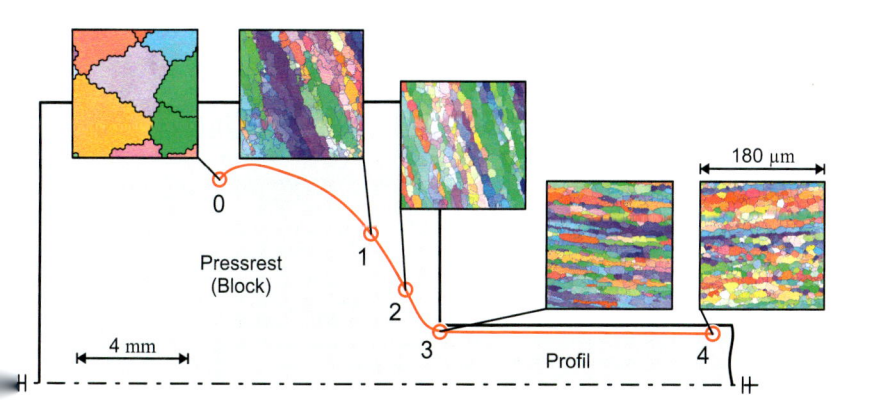

Abb. 3.414: Entwicklung der Korngröße und Missorientierung beim Strangpressen, nach (Güzel 2012)

3.5 Durchdrücken

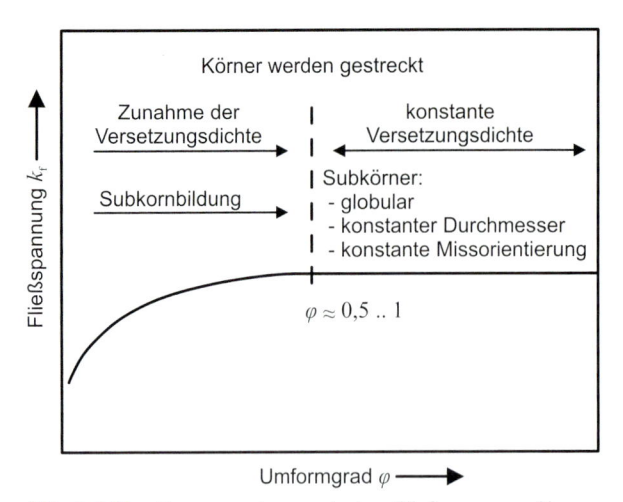

Abb. 3.415: Zusammenhang zwischen Fließspannung, Umformgrad und Mikrostruktur, nach (Sellars 1986)

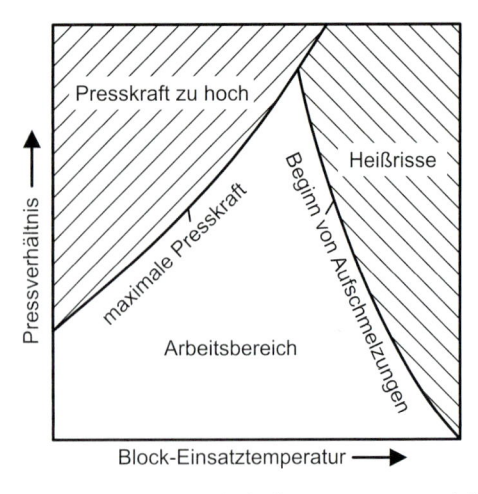

Abb. 3.416: Arbeitsbereich beim Strangpressen, nach (Lange 1974)

Anhand von Fließkurven, die die Fließspannung (k_f) in Abhängigkeit des Umformgrades (φ) darstellen, ist die Charakterisierung von Warmumformprozessen möglich. Abbildung 3.415 zeigt schematisch den Verlauf einer Warmfließkurve für dynamisch erholtes metallisches Gefüge, wie es typisch bei hohen Formänderungen auftritt. Die Formänderungsfestigkeit wird dabei mit Zunahme der Formänderung durch einen Verlauf gekennzeichnet, der bei kleinen Formänderungen auf Grund von Verfestigungsmechanismen zunächst stark ansteigt, bei weiterer Erhöhung der Formänderung durch Erholung und Polygonisation aber einen sinkenden Zuwachs der Festigkeit verzeichnet. Übersteigt der Umformgrad Werte von $\varphi = 0{,}5$ bis $\varphi = 1$, verändert sich die Substruktur meist nicht mehr. Die Subkorngröße bleibt konstant und die Fließspannung erreicht einen stationären Zustand.

Bei der Warmumformung von Gussgefügen als Vormaterial für Umformprozesse stellt sich, bedingt durch einen Kornfeinungsmechanismus aus dem Zusammenspiel von Neubildung feiner Körner durch plastische Verformung und anschließendem Kornwachstum durch Rekristallisation, ein feinkörnigeres Gefüge ein. Je tiefer dabei die Umformtemperatur ist, desto gehemmter ist der thermisch aktivierte Rekristallisationsanteil und dementsprechend die Korngröße niedriger. Da die Fließspannung mit abnehmender Temperatur steigt, wird dabei die Untergrenze der Umformtemperatur durch Umformprozess und -maschine begrenzt. Die Obergrenze muss, um Aufschmelzungen zu vermeiden, mit einem Sicherheitsabstand unter der Solidustemperatur liegen (Schumann 2005). Abbildung 3.416 stellt schematisch den sich hieraus für das Strangpressen ergebenden Arbeitsbereich dar.

Statische Erholung und statische Rekristallisation

Verbleibt das sich ausbildende Strangpressprofil nach Abschluss der Umformung, also nach dem Austritt aus der Matrize, auf erhöhtem Temperaturniveau, setzen statische Erholungs- und Rekristallisationsvorgänge ein, um die in Form von Fehlstellen im Gitter gespeicherte Energie weiter zu verringern. Da schon während der Warmumformung dynamische Erholungsvorgänge wirkten, sind weitere, durch statische Erholung bedingte Mikrostrukturänderungen im Allgemeinen klein. Die Umbildung des Gefüges ist überwiegend auf die nach der Warmumformung einsetzende statische Rekristallisation zurückzuführen. Statische Rekristallisation von Aluminium und Aluminiumlegierungen erfolgt nicht im klassischen Sinne durch Keimbildung und Kornwachstum, sondern durch die Vergrößerung einzelner Körner unter Aufzehrung benachbarter Körner. Treibende Kraft ist dabei die Verringerung der Korngrenzenenergie durch Verminderung des totalen Korngrenzenanteils, wodurch die durchschnittliche Korngröße zunimmt Abbildung 3.417.

Als Folge der Reibung an der Rezipientenwand und an der Matrize bilden sich Zonen mit hohen Scherungen und

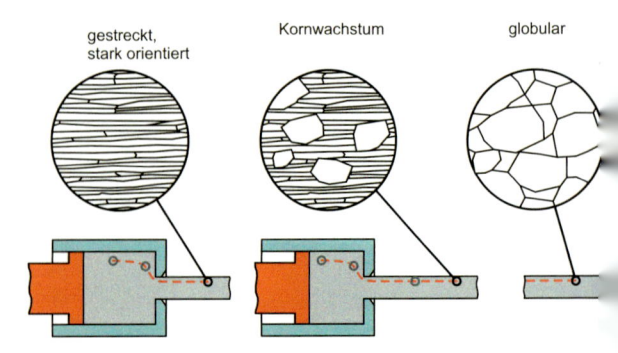

Abb. 3.417: Gefügeentwicklung nach dem Strangpressen, schematisch

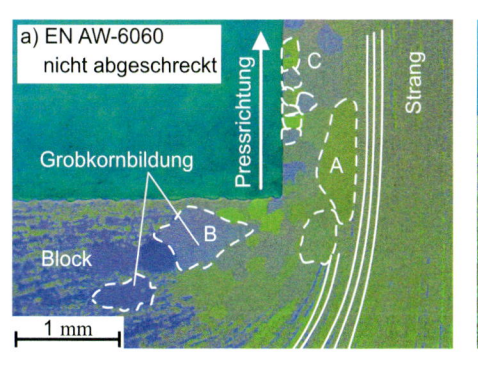

Abb. 3.418: *Mikrostruktur im Bereich des Matrizeneinlaufes; a) Grobkornbildung infolge statischer Rekristallisation; b) Unterbindung der Grobkornbildung durch Abschrecken*

tote Zonen aus. An den Einlaufkanten der Matrize sind die Scherungen am größten. Wird der Profilstrang nicht unmittelbar nach dem Matrizenaustritt abgeschreckt, führt dies häufig zu einer rekristallisierten Randzone an der Profiloberfläche, die auch zur Grobkornbildung neigt (Abb. 3.418).

Wärmebehandlung zur Festigkeitssteigerung

Der Hauptmechanismus der plastischen Verformung von Metallen ist das Gleiten von Versetzungen. Festigkeitssteigernde Maßnahmen müssen somit das Gleiten von Versetzungen behindern und dadurch den notwendigen Kraftaufwand für das Wandern der Versetzung erhöhen. Dies kann durch die Erhöhung der Versetzungsdichte und den Einbau von Hindernissen in die Gleitwege der Versetzungen erfolgen (Kammer 2002). Hindernisse können Gitterbaufehler, aber auch eingebrachte Teilchen sein (Teilchenhärtung oder Dispersionsverfestigung), die das Gleiten der Versetzungen behindern (Bargel 2000). Die Größe der Teilchen bestimmt, ob sie von Versetzungen geschnitten oder umgangen werden (Kammer 2002). Über die Zugabe von metallischen Legierungszusätzen, deren Löslichkeit im festen Zustand mit sinkender Temperatur abnimmt, erhält man aushärtbare Aluminiumlegierungen. Am Beispiel des Zustandsdiagrammes des quasibinären Systems Al-Mg_2Si (Abb. 3.420) ist zu erkennen, dass sich beim Aufheizen sowie beim Abkühlen die Zusammensetzungen der einzelnen Phasen des mehrphasigen Gefüges und der Gefügeanteil der Phasen ändern. Temperaturänderungen haben, durch das Bestreben vorangetrieben, den Gleichgewichtszustand einzustellen, das Wandern von Atomen von einer Phase in eine andere zur Folge. Da für diese durch Diffusion stattfindende Platzwechselvorgänge Stadien höherer Energieniveaus durchschritten werden müssen, folgt daraus, dass diese Vorgänge durch niedrige Temperaturen gehemmt werden. Daneben wird die Diffusionsgeschwindigkeit durch die Konzentrationsunterschiede bestimmt. Nach dem Diffusionsgesetz gilt, dass mit Zunahme des Konzentrationsunterschiedes auch die Diffusionsgeschwindigkeit steigt (Bauser 2001c).

Wird im festen Zustand aus einem einphasigen Gebiet in ein zweiphasiges Gebiet abgekühlt, also die Lösungslinie unterschritten, scheidet sich die zweite Phase aus. Bei diesem Ausscheidungsvorgang bilden sich zunächst kleine Keime, die bis zum Erreichen des Phasengleichgewichtes anwachsen (Bauser 2001c). Aushärtbare Aluminiumlegierungen, die dadurch gekennzeichnet sind, dass die Legierung bei höheren Temperaturen ganz oder teilweise aus Mischkristallen besteht und dieser Mischkristall eine mit der Temperatur abnehmende Löslichkeit für eine Komponente besitzt, machen sich diesen Vorgang zur Festigkeitssteigerung zunutze. Entscheidend für die festigkeitssteigernde Wirkung sind Art, Form, Verteilung und Anzahl der ausgeschiedenen Partikel.

Legierungen aus der 6xxx-Reihe lassen sich über das Ausscheiden der Mg_2Si-Phase aushärten. Dazu muss diese zunächst bei höheren Temperaturen in Zwangslösung gehalten werden, um sie dann, mit dem Ziel der Festigkeitssteigerung, bei einem niedrigeren Temperaturniveau in geeigneter Größe, Form und Verteilung auszuscheiden. Das Aushärten dieser Legierungen erfolgt dabei durch eine kombinierte Wärmebehandlung, die aus den drei Schritten Lösungsglühen, Abschrecken und Auslagern besteht.

1. Lösungsglühen bei Temperaturen oberhalb der Löslichkeitslinie, um die Elemente der Mg_2Si-Phase in Lösung zu bringen.
2. Abschrecken mittels geeignetem Kühlmedium und Verfahren, um den zuvor erzeugten Gefügezustand auf niedrigem Temperaturniveau einzufrieren.
3. Auslagern erfolgt bei Raumtemperatur oder leicht erhöhtem Temperaturniveau mit dem Ziel der Ausscheidung der zuvor zwangsgelösten Phasenbestandteile.

Das Temperaturniveau in Verbindung mit der Diffusionsgeschwindigkeit bestimmt die Dauer der jeweiligen

3.5 Durchdrücken

Abb. 3.419: *Wärmebehandlung von aushärtbaren Aluminiumlegierungen, nach (Altenpohl 1998)*

Phasen. Abbildung 3.419 zeigt schematisch die typischen Temperatur-Zeit-Verläufe beim Aluminiumstrangpressen. Ein erfolgreicher Wärmebehandlungsprozess verändert die metallurgische Struktur einer Legierung so, dass das Endprodukt die geforderten mechanischen Eigenschaften erreicht (Hall 1996).

Lösungsglühen

Die erste Stufe des Aushärtungsablaufes ist das Lösungsglühen mit dem Ziel, alle sich während vorangegangener Prozessschritte ausgebildeten Ausscheidungen an Mg_2Si im α-Mischkristall in Lösung zu bringen (Bargel 2000). Die Komponenten der auszuscheidenden Phase, Mg_2Si, Mg und Si werden bei höherer Temperatur, die jedoch nicht die eutektische Temperatur erreichen darf, da sonst die Gefahr der Bildung von Aufschmelzungen besteht, vollständig im Mischkristall gelöst (Abb. 3.420, Bereich LG, im α-Gebiet). Fallen die Temperaturniveaus von Presstemperatur und Lösungsglühtemperatur zusammen, kann bei unmittelbarer und ausreichend starker Kühlung des Strangs nach dem Matrizenaustritt auf ein zusätzliches Lösungsglühen verzichtet werden (Bauser 2001). Zur Vermeidung von Aufschmelzungen und den damit verbundenen Entmischungsvorgängen muss die Glühtemperatur in jedem Fall unterhalb der eutektischen Temperatur liegen. Die Glühdauer liegt, je nach Zustand des Ausgangsgefüges, zwischen 0,5 und 2 Stunden (Bargel 2000).

Abschrecken

Legierungen der 6xxx-Serie können unter Ausnutzung der begrenzten Löslichkeit einzelner Legierungsbestandteile durch Abschrecken und Auslagern über die Ausscheidung einer fein verteilten Mg_2Si-Phase ausgehärtet werden. Wird, beginnend von einem erhöhten Temperaturniveau, hingegen langsam abgekühlt, scheiden sich die übersättigten Legierungsbestandteile in grober Form bevorzugt an den Korngrenzen aus. Zusätzlich tritt zumeist deformationsinduziertes Kornwachstum auf. Verbesserte mechanische Eigenschaften werden durch das Einstellen einer feinkörnigen Mikrostruktur mit einer fein verteilten Mg_2Si-Phase in der Matrix des Aluminiummischkristalls erzielt. Abbildung 3.421 stellt die zuvor beschriebenen Zusammenhänge dar.

Ziel des Abschreckens ist es, die im α-Mischkristall gelösten Komponenten der Mg_2Si-Phase auch bei Raumtemperatur im Mischkristall zwangsgelöst zu halten (Kammer 2002). Da die Mischkristalle in diesem Zustand mehr Fremdatome aufnehmen als dies im Gleichgewichtszustand möglich wäre, sind diese übersättigt. Der Zustand ist instabil. Auf Grund des niedrigen Temperaturniveaus sind jedoch Diffusionsvorgänge zur Wiederherstellung des Gleichgewichtszustandes durch die Ausscheidung überschüssiger Komponenten gehemmt und können nicht oder nur sehr langsam ablaufen. Der Werkstoff weist in diesem Zustand eine geringe Festigkeitssteige-

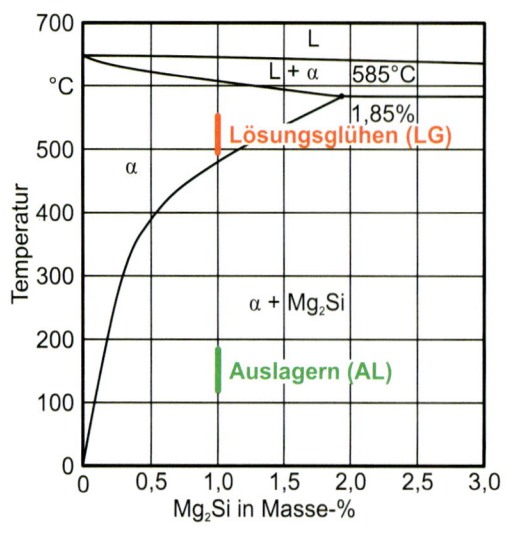

Abb. 3.420: *Quasibinärer Schnitt des Phasendiagramms für Al-Mg_2Si-Legierungen (Kammer 2002)*

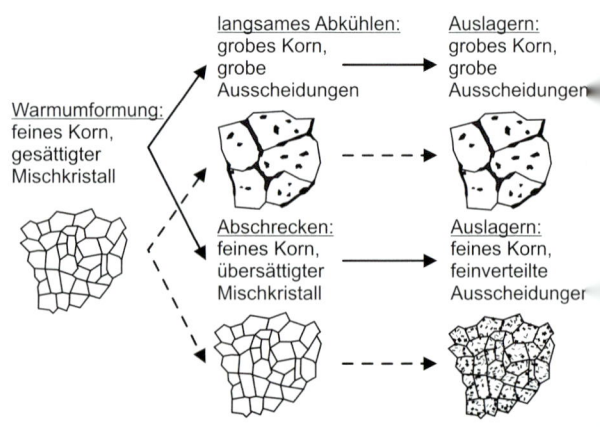

Abb. 3.421: *Mikrostrukturentwicklung bei der Wärmebehandlung, nach (Totten 2003)*

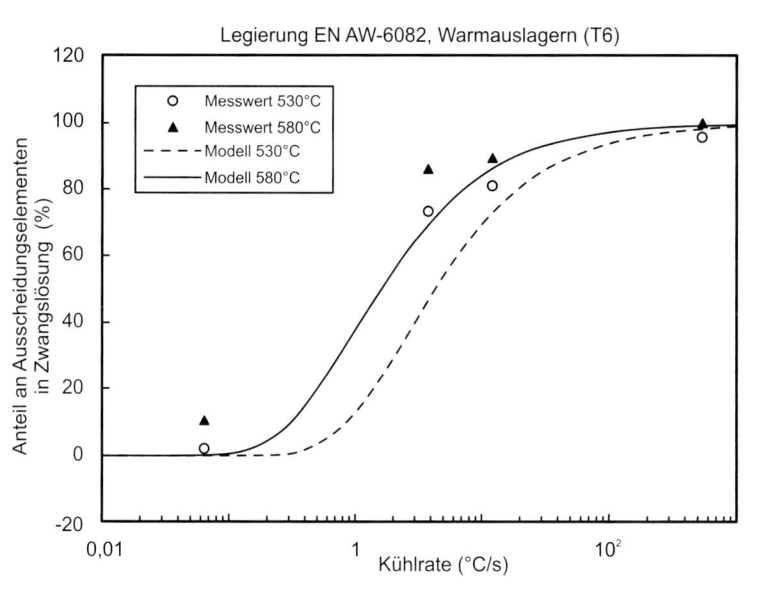

Abb. 3.422: *Abschreckempfindlichkeit von Al 6082 für zwei Homogenisierungstemperaturen, nach (Lim 1993)*

rung gegenüber der heterogenen Legierung auf, hervorgerufen durch eine Mischkristallverfestigung (Bargel 2000). Anhand des Phasendiagramms in Abbildung 3.420 lässt sich erkennen, dass sich mit Zunahme des Legierungsgehaltes an Mg$_2$Si die Grenze der vollständigen Löslichkeit im festen Zustand, die Löslichkeitslinie, zu höheren Temperaturen verschiebt. Dies bedeutet, dass mit steigendem Mg$_2$Si-Anteil auch die Abkühlgeschwindigkeit zum Abschrecken erhöht werden muss, um die Komponenten bei Raumtemperatur möglichst vollständig in Zwangslösung halten zu können (Bauser 2001c). Um ein vorzeitiges Ausscheiden zu verhindern, kommt es also darauf an, den Temperaturbereich zwischen Lösungsglühtemperatur und stark gehemmter Diffusion möglichst rasch zu durchlaufen. Bei der Legierung EN AW-6082 führen schon Verweilzeiten von 10 bis 30 Sekunden innerhalb dieses Bereiches zu groben Ausscheidungen und den damit verbundenen Festigkeitsverlusten. Die Abkühlraten sollten so bemessen sein, dass einerseits die Mg$_2$Si-Phase bei Raumtemperatur möglichst vollständig zwangsgelöst ist, andererseits das Bauteil nur geringen thermisch bedingten Spannungen ausgesetzt ist, die zu Verzug bedingten Geometrieabweichungen führen können. Bestimmend bei der Auswahl der geeigneten Kühltechnik und des Mediums ist neben den Werkstoffeigenschaften auch das Verhältnis zwischen Werkstückoberfläche, als wärmeübertragende Kontaktfläche mit dem Kühlmedium, und dem Werkstoffvolumen als Wärmespeicher. Dünnwandige Profile aus naturharten Legierungen werden vorzugsweise mit bewegter Luft abgeschreckt, während dickwandiges Material aushärtbarer Legierungen eine Intensivkühlung, wie zum Beispiel mit Wasser, erfordern (Altenpohl 1994).

Da bei allen von außen wirkenden Kühleinrichtungen die Wärme über die äußere Profiloberfläche abgeführt wird, ist, insbesondere bei dickwandiger Geometrie, auf die vollständige Durchkühlung des Querschnittes zu achten. Andernfalls können die Randschichten durch die im Kern verbliebene Wärme erneut aufgeheizt werden, der zwangsgelöste Gefügezustand wieder aufgehoben und sich somit ungünstige Gefügeeigenschaften einstellen. Da zur Ausbildung des gewünschten Gefüges hohe Abkühlraten erforderlich sind, diese jedoch gleichzeitig den Bauteilverzug begünstigen, ist dem sich daraus ergebenden Zielkonflikt mit einer abgestimmten Abschreckstrategie entgegenzuwirken (Menzler 1992).

Abbildung 3.422 zeigt ein Modell für die Abschreckempfindlichkeit von EN AW-6082, das im Bereich hoher Abkühlgeschwindigkeiten gute Ergebnisse liefert, bei niedrigen jedoch, auf Grund der Nichtberücksichtigung von Mischkristallverfestigung, eine zurückhaltende Abschätzung liefert. Aufgetragen ist der in Zwangslösung gehaltene Anteil an Ausscheidungselementen in Prozent über der mittleren Abkühlgeschwindigkeit in °C/s. Bei Abkühlraten zwischen 2 und 9 °C/s erreicht der Werkstoff somit nur noch 50 Prozent seiner maximalen Festigkeit (nach dem Auslagern). Oberhalb von 100 °C/s bleiben Mg und Si vollständig zwangsgelöst (Lim 1993). Es wird deutlich, wie empfindlich der Werkstoff reagiert.

Auslagern

In der letzten Stufe des Wärmebehandlungsprozesses zur Festigkeitssteigerung bilden sich beim Auslagern des zuvor lösungsgeglühten und dann abgeschreckten Werkstoffs kohärente oder teilkohärente Ausscheidungen aus, die das Wirtsgitter verspannen und dadurch die

3.5 Durchdrücken

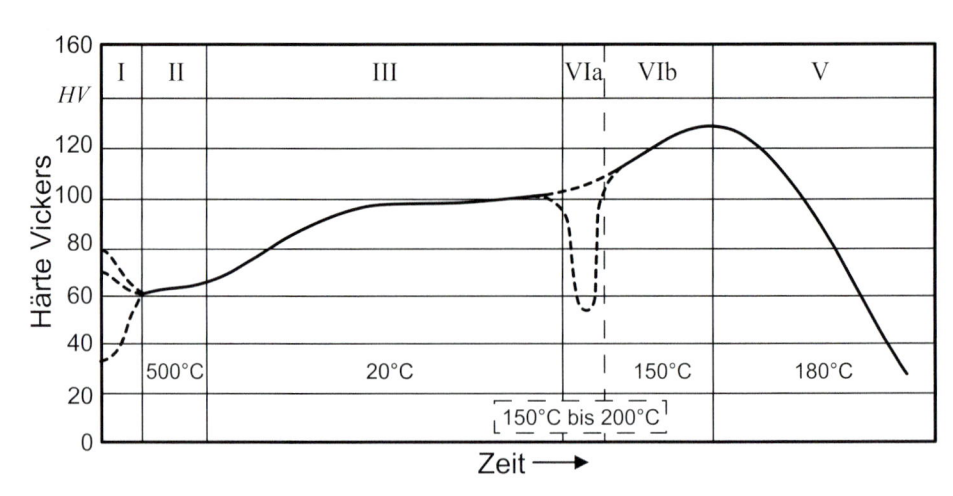

Abb. 3.423: Zusammenhang zwischen Härte, Temperatur und Auslagerungszeit für eine Al-Cu-Legierung (Altenpohl 1994)

I: Thermische Vorgeschichte
II: Lösungsglühen und Abschrecken
III: Kaltauslagern, Ausbildung der GP I-Zonen
IVa: Rückbildung der GP I-Zonen
IVb: Warmauslagern, Ausbildung GP II-Zonen
V: Überaltern

Festigkeit des Werkstoffs merklich erhöhen. Durch eine anschließende Wärmebehandlung bei Temperaturen unterhalb der Segregatlinie (Löslichkeitslinie) (Abb. 3.420), Bereich AL) scheidet sich im festen Zustand die Mg_2Si-Phase als Segregat aus. Art, Form, Verteilung und Anzahl der Teilchen bestimmen die festigkeitssteigernde Wirkung dieser Teilchenhärtung (Bargel 2000). Je nach Legierungstyp erfolgt das Auslagern zwischen Raumtemperatur und etwa 180 °C.

Bei der Auslagerung auf Raumtemperaturniveau, der Kaltauslagerung, scheidet sich das eingefrorene Mg_2Si aus den übersättigten Mischkristallen aus. Es bildet sich ein dichtes Netz aus nur wenigen atomlagendicken, kohärenten Ausscheidungen, die das Aluminiumgitter verspannen. Diese äußerst dünnen Entmischungszonen werden als GP I-Zonen (Guinier-Preston) bezeichnet. Innerhalb von etwa vier Wochen sinkt der Anteil des in der Aluminiummatrix zwangsgelösten Mg_2Si auf ein Niveau, bei dem die Diffusionsvorgänge zum Erliegen kommen und sich konstante Werkstoffeigenschaften, insbesondere die maximale Härte, einstellen (Altenpohl 1994).

Bei der sich an die Kaltauslagerung oder unmittelbar an das Abschrecken anschließenden Warmauslagerung ist bei kurzzeitiger Erwärmung auf Temperaturen zwischen 150 und 200 °C kein Anwachsen dieser Zonen zu beobachten. Das erhöhte Temperaturniveau ließe auf Grund erleichterter Diffusion die Ausscheidung des verbliebenen zwangsgelösten Mg und Si erwarten. Da jedoch mit steigender Temperatur auch die Löslichkeit von Mg und Si in der Aluminiummatrix steigt, ist zunächst die Rückbildung der Ausscheidungen durch Einlagerung in an Fremdatomen armen Bereichen der Aluminiummischkristallkörner zu beobachten. Hierbei wird die Verspannung des Gitters durch die Rückbildung der kohärenten Ausscheidungen teilweise abgebaut. Der Werkstoff erfährt eine Abnahme seiner Härte (Altenpohl 1994).

Erfolgt nach der Kaltauslagerung jedoch eine Warmauslagerung über mehrere Stunden, bilden sich nach der anfänglichen Rückbildung aus den insgesamt immer noch übersättigten Mischkristallen durch Anreicherung von Mg_2Si etwas größere kohärente Entmischungszonen, die GP II-Zonen. Im Fortlauf der Ausbildung dieser das Gitter verspannenden Phase erreichen die Ausscheidungen eine optimale Größe und der Werkstoff sein Härtemaximum. Ist dieses erreicht, ist rasch auf Raumtemperaturniveau abzukühlen. Andernfalls bilden sich unter Aufzehrung der fein verteilten Partikel grobe Ausscheidungen, die in ihrer Größe für die Mischkristallverfestigung ungeeignet sind. Der Werkstoff wird dadurch entfestigt bzw. übertert (Altenpohl 1994).

Der Zusammenhang zwischen Härte, Temperaturniveau und Auslagerungszeit wird quantitativ in Abbildung 3.423 in mehreren Etappen für ein Aluminium-Kupfer-Legierungssystem dargestellt. Qualitativ ist der Verlauf auch für AlMgSi-Systeme gültig. Ausgehend von der thermischen Vorgeschichte, die sehr unterschiedlich sein kann (Etappe I), wird der Werkstoff durch Lösungsglühen und nachfolgendes Abschrecken (Etappe II) in einen zwangsgelösten Zustand gebracht. Bei der sich anschließenden Kaltauslagerung auf Raumtemperaturniveau und der dabei erfolgenden Ausbildung der GP I-Zonen (Etappe III) erfährt der Werkstoff nach einem längeren Zeitraum, der bei Legierungen vom Typ Al 6xxx etwa vier Wochen beträgt, keine merklichen Änderungen mehr. Es stellen sich mittlere Härtewerte ein. Durch ein im Anschluss daran erfolgendes Auslagern auf erhöhten

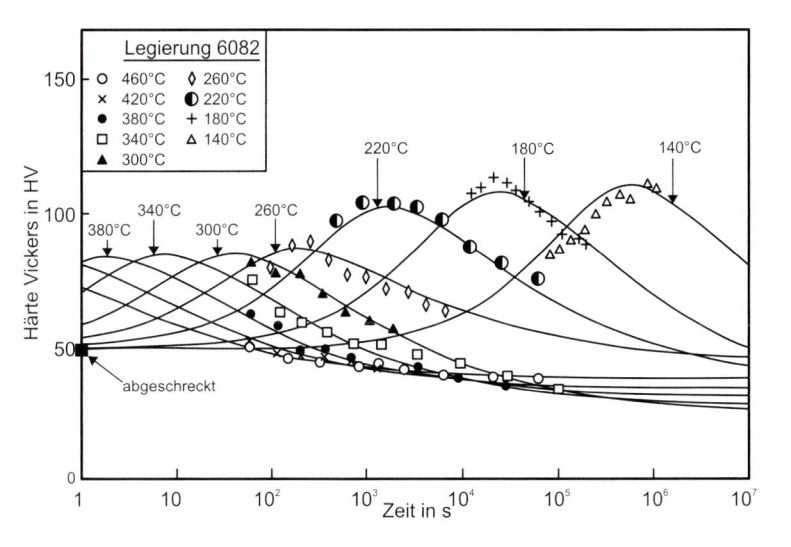

Abb. 3.424: Auslagern von Al 6082 (Shercliff 1990)

Temperaturniveau nimmt, nach anfänglichem kurzem Rückgang (Etappe IVa), die Härte weiter zu. Es bilden sich die GP II-Zonen aus (Etappe IVb) (Altenpohl 1994). Al-Mg-Si-Legierungen erreichen ihr Härtemaximum, je nach Legierungszusammensetzung, innerhalb von 3 Stunden bis 4 Tagen (Bargel 2000). Ist dieses erreicht und wird weiter auf erhöhtem Temperaturniveau verweilt, wachsen grobe Ausscheidungen heran, die einen Härteabfall des Werkstoffs zur Folge haben (Etappe V). Der Werkstoff überaltert (Altenpohl 1994).

Abbildung 3.424 zeigt die von Shercliff et al. sowohl experimentell als auch durch ein Modell ermittelte Entwicklung der Härtewerte über die Zeit für neun verschiedene Auslagerungstemperaturen zwischen 140 und 460 °C (Shercliff 1990). Die durchgezogenen Linien stellen das Ergebnis des Modells dar. Sie decken sich gut mit den Messdaten. Der Verlauf der Entwicklung der Härtewerte zeigt in allen Temperaturbereichen eine deutliche Zeitabhängigkeit. Begründet in der Temperaturabhängigkeit der Diffusionsgeschwindigkeit, verschiebt sich die Auslagerungszeit, bei der sich das Maximum der Härte einstellt, mit zunehmender Temperatur hin zu niedrigeren Werten.

3.5.3.5.2 Magnesium

Das Interesse am Einsatz von Magnesiumlegierungen begründet sich durch die spezifische Festigkeit des Werkstoffs, die aus der geringen Dichte von lediglich 1,7 g/cm^3 resultiert. Durch die steigenden Energiekosten und die Vorgaben der Regierungen bezüglich der Reduzierung des Schadstoffausstoßes werden die Bestrebungen größer, diesen Werkstoff im Transportsektor einzusetzen. Die beschränkte Duktilität, geringe Kerbschlagzähigkeit und Streckgrenze der Gussbauteile lassen jedoch keine Anwendung in crashrelevanten Bauteilen zu. Daher bietet das Strangpressen durch den Umformvorgang den Vorteil der Gefügeverfeinerung, ausgehend vom gegossenen Grobkorngefüge (Lass 2005). Durch eine bessere „Durchknetung" des Magnesiumwerkstoffs über das Erhöhen des Pressverhältnisses bis zu einem Grenzwert können die mechanischen Kennwerte, wie beispielsweise die Zugfestigkeit, gesteigert werden (Sauer 2001b, Dzwonczyk 2002, Beck 1939). Durch die hexagonale Gitterstruktur des Magnesiumwerkstoffs steht lediglich eine Gleitebene bei Raumtemperatur für die Versetzungsbewegung zur Verfügung. Das Strangpressen von Magnesium wird bei erhöhten Temperaturen zwischen 250 und 450 °C durchgeführt, sodass weitere Gleitebenen aktiviert werden können und sich die Umformbarkeit automatisch verbessert. Des Weiteren wirkt sich eine höhere Umformgeschwindigkeit positiv auf die Umformbarkeit aus.

Grundsätzlich sind Magnesiumlegierungen jedoch auf Grund der Gitterstruktur schwer zu verpressen. Durch das Zulegieren verschiedenster Legierungselemente können die Eigenschaften bezüglich des Pressverhaltens, aber auch hinsichtlich des hergestellten Halbzeugs beeinflusst werden. Beispielsweise sinkt durch das Hinzufügen von Aluminium die Pressbarkeit der Magnesiumlegierung, jedoch steigt die Festigkeit des stranggepressten Halbzeugs, wie in Abbildung Abb. 3.425 aufgezeigt (Sauer 2001b).

Die Gruppe der AZ-Legierungen, welche sich aus dem Zulegieren von Aluminium und Zink herleitet, beinhaltet Magnesium-Knetlegierungen mit günstigen Festigkeitseigenschaften und guter Duktilität (Lass 2005). Demgegenüber zeichnen sich die ZM-Legierungen, mit Zink und Mangan als Hauptlegierungszusätze, durch hohe Duktilität und gute Umformbarkeit aus.

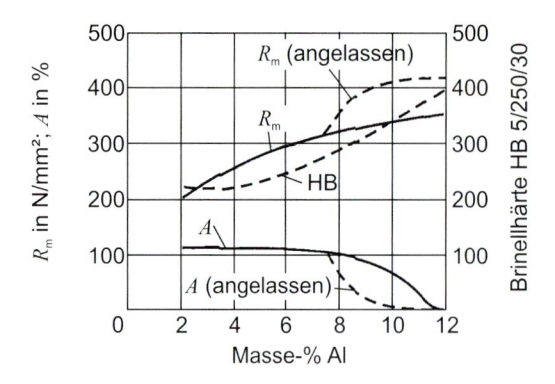

Abb. 3.425: *Festigkeitssteigerung von Magnesiumlegierungen durch Al-Zusatz (Sauer 2001b)*

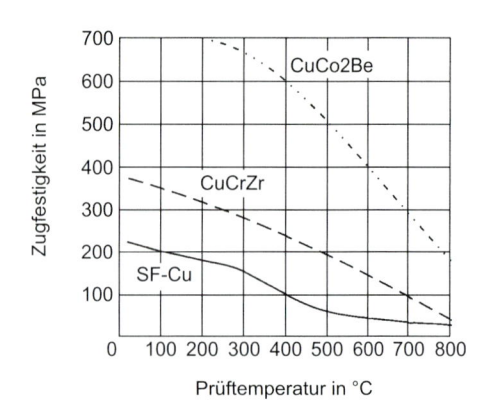

Abb. 3.427: *Warmzugfestigkeiten von Kupferlegierungen (Bauser 2001b)*

Die Vielfalt der Profilquerschnittsgeometrien für das Strangpressen wird durch die gute Pressschweißbarkeit von Magnesium, vergleichbar zu Aluminiumwerkstoffen, unterstützt (Sauer 2001b).

Die breite industrielle Anwendung des Strangpressens von Magnesium wird von folgenden Nachteilen verhindert:

- geringe Umformgrade,
- minimale Wandstärke stark begrenzt,
- hohe Presskräfte sowie
- geringe Pressgeschwindigkeiten.

Weitere Nachteile des Strangpressens von Magnesium zeigen sich in den Eigenschaften der Halbzeuge. Diese Nachteile betreffen z. B. die deutlich ausgeprägte Anisotropie in Bezug auf Zug- und Druckbelastung, wie aus Abbildung 3.426 hervorgeht, aber auch die Korrosionsempfindlichkeit (Lindström 2004).

3.5.3.5.3 Kupfer

Die Anwendung von Kupferwerkstoffen hat eine lange Geschichte, die bis in die Bronzezeit zurückreicht. Auf Grund der guten Kaltumformbarkeit wurden Metallwaren, wie Gefäße, Leuchten und Blasinstrumente, aus Kupfer gefertigt. Heute findet es insbesondere im Sanitärbereich als Wasserleitungsrohre, im Elektronikbereich als Leiter und in Wärmetauschern auf Grund der guten Wärmeleitfähigkeit Einsatz. Das Strangpressen von Kupferlegierungen findet bei Temperaturen zwischen 550 und 1000 °C statt (Bauser 2001b).

Das rein kubisch-flächenzentrierte α-Gefüge liegt bei Kupfer und zahlreichen Kupferlegierungen mit bis zu 8 Prozent Zinn oder 37 Prozent Zink bei Temperaturen unter der Schmelztemperatur vor, wodurch eine gute Kaltumformbarkeit, jedoch eine schlechte Warmumformbarkeit gegeben ist. Das Strangpressen dieser Legierungen findet daher nur bei sehr hohen Temperaturen von bis zu 950 °C statt (Abb. 3.427). Die kubisch-raumzentrierte β-Phase, die z. B. bei Kupfer-Zink-Legierungen mit einem Zink-Anteil größer 40 Prozent vorliegt, zeigt hingegen eine sehr gute Warmumformbarkeit.

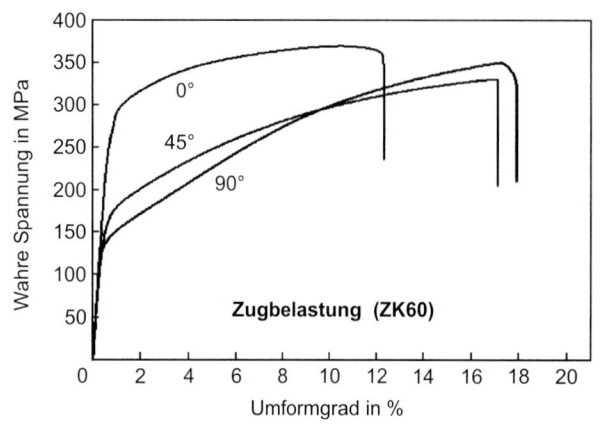

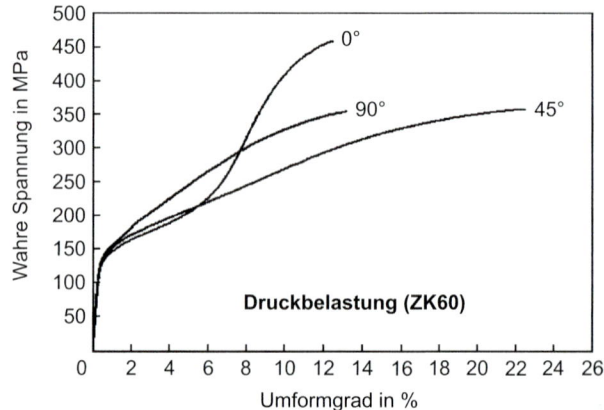

Abb. 3.426: *Zug-Druck-Anisotropie von Magnesium (Lin 2009)*

Das Prozessfenster für das Strangpressen von Kupferwerkstoffen wird hinsichtlich der Presstemperatur durch die Fließspannung (DGM 1978) nach unten und durch die Warmrissanfälligkeit nach oben begrenzt. Ziel ist es, die Presstemperatur und die Umformung so auszulegen, dass der Strang feinkörnig rekristallisiert aus der Matrize austritt.

Wenn Kupferwerkstoffe verpresst werden, die zur Zunderneigung tendieren, ist ein Pressen in ein Wasserbad sinnvoll. Dieses Abschrecken verhindert zudem eine Grobkornbildung, wodurch eine anschließende umformtechnische Weiterverarbeitung erleichtert wird. Andererseits ist bei α-β-Werkstoffen die schnelle Abkühlung zu verhindern, da diese dadurch eine Festigkeitserhöhung, wie es bei aushärtbaren Aluminium-Legierungen der Fall ist, zeigen. Durch die hohen Abkühlgeschwindigkeiten sind die Möglichkeiten des direkten Abschreckens im Pressenauslauf auf Strangdurchmesser von 60 bis 70 mm begrenzt.

a) Niedrig legierte Kupferwerkstoffe

Die Gruppe der niedrig legierten Kupferwerkstoffe sind in der DIN 17666 festgelegt. Sie kommen z. B. für Kontakte und Federelemente aus CuCr oder CuCrZr in der Elektrotechnik und im Anlagenbau zur Anwendung. Legierungszusätze von Eisen, Kadmium, Magnesium und Silber erhöhen sowohl die Festigkeit als auch die Entfestigungstemperatur. Aushärtbare Legierungen mit hoher elektrischer Leitfähigkeit werden durch Zusätze von Beryllium, Nickel, Chrom, Zirkon oder Silizium erzeugt. Diese niedrig legierten Werkstoffe neigen stärker zur Oxidation und unterstützen durch einfließenden Zunder in den Trichter hinter der toten Zone die Gefahr der Schalen- und Blasenbildung (Abb. 3.428).

b) Kupfer-Zink-Legierungen

Messingwerkstoffe gehören zu den Kupferlegierungen, die am häufigsten mit Hilfe des Strangpressens zu Stangenmaterial umgeformt werden. Kupfer-Zink-Legierungen mit einem Kupferanteil von über 50 Prozent werden als Messing bezeichnet. Eine Härtezunahme kann durch geringe Anteile von Kupfer und höhere Anteile von Zink bei diesen Messinglegierungen erreicht werden, wobei dies durch die ausgeprägte β-Phase zur besseren Warmumformbarkeit führt. Ein Vertreter dieser Gruppe ist beispielsweise CuZn44Pb2, der zu Profilen umgeformt wird, die auf Grund der Kaltsprödigkeit keiner anschließenden Kaltumformung unterzogen werden.

c) Kupfer-Zinn-Legierungen (Zinn-Bronzen)

Die Zinnbronze-Werkstoffe finden ihre Anwendung auf Grund der guten elektrischen Leitfähigkeit und der Wärmeleitfähigkeit, der Korrosionsresistenz und der hohen Festigkeit in der chemischen Industrie und dem Schiffbau, aber auch als Bänder in der Elektroindustrie. Der Zinngehalt in diesen Kupferlegierungen kann bis zu 20 Prozent betragen, jedoch liegt die Grenze für das Strangpressen bei ca. 8 Prozent, da hier bereits die Legierung als schwer verpressbar eingestuft wird. Die Presstemperaturen befinden sich zwischen 700 und 750 °C. Höher legierte Zinn-Bronzen müssen auf Grund der Rissanfälligkeit langsam verpresst werden (Bauser 2001b).

d) Kupfer-Aluminium-Legierungen (Aluminium-Bronzen)

Die Aluminium-Bronzen besitzen bei einem Anteil von bis zu 9 Prozent Aluminium ein Gefüge mit kubisch-flächenzentrierter α-Phase. Die hohe Korrosions- und Zunderbeständigkeit begründet sich durch die Ausbildung von Aluminiumoxid Deckschichten auf der Oberfläche. Daher finden diese Legierungen sowohl Einsatz in der chemischen Industrie als auch in Meerwasserumgebung. Kupfer-Aluminium-Legierungen, wie z. B. CuAl5 oder CuAl8, lassen sich sehr gut kalt umformen. Die Warmumformbarkeit hängt jedoch stark vom Aluminiumgehalt ab. Auf Grund der Phasenumwandlung ist das Strangpressen nur mit Aluminiumanteilen bis ca. 8 Prozent möglich (Bauser 2001b).

3.5.3.5.4 Stahl

Das Strangpressen von Stahl wird im Allgemeinen nur dann zur Rohr- und Profilfertigung eingesetzt, wenn kontinuierliche Umformverfahren wie das Walzen bei geringen Losgrößen aus wirtschaftlichen Gründen nicht eingesetzt werden können oder es die Profilquerschnittsgeometrie aus fertigungstechnischen Gesichtspunkten nicht zulässt.

Stähle werden grundsätzlich im direkten Verfahren mit

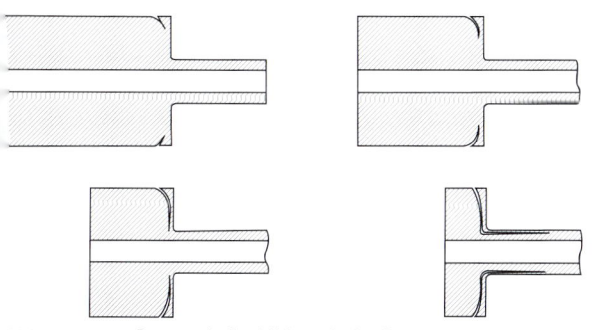

Abb. 3.428: *Pressschalenbildung beim Strangpressen von Kupferrohren (Bauser 2001b)*

geschmiertem Rezipienten ohne Schale stranggepresst. Mit diesem Verfahren erreicht man kurze Kontaktzeiten durch schnelles Auspressen (Bauser 2001a).

Die große Temperaturdifferenz zwischen Werkstoff und Rezipient bewirkt ein schnelles Abfließen der Wärme, sodass der Block einfrieren kann. Zusätzlich werden durch ein schnelles Auspressen die sehr hohen thermomechanischen Belastungen der Werkzeuge verringert. Die Stempelgeschwindigkeiten betragen beim Strangpressen von Stahl zwischen 20 und 300 mm/s, bei Aluminiumlegierungen hingegen sind Stempelgeschwindigkeiten bis 15 mm/s üblich (Bauser 2001a). Je nach Legierungszusammensetzung des Stahls wird die Umformung zwischen 1000 und 1300 °C durchgeführt (Bauser 2001a).

Auf Grund der hohen thermischen und mechanischen Belastung des Presswerkzeugs eignen sich Brücken- und Kammerwerkzeuge nicht zum Strangpressen von Stahl. Hohlprofile werden hierbei nahtlos über einen runden oder profilierten, nicht innen gekühlten Dorn gepresst, der mit dem Stempel mitläuft.

Zur Schmierung und thermischen Isolierung werden die zu verpressenden Stahlblöcke mit einem Glasmantel umgeben. Der Werkstofffluss kann beim Strangpressen von Stahl nicht durch eine angepasste Gestaltung der Führungslängen gesteuert werden, wie es beim Verpressen von Aluminiumlegierungen üblich ist. Beim Stahlstrangpressen muss stets ein konstanter laminarer Glasfilm zwischen Werkstoff und Werkzeug vorhanden sein, sodass eine Beschädigung der Werkzeugoberflächen vermieden wird. Durch die Glasschmierung wird der Reibwert so gering gehalten, dass eine Werkstoffsteuerung durch unterschiedliche Reibverhältnisse nicht möglich ist (Furugen 1999, Bauser 2001a).

Man unterscheidet die folgenden drei Werkstoffgruppen im Temperaturbereich der Warmumformung (Richter 1993):

a) Ferritische Stähle mit kubisch-raumzentriertem α-Eisen-Gefüge

Alle ferritischen Chromstähle mit Chromgehalten über 12 Prozent sowie die zusätzlich mit Molybdän und/oder Titan legierten Stähle gehören zu dieser Gruppe und besitzen kubisch-raumzentriertes α-Gefüge. Sie sind gekennzeichnet durch eine mit zunehmender Temperatur sehr stark abfallende Fließspannung, sodass sie leicht warmumformbar sind. Allerdings neigt diese Werkstoffgruppe zur Sprödigkeit durch ausgeschiedene Phasen und zur Kornvergröberung während der dem Strangpressen vorausgehenden Warmverformung des Vormaterials durch Walzen oder Schmieden.

b) Austenitische Stähle

Austenitische Stähle liegen vor, wenn bei Chromgehalten ab 16 Prozent die Nickelgehalte 8 Prozent übersteigen. Bei Presstemperatur ist das Gefüge dieser Werkstoffe kubisch-flächenzentriertes γ-Eisengitter. Die Austenite zeichnen sich deshalb meist durch recht gute Warmformbarkeit sowie durch eine geringe Neigung zur Versprödung aus. Die bei ferritischen Stählen gefürchtete Grobkornbildung ist bei den austenitischen Werkstoffen nicht zu finden, sodass sie sich auch gut schweißen lassen.

c) Austenitisch-ferritische Werkstoffe

Für eine Reihe von Anwendungen haben sich austenitisch-ferritische Werkstoffe mit Chromgehalten von meist 18 bis 25 Prozent und Nickelgehalten von 4 bis 7 Prozent durchgesetzt. Sie verbinden zum Teil die Vorteile der beiden oben genannten Werkstoffgruppen. Sie neigen weniger zu Sprödigkeit als ferritische Werkstoffe, sind leichter umformbar als austenitische Werkstoffe und haben Vorteile bei gewissen Formen des Korrosionsangriffes.

Pressbarkeit

In Tabelle 3.42 ist die Pressbarkeit verschiedener Werkstoffgruppen aufgeführt. Diese Gruppen sind unterteilt in leicht, gut und schwer pressbare Werkstoffe.

Tab. 3.42: *Pressbarkeit verschiedener Werkstoffgruppen (Richter 1993)*

Gruppe	a	b	c
Charakterisierung	leicht pressbar	gut pressbar	schwer pressbar
Ca. k_f-Wert in MPa	150	200	250
Werkstoffbeispiele	1.4006 1.4016 1.4510	1.4301 1.4306 1.4401 1.4404 1.4571	1.4841 1.4845 1.4876
Blockanwärmtemp. in °C	1.000-1.200	1.050-1.250	1.100-1.300

3.5.3.6 Werkzeuge und Anlagen

Die Entwicklung von Strangpressen, von der ersten Bleistrangpresse bis zu den modernen automatischen Strangpressanlagen, stellt ein interessantes Kapitel der Strangpressgeschichte dar. Vor mehr als 50 Jahren wurde bereits begonnen, eine Normung (DIN 24540) einzuführen, welche in den vergangenen 30 Jahren zu einer vereinheitlichten Bauart der Strangpressen führte. Nicht zuletzt, um die Forderungen nach großen Profilquerschnitten mit dünnen Wandstärken und verbesserter Querschnittsgenauigkeit zu erreichen, wurden vorgespannte Rahmenstrukturen für die Pressenkonstruktion eingeführt. Die Pressensteifigkeit und -ausrichtung konnte dadurch gegenüber konventionellen Konstruktionen verbessert werden. Die meisten der modernen Pressen besitzen eine relative Positionsanzeige, um die Anordnung des Blockaufnehmers und des bewegten Querhaupts zu überwachen. Des Weiteren sind die Pressen mit einem Überwachungssystem ausgerüstet, mit welchem alle relevanten Prozessdaten zeitgleich auf Monitoren angezeigt werden. An die speicherprogrammierbare Steuerung (SPS) der Prozesskette Strangpressen sind auch alle vorgelagerten und nachgelagerten Handlings- und Bearbeitungsvorgänge angeschlossen. Darin eingeschlossen sind die Blockerwärmung, die Strangpresse, der Puller, die Abkühlstrecke, der Strecker, der Sägetisch und die Säge. Alle auszulesenden Daten werden per EDV automatisch in Datenbanken abgelegt, sodass nachvollzogen werden kann, welcher Pressblock mit welchen Parametern verpresst wurde, um optimale Pressparameter z. B. bezüglich der Blocktemperatur, Aufnehmertemperatur, Blocklänge, Stempelgeschwindigkeit und Pullergeschwindigkeit ableiten zu können. Somit werden auch die Auswirkungen der Nacharbeit an Presswerkzeugen in die Datenbank einfließen (Saha 2000).

Für die Konstruktion und Fertigung von Strangpressen und deren erforderliche Handhabungsausrüstung gibt es nur eine kleine Anzahl an Herstellern. In Abbildung Abb. 3.429 ist der allgemeine Aufbau einer Strangpresslinie zu sehen.

Die darin abgebildeten Förder- und Handhabungseinrichtungen sind anfänglich in Japan entwickelt worden, um den Anforderungen in Bezug auf Reduktion des menschlichen Arbeitseinsatzes als auch zur Verbesserung der Produktqualität nachzukommen (Saha 2000). In diesem Kapitel werden die grundlegenden Konzepte der unterschiedlichen Ausführungen von Strangpressen und die wesentlichen Peripherieeinrichtungen in erster Linie für den Einsatz bei Aluminiumlegierungen diskutiert.

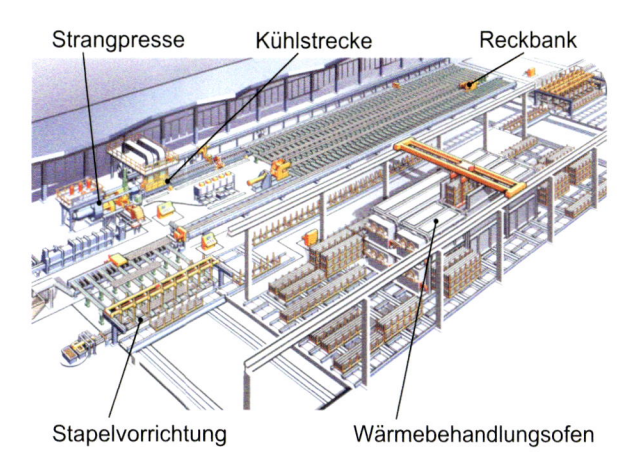

Abb. 3.429: *Layout einer Strangpresslinie (SMS Meer GmbH 2008)*

Flachmatrizen und Kammerwerkzeuge

Die Leistung beim Strangpressen wird von drei Hauptfaktoren bestimmt: der Anzahl der Ausschuss-Pressbolzen, der Presswerkzeugstandzeit und der Strangpressgeschwindigkeit. Das Ziel des Werkzeugmachers ist es, diese Faktoren zu optimieren, indem er moderne Fertigungstechniken, hochfeste Stähle und entsprechende Wärmebehandlungen einsetzt. Um der geforderten Flexibilität, Qualität und Preisgestaltung der Kunden nachzukommen, werden computergestützte Systeme bei der Konstruktion (CAD) und der Fertigung mittels Zerspanung (CNC), aber auch Erodieren verwendet.

Der generelle Aufbau eines Werkzeugsatzes für das direkte Strangpressen ist in Abbildung 3.430 dargestellt. Der Werkzeugsatz wird zwischen dem Rezipienten und dem Gegenholm der Presse mit einer Kraft von ca. 16 Prozent der zur Verfügung stehenden Presskraft eingespannt. Während des Pressvorgangs addieren sich zu dieser Einspannkraft die im Rezipienten auftretenden Reib- und Schubkräfte, welche das Werkzeugpaket zusätzlich belasten.

Die Ausführung des Werkzeugpaketes hängt von der Geometrie des herzustellenden Profilquerschnitts ab. Es werden hierbei drei unterschiedliche Werkzeugarten unterschieden:

- Für die Herstellung von Stangen und offenen Profilen werden Flachmatrizen eingesetzt. Diese können für alle pressbaren Werkstoffe verwendet werden.
- Zur Herstellung von Rund- und Formrohren bzw. Hohlprofilen werden Rohrwerkzeuge eingesetzt, welche ebenfalls unabhängig von dem Werkstoff sind.
- Zur Produktion von Hohlprofilen und dünnwandigen Rohren mit großen Längen werden Kammer- bzw.

3.5 Durchdrücken

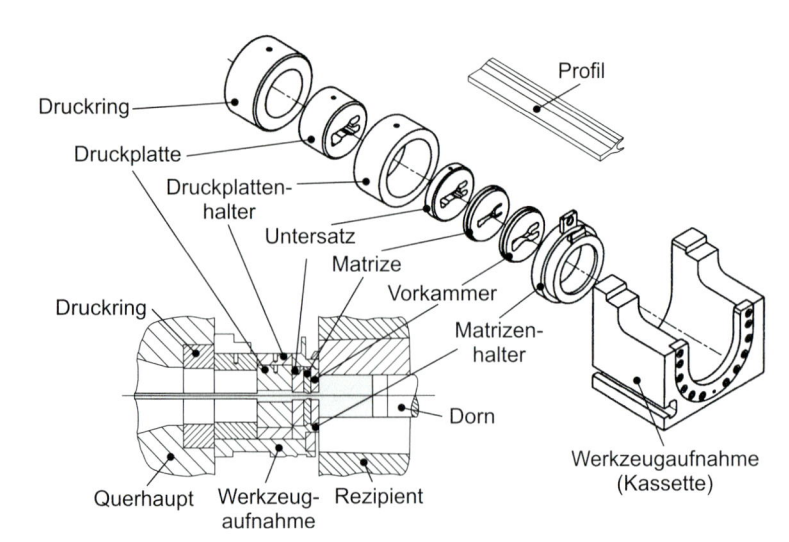

Abb. 3.430: Aufbau des Werkzeugsatzes zur Herstellung von offenen Profilen mittels Flachmatrize (Ames 1995)

Brückenwerkzeuge eingesetzt, welche auf Grund der hohen Festigkeit des zu verpressenden Werkstoffs und der hohen thermischen Beanspruchung ihre Einsatzgrenzen haben (Sauer 2001c).

Hinsichtlich der elastischen Durchbiegung und des Bruchs sind den Presswerkzeugen Grenzen gesetzt. Den heutigen Berechnungsmöglichkeiten für die Auslegung der Werkzeugkonstruktion stehen jedoch auch grundlegende und einfache Faustregeln beim Entwurf des Profils zur Verfügung. Als Beispiel soll hier ein U-Profil herangezogen werden, dessen Schenkellänge l kleiner als das Dreifache der Öffnungsbreite b ausgelegt werden sollte, um einen Werkzeugbruch an der sogenannten Zunge, die die Innenkontur des Profils bestimmt, infolge einer zu weiten Auskragung zu verhindern (Abb. 3.431). Des Weiteren ist das Verhältnis Schenkellänge zur Öffnungsbreite auf 2:1 zu verringern, wenn die Breite weniger als 3 mm misst (Ostermann 2007).

Ein Werkzeugversagen durch Rissbildung tritt auf, wenn scharfe Ecken oder Kanten eingebracht werden. Diese Konturen sollten, wenn sie nicht funktionsbedingt in den Profilquerschnitt eingebracht wurden, auf Grund der hohen Kerbwirkung durch enge Radien von 0,1 bis 1 mm ersetzt werden (Stören 1994).

Matrizen – Flachmatrizen

Die einfachste Ausführung von Matrizen bilden die sogenannten Flachmatrizen, welche zur Herstellung von Stangen oder offenen Profilen verwendet werden. Dabei handelt es sich um eine Matrize mit formgebendem Durchbruch, als Negativ des Profilquerschnitts (Abb. 3.432 a). Zusätz-

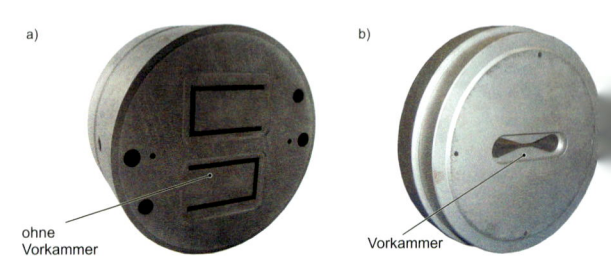

Abb. 3.432: a) Flachmatrize mit zwei formgebenden Durchbrüchen ohne Vorkammer; b) Flachmatrize mit Vorkammer

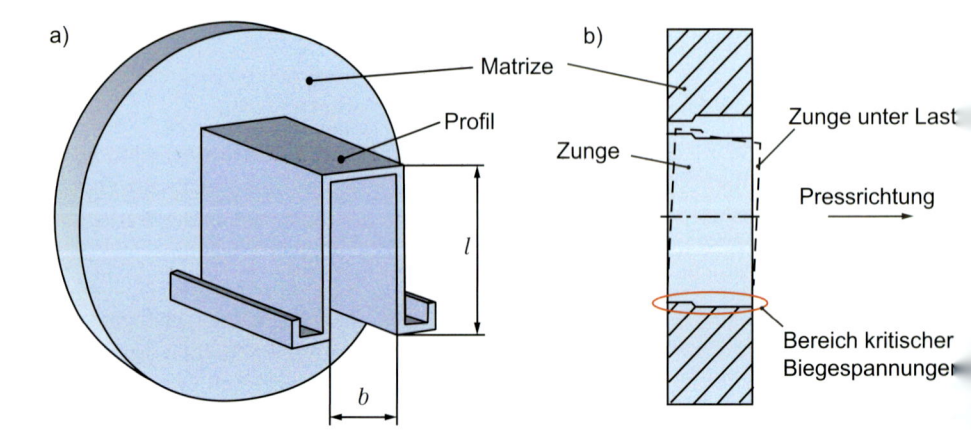

Abb. 3.431: Gestaltung von Halbhohlprofil-Presswerkzeugen

lich zu diesem Werkzeugelement kann eine Vorkammer vor diese formgebende Matrize in das Werkzeugpaket mit aufgenommen werden, welche ein Block-auf-Block-Pressen ermöglicht (Abb. 3.432b). Durch die Vorkammer verbleibt Werkstoff des letzten Blocks im Werkzeug, mit dem sich der Blockwerkstoff des folgenden Blocks zu Beginn der Pressung verschmelzen kann. Die Vorkammer ist als extreme Vergrößerung des Matrizendurchbruchs zu sehen, die jedoch nicht über 80 Prozent des Rezipientendurchmessers betragen darf. Durch eine 15° bis 30°-Schräge in der Vorkammer wird der Werkstofffluss aufgespreizt, damit das Volumen groß genug ist, um ein Verschmelzen zu ermöglichen. Eine Vorkammertiefe von mindestens 10 mm hat sich als geeignet für diesen Prozess herausgestellt. Der Einsatz einer Vorkammermatrize hat den Vorteil, dass durch das Endlospressen nicht nach jedem Pressblock der Profilanfang neu geführt werden muss. Von Nachteil ist die Ausbildung einer zungenförmigen Schweißnaht, die sogenannte Querpressnaht, die durch das Einfließen des nachfolgenden Presswerkstoffs in den nach dem Abscheren des Pressrestes verbliebenen Restwerkstoff in der Vorkammer entsteht (Sauer 2001c). Je nach Anforderungen an das Produkt sind die die Querpressnaht beinhaltenden Profilbereiche herauszutrennen und zu verschrotten.

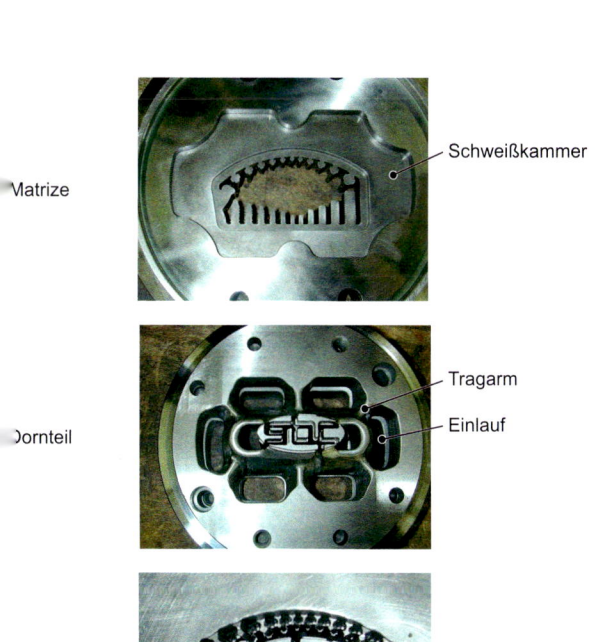

Abb. 3.433: *Kammerwerkzeug (Wilke Werkzeugbau GmbH & Co. KG 2009)*

Kammerwerkzeuge

Mit Hilfe von Kammerwerkzeugen lassen sich anspruchsvolle Hohlprofile mit belastungsgerechten Profilquerschnitten herstellen. Meistens erfolgt die Ausführung des Werkzeugs in zwei Teilen, wie in Abbildung 3.433 zu sehen, bei denen die innere Formgebung durch das Oberteil und die äußere Formgebung durch das Unterteil des Werkzeugs stattfindet. Der im Oberteil durch die mehrfachen Materialeinläufe aufgeteilte Werkstoff fließt unmittelbar vor den formgebenden Durchbrüchen zusammen und verschweißt mit der Ausbildung einer Längsschweißnaht, welche hinsichtlich der mechanischen Eigenschaften besonders betrachtet werden muss, um den Einsatz in sicherheitsrelevanten Anwendungen zu ermöglichen. Eine Betrachtung der Eigenschaften der Längspressnähte wird von den Bakker vorgenommen (den Bakker 2008). Zur Auslegung der Schweißkammergeometrie, welche die Güte der Schweißnaht bestimmt, werden von Ames (Ames 1995) Richtwerte für die Schweißkammerhöhe und -breite angegeben (Sauer 2001c).

Brückenwerkzeuge

Gegenüber den Kammerwerkzeugen besitzen Brückenwerkzeuge durch die Gestaltung der den Werkstofffluss teilenden Brücken einen niedrigeren Fließwiderstand. Daher benötigen Brückenwerkzeuge weniger Presskraft und bieten deshalb eine Alternative zu Kammerwerkzeugen, wenn die Kraftressourcen beschränkt sind. Mit Hilfe von Brückenwerkzeugen ist es möglich, Profile ohne Querpressnaht herzustellen, wenn durch das sogenannte Strippen, das Zurückziehen des Rezipienten mit dem Pressrest, der in den Einläufen vorhandene Werkstoff aus dem Werkzeug herausgerissen wird und dadurch ein „freies" Werkzeug vor dem Verpressen des nächsten Blockes vorliegt. Der verbleibende Werkstoff im Werkzeug vor den Einläufen wird mit dem neuen Werkstoff herausgepresst, ohne mit diesem zu verschweißen. Dies bedeutet jedoch auch, dass ein Block-auf-Block-Pressen nicht möglich ist. Des Weiteren ist die Pressblocklänge durch das Hineinragen der Brücken in den Rezipienten begrenzt. Zusätzlich ist die Werkstoffausnutzung reduziert, da auf Grund des Strippens mehr Werkstoff im Rezipienten verbleiben muss, damit die Reibkraft zwischen Restblockwerkstoff und Rezipientenwand ausreicht, den Werkstoff aus den Einläufen herauszuziehen (Sauer 2001c).

Steuerung des Werkstoffflusses

Abhängig von dem Profilquerschnitt und der Lage des formgebenden Durchbruchs in der Matrize ergeben sich unterschiedliche Werkstoffflussgeschwindigkeiten. Der Werkstoff in der Mitte des Blocks fließt generell schnel-

3.5 Durchdrücken

Abb. 3.434: a) Führungsflächenlängen in Abhängigkeit der Profilquerschnittsunterschiede (Sauer 2001c); b) Ausgeglichener Werkstofffluss am Pressanfang

ler als in den Randbereichen auf Grund der Scherung des Werkstoffs an der Rezipientenwand und der Ausbildung der toten Zonen im Werkzeug (vgl. Kapitel 3.5.3.4.).

Um einen Ausgleich der Werkstoffflussgeschwindigkeit vorzunehmen, der zum Tordieren des Profils führen kann, werden die Führungsflächen im Presswerkzeug in der Länge angepasst. Die längeren Führungsflächen bewirken eine höhere Reibkraft, wodurch an diesen Stellen der Werkstofffluss gebremst wird. In Abbildung 3.434a ist anhand eines Vollprofils mit Querschnittsunterschieden die Umsetzung der erforderlichen Führungsflächenlängen, die zu einem gleichmäßigen Werkstofffluss führen, dargestellt (Ames 1995). Für die Hohlprofilerzeugung gelten natürlich die gleichen Bedingungen, mit denen ein gleichmäßiges Fließen erzeugt werden kann, wie es anhand des Kastenprofils in Abbildung 3.434b zu sehen ist. Dabei zeigen die einzelnen Einläufe und die dazwischen liegenden Längspressnähte eine gleichmäßige Geometrie auf.

Eine weitere Möglichkeit, den Werkstofffluss zu steuern, ist durch die Verwendung einer Formvorkammer gegeben. Hierbei wird z.B. bei einer Flachmatrize vor dem formgebenden Durchbruch eine zusätzliche Vorkammer, wie es zum Block-auf-Block-Pressen notwendig ist, eingesetzt. Diese Formvorkammer kann leicht aus der Achsensymmetrie versetzt sein, um einseitig den Werkstofffluss zu bremsen (Lesniak 2007).

Bei der Fertigung der Matrizen muss der formgebende Durchbruch mit einem Toleranzmaß, einem sogenannten Schwindmaß, beaufschlagt werden, damit das gefertigte Profil nach der Abkühlung dem Sollmaß entspricht. Auf Grund des Warmumformprozesses wird sich die Matrize thermisch ausdehnen.

Für die Auslegung von mehrsträngigen Matrizen gibt es zwei grundlegende Anordnungen der Profile. Zum einen die radiale Ausrichtung der formgebenden Durchbrüche, bei der die Anteile der Führungsflächen den gleichen Abstand zum Mittelpunkt der Matrize haben. Zum anderen

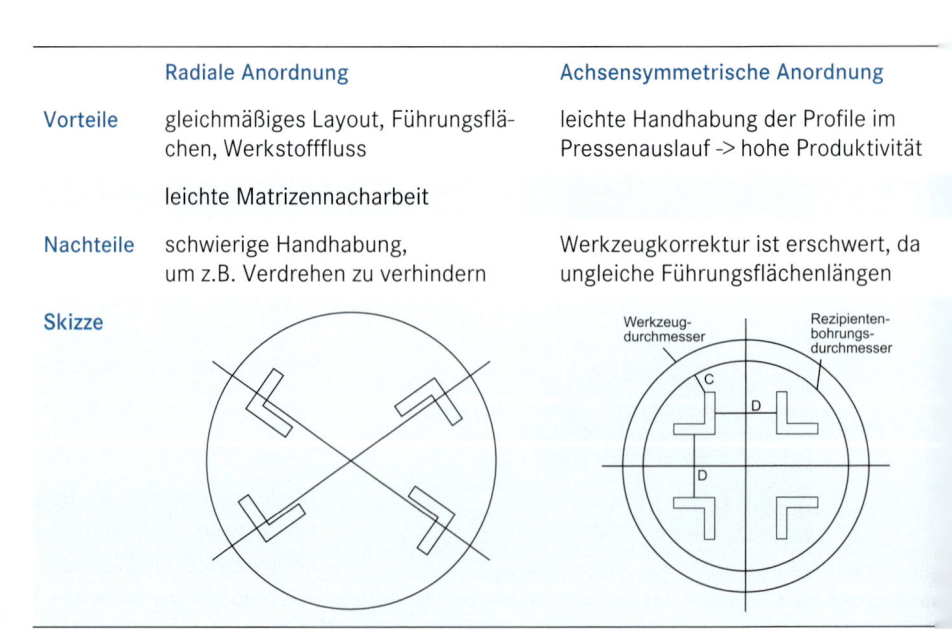

	Radiale Anordnung	Achsensymmetrische Anordnung
Vorteile	gleichmäßiges Layout, Führungsflächen, Werkstofffluss	leichte Handhabung der Profile im Pressenauslauf -> hohe Produktivität
	leichte Matrizennacharbeit	
Nachteile	schwierige Handhabung, um z.B. Verdrehen zu verhindern	Werkzeugkorrektur ist erschwert, da ungleiche Führungsflächenlängen
Skizze		

Tab. 3.43: Vor- und Nachteile der Anordnung der Durchbrüche bei Mehrstrangmatrizen (Saha 2000)

wird die achsensymmetrische Verteilung der Durchbrüche angewendet. Für beide Anordnungen zeigen sich die in Tabelle 3.43 dargestellten Vor- und Nachteile (Saha 2000).

Der Werkstofffluss durch eine Mehrstrangmatrize ist komplex, da er von vielen Variablen, wie der jeweiligen Form des Profilquerschnitts, der Anzahl und Position der Durchbrüche, der Presstemperatur und der Wandstärke abhängt. Für eine Einstrangmatrize sollte der Flächenschwerpunkt des Profilquerschnitts in oder nahe dem Zentrum des Blockaufnehmers bzw. der Pressachse liegen. Demgegenüber muss bei Mehrstrangmatrizen der Flächenschwerpunkt jedes einzelnen Profilquerschnitts im Zentrum des Einlaufkanals liegen, durch den der Werkstoff fließt, um das Profil zu formen (Saha 2000).

Werkstoffe für Presswerkzeuge

Die mechanischen und thermischen Belastungen der Matrize sind vergleichbar mit denen des Pressstempels. Für das Strangpressen von Aluminiumlegierungen liegen die thermischen Belastungen unterhalb der Anlasstemperatur des Stahls. Bei dem eingesetzten Stahl handelt es sich um einen Werkzeugstahl bzw. um einen Warmarbeitsstahl beispielsweise des Typs AISI H13 (X40CrMoV5-1) mit einer guten Warmfestigkeit durch eine ausgeprägte Zähigkeit und eine gute Temperaturwechselfestigkeit. Die Versagensfälle, welche die Standzeit eines Presswerkzeugs stark beeinflussen, sind Warmverschleiß, plastische Verformung und Bruch. Durch eine Wärmebehandlung, das Nitrieren, wird die Oberflächenhärte und -festigkeit verbessert, um den Verschleiß zu reduzieren (Saha 2000, Sauer 2001c, Kortmann 2007, Hähnel 2007).

Strangpresse – Gestell

Entsprechend dem angewendeten Strangpressprozess werden unterschiedliche Pressenausführungen konstruiert. In Abbildung 3.435 ist der Aufbau einer direkten Strangpresse schematisch dargestellt. Die Druckplatten der modernen Pressen sind für den Einsatz extrem großer Presswerkzeuge bei gleichzeitig sicherer und wiederholbarer Fertigung großer Profile mit minimalen Toleranzen bei einer hohen Produktivität geeignet. Moderne Pressen sind üblicherweise mit zusätzlichen Einrichtungen ausgestattet, einschließlich Werkzeugklemmung, Schnellentriegelung für den Stempel, automatischer Positionskontrolle, einer Pressrestschere, einem Teleskopblocklader, einer Kurzhub-Konstruktion und einer softwarebasierten Steuerung zur Produktivitäts- und Qualitätssteigerung. Eine weitverbreitete Bauart der Strangpressen besitzt ein vorgespanntes 4-Säulengestell. Es unterscheidet sich dabei die bereits angeführte Kurzhub-Konstruktion von der Normalhub-Konstruktion. Bei der Normalhub-Konstruktion wird der Block zwischen Stempel und Rezipient der Presse zugeführt, wohingegen die Kurzhub-Ausführung in der üblichen Bauform den Block zwischen der Matrize und dem Rezipienten seitlich zuführt. Durch die kurze Bauform wird lediglich 60 Prozent des Normalhubs an Platz benötigt, wodurch das Pressengestell stark verkürzt wird (Groos 2001).

Die erforderliche Kraftbereitstellung für die Bewegung der Pressenkomponenten erfolgt mittlerweile fast ausschließlich mit ölhydraulischen Anlagen für den Einsatz bei Leichtmetallstrangpressen. Die Hydrauliken können samt der Pumpentechnik und den Ventilen auf dem Öltank, neben der Presse oder aber auch unter der Presse platzsparend positioniert werden.

Das Grundkonzept des indirekten Strangpressens beinhaltet die gleichen Komponenten wie eine Direkt-Strangpresse. Auf Grund der günstigeren Werkstoffflussbedingungen in Bezug auf die geringere Reibung beim indirekten Strangpressen (vgl. Kapitel 3.5.3.4.), wird dieses Verfahren für schwer verpressbare Legierungen speziell

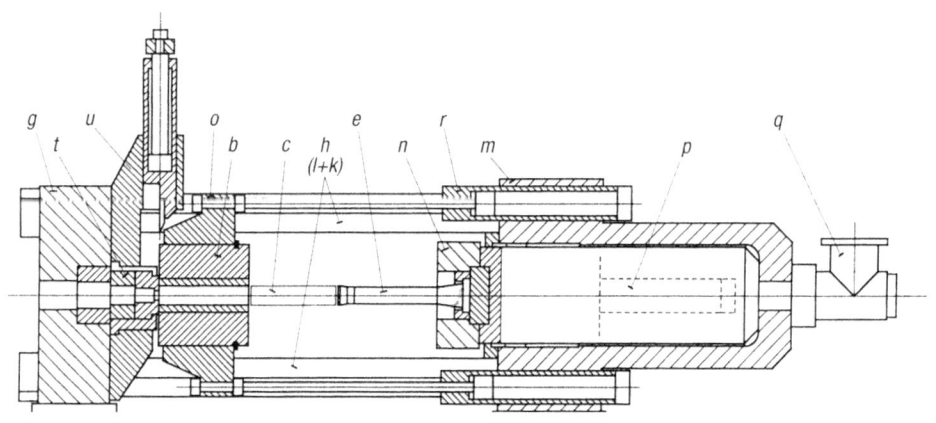

g = Gegenholm, u = Schere, o = Rezipientenhalter, e = Pressstempel mit fester Prescscheibe, r = Rezipientenverschiebung, q = Füllventil, t = Werkzeugkassette, b = Rezipient, c = Block, h = Säulen, m = Zylinderholm, o = Vorschub-/Ruckzugszylinder, n = Laufholm, l+k = Druckelement + Zugelement

Abb. 3.435: *Aufbau einer Presse zum direkten Strangpressen (Groos 2001)*

3.5 Durchdrücken

Tab. 3.44: *Spezifikationen einer Strangpresse (Saha 2000)*

Pressentyp	Rezipientengröße - Bohrung - Länge	Maximale Blocklänge
Presskraft (PM)		Werkzeugpaket - Außendurchmesser - Tiefe
Maximaler Stempeldruck		
Stempelweg	Maximaler Rezipienteninnendruck (P_c)	
Stempelgeschwindigkeit (v_R)	Rezipientenhub	Gegenholmbohrungsdurchmesser
Stempel-Rückzugkraft	Rezipienten-Zuhaltekraft	

in der Luftfahrtindustrie eingesetzt. Für Leichtmetallpressen wird die Ausführung des Kurzhubs bevorzugt, wobei das Klemmen des Blocks zwischen Stempel und Verschlussstück oder Stempel und Verschlussstempel erfolgt. Obwohl der umschreibende Kreis für den Profilquerschnitt, bedingt durch den Durchmesser des Hohlstempels, beschränkt ist, höhere Belastungen am Stempel auftreten, die Bearbeitung der Blockoberfläche notwendig ist um Oberflächenfehler zu vermeiden und sich die Werkzeughandhabung schwieriger gestaltet, bietet das indirekte Strangpressen die folgenden Vorteile:

- längere Blöcke,
- höhere Pressgeschwindigkeiten für viele Legierungen,
- kürzere Pressreste,
- gleichmäßigere Gefügestruktur über die Profillänge,
- dünnere Profilquerschnitte,
- engere Geometrietoleranzen über die Profillänge,
- gleichmäßigere Temperaturverteilung im Block und Rezipienten sowie
- längere Betriebsdauer des Rezipienten und der Büchse.

Als besondere Ausführung gibt es die Kombination beider Verfahren in einer Presse. Hierdurch ergibt sich jedoch keine Kompensation der Nachteile der getrennten Prozesse, sondern lediglich die Flexibilität, beide Verfahrensvorteile nutzen zu können.

Pressenauslegung

Der Parameter Druck ist die erforderliche Größe für die Auswahl einer Strangpresse. Durch die Reduzierung des Rezipienteninnendurchmessers besteht die Möglichkeit bei einer vorhandenen Strangpresse, mit einer gegebenen maximalen Presskraft den spezifischen Druck zu erhöhen. Die erforderliche spezifische Presskraft kann von der Wahl der Legierung und deren Zustand, vom Pressverhältnis, der Blocklänge und -temperatur, der Pressgeschwindigkeit und dem umschriebenen Kreis abhängen. Wenn niedrige Blocktemperaturen und hohe Geschwindigkeiten zum Einsatz kommen sollen, ist zu empfehlen, dass eine Presse mit ausreichender Kapazität gewählt wird. Die Presse benötigt eine steife Struktur mit Zugankern und Druckplatte, um den hohen Spannungen standzuhalten. Moderne Pressen sind als eine Zugankerkonstruktion ausgeführt, die die Aufnahme von langen Werkzeugpaketen erlauben. Lange Werkzeugpakete bieten die Möglichkeit, die Matrize durch eine dicke Druckplatte abzustützen, damit keine großen Werkzeugdeformationen auftreten, die sich negativ auf die Profiltoleranzen auswirken. Die Strangpresse sollte außerdem eine sehr gute und einstellbare Ausrichtung der beweglichen Teile wie Stempel, Rezipient und Werkzeug ermöglichen. Die wichtigsten Spezifikationen für eine Strangpresse sind in Tabelle 3.44 aufgelistet und entsprechend in Abbildung 3.436 wiederzufinden.

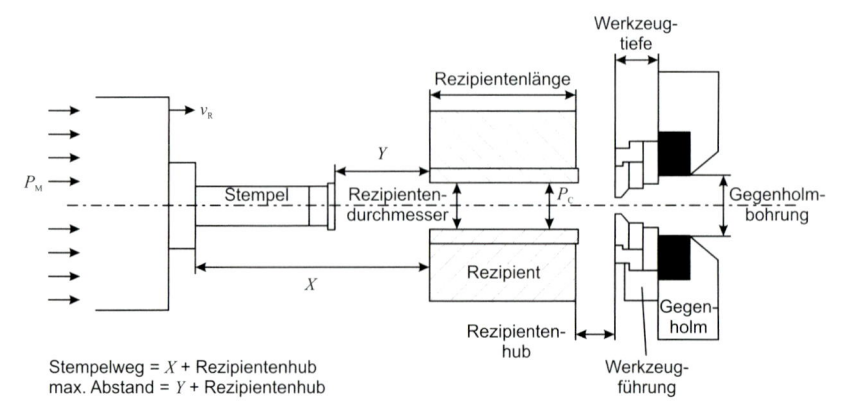

Abb. 3.436: *Grundlegende Komponenten in einer direkten Strangpresse (Saha 2000)*

Stempelweg = X + Rezipientenhub
max. Abstand = Y + Rezipientenhub

Rezipient/Blockaufnehmer

Der Rezipient stellt ein kostenintensives Bauteil der Strangpresse dar, z. B. in Bezug auf die Lebensdauer, auf Grund der hohen Prozessbelastungen durch hohe Temperaturen und hohe Drücke, insbesondere in dem presswerkzeugnäheren Bereich, und auf Grund der Blockverkürzung während des Pressprozesses. Der Rezipient besteht aus zwei oder drei Teilen, einem äußeren Mantel, gegebenenfalls einer Zwischenbüchse und einer Innenbüchse, welche eingeschrumpft wird. Für die Auslegung von Rezipienten müssen folgende Kriterien beachtet werden:

- der spezifische Druck innerhalb der Innenbüchse
- der maximale Außendurchmesser des Rezipienten
- das Breite-zu-Höhe-Verhältnis für Rechteckrezipienten

Üblicherweise werden Rezipienten für runde Blöcke in direkten und indirekten Strangpressen eingesetzt. Die Besonderheit bilden Rezipienten mit rechteckigem Durchbruch, um rechteckige Blöcke zu verpressen (Abb. 3.437 a). Der Vorteil dieser Blockgeometrie zeigt sich in der Möglichkeit, sehr breite Profilquerschnitte zu pressen, da sich der Werkstofffluss auf Grund der Blockform entsprechend breit ausbildet und somit die Presskraft gering ist (Saha 2000).

Der Rezipient ist so gelagert, dass er während des Aufheizens seine relative Ausrichtung zur Pressenachse beibehält. Der Rezipient wird in den Rezipientenaufnehmer montiert und kann darüber mit Hilfe von Hydraulikzylindern in axialer Richtung verfahren werden. Der Blockaufnehmer wird mittels Widerstandsheizung für den Einsatz bei Aluminiumlegierungen auf bis zu 500 °C aufgeheizt. Auf Grund der großen Masse und Dimensionen des Rezipienten ist eine gleichmäßige Temperaturverteilung in der Innenbüchse mit konventioneller Heiztechnik nicht zu erreichen (Saha 2000). Daher werden Mehrzonen-Heizungen in Rezipienten eingesetzt. Eine weitere Möglichkeit einen nahezu isothermen Zustand über den Umfang des Rezipienten zu erreichen, wird durch das Einbringen von Kühlkanälen in den Rezipientenmantel angestrebt (Abb. 3.437 b).

Stempel

Beim direkten Strangpressen kommen unterschiedliche Bauarten von Stempeln zum Einsatz. Darunter fallen die weitverbreiteten Vollstempel zum Verpressen von Rundblöcken, Vollstempel zum Verpressen von Flachblöcken und Hohlstempel zum Rohrpressen (Abb. 3.438). Die Befestigung des Stempels ist meist mit einer Schnellwechselvorrichtung ausgeführt, bei der eine automatische Zentrierung des Stempels erfolgt, sodass die eindeutige und gleichbleibende Ausrichtung zum Rezipienten gewährleistet ist. Bei der Auslegung der Stempel sind besondere Toleranzen bezüglich Geradheit, Rechtwinkligkeit, Konzentrizität und Rundheit in engen Grenzen einzuhalten, um eine gleichmäßige Belastung über das Bauteil zu erreichen (DIN 24540).

Übliche Belastungsgrenzen für Rundstempel liegen bei maximal 1000 MPa beziehungsweise für schwer verpressbare Legierungen bei 1200 MPa. Scharfe Kanten und Übergänge müssen bei der Konstruktion des Stempels vermieden werden, um die Kerbwirkung zu minimie-

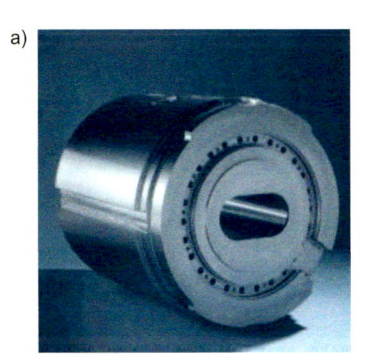

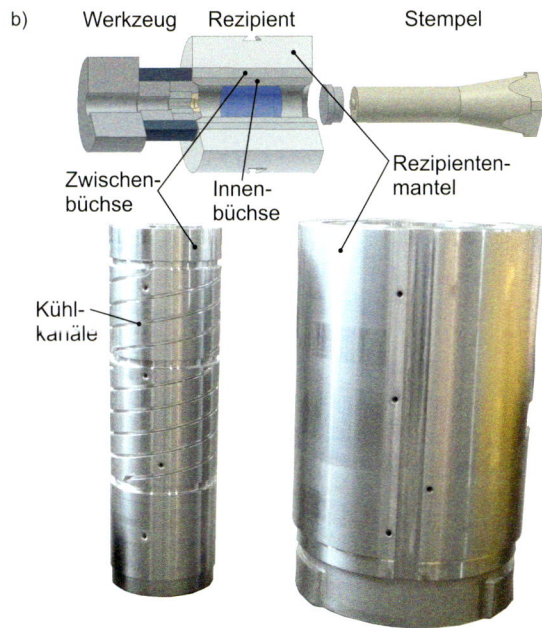

Abb. 3.437: a) Rechteckrezipient (Kind&Co. KG 2009); b) Rezipient mit Kühlkanälen (S+C Märker GmbH 2009)

3.5 Durchdrücken

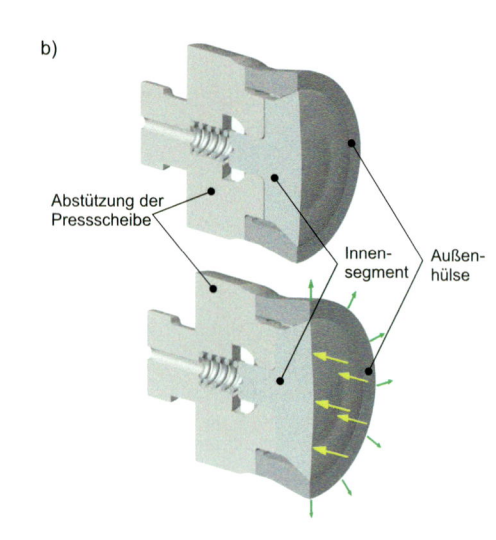

Abb. 3.438: *a) Stempelausführungen (Kortmann 2004); b) Lose Pressscheibe (Robbins 2008)*

ren und den Versagensfall auf den Euler'schen Knickfall 3 zu reduzieren. Während der Lastaufbringung durch den Pressvorgang zeigt sich eine Exzentrizität e, welche mit einem Maximum von 25 Prozent des Blockspiels bei der Stempelauslegung berücksichtigt wird. Damit ergibt sich die resultierende maximale Auslenkung W_{max} zu

$$W_{max} = \frac{\left(F_{St} \cdot e \cdot l^2\right)}{\left(27 \cdot E \cdot I_y\right)} \quad (3.252).$$

Es bedeuten (Groos 2001):
F_{St} Stempelkraft,
e Exzentrizität,
I_y Flächenträgheitsmoment,
E Elastizitätsmodul und
l Stempellänge.

Mittlerweile werden die in den Aluminium-Strangpressen eingesetzten Stempel mit festen Pressscheiben ausgestattet. Um eine hohe Qualität und Produktivität zu gewährleisten, gibt es eine Reihe von Funktionen, welche die Pressscheibe erfüllen muss:

- Wiederholbar die Kraft vom Stempel auf den Blockwerkstoff bei hohen Temperaturen übertragen.
- Unter Belastung schnell expandieren und eine ausreichende Abdichtung zur Rezipientenwand, lediglich mit einer dünnen Aluminiumschicht als Schale.
- Leichtes Ablösen vom Pressrest am Ende des Pressvorgangs.
- Zusammenziehen beim Zurückziehen durch den Rezipienten, ohne die Schale von der Büchseninnenwand abzuziehen.

Sobald der Pressvorgang beginnt und über den Stempel und die Pressscheibe der Werkstoff durch die Matrize gepresst wird, wird das Innensegment der festen Pressscheibe in die Außenhülse gedrückt (Abb. 3.438). Über die konisch ausgeführte Zylinderfläche ergibt sich die Expansion der Außenhülse, sodass der Durchmesser der Pressscheibe minimal kleiner bleibt als der Innendurchmesser der Innenbüchse. Die Expansion wird durch das Aufsetzen des Einsatzes auf die Abstützung der Pressscheibe limitiert. Sobald die Länge des Pressrests erreicht ist, wird der Pressvorgang beendet und nach dem Strippen der Stempel durch den Rezipienten zurückgezogen. Dabei zieht sich der Außenring wieder zusammen, sodass die Schale im Rezipienten nicht abgezogen wird. Die Expansion der Pressscheibe liegt bei maximal 0,35 mm, wie Untersuchungen zeigen (Robbins 2008). Diese maximale Aufweitung sollte nach dem Aufstauchen des Blockes erreicht werden, sodass ein Rückwärtsfließen des Werkstoffs an der Pressscheibe vorbei nicht auftreten kann.

Blockanwärmanlagen

Unter den Blockanwärmanlagen finden sich die gängigen zwei Ausführungen: Induktionsofen und gasbeheizter Anwärmofen. Der Gasschnellanwärmofen hat auf Grund seiner geringeren Energiekosten eine verbreitete Anwendung in den Presslinien und bildet einen guten Ersatz auf Basis von Brennstoffen zum Induktionsofen. Der Ofenraum ist röhrenförmig als Tunnel, entsprechend dem größten Blockdurchmesser, der auf der benachbarten Strangpresse verpresst werden kann, ausgeführt. Durch eine Vielzahl von Brennern, die beidseitig und über der gesamten Blocklänge in dem Tunnel angeordnet sind, wird die Beheizung der Blöcke vorgenommen (Abb. 3.439). Um eine gleichmäßige Durchwärmung auch bei großen Blockdurchmessern zu gewährleisten, ist die Anzahl der auf dem Umfang des Blocks angeordneten Brenner entsprechend zu erhöhen oder auf den Einsatz von Ringbrennern zu wechseln (Keller 2007). Da die Wärmeeinbringung von der Oberfläche in den Block erfolgt,

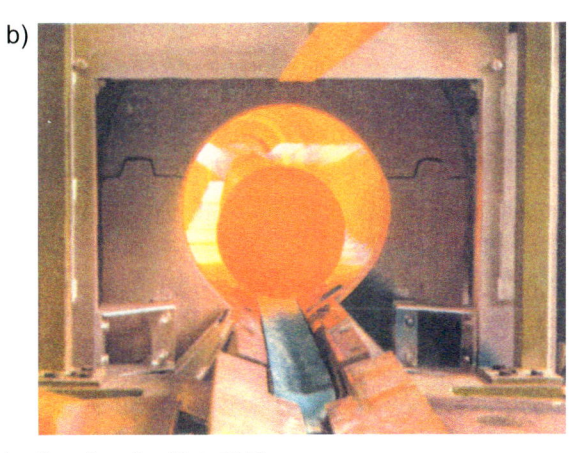

Abb. 3.439: a) Gasanwärmofen (Otto Junker GmbH 2009); b) Gasschnellanwärmofen (Putz 2001)

sind längere Aufheizzeiten einzuplanen. Um die Aufheizzeit auf die Endtemperatur zu reduzieren, empfiehlt sich eine mehrstufige Aufheizung, sodass z.B. die Abwärme des Ofens für die Vorwärmung der in der Ofen-Einlaufzone befindlichen Blöcke genutzt werden kann.

Die Induktionsöfen nutzen die elektrische und magnetische Eigenschaft des Blockwerkstoffs aus, indem durch ein von außen wirkendes magnetisches Wechselfeld Wirbelströme im Block generiert werden, welche zur Erwärmung führen. Die Blöcke werden dazu in eine zum Gasofen vergleichbare Röhre, welche die Induktionsspule darstellt, geschoben. Der Durchmesser der Induktionsspule ist hier jedoch auf den Durchmesser des Blocks anzupassen, um die Effizienz der Wirbelstromanregung und damit der Erwärmung im Tunnel nicht entgegenzuwirken. Weiterhin muss die Spule länger als der Block ausgeführt werden, um einen gleichmäßigen Temperaturverlauf über die Blocklänge zu erhalten. Vorteilhaft zeigt sich der Induktionsofen durch die bessere und gleichmäßigere Wärmeeinleitung in den Block, da eine dickere Randschicht, abhängig von der elektrischen und magnetischen Eigenschaft des Blockwerkstoffs, gleichzeitig erwärmt wird, bevor die Energie weiter in den Blockkern vordringt. Durch eine Kombination beider Ofentypen lassen sich die Vorteile ideal ausnutzen. Zum einen kann anfangs der Block mit der preiswerteren Gasenergie auf ein bestimmtes Temperaturniveau angehoben werden, um anschließend die Endtemperatur mittels Einsatz eines Induktionsofens zu erhalten. Durch eine mehrfache Spulenanordnung lässt sich eine gradierte Erwärmung des Blocks herstellen, sodass der Blockanfang eine höhere Temperatur hat als das Blockende, um eine isotherme Profilaustrittstemperatur unter Berücksichtigung der Umformwärme zu erhalten (Johnen 1995).

Blockabtrennvorrichtungen

Zur Konfektionierung der Aluminiumrundbarren auf die entsprechende Blocklänge ist hinter dem Gasanwärmofen eine senkrecht wirkende Warmschere angeordnet (Abb. 3.440a). Die Stange wird am Überstand durch ring-

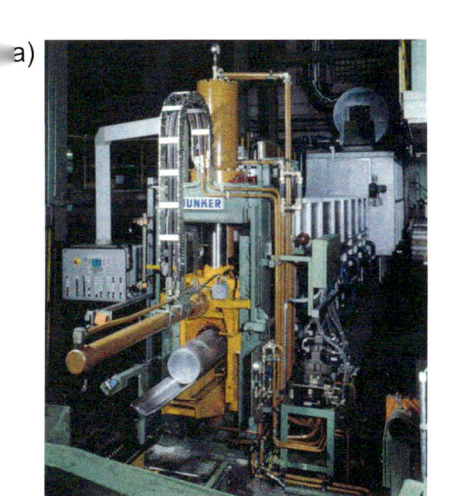

Abb. 3.440: a) Warmschere (Otto Junker GmbH 2009); b) Warmsäge zum Konfektionieren der Pressblöcke (Turnipseed 2008)

3.5 Durchdrücken

förmige Zangen zweiseitig und ofenseitig durch einen Niederhalter geklemmt. Der Schnitt erfolgt durch das hydraulisch angetriebene Herunterfahren des Schermessers. Es wird beim Warmscheren eine Genauigkeit der Winkelabweichung von unter 1 Prozent erreicht.

Demgegenüber zeigen Warmsägen eine doppelt so gute Genauigkeit bezüglich der Blocklängen und keine Deformationen an den Blockstirnflächen. Turnipseed et al. weisen zusätzlich auf einen wartungsfreundlicheren Aufbau bei Warmsägen (Abb. 3.440 b), ein einfacheres Blockhandling auf Grund der höheren Schnittgenauigkeiten und einen niedrigeren Energiebedarf hin (Turnipseed 2008, Spallarossa 2008).

Puller mit Säge

Nach dem Hauptprozess, dem Strangpressen, muss das hergestellte Halbzeug entsprechend geführt werden. Dazu ist im Pressenauslauf eine sogenannte Auslaufbahn eingerichtet, die entsprechend der maximalen Blocklänge und den möglichen Pressverhältnissen mehrere 10 Meter lang sein muss, um das Profil eines Blockes oder mehrerer Blöcke hintereinander aufnehmen zu können. Diese Auslaufbahn ist mit Rollen versehen, die wiederum mit temperaturbeständigen Schutztextilien wie Aramid überzogen sind, um die Oberfläche des Profils nicht zu beschädigen (Abb. 3.441). Da die Profile sehr lang werden können, muss ein Puller das Ziehen des bereits gepressten Strangs gerade über den Rollengang übernehmen. Durch das Eigengewicht und die Reibung an der Unterlage würde anderenfalls das Profil stark deformieren und die geforderte Geradheit wäre nicht mehr herstellbar. Der Puller ist entlang dem Pressenauslauf linear verfahrbar und hat zusätzlich eine Säge montiert, um beim Erreichen der maximal zu verarbeitenden Profillänge den Trennvorgang vom restlichen Profil vorzunehmen. Über ein Hub-

Abb. 3.441: *Puller mit Säge an der Auslaufbahn (Granco Clark 2009)*

balkensystem wird dann das abgetrennte Profil seitlich zur Pressrichtung der weiteren Verarbeitung zugeführt (Groos 2001).

Kühlvorrichtung

Während der Puller das Profil über die Auslaufbahn zieht, läuft das Profil direkt nach dem Pressenaustritt durch eine Kühlstrecke. Das Verpressen von aushärtbaren Legierungen, wie sie im Kapitel Werkstoffe (vgl. Kapitel 3.5.2.5) vorgestellt wurden, benötigt ein rasches Abschrecken des Profils nach dem Lösungsglühen. Je nach Abschreckintensität werden gewöhnlich Konzepte mit Luftkühlung, Luft-Wasser-Gemisch-Kühlung oder sogar eine reine Wasserkühlung eingesetzt. Bei der Luft- oder Wassernebelkühlung wird über Radialventilatoren eine hohe Luftströmungsgeschwindigkeit erzeugt, welche über schlitzförmige Düsensysteme von oben und unten an das heiße Profil herangeführt werden (Abb. 3.442 a). Dies geschieht meist über die ersten 5 Meter des Auslaufbereichs. Schwer verpressbare Legierungen benötigen eine so hohe Abkühlrate, dass nur eine sogenannte stehende Wasserwelle in Frage kommt. Diese Wasserwelle wird ebenfalls auch in einer definierten Länge in einer Wanne

Abb. 3.442: *a) Kühlstrecke mit Luftkühlung (Otto Junker GmbH 2009); b) Auslauf mit Wasserwelle (SMS Meer GmbH 2009)*

Abb. 3.443:   Reckeinrichtung (Otto Junker GmbH 2009)

entgegen der Strangpressrichtung angeregt. Die Welle ist so ausgelegt, dass das Wasser nicht bis zum Presswerkzeug läuft, sondern vorher vom Profil auf Grund des Leidenfrost-Effekts abläuft (Abb. 3.442 b).

Reckeinrichtung

Nach dem Abtrennen des Profils durch den Puller mit Säge erfolgt die Übergabe auf eine langsame Abkühlstation, sodass beim Erreichen der Reckeinrichtung die Profiltemperatur maximal 60 °C beträgt. Trotz des Ziehens durch den Puller besitzen die Profile keine hinreichende Geradheit bzw. weisen Verwerfungen auf, sodass ein Reckvorgang ausgeführt werden muss, der eine plastische Dehnung des Profils um 1 bis 3 Prozent herbeiführt, die auch zu einer Kaltverfestigung führt. Dazu werden die Enden des Profils eingespannt und auseinander gezogen (Abb. 3.443). Nach dem Recken erfolgt eine Weitergabe zur Sägeeinheit für den Endenbeschnitt als auch für das Ablängen auf handelsübliche Endlängen, bevor im Versandbereich die Verpackung durchgeführt wird.

Literatur zu Kapitel 3.5.3

Altenpohl, D.: Aluminium von Innen. Düsseldorf 1994.

Altenpohl, D.: "Aluminum: Technology, Applications and Environment", The Minerals, Metals & Materials Society. Washington 1998.

Ames, A.: Werkzeuge zum Strangpressen von Al-Werkstoffen. In: Müller, K. (Hrsg.). Grundlagen des Strangpressens,1. Auflg., Expert Verlag 1995, Renningen - Malmsheim, S. 140 - 168.

Bakker, A. den; Edwards, S. - P.; Hoen - Velterop, L.; Ubels, R.: Static and Dynamic Mechanical Properties of Longitudinal Weld Seams in Industrial AA6060, AA6082 and AA7020 Aluminum Extrusions. In: Ninth International Aluminium Extrusion Technology Seminars, 13. - 16. Mai 2008, Bd. I, Orlando, USA, S. 345 - 348.

Bargel, H. - J.; Schulze, G.: Werkstoffkunde. Berlin 2000.

Bauser, M.: Strangpressen von Halbzeugen aus Eisenwerkstoffen. In: Bauser, M.; Sauer, G.; Siegert, K. (Hrsg.): Strangpressen. 2. Aufl., Aluminium - Verlag, Düsseldorf 2001a, S. 416 - 436.

Bauser, M.: Strangpressen von Halbzeugen aus Kupferwerkstoffen. In: Bauser, M.; Sauer, G.; Siegert, K. (Hrsg.): Strangpressen, 2. Aufl., Aluminium - Verlag, Düsseldorf 2001b, S. 365 - 406.

Bauser, M.: Metallkundliche Grundlagen. In: Bauser, M.; Sauer, G.; Siegert, K. (Hrsg.): Strangpressen. 2. Aufl., Aluminium - Verlag, Düsseldorf 2001c, S. 211 - 289.

Beck, A.: Magnesium und seine Legierungen. Verlag Julius Springer, Berlin 1939.

Ben Khalifa, N.: Strangpressen schraubenförmiger Profile am Beispiel von Schraubenrotoren. Dr. - Ing. Dissertation, Technische Universität Dortmund, Shaker - Verlag, 2012.

Cai, M.; Robson J.D.; Lorimer G.W.: Simulation and control of dispersoids and dispersoid - free zones during homogenizing an AlMgSi alloy. Scripta Materialia 57 (2007), S. 603 - 606.

Deutsche Gesellschaft für Metallkunde (Hrsg.): Atlas der Warmformgebungseigenschaften von Nichteisenmetallen. Bd. 2: Kupferwerkstoffe, Oberursel 1978.

Dick, G. A.: Preßapparat zur Herstellung von Stäben, Stangen, Röhren etc. aus Metallen und Metalllegierungen durch Pressen in heißem Zustande. Patent Nr. CH10604A, Anmeldedatum: 10.06.1895, (Erstpatent Nr. GB189401090A).

Donati, L.; Tomesani, L.; Schikorra, M.; Ben Khalifa, N.; Tekkaya, A. E.: Friction model selection in FEM simulations of aluminium extrusion. In: Int. J. Surface Science and Engineering, 4 (2010) 1, S. 27 - 41.

Dürrschnabel, W.: Der Werkstofffluss beim Strangpressen von NE - Metallen I, II, III, Metall, 22 (1968).

Dzwonczyk, J.; Bohlen, J.; Hort, N.; Kainer, K. U.: Influence of extrusion ratio on microstructure and mechanical properties of hot extruded AZ31. Materials Week, Internat. Congress on Adv. Materials, their Processes and Application, München 2002.

Furugen, M.; Matsuo, H.; Fukuyasu, T.; Nakanishi, T.; Yanagimoto, J.: Characteristics of Deformation in Hot Extrusion Process of Stainless Steel Tube. Tetsu - to - Hagane. Transactions of Iron and Steel Institute of Japan, 85 - 11(1999), 801 - 805.

Gourdet, S.; Montheillet, F.: A model of continuous dynamic recrystallization, Acta Materialia 51 (2003), S. 2685 - 2699 .

Granco C.: Extrusion Equipment. Belding, MI, USA, 2009.

Groos, H.H.: Maschinen und Anlagen für das Direkte und Indirekte Warmstrangpressen. In: Bauser, M.; Sauer, G.; Siegert, K. (Hrsg.): Strangpressen, 2. Aufl., Aluminium – Verlag, Düsseldorf 2001, S. 485 – 544.

Güzel, A; Jäger, A.; Parvizian, F.; Lambers, H. – G.; Tekkaya, A.E.; Svendsen, B.; Maier, H.J.: A new method for determining dynamic grain structure evolution during hot aluminum extrusion. Journal of Materials Processing Technology, 212 (2012), S. 323 – 330.

Hähnel, W.; Gillmeister, K.: Diagnoseerfahrung und Entwicklungspotenzial an Strangpresswerkzeugen. In: Gers, H. (Hrsg.): Strangpressen, 1. Auflg., WILEY – VCH Verlag, Weinheim, S. 49 – 65, 2007.

Hall, D. D.; Mudawar, I.: Optimization of quench history of aluminium parts for superior mechanical properties. International Journal of Heat and Mass Transfer, 39 (1996) 1, S. 81 – 95.

Hatch, J.E.: Aluminum Properties and Physical Metallurgy. ASM International, 1993.

Humphreys, J; Hathery, M.: Recrystallization and Related Annealing Phenomena. Elsevier, Oxford, 2004, 2nd Edition, S. 461 – 465.

Jarrett, M.R.; Manson – Whitton, E.D.; Neilson, W.H.: An Overview of Aluminum DC Billet Casting. Proceedings of the Seventh Int. Aluminum Extrusion Technology Seminar, May 16 – 19, Chicago, Illinois, 2000, S. 85 – 97.

Johnen, W.: Pressbolzen – Anwärmöfen. In: Müller, K. (Hrsg.), Grundlagen des Strangpressens, 1. Auflg., Expert Verlag, Renningen – Malmsheim 1995, S. 106 – 139.

Kammer, C.: Aluminium Taschenbuch. 1 Grundlagen und Werkstoffe, Düsseldorf 2002.

Kassner, M.E.; McQueen, H.J.; Evangelista, E.: Geometric Dynamic Recrystallization in Aluminium and Aluminium Alloys Above 0.6Tm. Materials Science Forum 113 – 115 (1993), S. 151 – 156.

Keller, C.; Bauer, A.: Verfahrenstechnik/Equipment. In: Gers, H. (Hrsg.): Strangpressen. 1. Auflg., WILEY – VCH Verlag, Weinheim 2007, S. 10 – 16.

Kortmann, W.: Technologie der Strangpresswerkzeuge. Infobroschüre S+C Märker GmbH, Lindlar, online: http://www.schmidt-clemens.com/vnoffice/data/0/0/1/249/Technologie_der_Strangpresswerkzeuge.pdf, 2004.

Kortmann, W.: Warmarbeitswerkstoffe für Strangpressmatrizen in der Buntmetallverarbeitung. In: Gers, H. (Hrsg.): Strangpressen, 1. Auflg., WILEY – VCH Verlag, Weinheim 2007, S.17 – 32.

Lange, K.: Lehrbuch der Umformtechnik, Springer Verlag, Berlin 1974, S. 478.

Lass, J. – F.: Untersuchung zur Entwicklung einer magnesiumgerechten Strangpresstechnologie. Dissertation, Verlag Books on Demand GmbH, Norderstedt 2005.

Lesniak, D.; Libura, W.: Extrusion of sections with varying thickness through Pocket dies. Journal of Material Processing Technology 194 (2007), S. 38 – 45.

Lim, C – Y.; Shercliff, H. R.: Quench Sensitivity of Aluminium Alloy 6082. Engineering Department, Cambridge University, 1993.

Lin, J.; Peng, L.; Wang, Q.; Hans, J.R.; Ding, W.: Anisotropic plastic deformation of as - extruded ZK60 magnesium alloy at room temperature. In: Science in China Series E: Technological Sciences, 52 (2009), S. 161 – 165.

Lindström, R.; Johannson, L. – G.; Thompson, G. E.; Skeldon, P.; Svensson, J. – E.: Corrosion of magnesium in humid air. Corrosion Science, 46 (2004) 5, S. 1141 – 1158.

Menzler, D.: Konvektionskühlsysteme für Leichtmetallhalbzeuge. Dissertation, Aachen 1992.

Ostermann, F.: Anwendungstechnologie Aluminium. 2. Aufl., Springer Verlag, Berlin, Heidelberg, New York 2007.

Pearson, C. E.: Extrusion of Metals. John Wiley & Sons, London 1944, S. 5 – 9.

Putz, J.: Blockerwärmungsanlagen. In: Bauser, M.; Sauer, G.; Siegert, K. (Hrsg.): Strangpressen, 2. Aufl., Aluminium - Verlag, Düsseldorf 2001, S. 544 – 564.

Reetz, B.: Mikrostruktur und Eigenschaften stranggepresster sowie kaltverformter Messinglegierungen. Göttingen 2006.

Richter, H.: Rohre aus Edelstählen und Nickellegierungen. In: Umformtechnik, Plastomechanik und Werkstoffkunde, Verlag Stahleisen, Düsseldorf 1993, S. 721 – 728.

Robbins, P.: The Die Does Not Make the Extrusion. In Ninth International Aluminium Extrusion Technology Seminara, 13. – 16. Mai 2008, Bd. I, Orlando, USA, S. 349 – 359.

Saha, P.K.: Aluminium Extrusion Technology. ASM International, Ohio, 2000.

Sauer, G.: Strangpressprodukte. In: Bauser, M.; Sauer, G.; Siegert, K. (Hrsg.): Strangpressen, 2. Aufl., Aluminium – Verlag, Düsseldorf 2001a, S. 13 – 89.

Sauer, G.: Strangpressen von Halbzeugen aus Magnesiumwerkstoff. In: Bauser, M.; Sauer, G.; Siegert, K. (Hrsg.): Strangpressen, 2. Aufl., Aluminium – Verlag, Düsseldorf 2001b, S. 303 – 310.

Sauer, G.; Ames, A.: Werkzeuge zum Strangpressen. In: Bauser, M.; Sauer, G.; Siegert, K. (Hrsg.): Strangpressen, 2. Aufl., Aluminium – Verlag, Düsseldorf 2001c, S. 621 – 834.

Scharf, G.: Strangpressen von Halbzeugen aus Aluminiumwerkstoffen – Werkstoffe, In: Bauser, M.; Sauer, G.; Siegert, K. (Hrsg.): Strangpressen, 2. Aufl., Aluminium – Verlag, Düsseldorf 2001a, S. 341 – 362.

Schikorra, M.: Modellierung und simulationsgestützte Analyse des Verbundstrangpressens. Dissertation, Dortmund 2006.

Schikorra, M.; Güzel, A.; Jäger, A.; Tekkaya, A. E.; Kleiner, M.: Vorausbestimmung der Werkstückeigenschaften nach dem Strangpressen durch Integration der Simulation von Mikrostrukturänderungen und Umformung. In: Steinhoff, K.; Kopp, R. (Hrsg.): Umformtechnik im Spannungsfeld zwischen Plastomechanik und Werkstofftechnik: „Der Pawelski", GRIPS media, 2008, S. 99 – 111, 170.

Schneider, W.: Einrichtungen zur Herstellung der Pressblöcke, In: Bauser, M.; Sauer, G.; Siegert, K. (Hrsg.): Strangpressen, 2. Aufl., Aluminium – Verlag, Düsseldorf 2001a, S. 585 – 609.

Schneider, W.: Gießen und Gußgefüge, Homogenisierung bei Aluminiumwerkstoffen, In: Bauser, M.; Sauer, G.; Siegert, K. (Hrsg.): Strangpressen, 2. Aufl., Aluminium – Verlag, Düsseldorf 2001b, S. 228 – 237.

Schumann, H.; Oettel, H.: Metallographie, Weinheim 2005.

Sellars, C.M.: Modelling of Structural Evolution During Hot Working Processes, Annealing processes - recovery., recrystallization, and graingrowth. Proceedings of the 7th Risø International Symposium on Metallurgy and Materials, Risø, Denmark, 1986, S. 167 – 187.

Sheppard, T.: Extrusion of Aluminium Alloys. Kluwer Academic Publishers, 1999.

Shercliff, H. R.; Ashby, M. F.: A process model for age hardening of aluminium alloys – I. The model, Acta Metallurgica et Materialia, 38 (1990) 10, S. 1789 – 1802.

Siegert, K.: Strang – und Rohrpressverfahren. In: Strangpressen. Bauser, M.; Sauer, G.; Siegert, K. (Hrsg.), 2. Aufl., Aluminium – Verlag, Düsseldorf 2001, S. 87 – 210.

Spallarossa, M.: Hot billet saw: a real innovation in handling equipment. In: Ninth International Aluminium Extrusion Technology Seminars, 13. – 16. Mai 2008, Bd. I, Orlando, USA, S. 207 – 212.

Stören, S.; Daler, H.: Case studies in product development: a floodlight for an offshore oil platform. TALAT Lecture 2102.01, 1994.

Totten, G. E.; Mackenzie, D. S.: Handbook of Aluminum. CRC Press, New York 2003.

Turnipseed, D.; Kohn, M.T.: Sawing hot billets at the extrusion press. In: Ninth International Aluminium Extrusion Technology Seminar, 13. – 16. Mai 2008, Band I, Orlando, USA, S. 213 – 221.

Valberg, H.: Metal flow in the direct axisymmetric extrusion of aluminium. Journal of Material Processing Technology 31 (1992), S. 39 – 55.

Valberg, H.: Applied Metal Forming. Cambridge University Press, 2009.

Weißbach, W.: Werkstoffkunde und Werkstoffprüfung. Wiesbaden 2004.

Norm

DIN 24540-1: Strang- und Rohrpressen für Nichteisenmetalle und deren Presswerkzeuge, 1986.

4 Zugdruckumformen

4.1 Durchziehen 435
    4.1.1 Gleitziehen 435
    4.1.2 Walzziehen 442
    4.1.3 Werkzeugloses Ziehen 442

4.2 Tiefziehen 444
    4.2.1 Verfahrensübersicht 444
    4.2.2 Tiefziehen im Erstzug 445
    4.2.3 Tiefziehen im Weiterzug 459
    4.2.4 Stülpziehen 463
    4.2.5 Das Tiefziehen von nicht-rotationssymmetrischen Werkstücken 464
    4.2.6 Hydroumformung 479
    4.2.7 Warmumformung borlegierter Blechwerkstoffe (Presshärten) 496
    4.2.8 Werkzeuge für die Blechumformung 501
    4.2.9 Werkzeugmaschinen zum Tiefziehen 518

4.3 Kragenziehen 528
    4.3.1 Einführung 528
    4.3.2 Verfahrensprinzip 529
    4.3.3 Theoretische Grundlagen 530
    4.3.4 Verfahrensprinzip des Kragenziehens bei Rohren 534

4.4 Drücken	536
4.4.1 Einführung	536
4.4.2 Verfahrensprinzip	536
4.4.3 Anwendungsbeispiele	538
4.5 Knickbauchen	**540**
4.5.1 Einführung	540
4.5.2 Verfahrensprinzip	540
4.5.3 Anwendungsbeispiele	541
4.6 Innenhochdruck – Umformen (IHU)	**541**
4.6.1 Innenhochdruck-Verfahren	541
4.6.2 Innenhochdruck-Umformen	542
4.6.3 Innenhochdruck-Trennen	550
4.6.4 Innenhochdruck-Fügen	550
4.6.5 Verfahrenserweiterungen	551

4.1 Durchziehen

Kurt Steinhoff, Kai Hilgenberg

Nach DIN 8584 gehört das Durchziehen zu den Zugdruckumformverfahren. Die dieser Gruppe zugeordneten Verfahren sind grundsätzlich dadurch gekennzeichnet, dass das Ausgangswerkstück durch ein sich in Ziehrichtung verengendes Werkzeug mit zumeist geschlossener Kontur hindurch gezogen wird. Das Werkstück erfährt dabei eine definierte Querschnittsänderung. Abhängig von der Ausgangs- und Endwerkstückgeometrie sowie der zur plastischen Formgebung zur Anwendung kommenden Werkzeug- und Betriebsmittelkonfiguration werden dabei die Hauptverfahrensvarianten des Gleitziehens und Walzziehens mit entsprechenden Derivaten unterschieden (Doege 2007; Fritz 2006; Lange 1988) (Abb. 4.1).

4.1.1 Gleitziehen

Das Gleitziehen ist insbesondere im Bereich der industriellen Draht- und Profilverarbeitung weit verbreitet. Wesentliches Verfahrenskennzeichen ist das in Ziehrichtung feststehende Werkzeug mit zumeist geschlossener geometrischer Kontur. Dieses Werkzeug wird auch als Ziehstein oder Ziehring bezeichnet, der Innenraum des Werkzeugs wird häufig Ziehhol genannt (Lange 1988).

Durch eine Greifvorrichtung wird die Ziehkraft an der Werkstückauslaufseite eingeleitet. Der hierbei in der Umformzone resultierende Spannungszustand ist durch eine Kombination aus Zug- und Druckspannungen bestimmt.

Die Umformung wird meistens auf dem Wege der Kaltumformung – also bei Raumtemperatur – durchgeführt (Lange 1988; Schuler 1998), es sind jedoch auch Varianten des Warmgleitziehens bekannt (Dahl 1993; Maraite 1988).

4.1.1.1 Verfahrensvarianten

Je nach Konfiguration des Ausgangswerkstücks (Draht, Stab, Blech, Rohr, Napf) werden in der DIN 8584 die Verfahrensvarianten des Gleitziehens von Voll- und Hohlkörpern unterschieden. Für das Gleitziehen von Hohlkörpern ergeben sich auf Grund unterschiedlicher Innenwerkzeugkonfigurationen wiederum entsprechende Untervarianten (Abb. 4.2).

Im Vergleich zu den Verfahren des Hohlgleitziehens (Abb. 4.2c), bei denen lediglich der Außendurchmesser des Rohres prozessseitig bestimmt ist, lässt sich der geometrische Determinismusgrad durch die Verwendung von Innenwerkzeugen (Stopfen, Stange, Dorn) im Hinblick auf die Einstellung definierter Wandstärken und Innenoberflächengüten erhöhen (Abb. 4.2d–f). Nachteilig bleibt dabei gleichwohl die Begrenzung der Ziehlänge durch die maximal mögliche Länge der Innenwerkzeuge, sowie die prozesstechnische Notwendigkeit des Ablösens des Werkstückes vom jeweiligen Innenwerkzeug (Tschätsch 2003).

Das Abstreckgleitziehen wird im Gegensatz zu den Verfahren des Durchziehens von Hohlkörpern überwiegend zur Herstellung von Stückgut eingesetzt. Als Beispiel seien hier Getränkedosen genannt. Bei dieser Verfahrensvariante werden zumeist mittels Tiefziehen oder Fließpressen hergestellte napfförmige Ausgangswerkstücke

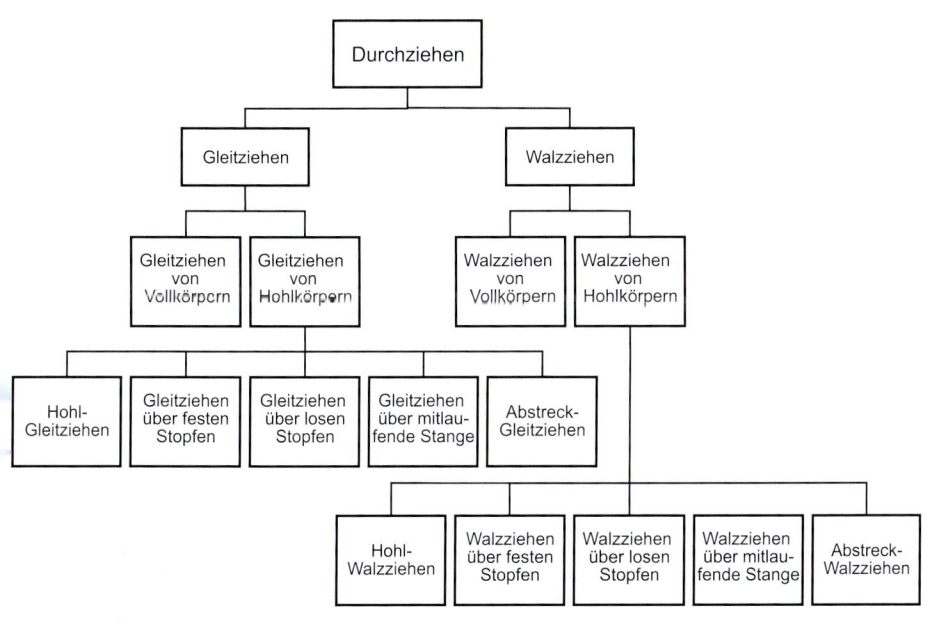

Abb. 4.1: *Verfahrensvarianten des Durchziehens gemäß DIN 8584*

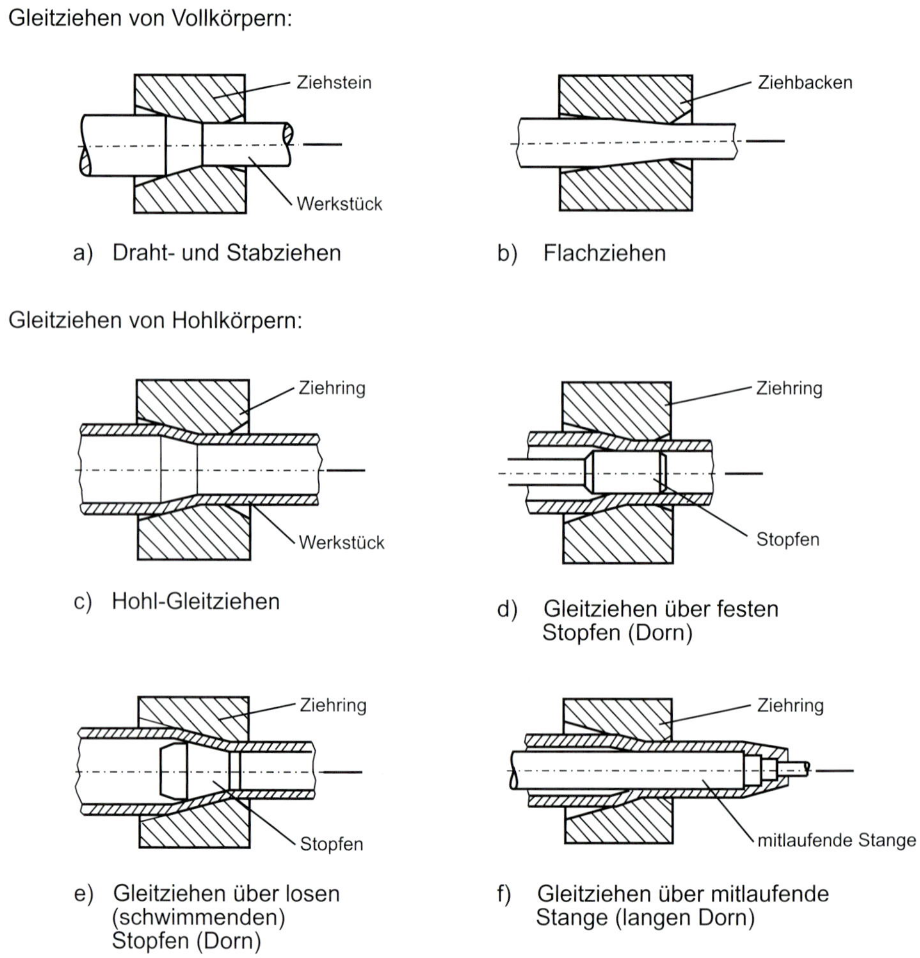

4.1 Durchziehen

Gleitziehen von Vollkörpern:

a) Draht- und Stabziehen
b) Flachziehen

Gleitziehen von Hohlkörpern:

c) Hohl-Gleitziehen
d) Gleitziehen über festen Stopfen (Dorn)
e) Gleitziehen über losen (schwimmenden) Stopfen (Dorn)
f) Gleitziehen über mitlaufende Stange (langen Dorn)

Abb. 4.2: Verfahrensprinzipien des Gleitziehens (vgl. DIN 8584, Lange 1988)

mittels eines Stempels durch einen oder eine Folge mehrerer Abstreckwerkzeuge – auch Abstreckringe genannt – hindurchgedrückt. Dabei wird die Wanddicke im Bereich der zylindrischen Wandung bei gleichzeitiger Längung des Napfes reduziert (Lange 1988; Tschätsch 2003) (Abb. 4.3).

4.1.1.2 Berechnungsgrundlagen

Der quasi-stationäre Werkstofffluss beim Gleitziehen von

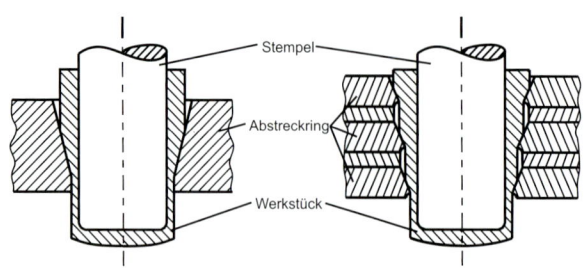

Abb. 4.3: Verfahrensprinzip des Einfach-Abstreckgleitziehens (links) und Mehrfach-Abstreckgleitziehen (rechts) (vgl. Lange 1988)

Vollkörpern führt, sofern keine dynamische Rekristallisation im Ziehprozess selbst thermisch induziert wird, zu einer ausgeprägten Kaltverfestigung und der Ausbildung einer charakteristischen Gefügetextur (Dahl 1993). Wird durch die Verfestigung eine weitere Formgebung erschwert, so werden häufig Zwischenwärmebehandlungen mit dem Ziel der Gefügeneubildung durch Rekristallisation (Dahl 1993) vorgesehen. Zur Auslegung solcher Prozesse ist daher die Kenntnis einiger Prozesskenngrößen und -parameter von Bedeutung.

So beschreibt der Anstrengungsgrad α eine charakteristische Verfahrensgrenze beim Gleitziehen. Er ist gemäß Gleichung 4.1 als das Verhältnis der Ziehspannung σ_Z (bezogen auf den Endquerschnitt des Ziehgutes) zur Fließspannung des Ziehgutes nach der Umformung k_{f1} definiert (Lange 1988). Durch die Wahl von Beträgen von $\alpha < 1$ ist sichergestellt, dass die Ziehspannung stets kleiner als die Fließspannung ist:

$$\alpha = \frac{\sigma_Z}{k_{f1}} < 1 \tag{4.1}$$

4.1.1 Gleitziehen

Die Umformarbeit und die Umformkraft lassen sich auf der Grundlage der Elementaren Plastizitätstheorie berechnen (Kopp 1999). Die gesamte Umformarbeit W_{ges} setzt sich dabei nach Gleichung 4.2 aus der idealen Umformarbeit W_{id}, der Reibarbeit W_{RS} und der Schiebungsarbeit W_{Sch} zusammen:

$$W_{ges} = W_{id} + W_{RS} + W_{Sch} \quad (4.2).$$

Ausgehend von der Arbeit kann anschließend die Kraft nach

$$F_{ges} = F_{id} + F_{RS} + F_{Sch} \quad (4.3)$$

ermittelt werden. Darin ist

$$F_{id} = A_1 \cdot k_{fm} \cdot \varphi_{max} \quad (4.4)$$

mit

$$\varphi_{max} = \ln \frac{A_0}{A_1} \quad (4.5).$$

Es bedeuten:
F_{id} ideale Umformkraft,
k_{fm} mittlere Fließspannung,
F_{RS} Reibkraft in der Schulterzone,
φ_{max} maximaler Umformgrad,
F_{Sch} Kraftanteil durch Schiebung,
A_0 Ausgangsquerschnittsfläche,
F_Z Axialkraft,
A_1 Endquerschnittsfläche.

Die Reibkraft ergibt sich zu:

$$F_{RS} = A_1 \cdot k_{fm} \cdot \varphi_{max} \cdot \frac{2\mu_S}{\sin 2\alpha} \approx A_1 \cdot k_{fm} \cdot \varphi_{max} \cdot \frac{2\mu_S}{\hat{\alpha}} \quad (4.6).$$

Für die Schiebungskraft gilt:

$$F_{Sch} = \frac{2}{3} \cdot A_1 \cdot k_{fm\times} \cdot \hat{\alpha} \quad (4.7).$$

Hieraus folgt für die Gesamtkraft

$$F_{ges} = A_1 \cdot k_{fm} \left[\left(1 + \frac{2\mu_S}{\sin 2\alpha}\right) \cdot \varphi_{max} + \frac{2\hat{\alpha}}{3} \right] \quad (4.8).$$

Es bedeuten weiter:
$\hat{\alpha}$ halber Öffnungswinkel im Bogenmaß,
α halber Öffnungswinkel,
μ_S Reibungszahl in der Schulterzone.

Die grafische Darstellung in Abbildung 4.4 verdeutlicht den hierbei zugrunde liegenden Spannungszustand und die auftretenden Kräfte.

Dabei ist der Kraftbedarf für das Durchziehen entscheidend vom Düsenöffnungswinkel α abhängig. Durch Ableitung von Gleichung 4.8 unter der Bedingung einer resultierenden minimalen Ziehkraft gemäß $dF_{ges}/d\alpha = 0$ lässt sich der optimale Öffnungswinkel α_{opt} sodann zu

$$\alpha_{opt} = \sqrt{\frac{3}{2} \cdot \mu_S \cdot \varphi_{max}} \quad (4.9)$$

bestimmen (Lange 1988; Kopp 1999).

Beim Drahtziehen wird ca. 85 bis 90 Prozent der im Ziehhol verrichteten Umformarbeit in Wärme umgesetzt. Diese führt zusammen mit der Reibungswärme zu einer teils nicht unerheblichen Temperaturerhöhung von bis zu einigen hundert Grad im Werkstück (Lange 1988). Eine derartige Temperaturerhöhung verursacht unweigerlich eine Reihe werkstoff- und prozesstechnischer Nachteile, wie z.B. erhöhtem Werkzeugverschleiß, Beeinflussung

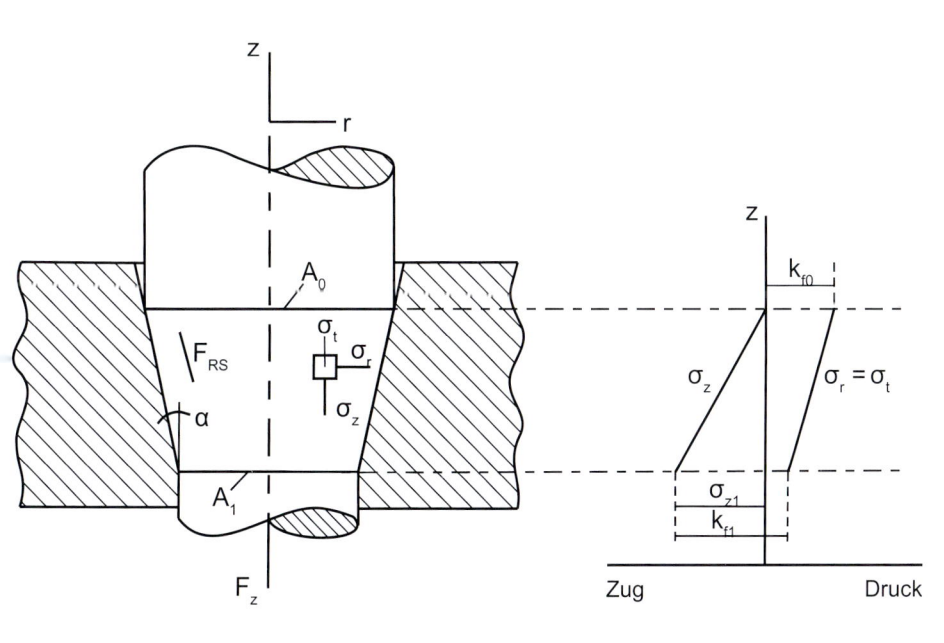

Abb. 4.4: Spannungszustand und Kräfte beim Gleitziehen von Vollkörpern (vgl. Lange 1988); σ_z Zugspannung, σ_{z1} Zugspannung am Endquerschnitt (Ziehspannung), σ_r Radialspannung, σ_t Tangentialspannung, k_{f0} Fließspannung am Ausgangsquerschnitt, k_{f1} Fließspannung am Endquerschnitt, r, z Koordinaten

der Schmierstofffunktion, Gefügeumwandlungen und etwaigen Restspannungen im Werkstück, und sollte daher vermieden werden. Eine Kontrolle der Temperatur und eine Kühlung von Werkzeug und/oder Werkstück können daher notwendig sein. Ebenso sind die Temperaturbedingungen bei der Wahl von Werkzeugwerkstoff und Schmiermittel zu berücksichtigen.

Die Temperaturerhöhung auf Grund der dissipativen Umsetzung eines Großteils der Umformarbeit in Wärme ergibt sich nach (Lange 1988) aus

$$\Delta T_U = \frac{k_{fm} \cdot \varphi}{c \cdot \rho} \tag{4.10}$$

die reibungsbedingte Temperaturerhöhung (in der Randschicht) entsprechend nach

$$\Delta T_R = \frac{m \cdot \mu_S \cdot k_{fm} \cdot v \cdot r^2}{2\lambda \cdot b} \tag{4.11}.$$

Darin ist:
- b Dicke der Schicht, die von der Reibungswärme beeinflusst wird,
- c spezifische Wärmekapazität,
- m Anteil der im Draht verbleibenden Wärmemenge,
- r Drahtradius,
- v Ziehgeschwindigkeit,
- λ Wärmeleitfähigkeit,
- ρ Dichte des Materials.

Auf Grund der deutlich höheren Komplexität der Verfahren des Gleitziehens von Hohlkörpern insbesondere im Hinblick auf den vorherrschenden Spannungszustand steigt auch der rechnerische Aufwand zu ihrer analytischen Beschreibung. Ein wesentlicher Grund hierfür besteht in der nur unzureichend vorhersagbaren Wanddickenänderung. Zusätzlich gilt es, sowohl die Kontaktverhältnisse zwischen Werkstück und Innenwerkzeug als auch die kinematischen Gegebenheiten zu berücksichtigen. Die mathematischen Ansätze sind infolge dessen nicht nur umfangreicher, sondern auch in ihrer Vorhersagegenauigkeit begrenzt (Lange 1988). Numerische Berechnungsverfahren unter Anwendung der Finite-Elemente-Methode gewinnen vor diesem Hintergrund zunehmend an Bedeutung (Kopp 1999).

Für das Abstreckgleitziehen, für das analoge Verhältnisse zum Hohlgleitziehen über einen festen Stopfen ohne Änderung des Innendurchmessers angenommen werden können, ergibt sich gemäß (Lange 1988) für die am Napfboden wirkende Kraft

$$F_B = F_{id} + F_{RS} - F_{RD} + F_{Sch} \tag{4.12}.$$

Hierin ist F_{id} wiederum die über Gleichung 4.4 definierte ideale Umformkraft, F_{RS} die Reibkraft gemäß Gleichung 4.6.

Für den Kraftanteil durch Schiebung gilt

$$F_{Sch} = \frac{1}{2} A_1 \cdot k_{fm} \cdot \hat{\alpha} \tag{4.13}$$

und für die den Endquerschnitt entlastende Reibkraft am Dorn

$$F_{RD} = A_1 \cdot k_{fm} \cdot \varphi_{max} \cdot \frac{\mu_D}{\tan \alpha} \tag{4.14}$$

mit der Reibungszahl zwischen Werkstück und Ziehdorn μ_D. Für die der Stempelkraft entsprechenden Gesamtumformkraft gilt dann entsprechend

$$F_{ges} = F_B + F_{RD} = F_{id} + F_{RS} + F_{Sch} \tag{4.15}.$$

Durch Einsetzen ergibt sich die Stempelkraft zu

$$F_{ges} = A_1 \cdot k_{fm} \left[\left(1 + \frac{2\mu_S}{\sin 2\alpha}\right) \cdot \varphi_{max} + \frac{\hat{\alpha}}{2} \right] \tag{4.16}.$$

Die Berechnung der wirkenden Kräfte macht eine Abschätzung des Grenzumformgrades möglich. Dieser wird beim Abstreckgleitziehen maßgeblich durch die im Boden wirkende Kraft F_B bestimmt. Kann der Querschnitt des Werkstücks diese Kraft nicht mehr aufnehmen, kommt es bei Überschreitung der Zugspannung zum Versagen durch sogenannte Bodenreißer. Im Falle eines sehr kleinen Öffnungswinkels α geht diese Bodenkraft gegen Null, dies führt zu einer vollständigen Übertragung der Umformkraft über die Dornreibkraft F_{RD} bei gleichzeitiger Entlastung des Napfbodens. Somit können mit kleinen Öffnungswinkeln, die optimal im Bereich $2\alpha < 6°$ liegen, große Umformgrade erreicht werden (Lange 1988).

4.1.1.3 Anwendungsaspekte

Gleitziehprozesse werden je nach geforderter Querschnittsverminderung im Einzelzug oder in einer automatisierten Folge mehrerer Züge durchgeführt. Man bezeichnet die zugehörigen Maschinen häufig auch als „Drahtblock".

Bei Drahtziehmaschinen für den Einzelzug wird der Draht nach dem Durchlauf nur eines Ziehhols auf einer Trommel aufgerollt. Größere Querschnittabnahmen sind nur durch eine Auswechslung des Ziehsteins und wiederholtem Durchlauf des Drahtes zu erreichen. Mit Mehrfachzugmaschinen, bei denen mehrere Ziehsteine und Ziehscheiben hintereinander angeordnet sind, lässt sich eine größere Querschnittsabnahme wirtschaftlicher erreichen. Diese Maschinen müssen berücksichtigen, dass auf Grund der Querschnittsabnahme und der damit verbundenen Längung des Werkstückes eine Erhöhung der Drahtgeschwindigkeit je Ziehstufe eintritt. Technisch gelöst wird

4.1.1 Gleitziehen

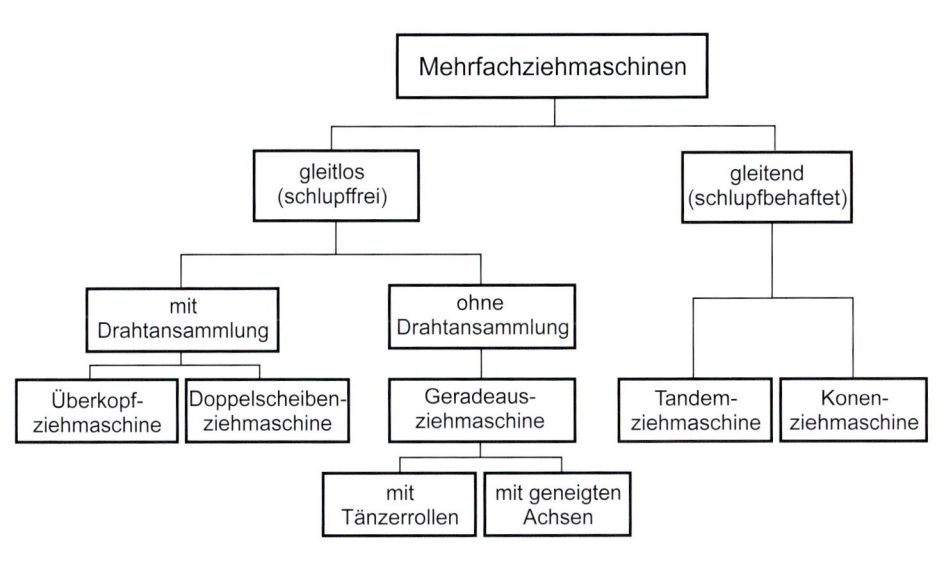

Abb. 4.5: Übersicht der Drahtziehmaschinen für den Mehrfachzug (vgl. Lange 1988)

diese Problematik u. a. durch eine präzise Regelung der Scheibengeschwindigkeiten, mittels Drahtbevorratung oder der Zulassung von Gleitung zwischen Ziehscheibe und Ziehgut (Lange 1988). Daraus ergeben sich eine Reihe von Maschinenvarianten (Abb. 4.5).

Wird der Mehrfachzug ohne flüssige Schmierstoffe durchgeführt, spricht man vom Trockenzug. Dieser wird in gleitlosen Maschinen realisiert, bei denen zwischen antreibender Ziehscheibe und Ziehgut kein Schlupf vorliegt. Bei der Überkopfziehmaschine wird der Draht auf der Ziehtrommel bevorratet, über einen sog. Differentialfinger abgeleitet und über Rollen der nächsten Ziehstufe zugeführt. Die unvermeidliche Torsion des Drahtes bei diesem Maschinentyp stellt einen bedeutenden Nachteil dar und wird bei der Doppelscheibenmaschine durch eine gegenläufige, zweite Trommel vermieden. Bei beiden Maschinenvarianten wird in der Vorstufe mehr Draht aufgespult, als im nächsten Zug abgenommen wird (Drahtbevorratung).

Die Geradeausziehmaschine vermeidet eine Drahtansammlung durch eine präzise Regelung der Scheiben-

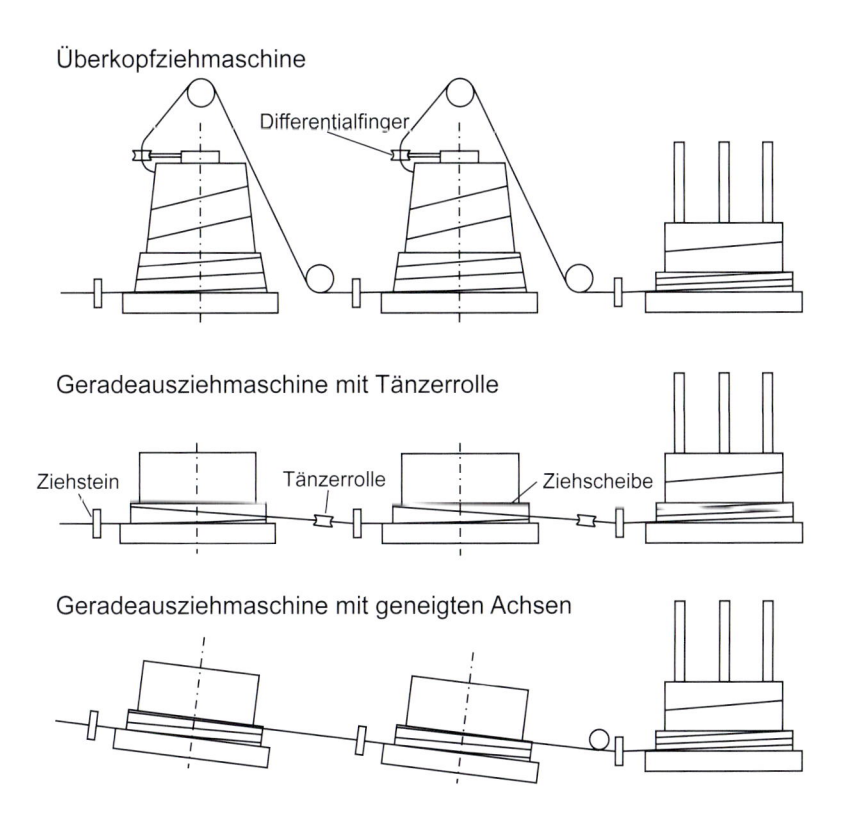

Abb. 4.6: Gleitlos arbeitende Ziehmaschine (vgl. Lange 1988)

4.1 Durchziehen

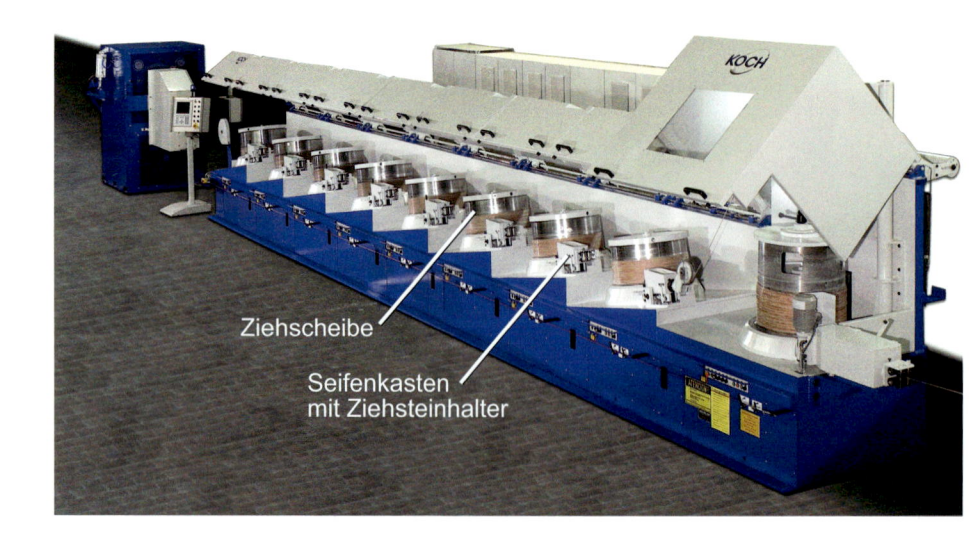

Abb. 4.7: Drahtziehmaschine mit Mehrfachzug (Quelle: Fa. Ernst Koch GmbH und Co. KG, Hemer-Ihmert)

geschwindigkeiten. Die Drahtlage und -spannung wird entweder mit Tänzerrollen geregelt oder stellt sich durch eine Neigung der Achsen selbst ein (Abb. 4.6).

In der industriellen Praxis werden Geradeausziehmaschinen mit bis zu 25 Ziehstufen und erreichbaren Ziehgeschwindigkeiten von bis zu 25 m/s eingesetzt (Lange 1988). Abbildung 4.7 zeigt eine typische für den Mehrfachzug ausgelegte Geradeausziehmaschine mit geneigten Achsen und acht Ziehstufen.

Der Nasszug unterscheidet sich vom Trockenzug durch ein vollständiges Eintauchen des Ziehgutes und Ziehhols in eine Schmier- und Kühlflüssigkeit. Dieser Prozess wird in der Regel durch gleitend arbeitende Ziehmaschinen umgesetzt, bei denen bis zu 5 Prozent Schlupf zwischen Ziehgut und der leicht schneller laufenden Ziehscheibe vorliegt und die inbesondere für das Ziehen von Kupferdrähten eingesetzt werden. Maschinenvarianten sind die Tandemmaschine mit gleichgroßen Ziehscheiben und ansteigenden Umdrehungsgeschwindigkeiten und die Konenziehmaschine, bei der die Ziehscheibendurchmesser von Stufe zu Stufe ansteigen. Ziehgeschwindigkeiten über 60 m/s können im Nasszug erreicht werden (Lange 1988).

Für Ziehgüter mit Querschnittsprofilen (Stäbe, Rohre), die ein Aufrollen nicht erlauben bzw. deutlich höhere Ziehkräfte erfordern, kommen Ziehbänke zum Einsatz. Die Ziehkraft wird hierbei durch einen linear verfahrbaren Schlitten aufgebracht, in den das Ziehgut eingespannt und durch das Ziehhol gezogen wird. Der Schlitten wird über eine elektrisch betriebene Kette oder hydraulisch bewegt. Ziehbänke arbeiten in der Regel diskontinuierlich; durch den Einsatz zweier Schlitten, die abwechselnd das Ziehgut greifen und wieder vorfahren, lässt sich ein quasi-kontinuierlicher Betrieb realisieren.

Die beim Gleitziehen eingesetzten Ziehwerkzeuge weisen eine charakteristische Geometrie auf (Abb. 4.8). Es lassen sich hierin die Funktionszonen Einlaufkonus (1), Ziehkegel (2), Ziehzylinder (3) und Auslaufkonus (4) – jeweils gekennzeichnet durch die zugehörigen Längenabschnitte, Durchmesser und/oder Winkel – unterscheiden.

Die Werkstoffauswahl für Ziehwerkzeuge umfasst je nach Anwendungsfall Stähle mit Härten von bis zu 67HRC, Hartmetall bis hin zu Diamant (DIN 1547 – Bl. 2). Hartmetall- und Diamantwerkzeuge werden dabei zumeist vorgespannt.

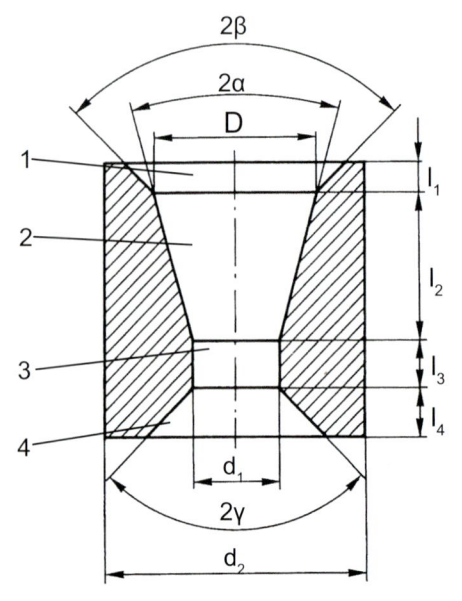

Abb. 4.8: Bezeichnung der Winkel und Maße am Ziehstein nach DIN 1547 (Teil 1)

Für Ziehringe aus Stahl werden sowohl unlegierte Stähle und legierte Schalenhärter als auch in Öl bzw. Luft zu härtende Stähle verwendet. Diese Werkzeugwerkstoffe werden insbesondere bei der Herstellung von Werkstücken mit größeren Querschnittsabmessungen verwendet. Die Ziehwerkzeuge sind entweder einteilig oder werden aus mehreren Segmenten zusammengesetzt. Mehrteilige Werkzeuge werden in Schrumpfverbänden oder in nachstellbaren Werkzeughaltern zusammengefügt.

Ziehringe aus Hartmetall kommen bei der Herstellung von dünnen Drähten zum Einsatz und zeichnen sich durch ihre hohe Verschleißfestigkeit aus. Die Ziehwerkzeuge bestehen aus einem Hartmetallkern, der in eine Stahlfassung eingeschrumpft ist (DIN 1547). Abgesehen von der Einsparung an Hartmetall wird durch die Fassung die erforderliche Vorspannung aufgebracht und der Kern von Stößen bzw. Schlägen geschützt. Hartmetallziehringe eigenen sich für die Herstellung von Stahl und NE-Metall-Drähten mit Durchmesser zwischen 0,1 und 16 mm. Der Vorteil des Hartmetalls besteht darin, keinen maßgeblichen Einschränkungen im Hinblick auf die zu verarbeitenden Ziehgutwerkstoffe zu unterliegen (Lange 1988).

Für die Herstellung von Fein- und Feinstdrähten (d = 0,01 bis 1,5 mm) eignet sich die Verwendung von Ziehringen aus Diamant, die höchste Verschleißfestigkeit aufweisen. Die Bearbeitung der Ziehringform erfolgt weitgehend durch elektrochemisches Abtragen, Laserstrahl-Bohren oder Funkenerosion (Lange 1988).

Zur Schmierung werden für das Trockenziehen Stearate auf Na-, Ca- oder Al-Basis, pflanzliche und tierische Fette, kolloidaler Graphit und MoS_2 als Schmiermittel verwendet. Für das Nassziehen dienen Seifen-Lösungen, Ölemulsionen, emulgierte Fette, Mineralöle und reine

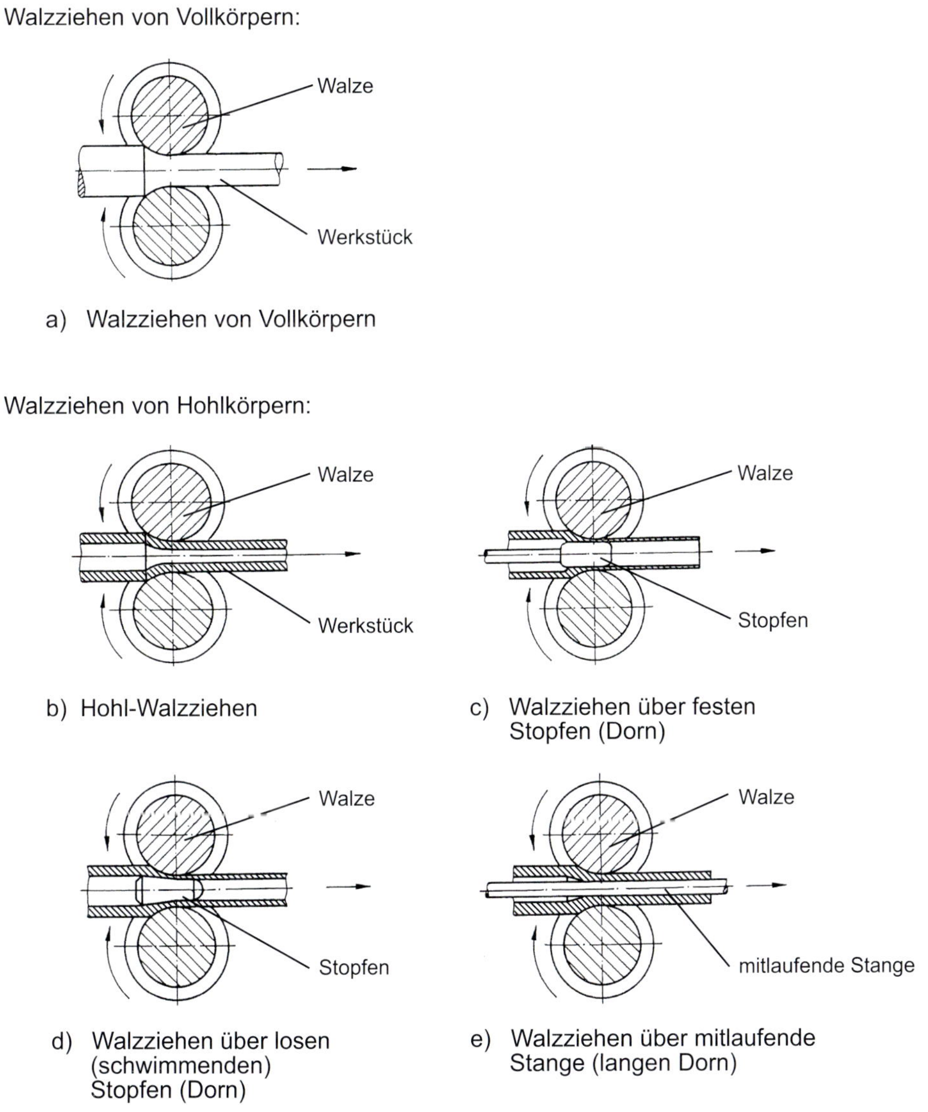

Walzziehen von Vollkörpern:

a) Walzziehen von Vollkörpern

Walzziehen von Hohlkörpern:

b) Hohl-Walzziehen

c) Walzziehen über festen Stopfen (Dorn)

d) Walzziehen über losen (schwimmenden) Stopfen (Dorn)

e) Walzziehen über mitlaufende Stange (langen Dorn)

Abb. 4.9: Verfahrensvarianten des Walzziehens (vgl. DIN 8584, Lange 1988)

4.1 Durchziehen

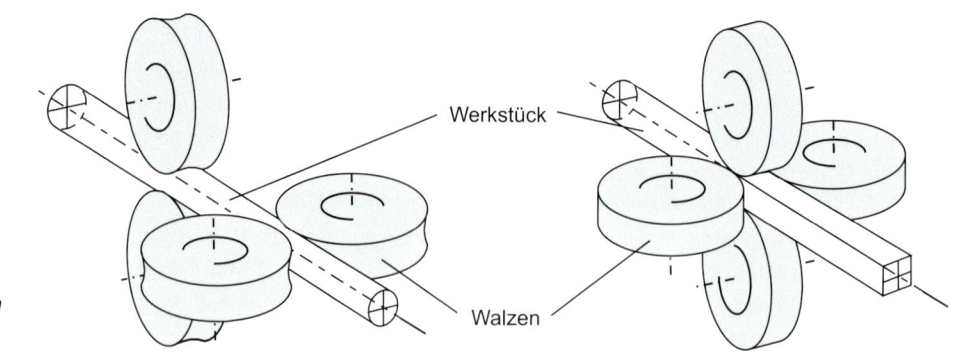

Abb. 4.10: Zweirollenanordnung (links) und Vierrollenanordnung (rechts) beim Walzziehen

Fette. Damit der Schmiermittelfilm nicht abreißt, wird das Ziehgut häufig mit Schmiermittelträgern wie Kalk, Borax, Phosphaten, Oxalaten oder weichen Metallen beschichtet (Bartz 1987; Lange 1988).

4.1.2 Walzziehen

Beim Walzziehen erfolgt die Einleitung der Zugkraft wiederum durch ein Greifen des Werkstücks nach Durchtritt durch die sich in Ziehrichtung verengende Öffnung des in diesem Falle durch einen Ziehrollensatz gebildeten Werkzeugsystems. Wesentliches Unterscheidungsmerkmal zum Gleitziehen ist somit die passive rotatorische Bewegung der Ziehrollen (Schleppprollen) (Flimm 1990; Fritz 2006; Lange 1988).

Abbildung 4.9 verdeutlicht die gemäß DIN 8584 unterschiedlichen Verfahrensvarianten.

Über die Anordnung der Ziehrollensätze lassen sich unterschiedliche Ziehholkonturen einstellen. Während durch die um 90° versetzte Anordnung von Ziehrollenpaaren zumeist runde Querschnitte erzielt werden, lässt sich durch eine besondere Anordnung von vier Ziehrollen, die in der Praxis in Anlehnung an den gleichnamigen Knoten auch „Türkenkopf"-Anordnung genannt wird, auch rechteckige Querschnitte einstellen (Abb. 4.10).

4.1.3 Werkzeugloses Ziehen

Im Zusammenhang mit den im vorliegenden Abschnitt betrachteten Verfahren des Durchziehens soll ein Sonderverfahren im Folgenden Erwähnung finden, das unter dem Begriff des werkzeuglosen Ziehens beziehungsweise des freien Längens im Schrifttum bekannt ist. Es handelt sich dabei um ein Umformverfahren, bei dem auf das formbestimmende Werkzeug verzichtet und durch eine lokale Erwärmung ersetzt wird.

Beim werkzeuglosen Ziehen erfolgt die Umformung durch Einwirkung einer reinen Zugspannung infolge einer Geschwindigkeitsdifferenz und der Überlagerung einer örtlich stationären Fließspannungsabsenkung durch eine lokale Erwärmung, die den Ort der Umformung festlegt (Abb. 4.11). Dabei wird das Werkstück der Umformzone kontinuierlich mit einer bestimmten Geschwindigkeit v_0 zugeführt und mit einer höheren Geschwindigkeit v_1 wieder abgeführt. Der Umformgrad ergibt sich unter Berücksichtigung der Kontinuitätsgleichung zu (Wengenroth 2003):

$$\varphi = \ln\left(\frac{A_0}{A_1}\right) = \ln\left(\frac{v_1}{v_0}\right) \tag{4.17}$$

Dies bedeutet, dass die Querschnittsabnahme beim werkzeuglosen Ziehen rein kinematisch durch das Verhältnis der Geschwindigkeiten am Ein- und Auslauf der Umformzone bestimmt wird. Darüber hinaus wird dabei über den symmetrischen Werkstofffluss der Endquerschnitt durch die Ausgangsgeometrie des Werkstücks festgelegt, d. h. runde Querschnitte bleiben rund und rechteckige Querschnitte bleiben rechteckig.

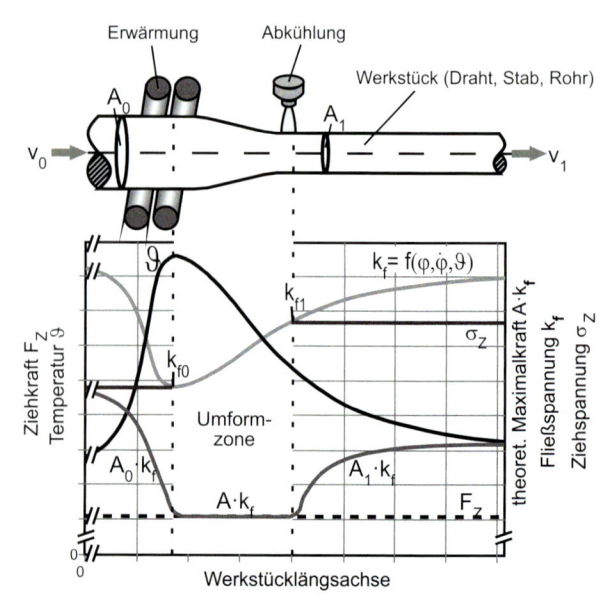

Abb. 4.11: Prinzip und Prozessgrößen des werkzeuglosen Ziehens (Weidig 2008)

Durch die zeitliche Änderung einer der Geschwindigkeiten lässt sich eine zeitliche Änderung des Umformgrades erzeugen, die sich auf dem Draht oder Stab als über der Länge variable Durchmesser oder Kantenlänge abbildet (Weidig 2008):

$$\varphi(t) = \ln\left(\frac{v_1(t)}{v_0}\right) \qquad (4.18).$$

Die Bedingung zum plastischen Fließen wird durch die lokale Temperaturerhöhung am Austritt aus der Erwärmungszone, dem Ort der maximalen Umformtemperatur, erreicht. Am Ende der Umformzone wird durch erzwungene Konvektion in der Kühleinheit die Fließspannung und somit der Verformungswiderstand wieder erhöht, wodurch die Umformzone zwischen Heiz- und Kühleinheit definiert ist. Die Ziehkraft stellt sich in Abhängigkeit des größten Querschnitts und der niedrigsten Fließspannung ein. Auf Grund des Kräftegleichgewichts gilt innerhalb der Umformzone (Weidig 2008):

$$F_Z = A \cdot k_f = A_0 \cdot k_{f0} = A_1 \cdot k_{f1} \qquad (4.19).$$

Für den maximal erreichbaren Umformgrad ergibt sich mit (4.19):

$$\varphi_c = \ln\left(\frac{A_0}{A_1}\right) = \ln\left(\frac{k_{f1}}{k_{f0}}\right) \qquad (4.20).$$

Damit wird der maximal erreichbare Umformgrad im Wesentlichen von den mikrostrukturellen und mechanischen Eigenschaften des Werkstoffes, d.h. von der Abhängigkeit seiner Fließspannung von Dehnung, Dehngeschwindigkeit und Temperatur sowie von der Temperaturdifferenz bestimmt. Auf Grund dieser ausgeprägten Temperaturabhängigkeit wird die Stabilität des Prozesses wesentlich von der homogenen radialen Temperaturverteilung im Werkstück, der schnellen Wärmeeinbringung in die Umformzone und die Begrenzung dieser durch eine ausreichend hohe Kühlleistung beeinflusst.

Literatur zu Kapitel 4.1

Bartz, J.: Tribologie und Schmierung in der Umformtechnik. Expert Verlag, Sindelfingen 1987.

Dahl, W.; Kopp, R.; Pawelski, O.: Umformtechnik – Plastomechanik und Werkstoffkunde. Springer-Verlag, Berlin, und Verlag Stahleisen, Düsseldorf 1993.

Doege, E.: Handbuch Umformtechnik – Grundlagen, Technologien, Maschinen. Springer-Verlag, Berlin, Heidelberg 2007.

Flimm, J.: Spanlose Formgebung. Carl Hanser Verlag, München, Wien 1990.

Fritz, A.; Schulze, G.: Fertigungstechnik. Springer-Verlag, Berlin, Heidelberg 2006.

Kopp, R.; Wiegels, H.: Einführung in die Umformtechnik. Verlag Mainz, Aachen 1999.

Lange, K.: Umformtechnik – Handbuch für Industrie und Wissenschaft, Bd. 2. Springer-Verlag, Berlin, Heidelberg 1988.

Maraite, K.-D.: Beitrag zur Optimierung des Halbwarmziehens, Umformtechnische Schriften, Bd. 13. Verlag Stahleisen, Düsseldorf 1988.

Schuler GmbH (Hrsg.): Handbuch der Umformtechnik. Springer-Verlag, Berlin, Heidelberg 1998.

Tschätsch, H.: Praxis der Umformtechnik – Arbeitsverfahren, Maschinen, Werkzeuge. Vieweg Verlag, Wiesbaden 2003.

Weidig, U.; Steinhoff, K.: Neue Perspektiven und Anwendungen für das freie Längen. In: Steinhoff, K.; Kopp, R. (Hrsg.): Umformtechnik im Spannungsfeld zwischen Plastomechanik und Werkstofftechnik. GRIPS media GmbH, Bad Harzburg 2008.

Wengenroth, W.: Möglichkeiten und Grenzen der plastischen Formgebung von Rundstäben und -drähten mit dem Dieless-Drawing-Verfahren. Dissertation, RWTH Aachen, 2003. In: Umformtechnische Schriften, Bd. 108, Shaker-Verlag, Aachen 2003.

Normen

DIN 1547: Hartmetall-Ziehsteine und -Ziehringe; Teil 1: Begriffe, Bezeichnung, Kennzeichnung. Teil 2: Ziehsteine für Stahldrähte. 1969.

DIN 8584: Fertigungsverfahren Zugdruckumformung; Teil 2: Einordnung, Unterteilung, Begriff 2003.

4.2 Tiefziehen

4.2.1 Verfahrensübersicht

Mathias Liewald, Stefan Wagner

Das Tiefziehen zählt zusammen mit dem Biegen von ebenen Platinen zu den am weitesten verbreiteten Verfahren der Blechumformung. Die wesentlichen Einsatzgebiete des Tiefziehens finden sich heute im Automobilbau (Struktur- und Außenhautteile), in der Flugzeugindustrie, in den Marktsektoren der Komponenten aus Blech für den Haushalts- und Gastronomiebereich (z.B. Spül- und Waschmaschinen, Spülen, Gastrobehälter) sowie in der Medizintechnik (z.B. Nierenschalen, Becken, Spezialbehälter).

Nach DIN 8584 gehört das Tiefziehen zu den Zug-/Druck-Umformverfahren, mit dem ein Blechzuschnitt (Platine) in einen einseitig offenen Hohlkörper oder einen vorgezogenen Hohlkörper in einen solchen mit geringerem Querschnitt ohne beabsichtigte Veränderung der Blechdicke umgeformt werden kann. Je nach Blechwerkstoff werden auch Folien, Platten oder Tafeln als Ausgangsmaterial eingesetzt. Die Einordnung des Tiefziehens in diese Verfahrensgruppe erfolgt auf Grund der in der Umformzone hauptsächlich wirkenden radialen Zug- und tangentialen Druckspannungen.

Die Verfahren des Tiefziehens lassen sich in drei Gruppen untergliedern (Abb. 4.12):

- Tiefziehen mit Werkzeugen (am weitesten verbreitet),
- Tiefziehen mit Wirkmedien und
- Tiefziehen mit Wirkenergie.

Mit den Verfahren des Tiefziehens können heute Stahlblechwerkstoffe aller Art von weichen Tiefziehstählen bis hin zu höchstfesten Stahlblechwerkstoffen, Edelstahlbleche, Aluminiumblechwerkstoffe verschiedenster Legierungen wie auch Kupfer- und Messingbleche umgeformt werden. Vereinzelt finden sich am Markt heute auch Anwendungen der Warmumformung von Magnesium- oder Titanblechlegierungen.

Zur Herstellung eines Blechformteils nach Werkstückzeichnung sind im Anschluss an das Tiefziehen meist weitere Blechumform- und/oder Trennoperationen erforderlich. Hierbei handelt es sich je nach Komplexität des Bauteils um weitere Tiefziehstufen, um nachfolgende Biegeoperationen als auch um Beschneide- und Lochoperationen. Bei der Herstellung von kleineren Blechformteilen finden sich in modernen Prozessketten noch weitere Verfahren wie das Abstreckgleitziehen, das Kragenziehen, die Biegeoperationen uvm.

Bei der Herstellung unregelmäßiger Blechformteile, wie z.B. Karosserieteile, handelt es sich um eine Kombination von Tief- und Streckziehbelastungen im Bauteil. In den verschiedenen Bauteilbereichen treten somit Zug-/Druck- oder biaxiale Zugbeanspruchungen des Blechwerkstoffs auf.

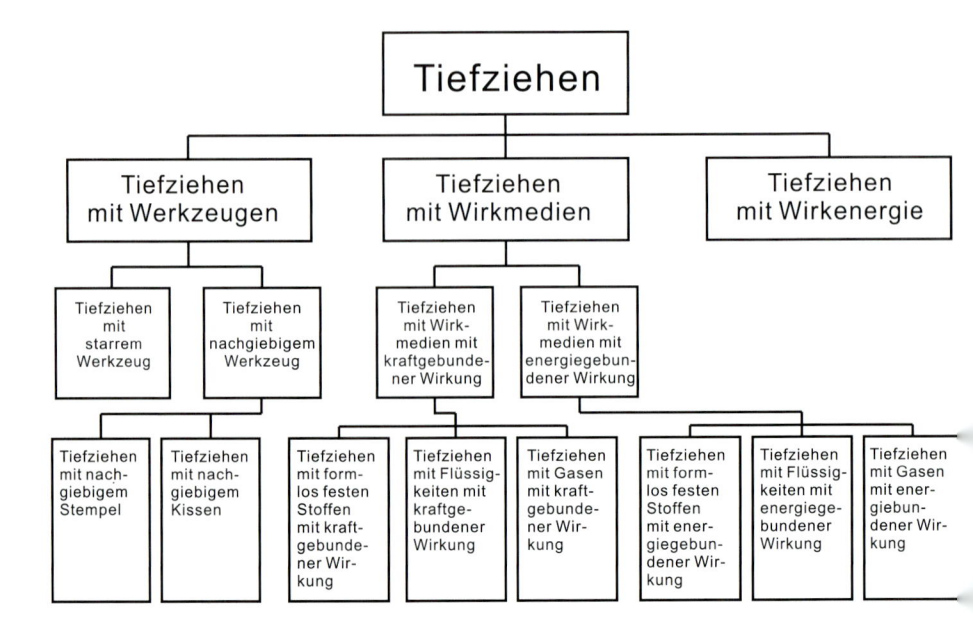

Abb. 4.12: Gliederung der Tiefziehverfahren nach DIN 8584

4.2.2 Tiefziehen im Erstzug

Mathias Liewald, Stefan Wagner

4.2.2.1 Verfahrensbeschreibung

Beim Tiefziehen im Erstzug wird im einfachsten Fall aus einem ebenen Blechzuschnitt (Platine, oder im Falle kreisrunder Formen, Ronde) ein Hohlkörper bzw. ein Napf hergestellt (Abb. 4.13). Das Tiefziehwerkzeug besteht hierbei aus den Hauptkomponenten Ziehstempel, Ziehring oder Matrize und Blechhalter.

Beim Tiefziehen setzt nach dem Einlegen der Platine zunächst der Blechhalter auf der Matrize auf und es wird die Blechhalterkraft aufgebaut. Die Normaldruckspannungen, die mit dem Blechhalter aufgebracht werden, bewirken zum einen die Vermeidung von Falten (1. Art) im Ziehflansch des Werkstücks während des Tiefziehvorgangs und zum anderen gleichzeitig die für das Umformen notwendige Rückhaltekraft in der Umformzone. Der eigentliche Umformvorgang beginnt mit einem Streckziehvorgang des Bodenbereichs des Werkstücks, d.h. es fließt zunächst kein Werkstoff unter dem Blechhalter nach und der Ziehteilboden wird in seiner Form ausgebildet. Im weiteren Verlauf der Stempelbewegung beginnen die am Ziehumriss liegenden Platinenbereiche über den Matrizeneinlaufradius in den Zargenbereich des Werkstücks hineinzulaufen. Der Blechhalter reduziert dabei die Einlaufgeschwindigkeit des Platinenrandes gegebenenfalls merklich, wobei sich jedoch der äußere Umfang der Platine stetig verringert.

Die einzelnen Zonen des Tiefziehteils werden als Boden, Zarge und Flansch bezeichnet (vgl. Abb. 4.13). Wird ein Werkstück ganz durch die Matrize gezogen, bleibt kein Restflansch mehr am Ende des Umformvorgangs am Werkstück und man spricht von einem „Durchzug".

Die Umformzone beim Tiefziehen befindet sich, sieht man von der Biegung um den Matrizeneinlaufradius ab, im Wesentlichen im Flanschbereich zwischen dem Blechhalter und der Matrize. Das Tiefziehen gehört somit zu den Verfahren der mittelbaren Krafteinleitung, da die Umformkraft vom Boden des Ziehteils (Krafteinleitungszone) über die Zarge (Kraftübertragungszone) in die eigentliche Umformzone übertragen wird. Da die Ausdehnung dieser Umformzone (Ziehflansch) während des Tiefziehvorgangs ständig abnimmt, handelt es sich beim Tiefziehen um einen instationären Umformvorgang.

4.2.2.2 Spannungen

Die Umformung im Flansch des Ziehteils erfolgt unter Einwirkung von Druckspannungen in Normalenrichtung σ_n, hervorgerufen durch die Blechhalterkraft, sowie unter tangentialen Druckspannungen σ_t und unter radialen Zugspannungen σ_r (Abb. 4.14).

Die Zugspannung σ_r erreicht ihren Maximalwert an der Ziehringrundung und nimmt zum Platinenrand hin bis auf den Wert Null ab. Die tangentialen Druckspannungen treten während des Tiefziehens zu jedem Zeitpunkt im Restflansch auf. Die Ursache für das Entstehen dieser Spannungen liegt darin, dass die Ronde im Falle kreiszylindrischer Werkstücke durch den Umformvorgang an ihrem Rand vom Durchmesser D_0 auf den Stempeldurchmesser d_0 bzw. auf den Napf-Innendurchmesser reduziert werden muss. Dabei muss Werkstoffvolumen in Blechdickenrichtung verdrängt werden (Abb. 4.15), dementsprechend stellt sich die tangentiale Druckspannung am Platinenaußenrand am größten ein und nimmt während des Umformens in Richtung des Matrizeneinlaufradius ab. Unter diesen wirkenden tangentialen Druckspannungen versucht der Flansch, insbesondere im Bereich des Rondenrandes auszuknicken, was tendenziell zur Bildung von Falten 1. Art führt. Dieses Ausknicken wird durch die Druckbeaufschlagung bei gleichzeitiger Erzeugung von Reibungskräften (Rückhaltekräften) in der Flanschebene durch den Blechhalter verhindert.

Abb. 4.13:   *Prinzip des Tiefziehens im Erstzug*

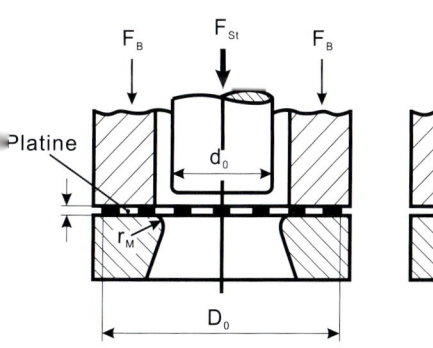

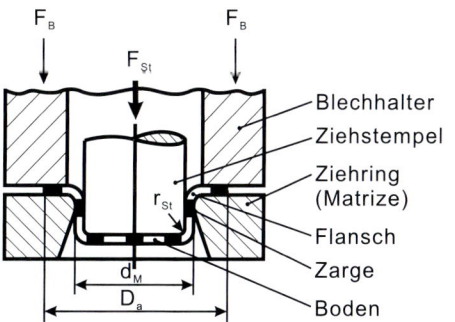

Abb. 4.14:   *Spannungsverläufe in der Umformzone beim Tiefziehen*

4.2 Tiefziehen

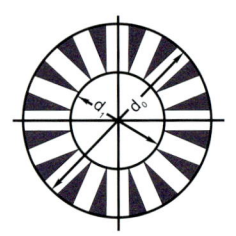

d_0 Rondendurchmesser
d_1 Ziehstempeldurchmesser

Abb. 4.15: *Verdrängte Platinenvolumina im Flansch beim Tiefziehen*

Die normal zur Blechoberfläche wirkende Spannung σ_n ist im Verhältnis zur tangentialen und radialen Spannung vergleichsweise klein. Somit gilt für die Fließspannung k_f im Bereich der Umformzone (Flansch) nach dem Fließkriterium von Tresca:

$$k_f = \sigma_{max} - \sigma_{min} = \sigma_r - \sigma_t = \sigma_r + |\sigma_t| \quad (4.21).$$

Es lässt sich die mittlere Spannung σ_m nach folgender Beziehung berechnen:

$$\sigma_m = \frac{\sigma_r + \sigma_t + \sigma_n}{3} \quad (4.22).$$

Man erkennt, dass der Verlauf der Normalspannung σ_n den Verlauf der mittleren Spannung σ_m schneidet (vgl. Abb. 4.14). Somit gilt für diesen Punkt gemäß Fließgesetz von Hencky:

$$\varphi_r : \varphi_t : \varphi_n = (\sigma_r - \sigma_m) : (\sigma_t - \sigma_m) : (\sigma_n - \sigma_m) \quad (4.23),$$

sodass in Dickenrichtung keine Formänderung zu verzeichnen ist. Weiterhin folgt aus dem Fließgesetz, dass die mittlere Spannung σ_m in Richtung des Flanschrandes negativ und vom Betrag her größer ist als die Normalspannung, sodass $(\sigma_n - \sigma_m)$ einen positiven Wert ergibt. Die zugehörige Formänderung φ_n ist somit auch positiv, d.h. zum Flanschrand hin ergibt sich eine Blechdickenzunahme. In Richtung des Einlaufradius ist σ_m positiv und vom Betrag her größer als σ_n. Daher ergibt sich in dieser Richtung eine Blechdickenabnahme.

Im Mittel gesehen kann jedoch die Annahme getroffen werden, dass der Werkstofffluss in Blechdickenrichtung gering ist, sodass man davon ausgehen kann, dass sich die Wanddicke des tiefgezogenen Werkstücks in diesem Bereich nicht ändert. Somit gilt näherungsweise, dass die Oberfläche der Ausgangsplatine und die Oberfläche des gezogenen Teils ungefähr gleich groß sind.

Hieraus folgt dann für rotationssymmetrische Blechteile bei Annahme scharfkantiger Biegung am Stempel ($r_{St} = 0$) unter Berücksichtigung der beim Umformen geltenden Volumenkonstanz

$$A_0 = \frac{\Pi D_0^2}{4} = A_1 = \frac{\Pi d_0^2}{4} + \Pi d_0 h_{max} \quad (4.24)$$

mit h_{max} als der Höhe des gezogenen Napfes bei völligem Durchzug. Der erforderliche Platinendurchmesser D_0 ergibt sich dann zu

$$D_0 = \sqrt{4 d_0 h_{max} + d_0^2} \quad (4.25).$$

4.2.2.3 Ziehverhältnis, Grenzziehverhältnis

Rotationssymmetrische Ziehteile

Beim Ziehen von rotationssymmetrischen Blechteilen bezeichnet man das Verhältnis vom Rondenausgangsdurchmesser D_0 zum Stempeldurchmesser d_0 als Ziehverhältnis β_0:

$$\beta_0 = \frac{D_0}{d_0} = \sqrt{\frac{4 h_{max}}{d_0} + 1} \quad (4.26).$$

Wird das Ziehverhältnis zu groß gewählt, also beispielsweise auf Grund eines zu großen Platinendurchmessers, kann die zur Umformung erforderliche Ziehkraft in der Zarge nicht übertragen werden, es kommt zum Versagensfall Bodenreißer (Reißner 1980).

Das Ziehverhältnis, bei dem für einen gegebenen Stempeldurchmesser d_0 gerade noch ein Napf ohne Bodenreißer gezogen werden kann, wird als Grenzziehverhältnis β_{0max} bezeichnet:

$$\beta_{0max} = \frac{D_{0max}}{d_0} \quad (4.27).$$

Die Grenzziehverhältnisse liegen bei weichen Tiefziehstählen zwischen 2,0 und 2,3, bei Aluminiumwerkstoffen bei ca. 1,7 bis 2,0.

Sofern beim Tiefziehen eines rotationssymmetrischen Napfes das gewählte Ziehverhältnis kleiner als das Grenzziehverhältnis ist, kann der Napf ohne Versagen gezogen werden. Bei unregelmäßig geformten Ziehteilen muss das niedrigste von allen ermittelbaren Eckenziehverhältnissen, welches in der Regel an der Stelle mit dem kleinsten Eckenradius des Stempels (Draufsicht) vorliegt, zum Vergleich mit dem Grenzziehverhältnis herangezogen werden.

Zu beachten ist, dass das Grenzziehverhältnis keine Materialkonstante darstellt, sondern neben den mechanischen Werkstoffkennwerten auch von den geometrischen und tribologischen Verhältnissen abhängt. Mit zunehmendem, auf die Blechdicke bezogenen Stempeldurchmesser (d_0/s_0) nimmt die Spannung σ_z in der Zarge zu und das Grenzziehverhältnis nimmt ab (Abb. 4.16).

Mit abnehmender Blechdicke nimmt somit das Grenzziehverhältnis bei sonst gleichen Randbedingungen ab. Dies kann derart erklärt werden, dass bei gleich bleibendem

4.2.2 Tiefziehen im Erstzug

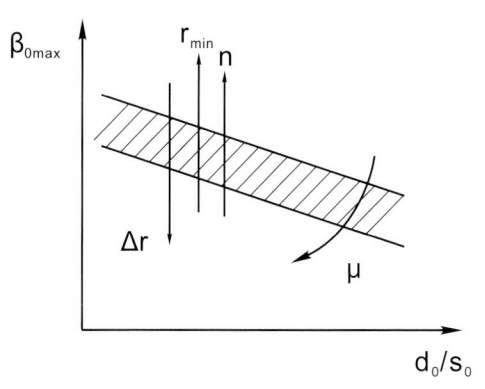

Abb. 4.16: Qualitativer Einfluss des bezogenen Stempeldurchmessers (d_0 / s_0) auf das Grenzziehverhältnis

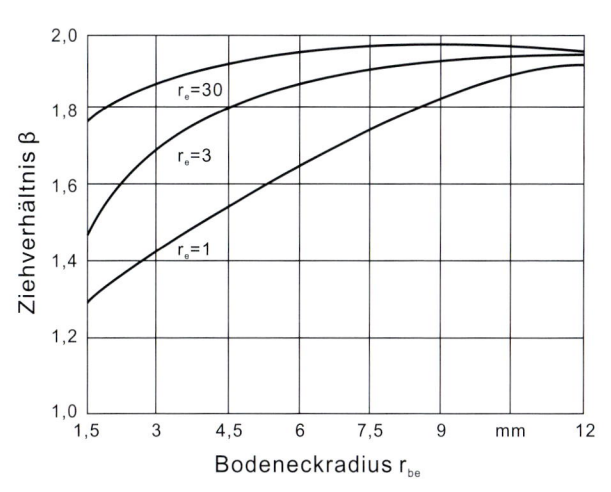

Abb. 4.17: Abhängigkeit des Grenzziehverhältnisses vom Bodeneckenradius bei verschiedenen Eckenradien

Oberfläche das Verhältnis der Platinenoberfläche zum Blechvolumen ungünstiger wird, wodurch der Einfluss der Reibung jedoch proportional ansteigt. Bei gleichem Stempeldurchmesser muss demnach der ohne Bodenreißer zu ziehende Rondendurchmesser kleiner werden, je dünner die Platine wird. Auf der anderen Seite nimmt mit zunehmenden Abmessungen der Ziehteile auch die Flanschfläche und damit der Reibungseinfluss zu, was zu abnehmenden Grenzziehverhältnissen führt. (Panknin 1961)

Wird die Reibung zwischen Platine und Matrize sowie zwischen Platine und Blechhalter durch ein modifiziertes Coulomb'sches Reibungsgesetz

$$F_R = \mu^* \cdot F_N \qquad (4.28)$$

beschrieben, wobei $\mu^* = f$ (Blechwerkstoff und -oberfläche, Schmierstoff, Werkzeugstoff und -oberfläche, Flächenpressung, Ziehgeschwindigkeit) ist, dann sinkt das Grenzziehverhältnis über d_0/s_0 (vgl. Abb. 4.16) umso stärker, je größer μ^* ist.

Das Grenzziehverhältnis lässt sich durch Maßnahmen erhöhen, welche die Fließspannung in der Umformzone (Flanschbereich) erniedrigen und/oder die maximal ertragbare Fließspannung im kritischen Bereich des Übergangs vom Bauteilboden zur Zarge erhöhen. Solche Maßnahmen können zum Beispiel die Verwendung von gekühlten Stempeln oder die örtliche Erwärmung der Platinen im Flanschbereich sein, was vereinzelt industriell eingesetzt wird.

Quadratische und rechteckförmige Ziehteile

Für das Tiefziehen quadratischer und rechteckförmiger Werkstücke kann bei der Berechnung des vorliegenden Ziehverhältnisses folgende Beziehung herangezogen werden:

$$\beta_0 = \sqrt{\frac{A_0}{A_{St}}} \qquad (4.29)$$

mit der Platinenfläche A_0 und der Stempelquerschnittsfläche A_{St}.

Bei Anwendung der Beziehung (4.29) ist jedoch zu beachten, dass auch der Bodeneckradius Einfluss auf das Grenzziehverhältnis besitzt. Bei den in Abbildung 4.17 dargestellten geometrischen Verhältnissen wird deutlich, dass je kleiner der Bodeneckenradius ist, umso größer wird der Einfluss des Eckenradius auf das Grenzziehverhältnis. (Brambauer 1973)

Unregelmäßige Ziehteile

Bei unregelmäßig geformten Ziehteilen ist es erforderlich, ein sogenanntes Eckenziehverhältnis oder lokales Ziehverhältnis β_0' einzuführen

$$\beta_0' = \frac{D_0'}{d_0'} \qquad (4.30).$$

D_0' stellt dabei die Strecke vom Eckenmittelpunkt zum Außenrand der unverformten Platine auf der Winkelhalbierenden dar. Die Strecke d_1' bildet die Projektion der entsprechenden Strecke auf die Betrachtungsebene am tiefgezogenen Teil (Abb. 4.18).

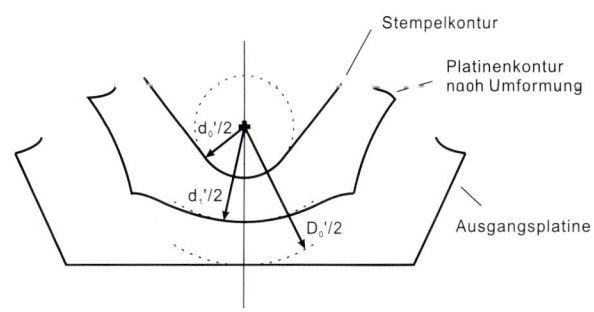

Abb. 4.18: Berechnung Eckenziehverhältnis für unregelmäßige Ziehteile (Draufsicht)

4.2.2.4 Ziehspalt, Bauteilwanddicke

Der Ziehspalt zwischen Ziehring bzw. Matrize und dem Stempel muss so groß gewählt werden, dass kein Abstrecken des Blechwerkstoffs, d.h. keine unbeabsichtigte Wanddickenverminderung auftritt. Hierbei ist die Blechdickenänderung während des Tiefziehens zu beachten.

Es kann zwar in erster Näherung davon ausgegangen werden, dass die Wanddicke von Ziehteilen gegenüber der Dicke der Platine unverändert bleibt, dennoch treten bei genauerer Betrachtung örtliche Blechdickenreduktionen und Aufdickungen auf (Schlosser 1977; Siebel 1954). So verringert sich die Wanddicke am stärksten im Bereich der Bodeneckenradius. In der Zarge nimmt die Blechdicke vom Boden zum Bauteilrand hin zu und erreicht ihren Maximalwert am Rand des Ziehteils (Abb. 4.19). Ursache für diese Aufdickung sind die tangentialen Druckspannungen im Flanschbereich des Werkstücks, der während der Umformung in den Zargenbereich hineingezogen wird. Die sich ergebende Wanddicke s_1 am Rand des Ziehteils kann abgeschätzt werden durch die Beziehung

$$s_1 = s_0 \cdot \sqrt[4]{\beta_0} \tag{4.31}$$

Sofern nach dem Tiefziehvorgang ein Restflansch stehen bleibt, ist die sich einstellende Blechdickenverteilung im Flansch stark abhängig von den mechanischen Eigenschaften des Blechwerkstoffs. Unter Berücksichtigung der beschriebenen Wanddickenerhöhung kann als Richtwert für eine ideale Ziehspaltweite angegeben werden:

$$u_z = 1{,}2\ldots1{,}4 \cdot s_0 \tag{4.32}$$

Falls der Ziehspalt u_z kleiner gewählt wird als die sich einstellende Blechdicke s_1, wird dem eigentlichen Tiefziehen ein Abstreckgleitziehen überlagert, d.h. es findet eine Wanddickenverminderung statt. Durch die dadurch erzeugte Einwirkung von zusätzlicher Reibung und die Verlagerung von Werkstückvolumen in Richtung der Werkstückhöhe findet eine scheinbare Erhöhung des Grenzziehverhältnisses statt. Wird der Ziehspalt weiter verringert, wird ab einer gewissen Grenze die Kraft zum

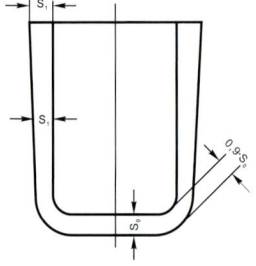

s_0 Blechdicke der Ronde
s_1 Randverdickung

Abb. 4.19: *Typische Wanddickenverteilung eines tiefgezogenen Napfes*

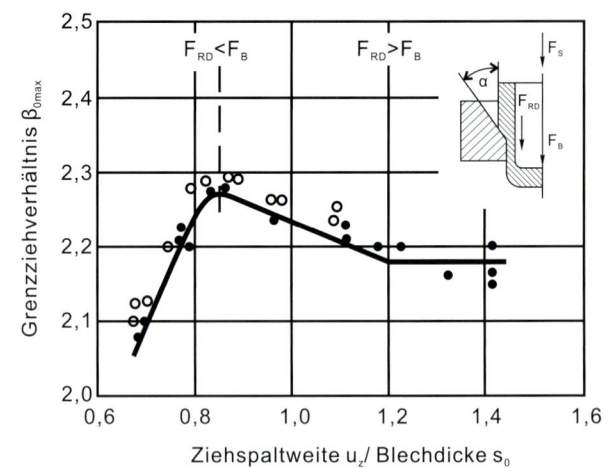

Abb. 4.20: *Grenzziehverhältnis in Abhängigkeit des bezogenen Ziehspalts*

Abstreckgleitziehen größer als die Reibungskraft. Das Grenzziehverhältnis nimmt dann auf Grund der steigenden Bodenbelastung wieder ab (Abb. 4.20).

Nachfolgende Abstreckoperationen des Werkstücks nach dem Tiefziehen werden erforderlich, wenn eine gleichmäßige Wanddickenverteilung über Umfang und Bauteilhöhe gewährleistet werden muss. Neben dem erhöhten Kraftbedarf ist jedoch auch die verringerte Standmenge insbesondere des Ziehrings und der eintretende Verschleiß zu beachten.

Wird auf der anderen Seite der Ziehspalt zu groß gewählt, führt dies zu geometrischen Ungenauigkeiten in Form von ausgebauchten Zargen und dem Auftreten von so genannten Lippen am oberen Zargenrand beim Durchziehen der Werkstücke. (Lange 1990)

4.2.2.5 Kräfte, Arbeitsbedarf für das Tiefziehen

Kraftkomponenten, Kraftverlauf

Die Gesamtumformkraft des Tiefziehens, welche über den Bodenbereich des Werkstücks eingeleitet und über dessen Zarge in die Umformzone unter dem Blechhalter eingeleitet wird, setzt sich aus mehreren Komponenten zusammen (Panknin 1961):

$$F_{St,ges} = F_{id} + F_{RB} + F_{RZ} + F_b \tag{4.33}$$

Hierbei bedeuten die Komponenten:

F_{id} die zur verlustlosen Formgebung erforderliche ideale Kraft

F_{RB} die zwischen Platine und Ziehring sowie zwischen Platine und Blechhalter als Folge der Blechhalterkraft auftretende Reibungskraft

4.2.2 Tiefziehen im Erstzug

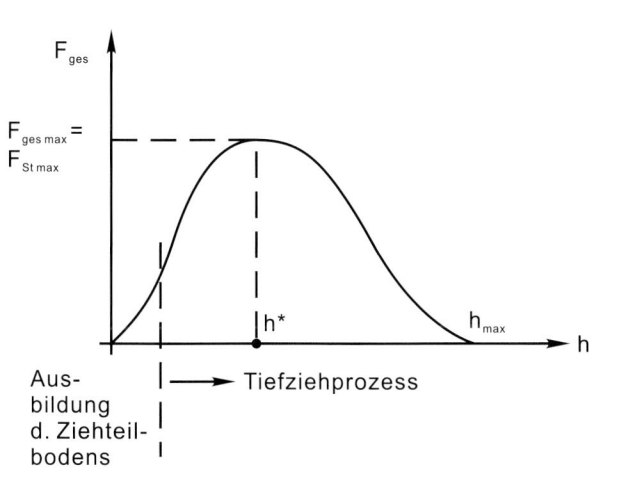

Abb. 4.21: Verlauf der Ziehkraft beim Tiefziehen bzw. beim Tiefziehen ohne Restflansch

F_{RZ} die zwischen Werkstück und Matrizeneinlaufradius auftretende Reibungskraft

F_b die nach dem Auslauf aus dem Matrizeneinlaufradius erforderliche Rückbiegekraft

Die Ziehkraft steigt während des Ziehvorgangs von Null bis zu einem Maximalwert und fällt dann wieder auf Null ab (Abb. 4.21).

Zu Beginn des Ziehvorgangs bildet sich zunächst der Boden des Werkstücks in einem streckziehähnlichen Prozess aus, bevor der eigentliche Umformvorgang beginnt und eine Relativbewegung des Platinenrandes im Bereich der Blechhaltung zu beobachten ist. Der Außenumfang der Platine verringert sich dann während des Tiefziehvorgangs kontinuierlich, während auf Grund der zunehmenden Kaltverfestigung die Fließspannung k_f in der Umformzone ansteigt. Der zunächst ansteigende Kraftverlauf lässt sich damit erklären, dass die Kaltverfestigung in dieser Prozessphase überwiegt. Das Kraftmaximum wird im Falle rotationssymmetrischer Ziehteile nach ca. 40 Prozent des Stempelwegs erreicht. Nach Erreichen des Kraftmaximums überwiegt der Einfluss des abnehmenden Flanschvolumens in der Umformzone und damit die zu leistende Umformarbeit.

Umformkraft

Das Ziehkraftmaximum lässt sich nach Siebel entsprechend folgender Beziehung berechnen (Siebel 1954):

$$F_{St,max} = \Pi d_m s_0 \left[e^{\mu_3 \frac{\Pi}{2}} \left(1{,}1 \cdot k_{fmI} \cdot \ln \frac{d_p}{d_m} + \frac{2\mu F_{BH}}{\Pi d_p s_0} \right) + k_{fmII} \frac{s_0}{2 r_R} \right] \quad (4.34).$$

Hierbei bedeuten:

k_{fmI} mittlere Fließspannung im Flansch,

k_{fmII} mittlere Fließspannung im Bereich des Matrizeneinlaufradius,

d_p Außendurchmesser des Flansches beim Erreichen des Ziehkraftmaximums,

d_M Durchmesser der Zargenmittelwand,

μ Reibungszahl zwischen Platine und Matrize bzw. Platine und Blechhalter,

μ_3 Reibungszahl zwischen Platine und Matrizeneinlaufradius,

r_R Matrizeneinlaufradius,

F_{BH} Blechhalterkraft und

s_0 Ausgangsblechdicke.

Die so berechnete Umformkraft im Kraftmaximum entspricht der Ziehstößelkraft bei doppeltwirkenden Pressen. Bei einfachwirkenden Pressen muss zur Ziehstößelkraft noch der Betrag der Blechhalterkraft addiert werden, da diese während des gesamten Ziehvorgangs der Bewegung des Ziehstößels entgegenwirkt.

Beim Tiefziehen gilt die Stabilitätsbedingung, dass die im Boden des Ziehteils eingeleitete Stempelkraft F_{St} über die Zarge der bereits umgeformten Zonen des Werkstücks in die Umformzone übertragbar sein muss. Da die Krafteinleitung nicht direkt in der Umformzone erfolgt, spricht man beim Tiefziehen auch von einem Verfahren der mittelbaren Krafteinleitung. Die dabei in der Zarge herrschende Zugspannung darf die Zugfestigkeit des Blechwerkstoffs nicht überschreiten:

$$F_{St} = F_{ges} \leq F_{Reiß} = \sigma_{Reiß} \cdot A_{Zarge} = R_m \cdot A_{Zarge} \cdot a_R \quad (4.35).$$

Die zur Kraftübertragung zur Verfügung stehende Querschnittsfläche der Zarge berechnet sich zu

$$A_{Zarge} = \frac{\Pi}{4} \left[(d_0 + 2u)^2 - d_0^{\,2} \right] \quad (4.36).$$

Unter Berücksichtigung der Tatsache, dass der Ziehspalt u in (4.32) gegenüber den anderen Abmessungen vernachlässigbar ist, lässt sich die Zargenquerschnittsfläche näherungsweise berechnen:

$$A_{Zarge} \approx \Pi \cdot d_0 \cdot s \quad (4.37).$$

Dies entspricht dem Stempelumfang multipliziert mit der Blechdicke s. Auch für nichtrotationssymmetrische Blechformteile lässt sich die Zargenquerschnittsfläche der Einfachheit halber mit der Beziehung „Stempelumfang (Länge des Ziehumrisses) mal Blechdicke" berechnen.

Der in Beziehung (4.35) enthaltene Reißfaktor a_R nach Doege berücksichtigt die Tatsache, dass die tatsächliche Kraft bis zum Eintreten des Bodenreißers größer als die theoretisch errechnete Bodenreißkraft ist. Der Reißfaktor

4.2 Tiefziehen

a_R ist somit größer als eins, er nimmt in der Regel Werte zwischen 1 und 1,1 an. Dabei ist der Reißfaktor von den Reibungsverhältnissen zwischen Stempel und Zarge, vom Verhältnis Stempelradius zu Stempeldurchmesser und vom eingesetzten Blechwerkstoff abhängig. (Doege 1963) Werden zusätzliche Sicken, zum Beispiel als Versteifungselemente, aus der Blechdicke heraus gezogen, kommt es hierbei zu einer Oberflächenvergrößerung, und es müssen weitere Umformkräfte berücksichtigt werden (Abb. 4.22). Die Umformkraft für eine Sicke bzw. ein Profil berechnet sich dann zu

$$F_{Sicke} = l \cdot s_0 \cdot p \tag{4.38}$$

mit der Sickenlänge l, der Blechdicke s_0 und dem Druck p im Versteifungsbereich des Werkstücks. Dieser Druck p berechnet sich wie folgt:

$$p = R_m \cdot \cos \alpha \tag{4.39}.$$

Die gesamte Umformkraft zur Herstellung der Sicken eines Blechteils setzt sich dann aus der Summe der Umformkräfte zur Ausformung der einzelnen Sicken zusammen. (Schuler 1996)

Blechhalterpressung

Die Funktion des Blechhalters beim Tiefziehen besteht darin, zum einen durch seine Druckbeaufschlagung des Platinenrandes proportionale Reibungskräfte zu erzeugen und zum anderen gleichzeitig das Entstehen von Falten (1. Art) zu unterdrücken. Das Verhindern des Ausknickens des Ziehflansches und der Ausbildung von Falten im Ziehflansch für ein versagensfreies Einlaufen des Ziehflansches in den Ziehspalt bildet somit die untere Grenze der Kraftbeaufschlagung durch den Blechhalter. Die Blechhalterkraft darf andererseits höchstens so groß sein, dass die von ihr verursachten Reibungskräfte zwischen Platine und Blechhalter sowie zwischen Platine und Ziehmatrize in der Summe mit den Reibungskräften zwischen Platine und Ziehringrundung (Matrizeneinlaufradius) und der idealen Umformkraft nicht die in der Bauteilzarge werkstoffspezifische, maximal übertragbare Kraft überschreitet.

Für rotationssymmetrische Ziehteile lässt sich der erforderliche Blechhalterdruck zu Prozessbeginn nach der von Siebel aufgestellten Beziehung

$$p_{BH} = 0,002...0,005 \left[(\beta_0 - 1)^3 + 0,5 \frac{d_0}{100 s_0} \right] R_m \tag{4.40}$$

berechnen (Siebel 1954). Diese Werte sind jedoch nicht ohne weiteres auf andere Ziehteilgeometrien übertragbar. So erfordern beispielsweise rechteckige Ziehteile mit kleinen Eckenradien durchweg höhere spezifische Flächenpressungen als rundliche Ziehumrisse.

Bei dem Berechnungsansatz nach Sommer wird von der Annahme ausgegangen, dass die größte Blechhalterkraft bei einer Ziehtiefe erforderlich ist, bei der auch die maximale Ziehkraft auftritt. Die erforderliche Blechhalterkraft berechnet sich dabei nach der Beziehung

$$p_{BH} = k \cdot m \left(\frac{A_0}{A_{St}} - 1 \right) R_m \tag{4.41}$$

Hierbei bedeuten:
k Faktor, der die Blechdickenunterschiede im Flansch berücksichtigt,
m Faktor, der die Werkstückgröße und Ungleichförmigkeiten der Bauteilgeometrie berücksichtigt,
A_0/A_{St} Platinenfläche/projizierte Fläche der Stempelgeometrie.

Die erforderliche Blechhalterkraft bei rotationssymmetrischen Blechteilen errechnet sich dann zu

$$F_B = \frac{\Pi}{4} \cdot \left[D_0^2 - (d' + 2r)^2 \right] \cdot p \tag{4.42}$$

mit dem Innendurchmesser d' der Ziehmatrize. Da der Ziehkantenradius r und der Ziehspalt im Verhältnis zum Stempeldurchmesser d meist vernachlässigbar sind, gilt näherungsweise

$$F_B \approx \frac{\Pi}{4} \cdot \left[D_0^2 - d_0^2 \right] \cdot p \tag{4.43}$$

Zu berücksichtigen ist, dass während des Ziehvorgangs die Flanschfläche des Ziehteils abnimmt. Bei üblicherweise konstant gehaltener Blechhalterkraft nimmt deshalb die Blechhalterpressung im Flansch zu, was weder erforderlich noch erwünscht ist. Derart hohe Blechhalterdrücke sind zur Unterdrückung der Faltenbildung nicht unbedingt erforderlich und führen darüber hinaus zu ent

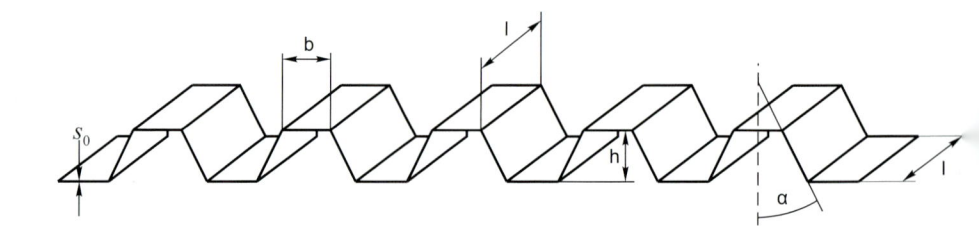

Abb. 4.22: *Profil mit Sicken*

sprechend hohen Reibungskräften, die zusätzlich zu den eigentlichen Umformkräften aufgebracht werden müssen.

Umformarbeit

Die für das Umformen durch Tiefziehen benötigte Umformarbeit W lässt sich näherungsweise wie folgt berechnen:

$$W = F_m \cdot h = c \cdot F_{max} \cdot h \qquad (4.44)$$

Hierbei bedeuten:
F_m mittlere Ziehkraft,
h Ziehteilhöhe,
F_{max} maximale Ziehkraft und
c Hilfskoeffizient (zwischen 0,6 bei Durchzügen (ohne Restflansch) und 0,8 für das Ziehen mit Restflansch).

Wird der Ziehvorgang auf einer einfachwirkenden Presse mit Zieheinrichtung im Pressentisch durchgeführt, muss der Stößel zusätzlich die Ziehkissenkraft (Blechhalterkraft) überwinden. In diesem Fall addieren sich Ziehkraft und Blechhalterkraft:

$$W = h \cdot \left(c \cdot F_{max} + F_{BH} \right) \qquad (4.45)$$

4.2.2.6 Anisotropiekennwerte von Blechwerkstoffen

Unter der Anisotropie von Blechwerkstoffen versteht man die Richtungsabhängigkeit von deren Werkstoffeigenschaften. Die Ursache für diese Richtungsabhängigkeit liegt im Herstellungsprozess des metallischen Halbzeugs begründet. Vorangegangene Produktionsschritte verursachen den Effekt, dass die einzelnen Kristallite (Körner) eine bevorzugte Orientierung in Richtung der (zuvor) größten Umformung aufweisen. Diese Orientierungsverteilung im Werkstückvolumen wird als Textur bezeichnet. Bei Blechwerkstoffen tritt sie auf Grund des vorangegangenen Kaltwalzens auf. Man spricht in diesem Zusammenhang von einer Verformungstextur. Auch bei der Erstarrung des metallischen Werkstoffs aus seiner Schmelze oder durch eine Rekristallisation des Gefüges können ebenfalls Texturen entstehen. (Banabic 2000) Beim Tiefziehen beeinflusst die Anisotropie maßgeblich das Umformverhalten der Blechwerkstoffe und wirkt sich auf das Ziehergebnis aus. Zur Beschreibung der plastischen Anisotropie des metallischen Werkstoffs gibt es einfache Zusammenhänge und Kennwerte, die im einachsigen Zugversuch ermittelt werden können (Abb. 4.23).

Das ermittelte Verhältnis der logarithmischen Breitenformänderung φ_b zur logarithmischen Blechdickenformänderung φ_s wird als senkrechte Anisotropie r bezeichnet:

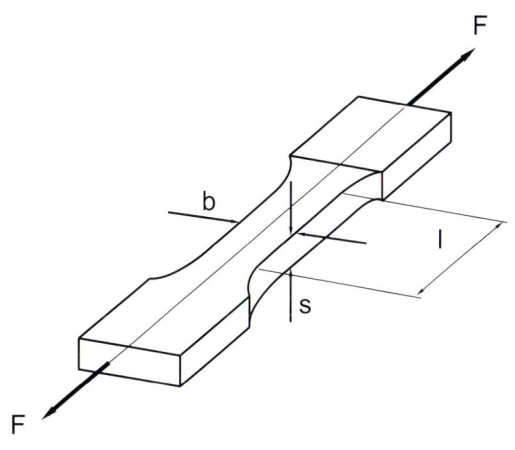

Abb. 4.23: *Bestimmung der senkrechten Anisotropie im einachsigen Zugversuch*

$$r = \frac{\varphi_b}{\varphi_s} = \frac{\ln \dfrac{b_1}{b_0}}{\ln \dfrac{s_1}{s_0}} \qquad (4.46)$$

Unter Berücksichtigung des Gesetzes der Volumenkonstanz

$$s_0 \cdot b_0 \cdot l_0 = s_1 \cdot b_1 \cdot l_1 \qquad (4.47)$$

ergibt sich der Zusammenhang:

$$r = \frac{\ln \dfrac{b_1}{b_0}}{\ln \dfrac{b_1 \cdot l_0}{b_1 \cdot l_1}} = \frac{\varphi_b}{\left(-\varphi_b - \varphi_l \right)} \qquad (4.48)$$

Beim Tiefziehen wird angestrebt, dass die Blechdicke während der Umformung konstant bleibt. Dies wird umso leichter erreicht, wenn ein höherer r-Wert gemessen wird. Es ist zu beachten, dass der r-Wert abhängig von der Dehnung ist. Ein großer r-Wert bedeutet eine große Breitenformänderung, d. h. ein Fließen des Blechwerkstoffs in der Blechebene, bei gleichzeitig geringer Blechdickenänderung. Ein Blechwerkstoff mit einem hohen r-Wert verfügt somit über einen relativ erhöhten Widerstand gegen eine Blechdickenreduktion. Bei großen r-Werten wird darüber hinaus eine geringere Ziehkraft benötigt, während die in der Zarge übertragbare Ziehkraft erhöht ist. Beträgt der r-Wert eines Blechwerkstoffs 1, so spricht man von einem isotropen Werkstoff.

Zu beachten ist weiterhin, dass der r-Wert bei den meisten Blechwerkstoffen richtungsabhängig ist. In der Werkstoffprüfung werden die r-Werte daher an Zugproben ermittelt, die unter bestimmten Winkeln zur Walzrichtung (in der Regel 0°, 45° und 90°) entnommen wurden, und in einem Diagramm eingetragen (Abb. 4.24).

4.2 Tiefziehen

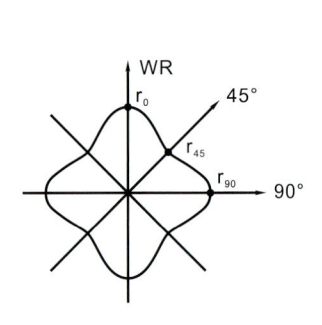

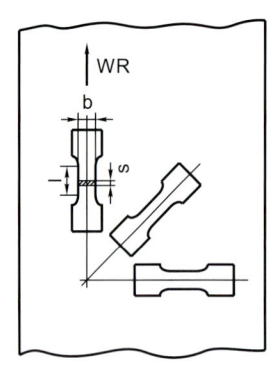

Abb. 4.24: Bestimmung der r-Werte in verschiedenen Orientierungen zur Walzrichtung (WR)

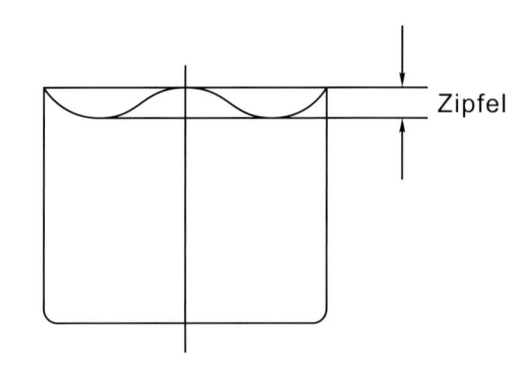

Abb. 4.25: Prinzipielle Darstellung der Zipfelbildung an einem tiefgezogenen kreiszylindrischen Blechteil

Aus diesen Werten lässt sich dann die mittlere Anisotropie berechnen:

$$r_m = \frac{r_0 + 2r_{45} + r_{90}}{4} \quad (4.49).$$

Eine wesentliche Kenngröße zur Beschreibung der Variation der senkrechten Anisotropie in der Blechebene bezeichnet die ebene Anisotropie Δr:

$$\Delta r = \frac{r_0 + 2r_{45} + r_{90}}{2} \quad (4.50).$$

Für den Fall, dass der Wert r_{45} ungefähr gleich groß ist wie $0.5 \cdot (r_0 + r_{90})$, so liefert die Beziehung (4.50) für Δr den Wert Null, obwohl in Wahrheit ein stark anisotroper Werkstoff vorliegt. Daher geht man heute dazu über, anstatt der Beziehung (4.50) besser folgenden Zusammenhang zur Bewertung der ebenen Anisotropie heranzuziehen:

$$\Delta r = r_{max} - r_{min} \quad (4.51).$$

Beim Tiefziehen von kreiszylindrischen Werkstücken führt die ebene Anisotropie zu einer sogenannten Zipfelbildung, d.h. die Napfhöhe ist über dem Umfang nicht konstant (Abb. 4.25). Diese Zipfelbildung ist unerwünscht, da sie den zusätzlichen Arbeitsgang eines Beschneidens in Verbindung mit einem Verlust von Blechwerkstoffvolumen begründet. Bei derartigen Blechwerkstoffen ist auch die Wanddickenverteilung des Blechformteils nicht konstant. Der Δr-Wert eines Blechwerkstoffs als Kennwert für die Neigung zur Zipfelbildung sollte daher stets möglichst klein sein.

Die Zipfel treten in jenen Richtungen auf, in denen die größten r-Werte vorliegen, da der Blechwerkstoff in diesen Bereichen eine große Neigung zum Einschnüren in Breitenrichtung zeigt. Bei Blechwerkstoffen mit $\Delta r > 0$ treten die Zipfel somit in 0° und in 90° zur Walzrichtung auf, bei $\Delta r < 0$ jeweils in den Diagonalen 45° zur Walzrichtung (Abb. 4.26).

Als Maß für die Neigung zur Zipfelbildung wird die Zipfligkeit Z herangezogen:

$$Z = \frac{h_{max} - h_{min}}{\frac{1}{2}(h_{max} - h_{min})} \quad (4.52)$$

h_{max} und h_{min} bilden hierbei die arithmetischen Mittelwerte der Napfhöhen an den vier Zipfelbergen und an den dazwischen liegenden vier Zipfeltälern.

Zusammenfassend kann festgestellt werden, dass die Anisotropie eines Blechwerkstoffs nicht durch einen mittleren r-Wert, sondern durch die senkrechte Anisotropie in Form des minimalen r-Werts r_{min} und die ebene Anisotropie Δr charakterisiert werden muss. Dabei sollte der Wert r_{min}, der die Richtung der größten Einschnürwahrscheinlichkeit kennzeichnet, möglichst groß sein, während der Wert Δr auf Grund der Korrelation mit der Zipfligkeit eines Blechformteils möglichst klein sein sollte.

DC04 $\Delta r > 0$
→ Zipfel unter 0° u. 90° zur Walzrichtung

X5CrNi18 9 $\Delta r < 0$
→ Zipfel unter 45° zur Walzrichtung

CuZn36 $\Delta r = 0$
→ keine Zipfelbildung

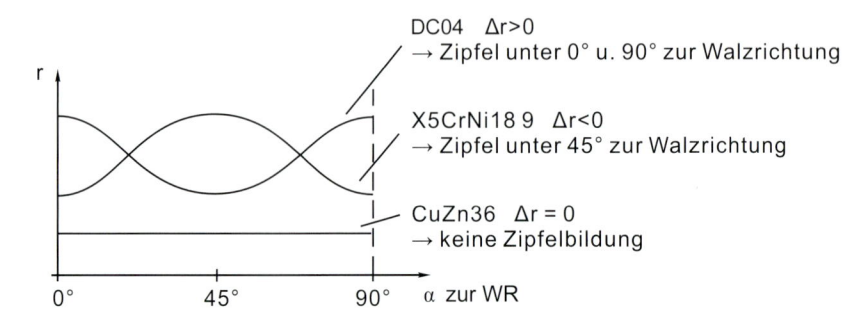

Abb. 4.26: Auswirkungen verschiedener Werte für Δr auf die Zipfelbildung

Neben dem eigentlichen Fließverhalten eines Werkstoffs wirkt sich die Anisotropie auch auf den Beginn des plastischen Fließens aus. Die in Abbildung 4.27 gezeigten Fließortkurven für verschiedene r-Werte gehen von einer ebenen Anisotropie $\Delta r = 0$ aus. Für $r = 1$ ergibt sich die Fließortkurve für ein isotropes Werkstoffverhalten. (Hosford 1964)

Im Flansch eines Tiefziehteils herrschen radiale Zug- und tangentiale Druckspannungen (vgl. Abb. 4.14). Die Radialspannung σ_r entspricht dabei der positiven Spannung σ_x in Abbildung 4.25, die Tangentialspannung σ_t entspricht der Spannung σ_y und wirkt als Druckspannung (negatives Vorzeichen). Dies bedeutet, dass der Spannungszustand im Flanschbereich des Werkstücks im zweiten Quadranten des ebenen Spannungsraumes (vgl. Abb. 4.27) liegt. Man erkennt, dass mit zunehmenden r-Werten die zum Erzielen des plastischen Fließens erforderlichen Spannungen von ihrem Betrag her kleiner werden, was eine leichte Ziehkraterniedrigung zur Folge hat.

Der Spannungszustand im Boden- und Zargenbereich des Tiefziehteils liegt im ersten Quadranten (vgl. Abb. 4.27), mit steigendem r-Wert können hier größere axiale Zugspannungen σ_x übertragen werden, bis plastisches Fließen einsetzt.

Mit steigendem r-Wert ergeben sich somit eine Verfestigung der Zarge und eine geringere Festigkeit im Flansch. Hiermit kann auch das mit zunehmendem r-Wert ansteigende Grenzziehverhältnis β_{0max} (vgl. Abb. 4.15) erklärt werden.

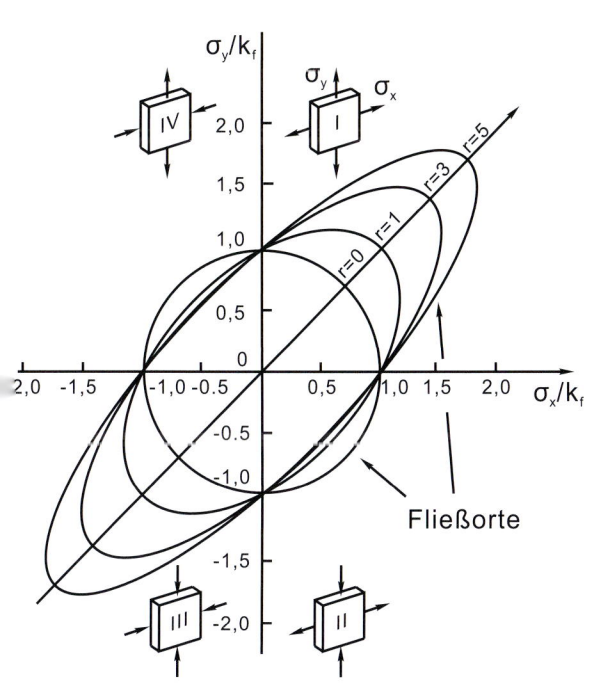

4.2.2.7 Versagensarten, Versagensgrenzen

Arbeitsdiagramm der Blechhalterkraft

Die Verfahrensgrenzen des Tiefziehens hängen hauptsächlich von den mechanischen Eigenschaften des Blechwerkstoffs, der Leistungsfähigkeit des Schmierstoffs, von den Werkzeugoberflächen, der Bauteilgeometrie und zahlreichen weiteren Prozessparametern ab. Die obere Verfahrensgrenze wird durch das Auftreten von Reißern, die untere Verfahrensgrenze durch das Auftreten von Falten bestimmt. In Kapitel 4.2.2.5 wurden bereits die damit zusammenhängenden, technologischen Zusammenhänge dargestellt. Die beschriebenen Versagensfälle begrenzen den Arbeitsbereich des Verfahrens und den Wertebereich der Blechhalterkraft (Abb. 4.28).

Das Versagen durch Reißen tritt in der Regel dann ein, wenn die zur Umformung notwendige Kraft nicht mehr vom Bodenbereich des Werkstücks (Krafteinleitungszone) über die Zarge (Kraftübertragungszone) in den Flanschbereich (Umformzone) eingeleitet werden kann. Tritt ein Reißer bereits während der Ausbildung des Bauteilbodens auf, so spricht man von einem *vorzeitigen* Reißer. Tritt ein Reißer nach der Ausbildung des Ziehteilbodens auf, liegt ein sogenannter *Bodenreißer* vor (Abb. 4.29) (Doege 1963). Auf Grund der beim Tiefziehen entlang der Abwicklung des Werkstücks (Ziehteil) zu verzeichnenden, unterschiedlichen Formänderungen ergeben sich unterschiedliche Verfestigungen, wobei die geringste Festigkeit im Übergang vom Boden zur Zarge zu finden ist. Treten Reißer in einem Blechformteil auf, so muss die Blechhalterkraft verringert werden, der Schmierstoff angepasst werden oder die Form oder die Größe der Platine verändert werden. Gebräuchlich ist auch eine Kombination der genannten Maßnahmen.

In einem Ziehteil kann es sowohl im Flanschbereich zu Falten 1. Art als auch in schrägen Seitenwänden infolge freier, überspannter Werkstückzonen zu Falten 2. Art kommen. Während des Umformvorgangs herrschen im

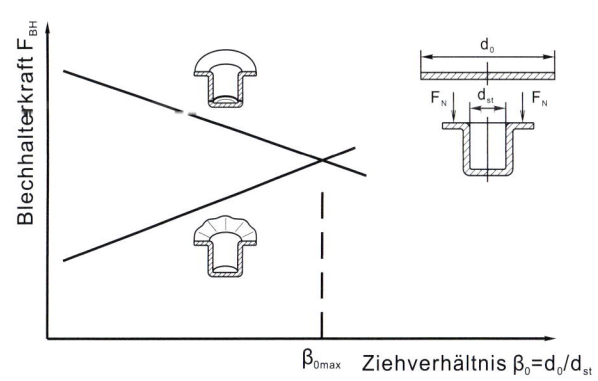

Abb. 4.27: Veränderung der Fließortkurven von Blechwerkstoffen in Abhängigkeit von deren r-Wert

Abb. 4.28: Arbeitsdiagramm der Blechhalterkraft

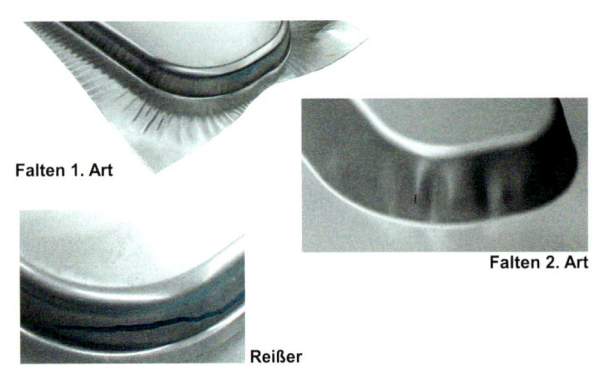

Abb. 4.29: Versagensfälle Bodenreißer und Faltenbildung (Quelle: IFU Stuttgart)

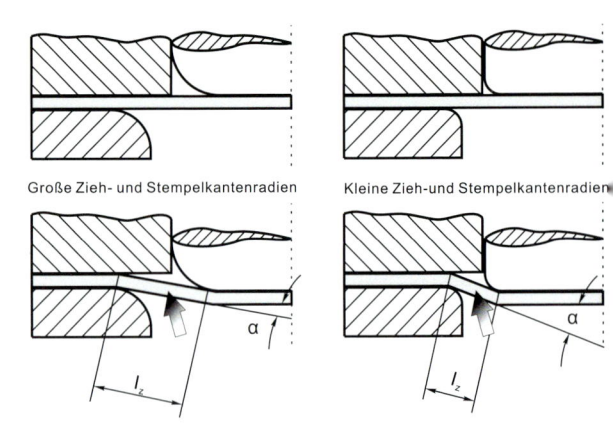

Abb. 4.30: Einfluss des Matrizeneinlaufradius auf die Ausbildung von Falten 2. Art

Flanschbereich tangentiale Druckspannungen. Sie können zum Ausknicken führen, man spricht dann von Faltenbildung 1. Art (vgl. Abb. 4.29). Falten 1. Art können bis zu einer bestimmten prozesstechnischen Grenze durch hinreichend hohe Druckkräfte des Blechhalters unterbunden werden. Die Berechnung des mindestens erforderlichen Blechhalterdrucks kann über die Beziehungen nach Siebel (4.40) oder Sommer (4.41) erfolgen.

Tiefziehen konischer und halbkugelförmiger Werkstücke

Wirken in der Zarge eines Tiefziehteiles tangentiale Druckspannungen, entstehen so genannten Falten 2. Art auf Grund von nicht an Stempel oder Matrize anliegenden Werkstückzonen (überspannte Bereiche). Dies gilt besonders für Werkstücke mit konischen Zargen und für halbkugeligförmige Ziehteile. Auch bei Teilen mit senkrechter Zargenwand besteht die Gefahr der Bildung von Falten 2. Art, sofern das Werkzeug über große Zieh- und Stempelkantenradien verfügt.

Abbildung 4.30 verdeutlicht die geometrischen Verhältnisse zu Beginn eines Tiefziehvorgangs. Die Ronde kann hierbei in verschiedene Bereiche unterteilt werden. Relevant für die Herleitung von Gründen für das Entstehen von Falten 2. Art ist in diesem Zusammenhang die freie (überspannte) Länge der Werkstückabwicklung zwischen Matrizeneinlaufradius und Stempelkantenradius. Im Gegensatz zu den anderen Bereichen erfährt diese Zone des Werkstücks hier keine Abstützung in Blechdickenrichtung. Sie wird gedehnt und leitet die Stempelkraft in den Bereich der Blechhaltung weiter. Da der Umfang des Rondenbereichs an der Stempelseite kleiner ist als an der Matrizenseite, stellt sich eine höhere Radialspannung an der Stempelseite ein als an der Matrizenseite. Analoge Verhältnisse gelten für die tangentiale Druckspannung. (Bischoff 1975)

Wie Abbildung 4.30 zeigt, ist die Länge des gekennzeichneten Werkstückbereichs von den Zieh- und Stempelkantenradien abhängig. Je größer diese Radien gewählt werden, desto größer ist der gekennzeichnete Bereich. Je größer sich die dargestellte Länge l_z und je kleiner sich der Zargenwinkel α_z einstellt, desto stärker steigt das Risiko der Bildung von Falten 2. Art.

Im Vergleich zum Ziehen von zylindrischen Körpern herrschen beim Ziehen von konischen Teilen ungünstigere Verhältnisse, da die Ziehkräfte an der Stempelkante vor einem kleineren Querschnitt übertragen werden müssen. Bei konischen Teilen ist der Stempeldurchmesser d_{0min} bedeutend kleiner als der Matrizendurchmesser d_{0max} + 2w (Abb. 4.31). Die erhöhte Beanspruchung an der Stempelkante (Kontaktlinie Werkstück/Stempel) begünstigt somit das Risiko von Bodenreißern.

Entscheidend für die Ausbildung von Falten 2. Art sind die in der Ziehteilzarge herrschenden Spannungsverhältnisse. Im Gegensatz zum Ziehen zylindrischer Teile finden nach dem Einfließen des Blechs in die Zarge zusätzlich zu den Formänderungen in Längsrichtung auch tangentiale Formänderungen statt (Abb. 4.32).

Von Bedeutung für die Faltenbildung 2. Art ist das Verhältnis σ_{zl}/σ_{zt}. Ist keine Plastifizierung gegeben, dann tritt ab einer kritischen Tangentialspannung und ab einem kritischen Verhältnis von σ_{zl}/σ_{zt} ein Ausknicken der Zarge auf.

Die Faltenbildung 2. Art ist abhängig von folgenden Einflussfaktoren:

- Elastizitätsmodul des Blechwerkstoffs,
- Blechdicke,
- Fließspannung k_{fZ} der Zarge,
- tangentiale Druckspannung σ_{zt} in der Zarge,
- Längsspannung σ_{zl} in der Zarge,
- Matrizeneinlaufradius sowie
- Abstand der Kontaktlinie zwischen Ziehring/Werkstück und Stempel/Werkstück.

4.2.2 Tiefziehen im Erstzug

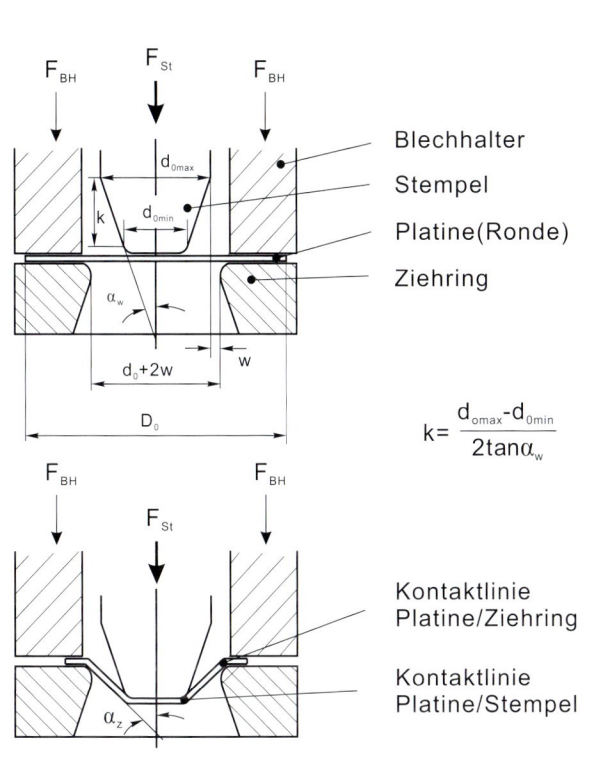

Abb. 4.31: Geometrische Verhältnisse beim Ziehen konischer Teile

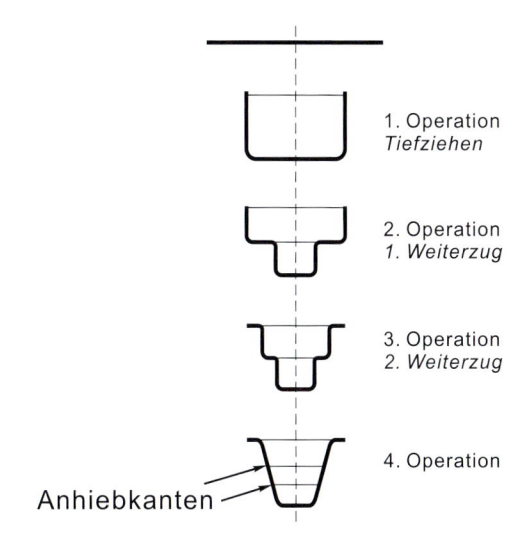

$$k = \frac{d_{omax} - d_{omin}}{2\tan\alpha_w}$$

Abb. 4.33: Herstellung konischer Tiefziehteile in mehreren Stufen

Aus diesem Grund werden Bauteile mit konischer Grundgeometrie häufig derart hergestellt, dass das Ziehteil in mehreren Stufen mit kleiner werdendem Durchmesser zylindrisch vorgezogen und der Konus final mit Hilfe eines Formzugs „ausgestreckt" bzw. „glatt gepresst" wird (Abb. 4.33). Bei diesem Verfahren machen sich jedoch Wanddickenunterschiede im Werkstück (Anhiebkanten) auf Grund der Mehrzahl von Umformvorgängen aus den verschiedenen Ziehstufen störend bemerkbar und führen zu Nacharbeit.

Die Ausbildung von Falten 2. Art lässt sich nur bedingt durch eine örtliche Veränderung der Blechhalterpressung unterdrücken. Hierbei müssen jedoch günstige Kombinationen aus dem Eckenwinkel und der lokalen Flächenpressung gegeben sein.

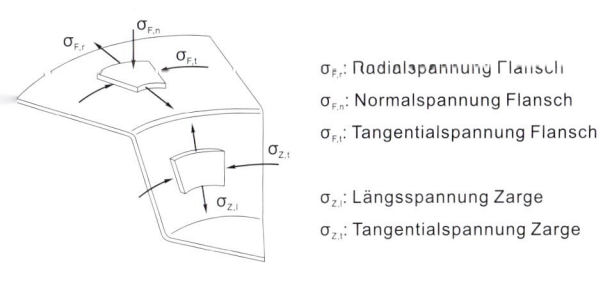

$\sigma_{F,r}$: Radialspannung Flansch
$\sigma_{F,n}$: Normalspannung Flansch
$\sigma_{F,t}$: Tangentialspannung Flansch
$\sigma_{Z,l}$: Längsspannung Zarge
$\sigma_{Z,t}$: Tangentialspannung Zarge

Abb. 4.32: Spannungsverhältnisse beim Ziehen konischer Teile

Fehler beim Tiefziehen

Beim Tiefziehen auftretende Fehler können vielerlei Ursachen haben, da der Prozess vielfältigen Einflüssen unterliegt. Wesentliche Fehlergruppen eines Bauteils aus Blech bestehen aus:

- Form- und Maßabweichungen im Vergleich zur Bauteilzeichnung,
- Oberflächenfehler, wie z. B. Kratzer, Anhiebkanten oder Welligkeiten, sowie
- ungenügende Gebrauchseigenschaften durch werkstoffliches Versagen, wie z. B. Einschnürungen, Fließlinien, Risse und Ablösungen.

Auch die Ursachen für diese Fertigungsfehler können in folgenden Gruppen zusammengefasst werden:

- fehlerhaftes Vormaterial: Werkstoffzusammensetzung, Lieferform und -abmessungen, Lieferzustand, innere Fehlstellen, Oberflächenfehler, fehlerhafte Platinenform,
- nicht prozesssichere Gestaltung der Zeihteilgeometrie: Ziehumriss, Ziehanlage, Stempelergänzungsflächen, Abwicklungsverhältnisse, lokal zu große Formänderungsdifferenzen sowie
- fehlerhafte Fertigung: Schwankende Prozessparameter wie das Maschinenverhalten, das Werkzeug, Einfluss von Temperatur, schwankende Reibungsverhältnisse und andere Prozessparameter.

In Tabelle 4.1 sind die wichtigsten Tiefziehfehler, deren Ursache sowie Maßnahmen zur Fehlerbehebung zusammengefasst.

4.2 Tiefziehen

Tab. 4.1: *Fehler beim Tiefziehen und Korrekturmaßnahmen*

Fehler	Ursache	Behebung
1. Bodenreißer	Ziehkraft übersteigt Reißfestigkeit des Werkstoffs	kleinerer Zuschnitt, kleinere Blechhalterkraft, bessere Schmierung, größerer Matrizen- oder Stempelradius
2. Längsrisse	a) Wirkung von Eigenspannungen bei erschöpftem Formänderungsvermögen b) Alterung des Werkstoffs c) im Werkzeug	Zwischenglühen, Abstrecken s.o., oder anderer Werkstoff, besseres Arbeiten des Abstreifers
3. Umfangrisse	Erschöpftes Formänderungsvermögen beim Rückbiegen an der Ziehringkante	Zwischenglühen, Kantenrundung, r_M vergrößern
4. Faltenbildung im Flansch (Falten 1. Art)	Zu geringe Blechhalterkraft oder unebener Blechhalter	F_{BH} erhöhen, Blechhalter verbessern
5. Längsfalten im Ziehteil (Falten 2. Art)	Fehlende formschlüssige Stützung in der freien Zone	Zuschnitt oder Blechhalterkraft vergrößern, Einfließwulste
6. Faltenbildung am Bodenrand (Querfalten)	Stempelradius zu groß	r_{st} verkleinern
7. Zipfelbildung (Textur)	a) 4 Zipfel 90° zueinander: Anisotropie des Werkstoffs durch Richtung der Körner beim Walzen b) unregelmäßige Zipfel: ungleiche Blechdicke	anderer Werkstoff, zusätzlicher Arbeitsgang Beschneiden, anderes Blech
8. Fließfiguren	Nur örtliches Fließen (bei Werkstoff mit ausgeprägter Streckgrenze und geringer Belastung)	geringere Umformgrade

4.2.2.8 Tiefziehen ohne Blechhalter

Wie in Kapitel 4.2.2.2 bereits ausgeführt, führen beim Tiefziehen von dünnen Platinen die im Flansch während des Umformvorgangs auftretenden tangentialen Druckspannungen zur Bildung von Falten 1. Art. Ein Blechhalter wird dann benötigt, wenn die Stabilität der Platine in Dickenrichtung gegen das Ausknicken im Flanschbereich nicht groß genug ist. (Shawki 1969)

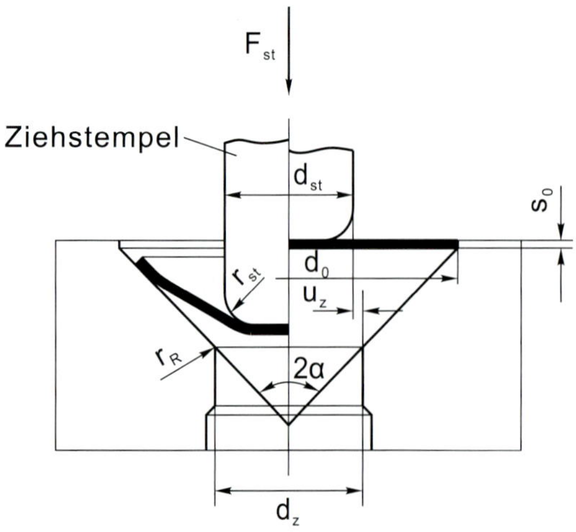

Reicht jedoch die Knickstabilität des Blechwerkstoffs aus (relativ große Blechdicke im Verhältnis zur Platinenfläche), so kann bei kleinen Ziehverhältnissen auf einen Blechhalter verzichtet werden (Abb. 4.35). Als Faustformel für das blechhalterlose Tiefziehen gilt:

$$\frac{d_0}{s_0} < 25...40 \tag{4.53}$$

Das blechhalterlose Tiefziehen hat den Vorteil, dass bei kleineren Kräften eine einfachwirkende Presse eingesetzt werden kann. Von Nachteil ist der größere erforderliche Hub. Eine wesentliche Verbesserung des Ziehergebnisses, d. h. höhere Grenzziehverhältnisse, erhält man durch die Verwendung kegeliger oder traktrixförmiger Matrizeneinlaufgeometrien (Abb. 4.36).

Abb. 4.35: *Blechhalterloses Tiefziehen*

4.2.2.9 Grenzformänderungsdiagramm

Das Versagen von Blechwerkstoffen während des Umformens durch Tiefzieh- und Streckziehverfahren wird durch lokal auftretende Einschnürungen in Blechdicken-

4.2.2 Tiefziehen im Erstzug

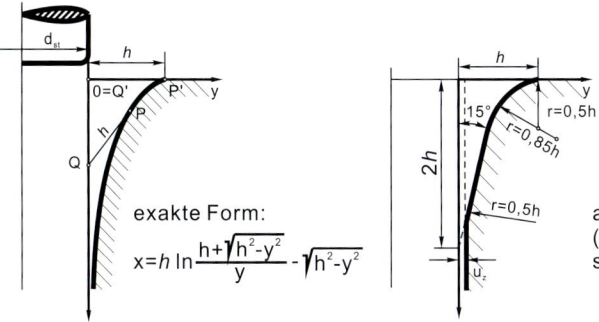

exakte Form:
$$x = h \ln \frac{h+\sqrt{h^2-y^2}}{y} - \sqrt{h^2-y^2}$$

angenäherte Traktrix-Form
(aus Kreisbogen- und Geradenstücken zusammengesetzt)

Abb. 4.36: *Kegelige und traktrixförmige Matrizeneinlaufgeometrien beim blechhalterlosen Tiefziehen*

richtung charakterisiert. Auf Grund der lokalen unterschiedlichen Belastungszustände und Spannungsverhältnisse werden Dehnungskombinationen erzeugt, die unter bestimmten Konstellationen früher oder später zu einer sichtbaren Einschnürung und im Fortgang des Prozesses zur vollständigen Materialtrennung führen. Solche Dehnungskombinationen können mittels Grundlagenversuche werkstoffspezifisch ermittelt werden und in ein entsprechendes Diagramm eingetragen werden. Die werkstoffspezifische Grenzkurve in Bezug auf Einschnürung oder Bruch nennt man die Grenzformänderungskurve (Forming Limit Curve – FLC), die in einem Grenzformänderungsdiagramm (Forming Limit Diagram – FLD) eingetragen wird. (Banabic 2000)

Diese Darstellung des werkstoffspezifischen Grenzformänderungsvermögens basiert auf der Annahme, dass ein Versagen der Blechwerkstoffe durch Einschnürung bzw. Bruch allein durch den ebenen Spannungszustand verursacht wird. Derartige Diagramme werden in der Regel durch das Aufbringen eines quadratischen oder kreisförmigen Rasters auf die Oberfläche der unverformten Platine und anschließendes Umformen ermittelt. In Abhängigkeit vom jeweils mittels geeigneter Probengeometrien erzeugten Spannungszustand verformen sich derartige Kreise zu Ellipsen (Abb. 4.37). Die Umformgrade φ_1 und φ_2 kann man mit Hilfe des Ausgangsdurchmessers des Kreisrasters d_0, der größeren (l_1) und der kleineren Ellipsenachse (l_2) bestimmen:

$$\varphi_1 = \ln\left(\frac{l_1}{d_0}\right) \tag{4.54}$$

$$\varphi_2 = \ln\left(\frac{l_2}{d_0}\right) \tag{4.55}.$$

φ_1 ist dabei die betragsmäßig größere logarithmische Formänderung (Hauptformänderung), φ_2 die kleinere logarithmische Formänderung (Nebenformänderung).

In Abbildung 4.37 ist die Veränderung einer einzelnen Kreisfigur aus dem zuvor aufgebrachten Kreisraster unter verschiedenen Beanspruchungsbedingungen dargestellt. Der Kreis verformt sich in Abhängigkeit vom Spannungszustand der Probe zu verschiedenen Ellipsen, ausgehend von der linken Seite des Diagramms vom Tiefziehen bis zum Streckziehen auf der rechten Seite.

Die experimentelle Ermittlung der Grenzformänderungskurve eines Blechwerkstoffs erfolgt im Tiefungsversuch mit einem halbkugelförmigen Stempel. Um verschiedene Wertekonstellationen der Formänderungen φ_1 und φ_2 im Stempelkontaktbereich der Probe und damit auch ver-

Abb. 4.37: *Formänderungen eines Kreisrasterelements*

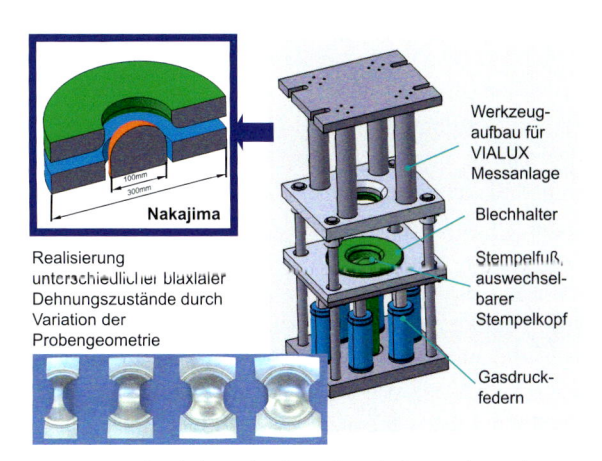

Abb. 4.38: *Ermittlung der Grenzformänderungskurve im Tiefungsversuch (Nakajima-Versuchsablauf nach ISO 12004) mit einem optischen Messsystem im Umformwerkzeug*

4.2 Tiefziehen

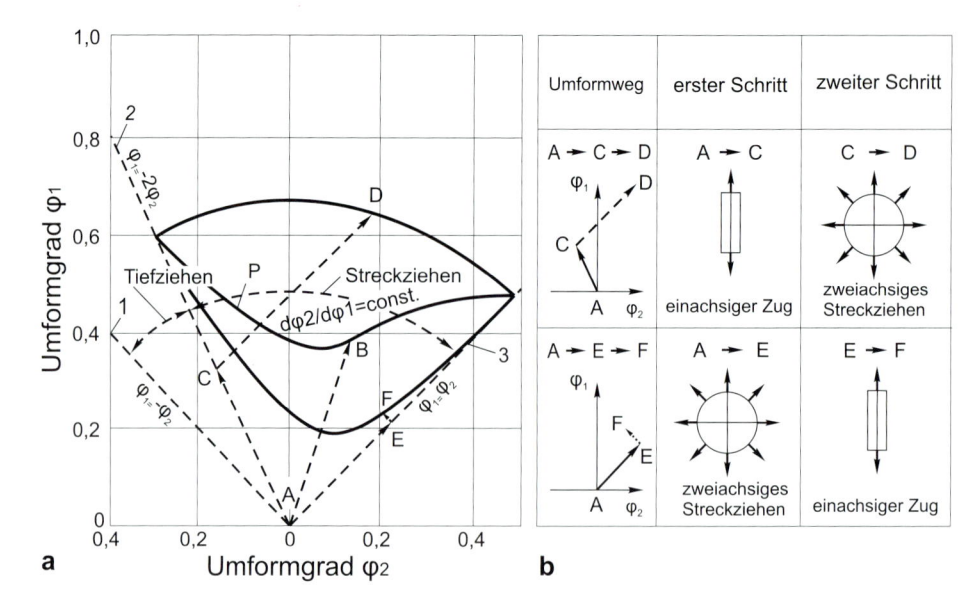

Abb. 4.39: Einfluss des Formänderungspfades auf die Lage Grenzformänderungskurve im Grenzformänderungsdiagramm

schiedene Punkte für die Grenzformänderungskurve zu erhalten, ist es erforderlich, den Tiefungsversuch mit verschiedenen Platinenformen bzw. Platinenbreiten durchzuführen.

Die in Abbildung 4.38 dargestellten kreisförmigen, auf beiden Seiten ausgeschnittenen Platinen werden bis zum Bruch gezogen. Unterschiedliche Ausschnittradien der Platinen bewirken verschiedene Spannungszustände, die zu verschiedenen Werten der Formänderungen φ_1 und φ_2 führen. Mit diesen Probengeometrien lassen sich Messwerte auf beiden Seiten des Grenzformänderungsdiagramms ermitteln, d.h. man erhält für die Nebenformänderung φ_2 positive und negative Messwerte. (Nakajima 1968; Hasek 1978)

Liegt das Grenzformänderungsdiagramm eines Blechwerkstoffs vor, so kann mittels einer Formänderungsanalyse eines umgeformten Blechformteils retrospektiv analysiert werden, wie weit die im Werkstück erzeugten Formänderungen vom Versagen durch Einschnürung bzw. Bruch entfernt sind.

Bei der Bestimmung von Grenzformänderungskurven muss jedoch beachtet werden, dass diese stets unter der Bedingung erstellt wurden, dass das Verhältnis von Haupt- zu Nebenformänderung vom unbelasteten Zustand bis zum Bruch unverändert blieb. Im Rahmen von den o.g. Formänderungsanalysen an Blechformteilen wird in der Praxis jedoch oftmals deutlich, dass sich dieses Verhältnis von Haupt- zu Nebenformänderung während des Umformprozesses verändert.

Der Einfluss sogenannter nichtlinearer Formänderungspfade ist in Abbildung 4.39 dargestellt. Danach stellt sich eine Verschiebung der ursprünglichen Grenzformänderungskurve gegenüber dem proportionalen Verlauf P

(Linie A-B) zu höheren Werten ein, wenn zum Beispiel auf eine einachsige Zugbeanspruchung ($\varphi_1 = -2\varphi_2$) ein ideal zweiachsiges Streckziehen ($\varphi_1 = \varphi_2$, Linie A-C-D) folgt. Zu niedrigeren Werten wird die Grenzformänderungskurve verschoben, wenn sich an ein ideal zweiachsiges Streckziehen ($\varphi_1 = \varphi_2$) beispielsweise eine einachsige Zugbeanspruchung (Linie A-E-F) anschließt.

Die Grenzformänderungskurve bildet heute ein sehr wesentliches Werkzeug bei der Parametrisierung geeigneter Materialmodelle in modernen numerischen Berechnungsprogrammen für nahezu alle Blechumformverfahren. Aus diesem Grund sind die Vorgehensweisen für die präzise Bestimmung von werkstoffcharakterisierenden Kenngrößen sowohl auf dem Gebiet des einachsigen Zugversuchs als auch auf dem Gebiet der Grenzformänderungskurve (Nakajima-Versuche) gemäß ISO 12004 recht präzise standardisiert. Blechhersteller, Automobilindustrie und weitere zahlreiche Anwender arbeiten somit in den letzten Jahren mit einheitlichen Standards, um Berechnungsergebnisse und Robustheitsaussagen von Umformprozessen vergleichbar halten zu können.

Literatur zu Kapitel 4.2.2

Banabic, D.; Bünge, H.J.; Pöhlandt, K.; Tekkaya, A.E.: Formability of Metallic Materials (Plastic Anisotropy, Formability Testing and Forming Limits). Banabic, D. (Ed.): Springer-Verlag, Berlin, Heidelberg 2000.

Bischoff, W.: Tiefziehen unter besonderer Berücksichtigung von Aluminium und verschiedenen Aluminiumlegierungen. Bänder Bleche Rohre (1975) 7/8, S. 299-301.

Brambauer, F.; Riedel, D.: Tiefziehen von rechteckigen Blechformteilen. Umformtechnik 8 (1973) 5, S. 25-30.

Doege, E.: Untersuchungen über die maximal übertragbare Stempelkraft beim Tiefziehen rotationssymmetrischer zylindrischer Teile. Dissertation, TU Berlin, 1963.

Hasek, V.: Untersuchung und theoretische Beschreibung wichtiger Einflussgrößen auf das Grenzformänderungsdiagramm. Blech Rohre Profile (1978) 5, S. 212-220, (1978) 6, S. 285-292, (1978) 12, S. 620-627.

Hosford, W.; Backofen, W.: Strength and Plasticity of Textured Metals. In: Proceedings of the 9th Sagamore Army Materials Research Conference (AMRA): Fundamentals of Deformation Processes. Univ. Press, Syracuse 1964, S. 259-291.

Lange, K.: Handbuch Umformtechnik, Band 3: Blechbearbeitung. Springer-Verlag, Berlin, Heidelberg 1990.

Nakajima, K.; Kihama, T.: Study on the Formability of Steel Sheet. Ywata Technical Report, Nr. 269 1968, S. 493-499.

Panknin, W.: Die Grundlagen des Tiefziehens im Anschlag unter besonderer Berücksichtigung der Tiefziehprüfung. Bänder, Bleche Rohre (1961) 4, S. 133-143.

Reissner, J.; Mülders, H.; Plänjer, E.: Tiefziehen im Anschlag. Bänder, Bleche, Rohre 21 (1980) 11, S. 484-488.

Schlosser, D.: Wanddickenänderung beim Tiefziehen. Ind.-Anz. 99 (1977) 61, S. 1179-1182.

Schuler GmbH (Hrsg.): Handbuch der Umformtechnik. Springer-Verlag, Berlin, Heidelberg 1996.

Shawki, G.: Tiefziehen ohne Blechhalter in Ziehwerkzeugen mit verschiedenen Einlaufformen. Bänder, Bleche, Rohre 10 (1969) 10, S. 597-601 und 11 (1970) 10, S. 523-528.

Siebel, E.: Der Niederhalterdruck beim Tiefziehen. Stahl und Eisen (1954) 4, S. 155-158.

Siebel, E.; Kotthaus, H.: Untersuchungen über den Einfluss der Ziehspaltweite auf den Formänderungsverlauf und die Eigenspannungen beim Tiefziehen. Mitt. Forsch. Ges. Blechverarbeitung (1954) 8.

4.2.3 Tiefziehen im Weiterzug

Mathias Liewald, Stefan Wagner

4.2.3.1 Verfahrensbeschreibung Weiterzug

Unter Tiefziehen im Weiterzug versteht man das weitergehende Umformen von Ziehteilen, die im Erstzug bereits eine Vorform erhalten haben. Das Tiefziehen im Weiterzug erfolgt in der Praxis zumeist an zylinderförmigen, hohlen Bauteilen, wobei der Durchmesser zylindrischer Bauteilabschnitte in den nachfolgenden Ziehprozessen schrittweise reduziert wird. Hierbei werden folgende Verfahren eingesetzt:

- Gleichlaufweiterziehen,
- Stülpziehen und
- Abstreckgleitziehen.

Beim Gleichlaufweiterziehen wird zwischen dem Ziehen ohne und dem Ziehen mit Blechhalter unterschieden (Abb. 4.40) (Siebel 1955). Das Ziehen ohne Blechhalter ist bis zu einer bestimmten werkstoffspezifischen Blechdicke möglich. Bei geringeren Blechdicken muss auf Grund der zu geringen Knickstabilität mit einer Faltenbildung gerechnet werden. Entstehen beim Weiterziehen Falten 1. Art, so treten diese meist erst gegen Ende des Ziehvorgangs auf, wenn der obere Rand des Werkstücks bereits über den Matrizeneinlaufradius gezogen wurde. Prinzipiell sind jedoch zur Faltenunterdrückung geringere Blechhalterkräfte als beim Ziehen im Erstzug erforderlich. Der Blechhalter übernimmt während des Weiterziehens nicht nur die Funktion der Unterdrückung von Falten 2. Art, sondern auch eine Ausfüll- und Abstützwirkung und auch das Erzeugen von Rückhaltekräften.

Neben dem Risiko des Entstehens von Falten 1. Art entsteht zu Beginn des Weiterzugs in der freien Umformzone ebenfalls das Risiko der Entstehung von Falten 2. Art. Diese freie Umformzone befindet sich in Bereichen des Ziehteils zwischen Ziehring und Stempel, die nicht am Ziehring oder Stempel anliegen.

Für einfache, zylindrische Werkstücke berechnet sich die erforderliche Flächenpressung p_K des Blechhalters wie folgt:

$$p_K = \frac{F_{HK}}{A_M (\sin \alpha + \mu \cdot \cos \alpha)} \qquad (4.56)$$

mit

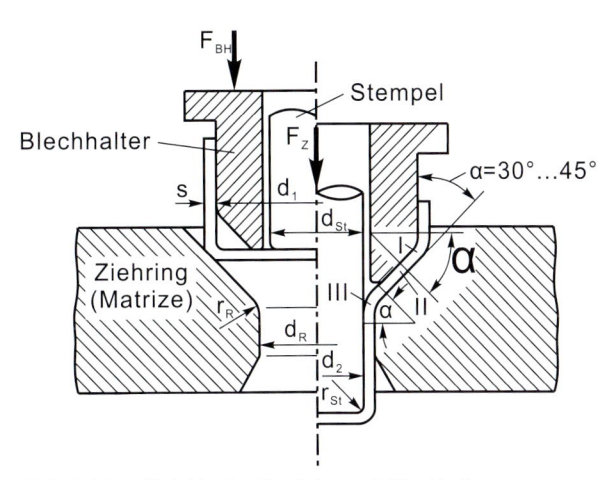

Abb. 4.40: *Gleichlaufweiterziehen mit Blechhalter*

4.2 Tiefziehen

Abb. 4.41: Kraft-Weg-Verlauf beim Gleichlaufweiterziehen

$$A_\text{M} \approx \frac{\Pi\,(d_{n-1}^2 - d_n^2)}{4 \cdot \sin\alpha} \qquad (4.57).$$

Hierbei bedeuten:
F_HK Ziehkraft,
α Ziehwinkel,
μ Reibungszahl,
d_{n-1} Ziehstempeldurchmesser aus dem vorangegangenen Ziehvorgang und
d_n aktueller Ziehstempeldurchmesser.

Die Wahl des geeigneten Kegelwinkels α beeinflusst entscheidend das Risiko einer möglichen Faltenbildung. Bei kleineren Winkeln nimmt die Gefahr der Faltenbildung 1. Art ab, während das Risiko der Faltenbildung 2. Art zunimmt. In der Praxis wird der Winkel meist zwischen 30° und 45° gewählt, hier erreicht auch die erforderliche Ziehkraft minimale Werte.

Das Ziehkraftmaximum wird beim Weiterzug erst gegen Ende des Ziehvorgangs erreicht (Abb. 4.41), da das Werkstück auf Grund des vorausgegangenen Vorzugs mit zunehmender Höhe der Zarge dicker wird (vgl. Kap. 4.2.2.4, Abb. 4.19) und zunehmend verfestigt ist.

4.2.3.2 Auslegung, Stadienpläne für mehrstufige Tiefziehprozesse

Beim Tiefziehen ist das Ziehverhältnis auf Grund der maximal in die Umformzone übertragbaren Tiefziehkraft begrenzt. Charakterisiert wird diese werkstoffabhängige Verfahrensgrenze durch das Grenzziehverhältnis (vgl. Kap. 4.2.2.3). Blechformteile, die ein höheres Ziehverhältnis aufweisen, müssen daher in mehreren Zügen hergestellt werden. Evtl. sind daher zwischen den einzelnen Umformstufen einzelne oder auch mehrere Glühoperationen erforderlich, um die erzeugte Versetzungsdichte wieder zu reduzieren. Ohne Zwischenglühung summiert sich die Kaltverfestigung der einzelnen Stufen und das Grenzziehverhältnis der jeweils folgenden Umformstufe sinkt.

Das Gesamtziehverhältnis β_ges für eine Werkzeugfolge basiert auf dem Erstzug, charakterisiert durch β_0, und kumuliert sich dann durch n Weiterzüge multiplikativ zu:

$$\beta_\text{ges} = \beta_0 \cdot \beta_1 \cdot \ldots \cdot \beta_n \qquad (4.58).$$

Die maximal zulässigen Ziehverhältnisse der einzelnen Stufen des Weiterziehens sind dabei vom Ziehverhältnis des Erstzugs abhängig. Je näher im Erstzug das Grenzziehverhältnis erreicht wird, desto geringer sind die maximal zulässigen Ziehverhältnisse in den nachfolgenden Weiterzügen. Tabelle 4.2 zeigt für mehrere Blechwerk-

Tab. 4.2: Erreichbare Ziehverhältnisse für verschiedene Blechwerkstoffe und NE-Metalle

Ziehwerkstoff	Zugfestigkeit in N/mm²	erreichbares Ziehverhältnis			Glühtemperatur in °C
		Erstzug β_1	1. Weiterzug β_2		
			ohne	mit	
			Zwischenglühen		
Unlegierte Stähle					
DC01	270...410	1,8	1,2	1,6	700
DC03	270...370	2,0	1,3	1,7	
Legierter Stahl					
X15CrNiSi2520	590...740	2,0	1,2	1,8	
Kupferlegierungen					
CuZn28	260...300	2,1	1,3	1,8	580
CuZn37	280...340	2,0	1,3	1,7	
Kupferbleche					
Cu95,5	200	1,9	1,4	1,8	
Leichtmetallblech					
ENAW-Al99,8	70	1,95	1,4	1,8	
ENAW-AlMg1	140	2,05	1,4	1,9	
Ti99,7	395...540	1,9		1,7	(Umformung häufig bei 350 °C)

4.2.3 Tiefziehen im Weiterzug

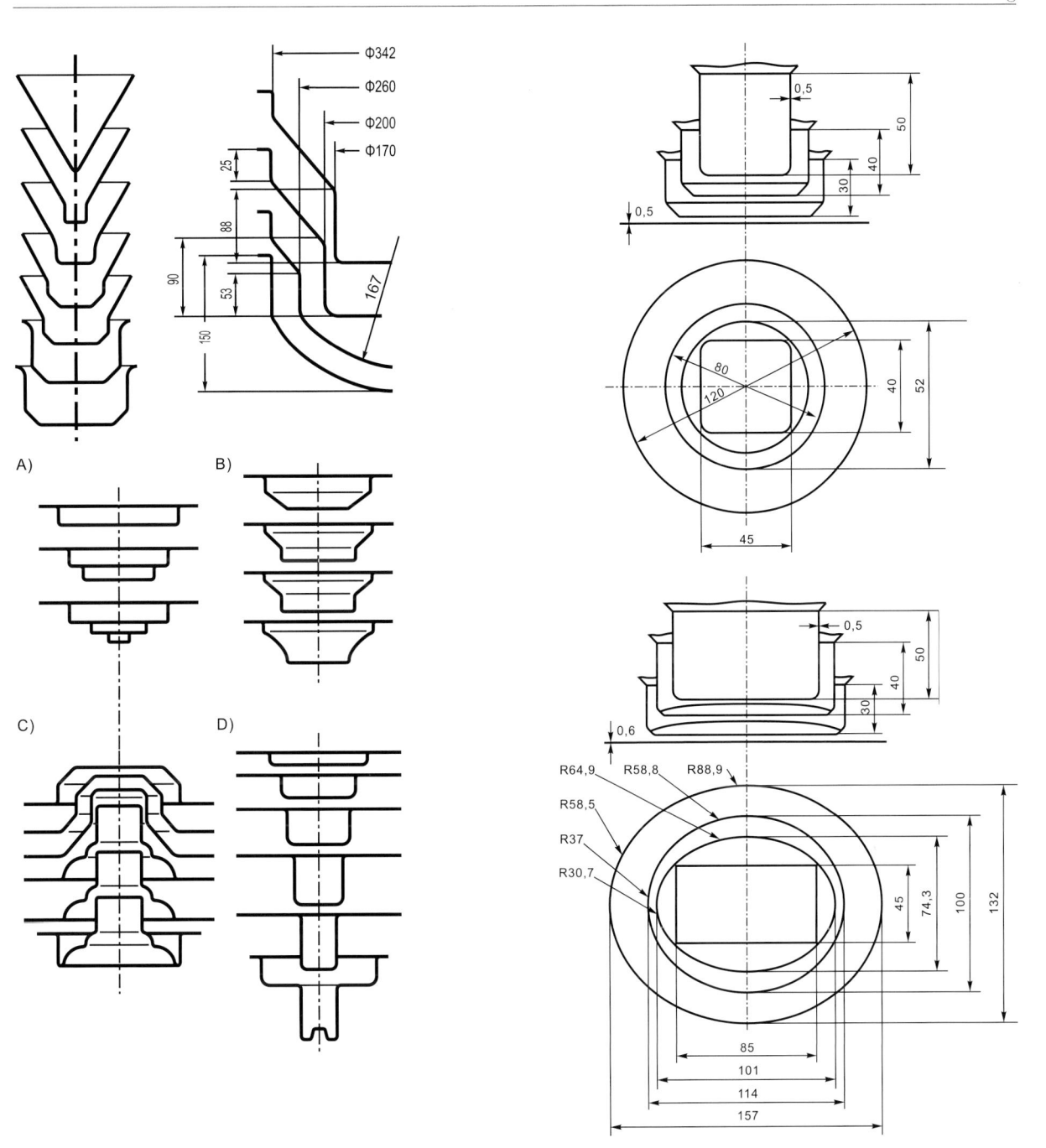

Abb. 4.42: *Ausgeführte Stufenfolgen-Beispiele für Erst- und Weiterzüge von zylindrischen und kegeligen Werkstücken (Öhler 2001; Schlosser 1977)*

stoffe die maximal erreichbaren Ziehverhältnisse im Erst- und Weiterzug, jeweils mit oder ohne Zwischenglühung. Die Festlegung der einzelnen Stufen eines rotationssymmetrischen Ziehteils kann wie beschrieben über die Wahl der einzelnen Ziehverhältnisse erfolgen. Bei komplexeren Teilen ändert sich dagegen oftmals zusätzlich noch die geometrische Form der einzelnen Zwischenstufen, um in optimaler Stufenfolge die gewünschte Endform des Werkstücks herzustellen. So erhält man beispielsweise bei konischen, quadratischen oder rechteckförmigen Bauteilgeometrien erst in den letzten Stufen die endgültige Form, während die vorangegangenen Zwischenstufen noch kreisrund oder elliptisch ausgeführt werden. Abbildung 4.42 zeigt beispielhaft einige Stufenfolgen zur Herstellung rotationssymmetrischer, quadratischer und rechteckförmiger Blechteile.

4.2.3.3 Zuschnittsermittlung / Form und Größe der Platine

Mit der Festlegung des Platinenzuschnitts und der Form der Platine werden beim Tiefziehen die Spannungsverhältnisse im Flanschbereich bzw. in der Umformzone beeinflusst. So werden beispielsweise durch eine lokale Vergrößerung der Platine sowohl die lokale Reibungskraft und damit die Rückhaltekraft im Bereich der Blechhaltung als auch die in den Eckbereichen im Flansch wirkenden tangentialen Druckspannungen erhöht.

Neben der Beeinflussung der Spannungen wird durch eine Platinenvergrößerung auch der Abfallanteil eines Ziehteils erhöht, was im Zusammenhang mit dem Materialkostenanteil des Werkstücks zu sehen ist.

Eine Zusammenstellung der Zuschnittsformen für häufig vorkommende, teilweise mit Geometrieelementen zusammengesetzte Werkstückformen zeigt Tabelle 4.3.

Literatur zu Kapitel 4.2.3

Öhler, G.; Kaiser, F.: Schnitt-, Stanz- und Ziehwerkzeuge. Springer-Verlag, Berlin, Heidelberg 2001.

Schlosser, D.: Wanddickenänderung beim Tiefziehen. Ind.-Anz. 99 (1977) 61, S. 1179-1182.

Schuler, L.: Taschenbuch für wirtschaftliche Blechverarbeitung. Springer-Verlag, Berlin 1937.

Schuler, L.: Handbuch der Umformtechnik. Springer-Verlag, Berlin, Heidelberg 1996.

Siebel, E.; Beißwenger, H.: Tiefziehen. Carl Hanser Verlag, München, Wien 1955.

Tab. 4.3: *Zuschnittformeln für das Tiefziehen (Schuler 1937)*

Gefäßform	Zuschnittdurchmesser d_0
	$\sqrt{d^2 + 4\,dh}$
	$\sqrt{d_2^2 + 4\,d_1 h}$
	$\sqrt{d_2^2 + 4\,(d_1 h_1 + d_2 h_2)}$
	$\sqrt{d_3^2 + 4\,(d_1 h_1 + d_2 h_2)}$
	$\sqrt{d_1^2 + 4\,d_1 h + 2f\,(d_1 + d_2)}$
	$\sqrt{d_2^2 + 4\,(d_1 h_1 + d_2 h_2) + 2f\,(d_2 + d_3)}$
	$\sqrt{2d^2} \approx 1{,}414\,d$
	$\sqrt{d_1^2 + d_2^2}$
	$1{,}414\sqrt{d_1^2 + f\,(d_1 + d_2)}$
	$1{,}414\sqrt{d^2 + 2dh}$
	$\sqrt{d_1^2 + d_2^2 + 4\,d_1 h}$
	$1{,}414\sqrt{d_1^2 + 2\,d_1 h + f\,(d_1 + d_2)}$
	$\sqrt{d^2 + 4h^2}$
	$\sqrt{d_2^2 + 4h^2}$

Gefäßform	Zuschnittdurchmesser d_0
	$\sqrt{d_2^2 + 4\,(h_1^2 + d_1 h_2)}$
	$\sqrt{d^2 + 4\,(h_1^2 + dh_2)}$
	$\sqrt{d_1^2 + 4h^2 + 2f\,(d_1 + d_2)}$
	$\sqrt{d_1^2 + 4\,[h_1^2 + d_1 h_2 + f/2\,(d_1 + d_2)]}$
	$\sqrt{d_1^2 + 2s\,(d_1 + d_2)}$
	$\sqrt{d_1^2 + 2s\,(d_1 + d_2) + d_3^2 - d_2^2}$
	$\sqrt{d_1^2 + 2\,[s(d_1 + d_2) + 2\,d_2 h]}$
	$\sqrt{d_1^2 + 6{,}28\,rd_1 + 8r^2}$ oder $\sqrt{d_2^2 + 2{,}28\,rd_2 - 0{,}56\,r^2}$
	$\sqrt{d_1^2 + 6{,}28\,rd_1 + 8r^2 + d_3^2 - d_2^2}$ oder $\sqrt{d_3^2 + 2{,}28\,rd_2 - 0{,}56\,r^2}$
	$\sqrt{d_1^2 + 6{,}28\,rd_1 + 8r^2 + 4\,d_2 h + d_3^2 - d_2^2}$ oder $\sqrt{d_3^2 + 4\,d_2\,(0{,}57\,r + h) - 0{,}56\,r^2}$
	$\sqrt{d_1^2 + 6{,}28\,rd_1 + 8r^2 + 2f\,(d_2 + d_3)}$ oder $\sqrt{d_2^2 + 2{,}28\,rd_2 + 2f\,(d_2 + d_3) - 0{,}56\,r^2}$
	$\sqrt{d_1^2 + 6{,}28\,rd_1 + 8r^2 + 4\,d_2 h + 2f\,(d_2 + d_3)}$ oder $\sqrt{d_2^2 + 4\,d_2\,(0{,}57\,r + h + f/2) + 2\,d_3 f - 0{,}56\,r^2}$
	$\sqrt{d_1^2 + 4\,(1{,}57\,rd_1 + 2r^2 + hd_2)}$ oder $\sqrt{d_2^2 + 4\,d_2\,(h + 0{,}57\,r) - 0{,}56\,r^2}$

4.2.4 Stülpziehen

Mathias Liewald, Stefan Wagner

Das Stülpziehen von Ronden gehört ebenfalls zu den Verfahren des Weiterziehens, wobei die Wirkung des Stülpstempels (Komponente 1 in Abb. 4.43) in entgegengesetzter Wirkrichtung des Stempels des Erstzugs liegt (Abb. 4.43). Die Innenseite des Werkstücks aus dem Erstzug wird damit zumindest teilweise zur Außenseite des Blechteils. In der Regel wird das Stülpziehen nicht für ein gänzliches Durchziehen eingesetzt, da das erreichbare Ziehverhältnis niedriger liegt als das des zuvor dargestellten Weiterziehens.

Vielfach werden bei einfachen Werkstückgeometrien heute Erst- und Stülpzug im selben Arbeitsgang, d. h. in einer einzigen Werkzeugstufe im selben Pressenhub durchgeführt. Voraussetzung hierfür ist jedoch entweder eine dreifach wirkende Umformpresse oder eine gleichartige Funktionsweise des Umformwerkzeugs.

Anwendung findet das Verfahren des Stülpziehens bei rotationssymmetrischen, quadratischen oder rechteckigen Bauteilgeometrien, wie in Abbildung 4.44 dargestellt. In den meisten Fällen ersetzt das Stülpziehen den mehrfachen Weiterzug von Bauteilen aus Blech. Durch eine geschickte Wahl der Stufenfolge können auch andere Umformoperationen und damit auch technischer Aufwand für den Transport der Werkstücke innerhalb des Werkzeugsatzes entfallen (vgl. Abb. 4.44 rechts).

Literatur zu Kapitel 4.2.4

Öhler, G.; Kaiser, F.: Schnitt-, Stanz- und Ziehwerkzeuge. Springer-Verlag, Berlin, Heidelberg 2001.

Radtke, H.: Stülpziehen. Blech Rohre Profile 28 (1981) 1, S. 652-656.

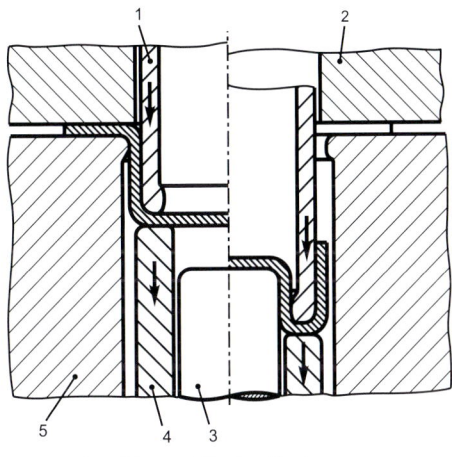

1 ... Stempel für den Erstzug
2 ... Blechhalter für den Erstzug
3 ... Stempel für den Stülpzug
4 ... Blechhalter für den Stülpzug
5 ... Ziehring für den Erstzug

Abb. 4.43: *Wirkprinzip des konventionellen Stülpziehens (links: Ausgangssituation mit Werkstück aus dem Erstzug; rechts: Funktionsweise des Stülpstempels)*

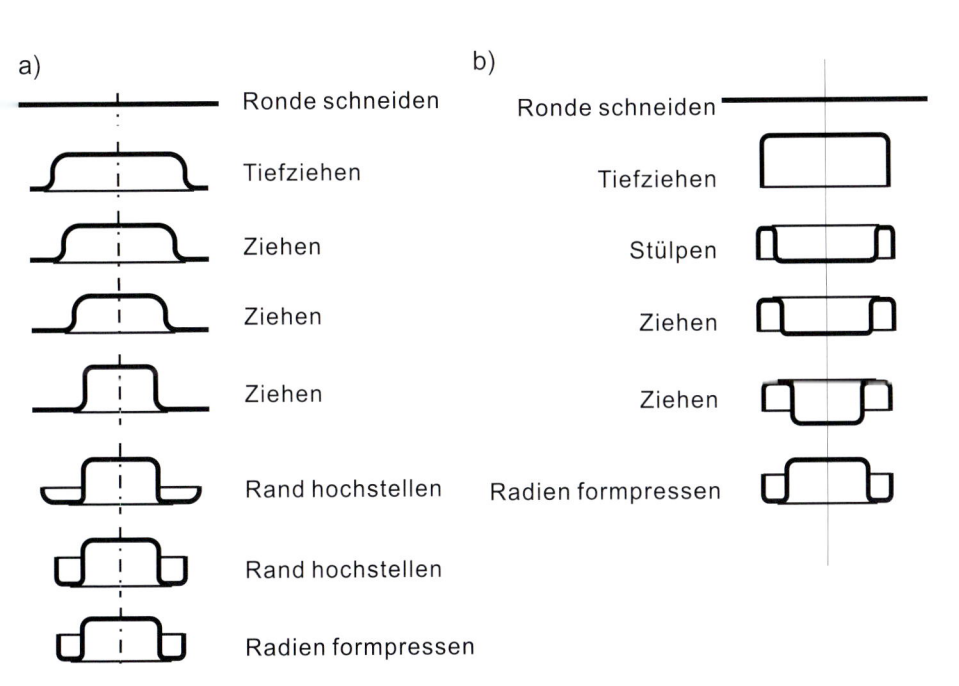

a)
Ronde schneiden
Tiefziehen
Ziehen
Ziehen
Ziehen
Rand hochstellen
Rand hochstellen
Radien formpressen

b)
Ronde schneiden
Tiefziehen
Stülpen
Ziehen
Ziehen
Radien formpressen

Abb. 4.44: *Entfall von Umformstufen durch Einsatz des Stülpziehens; a) Konventionelle Verfahrenreihenfolge b) Einsatz des Stülpziehens*

4.2.5 Das Tiefziehen von nicht-rotationssymmetrischen Werkstücken

Mathias Liewald, Stefan Wagner

4.2.5.1 Spannungsverhältnisse im Werkstück

Im Gegensatz zu rotationssymmetrischen Blechformteilen tritt bei unregelmäßig geformten Blechteilen keine gleichmäßige Spannungsverteilung im Flanschbereich entlang des Ziehumrisses auf. In einer ersten Näherung lässt sich die Kontur des Ziehumrisses in Geraden- und Radienbereiche unterteilen. Die geometrische Komplexität von nicht-rotationssymmetrischen Werkstücken ist jedoch nicht allein in der Geometrie des Ziehumrisses, sondern auch in der räumlichen Geometrie des Ziehstempels bzw. späteren Bauteilform begründet. In Abbildung 4.45 bildet die räumliche Geometrie des Ziehstempels demnach einen Quader mit unterschiedlich abgerundeten Kanten ab, mit einem entsprechenden rechteckförmigen Ziehumriss. Die räumliche Geometrie des Ziehstempels bedingt beim Tiefziehen somit stets die notwendige Rückhaltefunktion des Blechalters, die Beträge der wirkenden Tangential- und Radialspannungen im Ziehflansch sowie die lokal unterschiedlichen Einlaufwege der Platinenkante.

Beim Ziehen eines quaderförmigen Bauteils (vgl. Abb. 4.45) wirken beispielsweise die tangentialen Druckspannungen in den Eckenbereichen deutlich, führen dort zu einer Aufdickung der ursprünglichen Blechdicke und reduzieren den Einlauf der Platinenkante in diesen Bereichen merklich. An den geraden Seiten des Bauteils wirken nahezu ausschließlich radiale Zug- und fast keine tangentialen Druckspannungen, was zu größeren Einlaufwegen der Platinenkante führt.

In der Realität fällt die Tangentialspannung am Übergang von einem Ecken- in einen Geradenbereich allerdings nicht schlagartig auf Null ab, sondern sie wird in einer Übergangszone stetig abgebaut. Sichtbar wird dies auch durch eine Betrachtung der Spannungsverläufe σ_z in der senkrechten Seitenwand (Bauteilzarge) eines quaderförmigen Bauteils nach Abbildung 4.46.

Während des Ziehens unregelmäßiger Blechteile erfahren die einzelnen Zonen des Blechformteils unterschiedliche Beanspruchungen, die sich darüber hinaus während des Umformvorgangs ändern können. So werden Bereiche unterschieden, in denen Zug-Zug-Spannungszustände vorliegen, d. h. eine Streckziehbeanspruchung vorherrscht, und Bereiche, in denen eine Zug-Druck-Beanspruchung vorliegt, d. h. eine Tiefziehbeanspruchung auftritt (Abb. 4.47).

Bei streckziehdominierten Umformprozessen, d. h. bei relativ flachen bzw. nur gering gekrümmten Bauteilen, liegt der Spannungszustand überwiegend im Zug-Zug-Bereich. Die Umformzone breitet sich, ausgehend von den Einspannstellen, zur Stempelmitte hin aus. Zu Beginn des Umformprozesses verformen sich zunächst die nicht am Formstempel anliegenden freien Werkstückbereiche auf Grund der zeitlich instationären Reibungsverhältnisse und erfahren hierdurch eine Kaltverfestigung. Die relativ kleineren Formänderungen und somit auch niedrigen

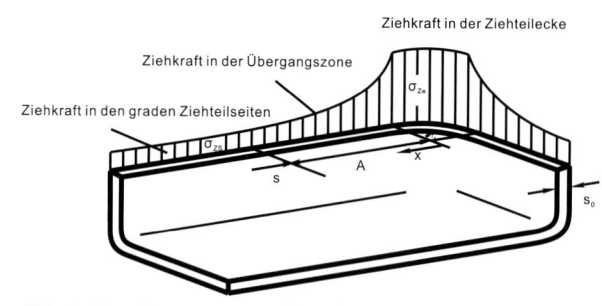

Abb. 4.46: *Spannungsverteilung in der Zarge eines quaderförmigen Werkstücks*

Abb. 4.45: *Quaderförmiges Ziehteil, Ausgangsplatine rechteckig (Quelle: IFU Stuttgart)*

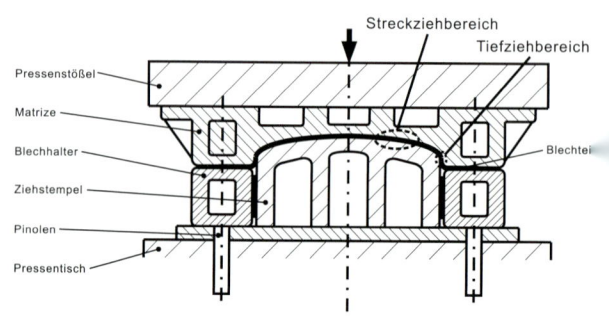

Abb. 4.47: *Tiefzieh- und Streckziehbeanspruchung*

4.2.5 Das Tiefziehen von nicht-rotationssymmetrischen Werkstücken

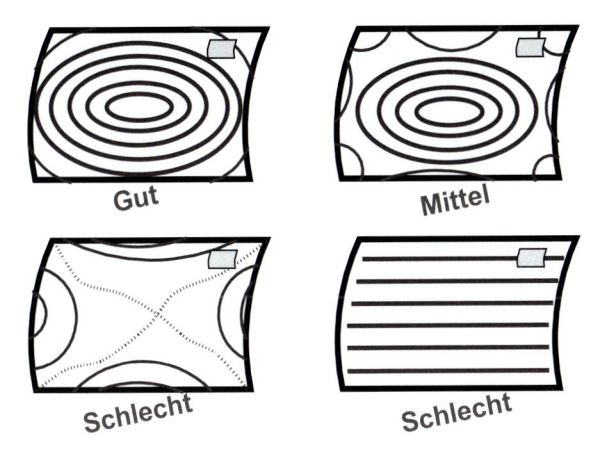

Abb. 4.48: Einfluss der Formänderungsverteilung (Singh 1997)

Fließspannungswerte liegen insbesondere bei flachen Formteilen in der Bauteilmitte vor. Bei streckziehähnlichen Teilen strebt man demnach eine möglichst geringe Reibung zwischen Stempel und Ziehteil an, um eine homogene Verteilung von Zug- und Tangentialspannungen (ohne Einschnürungen und Zug-Druckkombinationen) zu erreichen. Bei flachen nichtrotationssymmetrischen Teilen (z. B. Außenhaut von Kraftfahrzeugen, Tragflügelbeplankungen, Gehäuseelementen, Verkleidungen) dominiert eine solche Streckziehbeanspruchung.

Von erfahrenen Mitarbeitern aus der Fertigung wird die Qualität eines Ziehteils u. a. nach seinem „Auszug" (laterale Verteilung der plastischen Formänderungen in der Ebene des Werkstücks) beurteilt. Für z. B. Beplankungen von PKW-Fahrzeugtüren ist in diesem Zusammenhang die erreichte Mindestumformung im Mittenbereich des Bauteils von besonderem Interesse, die einen Betrag von mindestens 0,02 aufweisen sollte ($\varphi_g \geq 0{,}02$).

Im Hinblick auf die Homogenität der durch die Streckziehbeanspruchung erzeugten Formänderungsverteilung verdeutlicht Abbildung 4.48, inwieweit dadurch sogar die Beulsteifigkeit und -festigkeit des Bauteils beeinflusst wird.

Beim Ziehen nicht-rotationssymmetrischer Blechformteile, insbesondere von Bauteilgeometrien mit größeren Ziehtiefen (relativ hoher Tiefziehanteil), ist es erforderlich, das Einlaufen der Platine zwischen dem Blechhalter und der Matrize zu steuern. Hierzu bestehen prinzipiell die in Abbildung 4.49 dargestellten Möglichkeiten.

In der Praxis wird von diesen Möglichkeiten spezifisch Gebrauch gemacht, wobei in der Regel verschiedene Maßnahmen miteinander kombiniert werden. Berücksichtigt werden müssen neben den betrieblichen Randbedingungen, d. h. insbesondere den zur Verfügung stehenden Fertigungseinrichtungen, wie z. B. eine Beölungsanlage für Platinen, auch wirtschaftliche Gesichtspunkte.

4.2.5.2 Platinenform

Außenkontur der Platine

Die Festlegung der optimalen Platinenform erfolgt entweder manuell auf Basis von Erfahrungswissen und/oder praktischen Versuchen in der Phase der Werkzeugausprobe oder rechnerunterstützt anhand von Zusatzmodulen der FEM-Prozesssimulation. Die endgültige Festlegung der Platinenform erfolgt dann empirisch auf der Basis des funktionsfähigen Ziehwerkzeugs nach der Einarbeitungsphase. Daher werden die Platinenschneidwerkzeuge im Falle von Formplatinen (beliebig gestalteter Umriss der Platine) stets erst gegen Ende der Einarbeitung des gesamten Werkzeugsatzes angefertigt.

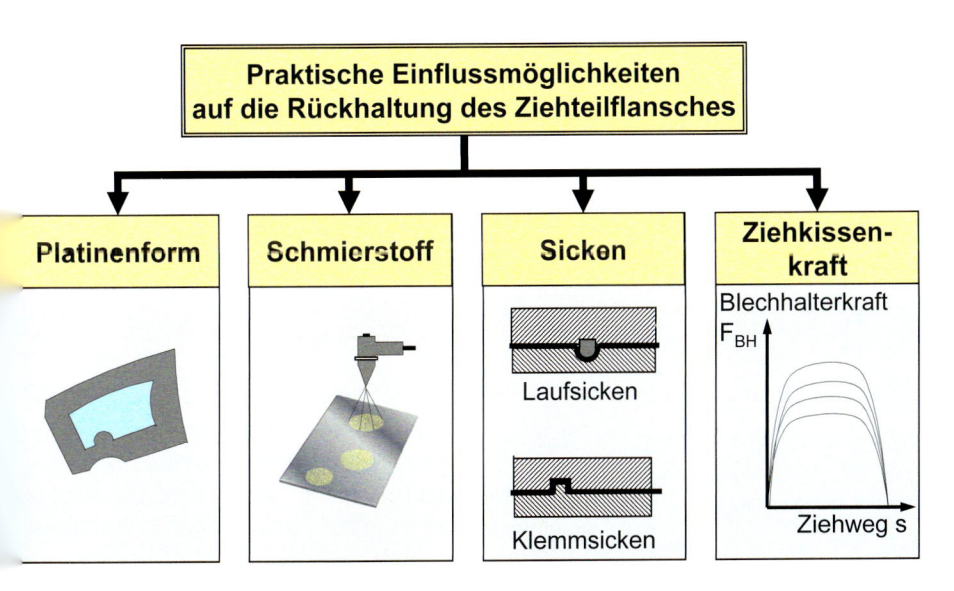

Abb. 4.49: Möglichkeiten der Beeinflussung der Rückhaltewirkung des Ziehteilflansches

Prinzipiell kann durch Variation der Platinenform das Einlaufen der Platine lokal beeinflusst werden. Durch eine örtliche Vergrößerung der zwischen den Ziehrahmen geführten Platinenbereiche werden die Reibungskräfte im Bereich der Blechhaltung erhöht, aus dem sich ein verzögerter bzw. reduzierter Materialfluss ergibt. Zu beachten ist jedoch, dass diese Maßnahme ein höheres Einsatzgewicht des Bauteils zur Folge hat.

Umgekehrt ergibt sich durch örtliche Reduzierung der Platinengröße eine Begünstigung des Materialflusses. Hier besteht jedoch die Gefahr, dass insbesondere gegen Ende des Ziehvorgangs nicht mehr genügend Restflanschfläche zur Rückhaltung der Platine vorhanden sein kann.

Spannungsentlastungslöcher in der Platine

Neben der Festlegung der Platinenaußenkontur ist es bei großflächigen Blechteilen teilweise erforderlich, sogenannte Spannungsentlastungslöcher in Abhängigkeit von der zu fertigenden Bauteilgeometrie in die Platine einzubringen (Abb. 4.50). Derartige Aussparungen sind immer dann erforderlich, wenn bereits während des Tiefziehensvorgangs stark durch Zugspannungen beanspruchte Platinenbereiche zum Prozessende beim Einfahren in eine Matrizengeometrie weiter umgeformt werden müssen und dadurch die Gefahr des Einreißens der Platine besteht.

Entlastungslöcher werden durch spezielle Schneidkanten im gleichen oder durch das Platinenschneidwerkzeug im vorhergehenden Arbeitsgang angebracht. Der Blechwerkstoff kann dann aus einer weiter innen liegenden Zone des Ziehteils nachfließen. Die beliebig berandeten Aussparungen in der Platine können daher stets nur in sogenannte Nebenflächen des Bauteils gelegt werden, die später ohnehin weggeschnitten werden.

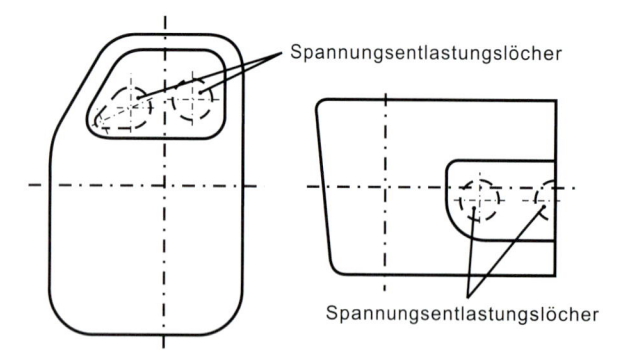

Abb. 4.50: *Karosserieziehteil mit eingeschnittenen Spannungsentlastungslöchern*

4.2.5.3 Reibung zwischen Platine und Ziehrahmen

Durch die Beeinflussung der Reibung selbst zwischen der Platine und dem Blechhalter bzw. der Matrize besteht eine weitere Möglichkeit der Steuerung des Materialflusses während des Prozesses. Beim Tiefziehen rotationssymmetrischer Blechformteile sollte die Blechhalterkraft lediglich so groß gewählt werden, dass eine Faltenbildung 1. Art verhindert wird und die Ronde problemlos eingezogen werden kann. Im Gegensatz dazu wird die Blechhalterkraft beim Tiefziehen von nicht-rotationssymmetrischen Blechformteilen für die Erzeugung von am Ziehumriss lokal spezifischer Reibungswirkung eingesetzt, um den Materialfluss geometriespezifisch ausgestalten zu können. Unter der vereinfachten Annahme des Coulomb'schen Reibungsgesetzes ergibt sich ein direkter Zusammenhang zwischen der Blechhalterkraft F_{BH} und der Reibungskraft F_R als Summe der zwischen Blechhalter, Matrize und Platine (auf deren Ober- und Unterseite, Indizes 1 und 2) wirkenden Reibungskraft:

$$F_R = F_{R_{BH/Bl}} + F_{R_{ZR/Bl}} \qquad (4.59),$$

$$F_{R_{BH/Bl}} = \mu_1 \cdot F_{BH} \qquad (4.60),$$

$$F_{R_{ZR/Bl}} = \mu_2 \cdot F_{BH} \qquad (4.61),$$

$$F_R = (\mu_1 + \mu_2) \cdot F_{BH} \qquad (4.62).$$

Bezüglich der Reibung zwischen Platine und Blechhalter sowie zwischen Platine und Ziehmatrize ergeben sich mehrere Einflussparameter:

- unterschiedliche Schmierstoffart und -menge pro Fläche auf der Platinenoberfläche,
- Erzeugung unterschiedlicher Flächenpressungen durch Eintuschieren der Druckverteilung zwischen Blechhalter und der gegenüberliegenden Fläche sowie
- Einleitung unterschiedlicher Blechhalterkräfte (Angriffspunkte, Kraftverlauf über dem Ziehweg).

4.2.5.4 Schmierstoffe für das Tiefziehen

Anforderungen an Schmierstoffe für das Tiefziehen

Beim Tief- und Streckziehen sowie beim Ziehen von unregelmäßigen Blechformteilen besitzt die Viskosität der verwendeten Schmierstoffe einen entscheidenden Einfluss auf die Reibungsverhältnisse während des Umformvorgangs und auch auf die vorherrschenden Verschleißmechanismen. An die Schmierstoffe werden daher verschiedenartige Anforderungen gestellt.

Vornehmliche Aufgaben der Schmierstoffe bilden daher die Verringerung von Reibung zwischen Werkzeug und Platine, die Verschleißminderung und das Ableiten von Umformwärme in den Werkzeugkörper. Die Umformung von Platinen ist gekennzeichnet durch Flächenpressungen zwischen 1 und 60 MPa bei niedrigen Relativgeschwindigkeiten zwischen Werkzeug und Werkstück im Bereich zwischen 0 und 500 mm/s. Die Einstellung eines idealen Tribosystems der reinen Flüssigkeitsreibung ohne eine Berührung der metallischen Oberflächen ist daher für das Tiefziehen ausgeschlossen. Der überwiegende Teil der Blechumformvorgänge erfolgt im Bereich der Mischreibung, die das gleichzeitige Auftreten von Flüssigkeits- und Grenzreibung darstellt.

Um die Anforderungen der Blechumformung erfüllen zu können, müssen die Schmierstoffe stark druckbelastbar sein und zudem eine hohe Haftung an metallischen Oberflächen aufweisen. Eine weitere Eigenschaft, die zur Verbesserung von Blechumformvorgängen führen kann, ist die Bildung von Aktivschichten an der Werkstückoberfläche, die den Abtrag von Metallpartikeln erschwert und damit den Verschleiß an den Werkzeugen, insbesondere am Matrizeneinlaufradius und an den Stempelradien reduziert.

Eine weitere Aufgabe der Schmierung in der Blechumformung ist die Beeinflussung der Reibung während der Umformung. Für das Tiefziehen von rotationssymmetrischen Teilen ist es beispielsweise erwünscht, eine niedrige Reibungskraft unter dem Blechhalter und am Ziehring zu erhalten. Im Gegensatz hierzu ist zwischen Stempel und Platine eine hohe Reibungszahl erwünscht, um über Reibungskräfte zwischen Stempelwandung und Platine zusätzliche Kräfte in die Umformzone einleiten zu können. Dadurch lässt sich ein größeres Grenzziehverhältnis für den Umformprozess erreichen. Festzuhalten bleibt, dass die Anforderungen an den am besten geeigneten Schmierstoff stets in Abhängigkeit vom Anwendungsfall (z.B. Blechdicke, Topologie der Platinenoberfläche und des Umformwerkzeugs, Werkstückwerkstoff, Bauteilgeometrie) ausgestaltet werden müssen.

Schmierstoffarten

Korrosionsschutzöle auf Mineralölbasis werden von den Stahlwerken seit Jahren zur Schlussbeölung der beschichteten und unbeschichteten Stahlblechbänder appliziert. Diese Öle weisen einen guten temporären Korrosionsschutz für die Lagerung und den Transport von Coils oder Platinen auf, das Material sollte jedoch dann umgehend verarbeitet werden.

Bis Anfang der 1990er Jahre wurden in Deutschland fast ausschließlich Standard-Korrosionsschutzöle (Viskosität ca. 15 bis 35 mm²/s bei 40 °C) zur Beölung von Feinblechen verwendet. Von Nachteil ist zwar die geringe Schmierwirkung bei anspruchsvollen Prozessführungen, jedoch kann in der heutigen Praxis mit diesen Ölen ein erheblicher Prozentsatz an Ziehteilen ohne zusätzliches Ziehöl gefertigt werden. Die Auftragsmenge liegt üblicherweise zwischen 0,5 und 1,5 g/m².

Moderne thixotrope Korrosionsschutzöle besitzen verbesserte Schmiereigenschaften und reichen in vielen Fällen für eine große Bandbreite von Blechwerkstoffen und Bauteilgeometrien aus. Im Falle des Tief- und Streckziehens von PKW-Beplankungsteilen mit besonderen Anforderungen an die Sauberkeit der großflächigen Platinen müssen diese vor dem Umformvorgang gewaschen und mit alternativen oder Zusatzschmierstoffen benetzt werden (Abb. 4.51).

Alle Öle bzw. Emulsionen für die Blechumformung müssen heute den VDA-Richtlinien (VDA-Prüfblatt 230-201) genügen und zusätzlich kundenspezifische Vorgaben erfüllen und freigegeben sein.

Walzwerkseitig auf Platinen oder Coil applizierte Korrosionsschutzöle gehören teilweise zu den sog. „Prelubes", welche die Korrosionsschutzeigenschaften der Standard-Korrosionsschutzöle erfüllen, jedoch auf Grund ihrer erhöhten Viskosität (ca. 60 mm²/s bei 40 °C) und einem erhöhten Anteil an schmierwirksamen Bestandteilen eine relativ gute Eignung für das Tiefziehen und

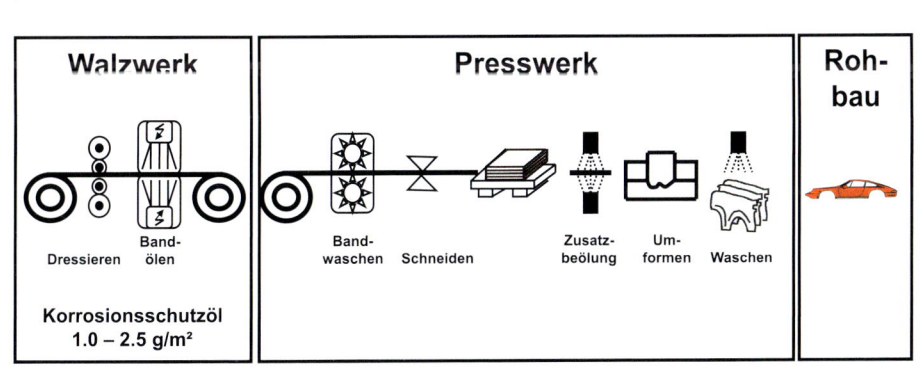

Abb. 4.51: *Prozesskette für die Karosserieteilfertigung unter Verwendung von Korrosionsschutzölen*

4.2 Tiefziehen

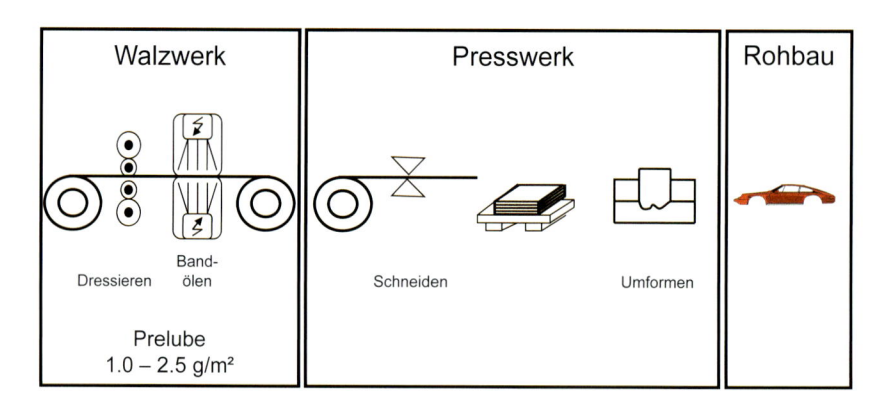

Abb. 4.52: Prozesskette für die Karosserieteilfertigung unter Verwendung von Prelubes

andere Blechumformverfahren aufweisen (Losch 2000). Auf Grund der höheren Viskosität ist die Ablauftendenz im Vergleich zu reinen Korrosionsschutzölen geringer. Eine Waschoperation der Platine sowie eine zusätzliche Beölung sind hier nicht erforderlich (Abb. 4.52). Die Auftragsmenge liegt ebenfalls zwischen 0,5 und 1,5 g/m². Das Konzept der Prelubes sieht vor, dass die Platine partiell mit anderen geeigneten Schmierstoffen lokal zusatzbeölt werden kann.

Trockenschmierstoffe (Drylubes) oder Hotmelts werden im geschmolzenen Zustand elektrostatisch auf die Bandoberfläche aufgetragen (Zimmermann 2007). In der Praxis werden heute verschiedene Trockenschmierstoffsysteme handelsüblich angeboten:

- Polymere: gelöst oder dispergiert in Wasser oder organischen Lösemitteln, nach der Abtrocknung ergibt sich ein trockener Polymerfilm auf der Blechoberfläche.
- Gleitlacke: neben der Abtrocknung erfolgt ein Vernetzungsprozess von Schmierstoffmolekülen, der oft thermisch unterstützt wird.
- Lösemittel- oder wasserverdünnte Dispersionen (z.B. Amide): bilden nach der Applikation und der Verdunstung des Lösemittels feste Schmierstofffilme.
- Hotmelts: Wasserfreie, schmelzbare Schmierstoffe, die im geschmolzenen Zustand bei 60 bis 70 °C elektrostatisch appliziert werden.

Beim Waschen von Coils und Platinen kommen in Europa selten lösemittelhaltige Systeme, sondern vermehrt niedrig viskose Öle zum Einsatz. Beim Waschen wird etwa die Hälfte des anhaftenden Öls entfernt und die überschüssige Ölmenge durch poröse Walzen abgequetscht.

Sollten schwierige Umformoperationen lokal einen zusätzlichen Schmierstoff erfordern, muss ein prozessfähiges und systemkompatibles Umformöl verwendet werden, das an diesen kritischen Stellen dosiert aufgetragen wird. Hierbei handelt es sich in der Regel um ein höherviskoses Öl, welches auf die unterliegende Coilbeölung aufgetragen wird.

4.2.5.5 Ziehsicken und Ziehwulste

Beeinflussung der Rückhaltewirkung des Ziehflansches

Ziehwulste und Ziehsicken (Abb. 4.53) werden eingesetzt, um dem Einlaufen der Platine im Bereich der Blechhaltung eine örtlich und bisweilen zeitlich unterschiedliche Rückhaltekraft entgegen zu setzen. Dies entspricht dann der Reibungswirkung eines örtlich erhöhten Blechhalterdrucks. Die Rückhaltkraft auf die Platine zur Überwindung der durch die Ziehsicke verursachten Reibungs- und Biegekräfte ist von folgenden Faktoren abhängig:

- Affinität zwischen Umformgut und Werkzeugwerkstoff,
- Oberflächentopologie des Werkzeugs, der Sicken und des Ziehstabs,
- Radienverhältnisse an Ziehsicke, Ziehsickennut und deren Breite, der Eindringtiefe des Ziehstabs usw.,
- Topologie der Blechoberfläche sowie
- Blechdicke und Festigkeit des Blechwerkstoffs.

Die Radien der Ziehsicke bestimmen die Charakteristik des Systems. Je kleiner die Ein- und Auslaufradien an der Ziehsickennut und je größer die Eindringtiefe des Ziehsicke in die Ziehsickennut sind, desto größer ist die Summe der auf die Platine wirkenden Biege- und Reibungskräfte und desto steiler ist somit der Anstieg der Rückhaltung. Bei genügend kleinen Radien kann schließlich jegliches Einlaufen der Platine unterbunden werden.

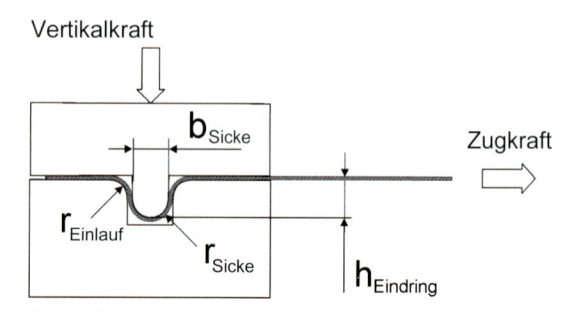

Abb. 4.53: Ziehsicke und Ziehsickennut

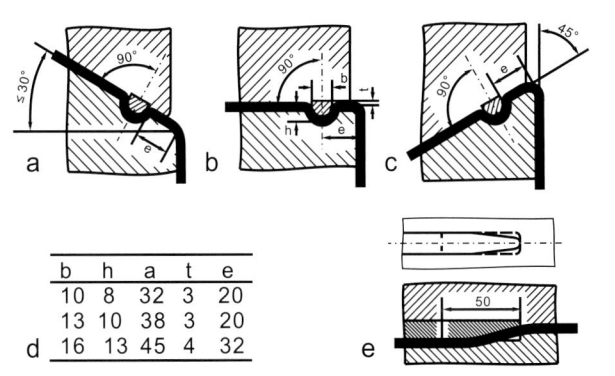

4.2.5 Das Tiefziehen von nicht-rotationssymmetrischen Werkstücken

Abb. 4.54: Anordnungen von Ziehsicken
a und c) Ziehsicke an angewinkelter Blechhalterfläche
b) Ziehsicke an ebener Blechhalterfläche
d) Abmessungen e) Auslauf der Ziehsicke

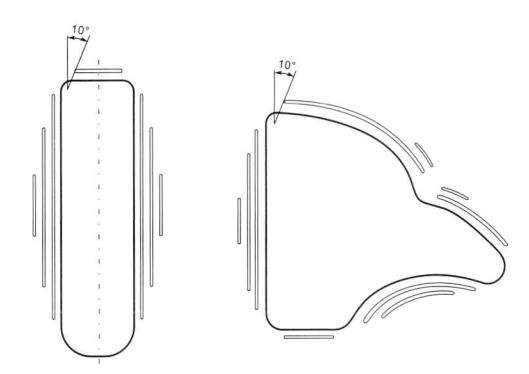

b	h	a	t	e
10	8	32	3	20
13	10	38	3	20
16	13	45	4	32

Abb. 4.56: Mehrfachanordnung von Ziehsicken hintereinander

Um die Ziehsicke geschlossen zu halten, muss eine bestimmte, von einer Vielzahl von Parametern abhängige zusätzliche Vertikalkraft vom Blechhalterstößel oder dem Ziehapparat aufgebracht werden.

Früher wurden Ziehsicken aus Instandhaltungsgründen als Profilstab in eine vorbereitete Rechtecknut auf der Blechhalter- oder Matrizenseite eingeschlagen und mit Stiften in der Nut fixiert. Daher wird in der Praxis heute noch vereinzelt der Begriff „Ziehsickenstab" verwendet, obwohl die Sickengeometrie heute im Gusskörper der Matrize oder des Blechhalters vorgesehen und zerspanend aus dem Vollen erzeugt wird.

Die beabsichtigte, vom Ziehweg zeitlich abhängige Bremswirkung des Ziehflansches wird durch die Position der Ziehsicke als Abstand vom Matrizeneinlaufradius erzielt (Abb. 4.54). Üblicherweise werden heute Sickenbreiten von 10 mm und 13 mm eingesetzt, wobei deren Höhe auf die Blechdicke und das beabsichtigte Bremsverhalten angepasst wird. Werden in diesem Zusammenhang eher größere Einlaufwege in Verbindung mit niedrigen Blechhalterkräften erwünscht, so wird die Ziehsicke eine eher geringe Höhe aufweisen. In diesem Fall spricht man von sog. Laufsicken. Im Gegensatz dazu besteht zum Beispiel bei flachen Bauteilen mit hoher Streckziehbelastung oftmals die Forderung, dass jegliches Einlaufen der Platinenkante unterbunden werden soll. In diesem Fall gestaltet man die Ziehsicke mit großer Sickenhöhe oder mit rechteckigem Querschnitt aus. Abbildung 4.55 zeigt die qualitative Ausführung von Sicken am Beispiel einer Beplankung einer Motorhaube.

Bei bestimmten Bauteilgeometrien können größere Falten 1. Art im Bereich der Blechhaltung auftreten, sodass die Blechhalterkraft nur in engen Grenzen erhöht werden kann. In diesem Falle erzielt man höhere Rückhaltekräfte während des gesamten Ziehwegs (des Ziehstempels) durch Mehrfachanordnung von Ziehsicken in Laufrichtung hintereinander (Abb. 4.56). Zu beachten ist jedoch, dass derartige Mehrfachanordnungen eine größere Platine und damit ein höheres Einsatzgewicht für das Bauteil zur Folge haben. Anfang und Ende der Ziehsicke wird nach handwerklicher Erfahrung in der Höhe reduziert und läuft dann auf die Höhe der Ziehanlage aus. Einen Erfahrungswert dafür bilden die in Abb. 4.56 angegebenen 10 Grad nach dem Ende eines Radienbereichs des Ziehumrisses.

Dabei ist zu beachten, dass die für diese Ziehanlagengestaltung zugehörige Ziehkraft zur Herstellung des Werkstücks und damit auch die erforderliche Stößelkraft der Ziehpresse mit zunehmender Anzahl von Ziehsicken ansteigen.

Ziehwulste

Ziehwulste stellen ein Bremskonzept für den Ziehflansch dar, das an unterschiedliche Ziehtiefen im gleichen Bauteil bzw. an dessen Geometrie individuell entlang des Ziehumrisses angepasst werden kann. Grundsätzlich erzeugen Ziehwulste eine lokal spezifisch einstellbare Rückhaltekraft der Platine, die ideal nah am Ziehumriss wirkt. Darüber hinaus vermögen spezielle Ziehwulstgeometrien zum einen technologisch ungünstige Höhendifferenzen bei der Ziehanlagengestaltung auszugleichen und

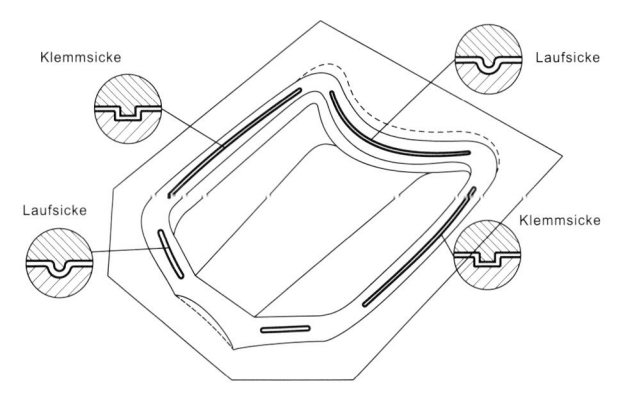

Abb. 4.55: Gezielte Veränderung des Platineneinlaufs durch Variation der Platinenform und Gestaltung von Lauf- und Klemmsicken

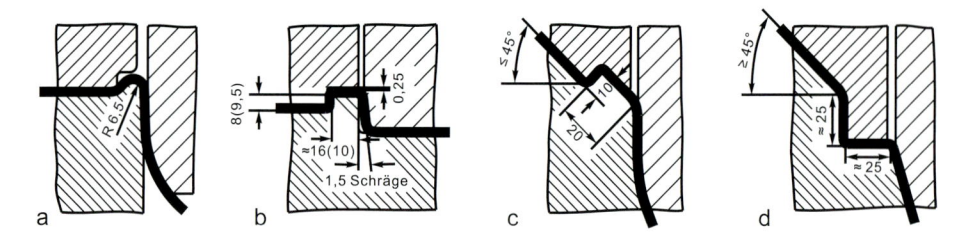

Abb. 4.57: *Prinzipielle Darstellungen von Ziehwulsten*

zum anderen eine bestimmte Vorspannung in die noch unverformte Platine nach dem Schließen des Blechhalters vor der Berührung durch den Ziehstempel einzubringen. Einen weiteren technologischen Vorteil von Ziehwulsten bildet deren nahezu uneingeschränkter Einsatz auch bei extrem hohen Einlaufwinkeln des Ziehflansches in die Bauteilzarge.

Abbildung 4.57 zeigt unterschiedliche Querschnittsformen von Ziehwulsten und deren Ausgestaltung prinzipiell auf. Generell können diese Geometrien jedoch in beliebiger Form modifiziert werden, um den oben genannten Anforderungen gerecht zu werden. Beispielsweise wird die in Abbildung 4.57b dargestellte Geometrie mit relativ kleinen Radien häufig für Streckziehteile, wie z. B. Tür- und Dachbeplankungen von PKW, eingesetzt, während die in Abbildung 4.57d dargestellte Geometrie mit relativ großen Radien für Tiefziehteile mit großen Einlaufwegen verwendet wird.

Höhenverstellbare Bremssysteme

Eine weitere Verfahrensvariante für flache Bauteilgeometrien, die durch Tief- und Streckziehen hergestellt werden, stellt die Kombination von Tiefziehen und mechanischem Tiefen gegen Prozessende dar. Diese Kombination ist dann sinnvoll, wenn ein Bauteil in den ersten Prozess-phasen tiefgezogen wird und der Ziehflansch nachlaufen kann. Eine sichtbare Verbesserung der Form- und Maßgenauigkeit des Blechformteils (vgl. Kap. 4.2.5.8) kann erreicht werden, wenn gegen Ende des Prozesses jegliches Nachlaufen des Ziehflansches unterbunden wird (Beck 2004; Siegert 2007). Diese Vorgehensweise nennt man „Shape Set" und hat zum Ziel, eigenspannungsverursachte Krümmungen der Ziehteilzarge nach dem Beschneiden deutlich zu reduzieren. Diese Streckziehphase führt zu einer Oberflächenvergrößerung der Ziehteilzarge und erhöht deren nahezu einachsige, plastische Zugspannung merklich. Dieses „Shape Set"-Konzept kann entweder durch eine drastische Erhöhung der Blechhalterkraft gegen Prozessende oder durch eine Höhenverstellung von Ziehsicken erreicht werden, die im Ziehwerkzeug beispielsweise mechanisch oder hydraulisch angetrieben werden können. Generell gelten solche beweglichen Sickensysteme im Ziehwerkzeug als störanfällig und instandhaltungsintensiv.

4.2.5.6 Tuschieren

Ursachen und Gründe

Wie bereits dargelegt, werden alle Funktionsflächen von Umformwerkzeugen grundsätzlich zerspanend bearbeitet und weisen somit (temperaturkompensiert) die mit der CNC-Bearbeitungsmaschine erreichbaren Form- und Maßgenauigkeiten auf. Die Makro-Geometrie eines Werkstücks (z. B. Ziehstempel, Blechhalter oder Ziehmatrize) wird somit durch die technologischen Eigenschaften der zerspanenden Bearbeitung und zusätzlich durch die Werkstückstemperatur während dieser Bearbeitung bestimmt. Die Mikro-Geometrie der Werkstücke wird durch die technologischen Parameter des Fräsens, wie z. B. Schnittgeschwindigkeit, Vorschub, Zeilenabstand, Frässtrategie und Geometrie der Werkzeugschneiden, geprägt. Es wird daher offensichtlich, dass sich die Bearbeitungsparameter der Zerspanung unterschiedlich auf das Setz- bzw. Einebnungsverhalten von Funktionsflächen unter Druckbelastung auswirken.

Mit dem Begriff „Tuschieren" meint der Praktiker das manuelle Erzeugen einer beabsichtigten Druckverteilung in der Kontaktfläche zwischen zwei elastisch verformbaren Werkstücken aus Metall. Dabei kann eine lokal hohe Flächenpressung nur durch vorsichtiges, manuelles Schleifen und den dadurch beabsichtigten Materialabtrag reduziert werden. Die Notwendigkeit für das Tuschieren leitet sich somit aus den nicht vorhersagbaren, elastischen Druckverformungen der Werkzeugkörper Ziehstempel, Blechhalter und Ziehmatrize in der Wirkkette der Presskraft an den örtlich unterschiedlichen Orten des Ziehwerkzeugs ab. Die durch Tuschieren erzeugte Druckverteilung ist folglich abhängig von der absoluten Presskraft, der Temperatur der Werkzeugkörper sowie der elastischen Druckeigenschaften der Umformmaschine (Durchbiegen der Aufspannflächen des Ziehstößels und des Pressen- oder Fahrtisches, elastische Verformungen im Ziehapparat). Der Gebrauch eines Ziehwerkzeugs (Setzverhalten des Werkstoffs der Werkzeugkörper) und der sich unter Umständen einstellende Verschleiß im Bereich der Blechhaltung mit hoher Relativbewegung zwischen Platine und Blechhalterflächen verändern ebenfalls mit der Zeit oder während der

Serienfertigung eine initial erzeugte Druckverteilung bzw. das „Tuschierbild" zum Zeitpunkt der Werkzeugabnahme.

Erstellen von „Tuschierbildern" und deren Interpretation

Der hohe Kostendruck im Blechumformwerkzeugbau führt heute oftmals zu reduzierten Zeitvorgaben für die Werkzeugeinarbeit, was zu mangelhaften bzw. nur oberflächlich erzeugten „Tuschierbildern" im Bereich der Bauteilform zwischen Ziehstempel und Ziehmatrize und auch im Bereich der Blechhaltung führt. Tuschierbilder werden mit spezieller, nicht trocknender Farbe erzeugt, wobei stets die Platine bzw. das Bauteil eingestrichen und mit einem dünnen, möglichst gleich dicken Farbfilm manuell überzogen wird (Abb. 4.58). Nach dem Einlegen der Platine oder des Blechformteils wird das Zieh- oder Formwerkzeug mit den vorgesehenen Solldruckkräften zusammengefahren, sodass sich aus den elastischen Verformungen von Maschine und Werkzeug sowie der Mikro- bzw. Makrogeometrie der zerspanend hergestellten Werkzeugelemente ein Kräftegleichgewicht einstellt, das eine bestimmte Druckverteilung auf dem Werkstück sichtbar werden lässt und die Tuschierfarbe bereichsweise zur Seite drückt. In diesem Fall dient das mit Farbe benetzte Werkstück als Abbild der Druckverteilung unter Last und zeigt die Kontaktflächen in der Wirkfuge deutlich sichtbar auf.

Schlecht eintuschierte Blechumformwerkzeuge führen zum einen zu Qualitätsmängeln des Bauteils sowie zu Oberflächendefekten und zum anderen zu mangelnder Prozesssicherheit während der Gebrauchsphase des Werkzeugs. Abweichungen in Bezug auf Form und Maß sind auf schlecht ausgeformte Radienbereiche und nicht gleichmäßige Kontaktverhältnisse zwischen Ziehstempel und Ziehmatrize zurückzuführen. Oberflächenunebenheiten werden durch den gleichen Effekt in wenig gekrümmten Zonen des Bauteils verursacht und werden oftmals erst nach dem Lackieren des Werkstücks sichtbar. Das Tuschieren der Kontaktflächen zwischen Ziehstempel und Ziehmatrize ist insbesondere bei Außenhautteilen von Pkw von Bedeutung, da hierbei besondere Anforderungen an die Ebenheit und Stetigkeit von Krümmungsübergängen in der Bauteilkontur gestellt werden. Diese handwerkliche Arbeit ist insbesondere bei dieser Gruppe von Werkstücken von Bedeutung, da sich während des Tiefziehvorgangs die Blechdicke ändert (diese kann in bestimmten Bauteilbereichen dünner und auch dicker werden) und sich dadurch die Kontaktverhältnisse unter Last ändern. Üblicherweise wird heute der Ziehstempel stets nach den Bauteilkoordinaten gefräst und lediglich die Ziehmatrize den sich einstellenden Druckverhältnissen durch Tuschieren angepasst. Bei der Einarbeit von Folgewerkzeugen (Schneiden, Nachformen, Schieberoperationen) geht man analog vor und belässt stets die Innenseite des Bauteils mit den Bauteilkoordinaten.

Gleichmäßige, möglichst flächige Druckverhältnisse im gesamten Bereich der Blechhaltung sind wichtig für eine hohe Reproduzierbarkeit des Tiefziehvorgangs. Das Tuschieren empfiehlt sich auch im Falle der Rückhaltung der Platine mittels Ziehsicken, da vor und hinter der Ziehsicke spezifische niedrige und gleichverteilte Druckverhältnisse zu möglichst geringem Verschleiß in der Blechhalter- und Matrizenfläche führen. Ein ausgearbeitetes und gleichmäßiges Tragbild im Bereich des Ziehflansches führt hierbei zu stets gleichbleibenden Einlaufwegen der Platinenkante und sich einstellender Formänderungsverteilung in der Bauteilfläche.

Zusammenfassend müssen die notwendigen Tuschierarbeiten an einem Ziehwerkzeug daher in folgende Schritte unterteilt werden:

- Erstellen eines gleichmäßigen Tragbilds im Bereich der Blechhaltung derart, dass ein Ziehteil (wenn auch sehr fehlerhaft) annähernd vollständig ausgeformt werden kann.
- Erstellen eines gleichmäßigen Tragbilds im Bereich der eigentlichen Bauteilform, das den sich verändernden lokalen Blechdicken des Werkstücks Rechnung trägt. Alle Radien der Ziehanlage sind vollständig ausgeformt.
- Erneutes Überarbeiten des Tragbilds im Bereich der Blechhaltung in Bezug auf die kleinstmöglichen Abmessungen der Platine und der Eliminierung von Dünnzeug, Reißern und Bauteilwelligkeiten.

Dokumentation des Druckbilds am Ende der Tryout-Phase

Zum Zeitpunkt der Übergabe des Betriebsmittels an den Produktionsbetrieb wird im Falle anspruchsvoller Zieh-

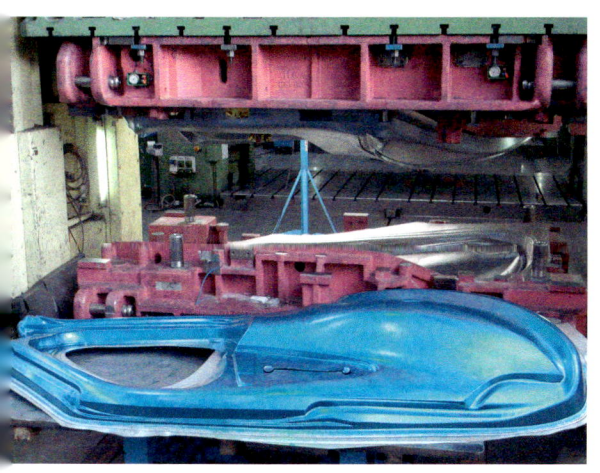

Abb. 4.58: *Tuschieren (Quelle: GIW – Gesellschaft für innovative Werkzeugsysteme mbH)*

teilgeometrien üblicherweise ein endgültiges Tuschierbild erfasst und dokumentiert. Dies ist insbesondere vor dem Hintergrund des zu erwartenden, nicht vermeidbaren Verschleißes von Werkzeugzonen wichtig, die zum einen für die Erzeugung einer hinreichenden Rückhaltung der Platine relevant sind und zum anderen relativ große Relativbewegungen zwischen Platine und Werkzeugkomponenten aufweisen.

Zu diesem Zweck kann zum einen ein fertiges Ziehteil mit Farbe benetzt werden und das final eingearbeitete Tuschierbild durch ein Zusammenfahren des Werkzeugs erzeugt werden. In diesem Falle bildet das Bauteil die Dokumentation des Tuschierbildes am Ende der Tryout-Phase. Zum anderen kann der lokale Einlauf der Platinenkante als Beurteilungskriterium für das erzeugte Druckbild verwendet werden. Auch in diesem Falle bildet das eingefärbte Bauteil die Dokumentation des Tuschierbilds. Fernerhin besteht die Möglichkeit, die Reaktion eines im Bereich der Blechhaltung erzeugten Druckbilds als Beurteilungskriterium in Form einer dadurch erzeugten Formänderungsverteilung im Ziehteil digital zu messen und zu dokumentieren. Dazu muss die Platine auf ihrer Außenseite vor dem Tiefziehen mit einem speziellen Messraster versehen werden, das während des Tiefziehens verformt wird. Dieses Raster kann dann nach dem Umformvorgang mittels optischer Kameras vermessen und dokumentiert werden. Die gleiche Vorgehensweise kann unter Umständen auch bei der Analyse beziehungsweise Dokumentationen von Werkstücken aus den Folgeoperationen ebenfalls eingesetzt werden.

Blechhaltungskonzepte mittels Distanzen und Ziehsicken

Verschiedene Presswerke bevorzugen heute ein Blechhaltungskonzept für Ziehwerkzeuge, das auf nur teilweise eintuschierten Blechhalterflächen beruht, die stets mit mindestens einer Ziehsicke und mehreren, am Außenumfang angeordneten Distanzen (im Sinne fester mechanischer Anschläge) zwischen Blechhalter und Ziehmatrize ausgestattet sind. Die Distanzen zwischen Blechhalter und Ziehmatrize werden dabei höhenverstellbar ausgeführt, sodass hiermit während des Produktionsbetriebes eine Verstellmöglichkeit auf Grund schwankender Reibungsverhältnisse im Bereich der Blechhaltung, schwankende Festigkeitseigenschaften und Blechdicken der Platine geschaffen werden soll. Bei diesem Konzept können die Distanzen am Außenumfang des Blechhalters bzw. der Ziehmatrize einen Spalt zwischen beiden Körpern erzeugen, der zum Beispiel 10 bis 15 Prozent über dem Nennmaß der Platinendicke liegt. Dies hat zur Folge, dass die lokal veränderliche Rückhaltung der Platine ausschließlich durch die Ziehsicken erzeugt wird und die Pressung zwischen Blechhalter und Matrize direkt am Ziehumriss noch geringfügig wirkt, da die Einleitung der Ziehkraft mittels Ziehpinolen und den außen angeordneten Distanzen zu einer elastischen Torsion des Blechhalterrahmens führen. Prinzipiell beruht das Blechhaltungskonzept mittels Distanzen und Ziehsicken auf der Modellvorstellung einer Blechrückhaltung, die mittels des distanzierten Abstands zwischen Blechhalter und Ziehmatrize im Bedarfsfall manuell verändert werden kann. Dieses Konzept impliziert somit starre (nicht elastische) Werkzeugkörper, die *„weggesteuert"* zueinander eingestellt werden können, und deren Wechselwirkung somit proportional zum eingestellten Distanzweg verändert werden kann. Die Folge dieses Konzepts ist, dass die Ziehsicke einem besonderes hohen Verschleiß unterliegt, da jegliche Erzeugung von Rückhaltekraft in der Blechhalterfläche ausbleibt.

Die weiter oben ausgeführten Hintergründe des Tuschierens der Blechhaltung und der Erzeugung eines möglichst homogenen Druckbilds (Tragbilds) beruhen hingegen auf der Modellvorstellung einer Blechhaltung, die ausschließlich *kraftgesteuert* funktioniert. Schwankenden Produktionsbedingungen, wie z. B. Betriebstemperatur des Ziehwerkzeugs, schwankende Reibungsverhältnisse zwischen Blechhalter und Platine, schwankende Festigkeitseigenschaften und Blechdicken der Platine, kann hierbei lediglich mittels Veränderung der Blechhalterkraft (Ziehapparat, Blechhalterstößel) Rechnung getragen werden. Dieses Konzept verspricht den minimalen Verschleiß im Bereich der Blechhaltung und damit die größten diesbezüglichen Instandhaltungsintervalle.

4.2.5.7 Konstruktive Gestaltung der Blechhalter

Werkzeugverrippung

Großwerkzeuge beispielsweise zur Herstellung von Karosserieteilen, werden im Allgemeinen in Verrippungsbauweise in Kombination mit einer durchgehenden und geschlossenen Innenwand sowie durchgehenden Boden- und Deckflächen ausgeführt. Dies hat den Zweck, das Blechhaltergewicht bei großen Abmessungen des Ziehwerkzeugs möglichst niedrig zu halten. In der Praxis üblich sind heute Querschnittsgestaltungen des stets rahmenförmigen Blechhalters mit Kastenprofil- oder C-Profil-Verrippungen (Abb. 4.59).

Hierbei sind die Rippen mit Wanddicken zwischen 40 und 60 mm (Ausnahmen bis zu 100 mm an Tragwangen) in teilweise großen Abständen orthogonal zueinander angeordnet. Diese Verrippungsgestaltung bewirkt zwar

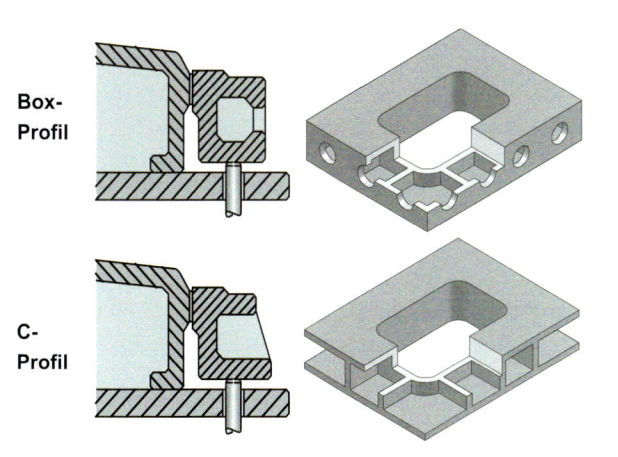

4.2.5 Das Tiefziehen von nicht-rotationssymmetrischen Werkstücken

Abb. 4.59: *Konstruktiver Aufbau konventioneller Blechhalterrahmen (Quelle: IFU Stuttgart)*

eine relativ leichte Bauweise des Blechhalters und führt insbesondere beim Kastenprofil im Vergleich zu anderen Konstruktionsausführungen zu relativ geringen Durchbiegungen und Torsionsverformungen. Jedoch ergeben sich bei dieser Konstruktionsausführung hinsichtlich der damit möglichen Erzeugung von hohen Flächenpressungen im Bereich der Blechhaltung gravierende technische Nachteile. Falls der Matrizenkörper in der gleichen Konstruktionsweise ausgeführt wird, so treten in bestimmten Zonen der Kontaktfläche beidseitig des Ziehteilflansches, in denen sich zwei Vertikalrippen (Matrizen- und Blechhalterseite) gegenüberstehen, relativ hohe Flächenpressungen auf. In den Zwischenzonen zwischen den Vertikalrippen kann jedoch auf Grund der fehlenden Stützwirkung durch die Rippen nur eine niedrige Flächenpressung erzeugt werden (Abb. 4.60). In diesen Abschnitten mit nur geringer Flächenpressung wird somit unter Umständen die Faltenbildung 1. Art begünstigt

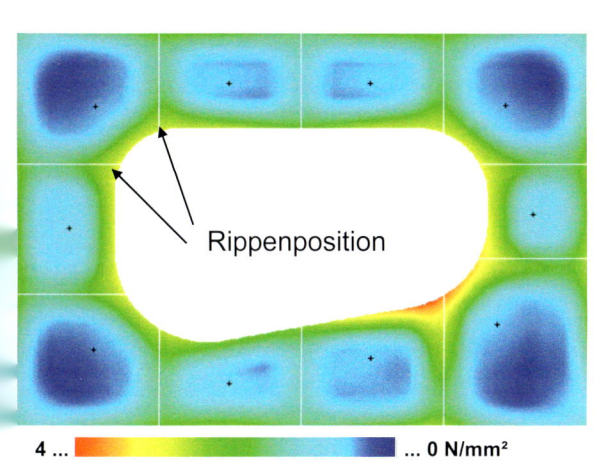

Abb. 4.60: *Flächenpressungsverteilungen bei einem als Kastenprofil verrippten Blechhalter (FEM-Belastungssimulation) (Quelle: IFU Stuttagrt)*

bzw. es können hier keine hohen Rückhaltekräfte erzeugt werden.

Derartige verrippte Einzelwerkzeuge werden im Vollformgießverfahren hergestellt, welches in Kapitel 10 genauer beschrieben ist. Aus gießtechnischer Sicht sind folgende Punkte zu berücksichtigen:

- Materialanhäufungen sollten weitestgehend konstruktiv vermieden werden, um der Gefahr von Lunkerbildungen vorzubeugen.
- Übergänge sind nicht mit zu großen Radien zu versehen.
- Gießtrichter und Steiger sind ausreichend groß zu dimensionieren.
- Große horizontale Flächen sind zu vermeiden, da sonst Luft- und Gasblasenbildung auftreten kann.
- Gleichmäßige Wanddicken sind vorzusehen, ansonsten besteht die Gefahr des Auftretens von Schrumpfspannungen und Rissbildung.
- Günstige Querschnitts- und Masseverteilungen sind vorzunehmen.
- Übergänge zur Aufnahme von Spannungen durch Rippen sind zu verstärken.

Die Gegenfläche des Blechhalters, die Matrize bzw. der Ziehring, sollte einerseits möglichst steif und andererseits möglichst leicht ausgeführt werden. Hierfür bietet sich eine prismatische Ziehringverrippung, vorzugsweise Honeycomb-Verrippung, an (Abb. 4.61).

Einstellung unterschiedlicher Blechhalterpressungen

Ein Nachteil vieler konstruktiver Ausführungen von Werkzeugverrippungen ist, dass bei Veränderung einzelner Pinolenkräfte, wie dies mit Vielpunktzieheinrichtungen möglich ist, die Flächenpressung zwischen Blechhalter und Ziehmatrize nicht gezielt lokal beeinflusst werden kann. Dies ist darauf zurückzuführen, dass die verwendeten Blechhalter konstruktiv meist biege- und torsionssteif ausgeführt sind und eine für diesen Zweck ungünstige Anordnung der Rippen aufweisen.

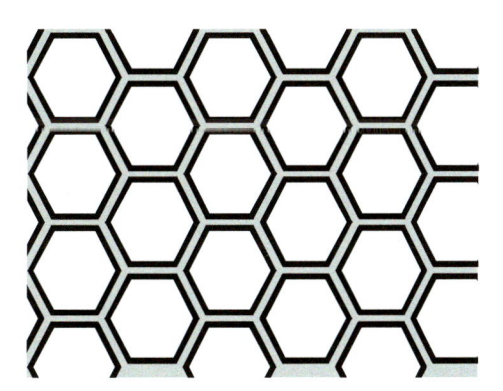

Abb. 4.61: *Wabenstruktur (Quelle: IFU Stuttgart)*

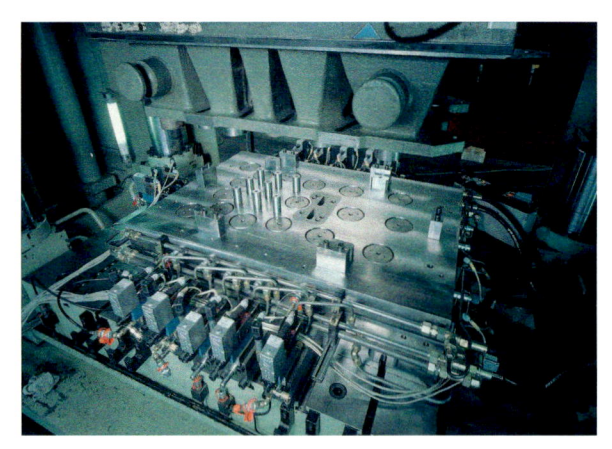

Abb. 4.62: *Zylinderplatte zur gezielten Einleitung von Blechhalterkräften (Quelle: Schuler Pressen)*

Eine zielgerichtete Blechhalterkrafteinleitung liegt dann vor, wenn bestimmte Bereiche der Platine mittels eines biege- und/oder torsionsweichen Blechhalters definiert im Sinne einer zuvor bestimmbaren Rückhaltung beeinflusst werden können. Diese Art der gezielten Steuerung der lokalen Einlaufwege der Platinenkante ist dann möglich, wenn das Gesamtsystem Werkzeug und Maschine für diesen Zweck aufeinander abgestimmt eingesetzt wird. Auf Seiten der Einleitung der Blechhalterkraft in die rahmenförmige Konstruktion des Blechhalters wird ein System benötigt, mit dem einzelne Druckpunkte gezielt und unabhängig voneinander angesteuert werden können. Das Ziehwerkzeug muss hierzu derart gestaltet sein, dass eine gezielte Weiterleitung dieser Kraft durch den Körper des Blechhalters hindurch in bestimmte Flanschbereiche während des Ziehens gewährleistet werden kann.

Pressenseitig sind hier Zieheinrichtungen im Pressentisch mit einzeln oder gruppenweise ansteuerbaren Pinolen sinnvoll, oder, alternativ hierzu, eine flache Zwischenplatte mit Kurzhubzylindern, die direkt unter dem Ziehwerkzeug eingesetzt wird. Das in Abbildung 4.62 gezeigte System zur Herstellung von Spülen zeigt eine solche aufeinander angepasste Werkzeuggeometrie (Werkzeug mit abgesetzten Stümpfen) und eine Zylinderplatte mit einzeln ansteuerbaren und druckgeregelten Zylindern zur gezielten Steuerung des Ziehprozessverlaufs.

4.2.5.8 Qualität von Blechformteilen

Maßhaltigkeit von Blechformteilen

Für die Qualität von Blechformteilen sind aus Sicht der Serienfertigung unterschiedliche Kriterien von Bedeutung:

- Versagensfrei (Reißer, unzulässige Blechdickenreduktion, Falten 1. oder 2. Art),
- Maßhaltigkeit des Bauteils,
- Formänderungsverteilung in der Bauteilfläche,
- Oberflächenqualität (bei Sichtteilen, die beschichtet oder lackiert werden) sowie
- Qualität der Bauteilkanten (Beschnitt, Radien, Winkel).

Die Maßhaltigkeit von Blechformteilen ist insbesondere im Hinblick auf den späteren Einbau des Blechformteiles in eine Baugruppe von fertigungstechnischer Relevanz. Bestimmte Anschlussmaße müssen hierbei unbedingt eingehalten werden und sind in der Bauteilzeichnung entsprechend spezifiziert. Kontrolliert werden die wichtigen Maße und der Bauteilumriss (ggf. auch einzelne Schnitte) bei Groß- und Mittelserien meist mit eigens dafür angefertigten (Kontroll-)Lehren. Bei Kleinserien oder der Stichprobenprüfung kommen manuelle oder automatisierte 3D-Koordinatenmessmaschinen und vorgefertigte Bauteilauflagen zum Einsatz.

Die Maßhaltigkeit der Blechformteile steht auch in direktem Zusammenhang mit dem Verschleißzustand der eingesetzten Werkzeuge. Mit zunehmendem Verschleiß können sich beispielsweise Radien und Winkelstellungen von Funktionsflächen der Blechformteile verändern.

Weiterhin stellen rückfederungsbedingte Formabweichungen speziell bei der Herstellung von unregelmäßigen Blechformteilen eine bedeutende Ursache der Abweichung von der Sollgeometrie dar. Der lokale Rückfederungsbetrag in einer Zone eines Blechformteils wird von seinen Werkstoffeigenschaften und auch den lokalen Geometrieverhältnissen des Bauteils bestimmt. Bei der Einarbeit von Maßnahmen zur Kompensation dieser Formabweichungen muss zwischen den Anteilen aus elastisch-plastischen Biegeumformungen und den elastischen Rückfederungen ungekrümmter Längenabschnitte unterschieden werden (Abb. 4.63). Beim Ziehen von quaderförmigen Näpfen beispielsweise wirkt sich dieser Effekt derart aus, dass durch zu geringe Längsspannungen in der Zarge (Rückhaltung) die am Matrizeneinlaufradius eingeleiteten Biegespannungen nur teilweise zu einer Plastifizierung der Zarge führen. Die Folge ist eine Rückfederung der Zarge bei der Entnahme des Blechformteils aus dem Ziehwerkzeug, was zur Ausbildung von Hohlstellen bzw. Einfallstellen führt. (Roll 2004)

Das Rückfederungsverhalten von Tiefziehteilen kann durch eine den Biegespannungen (Matrizeneinlaufradius, Ziehsicke) überlagerte Zugspannung beeinflusst werden. Daher sind zahlreiche Prozessparameter, die Einfluss auf diese Längsspannungen in der Zarge besitzen, relevant für die durch Rückfederung hervorgerufenen Formabweichungen. Eine Erhöhung der überlagerten Zugspannung wirkt grundsätzlich rückfederungsverringernd (vgl. Kap. 4.2.8.4).

4.2.5 Das Tiefziehen von nicht-rotationssymmetrischen Werkstücken

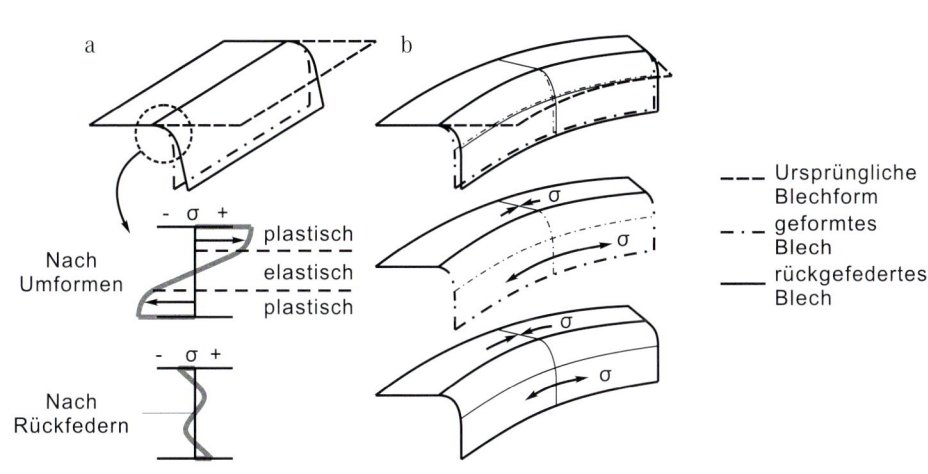

Abb. 4.63: Mechanismen der Rückfederung beim Abstellen von Bauteilflanschen (Quelle: Roll 2004)

Formänderungsverteilungen in Blechformteilen

Die Charakterisierung von Blechwerkstoffen durch den genormten einachsigen Zugversuch ist in der industriellen Praxis heute meist nicht mehr ausreichend und liefert zu wenige Kenngrößen für ein hinreichendes Verständnis des entsprechenden Werkstoffverhaltens. Zahlreiche produzierende Unternehmen, Blechhersteller und Forschungsstellen gehen daher seit Jahren dazu über, den Blechwerkstoff einer lateralen, zweiachsigen Prüfbelastung zu unterziehen und sein Verhalten zu charakterisieren.

Die prinzipielle Vorgehensweise bei einer Formänderungsanalyse beruht auf der Erfassung von Verzerrungsfeldern auf der Probenoberfläche während der Versuchsdurchführung mit Hilfe von Kamerasystemen. Dazu wird zu Beginn des Versuchs ein deterministisches oder stochastisches Muster auf der Platine aufgebracht (Spray, elektrochemisch oder mit einem Laser) und das Kamerasystem in der Vorrichtung entsprechend positioniert und kalibriert. Aus dem rechnerischen Vergleich des ursprünglichen mit dem sich verzerrenden Messrasters auf der Unterseite der Probe werden die lokalen Formänderungen in der Platinenebene und auch in Dickenrichtung zeitabhängig berechnet. Als Messmethoden gibt es photogrammetrische Verfahren, bei denen das Bauteil als Ganzes in einer einzigen Aufnahme erfasst wird, und Einzelmessungen, bei denen nur Teile des Messrasters (z. B. einzelne Kreise) vermessen werden. Die Einzelmessungen lassen sich dann zu einem Gesamtbild der Formänderungen auf dem Bauteil zusammensetzen.

Für den Aufbau eines sogenannten Grenzformänderungsdiagramms (GFÄD), das die gemessenen Hauptformänderungen in einem Diagramm aufspannt, werden mehrere Probengeometrien benötigt, um einen längeren Kurvenzug zeichnen zu können. Üblicherweise erfasst man den Verzerrungszustand der Probenmitte kurz vor dem Versagen und bestimmt somit die Grenzformänderung des untersuchten Blechwerkstoffs. Liegt nun ein experimentell ermitteltes Grenzformänderungsdiagramm vor (vgl. Kap. 4.2.2.9), kann man durch das Einzeichnen einer aktuell am Bauteil gemessenen Hauptformänderung feststellen, wie weit dieser Punkt von der Grenzkurve des diesbezüglichen Versagens entfernt liegt (Abb. 4.64). Der Abstand dieses Punkts bzw. aller kritischen Zonen des Bauteils von der Grenzformänderungskurve erlaubt eine Aussage über die fertigungstechnische Machbarkeit der vorliegenden Werkstückgeometrie und des vorgesehenen Blechwerkstoffs.

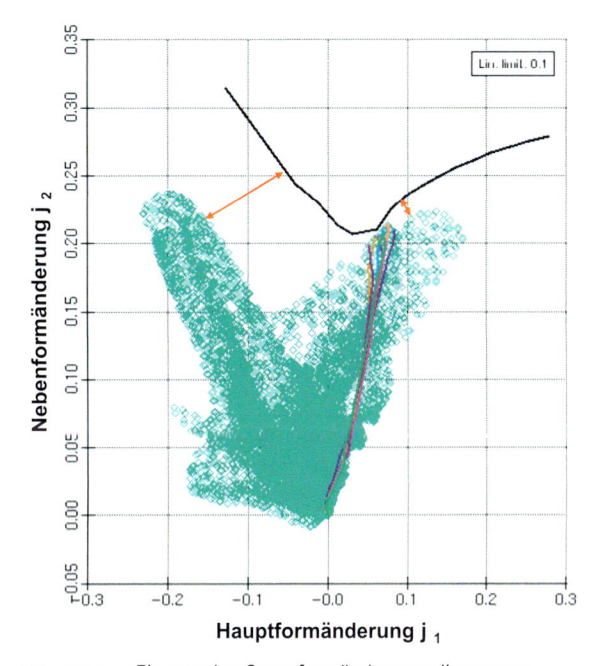

Abb. 4.64: Einsatz des Grenzformänderungsdiagramms (Quelle: Audi AG)

4.2 Tiefziehen

Oberflächenqualität von Blechformteilen

Das optische Erscheinungsbild (Form, Oberfläche, Design) von Bauteilen aus Blech für z. B. Kraftfahrzeuge stellt eines der wesentlichen Kriterien für die positive Wahrnehmung des Produkts durch den potenziellen Käufer dar. Insbesondere das makellose Erscheinungsbild von Flächen der lackierten Karosserie ist hauptsächlich in den gehobenen Fahrzeugpreisklassen von besonderer Bedeutung. Diese Kundenwünsche bedingen ständig steigende Anforderungen an den Herstellungsprozess hochwertiger Blechformteile. Dies gilt insbesondere für Beplankungsteile aus Aluminiumlegierungen. Kleinste Oberflächenunruhen bzw. -fehler, die durch die Reflexion der glänzenden Lackierung oftmals optisch verstärkt werden, führen im Presswerk entweder zu Ausschuss oder Nacharbeit der hergestellten Teile. Problematisch hierbei ist auch die Tatsache, dass bestimmte Oberflächenfehler teilweise erst am fertig lackierten Teil unter speziellen Lichtverhältnissen sichtbar werden.

Für den Presswerkbetrieb leiten sich hieraus zwei Problemkreise ab. Zum einen besteht natürlich die Anforderung, die Blechformteile für die Außenhaut eines Fahrzeugs in einwandfreier Oberflächenqualität herzustellen. Auf der anderen Seite besteht die Notwendigkeit, die hergestellten Teile hinsichtlich ihrer Oberflächenqualität objektiv zu beurteilen. Dies erfolgt heute teilweise immer noch mittels subjektiver Methoden, indem beispielsweise das Blechformteil mit einem längeren Abziehstein oder mit einer mit Schleifpapier beklebten Holzlatte „abgezogen" wird und das durch Schleifen erzeugte Tragbild der Holzlatte durch das menschliche Auge begutachtet wird. Weiterhin ist es gebräuchlich, dass der Kontrolleur die gepressten Teile anhand der Reflexion von entsprechenden Lichtquellen auf Oberflächenfehler hin untersucht (Abb. 4.65). Neben der Tatsache, dass diese Vorgehensweisen viel Erfahrung des Kontrolleurs erfordern, ist als weiterer Nachteil die nicht exakte Reproduzierbarkeit einer Oberflächenbewertung großflächiger Beplankungsteile zu nennen. Die Automobil- und -Zulieferindustrie hat daher ein Audit-System von Freiformflächen definiert, das solche Oberflächenbegutachtungen annähernd objektiv festlegt.

Der Grund für das Auftreten von Oberflächenfehlern auf Blechformteilen während der Produktion kann beispielsweise im örtlichen Verschleiß von Umformwerkzeugen oder in schwankenden Prozessparametern begründet sein. Darüber hinaus können Oberflächenfehler entstehen, wenn sich während der Produktion Schmutz- oder Abriebpartikel auf den Wirkflächen der Werkzeuge anlagern. Auch besteht bei falscher Wahl der Schmierstoffe (zu hohe Viskosität, zu große Schmierstoffmenge) die Ge-

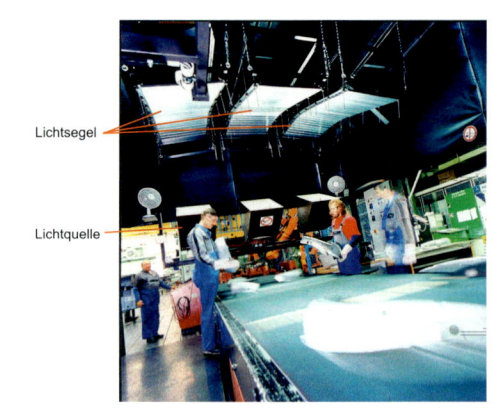

Abb. 4.65: *Kontrolle der Oberflächenqualität von Außenhautbauteilen von Fahrzeugkarosserien (Quelle: Daimler AG)*

fahr der Entstehung von Oberflächenfehlern (Abdrücke von kleinen Schmierstoffpolstern).

Insbesondere bei hohen Ziehgeschwindigkeiten spielt die Entlüftung von Tiefziehwerkzeugen eine große Rolle. Durch die Ausbildung von luftdicht abgeschlossenen Bereichen beispielsweise zwischen Stempelboden und Blechformteil treten während des Formgebungsprozesses oder beim Anheben des Bauteils im Werkzeug erhebliche Unter- oder Überdrücke auf, die ebenfalls zu plastischen Oberflächendeformationen im Bauteil führen können.

Letztlich sind in diesem Zusammenhang auch noch die Ausbildung von Fließfiguren und Orangenhauteffekte in bestimmten Zonen des Werkstücks zu nennen. Fließfiguren lassen sich durch geeignete Blechwerkstoffwahl (beruhigt vergossene Stähle, aushärtbare Aluminiumlegierungen) vermeiden. Die Bildung von Orangenhaut lässt sich durch eine erhöhte Feinkörnigkeit des Werkstückwerkstoffs vermeiden bzw. verringern.

Beulverhalten von Bauteilen aus Blech

Neben der Oberflächenqualität von Außenhautteilen von Kraftfahrzeugen kommt in der heutigen Fahrzeugproduktion dem sog. Beulverhalten dieser Bauteile ebenfalls eine hohe Wichtigkeit zu (Vlahovic 2009). Quasi-statische und dynamische Beulversuche werden dabei zur Beurteilung der Widerstandsfähigkeit gegen mechanische Beanspruchungen eingesetzt. Es werden sowohl die Fälle einer statischen Belastung, z. B. Schneelast, als auch dynamische Beanspruchungen wie Stein- und Hagelschlag experimentell nachgebildet. Die Beulfestigkeit und Beulsteifigkeit sowie der Beulwiderstand sind wie folgt definiert (Abb. 4.66):

- Die Beulfestigkeit bezeichnet das Maß für die Beständigkeit gegen bleibende Schäden, bzw. die Widerstandsfähigkeit gegen lokale plastische Verformung von Blechteilen. Die aufgebrachte Energie bzw. die eingeleitete Kraft wird in diesem Fall ins Verhältnis

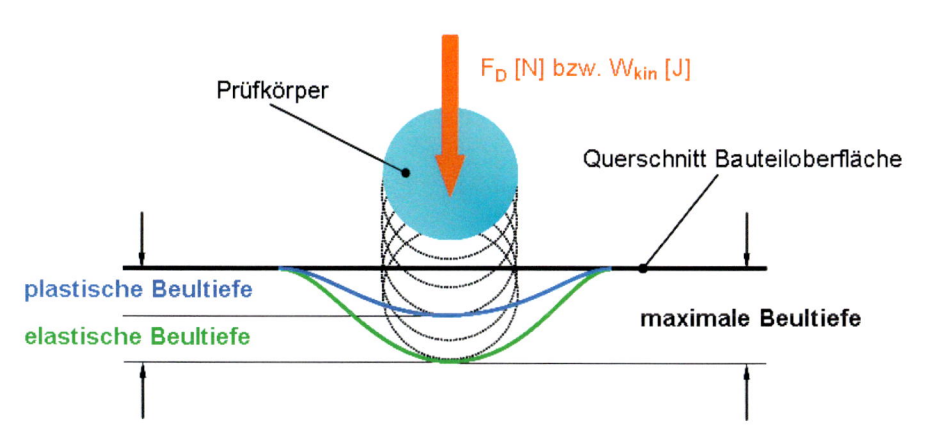

4.2.5 Das Tiefziehen von nicht-rotationssymmetrischen Werkstücken

Abb. 4.66: Definition der elastischen, plastischen und maximalen Beultiefe

zur Beultiefe nach der Entlastung (plastische Beultiefe) gesetzt.

- Als Beulsteifigkeit wird der Widerstand gegen elastische Verformung verstanden und beschreibt praktisch die lokale „Federsteifigkeit" eines Blechteils. Hier wird die aufgebrachte Energie bzw. die eingeleitete Kraft in Beziehung zur elastischen Beultiefe gesetzt. Auf Grund der Definition der elastischen Beultiefe stellt die Beulsteifigkeit eine Funktion der Beulfestigkeit dar.
- Der Beulwiderstand setzt sich aus der Beulsteifigkeit und Beulfestigkeit zusammen.

Die Beulsteifigkeit und Beulfestigkeit eines Blechteils stehen in komplexen Wechselwirkungen zueinander und hängen von verschiedenen Werkstoffparametern und auch den Randbedingungen (Zusammenbau des Bauteils in der Karosserie, Randeinspannung) ab, die sich gegenseitig beeinflussen (Abb. 4.67). Es sind diesbezüglich einerseits Werkstoffparameter wie der Elastizitätsmodul, die Streckgrenze (Fließspannung) und die Kaltverfestigung des Blechwerkstoffs zu nennen. Andererseits beeinflussen die Blechdicke, die Form des Bauteils (Krümmung), dessen Größe und projizierte Grundfläche des Blechteils, der Ort der Beanspruchung sowie die eingebrachte Energie schließlich dessen messbare Beulsteifigkeit und Beulfestigkeit.

Literatur zu Kapitel 4.2.5

Beck, S.: Optimierung der Zargenspannung beim Ziehen unregelmäßiger Blechformteile. Beiträge zur Umformtechnik Nr. 46, Hrsg. Prof. Dr.-Ing. Dr. h.c. K. Siegert, Institut für Umformtechnik der Universität Stuttgart. MAT-INFO Werkstoff-Informationsgesellschaft, Frankfurt/M. 2004.

Blaich, C.; Liewald, M.: Closed Loop Control Strategy for Deep Drawing Processes Based on Utilizing Part Wall Stress. In: Proceedings of the Iddrg 2008 Conference Best in Class Stamping Olofström, Sweden, 16-18 June 2008. S. 545-556.

Bräunlich, H.: Blecheinzugsregelung beim Tiefziehen mit Niederhalter – ein Beitrag zur Erhöhung der Prozessstabilität. Dissertation, Technische Universität Chemnitz, 2002.

Cao, J.; Wang, X.: On the prediction of side-wall wrinkling in sheet metal forming processes. In: International Journal of Mechanical Sciences 42, 2000.

Correira, J.; Ferron, G.: Wrinkling predictions in the deep-drawing process of anisotropic metal sheets. Journal of Materials Processing Technology 128, 2002.

Doege, E.; Sommer, N.: Optimierung der Niederhalterkraft über dem Ziehweg. Forschungsbericht Nr. 14 Deutsche Forschungsgesellschaft für Blechverarbeitung e.V., 1981.

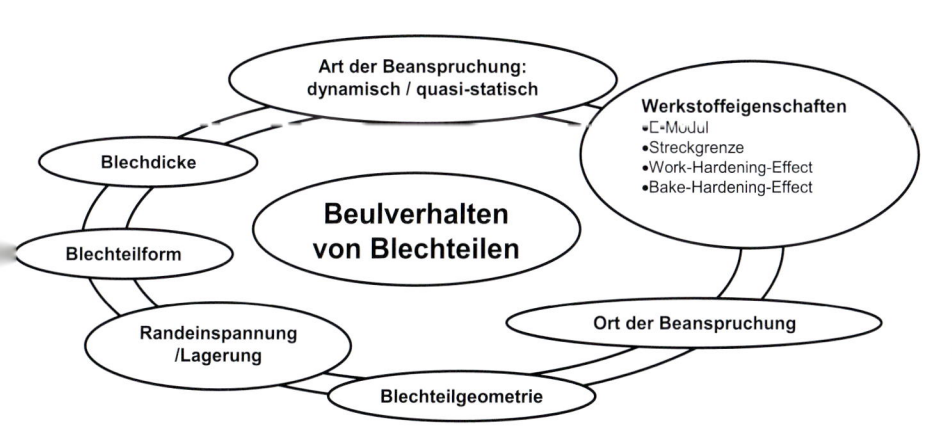

Abb. 4.67: Einflussparameter auf das Beulverhalten von Blechteilen

Doege, E.; Dröger, K.; Elend, L.-E.: Einsatz passiver nachgiebiger Niederhaltersysteme. Bänder Bleche Rohre 39 (1998) 10, S. 24-30.

Doege, E.; Kracke, M.: Vorhersage der Faltenbildung in geneigten Ziehteilzargen mit elementaren Ansätzen, Blech, Rohre und Profile 39 (1998) 11, S. 54-61.

Doege, E.; Seidel, H.-J.; Griesbach, B.; Yun, J.-W.: Contactless on-line measurement of material flow for closed loop control of deep drawing. Journal of Materials Processing Technology 130/131 2002. S. 95-99.

Elend, L.-E.: Einsatz elastischer Niederhaltersysteme zur Erweiterung der Prozessgrenzen beim Tiefziehen. Dissertation, Universität Hannover, 2001.

Fenn, R. C.: Closed loop control of forming stability during metal stamping, PhD Thesis, Massachusets Institute of Technology, 1989.

Girschewski, B.: Optimierung des Umformprozesses ziehkritischer Blechteile. Dissertation, Technische Universität München, utg, 2004.

Griesbach, B.: In- Prozess Stoffflussmessung zur Analyse und Führung von Tiefziehvorgängen. Dissertation, Universität Hannover, 2000.

Großmann, K.; Wiemer, H. et al.: Static Compensation for Elastic Tool and Press Deformations during Deep Drawing. Production Engineering Research and Development (WGP) 4 (2010) 2/3, S. 157-164.

Gunnarson, L.; Asnafi, N.; Schedin, E.: In-process control of blank holder force in axi-symmetric deep drawing with degressive gas springs. Journal of Materials Processing Technology 73 (1998) 1-3, S. 89-96.

Gunnarson, L.; Schedin, E.: Effect of Variable Blank Holder Force on Rectangular Box Drawing Process of Hot-galvanized Sheet Steel. Journal of Materials Processing Technology 114 (2001) 2, S. 168-173.

Hartung, C.: Beurteilung des optischen Erscheinungsbildes von Ziehteilen mit Hilfe numerischer Verfahren. Dissertation, Technische Universität München, utg, 2001.

Hasek, V.: Möglichkeiten zur Steuerung des Stoffflusses beim Ziehen großer unregelmäßiger Blechteile. Dissertation, IFU Universität Stuttgart, 1980.

Häussermann, M.: Zur Gestaltung von Tiefziehwerkzeugen hinsichtlich des Einsatzes auf hydraulischen Vielpunkt-Zieheinrichtungen. Beiträge zur Umformtechnik Nr. 28, Hrsg. Prof. Dr.-Ing. Dr. h.c. K. Siegert, Institut für Umformtechnik der Universität Stuttgart. MAT-INFO Werkstoff-Informationsgesellschaft, Frankfurt/M. 2002.

Hengelhaupt, J.; Vulcan, M.; et al.: Robuste Prozesse beim Ziehen großflächiger Karosserieteile. In: Liewald, M. (Hrsg.): Neuere Entwicklungen in der Blechumformung. DGM-Informationsgesellschaft mbH, Oberursel 2006, S. 291-318.

Hoffmann, H.: Prozessgesteuerte Zieheinrichtung passt Blechhalterkraft flexibel an. Bänder Bleche Rohre 33 (1992) 1.

Hohnhaus, J.: Optimierung des Systems Vielpunkt-Zieheinrichtung/Werkzeug. Beiträge zur Umformtechnik Nr. 21, Hrsg. Prof. Dr.-Ing. Dr. h.c. K. Siegert, Institut für Umformtechnik der Universität Stuttgart. MAT-INFO Werkstoff-Informationsgesellschaft, Frankfurt/M. 1999.

Kluge, S.: Spannungsüberlagerung durch Einsatz von Ziehstäben beim Umformen unregelmäßiger Blechteile. Blech Rohre Profile 39 (1992) 11, S. 39-45.

Liewald, M.; Blaich, C.: Approaches for Closed-loop Control and Optimization of Deep Drawing Processes. In: Proceedings of the Ansys Conference and 27th CADFEM Users' Meeting, Leipzig, November 18th - 22nd 2009.

Losch, A.: Prelubes for Sheet Metal Forming. In: Tribology 200 Plus, 12th International Colloquium Tribology, January 11-13, 2000, Ostfildern.

N.N.: VDI 3141: Einfließwulste und Ziehstäbe in Stanzerei-Großwerkzeugen.

N.N.: VDA-Prüfblatt 230-201 Prelubes, Verband der Automobilindustrie e.V., Frankfurt/M., April 2003.

Nine, H.D.: Drawbead Force in Sheet Metal Forming. Mechanisms of Sheet Metal Forming, ed. D.P. Koistinen and N.M. Wang, Plenum Press, S. 179-211, 1978.

Roll, K.; Lemke, T.; Wiegand, K.: Simulationsgestützte Kompensation der Rückfederung. 3. LS-DYNA Anwenderforum, Bamberg 2004.

Schey, J.A.; Watts, S.W.A.: Transient Tribological Phenomena in Drawbead Simulation. SAE-Paper 920634, 1992.

Sheng, Z. Q.; Jirathearamat, S.; Altan, T.: Adaptive FEM simulation for prediction of variable blank holder force in conical cup drawing. International Journal of Machine Tools & Manufacture 44 (2004) 5, S. 487-494.

Siegert, K.; Liewald, M.; Blaich, C.; Großmann, K.; Kauschinger, B.: Robuster Tiefziehprozess durch Ziehsickenstabhöhenregelung. wt Werkstattstechnik online (2007) 10. S. 781-791.

Simon, H.: Rechnerunterstützte Ziehteilauslegung mit elementaren Berechungsmethoden. Dissertation, Universität Hannover, 1990.

Singh, B.; Konieczny, A.: Changing the Stamping Process. Automotive Engineering, April 1997.

Sommer, N.: Niederhalterdruck und Gestaltung des Niederhalters beim Tiefziehen von Feinblechen. Dissertation, Technische Universität Hannover, 1986.

Story, J.M.; Trageser, A. B.; Smith, G. L.: Blankholder for a draw press. United States Patent, Nr. 4, 745, 795, 1988.

Straube, O.: Untersuchungen zum Aufbau einer Prozessregelung für das Ziehen von Karosserieteilen. Dissertation, Technische Universität Berlin, 1994.

Thoms, V.: Anpassung der Werkzeugsysteme zur Blechumformung an die Umformmaschine. Blech Rohre Profile 40 (1993) 5, S. 375 ff.

Traversin, M.; Kergen, R.: Closed-loop control of blankholder force in deep-drawing: finite-element modeling of its effects and advantages. Journal of Materials Processing Technology 50 (1995) 1-4, S. 306-317.

Vlahovic, D.: Neue technologische Ansätze zum kombinierten Recken und Tiefziehen von Außenhautbeplankungen aus Feinblech. Beiträge zur Umformtechnik Nr. 63, Hrsg. Prof. Dr.-Ing. M. Liewald MBA, Institut für Umformtechnik der Universität Stuttgart. MAT-INFO Werkstoff-Informationsgesellschaft, Frankfurt/M. 2009.

Weinmann, K.J.; Li, R.: The Effect of Active Drawbeads on Depth of Draw in the Forming of Aluminum Planels. In: Proceedings of the 6th International Conference on Technology of Plasticity, 1999, S. 2031-2038.

Yagami, T.; Manabe, K.; Yang, M.; Koyama, H.: Intelligent Sheet Stamping Process Using Segment Blankholder Modules. Journal of Materials Processing Technology 155-156, (2004), S. 2099-2105.

Zhang, W.; Shivpuri, R.: Investigating Reliability of Variable Blank Holder Force Control in Sheet Drawing Under Process Uncertainties. Journal of Manufacturing Science and Engineering 130 (2008) 4, S. 041001.

Zimmermann, R.: Gesamtkonzept schmierstoffarme Blechumformung – Beurteilung der Walzwerkbeölung. Aktuelle Fachinformation Zeller+Gmelin, Ausgabe 8, 11/2007.

Zuenkler, B.: Zur Problematik des Blechhalterdrucks beim Tiefziehen. Bleche Rohre Profile 32 (1985) 7, S. 323-326.

4.2.6 Hydroumformung

Mathias Liewald, Christian Bolay

4.2.6.1 Verfahrensübersicht

Die Hydroumformung ermöglicht durch das Wegfallen einer formgebenden Matrize bzw. eines Stempels eine Reduzierung der Betriebsmittelkosten bei einer gleichzeitigen Erweiterung der Umformgrenzen. Nach DIN 8584-3 werden die Tiefziehverfahren bezüglich der wirkenden Zug-Druckspannung eingeteilt. Das als „Tiefziehen mit Wirkmedien mit kraftgebundener Wirkung" bezeichnete Verfahren bedient sich einer Flüssigkeit anstatt einer starren Werkzeughälfte. Nach der VDI-Richtlinie 3146-1 erfolgt eine spezifischere Einteilung der Umformverfahren mit flüssigen Wirkmedien. Die grau hinterlegten Verfahren werden nachfolgend detailliert beschrieben (Abb. 4.68).

Die erste Gruppe dieser Einteilung stellt das Tiefziehen mit flüssigen Wirkmedien dar. Das hydromechanische Tiefziehen mit und ohne Membran zählt zu dieser Kategorie. Bei diesem Verfahren wird in der Regel die Matrize durch ein flüssiges Medium ersetzt. Im Vergleich zum konventionellen Tiefziehen kann die Verfahrensgrenze um bis zu 30 Prozent erhöht werden und birgt vor allem bei mittleren und niedrigen Stückzahlen ein großes wirtschaftliches Potenzial. (Khandeparkar 2007)

In der zweiten Gruppe, der Innenhochdruckumformung (IHU), wird der Stempel durch ein Druckmedium ersetzt und das Werkstück in eine Matrize geformt. Mit IHU-Verfahren werden geschweißte oder stranggepresste Rohre beispielsweise zu Fahrwerks-, Abgas- oder Rahmenkomponenten für Fahrzeugkarosserien umgeformt. Die IHU von Rohren verwendet sehr hohe Drücke zur radialen Aufweitung unterhalb der Berstgrenze. Um eine Erweiterung der Querschnittsvergrößerungen zu erzielen, werden die Rohrenden axial nachgeschoben. Gebogene Rohre und rechteckige bzw. ovale Vorformen, die beispielsweise in den Schließhub des Werkzeugs integriert werden können, ermöglichen die Erhöhung der Bauteilkomplexität. Eine detaillierte Beschreibung der Formgebung von Rohren und deren Variationen, wie z.B. die Außenhochdruckumformung von Rohren oder verschiedene Kombinationen mit anderen Verfahren innerhalb der Gruppe der Hydroblechumformverfahren, erläutert dieses Kapitel nicht.

Die Innenhochdruckumformung von Blechen erfolgt mit der Hochdruckblechumformung (HBU) unter Zug-Druckspannung mittels einer formgebenden Matrize. Zu Beginn des Prozesses fließt der Werkstoff unter Verwendung eines Blechhalters in die Matrize ein. Sobald die Platine großflächig mit der Matrize in Kontakt steht, wird der Werkstofffluss behindert und die Ausformung erfolgt vorwiegend zu Lasten der Blechdicke. Das Verfahren der Doppelblechumformung ermöglicht die Herstellung zweier Bauteile in einer Umformoperation im selben Umformzyklus. Dabei werden entweder zwei Einzelplatinen oder zwei im Randbereich miteinander verschweißte Platinen verwendet. Die Prozessführung ist aufwendig und muss vor allem bei der Fertigung unterschiedlicher Bauteile über den Umformdruck angepasst werden. Das Hydraulische Tiefen erfolgt unter Verhinderung des Blechkanteneinlaufs aus dem Flansch der Platine in die Matrize. Aus diesem Grund findet die Umformung zu Lasten der Blechdicke unter zweiachsiger Zugbelastung statt. Die wesentlichen Vorteile dieses Verfahrens sind der einfache Werk-

4.2 Tiefziehen

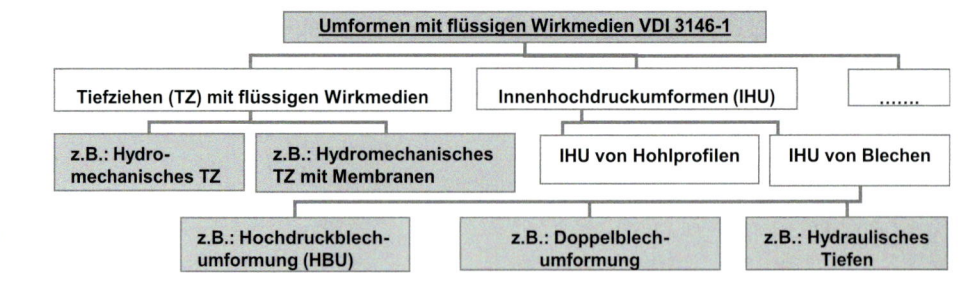

Abb. 4.68: Einordnung der Hydroumformverfahren nach VDI 3146-1

zeugaufbau, die hohen Umformgrade und die große Kaltverfestigung, die in das Blech eingebracht werden können. Hierfür werden Werkstoffkennwerte für Bauteile mit überwiegender zweiachsiger Zugbelastung bevorzugt, die im hydraulischen Tiefungsversuch bestimmt werden.

Die Verfahren der Hydroumformung haben gemein, dass besondere Sicherheitsmaßnahmen zum Schutz der Personen und der Umformwerkzeuge getroffen werden müssen. Erstens gilt es, mittels konstruktiver Maßnahmen einen direkten Austritt des Hochdruckumformmediums zu jedem Zeitpunkt des Prozessablaufs zu verhindern. Zweitens dürfen Druckspitzen das Werkzeug nicht zerstören. Hierfür kommen Schutzeinrichtungen wie Berstscheiben oder Druckbegrenzungsventile zum Einsatz.

4.2.6.2 Hydraulisches Tiefen

Der hydraulische Tiefungsversuch beschreibt das Umformverhalten metallischer Werkstoffe und ermöglicht durch die Erfassung des Umformdrucks und der Dehnungen im Bauteil die Aufnahme von Fließkurven. Das Verfahren gewährleistet auf Grund des geringen Reibungseinflusses zwischen Platine und Druckmedium eine hohe Reproduzierbarkeit der Versuchsergebnisse. Zum anderen wird das Verfahren zur Fertigung von Bauteilen mit einer hohen Kaltverfestigung verwendet. Vorwiegend werden großflächige Blechteile mit einer Umformung zu Lasten der Blechdicke und Einprägungen bzw. Nebenformelemente bei ebenen Bauteilen oder im Bodenbereich von Tiefziehteilen hergestellt. Häufig findet das Verfahren auch Anwendung in Kombination mit anderen Verfahren.

Verfahrensprinzip

Zu Prozessbeginn wird die Platine an den Rändern zwischen Matrize und Blechhalter eingespannt (Abb. 4.69). Eine Klemmsicke oder eine hohe Flächenpressung unterbinden den Werkstofffluss, weshalb die Formänderung ausschließlich zu Lasten der Blechdicke erfolgt. Über den Blechhalter wird das Fluid in Form von Öl oder einer Öl-Wasser Emulsion (eine solche Emulsion be-

sitzt einen Ölanteil von 5 bis 10 Prozent) zugeführt. Die Schließkraft für das Werkzeug setzt sich aus der Blechhalterkraft F_{BH} und der aus dem Innendruck p_i resultierenden Reaktionskraft $p_i \cdot A$ zusammen. Die Fläche A entspricht der durch den Umformdruck belasteten projizierten Fläche des Werkstücks, die sich bis zur Dichtung erstreckt. Der Druckaufbau erfolgt entweder über leistungsfähige Pumpen oder Druckübersetzer. Den Umformdruck sowie die Umformgeschwindigkeit regeln Servoventile und das zeitabhängige Verzerrungsfeld erfassen taktile-, induktive Messtaster oder auch optische Messsysteme. Die Messung der Dehnungen am Werkstück mittels optischer Systeme im laufenden Prozess stellt beim hydraulischen Tiefungsversuch den Stand der Technik dar. Mit dem ermittelten Druck und der entsprechenden Dehnung am Pol des Werkstücks wird die zur Umformung benötigte Fließspannung ermittelt.

Theoretische Grundlagen

Beim hydraulischen Tiefungsversuch wird der Mittenbereich des Werkstücks betrachtet und zur Aufnahme von Fließkurven verwendet. Aus der Membrantheorie folgt, dass die Hauptspannung in Richtung der Blechdicke vernachlässigt wird, da die Schalendicke im Vergleich zum Durchmesser gering ist. Die Platine wird in der Blechebene unter einem zweiachsigen Spannungszustand mit einer maximalen Formänderung zu Lasten der Blechdicke bis zum Versagen durch einen Riss im Pol der Probe umgeformt. Mit dem gemessenen Druck p, dem Radius der Polkappe r und der Blechdicke s im Pol wird die Fließspannung mit folgender Formel bestimmt. (Panknin 1964; Gologranc 1968)

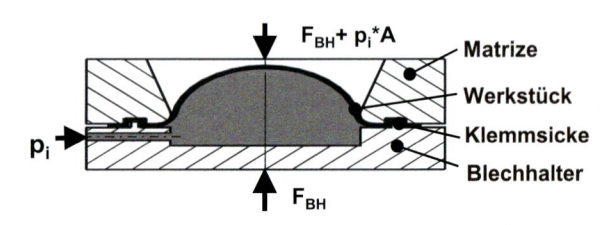

Abb. 4.69: *Verfahrensprinzip des hydraulischen Tiefens*

4.2.6 Hydroumformung

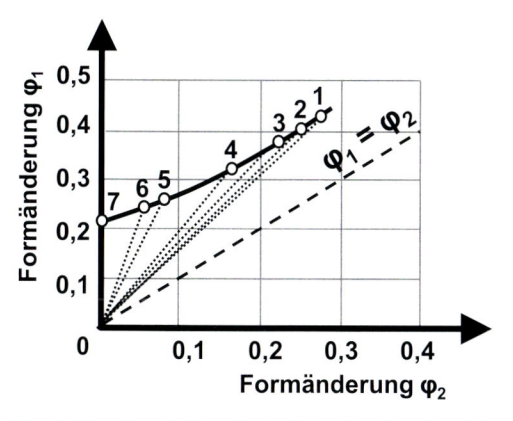

Abb. 4.70: *Qualitativer Verlauf des Zug-Zug-Bereichs im Grenzformänderungsdiagramm*

$$k_\mathrm{f} = p \cdot \left((r/2s) + 0{,}5 \right) \qquad (4.63)$$

Die entsprechende logarithmische Hauptformänderung φ_g berechnet sich nach folgender Formel mit der Ausgangsblechdicke s_0 und der momentanen Blechdicke s_1. Im Vergleich zum einachsigen Zugversuch werden maximale Formänderungen von 0,6 bei Aluminium bis zu 0,8 bei Stahlwerkstoffen erreicht (Keller 2009):

$$\varphi_\mathrm{g} = \ln(s_0/s_1) \qquad (4.64)$$

Werden die maximal ertragbaren Formänderungen φ_1 und φ_2 kurz vor dem Versagen in ein Diagramm eingetragen, so ergibt sich der rechte Ast der Grenzformänderungskurve im zweiachsigen Zug-Bereich (Abb. 4.70). Bei einer Onlinemessung der Dehnungen in der Polkappe sollte der Zeitpunkt unmittelbar vor Riss gewählt werden. Die Punkte 1 bis 7 aus Abbildung 4.70 entsprechen unterschiedlichen Kombinationen von φ_1 und φ_2, die unter Verwendung einer runden Matrize und verschiedenen ellipsenförmigen Matrizen erzeugt werden können. Zum Beispiel entspricht Punkt 6 in Abbildung 4.70 einem Achsenverhältnis von 5:2 und Punkt 2 einem Verhältnis von 5:4. Auf Grund der Anisotropie von Blechwerkstoffen wird mit der runden Matrize in Punkt 1 nicht die Grenzformänderung von $\varphi_1 = \varphi_2$ erreicht.

Bei höheren Temperaturen sinkt die Fließspannung von Blechwerkstoffen, und das Umformvermögen kann in werkstoffabhängigen Temperaturbereichen zunehmen. Bis zu einer Temperatur von 250 °C kann die Versuchsdurchführung mit erhitztem Öl durchgeführt werden (Hecht 2007). Bei Temperaturen über 250 °C wird bevorzugt ein inertes Gas (z. B. Argon oder Stickstoff) als Umformmedium eingesetzt. Im Hinblick auf die superplastische Blechumformung stellt der pneumatische Warmtiefungsversuch ein besonders geeignetes Prüfverfahren zur Werkstoffcharakterisierung dar. (Liewald 2009)

Anwendungsbeispiele und Verfahrensvarianten

Beim hydraulischen Tiefen oder auch hydrostatischen Streckziehen werden unterschiedlichste Bauteile hergestellt (Abb. 4.71), die im Karosseriebau, für Fassaden von Bauwerken oder für Designprodukte verwendet werden. Der Vorteil einer hohen Festigkeit durch den relativ hohen Umformgrad und der daraus resultierenden Kaltverfestigung kommt vor allem bei flachen Bauteilen zum tragen. Bei der Umformung von Strukturblechen werden festigkeitssteigernde Formelemente aus der Blechdicke erzeugt, wobei das Bauteilgewicht im Vergleich zur Ausgangsplatine nicht zunimmt.

Eine Variante des hydraulischen Tiefens stellt die Streck-Stülp-Umformung dar. Hier wird durch die Werkzeuggestaltung und die wechselseitige Beaufschlagung der Blechunter- und Blechoberseite mit einem hydraulischen Medium das Formänderungsvermögen erhöht. Im ersten Verfahrensschritt werden zusätzlich die Randbereiche der Platine entgegen der Umformrichtung in eine Kavität des Oberwerkzeugs hineingeformt. Im zweiten Prozessschritt wird die Platine von der anderen Seite mit Hochdruck in die Matrize geformt, wobei die Vorform gestülpt wird und sich eine maximale Ausdünnung in der Bauteilmitte einstellt. (Kaiser 1990)

Einen hydraulischen Tiefungsversuch mit der Möglichkeit zur Untersuchung von Ziehspalten zwischen Stempel und Blechhalter beim hydromechanischen Tiefziehen (wird in Kapitel 4.2.6.3 erläutert) stellt der hydraulische Tiefungsversuch für Hochdruck dar. Mit diesem kann unter Verwendung unterschiedlicher Stempeldurchmesser die Ausbildung einer Wulst untersucht werden (Abb. 4.72).

Abb. 4.71: *Anwendungsbeispiele des Streckziehens (Schweitzer 1999)*

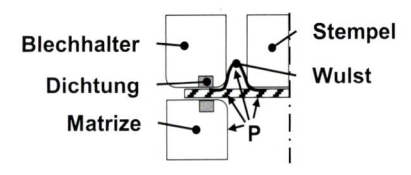

Abb. 4.72: *Hydraulischer Tiefungsversuch zur Untersuchung der Wulstbildung*

Es können bei einer Wulstbildung Berstdrücke für unterschiedliche Werkstoffe bis zu 100 MPa gemessen werden. (Khandeparkar 2007)

Die Umformdrücke des hydraulischen Tiefens bei der Ausformung von Nebenformelementen, wie z. B. Dome und Sicken, können durch eine lokale Erwärmung der Platine reduziert werden. Vor allem bei der Ausformung kleiner Radien ermöglicht eine prozessintegrierte, temperaturgeregelte Lasererwärmung eine Reduzierung der Fließspannung und eine Erhöhung erreichbarer Umformgrade. Auf Grund der Ableitung der Prozesswärme sollte ein gasförmiges Druckmedium, wie z. B. Stickstoff, bevorzugt werden. (Tönshoff 2006)

Mittels Tiefziehen können komplexe Umfangsgeometrien mit großen Ziehtiefen realisiert werden, wobei der Werkstoff im Bereich des Stempelbodens während des Tiefziehvorgangs nur geringen oder keinen Formänderungen unterliegt. Um dieses ungenutzte Formänderungsvermögen dennoch zur Formgebung einzusetzen, kann eine Verfahrenskombination aus Tiefziehen mit anschließendem hydraulischen Tiefen zum Einsatz kommen. Hierfür wird der Bereich des Stempelbodens mit hydraulischem Druck beaufschlagt, wodurch eine Kavität im Bereich des Stempelbodens oder im Bereich der Matrize hydraulisch ausgeformt wird. Die Umformung erfolgt zum einen in den Stempel und zum anderen in die Matrize hinein. Vor allem im Hinblick auf kleine Radien bestehen Vorteile im Vergleich zum mechanischen Prägen (Wagner 2003).

4.2.6.3 Hydromechanisches Tiefziehen

Beim hydromechanischen Tiefziehen wird das umzuformende Blech einseitig mit einem hydraulischen Druck beaufschlagt und an den formgebenden Stempel angepresst. Der Stempel dringt im Prozess in einen Gegendruckbehälter ein und verdrängt das Fluid. Der zur Formgebung nötige Gegendruck wird entweder passiv mit einem Abströmventil oder aktiv mit einer Pumpe eingestellt. Dieses Verfahren kommt bevorzugt bei kleinen und mittleren Stückzahlen vor allem bei tiefen oder konischen Bauteilen zum Einsatz. Durch verschiedene Effekte, die im Folgenden genauer erläutert werden, kann das Grenzziehverhältnis mit diesem Verfahren sichtbar erhöht werden. Abbildung 4.73 verdeutlicht dies für den Werkstoff DC04, dessen Grenzziehverhältnis von 2,3 (konventionelles Tiefziehen) auf 2,9 erhöht werden kann.

Ein wichtiger Vorteil des Verfahrens im Vergleich zum konventionellen Tiefziehen stellt die Ziehstufenreduzierung vor allem bei konischen Bauteilen dar. Hiermit können einzelne Umformoperationen bzw. Werkzeuge eingespart werden (Bürk 1963). Neben dem formgebenden Stempel wird lediglich eine Matrizendeckplatte, die im Falle kreisförmiger Ziehumrisse auch als Ziehring bezeichnet wird, mit standardisiertem Unterbau verwendet. Die Substitution der Matrize durch einen Ziehring ermöglicht nicht nur eine Reduktion der Fertigungskosten des Umformwerkzeugs. Zudem entfallen sehr zeitintensive Tuschierarbeiten, da der Stempel und die Matrize nicht mehr exakt aufeinander abgestimmt werden müssen. Darüber hinaus verbessert die Anpressung des Werkstücks an den Stempel durch das Fluid die Bauteiloberflächenqualitäten, die Formgenauigkeiten und reduziert zudem die Rückfederung. Diesen Vorteilen stehen längere Prozesszeiten, höhere Pressenkräfte sowie die Kosten für zusätzliche Hydraulikkomponenten entgegen.

Verfahrensprinzip

Abbildung 4.74 verdeutlicht das Verfahrensprinzip zu Beginn und während des hydromechanischen Tiefziehens.
Der Druckbehälter muss zu Beginn des Prozesses mit einem hydraulischen Medium befüllt werden. Als hydraulisches Medium kann eine Öl-Wasser Emulsion oder Öl verwendet werden. Öl-Wasser Emulsionen werden auf Grund der geringeren Kompressibilität insbesondere im Falle großer Füll- und Bauteilvolumina auch aus Kostengründen bevorzugt verwendet. Bei Emulsionen auf Wasserbasis werden jedoch auf Grund der geringeren Viskosität von Wasser und der nicht vermeidbaren Korrosion hochwertigere Hydraulikkomponenten benötigt. Der Ölanteil verbessert die Korrosionseigenschaften, jedoch

Abb. 4.73: *Das maximale Grenzziehverhältnis für einen Stempeldurchmesser von 100 mm bei Stahlblechen (DC04)*
a) Konventionelles TZ und
b) Hydromechanisches TZ
(Khandeparkar 2007)

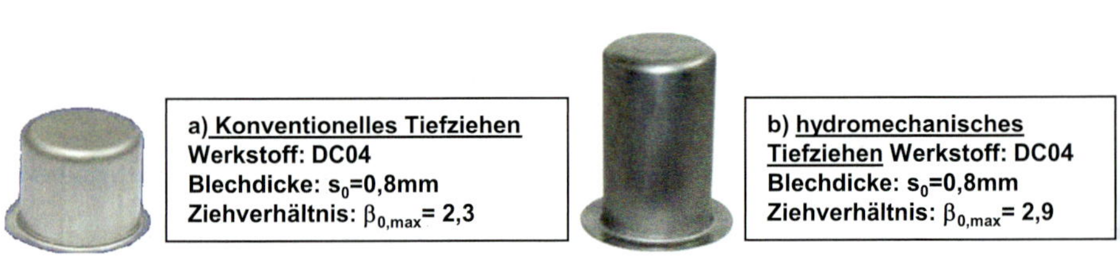

a) **Konventionelles Tiefziehen**
Werkstoff: DC04
Blechdicke: s_0=0,8mm
Ziehverhältnis: $\beta_{0,max}$= 2,3

b) **hydromechanisches Tiefziehen** Werkstoff: DC04
Blechdicke: s_0=0,8mm
Ziehverhältnis: $\beta_{0,max}$= 2,9

4.2.6 Hydroumformung

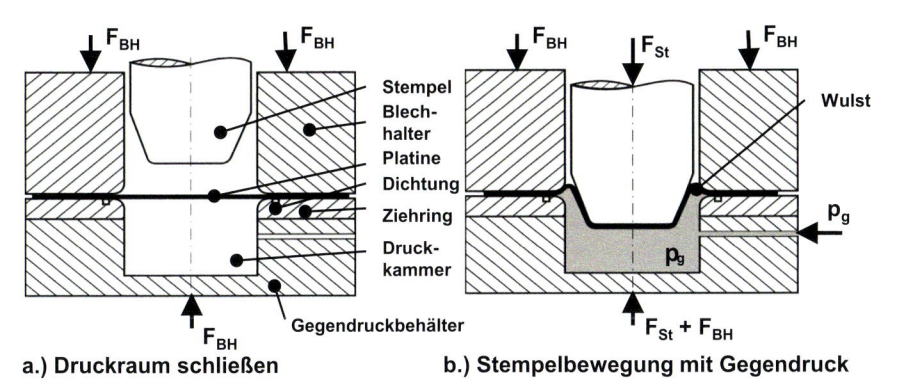

Abb. 4.74: Verfahrensprinzip des hydromechanischen Tiefziehens:
a) Druckraum schließen,
b) Stempelbewegung bei vorgegebenem Gegendruck

a.) Druckraum schließen
b.) Stempelbewegung mit Gegendruck

besitzen solche Emulsionen keine Langzeitbeständigkeit. Der Druckbehälter kann vor oder nach dem Einlegen der Platine bei geschlossenem Blechhalter in Kombination mit einer Entlüftung befüllt werden.

Der Druckraum zwischen der Platine und dem Ziehring kann mit verschiedenen Dichtsystemen geschlossen werden. In der Regel wird das System mit einem ebenen Blechhalter und einem ebenen Ziehring durch eine hinreichende Flächenpressung geschlossen. Es können aber auch Dichtungen aus Kunststoff verwendet werden, wie z.B. Vierkantdichtschnüre (Abb. 4.74). Besonderes Augenmerk sollte dabei auf die Dimensionierung und Tolerierung der Nut gelegt werden, damit sich eine beabsichtigte werkstoffabhängige Verpressung der Dichtschnur einstellt. Weitere Dichtsysteme wurden mit wellig ausgeführten Ziehringen oder Blechhaltern von Bensmann und Spacek untersucht. (Bensmann 1979; Spacek 1982)

Für das hydromechanische Tiefziehen wurden zahlreiche Verfahrensvarianten untersucht, um die Verfahrensgrenzen zu erweitern oder bestimmte Eigenschaften zu erzielen. Das modifizierte hydromechanische Verfahren nach Siegert besitzt eine Druckkammer oberhalb der Platine. Dort wirkt ein Stützdruck auf die Platine und verringert die Wulstbildung (Siegert 1998). Die Verfahrensvariante nach Nakamura verbessert den radialen Werkstofffluss. Der Druck gelangt über einen „Bypass" vom Gegendruckbehälter hinter den Blechflansch und unterstützt den Platineneinlauf in Richtung des Ziehumrisses. Die Dichtung wird am äußeren Rand des Ziehringes angebracht. (Nakamura 1983)

Darüber hinaus kann für schwer umformbare Werkstoffe, wie z.B. Magnesium, auch ein beheiztes Werkzeug verwendet werden. Mit der Legierung AZ31 konnten mit einem Napfwerkzeug Grenzziehverhältnisse bis zu 3,6 erreicht werden (Doege 2002). Vor allem im Zuge des fortschreitenden Leichtbaus gewinnt die Hydroumformung im mittleren bis oberen Temperaturbereich (200 bis 500 °C) zunehmend an Bedeutung, um die Prozessgrenzen bei der Verarbeitung von Nichteisenmetallen, hochfesten Stählen aber auch von Verbundwerkstoffen zu erweitern.

Die hydromechanische Umformung bietet zudem die Möglichkeit, das Umformvermögen von Tailor Welded Blanks zu erhöhen. Durch Verschweißen unterschiedlicher Werkstoffe werden in einer Platine Festigkeiten oder Blechdicken variiert und somit belastungsangepasste Bauteile gefertigt. In der Umformsimulation werden für eine genaue Analyse solcher Umformprozesse die Werkstoffe und die Schweißnaht mit separaten Werkstoffkennwerten hinterlegt. Unterschiedliche Blechdicken benötigen einen geteilten bzw. abgesetzten Blechhalter. (Hétu 2007)

Großflächige Bauteile werden auf Grund der relativ geringen Ziehtiefe und des Einflusses der Reibung in den Mittenbereichen nicht oder nur geringfügig plastisch umgeformt. In diesen Bereichen wird der Werkstoff nicht kaltverfestigt, wodurch die Bauteil- und Beulfestigkeit nicht erhöht wird. Bauteile, wie z.B. Motorhauben oder Dächer von Kraftfahrzeugen, besitzen auf Grund der Hagelgefahr hohe Anforderungen an die Beulfestigkeit (von Finckenstein 1990). Das aktive hydromechanische

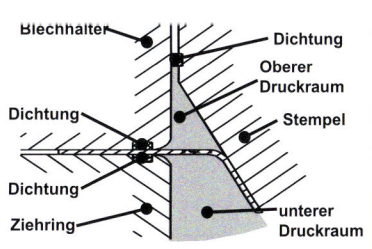

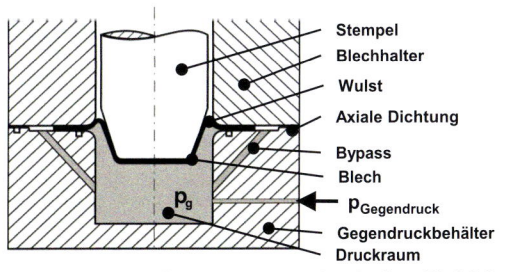

a.) modifiziertes hydromech. Tiefziehen
b.) radialunterstütztes hydromechanisches Tiefziehen

Abb. 4.75: Verfahrensvarianten des hydromechnischen Tiefziehens: a) das modifizierte Tiefziehen nach Siegert, b) das radialunterstützte hydromechanische Tiefziehen nach Nakamura

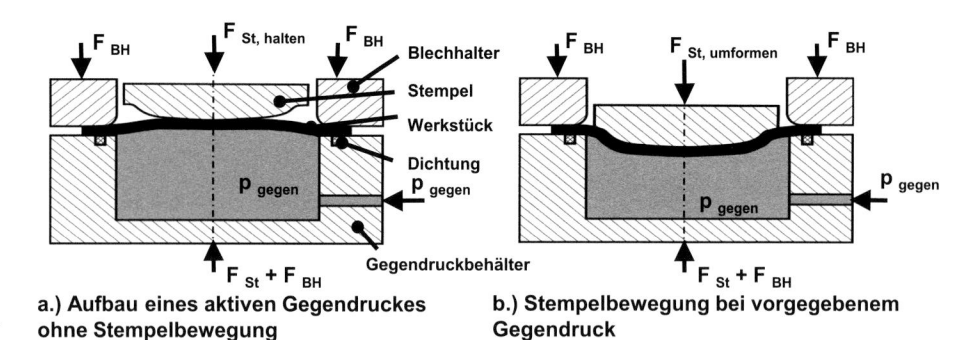

4.2 Tiefziehen

Abb. 4.76: *Verfahrenprinzip des aktiven hydromech. Tiefziehens: a) Aufbau eines aktiven Gegendrucks ohne Stempelbewegung, b) Stempelbewegung bei vorgegebenem Gegendruck*

a.) Aufbau eines aktiven Gegendruckes ohne Stempelbewegung

b.) Stempelbewegung bei vorgegebenem Gegendruck

Tiefziehen kombiniert das hydraulische Tiefen mit einer nachfolgenden Tiefziehoperation. Durch den aktiven Druckaufbau mit einer Pumpe oder einem Druckübersetzer wird die Platine bei verhindertem Werkstofffluss entgegen der Umformrichtung gestreckt und somit verfestigt (Abb. 4.76a). Durch anschließendes Stülpen und hydromechanisches Tiefziehen wird das Bauteil ausgeformt (Abb. 4.76b). Alternativ kann die Vorverfestigung der Platine auch in Umformrichtung erfolgen. Hierfür werden eine zweite Druckleitung oberhalb der Platine sowie eine Dichtung zwischen Stempel und Blechhalter benötigt. Der wesentliche Vorteil des aktiven hydromechanischen Tiefziehens besteht jedoch darin, dass sofort zu Beginn der Stempelbewegung ein Gegendruck zur Verfügung steht.

Theoretische Grundlagen

Beim konventionellen Tiefziehen wird die Stempelkraft F mittelbar über den Stempelbodenbereich durch die Bauteilzarge in die Umformzone im Blechhalterbereich des Werkstücks übertragen. Das hydromechanische Tiefziehen ermöglicht nun durch die Wirkung des Gegendrucks die Einleitung einer zusätzlichen Stempelkraft in Form einer Reibungskraft an der Stempelwand. Diese Reibungskraft ist abhängig vom Betrag des Gegendrucks und des tribologischen Systems zwischen Stempel und Blech. Die Bauteilzarge leitet nun eine größere Kraft in die Umformzone unterhalb des Blechhalters ein und erhöht dadurch die Bruchkraft F_{Bruch} im Vergleich zum konventionellen Tiefziehen. Die Bruchkraft für das hydromechanische Tiefziehen kann nach den Formeln in Abbildung 4.77 berechnet werden. Insgesamt steigt die Stempelkraft des hydromechanischen Umformprozesses durch die zusätzliche Überwindung des Gegendrucks an. Jedoch entfallen Reibungs- und Biegekräfte, da das Blech durch den Gegendruck nicht mehr in direktem Kontakt mit dem Ziehringradius steht (Khandeparkar 2005).

Die Einleitung einer zusätzlichen Kraft an der Stempelwand führt zu einer Verschiebung der vom konventionellen Tiefziehen bekannten Versagenszone am Stempelradius in Richtung des Ziehringradius. Der Vorteil dieses Effekts liegt darin, dass bereits eingelaufenes und somit verfestigtes Blech vorliegt. Dieses besitzt eine höhere Festigkeit und erhöht die mögliche übertragbare Kraft (Bensmann 1984). Durch die Überlagerung von Druckspannungen mittels Gegendruck an der Blechzarge nimmt die übertragbare Schubspannung entsprechend des Mohrschen Spannungskreises und der dazugehörigen Grenzkurve zu. Dies erhöht das Umformvermögen und somit auch das Grenzziehverhältnis. Die Wulstbildung überlagert eine zweiachsige Zugspannung im Bereich der freien Umformung, wodurch die Eigenspannungen und die Rückfederung des Bauteils reduziert werden (von Finckenstein 1990). Bauteilversagen tritt überwiegend in Form von Falten und Reißern auf. Deshalb ist die Blechhalterkraft entsprechend des konventionellen Tiefziehens im Arbeitsbereich zwischen der Falten- und Reißergrenze einzustellen. Bei hohen Gegendrücken muss die Blechhalterkraft gegebenenfalls erhöht werden. Durch die überlagerten Zugspannungen aus der Wulst in der Zarge und auf Grund des Kontaktdrucks zwischen Bauteilzarge

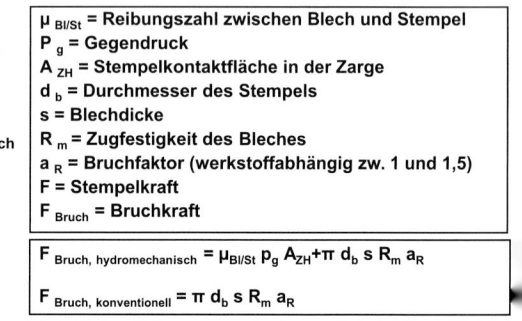

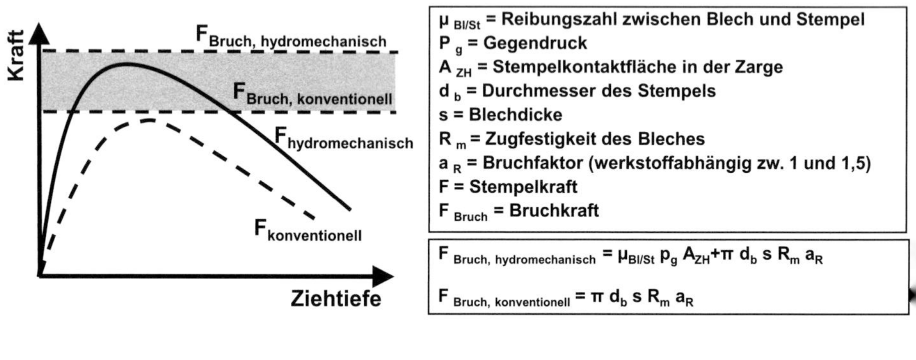

Abb. 4.77: *Bruch- und Umformkraftverläufe für das hydromechanische und das konventionelle Tiefziehen*

$\mu_{Bl/St}$ = Reibungszahl zwischen Blech und Stempel
P_g = Gegendruck
A_{ZH} = Stempelkontaktfläche in der Zarge
d_b = Durchmesser des Stempels
s = Blechdicke
R_m = Zugfestigkeit des Bleches
a_R = Bruchfaktor (werkstoffabhängig zw. 1 und 1,5)
F = Stempelkraft
F_{Bruch} = Bruchkraft

$F_{Bruch,\ hydromechanisch} = \mu_{Bl/St}\ p_g\ A_{ZH} + \pi\ d_b\ s\ R_m\ a_R$

$F_{Bruch,\ konventionell} = \pi\ d_b\ s\ R_m\ a_R$

4.2.6 Hydroumformung

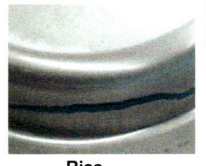

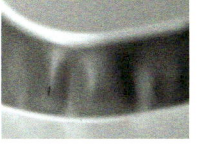

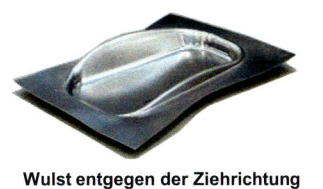

Riss — **Falten 1. Art** — **Falten 2. Art** — **Wulst entgegen der Ziehrichtung**

Abb. 4.78: *Versagensarten des hydromechanischen Tiefziehens (Aust 2003)*

und Stempel sind hydromechanisch tiefgezogene Bauteile unkritischer bezüglich Falten 2. Art als konventionell gefertigte. Der Gegendruck führt jedoch zur Ausbildung einer Wulst im Ziehspalt entgegen der Stempelbewegung (Abb. 4.78). Vor allem bei größeren ungestützten Bereichen, wie z. B. zu Prozessbeginn bei konischen Bauteilen, muss besonders auf den Druckverlauf geachtet werden, um das Wulstreißen zu verhindern. Ein zu niedriger Gegendruck führt entweder zum Bauteilversagen durch Reißen oder zu einer schlecht ausgeformten Bauteilgeometrie. Bei einem passiven Druckaufbau muss ein besonderes Augenmerk auf das Erreichen eines Mindestgegendrucks zum Zeitpunkt der zu übertragenden maximalen Stempelkraft gelegt werden. Die Abdichtung des Druckraums spielt beim hydromechanischen Tiefziehen eine entscheidende Rolle. Ein Druckabfall am Ende des Prozesses führt zum sofortigen Reißen des Bauteils, da zu diesem Zeitpunkt das Grenzziehverhältnis des konventionellen Tiefziehens bereits überschritten wurde. Eine falsch positionierte Platine oder ein Platinenwerkstoff mit einer stark ausgeprägten Anisotropie kann am Ende des Prozesses zu einer Leckage und somit zu einem plötzlichen Druckabfall führen. Für einen robusten Prozess muss folglich immer eine gewisse Restflanschfläche gewährleistet werden. Auf Grund der kleiner werdenden Flanschfläche und der zum Teil hohen Kalibrierdrucke am Ende des Prozesses verbessert ein Anstieg der Blechhalterkraft die Dichtheit des Systems merklich. Werkstoff- und bauteilabhängige Richtwerte für Gegendrücke ermittelte Elsässer für folgende Werkstoffe mit einer Blechdicke von einem Millimeter (Elsässer 1982):

- Tiefziehstahl: ca. 40 MPa,
- Aluminium: ca. 20 MPa und
- Edelstahl: ca. 60 MPa.

Mit einer Druckregelung mittels Servoventilen, idealerweise mit einem integrierten Regler, Drucksensoren und einem geschlossenen Regelkreis können die Druckverläufe in Abb. 4.79 realisiert werden. Die Kurve *a* zeigt den optimalen Verlauf zur Ausnutzung des Formänderungsvermögens metallischer Werkstoffe. Der Druckanstieg zu Beginn der Kurve *b* soll die Ausdünnung am Stempelbodenradius zu Beginn des Umformprozesses verhindern. Anschließend wird der Druck abgesenkt, um die Blechdicke im Bereich der Zarge nicht zu verringern. Das Zusammenwirken dieser beiden Maßnahmen führt zur Minimierung der Blechdickenabnahme. Die Kurve *c* steigt am Ende des Prozesses stark an, um die Stempelgeometrie genau abbilden zu können. Diese Kalibrierstufe wird vor allem bei Werkstoffen mit hohem Verfestigungsexponenten und bei Bauteilen verwendet, die kritisch bezüglich Falten 2. Art sind.

Anwendungsbeispiele

Wie in vorangegangenen Abschnitten bereits erwähnt, kommt das hydromechanische Tiefziehen vorwiegend bei konischen und komplexen Bauteilen mit niedrigen Stückzahlen zum Einsatz. Einige Beispiele für Bauteile, die vorwiegend für den Automobilbau hergestellt werden, zeigt Abbildung 4.80. Das Verfahren wird in weiteren Branchen, wie in der Luft- und Raumfahrt oder in der Konsumgüterindustrie ebenfalls erfolgreich eingesetzt. Typische Bauteile bilden sphärische Scheinwerferreflektoren, parabolförmige Spiegel, Benzintanks, aber auch Kotflügel oder komplette Frontteile, die in einem Hub umgeformt werden (Maki 2005; Aust 2003; Khandeparkar 2005). Für schwer umformbare Titan- oder Magnesiumlegierungen, die zum Beispiel für Gehäuse von elektronischen Produkten verwendet werden, kann das Verfahren ebenfalls verwendet werden. Beispiele aus der Konsumgüterindustrie stellen tiefe Spülbecken oder Töpfe aus nicht rostenden Blechwerkstoffen dar.

a) Optimale Nutzung des Formänderungsvermögens metallischer Werkstoffe
b) Minimierung der Blechdickenabnahme
c) Form- u. Maßgenauigkeit bei der Reflektorfertigung (Kalibrieren von kleinen Radien vor allem bei konischen Bauteilen)

Abb. 4.79: *Typische Druckverläufe des hydromechanischen Tiefziehens (von Finckenstein 1990)*

4.2 Tiefziehen

Abb. 4.80: Beispiele für hydromechanisch tiefgezogene Bauteile (Quelle: Toyota, Amino, IFU)

Werkzeuge und Anlagen

Der Gegendruckbehälter des hydromechanischen Tiefziehens muss den hohen Kalibrierdrücken von bis zu 100 MPa standhalten. Für die Auslegung des Gegendruckbehälters werden folgende Einflussparameter berücksichtigt:

- periodische und dynamische Belastung auf Grund von Druck- und Temperaturvariation,
- Spitzenbelastung auf Grund von Druck- und Temperaturvariation,
- mechanische Eigenschaften des Werkstoffs,
- Korrosionsbeständigkeit des Werkstoffs sowie
- Fertigungstoleranzen und geforderte Oberflächengüte des Werkstücks.

Der zulässige Druck p_{zul} im Gegendruckbehälter wird in der Regel mit FEM-Programmen bei einem Sicherheitsfaktor f_{su} größer als vier berechnet:

$$f_{su} = \frac{R_m}{p_{zul.}} \geq 4 \qquad (4.65).$$

Für eine Abschätzung des Drucks bei kreisrunden Behältern kann auch die Kesselformel nach Gl. (4.66) verwendet werden:

$$p_{zul.} = \frac{R_m}{f_{su}} \frac{(r_o^2 - r_i^2)}{(r_o^2 + r_i^2)} \qquad (4.66)$$

r_o Außenradius des Gegendruckbehälters [mm],
r_i Innenradius des Gegendruckbehälters [mm] und
R_m Zugfestigkeit des Werkstoffs vom Gegendruckbehälter [MPa].

Für Bauteile mit ähnlichen Abmessungen bietet sich die Verwendung eines gemeinsamen Gegendruckbehälters an, da auf Grund der hohen Druckbelastung relativ hohe Werkstoff- und Fertigungskosten entstehen. Für sehr hohe Gegendrücke, wie zum Beispiel bei der Umformung von hochfesten Stahlblechen, besteht die Möglichkeit, einen mit Draht umwickelten Gegendruckbehälter zu verwenden. Somit werden zum einen Druckspannungen überlagert und zum anderen können hohe Gegendrücke realisiert werden.

4.2.6.4 Hochdruckblechumformung (HBU)

Im Vergleich zum konventionellen Tiefziehen wird bei der HBU der Stempel durch ein Wirkmedium substituiert. Für den Aufbau des Umformdrucks werden leistungsfähige Pumpen oder Druckübersetzer benötigt.

Verfahrensprinzip

Ein Werkzeug für die HBU besteht aus einer formgebenden Matrize, die Entlüftungsbohrungen besitzen sollte und einem Blechhalter, der neben der Dichtfunktion auch zum Anschluss einer Wirkmedienquelle genutzt wird (Abb. 4.81a). Für die Doppelblechumformung kann dieser Blechhalter auch als Zwischenplatte genutzt werden (vgl. Kap. 4.2.6.6). Das Verfahren wird in drei Phasen unterteilt (Homberg 2000):

- *Freie Umformung:* Es besteht noch kein Kontakt der Platine mit der Matrize und es wird viel Fluidvolumen bei mittleren Drücken in das Werkzeug gefördert.
- *Formgebundene Umformung:* Das Blech legt sich in Abhängigkeit von der Geometrie teilweise an die Matrize an (in der Regel in der Mitte des Bauteilbodens).
- *Kalibrierphase:* Hier werden die überspannten Bereiche des Werkstücks und die kleinen Radien unter der Wirkung hoher Drücke ausgeformt. In dieser Phase wird kaum Fluidvolumen in das Werkzeug gefördert.

Durch die Abstützung des Blechs während der Umformung mittels eines Gegenhalters (Abb. 4.81b) kann der Werkstofffluss aus dem Blechhalterbereich in die Matrize verbessert und somit der Streckziehanteil – vor allem bei Bauteilen mit größerer Werkzeugtiefe – reduziert werden. Mit einer erhöhten Gegenhalterkraft am Ende der Umformung wird die Ausformung der Radien positiv unterstützt (Szücs 1997).

Für die HBU treffen die Vor- und Nachteile der wirkmedienbasierten Umformverfahren, wie z. B. die geringeren Investitionen für Werkzeuge, bessere Oberflächenqualität des Bauteils und längere Prozesszeiten, zu. Zudem kann das Werkzeug für verschiedene Blechdicken oder für maßgeschneiderte Blechdicken (Tailor Welded Blanks

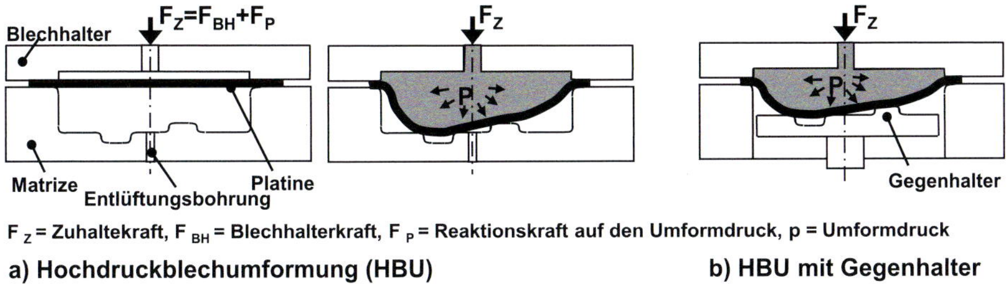

4.2.6 Hydroumformung

Abb. 4.81: Verfahrensprinzip: a) Hochdruckblechumformung (HBU), b) HBU mit Gegenhalter

F_Z = Zuhaltekraft, F_{BH} = Blechhalterkraft, F_P = Reaktionskraft auf den Umformdruck, p = Umformdruck

a) Hochdruckblechumformung (HBU)
b) HBU mit Gegenhalter

flexibel eingesetzt werden. Darüber hinaus können ohne zusätzliche Arbeitsschritte Nebenformelemente eingebracht werden und durch den prozessbedingten Streckziehanteil kann die Beulsteifigkeit sowie die Form- und Maßgenauigkeit des Bauteils erhöht werden. Das Bauteilspektrum bei der HBU umfasst vor allem flache Bauteile mit komplexen Formelementen und Strukturbauteile (Abb. 4.82). Weitere Untersuchungen wurden anhand von flexibel gewalzten Blechen und mit Tailor Welded Blanks durchführt. (Homberg 2006; Tolazzi 2006)

Theoretische Grundlagen

Wird die Zuhaltekraft des Werkzeugs über dem Innendruck der Umformung aufgetragen, kann das Prozessfenster der Hochdruckblechumformung nach Dick konkret beschrieben werden. Abbildung 4.83a zeigt den Bereich der Umformung zwischen der Dichtgrenze und der Klemmgrenze, die zur Werkstofftrennung (Bauteilreißer) führt. Beide Grenzen beschränken den Prozess und führen aus unterschiedlichen Gründen zu einem undichten Druckraum. Zu Beginn des Prozesses fließt der Werkstoff unter geringem Innendruck in die Werkzeugkavität ein, weshalb nur geringe Schließkräfte benötigt werden. Am Ende des Prozesses werden in der Regel feine Konturen mit kleinen Radien unter sehr hohem Druck ausgeformt. In dieser Kalibrierphase fließt kein Werkstoff aus dem Flansch nach und die Klemmkraft wird stark erhöht, um die Dichtheit des Systems beizubehalten (Dick 1997).

Eine analytische Abschätzung des Kalibrierdrucks bei einer Streckziehbeanspruchung kann anhand folgender, auf Näherungen der Membrantheorie beruhenden Ähnlichkeitsbetrachtungen erfolgen (Hein 1999; Birkert 1999). Der Betrachtung wird der kleinste auszuformende Krümmungsradius, die Blechdicke sowie die Werkstoffkennwerte Anisotropie und Streckgrenze zugrunde gelegt:

$$p_{max} \sim \sqrt{\frac{1+r}{2}} \cdot R_m \cdot \frac{s_0}{\rho} \qquad (4.67)$$

p_{max} maximaler Wirkmediendruck [bar],
r mittlere senkrechte Anisotropie des Werkstoffs [-];
s_0 Ausgangsblechdicke [mm],
R_m Zugfestigkeit des Werkstoffs [MPa] und
ρ Krümmungsradius des Formelements [mm].

Des Weiteren kann der erforderliche Wirkmediendruck mittels Finite-Elemente-Methode (FEM) abgeschätzt werden. Das Diagramm in Abbildung 4.83b zeigt experimentelle Ergebnisse von verschiedenen Kalibrierdrücken in Abhängigkeit von der Blechdicke, vom auszuformenden Radius und Werkstoff (Johannisson 2001). Die Berechnung der erforderlichen Zuhaltekraft im statischen Gleichgewichtszustand zur Ermittlung der Dichtgrenze erfolgt nach:

$$F = p \cdot A_{eff} \qquad (4.68)$$

F Zuhaltekraft [kN],
p Wirkmediendruck [bar] und
A_{eff} in z-Richtung projizierte druckbeaufschlagte Fläche [mm²].

Die wichtigsten Prozessparameter für die HBU sind der Umformdruck, die Blechhalterkraft, die Werkstückgeometrie und die Anordnung des Gegenhalters. Zusätzlich muss die Abhängigkeit von der Prozesszeit berücksichtigt

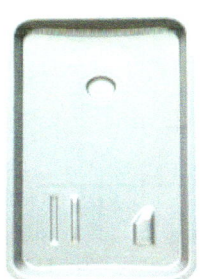

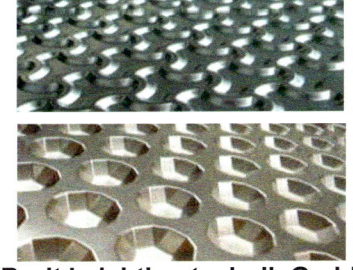

(IUL Dortmund) (Borit Leichtbautechnik GmbH) (IUL Dortmund)

Abb. 4.82: Exemplarische Werkstücke der Hochdruckblechumformung

4.2 Tiefziehen

Abb. 4.83: a) Qualitatives Prozessfenster für die HBU (Dick 1997) und b) Einfluss des Kalibrierdrucks auf die Radienausformung (Johannisson 2001)

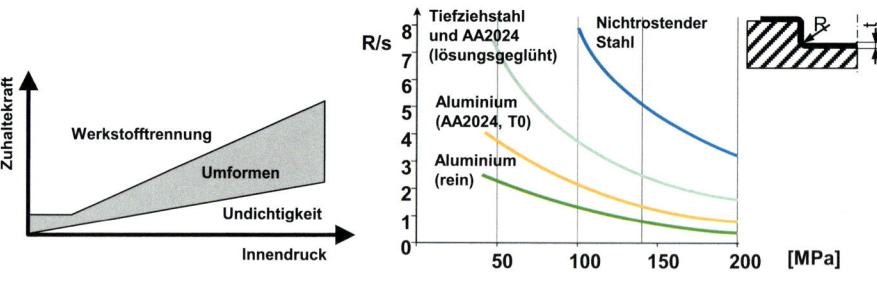

a) Prozessfenster für die HBU (Dick 1997) b) Ausformung von Bauteilradien (Johannisson 2001)

werden. Mit diesen Größen lassen sich unterschiedliche Formänderungspfade im Grenzformänderungsdiagramm einstellen. Im Vergleich zum konventionellen Tiefziehen muss bei der HBU die erhöhte Reibung an der Zarge, am Ziehringradius und der erhöhte Anpressdruck im Bereich des Blechhalters bis zur Dichtung berücksichtigt werden. Bauteilversagen tritt in der Regel durch das Überschreiten der maximal übertragbaren Kraft in die Umformzone in Form von Reißen oder durch Faltenbildung ein.

Werkzeuge

Prinzipiell kommen bei der Hochdruckblechumformung zwei Arten von Werkzeugen zum Einsatz. Für flache Bauteile, wie zum Beispiel bei der Herstellung von strukturierten Blechen, wird nur eine Schließkraft benötigt. Diese kann mittels einer Maschinensteuerung dem Verlauf des Umformdrucks angepasst werden, wodurch zu Beginn ein erhöhter Werkstofffluss zugelassen wird. Das Werkzeug besteht aus einer Bodenplatte mit Kanälen für die Zuführung des Umformdrucks sowie aus einer formgebenden Matrize. Diese wird für eine bessere Werkzeugentlüftung während der Umformung und dem einfacheren Ablassen des Druckmediums idealerweise in der oberen Werkzeughälfte vorgesehen. Für relativ tiefe Bauteile werden üblicherweise Werkzeuge mit einer integrierten Ziehkissentechnik für das Aufbringen einer pressenunabhängigen Blechhalterkraft verwendet. Der Kraftfluss in einem solchen Werkzeug wird in Abbildung 4.84 verdeutlicht. Diese Technik verbessert den Einsatz eines Gegenhalters bezüglich der erreichbaren Ziehtiefe und der Vermeidung von Faltenbildung. (Homberg 2000; Szücs 1997; Bobbert 2004)

4.2.6.5 Umformen mit Membran

Das Tiefziehen mit Wirkmedien unter Einsatz von Membranen kann prinzipiell in folgende zwei Gruppen eingeteilt werden (von Finckenstein 90):

- Stempelziehen (z. B. das Fluidformverfahren, entwickelt von der Fa. ASEA, Abb. 4.85) und
- Hohlraumumformung (z. B. das von der Fa. Verson entwickelte Wheelon-Verfahren oder das Fluidzell-Verfahren ebenfalls von der Fa. ASEA).

Bei diesen Verfahren wird der Druckraum mit einer Membran abgedichtet. Bauteile kleiner bis mittlerer Abmessungen und Produktionsvolumen mit geringen Stückzahlen können damit besonders in der Luft- und Raumfahrtindustrie, sowie in der Prototypen- und Kleinserienfertigung für Kraftfahrzeuge wirtschaftlich hergestellt werden. Die Werkzeugkosten werden merklich reduziert, da nur ein formgebendes Element innerhalb eines universell einsetzbaren Gegendruckbehälters verwendet wird. Ein bauteilgeometrieangepasster Ziehring wie beim hydromechanischen Tiefziehen wird hierbei durch die Membran ersetzt. Für geringe Stückzahlen können die formgebenden Elemente (vor allem bei dem Hohlraumverfahren) auch aus alternativen

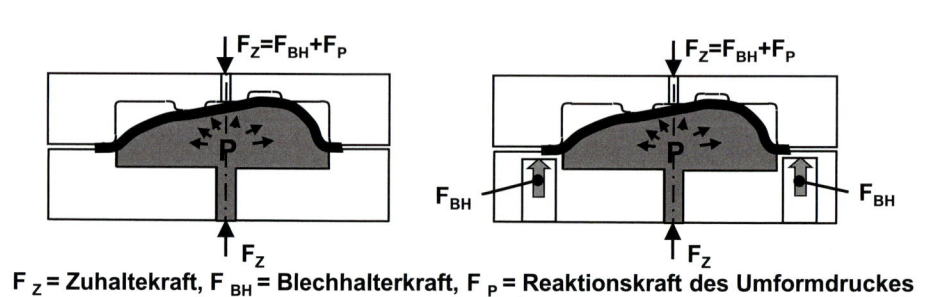

Abb. 4.84: Werkzeugkonzept ohne/ mit einem entkoppelten Blechhalter

F_Z = Zuhaltekraft, F_{BH} = Blechhalterkraft, F_P = Reaktionskraft des Umformdruckes

Werkstoffen, wie z. B. Kunststoff, hergestellt werden. Einen entscheidenden Verfahrensvorteil stellt die Möglichkeit der Erzeugung von Hinterschnitten in der Werkzeugkontur dar. Darüber hinaus werden membranseitig sehr gute Oberflächenqualitäten erzielt, und es können ohne Anpassung des Werkzeugs auch verschiedene Blechdicken und Tailor Welded Blanks umgeformt werden. Nachteilig sind jedoch die langen Prozesszeiten, der hohe Membranverschleiß und die hohen Pressenkräfte, die durch die zusätzliche Verformung der Membran und die hydraulische Gegenkraft entstehen.

Das Stempelziehen mit Membranen

Der Fluidform-Prozess weißt folgende Prozessschritte auf: Nach dem Einlegen der Platine und dem Schließen des Werkzeugs mit dem Blechhalter wird die Platine von der Membran, die unter einem Anfangsdruck in der Druckkammer steht, gegen den Blechhalter gepresst. Die Platine steht nun indirekt mit dem Wirkmedium in Kontakt und kann mit einer mechanischen Bewegung des starren Stempels umgeformt werden. Mit geregelten Abströmventilen werden in der Druckkammer verschiedene Druckverläufe eingestellt. Die Platine darf nicht vollständig durchgezogen werden, da ansonsten die Membran beschädigt wird. Vor dem Öffnen des Werkzeugs muss der Druck abgelassen werden, um ein Stülpen der fertiggeformten Bauteile zu vermeiden. Abbildung 4.85 verdeutlicht den prinzipiellen Aufbau eines solchen Werkzeugs. (Panknin 1957; Strömblad 1970)

Beim Multibranverfahren besteht ebenfalls ein indirekter Kontakt mit dem umgeformten Werkstück. Jedoch werden mehrere Membrane verwendet, um komplexe Bauteile bei gleichzeitiger Reduzierung der Membranbelastung produzieren zu können. Der Ablauf des Verfahrens gleicht dem des Fluidformprozesses mit dem Unterschied, dass externe Aggregate mehrere Druckkammern mit einem Druck beaufschlagen. (Dohmann 97, Vollertsen 2006)

Beide Verfahren kennzeichnen reduzierte Reibungskräfte im Blechhalterbereich. Jedoch werden relativ hohe Drücke benötigt, um diese Normalkräfte aufzubauen und der Werkstofffluss kann nicht unabhängig von der Umformkraft beeinflusst werden.

Das Hohlraumumformen mit Membranen

Bei der Hohlraumumformung wird die Platine mittels einer mit Hochdruck beaufschlagten Membran in die formgebende Matrize umgeformt. Die hochbelastete Membran trennt das Wirkmedium von der Platine. Diese Verfahren eignen sich besonders für flache und komplex konturierte Bauteile.

Der Wheelon-Prozess wurde bei der Firma Verson in Chicago entwickelt und stellt eine Kombination aus Tiefziehen mit einer nachgiebiger Matrize und Tiefziehen mit einer Membran dar. Mittels einer Gummiplatte wird ein hydraulischer Druck auf eine Platine übertragen, die sich an den Formblock anlegt. Die Membran unterliegt bei diesem Verfahren einem nur geringen Verschleiß, da sie nicht in einem direkten Kontakt mit der Platine oder dem Formblock gelangt. Abbildung 4.86 zeigt den schematischen Aufbau eines solchen Werkzeugs innerhalb eines Pressengehäuses.

Variationen dieses Prozesses sind das Fluidzell-Verfahren der Firma ASEA und das Flexform-Verfahren der Firma Avure (ehemals Flow Pressure-Systems). Bei diesem Verfahren steht die Membran im direkten Kontakt mit der Platine und es können kleine Radien und Hinterschnitte bei geringem Membranverschleiß ausgeformt werden. Für die Umformung werden auf Grund der hohen Umformdrücke von bis zu 100 MPa und der Werkzeugabmessungen von 2,5 m auf 1,25 m drahtgewickelte Pressenrahmen verwendet. Zum Einlegen der Platine und zum Entnehmen der Bauteile wird ein Schiebetisch aus dem Gestell herausgefahren. Ein solches Pressenkonzept wurde mit der Quintus Fluidzellpresse realisiert. (Johannisson 2001)

4.2.6.6 Doppelblechumformung

Insbesondere hat sich die Innenhochdruck-Umformung (IHU) von Rohren bei der Fertigung von Fahrwerks- und Abgaskomponenten sowie von Strukturbauteilen für Fahrzeugkarosserien bewährt. Das herstellbare Bauteilspektrum bei der IHU von Rohren beschränkt sich jedoch auf die vorgegebene Geometrie des Halbzeugs. Bauteile mit beliebig großen Querschnittsänderungen entlang der

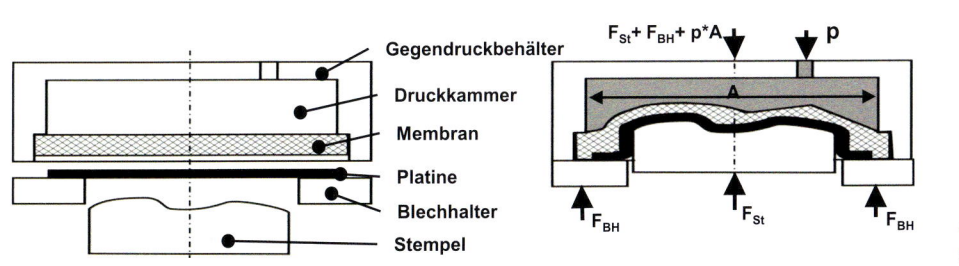

Abb. 4.85: *Prinzip des Fluidformverfahrens*

4.2 Tiefziehen

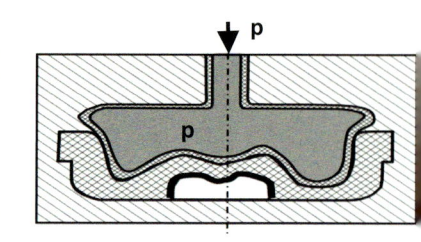

Abb. 4.86: *Prinzip des Wheelon-Verfahrens*

Bauteillängsachse können mit diesem Verfahren jedoch nicht wirtschaftlich hergestellt werden. Das Bauteilspektrum kann durch die Verwendung konischer Rohre oder maßgefertigter, verschweißter Rohre, sogenannte „Tailor Welded Tubes" als Halbzeuge erweitert werden. Eine Alternative zum IHU von Rohren stellt die Herstellung flächiger, ein- oder zweischaliger Bauteile mittels wirkmedienbasierter Umformung von Einzelplatinen bzw. Platinenpaaren dar. Mit diesem Verfahren wird es möglich, Bauteilquerschnitte beliebig über die Bauteillänge zu variieren. Die mittels Doppelblechumformung hergestellten Seitenteile aus einem unverschweißten Platinenpaar werden in Abbildung 4.87a dargestellt. Abbildung 4.87b zeigt einen Pkw-Motorträger aus verschweißten Doppelplatinen. Da der Querschnitt in den Eckenbereichen ungefähr die doppelten Abmessungen als an der geraden Seite aufweist, kann das Bauteil nicht aus einem einzigen Rohrhalbzeug gefertigt werden. Das Bauteilspektrum der Doppelblechumformung erstreckt sich neben Fahrwerkskomponenten auch auf zweischalige Bauteile, wie z.B. Tankschalen und Träger (vgl. Abb. 4.87c und d).

Verfahrensprinzip

Das Verfahren der Doppelblechumformung (DBU) wird grundsätzlich unterschieden in das Umformen von verschweißten oder das von nicht verschweißten Platinen. In der Regel werden beide Platinen im selben Umformzyklus umgeformt. Bei der Verwendung einer Zwischenplatte zwischen den unverschweißten Platinen können unterschiedliche Drücke und Bauteilgeometrien verwendet werden. Das Verfahren bietet folgende Vorteile:

- hohe Bauteilfestigkeit (denn eine homogenere Formänderungsverteilung und ein großer Umformgrad führen zur Verfestigung des Bauteils),
- hohe Maßhaltigkeit (vor allem bei verschweißten Platinen: da bei einer prozessgerechten Bauteilauslegung das Werkstück nicht beschnitten und gefügt werden muss, stellt sich eine geringere Rückfederung und kein Wärmeverzug ein.),
- hohe Bauteilsteifigkeit (bei geschweißten Platinen wird durch das geschlossene Profil eine hohe Biege- und Torsionssteifigkeit erreicht),
- komplexe Geometrien sind nur mit einer formgebenden Werkzeughälfte herstellbar,
- Flexibilität bei der Geometrie des Bauteils und dem Werkstoffeinsatz (Wanddicken- und Werkstoffvariationen),
- Gewichtsreduzierung im Vergleich zu konventionell umgeformten Bauteilen (durch die verbesserten Festigkeits- und Steifigkeitseigenschaften) sowie
- doppelte Teileausbringung pro Pressenhub.

Abbildung 4.88 zeigt den Verfahrensablauf für unverschweißte Platinen unter Verwendung einer Zwischenplatte. Der Ablauf des Verfahrens ähnelt dem der Hochdruckblechumformung und besteht ebenfalls aus einer Umformstufe mit Werkstofffluss und einer Kalibrierungsstufe zur Ausformung der Bauteilgeometrie.

Eine Zwischenplatte trennt die beiden Platinen voneinander, wodurch sich diese nicht mehr gegenseitig durch Reibung und unterschiedlichen Einlauf des Ziehteilflansches bei verschiedenen Bauteiltiefen beeinflussen. Über eine solche Zwischenplatte wird das Druckmedium zugeführt und gegen die Umgebung abgedichtet. Diese Variante ermöglicht unterschiedliche Drücke für das obere und untere Bauteil. Falls die Platinen direkt aufeinander liegen oder miteinander verschweißt sind, kann nur ein Innendruck zur Umformung verwendet werden. Die Geometrie des oberen und unteren Bauteils sollte zumindest ähnlich sein, da der Werkstoffeinzug in beiden Matrizen gekoppelt erfolgt. Folglich müssen ähnliche Blechabwicklungen und Ziehtiefen im Werkzeug realisiert werden. Nicht

Abb. 4.87: *Beispiele für die Doppelblechumformung: a) Pkw-Seitenteile (Pasino 2003), b) Pkw-Motorträger (Birkert 1999), c) und d) Tankschalen (Wagner 2005, Liewald 2010)*

a) Pkw-Seitenteile aus unverschweißtem Platinenpaar

b) Pkw-Motorträger aus verschweißtem Platinenpaar

c) Tankschale (Druckzuführung zwischen Platinen)

d) Tankschale (Druckzuführung mittels einer Zwischenplatte)

4.2.6 Hydroumformung

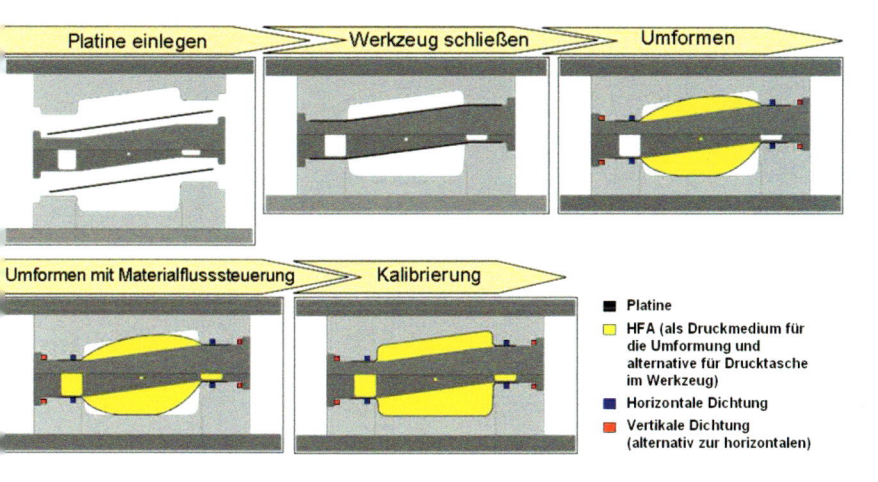

Abb. 4.88: Verfahrensablauf der DBU von unverschweißten Platinen mit einer Zwischenplatte

verschweißte Platinen müssen besonders zwischen den Blechen im Flanschbereich abgedichtet werden. Mit der Steuerung der Schließkraft oder mit einer von der Schließkraft unabhängigen Blechhalterkraft können der Werkstofffluss und die notwendige Dichtheit gleichzeitig gewährleistet werden. Bei verschweißten Platinen wird die Abhängigkeit zwischen den beiden bezüglich des Werkstoffflusses zusätzlich erhöht. Die Zuführung des Mediums erfolgt in der Regel über eine Lanze, die zwischen den beiden Platinen eingeführt wird. An dieser Stelle werden jedoch die Dichtheit des Systems und der Werkstofffluss stark beeinflusst. Weitere alternative Dichtungssysteme wie geschweißte oder gefederte Anschlussstutzen, das Andocksystem im Flanschbereich und der Ringkanal werden in Abbildung 4.89 kurz beschrieben.

In den Prozess der Doppelblechumformung können Folgeoperationen, wie z.B. das Lochen, das Schneiden oder das Fügen, ebenfalls integriert werden (Kreis 2002). Der Lochvorgang erfolgt mit einem Schneidstempel, der während des Umformvorgangs eben mit der Werkzeugoberfläche positioniert war. Entweder verfährt der Stempel gegen den hohen Kalibrierdruck in das Bauteil hinein und stößt einen Butzen auf die Innenseite. Dabei presst der hohe Kalibrierdruck das Werkstück gegen den Schneidstempel und übernimmt somit die Funktion einer Schneidmatrize. Oder ein Stempel wird aus der Werkstückoberfläche zurückgezogen, der Umformdruck fungiert als Schneidstempel und stößt den Butzen nach außen. Da die beiden Werkstückhälften nach dem Um-

formen sehr gut zueinander positioniert sind, bieten sich Folgeoperationen an, wie z.B. das Beschneiden des Flansches sowie das Fügen durch Schweißen oder das Durchsetzfügen. Ferner muss das Entfernen des Druckmediums nach dem Produktzyklus oder der Butzen aus integrierten Stanzoperationen aus den verschweißten Bauteilhälften berücksichtigt werden.

Vor allem bei tiefen Bauteilgeometrien mit unterschiedlichen Ober- und Unterbauteilen kann mit einer variablen Blechhalterpressung der Werkstofffluss gesteuert und das Prozessfenster erweitert werden. Hierzu wurde ein Werkzeugkonzept mit einer aktiv-elastischen Drucktasche entwickelt (Abb. 4.90). Diese Drucktaschen werden unterhalb der Matrizenoberfläche angeordnet. Über die elastische Verformung der Matrize mittels eines hydraulischen Drucks kann die Platine gezielt zurückgehalten werden. Die elastische Verformung und somit die Rückhaltekraft wird durch die Kanalbreite eingestellt (Metz 2005). Die Drucktaschen zur Steuerung des Werkstoffflusses können auch in einer Zwischenplatte angeordnet werden, wodurch die Rückhaltekräfte näher am Matrizenradius angreifen. Diese Drucktaschen übertragen eine elastische Verformung der Zwischenplatte und werden über die Höhe des Drucks eingestellt (vgl. Abb. 4.88) (Liewald 2010).

Die Prozessvariante zur Erweiterung der Verfahrensgrenzen der Doppelblechumformung, die vor allem bei der Umformung von verschiedenen Blechwerkstoffen oder verschiedenen Blechdicken zum Einsatz kommt, stellt die

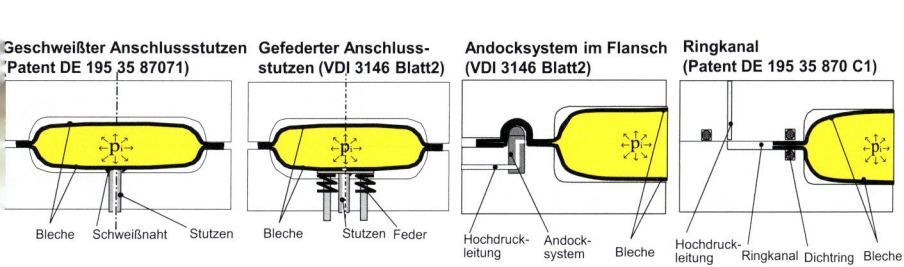

Abb. 4.89: Erweiterte Möglichkeiten der Druckzuführung bei der Doppelblechumformung

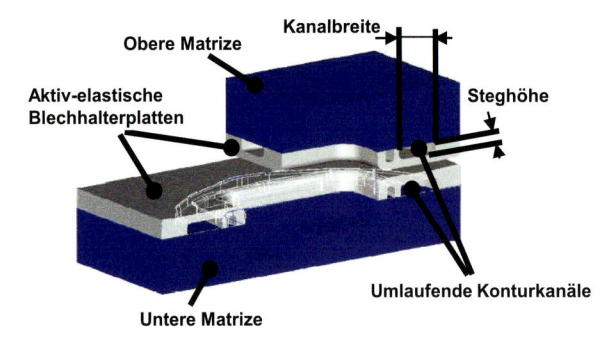

4.2 Tiefziehen

Abb. 4.90: Aktiv-elastisches Werkzeug für die Doppelblechumformung (Groche 2003)

Umformung mit der Überlagerung eines Gegendrucks dar. Dieser wirkt auf die äußere Seite der höher beanspruchten Platine (Cojutti 2007). Die Verfahrenskombination aus Tiefziehen von unverschweißten Doppelplatinen mit nachfolgender Hydroumformung wurde ebenfalls untersucht. Nach dem konventionellen Tiefziehen zweier aufeinander liegender Platinen werden diese mittels eines hydraulischen Innendrucks weiter umgeformt. Der Innendruck formt die untere Platine in die Vertiefung der Matrize des gegenüberliegenden Werkzeugs hinein, während die obere Platine durch gezieltes Zurückziehen des Stempels entgegen der Ziehrichtung gestülpt und in die Kavität des Stempels hydraulisch getieft wird. (Wagner 2005)

Theoretische Grundlagen

Das Prozessfenster der Doppelblechumformung (DBU) wird im Vergleich zur Hochdruckblechumformung modifiziert und an die neuen Prozessbedingungen angepasst. Der Arbeitsbereich befindet sich stets oberhalb der minimalen Zuhaltekraft, um die Dichtheit des Systems zu gewährleisten (Abb. 4.91a). Darüber hinaus muss der Prozess unterhalb der Stauch-, Klemm- und Berstgrenze ausgelegt werden. (Hein 1999)

Das Bauteil versagt durch Reißen, wenn das Umformvermögen bei der Kalibrierung kleiner Radien vor allem zu Prozessende in den Eckenbereichen überschritten wird. Bei verschweißten Platinen ist der Werkstofffluss beider Bauteile stark voneinander abhängig. Da die beiden Bauteile bei der Doppelblechumformung in der Regel geometrisch nicht identisch sind, kann das tiefere Bauteil unter Umständen durch Bersten versagen (Abb. 4.91b). Entsprechend diesem Fall kann das flachere Bauteil unter Umständen durch starke Faltenbildung versagen.

Im Vergleich zum konventionellen Tiefziehen besteht bei der Doppelblechumformung die Gefahr eines ungleichmäßigen Flanscheinzugs, da die Platine hier nicht durch Reibung am Stempel gehalten wird, sondern der Innendruck auf die gesamte Blechoberfläche wirkt. Bei nicht ebenen Bauteilflanschen sollte daher ein möglichst geringer Höhenunterschied realisiert werden, da sonst eine Platine beim Schließen des Werkzeugs aus der Matrize befördert werden kann. Dies kann zu einem Werkstoffüberschuss führen, der sich wiederum in Form von Faltenbildung bemerkbar macht. Mit Hilfe von Positioniereinrichtungen, wie z. B. gefederte Stifte, besteht die Möglichkeit, die gewünschte Platinenposition sicherzustellen.

4.2.6.7 Pressen für die Hydroumformung

In diesem Abschnitt werden die Anforderungen und einige Pressenkonzepte speziell für die Hydroumformung vorgestellt. Im Vergleich zu konventionellen Tiefziehpressen muss das mit Hochdruck gefüllte Werkzeug lediglich geschlossen werden (dies gilt jedoch nicht für das hydromechanische Tiefziehen). Die Stößelkraft wird nicht entlang der vollständigen Ziehtiefe des Bauteils benötigt, da der Umformdruck mittels Hochdruckpumpen und Druckübersetzer aufgebracht wird. Aus diesem Grund werden leistungsfähige, einfachwirkende Pressen verwendet, die als „Zuhaltevorrichtungen" bezeichnet werden. Die wesentlichen Anforderungen sind in Abbildung 4.92a zusammengefasst, wovon die hohe Steifigkeit und die hohe Zuhaltekraft bei relativ kurzen Verfahrwegen des Pressenstößels besonders hervorgehoben werden müssen. Bei der Auslegung von Pressen für die Hydroumformung wird auf Grund der hohen Umformdrücke ein besonderes Augenmerk auf den Ort der Krafteinleitung in das Werkzeug gelegt. Die Haupttragbleche einer Hydropresse müssen daher enger positioniert werden als bei konventionellen Tiefziehpressen (vgl. Abb. 4.92b).

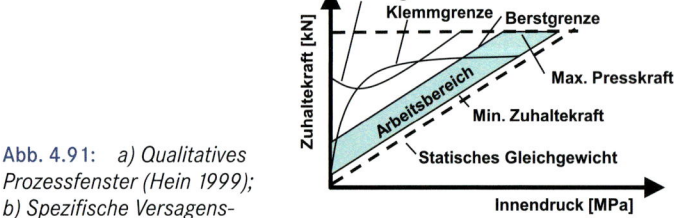

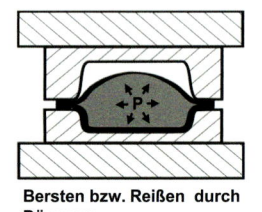

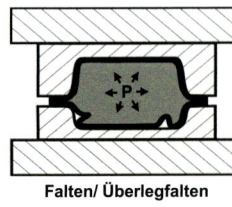

Abb. 4.91: a) Qualitatives Prozessfenster (Hein 1999); b) Spezifische Versagensarten für die DBU

a) Qualitatives Prozessfenster der DBU b) Spezifische Versagensarten in der DBU

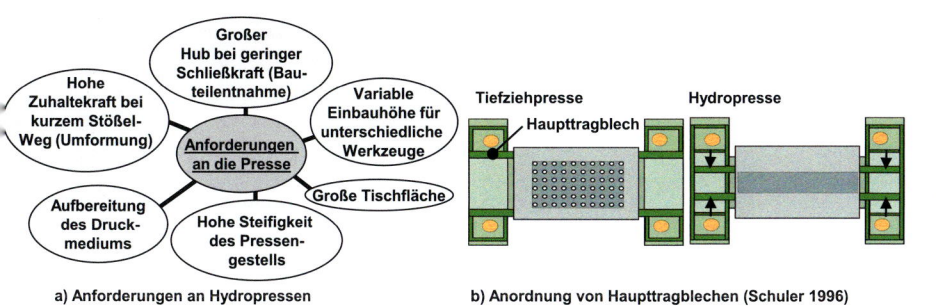

4.2.6 Hydroumformung

Abb. 4.92: a) Anforderungen an Hydropressen; b) Anordnung der Haupttragbleche bei Tiefzieh- und Hydropressen (Schuler 1996)

Abbildung 4.93 beschreibt drei Pressenkonzepte für die Umsetzung einer hohen Schließkraft, die mindestens einen leistungsfähigen hydraulischen Zylinder besitzen:

- Das Pressenkonzept a) besteht lediglich aus einem leistungsfähigen Zylinder mit einem großen Stößelweg, der eine ausreichende Schließ- und Presskraft bzw. Zuhaltekraft aufbaut.
- Im Konzept b) wird die Schließkraft von der Zuhaltekraft entkoppelt. Hierfür werden ein leistungsschwacher Schließzylinder mit großem Hub und ein leistungsstarker Zuhaltezylinder mit kurzem Hub verwendet. Sobald das Werkzeug geschlossen ist, wird der Stößel über Distanzen gegen den Pressenrahmen mechanisch abgestützt und somit der Schließzylinder entlastet. Um Werkzeuge verschiedener Einbauhöhe zu verwenden, können die Distanzen angepasst werden.
- Das Konzept c) besteht aus einem kompakten Rahmen mit einem kurzhubigen Schließzylinder. Das Bauteil kann erst entnommen werden, wenn das Werkzeug aus dem Pressenrahmen heraus bewegt wird.

Abbildung 4.94 enthält zwei Beispiele von Schließvorrichtungen: Das erste (vgl. Abb. 4.94a) stellt eine hydraulisch-mechanische Zuhaltevorrichtung mit einer Nennpresskraft von 35 MN (vgl. Konzept b) dar. Das zweite Beispiel bildet eine hydraulische Zuhaltevorrichtung in horizontaler Anordnung mit einer Nennpresskraft von 100 MN (vgl. Abb. 4.94b) ab. Auf Grund der sehr hohen Schließkräfte wird der Gussrahmen hierbei mit einem Draht umwickelt, um eine Druck- bzw. Vorspannung im Pressenrahmen zu überlagern. Diese Anlage besitzt einen begrenzten Hub, weshalb das Werkzeug zur Bauteilentnahme seitlich aus dem Rahmen herausgefahren werden muss. Ein ähnliches Pressenkonzept – das der Quintus Fluidzell – wird in Kapitel 4.2.6.5 beschrieben.

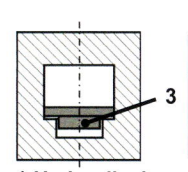

Werden Verfahren verwendet, die mehr als eine Schließkraft und einen Umformdruck benötigen, muss zum Beispiel ein Membrankurzhubzylinder in das Umformwerkzeug integriert werden (Homberg 2000). Eine weitere Möglichkeit, die Zuhaltefunktion sowohl im Arbeitsraum der Presse, als auch im Werkzeug zu realisieren, stellt die

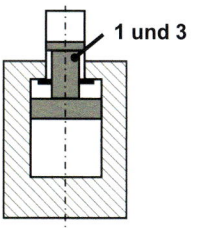

Abb. 4.93: Verschiedene Konzepte für Hydropressen:
a) Hydraulische Presse;
b) Hydraulisch-mechanische Zuhaltevorrichtung;
c) Hydraulische Zuhaltevorrichtung

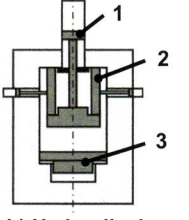

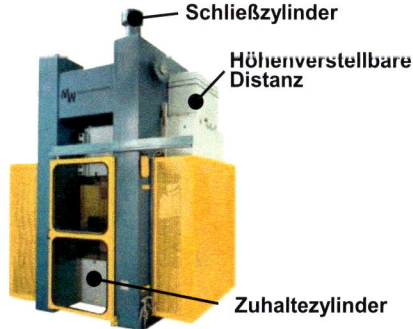

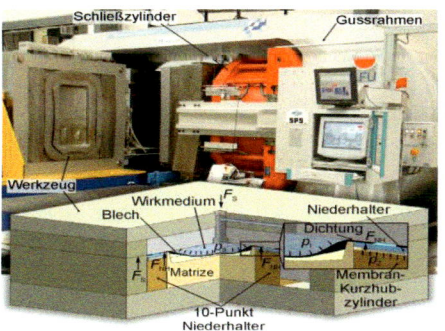

Abb. 4.94: Beispiele für bestehende Anlagen:
a) Hydraulisch-mechanische Zuhaltevorrichtung am Institut für Umformtechnik der Universität Stuttgart;
b) Hydraulische Zuhaltevorrichtung am Institut für Umformtechnik und Leichtbau der Technischen Universität Dortmund

493

Bajonettverriegelung dar. Hierfür wird mit einem kleinen Hydraulikzylinder eine Drehbewegung erzeugt und eine mechanische Verriegelung hergestellt (Bieling 1999).

Literatur zu Kapitel 4.2.6

Aust, M.: Hydromechanisches Tiefziehen von Karosserieteilen. Dr.-Ing. Dissertation, Universität Stuttgart, 2003.

Bensmann, G.: Offenlegungsschrift DE 2802601, Int.Ci.2 B21 D 26/02, Fried. Krupp GmbH, Werkzeuge zum hydromechanischen Tiefziehen, Essen, 1979.

Bensmann, G.; Lindigkeit, J.; Sondermann, W.: Experimentalstudie zur Verbesserung des hydromechanischen Tiefziehens. KFK-PET 96. Krupp-Forschungsinstitut, Essen 1984.

Bieling, P.: Mechanisch verriegelte Anlagen für die Großserienfertigung, In: Siegert, K. (Hrsg.): Hydroumformung von Rohren, Strangpreßprofilen und Blechen. MAT-INFO Werkstoff-Informationsgesellschaft, Frankfurt/M. 1999, S. 193ff.

Birkert, A.; Neubert, J.; Gruszka, T.: Hydrostatisches Aufweiten von verschweißten Doppelplatinen. In: Siegert, K. (Hrsg.): Hydroumformung von Rohren, Strangpreßprofilen und Blechen. MAT-INFO Werkstoff-Informationsgesellschaft mbH, Frankfurt/M. 1999, S. 327ff.

Bobbert, S.: Simulationsgestützte Prozessauslegung für das Innenhochdruck-Umformen von Blechpaaren. Band 103 der Reihe: Geiger, M.; Feldmann, K. (Hrsg.): Fertigungstechnik Erlangen. Meisenbach Verlag, Bamberg 2004.

Breckner, M.: Hydrauliksysteme für die Innenhochdruckumformung, In: Siegert, K. (Hrsg.): Hydroumformung von Rohren, Strangpreßprofilen und Blechen. MAT-INFO Werkstoff-Informationsgesellschaft, Frankfurt/M. 1999, S. 205ff.

Bürk, E.: Das hydromechanische Ziehverfahren. Blech (1963) 9, S. 573-578.

Cojutti, M.; Merklein, M.; Geiger, M.: Investigations on Double Sheet Hydroforming with Counterpressure. In: Vollertsen, F. (Hrsg.): Proceedings of the 2nd International Conference on New Forming Technology, Bremen, BIAS Verlag, 2007, S. 351-360.

Dick, P.: Technologie des Hochdruckumformens ebener Bleche. Band 37 der Reihe: Schmoeckel, D. (Hrsg.): Berichte aus Produktion und Umformtechnik. Dr.-Ing. Dissertation, RWTH Aachen, 1997.

Doege, E.; Walter, G.; Kurz, G.; Meyer, T.: Umformen von Magnesiumfeinblechen mit temperierten Werkzeugen. EFB-Forschungsbericht Nr. 195, 2002.

Dohmann, F.: Ziehverfahren und -vorrichtung. Offenlegungsschrift DE 19608985 A1, Paderborn, 1997.

Elsässer, H.: Betriebserfahrung und Wirtschaftlichkeit beim hydromechanischen Tiefziehen von Blechen. Blech Rohre Profile 29 (1982), S. 348-352.

Finckenstein, E. v.; Brox, H.: Sonder-Tiefziehverfahen, In: Lange, K. (Hrsg.): Handbuch der Umformtechnik, Band 3: Blechbearbeitung. Springer-Verlag, Berlin, Heidelberg 1990, S. 449-468.

Gologranc, F.: Untersuchung der hydr. Tiefung zur Aufnahme von Fließkurven. Industrie Anzeiger 90 (1968), S. 775-779.

Hecht, J.: Werkstoffcharakterisierung und Prozessauslegung für die wirkmedienbasierte Doppelblech-Umformung von Magnesiumlegierungen. Dr.-Ing. Dissertation, Universität Erlangen-Nürnberg, 2007.

Hein, P.: Innenhochdruck-Umformen von Blechpaaren: Modellierung, Prozessauslegung und Prozessführung. Band 90 der Reihe: Geiger, M; Feldmann, K. (Hrsg.): Fertigungstechnik – Erlangen. Bamberg, 1999.

Homberg, W.: Untersuchungen zur Prozessführung und zum Fertigungssystem bei der Hochdruck-Blech-Umformung. Dr.-Ing. Dissertation, Universität Dortmund, Shaker Verlag, Aachen 2000.

Homberg, W.; Kleiner, M.; Krux, R.; Witulski, J.: Umformung von flexibel gewalzten Blechen mittels Wirkmedien – Experimentelle Untersuchungen. In: Abschlussbericht zum DFG – Schwerpunktprogramm SPP 1098: Wirkmedienbasierte Fertigungstechniken zur Blechumformung, 2000-2006, S.407ff.

Hétu, L.: Investigations of the Hydromechanical Deep Drawing of Steel Tailor Welded Blanks. Dr.-Ing. Dissertation, Universität Stuttgart, 2007.

Johannisson, T.G.: Fertigung von Blechformteilen kleiner Gesamtstückzahlen. In: Siegert, K. (Hrsg.): Hydroumformung von Rohren, Strangpreßprofilen und Blechen. MAT-INFO Werkstoff-Informationsgesellschaft, Frankfurt/M. 2001, S. 159ff.

Kaiser, W.: Verfahren zum Hydrostatischen Umformen von insbesondere ebenen Blechen aus kaltumformbarem Metall und diesbezüglicher Vorrichtungen, Patent-Nr.: DE 41 34 596 C 2, 1990.

Keller, S.; Hotz, W.; Friebe, H.: Yield curve determination using the bulge test combined with optical measurement. In: Proceedings of the IDDRG 2009, Golden, USA, S. 319-330.

Khandeparkar, T.: Hydromechanical Deep Drawing under the Influence of High Fluid Pressure. Dr.-Ing. Dissertation, Universität Stuttgart, 2007.

Khandeparkar, T.; Gehle, A.: Werkzeugoptimierung für das Hydromechanische Tiefziehen. In: Liewald, M.

(Hrsg.): Hydroumformung von Rohren, Strangpressprofilen und Blechen, Band 4. MAT-INFO Werkstoff-Informationsgesellschaft mbH, Frankfurt/M. 2005, S. 421ff.

Kreis, O.: Integrierte Fertigung – Verfahrensintegration durch Innenhochdruck-Umformen, Trennen und Laserstrahlschweißen in einem Werkzeug sowie ihre tele- und multimedial Präsentation. Dr.-Ing. Dissertation, Universität Erlangen-Nürnberg. Reihe Fertigungstechnik, Band 133. Meisenbach Verlag, Bamberg 2002.

Liewald, M.; Bolay, C.: Erweitertes Verfahren für die Doppelblechumformung, In: Liewald, M. (Hrsg.): Hydroumformung von Rohren, Strangpressprofilen und Blechen. Fellbach. MAT-INFO Werkstoff-Informationsgesellschaft, Frankfurt/M. 2010, S. 163ff.

Liewald, M.; Kappes, J.: In-Prozess-Messung beim pneumatischen Warmtiefungsversuch. wt Werkstattstechnik online 99 (2009) 10, S. 753-760.

Maki, T.: Hydroumformung von Karosserieteilen. In: Liewald, M. (Hrsg.): Hydroumformung von Rohren, Strangpressprofilen und Blechen, Band 4. MAT-INFO Werkstoff-Informationsgesellschaft mbH, Frankfurt/M. 2005, S. 197ff.

Metz, C.: Aktiv-elastische Werkzeugsysteme zum Tiefziehen mit Innenhochdruck. Band 65 der Reihe: Groche, P. (Hrsg.): Berichte aus Produktion und Umformtechnik. Dr.-Ing. Dissertation, RWTH Aachen, 2005.

N.N.: Fa. Borit Leichtbau-Technik GmbH: Strukturbleche, Wabenplatte. http://www.borit.de (1.7.2009).

Nakamura, K.; Nakagawa, T.: Metal Sheet Forming with hydraulic counter pressure. European Patent EP 0092253 A2, Int. Cl.3 B21 D 22/20, Chiba, Japan, 1983.

Pankin, W.: Grundlagen des hydraulischen Tiefziehens (Hydroform) und hydraulische Tiefzieheinrichtungen. Werkstatttechnik und Maschinenbau 47 (1957) 6, S. 295-303.

Panknin, W.: Die Bestimmung der Fließkurve und der Dehnungsfähigkeit von Blechen durch den hydraulischen Tiefungsversuch. Industrie Anzeiger 86 (1964), S. 915-918.

Pasino, R.; Mett, P.; Prier, M.: Fortschritte bei der Doppelblechumformung. In: Siegert, K. (Hrsg.): Hydroumformung von Rohren, Strangpressprofilen und Blechen. Tagungsband der Internationalen Konferenz Hydroumformung in Fellbach, Frankfurt/M. 2003, S. 231ff.

Schuler GmbH (Hrsg.): Handbuch der Umformtechnik. Springer-Verlag, Berlin, Heidelberg 1996.

Schweitzer, K.H.: Möglichkeiten der hydrostatischen Streckumformung von Blechen. In: Siegert, K. (Hrsg.): Hydroumformung von Rohren, Strangpressprofilen und Blechen. Tagungsband der Internationaler Konferenz Hydroumformung, MAT-INFO Werkstoff-Informationsgesellschaft mbH, Frankfurt/M. 1999, S. 551ff.

Siegert, K.; Ziegler, M.: Offenlegungsschrift DE 19724767, Int.Ci.6 B21 D 22/22, Forschungsgesellschaft Umformtechnik mbh, Verfahren zum hydromechanischen Tiefziehen und zugehörige Einrichtungen, Stuttgart, 1998.

Spacek, J.; Smrcek, V.; Kosek, J.: Werkzeug für hydromechanisches Tiefziehen, insbesondere von Ziehteilen ohne Flansch. Offenlegungsschrift DE 3151382, Int. Cl. 3 B21 D 26/02, Prague, CS, 1982.

Strömblad, I.: Fluid Forming of Sheet Metal in the Quitus Press. Sheet Metal Industries 47 (1970), S. 41-54.

Szücs, E.: Einsatz der Prozesssimulation bei der Entwicklung eines neuen Umformverfahrens – der Hochdruckblechumformung. Dr.-Ing. Dissertation, Universität Dortmund, Shaker Verlag, Aachen 1997.

Tolazzi, M.; Merklein, M.; Geiger, M.: Wirkmedienbasierte Umformung von Tailor Welded Blanks. In: Abschlussbericht zum DFG – Schwerpunktprogramm SPP 1098: Wirkmedienbasierte Fertigungstechniken zur Blechumformung, 2000-2006, S.275ff.

Tönshoff, H.K.; Meier, O.; Engelbrecht, L.: Lasergestützte Herstellung von Nebenformelementen mittels hydraulischer Tiefung. In: Abschlussbericht zum DFG – Schwerpunktprogramm SPP 1098: Wirkmedienbasierte Fertigungstechniken zur Blechumformung, 2000-2006, S. 395-405.

Verein Deutscher Ingenieure (Hrsg.): VDI-Richtlinie 3146 Innenhochdruck – Umformen (Blatt 1 - 2) Grundlagen. Verein Deutscher Ingenieure, 1999.

Vollertsen, F.; Beckmann, M.: Umformen strukturierter Platinen mit Mehrfachmembranen im Sinne eines robusten Fertigungsprozesses. In: Abschlussbericht zum DFG – Schwerpunktprogramm SPP 1098: Wirkmedienbasierte Fertigungstechniken zur Blechumformung, 2000-2006, S. 407ff.

Wagner, S.; Jäger, S.: Kombination des Tiefziehen mit nachfolgender Hydroumformung. In: Siegert, K. (Hrsg.): Hydroumformung von Rohren, Strangpressprofilen und Blechen, Band 3; MAT-INFO Werkstoff-Informationsgesellschaft mbH, Frankfurt/M. 2003, S. 241ff.

Wagner, S.; Jäger, S.: Umformen von Doppelplatinen durch die Verfahrenskombination Tiefziehen mit anschließender Hydroumformung. In: Liewald, M. (Hrsg): Hydroumformung von Rohren, Strangpressprofilen und Blechen. Fellbach. MAT-INFO Werkstoff-Informationsgesellschaft, Frankfurt/M. 2005, S. 349ff.

Norm

DIN 8584-3: Fertigungsverfahren Zugdruckumformen, Teil 3: Tiefziehen. Deutsches Institut für Normung, Berlin 2003.

4.2.7 Warmumformung borlegierter Blechwerkstoffe (Presshärten)

Mathias Liewald, Stefan Wagner

4.2.7.1 Einsatzgebiete

Vor dem Hintergrund ständig steigender Auflagen zur CO_2-Reduktion und knapper werdender Energieressourcen werden die Anforderungen an den Leichtbau bewegter Massen, insbesondere den von Kraftfahrzeugen, weiter steigen. Neben dem Fertigungs-, Konzept- und Formleichtbau besteht die Möglichkeit der Gewichtsreduktion durch den Stoffleichtbau. Durch den Einsatz von höherfesten Leichtbauwerkstoffen, die nicht notwendigerweise auf Aluminium oder Magnesium begrenzt sind, lässt sich die Blechdicke von Einzelkomponenten reduzieren und damit deren Gewicht senken. Die heutigen Anforderungen an die Crash-Sicherheit von Karosseriestrukturen machen die Kombination unterschiedlicher Leichtbaustrategien jedoch recht komplex.

Beim Einsatz hochfester Stahlblechgüten für Karosseriekomponenten können beide Anforderungen, d.h. reduzierte Blechdicken bei gleichzeitig erhöhtem Energieaufnahmevermögen und relativ hohen Festigkeitskennwerten erfüllt werden. Neben dem Einsatz hochfester Blechgüten, die konventionell kalt umgeformt werden, führt insbesondere die Warmumformung presshärtbarer Stähle zu extrem hochfesten Blechformteilen für crashrelevante Anwendungen in der Karosseriestruktur.

Die Warmumformung borlegierter Blechwerkstoffe (auch Presshärten genannt) lässt sich in das direkte und in das indirekte Verfahren unterteilen. Den Ausgangspunkt des direkten Verfahrens bilden Formplatinen während beim indirekten Verfahren bereits mittels Kaltumformung vor- bzw. fertiggeformte Bauteile zum Einsatz kommen.

Die für die Warmumformung eingesetzten Werkstoffe müssen über eine sehr gute Härtbarkeit verfügen. Diese Anforderungen erfüllen sog. Mangan-/Bor-Stähle, die zur Gruppe der martensitaushärtbaren Stähle gehören.

Der Prozess der Warmumformung beginnt mit der Erwärmung des Ausgangsmaterials auf Temperaturen von 900 bis 950 °C unter vollständiger Austenitisierung des Platinenvolumens. Abhängig von Blechdicke und Beschichtungssystem beträgt die Ofenverweilzeit dabei 4 bis 10 Minuten. Die Abschreckung und damit die martensitische Transformation erfolgt je nach Verfahrensvariante unmittelbar nach der Umformung bzw. dem Schließen des gekühlten Werkzeugs. Die Blechformteile werden dabei auf Temperaturen von ca. 150 °C abgeschreckt und verfügen danach über Zugfestigkeiten von bis zu 1.600 MPa.

Die Warmumformung kommt bei der Herstellung zahlreicher crashrelevanter Automobil-Karosserieteile zum Einsatz (Abb. 4.95). Zu nennen sind hierbei der vordere und hintere Stoßfänger, A- und B-Säulen oder deren Verstärkungen, Dachrahmen, Schweller, Seitenverstärkungen, Tunnel, Bodenverstärkungen und viele mehr. Einsatzgebiete finden sich auch bei der Panzerung ziviler und militärischer Fahrzeuge.

4.2.7.2 Verfahrensbeschreibung

Direktes Verfahren

Beim direkten Verfahren des Presshärtens werden die zugeschnittenen Formplatinen in einem Ofen auf Temperaturen von 900 bis 950 °C (Haltetemperatur AC3) erwärmt (Abb. 4.96). Bei diesen hohen Temperaturen verfügt der Werkstoff über eine sehr gute Umformbarkeit. Nach vollständiger Austenitisierung wird die wärmebehandelte Platine mittels einer Transfereinheit in das gekühlte Umformwerkzeug in möglichst kurzer Zykluszeit eingelegt und umgeformt. Nach Erreichen der geforderten Ziehtiefe erfolgt eine gezielte Abkühlung des umgeformten Blechteils unter Beibehaltung der Presskraft während einer vom Blechwerkstoff und der Blechdicke abhängigen Haltezeit direkt im Werkzeug (vgl. Abb. 4.96).

Indirektes Verfahren

Bei der indirekten Warmumformung (Abb. 4.97) werden die Bauteile zunächst kalt in einem konventionellen Ziehwerkzeug umgeformt und beschnitten. Die Bandbreite reicht hierbei vom Herstellen einer Vorform mit Vorbeschnitt (zu 80 bis 95 % fertig) bis hin zur Fertigform mit

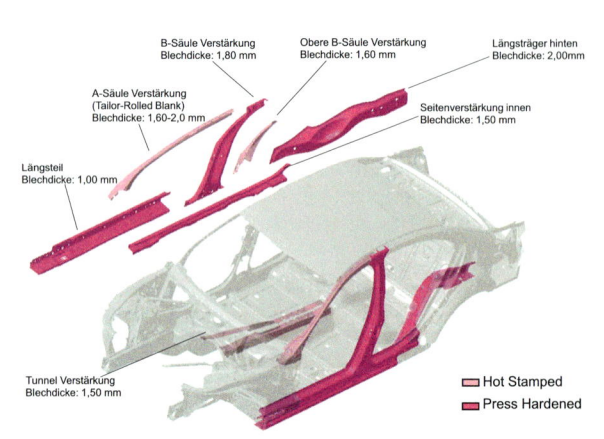

Abb. 4.95: *Beispiele für pressgehärtete verzinkte Blechformteile; Hot stamped = blankes Vormaterial, Press Hardened = verzinktes Vormaterial phs-ultraform®, indirekter Prozess (Quelle: BMW)*

4.2.7 Warmumformung (Presshärten)

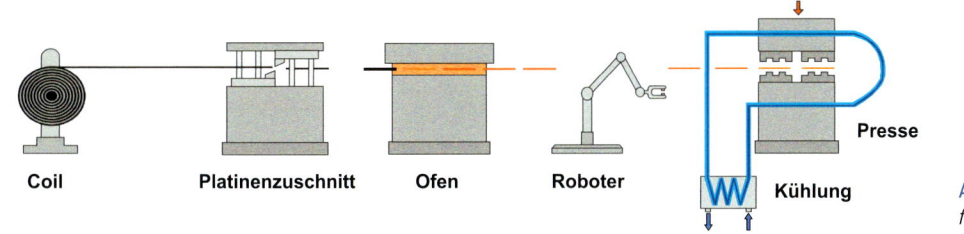

Abb. 4.96: Direktes Verfahren des Presshärtens

Fertigbeschnitt (zu 100 % fertig), bei letzterem wird die Ausdehnung bei der Erwärmung über eine Skalierung der Kaltteile kompensiert. Die vor- bzw. fertiggeformten Blechteile werden in einem Ofen austenitisiert, in ein Warmumform- bzw. Kühlwerkzeug eingelegt und anschließend fertiggeformt bzw. kalibriert und gehärtet. Mit dieser Vorgehensweise können im Vergleich zum direkten Verfahren komplexere Bauteilgeometrien realisiert werden, da sich der Materialfluss während der Kaltumformung, z. B. durch Ziehsicken, deutlich besser kontrollieren lässt und wiederholgenauer ist.

Nachteilig bei beiden Verfahren des Presshärtens ist der erhöhte Fertigungsaufwand für den Härteprozess durch das gekühlte Warmumform- bzw. Härtewerkzeug, und die gegenüber der Kaltumformung relativ hohe Zykluszeit für das Härten des Werkstücks und Abkühlen bis auf ca. 150 °C. Ein weiterer Nachteil beim direkten Verfahren ist der im Vergleich zur Kaltumformung hohe abrasiv und thermisch bedingte Werkzeugverschleiß, was zusätzliche Kosten für die Werkzeuginstandhaltung verursacht. Das indirekte Verfahren weist hier Vorteile auf, da keine bzw. nur wenig Relativbewegung zwischen dem heißen Blech und dem Werkzeug stattfindet, was sich positiv auf die Gleichmäßigkeit der Abkühlung und damit auch der Materialeigenschaften auswirkt. Dafür ist beim indirekten Verfahren der Investition eines Kaltumformwerkzeugs erforderlich, der beim direkten Verfahren entfällt. Bei beiden Verfahren muss die erforderliche Energie zur Erwärmung und Abkühlung der Platinen in der wirtschaftlichen Gesamtbetrachtung mit berücksichtigt werden.

Das Schneiden gehärteter Bauteile stellt eine besondere Problematik dar, da heute nur wenige Schneidwerkstoffe vor einem wirtschaftlich sinnvollen Hintergrund in solchen Werkzeugsätzen zum Einsatz gelangen. In der Automobilindustrie setzt man heute daher zumeist Laser ein, wobei jedes Werkstück einzeln transportiert, gespannt und beschnitten werden muss. Eine Ausnahme stellt hier der indirekte Prozess mit 100%-Fertigbeschnitt am Kaltumformteil dar, bei dem das Schneiden im gehärteten Zustand entfällt, was besonders bei Bauteilen mit vielen Löchern von Vorteil ist.

Modifizierte Warmumformprozesse

Mit Hilfe verschiedener Modifikationen dieser Warmumformprozesse ist auch das Warmumformen von zuvor festgelegten Teilflächen der Platine möglich. Das Crash-Konzept eines Bauteils oder einer Gruppe von Bauteilen aus Blech bedingt hierbei die Lage von duktilen und gehärteten Zonen im Bauteil. Dementsprechend werden die Ziehwerkzeuge entweder mit gezielt positionierten Kühlkreisläufen ausgestattet oder die lokale Kühlleistung der Werkzeuge den spezifischen Anforderungen des Härteprozesses andersartig angepasst. Heute sind solche Festigkeitsgradienten in feinen Abstufungen realisierbar und Festigkeitsunterschiede zwischen 600 MPa (Ausgangsmaterial) und 1.600 MPa innerhalb eines Bauteils (z. B. B-Säule eines Fahrzeugs) durchaus möglich (Abb. 4.98). Ein großer Vorteil im Vergleich zu Tailored-Blanks liegt in der technologisch gestaltbaren Ausbildung des Übergangsbereichs zwischen dem harten und dem weichen Gefügezustand. Abbildung 4.98 zeigt in einer Übersicht die Möglichkeiten der belastungs- und gewichtsoptimierten Gestaltung von Bauteilen. Der Vorteil der partiellen Warmformgebung liegt in der Einsparung von weiteren Verstärkungsteilen, Fügeoperationen und der spezifischen Gestaltung von Crash-Konzepten und den vorherbestimmbaren Bifurkationseigenschaften der Bauteile.

Weitere Möglichkeiten der partiellen Verstärkung von tragenden Strukturen bestehen in der Verwendung von Tailor-Welded Blanks oder Tailor-Rolled Blanks als Halb-

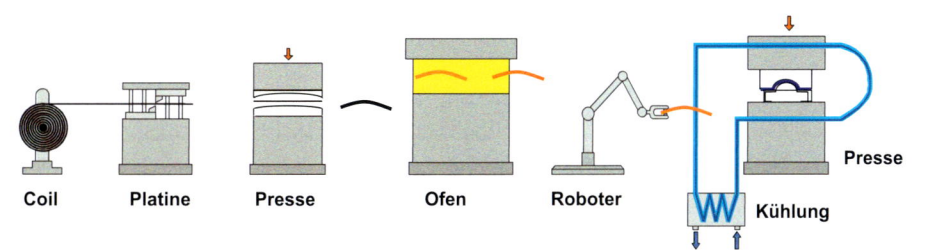

Abb. 4.97: Indirektes Verfahren des Presshärtens

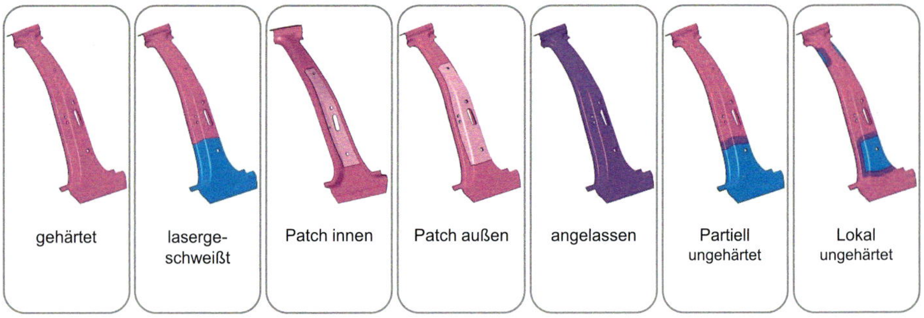

4.2 Tiefziehen

Abb. 4.98: *Partielles Presshärten/Tailored Property Parts, Beispiel B-Säule (verzinkt, phs-ultraform®, indirekter Prozess) (Quelle: voestalpine)*

gehärtet | lasergeschweißt | Patch innen | Patch außen | angelassen | Partiell ungehärtet | Lokal ungehärtet

zeug, Tailored Property Parts durch partielles Presshärten oder in der gleichzeitigen Umformung von zwei aufeinander liegenden (geklebten) Platinen, die dann lokal mit doppelter Blechdicke im Ziehwerkzeug im gleichen Hub umgeformt werden.

4.2.7.3 Blechwerkstoffe für das Presshärten

Bei der Warmumformung von Stählen werden typischerweise Mangan-/Bor-Stähle eingesetzt. Typische Vertreter in dieser Gruppe sind die Blechgüten 22MnB5, 19MnB4 oder 30MnB5, welche auch unter den Handelsbezeichnungen BTR 155, BTR 165, Usibor 1500P oder phs-ultraform in den letzten Jahren bekannt wurden. Bei diesen Legierungen bewirkt das Legierungselement Mangan eine festigkeitssteigernde Wirkung, während durch das Legierungselement Bor eine Verringerung der kritischen Abkühlgeschwindigkeit hervorgerufen wird. Durch die Verzögerung der Umwandlung des Austenits wird das Zeitfenster für die Durchführung des Umform- und des sich sofort anschließenden Härteprozesses vergrößert. Dies ist wichtig, um evtl. auftretende unterschiedliche Abkühlgeschwindigkeiten im Umformwerkzeug kompensieren zu können, d. h. um eine gleichmäßige Härtbarkeit über einen möglichst großen Bereich verschiedener Abkühlgradienten zu gewährleisten.

Im Ausgangszustand besitzen diese Werkstoffe eine Zugfestigkeit von ca. 600 MPa mit einer Bruchdehnung von bis zu 18 Prozent. Bei der Erwärmung verringert sich die Zugfestigkeit des Blechwerkstoffs bei gleichzeitiger Zunahme der Bruchdehnung. In diesem Zustand erfolgt idealerweise die Umformung in Kombination mit dem direkten Presshärten. Der anschließende Härtevorgang im Werkzeug führt schließlich zu Zugfestigkeiten von bis zu 1.600 MPa bei einer Abnahme der Bruchdehnung auf nur ca. 5 Prozent (Abb. 4.99).

Beim Einsatz von unbeschichteten Blechen bildet sich auf den Platinenoberflächen während des Durchlaufs durch den Ofen und des Transports zwischen Ofen und Umformwerkzeug eine ungleichmäßig dicke Zunderschicht, die eine stark abrasive Wirkung auf die Warmumformwerkzeuge zur Folge hat. Diese Schichtbildung kann auch durch den Einsatz einer Schutzgasatmosphäre im Erwärmungsofen nicht verhindert werden. Darüber hinaus tritt bei unbeschichteten Materialien eine Oberflächenentkohlung auf, was sich ebenfalls negativ auf die Werkstückeigenschaften auswirkt. Daher muss in diesem Fall nach der Umformung zur Entfernung der Zunderschicht ein Beizen vorgenommen werden. Dieser zusätzliche Vorgang ist kostenintensiv und muss zudem bei der Oberflächenbehandlung des fertigen Pressteils berücksichtigt werden.

Um eine Zunderbildung während der Aufheizung auf Austenitisierungstemperatur zu verhindern, werden beschichtete Platinen eingesetzt. Bei Al-Si-Beschichtungen kommt es während der Aufheizphase zu Diffusionseffekten zwischen der Platinenoberfläche und den Legierungselementen der Al-Si-Beschichtung. Dieser Effekt bewirkt einen Anstieg der Schmelztemperatur der Beschichtung, ansonsten würde die Al-Si-Beschichtung, die selbst eine Schmelztemperatur von nur 620 °C besitzt, einer Erwärmung auf ca. 950 °C nicht standhalten. Wichtig ist daher eine genaue Temperaturführung im Durchlaufofen: die Temperatur der Oberfläche muss dabei stets unterhalb

	phs-ultraform® ungehärtet	phs-ultraform® pressgehärtet
Streckgrenze $R_{p0.2}$	340 – 480 MPa	950 – 1250 MPa
Zugfestigkeit R_m	≥ 500 MPa	1350 – 1600 MPa
Bruchdehnung A	A_{80} ≥ 18%	A_{50} ≥ 5%

Abb. 4.99: *Zugfestigkeit und Bruchdehnung des Werkstoffs phs-ultraform® verzinkt nach dem Presshärten (indirekter Prozess) im Vergleich zum Ausgangszustand (Quelle: voestalpine)*

4.2.7 Warmumformung (Presshärten)

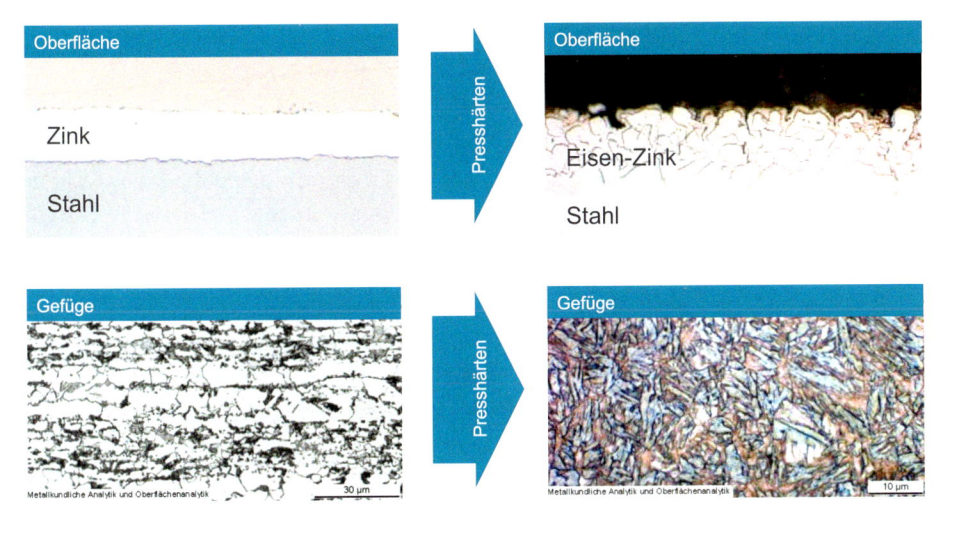

Abb. 4.100: Veränderung der Zn-Beschichtung durch Erwärmung auf Austenitisierungstemperatur (phs-ultraform®, indirekter Prozess) (Quelle: voestalpine)

des aktuellen Schmelzpunkts der Beschichtung bleiben (Abb. 4.100). Die entstandene Fe-Al-Si-Schicht zeigt sich als sehr haftbeständig und verfügt über gute Korrosionsschutzeigenschaften.

Alternativ hierzu sind kontinuierlich feuerverzinkte Blechoberflächen im Einsatz (Pfestorf 2008). Bei der Feuerverzinkung werden unedle Metalle wie Aluminiumoxid oder Siliziumoxid zugesetzt, die an der Luft oxidieren und an der Oberfläche des Werkstoffs eine wenige Nanometer dünne Schicht bilden, die das Verdampfen der Zinkanteile der Beschichtung verhindert. Auf Grund der sich beim Presshärten ausbildenden Zink-Eisen-Schicht besitzen diese Bauteile einen ausgezeichneten kathodischen Korrosionsschutz.

4.2.7.4 Temperaturführung

Bei der Wärmebehandlung im Ofen muss die Kinematik der Austenitisierung und die intermetallische Legierungsreaktion zwischen dem Grundwerkstoff und der Beschichtung, z. B. der Al-Si-Beschichtung, beachtet werden. Eine zu rasche Erwärmung der Platinen kann dazu führen, dass die Beschichtung schmilzt und sich entsprechende Ablagerungen auf den Ofenrollen bilden. Eine unzureichende Erwärmung führt zu einer unvollständigen Diffusion und Bildung der Zwischenschicht, wodurch es zur Bildung von Aufschweißungen kommen kann.

Der Zeitbedarf für den Transfer zwischen Erwärmungseinrichtung und Umformwerkzeug muss im praktischen Fertigungsbetrieb so weit als möglich reduziert werden, um eine zu starke Abkühlung der Platine zu verhindern (Abb. 4.101). Eine auftretende Abkühlung führt neben einer Verminderung der Umformbarkeit unter Umständen zu unerwünschten, lokalen Phasenumwandlungen während der Umformung, was inhomogene Materialeigenschaften und Dehnungslokalisierungen zur Folge haben kann. Darüber hinaus bewirkt eine zu niedrige Umformtemperatur das Auftreten von hoher Reibung, was besonders beim direkten Verfahren sogar zu Aufschweißungen insbesondere an den Ziehkantenradien und dadurch zur

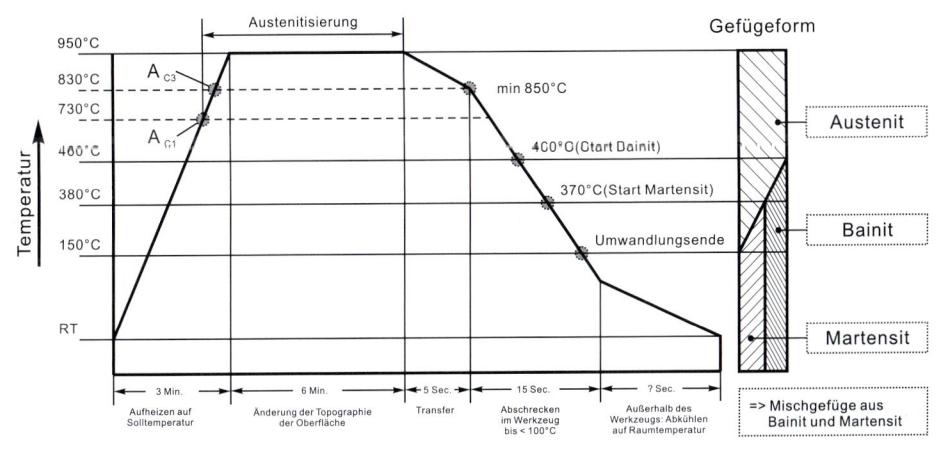

Abb. 4.101: Temperaturführung von Platinen für das Presshärten

Ablagerung von Partikeln der Platinenbeschichtung im Umformwerkzeug führen kann.

Heute wird bei der Auslegung von Warmumformprozessen nach dem direkten Verfahren nahezu ausschließlich die FEM-Prozesssimulation als ein unverzichtbares Instrument zur a priori Beurteilung von zu erwartenden fertigungstechnischen Problemstellungen eingesetzt. Im Gegensatz zur Kaltumformung bzw. zum indirekten Verfahren muss der Prozess jedoch stets inklusive der auftretenden thermischen Effekte im Werkstück/Werkzeug in einer gekoppelten thermisch-mechanischen Simulation abgebildet werden.

Bei der Prozessauslegung der direkten Warmumformung ist darauf zu achten, dass lokales Werkstoffversagen bevorzugt in jenen Bereichen auftritt, in denen die Temperatur auf Grund einer unzureichenden Anlage des Werkstücks an der Werkzeugform höher liegt als in den benachbarten Bereichen, wodurch sich eine geringere Festigkeit einstellt. Zu beachten ist weiterhin, dass sich die Temperaturverteilung im Werkzeugkörper während des Prozessverlaufs ändert.

Die Umformung erfolgt in der Regel unter relativ hohen Stößelgeschwindigkeiten, um den Wärmeaustausch zwischen Platine und Werkzeug während der Umformung zu minimieren. In diesem Zusammenhang muss auch der Einfluss der Formänderungsgeschwindigkeit auf die Werkstoffeigenschaften berücksichtigt werden.

Der Wärmeverlust des Bauteils gestaltet sich während des eigentlichen Umformvorgangs als vergleichsweise gering, da die Wärme lediglich auf konduktivem Wege in Bereichen mit frühem Werkzeugkontakt bzw. nennenswerten Kontaktflächenpressungen abfließen. Bei der sich an die Umformung anschließende längere Haltephase im geschlossenen Werkzeug bei wirkender Presskraft dagegen wird das Bauteil bis auf die Entnahmetemperatur heruntergekühlt und dabei gehärtet. Während des Härtens fließt die im Blechformteil enthaltene Wärmemenge nahezu vollständig in das Umformwerkzeug, weshalb das Werkzeug über ein Kühlsystem zur Wärmeabführung verfügen muss. Die Werkzeugkühlung beeinflusst damit neben der mit dem Fertigungssystem erzielbaren Ausbringung ebenfalls die Qualität des pressgehärteten Blechformteils. Zum Erzielen eines im fertigen Werkstück nahezu vollständig umgewandelten martensitischen Gefüges ist bei borlegierten Warmformstählen eine Abkühlgeschwindigkeit von 30 bis 40 K/s zu gewährleisten.

Ungleichmäßige Abkühlgradienten führen zu inhomogenen mechanischen Eigenschaften innerhalb eines Bauteils, die sich in Verzug äußern und durch Folgeprozesse nahezu nicht kompensiert werden können.

4.2.7.5 Die konstruktive Gestaltung von Umformwerkzeugen für das Presshärten

Neben den Anforderungen, die aus praktischer Sicht an konventionelle Umformwerkzeuge und deren Werkstoffe gestellt werden, müssen Werkzeuge für die Warmumformung (Abb. 4.102) zusätzlichen Belastungen standhalten. Das Umformwerkzeug muss technisch fähig sein, erhebliche Energien durch integrierte Kühlvorrichtungen reproduzierbar aufnehmen und ableiten zu können. Diese Energie belastet insbesondere die äußeren Schichten des Werkzeugs mechanisch und thermisch, die zum Teil sehr hohen Temperaturgradienten ausgesetzt sind. Zum Einbringen der Kühlbohrungen und der spanenden Herstellung aller Werkzeugwirkflächen muss der Werkzeugwerkstoff über entsprechende Zerspanungseigenschaften verfügen. Weitere Anforderungen aus produktionstechnischer Sicht stellen der Warmverschleißwiderstand und die Thermoschockbeständigkeit und die Schweißbarkeit des Werkzeugwerkstoffs dar.

In der Praxis werden für das Presshärten heute klassische Kaltarbeitsstähle, aber auch spezielle Stähle aus der Kunststoffformtechnik und Warmarbeitsstähle eingesetzt. Um den lokal unterschiedlichen Anforderungen an verschiedene Wirkflächenbereiche solcher Werkzeuge unter Produktionsaspekten Rechnung tragen zu können, wurden Konzepte zur Segmentierung aus unterschiedlichen Werkzeugwerkstoffen erprobt. Geeignete Beschichtungen spielen dabei ebenfalls eine Rolle und können den Abrasionswiderstand von belasteten Oberflächen erhöhen und die Adhäsionsneigung verringern.

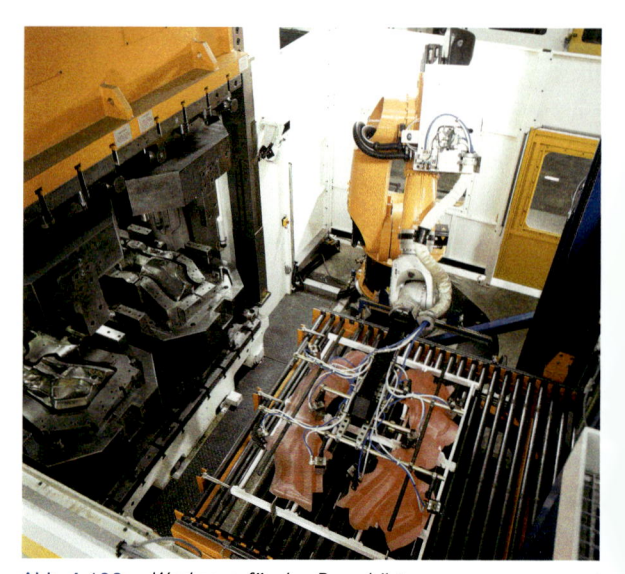

Abb. 4.102: *Werkzeug für das Presshärten*
(*Quelle*: Schuler AG)

4.2.7.6 Vor- und Nachteile der Warmumformung

Das Verfahren der Warmumformung bzw. das Presshärten bietet eine Reihe von Vorteilen, welche die Bauteilqualität und das Bauteilverhalten im Crash-Falle betreffen. Deshalb kommt es in den letzten Jahren hauptsätzlich in der Herstellung von crash- und sicherheitsrelevanten Bauteilen im Karosseriebau zur Anwendung. Als Vorteile seines Einsatzes sind zu nennen:

- Es können sehr hohe Bauteilfestigkeiten bei verringerter Blechdicke erzielt werden, wodurch ein hohes Potenzial zur Gewichtseinsparung des Bauteils besteht.
- Die geformten Bauteile verfügen über eine gute Formgenauigkeit bei vernachlässigbarer Rückfederung. Es können höchste Anforderungen an die Dimensionsstabilität eingehalten werden.
- Es sind (vor allem im indirekten Prozess) komplexe Bauteilgeometrien herstellbar.
- Warmumgeformte und pressgehärtete Blechformteile verfügen über ein ausgezeichnetes Crash-Verhalten mit ausreichendem Restformänderungsvermögen.

Das Verfahren des Presshärtens weist jedoch folgende Nachteile auf:

- Die Investitionskosten für die Anlagentechnik, insbesondere die Erwärmungstechnik, sind vergleichsweise hoch.
- Der hohe Energieeinsatz führt vor dem Hintergrund steigender Energiepreise zu höherem Kostenzuwachs.
- Die Produktivität ist auf Grund der geringeren möglichen Hubzahl von 2 bis 4 Hub/Minute in Abhängigkeit von der Erwärmungseinrichtung geringer als bei konventionellen Prozessen.
- Erhebliche Probleme bestehen im direkten Prozess beim Beschneiden der gehärteten Bauteile. Die Verwendung konventioneller Schneidverfahren und Werkzeugtechniken führt zu erheblichem Werkzeugverschleiß und somit zu relativ großem Instandhaltungsaufwand.

Um diesen Instandhaltungsaufwand zu vermeiden, werden zum Beschneiden der gehärteten Blechteile vielfach Laserschneidanlagen eingesetzt. Die Taktzeiten des Laserstrahlbeschneidens sind jedoch im Vergleich zu konventionellen Schneidwerkzeugen ungleich höher. Der indirekte Prozess mit 100%-Fertigbeschnitt am Kaltumformteil wiederum eignet sich dabei auf Grund des erhöhten Werkzeuginvests hauptsächlich für Bauteile mit großen Stückzahlen.

Literatur zu Kapitel 4.2.7

Geiger, M.; Merklein, M.; Hoff, C.: Basic Investigations on the Hot Stamping Steel 22MnB5. In: Proceedings of the 11th International Conference on Sheet Metal (SheMet), 05.-08.04.2005, Erlangen.

Hein, P.; Wilsius, J.: Status and Innovation Trends in Hot Stamping of USIBOR1500P. Steel Research International, 79 (2008), S. 85-91.

Hitz, A.; Böke, J.; Erhardt, R.; Müller, M.: Warmformtrends bei Benteler. In: Neuere Entwicklungen in der Blechumformung, 03.-04. Juni 2008. DGM, Oberursel 2008.

Hoffmann, H.; So, H.; Steinbeiss, H.: Design of Hot Stamping Tools with Cooling System. CIRP Annals 56 (2007) 1, S. 269-272.

Kolleck, R.; Veit, R.: Alternative Erwärmungstechnologien für die temperierte Blechumformung. In: Neuere Entwicklungen in der Blechumformung, 03.-04. Juni 2008. DGM, Oberursel 2008.

Lenze, F. J. et al.: Warmumformung – Ein etabliertes Verfahren für den innovativen Fahrzeugleichtbau mit Stahl. In: Tagungsband zum Fertigungstechnischen Kolloquium (FTK 2010), 29.-30.10.2010, Stuttgart, S. 293-308.

Merklein, M.; Lechler, J.: Investigation of the Thermo-Mechanical Properties of Hot Stamping Steels. Journal of Materials Processing Technology 177 (2006).

Pfestorf, M.; Laumann, T.: Potentiale verzinkter warm umgeformter Stähle. 3. Erlanger Workshop Warmblechumformung, 19.11.2008. Verlag Meisenbach, Bamberg.

4.2.8 Werkzeuge für die Blechumformung

Mathias Liewald, Stefan Wagner

4.2.8.1 Werkzeugarten

In der Blechumformung wird je nach Bauteilgröße und Komplexität des zu fertigenden Werkstücks eine große Vielfalt von Werkzeugen eingesetzt. Die Herstellkosten und die Ausstattung des Werkzeugs beeinflussen dabei direkt die Stückkosten eines Bauteils bzw. Produkts, wobei die mit dem Werkzeug zu erzielende Gesamtstückzahl bis zum Ende des Produkts oder der Serie in dieser Kalkulation ebenfalls berücksichtigt werden muss. Je nach Baugröße und Aufbau des Werkzeugs lassen sich deren Konstruktionskonzepte in drei Gruppen unterteilen:

4.2 Tiefziehen

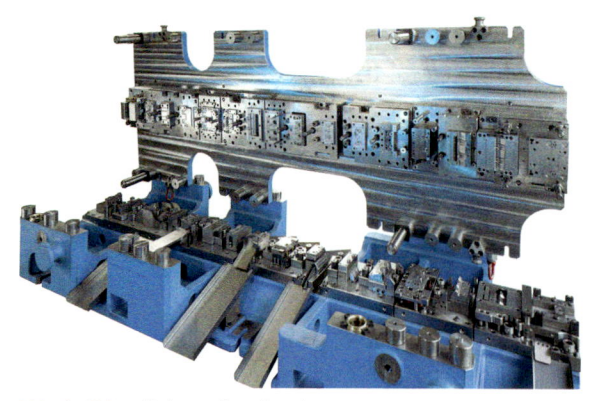

Abb. 4.103: *Folgeverbundwerkzeug*
(Quelle: Fischer IMF GmbH & Co. KG)

Abb. 4.105: *Einzelwerkzeug für ein rechtes PKW-Seitenteil*
(Quelle: GIW Gesellschaft für innovative Werkzeugsysteme mbH)

Folgeverbundwerkzeuge

Folgeverbundwerkzeuge bestehen aus mehreren Umform- und Schneidoperationen (z.B. Biegen, Prägen, Formen, Anschneiden, Ausschneiden), die stets am zusammenhängenden Streifen (oder Steg) in 10 bis 30 Einzeloperationen aufeinander folgen (Abb. 4.103). Diese Werkzeugart findet Anwendung bei der Herstellung von kleinen und sehr kleinen Blechformteilen mit hohen Gesamtstückzahlen und einem Leistungsvermögen der dafür spezifischen Pressen bis zu 2.000 Hub/min.

Stufenwerkzeugsätze

Stufenwerkzeugsätze bestehen aus mehreren mittelgroßen Einzelwerkzeugen, die auf einer gemeinsamen Grundplatte und Kopfplatte montiert sind (Abb. 4.104). Diese Werkzeuge werden zur Fertigung von kleinen bis mittelgroßen Blechformteilen mit relativ hohen Losgrößen und einem Hubzahlbereich zwischen 20 und 80 Hub/min eingesetzt. Die maximale Tischlänge beträgt üblicherweise bis zu 6 Meter.

Einzelwerkzeugsätze

Einzelwerkzeuge kommen heute für die Herstellung großflächiger Blechformteile (Abb. 4.105) zum Einsatz. Diese Werkzeuge werden aus technologischen Gründen entweder mit einer einfachen Bauteilform belegt (Einfachanlage) oder zur Erhöhung der Ausbringung auch mit 2, 4 oder 8 ähnlichen Geometrien belegt (Mehrfachanlage). Haupteinsatzgebiet von Einzelwerkzeugen stellt derzeit die Karosserieteileproduktion und die Hausgeräteindustrie dar. Derartige große Einzelwerkzeuge (Einzelgewichte pro Werkzeug bis zu 60 to) werden üblicherweise in Pressenlinien oder in Großteilstufenpressen mit bis zu 20 Hub/min betrieben.

Bei der Auslegung und Konstruktion eines Werkzeugsatzes muss immer die Spezifikation der für den späteren Einsatz vorgesehenen Umformmaschine berücksichtigt werden. Neben den geometrischen Einbaubedingungen spielen hier zum Beispiel die Wirkungsweise der Presse, Presskräfte, Pinolenbild, Kinematik des Stößels, zulässige Außermittigkeiten, Einbauraum sowie Auswerfer- und Anheberfunktionen eine Rolle. Dementsprechend unterscheidet man doppeltwirkende Werkzeuge und Werkzeuge für einfachwirkende Pressen. Bei doppeltwirkenden Werkzeugen (Abb. 4.106) verfügt die Maschine über zwei eigenständige, separat angetriebene Presskraftachsen, die zeitlich versetzt zum Einsatz kommen. Bezogen auf Tief-

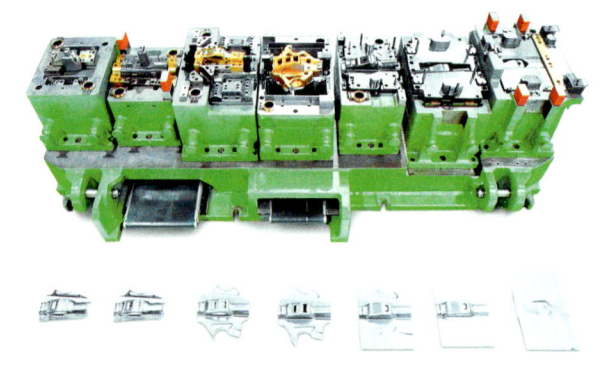

Abb. 4.104: *Stufenwerkzeugsatz für ein Verstärkungsteil aus Blech* (Quelle: AWEBA Werkzeugbau GmbH)

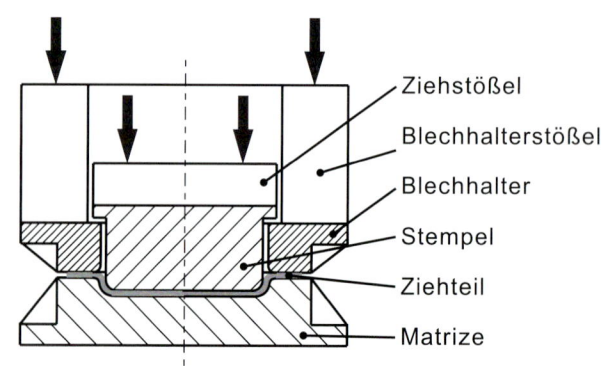

Abb. 4.106: *Ziehwerkzeug für doppeltwirkende Presse*

(Ziehstößel, Blechhalterstößel, Blechhalter, Stempel, Ziehteil, Matrize)

zieh- oder Scherschneidprozesse wird üblicherweise der Werkzeugstempel (Ziehen, Formen, Schneiden) mit dem innenliegenden Stößel verbunden und der Blech- oder die Niederhalter für die Folgeoperationen am außenliegenden Stößelsystem befestigt. Die Matrizen in den Folgeoperationen werden oftmals in der Werkzeuggrundplatte integriert und werden auf dem Pressentisch befestigt. Bei großen Ziehwerkzeugen, die nach diesem Prinzip konstruiert sind, erfolgt der Ziehvorgang von oben nach unten und das fertig gezogene Ziehteil (noch im Werkzeug liegend) erinnert an eine Wanne mit oben liegendem Ziehflansch. Man spricht in diesem Fall vom Ziehen in „Wannenlage".

Im Falle großer einfachwirkender Karosserieziehwerkzeuge wird der Ziehstempel dagegen auf dem Pressentisch angeordnet und der Blechhalter liegt auf den Pinolen der Zieheinrichtung auf, die im Fußstück der Ziehpresse integriert ist (Abb. 4.107). Hierbei wird die Ziehmatrize stets am Stößel befestigt, sodass das fertig gezogene Ziehteil (noch im Werkzeug liegend) an einen Hut mit unten liegendem Ziehflansch erinnert. Daher spricht man in diesem Fall auch vom Ziehen in „Hutlage".

In enger Wechselwirkung des gewählten Konstruktionskonzepts des Umformwerkzeugs mit der Wirkungsweise der Umformmaschine erfolgt auch die Auswahl des optimalen Teiletransferprinzips. In Pressenlinien erfolgt der Transfer des Blechformteils mechanisiert von Werkzeug zu Werkzeug durch Feeder oder Roboter. In Großteil-Transferpressen werden Transportsysteme mit Greiferschienen oder Saugerbrücken eingesetzt, die sich im seitlichen Arbeitsraum der Presse bewegen. Der Transfer der Werkstücke aus den Zwischenoperationen erfolgt in Stufenwerkzeugsätzen in der Regel ebenfalls über Greiferschienen (Abb. 4.108 rechts). Bei Folgeschneid- und

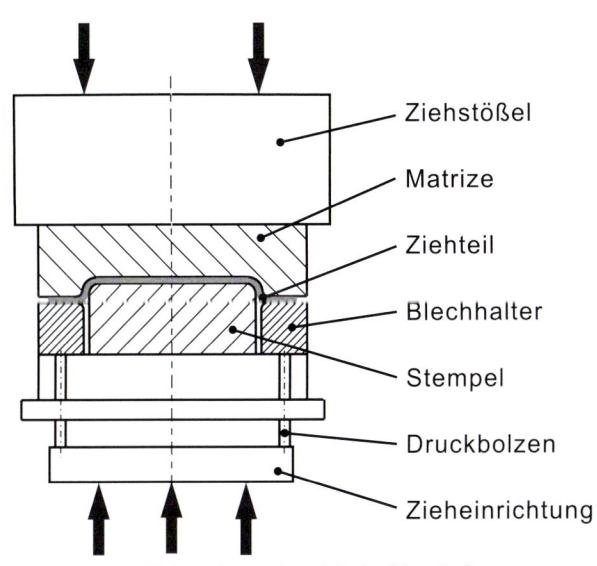

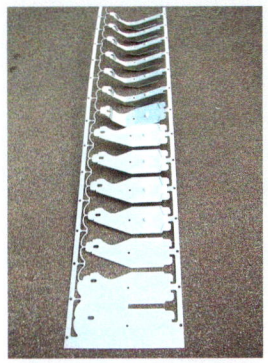

Blechstreifen wird pro Hub von Station zu Station durch das Werkzeug getaktet. An der letzten Station fällt ein fertiges Blechteil aus dem Werkzeug.

Transport der Umformteile mit Hilfe von zwei Transferschienen, die mit den entsprechenden Greifern ausgerüstet sind, von einer zur nächsten Stufe. Die Teile haben keine Verbindung zu einem Blechstreifen.

Abb. 4.108: *Teiletransfer*
(*Quelle*: *Fischer IMF GmbH & Co. KG*)

Folgeverbundwerkzeugen, aber auch teilweise bei kleineren Stufenwerkzeugsätzen wird das Halbzeug oftmals vom Coil oder als Blechstreifen zugeführt. Nach jedem Hub wird der gesamte Blechstreifen in einer definierten Schrittweite, welche dem Stufenmittenabstand entspricht, weitertransportiert. Das Werkstück verbleibt bis zum letzten Arbeitsgang teilweise/bereichsweise mit dem Streifengitter oder einem mittig verbleibenden Steg verbunden und wird erst im letzten Arbeitsschritt abgetrennt bzw. vereinzelt (Abb. 4.108 links).

Vor dem konstruktiven Entwicklungsprozesses eines Umformwerkzeugsatzes muss zuerst unterschieden werden, ob

- es sich um großflächige Bauteile (z. B. Außenhautbauteile, Verkleidungsteile) handelt, die in Einzelwerkzeugen gefertigt werden sollen, oder
- es sich um Struktur- oder Verstärkungsteile handelt, die in Einzel- oder auch Stufenwerkzeugsätzen hergestellt werden können, oder
- es sich um eher kleine Bauteile handelt, welche in Folgeverbundwerkzeugen gefertigt werden.

Weiterhin müssen die betrieblichen Randbedingungen, wie z. B. die zur Verfügung stehenden Umformmaschinen, das Konzept des Teiletransfers, die geplanten Losgrößen, die zu erzielende Lebensdauer der Betriebsmittel, die Betriebslogistik und die erforderliche Ausbringung, bei der Festlegung der Werkzeugkonstruktion berücksichtigt werden. In allen Fällen dient der CAD-Datensatz oder, bei geometrisch einfachen Bauteilen, die Teilezeichnung als Basis für den gesamten Werkzeugentwicklungsprozess.

Abb. 4.107: *Ziehwerkzeug für einfachwirkende Presse*

4.2.8.2 Entwicklung und Konstruktion von Folgeverbundwerkzeugen

Das Zusammenlegen mehrerer Arbeitsgänge in ein einziges Werkzeug, sofern dies von den geometrischen Abmessungen her möglich ist, führt zu spezifischen Vor- und Nachteilen, die jeweils in der Konzeptionsphase des Werkzeugs individuell wirtschaftlich bewertet werden müssen:

- Die Werkzeugkosten eines Stufen- oder Folgeverbundwerkzeugsatzes sind in der Regel niedriger als bei Einzelwerkzeugen, auch wenn komplizierte Teile hergestellt werden sollen.
- Die benötigten Umformmaschinen können wirtschaftlicher ausgenützt werden; Rüst- und Stückzeiten können ebenfalls relativ niedrig gehalten werden. Eine Arbeitskraft kann gleichzeitig mehrere Pressen überwachen, wenn diese mit einer entsprechenden Automatisierung ausgestattet sind.

Nachteilig ist, dass bei Änderung der Werkstückgeometrie meist das gesamte Werkzeug oder wesentliche Komponenten davon unbrauchbar werden und in einem solchen Fall relativ hohe Instandhaltungskosten bzw. lange Ausfallzeiten des Werkzeugs entstehen.

Allen Folgeverbundwerkzeugen ist gemeinsam, dass nicht einzelne Platinen eingelegt und von Stufe zu Stufe weitertransportiert werden, sondern dass das Bauteil in Folgestufen aus einem Band oder Streifen schrittweise hergestellt wird.

Bei der Konstruktion von Folgeverbundwerkzeugen wird zunächst aus der Geometrie des Fertigteils das sogenannte Streifengitter (Abb. 4.109) entwickelt. Hierbei handelt es sich um die Festlegung der Reihenfolge und Platzbedarfe der einzelnen Umform- und Schneidoperationen

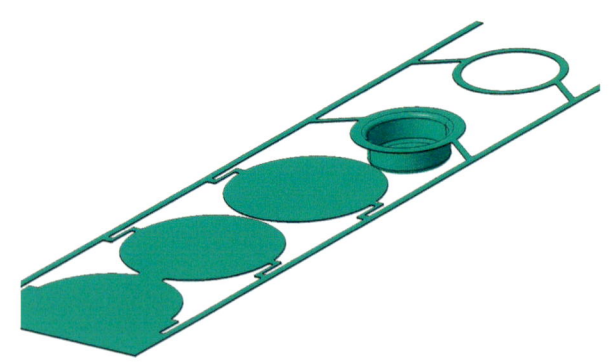

Abb. 4.110: *Freischneiden eines zylindrischen Napfes (als Ronde, rechts im Ziehflansch)*
(Quelle: Forschungsgesellschaft Umformtechnik mbH)

(z. B. Stempel, Matrizeneinsätze, Schieber, Führungen und Gewinde). Sobald die Stufenfolge festliegt, beginnt die Detailkonstruktion der einzelnen Umform- und Schneidstufen unter Berücksichtigung der Randbedingungen wie Presseneinbauraum, der zur Verfügung stehenden Presskraft, der geforderten Ausbringung des Werkzeugs uvm. (Hellwig 2006).

Die zuvor berechnete Streifenbreite wird soweit freigeschnitten bzw. reduziert, dass der Werkstofffluss einerseits zwar möglich ist, aber andererseits die Ronde noch durch Stege im Streifen zum Weitertransport gehalten werden kann. Abbildung 4.110 verdeutlicht dies am Beispiel eines rotationssymmetrischen Napfes.

Folgeverbundwerkzeuge bestehen teilweise aus über 30 Stufen bzw. Einzeloperationen. In den Schneidstufen wirken die einzelnen Schneidstempel für das Freischneiden, Einschneiden oder Lochen. Weiterhin kommen Biege-, Zieh- und Prägestempel zum Einsatz. Die letzte Stufe beinhaltet stets eine Trennfunktion, bei der das Werkstück vom Streifengitter getrennt wird. Verbundwerkzeuge zur Großserienfertigung werden vielfach in Modulbauweise ausgeführt. In den einzelnen Modulen sind einzelne Umform- oder Schneidstufen aus Gründen der Austauschbarkeit oder im Hinblick auf eine bessere Instandhaltung zusammengefasst. Im Falle des Auftretens von Werkzeugverschleiß wird das entsprechende Modul ausgebaut, instandgesetzt oder ggf. durch eine Reserveeinheit ersetzt.

4.2.8.3 Entwicklung und Konstruktion von Einzelwerkzeugen für den Karosseriebau

Die Vorgehensweise bei der Entwicklung und Konstruktion von Einzelwerkzeugen soll im Folgenden beispielhaft anhand von Werkzeugen zur Herstellung großflächiger Karosserieaußenhautteile aufgezeigt werden.

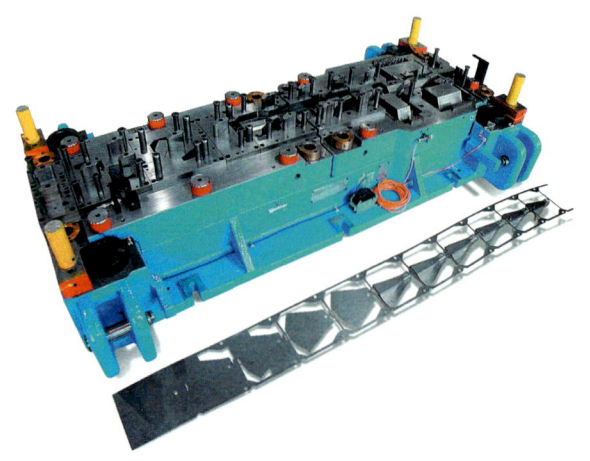

Abb. 4.109: *Folgeverbundwerkzeug mit Streifengitter*
(Quelle: AWEBA Werkzeugbau GmbH)

Fahrzeugdesign und Bauteilgeometrie

Von den Designabteilungen großer Automobilhersteller werden ausgehend von Designskizzen und Designstudien neben dem Rendering, d. h. der Umsetzung diverser Designstudien in ein grafisches Computermodell als fotorealistische Darstellung, letztlich auch körperliche Modelle der neu zu entwickelnden Fahrzeugreihe hergestellt. Diese Modelle werden aus Clay, einem nahezu idealplastischen Modellierwerkstoff auf Wachsbasis, aufgebaut. Ein derartiges Fahrzeugmodell besteht aus einem Holz- oder Metallrahmen, auf dem Polystyrolplatten befestigt sind. Auf diese wird dann die Modelliermasse Clay aufgetragen und die Fahrzeugkontur manuell geformt. Solche Modelle werden in der Regel im Maßstab 1:1, teilweise aber auch im kleineren Maßstab als Ansichtsmodelle hergestellt.

Neben der rein manuellen Bearbeitung können Modelle alternativ durch Fräsen hergestellt werden. Hierzu wird erwärmtes Clay auf das Polystyrol als formlose Masse aufgetragen, das erkaltete Clay wird dann auf Nullmaß gefräst. Die Fräsprogramme werden zuvor aus den vergleichsweise einfachen Konzeptflächen des Fahrzeugdesigns abgeleitet. Erst dieses gefräste Modell ermöglicht eine genaue Beurteilung von physikalischen Proportionen und Formen der Fahrzeugaußenhaut im Maßstab 1:1. Das Design kann dann, sofern erforderlich, durch manuelle Bearbeitung weiterentwickelt und manipuliert werden, bis die gewünschte finale Form erreicht ist.

Anschließend wird dieses Modell des Fahrzeugs taktil (mittels 3D-Koordinatenmessmaschinen), stereophotogrammetrisch oder mittels 3D-Scanner digitalisiert. Die Datendichte wird hierbei mit den heute üblicherweise eingesetzten Systemen meistens automatisch in Abhängigkeit von der lokalen Krümmung festgelegt. Das Ergebnis stellt eine digitale Messpunktewolke dar, das sogenannte Rohdatenmodell. Aus diesen Punktdaten müssen nun die Flächen abgeleitet bzw. erzeugt werden.

Strak

Eine Abteilung großer Automobilhersteller, die so genannte Strakabteilung, konstruiert nun mittels sogenannter CAS-Systeme (Computer Aided Styling) Freiformflächen höchster Güte aus diesem Rohdatenmodell. Das hierbei eingesetzte CAS-System ICEM Surf beispielsweise ist in der Automobilbranche stark verbreitet.

Eventuell vorhandene Unebenheiten des Plastelinmodells, welche dann auch in den Rohdaten der Kontur- bzw. Flächenvermessung auftreten, müssen ausgeglichen werden, wobei computerunterstützte, interaktive graphische Methoden eingesetzt werden. Mit deren Hilfe wird entweder ein Netz von Formleitlinien (Skelett) erzeugt, welches dann zum Flächenmodell umgewandelt werden kann, oder aber man erzeugt aus den Rohdaten in einer Rasterstruktur definierte Flächen bzw. Patches, die ihrerseits krümmungsstetig miteinander verbunden werden und somit die theoretischen Kanten oder Formleitlinien erst erzeugen (Bonitz 2009).

Die Flächenmodellierung der Außenhaut des Fahrzeugs kann generell in zwei Phasen (Erzeugungs- und Modifikationsphase) unterteilt werden. In der industriellen Praxis entfallen zum Teil mehr als 80 Prozent des Zeitaufwands der Flächenmodellierung auf die Modifikationsphase. Am äußeren Erscheinungsbild von Fahrzeugen wird fortlaufend geändert und optimiert (Struktur- und Übergangsqualität), bis die endgültige Fahrzeugaußengeometrie nach möglichst modernen Design-Merkmalen in Form eines CAD-Modells zur Verfügung steht. Abbildung 4.111 verdeutlicht prinzipiell diese Vorgehensweise, bei welcher ein produktionsreifes Flächenmodell aus dem ur-

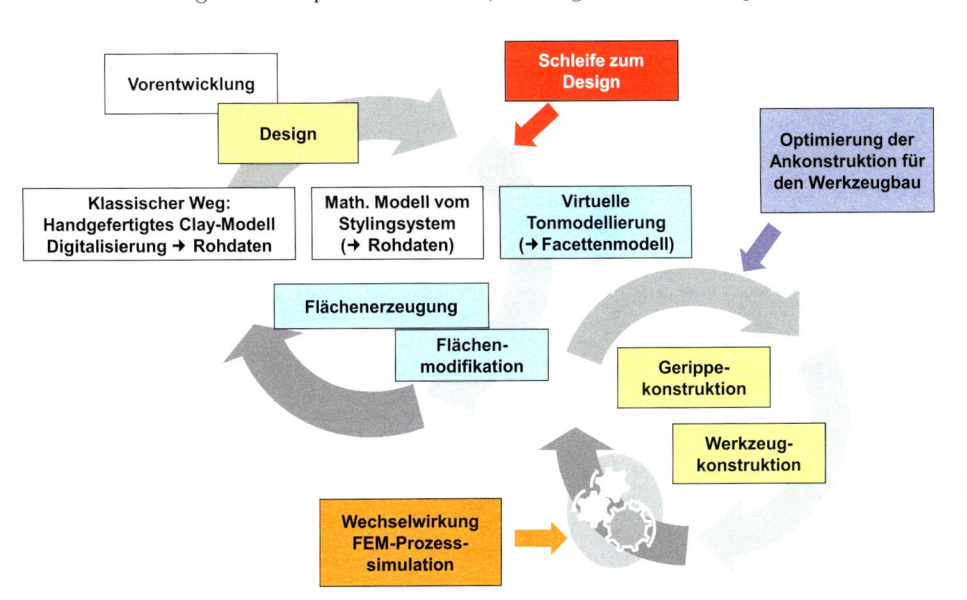

Abb. 4.111: *Einzelschritte der gesamten Prozesskette zur Flächengenerierung* (Quelle: Bonitz 2009)

sprünglichen Designmodell generiert wird (Bonitz 2009). An alle sichtbaren Bauteilflächen des Exteriors als auch des Interieurs von Fahrzeugen werden besonders hohe Anforderungen hinsichtlich Stilistik und Ästhetik gestellt. Diese mathematischen Flächenbeschreibungen erfordern daher besondere Sorgfalt beim Strakprozess. Daher werden sie auch als „Class A"-Flächen bezeichnet. Nicht sichtbare Innenflächen müssen keine ästhetischen, dafür aber funktionelle Anforderungen erfüllen und werden daher als „Class B"-Flächen eingeordnet. Darüber hinaus gibt es noch „Class C"-Flächen. Hierbei handelt es sich um Flanschflächen und Flächen der Ankonstruktion des Tiefziehteils (siehe Abschnitt „Umformmethode" in diesem Kapitel). Diese Flächen gehören nicht zur späteren Bauteilgeometrie, stattdessen handelt es sich hierbei um Bereiche des Ziehteils, die nach dem Ziehen ganz oder teilweise abgeschnitten werden.

Anforderungen an die Flächengenerierung

Bei der Konstruktion von „Class A"-Flächen mit einem CAD-System sind bestimmte Regeln zu beachten, welche auszugsweise in folgender Übersicht dargestellt sind. Die Flächen eines Bauteils sind aus sogenannten Patches, d.h. mehreren ebenen oder wohldefiniert gekrümmten Teilflächen aufgebaut. Bei deren mathematischer Beschreibung handelt es sich hierbei in modernen CAD-Systemen meist um Bézier-Flächen (Splines) (Abb. 4.112), wobei die Ordnung der einzelnen Patches so niedrig wie möglich gewählt werden sollte.

Die Anzahl an Patches zur Beschreibung einer gesamten Bauteilgeometrie sollte ebenfalls so niedrig wie möglich festgelegt werden. Dies bedeutet, dass die einzelnen Patches so groß wie möglich ausgelegt werden sollten. Es ist jedoch zu beachten, dass die Abweichung von den Rohdaten (Punktewolke) nicht zu groß wird, das heißt, dass die ursprünglichen Designmerkmale möglichst formgenau beibehalten werden müssen.

Bei den Übergängen zwischen den „Nachbarpatches" ist zu beachten, dass diese positions-, krümmungs- und tangentenstetig ausgeführt werden. Positionsstetigkeit bedeutet, dass die Endpunkte zweier Kurven oder Flächen ohne Spalt zusammentreffen. Trotzdem können Kurven oder Flächen sich in einem Winkel berühren, der zu einer „scharfen" Kante oder Ecke an dieser Stelle führt und Störungen bei Lichteffekten verursachen kann.

Bei Parallelität der Endvektoren spricht man von Tangentenstetigkeit; hiermit werden scharfe Kanten unterbunden. Solche tangentenstetigen Übergänge zwischen Patches erfüllen bei vielen Bauteilen die Anforderungen an die heute geforderte Oberflächenqualität.

Bei gleichem Betrag der Orientierung der Endvektoren besteht Krümmungsstetigkeit zwischen zwei benachbarten Teilflächen. Ein beleuchteter krümmungsstetiger Übergang zeigt bei der Projektion von beispielsweise sog. „Zebra-Lines" keine Veränderung der Lichteffekte an diesem Übergang, sodass die zwei benachbarten Flächen als eine einzige Fläche erscheinen, was vom menschlichen Auge als optisch glatt wahrgenommen wird.

Umformmethode

Bei der Entwicklung von Umformwerkzeugen für z.B. Karosserieaußenhautteile wird – ausgehend von den CAD-Daten der geforderten Bauteilgeometrie (deren Entstehung in den beiden vorangegangenen Abschnitten beschrieben wurde) – zunächst die sogenannte Umformmethode, d.h. die Folge der schrittweisen Umform- und Schneidvorgänge in Abhängigkeit von den Raumverhältnissen und der Aufteilung von Umformoperationen in den Folgewerkzeugen entwickelt.

Die Methodenplanung kann dabei als komplexer und stark erfahrungsbasierter Vorgang angesehen werden, wobei viele Einzelheiten berücksichtigt werden müssen und umformtechnisches Wissen des Methodenplaners erforderlich ist. Vielfach kann jedoch auf ähnliche Bauteilgeometrien, für welche im Unternehmen bereits eine funktionierende Umformmethode vorliegt, zurückgegriffen werden. Unterstützung erhält der Methodenplaner darüber hinaus von der FEM-Prozesssimulation (siehe Abschnitt „Rechnergestützte Erstellung von Methodenplänen").

Um den Methodenplan für ein Blechformteil zu erstellen, müssen u.a. folgende Randbedingungen bekannt sein (Karima 2010):

- zur Verfügung stehende Pressen und Transfereinrichtungen, Typ und Größe der Pressen, Presskräfte, Automatisierungsgrad,
- Blechwerkstoff: Blechgüte und Blechdicke,
- Hubzahl pro Minute,
- zu erwartendes Produktionsvolumen in einem bestimmten Zeitraum,
- Werkzeug- und Liefervorschriften für Betriebsmittel,
- Vorschriften, die den weiteren Zusammenbau des Blechformteils betreffen (Schweißflanschbreite, Fügeflächen),

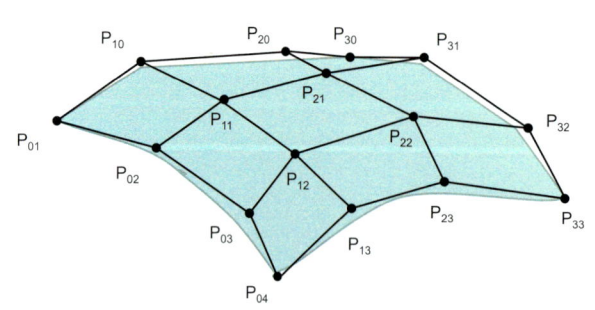

Abb. 4.112: *Generierung einer Bézier-Fläche*

- Bauteiltoleranzen,
- Materialausnutzung, Verschnitt,
- Qualitätsansprüche an das Blechformteil,
- Produktionslogistik sowie
- technische Ausstattung der Einzelwerkzeuge.

Die Herstellung der Platine, der Platinenschnitt, erfolgt mit geraden (Messerleiste, Messerbalken) oder schrägen (Schwenkschere) Beschnittkanten. Die Platine kann aber auch aus einer individuellen Form (Formplatinenschnitt), ggf. mit Aussparungen, bestehen.

Die erste Operation bildet stets den (ersten) Ziehvorgang, wobei die Platine meist in ebener Lage auf den vorwiegend ebenen oder ein- bzw. zweisinnig gekrümmten Blechhalter (vgl. Abb. 4.115) aufgelegt wird. Um das Ziehteil nach der ersten Umformoperation nicht wenden zu müssen, werden die Ziehoperationen heute zumeist in einfachwirkenden Ziehpressen mit Ziehapparat ausgeführt. Die Folgeoperationen, im Besonderen ein weiterer Ziehvorgang oder Beschneide-, Nachform- oder Schieberoperationen, finden dann in Folgepressen mit gleichen Tischgrößen statt, jedoch mit geringerer Presskraft.

Entwicklung der Ziehanlage

Die Ziehoperation, d. h. die erste Operation stellt an den Methodenplaner große Anforderungen. Insbesondere bei Karosserie-Außenhautteilen muss heute auf Grund der geforderten Oberflächenqualität des Blechformteils der Ziehvorgang in nur einem einzigen Werkzeug erfolgen. Die nachfolgenden Operationen dürfen nur noch Schneid-, Nachform- und Abkantvorgänge enthalten.

Für die Ziehoperationen hat der Methodenplaner die Aufgabe, die sog. Ziehanlage zu entwickeln. Unter dem Begriff der Ziehanlage versteht man den gesamten Flächenverbund, bestehend aus der bauteilbezogenen Ausgestaltung der Blechhalter- und Matrizenwirkflächen, aus der der Rückfederung des Bauteils angepassten Wirkfläche des Ziehstempels sowie aus den Stempelergänzungsflächen.

Die Auslegung des Ziehwerkzeugs und die Festlegung der finalen Wirkflächen erfordern eine große Erfahrung des Methodenplaners, da die technologischen Abhängigkeiten aus den Folgeoperationen quasi „rückwärts" auf die Lage des Ziehteils (im Raum) und die Details der Ziehanlage (z. B. Stempelergänzungsflächen, Winkel, Schnitte) projiziert werden müssen. Bei der Methodenplanung sind daher nicht nur die Teilaufgaben der Integration von Halte-, Umform- und Scherschneidoperationen in die Werkzeugkonstruktion zu lösen, sondern auch die geometrische Abhängigkeit der verschiedenen Werkstückbereiche in den einzelnen Umformoperationen untereinander zu berücksichtigen.

Bauteillage, Ziehrichtung

Die endgültige Bauteillage, d. h. die Orientierung des Bauteildatensatzes im Raum zu den Hauptachsen des Ziehwerkzeuges wird auf Grund zahlreicher Wechselwirkungen aus den Folgeoperationen zeitlich erst relativ spät festgelegt. Mögliche Hinterschneidungen in Ziehrichtung, die zu berücksichtigenden Platzverhältnisse für das Anheben und den Weitertransport des Bauteils (Abb. 4.113) und der (zeitliche) Verlauf des Stempelkontakts mit der Platine (Abb. 4.114) bilden dabei unumgängliche Randbedingungen.

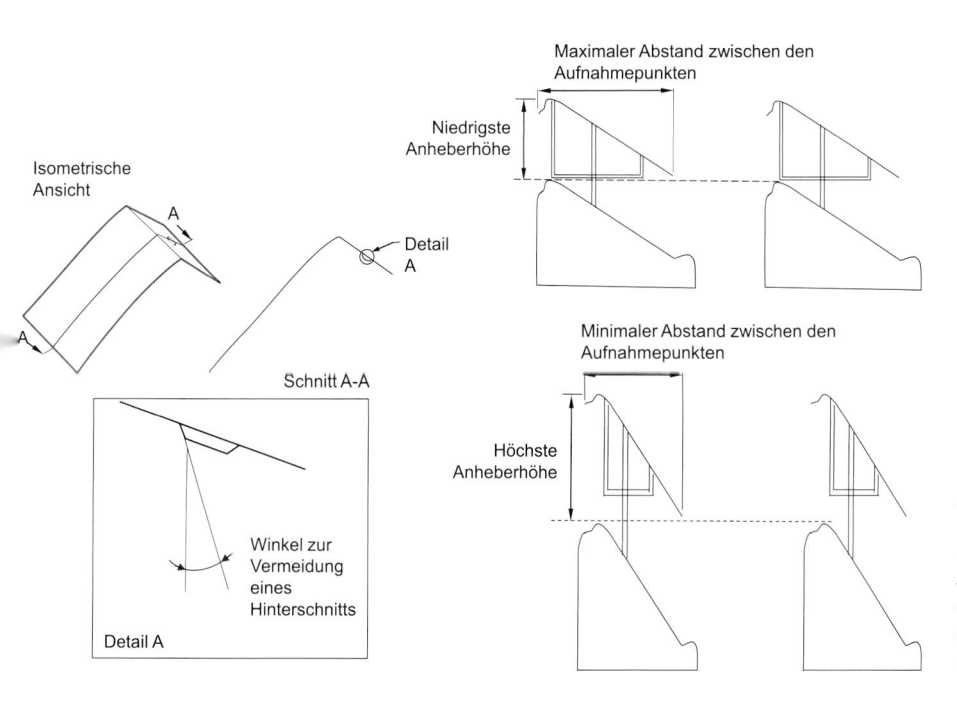

Abb. 4.113: *Vermeidung von Hinterschneidungen in Ziehrichtung (links) und Auswirkung der Bauteillage auf den Weitertransport des Bauteils (rechts)* (Quelle: FTI)

4.2 Tiefziehen

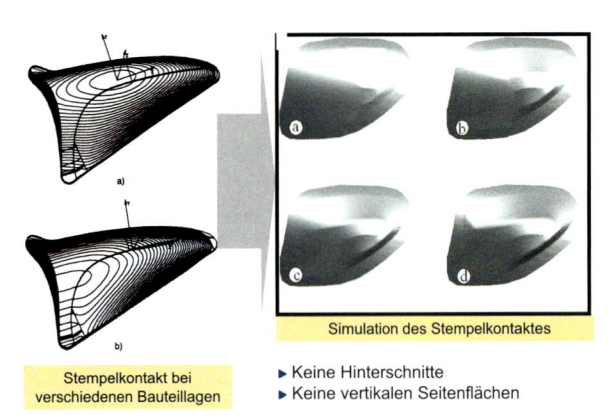

Abb. 4.114: Festlegen der richtigen Ziehrichtung (Quelle: ETH Zürich, IVP)

Stempelkontakt bei verschiedenen Bauteillagen
- Keine Hinterschnitte
- Keine vertikalen Seitenflächen

Simulation des Stempelkontaktes

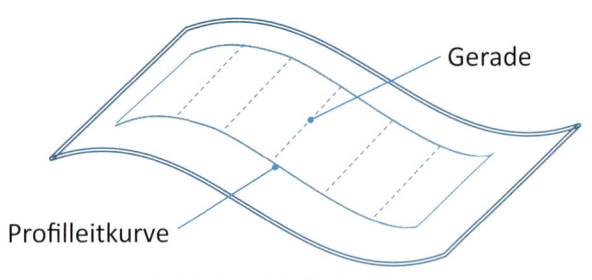

Abb. 4.116: Abwickelbare Blechhalterfläche

Blechhalterfläche

Das Verfahrensprinzip des Tief- und Streckziehens erfordert stets eine sogenannte Blechhaltung. Sie dient dem kontrollierten Nachfließen der Randzonen der Platine in die Hohlform der Ziehmatrize. Dazu wird in grober Näherung eine möglichst gering gekrümmte, möglichst senkrecht zur Ziehrichtung verlaufende Fläche um den Stempelumriss (vgl. Abb. 4.118) herum konstruiert, die zum einen auf dem Blechhalter und zum anderen auf der Ziehmatrize erzeugt wird. Mit dem Ziel der Gestaltung einer möglichst gleichgroßen Ziehtiefe entlang des Ziehumrisses muss die Krümmung und Orientierung der Blechhalterflächen oftmals der spezifischen Geometrie des Werkstücks bzw. der Geometrie der Stempelergänzungsflächen angepasst werden. Abbildung 4.115 zeigt dazu einige prinzipielle Gestaltungsvarianten heute eingesetzter Blechhaltergeometrien (Lange 1990).

Beim Schließen des Blechhalters muss insbesondere bei Außenhautteilen unter allen Umständen eine schädigende, plastische Falten- und Beulenbildung zu Beginn des Ziehvorgangs vermieden werden. Dies ist bei abwickelbaren Blechhalterflächen gewährleistet. Unter einer abwickelbaren Fläche versteht man eine zweidimensionale Fläche, die sich ohne innere Formverzerrungen, d. h. ohne weiteres Dehnen oder Stauchen in eine Ebene transformieren lässt. Abbildung 4.116 zeigt beispielhaft eine abwickelbare Fläche, die durch eine Gerade, welche entlang einer Profilkurve geführt wird, entsteht. Derartige Blechhalterflächen sind insbesondere für symmetrische Außenhautteile geeignet.

Ankonstruktion

Zwischen der Blechhalterfläche und der Bauteilgeometrie werden in einigen Zonen des Werkstücks spezielle Formelemente im Bereich des Ziehumrisses im Sinne von Ankonstruktionen (Abb. 4.117) ergänzt, um einen versagensfreien Ziehprozess zu ermöglichen. Diese Ankonstruktionen nennt man Stempelergänzungsflächen.

Stempelumriss

Die Umschlingungsradien der Bauteilecken (Draufsicht) bestimmen die erreichbare Ziehtiefe im Eckenbereich, die sogenannte Eckenziehtiefe. An den Ecken kann ein lokales Ziehverhältnis berechnet werden, welches in Korrelation zum Grenzziehverhältnis des Blechwerkstoffs gesetzt werden kann (vgl. Kap. 4.2.2.3). Abbildung 4.118 zeigt die Ableitung des Stempelumrisses beispielhaft an einer Kotflügelgeometrie. Spitz zulaufenden Ecken wurden durch ziehtechnisch darstellbare, d. h. durch Ziehteilecken, an denen gerade noch keine Reißer auftreten, un-

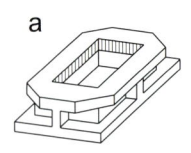

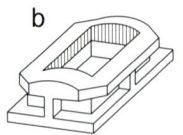

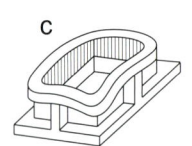

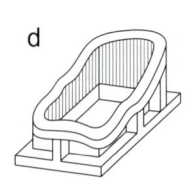

a: ebene Blechhaltergeometrie
b: einsinnig gekrümmte Blechhaltergeometrie
c: zweisinnig gekrümmte Blechhaltergeometrie
d: zweisinnig gekrümmte Blechhaltergeometrie

Abb. 4.115: Verschiedene Gestaltungen von Blechhalter-geometrien in Abhängigkeit von der Ziehtiefe des Bauteils (Quelle: Lange 1990)

Abb. 4.117: Auslegung eines Ziehwerkzeugs für eine Pkw-Seitenwand außen: Bauteilgeometrie (rote Flächen), Blechhalter (türkisfarbene Flächen), Ankonstruktion (gelbe Flächen) (Quelle: GIW Gesellschaft für innovative Werkzeugsysteme mbH)

4.2.8 Werkzeuge für die Blechumformung

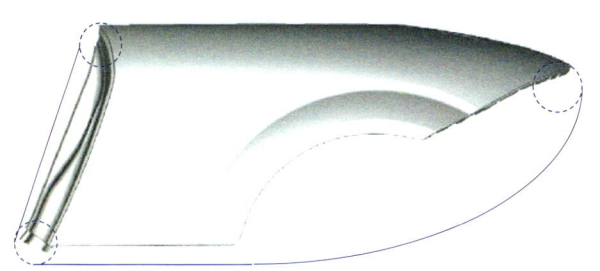

Abb. 4.118: *Ermittlung des Stempelumrisses am Beispiel eines Vorderkotflügels*

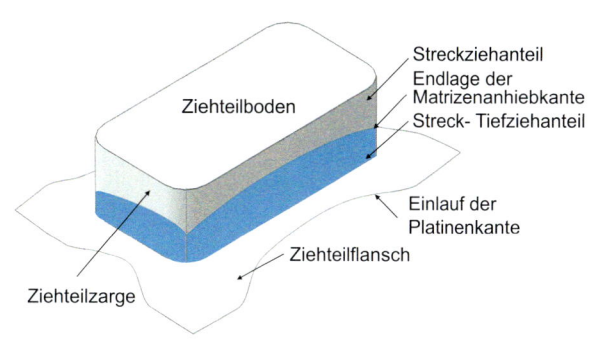

Abb. 4.119: *Einlaufen der Matrizenanhiebkante bei einem rechteckförmigen Napf (Quelle: Harthun 1999)*

ter Berücksichtigung der entsprechenden Platinengröße, Blechdicke und Werkstofffestigkeit ersetzt.

Anhiebkanten

Zwei Ursachen für die Entstehung von Anhiebkanten in Ziehteilen mit relativ großer Ziehtiefe können in diesem Zusammenhang genannt werden. Zum einen zeichnet sich beim Schließen des Blechhalters und der Matrize am Matrizeneinlaufradius eine Markierung auf dem Werkstück ab. Weiterhin führt die vergleichsweise starke plastische Biegeumformung an einer Ziehsicke ebenfalls zu einer bleibenden Markierung auf der Platinenoberfläche. Diese Markierungen sind bei verschiedenen Blickwinkeln bei lackierten Karosserieteilen mit bloßem Auge erkennbar und deshalb inakzeptabel. Insbesondere bei Bauteilen mit großer Ziehtiefe (und langen Laufwegen) besteht die Gefahr, dass diese Anhiebkanten in den sichtbaren Bauteilbereich einlaufen (Abb. 4.119). In diesem Fall muss die Ankonstruktion oder die Ziehanlage auf diese Weise modifiziert werden.

Nachlaufkanten

Im Bereich von Strukturkanten oder an kleinen Radien im Mittenbereich der Stempelfläche können am Blechformteil Nachlaufkanten auftreten. Verursacht ein ungleichmäßiges Einlaufen des Ziehteilflansches eine Relativbewegung der Platine an einer derartigen Strukturkante bzw. an kleinen Radien, so entsteht eine linienartige plastische Biegedeformation, welche sich an der Bauteiloberfläche abzeichnet. Bei Innen- oder Strukturteilen können Nachlaufkanten oftmals nicht vermieden werden. Da sie jedoch bei dorartigen Blechformteilen nicht qualitätsrelevant sind, führen solche Oberflächenfehler hier nicht zum Ausschuss. Bei sichtbaren Außenteilen dagegen sind Nachlaufkanten nicht tolerierbar, werden auch grundsätzlich nicht nachbearbeitet und sind daher ausnahmslos Ausschuss. Treten Nachlaufkanten im sichtbaren Außenhautbereich auf, muss die Ankonstruktion und/oder das Einlaufverhalten des Blechwerkstoffs beispielsweise durch eine Modifikation der Anordnung von Ziehsicken oder durch eine Modifikation der Ziehanlage optimiert werden.

Freigabe der Ziehanlage

Die Freigabe der Ziehanlage erfolgt in der Praxis heute trotz fortschrittlicher CAD-Technik häufig auf der Basis räumlicher, realer Körper im Maßstab 1:1, da das Vorstellungsvermögen und Praxiswissen von Erfahrungsträgern mit solchen Hilfsmitteln am besten genutzt werden kann. An derartigen Modellen können die umformtechnischen Bedingungen des Ziehteils diskutiert und evtl. Modifikationen der Ziehanlage vorgenommen werden. Es ist darauf zu achten, dass diese Modifikationen abschließend in den Datensatz zurückgeführt werden. Alternativ zur Erstellung von Modellen werden die Ziehanlagen heute vereinzelt auch an VR-Systemen (Virtual Reality) diskutiert und bewertet.

Rechnergestützte Erstellung von Methodenplänen

Während der Designphase ändert sich, wie oben beschrieben, die Bauteilgeometrie unter Umständen auf Grund mehrerer Design-Vorgaben mehrfach. Dennoch werden bereits in einer frühen Phase des Fahrzeugdesigns die Wirkflächen des Tiefziehwerkzeugs, basierend auf dem zuvor gültigen Bauteildatenstand, entwickelt. Auf Grund der immer kürzer werdenden PKW-Entwicklungszeiten nach dem sogenannten „Design-Freeze" verbleibt ansonsten nicht mehr genügend Zeit, um das FE-Modell für die Simulation des Umformprozesses stets vollständig neu aufzubauen. In der Designphase wird meist ein schneller FE-Code eingesetzt, mit dem verschiedene Prozess- und Ziehanlagenvarianten untersucht und im Vorfeld der Werkzeugherstellung bewertet werden können.

In den letzten Jahren wurden mehrere Ansätze für eine rechnerunterstützte Entwicklung von Methodenplänen entwickelt. Hierbei erfolgt eine stufenweise Auflösung der Bauteilgeometrie in sogenannten Fertigungs-Features, wie zum Beispiel zu fertigende Löcher oder Randbereiche, zu formende Flansche oder Nachformbereiche. Jedem Feature kann eine Folge von Fertigungsschritten zugeordnet werden, welche dann auf die Arbeitsoperationen verteilt werden. Für einen Flanschbereich werden beispielsweise die Stufen Vorbeschnitt - Abstellen - Nachbeschnitt mit Schieber zugeordnet. Diese standardisierte Darstellung der Grobmethode kann dann auch zu einer genauen Abschätzung der Werkzeugkosten herangezogen werden und in die weitere Fertigungsplanung des Werkzeugsatzes integriert werden (Karima 2010; Kubli 2010).

4.2.8.4 Rückfederung

Ursachen

Beim Tiefziehen bestehen neben den geschilderten Verfahrensgrenzen weitere technologische Ursachen, die zur Abweichung der Produkt-Geometrie von der Sollgeometrie (Fahrzeugdatensatz) auf Grund von Rückfederungen führen. Die Ursache der Rückfederung liegt darin, dass der Blechwerkstoff während der Umformung elastische Energie speichert. Wird das Werkstück nach dem Umformvorgang aus dem Werkzeug entnommen, verursacht die gespeicherte Energie eine räumliche Rückfederung der sich zuvor unter Last einstellenden Bauteilgeometrie. Diese Rückfederung bewirkt eine Verringerung des energetischen Niveaus, bedeutet aber auf der anderen Seite auch eine Abweichung von der Soll-Geometrie.

Der Betrag der Rückfederung eines plastisch umgeformten Blechwerkstoffs hängt wesentlich von den mechanischen Eigenschaften, insbesondere vom E-Modul und der Fließspannung des Blechwerkstoffs, aber auch von der Geometrie des Bauteils ab.

Die Rückfederung nimmt betragsmäßig mit steigender Fließspannung und mit sinkendem Elastizitätsmodul zu. Das ausschlaggebende Maß für die Größe der rückfederungsbedingten Formänderungen bildet dabei der Anteil der elastischen Dehnungen ε_{el} an der Gesamtdehnung ε_{ges}. Eine Erhöhung der Streckgrenze R_e und des Verfestigungsexponenten (n-Wert) führen ebenfalls zu einer Steigerung des Anteils der elastischen Dehnung und somit zu einer Erhöhung der Rückfederung des Bauteils (Roll 2004).

Während für das Biegen einer Platine um eine gerade Biegelinie analytische Berechnungsmethoden des Rückfederungswinkels zur Verfügung stehen, ist eine Berechnung der Rückfederung eines Tiefziehteils geschlossen analytisch nicht möglich. Derartige Bauteile weisen komplexe Geometrien auf, dadurch liegen die auftretenden Spannungen im Zug-Druck- oder im Zug-Zug-Bereich und die Umformung einzelner Bauteilbereiche erfolgt teilweise entlang nicht-linearer Dehnpfade.

Zwar lässt sich die Speicherung der elastischen Energie während der Formgebung im Werkzeug nicht verhindern, jedoch der Einfluss auf den Betrag der Rückfederung lässt sich minimieren. Grundsätzlich werden verschiedene Maßnahmen eingesetzt, um Formabweichungen eines Bauteils von seiner Soll-Geometrie des Datensatzes in Abhängigkeit von der Gesamtgeometrie und des Blechwerkstoffs zu reduzieren.

Das Bauteil wird versteift durch

- kleinere Radien in der Bauteilgeometrie und
- zusätzliche Verprägungen (Sicken, Strukturkanten, Aushalssegmente).

Die Bauteilform darf dabei natürlich nur dann verändert werden, wenn die Bauteilfunktion nicht beeinträchtigt wird und der Bauraum des Bauteils im Gebrauch dieses zulässt. Der Betrag der Formänderung (Auszug) der Platine wird auf ein hohes Niveau angehoben und gleichmäßig verteilt durch

- Optimierung und Homogenisierung der Rückhaltekräfte mittels Ziehsicken,
- Optimierung der Ankonstruktion des Werkzeugs und
- Steuerung der Blechhalterkraft in Abhängigkeit vom Stempelweg.

Der Auszug darf dabei natürlich nur soweit erhöht werden, solange ein robuster Herstellungsprozess gewährleistet werden kann, d. h. solange keine Risse, Einschnürungen oder Falten im Bauteil entstehen (Roll 2004).

In zahlreichen Untersuchungen zeigte sich, dass die Rückfederung in besonderem Maße von den überlagerten Zugspannungen in der Ziehteilzarge abhängig ist. Dabei spielt es keine Rolle, ob die Vergrößerung der Rückhaltekräfte durch die Wirkung von Ziehsicken, eine Erhöhung der Reibungszahl infolge geringerer Schmierstoffviskositäten oder durch eine Erhöhung der Blechhalterkraft zustande kommt. Komplexe Bauteilformen und die Forderung nach möglichst kleinen Platinenzuschnitten schränken die Möglichkeiten einer Überlagerung von Zugspannungen jedoch ein, sodass zwangsläufig rückfederungsbedingte Abweichungen der Ist-Geometrie von der Soll-Geometrie auftreten. Diese Rückfederungen lassen sich jedoch unter Umständen beim anschließenden Fügen in Abhängigkeit vom gewählten Fügeverfahren kompensieren. Jedoch ist insbesondere bei hochfesten Blechwerkstoffen zu berücksichtigen, dass beispielsweise die Spannzangen von Punktschweißanlagen derartige Bauteile in der Spannvorrichtung im Karosserie-Rohbau nur schwerlich verformen können und dass nach dem Fü gen auch Eigenspannungen in der Fügestelle verbleiben. Zu beachten ist weiterhin, dass Rückfederungseffekte nicht nur nach der Bauteilentnahme aus dem Werkzeug auftreten. Wird das Bauteil nach der Umformung auf die gewünschte Geometrie beschnitten, können sich das Rückfederungsverhalten und damit der Betrag der dadurch verursachten Formabweichung des beschnittenen Bauteils nochmals ändern.

Rückfederungskompensation

Sind die rückfederungsbedingten Geometrieabweichungen des Bauteils aus den oben geschilderten Gründen nicht akzeptabel, muss eine sog. Rückfederungskompensation erfolgen. Hierbei müssen die Werkzeugwirkflächen insbesondere des Ziehwerkzeugs modifiziert werden. Folglich wird das Bauteil in einem Werkzeug umgeformt, das nicht der Soll-Geometrie entspricht, sondern einer dem lokalen Rückfederungsbetrag des Bauteils korrespondierenden Abweichung vom Konstruktionsdatensatz (KDS). Nach der Entnahme des Bauteils aus dem Werkzeug federt dieses dann im besten Fall in die vorgegebene Soll-Geometrie zurück.

Bei der konventionellen Vorgehensweise der Rückfederungskompensation werden die Werkzeuge zunächst mit der Soll-Geometrie angefertigt, Teile mit diesem Werkzeug hergestellt und beschnitten. Auf Basis von Geometriemessungen bzw. der Darstellung der Geometrieabweichungen der Bauteile werden nun Kompensationsmaßnahmen erarbeitet und in das Ziehwerkzeug eingearbeitet. Dies erfordert jedoch relativ viel Erfahrung. In der Regel wird der Bereich im Werkzeug um den Betrag der Formabweichung oder dem Vielfachen davon verändert. Die Größe des Faktors hängt davon ab, ob die Überbiegung der Werkzeugwirkflächen im Bauteil eine plastische oder elastische Verformung bewirkt. Liegt im Bauteil ein relativ hoher elastischer Anteil vor, ist der Faktor relativ groß zu wählen, dass der dann auftretende plastische Anteil ausreicht, um das Bauteil nach Entlastung, d.h. nach dem Ziehen und Beschneiden, in der gewünschten Form zu halten. In der Praxis können daher maßliche Abweichungen in der Form (Stempel, Matrize) bis zu 15 mm bei zum Beispiel großflächigen Außenhautteilen auftreten. Diese konventionelle Vorgehensweise der Rückfederungskompensation ist jedoch langwierig und zeitintensiv (Roll 2004).

Die FEM-Rückfederungssimulation ist heute für die meisten Stahl- und Aluminiumlegierungen mit einer Genauigkeit möglich, die eine produktive Anwendung der Rückfederungskompensation bereits während der Methodenplanung ermöglicht. Eine derartige rechnerunterstützte Rückfederungskompensation eröffnet ein großes Einsparpotenzial solcher oben beschriebenen Optimierungszyklen im Werkzeugbau, da sich nach heutigem Erfahrungsstand ca. die Hälfte der Korrekturschleifen gegenüber der konventionellen Methode einsparen lassen (Steininger 2008).

Bei einer rechnerunterstützten Kompensation werden die Ergebnisse der Umform- und der Rückfederungssimulation miteinander verglichen und ein Verschiebungsfeld aus den Distanzen der „zurückgefederten" Knoten und der Referenzknoten berechnet (Abb. 4.120). Um die virtuelle Werkzeugoberfläche zu bombieren bzw. zu überbiegen, wird dieses Verschiebungsfeld überproportional invertiert und auf die Werkzeugoberfläche projiziert. Nun wird es möglich, das Verschiebungsfeld mit erfahrungsbasierten Kompensationsfaktoren zu beaufschlagen (Abb. 4.121). Wie bei der konventionellen Kompensation müssen auch bei der rechnerunterstützten Kompensation mehrere Iterationsschleifen durchgeführt werden, um das Bauteil in den geforderten Toleranzbereich zu bringen (Schröder 2008).

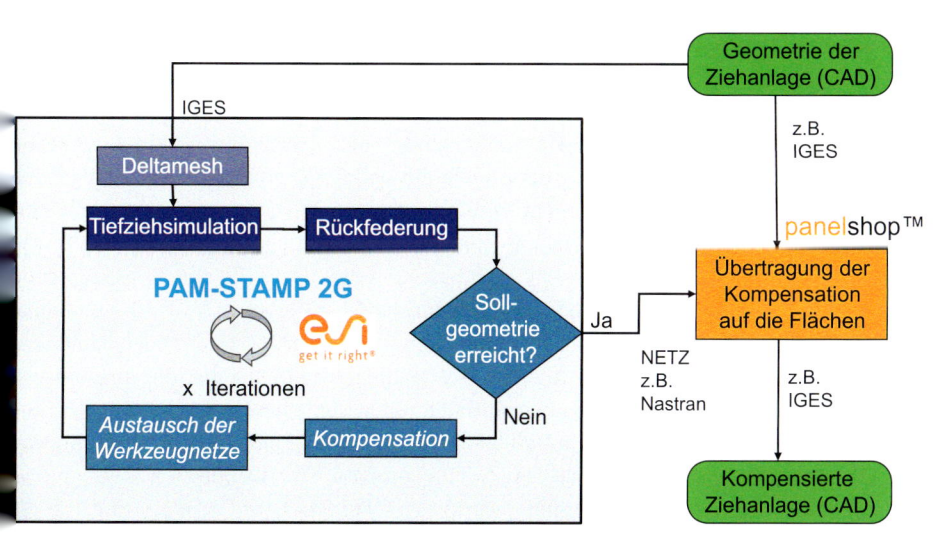

Abb. 4.120: *Vorgehensweise bei der rechnerunterstützten Rückfederungskompensation (Quelle: ESI Deutschland GmbH)*

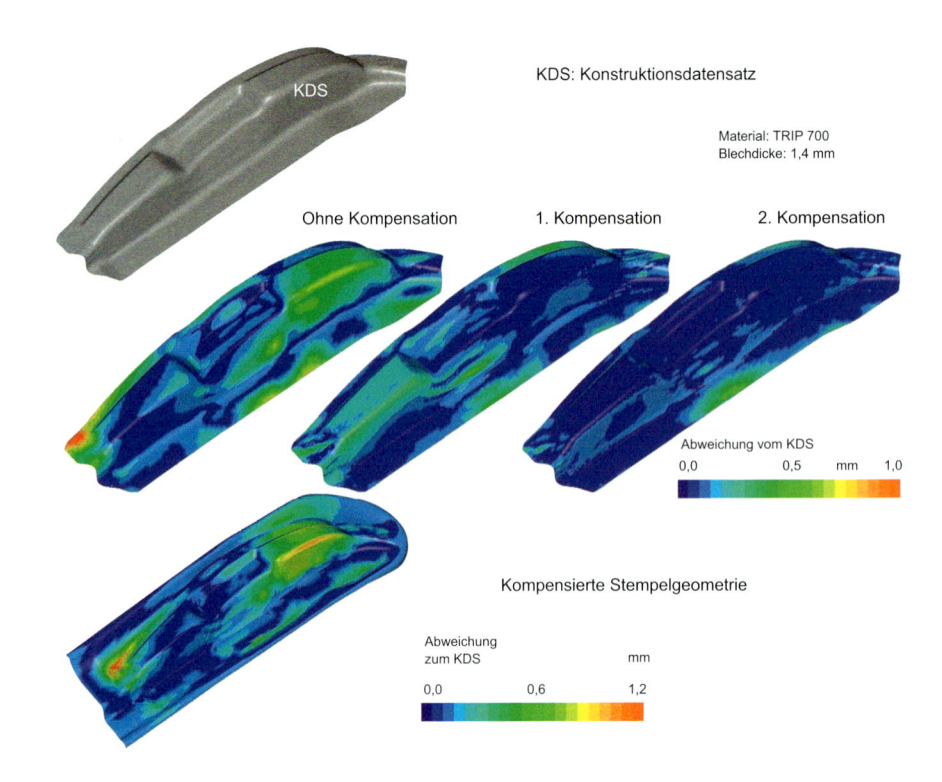

Abb. 4.121: *Rückfederung einer Türscharnierverstärkung und erforderliche Modifikationen der Stempelwirkflächen (Quelle: Daimler AG, DYNAmore GmbH)*

4.2.8.5 Prototypwerkzeuge

Die steigende Variantenvielfalt von PKW-Modellen in den aktuellen Marktnischen erfordern heute bei sinkenden Gesamtstückzahlen stets kürzer werdende Durchlaufzeiten der Betriebsmittelproduktion von der Design- und der Prototypphase bis zum Produktionsstart. Obschon der Bedarf an Prototypenbauteilen wegen der deutlich verbesserten Simulationstechniken in den letzten Jahren im Durchschnitt zurückgegangen ist, werden solche prototypischen Validierungen beabsichtigter Produktionsprozesse in der Serie auf Grund des Einsatzes neuartiger, hochfester Stahlblechgüten mit vorher schwer bestimmbaren Auswirkungen ihres werkstofflich bedingten Rückfederungsverhaltens wieder verstärkt erforderlich.

Einerseits schließt die Herstellung von Prototyp-Blechformteilen mittels Prototyp-Werkzeugen die Erprobung der bis dahin entwickelten Ziehanlage mit ein. In Bezug auf das elasto-plastische Werkstoffverhalten und der sich einstellenden Reibungsverhältnisse im Werkzeug sind solche fertigungsorientierten Aussagen bzgl. möglichem Bauteilversagen und der grundsätzlichen fertigungstechnischen Machbarkeit in der frühen Phase der Werkzeugentwicklung von großer Bedeutung. Andererseits werden die in dieser Entwicklungsphase gefertigten Prototypbauteile zur Beurteilung möglicher Oberflächendefekte (im Falle von Außenhautteilen) wie Einfallstellen, Nachlaufkanten oder sonstiger Unebenheiten bewertet, um diesbezügliche Qualitätsanforderungen in der nachfolgenden Serienproduktion besser abschätzen zu können.

Vor dem Hintergrund der möglichst weitgehenden Übertragung von Fertigungswissen und konkreten Erfahrungen aus der Herstellung von Prototypteilen auf die Serienproduktion ist man bestrebt, dieses auch in der zeitlich nachfolgenden Bauphase der Serienbetriebsmittel zu nutzen. Man unterscheidet daher Prototyp-Werkzeugkonzepte, die seriennah ausgeführt werden, eine möglichst serienrelevante Ziehanlage aufweisen und aus Grauguss und/oder Stahlguss hergestellt werden, um das tribologische System ähnlich zur Serienproduktion einzustellen. Einfachere Werkzeugkonzepte aus zum Beispiel niedrigschmelzenden metallischen Legierungen oder aus Kunststoff werden heute nicht seriennah ausgeführt, da der Wissenstransfer aus der Prototypenfertigung in die Konstruktionsphase der Serienbetriebsmittel nicht im Vordergrund steht und das Prototpypenbauteil möglichst preiswert mit durchaus mäßiger Qualität hergestellt werden soll. Hierfür haben sich spezielle Werkstoffe in der Praxis etabliert: die eutektische Bismut/Zinn-Legierung Bi57Sn43 (Handelsnamen: Cerrotru, MCP 137) und auch die Feinzink-Legierung G-ZnAl4Cu3 (Handelsname: ZAMAK) sowie verschiedene Kunststoffe, die in Form von Blockmaterialen oder als Gießharzsysteme erhältlich sind. Abbildung 4.122 enthält eine kurze Aufstellung von Vor- und Nachteilen dieser Werkstoffe.

Prototypwerkzeuge werden heute oftmals nur für die

Ziehstufe angefertigt. Alle Beschneideoperationen werden im Prototypenbau stets manuell mit handgeführten Scheren oder mittels Laser durchgeführt. Auch Biege- und Falzoperationen am Bauteilrand werden auf Grund der geringen Stückzahl im Fahrzeug-Prototypenbau heute mit manuell geführten Vorrichtungen mittels flexibler Arbeitsstationen (einfache Vorrichtungen, Robotereinsatz) oder mittels handgeführter Kraftformer ausgeführt. Prototypteile werden im Hinblick auf ihre Qualität vornehmlich maßlich bewertet.

4.2.8.6 Werkzeugwerkstoffe für Serienwerkzeuge

Dem Werkzeugkonstrukteur steht für die Ausführung der unterschiedlichen Serienwerkzeuge eine Vielzahl von Werkzeugwerkstoffen zur Verfügung, die zunächst den Gruppen Guss- und Stahlwerkstoffe zugeordnet werden können. Bei der Auswahl geeigneter Werkzeugwerkstoffe für das Werkzeuggrundgestell, für die spezifischen Aufbauten im Werkzeug und die Einsätze oder auch für zusätzliche bewegliche Elemente, wie z. B. Schieber, sind dabei im Vorfeld folgende prinzipielle Fragen zu klären:

- Welchen Belastungen hinsichtlich Druckfestigkeit, Verschleiß bzw. Zähigkeit wird das Werkzeug bzw. seine Komponente ausgesetzt sein? In diesem Zusammenhang spielen zum Beispiel der Blechwerkstoff, die Blechdicke, der Temperaturbereich des Umformvorgangs, Art und Menge des Schmierstoffs eine wichtige Rolle.
- Welche zu erwartenden Gesamtstückzahlen werden mit dem Werkzeug vermutlich gefertigt?
- Welche Qualität, insbesondere Oberflächenqualität der Blechformteile ist gefordert? Handelt es sich hierbei um Außenhautteile oder um Struktur- und Verstärkungskomponenten?
- Soll das Werkzeug als Monoblock oder in segmentierter Ausführung ausgelegt werden? Je größer die Werkzeugabmessungen sind, um so mehr muss auf eine spätere Randschichthärtbarkeit geachtet werden.
- Ist eine spätere Beschichtung des Werkzeugs geplant? Falls das Werkzeug später beschichtet werden soll, ist auf die Verwendung sekundärhärtender Werkstoffe zu achten.

Gusseisenwerkstoffe

Werkzeuge und Werkzeugteile für Blechumformwerkzeuge aus Gusseisenwerkstoffen werden stets im sog. Vollformverfahren hergestellt. Dieses Verfahren beinhaltet folgende Arbeitsschritte:

- Aufbereitung der 3D-Modelle,
- Fräsen des Polystyrolmodells, evtl. in mehreren Schichten mit anschließendem Zusammenfügen durch Kleben,
- Wiegen des Modells zur Ermittlung des zu erwartenden Gussteilgewichts,
- Schlichten des Modells mit einer feuerfesten silikatischen Deckschicht, anschließendes Trocknen des Modells,
- Füllen der Formhälften mit kunstharzgebundenem Quarzsand,
- Abguss der Form mit vergasendem Polystyrolmodell sowie
- Gussteilnachbehandlung.

	Vorteile	**Nachteile**
Cerrotru (Bi57Sn43)	• Geringe Nachbearbeitung/geringer Schwund (0,05%) • Niedriger Schmelzpunkt (139°C) • Recycling nahezu 100%	• Hohe Materialkosten • Hohe Dichte • Geringe Härte • Sehr geringe Standzeit
Zamak (ZnAl4Cu3)	• Druckfestigkeit besser als Cerrotru • Niedriger Schmelzpunkt (390°C) • Recycling nahezu 100%	• Schwund ca. 1%, d.h. muss spanend nachbearbeitet werden • Hohe Dichte
Kunststoffe	• Höhere Spanleistung im Vergleich zu GG oder Stahl • Kostenvorteil im Vergleich zu GG oder Stahl • Recycling teilweise möglich	• Kleine Radien verschleißen bei höherfesten Blechwerkstoffen • Geringer E-Modul (3.000 bis 13.000 MPa) • Geringe Steifigkeit des Werkzeugs • Geringe Standzeit
GG25	• Steifigkeit des Werkzeugs entspricht der des Serienwerkzeugs • Hoher Verschleißwiderstand • Relativ hohe Standzeit	• Relativ hohe Herstellkosten • Längere Fertigungszeiten

Abb. 4.122: *Werkstoffe für Prototypwerkzeuge*

4.2 Tiefziehen

Diese Vorgehensweise der Gussteilherstellung wird ausführlich in Kapitel 10 beschrieben. Heute gebräuchliche und häufig verwendete Gusseisenwerkstoffe für Schneid- und Umformwerkzeuge sind die Werkstoffe EN-GJL-250 (GG25) und EN-GJL-HB255 (GG25CrMo) mit Lamellengraphit oder der Werkstoff EN-GJS-HB265 (GGG70L) mit Kugelgraphit. Tabelle 4.4 zeigt die früheren und aktuellen Bezeichnungen solcher Werkstoffe nach DIN 1561.

Werkzeugstähle

Im Gegensatz zu den oben kurz dargestellten Gusseisenwerkstoffen erscheinen die heute am Markt verfügbaren, thermomechanisch vorbehandelten Stahlwerkstoffe vielfältiger. Dabei wird zunächst der Kohlenstoffgehalt schmelzmetallurgisch hergestellter Stähle in zwei großen Gruppen unterschieden: legierte und unlegierte Werkzeugstähle. Bei unlegierten Werkzeugstählen beträgt der Kohlenstoffanteil zwischen 0,5 und 1,5 Prozent, wobei die erreichbare Festigkeit tendenziell umso höher ist, je höher der Kohlenstoffgehalt des Werkzeugstahls ist. Unlegierte Werkzeugstähle sind jedoch nicht durchhärtbar und auch nicht für hohe Betriebstemperaturen geeignet, da ab ca. 200 °C ein nennenswerter Festigkeitsabfall zu beobachten ist. Derartige Werkzeugwerkstoffe werden in der Regel für Schneid-, Zieh- und Biegewerkzeuge, welche keinen besonders hohen mechanischen Belastungen ausgesetzt sind, verwendet. Für höher beanspruchte Werkzeuge kommen üblicherweise legierte und hochlegierte Werkzeugstähle zum Einsatz, die durchhärtbar sind und einen möglichst geringen Wärmeverzug nach dem Härten aufweisen. Wichtige Legierungselemente stellen hierbei Chrom, Mangan, Molybdän, Nickel und Wolfram dar, die die Eigenschaften dieser Stähle im späteren Gebrauch im Wesentlichen prägen.

Ein weiteres Kriterium der Einteilung schmelzmetallurgisch hergestellter Stahlwerkstoffe bildet der vorgesehene Einsatztemperaturbereich des Werkzeuges. Man unterscheidet hierbei zwischen Kalt-, Warm- und Schnellarbeitsstählen (Tab. 4.5).

- Bei Kaltarbeitsstählen handelt es sich um Stähle, die bei hoher mechanischer Belastung in Kombination mit der Bearbeitung im Temperaturbereich bis zu 200°C eingesetzt werden können. Karbide erhöhen die Verschleißbeständigkeit von Kaltarbeitsstählen, senken aber gleichzeitig seine Zähigkeit.
- Warmarbeitsstähle sind legierte Werkzeugstähle für Verwendungszwecke, bei denen die Oberflächentemperatur des Werkzeugs im betrieblichen Einsatz 400 bis 500 °C betragen darf. Neben Kohlenstoff können folgende Legierungselemente enthalten sein: Chrom, Wolfram, Silizium, Nickel, Molybdän, Mangan, Vanadium und Kobalt. Die Legierungselemente sind so aufeinander abgestimmt, dass die Warmarbeitsstähle neben einer ausreichenden Härte und Festigkeit auch eine hohe Warmfestigkeit, Warmhärte und einen hohen Verschleißwiderstand auch unter erhöhten Temperaturbedingungen aufweisen.
- Schnellarbeitsstahl HSS (High Speed Steel) bezeichnet eine Gruppe hochlegierter Werkzeugstähle mit bis zu 2 Prozent Kohlenstoffgehalt und bis zu 30 % Anteil an Legierungselementen wie Kobalt, Wolfram, Molybdän, Nickel, Vanadium und Titan. Derartige Werkzeugstähle verfügen über einen höheren Verschleißwiderstand bei verbesserter Zähigkeit im Vergleich zu Kalt- und Warmarbeitsstählen.

Für Matrizen, welche einen hohen Verschleißwiderstand bei gleichzeitig ausreichender Druckfestigkeit aufweisen sollten, wird die Verwendung eines karbidreichen Werkzeugstahles mit einer Härte von mindestens 58 HRC empfohlen. Ähnliche Empfehlungen gelten für die Werkstoffauswahl bei Ziehstempeln, wobei hier die Werkzeugbeanspruchung normalerweise nicht so hoch ausfällt wie bei Matrizen. Bei Biege- und Prägewerkzeugen dagegen sollte in Abhängigkeit von der Blechdicke auf zähe Werkzeugwerkstoffe mit einer deutlich geringeren Härte von 52 bis 56 HRC zurückgegriffen werden. In Tabelle 4.6 sind einige Einsatzbeispiele von Kaltarbeitsstählen für Werkzeuge der Blechumformung übersichtlich dargestellt (Escher 2005).

Tab. 4.4: Übersicht gebräuchlicher Gusseisenwerkstoffe für den Werkzeugbau

	DIN EN 1561 (neu)		DIN 1691 (alt)	
	Kurzzeichen	Nummer	Kurzzeichen	Nummer
Grauguss (Lamellengraphit)	EN-GJL-250	EN-JL 1040	GG 25	0.6025
	EN-GJL-HB255	EN-JL 2060	GG 25 Cr Mo	0.6025
Sphäroguss (Kugelgraphit)	EN-GJS-400-15	EN-JS 1030	GGG 40	0.7040
	EN-GJS-500-7	EN-JS 1050	GGG 50	0.7050
	EN-GJS-600-3	EN-JS 1060	GGG 60	0.7060
	EN-GJS-700-2	EN-JS 1070	GGG 70	0.7070
	EN-GJS-HB265	EN-JS 2070	GGG 70 L	0.7070 L

4.2.8 Werkzeuge für die Blechumformung

Kaltarbeitsstähle	Warmarbeitsstähle	Schnellarbeitsstähle
1.2379 (X155CrVMo12-1)	1.2311 (49CrMnNiMo8-6-4)	1.3234 (HS6-5-2-5)
1.2767 (X45NiCrMo4)	1.2343 (X37CrMoV5-1)	1.3247 (HS2-9-1-8)
1.2436 (X210CrW12)	1.2344 (X40CrMoV5-1)	1.3343 (HS6-5-2)
1.2363 (X100CrMoV5)	1.2345 (X50CrMoV5-1)	
1.2842 (90MnCrV8)	1.2365 (32CrMoV12-28)	
	1.2550 (60WCrV8)	
	1.2631 (X50CrMoW9-1-1)	
	1.2714 (55NiCrMoV7)	
	1.2738 (40CrMnNiMo8-6-4)	
	1.2787 (X23CrNi17)	

Tab. 4.5: *Auswahl praxisüblicher schmelzmetallurgisch hergestellter Werkzeugstähle*

Pulvermetallurgisch hergestellte Werkzeugstähle

Eine technisch attraktive Alternative zu den oben genannten Stählen bilden pulvermetallurgisch hergestellte Werkzeugstähle mit besonderen Eigenschaften im Hinblick auf ihre Druck- und Verschleißfestigkeit bei gleichzeitig hevorragenden Festigkeitseigenschaften. Mit dem Verfahren der Pulvermetallurgie werden kleine Stahlpartikel mit matrix- und festigkeitsbildenden Teilchen bei Raumtemperatur mechanisch vermengt und anschließend unter hohem Druck und gezielter Temperaturführung kompaktiert.

Die mit diesem Verfahren hergestellten Stähle (PM-Stähle) weisen extrem feine Gefüge auf, die jedoch nicht eine vergleichbare Dichte von schmelzmetallurgisch hergestellten Stählen aufweisen. Auf Grund der geringen Karbidgröße verfügt der pulvermetallurgisch hergestellte Kaltarbeitsstahl bei gleicher Härte über eine relativ hohe Zähigkeit. PM Werkstoffe lassen sich gut schleifen und führen bei einer Wärmebehandlung zu maßlich isotropen Änderungen des Werkzeugelements. Jedoch ist zu beachten, dass beim Schweißen solcher Werkstoffe zum Beispiel im Rahmen von Änderungen oder Reparaturen des Werkzeugs die pulvermetallurgische Struktur im Schweißbereich in ein Gussgefüge mit deutlich schlechteren Eigenschaften umgewandelt wird.

Pulvermetallurgisch hergestellte Werkzeugstähle werden durch den Zusatz PM gekennzeichnet (z.B. 1.2379 PM). Darüber hinaus werden zahlreiche herstellerspezifische Bezeichnungen verwendet, wie z.B Vanadis, PMD, Vancron u.a.m.

Hartmetalle

Hartmetalle gehören den Verbundwerkstoffen an. Eingesetzt werden sie als Werkzeugwerkstoff für hoch- und höchstbeanspruchte Umformwerkzeuge, wobei auf Grund des hohen Preises möglichst nur kleine Werkzeugeinsätze verwendet werden.

Die üblicherweise in Umformwerkzeugen eingesetzten gesinterten Karbidhartmetalle bestehen aus 90 bis 94 Prozent Wolframkarbid (Verstärkungsphase) und 6 bis 10 Prozent Kobalt (Matrix, Bindemittel, Zähigkeitskomponente). Die Wolframkarbidkörner sind durchschnittlich etwa 0,5 bis 1 µm groß. Kennzeichnend für die Hartmetalle sind die sehr hohe Härte (insbesondere die hohe Warmhärte) und die ausgezeichnete Verschleißfestigkeit.

Die Eigenschaften dieses Werkzeugwerkstoffs werden vornehmlich durch den Bindemittelanteil und die Korngröße der Karbide beeinflusst. Mit zunehmendem Bindemittelanteil steigt die Zähigkeit und die Verschleißfestig-

Werkzeug	Werkstoff	Kurzbezeichnung	Härte
Ziehmatrize	1.2436	X210CrW12	HRC 60-62
	1.2379	X155CrVMo12	HRC 58-62
Ziehstempel	1.2379	X155CrVMo12	HRC 58-62
	1.2363	X100CrMoV5	HRC 56-60
	1.2842	90MnCrV6	HRC 56-60
Biegewerkzeug	1.2379	X155CrVMo12	HRC 58-60
	1.2363	X100CrMoV5	HRC 54-58
Prägewerkzeug	1.2379	X155CrVMo12	HRC 56-60
	1.2767	45NiCrMo16	HRC 52-56

Tab. 4.6: *Empfehlungen für die Auswahl von Kaltarbeitsstählen für Umformwerkzeuge (Quelle: Dörrenberg Edelstahl)*

keit nimmt ab. Ein feines Korn erhöht die Härte und damit die Verschleißfestigkeit, grobes Korn dagegen erhöht die Zähigkeit und damit die Schlagfestigkeit.

4.2.8.7 Oberflächenbehandlung

Abbildung 4.123 zeigt in einer Übersicht die Härteverfahren, welche heute im Werkzeugbau Anwendung finden. Dabei unterscheidet man zwischen Durchhärtung/ Einsatzhärtung und Randschichthärtung. Bei den Randschichthärteverfahren haben das Flamm- und Induktionshärten die größte Bedeutung, die Laserstrahlhärtung als ein sehr modernes Verfahren kommt in den letzten Jahren verstärkt im Bereich der Werkzeugbehandlung (z.B. Stempelkanten, Matrizenkanten, Ziehsicken) zum Einsatz.

Bei der Laserhärtung wird ein Laserstrahl auf die zu härtende Werkzeugoberfläche geleitet. Die Lichtenergie wird in Wärmeenergie umgewandelt, wobei die entstehende Wärme auch in tiefere Bereiche des Werkzeugs geleitet wird.

Beim Induktionshärten wird über eine Spule mit Wechselspannung im zu härtenden Werkstück ein Wirbelstrom erzeugt. Dadurch wird das Werkstück an der Oberfläche erwärmt.

Das Flammhärten erfordert im Vergleich zu den beiden anderen genannten Härteverfahren nur geringe Investitionskosten und ist vergleichsweise einfach durchführbar. Dem gegenüber stehen die Nachteile, dass dieser Prozess nicht reproduzierbar durchführbar und keine Temperatursteuerung möglich ist.

Eines der größten Vorteile der Randschichthärtung bilden die im Vergleich zur klassischen Durch- bzw. Einsatzhärtung wesentlich geringere Maß- und Formänderung des Werkstücks. Insbesondere bei geometrisch sehr komplexen Bauteilen entstehen bei der Durchhärtung komplexe Eigenspannungszustände, welche sich teilweise durch Verzug wieder abbauen. Dies kann zum Teil zu erheblicher Nacharbeit führen.

In Abhängigkeit vom Werkzeugwerkstoff (Vergütungsstahl, Werkzeugstahl) werden für die verschiedenen Randschichthärteverfahren folgende Härtetiefen erreicht (Henke 2005):

- *Laserhärtung*: bis max. 2 mm,
- *Induktionshärtung*: bis max. 4 mm und
- *Flammhärtung*: bis max. 10–13 mm.

Das Randschichthärten bietet folgende Vorteile:

- Werkstück erfährt nahezu keinen Verzug.
- Geometrie kann im weichen Zustand fertig bearbeitet werden.
- Massive Werkstücke/Einsätze müssen nicht vom Grundkörper demontiert werden.
- großvolumige Werkstücke können eingesetzt werden.
- Änderungskosten sind geringer.

Die Nachteile des Randschichthärtens sind:

- geringere Eindringtiefe der Härte,
- Einsatz von vergütetem Werkzeugstahl,
- bedingt geeignet für späteres Beschichten sowie
- Verzunderung der Oberfläche.

4.2.8.8 Beschichtung von Werkzeugen bzw. Einsätzen

Die technischen Eigenschaften spanend erzeugter Wirkflächen von Werkzeugen weisen unter den mechanischen und/oder thermischen Bedingungen des Presswerkbetriebs oftmals nicht die benötigte Oberflächenhärte oder ein hinreichendes Verschleißverhalten auf. Daher werden solche Werkzeugkomponenten oder Einsätze entweder gehärtet (vgl. Kapitel 4.2.8.7) oder beschichtet. Zum Aufbringen einer Hartstoffschicht werden bestimmte Anforderungen an den Grundwerkstoff gestellt. So muss er selbst zum einen vor dem Aufbringen der Hartstoffschicht eine ausreichende Härte und Druckfestigkeit aufweisen, um die sog. „Stützwirkung" für die aufzubringende Schutzschicht zu gewährleisten. Zum anderen sollte der Grundwerkstoff über eine Mindestzähigkeit verfügen, sodass keine partiellen Ablösungen der Hartstoffschicht vom Substrat im Falle lokaler mechanischer Belastung erwartet werden müssen.

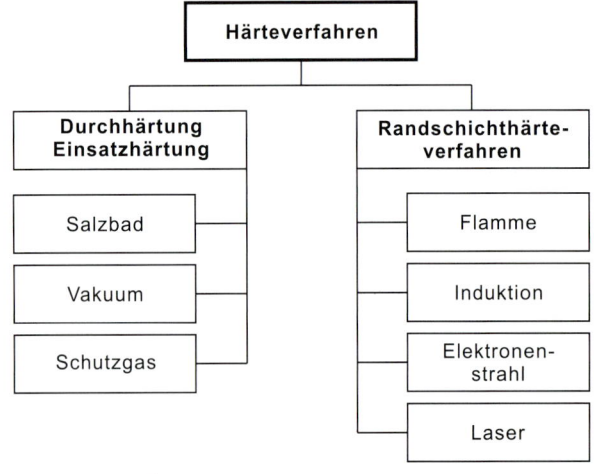

Abb. 4.123: *Übersicht über Härteverfahren des Werkzeugbaus*

4.2.8 Werkzeuge für die Blechumformung

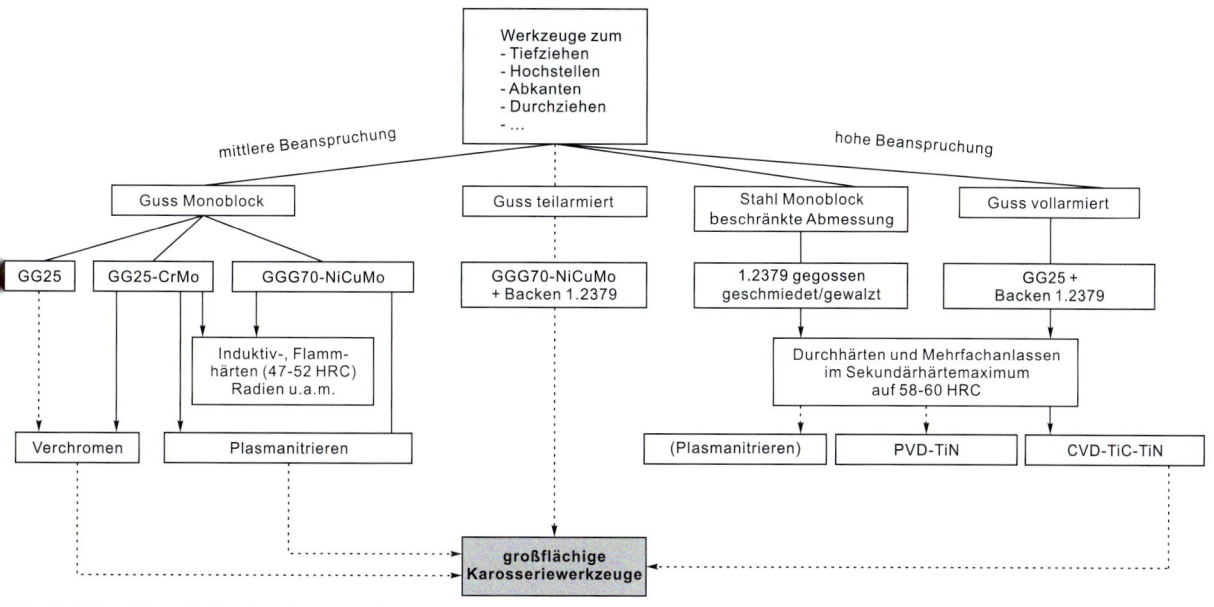

Abb. 4.124: Verschleißschutzkonzepte für hoch- und höchstbeanspruchte Umformwerkzeuge (Quelle: Oerlikon Balzers AG)

Beim häufig eingesetzten Titannitrid-Beschichten wird mittels Titan und Stickstoffverbindungen eine im PVD- (physical vapour deposition)- oder CVD- (chemical vapour deposition) Verfahren erzeugte Hartstoffschicht auf der betreffenden Oberfläche aufgebracht. Bei beiden Verfahren wird der Beschichtungswerkstoff aus der Dampfphase auf der Werkstückoberfläche abgeschieden. Beim PVD-Verfahren wird der Beschichtungswerkstoff über die physikalischen Vorgänge des Verdampfens im Hochvakuum in die Dampfphase überführt und anschließend auf dem vorbereiteten Substrat kondensiert. Die dabei erzeugten Schichtdicken auf den Umformwerkzeugen bewegen sich zwischen 1 µm und maximal 10 µm bei Mehrlagenschichten (Multilayer). Die Verfahrenstemperatur von ca. 500 °C im PVD-Verfahren lässt dabei keinen großen Abfall der Grundhärte der Basiswerkstoffe und einen nur geringen Verzug des Werkstücks erwarten.

Beim CVD-Verfahren handelt es sich um die Abscheidung von Feststoffen aus der Gasphase bei Prozesstemperaturen bis zu 1.100 °C, wobei die Gasphase im Gegensatz zu den PVD-Verfahren auf chemischem Weg erzeugt wird. Man macht sich dabei zunutze, dass flüchtige Verbindungen unter Zuführung von Wärme chemisch reagieren und als Schicht kondensieren.

Neben Titannitrid (TiN) werden im Werkzeugbau sowohl TiC, TiC-TiN, TiAlN, TiCN- als auch CrN-Beschichtungen eingesetzt. Abbildung 4.124 zeigt in einer Übersicht den Einsatzfall verschiedener Beschichtungsverfahren für Umformwerkzeuge.

Literatur Kapitel 4.2.8

Bonitz, P.: Freiformflächen in der rechnerunterstützten Karosseriekonstruktion und im Industriedesign. Springer-Verlag, Berlin, Heidelberg 2009.

Dahlke, P.: Höherfeste Stähle - Eine Herausforderung für den Großwerkzeugbau. In: Siegert, K. (Hrsg.): Neuere Entwicklungen in der Blechumformung. 4. und 5. Juni 2002 in Fellbach. MAT-INFO Werkstoff-Informationsgesellschaft, Frankfurt/M. 2002.

Dolmetsch, H. et al.: Der Werkzeugbau. Verlag Europa-Lehrmittel, 2007.

Escher, C.: Werkzeugwerkstoffe im Werkzeugbau. Technische Akademie Esslingen, Lehrgang „Wirtschaftlichkeit durch Einsatz leistungsstarker Werkzeuge", 17.-18.03.2005.

Haller, B.: Optimierung von Prozessketten für die Herstellung von Prototyp-Blechumformwerkzeugen. Beiträge zur Umformtechnik Nr. 34, Hrsg. Prof. Dr.-Ing. Dr. h.c. K. Siegert, Institut für Umformtechnik der Universität Stuttgart. MAT-INFO Werkstoff-Informationsgesellschaft, Frankfurt/M. 2002.

Haller, G.: Aufbau von Umform- und Schneidwerkzeugen für Großwerkzeuge unter Beachtung der Werkzeugwerkstoffe. VDI-Seminar, 09. Juli 2003, Stuttgart.

Harthun, S.: Beitrag zur Entwicklung der Geometrie von Ziehwerkzeugen für PKW-Außenhautteile. Beiträge zur Umformtechnik Nr. 23, Hrsg. Prof. Dr.-Ing. Dr. h.c. K. Siegert, Institut für Umformtechnik der Universität Stuttgart. MAT-INFO Werkstoff-Informationsgesellschaft, Frankfurt/M. 1999.

Hellwig, W.: Spanlose Fertigung: Stanzen – Grundlagen für die Produktion einfacher und komplexer Präzisions-Stanzteile. Vieweg + Teubner Verlag, 2006.

Henke, T.: Randschichthärtung von Werkzeugwerkstoffen. Technische Akademie Esslingen, Lehrgang „Wirtschaftlichkeit durch Einsatz leistungsstarker Werkzeuge", 17. und 18. März 2005.

Karima, M.; Huhn, S.; Apanovitch, V.; Peeling, D.: Computerunterstützte Methodenplanung für Blechformteile. In Mathias Liewald (Hrsg.): Neuere Entwicklungen in der Blechumformung, Vortragstexte zur Veranstaltung Internationale Konferenz: „Neuere Entwicklungen in der Blechumformung", 4. und 5. Mai 2010 in Fellbach; MAT-INFO Werkstoff-Informationsgesellschaft; Frankfurt/M. 2010.

Lange, K.: Umformtechnik - Handbuch für Industrie und Wissenschaft Band 3: Blechbearbeitung. 2. Auflage, Springer-Verlag Berlin, Heidelberg, New York 1990.

Liewald, M.: Aktuelle Tendenzen in der Forschung auf dem Gebiet der Blechumformung am Institut für Umformtechnik (IFU) der Universität Stuttgart. In: Liewald, M. (Hrsg.): Neuere Entwicklungen in der Blechumformung, Erfolgsfaktoren und Wissen bei der Wirkflächenerstellung von Umformwerkzeugen. 3. und 4. Juni 2008 in Fellbach. Frankfurt/M.: MAT-INFO Werkstoff-Informationsgesellschaft, 2008.

Öhler, G.; Kaiser, F.: Schnitt-, Stanz- und Ziehwerkzeuge. Springer-Verlag, Berlin, Heidelberg, 2001.

Roll, K.; Lemke, T.; Wiegand, K.: Simulationsgestützte Kompensation der Rückfederung. 3. LS-DYNA Anwenderforum, Bamberg 2004.

Schroeder, M.: Simulationsbasierte Kompensation der Rückfederung in der Hand des Praktikers. Tagungsband T29 des 28. EFB-Kolloquiums Blechverarbeitung am 3. und 4. April 2008 in Dresden.

Steininger, V.; Selig, M.; Bauer, T.; Schönbach, T.; Maurer, A.: Rückfederung und Rückfederungskompensation. In Mathias Liewald (Hrsg.): Neuere Entwicklungen in der Blechumformung, Vortragstexte zur Veranstaltung Internationale Konferenz: „Neuere Entwicklungen in der Blechumformung", 3. und 4. Juni 2008 in Fellbach; MAT-INFO Werkstoff-Informationsgesellschaft; Frankfurt/M. 2008.

4.2.9 Werkzeugmaschinen zum Tiefziehen

Uwe Kreth, Hartmut Hoffmann, Peter Demmel und Katrin Nothhaft

Umformmaschinen haben die Aufgabe, eine oder auch mehrere Kräfte über einen bestimmten Weg auf das Werkzeug zu übertragen, um das Werkstück umzuformen und/oder zu schneiden.

Für das Tiefziehen werden weggebundene und kraftgebundene Pressen sowie Sondermaschinen eingesetzt. In Ausnahmefällen finden auch energiegebundene Werkzeugmaschinen Verwendung, wie z. B. bei der Herstellung flacher Ziehteile aus einem dicken Blech (Lange 1990). Für das hydromechanische Tiefziehen kommen Sondermaschinen zum Einsatz, bei denen über ein Wirkmedium die Umformkräfte aufgebracht werden.

In der Blechumformung wird die Auswahl einer Umformmaschine von dessen umformtechnischen Einsatzgebiet bestimmt. Mechanisch arbeitende Pressen kommen dann zum Einsatz, wenn kleinere Hubhöhen bei gleichzeitig hoher Hubzahl gefordert sind. Für lange Hubwege bzw. große Verstellbereiche bevorzugt man dagegen hydraulische Maschinen. Typische Bauteile sind somit tiefe Hohlkörper. Folglich werden mechanische Pressen für große Serien und hydraulische Pressen für kleinere Serien verwendet. Neben der Eignung einer Presse aus umformtechnischer Sicht, spielen die Gesichtspunkte Wirtschaftlichkeit und Ausbringung eine entscheidende Rolle. Bei modernen Produktionsanlagen ist eine möglichst hohe Verfügbarkeit ein ausschlaggebendes Kriterium, d. h. unproduktive Zeiten, wie z. B. bei einem Werkzeugwechsel, bei der Wartung, der Instandhaltung oder der Werkzeugeinarbeitung, müssen auf ein Minimum reduziert werden. Weiterhin wird von allen Pressen gefordert, dass sie eine hohe Lebensdauer der Werkzeuge ermöglichen. Deshalb ist beispielsweise eine exakte Führung des Stößels wichtig. Mechanische wie auch hydraulische Tiefziehpressen werden in der Regel mit einem Oberantrieb ausgeführt. Der Stößel wird hierbei von einem im Kopfstück wirkenden Antrieb in vertikaler Richtung bewegt und überträgt dadurch die Umformkraft auf das Werkzeug. Die Übertragung der Kraft auf den Stößel erfolgt bei mechanischen Pressen durch Pleuelstangen, die eine meist rotatorische Bewegung der Hauptantriebswelle in eine translatorische des Stößels umwandeln. Bei hydraulischen Pressen erzeugen die Kolbenstangen der Hydraulikzylinder die geradlinige Stößelbewegung. Je nach Anzahl der Kraftübertragungselemente, d. h. Pleuel bzw. Hydraulikzylinder, spricht man von einer Ein-, Zwei- oder Vierpunktpresse.

4.2.9 Werkzeugmaschinen zum Tiefziehen

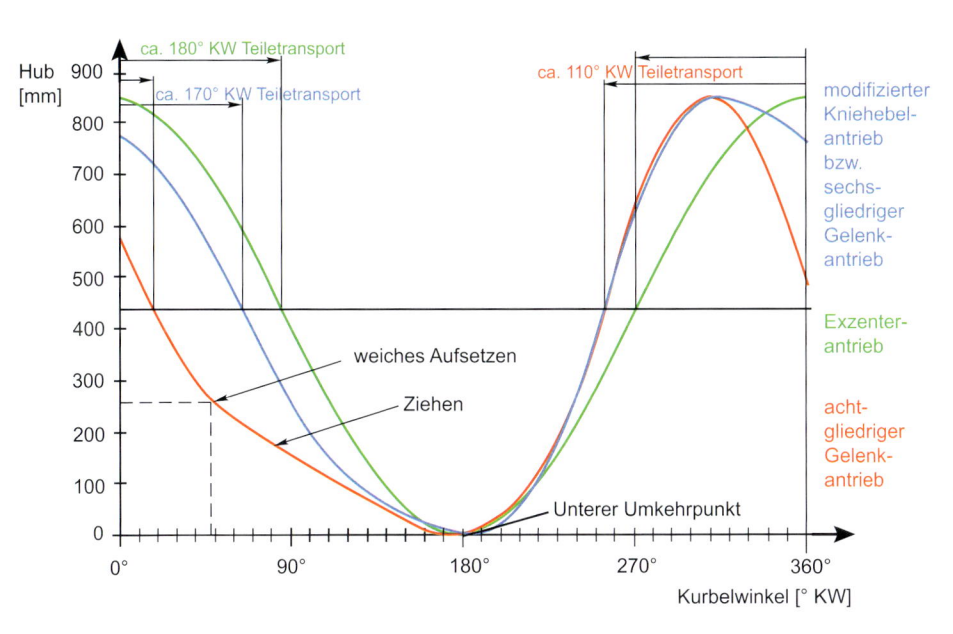

Abb. 4.125: Vergleich der Bewegungsabläufe von Kniehebel-, Exzenter- und Gelenkantrieb (Schuler 1996)

Mechanische Pressen

Bei den mechanischen Pressen wird die erforderliche Umformarbeit einem Schwungrad entnommen und über Kurbel-, Exzenter- oder Gelenkantriebe und Pleuel auf den Stößel übertragen. Dabei hat der Kurbelantrieb den Nachteil, dass die Auftreffgeschwindigkeit beim Schließen des Werkzeugs relativ hoch und die Stößelgeschwindigkeit und damit auch die Umformgeschwindigkeit während des Umformvorgangs nicht konstant ist.

Um beim Tiefziehen höhere Hubzahlen zu erreichen, kommen Gelenkantriebe zum Einsatz. Diese ermöglichen eine Bewegungscharakteristik mit idealen Vorrausetzungen für das Tiefziehen sowie hohe Vor- und Rücklaufgeschwindigkeiten des Stößels. Wie in Abbildung 4.125 anhand der Bewegungscharakteristik eines achtgliedrigen Gelenkantriebs zu sehen, setzt der Stößel weich auf das Blech auf, ermöglicht bereits zu Ziehbeginn große Presskräfte und formt das Teil mit einer geringen, annähernd konstanten Geschwindigkeit um. Ein weiterer Vorteil sind weiche Übergänge zwischen den einzelnen Bewegungsphasen während des Hubs. Dagegen weisen Exzenterpressen eine relativ hohe Auftreffgeschwindigkeit sowie eine degressive Stößelgeschwindigkeit auf, die einen Einsatz dieser Pressen zum Tiefziehen komplexer Teilegeometrien mit hohen Taktzahlen oft ausschließen (Schuler 1996).

Abbildung 4.126 zeigt einen schematischen Schnitt durch eine einfachwirkende mechanische Tiefziehpresse mit einem achtgliedrigen Gelenkantrieb, dessen Bewegungscharakteristik vorgestellt wurde.

Das Antriebssystem einer mechanischen Presse setzt sich aus Hauptmotor, Schwungrad, Kupplung und Bremse zusammen. Dabei wird die durch Kräfte, Arbeitswege und Geschwindigkeiten bestimmte Arbeitsleistung vom Antriebsmotor aufgebracht. Das Schwungrad dient als Energiespeicher, um periodisch auftretende Lastspitzen ausgleichen zu können. Pro Arbeitszyklus ist ein Drehzahlabfall des Schwungrades von bis zu 30 Prozent zulässig, indem die entnommene Energie im Leerhubbereich

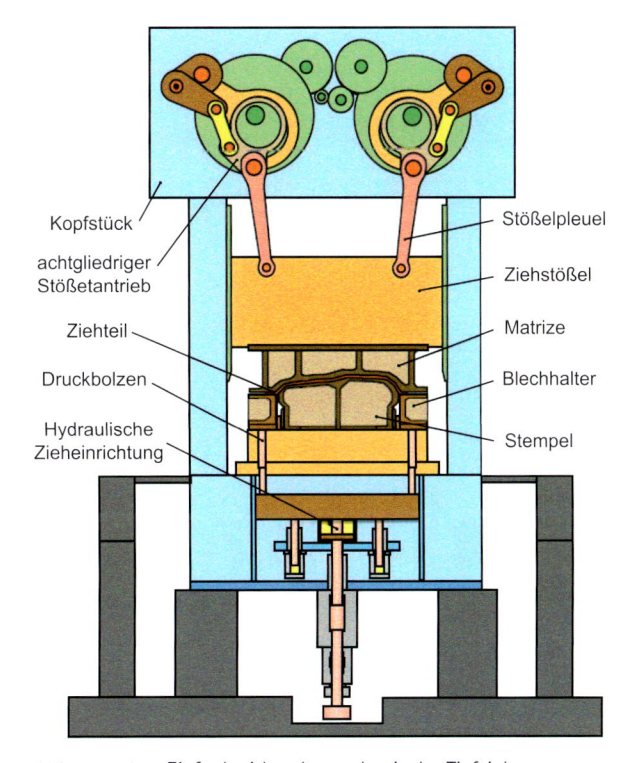

Abb. 4.126: Einfachwirkende mechanische Tiefziehpresse (Schuler 1996)

4.2 Tiefziehen

durch Beschleunigung des Schwungrads bis zur nächsten Arbeitsentnahme wieder aufgebracht wird. (Kuschke 2001)
Da eine Kraftbegrenzung antriebsseitig bei einem mechanischen Antrieb nicht möglich ist, sind größere mechanische Tiefziehpressen mit einer Überlastsicherung ausgerüstet, um eine Beschädigung der Anlage durch eine zu hohe Presskraft zu vermeiden. Dabei wird die Nennpresskraft oder die gewählte zulässige Prozesskraft oft durch ein pneumatisch-hydraulisches Überlastsystem begrenzt und abgesichert. Bei Überschreiten der Nennpresskraft wird ein im Druckpunkt integriertes Hydraulikpolster in kürzester Zeit entlastet und damit ein Überlastweg freigegeben. Neben hydraulischen Überlastsystemen kann eine Überlastung einfacher Pressen auch durch ein Schneidwerkzeug als Sollbruchstelle, dem sogenannten Brechtopf, zwischen Pleuel und Stößel, verhindert werden.

Hydraulische Pressen

Bei hydraulischen Pressen wird die zur Umformung benötigte Kraft durch einen Druck erzeugt, der auf eine Kolbenfläche wirkt. Die wirkenden Kräfte werden durch den Druck der Hydraulikflüssigkeit bestimmt, die Wege durch das Zuführen der Druckflüssigkeitsmenge und die Geschwindigkeit durch die zugeführte Menge pro Zeiteinheit. Vor- und Rücklaufbewegungen werden mittels der Durchflussrichtung gesteuert. Bei modernen Anlagen ergeben sich daher im Zusammenspiel von elektronischer Steuerung und moderner Ventiltechnik nahezu unbegrenzte Möglichkeiten, um den Umformvorgang optimal auszuführen (Schuler 1996). Es können somit zum Beispiel sowohl die Kinematik des Stößels und des Niederhalters als auch die Presskraft optimal den Anforderungen des Ziehprozesses angepasst werden. Ein wesentlicher Nachteil dieser Pressenart ist jedoch die geringere Produktionsleistung im Vergleich zu mechanischen Pressen. Abbildung 4.127 veranschaulicht das Konzept einer einfachwirkenden hydraulischen Presse bei der die Stößelbewegung über zwei Hydraulikzylinder realisiert wird.

Bei hydraulischen Pressen kann zwischen zwei grundsätzlichen Antriebssystemen unterschieden werden. Bei direktem oder Einzelantrieb beaufschlagt der Pumpenförderstrom den bzw. die Zylinder direkt. Dabei entspricht die dem Netz entnommene Leistung der am Werkstück erforderlichen Leistung. Dagegen wird bei einem Speicherantrieb der Antrieb mit einem Energiespeicher (Hydrospeicher) ausgerüstet. Dieser Energiespeicher kann Leistungsspitzen auffangen, wodurch der Antriebsmotor kleiner dimensioniert werden kann.

Hydraulische Pressen zeichnen sich durch folgende Eigenschaften aus:

- Stößelkraft und Stößelgeschwindigkeit können stufenlos angepasst werden.
- Stufenlose Veränderung des Stößelhubes ist möglich.
- Überlastsicherung ist mit Druckbegrenzungsventilen leicht realisierbar.
- Lokale Trennung von An- und Abtrieb ist dank verlustarmen Energietransports über große Entfernungen möglich.

Servopressen

Aus Gründen der Wirtschaftlichkeit steigt die Bedeutung von Servopressen, die immer häufiger konventionelle Pressen ersetzen (Stahl 2011), da bei dieser Pressenart sowohl ein weg- als auch ein kraftgebundenes Arbeitsprinzip realisiert werden kann. Somit können die Flexibilität einer hydraulischen Presse und die hohen Hubzahlen und Genauigkeiten einer mechanischen Presse gleichzeitig genutzt werden.

Bereits um 1950 wurden die ersten Servopressen in der Metallbearbeitung zur Materialtrennung eingesetzt. Mit ihnen konnten Schneidkräfte bis zu 100 kN erzeugt werden. Erst mit der Entwicklung von leistungsstärkeren Servomotoren um 1980 hielten Servopressen auch Einzug in die Metallumformung, bei der wesentlich höhere Kräfte benötigt werden. Heute sind Servopressen mit Nennkräften von mehreren 10.000 kN am Markt erhältlich (Osakada 2011)

Ein Servomotor muss sich in seiner physikalischen Wirkungsweise nicht von anderen Elektromotoren unterscheiden. Um dem Begriff des Servomotors zu genügen muss ein Motor in einem System aus weiteren Funktionselementen eine vorgebbare Position anfahren und beibe-

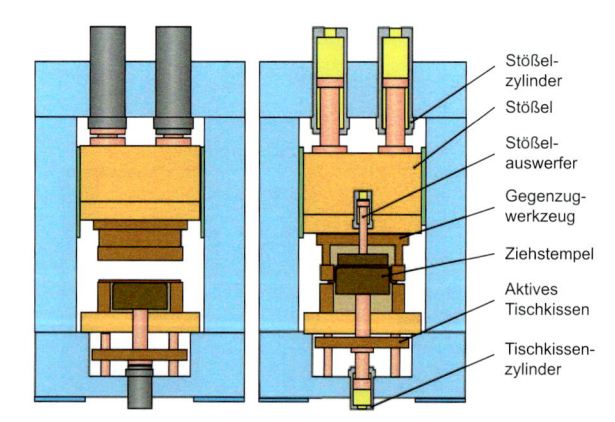

Abb. 4.127: *Einfachwirkende hydraulische Presse mit aktivem Ziehkissen*: links: *Geöffnete Presse vor der Umformung*, rechts: *Tiefziehprozess abgeschlossen (Schuler 1996)*

4.2.9 Werkzeugmaschinen zum Tiefziehen

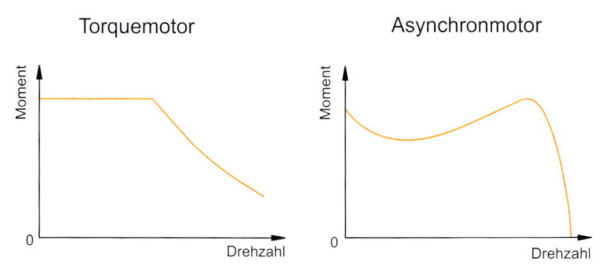

Abb. 4.128: *Charakteristik eines Torque- und Asynchronmotors (Groche 2009)*

halten können. Zu diesen Funktionselementen zählt eine Messeinrichtung, welche die aktuelle Position des Motors abliest. Eine elektronische Regelung vergleicht den Messwert mit einem vorgegebenen Sollwert und reduziert im Falle einer Abweichung die Differenz beider Werte durch entsprechende Motorbewegungen. Zur Erzielung produktionstechnisch angepasster Leistungen wurde der Synchronmotor speziell auf die Bedürfnisse der Servopressentechnik zugeschnitten und zum sogenannten Torquemotor weiterentwickelt. Durch die Integration einer großen Anzahl von Polen zwischen Rotor und Stator stellt der Torquemotor sein Maximalmoment bereits bei niedrigen Drehzahlen zur Verfügung, während der in der Industrie verbreitete Asynchronmotor sein maximales Drehmoment erst mit zunehmender Drehzahl entwickelt (Abb. 4.128).

Theoretisch entfällt damit die Notwendigkeit eines Getriebes und anderer mechanischer Übersetzungselemente. Je nach Ausführungskonzept sind dennoch Getriebestufen anzutreffen. Abbildung 4.129 (links) zeigt einen Pressenantrieb in Zwei-Punkt-Ausführung und Servo-Direktantrieb, bei dem die Kraft der beiden Servomotoren über eine Getriebestufe direkt auf die Exzenterräder übertragen wird. Diese Konfiguration wird bei Stanz- und Umformautomaten im Presskraftbereich von 2.500 bis 8.000 kN angewendet. In Abbildung 4.129 (rechts) ist ein Antriebskonzept mit Vier-Punkt-Aufhängung und zwei Getriebestufen dargestellt, wie es bei Presskräften bis 40.000 kN eingesetzt wird.

Bei konventionellen weggebundenen Pressen bestimmt der langsamste Prozess, also der Umformprozess, die Hubzahl. Bei einer Servopresse hängt die Hubzahl der jeweiligen Phasen nicht von der geringsten Umformgeschwindigkeit ab. Der Stößel lässt sich in seiner Geschwindigkeit bis hin zu einem kurzzeitigen Stillstand beliebig variieren. Eine Gegenüberstellung der Bewegungsabläufe einer mechanischen Presse und einer Servopresse zeigt Abbildung 4.130. Durch den frei programmierbaren Bewegungsablauf lässt sich die Hubhöhe variabel einstellen, so dass eine langsame Umformphase sowie ein schneller Rücklauf nach dem unteren Umkehrpunkt (UU) realisierbar sind. Ferner ist ein variabler Stößelhub möglich. Eine mechanische Hubverstellung ist somit nicht notwendig. Dieser Vorgang wird in der Fachsprache als Pendelhub bezeichnet (Abb. 4.131). Auf Grund dieser Vorteile liegt die Ausbringung einer Servopresse trotz der prozessbedingt langsameren Stößelgeschwindigkeiten während des Umformens um 10 bis 50 Prozent über der einer entsprechenden mechanisch angetriebenen Presse. Zusätzlich werden durch die geringeren Auftreffgeschwindigkeiten Stöße vermindert, der Betriebslärm gesenkt sowie der Energieeintrag ins Werkstück verringert und damit insgesamt das Werkzeug geschont.

Da der Servomotor sämtliche Pressenbewegungen realisiert, sind Kupplung, Schwungrad und Bremse nicht erforderlich. Eine präzise Regelung ist auch ohne mechanische Anschläge möglich. Bremsen sind aus Sicherheitsgründen dennoch vorhanden. Ebenso werden aus sicherheitstechnischen Gründen redundante Regelkreise, zusätzliche digitale Steuerungen und mehrere Wegmesssysteme eingesetzt.

Die sehr schnelle Variation der Stößelgeschwindigkeit und der Pressenhubzahl bei Servopressen bietet neue Möglichkeiten für den Werkzeugbau, mehrere Fertigungsschritte in einem Prozess zu vereinigen (Groche 2011). Selbst wenn durch die Integration eines kompletten Fertigungsschrittes der Umformprozess verlangsamt wird, ist eine Verkürzung der Zykluszeit möglich

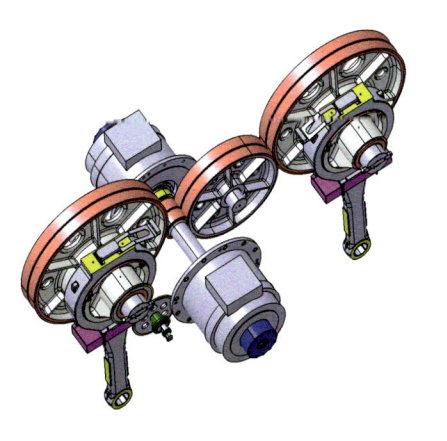

Abb. 4.129: *Servoantriebskonzepte mit Servo-Direkt-Technologie: Links: 2-Punkt-Transfer-Presse für Presskraft bis 8.000 kN. Rechts: 4-Punkt-Transfer-Presse mit Presskraft bis 40.000 kN (Quelle: Schuler AG, Göppingen, Deutschland)*

4.2 Tiefziehen

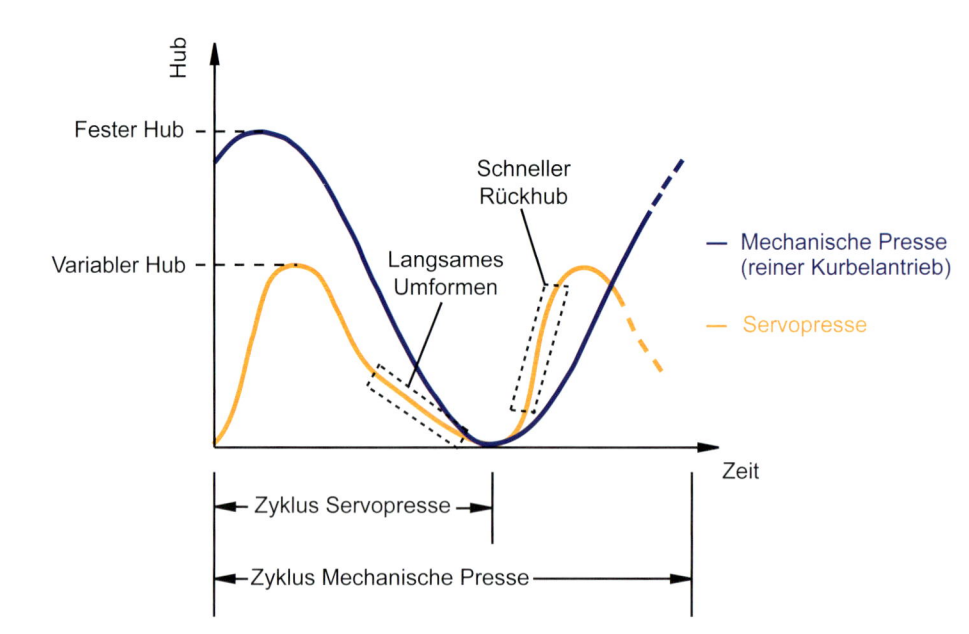

Abb. 4.130: Bewegungsablauf einer mechanischen Presse und einer Servopresse

(vgl. Abb. 4.131). Zusätzlich erfolgt durch den Entfall nachgelagerter Fertigungsschritte eine Verkürzung des Gesamtherstellungszyklus und damit eine erhebliche Reduzierung der Prozesskosten. Folgende Fertigungsschritte können beispielsweise integriert werden: Laserschneiden, Montieren, Prüfen, Lasergravieren, Löten, Wärmebehandeln, Kleben, Clinchen, Gewindeformen, Spanen, Kunststoffspritzen sowie Schweißen. (Beyer 2011)

Servopressen können im Unterschied zu Pressen mit Schwungrad auch unter Last im Umformbereich angehalten werden. Zusätzlich kann die Presse auch unter Last rückwärts und vorwärts fahren. In speziellen Betriebsarten können Stösselbewegungen mit reduzierter Geschwindigkeit bei geöffnetem Hubtor unter Verwendung eines Handbediengeräts (Abb. 4.132) oder Zweihand-Einrückung innerhalb des Sicherheitsabstands durchgeführt werden. Dies erlaubt das schnelle Touchieren und Einarbeiten von neuen Werkzeugsätzen direkt in der Produktionspresse, bei geschlossenem Hubtor mit der späteren Fertigungsgeschwindigkeit.

Ein weiteres Einsatzgebiet der Servotechnologie ist die Verkippungskorrektur des Stößels bei außermittiger Belastung. Abbildung 4.133 zeigt eine Servospindelpresse mit fünf unabhängig angetriebenen Spindeln. Detektieren Sensoren eine Kipplage des Stößels, so wird dieser durch ein separates Ansteuern der einzelnen Spindeln entgegengewirkt.

Die Umwandlung der rotatorischen Motorbewegung in eine lineare Bewegung erfolgt bei Spindelpressen über eine oder mehrere Antriebsspindeln und einen Gewinderollentrieb. Auf die gleiche Weise lässt sich auch ein Ziehkissen antreiben. Aus technologischer Sichtweise er-

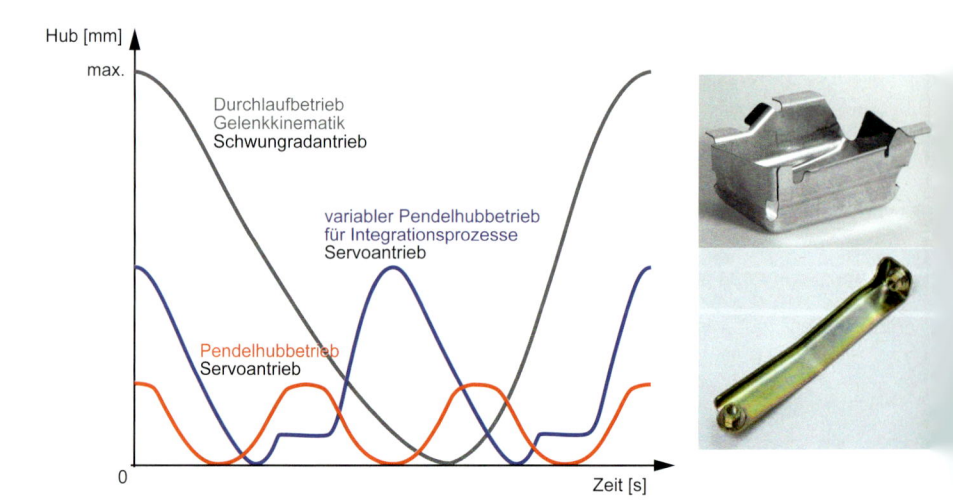

Abb. 4.131: Pendelhub für Integrationsprozesse am Beispiel Schweißen (Bauteilbeispiele: oben rechts Zentraltunnel, Maße: 220 x 170 x 60 mm; unten rechts Träger, Maße: 210 x 35 x 35 mm)

4.2.9 Werkzeugmaschinen zum Tiefziehen

Abb. 4.132: *Optimierung von Werkzeug und Werkstücktransport mittels Handrad-Bedienelement*

geben sich durch die Vorteile der hohen Dynamik und der freien Steuerbarkeit beider Antriebe neue Möglichkeiten zur Prozessauslegung. Es lassen sich beispielsweise mechanische Schwingungen überlagern, definierte Bewegungsverläufe einstellen oder Werkzeugbewegungen synchronisieren. (Mauermann 2010)

Eine Synchronisierung der Bewegungsverläufe von Stößel- und Ziehkissen ermöglicht ein definiertes Einstellen des Abstands der Werkzeugwirkflächen. Durch die erweiterte Kinematik wird der Arbeitsbereich beim Tiefziehen optimal ausgenutzt. Dies führt zu einer Erweiterung bestehender Formgebungsgrenzen (z. B. Konventionelles Tiefziehen: 46 mm, Synchrontiefziehen: 81 mm) und zu einer Erhöhung der Prozesssicherheit. Die Vorteile des Synchronziehens sind in einer Erhöhung der Ziehtiefe, Reduzierung der Prozesskräfte, Reduzierung des Schmierbedarfs sowie in einer möglichen Einsparung der Anzahl von Umformstufen zu sehen (Quelle: S. Dunkes GmbH, Kirchheim, Deutschland).

Konventionelle mechanische Pressen speichern die kinetische Energie, die beim Abbremsen des Stößels frei wird, im Schwungrad. Bei hydraulischen Pressen wird diese in Verlustwärme umgesetzt. Servopressen weisen gerade bei Umform- und Beschleunigungsvorgängen einen erheblichen Energieverbrauch auf. Diese Spannungsspitzen können das Werksnetz stark belasten. Zur Glättung des Energiebedarfs wird mit Energiespeichern gearbeitet. Die zurückgewonnene kinetische Energie wird dabei beispielsweise in Kondensatoren oder in Schwungradsystemen zwischengespeichert.

Zusammengefasst lassen sich die Vor- und Nachteile von Servopressen wie folgt gliedern:

Vorteile (Meyer 2011):

- sowohl weg- als auch kraftgebundene Arbeitsprinzipien sind realisierbar,
- Ausbringung kann selbst bei komplexen Geometrien um bis zu 50 Prozent gesteigert werden,
- hohe Teilequalität dank optimal angepasster Umform- bzw. Schneidgeschwindigkeiten,
- werkzeugschonende Produktion,
- Durchführung mehrerer Prozesse in einem Hub möglich,
- variable Hubhöhe ohne mechanische Hubverstellung durch Pendelhub,
- Wegfall von mechanischen Verschleißteilen, damit reduzierter Wartungsaufwand,
- kürzere Werkzeug-Einarbeitungszeiten im Try-Out-Betrieb sowie
- bessere Dynamik der Presse dank reduzierter Trägheitsmasse (Wegfall von Schwungrad und Getriebestufen).

Nachteile:

- höhere Investitionskosten,
- Platzbedarf für Energiespeicher (meist jedoch im Fundamentbereich der Presse untergebracht) und Einspeise-Schaltschränke sowie
- höhere Belastungen der Führungen und Lager, auch im Werkzeug, bei Nutzung von höheren Produktionsgeschwindigkeiten.

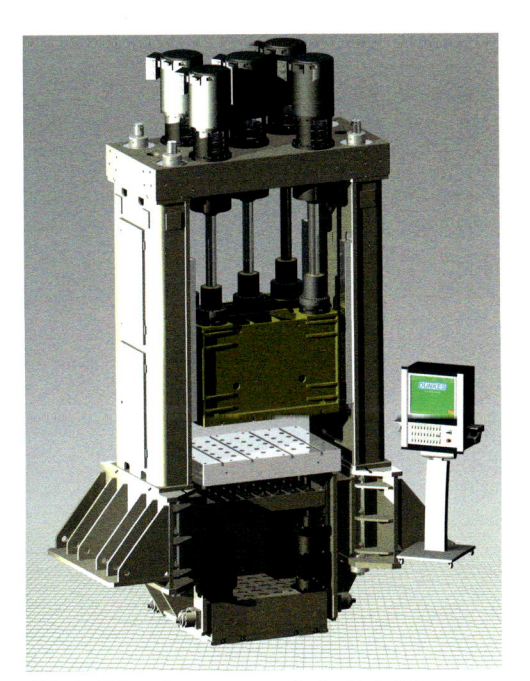

Abb. 4.133: *Servopresse mit vier Spindelantrieben*
(Quelle: S. Dunkes GmbH, Kirchheim, Deutschland)

4.2 Tiefziehen

Tab. 4.7: *Unterteilung der Umformpressen nach Fertigteilgröße (Bauteilgröße quer zur Bauteildurchlaufrichtung)*

Klassenbezeichnungen und Beispiele (Automobil)	Fertigteilgröße
A – Seitenwandrahmen- Motorhaube, Dach	> 800 mm x 1300 mm
B – Türen, Kofferraum, Bodenblech	> 700 mm x 1000 mm
C – Bodengruppen, Säulen, Querträger, Kotflügel	> 300 mm x 1000 mm
D – Verstärkungsteile und Verbindungsteile	> 150 mm x 900 mm
E – Verstärkungsteile und Verbindungsteile	> 120 mm x 200 mm
F – Verstärkungsteile und Verbindungsteile	> 80 mm x 130 mm
G – Verstärkungsteile und Verbindungsteile	< 80 mm x 130 mm

Bauteilfertigung

In der Blechverarbeitung, vor allem im Fahrzeugbau, werden die Bauteile nach ihrer Größe unterteilt. Dementsprechend ergeben sich verschiedene Klassen an Pressenarten. Sehr gebräuchlich ist dabei eine Größeneinteilung nach der Länge der Bauteile quer zur Durchlaufrichtung. In Tabelle 4.7 erfolgt die Unterteilung der Größe des fertig umgeformten Bauteils am Beispiel der Automobilindustrie. Die Größe und damit Zuordnung ist von der Fahrzeuggröße und der Herstellungsmethode abhängig.

Die Klassifizierung der Baugrößen von Bauteilen und damit Pressen wird von den Herstellern und Betreibern individuell geregelt. Gebräuchlich ist eine Unterscheidung nach Harbour wie in den Tabellen 4.8 bis 4.10 dargestellt. Dabei wird die Pressenklassifizierung unterschiedlich vorgenommen und dient zu Vergleichszwecken für Presswerke unterschiedlicher Teilehersteller:

- **Transferpressen**: Transferschritt in Durchlaufrichtung,
- **Folgeverbundpressen**: Nennpresskraft und Mindestaufspannmaß von 2100 mm quer zur Durchlaufrichtung und
- **Pressenlinien**: Aufspannmaß Ziehstufe quer zur Durchlaufrichtung.

Transferpressen werden zur Herstellung meist einbaufertiger Bauteile in den Größenbereichen B bis G in der Automobil-, Zulieferer-, Elektro- und Hausgeräteindustrie eingesetzt. Transferpressen bestehen in der Regel aus einer Presse mit einem Stößel, unter dem mehrere Werkzeugstufen zum Umformen und Schneiden angeordnet

Tab. 4.8: *Unterteilung von Transferpressen (Transferschritt in Bauteildurchlaufrichtung)*

Transferpresse	Klassenbezeichnungen	Transferschritt
Extra Large	XL	> 2200 mm
Large	L	1801 – 2200 mm
Medium	M	1201 – 1800 mm
Small	S	601 – 1200 mm
Extra Small	XS	< 601 mm

Tab. 4.9: *Unterteilung von Folgeverbundpressen (Nennpresskraft des Stößels)*

Folgeverbundpresse	Klassenbezeichnungen	Nennpresskraft
Extra Large	XL	>18000 kN
Large	L	13611 – 18000 kN
Medium	M	9071 – 13610 kN
Small	S	4540 – 9070 kN
Extra Small	XS	< 4550 kN

sind. Der Antrieb der Transferpresse kann mechanisch oder hydraulisch sein (Hoffmann 1984). Der Teiletransport zwischen den einzelnen Fertigungsstufen übernimmt ein Greifersystem (Abb. 4.134), dessen zwei- oder dreidimensionale Bewegung mit der Stößelbewegung synchronisiert ist. Bei Transferpressen der Größe XL bzw. Teilegröße B arbeiten zwei oder drei Stößel, die von einem gemeinsamen Hauptantrieb innerhalb eines Pressenrahmens parallel angetrieben werden (Abb. 4.135). Diese

Tab. 4.10: *Unterteilung von Pressenlinien (Aufspannmaß quer zur Bauteildurchlaufrichtung der Kopfpresse)*

Pressenlinie	Klasse	Nennpresskraft	Aufspannmaß
Extra Large	XL	20000 – 25000 kN	> 4260 mm
Large	L	16000 – 20000 kN	3271 – 4260 mm
Medium	M	12000 – 16000 kN	2651 – 3270 mm
Small	S	10000 – 14000 kN	1800 – 2650 mm
Extra Small	XS	8000 – 12000 kN	< 1800 mm

4.2.9 Werkzeugmaschinen zum Tiefziehen

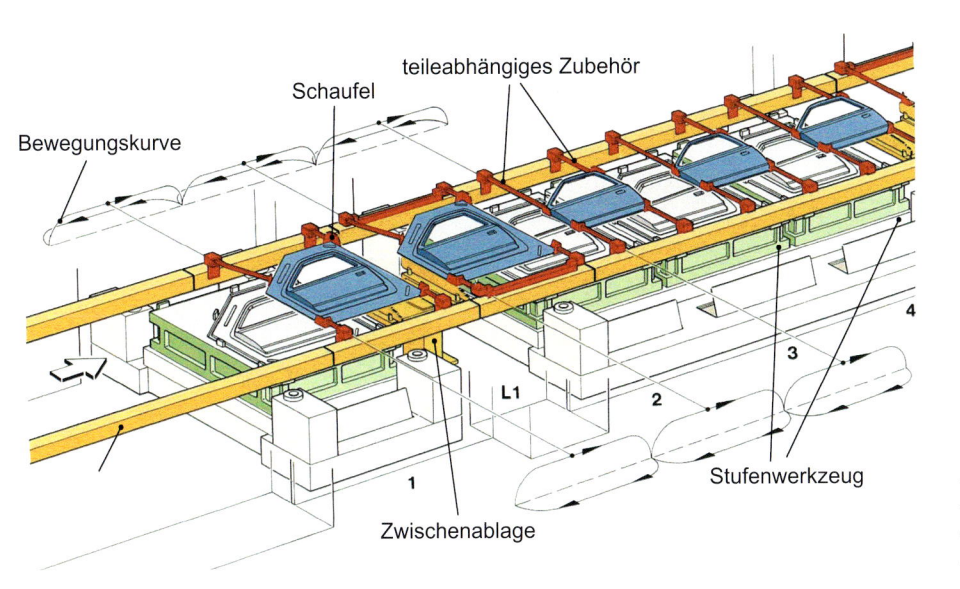

Abb. 4.134: *Teiletransport mit mechanisch angetriebenen Greiferschienen (Schuler 1996)*

werden als Großteiltransferpressen (GT Pressen) bezeichnet. Transferpressen mit zwei oder drei Stößeln kommen auch bei mittleren Teilegrößen zum Einsatz, wenn sehr hohe Anforderungen an die Maßhaltigkeit und Genauigkeit der Bauteile (z. B. bei Radscheiben) gefordert sind. (Hoffmann 1992)

Bei großen Blechteilen der Größe A, wie z. B. PKW-Dächer, Seitenwände und Doppelteile (Türe links und rechts, Abb. 4.136), ab etwa 2,5 x 1,5 m müssen auf Grund der geringen Eigenstabilität der Blechteile beim Transport von einer Umformstation in die nächste besondere Maßnahmen getroffen werden. Konventionelle Greiferschienen, die Teile nur an den äußeren Bereichen fassen sind somit nicht mehr geeignet (Schuler 1996). Solche Teile werden auf sogenannten Saugertransferpressen hergestellt, bei denen ein Vakuumsystem mit Saugern (vgl. Abb. 4.136) die Pressteile anhebt und transportiert. Saugertransferpressen haben ebenfalls einen gemeinsamen Hauptantrieb, wobei die Pressen für jede Stufe einen eigenen Stößel, welcher in einem separaten Pressengestell geführt ist, besitzen. Saugertransferpressen werden heute zunehmend von Pressenlinien mit Servo-Hauptantrieben abgelöst, da so eine höhere Ausbringung und mehr Flexibilität gewährleistet werden kann. (Kreth 2008)

Folgeverbundpressen (Progressive Die Pressen) werden für mittelgroße und kleine Ziehteile der Größen C bis G eingesetzt. Hierbei erfolgt der Bauteiltransport direkt über das zugeführte Coil. Dadurch ergeben sich Kostenvorteile, da ein zusätzlicher Transfer und eine separat vorgelagerte Schneidanlage entfallen können. Dafür entstehen höhere Aufwendungen für die Werkzeuggestaltung, da alle Bauteile in allen Umformstufen mit dem Restbandstreifen für den Transport verbunden bleiben und somit gleichzeitig umgeformt und beschnitten werden. Die verschiedenen Werkzeugstufen sind hier auf gemeinsamen Grundplatten angeordnet. Für sehr komplexe Bauteile mit hohen Ziehtiefen sowie Außenhautteile im Automobilbau sind diese Anlagen nicht geeignet.

Großflächige Ziehteile der Größen A und B werden meist auf automatisierten Pressenlinien umgeformt und beschnitten. Pressenlinien bestehen aus hintereinander angeordneten mechanischen, hydraulischen oder Servo-Einzelpressen (Abbildung 4.137). Die Anzahl der hintereinander geschalteten Pressen richtet sich nach der Anzahl der Arbeitsfolgen, die für das umzuformende

Abb. 4.135: *Großteil-Transferpresse mit Greiferschienen-Transfer; Nennpresskraft: 38 000 kN; Stößel: 3; Arbeitsstufen: 6; Transportschritt: 2.000 mm; Hubzahl: 8 - 18 Hub/min (Schuler 1996)*

4.2 Tiefziehen

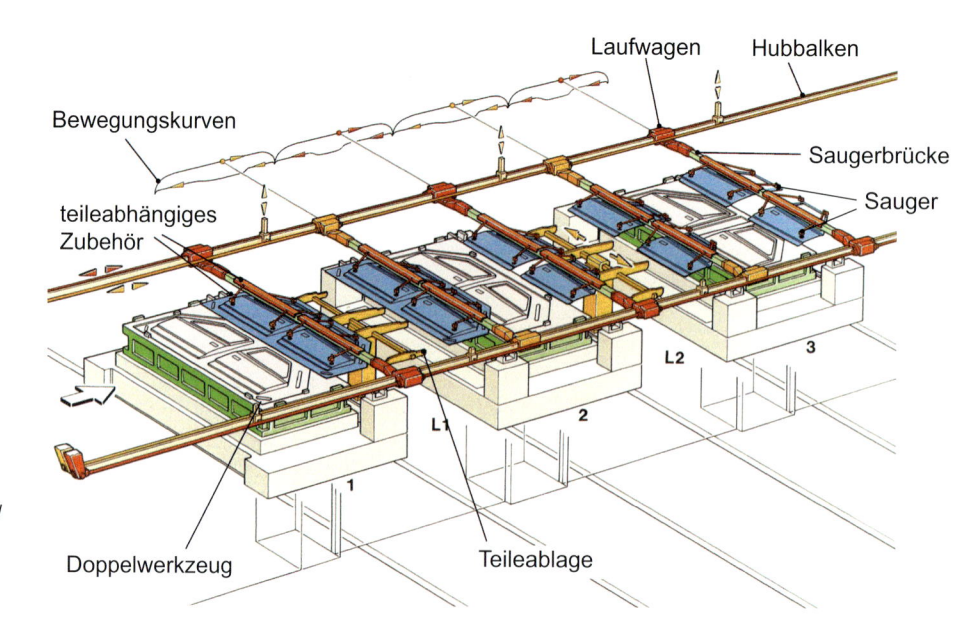

Abb. 4.136: Teiletransport mit Saugerbrücken-Transfersystem am Beispiel der Fertigung von Türen in einem Doppelwerkzeug (Schuler 1996)

Teil fertigungstechnisch erforderlich sind. Bis zu sechs Pressen werden in der Regel aneinander gereiht, wobei die erste Presse der Linie als Kopfpresse bezeichnet wird. Die Pressen sind über automatische Transfersysteme wie Schwingarm-Feeder, CNC-Feeder oder Roboter verkettet. Schwingarm-Feeder werden von Elektromotoren über Kurvengetriebe und Gelenkstangen angetrieben. Sie haben feste Bewegungskurven und sind damit für geringe Pressenabstände geeignet. An jeder Presse sind jeweils zwei Feeder montiert. Der Feeder, welcher auf der Rückseite der Presse montiert ist, nimmt das in dieser Stufe gefertigte Teil mit Hilfe einer Saugerspinne aus der Presse und platziert es auf einer Zwischenablage. Dort wird das Werkstück gegebenenfalls gewendet und mit dem Schwingarm-Feeder der Folgepresse in die nächste Werkzeugstation eingelegt. Mit diesem Transfersystem können 10 bis 12 Teile pro Minute transportiert werden. CNC-Feeder sind in zwei Achsen frei programmierbar und werden über zwei Spindeltriebe oder zahnriemengetriebene Laufwagen angetrieben. Sie können das Teil ohne Anhebeeinrichtung aus dem Werkzeug entnehmen. Die Ausbringung einer Pressenlinie mit CNC-Feeder liegt zwischen 8 und 10 großflächigen Teilen pro Minute. Ein automatisierter Teiletransport über Roboter hat den Vorteil, dass die Bauteile zwischen den Pressen nicht abgelegt werden müssen. Es wird somit nur ein Roboter je Presse benötigt.

Abb. 4.137: Servo-Pressenlinie bei einem deutschen Automobilhersteller (links) mit einer Gesamtpresskraft der sechs Umformstufen von 103.000 kN; Servopressen-Hauptantrieb mit 4 Torque-Motoren für die Kopfpresse (25.000 kN Presskraft) (rechts)

Der Nachteil roboterverketteter Pressenlinien liegt darin, dass schwere Teile auf Grund hoher Fliehkräfte und langer Transportwege nicht schnell genug transportiert werden können. Die Ausbringung ist deshalb stark von der Teilegröße abhängig. Mit einem Roboter können 6 bis 8 Teile pro Minute gehandhabt werden. (Schuler 1996)

Ein wesentlicher Vorteil der in Abbildung 4.137 dargestellten Servo-Pressenlinie der Baugröße XL ist ihre Flexibilität. Die Stößelbewegung jeder Presse in der Linie kann für jedes Bauteil individuell an den Umformprozess, das Werkzeug und die Automatisierung angepasst werden (vgl. Abb. 4.130). Lediglich ein Pendelhub ist bei Pressenlinien mit Servo-Antrieb nicht üblich. Eine Anpassung an die Teiletransportzeit des von oben wirkenden Blechteiletransportsystems mit Saugern erfolgt über eine Variation der Pressendrehzahl, wenn der Stößel seinen oberen Totpunkt durchläuft. Auch hier bietet das Saugersystem Vorteile bei der Produktion von labilen Außenhautteilen und Mehrfachteilen gegenüber einem seitlich greifenden System.

Eine Automobilkarosserie besteht im Durchschnitt aus rund 150 Blechteilen unterschiedlicher Größe und Werkstoffe. Lediglich die drei größten Bauteile benötigen eine Presse der Größe XL (vgl. Abb. 4.137). Damit sich die Investition wirtschaftlich rechnet, werden andere Bauteile den Größen L bis S zu Doppelteilen oder bis zu Vierfachteilen in einem Stößelhub umgeformt. Damit erreicht eine Servo-Pressenlinie der Größe XL eine Leistung von beispielsweise 68 Bauteilen in der Minute, wenn 4 Teile pro Hub (z. B. Türen ohne Rahmen) hergestellt werden.

Vorraussetzung dafür ist ein flexibles Transfersystem, das die Bauteile von Umformstufe zu Umformstufe ohne Zwischenablagen unterschiedlich in seiner Lage optimal zum Werkzeug ausrichten kann. Da zunehmend höher- und höchstfeste Blechwerkstoffe eingesetzt werden, ist ein Beschnitt in der Bewegungsrichtung des Stößels erforderlich. Eine außermittige Belastung und damit Kippung des Stößels kann durch die symmetrische Anordnung von Mehrfachteilen verhindert werden. Damit ergeben sich weitere technische Vorteile der Pressenlinie auch in der Baugröße L gegenüber Transferpressen. (Kreth 2009)

Um die Prozesssicherheit und die Ausbringung der Anlage vor Beginn der Produktion abzusichern und somit die Wirtschaftlichkeit der Investition zu bestätigen, ist eine rechnergestützte Simulation des Teiletransports durch die Umformanlage neben der bereits eingesetzten reinen Umformsimulation zunehmend Stand der Technik.

Neben der maximal möglichen Ausbringung einer Umformanlage ist die Verfügbarkeit von zentraler Bedeutung (Bogon 1996). Diese wird durch die Belegung und Nutzungszeit der Anlage, aber auch der Logistik bei der Zuführung von Platinen oder Coils, der Einstapelung der Fertigteile in die Ladungsträger sowie deren Abtransport bestimmt (Sencar 2002). Die Gesamtverfügbarkeit liegt bei Umformanlagen bei ca. 55 bis 65 Prozent und wird als OEE (Overall Equipment Efficiency) bezeichnet. Dazu zählt auch die Werkzeugwechselzeit, die bei einer Pressenlinie bis auf 2 bis 4 Minuten reduziert wurde. In der Regel werden somit ca. 8 bis 10 Werkzeugwechsel pro Tag durchgeführt, bei Nischenprodukten auch bereits nach ca. 1 Stunde. Die rein technische Verfügbarkeit einer Umformanlage, welche bei der Endabnahme durch den Lieferanten und den Betreiber über einen definierten Zeitraum gemessen wird, liegt üblicherweise über 96 Prozent. In der Gesamtverfügbarkeit werden aber alle Produktionsunterbrechungen und Werkzeugwechselzeiten eingerechnet. Dementsprechend können auf einer Servopressenlinie XL bis zu 4 Millionen Nutzhübe pro Jahr erreicht werden.

Um eine möglichst hohe Produktionszeit zu gewährleisten, werden die Umformwerkzeuge auf separaten Einarbeitungspressen unter möglichst produktionsnahen Presseneinstellungen erprobt. Dazu sollte idealerweise die Einarbeitungspresse mit der Produktionspresse weitgehend baugleich sein, um identische Umformergebnisse zu erzielen. Auch die Handhabungseinrichtungen für den Bauteiltransport werden auf separaten Simulatoren justiert, bevor sie in der Produktionsanlage eingesetzt werden (Hoffmann 2002). Die endgültige Einarbeitung erfolgt jedoch immer in der Produktionsanlage, wobei auch hier Servopressen durch das Durchfahren des unteren Totpunkts mit sehr langsamer Geschwindigkeit unter Last und das Bewegen des Stößels einschließlich Teiletransporteinrichtungen sowohl vorwärts als auch rückwärts erhebliche Vorteile bieten.

Da Umformanlagen sehr kapitalintensive Investitionen sind, müssen die wirtschaftlichen Vorteile und der gewünschte Return of Invest gewissenhaft geplant werden. Neben der Umformanlage selbst sind hohe Investitionen in Gebäude einschließlich der Fundamente und der Logistik zu tätigen. Außerdem muss eine hohe Energieeffizienz gegenüber früheren Anlagen sichergestellt werden.

Literatur zu Kapitel 4.2.9

Beyer, J.: Energieeinsparung durch ServoDirekt-Technologie. In: Tagungsband zum 5. Chemnitzer Karosseriekolloquium „Karosseriefertigung im Spannungsfeld von Globalisierung, Kosteneffizienz und Emissionsschutz", Chemnitz, 2008, S. 215.

Bogon, P.: Realistische Nutzungsgrade von Mehr-Stößel-Transferpressen. Blech Rohre Profile 43 (1996) 12, S 699.

Conrad, C.-J.: Taschenbuch der Werkzeugmaschinen. 2 Aufl., Carl Hanser Verlag, München, Wien 2006.

Groche, P.; Avemann, J.; Brüninghaus, G.: Wandlungsfähige Blechumformung. VDI-Z Integrierte Produktion 06, Springer VDI Verlag, Berlin, Heidelberg 2011, S. 28-30.

Groche, P.; Scheitza, M.: Konstruktion und Steuerung von Servopressen. Vortrag, 29. EFB-Kolloquium Blechverarbeitung, Bad Boll, 2009.

Hoffmann, H.: Großteilpressen mit Saugerbrückentransfer. VDI Berichte Nr. 946, VDI-Verlag, Düsseldorf 1982.

Hoffmann, H.: Transferpressen für Blechgroßteile – prinzipieller Aufbau und Einsatz. VDI-Berichte Nr. 522, VDI-Verlag, Düsseldorf 1984, S. 253-271.

Hoffmann, H.: Die Großteilstufenpresse – Grundlage wirtschaftlicher Fertigungstechnik im Presswerk. In: Tagungsband zum 3. Umformtechnisches Kolloquium Darmstadt, 1988, S. 21.1 - 21.12.

Hoffmann, H.: Großteilpressen mit Saugerbrückentransfer. VDI Berichte Nr. 946, VDI-Verlag, Düsseldorf 1992.

Hoffmann, H.; Kohnhäuser, M.: Strategies to Optimize the Part Transport in Crossbar Transfer Presses. CIRP Annals - Manufacturing Technology 51 (2002) 1, S. 27-32.

Hoffmann, H.; Schneider, F.: Wirtschaftliche Fertigung kleiner Losgrößen am Beispiel der Dreiachsen-Transferpresse. Stahl und Eisen 105 (1985) 9, S. 493-498.

Hoffmann, H.; Schneider, F.: Wirtschaftlich Fertigen auf Großteil-Stufenpressen: Entwicklung, Bauarten, Produktionsmerkmale. Werkstatt und Betrieb 122 (1989) 5, S. 363-366.

Hoffmann, H.; Schneider, F.: Wirtschaftlich Fertigen auf Großteil-Stufenpressen: Umrüsten, Steuern und Blechteile Stapeln. Werkstatt u. Betrieb 122 (1989) 6, S. 489-491.

Hoffmann, H.: Genauigkeitsanforderungen an Großpressen der Blechverarbeitung. In: Tagungsband zum Symposium "Neuere Entwicklungen in der Blechumformung". Fellbach, 1990, S. 49-68.

Kellenbenz, R.; Fritz, W.; Hoffmann, H.; Bareis, A.; Breuer, B.; Maier, B.; Pfisterer, H.; Reuter, A.: Mechanisch-Hydraulische Presse - Ein Prototyp für innovative Maschinenkomponenten. Blech Rohre Profile 41 (1994) 10.

Kreth, U.: Energieeffizientes Werkstückhandling. ATZproduktion (2008) 3, S. 36-40.

Kreth, U.: Mild Steel to HSS: Not Just a Spec Change. Stamping Journal, Teil I: Sept/Oct 2009, S. 18-21; Teil II: Nov/Dez 2009, S. 18-19.

Kuschke, J.: Umformeinheit - Untersuchungen an einem neuen Pressenkonzept zur Blechumformung. In: Hoffmann, H. (Hrsg.): utg-Forschungsberichte, Bd. 13. Hieronymus Verlag, Dissertation, München 2001.

Lange, K.: Umformtechnik, Handbuch für Industrie und Wissenschaft Bd. 3: Blechverarbeitung. Springer-Verlag, Berlin, Heidelberg 1990.

Meyer, A.; Paul, S.: Potentiale und Chancen durch Prozessintegration mit Servopressen-Technologie von Schuler. In: Tagungsband zum EFB Kolloquium, Bad Boll 29. und 30.03.2011, S. 267-275.

Mauermann, R.: Synchroziehen – eine Tiefziehvariante, Verlag Meisenbach GmbH, Fraunhofer-Institut für Werkzeugmaschinen und Umformtechnik IWU, 2010.

Osakada, K.; Mori, K.; Altan, T.; Groche, P.: Mechanical servo press technology for metal forming, Key note paper, CIRP Annals, 2011.

Schuler: Handbuch der Umformtechnik. Springer-Verlag, Berlin, Heidelberg 1996.

Sencar, A.: Methodische Optimierung des Produktentstehungs- und Produktionsprozesses von Großpressteilen. In: Hoffmann, H. (Hrsg.): utg–Forschungsberichte, Bd. 18. Hieronymus Verlag, Dissertation, München 2002.

Stahl, K.: Praxiserfahrung mit Servo Kniehebelpressen. In: Tagungsband T 32 EFB-Kolloquium, 29. und 30. März, Bad Boll, S. 175-186.

Tschätsch, H.: Werkzeugmaschinen der spanlosen und spanenden Formgebung. 8. Aufl., Vieweg+Teubner Verlag, Wiesbaden 2007.

4.3 Kragenziehen

Mathias Liewald, Christian Bolay

4.3.1 Einführung

Abbildung 4.138 stellt die Einordnung des Kragenziehens in die Fertigungsverfahren nach DIN 8584 Teil 5 dar. Die Definition des Kragenziehens lautet: „Zugdruckumformen mit Stempel und Ziehring zum Aufstellen von geschlossenen Rändern (Borden, Kragen) an ausgeschnittenen Öffnungen. Diese Öffnungen können sich sowohl in ebenen als auch in gewölbten Flächen befinden."

Ein aufgestellter Kragen wird nach DIN 7952 auch Durchzug genannt. Der Prozess wird in der Literatur ebenso als Aushalsen, Tütenziehen, Anhalsen oder als Innenbördeln bezeichnet. Die Bezeichnungen im Englischen gestalten sich ebenso vielfältig wie im Deutschen und lauten hole flanging, hole extrusion oder hole enlargement. Der Loch-Aufweitversuch wird in der ISO/TS 16630 lediglich als technische Empfehlung für die Werkstoffcharakterisierung und die Ermittlung des Umformvermögens spezifiziert.

4.3.2 Verfahrensprinzip

Einteilung

- Das Kragenziehen kann nach der Ausgangsform des umzuformenden Halbzeugs eingeteilt werden. Abbildung 4.139 verdeutlicht das Verfahrensprinzip bei ebenen und gewölbten Blechen. Außerdem wird das Verfahren erfolgreich bei Rohren angewendet.
- Das Kragenziehen kann mit oder ohne Vorloch realisiert werden. Die Variante ohne Vorloch führt jedoch sowohl zu einer relativ schlechten Kragenqualität als auch zu einer niedrigen Kragenhöhe.
- Ein Kragen wird als „weit" definiert, wenn der Innendurchmesser d fünfmal größer als die Blechdicke s ($d > 5s$) gewählt wird. Der in das Blech eingebrachte Kragen (Abb. 4.140 a) dient in der Regel als Versteifungselement oder als Rohranschluss. Ein Kragen, dessen Innendurchmesser fünfmal kleiner ist als die Blechdicke ($d < 5s$), wird als „eng" bezeichnet (vgl. Abb. 4.140 b) und kann beispielsweise mit einem Innengewinde versehen werden (Schmöckel 1990).
- Die Fuge bzw. der radiale Spalt zwischen Stempelaußen- und Matrizeninnendurchmesser entspricht dem Ziehspalt u_z. Das Kragenziehen wird in „weite" Ziehspalte ($u_z > s$) und „enge" Ziehspalte ($u_z < s$) unterteilt (Abb. 4.141 a und Abb. 4.141 b). Eine „enge" Ausführung führt zu einer zusätzlichen Blechdickenreduzierung durch das Abstreck-Gleitziehen und verbessert dadurch die zylindrische Form des Durchzugs (Schmöckel 1990).

Anwendungen

In der Blechumformung werden die Durchzüge häufig mit Gewinden versehen und können somit die Schweißmuttern bei Feinblechen ersetzen. Bisweilen werden auch Bolzen eingepresst, oder die Durchzüge übernehmen Führungs- und Zentrierungsaufgaben. Aufgeweitete Kragen können ohne ein zusätzliches Element wie eine Blechverbindung wirken. Große Durchzüge werden zum Beispiel als Versteifungselemente oder für Rohranschlüsse genutzt.

Verfahrenskombinationen und Varianten

Für das Erzeugen von Durchzügen kommen unterschiedliche Verfahren zum Einsatz. In der VDI-Richtlinie 3359 und der DIN 7952 werden diese definiert. Der zweistufige Lochdurchzug setzt sich aus einer Vorstanzoperation und einer anschließenden Ausformung des Durchzugs zusammen (Abb. 4.142 a). Durch die Trennung der Operationen und das Austrennen des zur Umformung nicht benötigten Werkstoffs werden die Werkzeugstandzeiten erhöht und eine gute Kragenqualität erzielt. Durch die hohe Wirtschaftlichkeit eignet sich das Werkzeug sehr gut für die Massenfertigung. Der Lochdurchzug wird auch als das konventionelle Kragenziehen bezeichnet.

Mit einer Kombination aus Kragenziehen und anschließendem Abstreck-Gleitziehen kann die Wanddicke auf eine gleichmäßige Dicke reduziert werden. Weitere positive Effekte sind die gute Oberflächenqualität, die gute Maßhaltigkeit des Krageninnendurchmessers und eine größere Kragenhöhe als beim konventionellen Kragenziehen (Hilbert 1967; Küppers 1971). Die Verbindung des Kragenziehens mit dem Tiefziehen wurde von Hilbert untersucht (Hilbert 1972).

Der Lochdurchzug kann auch in einem Hub ausgeführt werden, indem die Stempellänge in einen Vorloch- und einen Durchziehfunktionsabschnitt unterteilt wird (Abb. 4.142 b). Durch diese doppelte Belastung wird die Standzeit dieses Stempels verringert, und die Kragenqualität erreicht nicht die des zweistufigen Verfahrens. Bei der Herstellung in einem Arbeitsgang kann die Qualität des Schneidvorgangs mit einer federnd gelagerten Schneidmatrize verbessert werden (Kienzle 1955).

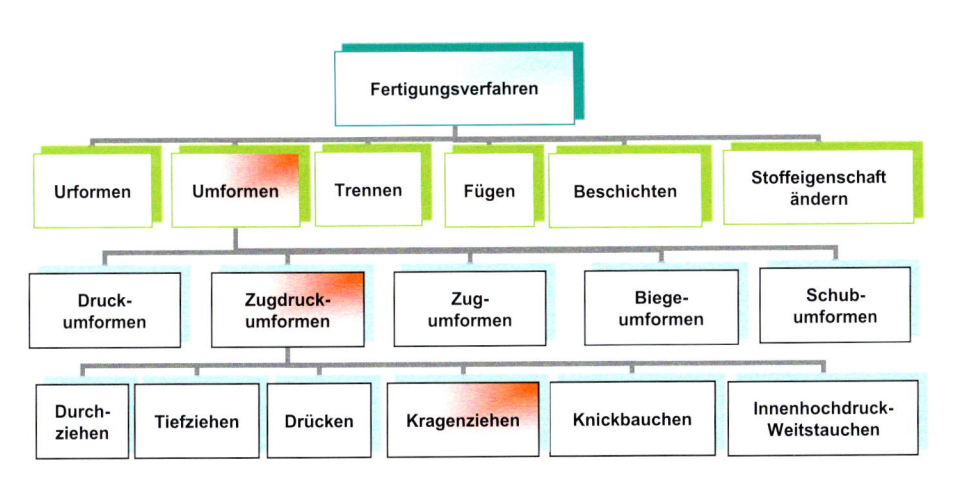

Abb. 4.138: Einordnung des Kragenziehens nach DIN 8584-5

4.3 Kragenziehen

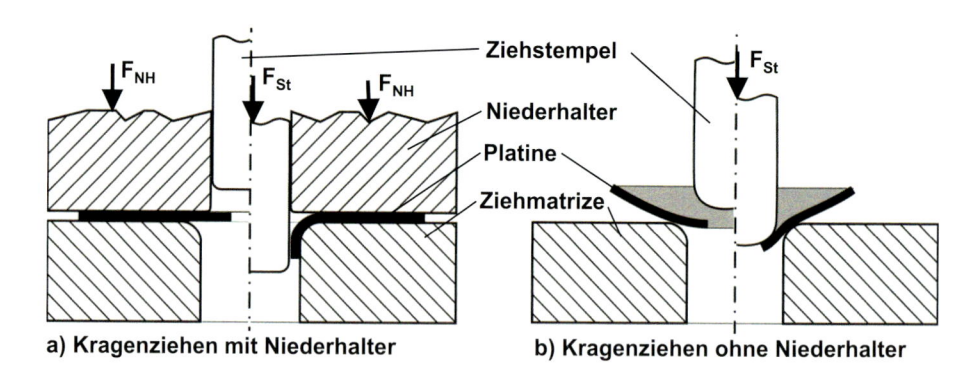

Abb. 4.139: a) Kragenziehen mit und b) Kragenziehen ohne Niederhalter

a) Kragenziehen mit Niederhalter b) Kragenziehen ohne Niederhalter

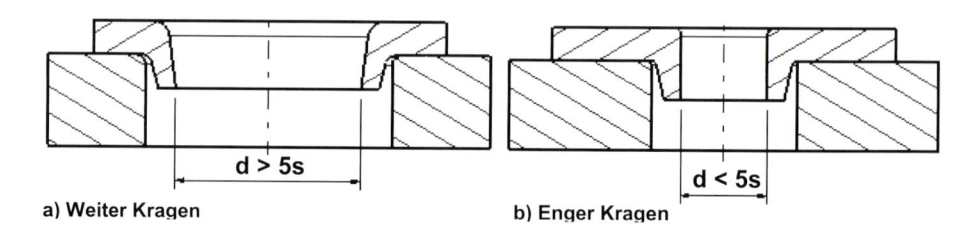

Abb. 4.140: a) weiter und b) enger Kragen

a) Weiter Kragen ($d > 5s$) b) Enger Kragen ($d < 5s$)

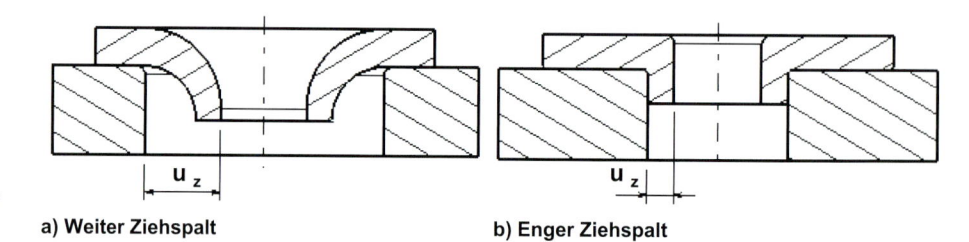

Abb. 4.141: a) weiter und b) enger Ziehspalt

a) Weiter Ziehspalt (u_z) b) Enger Ziehspalt (u_z)

Im Stechdurchzug dringt der Stempel in das ungelochte Blech ein. Nach der Ausformung des Durchzugs wird der nicht benötigte Werkstoff abgeschert (Abb. 4.143 a). Die nach DIN 7952 geforderte Kragenqualität wird auf diese Weise zwar gewährleistet, jedoch eignet sich das Verfahren auf Grund des starken Stempelverschleißes nur für geringe Stückzahlen.

Beim Prägedurchzug wird in der ersten Operation der Durchzug mit einem abgesetzten Zieh-Prägestempel ausgeformt. Es handelt sich um eine Kombination des Kragenziehens mit dem Fließpressen und einer Ausstanzoperation des Bauteilbodens (Abb. 4.143 b). Die gute Werkstückqualität zeichnet sich bei dieser Verfahrensvariante durch Maßgenauigkeit und Rissfreiheit am Kragenrand aus. Zudem sind die Werkzeuge unempfindlich und eignen sich zur Herstellung großer Stückzahlen.

Bei der Fertigungsvariante des Fließlochformens wird ein konisch angespitzter, zylindrischer Stempel rotierend mit einer Anpresskraft auf das Blech aufgesetzt. Durch die entstehende Reibungswärme wird ein plastischer Zustand des darunter befindlichen Werkstoffvolumens erreicht und somit die Umformkraft reduziert. In der Einzelferti- gung kann das Verfahren auf programmierbaren Bohr- und Fräseinheiten wirtschaftlich angewendet werden.

4.3.3 Theoretische Grundlagen

Die Bezeichnung der Kragengeometrie erfolgt in Anlehnung an die DIN 7952 und wird nach Abbildung 4.144 festgelegt.

Aufweitverhältnisse des Kragenziehens

Das Aufweitverhältnis a wird aus dem Quotienten des Krageninnendurchmessers d_2 mit dem Vorlochdurchmesser d_4 berechnet. Hierbei wird die Verfahrensgrenze im Hinblick auf die Werkstückqualität und der Werkstoffeigenschaft auf der Grundlage experimenteller Arbeiten bewertet.

$$a = \frac{d_2}{d_4} \tag{4.69}$$

Das maximal erreichbare Aufweitverhältnis wird als Grenzaufweitverhältnis a_G bezeichnet. Dieses wird durch

4.3.2 Verfahrensprinzip

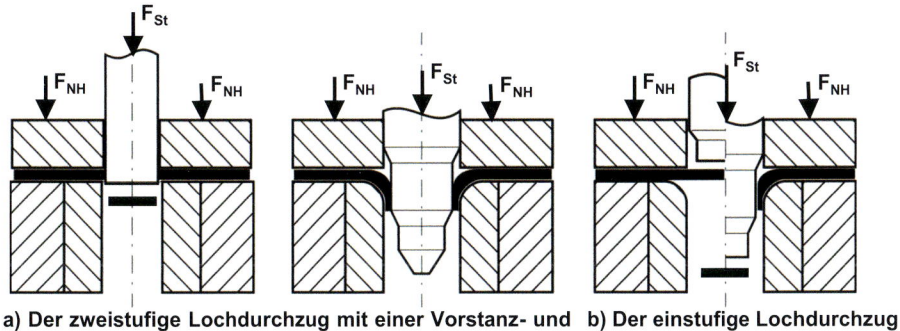

a) Der zweistufige Lochdurchzug mit einer Vorstanz- und Umformoperation

b) Der einstufige Lochdurchzug

F_{NH}=Niederhalter, F_{St}=Stempelkraft

Abb. 4.142: *Verfahrensprinzip*: a) zweistufiger Lochdurchzug und b) einstufiger Lochdurchzug (DIN86a)

a) Stechdurchzug

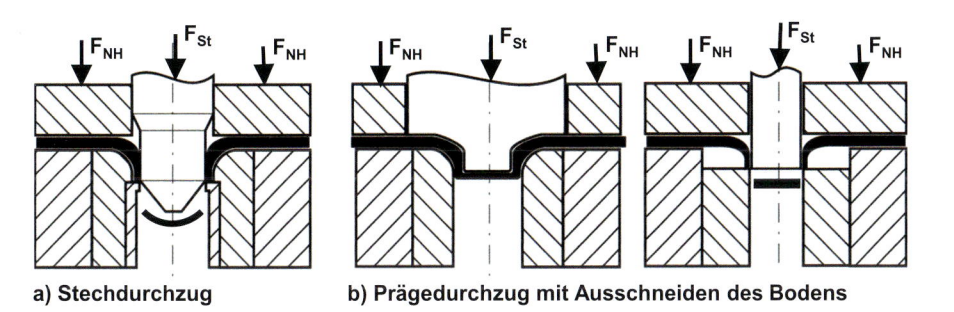

b) Prägedurchzug mit Ausschneiden des Bodens

Abb. 4.143: *Verfahrensprinzip*: a) Stechdurchzug (DIN 86a) und b) Prägedurchzug (DIN 86a)

Einsetzen des kleinstmöglichen Vorlochdurchmessers $d_{4\min}$, bei dem noch kein Anriss des Kragenrandes auftritt, berechnet.

$$a_G = \frac{d_2}{d_{4\min}} \qquad (4.70).$$

Der bezogene Vorlochdurchmesser d_4^* ermöglicht die Darstellung des Grenzaufweitverhältnisses unabhängig von der Blechdicke.

$$d_4^* = \frac{d_4}{s} \qquad (4.71).$$

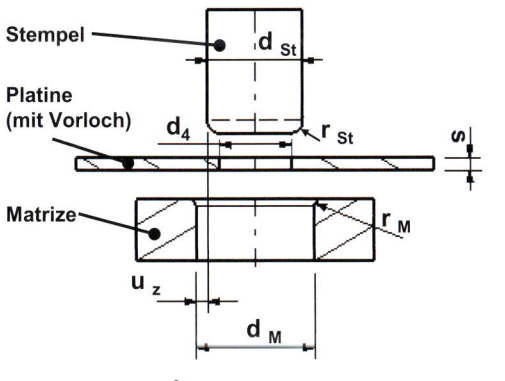

Stempel — d_{St}
Platine (mit Vorloch) — d_4, r_{St}
Matrize — r_M
u_z
d_M

s Blechdicke
d_{St} Stempeldurchmesser
d_M Matrizendurchmesser
d_4 Vorlochdurchmesser
u_z Ziehspalt
r_{St} Stempelradius
r_M Matrizenradius

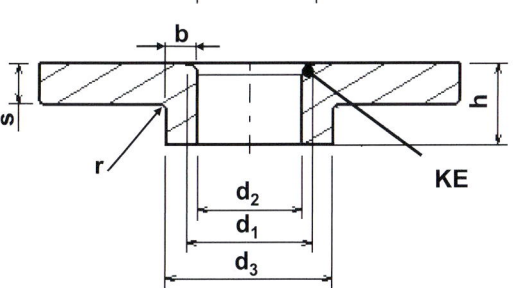

b Kragenbreite
h Kragenhöhe
d_4 Vorlochdurchmesser
d_3 Kragendurchmesser
d_2 Krageninnendurchmesser (Gewindekerndurchmesser)
d_1 Innendurchmesser des Gewindes
r Ziehradius
KE Kanteneinzug

Abb. 4.144: *Bezeichnungen für das Kragenziehen (DIN 7952)*

4.3 Kragenziehen

Tab. 4.11: Aufweitverhältnisse von „engen" Kragen

Werkstoff	Aufweitverhältnis		
	Kragen gerissen	Kleine Risse	Kragen fehlerfrei
St 14	> 4	3,9 - 2,6	≤ 2,5
Al 99,5 (weich / hart)	> 6 / 3,5	5,9 - 3,5 / 3,4 - 2,4	≤ 3,4 / 2,3

Abbildung 4.145 zeigt die Grenzaufweitverhältnisse für den Baustahl der Werkstoffnummer 1.0338 bei weiten Kragen (Wilken 1957). Das Aufweitverhältnis wird als ein Grenzbereich mit einem Anstieg in Richtung kleiner Vorlöcher aufgetragen. Bei gebohrten Vorlöchern fällt dieser Anstieg deutlich größer aus, als bei geschnittenen bzw. gestanzten. Die Kurve wird für rostfreie Stähle mit geschnittenen Vorlöchern durch den hohen werkstoffbedingten Randverfestigungsanteil zu geringeren Werten verschoben.

Kienzle bestimmte die Grenzaufweitverhältnisse bei engen Kragen für die in Tabelle 4.11 aufgeführten Blechwerkstoffe (Kienzle 1955).

Berechnung der Kragenhöhe

Die Berechnung der Kragenhöhe h geht aus dem Gesetz der Volumenkonstanz hervor und wird mit einem Korrekturfaktor c an die Gegebenheiten von engen Kragen angepasst (Kienzle 1955):

$$h = c \cdot s \frac{d_M^2 - d_4^2}{d_M^2 - d_2^2} \quad (4.72)$$

mit

$c > 1$ für harte Werkstoffe und
$c < 1,6$ für weiche Werkstoffe.

Nach Petzold werden für enge Kragen zusätzlich der Matrizenradius und die Blechdicke berücksichtigt (Petzold 1985). Die Formelfaktoren wurden auf Basis von experimentellen Untersuchungen ermittelt.

$$h = \frac{(d_2 - d_4)}{2} + 0,43 r_M + 1,22 s \quad (4.73).$$

Die Kragenhöhe h nach Schlagau berechnet sich nach folgender Formel (Schlagau 1988):

$$h = \frac{(d_M - d_4)}{2} + 0,4 r_M + 0,2 s \quad (4.74).$$

Die Kragenhöhe kann bei weiten Kragen mit engem Ziehspalt und kleinem Radius an der Ziehmatrize näherungsweise wie folgt berechnet werden (Schmöckel 1990):

$$h = \frac{(d_2 - d_4)}{2} \quad (4.75)$$

Bei weitem Ziehspalt und größerem Radius an der Ziehmatrize gilt nach Romanowski folgende Beziehung (Romanowski 1967):

$$h = \frac{(d_M - d_4)}{2} + 0,43 r_M + 0,72 s \quad (4.76).$$

Stempelformen und deren Kraftverläufe

Die Kraftverläufe für die einzelnen Stempelformen wie den Flachstempel, die Halbkugel-, die Kegel- und die Traktrixform (nach der Huygen'schen Schleppkurve optimierte Form) zeigt Abb. 4.146. Hieraus geht hervor, dass im Betrag des Kraftmaximums sowie im benötigten Umformweg deutliche Unterschiede auftreten, da eine Abhängigkeit der Anlageverhältnisse des Kragens an den Stempel besteht. Zum Beispiel erfährt der Kragen bei der Verwendung eines Flachstempels im Vergleich zu einem Halbkugelstempel eine doppelte Biegung und die Tragtrixform weist stets einen günstigen Hebelarm auf (Wilken 1958).

Umformspannungen

Die Umformzone des Kragenziehens befindet sich in der Matrizenöffnung. Der Werkstoff fließt nicht aus dem Bereich zwischen dem Blechhalter und der Matrize in die Umformzone hinein. Lediglich der Vorlochdurchmesser bestimmt das für die Umformung zur Verfügung stehende Werkstoffvolumen und somit auch die Kragenhöhe. Die Reduzierung des Vorlochdurchmessers und der Kragenbreite führen zu einer Kragenerhöhung. Unterschreiten diese beiden Werte einen Grenzwert, dann tritt Versagen ein. Abbildung 4.147 zeigt den Spannungszustand

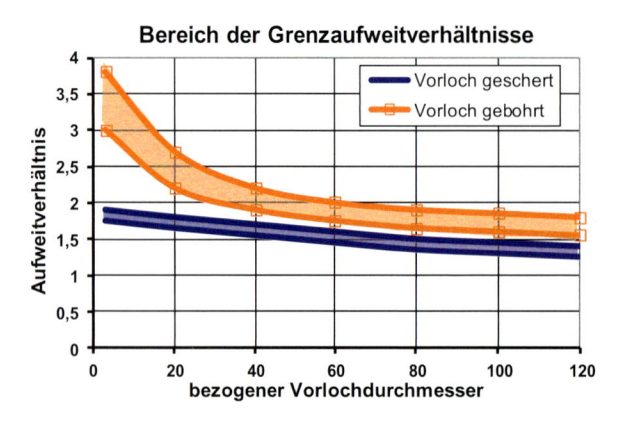

Abb. 4.145: Erreichbare Aufweitverhältnisse bei weiten Kragen für den Baustahl St 14 (Wilken 1957)

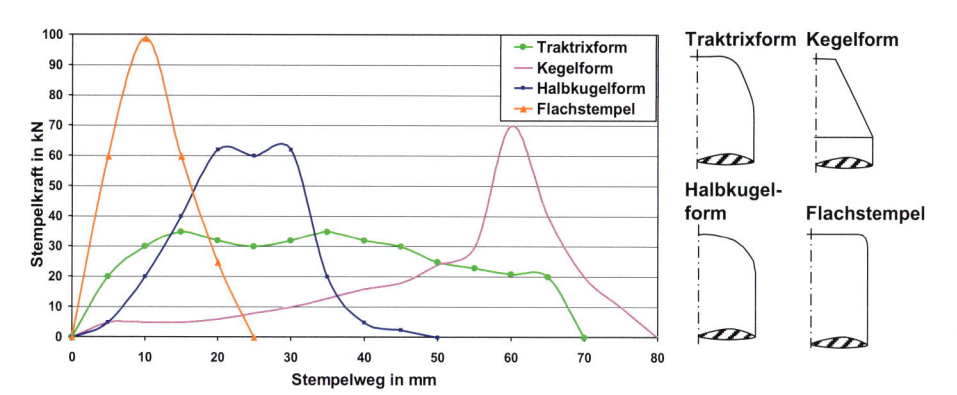

Abb. 4.146: *Kraftverläufe für vier unterschiedliche Stempelformen (Wilken 57)*

bei der Ausformung eines Kragens, der durch radiale und tangentiale Zugspannungen hervorgerufen wird (Schmöckel 1990).

Am Rand des Vorlochs wirkt somit die maximale tangentiale Zugspannung σ_t und keine radiale Zugspannung σ_r. Die radiale Zugspannung entsteht durch das Eindringen des Stempels in das Vorloch. Aus dieser Spannung resultiert die tangentiale Zugspannung, die den Werkstoff zum Fließen bringt. Der Spannungsanstieg erfolgt auf Grund der Kaltverfestigung und erhöht somit die Festigkeit des Bauteils. Die betragsmäßig vergleichbar niedrige axiale Druckspannung kann in diesem Fall vernachlässigt werden. Aus dem Fließkriterium nach Tresca gilt für den Bereich unterhalb des Stempels folgender Zusammenhang:

$$k_f \Leftrightarrow \sigma_v = \sigma_{max} - \sigma_{min} = \sigma_t - \sigma_a \cong \sigma_t \quad (4.77).$$

Detailliertere Betrachtungen berücksichtigen die Biegung im Bereich der Stempelkantenrundung (z. B. die Doppelbiegung bei einem Flachstempel) und die Biegung im Bereich des Matrizenradius (z B. die Einfachbiegung bei einem Halbkugelstempel). Die einfache Biegung beim Halbkugelstempel erklärt den geringeren Kraftbedarf und das geringfügig größere Grenzaufweitverhältnis im Vergleich zum Flachstempel. Das Bauteil versagt durch radiale Einschnürungen und anschließendes Reißen des Kragenrands, wenn die tangentiale Zugspannung die festigkeitsrelevanten Kennwerte des Werkstoffs überschreitet (Storoschew 1968).

Simulation des Kragenziehens mit der Finiten-Elemente-Methode

Die FEM-Simulation des Kragenziehens kann zur Prozessanalyse, zum Beispiel zur Ermittlung der Spannungs- oder Dehnungsverteilung während der Umformung in Abbildung 4.148.

Parameterübersicht und deren Auswirkungen

Die verschiedenen Parameter des Kragenziehens fasst Abbildung 4.149 zusammen. Diese nehmen Einfluss auf die Kragengeometrie, das Grenzaufweitverhältnis und die Umformkraft.

Verfahrenserweiterungen zur Verbesserung der Kragenhöhen

Die Kragenhöhe stellt die entscheidende Größe für Praxisanwendungen dar. Im konventionellen Verfahrensablauf beschränken das Werkstoffvolumen in der Umformzone, die Blechdicke und der Vorlochdurchmesser die maximal erreichbare Höhe. Prinzipiell können zwei Strategien zur Verfahrenserweiterung zu größeren Kragenhöhen verfolgt werden:

1. Strategie: Erweiterung des Grenzaufweitverhältnisses
Ein Beispiel der stufenweisen Aufweitung durch einen Stempel mit unterschiedlichen Umformstufen verdeutlicht Abbildung 4.150a. Die Länge der Ziehschulter und der entsprechende Durchmesser werden an die Gegebenheit des Kragens angepasst. Zuerst wird mit dem Loch-

σ_t = **tangentiale Zugspannung**
σ_r = **radiale Zugspannung**
σ_a = **axiale Druckspannung**

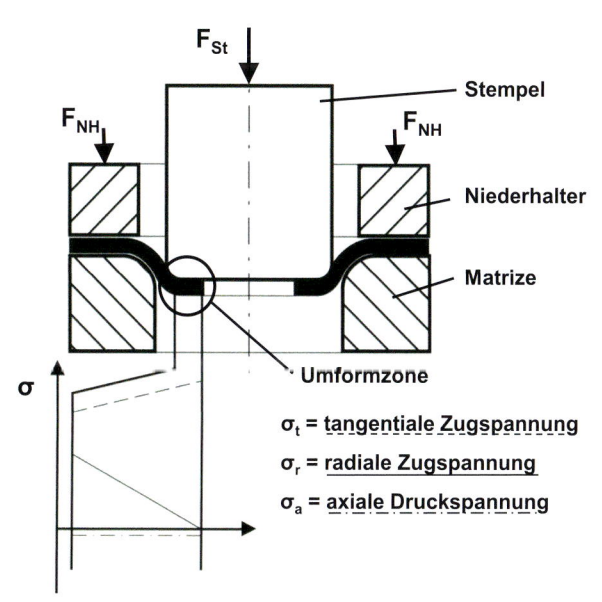

Abb. 4.147: *Qualitativer Spannungszustand des Kragenziehens im Bodenbereich des Kragens*

4.3 Kragenziehen

Abb. 4.148: *FEM-Simulation des Kragenziehens am Beispiel der Dehnungsverteilung im Kragenvolumen*

Verfahrensparameter
- Spannungszustand
- Werkstoffeigenschaften
- Blechdicke
- Kragendurchmesser
- Vorlochdurchmesser
- Vorlochqualität
- Stempelform
- Reibung
- Ziehspalt
- Matrizenradius
- Schnittgrat

→ Kragengeometrie
→ Grenzaufweitverhältnis
→ Umformkraft

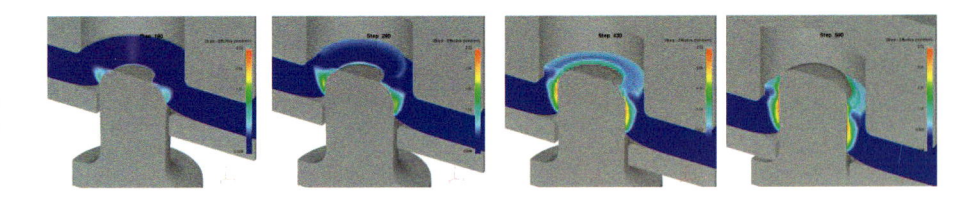

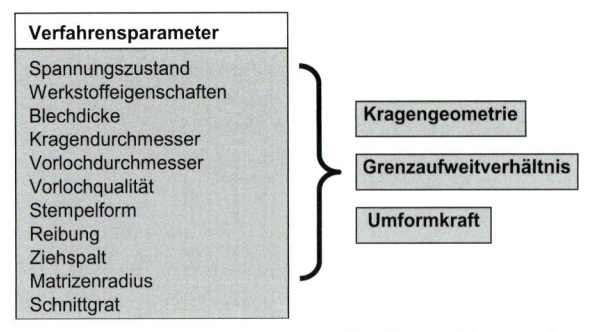

Abb. 4.149: *Die Einflussparameter des Kragenziehens und ihre Auswirkungen*

werkzeug das Vorloch erstellt und anschließend über die Ziehschulter 1 bis 4 der gewünschte Kragendurchmesser geformt. Insbesondere bei dünnen Blechen werden die Kragen mit dieser Strategie sichtbar erhöht (Gebrauchsmuster 1965).

Eine weitere Möglichkeit, das Grenzaufweitverhältnis zu vergrößern, stellt die Verschiebung des Spannungszustands vom Zug- in den Druckbereich dar. Mit einem axialen oder radialen Gegenhalter (Abb. 4.150 b und c) kann eine Druckspannung in die Umformzone eingebracht werden, wodurch die versagensrelevante tangentiale Zugspannung verringert wird (Schlagau 1987).

2. Strategie: Laterale Werkstoffverschiebung in die Umformzone (Kombination mit anderen Verfahren der Blechumformung)

Eine Kombination des Kragenziehens mit einer vorangegangenen Biegung wurde im Folgeverbundwerkzeug nach Oehler und Kaiser realisiert (Abb. 4.151 a), womit sich eine Erhöhung des Kragens bis zu 50 Prozent einstellte (Oehler 1973). Eine weitere Verfahrensvariante (vgl. Abb. 4.151 b), die vorwiegend zur Herstellung runder Bauteile verwendet wird, besteht aus einer Kombination des radialen Nachschiebens mit dem Kragenziehen (Petzold 1999).

Durch das Tiefziehen eines Napfes mit anschließendem Lochen kann ein Kragen mit verbesserter Höhe gefertigt werden. Hier sind die äußeren Bauteildimensionen jedoch beschränkt. Die zweistufige Variante nach Nakamura erhöht das Verbesserungspotential bezüglich der Kragenhöhe. Die erste Stufe stellt das hydromechanischen Tiefziehen und die zweite das Kragenziehen selbst dar (Nakamura 1986).

4.3.4 Verfahrensprinzip des Kragenziehens bei Rohren

Das Kragenziehen an Rohren wird vorwiegend für Rohranschlüsse benötigt. Für die Vorlöcher werden runde (bei weiten Kragen) oder elliptische Formen (bei engen

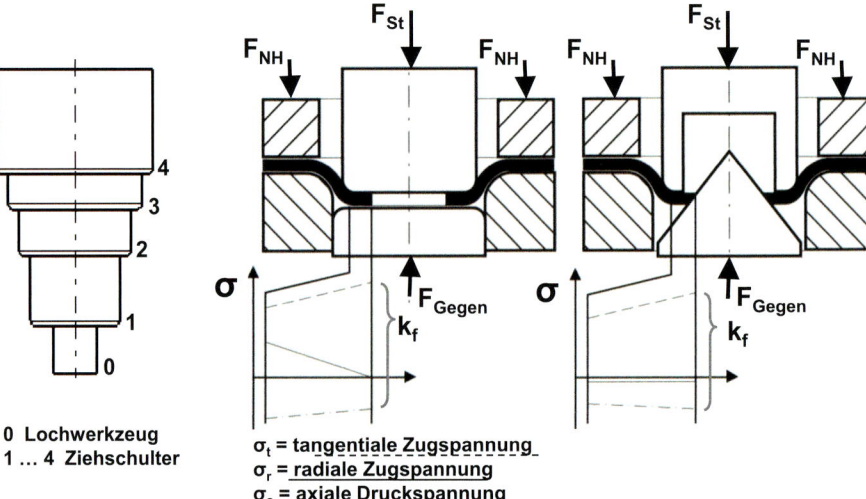

Abb. 4.150: *a) Stempel mit Ziehschulter; b) Druckspannungsüberlagerung mittels axialen Gegenhalter und c) mittels radialen Gegenhalters*

0 Lochwerkzeug
1 … 4 Ziehschulter

σ_t = tangentiale Zugspannung
σ_r = radiale Zugspannung
σ_a = axiale Druckspannung
k_f = Fließspannung

a.) Stempel mit 4 Ziehschultern   b.) Mit axialem Gegenhalter   c.) Mit radialem Gegenhalter

4.3.2 Verfahrensprinzip des Kragenziehens bei Rohren

Vorloch | **Vorform** | **Werkstück**

F_{NH}=Niederhalter, F_{St}=Stempelkraft, F_{Gegen}=Gegenhalter, F_N=Nachschiebekraft

a) Folgeverbundwerkzeug

b) Radiales Nachschieben

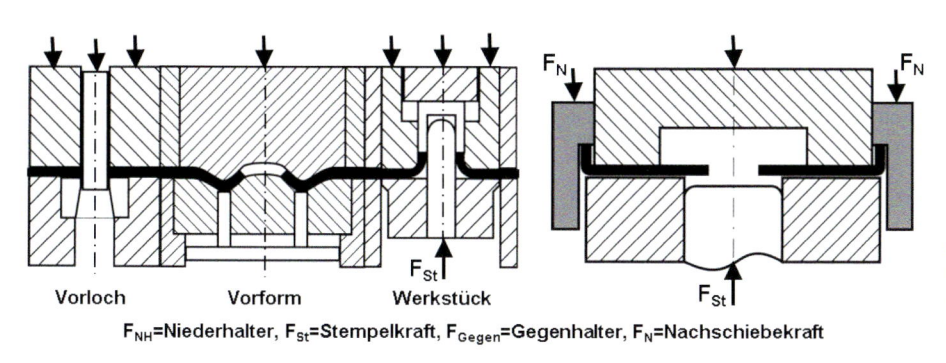

Abb. 4.151: Laterale Werkstoffverschiebung in die Umformzone durch die Verfahrenskombination: a) Folgeverbundwerkzeug, b) radiales Nachschieben

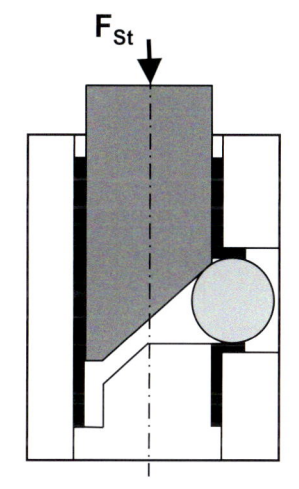

Abb. 4.152: Kragenziehen an dünnwandigen Rohren

Kragen) verwendet. Für kleinere Rohrdurchmesser (Innendurchmesser kleiner 100 mm) mit Blechdicken unter 3 mm werden hauptsächlich Kugeln für die Kragenherstellung verwendet. Bei größeren Durchmessern kommen Aufweitköpfe mit Zugstangen oder rotierende Spreizwerkzeuge zum Einsatz. Das Kragenziehen an Rohren wird beispielsweise bei der Fertigung von Tretlagergehäusen für Fahrräder eingesetzt (Abb. 4.152).

Literatur zu Kapitel 4.3

Fischer, H.; Kaiser, F.: Ergebnisse der Untersuchung über Langloch- und Rechteckdurchzüge. Umformtechnik 6 (1972) 3, S. 41-47.

Gebrauchsmuster-Anmeldung P.A.177727-7.4.65, München, 1965.

Graf, W.-D.; Hofmann, C.: Ziehen unrunder Kragen an Blechformteilen. Blech Rohre Profile 41 (1994) 9, S. 527-531.

Hilbert, H. L.: In Hütte: Taschenbuch für Betriebsingenieure. Band 1, Wilhelm Ernst und Sohn, Berlin, S. 233ff.

Hilbert, H.: Das Durchziehen. Blech 14 (1967) 9, S. VI,1-VI,5.

Hilbert, H.: Stanzereitechnik (Band 1). Carl Hanser Verlag, München, Wien 1970.

Kienzle, O.; Timmerbeil, F.W.: Das Durchziehen enger Kragen an Fein- und Mittelblechen. Forschungsberichte des Wirtschafts-und Verkehrsministeriums Nordrhein-Westfalen, Westdeutscher Verlag, Köln und Opladen 1955.

Kienzle, O.; Timmerbeil, F.W.: Herstellung und Gestaltung durchgezogener enger Kragen an Fein- und Mittelblechen. Mitteilungen der Forschungsgesellschaft Blechverarbeitung, Düsseldorf 1953, S. 250-252, und 1954, S. 2-9, 41-43, 66-70.

Küppers, W.: Das Verhalten nichtrostender Feinbleche beim Kragenziehen. Blech Rohre Profile (1971) 10, S. 403-409.

Lange, K.: Umformtechnik. Bd. 3: Blechbearbeitung. Springer-Verlag, Berlin, Heidelberg 1990.

Nakamura, K.; Nakagawa, T.: Hydraulic Counter Pressure Forming of Tube with Flange. Journal of the JSTP 27 (1986) 310, S. 1298-1304.

Oehler, G.; Kaiser, F.: Schnitt-, Stanz- und Ziehwerkzeuge. Springer-Verlag, Berlin, Heidelberg 1973, S. 276-283.

Offenlegungsschrift der Firma Profil Verbindungstechnik GmbH & Co. KG, DE 10218814 A1.

Otto, M.: Erweiterung der Umformgrenzen beim Tiefziehen und Kragenziehen durch Nachschieben von Werkstoff. Dissertation, Universität Magdeburg, 2003.

Pehlgrimm, K.: Das Stechen von Blechdurchzügen für Gewinde ohne Vorlochung. Werkstatt und Betrieb 95 (1962) 10, S. 709-712.

Petzold, W.: Untersuchungen zur umformtechnischen Fertigung von Ergänzungsformen an Blechteilen. Dissertation, TH Magdeburg, 1985.

Petzold, W.; Reps, D.: Herstellung von Durchzügen an Blechteilen. Blech Rohre Profile 46 (1999) 5, S. 54-60.

Romanowski, W.: Das Anfangstadium beim Tiefziehen. Fertigunstechnik und Betrieb 17 (1967) 10, S. 611-613.

Schlagau, S.: Kragenziehen mit Gegenhalter verringert die Rissgefahr. Bänder Bleche Rohre, 1986, S. 9-12.

Schlagau, S.: Verfahrensverbesserung beim Kragenziehen durch Überlagerung von Druckspannungen. Dissertation, TH Darmstadt, 1988.

Schmöckel, D.: Kragenziehen. In: Spur; Stöferle: Handbuch der Fertigungstechnik Band 2/3 Umformen und Zerteilen, Carl Hanser Verlag, München, Wien 1985, S. 1264-1269.

Storoschew, M. W.; Popow, E. A.: Grundlagen der Umformtechnik. VEB Verlag Technik, Berlin 1968.

Wilken, R.: Das Biegen von Innenborden mit Stempeln. DFBO-Mitteilung (1958) 3, S. 56-63.

Wilken, R.: Das Biegen von Innenborden mit Stempeln. Dissertation, TH Hannover, 1957.

Normen und Richtlinien

DIN 7952:	Blechdurchzüge mit Gewinde. Deutsches Institut für Normung, Berlin 1986.
DIN 8580:	Fertigungsverfahren. Deutsches Institut für Normung, Berlin, September 2003.
DIN 8584-5:	Fertigungsverfahren Zugdruckumformen, Teil 5: Kragenziehen. Deutsches Institut für Normung, Berlin, September 2003.
DIN EN 20898-2:	Mechanische Eigenschaften von Verbindungselementen Muttern mit festgelegten Prüfkräften, Teil 2. Deutsches Institut für Normung, Berlin, 1994.
VDI-Richtlinie 3359 (1.71):	Blechdurchzüge; Fertigungsverfahren und Werkzeuggestaltung. Verein Deutscher Ingenieure, 12/1986.

4.4 Drücken

Mathias Liewald, Christian Bolay

4.4.1 Einführung

Das Drücken gehört zu den ältesten Umformverfahren für rotationssymmetrische Bauteile aus metallischen Werkstoffen. Bereits in der ägyptischen Hochkultur und später in mittelalterlichen Kupferschmieden war das Verfahren zum Aufdrücken einer drehenden Ronde auf eine Form mit anschließender Glättung bekannt (De Vries 1980). Das aus dem Handwerk des Metalltreibens entstandene Verfahren des Drückens erfordert trotz moderner Anlagen bis heute, vor allem bei komplizierten und großen Bauteilen, ein hohes Maß an handwerklichem Geschick. Abbildung 4.153 stellt die Einordnung des Drückens in die Fertigungsverfahren nach DIN 8584 Teil 4 dar. Für diese Einteilung wird die im Werkstück wirksame Spannung während des Umformens zugrunde gelegt. Die Definition für dieses Verfahren lautet: „Zugdruckumformen eines Blechzuschnittes (je nach Werkstoff, auch einer Folie oder Platine) zu einem Hohlkörper oder das Verändern des Umfanges eines Hohlkörpers, wobei ein Werkzeugteil (Drückform, Drückfutter) die Form des Werkstückes enthält und mit diesem umläuft, während das Gegenwerkzeug (Drückwalze, Drückstab) nur örtlich angreift. Eine Veränderung der Blechdicke ist nicht beabsichtigt. In besonderen Fällen kann auf eine Drückform verzichtet werden." Das Drücken erfolgt mittels einer lokalen Umformung in zeitlichem Fortschritt, weshalb es zu den inkrementellen Umformverfahren gehört (Leifeld Metal Spinning 2009).

Die DIN 8583 Teil 2 beschreibt das Drückwalzen – auch Abstreckdrücken genannt – als ein Verfahren, das mit einer beabsichtigten Blechdickenänderung unter ausschließlicher Wirkung von Druckspannungen abläuft. Die Einteilung in Abbildung 4.154 unterscheidet zusätzlich das Projizier- und das Zylindrische Drückwalzen (Dreikandt 1973).

4.4.2 Verfahrensprinzip

Das formgebende Werkzeug mit der Innenkontur des Werkstücks für das Drücken wird als Drückfutter bezeichnet (Abb. 4.155). Die Blechronde wird mit einer Andrückscheibe auf das Drückfutter gespannt und rotiert mit der angetriebenen Hauptspindel der Drückmaschine. Das universelle Drückwerkzeug stellt die Drückrolle oder

4.4.2 Verfahrensprinzip

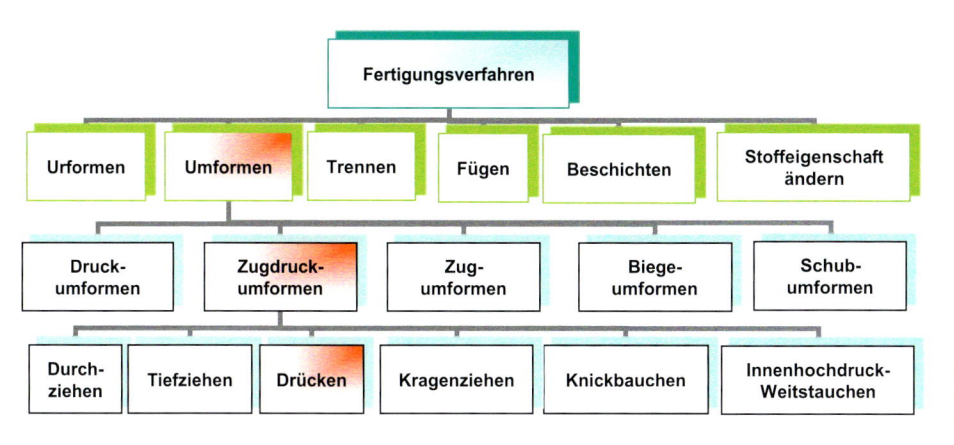

Abb. 4.153: Einordnung des Drückens nach DIN 8584-4

	Verfahren	Vorform	Bedingungen
Zug/Druckumformen (DIN 8584, T4)	Drücken		$D_0 > D_1$ $s_1 \approx s_0$
Druckumformen (DIN 8583, T2)	Projizierdrückwalzen		$D_0 = D_1$ Stirnseiten: $s_1 = s_0$ $s_1 = s_0 \sin \alpha$
	Zylindrisches Drückwalzen Ohne / mit verstärktem Rand / Napf / Platine		$D_0 > D_1$ Boden: $s_1 = s_0$ Zarge: $s_1 = 0,5(D_2 - D_3)$

Abb. 4.154: Einteilung der Drückverfahren

Drückwalze dar, die sich in bogenförmigen Bahnen entlang der Kontur des Drückfutters von innen nach außen und auch bis zum aktuellen Rand des Werkstücks (vgl. Abb. 4.155a) bewegt. Die Mitnahme der Ronde erfolgt über Reibschluss zwischen Drückfutter und Andrückscheibe. Der Umformprozess wird entsprechend der Bauteilgeometrie in verschiedene Umformstufen unterteilt, um Versagen wie Risse oder Überlegfalten am Rande der Blechronde zu vermeiden. Die Bewegung wird meist durch eine CNC-Steuerung vorgegeben. Abschließend wird das Werkstück mit ein bis zwei Walzenübergängen fertig geformt und geglättet. Mit dem Rondengegenhalter kann der Faltenbildung am Werkstückrand entgegengewirkt werden. Das fertige Werkstück, das durch die Anisotropie des Blechs eine Zipfelbildung aufweist, kann am Ende des Prozesses mit der Beschneidevorrichtung auf einen ebenen Rand gelängt werden.

Auf Grund der lokalen Umformung um den Berührungspunkt der Drückwalze treten im Vergleich zu anderen Umformverfahren nur geringe Kräfte auf. Bei hochfesten oder sehr dicken Blechen wirken jedoch große einseitige Umformkräfte, die die Ronde aus der Einspannung hebeln können. Dies führt dazu, dass der Reibschluss zwischen Drückrolle und Ronde nicht mehr gewährleistet werden kann. Durch den Einsatz von mehreren symmetrisch um die Achse der Hauptspindel angeordneten Drückwalzen wird diesem Effekt entgegengewirkt (Abb. 4.156a). Es stellt sich ein Kräftegleichgewicht und somit eine günstigere Spannungsverteilung durch mehrere Umformzonen ein. Die Verwendung mehrerer Drückwalzen verbessert

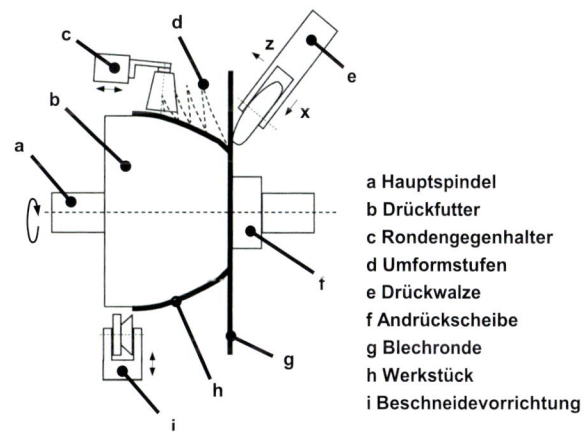

a Hauptspindel
b Drückfutter
c Rondengegenhalter
d Umformstufen
e Drückwalze
f Andrückscheibe
g Blechronde
h Werkstück
i Beschneidevorrichtung

Abb. 4.155: Verfahrensprinzip des Drückens

a) symmetrische Anordnung der Drückwalzen   b) Warmdrücken

Abb. 4.156: Verfahrensvarianten des Drückens (Leifeld Metal Spinning 2009): a) Symmetrische Anordnung der Drückrollen, b) Warmdrücken

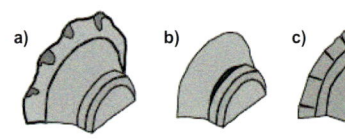

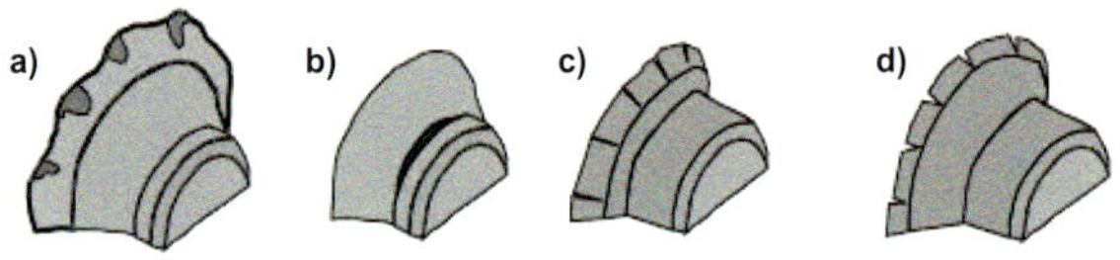

4.4 Drücken

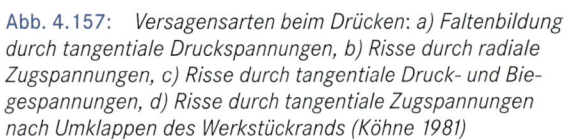

Abb. 4.157: Versagensarten beim Drücken: a) Faltenbildung durch tangentiale Druckspannungen, b) Risse durch radiale Zugspannungen, c) Risse durch tangentiale Druck- und Biegespannungen, d) Risse durch tangentiale Zugspannungen nach Umklappen des Werkstückrands (Köhne 1981)

zusätzlich die Verfahrensgrenze und die Prozessstabilität (Runge 1993). Darüber hinaus kann bei komplexen Bauteilen die Verfahrensgrenze durch Zwischenglühen oder durch eine zusätzliche Erwärmung während des Prozesses erweitert werden (Abb. 4.156 b).

Durch das Drückverfahren können zahlreiche rotationssymmetrische Bauteile mit beliebigen Mantellinien hergestellt werden. Es existieren ebenfalls zahlreiche Varianten wie das Einziehen und Schließen zum Beispiel von Druckflaschenhälsen, das Aufweiten durch Drücken, das Erstellen von Außen- und Innenborden, Profilieren von Verdickungen etc.

Abbildung 4.157 zeigt das Bauteilversagen durch Faltenbildung und Reißer. Der Beginn der Faltenbildung (Abb. 4.157 a) wird durch eine oszillierende Kraftüberlagerung im normalen Kraft-Weg-Verlauf gekennzeichnet. Wird diese Stellgröße zur Korrektur des Verlaufs der Drückrolle verwendet, kann die Faltenbildung verhindert werden (von Finckenstein 1981). Tangentiale Reißer (Abb. 4.157 b) entstehen auf Grund von radialen Zugspannungen bei einer zu großen ersten Umformstufe (vgl. Abb. 4.155) am Drückfutterrand. Radiale Risse treten durch die Faltenbildung (Abb. 4.157 c) und durch das Umklappen des Werkstückrandes in der letzten Umformstufe (Abb. 4.157 d) auf.

4.4.3 Anwendungsbeispiele

Die Verfahren des Drückens werden vor allem für kleine und mittlere Stückzahlen und für Prototypenteile in der Industriellen Praxis angewendet. Maßgeblich hierfür sind folgende Vorteile des Verfahrens:

- universeller und flexibler Einsatz der Umformmaschinen für zahlreiche Bauteilgeometrien,
- relativ kleine Umformkräfte (inkrementelle Kraftwirkung),
- gute Form- und Maßgenauigkeit des Werkstücks,
- Bearbeitung schwer umformbarer Werkstoffe sowie
- geringe werkstückgebundene Werkzeugkosten.

Es können Blechdicken von 0,5 bis 30 mm und Bauteilabmessungen von 10 bis 5000 mm bearbeitet werden. Bis zu einem Rondendurchmesser von 500 mm können Fertigungstoleranzen von +/- 0,1 mm für Wanddicke, die Werkstückform und den Rundlauf realisiert werden (Runge 1993).

Es werden mit diesem Verfahren zahlreiche Bauteile für die Konsumgüterindustrie, den Maschinenbau, die Luft- und Raumfahrt und die chemische Industrie gefertigt. Es werden Riemenscheiben, Behälter, Lüftungsbauteile, Lampenschirme, Wäschetrommeln, Bremszylinder oder Bauteile mit einer Innen- oder Außenverzahnung hergestellt. Darüber hinaus werden Halbzeuge wie Gussteile, Rohre, tiefgezogene Näpfe oder Fließpressteile weiterbearbeitet. Beispiele hierfür sind die Felgenbearbeitung, das Einziehen und Schließen von Gasflaschen und die Reduzierung von Durchmessern von rohrförmigen Werkstücken. Einige Beispiele verschiedener Werkstücke werden in Abbildung 4.158 aufgeführt.

Abb. 4.159: Fertigung großer Bauteile ohne Drückfutter

Abb. 4.158: Beispiele verschiedener durch Drücken hergestellter Werkstücke (Leifeld Metal Spinning 2009)

a) Reflektor   b) Felge   c) Flaschenhälse   d) Getriebebauteil

4.4.3 Anwendungsbeispiele

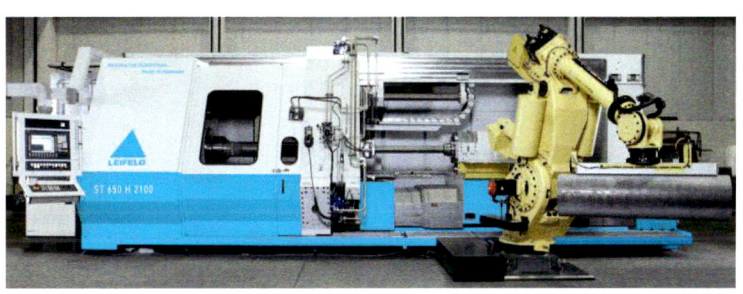

Abb. 4.160: Beispiele moderner Drück- und Drückwalzmaschinen (Leifeld Metal Spinning 2009)
links: Vertikale Drückwalzmaschine zur Felgenherstellung
rechts: Horizontale Automatisierte CNC-Bearbeitung

Für sehr große Bauteile wird in der Regel kein Drückfutter angefertigt, sondern eine Walze als Gegenform verwendet (Abb. 4.159).

Moderne Drückmaschinen verwenden CNC-gesteuerte Steuerungssysteme mit Werkzeugwechselsystemen für die Bewegungskoordination zwischen Werkstückrotation und Drückrollenbahn und automatischem Werkstücktransport (Abb. 4.160). Dies ermöglicht eine freie Programmierung der Umformstufen und erhöht gleichzeitig die Produktivität. Zunehmend werden weitere Fertigungsschritte, wie beispielsweise das Scherschneiden, die spanende Bearbeitung oder Wärmebehandlungen in den Prozess des Drückens integriert.

Literatur zu Kapitel 4.4

De Vries, M.F.; Thomson, H.H.; Thomsen, E.G.: The Manufacture of an Ancient Silver Bowl. J. appl. Metalwork 1 (1980), S. 52-60.

von Finckenstein, E.; Köhne, R.: Zur Technologie des NC-Drückens. WT-Z. ind. Fertig. 71 (1981), S. 231-235.

Köhne, R.: NC-Drücken unter Verwendung eines Programmier- und Erfassungssystems. Industrie-Anzeiger 103 (1981), S. 14-16.

Dreikandt, H.J.: Untersuchung über das Drücken zylindrischer Hohlkörper und Beitrag zur Berechnung der gedrückten Fläche und der Kräfte. Dissertation, TH Stuttgart, Girardet Verlag, 1973.

Runge, M.: Drücken und Drückwalzen. Reihe: Bibliothek der Technik, Bd. 72, Verlag moderne Industrie, Landsberg/Lech 1993.

Ewers, R.: Prozessauslegung und Optimierung des CNC-gesteuerten Formdrückens. Dissertation, Universität Dortmund, Shaker Verlag, Aachen, 2006.

von Finckenstein, E.; Dierig, H.: Drücken. In: Lange, K. (Hrsg.): Handbuch der Umformtechnik, Band 3: Blechbearbeitung. Springer-Verlag, Berlin, Heidelberg 1990, S. 500ff.

N.N.: Fa. Leifeld Metal Spinning GmbH, Maschinen und Technik, Firmenbroschüre, 2009.

Normen

DIN 8584 4: Fertigungsverfahren Zugdruckumformen, Teil 4: Drücken. Deutsches Institut für Normung, Berlin, September 2003.

DIN 8583-2: Fertigungsverfahren Druckumformen, Teil 2: Walzen. Deutsches Institut für Normung, Berlin, September 2003.

4.5 Knickbauchen

Mathias Liewald, Christian Bolay

4.5.1 Einführung

Das Knickbauchen kommt hauptsächlich an Rohren oder axialsymmetrischen Hohlkörpern unter axialem Druck und tangentialem Zug zum Einsatz. Abbildung 4.161 stellt die Einordnung des Knickbauchens in die Fertigungsverfahren nach DIN 8584 Teil 6 dar. Die Definition für dieses Verfahren lautet: „Zugdruckumformen zum örtlichen Erweitern oder Verengen eines Hohlkörpers durch Einwirkung von Druckkräften in Längsrichtung, die zu einem Ausknicken des Werkstückes nach außen oder innen, d. h. quer zur Richtung dieser Druckbeanspruchung führen."

4.5.2 Verfahrensprinzip

Beim Knickbauchen nach außen wird über den ringförmigen Stempel in axialer Richtung stirnseitig eine Druckkraft auf das Werkstück aufgebracht, wodurch dieses lateral zur Krafteinleitungsrichtung ausknickt. Die nicht abgestützten Werkstückbereiche werden im Freiraum zwischen Stempel und Matrize umgeformt und tangential gedehnt. Das Werkstück wird dabei zeitgleich mit dem Innenstempel abgestützt. Prinzipiell ist das Knickbauchen nach außen (Abb. 4.162 a) die einfachere Verfahrensvariante, vor allem bei zylindrischen Bauteilgeometrien mit einem Verhältnis des Durchmessers zur Blechdicke kleiner als 50.

Das Knickbauchen nach innen (Abb. 4.162 b) stellt die schwierigere Verfahrensvariante dar, da größere Bereiche des Werkstücks in der Matrize nur unzureichend abgestützt werden können. Um das Werkstück exakt an der gewünschten Position umzuformen bzw. ein geziel-

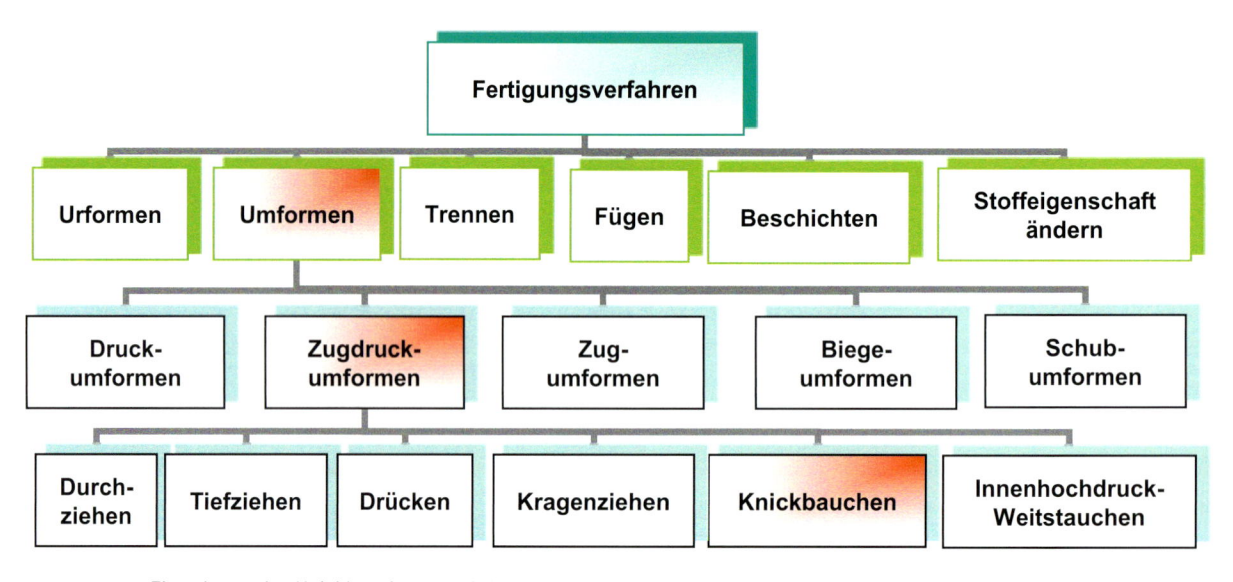

Abb. 4.161: *Einordnung des Knickbauchens nach DIN 8584-6*

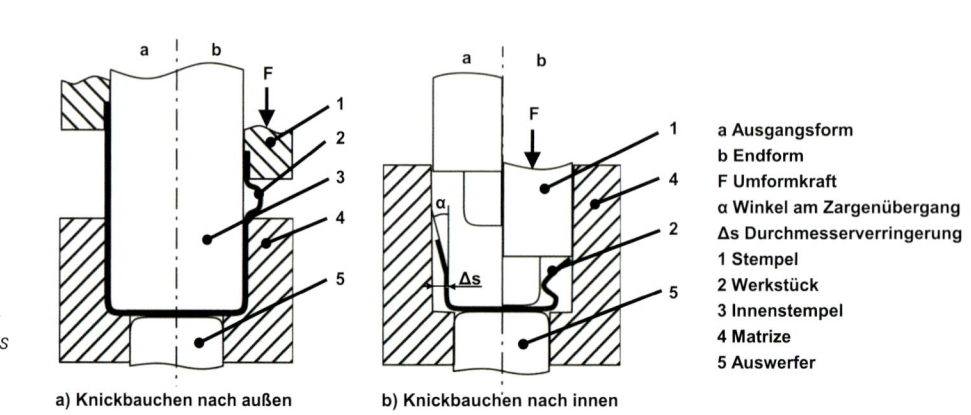

Abb. 4.162: *Verfahrensprinzip des Knickbauchens a) nach außen und b) nach innen*

a) Knickbauchen nach außen

b) Knickbauchen nach innen

a Ausgangsform
b Endform
F Umformkraft
α Winkel am Zargenübergang
Δs Durchmesserverringerung
1 Stempel
2 Werkstück
3 Innenstempel
4 Matrize
5 Auswerfer

Lokales Verjüngen mit einem Gummiring

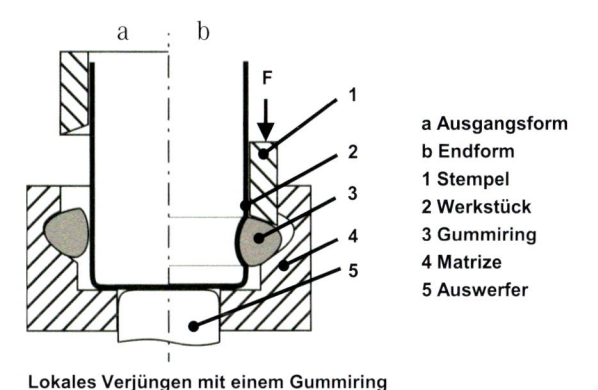

Abb. 4.163: *Vorstufe des Knickbauchens nach innen*

a Ausgangsform
b Endform
1 Stempel
2 Werkstück
3 Gummiring
4 Matrize
5 Auswerfer

tes Ausknicken lokal zu erzwingen und um unerwünschte Formabweichungen zu verhindern, kommen folgende Maßnahmen in Betracht:

- Der Durchmesser der Zarge wird unter einem Winkel größer als 15° auf einen geringeren Durchmesser verringert (um Δs). Im Übergang zum kleineren Durchmesser bildet sich unter einer Druckbelastung der Knick nach innen aus (vgl. Abb. 4.162).
- Mit einem Gummiring, der durch einen Stempel elastisch verformt wird, kann die spätere Zone des Knickbauchens lokal tailliert werden und führt so zu einer hinreichenden Vorverformung (Abb. 4.163).
- Mittels einer lokalen Temperaturerhöhung kann die Knickspannung im gewünschten Bereich reduziert werden.

4.5.3 Anwendungsbeispiele

Für eine reproduzierbare und robuste Fertigung müssen präzise Werkzeuge mit angemessenen Fertigungstoleranzen vorhanden sein. Der Beschnitt des Werkstücks spielt eine wichtige Rolle, da über diesen die Krafteinleitung erfolgt (vgl. Abb. 4.162). Die Krafteinleitung kann durch einen Stempel mit einer zusätzlichen seitlichen Abstützung des Werkstücks verbessert werden. Beim Knickbauchen nach außen werden Belüftungsbohrungen im Stempel empfohlen, da der entstehende Unterdruck sonst zu unerwünschten Verformungen des Werkstücks führt.

Mit dem Knickbauchen werden in der Regel dünnwandige Rohrabschnitte oder Näpfe aus Blech umgeformt. Hier handelt es sich meist um mehrere Folgeoperationen in Kombination mit anderen Umformoperationen, wie z. B. dem Prägen, dem Bördeln oder dem Kragenziehen.

Anwendung findet das Verfahren des Knickbauchens als Fügeelement für weitere Bauteile, wie z. B. als Anschlag, als axiale Sicherung für Riemenscheiben. Abbildung 4.164 zeigt drei Bauteilbeispiele, die durch Knickbauchen hergestellt werden können (Oehler 1973).

Literatur zu Kapitel 4.5

Hilbert, H.: Stanzereitechnik, Band 2, 5. Aufl., Carl Hanser Verlag, München, Wien 1970.

Oehler, G.; Kaiser, F.: Schnitt-, Stanz- und Ziehwerkzeuge. Springer-Verlag, Berlin, Heidelberg 1973.

Norm

DIN 8584-6: Fertigungsverfahren Zugdruckumformen, Teil 6: Knickbauchen. Deutsches Institut für Normung, Berlin, September 2003.

4.6 Innenhochdruck – Umformen (IHU)

Bernd Engel, Rainer Steinheimer

4.6.1 Innenhochdruck-Verfahren

Bei Innenhochdruck-Verfahren erbringt der Druck eines flüssigen Mediums die Umformkraft. Es handelt sich daher um druckbasierte Umformverfahren. Diese sind eingeteilt (Abb. 4.165) in das Innenhochdruck-Umformen, das Innenhochdruck-Trennen und das Innenhochdruck-Fügen (VDI-Richtlinie 3146).

Die Herstellung von Bauteilen erfordert oft den Einsatz mehrerer Verfahren, die auch in einem Werkzeug ausgeführt werden können.

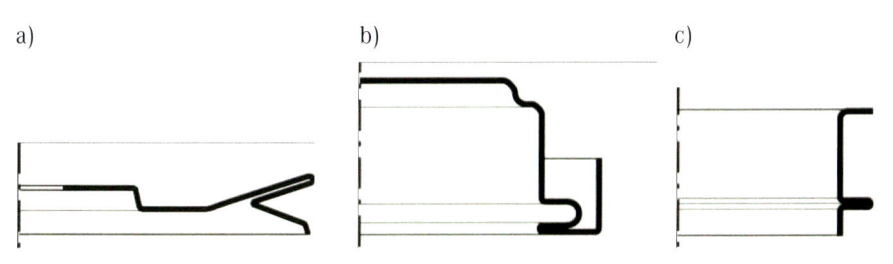

Abb. 4.164: *Durch Knickbauchen hergestellte Bauteile*
a) *Ventilatorriemenscheibe*
b) *Tragrollenpresskörper*
c) *Ringkompensator*

4.6.2 Innenhochdruck-Umformen

Das Innenhochdruck-Umformen wird meist zur Ausformung von Hohlbauteilen eingesetzt. Die dem IHU-Prozess zugeführten Rohteile sind hierbei Rohre, die auch gebogen sein können. Zur Anpassung an die Bauteilgeometrie werden ggf. auch weitere Vorformoperationen durchgeführt. Halbzeuge sind zumeist längsnahtgeschweißte Stahlrohre. Es werden jedoch auch stranggepresste Aluminiumhohlprofile, die mit produktangepassten Querschnitten produziert werden können, eingesetzt. Wesentlichen Einfluss auf das Umformergebnis besitzen die Halbzeugeigenschaften (Steinheimer 2006; von Breitenbach 2006). In der VDI-Richtlinie 3146, Blatt 1, werden die im Laufe der geschichtlichen Entwicklung entstandenen Verfahrensvarianten (Abb. 4.166) nach den in der Umformzone wirkenden Spannungen eingeteilt (Engel 1996).

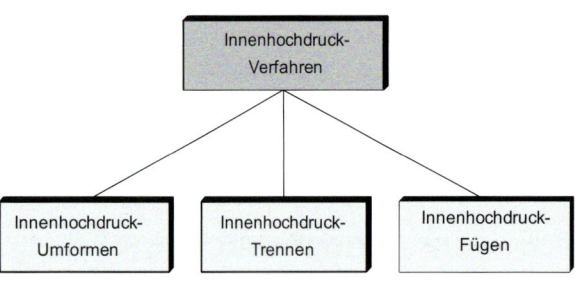

Abb. 4.165: Einteilung der Innenhochdruck-Verfahren (VDI-Richtlinie 3146)

Zur Herstellung komplexer Bauteile werden oft Verfahrensvarianten kombiniert. In der industriellen Praxis wird meist ein Rohr aufgeweitet und gleichzeitig in axialer Richtung gestaucht. Nach der Kalibrierung können Trenn- oder Fügeoperationen erfolgen.

4.6.2.1 Verfahrensablauf beim Innenhochdruck-Umformen

Die Auslegung des Verfahrensablaufs erfolgt bauteil- und anlagenspezifisch. Prinzipiell wird jedoch das Rohteil in eine Hälfte eines zweigeteilten Werkzeugs eingelegt (Abb. 4.167). Die Gravur des Werkzeugs bildet die Außengeometrie des Bauteils ab. Diese Gravur kann durch bewegliche Werkzeugelemente während des Prozesses variabel gestaltet sein. Nach dem Schließen der Werkzeughälften fahren zwei an Hydraulikzylindern befestigte Dichtstempel an die Rohteilenden heran. Die Stempel dichten das Rohteil zunächst nicht vollständig ab. Nun wird das Hochdruckmedium mittels einer Vorfüllpumpe in den Innenraum des Rohteils eingebracht. Die Luft entweicht dabei durch einen kleinen Spalt zwischen den Stempeln und dem Rohteil. Nach Abschluss der Befüllung dichten die Stempel vollständig ab und der Aufbau des Innenhochdrucks beginnt. Unter der Wirkung des Innenhochdrucks, dem Nachschieben der Dichtstempel sowie eventueller weiterer Werkzeugelemente und Hilfsstempel wird nun die Bauteilgeometrie ausgeformt. Liegt das Werkstück weitgehend an der Werkzeuggravur an, wird die Endkontur durch weitere Innendruckerhöhung kalibriert. Hierbei werden enge Radien vollständig ausgeformt. Der Kalibrierdruck kann anschließend zur Durchführung von Trennverfahren genutzt werden. Hierauf wird der Innenhochdruck abgebaut, und die Dichtstempel fahren in ihre Ausgangsposition zurück, wobei das Druckmedium aus dem Bauteil herausfließt. Nach dem Öffnen der Werkzeughälften wird das ausgeformte Bauteil entnommen.

Am Beispiel in Abbildung 4.167 wird aus einem Rohrabschnitt unter Zuhilfenahme eines Gegenstempels ein Abzweig ausgeformt, an den beispielsweise ein weiteres Rohr angeschweißt werden kann.

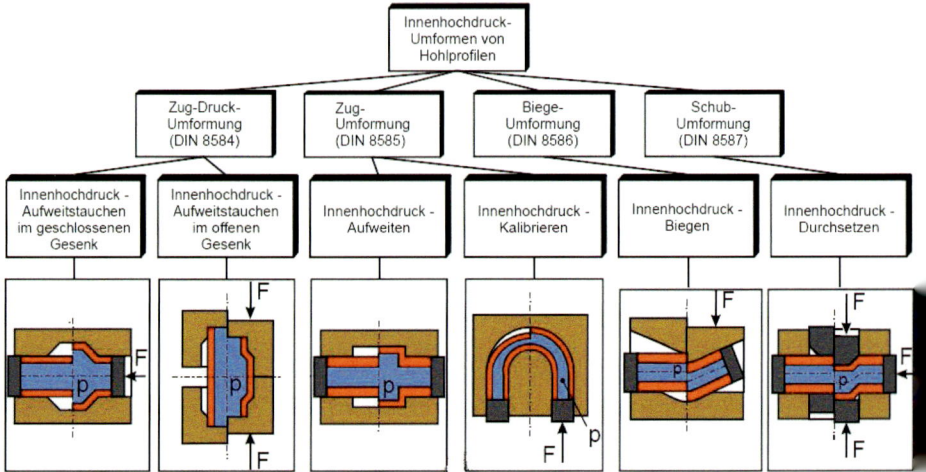

Abb. 4.166: Einteilung des Innenhochdruck-Umformens von Rohren

4.6.2 Innenhochdruck-Umformen

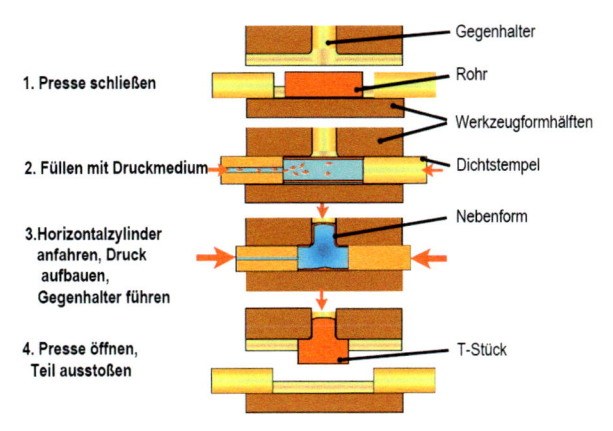

Abb. 4.167: *Verfahrensablauf beim IHU-Prozess am Beispiel eines T-Fittings (Schuler GmbH 1996)*

Durch Innenhochdruck-Umformen hergestellte Bauteile werden in unterschiedlichen Branchen eingesetzt. Vielfältige Anwendungen finden sich in der Sanitärtechnik, dem Anlagenbau und der Automobilindustrie.

Die ersten Serienanwendungen erfolgten im Armaturenbereich zur Herstellung von Fittings. Sogenannte T-Stücke werden heutzutage mit Durchmessern von 10 bis 600 mm gefertigt. Durch den Einsatz von Mehrfachwerkzeugen sind Ausbringungsmengen von bis zu 100 Stück pro Minute möglich.

4.6.2.2 Phasen beim Innenhochdruck-Umformprozess

Nach dem beschriebenen Verfahrensablauf lässt sich der Innenhochdruck-Umformprozess in nachfolgend beschriebene spezifische Phasen einteilen:

- *Freie Umformphase:*
  Diese Umformphase ist dadurch gekennzeichnet, dass sich das Bauteil unter dem Innendruck und dem Nachschiebeweg der Axialstempel ohne Kontakt zur Werkzeuggravur aufweitet. Der Verlauf der Zwischengeometrien wird durch das Zusammenwirken von axialem Nachschieben der Rohrenden und radialer Umfangsvergrößerung durch den Innendruck erreicht. Die Prozessführung von Innendruck (oder selten auch dem Pumpvolumen) zu dem Nachschiebeweg bzw. die zeitlichen Verläufe von Innendruck und Nachschiebeweg bestimmen den sich einstellenden Geometrieverlauf. Diese Umformphase liegt solange vor, bis die Außenwand des Werkstücks die Gravur erreicht.
- *Werkzeuggebundene Umformung:*
  Wenn das Werkstück in der Aufweitzone die Gesenkgravur berührt, beginnt die werkzeuggebundene Umformung. Sie ist dadurch gekennzeichnet, dass die freie Aufweitlänge im fortlaufenden Prozess zunehmend kleiner wird. Durch diese Stützwirkung auf die Bauteilwand sind steigende Innendrücke erforderlich. In der Phase der werkzeuggebundenen Umformung werden die Rohrenden durch die Axialstempel noch nachgeschoben und fördern Material in die Umformzonen.
- *Kalibrierung:*
  Die Bauteilanlage an die Gravur ist nahezu vollständig. Der hohe Innendruck bewirkt erhebliche Kontaktnormalspannungen zwischen dem Bauteil und der Gravur im Bereich der Nachschiebezone. Die resultierenden Reibkräfte verhindern einen weiteren Materialtransport weitgehend. Zur Ausformung enger Radien wird der Druck bis zum Kalibrierdruck gesteigert. Da die Rohrenden bei der Kalibrierung nachgezogen werden können, werden die Enden ggf. noch einen kurzen Weg nachgeschoben, um eine ausreichende Dichtkraft aufrecht zu erhalten.

Eine Folge von Zwischengeometrien mit der Zuordnung zu den Phasen ist in Abbildung 4.168 gezeigt. Bei diesem Bauteil treten alle Phasen nacheinander in derselben Zone auf. Komplexere Bauteile insbesondere mit bzgl. der Längsachsen gebogenen Geometrien besitzen ggf. mehrere Umformzonen, bei denen die Umformphasen zu verschiedenen Zeiten auftreten können.

Für das betrachtete Bauteil (vgl. Abb. 4.168) treten die eingeordneten Phasen allein und in der Folge der Umformung auf. Grundsätzlich treten die Phasen der freien Umformung und die Phase der werkzeuggebundenen Umformung mit Materialtransport nebeneinander auf. Die Komplexität der Bauteile, insbesondere die der gebogenen Bauteile, führt zu unterschiedlichen Umformbereichen, die sich entsprechend der Verfahrenseinteilung in Bereiche mit Aufweitung, Kalibrierung und Aufweitstauchen unterteilen.

Ein Beispiel für eine Prozessführung ist in Abbildung 4.169 dargestellt. Im Diagramm ist der Innendruck gegen den Nachschiebeweg aufgetragen. Die Unterscheidung der Umformphasen ist anhand der Höhe des Innendrucks möglich. Die Übergänge sind nicht scharf abgegrenzt.

4.6.2.3 Arbeitsdiagramm

Die Auslegung von IHU-Prozessen erfolgt hinsichtlich des Verlaufs von Innendruck und Nachschiebeweg bzw. Axialkraft. Die Prozessgrößen werden in einem Arbeitsdiagramm dargestellt. Ein solches Diagramm ist schematisch in Abbildung 4.170 gezeigt. Das Prozessfenster, in dem Prozessgrößen die Ausformung fehlerfreier Bauteile ermöglichen, wird begrenzt durch die Dichtgerade und die verfahrenstypischen Versagensfälle Faltenbildung,

4.6 Innenhochdruckumformen

Abb. 4.168: Zwischengeometrien und zugeordnete Umformphasen beim Innenhochdruck-Umformen (Quelle: Schuler Group)

freie Umformung | Wkzgebundene Umformung Materialtransport | Wkzgebundene Umformung Kalibrieren

Knicken und Bersten (Klaas 1987). Die Umformung beginnt erst bei ausreichend hohen Werten für Axialkraft und Innendruck, bei der die Fließspannung des Werkstoffs erreicht wird.

Die maßgeblichen Faktoren, die das Prozessfenster eines IHU-Prozesses beeinflussen, sind das Formänderungsvermögen des Rohteils, die tribologischen Bedingungen und die Geometrie des Rohteils. Die Auswirkungen der Einflüsse sind allerdings bauteilspezifisch. Eine allgemeingültige Regel besteht darin, den Innendruck so gering wie möglich zu führen. Der Druckverlauf sollte so hoch sein, dass zu jedem Zeitpunkt die Ausbildung irreversibler Falten verhindert wird. Abbildung 4.171 zeigt die typischen Versagensfälle Knicken, Falten und Bersten.

Die Ursache für das Ausknicken besteht meist in großen Längen, in denen das Rohteil keine Werkzeuganlage besitzt. Dieser Versagensfall tritt daher meist in der nicht werkzeuggebundenen Aufweitphase auf. Faltenbildung entsteht durch das Nachschieben bei zu geringem Innendruck.

4.6.2.4 Versagen durch Bersten

Versagen durch Bersten tritt auf, wenn die Wanddicke des Bauteils durch Abstrecken zu stark verringert wird. Das Versagen kann einerseits auf zu geringes Nachschieben der Rohrenden zurückzuführen sein. Andererseits können hohe Reibkräfte den Werkstofffluss ungünstig beeinflussen und zur Lokalisierung von Dehnungen führen. Daher ist beim IHU die Reibung eine wichtige Einflussgröße. Zudem können auch lokale Geometriemerkmale vorliegen, die nur durch Zugumformung ausgeformt werden können. Drei typische Geometrien, die das Bersten begünstigen, sind in Abbildung 4.172 eingezeichnet.

In Bereich 1 wird der Werkstoff über eine Nebenformgeometrie gestreckt. Der sich einstellende Radius bewirkt eine Zugbeanspruchung auf die benachbarten Gebiete. Dabei bildet sich der Riss bei komplexer Bauteilgeometrie mit großer Aufweitung oder scharfkantigen Übergängen am Werkzeug aus. An scharfkantigen Übergängen wird

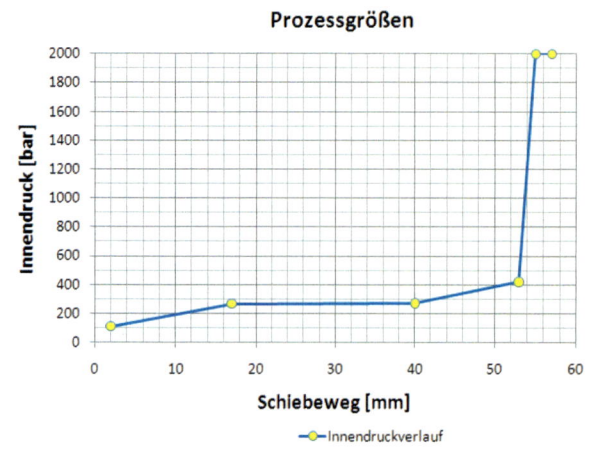

Abb. 4.169: Druck-Weg-Verlauf beim Innenhochdruck-Umformen mit Zuordnung zu den Umformphasen

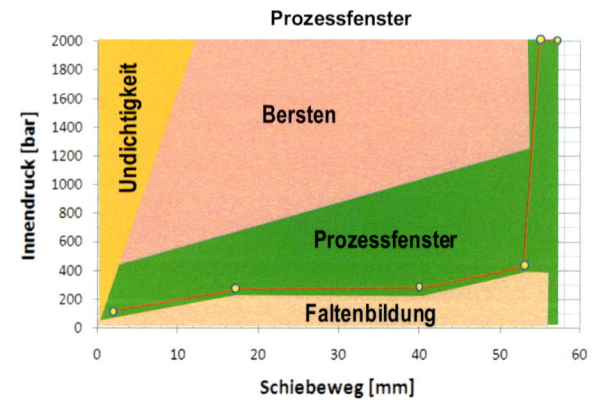

Abb. 4.170: Schematisches Arbeitsdiagramm für das Innenhochdruck-Umformen (Quelle: Dohmann)

Knicken Falten Bersten

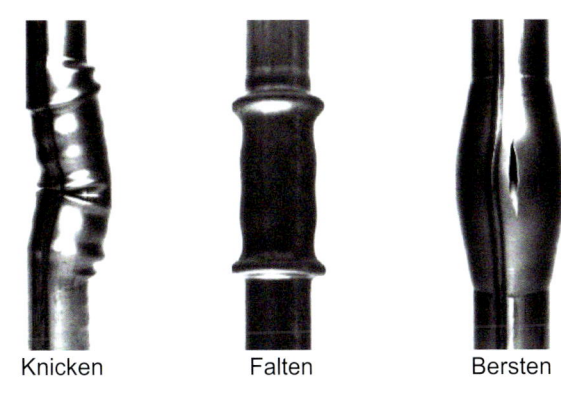

Abb. 4.171: *Typische Versagensfälle beim IHU*

der Werkstoff über die Kanten abgestreckt und bei deutlicher Wandstärkenverminderung bis zum Bruch belastet. Bei Bereich 2 wird örtlich Material in die Vertiefungen der Werkzeuggravur eingeformt. Der enge Radius erfordert einen hohen Innendruck, der ggf. erst nach fast vollständiger Werkzeuganlage erreicht wird. Daher liegen benachbarte Bereiche schon unter hohen Kontaktnormalspannungen an der Gravur an. Von diesen Bereichen kann bei Ausformung des Radius wegen hoher Reibkräfte kein Werkstoff zur Ausformung in den Radius fließen. Daraus resultieren örtlich sehr hohe Dehnungen in Umfangs- und Längsrichtung.

In Bereich 3 wird eine große Aufweitung zur Ausformung benötigt, die das Formänderungsvermögen des Werkstoffes übersteigen kann.

4.6.2.5 Auslegung von IHU-Prozessen

Die Auslegung eines IHU-Prozesses erfolgt meist durch Berechnungen auf Basis der Finiten Elemente. Ziel der Auslegung ist die Optimierung des Prozesses sowie die Generierung von Druck- und Nachschiebeverläufen, die als Startwerte für das Prototyping verwendet werden.
Vor dieser detaillierten Berechnung wird zumeist eine Machbarkeitsstudie durchgeführt. Hierbei werden auch wesentliche Prozessdaten berechnet, die für die Grobauslegung der Werkzeuge und der Umformanlage genutzt werden. Auf dieser Basis kann auch eine erste grobe Kostenabschätzung erfolgen.

4.6.2.5.1 Geometrische Vorauslegung

Basis für die Vorauslegung sind die geforderte Geometrie und die Festigkeitseigenschaften des Bauteils. Die Werkstoffauswahl kann auch durch zusätzliche Anforderungen eingeschränkt sein (Korrosionsbeständigkeit, Temperaturfestigkeit o. ä.). Zur Berechnung wird auf mechanische Werkstoffkennwerte zurückgegriffen. Notwendig sind die Gleichmaßdehnung A_g, die Elastizitätsgrenze R_{eH} sowie die Zugfestigkeit R_m.

Die Vorauslegung erfolgt durch die Schnittanalyse des CAD-Datensatzes des Bauteils. Schnitte werden orthogonal zur Mittelachse des Bauteils definiert. Aus den Umfängen der Schnitte werden die globalen Umfangsdehnungen berechnet (1) und über der Schnittnummer aufgetragen (Abb. 4.173).

$$\varepsilon_U = \frac{U - U_{min}}{U_{min}} \qquad (4.78)$$

Der kleinste Umfang U_{min} wird zunächst als Umfang des Halbzeugs angenommen. Die Dehnungsverteilungen für Halbzeuge mit anderen Umfängen werden ebenfalls analysiert, wenn die Umfangsdehnungen zu groß sind oder wenn auf Vorformoperationen verzichtet werden soll und die Umformgrenzen des Halbzeugs ausreichen. Kleinere Rohre können auch verwendet werden, wenn der Prozess mehrstufig ausgelegt wird, wobei zwischen den Umformstufen Wärmebehandlungen durchgeführt werden. Für Halbzeuge mit kleinerem Durchmesser können ggf. kostengünstigere Werkzeuge genutzt werden. Zudem kann unter Umständen auf Vorformen verzichtet werden.

Durch das Nachschieben der Rohteilenden kann Werkstoff in die Umformzone transportiert werden. Die erreichbare maximale Umfangsdehnung $\varepsilon_{U,max}$ kann dann bei einstufiger Umformung bis zu 1,7 A_g betragen. Der Werkstofftransport in die Umformzone durch Nachschieben ist erschwert, wenn sich eine Biegung nahe der Schiebezone befindet oder das Bauteil bzgl. seiner Längsachse sehr unterschiedliche Umfänge aufweist. Auch bei sehr langen Bauteilen kann nur noch wenig Werkstoff in die Umformzone transportiert werden. Diese Situationen ermöglichen bei einstufiger Umformung nur noch maximale Umfangsdehnungen von ca. 0,9 A_g. Eine besondere Betrachtung ist für Bauteile mit ausgeprägten Nebenform-

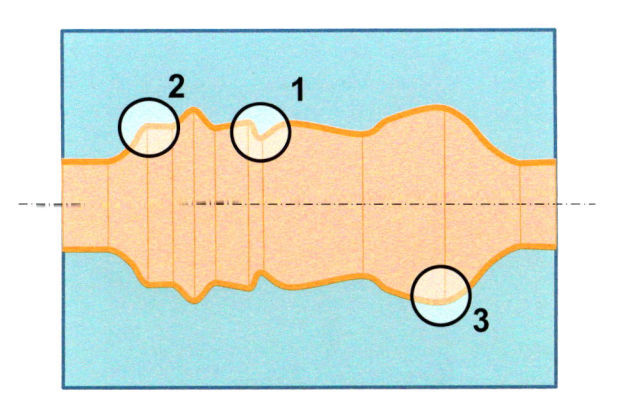

Abb. 4.172: *Bauteil mit Stellen, die durch Bersten gefährdet sind (schematisch)*

4.6 Innenhochdruckumformen

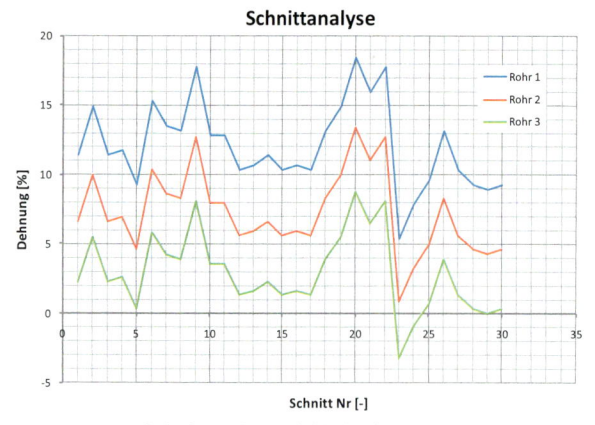

Abb. 4.173: Schnittanalyse mit Verläufen der lokalen Umfangsdehnung für unterschiedliche Rohrdurchmesser

elementen zum Beispiel bei T-Abzweigen notwendig. Eine Übersicht von Grundformen mit zugehörigen möglichen Umfangsdehnungen ist in Abbildung 4.174 dargestellt. Nachschiebewege und Längsumformgrade können daher nur mit Erfahrung abgeschätzt werden. Hiervon werden die Wanddickenverteilungen wesentlich beeinflusst. Meist ist eine bestimmte Mindestwanddicke für das Bauteil erforderlich. Die Wanddicke kann nicht einfach berechnet werden, da einerseits der Werkstofftransport in die kritischen Zonen nicht genau bekannt ist und andererseits auch lokale Geometrieelemente die Abstreckung in Bauteillängs- und Umfangsrichtung beeinflussen können. Unterschiedliche Wanddicken bzgl. des Umfangs entstehen meist wegen Umfangsgeometrien, die stark vom Rohteilquerschnitt abweichen.

4.6.2.5.2 Kalkulation von Drücken und Kräften

Drücke

Die Spannungen in Blechdickenrichtung können beim Innenhochdruck-Umformen im Allgemeinen vernachlässigt werden, da die Blechdicken deutlich kleiner sind als die Länge und der Umfang des Bauteils. Zur Druckberechnung wird das Kraftgleichgewicht der Umfangsspannung σ_u in der Rohrwand der Dicke s und der Kraft, die der Innendruck p_i auf die Innenfläche ausübt, gebildet. Diese Gleichung heißt Kesselgleichung (Gl. 4.79).

$$2 \cdot \sigma_u \cdot l \cdot s - p_i \cdot 2r \cdot l = 0 \quad (4.79).$$

Zur Druckberechnung wird die Kesselformel nach dem Innendruck aufgelöst (Gl. 4.80):

$$p_i = \sigma_u \cdot \frac{s}{r} \quad (4.80).$$

Abb. 4.174: Typische Geometrieelemente mit charakteristischen Prozessparametern

Grundformen beim Innenhochdruckumformen
(ohne Biegung)

Aufweitzone

Aufweitung am geraden Rohr:
- bis zur Länge $5xd_0$ möglich
- bis zu 100% am Ende möglich
- harmonische Übergänge

(werkstoffabhängig bis $2xd_0$; bis $1,2xd_0$; ca. $5xd_0$)

T-Stück (Abgang)

Abgang am geraden Rohr (einseitig geschoben):
- bis zur Position $3xd_0$ möglich bis $1xd_0$
- Winkelabgang >90°

($\geq 90°$; $\leq 1\,xd_0$; bis $1,5\,xd_0$; bis ca. $3xd_0$)

Querschnittsgeometrie

Annähernd freie Querschnittsgestaltung
- Radien $\leq 3xd_0$
- Gesamtumfang Querschnitt entsprechend „Aufweitzone"

(Wandstärke s_0; Aussenradius r_a entspr. Werkzeugkontur; Innenradius $r_i \geq 3xs_0$)

Der Innendruck ist proportional zu Umfangsspannung und Wanddicke. Geringere Radien erfordern höhere Drücke. Während der Umformung sind die Größen nicht konstant. In der Phase der nicht werkzeuggebundenen Umformung steigt der Radius, während die Wanddicke meist sinkt. Durch die Kaltverfestigung des Werkstoffs steigt die Fließspannung.

Für in zwei Richtungen gekrümmte Flächen, zum Beispiel „Kofferecken", kann das geometrische Mittel der beiden orthogonalen Radien r_1 und r_2 eingesetzt werden (Gl. 4.81):

$$r = \frac{r_1 \cdot r_2}{r_1 + r_2} \quad (4.81).$$

Zur Kalkulation der Umfangsspannung wird meist die Gestaltenergieänderungs-Hypothese genutzt, wobei Spannungen in Blechdickenrichtung vernachlässigt werden. Berechnet wird einerseits der Fließdruck, bei dem die Umformung beginnt. Dieser kann als Startdruck für die Phase der nicht werkzeuggebundenen Umformung in der Prozessberechnung eingesetzt werden. Andererseits wird der Kalibrierdruck $p_{i,kal}$ zur Auslegung der Werkzeuge, des Druckerzeugers und der Hydraulikpresse benötigt. Für die Abschätzung dieses Druckes wird der kleinste auftretende Radius berechnet. Wanddicken und Umformgrade werden anhand der Umfangsdehnung geschätzt.

Dichtkraft

Wesentlich beim Innenhochdruckumformen ist die Abdichtung des Bauteiles. Hierfür wurden unterschiedliche Dichtungen entwickelt (Abb. 4.175).

Die Abdichtung basiert entweder auf der lokalen Plastifizierung der Rohrenden bei metallischem Kontakt oder auf der elastischen Verformung von Kunststoffdichtelementen. Beide Typen benötigen eine ausreichende Kraft F_{Dicht} zur Abdichtung gegen den sich ändernden Innendruck. Diese druckproportionale Mindestaxialkraft ist die Dichtgerade im Arbeitsdiagramm. Die Dichtkraft gegen den Innendruck ist das Produkt aus dem Innendruck und der inneren Profilquerschnittsfläche $A_{Profil,innen}$ (Gl. 4.82).

$$F_{Dicht} = p_i \cdot A_{Profil,innen} \quad (4.82)$$

Bei Varianten mit metallischer Dichtung muss zusätzlich die Kraft zur Umformung der Rohrenden aufgebracht werden. Bei dünnwandigen Halbzeugen oder bei Rohteilen mit einer Biegung nahe der Schiebestelle kann diese Kraft bereits zur Ausbildung von Fehlern, wie z. B. Faltenbildung oder Knickung, ausreichen. Gestufte Dichtungen sind für diese Bauteile besser geeignet.

4.6.2.5.3 Prozessgestaltung

Nach Auswahl des Halbzeugs, in der Regel des Ausgangsrohres, werden die für die Fertigung notwendigen Ankonstruktionen für die IHU-Fertigung vorgenommen. Diese Ankonstruktionen bestehen aus den Übergangsbereichen vom gewählten Rohrquerschnitt zum Endquerschnitt des Bauteiles. Werden mehrere Einzelbauteile zu einem IHU-Bauteil zusammengefasst (Fertigung im Strang), sind weitere Übergänge zwischen den Endgeometrien der einzelnen Bauteile zu schaffen. Ein Beispiel ist in Abbildung 4.176 gezeigt.

4.6.2.5.4 Machbarkeitsbeurteilung nach Dehnungsverteilung

Für die Machbarkeitsbeurteilung wird die Finite-Elemente-Simulation angewendet. Grund hierfür sind die in der Regel komplexen Geometrien der IHU-Bauteile, bei denen die lokalen Werkstoffflüsse sowie die auftretenden Versagensfälle nicht mit Auslegungsgleichungen kalkuliert werden können.

Für die FE-Simulation werden die Werkzeuge als Schalen gemäß der Außenkontur der Bauteilgeometrie mit Ankonstruktionen modelliert. Die Trennebene wird so gestaltet, dass das Bauteil ohne Hinterschnitte entnommen werden kann. Die Halbzeugabmessungen und der Werkstoff wurden bereits in der Vorauslegung bestimmt. Für die Vorgabe des Druckverlaufs werden Startdruck und Kalibrierdruck aus der Vorauslegung gewählt. Für die Einga-

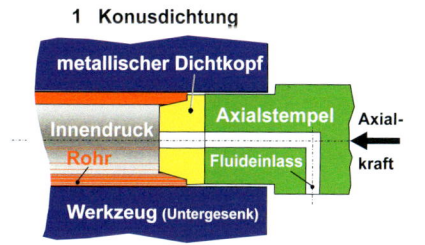

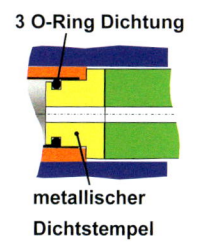

Abb. 4.175: *Andockstempelgeometrien und -mechanismen*

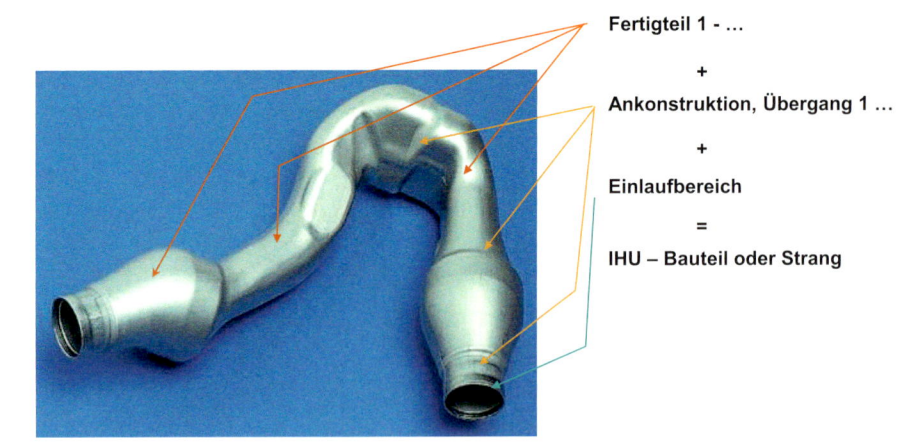

Abb. 4.176: Fertigung im Strang, Bauteile mit An- und Übergangskonstruktionen (Quelle: Fischer Hydroforming)

Fertigteil 1 - ...
+
Ankonstruktion, Übergang 1 ...
+
Einlaufbereich
=
IHU – Bauteil oder Strang

be der Schiebewege werden ebenfalls die Überlegungen aus der Vorauslegung genutzt. Der Reibwert μ zwischen Werkzeug und Werkstück kann zunächst mit einem Wert von μ = 0,07 angenommen werden. Je nach Schmierstoff können auch geringere Reibwerte erreicht werden. Vorgelagerte Umformungen wie Biege- oder Vorformprozesse müssen ebenfalls abgebildet werden, da hierbei bereits eine Wanddickenverteilung erfolgt.

4.6.2.6 IHU-Werkzeuge

IHU-Werkzeuge bestehen grundsätzlich aus einem Ober- und einem Unterteil. Im geschlossenen Zustand bildet die sich ergebende Kavität die Außengeometrie der IHU-Bauteile inklusive der An- und Übergangskonstruktion ab. In seltenen Fällen werden Gravuren so ausgeführt, dass sie die Rückfederung kompensieren (Geometrie vorhalten).

In der einfachsten Bauart werden IHU-Werkzeuge in Monoblockbauweise ausgeführt. In einen Werkzeugblock aus Werkzeugstahl wird die Bauteilgravur mit Übergangskonstruktion und mit den Einlaufbereichen gefräst. Der Einlaufbereich ist der Bereich, der dem Querschnitt des Halbzeugs entspricht. Die Länge dieses Bereiches ist so zu bemessen, dass das Ausgangsrohr zuzüglich des Nachschiebeweges und gewisser Zugaben in der Gravur zu liegen kommt. Diese Einlaufbereiche unterliegen extremen tribologischen Beanspruchungen und neigen daher zu Verschleiß, während die Geometriebereiche weniger stark belastet sind. Aus diesem Grund werden in Monoblockwerkzeugen diese Einlaufbereiche oberflächengehärtet. Hierfür wird häufig das Laserhärten genutzt. Für Serienanwendungen findet man in der Mehrzahl durchgehärtete Einsätze in Einlaufbereichen, die in den Monoblock eingesetzt werden.

Bei höheren Belastungen oder sehr großen Stückzahlen werden Werkzeuge aus einem Grundblock und Formeinsätzen gefertigt. Der Grundblock dient zur Aufnahme der Formeinsätze und der Einlaufkanäle, für die Aufnahme der Säulen und der Kraftabstimmflächen, in einigen Fällen auch zur Aufnahme der Axialeinheiten.

Unter Kraftabstimmflächen versteht man jene Verblockungen im Werkzeug, welche die Kräfte in Längs- und Querrichtung aufnehmen. Da die Trennebene zwischen Ober- und Unterwerkzeug selten als ebene Fläche ausgeführt werden kann, ergeben sich über der Bauteillänge Höhenverläufe. Diese werden so ausgeführt, dass das Bauteil hinterschnittfrei aus der Gravur entnommen werden kann. Der Höhenverlauf der Trennebene in Längs- und Querrichtung führt bei der Umformung durch das sich an die Gravur anlegende Bauteil zu resultierenden Kräften, die durch die Verblockungen aufgenommen werden.

Der Grundblock wird auf einer Grundplatte montiert, auf der sich auch die Konsolen zur Befestigung der Axialeinheiten befinden. Alternativ können die Axialeinheiten auch mit Zugankern am Werkzeuggrundblock befestigt sein. Die Axialeinheiten haben die Aufgabe, das Werkstück abzudichten und Werkstoff entsprechend der Auslegung nachzuschieben. Dabei wird die Axialkraft üblicherweise durch hydraulische Zylinder aufgebracht. An der Kolbenstange werden die Nachschiebestempel mit Dichtköpfen meist mit einem Adapter angebracht. Am Adapter befindet sich der Anschluss für den Hochdruckschlauch, der über die Schnittstelle an der Presse mit dem Druckübersetzer verbunden ist. Typische Werkzeugkonzepte sind in Abbildung 4.177 aufgezeigt.

4.6.2.7 IHU-Anlagen

Zur Herstellung komplexer Geometrien sind meist mehrere aufeinanderfolgende Umformprozesse notwendig. Typische Prozessketten beim IHU bestehen aus Biegeumformung, Vorformoperation, ein- oder mehrstufigem Innenhochdruck-Umformen und dem Endenbeschnitt. Das Einbringen von Löchern kann entwede

4.6.2 Innenhochdruck-Umformen

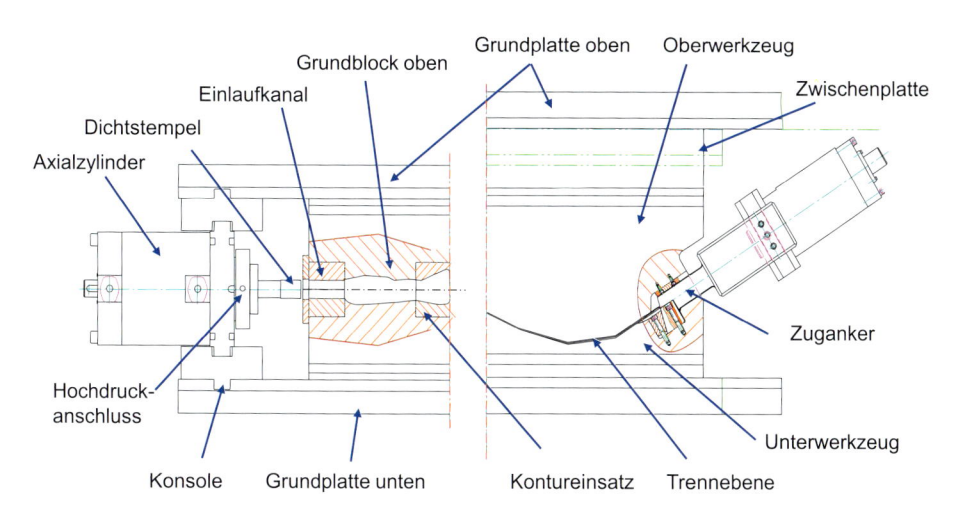

Abb. 4.177: Werkzeugaufbau beim Innenhochdruck-Umformen (Quelle: Schuler Group)

beim Kalibrieren, beim Beschneiden oder nach Entnahme aus dem Werkzeug erfolgen. Vor den Umformoperationen wird das Halbzeug fast immer mit Schmierstoff beschichtet.

Biegeumformungen werden meist durch Rotationszugbiegen oder Freiformbiegen in das Bauteil eingebracht. Ebene Biegungen können auch in Gesenkbiegewerkzeugen erzeugt werden, wobei auch gleichzeitig die Vorformung der Querschnittsform erfolgt. Lassen sich Bauteile auf Grund des Öffnungsquerschnitts des IHU-Werkzeugs in der Trennebene nicht einlegen, weil der Öffnungsquerschnitt zu klein ist, wird eine Vorformoperation benötigt, um die Querschnittsform (z. B. von rund auf oval) anzupassen. Vorformen kann aber auch dazu dienen, eine günstigere Vorform zu gestalten, um in einem vorgelagerten IHU-Prozess Umfänge einzustellen (in diesem Fall entspricht das Vorformwerkzeug einem IHU-Werkzeug).

Nach der Vorformung wird das Rohteil der IHU-Maschine zugeführt. Diese Maschine besteht aus der Zuhaltevorrichtung und dem Druckerzeuger. Die Zuhaltevorrichtung verhindert das Öffnen von Werkzeugober- und untergesenk unter dem Innendruck. Eine überschlägige Kalkulation der Zuhaltekraft $F_{schließ}$ kann mit folgender Gleichung erfolgen:

$$F_{schließ} = p_{i,kal} \cdot A_{Bauteil,Trennebene} \qquad (4.83).$$

Die Zuhaltekraft ist näherungsweise das Produkt aus Kalibrierdruck und der Bauteilfläche in der Trennebene des Werkzeugs. Meist wird hierfür eine hydraulische Presse genutzt. Speziell für das IHU geeignet sind Pressen mit Kurzhubzylindern und einfahrbaren Distanzen. Die Hydraulikaggregate der Pressen werden meist auch zum Antrieb der Hochdruckerzeuger verwendet. Wesentliche Komponenten der Hochdruckanlage sind Füllpumpen zum Befüllen des Bauteils und zur Umwälzung des Fluids, unterschiedliche Filter und dem Hochdruckerzeuger. Dieser ist meist primärseitig als Differentialzylinder aufgebaut, bei dem die Kolbenstange auf der Sekundärseite in einem druckfesten Gehäuse abgedichtet ist und das Umformmedium aus dem Gehäuse verdrängt. Der erreichbare Druck ergibt sich durch den primären Öldruck und das Flächenverhältnis vom Kolben zur Kolbenstange. Außer diesen für das IHU typischen hydraulischen Druckübersetzern können auch andere Hochdruckerzeuger für spezielle Anwendungen genutzt werden.

Nach dem Umformen erfolgt meist das Beschneiden der Bauteilenden. Hierfür werden mechanische Schneidanlagen oder Laser genutzt. Weitere Arbeitsschritte können im Waschen, dem Nummerieren sowie in Prüfungen, Stapel- und Transportvorgängen bestehen.

IHU-Anlagen können unterschiedliche Automatisierungsgrade aufweisen. Für die Fertigung von Großserien in der Automobilindustrie werden häufig mit Robotern verkettete vollautomatisierte Anlagen eingesetzt (Abb. 4.178). Für kleinere Stückzahlen und bei häufigen Produktwechseln können die einzelnen Arbeitsschritte auch auf getrennten Maschinen erfolgen. Die Zwischenprodukte werden dann ggf. zwischengelagert. Die Beschickung der Maschinen erfolgt hierbei meist manuell.

4.6.2.8 Bauteile

Das derzeitige Bauteilspektrum reicht von Designbauteilen über medienleitende Komponenten bis zu tragenden Strukturbauteilen. In der Sanitär-, Heizungs-, Lüftungs- und Klimatechnik werden bereits seit langem

4.6 Innenhochdruckumformen

Abb. 4.178: Anlagenlayout
(Quelle: Schuler Group)

Abb. 4.179: Bauteile aus dem Sanitärbereich
(Quelle: Fischer Hydroforming GmbH, Menden)

IHU-Bauteile zum Beispiel Fittings eingesetzt. Seit etwa 1990 wurden zunächst Abgasteile (Abb. 4.179) und später auch Strukturbauteile für die Automobilindustrie hergestellt. Solche Strukturbauteile sind Dachlängs- und -querträger, Querträger unter der Windschutzscheibe, Schweller sowie Quer- und Längsträger in Bodenstrukturen. Im Fahrwerk kommen IHU-Bauteile als Hilfsrahmen für Motoraufnahmen oder als Achslängs- und Querträger zum Einsatz.

Vorteile bietet der Einsatz von IHU-Bauteilen speziell, wenn durch die Funktion Nebenformelemente oder bzgl. der Längsachse stark variierende Querschnitte erforderlich sind oder gegenüber konkurrierenden Herstellverfahren Bauteilgewicht eingespart werden soll. Diese Gewichtsreduktion beruht einerseits darauf, dass die Bauteile belastungsoptimiert gestaltet werden. Zum Anderen kann die beim IHU-Prozess auftretende deutlich gleichmäßigere Kaltverfestigung der Werkstoffe bzgl. ihrer Längsachse zur Massenreduktion genutzt werden. Alternativ besitzt ein IHU-Bauteil bei gleicher Masse eine höhere statische und dynamische Belastbarkeit. Zusätzliche Vorteile bestehen dann, wenn mehrere verschweißte Tiefziehteile ersetzt werden können. Da die Schweißnähte mit den zugehörigen Flanschen entfallen, entfällt die Korrosionsgefahr in diesen Bereichen. Zudem ist der Kraftfluss günstiger, was auch zu einer höheren Steifigkeit bei geringerem Gewicht führt.

Da IHU-Bauteile meist einteilig hergestellt werden, sind die Werkzeugkosten gegenüber den Werkzeugkosten zur Produktion mehrerer Halbschalen mit anschließendem Schweißen meist geringer. Das zentrale Tragrohr des Vorderachsträgers in Abbildung 4.180 ersetzt bis zu sechs Tiefziehteile. Die Anbauteile zur Komplettierung der Baugruppe können nicht durch Widerstandspunktschweißen gefügt werden.

4.6.3 Innenhochdruck-Trennen

Zum Innenhochdruck-Trennen zählen das Innenhochdruck-Lochen nach außen und nach innen, das Innenhochdruck-Einschneiden, das Innenhochdruck-Stechen und das Innenhochdruck-Durchsetzen mit mechanischem Lochen (VDI-Richtlinie 3146).

Mittels der beiden am häufigsten verwendeten Innenhochdruck-Trennverfahren Innenhochdruck-Lochen und Innenhochdruck-Einschneiden kann das Bauteil durch die Wirkung des Druckmediums nach außen oder durch einen Schneidstempel nach innen gelocht werden. Wird der Butzen nur teilweise vom Bauteil getrennt, spricht man vom Innenhochdruck-Einschneiden. Die Trennmethoden sind in Abbildung 4.181 dargestellt.

Beim Lochen nach innen besteht die erforderliche Lochkraft aus dem Schneidanteil und dem Widerstand gegen den Innendruck. Beim Lochen nach außen ist zu prüfen, ob der Kalibrierdruck zum Schneiden ausreicht (Senft 2009).

4.6.4 Innenhochdruck-Fügen

Das Innenhochdruck-Fügen ist, abgeleitet nach DIN 8593 ein Fügen durch Umformen (VDI Richtlinie 2000). Der Zusammenhalt der Fügeteile kann sowohl durch Kraft

Abb. 4.180: *Vorderradträger, Längsträger (Quelle: Schuler Group)*

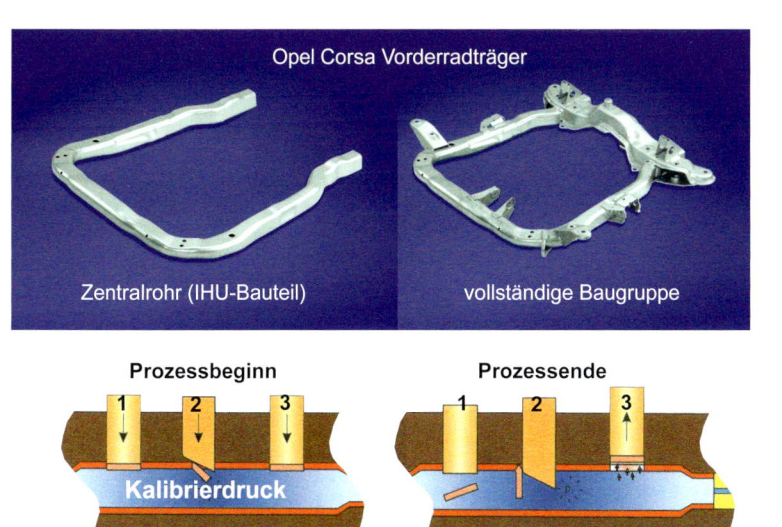

Abb. 4.181: *Innenhochdruck-Trennverfahren (Quelle: Schuler Group)*

schluss als auch durch Formschluss realisiert werden. Bei kraftschlüssigen Verbindungen von Hohlprofilen wird die Rückfederung des Außenbauteiles zur Erzeugung des Kraftschlusses ausgenutzt. Eine sorgfältige Auslegung des Verbundes erfolgt durch Berücksichtigung des Fügespaltes und der Werkstoffkombination von Innen- und Außenteil. Ein im Serieneinsatz angewendetes Innenhochdruck-Fügen ist die gebaute Nockenwelle.

4.6.5 Verfahrenserweiterungen

Neben dem Innenhochdruck-Umformen von Rohren wurde auch das IHU von Blechen untersucht. Das Verfahren wird industriell lediglich für Bauteile eingesetzt, die in sehr kleinen Stückzahlen produziert werden.
Auch thermisch unterstützte Innenhochdruckverfahren haben sich bisher nicht durchgesetzt. Untersuchungen hierzu wurden an unterschiedlichen Forschungsinstituten durchgeführt. Eine Variante ist das Heatforming®, bei dem das temperierte Rohteil durch ein Gas umgeformt wird.
Nahe verwandt zum Innenhochdruck-Umformen ist das Hydromechanische Tiefziehen. Hierbei wird ein Blechzuschnitt mit einem Stempel tiefgezogen. Das Wirkmedium fungiert als Ziehmatrize. Da die Umformkraft durch den Stempel aufgebracht wird, handelt es sich um ein wirkmedienunterstütztes Verfahren.

Literatur zu Kapitel 4.6

Birkert, R.; Sünkel, R.: Umformen mit Wirkmedien im Automobilbau. Die Bibliothek der Technik, Band 230, Verlag Moderne Industrie, Landsberg/Lech 2002.

Breitenbach, G. von: Methode zur Analyse, Bewertung und Optimierung der Prozesskette Profilieren längsnahtgeschweißter Rohre für das Innenhochdruck-Umformen. Dissertation, Technische Universität Darmstadt, 2006.

Engel, B.: Verfahrensstrategie zum Innenhochdruck-Umformen. Dissertation, Technische Hochschule Darmstadt, 1996.

Klaas, F.: Aufweitstauchen von Rohren durch Innenhochdruckumformen. Dissertation, Universität GH Paderborn, 1987.

Liewald, M. (Hrsg.): Hydroumformung von Blechen Rohren und Profilen, Band 6. MAT INFO Werkstoff-Informationsgesellschaft mbH, Frankfurt/M. 2010.

Neugebauer, R. (Hrsg.): Hydro-Umformung. Springer-Verlag, Berlin, Heidelberg 2007.

Prier, M.: Die Reibung als Einflussgröße im Innenhochdruck-Umformprozess. Dissertation, Technische Universität Darmstadt, 2000.

Schuler GmbH (Hrsg.): Handbuch der Umformtechnik. Springer-Verlag, Berlin, Heidelberg 1996.

Senft, M.: Prozesskettenintegriertes sicheres Lochen von IHU-Bauteilen. Dissertation, Universität Bremen, 2009.

Steinheimer, R.: Prozesssicherheit beim Innenhochdruck-Umformen. Dissertation, Technische Universität Darmstadt, 2006.

VDI-Richtlinie 3146, Blatt 1: Innenhochdruck-Umformen, Grundlagen. Beuth Verlag, Berlin 1999.

Zugumformen

5.1 Längen 555
    5.1.1 Strecken 555
    5.1.2 Streckrichten 555

5.2 Weiten 557
    5.2.1 Weiten mit Werkzeugen 557
    5.2.2 Weiten mit Wirkmedien 559
    5.2.3 Weiten mit Wirkenergie 561

5.3 Tiefen 562
    5.3.1 Streckziehen 562
    5.3.2 Hohlprägen mit starren Werkzeugen 566
    5.3.3 Hohlprägen mit nachgiebigen Werkzeugen 566
    5.3.4 Tiefen mit Wirkmedien 568
    5.3.5 Tiefen mit Wirkenergie 569

Heinz Palkowski, Dieter Schmöckel

Zugumformen ist nach DIN 8585-1 das Umformen eines festen Körpers, wobei der plastische Zustand im Wesentlichen durch eine ein- oder mehrachsige Zugbeanspruchung herbeigeführt wird. Unterschieden wird zwischen den Verfahren Längen, Weiten und Tiefen, die nachfolgend vorgestellt werden.

5.1 Längen

Das Längen ist nach DIN 8585-2 die Zugumformung eines Werkstückes durch eine von außen aufgebrachte, in der Werkstücklängsachse wirkende Zugkraft, die eine Dehnung des Werkstücks in Richtung der Zugbelastung bewirkt. Die beiden wichtigsten Vertreter dieser Verfahrensgruppe sind das Strecken und das Streckrichten.

5.1.1 Strecken

Beim Strecken wird das Werkstück einfacher Geometrie in Kraftrichtung gelängt, wobei die Wirkrichtung der Umformmaschine nicht zwingend mit der Wirkrichtung der Zugkraft zusammen fallen muss. Dieses Verfahren wird z. B. eingesetzt, um eine Endabmessung einzustellen oder auch, um durch den (teil-)plastischen Zustand Eigenspannungen zu reduzieren. Dazu werden Plattenstrecker eingesetzt, die im Wesentlichen aus einem verfahrbaren und einem feststehenden, aber verstellbaren Reckkopf bestehen (Gerhard 1974). Der verfahrbare Reckkopf stützt sich über Drucksäulen gegen den verstellbaren Teil ab. Der verstellbare Reckkopf lässt sich zwecks Anpassung an die verschiedenen Plattenlängen in kurzen Abständen mit den Säulen verriegeln. Beide Reckköpfe sind zum Fassen der Plattenenden mit Greifeinrichtungen ausgerüstet (Hertl 1960; Schlosser 1975).

Ein charakteristisches Beispiel für einen Streckvorgang stellt der Zugversuch nach DIN 10002-1 dar, bei dem zur Ermittlung der mechanischen Kennwerte wie Streckgrenze, Zugfestigkeit und Bruchdehnung eine Rund- oder auch Flachprobe bis zum Versagen derselben durch Bruch gelängt wird.

Bei der Umformung von blechförmigen Bauteilen findet reines Strecken ohne eine Werkzeugberührung kaum Anwendung, hingegen findet das Längen mittels Streckung in der ersten Verfahrensstufe des Tangentialstreckziehens Anwendung (vgl. Kap. 5.3.1).

5.1.2 Streckrichten

Das Streckrichten wird zur Beseitigung geometrischer Formabweichungen wie Welligkeiten oder Ausbeulungen an flächigen Bauteilen oder auch Rohren und Stäben durch Längen des Körpers eingesetzt. Dabei wird das Werkstück bei vorliegender Unplanheit durch eine Zugbelastung oder auch kombiniert mit einer Druckbelastung örtlich über die Fließgrenze hinaus beansprucht und damit lokal umgeformt.

Selten wird noch das ältere, im Flugzeugbau erprobte Junkers-Verfahren eingesetzt, üblich hingegen ist noch das Eckold-Verfahren (Fa. Eckold). Bei diesem kommen Spezialwerkzeuge – Ober- und Unterwerkzeug – mit schwenkbar gelagerten Lamellen zum Einsatz, die entweder direkt an das Blech angreifen (Abb. 5.1 a) oder den Kraftschluss durch Verklammerung über einen mit Zähnen versehenen Vorschubkamm (Abb. 5.1 b) aufbringen. Letztgenannte Variante ist die gebräuchlichere.

Die schwenkbaren Lamellen sind dabei in halbkreisförmigen Lagern aufgehängt und werden von einer durchbrochenen Platte gehalten. Eine darunter befindliche

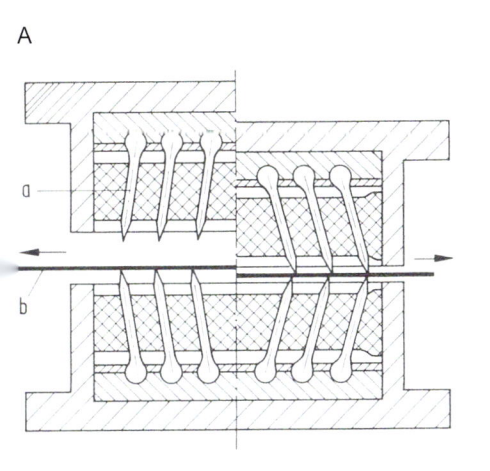

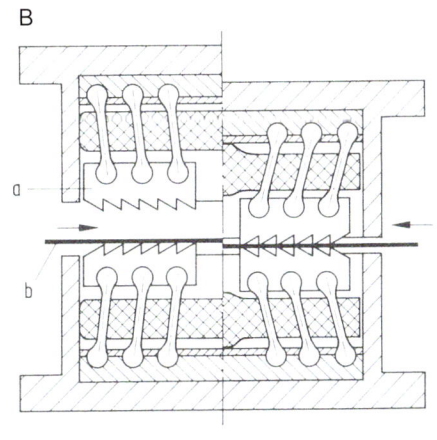

Abb. 5.1: Lamellen-Streckrichtwerkzeug mit spitzen Lamellen,
A) Streckrichten durch Dehnen,
B) Streckrichten durch Stauchen:
a Lamellen,
b Werkstück

5.1 Längen

Abb. 5.2: Lamellen-Streckrichtwerkzeug mit konvex gewölbten Lamellen,
a) mit Gummizwischenplatte,
b) mit Schlauchabschnitten:
A: Ausgangslage,
E: Endlage,
a: Lamelle,
c: Elastomer

Gummiplatte – alternativ auch zwischen die Lamellen eingelegte Schlauchabschnitte aus Elastomeren – geben den Lamellen den erforderlichen Halt und gewährleisten während der Schwenkbewegung einen gleich bleibenden Abstand.

Die Ausbildung der Lamellen ist abhängig von dem zu reckenden Werkstoff (Festigkeit) und reicht von dem Extrem einer messerartigen Stoßkante (vgl. Abb. 5.1) bis zu „weicheren" Geometrien wie z. B. einem konvex gewölbten Schuh (vgl. Abb. 5.2). Die scharfkantige Form hat den Nachteil, dass die Lamellen ausbruchgefährdet sind und Markierungen auf einer weichen Werkstückoberfläche hinterlassen können oder sogar zum Abscheren des Werkstücks führen. Varianten mit mehr oder weniger abgerundeten Lamellenspitzen kommen bevorzugt bei oberflächensensiblen und dünnen Blechen zum Einsatz. Über den Andruck der Lamellen auf das Werkstück und die Anstellung der Werkzeuge lässt sich die Beanspruchung des Werkstücks bedingt beeinflussen. Auf Grund der häufig unvermeidbaren Beschädigungen der Bleche müssen diese zum Abschluss des Prozesses in der Regel noch beschnitten werden.

Der Ausgangswinkel beim Aufsetzen der Lamellen auf das Blech beträgt α = 10 bis 20°. Er liegt am Ende des Prozesses bei β = 25 bis 50° (vgl. Abb. 5.2). Derartige Anlagen werden für die Einzelfertigung und zur Reparatur verbeulter Blechteile häufiger eingesetzt, seltener für die Serienfertigung.

Die Nachteile des Streckrichtens mit Spannzangen – Abdrücke im Blech und damit verbunden häufig ein erforderlicher Beschnitt – werden beim kontinuierlichen Streckrichten vermieden. Dieses Verfahren wird zum Richten von Bändern eingesetzt und zeichnet sich durch eine gute Richtgenauigkeit aus, die bei ca. 0,13 mm/m liegt, sowie durch eine hohe Produktivität (vgl. Schäfer 2006). Das aufgehaspelte Band wird dazu vom Coil kommend in der Streckrichtanlage getaktet durch ein feststehendes Gerüst zu einem ca. 3 m entfernten beweglichen Gerüst geführt, an beiden Gerüsten über Backen mit einer Zuhaltekraft von bis zu je 45 MN geklemmt und über das bewegliche Gerüst definiert gestreckt. Danach wird es auf die gewünschte Länge quergeteilt. Bei Bandgeschwindigkeiten bis ca. 60 m/min und Bandbreiten bis zu etwa 2100 mm lassen sich Bänder von 2 bis ca. 13 mm Dicke richten. In Abbildung 5.3 a) ist das Prinzip für das Richten dickwandiger Bleche skizziert, Abbildung 5.3 b) zeigt eine Anlage für das Richten von Langprodukten.

Mit dem Streckrichten erzielt man eine sehr gute Planheit und Spannungsarmut im Blech, sodass bei der Weiterverarbeitung, wie z. B. dem Laserschneiden oder Stanzen, die Gefahr des Verzugs minimiert wird.

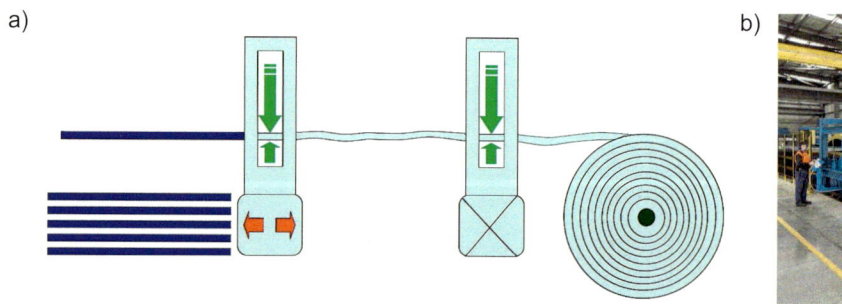

Abb. 5.3: Streckrichten a) von dickwandigen Blechen (Red Bud Ind., USA) und b) von Stäben und Profilen (Galdabini, Italien)

5.2 Weiten

Beim Weiten handelt es sich um ein Zugumformverfahren zur Vergrößerung des Umfangs von Hohlkörpern. Dabei wird unterschieden zwischen dem Aufweiten – das ist das Weiten an den Enden eines Hohlkörpers oder auf seiner ganzen Länge – und dem Ausbauchen, dem Weiten innerhalb eines Hohlkörpers.

Anwendung findet dieses Verfahren besonders bei der Weiterverarbeitung vorgeformter Werkstücke, z. B. zur Herstellung von Gehäusen aus tiefgezogenen Näpfen. Nach DIN 8585-3 wird das Verfahren untergliedert in das

- Weiten mit Werkzeugen mittels Dorn, Spreizwerkzeug oder nachgiebigem Werkzeug,
- Weiten mit Wirkmedien mit kraft- oder energiegebundener Wirkung sowie
- Weiten mit Wirkenergie.

Das Weiten mit Werkzeugen wird in der industriellen Praxis derzeit am häufigsten angewendet, wobei das Weiten mit Wirkmedien zunehmend an Bedeutung gewinnt. Das Weiten mit Wirkenergie findet derzeit noch kaum Anwendung, auch wenn aktuell interessante und Erfolg versprechende Ergebnisse vorliegen.

Neben dem Ziel der Formgestaltung wird dieses Verfahren auch als Variante zum Fügen durch Umformen eingesetzt. Als Beispiel sei hier das Aufweiten einer Welle in einem Zahnrad zur kraftschlüssigen Verbindung genannt. Das Prinzip ist in Abbildung 5.4 dargestellt. Die lose in die Nabe (Zahnrad) eingeschobene Hohlwelle wird von innen mit Druck beaufschlagt und legt sich bei Überschreitung der Fließgrenze des Werkstoffs an die Innenkontur der Nabe an. Bei entsprechender Gestaltung der Innenfläche der Nabe kommt es zu einer mechanischen Verklammerung zwischen beiden Bauelementen.

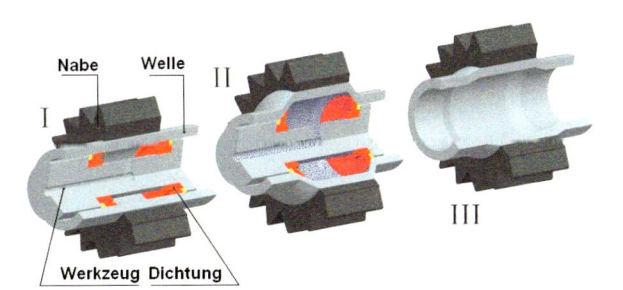

Abb. 5.4: Fügen durch Umformen, Innenhochdruckfügen;
I: vor dem Fügen
II: unter Druckbeaufschlagung
III: ausgeformte Welle
(Institut für Maschinenwesen, TU Clausthal)

5.2.1 Weiten mit Werkzeugen

Beim Weiten mit Werkzeugen können diese massiv, geteilt oder auch nachgiebig sein. Im ersten Fall werden Dorne mit entsprechender Geometrie eingesetzt. Das Aufweiten wird hier dabei durch Hineindrücken des Aufweitkörpers in ein Werkstück oder Ziehen eines derartigen Körpers durch das Werkstück erreicht. Das Verfahren wird angewandt bei Rohren oder anderen Hohlkörpern. In Abbildung 5.5 ist das Dornweiten eines Rohres zu einem Steckschlüssel dargestellt. Die günstigsten Verhältnisse liegen dann vor, wenn, wie nach Abbildung 5.5 b, D), der Rohrinnendurchmesser d_i das Sechseck derart schneidet, dass die Außenflächen A_1 etwa um 30 Prozent größer als die Innenflächen A_2 sind. Bei kleinerem Rohrinnendurchmesser d_i ist die Umformkraft größer und der Rohrwerkstoff wird höher beansprucht. Hingegen werden bei größerem d_i die Kanten unscharf und unerwünscht gerundet. Nach Abbildung 5.5 b, A) verläuft der Übergang zwischen Sechskantkopf und Zugstange konvex. Dies ist umformtechnisch günstiger als ein kegeliger Übergang (Abb. 5.5 b, B)) oder ein konkaver Übergang (Abb. 5.5 b, C)). Eine Vergrößerung des Umfangs nur in der Mitte des Werkstücks ist bei diesem Verfahren nicht möglich (Hilbert 1972).

Alternativ zur Verwendung starrer Werkzeuge lassen sich zum Ausbauchen von Hohlkörpern auch konzent-

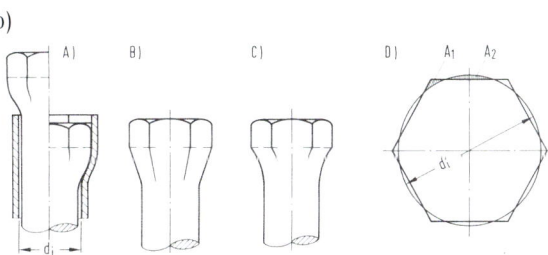

Abb. 5.5: Dornweiten eines Rohres zu einem Steckschlüssel,
a) fertiger Steckschlüssel, b) schematisch
A) Übergang zwischen Sechskantkopf und Zugstange konvex,
B) Übergang kegelig, C) Übergang konkav,
D) Außenflächen A_1 um 30 Prozent größer als Innenflächen A_2,
d_i Innendurchmesser, A_1 Außenfläche, A_2 Innenfläche

Abb. 5.6:
a) Segment-Spreizwerkzeug
  a Kegelstempel,
  b Werkstück,
  c Segment,
  d Werkzeugform,
  e Werkzeugform-
    aufnehmer,
  f Auswerfer
b) Spreizwerkzeug zur
  Fassherstellung
(Quelle: Fa. Hemeyer,
Bad Lauterberg)

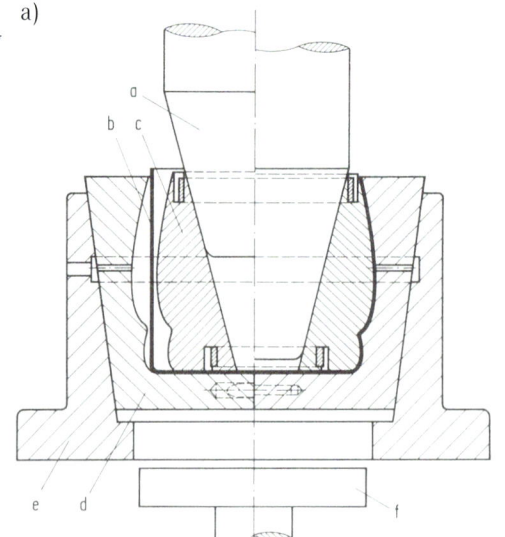

risch angeordnete segmentförmige Werkzeugteile einsetzen und durch Kegel oder Keile auseinander drücken (vgl. Schlosser 1975, Oehler und Kaiser 1973, Hilbert 1979). In Abbildung 5.6 ist ein solches Werkzeug dargestellt. Durch Eindrücken eines Kegelstempels werden die Segmente radial nach außen geschoben und weiten damit das Werkstück auf. Die beim Spreizen entstehenden Spalte zwischen den Segmenten führen zu Mantelquerschnitten, die im Wechsel aus der Abbildung der Segmente und den dazwischen liegenden Verbindungsgeraden bestehen. Je weniger Segmente bezogen auf den Umfang hieran beteiligt sind und je größer der Vorschub ist, desto größer wird der Abstand zwischen den Segmenten. Dadurch bilden sich im jeweiligen Übergangsbereich Druckspuren aus, die sich durch Überziehen der Segmente mit elastischen Geweben bedingt abschwächen lassen. Stirnseitig eingelassene elastische Bandringe oder Federn holen die Segmente in ihre Ausgangsstellung zurück. Dieses Verfahren findet Anwendung z. B. zur Kalibrierung von Fässern oder auch bei der Herstellung längsnahtgeschweißter Großrohre.

Neben diesen Werkzeugen lassen sich nachgiebige Werkzeuge einsetzen, die überwiegend aus trapezprofilierten Gummiringen oder aus Ringen anderer Elastomere bestehen (Glazkoo 1970; Hilbert 1972; Schlosser 1975; ULSAC 2001). Bei dem in Abbildung 5.7 gezeigten Beispiel liegt der Aufweitring oben gegen einen konischen Stempel und unten gegen den konischen Kopf eines im Stempel hängenden Bolzens an. Je nach Ausbauchhöhe und Größe der Aufweitung werden Konuswinkel zwischen 30° und 45° gewählt. Für den Bolzenkopf sind zwei grundsätzlich unterschiedliche Ausführungen bekannt. Bei der in Abbildung 5.7 a skizzierten Ausführung ist der Gummiringaußendurchmesser d_G größer als der Bolzendurchmesser d_B, in Abbildung 5.7 b ist das Verhältnis umgekehrt. Im ersten Fall lässt sich das Werkstück dicht am Boden aufweiten. Allerdings besteht hierbei die Gefahr eines überhöhten Gummiverschleißes durch das Einfahren des Aufweitstempels in das Werkstück. In Variante b wird dies vermieden.

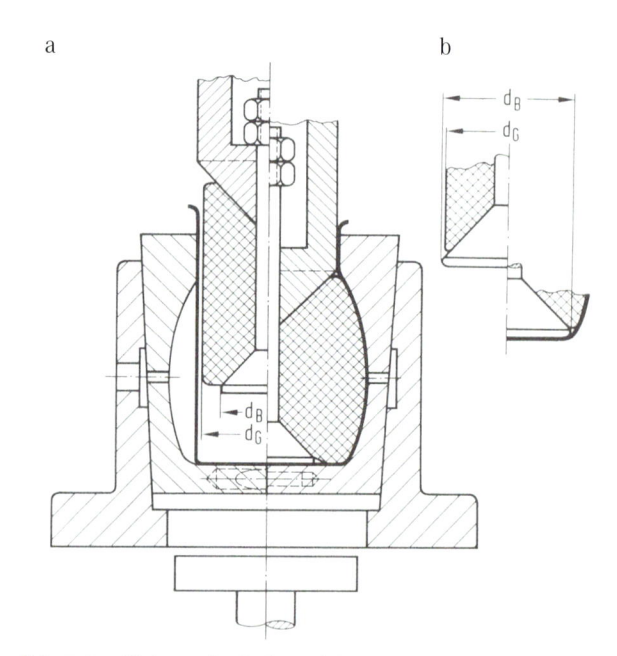

Abb. 5.7: Weiten mittels Gummiring
a) Gummiringaußendurchmesser
  größer als der Bolzendurchmesser,
b) Bolzendurchmesser größer
  als Gummiringaußendurchmesser
d_B Bolzendurchmesser,
d_G Gummiringaußendurchmesser

5.2.2 Weiten mit Wirkmedien

Neben dem Einsatz von Innenwerkzeugen zum Weiten lässt sich die Ausformung auch über Wirkmedien erzielen. Hierbei werden feste, flüssige oder gasförmige Medien zum Druckaufbau benutzt. Bei aufgebrachtem Druck durch das Wirkmedium weitet sich das Werkstück auf und legt sich an das Außenwerkzeug an, das die Endgeometrie festlegt.

Es besteht ein direkter Zusammenhang zwischen dem Wirkmediendruck und den minimal ausformbaren Radien. So ist bei Einsatz höherfester Stähle (Dicke $s = 6$ mm) zur Erzielung eines Radius von ca. $r = 1$ bis 3 mm ein Druck von ca. $p = 1200$ bar erforderlich (Romanowski 1959), wohingegen sich Radien um ca. 10 mm schon mit Drücken bis ca. $p = 120$ bar erzielen lassen (Kolleck und Koroschetz 2008).

5.2.2.1 Weiten bei kraftgebundener Wirkung

Zur Erzielung komplexer Geometrien werden häufig formlose Werkzeuge verwendet, wobei feste, flüssige oder auch gasförmige Medien zum Einsatz kommen. Ein Anwendungsbeispiel für den Fall der Verwendung fester Stoffe zeigt Abbildung 5.8 a. Hier werden mittels eines konisch zulaufenden Stempels in das Werkstück eingefüllte Kugeln radial nach außen gedrückt. Dadurch kommt es zur Aufweitung des Werkstücks. An dessen Oberfläche entstehen durch die Kugeln Druckspuren, die durch Verwendung von Kugeln aus Gummi oder Elastomeren vermieden werden können. Infolge des teilweisen Energieumsatzes in Wärme bei elastischer Kompression des Kugelmaterials besteht dann jedoch die Gefahr des Verklebens. Die Stoffe lassen sich nach der Kompression aus dem Werkstück oft nur schwer entfernen. Dies trifft infolge Luftfeuchtigkeit besonders bei Verwendung von trockenem Sand zu.

Bei Verwendung von Flüssigkeiten unterscheidet man zwischen unmittelbarer und mittelbarer Kraftwirkung, die über einen elastischen Beutel erfolgt (Oehler und Kaiser 1973). Als Wirkmedium werden z.B. Wasser oder Öle eingesetzt. Bei unmittelbarer Kraftwirkung dichtet der abwärts gehende, als Verdrängungskolben dienende Stempel über mehrere O-Ring-Dichtungen gegen die Innenwand des Werkstücks ab. Der Stempel besitzt zur Entlüftung während des Senkvorgangs eine Bohrung. Sobald über dem Wasser die Luft entwichen ist, verhindert ein Schwimmerventil nach oben den Zutritt von Wasser in die Bohrung (Abb. 5.8 b).

Durch die Abwärtsbewegung des Stempels kommt es zu einem hohen Verschleiß der Dichtungen. Die Verwendung eines abschließenden Außenrohres als Dichtung, in dem der Stempel geführt wird, sorgt hier für Abhilfe.

Ein artverwandtes und sehr weit verbreitetes, wirkmedienbasiertes Verfahren ist das Innenhochdruckumformen (IHU). Dieses Zugdruckumformverfahren wird in Kapitel 4.6 eingehend behandelt.

Alternativ zu den Verfahren mit unmittelbarem Kontakt des Umformmediums mit dem Werkstück werden auch Verfahren zum mittelbaren Weiten mit flüssigkeits-, meist wassergefülltem Gummibeutel angewandt. Diese haben gegenüber dem Verfahren mit unmittelbarer Kraftwirkung den Vorteil, dass das Flüssigkeitsvolumen im

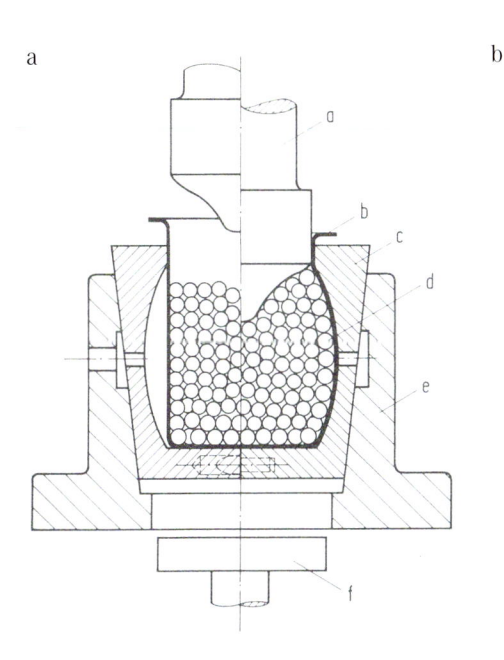

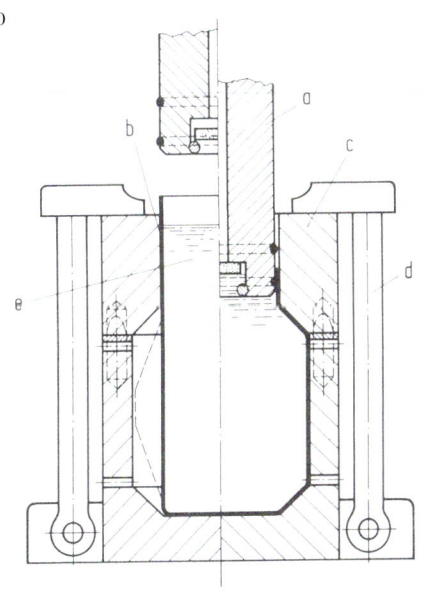

Abb. 5.8: *Weiten mittels*
a) *Kugelfüllung mit*
  a *Stempel,*
  b *Werkstück,*
  c *Werkzeugform,*
  d *Kugeln,*
  e *Werkzeugform-Aufnehmer,*
  f *Auswerfer*
b) *Flüssigkeiten (unmittelbare Kraftwirkung) mit*
  a *Stempel,*
  b *Werkstück,*
  c *Werkzeugform,*
  d *Werkzeugform-Aufnehmer,*
  e *Flüssigkeit*

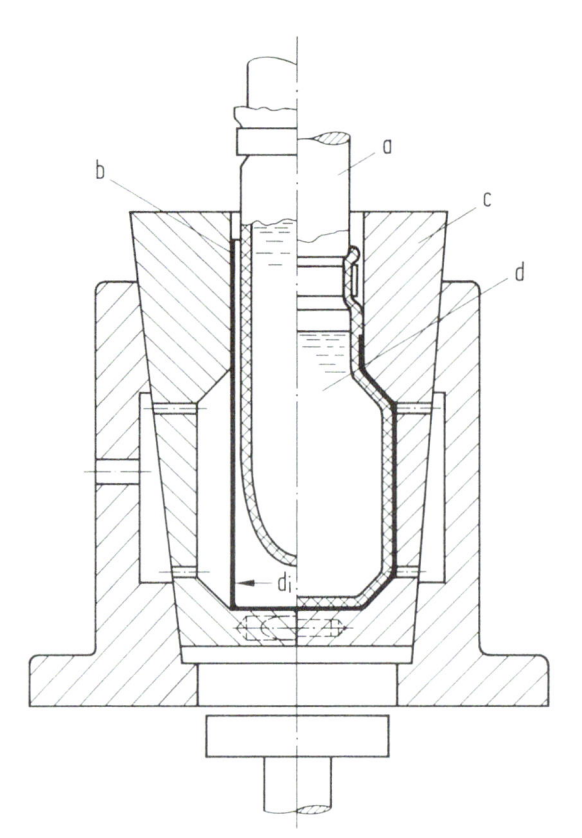

Abb. 5.9: Weiten mittels Flüssigkeiten im Beutel (mittelbare Kraftwirkung)
a: Stempel, b: Werkstück, c: Werkzeugform, d: Flüssigkeit, d_i: Innendurchmesser des Ausgangsrohres

schwankende Festigkeitswerte und – im Rahmen der Toleranzen – unterschiedliche Blechdicken innerhalb der zu beaufschlagenden Blechfläche führen im Grenzbereich mitunter zu einem hohen Ausfall durch Rissbildung. Dies begrenzt den Anwendungsbereich dieser Verfahren deutlich.

Der Einsatz von Gasen als Wirkmedium findet derzeit nur in Ausnahmefällen Anwendung, auch wenn dieses Medium gegenüber dem Einsatz flüssiger Medien Vorteile bietet wie

- keine Kontamination der Bauteile,
- keine Verschmutzung des Umfeldes durch das austretende Wirkmedium,
- Befüll- und Entleerzeiten sind im Vergleich zu flüssigen Medien geringer.

Sicherheitsbedenken bzgl. einer Selbstentzündung bei Luft-Öl-Gemischen sind erst relevant bei Drücken oberhalb von ca. 300 bar (Glazkoo 1970). Der in den betriebsüblichen Luftdruckleitungen maximal zulässige Druck von 6 bar ist in der Regel nicht ausreichend. Er genügt äußerstenfalls zum Weiten von Blechen in Folienstärke mit einer Dicke von maximal ca. 0,2 mm.

5.2.2.2 Weiten bei energiegebundener Wirkung

Bei dieser Verfahrensvariante können sowohl feste, formlose Stoffe wie auch Flüssigkeiten und Gase zur Anwendung kommen.

Bei Verwendung von Feststoffen können z.B. blechförmige Bauteile durch eine Sprengstoffdetonation geweitet werden, wobei Sand oder andere feinkörnige Stoffe als Übertragungsmedien verwendet werden. Wegen seiner umständlichen Handhabung, der nicht nachprüfbaren Gleichmäßigkeit in der Dichte des Übertragungsmediums und eines sich hieraus ergebenden unregelmäßigen Sockelwellenverlaufs wird dieses Verfahren in der Praxis nur selten angewandt. Weiterhin sind die Handhabung der Sandfüllung und -entleerung sowie die genau mittige Anbringung des Sprengstoffs deutlich umständlicher als beim hydraulischen Weiten.

Bei der Verwendung von Flüssigkeiten innerhalb dieser Verfahrensgruppe sind zwei Verfahren hervorzuheben: neben dem Weiten mittels Explosivstoffen ist das Weiten unter Zuhilfenahme einer elektrischer Entladung, letzteres auch unter der Bezeichnung Hydrospark-Verfahren bekannt, im Einsatz. Beide Verfahren erfordern umfangreiche Sicherheitsmaßnahmen.

Bei einer Funkenentladung unter Wasser lässt der Prozess durch die Höhe der gespeicherten Energie und deren

Beutel konstant gehalten werden kann, während bei direkter Beaufschlagung nach wenigen Hüben Flüssigkeit zu ergänzen ist. Der mit Wasser gefüllte Beutel darf keine Luft enthalten und wird mittels Spannband am Stempel befestigt (Abb. 5.9).

Das so geweitete Blechteil wird nicht ganz so scharfkantig geformt wie bei direkter Wasserbeaufschlagung. Die Lebensdauer der Gummibeutel ist relativ kurz, was einem wirtschaftlichen Einsatz im großtechnischen Rahmen entgegen steht. Der erforderliche Wasserdruck beim Umformen mittels Flüssigkeiten errechnet sich für Feinbleche mit einer Blechdicke s (mm) nach folgender Überschlagsformel:

$$p = 30 + 10 \cdot s \ [\text{N/mm}^2] \qquad (5.1)$$

Bei einer Blechdicke, die zwischen 1 und 3 mm liegt, beträgt demnach der Druck 400 bis 600 bar (Oehler, Kaiser 1973). Doch nicht nur die Blechdicke, sondern auch die Größe und Gestalt sowie die Festigkeitswerte, und hier insbesondere das Formänderungsvermögen des Blechwerkstoffs, sind für den aufzuwendenden Wasserdruck maßgebend. Chargen- oder herstellungsbedingte

gesteuerte Auslösung – auch über einzelne Teilentladungen – eine an den Werkstoff angepasste Verfahrensweise zu. So sind z. B. mehrere kurz aufeinander folgende Entladungen möglich. Diese sind insbesondere zur Umformung sonst nur schwer umformbarer Blechwerkstoffe von Bedeutung, da bei ihnen zuweilen bei einer nur einmaligen stärkeren Entladung das Werkstück reißen würde. Der Gesamtwirkungsgrad ist beim Umformen mit mehreren Entladungen niedriger. Das wird jedoch auch dort gerne in Kauf genommen, wo die Auslegung der Stoßstromanlage nicht ausreicht, um große Werkstücke mit entsprechend hoher Leistung in einem einzigen Arbeitsgang umzuformen.

Die zur Umformung von Blechen und Rohrabschnitten eingesetzten Stoßstromanlagen erzeugen Druckwellen, indem sich die in einer Kondensatorbatterie gespeicherte elektrische Energie über Hochstromschalter in einer Unterwasserstrecke entlädt. Die dabei senkrecht zum Funkenkanal entstehende Druckwelle pflanzt sich mit Überschallgeschwindigkeit fort. Die Form der Druckwelle – und damit die Werkstückform – lässt sich durch einen entsprechend geformten Draht beeinflussen, der die Funkenstrecke überbrückt und bei der Entladung schlagartig explosionsartig verdampft. Dabei wird das flüssige Medium zur Übertragung der Druckwellen nicht verschmutzt, da die pulverförmigen Oxidreste auf den Boden der Entladungskammer absinken.

Auf Grund der gleichmäßigen Umformbeanspruchung lassen sich mit diesem Verfahren auch schwer umformbare, großflächige Blechwerkstoffe mit komplexer Geometrie in einem Arbeitsgang umformen. Während bei beiden Verfahren die Werkzeugkosten etwa dieselben sind, so sind die Anlagekosten für das Hydrosparkverfahren wegen der erforderlichen Energiespeicherung über Kondensatoren erheblich höher.

Diese Explosivverfahren lassen sich nicht nur unter Wasser, sondern auch an der Luft ausführen. Sie werden beispielsweise angewandt zur Herstellung großvolumiger Gleitlager für den Großmotorenbau, die aus einer dickwandigen Stahlstützschale und der innen aufgebrachten Gleitlagerschicht bestehen. Zusätzliche Besonderheiten außer Sicherheitsmaßnahmen infolge erhöhter Unfallgefahr sind dabei nicht zu nennen.

5.2.3 Weiten mit Wirkenergie

Hierunter wird das Umformen mittels magnetischer Kräfte verstanden. Im Gegensatz zum Hydrospark-Verfahren werden bei der Magnetumformung die Werkstücke nicht durch Druckwellen in einem Medium, sondern durch einen im Werkstück selbst erzeugten Druck umgeformt.

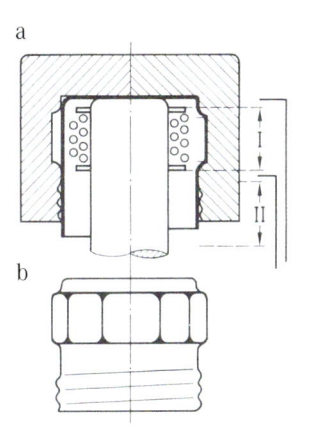

Abb. 5.10: Weiten eines Schraubverschlusses mit Wirkenergie
a) Umformvorgang
b) Schraubverschluss
I, II Umformbereiche

(vgl. Kap. 8.1) (Oehler, Kaiser 1973). Es wird der schon von Maxwell 1873 beschriebene Effekt genutzt, dass sich zwei stromdurchflossene Leiter abstoßen können. Dazu wird ein Stromimpuls in eine Spule eingebracht, der im umzuformenden Metallkörper (z. B. ein Rohr) einen gegensinnig fließenden Wirbelstrom induziert. Dabei entstehen gegenläufige Magnetfelder, die sich auf Grund der Lorentzkraft abstoßen, sodass sich das Rohr bei genügend großem Energieeintrag umformt. Die für die Umformung erforderliche Energie wird in Kondensatoren gespeichert. Abbildung 5.10a zeigt schematisch das Weiten des in Abbildung 5.10b dargestellten Schraubverschlusses zu einer leichten rohrförmigen Verpackung aus Kunststoff oder Karton mit aufgerolltem Flachgewinde. Zunächst wird der zylindrische Napf in eine längsgeteilte Form und der Spulenträger bis zu seinem Ende eingeschoben. Durch Stromstoß wird der Bereich I entsprechend der Werkzeuggeometrie vielkantig erweitert und der Werkstoff aus dem unteren Bereich beigezogen. Nach Zurücknahme des Spulenträgers weitet ein zweiter Stromstoß den Bereich II zum Flachgewinde aus.

Zum Aufbau des Magnetfeldes sind Spulen erforderlich, die der jeweiligen Werkstückgestalt entsprechend gewickelt sind. Der Schwerpunkt für die Anwendung des Magnetformverfahrens liegt weniger im eigentlichen Umformen, sondern mehr in den Umformfügeverfahren, wie beispielsweise im Aufpressen von Kabelschuhen auf Kabel, Verbinden von Rohren untereinander oder mit Ringen mittels den Querschnitt einschnürender oder aufweitender Sicken. Die mit diesem Verfahren erzielbaren Drücke betragen bis zu 4 kbar. Die Größe der erzielbaren Umformung ist von der Windungszahl der Spule, deren Geometrie und der Werkstückabmessung abhängig (Thomas 2007). Abbildung 5.11 zeigt als Beispiel umgeformte Rohrproben, die mit unterschiedlichen Kombinationen von Spulenwindung und Rohrabmessung erzeugt wurden. Hier sieht man, dass über die Spulengestaltung

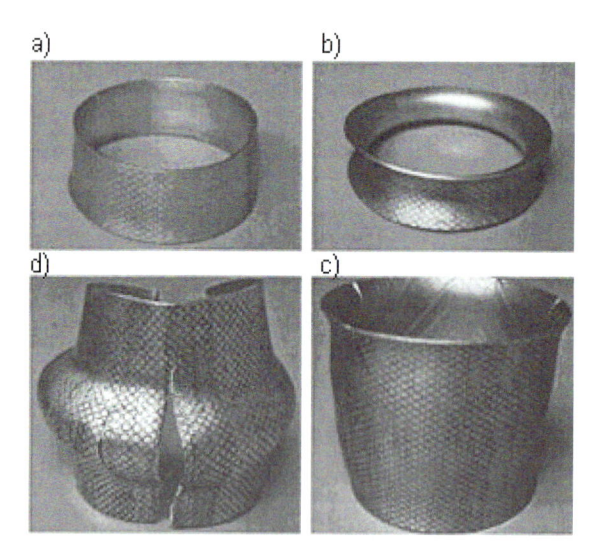

Abb. 5.11: Magnetumgeformte Rohrproben
a) 31,7 mm-Rohr, Spule mit vier Windungen
b) 31,7 mm-Rohr, Spule mit zehn Windungen
c) 85,1 mm-Rohr, Spule mit vier Windungen
d) 85,1 mm-Rohr, Spule mit zehn Windungen
(IUL Dortmund)

eine erhebliche Beeinflussung der Umformgeometrie möglich ist.

Für die Serienfertigung werden Dauerspulen eingesetzt, für einmaligen Gebrauch sogenannte Einschussspulen. Sie sind wesentlich billiger und bringen etwa den zehnfachen Druck auf. Die meist am Fließband eingesetzten Dauerspulen werden außer durch die Kräfte auch durch Wärme beansprucht und werden daher gekühlt. Auch eine Kühlung des Werkstücks ist vorteilhaft, da mehr Strom induziert, die Durchdringungszeit des Feldes länger und damit der magnetische Druck verstärkt werden kann.

5.3 Tiefen

Unter Tiefen versteht man ein Zugumformverfahren zum Einbringen von Vertiefungen in einem ebenen oder gewölbten Werkstück aus Blech. Die damit verbundene Oberflächenvergrößerung wird durch Verringern der Blechdicke erreicht. Nach DIN 8585-4, unterscheidet man zwischen Tiefen mit starren und nachgiebigen Werkzeugen. Zu den Verfahren, die mit einem starren Werkzeug durchgeführt werden, zählen in erster Linie das Streckziehen und das Hohlprägen, wobei letzteres auch mit nachgiebigen Werkzeugen durchgeführt wird. Die Verfahren des Tiefens, bei denen mit Wirkenergie gearbeitet wird, haben derzeit für die industrielle Praxis keine große Bedeutung. Das Tiefen mir Wirkmedien, insbesondere das Innenhochdrucktiefen, wird hingegen vermehrt eingesetzt.

5.3.1 Streckziehen

Das wichtigste Verfahren in dieser Gruppe ist das Streckziehen. Bei diesem Verfahren werden Bleche in den beiden Hauptrichtungen gleich oder ungleich starken Zugbeanspruchungen ausgesetzt. Dabei ergibt sich eine Verringerung der Blechdicke bei gleichzeitiger Vergrößerung der Zuschnittsoberfläche. Blechteile, die nach diesem Verfahren umgeformt werden, gehören vorwiegend in den Bereich von Sonderausführungen in der Fahrzeug- und Luftfahrtindustrie. Der Formenbereich umfasst symmetrische oder unsymmetrische Werkstücke wie Dächer, Türen und Kotflügel, aber auch großflächige Formteile mit Kantenlängen über 10 m, z. B. Komponenten für Flugzeugrümpfe. Der wirtschaftliche Einsatz liegt vorwiegend im Bereich kleiner und mittlerer Stückzahlen.

Man unterscheidet beim Streckziehen zwischen zwei Verfahrensvarianten und setzt dafür entsprechende Maschinen ein:

Beim einfachen Streckziehen wird das Blech meist an zwei gegenüberliegenden Seiten über drehbar gelagerte Spannzangen fest eingespannt (Abb. 5.12). Ein konturierter Stempel taucht in das Blech ein, das dadurch plastisch deformiert wird und sich während des Umformvorganges allmählich an die Form des Werkzeugs anlegt.

Zum Einsatz kommen vorwiegend Spezialpressen mit hydraulisch bewegtem Tisch, auf dem das Werkzeug befestigt ist. Es lassen sich einfach gekrümmte, konvexe Formen herstellen, bei Verwendung von Zusatzeinrichtungen auch komplexere Blechwerkstücke. Über die Schmierung und der daraus resultierenden Reibung zwischen dem Blech und dem Werkzeug werden die örtlichen Dehnungen beeinflusst.

Die Spannvorrichtung ist - ebenso wie die an ihr befestigte Spannzange - dreh- und verschiebbar und kann sich der Bewegung des Werkstücks gut anpassen. Die Einspannung kann zwei- oder auch vielseitig erfolgen.

Beim Tangentialstreckziehen wird der Blechwerkstoff zunächst bis zur seiner Fließgrenze vorgestreckt und erst danach durch Absenken und Schwenken der Spannelemente tangential an das Werkzeug angelegt (Abb.5.13). Auf Grund der Vorreckung wird eine gleichmäßigere Dehnung des Werkstoffs erreicht. Bei der sich anschließenden Formgebung des Blechs wird eine Relativbewegung zwischen Werkzeug und Werkstück weitgehend vermieden. Versagensfälle durch Einreißen des Blechs treten hierdurch seltener ein.

5.3.1 Streckziehen

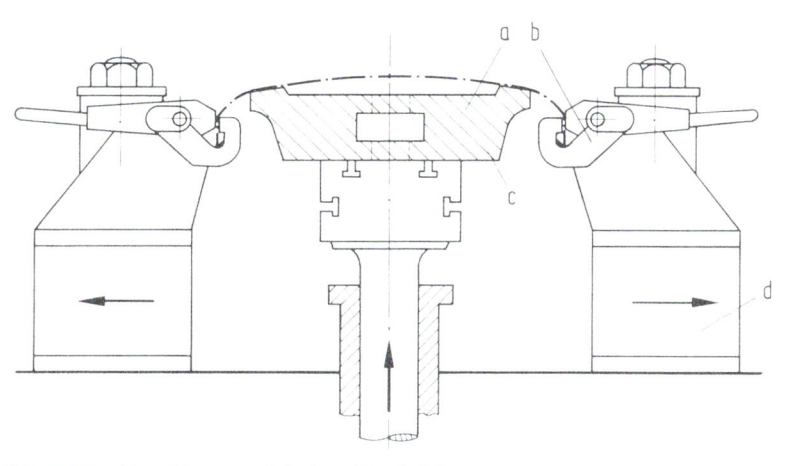

Abb. 5.12: Maschine zum einfachen Streckziehen
a Werkstück, b Spannzange, c Werkzeug, d Ständer für Spannzangenhalterung;
(Sonaca)

Für das Tangentialstreckziehen kleiner Formteile werden einfach wirkende weg- oder kraftgebundene Maschinen mit zusätzlichen Spannvorrichtungen eingesetzt. Darüber hinaus gibt es Sondermaschinen, die besonders zum Streckziehen großflächiger Werkstücke eingesetzt werden. Man differenziert dabei nach der Art der Blecheinspannung zwischen senkrechter und waagerechter Einspannung.

Die senkrechte Blecheinspannung wird bevorzugt bei langen, schmalen bzw. kurzen und dafür breiten Blechformen angewandt. Hier erfolgen die Bewegung des Tisches sowie der Schwenkarme mit den Spannzangen in einer horizontalen Ebene (Abb. 5.14). Durch den hydraulischen Antrieb ist es möglich, den Arbeitsablauf stufenlos zu regeln, wobei auch die Spann- und Streckziehkräfte stufenlos einstellbar sind. Durch eine wegabhängige Steuerung der Streckkraft lassen sich die Dehnungswerte in engen Grenzen einstellen.

Zur Bearbeitung großflächiger Bleche werden bevorzugt Maschinen mit horizontaler Einspannung eingesetzt. Eine solche Maschine zeigt Abbildung 5.15. Das Blech wird zunächst in den Zangen eingespannt und gestreckt, danach durch eine vertikale Bewegung der Spannzangen tangential an das Werkzeug angelegt und in seine Form gebracht. Bei komplexeren Geometrien mit zusätzlichen Einwölbungen sind Zusatzeinrichtungen wie hydraulische Gegenzieheinrichtungen erforderlich, wie sie in Abbildung 5.16 skizziert dargestellt ist.

Das konvex gestaltete Werkzeug ist fest auf dem Pressentisch montiert. Ein Gegenwerkzeug, dessen Eintuschieren zum Stempel bei Großwerkzeugen zeitintensiv und teuer wäre, entfällt in der Regel. Je nach Stückzahl der zu fertigenden Teile werden die Werkzeuge aus Hartholz, Grauguss, Leichtmetall oder Kunststoff hergestellt. Zur Reduzierung des Verschleißes an hochbeanspruchten

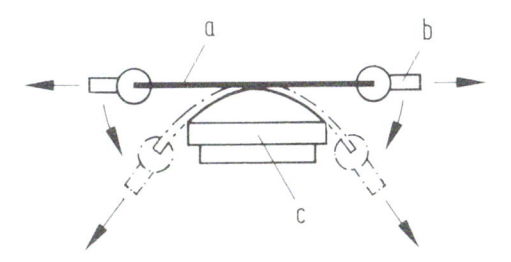

Abb. 5.13: Prinzipdarstellung des Tangentialstreckziehens.
a Werkstück, b Spannzange, c Werkzeug

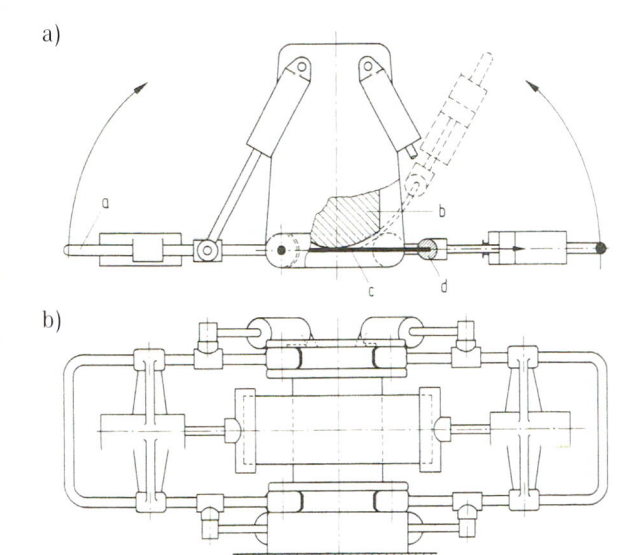

Abb. 5.14: Streckziehmaschine
für senkrechte Blecheinspannung
a) Ansicht,
b) Draufsicht;
a Schwenkarm, b Werkzeug, c Blech, d Spannbalken

5.3 Tiefen

Abb. 5.15: Streckziehmaschine für waagerechte Blecheinspannung
a Antrieb für Schwenkarm,
b Schwenkarm, c Werkzeugtisch, d Antrieb für Werkzeugtisch

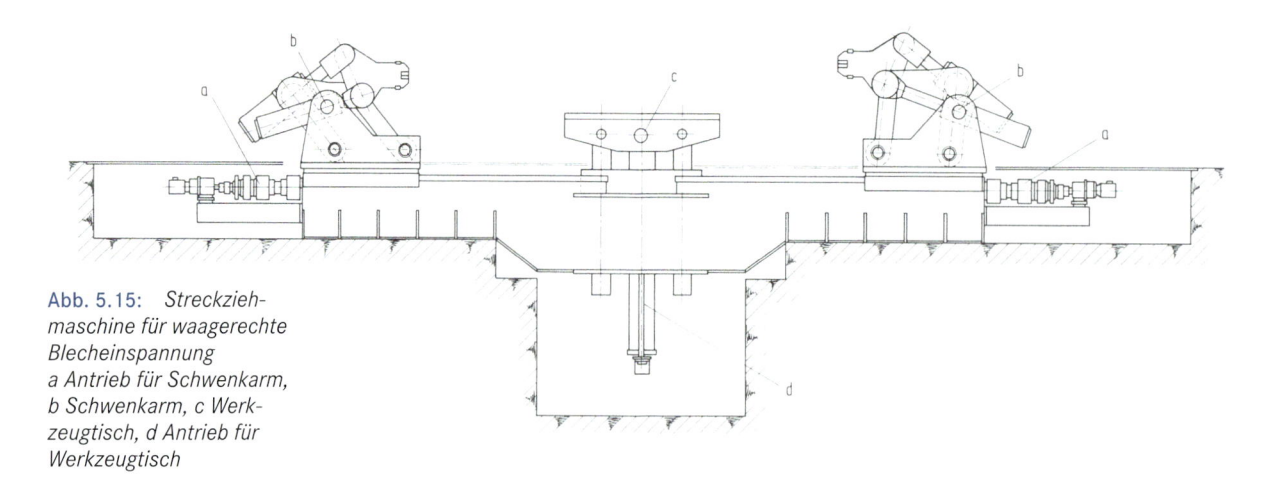

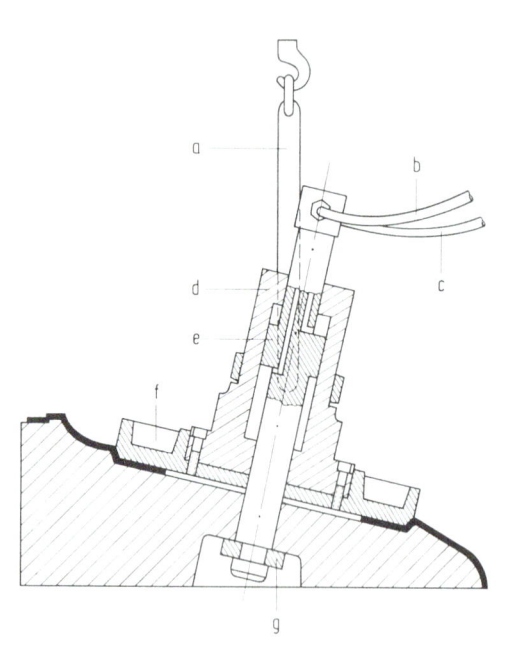

Abb. 5.16: Hydraulische Gegenzieheinrichtung.
a Aufhängebügel, b Drucköllleitung, c Ölrücklaufleitung,
d Zylinder, e Kolben, f Formplatte, g Spanngabel

Kanten werden bei Verwendung von Hartholz häufig Metallleisten angebracht.

Eine Erweiterung des Tangentialstreckziehens stellt das Cyril-Bath-Verfahren (Abb. 5.17) dar, bei dem zusätzlich ein Gegenwerkzeug zum Einsatz kommt. Dies ermöglicht die Herstellung konvex-konkaver Geometrien. CNC-gesteuerte Pressen zwischen 1.500-30.000 MN mit 60 Hübe/min und servogesteuerten Achsen sind im Einsatz. In Abbildung 5.17, rechts ist eine derartige einfache Vier-Säulen-Presse dargestellt.

Dem aktuellen Stand der Technik entsprechende Aggregate weisen häufig mehrachsige CNC gesteuerte Komponenten in den Streckziehanlagen auf (Kiesewetter 1992). Diese Anlagen arbeiten mit mehreren Spannsegmenten, die individuell positionier- und ansteuerbar sind. Abbildung 5.18 zeigt unterschiedliche Anordnungsmöglichkeiten derartiger Segmente.

Die einzeln ansteuerbaren Segmente haben die Aufgabe, die Krafteinleitung in das Blech in Höhe und zeitlichem Umfang gesteuert zu gewährleisten, sodass der Werkstoff in definierten Richtungen bis über seine Fließgrenze hinaus belastet werden kann. Sie sollten eine kerbfreie

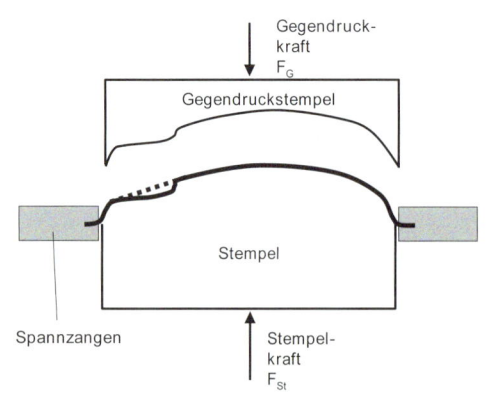

Abb. 5.17: links: Prinzip des Cyril-Bath Verfahrens
und rechts: 1.000 t CNC-gesteuerte Blechpresse mit Biegebacken und 500 t Tisch (Cyril Bath Co.)

5.3.1 Streckziehen

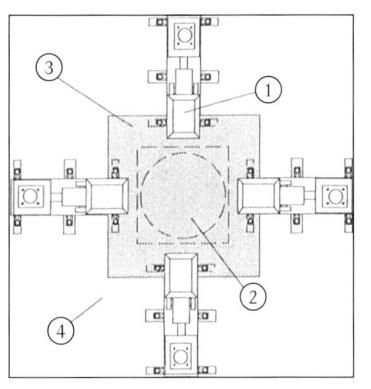

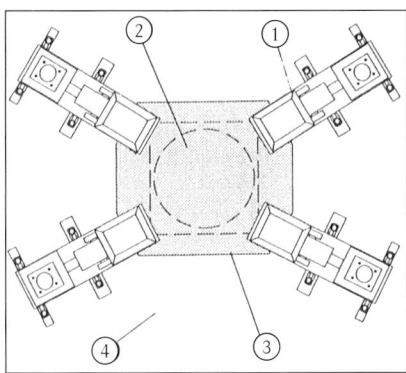

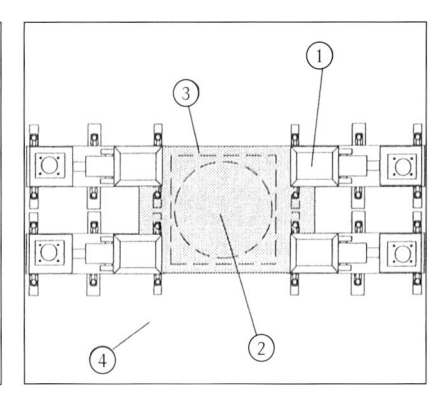

Abb. 5.18: *Spannsegmente in verschiedenen Anordnungen.*
(1) Spannsegment, (2) Formstempel, (3) Blechplatine, (4) Aufspannplatte

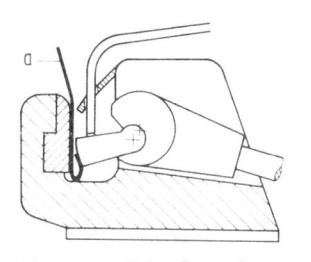

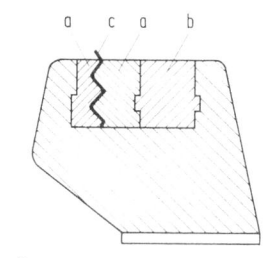

Abb. 5.19: links: Doppelexzenter-Spannzange,
a) umgefalztes Blech,
rechts: hydraulisch betätigte Spannzange
a Spannbacken, b Keil, c Blech

Einspannung ermöglichen; darüber hinaus sollte sich die Klemmwirkung mit wachsender Zugkraft selbsttätig erhöhen. Als Spannzangentypen werden häufig Doppelexzenter-Spannzangen (Abb. 5.19, links), die sich besonders zum Einspannen von Blechen mit umgefalztem Rand eignen, und hydraulisch betätigte Spannzangen, wie sie in Abbildung 5.19, rechts dargestellt sind, eingesetzt.
Die Streckziehkraft F_{St} zur Umformung eines 1 mm dicken Bleches errechnet sich gemäß Gleichung 5.2 zu

$$F_{St} = \frac{A_1}{\eta_F} \cdot k_{fm} \cdot \ln \frac{A_0}{A_1} \quad (5.2).$$

In dieser Gleichung bedeuten
A_0 Ausgangsfläche des Bleches,
A_1 durch das Streckziehen vergrößerte Fläche,
k_{fm} mittlere Fließspannung und
η_F Umformwirkungsgrad.

Der Umformwirkungsgrad η_F liegt zwischen 0,5 und 0,7. Unter der Annahme einer über der gesamten Fläche gleichmäßig verteilten Beanspruchung beträgt er 0,7, dagegen bei ungleichmäßiger Beanspruchung werden Werte von 0,5 nicht überschritten.
Der Winkel α schließt die senkrecht gerichtete Streckziehkraft F_{St} mit einer der beidseitig wirkenden Spannkräfte F_{Sp} ein. Unter Vernachlässigung der Reibung zwischen Blech und Werkzeug gilt für die Streckziehkraft

$$F_{St} = 2 \cdot F_{Sp} \cdot \cos \alpha \quad (5.3).$$

Die an den Einspannbacken der Spannelemente auftretende größtmögliche Ziehkraft beträgt

$$F_{Sp\,max} = b \cdot s \cdot R_m \quad (5.4).$$

Berücksichtigt man die Reibung zwischen Blech und Werkzeug, so erhöht sich die Streckziehkraft um etwa 20 Prozent. Dann beträgt die höchstzulässige Streckziehkraft

$$F_{Sp\,max} = 2 \cdot 1,2 \cdot b \cdot s \cdot R_m \cdot \cos \alpha \quad (5.5).$$

Hierin bedeuten
B die Bandbreite in mm,
s die Blechdicke in mm und
R_m die Zugfestigkeit in N/mm².

Ein Prüfverfahren zum Streckziehverhalten eines Werkstoffes stellt die Erichsen-Prüfung nach EN ISO 20482 dar. Hierbei wird ein eingespanntes Blech durch einen Kugelstempel bis zum Riss umgeformt. Die maximale Eindringtiefe charakterisiert dabei den Werkstoff und stellt einen Umformkennwert für ihn dar.

Beim Streckziehen höherfester Werkstoffe (Stähle, Nickel- und Titanlegierungen) werden diese häufig im erwärmten Zustand eingesetzt, um ihre Umformbarkeit und ihr Fließverhalten zu verbessern, und auf dem kalten Werkzeug umgeformt. Bedingt durch den raschen Wärmeabfluss in das kalte Werkzeug ist ein endkonturnahes Ausformen dabei nur bedingt und dort möglich, wo die Umformung mit relativ hoher Umformgeschwindigkeit erfolgen kann. Ist diese Voraussetzung nicht gegeben oder will man gleichzeitig auch eine thermo-mechanische Umformung mit gezielter Gefügeeinstellung erzielen, wendet man in diesen Fällen auch das isotherme Streckziehen an. Hierbei wird das Werkzeug ebenfalls bis auf die Temperatur des Werkstücks erwärmt, sodass die Umformung bei erhöhten Temperaturen bis zur Endausformung betrieben werden kann. Anschließend lässt sich im Bedarfsfall im Werkzeug oder auch außerhalb der Maschine das gewünschte Gefüge durch eine thermische Nachbehandlung einstellen.

5.3.2 Hohlprägen mit starren Werkzeugen

Beim Hohlprägen mit starren Werkzeugen ist die Prägeform im Unterwerkzeug vertieft und im Oberwerkzeug erhaben ausgeführt. Das Blech wird beim Hohlprägen in die Vertiefung des Unterwerkzeugs gezogen oder gebogen, wobei der Blechwerkstoff auf Dehnung oder/und Biegung beansprucht wird. Um eine saubere Hohlprägung zu erzielen, muss das Werkzeug in ein Säulengestell eingebaut sein.

Hohlprägungen werden oft mit weiteren Umformungen kombiniert. So kann beispielsweise am Ende eines Tiefziehvorgangs der Boden eines Tiefziehteils hohlgeprägt werden. Ein weiteres Beispiel zeigt Abbildung 5.20, wonach eine hohlzuprägende Scheibe außen beschnitten und in der Mitte gelocht wird. Hier muss umgekehrt verfahren werden, da der Streifen bzw. das Band von der Hohlprägestufe zur Loch- und von dort zur Ausschneidestufe zu transportieren ist und daher die Hohlprägungen nach oben gerichtet sein müssen. Abbildung 5.20 zeigt die Hohlprägestufe eines solchen Folge-Verbundwerkzeugs. Der Stempel des Oberwerkzeugs übernimmt hier die Funktion des Prägewerkzeugs bzw. der Negativform, während der eigentliche höhenverschiebbare Prägestempel im Unterwerkzeug als Positivform das Prägewirkpaar ergänzt. Mittels Stoßbolzen wird der von der Druckfeder außen aufwärts gedrückte, um den Bolzen schwenkbare Hebel abwärts gestoßen und hebt den unten geschlitzten Prägestempel. Der Stift sorgt für eine zwangsschlüssige Verbindung des Hebels mit dem Prägestempel, damit dieser nach dem Hohlprägen wieder abwärts gezogen wird, sodass das zu verarbeitende Band darüber hinweg gleiten kann.

Mitunter werden Hohlprägearbeiten – wie beispielsweise zur Anfertigung von Membranen – durchgeführt, wobei überlagerte Zugbeanspruchungen in erheblichem Ausmaß auftreten, die zur Rissbildung führen können. Um einerseits diese Risse zu vermeiden und andererseits die erforderliche Federungshärte durch eine entsprechende Verfestigung zu erreichen, wird die Umformung derart stufenweise vorgenommen, dass einem zunächst weichen Umformhub zunehmend härtere Schläge folgen. Für größere Werkstücke eignen sich dazu Schlagziehpressen, unter denen die Werkstücke auf eine geringere Höhe vorgezogen und anschließend im gleichen Arbeitsgang fertig auf Maß geformt werden. Kleinere Teile lassen sich ebenso unter einfachen Pressen herstellen, ohne dass deshalb der Tisch dafür in seiner Höhe verstellt werden muss. Die Verstellung besorgt vielmehr ein unter dem Prägewerkzeug anzubringender Gewindeuntersatz, wobei nach dem ersten Pressenhub derselbe um einen bestimmten Winkel, nach einem zweiten Hub um einen weiteren Winkel gedreht und dabei das Prägewerkzeug jeweils um ein geringes Maß von etwa 0,05 mm angehoben wird. Anstelle eines Gewindes kann auch mittels Keilvorschub das Prägewerkzeug stufenweise angehoben werden.

5.3.3 Hohlprägen mit nachgiebigen Werkzeugen

Bei diesem Verfahren besteht nur die eine Hälfte aus einem nachgiebigen Werkzeug, während die andere Hälfte, entweder Stempel oder Matrize, starr ist und der Form des Werkstücks entspricht. Als elastisches Druckmittel haben heute die als Elastomere bezeichneten Kunststoffe den Naturkautschuk weitgehend verdrängt. Damit das Blech beim Hohlprägen nicht geschnitten wird, müssen hinsichtlich der Prägeform bestimmte Kriterien beachtet

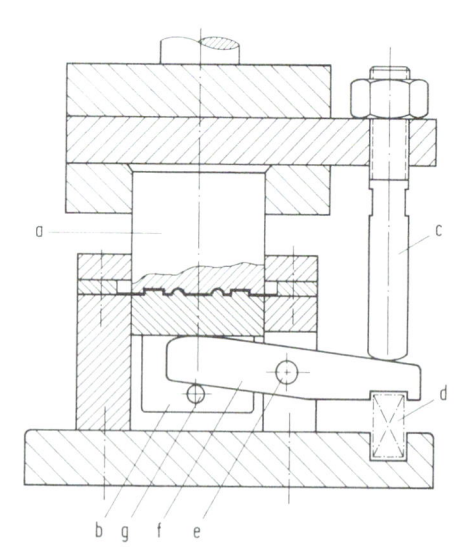

Abb. 5.20: *Hohlprägen im Folge-Verbundwerkzeug: a Stempel des Oberwerkzeugs, b Stempel des Unterwerkzeugs, c Stoßbolzen, d Druckfeder, e Bolzen, f Hebel, g Stift*

werden. Für das Verhältnis des Krümmungshalbmessers an der Innenseite r_i zum Krümmungshalbmesser an der Außenseite

$$r_a = r_i + s \qquad (5.6)$$

gilt $r_a / r_i \geq 2{,}5$.

Diese Verfahren beschränken sich auf die Herstellung nur kleiner Losgrößen. Der Verschleiß der elastischen Druckmittel, wie Gummikissen und Membrane, ist beträchtlich. Man unterscheidet zwischen Verfahren, die nur mit Gummikissen arbeiten (Guerin, Marform, Hidraw-Verfahren) und solchen, die eine flüssigkeitsgefüllte Gummimembran einsetzen (Hydroform-, Wheelon-, Fluidformverfahren). Die bei diesen Verfahren erforderliche Kraft ist recht hoch. Sie errechnet sich nach der wirksamen Kissenfläche A zu

$$F = p \cdot A \qquad (5.7),$$

wobei der erforderliche Druck p zwischen 100 und 350 bar liegt. Hohe Drücke führen dabei zu einer kürzeren Lebensdauer der elastischen Druckmittel. Der erforderliche Druck wird berechnet nach:

$$p = c \cdot s^2 \cdot R_m \cdot H \cdot \frac{u}{h} \qquad (5.8).$$

Hierin bedeuten

- c Beiwert in N^{-1}, (c = 0,25 bis 0,40), der obere Grenzwert gilt für das Hohlprägen von scharfkantigen, schwierigen Formen,
- s Blechdicke in mm,
- R_m Zugfestigkeit des Blechs in Nmm^{-2},
- H C-Shore-Härte des Gummis (H sollte zwischen 60 und 80 liegen) in Nmm^{-2},
- h Kissenhöhe in mm (sollte der 8-fachen Hohlprägetiefe u entsprechen) und
- u Hohlprägetiefe in mm.

Mit zunehmender Hohlprägetiefe u steigt die erforderliche Kraft F.

Abbildung 5.21 zeigt als Beispiel für das Guerin-Verfahren ein Hohlprägewerkzeug zur Nummernschildherstellung. Die Prägeplatten für Buchstaben und Ziffern werden seitlich (in der Abbildung von vorn) in das Werkzeug eingeschoben. An einer Seite, rechts im Bild, ist eine schräge, an der anderen Seite eine senkrecht gestufte Führung vorgesehen, damit eine falsche Einführung der Platten ausgeschlossen wird. Unter Federdruck stehende Anlagestifte werden während des Hohlprägens abwärts gedrückt. Meist werden anstelle eines gemeinsamen Kissens mehrere Gummiabschnitte, deren Breite der Prägeplattenbreite entsprechen, nebeneinander liegend einge-

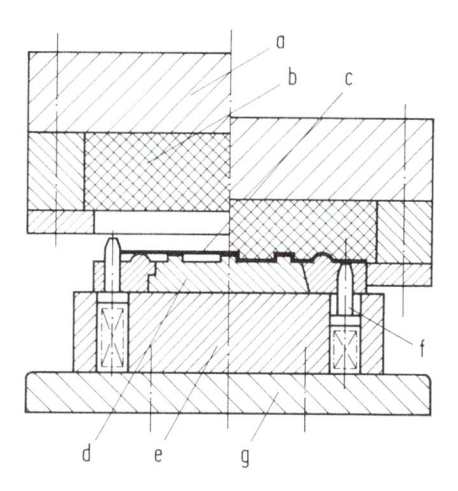

Abb. 5.21: Hohlprägen von Nummernschildern nach dem Guerin-Verfahren
a Aufnehmerrahmen (Koffer), b Gummikissen, c Werkstück, d Prägeplatte, e Werkzeugaufnahmeplatte, f Anlagestift, g Grundplatte

setzt, sodass diese - je nach Verschleißzustand - einzeln ausgewechselt werden können.

Ein ganz anderes Werkzeug stellt das Bossierwalzenpaar nach Abbildung 5.22 dar. Das untere, angetriebene Rad aus Stahl ist am Umfang mit einem Muster versehen, das ein zwischen beiden Rädern bzw. Walzen eingepresstes Band – meist aus weichem Metall – umformt. Das obere,

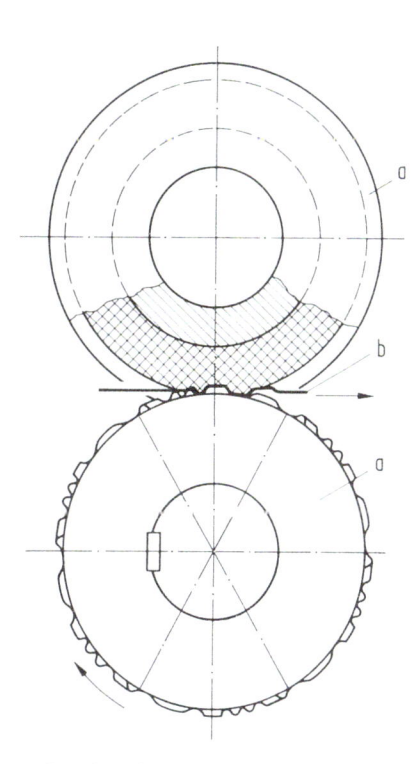

Abb. 5.22: Bossierwalzenpaar. a Walze, b Werkstück

lose, unter Gegendruck mitlaufende Rad ist mit einem elastischen Überzug versehen, in den sich das Muster eingräbt. Bei dem hier gezeigten Beispiel wiederholt sich das Muster alle 60°. Bei großen Stückzahlen wird im Hinblick auf den Gummiverschleiß anstelle eines elastischen Überzugs das obere Rad gleichfalls aus Stahl gefertigt. Dieses hat dann an seinem Umfang ein Negativmuster in Ergänzung zum Positivmuster auf dem anderen Rad.

5.3.4 Tiefen mit Wirkmedien

5.3.4.1 Tiefen bei kraftgebundener Wirkung

Bei der Verwendung formlos fester Stoffe wird das Werkstück durch einen, mit dem Negativabdruck der gewünschten Kontur versehenden Stempel, geformt. Dabei dienen als Träger der statischen Kraftwirkung weiche Werkstoffe wie Blei oder Treibkitt.

Ein Beispiel für das Tiefen mit Flüssigkeiten als Träger statischer Kraftwirkung zeigt Abbildung 5.23. Es handelt sich um ein Innenhochdrucktiefen eines Bleches bei fest eingespanntem Werkstückrand. Das Blech (3) wird in das Werkzeug eingelegt und mit einem Niederhalter fixiert. Durch Erhöhen des Drucks der oberen Zylinder (2) überträgt des Medium (4) die Kraft auf das Werkstück. Dieses legt sich an die Kontur der Matrize (5) an und erhält so seine Endform. Der Materialfluss lässt sich durch die unteren Zylinder (6) steuern.

Als Wirkmedium können Wasser, Öl oder viskose Wirkmedien, z.B. Kunststoffschmelzen, eingesetzt werden (Wang 2004; Hussain et al. 2008).

Eine Anwendung ist das Innenhochdrucktiefen verschweißter Doppelplatinen, z.B. zur Produktion von Heizkörpern oder Wärmetauschern (Birkert und Neubert 2000; Neugebauer 2007). Das Werkstück wird dazu in das Werkzeug gelegt und fest eingespannt. Das Druckmedium wird zwischen den Platinen eingeleitet und baut den zur Umformung erforderlichen Innendruck p_i auf (Abb. 5.24).

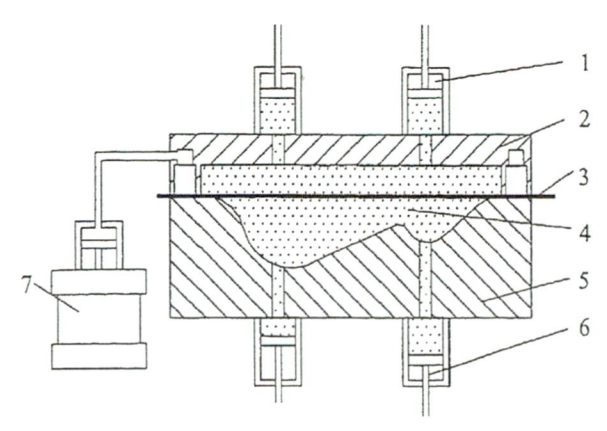

Abb. 5.23: Innenhochdrucktiefen:
1 oberer Zylinder, 2 Behälter für das Umformmedium, 3 Blech, 4 Medium, 5 Matrize, 6 unterer Zylinder, 7 Zylinder des Niederhalters

Das Innenhochdrucktiefen lässt sich auch mit gasförmigen Medien, z.B. Druckluft, durchführen, wobei der Wirkmediendruck um bis zu 150 bar beträgt. Die Vorteile der Verwendung gasförmiger Medien wurden bereits in 5.2.2.2 angesprochen. Anwendung findet dieses Verfahren in der Automobil- und Flugzeugbaufertigung kleiner Stückzahlen (Liewald, Kappes 2008).

5.3.4.2 Tiefen mittels Wirkmedien bei energiegebundener Wirkung

Bei diesen Verfahren dienen formlos- feste, flüssige und gasförmige Stoffe als Träger kinetischer Energie. Die Energiefreisetzung kann erfolgen durch die Detonation eines Sprengstoffes, Explosion eines Gasgemisches, Funkenentladung oder durch kurzfristige Entspannung eines komprimierten Gases.

Abbildung 5.25 zeigt das Tiefen mit Hilfe einer Sprengstoffdetonation, wobei die freigesetzte Energie, die zu einer Verformung des Werkstückes führt, durch das Wirkmedium (Flüssigkeit) übertragen wird

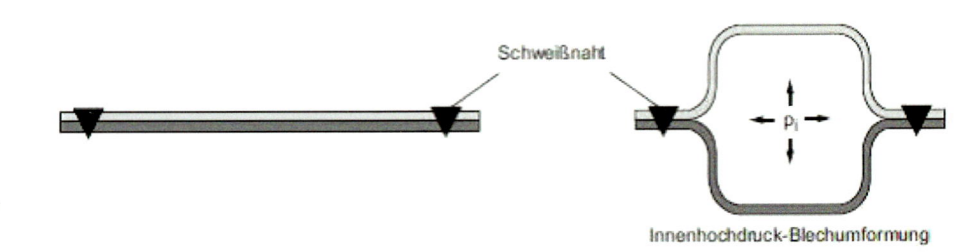

Abb. 5.24: Innenhochdrucktiefen verschweißter Doppelplatinen

5.3.4 Tiefen mit Wirkmedien

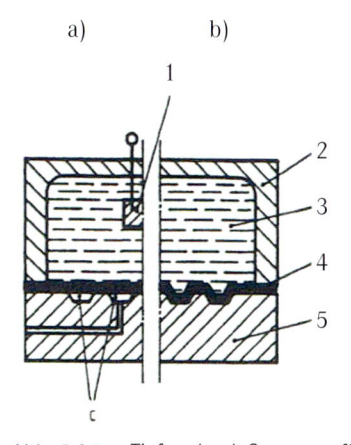

Abb. 5.25: Tiefen durch Sprengstoffdetonation:
a Ausgangsform des Werkstücks, b Endform des Werkstücks, c evakuiert.
1 Sprengstoff, 2 Flüssigkeitsbehälter, 3 Flüssigkeit, 4 Werkstück, 5 Matrize

5.3.5 Tiefen mit Wirkenergie

Dieses Verfahren nutzt den Effekt, dass zwei stromdurchflossene Leiter sich abstoßen. Dazu wird ein Stromimpuls in eine Spule impliziert, der im umzuformenden Metallkörper (z. B. ein Rohr) einen gegensinnig fließenden Strom induziert. Es werden gegenläufige Magnetfelder erzeugt, die sich auf Grund der Lorentzkraft abstoßen, sodass sich bei genügend großem Energieeintrag das – üblicher Weise – rohrförmige Werkstück deformiert. (Lange et al. 1993). Das Verfahren nutzt als Variante der elektromagnetischen Umformung die Formgebung durch elektromagnetische Kompression des Werkstücks (vgl. auch Kap. 5.2.3). Trotz seiner relativ hohen Kosten findet das Verfahren dort Anwendung, wo herkömmliche Verfahren versagen. Auf Grund des veränderten Werkstoffverhaltens weist das Umformgut bei diesen Magnetumformverfahren ein gegenüber einer quasistatischen Umformung teilweise deutlich verbessertes Formänderungsvermögen auf (Dehra 2006; Psyk 2009). Gegenüber alternativen Technologien wie der Außenhochdruckumformung oder dem Einziehen bietet die elektromagnetische Umformung den Vorteil, dass für rotationssymmetrische Formen kein formgebendes Werkzeug erforderlich ist. Auch lassen sich gekrümmte Bauteile einziehen und verschlanken und auch nicht rotationssymmetrische Bauteile können mit diesem Verfahren gestaltet werden. Zudem ist es geeignet, z. B. Hohlwellenbauteile formschlüssig miteinander zu verbinden. Abbildung 5.26 zeigt als Beispiel die Anwendung einer Kompressionsspule und Expansionsspule zur Erzeugung sickenartiger Strukturen in rohrförmigen Werkstücken sowie eine Applikation zur Flachumformung.

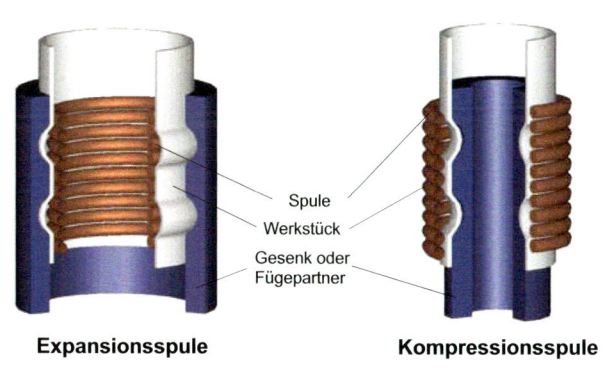

Abb. 5.26: Magnetumformung;
Spulenanausbildung für das Expandieren und Komprimieren rohrförmiger Elemente und für plattenförmige Bauteile
(Quelle: IUL Dortmund)

Literatur zu Kapitel 5

Birkert, A.; Neubert, J.: Hydrostatisches Aufweiten von verschweißten Doppelplatinen – Parallel Plate Hydroforming. In: ATZ Automobiltechnische Zeitschrift 102 (2000), S. 608 – 611.

Dehra, M. S.: High velocity formability and factors affecting it. PhD-Thesis, Ohio State University, 2006.

Eckold, Firmenprospekt, St. Andreasberg.

Gerhard, W.: Beseitigung ungewisser Restspannungen und Eigenspannungen durch Plattenstrecker. In: Klepzig-Fachberichte 82 (1974) 11, S. 415 – 418.

Glazkoo, V.: Aufweiten von Rohrausgangsformen durch Gummi mit axialer Abstützung. In: Umformtechnik 4 (1970) 2, S. 39 – 42.

Hertl, A.: Konstruktion von Platten- und Profilstreckern. In: Z. f. Metallkunde 51 (1960) 10, S. 555 – 560.

Hilbert, H.: Stanzereitechnik. Bd. 1, 6. Aufl., Carl Hanser Verlag, München 1972.

Hussain, M. M.; Rauscher, B.; Tekkaya, A. E.: Wirkmedienbasierte Herstellung hybrider Metall-Kunststoff-Verbundbauteile mit Kunststoffschmelzen als Druckmedium. Werkstofftech. 39 (2008), S. 627 – 632.

Kiesewetter, Th.: Mehrachsige CNC-Streckziehanlage für die Blechumformung. Neuere Entwicklungen in der Blechumformung. Internationale Konferenz. Stuttgart 1992.

Kolleck, R.; Koroschetz, Ch.: Wirkmedienbasierte Blechumformung mit Gas als saubere Alternative. In: mm Das IndustrieMagazin 28 (2008), S. 26 – 27.

Liewald, M.; Kappes, J.: Superplastische Blechumformung. In: Wt Werkstatttechnik online, Heft 10 (2008), S. 860 – 865.

Lange, K.; Müller, H.; Zeller, R.; Herlan, Th.: Hochleistungs-, Hochenergie-, Hochgeschwindigkeitsumformung. In: Lange, K. (Hrsg.): Umformtechnik, Bd. 4, Springer-Verlag, Berlin 1993.

Neugebauer, R. (Hrsg.): Hydro-Umformung. Springer-Verlag, Berlin, Heidelberg 2007.

Oberländer, T.; Widmann, M.: Zugumformen. In: Lange, K. (Hrsg.): Umformtechnik, Bd. 3, Springer-Verlag, Berlin 1990.

Oehler, G.; Kaiser, F.: Schnitt-, Stanz- und Ziehwerkzeuge. 6. Aufl., Springer-Verlag, Berlin 1973.

Psyk, V.: Prozesskette Krümmen – elektromagnetisch Komprimieren – Innenhochdruckumformen für Rohre und profilförmige Bauteile, Dissertation TU Dortmund, 2009.

Romanowski, W. P.: Handbuch der Stanzereitechnik. 2. Aufl., VEB Verlag Technik, 1959.

Schäfer, E.: Stretching für Stahlbänder. In: Bänder, Bleche, Rohre, Heft 3 (2006), S. 36 – 38.

Schlosser, D.: Zugumformen. In: Lange, K. (Hrsg.): Umformtechnik, Bd. 2, Springer-Verlag, Berlin 1975.

Schmid, D. et al.: Industrielle Fertigung – Fertigungsverfahren. Verlag EUROPA-Lehrmittel, Haan-Gruiten 2008.

Schuler GmbH (Hrsg.): Handbuch der Umformtechnik. Springer-Verlag, Berlin 1996.

Thomas, J. D.: Forming limits for electromagnetically expanded aluminium alloy tubes: theory and experiment. Acta Materialia 55 (2007), S. 2863 – 2873.

Tschätsch, H.: Praxis der Umformtechnik. Verlag Vieweg, Braunschweig, Wiesbaden 2001

ULSAC Porsche Engineering Services Inc.: ULSAC Engineering Report 2001.

Wang, X. Y.: Sheet bulging experiment with viscous pressure-carrying medium. In: Journal of Materials Processing Technology 151 (2004), S. 340 – 344.

DIN-Normen

DIN 8585-1 Fertigungsverfahren Zugumformen. Teil 1: Allgemeines. Hrsg. Normenausschuss Technische Grundlagen, Beuth Verlag, Berlin 2003.

DIN 8585-2 Fertigungsverfahren Zugumformen. Teil 2: Längen. Hrsg. Normenausschuss Technische Grundlagen, Beuth Verlag, Berlin 2003.

DIN 8585-3 Fertigungsverfahren Zugumformen. Teil 3: Weiten. Hrsg. Normenausschuss Technische Grundlagen, Beuth Verlag, Berlin 2003.

DIN 8585-4 Fertigungsverfahren Zugumformen. Teil 4: Tiefen. Hrsg. Normenausschuss Technische Grundlagen, Beuth Verlag, Berlin 2003.

Biegeumformen

6.1 Einleitung 573

6.2 Grundlagen des Biegens
anhand der elementaren Biegetheorie 576
    6.2.1 Annahmen der elementaren Biegetheorie 576
    6.2.2 Berechnung der Dehnungen,
Spannungen und Biegemomente 578
    6.2.3 Berechnung der Rückfederung 579
    6.2.4 Einfluss- und Störgrößen 582

6.3 Blechbiegen 583
    6.3.1 Frei- und Gesenkbiegen 584
    6.3.2 Schwenkbiegen 589
    6.3.3 Walzrunden 591
    6.3.4 Walzprofilieren 594

6.4 Rohr- und Profilbiegen 595
    6.4.1 Anwendungsgebiete von gebogenen Profilen 595
    6.4.2 Einflussparameter beim Rohr- und Profilbiegen 595
    6.4.3 Fertigungsfehler und
Versagensfälle beim Profilbiegen 597
    6.4.4 Klassifizierung der Rohr- und Profilbiegeverfahren 598
    6.4.5 Formgebundene Profilbiegeverfahren 600
    6.4.6 Profilbiegeverfahren
mit kinematischer Definition der Biegekontur 602

Sami Chatti, Frauke Maevus, Matthias Hermes,
A. Erman Tekkaya, Matthias Kleiner

6.1 Einleitung

Nach DIN 8586 (DIN 1971) ist das Biegen bzw. Biegeumformen das Umformen eines festen Körpers, wobei der plastische Zustand im Wesentlichen durch eine Biegebeanspruchung herbeigeführt wird. Neben metallischen Werkstoffen eignen sich prinzipiell auch alle anderen umformbaren Werkstoffe für das Biegen.

Das Biegen gehört zu den am häufigsten angewendeten Verfahren im Bereich der blechverarbeitenden Industrie und wird in unterschiedlichen Anwendungsbereichen eingesetzt. Die Produktpalette erstreckt sich von der Einzelfertigung von Teilen für den Kessel-, Behälter- und Schiffbau bis zur Massenproduktion kleinerer und kleinster Bauteile, z. B. im Fahrzeugbau und in der Elektroindustrie. Auch verschiedene profilierte Halbzeuge mit verschiedensten Querschnittsformen können durch Biegen hergestellt werden (Lange 1990). Neben Blechen werden Drähte, Bänder, Stäbe, Rohre, Profile und vorgeformte Werkstücke auf verschiedenen Umformmaschinen durch Biegen umgeformt. Die Weiterverarbeitung von Rohren und profilierten Halbzeugen durch Biegeumformverfahren zu Werkstücken mit unterschiedlicher Gestalt, wie z. B. Ringe, Segmente oder 3D-Formen, wird in diesem Zusammenhang als Rohr- bzw. Profilbiegen bezeichnet.

Parallel zur Vielfalt möglicher Biegeteile gibt es auch eine Vielzahl von Biegeverfahren im industriellen Einsatz zur wirtschaftlichen Herstellung dieser Biegeteile (Chatti 2006). Diese Verfahren werden in der Regel bei Raumtemperatur durchgeführt. Bei der Umformung von sehr großen Querschnitten oder sehr kleinen Biegeradien bzw. bei Werkstoffen mit niedrigem Umformvermögen im kalten Zustand wird durch eine lokale oder globale Erwärmung des Biegeteils die notwendige Biegebelastung (Kräfte, Momente) reduziert und das Formänderungsvermögen erhöht.

Das Biegeumformen ist bezüglich seiner geometrischen Wirkungen dadurch gekennzeichnet, dass das Werkstück eine Krümmung erfährt. Vorgekrümmte Bauteile erfahren durch das Biegen eine Veränderung der Krümmung. Die Krümmungsänderungen sind mit Winkeländerungen und Schwenkungen gekoppelt. Auftretende Querschnittsänderungen sowie Dickenänderungen an der Biegestelle sind unerwünscht.

Die Formänderung durch Biegen setzt wie bei anderen Umformverfahren voraus, dass der Werkstoff des zu biegenden Werkstücks eine bildsame Formgebung erfahren kann. Unterliegt ein metallischer Werkstoff unterhalb seiner Rekristallisationstemperatur einer Biegebelastung, so tritt zunächst eine elastische Formänderung auf, die bei der Erhöhung der Belastung in eine bleibende Formänderung übergeht, bis schließlich bei Erschöpfung des Umformvermögens der Bruch auftritt. Der Werkstoffbruch muss beim Biegen vermieden werden. Die Elastizität des Werkstoffs ist beim Biegen unerwünscht, da sie zum größten Biegeproblem führt, nämlich zur Bauteilrückfederung, die in der Entlastungsphase nach dem Biegen auftritt.

Für jede Biegeaufgabe steht das anzuwendende Biegeverfahren im Vordergrund. Bei der Auswahl müssen die Form des Werkstücks und die Besonderheit der vorliegenden Fertigungsaufgabe berücksichtigt werden. Unter Biegeverfahren versteht man die Form der Biegewerkzeuge und ihren Bewegungsablauf sowie die Relativbewegung der Werkzeuge zueinander und zum Werkstück (Zünkler

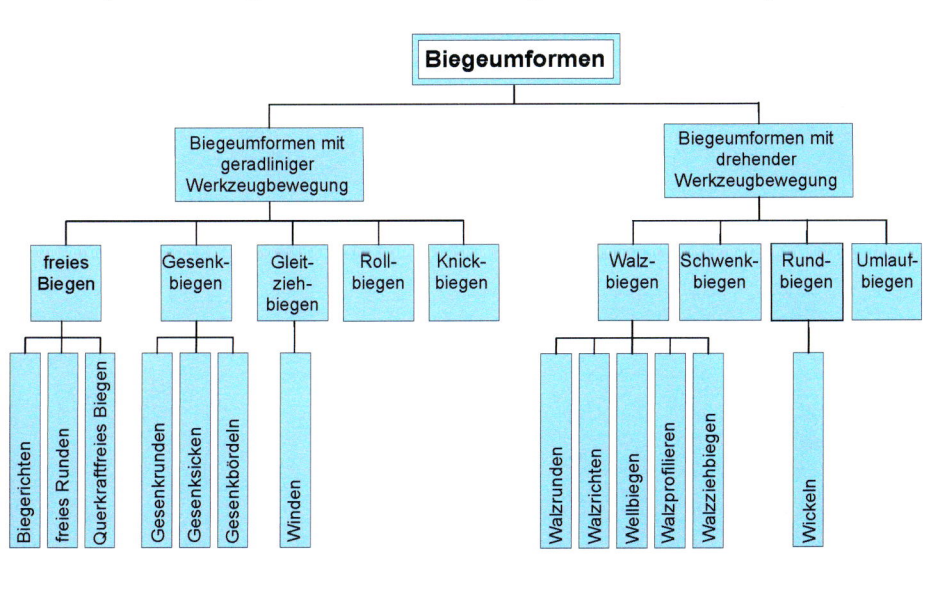

Abb. 6.1: *Einteilung der Biegeumformverfahren nach DIN 8586*

6.1 Einleitung

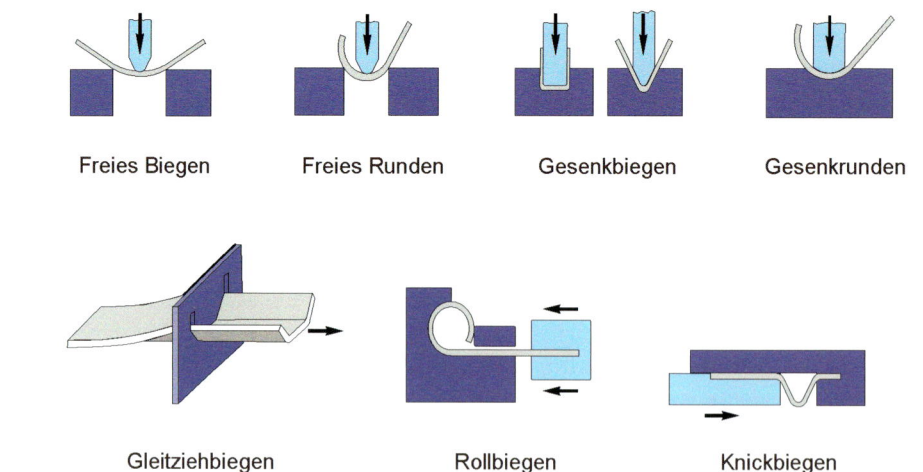

Abb. 6.2: Beispiele für Biegeumformen mit geradliniger Werkzeugbewegung nach DIN 8586

1965). Nach DIN 8586 werden die Biegeverfahren, bei denen vornehmlich Blech als Ausgangsform des Werkstücks eingesetzt wird, nach der Art der Werkzeugbewegungen (Abb. 6.1) unterschieden in Verfahren mit

- geradliniger Werkzeugbewegung und solche mit
- drehender Werkzeugbewegung.

Bei geradliniger Werkzeugbewegung (Abb. 6.2) haben die Verfahren Freibiegen und Gesenkbiegen (Biegen längs der gesamten Biegekante) die größte Bedeutung in der Praxis. Das Gesenkbiegen wird beispielsweise zur Herstellung von Behälterböden eingesetzt. Durch Gleitziehbiegen (fortschreitendes Biegen längs der Hauptachse) lassen sich profilierte Blechbauteile und -halbzeuge auf günstige Weise erzeugen. Das Rollbiegen (Biegen der gesamten Werkstückbreite quer zur Hauptachse) wird zum Beispiel zur Herstellung von Scharnierteilen oder zur Randverstärkung von Blechteilen eingesetzt. Mit dem Knickbiegen (gewolltes Ausknicken quer zur Hauptrichtung) können zum Beispiel Blechstrukturen mit V-förmigen Versteifungen versehen werden.

Das Biegeumformen mit drehender Werkzeugbewegung (Abb. 6.3) unterteilt sich ebenfalls in mehrere Verfahren mit unterschiedlichen Anwendungsgebieten. Das Walzrunden ist ein Biegeverfahren, welches sowohl zum Biegen von Blechen als auch zum Profilrunden eingesetzt wird. Es ist ein preisgünstiges Verfahren zum Runden von Fein-, Mittel- und Grobblechen zur Herstellung von Rohren und rohrförmigen Werkstücken mit großen Durchmessern, z. B. für den Behälterbau. Das Walzprofilieren ist wegen seiner hohen Ausbringungsleistung das wichtigste Herstellungsverfahren für die industriel-

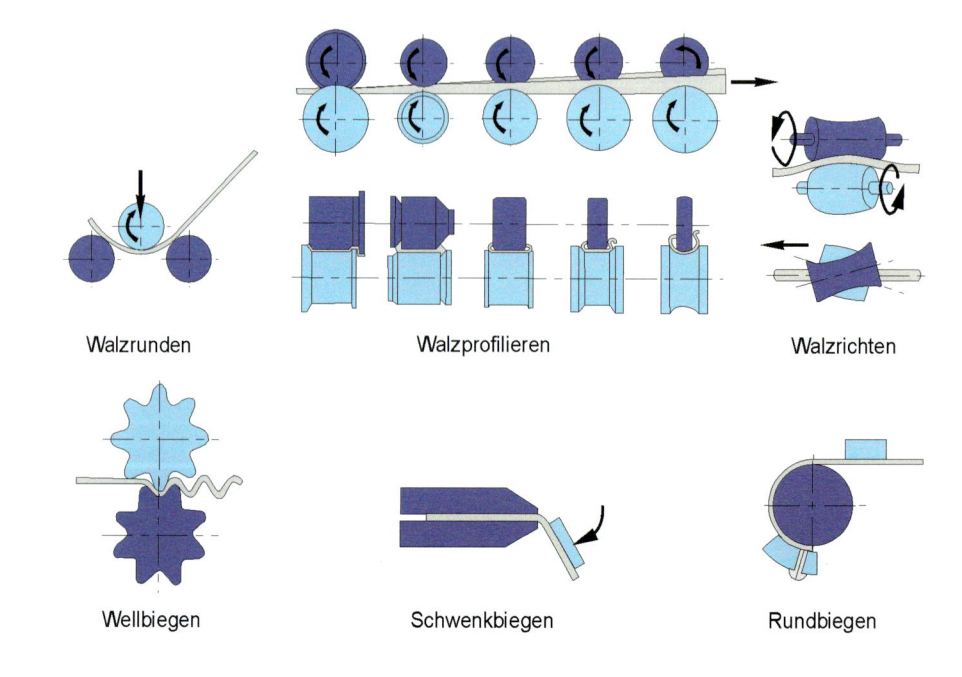

Abb. 6.3: Beispiele für Biegeverfahren mit drehender Werkzeugbewegung nach DIN 8586

e Fertigung von Kaltprofilen. Diese werden im Walzprofilierprozess aus einem bandförmigen Ausgangsmaterial schrittweise zu Profilformen verschiedenster Querschnitte umgeformt, die in nahezu allen Bereichen der Technik eingesetzt werden, insbesondere im Fahrzeug- und Anlagenbau sowie in der Bauindustrie. Auf Grund seines kontinuierlichen Prozesscharakters eignet sich dieses Verfahren besonders für die Massenfertigung. Kleine Stückzahlen von Profilen oder Blechbiegeteilen werden dagegen durch das Schwenkbiegen wirtschaftlich hergestellt. Mittels dieses Verfahrens können ähnliche Bauteile hergestellt werden wie z.B. durch das Gesenkbiegen. Der Vorteil des Schwenkbiegens liegt jedoch in der Flexibilität und in dem leichteren Umgang mit großen Werkstücken auf Grund seiner besonderen Kinematik. Charakteristische Produkte sind u.a. großflächige Werkstücke und Biegeteile mit einer starken Asymmetrie in den Längen der Biegeschenkel. Das Wellbiegen ist Walzbiegen von Blechen, Drähten oder Rohren mit in Umfangsrichtung profilierten Walzen, wobei die Walzenachsen meist senkrecht zur Biegeebene stehen. Beim Rundbiegen, auch Biegen um einen starren Biegekern genannt, kommen Biegekerne zum Einsatz, die der Werkstückform unter Biegebelastung entsprechen. Das Walzrichten wird eingesetzt, um unerwünschte Krümmungen an Bauteilen zu beseitigen. Die bei der Herstellung von flachen Bauteilen auf Grund von frei werdenden Spannungen auftretenden Unebenheiten werden durch die Wechselbiegung des Bleches entfernt.

Neben der Art der Werkzeugbewegung können die Biegeverfahren auch nach der Art der Gestalterzeugung in gebundene und ungebundene eingeteilt werden (Abb. 6.4). Beim gebundenen Umformen wird dem Werkstück mehr oder weniger die Form der Werkzeuge aufgezwungen. Bis auf die elastische Rückfederung nimmt das Biegeteil die Form der Werkzeuge an. Als Beispiele sind hier das Walzprofilieren und das Gesenkbiegen zu nennen. Bei den ungebundenen Verfahren, auch als Verfahren mit kinematischer Gestalterzeugung bezeichnet, entsteht die Werkstückform nur durch die Kinematik der Werkzeuge, also durch die Relativbewegungen zwischen Werkzeug und Werkstück, wie z.B. bei den Verfahren Schwenkbiegen, Freibiegen und Walzrunden. Die erste Gruppe ist durch eine sehr gute Werkstückführung im Umformbereich während des Biegeprozesses und somit durch eine höhere Fertigungsgenauigkeit gekennzeichnet, hat aber gleichzeitig den Nachteil einer geringen bzw. begrenzten Flexibilität zur Folge. Im Gegensatz dazu zeigen die Verfahren der zweiten Gruppe eine hohe Flexibilität, die mit einer geringeren Werkstückführung gekoppelt ist.

Eine weitere Unterteilungsmöglichkeit besteht in der Einteilung der Biegeverfahren, vom Werkstück ausgehend,

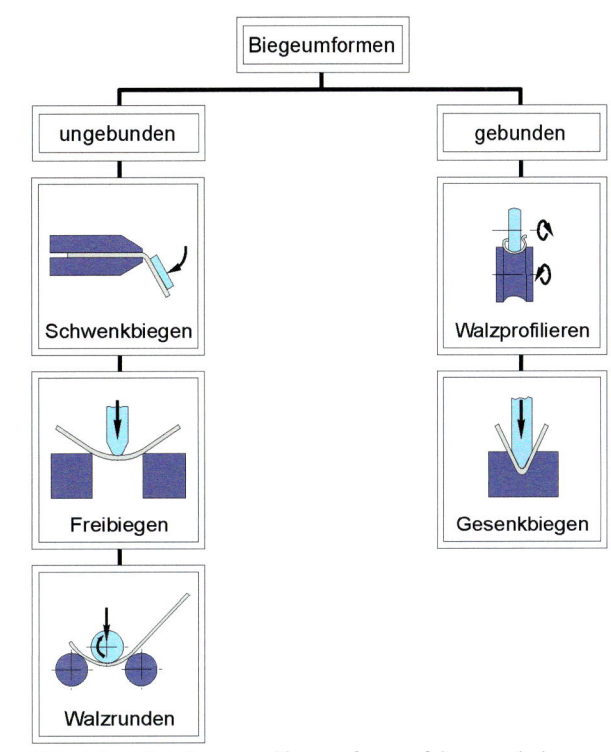

Abb. 6.4: Einteilung von Biegeumformverfahren nach der Gestalterzeugung (nach H. Kaiser)

nach der Anzahl der Biegeachsen. Hierbei wird zwischen geraden, eben gekrümmten und räumlich gekrümmten Biegeachsen unterschieden. Das Biegen um gerade Achsen findet am häufigsten statt. Während des Biegens um gekrümmte Achsen kommen im Biegeteil im Vergleich zum geraden Biegen zusätzliche Formänderungen und Spannungen hinzu. Die Lage der Biegeachsen kann auch auf das Ausgangsbauteil bezogen werden. Bei Profilen spricht man z.B. von einer „schiefen" Biegung, wenn das Profil in die Maschine schräg eingeführt wird, um die Krümmung in einer anderen Ebene zu erzeugen bzw. um die unerwünschte Verwindung von asymmetrischen Profilen zu kompensieren. In diesem Fall sind die Biegeachsen in Bezug auf die Profilquerschnittsachsen mit einem bestimmten Winkel geneigt. Beim ebenen Blech sind die üblichen Biegeachsen in Abbildung 6.5 dargestellt. Während Biegungen um die x- und y-Achse äquivalent sind, werden Biegungen um die z-Achse wegen des Auftretens von Knickproblemen für die Druckfaser selten durchgeführt. Diese Biegung kann erspart werden, wenn das Bauteil in der gewünschten Form direkt der Blechtafel entnommen wird. Das Blech kann ebenfalls um zwei der dargestellten Achsen gebogen werden und zum Schluss auch um alle drei Achsen.

Beim Biegen sind die aufzubringenden Biegebelastungen und deren Reaktionen für den Umformwiderstand des Werkstücks von besonderer Bedeutung. Je nach Art des

6.2 Grundlagen des Biegens

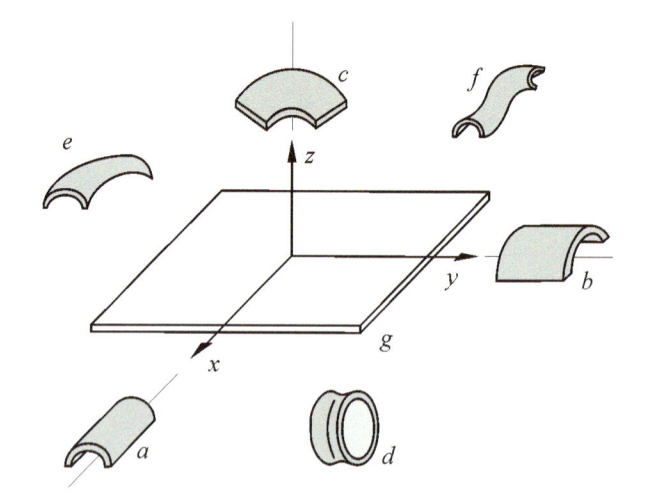

Abb. 6.5: Biegeachsenlagen einer Blechtafel und Biegebeispiele (nach B. Zünkler)

- a Biegung um x
- b Biegung um y
- c Biegung um z
- d Biegung um x und y
- e Biegung um x und z
- f Biegung um x, y und z
- g Blechtafel

Biegewerkzeugs sind im Werkstück die auftretenden Reaktionen auf die erzeugte Biegebelastung unterschiedlich. So können reine Momentenbiegungen, Querkraftbiegungen und Längskraftbiegungen entstehen. Die Querkraftbiegung, bei der Biegemomente durch das Aufbringen von Querkräften an Hebelarmen entstehen, ist technisch die wichtigste Variante. Häufig sind auch bei den Biegeverfahren Mischfälle der Belastungen zu finden.

Bauteile lassen sich auch thermisch durch Wärmeeinwirkung biegen. Am weitesten verbreitet ist das thermische Umformen im Schiffbau. Dort werden Dickbleche durch lokale Erwärmung mit dem Schweißbrenner entlang bestimmter Linien gebogen. Wenn die Wärmedehnung außerhalb der Biegestelle behindert wird, wird das Blech lokal bleibend umgeformt. Ein Teil dieser Formänderung geht beim Erkalten verloren, und das Blech wird beim Schrumpfen gekrümmt. Dünnbleche und Profile können heutzutage durch Laserstrahl gebogen werden (Kraus 1996).

6.2 Grundlagen des Biegens anhand der elementaren Biegetheorie

In diesem Abschnitt werden die Grundlagen des Biegens am Beispiel des Blechbiegens vorgestellt, das am häufigsten in der Industrie angewendet wird. Die mathematische Beschreibung des Biegens von Profilen ist auf Grund der komplexeren Querschnittsformen und der damit verbundenen komplexeren Spannungs-Dehnungszuständen aufwändiger.

6.2.1 Annahmen der elementaren Biegetheorie

Obwohl das Biegen als Umformverfahren schon sehr lange angewendet wird, sind theoretische Untersuchungen dieser Technik erst im 20. Jahrhundert durchgeführt worden. Eine der ersten und bekanntesten mathematischen Beschreibungen der plastischen Blechbiegung wurde von Ludwik (Ludwik 1903) entwickelt und im Jahre 1903 veröffentlicht. Diese sogenannte elementare Biegetheorie wurde danach von zahlreichen Autoren als Grundlage benutzt, um den komplexeren Vorgang des Biegens realitätsnäher mathematisch zu beschreiben. Die modellhafte Abbildung des Biegeprozesses geht von einem Blech aus, das aus mehreren voneinander unabhängigen ideellen Schichten (Fasern) besteht und einer linearen Dehnungsverteilung zwischen diesen Schichten. Den Dehnungen in jeder Faser werden die jeweiligen, im einachsigen Zugversuch ermittelten Spannungen zugeordnet. Die Einfachheit dieser Theorie ergibt sich aus einer Reihe von vereinfachenden Annahmen:

- Das Blech wird durch ein reines Biegemoment beansprucht, woraus sich eine kreisförmige Biegelinie ergibt (Abb. 6.6).

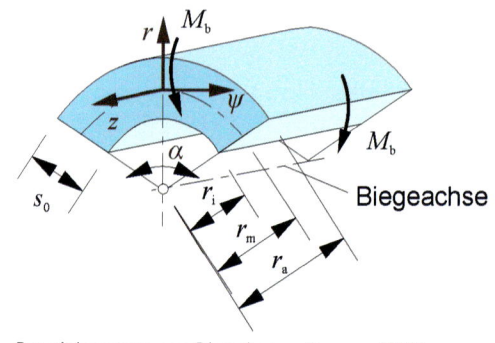

Abb. 6.6: Bezeichnungen am Biegebogen (Lange 1990)

6.2.1 Annahmen der elementaren Biegetheorie

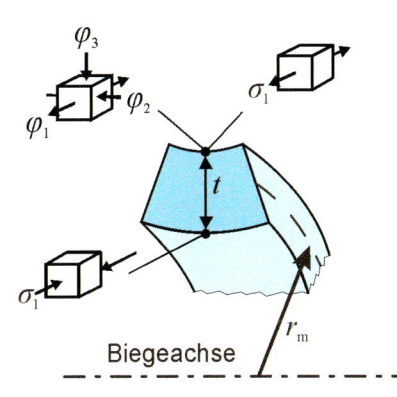

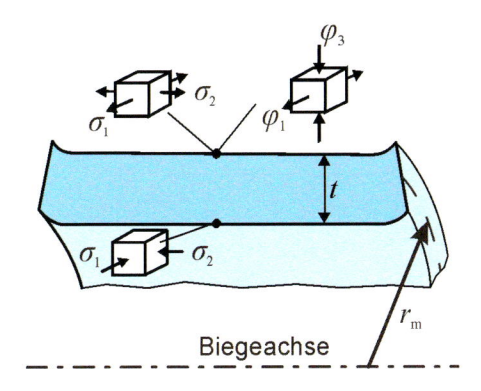

Abb. 6.7: Grenzzustände beim Biegen (Marciniak 2002)

- Die Blechbreite ist im Verhältnis zur Blechdicke sehr groß, sodass ein ebener Formänderungszustand angenommen werden kann (keine Dehnungen in z-Richtung, Abb. 6.7).
- Ebene Blechquerschnitte bleiben eben und senkrecht zur Blechoberfläche sowie parallel zur Biegeachse (Bernoulli-Hypothese).
- Es werden nur Spannungen in Umfangsrichtung (ψ) berücksichtigt. Die auch bei reiner Biegung auftretenden Spannungen in Breiten- und Dickenrichtung werden vernachlässigt.
- Der Blechwerkstoff ist homogen, isotrop und sowohl im elastischen als auch im plastischen Bereich inkompressibel.
- Die Spannungs-Dehnungs-Linien für Zug und Druck sind symmetrisch zum Nullpunkt.
- Die Blechdicke bleibt während des Biegens unverändert.

Basierend auf diesen Annahmen wird im Folgenden zur Erklärung der theoretischen Grundlagen des Blechbiegens das einfachste der Biegeverfahren betrachtet, das sogenannte Momentenbiegen oder querkraftfreie Biegen.

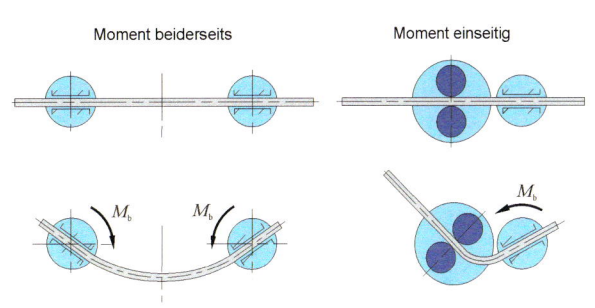

Abb. 6.8: Prinzip des querkraftfreien Biegeverfahrens

Speziell beim querkraftfreien Biegen wirkt ein Biegemoment, das an den Enden der jeweiligen Biegeprobe durch zwei gegensinnige Kräfte eingeleitet wird. Dieses hat zur Folge, dass der auswertbare Bereich zwischen den Spannstellen frei von Querkräften ist. Unter der Voraussetzung, dass das Werkstoffverhalten in Längsrichtung des Blechs homogen ist, stellt sich entsprechend der Biegebelastung ein konstanter Biegeradius ein (Abb. 6.8). Obwohl diese Art des Biegens in der industriellen Praxis eher selten vorkommt, lässt sich anhand des querkraftfreien Biegens die Berechnungsmethodik für viele Blechbiegeprozesse sehr gut zeigen. Darüber hinaus können die am Beispiel

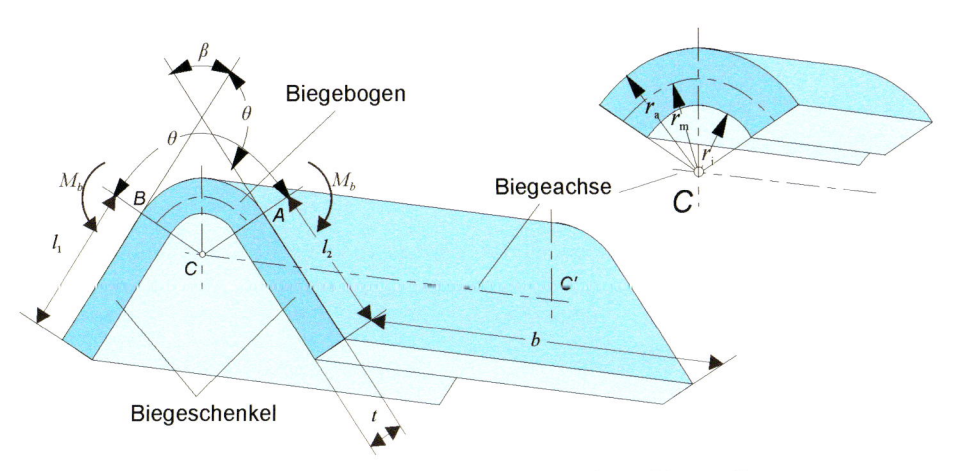

θ = Biegewinkel
β = Scheitelwinkel
r_i = innerer Biegeradius
r_m = mittlerer Biegeradius
r_a = äußerer Biegeradius
t = Blechdicke
b = Blechbreite
l_1, l_2 = Länge der Biegeschenkel

Abb. 6.9: Grundbegriffe am Biegeteil beim querkraftfreien Biegen

dieses Verfahrens erörterten elementaren Berechnungsmethoden für erste Abschätzungen bei anderen komplexeren Verfahren herangezogen werden.

Abb. 6.9 zeigt die für das querkraftfreie Biegen wichtigsten verwendeten Begriffe und Bezeichnungen am Biegeteil zur Berechnung des Biegeprozesses.

6.2.2 Berechnung der Dehnungen, Spannungen und Biegemomente

Aus den o.g. Annahmen der elementaren Biegetheorie geht hervor, dass für die Ermittlung der Formänderungen und Spannungen ein beliebiger Blechquerschnitt betrachtet werden kann. Des Weiteren gilt, dass die Achsen des r, ψ, z-Koordinatensystems ebenfalls die Hauptachsen sind. Da die Spannung in ψ-Richtung maßgeblich für die Biegeformänderung unter Vernachlässigung der Spannungen in r-Richtung verantwortlich ist, reduziert sich der Spannungstensor nach Vernachlässigung der Spannungskomponenten in r- und z-Richtung auf die folgende sehr einfache Form:

$$\boldsymbol{\sigma} = \begin{bmatrix} 0 & 0 & 0 \\ 0 & \sigma_{\psi\psi} & 0 \\ 0 & 0 & 0 \end{bmatrix} \quad (6.1).$$

Die Spannung $\sigma_{\psi\psi}$ kann folglich direkt den Dehnungen $\varepsilon_{\psi\psi}$ aus dem Zugversuch zugeordnet werden. Unter den oben getroffenen Annahmen können die Dehnungen im Blechquerschnitt wie folgt berechnet werden (Abb. 6.10):

$$\varepsilon_{\psi\psi} = \frac{\Delta l}{l_0} = \frac{l - l_0}{l_0} \quad (6.2).$$

Mit den Bezeichnungen nach Abb. 6.9

$$l_0 = r_m \, \hat{\alpha} \quad (6.3)$$

und

$$l_0 = (r_m + y) \, \hat{\alpha} \quad (6.4)$$

ergibt sich die Dehnung als Funktion des Abstands y zu

$$\varepsilon_{\psi\psi} = \frac{y}{r_m} \quad (6.5).$$

Nach Gleichung 6.5 nimmt die Dehnung linear mit dem Abstand y zur Blechmitte zu. Das Gleiche gilt für die Stauchung des Materials im Druckbereich. Gemäß der elementaren Biegetheorie sind die Dehnungen symmetrisch zur Blechmitte und die geometrisch mittlere Faser fällt mit der ungelängten Faser zusammen. Es ergibt sich eine lineare Dehnungsverteilung über dem Querschnitt. Die logarithmischen Formänderungen sind

$$\varphi_{a,i} = \ln\left(1 \pm \frac{y}{r_m}\right) \quad (6.6)$$

Für die Randdehnungen mit dem Abstand $y = \pm s_0/2$ zur Blechmittellinie ergibt sich:

$$\varepsilon_{\psi\psi\,a,i} = \pm \frac{s_0}{2 r_m} \quad (6.7).$$

Im elastischen Bereich können die Spannungen nach Heranziehen des Hooke'schen Gesetzes für den einachsigen Fall wie folgt berechnet werden (Abb. 6.11) (Oehler 1963, Lange 1990):

$$\sigma_{\psi\psi} = E \varepsilon_{\psi\psi} \quad (6.8)$$

Durch Integration über die Querschnittsfläche ergibt sich für das elastische Biegemoment (mit Flächenträgheitsmoment I_z):

$$M_{be} = 2 \int_0^{s_0/2} \sigma_{\psi\psi}(y)\, b\, y\, dy = \frac{E b s_0^3}{12 r_m} = \frac{E I_z}{r_m} \quad (6.9).$$

Soll das Biegemoment unter Berücksichtigung ebener Formänderungen ($\varepsilon_z = 0$) berechnet werden, ist der Elastizitätsmodul E durch den Platten-E-Modul E' zu ersetzen:

$$E' = \frac{E}{(1 - v^2)} \quad (6.10).$$

Im Grenzfall der elastischen Biegung erreichen die Dehnungen in den Außenfasern den Wert der Fließdehnung ($\varepsilon_{\psi\psi\,a} = \varepsilon_{f0}$) und dementsprechend die Spannungen den

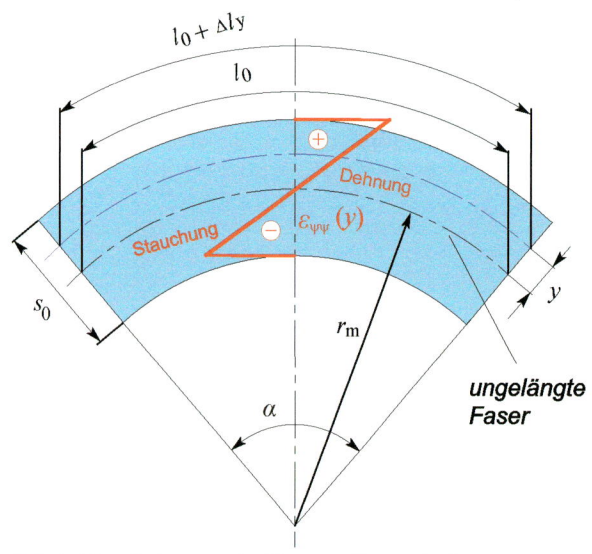

Abb. 6.10: Dehnungen im Biegestreifen nach elementarer Biegetheorie

6.2.2 Berechnung der Dehnungen, Spannungen und Biegemomente

elastische Biegung

teilplastische Biegung

vollplastische Biegung

— idealplastischer Werkstoff
---- verfestigender Werkstoff

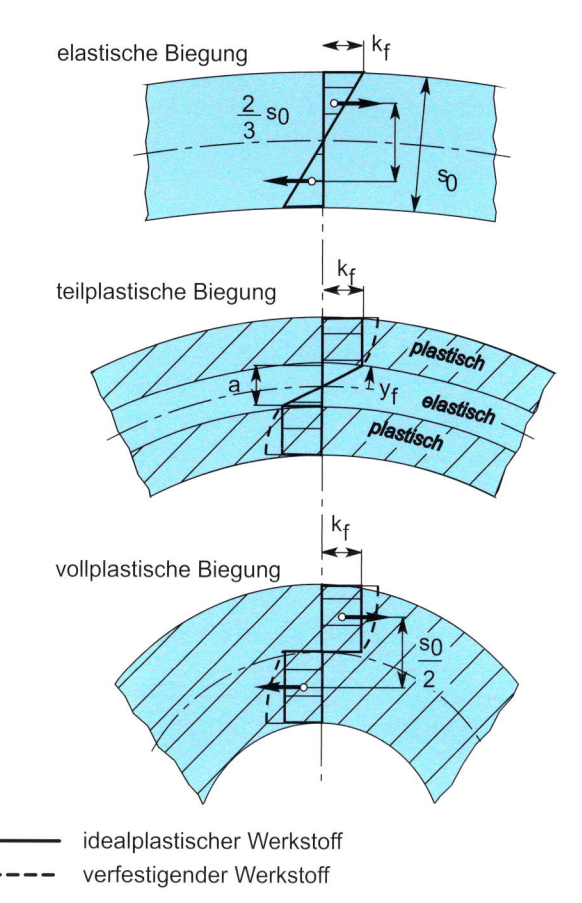

Abb. 6.11: *Spannungen im Blechstreifen nach elementarer Biegetheorie (Oehler 1963)*

Wert der Fließspannung ($\sigma_{\psi\psi\,a} = k_{f0}$). Das Biegemoment für den Übergangsfall von der elastischen zur teilplastischen Biegung wird mit E = k_{f0}/ε_{f0} wie folgt berechnet:

$$M_{bf0}(k_{f0}) = \frac{1}{6} k_{f0}\, b\, s_0^2 \qquad (6.11).$$

Von nun an breiten sich von den oberen und unteren Außenrändern her mit zunehmender Krümmung sogenannte plastische Bereiche aus. Die Grenzen zwischen diesen plastischen und den elastischen Bereichen haben den Abstand $\pm y_{f0}$ zur Blechmittellinie, der vom Biegeradius abhängig ist:

$$y_{f0} = \frac{k_{f0}\, r_m}{E} \qquad (6.12).$$

Das Biegemoment für die teilplastische Biegung lässt sich durch Addieren der elastischen und der plastischen Momentenanteile berechnen zu:

$$M_b = M_{be} + M_{bp} = 2\int_{y=0}^{y=y_{f0}} \sigma_{\psi\psi}(y)\, b\, y\, dy + 2\int_{y=y_{f0}}^{y=s_0/2} \sigma_{\psi\psi}(y)\, b\, y\, dy \qquad (6.13).$$

Setzt man für die Dehnung die Gleichung (6.5) und für y_{f0} die Gleichung (6.12) ein, so ergibt sich für einen vereinfachten Fall eines elastisch-idealplastischen Werkstoffs mit konstanter Fließspannung $k_f = k_{f0}$ nach Integration der Gleichung (6.13) für das Biegemoment:

$$M_b = M_{be} + M_{bp} = \frac{2}{3} k_{f0}\, b\, y_{f0}^2 + k_{f0}\, b\left(\frac{s_0^2}{4} - y_{f0}^2\right) \qquad (6.14).$$

Im Grenzfall der vollplastischen Biegung ($y_{f0} \to 0$) ergibt sich für das Biegemoment die folgende Gleichung (Oehler 1963, Lange 1990):

$$M_{bvp} = \frac{1}{4} k_{f0}\, b\, s_0^2 \qquad (6.15).$$

Die simple Form der obigen Momentengleichung kann für schnelle überschlägige Berechnungen verwendet werden. Da eine Vollplastifizierung des Blechquerschnitts erst bei einer unendlich großen Dehnung der Randfaser bzw. bei einem Krümmungsradius $r_m = 0$ erreicht werden kann, der minimal erzielbare Radius jedoch durch die halbe Blechdicke $s_0/2$ begrenzt ist, kann das Biegemoment M_{bvp} als oberes Grenzmoment für den idealplastischen Werkstoff angesehen werden. Werden Werkstoffe mit anderen Verfestigungseigenschaften eingesetzt, ergeben sich für den jeweiligen Fall andere Biegemomentencharakteristiken, die unter Berücksichtigung der Blechdickenänderung bei großen Krümmungen wieder abnehmen.

Die für eine Biegeaufgabe zu verrichtende Biegearbeit kann aus den Größen Biegemoment und Biegewinkel ermittelt werden:

$$W_b = 2\int_0^\alpha M_b\, d\alpha \qquad (6.16).$$

Diese zum Biegen erforderliche Arbeit ist sowohl generell als auch für spezielle Belange der Praxis von Interesse. So kann zum Beispiel die Antriebsleistung von Biegemaschinen anhand der Biegearbeit ermittelt werden.

6.2.3 Berechnung der Rückfederung

Die Rückfederung ist eine unvermeidbare Erscheinung beim elastisch-plastischen Umformen von Werkstoffen. Sie wird vom reversiblen Anteil der von außen aufgebrachten Umformarbeit, die als Potenzialenergie im umgeformten Werkstück gespeichert wird, hervorgerufen. Im Geltungsbereich des Hooke'schen Gesetzes wird die gespeicherte Potenzialenergie nach Entfernen der äußeren Last in Form einer totalen Rückfederung als Federungsarbeit vollständig zurückgegeben. Bei einer elastisch-plastischen Formgebung wird die Energie teilweise als Plastizierungsarbeit dissipiert. Die Rückfederung kommt dabei nur wegen des nichtdissipierten Energieanteils zustande (Bauer 1994).

Die für Biegeumformverfahren charakteristische und im Vergleich zu anderen Umformverfahren besonders ausgeprägte Erscheinung der Rückfederung ist für die geometrische Genauigkeit von Biegeteilen von wesentlicher Bedeutung (Chatti 1998; Heller 2002; Ridane 2008). Wird ein Blech nur elastisch gebogen, so federt es wieder in seine Ursprungslage zurück, wenn das Biegemoment entfernt wird. Bei einer elastisch-plastischen Biegung treten dagegen nach Wegname der Belastung bleibende Formänderungen (Restdehnungen) sowie Restspannungen auf. Zahlreiche Autoren haben wissenschaftliche Arbeiten zur Berechnung der Rückfederung bzw. der Restspannungen veröffentlicht. Eine oft eingesetzte Methode zur Rückfederungsberechnung und des verbleibenden Restspannungszustandes basiert auf der Annahme eines Superpositionsprinzips (Proska 1958; Andreen 1984; Lange 1990; Tan 1994; Elkins 1999). Dabei wird von einer rein elastischen Entlastung des elastisch-plastisch verformten Biegeteils ausgegangen. Da das resultierende Biegemoment nach der Entlastung M_{bR} gemäß der Bedingung für das Gleichgewicht der Kräfte und Momente Null sein muss, wird bei dieser Methode dem vor der Entlastung herrschenden Biegemoment M_b ein dem Betrag nach gleich großes, fiktives Biegemoment $M_b{}^*$ überlagert, das das Biegeteil nur elastisch beansprucht (Abb. 6.12). Mit dieser Superposition der elastischen mit den zuvor im Biegeteil vorhandenen Spannungen werden die sogenannten Rest- oder Eigenspannungen näherungsweise berechnet.

Die Ausbildung von Eigenspannungen in Bauteilen oder Halbzeugen kann durch zahlreiche Faktoren hervorgerufen werden. Infolge der komplexen Wechselwirkungen zwischen Fertigung, Eigenspannungsausbildung und Bauteileigenschaften ist diese Thematik in nahezu allen Bereichen der Ingenieurwissenschaften anzutreffen. Die Kenntnis der Eigenspannungszustände im Bauteil gibt Aufschluss über das Werkstückverhalten bei der Weiterverarbeitung oder unter Betriebsbedingungen. Sie kann für

- die Vermeidung von Bauteilversagen durch Überlagerung von Last- und Eigenspannungen,
- die Verhinderung eines Verzugs von Bauteilen bei einem nachfolgenden Bearbeitungsvorgang durch Werkstoffabtragung oder Wärmebehandlung
- oder auch für die Optimierung des Bauteilverhaltens durch gezielte Einbringung von Eigenspannungen

wichtig sein (Preckel 1987, Schilling 1992, Haase 1998). Im Gegensatz dazu ist durch die Vorhersage der Bauteilrückfederung und der damit verbundenen Bauteilverformung die Änderung der geometrischen Größen, insbesondere des Biegewinkels und des Biegeradius, vorausbestimmbar, was von großem praktischem Interesse ist. Die Größe der Bauteilrückfederung, die als Verhältnis zwischen elastischer Dehnung ε_e und Gesamtdehnung ε_t ausgedrückt werden kann (Abb. 6.13), hängt u. a. von folgenden Einflussgrößen ab:

- Erzielte Gesamtdehnung ε_t,
- Werkstoffkennwerte und ihre Schwankungen (Streckgrenze $R_{p0,2}$, Elastizitätsmodul E, Verfestigungsexponent n, Werkstoffkonstante a),
- Blechdicke s_0 und ihre Schwankungen,
- Biegeradius r_m,
- Biegewinkel α.

Eine größere Gesamtdehnung ε_t hat bei einem gleichen Spannungs-Formänderungs-Verhalten auf Grund des größer werdenden elastischen Dehnungsanteils ε_e eine größere Rückfederung zur Folge. Über die Gesamtdehnung können auch die Einflüsse des Biegeradius und der Blechdicke auf die Rückfederung erklärt werden. Bleche mit kleinem Biegeradius und entsprechend großer Gesamtdehnung (vgl. Gl. 6.5) federn weniger zurück als Bleche mit großem Biegeradius bzw. kleiner Dehnung, und dünnere Bleche federn stärker zurück als dickere Bleche, bedingt durch die kleineren Gesamtdehnungen.

Die Werkstoffkennwerte haben einen direkten Einfluss auf die Bauteilrückfederung und spielen somit bei der Rückfederungsberechnung eine wichtige Rolle. Durch die Auswahl des geeigneten Werkstoffmodells wird der Biegeprozess entscheidend genauer abgebildet. Wird die Streckgrenze $R_{p0,2}$ bei gleichbleibender Gesamtdehnung ε_t erhöht, führt dies zu größeren elastischen Dehnungen ε_e und folglich zu einer größeren Rückfederung. Ferner

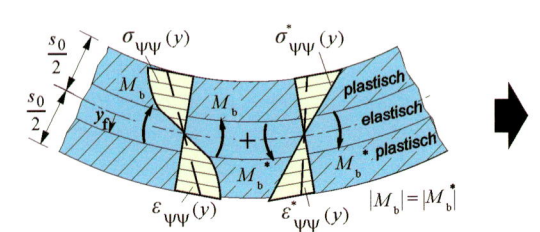

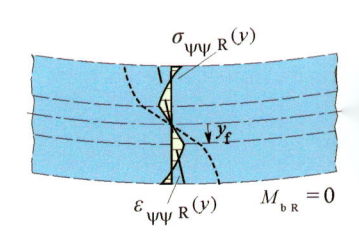

Abb. 6.12: Superpositionsprinzip zur Berechnung der Rückfederung und des Restspannungszustands beim Biegen (Lange 1990)

6.2.3 Berechnung der Rückfederung

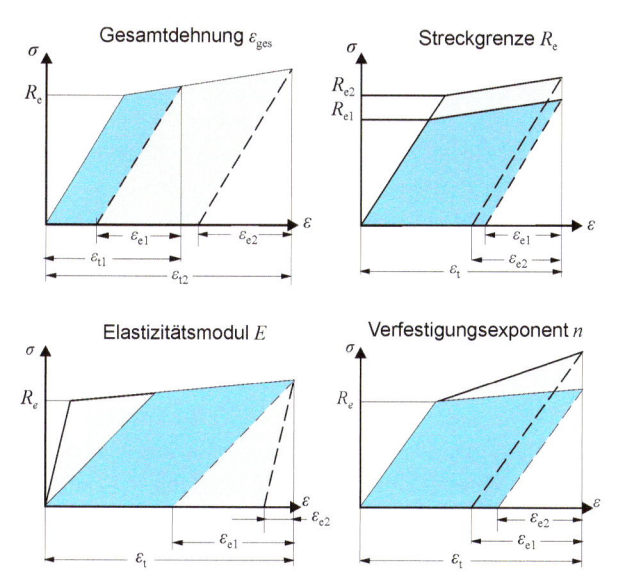

Abb. 6.13: Einfluss von unterschiedlichen Werkstoffparametern auf die elastische Rückfederung

hat ein größerer E-Modul bei gleicher Gesamtdehnung ε_t einen kleineren elastischen Dehnungsanteil ε_e an der Gesamtdehnung und somit eine kleinere Rückfederung zur Folge. Bei Werkstoffen mit gleicher Streckgrenze $R_{p0,2}$ resultiert eine Erhöhung des n-Werts in einer Zunahme der elastischen Dehnung ε_e und infolgedessen in einer stärkeren Rückfederung. Schließlich hat jedoch die Werkstoffkonstante a einen schwächeren Einfluss auf die elastische Rückfederung. Ihre Variation führt auch, wie beim Verfestigungsexponenten, zu einer Änderung der Streckgrenze $R_{p0,2}$. Die Schwankungen der Werkstoffkennwerte und/oder der Blechdicke zwischen Chargen, zwischen Blechen oder innerhalb eines Blechs, führen zur Schwankung der Blechrückfederung.

Nach Proska (Proska 1958) kann beim Freibiegen die Größe des Rückfederungswinkels $\Delta \alpha$ für leicht gekrümmte Bleche unter Vernachlässigung der Blechdickenänderung berechnet werden zu:

$$\Delta \alpha = \alpha_1 - \alpha_2 = \alpha_1 \frac{M_b}{E' s_0^3} 12 \, r_{m1} \qquad (6.17).$$

Für die Ermittlung des Biegeradius nach Entlastung r_{m2} gilt (Lange 1990):

$$\frac{1}{r_{m2}} = \frac{1}{r_{m1}} - \frac{M_b}{E I_z} \qquad (6.18).$$

Dabei stellt E' das Platten-E-Modul (vgl. Gl. 6.10) und I_z das Flächenträgheitsmoment dar. Das Verhältnis K aus gewünschtem Biegeradius nach Entlastung r_{m2} und Biegeradius unter Last r_{m1}

$$K = \frac{r_{m1}}{r_{m2}} = \frac{r_{i1} + \frac{s_0}{2}}{r_{i2} + \frac{s_0}{2}} \qquad (6.19)$$

wird als Rückfederungsfaktor oder -verhältnis bezeichnet und hängt neben den geometrischen Größen Blechdicke und Biegeradius auch von den Werkstoffeigenschaften ab. Die K-Werte werden in Form von Rückfederungsdiagrammen festgehalten, wie in Abbildung 6.14 dargestellt ist. Aus den oberen Gleichungen ist zu entnehmen, dass leicht gebogene Bleche mit einem großen Verhältnis des Biegeradius zur Blechdicke ein viel größeres Bestreben haben, in ihre ursprüngliche Lage zurückzufedern.

Bei querkraftfreier Biegung gilt für K auch die Bezeichnung

$$K = \frac{\alpha_2}{\alpha_1} \qquad (6.20).$$

Die Fertigung von hochgenauen Biegeteilen erfordert die Bestimmung des Rückfederungsverhaltens des Bau-

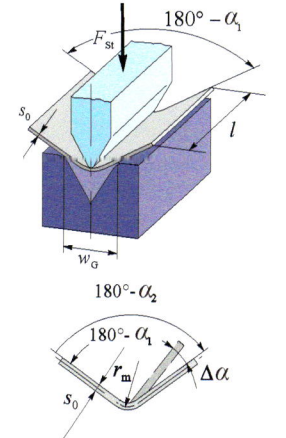

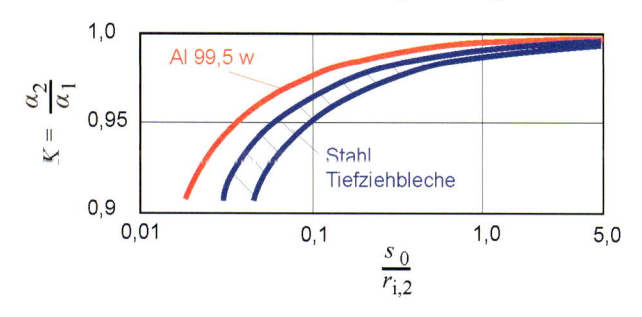

Beschreibung der Rückfederung durch Rückfederungsverhältnis: $K = \dfrac{r_m}{r_{mR}}$

für querkraftfreie Biegungen gilt auch: $K = \dfrac{\alpha_2}{\alpha_1}$

Abb. 6.14: Rückfederungswinkel und Rückfederungsverhältnis

teilwerkstoffs vor der Auslegung der Biegewerkzeuge bei formgebundenen Verfahren bzw. der Festlegung der Prozessführung bei Verfahren mit kinematischer Gestalterzeugung. Die unerwünschte Rückfederung kann dann durch Überbiegen kompensiert werden.

6.2.4 Einfluss- und Störgrößen

Die bisher vorgestellten elementaren Ansätze zur Berechnung der Dehnungen, Spannungen und Biegemomente sowie der Rückfederung beruhen nicht nur auf dem einfachsten denkbaren Biegeprozess, dem reinen Momentenbiegen, und einem idealisierten Werkstoffverhalten, sondern auch auf der Vernachlässigung wichtiger, bei Biegeprozessen auftretenden Einfluss- und Störgrößen, die einzeln oder in ihrer Summe zu beträchtlichen Abweichungen bei Biegeresultaten führen können. Nicht alle diese Größen können bei der Entwicklung von Methoden zur genaueren Vorausberechnung bzw. Prozessplanung von Biegeprozessen berücksichtigt werden. Bei jeder Einfluss- und Störgröße ist abzuwägen zwischen dem Modellierungsaufwand, der mit der Einbeziehung dieser Einfluss- und Störgröße verbunden ist, der dadurch erzielten Verbesserung des Berechnungsergebnisses und der Frage der Wirtschaftlichkeit.

Allgemein lassen sich die Einflussgrößen auf das Biegeergebnis bzw. auf die Qualitätsmerkmale unterteilen in

- Verfahrenseinflüsse,
- Maschineneinflüsse,
- Werkzeugeinflüsse,
- Werkstückeinflüsse und
- Werkstoffeinflüsse.

An erster Stelle beeinflusst das gewählte Biegeverfahren maßgeblich das zu erzielende Biegeergebnis. Je nach Biegeverfahren stehen unterschiedliche Stellgrößen zur Einstellung der geforderten Biegeteileigenschaften zur Verfügung. Wichtig sind in diesem Zusammenhang die Kinematik des Biegeverfahrens, insbesondere die Anzahl und Anordnung der steuerbaren Achsen der an der Umformung beteiligten Werkzeugpartner sowie die aufzuwendenden Biegekräfte und Biegemomente. Geschwindigkeitseinflüsse fallen dagegen bei den Biegeverfahren im Allgemeinen kaum ins Gewicht.

Auf der Maschinenseite begrenzen nominelle Leistungskenndaten, wie z. B. die Nennpresskraft das herstellbare Teile- bzw. Werkstoffspektrum. Daneben haben die Wiederhol- und Positioniergenauigkeit der in der Regel numerisch angesteuerten Achsen der Maschine sowie die Steifigkeit des Gestells und andere im Kraftfluss befindliche Komponenten Einfluss auf die Fertigungsgenauigkeit. Schwingungen und zeitliche Veränderungen der Maschineneigenschaften wie beispielsweise die Erwärmung des Hydrauliköls können ebenfalls zu entstehenden Abweichungen beitragen.

Eng verknüpft mit der Maschine sind die werkzeugbedingten Fertigungseinflüsse. Zu nennen sind hier in erster Linie die Geometrie der beteiligten Werkzeugkomponenten sowie deren zeitliche Änderung durch Verschleißerscheinungen.

Die werkstückseitigen Einflussgrößen haben direkte Auswirkungen auf die tatsächliche Rückfederung und die Einhaltung der Werkstückgeometrien. Wichtige Größen sind die Maße der Halbzeuge (Ausgangsblechdicke und -breite der Blechplatine, Wanddicke und Querschnitt des Profils) sowie der exakt berechnete Zuschnitt. Sie bilden zusammen mit der genauen Positionierung des Blechbiegeteils in der Maschine bei jedem Fertigungsschritt die Grundlage zur genauen Einhaltung der Werkstückabmessungen.

Neben der Werkstückgeometrie sind auch die Werkstoffeigenschaften der Halbzeuge von großer Bedeutung für die Qualität des Biegeergebnisses. Das Werkstoffverhalten stellt mit die wichtigste und am schwierigsten zu berücksichtigende Einflussgröße auf die Form- und Maßgenauigkeit von Biegeteilen dar. Es beeinflusst nicht nur die erforderliche Biegekraft, sondern vor allem auch die Ausbildung der Biegelinie und die Rückfederung und kann somit zu deutlichen Winkelabweichungen führen. Charakterisiert wird das Materialverhalten durch Materialkennwerte wie Elastizitätsmodul, Streckgrenze, Zugfestigkeit, Gleichmaßdehnung, Anisotropie sowie durch Fließkurven, die das Fließ- und Verfestigungsverhalten des Werkstoffs beschreiben. Für die Ermittlung der Kennwerte und Fließkurven gibt es eine Reihe von verschiedenen Prüfverfahren; am weitesten verbreitet ist der Flachzugversuch nach DIN EN 10002. In Berechnungsansätzen wird das tatsächliche Materialverhalten näherungsweise durch sogenannte Materialmodelle beschrieben, wobei die Güte des Modells von dem Abstraktionsgrad, den getroffenen Annahmen und den verwendeten Materialkennwerten abhängt. Darüber hinaus können Chargenschwankungen, Alterungsvorgänge, Eigenspannungen oder Werkstoffinhomogenitäten derart große Veränderungen der Werkstoffeigenschaften hervorrufen, dass die Materialkennwerte in neuen Versuchen ermittelt werden müssen. In der Praxis wird dies häufig aus Zeit- und Kostengründen unterlassen. Ebenso wenig können für jede beliebige Ausrichtung der Biegekante relativ zur Walzrichtung genaue Angaben über das Werkstoffverhalten und damit das Biegeergebnis gemacht werden, weil die

Prüfverfahren nur für diskrete Walzrichtungen durchgeführt werden. Bekanntlich zeigen Blechwerkstoffe i.d.R. ein mehr oder weniger stark ausgeprägtes anisotropes Verhalten.

Aber auch bei in hohem Maße konstanten Bedingungen mit engen Materialtoleranzen und gleichbleibender Ausrichtung der Biegekanten zur Walzrichtung können Streuungen der Biegeteileigenschaften spürbare Winkelfehler nach sich ziehen.

Schließlich können auch äußere Störeinwirkungen, wie z.B. Schwankungen der Umgebungstemperatur, die Fertigungsgenauigkeit von Biegeverfahren beeinträchtigen.

Aus dem bisher Erwähnten wird deutlich, dass es eine Vielzahl von Einfluss- und Störgrößen auf den Biegeprozess gibt, die sich zudem gegenseitig beeinflussen. Während die Werkstoff-, Werkstück- und Werkzeugparameter sowie elastische Auffederungen von Maschinen- und Werkzeugkomponenten (bei Kenntnis der entsprechenden Kennlinien) relativ gut in Berechnungsansätzen z.B. zur Prozess- und Werkzeugauslegung berücksichtigt werden können (Abb. 6.15 links), ist eine Einbeziehung von Störeinflüssen wie Änderungen der Materialeigenschaften, die durch z.B. Chargenschwankungen, Werkstoffinhomogenitäten, Eigenspannungen oder Alterungsvorgänge hervorgerufen werden, Blech- bzw. Wanddickenschwankungen, Verschleiß und Toleranzen der Werkzeuge sowie Abweichungen bei der Positionier- und Wiederholgenauigkeit der NC-Achsen i.d.R. nicht möglich (Abb. 6.15 rechts). Deshalb muss die Präzision der Biegeprozesse diesbezüglich auf andere Art gesteigert werden. Hier bietet sich in Abhängigkeit vom Biegeverfahren zum Beispiel eine rechnergestützte Prozesskontrolle und Prozesskorrektur auf Basis online gemessener Größen an, wie z.B. Biegewinkel und/oder Biegeradien, um die aus den obigen Störgrößen resultierenden Fehler bereits während des Fertigungsprozesses zu erkennen und gegebenenfalls zu kompensieren.

6.3 Blechbiegen

Das Blechbiegen hat eine lange industrielle Tradition mit einem sehr breiten Anwendungsspektrum. Gemäß den allgemeinen Entwicklungstrends sind neben den Standardprodukten zunehmend belastungsangepasste Bauteile für Leichtbaustrukturen aus höchstfesten Metallen sowie Bauteile im Multimaterialdesign gefragt. Die damit verbundenen Probleme sind eine deutliche größere Rückfederung bzw. uneinheitliches Rückfederungsverhalten, was sich negativ auf die Bauteilqualität auswirkt, sowie ein vorzeitiges Werkstoffversagen mit Rissbildung (Abb. 6.16). Dies erfordert zum einen neue Vorgehensweisen bei der Prozessauslegung und Prozessführung und zum anderen die Entwicklung neuer Verfahrensvarianten (Mori 2007), beispielsweise mit lokaler Erwärmung oder inkrementeller Druckspannungsüberlagerung. Ein weiterer Punkt sind deutliche gestiegene Genauigkeitsanforderungen. Zum einen nimmt die Teilekomplexität kontinuierlich zu, bei deren Bearbeitung sich die Abweichungen einzelner Biegekanten zu beträchtlichen Fehlern am Gesamtteil aufsummieren können. Zum anderen erlauben sicherheitskritische Teile und in automatisierten Folgeprozessen weiterzuverarbeitende Teile nur geringe

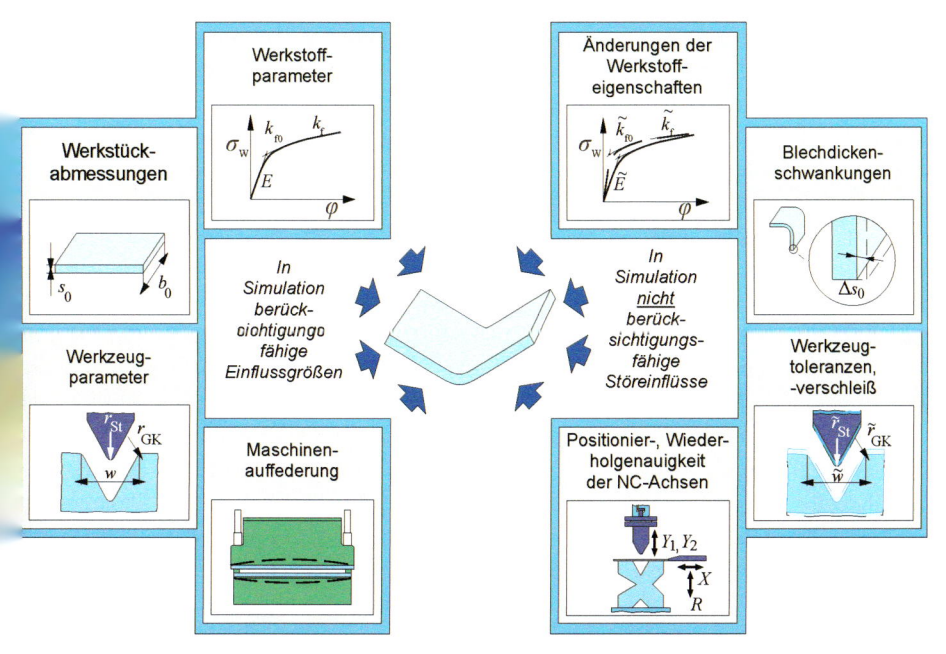

Abb. 6.15: *Einflussgrößen auf das Biegeergebnis am Beispiel des Freibiegens im Gesenk*

6.3 Blechbiegen

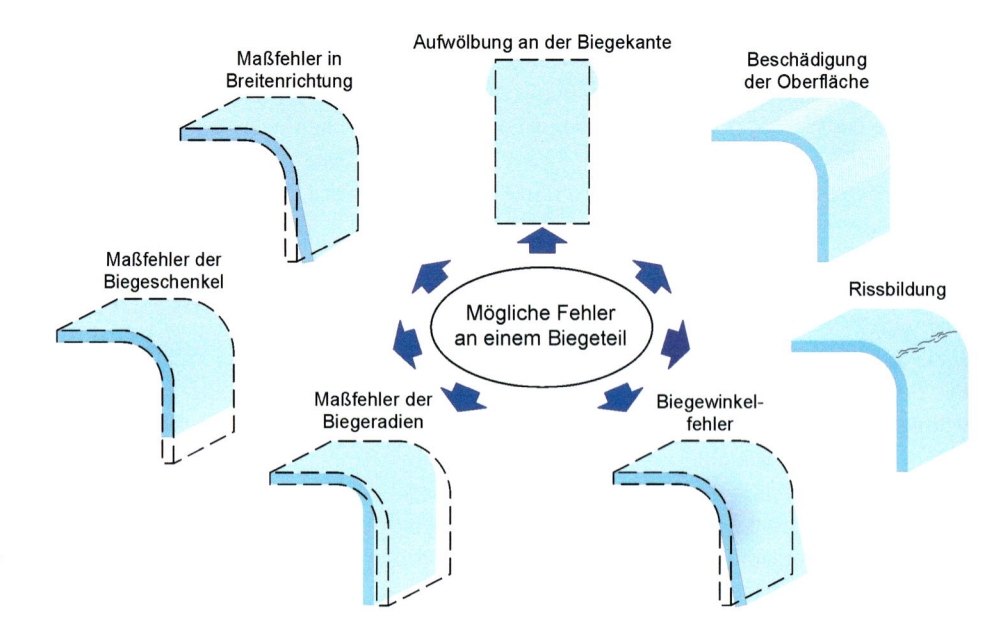

Abb. 6.16: *Fertigungsfehler und Versagensfälle beim Blechbiegen*

Mögliche Fehler an einem Biegeteil:
- Maßfehler in Breitenrichtung
- Aufwölbung an der Biegekante
- Beschädigung der Oberfläche
- Maßfehler der Biegeschenkel
- Rissbildung
- Maßfehler der Biegeradien
- Biegewinkelfehler

Fertigungstoleranzen. Hinzu kommen hohe Materialkosten, die eine Null-Fehler-Fertigung erforderlich machen.

Zur Verbesserung der Form- und Maßgenauigkeit sowie zur Vermeidung von Fertigungsfehlern und Versagensfällen (vgl. Abb. 6.16), die aus den in Kapitel 6.2.4 erläuterten Einfluss- und Störgrößen resultieren, gibt es verschiedene Ansatzmöglichkeiten. Neben verfahrenstechnischen, konstruktiven Lösungen sind dies vor allem eine genauere Auslegung der Prozesse im Vorfeld der Fertigung sowie eine rechnergestützte Prozesskontrolle und -korrektur auf Fertigungsebene (Duflou 2005, Wang 2008).

Die Prozessauslegung und Verfahrensoptimierung beruht nach wie vor größtenteils auf Erfahrungswissen oder empirischen Methoden, die bei den gestiegenen Anforderungen allerdings zunehmend an ihre Grenzen stoßen. Deshalb werden mehr und mehr Finite-Elemente-Methoden oder analytische und halbanalytische Ansätze, die auf der elementaren Biegetheorie basieren, eingesetzt (Heller 2002, De Vin 2000, Mentink 2003). Die letztgenannten werden auf Grund der wesentlich einfacheren Handhabung und der kürzeren Rechenzeiten auch in Regelungsansätzen zur Online-Bestimmung der korrigierten Prozessparameter herangezogen.

Die Zuverlässigkeit und Robustheit des Prozesses, erreichbare Genauigkeiten und Verfahrensgrenzen (Bauteilgeometrie, Versagensfälle, Werkstoff, Blechdicke) sind neben Stückzahlen, Kostenaspekte und Verfügbarkeit des Maschinentyps ausschlaggebend für die Wahl des Fertigungsverfahrens. Viele Bauteile können prinzipiell durch verschiedene Verfahren hergestellt werden. Im auf Gesenkbiegepressen typischerweise hergestellten Teilespektrum nehmen Blechprofile, wie z. B. Türzargen- oder Fassadenverkleidungsprofile, einen sehr großen Raum ein. Blechprofile (oder andere Bauteile) können aber nicht nur mittels Gesenkbiegen, sondern auch mit Verfahren wie dem Schwenkbiegen oder dem Walzprofilieren hergestellt werden.

Im Folgenden werden die für den Bereich der Blechumformung wichtigsten Biegeverfahren erläutert.

6.3.1 Frei- und Gesenkbiegen

Das Biegen im Gesenk stellt den wichtigsten Vertreter der Gruppe mit geradliniger Werkzeugbewegung dar. Das Werkstück liegt auf einer Matrize auf und wird durch einen Stempel in die Öffnung der Matrize gedrückt. Je nach Ausgestaltung der Werkzeuge und der Vorgehensweise werden vier grundlegende Verfahrensprinzipien unterschieden: Freibiegen, Gesenk- bzw. Prägebiegen (auch Kalibrieren genannt), Dreipunktbiegen und U-Biegen.

Freibiegen

Beim Freibiegen dienen die Werkzeuge lediglich zur Übertragung der Kräfte bzw. Biegemomente auf das Werkstück, sodass sich die Biegelinie in der Umformzone frei ausbildet (Abb. 6.17). Zwischen Werkstück und Werkzeug gibt es keine flächige Berührung, sondern nur Kontaktpunkte bzw. eine linienförmige Berührung. Die resultierende Geometrie des Werkstücks (Biegewinkel, Biegeradius) hängt somit primär nicht von der Werkzeugform, sondern von der relativen Lage des Stempels zur Matrize, von der Fließkurve des eingesetzten Blechwerkstoffs sowie der Ausgangsblechdicke ab. Der Biegewinkel kann direkt über die Variation der Eintauchtiefe des

$$F_{St} = \left(1 + \frac{4 s_0}{w}\right) R_m b \frac{s_0^2}{w}$$

F_{St}	Stempelkraft
F_R	Reibkraft
F_{GK}	Gesenkkantenkraft
h_{St}	Stempelweg
s_0	Ausgangsblechdicke
α_1	Biegewinkel unter Last
w	Gesenkweite
M_b	Biegemoment
x_G, y_G	globale Koordinaten

Abb. 6.17: Prinzip Freibiegen (V-Gesenk)

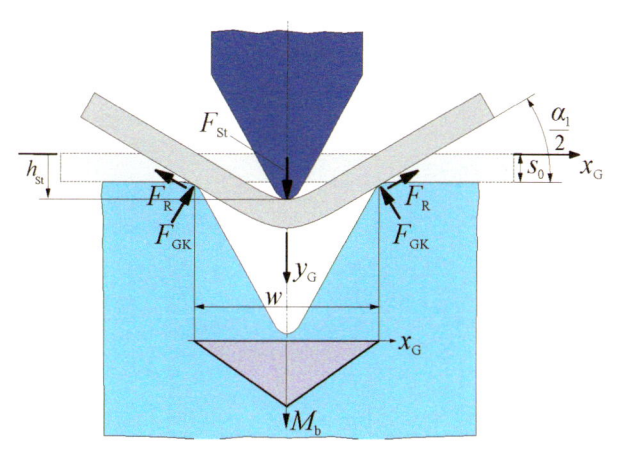

Stempels beeinflusst werden, sodass mit einem einzigen Werkzeugsatz viele unterschiedliche Biegewinkel erzielt werden können.

Dies macht das Freibiegen zu einer äußerst flexiblen Technologie. Es ist auch bei kleinen Stückzahlen wirtschaftlich einsetzbar, weil einfache Universalwerkzeuge verwendet werden können und die Zahl der Werkzeugwechsel erheblich gesenkt werden kann. Durch den Einsatz geteilter Unterwerkzeuge, bei denen die Gesenkweite bzw. der Abstand der Gesenkhälften zueinander verstellbar ist, wird die Flexibilität noch weiter gesteigert, weil damit auch unterschiedliche Blechdicken ohne Werkzeugwechsel gebogen werden können (Sulaiman 1995).

Ein weiterer Vorteil des Freibiegens liegt darin, dass mit relativ geringen Biegekräften gearbeitet werden kann. Dies ermöglicht schlanke Werkzeugkonstruktionen, was zusätzliche Freiheit bei der Umformung bietet. Außerdem können leichtere und kostengünstigere Maschinen eingesetzt werden.

Nachteilig sind die geringere Biegewinkelgenauigkeit und die eingeschränkte Reproduzierbarkeit des Winkels. Schwankungen in der Blechdicke oder den Materialeigenschaften sowie Verschleißstellen an Ober- und Unterwerkzeug und Maschinendeformationen wirken sich relativ stark auf Biegewinkel und Biegeradius aus, sodass Biegewinkelabweichungen in der Größenordnung von einem halben Grad bis zu mehreren Grad möglich sind. Dies muss bei der Festlegung der Einstellparameter berücksichtigt oder durch Kompensationsmaßnahmen in der Fertigung ausgeglichen werden, beispielsweise durch Online-Winkelmess-Systeme in Verbindung mit Regelungsansätzen zur Korrektur des Stempelwegs (adaptive Regelung), die in die Maschinensteuerung integriert sind.

Gesenkbiegen

Unter Präge- oder Gesenkbiegen nach DIN 8586 (DIN 1971) wird das Biegen zwischen Stempel und Gesenk bis zur Anlage des Werkstücks verstanden, das mit Gesenkdrücken (Kalibrieren) im gleichen Arbeitsgang kombiniert werden kann. In der Anfangsphase der Umformung liegt freies Biegen vor, das in den Prägevorgang übergeht, wenn sich die Schenkel des Biegeteils an die Gesenkwände anlegen, d.h. wenn der Biegewinkel unter Last α_1 gleich dem Gesenkwinkel α_G ist (Abb. 16.8). In der Endstellung erhält das Werkstück durch einen Prägedruck die gewünschte Endform. Durch das Nachdrücken wird die Rückfederung verringert und die Form des Biegeteils weitgehend an die Werkzeugform angepasst. Je höher der abschließende Prägedruck ist, desto präziser wird die Endform. Abhängig von der Biegegeometrie liegt die erforderliche Prägekraft um den Faktor 5 bis 10 höher als die Biegekraft, in manchen Fällen sogar um einen Faktor 25 bis 30.

Der wesentliche Vorteil des Gesenkbiegens ist die hohe Genauigkeit der Biegeteile. Beim sogenannten Präzisionsbiegen, bei dem die Maschineneinstellungen und Werkzeuge in vorhergehenden Biegeversuchen exakt an den Werkstoff und an die jeweilige Charge angepasst werden müssen, können Winkeltoleranzen kleiner als 10 Winkelminuten (0,17°) eingehalten werden (Kahl 1985). Die Fertigungsgenauigkeit ist damit höher als bei allen anderen konventionellen Biegeverfahren, sodass das Gesenkbiegen dort zur Anwendung kommt, wo enge Toleranzen einzuhalten sind.

Erkauft wird die deutlich höhere Präzision durch sehr viel höhere Biegekräfte und eine wesentlich geringere Flexibilität gegenüber dem Freibiegen. Da die Teileform durch die Werkzeuggeometrie und die Rückfederung eingestellt wird, muss für jede Kombination von Blechdicke, Werkstoff, Biegewinkel und -radius ein eigener Werkzeugsatz bereitgestellt werden. Dies macht häufige Werkzeugumrüstungen notwendig. Zudem wirken sich die hohen Biegekräfte negativ auf die Lebensdauer von Maschinen und Werkzeugen aus und erfordern stabiler

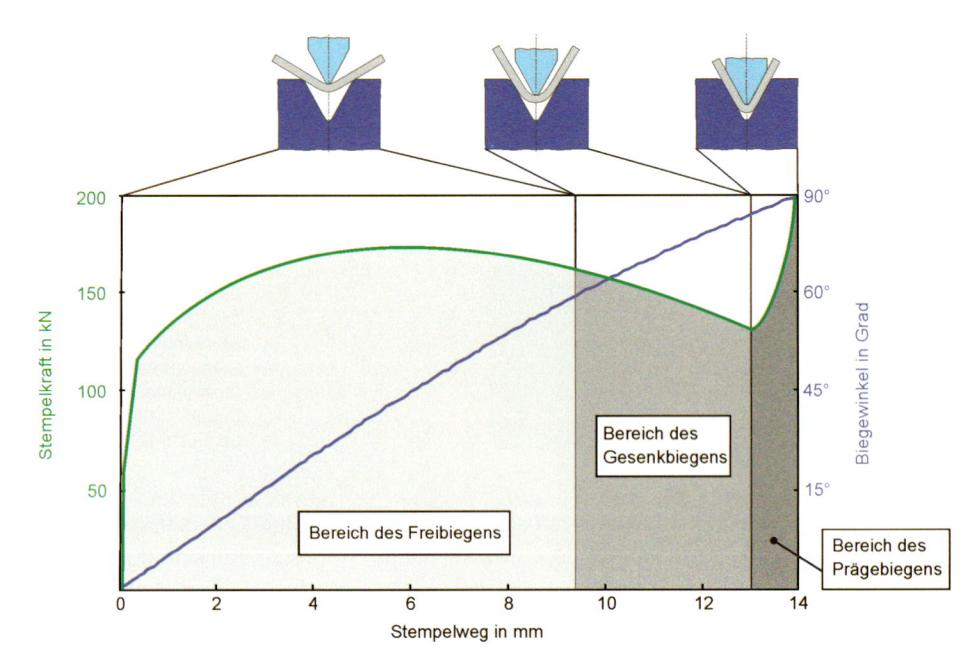

Abb. 6.18: *Phasen des Gesenkbiegens zusammen mit Kraft-Weg-Verlauf*

ausgelegte und damit kostenintensivere Werkzeuge und Maschinen. Da die Steuerungs- und Justiermöglichkeiten von Gesenkbiegepressen auch bei preiswerteren Maschinen stark zugenommen haben, verliert diese Biegevariante gegenüber dem Freibiegen immer mehr an Boden. Sie wird heute nur noch bei großen Losgrößen unter engen Toleranzvorgaben und eher geringen Blechdicken verwendet.

Dreipunktbiegen

Ein Verfahren, das die Vorteile von Frei- und Gesenkbiegen verbindet, ist das Dreipunktbiegen (Abb. 6.19). Es wurde vom Schweizer Maschinenbauer Hämmerle entwickelt und stellt vor allem für das Biegen von Blechen mit kleinen Radien und geringen Schenkellängen eine gute Alternative zu den anderen Verfahren dar (Haenni 1976). Beim Dreipunktbiegen wird eine U-förmig ausgebildete Matrize eingesetzt, deren Nutboden mit Hilfe eines Servomotors – mit einer Genauigkeit von ± 0,01 mm – passgerecht in der Höhe verstellt werden kann. Der erzielte Biegewinkel ergibt sich aus der Weite des Gesenks und der Stempeleintauchtiefe bzw. der Einstellung des Matrizenbodens. Durch die Verstellmöglichkeit von Stempelweg und Matrizenboden kann im Gegensatz zum Gesenkbiegen mit einem einzigen Werkzeug ein großer Blechdicken- und Materialbereich abgedeckt werden.

Der freien Biegephase kann optional eine Prägephase folgen, in der der Stempel das Blech bis zu einem eingestellten Grenzdruck auf den Matrizenboden presst. Durch das Nachdrücken wird die Rückfederung reduziert und bei sehr hohen Biegekräften können die Auswirkungen von Unterschieden in Dicken- und Materialeigenschaften verringert werden. Schwankungen der Blechdicke können zudem über ein „Hydraulikkissen" zwischen dem Oberbalken und dem Stempel korrigiert werden. Dadurch lassen sich Biegewinkel mit einer Präzision im Bereich von 15' erreichen.

Die Vorteile des Dreipunktbiegens liegen in der großen Flexibilität, verbunden mit einer hohen Biegepräzision und Presskräften, die geringer sind als beim Prägebiegen und ca. 15 Prozent über denen beim Freibiegen liegen. Nachteilig sind allerdings das hohe Kostenniveau, bedingt durch aufwändige Werkzeuge und Maschinen, und das begrenzte Werkzeugangebot, sodass sich diese

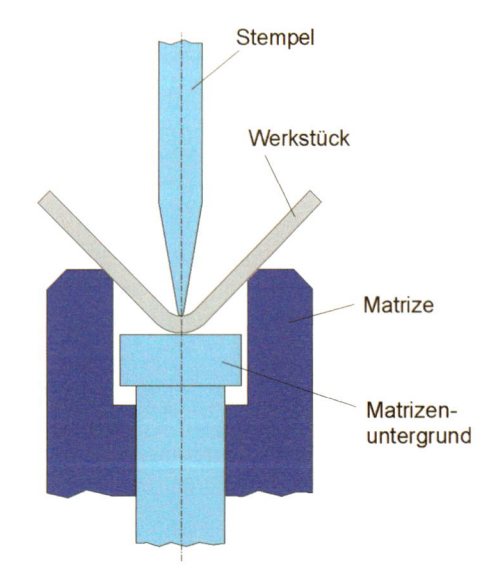

Abb. 6.19:
Prinzip des Dreipunktbiegens (Müller-Duysing 1993)

6.3.1 Frei- und Gesenkbiegen

Technik vorläufig noch auf Marktnischen beschränkt, in denen hohe Anforderungen gestellt werden und die Vorteile die Extrakosten aufwiegen.

U-Biegen

Auch bei den Verfahren des Biegens im U-Gesenk wird die Endform des Werkstücks im Wesentlichen durch die Form der Werkzeuge und durch die Prägekraft bestimmt. Der wesentliche Unterschied zum Prägebiegen im V-Gesenk besteht in der Form von Stempel und Matrize, die hier U-förmig ausgebildet sind. Um während des Biegevorgangs eine Wölbung des Bodens zu vermeiden, kann ein Gegenhalter eingesetzt werden, der während des Biegevorgangs gegen den Werkstückboden drückt und mit der Stempelbewegung zurückfährt.

Wie beim V-Biegen lassen sich auch beim U-Biegen mehrere Phasen unterscheiden (Abb. 6.20). Zu Beginn des Vorgangs wird frei gebogen, und es stellt sich zunächst eine elastische Durchbiegung ein, die im Stegbereich eine kreisbogenförmige Gestalt annimmt, sofern kein Gegenhalter eingesetzt wird. Die elastische Freibiegephase geht bei weiterem Absenken des U-förmigen Stempels in eine elastisch-plastische Phase über, während sich die Schenkel auf relativ kurzem Weg schnell in Richtung des Stempels bewegen. In dieser Phase erhöht sich die Stegkrümmung kaum noch. In der Folge wird das Werkstück mit zunehmendem Stempelweg immer tiefer in das Gesenk hineingezogen, wobei sich das Biegeteil kaum noch verformt. Die letzte Phase des U-Biegens ohne Gegenhalter besteht in einem Einebnen des Stegs, bei dem sich die Schenkel an den Stempel anlegen, und der Steg, nachdem er sich zunächst noch nach innen in Richtung des Stempels wölbt, schließlich durch hohen Druck an die Form des Matrizenbodens angepasst wird. Beim Biegen mit Gegenhalter entfällt die Phase des Nachdrückens zum Einebnen des Stegs, da der Gegenhalter während des gesamten Biegevorgangs das Werkstück stark gegen den Stempel drückt.

U-Biegen ohne Gegenhalter

a Ausgangszustand (ungebogenes Blech)
b Elastische Biegung
c Plastische Biegung
d Beginn des Nachdrückvorganges
e Nachdrücken im Gesenk

U-Biegen mit Gegenhalter

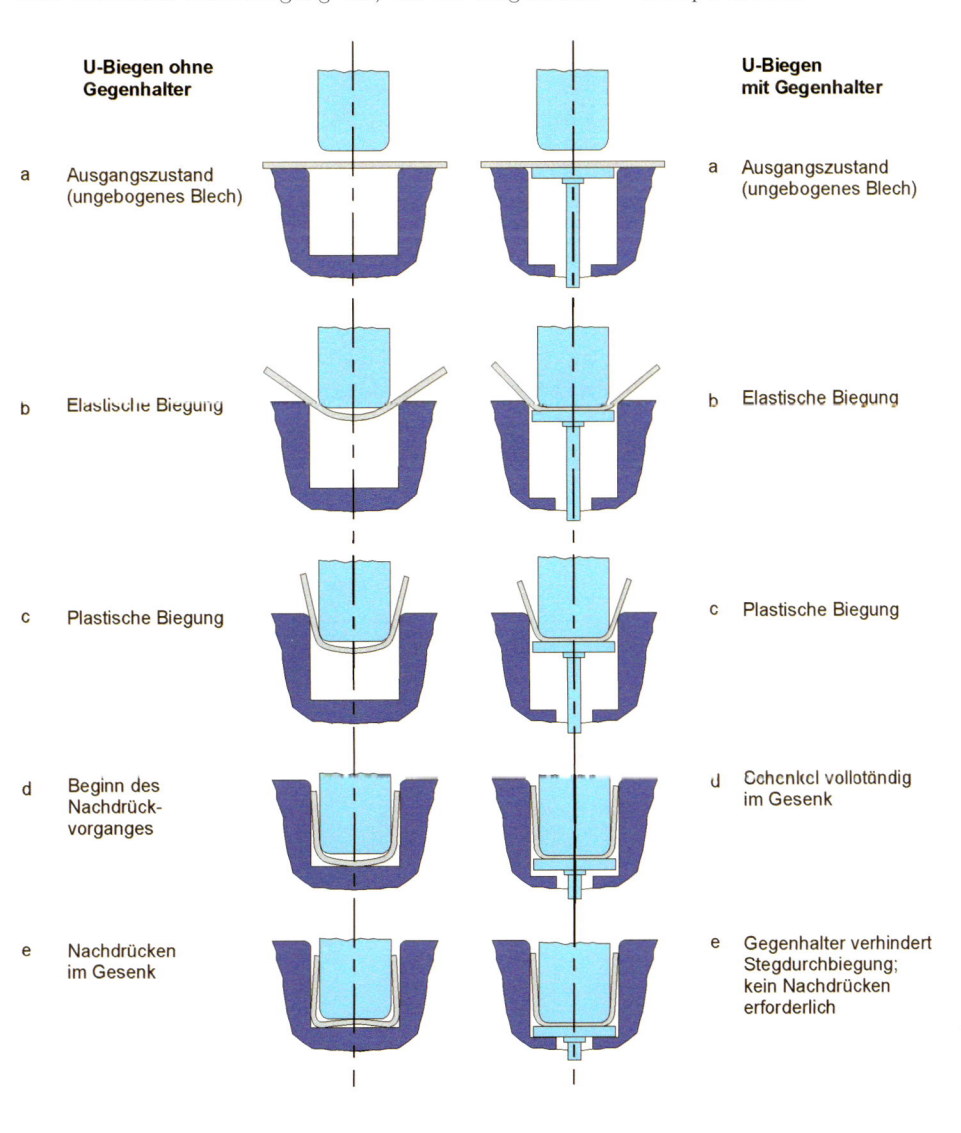

a Ausgangszustand (ungebogenes Blech)
b Elastische Biegung
c Plastische Biegung
d Schenkel vollständig im Gesenk
e Gegenhalter verhindert Stegdurchbiegung; kein Nachdrücken erforderlich

Abb. 6.20:
U-Biegen mit und ohne Gegenhalter (Lange 1990)

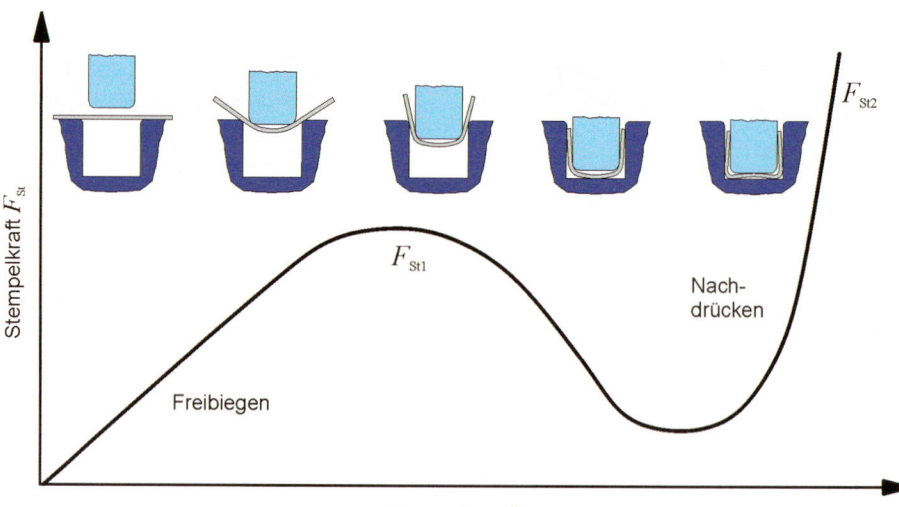

Abb. 6.21: *Kraft-Weg-Verlauf beim U-Biegen ohne Gegenhalter*

Die einzelnen Phasen der Biegeumformung spiegeln sich auch im Kraft-Weg-Verlauf wider (Abb. 6.21). Während des Freibiegevorgangs steigt die Stempelkraft bis auf einen Maximalwert an und fällt in der Folge des Hineinziehens des Blechs in das Gesenk wieder ab, bevor sie in der Prägephase wieder ansteigt und ein zweites Kraftmaximum erreicht.

Das U-Biegen bietet gegenüber dem Prägebiegen im V-Gesenk Vorteile bei der Durchführung U-förmiger Biegungen, da zwei Biegekanten in einem Arbeitsgang gefertigt werden können. Es ist deshalb für das Biegen derartiger Profilformen in großen Losgrößen interessant.

Maschinen und Werkzeuge zum Frei- und Gesenkbiegen

Das Biegen mit geradliniger Werkzeugbewegung wird zumeist auf sogenannten Gesenkbiegepressen, auch als Abkantpressen, Abkantmaschinen oder Biegemaschinen bezeichnet, durchgeführt. Als Gesenkbiegepressen werden hauptsächlich hydraulische C-Gestell-Pressen in Doppelständerausführung (Abb. 6.22) eingesetzt. Das vielfältige Spektrum reicht von leichten, manuell bedienbaren Pressen zur Werkstattfertigung mit maximalen Biegekräften von 100 kN bis hin zu schweren und breiten Maschinen für spezielle Anwendungen mit Kräften bis 30 MN und Breiten über 10 m zur Umformung von Blechdicken bis 30 mm. Die Baugröße der Maschine richtet sich nach dem zu fertigenden Produktspektrum. Die maximale Presskraft einer Standard-Serienmaschine liegt ungefähr im Bereich zwischen 500 und 8000 kN. Die Positioniergenauigkeiten der Y-Achsen zur Einstellung des Stempelwegs hydraulischer Gesenkbiegepressen liegt i.d.R. bei 0,01 mm. In jüngster Zeit werden aber auch elektromechanisch angetriebene Pressen angeboten, die bedingt durch ihre sehr hohe Positions- und Wiederholgenauigkeit, besonders für die Fertigung qualitativ hochwertiger Teile aus Feinblech geeignet sind und bei denen zum Beispiel mit Hilfe von AC-Servomotoren für die Y-Achsen Positioniergenauigkeiten bis 0,001 mm erreicht werden. Die maximalen Presskräfte derartiger Pressen liegen aber deutlich unter denen der hydraulischen.

Tisch und Stößel hydraulischer Pressen werden meist durch trapezförmige Platten gebildet, an denen die Ober- und Unterwerkzeuge befestigt werden. Die Klemmsysteme für die Werkzeuge sind bei modernen Gesenkbiegemaschinen so ausgeführt, dass eine einfache und schnelle Umrüstbarkeit der Maschine für verschiedene Aufgaben gegeben ist. Zur Positionierung des Werkstücks in der Maschine sind Gesenkbiegepressen mit Hinteranschlagsystemen ausgerüstet, die je nach Ausführung über 2 bis ca. 12 numerisch steuerbare Achsen ansteuerbar sind.

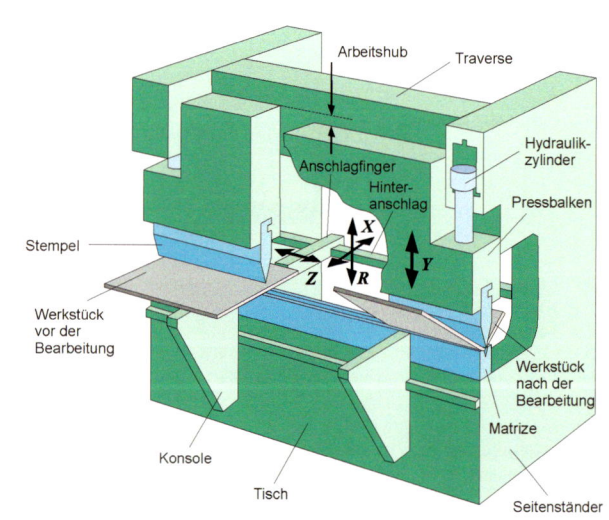

Abb. 6.22: *Aufbau und numerisch steuerbare Achsen einer Gesenkbiegepresse (nach Trumpf & Co, Ditzingen)*

6.3.1 Frei- und Gesenkbiegen

Die Hinteranschlagpositionen und Stempelwege werden mit Hilfe von NC-Steuerungen berechnet und numerisch angesteuert. Die Steuerungssoftware bietet je nach Ausstattung auch die Möglichkeit, z.B. Kollisionsüberprüfungen für die programmierten Bauteile vorzunehmen.

Durch die insbesondere zur Fertigung großer Teile notwendige große Weite zwischen den C-Gestellen kommt es vor allem bei hohen Umformkräften zur Auffederung von C-Gestell, Pressbalken und Maschinentisch. Zur Kompensation dieser Auffederung rüsten viele Pressenhersteller ihre Maschinen mit einer meist auf Linearmaßstäben beruhenden Wegmessung aus, damit die Steuerung den tatsächlichen Stempelweg unabhängig von der Gestellauffederung ermitteln kann. Denn die Gestellauffederung verfälscht den Stempelweg und führt dadurch zu Bauteilungenauigkeiten.

Maschinenverformungen in Breitenrichtung, die besonders beim Biegen von breiten und dicken Blechen auftreten, können durch sogenannte Bombierungen ausgeglichen werden. Dabei werden zur Kompensation der Auffederung von Maschinentisch und Pressbalken die Teile partiell vorgespannt. Der durch die Durchbiegung der Oberwange und des Tisches hervorgerufene ungleichmäßige Verlauf des Biegewinkels über die Blechbreite wird mit Hilfe von Hydraulikzylindern, die für eine Durchbiegung in umgekehrter Richtung sorgen, ausgeglichen, sodass Tisch und Wange während des Biegevorgangs gerade bleiben.

Daneben gibt es eine Vielzahl von Peripheriesystemen, die dazu beitragen sollen, den Biegevorgang zu erleichtern, zu beschleunigen oder eine gleichbleibende Maßgenauigkeit sicherzustellen, um den Ausschuss auf Null zu reduzieren. In diese Kategorie fallen Biegehilfen, Winkelmesssysteme und andere Sensorik sowie Industrieroboter zur Automatisierung der Fertigung.

Werkzeugsätze für Gesenkbiegepressen bestehen standardmäßig aus einem Stempel und einer Matrize, auch als Gesenk bezeichnet (Abb. 6.23). Die Arbeitszonen bei den Werkzeugen sind zumeist gehärtet, um den Verschleiß zu minimieren, da er zu Winkelabweichungen führt. Häufig sind die Werkzeuge segmentiert, um sie gemäß der benötigten Arbeitslänge flexibel zusammenstellen zu können. Die Biegewerkzeuge besitzen i.d.R. eine über die ganze Länge gleichbleibende Form, wobei ihr zentrales Unterscheidungsmerkmal der Querschnitt ist. Für Stempel charakteristisch sind die Ausladung, d.h. die Form, mit der der Stempel nach vorne oder hinten von der Senkrechten abweicht, sowie Winkel und Radien an der Stempelspitze. Die Form der Ausladung wird maßgeblich durch die Werkstückform beeinflusst und so gestaltet, dass keine Kollisionen zwischen Werkstück und Werkzeug bei der Umformung auftritt. Die Form der Matrizen wird im Wesentlichen durch das eingesetzte Biegeverfahren geprägt. Die Höhen von Matrize und Stempel sind so zu wählen, dass das Teilehandling ungehindert möglich ist und das Biegeteil in jeder Bearbeitungsphase möglichst von der Maschinenvorderseite aus eingelegt und entnommen werden kann.

6.3.2 Schwenkbiegen

Das Schwenkbiegen gehört zu den Umformverfahren mit drehender Werkzeugbewegung. Im Gegensatz zum Gesenkbiegen, bei dem das Blech an zwei Stellen auf dem Unterwerkzeug aufliegt, wird das Werkstück beim Schwenkbiegen einseitig zwischen Ober- und Unterwan-

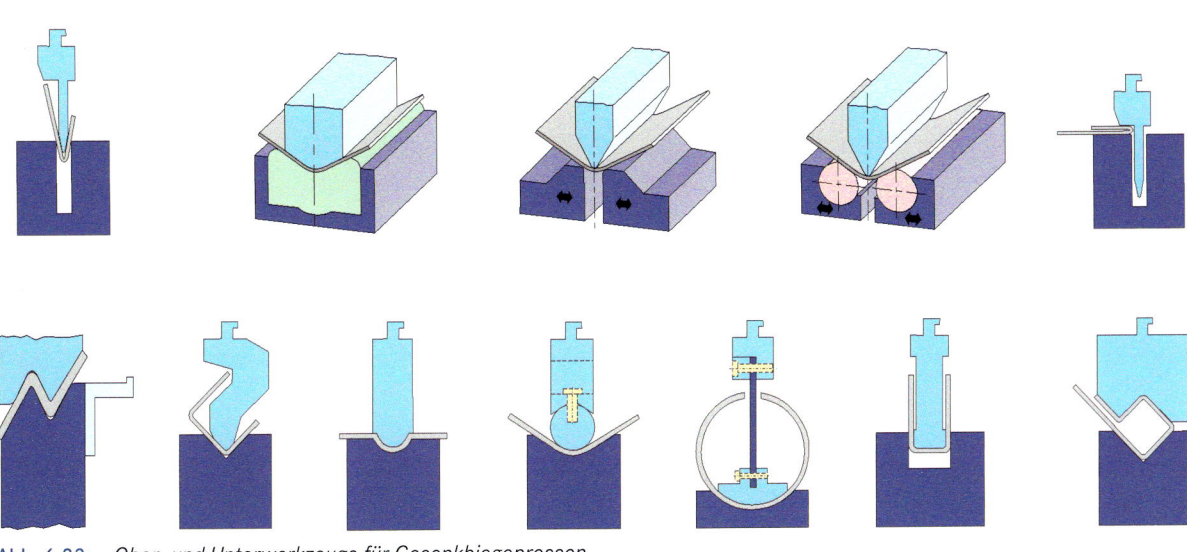

Abb. 6.23: *Ober- und Unterwerkzeuge für Gesenkbiegepressen*

6.3 Blechbiegen

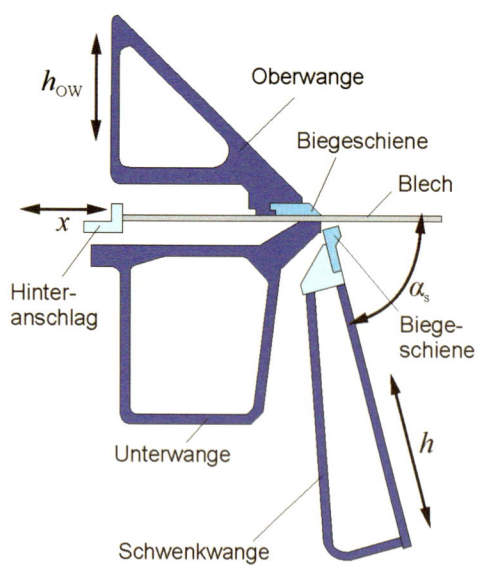

Abb. 6.24: *Verfahrensprinzip des Schwenkbiegens*

ge eingespannt und durch die i.d.R. kreisbogenförmige Schwenkbewegung der Biegewange gebogen (Abb. 6.24). Der sich ergebende Biegewinkel wird durch den Schwenkwinkel der Schwenk- bzw. Biegewange, die Werkzeuggeometrie und die Eigenschaften des Werkstücks bestimmt. Der größtmögliche Biegewinkel in einem Hub ist durch die Form des zum Einspannen benutzten Oberwerkzeugs begrenzt; er kann bis etwa 165° betragen. Faltungen des Blechs sind nach dem Vorbiegen durch einen weiteren Arbeitsvorgang möglich, wobei die Oberwange das Blech gegen die ortsfeste Unterwange pressen muss.

Beim Schwenkbiegen handelt es sich um einen Freibiegevorgang, solange der kleinste Biegeradius am Werkstück größer als der Radius der eingesetzten Biegeschiene ist. Der Berührpunkt zwischen Blech und Biegewange wandert während des Biegevorgangs von der äußeren Biegekantenschiene nach innen und führt bei größeren Schwenkwinkeln zu einem Abheben des umgeformten Blechschenkels von der Biegewange (Abb. 6.25). Ab diesem Zeitpunkt sind der Schwenkwinkel und der Biegewinkel unter Last nicht mehr identisch (Fait 1990). Die Wanderung des Berührpunktes zieht auch eine Änderung des jeweils wirksamen Hebelarms nach sich, was sich deutlich im Kraft-Schwenkwinkel-Verlauf bemerkbar macht. Während zunächst die Biegekraft infolge eines vergleichsweise großen Hebelarms zu Beginn der Biegung niedrig bleibt und mit steigendem Winkel in Abhängigkeit von der Verfestigung des Werkstoffs nur mäßig ansteigt, kommt es in der zweiten Phase zu einem starken Anstieg des Kraftbedarfs, der auf die Verkürzung des wirksamen Hebelarms zurückzuführen ist.

Zudem zeigen die Biegelinie und die Kräfte beim Schwenkbiegen eine starke Abhängigkeit von der Kinematik der Biegewange. Wählt man einen großen Biegehebelarm und einen großen Abstand zwischen Biegewange und den einspannenden Werkzeugelementen, so ergibt sich eine große Biegeinnenrundung. In dieser Einstellung werden relativ geringe Kräfte benötigt. Für möglichst scharfkantige Biegeradien muss der Wangenabstand entsprechend verringert werden.

Wie das Gesenkbiegen wird auch das Schwenkbiegen zur Herstellung von Profilen mit unterschiedlichen Querschnitten und für Gehäuse, Maschinenverkleidungen etc. aus Metallwerkstoffen mit Blechdicken bis 6 mm verwendet. Die einseitige Einspannung erlaubt jedoch gegenüber dem Gesenkbiegen wesentlich kürzere Schenkellängen und ist deshalb besonders günstig bei der Herstellung von Werkstücken mit starken Asymmetrien in den Längen der Biegeschenkel einsetzbar, wie z.B. von großflächigen Biegeteilen, die im Randbereich umgeformt

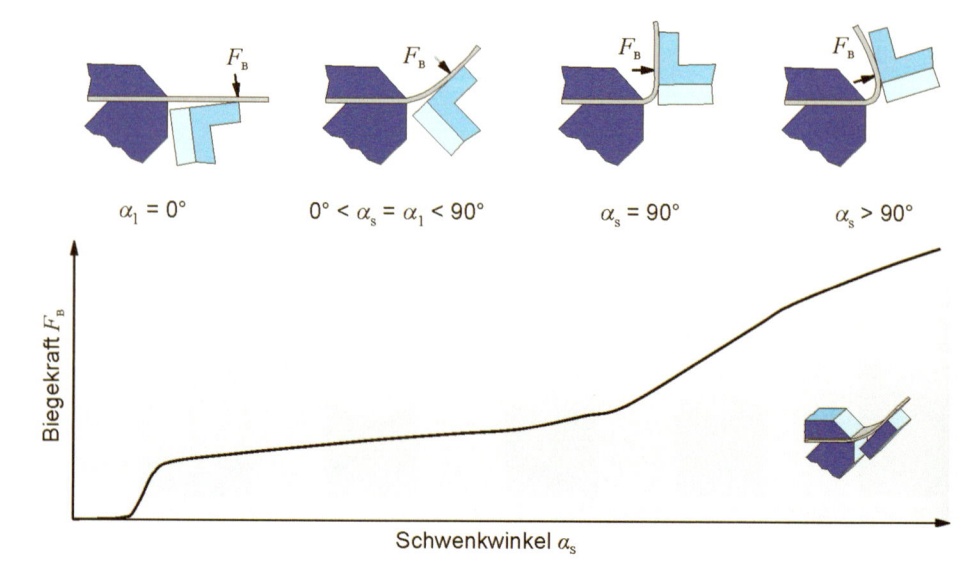

Abb. 6.25: *Kontaktpunktverschiebung und Biegekraft-Schwenkwinkel-Verlauf beim Schwenkbiegen*

6.3.2 Schwenkbiegen

Spitzschiene — **Geißfußschiene** — **rechtwinklige Schiene** — **Rundschiene**

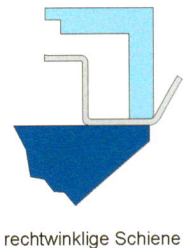

Abb. 6.26: *Ober- und Unterwerkzeuge zur Profilherstellung durch Schwenkbiegen*

werden. Da es keine Relativbewegung zwischen Blechoberfläche und Werkzeug gibt, können zudem Bleche mit empfindlicher Oberfläche – z. B. Edelstahl, beschichtete Bleche – kratzfrei gebogen werden. Durch die Abrollbewegung der Biegewange auf dem Werkstück gibt es auch keinen bzw. einen nur sehr geringen Verschleiß. Ein weiterer wichtiger Vorteil ist die Flexibilität hinsichtlich des erzeugbaren Biegewinkels und Biegeradius. Auf Grund der freien Umformung ist für unterschiedliche Biegewinkel, Biegeradien und Blechdicken meist nur ein einziger universeller Werkzeugsatz nötig. Die Werkzeugflexibilität verringert die Investitions-, Wartungs- und Rüstkosten deutlich. Nachteilig ist die Langsamkeit. Deshalb wird das Schwenkbiegen vorzugsweise im Werkstattbereich und für kleine bis mittlere Losgrößen eingesetzt. Auf Grund der leichten Automatisierbarkeit durch die Einspannung des Blechs wird das Prinzip des Schwenkbiegens jedoch oft in Biegezellen und automatisierte Fertigungszellen integriert.

In der Regel wird das Schwenkbiegen auf speziell für diesen Zweck konstruierten und optimierten Maschinen, sogenannten Schwenkbiegemaschinen, durchgeführt, die entsprechend der benötigten Arbeitsbreite und zu verarbeitenden Blechdicken dimensioniert sind. Charakteristische Elemente (vgl. Abb. 6.24) einer konventionellen Schwenkbiegemaschine sind

- Schwenk- oder Biegewange, die durch die Schwenkbewegung um den Schwenkwinkel α_S den Biegevorgang durchführt und durch die Schwenkwangenanstellung h direkt Einfluss auf den Biegeradius hat,
- Oberwange, die in den Seitenständern geführt wird und u. a. zum Spannen des Werkstücks vertikal verstellt (h_{ow}) werden kann,
- Unterwange, die als Gegenlager zur Einspannkraft der Oberwange dient und bei manchen Bauformen durch eine vertikale Verstellung eine Veränderung der Lage des Blechs, bezogen auf den Drehpunkt der Schwenkwange, ermöglicht, und
- Anschlag, über dessen Einstellung x das Werkstück gezielt positioniert werden kann.

Bei vielen modernen Schwenkbiegemaschinen kann die Biegewange sowohl nach oben als auch nach unten schwenken, was vor allem bei komplexeren Biegeerzeugnissen mit positiven und negativen Winkeln ein großer Vorteil ist. Moderne Schwenkbiegemaschinen können sich auch automatisch auf die zu verarbeitende Blechdicke und den gewünschten Biegeradius einstellen. Hierzu verfügen sie über komfortable CNC-Steuerungen sowie über automatische Werkzeug-Spannsysteme und selbstregelnde Bombiersysteme.

Die Oberwerkzeuge für das Schwenkbiegen sind wie die Stempel beim Gesenkbiegen in vielfältigen Formen erhältlich (Abb. 6.26). Während Spitzschienen größere Biegewinkel erlauben als z. B. Geißfußschienen, die aber günstigere Festigkeitseigenschaften aufweisen, können mit Hilfe von Rundschienen Biegeradien gezielt eingestellt werden. Geißfußschienen und rechtwinklige Schienen kommen dann zum Einsatz, wenn Standardwerkzeuge aus Platzgründen nicht verwendet werden können. Neuere Werkzeugentwicklungen, alternative Prozessstrategien sowie Ansätze zur Prozessregelung des Schwenkbiegens werden in Warstat (Warstat 1996) vorgestellt.

6.3.3 Walzrunden

Das Walzrunden gehört zu der Gruppe der freien Biegeverfahren mit drehender Werkzeugbewegung, d. h. die Werkstückform entsteht allein durch den Bewegungsablauf der Werkzeuge. Das Biegemoment wird durch angetriebene Walzen aufgebracht (Abb. 6.27). Bei der gezeigten Anordnung ist die Oberwalze drehbar, aber ortsfest angebracht, während die beiden Unterwalzen sowohl eine translatorische als auch eine rotatorische Bewegung durchführen können. Durch Verstellen der Walzen zueinander können unterschiedliche Biegeradien erzeugt

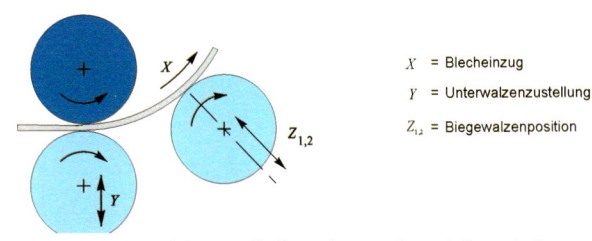

X = Blecheinzug
Y = Unterwalzenzustellung
$Z_{1,2}$ = Biegewalzenposition

Abb. 6.27: *Verfahrensprinzip und steuerbare Achsen beim Walzrunden (Lange 1990)*

6.3 Blechbiegen

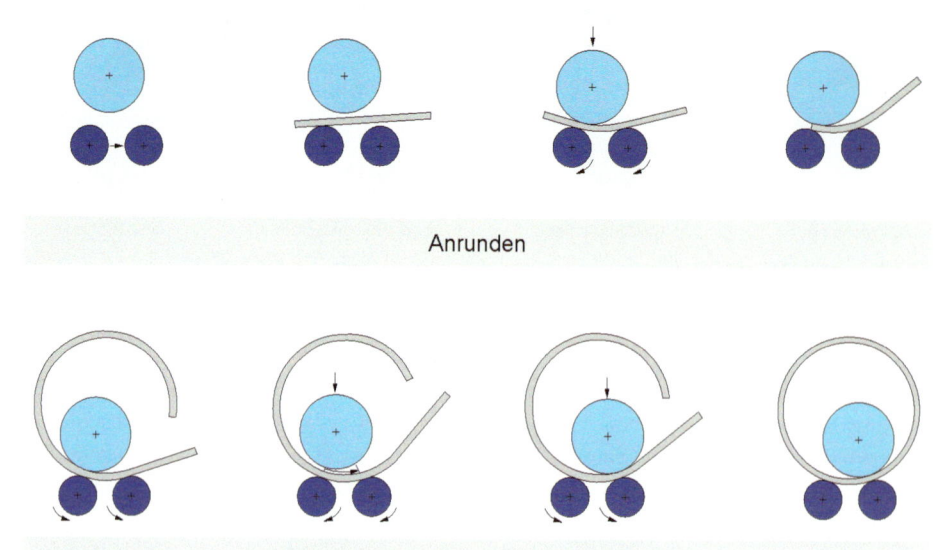

Abb. 6.28: Arbeitsablauf beim Walzrunden auf einer Drei-Walzen-Maschine

werden. Der kleinstmögliche Biegeradius wird durch die Größe der Biegerollen und der größtmögliche durch die Bedingung begrenzt, sodass der Werkstoff in den plastischen Zustand überführt werden muss.

Der typische Arbeitsablauf beim Walzrunden besteht aus den Phasen Anrunden und Fertigrunden (Abb. 6.28). Die Notwendigkeit des separaten Anbiegens ergibt sich daraus, dass zur Verwirklichung der Querkraftbiegung ein Biegehebelarm notwendig ist, der beim Biegen der Enden nicht mehr vorhanden ist. Dazu werden die Unterwalzen quer in die sogenannte Anbiegestellung verschoben, die u. a. von dem gewünschten Krümmungsradius des Blech-

biegeteils abhängig ist. Nach dem Einlegen des Blechs in die Maschine wird das linke Blechende angebogen, indem die Oberwalze zum Spannen des Blechs vertikal zugestellt wird und die Unterwalzen im Rechtslauf angetrieben werden. Nach dem Anrunden wird das Fertigrunden durch Walzrunden des Blechs bei Linkslauf der Unterwalzen eingeleitet. Um anschließend das noch ungebogene rechte Blechende umzuformen, wird der Antrieb stillgesetzt, die Unterwalzen in die Anbiegeposition für das rechte Blechende verschoben und das Blechteil so zurückgefahren, dass der bereits vollständig gebogene Bereich des Blechteils auf beiden Unterwalzen aufliegt.

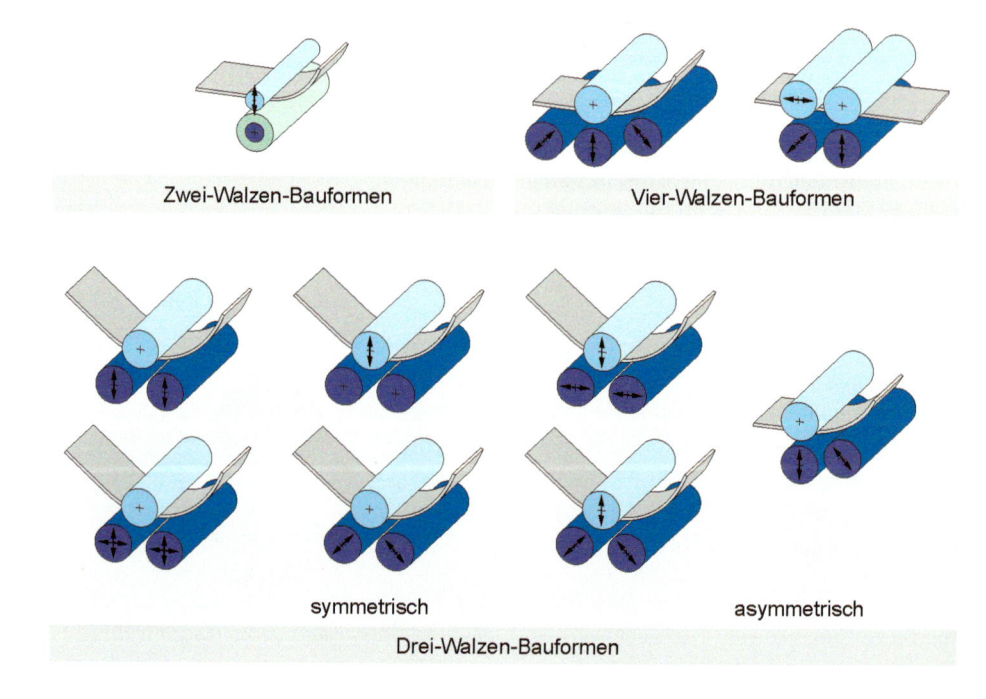

Abb. 6.29: Typische Bauformen von Walzrundbiegemaschinen

Durch Zustellung der Oberwalze und Antrieb der Unterwalzen im Linkslauf wird das Blech schließlich fertig gebogen. Anschließend wird der Blechmantel meist durch Schweißen geschlossen.

Walzrundbiegemaschinen werden vorwiegend zur Kleinserienfertigung von runden Blechteilen mit relativ großen Innenradien im Behälterbau und zum Walzrunden von Grobblechen im Apparatebau eingesetzt. Diese Maschinen sind im Allgemeinen Sonderkonstruktionen, bei denen der Walzenantrieb und die Walzenanstellmöglichkeiten sehr unterschiedlich ausgeführt werden. Gängige Bauformen sind Drei- und Vier-Walzen-Maschinen (Abb. 6.29). Die Zwei-Walzen-Bauform mit einer elastomerbeschichteten Unterwalze (Sulaiman 1995) stellt eher einen Sonderfall dar, der vor allem dann zur Anwendung gelangt, wenn es bei den zu rundenden Blechen auf eine kratzfreie Oberfläche ankommt. Die Gestalterzeugung erfolgt bei diesem Verfahren weniger durch freies Biegen als durch Druckbiegen. Wegen der kurzen wirksamen Hebelarme und der für das Druckbiegen erforderlichen hohen Kontaktpressungen liegt der Einsatzbereich dieses Verfahrens eher im Bereich der Feinbleche.

Bei den Drei-Walzen-Maschinen wird unterschieden zwischen asymmetrischer und symmetrischer Anordnung der Walzen. Die häufigste Art der Walzenanordnung ist die asymmetrische Walzenanordnung. Sie stellt die kostengünstigste Alternative dar, da nur zwei Walzen angetrieben werden und die dritte Walze als Schleppwalze ausgeführt ist. Der Nachteil im Vergleich zur symmetrischen Anordnung besteht darin, dass das Blech beim Anrunden der zweiten Blechseite der Maschine vorübergehend entnommen werden muss. Die symmetrischen Varianten unterscheiden sich im Wesentlichen durch die Anzahl der numerisch gesteuerten Achsen und ihre Verfahrrichtung. Da bei den Drei-Walzenanordnungen die günstigsten Belastungsverhältnisse mit vergleichsweise geringen Kräften vorliegen, werden die Drei-Walzen-Maschinen häufig zum Runden dicker Bleche eingesetzt. Allerdings erfolgt das Anbiegen in der von den Belastungsverhältnissen her ungünstigeren asymmetrischen Walzeneinstellung.

Die meist teureren Vier-Walzen-Maschinen ermöglichen eine reversierende Arbeitsweise. Sie sind wegen ihrer steiferen Anordnung für dickere Bleche geeignet, die in mehreren Durchgängen gebogen werden. In neueren Untersuchungen (Gänsicke 2002) konnte gezeigt werden, dass durch die gezielte Überlagerung von Druckspannungen unterhalb der Fließgrenze mittels harter oder auch elastomerbeschichteter mittlerer Unterwalzen eine deutliche Verbesserung des Formänderungsvermögens beim Walzrunden auf Vier-Walzen-Maschinen erreicht werden kann.

Das Walzrunden ist aber nicht nur auf die Fertigung von zylindrischen Werkstücken beschränkt, sondern ermöglicht auch die Herstellung beliebig gekrümmter, also nicht kreiszylindrischer Werkstücke (Abb. 6.30).

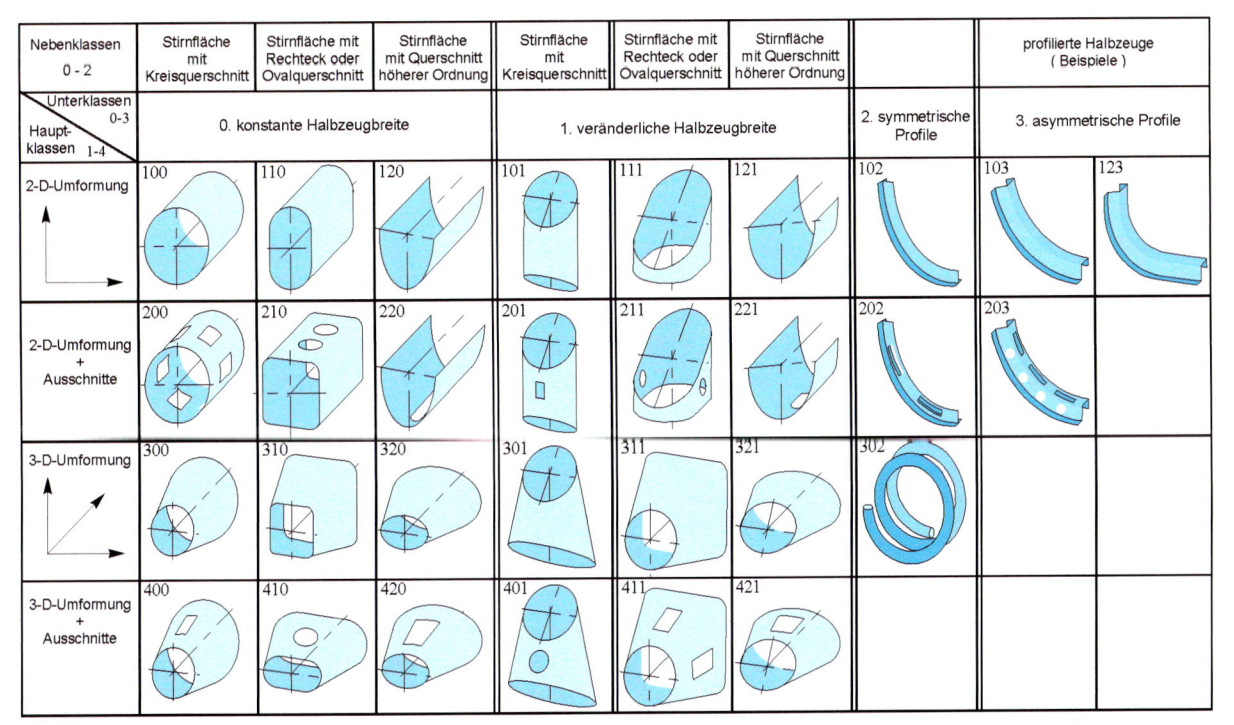

Abb. 6.30: *Formenordnung der Walzrundteile (Ludowig 1981)*

Kegelförmige Blechteile beispielsweise können durch schräges Anstellen der Biegewalze erzeugt werden. Mit Hilfe entsprechend angepasster Walzen können darüber hinaus auch profilförmige Strukturen durch Walzrunden hergestellt werden.

6.3.4 Walzprofilieren

Als weiteres Biegeverfahren steht das sogenannte Walzprofilieren in Konkurrenz zum Gesenkbiegen und Schwenkbiegen. Das Walzprofilieren ist ein Umformverfahren, bei dem Metallbänder oder -streifen mit Hilfe von hintereinander angeordneten Walzen (Rollen) in mehreren Stufen zu Profilen umgeformt werden (Abb. 6.31). Pro Umformstufe wird mindestens ein Rollenpaar benötigt, wobei nicht jedes Rollenpaar angetrieben wird. Die Vorschubkraft wird durch Reibschluss zwischen den Walzen und dem Blech erzeugt. Die Festlegung der Umformstufen erfolgt weitgehend nach Erfahrung, gleichwohl es erste Softwareprogramme zur Unterstützung der Auslegung gibt (Brandegger 2003, Sedlmaier 2003). Dies liegt daran, dass der Walzprofilierprozess theoretisch schwer erfassbar ist und eine große Anwendungsvielfalt für dieses Verfahren gegeben ist. Neben dem Biegeumformen können auch versteifende und festigkeitserhöhende Arbeitsgänge wie Falzen, Bördeln und Sicken mit dem Walzprofilieren durchgeführt bzw. kombiniert werden.

Obwohl auch beim Walzprofilieren das Werkstück vornehmlich durch Biegung beansprucht wird und ähnliche Profilformen hergestellt werden können, gibt es charakteristische Unterschiede zum Gesenk- oder Schwenkbiegen. Während beim Gesenkbiegen das Werkzeug gleichzeitig auf der ganzen Länge des Streifens angreift, wird beim Walzprofilieren nur jeweils ein begrenzter Bereich zwischen den Rollen gebogen. Weiterhin treten beim Walzprofilieren neben Biegedehnungen über der Blechdicke in den hochgebogenen Bereichen konstante (homogene) Längsdehnungen auf. Diese homogenen Längsdehnungen entstehen durch unterschiedlich lange Wege der Bandteile eines Querschnitts beim Übergang vom ebenen Blech zum gebogenen Blechprofil. Diese homogenen Längsdehnungen sind das entscheidende Merkmal des Walzprofilierens und werden mit steigendem Biegewinkel und mit wachsender Schenkellänge größer. Durch zahlreiche praktische Maßnahmen, wie z. B. das Vermeiden des Biegens langer Schenkel, das Biegen um nur wenige Grad je Stufe oder auch kontinuierliches Richten, bemüht man sich, dass diese homogenen Längsdehnungen den elastischen Bereich des Werkstoffs nicht überschreiten, da sonst bleibende Dehnungen im Schenkel zurückbleiben, die dem fertigen Profil eine unerwünschte Krümmung geben oder zur Wellenbildung führen.

Mittels Walzprofilieren lassen sich aber nicht nur einfache, sondern auch verhältnismäßig komplexe Profilformen verwirklichen. Die Bandbreite reicht hier von einfachen bis hin zu sehr komplexen Blechprofilen fast beliebiger Länge aus Bändern von z.B. 10 bis 2000 mm Breite und etwa 0,2 bis 20 mm Dicke, die bei Geschwindigkeiten bis zu 100 m/min gefertigt werden können. Ein typisches Beispiel für das Walzprofilieren von breiten Bändern ist die Fertigung von Wellblechen, Rippen und Trapezblechen für Wandverkleidungen und Bedachungen. Blechbänder geringerer Breite und größerer Dicke werden häufig zu sogenannten Kaltprofilen für den Nutzfahrzeugbau umgeformt und Feinblechbänder zu Scharnieren oder Zierleisten.

Die vergleichsweise großen Blechvorschubgeschwindigkeiten beim Walzprofilieren erlauben die Ausbringung einer großen Mengenleistung. Die wirtschaftlichen Mindestmengen sind abhängig von

- der Größe und Komplexität des Profils,
- der Anzahl der erforderlichen Rollensätze,
- der Möglichkeit, gleiche Rollensätze für andere Profile zu verwenden, und
- von der Auslastung der Walzprofiliermaschine.

Auf Grund der verhältnismäßig hohen Werkzeugkosten und des aufwendigen Einrichtvorgangs liegt das wirtschaftliche Einsatzgebiet des Walzprofilierens eher im Bereich mittlerer bis großer Losgrößen.

Auch für das Walzprofilieren existiert ein Sonderverfah-

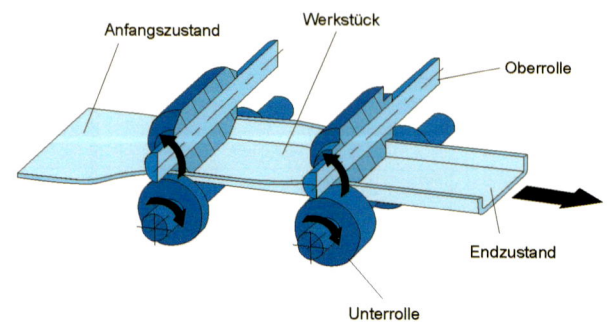

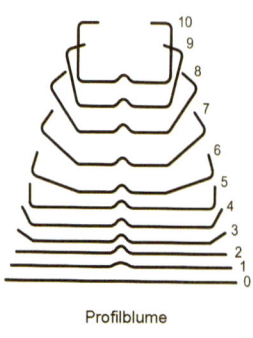

Abb. 6.31: *Prinzip des Walzprofilierens (König 1986) und Profilblume für ein Beispielbauteil*

ren, das sogenannte Druckprofilieren. Hierbei wird die Unterwalze mit einem verformbaren Kunststoff, wie z. B. Polyurethan, bestückt, sodass gezielte Druckspannungen auf die Oberfläche des Werkstückes aufgebracht werden können, mit denen Rissbildungen auf der Biegeschulter verhindert werden sollen. Neuere Ansätze gehen in Richtung der Entwicklung von Verfahren zur Walzprofilierung von belastungsangepassten Bauteilen mit über die Längsachsen unterschiedlichen Querschnitten (Hiestermann 2003, SSAB 2005).

Walzprofilieranlagen werden nach der Betriebsart unterschieden in sogenannte Start-Stop-Anlagen und kontinuierlich laufende Anlagen (Schuler 1996). Mit Hilfe des Start-Stop-Verfahrens können zum Beispiel auch Stanz- und Prägeoperationen auf der Profiliermaschine ausgeführt werden. Im Gegensatz dazu arbeiten die Anlagen der zweiten Kategorie mit gleichbleibender Geschwindigkeit. Dadurch wird eine höhere Ausbringung erreicht und es besteht die Möglichkeit der Kombination mit anderen kontinuierlich laufenden Prozessen wie Längsnahtschweißen, Kleben oder Schäumen. Die Maschinen sind i. d. R. für einen raschen Walzenaustausch ausgelegt, um eine schnelle Umstellung von einer Profilform auf die andere zu ermöglichen. Dazu wurden verschiedene Wechseltechniken entwickelt (Schuler 1996). Zum Ablängen der Profile werden die Walzprofiliermaschinen durch Trenneinrichtungen wie Sägen oder Scheren ergänzt.

Die Antriebsleistung für Walzprofiliermaschinen kann für spezielle Profilformen über die Umformarbeit berechnet werden. Die Auslegung der Werkzeuge, bei der das Auftreten bzw. Vermeiden von Verwerfungen durch Kantendehnungen berücksichtigt werden muss, erfolgt hingegen oftmals noch auf empirischer Basis. Es gibt mittlerweile jedoch auch Ansätze, das Walzprofilieren mit Hilfe der Methode der Finiten Elemente abzubilden (Alsamhan 2003, Güner 2007, Sedlmaier 2003, Zettler 2007) (Abb. 6.32).

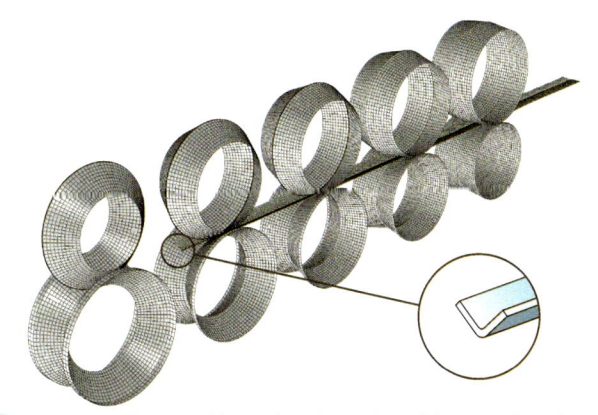

Abb. 6.32: *Prozess-Simulation des Walzprofilierens mit Hilfe der FEM*

6.4 Rohr- und Profilbiegen

6.4.1 Anwendungsgebiete von gebogenen Profilen

Die Weiterverarbeitung von Rohren und profilierten Halbzeugen durch Biegeumformverfahren zu Biegeteilen mit verschiedenen Formen und Konturen wird als Rohr- bzw. Profilbiegen bezeichnet. Das Rohrbiegen stellt das Biegen von Profilen mit kreisförmigen Querschnitten dar.

Der steigende Bedarf an Aluminium- und Stahlprofilen als wichtige Strukturelemente ist in den letzten Jahren immer deutlicher geworden. Besonders gebogene Profile erschließen dem Konstrukteur einen Freiheitsgrad, den er beispielsweise für die Realisierung aerodynamisch günstiger Formen oder besonders raumsparender Lösungen nutzen kann. Zusätzlich ist der Leichtbauaspekt zu erwähnen, bei dem ebenfalls durch eine hohe Flexibilität in der Formgebung von Profilen neue Wege erschlossen werden können. Neben einem Einsatz in der Kraftfahrzeugtechnik können gebogene Rohre und Profile auch in vielen Bereichen der Verkehrstechnik wie Schienenfahrzeugbau, Nutzfahrzeugtechnik oder im Luft- und Raumfahrtbereich zum Einsatz kommen (Abb. 6.33). Aber auch in den Bereichen der Architektur oder des Designs, beispielsweise in der Möbelindustrie, eröffnen sich durch Strukturen aus gebogenen Profilen ein weites Feld an innovativen Möglichkeiten (Chatti 2006).

Die Biegeverfahren für Rohre und Profile werden in der Literatur häufig in gleiche Gruppierungen mit den Blechbiegeverfahren eingeteilt, jedoch sind Rohr- und Profilbiegeverfahren wegen ihrer Besonderheiten von den Blechbiegeverfahren getrennt zu betrachten. Dies ist vor allem darin begründet, dass die Querschnitte spezielle Funktionen haben, die nach dem Biegen erhalten bleiben müssen.

6.4.2 Einflussparameter beim Rohr- und Profilbiegen

Eine große Anzahl von Prozessparametern und deren Wechselwirkungen beeinflussen die Profilbiegeprozesse und erschweren ihre Analyse, Simulation und Realisierung (Abb. 6.34). Dies ist einer der Gründe, warum viele Profilbiegeverfahren bislang einen niedrigen Automatisierungsgrad aufweisen und die Prozessplanung beim Profilbiegen immer noch von einer empirischen Vorge-

6.4 Rohr- und Profilbiegen

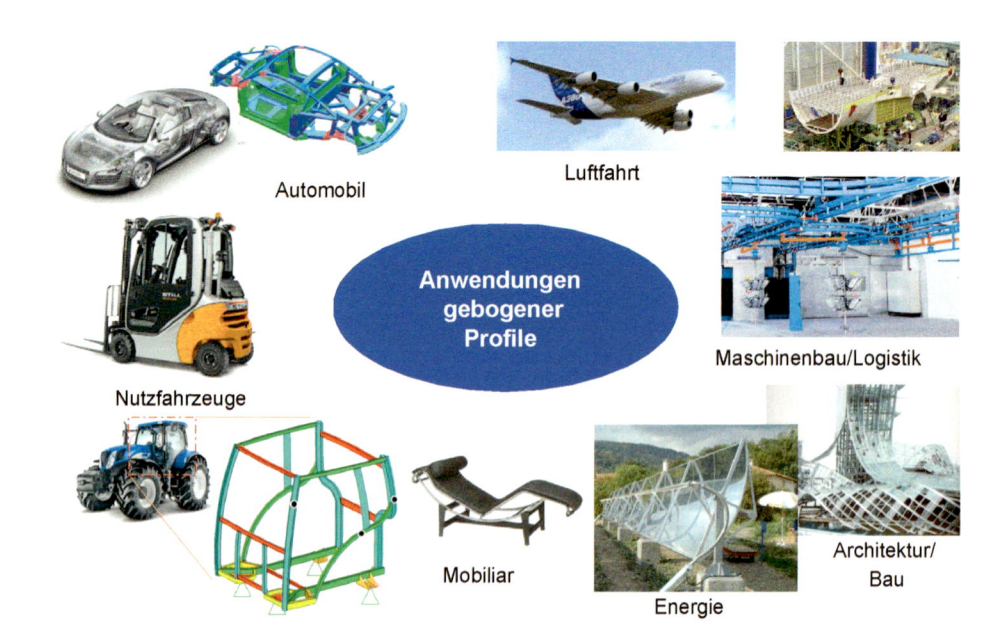

Abb. 6.33: Anwendungsgebiete von gebogenen Profilen

hensweise geprägt ist. Einige Probleme beim Profilbiegen, die sowohl für die Qualität des zu erzielenden Biegeprodukts als auch für nachgeschaltete Fertigungsschritte relevant sind, sind Ungenauigkeiten der Profilform und -kontur wegen der Einflüsse von werkstück-, material- und werkzeugspezifischen Parametern (Chatti 1998).

Die genaue Beschreibung des Biegeumformverhaltens von Profilen insbesondere im plastischen Bereich ist problematisch, was hauptsächlich durch die Vielfalt der Prozesseinflussparameter begründet ist. Zu den Einflussfaktoren gehören das Profilherstellungsverfahren und der Eigenspannungszustand des Profils vor dem Biegeprozess. Profile können mit unterschiedlichen Verfahren hergestellt werden, wodurch sich das Werkstoffverhalten unterschiedlich auswirkt. Die Biegeprozesse zeichnen sich durch Zug- und Druckspannungen aus. Der Idealfall des reinen Biegemoments kommt in der Regel nicht vor, da die Biegung häufig durch Querkräfte oder kombinierte Belastungsfälle erreicht wird. Demzufolge zeigen gebogene Profile eine inhomogene Verteilung des Umformgrads, die wiederum zu Biegeeigenspannungen führt. Die Profilquerschnittsform, die oft komplex ist, und der Profilwerkstoff unterliegen verschiedenen Änderungen vor und während des Biegeprozesses und hängen stark vom Profilherstellungsverfahren selbst ab. Die Deformation des Profilquerschnitts ist im Allgemeinen das Hauptproblem im Profilbiegen. Dieses Problem wird mit steigender Komplexität des Profilquerschnitts, größeren Umformgraden und höheren Qualitätsanforderungen kritischer. Mit dem Effekt der Querschnittsänderung überlagern sich Längs-, Quer- und Schubspannungen, wodurch ein dreiachsiger Spannungszustand beim Biegen erreicht wird. Durch den hohen Biegewiderstand der Profile werden beim Profilbiegen entsprechend höhere Umformkräfte benötigt als beim Blechbiegen. Dadurch entstehen hohe Reibungskräfte zwischen Profil und Werkzeug, die zum Beispiel bei Rollbiegeverfahren gegen den Profileinzug wirken. Daraus resultiert das Auftreten einer Axialkraft im Profil, die verfahrensbedingt die Profilkrümmung beeinflusst. Auf Grund des elastisch-plastischen Werkstoffverhaltens kann die Profilrückfederung, die zu geometrischen Abweichungen von der Sollkontur führt, mit geeigneten Maßnahmen vermindert, aber nicht ganz vermieden werden. Dies resultiert in vielen Fällen in erhöhten Fertigungskosten und Ausschussraten (Chatti 2006).

Ähnlich wie beim Blechbiegen ist beim Profilbiegen das Problem der Rückfederung durch ein Überbiegen anhand der richtigen Ermittlung der Maschinen- bzw. Werkzeug-

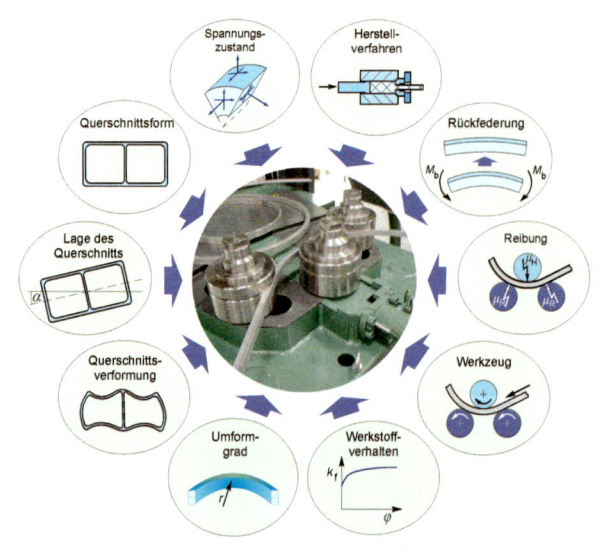

Abb. 6.34: Einflussparameter beim Profilbiegen

parameter zu lösen, unter ausreichend genauer Erfassung der Haupteinflussfaktoren. Nur so können die gewünschten Biegeradien und Biegewinkel nach der Entlastung erzielt werden. Analytische Rechenmethoden für eine Prozessplanung basieren hierbei auf den analytischen Betrachtungen beim Blechbiegen (vgl. Kap. 6.2), müssen jedoch an das jeweilige Profilbiegeverfahren angepasst werden.

Bedingt durch die hohe Komplexität der Umformvorgänge beim Profilbiegen kann nur ein Teil der oben genannten Einflussfaktoren analytisch erfasst werden. Ein numerisches Berechnungsverfahren würde eine Mehrzahl von Randbedingungen erfassen, aber auch nicht alle Einflussparameter berücksichtigen können. Daraus folgt die Notwendigkeit, auf nicht relevante Parameter verzichten zu müssen und einige Vereinfachungen zu treffen, um überhaupt eine Berechnung durchführen zu können. Die Auswahl der wichtigsten Randbedingungen und der zu treffenden Vereinfachungen hängt vom Biegeverfahren und von der Berechnungsmethode ab. Vor jeder Berechnungsaufgabe muss die Anzahl der zu berücksichtigenden Einflussfaktoren, also der Rechenaufwand der Simulation, gegen die erzielbare Genauigkeit der Ergebnisse abgewogen werden.

6.4.3 Fertigungsfehler und Versagensfälle beim Profilbiegen

Neben den Gemeinsamkeiten zwischen dem Blechbiegen und dem Profilbiegen existieren weitere Unterschiede und Probleme, die nur bzw. insbesondere im Profilbiegen auftreten. Diese sind in Abbildung 6.35a zusammengefasst (Vollertsen 1999). Es sind:

- Instabilität der Profilwände (Faltenbildung)
- Große lokale Dehnungen, insbesondere in den Profilaußenfasern (Risse)
- Große Deformation der Profilquerschnitte
- Schlechte Genauigkeit der Profilhalbzeuge, d. h. der Werkstoffeigenschaften und der Querschnittsform (Konturgenauigkeit)
- Hohe Vielfalt der möglichen Querschnitte der Profilhalbzeuge (Formgenauigkeit)
- Hohe Steifigkeit der Profilhalbzeuge (hohe Kräfte, Profil-, Werkzeug-, Maschinendeformationen)
- Torsion des Profilquerschnitts beim Biegen von asymmetrischen Profilen
- Bedarf an Maschinen mit großer Anzahl von steuerbaren Achsen

Es treten unabhängig von dem jeweiligen Verfahren unterschiedliche Fehler in der Fertigungsgenauigkeit und Versagensfälle bei allen Biegeverfahren auf, welche bei den jeweiligen Verfahren durch eine entsprechende Wahl der Verfahrensparameter, wie z.B. die Gestaltung der Werkzeuge, vermieden werden können (vgl. Abb. 6.35a). Als Versagen wird der Fall bezeichnet, wenn das Bauteil als solches nicht mehr genutzt werden kann und gleichzeitig der Biegeprozess versagt und beispielsweise nicht mehr zu Ende geführt werden kann. Im Wesentlichen sind das Risse, Falten und ein Aufwölben des Querschnitts. Bei den Genauigkeitsfehlern ist die geforderte Bauteiltoleranz entscheidend, ob das Biegeteil als Ausschuss zu betrachten ist. Im Wesentlichen sind hierbei eine fehlerhafte Krümmung, ein falscher Biegewinkel, unzulässige Querschnittsdeformationen und unzulässige 3D-Kontur-

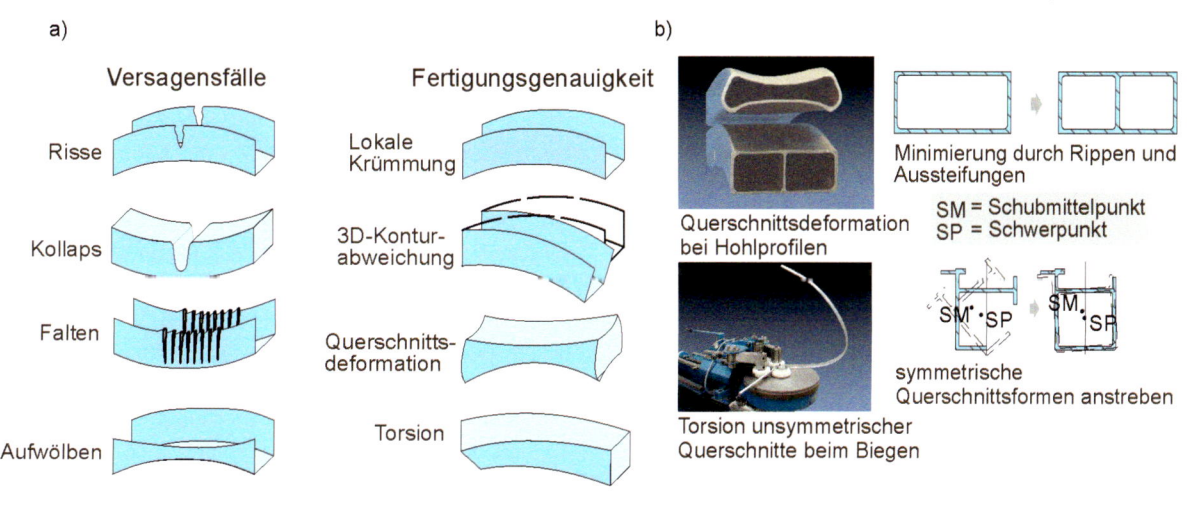

Abb 6.35: a) Versagensfälle und Fehler in der Fertigungsgenauigkeit beim Profilbiegen (Vollertsen 1999), b) Leitlinien zur biegegerechten Gestaltung von Profilquerschnitten

abweichungen zu nennen. Bei großen Umformgraden ändert sich der Profilquerschnitt durch Querkontraktion des unter Zugspannung befindlichen Bereichs und durch Querdehnung des druckbelasteten Bereichs. Diese tritt insbesondere bei hohlen Profilen mit dünnen Wandstärken auf. 3D-Konturabweichungen entstehen durch ein ungewolltes Verlassen der Biegeebene durch unzureichende Führung des Profils im Biegeprozess oder beim Biegen von unsymmetrischen Profilquerschnitten. Bei der Biegeumformung solcher Profile treten Schubspannungen auf, die eine Verwindung des Profils während des Biegevorgangs hervorrufen. Im Gegensatz zu den symmetrischen Profilen erfolgt die Rückfederung also nicht mehr in der Biegeebene, sondern in einem bestimmten Winkel dazu.

Ohne den jeweiligen Biegeprozess zu betrachten, können viele dieser Formfehler bereits bei der Konstruktion des Biegeteils vermieden werden (vgl. Abb. 6.35 b). Hierbei sollte auf eine biegegerechte Gestaltung geachtet werden, wenn keine anderen konstruktiven Restriktionen dies verneinen. Verstärkungsstreben und Beachten einer Mindestwandstärke vermindern die Querschnittsdeformation. Eine ungewollte 3D-Konturabweichung, bedingt durch unsymmetrische Querschnitte, wird durch ein Anstreben von symmetrischen Querschnitten in der Konstruktionsphase vermieden (Koser 1990, Tekkaya 2008).

Die komplexen Biegeeigenschaften von Profilen haben zur Entwicklung einer Vielzahl von teilweise hochspezialisierten Verfahren geführt, welche durch verschiedene Wirkprinzipien realisiert werden. Im folgenden Abschnitt werden möglichst umfassend die Biegeverfahren für Profile dargestellt.

6.4.4 Klassifizierung der Rohr- und Profilbiegeverfahren

Auf Grund der vielfältigen Profilquerschnittsformen und der damit verbundenen differenzierten Anforderungen an die Biegeaufgaben finden bei der Biegeumformung von Rohren und Profilen unterschiedliche Biegeverfahren mit spezieller Eignung Anwendung. Einige dieser Verfahren sind auf Sonderfälle spezialisiert (Hermes 2006). Diese Verfahren lassen sich nach unterschiedlichen Strategien unterteilen. Beispielsweise kann nach Vollertsen (Vollertsen 1999) und Franz (Franz 1988) eine Klassifizierung hinsichtlich der eingebrachten Belastungsart bzw. Energieform zur Erzeugung der plastischen Biegung erfolgen. Die Ausrichtung der Wirkprinzipien ist bei allen Verfahren im Wesentlichen auf folgende Ziele ausgerichtet:

- Vermeidung bzw. Reduzierung der Rückfederung des Biegeteils zur Erhöhung der Biegegenauigkeit,
- Minimierung der Querschnittsdeformation und der Ausdünnung bzw. Aufdickung der Wandstärken insbesondere bei kleinen Biegeradien,
- Erhöhung der Flexibilität in der Formgebung für eine frei definierbare Biegekontur und Vermeidung geometriedefinierender Biegewerkzeuge,
- Erhöhung der Prozesssicherheit und Produktionsgeschwindigkeit zur Kostenreduktion.

Da besonders im Bereich der Rohr- und Profilbiegeverfahren eine große Vielfalt an Verfahren zu finden ist, welche unterschiedliche Lösungen für diese Ziele bieten, wurde ein möglichst umfassendes Schema der bekannten Verfahren (Abb. 6.36 und 6.37) erzeugt. Diese Verfahren wurden nach DIN 8586 nach drehender und geradliniger Werkzeugbewegung eingeteilt, ferner in Verfahren, bei denen die Biegekontur durch die Formgestaltung eines Werkzeugs festgelegt ist (vgl. Abb. 6.36), und Verfahren, bei denen die Biegekontur durch eine Werkzeugbewegung kinematisch definiert wird (vgl. Abb. 6.37). Im Gegensatz zu den Biegeverfahren mit formgebundener Gestalterzeugung, die zwar eine gute Führung des Werkstücks im Umformbereich ermöglichen, jedoch eine geringe bzw. begrenzte Flexibilität aufweisen, zeigen die Verfahren mit kinematischer Gestalterzeugung eine hohe Flexibilität. Die aufgezeigten Verfahren können sich in der Praxis noch durch Varianten unterscheiden. Einige der gezeigten Verfahren sind als Sonderverfahren zu sehen, die allerdings bei speziellen Fertigungsaufgaben fertigungstechnisch und kostenmäßig eine optimale Lösung darstellen können. Eine Ausnahme bilden hier das Flammbiegen und das Laserstrahlumformen von Profilen, die zu keiner der beiden Hauptgruppen gehören. Bei diesen Verfahren werden Bleche und Profile mit Hilfe thermischer Eigenspannungen anstelle von Außenkräften umgeformt.

Als ein häufig anzutreffendes Verfahren zum Biegen von Profilen ist das Streckbiegen (vgl. Abb. 6.36 a) zu nennen, welches durch eine in Richtung der Längsachse wirkende Kraft den Profilquerschnitt mit einer Zugspannung beaufschlagt, womit ein Rückfedern des Biegeradius vermindert wird. Es ermöglicht somit als formgebundenes Verfahren das Biegen mit sehr hoher Genauigkeit. Das Rundbiegen (vgl. Abb. 6.36 b) ist ein in der Praxis bewährtes formgebundenes Umformverfahren mit vielen technologischen Vorteilen. Diese Art der Biegeumformung wird bevorzugt beim Biegen von unsymmetrischen Profilen mit komplexen Querschnittsformen eingesetzt. Bei den Rundbiegemaschinen kommen Biegekerne zum Einsatz, die der Werkstückform unter Biegebelastung entsprechen

6.4.4 Klassifizierung der Rohr- und Profilbiegeverfahren

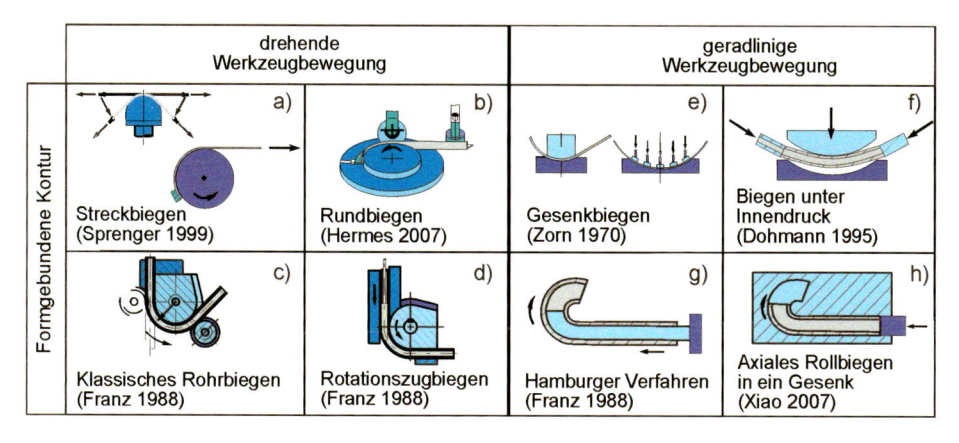

Abb. 6.36: Profilbiegeverfahren mit formgebundener Definition der Biegekontur (Hermes 2012)

Formgebundene Kontur – drehende Werkzeugbewegung:
- a) Streckbiegen (Sprenger 1999)
- b) Rundbiegen (Hermes 2007)
- c) Klassisches Rohrbiegen (Franz 1988)
- d) Rotationszugbiegen (Franz 1988)

Formgebundene Kontur – geradlinige Werkzeugbewegung:
- e) Gesenkbiegen (Zorn 1970)
- f) Biegen unter Innendruck (Dohmann 1995)
- g) Hamburger Verfahren (Franz 1988)
- h) Axiales Rollbiegen in ein Gesenk (Xiao 2007)

Die Formbindung bei starrem Werkzeug hat einerseits den Vorteil einer sehr guten Werkstückführung. Andererseits hat dieses jedoch eine geringe Flexibilität zur Folge, die einer noch breiteren Anwendung entgegensteht. Beim klassischen Rohrbiegen ohne Dorn (Rohrschwenkbiegen) führt eine profilierte Biegerolle eine Schwenkbewegung um das Formstück mit dem Soll-Radius aus (vgl. Abb. 6.36 c). Beim Biegen treten Dehnungen auf der Außenseite und Stauchungen auf der Innenseite auf. Diese können zur Faltenbildung im Druckbereich, Verringerung der Wanddicke im Zugbereich und Abflachung des Rohrquerschnitts führen. Dies tritt insbesondere bei dünnwandigen Rohren verstärkt auf. Um dies zu vermeiden, werden die Rohre mit querschnittsstützenden Elementen oder Medien gefüllt. Das Rotationszugbiegen (vgl. Abb. 6.36 d) mit Dorn ist das am meisten verbreitete Verfahren für Rohre und ermöglicht das Biegen sehr kleiner Radien. Der Dorn verhindert unerwünschte Verformungen, die i. d. R. bei dünnwandigen Rohren auftreten. Als interessante Alternative, welche noch kleinere Biegeradien ermöglicht, ist das Hamburger Verfahren anzusehen (vgl. Abb. 6.36 g). Es wird vornehmlich zur Warmherstellung von Rohrbögen mit konstanten Wandstärken genutzt. Dabei wird das Rohr über einen den Krümmungsradius

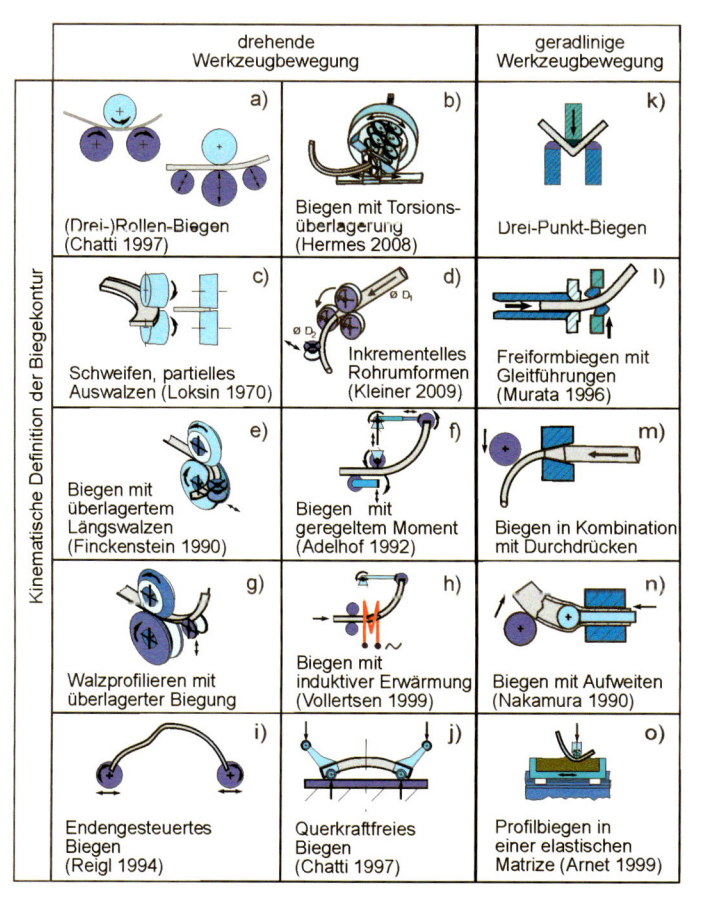

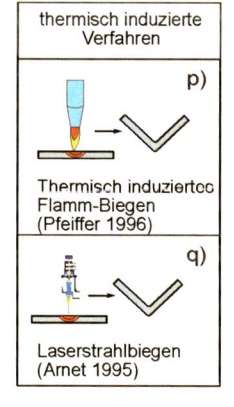

Abb. 6.37: Links: Biegeverfahren mit kinematischer Definition der Biegekontur, rechts: Thermisch induzierte Biegeverfahren (Hermes 2012)

Kinematische Definition der Biegekontur – drehende Werkzeugbewegung:
- a) (Drei-)Rollen-Biegen (Chatti 1997)
- b) Biegen mit Torsionsüberlagerung (Hermes 2008)
- c) Schweifen, partielles Auswalzen (Loksin 1970)
- d) Inkrementelles Rohrumformen (Kleiner 2009)
- e) Biegen mit überlagertem Längswalzen (Finckenstein 1990)
- f) Biegen mit geregeltem Moment (Adelhof 1992)
- g) Walzprofilieren mit überlagerter Biegung
- h) Biegen mit induktiver Erwärmung (Vollertsen 1999)
- i) Endengesteuertes Biegen (Reigl 1994)
- j) Querkraftfreies Biegen (Chatti 1997)

Kinematische Definition – geradlinige Werkzeugbewegung:
- k) Drei-Punkt-Biegen
- l) Freiformbiegen mit Gleitführungen (Murata 1996)
- m) Biegen in Kombination mit Durchdrücken
- n) Biegen mit Aufweiten (Nakamura 1990)
- o) Profilbiegen in einer elastischen Matrize (Arnet 1999)

Thermisch induzierte Verfahren:
- p) Thermisch induziertes Flamm-Biegen (Pfeiffer 1996)
- q) Laserstrahlbiegen (Arnet 1995)

definierenden Dorn geschoben, der gleichzeitig die Biegung erzeugt und den Rohrdurchmesser aufweitet. Beim Profilbiegen in einer Einstempelpresse (Gesenkbiegen) bzw. Mehrstempelpresse (vgl. Abb. 6.36 e) liegt das umzuformende Profil auf einer Matrize und wird durch einen hydraulisch beaufschlagten Pressstempel bzw. mehrere in einer Reihe angeordnete Stempel schrittweise bzw. in der gesamten Länge umgeformt. Diese Verfahren werden bevorzugt zum Biegen von Spanten im Schiffbau eingesetzt. Das Biegen unter Innendruck (vgl. Abb. 6.36 f) ist zum Biegen von sehr kleinen Profilradien geeignet. Der Innendruck und das umschließende Werkzeug wirken gleichzeitig jeder Verformung nach innen und außen entgegen. Hohe Werkzeugkosten und lange Füllungszeiten für große Hohlprofilquerschnitte stellen die Nachteile dieses Verfahrens dar. Das axiale Rollbiegen in ein Gesenk (vgl. Abb. 6.36 h) ist eine neue Technik, um Rechteckrohre mit einer variablen Krümmung zu versehen. Das Rohr wird mit Hilfe eines Stempels in die Kavität eines Gesenks geschoben und geht dabei stufenweise von einem großen Radius in einen kleinen über. Die variable Krümmung der Gesenkkavität wird durch den Sollbiegeradius und den Rohrwerkstoff definiert.

Die rollenbasierten Biegeverfahren (vgl. Abb. 6.37 a) sind die weit verbreitetsten Verfahren zum Biegen größerer Radien. Bei dieser Verfahrensgruppe mit kinematischer Definition der Biegekontur stellt das Drei-Rollen-Biegen das häufigste Maschinenkonzept in der Industrie dar. Um die Werkstückführung beim Biegen noch weiter zu verbessern, werden auch in der Industrie Vier- und Mehr-Rollen-Biegemaschinen eingesetzt. Das ebenfalls rollenbasierte TSS-Biegeverfahren (Tork Superposed Spatial, Abb. 6.37 b) ist auf nicht kreisförmige, insbesondere auch unsymmetrische Profilquerschnitte spezialisiert und ermöglicht das Biegen von frei definierbaren räumlichen Biegekonturen durch das definierte Überlagern von Torsionsmomenten. Es ist ein Freiformbiegeverfahren mit hohem Potenzial für den Strukturleichtbau. Das Krümmen durch partielles Auswalzen, auch Schweifen genannt (vgl. Abb. 6.37 c), eignet sich sehr gut zum faltenfreien Biegen von dünnwandigen offenen Profilen auf kleine Radien. Dabei wird kein Moment durch eine Querkraft aufgebracht, sondern der Werkstoff wird partiell durch Auswalzen zwischen kegeligen Rollen gelängt. Durch die lokale Längung des Werkstoffs in der Außenseite der gewünschten Biegung entsteht somit ein gekrümmtes Bauteil. Dieses Verfahren wird z. B. in der Flugzeugindustrie zum Hochkantbiegen von Rumpfspanten eingesetzt. Ein weiteres kinematisches Verfahren ist das Freiformbiegen mit beweglichen Matrizen (vgl. Abb. 6.37 l), welches durch den Einsatz eines formschlüssigen Vorschubschlittens als

Verfahren mit geradliniger Werkzeugbewegung einzuordnen ist und gerade bei der Verarbeitung von Rohren, z. B. als Vorbereitung zum Innenhochdruckumformen, immer häufiger anzutreffen ist. Als Sonderverfahren ist gleichermaßen das Inkrementelle Rohrumformen (vgl. Abb. 6.37 d) zu sehen, welches aus einer Verfahrenskombination eines Biegeprozesses und eines Drückprozesses entstanden ist. Durch das umlaufende Drückwerkzeug wird der Rohrquerschnitt lokal eingezogen und plastifiziert und ermöglicht somit ein Biegen mit stark verminderter Rückfederung und dem zusätzlichen Freiheitsgrad, gebogene Rohre mit variablen Querschnitten in einem Verfahrensschritt herzustellen.

Eine andere Realisierung des Überlagerungsprinzips ist im Verfahren Biegen mit Aufweiten (vgl. Abb. 6.37 n) zu finden. Hier werden Kupferrohre aufgeweitet, indem sie über einen kugeligen Stopfen geschoben werden. Der Biegeradius wird durch die Position der Ablenkrolle bestimmt. Dabei werden Biegemoment, Wanddickenänderungen, Querschnittsdeformationen und Rückfederung reduziert. Das Flammbiegen (vgl. Abb. 6.37 p), das neben dem Laserstrahlumformen zum thermisch induzierten Verfahren gehört, wird häufig im Schiffbau zum Biegen von Großprofilen angewendet. Durch ein lokales Erhitzen der Profilquerschnitte lassen sich ihre Konturen flexibel an die Sollform anpassen. Alle anderen Verfahren in Abbildung 6.37 sind Sonderverfahren, die keine industrielle Anwendung aufweisen und eher für Forschungszwecke oder spezielle Aufgaben entwickelt wurden.

Auf Grund der Vielfalt kann nicht auf jedes Verfahren im Detail eingegangen werden, somit soll auf die Quellenangaben verwiesen werden, die die Verfahren näher erläutern. Im Folgenden werden die häufigsten bzw. bedeutendsten Biegeverfahren betrachtet und Hinweise für deren Auslegung zur Lösung konkreter Biegeaufgaben gegeben.

6.4.5 Formgebundene Profilbiegeverfahren

Rotationszugbiegen

Das gängigste Verfahren im Bereich der Biegetechnik für Rohre ist das Rotationszugbiegen (Abb. 6.38). Das Verfahren wird oftmals auch als Dornbiegen, Rohrbiegen oder Rundbiegen bezeichnet. Es ist vor allem für Rohre geeignet und kann Rohre etwa bis zu einem Radius von 0,7 x Durchmesser biegen. Das Verfahren ist formgebunden und benötigt für eine Veränderung des Biegeradius eine eigene Biegeform, jedoch kann der Biegewinkel frei de-

6.4.5 Formgebundene Profilbiegeverfahren

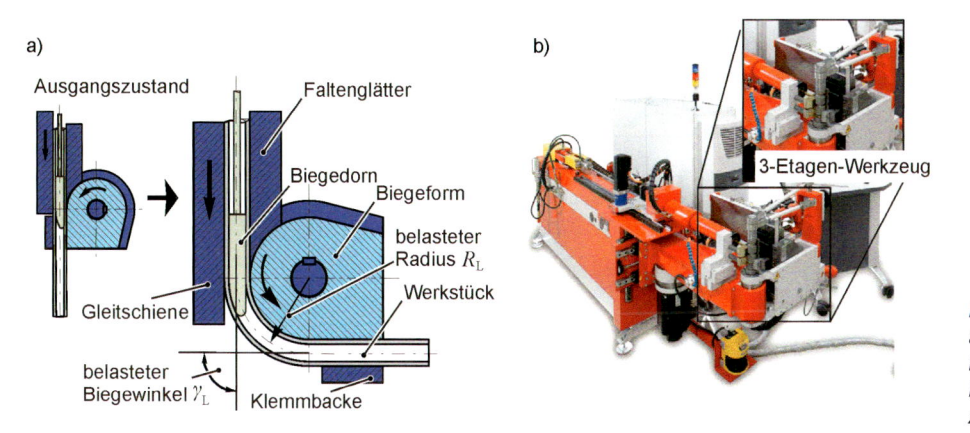

Abb. 6.38:
a) Werkzeuganordnung beim Rotationszugbiegen
b) Biegemaschine mit Werkzeugsatz (Quelle: Transfluid)

finiert werden. Ferner können durch ein Verdrehen des Rohres zwischen zwei Biegungen auch räumliche Biegeteile hergestellt werden; es muss jedoch nach jeder Biegung zwischengespannt werden.

Bei dem Verfahren wird das gerade Rohr zunächst über einen ortsfesten oder einen beweglichen Biegedorn geschoben, dessen Lage zur Biegeachse einstellbar ist. Mit der Klemmbacke wird der gerade bleibende Schenkel des zu biegenden Rohres im formgebenden Werkzeug, der Biegeform, befestigt. Die Außenseite des Rohrs wird im Bereich der Umformzone je zur Hälfte von der Biegeform und der Gleitschiene umfasst. Die Biegeschablone ist mit einem drehbaren Biegetisch verbunden. Als Widerlager dient die Gleitschiene, die während des Biegevorgangs in einer Führung läuft (Franz 1988). Durch einen Formschluss wirken Stützdorn, Biegeschablone, Gleitschiene und Faltenglätter der Querschnittsverformung entgegen. Infolge der Reibung zwischen Dorn und Rohrinnenwand tritt eine zusätzliche Zugspannung im Rohr auf, die das erforderliche Biegemoment vergrößert und die Wanddicken im Außenbogen des Rohres weiter reduziert. Bei der Biegung des Rohrs wird der Außenbogen gelängt und der Innenbogen gestaucht. Je nach Anforderungen an die Geometrie und den Werkstoff in Relation zum technischen Aufwand werden die Rohre wahlweise mit und ohne Dorn (Ausführung des Dorns entsprechend den Anforderungen), mit und ohne Faltenglätter, mit ortsfester, mitlaufender oder kraftbeaufschlagter Gleitschiene gebogen. Die Biegewinkel können durch eine unterschiedliche Einstellung im Rahmen der Kollisionsgrenzen variiert werden. Zur Variation des Biegeradius wird bei den modernen Maschinenausführungen die Spanneinheit des Rohres vertikal positioniert und in Verbindung mit Mehretagenwerkzeugen auf einer vertikal anders angeordneten Biegeform mit anderen Radien weitergebogen (Abb. 6.38 b) (Engel 2008).

Die Biegbarkeit des Rohres wird durch die Versagensgrenzen Riss am Außenbogen und Falten am Innenbogen begrenzt. Mit Hilfe des Dorns und des Faltenglätters werden die Biegegrenzen erweitert (Abb. 6.39). Dabei spielen zusätzlich der Werkstoff, der Biegefaktor und der Wandstärkenfaktor eine wichtige Rolle.

Streckbiegen

Vor allem für Aluminiumprofile ist das Streckbiegen ein weitverbreitetes Fertigungsverfahren. Das Streckbiegen findet häufig im Automobilbau bei großen Stückzahlen Anwendung. Das Verfahren beruht auf dem Prinzip, das Material durch eine Zieheinrichtung mit Wirkrichtung in die Profillängsachse komplett in den plastischen Zugspannungsbereich zu bringen. Infolge der Spannungsüberlagerung durch Zugbeanspruchung wird das nachfolgende formgebundene Biegen begünstigt. Dies führt in Verbindung mit der beim Streckbiegen sehr guten Führung des Werkstücks durch aufwendige Werkzeugkonstruktionen zu einer deutlich geringeren Querschnittsverformung und Rückfederung (Sprenger 1999, Weippert 1997).

Es sind beim Streckbiegen im Wesentlichen zwei Verfahrensvarianten, das Tangentialstreckbiegen und das Abrollstreckbiegen, bekannt (vgl. Abb. 6.36 a). Beim Abrollstreckbiegen wird das zu biegende Profil auf ein sich drehendes Werkzeug aufgewickelt, während es an einer Seite an dem Werkzeug befestigt ist und nur am ande-

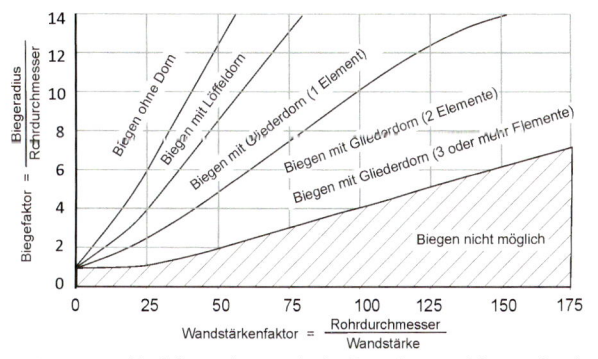

Abb. 6.39: *Verfahrensfenster beim Rotationszugbiegen durch verschiedene Dorne (nach Engel 2008)*

6.4 Rohr- und Profilbiegen

Abb. 6.40:
a) Verminderung der Rückfederung durch Zugspannungsüberlagerung
b) Streckbiegemaschine mit 60 kN Streckkraft
(Quelle: Günther Wensing)

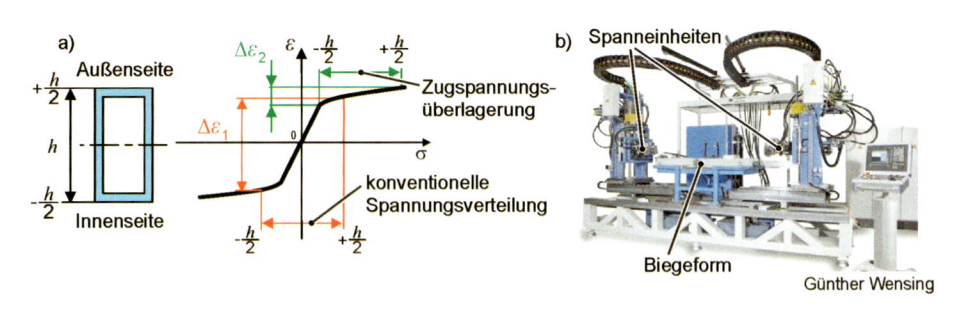

ren Profilende mit Hilfe einer Spannvorrichtung mit der Zugkraft beaufschlagt wird. Beim Tangentialstreckbiegen wird das Profil von beiden Seiten ebenfalls mit beweglichen und angetriebenen Spanneinheiten mit der Zugkraft beaufschlagt und dann an die Biegeform angelegt. Dabei wird durch die aufgebrachte Zugkraft dem Biegeprozess eine Zugspannung überlagert, die den gesamten Profilquerschnitt in den plastischen Zugspannungsbereich bringt. Dadurch entstehen für den Biegeprozess zwei wesentliche Vorteile:

- Die Rückfederung kann fast vollständig eliminiert werden, da die Dehnungsdifferenz $\Delta\varepsilon_1$ (konventionelles Biegen) durch die Zugspannungsüberlagerung zu $\Delta\varepsilon_2$ reduziert wird (Abb. 6.40a). Somit verkleinert sich das wirkende virtuelle Moment, das die elastische Rückfederung erzeugt. Das Zurückfedern findet nur in axialer Richtung statt und hat somit einen kleineren Einfluss auf den entlasteten Radius.
- Ein weiterer positiver Aspekt entsteht bei der Verminderung möglicher Falten und Wellen im Druckbereich, welche beispielsweise bei dünnwandigen Profilen durch lokales Ausknicken entstehen können. Dies wird durch die Zugspannung ebenfalls vermieden.

Maschinen für den Streckbiegeprozess können je nach Komplexität der Biegegeometrie mit bis zu 14 Achsen ausgestattet sein (Abb. 6.40b). Ferner sind in diese Systeme häufig noch zusätzliche Bearbeitungsschritte wie Stanz-, Säge- oder Fräsprozesse integriert, um die aufwendige Handhabung des Streckbiegeprozesses besser auszunutzen. Das Einsatzspektrum des Streckbiegens ist durch die hohe Spezialisierung der großen Werkzeugkosten gegeben; aber auch die große Zuverlässigkeit bei großen und mittleren Stückzahlen spielt eine maßgebliche Rolle. Als weitergehende Literatur sei auf Sprenger (Sprenger 1999) und Weippert (Weippert 1997) verwiesen.

6.4.6 Profilbiegeverfahren mit kinematischer Definition der Biegekontur

Rollenbiegen

Ein im Werkstattbetrieb sehr verbreitetes Profilbiegeverfahren ist das Rollenbiegen (vgl. Abb. 6.37a). Auf Grund der kinematischen Gestalterzeugung ist ein wirtschaftliches Fertigen mittlerer und großer Lose verschiedener Werkstückformen möglich. Die vielfältigen Rollenanordnungen und die unterschiedlichen Einstellmöglichkeiten der einzelnen Rollen machen aus diesem Biegeverfahren ein für den CNC-Betrieb hoch flexibles und somit eines der am meisten geeigneten Verfahren.

Das Drei-Rollen-Biegen stellt das häufigste Maschinenkonzept in der Industrie dar. Nach der Aufteilung in sym-

Abb 6.41: *a) Rollenbiegesatz, montiert auf einer Mehr-ebenen-Rohrbiegemaschine (Quelle: RASI)*
b) Profilbiegemaschine mit Führungsrollen für unsymmetrische Profilquerschnitte (Quelle: Thoman)

metrische und asymmetrische Rollenanordnungen ist zwischen folgenden Maschinenarten zu unterscheiden:

- die Lage der Arbeitsebene (horizontal oder vertikal),
- die Anzahl der zustellbaren Rollen,
- die Zustellrichtung,
- die Anzahl der angetriebenen Rollen und
- die Möglichkeit der Anbiegung.

Das Drei-Rollen-Biegen ist für die Biegeumformung von Profilen mit offenen, geschlossenen und auch leicht unsymmetrischen Querschnitten auf große Radien geeignet. Kleine Profilradien erfordern sowohl eine Abstützung des Querschnitts zur Vermeidung möglicher auftretender Profilverformung als auch eine mehrstufige Biegung wegen der begrenzten Antriebsleistung (Einzugsrollen). Die große Flexibilität und somit die Wirtschaftlichkeit dieses Verfahrens ergeben sich durch die Erreichbarkeit unterschiedlicher Profilradien mit einem einzigen Rollensatz, da ein funktionaler Zusammenhang zwischen Biegeradius und Biegerollenposition besteht (Chatti 1998).

Auf einer Vier-Rollen-Biegemaschine mit zum Beispiel symmetrisch angeordneten Seitenrollen wird das Profil zwischen der festen Oberrolle und der zustellbaren Unterrolle festgeklemmt, während der Umformungsvorgang durch die seitlich angeordneten verstellbaren Rollen erfolgt. Zum Verarbeiten von unsymmetrischen Profilen sind zusätzlich zu den drei oder vier Biegerollen senkrecht dazu angeordnete Führungsrollen erforderlich, die das zum Tordieren neigende unsymmetrische Profil beim Biegen in der Biegeebene halten (Abb. 6.41 b).

Eine weitere Variante des Rollenbiegens ist der Aufbau eines derartigen Werkzeugsatzes auf eine Rohrbiegemaschine zum Rotationszugbiegen. Somit kann das Drei-Rollen-Biegen zusammen mit einem formschlüssigen Vorschub (Booster) und bei den Mehrebenenmaschinen sogar in Verbindung mit dem Rotationszugbiegen verwendet werden (Abb. 6.41 a).

TSS-Freiformbiegen

In den letzen Jahren sind im Profilbiegebereich auch vollflexible Biegemaschinen entwickelt worden, die ebenfalls auf dem Prinzip einer kinematischen Gestalterzeugung beruhen. Die kinematische Gestalterzeugung erfordert für gleichbleibende Querschnittsformen beim Übergang zu neuen Biegekonturen keinen Werkzeugwechsel, sondern nur eine erneute Definition der Relativbewegungen zwischen Profilvorschub und Biegewerkzeug. Die Verfahrensidee ist durch unterschiedliche Maschinenkonzepte verwirklicht worden. Ein innovatives Konzept stellt das TSS-Freiformbiegen (Tork Superposed Spatial) dar (Hermes 2012).

Das TSS-Freiformbiegen (vgl. Abb. 6.37 b) stellt eine weitere Variante des Rollenbiegens dar, welches ein auf Profile mit symmetrischen und unsymmetrischen Querschnitten spezialisiertes Verfahren ist. Das Verfahren ermöglicht zusätzlich das räumliche Biegen von Profilen zu frei definierbaren Konturen.

Das Biegesystem besteht aus einer rollenbasierten Vorschubeinheit, die schwenkbar aufgehängt ist (Abb. 6.42). Der Radius wird durch die Zustellung der x-Achse definiert. Auf dieser Achse ist der Biegekopf montiert, der das Profil rollenbasiert umschließt und führt. Zum 3D-Biegen werden nun gleichzeitig die Schwenkachsen α_1 und α_2 verdreht, sodass das Profil während des Prozesses um den Flächenschwerpunkt des Profilquerschnitts gedreht wird. Die Steuerung der Biegeebene erfolgt also durch das Überlagern eines Torsionsmoments mit dem Biegeprozess, wobei die Umformzone zwischen dem letzten Vorschubrollenpaar lokalisiert werden kann, was sich günstig für die Querschnittsverformung auswirkt. Dieses Torsionsmoment wird durch das Verdrehen des Vorschubrollensystems um die Achsen α_1 und α_2 eingebracht. Durch eine bestimmte Differenz in der Einstellung der Achsen α_1 und α_2 ist es ferner möglich, dem Biegeprozess ein kontinuierlich wirkendes Torsionsmoment

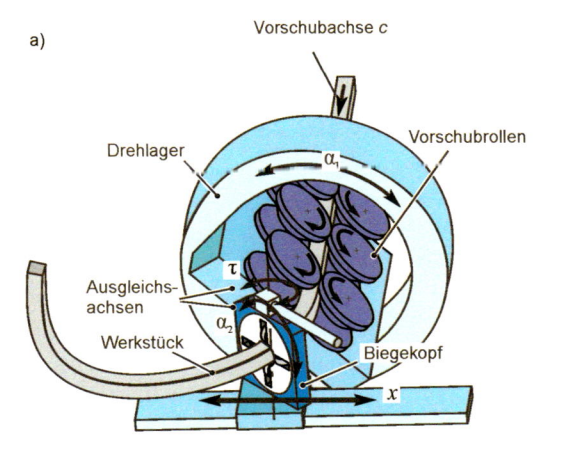

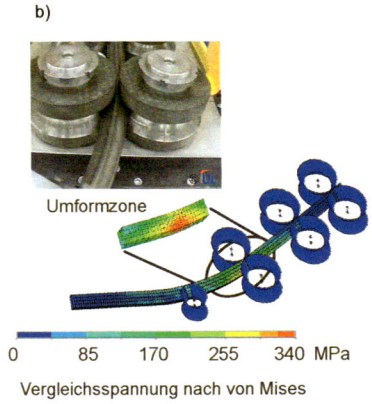

Abb. 6.42:
a) TSS-Biegeprozess, Verfahrensschema
b) FEM-Untersuchung der Umformzonenlage

zu überlagern. Dies ist für die Verarbeitung unsymmetrischer Profilquerschnitte von Bedeutung, um das typische Verdrehen des Querschnitts während des Biegens zielgerichtet zu vermeiden. Ferner kompensiert die überlagerte Schubspannung im Querschnitt teilweise die Rückfederungseigenschaften von Profilen und vereinfacht in dieser Hinsicht die Prozessplanung beim 3D-Profilbiegen (Hermes 2008).

Literatur zu Kapitel 6

Adelhof, A.: Komponenten einer flexiblen Fertigung beim Profilbiegen. Dissertation, Universität Dortmund. Shaker-Verlag, Aachen, 1992.

Alsamhan, A.; Hartely, P.; Pillinger, I.: The Computer Simulation of Cold-forming Using FE Methods and Applied Real Time Re-meshing Techniques. Journal of Materials Processing Technology 142 (2003) 1, S. 102-111.

Andreen, O.; Crafoord, R.: Calculation of Springback of Sheet Metal Bends. In: Proceedings of the 1st International Conference on Technology of Plasticity, Bd. 1. Advanced Technology of Plasticity, Tokyo, 1984.

Arnet, H.: Profilbiegen mit kinematischer Gestalterzeugung. Dissertation, Friedrich-Alexander-Universität Erlangen-Nürnberg, 1999.

Arnet, H.; Vollertsen, F.: Extending Laser Bending for Generation of Convex Shapes. In: Proceedings of the Institution of Mechanical Engineers, Part B (Journal of Engineering Manufacture), 209 (1995) B6, S. 433-442.

Bauer, D.; Khodayari, G.: Rohrrückfederung beim Biegen von Stahlrohr. Stahl (1994), S. 90-92.

Brandegger, R.: Qualitätssicherung bei der Profilrollen-Konstruktion. Blech Rohre Profile 50 (2003) 7, S. 66-69.

Chatti, S.: Optimierung der Fertigungsgenauigkeit beim Profilbiegen. Dissertation, Universität Dortmund. Shaker Verlag Aachen, 1998.

Chatti, S.: Production of Profiles for Lightweight Structures. Habilitationsschrift, Universität Dortmund – Université Franche Comté, Verlag Book on Demand GmbH, 2006.

De Vin, L.J.: Curvature Prediction in Air Bending of Metal Sheet. Journal of Materials Processing Technology 100 (2000) 1-3, S. 257-261.

Dohmann, F.; Hartl, C.: Innenhochdruckumformen als flexibles Umformverfahren. Flexible Umformtechnik, DFG Deutsche Formschungsgemeinschaft, Mainz, Aachen, 1995, S. 7.3-1–7.3-14.

Duflou, J.R.; Váncza, J.; Aerens, R.: Computer Aided Process Planning for Sheet Metal Bending: A state of the art. Computers in Industry 56 (2005), S. 747-771.

Elkins, K. L.; Sturges, R. H.: Springback Analysis and Control in Small Radius Air Bending. Journal Manufacturing Science Engineering 121 (1999) 4, S. 679-688.

Engel, B.; Gerlach, G.; Cordes, S.: Biegemomentenabschätzung des Dornbiegeverfahrens. MM - Maschinenmarkt, www.utfscience.de 2/2008, Vogel-Verlag.

Fait, J.: Technologische Grundlagenuntersuchungen zur Erhöhung der Flexibilität des Schwenkbiegens. Dr.-Ing. Dissertation, Universität Dortmund, 1990.

Finckenstein, E. v.; Adelhof, A.; Kleiner, M.; Liewald, M.: Biegen von Flachmaterial und offenen Profilen in Kombination mit einem Walzvorgang. Fortschrittsberichte VDI, Reihe 2: Fertigungstechnik, Nr. 205. VDI-Verlag, Düsseldorf, 1990.

Franz, W. D.: Maschinelles Rohrbiegen; Verfahren und Maschinen. VDI-Verlag, Düsseldorf, 1988.

Gänsicke, B.: Verbesserung des Formänderungsvermögens bei der Blechumformung mittels partiell überlagerter Druckspannung. Dr.-Ing. Dissertation, Ruhr-Universität Bochum, 2002.

Gillanders, J.: Pipe and Tube Bending Manual. Gulf Publishing Company Houston, Texas, 1984.

Güner, A.: Assessment of Roll-formed Products Including the Cold Forming Effects. Master Thesis, The Graduate School of Natural and Applied Sciences of Middle East Technical University, Ankara (Türkei), 2007.

Haase, F.: Eigenspannungsermittlung an dünnwandigen Bauteilen und Schichtverbunden. Dissertation, Universität Dortmund, 1998.

Haenni, E.; Zborny, V.: Das Dreipunktbiegeverfahren. Sonderdruck aus: Fertigung Nr. 3, Juni 1976.

Halmos, G.T.: Roll Forming Handbook. CRC Press, Taylor & Francis Group, LLC, 2006.

Heller, B.: Halbanalytische Prozess-Simulation des Freibiegens von Fein- und Grobblechen. Dr.-Ing. Dissertation, Universität Dortmund, Shaker Verlag, Aachen 2002.

Hermes, M.: Neue Verfahren für das rollenbasierte 3D-Biegen von Profilen. Dr.-Ing. Dissertation, Technische Universität Dortmund, Shaker Verlag, Aachen 2012.

Hermes, M.; Dirksen U.; Kleiner M.: Jedes Produkt ein Spezialfall. Blech Rohre Profile (2006) 12, S. 14-17.

Hermes, M.; Chatti, S.; Ridane, N.: Flexible Werkzeugsysteme bringen Tailored Tubes in die richtige Form. Maschinenmarkt MM (2007) 10.

Hermes, M.; Chatti, S.; Weinrich, A., Tekkaya, A. E.: Three-Dimensional Bending of Profiles with Stress Superposition. International Journal of Material Forming 1 (2008) 1, S. 133-136.

Hiestermann, H.; Jöckel, M.; Zettler, A.: Kosten- und qualitätsorientierter Leichtbau mit Hilfe von Walzprofilieren. UKD 2003, Umformtechnisches Kolloquium Darmstadt

„Markterfolg durch innovative Produktionstechnik", Darmstadt 2003, S. 63-75.

Kahl, K.-W.: Untersuchungen zur Verbesserung der Form- und Maßgenauigkeit beim Biegen von Blechen. Dissertation, Universität Dortmund, 1985.

Kleiner, M.; Tekkaya, A. E.; Chatti, S.; Hermes, M.; Weinrich, A.; Ben-Khalifa, N.; Dirksen, U.: New Incremental Methods for Springback Compensation by Stress Superposition. Journal of Production Engineering Research and Development 3 (2009) 2, S. 137-144.

König, W.: Fertigungsverfahren. Bd. 5: Blechumformung. VDI Verlag, Düsseldorf, 1986.

Koser, J.: Konstruieren mit Aluminium. Aluminium Verlag, Düsseldorf, 1990.

Kraus J.: Laserstrahlumformen von Profilen. Dissertation, Universität Erlangen, Meisenbach Verlag, Bamberg, 1997.

Lange, K.: Umformtechnik. Bd. 3: Blechbearbeitung. 2. Aufl., Springer-Verlag, Berlin, Heidelberg, New York 1990.

Loksin, A. Z.: Zur Bestimmung der Abhängigkeit zwischen den technologischen Parametern bei der Biegeumformung von Bandeisen durch Streckwalzen zwischen symmetrischen Kegelrollen. Trudy Leningradskovo Korabletroitelnogo Instituta, Leningrad, 1970, 75, S. 95-102.

Ludowig, G.; Zicke, G.: Steuern von CNC-Walzrundmaschinen durch Simulation. Industrie Anzeiger 103 (1981) 95, S. 34-35.

Ludwik, P.: Technologische Studie über Blechbiegung – Ein Beitrag zur Mechanik der Formänderungen. Technische Blätter 35 (1903), S. 133 –159.

Marciniak, Z.; Dunca, J. L.; Hu, S. J.: Mechanics of Sheet Metal Forming. Butterworth-Heinemann, Oxford 2002.

Mentink, R.J.; Lutters, D.; Streppel, A.H.; Kals, H.J.J.: Determining Material Properties of Sheet Metal on a Press Brake. Journal of material Processing Technology 141 (2003) 1, S. 143-154.

Mori, K.; Akita, K.; Abe, Y.: Springback Behavior in Bending of Ultra-high-strength Steel Using CNC Servo Press. International Journal of Machine Tools & Manufacture 47 (2007) 2, S. 321-325.

Müller-Duysing, M.: Die Berechnung und adaptive Steuerung des Drei-Punkt-Biegens. Dissertation, Eidgenössische Technische Hochschule Zürich, 1993.

Murata, M.; Aoki, Y.: Analysis of Circular Tube Bending by MOS Bending Method. In: Altan, T. (Ed.): Advanced Technology of Plasticity, Vol. I, 1996, S. 505–508.

Nakamura, M.; Maki, S.; Nakajima, M.; Hayashi, K.: Bending of Circular Pipe Using a Floating Spherical Expanding Plug. In: Altan, T. (Ed.), Advanced Technology Plasticity, Vol. I, 1996, S. 501–504.

Oehler, G.: Biegen. Carl Hanser Verlag, München, Wien 1963.

Pfeiffer, R.: Handbuch der Flammrichttechnik. DVS-Verlag, Düsseldorf, 1996.

Preckel, U.: Rechnerunterstützte Bestimmung von Eigenspannungen I. Art in umgeformten Bauteilen. Dissertation, Universität Dortmund, 1987.

Proksa, F.: Zur Theorie des plastischen Blechbiegens bei großen Formänderungen. Dissertation, TH Hannover, 1958.

Reigl, M.; Lippmann, H.; Mannl, V.: Endgesteuertes freies Biegen von Stäben – ein neues Umformverfahren. Bänder Bleche Rohre 35 (1994) 9, S. 54-58.

Ridane, N.: FEM-gestützte Prozessregelung des Freibiegens. Dissertation, Universität Dortmund, Shaker Verlag, Aachen, 2008.

Schilling, R.: Finite-Elemente-Analyse des Biegeumformens von Blechen. Dissertation, Universität Dortmund, 1992.

Schuler GmbH: Handbuch der Umformtechnik. Springer-Verlag, Berlin, Heidelberg, New York 1996.

Sedlmaier, A.: Gut profiliert. Die Herstellung von Kaltwalzprofilen wird in der Entwicklung und Optimierung von Software erleichtert. MM – Maschinenmarkt 10 (2003) 10, S. 30-32.

Sprenger, A.: Adaptives Streckbiegen von Aluminium-Strangpressprofilen. Dissertation, Universität Erlangen, Meisenbachverlag, 1999.

SSAB Swedish Steel: Walzprofilieren nach Maß. Blech Rohre Profile 52 (2005), S. 36-37.

Sulaiman, H.: Erweiterung der Einsetzbarkeit von Gesenkbiegepressen durch die Entwicklung von Sonderwerkzeugen. Dissertation, Universität Dortmund, 1995.

Tan, Z.; Li, W. B.; Persson, B.: On Analysis and Measurement of Residual Stresses in the Bending of Sheet Metals. International Journal Mechanical Science 36 (1994) 5, S. 483-491.

Tekkaya, A. E.; Weinrich, A.; Selvaggio, A.; Schikorra, M.; Dirksen, U.: Optimierung eines FE-Modells zur Bestimmung der Querschnittsdeformation und der Verdrillung beim Drei-Rollen-Biegeprozess. In: Proceedings of the 11th International Symposium of Students and Young Mechanical Engineers, Gdansk (Poland), 24.-26.04.2008.

Vollertsen, F.; Sprenger, A.; Kraus, J.; Arnet, H.: Extrusion, channel, and Profile Bending: A Review. Journal of Materials Processing Technology 87 (1999), S.1-27.

Wang, J.; Verma, S.; Alexander, R.; Gau, J.-T.: Springback control of sheet metal air bending process. Journal of Manufacturing Processes 10 (2008), S. 21-27.

Warstat, R.: Optimierung der Produktqualität und Steigerung der Flexibilität beim CNC-Schwenkbiegen. Dissertation, Universität Dortmund, 1996.

Weippert, R. G.: Das adaptive Streckbiegen von Aluminiumhohlprofilen, ein Beitrag zum integrierten Technologie- und Innovationsmanagement. VDI Fortschrittsberichte, Reihe 2: Fertigungstechnik, Nr. 438, Dissertation, ETH Zürich, 1997.

Xiao, X.T.; Liao, Y.J.; Suna, Y.S.; Zhang, Z.R.; Kerdeyev, Yu. P.; Neperish, R.I.: Study on Varying Curvature Pushbending Technique of Rectangular Section Tube. Journal of Materials Processing Technology 187-188 (2007), S. 476-479.

Zettler, A.-O.: Grundlagen und Auslegungsmethoden für flexible Profilierprozesse. Dr.-Ing. Dissertation, TU Darmstadt, 2007, Reihe: Berichte aus der Produktion und Umformtechnik, Bd. 71, Shaker Verlag, Aachen 2007.

Zorn, H.: Mehrstempelpresse zur Profilumformung und deren Automatisierung auf der Grundlage einer elastisch-plastischen Berechnung der Profilbiegung. Dissertation (A), Universität Rostock, 1970.

Zünkler, B.: Untersuchung des überelastischen Blechbiegens, von einem einfachen Ansatz ausgehend. Bänder, Bleche, Rohre 6 (1965) 9, S. 503-508.

Norm

DIN 8586: Fertigungsverfahren Biegeumformen. Beuth Verlag, Berlin 1971.

Schubumformen

7.1 Einleitung 609

7.2 Verschieben 609

7.3 Verdrehen 612

Sami Chatti, A. Erman Tekkaya, Matthias Kleiner

7.1 Einleitung

Schubumformen ist nach DIN 8587 das Umformen eines festen Körpers, wobei der plastische Zustand im Wesentlichen durch eine Schubbeanspruchung herbeigeführt wird (DIN 8587). Im Vergleich zu anderen Gruppen der Umformverfahren umfasst die Gruppe des Schubumformens nur wenige Verfahren mit relativ geringer Anwendung und industrieller Bedeutung (Jahnke et al. 1978; Lange 2002; Mauk 2005). Bei den Verfahrensprinzipien dieser Gruppe unterscheidet man zwischen Verschieben (Schubumformen mit geradliniger Werkzeugbewegung, Abb. 7.1) und Verdrehen (Schubumformen mit drehender Werkzeugbewegung, Abb. 7.2). Da beim Schubumformen der Faserverlauf im Werkstück weitestgehend erhalten bleibt, werden die mechanischen Eigenschaften günstig beeinflusst. Daher werden diese Verfahren vorwiegend bei der Herstellung von Kurbelwellen eingesetzt. Für den späteren Einsatz der durch diese Verfahren hergestellten Bauteile ist es besonders wichtig, dass der Faserverlauf im Werkstück nicht unterbrochen wird (Klocke, König 2006).

7.2 Verschieben

Verschieben ist Schubumformen, wobei in der Umformzone benachbarte Querschnittsflächen des Werkstückes in Kraftrichtung durch geradlinige Bewegung parallel zueinander verlagert werden (vgl. Abb. 7.1). Dabei bleibt der Faserverlauf weitgehend erhalten. Es werden sowohl massive Körper wie auch Bleche bearbeitet (DIN 8587).
Abbildung 7.3 zeigt ein Werkzeug zum Verschieben mit den wichtigsten Prozessparametern wie Werkzeugspalt u, Werkstückhöhe h, die Größe der Verschiebung s, Werkzeugkantenabrundung r, die Stempelkraft F und die Gegenkraft F_G. Der linke Teil des Werkstückes wird durch die Einspannwerkzeuge (bzw. Niederhalter und Matrize) festgehalten, während der rechte Teil durch Stempel und Gegenstempel (bzw. Gegenhalter) verschoben wird. Mit zunehmendem Werkzeugspalt u vergrößert sich die plastische Umformzone. Je nach Werkstoff- und Prozessparameter kann sich die plastische Umformzone bis weit unter die Werkzeugwirkflächen erstrecken.
Eine genaue mathematische Abbildung des Verschiebungsprozesses ist sehr aufwendig. Oft werden die Prozessgrößen, z. B. die Kraft, näherungsweise durch empirische Beziehungen berechnet (nach Kopp):

$$F = k \cdot b \cdot (h-s) \tag{7.1}$$

Dabei ist $k = k(\varphi_v)$ die Schubfließgrenze und b die Werkstückbreite.

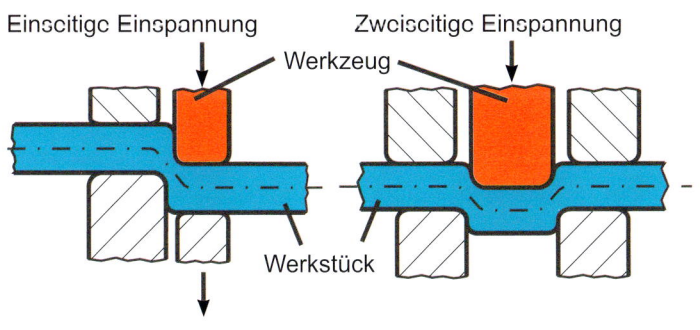

Abb. 7.1: Verschieben

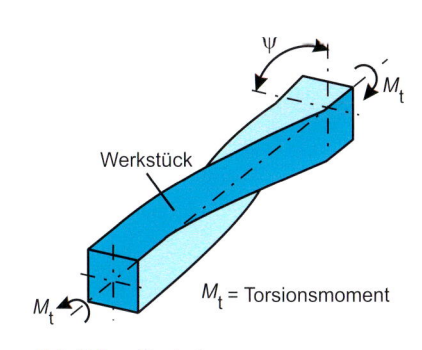

Abb. 7.2: Verdrehen

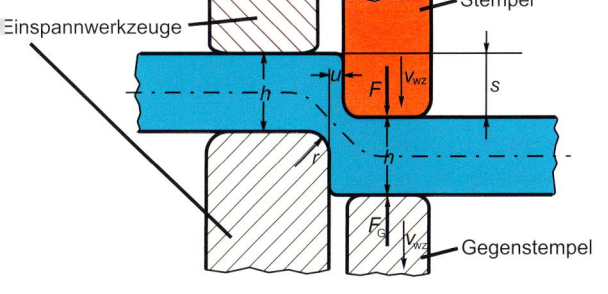

h = Werkstückhöhe
r = Werkzeugkantenabrundung
s = Größe der Verschiebung
u = Werkzeugspalt
F = Kraft
F_G = Gegenkraft
v_{wz} = Werkzeuggeschwindigkeit (Stempelgeschwindigkeit)

Abb. 7.3: Werkzeuge, Geometrie und Kenngrößen beim Verschieben

7 Schubumformen

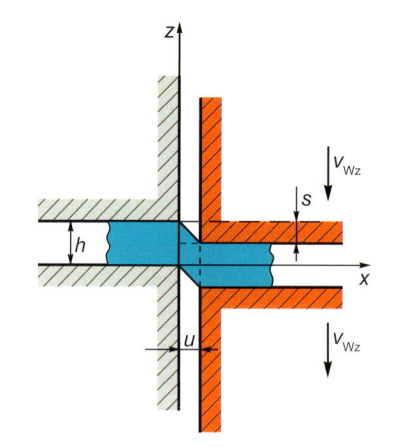

Abb. 7.4: Geometrie- und Bewegungsverhältnisse beim Modell der einfachen Schiebung (nach Kopp)

h = Werkstückhöhe
s = Größe der Verschiebung
u = Werkzeugspalt
F = Kraft
F_G = Gegenkraft
v_{wz} = Werkzeuggeschwindigkeit (Stempelgeschwindigkeit)
x, z = Koordinaten

Zur näherungsweisen Beschreibung des Materialflusses und Berechnung von Prozessgrößen wurden auch einfache Stoffflussmodelle verwendet, wie das Modell der einfachen Schiebung (Abb. 7.4). Nach diesem Modell ergeben sich für das Geschwindigkeitsfeld mit v_{wz} als Werkzeuggeschwindigkeit (Kopp, Pehle 1983)

$$v_z = -\frac{x}{u} \cdot |v_{wz}| \qquad (7.2),$$

$$v_x = 0 \qquad (7.3).$$

Damit lässt sich die Vergleichsumformgeschwindigkeit für den ganzen plastischen Bereich nach v. Mises zu (Kopp, Pehle 1983)

$$\dot{\varphi}_V = \frac{|v_W|}{\sqrt{3} \cdot u} \qquad (7.4)$$

errechnen und der Vergleichsumformgrad zu

$$\varphi_V = \int \dot{\varphi}_V \, dt = \frac{s}{\sqrt{3} \cdot u} \quad \text{für } u > 0 \qquad (7.5).$$

Die größten Formänderungen entstehen in der Nähe der Werkzeugkanten, wo auch in der Regel bei Erschöpfung des Umformvermögens Werkstoffrisse auftreten (Kopp, Pehle 1983).

Das auch als Durchsetzen bezeichnete Verschieben massiver Körper wird insbesondere bei der Fertigung von Kurbelwellen eingesetzt. Durchsetzen bzw. Abschieben ist Verschieben eines Werkstückteils gegenüber angrenzenden Werkstückteilen (Abb. 7.5). Da in diesem Fall eine sehr starke Beanspruchung des Materials auftritt, muss das Werkstück zuvor auf Schmiedetemperatur erwärmt werden. Eine Senkung der Umformtemperatur würde beim Durchsetzen zu eventuellen Rissen führen.

Kurbelwellen weisen in kurzen Abständen gegeneinander versetzte Querschnitte auf. Eine Fertigungsalternative, wenn ihre Größe und Serie es zulassen, ist das Schmieden im Gesenk. Mehrhubige Kurbelwellen in kleinen Losgrößen werden wirtschaftlich durch Freiformschmieden hergestellt. Hier gibt es neben dem Verdrehen auch verschiedene Anwendungsfälle für das Durchsetzen.

Bei einem Fall wird als Ausgangsstück ein vorgeschmiedeter Vierkant verwendet. Um beim anschließenden Durchsetzen den Vierkant nicht einreißen zu müssen, wird er zunächst sowohl an der oberen als auch an der unteren Seite mit einem Dreikanteisen abgesetzt (Abb. 7.5). Das Durchsetzen erfolgt dann zwischen den ebenen Bahnen des Ober- und Untersattels. Bei einem anderen Verfahren werden gemäß Abbildung 7.6 die Kurbelhübe nacheinander gefertigt. Die dazu verwendete Stange wird nach der Erwärmung eingespannt und zunächst zwischen den Einspannstellen gestaucht. Hierauf wird die mittlere Einspannstelle nach unten bewegt, wobei der Hubzapfen durchgesetzt wird. Anschließend werden die Wangen an den Kurbelhüben auf die erforderliche Dicke gestaucht. Die in Abbildung 7.6 dargestellten Stufen laufen nicht getrennt voneinander ab, sondern erfolgen nacheinander beim Niedergang der Presse in einem besonderen Werkzeug.

Das auch als Durchsetzen bezeichnete Verschieben von Querschnittsflächen an einem Blech entlang einer in sich geschlossenen Werkzeugkante dient z.B. zur Herstellung von Schweißbuckeln, Zentrieransätzen, Kanten usw. in

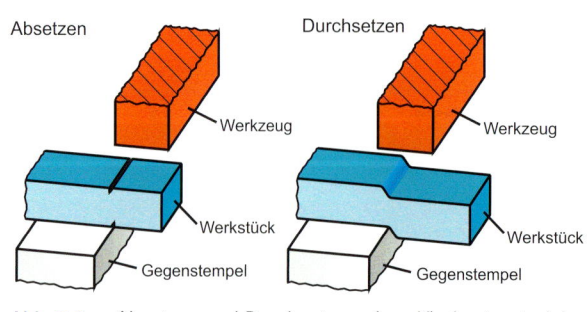

Abb. 7.5: Absetzen und Durchsetzen eines Vierkantmaterials

7.2 Verschieben

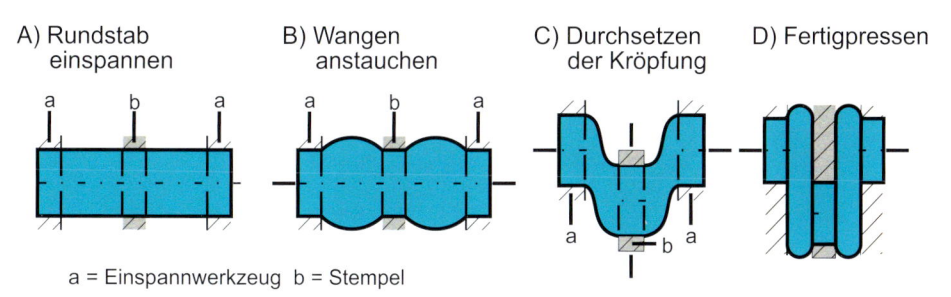

A) Rundstab einspannen
B) Wangen anstauchen
C) Durchsetzen der Kröpfung
D) Fertigpressen

a = Einspannwerkzeug b = Stempel

Abb. 7.6: Stauchen und Durchsetzen einer Kurbelwelle (Verfahren nach Marine Homecourt, Frankreich)

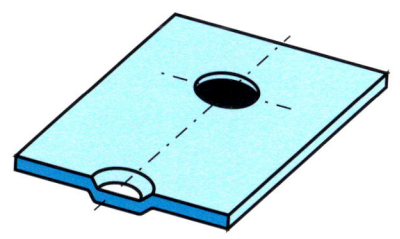

Abb. 7.7: Mittels Durchsetzen hergestellte Schweißbuckel am Blech

Blechteilen (Abb. 7.7) (DIN 8587). Dabei muss darauf geachtet werden, dass die Beanspruchung des Blechs in Grenzen bleibt, damit die Querschnittsflächen nicht angeschnitten werden. Das Durchsetzen kann auch zur flächigen Mikrostrukturierung von Feinblechen angewendet werden. Zum Beispiel können Kavitäten mittels Durchsetzen in eine metallische Trägerplatine eingebracht werden, in die perspektivisch Piezoelemente eingelegt und dort dauerhaft gefügt werden können (Schubert, Pohl 2009).

Das Verfahren des Durchsetzens findet heute auch Anwendung als ein partieller Feinschneidprozess. Die Verfahrensparameter beim Feinschneiden, wie eingepresste Ringzacke, enger Schneidspalt und dreifache Kraftwirkung, verhindern auch bei tiefen Durchsetzungen das Durchbrechen der durchgesetzten Teile. Somit sind zahlreiche hochpräzise Bauteile mit der Verfahrenskombination „Feinschneiden – Durchsetzen" herstellbar (Abb. 7.8; vgl. Kap. 10.3.1).

Für einen schmalen Spalt kann die Kraftberechnung für das Durchsetzen in Anlehnung an die maximale Schneidkraft erfolgen (Schmidt et al. 2007):

$$F_D = F_{smax} = A_s \cdot k_s = l \cdot h \cdot k_s \quad (7.6)$$

Dabei ist l die Länge der Durchsetz-, Schnitt- bzw. Scherlinie und h die Blechdicke.

Die bezogene Schneidkraft k_s, die auch als Schneidwiderstand bezeichnet ist, kann näherungsweise zu $0{,}8 \cdot R_m$ gesetzt werden. Der Schneidwiderstand ist abhängig sowohl vom Schneidwerkstoff als auch von einigen geometrischen Größen. Neben der Durchsetzkraft F_D kommen meist noch weitere Kräfte, auf jeden Fall die Schneidkraft, hinzu. Als Versagensgrenze ist das Auftreten von Mikrorissen zu nennen. Diese bilden sich, wenn der Prozess der Scherung auf Grund der Prozesskräfte nicht mehr möglich ist (Lange 1990; Schmidt et al. 2007).

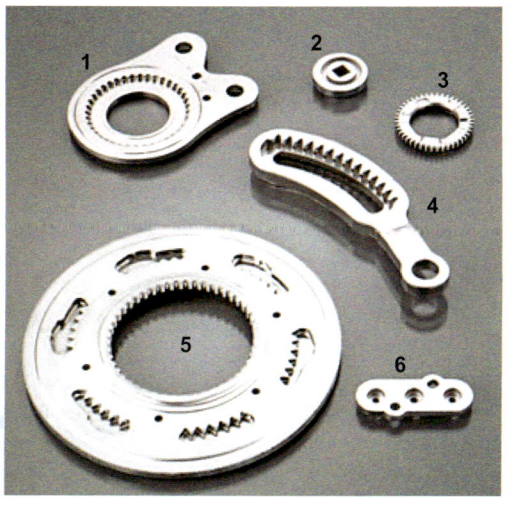

1 Unterteil/Sitzverstellung
2 Exzenter/Sitzverstellung
3 Zahnrad/Bohrmaschine
4 Zahnstange/Sitzverstellung
5 Stauscheibe/Automatikgetriebe
6 Deckel/Automatikgetriebe

Abb. 7.8: Teilebeispiele Durchsetzen und Feinschneiden (Quelle: Feintool; Faurecia)

7 Schubumformen

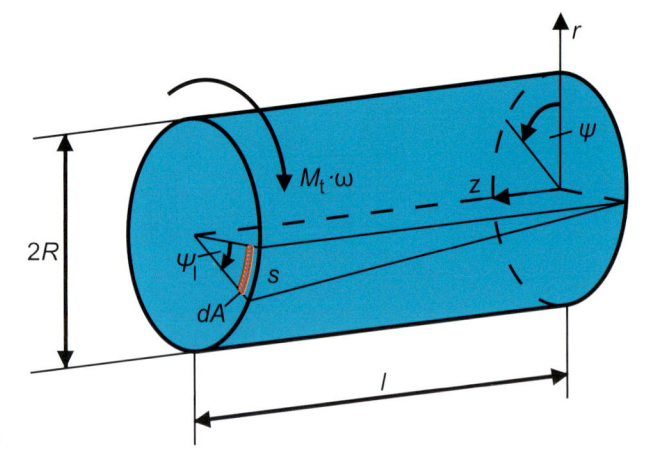

Abb. 7.9:
Verdrehen eines Rundstabs

l	= Länge
s	= Weg
A	= Fläche
M_t	= Torsionsmoment
r	= Radius
z	= Koordinate
γ, γ_R	= Formänderung
Ψ	= Verdrehwinkel
ω	= Winkelgeschwindigkeit

7.3 Verdrehen

Verdrehen ist Schubumformen, wobei in der Umformzone benachbarte Querschnittsflächen des Werkstückes durch eine Drehbewegung um eine gemeinsame Achse unter einem bestimmten Verdrehwinkel gegeneinander verlagert werden. Die Umformzone steht dabei nicht unmittelbar unter der Einwirkung eines Werkzeugs. Bei den Verfahren Verwinden oder Schränken von Stäben oder Formteilen, wie z. B. Kurbelwellen, wird das Werkstück im Ganzen oder örtlich verdreht (DIN 8587). Dabei ist die Gestalt des Werkstückquerschnittes maßgeblich für die Ausbildung der Werkstoffbewegung.

Auf Grund der relativ unkomplizierten theoretischen Behandlung von kreisförmigen Querschnitten wird im Folgenden der Verdrehvorgang mathematisch anhand der Torsion eines Rundstabs kurz erläutert. Der Rundstab ist an einem Ende fest eingespannt und wird mit konstanter Drehwinkelgeschwindigkeit ω um seine Längsachse z verdreht. Abbildung 7.9 zeigt die wichtigsten geometrischen Größen zur Beschreibung des Verdrehprozesses. Der Verdrehwinkel Ψ_l verläuft linear über der Länge l des Stabs. Mit größer werdendem Verdrehwinkel Ψ nimmt der plastische Bereich beim Verdrehen vom Rand des Werkstückes zur Achse hin zu, bis sich der gesamte Querschnitt plastifiziert. Die Spannungskomponente $\tau_{z\psi}$, die gleich der Schubfließspannung k ist, bestimmt den Spannungszustand.

Abbildung 7.10 zeigt den sich mit zunehmendem Verdrehwinkel Ψ verändernden Spannungszustand im Querschnitt eines runden Stabs. Abbildung 7.10 a zeigt den Spannungszustand bei einem Verdrehwinkel, bei dem nur elastische Formänderungen am Stab auftreten. Die Spannung ist am Rand am größten und fällt bis zur Werkstückachse auf null ab. Wird der Verdrehwinkel vergrößert, erreicht die Schubspannung am Stabrand den Grenzwert τ, bei dem der plastische Zustand eintritt (Abb. 7.10 b). Bei weiterer Vergrößerung des Verdrehwinkels dehnt sich der plastische Zustand auf den gesamten Stabquerschnitt aus (Abb. 7.10 c).

Neben ihrer Anwendung zur Fertigung von Produkten wird die Schubumformung durch Verdrehen als Torsionsversuch zur Ermittlung der Fließkurve eines Werkstoffes eingesetzt (Gräber 1990). Der Torsionsversuch ist frei von Reibungseinflüssen und lässt große Formänderungen zu (Dahl et al. 1993). Der Torsionsversuch hat vor allem dann Bedeutung, wenn Fließkurven für extrem

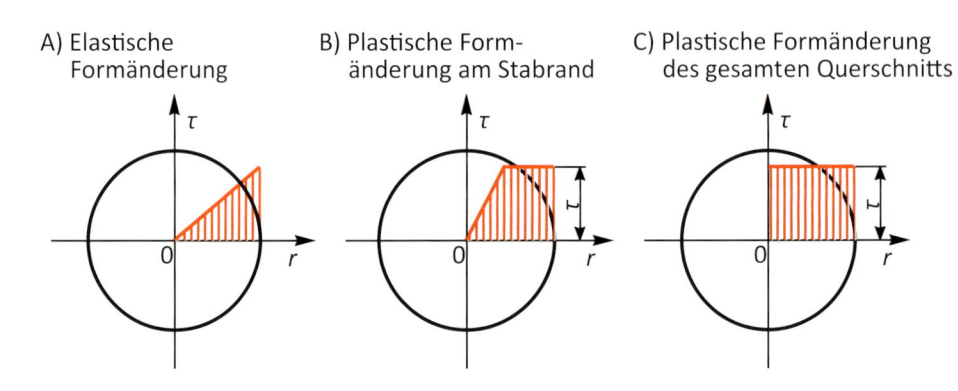

Abb. 7.10: Spannungszustände beim Verdrehen eines Rundstabs

7.3 Verdrehen

große Umformgrade benötigt werden, wie z.B. für das Strangpressen ($\varphi \approx 5$). Für derartig große Umformgrade müssen Fließkurven aus anderen Ermittlungsverfahren extrapoliert werden, was zu noch größerer Unsicherheit führt (Kopp, Wiegels 1998). Da im Torsionsversuch die Probengeometrie eines zylindrischen Probenstabs praktisch unverändert bleibt, kann die Umformgeschwindigkeit durch Festlegung der Drehzahl eingestellt und während des Versuchs konstant gehalten werden. Damit eignet sich der Torsionsversuch auch zur Werkstoffcharakterisierung von Metallen bei erhöhten Temperaturen, wenn die Fließspannung stark von der Umformgeschwindigkeit abhängt.

Beim Verdrehversuch (Torsionsversuch) wird eine kreiszylindrische (massive oder hohle) Probe durch ein um die Längsachse wirkendes Drehmoment M_t verdreht. Die Fließspannung k_f wird aus dem wirkenden Drehmoment berechnet und der Vergleichsumformgrad aus dem Schiebungswinkel. Es werden für die Berechnung folgende Annahmen getroffen:

- homogener und isotroper Werkstoff,
- keine Längenänderung der Probe,
- keine radiale Verformung,
- Querschnitte bleiben eben.
- Das Torsionsmoment ist ausschließlich eine Funktion der Formänderung γ_R.
- Die Probenoberfläche bleibt zylindrisch.

Für die Schiebung im Abstand r von der Achse einer langen kreiszylindrischen Torsionsprobe gilt

$$\gamma_R = \frac{r \cdot \Psi}{l} \tag{7.7}.$$

Für die Schiebungsgeschwindigkeit ergibt sich dann

$$\frac{d}{dt}\gamma_R = (\bar{\gamma})_R = \frac{r \cdot d\Psi}{l \cdot dt} \tag{7.8}$$

Für das Drehmoment gilt

$$M_t = 2\pi \cdot \int_0^R r^2 \cdot k(\gamma \cdot \bar{\gamma}) \cdot dr \tag{7.9}$$

Dabei ist k die Schubfließspannung, die eine Funktion von r ist.
Der Vergleichsumformgrad φ_v beträgt

$$\varphi_V = \frac{4 \cdot R |\Psi_1|}{3 \cdot \sqrt{3} \cdot l} \tag{7.10}.$$

wobei R der Werkstückradius ist.
Ein weiterer Anwendungsfall für das Verdrehen ist die Herstellung von mehrhubigen Kurbelwellen durch Freiformschmieden in Kleinserien. Die Kurbelwelle wird

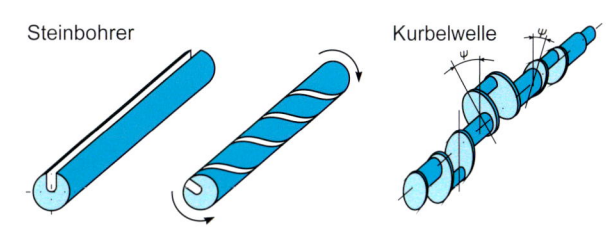

Abb. 7.11: *Verwinden von Steinbohrern und Kurbelwellen*

zunächst in einer Ebene geschmiedet, dann werden die Hauptlagerstellen auf einer Drehmaschine vorgeschruppt und danach die Kurbelwangen gegeneinander verdreht.
Man kann beim Verdrehen eine Unterscheidung nach den Querschnitten vornehmen. Das Verdrehen kreisförmiger Querschnitte (auch mit Ergänzungselementen, wie z.B. Nuten) wird als Verwinden bezeichnet. Als Beispiele sind Kurbelwellen, Steinbohrer, Torsions-Rekristallisationsverfahren, Bewährungsmaterial (Kaltverfestigung) und der Torsionsversuch zu nennen (Abb. 7.11). Das Verdrehen nicht kreisförmiger Querschnitte wird als Schränken bezeichnet. Bei der Herstellung von Sägeblättern, Propellern, Schiffsschrauben und Winkellaschen spricht man von Schränken (Abb. 7.12 und 7.13) (Neubauer, Neumann 1986).

Für die Verwindung von Bandmaterial gibt es verschiedene theoretische Möglichkeiten. Zum einen kann eine Kombination aus einer festen Einspannung des Materials auf der einen Seite und einer Einspannung in ein angetriebenes Spannfutter erfolgen (Caporusso, A. und M. 1999). Zum anderen werden verschiedene Zuordnungen aus Bandmaterial gewählt, das eine Walzenanordnung durchläuft. Durch eine gezielte Anstellung der Rollen in einem Winkel zum Bandmaterial sowie durch ihre Kontur kann die Verwindung hergestellt werden (Kemp 1990).

Für das Schränken von Zähnen bei einem Sägeblatt wird dieses im unteren Bereich beidseitig geführt, sodass nur die zu bearbeitenden Zähne freiliegen. Quer zur Blechrichtung befindet sich eine Auslenkvorrichtung, die durch eine seitliche Bewegung das Anstellen der Zähne ermöglicht (Vollmer 1986).

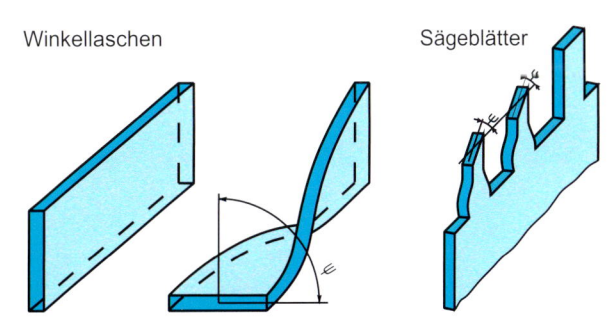

Abb. 7.12: *Schränken von Winkellaschen und Sägeblättern*

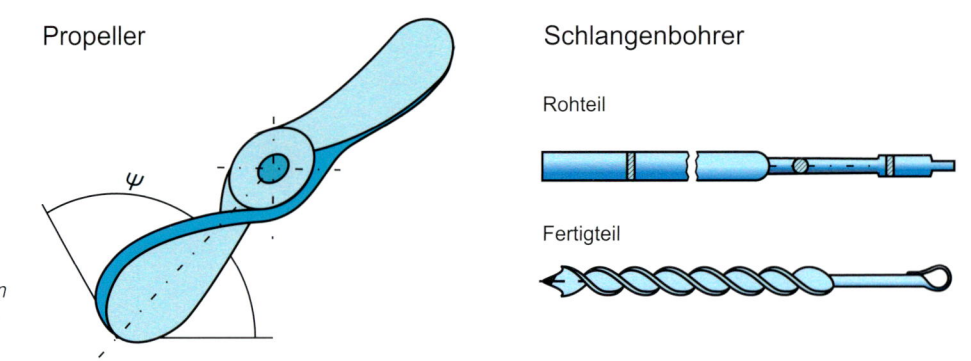

Abb. 7.13: *Schränken von Propellern und Schlangenbohrern*

Literatur zu Kapitel 7

Caporusso, A.; Caporusso, M.: Maschinen zum Verdrillen von Stäben mit vieleckigem Querschnitt. Europäisches Patent DE000069901662T2, angemeldet am 30.09.1999, veröffentlicht am 30.01.2003.

Dahl, W.; Kopp, R.; Pawelski, O.: Umformtechnik – Plastomechanik und Werkstoffkunde. Verlag Stahleisen, Düsseldorf und Springer-Verlag, Berlin 1993.

Gräber, A.: Weiterentwicklung des Torsionsversuches in Theorie und Praxis. Dissertation, Universität Stuttgart, zgl.: Springer-Verlag, Berlin 1990.

Jahnke, H.; Retzke, R.; Weber, W.: Umformen und Schneiden. 4. Aufl., VEB Verlag Technik, Berlin 1978.

Kemp, E.: Vorrichtung zum Verdrehen von Bandmaterial in Schrauben- oder andere geeignete Form. Europäisches Patent DE000069018315T2, angemeldet am 25.05.1990, veröffentlicht am 28.09.1995.

Klocke, F.; König, W.: Fertigungsverfahren 4, Umformen. 5. Aufl., Springer-Verlag, Berlin, Heidelberg, New York 2006.

Kopp, R.; Pehle, H.J.: Schubumformen. In: Pawelski, O. (Hrsg.): Umformhütte. Springer-Verlag, Berlin, Heidelberg, New York 1983.

Kopp, R.; Wiegels, H.: Einführung in die Umformtechnik. Verlag Augustinus Buchhandlung, Aachen 1998.

Lange, K. (Hrsg.): Umformtechnik, Handbuch für Industrie und Wissenschaft. Bd. 3: Blechbearbeitung. 2. Aufl., Springer Verlag, Berlin, Heidelberg, New York 1990.

Lange, K. (Hrsg.): Umformtechnik, Handbuch für Industrie und Wissenschaft. Bd. 1: Grundlagen. Springer-Verlag, Berlin, Heidelberg, New York 2002.

Mauk, P. J.: Grundlagen der Umformtechnik. In: Witt, G. (Hrsg.): Taschenbuch der Fertigungstechnik. Carl Hanser Verlag, München 2005.

Neubauer, A.; Neumann, H.: Anwendungsfälle und Untersuchungen zum Formänderungs- und Spannungszustand bei Warmtorsion. Fertigungstechnik und Betrieb 36 (1986) 9.

Schmidt, R. -A. et al.: Umformen und Feinschneiden. Handbuch für Verfahren, Stahlwerkstoffe, Teilegestaltung. Carl Hanser Verlag, München, Wien 2007.

Schubert, A.; Pohl, R.: Mikrostrukturierung von Al-Blechen mittels Durchsetzen – Werkzeuggestaltung und experimentelle Bewertung. Wissenschaftliches Symposium DFG-Transregio 39 PT-PIESA 2009, Bd. 2, S. 31 – 36.

Vollmer, E.: Verfahren und Vorrichtung zum Schränken der Zähne von Sägeblättern. Deutsches Patent DE000003626068C2, angemeldet am 01.08.1986, veröffentlicht am 19.12.1991.

Norm

DIN 8587: Fertigungsverfahren Schubumformen. Einordnung, Unterteilung, Begriffe. September 2003.

Mikroumformen

8.1 Einordung und Grundlagen 617
    8.1.1 Definitionen und Abgrenzung 617
    8.1.2 Kategorien von Größeneffekten 619
    8.1.3 Größeneffekte bei der Festigkeit 622
    8.1.4 Größeneffekt bei der Tribologie 624
    8.1.5 Größeneffekt beim Formänderungsverhalten 626

8.2 Mikro-Massivumformung 628
    8.2.1 Stoffanhäufen 628
    8.2.2 Fließpressen 629
    8.2.3 Stoffverdrängen 630

8.3 Mikro-Blechumformung 631
    8.3.1 Biegen 631
    8.3.2 Streckziehen 632
    8.3.3 Tiefziehen 632

Frank Vollertsen

8.1 Einordung und Grundlagen

8.1.1 Definitionen und Abgrenzung

Der Begriff „Mikroumformtechnik" wird in der wissenschaftlichen Literatur für zahlreiche Verfahrensvarianten verwendet, bei denen die gefertigten Bauteile verglichen mit der üblichen Größe relativ klein sind. Eine Definition haben Geiger et al. (Geiger 2001) vorgenommen, in dem sie das Mikroumformen als die umformtechnische „Herstellung von Bauteilen oder Strukturen mit mindestens zwei Dimensionen im Submillimeterbereich" bezeichnen. Damit umfasst das Mikroumformen nicht nur die Herstellung entsprechend kleiner Einzelbauteile, sondern auch die Herstellung von entsprechend kleinen Strukturelementen an größeren Bauteilen. Diese Zusammenfassung von Bauteilen und Strukturelementen findet ihre Berechtigung darin, dass die Verhältnisse hinsichtlich des Werkstoffverhaltens und der Tribologie in beiden Fällen als ähnlich anzunehmen sind. Anwendungsfelder wie z.B. die Mikroelektronik benötigen nicht nur Mikroteile, wie sie in Form verschiedener tiefgezogener Näpfe in Abbildung 8.1 gezeigt sind, sondern auch Biegeteile wie z.B. Leadframes oder Kontaktfedern, die in ihren Dimensionen in die genannte Größenordnung kommen und bei der Herstellung entsprechende Probleme aufwerfen.

Die häufig heraufbeschworene Konkurrenz des Mikroformens zu den aus der Mikroelektronik abgeleiteten Produktionsverfahren für Komponenten aus Silizium sowie den Verfahren der spanenden Fertigung erscheint wenig sinnvoll. In Abgrenzung zur spanenden Fertigung werden die Verfahren der Mikroumformtechnik dort ihre Stärke entwickeln, wo es um sehr große Stückzahlen (mehrere Millionen Stück pro Jahr) geht, während die spanenden Verfahren im Bereich kleiner Stückzahlen, sehr hoher Genauigkeiten und komplexer Geometrien vorteilhaft sein werden. Die Verfahren der Siliziumtechnologie sind bekanntermaßen ebenfalls sehr gut zu hohen Stückzahlen skalierbar, jedoch auf eine relativ kleine Werkstoffgruppe und hinsichtlich dreidimensionaler Geometrien begrenzt. Der Mikroumformtechnik steht als Werkstoffpalette die gesamte Auswahl der umformbaren metallischen Werkstoffe zur Verfügung.

Die geometrische Dimension der Bauteile und die extrem großen Stückzahlen (bis über 1 Mrd./Jahr) machen die Faszination der Mikroumformtechnik aus, sind aber nicht der Grund, die entsprechenden Prozesse als eine eigenständige Gruppe zu behandeln. Als „Makroumformen" soll hier der Bereich der Umformtechnik bezeichnet werden, wie er von der Herstellung von Automobilkomponenten, weißer Ware, Befestigungselementen etc. bekannt ist. Tatsächlich werden im Bereich des Mikroumformens die gleichen Verfahren eingesetzt wie sie auch in der Makro(kalt)umformtechnik geläufig sind. Fasst man die Betrachtungen etwas weiter, so kommen im Mikrobereich neue Energiequellen wie z.B. Kurzpulslaser hinzu, mit deren Hilfe Schockwellen für eine Hochgeschwindigkeitsumformung erzeugt werden können. Darüber hinaus existieren verschiedene Ansätze, die streng genommen der Urformtechnik zuzuordnen sind. Ähnlich wie das Schneiden oft bei Umformverfahren mit behandelt wird, weil es zu einem festen Bestandteil umformtechnischer Prozessketten geworden ist, werden diese Verfahren ebenfalls im Rahmen der Mikroumformtechnik mit behandelt.

Die besondere Herausforderung der Mikroumformtechnik ergibt sich durch das in diesem Größenbereich deutlich messbare Auftreten von Größeneffekten die sich auf das plastische Formänderungsverhalten, die Tribologie und Fragen der Qualitätssicherung auswirken. Hinsichtlich des plastischen Formänderungsverhaltens verändern sich sowohl die Fließspannung als auch die Umformbarkeit (hier sowohl hinsichtlich des Grenzumformvermögens als auch der Bauteilversagensgrenzen). Im Bereich der Tribologie ist insbesondere unter geschmierten Bedingungen eine deutliche Erhöhung der Reibzahl festzu-

Abb. 8.1:
Mikro-Tiefziehteile
a) Quelle: BIAS GmbH (BIAS ID 121454),
b) Quelle: Stücken GmbH & Co. KG
Diese und alle folgenden Bilder der BIAS GmbH sind aus Gründen der Dokumentationspflicht mit einer BIAS ID versehen.

stellen. Im Bereich der Qualitätssicherung liegen die Herausforderungen in Gewicht und Steifigkeit der Proben, die taktile Verfahren häufig nicht erlauben, und darin, dass Werkzeugbohrungen und Bauteilinnendurchmesser häufig deutlich unter 1 mm liegen und damit für alle Messverfahren schwer zugänglich sind sowie darin, dass die Toleranzfelder in eine Größenordnung kommen, die mit der Messgenauigkeit der geometrischen Messtechnik übereinstimmen. Die Grenze für das Auftreten dieser Veränderungen der Randbedingungen ist nicht scharf bei 1 mm zu sehen, die bisherigen Erkenntnisse zeigen jedoch, dass dieser Grenzwert sinnvoll gewählt ist.

Ähnlich wie der Begriff Mikroumformen wird auch der Begriff ‚Größeneffekt' in vielen Varianten benutzt. Eine Definition, mit der die Größeneffekte in der Umformtechnik, der spanenden Fertigungstechnik und anderen Disziplinen der Fertigungstechnik gut erfasst werden können, lautet: „Größeneffekte sind Abweichungen von intensiven oder proportional extrapolierten extensiven Parametern eines Prozesses, die auftreten, wenn die geometrischen Abmessungen ähnlich skaliert werden." (Vollertsen 2008a). Größeneffekte sind damit definiert über Abweichungen von der erwarteten Ausprägung von Prozessparametern, die dann auftreten, wenn eine geometrisch korrekte Skalierung des Prozesses stattfindet. Die geometrisch korrekte Skalierung wird in der Ähnlichkeitstheorie (vgl. Pawelski 1993) gefordert. Sie besagt, dass alle Längen, die relevant für einen Prozess sind, um den gleichen Faktor verkleinert (oder vergrößert) werden. Dies bedeutet z. B. bei einem Tiefziehprozess, dass bei einer geometrisch korrekten Skalierung nicht nur Rondendurchmesser und Blechdicke sowie Stempeldurchmesser zueinander identisch verändert werden, sondern auch der Stempel- und Ziehringradius. Der Außendurchmesser der Matrize hingegen hat bei einer normalen Werkzeuggestaltung keine Bedeutung und muss daher nicht zwangsweise proportional mit verändert werden. Unter diesen Umständen würde man eine entsprechend der Abhängigkeit der Ziehkraft von der Blechdicke ähnlich veränderte Ziehkraft erwarten. Ist dies nicht der Fall, so liegt ein Größeneffekt vor. Während die Ziehkraft zu den extensiven Größen gehört, deren Erwartungswert sich aus einer Extrapolation unter Heranziehung entsprechender Gesetzmäßigkeiten ergibt, ist z. B. die Temperatur eine intensive Größe, die ohne das Auftreten von Größeneffekten unabhängig von der geometrischen Dimension den gleichen Wert annimmt. Beim Vorliegen von Größeneffekten wird es zu einer Veränderung der Werte mit den Größenverhältnissen kommen. So wird sich bei einem einfachen Zylinderstauchen das Werkstück durch die dissipierte Energie erwärmen. Bei identischen Werkstoffen wird bei ausreichend langsamer Stauchgeschwindigkeit eine große Probe stärker erwärmt werden als eine kleine, da die kleine Probe über ein größeres Oberflächen-zu-Volumen-Verhältnis verfügt und damit die Abkühlung intensiver ist als bei der großen Probe.

Zur Unterscheidung verschiedener Realisierungen von Bauteilgrößen oder Prozessgrößen sowie von mikrostrukturellen Merkmalen, insbesondere der Korngröße, haben sich verschiedene Begrifflichkeiten etabliert:

Mikro- und Makrorealisierung: Das Begriffspaar Mikro/Makro wird verwendet, um Bauteile zu adressieren, die entweder der Mikroumformtechnik im Sinne der oben genannten Definition oder der Makroumformtechnik, die den oberhalb der Mikroumformtechnik liegenden Bereich abdeckt, zu adressieren. Diese binäre Abstufung wird sicherlich vielen Untersuchungen, in der eine Vielzahl von Größenabstufungen geprüft wurde, nicht gerecht, ist in vielen Fällen jedoch aus pragmatischen Gründen sinnvoll und eindeutig.

Größenmaßstab λ und Ausgangsdimension sizeNN

Bedingt durch die Ähnlichkeitstheorie wird bei zahlreichen Untersuchungen der Größenmaßstab λ für die Bezeichnung der jeweiligen Realisierung herangezogen. Die Verwendung von λ als Bezeichnung für die jeweilige Größe der individuellen Realisierung beinhaltet implizit die Information, dass die entsprechenden Versuche gemäß den Regeln der Ähnlichkeitstheorie geometrisch ähnlich skaliert wurden. Ein Nachteil der Verwendung des Größenmaßstabs λ liegt darin, dass die tatsächliche Größe der Realisierung über die jeweilige Vergleichsgröße für $\lambda = 1$ explizit separat mit angegeben werden muss. Es wurde daher in (Vollertsen 2011b) die Bezeichnung sizeNN eingeführt. Auch diese beinhaltet implizit die Aussage, dass die zugrunde liegenden Versuche entsprechend der Ähnlichkeitstheorie geometrisch korrekt skaliert wurden. Der Wert von NN beinhaltet jedoch gleichzeitig die Information über den Ausgangsdurchmesser oder die Ausgangsdicke des jeweiligen Werkstücks. „size20" bezeichnet im Fall der Untersuchung von Blechumformprozessen eine Ausgangsblechdicke von 20 µm. Mit Blick auf die Definition der Mikroumformtechnik und die rein praktisch handhabbaren Probendimensionen für die Mikroumformtechnik werden die Werte für „NN" im Bereich zwischen 1 und 1.000, im Wesentlichen zwischen 20 und 500 liegen. Damit ist die jeweilige Größenrealisierung ebenfalls korrekt und zweifelsfrei angegeben, zugleich wird die Information über die Probendicke mitgeliefert. Während λ insbesondere in Gleichungen Verwendung findet, wird im Fließtext sizeNN bevorzugt.

Kornzahl

Eine oft benutzte Größe ist das Verhältnis von Blechdicke (oder Probendurchmesser) zu mittlerer Korngröße, das im Weiteren Kornzahl κ genannt wird. Eine Kornzahl $\kappa = 1$ bedeutet, dass die Korngröße genau der Blechdicke (oder dem Probendurchmesser) entspricht. Polykristalline Proben, wie sie in der Makroumformtechnik in der Regel vorliegen, haben meist Kornzahlen $\kappa > 50$. Bei einer Kornzahl von 50 liegen also (im Mittel) 50 Körner entlang der Blechdicke oder dem Drahtdurchmesser. Kornzahlen von $\kappa < 1$ sind ebenfalls möglich, z.B. kann bei dünnen Blechen in Richtung der Blechebene gemessen eine Korngröße vorliegen, die deutlich größer als die Ausdehnung in Blechebenen-Normalenrichtung (d.h. die Blechdicke) ist.

8.1.2 Kategorien von Größeneffekten

Zur systematischen Beschreibung von Größeneffekten wurde eine zweistufige Hierarchie eingeführt, mit der alle beobachteten Effekte einer bestimmten Gruppe zuzuordnen sind. Die drei Hauptkategorien dieser Systematik werden anhand der Eigenschaft benannt, die bei der Skalierung des jeweiligen Prozesses konstant gehalten wird und gleichzeitig für das Auftreten des Größeneffekts verantwortlich zu machen ist. Dabei ist unerheblich, ob bei der Skalierung des Prozesses eine größengerechte Veränderung des Parameters möglich wäre oder nicht. Hieraus ergeben sich drei Hauptgruppen für Größeneffekte, die Dichteeffekte, Formeffekte und Struktureffekte genannt werden. Eine Analyse von in der Literatur beschriebenen Größeneffekten bei der Festigkeit metallischer Werkstoffe zeigt, dass je nach Größenbereich und Vorgehensweise unterschiedliche Größeneffekte aus verschiedenen Hauptgruppen für die beobachteten Einflüsse auf die Fließspannung verantwortlich zu machen sind (Vollertsen 2008a). Insgesamt wurden 10 verschiedene Effekte identifiziert, die in den meisten Fällen, jedoch nicht immer, einen Anstieg der Festigkeit mit abnehmender Probengröße beschreiben.

Bei den Dichteeffekten sind drei Untergruppen zu unterscheiden. Grundsätzlich ergeben sich Dichteeffekte dadurch, dass die Dichte eines mikrostrukturellen Merkmals konstant gehalten wird, während die äußeren Abmessungen eines Werkstücks reduziert werden. Die Unterscheidung der drei Untergruppen von Dichteeffekten erfolgt an Hand der räumlichen Ausdehnung der Merkmale, sodass zwischen der Flächendichte, der Liniendichte und der Punktdichte unterschieden wird (Abb. 8.2). Ein Beispiel für die Flächendichte ist die Korngrenzfläche pro Volumen. Formal betrachtet ist dies lediglich eine andere Beschreibungsform der Korngröße. Bei konstanter Korngrenzdichte, d.h. konstanter Korngröße, werden verschiedene Proben mit einer mittleren Fließspannung $\overline{k_f}$ nur geringe Abweichungen der individuellen Fließspannung k_f von der mittleren Fließspannung $\overline{k_f}$ aufweisen. Dies ist dann gegeben, wenn der Werkstoff auf Grund der großen

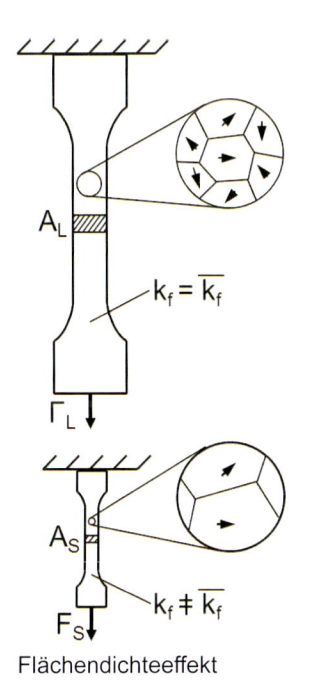

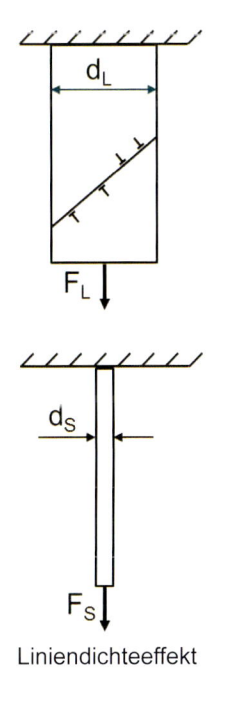

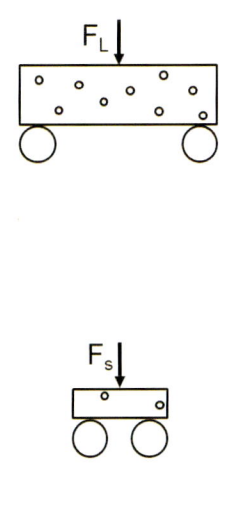

| Flächendichteeffekt | Liniendichteeffekt | Punktdichteeffekt |

Abb. 8.2: *Dichteeffekte* (BIAS ID 121455)

Kornzahl, d. h. eines großen Verhältnisses von Probendurchmesser zu Korngröße, als Kontinuum betrachtet werden kann. In diesem Fall werden sich die Einflüsse der unterschiedlich orientierten Körner auf Grund der großen Anzahl zu einem näherungsweise konstanten Mittelwert aufaddieren, demzufolge sind Fließkurven mit geringer Streuung reproduzierbar. Anders verhält sich dies, wenn die Probengröße bei konstanter Korngröße reduziert wird. Sobald die Kornzahl gegen 1 geht, der Probenquerschnitt also mit einem einzigen Korn ausgefüllt ist, wird die individuell verschiedene Orientierung der einzelnen Körner die gemessene Festigkeit der jeweiligen Probe dominant bestimmen. Dies führt dazu, dass Proben gleichen Werkstoffs sehr unterschiedliche Fließspannungen aufweisen werden, da jeweils unterschiedliche Kornorientierungen vorliegen können. Letztendlich führt das zu einer großen Streuung in den gemessenen Kräften, was auch in Umformprozessen beobachtet werden kann (Geiger 1996). Der in Abbildung 8.2 schematisch dargestellte Linienlängendichteeffekt beschreibt die Beobachtung, dass an sehr dünnen Proben (Haarkristalle mit einem Durchmesser unter 10 μm) sehr hohe Festigkeiten gemessen werden, da trotz konstanter Versetzungsdichte im Gegensatz zu den Makroproben in den Mikroproben keine beweglichen Versetzungen existieren. Der Punktdichteeffekt beschreibt das auch als „Weibull-Effekt" bekannte Phänomen, dass kleine Proben eine höhere Festigkeit aufweisen als große Proben, wenn spröde Materialien mit einer relativ geringen aber konstanten Dichte von Punktdefekten (z. B. Poren) in unterschiedlicher Größe geprüft werden. Auf Grund des kleineren Volumens bei kleinen Proben ist die Wahrscheinlichkeit, dass ein die Festigkeit stark beeinflussender Defekt im Bereich der höchsten Belastung liegt, geringer als bei großen Proben.

Bei den hier beschriebenen Dichteeffekten gilt wie auch bei den in den Abbildungen 8.3 und 8.4 dargestellten weiteren Untergruppen, dass die Beispiele jeweils nur eine mögliche Ausprägung eines Größeneffekts für die jeweilige Kategorie sind. Es besteht keine prinzipielle Begrenzung der Anzahl möglicher Ausprägungen von Größeneffekten in einer Kategorie.

Als Formeffekt werden solche Größeneffekte bezeichnet, die dann auftreten, wenn die geometrische Form einer Probe konstant gehalten wird, die Abmessungen jedoch skaliert werden. Zu unterscheiden ist zwischen einem Summeneffekt und einem Balanceeffekt. Der wesentliche Unterschied zwischen den Summeneffekten zu den Balanceeffekten besteht darin, dass sich die messbare Wirkung aus einer Summe an Einzeleffekten ergibt, wobei eine Veränderung der absoluten Abmessungen zu unterschiedlichen Anteilen der Einzeleffekte führt, was den Größeneffekt hervorruft. Bei Balanceeffekten ergibt sich eine Wirkung aus dem Gleichgewicht bzw. Ungleichgewicht zwischen zwei oder mehreren entgegengesetzt gerichteten Teileffekten. Die in Abbildung 8.3 dargestellten Beispiele werden in Kapitel 8.1.3 (Summeneffekt) und 8.2.1 (Balanceeffekt) näher erläutert.

In der dritten Hauptgruppe der Größeneffekte sind die Struktureffekte zusammengefasst. Hier existieren drei Untergruppen. Größeneffekte auf Grund einer charakteristischen Länge sind nur theoretisch, nicht jedoch praktisch zu vermeiden. Charakteristische Längen sind Abmessungen, die durch die natürliche Struktur eines Werkstoffes vorgegeben sind. Eine solche charakteristische Länge ist

Abb. 8.3: *Formeffekte: k_{fS} und k_{fV} sind die Fließspannungswerte, die sich an der Oberfläche (k_{fS}) und im Werkstückinneren (k_{fV}) durch die Wechselwirkung der Versetzungen mit den Nachbarkörnern und der freien Oberfläche ergeben. (BIAS ID 121456)*

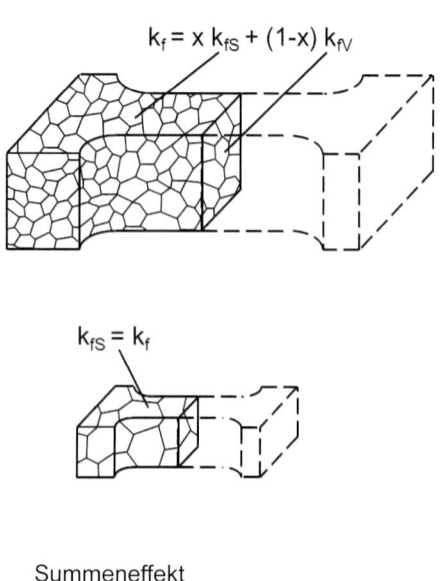

$$k_f = x\, k_{fS} + (1-x)\, k_{fV}$$

$$k_{fS} = k_f$$

Summeneffekt   Balanceeffekt

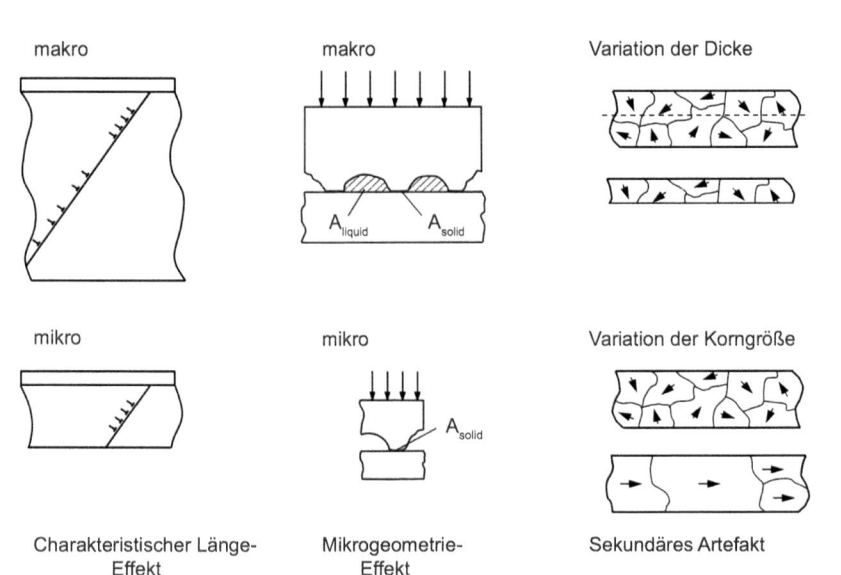

Abb. 8.4: *Struktureffekte (BIAS ID 121457)*

z. B. die Länge der Versetzungsstruktur, die in der Strain Gradient Plasticity das Wechselwirkungsverhalten zwischen Versetzungen beschreibt. Eine solche charakteristische Länge ist auch die in Abbildung 8.4 skizzierte Wirkung einer harten spröden Schicht auf einem duktilen Werkstoff. Die Wirkung einer solchen Schicht auf Versetzungen erstreckt sich unabhängig von der Probengröße auf einen bestimmten Bereich in der Nähe der Schicht. Die Größe dieses Wirkungsbereichs ist eine charakteristische Länge. Da bei großen Proben Versetzungen auch außerhalb dieses Wirkungsbereichs liegen können, verhalten sie sich hinsichtlich der plastischen Formänderung anders als dünne Proben, bei denen alle Versetzungen im Wirkungsbereich der harten Schicht liegen.

Struktureffekte aus der Mikrogeometrie oder Mikrostruktur der Proben, z. B. der Rauheit einer Oberfläche, ließen sich theoretisch bei einer geometrischen Skalierung vermeiden. Eine korrekte Skalierung unterbleibt häufig aus pragmatischen Gründen oder auf Grund eines Zielkonfliktes. Der bekannteste Mikrogeometrieeffekt erklärt den in Kapitel 8.1.4 beschriebenen Größeneffekt auf die Tribologie bei geschmierter Reibung.

Aus Gründen der Vollständigkeit wurde bei den Struktureffekten noch der Effekt des Sekundären Artefakts mit aufgenommen. Hierbei handelt es sich um Größeneffekte, die auf Grund der Versuchsführung entstehen. Abbildung 8.4 skizziert einen Effekt, der bei Versuchen mit Variation der Kornzahl auftreten kann. Das Beispiel zeigt die beiden Möglichkeiten, wie bei der Blechumformung in skalierten Versuchen die Kornzahl variiert werden kann. Grundsätzlich ist dazu eigentlich eine Reduktion der Blechdicke vorzunehmen. Hierdurch ist ausgehend von einer großen Blechdicke entsprechend viel Werkstoff abzutragen, sodass bei gleichbleibender Struktur ein dünneres Blech mit entsprechend weniger Körnern über die Dicke verbleibt. In der Praxis erweist sich ein solches Vorgehen jedoch als außerordentlich aufwändig, sodass von verschiedenen Gruppen die zweite Variante versucht wurde. Ausgehend von einer konstanten Blechdicke wird die Korngröße durch Glühbehandlungen variiert. Durch ein Überaltern der Struktur kann ein Kornwachstum erreicht werden, sodass bei nominell gleicher Zusammensetzung unterschiedliche Kornzahlen bei konstanter Blechdicke eingestellt werden. Abhängig vom Werkstoff kann es dabei jedoch auch zur Ausbildung einer Textur kommen, die die einzelnen Körner auf Grund der tertiären Rekristallisation eine Vorzugsorientierung einnehmen lässt. Diese Vorzugsorientierung kann so gerichtet sein, dass die Körner einen sehr großen Formänderungswiderstand aufweisen. Dadurch ergeben sich auch im Widerspruch zur Hall-Petch-Beziehung plötzlich wesentlich größere gemessene Festigkeiten bei gröberem Korn als bei feinem Korn. Diese und ähnliche Effekte sind ungewollte Artefakte, die häufig bei der Auswertung keine Beachtung finden und somit zu teilweise überraschenden Interpretationen von Ergebnissen führen.

8.1.3 Größeneffekte bei der Festigkeit

Die Festigkeit zählt zu den am besten untersuchten Größen hinsichtlich Größeneffekte (Vollertsen 2008a). Es wurden Größeneffekte in einer sehr großen Spannweite von Probendimensionen untersucht, wobei der für die Mikroumformtechnik wesentliche Effekt durch einen Formeffekt (Summeneffekt) zustande kommt. Dieser in Abbildung 8.3 links skizzierte Effekt wurde zuerst durch (Meßner 1998) beschrieben. Im Randkornmodell wird angenommen, dass die makroskopisch messbare Fließspannung k_f sich aus einer Summe der Beiträge aller über den Probenquerschnitt liegenden Körner ergibt. Hierbei wird zwischen Volumenkörnern und Oberflächenkörnern unterschieden. Volumenkörner sind solche Körner, die allseitig von Nachbarkörnern umgeben sind, also keine freie Oberfläche besitzen. Oberflächenkörner sind Körner, die mindestens mit einer Fläche an der freien Oberfläche der Probe liegen. Die Versetzungsbewegung, die letztendlich die Fließspannung bestimmt, wird in Volumenkörnern gegenüber Oberflächenkörnern erschwert sein, da die Versetzungen nicht nur die Widerstände innerhalb des Korns, sondern auch die Widerstände des Nachbarkorns gegen eine Deformation der gemeinsamen Korngrenze zu überwinden haben. An den freien Oberflächen der Oberflächenkörner entstehen keine derartigen Akkommodationsspannungen. Entsprechend Abbildung 8.3 links ergibt sich bei einer Makroprobe die Fließspannung aus der mit dem jeweiligen Kornanteil gewichteten Fließspannung der Oberflächenkörner und der Volumenkörner. Bei einer sehr großen Kornzahl wird der Anteil x der Oberflächenkörner gegen Null gehen, sodass als Fließspannung die gemäß der Hall-Petch-Beziehung vorhergesagte Spannung gemessen wird. Wird die Probe jedoch bei gleichbleibender Geometrie und Korngröße verkleinert, nimmt der Oberflächenkornanteil bis hin zu 100 Prozent zu. In diesem Fall wird die makroskopisch gemessene Fließspannung der Fließspannung der Oberflächenkörner entsprechen. Die so gemessene Fließspannung wird geringer sein, auch wenn auf Grund der im Inneren noch vorhandenen Korngrenzen ein Beitrag der Korngrenzen zur Gesamtfestigkeit verbleibt. Das Randkornmodell will nicht implizieren, dass die Oberflächenkörner aus einem anderen Material wären als die Volumenkörner. Bei den Oberflächenkörnern entfällt lediglich ein Teil des von den Korngrenzen herrührenden Verfestigungseffekts. In entsprechend skalierten Versuchen wird daher die Abnahme des Verfestigungsbeitrags der Korngrenzen gemessen, nicht etwa eine Abnahme der Schubfließspannung im Inneren der einzelnen Körner. Die Änderung der Fließspannung bei einer Skalierung der Probengröße ergibt sich nur durch eine Verschiebung der Gewichtung der Summanden, beschrieben durch den Anteil x der Oberflächenkörner.

Verändert man parallel zur Größe die Form von Zugproben z. B. von Rundproben auf quadratische Querschnitte, so ändert sich wie in Abbildung 8.5 gezeigt der Anteil an Oberflächenkörnern am Gesamtquerschnitt (Kals 1995). Trägt man die Fließspannung, die an unterschiedlich großen Proben mit unterschiedlichen Querschnittsformen gemessen wurden, über den Anteil an Oberflächenkörnern auf, so ergibt sich für alle Werte eine einheitliche Kurve hinsichtlich des Fließspannungsverlaufs (Abb. 8.5). Lediglich bei sehr kleinen Anteilen der Oberflächenkörner am Gesamtquerschnitt verliert sich deren Einfluss. Neben dem Anteil der Oberflächenkörner an den Körnern insgesamt ist auch noch die freie Umformung wesent-

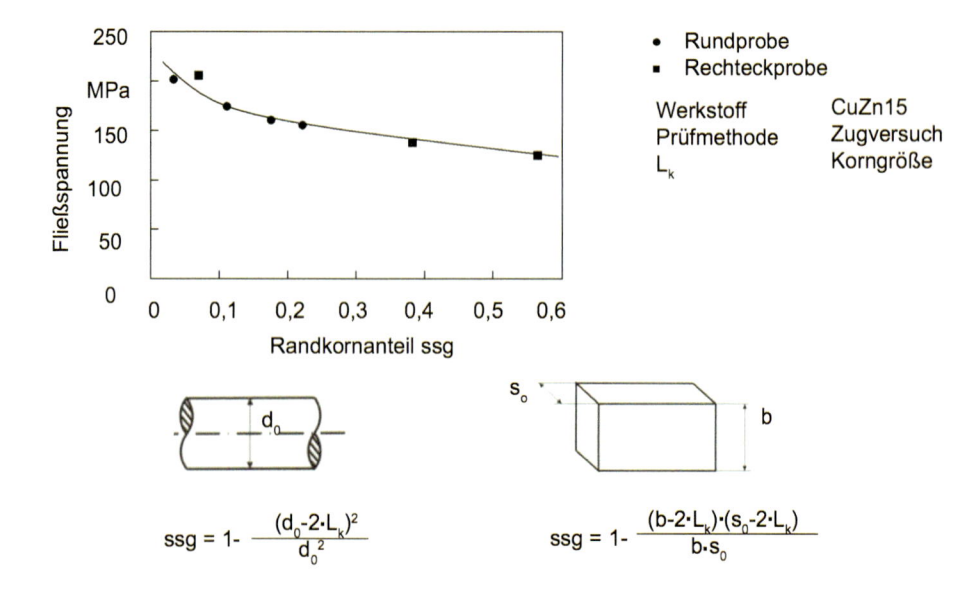

$$ssg = 1 - \frac{(d_0 - 2 \cdot L_k)^2}{d_0^2}$$

$$ssg = 1 - \frac{(b - 2 \cdot L_k) \cdot (s_0 - 2 \cdot L_k)}{b \cdot s_0}$$

Abb. 8.5: *Einfluss des Randkornanteils auf die Fließspannung (Daten aus Kals 1995) (BIAS ID 121458)*

lich, um diesen Größeneffekt feststellen zu können. Bei einer gebundenen Umformung, wie sie z.B. im Bereich der Kontaktfläche zwischen einer Stauchprobe und dem Stauchwerkzeug vorliegt, kann sich die Oberfläche nicht frei ausbilden. Sind Werkzeug und Werkstück extrem glatt oder durch eine vorherige Verformung sehr gut aneinander angepasst, dann wirkt das starre Werkzeug als sehr starke Behinderung für die Oberflächenverformung, sodass sich ein noch stärkerer Widerstand für die Versetzungen an der Kontaktfläche Werkstück-Werkzeug ergeben kann als dies an einer inneren Korngrenze der Fall ist. Im Extremfall würde sich in diesem Bereich der Effekt umdrehen, d.h. die Festigkeit würde mit zunehmendem Randkornanteil zunehmen.

Neben dem Betrag wird durch Größeneffekte auch die Streuung der Fließspannung beeinflusst. Dieser Flächendichteeffekt (konstante Korngröße bedeutet konstante Dichte der Korngrenzfläche pro Volumen) kann über eine Analyse der Taylorfaktoren M_i^j mit

$$k_f = M \cdot k \tag{8.1}$$

(k: Schubfließspannung) beschrieben werden (Justinger 2009). Hierzu werden durch geeignet angepasste Zufallsgeneratoren Gruppen von verschiedenen Teststrukturen erzeugt. Für die verschiedenen Gruppen, die sich hinsichtlich der Kornzahl κ bzw. der Gesamtzahl der Körner im Volumen unterscheiden (gegeben durch κ^3), werden für jedes individuelle Testvolumen j die Taylorfaktoren M_i^j der einzelnen Körner berechnet und dann über die Gesamtheit der Körner gemittelt, was auf den mittleren Taylorfaktor M_M^j für ein Testvolumen in einer Gruppe führt. Daraus werden ein mittlerer Taylorfaktor M_M für die Gruppe sowie die Variationsbreite (kleinster und größter Wert) und die Standardabweichung ermittelt. Für eine monokristalline Teststruktur ($\kappa = 1$) beträgt die Variationsbreite $2,3 < M_M < 3,7$. Für eine polykristalline Teststruktur mit mehr als 600 Körnern im Testvolumen ($\kappa > 8$) liegt die Variationsbreite bei $3,0 < M_M < 3,1$. Der Mittelwert liegt stets bei $M_M = 3,06$.

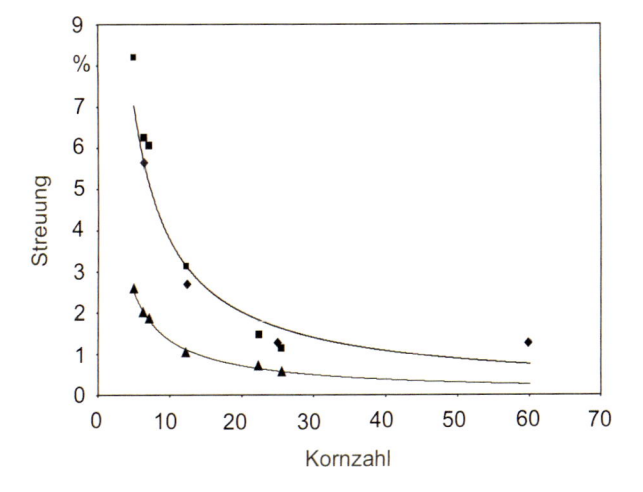

Die Analyse zeigt, dass sich die Streuung der Fließspannung allein über die sich bei unterschiedlichen Kornzahlen variierende Kornstatistik, ausgedrückt in der Variationsbreite des Taylorfaktors, beschreiben lässt. Dies zeigt auch der Vergleich der Analyse der Variationsbreite mit der gemessenen Standardabweichung der in Stauchversuchen unabhängig durch (Geiger 1996) ermittelten Fließspannung (Abb. 8.6). Dass dabei vor allem die berechnete Variationsbreite mit der gemessenen Standardabweichung quantitativ gut übereinstimmt, ist damit zu erklären, dass im Modell die real gegebene Korngrößenverteilung nicht berücksichtigt wurde (Justinger 2009).

Neben dem Volumen- und dem Formeffekt können auch Geometrieeffekte bei der Fließspannung auftreten. Das in der Systematik Abbildung 8.4 rechts gezeigte Sekundäre Artefakt führt zu den in Abbildung 8.7 gezeigten Veränderungen der Fließspannung bei Variation der Kornzahl. Dabei ist für die Ergebnisse maßgeblich, wie die Vorgeschichte der Werkstücke ist. Wird die Kornzahl durch eine Dickenvariation bei gleichbleibender Struktur verändert, dann ergibt sich die aus dem Randkornmodell erwartete Abnahme der Festigkeit mit abnehmender Kornzahl. Auch unterhalb von einer Kornzahl $\kappa = 1$ ergibt sich eine kontinuierliche Abnahme der Festigkeit, da die Wahrscheinlichkeit der Wechselwirkung der Korngrenzen mit den aktiven Gleitsystemen abnimmt.

Wird die Kornzahl statt durch Verringerung der Blechdicke durch eine Rekristallisationsglühung und die damit verbundene Zunahme der Korngröße verkleinert, ergibt sich die in Abbildung 8.7 gezeigte Zunahme der Festigkeit unterhalb einer Kornzahl von 1. Diese Zunahme lässt sich damit erklären, dass unterhalb einer Kornzahl von 1 der Einfluss der ternären Rekristallisation zur Ausbil-

- ■ berechnete Spannweite
- ♦ gemessene Std.-Abw.
- ▲ berechnete Std.-Abw.

Methode   Stauchen
Messgröße   Stauchkraft

Abb. 8.6: Berechnete Streuung der Fließspannung und experimentelle Ergebnisse
(Daten aus Justinger 2009)
(BIAS ID 121459)

8.1 Einordnung und Grundlagen

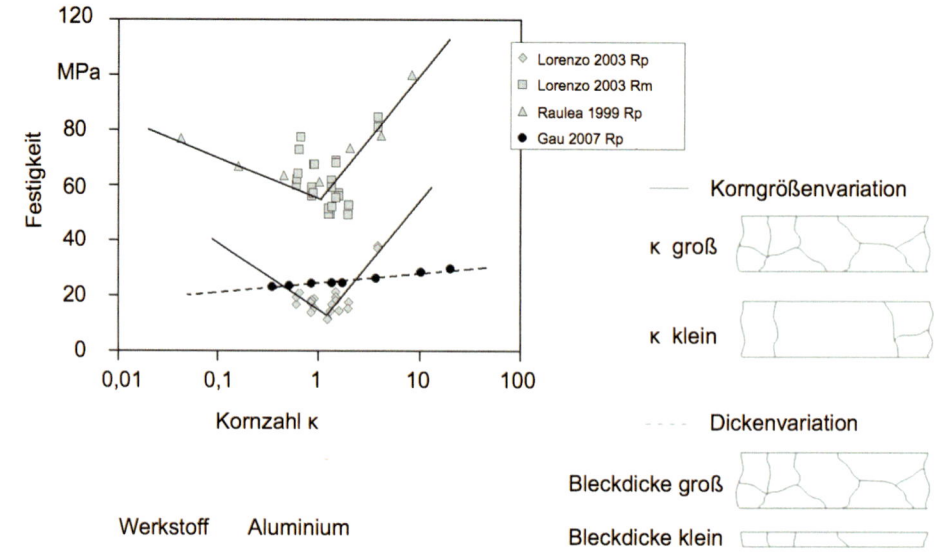

Abb. 8.7: Sekundäre Artefakte bei Variation der Kornzahl durch Überalterung der Struktur durch Glühbehandlung Daten aus DiLorenzo 2003, Raulea 1999 und Gau 2007) (BIAS ID 121460)

dung einer Textur führt, bei der die Körner eine Vorzugsorientierung bekommen, die einen vergrößerten Formänderungswiderstand mit sich bringt.

8.1.4 Größeneffekt bei der Tribologie

Im Bereich der Tribologie gibt es beim Mikroumformen insbesondere im Bereich geschmierter Reibung einen Größeneffekt, der durch das Schmiertaschenmodell erklärt wird. Qualitativ hat (Pawelski 1961) diesen Effekt adressiert, der die Veränderung der Schmierwirkung flüssiger Schmierstoffe bei einer Veränderung der Relation der Ausdehnung der Oberflächenrauheit gegenüber der Größe der Wirkfuge beschreibt. Diese Modellvorstellung wurde quantitativ in dem Schmiertaschenmodell beschrieben, das in einer erweiterten Form mit dem Wanheim-Bay-Modell zusammengeführt wurde (Engel 2006). Das Schmiertaschenmodell (Abb. 8.8) geht davon aus, dass im Makrobereich die Umformkraft zwischen Werkstück und Werkzeug teilweise über die Kontakte der Rauheitsspitzen und teilweise über den in den Schmiertaschen eingeschlossenen flüssigen Schmierstoff übertragen wird. Wird die Probengeometrie bei gleichbleibender Oberflächenrauheit verkleinert, so ergibt sich das in Abbildung 8.8 rechts gezeigte Bild, bei dem die Schmiertaschen nicht mehr geschlossen sind. Flüssiger Schmierstoff kann somit aus dem Bereich der Wirkfuge sehr schnell austreten, sodass die Kraftübertragung allein über die Rauheitsspitzen erfolgen muss. Hieraus ergibt sich im Mikrobereich effektiv ein größerer Kontaktdruck zwischen Rauheitsspitze und Werkzeug und makroskopisch messbar eine größere Reibkraft und damit eine größere Reibzahl μ bzw. ein größerer Reibfaktor m.

Mit dieser Modellvorstellung lässt sich der in Abbildung 8.9a gezeigte Trend für die Versuche mit Ölschmierung erklären, dass die normierte Umformkraft beim Fließpressen mit abnehmender Probengröße zunimmt. Die Zunahme wird der Zunahme der Reibkraft, bedingt durch die Schmierstoffverluste, zugeschrieben. Werden die Werkstücke hingegen mit einem Festschmierstoff geschmiert, z.B. mit Molybdändisulfid, ergibt sich ein anderes Bild. Trotz der nicht unerheblichen Streuung ist in Abbildung 8.9a deutlich zu erkennen, dass mit abnehmender Probengröße im Falle der Molybdändisulfid-Schmierung keine ausgeprägte Zunahme der bezogenen Umformkraft auftritt, da sich der Festschmierstoff nicht so einfach wie ein flüssiger Schmierstoff aus der Wirkfuge verdrängen lässt (Geiger 2003). Die Zunahme der Reibzahl oder des Reibfaktors mit Abnahme der Probengröße

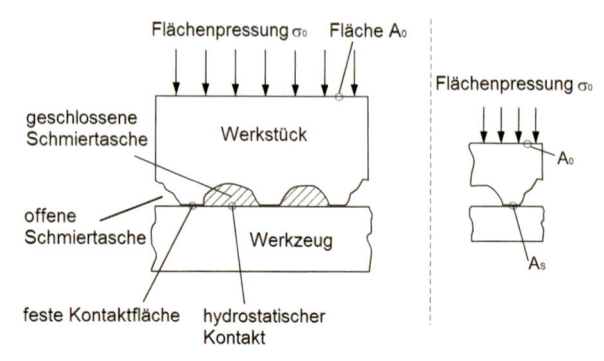

Abb. 8.8: Schmiertaschenmodell zur Erklärung des Größeneffekts bei geschmierter Reibung (BIAS ID 121461)

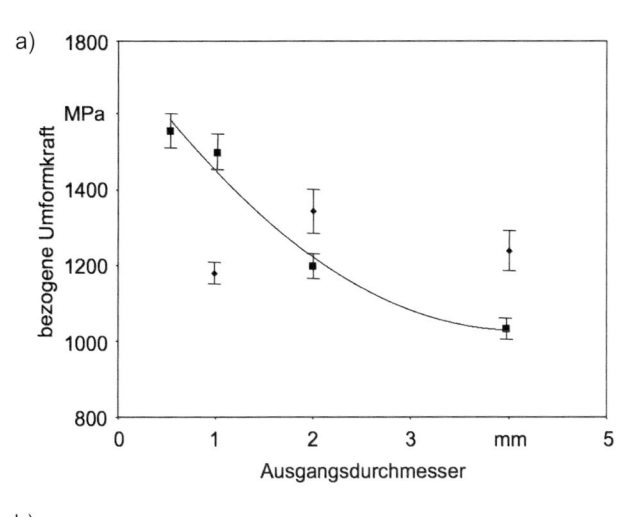

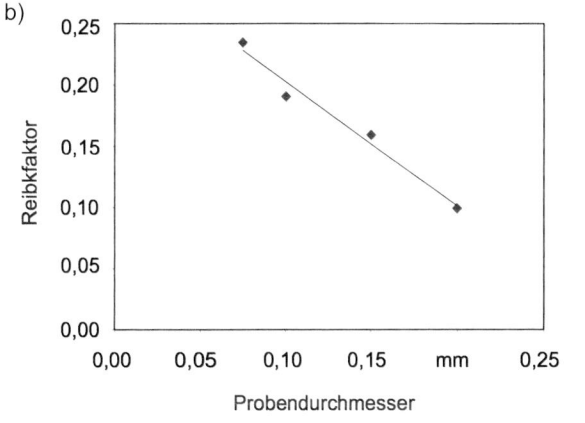

8.1.4 Größeneffekt bei der Tribologie

Abb. 8.9: *Größeneinfluss auf die Reibung bei der Mikromassivumformung*
a) Fließpressen (nach Geiger 2003) (BIAS ID 121462)
b) Stauchen (nach Deng 2011) (BIAS ID 121463)

wurde in zahlreichen Untersuchungen mit Schmierung festgestellt. Beispielhaft ist in Abbildung 8.9 b das Ergebnis für den Reibfaktor m, gemessen an Kupfer, dargestellt. Die Messung erfolgte über die Auswertung der Ausbauchung beim Zylinderstauchversuch (Deng 2011).

Die Ergebnisse werden außerdem durch die Arbeiten von Gong et al. (Gong 2010) bestätigt, die den Einfluss der Schmierung beim Mikrotiefziehen ebenfalls auf den Effekt offener und geschlossener Schmiertaschen bzw. die Verdrängung von flüssigen Schmierstoffen aus der Wirkfuge interpretieren. Die maximale Ziehkraft beim Tiefziehen von Kupferfolie (s_0 = 40 µm) steigt bei Verwendung von Polyethylenfolie (Dicke 7 µm), Mineralöl und Sojaöl (dynamische Viskosität 0,61 Pa s und 0,05 Pa s) bis zum Maximum beim Tiefziehen ohne Schmierstoff. Dabei waren die Unterschiede der Ziehkraft zwischen den Versuchen mit Öl und ohne Schmierstoff gering, während die Folie eine deutliche Abnahme der maximalen Ziehkraft und damit verbunden eine Erhöhung des Grenzziehverhältnisses von 1,8 (ohne Schmierstoff) auf 2,2 mit sich brachte.

Die Anwendung der in der Makroumformtechnik üblichen Methoden zur Ermittlung der Reibzahl in verschieden gestalteten Streifenzugversuchen verbietet sich häufig, da in den sehr kleinen Werkzeugen die erforderlichen lokal differenzierten Kraftmessungen nicht möglich sind. Ein gangbarer Weg ist die numerische Identifikation der druck- und größenabhängigen Reibzahl aus einem Streifenzugversuch mit doppelter Umlenkung (Hu 2004), wobei der Kraft-Weg-Verlauf durch ein analytisches Modell beschrieben wird. Da zu jedem Moment der Messung in unterschiedlichen Bereichen verschiedene lokale Flächenpressungen p vorliegen, kann der summarisch am Stempel gemessenen Kraft nicht eindeutig eine Reibzahl zugeordnet werden. Unter Annahme einer generell gültigen Form der Reibfunktion $\mu(p)$ (die Reibzahl nimmt mit zunehmender Flächenpressung ab) kann diese mit Hilfe eines Optimierungsalgorithmus aus dem gesamten Kraft-Weg-Verlauf ermittelt werden. Beispiele für die geschmierte Reibung von Aluminium zeigt Abbildung 8.10. Bei konstanter Flächenpressung nimmt die Reibzahl mit abnehmender Größe (hier beschrieben durch den Ziehkantenradius r_z) deutlich zu.

Weitergehende Untersuchungen, bei denen nicht nur die Größe der Bauteile, sondern auch die Stempelgeschwindigkeit in einem weiten Bereich variiert wurde, haben ge-

8.1 Einordnung und Grundlagen

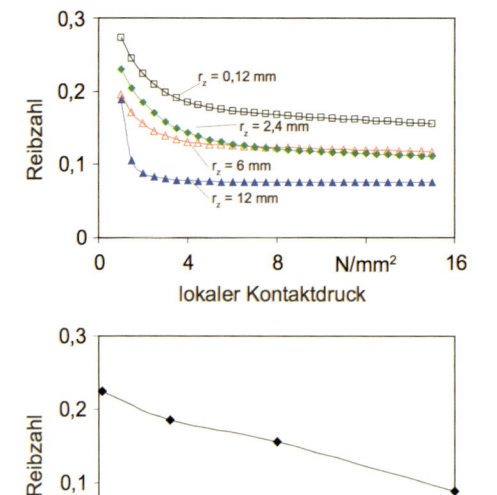

Werkstückwerkstoff	Al99.5
Werkzeugwerkstoff	1.2379
Ziehgeschwindigkeit	1mm/s
Schmierstoff	Öl (HBO 947/11)
Anfangsniederhalterdruck	1 N/mm²
Methode	Streifenziehen mit doppelter Umlenkung

Kontaktdruck	2 N/mm²

Abb. 8.10: *Größeneinfluss auf die Reibzahlen bei der Blechumformung (Vollertsen 2008b) (BIAS ID 121464))*

zeigt, dass für eine plausible Erklärung der festgestellten Phänomene auch die Temperaturunterschiede berücksichtigt werden müssen, die sich bei unterschiedlichen Größen ergeben (Vollertsen 2011a). Die Darstellung in Abbildung 8.11 geht davon aus, dass sich auf Grund der oben angesprochenen unterschiedlichen Kontaktdrücke unterschiedliche Reibzahlen ergeben, die jedoch in der Stribeck-Kurve auf Grund der Ähnlichkeit der sonstigen Randbedingungen auf einer gemeinsamen Kurve liegen müssen. Werden zur Ermittlung der Stribeck-Zahl nur die unterschiedliche Geschwindigkeit und die unterschiedlichen Kontaktdrücke im Mikro- und Makrobereich herangezogen, jedoch von einer konstanten Viskosität des Schmierstoffes ausgegangen, so ergibt sich ein nicht erklärbarer Sprung in den Daten. Nur dann, wenn die Veränderung der Viskosität durch eine um 30 K stärkere Erwärmung des Schmierstoffes im Mikrobereich angenommen wird, liegen die gemessenen Werte für die Reibzahlen auf einer einheitlichen Kurve im Stribeck-Diagramm (Abb. 8.11). Auch wenn es sich hier (Vollertsen 2011a) nur um ein Plausibilitätsmodell handelt, zeigt es, dass für eine vollständige modellmäßige Beschreibung der Größeneffekte in der Tribologie der Temperatur- und wahrscheinlich auch der Druckeinfluss auf die rheologischen Eigenschaften des Zwischenstoffs zu berücksichtigen sind.

8.1.5 Größeneffekt beim Formänderungsverhalten

In zahlreichen Arbeiten wurde festgestellt, dass das Formänderungsvermögen von Blechwerkstoffen mit abnehmender Blechdicke abnimmt (Vollertsen 2009). Die

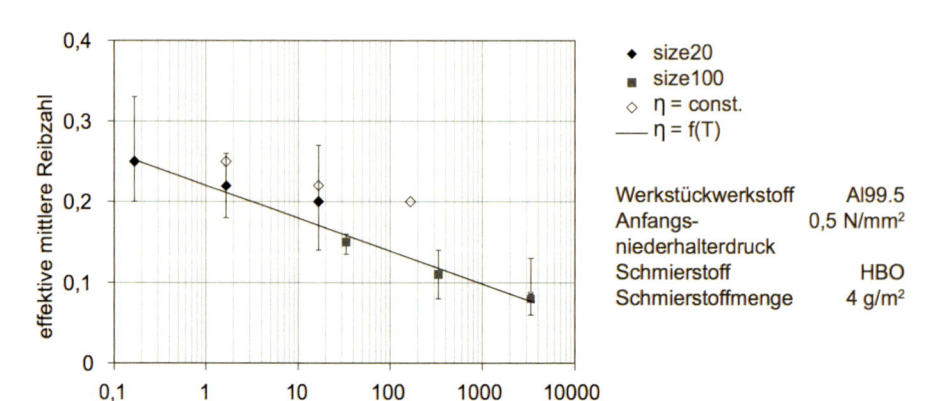

Werkstückwerkstoff	Al99.5
Anfangsniederhalterdruck	0,5 N/mm²
Schmierstoff	HBO
Schmierstoffmenge	4 g/m²

Abb. 8.11: *Reibzahlen bei skalierten Versuchen und unterschiedlichen Ziehgeschwindigkeiten (BIAS ID 121465)*

Einflüsse von Oberflächenrauheit und Korngröße auf die Grenzformänderung lassen sich in einem Modell basierend auf dem Marciniak- und Kuczynski-Versagenskriterium in einem modifizierten Swift-Modell darstellen (Yamaguchi 1976). Das Modell von Swift wird derart erweitert, dass sowohl der Einfluss der Kornzahl als auch der Einfluss der Rauheitszunahme in Abhängigkeit von der Dehnung mit berücksichtigt wird. Damit lässt sich zeigen, dass die Grenzformänderungskurve im Bereich des Streckziehens bei umso kleineren Dehnungen liegt, je kleiner die Kornzahl ist (Yamaguchi 1976). Die Abnahme der Grenzformänderung ist im Bereich von Kornzahlen unter 5 besonders stark ausgeprägt, aber auch im Bereich sehr großer Kornzahlen von über 50 feststellbar.

Bei kleineren Kornzahlen, streng genommen bei Kornzahlen $\kappa \leq 1$, liegt eine besondere Struktur des Blechwerkstoffs vor: über die Dicke existiert nur noch ein Korn, während in der Blechebene mehrere Körner nebeneinander liegen. Da diese Struktur, bei der die einzelnen Körner bei einer entsprechenden Farbätzung unterschiedlich farbig erscheinen, an die Tiffany-Glaskunst erinnert, wird sie Tiffany-Struktur genannt (Vollertsen 2011b). Da stets eine Korngrößenverteilung vorliegt, sind auch die Strukturen entsprechend inhomogen (Abb. 8.12). Im Bereich sehr grober Körner kann es bei entsprechender Orientierung entweder zu einer übermäßig starken oder besonders geringen Verformung kommen, sodass lokale Inhomogenitäten entstehen, die versagensauslösend sein können. Bedingt durch diese Inhomogenitäten kann die Formänderungsverteilung in der Mikroblechumformung sich völlig anders darstellen als es in der Makroblechumformung beobachtet wird. So kann es auch beim Tiefziehen wesentlich früher zum Versagen kommen als dies nach den üblichen Kriterien zu erwarten wäre, wenn eine entsprechende Schwachstelle im Bereich der Streckziehzone zu liegen kommt.

Insgesamt wird also das Formänderungsvermögen durch eine abnehmende Kornzahl verringert, wobei bei Kornzahlen nahe 1 die Ausbildung einer Tiffany-Struktur zusätzlich zu lokalen Einschnürungen führen kann und dadurch die Umformbarkeit noch schneller abnimmt. Diese Effekte sind auch in den in Abbildung 8.13 gezeigten Formänderungskurven ersichtlich. Hier wurden Kupferbleche unterschiedlicher Dicke mit Hilfe von Zugversuchen sowie pneumatischen Bulge-Tests geprüft. Beim Bulge-Test wurden wie üblich neben kreisrunden auch ovale Matrizen eingesetzt, sodass verschiedene Formänderungszustände prüfbar waren. Der Durchmesser der Matrizen war bewusst so groß gewählt, dass die Annahmen der Membrantheorie gültig waren (Kim 2009). Klar zu erkennen ist hier deutlich die Abnahme der Grenzformänderung mit Abnahme der Blechdicke.

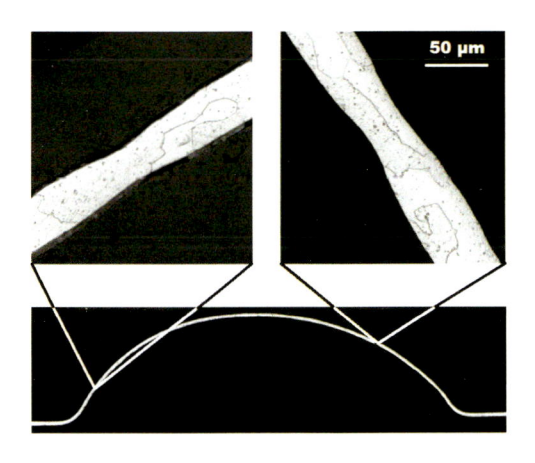

Werkstoff	Al99.5
Blechdicke	52,5 µm
Durchmesser Rohteil	6 mm
Ziehradius	0,4 mm
Laser	TEA CO_2
Pulsanzahl	120
Pulsenergie	600 mJ

Abb. 8.12: *Lokale Verformung beim Streckziehen von Aluminiumfolie mit Tiffany-Struktur (BIAS ID 121466)*

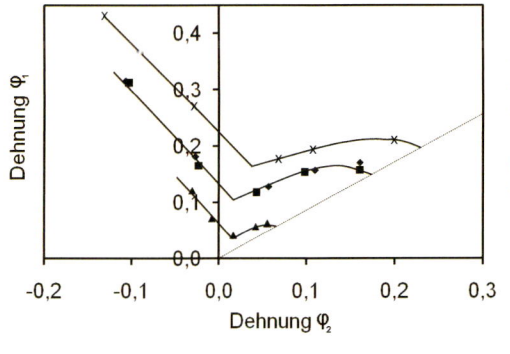

Werkstoff:	Kupfer
Methode:	pneumatischer Bulgetest, Zugversuche

Abb. 8.13: *Grenzformänderungsdiagramme für Kupfer (Daten aus Kim 2009) (BIAS ID 121467)*

Der Effekt der Tiffany-Struktur tritt sinngemäß auch beim Massivumformen auf. Liegen bei Drähten nur einzelne Körner im Querschnitt vor, aber mehrere in der Länge des Drahtes, dann wird von einer Bambusstruktur gesprochen. Zugversuche an Rundstäben aus Messing (CuZn30) mit einem Durchmesser von 0,8 mm zeigten im feinkörnigen Zustand (mittlere Korngröße 32 μm) eine homogene Verformung, während grobkörnige Proben (mittlere Korngröße 211 μm) im Bereich einzelner großer Körner eine diffuse Einschnürung aufwiesen (Parasiz 2007).

8.2 Mikro-Massivumformung

8.2.1 Stoffanhäufen

Das Stauchen wird entweder als freies Stauchen oder Anstauchen eines Stabendes zum Stoffanhäufen eingesetzt. Das Stauchverhältnis stellt eine geometrische Prozessgrenze dar, die den maximal zulässigen Schlankheitsgrad des Ausgangswerkstücks beschreibt und damit letztendlich auch festlegt, in wie viel Stufen umgeformt werden muss, um ein bestimmtes Volumen anstauchen zu können. Das Gefüge, charakterisiert durch die mittlere Korngröße, hat keinen sichtbaren Einfluss auf die Verfahrensgrenze beim in Abbildung 8.14 gezeigten Stauchen von Werkstücken mit size500 und size4800. Geht man von dem im Makrobereich üblicherweise angenommenen Grenzwert von 2,3 für das Stauchverhältnis aus, so erhält man eine maximal zulässige Ausknickung von unter 5 Prozent. Nimmt man den gleichen Wert als zulässig für den Mikrobereich an, so ergibt sich ein maximales Stauchverhältnis von 1,6. Die Ursachen hierfür werden auf die wesentlich größere Empfindlichkeit der Mikroproben auf Verunreinigungen der Anordnung durch Staubkörner zurückgeführt (Messner 1998). Das wesentlich kleinere Stauchverhältnis bedeutet, dass im Mikrobereich mit deutlich mehr Verfahrensstufen gearbeitet werden muss als im Makrobereich.

Insbesondere bei hochlegierten Stählen, die zur dehnungsinduzierten Martensitbildung neigen, ist das mehrstufige Umformen auf Grund der mit der Martensitbildung eintretenden Verfestigung problematisch. Aber auch bei anderen Werkstoffen ist die Abnahme des maximal möglichen Stauchverhältnisses und die damit erforderliche Erhöhung der Stufenzahl bei komplexeren Werkstücken wegen des zunehmenden Aufwands für die Handhabung unerwünscht. Größeneffekte erlauben im Mikrobereich als Abhilfe die Ausnutzung des in Abbildung 8.3 gezeigten Balanceeffekts. Wird ein Drahtende durch lokale Zufuhr von Energie angeschmolzen, so wird der Tropfen in Abhängigkeit des Verhältnisses der ihn am Stab haltenden Oberflächenspannung und der von dort lösenden Gravitationskraft entweder am Stab verbleiben oder abtropfen. Da die Oberflächenspannung eine von der Oberfläche, die Gravitationskraft vom Volumen abhängige Größe ist, ergibt sich im Mikrobereich eine Verschiebung zugunsten des Anhaftens des Tropfens. Daher können im Mikrobereich Geometrien bezüglich des Verhältnisses von Tropfendurchmesser zu Stabdurchmesser realisiert werden, die im Makrobereich nicht möglich wären. Aus der in einer Stufe umgeschmolzenen Stablänge lässt sich ein effektives Stauchverhältnis berechnen. Abbildung 8.15 zeigt, dass auf diese Weise Stauchverhältnisse realisiert werden können, die mit bis zu 500 bei size200 um mehr als einen Faktor 200 über dem liegen, was mit einem konventionellen Stauchprozess realisierbar ist (Stephen 2011).

Das effektive Stauchverhältnis wird im Wesentlichen durch die eingebrachte Energie, im Fall von Abbildung 8.15 durch die Pulsenergie des Laserpulses und nicht durch den Stabausgangsdurchmesser bestimmt, sodass die Methode bezüglich des angehäuften Volumens selbstkorrigierend ist, selbst wenn der Ausgangsdurchmesser des Stabes deutlich variiert. Die Prozessgrenze

Abb. 8.14: *Prozessgrenzen beim Stauchen im Mikro- und Makrobereich. Die bezogene Ausknickung ist die auf den Ausgangsdurchmesser der Proben bezogene Verschiebung der oberen gegenüber der unteren Deckfläche der Zylinderprobe nach dem Stauchvorgang*
(Daten aus Meßner 1998)
(BIAS ID 121468)

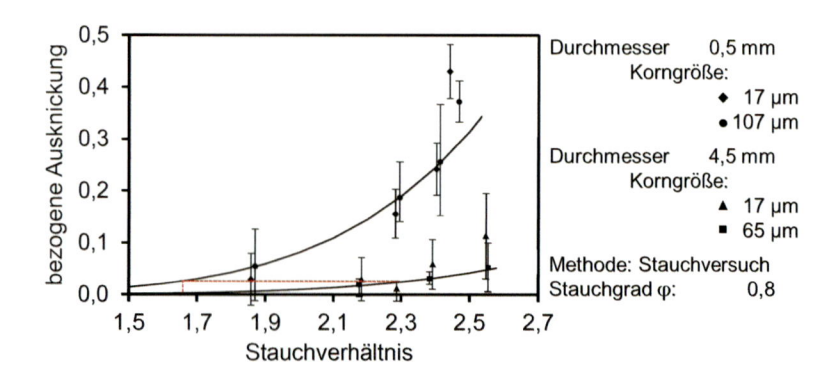

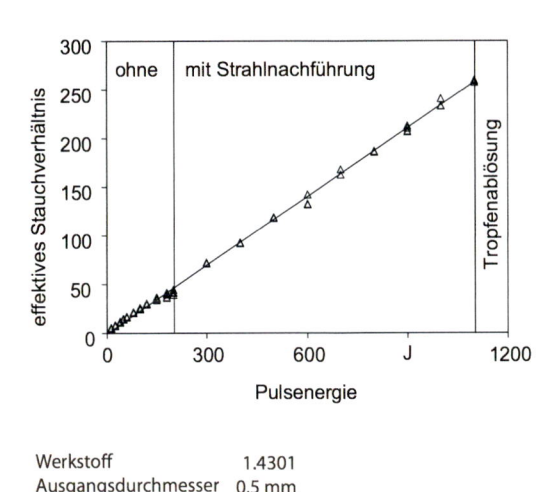

Abb. 8.15: Effektives Stauchverhältnis beim thermischen Anstauchen (BIAS ID 121469)

hinsichtlich des effektiven Stauchverhältnisses ist erst dann erreicht, wenn sich der Tropfen vom Stabende löst. Dies lässt sich aus den Gleichgewichtsbedingungen entsprechend der in Abbildung 8.3 dargestellten Kräfte berechnen.

Beim Stoffanhäufen durch Anschmelzen tritt eine rasche Abkühlung durch Kombination einer Selbstabschreckung mit einem Größeneffekt und eine damit verbundene Ausbildung eines sehr feinkörnigen Gefüges auf. Das große Verhältnis von Oberfläche zu Volumen (Größeneffekt) führt im Zusammenspiel mit der Wärmeableitung über den Stab (Selbstabschreckung) zu Abkühlgeschwindigkeiten von größer 10.000 K/s. Das so entstandene feine Gefüge hat eine sehr gute Umformbarkeit, sodass selbst bei Umformgraden $\varphi > 1{,}8$ noch keine Risse festgestellt wurden. Außerdem kann davon ausgegangen werden, dass die Feinkörnigkeit viele Probleme hinsichtlich einer gleichmäßigen Geometrieausbildung verhindert, wie sie bei grobkörnigen Werkstoffen im Mikrobereich festgestellt wurden.

8.2.2 Fließpressen

Zahlreiche Varianten von Fließpressoperationen wurden vor allem durch die Arbeitsgruppe um Engel untersucht. In einer Studie zum Vollvorwärts- und Napfrückwärts-Fließpressen zeigte sich ein deutlicher Gefügeeinfluss auf die Formabweichungen beim Napfrückwärts-Fließpressen. Die ungleichmäßige Ausbildung der Napfhöhe beim Napfrückwärts-Fließpressen wird auf den starken Einfluss des jeweils örtlich vorliegenden Korns im Gefüge zurückgeführt (Engel 2002). Untersuchungen zum Vollvorwärts-Fließpressen, bei denen vor allem der Kraftwegverlauf betrachtet wurde, finden sich in (Messner 1998). Das kombinierte Napfvorwärts- und Napfrückwärts-Fließpressen wurde in skalierten Versuchen vor allem dafür eingesetzt, um die Einflüsse auf die Reibung zu ermitteln (Tiesler 1999). Alle Untersuchungen bestätigen die grundsätzliche Machbarkeit von Prozessen der Massivumformung auch im Mikrobereich, wobei ein vorrangiges Problem die Beherrschung der Formgenauigkeit der Werkstücke ist.

Ein Größeneffekt, der beim Fließpressen als deutliche Formabweichung in Erscheinung tritt, ist ein Dichteeffekt bei grobkörnigem Werkstoff. Wenn sich die Rohteilstruktur einer Bambusstruktur nähert, dann spielt die individuelle Orientierung der einzelnen Körner eine so dominante Rolle für die lokale plastische Formänderung, dass es abhängig von der individuellen Kornverteilung zu einer mehr oder weniger stark ausgeprägten Krümmung der fließgepressten Schäfte kommt (Abb. 8.16). Bei einer Kornzahl über 15 tritt der Effekt nicht in Erscheinung (Parasiz 2007).

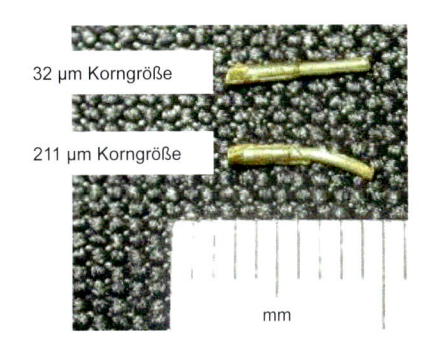

Abb. 8.16: Fließgepresste Teile aus Messing (Ms30) mit einem Ausgangsdurchmesser von 756 µm und einem Schaftdurchmesser von 568 µm. Mittlere Korngröße 32 µm und 211 µm (Krishnan 2007); (BIAS ID 121470)

Eine potenzielle Abhilfemaßnahme gegen die ungleichmäßige Verformung ist die Reduktion der Korngröße des Ausgangsmaterials. Ultrafeinkörniges Aluminium kann durch den ECAP-Prozess hergestellt werden (equal channel angular pressing). Auch wenn die von Rosochowski et al. (Rosochowski 2007) durch Napf-Rückwärts-Fließpressen erzeugten Näpfe mit 1,8 mm Außendurchmesser größer als 1 mm sind, so zeigen sie doch, dass ultrafeinkörniges Aluminium mit einer Korngröße von 0,6 μm gut umformbar ist. An kritischen Stellen der Oberfläche zeigen die Näpfe keine Risse, während gleichgroße Näpfe aus dem gleichen, aber grobkörnigem Werkstoff deutliche Risse aufwiesen.

8.2.3 Stoffverdrängen

Im Bereich der Massivumformung von Makrobauteilen bieten sich zum Stoffverdrängen verschiedene Verfahren an, die dem Bereich des Schmiedens, d. h. der Warmumformung, zuzuordnen sind. Generell ist festzustellen, dass sich die Mikro-Warmumformung trotz verschiedener Ansätze noch nicht etabliert hat. Ein Aspekt ist sicherlich der Formeffekt, durch den kleine Bauteile wesentlich rascher abkühlen als große. Hierdurch ist ein gut kontrolliertes Warmumformen entweder nur mit isothermer Prozessführung oder durch eine entsprechende Erwärmung z. B. mit Hilfe eines Lasers durch ein transparentes Werkzeug (Werkzeug aus Saphir) möglich. Bei Oxidation von empfindlichen Werkstoffen kommt hinzu, dass die Oxidschicht bei kleinen Bauteilen auf Grund der größenunabhängig anzunehmenden Dicke einen wesentlich größeren Anteil am Gesamtquerschnitt haben würde als bei großen Bauteilen. Auch die Entfernung einer solchen Oxidschicht ist bei kleinen Bauteilen außerordentlich aufwändig. Die Reinigungsproblematik der kleinen Bauteile ist auch eine starke Triebfeder für den Einsatz der Trockenumformung in der Mikroumformtechnik. Das Problem liegt weniger im Auftrag des Schmierstoffes als in der Entfernung. Der Trocknungsprozess nach dem Waschen stellt sich dabei häufig als der schwierigste Schritt heraus.

Die Trockenumformung kann neben der Einsparung von Reinigungsprozessen auch außerordentlich positive Aspekte für den Umformprozess bringen. Dies hängt sehr stark vom jeweiligen Umformprozess und von der dabei der Reibung zukommenden Rolle ab. Beim Rundkneten, das der Reduktion des Querschnittes eines zylindrischen Ausgangsteiles dient, stellt die Mikroumformtechnik eine besondere Herausforderung hinsichtlich der Werkzeugtechnik dar. Durch unerwünschtes Fließen von Werkstoff zwischen die Werkzeugkomponenten kann es zu einer Gratbildung kommen, die als Flügelbildung bezeichnet wird. Weitere Versagensfälle sind die Verdrillung der Werkstücke, die Knickung und der Bruch sowie eine übermäßige Rauheit. Abbildung 8.17 zeigt Ergebnisse von Untersuchungen des Rundknetens im Übergangsbereich vom Makro- in den Mikrobereich. Es ist deutlich, dass beim Vorschubrundkneten bei einer Trockenbearbeitung mit wesentlich höheren Vorschubgeschwindigkeiten gearbeitet werden kann als im Fall der Bearbeitung mit Kühlschmierstoff. Dies zeigt eine vorteilhafte Anwendung der Trockenumformung (Kuhfuß 2012).

Abb. 8.17: Erweiterung der Prozessgrenzen durch Trockenumformung beim Rundkneten

Versagen
B Bruch
F Flügel
R Rauheit
V Verdrillung
K Knickung

(Quelle: Kuhfuß 2011)
(BIAS ID 121471)

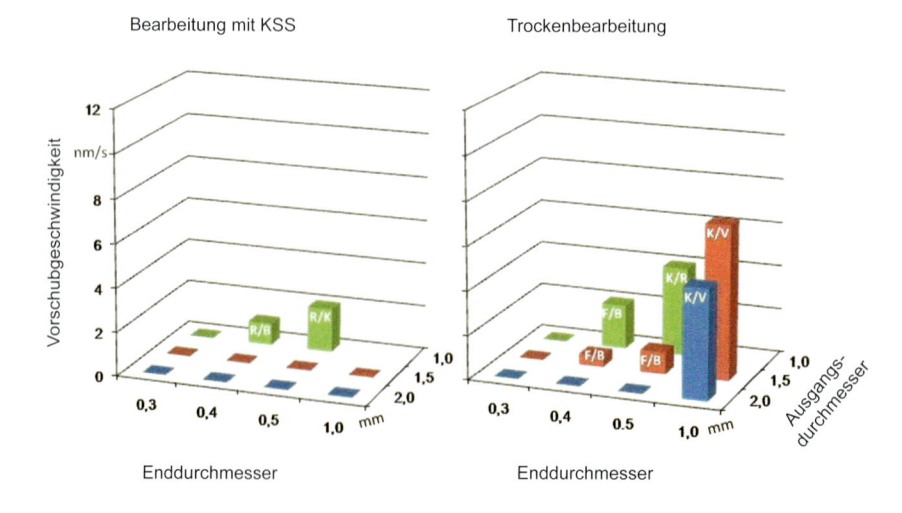

8.3 Mikro-Blechumformung

8.3.1 Biegen

Das Biegen ist das am häufigsten eingesetzte Verfahren in der Mikroblechumformung. Zahlreiche Bauteile, wie z. B. das in Abbildung 8.18 gezeigte Federelement, werden durch eine Kombination von Scherschneiden und Biegen erzeugt. Für die Realisierung solcher Bauteile müssen, wie im Makrobereich, die Biegefolgen und die Handhabungsoperationen gelöst werden. Bezüglich der Genauigkeit spielt vor allem das Rückfederungsverhalten eine wesentliche Rolle. Auf Grund der Zusammenhänge von Geometrie und Werkstoff mit dem Rückfederungswinkel spielt für die Größe der Rückfederung bei ähnlich skalierten Versuchen vor allem die momentane Fließspannung in den äußeren Fasern eine Rolle. Durch den Einsatz größenabhängiger Fließkurven kann in der FEM-Simulation die Rückfederung wesentlich genauer vorhergesagt werden, als dies durch eine Simulation mit Standardwerkstoffdaten möglich ist (Kals 1995).

Neben diesen mit dem Randkornmodell konsistenten Ergebnissen finden sowohl Diehl et al. (Diehl 2007) als auch Parasiz et al. (Parasiz 2010) Abweichungen beim Biegeverhalten. Parasiz et al. untersuchen dazu den Härteverlauf über den Querschnitt, der als proportional zum Dehnungsverlauf angenommen wird. Bei einer Variation von Korngröße und Blechdicke (mit einer Kornzahl zwischen 1,3 und 86) weichen die Ergebnisse insbesondere bei sehr kleinen Kornzahlen von denen ab, die aus dem Randkornmodell zu erwarten wären. Dies wird mit den großen Körnern erklärt, die bis über die mittlere („neutrale') Faser in der Blechmitte ragen und damit Dehnungen auch in der Blechmitte mit sich bringen. Es zeigt, dass neben dem Einfluss der Kornzahl auf die Fließspannung auch noch weitere ggf. orientierungsabhängige Effekte bestehen, die nicht ohne weiteres voneinander zu trennen sind.

Beim Rückfederungsverhalten von Reinkupfer, dargestellt in Abbildung 8.19, lässt sich das über die Variation der Blechdicke festgestellte Rückfederungsverhalten qualitativ allein über die Proportionalität von Rückfederungswinkel und Fließspannung erklären. Im Bereich großer Blechdicken bis hin zu size100 überwiegt der Einfluss des Randkornanteils, durch den die Fließspannung mit abnehmender Blechdicke abnimmt. Damit einher geht eine entsprechende Reduktion des Rückfederungswinkels. Unterhalb size100 steigt die Rückfederung stark an, da dann ein Verfestigungseffekt eintritt, der mit der Strain-Gradient-Plasticity erklärbar ist. Da bei der Skalierung der Versuche auch der Krümmungsradius entsprechend zu skalieren ist, ergibt sich im Bereich sehr dünner Folien ein sehr großer Dehnungsgradient über den Querschnitt. Dieser ist mit einer großen Dichte an geometrisch notwendigen Versetzungen verbunden, die gemäß der Interpretation der Strain-Gradient-Plasticity zu einer deutlichen Festigkeitszunahme führen. Dies verursacht den entsprechenden Anstieg des Rückfederungswinkels (Diehl 2007).

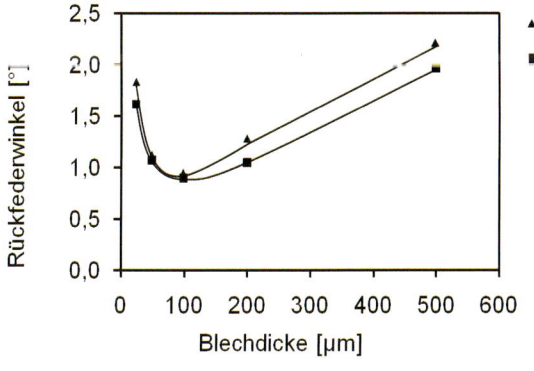

Abb. 8.18: *Mikrobiegeteil (Federelement, Fa. Harting GmbH & Co); (BIAS ID 121472)*

Abb. 8.19: *Rückfederungswinkel beim Biegen von Kupfer (Daten aus Diehl 2007) (BIAS ID 121473)*

Im Mikrobereich ist auch ein Biegen mit Wirkmedium über laserinduzierte Druckstöße möglich. Bei diesem Verfahren wird mit Hilfe eines Kurzpulslasers ein Luftdurchbruch oberhalb des Werkstücks erzeugt, der mit einer Schockwelle einhergeht. Diese Druckwelle beschleunigt das Werkstück auf das Werkzeug und ermöglicht eine Biegeumformung. Entsprechend der vergleichsweise geringen Umformarbeit beim Biegen reichen die üblichen Pulsenergien für ein Biegen von Folien mit einer Dicke unterhalb 100 µm aus. Der Vorteil dieses Verfahrens liegt in der Möglichkeit, berührungslos auch an Stellen umzuformen, die für starre Werkzeuge schwer zugänglich sind. Außerdem erlauben die entsprechenden Laseraggregate Wiederholfrequenzen im kHz-Bereich, sodass eine sehr hohe Produktivität erzielt werden kann.

Auch bei diesem Verfahren liegt eine besondere Problematik in dem sich nach dem Vorgang einstellenden Biegewinkel, der durch den Werkzeugwinkel und die Rückbiegung bestimmt wird. Die Rückbiegung ihrerseits ergibt sich aus der Rückfederung und zusätzlich einem Rückprall, da sich die Energie in der Regel nicht so dosieren lässt, dass das Werkstück mit einer Geschwindigkeit von 0 auf das Werkzeug trifft. Der die Rückfederung deutlich übersteigende Rückprall der Probe wird vollständig durch die Geschwindigkeit bestimmt, die die Probe nach dem elastisch-plastischen Stoß mit dem Werkzeug hat (Wielage 2011).

8.3.2 Streckziehen

Das Streckziehen wird im Mikrobereich häufig in Kombination mit dem Schneiden und Biegen angewendet. In reiner Form wird das Streckziehen mit mechanischer, pneumatischer, hydraulischer quasistatischer Belastung oder laserinduzierter Schockwellenbelastung zur Ermittlung des Formänderungsvermögens eingesetzt. Die Varianten mit Wirkmedium, insbesondere die, die Luft als Übertragungsmedium einsetzen, können außerdem zum Streckziehen mit Hinterschneidungen genutzt werden, was dem Fügen durch Umformen dienen kann.

8.3.3 Tiefziehen

Auf Grund des besonders großen Oberflächen-zu-Volumenverhältnisses und der damit verbundenen großen Adhäsionsneigung ist die Handhabung von Mikrotiefziehteilen und den dazugehörigen Ronden eine besondere Herausforderung. Ein Lösungsweg hierfür ist das auch im Bereich der Makroumformung bekannte Umschneiden, bei dem die Ronden nicht vollständig aus dem Blechstreifen ausgeschnitten, sondern durch schmale Stege gehalten werden. Diese Stege sind so gestaltet, dass sie einerseits eine sichere Positionierung ermöglichen, andererseits den Umformvorgang nur unwesentlich beeinflussen. Eine zweite Lösung, die für die Herstellung von tiefgezogenen Bauteilen in einem Hub anwendbar ist, ist die Kombination des Schneidvorgangs mit einem unmittelbar anschließenden Tiefziehvorgang. Hierbei wirkt der äußere Rand des Niederhalters oder des Ziehrings als Schneidwerkzeug, sodass die ausgeschnittene Ronde unmittelbar im gleichen Hub durch die weiteren Werkzeugelemente tiefgezogen werden kann. Dies garantiert eine Positioniergenauigkeit, die durch die Genauigkeit der Werkzeugfertigung vorgegeben wird. Ein Nachteil dieser Methode liegt darin, dass die Werkzeugelemente abhängig vom Ziehverhältnis sehr schlank ausfallen.

Bei der Prozessauslegung spielt wie bei vielen anderen Prozessen auch die Simulation mit Hilfe der Finite-Elemente-Methode eine wichtige Rolle. Ähnlich wie auch beim Mikrobiegen führt die größenunabhängige Simulation zu einem Kraft-Weg-Verlauf, der deutlich vom realen Verlauf abweicht (Abb. 8.20). Bei der größenabhängigen

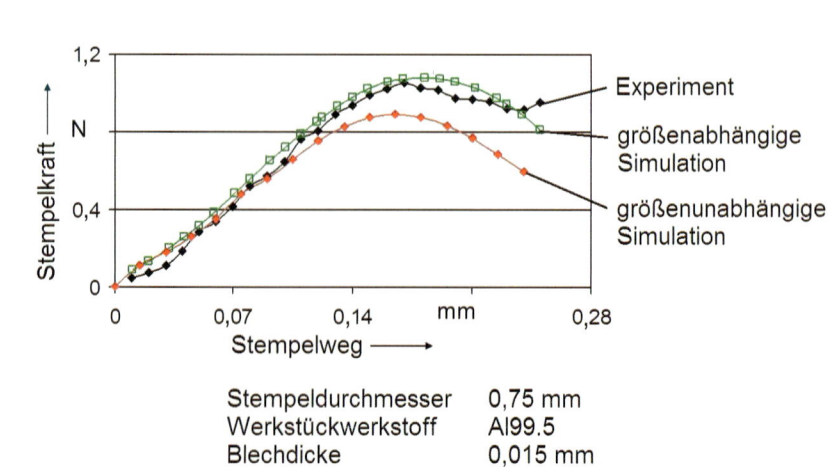

Abb. 8.20: *Verbesserung der Simulation des Tiefziehens durch größenabhängige Reibzahlen (Vollertsen 2006) (BIAS ID 121474)*

Stempeldurchmesser 0,75 mm
Werkstückwerkstoff Al99.5
Blechdicke 0,015 mm

8.3.3 Tiefziehen

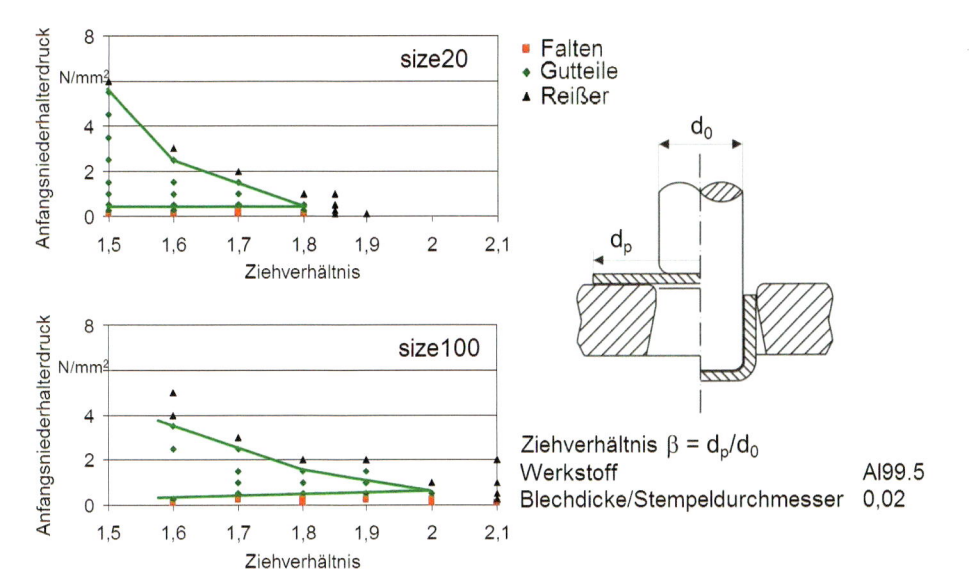

Abb. 8.21: Prozessfenster beim Tiefziehen (BIAS ID 121475)

Ziehverhältnis $\beta = d_p/d_0$
Werkstoff: Al99.5
Blechdicke/Stempeldurchmesser: 0,02

Simulation wurde zusätzlich zur richtigen Fließkurve auch die größenabhängige Reibung korrekt berücksichtigt. Dadurch kann eine erhebliche Verbesserung der Prozessbeschreibung in der Simulation erreicht werden. Die Abweichung am Ende des Tiefziehprozesses ist durch die in der Simulation nicht modellierte Einglättung des Grats der Ronden verursacht.

Sowohl die veränderte Reibung als auch das durch Auftreten der Tiffany-Struktur veränderte Versagensverhalten beeinflusst das Prozessfenster beim Tiefziehen. Abbildung 8.21 zeigt die Tiefziehdiagramme für ein Makrobauteil entsprechend einer Größe size100 und ein Mikrobauteil mit size20. Das Grenzziehverhältnis wird von 2,0 auf 1,8 reduziert. Allein durch Erhöhung der Reibzahl durch den Übergang in den Mikrobereich lässt sich dieser Unterschied nicht erklären. Insbesondere zeigt ein Vergleich der maximalen Ziehkraft bei den Bauteilen, die durch Bodenreißer versagten, dass die Ziehkraft deutlich unter der aus der Spannungs-Dehnungskurve erwarteten Größenordnung lagen. Dies lässt sich durch ein lokalisiertes Versagen, bedingt durch die Tiffany-Struktur, erklären. Hierbei kann ein einzelnes ungünstig orientiertes Korn zu einem lokalen Versagen deutlich unterhalb der aus der Spannungs-Dehnungskurve vorhergesagten Kraft erfolgen. Dies kann insbesondere im Bereich zwischen Ziehring und Stempel in der anfänglichen Streckziehphase auftreten, aber auch während des eigentlichen Tiefziehens. Abhilfe könnte hier die Verwendung eines ultrafeinkörnigen Materials bieten, ähnlich wie dies im Bereich der Mikromassivumformung erprobt wurde.

Eine alternative Abhilfemaßnahme, wie sie in der industriellen Anwendung des Mikrotiefziehens gängig ist, ist der Weg über eine vielstufige Umformung. Prozessketten mit 15 oder mehr Ziehstufen für die Herstellung von tiefgezogenen Mikroumformteilen sind keine Seltenheit. Rohrähnliche Werkstücke, die mit hoher Genauigkeit nahtlos herzustellen sind, werden häufig über vielstufige Tiefziehprozesse und ein abschließendes Entfernen des Bodens erzeugt. Damit sind Bauteile sehr hoher Genauigkeit und einem extremen Schlankheitsgrad realisierbar, wie sie Abbildung 8.22 zeigt. Auch das etwas kürzere rotationssymmetrische Bauteil mit der Durchmesserabstufung ist über einen mehrstufigen (18 Stufen) Tiefziehprozess erzeugt und dient als Welle in Mikromotoren für den Vibrationsalarm von Handys. Da die dazugehörigen Werkzeuge und die Prozessabstufungen erhebliche Ent-

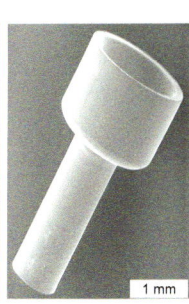

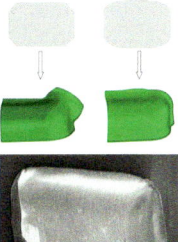

Abb. 8.22: Mehrstufig hergestellte Tiefziehteile und einstufig gezogener Rechtecknapf (vlnr: Hülse Fa. Braxton; Motorwelle, Bild: U. Engel; Rechtecknapf ohne und mit optimierter Platinengeometrie) (BIAS ID 121476)

633

wicklungsarbeit erfordern, gehören sie zum zentralen Knowhow der Hersteller und sind gut gehütetes Betriebsgeheimnis.

Neben den rotationssymmetrischen Bauteilen ist auch die Herstellung von Rechteckteilen möglich. Der Napf, den die Ameise in Abbildung 8.22 transportiert, wurde in einem Zug mit Restflansch erstellt. Durch Anpassung der Platinenform, die über eine FE-Simulation ermittelt wurde, ist es möglich, einen derartigen Rechtecknapf mit geradem Rand ohne Flansch (ohne ein anschließendes Beschneiden) herzustellen.

Literatur zu Kapitel 8

Deng, J. H.; Fu, M. W.; Chan, W. L.: Size effect on material surface deformation behaviour in micro-forming process. Mat. Sci. and Engng. A 528 (2011), S. 4799 – 4806.

Diehl, A.; Geißdörfer, S.; Engel, U.: Investigation of Size Dependend Mechanical Properties of Metal Foils in Micro Sheet Metal Forming Processes. Proceedings of the 2nd ICOMM, Clemson University, Greenville, USA, 2007, S. 156 – 161.

Engel, U.; Eckstein, R.: Microforming – from basic research to its realization. Journal of Materials Processing Technology 125-126 (2002), S. 35 – 44.

Engel, U.: Tribology in Microforming. An International Journal on the Science and Technology of Friction, Lubrication and Wear, WEAR 260 (2006), S. 265 – 273.

Geiger, M.; Vollertsen, F.; Kals, R.: Fundamentals on the manufacturing of sheet metal microparts. CIRP-Annals - Manufacturing Technology 45 (1996) 1, S. 277 – 282.

Geiger, M.; Kleiner, M.; Eckstein, R.; Tiesler, N.; Engel, U.: Microforming. Annals of the CIRP 50 (2001) 2, S. 445 – 462.

Geiger, M.; Tiesler, N.; Engel, U.: Cold Forging of Microparts. Production Engineering Research and Development 10 (2003) 1, S. 19 – 22.

Gong, F.; Fuo, B.; Wang, C. J.; Shan, D. B.: Effects of lubrication conditions on micro deep drawing. Microsystem Technologies 16 (2010) 2, S. 1741 – 1747.

Hu Z.; Vollertsen F.: A new friction test method. Jour. for Technology of Plasticity 29 (2004) 1-2, S. 1 – 9.

Justinger, H.; Hirt, G.: Estimation of grain size and grain orientation influence in microforming processes by Taylor factor considerations. Journal of Materials Processing Technology 209 (2009), S. 2111 – 2121.

Kals, R.; Pucher, H.-J.; Vollertsen, F.; Geiger, M.: Effects of specimen size and geometry in metal forming. Advances in Material and Processing Technologies (1995), S. 1288 – 1297.

Kim, J.; Hoffmann, H.; Golle, M.; Golle R.: Untersuchungen zum Werkstoffverhalten von sehr dünnen Kupferblechen. In: Vollertsen, F. (Hrsg.): Größeneinflüsse bei Fertigungsprozessen. Bremen (2009), S. 267 – 286.

Krishnan, N.; Cao, J.; Dohda, K.: Study of the Size Effect on Friction Conditions in Micro-extrusion: Part 1 – Micro-Extrusion Experiments and Analysis. ASME Jour. of Manufacturing Sci. and Engng. 129 (2007) 4, S. 669 – 676.

Kuhfuss, B.; Moumi, E.; Piwek, V.: Effects of dry machining on process limits in micro rotary swaging. Proc. 7th Int. Conf. on MicroManufacturing (ICOMM 2012) Evanston/IL, USA, 2012, S. 243 – 247.

Meßner, A.: Kaltmassivumformung metallischer Kleinstteile – Werkstoffverhalten, Wirkflächenreibung, Prozessauslegung: Fertigungstechnik Erlangen 75, Hrsg.: M. Geiger, K. Feldmann Meisenbach Bamberg (1998)

Parasiz S. A.; Kinsey, B. L.; Krishnan, N.; Cao, J.; Li, M.: Investigation of deformation size effect during microextrusion. Journ. of Manufacturing Sci. and Engng. 129 (2007), S. 690 - 697

Parasiz S. A.; Benthysen R. van; Kinsey, B. L.: Deformation size effect due to specimen and grain size in microbending. Journ. of Manufacturing Sci. and Engng. 132 (2010).

Pawelski, O.; Lueg, W.: Versuche und Berechnungen über das Ziehen und Einstossen von Rundstäben. Stahl und Eisen 81 (1961) 25, S. 1729 – 1739.

Pawelksi, O.; Dahl, W.; Koop, R.: Ähnlichkeitstheorie in der Umformtechnik. Umformtechnik, Plastomechanik und Werkstoffkunde, Springer, Berlin 1993, S. 158 – 176.

Rosochowski, A.; Wojciech, P.; Olejnik, L. Riechert, M.: Micro-extrusion of ultra-fine grained aluminium. Int. Journ. Adv. Manuf. Technol. (2007), S. 137 – 146.

Stephen A.; Vollertsen F.: Influence of the rod diameter on the upset ratio in laser-based free form heading. Steel Research International, Special Edition: 10th Int. Conf. on Technology of Plasticity (ICTP 2011), Wiley-VCH, Weinheim 2011, S. 220 – 223.

Tiesler, N.; Engel, U.; Geiger, M.: Forming of micropartseffects of miniaturization on friction. Proceedings of the 6th ICTP, Sept 19-24; (1999), S. 889 – 894.

Vollertsen, F.; Hu, Z.: Tribological Size Effects in Sheet Metal Forming Measured by a Strip Drawing Test. CIRP Annals 55 (2006) 1, S. 291 – 294.

Vollertsen, F.: Categories of size effects. Production Engineering - Research and Development 2/4 (2008a), S. 377 – 383.

Vollertsen, F.; Hu, Z.: Determination of size-dependent friction functions in sheet metal forming with respect to the distribution of contact pressure. Production Engineering - Research and Development 2 (2008b) 4, S. 345 - 350.

Vollertsen, F.; Biermann, D.; Hansen, H. N.; Jawahir, I. S.; Kuzman, K.: Size effects in manufacturing of metallic components. CIRP Annals - Manufacturing Technology 58 (2009) 2, S. 566 - 587.

Vollertsen, F: Effects on the deep drawing diagram in micro forming. Production Engineering Research and Development 6 (2011a) 1, S. 11 - 18.

Vollertsen, F.: Size Effects in Micro Forming. 14th International Conference on Sheet Metal (Sheet Metal 2011), Trans Tech Publications, Zürich-Durnten 2011b, S, 3 - 12.

Wielage, H.: Hochgeschwindigkeitsumformen durch laserinduzierte Schockwellen. Strahltechnik Bd. 44, BIAS, Bremen 2011, S. 95ff.

Yamaguchi; Mellor, P. B.: Thickness and grain size dependence of limit strains in sheet metal stretching. Int. Jour. mech. Sci. 18 (1976), S. 85 - 90.

# Sonderverfahren

Überblick zu Kapitel 9	639
9.1 Umformen mit speziellen physikalischen Effekten	**639**
9.1.1 Hochgeschwindigkeitsumformung	639
9.1.2 Umformung mit lokalem Wärmeeintrag	646
9.1.3 Umformen mit Schwingungsüberlagerung	649
9.2 Hochflexible Umformverfahren	**652**
9.2.1 Grundlagen	652
9.2.2 Blechumformung	653
9.2.3 Massivumformung	658

Überblick zu Kapitel 9

Wolfgang Voelkner

Das Kapitel Sonderverfahren gliedert sich in:

- Umformen mit speziellen physikalischen Effekten und
- Hochflexible Umformverfahren.

Im ersten Themenkomplex geht es um die Einflussnahme auf das stoffliche und geometrische Werkstoffverhalten durch den besonderen Einsatz von physikalischen Größen, die z. B. gestatten,

- die Grenzen des Umformvermögens herkömmlicher Verfahren zu erweitern,
- die Form- und Maßgenauigkeit zu verbessern,
- Werkstoffe zu verarbeiten, die mit konventionellen Verfahren nur begrenzt oder gar nicht umformbar sind, oder
- Bauteile mit lokal unterschiedlichen mechanischen Eigenschaften herzustellen.

Größere Bedeutung in der industriellen Praxis haben solche Maßnahmen erfahren, wie z. B.

- die Anwendung hoher Geschwindigkeiten,
- das Aufbringen lokaler Erwärmung oder
- die Überlagerung von Schwingungen.

Der zweite Themenkomplex dient der Darstellung sehr flexibler Umformverfahren. Die Domäne der überwiegenden Zahl an Umformverfahren sind die großen Stückzahlen. Infolge der in den Werkzeugen gegensinnig zum Werkstück gespeicherten Geometrie sind diese durch hohen Aufwand an Werkzeugstoff und Herstellung kostenintensiv. Um diese Kosten zu kompensieren, bedarf es der Einsparung an Werkstückstoff und Fertigungszeit, wozu oft große Stückzahlen Voraussetzung sind. Im Unterschied dazu können durch die spanende Fertigung mit einfachen Werkzeugen und räumlichen Bewegungen auch kleine Stückzahlen mit hoher Genauigkeit wirtschaftlich hergestellt werden. Allerdings erfordert diese Art der Herstellung einen höheren Werkstoffeinsatz und längere Fertigungszeiten. Begünstigt durch die Automatisierung, den Zwang zur Material- und Energieeinsparung und die Anpassung an Kundenwünsche gewinnen auch die flexiblen Verfahren der Massiv- und Blechumformung zunehmend an Bedeutung.
Darunter fallen Verfahren wie z. B.

- die inkrementelle Blechumformung,
- das flexible Biegen,
- das Rundkneten oder
- das Profilwalzen.

9.1 Umformen mit speziellen physikalischen Effekten

9.1.1 Hochgeschwindigkeitsumformung

Verena Kräusel

9.1.1.1 Verfahrensbeschreibung

Die Hochgeschwindigkeitsumformung ist der Oberbegriff für die seit vielen Jahren bekannten und praktizierten Verfahren zur Realisierung hochdynamischer Umformoperationen mit schlagartiger Umsetzung einer gespeicherten Energiemenge. Sie wird u. a. zur Formgebung von Bauteilen der Blech- und Massivumformung, zum form- und stoffschlüssigen Fügen sowie Plattieren, aber auch zum Trennen oder zum Ändern von Werkstoffeigenschaften eingesetzt. Ihr werden all jene Verfahren zugeordnet, bei denen Werkstoffe unter extrem hohen Geschwindigkeiten umgeformt werden. Eingeteilt nach der Art der Energieübertragung, ergibt sich die in Abbildung 9.1 auf der folgenden Seite dargestellte Verfahrensübersicht.
Vergleicht man die mit diesen Verfahren erzielbaren Umformgeschwindigkeiten als erste Ableitung des Umformgrads nach der Zeit mit den für konventionelle Verfahren möglichen Geschwindigkeitswerten, ergibt sich die nachfolgende Abbildung (Abb. 9.2 auf der folgenden Seite):
Durch Hochgeschwindigkeitsumformung sind prinzipiell alle metallischen Werkstoffe, auch hochfeste Metalllegierungen, bearbeitbar. Die Vorteile liegen vorwiegend in der hohen Vorgangsgeschwindigkeit und in den Möglichkeiten Werkstoffe zu verarbeiten, die mit konventionellen Umformverfahren nur bedingt umformbar sind.
Bei den Explosionsverfahren wird die erforderliche Energie durch Sprengstoff gewonnen und durch Wasser, Luft, Öl oder Sand auf den umzuformenden Werkstoff übertragen. Die erreichbaren Umformgeschwindigkeiten bei den Explosionsverfahren liegen beim Einsatz von flüssigen Übertragungsmedien bei ca. 300 m/s und beim Einsatz gasförmiger Medien bei bis zu 8.000 m/s. Charakteristisch ist dabei je nach eingesetztem Explosivstoff eine extrem kurze Druckaufbauzeit mit einem anschließend weitestgehend räumlich homogenen Druckverteilungsfeld auf der Werkstückoberfläche. Dies bildet gleichzeitig die Grundlage für die Realisierung großer Formänderungen im Werkstoff.

9.1 Umformen mit speziellen physikalischen Effekten

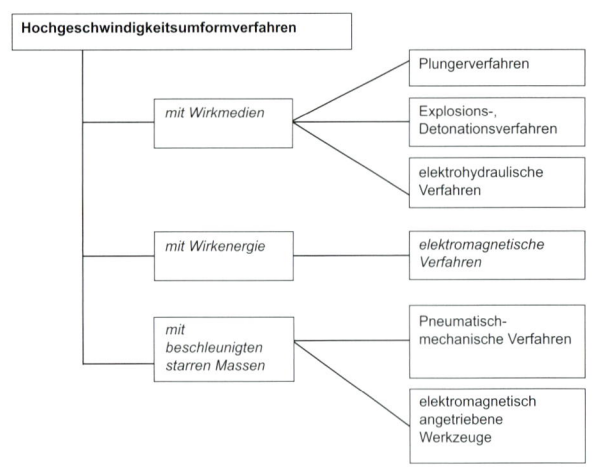

Abb. 9.1: Einteilung der Hochgeschwindigkeitsumformverfahren (Beerwald 2004)

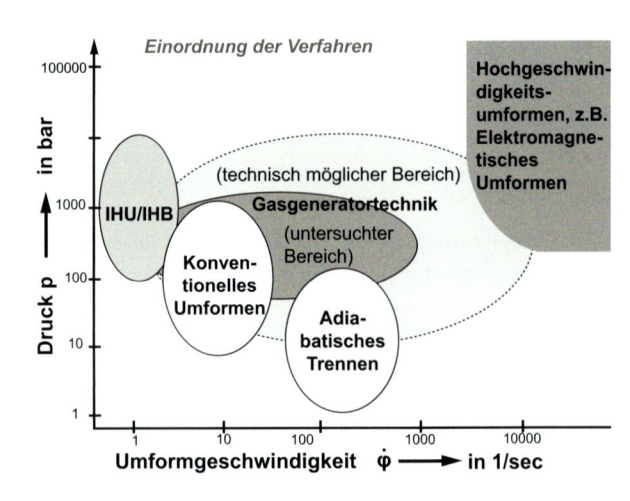

Abb. 9.2: Einordnung der Verfahren nach der Umformgeschwindigkeit (Neugebauer et al. 2008)

Merkmal der elektrohydraulischen Verfahren ist, dass durch eine Hochspannungsentladung unter Wasser eine Druckwelle erzeugt wird, die den Werkstoff umformt. Bei Nutzung dieses starken Druckimpulses zur Ausformung lokal begrenzter Formelemente, die bei reiner hydromechanischer Umformung nur unter sehr hohem Druck ausformbar wären, ist von Vorteil, dass durch die Kürze des Impulses die entstehenden Reaktionskräfte praktisch vollständig durch die Massenträgheit des Werkzeugs und der Presse aufgenommen werden (Andrist 2004).

Bei den elektromagnetischen Verfahren erfolgt die Erzeugung elektromagnetischer Druckimpulse zur berührungslosen Umformung elektrisch leitender Werkstoffe durch die Entladung einer Kondensatorbatterie über eine Spule. Die hohen Umformgeschwindigkeiten von bis zu 10^5 s^{-1} ermöglichen, physikalische Effekte gezielt technologisch für die Erreichung höherer Umformgrade oder die Herstellung komplexer Werkstückgeometrien nutzbar zu machen. Als erforderliche Druckmaxima werden von Beerwald (Beerwald 2009) für die meisten Umformaufgaben 200 MPa und mehr angegeben, die bei der Auslegung der Spulen zu beachten sind.

Nicht zuletzt zählt auch das Umformen mit Hochgeschwindigkeitshämmern zum Hochgeschwindigkeitsumformen. Für die sogenannten pneumatisch-mechanischen Verfahren wurden spezielle Maschinen entwickelt, sodass über hochverdichtete Gase der Arbeitskolben und damit das Umformwerkzeug eine entsprechend hohe Geschwindigkeit erfahren.

9.1.1.2 Vor- und Nachteile

Wirkt der erzeugte Impuls unmittelbar auf die Werkstückoberfläche und wird somit nicht zur Beschleunigung von Werkzeug-Aktivteilen (z.B. Schneidstempel) eingesetzt, spricht man auch von Hochgeschwindigkeitsumformverfahren nach dem direkten Prinzip.

Gegenüber der konventionellen Blechumformung lassen sich damit folgende Vorteile aufzeigen (Löschmann 2007):

- hohe erreichbare Dehnungen (Erhöhung der Dehnraten auf > 1.000 s^{-1}) und große Formänderungen (Erhöhung der Fließspannung auf 200 bis 300 Prozent),
- hohe Formgenauigkeit der Bauteilgeometrien, Verringerung von Rückfederungseffekten,
- besseres Kalibrierungsverhalten durch Werkstoffverfestigung sowie
- Reduzierung von Falten oder Einschnürungen durch Trägheit gegen Instabilitäten.

Da die Magnetspule in einem gewissen Bereich ein universell einsetzbares Oberwerkzeug darstellt bzw. die Gasgeneratoren je nach Umformaufgabe beliebig in einer Werkzeughälfte platzierbar sind, kann auf die für die Umformoperationen notwendigen Tiefzieh- oder Kalibrierstempel verzichtet werden, sodass einerseits eine verbesserte Oberflächengüte erreichbar und andererseits eine Reduzierung der Werkzeugkosten möglich ist.

In Bezug auf die Anwendung zum Schneiden ist eine Verbesserung der Schnittflächenqualität und Reduzierung des Schnittgrats zu nennen. Bei der Verarbeitung von Aluminium sind zudem eine Minimierung der Flitterbildung sowie eine Reduzierung von Kaltaufschweißungen zu verzeichnen. Da auf den verschleißanfälligen Schneidstempel verzichtet werden kann, verbessert sich die Standmenge der Werkzeuge.

Seitens des Prozesses lassen sich kurze Taktzeiten realisieren, es kann ohne zusätzlichen Schmierstoffeinsatz gefertigt werden und die Reproduzierbarkeit des Umformprozesses lässt sich als gut einschätzen.

In Bezug auf die Kriterien zur wirtschaftlichen Anwendung der Hochgeschwindigkeitsumformverfahren werden im Allgemeinen angegeben (Autorenkollektiv 1966):

- Herstellung von Einzelstücken oder Kleinserien,
- Einsatz hochfester Werkstoffe,
- Herstellung sehr großer Werkstücke, für die keine Pressen mit entsprechender Kraft bzw. Tischabmessung zur Verfügung stehen sowie
- Wegfall zwischenzeitlicher oder nachfolgender Wärmebehandlungen.

Mit der Anwendung hoher Geschwindigkeiten ist jedoch das Auftreten einer Reihe von Phänomenen in der Umform- und Schneidzone verbunden, die in Abhängigkeit vom jeweiligen Prozess das Verformungs- bzw. Versagensverhalten der Blechwerkstoffe beeinflussen. Dazu zählen

- Schädigungsprozesse, hervorgerufen durch die Entstehung und das Wachstum von Poren,
- plastomechanische Prozesse, die zu den gegenläufigen Effekten der thermisch induzierten Entfestigung sowie der dehnrateninduzierten Verfestigung des Materials führen,
- thermische Prozesse, die auf Grund der Kürze der Prozessdauer z. B. eine lokal begrenzte Erwärmung in der Trennzone zur Folge haben sowie
- Strukturumwandlungen in Form von Phasenumwandlungen und Gefügeveränderungen.

Zudem ist das Auftreten einer dynamischen Erholung und einer dynamischen Rekristallisation während der Verformung (Abb. 9.3) sowie ein daraus resultierender Einfluss auf die Fließspannung festzustellen (Meyer et al. 2009).

Daraus erwächst die Notwendigkeit, temperatur- und geschwindigkeitsabhängige Werkstoffparameter zu ermitteln, um das Werkstoffverhalten beschreiben zu können und um die numerische Abbildung der Prozesse zu ermöglichen. Die Berücksichtigung hoher Umformgeschwindigkeiten und der damit verbundenen adiabatischen Erwärmung eines Werkstücks in der FE-Simulation ist prinzipiell mit den meisten kommerziell verfügbaren Mehrzweckprogrammen (General Purpose Software) wie beispielsweise Abaqus/Explicit® möglich. Sie verfügen über ausgereifte explizite Gleichungslöser mit vielfältigen Einstellungsmöglichkeiten und Elementen zur Modellierung voll thermomechanisch gekoppelter Probleme. Für Magnetumformprozesse sind neben den genannten Phänomenen auch Trägheitseffekte und das Auftreten von Lorentz-Kräften durch das zeitlich veränderliche Magnetfeld zu berücksichtigen.

9.1.1.3 Anwendungsbeispiele

Gasgeneratortechnik

Die eingesetzten Explosivmaterialien unterscheiden sich in Hochdruck- (z. B. TNT) und Niederdruckstoffe (z. B. auf Schwarzpulverbasis). Die beispielsweise im Airbag ver-

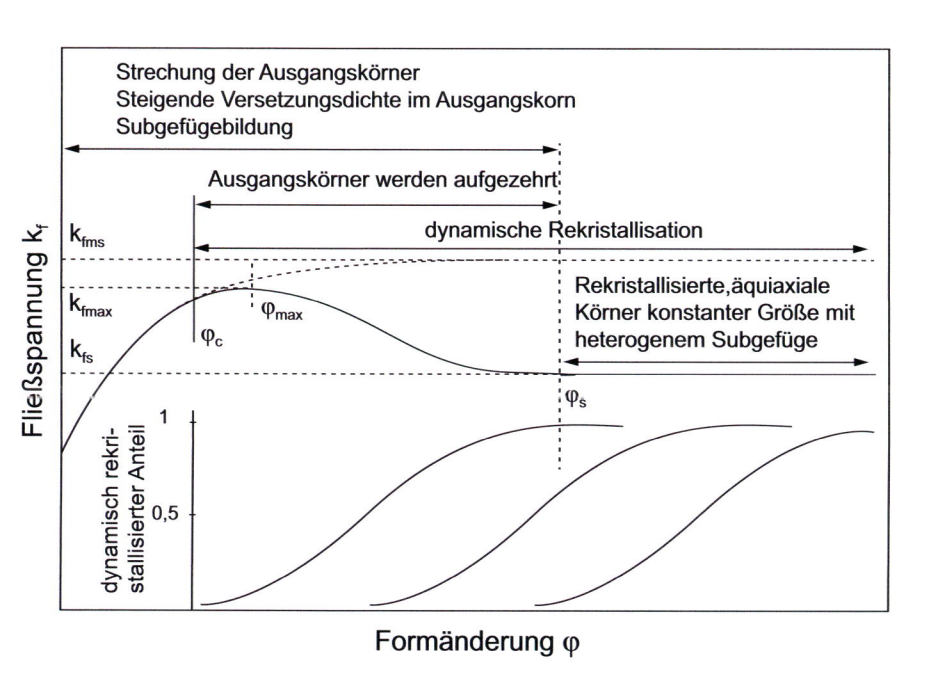

Abb. 9.3: *Warmfließkurven und auftretende Gefügeänderungen bei Verformungsverfestigung, dynamischer Erholung und dynamischer Rekristallisation, nach Sellars (Meyer et al. 2009)*

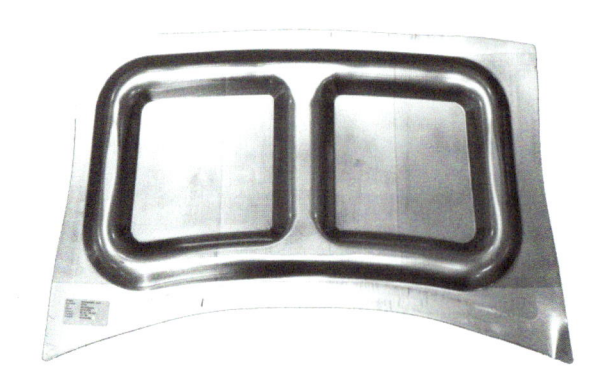

9.1 Umformen mit speziellen physikalischen Effekten

Abb. 9.4: Ausgeformte Motorhaube aus DC04 (Neugebauer et al. 2008)

Abb. 9.6: Umformen und Schneiden mittels EMPT (Quelle: PSTproducts)

wendeten Gasgeneratorsätze enthalten in der Regel folgende Treibgas liefernde Hauptkomponenten:

- Natriumazid (NaN_3) oder
- Nitrocellulose (NC).

Die als Pulvertablette im industriellen Maßstab herstellbaren Gasgeneratoren zeigen ein gutes Anzünd- und Verbrennungsverhalten und sind außerdem kostengünstig. Über die Variation der Zusammensetzung und Verdichtung sind Eigenschaftsänderungen zur Gewährleistung einer großen Anwendungsbreite realisierbar.

Die wirkmedienbasierte Fertigung von Blechformteilen auf der Basis komprimierter Gase eignet sich für die Herstellung komplexer Bauteile und schwierig umformbarer Werkstoffe. Neben den besseren Oberflächengüten und Genauigkeiten infolge günstiger tribologischer Bedingungen während der Umformung kann zusätzlich eine Verschiebung der umformtechnischen Grenzen zu höheren Formänderungsgraden durch das spezifische Umformgeschwindigkeitsprofil erzielt werden. Dabei ist durch die chemische Formulierung des Gasgenerators mit seinen Grundkomponenten Hexogen, Ammoniumnitrat und einem Binder eine gezielte Steuerung des Umformprozesses möglich (Neugebauer et al. 2006). Die geringeren Werkzeugkosten (gegenüber Tiefziehen bzw. IHB-Verfahren) und die mögliche Reduzierung der erforderlichen Umformstufen führen neben den wissenschaftlichen Erkenntnissen darüber hinaus auch zu wirtschaftlichen Effekten.

Die grundlegenden Untersuchungen erstreckten sich von der wirkmedienbasierten Umformung von Näpfen bis hin zu mittelgroßen Blechen, aus denen eine Modell-Motorhaube hergestellt wurde (Abb. 9.4).

Nutzung des elektromagnetischen Impulses

Gepulste elektromagnetische Felder bieten bei hinreichender Feldstärke die Möglichkeit, metallische Bauteile gezielt umzuformen. Die Technologie dazu wird in der Fachliteratur als EMU – Elektromagnetische Umformung, EMPT – Elektromagnetische Pulsformtechnologie oder auch EMF – Electromagnetic Forming bezeichnet.

Einerseits wird der industrielle Einsatz für die Umformung von Rohren und Profilen durch Kompression oder Expansion beschrieben (Winkler 1973), andererseits wird die Hauptanwendung im Bereich des form- oder auch stoffschlüssigen Fügens von Profilen gesehen (Schäfer 2009). Darüber hinaus sind durch elektromagnetische Impulse auch das Umformen und Kalibrieren flächiger Bauteile aus Blechhalbzeugen (Daehn, Al 1997) möglich Abbildungen 9.5 und 9.6 zeigen einige Beispiele aus der Praxis.

Die Untersuchungen zur elektromagnetischen Umformung (EMU) zeigen, dass die Umformung von Profilen industriell beherrscht wird, jedoch momentan noch kei-

Abb. 9.5: Beispiele für die Anwendung der EMU-Reflektoren und elektrische Kraftstoffpumpen (Quelle: MAGNEFORM®)

9.1.1 Hochgeschwindigkeitsumformung

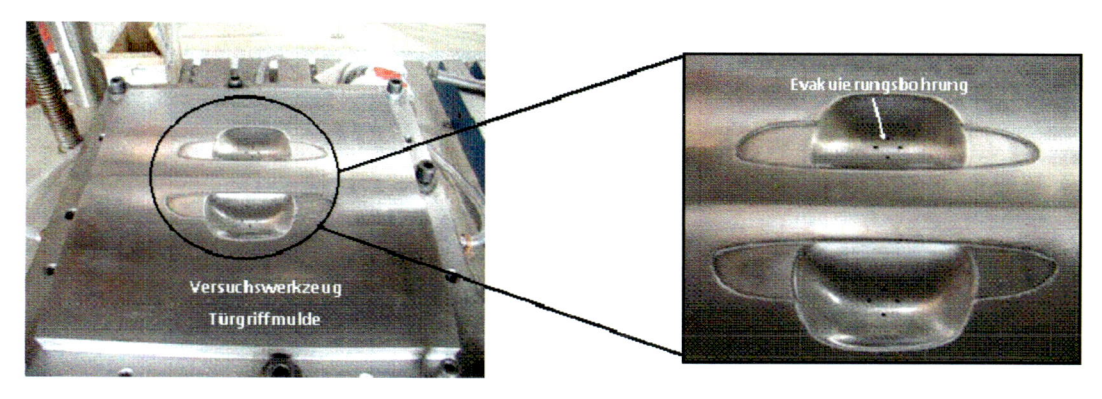

Abb. 9.7: Werkzeugaufbau

ne komplexen flächigen Bauteilgeometrien vollständig darstellbar sind. Hier beschränkt sich der Einsatz auf die Fertigung von Nebenformelementen, wie z. B. Logos, Formfelder oder Sicken, die in guter Qualität ausformbar sind. So konnten beispielsweise bei einer Türgriffmulde sehr saubere Konturlinien mit kleinen Radienbereichen erzeugt werden (Abb. 9.7 und 9.8). Der bei der EMU zu beachtende Effekt der Bodenreflektion ist durch den geschickten Einsatz der Impulsenergie, gegebenenfalls auch in mehreren Stufen, zu beherrschen.

9.1.1.4 Anlagentechnik

Gasgeneratortechnik

Für die Anwendung der Gasgeneratortechnik sind keine speziellen Anlagen erforderlich, da die Brennkammern direkt im Werkzeug positioniert werden und mittels herkömmlicher Pressen oder über Zuhalteeinrichtungen lediglich verhindert werden muss, dass sich das Werkzeug während des Umformvorganges öffnet. Das Versuchswerkzeug zur Herstellung der Modell-Motorhaube (Abb. 9.9) wurde in einer hydraulischen TryOut-Presse EHP 16.000 eingesetzt. Die Schließkraft lag in Abhängigkeit vom verwendeten Gasgenerator und Werkstoff zwischen 4.000 und 6.000 kN. Durch Variation der eingesetzten Gasgeneratormenge sowie des zeitlichen Versatzes der Zündung der Doppelkammern wurden der Druckverlauf sowie der Maximaldruck optimiert. Das mittlere Druckmaximum von 15 MPa konnte bei ca. 75 ms erreicht werden. Die Auswertung berasterter, umgeformter Platinen ergab, dass im Gegensatz zum konventionellen Tiefziehprozess eine gleichmäßige Wanddickenverteilung (< 10 Prozent Dehnung) in den Umformzonen erreicht wurde.

Elektromagnetische Umformung

Die Anlagen für die elektromagnetische Umformung bestehen grundsätzlich aus folgenden Komponenten:

- Energiespeicher (überwiegend niederinduktive Stoßstromkondensatoren),
- Hochstromschalter (Vakuumschalter (Funkenstrecke), Ignitrons oder Thyristoren),
- Werkzeugspule (Kompressions-, Expansions-, Flachspulen).

Die nachfolgende Abbildung enthält den prinzipiellen Aufbau einer solchen Anlage (Abb. 9.10). Prinzip ist, die elektrische Energie einer Kondensatorbatterie in die

Abb. 9.8: Türgriffmulde aus AA 6016, Blechdicke: 1,0 mm; ausgeformt mittels gezielt gestufter Impulsenergie (Löschmann et al. 2006)

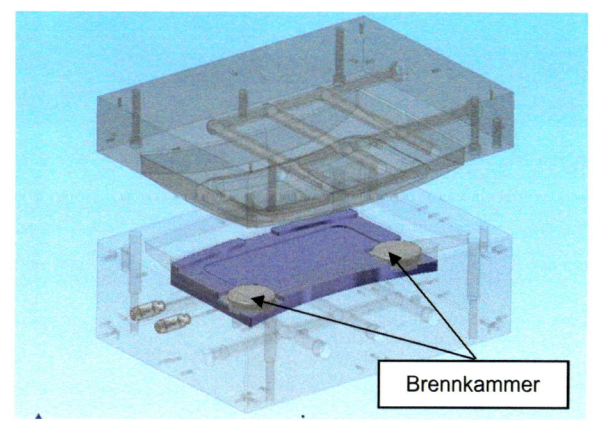

Abb. 9.9: Schematische Darstellung des Gasgeneratorwerkzeugs (Neugebauer et al. 2008)

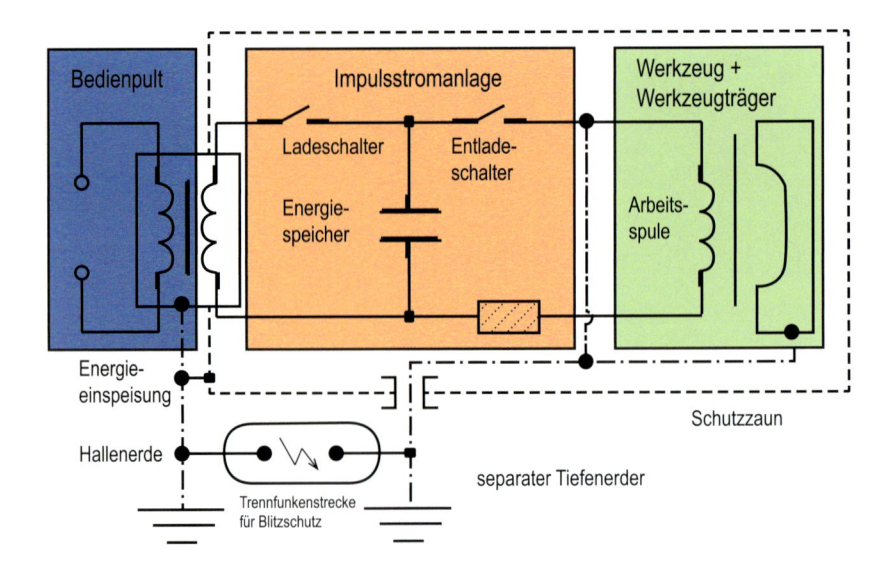

9.1 Umformen mit speziellen physikalischen Effekten

Abb. 9.10: Schematische Darstellung des Schaltprinzips (Löschmann 2007)

Magnetfeldenergie einer Arbeitsspule umzuwandeln, sodass die abstoßende Wirkung dieses Magnetfeldes auf ein elektrisch leitendes Werkstück zum Umformen oder auch Schneiden genutzt wird. In Abbildung 9.11 ist die Umsetzung in eine reale Anlage zu sehen.

Bei der Auswahl der Anlage sollte vor allem auf eine geringe innere Induktivität geachtet werden, um verlustarm die Energiemenge in der Werkzeugspule umzusetzen. Je nach Anwendungsfall stellt darüber hinaus der maximal zulässige Entladestrom ein wesentliches Kriterium für die Anlagenauswahl dar.

Tabelle 9.1 zeigt beispielhaft die Anlagenparameter ausgewählter Hersteller bei vergleichbarer Energiemenge.

Die einzelnen Verfahrensvarianten Expansion, Kompres-

Tab. 9.1: Parameter der Anlagen ausgewählter Anbieter

Kenndaten	SSG 3020 Poynting GmbH (Baerwald 2009)	MPW 25 Pulsar Ltd.™ (pulsar.co.il)	Pulsgenerator PS30 PST products GmbH (pstproducts.com)
Maximale Ladeenergie [kJ]	30	25	30
Maximale Ladespannung [kV]	20	9	10
Max. zulässiger Entladestrom [kA]	>800	-	bis 600

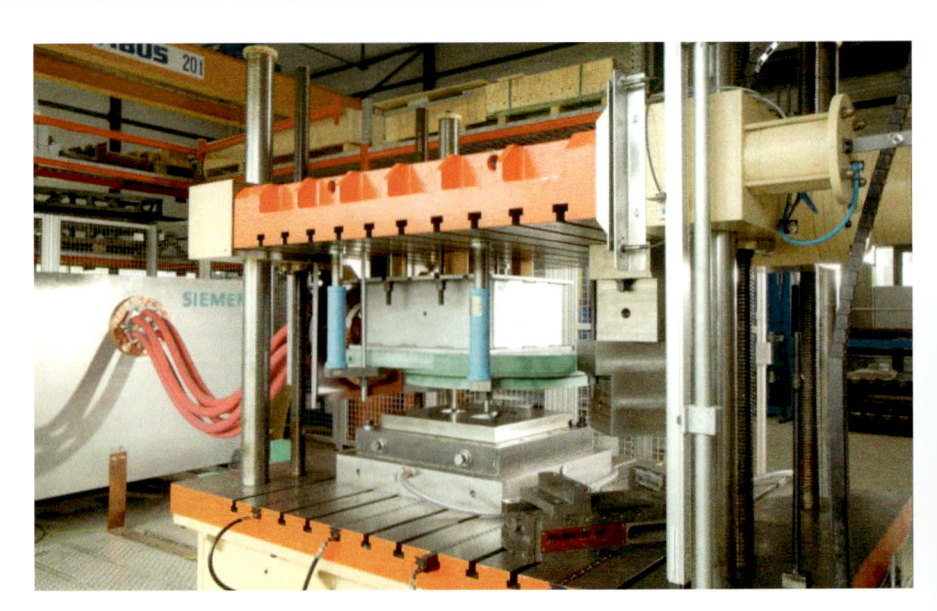

Abb. 9.11: EMU-Anlage mit Werkzeugträger des Fraunhofer IWU

9.1.1 Hochgeschwindigkeitsumformung

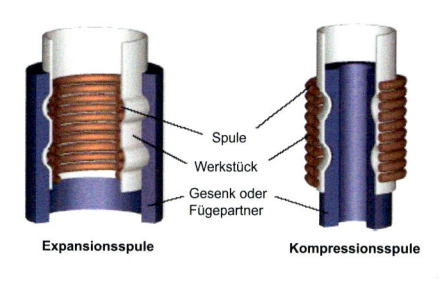

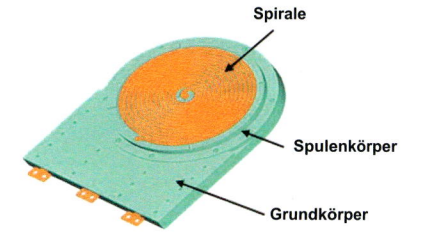

Abb. 9.12: Spulenformen (Fraunhofer IWU)

Abb. 9.13: Beispiele Arbeitsspulen (Quelle: Poynting GmbH)

sion und Flachumformung lassen sich in Abhängigkeit von der Auslegung des eigentlichen Werkzeugs – der Magnetspule – sowie der Anordnung des Werkstückes realisieren (Abb. 9.12).

Kompressionsspulen umschließen das rohr- oder profilförmige Werkstück, sodass der radial auf das Werkstück und die Spule gerichtete magnetische Druck zu einer Reduzierung des Werkstückdurchmessers führt, während bei Expansionsspulen, die im Inneren von rohr- oder profilförmigen Werkstücken angeordnet sind, eine gezielte Erweiterung des Werkstückdurchmessers hervorgerufen werden kann. Flachspulen dienen der Umformung von Blechen, wobei der erzeugte magnetische Druck dabei wie ein Stempel wirkt und das umzuformende Werkstück in die Matrize beschleunigt. Abbildung 9.13 zeigt ausgewählte Beispiele für die Magnetspulen.

Literatur zu Kapitel 9.1.1

Andrist, T.: Ein hybrides Verfahren der Wirkmedienumformung. Dissertation, ETH Zürich, 2004.

Autorenkollektiv: Explosivumformung; Zentralinstitut für Fertigungstechnik, ZIF, Bereich Umformtechnik, Zwickau, 1966.

Beerwald, C.: Grundlagen der Prozessauslegung und -gestaltung bei der elektromagnetischen Umformung. Dissertation, Universität Dortmund, 2004.

Beerwald, C.: Werkzeuge und Stoßstromanlagen zur Umformung mit steilen Druckimpulsen; 3rd International Conference on Accuracy in Forming Technology, Chemnitz 2009, S. 177–189.

Daehn, G. S.; Al, S.: Opportunities in High-Velocity Forming of Sheet Metal. In: Metalforming Magazine, 1997.

Löschmann, F.; Putz, M.; Koch, T.: Potenziale und Grenzen der Elektromagnetumformung; 2nd International Conference on Accuracy in Forming Technology (ICAFT), Chemnitz 2006.

Löschmann, F.: Anlagentechnische Grundlagen für die Elektromagnetumformung; Fakultät Maschinenbau, TU Chemnitz, Dissertation, 2007.

Meyer, l. W.; Kuprin, C.; Halle, T.: Werkstoffverhalten bei hohen Temperaturen und hohen Dehnungsgeschwindigkeiten unter den Bedingungen der Warmumformung; 3rd International Conference on Accuracy in Forming Technology, Chemnitz 2009, S. 43–59.

Neugebauer, R.; Scheffler, S.; Michael, D.; Eyerer, P.; Neutz, J.; Ebeling, H.: Ermittlung von Zusammenhängen zwischen den erforderlichen Drücken und Expansionsgeschwindigkeiten komprimierter Gase für das Hochgeschwindigkeitsumformen metallischer Blechwerkstoffe; DFG-Abschlussbericht innerhalb des Schwerpunktprogrammes 1098, 2006.

Neugebauer, R.; Bräunlich, H.; Kräusel, V.: Umformen und Schneiden mit Hochgeschwindigkeit-Impuls für eine ressourceneffiziente Karosserieteilbearbeitung; Berichte aus dem IWU, 48 (2008), S. 205–214.

Schäfer, R.; Pasquale, P.: Elektromagnetische Pulsumformtechnologie im industriellen Einsatz; Groche, P. Tagungsband 10, Umformtechnisches Kolloquium; Darmstadt: Verlag Meisenbach, Bamberg 2009, S. 143–150.

Schäfer, R.; Pasquale, P.: Elektromagnetische Pulsumformtechnologie im industriellen Einsatz; Whitepaper PSTproducts Stand 08/2009, www.pstproducts.com.

Winkler, R.: Hochgeschwindigkeitsumformung; VEB Verlag Technik, Berlin 1973.

9.1.2 Umformung mit lokalem Wärmeeintrag

9.1.2.1 Wärmeeintrag mit Laser

Roland Müller

Verfahrensprinzip

Ziel der Umformung mit lokalem Wärmeeintrag ist es, die Umformeigenschaften durch eine vorinitialisierte Wärmebehandlung lokal zu verbessern und Umformvorgänge zu ermöglichen, die im verfestigten Zustand der konventionellen Fertigung nicht realisiert werden können (Maischner et al. 1996). Die Wärmebehandlung soll so durchgeführt werden, dass Streckgrenze und Festigkeit reduziert werden und damit das Fließvermögen des Werkstoffes erhöht wird. Prinzipiell unterscheidet man zwischen Wärmebehandlungen vor, während und nach der Umformung. Weitere Vorteile einer lokalen Wärmebehandlung sind die Senkung von Prozesskräften und die Reduzierung des Werkzeugverschleißes, wobei ein wesentlicher Vorteil der vom Umformprozess entkoppelte Wärmeeintrag darstellt. Eine weitere Möglichkeit besteht in der lokalen thermischen Optimierung von Werkstoffzuständen (Pirch 1997) und der Erweiterung des Arbeitsbereiches. Das trägt zu einer erhöhten Reproduzierbarkeit des Prozesses bei und verbessert die Form und Maßgenauigkeit, was wiederum zu einer Reduzierung der Rückfederung führt.

Werkzeug- und Anlagengestaltung

Erfolgt eine Wärmebehandlung der Platine vor der Umformung oder des fertigen Bauteils nach der Umformung kann der eigentliche Umformprozess unverändert bei Raumtemperatur durchgeführt werden. Wird während der Umformung die Temperatur variiert, müssen beheizbare Werkzeuge eingesetzt werden und es wird von Warmumformung gesprochen. Als Wärmequelle können verschiedene Verfahrensprinzipien eingesetzt werden. Das gebräuchlichste ist der Laser (Vollertsen, Lange 1998). Dieses Verfahren zeichnet sich durch eine hohe Flexibilität und Präzision bei der Einstellung bestimmter Brennfleckgeometrien und Temperatur-Zeit-Verläufe aus. Der schematische Aufbau einer möglichen Versuchseinrichtung ist in Abbildung 9.14 dargestellt.

Die Laserstrahlbehandlung erfolgte mit einer Bearbeitungsoptik mit Temperaturregelung. Die Kalibrierung der Temperaturregeleinheit erfolgte durch Temperaturmessungen mit Thermoelementen an Probeblechen. Durch

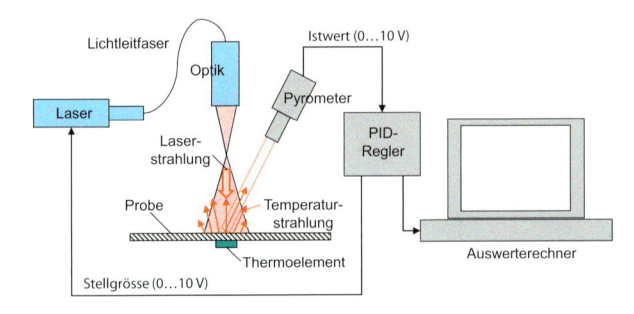

Abb. 9.14: *Schematische Darstellung des Versuchsaufbaus (Neugebauer et al. 2006)*

Wärmeleitungsrechnungen kann die Zuordnung zwischen Stellgröße der Temperaturregelung und den Temperaturen an der Blechoberseite ermittelt werden. Die Bearbeitungstemperaturen liegen in einem Bereich, der Anlasseffekte, Phasenumwandlung oder Rekristallisation bewirkt.

Anwendung

Werkstoffe

Angewendet wird dieses Verfahren bei hoch- und höchstfesten Stählen zur Verbesserung der Umformeigenschaften oder zur gezielten Einstellung bestimmter Gefügezustände. So kann bei TRIP-, DP- und CP-Stählen der Martensitanteil verringert werden, was zu einer Verminderung der Härte führt (vgl. Abb. 9.15).

Beim MS-W 1200 (martensitischer Stahl) erhöht sich der Ferritanteil nach der Laserbehandlung deutlich und führt zu einer Härtereduzierung von bis zu 50 Prozent. Bei weichen Tiefziehstählen und mikrolegierten Güten kann bei angepassten Parametern eine vollständige Rekristallisation erzielt werden. Die Verbesserung der Umformeigenschaften zeigt sich in der Erhöhung der Gleichmaßdehnung und der Reduzierung der Dehngrenze sowie der Absenkung der Zugfestigkeit (Neugebauer et al. 2006). Besonderes Augenmerk ist bei der Verarbeitung beschichteter Bleche auf die Oberfläche zu richten. Bei organischen Beschichtungen ist das Verfahren deswegen nur eingeschränkt anwendbar. Bei der Verarbeitung von verzinkten Blechen treten teilweise Oxidation und Beschädigungen auf. Eine eindeutige Zuordnung von Oxidation und Beschädigung zu den Beschichtungsverfahren oder den Zinkschichtdicken der verschiedenen Werkstoffe ist nicht möglich.

Neben Eisenmetallen können auch bei Nichteisenmetallen, wie Aluminium und Magnesium, die Umformeigenschaften mit vorinitialisierter Wärmebehandlung lokal verbessert werden (Hofmann et al. 1999; Staud 2010).

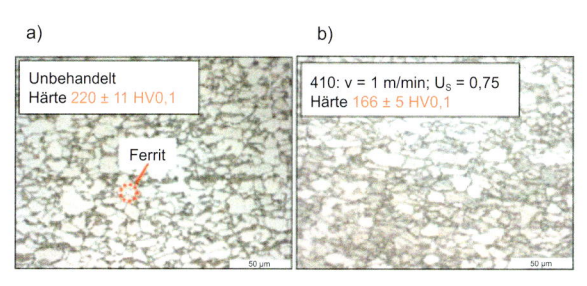

Abb. 9.15: Gefüge von DP 600 im Ausgangszustand (a) und nach der Laserstrahlbehandlung (b) (Neugebauer et al. 2006)

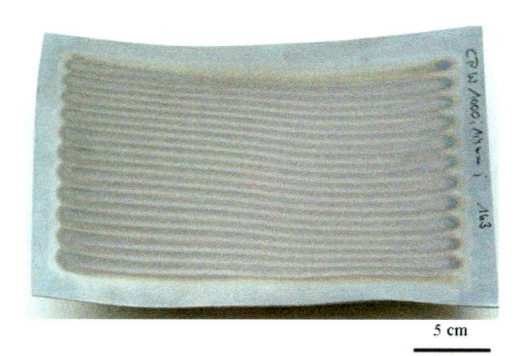

Abb. 9.16: Probeblech aus CP-W 1000 (Dicke = 1,4 mm; verzinkt; Mäander) (Neugebauer et al. 2006)

Formenwelt

Bei der Prozessführung zur Behandlung von Platinen für Umformversuche kommt es zu den in Abbildung 9.16 dargestellten signifikanten Verzügen.

Durch eine verbesserte Technologie der Wärmeeinbringung (Zweistrahltechnik, Reihenfolge der Behandlung, Minimierung der behandelten Flächen) können Maßhaltigkeit und Formgenauigkeit bei der Behandlung von Platinen verbessert werden.

In einfachen umformtechnischen Versuchen (Hutziehen) erfolgte der Nachweis der Rückfederungsreduzierung. Die Verbesserung der Umformeigenschaften durch einen lokal vorinitialisierten Wärmeeintrag in kritischen Bereichen eines Bauteils (vgl. Abb. 9.17) zeigt sich bei deutlicher Erhöhung der Gleichmaßdehnung und Absenkung der Dehngrenze in der Fertigung von rissfreien Bauteilen.

Genauigkeit

Trotz der vielversprechenden Resultate sind beim Einsatz dieses Verfahrens mit deutlichen Verzügen der Ausgangsplatinen, teilweiser Zerstörung der Zinkschicht und noch nicht genau quantifizierten Wechselwirkungen zwischen Prozessführung, Umformeigenschaften, Maßhaltigkeit und Fertigteileigenschaften zu rechnen.

Die geforderten Genauigkeiten sind von der Anpassung der Behandlungsgeometrie an die Bauteilgeometrie durch Minimierung der Zonen mit Wärmeeintrag und der gezielten Korrelation der Temperatur-Zeit-Verläufe mit den sich einstellenden Gefügen und Umformkennwerten zu erreichen.

Literatur zu Kapitel 9.1.2.1

Hofmann, A.; Pohl, Th.; Geiger, M.: Deep Drawing of Locally Optimized Aluminium Blanks. Advanced Technology of Plasticity, Vol II, Proc. of the 6th ICTP, Sept. 19-24, 1999, S. 1043 - 1050.

Maischner, D.; Wissenbach, K.; Pirch, N.; Luft, A.; Emsermann, A.; Hoppe M.: Erhöhung der Umformbarkeit von Halbzeugen durch lokale Rekristallisation mit Laserstrahlung. 6. Symposium Werkstoff- und Verfahrenstechniken, 1996, S. 141.

Neugebauer, R.; Scheffler, S.; Poprawe, R.; Vitr, G.: Verbesserung der Umformeigenschaften von schwer umformbaren Werkstoffen durch lokal vorinitialisierten Wärmeeintrag. EFB-Forschungsbericht Nr. 251, 2006.

Pirch, N.: Erhöhung der Umformbarkeit von Halbzeugen durch lokale Rekristallisation mit Laserstrahlung. Ziegler, G. et al. (Hrsg.): „Werkstoff- und Verfahrenstechnik", DGM Informationsgesellschaft mbH, 1997, S. 141 - 148.

Staud, D.: Effiziente Prozesskettenauslegung für das Umformen lokal wärmebehandelter und geschweißter Aluminiumbleche. Dissertation, Nürnberg-Erlangen 2010.

Vollertsen, F.; Lange, K.: Enhancement of Drawability by Local Heat Treatment. CIRP Annals, 47 (1998) 1, S. 181 - 184.

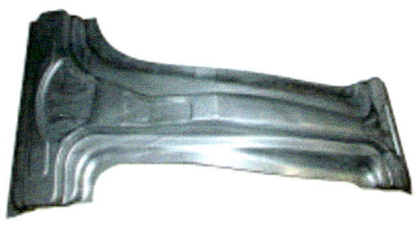

Abb. 9.17: Beispielteil B-Säule (links: Platine, rechts: umgeformtes Bauteil) (Neugebauer et al. 2006)

9.1.2.2 Wärmeeintrag durch Reibung (Reib-Drücken)

Werner Homberg, Benjamin Lossen, Daniel Hornjak

Einleitung

Aufgrund der während der Umformung zwangsläufig auftretenden Kaltverfestigung, ist das Formänderungsvermögen des Werkstoffs beim konventionellen Drücken oftmals schnell erschöpft. Um dieser Problematik entgegenzuwirken werden im Bereich des Drückens eine Vielzahl an Strategien, wie z.B. das Zwischenglühen oder die prozessintegrierte lokale Erwärmung durch Brenner- oder Lasersysteme, eingesetzt. Einen interessanten Ansatz stellt darüber hinaus die selbstinduzierte lokale Wärmeerzeugung durch Reibprozesse dar, wie sie gezielt beim sogenannten Reib-Drücken eingesetzt wird. Durch die Integration der Reibvorgänge in die Prozessführungsstrategie und entsprechende Werkzeugsysteme, können die Formgebungsgrenzen und Anwendungsbereiche von konventionellen Drückverfahren deutlich erweitert werden.

Verfahrensprinzip

Das grundlegende Verfahrensprinzip des Reib-Drückens für die Bearbeitung von rohrförmigen Bauteilen ist in Abbildung 9.18 dargestellt. Bei dieser Bearbeitung wird das Werkstück in Rotation versetzt (Abb. 9.18a) und mit einer definierten Axialkraft in Kontakt mit einem feststehenden Reibplattenwerkzeug gebracht (Abb. 9.18b). In der Kontaktzone entsteht durch die Relativbewegung Reibung, wodurch die für den Prozess benötigte Temperatur erzeugt wird. Gleichzeitig wird durch das Werkzeug bzw. durch die Werkzeugbewegung die Formgebung des erwärmten Materials realisiert. Zusätzliche Werkzeuge können weiterhin die Formgebung und den Temperatureintrag definiert unterstützen (Abb. 9.18c). Ebenso ist das Verfahrensprinzip auch auf die Bearbeitung von blechförmigen Bauteilen übertragbar. Neben der guten Nutzung des Formänderungsvermögens der eingesetzten Werkstoffe, ermöglicht das Reib-Drücken das gezielte und lokal begrenzte Einstellen von Bauteileigenschaften. Dabei lassen sich sehr komplexe Bauteilgeometrien erzeugen, die umformtechnisch sonst nicht herstellbar sind. Verantwortlich für diese positiven Eigenschaften sind die Vorgänge im Bereich der Hauptumformzone, die durch eine starke Scherbeanspruchung im Sinne einer Hochumformung und den Temperatureintrag gekennzeichnet sind.

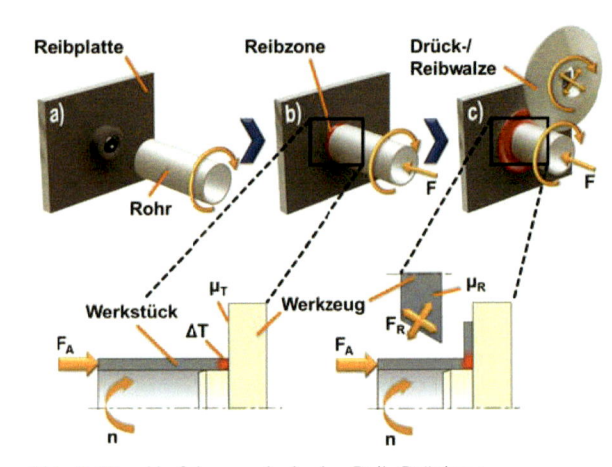

Abb. 9.18: *Verfahrensprinzip des Reib-Drückens*

Bauteilgeometrien

Einen Überblick der mit dem Reibdrücken herstellbaren Werkstückgeometrien aus rohrförmigen Halbzeugen zeigt Abbildung 9.19. So können z. B. Flanschgeometrien (bis zu 300 Prozent des Ausgangsdurchmessers), Aufdickungen (bis zu 250 Prozent der Ausgangswandstärke) und diverse Hohlstrukturen in guter Weise hergestellt werden. Eine äußerst interessante Anwendung stellt darüber hinaus das mediendichte Verschließen von Rohren dar.

Mittels des Reib-Drückens kann eine Vielzahl von blech- und rohrförmigen Halbzeugen aus industrieüblichen Werkstoffen, wie z.B. aus

- konventionellen, hochfesten oder rostfreien Stählen,
- naturharten und aushärtbaren Aluminiumlegierungen und
- kupfer- oder titanbasierten NE-Metallen,

erfolgreich zu komplexen Werkstücken umgeformt werden.

Abb. 9.19: *Durch Reib-Drücken hergestellte Bauteilgeometrien an Aluminiumrohren*

Literatur zu Kapitel 9.1.2.2

Runge M.: Drücken und Drückwalzen. Verlag Moderne Industrie AG, Landsberg/Lech 1993.

Filice, L.; Fratini, L.; Micari, F.: Analysis of Material Formability in Incremental Forming. Annals of the CIRP, 51 (2002) 1, S. 199.

Homberg, W.; Hornjak, D.; Beerwald, C.: Reib-Drücken - ein innovativer Ansatz zur Herstellung gradierter Bauteile. wt Werkstattstechnik online 10 (2009).

9.1.3 Umformen mit Schwingungsüberlagerung

Dieter Weise, Peter Müller

Umformverfahren mit überlagerten Schwingungen sind seit den 1950er Jahren Forschungsgegenstand (Garskii, Efromov 1953; Blaha, Langenecker 1955). Als Beispiele hierfür können im Bereich der Massivumformung das Drahtziehen (Olsen et al. 1965) und im Bereich der Blechumformung das Walzprofilieren (Busse 1993) genannt werden.

Als vorteilhaft erweisen sich geringere Kraft- und Arbeitsbedarfe, Einsparungen von Schmierstoffen und Umformstufen sowie höhere Werkzeugstandmengen. Die Ursachen dafür werden insbesondere in günstigen Einflüssen auf das Reibungsverhalten an den Kontaktflächen zwischen Werkzeug und Werkstück, aber auch im veränderten plastischen Verhalten des Werkstückstoffes gesehen. Bis heute sind jedoch keine genauen Angaben zur Gewichtung der genannten Ursachen vorhanden. In Zugversuchen wurde festgestellt, dass bei Frequenzen zwischen 20 und 100 kHz (Teil des Ultraschallbereiches) die Fließspannung um mehr als 15 Prozent abnimmt. Es wird die Auffassung vertreten, dass die absorbierte Ultraschallenergie weitere Versetzungen auslöst und die Wanderung von Versetzungen erleichtert (Hansen, Freis 1968).

Die Erzeugung der Schwingungen erfolgt im Allgemeinen magnetostriktiv, piezoelektrisch, über Servoantriebe oder über pulsierende Ölströme, wobei die angewandten Frequenzen vom niederfrequenten Bereich (< 100 Hz) bis zum Ultraschallbereich (> 15 kHz) reichen und die Amplituden zwischen wenigen Mikrometern bis zu Millimetern variieren.

Trotz der erreichbaren Vorzüge finden sich nur wenige industrielle Anwendungen der Schwingungsüberlagerung, da zahlreiche Fertigungsziele mit konventionellen Methoden ohne die vorgenannten zusätzlichen Aufwände erreicht werden können.

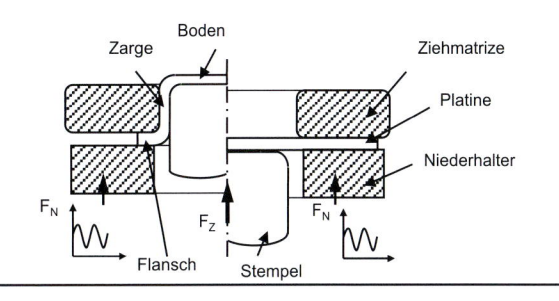

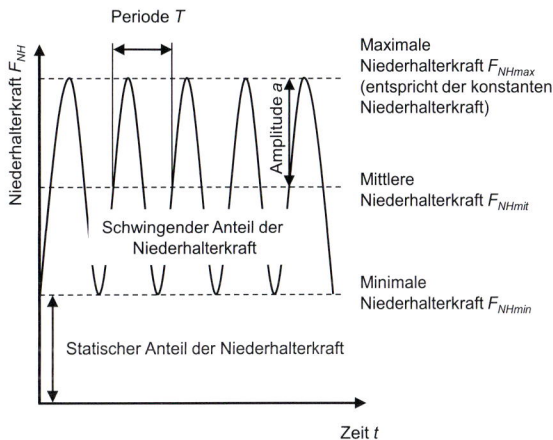

Abb. 9.20: Schema vom Verlauf der Niederhalterkraft (nach Ziegler 1999)

Grundsätzlich bietet nahezu jedes Umformverfahren die Möglichkeit zur Schwingungsüberlagerung. Eines der wenigen Verfahren, das eine industrielle Umsetzung erfahren hat, ist das schwingungsüberlagerte Tiefziehen.

Schwingungsüberlagertes Tiefziehen

Das Prinzip des schwingenden Niederhalters in einem Frequenzbereich bis 30 Hz ist basierend auf einem Patent von FIAT (FIAT 1997) in einer Tiefziehpresse (Neff 1998) realisiert und mit wirtschaftlichen Vorteilen dem industriellen Einsatz zugeführt worden. Als Vorteile werden dabei unter anderem Kosteneinsparungen durch Einsetzen preisgünstigerer Bleche, die Verbesserung des Formverhaltens bei kritischen Werkstücken, höhere Grenzziehverhältnisse oder das Ziehen vorlackierter Bleche ohne Glanzverlust aufgeführt. Die Schwingungen werden über einen pulsierenden Ölstrom als passives oder aktives hydraulisches System im Ziehkissen ausgelöst (Abb. 9.20). Neben den aufgeführten Varianten wurden weitere Möglichkeiten der Schwingungserregung von Komponenten des Ziehwerkzeugs untersucht. Dazu zählen:

- axial schwingender Niederhalter
  (Abb. 9.21/1 und Abb. 9.21/2)
  (Jimma et al. 1998; Neugebauer et al. 1998; Klose, Bräunlich 2000; Doege et al. 2000; Siegert et al. 2003),

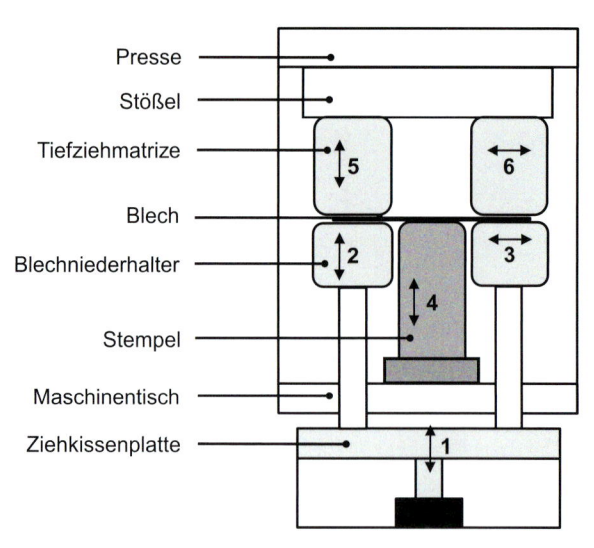

9.1 Umformen mit speziellen physikalischen Effekten

Abb. 9.21: Möglichkeiten der Schwingungsüberlagerung von Werkzeugkomponenten beim Tiefziehen (nach Schöck, Kröplin 2000)

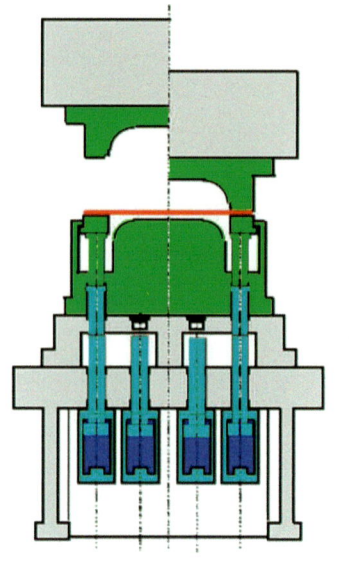

Prozessdaten:
Druckbolzen: 12
Frequenzen: 15 *Hz*
Mittlere Kraft: 6 *kN*
Amplitude: 4 *kN*

Bauteilgeometrie:
Material: DC04
Dicke: 1 *mm*
l = 495 *mm*,
b = 196 *mm*

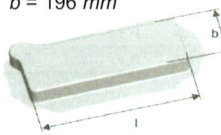

Ergebnis:
Erhöhung der Ziehtiefe
Von *h* = 70 *mm*
auf *h* = 110 *mm*

Abb. 9.22: Anwendungsbeispiel zur Vielpunktziehtechnik (Klose, Bräunlich 2000)

- radial schwingende Niederhalter (Abb. 9.21/3) (Jimma et al. 1998),
- axial schwingender Ziehstempel (Abb. 9.21/4) (Kristoffy 1969; Smith et al. 1973; Jimma et al. 1998; Neugebauer et al. 1998; Klose, Bräunlich 2000) und
- radial/axial schwingende Matrize (Abb. 9.21/5 u. 6) (Kristoffy 1969; Biddel, Sansome 1973; Smith et al. 1973; Jimma et al. 1998).

Bemerkenswert ist, dass es eine Reihe von Untersuchungen sowohl im niederfrequenten (< 100 Hz) als auch im hochfrequenten (10 bis 30 kHz) Bereich gibt.
Während die Ergebnisse niederfrequent erregter Niederhalter (Jimma et al. 1998; Neugebauer et al. 1998; Klose, Bräunlich 2000; Doege et al. 2000; Siegert et al. 2003) ähnlich denen hochfrequent erregter Niederhalter (Kristoffy 1969; Biddel, Sansome 1973; Smith et al. 1973) waren, d. h. Herabsetzung der Kräfte beim Tiefziehen und Streckziehen (Biddel, Sansome 1973) sowie Erhöhung des Grenzziehverhältnisses, traf dies für den schwingungserregten Tiefziehstempel nicht zu. Untersuchungen zur Oberflächenbeschaffenheit niederfrequent hergestellter Tiefziehteile mit pulsierendem Niederhalter zeigten Unterschiede im Glanzgrad der Werkstückoberfläche (Klose, Bräunlich 2000; Siegert et al. 2003). Bei hochfrequenter Schwingungsanregung konnte nachgewiesen werden, dass dieser Effekt verhindert wird. Der Einsatz segmentiert schwingender Blechniederhalter im Bereich niederfrequenter Anregung führte zu einer Verringerung der schwingenden Werkzeugmassen und dem Vorteil einer gezielten Beeinflussung des Materialflusses im Flansch ähnlich dem Prinzip der Vielpunktziehtechnik (Wall 2003). Bezüglich der Schwingungsanregung der Ziehstempel ergab sich infolge hochfrequenter Schwingungen ein deutlicher Kraftabfall (Kristoffy 1969) von 25 Prozent, während es bei niedrigfrequenten Schwingungen zu einem kurzzeitigen Kraftanstieg und zu einer höheren Ausdünnung der Wand in der Bodennähe kam, die zu einem frühzeitigen Reißen führte (Klose, Bräunlich 2000). Allerdings bewegten sich im ersten Fall die Amplituden im Mikrometerbereich, während in letzterem die Amplituden bis zu einem Millimeter gingen. Niederfrequente Versuche wurden auch mit einem Vielstempelziehwerkzeug (Abb. 9.22) unternommen (Neugebauer et al. 1998). In allen Fällen erwies sich bezüglich des erregten Niederhalters eine Erhöhung der Kraftamplitude als günstig.
Innerhalb der letzten Jahre wurde mit der Einführung der Servoantriebstechnik in den Pressenbau ein wichtiger Schritt für die Steuer- und Regelbarkeit von Umformprozessen vollzogen. Die Anwendung der Servoantriebstechnik erlaubt eine nahezu freie Programmierung der Weg-Zeit-Verläufe innerhalb der maschinenseitigen Grenzen. Diese Freiheit macht die bisher auf wenige Anlagen beschränkte Schwingungsüberlagerung einer breiteren Anwendung zugänglich, sodass besonders bei schwierig ausformbaren Geometrien und schwer umformbaren Werkstoffen schwingungsüberlagerte Umformprozesse eine weitere industriell anwendbare Lösung darstellen können.

Literatur zu Kapitel 9.1.3

Biddel, D. C.; Sansome, D. H.: The deep-drawing of cans with ultrasonic radial oscillations applied to the die. Ultrasonics International Conference: Department of Mechanical Engineering, University of Aston, Ultrasonics International (1973), S. 56 – 62.

Blaha, F.; Langenecker, B.: Dehnung von Zink-Einkristallen unter Ultraschalleinwirkung. Naturwissenschaften 42 (1955) 20, S. 556.

Busse, D.: Verbesserung der Qualität von Standardprofilen durch Schwingungsüberlagerung im kontinuierlichen Walzprofilierbetrieb. Dissertation, TU Darmstadt, 1993.

Doege, E.; Frank, C.; Kurz, G.: Schwingende Niederhalterkraft verbessert die Tiefziehergebnisse. MM-Maschinenmarkt, 106 (2000) 37, S. 28 – 30, 33 – 34.

Garskii, F. K.; Efromov, V. I.: Effect of ultrasound on the decomposition of solid solutions. Beloroussk SSR, Russian, Izviestia Akademii Nauk, (1953) 3.

Hansen, N.; Freis, H.: Metallumformung unter Anwendung von Schwingungen. Bänder, Bleche, Rohre 9 (1968) 10, S. 573 – 583.

Jimma, T. et al.: An application of ultrasonic vibration to the deep drawing process. Metal Forming. Journal of Materials Processing Technology, 80 – 81 (1998), S. 6 – 412.

Klose, L.; Bräunlich, H.: Erweiterung umformtechnischer Grenzen durch vibrationsüberlagerten Tiefziehprozess. Forschung für die Praxis, Projekt der Studiengesellschaft Stahlanwendung, P 383 (2000), Düsseldorf, S. 1 – 64.

Kristoffy, I.: Metal Forming With Vibrated Tools. Transactions of ASME: Journal of Engineering for Industry, 91 (1969) 4, S. 1168 – 1174.

Neff GmbH: Umformen ohne Schmiermittel. Pulsierendes Blechhalterverfahren. Schweizer Maschinenmarkt (1998) 20, S. 32 – 33.

Neugebauer, R.; Bräunlich, H.; Sterzing, A.: Effects of the superposition of vibrations during deep drawing. Precision Metalforming Association -PMA-: Manufacturing concepts reshaping the workplace. Bd. 2. Independence, Ohio: PMA, (1998), (PMA Technical Symposium Proceedings 8,2), S. 773 – 795.

Olsen, K. M.; Jack, R. F.; Fuchs, E. O.: Wire drawing in ultrasonically agitated lubricants. Wire W. Prod. 40 (1965), S. 1563, 1566 – 1568, 1637 – 1638.

Schutzrecht EP 0613740 (1997-09-10). Fiat AUTO S.p.a. Pr.: IT TO930148 1993-03-02.

Schöck, J.; Kröplin, B.: Schwingungsüberlagerte Umformprozesse. UTF science, 1 (2000) I, S. 9 – 13.

Siegert, K.; Wagner S.; Wall W.; Vulcan M.: EFB-Forschungsbericht, Europäische Forschungsgesellschaft für Blechverarbeitung, 212 (2003), S. 1 – 52.

Smith, A.; Young, M.; Samsone, D.: Preliminary results on the effect of ultrasonic vibration on an analogue of the deepdrawing process. Ultrasonics International, (1973), S. 250 – 253.

Wall, W.: Segmentierter schwingender Niederhalter. wt Werkstatttechnik online, 93 (2003) 10, S. 681 – 684.

Ziegler, M.: Schwingende Niederhalterkräfte und Regelkreise beim Tiefziehen axialsymmetrischer Blechformteile. Dissertation, Universität Stuttgart, 1999.

9.2 Hochflexible Umformverfahren

9.2.1 Grundlagen

Reimund Neugebauer, Eberhard Kunke

Abformende Umformverfahren, wie beispielsweise das Tiefziehen, sind durch einen hohen Formspeichergrad charakterisiert. Daraus resultieren die Produktivität, eine hohe Prozessstabilität, die erzielbaren Genauigkeiten, aber auch die mit den außerordentlich hohen Werkzeugkosten verbundene Einschränkung ihrer Anwendung auf große Stückzahlen.

Sinkende Losgrößen in klassischen Anwendungsbereichen der Umformtechnik, wie beispielsweise in der Automobilindustrie, und die Forderung, das den Umformverfahren innewohnende Potenzial einer hohen Materialeffizienz breiter zu nutzen, führen zunehmend zu Forderungen nach wachsender Flexibilität entsprechender Verfahren.

Die Flexibilität von Umformverfahren wird vereinfacht durch eine wirtschaftliche Mindeststückzahl beschrieben:

Werkzeugkosten / n_{min} = vertretbarer Anteil
der Werkzeugkosten an den Werkstückkosten (9.1).

Der signifikante Einfluss der Werkzeugkosten unterstreicht die Notwendigkeit, die vielfältigen Möglichkeiten der Minimierung der Werkzeugkosten systematisch zu erschließen. Dieses Potenzial reicht von der schnellen und sicheren Werkzeugauslegung, dem Einsatz alternativer Werkzeugwerkstoffe und Werkzeugherstellungsverfahren über die Minimierung des Tryout- und Einarbeitungsaufwandes bis zur Erhöhung der Werkzeugstandmengen. Auf der Basis von modularen Werkzeugen können mehrere Werkstücke mit einem Werkzeugsatz hergestellt werden. Derartige Strategien, begleitet von innovativen Technologien wie beispielsweise Rapid-Tooling-Verfahren zur Herstellung von Aktivelementen, führen zur nachhaltigen Verringerung der relativen Werkzeugkosten.

Kann die erforderliche wirtschaftliche Mindeststückzahl aber trotz des Erschließens aller konventionellen Möglichkeiten der Kostenreduzierung für die Werkzeugbereitstellung nicht realisiert werden, können die Werkzeugkosten durch die Auflösung des Formspeichergrads grundsätzlich reduziert werden, was anhand von Abbildung 9.23 erläutert werden soll.

Der für das Tiefziehen, das Fluidzell-Ziehen bzw. das Treiben beispielhaft dargestellten Verfahrenszuordnung liegt zugrunde, dass die Endform eines Werkstückes umformtechnisch realisiert wird, indem der in Ober- und Unterwerkzeug vergegenständlichten Geometrie (interner Formspeicher) „ergänzende" Bewegungen (externer Formspeicher) überlagert werden, d. h.:

100 % Werkstückgeometrie =
x % int. Formspeicher + y % ext. Formspeicher (9.2).

Löst man den internen Formspeicher auf, werden die erforderlichen Werkzeuge zu Lasten einer zunehmenden kinematischen Formgebung grundsätzlich einfacher und damit kostengünstiger. So können beispielsweise durch Treiben anspruchsvolle Geometrien mit sehr einfachen Werkzeugen hergestellt werden. Anhand dieses Beispiels wird aber auch deutlich, dass derartige hochflexible Technologien hinsichtlich Kinematik, Prozessführung oder Qualitätsüberwachung anspruchsvolle Prozesse darstellen. Dabei unterliegen die gleichen Regionen des Werkstückes einer wiederholten Beanspruchung, um die angestrebte Endgeometrie zu erreichen. Derartige Verfahren werden als inkrementelle Umformverfahren bezeichnet, wobei der Kontakt kontinuierlich oder diskontinuierlich verlaufen kann. Die Schwierigkeiten gegenüber der spanenden kinematischen Gestalterzeugung liegen in der unterschiedlichen, örtlichen mechanischen Beanspruchung des Werkstückes, die z. B. bei Blechen zu Versagensfällen wie Einschnürungen, Rissen oder Falten führen kann. Außerdem sind so hergestellte Teile oftmals durch besondere Eigenschaften charakterisiert.

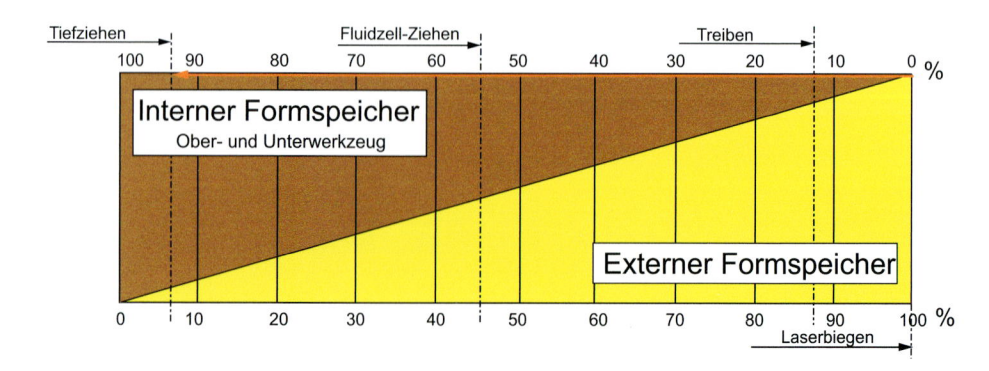

Abb. 9.23:
Verfahrenszuordnung

Ein durch Treiben hergestelltes Karosseriebauteil wird einem vergleichbaren Tiefziehteil geometrisch ähnlich sein und könnte prototypisch oder als Ersatzteil verbaut werden. Die inkrementelle Umformung ist jedoch häufig mit starker Verfestigung verbunden. Solche Eigenschaftsänderungen, die beispielsweise zu einem inakzeptablen Crash-Verhalten führen können sowie ihre, mit dem partiellen Werkzeugeingriff verbundene geringe Produktivität und Genauigkeit, sind die Ursache, dass solche Verfahren bisher kaum in Serie Anwendung fanden.

Hält der insbesondere durch die Individualisierung in der Automobilfertigung getriebene Trend zu sinkenden Losgrößen weiter an, dann verfügen hochflexible Umformverfahren ggf. in Verbindung mit anderen werkzeugtechnischen Maßnahmen über das Potenzial der notwendigen Erhöhung der umformtechnischen Flexibilität.

9.2.2 Blechumformung

9.2.2.1 Inkrementelle Blechumformung

Dieter Weise

Verfahrensbeschreibung

Der Begriff „inkrementelle Blechumformung" beschreibt Verfahren, bei denen die beabsichtigte Werkstückform schrittweise durch mehrere aufeinander folgende Bewegungen des Werkzeugs bzw. Aktivteils erzeugt wird (Hirt 2002). Das Verhältnis von Umformzone zu Bauteilvolumen ist meist sehr klein und hat zusammen mit der schrittweisen Formerzeugung zur Folge, dass derartige Verfahren ein deutlich höheres Umformvermögen als konventionelle Umformverfahren (z.B. Tiefziehen) erreichen. Beispiele für typische Verfahren zur inkrementellen Blechumformung sind das 3D-Drücken, das Rollfalzen, das Kugelstrahlen oder das Treiben von Blechen.

Neben dieser allgemeinen Einteilung von Umformverfahren werden unter der Bezeichnung „inkrementelle Blechumformung" oftmals speziell Verfahren verstanden, bei denen ein Drückdorn durch das Abfahren vorgegebener Bahnen Blech (Abb. 9.24) umformt. Zur Anwendung kommen hier spezielle oder angepasste Werkzeugmaschinen sowie geeignete Industrieroboter, die die Führung des Drückdorns gewährleisten.

Die Umformung kann – anforderungsbedingt – gegen

- eine Patrize,
- mehrere Teilpatrizen,
- einen Gegenhalter,
- einen zweiten Drückdorn,
- ein elastisches Kissen oder
- ohne Gegenform

vorgenommen werden (Abb. 9.25). Auch Kombinationen dieser Varianten untereinander sind möglich (Schäfer 2007).

Wie bei der konstruktiven Ausführung des Werkzeugs gibt es auch hinsichtlich der Gestaltung der Werkzeugbewegung und des Drückdorns verschiedene Verfahrensvarianten: Es ist unter anderem möglich, die vorgegebenen Bahnen mit rotierendem (vorgegebene Drehzahl n), drehbar gelagertem (z.B. hydrostatische Lagerung) oder nicht drehbarem Dorn abzufahren.

Eine drehbare Lagerung des Drückdorns bietet den Vorteil, dass die Drehzahl n des Drückdorns theoretisch, bei zur Drückdornachse geneigtem Blech, immer auf den Neigungswinkel α des umzuformenden Bleches und die „Vorschubgeschwindigkeit" v_f des Drückdorns (Abb. 9.26, Gl. 9.3) abgestimmt werden kann. Es entstehen zwischen Blech und Drückdorn eine reine Abrollbewegung und somit optimale tribologische Bedingungen und vergleichsweise gute Oberflächenqualitäten.

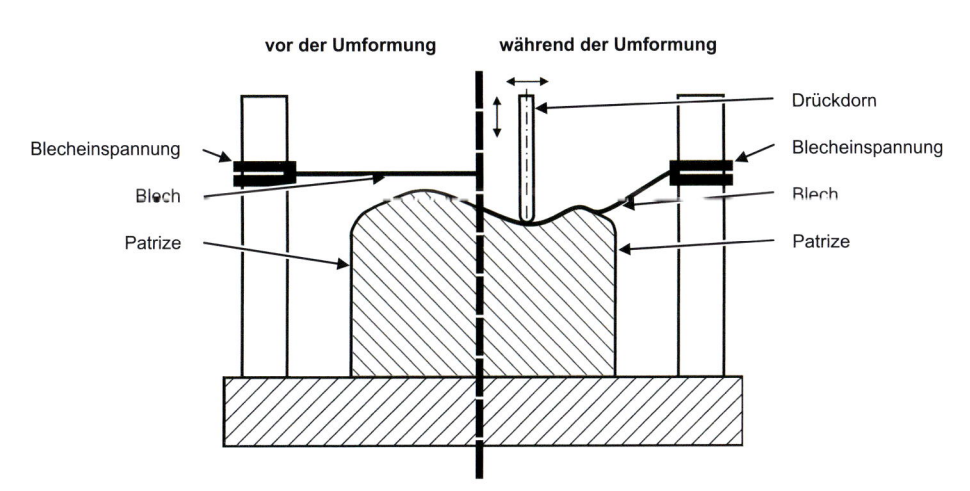

Abb. 9.24:
Verfahrensprinzip der inkrementellen Blechumformung

9.2 Hochflexible Umformverfahren

Einsatz einer (Teil-)Patrize

Drückdorn
Blecheinspannung
Blech
Patrize/Teilpatrize

Einsatz eines elastischen Kissens

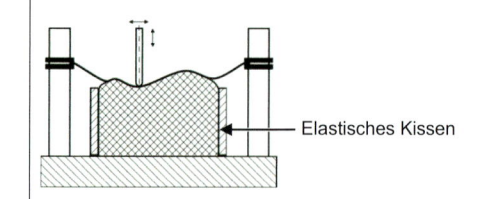

Elastisches Kissen

Einsatz eines Gegenhalters oder zweiten Drückdorns

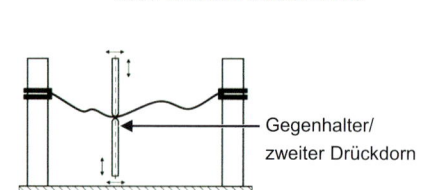

Gegenhalter/zweiter Drückdorn

Umformen ohne Gegenform

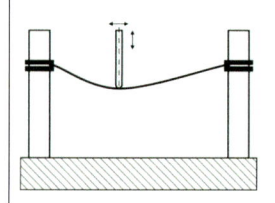

Abb. 9.25: Verfahrensvarianten der inkrementellen Blechumformung

Drückdorn
Umzuformendes Blech

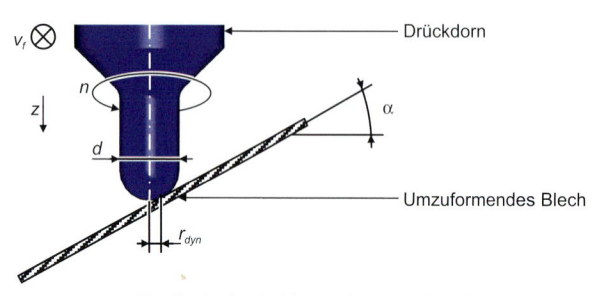

Abb. 9.26: Abrollprinzip drehbar gelagerter Drückdorne

Bei rotierendem Dorn sind auf Grund der hohen reglungstechnischen Anforderungen nur einfachste Bauteilgeometrien unter idealen tribologischen Bedingungen, beziehungsweise mit reinen Abrollbewegungen, herstellbar. Verfahren mit nicht drehbarem Dorn weisen ungünstigere tribologische Bedingungen und damit verbunden höheren Werkzeug- und Werkstückverschleiß auf. Dem Vorteil geringerer Anlagen- und Werkzeugkomplexität steht eine vergleichsweise schlechtere Oberflächenqualität gegenüber.

$$n = \frac{v_\mathrm{f}}{\pi \cdot d \cdot \sin(\alpha)}; \quad \alpha \neq 0°, 180°, \ldots \quad (9.3)$$

mit $n = \dfrac{v_\mathrm{f}}{2 \cdot \pi \cdot r_\mathrm{dyn}}$ und $r_\mathrm{dyn} = \dfrac{d \cdot \sin(\alpha)}{2}$

sowie

d Durchmesser des Drückdorns,
n Drehzahl des Drückdorns,
r_dyn Dynamischer Drückdornradius,
v_f „Vorschubgeschwindigkeit" des Drückdorns und
α Neigungswinkel des zu bearbeitenden Bleches.

Anwendung

Die Wahl der Verfahrensvariante und deren werkzeugseitige Umsetzung stellen gemeinsam mit der Auslegung der Bahnverläufe des Drückdorns die wesentlichen Stellgrößen für die Erreichung der Umformaufgabe dar. Bahn wird in diesem Falle als ein vorgegebener Werkzeugweg ohne Zustellbewegungen definiert. Die Endgeometrie wird nach dem Abfahren aller Bahnen erreicht. Gibt es keinen punktstetigen Übergang bei aufeinanderfolgenden Bahnen, so sind Zustellbewegungen zwischen diesen Bahnen erforderlich. Besonders bei komplexen Bauteilgeometrien mit vielen Nebenformelementen und steilen Zargen ist eine bauteilspezifische Umformstrategie für das Erreichen der vorgegebenen Maß-, Form- und Rauheitstoleranzen der Blechformteile meist unerlässlich.

Abbildung 9.27 zeigt am Beispiel eines rotationssymmetrischen Teils verschiedene Arten möglicher Bahngestaltungen wie spiralförmige (Abb. 9.27a), z-konstante (Abb. 9.27b) und sogenannte äquidistante Bahnlegungen (Abb. 9.27c), die sich durch unterschiedliche Werkzeugbewegungen unterscheiden (Neugebauer et al. 2010). Dabei sind sowohl die z-konstanten als auch die äquidistanten Bahnen in Achsrichtung des Teils, d. h. in z-Richtung, angeordnet, wobei im ersten Fall die Bahnen in z-Richtung einen konstanten Abstand haben, während im zweiten Fall der im Raum gemessene Abstand der Bahnen konstant ist. Im letzten Fall sind bei komplizierteren Geometrien (Abb. 9.28) Werkzeugbewegungen in x-, y-, oder z-Richtung sowie Kombinationen möglich.

Große im Raum gemessene Abstände der benachbarten Bahnen zueinander haben zwar geringere Fertigungszeiten, aber auch größere Oberflächenrauheiten zur Folge,

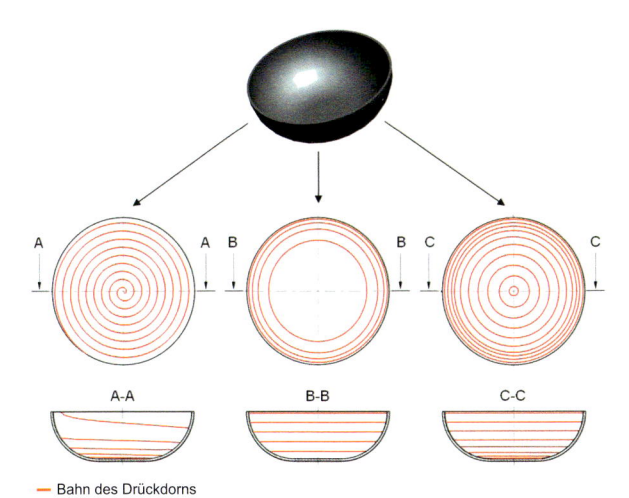

Abb. 9.27: Spiralförmige (links), z-konstante (mittig) und äquidistante (rechts) Bahnlegung anhand einer Beispielgeometrie (oben)

Für die nach der Umformung zu erwartende Blechdicke s gilt in guter Näherung das Sinusgesetz (Gl. 9.4) (Junk 2003). Auf Grund dieses Zusammenhangs ist die Fertigung von rechtwinkligen Zargen oder von Hinterschnitten nicht innerhalb eines Durchgangs möglich. Derartige Geometrien müssen in mehreren Durchgängen unter sukzessiver Anpassung des Neigungswinkels α der Zarge bis zum Erreichen des Sollwerts erzeugt werden. Die innerhalb eines Durchgangs maximal erzielbaren Neigungswinkel liegen im Bereich von 60° (niedriglegierte Stahlblechwerkstoffe):

$$s = s_0 \sin(90° - \alpha); \ 0° \leq \alpha \leq 90° \qquad (9.4)$$

s Blechdicke nach der Umformung
s_0 Ausgangsblechdicke
α Neigungswinkel des zu bearbeitenden Bleches

sodass die Wahl dieser Abstände direkten Einfluss auf die Prozesszeit und die Bauteilqualität hat und damit die Wirtschaftlichkeit des Verfahrens direkt beeinflusst wird. Zur Erzielung geringer Form-, Lage- und Maßtoleranzen ist es notwendig, die Rückfederung des Blechs und mögliche, prozessbedingte Verdrehungen der herzustellenden Geometrien bei der Bahngestaltung zu berücksichtigen. Rückfederungsbedingte Abweichungen können durch

- die Wahl eines sehr kleinen Zustellungs-Inkrements in z-Richtung,
- mehrmaliges Abfahren der vorgegebenen Bahnen durch den Drückdorn und
- gezieltes Überbiegen/Überdrücken des Blechs

verringert werden. Prozessbedingte Verdrehungen lassen sich durch abwechselnd gegenläufiges Abfahren der Bahnen oder eine geeignete Bauteileinspannung vermeiden.

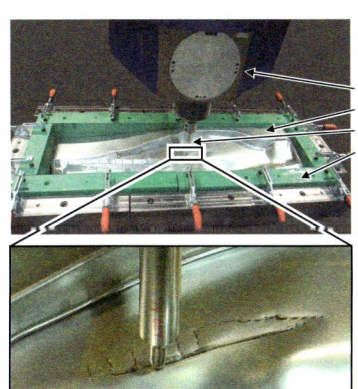

Literatur zu Kapitel 9.2.2.1

Hirt, G. et al.: Investigation Into a New Hybrid Forming Process: Incremental Sheet Forming Combined With Stretch Forming. CIRP Annals – Manufacturing Technology, Boston 2009.

Hirt, G.: Begründung eines neuen Schwerpunktprogramms. Modellierung inkrementeller Umformverfahren. Saarbrücken, 2002.

Jadhav, S. et al.: Process Optimization and Control for Incremental Sheet Metal Forming. Proceedings of the Conference of the International Deep Drawing Research Group (IDDRG). Bled 2003.

Jeswiet, J.; Duflou, J. R.; Szekeres, A.: Forces in Single Point and Two Point Incremental Forming. In: Advanced Materials Research. Proceedings of the 11th Int. Conference on Sheet Metal SHEMET. Nürnberg 2005.

Jie, L.; Jianhua, M.; Shuhuai, H.: Sheet Metal Dieless Forming and Its Tool Path Generation Based on STL Files. The International Journal of Advanced Manufacturing Technology. Volume 23. London 2004.

Junk, S.: Inkrementelle Blechumformung mit CNC-Werkzeugmaschinen: Verfahrensgrenzen und Umformstrategien. Dissertation, TU Saarbrücken, 2003.

Meier, H. et al.: Increasing the Part Accuracy in Dieless Robot-Based Incremental Sheet Metal Forming. CIRP Annals – Manufacturing Technology, Boston 2009.

Neugebauer, R.; Scheffler, S.; Weise, D.: Erzeugung komplexer Geometrien an Feinst- und Feinblechen durch Inkrementelles Umformen. Bauteile der Zukunft – 30. EFB-Kolloquium Blechverarbeitung. Bad Boll 2010.

Schäfer, T.: Verfahren zur hämmernden Blechumformung mit Industrieroboter. Dissertation. Uni Stuttgart, 2007.

Abb. 9.28: Inkrementelle Umformung (äquidistante Bahnlegung) am Beispiel eines Getriebeträgers

9.2.2.2 Flexibles Biegen

Markus Werner

Im folgenden Kapitel wird das flexible Biegen von Profilen in Form des Freiform-Druckbiegens von Rohren ergänzend zum Biegeumformen (Kap. 6.4) behandelt. Wesentliche Aspekte der Flexibilität von Biegeverfahren betreffen deren Wirtschaftlichkeit insbesondere bei geringen Stückzahlen und die Möglichkeit die Biegefigur schnell und mit geringem Aufwand zu ändern. Biegeverfahren mit kinematischer Definition der Biegekontur sind hierfür besonders geeignet. Durch den geringen Formspeichergrad der Werkzeuge ist deren Anteil an den Herstellkosten gering. Die Nutzung NC-gesteuerter Achsen ermöglicht die gewünschte Änderungsflexibilität.

9.2.2.2.1 Verfahrensprinzip

Das Freiform-Druckbiegen ist entsprechend VDI 3430 als Biegeverfahren mit kinematischer Definition der Biegekontur einzuordnen (vgl. Kap. 6.4.4). Neben dem Verfahrensprinzip mit schwenkbarer Biegematrize und geradliniger Werkzeugbewegung existieren Verfahren mit räumlicher Bewegung einer festen Biegematrize.

9.2.2.2.2 Verfahrensbeschreibung

Freiformbiegen, allgemein

Für das Freiformbiegen existiert noch keine allgemein anerkannte Definition. Als wesentliche Kennzeichen gelten folgende Merkmale:

- Das Biegen erfolgt ohne vollständig formgebundene Werkzeuge, der Bogen stellt sich somit frei ein.
- Mit dem Verfahren lassen sich auch räumlich gekrümmte Biegungen mit nicht konstanten Radien realisieren.
- Der Verlauf der Biegungen wird durch die Kinematik der räumlich frei bewegbaren Biegematrize in Verbindung mit dem Rohrvorschub bewirkt.

Im Gegensatz zur Definition der Biegefigur für das Rotationszugbiegen nach VDI 3430 (Entwurf), existiert kein Standard hinsichtlich der Art und Weise, wie die räumliche Freiformbiegelinien zu beschreiben sind. Die Kurven können sowohl durch Verkettung bereichsweise ebener Biegungen (Abb. 9.29) oder durch Splines beschrieben werden.

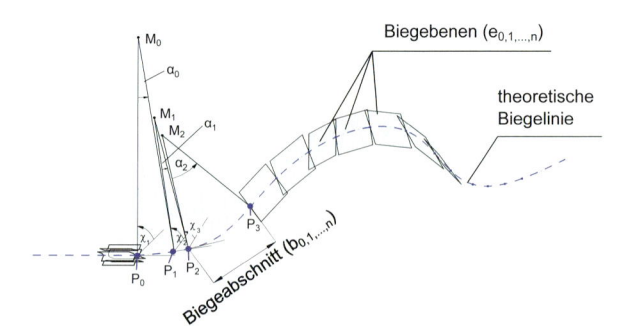

Abb. 9.29: *Beschreibung einer Freiform-Biegelinie als Folge ebener Bögen mit konstanten Radien*

Freiform-Druckbiegen

Das Freiform-Druckbiegen wurde u.a. von den japanischen Firmen Nissin und Opton patentiert. Es wird deshalb auch als Nissin- oder Nissin-Opton-Verfahren bezeichnet oder auch Augenbiegen genannt. Mit dem Freiform-Druckbiegen lassen sich, abhängig von der Wanddicke und dem Material, Biegeradien von $2 \cdot D$ mit Dorn und ab $5 \cdot D$ ohne Dorn bis zum Biegeradius nahe unendlich herstellen. Damit wird mit einem Biegewerkzeug ein deutlich größerer Arbeitsbereich als beim Rotationszugbiegen ($0{,}7 \cdot D$ bis $6 \cdot D$) abgedeckt. Die angegebenen Biegegrenzen werden allerdings von einer Vielzahl von Faktoren beeinflusst. Wesentliche Faktoren neben dem Biegeverhältnis sind die Kombination aus Wanddicke und Material sowie die damit verbundenen Begrenzungen hinsichtlich maximal ertragbarer Vorschubkraft und einleitbarem Biegemoment. Des Weiteren beeinflusst die Länge des freien, ungestützten Biegebereiches direkt die Biegegrenzen einer Maschine, ebenso wie die anlagenspezifischen Kollisionsbedingungen. Neben der Möglichkeit, nicht konstante Biegeradien zu biegen, führt die Drucküberlagerung dazu, dass die Ausdünnung des Halbzeuges am Außenbogen geringer ausfällt als beim Zugbiegen. Das ist besonders vorteilhaft zur Herstellung von Vorformgeometrien für das Hydroforming, wenn zum Beispiel am Außenbogen weitere Ausformungen auftreten.

Durch den Wegfall des Ebenenwechsels benötigt das Freiformbiegen im Gegensatz zum Rotationszugbiegen wie oben erwähnt nur einen Werkzeugsatz für alle Krümmungen eines Bauteils. Durch den kontinuierlichen Prozess lässt sich die Taktzeit gegenüber dem Zugbiegen stark reduzieren.

Vor dem Freiform-Biegeprozess wird das Rohr durch eine feste und eine bewegliche Matrize in die Maschine geladen. Das Biegen selbst erfolgt durch eine programmierte Bewegung der beweglichen Matrize und gleichzeitigem Vorschub des Rohres durch den Pusher. Die Stellung (Lage und Orientierung) der beweglichen Matrize oder Biegerolle in Bezug zur festen Matrize entscheidet über die Krümmung des Bogens. Spezifisch für das Druckbiegen ist ein Übergangsbereich zwischen einzelnen Bögen und/oder geraden Abschnitten. Dies liegt darin begründet, dass zwischen fester und beweglicher Matrize ein Mindestabstand eingehalten werden muss, um Kollisionen zu vermeiden.

9.2.2.2.3 Anlagentechnik

Die Gestalterzeugung der Biegefigur beim Freiformbiegen kann durch unterschiedliche Kinematiken erfolgen. Für das Biegen mit schwenkbarem Auge (Abb. 9.30 links) reichen eine ebene Werkzeugbewegung und eine 3-Achs-Maschine aus. Der Einsatz eines festen Biegeauges (Abb. 9.30 rechts) erfordert die Bewegung der beweglichen Matrize in mindestens vier Freiheitsgraden. Meist werden hierzu serielle Kinematiken eingesetzt, wie in Abb. 9.33 und 9.34 dargestellt. Einen alternativen Antrieb weist der Versuchsträger HexaBend in Abb. 9.31 auf. Die Bewegung des Biegekopfes wird durch eine Parallelkinematik auf Basis von sechs hydraulischen Achsen realisiert (Neugebauer et al. 2005). Damit kann der Biegekopf in sechs Freiheitsgraden bewegt werden.

Anhand der Abb. 9.32 werden die Unterschiede der verschiedenen Kinematiken deutlich. Bei den Maschinen der Firma J. Neu GmbH (Abb. 9.33), die eine Weiterentwicklung der 3-Achs-Maschinen der Firma Nissin darstellen, wird das Biegeauge im Biegekopf über fünf Achsen bewegt (je eine Schwenkachse senkrecht und waagerecht zur Profilachse (a+b), eine Verdrehachse um die Profilachse (v), zwei Vorschubachsen senkrecht zur Profilachse (x, y)). Eine sechste Achse (z) bewegt den Pusher. Durch simultane Bewegung der sechs Achsen lassen sich selbst komplexe, asymmetrische 3D-Profile definiert biegen. Im Unterschied dazu wird bei der ThyssenKrupp-MEWAG-Maschine (Abb. 9.34) das Rohr (a) mittels der Spannzange (a´) um die Profilachse verdreht. Die Ebene senkrecht zur Rohrachse benötigt dadurch nur einen Vorschub in Richtung des Pushers (u). Weiterhin kann der Abstand zwischen der Führungshülse und dem Biegeauge durch eine axiale Verstellung der Hülse eingestellt werden. Bei nichtkreisförmigen Profilquerschnitten kann sich die Führungshülse zusätzlich drehen. Dies ermöglicht eine zusätzliche Torsion des Profils.

Eine ähnliche Kinematik weist der TSS-Profiler auf (vgl. Kap. 6, Abb. 6.42; Chatti et al. 2010). Hier kann auch ein

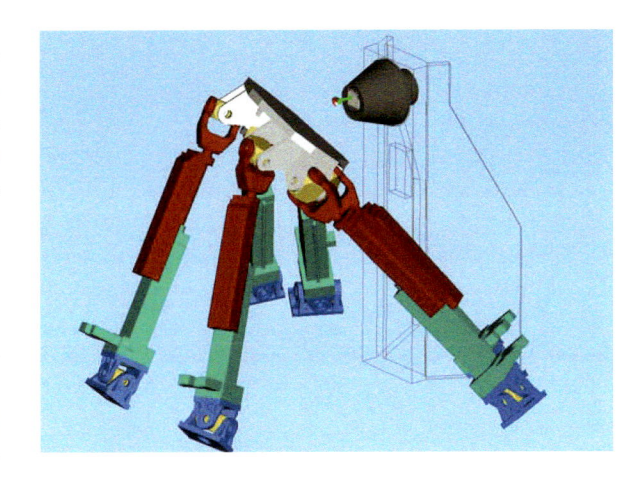

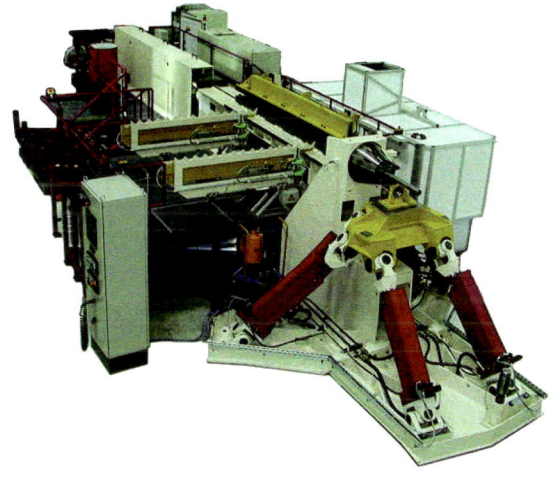

Abb. 9.31: *Parallelkinematisch angetriebene Plattform (oben) und Versuchsträger HexaBend (unten) (Laux et al. 2005)*

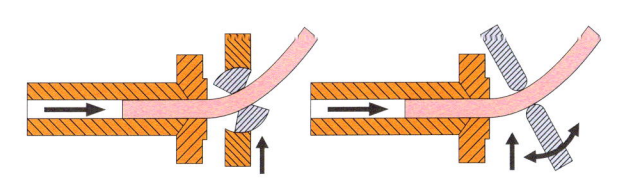

Abb. 9.30: *Prinzipskizze für das Freiform-Druckbiegen mit schwenkbarem Biegeauge und ebener Werkzeugbewegung (links) und räumlich bewegter Biegematrize mit festem Auge (rechts)*

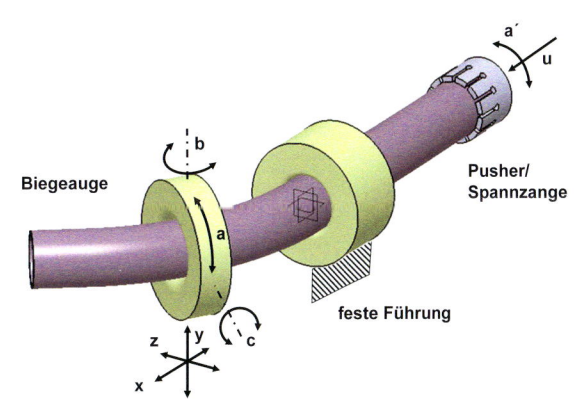

Abb. 9.32: *Schema der Kinematiken verschiedener Versuchsträger*

Abb. 9.33: 6-Achs-Freiformbiegemaschine der Fa. J. Neu GmbH

Abb. 9.34: ThyssenKrupp-MEWAG-Biegemaschine

Endlosprofil verarbeitet werden, da der Längsvorschub des Rohres über mittels eines Rollenantriebes realisiert ist. Die Drehung des Profils um die Längsachse erfolgt durch Schwenken der kompletten Vorschubeinheit in Bezug zum Rollenbiegekopf.

Im Gegensatz zu den seriellen Kinematiken erfolgt die Verstellung des festen Biegeauges beziehungsweise einer Rollenmatrize bei der Freiformbiegemaschine HexaBend mittels Parallelkinematik. Hierdurch kann das Biegeauge in sechs Achsen bewegt werden, drei Translationen (x, y, z) und drei Rotationen (a, b, c). Für den Vorschub des Rohres mittels Pusher (u) und für die Bewegung des Biegedornes stehen separate NC-Achsen zur Verfügung. Auf Grund der speziellen Kinematik kann das Biegeauge beim Versuchsträger HexaBend in Rohrlängsrichtung zusätzlich bewegt werden. Damit lässt sich der Abstand zwischen den Angriffspunkten der festen und beweglichen Matrize variieren, was sanfte Anfahr- und Abfahrbewegungen zum Arbeitspunkt ermöglicht. Dies lässt günstige Biegebedingungen mit Minimierung der Übergangszonen zwischen den Biegebereichen zu.

Die sechs Freiheitsgrade ermöglichen es zudem, diskontinuierliche Verfahren wie das endengesteuerte Biegen (Thalmair 2002, Reigl 2004) und dessen Spezialfall – dem querkraftfreien Freiformbiegen – auf einer CNC-Maschine abzubilden.

Als Nachteil des Freiformbiegens gilt zurzeit die geringere Reproduzierbarkeit gegenüber dem Rotations-zugbiegen. Der Grund hierfür liegt im Prinzip des Verfahrens – der Bogen stellt sich zwischen den beiden Führungen frei ein. Die resultierende Krümmung wird im Wesentlichen vom vorherrschenden Widerstandsmoment beeinflusst, das sich aus den Materialkennwerten und den Abmessungen des Profils (Toleranz der Außenmaße, Innenmaße und Wanddicke) ergibt und damit in gewissen Grenzen schwanken kann. Als Herausforderung gilt die Kompensation dieser Schwankungen durch eine In-line-Prozessregelung. Wird der Bauteilbereich zwischen fester und beweglicher Matrize während des Biegens messtechnisch erfasst, bleibt dennoch die Rückfederung des Bogens unberücksichtigt. Der zurückgefederte Zustand des Bogens lässt sich somit erst nach Verlassen der Biegezone geometrisch exakt erfassen, woraufhin dann eine Korrektur erfolgen kann.

Literatur zu Kapitel 9.2.2.2

Chatti, S.; Hermes, M.: Tekkaya, A. E.; Kleiner, M.: The new TSS bending process: 3D bending of profiles with arbitrary cross-sections. CIRP Annals – Manufacturing Technology 59 (2010) 1, S. 315 – 318.

Laux, G.; Putz, M.; Millenet, K.-P.: HexaBend – ein Technologiekonzept zur flexiblen Formgebung für Rohre und Profile. Institut für Umformtechnik und Leichtbau: Rohr- und Profilbiegen, 22. November 2005, Dortmund 2005.

Neugebauer, R.; Putz, M.; Bräunlich, H.: Biegen und Vorformen von Rohren und Profilen – Technologie- und Anlagenkonzepte für integrative Halbzeuge und wirtschaftliche Fertigungsketten. EFB-Kolloquium „Multifunktionelle Bauteile und Verfahren zur Erhöhung der Wertschöpfung in der Blechverarbeitung", Fellbach, 15./16.2.2005, T25, S. 175– 184.

Reigl, M.: Endgesteuertes ebenes Biegen. Fortschritt-Berichte VDI: Reihe 2, Fertigungstechnik; 650, VDI-Verlag, Düsseldorf 2004.

Thalmair, M.: Freie räumliche Umformung schlanker Werkstücke. Fortschritt-Berichte VDI: Reihe 2, Fertigungstechnik; 594, VDI-Verlag, Düsseldorf 2002.

9.2.3 Massivumformung

9.2.3.1 Taumelpressen, Axialgesenkwalzen

Matthias Kolbe

Verfahrensbeschreibung Taumelpressen

Beim Taumelpressen führt das obere Gesenk eine kreisförmig taumelnde Bewegung in einem bestimmten Taumelwinkel um die Taumelachse aus, und gleichzeitig drückt das untere Gesenk das Rohteil gegen das obere Gesenk. Es erfolgt keine Drehung des Stößels um seine Längsachse; es wird ein kombiniertes Pressen und Abwälzen erzeugt (Abb. 9.35).

Die Größe des Taumelwinkels liegt zwischen null und zwei Grad. Es wird immer nur auf eine Teilfläche des Werkstückes Kraft ausgeübt. Die Reibung ist dadurch wesentlich geringer als vergleichsweise beim Fließpressen, und der Werkstoff fließt ohne großen Widerstand in radialer Richtung, d. h. Roll-Gleitreibung statt nur Gleitreibung (Bührer 2005). Die maximal auftretende Spannung (σ_{max}) überschreitet nur unwesentlich die Fließspannung (σ_F) des Werkstoffes (Abb. 9.36). Durch die kleinere Kontaktfläche und die günstigeren Reibungsverhältnisse ist die Umformkraft (F) beim Taumelpressen wesentlich kleiner (bis zu zehn Mal) als beim konventionellen Fließpressen. Trotzdem können durch die taumelnde Bewegung des Obergesenkes große Umformgrade rissfrei realisiert werden. Die Spannung (Flächenpressung) ist im Zentrum des Werkstückes am größten und nimmt gegen den freien Rand ab. Die maximale Spannung ist umso höher, je größer die Reibung ist (Schmied 2010; Bührer 2008).

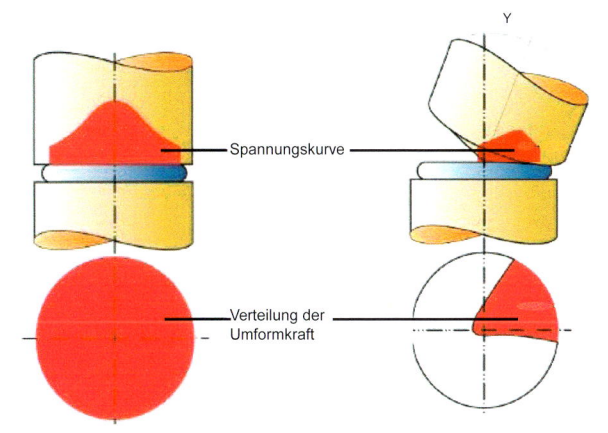

Abb. 9.36: Verteilung der Normalspannungen beim Stauchen zwischen ebenen Stauchbahnen (li.) sowie beim Stauchen mit taumelndem Gesenk (re.) (Lange 1988; Schmied 2010)

Die Neigung der dem Oberwerkzeug zugewandten Werkstückschicht zu radialem Fließen, die durch die geringe Reibung begünstigt wird, führt dazu, dass der Werkstoff leicht in jeden Spalt der Gravur des Untergesenkes fließt. Wegen der Biegebeanspruchung des taumelnden Gesenkes werden besonders tiefe Gravuren günstiger ins Untergesenk gelegt. Wegen der Gefahr des Kippens der eingelegten Rohteile auf Grund der einseitigen Belastung sollte das Verhältnis von Rohteilhöhe zu Rohteildurchmesser l_0/d_0 den Wert 0,5 nicht überschreiten (Spur, Stöferle 1984).

Bedingt durch das Verfahren und den Aufbau der Maschine ist das Taumelpressen ein einstufiges Umformverfahren. Mit einem Hub des Pressenstößels wird nur eine Umformstufe ausgeführt. Diese Umformung wird jedoch durch mehrere Taumelbewegungszyklen erreicht. Abbildung 9.37 zeigt die Sequenzen eines Taumelzyklus (Schmied 2010) sowie mögliche Bewegungen des Ober-

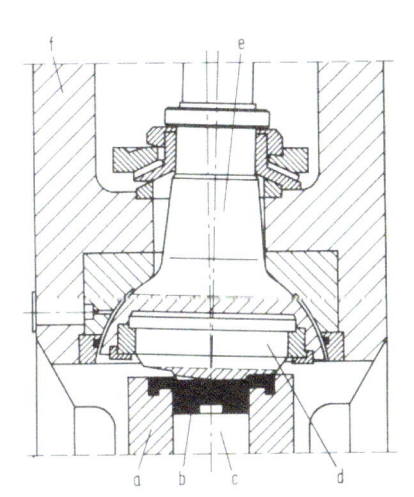

Abb. 9.35: Schnitt durch den Werkzeugraum einer Taumelpresse (Spur, Stöferle 1984); a: Untergesenk, b: Werkstück, c: Auswerfer, d: Obergesenk, e: Stößel, f: Pressengestell

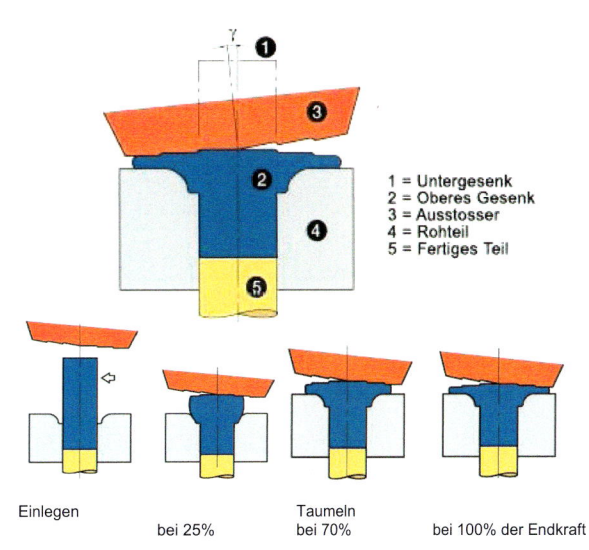

Abb. 9.37: Sequenzen eines Taumelzyklus (Schmied 2010)

9.2 Hochflexible Umformverfahren

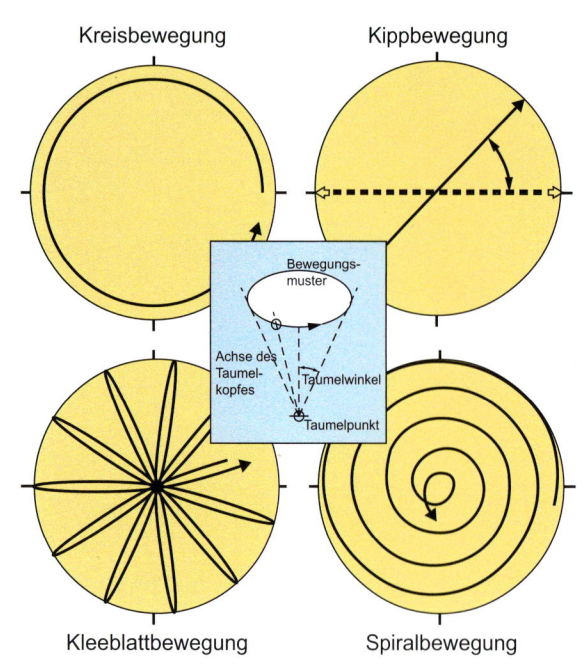

Abb. 9.38: Varianten der Bewegung des Obergesenkes beim Taumelpressen (Lange 1988)

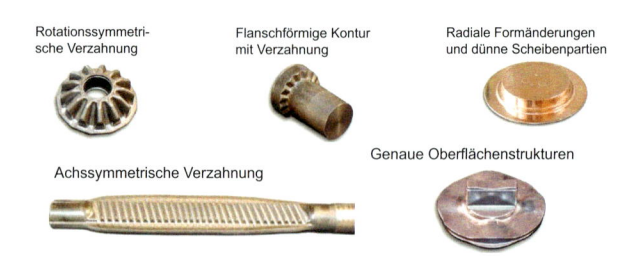

Abb. 9.39: Beispiele für Bauteile, durch Taumelpressen hergestellt (Honegger 2009)

gesenkes während der Taumelsequenz (Abb. 9.38; Lange 1988).

Der Einsatz der Taumelpresstechnik eignet sich für rotationssymmetrische Teile aus unterschiedlichen Werkstoffen (Tab. 9.2), wie beispielsweise Flansche, Kupplungsteile oder Kegelräder (Schmied 2010) sowie auch für Zahnstangen für Lenkgetriebe (Honegger 2009) (Abb. 9.39). Sie wird vor allem von Automobilzulieferern angewandt, hat aber ein wesentlich größeres Anwendungsfeld. Diese erschütterungsfreie Umformung durch Taumeln bei Raumtemperatur ermöglicht die spanende Weiterverarbeitung in unmittelbarer Nähe des Prozesses. Da die Herstellung der Gesenke geringe Kosten verursacht, ist das Taumeln auch für kleine Serien wirtschaftlich anwendbar. Gegenüber dem Fließpressen ergeben sich insgesamt folgende Vorteile (Bührer 2005):

- großer Umformgrad in einer Operation,
- kleinere Pressen möglich,
- geringere Gesenkbelastung,
- höhere Standmengen und
- geringere Lärmentwicklung und Vibrationen.

Grenzen der Taumeltechnologie ergeben sich durch die Konturhöhe im Oberteil. Die Konturhöhe wird durch zwei Faktoren, einen sogenannten „Dreheffekt" auf das Umformteil und durch den Werkzeug-Einbauraum im Taumelkopf beschränkt. Die Kontur des Obergesenkes muss entsprechend der Größe des Taumelwinkels korrigiert werden, um eine hohe Genauigkeit des Bauteils zu erreichen. Die geometrischen Unterschiede zwischen Werkzeug- und Werkstückoberfläche lassen ein reines „Abrollen" des Werkzeugs auf dem Werkstück nicht zu und führen zu einem Rollen und Gleiten. Daraus resultiert eine Art Dreheffekt auf das Werkstück und die Werkzeugteile werden zusätzlich auf Schub belastet. Je größer die Konturhöhe ist, umso größer wird dieser „Dreheffekt".

Tab. 9.2: Geeignete Werkstoffe für das Taumelpressen (Honegger 2009)

	Mat. Bezeichnung	Mat. Nr.	Möglicher Umformgrad φ max
Sehr gut geeignet			
• Einsatzstähle unlegiert	C10 C15 C22	1.0301 1.0401 1.0402	1.8 ÷ 2.7
• Einsatzstähle legiert	15 Cr Ni 6 16 Mn Cr 5 20 Mn Cr 5	1.5919 1.7131 1.7147	
• Kupfer			
Gut geeignet			
• Vergütungsstähle	Ck 35	1.1181	1.2 ÷ 1.8
• Weiche Aluminiumlegierungen			
Bedingt geeignet			
• Rostfreie Stähle	X 12 Cr Ni 18 8	1.4300	0.7 ÷ 1.2
• Härtbare Stähle	37 Cr S 4 C50		

9.2.3 Massivumformung

Des Weiteren ist die Höhe des Werkzeugoberteils ein limitierender Faktor, denn der Taumelpunkt ist das Zentrum des kugelförmigen Taumelkopfes. In diesem wird das Werkzeugteil eingebaut.

Dem Vorteil, kleinere Pressen (Spezialmaschinen) einsetzen zu können, und der möglichen Einsparung von Glüh- und Oberflächenbehandlungen gegenüber dem herkömmlichen Kaltmassivumformen stehen als wesentlicher Nachteil die erheblich längeren Stückzeiten gegenüber. Die Wirtschaftlichkeit des Taumelpressens muss deshalb für den einzelnen Anwendungsfall festgestellt werden.

Verfahrensbeschreibung Axialgesenkwalzen

Das Axialgesenkwalzen (AGW) ist ein Umformverfahren, bei dem der Werkstoff durch eine partielle Umformung in die Gravur gewalzt wird. Dadurch fließt der Werkstoff leichter in die Gravur im Vergleich zum Gesenkschmieden. Die AGW-Maschine besitzt gegenüber einer hydraulischen Zweiständerpresse folgende Besonderheit:

- Ober und Unterwerkzeug drehen sich und
- die Achse der oberen Rotationseinheit ist gegen die Vertikale um 5° oder 10° je nach Anwendung geneigt.

Das bedeutet, dass bei senkrechter Zustellung des Oberwerkzeugs gegen das Unterwerkzeug – d.h. entlang der Vertikalen beim Eindringen vom Oberwerkzeug in das Werkstück – eine halbparabelförmige Berührungsfläche entsteht (Abb. 9.40, links; Dietrich 2009).

Das Oberwerkzeug wird auf dem Werkstück abgewälzt. Die Reibung wird dadurch gering gehalten. Der Werkstoff kann ohne großen Widerstand in radialer Richtung fließen, wodurch das Gesenk besser gefüllt wird und das Walzteil schärfere Konturen erhält (Abb. 9.39, rechts).

Um Einflüsse von Führungsspiel und elastischer Verformung der Maschine zu minimieren, wird das Oberwerkzeug zum Unterwerkzeug direkt im Walzbereich geführt (Martin et al. 2003).

Das Verfahren gestattet es, Produkte herzustellen, die in dieser Qualität nach herkömmlichen Schmiedeverfahren nur im geschlossenen Gesenk mit viel größeren Presskräften herstellbar sind. Das Axialgesenkwalzen benötigt im Vergleich zum Gesenkschmieden nur ca. 5 bis 20 Prozent der Kraft, die eine konventionelle Gesenkschmiedepresse benötigen würde (Flächenverhältnis A_p zu A_t) auf Grund der partiellen Umformung. Alle schmiedbaren Werkstoffe können auf AGW-Maschinen umgeformt werden. Das Verfahren ist ein Near Net Shape-Verfahren, das engste, reproduzierbare Toleranzen in einer Großserienfertigung liefert. Somit sind Toleranzen in den Bereichen IT 9 bis IT 11 erreichbar. Flächen, die nicht als Funktionsflächen ausgebildet sind, können unbearbeitet bleiben.

Verfahrensvorteile gegenüber konventioneller Fertigung sind weiterhin:

- wirtschaftlich:
  - Fertigungszeiteinsparungen infolge Umformung in nur einer Stufe,
  - Materialeinsparung bis zu 35 Prozent,
  - reduzierter Aufwand bei der nachfolgenden spanenden Bearbeitung, Einsparung von Spannvorgängen,
  - vollautomatisierbarer Produktionsablauf (bis zu 400 Teile pro Stunde) sowie
- technologisch, ökologisch:
  - günstiger Faserverlauf im Werkstück durch gratloses Umformen,
  - keine Gesenkschrägen,
  - versatzfreie Walzteile und
  - scharfkantige Kontur.

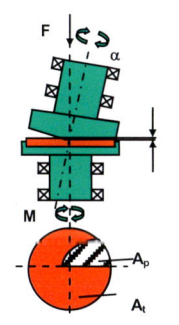

F	Axiale Walzkraft
M	Drehmoment der unteren Rotationseinheit
α	Neigungswinkel gegenüber der Vertikalen
A_t	Gesamtfläche des Werkstückes
A_p	Umformzone beim Axial-Gesenkwalzen

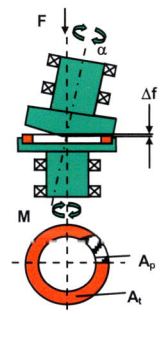

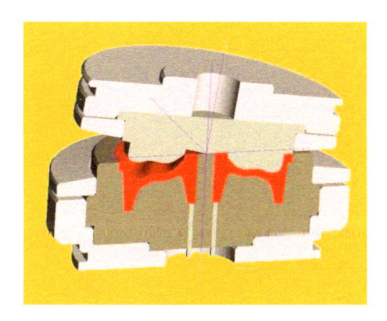

Abb. 9.40: *Prinzip des Axialgesenkwalzens; links: halbparabelförmige Berührungsfläche A_p auf dem Werkstück (Martin et al. 2003); rechts: Werkzeugposition während des Walzens eines profilierten Ringes (Kolbe 1995)*

9.2 Hochflexible Umformverfahren

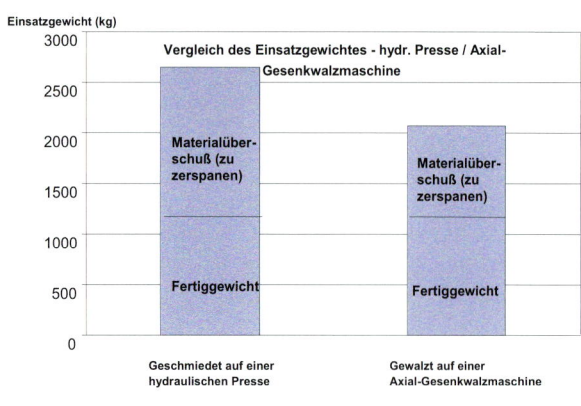

Abb. 9.41: Vergleich der verfahrensbezogenen Einsatzgewichte bei der Herstellung einer Turbinenscheibe (Martin et al. 2003)

Charakteristische Werkstücke sind (Dietrich 2009):

- Werkstücke mit großer Innenbohrung: Achsantriebsräder, Rohrflansche, Kettenräder, Kupplungsringe,
- Werkstücke mit kleiner Innenbohrung: Radnaben, Zahnräder, Eisenbahnräder, Kranlaufräder und
- Werkstücke ohne Innenbohrung: Kettenräder mit Zahnprofil, Steckachsen, Stützrollenhälften für Kettenfahrzeuge, Aluminiumräder in Schmiedequalität.

Die mögliche Materialeinsparung bei der Herstellung von Turbinenscheiben für stationäre Turbinen zwischen einer hydraulischen Presse und dem Axialgesenkwalzverfahren zeigt Abbildung 9.41.

Literatur zu Kapitel 9.2.3.1

Bührer, R.: Oberflächenschonende Alternative zur Massivumformung und Zerspanung. MM Maschinenmarkt, Vogel Verlag, 15.05.2008.

Bührer, R.: Taumeln statt Verzahnen. Umformtechnik 3 (2009).

Bührer, R.: Verfahrenskombination Taumelpressen – Heißschmieden, VDI-Zeitschrift, 10 (2005), S. 44.

Dietrich, F.: Taumelpresse/ flexible Presse. TU Braunschweig, Institut für Werkzeugmaschinen und Fertigungstechnik, 2009.

Heinrich Schmid AG: Jona, Schweiz, Firmendokumentation: www.schmidpress.com.

Honegger, H-R.: Taumel-Kaltumformen. IWF Kolloquium, ETHZ Zürich/ Schmid AG, Schweiz, 15.10.2009.

Kolbe, M.: Axialgesenkwalzen – Vorausbestimmung optimaler Verfahrensparameter auf Basis der Umformkinematik/ AGW-Technologieentwicklungen. Fraunhofer IWU-Jahresberichte 1995/ 1997, Chemnitz.

Lange, K.: Umformtechnik, Band 2: Massivumformung, Springer Verlag, Berlin 1988, S. 21 – 24.

Martin, J.; Lieb, A.; Husmann, J.: Neuere Entwicklungen bei der endabmessungsnahen Fertigung von Produkten auf der Axial-Gesenkwalzmaschine. In: Neugebauer, R. (Hrsg.): Berichte aus dem IWU, Band 22, S. 229.

Schondelmaier, J.: Grundlagenuntersuchung über das Taumelpressen, Springer Verlag, Berlin 1992.

Schuler Pressen GmbH & Co. KG: Göppingen: Taumelpressen, Firmendokumentation. www.schulergroup.com.

Spur, G.; Stöferle, T.: Handbuch der Fertigungstechnik, Umformen (Band 2/2), Carl Hanser Verlag, München Wien 1984, S. 959.

9.2.3.2 Rundkneten

Bernd Lorenz

Verfahrensbeschreibung

Nach DIN 8583 ist Rundkneten ein Freiformen zur Querschnittsverminderung an Stäben und Rohren aus Metall mit zwei oder mehreren Werkzeugsegmenten, die den zu vermindernden Querschnitt ganz oder teilweise umschließen, gleichzeitig radial wirken und relativ zum Werkstück umlaufen (Abb. 9.42 und 9.43).

Beim Rundkneten, früher auch als Rundhämmern bezeichnet, üben gegeneinander wirkende Werkzeugsegmente in schneller Folge auf das umschlossene Werkstück radiale Druckkräfte aus, indem sie zur Werkstückachse hin wegbegrenzte Hübe ausführen. Es wird zwischen dem Vorschub-Verfahren (Abb 9.42) zur Erzeugung langer, reduzierter Querschnitte bei vergleichsweise flachen Übergangswinkeln und dem Einstech-Verfahren (Abb. 9.43) zur örtlichen Querschnittsverminderung bzw. zur Erzeugung steiler Übergangswinkel unterschieden. Die Verringerung des Außendurchmessers führt bei massiven Stäben zu einer Verlängerung des Werkstückes am reduzierten Ende.

Rohre unterliegen einem überlagerten Werkstofffluss. Längenzunahme, Innendurchmesserabnahme und Wanddickenzunahme verändern sich wechselseitig in Abhän-

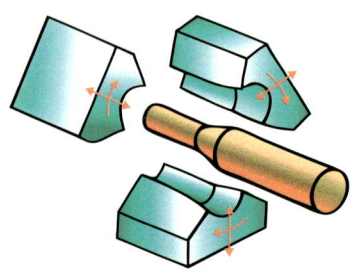

Abb. 9.42: *Rundkneten nach dem Vorschub-Verfahren*

9.2.3 Massivumformung

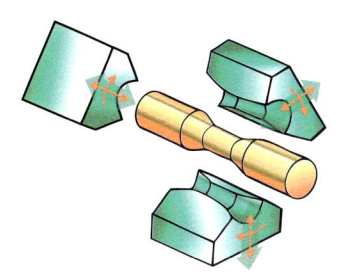

Abb. 9.43: Rundkneten nach dem Einstechverfahren

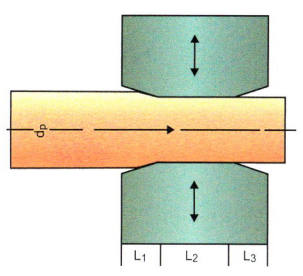

Abb. 9.45: Sich vergrößernde Fase je Schießhub

gigkeit von Werkstoffeigenschaften und der Werkzeuggeometrie.

Während des Umformvorgangs wird die Druckenergie der Werkzeuge in hohe spezifische Umformkräfte umgesetzt, indem der Werkzeugradius gegenüber dem Werkstückradius vergrößert wird, sodass bei Beginn eines jeden Umformhubes eine Linienberührung zwischen Werkzeug und Werkstück herrscht (Abb. 9.44a), die sich mit fortschreitendem Umformvorgang zu einer Flächenberührung erweitert (Abb. 9.44b).

Wird das Werkstück mit dem Außendurchmesser d_0 in den Bereich des Einlaufkegels L_1 der rotierenden Werkzeuge eingeführt, entsteht je Schließhub der Werkzeuge eine sich vergrößernde Fase, wenn das Teil gleichzeitig axial weiter vorgeschoben wird (Abb. 9.45).

Ist die engste Stelle des Einlaufkegels erreicht, fließt bei weiterem Axialvorschub der Werkstoff in den Bereich des Kalibrierzylinders L_2 der Werkzeuge. Die Auslaufschräge L_3 dient vorwiegend zur Längenbegrenzung des Kalibrierzylinders L_2.

Dem Werkstück wird zum Längsvorschub eine Drehbewegung überlagert. Wegen der schnellen Folge der Druckimpulse und der Massenträgheit des Werkstückes ist diese Drehbewegung kontinuierlich. Bedingt durch Schlupfeffekte in den Spannelementen der Vorschubeinrichtung dreht sich das Teil jedoch wesentlich langsamer als die Werkzeuge. Die Differenz beider Drehzahlen bewirkt, dass jeder Umformhub örtlich unterschiedlich angreift und dadurch runde Teile erzeugt werden können.

Rohre, an denen eine Innenform über Dorn bearbeitet werden soll, müssen eine größere Querschnittsfläche im Anfangsmaterial A_0 haben als die Fläche im reduzierten Rohrabschnitt A_1. Dies ist erforderlich, damit am Ende des Einlaufkegels L_1 der Werkzeuge der Werkstoff radial gegen die Dornoberfläche gepresst wird und der Dorn sich form- und maßgenau in der Werkstückbohrung abbildet. Das Material fließt dabei axial in Vorschubrichtung (FELSS 1988).

Rundkneten ist ein inkrementelles Umformverfahren, d.h. die Umformung wird in vielen kleinen Einzelschritten vollzogen. Die inkrementellen Umformverfahren haben gegenüber den kontinuierlichen den Vorteil, dass während des Vorgangs im Bereich der Verformung ein hoher Druckspannungszustand herrscht. Dadurch sind hohe Umformgrade erreichbar, und es lassen sich auch schwer umformbare Werkstoffe bearbeiten.

Durch den kurzzeitigen momentanen Werkzeugkontakt ist die Reibung zwischen Werkzeug und Werkstück relativ gering. Eine umfangreiche Schmierung bzw. andere Maßnahmen zur Reibungsminimierung sind nicht notwendig.

Die erzielbare Reproduzierbarkeit der Toleranzen der Außenkontur ist abhängig von der Typengröße der Maschine sowie der Qualität der Werkzeuge. Erreichbare Außentoleranzen liegen bei ± 0,01 bis ± 0,03 mm, die von Innenkonturen beim Hämmern über Dorn bei ± 0,02 mm.

Die durch Rundkneten hergestellten Werkstücke besitzen einen ununterbrochenen Faserverlauf. Dieser sowie die durch die Umformung eingebrachte Kaltverfestigung des Werkstoffes lassen sich für die Bauteilfestigkeit nutzen. Die durch Rundkneten erzeugten Oberflächenqualitäten haben das Niveau geschliffener Flächen.

Das Verfahren kann in den Bereichen der Kalt-, Halbwarm- und Warmumformung angewendet werden, wobei die Erwärmung der Werkstücke induktiv in der Maschine erfolgen kann.

Anlagentechnik

Als Bauformen von Rundknetmaschinen sind bekannt:

- Zweistößelmaschinen (Abb. 9.46a): Diese Einheiten kommen vor allem in der Draht- und Nadelindustrie

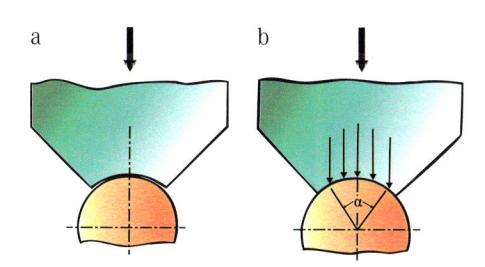

Abb. 9.44: Linienberührung zu Beginn eines Umformhubes (a), die sich zu einer Flächenberührung erweitert (b)

9.2 Hochflexible Umformverfahren

Abb. 9.46: Zweistößelmaschinen (a), Vierstößel-Innenläufer (b), Vierstößel-Außenläufer (c)

Abb. 9.47: Einstechmaschinen; geöffnetes Werkzeug/Einlegen des Werkstückes (a), geschlossenes Werkzeug/Umformung (b), geöffnetes Werkzeug/Entnahme des Werkstückes (c)

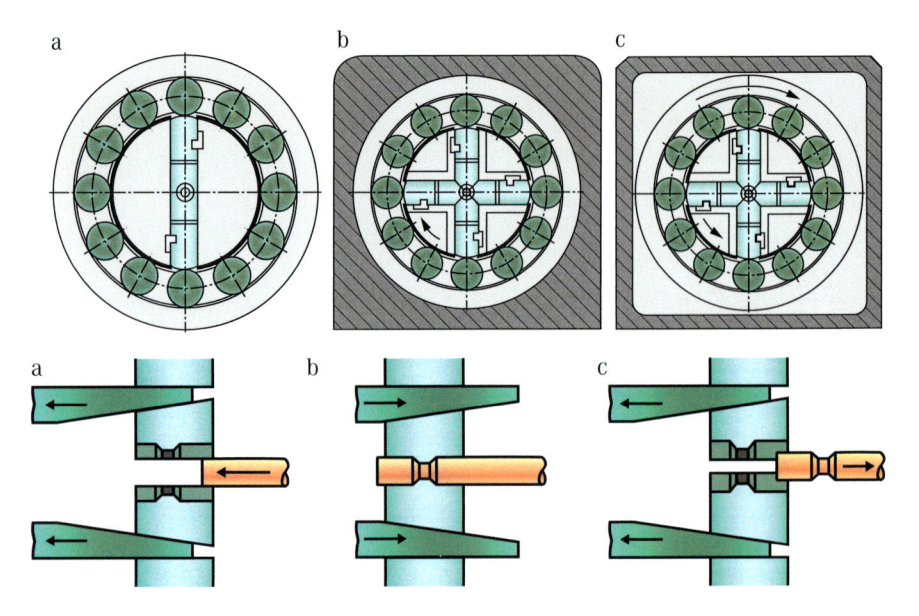

zum Einsatz. Preiswerte Werkzeuge und hervorragende Oberflächengüte an der umgeformten Stelle sind die Hauptmerkmale. Für Rohre werden diese Einheiten bis zu einem Durchmesser von ca. 10 mm benützt. Diese Maschinen werden überwiegend als Innenläufer eingesetzt.

- Dreistößel-Innenläufer bzw. Vierstößel-Innenläufer (Abb. 9.46 b): Das sind die bei Automaten am häufigsten verwendeten Bauformen. Der äußere Mantel steht, die Welle dreht. Durch drei oder vier zugleich auftreffende Umformhübe wird eine konzentrische Umformung hoher Leistungsdichte erzeugt.
- Vierstößel-Außenläufer (Abb. 9.46 c): Bei festgesetzter Welle werden die Anlagen zur Umformung nicht kreisförmiger Teile verwendet. Für kreiszylindrische Verformungen dreht die Welle langsam zur Vermeidung von Längsgratbildungen. Durch die weitgehende Entkopplung der Hämmerfrequenz von der Wellendrehzahl wird diese Form für die Umformung torsionsempfindlicher Werkstücke verwendet (HMP 2000).
- Einstechmaschinen (Abb. 9.47 a–c) haben Einrichtungen, um zusätzlich zur Werkzeug-Oszillation eine radiale Verstellung der Werkzeuge zu ermöglichen. Diese spezielle Verfahrenstechnik wird angewendet, wenn ein Werkstück örtlich eingeschnürt werden soll. Sowohl Innenläufer- als auch Außenläufermaschinen können mit diesen Einrichtungen ausgerüstet werden (FELSS 1988).

Anwendungsbeispiele

Abbildung 9.48 zeigt einige Beispiele von Werkstücken, die durch Rundkneten hergestellt wurden. Die Anwendungen kommen aus den verschiedensten Industriezweigen, dem gesamten Bereich der Verkehrstechnik, Elektrotechnik, Mess- und Regelungstechnik, Haus- und Gartengeräte, Medizintechnik, Feinmechanik/Optik, Werkzeugtechnik und vielen anderen. In diesen Beispielen sind nur die wichtigsten herstellbaren Geometrien dargestellt. Diese können jedoch an Bauteilen in nahezu beliebiger Folge kombiniert werden (FELSS 2005). Dabei werden vorrangig Hohlteile dargestellt, jedoch sind diese Außengeometrien auch ohne weiteres bei Massivteilen möglich.

In Erweiterung des Potenzials des Rundknetens wurde das Axial-Radial-Umformen entwickelt (Schmoeckel, Ruhland 1993; Schmoeckel, Gärtner 1998). Diese Verfahrenstechnik erlaubt die Herstellung von lokal vergrößerten Querschnitten und Wanddicken.

Dabei wird der Umformung eine partielle Erwärmung des Werkstückes in einer Induktionserwärmungseinheit vorgeschaltet, die direkt vor der Rundkneteinheit angeord-

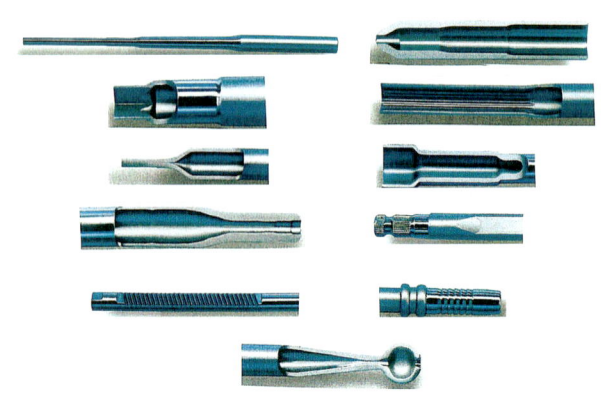

Abb. 9.48: Formenvielfalt des Rundknetens

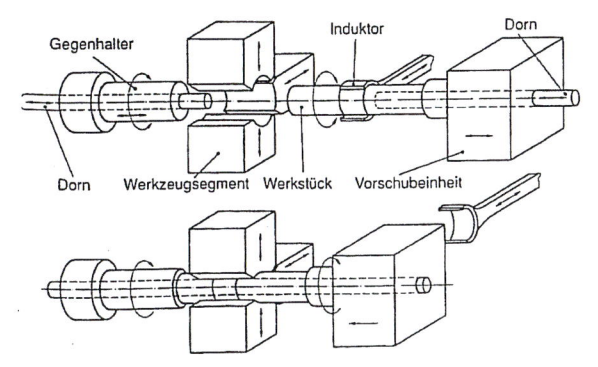

Abb. 9.49: Verfahrensprinzip des Axial-Radial-Umformens

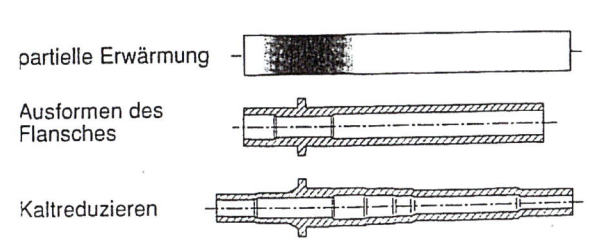

Abb. 9.50: Stadienfolge bei der Herstellung einer Leichtbau-Getriebewelle

net ist. Damit das Werkstück nach Erreichen der Erwärmungstemperatur umgehend in den Arbeitsraum der Umformmaschine eingebracht werden kann, ist der Induktor halbschalenförmig ausgeführt.

Zum lokalen Anhäufen des erwärmten Materials wird der Radialumformung ein axialer Stauchvorgang überlagert. Abbildung 9.49 zeigt das Verfahrensprinzip, und Abbildung 9.50 stellt die Bearbeitungsschritte bei der Herstellung einer Getriebewelle in Leichtbauweise dar.

Abb. 9.51: Hauptformelemente des Axial-Radial-Umformens

In Abhängigkeit der gewählten geometrischen Parameter lässt sich ein Werkstofffluss nach außen, nach innen oder in beide Richtungen erzwingen. Die Wandverdickung kann sowohl im Randbereich als auch im Mittenbereich des Werkstückes ausgebildet werden (Schmoeckel, Gärtner 1998; Abb. 9.51).

Literatur zu Kapitel 9.2.3.2

Fa. Maschinenfabrik Heinrich Müller Pforzheim (Hrsg.): Rundknetautomaten in Linear- und Transferbauweise. Firmenschrift, 2000.

Fa. FELSS Königsbach-Stein (Hrsg.): Rundkneten. Firmenschrift, 1988 und 2005.

Schmoeckel, D.; Gärtner, R.: Erstellung eines optimierten Stadienplans zur Herstellung einer Kfz-Getriebewelle unter Verwendung von innovativen Umformverfahren. Stahl und Eisen (1998) 2.

Schmoeckel, D.; Ruhland, Th.: Einsatz des Axial-Radial-Umformens zur Herstellung von Getriebewellen in Leichtbauweise. Umformtechnik 27 (1993) 6, S. 384 – 388.

9.2.3.3 Bohrungsdrücken

Roland Glaß

Verfahrensbeschreibung

Für die Herstellung von rotationssymmetrischen Hohlformen durch Umformen ist eine ganze Reihe von Verfahren bekannt. Sie werden überwiegend für die Halbzeugfertigung bzw. die Massen- oder Großserienfertigung angewandt und sind, wie z. B. das Mannesmann-Verfahren, schon seit über 100 Jahren etabliert. Große Umformgrade und der hohe Massedurchsatz setzen dafür robust ausgelegte und groß dimensionierte Umformanlagen (Walzstraßen) voraus. Maschinen- und fahrzeugbautypische Hohlteile, die in hoher Formenvielfalt und schnell wechselnden Serien bereitzustellen sind, erfordern demgegenüber eine sehr hohe Flexibilität der Fertigung, die mit den Standardverfahren nicht wirtschaftlich erreichbar ist. Oft sind darüber hinaus höhere Genauigkeitsanforderungen oder die Verfahrensgrenzen überschreitende Maßverhältnisse zu erreichen.

Bohrungsdrücken ist ein Sonderverfahren, mit dem diese für viele Anwendungen im Maschinen- und Fahrzeugbau sowie der Medizintechnik bestehenden Defizite zweckgerecht beseitigt werden können. Nach DIN 8583 ist das Bohrungsdrücken der Gruppe der Walzverfahren zuzuordnen. Das Verfahren dient der Herstellung axial-

9.2 Hochflexible Umformverfahren

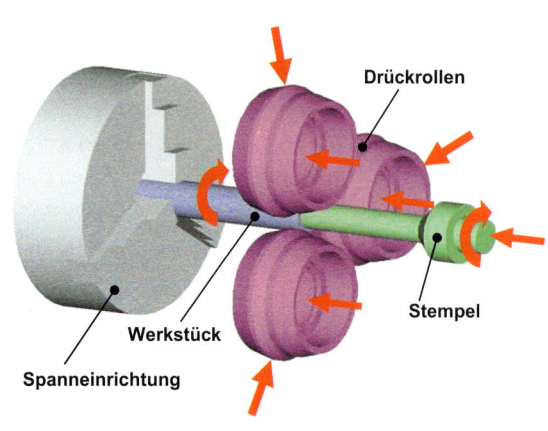

Abb. 9.52: Kinematisches Prinzip des Bohrungsdrückens

symmetrischer Hohlteile ausgehend von massiven Halbzeugen und nimmt somit in dieser Verfahrensgruppe eine Sonderstellung ein (Abb. 9.52). Der Werkzeugsatz besteht in der Regel aus drei außen angreifenden Drückrollen und einem Formstempel. Die Drückrollen und der Stempel führen eine axial gerichtete Vorschubbewegung aus, dabei rotieren Drückstempel und Werkstück um die gemeinsame Längsachse. Der Werkstoff fließt entgegen der Vorschubrichtung axial ab und bildet auf diese Weise die Napfwand aus. In Abhängigkeit vom umzuformenden Werkstoff, den herzustellenden Abmessungen und Genauigkeiten kann das Verfahren im Kalt-, Halbwarm- oder Warmformbereich angewendet werden.

Die Umformzone ist beim Bohrungsdrücken in unterschiedliche Bereiche gegliedert, die hinsichtlich der dort charakteristischen Spannungen und der lokal unterschiedlichen Formänderungszustände unterscheidbar sind (Abb. 9.53). Unmittelbar unter dem Stempel bildet sich der nur wenige Millimeter breite Stempelbereich aus, in dem überwiegend hydrostatische Druckspannungen wirken. Diese führen zu einem monotonen Werkstofffluss in vorwiegend radialer Richtung, der zu einer stetigen Vergrößerung der inneren Oberfläche führt und letztlich die Innenform abbildet.

Der außen liegende Rollenbereich ist demgegenüber durch im Betrag und im Vorzeichen wechselnde Spannungen charakterisiert. Unmittelbar unter den Drückrollen bildet sich ein lokal eng begrenztes Druckspannungsgebiet aus, in dem der Werkstoff radial zurückgestaucht wird. In den Rollenzwischenräumen herrschen demgegenüber Zugspannungen, die in einem sehr schmalen Band unmittelbar unter der Außenfläche, sehr hohe, die Druckspannungen mehrfach überschreitende Beträge erreichen können.

Zwischen diesen unmittelbar durch die Umformwerkzeuge beeinflussten Bereichen bildet sich ein Übergangsbereich aus, in dem Zug- und Druckspannungen auf niedrigerem Niveau wechseln. Die Vorzeichenumkehr der Spannungen wiederholt sich auch hier zyklisch mit jeder Überrollung. Diese als „Kneten" oder „Walken" bezeichneten zyklisch-inkrementellen Vorgänge führen nicht unmittelbar zur gewollten finalen Formänderung, tragen aber in einem erheblichen Umfang zur Senkung der axialen Umformkräfte bei. Dies ist einerseits mit der Verringerung der Fließbehinderung in der Übergangszone und zum anderen durch die deutliche Anhebung der Werkstofftemperatur im Rollenbereich zu erklären. Der für den „Walkvorgang" aufgebrachte Energieeintrag wird hier zu rund 90 Prozent dissipiert, was lokal zu Temperaturerhöhungen auf etwa 600 bis 700 °C führt.

Die in Abbildungen 9.54a bis 9.54f dargestellten metallographischen Befunde einer umgeformten Probe aus dem Werkstoff 1.1141, Ck 15, verdeutlichen die dabei im Werkstoff ablaufenden Vorgänge. Abbildung 9.54a zeigt den Ausgangszustand des Gefüges aus polygonalem Ferrit und zeilig angeordnetem Perlit. Die Ferritkörner sind in Abbildung 9.54b deutlich radial ausgerichtet, was auf das Wirken sehr hoher axial gerichteter Druckspannungen zurückzuführen ist. Abbildung 9.55c zeigt die Auflösung der Perlitzeilen im Übergangsbereich nahe dem Rollenbereich. Die Kornorientierung zeigt keinerlei Vorzugsrichtung. Die Korngröße hat im Vergleich zum Ausgangszustand deutlich abgenommen. Im Rollenbereich ist eine noch deutlich weitergehende Kornfeinung erkennbar (Abb. 9.54d). Diese für zyklische Umformvorgänge charakteristische Gefügeumbildung ist beim Bohrungsdrücken besonders ausgeprägt, da der Werkstoff in Abhängigkeit vom Werkzeugdesign und den Verfahrensparametern unter der Rollenwirkung zwischen 40- und 100-fach hin und zurück verformt wird. Die Hin- und Rückverformung wird in Abbildung 9.54e an einem

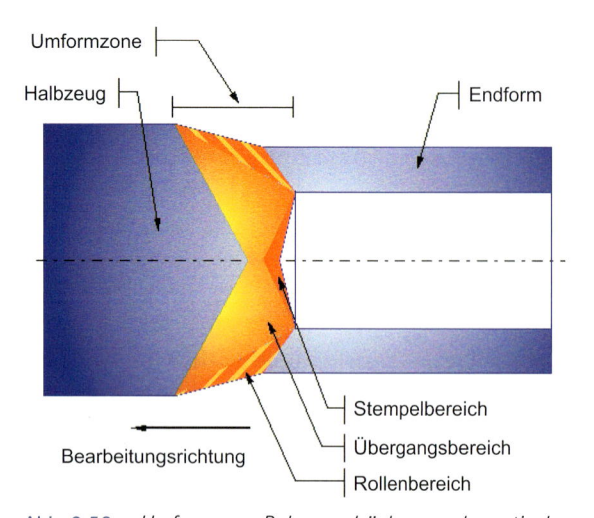

Abb. 9.53: Umformzone Bohrungsdrücken – schematisch

9.2.3 Massivumformung

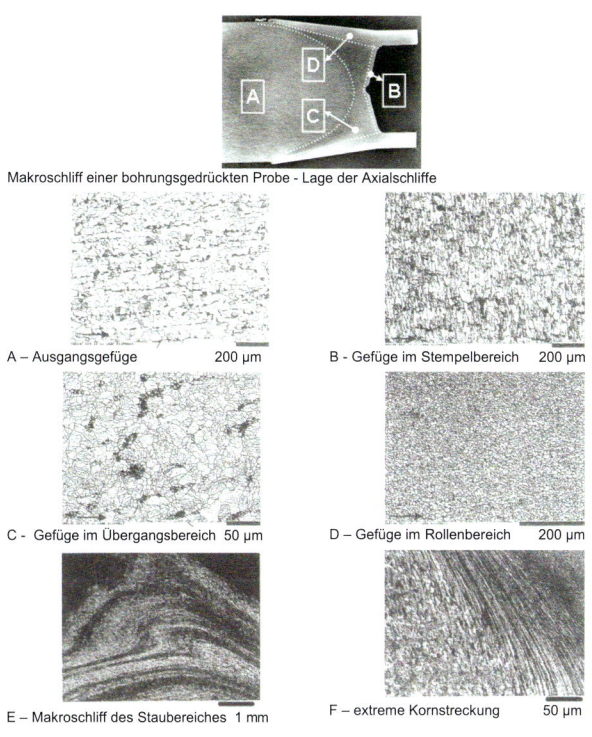

Abb. 9.54: Makroaufnahmen, Axial- und Radialschliffe bohrungsgedrückter Proben

- A – Ausgangsgefüge (200 µm)
- B – Gefüge im Stempelbereich (200 µm)
- C – Gefüge im Übergangsbereich (50 µm)
- D – Gefüge im Rollenbereich (200 µm)
- E – Makroschliff des Staubereiches (1 mm)
- F – extreme Kornstreckung (50 µm)

Makroschliff einer bohrungsgedrückten Probe - Lage der Axialschliffe

Radialschliff einer Probe der Aluminiumlegierung 6063 erkennbar, die den Stau vor den Drückrollen zeigt. In der gleichen Blickrichtung wird in Abbildung 9.54 f die extreme Kornstreckung unmittelbar unter der äußeren Oberfläche dargestellt. Es wird damit deutlich, dass durch die verfahrensspezifischen Umkehrwechselspannungen ein starker Einfluss auf das Werkstoffverhalten und damit die Halbzeugeigenschaften erreicht wird, die über den Querschnitt stark gradiert sind. Das impliziert eine essenzielle Möglichkeit der Beeinflussung von Bauteileigenschaften mit technologischen Mitteln, die in der Praxis noch weitgehend ungenutzt sind.

Berechnungsmöglichkeiten

Da die Walkarbeit bei der klassischen Betrachtung der Umformung nicht berücksichtigt wird, hier jedoch einen erheblichen Anteil an der Umformarbeit hat, können einfache Berechnungsverfahren zur Ermittlung des Kraft- und Arbeitsbedarfs nicht angesetzt werden. Zudem stellt die Ermittlung lokaler Formänderungen und Spannungen unter den gegebenen Bedingungen eine Herausforderung dar, da sie im Allgemeinen nicht hinreichend genau oder mit vertretbarem Aufwand bestimmbar sind. Im Werkstoff werden außerdem bereits bei relativ niedrigen Temperaturen schnelle lokale Rekristallisationsvorgänge, insbesondere im Rollenbereich, angeregt. Es ist daher aussichtsreicher, eine energetische Prozessbewertung anzustellen. Die dafür erforderliche spezifische Umformarbeit steht in einem überschaubaren Zusammenhang mit den verfahrensspezifischen Prozesskenngrößen und ist experimentell zuverlässig bestimmbar. Als Basis dient die pro Zeiteinheit zugeführte mechanische Energie, die sich aus dem eingeleiteten Drehmoment, der Axialkraft und dem Axialvorschub ergibt. Dieser Energiebetrag wird auf das in der gleichen Zeiteinheit aus der Umformzone austretende Volumen, den Volumendurchsatz, bezogen, der sich proportional der Umformgeschwindigkeit ändert. Die für die Knetarbeit bestimmende Überrollzahl wird aus dem Verhältnis des Volumendurchsatzes zum konstanten Volumen der Umformzone bestimmt. Daraus folgt, dass sich die spezifische Umformarbeit umgekehrt proportional der Vorschubgeschwindigkeit verhält. Eine quantitative Bewertung dieser Verhältnisse setzt entsprechende Werkstoffflussuntersuchungen voraus. Es ist von besonderer Bedeutung, dass der Anteil der Knetarbeit stark mit der Größe der Umforminkremente korreliert (Abb. 9.55). Aus den Ergebnissen experimenteller Untersuchungen wurden dafür empirische Beziehungen ermittelt. Die Verknüpfung der so gewonnenen Kennwerte mit einem Umformmodell, in dem sowohl die kontinuierliche als auch die zyklischen Formänderungen berücksichtigt werden, erfolgt nach dem Schrankenverfahren in der eigens dazu formulierten Formänderungs-Modell-Methode – FMM (Abb. 9.56). Dieses Verfahren erlaubt mit einer für praktische Anwendungen hinreichenden Genauigkeit eine Abschätzung der axialen und radialen Rollenkräfte, der Stempelkraft und des Momentbedarfs.

Darüber hinaus ermöglichen schnell fortschreitende Hard- und Softwareentwicklungen immer genauere und schnellere Simulationen des Bohrungsdrückens, mit denen lokale Kennwerte unter hinreichend genauer Berücksichtigung der Randbedingungen und der Temperaturfelder berechnet werden können.

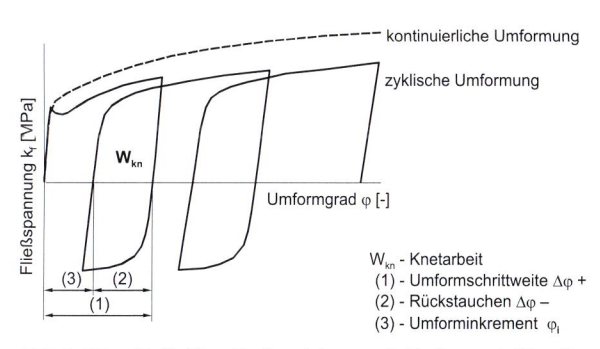

Abb. 9.55: Definition Umforminkrement, Umformschrittweite, Knetarbeit

- W_{kn} – Knetarbeit
- (1) – Umformschrittweite $\Delta\varphi$ +
- (2) – Rückstauchen $\Delta\varphi$ –
- (3) – Umforminkrement φ_i

9.2 Hochflexible Umformverfahren

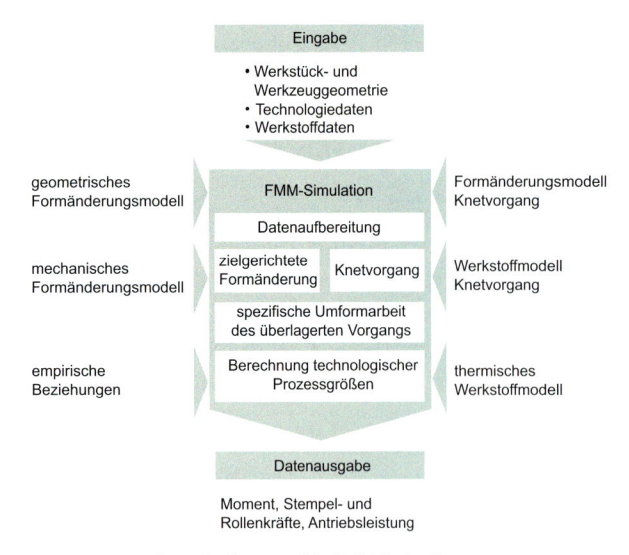

Abb. 9.56: Formänderungs-Modell-Methode

Vor- und Nachteile, Anwendungsmöglichkeiten

Durch Bohrungsdrücken sind vorrangig rotationssymmetrische Hohlteile, optional mit oder ohne Boden, herstellbar. Formal sind das Grundformen, die umformend auch durch Fließpressen oder spanend durch Drehen und Tiefbohren erzeugt werden können. Die definitionsgemäß bessere Werkstoffausnutzung der umformenden gegenüber den spangebenden Verfahren kann als bekannt vorausgesetzt werden. Bereits bei der Fertigung einfacher Zylinderformen können je nach dem Grad der Annäherung an die Endform zwischen 35 und 45 Prozent der Einsatzmasse eingespart werden (vgl. Abb. 9.57). Dabei beträgt der Zeitaufwand des Bohrungsdrückens für vergleichbare Formen nur ca. 40 Prozent des Tiefbohrens. Das Verfahren ist dadurch besonders attraktiv für die Verarbeitung preisintensiver Werkstoffe.

Bohrungsdrücken ist gegenüber dem Fließpressen vorteilhaft, wenn dickwandige Hohlteile oder solche mit Absätzen zu erzeugen sind. Das betrifft in der Regel Durchmesser zu Wanddickenverhältnisse von $D:s<5$, d.h. Hohlteile, die in der Regel nicht mehr pressbar sind. Die niedrigeren Axialkräfte erlauben außerdem die Fertigung deutlich längerer Teile und die Verarbeitung höherfester Werkstoffe. Gegenüber dem Fließpressen kann das Längen-Durchmesser-Verhältnis zwei bis dreifach höher angenommen werden (vgl. Abb 9.58). Auf Grund der abwälzenden Werkzeugbewegung an der Außenfläche ist beim Bohrungsdrücken außerdem keine chemische Oberflächenvorbehandlung durch Phosphatieren oder ähnliche Methoden erforderlich. Durch die kinematische Formerzeugung entfallen die kostenaufwändigeren Matrizen. Die für kleinere Serien erforderliche Flexibilität wird durch das Verfahren gewährleistet.

Im Abmessungsbereich typischer PKW-Wellen ist eine Net-shape Fertigung realisierbar. Für größere und schwerere Ausführungen von Nutzfahrzeugen und ähnlichen Anwendungen sind Vorformgenauigkeiten wirtschaftlich herstellbar. Die erreichbare Genauigkeit wird besonders durch die zu erzeugende Werkstücklänge bestimmt (vgl. Abb. 9.59).

Die in Tabelle 9.3 zusammengefassten Bereiche zeigen grundsätzliche Möglichkeiten des Verfahrens auf. Wesentliche zusätzliche Potenziale mit der Zielstellung einer weitgehenden Substitution spanender Verfahren sind dann möglich, wenn die Hohlformgebung mit weiteren Fertigungstechniken wie etwa dem Rundkneten, Schmie-

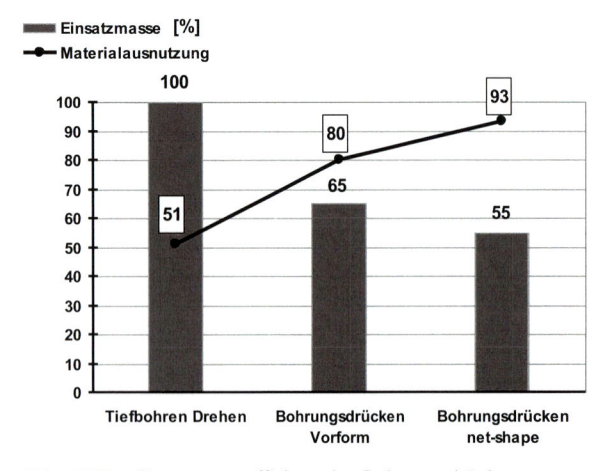

Abb. 9.57: Ressourceneffizienz des Bohrungsdrückens

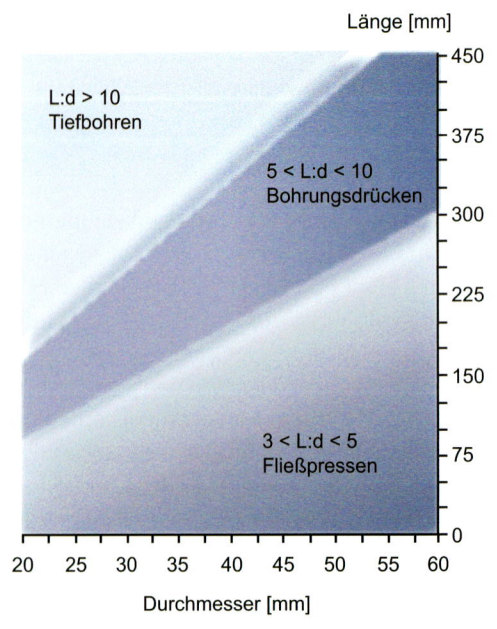

Abb. 9.58: Prozessfenster Bohrungsdrücken

9.2.3 Massivumformung

	Bezeichnung	Kurzzeichen	Bereich
Hauptform	Halbzeugdurchmesser	D [mm]	max. 70
	Außendurchmesser	D_a [mm]	25 bis 60
	Innendurchmesser	d_i [mm]	18 bis 50
	Zylinderlänge	L [mm]	400
	Wanddicke	s [mm]	2 bis 23
bezogene Größen	Längen-Durchmesser-Verhältnis	$L : d_i$ [-]	max. 15
	Durchmesser-Wanddicken-Verhältnis	$D_a : s$ [-]	3 bis 20
Ergänzungsformen innen	Zahnnabenprofile	DIN 5480	
	Polygone P3G	DIN 32711	
	P4C	DIN 32712	
	Keilnabenprofile	DIN 5471	
		DIN 5472	
Ergänzungsformen außen	Wellenabsätze, Hinterschnitte	ΔD_a [mm]	3 bis 5
	Kegel, Zykloide		
Werkstoffe	Bau- und Einsatzstähle		
	Vergütungsstähle		
	Trip-Stähle		
	hochfeste Stähle		
	Nichteisenmetalle		

Tab. 9.3: Bearbeitungsmöglichkeiten

den oder Fließpressen kombiniert auf die Herstellung hochpräziser rotationssymmetrischer Hohlformen angewendet wird (Abb. 9.60). Die angegebenen Absolutmaße sind durch die derzeit verfügbare Anlagentechnik begrenzt und stellen keine Verfahrensgrenzen dar.

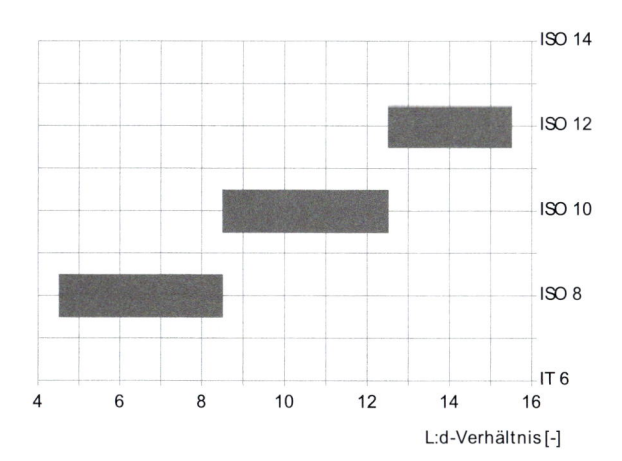

Abb. 9.59: *Genauigkeiten in Abhängigkeit vom Längen-Durchmesser-Verhältnis*

Maschinen- und Anlagentechnik

Bohrungsdrückmaschinen sind in ihrer Grundstruktur Drehmaschinen vergleichbar. Im Unterschied zu diesen verfügen sie über ein extrem verformungsarmes Maschinengestell, eine Werkzeugmaschinenspindel für große Axialkräfte und hohe Drehzahlen sowie spezielle Schlitten für Umformmaschinen (Abb. 9.61). Die Haupt- und Nebenantriebe der Maschine sind in zwei kraftsymmetrisch gestalteten Ständern angeordnet, die untereinander über Querzugträger verbunden sind und so einen geschlossenen Kraftfluss gewährleisten. Durch diesen Grundaufbau wird eine prozesssichere Lagezuordnung der Rotationsachsen gesichert. Zur Gewährleistung der weiter oben beschriebenen Kinematik für den Umformprozess sind minimal sieben numerische Achsen erforderlich. Darüber hinaus besteht weiterhin die Option, zusätzliche periphere Aggregate wie etwa Zerspanungseinheiten, Werkzeugwechsler, Erwärmungseinrichtungen, Lademagazine bzw. Roboter für Beschickung oder Weitergabe der Halbzeuge und Werkstücke mit dem Grundprozess zu

Abb. 9.60: *Bearbeitungsbeispiele; links – bohrungsgedrückte Schmiedeteile; Mitte – verschiedene Wanddickenvarianten; rechts: Innenprofile*

9.2 Hochflexible Umformverfahren

Abb. 9.61: Bohrungs-drückmaschine BDM 2000 – Blick in den Arbeitsraum

verkoppeln. Eine beliebige Prozessintegration, auch mit artfremden Fertigungsabläufen ist auch auf Grund des geringen Emissionsgrads innerhalb geltender Arbeitsplatzwerte problemfrei möglich.

Literatur zu Kapitel 9.2.3.3

Christ, H.-J.: Wechselverformung von Metallen. In: Ilschner, B. (Hrsg.): Werkstoffforschung und Technik. Springer-Verlag, 9 (1991).

Herold, G.: Formänderungs-Modell-Methode - eine effektive Simulation inkrementeller Umformverfahren in der Teilefertigung. MEFORM. Modellierung von Umformprozessen, Freiberg 1998.

Meyer, L. W.; Weise, A.; Hahn, F.: Comparisation of Constitutive Flow Curve Relations in Cold and Hot Forming. Journal de Physique IV, 7 (1997) 3, S. 13 – 20.

Glaß, R.; Hahn, F.; Kolbe, M.; Meyer, L. W.: Processes of partial bulk metal-forming – aspects of technology and FEM simulation. Journal of Materials Processing Technology, 80-81 (1998), S. 174 – 178.

Michel, R.; Kreißig, R.; Panhans, S.: Thermo mechanical finite element analysis (FEA) of the spin extrusion. Forschung im Ingenieurwesen, 68 (2003) 1, S. 19 – 24.

Hahn, F.: Untersuchung des zyklisch plastischen Werkstoffverhaltens unter umformnahen Bedingungen. Dissertation, Technische Universität Chemnitz, Fakultät Maschinenbau, 2003.

Neugebauer, R.; Glaß, R.; Hoffmann, M.: Spin Extrusion – A New Partial Forming Technology based on 7 NC-Axes Machining. CIRP Annals, Volume 1, STCF 54/1, (2005), S. 241 – 244.

Neugebauer, R.; Glaß, R.; Hoffmann, M.; Putz, M.: Incremental Forming of Hollow Shapes. Steel Research International, 76 (2005) 2/3, S. 171 – 176

9.2.3.4 Profilwalzen

Udo Hellfritzsch, Mike Lahl, Matthias Milbrandt, Sven Schiller

9.2.3.4.1 Verfahrensübersicht

Für die umformtechnische Fertigung rotationssymmetrischer Werkstücke mit einer profilierten Oberfläche sind verschiedene Maschinen und Verfahren entwickelt worden. Das wichtigste Unterscheidungsmerkmal ergibt sich aus der Werkzeuggeometrie und dem daraus resultierenden Bewegungsablauf zwischen Werkzeug und Werkstück während der Umformung (Schmoeckel 1978). Demnach ist eine Unterteilung in Maschinen mit Flachbackenwerkzeugen, Rundrollenwerkzeugen, konkaven Werkzeugen sowie konkavem und konvexem Werkzeug zu treffen (vgl. Abb. 9.62).

Beim Querwalzen dringen die Werkzeuge unter durchmesserbezogener Veränderung von Richtung und Geschwindigkeit über die maschinelle Zustellung bzw. durch in den Werkzeugen formgebundenen Vorschub ins Werkstück ein und lassen den Werkstoff in die Lücken der Werkzeugprofile aufließen. Dieser Vorgang erstreckt sich bis zum Erreichen der geforderten Parameterbereiche (Kopf- und Fußkreisdurchmesser). Den sich ständig ändernden kinematischen Abwälzbedingungen über den Eindringvorgang der Werkzeuggeometrie ins Walzteil muss bei der konstruktiv-mathematischen Auslegung der Werkzeuge Rechnung getragen werden.

Dem verfahrensbedingten asymmetrischen Werkstofffluss und den dadurch entstehenden Geometrieabweichungen der Sollkontur kann mit gesteuerten Reversiervorgängen (Bsp.: Drehrichtungswechsel der Walzwerkzeuge beim Rundrollenverfahren) und damit einem Wechsel von Schub- und Zugflanke entgegengewirkt werden (vgl. Abb. 9.63).

9.2.3 Massivumformung

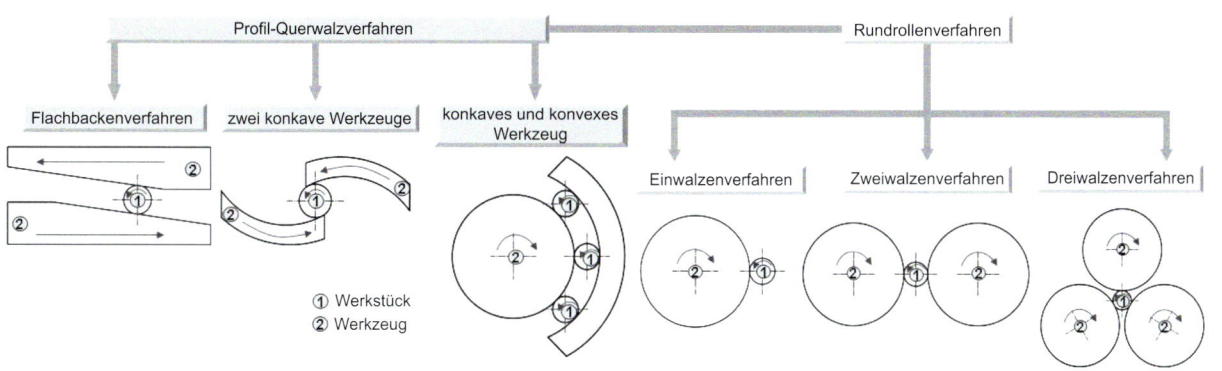

Abb. 9.62: Einteilung der Profil-Querwalzverfahren (Hellfritzsch 2005)

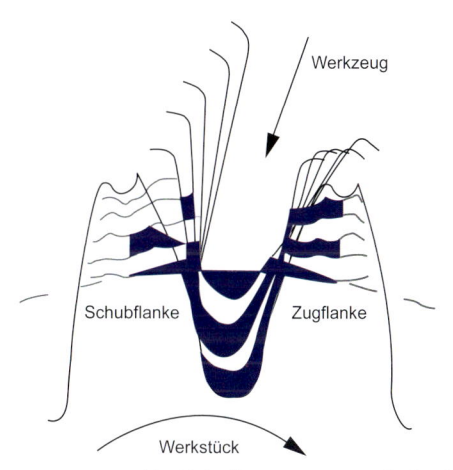

Abb. 9.63: Abwälzbedingter asymmetrischer Werkstofffluss (Linke 1996)

9.2.3.4.2 Verfahrensbeschreibung

Querwalzen nach dem Flachbackenverfahren (Roto-Flo-Verfahren)

Das Prinzip des Walzens mit Flachbackenwerkzeugen ist eine gegenläufige Bewegung von oberer und unterer Walzstange, um einem rotationssymmetrischen Ausgangsteil eine definierte Profilform aufzuwalzen. Zu Beginn des Walzvorganges ist der Werkstückrohling zwischen Spitzen gespannt (vgl. Abb. 9.64). Obere und untere Walzstange bewegen sich translatorisch gegeneinander, treffen gleichzeitig auf das Werkstück auf und versetzen den Rohling durch Reibung in Rotation. Durch die abgeschrägten Einlaufzonen der Walzstangen dringt die Werkzeuggeometrie mit fortwährendem Vorschub tiefer ins Werkstück ein. Der Werkstoff wird dabei an den Kontaktstellen verdrängt und fließt in die Lücken der Werkzeugprofile.

Nach Auswalzen der vollen Profiltiefe zum Ende der Einlaufzone wird das Werkstück zur Verbesserung von Oberflächengüte, Flankenform und Rundlauf noch in mindestens zwei Überwalzungen kalibriert. In der anschließenden, abgeschrägten Auslaufzone der Walzstangen kommt es zu einer Entspannung der Umformkräfte und zur Entnahme des quergewalzten Werkstückes.

Querwalzen mit konkaven Werkzeugen

Das auch als „WPM-Verfahren" bekannte Querwalzen mit innenverzahnten Werkzeugen beschreibt eine weitere Möglichkeit zum Kaltwalzen von Profilen. Der Werkzeugsatz besteht hierbei aus zwei ringförmigen Segmenten, die in bewegten Backen, welche von Exzenterwellen angetrieben werden, aufgenommen sind. In Abbildung 9.65 ist das Prinzip des Verfahrens dargestellt. Die Werkzeuge üben eine kreisförmige Wälzbewegung aus, welche dem umzuformenden Durchmesser des Werkstückes entspricht. In diesem Prozess lassen sich insbesondere

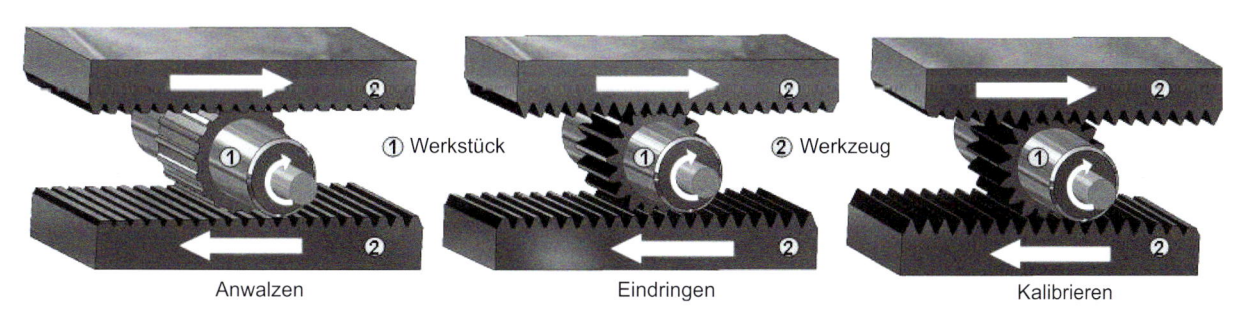

Abb. 9.64: Verfahrenprinzip mit Flachbackenwerkzeugen

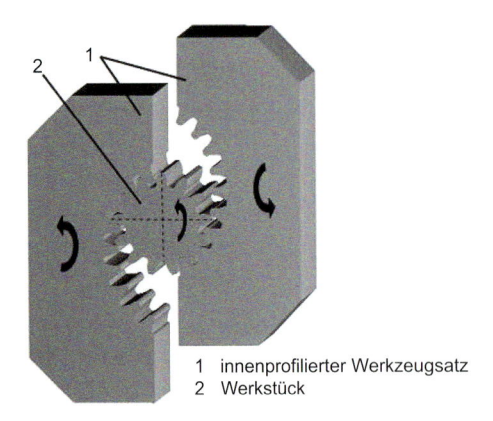

1 innenprofilierter Werkzeugsatz
2 Werkstück

Abb. 9.65: *WPM-Verfahren*

Vielkeilprofile sowie Gerad- und Schrägverzahnungen bis zu einem Modul von 3,5 mm herstellen. Der größte zu bearbeitende Werkstückdurchmesser beträgt 120 mm. Für die Kaltumformung vorteilhaft erscheinen die großen Überdeckungen, durch welche häufig zwei Zähne gleichzeitig im Eingriff sind. Nachteilig wirken sich jedoch die maschinell komplizierte Umsetzung des Verfahrens, die beschränkte Steuerbarkeit des Werkstoffflusses sowie die hohen Werkzeugkräfte und -kosten aus (Hammerschmidt 1981).

Querwalzen mit konkavem und konvexem Werkzeug

Ein spezielles Gebiet des Profil-Querwalzens liegt in der Wälzlagerindustrie bei der Fertigung von Wälzkörpern, hauptsächlich beim Walzen von Zylinder-, Kegel- und Tonnenrollen. Beim Radienwalzen an Zylinder- und Kegelrollen wird das scharfkantige Ausgangsmaterial des zylindrischen bzw. kegeligen Werkstückes an den Enden in einen Radius umgeformt. An die Mantelfläche der Rolle schließt sich tangential der gewünschte Radius an. Durch den Umformvorgang tritt an den Stirnseiten eine Näpfchenbildung bei gleichzeitiger Längenvergrößerung des Teils auf. Bei Tonnenlagern wird aus dem auf Länge geschnittenen zylindrischen Ausgangsmaterial die gewünschte Form mit dem unter etwa 3° liegenden Doppelkegel und den Radien an den Stirnseiten gewalzt (Nowak, Bettermann 1972). Abbildung 9.66 zeigt schematisch eine Querwalzeinrichtung zum Walzen von Zylinderrollen.

Querwalzen mit außenverzahnten Rundrollenwerkzeugen

Das Rundrollenverfahren mit ein bis drei außenverzahnten Werkzeugen kann als Umformverfahren mit unendlicher Werkzeuglänge betrachtet werden, demzufolge ist die Walzbarkeit von Verzahnungen mit großen Zähnezahlen und Durchmesserbereichen nur durch den zur Verfügung stehenden Arbeitsraum eingeschränkt. Das rotationssymmetrische Werkstück wird in axialer Richtung zwischen Spitzen gespannt. Die Rundrollenwerkzeuge dringen dabei mit gleicher Drehrichtung und konstanter Drehzahl in den Rohling ein (vgl. Abb. 9.67). Der Eindringprozess der Werkzeuggeometrie ins Werkstück erfolgt dabei über eine Achsabstandsverringerung der Rundrollen in radialer Richtung. Basierend auf einer am Fraunhofer IWU Chemnitz entwickelten Werkzeugberechnung und -konstruktion sowie einer parameterbezogenen Prozessoptimierung gelang es 2006 erstmals, auf einer Spezialwalzmaschine PWZ sogenannte Laufverzahnungen (bis Modul 3,75 mm bei einer Zahnhöhe von 10,5 mm) ins volle Material zu walzen und die definierten zahnhöhenbezogenen Verfahrensgrenzen um den Faktor 4 zu erweitern (Neugebauer et al. 2008).

Eine weitere Unterteilung des Rundrollenverfahrens ist definiert durch die Technologieoptionen in Abbildung 9.68. Unterschieden werden Einstechverfahren, Einstech-Durchschubverfahren und Durchschubverfahren. Für Steigungsprofile bis 200 mm Länge ist das Einstechverfahren auf Grund maximaler Werkzeugbreite (maschinenabhängig) geeignet. Bei darüber hinausgehenden Längenabmessungen ist das Einstech-Durchschubverfahren oder Durchschubverfahren zu wählen.

Beim Einstechverfahren erfolgt die Profilausbildung am Werkstück durch das radiale Eindringen (Werkzeugvorschub) der rotierenden Walzwerkzeuge in den Werkstoff des zwischen Spitzen gespannten Bauteils. Beim Einstech-Durchschubverfahren vollführen die Walzwerkzeuge ebenfalls eine radiale Bewegung bei gleichzeitiger Rotation zur Realisierung des Eindringens der Werkzeuge in den Werkstückwerkstoff. Das Bauteil wird mittels Auflagelineal geführt. Der radiale Werkzeugvorschub entfällt

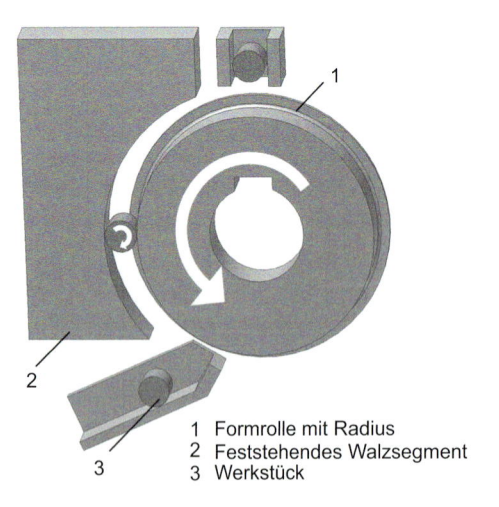

1 Formrolle mit Radius
2 Feststehendes Walzsegment
3 Werkstück

Abb. 9.66: *Walzen mit konkavem und konvexem Werkzeug (Eichner, Hammerschmidt 1981)*

9.2.3 Massivumformung

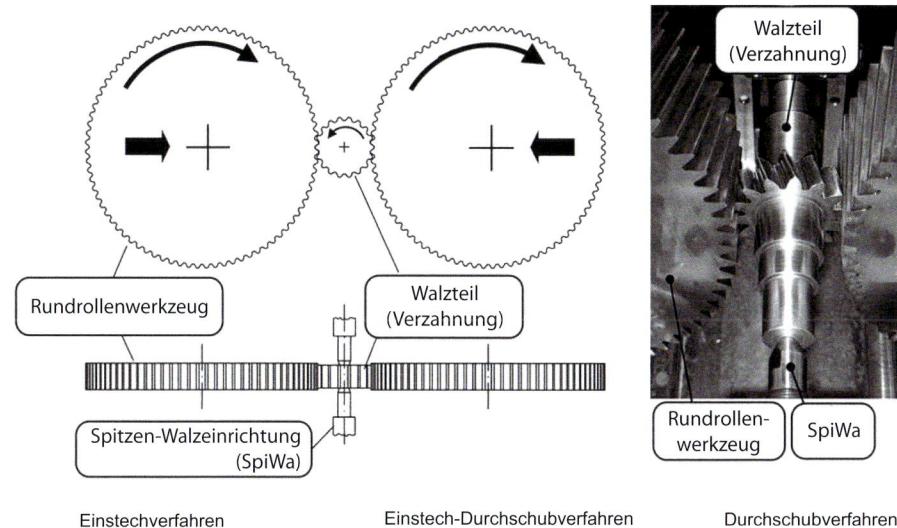

Abb. 9.67: Querwalzen mit zwei Rundrollenwerkzeugen

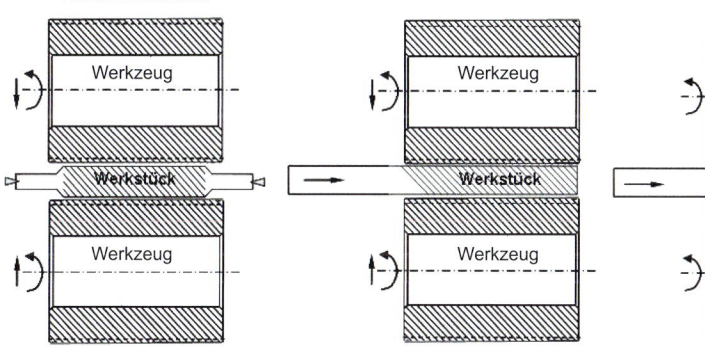

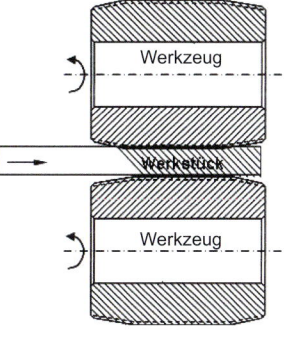

Abb. 9.68: Verfahrensmodifikation der Kinematik beim Rundrollenwalzen (Apel 1952)

beim Durchschubverfahren, da diese Funktion durch eine segmentierte Gestaltung der Walzwerkzeuge in Längsrichtung übernommen wird. Weiterhin werden drei verschiedene Varianten des Einstech-Durchschubverfahrens bzw. des Durchschubverfahrens unterschieden, wie nachfolgend aufgeführt und in Abbildung 9.69 dargestellt:

- Durchschubverfahren mit Steigungswalzwerkzeugen und parallelen Werkzeugachsen (a),
- Durchschubverfahren mit steigungslosen Profilwalzwerkzeugen und gekreuzten Werkzeugachsen (b) sowie
- Durchschubverfahren mit Steigungswalzwerkzeugen und gekreuzten Werkzeugachsen (c).

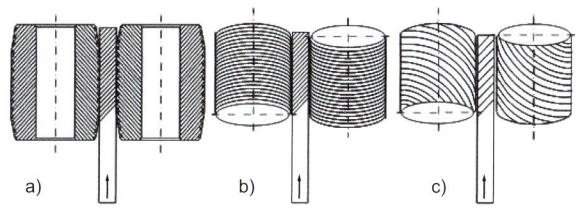

Abb. 9.69: Verfahrensmodifikation der Achslage beim Rundrollenwalzen (Nowak, Bettermann 1972)

9.2.3.4.3 Theoretische Grundlagen

Der gesamte Umformvorgang des Profil-Querwalzens mit Rundrollenwerkzeugen im Einstechverfahren wird in Tabelle 9.4 durch drei charakteristische Phasen dargestellt. Diese sind das Einsacken und Anwalzen, das Eindringen und Reversieren sowie das Kalibrieren und Entspannen. Folgende Randbedingungen sind im Zusammenhang mit dem Einstechwalzen von zwei Rundrollenwerkzeugen in den Ausgangsrohling zu beachten:

- Durchmesserabhängiges Drehzahlverhältnis der Werkzeuge zum Werkstück,
- Vorschub über gesamte Eindringphase konstant (gilt nicht im Bereich der Reversierpunkte und im degressiven Übergang zur Kalibrierphase),
- Werkzeugdrehzahl über Gesamtprozess nahezu konstant ($n_1,WZ \approx n_2,WZ \approx n_3,WZ$),
- Durchmesserabhängige Zwangssynchronisierung der Werkstückdrehzahl n_{WSt} sowie
- Gesamtprozess mit i Umformschritten.

Tab. 9.4: *Einteilung des Walzprozesses (Neugebauer, Hellfritzsch 2007) und Erläuterung der Formelzeichen*

Einsacken und Anwalzen:
+ Werkzeugkopfkreisdurchmesser $D_{a,Wz}$ sacken auf optimiertes Vormaß d_v ein und walzen mit folgender Werkstückdrehzahl an:

$$n_{1,WSt} = \frac{n_{1,WZ} \cdot D_{a,WZ}}{(d_v - 2 \cdot e)}$$

+ Anwalzteilung am Rohling p_A entspricht der Teilung des Werkzeugkopfkreisdurchmessers $p_{a,WZ}$

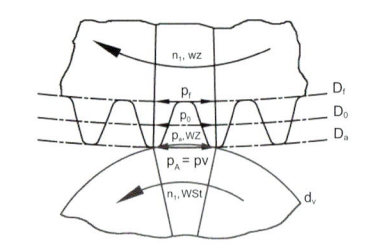

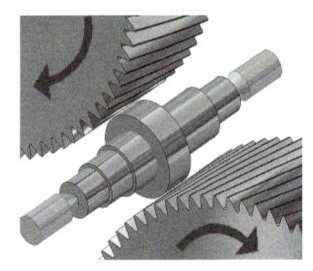

Eindringen und Reversieren:
+ durchmesserbezogener Eindringvorgang ins Walzteil über Vorschub
+ variable Werkstückdrehzahl:

$$n_{2,WSt} = \frac{n_{2,WZ} \cdot D_{Wk,i,WZ}}{d_{Wk,i,WSt}}$$

+ symmetrische Ausbildung der Zahnkontur durch gezielte Anordnung von Reversierpunkten über den gesamten Eindringweg

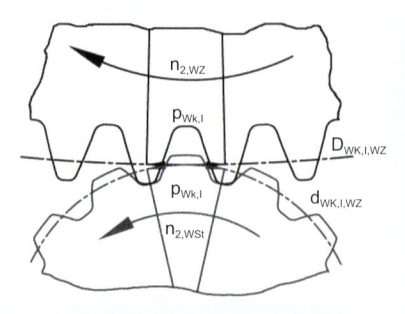

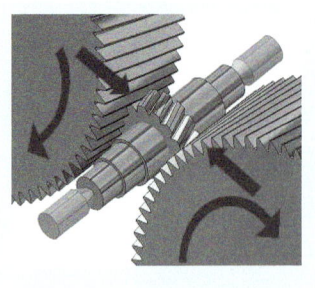

Kalibrieren und Entspannen:
+ Kalibrieren des vollständig ausgeformten Zahnprofils ohne Vorschub
+ definierte Werkstückdrehzahl durch konstante Wälzkreisdurchmesser:

$$n_{3,WSt} = \frac{n_{3,WZ} \cdot D_{Wk,WZ}}{d_{Wk,WSt}}$$

+ Verbesserung von Oberflächengüte und Rundlauf durch 3–5 Kalibrier-Überrollungen
+ Entspannung und Walzteilentnahme

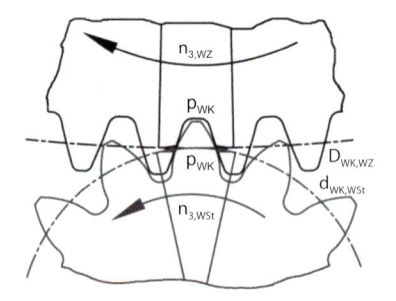

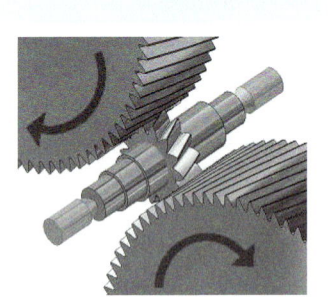

D_0	mm	Werkzeugteilkreisdurchmesser	$n_{1,WSt}$	U/min	Werkstückdrehzahl beim Anwalzen
D_a	mm	Werkzeugkopfkreisdurchmesser	$n_{2,WSt}$	U/min	Werkstückdrehzahl beim Eindringen
$D_{a,WZ}$	mm	Werkzeugkopfkreisdurchmesser beim Anwalzen	$n_{3,WSt}$	U/min	Werkstückdrehzahl beim Kalibrieren
D_f	mm	Werkzeugfußkreisdurchmesser	$n_{1,WZ}$	U/min	Werkzeugdrehzahl beim Anwalzen
$D_{Wk,i,WZ}$	mm	Werkzeugwälzkreisdurchmesser beim Eindringen	$n_{2,WZ}$	U/min	Werkzeugdrehzahl beim Eindringen
$D_{Wk,WZ}$	mm	Werkzeugwälzkreisdurchmesser beim Kalibrieren	$n_{3,WZ}$	U/min	Werkzeugdrehzahl beim Kalibrieren
d_v	mm	Werkstückvorarbeitsdurchmesser	p_0	mm	Werkzeugteilkreisteilung
$d_{Wk,i,WSt}$	mm	Werkstückwälzkreisdurchmesser beim Eindringen	p_A	mm	Werkstückvormaßteilung beim Anwalzen
$d_{Wk,WSt}$	mm	Werkstückwälzkreisdurchmesser beim Kalibrieren	$p_{a,WZ}$	mm	Werkzeugkopfkreisteilung
e	mm	Einsacktiefe pro Werkzeug	p_f	mm	Werkzeugfußkreisteilung
			p_v	mm	Werkstückvormaßteilung
			$p_{Wk,i}$	mm	Werkstück- u. Werkzeugteilung beim Eindringen
			p_{Wk}	mm	Werkstück- u. Werkzeugteilung beim Kalibrieren

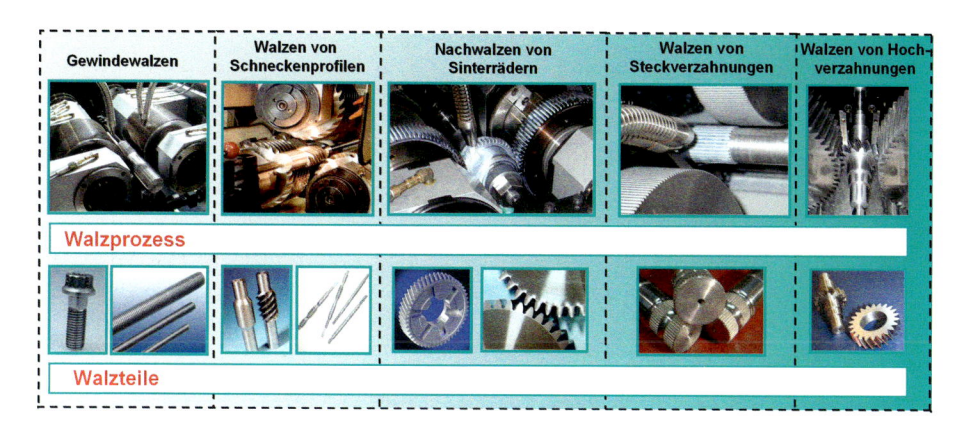

Abb. 9.70: Walzsortiment für Profil-Querwalzverfahren

9.2.3.4.4 Anwendung

Werkstoffe und Bauteilsortimente für Profil-Querwalzverfahren

Mittels der verschiedensten Querwalzverfahren sind vor allem unlegierte und legierte Stähle mit einem Kohlenstoffgehalt unter 0,2 Prozent gut walzbar. Zu den am häufigsten für das Profil-Querwalzen eingesetzten Werkstoffen zählen 16MnCr5, 20MnCr5, 15CrNi6 sowie 20MoCrS5. Eine Wärmebehandlung im Anschluss an den Umformprozess bedingt eine Randschichtaufkohlung der Werkstücke und somit eine Härtesteigerung durch eine martensitische Randzone. Diese wiederum erhöht im Einsatz der Fertigbauteile die Widerstandsfähigkeit gegen Verschleiß, Reibung und Flächenpressung. Das ungehärtete, zähe und unverfestigte Kernmaterial hingegen verstärkt die Widerstandsfähigkeit gegen Dreh- und Biegemomente. Mit Hilfe des Profil-Querwalzens lassen sich neben einfachen Gewinden (Gewindestangen und Schrauben) und kurzen Steckverzahnungen (Kerb- und Rändelwellen) auch großmodulige Schnecken- und Hochverzahnung umformtechnisch herstellen. Außerdem ergibt sich die Möglichkeit, gesinterte Vorverzahnungen (Ketten- und Nockenwellenräder) fertig zu walzen (vgl. Abb. 9.70).

Tab. 9.6: *Maschinenparameter für ROLLRAPID*

Max. Verzahnungsdurchmesser [mm]	70
Max. Werkstücklänge [mm]	1000
Max. Zustellschlittenhub-Walzmodul [mm]	2 x 80
Zustellschlittenabstand-Walzmodul [mm]	80–240
Max. Walzschlittenhub [mm]	660

9.2.3.4.5 Anlagentechnik

Der ROLLRAPID (vgl. Abb. 9.71) ist eine CNC-gesteuerte Verzahnungswalzanlage nach dem Flachbackenverfahren mit vertikaler Anordnung der Walzwerkzeuge zum Walzen von Gerad- und Schrägverzahnungen mit erhöhten Qualitätsanforderungen (Kohlsmann 2004). Die Anlage unterscheidet sich grundlegend von bekannten Kaltwalzmaschinen durch ihr extrem steifes Grundgestell in Form eines geschlossenen Maschinenrahmens, welches die Schwachstelle einseitiger Aufbiegung und damit Zylinderformabweichungen am Walzteil minimiert. Der große Hub der Zustellschlitten (Walzmodule) ermöglicht ein leichtes Verfahren auch von mehrprofiligen Werkstücken mit großen Absätzen durch den Arbeitsraum zu den einzelnen Walzpositionen. Den ROLLRAPID definieren die in Tabelle 9.6 enthaltenen Maschinenparameter.

Die PWZ Spezial sowie die 3 PRD 40 (vgl. Tab. 9.7) sind CNC-gesteuerte Zwei- bzw. Dreiwalzenmaschinen. Neben dem Walzen von Gewinden, Schnecken- und Ver-

Tab. 9.7: *Maschinenparameter für PWZ Spezial und 3 PRD 40*

Rundrollenwalzmaschine	PWZ Spezial (Rollex)	3 PRD 40
Max. Walzkraft [kN]	400	400
Min./Max. Walzspindeldrehzahl [U/min]	10/150	10/150
Min./Max. Werkzeugaußendurchmesser [mm]	244/400	108/200
Min./Max. Werkstückdurchmesser [mm]	10/200	10/100
Aufnahmedurchmesser der Walzspindel [mm]	120	80
Aufnahmelänge der Walzspindel [mm]	200	160

9.2 Hochflexible Umformverfahren

Abb. 9.71: CNC-gesteuerte Walzmaschinen (Profiroll Technologies GmbH Bad Düben)

ROLLRAPID (Flachbacken-Walzmaschine)

PWZ Spezial (Zweiwalzenmaschine)

3 PRO 40 (Dreiwalzenmaschine)

zahnungsprofilen ermöglicht die 3 PRD 40 die umformtechnische Herstellung von Hohlprofilen. Die zwei bzw. drei Walzschlitten sind in Nadelbahnführungen spielfrei gelagert. In den Schlitten ist jeweils ein hydraulischer Arbeitszylinder zur Erzeugung der Vor- und Rückschubbewegung untergebracht. Die Schlittenbewegungen werden über ein inkrementelles Längenmesssystem kontrolliert (Hellfritzsch 2005). Die PWZ Spezial (Baureihe Rollex) sowie die 3 PRD 40 definieren die in Tabelle 9.7 enthaltenen Maschinenparameter.

Literatur zu Kapitel 9.2.3.4

Apel, H.: Gewindewalzen. Carl Hanser Verlag, München 1952.

Eichner K. W.; Hammerschmidt, E.: Untersuchung des Umformvorgangs beim Verzahnungswalzen. Ind.-Anz. 103 (1981) 12, S. 33 – 34.

Hammerschmidt, E.: Verzahnungswalzen nach dem WPM-Verfahren. Draht 32 (1981) 7, S. 350 – 254.

Hellfritzsch, U.: Optimierung von Verzahnungsqualitäten beim Walzen von Stirnradverzahnungen. Dissertation, Berichte aus dem IWU, Band 32. Verlag Wissenschaftliche Skripten, Zwickau 2005.

Kohlsmann, S.: Manufacturing of gear using non-chipping Technologies. Konferenz: "Near net shape technology", Cinisello Balsamo 2004.

Linke, H.: Stirnradverzahnungen. Carl Hanser Verlag, München 1996.

Neugebauer, R.; Hellfritzsch, U.: Improved process design and quality for gear manufacturing with flat and round rolling, International Institution for Production Engineering Research CIRP, Paris: 57th General assembly of CIRP 2007. Pt.1: Dresden, S. 307 – 312.

Neugebauer, R.; Hellfritzsch, U.; Lahl, M.; Schiller, S.: Optimierung des Walzprozesses hoher Laufverzahnungen. VDI-Tagung: „Getriebe in Fahrzeugen", Friedrichshafen 2008.

Nowak, H.-G.; Bettermann, S.: Profilwalzen. WMW-Handbuch. Bad Düben 1972.

Schmoeckel, D.: Profil-Umformmaschinen. VDI-Berichte Nr. 236, VDI-Verlag, Düsseldorf 1978.

Zerteilen

10.1 Allgemeines und Verfahrensübersicht 679

10.2 Normalschneiden
(Einfaches Scherschneiden) 681
    10.2.1 Verfahrensablauf.. 681
    10.2.2 Schnittflächenkenngrößen 683
    10.2.3 Schneidkraft und Schneidarbeit 685
    10.2.4 Verschleiß 689
    10.2.5 Werkzeuge zum Normalschneiden 692
    10.2.6 Sonderverfahren 695

10.3 Präzisionsschneidverfahren 699
    10.3.1 Feinschneiden 699
    10.3.2 Nachschneiden 712
    10.3.3 Fließlochen/Fließausschneiden 718
    10.3.4 Konterschneiden 720
    10.3.5 Stauchschneiden... 723
    10.3.6 Schneiden mit negativem Schneidspalt............. 725

10.4 Maschinen zum Zerteilen 726

Peter Demmel, Katrin Nothhaft, Roland Golle und Hartmut Hoffmann

10.1 Allgemeines und Verfahrensübersicht

Da nahezu jedes Bauteil im Laufe seiner Fertigungskette als Rohteil aus dem Halbzeug zugeschnitten und nach Abschluss der Umformoperationen als Fertigteil beschnitten werden muss, zählen Trennverfahren zu den wirtschaftlich bedeutendsten Fertigungsverfahren. Die hier behandelte Verfahrensgruppe Zerteilen, die das mechanische Trennen von Werkstücken ohne Entstehen von formlosem Stoff, also das spanlose Trennen beschreibt, ist nach DIN 8580 der Hauptgruppe der Trennverfahren untergeordnet. Nach DIN 8588 sind der Gruppe Zerteilen die Untergruppen Scherschneiden, Messerschneiden, Beißschneiden, Spalten, Reißen und Brechen zugeordnet (Abb. 10.1). In der Praxis werden das Wasserstrahlschneiden und thermische Schneidverfahren gelegentlich im Rahmen des Zerteilens behandelt. Nach DIN 8590 gehören diese jedoch den Verfahrensgruppen 3.3 „Spanen mit geometrisch unbestimmten Schneiden" und 3.4 „Abtragen" an.

In der Regel wird die Verfahrensgruppe Zerteilen im Rahmen der Umformtechnik betrachtet. Dies ist darauf zurückzuführen, dass zum Zerteilen häufig Maschinen eingesetzt werden, wie sie auch in der Umformtechnik zu finden sind. Zudem besteht jeder Zerteilvorgang anteilig aus einer plastischen Umformung, die bei Erschöpfung des Umformvermögens des Blechwerkstoffs gegebenenfalls mit einem Riss fortgesetzt wird. Dies gilt auch für das Scherschneiden, dem die wirtschaftlich größte Bedeutung der Zerteilverfahren zukommt. Im Wesentlichen liegt dies an der besseren Qualität der durch dieses Verfahren erzeugten Trennflächen (vgl. Kap. 10.2) und dem größeren Teilespektrum.

Beim Messerschneiden, Beißschneiden und Spalten wird die Werkstofftrennung von einer oder zwei keilförmigen Schneiden initiiert. Daher werden diese Verfahren auch als Keilschneidverfahren bezeichnet. Beim Messerschneiden (einschneidiges Keilschneiden) dringt das Messer in das Werkstück, das sich auf einer Auflage befindet, bis zur vollständigen Werkstofftrennung und unter Umständen nach dem Zerteilen auch noch in die Auflage ein. Das Prinzip wird zum Beispiel bei Meißel, Rohrschneider und Locheisen angewandt. Hauptanwendungsgebiete liegen in der nicht-metallverarbeitenden Industrie, wie z.B. in der Textil-, Leder-, Gummi-, Papier- oder Kunststoffverarbeitung. Beim Beißschneiden (zweischneidiges Keilschneiden) wird der Werkstoff von zwei sich aufeinander zu bewegenden Keilschneiden zerteilt. Das Prinzip wird zum Beispiel bei Kneifzange und Seitenschneider angewandt. Sinnvoll kann die Anwendung von Messer- und Beißschneiden bei spröden Werkstoffen, wie z.B. bei Magnesiumdruckguss, sein. Die zum Zerteilen notwendige Kraft steigt mit zunehmendem Keilwinkel auf Grund der steigenden horizontalen Abdrängkräfte an. Um bei geschlossenen Schnitten senkrechte Schnittflächen zu

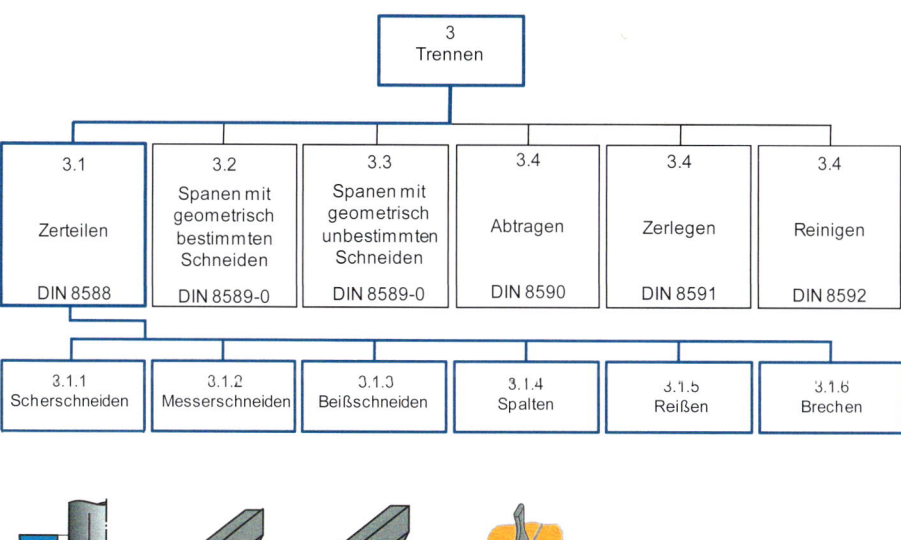

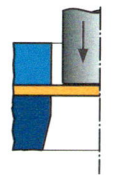

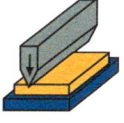

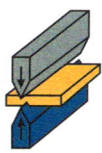

Abb. 10.1: Übersicht über die Trenn- und Zerteilverfahren nach DIN 8588 und schematische Darstellung der Zerteilverfahren

erhalten, müssen Messer für Innenformen außen senkrecht und innen um den Keilwinkel abgeschrägt sein, bei Außenformen umgekehrt. Generell sind die entstehenden Trennflächen uneben, wodurch das industrielle Anwendungsgebiet stark einschränkt ist. Spalten ist Zerteilen durch ein keilförmiges Werkzeug, das in das Werkstück hineingetrieben wird, bis das Werkstück entlang einer vorgesehenen oder vorgegebenen Trennungslinie von selbst weiterreißt. Diese Anwendung beschränkt sich auf spröde Werkstoffe oder solche mit bevorzugten Spaltebenen, wie z.B. Schieferplatten, Kristalle oder Holz in Faserrichtung. Alle Keilschneidverfahren können auch mit Hilfe von rotierenden, runden Werkzeugen als kontinuierliche Verfahren eingesetzt werden. In diesen Fällen werden sie hauptsächlich zum Beschneiden von dünnwandigen dosenförmigen Bauteilen angewendet.

Reißen ist Zerteilen durch eine Zugbeanspruchung, durch die das Werkstück an einer bestimmten Stelle über seine Bruchfestigkeit hinaus beansprucht wird. Dagegen wird mit Brechen ein Zerteilen durch eine die Bruchfestigkeit überschreitende Biege- oder Drehbeanspruchung bezeichnet. Reiß- und Brechverfahren werden vor allem zur Ermittlung von Werkstoffkennwerten eingesetzt. Im Zugversuch werden durch das Zerreißen einer Probe verschiedene Kenngrößen eines Werkstoffs, wie z.B. die Zugfestigkeit und die Dehnbarkeit ermittelt. Im Kerbschlagbiegeversuch wird die Zähigkeit einer Materialprobe durch Zerbrechen dieser bestimmt. In der industriellen Praxis der Blechverarbeitung spielen diese beiden Verfahren, wie auch die Keilschneidverfahren eine untergeordnete Rolle und werden daher im Folgenden nicht näher betrachtet.

Nach DIN 8588 werden die Scherschneidverfahren nach der angestrebten Werkstückform bzw. nach dem verfolgten Zweck weiter unterteilt (Abb. 10.2):

- *Ausschneiden* ist Schneiden längs einer geschlossenen Schnittlinie zur Herstellung einer Außenform am Werkstück (Schnittteil).
- *Lochen* ist Schneiden längs einer geschlossenen Schnittlinie zur Herstellung einer Innenform am Werkstück.
- *Zerschneiden* ist vollständiges Trennen eines Ausgangswerkstücks in mehrere Einzelwerkstücke längs einer offenen oder geschlossenen Schnittlinie.
- *Abschneiden* ist vollständiges Abtrennen eines Werkstücks entlang einer offenen Schnittlinie, d.h. Anfang und Ende der Schnittlinie liegen am Rand des Ausgangswerkstücks.
- *Beschneiden* ist vollständiges Trennen von Rändern, Bearbeitungszugaben und dergleichen eines Werkstücks entlang einer offenen oder geschlossenen Schnittlinie. Bei Guss- und Gesenkschmiedeteilen wird das Beschneiden auch Abgraten genannt.
- *Schälen* ist Abtrennen eines flächigen Werkstücks von einem rotierenden zylindrischen Ausgangsmaterial durch kontinuierliches Keilschneiden längs einer spiralförmigen Schnittlinie.
- *Ausklinken* ist Herausschneiden von Flächenteilen an einer inneren oder äußeren Umgrenzung eines Werkstücks längs einer an zwei Randstellen offenen Schnittlinie.
- *Einschneiden* ist teilweises Trennen längs einer nicht in sich geschlossenen (offenen) Schnittlinie ohne Entfernen eines der getrennten Teile. Im Allgemeinen wird Einschneiden in Verbindung mit Biegeumformen angewandt.
- *Kiemen* ist eine Kombination von Einschneiden und Formpressen, zum Beispiel zum Erzeugen von Lüftungsschlitzen.

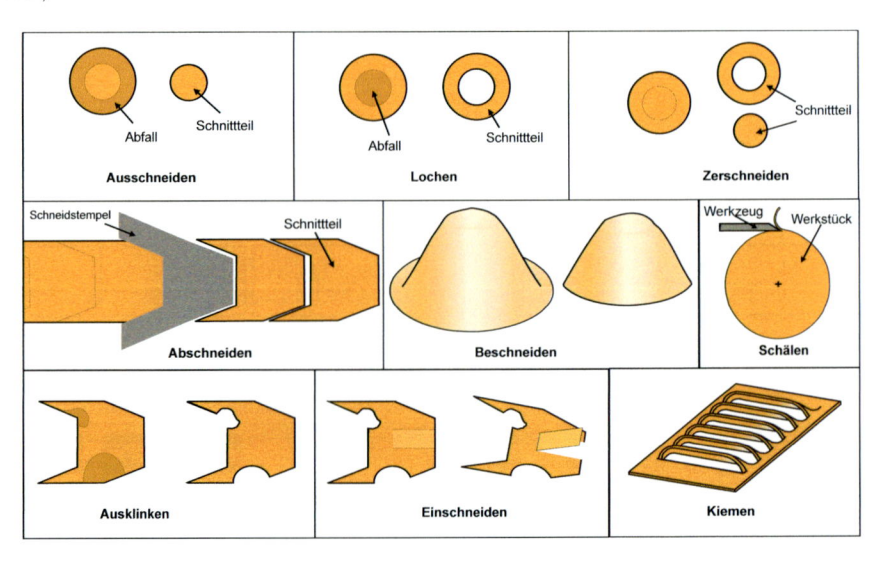

Abb. 10.2: Zweckorientierte Unterteilung der Scherschneidverfahren

10.2.1 Verfahrensablauf

	Drückend Schneiden Schneiden, bei dem die Bewegung zwischen Schneidwerkzeug und Werkstück in der Schneidebene senkrecht zur Schneide verläuft	**Ziehend Schneiden** Schneiden, bei dem die Bewegung zwischen Schneidwerkzeug und Werkstück in der Schneidebene schräg zur Schneide verläuft
Vollkantig Schneiden Schneiden, wobei die Schneide von Beginn an in der vollen Länge der Schnittlinie wirkt		
Kreuzend Schneiden Schneiden zwischen zwei in der Schneidebene sich kreuzenden Schneiden, wobei eine Schneide entlang der Schnittlinie allmählich in das Werkstück eindringt		

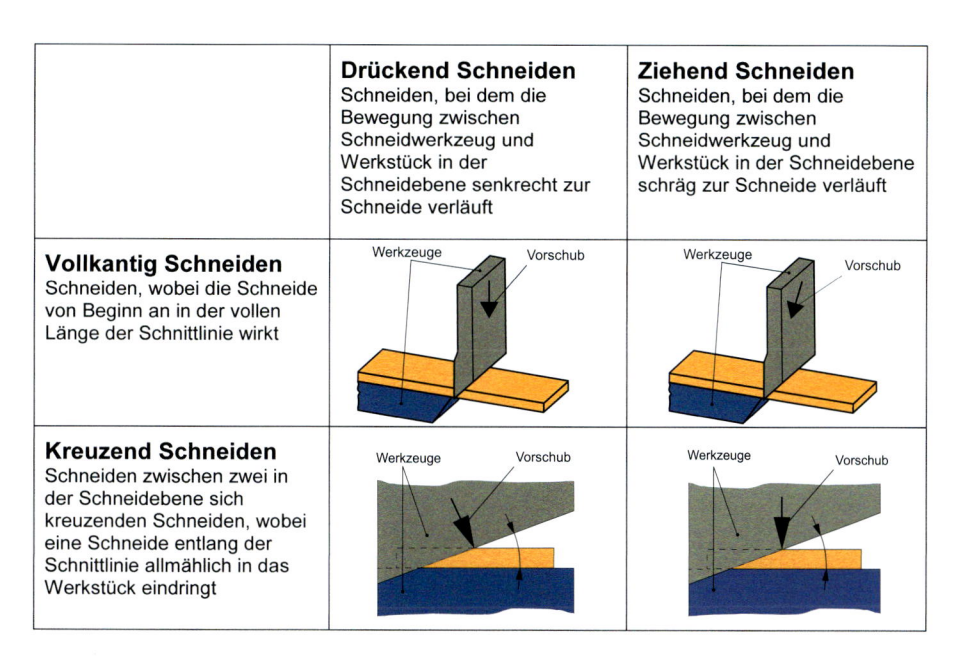

Tab. 10.1: *Unterteilung der Normalschneidverfahren nach kinematischen Merkmalen (DIN 8588)*

Eine weitere Möglichkeit, Scherschneidverfahren zu unterteilen, bietet die Kinematik des Schneidvorgangs (Tab. 10.1).

10.2 Normalschneiden (Einfaches Scherschneiden)

Das Normalschneiden ist das am häufigsten angewandte Fertigungsverfahren in der spanlosen Zerteiltechnik. Es ist als das mechanische Zerteilen von Werkstücken zwischen zwei Schneiden, die sich aneinander vorbeibewegen, definiert und wird oft mit Umform- und Biegeverfahren in sogenannten Folgeverbundprozessen kombiniert.

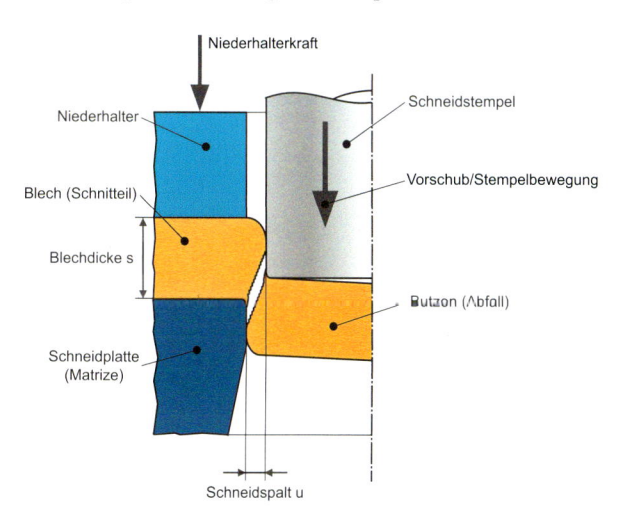

Abb. 10.3: *Arbeitsprinzip des Scherschneidens am Beispiel des Lochens von Blechen*

Hierfür wird der Begriff *Stanzen* verwendet. Früher wurde in der Werkstatttechnik das einfache Scherschneiden auch als Stanzen bezeichnet. Daher führt der Begriff Stanzen noch heute oft zu Irrtümern und sollte demnach nicht als Synonym für Normalschneiden verwendet werden.

Im Scherschneidprozess werden Benennungen am Werkzeug mit der Stammsilbe „Schneid" bezeichnet, während solche am Werkstück die Stammsilbe „Schnitt" enthalten. Somit befindet sich beispielsweise die Schneidkante am Werkzeug während die Schnittkante Teil des Werkstücks ist.

10.2.1 Verfahrensablauf

Definitionsgemäß wird für das Normalschneiden ein Werkzeug benötigt, das aus zwei Schneiden, die als Schneidstempel und Schneidplatte, auch Matrize genannt, bezeichnet werden, besteht. In der Praxis wird zusätzlich ein Niederhalter verwendet. Er verhindert das Abheben des Blechs von der Matrizenstirnfläche und dient als Abstreifer beim Stempelrückhub. Zum Trennen des Werkstoffs ist ein Schneidspalt zwischen Schneidstempel und -platte erforderlich. Er ist nach VDI 2906 als der gleichmäßige Abstand zwischen den Schneidkanten von eingetauchtem Stempel und Schneidplatte definiert. Zur besseren Vergleichbarkeit der Schneidspaltwerte beim Zerteilen unterschiedlicher Blechdicken wird der Schneidspalt als eine auf die Blechdicke s bezogene Größe angegeben und relativer Schneidspalt genannt. Er beträgt beim Normalschneiden ca. 5 Prozent bis 15 Prozent der Blechdicke.

10.2 Normalschneiden

Das Arbeitsprinzip, das in Abbildung 10.3 dargestellt ist, wird im Folgenden anhand des vollkantigen, drückenden Lochens eines Blechwerkstoffs erklärt.

Das zu schneidende Blech wird in Form von Platinen, die bereits vorverformt sein können, vom Coil (Band) oder als Streifen zwischen die Aktivelemente Stempel und Schneidplatte geschoben. Durch eine Abwärtsbewegung trennt der Stempel den Werkstoff. Dabei bestimmt die geometrische Form der Aktivelemente die Form des Schnittteils. Der Schneidstempel ist um das Schneidspiel kleiner als die Schneidplatte. Bezogen auf eine Seite stellt diese Größe den Schneidspalt dar. Somit ist der Schneidspalt gleich dem halben Schneidspiel. Damit die Butzen sich nicht verklemmen, ist der Durchbruch in der Schneidplatte im Anschluss an den zylindrischen Teil mit einem Freiwinkel versehen. Dieser kann von 0,5° (große Kraftabstützung) bis ca. 30° (kleine Kraftabstützung) variieren.

Nach den Verformungsvorgängen des Blechwerkstoffs wird der Schneidvorgang in folgende fünf Schneidphasen unterteilt:

Phase 1: Aufsetzen des Schneidstempels auf der Blechoberfläche

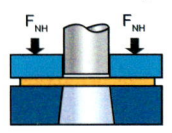

Das Blech wird vom Niederhalter auf der Schneidplatte mit der konstanten Niederhalterkraft F_{NH} festgehalten. Der Stempel bewegt sich mit definierter Geschwindigkeit auf das Blech zu und setzt auf der Blechoberfläche auf.

Phase 2: Elastische Werkstoffverformung

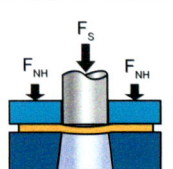

Das Aufsetzen des Schneidstempels auf der Blechoberfläche hat eine elastische Verformung des Blechwerkstoffs zur Folge. Dadurch wird in der Blechebene um eine Achse tangential zur Schneidkante ein Biegemoment erzeugt, das insbesondere von den Parametern Stempeldurchmesser, Schneidspaltgröße und Blechdicke abhängig ist. Der Kontaktbereich des Blechs mit den Stirnflächen von Stempel und Matrize wird so auf eine ringförmige Zone begrenzt. Bei Verwendung eines Niederhalters verhindert die Niederhalterkraft eine Durchbiegung des Blechs im Bereich außerhalb der Schnittlinie.

Neben der elastischen Werkstoffverformung des Blechs wird in dieser und der nächsten Phase elastische Energie im Werkzeug und im Pressengestell gespeichert. Auf Grund der abrupten Entlastung nach der Werkstofftrennung bewirken diese Energien einen sogenannten Schnittschlag (vgl. Abb 10.10).

Phase 3: Plastische Werkstoffverformung

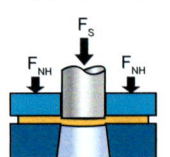

Durch die vom Stempel auf das Blech übertragene Druckkraft F_S und die resultierende Reaktionskraft von der Matrize auf das Blech werden im Bereich der Schneidkanten Spannungen in den Werkstoff eingebracht. Sobald diese Spannungen die Schubfließgrenze des Werkstoffs erreichen, tritt plastische Formänderung ein, wobei der Blechbereich unter der Stempelstirnfläche in Richtung der Stempelbewegung fließt. So entstehen in dieser Phase die charakteristischen Schnittbereiche Kanteneinzug und Glattschnittanteil, dessen Name auf seine glatte Oberfläche zurückzuführen ist. Die Durchbiegung des Butzens aus Phase 2 bleibt erhalten, da sich das Biegemoment nicht mehr ändert.

Phase 4: Rissbildung und Werkstofftrennung

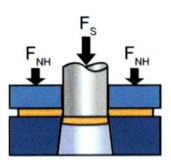

Erreicht die maximale Schubspannung im Blech zwischen Stempel- und Matrizenkante die werkstoffabhängige Schubbruchgrenze, ist das Formänderungsvermögen des Werkstoffs erschöpft. Es kommt zu ersten Anrissen im Werkstoff. Bei gleich scharfen Schneidkanten wird der Riss meist an der Matrizenschneidkante initiiert, da sich an der Blechunterseite die Spannungen aus der Werkstoffstreckung und der Blechdurchbiegung aufsummieren. Die Gesamtbeanspruchung an der dem Stempel zugewandten Blechoberseite ist geringer, da dort die Zugspannungen aus der Werkstoffstreckung durch die Druckbeanspruchung durch den Stempel teilweise kompensiert werden. Daher entstehen hier die Risse erst später (Timmerbeil 1957). Die Risse laufen bei richtig eingestellten Parametern (vgl. Abb. 10.6) aufeinander zu und führen zu einem vollständigen Trennen des Werkstoffs. Je nach Werkstoffeigenschaften und Schneidspaltgröße kann der Rissbeginn auch an der Stempelschneidkante initiiert werden (Hoogen 1999).

10.2.2 Schnittflächenkenngrößen

Phase 5: Stempelrückzug und Werkstoffrückfederung

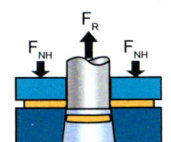

Nach der Trennung des Blechs werden elastische Spannungen freigesetzt, die zu einer Rückfederung des Werkstoffs im Bereich der Schnittfläche führen. Hierdurch werden Maß- und Formänderungen im Schnittteil hervorgerufen. Während des Rückzugs des Schneidstempels besteht daher meist eine Presspassung zwischen Stempel und gelochtem Außenteil sowie zwischen Matrize und Butzen. Bei der Rückzugsbewegung des Stempels wird das Blech am Niederhalter abgestreift. Dadurch entsteht ein erhöhter abrasiver und adhäsiver Verschleiß an der Mantelfläche des Stempels (Hoogen 1999).

10.2.2 Schnittflächenkenngrößen

Die Qualität des Schneidergebnisses kann zum einen durch die Maßgenauigkeit der Schnittlinie, zum anderen durch Kenngrößen der Schnittfläche beurteilt werden. In der VDI-Richtlinie 2906 sind Schnittflächenkenngrößen (Abb. 10.4) festgelegt, anhand derer Schnittteile quantitativ bewertet werden können.

Kanteneinzug

Die in den Phasen 3 (Plastische Werkstoffverformung) und 4 (Rissbildung und Werkstofftrennung) des Schneidvorgangs beschriebenen Teilvorgänge spiegeln sich auf der Bauteilschnittfläche in unterschiedlichen Bereichen wider. Kanteneinzugshöhe und -breite entstehen durch Nachfließen des Blechwerkstoffs in den Schneidspalt während Phase 3. Die Kanteneinzugshöhe wird maßgeblich von der Beschaffenheit der Schneidstempelschneidkante bestimmt. Dabei wirkt sich eine Abrundung oder eine Fase vergrößernd aus, da sich zu Beginn des Schneidvorgangs ein effektiv größerer Schneidspalt ergibt, der dazu führt, dass in diesem Bereich mehr Werkstoffmenge für die Formgebung des Einzugs zur Verfügung steht. Demgemäß ist auch bei der Wahl eines größeren Schneidspalts mit einer Erhöhung des Kanteneinzugs zu rechnen.

Glattschnitt- und Bruchflächenanteil

Mit zunehmendem Schneidweg geht der Kanteneinzug in eine glatte Scherfläche, den Glattschnitt, über. Jedes normalgeschnittene Bauteil weist neben Glattschnitt auch eine sich anschließende Bruchfläche (Phase 4) auf, die auf Grund des erschöpften Formänderungsvermögens des Werkstoffs entsteht. Beide Schnittflächenkenngrößen werden häufig als Anteil der Blechdicke ausgewertet, um auch Bleche verschiedener Dicken miteinander vergleichen zu können. Das Verhältnis von Glattschnitt- zu Bruchflächenzone hängt im Wesentlichen von der Größe des Schneidspalts, vom Umformvermögen des verwendeten Blechwerkstoffs und von der Schneidkantengeometrie ab. Mit zunehmendem Schneidspalt wird der Glattschnittanteil kleiner, der gebrochene Anteil größer. Die Ursache dafür ist in Abbildung 10.5 am Beispiel des Ausschneidens dargestellt. An den Schneidkanten ist ein hydrostatischer Spannungszustand im Zugbereich zu erkennen, der mit zunehmendem Schneidspalt ansteigt und zu einer frühzeitigen Bruchinitiierung führt. Die Mohr'schen Spannungskreise zeigen die Verschiebung des Spannungszustands hin zu höheren Zugspannungen am Punkt P_v (Hörmann 2008). Somit erzeugen kleine Spalte einen Spannungszustand, bei dem die Mohr'schen Spannungskreise in Richtung des Druckgebiets verschoben werden. Dadurch wird eine Verschiebung der Schubbruchgrenze hin zu größeren Werten erreicht, und der Werkstoff kann länger fließen.

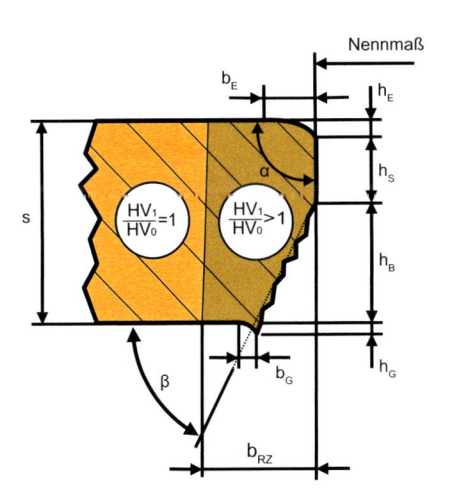

h_E: Kanteneinzugshöhe
b_E: Kanteneinzugsbreite
h_S: Glattschnitthöhe
h_B: Bruchflächenhöhe
h_G: Schnittgrathöhe
b_G: Schnittgratbreite
α: Glattschnittwinkel
β: Bruchflächenwinkel
s: Blechdicke
b_{RZ}: beeinflußte Randzone
(HV_0 Grundhärte;
HV_1 Härte nach dem Schneidvorgang)

Abb. 10.4: *Schnittflächenkenngrößen (VDI 2906, Blatt 2)*

10.2 Normalschneiden

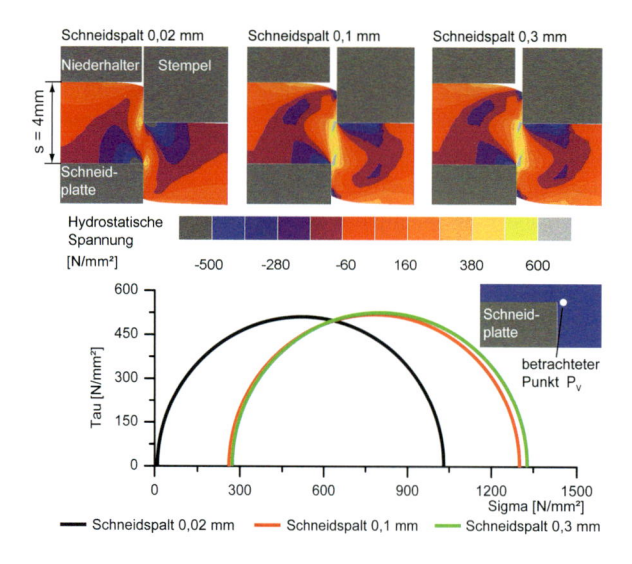

Abb. 10.5: Spannungszustand im Bauteil in Abhängigkeit vom Schneidspalt (Hörmann 2008)

Der Einfluss des Blechwerkstoffs zeichnet sich durch einen frühzeitigeren Bruch und damit größerem Bruchflächenanteil bei spröderen Werkstoffen und durch einen später einsetzenden Bruch, also geringerem Bruchflächenanteil bei duktileren Werkstoffen aus.

Neben Schneidspalt und Blechwerkstoff beeinflussen auch die Schneidplatten- und Schneidstempelschneidkante den erreichbaren Glattschnittanteil. Zunehmende Abrundung der Schneidkante führt zu einer Erhöhung des Glattschnittanteils. Bei einer abgerundeten Schneidkante bleibt die Spannungskonzentration an der sonst scharfen Schneidkante aus. Die Folge ist ein kontinuierlicher Werkstofffluss um die abgerundete Schneidkante herum, der zu einer niedrigeren Einrissempfindlichkeit führt. Demnach wird der Bruch später initiiert und ein größerer Glattschnittanteil erzielt (Hörmann 2008).

Die zur Bruchfläche führenden Risse im Werkstoff laufen bei optimal gewähltem Schneidspalt aufeinander zu. Wird der Schneidspalt zu klein gewählt, kann es zu einer sogenannten Zipfelbildung im Bereich der Bruchfläche kommen (Abb 10.6). Dabei laufen die entstehenden Risse aneinander vorbei und erzeugen einen Werkstoffsteg. An diesem kommt es zu einem erneuten Scheren oder Quetschen des Werkstoffs. Das Resultat sind mehrere Bruchflächen, die von dünnen Glattschnittzonen unterbrochen sind. Zipfelbildung wird durch einen kleinen Schneidspalt und weiche Werkstoffe begünstigt (Jahnke 1971; Klocke 2006).

Grat

An die um den Bruchflächenwinkel geneigte Bruchfläche schliesst sich ein Schnittgrat an. Dieser kann durch die Wahl eines möglichst kleinen Schneidspalts sowie scharfe Schneidkanten gering gehalten werden. Jedoch ist die Ausprägung des Schnittgrats abhängig vom Verschleiß der Werkzeugschneidkanten. Sind diese verschlissen, geht die Rissbildung nicht mehr von den Schneidkanten, sondern von den entstandenen Freiformflächen aus. Mit zunehmendem Verschleiß der Schneidkanten steigt auch die Grathöhe an.

Bruchflächenwinkel

Der Bruchflächenwinkel wird maßgeblich von der Wahl des Schneidspalts bestimmt. Da der Werkstoff von den Schneidkanten ausgehend bricht und somit die Bruchzonenbreite mit dem Schneidspalt identisch ist, ergibt sich bei größerem Schneidspalt auch ein größerer Bruchflächenwinkel.

Die Ausprägung aller Schnittflächenkenngrößen hängt neben den hier vorrangig behandelten Prozessparametern Schneidspalt und Schneidkantenradius immer auch von der Wahl des Blechwerkstoffs ab.

Eine qualitativ hochwertige Schnittfläche ist im Allgemeinen durch geringe Kanteneinzugshöhe und -breite, geringe Bruchflächenhöhe, geringe Schnittgrathöhe und -breite und eine große Glattschnitthöhe gekennzeichnet. Der optimale Schnittflächenwinkel liegt bei 90°. Allerdings hängt die Bedeutung der einzelnen Schnittflächenkenngrößen für die Schnittflächenqualität vom Einsatzgebiet des geschnittenen Werkstücks ab. Demzufolge ist der

Abb. 10.6: Einfluss des Schneidspalts auf die Rissbildung und Schnittflächenausprägung,
a) Schnittflächen am Bauteil (Jahnke 1971),
b) Schnittfläche am Butzen mit ausgeprägter Zipfelbildung

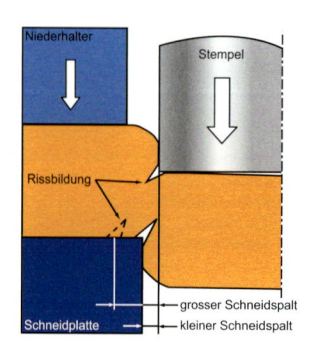

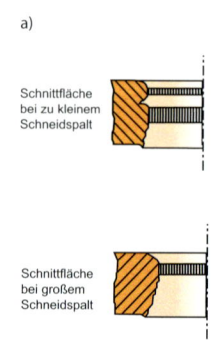

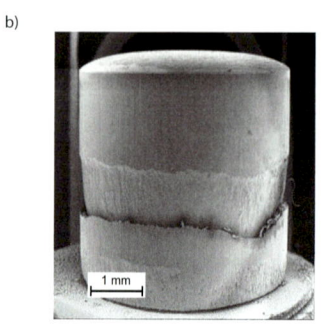

Stellenwert des Glattschnittanteils hoch, wenn es sich bei der Schnittfläche um eine Funktionsfläche, wie z. B. eine Zahnradflanke, handelt. Bei Automobilkarosserieteilen hingegen ist die Schnittfläche meist keine Funktionsfläche. Hier liegt die Priorität auf der Prozesssicherheit und damit einer geringen Grathöhe. Sie darf einen definierten Grenzwert nicht überschreiten, da sonst das Verletzungsrisiko für den Werker zu hoch ist und das Bauteil zudem stark korrosionsanfällig ist.

Die Wahl der einzelnen Prozessparameter ist nicht nur für die Ausprägung der Schnittflächenkenngrößen von Bedeutung, sondern beeinflusst auch den beim Zerteilen des Blechwerkstoffs auftretenden Schneidkraftverlauf.

10.2.3 Schneidkraft und Schneidarbeit

10.2.3.1 Schneidkraftberechnung

Der Trennvorgang erfordert eine bestimmte Kraft, die vom Stempel und der Schneidplatte in das Blech eingeleitet wird. Die Größe der wirkenden Kräfte, die Einflussgrößen auf diese Kräfte und der Schneidkraft-Weg-Verlauf sind bei der Maschinen- und Werkzeugauslegung zu berücksichtigen, wobei die maximale Schneidkraft die Maschinengröße bestimmt.

Abbildung 10.7 zeigt die Wirkrichtung der von der Maschine auf das Blech aufgebrachten Schneidkraft F_S. Sie erzeugt eine ihr entgegen wirkende Reaktionskraft $F_{S'}$ an der Schneidplatte. Beim Auftreffen des Stempels auf das Blech werden beide Kräfte in verschiedene Teilkräfte zerlegt, die einerseits auf das jeweilige Werkzeugaktivelement selbst, andererseits auf das Blech wirken. Stempelseitig wirken eine Vertikalkraft F_V und eine Horizontalkraft F_H auf das Blech. An der Schneidplattenseite kann die Werkstückbelastung ebenso in eine Vertikalkraft $F_{V'}$ und eine Horizontalkraft $F_{H'}$ zerlegt werden. Beide Vertikalkräfte F_V und $F_{V'}$ wirken am schneidspaltabhängigen Hebel l und erzeugen dadurch ein Moment, welches zur Durchbiegung des Blechs führt (vgl. Abb. 10.10 rechts). Dies ist die Ursache dafür, dass Schneidstempel und Schneidplatte, im Wesentlichen nur ringförmig, ausgehend von der Schneidkante, belastet werden. Die horizontal wirkenden Kräfte F_H und $F_{H'}$ verursachen bei fortschreitender Bewegung des Stempels Reibkräfte, die nach Coulomb mit $\mu \cdot F_H$ und $\mu \cdot F_{H'}$ bestimmt werden. Dies führt zu Reibung an der Mantelfläche des Stempels und im Schneidplattenkanal. Die Vertikalkräfte F_V und $F_{V'}$ sind für das plastische Fließen des Blechwerkstoffs an den Werkzeugstirnseiten verantwortlich und erzeugen dort die Reibkräfte $\mu \cdot F_V$ und $\mu \cdot F_{V'}$.

Die Größe der Schneidkraft F_S verändert sich mit dem Schneidweg und erreicht ihr Maximum kurz vor Beginn der Rissausbreitung. In der Praxis wird das Schneidkraftmaximum nach folgender Formel berechnet:

$$F_{S,max} = l_S \cdot s \cdot k_S = A_S \cdot k_S \text{ [N]} \qquad (10.1).$$

Darin bedeuten:

$F_{S,max}$ maximale Schneidkraft [N],
l_S gesamte Länge der Schnittlinie(n) [mm],
s Blechdicke [mm],
k_S Schneidwiderstand [N/mm²] sowie
A_S geschnittene Fläche (= $l_S \cdot s$) [mm²].

Daraus ergibt sich für den Schneidwiderstand:

$$k_S = F_{S,max} / A_S \text{ [N/mm}^2\text{]} \qquad (10.2).$$

Der Schneidwiderstand k_S ist weder eine Konstante noch ein Werkstoffkennwert, sondern hängt von mehreren Größen ab, worauf im Folgenden unter Einflussgrößen auf die Schneidkraft (vgl. Kap. 10.2.3.2) näher eingegangen wird.

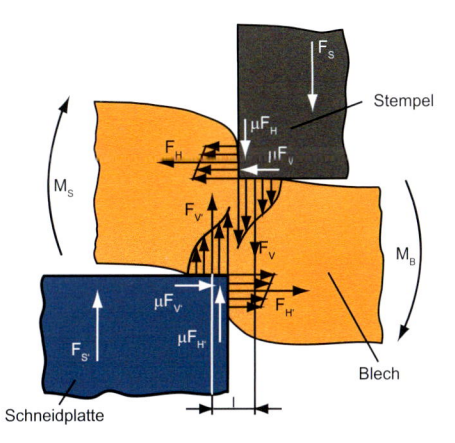

F_S	Schneidkraft am Stempel
$F_{S'}$	Reaktionskraft an der Schneidplatte
Stempelseitig auf das Blech wirkende Kräfte:	
F_H	Horizontalkraft
F_V	Vertikalkraft
μF_H	horizontale Reibkraft
μF_V	vertikale Reibkraft
Schneidplattenseitig auf das Blech wirkende Kräfte:	
$F_{H'}$	Horizontalkraft
$F_{V'}$	Vertikalkraft
$\mu F_{H'}$	horizontale Reibkraft
$\mu F_{V'}$	vertikale Reibkraft
l	Abstand der vertikalen Kräfte (Hebellänge)
M_S	Inneres Moment am Stanzgitter
M_B	Inneres Moment am Butzen

Abb. 10.7: *Zerlegung der Schneidkraft in horizontal und vertikal auf das Werkstück wirkende Kräfte (nach Romanowski 1979)*

Die Rückzugskraft F_R für das Abstreifen des Werkstücks vom Stempel kann abhängig von den vorliegenden Bedingungen in weiten Grenzen schwanken. Haupteinflussgrößen auf die Rückzugskraft sind die Verhältnisse Schneidspalt zu Blechdicke und Stempeldurchmesser zu Blechdicke sowie die Zähigkeit des Blechs. Bei zähen Werkstoffen ist die erforderliche Rückzugskraft größer als bei spröden. Bei einem Verhältnis von Stempeldurchmesser zu Blechdicke von etwa zehn beträgt die Rückzugskraft bei einem Schneidspalt von 10 Prozent der Blechdicke etwa 1 bis 5 Prozent der maximalen Schneidkraft. Beim Schneiden kleiner Löcher in dicke, zähe Bleche (Verhältnis von Stempeldurchmesser zu Blechdicke von etwa zwei) mit einem kleinen Schneidspalt (1 Prozent der Blechdicke) kann die Rückzugskraft F_R auf bis zu 40 Prozent der maximalen Schneidkraft ansteigen. Die Größe der Rückzugskraft muss bei der Befestigung des Stempels berücksichtigt werden. Durch Kaltaufschweißungen des Blechwerkstoffs am Schneidstempel kann die Rückzugskraft weiter steigen und schließlich zu einem Verklemmen des Stempels in der Schneidplatte oder in der Führungsplatte führen (vgl. Kapitel 10.2.4 „Verschleiß").

10.2.3.2 Einflussgrößen auf die Schneidkraft

Die Werte für den Schneidwiderstand k_S wurden für unterschiedliche Bedingungen empirisch ermittelt und werden von folgenden Faktoren beeinflusst:

- *Werkzeugparameter:*
  Größe des Schneidspalts, Werkzeugverschleiß, Oberflächenbeschaffenheit der Schneidaktivelemente
- *Schnittteilgeometrie:*
  Schnittlinienkontur, offener bzw. geschlossener Schnitt, Blechdicke
- *Sonstige Parameter:*
  u. a. Schmierung, Blechwerkstoffeigenschaften, Werkzeug- und Werkstücktemperatur, Schneidgeschwindigkeit.

Den größten Einfluss auf den Schneidwiderstand übt die Festigkeit des Blechwerkstoffs aus. Dies ist auf den während des Schneidvorgangs stattfindenden Schubumformvorgang zurückzuführen. Abbildung 10.8 a zeigt, wie der bezogene Schneidwiderstand k_S/R_m mit steigender Zugfestigkeit R_m abnimmt. Für weiches, gut kaltumformbares Gefüge, wie es zum Beispiel beim Einsatzstahl C10 vorliegt, beträgt das Verhältnis k_S/R_m ca. 0,8. Im Falle eines vergüteten oder höherfesten Werkstoffs, wie beispielsweise beim Vergütungsstahl C35 liegt es bei ca. 0,7. Die Abhängigkeit des Schneidwiderstands k_S vom Schneidspalt zeigt Abbildung 10.8 b. Mit zunehmendem Schneidspalt nimmt der Schneidwiderstand ab. Im dargestellten Bereich ist der Zusammenhang für ein 10 mm dickes Blech wiedergegeben. Zwischen den Schneidspaltgrößen von 0,1 mm (1 Prozent der Blechdicke) und von 1 mm (10 Prozent der Blechdicke) reduziert sich der Schneidwiderstand um ca. 14 Prozent. Diese Werte gelten für ein scharfkantiges Schneidwerkzeug. Mit zunehmender Anzahl der Schneidvorgänge stumpft das Werkzeug infolge des Werkzeugverschleißes ab. Die zum plastischen Fließen des Werkstoffs notwendige Spannung wird dadurch über eine größere Fläche (Radius an der Schneidkante) in das Blech eingebracht, wodurch die erforderliche Schneidkraft ansteigt. Aus der praktischen Erfahrung kann für verschlissene Schneidkanten mit einer Erhöhung des Schneidwiderstands k_S gegenüber scharfgeschliffenen Werkzeugen gerechnet werden. Dies ist bei der Bestimmung der maximalen Schneidkraft und

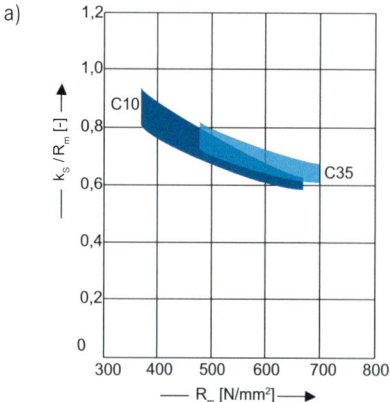

Abb. 10.8: a) Bezogener Schneidwiderstand in Abhängigkeit der Zugfestigkeit b) Schneidwiderstand in Abhängigkeit des Schneidspalts (Lange 1990)

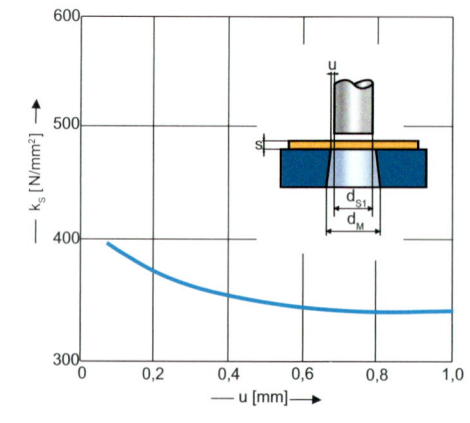

R_m = Zugfestigkeit
k_S/R_m = bezogener Schneidwiderstand
k_S = Schneidwiderstand
C10, C35 = Stahlsorten

u = Schneidspalt
k_S = Schneidwiderstand
s = Blechdicke (10 mm)
d_{S1} = Stempeldurchmesser
d_M = Matrizendurchmesser, hier 40 mm

10.2.3 Schneidkraft und Schneidarbeit

der Wahl der eingesetzten Maschine zu berücksichtigen, wenn ein großer Werkzeugverschleiß zu erwarten ist.

Der Einfluss des Schneidstempeldurchmessers auf den Schneidwiderstand ist in Abbildung 10.9 a dargestellt. Beim Schneiden von runden Löchern steigt k_S mit kleiner werdendem Stempeldurchmesser unter sonst gleichen Bedingungen zunächst stetig und bei sehr kleinen Lochstempeln schließlich stark an. Ein ähnlicher Anstieg des Schneidwiderstands kann auch bei schwierigen geometrischen Formen wie Verzahnungen, kleinen Radien usw. beobachtet werden. Betrachtet man hingegen den offenen Schnitt, zum Beispiel das Abschneiden von Blechbereichen am Bauteilrand, so sinkt der Schneidwiderstand deutlich (um bis zu 25 Prozent bei gerader Schnittlinie) gegenüber dem geschlossenen Schnitt.

Werden bei sonst gleichen Bedingungen Bleche verschiedener Dicke geschnitten, so ist mit zunehmender Blechdicke eine Abnahme des Schneidwiderstands k_S zu beobachten (vgl. Abb. 10.9 b).

Durch Schmierung wird die Reibung zwischen den Werkzeugen und dem Werkstück reduziert, dennoch sinkt mit der Reibung die Schneidwiderstand k_S kaum, da der Anteil der Reibkräfte an der Gesamtschneidkraft gering ist (Mang 1980).

Wenn das Verhältnis von Stempeldurchmesser zu Blechdicke größer als 2 ist, kann unter Vernachlässigung der unterschiedlichen Einflussparameter für die Bestimmung der Schneidwiderstand k_S näherungsweise folgende vereinfachte Beziehung verwendet werden (Schuler 1996):

$$k_S = 0{,}8 \cdot R_m \ [\text{N/mm}^2] \tag{10.3}$$

Die Schneidgeschwindigkeit mit der die Materialtrennung vollzogen wird kann einen erheblichen Einfluss auf die auftretende Schneidkraft und auch auf die Schnittflächenbeschaffenheit haben. Bei konventionellen Schneidgeschwindigkeiten, unter 0,5 m/s, sind jedoch keine nennenswerten Effekte feststellbar. Erst bei erhöhten Anschnittgeschwindigkeiten über 1,5 m/s verändern sich die Größen und Ergebnisse deutlich gegenüber eines konventionellen Scherschneidprozesses (vgl. Kap. 10.2.6 „Sonderverfahren").

10.2.3.3 Schneidkraft-Weg-Verlauf

Ähnlich wie der Schneidvorgang unter 10.2.1 (Verfahrensablauf) kann auch der Verlauf der Schneidkraft F_S in Abhängigkeit des Stempeleindringwegs in das Blech in folgende vier charakteristische Abschnitte unterteilt werden (Abb. 10.10):

- elastische Verformung des Werkstoffs,
- plastische Formänderung (Schneidphase),
- Rissentstehung und -ausbreitung (Trennphase),
- Ausschwingphase.

In Phase I, während der elastischen Werkstoffbeanspruchung, federt das Blech beim Auftreffen des Stempels durch. Zudem wird elastische Energie im Schneidwerkzeug und im Pressensystem gespeichert. Die Kraft steigt analog zur Hooke'schen Gerade linear mit der Stempelbewegung an, ohne dass eine bleibende plastische Verformung auftritt. Beim weiteren Eindringen des Schneidstempels in das Blech folgt in Phase II, nach Überschreiten der Schubfließgrenze, der eigentliche Schneidvorgang, in

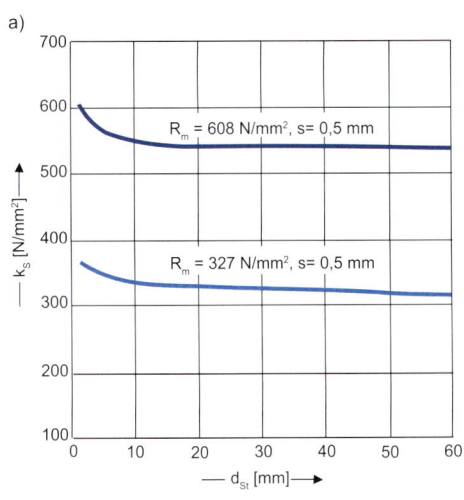

a)

b)

d_{St} = Stempeldurchmesser
k_S = Schneidwiderstand
R_m = Zugfestigkeit
s = Blechdicke

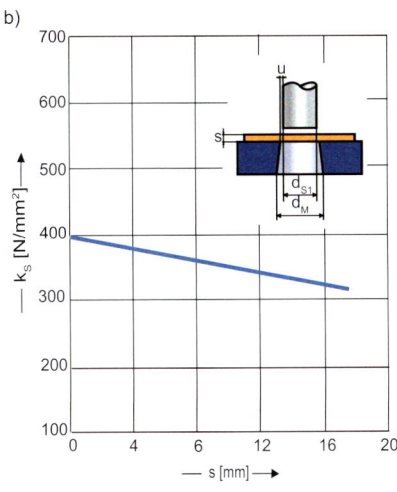

d_{S1} = Schneidstempeldurchmesser
k_S = Schneidwiderstand
d_M = Matrizendurchmesser
s = Blechdicke
u = Schneidspalt

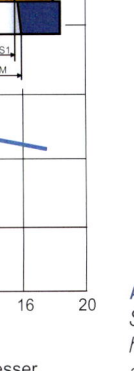

Abb. 10.9:
Schneidwiderstand in Abhängigkeit des:
a) Lochstempeldurchmessers und
b) der Blechdicke
(Schmidt 2007; Lange 1990)

dem – wie unter Kaptel 10.2.2 „Schnittflächenkenngrößen" beschrieben – Glattschnittanteil und Kanteneinzug der Schnittfläche entstehen. In dieser Phase wirken zwei unterschiedliche Mechanismen, die sich gegensätzlich auf die Höhe der Schneidkraft auswirken. Zum einen steigen mit Zunahme der Stempeleindringtiefe auf Grund der Formänderung im Schneidspalt die Kaltverfestigung und somit der Schneidwiderstand an. Zum anderen nehmen der kraftübertragende Restquerschnitt und damit die Schneidkraft ab. Bis zum Erreichen des Schneidkraftmaximums $F_{s,max}$ überwiegt der Anteil der Kaltverfestigung. Im weiteren Schneidverlauf dominiert dann die Abnahme des Restquerschnitts, weshalb die Höhe der Schneidkraft wieder absinkt. Der Beginn von Phase III, der Trennphase, ist durch das Auftreten von Rissen im Werkstoff gekennzeichnet, die sich bei Erreichen des Formänderungsvermögens im Werkstoff ausbilden. Sobald das Blech durchbricht, fällt die Schneidkraft schlagartig ab. Das plötzliche Abreißen des Schnittteils führt zu einer abrupten Entlastung von Werkzeug und Maschine, wodurch die gespeicherte elastische Energie freigesetzt wird (Schnittschlag). Daher schwingt das System in der Schwingphase (Phase IV) wie eine entlastete Feder, wobei das Schwingverhalten von den Kenngrößen (Eigenfrequenzen) der Maschine und des Werkzeugs bestimmt wird. Hierbei kann es, besonders im geschlossenen Schnitt, neben erhöhtem abrasivem Verschleiß am Stempel bedingt durch erhöhten Reibweg und Reibkraft auch zu Berührungen zwischen Stempel und Schneidplatte kommen, was zu zusätzlichen Verschleißbeanspruchungen führt (Hirsch 2011). Um negative Auswirkungen des Schnittschlags auf die Presse (z. B. Durchbiegung von Stößel und Pressentisch, Beschädigung von Lagern, Dichtungen und Führungen) zu vermeiden, werden teilweise Schnittschlagdämpfer an der Maschine eingesetzt.

Um das Maximum der Schneidkraft zu reduzieren, können Schneidstempel oder Matrizen mit schräggeschliffenen oder abgesetzten Stirnflächen verwendet werden (Abb. 10.11 b-g). Bei spröden Werkstoffen gelten hierfür ein Höhenunterschied h von ca. dem 0,6-fachen und bei duktilen Werkstoffen von ca. dem 0,9-fachen der Blechdicke als günstig. Bei diesem ziehenden Schneiden wird die maximal auftretende Schneidkraft durch Verkürzung der jeweils momentan wirkenden Schnittlinienlänge bzw. durch das zeitliche Verschieben des Eingriffs der Schneidkanten verringert. Bei gleicher Schnittlinienlänge ist jedoch die Stempeleindringtiefe, bis zum Bruch bei ziehenden Schnitten, abhängig vom Schneideneingriffswinkel, höher als bei vollkantigen Schnitten. Daher bleibt die von der Maschine aufzubringende Schneidarbeit auch beim ziehenden Schnitt im Vergleich zum vollkantigen annähernd gleich. Nachteilig gegenüber dem vollkantigen Schnitt ist das Auftreten von Querkräften, die ein seitliches Abdrängen des Stempels bewirken. Daher sollte der Anschrägwinkel nicht mehr als 5° betragen, um eine Beschädigung der Werkzeugschneidkante zu verhindern und den Werkzeugverschleiß zu minimieren. Darüber hinaus ist es sinnvoll, die Querkräfte durch verstärkte Führungssysteme im Werkzeug und der Maschine aufzunehmen. Weiter ist zu beachten, dass bei

Abb. 10.10: *Kraftverlauf eines Normalschneidvorgangs*

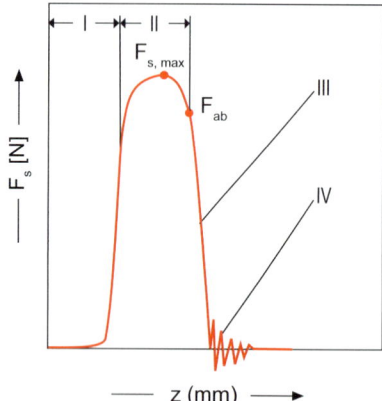

I = elastische Werkstoffbeanspruchung
II = Schneidphase
III = Trennphase (Abrissphase)
IV = Schwingphase
z = Schneidstempelweg
F_s = Schneidkraft
$F_{s,max}$ = Schneidkraft-Maximum
F_{ab} = Schneidkraft bei Abrissbeginn

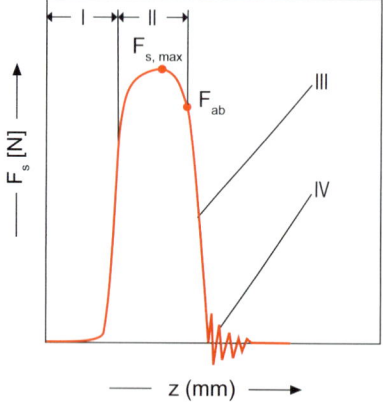

Phase II (Schneidphase) beim Abschneiden eines Blechstreifens

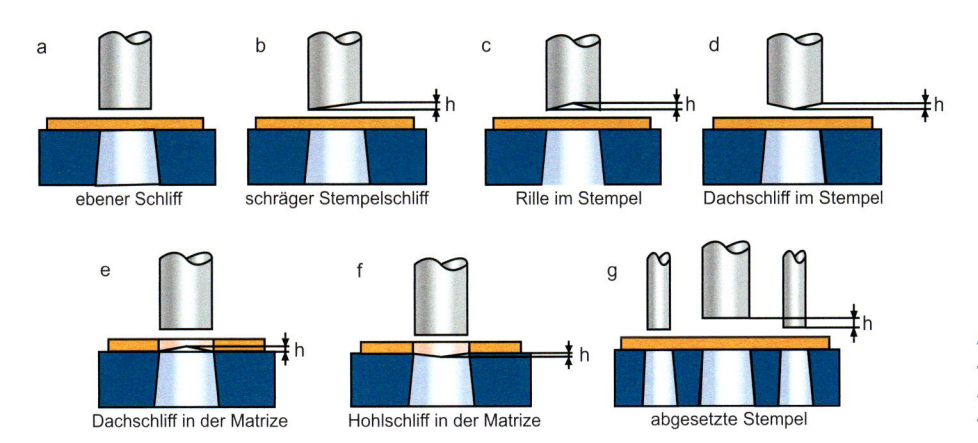

a	b	c	d
ebener Schliff	schräger Stempelschliff	Rille im Stempel	Dachschliff im Stempel

e	f	g
Dachschliff in der Matrize	Hohlschliff in der Matrize	abgesetzte Stempel

Abb. 10.11: Matrizen- und Stempelgeometrien zur Reduzierung der maximalen Schneidkraft

einem Anschliff am Schneidstempel eine Verformung des Butzens, bei Anschrägung der Schneidmatrize eine Verformung des Blechstreifens auftritt.

Die verwendete Werkzeugmaschine muss die nach folgender Gleichung berechnete Schneidarbeit W_s pro Hub aufbringen:

$$W_s = a \cdot F_{S,max} \cdot s \text{ [Nm bzw. kNm]} \qquad (10.4).$$

Dabei ist $F_{S,max}$ die maximale Schneidkraft am Stempel, welche beim Schneiden eines Blechs der Dicke s auftritt. Der Faktor a [-] berücksichtigt den tatsächlichen Kraftverlauf beim Schneiden und ist vom Werkstoff abhängig. Er liegt in etwa im Bereich von 0,4 bis 0,7, wobei der untere Wert für spröde Werkstoffe, großen Schneidspalt und große Blechdicke gilt, während der obere vorwiegend bei zähen Werkstoffen, kleinem Schneidspalt und kleiner Blechdicke einzusetzen ist. Für überschlägige Berechnungen gilt (Schuler 1996):

$$W_S = 2/3 \cdot F_{S,max} \cdot s \text{ [Nm bzw. kNm]} \qquad (10.5).$$

10.2.4 Verschleiß

Nach Arbeitsblatt 7 der Gesellschaft für Tribologie (GFT 2002) ist unter Verschleiß der fortschreitende Materialverlust aus der Oberfläche eines festen Körpers, hervorgerufen durch mechanische Ursachen, d.h. Kontakt und Relativbewegung mit einem festen, flüssigen oder gasförmigen Gegenkörper zu verstehen. Dabei ereignen sich tribologische Effekte an den Oberflächen oder in oberflächennahen Bereichen. Der Verschleiß ist weniger als eine spezifische Werkstoffeigenschaft als eine Systemeigenschaft, folglich als ein Zusammenspiel mehrerer Einflussfaktoren während der bei Körperkontakt auftretenden Relativbewegung zu verstehen. Beim Schneiden treten sowohl abrasive, adhäsive, tribochemische als auch oberflächenzerrüttende Verschleißmechanismen auf. Allen Mechanismen gemein ist, dass sie zu einem stetigen Abtragen von Werkstoffteilchen an der Schneidkante der Aktivelemente führen.

Abrasivverschleiß (Abb. 10.12) tritt bei mangelnder Oberflächenhärte der Aktivelemente sowie bei Werkstoffpaarungen mit hoher Affinität auf. Der Materialabtrag erfolgt durch freie Partikel oder auf Grund von Rauheitsspitzen des Blechs. Vor allem beim Schneiden höher- und höchstfester Blechwerkstoffe, wie z.B. Mehrphasen- und pressgehärtete Stähle, entsteht auf Grund der im Vergleich zu konventionellen Blechwerkstoffen sehr hohen Zugfestigkeiten und Dehngrenzen vorwiegend abrasiver Verschleiß. Die zur Verschleißreduktion notwendige Härte der Werkzeugwerkstoffe bringt eine zunehmende Versprödung mit sich. Dies hat Ausbrüche und Abplatzungen zur Folge, die zu sofortigem Werkzeugversagen führen können. Wird der Werkstoff jedoch zu weich gewählt, besteht neben starken Verschleißerscheinungen auch die Gefahr der plastischen Deformation. Demnach ist man bestrebt, harte aber dennoch zähe Werkstoffe zu entwickeln, die sowohl verschleißfest aber auch ausbruchsicher sind. Vor allem pressgehärtete Bauteile mit Dicken über 1,5 mm werden oft mit Laser beschnitten, da das Scherschneiden auf Grund der geringen Werkzeugstandzeiten nur bedingt möglich ist.

Adhäsionsverschleiß (Abb. 10.13), der auch als Kaltverschweißen oder Fressen bezeichnet wird, tritt vor allem beim Schneiden dicker, weicher und weichgeglühter Bleche auf. Besonders stark ausgeprägt ist er beim Schneiden dieser Bleche mit kleinem Schneidspalt, wie z.B. beim Feinschneiden. Adhäsionsverschleiß kann dann entstehen, wenn Oberflächendeckschichten auf Grund hoher lokaler Flächenpressungen durchbrochen werden und sich lokale Grenzflächenbindungen, zwischen Werkzeug- und Werkstückwerkstoff entwickeln (De Gee 1982). Die Schweißtemperaturen entstehen durch hohen Druck und Relativbewegung. Durch die Bewegung werden die loka-

10.2 Normalschneiden

Abb. 10.12: Abrasivverschleiß an der Schneidkante (links), Detailansicht (rechts) (Quelle: Böhler Edelstahl GmbH & Co KG, Kapfenberg, Österreich)

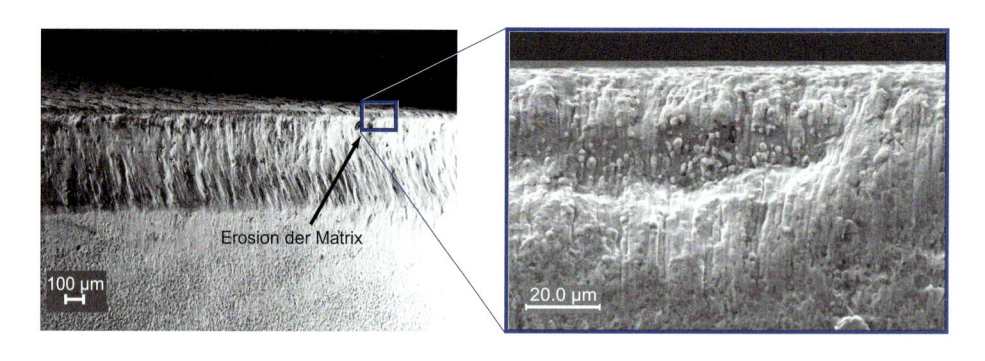

len Bindungen wieder auseinandergerissen und es kommt zu sogenannten Kaltaufschweißungen und schalenförmigen Abplatzungen. Hierbei wird der weichere Blechwerkstoff auf die Oberfläche der härteren Aktivelemente übertragen. Die Neigung zum Verschweißen ist umso größer, je ähnlicher sich Werkzeug- und Werkstückwerkstoff in ihrer chemischen Zusammensetzung und Affinität sind, wohingegen Zwischenschichten in Form von Oxidhäuten, Schmierfilmen oder Deckschichten die Neigung zum Verschweißen verringern.

Eine Folge der adhäsiv gebildeten Kaltaufschweißungen ist die sogenannte Flitterbildung, die vor allem beim Schneiden von Aluminiumblechen auftritt. Flitter kann je nach Entstehungsmechanismus staubförmig, bröselförmig oder plättchenförmig auftreten. Staub- und brösselförmiger Flitter entsteht durch das Herausbrechen aus dem Blechwerkstoff bedingt durch die rauhen kaltverschweißten Aktivelemente. Mit steigender Teilezahl erhöht sich die Dicke der Kaltaufschweißungen bis zu einem kritischen Wert. Danach werden größere Mengen an Kaltaufschweißungen in Ebenen kleinster Scherfestigkeit von den Schneidaktivelementen abgeschert, um anschließend wieder neu gebildet zu werden (Erdmann 2004). Weiterhin kann Flitter stäbchenförmig durch den im Prozess gelösten Grat entstehen. Beim Schließen von Folgewerkzeugen prägt sich grober Flitter in die Oberfläche der Blechbauteile ein und kann so besonders bei größeren Stückzahlen zu erhöhtem Teileausschuss oder Nachbearbeitungsaufwand auf Grund von Oberflächenbeschädigungen der Blechteile führen (Schilp 2006).

Zur *tribochemischen Oxidation* kommt es vor allem beim Schneiden dünner, harter Bleche. Diese Verschleißart wird auch als Tribooxidation oder Korrosion bezeichnet. Chemische Reaktionen zwischen Werkzeug- und Werkstückwerkstoff lassen kleine Werkstoffpartikel oxidieren, die dann durch die Bewegung abgerieben werden. Die durch Reibkräfte entstehenden hohen Temperaturen wirken sich verstärkend auf diese Verschleißart aus (Demmel 2011). Die Folge ist ein allmähliches Abstumpfen des Werkzeugs.

Ursache der *Oberflächenzerrüttung* ist Materialermüdung unmittelbar unter der Oberfläche vor allem an Unebenheiten oder Rauheitsspitzen. Es bilden sich Risse und schuppenartig abplatzende Verschleißpartikel. Besonders spröde Werkstoffe sind von dieser Verschleißform betroffen (Abb. 10.14). An Schneidwerkzeugen kommt es häufig zur Oberflächenzerrüttung, da einer schwellenden Normalspannung auf der Stirnfläche zusätzlich eine wechselnde Reibschubspannung an der Mantelfläche überlagert ist (Schuler 1996).

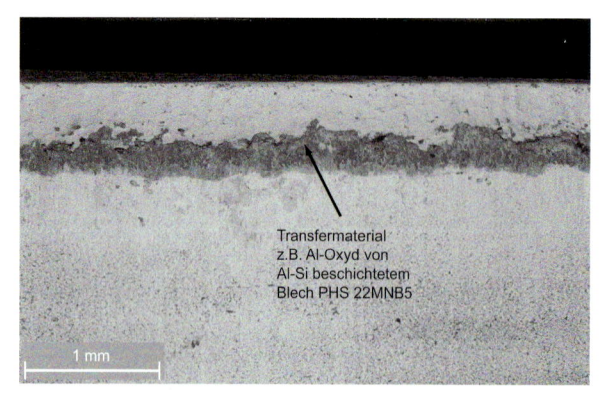

Abb. 10.13: Adhäsionsverschleiß an der Schneidkante (Quelle: Böhler Edelstahl GmbH & Co KG, Kapfenberg, Österreich)

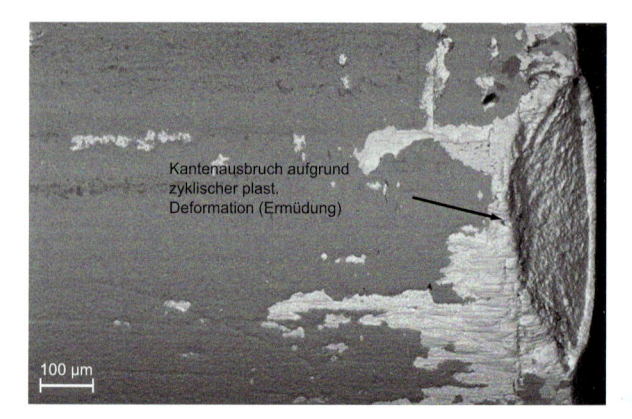

Abb. 10.14: Kantenausbruch am Schneidstempel (Quelle: Böhler Edelstahl GmbH & Co KG, Kapfenberg, Österreich)

10.2.4 Verschleiß

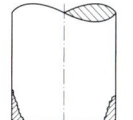

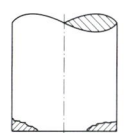

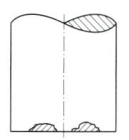

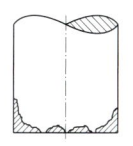

Abb. 10.15: *Verschiedene Verschleißformen am Schneidstempel, von links nach rechts: Mantelverschleiß, Stirnflächenverschleiß, Kolkverschleiß, verschlissener Stempel*

In Abhängigkeit vom Entstehungsort des Verschleißes unterscheidet man zwischen den in Abbildung 10.15 dargestellten Verschleißformen am Schneidstempel. In der Regel resultieren derartige Abnutzungen des Schneidstempels in einer Zunahme von Grathöhe und -breite am Schnittteil. Mantelflächenverschleiß entsteht durch Gleitreibungsvorgänge im Mantelflächenbereich (Abb. 10.16). In erster Linie ergibt sich diese Verschleißform während des Stempelrückzugs aus dem Blech, da die Rückfederung des Schnittteils eine Flächenpressung zwischen der Werkzeugmantelfläche und dem Schnittteil hervorruft. Die Folge sind adhäsiv-abrasive Verschleißmechanismen. Zur genauen Beurteilung des Mantelflächenverschleißes sind sowohl die Verschleißlänge als auch die Verschleißfläche heranzuziehen. Da beim Nachschleifen der Schneidelemente die gesamte Verschleißlänge durch arbeitsintensive Schleifbearbeitung abgetragen werden muss und dabei vollständig als Nutzhöhe verloren geht, ist der Mantelflächenverschleiß ein wesentlicher Aspekt zur Beurteilung der Standzeit und somit auch der Wirtschaftlichkeit von Werkzeugaktivelementen.

Stirnflächenverschleiß entsteht durch Relativbewegung zwischen den Werkzeugstirnflächen und der Blechoberfläche. Infolge hoher Flächenpressung und Gleitbewegung kommt es zum Reibverschleiß. Aus wirtschaftlichen Gesichtspunkten, d. h. als Nachschliffkriterium, ist diese Verschleißform relativ unbedeutend. Der Kolkverschleiß ist dem Stirnflächenverschleiß zuzuordnen und tritt in Form von muldenartigen Ausbrüchen auf, die sich in einem gewissen Abstand von der Schneidkante befinden. Die Hauptursache für diese Verschleißform liegt in der Relativbewegung zwischen Blechwerkstoff und den Stirnflächen der Werkzeugaktivelemente bei hoher Flächenpressung und einer zeitgleich auftretenden starken Temperaturerhöhung an einzelnen Berührungspunkten. Durch die Relativbewegung werden Mikrozerspanungsvorgänge initiiert, die großflächige Ausbrüche auf der Stirnseite bewirken können. Neben diesen Verschleißformen führen gerade bei Hartmetallen Diffusionsvorgänge zu Kolkverschleiß.

Um den Werkzeugverschleiß möglichst gering zu halten, werden häufig Schmierstoffe eingesetzt. Sie bilden eine Trennschicht zwischen Werkstück und Werkzeug. Allerdings lässt sich beim Schneiden eine direkte Materialberührung kaum verhindern. Schmierstoffe werden bei ihrer Verwendung unterschiedlichen Temperatur- und Druckbelastungen ausgesetzt. Wichtige Größen für die richtige Auswahl des jeweils geeigneten Schmierstoffs sind chemische Oberflächenaktivität, Viskosität, Dichte und Kompressionsmodul, wobei die Viskosität die größte Abhängigkeit von den beiden Parametern Druck und Temperatur aufweist. Besonders an Kontaktstellen mit hohen Flächenpressungen muss neben dem Temperatur- auch der Druckeinfluss berücksichtigt werden. Schmierstoffe lassen sich in folgende Gruppen aufteilen:

- mit Wasser mischbar,
- nicht mit Wasser mischbar,
- Festschmierstoffe sowie
- Folien und Lacke.

Eine weitere Möglichkeit, den Werkzeugverschleiß zu reduzieren, bietet die Wahl des Werkzeugwerkstoffs. Härtere Werkstoffe (z. B. Keramik) sind beständiger gegen Abrasion, aber oft spröde und dadurch anfällig für Oberflächenzerrüttung. Zähere Werkstoffe sind beständiger gegen Zerrüttung, aber oft weich und daher anfällig für Abrasion und plastische Deformationen. Aus diesem Zielkonflikt ergeben sich die Kompromisslösungen Hartstoffbeschichten und Randschichthärten. Beim Hartstoffbeschichten werden wenige μm-dicke Beschichtungen aus keramischen Hartstoffen (Carbide, Nitride) aufgebracht. Sie bilden eine sehr harte und chemisch beständige Schutzschicht auf dem Werkzeug, sodass oft gleichermaßen abrasiver und adhäsiver Verschleiß bekämpft werden können. Die bevorzugten Beschichtungstechnologien für das Scherschneiden sind das CVD- (Chemical Vapour Deposition) und das PVD-Verfahren (Physical Vapour Deposition). Das CVD-Verfahren beruht auf chemischen Reak-

Abb. 10.16: *Mantelflächenverschleiß eines zylindrischen Lochstempels an der Führungsfläche (Quelle: Uddeholms AB, Hagfors, Schweden)*

tionen von Gasen, die bei Temperaturen zwischen 750 °C und 1 500 °C am Werkstück reagieren und festhaften. Das PVD-Verfahren arbeitet mit Metallen, die unter Vakuum verdampfen und auf dem Werkstück aufwachsen. Da die Temperatur nur ca. 500 °C beträgt, entstehen kein Wärmeverzug und keine zusätzlichen Eigenspannungen. Somit ist auch keine nachfolgende Wärmebehandlung nötig. Neben den beschriebenen Möglichkeiten der Verschleißreduktion ist immer auch auf die richtige Wahl der Prozessparameter zu achten. Ungeeignete Parameter können extreme Verschleißerscheinungen hervorrufen und zu frühzeitigem Werkzeugversagen führen. Schneidspalt und Schneidkantenradius stellen hier die wichtigsten Stellgrößen zur Verschleißkontrolle dar. Besonders bei kleinen Schneidplatten ist eine präzise Führung des Werkzeugs und der Werkzeugmaschine unter Belastung unerlässlich. Zudem wirken werkstückseitige Einflussgrößen auf den Verschleiß, wie z. B. der Werkstoff und die geometrische Form des Schnittteils.

10.2.5 Werkzeuge zum Normalschneiden

Grundsätzlich lassen sich Schneidwerkzeuge nach der Art ihrer Führung in drei Gruppen einteilen: Frei-, Plattenführungs- und Säulenführungsschneidwerkzeuge. Welche dieser Varianten zum Einsatz kommt, hängt maßgeblich von den vorherrschenden Randbedingungen wie Teilebeschaffenheit und Stückzahl, vorhandene Maschinen sowie Anforderungen an die Teilegenauigkeit ab. Die Hauptaufgaben von Führungen in Schneidwerkzeugen bestehen grundsätzlich darin, ein Aufsetzen von oberer auf unterer Schneidkante zu vermeiden und einen über den Prozess konstanten Schneidspalt zu gewährleisten.

Das *Freischneidwerkzeug* oder auch Schneidwerkzeug ohne Führung stellt eine konstruktiv relativ einfache Lösung dar, in der der Schneidstempel innerhalb des Werkzeugs nicht geführt ist. Die Führung erfolgt vollständig über die Stößelführung der Schneidpresse. Somit hängt die Genauigkeit des Schneidprozesses von der Präzision der Maschinenführung ab. Abbildung 10.17 zeigt ein Schneidwerkzeug ohne Führung. Der gesamte Aufbau besteht aus dem Stempel und der Schneidplatte, die in der Regel auf einer gegossenen Grundplatte befestigt wird, um damit in der Presse aufgespannt werden zu können. Der Abstreifer sorgt dafür, dass das Stanzgitter während des Rückhubs des Schneidstempels nicht mit nach oben gezogen wird. Ist ein Niederhalter vorhanden, wird dieser neben seiner eigenen Funktion auch als Abstreifer verwendet. Ein Niederhalter wird immer dann benötigt, wenn die Bauteilqualität durch zu starke Verbiegung gefährdet ist. Wegen ihrer einfachen Bauart sind Freischneidwerkzeuge sehr kostengünstig und werden bevorzugt für kleine Stückzahlen und unkomplizierte Bauteilgeometrien eingesetzt. Nachteile ergeben sich durch die verhältnismäßig ungenaue Schneidspalteinstellung beim Einrichten in die Presse. Besonders bei kleinen Schneidspalten, wie sie vor allem bei dünnen Blechen unter 1 mm vorkommen, gestaltet es sich schwierig, einen allseitig konstanten Schneidspalt einzustellen. Dies kann zu frühzeitigen Verschleißerscheinungen an den Werkzeugaktivelementen führen (vgl. Kap. 10.2.4 „Verschleiß").

In einem wie in Abbildung 10.18 dargestellten *Plattenführungswerkzeug* wird der Stempel im Werkzeug geführt. Die Aufnahme und Halterung des Stempels erfolgt mittels Kopfplatte und Stempelhalteplatte. Die Führung erfolgt durch eine oberhalb des Blechstreifens angeordnete Führungsplatte, in deren Öffnung der Stempel spielfrei eingepasst ist. Sie kann gleichzeitig die Funktion des Abstreifers übernehmen und wirkt einem Ausknicken und Brechen des Stempels entgegen. Zur Gewährleistung einer exakten Positionierung von Führungs- und Schneidplatte zueinander werden diese miteinander verstiftet. Zwischen Führungs- und Schneidplatte liegen Zwischenlager zur Streifenführung. Ihre Höhe hängt von der Blechdicke ab. Je geringer der Abstand zwischen Führungsplatte und Blechstreifen ist, desto genauer sind die Führungseigenschaften. Wird die Führungsplatte jedoch zu nah am Blechstreifen positioniert, besteht die Möglichkeit, dass ein nicht komplett ebener Blechstreifen nicht mehr durch den Führungskanal passt. Nachteilig kann sich auch die

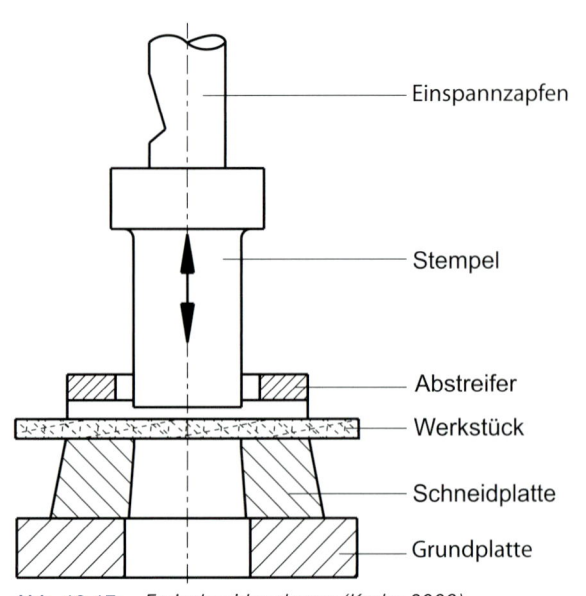

Abb. 10.17: *Freischneidwerkzeug (Krahn 2009)*

10.2.5 Werkzeuge zum Normalschneiden

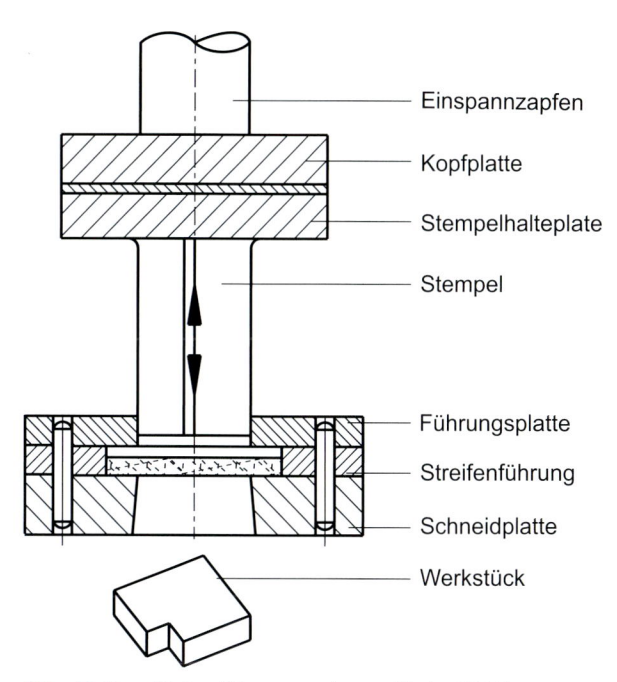

Abb. 10.18: Plattenführungswerkzeug (Krahn 2009)

hochpräzise Einpassung des Stempels in die Führungsplatte auswirken, da das Anhaften von Werkstoffpartikeln am Stempel dort starken Verschleiß zur Folge haben kann. Dennoch hat die Umsetzung der Stempelführung über eine Führungsplatte im Vergleich zu einem Schneidwerkzeug ohne Führungen entscheidende Vorteile:

- Mögliche Lagefehler beim Einrichten des Werkzeugs werden vermieden.
- Verschiebelagefehler in Folge von Verschleiß oder Auffederung des Pressengestells werden vermindert.
- Die Ausknickgefahr von dünnen Stempeln wird herabgesetzt.
- Die Führungsplatte übernimmt die Funktion des Abstreifers.

Plattenführungswerkzeuge ermöglichen eine Herstellung von Bauteilen mit hoher Genauigkeit. Sie sind jedoch nicht flexibel einsetzbar, da eine Führungsplatte immer genau zu einem Stempel passt und somit eine Änderung der Stempelform auch eine Änderung der Führungsplatte und hohe Kosten zur Folge hat. Daher werden Plattenführungen nur bei größeren Stückzahlen oder bei hohen Genauigkeitsanforderungen an die Bauteile eingesetzt.

Anders als bei einer Plattenführung wird bei einem *Säulenführungswerkzeug*, wie in Abbildung 10.19 dargestellt, die Führung nicht über ein Werkzeugelement realisiert, sondern über zwei, vier oder noch mehrere Säulen, die je nach Belastungsfall das Werkzeugoberteil mit dem Werkzeugunterteil verbinden. Die Befestigung der Führungssäulen im Werkzeugunterteil hat den Vorteil, dass diese im Arbeitshub nicht beschleunigt und abgebremst werden müssen, während die Befestigung im Werkzeugoberteil eine größere Freigängigkeit für den Weitertransport des Bauteils bietet. Ist zur Steigerung der Genauigkeit eine zusätzliche Führungsplatte vorhanden, besteht auch die Möglichkeit, die Säulen an der Führungsplatte zu befestigen. Dies bietet montagetechnische Vorteile. Die Führung auf den Säulen wird entweder durch Gleitbuchsen oder durch Kugel- bzw. Rollenkäfige realisiert. Buchsen verfügen über eine höhere Steifigkeit, während Kugel- und Rollenkäfige eine geringere Reibung aufweisen und demnach beim Einsatz in Schnellläuferpressen verbaut werden. Die Säulenführung fixiert die beiden Werkzeugteile zueinander mit sehr hoher Genauigkeit und schließt Lagefehler beim Einrichten in die Presse aus. Das Werkzeug kann komplett voreingestellt werden, wodurch sich der Einbau in die Presse schnell und ohne großen Aufwand und folglich auch kostengünstig umsetzen lässt. Zusätzlich ist mit einem geringeren Verschleiß der Aktivelemente zu rechnen. Auf Grund der genannten Vorteile sind Schneidwerkzeuge mit Säulenführung allen anderen Bauarten in der Regel vorzuziehen.

Muss ein Bauteil mehreren Schneidoperationen unterzogen werden, z. B. einem Loch- und einem Ausschneidprozess, so werden dafür entweder Gesamtschneid- oder Folgeschneidwerkzeuge verwendet (Abb 10.20). Das *Gesamtschneidwerkzeug* ermöglicht die gleichzeitige Ausführung der verschiedenen Schneidoperationen. Zur Herstellung des Werkstücks ist somit nur ein Hub nötig. Auf diese Weise kann das Werkstück mit einer sehr hohen Genauigkeit, die nicht vom Blechvorschub, sondern ausschließlich von der Präzision des Werkzeugs abhängt, gefertigt werden. Das Gesamtschneidwerkzeug wird mit steigender Bauteilkomplexität technisch aufwendiger und auch teurer. Daher beschränkt sich seine Anwendung auf einfache Bauteile mit hohen Anforderungen an die Genauigkeit.

Folgeschneidwerkzeuge kommen bei komplexeren Bautei-

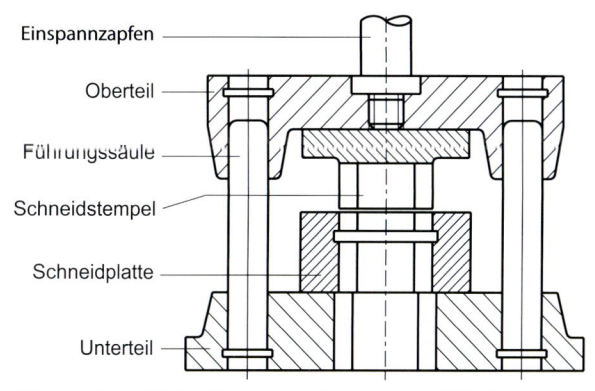

Abb. 10.19: Säulenführungswerkzeug (Krahn 2009)

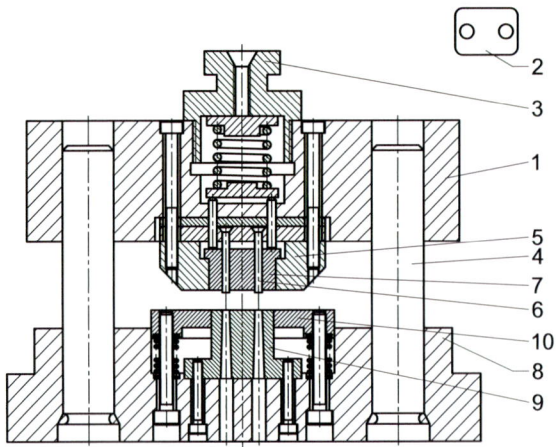

10.2 Normalschneiden

1 Oberteil
2 Werkstück
3 Kupplungszapfen
4 Führungssäule
5 Schneidplatte
6 Lochstempel
7 Ausstoßer
8 Unterteil
9 Ausschneidstempel
10 Abstreifer

Abb. 10.20:
Gesamtschneidwerkzeug zum Lochen und Ausschneiden (Krahn 2009)

len zur Anwendung. Das Bauteil ist Teil eines Blechstreifens und wird in mehreren Stationen gefertigt. Erst in der letzten Station wird es vom Blechstreifen ausgeschnitten. Damit hängt die Bauteilgenauigkeit neben den Werkzeugeigenschaften auch von der Exaktheit des Bandvorschubs ab, die mit Hilfe von Seitenschneidern oder Suchstiften gewährleistet wird. Werden die Schneidoperationen im selben Werkzeug mit Umformoperationen kombiniert,

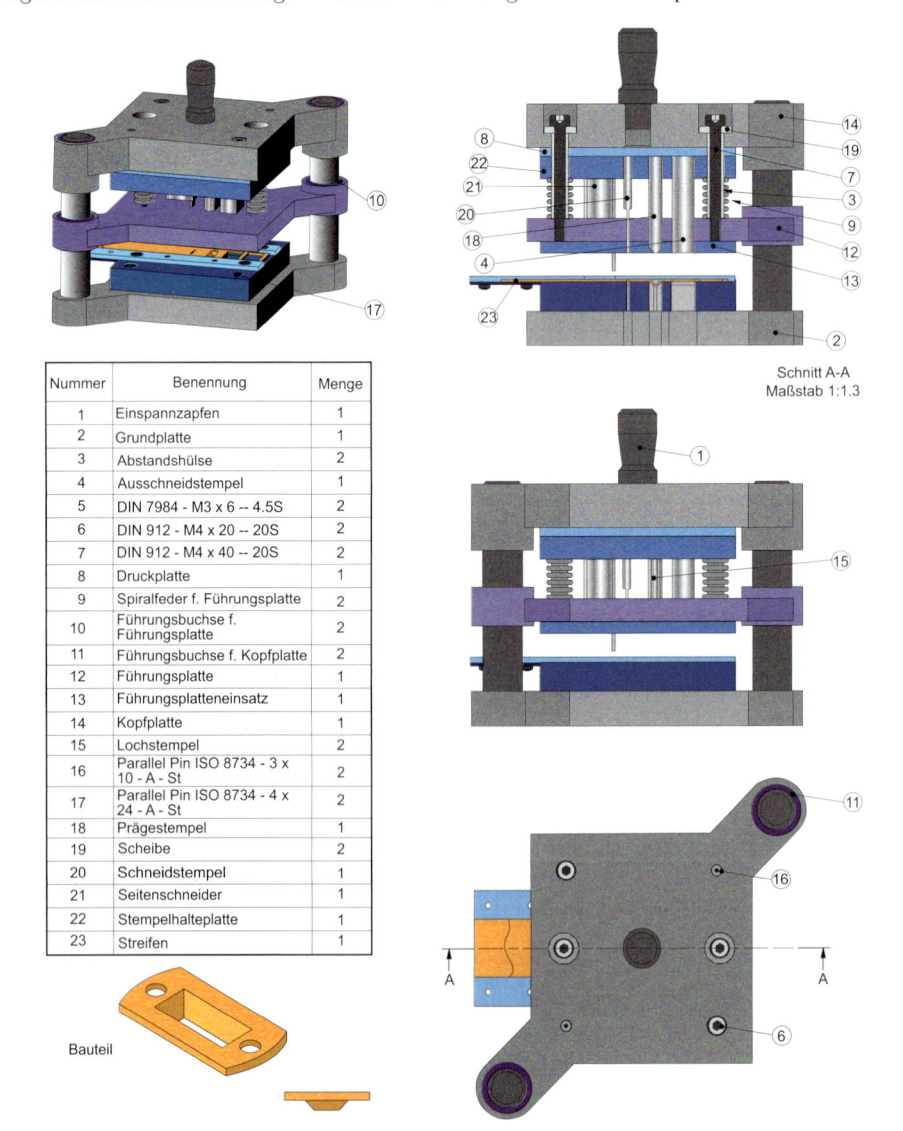

Nummer	Benennung	Menge
1	Einspannzapfen	1
2	Grundplatte	1
3	Abstandshülse	2
4	Ausschneidstempel	1
5	DIN 7984 - M3 x 6 -- 4.5S	2
6	DIN 912 - M4 x 20 -- 20S	2
7	DIN 912 - M4 x 40 -- 20S	2
8	Druckplatte	1
9	Spiralfeder f. Führungsplatte	2
10	Führungsbuchse f. Führungsplatte	2
11	Führungsbuchse f. Kopfplatte	2
12	Führungsplatte	1
13	Führungsplatteneinsatz	1
14	Kopfplatte	1
15	Lochstempel	2
16	Parallel Pin ISO 8734 - 3 x 10 - A - St	2
17	Parallel Pin ISO 8734 - 4 x 24 - A - St	2
18	Prägestempel	1
19	Scheibe	2
20	Schneidstempel	1
21	Seitenschneider	1
22	Stempelhalteplatte	1
23	Streifen	1

Schnitt A-A
Maßstab 1:1.3

Bauteil

Abb. 10.21:
Folgeverbundwerkzeug (Krahn 2009)

spricht man von Folgeverbundwerkzeugen. Ein derartiges Folgeverbundwerkzeug zeigt Abbildung 10.21.

Oft wird bei Folgeschneidwerkzeugen eine modulare Bauweise verfolgt. Die einzelnen Arbeitsstationen oder Module befinden sich in einem großen Säulenführungsgestell, wobei jedes Modul ein Einzelwerkzeug mit eigener Säulenführung beinhaltet, welches getrennt aus- und eingebaut werden kann. Dies erhöht die Flexibilität und trägt zur Reduktion von Maschinenstillstandzeiten bei.

10.2.6 Sonderverfahren

10.2.6.1 Knabberschneiden (Nibbeln)

Ein dem Scherschneiden untergeordnetes Verfahren ist das Knabberschneiden, das auch als Nibbeln bezeichnet wird (Abb. 10.22). Nibbeln ist mehrhubiges, fortschreitendes Scherschneiden mit einem Schneidstempel, der eine schlitzförmige Öffnung in das Blech arbeitet. Die halbmondförmigen oder rechtwinkligen Abfallstücke werden stückweise längs einer beliebig geformten Schnittlinie abgetrennt, bis die gewünschte Form erreicht ist. Anders als beim Normalschneiden ist beim Nibbeln die Schneidkraft unabhängig von der Länge der Schnittlinie und die Werkzeugform ist nicht an die Form des Schnittteils gebunden. Dagegen ist die Anzahl der erforderlichen Stempelhübe abhängig von der Länge des Schnittteils. Demnach stellt das Nibbeln ein sehr flexibles Verfahren dar, mit welchem mit relativ niedriger Schneidkraft und einfachem Werkzeug Ausschnitte beliebiger Form und Größe hergestellt werden können. Das Verfahren findet sowohl in der Einzelfertigung, meist mit Handnibblern, aber auch in der Serienfertigung mit modernen NC-gesteuerten Stanz-Nibbelmaschinen Verwendung. Diese erreichen eine sehr hohe Produktivität und bieten im Vergleich zum Laserschneiden den Vorteil, nachfolgende Schneid- oder Umformoperationen in derselben Maschine durchzuführen.

In sogenannten Kombinationsmaschinen wird das Nibbeln auch mit Laserschneidverfahren kombiniert, um so beide Vorteile wirtschaftlich nutzen zu können.

10.2.6.2 Rotationsschneiden

Anders als beim Hubschneiden, das mittels einer translatorischen Werkzeugbewegung ausgeführt wird, kennzeichnet das Rotationsschneiden eine drehende Werkzeugbewegung und stellt somit eine Sondergruppe innerhalb der Scherschneidverfahren dar. Eine Rotationsschneidanlage, wie sie exemplarisch in Abbildung 10.23 dargestellt ist, besteht aus einer Stempel- und einer Matrizenwalze, an deren Umfang sich die Schneidstempel und -matrizen befinden. Diese greifen während der Rotationsbewegung ineinander und lochen so das zwischen ihnen geführte Blechband.

Beim Schneidvorgang (Abb. 10.24) setzt zunächst der Stempel mit der vorderen Schneide auf das Blech auf und leitet einen annähernd drückend-vollkantigen Schnitt in diesem Bereich ein. Dabei steigt die Schneidkraft solange an, bis dort das Material durchbricht. Danach folgen die seitlichen Schnittflächen, die durch ein ziehend-kreuzendes Schneiden erzeugt werden. Das Kraftniveau bleibt während dieser Phase in etwa konstant und liegt etwas unterhalb der zuvor erreichten Maximalkraft. Durch das Aufsetzen der hinteren Schneidkante wird die Schnittlinie geschlossen. Die Schneidkraft steigt bis zur vollständigen Durchtrennung erneut an, um dann abrupt abzufallen. Abschließend wird der Stempel aus dem Blech gezogen, wobei keine nennenswerten Rückzugskräfte auftreten.

Durch die im Vergleich zum Hubschneiden stark veränderte Kinematik des Schneidvorgangs unterscheiden sich auch die resultierenden Schnittflächen deutlich (Schweitzer 2001): Schnittflächenqualität und Maßhaltigkeit der parallel zur Blechlaufrichtung orientierten Schnittflächen entsprechen denen beim Hubschneiden. Schnittgrate und Kanteneinzüge der quer zur Blechlaufrichtung orientierten Schnittflächen sind auf Grund des veränderlichen

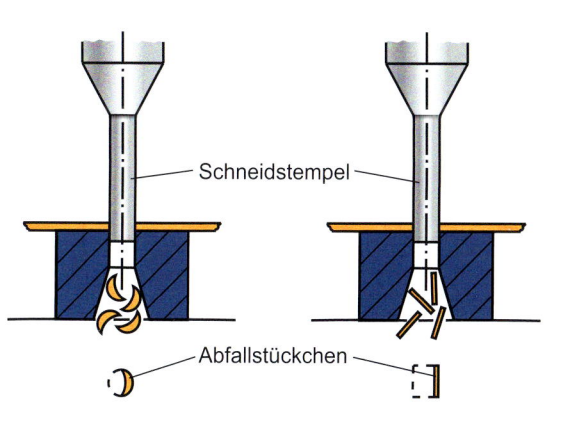

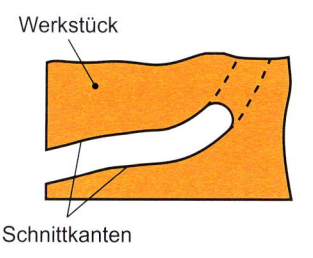

Abb. 10.22: *Prinzip des Knabberschneidens*

10.2 Normalschneiden

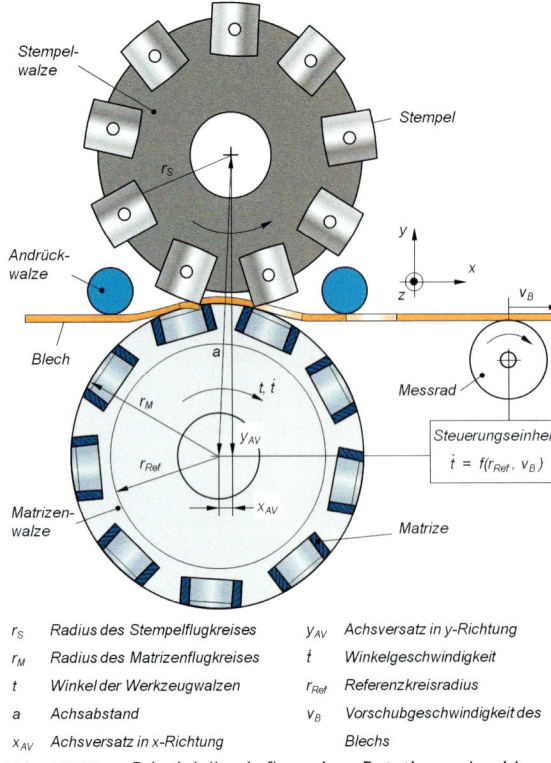

r_S	Radius des Stempelflugkreises
r_M	Radius des Matrizenflugkreises
t	Winkel der Werkzeugwalzen
a	Achsabstand
x_{AV}	Achsversatz in x-Richtung
y_{AV}	Achsversatz in y-Richtung
$\dot{t}$	Winkelgeschwindigkeit
r_{Ref}	Referenzkreisradius
v_B	Vorschubgeschwindigkeit des Blechs

Abb. 10.23: Prinzipieller Aufbau einer Rotationsschneidanlage (Schweitzer 2001)

Schneidspalts und des Verschleißes der Matrizenschneidkante hoch.

Bei der vorderen, quer zur Blechlaufrichtung orientierten Schnittfläche verringert sich der Schnittflächenwinkel, dagegen erhöht sich der Glattschnittanteil durch die vom Stempelmantel eingebrachten Druckspannungen.

Mit Bandlaufgeschwindigkeiten bis zu 200 m/min werden im Vergleich zum konventionellen Hubschneiden bis zu zehnmal höhere Ausbringungen erreicht. Die relativ geringen maximalen Schneidkräfte erlauben kleine und kompakte Bauweisen der Maschinen, die weder Massenausgleichssysteme noch geregelte Bandvorschübe benötigen. Die Investitionskosten für eine Rotationsschneidanlage liegen demnach deutlich unter denen einer konventionellen Schnellläuferpresse. Nachteilig ist die geringe Flexibilität. In der Regel wird das Rotationsschneiden mit anderen kontinuierlich arbeitenden Verfahren kombiniert, so zum Beispiel bei der direkten Kopplung mit einer anschließenden Walzprofilieranlage. Höhere Flexibilität kann durch die Entkopplung des Bandvorschubs durch NC-Schneid- und Matrizenwalzen erreicht werden.

Das typische Anwendungsgebiet dieser Technologie ist die Herstellung gelochter Meterware (Abb. 10.25), wie z. B. Befestigungsschienen, Kabeltragsysteme oder Regalelemente. Das Spektrum der verarbeitbaren Materialien reicht dabei von Stahl, Edelstahl und verzinkten Bändern über NE-Metalle bis hin zu Kunststoffen und Papier.

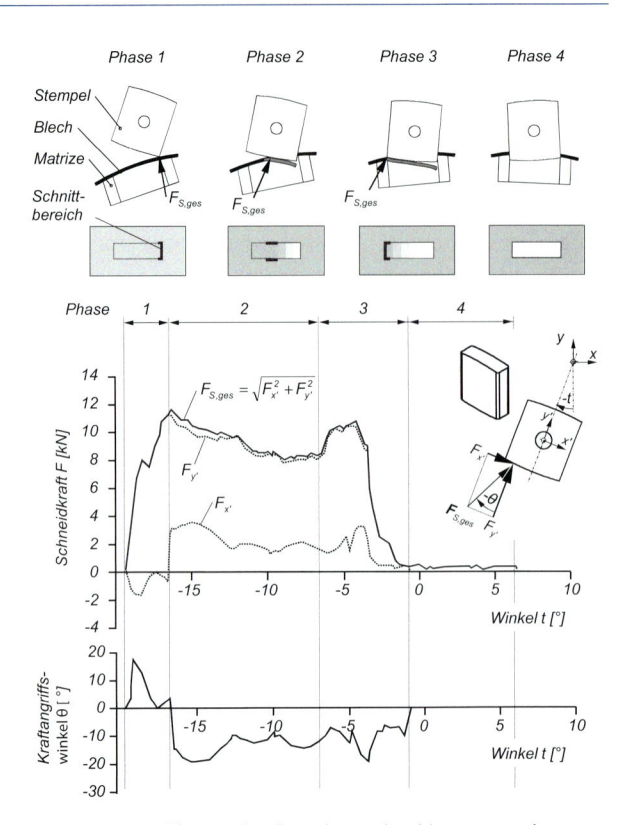

Abb. 10.24: Phasen des Rotationsschneidvorgangs einschließlich der Kraftverteilung beim Schneiden von Ck45, s = 1,2 mm mit einer rechteckigen Schneidengeometrie 11 mm x 35 mm (Schweitzer 2001)

Abb. 10.25: Rotationsgeschnittene Profile (Quelle: Baust Stanztechnologie GmbH, Langenfeld, Deutschland)

10.2.7.3 Mechanisches Hochgeschwindigkeitsscherschneiden (HGSS)

Wie bereits in Kapitel 10.2.3 (Schneidkraft- und Schneidarbeit) erwähnt, kann eine erhöhte Schneidgeschwindigkeit einen erheblichen Einfluss auf den Schneidprozess und sein Ergebnis haben. Dies trifft unter anderem für das HGSS zu. Bis auf die Schneidgeschwindigkeit entspricht der prinzipielle Ablauf des HGSS dem des konventionellen Schneidens, wobei ein Niederhalter nicht zwingend erforderlich ist. Wird der Werkstoff mit einer ausreichend hohen Geschwindigkeit durchtrennt, kann die dabei entstehende Wärme nicht schnell genug in die Umgebung abgeführt werden. Die Wärmekonzentration in der Formänderungszone und der Einfluss der Geschwindigkeit auf das Werkstoffverhalten führen zu einer frühzeitigen Bruchinitiierung mit einer sehr homogenen Bruchfläche. Dies hat zur Folge, dass sich die erzeugte Schnittfläche in ihrem Aussehen deutlich von der eines normalgeschnittenen Bauteils unterscheidet (Abb. 10.26). Demnach weist sie einen sehr hohen Bruchflächenanteil, in Einzelfällen von bis zu 100 Prozent und kaum Glattschnittanteile auf. Auch gratfreies Schneiden ist möglich. Der Bruchflächenwinkel hängt ebenso wie die Einzugshöhe vom eingestellten Schneidspalt ab. Bei richtiger Schneidspaltwahl lassen sich jedoch ein geringer Einzug und eine nahezu rechtwinklige Bruchfläche erzielen.

Beim HGSS kann auf Grund der zur Materialtrennung notwendigen kleineren Eintauchtiefe von geringerem Mantelflächenverschleiß ausgegangen werden. Industriell einsetzbar ist das Verfahren nur auf speziell dafür hergestellten Hochgeschwindigkeitsschneidanlagen. Da das Material impulsartig getrennt wird, erfolgt die Auslegung der Maschine nicht nach der zu erwartenden maximalen Schneidkraft, sondern nach der benötigten Trennenergie. Die Maschinen bleiben somit kompakter und erzielen hohe Schnittflächenqualitäten, dennoch in einem einzigen Prozessschritt. Heute werden bei Schneidgeschwindigkeiten von bis zu 10 m/s Hubzahlen bei maximal 120 Hub/min erreicht. Anwendung findet das Verfahren bisher für zweidimensionale Bauteile bei Blechdicken bis zu 10 mm.

10.2.6.4 Impulsmagnetschneiden

Das impulsmagnetische Schneidverfahren (IMS) ist ein auf Wirkenergie basierendes Schneidverfahren, das auf demselben Funktionsprinzip wie das elektromagnetische Umformen beruht, nämlich dem der Gegeninduktion (Lenz´sche Regel). Daher benötigt es kein Medium zur Energieübertragung, wodurch der Schneidprozess auch im Vakuum durchführbar ist. Für das IMS sind die gleichen Stoßstromanlagen wie für das IMU notwendig, und es bietet durch den Einsatz der verschiedenen Spulenformen die Möglichkeit, sowohl ebene als auch Bauteile mit geschlossenem Profil zu trennen. Allerdings muss die Reaktionskraft des Schneidvorgangs von den Spulen aufgenommen werden. Daher ist die Spulenbelastung bei geschlossenen Profilen vorteilhaft für die Lebensdauer.

Der prinzipielle Aufbau eines Werkzeugs zum Schneiden mittels Impulsmagnetfeldern ist in Abbildung 10.27 für die Expansion am Beispiel des Schneidens eines Hohlprofils dargestellt. Die Werkzeugspule wird im oder um das Halbzeug (Kompression) im Bereich der Schneidaktivelemente, in diesem Fall Schneidring und Stützring, positioniert. Da die Kraftübertragung durch den magnetischen Druck erfolgt, hat das Werkstück während des

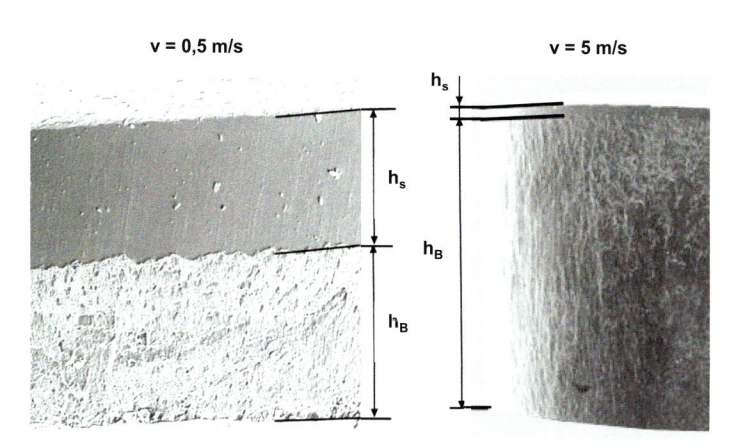

~ 40 %	Glattschnittanteil h_S/s	~ 5 %
~ 50 %	Bruchflächenanteil h_B/s	~ 90 %
~ 10 %	Einzug + Grat $(h_E+h_G)/s$	~ 5 %

Abb. 10.26: *Vergleich der Schnittflächen von konventionell (links) und mit erhöhter Geschwindigkeit (rechts) geschnittener Bauteile aus C60, Blechdicke 5 mm*

10.2 Normalschneiden

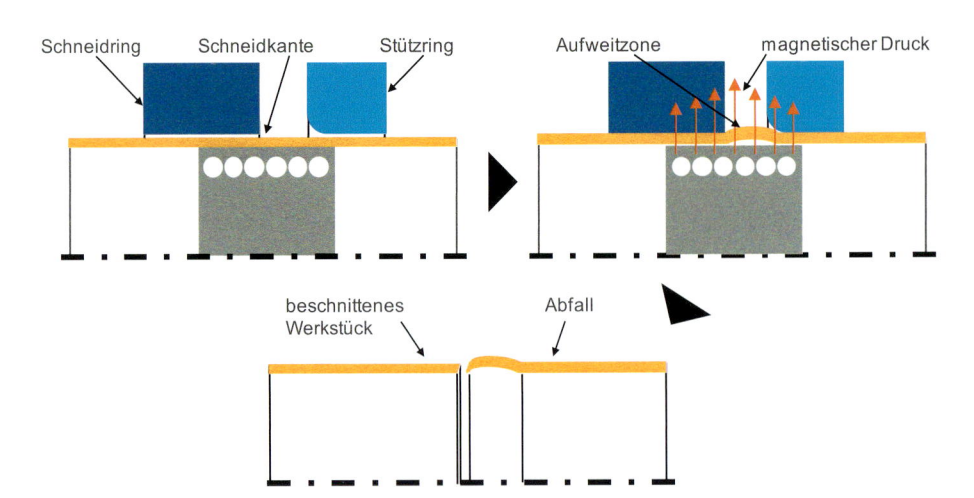

Abb. 10.27: Prinzip des Schneidens mittels Impulsmagnetfeldern

Schneidvorgangs nur an der Außenseite (Expansion) bzw. Innenseite (Kompression) Kontakt zu einem harten Bauteil. Folglich sind hohe Oberflächenqualitäten mit dem Verfahren erreichbar. Zu Beginn des Schneidprozesses wird das Werkstück elastisch, dann plastisch umgeformt, bis es durch die - hauptsächlich von Scherspannungen geprägte - Belastung zur Trennung des Werkstücks an der Schneidkante des Schneidrings kommt. Der Stützring (Expansion) oder Stützzylinder (Kompression) wird zur Steuerung der Spannungen beim Schneiden verwendet und kann die notwendige Schneidenergie reduzieren. Des Weiteren wird dadurch die Schallemission deutlich verringert. Während des Schneidvorgangs entsteht keine für den Werkstoff relevante thermische Belastung, weswegen auch keine Veränderung des Gefüges zu erwarten ist. Das Verfahren ist bedingt durch die schlagartige Freisetzung der Wirkenergie von sehr schnellen Umformgeschwindigkeiten von ca. 200 m/s und schneller geprägt. Dadurch bildet sich beim IMS eine spezielle Schnittflächencharakteristik (Abb. 10.28) aus. Diese weist ähnliche Bereiche wie das Scherschneiden auf und ist deswegen nach der VDI-Norm 2906 bewertbar. Bei der Expansion entsteht an der Innenseite des Rohrs ein Einzug, der deutlich größer ist als beim Normalschneiden üblich. Bei der Kompression entsteht dieser Einzug an der Außenseite. Auf Grund der hohen Umformgeschwindigkeiten kann sich kein ausgeprägter Glattschnittanteil im Werkstoff ausbilden, da kein Fließen möglich ist. Deswegen folgt direkt nach dem Einzug die Bruchfläche, welche homogen und frei von Einrissen ist. Bei passender Wahl der Prozessparameter ist, wiederum bedingt durch die hohen Umformgeschwindigkeiten, ein schnittgratfreier Schnitt möglich. Dadurch kann eine hohe Schnittflächenqualität erreicht werden.

Die in DIN 8588 für das Normalschneiden definierten Schneidverfahren spiegeln die Vielfalt der möglichen Schnittliniengeometrien und somit das große Werkstückportfolio beim konventionellen Zerteilen wider. Für das IMS sind in Abbildung 10.29 die möglichen Schnittliniengeometrien in Anlehnung an diese Norm für das IMS dargestellt. Mit den fünf Verfahren ist eine breite Palette an Bauteilen fertigbar. Rechts in der Abbildung 10.29 ist ein Beispielbauteil für das Ausklinken dargestellt. Die Ausbringung des Verfahrens ist nicht von der eigentlichen Schnittzeit der Bauteile abhängig, sondern von der Ladezeit der Stoßstromanlage. Diese liegt für das gezeigte Bauteil, abhängig von der verwendeten Anlage, unter 5 s pro Werkstück.

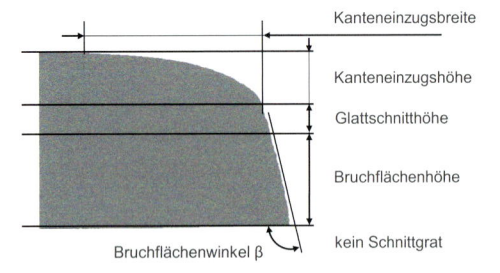

Abb. 10.28: Charakteristische Schnittfläche beim IMS (Maier-Komor 2010)

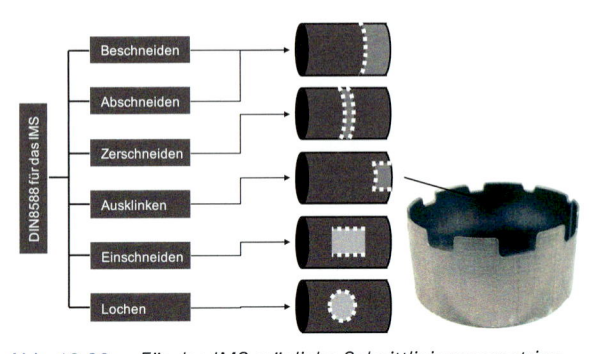

Abb. 10.29: Für das IMS mögliche Schnittliniengeometrien in Anlehnung an DIN 8588 für geschlossene Profile (rechts: Beispielbauteil für das Ausklinken)

10.3 Präzisionsschneidverfahren

Mit dem Normalschneiden, das im vorherigen Kapitel ausführlich behandelt wurde, können keine Schnittteile hoher Schnittflächenqualität erzielt werden. Die Werkstücke weisen immer ausgeprägte Formfehler, wie z. B. Grat und Kanteneinzug, sowie Abweichungen in der Ebenheit des Bauteils (Bauteildurchbiegung) auf. Zudem fällt der Glattschnittanteil durch die ausgeprägte Bruchzone beim Normalschneiden sehr gering aus. Sollen normalgeschnittene Schnittflächen in der späteren Verwendung eine Funktion ausüben – beispielsweise zum Übertragen von Kräften oder Bewegungen – ist im Hinblick auf deren definierte geometrische Eigenschaften eine dem Schneidprozess anschließende Nachbearbeitung erforderlich.

In der Zerteiltechnik wurden unterschiedliche Verfahren entwickelt, die es ermöglichen, Qualitätsmängel besonders in der Schnittflächengestalt zu verhindern bzw. auf ein Minimum zu reduzieren. Somit können zusätzliche Nachbearbeitungsoperationen vermieden werden. Einige dieser Verfahren sind dem Normalschneiden sehr ähnlich. Veränderte Verfahrensparameter führen jedoch zu erheblich verbesserten Schnittergebnissen.

Abbildung 10.30 zeigt die wichtigsten Verfahren, die auf Grund der erreichbaren Schnittflächenqualitäten auch als Präzisionsschneidverfahren bezeichnet werden können. Feinschneiden ist, wegen der hohen Werkstückqualitäten und der universellen Einsetzbarkeit, das am häufigsten in der Industrie angewandte Präzisionsschneidverfahren.

10.3.1 Feinschneiden

Mit der Feinschneidtechnologie können durch spezielle verfahrenskennzeichnende Merkmale Schnittteile erzeugt werden, deren Schnittflächen über die gesamte Blechdicke glatt sind (Abb. 10.31). Durch diese Veränderungen am Werkzeugaufbau können in einem Arbeitsgang Teile mit sehr hoher Maß- (IT 6 bis IT 9) und Formgenauigkeit gefertigt werden, die nach einer einzigen Nachbearbeitung, dem Entgraten, einbaufertig sind. (Hoffmann 1991)

Schnittteile werden bevorzugt durch das Fertigungsverfahren Feinschneiden hergestellt, wenn hohe Anforderungen an die Maßhaltigkeit und Oberflächenqualität der Schnittfläche gestellt werden. Auf Grund der erreichbaren hohen Schnittflächenqualitäten nach nur einem Arbeitsschritt und der Möglichkeit, Feinschneidoperationen mit Umformoperationen zu kombinieren, hat das Feinschneiden einen breiten Anwendungsbereich in der Industrie gefunden und ist das am häufigsten eingesetzte Präzisionsschneidverfahren.

In Abbildung 10.32 sind typische feingeschnittene Teile zu sehen. Es wird deutlich, dass durch eine gezielte Kombination des Feinschneidens mit Umformoperationen, wie Durchsetzen, Prägen, Kragenziehen und Biegen, Werkstücke mit sehr hoher Funktionsintegration wirtschaftlich fertigbar sind. Die durch Feinschneiden hergestellte Produktpalette erstreckt sich von sehr kleinen und dünnen Teilen, wie sie in der Uhren- oder Elektroindustrie vorkommen, bis hin zu großflächigen Werkstücken von bis zu 16 mm Blechdicke, die in der Automobilindustrie und im Anlagenbau Verwendung finden.

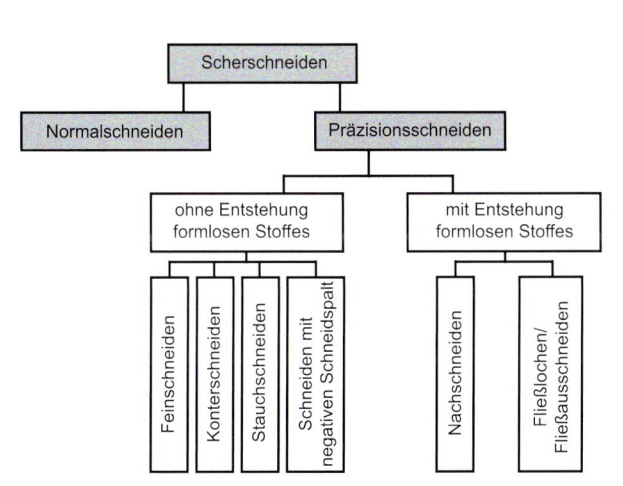

Abb. 10.30: *Einteilung der Präzisionsschneidverfahren*

Abb. 10.31: *Gegenüberstellung Normalschnittteil (oben) – Feinschnittteil (unten), Werkstoff S355MC, Blechdicke 6 mm*

10.3 Präzisionsschneidverfahren

Abb. 10.32: *Typische Feinschnittteile (Quelle: Feintool AG, Lyss, Schweiz)*

10.3.1.1 Grundlagen des Feinschneidens

Die Feinschneidtechnologie wird vorrangig für Bearbeitungen mit geschlossener Schnittlinie verwendet. Der Einsatz beschränkt sich daher auf das Ausschneiden und Lochen von Teilen. Im Vergleich zum Normalschneiden liegen beim Feinschneiden folgende verfahrenskennzeichnenden Merkmale vor (Abb. 10.33):

- sehr kleiner Schneidspalt,
- spezielle Präparation der Schneidplattenschneidkante,
- Gegenhalter,
- Niederhalter mit Ringzacke (auch Führungsplatte genannt, da der Niederhalter oft auch zur Stempelführung dient),
- gegebenenfalls zusätzliche Ringzacke auf der Schneidplatte und
- drei unabhängig voneinander wirkende Kräfte während des Schneidprozesses.

10.3.1.2 Verfahrensablauf

Abbildung 10.33 zeigt den Ablauf des Feinschneidvorgangs beim Ausschneiden einer Ronde. Der Ausgangszustand beim Feinschneidvorgang ist das geöffnete Werkzeug, in das ein Blechstreifen eingelegt wird. Anschließend wird das Werkzeug geschlossen (Phase b, Abb. 10.33), wodurch der Blechstreifen zwischen Niederhalter und Schneidplatte fixiert wird. Dabei wird in das Blech eine Ringzacke mit definierter Kraft außerhalb der Schnittlinie eingepresst. Der eigentliche Schneidvorgang beginnt nach dem Aufsetzen des Schneidstempels auf das Blech (Phase c, Abb. 10.33), wenn der Stempel nach Überschreiten der Fließspannung in den Werkstoff ein-

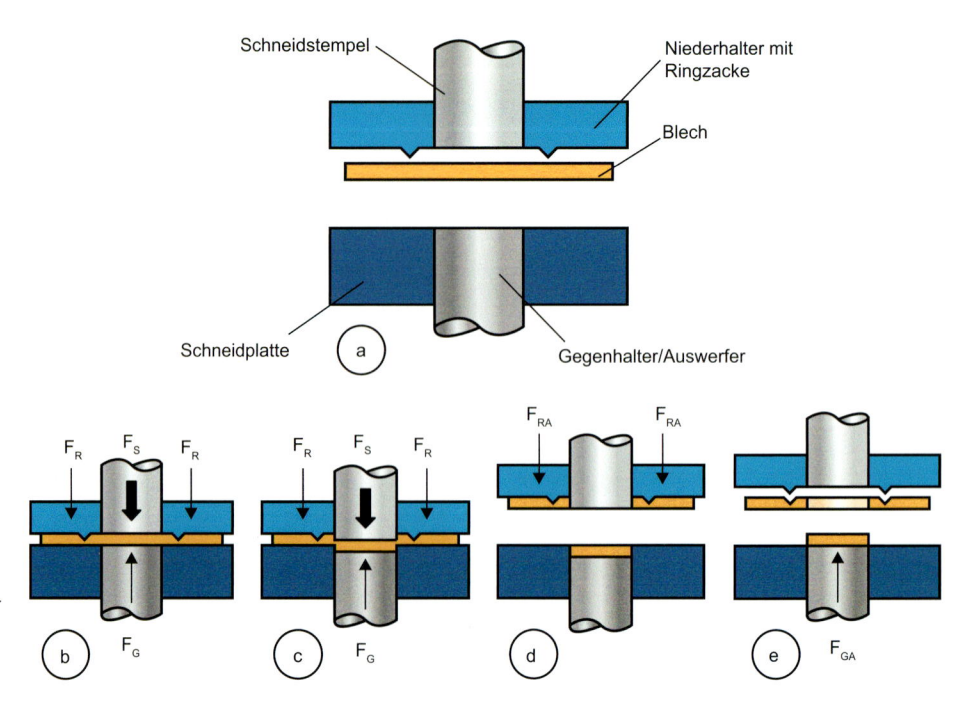

Abb. 10.33: *Verfahrensablauf und wirkende Kräfte beim Feinschneiden*

dringt. Innerhalb der Schnittlinie wird das Material dabei durch definierte Druckbeaufschlagung mit der Gegenhalterkraft F_G zwischen Schneidstempel und Gegenhalter eingespannt. Im Verlauf des Schneidvorgangs wird der Gegenhalter in Schneidrichtung zurückgedrängt. Die auf die Führungsplatte aufgebrachte Ringzackenkraft F_R und die auf den Gegenhalter wirkende Kraft bleiben während des Schneidens nahezu konstant. Somit wird der Blechstreifen über den ganzen Feinschneidvorgang hinweg unter Druck gehalten. Der Schneidstempel schneidet durch die gesamte Blechdicke bis der Werkstoff vollständig durchtrennt ist. Anschließend werden Ringzackenkraft und Gegenhalterkraft abgeschaltet, das Werkzeug öffnet sich und nach einem definierten Öffnungsweg wird der gelochte Blechstreifen, das sogenannte Stanzgitter, über den Niederhalter durch die Abstreiferkraft F_{RA} vom Stempel abgezogen (Phase d, Abb. 10.33). Mit Hilfe der Auswerferkraft F_{GA} wird zeitverzögert das ausgeschnittene Teil durch den Gegenhalter, der nun als Auswerfer agiert, aus der Schneidplatte gestoßen (Phase e, Abb. 10.33). Nun können das Teil und/oder der Abfall ausgeblasen oder ausgeräumt werden und ein neuer Blechstreifen kann eingelegt bzw. vorgeschoben werden (König 1982).

10.3.1.3 Schnittflächenqualitäten

Der wesentliche Vorteil des Feinschneidens besteht darin, dass Schnittteile mit glatten, ein- und abrissfreien Schnittflächen hergestellt werden können. Überdies werden bei Feinschnittteilen höhere Maßgenauigkeiten und bessere Oberflächenkennwerte erreicht. Die Rauhtiefe feingeschnittener Scherflächen beträgt weniger als 8 µm, der Mittelrauhwert weniger als 1,2 µm, und in Sonderfällen sogar weniger als 3 bzw. 0,5 µm. Formfehler auf der Scherfläche, wie z. B. Einrisse oder Abrisse (vgl. Abb. 10.36), können jedoch ein Mehrfaches der Rauheitsfehler betragen (Guidi 1965).

In Abbildung 10.34 ist das Oberflächenprofil einer feingeschnittenen Probe dargestellt sowie ein Ausschnitt der dazugehörigen rasterelektronenmikroskopischen Aufnahme dieser. Die Messung erfolgte in der Mitte der Blechdicke und senkrecht zur Schneidrichtung über eine Länge von 14 mm. Der Mittelrauwert R_a beträgt 0,2 µm und die gemittelte Rautiefe R_z ist 2,6 µm. Dabei ist zu beachten, dass die Aktivelemente Stempel und Schneidplatte keinerlei Verschleißspuren aufwiesen und mit einer Hartstoffschicht aus TiCN (Titancarbonnitrid) beschichtet waren. Fortschreitender Verschleiß der Aktivelemente während des Betriebs geht mit einer Erhöhung der Oberflächenrauheit einher.

Diese Fertigungsergebnisse sind nur bei optimalem Zusammenwirken von Werkzeug, Werkstückwerkstoff, Werkstückgeometrie und Maschine möglich. Sind diese Einflussgrößen richtig abgestimmt, so ist vor dem Einbau feingeschnittener Teile nur ein einziger Nachbearbeitungsschritt, das Entgraten des Schnittteils, notwendig.

Wegen des sehr hohen Glattschnittanteils kann der Werkstoff bis zum vollständigen Durchschnitt fließen. Dadurch bildet sich kurz vor Schneidende ein Grat im Schneidspalt aus (Abb. 10.35). Dieser Grat kann nicht vermieden werden, selbst wenn der Schneidspalt sorgfältig eingestellt wird. Mit steigender Abnutzung der Aktivelemente nimmt die Gratbildung zu.

Jedes durch das Scherschneiden bearbeitete Werkstück weist eine charakteristische Schnittfläche auf (vgl. Kap. 10.2.2). Bei Feinschnittteilen werden wiederum die gleichen Merkmale betrachtet. Jedoch kommt es zu einer genaueren Differenzierung der einzelnen Ausprägungen. Da beim Feinschneiden sehr hohe Glattschnittanteile auftreten, sind bei der Schnittflächenbeurteilung Ausbrüche im Glattschnittbereich, sogenannte Einrisse, von besonderer Bedeutung. Sie minimieren den Traganteil eines Feinschnittteils. Beim Feinschneiden tritt keine ausgeprägte Bruchzone wie beim Normalschneiden auf, da der Werkstoff bis zur vollständigen Durchtrennung plastisch fließen kann. Daher bezeichnet man den fehlenden Glattschnitt an der Gratseite des Bauteils als Abriss (Abb. 10.36).

Die plastische Verformung des Werkstückwerkstoffs während des Scherschneidprozesses führt in der Scherzone zu einem Härteanstieg. Dies ist auf die ansteigende Versetzungsdichte und die Behinderung der Versetzungsbewegung bei fortschreitender Verformung zurückzuführen, der sogenannten Kaltverfestigung. In

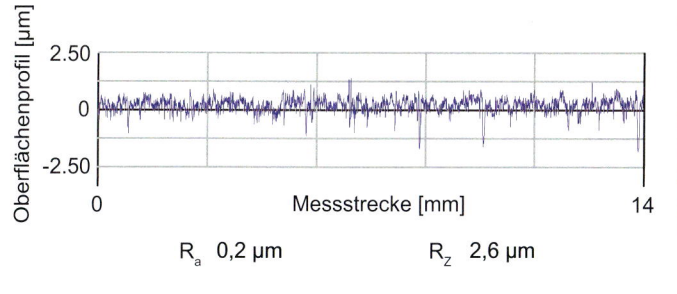

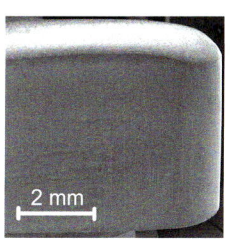

Abb. 10.34: *Oberflächenprofil und REM-Aufnahme eines feingeschnittenen Bauteils*

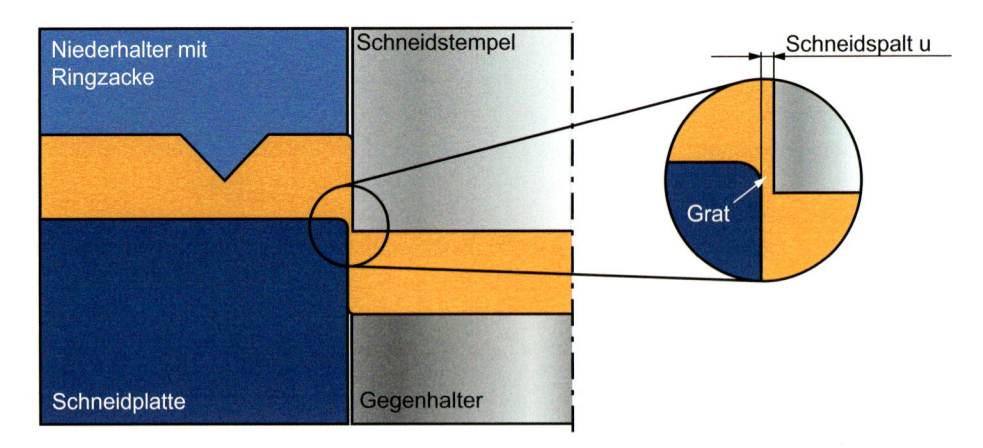

Abb. 10.35: Gratausbildung beim Feinschneiden (nach Kondo 1975)

Abbildung 10.37 sind typische Härteverläufe für ein fein- und ein normalgeschnittenes Teil dargestellt, die mit zunehmendem Abstand zur Schnittfläche eine abnehmende Werkstoffverfestigung aufweisen. Die Härteangabe erfolgt in Bezug auf die Grundhärte HV_0 des Werkstückwerkstoffs. Die Unterbrechungen in den Härteverläufen für einen Abstand von 0,0625 mm und 0,125 mm von der Schnittfläche beim Normalschneiden sind durch den ausgeprägten Bruch bei diesem Verfahren zu erklären. Die Aufhärtung hat positive Effekte hinsichtlich des Verschleißverhaltens der geschnittenen Bauteile. Sie wirkt sich dagegen negativ bei nachfolgenden Umformungen, wie Biegen oder Prägen, aus.

10.3.1.4 Verfahrensmerkmale

Bedingt durch die gegenüber dem Normalschneiden veränderte Werkzeugkonfiguration und dem dadurch gezielt veränderten Spannungszustand in der Scherschneidzone des Blechs sind beim Feinschneiden entsprechend gute Schnittqualitäten zu erreichen. Deshalb werden im Folgenden die verfahrenskennzeichnenden Werkzeugausprägungen detaillierter betrachtet.

Der Schneidspalt u (vgl. Abb. 10.35) beträgt beim Feinschneiden in der Regel 0,5 Prozent der zu schneidenden Teiledicke. Er kann bei schwierigen geometrischen Formen des Schnittteils entlang der Schnittlinie unterschiedlich groß sein. In der Praxis treten absolute Schneidspalte in der Größenordnung von $u = 0{,}02$ bis $0{,}04$ mm auf (Schmidt 2007). Der Schneidspalt hat den größten Einfluss auf das Arbeitsergebnis bzw. den Glattschnittanteil. Mit kleiner werdendem Schneidspalt steigt der Glattschnittanteil der Schnittfläche und die Ein- und Abrissempfindlichkeit sinkt, da sich ein Druckspannungszustand in der Scherzone ausbildet. Die Schubbruchgrenze des Werkstoffs wird daher später erreicht (Hörmann 2009).

Die Geometrie der Schneidplattenschneidkante (beim Ausschneiden) beeinflusst zudem das Fließ- und Bruchverhalten des Werkstoffs in der Schneidzone. Scharf geschliffene Werkzeugkanten, wie sie beim Normalschneiden eingesetzt werden, erzeugen Spannungsspitzen, die eine Rissentstehung begünstigen. Eine Abrundung oder Facettierung der Schneidplattenkante führt dagegen zu einem höheren Glattschnittanteil und einer Reduzierung der Einrissempfindlichkeit, da der Radius bzw. die Fase einen Werkstoffstau während der Schneidoperation initiieren. Die dadurch in die Scherzone des Werkstoffs induzierten Druckspannungen ermöglichen ein längeres Fließen.

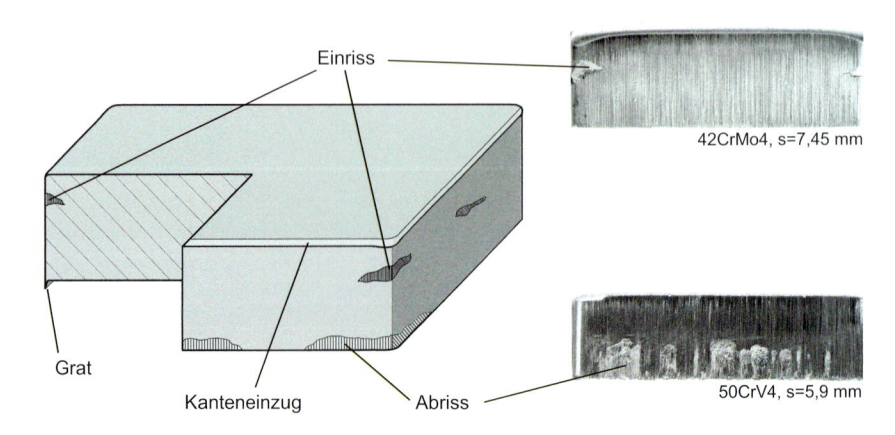

Abb. 10.36: Schnittfläche mit Formfehlern bei Feinschnittteilen

10.3.1 Feinscheiden

Blechwerkstoff: C45E
Blechdicke: s = 4 mm

Definition der Messpunkte:

Abstand zur Schnittfläche [mm]
- 0,0625
- 0,125
- 0,25
- 0,5
- 1,0
- 2,0
- 4,0

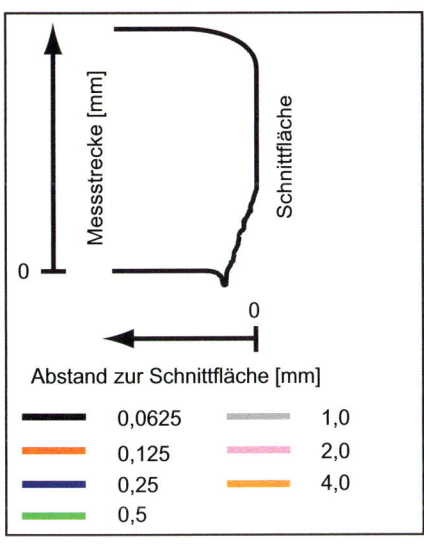

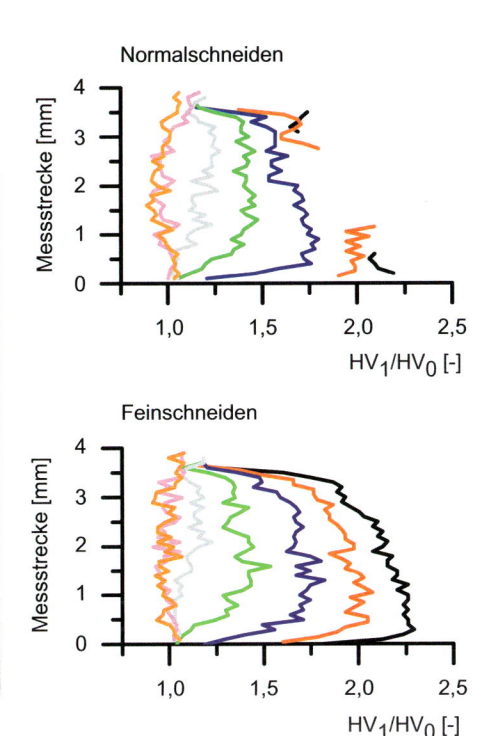

Abb. 10.37: Härteänderung im Bereich der Schnittfläche bei einem fein- und normalgeschnittenen Teil (nach Hörmann 2008)

Der Gegenhalter hat die Aufgabe, das entstehende Bauteil während des Schneidvorgangs innerhalb der Schnittlinie mit einer definierten Kraft gegen den Schneidstempel zu drücken. Somit wird das Blech während des gesamten Schneidprozesses fest eingespannt und eine plastische Durchbiegung des Feinschnittteils nahezu vollständig verhindert.

Die Ringzacke ist ein besonderes Merkmal des Feinschneidens, da sie nur bei diesem Scherschneidverfahren Anwendung findet. Abbildung 10.38 zeigt die typische Form einer Ringzacke wie sie sich im Praxiseinsatz bewährt hat. Die Ringzacke verläuft in einem definierten Abstand zur Kante der Schneidplatte bzw. des Niederhalters entlang der Schnittlinie. Bei kleinen vorspringenden und einspringenden Partien des Teils braucht die Ringzacke nicht der Schnittlinie zu folgen (Abb. 10.38, rechte Seite). Bis zu einer Blechdicke von 4,5 mm wird überwiegend mit nur einer Ringzacke auf der Führungsplatte oder Schneidplatte gearbeitet. Für Blechdicken über 4,5 mm ist die Verwendung einer zweiten Ringzacke, die auf der Schneidplatte angeordnet ist, zu empfehlen (Rotter 1984). Für den optimalen Abstand d der Ringzacke zur Schnittlinie wird in der betrieblichen Praxis ein Wert zwischen der 0,6- und 0,75-fachen Blechdicke s gewählt. Die Höhe h und der Fußradius r sind ebenfalls blechdickenabhängig. Tabelle 10.2 und Tabelle 10.3 listen die derzeit am häufigsten eingesetzten Ringzackenmaße auf.

Die Wirkung der Ringzacke beruht, wie bereits im Zusammenhang mit der Geometrie der Schneidplattenschneidkante dargestellt, auf dem Werkstoffstau in der Scherzone des Blechs während der Schneidoperation. Durch das Einpressen der Ringzacke in das Blech wird der horizontale Werkstofffluss aus dem Scherbereich verhindert und zusätzlicher Werkstoff in die Scherzone gepresst. Ein An-

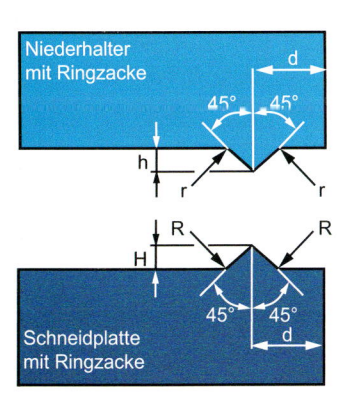

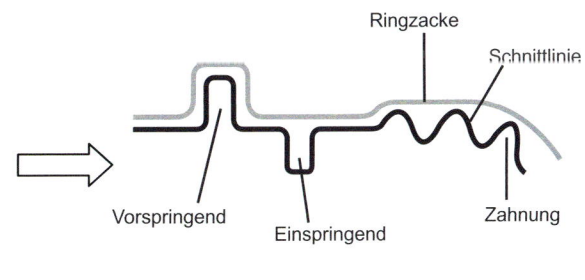

Abb. 10.38: Links: Form der Ringzacke (Schmidt 2007); rechts: Verlauf der Ringzacke entlang der Schnittlinie

Tab. 10.2: Ringzackenmaße in Abhängigkeit der Blechdicke für die Anordnung der Ringzacke auf dem Niederhalter oder der Schneidplatte (Fritsch 2002)

Blechdicke s [mm]	Abstand der Ringzacke von der Schnittlinie d [mm]	Ringzackenhöhe h [mm]	Fußrundungsradius r [mm]
1 bis 1,6	1	0,3	0,2
1,6 bis 2,5	1,4	0,4	0,2
2,5 bis 3,2	2,1	0,6	0,3
3,2 bis 4,0	2,5	0,7	0,3
4,0 bis 5,0	2,8	0,8	0,3

stieg des Druckspannungsanteils im Scherbereich führt sowohl zu einem verbesserten Fließ-Schervorgang und damit verbundenen höheren Glattschnittanteilen als auch zu einer geringeren Einrissneigung. Die Ausbildung des Kanteneinzugs wird zudem reduziert (Hörmann 2009).

Das Anbringen der Ringzacke auf der Schneidplatte und/ oder dem Niederhalter gestaltet sich relativ aufwändig und stellt einen erheblichen Kostenfaktor dar. Wird die Ringzacke auf der Schneidplatte angebracht, muss bei jedem Nachschleifvorgang die Ringzacke entfernt und danach wieder neu gefräst oder erodiert werden. Ferner besteht die Gefahr, dass die Schneidplatte im Bereich der Ringzackenfußrundung, bedingt durch die erhöhte Kerbwirkung, ausbricht.

10.3.1.5 Berechnung der Kräfte

Zur Auslegung respektive Auswahl von Werkzeugen und Pressen für das Feinschneiden ist die Höhe der benötigten Kräfte ausschlaggebend. Die Berechnung der maximalen Schneidkraft erfolgt analog zu der beim Normalschneiden:

$$F_S = L_S \cdot s \cdot R_m \cdot f_1 \text{ [N]} \qquad (10.6)$$

mit
L_S Schnittlinienlänge des Schnittteils [mm]
s Dicke des Schnittteils [mm]
R_m Zugfestigkeit des Werkstückwerkstoffs [N/mm²]
f_1 Scherfaktor (0,6 bis 0,9) [-]

Der Faktor f_1 ist im Einzelfall nicht bekannt, da er von zahlreichen Einflussgrößen wie dem Verhältnis Streckgrenze zu Zugfestigkeit, der geometrischen Form des Schnittteils, der Werkzeugschmierung, aber auch der Abstumpfung der Aktivelemente beeinflusst wird. In der Praxis wird daher in der Regel mit einem Wert von 0,9 gerechnet, der im Allgemeinen über dem des Normalschneidens liegt.

In Abbildung 10.39 ist die Schneidkraft über den Schneidstempelweg für das Normal- und Feinschneiden dargestellt. Deutlich erkennbar ist der erhöhte Kraft- und Schneidarbeitsbedarf beim Feinschneiden, da der Werkstoff über die gesamte Blechdicke hinweg fließen muss, damit kein Bruch auftritt. Feinschneiden zeichnet sich auch durch eine geringe Lärmentwicklung aus, da kein Schnittschlag, bedingt durch einen steilen Abfall der Schneidkraft, beim Durchbrechen des Blechs auftritt.

Die Ringzackenkraft, oft auch als Niederhalterkraft bezeichnet, ergibt sich aus:

$$F_R = L_R \cdot h \cdot R_m \cdot f_2 \text{ [N]} \qquad (10.7)$$

mit
L_R Gesamtlänge der Ringzacke [mm]
h Höhe der Ringzacke [mm]
R_m Zugfestigkeit des Werkstückwerkstoffs [N/mm²]
f_2 Faktor (~ 4) [-]

Bei dem Faktor f_2 handelt es sich wiederum um einen empirischen Wert, der von der Form der Ringzacke bestimmt wird.

Tab. 10.3: Ringzackenmaße in Abhängigkeit der Blechdicke für die Anordnung der Ringzacke auf der Schneidplatte und dem Niederhalter (Fritsch 2002)

Blechdicke s [mm]	Abstand der Ringzacke von der Schnittlinie d [mm]	Ringzackenhöhe H Schneidplatte [mm]	Fußrundungsradius R Schneidplatte [mm]	Ringzackenhöhe h Niederhalter [mm]	Fußrundungsradius r Niederhalter [mm]
4,0 bis 5,0	2,5	0,8	0,8	0,5	0,2
5,0 bis 6,3	3	1	1	0,7	0,2
6,3 bis 8	3,5	1,2	1,2	0,8	0,2
8,0 bis 10,0	4,5	1,5	1,5	1	0,5
10,0 bis 12,5	5,5	1,8	2	1,2	0,5
12,5 bis 16	7	2,2	3	1,6	0,5

10.3.1 Feinschneiden

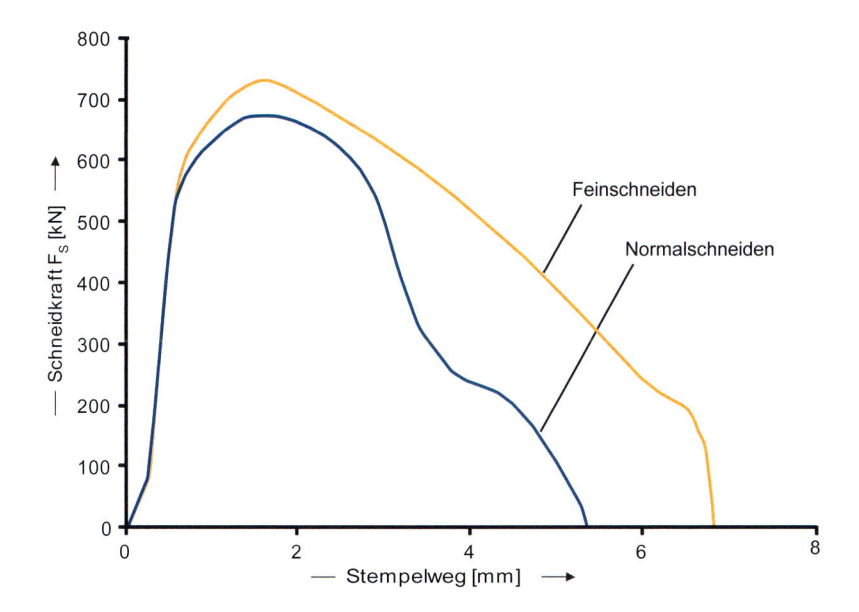

Abb. 10.39: Reale Schneidkraftverläufe beim Normal- und Feinschneiden

Bauteilkenngrößen:
Schnittlinienlänge: 354 mm
Werkstoff: S355MC s=6mm
R_m=487 MPa
$R_{p0,2}$=428 MPa

Prozessparameter:

	Feinschneiden	Normalschneiden
Schneidspalt	0,02 mm	0,2 mm
Schneidkantengeometrie	Fase: 0,4 x 30°	scharf
Niederhalterkraft	450 kN	200 kN
Schneidgeschwindigkeit	60 mm/s	60 mm/s
Ringzackenanordnung	beidseitig	keine
Gegenhalterkraft	226 kN	keine

Die Berechnung der Gegenhalterkraft folgt aus:

$$F_G = A_S \cdot q_G \ [N] \quad (10.8)$$

mit

q_G spezifische Gegenkraft [N/mm²]
A_S Oberfläche Schnittteil bzw. vom Auswerfer gedrückte Oberfläche des Schnittteils ohne Innenformen [mm²]

Die spezifische Gegenkraft q_G ist ein Erfahrungswert der 20 bis 70 N/mm² betragen kann. Die Wahl dieses Werts ist von der Bauteilgeometrie abhängig. Ein Wert von 70 N/mm² wird bei dicken, großflächigen und ein Wert von 20 N/mm² bei dünnen, kleinflächigen Schnittteilen angesetzt. Die Gegenhalterkraft muss bei großflächigen und dicken Teilen höher gesetzt werden, da diese leichter zum Durchbiegen neigen (Schmidt 2007).

10.3.1.6 Schnittteilgestaltung und Bauteilwerkstoffe

Der Feinschneiderfolg ist neben dem Werkzeugaufbau im Wesentlichen vom verwendeten Werkstückwerkstoff abhängig. Aus diesem Grund können für das Feinschneiden nur entsprechend geeignete Werkstoffe, die während des Schneidvorgangs durch ein genügend großes Formänderungsvermögen die Rissbildung verhindern, eingesetzt werden. Diese Bedingung erfüllen unter anderem unlegierte Stähle mit einem Kohlenstoffgehalt ≤ 0,7 %, legierte Stähle mit hohem Formänderungsvermögen (auch Chrom-Nickel-Stähle), Messingwerkstoffe mit maximal 40 Prozent Zink, Bronze, Neusilber sowie Kupfer und Aluminium mit deren Legierungen (Beck 1973).

Feingeschnittene Teile werden zu 90 Prozent aus Stahl gefertigt. Stähle mit höherem Kohlenstoff- und Legierungsgehalt müssen vor dem Schneiden weichgeglüht werden, da sich lamellarer Zementit und Karbide schlecht feinschneiden lassen und zu Einrissen an den Schnittflächen führen. Generell lässt sich für Stähle feststellen, dass sich das Feinschneiden mit zunehmender Werkstückdicke, steigendem Kohlenstoffgehalt und einer ansteigenden Zahl von Legierungsbestandteilen schwieriger gestaltet.

Die Prozesssicherheit eines mittels Feinschneiden produzierten Teils ist von diversen Faktoren abhängig. So bestimmen die Dicke, die geometrische Form des Schnittteils als auch die Festigkeit des eingesetzten Werkstückwerkstoffs den Feinschneiderfolg. Großflächige, dünne Teile stellen somit geringere Anforderungen an die Prozessparameter als schmale Stege bei großen Blechdicken. Stumpfwinklige Ecken mit großen Radien lassen sich ebenfalls besser feinschneiden als spitzwinklige Ecken mit kleinen Radien.

Zur Klassifizierung der Herstellbarkeit besteht daher die

10.3 Präzisionsschneidverfahren

Möglichkeit, Feinschnittteile anhand der genannten drei Faktoren (Dicke, Geometrie, Werkstoffeigenschaft) in drei Schwierigkeitsgrade einzuteilen. Nach den Richtlinien der Feintool AG, Lyss (Schweiz), kann zwischen folgenden Bereichen unterschieden werden:

- Schwierigkeitsgrad S1 ≙ leicht
- Schwierigkeitsgrad S2 ≙ mittel
- Schwierigkeitsgrad S3 ≙ schwierig
- Schwierigkeitsgrad > S3 ≙ sehr schwierig

Jedes Schnittteil ist durch bestimmte geometrische Formelemente wie Lochdurchmesser, Stegbreiten, Eckenrundungen, Zahnmodule, Schlitze und Stege gekennzeich-

Formelemente Lochdurchmesser und Stegbreite

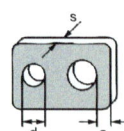

$a_{min} = 0{,}6 \cdot s$
$b_{min} = 0{,}6 \cdot s$

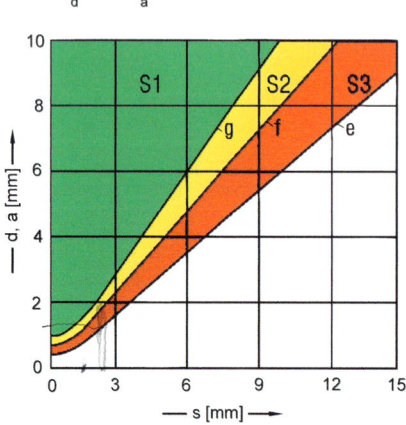

Formelement Zahnmodul

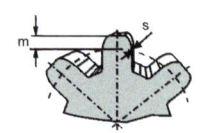

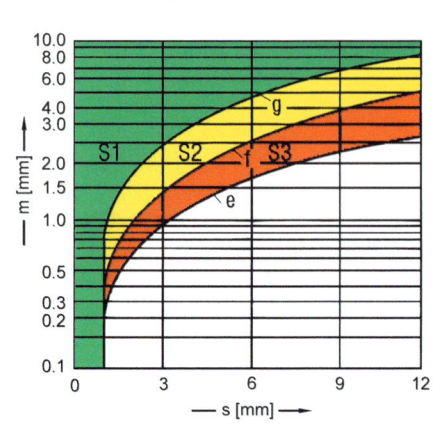

Formelemente Eckenwinkel und Radien

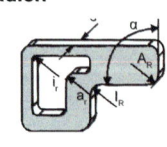

$I_R = 0{,}6 \cdot A_R$
$i_r = 0{,}6 \cdot A_R$
$a_r = A_R$
$i_r = I_R$

Formelemente Schlitze und Stege

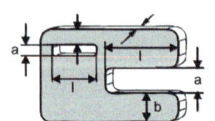

$a_{min} = 0{,}6 \cdot s$
$b_{min} = 0{,}6 \cdot s$
$l_{max} = \text{ca. } 15 \cdot a$

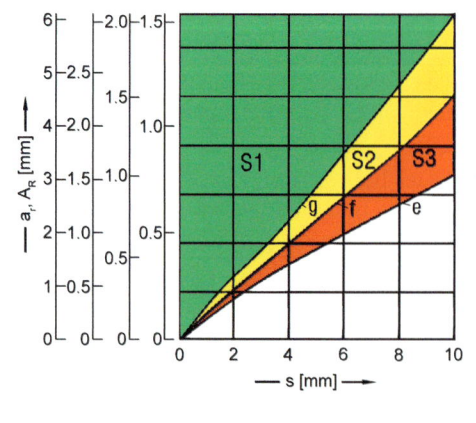

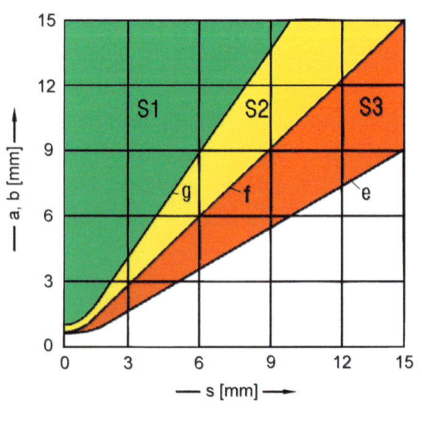

Abb. 10.40: Abhängigkeit des Schwierigkeitsgrades von der Geometrie und Blechdicke des Feinschnittteiles (Quelle: Feintool AG, Lyss, Schweiz)

d = Lochdurchmesser
a = Stegbreite
s = Blechdicke
m = Zahnmodul
b = Schlitzbreite
α = Eckenwinkel
a_r = Außenradius an der Innenform
i_r = Innenradius an der Innenform
A_R = Außenradius an der Außenform
I_R = Innenradius an der Außenform
e, f, g = Grenzlinien zwischen den Schwierigkeitsgraden

net. Jedem dieser Formelemente kann zur Ermittlung des Schwierigkeitsgrads ein entsprechender Zahlenwert in Abhängigkeit von der Blechdicke s zugewiesen werden. Der Gesamtschwierigkeitsgrad eines Feinschnittteils ergibt sich dann aus dem höchsten Einzelschwierigkeitsgrad.

In Abbildung 10.40 ist die Zuordnung der Schwierigkeitsgrade zu den entsprechenden Formelementen dargestellt. Diese gelten unter der Voraussetzung, dass die Schneidaktivelemente eine Streckgrenze von $R_{p0,2}$ = 3.000 N/mm² mit einer Härte von 63 HRC besitzen und die Zugfestigkeit des Werkstückwerkstoffs R_m = 500 N/mm² nicht überschreitet. Unter dem Bereich S3, d. h. bei einem Schwierigkeitsgrad > S3, ist die Fertigung des Feinschnittteils nur noch in Ausnahmefällen prozesssicher möglich.

10.3.1.7 Werkzeuge zum Feinschneiden

Werkzeugsysteme und -arten

An die Auslegung und Konzeption von Werkzeugen zum Feinschneiden werden höhere Anforderungen als beim Aufbau von Normalschneidwerkzeugen (vgl. Kap. 10.2.5) gestellt: Bedingt durch die sehr kleinen Schneidspalte müssen der Schneidstempel sowie die Schneidplatte sehr exakt zueinander ausgerichtet sein. Auch bei mehrmaligem Ein- und Ausbau des Werkzeugs muss der Schneidspalt erhalten bleiben. Zudem sind die Werkzeugelemente sehr großen mechanischen Belastungen ausgesetzt. Daraus resultierende Verlagerungen im Werkzeug und damit verbundene Änderungen des Schneidspalts müssen unterbunden werden. Verfahrensspezifisch ist ein Gegenhalter bzw. Auswerfer im Werkzeug zu integrieren.

Um diesen Anforderungen gerecht zu werden, weisen Feinschneidwerkzeuge einen sehr starren Aufbau mit spezieller Abstützung auf. So wird sichergestellt, dass die auf die Werkzeugelemente wirkenden Kräfte in das Pressengestell abgeleitet werden und keine Verlagerungen im Werkzeug hervorrufen. Eine einwandfreie Zentrierung und Verankerung der Aktivelemente werden in der Regel durch ein Viersäulengestell mit Kugelführungen sowie eine Verriegelung während des Schneidprozesses gewährleistet. Während beim Normalschneiden der Butzen bzw. das Schnittteil durch die Aussparungen in der Schneidplatte nach unten aus dem Werkzeug herausfallen können (Durchfallschnitt), werden sie beim Feinschneiden einzeln ausgestoßen und anschließend mechanisch ausgeräumt oder über einen Druckluftstoß aus der Werkzeugebene entfernt.

Grundsätzlich kann zwischen zwei Bauformen von Feinschneidwerkzeugen unterschieden werden:

- Feinschneidwerkzeuge mit feststehendem Stempel und beweglicher Niederhalterplatte sowie
- Feinschneidwerkzeuge mit beweglichem Stempel und feststehender Niederhalterplatte.

Ausschlaggebend für die Auswahl der Art der Bauform sind die Teilegeometrie und -größe, die Anzahl und Lage

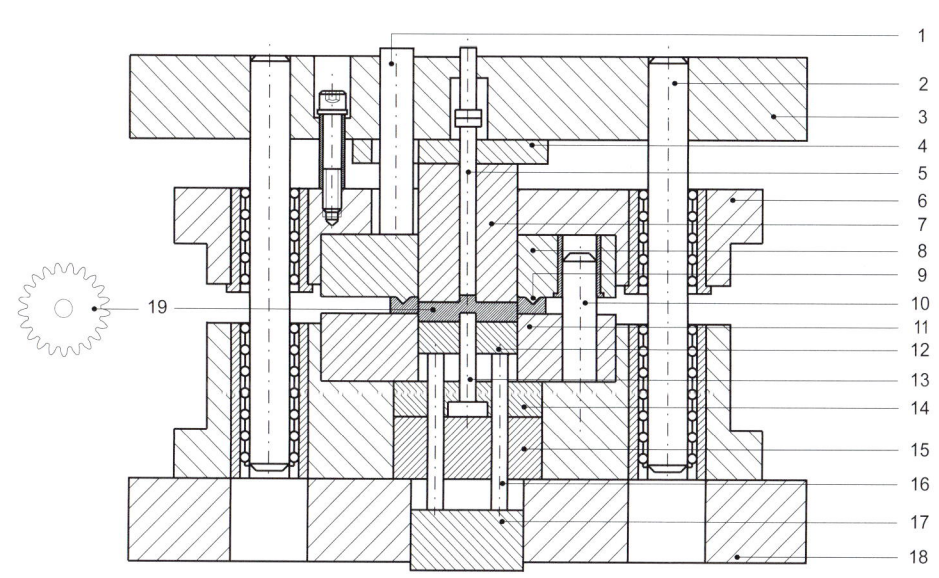

1 Druckbolzen, 2 Führungssäule, 3 obere Grundplatte, 4 Druckplatte, 5 Ausstoßer, 6 Führungsplatte, 7 Stempel, 8 Führungsplatteneinsatz, 9 Ringzacke, 10 Verriegelungsbolzen, 11 Schneidplatte, 12 Gegenhalter, 13 Innenlochstempel, 14 Halteplatte, 15 Druckplatte, 16 Druckbolzen, 17 Druckstiftaufnehmer, 18 untere Grundplatte, 19 Bauteil

Abb. 10.41: Schematischer Schnitt durch ein Feinschneidwerkzeug nach dem System fester Schneidstempel

10.3 Präzisionsschneidverfahren

der Innenformen am Schnittteil und die Zahl der Folgestufen (Grimm 1984).

Feinschneidwerkzeuge nach der Bauform mit festem Schneidstempel werden bevorzugt eingesetzt, da dicke und große Teile mit diesem System problemlos feingeschnitten werden können (Birzer 1996). Anhand des Werkzeugschnitts in Abbildung 10.41 lässt sich das Prinzip dieser Bauform anschaulich erläutern: Der feststehende Schneidstempel (7) sitzt auf der Druckplatte (4), welche auf der oberen Grundplatte (3) montiert ist, auf. Im Schneidstempel (7) sind entsprechende Aussparungen vorgesehen, in die Löcher und Innenformen am späteren Bauteil eingeschnitten werden. Die dabei entstehenden Butzen werden durch den Ausstoßer (5) beseitigt. Die Kraft zum Ausstoßen wird über einen Hydraulikzylinder, der auch die Ringzackenkraft über den Druckbolzen (1) bereitstellt, aufgebracht. Mehrere Druckbolzen übertragen die Ringzackenkraft auf die Ringzacke (9), wodurch diese in den Werkstoff eingepresst wird. Die Führungsplatte ist in der Regel zweiteilig aufgebaut. Im Führungsplatteneinsatz (8) ist die Ringzacke (9) eingearbeitet, der andere Führungsplattenteil (6) wird über Kugelführungen an den Führungssäulen (2) des Werkzeuggestells geführt. Dieser modulare Aufbau ermöglicht einen einfachen Austausch des Führungsplatteneinsatzes wenn es zu einer Beschädigung der Ringzacke zum Beispiel durch Ausbrechen kommt, sowie eine teilabhängige Platzierung der Druckbolzen (1). Die Ringzackenkraft kann durch eine von der Bauteilgeometrie abhängige Druckbolzenanordnung gezielt übertragen werden. Zudem ermöglicht dieses Führungssystem eine exakte Ausrichtung des Stempels (7) zur Schneidplatte (11). Die passgenaue Führung des Stempels (7) wird durch die Säulenführung und eine Verriegelung zwischen Schneidplatte (11) und Führungsplatteneinsatz (8) vor dem Schneidbeginn über Verriegelungsbolzen (10) garantiert. Die Verriegelungsbolzen (10) nehmen ferner mögliche Querkräfte auf, die aus einer ungleichmäßigen Schnittteilkontur resultieren können. Die Schneidplatte (11) ist über eine Zwischenplatte auf der unteren Grundplatte (18) befestigt. Der bewegliche Gegenhalter (12) ist in der Schneidplatte (11) geführt und umfasst den feststehenden Innenlochstempel (13), der über eine Druckplatte (15) auf der unteren Werkzeugplatte (18) abgestützt ist. Die Fixierung des Innenlochstempels (13) wird durch eine Halteplatte (14) realisiert. Die Gegenhalterkraft wird, wie die Ringzackenkraft, über Druckbolzen (16) und den Druckstiftaufnehmer (17) übertragen.

Das System mit beweglichem Schneidstempel wird in der Regel für kleine bis mittelgroße Teile eingesetzt (Birzer 1996). Das Werkzeugprinzip ist in Abbildung 10.42 dargestellt. Der Schneidstempel (13) befindet sich bei diesem Konzept im unteren Werkzeugbereich. Er ist über die Führungsplatte (12), welche direkt auf der unteren Grundplatte (15) aufliegt, geführt. Der bewegliche Stempel (13) ist über den Stempelkopf (18) mit der Presse verbunden. Die Innenlochabfälle werden von der Pressenhydraulik über die Druckbolzen (17) der Brücke (16) und den Innenlochausstoßern (14) aus dem Stempel (13) ausgestoßen. Die Schneidplatte (8) ist auf der oberen Grundplatte (2) aufgesetzt und abgestützt und dient zusätzlich zur Führung des Gegenhalters (9). Der Gegenhalter wird über die Druckbolzen (3) und den Druckbolzenaufnehmer (1) mit der Gegenkraft bzw. Auswerferkraft beaufschlagt. Die Lage der oberen zur unteren Werkzeugplatte wird über die Führungssäulen (4) des Gestells festgelegt. Die Fixierung/Verriegelung von Schneid- und Führungsplat-

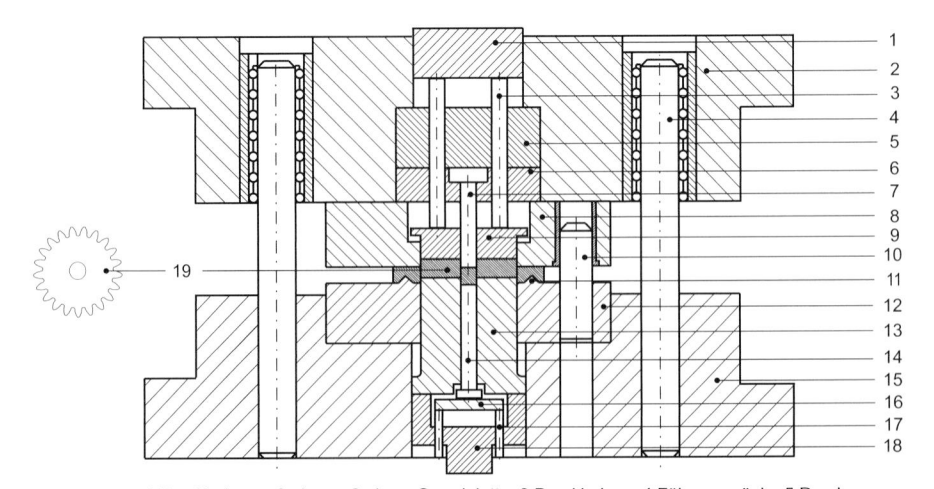

Abb. 10.42: *Schnitt durch ein Feinschneidwerkzeug nach dem System bewegter Schneidstempel*

1 Druckbolzenaufnehmer, 2 obere Grundplatte, 3 Druckbolzen, 4 Führungssäule, 5 Druckplatte, 6 Innenlochstempelhalteplatte, 7 Innenlochstempel, 8 Schneidplatte, 9 Gegenhalter, 10 Verriegelungsbolzen, 11 Ringzacke, 12 Führungsplatte, 13 Stempel, 14 Ausstoßer, 15 untere Grundplatte, 16 Brücke, 17 Druckbolzen, 18 Stempelkopf, 19 Bauteil

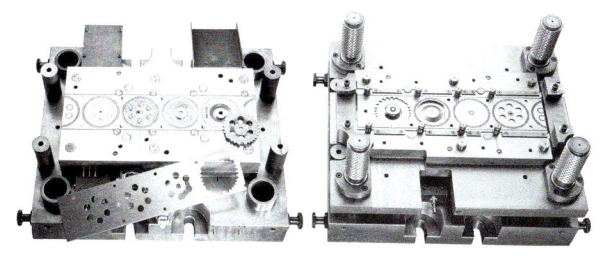

Abb. 10.43: *Folgeverbundwerkzeug mit Feinschneid- und Umformoperationen (Quelle: Feintool AG, Lyss, Schweiz)*

te während des Schneidvorgangs erfolgt über Verriegelungsbolzen (10). Eine Schwachstelle dieses Konzepts stellt die bewegliche Brücke (16) besonders dann dar, wenn viele oder komplizierte Innenformen gelocht werden müssen. Bei höheren Kräften kann es zu einer Instabilität der Brücke kommen.

Wie normale Scherschneidwerkzeuge (vgl. Kap. 10.2.5) können auch Feinschneidwerkzeuge nach deren Verfahrensablauf unterteilt werden. Die Auswahl einer Verfahrensart erfolgt anhand der geometrischen Komplexität und den Anforderungen an das Bauteil. Da bei Gesamtschneidwerkzeugen sowohl Innen- als auch Außenformen in einem Hub gefertigt werden, weisen so hergestellte Teile eine sehr gute Planheit und Maßhaltigkeit auf. Bei Folgeschneidwerkzeugen wird die endgültige Teilegeometrie erst nach mehreren Arbeitsschritten erreicht. Vorschubdifferenzen wirken sich bei dieser Werkzeugart negativ auf die Lagetoleranzen zwischen Innen- und Außenformen aus. Im Vergleich zum Gesamtschneiden weisen daher so gefertigte Teile eine größere Maßtoleranz auf. Auf Grund der wirtschaftlichen Bedeutung werden Feinschneidoperationen oft mit Umformoperationen wie Prägen, Durchsetzen und Biegen in einem Werkzeug kombi-

niert. Dazu werden sogenannte Folgeverbundwerkzeuge eingesetzt. Abbildung 10.43 zeigt ein vierstufiges Folgeverbundwerkzeug zur Herstellung von Kettenrädern.

Herstellung von Feinschneidwerkzeugen

Bedingt durch das Verfahrensprinzip des Feinschneidens, welches durch das gezielte Einbringen von Druckspannungen in die Scherzone ein längeres Fließen des Blechwerkstoffs bewirkt, werden auch die am Schneidprozess aktiv wirkenden Werkzeugteile sehr stark beansprucht. Die Werkzeugwerkstoffe für Schneidplatte, Schneidstempel und, soweit vorhanden, auch Innenlochstempel müssen daher sorgfältig ausgewählt und bearbeitet werden. Besonders hohe Ansprüche werden an den Schneidstempel gestellt. Neben der hohen Druckbelastung während des Schneidprozesses wirken beim Abstreifvorgang sogenannte Lochleibungskräfte, welche aus der elastischen Rückfederung des Blechstreifens resultieren und zu einer Klemmung des Stempels im Streifen führen. Dies bewirkt eine Zugbeanspruchung des Stempels. Schlanke und lange Lochstempel werden zudem noch auf Biegung belastet (Birzer 1984).

Entsprechend dem zu erwartenden Belastungskollektiv aus Zug, Druck, Biegung und Verschleiß (vgl. Kap. 10.2.4) erfolgt die Wahl eines geeigneten Werkzeugwerkstoffs. Neben dem Werkstoff spielt auch die Wärmebehandlung eine bedeutende Rolle. Die richtige Zusammenstellung der Chargen aus unterschiedlichen Werkstücken im Härteofen und mehrmaliges Anlassen sollten Beachtung finden. Tabelle 10.4 gibt einen Überblick über mögliche Werkstoffe für Aktivelemente und deren Härte in Feinschneidwerkzeugen unter Berücksichtigung der primären Beanspruchungsart. Für bestimmte Anwendungsfäl-

Werkzeugelement	Belastungsart	Werkstoffbezeichnung	Werkstoff-Nummer	Härte in HRC
Schneidplatte	Druck Biegung Verschleiß	X155 CrVMo 12-1 S 6-5-2 S 6-5-4 (PM) S 11-2-5-8 (PM) S 14-3-5-11 (PM)	1.2379 1.3343 - - -	61 61-63 61-63 64-66 64-67
Schneidstempel	Zug, Druck Biegung Verschleiß	X155 CrVMo 12-1 X80 CrVMo 8-3-1 (PM) S 6-5-2 S 6-5-4 (PM) S 11-2-5-8 (PM)	1.2379 - 1.3343 - -	59 59-61 59-61 60-62 63-65
Führungsplatte	Druck Biegung	X155 CrVMo 12-1	1.2379	57-59
Auswerfer	Druck Biegung	X155 CrVMo 12-1	1.2379	57-59
Druckbolzen	Druck	X155 CrVMo 12-1	1.2379	57-60

Tab. 10.4: *Auswahl gebräuchlicher Werkzeugwerkstoffe für Feinschneidwerkzeuge (nach Schmidt 2007)*

le, in denen mit nur geringeren Rückzugskräften zu rechnen ist, werden auch Hartmetallwerkstoffe eingesetzt. Abgesehen von der richtigen Auswahl des Werkzeugwerkstoffs und der Wärmebehandlung ist die Endbearbeitung inklusive dem Beschichten von entscheidender Bedeutung für die Prozesssicherheit sowie die Werkzeugleistung. In der Regel werden die Aktivelemente erst nach deren Vergütung auf Endmaß fertigbearbeitet, da Bauteile beim Härten nicht exakt festlegbaren Maßänderungen unterworfen sind. Endbearbeitungsverfahren sind das Koordinaten- bzw. Profilschleifen, das Draht- und Senkerodieren sowie das Strahlen und Bürsten der Werkzeugoberflächen. Welches Verfahren zur Endbearbeitung letztendlich gewählt wird, richtet sich in erster Linie nach der geometrischen Form des Bauteils und dem nachgeschalteten Beschichtungsverfahren. Bei jedem Verfahren muss jedoch die Beeinflussung der Werkstoffrandschichten bedacht werden. Merkliche Beeinflussungen der Randzonen treten prozessbedingt beim Erodieren auf. Bei ungünstiger Werkzeuggeometrie kann dies zu Leistungsbeeinträchtigungen hinsichtlich der Standzeit führen.

Um die Leistungsfähigkeit und Standzeit der Werkzeugaktivelemente zu verbessern, ist bei deren Endbearbeitung häufig eine PVD (Physical Vapor Deposition)-Beschichtung gekoppelt. Für Werkzeugstähle haben sich Beschichtungen aus Titannitrid (TiN), Titancarbonnitrid (TiCN) oder Titanaluminiumnitrid (TiAlN) bewährt. Sowohl abrasiver als auch adhäsiver Verschleiß lässt sich dadurch vermindern. Ein gezielter Schmierstoffeinsatz auf beiden Seiten des Werkstückwerkstoffs, welcher die Reibungsverhältnisse in der Scherzone zwischen Blechwerkstoff und Schneidaktivelementen maßgeblich bestimmt, ist trotz einer Werkzeugbeschichtung unerlässlich. Daher werden in Feinschneidwerkzeugen zusätzliche Schmierkammern und -taschen vorgesehen, um eine ideale Benetzung der Aktivelemente im Wirkbereich zu gewährleisten.

10.3.1.8 Angepasste/Adaptierte Verfahren

In der Literatur und industriellen Praxis sind weitere Verfahren von Bedeutung, die als Abwandlungen des Feinschneidens zu sehen sind. Entsprechend den Anforderungen an das zu fertigende Bauteil werden bei diesen Verfahren Prozessparameter aus der Feinschneidtechnik verändert bzw. übernommen. Dazu können die Verfahren Schneiden mit kleinem positivem Schneidspalt und das Genauschneiden gezählt werden.

Schneiden mit kleinem positivem Schneidspalt

Analog zum Normalschneiden wird bei diesem Verfahren das Werkstück durch zwei sich aneinander vorbeibewegenden Schneiden in einem Hub zerteilt (Abb. 10.44). Damit über die gesamte Blechdicke Glattschnitt erzielt wird, ist der Schneidspalt um ein Vielfaches kleiner als beim Normalschneiden. Um eine Blechdurchbiegung, die aus dem Moment der beiden Reaktionskräfte an Schneidstempel und Schneidplatte über den Schneidspalt resultiert, zu verhindern, wird bei diesem Verfahren zusätzlich ein Niederhalter verwendet. Auf Grund des einstufigen Verfahrensablaufs sowie der Möglichkeit, im Durchfallschnitt zu arbeiten, ist eine entsprechend hohe Ausbringung erreichbar.

Im Normalfall bewegt sich der Schneidstempel auf die Schneidplatte zu und taucht dann in diese ein. Das Schnittteil bzw. der Abfall wird vom Blechwerkstoff getrennt und fällt durch den konischen Schneidplattenkanal nach unten ab. Ein Durchfallschnitt ist damit realisierbar. Das Schneiden mit kleinem positiven Schneidspalt kann dadurch auf einer einfachwirkenden Presse durchgeführt werden, wobei die Niederhalterkraft zum Beispiel über Druckfedern aufgebracht werden kann. Allerdings muss für den Prozess, wegen des geringen Schneidspalts, eine im Vergleich zum Normalschneiden höhere Schneidkraft bemessen werden.

Zwischen den Schneidkanten der beiden Werkzeugaktivteile muss ähnlich dem Feinschneiden ein gleichmäßiger, positiver und zugleich enger Schneidspalt eingehalten werden, der nicht größer als 1 Prozent der Blechdicke sein sollte. Komplexe Teilegeometrien erfordern unter Umständen eine Variation des Schneidspalts entlang der Schnittkontur. Ist er sehr klein bemessen, nimmt das Biegemoment im Werkstückwerkstoff ab, wodurch die Durchbiegung der Schnittteile geringer als beim Normalschneiden ausfällt.

An die Werkzeugtechnik werden, wie beim Feinschneiden, höchste Anforderungen gestellt. Da der Schneidspalt

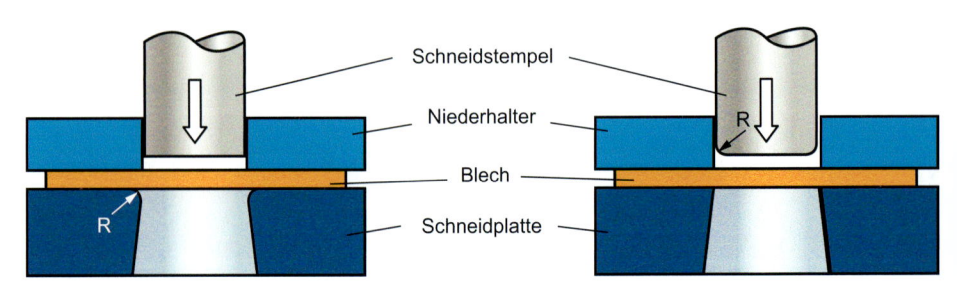

Abb. 10.44: Schneiden mit kleinem positivem Schneidspalt: links: Ausschneiden; rechts: Lochen

in einigen Fällen nur wenige Mikrometer groß ist, müssen zum einen die Werkzeugaktivelemente exakt aufeinander ausgerichtet und zum anderen der Schneidstempel genau geführt werden. Dadurch kann der Werkzeugverschleiß reduziert und infolgedessen eine gleichbleibende Qualität über eine hohe Werkzeugstandmenge erreicht werden.

Um den Schneidvorgang zu unterstützen und somit eine höhere Schnittflächenqualität zu erhalten, kann eine leichte Schneidkantenverrundung an einem der beiden Werkzeugaktivteile vorgenommen werden. Beim Ausschneiden befindet sich die Kantenverrundung an der Schneidplatte, während beim Lochen die Kante des Schneidstempels abgerundet wird (vgl. Abb. 10.44). Diese Maßnahme wird auch bei anderen Präzisionsschneidverfahren zur Erhöhung der Schnittflächenqualität angewandt. Allerdings bildet sich durch diese Maßnahme im Vergleich zu einer scharfen Schneidkante ein größerer Grat am Werkstück aus.

Zum Schneiden mit kleinem positivem Schneidspalt eignen sich niedriglegierte Stähle mit einem C-Gehalt ≤0,1 %, dünne höherfeste Stahlbleche sowie Nichteisenmetalle mit einem hohen Formänderungsvermögen, wie zum Beispiel Al 99,5. Die Bruchfestigkeit liegt bei diesen Werkstoffen unter 600 N/mm^2. Die Werkstoffdicke kann je nach Werkstoff bis zu 10 mm betragen (Garreis 1978).

Genauschneiden

Mit dem Feinschneiden ist ein relativ hoher Maschinen- und Werkzeugaufwand zur Herstellung präziser Schnittteile verbunden. Es wurden daher Untersuchungen zur Vereinfachung des Feinschneidens durchgeführt. Dabei entwickelte sich ein weiteres Präzisionsschneidverfahren, das sogenannte Genauschneiden. In der Literatur und Praxis sind auch Bezeichnungen, wie z. B. Grip-Flow, Integral-Feinschneiden oder Feinschneid-Fließpressen, für das Genauschneiden geläufig.

Dieses Verfahren arbeitet nach dem gleichen Prinzip wie das Feinschneiden. Durch die Einbringung von Druckspannungen in die Scherzone des Blechs wird ein plastisches Fließen über den gesamten Scherprozess hinweg erreicht. Allerdings wird dieser Druckspannungszustand nicht zusätzlich durch das Einpressen einer Ringzacke, sondern durch die feste Einspannung des Blechwerkstoffs zwischen Niederhalter und Schneidplatte sowie dem kleinen Schneidspalt und der Schneidkantenverrundung erreicht. Mit dem Genauschneiden lassen sich annähernd die gleichen Schnittflächenqualitäten erzielen wie beim Feinschneiden, wobei in der Regel, bedingt durch das Fehlen der Ringzacke, mit einem größeren Kanteneinzug zu rechnen ist. Auch beim Genauschneiden weisen die Bauteile einen Grat auf, der vor dem Einbau entfernt werden muss. Da das Genauschneiden aus dem Feinschneiden heraus entwickelt wurde, können mit diesem Verfahren dieselben Werkstoffe wie für das Feinschneiden verarbeitet werden (Wanzke 1988, Bennet 1979).

Die Werkzeugaktivteile bestehen beim Genauschneiden aus einem Schneidstempel, einer Schneidplatte, einem Niederhalter und einem Gegenhalter. Abbildung 10.45 zeigt die zum Ausschneiden bzw. Lochen erforderlichen Werkzeugaktivteile. Im Gegensatz zum Feinschneiden wird hierbei auf die Ringzacke auf den Aktivelementen verzichtet. Die Prozessschritte des Genauschneidens entsprechen denen beim Feinschneiden, wobei das Einpressen der Ringzacke entfällt. Damit die hohen Qualitätsansprüche an die Schnittfläche erfüllt werden können, muss ein Schneidspalt kleiner 1,3 Prozent der Blechdicke eingehalten werden (Neugebauer 2004). Als weitere Maßnahme zur Erhöhung der Schnittflächenqualität kann die maßgebende Schneide, also die Schneidplatte, beim Ausschneiden bzw. der Schneidstempel beim Lochen mit einer Kantenverrundung von R = 0,5 mm versehen sein (Neugebauer 1996).

Für das Genauschneiden werden analog zum Feinschneiden drei voneinander unabhängige Wirkrichtungen benötigt. Feinschneidpressen können somit ebenso für Genauschneidoperationen eingesetzt werden.

Durch ein Genauschneiden ohne Niederhalter, d. h. bei einem Verzicht auf die aktive Wirkrichtung für die Niederhalterkraft, kann dieses Verfahren auf einer einfach wirkenden Presse realisiert werden. Im Vergleich zum Fein-

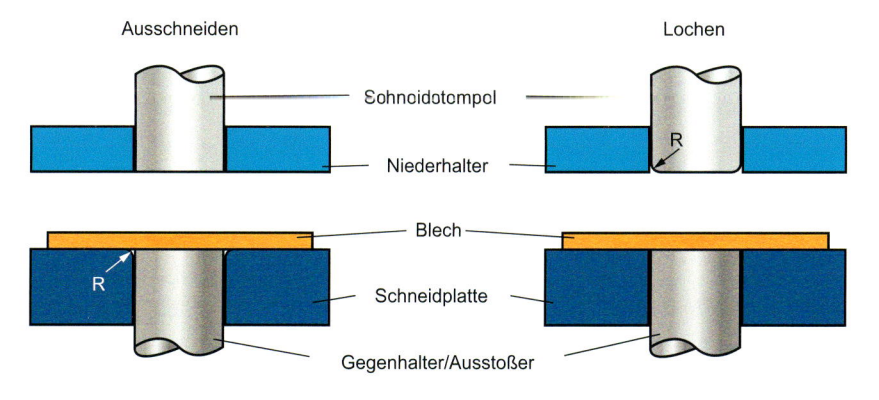

Abb. 10.45: Genauschneiden: links: Ausschneiden, rechts: Lochen (Neugebauer 2004)

10.3 Präzisionsschneidverfahren

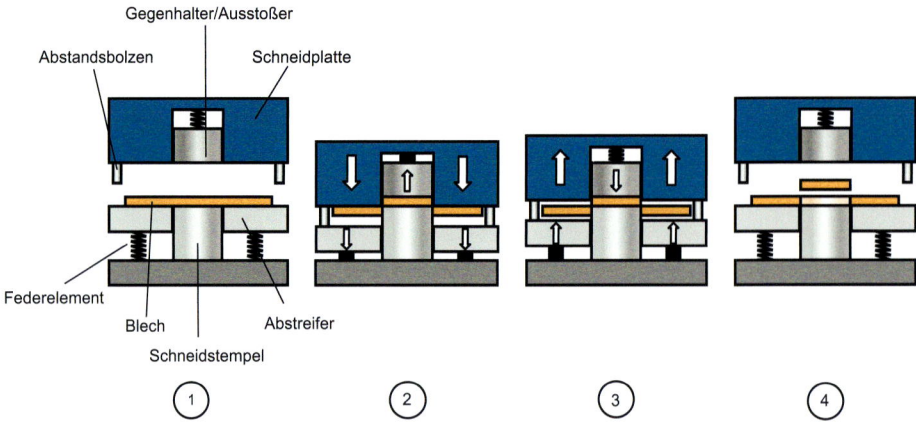

Abb. 10.46: *Ausschneiden bzw. Lochen durch Genauschneiden ohne Niederhalterkraft (Bennet 1979)*

schneiden kann so eine kostengünstigere Pressentechnik verwendet werden. Die Gegenhalterkraft wird dabei durch Druck-, Teller- oder Gasdruckfedern aufgebracht. Eine gleichzeitige Federbeaufschlagung des Blechs durch den Niederhalter und den Gegenhalter ist nicht möglich, da das Schnittteil bzw. der Abfall infolge der Federkräfte wieder in den Stanzstreifen zurückgedrückt werden würde. Bei dem in Abbildung 10.46 vorgestellten Werkzeugkonzept nach Bennet bewegt sich die Schneidplatte von oben auf den feststehenden Schneidstempel zu. An der Schneidplatte oder alternativ am Niederhalter, der in diesem Werkzeugaufbau als reiner Abstreifer wirkt, sind Abstandsbolzen vorgesehen. Auf diese Weise kann das Schnittteil rechtzeitig über den federbeaufschlagten Gegenhalter ausgestoßen werden, bevor das Blech durch den federbeaufschlagten Abstreifer vom Schneidstempel wieder in die Ausgangsstellung zurückgedrückt wird. Anhand der Bilderfolge in Abbildung 10.46 soll der Vorgang im Werkzeug näher illustriert werden. Zunächst schließt sich das Werkzeug. Mit Aufsetzen der Abstandsbolzen auf den Abstreifer wird dieser verdrängt. In Phase 2 setzt der Gegenhalter, welcher in Bezug auf die Schneidplattenoberfläche etwas vorsteht, auf das Blech auf. In der Folge wird das Blech zwischen Schneidstempel und Gegenhalter geklemmt. Durch den weiteren Vorschub kommt es zum Kontakt zwischen Blech und Schneidplatte, wodurch der Werkstoff geschnitten wird. Gegenhalter und Abstreifer werden während des gesamten Scherschneidprozesses kontinuierlich verdrängt. Nach dem Schneidvorgang, in Phase 3, bewegt sich der Stößel wieder nach oben, das Werkzeug öffnet sich und der Gegenhalter, in dieser Phase auch als Ausstoßer bezeichnet, drückt das Schnittteil aus der Schneidplatte. Nachdem das Schnittteil komplett aus der Schneidplatte herausgedrückt worden ist, wird es aus dem Einbauraum ausgeräumt oder ausgeblasen. In der letzten Phase wird das Stanzgitter, auf Grund der immer noch andauernden Öffnungsbewegung der Presse, durch den Abstreifer vom Stempel entfernt.

10.3.2. Nachschneiden

Das Nachschneiden ist ein Nachbearbeitungsschritt, der meist einem Normalschneidprozess angegliedert ist. Dabei werden schmale Ränder längs einer offenen oder in sich geschlossenen Schnittlinie von einer bereits vorgearbeiteten Fläche abgetrennt. Eine Nachbearbeitung von Fließpress-, Spritzguss- aber auch Drehteilen ist ebenfalls möglich. Im Gegensatz zu anderen Präzisionsschneidverfahren ist dementsprechend ein zusätzlicher Prozessschritt erforderlich. Nachschneiden wird häufig im Kleinmaschinenbau zur Verarbeitung von Dickblechen, wie zum Beispiel für Klinken, Hebeln oder Schiebern, angewandt. In vielen Fällen können so Werkstücke in großen Mengen kostengünstiger gefertigt werden als bei einer spanenden Nachbearbeitung des normalgeschnittenen Bauteils durch Fräsen oder Räumen.

Zur Trennung des überschüssigen Werkstoffs vom Schnittteil und zur Verbesserung von Form, Maß, Lage und Oberflächengüte wird mit Hilfe eines einschneidigen Werkzeugs das Übermaß in einem oder mehreren Schritten spanend abgeschabt. Deshalb wird dieses Verfahren häufig auch als Schaben oder Nachschaben bezeichnet. Die Breite des abgescherten Abfalls wird als Nachschneidzugabe z bezeichnet (Kuhlmann 1954).

In Abbildung 10.47 ist ein typisches Teil dargestellt, dessen Kontur partiell nachgeschnitten wurde. Es handelt sich um eine Kettenlasche, die als Steuertriebkette im Automobilsektor eingesetzt wird. Auf Grund der benötigten hohen Stückzahlen bei gleichzeitig sehr hohen Anforderungen an die Schnittflächenqualität wird dieses Teil durch Nachschneiden bearbeitet, wobei nur die Funktionsflächen, welche durch hohe Glattschnittanteile sowie geringe Maßabweichungen gekennzeichnet sind, nachgeschnitten werden. Folgende Stellen werden nachgeschnitten: Der Laschenrücken, um den Kettenspanner nicht zu beschädigen, die Lochungen, um eine Zentrierung der Verbindungsbolzen und eine Kraftübertragung zwischen

10.3.2 Nachschneiden

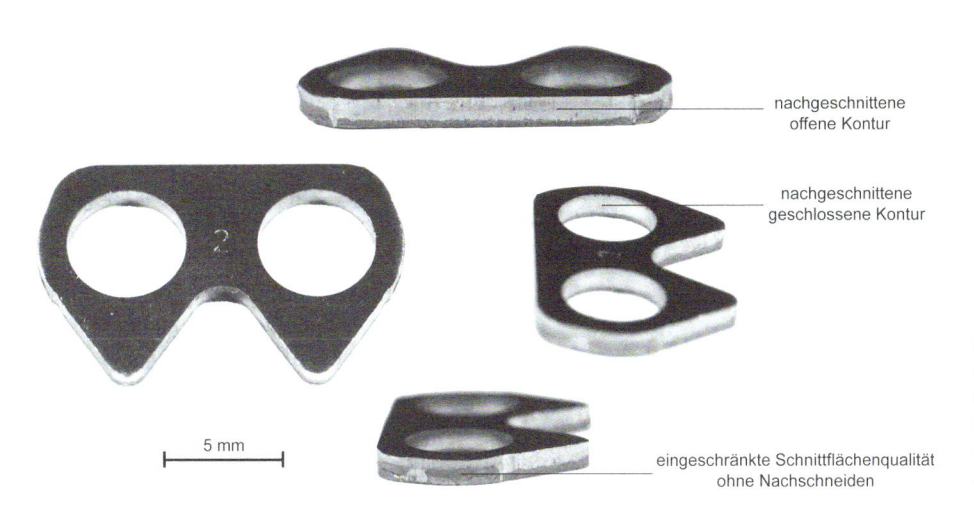

Abb. 10.47: Nachschneiden geschlossener und offener Konturen (Quelle: iwis motorsysteme GmbH & Co. KG, München, Deutschland)

zwei Laschen zu gewährleisten sowie die Zahnflanken, um Kräfte bzw. Bewegungen zu übertragen.

Die Kettenlasche wird mit einem Folgeverbundwerkzeug hergestellt, mit den drei Operationen: Vorschneiden, Nachschneiden und endgültiges Heraustrennen des Teils aus dem Blechstreifen, der sogenannten Trennoperation. Die Hubzahl beträgt dabei 800 Hübe pro Minute.

Beim Nachschneiden führt das Werkzeug eine geradlinige Hubbewegung aus, die zusätzlich noch durch eine Schwingbewegung begleitet werden kann. Aus diesem Grund lässt sich das Verfahren in Nachschneiden ohne oder mit Schwingungsüberlagerung einteilen. Des Weiteren kann beim Nachschneiden eine Unterscheidung hinsichtlich der Bearbeitungsrichtung zum Vorschneiden, d.h. zum vorangegangenen Normalschneidprozess, vorgenommen werden. Man spricht dann von einem gleich- bzw. gegenläufigen Nachschneiden.

10.3.2.1 Verfahrensablauf

Im Allgemeinen werden für das Nachschneiden an Außen- bzw. Innenkonturen ein Schneidstempel und eine Schneidplatte benötigt (Abb. 10.48). Die Schneidplatte kann sowohl eben als auch um einen Spanwinkel φ geneigt ausgeführt sein. Eine positive Krümmung der Schneidplatte ermöglicht ein ungehindertes Abfließen des entstehenden Spans. Aus fertigungstechnischen Gründen wird jedoch meist eine ebene Schneidplatte verwendet. Beim Nachschneiden von Innenkonturen kann das Blech zusätzlich noch durch einen Niederhalter eingespannt sein (Abb. 10.49).

Zur Herstellung von Außenkonturen schiebt der Schneidstempel das Schnittteil, welches mit einer Nachschneidzugabe z versehen ist, in die Schneidplatte. Die Schneidkante der Schneidplatte schert dabei die Werkstoffzugabe vom Teil ab und der entstehende Span gleitet an der Schneidplattenoberfläche ab. Der Schneidspalt u zwischen Schneidstempel und Schneidplatte kann entweder positiv oder negativ sein (vgl. Abb. 10.48). Im ersten Fall drückt der Stempel das zu bearbeitende Teil direkt in die Schneidplatte hinein und taucht dabei selbst in den Durchbruch ein.

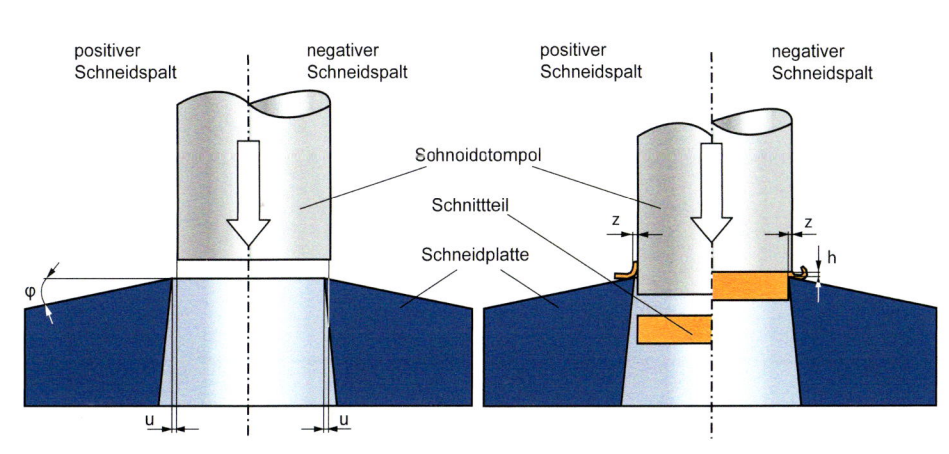

Abb. 10.48:
Links: Prinzip des Nachschneidens von Außenkonturen;
Rechts: Nachschneidevorgang beendet;
(nach VDI 2906/3)

10.3 Präzisionsschneidverfahren

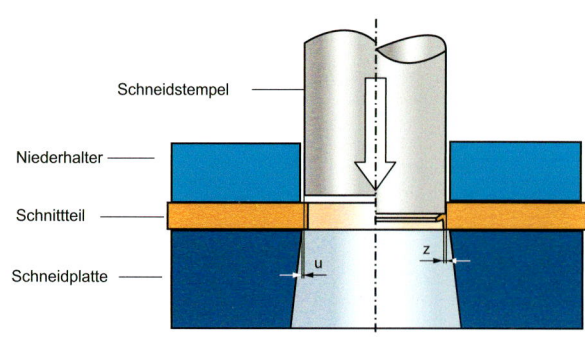

Abb. 10.49: *Prinzip des Nachschneidens von Innenkonturen (Kühlewein 2003)*

Im Falle eines negativen Schneidspalts ist ein Nachschneiden über die komplette Außenkontur nur indirekt möglich, da der zwischen Stempel und Schneidplatte eingeklemmte Span unter Umständen, besonders bei kleinem Spanwinkel, das Werkzeug zerstören würde. Der Schneidstempel drückt daher zunächst das Teil nach unten, bis er einen Abstand h von ca. 0,1 mm von der Schneidplattenoberkante erreicht hat. Im Anschluss daran kehrt der Schneidstempel wieder in seine Ausgangsstellung zurück. Das Werkstück wird erst im darauf folgenden Nachschneidevorgang mit dem neuen Rohling durch die Schneidplatte geschoben. Mit diesem Verfahren lassen sich in der Regel qualitativ bessere Ergebnisse erzielen als beim Nachschneiden mit positivem Schneidspalt, da der Span erst später abreißt. Vorzugsweise sollte das Nachschneiden mit negativem Schneidspalt unter Schwingungsüberlagerung angewendet werden (Kuhlmann 1954).

Beim Nachschneiden von Innenkonturen wird grundsätzlich mit einem positiven Schneidspalt u gearbeitet (vgl. Abb. 10.49), der durch den Werkstückwerkstoff und die Schnittflächengestalt bestimmt wird.

10.3.2.2 Verfahrensmerkmale und Schnittflächenqualitäten

Ziel des Nachschneidens ist die Entfernung der ein- und abrissbehafteten Glattschnittfläche sowie der Bruchfläche an bereits vorgeschnittenen Teilen (VDI 2906/3). Dabei zeichnet sich dieses Verfahren besonders durch den sehr kleinen Kanteneinzug am Teil und dem annähernd rechten Winkel zwischen der Bauteiloberfläche und Schnittflächenkontur aus. Abmessungstoleranzen von IT 7 bis IT 9 bei Schnittflächenrauhtiefen von $R_a = 0{,}5$ bis 1 μm bestimmen die erreichbaren Werkstückqualitäten.

Die Schnittflächenqualität beim Nachschneiden wird neben dem Werkstoff und der geometrischen Form des Schnittteils von folgenden Größen entscheidend beeinflusst:

- Schneidspalt u bei der Nachschneidoperation,
- Vorschneidrichtung,
- Nachschneidzugabe z,
- Nachschneiden mit bzw. ohne Schwingungsüberlagerung sowie
- Spanwinkel φ.

Je nach Formänderungsvermögen des zu schneidenden Werkstückwerkstoffs wird beim Nachschneiden von Innen- sowie beim Nachschneiden von Außenkonturen

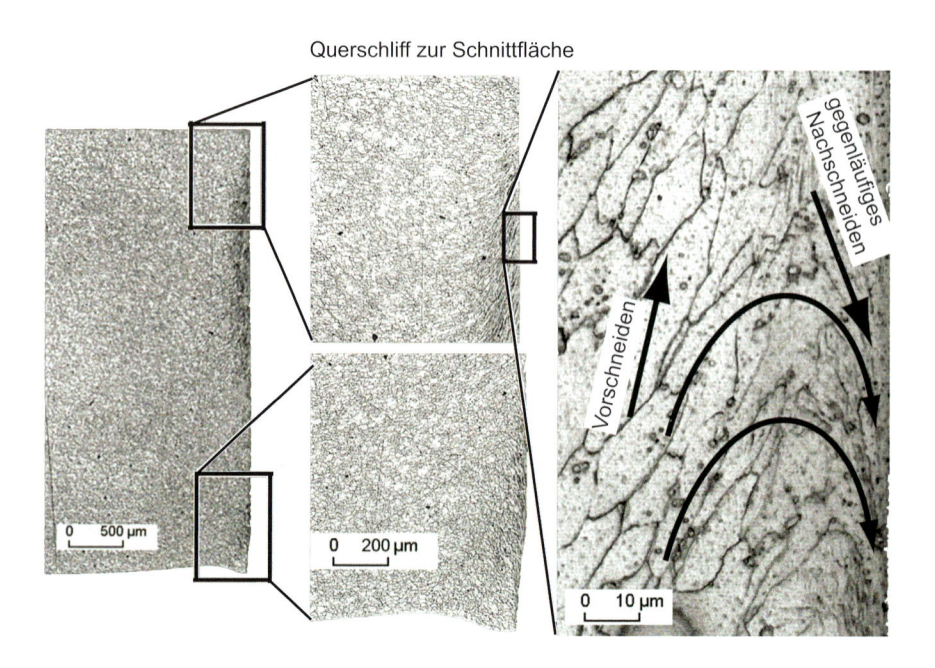

Abb. 10.50: *Gefügeveränderung beim gegenläufigen Nachschneiden (Werkstoff H280LA, Schneidspalt beim Vorschneiden 2,5 % der Blechdicke, z = 0,15 mm) (Hoffmann 2007/1)*

mit positivem Schneidspalt ein Spalt zwischen Schneidstempel und Schneidplatte u von 0,05 mm oder kleiner gewählt, um hohe Schnittflächenqualitäten zu erzielen. Beim Nachschneiden von Außenkonturen sollte der Überstand, d.h. der negative Schneidspalt, des Schneidstempels über die Schneidplatte in etwa der Nachschneidzugabe z entsprechen.

Die Werkstücke können in zwei Richtungen nachgeschnitten werden, entweder in Vorschneidrichtung (= gleichläufiges Nachschneiden), d.h. in Richtung des ursprünglichen Schnitts, oder entgegengesetzt zu ihr (= gegenläufiges Nachschneiden). Um höhere Schnittflächenqualitäten zu erzielen, ist das gleichläufige dem gegenläufigen Nachschneiden vorzuziehen. Die Gründe hierfür sind eine Werkstoffaufhäufung am Ende des Schneidvorgangs sowie die größeren Formänderungen in der Scherzone (Abb. 10.50), was beim gegenläufigen Nachscheiden zu Einrissen an der Schnittteiloberfläche führen kann. Dies ist beim gleichläufigen Nachschneiden nicht der Fall. Bei dünnen Blechen mit Blechdicken kleiner 3 mm führt das Nachschneiden von Außenkonturen entgegen der ursprünglichen Schneidrichtung zu einer Reduzierung der Bauteildurchbiegung, die durch die vorangegangene Schneidoperation erwirkt wurde (Guidi 1963). Ein wesentlicher Nachteil des gegenläufigen Nachschneidens in der Praxis ist der aufwendige Werkzeugaufbau, da eine Bauteildrehung im Werkzeug nicht praktikabel ist.

Die für das gegenläufige Nachschneiden charakteristische Gefügeveränderung verdeutlicht Abbildung 10.50 anhand einer geätzten Probenaufnahme. Durch eine entgegengesetzte Vorschneidrichtung kommt es zu einer Umkehr der plastischen Verformungsrichtung der Körner in der Scherzone. Besonders bei Werkstückwerkstoffen mit geringem Formänderungsvermögen kann dies zu frühzeitigen Einrissen in der Bauteiloberfläche führen. Die Rückformung des Kanteneinzugs, welcher aus der Vorschneidoperation hervorgeht, ist im mittleren unteren Teilbild in Abbildung 10.50 deutlich zu erkennen. Der Grund ist darin zu sehen, dass sich der ausbildende Grat beim Nachschneidvorgang in den Kanteneinzug der Vorschneideoperation einformt. Die Gratausbildung lässt sich auf diese Weise durch gegenläufiges Nachschneiden verringern.

Die Nachschneidzugabe z wird durch

- die Schnittflächenbeschaffenheit der vorgeschnittenen Fläche (u.a. Grathöhe, Einrisstiefe, Bruchausbildung),
- die Form- und Lageabweichungen der Rohlinge,
- Abweichungen, bedingt durch die Zentrierung bzw. Positionierung der vorgeschnittenen Rohlinge im Nachschneidwerkzeug,
- die geometrische Form und Dicke des Schnittteils und
- die Werkstoffeigenschaften des Werkstückwerkstoffs

bestimmt.

Die richtige Wahl der Höhe der Nachschneidzugabe ist meist Erfahrungssache. Richtwerte für die Nachschneidzugabe z können für Innen- und Außenkonturen aus Abbildung 10.51 entnommen werden. Danach ist für größere Blechdicken und härtere Werkstoffe mehrmaliges Nachschneiden erforderlich, wobei im ersten Nachschneidvorgang ein möglichst großer Teil, im zweiten bzw. letzten Bearbeitungsvorgang nur noch ein kleiner Rest der Zugabe abgetragen werden soll. So kann für den

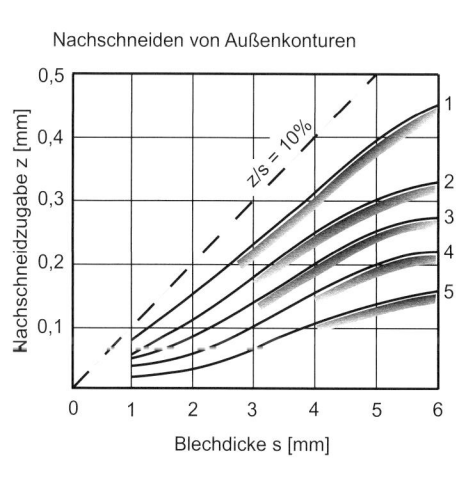

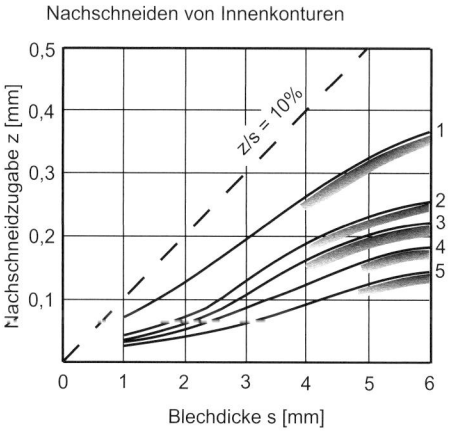

■ mehrmaliges Nachschneiden erforderlich

1: Stahl R_m > 500 N/mm²
2: Stahl R_m ≤ 400 N/mm²
3: Al hart
4: Ms63
5: Al weich

Abb. 10.51: *Richtwerte für die Nachschneidzugabe z beim Schneiden ohne Schwingungsüberlagerung (VDI 2030)*

10.3 Präzisionsschneidverfahren

z	0,15 mm	0,25 mm	0,35 mm	1,0 mm
Schliffbild im Schnittflächenprofil	Blechoberseite / 1mm	Blechoberseite / 1mm	Blechoberseite / 1mm	Blechoberseite / 1mm
Spanform	1mm	1mm	1mm	1mm
REM-Aufnahme: Schnittfläche Draufsicht	1 mm	1 mm	1 mm	1 mm

Schematischer Ablauf des gegenläufigen Nachschneidens:

Vorschneiden — Nachschneiden

Abb. 10.52: Schnittflächenqualität und Spanausbildung bei unterschiedlichen Nachschneidzugaben z beim gegenläufigen Nachschneiden (Werkstoff H280LA Blechdicke 4 mm, Schneidspalt beim Vorschneiden 2,5 % der Blechdicke) (Hoffmann 2007/1)

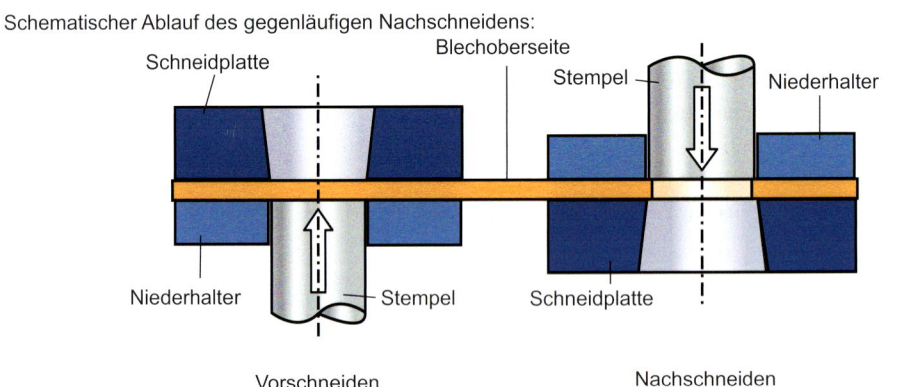

ersten Nachschneidvorgang eine Zugabe von $0{,}75 \cdot z$, für den zweiten $0{,}25 \cdot z$ empfohlen werden. Bei einem dreimaligen Nachschneiden hat sich eine Abstufung von 0,65 auf 0,25 sowie zuletzt $0{,}1 \cdot z$ bewährt (VDI 2906/3). Die Qualität der nachgeschnittenen Oberfläche wird umso besser, je kleiner und gleichmäßiger das abgescherte Spanvolumen ist. Die beiden Diagramme besitzen nur Gültigkeit für das Nachschneiden ohne Schwingungsüberlagerung. Werden Schwingpressen zum Nachschneiden verwendet, sind größere Nachschneidzugaben empfehlenswert.

Die Nachschneidzugabe ist außerdem der geometrischen Form des Schnittteils anzupassen. So muss bei ausspringenden Ecken und Spitzen mit einem Öffnungswinkel kleiner 90° am Schnittteil die Nachschneidzugabe z vergrößert werden, um einer Einrissbildung entgegen zu wirken. Große Radien von größer einem Viertel der Blechdicke, sowohl an ein- als auch ausspringenden Partien, vereinfachen dagegen die Bearbeitung (Guidi 1963).

Abbildung 10.52 visualisiert den Einfluss der Nachschneidzugabe z auf die Ausbildung der Schnittflächengestalt beim gegenläufigen Nachschneiden von Innenkonturen. Eine Erhöhung der Werkstoffzugabe führt zu einer Volumenvergrößerung des Spans. Der Glattschnittanteil reduziert sich, da auf Grund der größeren Spandicken eine stärkere Kaltverfestigung im Werkstück zu verzeichnen ist und die Grenze des Formänderungsvermögens daher schneller erreicht wird. Eine frühzeitige Bruchausbildung ist die Folge. Bei kleinen Spanvolumen dagegen geht ein Großteil der plastischen Verformung in den Span über, was sich auch in dessen geometrischer Form äußert. Daher ist für einen großen Glattschnittanteil eine minimale Nachschneidzugabe erforderlich, um einen dünnen Span abzutrennen. Durch die Bildung eines dünnen Spans und der damit verbundenen geringen Reaktionskraft gegen den Nachschneidstempel wird ein sehr geringer, nicht sichtbarer, Kanteneinzug beim Nachschneiden ausge-

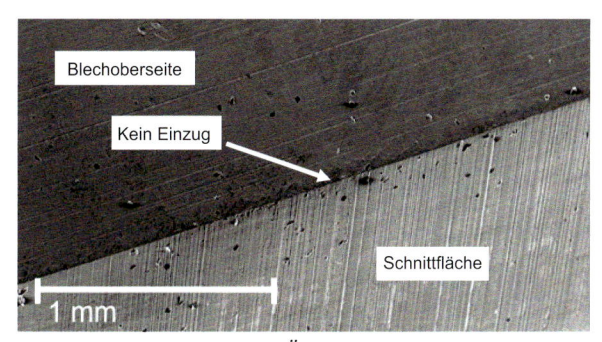

Abb. 10.53: *Scharfkantiger Übergang von der Blechoberseite zur Schnittfläche beim gegenläufigen Nachschneiden (Werkstoff H280LA Blechdicke 4 mm, Schneidspalt beim Vorschneiden 2,5 % der Blechdicke, Nachschneidzugabe z = 0,15 mm) (Hoffmann 2007/2)*

10.3.2.3 Bauteilwerkstoffe

Durch das Nachschneiden können nahezu alle metallischen Werkstückwerkstoffe nachbearbeitet werden. So eignen sich auch Werkstoffe mit einem niedrigen Formänderungsvermögen, wenn diese eine gleichzeitig gute Zerspanbarkeit aufweisen. Dazu zählen unter anderem unlegierte und niedriglegierte Stähle bis etwa 1 Prozent Kohlenstoffgehalt, Einsatzstähle und Vergütungsstähle. Die Zugfestigkeit R_m dieser Werkstoffe liegt bei $R_m \leq 700$ N/mm². Ohne Schwingungsüberlagerung können Bauteile mit Blechdicken bis zu 8 mm nachgeschnitten werden. Die Bearbeitung von Blechen mit einer Dicke bis zu 30 mm kann durch Nachschneiden mit Schwingungsüberlagerung erfolgen (Garreis 1978).

prägt. Dies führt zu einem fast rechtwinkligen Schnitt ohne Kanteneinzug (Abb. 10.53).

Beim Nachschneiden mit Schwingungsüberlagerung führt das bewegliche Werkzeugelement, im Allgemeinen der Schneidstempel, zusätzlich zur Hubbewegung eine in Schneidrichtung überlagerte eigenständige oszillierende Bewegung durch. Das schwingungsüberlagerte Nachschneiden liefert bessere Ergebnisse im Vergleich zur einfachen Hubbewegung. Das ausgezeichnete Arbeitsergebnis wird durch die intermittierende Bearbeitung bei relativ hoher Schnittgeschwindigkeit erreicht. Die Spannungen im Werkstoff an den Schneidkanten der Schneidelemente werden bei jeder Schwingung innerhalb von wenigen Tausendstelsekunden auf- und abgebaut, d.h. der Werkstoff wird nach kurzzeitiger Beanspruchung wieder entlastet. Diese Entlastung des Werkstoffs zwischen den rasch aufeinander folgenden Bearbeitungsstößen verhindert das Entstehen einer der Schneidkante vorausgehenden Trennfuge, sodass die Werkstofftrennung unmittelbar an den Schneidkanten erfolgt. Dennoch lässt sich auch mit dieser Methode die Gratbildung nicht ganz vermeiden. (Guidi 1965)

Um den Spanfluss zu erleichtern, ist ein günstiger Spanwinkel φ, der oft auch als Schrägungswinkel bezeichnet wird, an der Schneidplatte notwendig (vgl. Abb. 10.48 links). Zudem lässt sich durch die Schräge der Span gezielt aus dem Bearbeitungsbereich entfernen, so dass das nächste Schnittteil nicht beschädigt wird. Als Spanwinkel φ an der Schneidplatte ist ein Winkel zwischen $\varphi = 10°$ bis $16°$ zu empfehlen. Allerdings wird in der Praxis besonders bei Folgeschneidwerkzeugen mit einem Spanwinkel $\varphi = 0°$ gearbeitet, um die Werkzeuge bei Verschleißanzeichen leichter nachschleifen zu können.

10.3.2.4 Berechnung der Kräfte und Pressentechnik

Für das Nachschneiden wird wie beim Normalschneiden eine einfachwirkende Presse benötigt. Häufig werden mechanische Pressen, in seltenen Fällen hydraulische Pressen verwendet. Spezielle Nachschneidepressen, sogenannte Repassier- oder Schwingpressen, sind für das schwingungsüberlagerte Nachschneiden nötig.

Der für das Normalschneiden geltende allgemeine Verlauf der Schneidkraft kann ebenfalls für das Nachschneiden angewandt werden. Die maximale Nachschneidkraft F_N ergibt sich, wie in Abbildung 10.54 veranschaulicht wird, aus der Summe der reinen Schneidkraft F_{NS} und der Reibkraft F_{NR} (Kühlewein 2003, Guidi 1965):

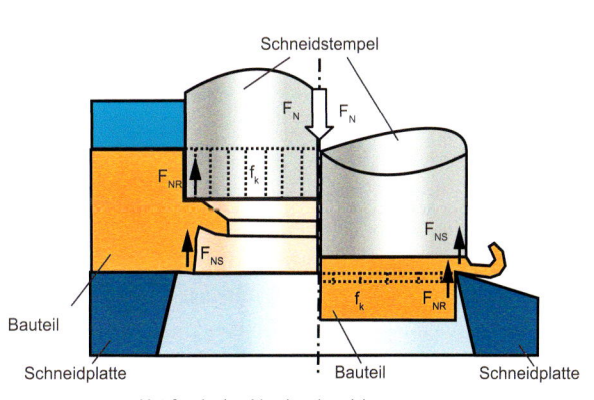

$$F_N = F_{NS} + F_{NR} \; [N] \tag{10.9}$$

Abb. 10.54: *Kräfte beim Nachschneiden: Nachschneiden von Innenkonturen (links); Nachschneiden von Außenkonturen (rechts)*

Abb. 10.55: *Richtwerte für den spezifischen Schneidanteil k_n, bezogen auf die Nachschneidzugabe z bei einem Spanwinkel von 0° (Kühlewein 2003)*

Die Schneidkraft F_{NS} ist eine Funktion der Nachschneidzugabe z [mm], des Konturumfangs bzw. der Schnittlinienlänge l [mm] und des spezifischen Schneidanteils k_N [N/mm²]. Sie kann annähernd vorausbestimmt werden aus:

$$F_{NS} = z \cdot l \cdot k_N \text{ [N]} \tag{10.10}$$

Der spezifische Schneidanteil k_N ist eine Funktion der Nachschneidzugabe z und steigt mit abnehmender Nachschneidzugabe progressiv an (vgl. Abb. 10.55). Es ist zu beachten, dass sich diese Werte mit dem Spanwinkel und der Schnittkantenform ändern.

Für den Reibkraftanteil bzw. die maximale Reibkraft kann folgende empirische Formel angesetzt werden:

$$F_{NR} = f_k \cdot p_{NR} \text{ [N]} \tag{10.11}$$

$$F_{NR,max} = s \cdot l \cdot p_{NR} \text{ [N]} \tag{10.12}$$

mit

- f_k Kontaktfläche/Reibfläche zwischen Werkstück und Schneidelement (Schneidplatte bzw. Stempel) [mm²]
- p_{NR} spezifische Reibkraft [N/mm²]
- s Blechdicke [mm]
- l Schnittlinienlänge [mm]

Die spezifische Reibkraft p_{NR} liegt im Bereich von 10 bis 50 N/mm² bei Haftreibung und kann bis zu 30 N/mm² bei Gleitreibung betragen. Die spezifische Reibkraft ist in der Regel an Außenformen größer als an Innenkonturen.

Zur Erzielung besserer Schnittflächenergebnisse kann für das Nachschneiden mit Schwingungsüberlagerung ein eigener Pressentyp verwendet werden. Dieser Pressentyp wird als sogenannte Schwing- oder Repassierpresse bezeichnet. Das besondere Merkmal dieser Presse geht aus ihrem Namen hervor. Der Pressenstößel, an dem der Schneidstempel befestigt ist, bewegt sich nicht mit einem Schlag nach unten, sondern er schwingt, d.h. er bewegt sich auf und ab und drückt das Teil gewissermaßen gestuft in die Schneidplatte hinein. Die überlagerte Schwingung hat dabei in der Regel eine Amplitude von ca. 0,05 mm bei einer Frequenz von 700 bis 1500 Hz (Guidi 1963).

10.3.3 Fließlochen/ Fließausschneiden

Das Fließlochen bzw. Fließausschneiden ist ein Präzisionsschneidverfahren, mit dem in einem Hub über die gesamte Werkstückdicke Glattschnitt erzielt werden kann. Es wird meist für die Fertigung einfacher Außen- und Innenkonturen bei Blechdicken bis zu 15 mm eingesetzt (Garreis 1978).

Durch den in zwei Phasen unterteilten Schneidvorgang kann beim Fließlochen bzw. Fließausschneiden bei Maßgenauigkeiten von IT 10 bis IT 8 über die gesamte Werkstückdicke Glattschnitt erzielt werden. Ein weiteres Qualitätsmerkmal am Schnittteil ist der geringe Kanteneinzug. Allerdings lässt sich auch mit diesem Präzisionsschneidverfahren am Schnittteil ein geringer Grat infolge der Trennung des Abfallrings nicht ganz vermeiden. Nach bisherigen Erfahrungen kann eine höhere Maßgenauigkeit der Schnittteile erzielt werden, je größer die Blechdicke und die Festigkeit des Werkstoffs ist (Garreis 1978).

10.3.3.1 Verfahrensablauf und -merkmale

Zum Fließlochen bzw. Fließausschneiden werden zwei Werkzeugaktivteile benötigt. Sie bestehen beim Fließlochen aus einem speziell geformten Schneidstempel und einer Schneidplatte (Abb. 10.56, links). Die Form des Schneidstempels weist einen leicht kegeligen Ansatz an der Stirnseite und eine zweite Schneidkante als Übergang zum zylindrischen Teil auf. Der Schneidvorgang setzt sich grundsätzlich aus zwei Phasen zusammen. In der ersten Phase wird der Abfall bzw. Abfallbutzen in einer Art Vorlochprozess aus dem Werkstückwerkstoff herausgetrennt. Es folgt als zweiter Arbeitsschritt ein dem Vorwärtsfließpressen gleichender Vorgang, wodurch die Innenkontur des Schnittteils unter Entstehung eines Abfallrings geglättet wird.

Beim Fließausschneiden erfolgt die geometrische Gestaltung der Werkzeugelemente genau umgekehrt (Abb. 10.56, rechts). In diesem Fall besitzt die Schneidplatte einen konischen Durchbruch, an dessen unterem Ende sich eine zweite Schneidkante befindet.

10.3.3 Fließlochen / Fließausschneiden

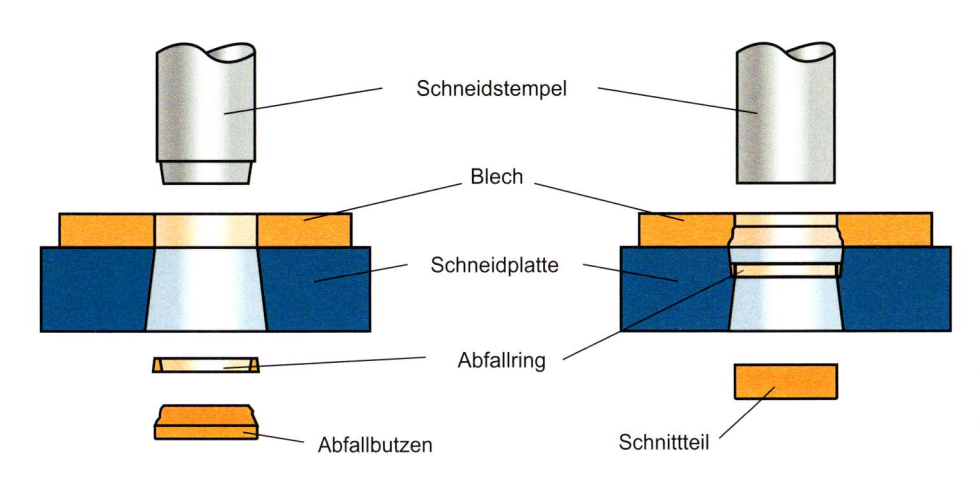

Abb. 10.56: Links: Fließlochen; Rechts: Fließausschneiden (Stromberger 1965)

Während der Abfallring beim Fließlochen problemlos ausgestoßen werden kann, ist dies beim Fließausschneiden mit großem Aufwand verbunden (vgl. Abb. 10.56, rechts). Auf Grund dieser Schwierigkeiten ist die Bedeutung des Fleißausschneidens gering. Im Folgenden wird deshalb das genaue Arbeitsprinzip nur anhand des Fließlochens verdeutlicht (Abb. 10.57).

Im ersten Arbeitsschritt des Fließlochens erfolgt das Vorlochen mit einem großen Schneidspalt (vgl. Abb. 10.57, Phase a und b). Es bilden sich daher nur ein sehr geringer Glattschnittanteil und eine entsprechend ausgeprägte Bruchzone aus. Der kegelig geformte Stempelansatz verhält sich in diesem Verfahrensschritt wie ein konventionell geformter zylindrischer Stempel. Nachdem das Ausgangsmaterial vorgelocht wurde, wird über den konischen Stempel ein Querdruck aufgebracht (vgl. Abb. 10.57, Phase c). Durch die hohen Druckspannungen im Werkstückwerkstoff wird die Rissbildung vor der nun folgenden zweiten Schneidkante des Stempels unterdrückt. Im Anschluss daran setzt der Vorwärtsfließpressvorgang ein, bei dem zwischen Stempel und Lochwandung ein Ring ausgeformt wird. Im unteren Umkehrpunkt der Presse schließt die zweite Schneidkante des Stempels gerade mit der Kante der Schneidplatte ab bzw. taucht geringfügig in diese ein, wodurch der Ring vom Blech getrennt wird. Der Abfallring mit annähernd trapez-

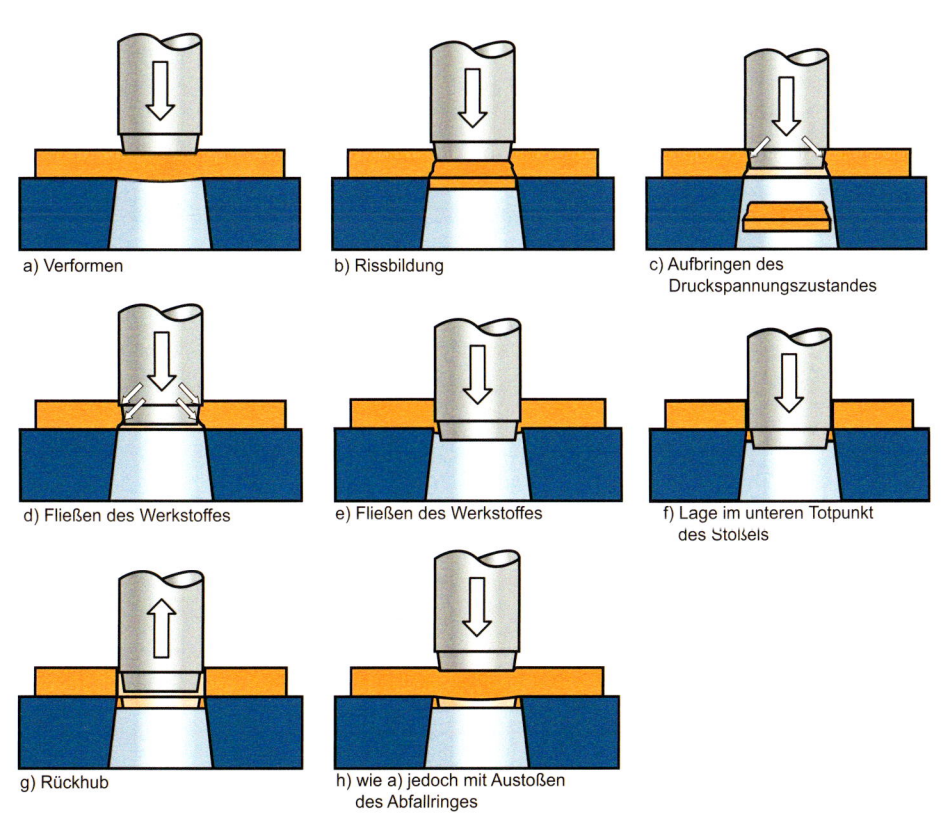

Abb. 10.57: Ablauf des Fließlochens (Stromberger 1965)

10.3 Präzisionsschneidverfahren

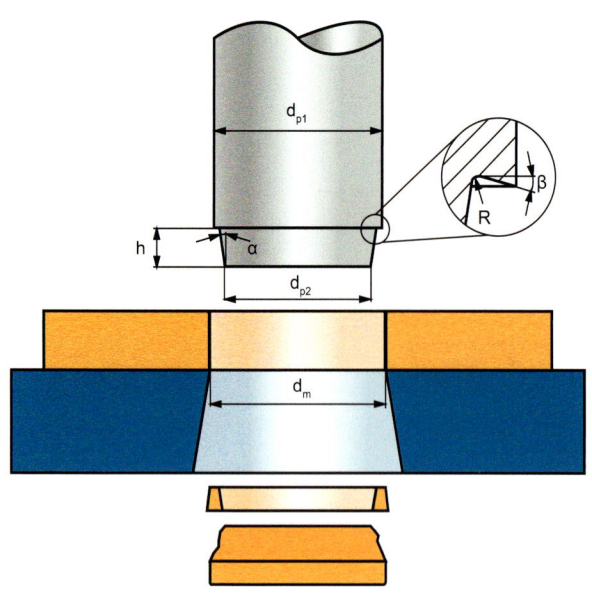

Abb. 10.58: Geometrie des Stempels beim Fließlochen, nach (Oehler 2001)

förmigem Querschnitt verbleibt in der Schneidplatte, da er sich infolge der elastischen Rückfederung des Werkstoffs an die Wand des Werkzeugs anpresst. Erst im nächsten Arbeitsgang kann der Abfallring durch die Druckwirkung des nachfolgenden Werkstücks ausgestoßen werden (vgl. Abb. 10.57, Phase h).

Zur geometrischen Auslegung des Schneidstempels (Abb. 10.58) für das Fließlochen eines Blechs mit der Dicke s, der Zugfestigkeit R_m in N/mm² sowie einem Durchmesser der Schneidplatte d_m kann mit folgenden Zusammenhängen gearbeitet werden (Oehler 2001):

$$d_{p1} = d_m - 0{,}01 \cdot s \cdot \sqrt{(0{,}8 \cdot \text{mm}^2/\text{N} \cdot R_m)} \ [\text{mm}] \quad (10.13),$$

$$h = 0{,}70 \text{ bis } 0{,}85 \cdot s \ [\text{mm}] \quad (10.14),$$

$$d_{p2} = d_m - 0{,}07 \cdot s \cdot \sqrt{(0{,}8 \cdot \text{mm}^2/\text{N} \cdot R_m)} \ [\text{mm}] \quad (10.15),$$

$$R = 0{,}3 \cdot (d_{p1} - d_{p2}) \ [\text{mm}] \quad (10.16),$$

$$\alpha = 3° \text{ bis } 6° \quad (10.17),$$

$$\beta = 0° \text{ bis } 8° \quad (10.18).$$

Für die optimalen Neigungswerte α und β empfiehlt es sich jedoch, Praxisversuche zu deren Bestimmung heranzuziehen, da diese signifikant vom Werkstückwerkstoff abhängig sind.

10.3.3.2 Pressentechnik

Für das Fließlochen ist eine einfachwirkende Presse erforderlich. Dabei muss jedoch berücksichtigt werden, dass die Schneidkraft in der Regel um 15 Prozent größer als beim Normalschneiden ist. Auch die Rückzugskraft des Schneidstempels ist im Vergleich zum Normalschneiden größer, weil die hohen Radialkräfte während des Schneidvorgangs ein stärkeres elastisches Rückfedern des Werkstoffs am Schneidstempel bewirken. Dadurch kann die Rückzugskraft Werte annehmen, die um ein Vielfaches größer sind als beim Normalschneiden. Dies ist bei der Auswahl des Werkzeugwerkstoffs für den Schneidstempel besonders zu berücksichtigen. Ein geringfügig höherer Pressenhub als beim Normalschneiden ist zudem nötig, da der Stempelweg auf Grund der Vorlochoperation größer ist. Grundsätzlich können aber für das Fließlochen dieselben Maschinen wie für das Normalschneiden eingesetzt werden. (Stromberger 1965; Thomson 1966)

Das Fließausschneiden hingegen lässt sich nicht mit der derzeit verfügbaren Pressentechnik wirtschaftlich nutzen, da der Abfallring nur sehr schwer aus der Schneidplatte entfernt werden kann.

10.3.4 Konterschneiden

Das Präzisionsschneidverfahren Konterschneiden wird zur Herstellung von Außen- und Innenkonturen an Werkstücken verwendet. Dieses Präzisionsschneidverfahren arbeitet mit zwei oder drei gegenläufigen Schneidstufen. Der Schneidvorgang läuft also nicht wie beim Normalschneiden in einem Arbeitsgang ab, sondern wird in zwei bzw. drei zeitlich oder örtlich getrennte Teilvorgänge mit jeweils entgegengesetzten Bewegungsrichtungen aufgeteilt.

Auf diese Weise lassen sich absolut gratfreie Schnittteile herstellen, die jedoch in der Regel mit einer Bruchfläche behaftet sind. Nur bei Verwendung von Werkstückwerkstoffen mit einem hohen Formänderungsvermögen und/oder Verwendung sehr kleiner Schneidspalte u von ca. 0,5 Prozent der Blechdicke können hohe Glattschnittanteile erreicht werden. Auf Grund der im Allgemeinen verbleibenden Bruchfläche am Schnittteil werden daher andere Präzisionsschneidverfahren dem Konterschneiden meist vorgezogen (Liebing 1979).

10.3.4.1 Verfahrensablauf und -merkmale

Ein Konterschneidwerkzeug besteht im Wesentlichen aus den Elementen Schneidstempel, Schneidplatte und Niederhalter. In der Regel kommt noch ein Gegenhalter zum Einsatz, um die Bauteildurchbiegung zu verringern (Abb. 10.59).

Die Teilvorgänge beim zweistufigen Konterschneiden bestehen aus einem Anschneiden und Durchschneiden

10.3.4 Konterschneiden

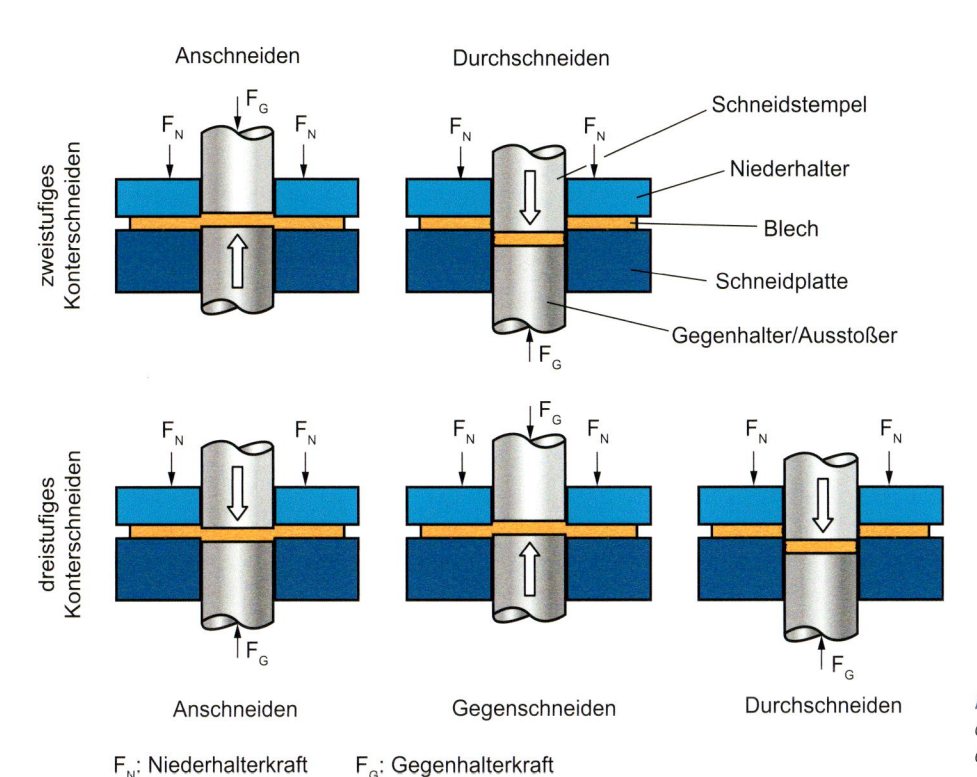

Abb. 10.59: Zwei- und dreistufiges Konterschneiden (Stromberg 1965)

F_N: Niederhalterkraft F_G: Gegenhalterkraft

(vgl. Abb. 10.59, oben). Das dreistufige Konterschneiden unterscheidet sich vom zweistufigen Verfahren darin, dass vor dem Durchschneiden noch ein Gegenschneiden stattfindet (vgl. Abb. 10.59, unten). Sowohl beim Anschneiden als auch beim Gegenschneiden muss darauf geachtet werden, dass im Werrkstoff keine Mikrorisse entstehen. Maßgebend für das Auftreten von Mikrorissen sind das Formänderungsvermögen des Werkstückwerkstoffs und der Spannungszustand in der Scherzone. Diese beiden Größen werden durch den Schneidspalt und die Eintauchtiefe des Stempels in das Blech bestimmt, die in enger gegenseitiger Wechselwirkung stehen. Die endgültige Werkstofftrennung darf erst in der letzten Phase, dem Durchschneiden, erfolgen. Die Einstellung der richtigen Eintauchtiefe des Stempels in den Werkstoff beim Anschneiden und Gegenschneiden ist somit von entscheidender Bedeutung für die Erzielung idealer Resultate, da diese die plastische Formänderung im Blechwerkstoff bestimmen. Je tiefer der Stempel eintaucht, desto größere Formänderungen treten auf und desto früher ist das Formänderungsvermögen für den folgenden Schneidvorgang erschöpft. Kleinere Schneidspalte führen dagegen zu höheren Druckspannungen in der Scherzone, wodurch der Blechwerkstoff länger fließen kann. Somit besteht ein Zusammenhang zwischen Eintauchtiefe und Schneidspalt sowie der daraus resultierenden Schnittflächenaus-

Schneidspalt Anschneiden:
$u_1 = 0{,}5 \cdot (d_{P1} - d_{St1})$

Schneidspalt Gegenschneiden:
$u_2 = 0{,}5 \cdot (d_{P2} - d_{St2})$

Schneidspalt Durchschneiden:
$u_3 = 0{,}5 \cdot (d_{P3} - d_{St3})$

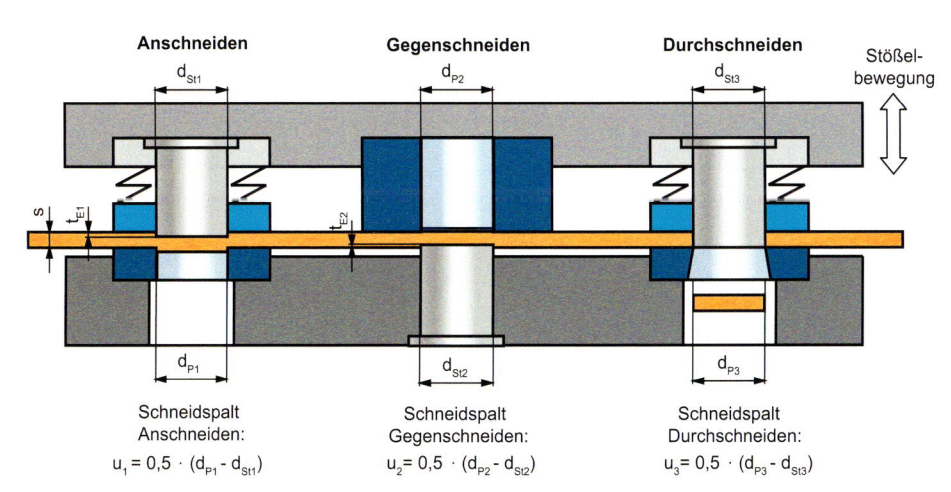

Abb. 10.60: Dreistufiges Konterschneiden im Folgewerkzeug (nach Liebing 1979)

10.3 Präzisionsschneidverfahren

bildung. Der Schneidspalt u_2 beim Gegenschneiden sollte negativ sein (Abb. 10.60). Da dies in der industriellen Praxis jedoch ein Sicherheitsrisiko darstellt, sollte er möglichst klein gewählt werden, keinesfalls aber größer als beim Anschneiden ($u_2 \leq u_1$). Beim Durchschneiden entspricht der Schneidspalt dem des Anschneidens ($u_3 = u_1$) (Lange 1990).

Um optimale Arbeitsergebnisse beim Konterschneiden erreichen zu können, ist eine experimentelle Ermittlung der Eintauchtiefen und der Schneidspalte in Abhängigkeit des Werkstückwerkstoffs und der Blechdicke unerlässlich.

Das zweistufige bzw. dreistufige Konterschneiden kann sowohl in einem Gesamtschneidwerkzeug als auch einem Folgeschneidwerkzeug realisiert werden. In einem Gesamtschneidwerkzeug laufen die Teilvorgänge des Schneidprozesses zeitlich nacheinander in der gleichen Werkzeugstufe ab. Somit kann dieser Prozess nur in einer dreifachwirkenden Presse erfolgen, da eine unabhängige Kraftrichtung nötig ist, um das Blech zwischen Niederhalter und Schneidplatte fest einzuspannen und zwei weitere, um über den Schneidstempel und Gegenhalter stufenweise zu schneiden. In einem Folgeschneidwerkzeug sind dagegen die Teilvorgänge voneinander örtlich getrennt und laufen in unmittelbarer Folge ab. Abbildung 10.60 zeigt den typischen schematischen Aufbau eines Folgeschneidwerkzeugs zum dreistufigen Konterschneiden, welches in Verbindung mit einer einfachwirkenden Presse eingesetzt werden kann. Da zur wirtschaftlichen Fertigung in der Regel eine einfachwirkende mechanische Presse zur Verfügung steht, wird die Niederhalterkraft beim An- und Durchschneiden durch Federn realisiert. Gleichzeitig muss beim Gegenschneiden auf einen Niederhalter sowie auf einen Gegenhalter in den einzelnen Schneidstufen verzichtet werden. Auf Grund der parallel ablaufenden Vorgänge muss allerdings mit einem höheren Kraftbedarf am Pressenstößel gerechnet werden. Zudem muss, wie bereits erwähnt, auf bestimmte Werkzeugaktivteile verzichtet werden. Trotz dieser Nachteile wird aus wirtschaftlicher Sicht das Konterschneiden auf einfachwirkenden Pressen im Folgeschneidwerkzeug bevorzugt angewendet.

10.3.4.2 Schnittflächenqualität

Durch das Konterschneiden lassen sich im Allgemeinen keine Schnittflächen mit durchgehendem Glattschnittanteil erzielen. Die Schnittfläche weist, bedingt durch die in entgegengesetzter Richtung verlaufenden Schneidvorgänge, zwei Kanteneinzüge an der Ober- und Unterkante des Werkstücks sowie zwei Glattschnittzonen auf, die meist in der Mitte durch eine Bruchzone getrennt sind. Das dreistufige Konterschneiden liefert im Vergleich zum zweistufigen Verfahren bessere Ergebnisse. Dies ist durch die jeweils kleineren Eintauchtiefen des Stempels in das Blech und somit auch kleineren Formänderungen im Werkstückwerkstoff bedingt, was zu einer geringeren Neigung zur frühzeitigen Rissausbildung führt. Es kommt damit zu keiner Zipfelbildung oder keinen Werkstoffüberhängen an der Schnittfläche. Auf Grund der Bedingungen

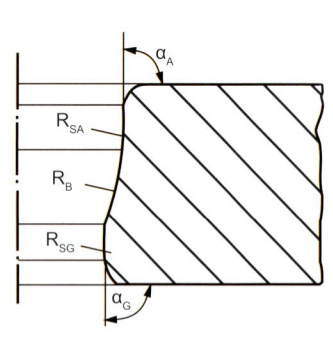

Abb. 10.61: *Schnittfläche beim dreistufigen Konterschneiden (Darstellung ist nicht maßstabsgerecht) (VDI 2906/6)*

Schnittflächen-Kenngrößen beim dreistufigen Konterschneiden

b_A, h_A	Kanteneinzug (Anschnitt)		α_G	Glattschnittflächenwinkel (Gegenschnitt)
h_{SA}, h_{SA}/s	Glattschnittfläche, Glattschnittflächenanteil (Anschnitt)		h_{SG}, h_{SG}/s	Glattschnittfläche, Glattschnittflächenanteil (Gegenschnitt)
α_A	Glattschnittflächenwinkel (Anschnitt)		R_{SG}	Rauheit der Glattschnittfläche (Gegenschnitt)
R_{SA}	Rauheit der Glattschnittfläche (Anschnitt)			
h_B, h_B/s	Bruchfläche, Bruchflächenanteil		b_G, h_G	Kanteneinzug (Gegenschnitt)
β	Bruchflächenwinkel		v_s	Glattschnittflächenversatz
R_B	Rauheit der Bruchflächen		s	Blechdicke

beim dreistufigen Konterschneiden bildet sich beim Anschnitt ein größerer Glattschnittanteil als beim Gegenschnitt aus (Abb. 10.61).

Vor diesem Hintergrund sind die beim Konterschneiden sowohl am Außen- als auch am Innenteil entstehenden gratfreien Schnittflächen als besonderes Qualitätsmerkmal dieses Scherschneidverfahrens hervorzuheben. Das Vorhandensein von Graten an geschnittenen Teilen ist in vieler Hinsicht ein Störfaktor. Für eine Aufnahme des Schnittteils in Vorrichtungen zur fertigungstechnischen Weiterbearbeitung aber auch beim Einbau in eine Produktgruppe behindern überstehende Grate eine maßgerechte Positionierung. Zudem führen Grate bei Fertigungsschritten, die an den Schneidvorgang gekoppelt sind, zu erhöhtem Verschleiß der Werkzeugelemente und natürlich auch zu erhöhter Verletzungsgefahr.

10.3.5 Stauchschneiden

Mit dem Stauchschneiden ist es möglich, glatte und gratfreie Schnittflächen auch an spröden Werkstoffen zu erzielen. Das in Japan entwickelte Verfahren ist unter dem Namen „Opposed Dies Shearing Process" bekannt. Es weist, hinsichtlich des Werkzeugaufbaus, große Ähnlichkeiten mit dem Feinschneiden auf. Der wesentliche Unterschied besteht darin, dass ein Stauchstempel nicht nur zur Erzeugung einer Druckspannung eingesetzt wird, sondern auch aktiv an der dem Zerteilvorgang vorangehenden Umformung eingreift. Erst wenn das Stauchwerkzeug eine bestimmte Eindringtiefe in das Material erreicht hat, wird der restliche Querschnitt zerteilt. (Kondo 1975; Lange 1990)

10.3.5.1 Verfahrensablauf

Zum Stauchschneiden von Außenkonturen werden eine Schneidplatte, ein Schneidstempel, ein Stauchstempel und ein Gegenhalter, der zugleich auch als Ausstoßer fungiert, benötigt (Abb. 10.62, links). Der Stauchstempel weist, im Schnitt betrachtet, schräge Flanken auf, die nach außen gerichtet sind.

Beim Stauchschneiden von Innenkonturen befindet sich der Stauchstempel im Inneren der Schneidplatte, wobei die schrägen Flanken nach innen zeigen (Abb. 10.62, rechts). Das Blech wird über einen Niederhalter gegen die Schneidplatte gedrückt. Zudem muss das Blech vorgelocht sein, damit der Werkstoff ungehindert in die Öffnung des Stauchstempels abgeschert werden kann.

Für das Stauchschneiden sind in der Folge drei voneinander unabhängige Werkzeugbewegungen erforderlich. Hierfür werden dreifachwirkende hydraulische Pressen eingesetzt.

Nachfolgend wird das Stauchschneiden von Außenkonturen im Detail erläutert. Die Erkenntnisse hieraus lassen sich unter Berücksichtigung des abweichenden Werkzeugaufbaus auch auf das Stauchschneiden von Innenkonturen übertragen.

Im ersten Verfahrensschritt wird der Stauchstempel mit seiner schmalen Stirnfläche, deren Breite zwischen 30 bis 40 Prozent der Blechdicke variieren kann, mit einer definierten Kraft F_{St} auf das Blech gepresst (Abb. 10.63 b). Infolge des hohen Drucks wird der Werkstoff durch einen Abschervorgang entlang der Linie AB überwiegend nach außen verdrängt, bis der Stauchstempel etwa 75 bis 80 Prozent der Blechdicke in den Werkstoff eingetaucht ist. Um das Abfließen des Abfalls vom Schnittteil zu erleichtern, sollten die Flanken des Stauchstempels – wie in Abb. 10.63 angedeutet – entsprechend gekrümmt gestaltet sein. Die verbleibende Werkstoffdicke wird schließlich durch den Schneidstempel getrennt. Während dieses Vorgangs wird das Werkstück zwischen Schneidstempel und Gegenhalter mit der Kraft F_{GH} fest eingespannt, um eine bleibende Durchbiegung des Blechs innerhalb der Schnittlinie zu unterbinden. Nach erfolgter Werkstofftrennung wird das Bauteil durch den, nun als Ausstoßer fungierenden, Gegenhalter aus der Schneidplatte befördert. (Kondo 1975)

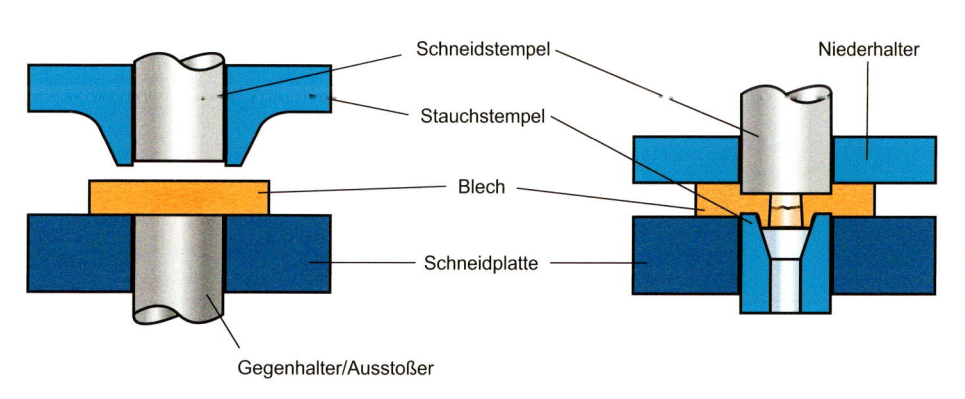

Abb. 10.62: Stauchschneiden von Außenkonturen (links); Stauchschneiden von Innenkonturen (rechts) (Kondo 1969)

Abb. 10.63: Ablauf beim Stauchschneiden von Außenkonturen: a) offenes Werkzeug; b) Stauchschneiden; c) Ende des Stauchschneidens; d) Ausschneiden; nach (Kondo 1996)

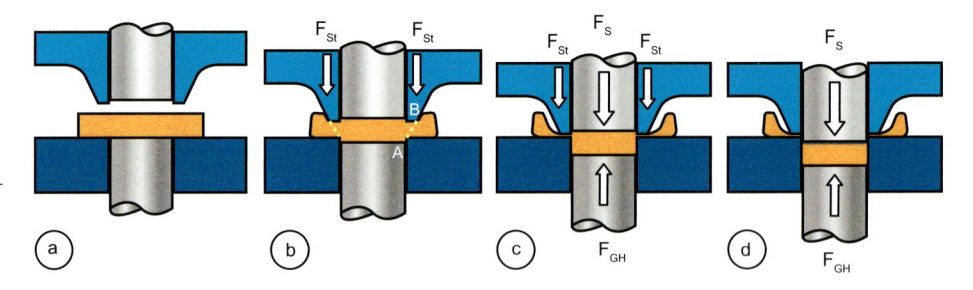

Der größte Verschleiß tritt beim Stauchschneiden an der Schneidplatte auf, da im letzten Verfahrensschritt, dem Ausschneiden, sowohl die Kraft des Stauchstempels als auch die eigentliche Schneidkraft auf die Schneidplatte wirken. Zudem führt das lange Fließen des Werkstoffs in der Phase des Stauchschneidens und Ausschneidens zu einer hohen Kantenbelastung. Beim Stauchstempel wird die äußere Kante viel stärker als die innere belastet, da dort der abgedrängte Werkstoff abfließt. Allerdings wirkt sich der Verschleiß an der äußeren Kante nicht negativ auf die Qualität des Schnittteils aus. In der letzten Phase des Prozesses (Abb. 10.63 d) wird für den Zerteilvorgang nur noch ein geringer Hub und eine niedrige Schneidkraft benötigt, um das Schnittteil zu trennen. Aus diesem Grund fällt der Verschleiß am Schneidstempel gering aus, wodurch hohe Standzeiten mit diesem erreicht werden können.

10.3.5.2 Werkstoffe und Schnittflächenqualität

Durch das Stauchschneiden lassen sich die unterschiedlichsten Werkstoffe mit einer Dicke bis zu 10 mm bearbeiten. Zum Stauchschneiden eignen sich weiche sowie harte und teils spröde Stähle, wie z. B. Werkzeugstähle mit hohem Formänderungsvermögen, Chrom-Nickel-Stähle, unlegierte und hochlegierte Stähle. Aber auch Schnittteile aus Nichteisenmetallen, Phenolharzlaminaten, Kunststoffen oder sogar aus glasfaserverstärkten Kunststoffen können mit diesem Verfahren hergestellt werden. (Garreis 1978)

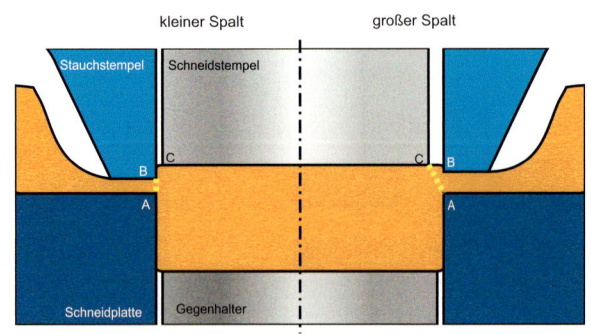

Abb. 10.64: Scherflächenausbildung beim Stauchschneiden von Außenkonturen (Kondo 1975)

Das gratlose Schneiden ist ein besonderes Merkmal des Stauchschneidens, weil bei allen anderen Präzisionsschneidverfahren, mit Ausnahme des Konterschneidens, immer ein Schnittgrat am Werkstück verbleibt. Gleichzeitig wird der Kanteneinzug infolge des Stauchvorgangs erheblich vermindert. Dadurch sind scharf ausgeprägte Konturen ohne Schnittgrat am Werkstück möglich. Infolge des Schneidmechanismus ist der Einfluss des Werkstückwerkstoffs auf die Qualität der Schnittfläche gering. Durch die feste Einspannung des späteren Bauteils zwischen Gegenhalter und Schneidstempel während des Stauchprozesses wird eine Bauteildurchbiegung nahezu vermieden.

Zur Vermeidung des Schnittgrats müssen mehrere Voraussetzungen erfüllt werden. Die Eindringtiefe des Stauchstempels in das Blech muss groß und der Spalt zwischen Stauch- und Schneidstempel klein genug gewählt werden. Auf diese Weise erfolgt das Abscheren an der Linie AB (Abb. 10.64, links), wodurch die Gratausbildung unterdrückt wird. Bei geringer Eintauchtiefe und großem Spalt wird der Riss zwischen den beiden Schneidkanten der Schneidplatte und des Schneidstempels, d. h. entlang der Linie AC (Abb. 10.64, rechts), initiiert. Grat bildet sich infolgedessen aus.

Zu hoher Druck führt zu einer Werkstoffverdrängung in den Spalt zwischen Stauch- und Schneidstempel, wodurch ein Grat entstehen kann. Der Werkstoff sollte somit möglichst ungehindert vom Stauchstempel abfließen können. Der Werkstoffstau in der Scherzone sollte daher so niedrig wie möglich sein. Er muss dennoch ausreichend hoch sein, um die Ausbildung von Rissen im Werkstoff unterdrücken zu können.

Die in der Scherzone herrschenden Druckspannungen und der damit verbundene Werkstoffüberschuss im Spalt zwischen Schneidstempel und Schneidplatte bewirken zudem eine Verringerung des Kanteneinzugs. Dieser Effekt verbessert sich, umso weniger Abfall durch den Stauchstempel verdrängt werden muss. Bei der Fertigung vom Band (Coil) sollten daher vor dem Ausschneiden der Werkstücke entsprechende Partien im Stanzstreifen freigeschnitten werden, um entlang der Schnittlinie konstante und schmale Stege zu erhalten. (Lange 1990)

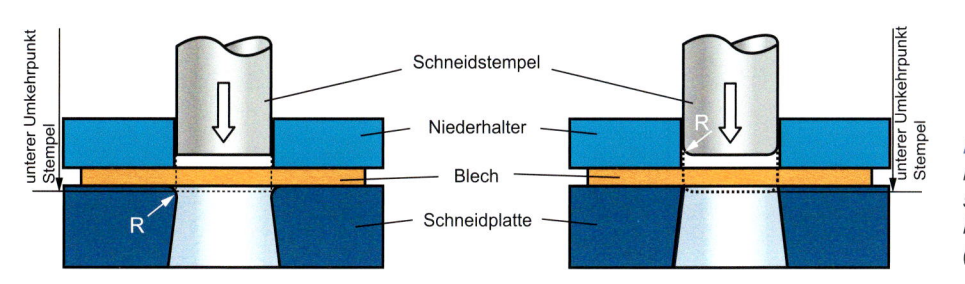

Abb. 10.65: Schneiden mit negativem Schneidspalt: rechts: Lochen, links: Ausschneiden (Meyer 1962)

10.3.6 Schneiden mit negativem Schneidspalt

Dieses Präzisionsschneidverfahren ist durch einen Schneidstempel gekennzeichnet, dessen Außenabmessungen größer sind als der entsprechende Schneidplattendurchbruch. Infolge des daraus resultierenden negativen Schneidspalts wird der Blechwerkstoff während des Schneidvorgangs auf eine dem Vorwärtsfließpressen ähnliche Weise in die Schneidplatte gedrückt und zerteilt. Dieser Prozess wird zusätzlich durch die Abrundung einzelner Werkzeugaktivteile unterstützt. Somit lässt sich sowohl beim Ausschneiden als auch beim Lochen über die gesamte Blechdicke Glattschnitt realisieren. Das Entgraten der Werkstücke nach dem Schneiden entfällt jedoch nicht. Für das Schneiden mit negativem Schneidspalt sollten vorwiegend Nichteisenmetalle mit einem hohen Formänderungsvermögen verwendet werden. (Meyer 1962)

Für dieses Verfahren werden – wie z.B. beim Normalschneiden – ein Schneidstempel und eine Schneidplatte benötigt (Abb. 10.65).

Das zum Erreichen des negativen Schneidspalts notwendige Übermaß für den Schneidstempel beträgt in der Regel 10 bis 20 Prozent der Blechdicke. Diese Zugabe erfolgt bei runden Außen- oder Innenkonturen gleichmäßig über den Umfang des Stempels. Weisen die Schnittteilkonturen jedoch Ecken oder Vorsprünge auf, so wird an diesen Stellen eine Zugabe von 20 bis 40 Prozent der Blechdicke vorgenommen. An Einbuchtungen reduziert sich die Zugabe auf 5 bis 10 Prozent der Blechdicke (Romanowski 1959). Durch die hohen Druckspannungen im Blech, welche vom negativen Schneidspalt herrühren, wird das plastische Fließen des Werkstoffs begünstigt. Eine vorzeitige Rissbildung in der Schneidzone wird somit verhindert und Glattschnitt bildet sich über der gesamten Blechdicke aus. Dies wird durch eine Schneidkantenverrundung am Schneidstempel bzw. der Schneidplatte noch zusätzlich unterstützt. Beim Lochen ist die Kante der Schneidplatte sehr stark abgerundet (Abb. 10.65, links). Der Radius R der Verrundung kann mehrere Millimeter betragen. Der Blechwerkstoff wird durch den Schneidstempel in die Schneidplatte gedrückt, bis dieser die Kantenverrundung erreicht hat und den Abfall vom Schnittteil trennt. Auf Grund des negativen Schneidspalts kann der Schneidstempel nur bis zur Kantenverrundung eintauchen, um einen Zusammenstoß der Werkzeugaktivelemente zu verhindern. Beim Ausschneiden ist die Kantenverrundung entgegengesetzt der beim Lochen, d.h. die Kante der Schneidplatte bleibt scharf, während die Stempelkante mit der entsprechenden Rundung versehen wird (Abb. 10.65, rechts). Diese starken Kantenverrundungen führen jedoch zu einer verstärkten Gratausbildung.

Zum Schneiden mit negativem Schneidspalt eignen sich einfachwirkende Pressen, die eine sehr präzise Einstellung der Eindringtiefe des Schneidstempels ermöglichen. Ohne diese exakte Steuerung des Pressenhubs würde entweder der Werkstückwerkstoff nicht vollständig getrennt oder im ungünstigsten Fall das Schneidwerkzeug beschädigt werden. Die Anforderungen an Werkzeuge zum Schneiden mit negativem Schneidspalt sind entsprechend den Pressenanforderungen ebenfalls sehr hoch. Eine entscheidende Rolle nimmt die Ausrichtung von Schneidplatte zu Schneidstempel ein. Eine Verriegelung des Schneidwerkzeugs während des Schneidprozesses sowie minimale Fertigungstoleranzen sind gefordert.

Abb. 10.66: Längsteilanlage (Schuler 1996)

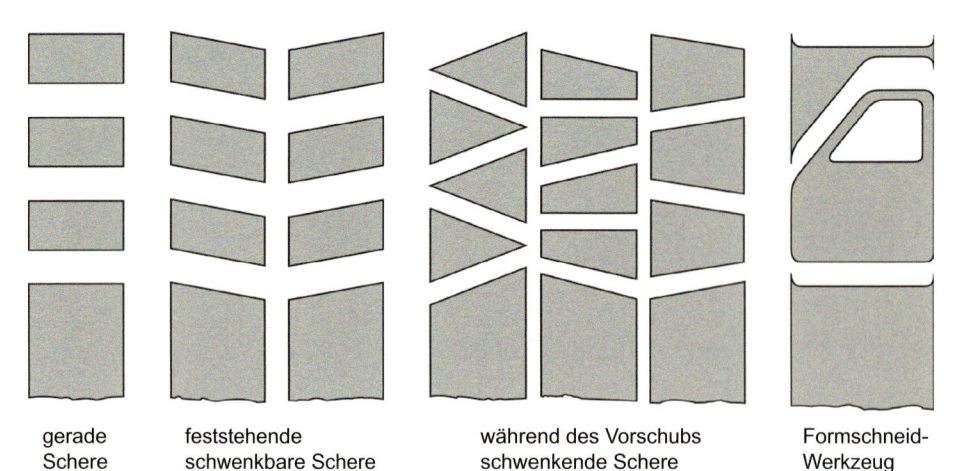

Abb. 10.67: *Platinenformen, eingeteilt nach der Art der Platinenschneidanlage*

gerade Schere | feststehende schwenkbare Schere | während des Vorschubs schwenkende Schere | Formschneid-Werkzeug

10.4 Maschinen zum Zerteilen

Die beschriebenen Zerteilvorgänge werden verfahrens- und bauteilabhängig auf geeigneten Anlagen ausgeführt. Neben Längsteilanlagen zum Spalten eines Coils und Platinenschneidanlagen für die Herstellung von Blechzuschnitten, sind die wichtigsten Zerteilanlagen für die Bauteilfertigung mechanische und hydraulische Pressen. Zum Trennen eines Coils in mehrere schmale Bänder (Spaltband) werden Längsteilanlagen (Spaltanlagen, vgl. Abb. 10.66) verwendet. Durch kreisrunde, rotierende Messer wird der Werkstoff verlustfrei geschnitten. Die wesentlichen Bestandteile einer Längsteilanlage sind neben Ab- und Aufwickelhaspel insbesondere die Kreismesserschere und das Bremsgerüst. Von der Abwickelhaspel wird das Coil abgezogen, mit den Rollenscherenmessern in schmalere Bänder getrennt und mittels Bremsgerüst und Aufwickelhaspel wieder zu festen Ringen aufgewickelt. Üblicherweise liegt der Banddickenbereich zwischen 0,2 mm und 10 mm. Die Ausgangscoils können zwischen 5 t und 30 t wiegen. Die Produktionsgeschwindigkeit von Längsteilanlagen liegt zwischen 100 und 500 m/min. Das Umrüsten der Messer und das Abnehmen sowie Umreifen der Spaltbänder mit Packband kann zum Engpass der Anlage werden. (Schuler 1996)

Zur Herstellung mittlerer und großflächiger Blechformteile, die in der Regel nicht vom Coil, sondern von vorgeschnittenen Platinen gefertigt werden, dienen Platinenschneidanlagen. Ihre Bestandteile sind die Bandanlage, die Schere oder Schneidpresse und die Stapelanlage. Je nach Stückzahl und Verschnittoptimierung wird ein geeignetes Schneidverfahren gewählt (Abb. 10.67). So können rechteckige Platinen mit einfachen Querteilanlagen geschnitten werden, während trapez- und parallelogrammförmige Zuschnitte einer Schwenkschere oder einem Schwenkwerkzeug bedürfen. Dabei wird die Schere oder das Werkzeug während jeder Vorschubbewegung in die jeweils andere Schwenkstellung gebracht.

Dagegen werden für Formschnitte, das sind komplizierte, geschlossene Schnittkonturen, die Durchbrüche enthalten können, Platinenschneidpressen (auch Formschneidanlagen genannt) benötigt. Schneidpressen sind schnelllaufende Exzenter- oder Gelenkantriebspressen in ähnlicher Bauart wie einfachwirkende Karosseriepressen, die Hubzahlen bis zu 80 Hub/min erreichen können. Sie werden mit hoher Steifigkeit und geringem Lager- und Führungsspiel gebaut. Der Stößel, der sich in der Regel mit einem Hub von 300 bis 450 mm bewegt, wird achtfach geführt.

Schneid- und Stanzteile aus dickeren Blechen, wie Kettenlaschen, Tellerfedern, Aluminium- und Münzplatinen, aber auch Bleche für Elektromotoren, werden häufig in Großserien hergestellt und erfordern Hochleistungsanlagen mit schnelllaufenden Pressen, sogenannte Schnellläuferpressen. Sie sind für höchste Hubzahlen gebaut (bis zu 2 000 Hübe/min) und mit einem mechanischen Antrieb ausgestattet. Bei hohen Hubzahlen treten Massenkräfte auf, welche die Maschine mit hohen dynamischen Belastungen beanspruchen. Da diese zu erhöhtem Maschinen- und Werkzeugverschleiß führen, sind Schnellläuferpressen mit einem vollen dynamischen Massenausgleich ausgestattet, der sowohl rotierende als auch oszillierende Massenkräfte ausgleicht. Als vorteilhaft erwiesen sich hierbei Systeme, die eine vollständige Eliminierung der auftretenden Massenkräfte durch direkt entgegengesetzt wirkende Massen erreichen. Oft werden auf diesen Pressen Stanzoperationen durchgeführt, d. h. zusätzlich zur Schneidoperation wird das Blech auch umgeformt oder gebogen. Das schlagartige Durchbrechen beim Schneiden der Bleche führt zu kurzzeitigen Kraftänderungen in der Maschine, die große dynamische Verlagerungen im Werkzeug bewirken können. Dies kann zu

10.4 Maschinen zum Zerteilen

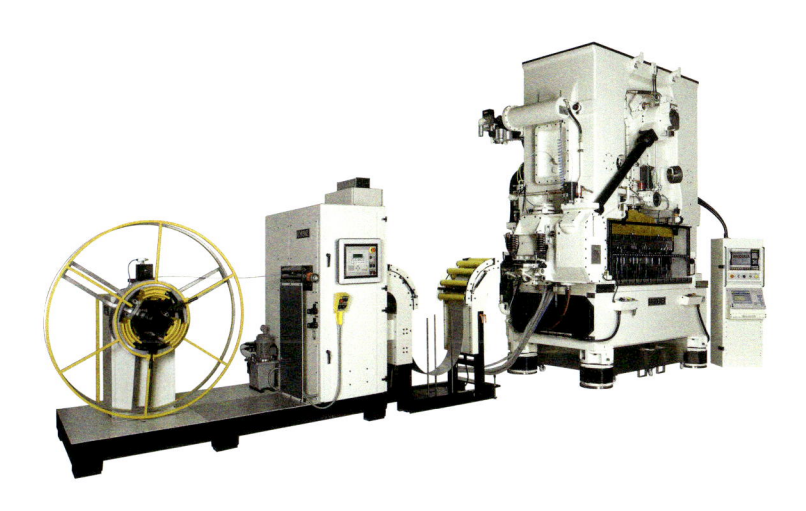

Abb. 10.68: Hochleistungs-Stanzautomat mit einer Nennkraft von 1600 kN und Hubzahlen von 100 bis 825 min^{-1} mit Pressenperipherie ohne Schallschutzkabine (Quelle: Bruderer AG, Frasnach, Schweiz)

einer Schwingungsüberlagerung der Stempelbewegung führen. Aufgrund des dadurch verlängerten Kontaktweges ist mit einer Zunahme der Reibung und damit auch mit mehr Verschleiß zu rechnen. Besonders ausgeprägt ist dieser sogenannte Schnittschlag beim Schneiden von höher- und höchstfesten Stählen. Bei Platinenschneidanlagen werden teilweise aktive hydraulische Dämpfungssysteme eingesetzt, welche die beim Schnittschlag frei werdende Energie teilweise auffangen.

Abbildung 10.68 zeigt eine Schnellläuferpresse, die mit einer Richt- und Coilhaspelanlage gekoppelt ist. Richtanlagen werden benötigt um eine gleichbleibende Planheit der zu verarbeitenden Platinen zu gewährleisten.

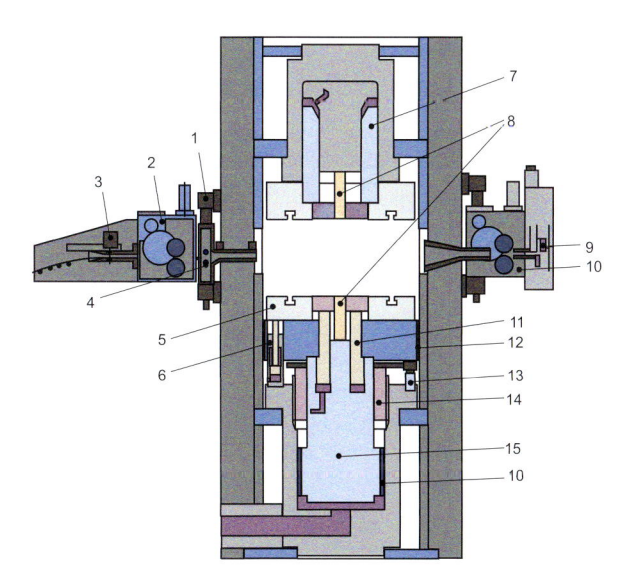

1 Vorschubhöhenverstellung, 2 Einlaufvorschub, 3 Einlaufrollenkorb,
4 Schmiersystem, 5 Wechselplattenspanntisch, 6 Schnellschließkolben,
7 Ringzackenkolben, 8 Mittenabstützung, 9 Abfalltrenner, 10 Auslaufvorschub,
11 Gegenhalterkolben, 12 Stößelführung, 13 Stellmotor, 14 Festanschlag,
15 Hauptarbeitskolben, 16 Stößelführung

Abb. 10.69: Schnitt durch eine hydraulische Feinschneidpresse (Schuler 1996)

An Feinschneidmaschinen werden im Vergleich zum Normalschneiden erhöhte Anforderungen gestellt. Sie müssen Ringzacken-, Gegenhalter- und Schneidkraft unabhängig voneinander erzeugen. Daher werden dreifachwirkende Pressen eingesetzt, die es ermöglichen alle drei benötigten Kräfte in ihrer Größe und wegabhängig zu regeln. Ringzacken- und Gegenhalterkraft werden in der Regel hydraulisch aufgebracht. Die Schneidkraft wird bei Maschinen bis etwa 1 600 kN Gesamtkraft mechanisch erzeugt. Größere Maschinen von 2 500 kN bis 25 000 kN Gesamtkraft sind mit hydraulischen Antrieben ausgestattet (Abb. 10.69). Die Gesamtkraft einer Feinschneidpresse setzt sich aus den oben genannten drei Kräften zusammen. Auf Grund des kleinen Schneidspaltes und den dadurch bedingten niedrigen Toleranzabweichungen ist neben einer hohen Steifigkeit der Maschine in vertikaler und horizontaler Richtung, eine hohe Führungsgenauigkeit des Stößels und eine exakte Ebenheit und Parallelität der Werkzeugspannflächen erforderlich (Birzer 1995). Feinschneidpressen haben daher große Ständerquerschnitte und starke Verrippungen, wodurch hohe Gestellsteifigkeiten erreicht werden. Die hohe Führungsgenauigkeit wird oft durch doppelte Stößelführungen und 8-Bahnen-Führungen in Rechteckanordnung realisiert.

Für die in Abbildung 10.69 dargestellte Feinschneidpresse sind zwei verschiedenen Antriebssystemen für den Stößel möglich: Der Antrieb kann direkt über eine Pumpe oder über einen zwischengeschalteten Druckspeicher erfolgen. Bei einem Direktantrieb arbeitet die Hydraulikpumpe bei jedem Schneidvorgang unmittelbar in den Hauptarbeitszylinder. Dagegen wird bei einem Druckspeicherantrieb ein Hochdruck-Akkumulator von der Pumpe kontinuierlich aufgeladen. Der große Vorteil eines Druckspeicherantriebs ist darin zu sehen, dass der Motor bzw. die Pumpe nicht auf den Spitzenbedarf beim Schneidvorgang ausgelegt werden muss, sondern dass mit einem mittleren Engeriebedarf über den Arbeitszyklus kalkuliert werden kann (Hoffmann 1984). Druckspeicherantriebe benötigen daher in der Regel kleinere Pumpen, wodurch zusätzlich die Lärmemission der Presse reduziert wird.

Die Schnittgeschwindigkeit der Feinschneidpresse ist von der Dicke und dem Werkstoff des Blechs sowie der geometrischen Form des Schnittteils abhängig. Sie liegt bei typischen hydraulischen Pressen im Bereich von 3 bis 60 mm/s. Das Schließen erfolgt bei diesen Pressen meist mit 120 mm/s und das Rücklaufen des Stößels mit 135 mm/s (Schmidt 2007).

Literatur zu Kapitel 10

Beck, G.: Die Bedeutung des Werkstückwerkstoffes für das Feinschneiden (I)+(II), Bänder Bleche Rohre, Düsseldorf, Nr. 8+9, 1973.

Bennet, E. D.: The grip system: An alternative to fine blanking, Metal Stamping, Bd. 13, Nr. 11, Cleveland, 1979.

Birzer, F.: Wahl der geeigneten Werkzeugwerkstoffe und Wärmebehandlung, Tagungsband: Internationales Feintool-Feinschneid-Symposium, Biel (Schweiz), 1984.

Birzer, F.: Feinschneiden und Umformen: Wirtschaftliche Fertigung von Präzisionsteilen aus Blech, Verlag Moderne Industrie, Band 134, 1996.

De Gee, A. W. J.: Adhäsionsverhalten von Werkstoffen und Maßnahmen zur Verhinderung des Fressens von Bewegungselementen. In: Reibung und Verschleiß von Werkstoffen. Expert-Verlag, Grafenau, 1982, S. 75.

Demmel, P.; Hirsch, M.; Golle, R.; Hoffmann, H.: In-situ temperature measurement in the shearing zone during sheet metal blanking. In: Proceedings of the 14th International Conference on Advances in Materials and Processing Technologies (AMPT), Istanbul (Türkei), 2011.

Erdmann, C.: Mechanismen der Flitterentstehung beim Scherschneiden von Pressteilen aus Aluminiumblech, Dissertation, TU München, 2004.

Fritsch, C.: Einfluss der Prozessparameter auf das Feinschneiden von Aluminiumlegierungen. Dissertation, TU München, 2002.

Garreis, F.: Beschreibung von Genauschneidverfahren und ihrer Anwendungsgrenzen, Forschungszentrum für Umformverfahren Zwickau im VEB Kombinat Umformtechnik „Herbert Warnke", Erfurt, 1978.

GFT (Gesellschaft für Tribologie): Tribologie: Verschleiß, Reibung (Definition, Begriffe, Prüfung), Arbeitsblatt 7, Aachen, 2002.

Grimm, W.: Werkzeugsysteme und Werkzeugarten der Feinschneidtechnologie, Tagungsband: Internationales Feintool-Feinschneid-Symposium, Biel (Schweiz), 1984.

Guidi, A.: Nachschneiden, Bänder Bleche Rohre, Düsseldorf, 1963, S. 233 ff.

Guidi, A.: Nachschneiden und Feinschneiden. Carl Hanser Verlag, München, Wien, 1965

Hellwig, W.: Spanlose Fertigung: Stanzen. 8. Aufl., Friedr. Vieweg & Sohn Verlag, 2006

Hilbert, H. L.: Stanzereitechnik Band I Schneidende Werkzeuge. 6. Aufl., Carl Hanser Verlag, München, Wien, 1972.

Hirsch, M.; Demmel, P.; Golle, R.; Hoffmann, H.: Light Metal in High-Speed Stamping Tools. Key Engineering Materials 473 (2011), S. 259-266.

Hoffmann, H.; Panknin, W.: Anforderungen an moderne Feinschneidpressen. In: Tagungsband zum Internationalen Feintool-Feinschneid-Symposium, Biel (Schweiz), 1984.

Hoffmann, H.: Vergleich von Normal- und Feinschneiden. Technische Rundschau, Heft 40, 1991.

Hoffmann, H.; Hörmann, F.: Improving the Cut Edge by Counter-Shaving, Key Engineering Materials Vol. 344, Seite 217-224, Trans Tech Publications, Schweiz, 2007/1.

Hoffmann, H.; Hörmann, F.: Clean-Sheared and Rectangular Edges through Counter-Shaving. Production Engineering 1 (2007) 2, S. 157-162.

Hoffmann, H.; Maier-Komor, P.: Beschneiden von Hohlprofilen mit dem impulsmagnetischen Schneidverfahren, EFB-Forschungsbericht Nr. 319, 2010.

Hoogen, M.: Einfluss der Werkzeuggeometrie auf das Scherschneiden und Reißen von Aluminiumfeinblechen. Dissertation, TU München, 1999.

Hörmann, F.: Einfluss der Prozessparameter auf einstufige Scherschneidverfahren zum Ausschneiden mit endkonturnaher Form. Dissertation, TU München, 2008.

Hörmann, F.; Demmel P.: Qualitätsbeeinflussende Parameter. Blech Rohre Profile 56 (2009) 11, S. 14-17

Jahnke, H.; Retzke, R.; Weber, W.: Umformen und Schneiden. 3. Aufl., Verl. Technik, Berlin, 1971.

Klocke, F.; König, W.: Fertigungsverfahren – Umformen. 5. Aufl., Springer-Verlag, Berlin, Heidelberg, 2006.

König, W.; Rotter, F.: Stanzen von Löchern hoher Formtreue und Oberflächengüte in dickwandigen Bauteilen aus Stahl durch Anwendung der Feinschneidtechnologie. Forschungsbericht KfK-PFT 18, Kernforschungszentrum Karlsruhe, 1982.

Kondo, K.: Verfahren und Vorrichtung zum Feinschneiden von Werkstücken aus Blech, Patent Nr. 1918780C2, Deutsches Patentamt, Deutschland, 1969.

Kondo, K.: Das Stauchschneiden – ein neues Schneidverfahren für genaue Werkstücke mit glatten Schnittflächen, Industrie-Anzeiger, Bd. 97, Nr. 33, Essen, 1975.

Kondo, K.; Hirota, K.; Ohno, K.; Kato, H.: Research on Simplifictaion of Opposed Dies Shearing Process Utilizing Differential Pressure, Japan Society of Mechanical Engineering, Series C, Vol. 39, No. 2, 1996.

Krahn, H.; Eh, D.; Kaufmann, N.; Vogel, H.: 1000 Konstruktionsbeispiele Werkzeugbau – Umformtechnik – Schneidtechnik – Fügetechnik. Carl Hanser Verlag, München, Wien, 2009.

Kühlewein, R.: Einfluss der Prozessparameter auf das Nachschneiden schergeschnittener Konturen. Dissertation, TU München, 2003.

Kuhlmann, E. P.: Schabbearbeitung für die Fertigbearbeitung von Stanzteilen. Werkstatttechnik und Maschinenbau, Nr. 44, Berlin, 1954.

Lange, K.: Umformtechnik, Handbuch für Industrie und Wissenschaft – Bd. 3: Blechverarbeitung. Springer-Verlag, Berlin, Heidelberg 1990.

Liebing, H.: Erzeugung gratfreier Schnittflächen durch Aufteilen des Schneidvorgangs (Konterschneiden). Dissertation, Universität Stuttgart, 1979

Maeda, T.; Nakagawa, T.: Experimental investigation on fine blanking, Scientific papers of the Institute of physical and chemical research, 1968.

Meyer, M.: Verfahren zur Erzielung glatter Schnittflächen beim vollkantigen Schneiden von Blech. Dissertation, Hannover, 1962.

Maier-Komor, P.; Hoffmann, H.: Beschneiden von Hohlprofilen mittels Impulsmagnetfeldern. 30. EFB-Kolloquium „Blechbearbeitung", Bad Boll, 2010.

Mang, T.; Becker, H.; Schmoeckel, D.; Schubert, K.-H.: Schmierung und Schmierstoffe beim Normalschneiden von Blechen. In: Tagungsband zum 1. Umformtechnischen Kolloquium, IFU Darmstadt, S. 1-18, 1980.

Neugebauer, R.; Putz, M.; Bräunlich, H.; Kräusel, V.: Schneiden und Lochen – ein entwicklungsorientierter Bereich der Blechbearbeitung. In: Tagungsband zum Internationalen Konferenz „Neuere Entwicklungen in der Blechumformung", Fellbach, 2004.

Neugebauer, R.: Genauschneiden von Warmband verschiedener Stahlwerkstoffe und von Blechen ausgewählter Aluminiumlegierungen. EFB Forschungsbericht, Nr. 9394, 1996.

Oehler, G.; Kaiser, F.: Schnitt-, Stanz- und Ziehwerkzeug. 8. Aufl., Springer-Verlag, Berlin, Heidelberg, 2001.

Romanowski, W. P.: Handbuch der Stanzereitechnik. VEB Verlag Technik, Berlin, 1959.

Romanowski, W. P.: Handbuch der Kaltumformung (russische Fassung: Spravochnik po holodnoj shtampovke), Sechste Auflage, Leningrad „Maschinenbau" (Leningrad „Mashinostroenie",Leningradskoe otdelenie), 1979.

Rotter, F.: Feinschneiden dicker Bleche. Dissertation RWTH Aachen, 1984.

Schilp, H.; Hoffmann, H.: Entstehungsmechanismen der Flitterbildung und Möglichkeiten zur Reduzierung beim Scherschneiden von Aluminiumblechen. Internationale Tagung MEFORM 2006 am 29.-31.03.2006, Freiberg, 2006.

Schmidt, R.-A.: Umformen und Feinschneiden. Carl Hanser Verlag, München, Wien, 2007.

Schuler: Handbuch der Umformtechnik. Springer-Verlag, Berlin, Heidelberg, 1996.

Schweitzer, M.: Prozessspezifische Merkmale des Rotationsschneidens. Dissertation, TU München, 2001.

Stromberger, C.; Thomsen, T.: Glatte Lochwände beim Lochen. Werkstatt und Betrieb 98 (1965)10, S. ??-??.

Thomson, T.: Glatte Lochwände beim Lochen von Grobblechen. Dissertation, Darmstadt, 1966.

Timmerbeil, F.-W.: Untersuchung des Schneidvorganges bei Blech, insbesondere beim geschlossenen Schnitt. Dissertation, TH Hannover, 1957.

Wanzke, M.: Feiner Schnitt: Stanzen und Lochen von Blechteilen mit dem Feinschneid-Fließpreßverfahren auf einfach wirkenden Pressen Maschinenmarkt, Nr. 11, Würzburg, 1988.

Wanzke, M.: Methoden des Feinschneidens von Blechen – Das Integral Feinschneiden als flexible Alternative zum Feinschneiden Blech Rohre Profile, Nr. 40, Bamberg, 1993.

Richtlinien

VDI 2030 – VDI-Richtlinie 2030: Das Nachschneiden von Blech-Schnittflächen in der feinmechanischen Fertigung. Verein Deutscher Ingenieure, Düsseldorf, 1959.

VDI 2906/2 – VDI-Richtlinie 2906 Blatt 2: Schnittflächenqualität beim Schneiden, Beschneiden und Lochen von Werkstücken aus Metall: Scherschneiden. Verein Deutscher Ingenieure, Düsseldorf, 1994.

VDI 2906/3 – VDI-Richtlinie 2906 Blatt 3: Schnittflächenqualität beim Schneiden, Beschneiden und Lochen von Werkstücken aus Metall: Nachschneiden. Verein Deutscher Ingenieure, Düsseldorf, 1994.

VDI 2906/5 – VDI Richtlinie 2906 Blatt 5: Schnittflächenqualität beim Schneiden, Beschneiden und Lochen von Werkstücken aus Metall: Feinschneiden. Verein Deutscher Ingenieure, 1994.

VDI 2906/6 – VDI Richtlinie 2906 Blatt 6: Schnittflächenqualität beim Schneiden, Beschneiden und Lochen von Werkstücken aus Metall: Konterschneiden. Verein Deutscher Ingenieure, 1994.

11 Werkzeuge der Umformtechnik

11.1 Die Branche Werkzeugbau 733

11.2 Werkzeugarten 733
    11.2.1 Einteilung nach Verfahren 734
    11.2.2 Einteilung nach Einsatzart 736

11.3 Werkzeuganfertigung 738
    11.3.1 Designanalyse 738
    11.3.2 Machbarkeit 739
    11.3.3 Methodenplanung 740
    11.3.4 Konstruktion 743
    11.3.5 Gießmodell/Guss 745
    11.3.6 Mechanische Bearbeitung 746
    11.3.7 Werkzeugaufbau/-montage 749
    11.3.8 Serienbetrieb 752

11.4 Spezialwerkzeuge 752
    11.4.1 Werkzeuge zum Umformen von Aluminium 752
    11.4.2 Werkzeuge zum Presshärten 753

Hubert Waltl, Matthias Kerschner

11.1 Die Branche Werkzeugbau

Die Präzisionswerkzeugindustrie ist in Deutschland mit einem Umsatz von über 8 Mrd. Euro und über 70.000 Beschäftigten einer der größten Fachzweige des Maschinenbaus. Ihr Exportanteil liegt bei über 45 Prozent. Sie umfasst derzeit etwa 4.800 hauptsächlich klein und mittelständische Unternehmen, die in langer Tradition ein ausgeprägtes Wissen in der Werkzeugfertigung aufgebaut haben. Als Hersteller von Betriebsmitteln für ein weit gefächertes Produktspektrum von einfachen Gebrauchsgegenständen über Produkte mit höchst anspruchsvollem Design bis hin zu hochfunktionalen Geräten bietet der Werkzeugbau die Basis für eine effiziente und hochwertige Produktion. Er deckt dabei die Bereiche der Automobilindustrie, den Konsumgüterbereich (wie z.B. Werkzeuge für Verpackungen, Haushaltsgeräte) sowie die Anlagentechnik bis hin zur Luft- und Raumfahrttechnik ab.

Konkurrenz besteht im Wesentlichen aus süd- und osteuropäischen Ländern sowie aus Japan, Korea und China. Dem Werkzeugbau bietet der Standort Deutschland jedoch auch hervorragende Chancen, sich im Wettbewerb zu behaupten. Als ein wesentlicher Faktor ist hierbei die vorherrschende Produktivität zu nennen. So sind beispielsweise die Anfertigungszeiten für Umformwerkzeuge für Fahrzeugkarosserieteile seit 2000 um bis zu 60 Prozent gesunken.

Der Lehrberuf zum/r Werkzeugmechaniker/in ist ein nach dem Berufsbildungsgesetz anerkannter Ausbildungsberuf, der dem Berufsfeld Metall zugeordnet ist. Die Ausbildung dauert dreieinhalb Jahre.

Der Werkzeugbau agiert meist als Bindeglied zwischen Produktentwicklung und Produktion. Seine Leistungen erstrecken sich üblicherweise über die reine Werkzeuganfertigung hinaus und beinhalten neben Machbarkeitsuntersuchungen und Erstellen von Fertigungskonzepten auch eine Simulation des Fertigungsprozesses, um eine Absicherung der Produktion vor der Anfertigung der Betriebsmittel sicherzustellen. Dadurch wird eine zügige Werkzeuganfertigung mit geringem Optimierungsaufwand ermöglicht.

Repräsentativ für alle Branchen wird das Thema Werkzeuge im Folgenden am Beispiel des Fahrzeugkarosseriebaus betrachtet.

11.2 Werkzeugarten

Blechteile werden üblicherweise in mehreren Fertigungsschritten hergestellt. Hierzu gehören neben Prozessen des Umformens (wie z.B. Tiefziehen, Streckziehen, Biegen) auch die des Trennens (wie z.B. Beschneiden, Lochen). Karosserieteile werden in vier bis sechs Fertigungsschritten, auch Operationen genannt, hergestellt. Dabei werden Beschneide- und Nachformoperationen innerhalb eines Werkzeugs kombiniert. In Abbildung 11.1 ist die Operationsfolge für einen einteiligen Seitenwandrahmen dargestellt.

Die Fertigungsschritte sind dabei wie folgt auf die Werkzeuge aufgeteilt:

- Ziehen,
- Beschneiden und Lochen,
- Beschneiden und Nachformen,
- Einstellen und Lochen,
- Beschneiden, Lochen und Fertigformen sowie
- Fertigformen und Lochen.

Im Folgenden werden die Werkzeugarten in Aufbau und Funktion im Einzelnen beschrieben.

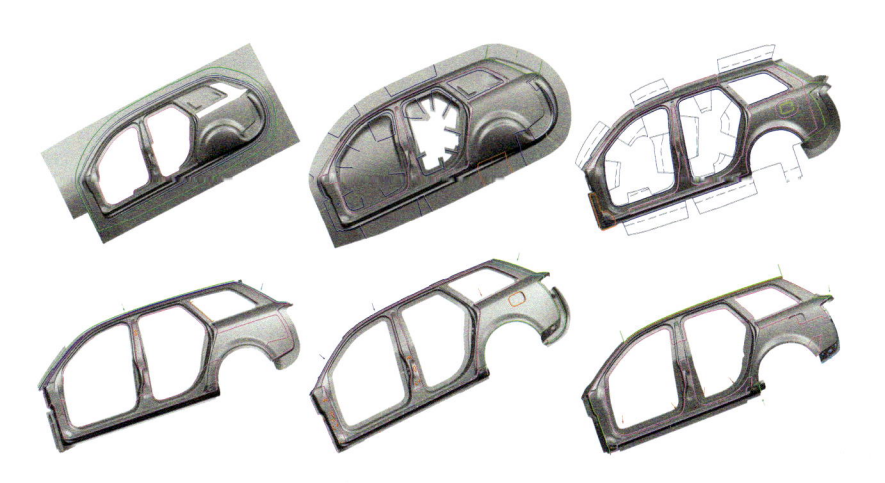

Abb. 11.1: *Operationsfolge eines einteiligen Seitenwandrahmens*

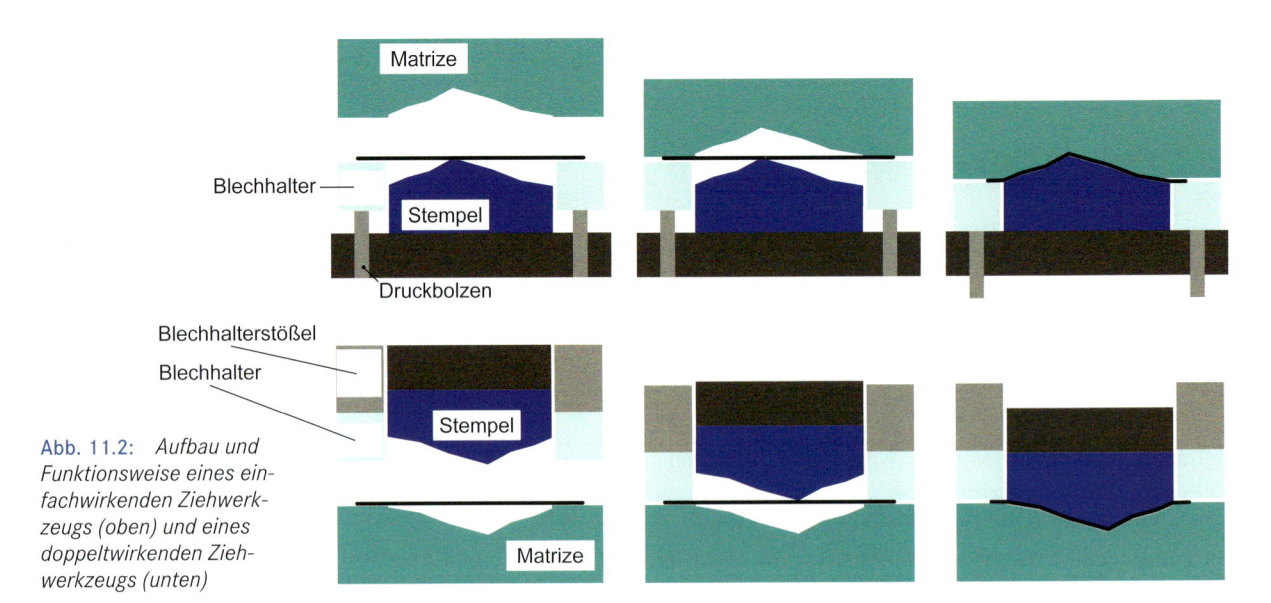

11.2 Werkzeugarten

Abb. 11.2: Aufbau und Funktionsweise eines einfachwirkenden Ziehwerkzeugs (oben) und eines doppeltwirkenden Ziehwerkzeugs (unten)

11.2.1 Einteilung nach Verfahren

11.2.1.1 Ziehen

Ziehwerkzeuge sind die ersten Werkzeuge im Bauteilentstehungsprozess. Sie dienen dazu, die Form des Blechteils im Tiefziehverfahren weitestgehend herzustellen.

Sie bestehen aus mehreren Elementen, welche in Abbildung 11.2 schematisch dargestellt sind. Der Stempel (Werkzeugunterteil) stellt die konvexe Seite und die Matrize (Werkzeugoberteil) die konkave Seite des späteren Blechteils dar. Der Blechhalter drückt die Platine gegen die Matrize. Stempel und Blechhalter sind unten auf dem Pressentisch angeordnet. Die Matrize ist am Obergestell der Presse kopfüber befestigt. Der Blechhalter ist im Ausgangszustand um eine definierte Höhe zum Stempel versetzt. Dieser Höhenversatz und die zur Umformung erforderliche Bewegung werden durch ein Ziehkissen realisiert, das über Druckbolzen (Pinolen) mit dem Werkzeug verbunden ist. Das bedeutet, dass eine Relativbewegung zwischen Stempel und Blechhalter stattfindet und dabei das Blech über den Stempel gezogen und in die Matrize geformt wird. Dabei realisiert das Ziehkissen eine definierte Haltekraft des Blechhalters. Bei dieser Werkzeuganordnung und -kinematik handelt es sich um einfachwirkendes Ziehen. Im Vergleich dazu wird beim doppeltwirkenden Ziehen die Bewegung des Blechhalters nicht über ein Ziehkissen, sondern einen separaten Blechhalterstößel realisiert. Der Werkzeugaufbau ist dann üblicherweise um 180° gedreht.

Bei modernen Großpressen in der Automobilindustrie kommt überwiegend das einfachwirkende Ziehen mit Ziehkissen zum Einsatz. Abbildung 11.3 zeigt das Unterteil (Stempel und Blechhalter) eines Ziehwerkzeugs für ein PKW-Dach.

11.2.1.2 Beschneiden

Nach dem Umformen werden in Beschneidewerkzeugen die Bereiche des Bleches abgetrennt, die nur zur Formgebung benötigt werden (Blechhalterflächen, Ankonstruktion) nicht aber am späteren Fertigteil. Mit Schneidwerkzeugen werden Ausschnitte (wie z. B. Fenster, Türen) und die Außenkontur des Blechteils - in mehreren Beschneidvorgängen - hergestellt. Dabei wird das Blechteil durch einen Formaufsatz im Werkzeugunterteil positioniert, mit Niederhaltern im Werkzeugoberteil oder auf Beschneideschiebern fixiert und durch die Schneidsegmente geschnitten (Abb. 11.4).

Abb. 11.3: Stempel und Blechhalter Ziehwerkzeug „Dach"

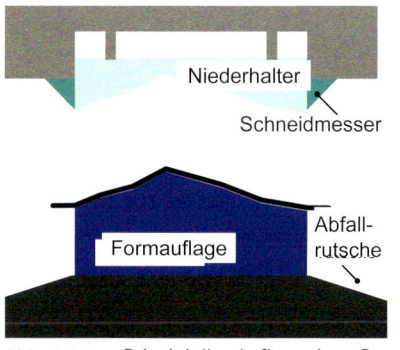

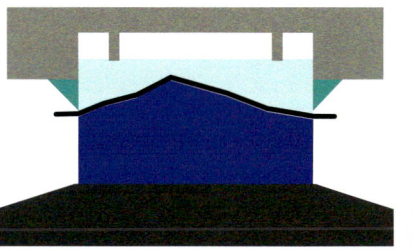

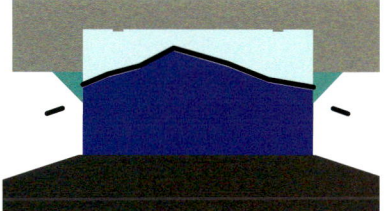

Abb. 11.4: *Prinzipieller Aufbau eines Beschneidewerkzeugs*

Besondere Aufmerksamkeit ist bei diesen Werkzeugen auf eine genaue Einhaltung des Schneidspalts (lichte Weite zwischen Ober- und Untermesser) und eine prozesssichere Abfallableitung zu richten. Die Einstellung des Schneidspaltes beeinflusst sowohl die Gratbildung am Blechteil als auch den Verschleiß an den Schneidmessern (vgl. Kap. 10 „Zerteilen").

Zur Abfallableitung sind am Werkzeug Abfallrutschen angebracht, sodass die Blechabfälle über eine schiefe Ebene aus dem Werkzeug weggeführt werden (Abb. 11.5). Anschließend fallen diese Abfälle in pressenseitige Abfallschächte, die über Förderbänder den Abfall sammeln und dem Recycling zuführen. Bei der Auslegung der Werkzeuge ist daher zu beachten, dass die Abfälle im Querschnitt nicht die Dimension des Abfallschachtes übersteigen, um Abfallstauung zu vermeiden.

Bei der Beschnittausführung ist zu unterscheiden, ob es sich um einen Bauteilbeschnitt handelt, bei dem die Beschaffenheit der Schnittkante ein Qualitätsmerkmal des Fertigteils darstellt, oder ob es sich um das Zerteilen von Abfällen zur Reduzierung der Abfallgröße handelt, bei dem oftmals auf Niederhalter verzichtet wird, um den Aufwand im Werkzeug zu reduzieren.

Werkstoffe für Schneidmesser sind üblicherweise die Stahlgusslegierungen 1.2333 oder 1.2379 sowie deren geschmiedete Varianten. Messer aus Graugusswerkstoffen sind für die lokal hohen Schnittkräfte im Großserienbetrieb nicht geeignet.

11.2.1.3 Nachformen/Weiterformen

In Nachformwerkzeugen (Abb. 11.6) werden weitere Formgebungen, wie Flansche ab- und einstellen oder Radien schärfen, durchgeführt. Da diese Operationen meist unterschiedliche Kraftwirkungsrichtungen benötigen, die nicht der Stößelbewegung entsprechen, werden Werkzeug-elemente über Keil- oder Drehschieber in der jeweiligen Wirkrichtung betätigt.

Müssen Hinterschnitte in Bauteilbereiche eingebracht werden, kann dies über Schieberfunktionen realisiert werden (Abb. 11.7). Hierfür wird beispielsweise ein Teil der Formauflage als Füllschieber realisiert, der nach der Umformung die Entnahme des Bauteils ermöglicht. Die Umformung selbst erfolgt durch einen Arbeitsschieber, weitere Funktionen können ebenfalls über Schieber realisiert werden, beispielsweise Niederhaltefunktionen oder Beschnittoperationen.

Abb. 11.5: *Werkzeugunterteil Beschneiden „Dach"*

Abb. 11.6: *Werkzeugunterteil Nachformen „Dach"*

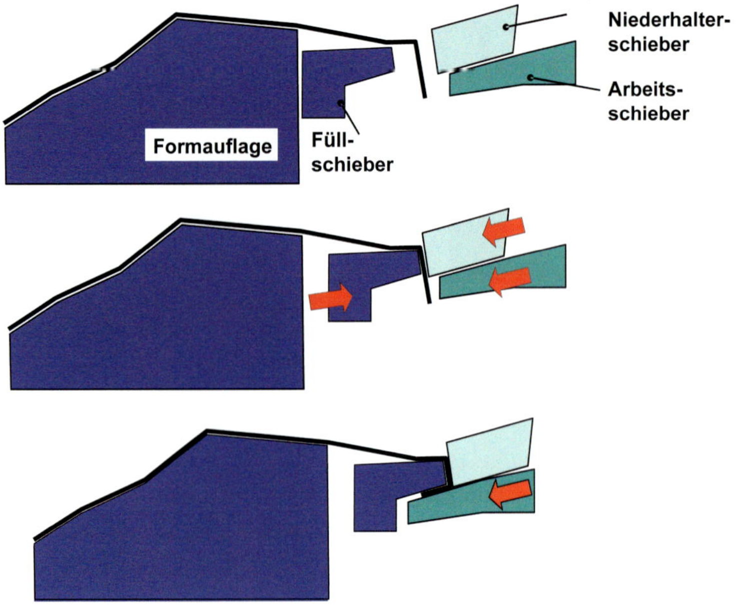

Abb. 11.7:
Prinzipieller Aufbau einer Schieberfunktion

11.2.2 Einteilung nach Einsatzart

Neben der Einteilung in die eingesetzten Fertigungsverfahren lassen sich Umformwerkzeuge auch in ihrer Einsatzart unterscheiden. Je nach Anforderung an Stückzahl, Teilequalität und der Zielsetzung ist eine Ausführung als Großserien-, Kleinserien-, Prototypen- oder Versuchswerkzeug möglich.

11.2.2.1 Prototypenwerkzeuge

Prototypenwerkzeuge werden zur Herstellung von ersten Bauteilen eines Fahrzeugs bzw. Produktes hergestellt. Ziel ist dabei, mit möglichst wenig Aufwand eine geringe Stückzahl an Bauteilen herzustellen. Diese Bauteile werden dann in Prototypen zu Funktionstests (z.B. Erprobungsfahrten) eingesetzt. Die Stückzahlen bewegen sich in einer Größenordnung von 50 bis 100 Teilen.

Über Werkzeuge werden daher nur die technologisch wichtigsten Funktionen abgedeckt, üblicherweise ist das die Ziehstufe. Alle weiteren Operationen (wie z.B. Beschneiden, Flansche abstellen) werden in manueller Arbeit oder durch Laserbeschneiden durchgeführt.
Die wesentlichen Anforderungen an Prototypenwerkzeuge sind:

- kurze Anfertigungszeit,
- niedriger (Fertigungs-)Aufwand,
- hohe Wiederverwendbarkeit und
- niedriger Invest.

Werkzeuge, die diesen Anforderungen genügen, werden üblicherweise aus zinkbasierten Legierungen wie Cerrotru und Zamak oder aus Kunststoff hergestellt (Tab. 11.1). Cerrotru und Zamak zeichnen sich durch eine hohe Wiederverwendbarkeit aus. Nahezu 99 Prozent des eingesetzten Werkzeugwerkstoffs kann für weitere Werkzeuge wiederverwendet werden. Nur bei sehr hohen Anforde-

Tab. 11.1: *Vergleich der Eigenschaften von Werkstoffen für Prototypenwerkzeuge*

	Zamak	Cerrotru	Kunststoff
Zugfestigkeit	240 – 280 N/mm²	50 – 60 N/mm²	
Härte	100 – 30 HB	20 – 23 HB	Shore 87
Dichte	6,8 kg/dm³	8,58 kg/dm³	2,05 kg/dm³
Schmelzpunkt	400 – 430 °C	138 °C	
Schwindung	–1,2 %	+0,05 %	0
Recyclingquote	95 – 98 %	98 – 100 %	0

rungen oder hochfesten Stählen werden diese Werkzeuge aus Graugusslegierungen (GG25) angefertigt.

Zamak und Cerrotru sind auf Grund ihres niedrigen Schmelzpunkts und der Festigkeit leicht zu vergießen, zu zerspanen und zu verarbeiten. Die niedrige Härte führt im Werkzeugbetrieb jedoch zu geringer Standzeit. Üblicherweise können aus derartigen Werkzeugen 100 bis maximal 200 Bauteile gefertigt werden bis der Werkzeugverschleiß eine Nacharbeit erfordert.

11.2.2.2 Versuchswerkzeuge

Eine weitere Werkzeugart sind Versuchswerkzeuge, auch SE-Werkzeuge (Simultaneous Engineering) genannt. Diese Werkzeuge werden zum Zweck der Prüfung und Absicherung der Fertigungsmethode eingesetzt. Die Anforderungen an die Teilequalität sind der Serienproduktion gleichgestellt. Die Bauteile werden hinsichtlich Machbarkeit (Risse, Einschnürungen, Falten), Maßhaltigkeit (Rückfederung) und der Oberflächenqualität analysiert. In enger Abstimmung mit der Umformsimulation werden Feinkorrekturen an Ziehleistenverlauf und -geometrie sowie der Ankonstruktion und dem Platinenschnitt vorgenommen. Ziel ist, in der Anfertigung der Serienwerkzeuge keine methodenbedingten Optimierungen durchführen zu müssen.

Versuchswerkzeuge werden üblicherweise in Graugusswerkstoffen realisiert, um die Anforderungen an die Oberflächenqualität erfüllen zu können (Abb. 11.8). Auf Grund des daraus resultierenden sehr hohen Fertigungsaufwands werden diese Werkzeuge nur bei kritischen und anspruchsvollen Teilen eingesetzt, bei denen die Ermittlung vor allem der Oberflächenqualität und der Rückfederung noch nicht ausreichend prozesssicher in der FE-Simulation abgebildet werden kann. Dies betrifft üblicherweise die erste Ziehstufe. Aus diesen Werkzeugen werden nur wenige Bauteile angefertigt, die ausschließlich zum Erkenntnisgewinn für die Serienmethode verwendet werden.

Auf Grund des hohen Aufwands für zwei getrennte Werkzeuge werden, sofern der Terminplan bei der Produktentstehung es zulässt, Prototypen- und Versuchswerkzeuge miteinander kombiniert zu seriennahen Prototypenwerkzeugen. Somit kann die Fertigungsmethode für die Großserie bereits in den Prototypenteilen geprüft werden.

11.2.2.3 Großserienwerkzeuge

(Groß-)Serienwerkzeuge sind auf die Produktion eines Bauteils während der gesamten Produktlaufzeit und darüber hinaus für die Ersatzteilfertigung ausgelegt. Für ein Bauteil wird nur ein Werkzeug bzw. Werkzeugsatz angefertigt (Abb. 11.9). Ausnahmefälle, in denen Zweit- oder Mehrfachwerkzeugsätze angefertigt werden sind beispielsweise weltweit verteilte Produktionsstätten. In diesen Fällen können die Logistikkosten für den Teiletransport die Anfertigungskosten für einen Zweitwerkzeugsatz übersteigen.

Je nach geplanten Stückzahlen gibt es unterschiedliche Güteklassen von Werkzeugen. Um die Verschleißbeständigkeit, Wartungsaufwände etc. der zu produzierenden Stückzahl und den Losgrößen anzupassen, unterscheiden sich solche Werkzeuge in Materialien, Beschichtungen und möglicherweise auch in der konstruktiven Ausführung. Je nach Belastung werden Graugusswerkstoffe GG25 (niedrige Anforderung) bis hin zu GGG70L (hohe Anforderung) oder auch Stahlguss eingesetzt.

Von elementarer Wichtigkeit ist bei Serienwerkzeugen der prozesssichere Aufbau, um einen möglichst störungsfreien Betrieb mit hoher Verfügbarkeit zu gewährleisten.

Abb. 11.8: *Versuchswerkzeug*

Abb. 11.9: *Serienwerkzeuge*

Schieberelemente werden beispielsweise zwangsrückgeführt, damit keine Werkzeugschäden entstehen, falls Rückstellelemente versagen und sich das Werkzeug im nächsten Hub schließt.

Des Weiteren wird versucht, möglichst viele Funktionen in die Werkzeuge zu integrieren, da spätere zusätzliche Bearbeitungsschritte nur mit hohem Aufwand betrieben werden können. So werden an Karosserieteilen nach Möglichkeit alle Loch- und Umformoperationen durchgeführt, die für die anschließenden Füge- und Montagevorgänge erforderlich sind. Andernfalls würden die erforderlichen Locheinheiten zusätzliche Fertigungsmittel benötigen.

Ein weiterer Gesichtspunkt ist die Verschleißbeständigkeit. Der Verschleiß an den Werkzeugaktivflächen charakterisiert sich durch adhäsiven Verschleiß (Anhaftungen oder Aufschweißung von Metallteilchen oder Zinkabrieb) oder abrasiven Verschleiß (Ausbrechen oder Auswaschen von Werkzeugbereichen). Darüber hinaus ist auch Verschleiß durch Setzen und Abrieb von Führungen festzustellen, die zu ungenau geführten oder wackelnden Werkzeugelementen führen können.

Besonders verschleißgefährdete Zonen in Werkzeugen werden mit Einsätzen ausgeführt und Ersatzteile angefertigt. Dies bietet die Möglichkeit, in solchen Bereichen verschleißbeständigere Werkstoffe einzusetzen, andere Härtezustände einzustellen und gegebenenfalls einfach austauschen zu können.

Kennzeichnend für Serienwerkzeuge ist auch die Auslegung auf möglichst hohe Hubzahlen. Hubzahlbegrenzende Faktoren sind in diesem Zusammenhang der Bauteiltransfer beziehungsweise die hohen Beschleunigungen und Stöße, die sich an Werkzeugelementen wie Schiebern, Niederhaltern etc. ergeben.

Um all diese Anforderungen abdecken zu können, ist ein hoher Invest im Vergleich zu Prototypen-, SE-, oder Kleinserienwerkzeugen erforderlich. Die Rentabilität ist durch die hochautomatisierte Fertigung dennoch deutlich vorhanden.

11.2.2.4 Kleinserienwerkzeuge

Kleinserienwerkzeuge werden für Stückzahlen eingesetzt, bei denen die Bauteile nicht mehr handwerklich in Einzelteilfertigung hergestellt werden können, sondern aus Qualitäts- und Kostengründen in einem Werkzeug hergestellt werden müssen, jedoch nicht in hohen Stückzahlen, die ein Groß-Serienwerkzeug ermöglicht, benötigt werden.

Da solche Werkzeuge keiner hohen Dauerbelastung unterliegen, ist ein Ausweichen auf günstigere Werkzeugmaterialien möglich. Verbreitete Werkzeugwerkstoffe für Kleinserienwerkzeuge sind GGG70 oder GG25 anstatt GGG70L, Grauguss wird an Stelle von Stahlguss eingesetzt. Darüber hinaus sind bei einer Kleinserienproduktion nicht alle Fertigungsschritte im Werkzeug abgebildet. Beschneideoperationen können alternativ zum Werkzeugbeschnitt auch als Laserbeschnitt ausgeführt werden. Außerdem sind bei solchen Teilen manuell geplante Tätigkeiten wie Laschen umbiegen, Flansche abstellen oder Grat entfernen üblich bzw. wirtschaftlich sinnvoll gegenüber einer Realisierung im Werkzeug. Durch Hubzahl-angepasste Mechanisierungskonzepte oder sogar manuellen Bauteiltransfer können die Bauteile in günstigere Schwenklagen gebracht werden, sodass die Anzahl von Schiebern reduziert werden kann. Dies führt ebenfalls zu einfacheren Werkzeugkonzepten. Qualitativ dürfen sich die Bauteile jedoch nicht von denen aus Großserienwerkzeugen unterscheiden.

11.3 Werkzeuganfertigung

Der Werkzeugentstehungsprozess ist in den gesamten Produktentstehungsprozess integriert und gliedert sich in die drei Hauptphasen (Abb. 11.10)

- Konzeption und Konstruktion der Werkzeuge (parallel zur Fahrzeugentwicklung),
- Anfertigung und Einarbeit der Werkzeuge sowie
- Inbetriebnahme der Werkzeuge (parallel zum Anlauf der Serienproduktion).

11.3.1 Designanalyse

Die Arbeit des Werkzeugbaus beginnt weit vor der eigentlichen Werkzeuganfertigung. Bereits in der Konzept- und Designphase eines Produktes können wesentliche Hinweise zur prozesssicheren Fertigung gegeben werden. Grundsätzlich ist zu unterscheiden, ob eine Geometrie umformtechnisch herstellbar ist, ob Bauteilaufteilung in mehrere Einzelteile erforderlich ist, wie prozesssicher ein Fertigungskonzept ist und wie aufwändig.

Neben Durchsprachen am realen (Ton-)Modell oder am VR-Modell ist ein weiteres Hilfsmittel die Designanalyse der CAD-Daten mittels Lichtlinien.

Dabei wird die Krümmung der Oberflächen durch Reflexion von Lichtlinien dargestellt, die Krümmungsstetigkeit, Krümmungswechsel und Homogenität der Oberflächen kann überprüft werden. Diese Analyse wird auch über mehrere zueinander angrenzende Bauteile hinweg durch-

11.3.2 Machbarkeit

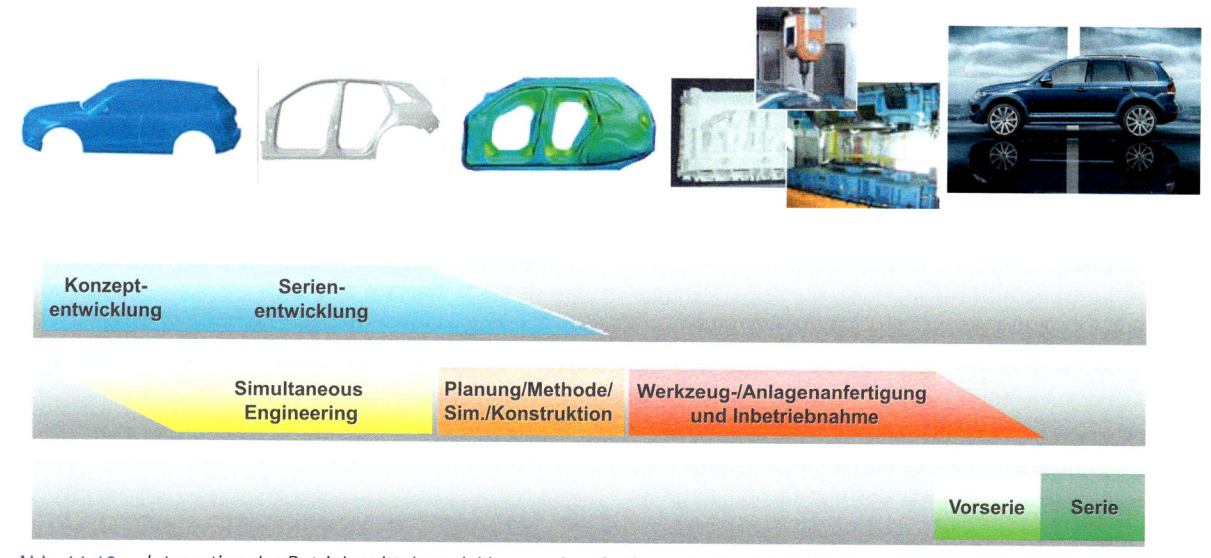

Abb. 11.10: *Integration der Betriebsmittelentwicklung und -anfertigung im Produktentstehungsprozess*

geführt, um über das gesamte Produkt einen gleichmäßigen Verlauf zu gewährleisten und eine „Girlandenoptik" beispielsweise über Kotflügel, Türen, Seitenteil zu vermeiden (Abb. 11.11).

Schon im Vorfeld ist es daher möglich, zusammen mit der Entwicklung und der Fertigung die erreichbaren Qualitätsgrenzen zu definieren. Kriterien wie Fugenbilder, Toleranzen, Radien, Falze, Passungen zu Leuchten oder Markanz von Designkanten werden dabei analysiert, optimiert und bewertet.

Das Ergebnis dieses Prozessschrittes ist die Oberflächendefinition unter Berücksichtigung der formalästhetischen, funktionalen, technischen und gesetzlichen Anforderungen als verbindliche Basis für die Konstruktionsabteilungen und den weiteren Entwicklungsprozess. Es ist das Spiegelbild der bis dato geleisteten Entwicklungsarbeit zwischen Design, Technik und Produktion.

11.3.2 Machbarkeit

Sobald die Bauteilgeometrie festgelegt ist, muss die Fertigungsfolge bestimmt werden (Grobkonzept). Hierunter ist zu verstehen, wie die Fertigungsschritte auf die einzelnen Werkzeuge eines Werkzeugsatzes aufgeteilt werden und welche Schritte erforderlich sind (Abb. 11.12). Flansche müssen ausgelegt werden, Stufen abgewickelt und Radien vergrößert, um aus dem Fertigteil das Ziehteil zu ermitteln. Die Ankonstruktion eines Ziehteils muss so gestaltet werden, dass ein fehlerfreies Ziehen der später sichtbaren Bauteilflächen bei geringem Materialeinsatz möglich ist. Nur in nicht direkt sichtbaren Bereichen ist ein Nachformen oder Weiterformen zulässig, weil dies zu Unstetigkeiten in der Oberflächenstruktur führt. Dies sind beispielsweise Türeinstiegsbereiche, Leuchten- und andere Anschlussflächen oder der Schwellerbereich.

Abb. 11.11: *Lichtlinienanalyse Türaußenteil*

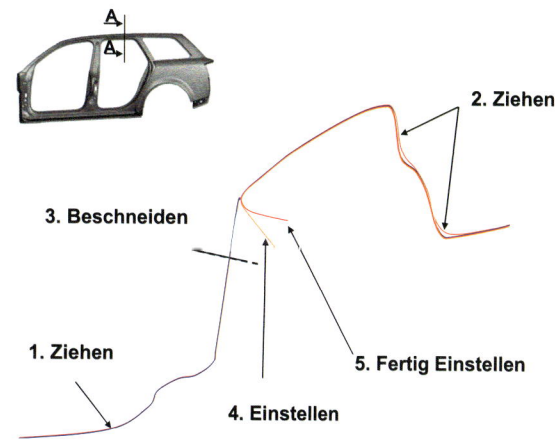

Abb. 11.12: *Fertigungsfolge im Schnitt am Beispiel Seitenteil – Schnitt A-A*

Hierfür wird das Bauteil in die Ziehlage eingeschwenkt und kann in den Folgewerkzeugen ebenfalls geschwenkt werden. Die maximal mögliche Gradzahl der Schwenkung ist abhängig von der Presse und deren Mechanisierung. Anschließend werden die Werkzeugfunktionen aufgeteilt in solche, die direkt über die Arbeitsrichtung der Presse realisiert werden können, oder für die eine Schieberoperation notwendig ist. Zu beachten ist auch, dass vorgegebene Schnittwinkel nicht überschritten werden, um die Schnittkantenqualität zu erreichen.

Hinterschnitte am Bauteil sowie seitliche Beschnitt- und Einstelloperationen sind nur über den Einsatz aufwändiger Schiebertechnik realisierbar.

Abgesichert werden diese Festlegungen über die FEM-Umformsimulation. Für die Auslegung muss eine hohe Anzahl von Vergleichsrechnungen durchgeführt und ausgewertet werden.

Bei der Methodenplanung ist auch auf ressourceneffizienten Materialeinsatz, Materialauswahl, Pressenauswahl und geringste Operationsanzahl zu achten. Der Materialnutzungsgrad errechnet sich aus dem Verhältnis zwischen tatsächlichem Bauteilgewicht und eingesetztem Blechwerkstoff

Materialnutzungsgrad =
Bauteilgewicht [kg] / Platinengewicht [kg]   (11.1)

Je nach Bauteilgeometrie liegt der Nutzungsgrad zwischen 40 und 80 Prozent. Gemittelt über eine komplette Fahrzeugkarosse können Werte um die 60 Prozent erreicht werden.

Zur Erhöhung des Materialnutzungsgrades wird versucht, Formplatinen zu schachteln und die Ziehteilflansche zu minimieren. Weitere Möglichkeiten sind die Doppel- und Mehrfachteilefertigung aus einer Platine oder die Nutzung von Bauteilausschnitten für weitere Teile (Trabantenfertigung). Beispielsweise kann das Material aus dem Fensterausschnitt eines Türaußenteils für die Herstellung eines weiteren Bauteils (Verstärkungs-/ Einssatzteile) genutzt werden (Nutzabfall).

Neben der generellen Herstellbarkeit sind auch der Teiletransfer und die weitere Bearbeitung zu berücksichtigen. Dies gilt insbesondere für instabile Außenhautteile wie beispielsweise ein Seitenteil eines Cabriofahrzeugs. Möglicherweise sind für solche Bauteile Verstärkungen zu belassen, die erst nach den Fügeoperationen zu einer Baugruppe im Karosseriebau entfernt werden.

11.3.3 Methodenplanung

11.3.3.1 Fertigungsfolgen

Der Methodenplaner erstellt im ersten Schritt ein Fertigungskonzept. Er legt fest, wie viele Fertigungsstufen (Operationen) für die Fertigung eines Bauteils erforderlich sind. Dies ist abhängig von der Bauteilgeometrie. Die maximale Anzahl an Fertigungsstufen wiederum ist durch die geplante Fertigungsanlage/Presse festgelegt. Üblicherweise stehen zur Fertigung von großen Karosserieaußenhautteilen Pressenstraßen/Großraumpressen mit 5-6 Stufen zur Verfügung. Bei der Auslegung müssen an die später sichtbare Bauteilgeometrie Flansche etc. angebracht werden. Dabei muss berücksichtigt werden, dass für jede Bearbeitung (wie z.B. Schneiden, Formen, Abstellen, Einstellen) ein separates Werkzeug benötigt

OP 80 Einstellen und Lochen

Einstellen FS 1
Einstellen AS 1
Niederhalterauflage
Fertigformbacken
Lochen S2
Vorformen S 3
Waren- u. Wochenstempel

Durchlaufrichtung

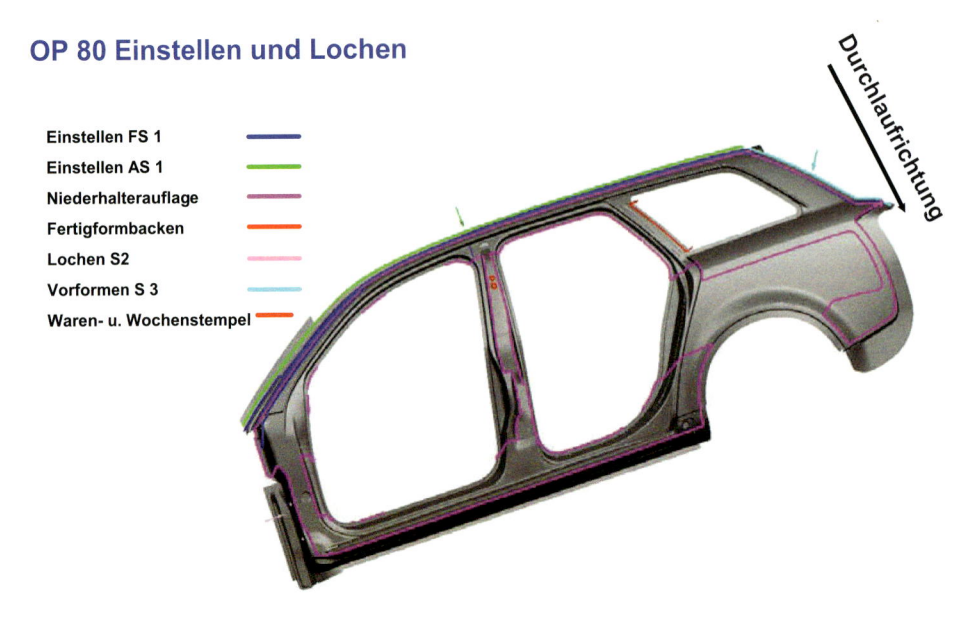

Abb. 11.13: Methodenkonzept einer vierten Werkzeugoperation – Einstellen und Lochen

wird. Zusätzlich muss die Wirkrichtung beachtet und gegebenenfalls die Pressenkraft durch Schieber in die erforderliche Bewegungsrichtung umgelenkt werden.

Des Weiteren erfolgt die Festlegung der Zieh- und Bearbeitungsrichtung in Folgestufen und die Durchlaufrichtung.

Beim Beschneiden sind die für das Material zulässigen Schnittwinkel zu berücksichtigen. Die Beschnittlinien müssen daher aufgeteilt werden in Konturen, die in Pressenbewegungsrichtung (einfach, prozesssicher) beschnitten werden, und Konturen, die mit Schiebern beschnitten werden (vgl. Abb. 11.13).

Zu beachten sind dabei auch Niederhalterflächen, die in nicht direkt sichtbare Bauteilbereiche gelegt werden müssen, damit später keine Abzeichnungen im Sichtbereich auftreten. Außerdem sind weitere Randbedingungen wie beispielsweise Abfallgrößen, Mechanisierung, Einzel- oder Doppelteilfertigung usw. zu beachten.

11.3.3.2 Umformsimulation

Die Methodenplanung stützt sich maßgeblich auf die Umformsimulation und Ergebnisse aus Referenzteilen. Hierfür wird mittels FE-Simulation der Umformvorgang abgebildet (Abb. 11.14). Anhand der errechneten Ausdünnung, Oberflächengeometrie und des Dehnungszustands können Aussagen über die Herstellbarkeit und Qualität eines Bauteils abgeleitet werden. Dies findet in iterativen Schritten mit mehreren Simulationsschleifen pro Bauteil statt. Dabei wird sowohl die Ankonstruktion erstellt und abgeändert, als auch weitere Prozessparameter variiert und ermittelt. In diese Abstimmarbeit fließen auch Erkenntnisse aus der Arbeit mit SE-Werkzeugen ein, die wichtige Randbedingungen liefern und den Abgleich mit der Realität ermöglichen. Dies wird mit Hilfe der Formänderungsanalyse, Abgleich des Flanscheinzugs und der Oberflächenqualität durchgeführt.

Die wesentlichen Kriterien dabei sind

- Blechhaltergeometrie,
- Ankonstruktion,
- Blechhalterkräfte,
- Platinengröße und Form,
- Ziehleistengeometrie und
- Ziehleistengröße.

Die Ankonstruktion, also die Flächen, die zur Herstellung eines Ziehteils an die Bauteilgeometrie angefügt werden muss, wird entweder im FEM Simulationsprogramm oder mit einem CAD Programm modelliert und aufgebaut.

Die Blechhalterfläche ist eben oder zur Einsparung von Material einfach gekrümmt. Zur Vermeidung von Faltenbildung beim Blechhalterschließen muss diese jedoch einfach abwickelbar sein, das heißt, jeweils nur in eine Richtung gekrümmt.

Die Ziehleisten werden in der Umformsimulation nicht geometrisch mitberechnet, sondern über eine Rückhaltekraft anhand des Linienverlaufs auf dem Blechhalter gesteuert.

Der Ziehleistenverlauf wird so gewählt, dass genügend Anpressfläche zwischen dem Radius der Bremsleiste und Matrize vorhanden ist und Abzeichnungen der Ziehleisten im Blech nicht im sichtbaren Bereich des späteren Bauteils liegen.

Die Geometrieform, die Radien und die Höhen der Leiste wird erst im Anschluss an die Umformsimulation festgelegt. Hierfür stehen Tabellen und automatische Berechnungsalgorithmen zur Verfügung. Alternativ zur Ziehleiste kann auch eine Absperrleiste eingesetzt werden (Abb. 11.15). Diese hat eine sehr hohe Rückhaltekraft und verhindert einen Materialfluss nahezu vollständig. Ein-

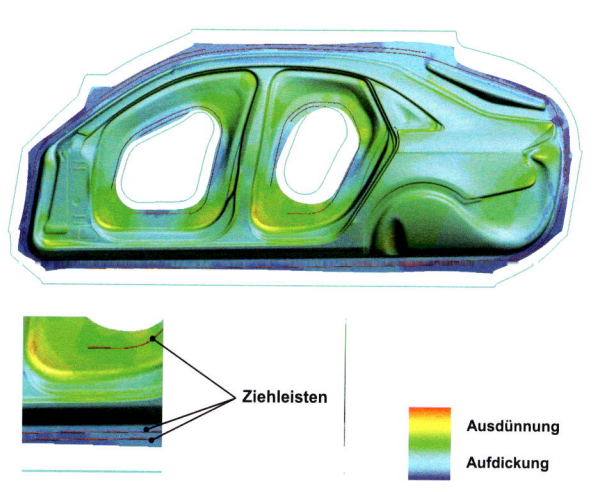

Abb. 11.14: *Umformsimulation – Darstellung der Ausdünnung sowie Detail Ziehleisten*

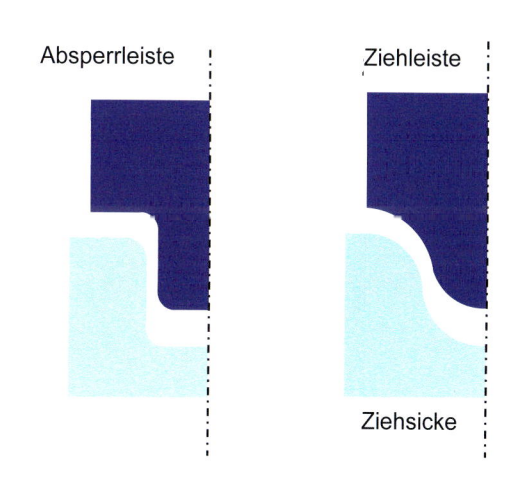

Abb. 11.15: *Querschnitt Absperrleiste und Ziehleiste*

gesetzt werden Absperrleisten in der Regel bei schwach gekrümmten Außenteilen wie Türen oder Dächer.
Je nach benötigter Rückhaltekraft bzw. Kraftverlauf kann auch eine zweite parallel verlaufende Ziehleiste eingesetzt werden. Zu beachten sind jedoch die dann sehr hohen Kräfte zum Ausprägen der Bremsleisten. Möglicherweise reichen in diesem Fall die Blechhalterkräfte nicht mehr zum Schließen aus und es bilden sich trotz hoher Rückhaltekräfte Falten und Welligkeiten im Flanschbereich.

Das Blechhalterkraftniveau muss so eingestellt werden, dass das Werkzeug im mittleren Kraftniveau der späteren Produktionspresse betrieben werden kann, damit auf Prozessstörungen/ -schwankungen durch Veränderung der Blechhalterkraft nach oben als auch nach unten reagiert werden kann.

Zusammengefasst können aus der FEM-Simulation folgende Größen abgeleitet werden:

- maximale Materialabstreckung,
- minimale Materialabstreckung,
- Rückfederung,
- Nachlaufkanten,
- Anhiebkanten,
- Flanscheinzüge,
- Wellenbildung,
- Aufdickungen sowie
- Dehnungszustände im Bauteil.

11.3.3.3 Fräsfertige 3D-Methode und Wirkflächenerstellung

Ist die Herstellbarkeit sichergestellt und die Optimierung in der Simulation abgeschlossen, werden die CAD-Daten der Werkzeuge für die zerspanende Bearbeitung aufbereitet. Hierfür werden alle Flächen und Kurven auf Lücken und Tangentenstetigkeit geprüft.

Zuerst werden zur Kompensation der Rückfederung Überdrückungen, Vorhaltungen und Bombierungen eingebracht. Das Ergebnis ist der 3D Methodenplan. Anschließend erfolgt die Wirkflächenerstellung. Hierbei wird die Geometrie für jede einzelne Operation erstellt und in die zum Fräsen relevanten Komponenten (Oberteil, Unterteil, Niederhalter etc.) aufgegliedert.

Für jede Komponente werden die Materialstärken berücksichtigt. Zur Erleichterung der Einarbeit werden Tuschierflächen definiert und mit Bearbeitungsoffsets versehen, funktionslose Flächen werden freigefräst (Abb. 11.17).

Je nach Frässtrategie werden Flächenverlängerungen erstellt, Umrisse für Teilungen und Erodierteile werden aufbereitet. Die Ziehleisten bzw. Absperrleisten werden geometrisch aufgebaut.

Abschließend wird für jede zu bearbeitende Komponente ein Aufbauplan erstellt (Abb. 11.16). Dieser beinhaltet Angaben über Lage von Messbohrungen, Achsensystemen und Grundflächen, um das Aufspannen, Einrichten und Referenzieren auf der jeweiligen Bearbeitungsmaschine zu ermöglichen.

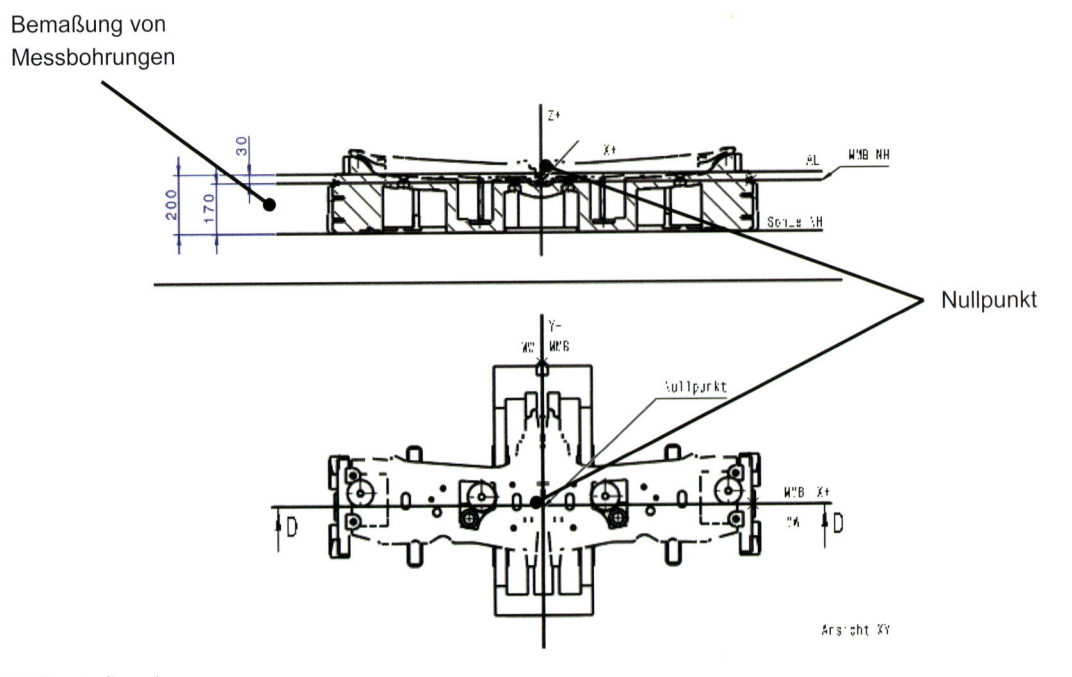

Abb. 11.16: *Aufbauplan*

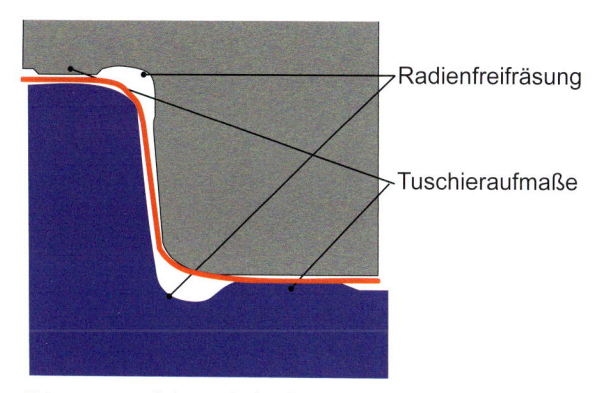

Abb. 11.17: Schematische Darstellung Bearbeitungsoffsets

11.3.4 Konstruktion

11.3.4.1 Konstruktionsphasen

Parallel zur Erarbeitung der Fertigungsmethode, die die Werkzeugwirkflächen beschreibt, wird mit der Konstruktion der Werkzeuge begonnen. Diese bestimmt wesentlich deren Anfertigungskosten und –zeit, aber auch die Prozesssicherheit der Werkzeuge im Betrieb.

Die Ausgangsdaten für die Konstruktion sind Anforderungen aus der zu produzierenden Stückzahl an Bauteilen (pro Losgröße und über Laufzeit) und die daraus resultierende geplante Hubzahl (Hübe pro Minute). Darüber hinaus sind dies spezifische Vorgaben aus den konkreten späteren Fertigungsanlagen (Presswerk) sowie Daten der Produktions-, Ersatz- und Einarbeitspressen.

Weitere Grundlage sind die Informationen aus dem 3D-Methodenplan:

- erforderliche Operationsstufen,
- Fertigungsfolge,
- Bearbeitungsrichtungen,
- Schwenklage der Bauteile,
- Abfallgrößen und
- Niederhalterflächen.

Basis für die konkrete Ausführung der Konstruktion sind Vorgaben aus Richtlinien, Normen und Arbeitsanweisungen.

Die Werkzeugkonstruktion gliedert sich in drei Phasen, die Konzeptphase, die Entwurfsphase und die Ausarbeitungsphase.

Während der Konzeptphase werden parallel zur Erstellung der Fertigungsmethode erste grobe Bauraumuntersuchungen durchgeführt, um zu prüfen, ob die zur Fertigung erforderlichen Werkzeugelemente (wie z.B. Niederhalter, Schieber) in ein Werkzeug integriert werden können. Des Weiteren wird geprüft, ob die erforderlichen Werkzeugbewegungen und der Bauteiltransfer in der geplanten Presse möglich sind (Abb. 11.18). Ein weiteres Kriterium ist die Kontrolle der zulässigen Abfallgrößen. Ergebnis ist das Konstruktionskonzept mit den erforderlichen Hubhöhen zur Sicherstellung des korrekten Funktionsablaufs.

In der Entwurfsphase entsteht die erste Konstruktion des Werkzeugs. Hierbei werden Kriterien zur wirtschaftlichen und prozesssicheren Anfertigung berücksichtigt.

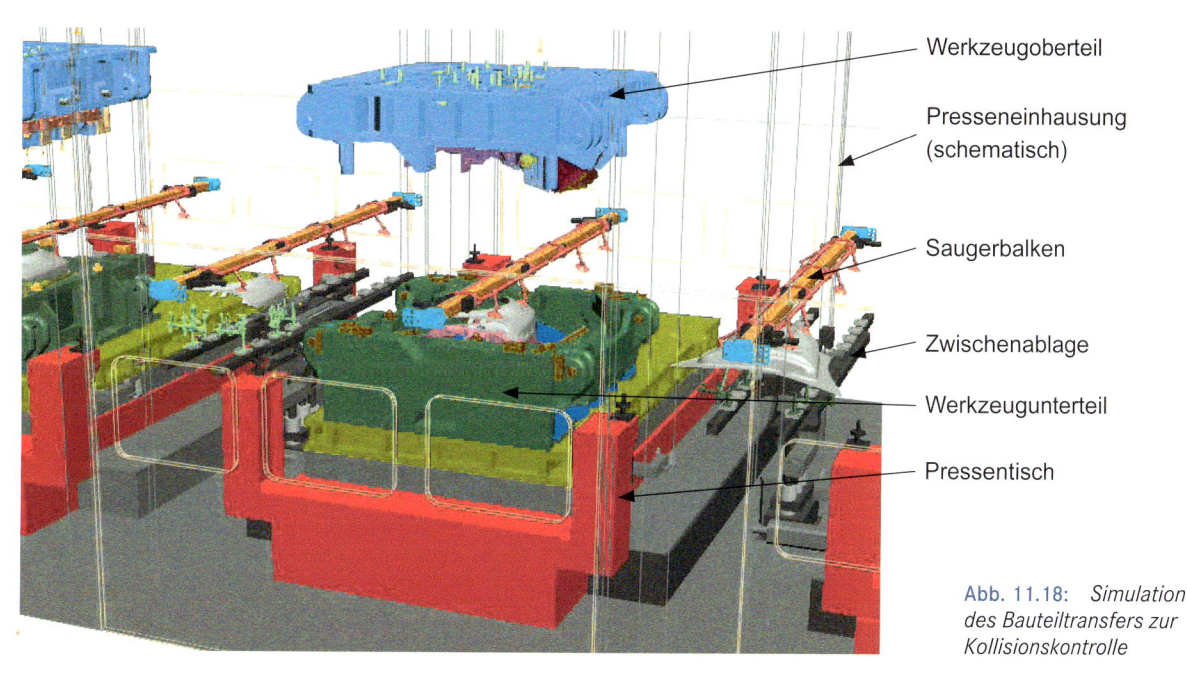

Abb. 11.18: Simulation des Bauteiltransfers zur Kollisionskontrolle

11.3 Werkzeuganfertigung

Diese sind:

- einfache und prozesssichere konstruktive Gestaltung,
- beanspruchungsgerechte Materialauswahl,
- gießgerechte Gestaltung und maximale Steifigkeit bei möglichst minimalem Materialeinsatz,
- Zugänglichkeit der mechanischen Bearbeitung sowie
- Montage- und wartungsgerechte Ausführung der einzelnen Bauteile.

Dieser Konstruktionsentwurf ist die Basis für die folgende Simulation von Bewegungszusammenhängen zur Kontrolle kollisionsfreier Funktionsabläufe.

Hierbei wird sowohl die Freigängigkeit während der Bewegung der Mechanisierung und während des Bauteiltransports geprüft, als auch die kollisionsfreie Bewegung der Werkzeugkomponenten. Bei freiprogrammierbaren Transfereinrichtungen, die nicht mechanisch an den Pressenantrieb gekoppelt sind, kann durch Ermittlung der optimalen Bewegungsbahn die Teileausbringung zusätzlich deutlich beeinflusst werden.

In der abschließenden Detaillierungsphase erfolgt die Auskonstruktion und Detaillierung des Werkzeugs (Abb. 11.19). Viele Details werden in Form sogenannter Konstruktionsfeatures eingebracht. Das heißt, dass beispielsweise nicht eine Bohrung alleine, sondern zugleich das damit verbundene Bearbeitungsprogramm in den Konstruktionsdatensatz eingefügt wird.

Häufig wiederkehrende Bauteile werden üblicherweise als Normteile/Standardteile hinterlegt und nicht selbst angefertigt. Beispielsweise wird eine Buchse mit einem bestimmten Nenndurchmesser und Ausführungsart eingebracht. Dieses Normteil ist dann separat spezifiziert. Dadurch werden Fehler in der Ausführung vermieden und eine eindeutige Anfertigung sichergestellt. Die Ergebnisse der Konstruktion sind neben den kompletten 3D-CAD-Daten des Werkzeugs noch weitere Informationen für die Anfertigung:

- 3D-Gießmodelldaten,
- 3D-Daten für die mechanische Bearbeitung inklusive auslesbarer NC-Features für die Bohrbearbeitung,
- Stücklistenparameter von jedem Einzelteil, die zu einer Stückliste ausgedruckt werden,
- Zeichnungen für die mechanische Bearbeitung von Zukaufteilen (Detaillierung) sowie
- Zeichnungen für die Montage der Werkzeuge (ISO-Ansichten).

Darüber hinaus entsteht der 3D-Durchlaufplan mit allen Informationen zur Einstellung der Presse:

- Einlaufhöhe Platine,
- Einstellung der Mechanisierung (Transporthöhe, Hebehübe, Schwenkungen während des Bauteiltransports, Position der Greifer oder Sauger),
- Bauhöhe des Werkzeuges,
- Verwendete Abfallschächte und
- Ziehkissenhübe.

11.3.4.2 Standards

Bedingt durch immer kürzere Produktzyklen steigen die Ansprüche hinsichtlich leistungsfähiger und kosten-

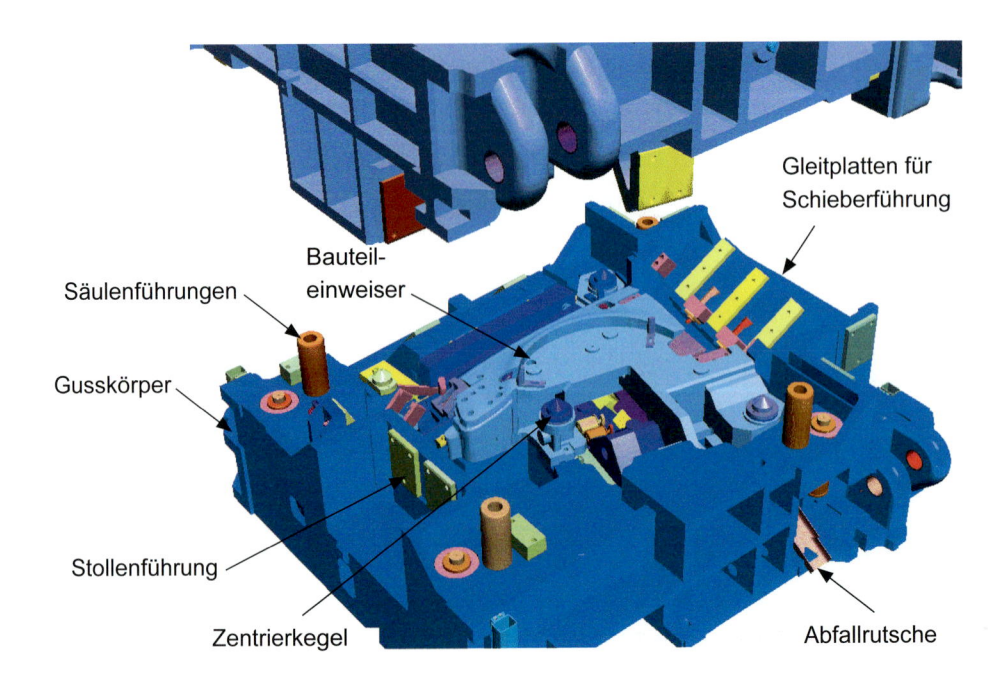

Abb. 11.19:
3D-CAD-Konstruktion

günstiger Werkzeuge. Insbesondere die Verkürzung der Durchlaufzeiten von der Planung bis zur Inbetriebnahme der Werkzeuge sind dabei eine zentrale Anforderung. Entsprechend der Stellung der Konstruktion im Werkzeugentstehungsprozess ergeben sich viele Verknüpfungen zu vor- und nachgelagerten Bereichen. Die Vorgaben aus dem Methodenplan haben starken Einfluss auf das konstruktive Konzept. Weiterhin ist die Anfertigung enorm von der konstruktiven Ausführung abhängig. Umgekehrt wird auch die Konstruktion von den Erkenntnissen und Erfahrungen aus der Fertigung beeinflusst.

Um eine effektive Werkzeugfertigung sicherzustellen, sind daher standardisierte Werkzeugkonstruktionen weit verbreitet.

Diese Standards werden in Form eines Wissensspeichers als Konstruktionsdatenbank mit optimalen konstruktiven Lösungen im Hinblick auf Prozesssicherheit, Kosten und Termin hinterlegt. Verbesserungen werden für alle weiteren Werkzeuge übernommen. Dadurch ist es möglich, von reinen Neukonstruktionen zu Anpassungs- oder Variantenkonstruktionen überzugehen. Selbstangefertigte Unikatteile können vermieden werden, der gezielte Einsatz von wirtschaftlicheren Norm- und Standardteilen wird möglich.

11.3.4.3 Arbeitsvorbereitung

In der Arbeitsvorbereitung wird für die konstruierten Werkzeuge anhand von Stücklisten die Beschaffung von Kaufteilen und Rohgussen angestoßen. Bei der Gussbeschaffung sind die entsprechenden Lieferzeiten zu beachten, die sich vor allem aus den Abkühl- und Prozesszeiten beim Anfertigen der schweren und großvolumigen Gussteile aus Grauguss und Stahlguss ergeben. Darüber hinaus werden die Anfertigung detailliert und Ablaufpläne erstellt. Beispielsweise werden Bearbeitungsmaschinen und -reihenfolgen festgelegt und die Anlieferung der einzelnen Teile terminiert. Schließlich erfolgt die zeitliche Planung der Anfertigung. Des weiteren entstehen Vorgabezeiten, Zeichnungen oder CAD-Ansichten für die Anfertigung in der Werkstatt.

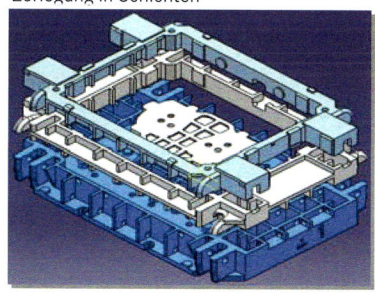

11.3.5 Gießmodell/Guss

Für die Anfertigung der Gussteile eines Werkzeugs wird üblicherweise das Sandgussverfahren eingesetzt. Hierfür sind Gießmodelle in Form von Exporitmodellen erforderlich (Abb. 11.20).

Basis zur Herstellung dieser Gießmodelle ist das CAD-Modell des Werkzeuges, welches mit Gussaufmaßen versehen wird. Dieses Gussaufmaß dient zum Ausgleich von Toleranzen aus Schrumpfung und Kühlung sowie Wärmeverzug und Bearbeitungszugaben. Diese sind stark materialabhängig und unterscheiden sich auch je nach Bauteilgröße.

Um aus mehreren Exporitplatten ein Modell anfertigen zu können, wird das Werkzeug in mehrere, meist zwei oder drei Schichten aufgeteilt. Zu jeder Schicht wird ein NC-Fräsmaschinenprogramm erstellt, um anschließend

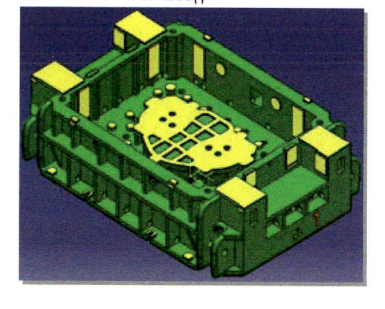

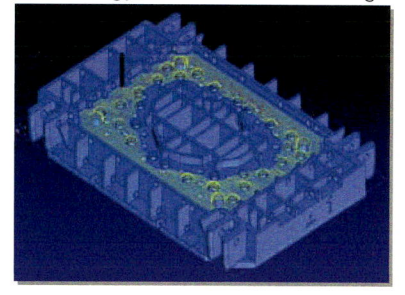

Abb. 11.20: Anfertigungsschritte Gießmodell und Abguss

11.3 Werkzeuganfertigung

jede Modellschicht von zwei Seiten fräsen zu können. Üblicherweise wird dabei mit 3-Achsen-Fräsmaschinen gearbeitet.

Die gefrästen Modellschichten werden miteinander verklebt und so entsteht ein Abbild des CAD-Werkzeugmodells aus Exporit (Abb. 11.21).

Das Modell wird in der Gießerei mit einem Trennmittel (Schlichte) überzogen und in einem Formkasten eingesandet. Der Formsand härtet nach ca. 5 Stunden aus und im Anschluss wird der Formkasten mit ca. 1.400° Grad heißem Stahl befüllt. Das Exporitmodell verbrennt. Im verbleibenden Hohlraum füllt sich das Metall und kann darin erstarren (Abb. 11.22).

Zur Einstellung der gewünschten mechanischen Eigenschaften (Festigkeit, Zähigkeit, Verschleißfestigkeit) folgen üblicherweise noch ein bis zwei Wärmebehandlungen, um den direkt nach dem Vergießen sehr spröden Werkstoff zu vergüten.

Die tatsächlichen Gussaufmaße werden durch Digitalisieren der Rohgusse ermittelt und so ein Optimum für die zerspanende Bearbeitung gefunden. Es werden sowohl Leerwege vermieden als auch Kollisionen zwischen Gusskörper und Zerspanungswerkzeug verhindert.

11.3.6 Mechanische Bearbeitung

Nach Abschluss der Werkzeugentwicklung und -konstruktion folgt die Phase der Werkzeuganfertigung. Der erste Schritt ist die mechanische, zerspanende Bearbeitung. Hierfür werden große, numerisch gesteuerte Bearbeitungszentren eingesetzt (Abb. 11.23).

Zur Optimierung der Haupt- und Nebenzeiten sind diese Großfräsmaschinen oftmals mit Palettisierungssystemen verkettet, sodass Rüsttätigkeiten hauptzeitparallel durchgeführt werden können (Abb. 11.24).

Abb. 11.21: *Gießmodell Ziehstempel eines Seitenwandrahmens*

Abb. 11.23: *Großbearbeitungszentren zur Grundbearbeitung*

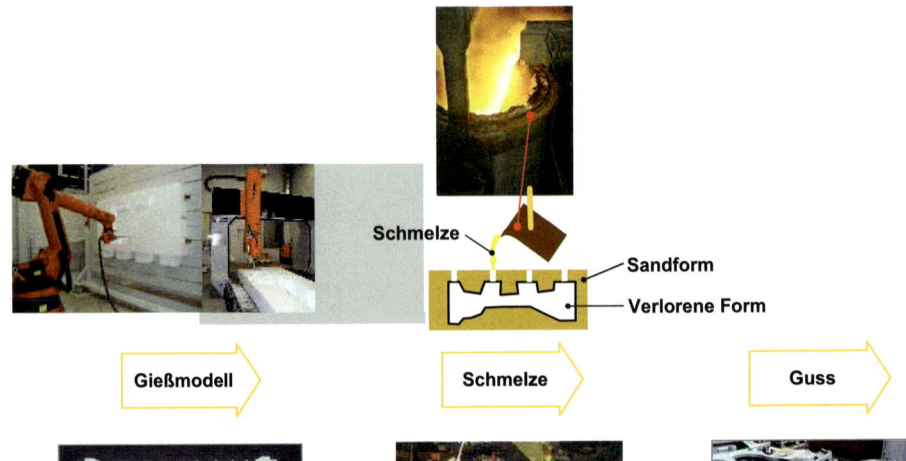

Abb. 11.22: *Schematische Darstellung Gießprozess von Umformwerkzeugen*

Abb. 11.24: *Palettenwechselsystem*

11.3.6.1 Programmerstellung

Die meist numerisch gesteuerten Bearbeitungsmaschinen benötigen NC-Programme zur Vorgabe des Bewegungsablaufs. Bevor diese Fräsprogramme für die Regelgeometrie (ebene Flächen, Bohrungen, Gewinde, Passungen, Nuten, etc.), auch Grundbearbeitung oder 2,5D-Bearbeitung genannt, erstellt werden, muss die Reihenfolge der Bearbeitungsschritte im Detail festgelegt werden. Aufbauend auf die definierten Bearbeitungsstrategien erfolgt die Programmerstellung. Die Programmierung für die 2,5D Bearbeitung erfolgt in einem Programmiersystem. Dieses CAM-System leitet aus den CAD-Daten Bewegungsbefehle ab. Anschließend werden diese Programme ebenfalls im CAM-System einer Kollisionskontrolle unterzogen (Abb. 11.25). Dort kann für jede geplante Bearbeitungsmaschine individuell geprüft werden, ob die Zugänglichkeit am Werkstück durch die Bearbeitungswerkzeuge kollisionsfrei möglich ist.

11.3.6.2 Grundbearbeitung

Die Grundbearbeitung erfolgt auf sogenannten Portalfräsmaschinen. Zur Bearbeitung der Bauteile werden je Maschine unterschiedliche Fräsköpfe benötigt, die mittels eines automatischen Kopfwechselsystems ausgetauscht werden können. Es wird zwischen den geraden Vorsatzmodulen, den 90°-Winkelköpfen sowie den 2D-Gabelfräsköpfen zur 5-achsigen Simultanbearbeitung unterschieden.

Die Grundbearbeitung der Bauteile erfolgt in drei Aufspannungen. In der ersten Aufspannung werden die Auflageflächen bearbeitet, das heißt auf der Form- oder Oberseite des Gusskörpers werden sogenannte Basen gefräst. In der zweiten Aufspannung wird das Bauteil gewendet und auf diesen Basen aufgespannt, sodass die Sohlenbearbeitung und die seitliche Bearbeitung inkl. der Messstifte zur Nullpunktaufnahme stattfinden können. Nach der Sohlenbearbeitung wird die Formseite mittels eines optischen Aufnahmeverfahrens (Bilddatenverarbeitung – BDV) digitalisiert, um das Gussaufmaß des Werkzeuges zu erkennen. Anschließend erfolgt, aufbauend auf diesen BDV-Daten, die dritte Aufspannung, die Bearbeitung der Formseite. Hier wird der Guss mit der Strategie „Z-Konstant" bearbeitet. Formflächen werden dabei mit einem Aufmaß von 1 mm geschruppt.

Nach Abschluss der Grundbearbeitung werden die einzelnen Teile zu Werkzeughälften montiert und zur Fertigbearbeitung der Oberflächen (Formbearbeitung) vorbereitet.

11.3.6.3 Formbearbeitung

Nachdem die aufgebauten Ober- und Unterteile das Aufbaufeld verlassen, findet die letzte Finishbearbeitung der Oberfläche und der Umrisse statt.

Auf sogenannten HSC-Fräsmaschinen (High-Speed-Cutting) wird die Oberflächenbearbeitung durchgeführt. Hintergrund der unterschiedlichen Maschinentypen der Großfräsmaschinen ist in der Dynamik der Maschine begründet. Die Maschinen mit obenliegenden Gantry haben, auf Grund der leichteren Komponenten eine sehr hohe Maschinendynamik, allerdings eine geringere Steifigkeit und Dämpfung und sind von daher für die Schlichtbearbeitung prädestiniert. Im Gegensatz hierzu sind Portalfräsmaschinen mit fahrbarem Tisch, der das Werkstückgewicht ebenfalls beschleunigen muss, deutlich träger, aber steifer und robuster ausgeführt, um auch hohe Zerspankräfte umsetzen zu können.

Die Grundlage für die Finishbearbeitung bilden die Wirkflächen, die vor der Programmerstellung in der Methodenplanung entstehen. Auf diesen Wirkflächen werden ebenfalls mittels CAM-Programmiersystem die CNC-Oberflächenprogramme erstellt. Hierzu werden diverse Frässtrategien, wie in Abschnitt 11.3.6.4 beschrieben, verfolgt.

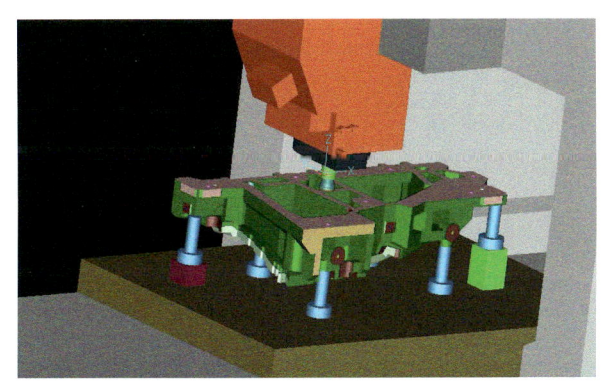

Abb. 11.25: *Kollisionskontrolle mit CAM-Software*

11.3 Werkzeuganfertigung

Das zusammengebaute Unter- bzw. Oberteil weist in der Form ein Aufmaß von 1 mm auf, welches in zwei Bearbeitungsschritten abgetragen wird. Im ersten Schritt wird das Aufmaß auf 0,25 mm reduziert. Die Bearbeitung erfolgt hier mittels Torusfräsern. Zuvor werden das Restmaterial in den Ecken und Kanten sowie die Konturen auf 0,25 mm vorgeschlichtet.

Im letzten Bearbeitungsschritt wird mittels eines bauteilspezifischen Zeilenabstandes (in der Regel 0,4 mm) und der Strategie „Pendeln" im Winkel von 45° zur Maschinen -x-Achse das Bauteil abgezeilt.

Nach der Bearbeitung der Oberfläche auf den HSC-Maschinen wird das Bauteil auf eine Portalmaschine transportiert, um dort den Umriss, die Säulenführungen und die Zentrierungen zu bearbeiten.

Nach dieser Bearbeitung wird das Unter- bzw. Oberteil im nächsten Prozessschritt für die Einarbeit vorbereitet.

11.3.6.4 Bearbeitungsstrategien

Zum Schruppen wird die Bearbeitungsstrategie „Z-Konstant" verfolgt. Das heißt, im Formbereich wird bei der höchsten Stelle des Bauteils begonnen und in bauteilspezifischen Zustellschritten die Z-Höhe am Bauteil entsprechend nach unten bearbeitet.

Beim Schlichten und Vorschlichten werden folgende Strategien verfolgt:

- Restmaterial/Konturen,
- Schlichten Kopieren – Pendeln,
- 3D-Führungskurve (konstanter Zeilenabstand) sowie
- Schlichten Spirale (unterschiedlicher Zeilenabstand).

In Abbildung 11.26 wird der Bahnverlauf dargestellt: Für leicht gekrümmte Oberflächen wie Dächer oder Motorhauben wird die Strategie „5-Achs-Simultan" verwendet. Mittels eines Torusfräsers wird das Bauteil in Längsrichtung zeilenweise bearbeitet. Der Vorteil hierbei ist, dass der Fräser immer senkrecht zur Oberfläche steht (Vorweilwinkel von 1 bis 4°), dadurch ein höherer Abtrag und höhere Zeilenbereiten entstehen und dadurch größere Zeilenabstände gefahren werden können. Dies hat zur Folge, dass sich die Fräszeiten drastisch reduzieren. Der Nachteil dieses Verfahrens ist der höhere Aufwand in der Programmierung sowie der hohe Aufwand zur exakten Abstimmung der Maschinenparameter.

In Abbildung 11.27 ist der gesamte Prozess der mechanischen Bearbeitung zusammengefasst

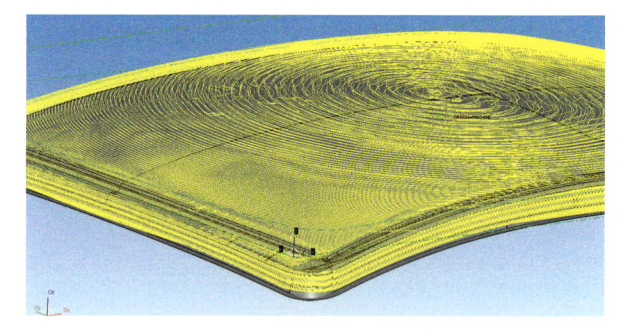

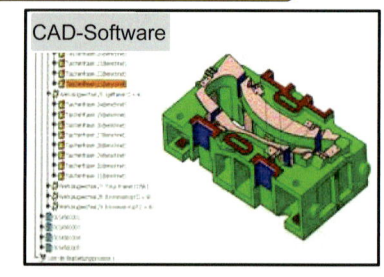

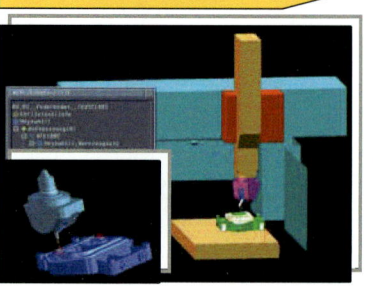

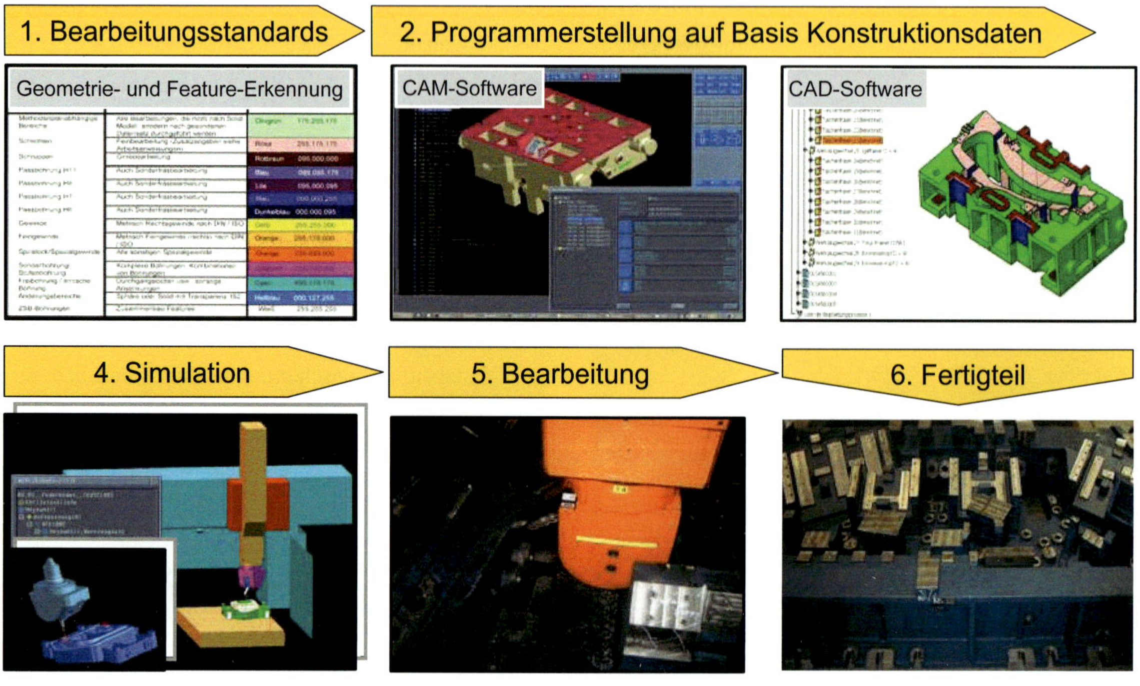

Abb. 11.26: *Frässtrategien, Bsp.: Z-Konstant*

Abb. 11.27: *Ablaufschritte Grundbearbeitung*

11.3.7 Werkzeugaufbau/-montage

11.3.7.1 Inbetriebnahme, Einarbeitsprozess

Zwischen Schrupp- und Schlichtvorgang der zerspanenden Bearbeitung der Werkzeuggrundkörper folgt die Werkzeugmontage. Dort werden die Normteile wie Gleitplatten, Lochstempel und Buchsen, Schieber, Platineneinweiser etc. an die Grundkörper montiert. Hierfür müssen diese maßlich eingerichtet, Fügeflächen tuschiert und Führungsspiel eingestellt werden (Beispiel Passungen).

Als Hilfsmittel stehen dem Werkzeugmacher hierbei Schwenkplatten zur Verfügung, um die Montage von großen Schieberelementen zu vereinfachen (Abb. 11.28).

Fügeflächen werden tuschiert, damit Setzeffekte während des Betriebes verringert werden und Spiel zwischen den einzelnen Werkzeugelementen vermieden wird. Es folgen weitere Montageschritte wie das Aufsetzen und Verstiften von Schneidsegmenten und Trennmessern, Einbringen von Federelementen (Gasdruckfedern, Endlagendämpfung von Schiebern) oder Montieren von verschleißfesteren Werkzeugeinsätzen.

Bei den Schneidmessern wird die Einhaltung des Schneidspaltes – also dem Spalt zwischen Ober- und Untermesser, der Eintauchtiefe und der Schnittabstufung eingestellt und geprüft.

In nicht formgebenden Bereichen von Ziehwerkzeugen werden Luftlöcher eingebracht, damit während des Ziehens die Luft entweichen kann und kein Überdruck im Werkzeug entsteht. Ein eingeschlossenes Luftkissen erschwert ein vollständiges Ausformen und führt am Bauteil zu Markierungen auf der Oberfläche.

Zwischen der Montage der Werkzeugelemente und der sonstigen Anbauteile erfolgt das Schlichten der Werkzeugwirkfläche. Dies geschieht im zusammengebauten Zustand, um Toleranzketten zu verringern.

Im Anschluss an die mechanische Bearbeitung werden die Fräsrillen beseitigt und die Oberfläche geglättet. Dies geschieht durch automatisches Polieren (Abb. 11.29) oder manuelles Abziehen der Oberfläche mittels Schleifstein. Eine Änderung der Wirkflächengeometrie erfolgt in diesem Schritt nicht.

Am Ende des Montagevorgangs steht das Zusammenheben von Ober- und Unterteil mittels Kran sowie der Ersteinbau in eine Einarbeitspresse oder ein Tuschiergestell. Damit verbunden ist ein Funktionshub, bei dem die Freigängigkeit und kinematische Funktion aller Werkzeugbestandteile geprüft wird. Bei Nachformwerkzeugen müssen dabei auch die Endlagen von Schiebern geprüft und abgestimmt werden.

Die Größe von Zwischenräumen, beispielsweise in Ziehleisten und den gegenüberliegenden Ziehsicken werden nach Bedarf mit Bleidraht ausgemessen.

Im Anschluss daran wird das erste Bauteil umgeformt und mit der Umformsimulation verglichen. Dafür werden die üblichen Auswertegrößen herangezogen:

- Flanscheinzug,
- Ausdünnung,
- Tragbild und
- Orte kritischer Stellen
  (Wellen- und Faltenbildung, Einschnürung etc.).

Um den Schnittschlag bei Schneidwerkzeugen mit üblicherweise sehr langen Beschnittlinien zu begrenzen oder zu vermeiden, wird ein abgestufter oder ziehender Schnitt eingesetzt. Dies bedeutet allerdings auch einen Kompromiss für die Schnittflächenqualität. Ebenso muss die Einschnitttiefe so gewählt werden, dass die Schneid-

Abb. 11.28: *Montage eines Schiebers auf einer Schwenkplatte*

Abb. 11.29: *Automatisches Polieren*

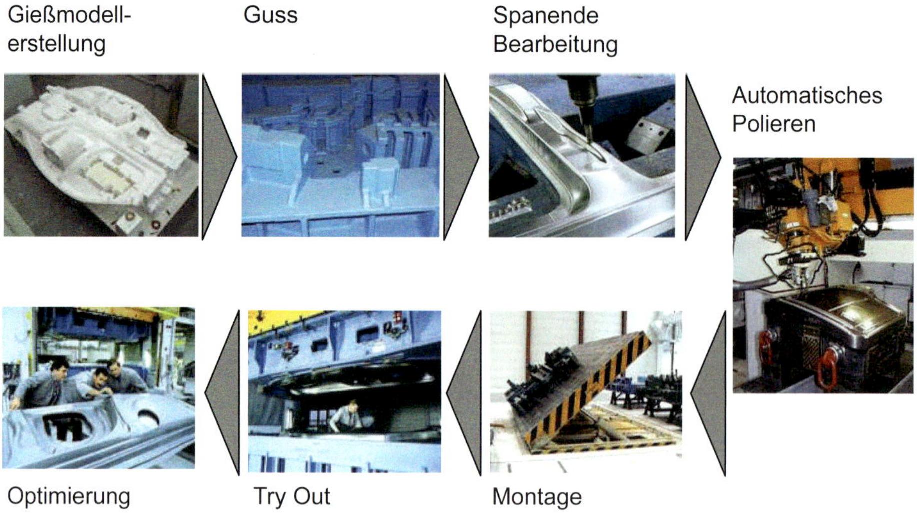

Abb. 11.30: *Prozesskette Werkzeuganfertigung*

Gießmodellerstellung → Guss → Spanende Bearbeitung → Automatisches Polieren → Montage → Try Out → Optimierung

messer die Abfälle sicher in die Abfallrutschen schieben, wenngleich für den idealen Schneidprozess eine geringere Einschnitttiefe der Messer sinnvoll wäre. Gleiches gilt auch für Lochstempel, die diese Funktion über spezielle Schliffformen abdecken können.

Zur Feinanpassung von Ober- und Unterwerkzeug müssen die Werkzeuge nun eintuschiert werden. Ursache sind vor allem Durchbiegungseffekte (Elastizität Presse/Werkzeug) und im geringen Umfang Fertigungsungenauigkeiten. Insgesamt müssen die Werkzeugelemente auf ein bis zwei Hundertstel-Millimeter genau eingearbeitet werden. Dies geschieht über einen iterativen Prozess, in dem der Werkzeugmacher eine mit Tuschierfarbe bestrichene Platine ins Werkzeug einlegt und einen Schließvorgang/Umformvorgang durchführt. Anschließend werden die Farbmarkierungen am Bauteil und im Werkzeug analysiert. Liegen Druckstellen vor, muss das Werkzeug nachgeschliffen werden. Dieser Prozess wird so lange wiederholt, bis ein gleichmäßiges Tragbild im Werkzeug vorherrscht.

In Abbildung 11.30 ist abschließend der gesamte Prozess der Werkzeuganfertigung zusammengefasst.

11.3.7.2 Qualitätsprozess

Nach der Herstellung der Grundfunktion eines Werkzeugs beginnt der Qualitätsprozess. Hierbei stehen mehrere Qualitätskriterien im Fokus. Zum einen sind dies maßliche Kriterien wie Funktionsmaße von späteren Fügestellen, Flanschlängen, Anschlussmaße, Fugenverläufe und generelle Abweichungen von der Sollgeometrie. Abweichungen hierbei sind hauptsächlich durch Rückfederung im Blechwerkstoff, aber auch durch unzureichende Werkzeugfunktion (nicht korrekt abgestimmte Schieberwege, unzureichende Niederhalterfunktionen) über die Fertigungsfolge zu begründen.

Die Vermessung der Bauteile erfolgt üblicherweise mit taktilen Messverfahren auf CNC-gesteuerten Koordinatenmessmaschinen mit Messtastern (Abb. 11.31). Darüber hinaus besteht die Möglichkeit, mit optischen Verfahren, wie der Streifenlichtprojektion und anschließender Phasenauswertung, die Bauteilgeometrie großflächig und optisch zu erfassen. Die Vorteile des optischen Verfahrens gegenüber dem taktilen sind die hohe Anzahl an Messpunkten, der schnelle Messvorgang sowie die einfachere Programmierung durch den Entfall der NC-Programmerstellung. Eine höhere Punktedichte führt zu einer leichteren Analyse und einer besseren Vergleichbarkeit mit den Solldaten, vor allem für die Rückfederungskompensation. Bei der Abstimmung von einzelnen Funktions- und Anschlussmaßen für den anschließenden Fügeprozess ist jedoch möglicherweise die taktile Messung ausreichend und in der Ermittlung von Umrisskanten etwas genauer.

Zur maßlichen Optimierung der Blechbauteile müssen aus den Messergebnissen Maßnahmen für Werkzeugkorrekturen abgeleitet werden. Dies sind beispielsweise die Korrektur von Lochlagen, Anpassen von Schieberanschlägen oder auch Vorhaltungen in Werkzeugflächen. Da die Vorausberechnung von Rückfederungseffekten in der erforderlichen Genauigkeit derzeit noch nicht Stand der Technik sind, müssen zu deren Kompensation Bombierungen der Oberfläche mit Kunststoff in die Werkzeuge modelliert werden. Diese iterativ ermittelten Werkzeugoberflächen werden abschließend digitalisiert, aufgeschweißt und auf Basis der Digitalisierdaten erneut mechanisch bearbeitet.

Weitaus schwieriger zu beheben sind Oberflächenfehler. Dazu zählen Welligkeiten, Oberflächenunruhen, Flach-

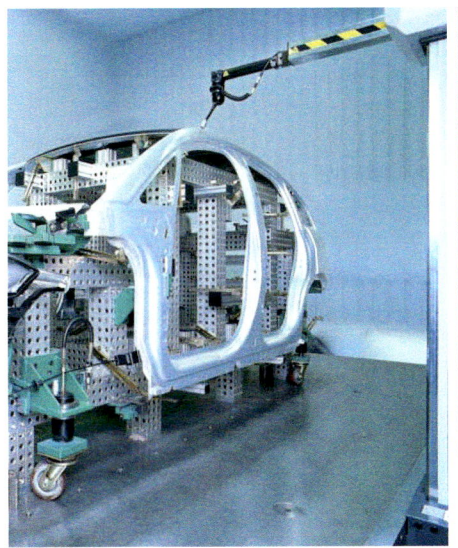

Abb. 11.31: *Taktile und optische Messtechnik*

und Einfallstellen oder im mikroskopischen Bereich Pickel und Kratzer. Zur Analyse der Fehlerursache muss der komplette Teilesatz der Fertigungsfolge betrachtet werden. Zur Oberflächeninspektion werden die Blechteile manuell mit einem Schleifstein in Hauptkrümmungsrichtung abgezogen. Dadurch werden Unstetigkeiten und konkave Stellen sichtbar.

Weitere Analysemöglichkeiten bietet ein Lichtsegel. Manche Oberflächenfehler werden erst nach dem Lackierprozess sichtbar.

Neben der Einzelteilanalyse ist auch die Qualitätsanalyse der gefügten Teile erforderlich. Maßliche Korrekturen ergeben sich auch aus dem Zusammenbau mehrerer Einzelteile, die zwar für sich in der Toleranz sein können, in Summe sich jedoch eine maßliche Abweichung im Produkt oder Fahrzeug zeigt. Für diese Analyse werden sogenannte Cuben oder Meisterböcke eingesetzt. Diese sind vermessene Grundgerüste und Lehren, in die diese Einzelteile und Baugruppen angebaut oder eingelegt werden. Ausgewertet werden dabei die Abweichungen und Passungen der Einzelteile zueinander. Krümmungsverläufe müssen auch über mehrere Bauteile hinweg harmonisch verlaufen. Fugen (z.B. zwischen Türen) müssen exakte Linien abbilden.

Weitere Abstimmungen am Werkzeug ergeben sich durch den Pressenwechsel auf die Produktionspresse. Während in der Werkzeugeinarbeit und im Werkzeugbau aus wirtschaftlichen Gründen meist hydraulische Pressen eingesetzt werden, die zwar in den Abmaßen den Serienpressen entsprechen, sind in der Serie meist mechanisch angetriebene Pressen vorzufinden (Abb. 11.32). Diese weisen höhere Hubzahlen und effizientere Antriebe gegenüber hydraulischen Pressen auf, sind aber wesentlich kapitalintensiver. Dieser konstruktive Unterschied führt auch

Abb. 11.32: *Einarbeitspresse vs. Serienpresse*

zu anderem elastischen Verhalten des Systems Presse/Werkzeug und damit verbunden zu erneutem Einarbeitsaufwand zur Anpassung der Werkzeugwirkflächen. Des Weiteren muss der Prozess nun auf höhere Stückzahlen ausgelegt werden. Erwärmungseffekte im Werkzeug und schwankende Materialkennwerte müssen berücksichtigt werden. Ebenso sind die Anpassung des Teiletransfers auf Grund geänderten Schwingungsverhaltens, der Blechabfallabführung und des Abstapelns der Fertigteile zu beachten und ggf. auch hier zu kompensieren.

Schrittweise wird die Einstellhubzahl erhöht, bis letztendlich Blechteile mit Hubzahlen von 10 bis 15 Teilen pro Minute in den erforderlichen Losgrößen gefertigt werden. Wenn die Werkzeugwirkflächen eine Großserienproduktion ermöglichen, werden diese in der Regel konserviert und gegen Verschleiß geschützt. Hierbei wird grundsätzlich in Härteverfahren und Beschichtungsverfahren unterschieden. Während Härteverfahren meist gegen Druckbelastung und Abrieb eingesetzt werden, sind Beschichtungen ebenfalls gegen abrasiven Verschleiß verstärkt jedoch gegen Anhaftungen geeignet.

Härteverfahren werden je nach Grundwerkstoff und Werkstückgeometrie gewählt. Zu den üblichen Verfahren gehört das

- Flammhärten,
- Laserhärten,
- Induktivhärten,
- Plasmanitrieren und
- Durchhärten.

Je nach Belastungsart und Grundwerkstoff sind unterschiedliche Beschichtungsarten möglich:

- Hartverchromen,
- Kohlenstoffbeschichtungen,
- PVD-Beschichtungen und
- CVD-Beschichtungen.

11.3.8 Serienbetrieb

Im Serienbetrieb werden Werkzeuge je nach Komplexität und Verschleißverhalten zwischen jeder oder zwischen mehreren Abpressungen gewartet. Regelmäßige Wartungsumfänge erstrecken sich auf Reinigen der Werkzeuge, Nachstellen von Schneidspalten, Entfernen von Anhaftungen und Aufschweißungen auf Wirkflächen und Messern. Ebenso werden Verschleißteile nach Bedarf ausgewechselt (z. B. Lochstempel). Neben diesen regelmäßigen Werkzeugwartungen finden auch größere, meist jährliche Großwartungen statt. Hierbei wird das Werkzeug in seine einzelnen Baugruppen zerlegt, gereinigt und auf Funktion geprüft, Führungsspiele nachgemessen und Verschleißteile wie Lochbuchsen und Stempel nach Bedarf gewechselt.

11.4 Spezialwerkzeuge

11.4.1 Werkzeuge zum Umformen von Aluminium

Die Verarbeitung von Aluminium in Fahrzeugkarosserien erfordert besondere Berücksichtigung der Materialeigenschaften. Die verwendeten Aluminiumlegierungen unterscheiden sich vor allem im Umformvermögen und Verfestigungsverhalten gegenüber den Stahlwerkstoffen. Die maximal erzielbaren Umformgrade sind niedriger als bei Stahlwerkstoffen, der Verfestigungsexponent ist höher. Dies wirkt sich zum einen auf die Gestaltung der Ziehwerkzeuge aus, die in der Fertigungsmethode höhere Anforderungen an die Ziehanlage stellt. Zum anderen muss vor allem beim Schneiden auf werkstoffgerechte Ausführung geachtet werden. Auf Grund der höheren Kaltverfestigung von Aluminium gegenüber Stahl treten beim Schneiden von Aluminium Flitter in Form von kleinen Metallteilchen auf (Abb. 11.33). Ursachen hierfür sind:

- Abgeschabte Kaltaufschweißungen von Aluminium an den Schnittmessern,
- Ausbrüche aus den Schnittflächen und
- Späne auf Grund voreilender Rissbildung und Nachschneiden durch die Schnittmesser

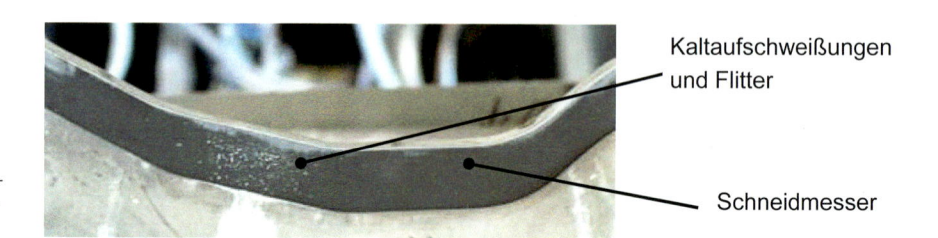

Abb. 11.33: *Schneidmesser mit Kaltaufschweißung und Flitter*

Zur Verringerung von Kaltaufschweißungen ist die Einschnitttiefe so gering wie möglich zu halten und sind ziehende Schnitte zu vermeiden. Auf Grund großer Schnittlinien und den bei vollkantigem Schnitt verbundenen Schnittschlag ist dies bei Großwerkzeugen jedoch nicht immer vollständig umsetzbar. Alternativ ist eine individuelle Abstimmung und Schnittabstufung vorzunehmen. Zur Einhaltung der engen Prozessvorgaben ist eine exakte Einarbeit der Großwerkzeuge sowie stabile Ausführung von Messern und deren Abstützung am Grundwerkzeug erforderlich.

Um die Verformung und die damit verbundene Kaltverfestigung im Blech vor dem Trennen zu verringern, sollte auf niederhalterloses Schneiden von Aluminium verzichtet werden.

Möglichst geringe Schnittwinkel verringern ebenfalls das Risiko der Flitterbildung. Dies steht jedoch im Widerspruch zum Materialeinsatz beziehungsweise Anzahl der Fertigungsoperationen, da zusätzliche Schieberschnitte erforderlich sind.

Als weitere Möglichkeit zur Reduzierung von Flitter besteht die Möglichkeit der Beeinflussung der Tribologie durch spezielle Schmiermittel oder Werkzeugbeschichtungen. Hierbei erweisen sich vor allem amorphe Kohlenstoffbeschichtungen (DLC – A-C-H) als sehr günstig. Diese Beschichtungen können eine gute Werkzeugabstimmung für längere Wartungsintervalle sichern, sie können jedoch nicht eine konstruktiv ungünstige Werkzeugauslegung sowie unangepasste Einarbeit kompensieren.

11.4.2 Werkzeuge zum Presshärten

Ein weitere Art der Spezialwerkzeuge sind Werkzeuge für das Presshärten. Die Umformung von borlegierten Stählen 22MnBr5 erfordert eine gezielte Temperaturführung mit einer hohen Abkühlgeschwindigkeit im Umformwerkzeug, um die Härteeffekte realisieren zu können.

Die Bauteile werden bei Temperaturen über 950° umgeformt und im geschlossenen Werkzeug auf unter 200° abgekühlt. Das heißt, dass bei jedem Hub die dem Bauteil entzogene Wärme über das Werkzeug abgeführt werden muss beziehungsweise das Werkzeug so gekühlt werden muss, dass es die Wärme dem Bauteil entzieht. Darüber hinaus ist auf Grund der stark abrasiven Wirkung der Blechbeschichtung auf eine möglichst verschleißfeste Oberfläche zu achten. Zur Kühlung der Werkzeuge stehen folgende Konzepte zur Verfügung:

Kühlkanäle

Bei dieser Ausführung werden die Werkzeuge segmentiert aufgebaut und ein Kühlsystem durch Langlochbohrungen realisiert. Dies erlaubt eine sehr zuverlässige und hohe Kühlwirkung, hat aber Nachteile bezüglich des segmentierten Aufbaus und der damit verbundenen Problematik der Abdichtung der Segmente untereinander. Gerade im Hinblick auf Temperaturdehnungen.

Kühlrohre

Weiterhin besteht die Möglichkeit des Eingießens von Kühlrohren in das Werkzeug (Abb. 11.34 rechts). Dadurch wird ebenfalls eine hohe, auf Grund der schlechteren Kühlwirkung der Gusswerkstoffe jedoch gegenüber segmentierten Bauweise niedrigere Kühlwirkung erreicht. Der Fertigungsaufwand bezogen auf die mechanische Fertigung ist deutlich geringer. Aufwändig ist jedoch der Gießprozess, bei dem die Lage der Kühlrohre eng toleriert und eine gute Anbindung zur mechanischen Stabilität und einem geringen thermischen Übergangswiderstand erforderlich ist.

Kühlrippen

Kühlrippen (Abb. 11.34 links) sind konstruktiv und fertigungstechnisch sehr einfach einzubringen, haben aber meist eine für den Großserienbetrieb nicht ausreichende Kühlwirkung.

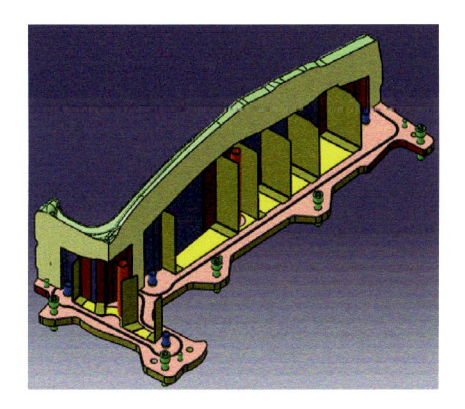

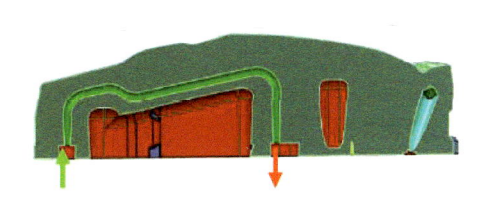

Abb. 11.34: *Vergleich Kühlkonzepte (links Kühlrippen, rechts Kühlrohre)*

Literatur zu Kapitel 11

Doege, E.; Behrens, B.-A.: Handbuch Umformtechnik. Springer Verlag, Hannover 2006.

Lange, K.: Umformtechnik. Handbuch für Industrie und Wissenschaft, Band 3 Blechbearbeitung, Springer Verlag, Stuttgart 1990.

Oehler, G.; Kaiser, F.: Schnitt-, Stanz- und Ziehwerkzeuge. 7. Aufl., Springer-Verlag, Berlin 1993.

Roll, K.; Bogon, C.; Ziebert, C.: Innovative Methoden zur Auslegung von Umformwerkzeugen im Fahrzeugbau. In: wt Werkstattstechnik online, 97 (2007), S. 753 – 759.

Schuler GmbH: Handbuch der Umformtechnik. Springer Verlag, Göppingen 1996.

Waltl, H.; Kerschner, M.: Automobilherstellung im Wandel: Herausforderungen und Chancen für den Betriebsmittelbau. 4. Internationales Kolloquium Werkzeugbau mit Zukunft, Aachen 2004.

Waltl, H.; Griesbach, B.; Vette, W.: Toolmaking for future car bodies: Toolmaking as pioneer for quality, speed and cost reduction for the development and production of new car body concepts. Proceedings of the International Deep Drawing Research Group Conference IDDRG 2007, Györ 2007.

Waltl, H.: Werkzeugsysteme der Zukunft: Anforderungen und Lösungsansätze aus Sicht der Marke Volkswagen. Neugebauer, R. (Hrsg.): Berichte aus dem IWU, Band 52, Wissenschaftliche Scripten, Chemnitz 2009.

Stichwortverzeichnis

A

Abdichtung 547
Abgraten 265, 266
Abgratwerkzeug 266
Abheben der Bodenkante 344
Abkantpresse 588
Abknicken 236
Abmessungsänderungen, bezogene 211, 217
Abplattung nach Hitchcock 119
Abrasion 80
Abrollstreckbiegen 601
Abscheren 344
Abschieben 224, 610
Abschrecken 346, 347
Abschroten 227
Absetzen 215, 610
Abstreckgleitziehen 435, 438, 448
Abtrennen 226
Achsversatz 350
Additive 82
Adhäsion 80, 349
Adjustage 161, 209
Ähnlichkeitstheorie 618
Al-Si-Beschichtungen 498
Aluminiumoxid 499
Aluminium, ultrafeinkörniges 630
Analyse, visioplastische 403
Anbiegen 592
Andrückscheibe 536
Anhiebkante 509
Anisotropie 36, 71, 73
   mittlere 452
   senkrechte 451
Anisotropieebene 452
Ankonstruktion 739, 508
Anlassen 209, 268
Anlochen 228
Anrunden 592
Ansatz
   evolutionärer 98
   revolutionärer 98
Anstellsysteme
   elektromechanische 125
   hydraulische 125
Anstrengungsgrad 436
Anteil, ideeller 219
Arbeitsbedarf 212
Arbeitsbereich 410
Arbeitsgenauigkeit 350
Arbeitspunkt 122
Arbeitsschieber 735
Arbeitsvermögen 219
Arbeitswalzen 124, 159
   -durchmesser 159

Archard 80
Armierung 278, 362, 365, 367, 391
   doppelte 362
   einfache 362
Armierungsring 362
Asseln 186
Aufbauplan 742
Auffederung 589
Auflageschicht 83
Aufreißungen 237
Auftreffgeschwindigkeit 372, 374
Aufweiten 215
Aufweitstempel 558
Aufweitung 544
Aufweitverhältnis 530
Ausbauchung 212, 217
Ausbauchungsverhalten 211
Ausgangsbissverhältnis 217, 221
Ausgangsdimension 618
Ausknicken 211
Auslaufbereich 140
Auslaufrollgang 139
Ausscheidung 411
Ausschneiden 344, 346
Ausstoßkraft 328
Austausch-Mischkristalle 34
Austenitisierung 496
Auswalzlänge 180, 182
Auswerfer 701
Automatenstahl 339
Automatic Gauge Control (AGC) 179
Automation 140
Axialeinheiten 548
Axialgesenkwalzen 658, 661
Axial-Radial-Umformen 664, 665
Axialspannung 213
Axialteil 193
Axialwalzspalt 189

B

3-Rollen-Biegen 655, 656
Bahnkurven 247
Bahnlegungen
   äquidistante 653
   spiralförmige 653
   z-konstante 653
Bajonettverriegelung 494
Balanceeffekt 628
Bambusstruktur 628, 629
Bandarmierung 363
Bandbreite 158
Bandkantenerwärmung, induktive 138
Bandprofilwalzen 163
Bearbeitung, mechanische 215

Bearbeitungszugaben 209, 226
Behandlung, thermomechanische (TMB) 196, 200
Beihalten 215
Beizen 153
Belastung, dynamische 237
Benchmark-Analyse 102
Berechnungsverfahren 246
Bersten 544
Beschichtung 710
Beschichtungsverfahren 517
Beschneidevorrichtung 537
Beulfestigkeit 477
Beulsteifigkeit 477
Biegeachse 575
Biegearbeit 579
Biegeauge 658
Biegebelastung 573
Biegebogen 576
Biegediagramm für das Rundbiegen 656
Biegedorn 601
Biegeeigenspannungen 596
Biegefaktor 601
Biegekern 598
Biegekontur 598
Biegelinie 656
Biegemaschine 588, 601
Biegemoment 578
Biegen 263, 631
   flexibles 654
   im Gesenk 584
   mit Aufweiten 600
   mit Wirkmedium 632
   querkraftfreies 577
   unter Innendruck 600
   von Profilen 654
Biegenverfahren 655
Biegeradius 580
Biegerollen 592
Biegeschablone 601
Biegestreifen 578
Biegetheorie 576
Biegeumformungen 549
Biegeverfahren 573
   Einteilung nach DIN 8586 22
Biegewechselfestigkeit 270
Biegewerkzeuge 589
Biegewinkel 579
Biegung
   elastische 578
   teilplastische 579
   vollplastische 579
Bindung, metallische 29
Bissbreite 215, 217, 218, 219, 223
Bisslänge 219
Bissverhältnis 218, 219, 221, 222, 223, 237
Bissversatz 223, 237
Blausprödigkeit 333, 339
Blechabfälle 735

Blechbiegen 576, 583
Blechhalter 445, 734
Blechhalterdruck 450
Blechoberflächen, feuerverzinkte 499
Blechumformung 12
   inkrementelle 651, 652
Blockanwärmanlagen 426
Blockfuß 209
Blocklader 395
Boden 445
Bohrungsdrücken 335, 665
   kinematisches Prinzip 666
   Prozessfenster 668
   Ressourceneffizienz 668
   Zeitaufwand 668
Bohrungsdrückmaschinen 669
Bombierungen 589
Bossierwalzenpaar 567
Brammenstauchpressen 136
Breite, gedrückte 215
Breitung 116, 217, 219
Brennschneidmaschinen 226, 228
Bruchdehnung 71
Bruchkraft 484
Brückenwerkzeug 421
Büchsenherstellung 215
Buntmetallbänder 160

C

CAM-System 747
Cerrotru 737
C-Gestell-Presse 588
Chemical Vapor Deposition (CVD) 83, 356, 517
Chevron-Risse 354
CNC-Biegemaschinen 657
Coil 556
Coilbox 138
Compact Strip Produktion (CSP)
   Anlagen 146
   Verfahren 142
Continuously Variable Crown (CVC) 128, 158
   System 121
   Technologie 128
Continuous Pickling Line (CPL) 153
Coulomb'sche Reibung 328
Coulomb'sches Gesetz 78
Cross Roll Piercing Elongating (CPE) 186
Cyril-Bath-Verfahren 564

D

Dauerspulen 562
Dehnratensensitivität 68
Dehnung 39
   logarithmische 40
Dehnungsmessung
   optische 72
   taktile 72

Detaillierungsphase 744
Dichteeffekt 619, 629
Dichtgrenze 487
Dichtköpfe 548
Dichtstempel 542
Dichtsysteme 483
Dickfilm-Fließpressen 334
Diescherscheiben 183
Digitalisieren 746
DIN 50106 75
DIN EN 10002 75
Direkteinsatz 142
Direktverarbeitung 152
Dispersionen 82
Dissipation 221
Distanzen 472
Doppeldruckpresse 377
Doppeltonnenform 211
Dorn 232
Dornbiegen 600
Dornen 312
Dornweiten 557
Drahterzeugnisse 179
Dreheffekt 660
Drehmoment 115
Drehschmieden 217
Drehwinkel 217
Dreikanteisen 227
Dreipunktbiegen 586
Drei-Rollen-Biegen 602
Dreistößel-Innenläufer 664
Drei-Walzen-Maschine 593
Dressieren 155
Druckberechnung 546
Druckberührzeit 294, 374
Druckbiegen 656
Druckbolzen 708
Drückdorn 651
   Bahnverläufe 652
Drücken 20, 536
Drückfutter 536
Druck, magnetischer 562
Druckmessfolie 62
Druckprofilieren 595
Druckraum 483
Drückrolle 536
Druckspannung 719
   hydrostatische 666
Druckspannungsüberlagerung 583
Druckspannungszustand 397, 702
Druckspuren 558, 559
Druckstöße, laserinduzierte 632
Drucktasche, aktiv-elastische 491
Druckumformen 14, 318
Druckverläufe des hydromechanischen Tiefziehens 485
Drückwalze 537
Druckzuführung 491
Drylubes 468

Dualphasen-Stähle 204
Dünnbrammen-Gießwalzanlagen 146
Dünnbrammentechnologie 146
Duos 124
Durchbiegung 352, 587
Durchdrücken 16, 17, 318
Durchfallschnitt 707, 710
Durchgangsmaß 241
Durchhärtung 516
Durchlochen 312
Durchschmiedung 218, 219, 222, 237
Durchschubverfahren 672
Durchsetzen 610
Durchsetzkraft 611
Durchsetzung 224, 235
Durchziehen 18

E

Edelstähle 161
Edge Drop Control 158
Edge Masking System 139
Eigenschaften, mechanische 209, 215, 217
Eigenspannung 270, 580
Eigenspannungszustand 580, 596
Eindrücken 16
   mit Gleiten 312
   mit umlaufender Bewegung 313
   ohne Gleiten 310
Eindrückverfahren 311
Einfachgesenk 278
Einflussgrößen 67, 68, 69, 582
Eingriffsgrenze 352
Einkristall 31
Einlagerungs-Mischkristalle 34
Einlaufbereich 548
Einmalaufwände 100
Einprägen 310
Einrichtzeit 378
Einsatzgesenke 277
Einsatzstähle 339
Einschroten 227
Einsenken 310
Einsenkvorrichtungen 317
Einsenkwerkstoffe 316
Einstech-Durchschubverfahren 672
Einstechmaschinen 664
Einstechverfahren 663, 672
Einstufenpressen 372, 376
Einzelantrieb 125
Einzelreckgrade 218
Einzelwerkzeug 502
Elastomere 558
Elektrobänder 160
Elementare Plastizitätstheorie 213, 218, 321, 325, 364
Elementare Theorie 50, 113, 217, 229
Elementarzelle 29
Elementtypen 56

Emulsion 159
Endbreite, mittlere 117
Enddicke 159
Endformung 263, 264
Endquerschnittsformen 215
Energieumsatz 559
Entfestigung 407
Entkohlung 259
Entkohlungsreaktion 259
Entkohlungstiefe 260
Entlastung 580
Entlastungsbohrung 337
Entlüftungsbohrungen 486
Entwicklungsprozess 98
Entzundern 260
Entzunderungsanlage 176
EP-Zusätze (Extrem Pressure-Zusätze) 349
Erholung 69, 198
Erholungsglühen 346
Erichsen-Prüfung 565
Erodieren 282
Erwärmung 257
   adiabatische 641
   induktive 257
   konduktive 258
Erwärmungsanlagen 257
Expandieren 194
Expansionsspule 569, 645
Explosionsverfahren 639
Exporitmodelle 745
Exzenterpresse 295, 372, 374

F

Fadenlunker 230
Failure Mode and Effects Analysis (FMEA) 352
Falte 354
Falten, 1. und 2. Art 453
Faltenbildung 544
Faltenglätter 601
Faser 578
Faserstruktur 235
Faserverlauf 210, 224, 229, 232, 319, 337
Federzahl 372
Fehler, geometrischer 350
Feinschneiden 611, 699
Ferrit 346
Ferrotitanit 370
Fertiggerüste 138
Fertigrunden 592
Fertigstraße 138
Fertigungseinflüsse 582
Fertigungsfehler 584, 597
Fertigungsfolge 353
Fertigungsgenauigkeit 582
Fertigungskosten 101, 103
Fertigungsmethode 737
Fertigungsplan 379

Fertigung, wirkmedienbasierte 642
Festigkeit
   Größeneffekte 622
   theoretische 37
Festigkeitssteigerung 37
Festkörperreibung 79
Feststoffschmierung 349
Finite-Elemente-Methode 54, 58, 217, 321, 351,
                      360, 364, 367
   Simulation 741
   Simulationen 218
Fink'sche Arbeitsgleichung 44
Flachbackenverfahren 671
Flachbahnversuche 88
Fläche
   abwickelbare 508
   gedrückte 214, 219
Flächendichte 619
Flacherzeugnisse 135
Flachmatrizen 420
Flachproben 70
Flachprodukte 110
Flachschmiedemethode 217
Flachspulen 645
Flachwalzen 109
Flammbiegen 598
Flammhärten 516
Flansch 445
Flanschwalzen 191
Flexform-Verfahren 489
Fließausschneiden 718
Fließbedingung 45, 213
Fließbedingung nach Tresca 45, 248, 321
Fließbedingung nach v. Mises 45
Fließgesetz 47
Fließkurven 66, 197, 250, 255
Fließlinien 403
Fließlochen 718
Fließlochformen 530
Fließpressen 18, 629
   hydrostatisches 325, 334
Fließpressen, endkonturnahes 338
Fließregel 47
Fließscheide 113
Fließspannung 33, 44, 67, 73, 213, 214, 220,
                221, 303, 332, 339, 341, 346
   Streuung 623
Fließtypen 402
Fließwiderstände 218
Flitter 690, 752
Fluidform-Prozess 489
Fluidzell-Verfahren 489
Folgeverbundwerkzeug 502
Formabweichung, Fließpressen 629
Formänderung 39, 212, 217, 229, 235
   globale 41, 211, 217
   lokale 212, 218, 222, 237
Formänderungsanalyse 475

Formänderungsgeschwindigkeit 42, 225, 333
Formänderungs-Modell-Methode 668
Formänderungsvermögen 332, 339, 341, 345, 346, 626
Formänderungsverteilung 212, 247
Formänderungszustand 224, 247
Formeffekt 619, 620
Formfehler 350
Formsättel 232
Formscheren 263
Formspeicher 651
Formspeichergrad 650
Frank-Read-Quelle 35
Freibiegen 574, 584
Freiformbiegen 600, 656
Freiform-Druckbiegen 657
   Versuchsträger 657
Freiformen 16, 208, 229
Freiformschmieden 208, 215
Freiformschmiedepresse 241
Freiformschmiedeprodukte 209
Freiformschmiedestücke 208
Friemelzone 183
Fuge
   kegelige 362
   zylindrische 362
Führungsfläche 422
Füllschieber 735
Fundamentholm 241
Funkenentladung 560
Furchen 312

G

Gagemeter-Gleichung 122
Gasgeneratortechnik 641, 643
Gaugemeterregelung 127
Gefüge 31, 196
   dendritisches 276
   feinkörniges 629
   globulitisches 276
Gefügebildung 196
Gefügeentwicklung 406, 408
Gefügestruktur 237
Gegendruckbehälter 482
Gegenhalter 486, 587
Gegenhalterkraft 705
Gegenschlaghammer 300
Gegenzieheinrichtungen 563
Geißfußschiene 591
Gelenkpresse 374
Genauigkeitsanforderungen 583
Genauigkeitskenngrößen 303
Genauschmieden 272
Genauschneiden 711
Generatorwellen 237
Geometriefaktor 115
Gerüst 123
Gesamteindringtiefe 215
Gesamtreckgrad 218

Gesamtschneidwerkzeuge 709
Gesamtziehverhältnis 460
Gesenk 589
Gesenkbiegen 574, 585
Gesenkbiegepresse 588
Gesenkblock 282
Gesenkdrücken 585
Gesenkerwärmung 287
Gesenkformen 16, 208, 245, 247
Gesenkformwerkzeug 278
Gesenkrunden 600
Gesenkschäden 285, 286
Gesenkschmiedeindustrie 244
Gesenkschmiedemaschinen, Kenngrößen 301
Gesenkschmieden 215, 233, 244
   mit Grat 255
   ohne Grat 271
Gesenkstähle 281
Gesenkteilung 279
Gesenkweite 585
Gestalterzeugung 575, 598
Gewindefurchen 314
Gitter
   hexagonales 30
   kubisch-flächenzentriertes 30
   kubisch-raumzentriertes 30
Gitterebene 29
Gitterfehler 34
   linienförmiger 35
   punktförmiger 35
Gittergerade 29
GKZ-Glühen (Glühen auf kugeligen Zementit) 346
Glanzgrad 649
Glattdrücken 314
Glättwalzwerke 185
Gleichgewichtsbedingung 44
Gleichgewichtslage 32
Gleichlaufweiterziehen 459
Gleichmaßdehnung 71
Gleitgeschwindigkeit 77
Gleitlinien 247
Gleitlinienfeld 53
Gleitlinienmethode 52
Gleitliniennetz 247
Gleitmodul 34
Gleitschiene 601
Gleitstufen und -bänder 32
Gleitsystem 32
Gleitvorgang 32
Gleitziehbiegen 574
Gleitziehen 435
Glühen 161
Glühung 206
Graphit-Wasser-Dispersionen 292
Grat 683, 690, 701, 715
Gratbahn 280, 285
Gratbahnverhältnis 334
Gratnaht 265

Gratnahtoberfläche 266
Gratrille 280
Gratspalt 280
Gratspaltdicke 249, 278
Gravurhärte 294
Gravurstandmenge 292
Greif- und Durchziehbedingung 117
Grenzaufweitverhältnis 530
Grenzformänderung 354
Grenzformänderungsdiagramm 457
Grenzreibung 79
Grenzumformgrad 389
Grenzziehverhältnis 446
Grobkornbildung 411
Großwinkelkorngrenze 38
Grundtemperatur 287
Guerin-Verfahren 567
Gussaufmaß 745
Gusseisenwerkstoffe 513
Gussgefüge 199, 215
Gussstruktur 208
Gusszustand 208

H

Haftmaß, relatives 362, 363, 367
Halb-Konti-Konzept 177
Halbwarmfließpressen 319, 332, 368
Halbwarmschmieden 273
Halbzeug 215, 393
Hamburger Verfahren 599
Hammer 238, 298
Härten 209, 268
Hartmetall 360, 362, 367, 368, 370, 515
Hartstoffe, härtbare 370
Haspelanlage 139
Haubenanteil 209
Hauen 227
Haupttragbleche 492
Hebelarmbeiwert 116
Hebelarmmethode 115
Heißeinsatz 142
Heißrisse 395
Herstellkosten 104, 355, 379
Hexaederelemente 60
High-Speed-Cutting 747
Hinterschneidung 341
Hinterschnitte 547
Hochdruckerzeuger 549
Hochgeschwindigkeitshämmern 640
Hochgeschwindigkeitsumformung 639
Hodograph 54
Höhenabnahme, bezogene 222
Höhenänderung 211, 215
Höhere Plastizitätstheorie 321
Hohlfließpressen 323, 343, 358, 365
Hohlgleitziehen 435
Hohlkörper 388

Hohllochdorn 228, 229
Hohlprägen 566
Hohlprägetiefe 567
Hohlräume 208
Hohlraumumformung 488
Hohlstellen 219
Hohl-Vorwärtsfließpressen 321, 322
Hohlzylinder 228, 230
Hooke'sches Gesetz 66
Hot Edge Spray 158
Hotmelts 468
Hub 217
Hubbalken-Nachwärmofen 176
HV-Anordnung 180
Hydrospark-Verfahren 560

I

Idealkristall 34
IHU-Werkzeuge 548
Impuls 640
   elektromagnetischer 642
Impulsenergie 643
Induktionshärten 516
Industrieroboter 376
Innenabstützung 388
Innenhochdruckfügen 541
Innenhochdrucktiefen 568
Innenhochdrucktrennen 541
Innenhochdruckumformen 541
Innenhochdruckumformung (IHU) 479
Innenhochdruck-Verfahren 541, 542
Innenhochdruck-Weitstauchen 20
Instellungschmieden 235
Investitionen 104

K

Kalibrierdruck 487, 542, 547
Kalibriermerkmale 59
Kalibrierphase 486
Kalibrierung 59, 178, 267, 333, 351, 543
Kaltarbeitsstahl 368, 514
Kaltband 153
Kalteinsatz 142, 176
Kalteinsenken 315
Kaltfließpressen 319
Kaltfließpressöle 86
Kaltgesenkschmieden 334
Kaltprofil 575
Kaltstauchstähle, höherfeste 205
Kaltumformung 45, 205
Kaltverfestigung 44, 319, 354, 436
Kaltverschweißen 334, 348, 350
Kaltwalzen 110, 152, 154
Kaltwalzgerüste 154
Kaltwalzkomplex 153
Kammerwerkzeug 421
Kammwalzantrieb 125

Karosseriekonzepte 99
Keilpresse 296
Keilschneiden 226, 227
Kerbwirkung 71
Kerndurchschmiedung 217
Kernzerreißungen 233
Kesselgleichung 546
Kippung 303
Kippzahl 373
Kleinwinkelkorngrenze 31
Klemmgrenze 487
Klemmschlitten 296
Klemmsicke 480
Knickbauchen 20, 540
Knickbedingungen 236
Knickbiegen 574
Knickspannung 365
Kniehebelpresse 372, 374
Kohlenstoffstähle 160, 161
Kollisionskontrolle 747
Kompaktkühlung 140
Kompakt-Warmbandstraßen 146
Kompressionsspule 569, 645
Konfektionieren 162
Kontaktfläche 112
Kontaktnormalspannung 77
Konterschneiden 720
Kontinuitätsbedingung 188
Konvektion 214, 221
Konversionsschichten 348
Konzeptbewertung 102
Konzeptphase 743
Korngrenze 36
Kornstreckung 198
Kornverfeinerung 209
Kornwachstum 199, 408
Kornzahl 619
Korrosionsschutzöle 467
Kraftabstimmflächen 548
Kraftbedarf 212, 389
Kraft-Korrekturbeiwert 324
Kraftverlauf 398
Kraft-Weg-Verlauf 586
Kragen, enger 530
Kragengeometrie 530
Kragenhöhe 532
Kragenziehen 20, 529
  an Rohren 534
  konventionelles 529
  ohne Blechhalter 530
Kristall 29
Kristallebene 30
Kristallklasse 29
Kristallstruktur 30
Krümmungsstetigkeit 506
Kugel-Platte 87
Kühlbett 181
Kühlbohrungen 500

Kühlen 127
Kühlmittel 288, 289
Kühlstrecke 428
Kühlung 288, 753
Kurbelpresse 295, 372
Kurbelwellen 215, 233
Kurbelwellenfertigung 224
Kurzhubpresse 242

L

Lagefehler 343, 350, 351
Lamellen-Streckrichtwerkzeug 555
Laminarkühlung 139
Länge
  charakteristische 621
  gedrückte 111, 112, 188
Längen 21, 555
Langprodukte 110
Langschmiedemaschine 242
Längskraftbiegung 576
Längsteilanlage 726
Längswalzen 109
Lärmbelastung 305
Laserstrahlbehandlung 646
Laserstrahlhärten 516
Laserstrahlumformen 598, 600
Laufholm 241
Lauwarmumformung 333
Leerstelle 34, 197
Legierungskennwert 294
Leistungsbilanz 398
Lichtlinien 738
Liniendichte 619
Lochdurchzug 531
Lochen 228, 231, 265
Lochkraft 229
Lorentzkraft 561, 569
Lösungsglühen 347

M

Magnetfeld 644
Magnetumformung 561, 569
Makroumformen 617
Mangan-/Bor-Stähle 498
Manipulator 215
Manipulatorvorschub 215
Martensitstruktur 203
Maschine
  energiegebundene 298
  kraftgebundene 298
  weggebundene 295
Massenverteilung 261
Maßfehler 350
Massivlochdorn 228
Massivlochen 325
Massivumformsimulation 60
Massivumformung 12, 658

Maßprägen 351
Maßschwankungen 267
Maßwalzwerk 181
Materialfluss 228
Materialkosten 101
Materialnutzgrad 101
Materialnutzungsgrad 740
Material, starr idealplastisches 218
Materialverhalten 582
Materialverhalten, nichtlineares 54
Materialzuschlag 226
Matrize 355, 360, 445, 589, 734
Matrizenöffnungswinkel 322, 323, 324, 325, 360
Matrize, schwimmende 371
Maximalkraft 214
Mehrdorn-Ringwalzmaschine (MERW) 194
Mehrfachgesenke 277
Mehrfachgleiten 36
Mehrfachzug 440
Mehrstrangmatrize 422
Mehrstufenpressen 372, 376, 377
Mehrstufenwerkzeug 277
Meilensteine 98
Meisterböcke 751
Membran 488
Merkmale, attributive 352
Messersattel 228
Messmittel 237
Messsysteme 140
Messverfahren 237
Methode
  der Umformarbeit 49
  der Visioplastizität 62
  experimentelle 60
Methodenplanung 507
Mikro-Blechumformung 631
Mikro-Massivumformung 628
Mikrostruktur 410
Mikro-Tiefziehen 632
Mikroumformen 617
  Definition 617
  Tribologie 624
Mikro-Warmumformung 630
Mindeststückzahl 380
Mindestumformungsgrad 238
Mineralöl 349
Mischreibung 79
Mittelplatte 490
Mittenversatz 343
Modell des doppelten Stauchvorgangs 327, 329
Modellgesetze 325, 329
Momentenbiegen 576, 577
Monoblockbauweise 548
Multibranverfahren 489
Multi Zone Cooling 158
Münzherstellung 314

N

Nachbehandlung, thermische 566
Nachdrücken 585
Nacheilzone 113
Nachformen 267
Nachlaufkante 509
Nachschiebeweg 543
Nachschneiden 712
  gegenläufiges 715
  gleichläufiges 715
Nachschneidkraft 717
Nachschneidzugabe 713, 715
Nachwalzen 155
Nakajima-Versuchsablauf 457
Napffließpressen 325, 343, 358, 359, 365
Napfrückwärts-Fließpressen 629
Nassdressieren 156
Nasszug 440
Near Net Shape Forging 337
Nebenformelemente 482, 487
Negativmuster 568
Nennarbeitsvermögen 372
Nennkraft 372
Net Shape-Fließpressen 337, 374
Net Shape Forging 337
Netzfeinheit 56
Neuvernetzung 60
Nichtlinearitäten 54
  durch Kontakt 55
Niederhalter, schwingender 648
Nitrieren 83
Normalglühen 346
Normalisieren 268
Normalspannung 44
Null Fehler 352

O

Oberdruckhammer 299
Oberflächenbehandlung 283
Oberflächenbeschaffenheit 159
Oberflächenfehler 229, 750
Oberflächenhärten 269
Oberflächenkörner 622
Oberflächennachbehandeln 269
Oberflächenqualität 476
Oberflächenvergrößerung 77, 348
Oberflächenzerrüttung 80
Oberflurpresse 241
Oberwerkzeug 591
Öfen 257
Öffnungswinkel 437
Online-Prozessregelung 353
Online-Prozessüberwachung 353
Operationen 733
Orientierung der Körner 36
Oxalatschicht 349
Oxalieren 339

P

Perlit 346
Pfad, kritischer 98, 99
Phosphatieren 334, 349
Physical Vapor Deposition (PVD) 83, 356
Pilgerkopf 184
Pilgern 184
Pilgerstraße 184
Planheit 127, 156
Planheitsfehler 119, 120
Planheitsmessrollen 156
Planheitsstellglieder 156
Plastizitätstheorie, elementare 247
Platinenform 465
Platinenpaare 490
PM-Werkstoffe 515
Polieren, automatisches 749
Polymerbeschichtung 349
Positionsstetigkeit 506
Positivmuster 568
Postprocessing 58
Postprozessor 55
Potenzialschwelle 34
Potenzialtopf 32
Prägebiegen 585
Prägedurchzug 531
Prägekraft 585
Prägen 267, 315, 374
Prägephase 586
Prägerichten 312
Prägestempel 566
Präzisionsfließpressen 319, 337, 371, 379
Präzisionsschmieden 272, 273
Präzisionsschneidverfahren 699
Precision Sizing Mill (PSM) 181
Prelube-Öle 85, 467
Preprozessor 55
Pressbiegen 655
Pressblock 394, 396, 406
Pressbüchse 328, 355, 357, 360, 365, 367
Pressdorn 395
Presse 209, 215
　arbeitsgebundene 238
　hydraulische 238, 372
　kraftgebundene 238
　mechanische 242
　weggebundene 238
Pressenauslegung 424
Pressengestell 423
Pressensteuerungen 238
Pressgrat 343
Presshärten 85, 496
Presskraft 209, 226, 233, 237, 241, 398
Pressrest 395, 407
Pressscheibe 395, 426
Pressstempel 395
Pressstrang 394
Presswerkzeug 393, 397, 402

Presswerkzeugwerkstoffe 423
Prinzip des kleinsten Zwanges 336
Produktentstehungsprozess 738
Produktionsstart 98
Profil 127, 156
Profilbiegen 595
Profilblechmethode 61
Profilblume 594
Profilfehler 119
Profilieren, axiales 192
Profiliermaschine 595
Profil-Querwalzen 675
Profilrunden 574
Profilwalzen 109, 670
Proportionalaufwände 100
Prototypenteile 737
Prototyp-Werkzeug 512
Prozessauslegung 583
Prozessbewertung, energetische 667
Prozessfenster
　der Doppelblechumformung 492
　der Hochdruckblechumformung 487
Prozesskette 229, 419
Prozess, mehrstufiger 545
Prozessmodelle, technologische 140
Prozesssicherheit 705
Prozessüberwachung 378
Puller 419, 428
Pulverschmieden 274, 275
Pumpenantrieb 373
Punktdefektdichte 619
PVD-Verfahren 517

Q

Quality Function Deployment (QFD) 352
Quartogerüst 125
Quartos 124
Quasiisotropie 36
Querfließpressen 325, 330, 337, 371
Querhaupt 241
Querholm 241
Querkraftbiegung 576
Querschnittsänderung, relative 321, 328
Querschnittsdeformation 597
Querschnittsvorbildung 263, 264
Querwalzen 109, 670
Quintus Fluidzellpresse 489

R

18-Rollengerüste 124
20-Rollengerüste 124
Radial-Axial-Ringwalzen 190
Radial-Axial-Ringwalzmaschine 192
Radial-Ringwalzmaschine (RICA) 193
Radialteil 193
Radialwalzspalt 188
Randbedingungen, nichtlineare 55

Rändeln 313
Randentkohlung 259, 344
Randhärteverlauf 260
Randkornmodell 622
Randschichthärtung 516
Rauheit 352
Rautiefe 352
Reaktionsschichten 83
Reaktion, tribochemische 80
Realkristall 34
Reckdorn 232
Reckeinrichtung 429
Recken 210, 211, 215, 223, 229, 234, 236, 262
Reckgrad 217, 230
Reckkopf 555
Reckkraft 219
Reckschmieden 215
Reckwalzen 263, 296
Reckwalzmaschine 298
Reduktionen 211
Reeler 185
Referenzprozess 59
Regelung auf konstanten Walzspalt 127
Reibfaktor 79
Reibfaktormodell 79
Reibkennfelder 89
Reibkoeffizient 78
Reibleistung 400
Reibmodelle 60
Reibung 77, 78, 211, 213, 217, 218, 404
   hydrodynamische 79
Reibungsanteil 219
Reibungsbehaftung 212
Reibungsfreiheit 212
Reibungszahl 218, 221, 323, 328, 349, 350
Reißer 453
Reißfaktor 449
Rekristallisation 69, 199
   dynamisch 409
   statisch 410
Rekristallisationsglühen 346
Remeshing 56
Restdehnung 580
Restspannung 580
Restspannungszustand 580
Reversiervorgerüst 136
Rezipient 396, 398, 402, 425
Richten 267
Ringe 228, 230
Ringherstellung 215
Ringwachsgeschwindigkeit 187
Ringzacke 700, 703
Ringzackenkraft 704
Rissbildung
   mechanische 284
   thermische 284
Risse 209
Rohblock 215

Rohguss 746
Rohrbiegemaschine 603
Rohrbiegen 595, 600
Röhrenmodell 212
Rohrkontistraße 185
Rohr, nahtlos 182
Rohrumformen 600
Rollbiegen 574, 600
Rollen 262, 271
Rollenbiegen 602
ROLLRAPID 675
Rondengegenhalter 537
Rotationseinheit 661
Rotationszugbiegen 599, 600
Roto-Flo-Verfahren 671
Rotsprödigkeit 333
RR-Verfahren 236
Rückbiegung 632
Rückfederung 475, 484, 510, 579
Rückfederungskompensation 750, 511
Rückfederungsverhalten 583
Rückfederungsverhältnis 581
Rückfederungswinkel 581, 631
Rücklaufschrott 209
Rückprall 632
Rundbiegemaschine 598
Rundbiegen 575, 600
Rundeisen 227
Rundhämmern 662
Rundkneten 262, 335, 630, 662
Rundknetmaschinen 663
Rundlauffehler 343
Rundproben 70
Rundrollenverfahren 672
Rundrollenwalzen 673
Rund-Rund-Sättel 217

S

Sägen 256, 344, 345
Sattelbreite 215
Sattelkombinationen 217
Sattellänge 215
Sattelmagazin 240
Sattelverschiebung 240
Schalenbauteile 102
Scheiben 230
Scheibenherstellung 215
Scheibenmodell 32
Scheibenschmiedung 230
Scherbüchse, geschlossene 344
Scheren 256
Scherfestigkeit 256
Scherkraft 256
Schermesser, offenes 344
Scherwiderstand 345
Scherzone 400, 403, 408
Schichtstauchversuch 72, 73

Schiebung 39, 609
Schiebungsanteil 219
Schiebungsgeschwindigkeit 613
Schiebungsleistung 401
Schiebungswinkel 613
Schlankheitsgrad 211
Schlichten 223
Schließkraft 480
Schließvorrichtung 330, 371, 374
Schmid'sches Schubspannungsgesetz 33
Schmiededorn 232
Schmiedefaser 232
Schmiedehammer 219
Schmiedehitze 237
Schmiedekasten 242
Schmiedekreuz 212
Schmiedelegierungen 253
Schmiedemaschine 209, 242
Schmieden 13, 208, 219
Schmiedeplan 217, 229
Schmiedepleueln 242
Schmiedepresse 237
Schmiedeproduktion 244
Schmiedestähle 255
Schmiedestrategien 221
Schmiedestückqualität 208
Schmiedetemperatur 210, 294
Schmiedewerkzeuge 215
Schmieren 127
Schmierschicht 290
Schmierschichtbildung 290
Schmierstoffe 288, 290, 349
Schmierstoffe für das Tiefziehen 466
Schmiertaschenmodell 624
Schmierung 77, 81, 288, 441
Schmierwirkung 290
Schneidkante 266
Schneidkantenverrundung 711
Schneidkraft 611, 704
Schneidplattenkante 702
Schneidring 228
Schneidspalt 345, 702, 735
Schneidspalt, negativer 725
Schneidwiderstand 611
Schnellarbeitsstahl 334, 368, 514
Schnittanalyse 545
Schnittflächenqualität 640
Schnittgeschwindigkeit 728
Schnittteile, gratfreie 720
Schrägwalzen 109, 183
Schränken 225, 612
Schranke, obere 336
Schraubenversetzung 35
Schubfließgrenze 225, 248, 609
Schubfließspannung 226
Schubspannung 44, 598
  kritische 32
  theoretische 34

Schubumformen 24, 609
Schubumformverfahren 208
Schweifen 600
Schwenkbiegemaschine 591
Schwenkbiegen 575, 589
Schwenkplatten 749
Schwenkwinkel 590
Schwingungsüberlagerung 648, 649
Sechswalzensystem 121
Seifenschmierstoff 349
Seigerungen 235
Sekundäres Artefakt 621
Sekundärzeiligkeit 200
Selbstabschreckung 629
Semi-Endloswalzen 148
Senken 283
Servoantrieb 375
Sicherheitsmaßnahmen 480
Siebel'sche Stauchkraftgleichung 214
Siliziumoxid 499
Simulation
  größenabhängige 633
  größenunabhängige 632
Simulationsergebnisse 58
Simulationsparameter 60
Sintern 275
Sinusgesetz 653
sizeNN 618
Skalierung 618
Solver 55, 57
Spaltband 726
Spanen 208
Spannungen 43, 213
Spannungs-Dehnungs-Diagramm 66
Spannungsentlastungsloch 466
Spannungsfreiheit 213
Spannungsmessstift 61
Spannungsrisskorrosion 347
Spannungsverlauf 213
Spannungsverteilung 213
  im Walzspalt 114
Spannungszustand 208, 217, 226, 247, 437, 684
Spannzangen 565
Spanwinkel 713, 717
Speicherbetrieb 373
Spindelpresse 300
Spitzschiene 591
Sprengstoffdetonation 560, 568
Stadienfolge 354
Stadienplan 353, 355
Stähle
  austenitische 339
  martensitische 204
  unlegierte 339
Stahlfolie 161
Stahlwerkstoffe für Gesenkformteile 253
Standmenge 292, 293, 355, 356, 363, 379
Startdruck 547

Statistische Prozessüberwachung (SPC) 352
Stauchen 44, 210, 215, 223, 229, 231, 233, 236, 262, 628, 659
Stauchgrad 211, 230, 237
Stauchkraft 213
Stauchprozesse 236
Stauchschneiden 723
Stauchstempel 723
Stauchverhältnis
 effektives 628
 maximales 628
Stauchversuch 72
Stauchvorgang 215
Stechdurchzug 531
Steckelwalzwerke 142, 149
Steifigkeit 372, 376
Steifigkeitskennwerte 304
Stempel 355, 357, 365, 425, 589
 mit mitbewegtem Dorn 323, 358
 mit mitlaufendem Dorn 323, 358
Stempelkontakt 507
Stempelkraft 484, 588
Stempelumriss 508
Stempelweg 585
Stempelziehen 488
Stich 215, 354
Stichpläne 238
Stichprobe 352
Stiefelschrägwalzwerk 183
Stift-Scheibe 87
Stofffluss 218, 224
Stoffverdrängen 630
Stopfenstraße 185
Störgröße 350, 352, 353, 582
Stoßbankverfahren 186
Stoßstromanlagen 561
Strahlen 269
Strahlmittel 269
Strahlung 214, 221
Strak 505
Strangpresse 393
Strangpressen 18
Strangpresslinie 419
Streckbiegemaschine 602
Streckbiegen 598, 601
Strecken 555
Streckenverhältnis 249
Streckgrenze 71
Streckrichten 555, 556
Streck-Stülp-Umformung 481
Streckung 219
Streckziehbiegen 655
Streckziehen 562
Streckziehkraft 565
Streckziehmaschine 563
Streifenmethode 50
Streifenmodell 113
Streifenziehversuch 88

Stribeck-Diagramm 80
Strukturbleche 487
Struktureffekt 619, 620
Stufenfolge 463
Stufenversetzung 35
Stufenwerkzeugsatz 502
Stützdorn 601
Stützwalzen 125
Stützwalzenantriebe 126
Subkörner 31
Subkorngrenze 31
Substitutionsatome 34
Symmetriebedingung 188
Synchroplan 99

T
Tagesstückzahl 104
Tandem Coldrolling Mill 154
Tandemkaltwalzstraße 154
Tangentenstetigkeit 506
Tangentialspannung 464
Tangentialstreckbiegen 601
Tangentialstreckziehen 562
Taumelachse 658
Taumelbewegungszyklen 659
Taumelpressen 335, 658
Taumelwinkel 658
Taylorfaktor 623
Temperaturerhöhung 214, 438
Temperaturfeld 214, 221, 252
Temperaturführung 201
Temperaturverlauf im Gesenk 288
Temperaturverteilung 214, 252, 287
Terminmasterplan 98
Tetraederelemente 60
Textur 36, 207
Texturierung 198
Thixoschmieden 276
Thixotropie 276
Tiefen 21, 555, 562
Tiefungsversuch, hydraulischer 74, 481
Tiefziehen 18
 blechhalterlos 456
 hydromechanisches 479
 mit Wirkmedien 479
Tiffany-Struktur 627, 633
Tischverschiebung 240
TMB, Thermomechanische Behandlung 196, 200, 202
Tomlinson und Stringer 219
Tonnenform 211
Torsion 612
Torsionsmoment 226, 603
Torsionsversuch 75, 612
TPE 186
Treibmittel 292
Trennebene 547
Trennen 208, 226, 229, 255

Tresca 328
Tribologie
  Mikroumformen 624
Trichterbildung 343
Trichterkokille 146
TRIP-Effekt 206
TRIP-Mehrphasen-Stähle 204
Trockenschmierstoffe 468
Trockenumformung 630
Trockenzug 439
TR-Verfahren 236
Tryout 471
TSS-Freiformbiegen 603
T-Stücke 543
Tubenfließpressen 374
Turbinenwellen 237
Tuschieren 470
Tuschierfarbe 750
Twin-Drive 125
TWIP-Effekt 206

U

Überbiegen 582, 596
Überlagerung eines Gegendruckes 492
Überlagerung von Druckspannungen 484
Überlastsicherung 376
Überschmiedung 215
U-Biegen 587
Ultraschallprüfbarkeit 209
Ultraschallprüfung 234, 237
Umfangsdehnungen 545
Umformarbeit 44, 212, 214, 219, 251, 437
Umformeigenschaften 646
Umformen 261
  Definition nach DIN 8580 11
  gebundenes 575
  inkrementelles 218
  ungebundenes 575
Umformgeschwindigkeit 42, 68, 210, 213, 220, 221, 640
Umformgrad 41, 197, 210, 211, 213, 217, 220, 230, 250, 321
Umformhub 215
Umformkraft 211, 212, 214, 215, 219, 220, 249, 250, 437
Umformkraft, ideelle 44, 322, 323
Umformleistung 44, 251, 398
Umformmartensit 339
Umformpresse 301
Umformspannung 51
Umformtechnik
  Einteilung der Fertigungsverfahren 12
Umformtemperatur 84, 221
Umformung 200
  formgebundene 486
  freie 486
  homogene 217
  im oberen Ferritgebiet 203
  lokale 537
  mehrstufige 261
  mit lokalem Wärmeeintrag 646
  partielle 661
  temperaturkontrollierte/normalisierende 202
Umformverfahren, abformende 650
Umformverhalten 253
Umformvermögen 208, 214, 225, 354
Umformwärme 214
Umformwiderstand 214, 220, 249
Umformwirkungsgrad 249, 324, 329, 565
Umformzone 54, 111, 188, 398
  Bohrungsdrücken 666
  des Kragenziehens 532
  sekundäre 403
Umrisskanten 750
Universal-Walzverfahren 176
Unplanheit 555
Unterflurpresse 241

V

Verdrehen 24, 208, 225, 234, 609
Verdrehversuch 75, 613
Verdrehwinkel 234, 612
Veredeln 161
Verfahren
  direktes 395
  elektrohydraulisches 640
  hydrostatisches 397
  indirektes 396
  modifizierte, hydromechanische 483
Verfahrenserweiterung zu größeren Kragenhöhen 533
Verfahrensfolge 335, 337
Verfahrensgrenzen 584
Verfahrenskombination 335
Verfestigung 197, 205, 339, 341, 346
Verfestigungsexponent 72
Verfestigungskurve 36
Verformungen, plastische 285
Verformungstextur 37
Vergleichsformänderung 47, 327
Vergleichsspannung 67, 283
Vergüten 209, 268
Vergütungsstähle 339
Verhalten, geometrisch nichtlineares 55
Verjüngen 320
Verlagerung 304
Verminderung von Werkzeugschäden 285
Vernetzung 56
Verriegelungsbolzen 708
Versagensarten 388
Versagensfälle 584, 597
Versagenszone 484
Verschieben 24, 208, 224, 609
Verschiebung, bandkantenorientierte 158
Verschiebungsgrad 224
Verschleiß 77, 284, 347, 350, 352, 355, 689
Verschmiedungsgrad 211, 217
Versetzungen 35, 197

767

Versetzungsdichte 36
Versetzungslinie 35
Verwinden 225, 612
Verzahnungen 337
Verzinkung, elektrolytische 162
Verzinnung 162
Verzunderung 258
V-Flachsättel 217
V-Gesenk 585
Vielkristall 31
Vielzonenkühlung 158
Vier-Kugel-Apparat 87
Vier-Rollen-Biegemaschine 603
Vier-Säulen-Presse 241
Vierstößel-Außenläufer 664
Vierstößel-Innenläufer 664
Vierwalzengerüste 124
Vier-Walzen-Maschine 593
Viskosität 276
Vollfließpressen 323, 343, 358, 365
Vollgesenk 277
Voll-Konti-Konzept 177
Vollkörper 388
Vollkosten 101
Vollvorwärts-Fließpressen
   Mikro- 629
Voll-Vorwärtsfließpressen 320, 321
Volumenelemente 60
Volumenkonstanz 41, 211
Volumenkörner 622
Voreilzone 113
Vorformprozesse 548
Vorgang, instationärer 320, 322, 325, 328
Vorgang, stationärer 320, 322
Vorlochdurchmesser 531
Vorreckung 562
Vorring 189
Vorschmiedemaß 227
Vorschub-Verfahren 662
Vorspannen 278
Vorstraße 136

W

Waagerecht-Schmiedemaschine 296
Walkvorgang 666
Walzbiegen 575
Walzblöcke 180
Walze als Gegenform 539
Walzen 15, 109, 215, 271
   flexibles 163
   im Zweiphasengebiet 203
Walzenabplattung 118
Walzenballigkeit 156
Walzendurchbiegung 118
Walzen(gegen)biegung 157
Walzenständer 124

Walzenverschiebung 158
Walzgerüste 123
Walzkraft 114
Walzkraft/Banddicken-Schaubild 121
Walzkurven 191
Walzmaschinen 296
Walzmaschinen, CNC-gesteuerte 676
Walzöl 159
Wälzprägen 313
Walzprofilieranlage 595
Walzprofilieren 574, 594
Walzprozess 674
Walzrichten 575
Walzrunden 574, 591
Walzspalt 111
Walzspaltregelung, automatische 179
Walzstrategien 191
Walzung, thermomechanische 202
Walzverfahren
   Einteilung nach DIN 8583 14
Walzziehen 442
Wanddickenzunahme 391
Wandstärkenfaktor 601
Warmablage 209
Warmarbeitsstahl 514
   Kenndaten 288
Warmband 135
Warmbandhaspel 140
Warmbandstraßen für Aluminiumwerkstoffe 150
Warmbandstraßen, konventionelle 142
Warmbreitband 135
Wärmeabfluss 565
Wärmebehandlung 209, 268, 283, 411
   Abschrecken 412
   Auslagern 413
   Lösungsglühen 412
Wärmebehandlung, vorinitialisierte 646
Wärmeenergie 44
Warmeinsatz 142, 176
Wärmeleitung 214, 221
Wärmeöfen 136
Warmfließpressen 263, 319, 333, 368
Warmsäge 427
Warmschere 427
Warmtiefungsversuch, pneumatischer 481
Warmumformung 45, 87, 393, 496
Warmwalzen 110
Warngrenze 352
Wasserdruck 560
Wechselwirkungsenergie 30
Weibull-Effekt 620
Weichglühen 346, 347
Weiten 21, 555
   mittelbares 559
Wellbiegen 575
Welle, abgesetzte 233, 236

Welligkeit, krummlinig begrenzte 120
Werkstoffanisotropie 225
Werkstoffauswahl 440
Werkstoffe
  Aluminium 393, 405
  für das Gesenkschmieden 253
  Kupfer 416
  Kupfer-Aluminium-Legierungen 417
  Kupfer-Zink-Legierungen 417
  Kupfer-Zinn-Legierungen 417
  Magnesium 415
  schwer umformbare 145
  Stahl 393, 417
  Titan 393
  Zinn 393
Werkstoffe für Aktivelemente 709
Werkstoffeigenschaften 210, 582
Werkstofffluss 320, 325, 326, 347, 354, 402, 403, 421
Werkstofffluss, asymmetrischer 670
Werkstofffluss, ungesteuerter 336
Werkstoffkennwerte 57
Werkstoffrisse 225
Werkstoffstau 702
Werkstoffüberlauf 341, 351, 354
Werkstoffverfestigung 702
Werkstoffverhalten 582
Werkstücktemperatur 252
Werkstücktransport 376
Werkstück, umschlossenes 245
Werkzeug
  geschlossenes 330, 371
  konventionelles 503
Werkzeugbeanspruchungen 283, 709
Werkzeugbewegung 574, 584
Werkzeuge zum Feinschneiden 707
Werkzeuge zum Gesenkformen 277
Werkzeugführung 278
Werkzeuggeschwindigkeit 43, 215
Werkzeugimplementierung in die FE-Simulation 55
Werkzeugkombinationen 216
Werkzeugkosten 355, 357, 379
Werkzeugloses Ziehen 442
Werkzeugsatz 420
Werkzeugschäden 284
Werkzeugspule 643
Werkzeugstahl 514
Werkzeugstandmenge 334, 341, 349, 356
Werkzeugteile 391
Werkzeugtemperaturen 287
Werkzeugverrippung 472
Werkzeugwartungen 752
Werkzeugwechsel 305
Werkzeugwerkstoffe 277
Wheelon-Prozess 489
Windungsleger 181
Wirkenergie 557

Wirkfuge 213, 217
Wirkmedien 557, 559
WPM-Verfahren 671, 672
Wulstbildung 484
Würfelschmieden 233

Z

Zamak 512, 737
Zangenklemmung 297
Zarge 445
Zeitintegrationsmethode 57
Zementit 346
Zerspanung 234
Zerteilen 208
Ziehanlage 507
Ziehkraft 565
Ziehkraftmaximum 449
Ziehleisten 741
Ziehmatrize, schwingende 648
Ziehring 445, 482
Ziehrollensätze 442
Ziehspalt 448
Ziehspalt, enger 530
Ziehstempel 445
Ziehstempel, schwingender 648
Ziehverhältnis 446
Ziehwerkzeug 440
Zink-Eisen-Schicht 499
Zinkphosphatieren 318
Zinkseife 86
Zipfelbildung 207, 452
Zone, tote 395, 408
Zugbeanspruchungen 223, 562
Zugdruck-Umformen 18
Zugfestigkeit 71, 210
Zugspannung 223, 237
Zugspannungsüberlagerung 602
Zugumformen 21, 555
Zugversuch 66, 70
Zuhaltekraft 487, 549
Zuhaltevorrichtungen 492
Zunder 258
Zunderbildung 258, 498
Zunderwäscher 138
Zu- und Abführeinrichtungen 358
Zwei-Säulen-Bauweise 241
Zweistößelmaschinen 663
Zweiwachs 403
Zwei-Walzen-Bauform 593
Zweiwalzengerüste 124
Zwillingsbildung 33
Zwischenform 261, 264, 272
Zwischengeometrien 543
Zwischengitteratome 34
Zwischenwalzenantriebe 126
Zylinderstauchversuch 72